W0062054

Neumann, Weinbrenner

Frick / Knöll
Baukonstruktionslehre 1

Dietrich Neumann, Ulrich Weinbrenner

Frick / Knöll
Baukonstruktionslehre 1

33., vollständig überarbeitete Auflage
Mit 758 Abbildungen, 109 Tabellen
und 16 Beispielen

Bearbeitet von:
Professor Dipl.-Ing. Ulf Hestermann
Professor Dipl.-Ing. Dietrich Neumann
Professor Dipl.-Ing. Ludwig Rongen
Professor Ulrich Weinbrenner

Teubner

B. G. Teubner Stuttgart · Leipzig · Wiesbaden

Bibliografische Information Der Deutschen Bibliothek
Die Deutsche Bibliothek verzeichnet diese Publikation in der Deutschen Nationalbibliografie; detaillierte bibliografische Daten sind im Internet über <http://dnb.ddb.de> abrufbar.

Prof. Dipl.-Ing. Dietrich Neumann, geb. 1929, arbeitete nach seinem Architekturstudium an der TH Darmstadt zunächst in Architekturbüros und Behörden. Danach wechselte er an das Battelle-Institut in Frankfurt/M. und war dort als wissenschaftlicher Mitarbeiter und Projektleiter für Groß- und Spezialprojekte im In- und Ausland verantwortlich. Seit 1964 war er im eigenen Architekturbüro und als Dozent tätig. 1972 erfolgte die Berufung als Professor an der FH Darmstadt für die Fachgebiete Baukonstruktionslehre, Baubetrieb und Entwerfen. In Zusammenarbeit mit Herrn Prof. Weinbrenner veröffentlichte er seit 1975 sechs Auflagen der Frick/Knöll Baukonstruktionslehre Teil 1 und 2.

Prof. Ulrich Weinbrenner, geb. 1935, war nach seinem Studium an der Akademie für Bildende Künste in Stuttgart für namhafte Architekturbüros tätig. Danach widmete er sich einer mehrjährigen Auslandstätigkeit in Stockholm und befasste sich mit der Planung von Großobjekten. Er wurde zum wissenschaftlichen Assistenten und Lehrbeauftragten der TH Darmstadt ernannt 1972 erfolgte die Berufung als Professor an der FH Darmstadt für die Lehrgebiete Innenarchitektur, Entwerfen und Baukonstruktion. Er leitet unter anderem ein eigenes Architektur- und Innenarchitektur.

Prof. Dipl.-Ing. Ulf Hestermann, geb. 1954, hat nach seinem Studium an der Fachhochschule Aachen und der RWTH-Aachen 1980 ein bundesweit tätiges Architektur- und Ingenieurbüro gegründet. Im Rahmen dieser Tätigkeit war er mit Projekten für die technische Infrastruktur sowie Gewerbe- und Wohnungsbaumaßnahmen mit den Arbeitsschwerpunkten Teilvorfertigung und Systembauweisen in Holz und Beton tätig. Die Berufstätigkeit wurde fortlaufend durch Assistententätigkeiten sowie Lehrbeauftragungen begleitet. Er wurde 1991 zum Professor für Baukonstruktion, Entwerfen und Gebäudeplanung an die Fachhochschule Erfurt berufen und ist weiterhin in der Geschäftsleitung des eigenen Architekturbüros tätig.

Prof. Dipl.-Ing. Ludwig Rongen, geb. 1953, studierte nach seiner praktischen Ausbildung zum Technischen Zeichner zuerst Städtebau und war danach mehrere Jahre als Projektleiter in der Stadt- und Regionalplanung tätig. Sein zweites Studium der Architektur absolvierte er an der RWTH Aachen und gründete 1982 sein eigenes Architekturbüro mit den Schwerpunkten Bauen im Bestand, energieeffizientes Bauen und Sakralbau. 1992 wurde er als Professor an der Fachhochschule Erfurt für die Studienfächer Baukonstruktionslehre, Entwerfen, Bauen im Bestand und Sakralbau berufen.

1. Auflage 1909
30. Auflage 1992
31. Auflage 1997
32. Auflage 2001
33. Auflage November 2002

Der Verlag Teubner ist ein Unternehmen der Fachverlagsgruppe BertelsmannSpringer.
www.teubner.de

Umschlaggestaltung: Ulrike Weigel, www.CorporateDesignGroup.de
Druck und buchbinderische Verarbeitung: LegoPrint, Lavis
Gedruckt auf säurefreiem und chlorfrei gebleichtem Papier.
Printed in Italy

ISBN 3-519-45250-2

Vorwort

Von einer Baukonstruktionslehre wird erwartet, dass sie die wichtigsten Aufgabengebiete des Bauens erfasst, die unterschiedlichen Konstruktionsprinzipien in den Bereichen des Rohbaues, des Innenausbaues und teilweise auch des Technischen Ausbaues berücksichtigt und dabei die sich ständig weiterentwickelnden Herstellungsverfahren aufzeigt. Schließlich muss deutlich gemacht werden, dass alle Baukonstruktionen abhängig sind von statischen Bedingungen, bauphysikalischen Einflüssen, Baustoffeigenschaften, von den Baukosten und der Bauabwicklung sowie von behördlichen Bestimmungen und Normen.

Dabei müssen die wesentlichen Zusammenhänge zwischen der Konstruktion und den vielen anderen Komplexen innerhalb des gesamten Baugefüges wie z. B. Standsicherheit, Materialverhalten und Verarbeitung verständlich gemacht werden.

Ziel ist es, Grundlagenwissen zu vermitteln und nicht etwa rezeptartig möglichst viele Konstruktionsmöglichkeiten aufzuzeigen. Darüber hinaus soll ausreichender Überblick auch auf absehbare Entwicklungstendenzen gegeben werden.

Im Jahre 1909 erschien bei Teubner in Leipzig und Berlin die erste Auflage der Baukonstruktionslehre von Frick und Knöll als Leitfaden und als „Hilfsmittel für den Vortragsunterricht und die Wiederholungen" im Baukonstruktionsunterricht der Königlichen Preußischen Baugewerkschulen.

Aus dem Leitfaden wurde im Laufe der Jahre ein aus zwei Teilen bestehendes Standardwerk für Architekten und Ingenieure. Bis heute ist der „Frick-Knöll" die mit Abstand am weitesten verbreitete Baukonstruktionslehre für Studierende der Architektur und des Bauingenieurwesens geblieben.

Der bisherige Erfolg der Frick/Knöll Baukonstruktionslehre dürfte unter anderem darin begründet sein, dass es kein anderes Werk gibt, in dem nicht nur der allgemeine Bereich der Baukonstruktion, sondern auch der raumbildende Innenausbau umfassend und ganzheitlich behandelt wird. Dies betrifft sowohl die traditionellen Techniken als auch den Trockenbau entsprechend seiner ständig zunehmenden Bedeutung als Fertigungsprinzip.

In zunehmendem Maße dient die Frick/Knöll Baukonstruktionslehre als bewährtes Nachschlagewerk in der Baupraxis. Es ist daher notwendig, das Werk nicht nur technisch auf dem neuesten Stand zu halten, sondern auch ständig die Entwicklung von Normen und technischen Vorschriften zu beobachten.

Seit Erscheinen der 32. Auflage ist eine große Anzahl von wichtigen neuen Vorschriften, nationalen und europäischen Normen überarbeitet oder neu erstellt worden. Die erforderlichen Änderungen wurden in der neuen Auflage nach Möglichkeit berücksichtigt.

Bei der dramatisch zunehmenden Informationsflut, nicht zuletzt bedingt durch die immer mehr ausufernde europäische Normung, durch Zertifikationen, Güte- und Bauproduktrichtlinien, muss dem Benutzer jedoch dringend empfohlen werden, die weitere Entwicklung aller Bestimmungen zu beobachten. Der Versuch vollständiger Auflistungen würde den Rahmen dieses Werkes sprengen.

In der jetzt vorliegenden 33. Auflage wurden alle Kapitel erneut kritisch durchgesehen und aktualisiert.

Weitgehend überarbeitet wurde das Kapitel Beton und Stahlbeton. Die Bestimmungen der neuen europäischen Normung wurden eingearbeitet bzw. den teilweise weiterhin gültigen deutschen Normen gegenübergestellt.

Gründlich überarbeitet wurde das Kapitel über Wände. Berücksichtigt wurden dabei die Auswirkungen der seit 1.2.2002 gültigen Energieeinsparverordnung und daraus resultierende Neuenwicklungen für den Wärmeschutz. Eingegangen wird auf transparente Wärmedämmungen, auf die Rationalisierungsbemühungen bei großformatigen Steinen, auf Planbauplatten, Vorfertigung, Systembauten usw. Neu aufgenommen wurden verschiedene Holzbausysteme. Völlig neu bearbeitet wurde der Abschnitt über leichte Trennwände mit verbesserten Schallschutzeigenschaften.

Die Weiterentwicklung neuer Technologien und die zunehmende Verwendung des Baustoffes Glas führte zur Neuaufnahme eines Kapitels über Fassaden aus Glas, mehrschalige Fassadenkonstruktionen und „Intelligente Fassaden".

Die Anordnung von Fassaden im Skelettbau und deren gestalterische Auswirkungen wurden neu behandelt.

Das Kapitel über Decken wurde überarbeitet und ergänzt durch die Aufnahme neuer Holzkonstruktionen wie Brettstapel-, Dübelholz- und Tafelelemente.

Vollständig neu bearbeitet wurde das Kapitel Fußbodenkonstruktionen und Bodenbeläge. Dabei sind der Feuchteschutz unter Einbeziehung der aktuellen Abdichtungsnorm, neu entwickelte Estricharten und Fertigteilestriche aus Plattenelementen sowie umweltfreundliche Bodenbeläge, Verlegetechniken und Oberflächenbehandlungen vertieft behandelt worden.

Ebenfalls vollkommen neu bearbeitet und neu geordnet wurden die Abschnitte Systemböden (Hohlraum- und Doppelböden) sowie die Abschnitte über umsetzbare Trennwände und vorgefertigte Schrankwandsysteme.

Das Kapitel Leichte Deckenbekleidungen und Unterdecken wurde durchgesehen und aktualisiert.

In die Abschnitte über besondere bauliche Schutzmaßnahmen wurden vor allem die Auswirkungen der inzwischen in Kraft getretenen Energieeinsparverordnung eingearbeitet.

Berücksichtigt wurde auch die neue Normung zur Bauwerksabdichtung. Besonders behandelt wurden nachträgliche Abdichtungsmöglichkeiten an bestehenden Gebäuden sowie vorbeugender Brandschutz und Fragen des Brandschutzes bei Fassaden- und Dachverglasungen.

Die Literaturverzeichnisse wurden teilweise durch Internetadressen ergänzt.

Bei der Auswahl der Bildbeispiele blieben die Bearbeiter bemüht, nur Konstruktionen zu erwähnen, die einen kritisch beobachteten Reifeprozess aufweisen können.

Allen, die durch Bereitstellung von Informationen oder ihre Mitarbeit wertvolle Hilfe geleistet haben, danken wir.

Unser besonderer Dank gilt Herrn Prof. Dr.-Ing. Christian Großkopf für die Bearbeitung der Abschnitte über Wärme- und Schallschutz und über Schutz vor gesundheitlichen Gefahren, Herrn Dr.-Ing. Diethelm Bosold, Bundesverband der Deutschen Zementindustrie, Wiesbaden, für seine intensive Beratung bei der Neubearbeitung des Abschnittes über Beton- und Stahlbetonbau, Herrn Dr. Maas vom Institut für Feuerverzinkung und Herrn Dipl.-Ing. Michael Rommel für seine allgemeine Beratung bei der Neubearbeitung.

Vor allem verdienen unseren Dank für die zeichnerische und rechnergestützte Bearbeitung der zahlreichen neuen Abbildungen und für Recherchearbeiten Frau Dipl.-Ing. Bianca Boehlck-Arndt, Frau Britta Brettschneider, Herr Carsten Gaebler, Frau Sabine Geißer, Frau Monika Wynands und Herr Dipl.-Ing. Simon Müller sowie Herr cand.-arch. Christian Wischalla für die regelmäßige Normenrecherche.

Mit der jetzigen Neuauflage übernehmen die Herren Professoren Dipl.- Ing. Ulf Hestermann und Dipl.- Ing. Ludwig Rongen weitgehend die bisherigen Bearbeitungsanteile von Prof. D.Neumann, der als Herausgeber des Werkes weiterhin tätig bleibt.

Nach der Eingliederung von BG Teubner in eine neue Fachverlagsgruppe erhielt das Werk eine andere, modernere Aufmachung und mit dieser 33. Auflage ein neues Format und eine neue Gestaltung des Drucksatzes.

Der Verlag und die Autoren hoffen, dass die Neugestaltung bei den Benutzern Anklang findet und sich auch diese Auflage wieder beim Studium und in der Baupraxis als brauchbare und zuverlässige Hilfe erweist.

Darmstadt, im Herbst 2002

D. Neumann *U. Weinbrenner*

Inhalt

1 Einführung und Grundbegriffe

1.1 Allgemeines

Bei der planerischen Lösung von Bauaufgaben besteht zwischen gestalterischen, funktionalen, konstruktiven, bauphysikalischen und baustoffspezifischen Aspekten eine enge gegenseitige Abhängigkeit. Im Planungsprozess werden gleichzeitig komplexe Handlungsabläufe bei der Bauausführung vorherbestimmt.

Somit stellt jeder Planungsablauf eine Kette von Entscheidungen zwischen möglichen Alternativen mit dem Ziel dar, eine optimierte Gesamtlösung zu erreichen.

Dabei ist der planende Architekt in der Regel auf die Mitwirkung spezialisierter Fachingenieure angewiesen.

Technische Ausstattungen wie Sanitär-, Heizungs-, Elektro-, Lüftungs- und Klimaanlagen, Fördereinrichtungen wie Aufzüge, Rolltreppen und insbesondere alle modernen Kommunikationseinrichtungen werden von Sonderfachleuten geplant und in das Gesamtkonzept des Architekten eingebracht. Zunehmende Bedeutung kommen je nach Bauaufgabe Planungen der thermischen Baupysik, der Bau- und Raumakustik und der Fassadenplanung zu. Dem Architekten obliegt die Aufgabe, die Einzelaspekte der beteiligten Fachplaner zu koordinieren und in das Planungs- und Entwurfskonzept zu integrieren.

Alle Planungen werden zunehmend durch ständige Weiterentwicklungen von Baustoffen oder durch ganz neue Baustoffe und Konstruktionsmöglichkeiten beeinflusst. Diese werden im Rahmen dieses Werkes nach Möglichkeit erwähnt, doch kann ihre Beurteilung nicht Gegenstand einer Baukonstruktionslehre sein.

Der immer differenzierteren, auch in den bauaufsichtlichen Bestimmungen vorausgesetzten Kenntnis bauphysikalischer Grundregeln muss ebenso Rechnung getragen werden wie dem Verständnis der wichtigsten Begriffe der Tragwerkslehre. Nur so sind die Voraussetzungen für eine qualifizierte Entwurfsentwicklung, die richtige konstruktive Bearbeitung des gesamten Gebäudes und seiner einzelnen Bauteile gegeben.

1.2 Lasten und Beanspruchungen

In einem Bauwerk werden die Bauteile beansprucht durch

- **Eigengewicht**,
- **Verkehrslasten**, d. h. in der Regel ruhende Belastungen durch die Nutzung des Bauwerkes z. B. durch den Aufenthalt von Menschen, von Möblierung, Maschinengewicht, Lagergut usw. Die rechnerisch anzunehmenden Verkehrslasten enthalten je nach Nutzungsart des Bauwerks bestimmte Sicherheitszuschläge.
- **Schneelasten, Eislasten** als überwiegend vertikal wirkende Lasten,
- **Windlasten** aus Winddruck und Windsog als vorwiegend horizontal wirkende Lasten,

  und je nach Einzelfall
- **dynamische Belastungen** (z. B. Erschütterungen durch Maschinenbetrieb, Verkehr, stoßartige Belastungen aus Betriebsabläufen, Beanspruchungen aus Anprall- und Bremskräften von Fahrzeugen, Kranbahnen, Schwingungsübertragungen o. Ä. sowie Erdbebenstößen),
- **thermische Beanspruchung** infolge von Temperaturschwankungen oder von ungleichmäßiger Temperatureinwirkung (z. B. bei nur einseitiger Erwärmung und im Brandfall) und
- **Setzungen**. Durch falsch beurteilte Tragfähigkeit des Baugrundes, durch ungleichmäßige Belastungen u. a. können Spannungen innerhalb einzelner Bauteile oder des gesamten Bauwerks entstehen (vgl. Abschn. 3, Bild **3**.1).

Diese Beanspruchungen müssen anhand der Planungsvorhaben und entsprechend den zugrunde zu legenden Bestimmungen (z. B. DIN 1055 + DIN V ENV 1991-1) ermittelt werden und bilden die Grundlage für den *Standsicherheitsnachweis* (statische Berechnung), s. Abschn. 1.6.

1.3 Grundbegriffe der Tragwerkslehre

Bauteile können stehen unter der Krafteinwirkung von

- **Druck**. Gedrückte Bauteile sind Druckspannungen ausgesetzt, die eine Stauchung bewirken. Diese ist von der einwirkenden Kraft, dem Querschnitt, der Bauteillänge und einem materialspezifischen Elastizitätsmodul für Druck abhängig (Bild **1**.1a). Darüber hinaus führen große Bauteillängen bei Druckbelastungen zu zusätzlichen Stabilitätsproblemen (s. Knicken).
- **Zug**. Bauteile, die einer Zugbeanspruchung ausgesetzt werden (z. B. Spannseile), erfahren eine Zugspannung, die eine Längenänderung bewirkt. Diese ist innerhalb gewisser Grenzen abhängig von der einwirkenden Zugkraft, dem Querschnitt und der Länge des Bauteils sowie von dem materialspezifischen Elastizitätsmodul für Zug (Verhältnis von Spannung : Dehnung; Bild **1**.1b).
- **Scheren**. Scherspannungen entstehen innerhalb eines belasteten Bauteils, wenn Last und Gegendruck in derselben Querschnittsfläche (vgl. Schere!) und zwei Beiteilschichten senkrecht zur Bauteilachse verschoben werden (Bild **1**.1c).
- **Schub**. Schubspannungen entstehen in einem Bauteil, wenn Last und Gegendruck in derselben Querschnittsfläche wirken und zwei Bauteilschichten im Bereich der Bauteilachse gegeneinander verschoben werden.

  Im Gegensatz zum Abscheren entstehen Spannungen im Längsschnitt des Bauteiles, in dem Bauteilschichten in Längsrichtung gegeneinander verschoben werden (Bild **1**.1d).
- **Torsion** (Drillung, Verdrehung) entsteht, wenn ein Bauteilquerschnitt auf Drehung beansprucht und dabei das Kippen durch Festhalten der Bauteilendflächen verhindert wird. In den benachbarten Querschnitten werden Schubspannungen erzeugt (Bild **1**.1e).

Baustoffe weisen unter Einfluss äußerer Kräfte spezifische Verhaltensformen auf:

- **Elastisches Verhalten**. Durch Belastungen und Krafteinwirkungen treten – innerhalb bestimmter Grenzen – keine dauernden Verformungen auf. Nach Entlastung „federt" das Bauteil in seine ursprüngliche Form zurück (Bild **1**.2a).
- **Plastisches Verhalten**. Werden die Grenzwerte für das elastische Verhalten überschritten, jedoch Belastungen, die zur Zerstörung führen, noch nicht erreicht, treten bei allen Bauteilen dauernde Verformungen auf (z. B. „Verbiegen", Bild **1**.2b).
- **Fließen** (Kriechen). Unter Langzeitbeanspruchung können Bauteile – auch abhängig von den einwirkenden Temperaturen – dauernde Formveränderungen erfahren, die aus strukturellen Veränderungen der beteiligten Baustoffe resultieren. Werden Bauteile aus derartigen Baustoffen (z. B. aus gewissen Kunststoffen, auch aus Stahl) schockartig belastet, können sie – insbesondere bei niedrigen Temperaturen – durch „Sprödbruch" zerstört werden.

Durch äußere Kräfte können *Bauteile* oder auch ganze *Bauwerke* verformt und in ihrer Standsicherheit beeinflusst werden. Als Auswirkungen kommen in Frage:

- **Kippen**. Ein Bauteil bzw. ein Bauwerk kippt infolge einer Krafteinwirkung (z. B. Wind- oder Erddruck), wenn das resultierende Kippmo-

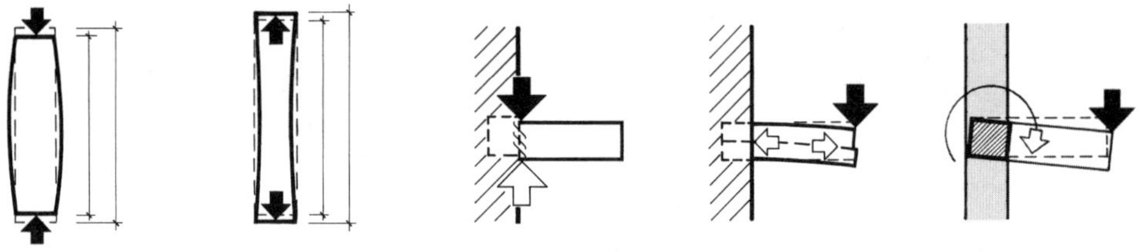

1.1a **1**.1b **1**.1c **1**.1d **1**.1e

1.1 Bauteil unter Krafteinwirkung von

a) Druck
b) Zug
c) Scheren (eingespannte Konsole)
d) Schub (eingespannte Konsole)
e) Torsion (eingespannter Balken mit Kragarm zwischen Stützen)

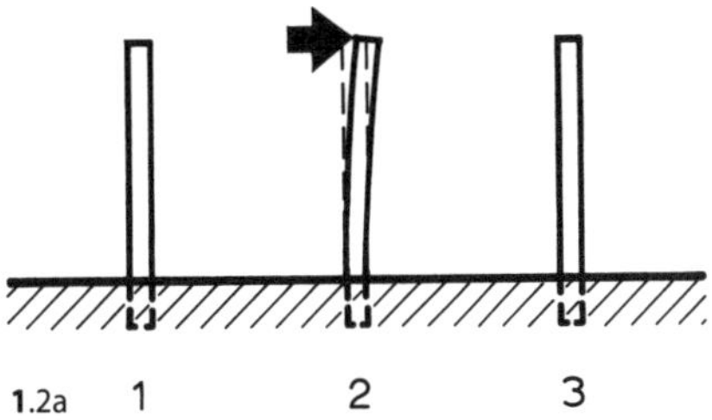

1.2a

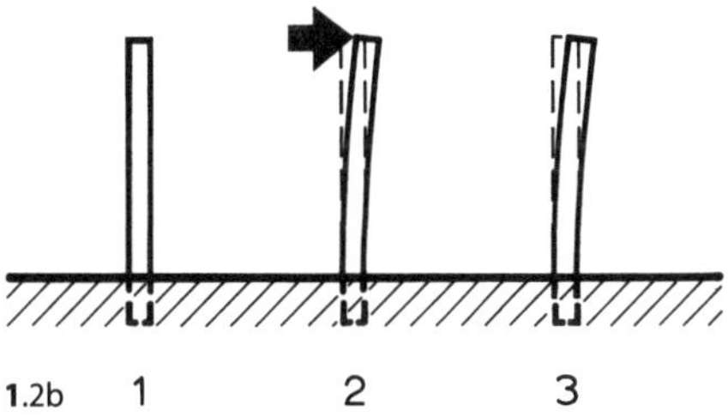

1.2b

1.2 Materialverhalten
a) elastisch
b) plastisch
1 unbelastet
2 belastet
3 nach Belastung

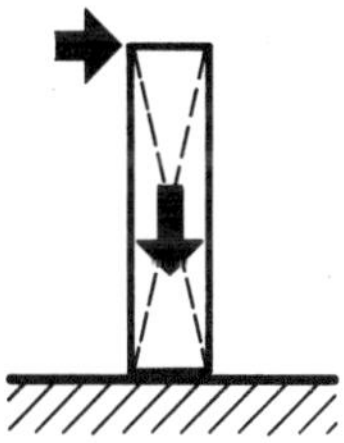

1.3a

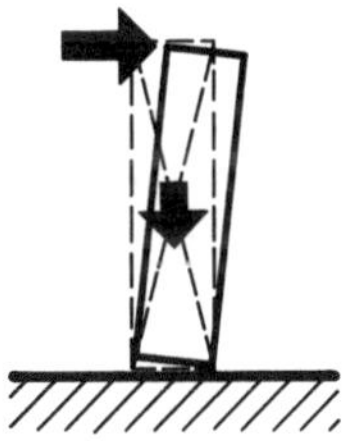

1.3b

1.3 Kippen
a) Standmoment
b) Kippmoment (vgl. Bild **1**.22)

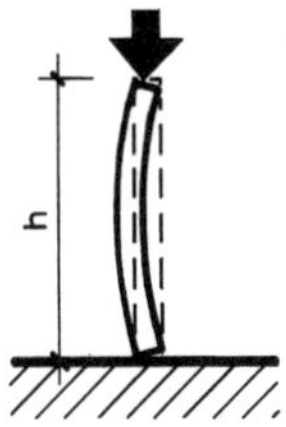

1.4a

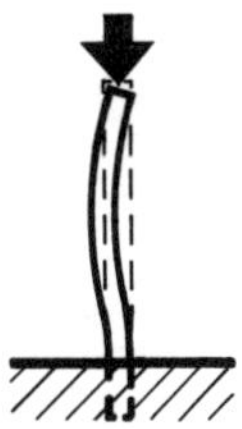

1.4b

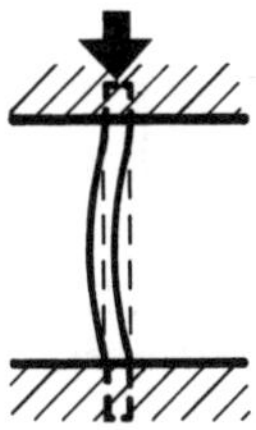

1.4c

1.4 Knicken
a) freistehend („Pendelstütze")
b) einseitig eingespannt
c) beidseitig eingespannt

ment größer ist als das Standmoment (das Standmoment ist abhängig von Bauteil- bzw. Bauwerksgewicht und Bauteilbreite) (Bild **1**.3).

- **Knicken und Beulen**. Schlanke, stabförmige Bauteile knicken aus, flächige Bauteile (z. B. Wände) beulen aus, wenn sie in Längsrichtung gedrückt werden.

  Die *Knicksicherheit* wird beeinflusst von der Länge und kleinsten Breite des Bauteiles, von der Art des konstruktiven Anschlusses (freistehend, einseitig oder beidseitig eingespannt) und von der Art des Baustoffes. Kennzeichnende Größe ist die sog. *Schlankheit* bzw. der Schlankheitsgrad (Bild **1**.4).
- **Biegen**. Ein punktuell oder linear gestütztes Bauteil biegt sich zwischen den Stützungspunkten (Auflagern) durch, wenn es quer zur Längsachse durch Lasten beansprucht wird (Bild **1**.5).
- **Gleiten**. Ein Bauteil kann – insbesondere seitlich – verschoben werden, wenn die Verbindung zu anschließenden Bauteilen oder auch zum Baugrund nicht durch Reibung oder besondere konstruktive Maßnahmen gesichert ist (Bild **1**.6).

1.4 Tragelemente

Tragelemente bilden in den verschiedensten Kombinationen das konstruktive Gefüge eines Bauwerkes.

Einen Überblick über die wichtigsten Grundtypen von Tragelementen zeigt Bild **1**.7. Sie kommen innerhalb von Gesamtkonstruktionen in vielfachen Kombinationen untereinander vor.

1.5
Biegen

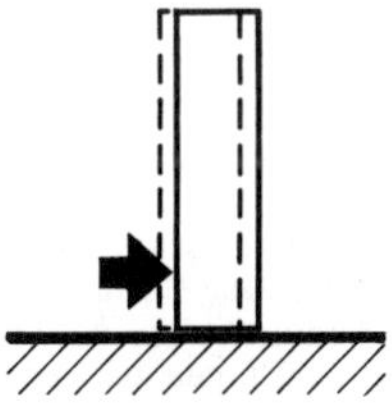

1.6
Gleiten

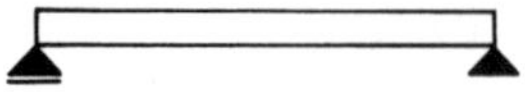
1.7a

1.7b

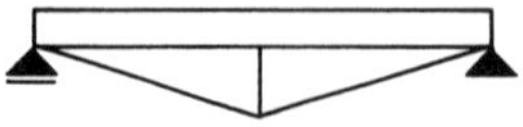
1.7c

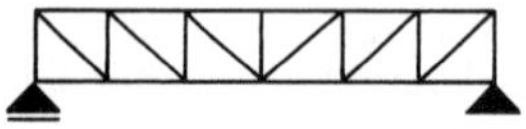
1.7d

1.7e

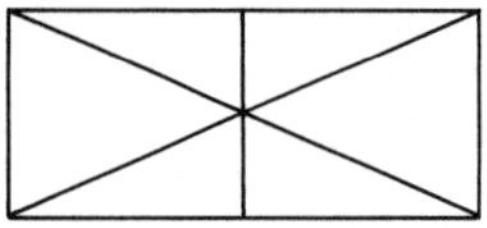
1.7f

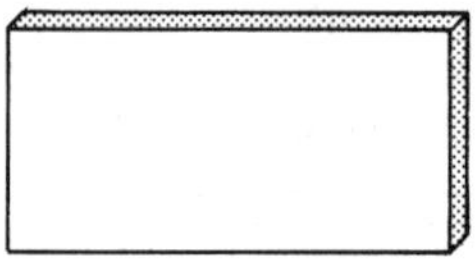
1.7g

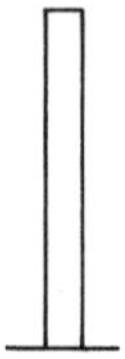
1.7h

1.7i

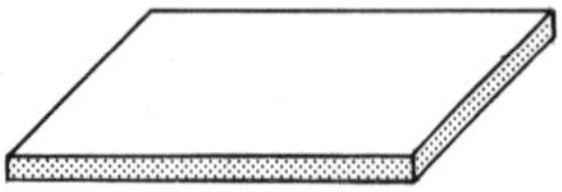
1.7j

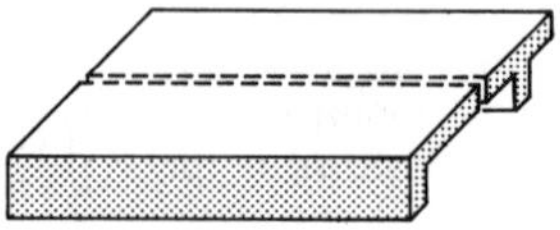
1.7k

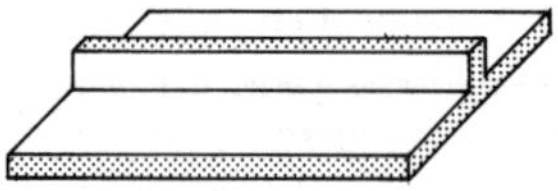
1.7l

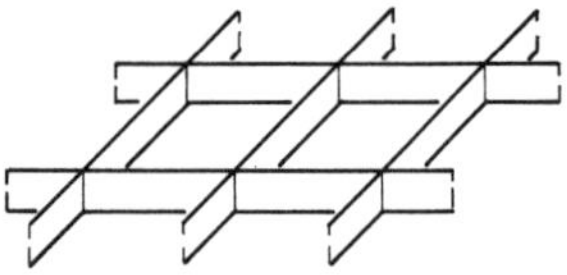
1.7m

1.7 Tragelemente

a) Träger als Einfeldträger
b) Mehrfeldträger / Durchlaufträger
c) unterspannter Träger
d) Fachwerkträger
e) Spannseil
f) Fachwerk mit Diagonalverband
g) Scheibe
h) Stütze, Pfosten
i) Bogen
j) Platte
k) Platte mit Unterzug (Rand- bzw. Feldunterzug)
l) Platte mit Überzug
m) Tragrost

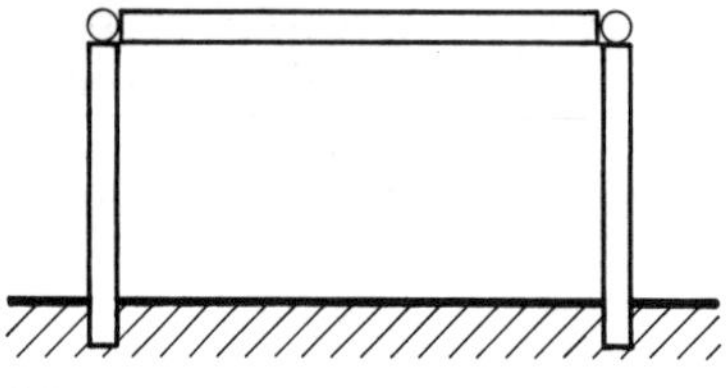
1.8a

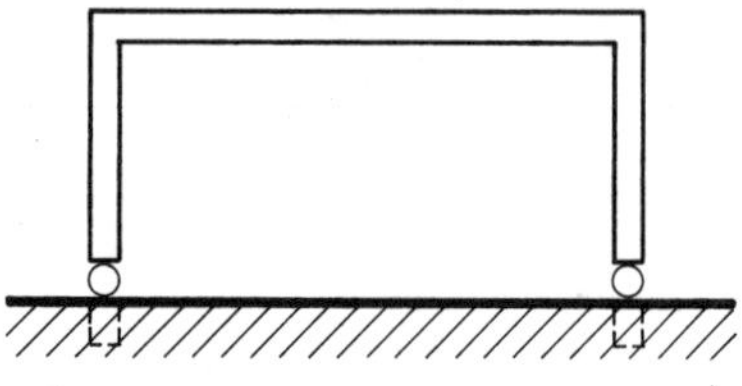
1.8b

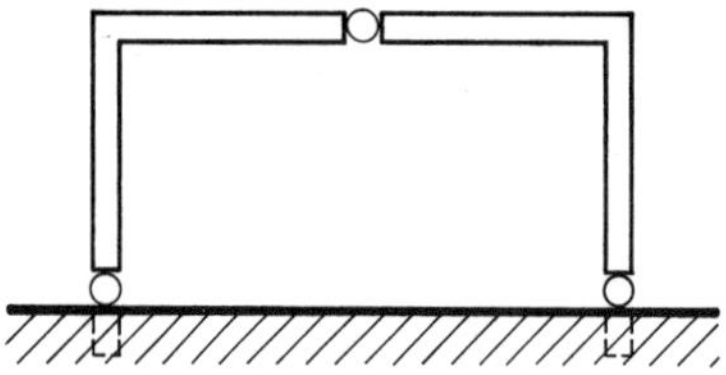
1.8c

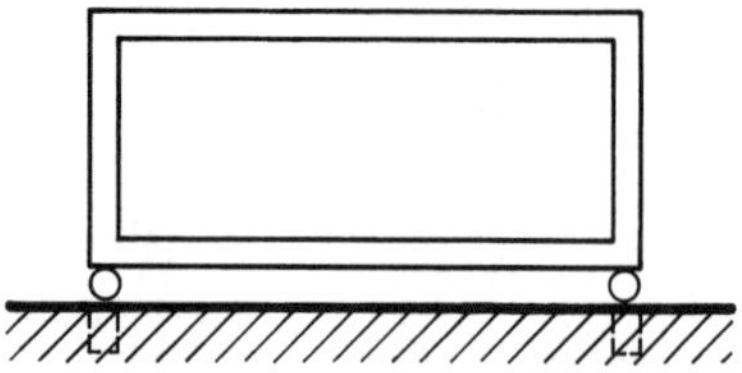
1.8d

1.8 Rahmen

a) mit eingepannten Stützen, Ecken nicht biegesteif (gelenkig)
b) mit biegesteifen Ecken, Stützen gelenkig gelagert
c) Dreigelenkrahmen mit biegesteifen Ecken
d) geschlossener Rahmen mit biegesteifen Ecken

Träger (Bild **1**.7a) über einer Öffnung mit zwei Endauflagern werden als *Einfeldträger* bezeichnet. Wesentlich günstigere statische Abmessungen ergeben sich jedoch für Träger, wenn die „Durchlaufwirkung" über mehrere Felder bzw. Auflager hinweg ausgenützt wird (Bild **1**.7b). Bei solchen *Mehrfeldträgern* wechseln positive Biegemomente in den Feldern mit negativen Biegemomenten über den Stützen. Je nach „Lastfall", d. h. Belastung mit durchlaufenden Streckenlasten (auch aus dem Eigengewicht) oder Teilbelastung in einzelnen Feldern, können sich bei Durchlaufträgern erhebliche Entlastungen für die benachbarten Felder ergeben. Konstruktiv muss das Verformungsverhalten solcher Träger berücksichtigt werden (vgl. hierzu auch Bilder **1**.10 und **1**.11).

In ähnlicher Weise kann die Durchlaufwirkung auch bei Deckenplatten ausgenützt werden. Durch mehrseitige Auflagerung ergeben sich weitere Möglichkeiten für günstigere statische Abmessungen (s. Abschn. 10.1.1).

In erweitertem Sinne können auch *Rahmen* als Tragelemente betrachtet werden. Sie bestehen aus stab- oder scheibenförmigen Bauteilen, die mit oder ohne Gelenke zusammengefügt sind. Im Baugrund bzw. in Fundamenten können Rahmenstützen – ebenso wie in angrenzenden Bauwerksteilen – *eingespannt* oder *gelenkig* angeschlossen sein (Bild **1**.8).

In Rahmen werden Verformungen durch Beanspruchungen einzelner Teile über *biegesteife Ecken* auf die benachbarten Rahmenteile übertragen (Bilder **1**.9 bis **1**.11). Daraus resultieren selbst bei einfachen Systemen komplizierte Verformungen der Gesamtkonstruktion (Bild **1**.11). Dabei muss beachtet werden, dass in den schematischen Abbildungen lediglich die Verformungen in der Rahmenebene dargestellt sind. In der Regel müssen die Beeinflussungen aber auch im räumlichen Zusammenhang betrachtet werden.

Zur Berechnung von Rahmentragwerken sind zwar komplizierte Berechnungsverfahren nötig, doch können sich sehr wirtschaftliche bauliche Lösungen durch die Verbundwirkung der beteiligten Konstruktionselemente ergeben.

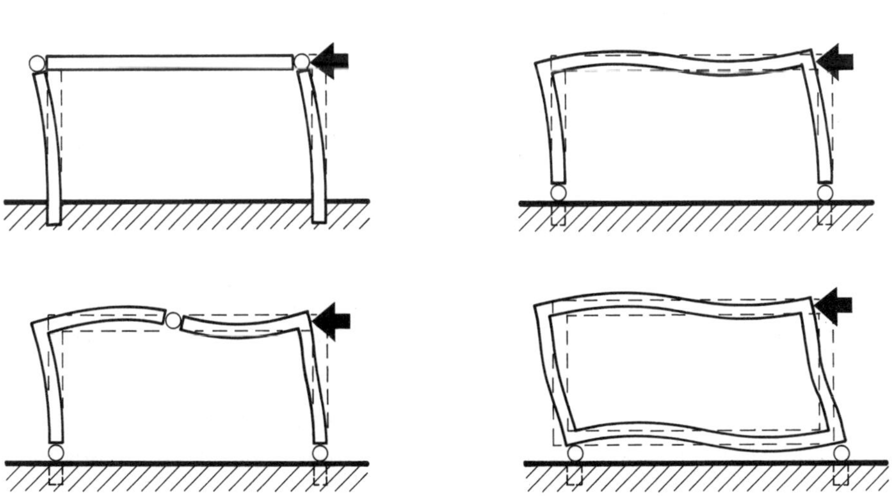

1.9 Rahmen
Verformungen bei horizontaler Beanspruchung

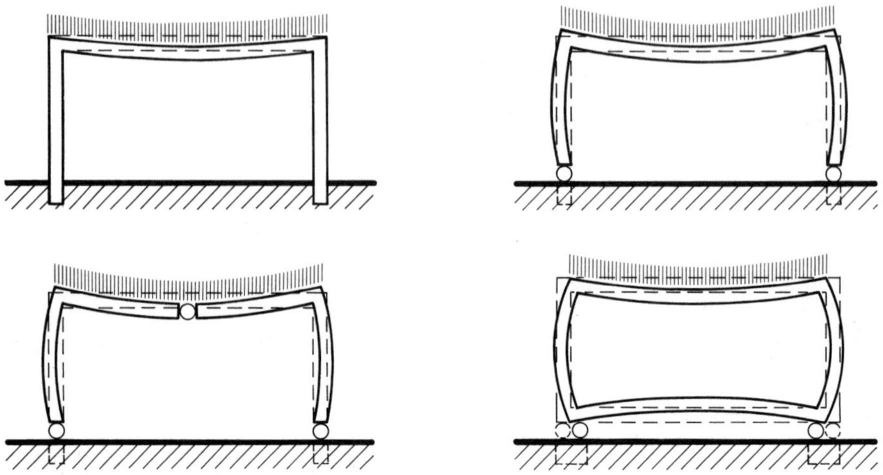

1.10 Rahmen
Verformungen bei vertikaler Beanspruchung

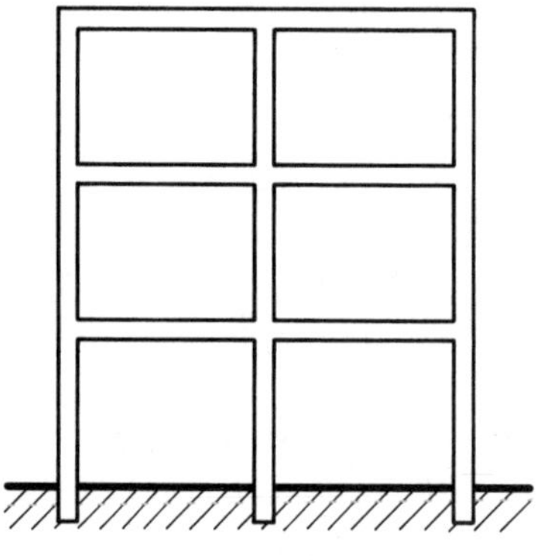

1.11a

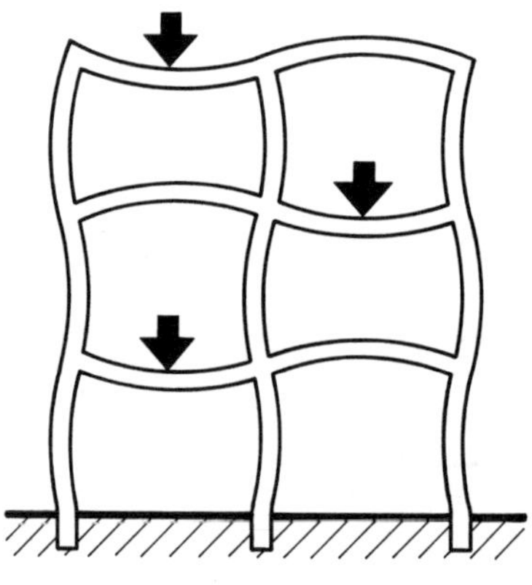

1.11b

1.11 Bauwerk mit gitterartigem Rahmentragwerk
a) Planungszustand
b) Verformung durch Beanspruchung einzelner Bauteile (schematisch)

1.5 Tragwerksysteme

Hinsichtlich der Ausführungsart kann für Bauwerke kennzeichnend sein

- die überwiegende Verwendung bestimmter Baumaterialien (z. B. Ziegel, Holz, Stahlbeton, Stahl),
- die Herstellungsmethode (z. B. überwiegend handwerkliche Massivbauweise, Skelett- oder Fachwerkbauweise in örtlicher Herstellung oder aus vorgefertigten Bauteilen),
- sog. Fertigbauweisen als Zusammenbau vorgefertigter Bauelemente,
- industrialisierte Bauweisen mit komplexen „geschlossenen" Bausystemen.

Das Tragwerksystem kennzeichnet Bauwerke in der Regel am besten.

Es würde den Rahmen einer Baukonstruktionslehre sprengen, eine vollständige Übersicht über alle Tragwerksysteme zu versuchen.

Bei Betrachtung der geometrischen Grundformen und ihrer Einzelelemente sowie ihrer Verwendung zur Lastabtragung in einem Tragwerk können folgende Systeme unterschieden werden.

- *Flächenaktive Tragwerksysteme*, in denen die flächige Geometrie von Bauteilen wie Decken und Wände zur Lastabtragung herangezogen werden (Scheiben, Platten, Faltwerke, Schalen),
- *Vektoraktive Tragwerksysteme*, in denen stabartige Bauteile wie Stäbe, Streben und Seile die Lasten bündeln und ableiten (Fachwerke, Raumfachwerke) und
- *Formaktive Tragwerksysteme*, bei denen die Bauteilgeometrie selbst durch den Kräfteverlauf und die Lastabtragung bestimmt wird (Seil- und Zeltsysteme, pneumatische Systeme und Bogentragwerke).

Nachstehend wird ein genereller Überblick über Grundformen gegeben, und es muss im Übrigen auf weiterführende Literatur verwiesen werden.

Wandbauten (Bild **1**.12). Wandbausysteme bestehen aus einem Gefüge von vertikalen Wand- und horizontalen Deckenscheiben (s. Abschn. 1.6).

Skelettbauten (Bild **1**.13). Das Traggerüst von Skelettbausystemen besteht überwiegend aus Stäben (Stützen und Trägern) oder aus Rahmen, die durch Verbände oder Scheiben gegen Beanspruchungen aus Horizontallasten ausgesteift sind (vgl. Bild **1**.32).

Faltwerke (Bild **1**.14). Bauwerke oder Bauwerksteile (z. B. Überdachungen), bei denen ebene Flächen so zueinander angeordnet werden, dass der entstehende Bauteil zugleich scheiben- und plattenartig beansprucht wird, werden als Faltwerke bezeichnet.

Rosttragwerke (Bild **1**.15). Werden ebene, vertikal stehende Träger rasterartig so zusammengefasst, dass sie überwiegend scheibenartig beansprucht werden, spricht man von Rosttragwerken oder auch Tragrosten (vgl. Teil 2 dieses Werkes).

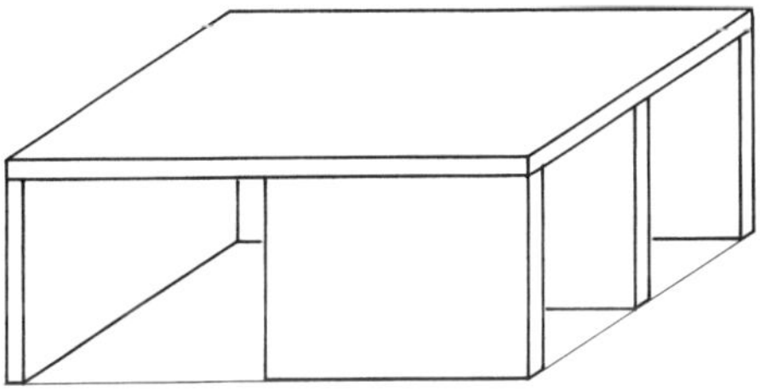

1.12 Wandbau

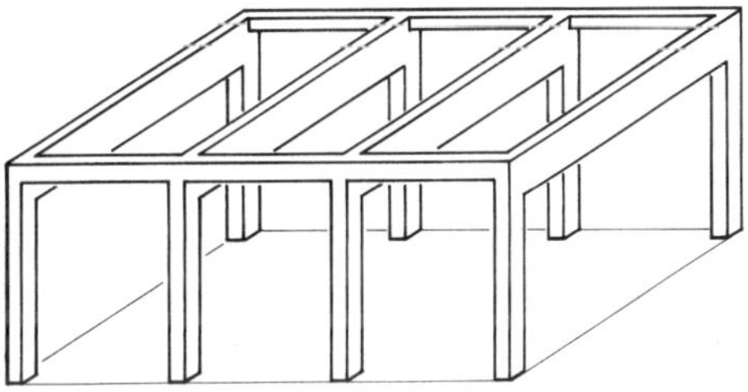

1.13 Skelettbau

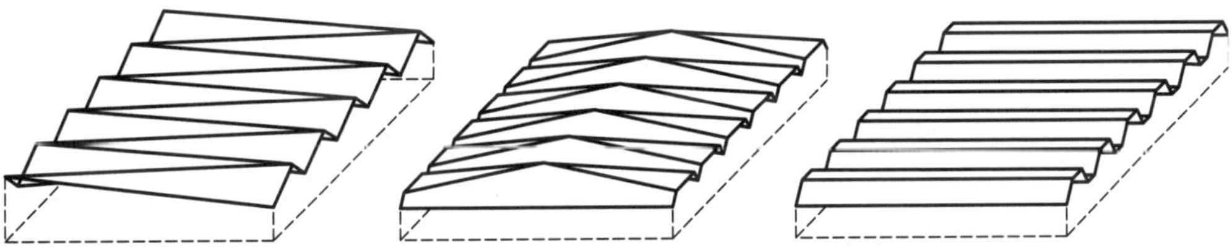

1.14 Formen von Faltwerken

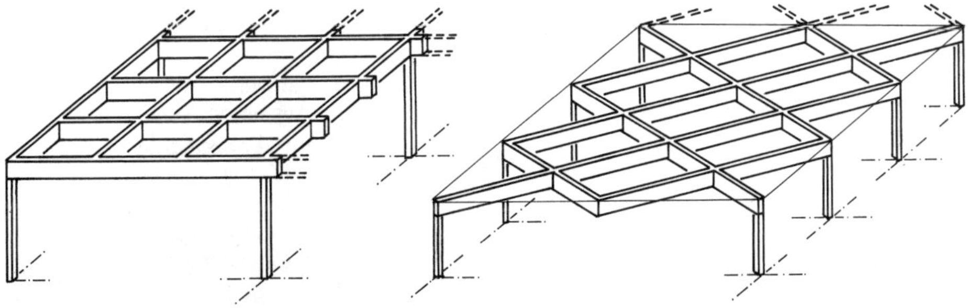

1.15 Rosttragwerke

1

Raumtragwerke (Bild **1**.16). Als Raumtragwerke bezeichnet man Konstruktionen aus räumlichen, meistens prismatischen Gittern, die aus miteinander in den Knotenpunkten verbundenen Stäben bestehen (vgl. Teil 2 dieses Werkes).

Schalentragwerke (Bild **1**.17). Vergleichbar den historischen Gewölbekonstruktionen (s. Abschn. 10.6) können Tragwerke in vielfältiger Form auch aus dünnwandigen in sich gekrümmten Schalen gebildet werden. Stahlbetonkonstruktionen erlauben dabei eine Fülle der verschiedensten Gestaltungsmöglichkeiten, die meistens von Rotationsfiguren oder einfach- bzw. mehrfach gekrümmten Flächen ausgehen.

Seilnetztragwerke sind gekennzeichnet durch zugbeanspruchte Tragseile, die – vielfach mit Vorspannung – an Widerlagern oder Stützen verankert sind. Aus der großen Zahl ausgeführter Beispiele ist in schematischer Darstellung in Bild **1**.18 die Überdachung der Eissporthalle im Olympiapark München (Arch. K. Ackermann u. Partner) gezeigt.

Membran-Tragwerke. Membranartige Hüllen aus hochreißfesten Folien oder Chemiefasergeweben, die über rahmenartige Unterkonstruktionen gespannt werden, ermöglichen die Gestaltung leichter, weitgespannter Überdachungen für Ausstellungs-, Lager-, Sportbauten u. Ä. (s. a. „Textiles Bauen").

Interessante Konstruktionsmöglichkeiten ergeben sich mit pneumatischen Systemen:

Ständig zu erzeugender Luftüberdruck in einem geschlossenen Raum trägt die membranartige Raumhülle (sogenannte „Traglufthallen"). Kissenartige Dachflächen werden aus Doppelmembranen durch Luftüber- oder -unterdruck gebildet und als Überspannung von Räumen in ringartige Konstruktionen gehängt. Größere Spannweiten lassen sich im Zusammenhang mit tragenden Unterkonstruktionen aus zugbeanspruchten Spannseilen erzielen (Bild **1**.19).

Derartige Tragwerke kommen nur für hallenartige Bauwerke, Tribünen oder Überdachungen in Frage, bei denen keine hohen Anforderungen hinsichtlich Wärme- und Brandschutz gestellt werden.

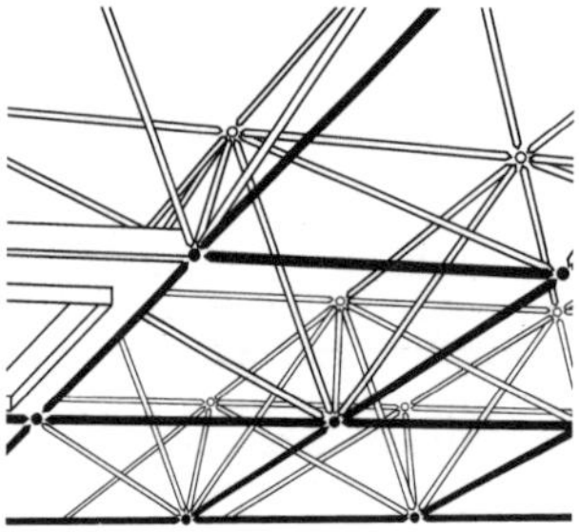

1.16a

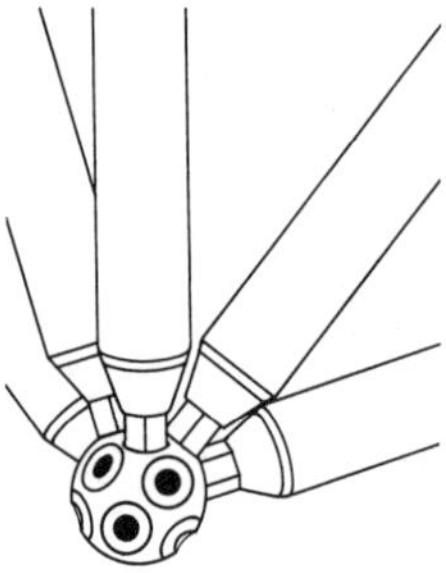

1.16b

1.16 Raumtragwerke (System MERO)
a) Untersicht einer Dachkonstruktion
b) typischer Knoten

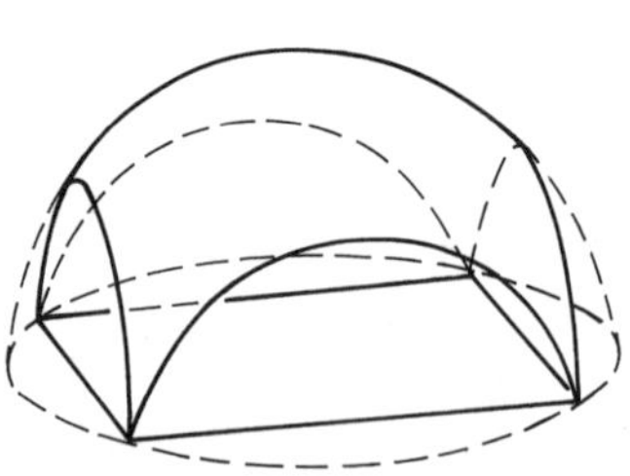

1.17 Schalentragwerke

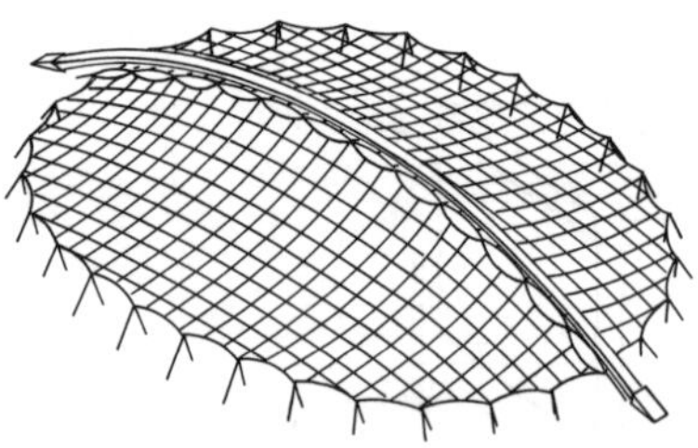

1.18 Seilnetztragwerke

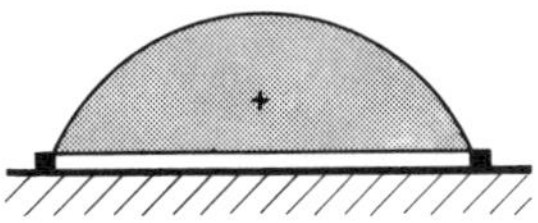

1.19a

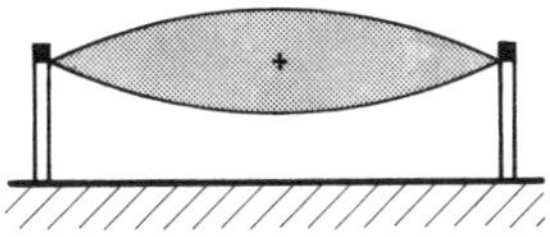

1.19b

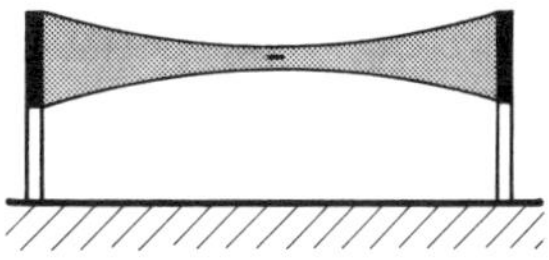

1.19c

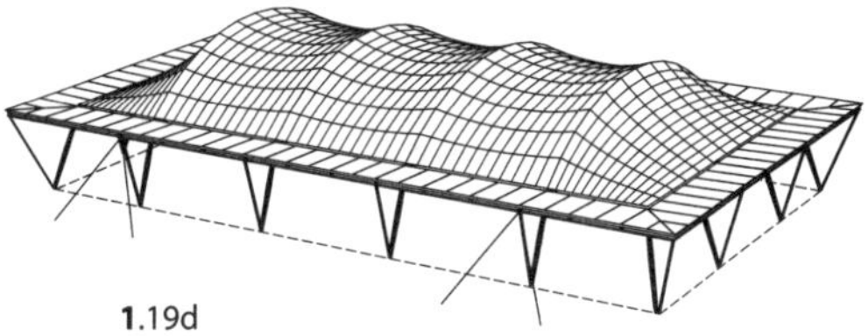

1.19d

1.19 Pneumatische Tragwerke und textile Tragwerke
a) Traglufthalle
b) Dachmembran mit Überdruck
c) Dachmembran mit Unterdruck
d) Textile Überdachung einer Sportanlage (Hestermann-König-Schmidt-Architekten, Erfurt)

1.6 Standsicherheit

Bauwerke müssen in statischer Hinsicht so errichtet und in ihren Einzelteilen dimensioniert werden, dass alle Eigengewichte, Lasten und Beanspruchungen (s. Abschn. 1.2) sicher über die Fundamente auf den Baugrund übertragen werden. Es dürfen keine unzulässigen Bewegungen (Setzungen, seitliche Verschiebungen, Abgleiten auf geneigten Bodenschichten) entstehen (s. Abschn. 4).

Dimensionierung. Unter allen vorauszusehenden Beanspruchungen dürfen die einzelnen Bauteile und das Bauwerk als Ganzes Verformungen oder Bewegungen nur innerhalb sehr enger, genau definierter Grenzen aufweisen. Dazu müssen alle auftretenden bzw. zu berücksichtigenden Beanspruchungen der einzelnen Bauteile erfasst oder gemäß Vorschriften bzw. Normen berücksichtigt werden.

Danach sind die erforderlichen Dimensionen für die einzelnen Tragelemente (s. Abschn. 1.4) zu ermitteln und der *Standsicherheitsnachweis* für das gesamte Bauwerk zu führen.

Statische Wirksamkeit. Einen wesentlichen Einfluss auf die Standsicherheit eines Bauwerkes haben die in der Regel vorhandenen platten- oder scheibenförmigen Bauteile der Wand-, Decken- oder Dachflächen. Man unterscheidet hinsichtlich der statischen Wirksamkeit:

- *Plattenwirkung* (durchbiegend beansprucht) (Bild **1**.20) und
- *Scheibenwirkung* (aussteifend wirksam) (Bild **1**.21).

Freistehende Wände können horizontale und größere vertikale Lasten aufnehmen, wenn sie nicht zu schmal und nicht zu hoch sind und in diesem Fall als „Schwerkraftmauern" wirksam werden können (Bild **1**.22).

Einspannung. Wände und Stützen mit großem Schlankheitsgrad können gegen Kippen durch Einspannen in Fundamente oder andere benachbarte Bauteile gesichert werden, wenn sie z. B. als Stahlbetonkonstruktion in der Lage sind, Biegezugbeanspruchungen standzuhalten (Bild **1**.23).

Gegen Kippen, Knicken oder Ausbeulen können Wände auch durch zusätzliche in oder vor der

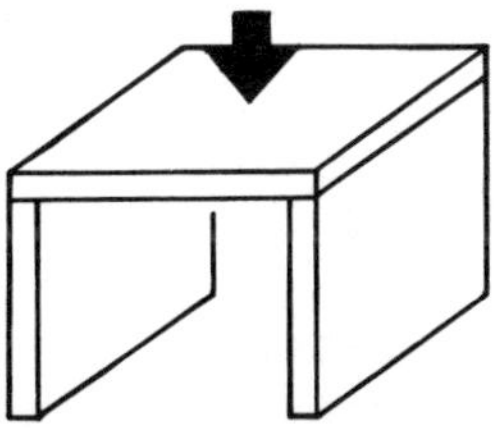

1.20 Plattenwirkung

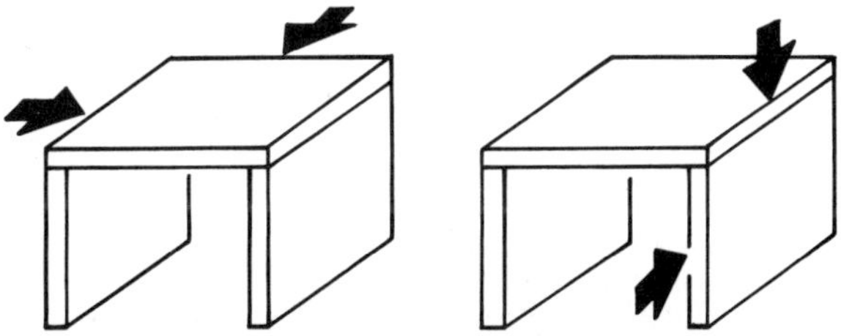

1.21 Scheibenwirkung

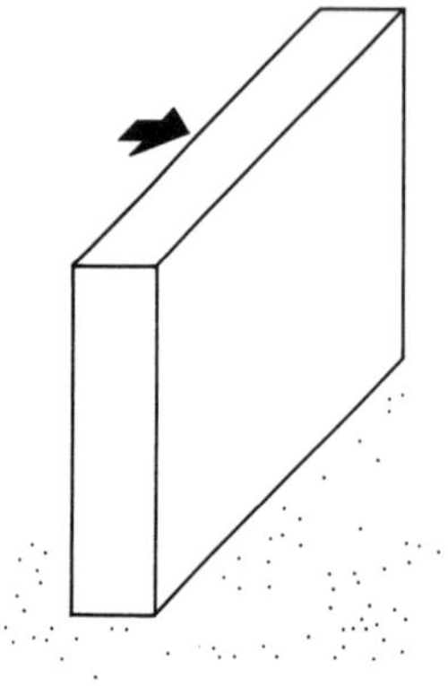

1.22 Schwerkraftmauer
Kippsicherheit = $\frac{\text{Standmoment}}{\text{Kippmoment}} \times \geq 1{,}5$

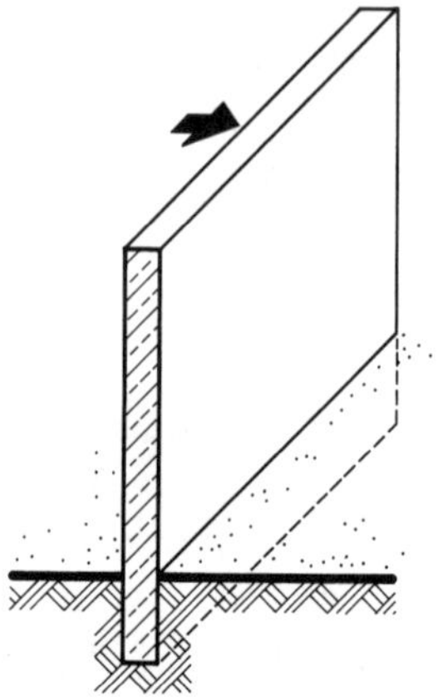

1.23 Eingespannte Stahlbetonwand

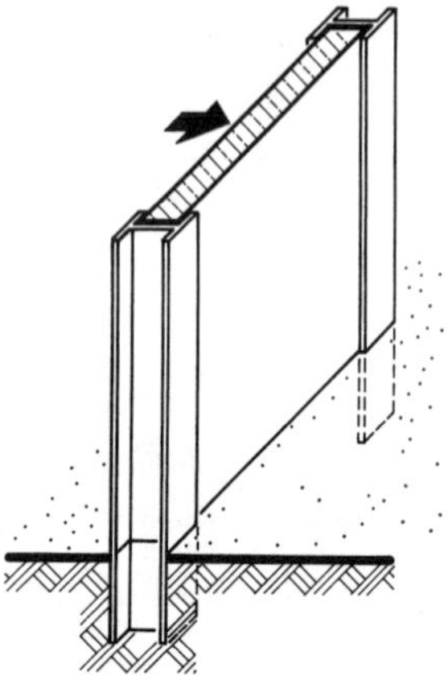

1.24 Mauer zwischen Stahlstützen

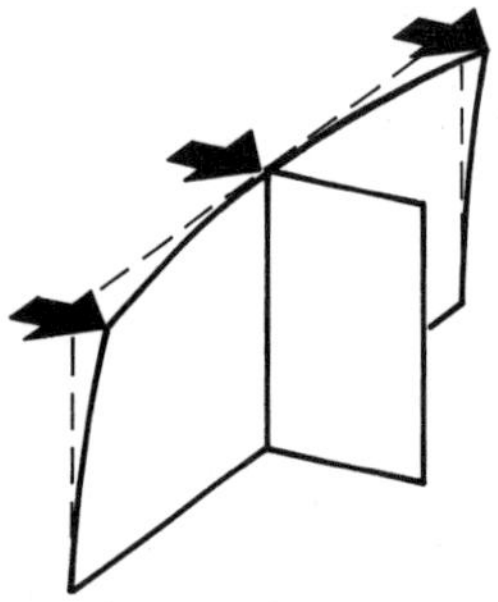

1.25a

1.25b

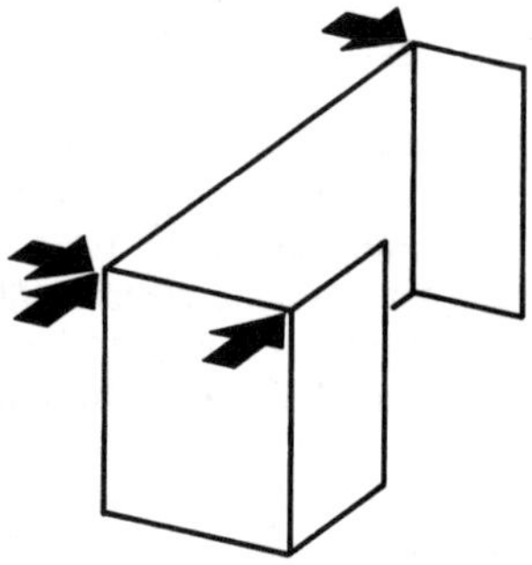

1.25c

1.25 Aussteifung durch Wandscheiben
a) Ecken der ausgesteiften Wand können ausweichen
b) Ecken der aussteifenden Wände können ausweichen
c) Eine aussteifende Wandscheibe ist ebenfalls ausgesteift

1.26 Verbund aussteifender Scheiben
a) nicht ausreichend verbundene aussteifende Wand wird verschoben (gleitet)
b) feste Verbindung zwischen aussteifenden Scheiben

1.26a

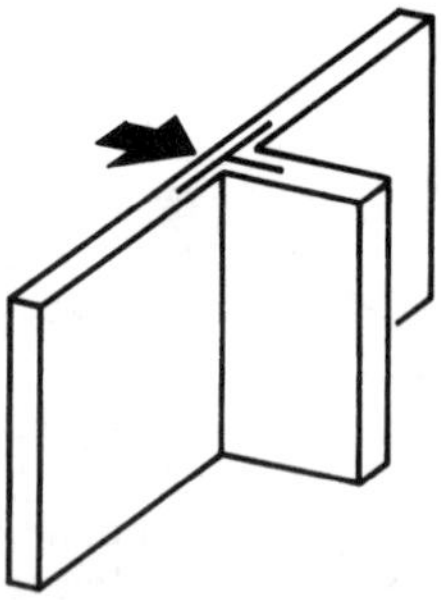

1.26b

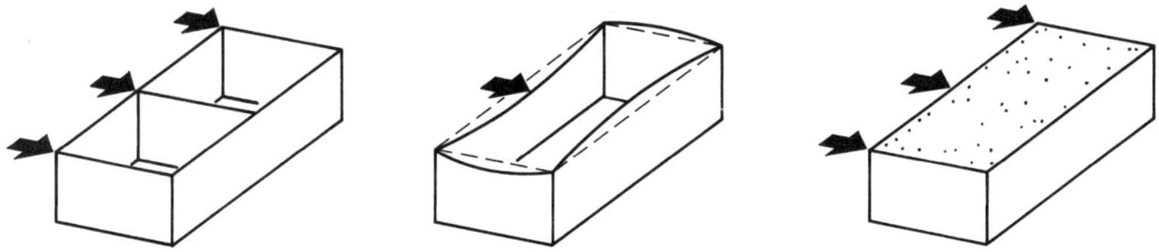

1.27a 1.27b 1.27c

1.27 Zusammenwirken aussteifender Scheiben
a) Aussteifung durch Querwand ausreichend
b) Aussteifung nicht ausreichend (Querwand fehlt)
c) Aussteifungsverbund mit Deckenplatte

Wandebene liegende Pfeilervorlagen, Stahlbeton- oder Stahlstützen gesichert werden (Bild 1.24).

Aussteifung. Für die Standsicherheit von Wänden, insbesondere hinsichtlich von Knick-, Beul- oder Kippbeanspruchung, ist in der Regel neben der Dimensionierung die ausreichende Aussteifung von Bedeutung. Dabei wird das statische Zusammenwirken senkrecht gegeneinander gesetzter und fest miteinander verbundener Scheiben oder Platten ausgenützt (Bild 1.25).

Voraussetzung für die Wirksamkeit der Aussteifung ist, dass *auszusteifende* und *aussteifende* Wandscheiben miteinander ausreichend konstruktiv (z. B. durch Mauerverband, Stahlbewehrung o. Ä.) verbunden sind (Bild 1.26).

Die Wirkung der Aussteifung ist im Übrigen abhängig von

- Höhe der auszusteifenden Wand,
- Dicke der auszusteifenden Wand,
- Abstand der aussteifenden Wände untereinander,
- Länge der aussteifenden Wände,
- Dicke bzw. Gewicht der aussteifenden Wände (DIN 1053, s. a. Abschn. 6.2.1.1).

Sind größere Abstände zwischen den aussteifenden Wänden nötig, werden horizontale Deckenscheiben zur Aussteifung herangezogen, wenn sie konstruktiv dazu geeignet sind (z. B. Stahlbetonplatten) und ausreichend mit den auszusteifenden Bauteilen verankert werden können (Bild 1.27).

In mehrgeschossigen Bauwerken kann auf diese Weise ein wabenartiges Gefüge aus sich gegenseitig aussteifenden Umfassungs- und Zwischenwänden sowie Deckenscheiben entstehen (Bild 1.28).

Als *Grundrisstypen* von Bauten mit tragenden Wänden („Wandbauten") haben sich entwickelt

- *Längswandbauten* (Bauwerke mit tragenden, ausgesteiften Längswänden)
- *Querwand- oder Schottenbauten* (Bauwerke mit tragenden ausgesteiften Querwänden) (Bild 1.29).

Die Wahl eines derartigen statischen Wandbausystems ist von entscheidender Bedeutung für die Grundrissaufteilung, Belichtung und die Gestaltung eines Bauwerkes.

Während nichttragende Raumtrennwände oder Fassadenteile bei späteren andersartigen Nutzungsanforderungen an das Gebäude nachträglich mit relativ geringem Aufwand verändert oder beseitigt werden können, lassen sich tragende oder aussteifende Bauteile nicht oder nur unter großen technischen Schwierigkeiten umdimensionieren oder entfernen.

Ein Beispiel für die Gestaltungsmöglichkeiten mit einzelnen freistehenden Wandscheiben, Treppen-

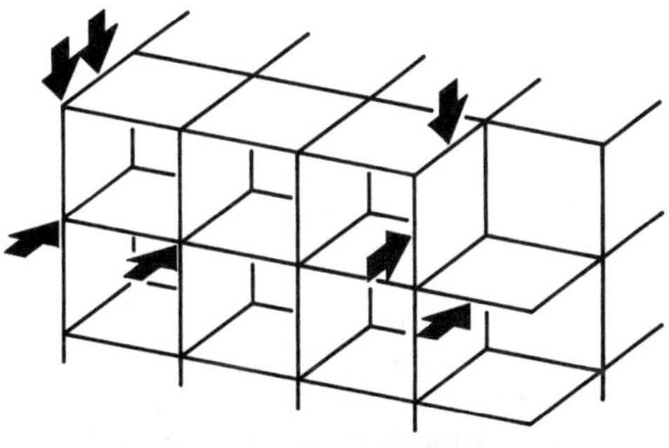

1.28 Wabenartiges Baugefüge („verschachtelte" Flächen bilden eine widerstandsfähiges Raumgefüge)

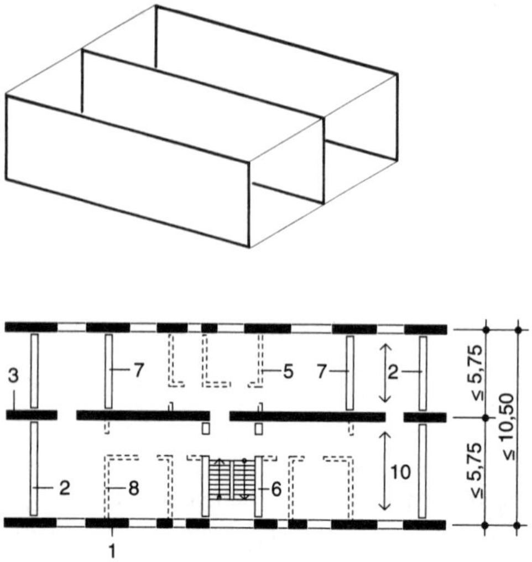

1.29a

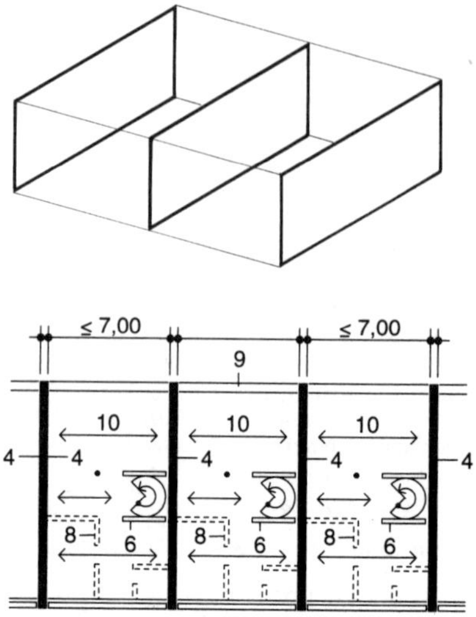

1.29b

1.29 Anordnung tragender Wände
(schematische Darstellungen und Grundrisse)

a) Längswandbau mit tragenden Längswänden, nicht tragenden Querwänden
b) Querwandbau mit tragenden Querwänden (Schotten), nicht tragenden Außenwänden

1 Umfassungswände, tragende Aussenwände
2 Brandwand
3 tragende Längswand
4 tragende Querwand
5 aussteifende Querwand
6 Treppenhauswand, aussteifend und gfls. tragend
7 Wohnungstrennwand, aussteifend und gfls. tragend
8 leichte Trennwand (nicht tragend und nicht aussteifend)
9 nichttragende Außenwand oder Fassade
10 Spannrichtung der Decken

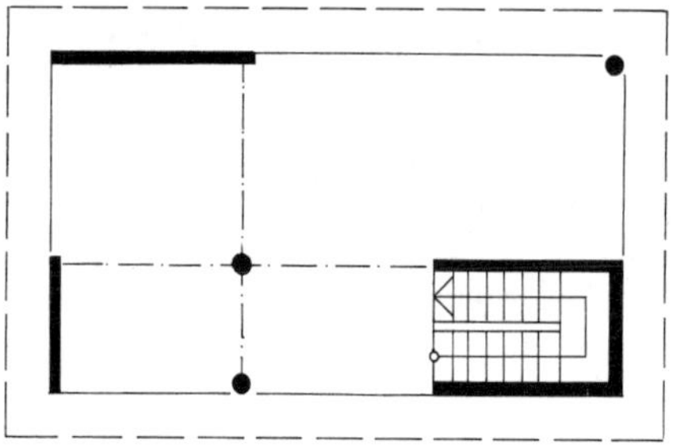

1.30 Aussteifung bei freier Grundrissgestaltung durch Wandscheiben

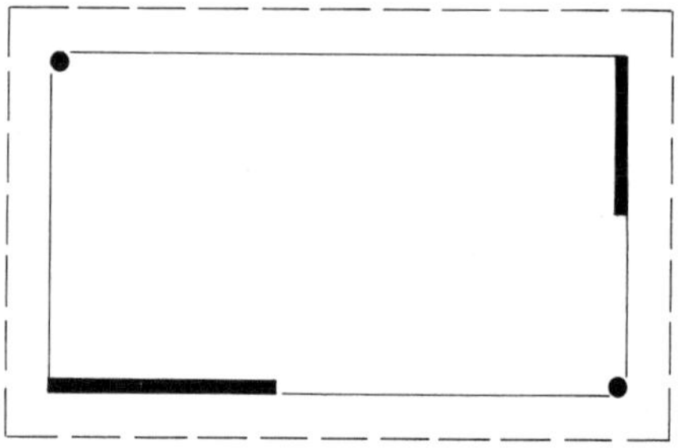

1.31 Ungünstige Anordnung von Aussteifungsscheiben

hauskern und Stützen, die in Zusammenhang mit der Deckenplatte ausgesteift werden, zeigt Bild 1.30.

Die Wahl und Anordnung der Bauteile zu Aussteifung gegen horizontale Beanspruchungen hat immer mehrere Lastfälle (z. B. Winddruck und Windsog) zu berücksichtigen und muss in mindestes zwei Richtungen erfolgen. Die Bauteile zur Aussteifung dürfen sich nicht kreuzen.

Ebenso ist bei der Anordnung der aussteifenden Scheiben zu beachten, dass auch Momente („Verdrehungen") um die Senkrechte aufgenommen werden können. Bei einer Anordnung der aussteifenden Scheiben wie in Bild 1.31 ist die Deckenplatte bei einer Beanspruchung in Drehrichtung um die Senkrechte verschieblich gelagert.

In Skelettbauten kann die Aussteifung der Rahmen oder Binder in einer Richtung mit biegestei-

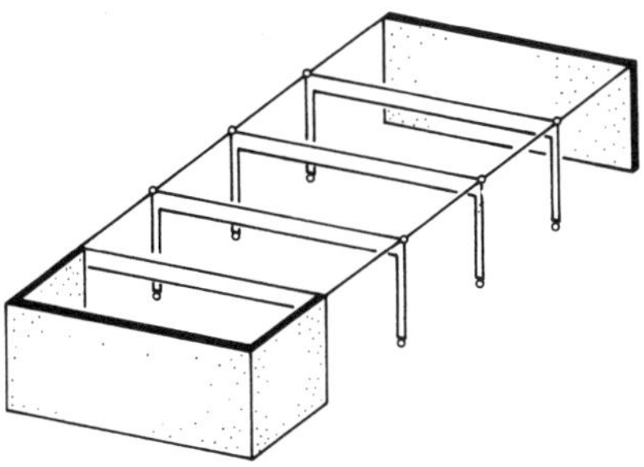

1.32a

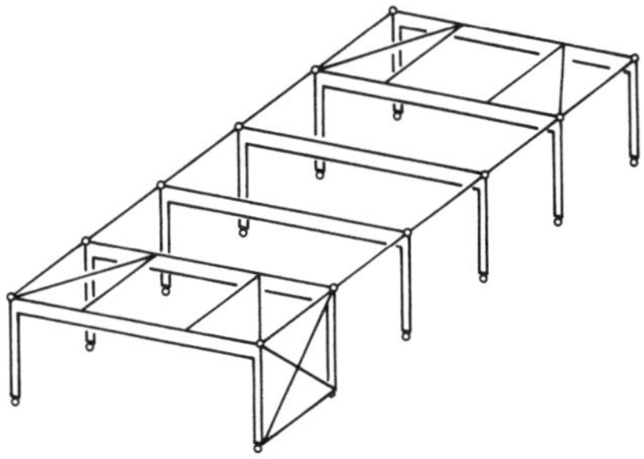

1.32b

1.32 Aussteifung von Skelettkonstruktionen
a) Aussteifung durch Wandscheiben und durch Rahmen mit biegesteifen Ecken
b) Aussteifung durch Diagonalverbände und Rahmen mit biegesteifen Ecken

fen Eckverbindungen und Einspannung (s. Bild **1**.8) erreicht werden. Die Binder untereinander können in der anderen Richtung durch Wand- und Deckenscheiben wie im Wandbau ausgesteift werden (Bild **1**.32a). Meistens ist aber die Ausführung von Dreiecksverbänden durch zugbeanspruchte Stahlprofile oder -seile wirtschaftlicher (Bild **1**.32b und **1**.7f).

1.7 Normen

Norm	Ausgabedatum	Titel
DIN 1055-1	06.2002	Einwirkungen auf Tragwerke; Wichte und Flächenlasten von Baustoffen, Bauteilen und Lagerstoffen
DIN 1055-2	02.1976	Lastannahmen für Bauten; Bodenkenngrößen, Wichte, Reibungswinkel, Kohäsion, Wandreibungswinkel
DIN 1055-3	06.1971	–; Verkehrslasten
E DIN 1055-3	03.2000	Einwirkungen auf Tragwerke; Eigen- und Nutzlasten für Hochbauten (gilt in Verbindung mit DIN 1055-100 und anderen Normen der Reihe DIN 1055)
DIN 1055-4	08.1986	Lastannahmen für Bauten; Verkehrslasten, Windlasten bei nicht schwingungsanfälligen Bauwerken
DIN 1055-4/A1	06.1987	–; Verkehrslasten, Berichtigungen
E DIN 1055-4	03.2001	Einwirkungen auf Tragwerke; Windlasten
DIN 1055 5	06.1975	Lastannahmen für Bauten; Verkehrslasten, Schneelast und Eislast
DIN 1055-5/A1	04.1994	Lastannahmen für Bauten; Verkehrslasten, Schneelast und Eislast (Karte der Schneelastzonen)
E DIN 1055-5	04.2001	Einwirkungen auf Tragwerke; Schnee- und Eislasten
DIN 1055-100	03.2001	Einwirkungen auf Tragwerke; Grundlagen der Tragwerksplanung; Sicherheitskonzept und Bemessungsregeln
DIN 4149-1	04.1981	Bauten in deutschen Erdbebengebieten; Lastannahmen, Bemessung und Ausführung üblicher Hochbauten
DIN 4150-1	06.2001	Erschütterungen im Bauwesen; Vorermittlung von Schwingungsgrößen
DIN 4150-2	06.1999	–; Einwirkungen auf Menschen in Gebäuden
DIN 4150-3	02.1999	–; Einwirkungen auf bauliche Anlagen
DIN V ENV 1991-1	12.1995	Eurocode 1: Grundlagen der Tragwerksplanung und Einwirkungen auf Tragwerke; Teil 1: Grundlagen der Tragwerksplanung; Deutsche Fassung ENV 1991-1: 1994

1

1.8 Literatur

[1] *Ackermann, K.*: Tragwerke in der konstruktiven Architektur. Stuttgart 1988

[2] *Egger, H., Beck, H., Mandl, P.*: Tragwerkselemente. Stuttgart 1996

[3] *Führer, W., Ingendaaij, S., Stein, F.*: Der Entwurf von Tragwerken. Köln 1995

[4] *Heller, R., Savadori, M.*: Tragwerk und Architektur. Braunschweig 1977

[5] *Krauss, F., Führer, W., Neukäter, H.J., Willems*: Grundlagen der Tragwerkslehre 1 und 2. Köln 1999 und 2000

[6] *Laske / Richter*: Form-, vektor-, und flächenaktive Tragsysteme, FHD 1996; www.fh-darmstadt .de

[7] *Mann, W.*: Tragwerkslehre in Anschauungsmodellen. Stuttgart 1985

[8] *Schmidt, P.*: Schalentragwerke aus Spannbeton. IRB 1995; www.irb.fhg.de

2 Normen, Maße, Maßtoleranzen

2.1 Allgemeines

Die gesetzliche Grundlage für das Bauen in Deutschland sind die Landesbauordnungen der einzelnen Bundesländer (LBO), die auf der Basis der Musterbauordnung (MBO) des Bundes erlassen wurden. Sie gelten für bauliche Anlagen insgesamt aber auch für Bauprodukte, Baustoffe und Bauteile mit dem Ziel, auch die Bauprodukte den Anforderungen der Bauordnungen zu unterwerfen.

Für die Ausführung moderner Bauwerke ist das Zusammenwirken einer oft großen Anzahl verschiedener spezialisierter Unternehmen und Lieferanten erforderlich. Die unterschiedlichsten Bauteile und Bauteilgruppen müssen kombinierbar sein.

Mit dem Zusammenwachsen der Wirtschaftssysteme ist über den nationalen Rahmen hinaus die Festlegung von Qualitätsbegriffen und Ausführungskriterien unabdingbar. Maßsysteme und die Koordinierung von Maßen sowie produktions- oder ausführungsbedingte unvermeidliche Maßabweichungen werden daher zunehmend nicht nur innerhalb der einzelnen Staaten, sondern auch innerhalb Europas und international definiert.

Einen monatlich aktualisierten Stand der geltenden internationalen, europäischen und deutschen Normen, Normentwürfe und darüber hinausgehender anderer technischen Regeln, Rechts- und Verwaltungsvorschriften einschl. der EG-Richtlinien stellt das deutsche Institut für Normung e.V. (DIN) mit der Datenbank PERINORM zur Verfügung.

2.2 Normen

2.2.1 Deutsche Normung

Wie auch auf anderen Wirtschaftsgebieten hat sich im Bauwesen in Übereinkunft der betroffenen Hersteller, des Handels, der Verarbeiter, der Verbraucher usw. seit mehr als 80 Jahren in demokratischer Selbstverwaltung die technische Normung entwickelt.

Der Träger der ständig entsprechend dem Stand der Technik weiterentwickelten Normungsarbeit in Deutschland ist als gemeinnütziger eingetragener Verein das DIN (Deutsches Institut für Normung e.V.). Es erarbeitet mit Beteiligung aller Betroffenen die deutschen DIN-Normen. Sie dienen (z. B. als Baustoffnormen) als Verständigungsgrundlage und für den „Regelfall" als Empfehlung für eine einwandfreie technische Ausführung von Bauleistungen (Ausführungsnormen). Wichtige Ausführungsnormen für das Bauwesen sind zusammengefasst in der „Verdingungsordnung für Bauleistungen" (VOB), Teil C.

Mit den DIN-Normen kann zum Zeitpunkt ihres Erscheinens der gebräuchliche, jedoch juristisch nicht definierte Begriff der *„Anerkannten Regeln der Baukunst"* beschrieben werden.

Zustandekommen und Bezeichnungen von Normen

E DIN Grundsätzlich darf jedermann einen Normungsantrag stellen. Nach Prüfung durch spezielle Normungsausschüsse kann daraus ein Normentwurf erarbeitet werden, der als Entwurf („Gelbdruck") der Öffentlichkeit zur Stellungnahme vorgelegt wird (E DIN…).

DIN Nach Klärung von Einsprüchen, der Einarbeitung von Änderungsvorschlägen und schließlicher Übereinkunft der Betroffenen kann eine neue Norm als DIN… in das allgemeine Normenwerk aufgenommen werden.

DIN- Bbl. DIN-Normen können durch „Beiblätter" ergänzt werden, in denen Erläuterungen, Beispiele, Anwendungshilfsmittel usw. enthalten sind (DIN…, Bbl.…).

DIN V Eine „Vornorm" (DIN V…) ist in Ausnahmefällen das Ergebnis einer Normungsarbeit, die z. B. wegen bestimmter Vorbehalte zum Inhalt vorerst nicht als Norm herausgegeben werden kann. Sie gilt nicht als eingeführter Teil des Deutschen Normenwerkes.

DIN EN Europäische Norm, die in das Deutsche Normenwerk übernommen ist (s. Abschn. 2.2.2).

Zur Arbeitserleichterung gibt es ferner „Übersichtsnormen", in denen unter einer eigenen DIN-

Nummer verschiedene einschlägige DIN-Normen (ohne Änderungen oder Zusätze) zusammengefasst sind.

Normen sind keine rechtsverbindlich bindenden Bestimmungen, Gesetze oder Verordnungen, und ihre Anwendung ist grundsätzlich freigestellt. Sie entstehen auch unter Mitwirkung von Branchen, Unternehmungen und interessierten Kreisen, die jeweils ihre Standpunkte vertreten und eine gewisse Einflussnahme auf das Marktgeschehen anstreben. Bei Streitigkeiten werden DIN-Normen jedoch weitgehend als Beurteilungsmaßstab herangezogen. Denjenigen, der eine Abweichung von einer Norm zu vertreten hat, trifft in solch einem Fall in besonderem Maße die Beweislastpflicht.

Bestimmte Normen werden von den Behörden als *Technische Baubestimmungen* „bauaufsichtlich eingeführt". In diesem Fall sind sie verbindlich und gelten als *„Allgemein anerkannte Regel der Technik"*.

Beachtet werden muss andererseits, dass für die Ausführung einer Bauleistung oder eines Bauwerkes die genaue Erfüllung bestimmter, für den „Regelfall" entwickelter Normen nicht allein ein einwandfreies Ergebnis garantieren kann. Sowohl Planer als auch Bauausführende haben in eigener Verantwortung zu überprüfen, ob im Einzelfall sogar Abweichungen von Festsetzungen der Normen geboten sein können.

2.2.2 Europäische Normung

Als gemeinsame europäische Normungsinstitution wurde das Europäische Komitee für Normung (CEN) mit Sitz in Brüssel gegründet. Seine Mitglieder sind die nationalen Normungsorganisationen der EU- und EFTA-Staaten. Die Normungsorganisationen der diesen Verbänden noch nicht angegliederten mittel- und osteuropäischen Staaten werden vom CEN anerkannt und haben Beobachterstatus. Deutsches Mitglied im CEN ist das DIN (Deutsches Institut für Normung e.V.).

Aufgabe des CEN ist es, die bestehenden nationalen Normungen zu harmonisieren und langfristig ein europäisches Normenwerk zu schaffen. Die bereits geschaffenen Europäischen Normen (EN) sind das Ergebnis recht komplizierter Beratungs- und Beschlussvorgänge, auf die hier nicht besonders eingegangen werden kann.

Entsprechend den unterschiedlichen geographischen, klimatischen und lebensgewohnheitlichen Bedingungen sowie unterschiedlichen Schutzniveaus in den einzelnen Mitgliederländern können europäische Normen verschiedene Anforderungsstufen oder -klassen enthalten.

Bei der europäischen Normung wurden von der Europäischen Kommission verschiedene Kategorien festgelegt:

A-Normen betreffen Entwurf, Bemessung und Ausführung von Bauwerken oder Bauteilen (Lastannahmen, Bemessungen, Berechnungs- und Planungsvorschriften). Hierzu zählen die sogenannten *„Eurocodes"* (s. u.).

B-Normen legen Produkteigenschaften fest.

B_h-Normen („horizontale Normen") sind zwischen A- und B-Normen eingestuft. Sie gelten für ganze Produktfamilien und regeln z. B. Messverfahren oder bestimmte Produkteigenschaften.

EN-Normen. Ähnlich wie bei den deutschen Normen wird bei der europäischen Normung nach dem Bearbeitungsstand unterschieden:

prEN Europäischer Norm-Entwurf
EN Europäische Norm
prENV Europäischer Vornorm-Entwurf
ENV Europäische Vornorm

Europäische Normen (EN) müssen nach bestimmten Fristen von den CEN-Mitgliedern in die nationale Normung übernommen werden. Sie werden nicht als solche veröffentlicht, sondern erscheinen im Deutschen Normenwerk unter DIN EN mit derselben Zählnummer, die auch die Europäische Norm hat (z. B. EN 196-4 = DIN EN 196-4). Sie erlangen mit ihrer Veröffentlichung Verbindlichkeit auf nationaler Ebene.

Europäische Vornormen (ENV) können für maximal 3 Jahre probeweise angewendet werden, und parallel zu entgegenstehenden nationalen Normen beibehalten werden. Eine als technische Baubestimmung eingeführte europäische Norm gilt als „Allgemein anerkannte Regel der Technik" auf nationaler Ebene.

Eurocodes (EC). Entsprechend der Kategorie der A-Normen werden vom CEN zunächst neun Eurocodes mit jeweils mehreren Teilen erarbeitet: Für die Definition allgemeiner Einwirkungen, den Entwurf, die Berechnung und die Bemessung von Bauwerken aus

- Beton, Stahl, Verbundbauweisen, Holz, Mauerwerk, Aluminium sowie für
- Geotechnik, Gründungen und für Bauten in Erdbebengebieten.

Für den Bereich Stahlbau ist z. B. der Eurocode 3 – Teil 1-1 erschienen: „Bemessung und Konstruktion von Stahlbauten; Allgemeine Bemessungsregeln, Bemessungsregeln für den Hochbau"; dieser ist als DIN V ENV 1993-1-1 in das Deutsche Normenwerk übernommen worden. Für diesen Eurocode sind z. Z. noch weitere Teile über Feuerwiderstand sowie für spezielle Bauten in Arbeit.

2.2.3 Internationale Normung

ISO-Normen. Mit Sitz in Genf wurde die Internationale Organisation für Standardisierung (ISO) gegründet mit dem Ziel, die Normung weltweit zu fördern und um dadurch weltweit die wirtschaftliche Zusammenarbeit und den Austausch von Waren und Dienstleistungen zu erleichtern. In dieser Organisation arbeiten die nationalen Normungsgremien zusammen. Deutsches Mitglied in der ISO ist das DIN (Deutsches Institut für Normung e.V.). Von der ISO wurden seither auf vielen Gebieten zahlreiche Normen und Normentwürfe erarbeitet. Diese Internationalen Normen sind teilweise in das Deutsche Normenwerk übernommen worden (DIN ISO...).

Mit dem Ziel einer weltweiten internationalen Qualitätssicherung wurde die Reihe der ISO-Normen 9000–9004 geschaffen. Während in DIN ISO 9000 allgemeine Anwendungsrichtlinien enthalten sind, werden in den folgenden Normen als Voraussetzung für eine „Zertifizierung" (d. h. für den Nachweis eines *Qualitätssicherungssystemes*) die folgenden QS- Nachweisstufen festgelegt:

- DIN ISO 9001
  Entwicklung, Konstruktion, Fertigung, Montage, Service: Qualitätsanforderungen in allen Phasen,
- DIN ISO 9002
  Fertigung, Montage: Qualitätsanforderungen während der Herstellung,
- DIN ISO 9003
  Endprüfung: Qualitätsanforderungen durch Prüfung im Endzustand, ferner in
- DIN ISO 9004
  Leitfaden zur Leistungsverbesserung

Für die weltweite Vereinheitlichung auf dem Gebiet der Elektrotechnik arbeitet die Internationale Elektrotechnische Kommission (IEC) mit Sitz in Genf.

Die **Zertifizierung** wird durch anerkannte, akkreditierte Stellen zuerkannt. In Deutschland ist hierfür der Deutsche Akkreditierungsrat (DAR) in Berlin im Auftrag von Bund, Ländern und Wirtschaft als Dachverband zuständig. Mit dem Zertifikat wird einem Unternehmen oder einem Teilbereich eines Unternehmens auf Grund einer vertraglichen Regelung die „Qualitätsfähigkeit" bestätigt.

Mit der Zertifizierung wird allerdings nichts über die tatsächliche Qualität eines Produktes ausgesagt, sondern lediglich bestätigt, dass eine Verpflichtung zur Einhaltung bestimmter betriebseigener Qualitätsansprüche besteht.[1)]

2.2.4 Bauprodukte

Der nationalen Umsetzung der EU-Bauproduktrichtlinie (1988) dient das *Bauproduktengesetz* (BauPG v. 10.8. 1992/27.4. 1993) sowie die auf Basis der Musterbauordnung (MBO 1993) seit 1994 novellierten Landesbauordnungen. Es regelt den freien Warenverkehr mit Bauprodukten innerhalb der Europäischen Union durch Abbau von Handelshemmnissen infolge unterschiedlicher technischer Vorschriften, Normen, Zulassungen usw.

Produkte, die mit den „harmonisierten" europäischen Normen bzw. Zulassungen übereinstimmen und damit einem geregelten Mindestsicherheitsstandard entsprechen, werden durch das „Europäische Konformitätszeichen" (CE) kenntlich gemacht. Das CE-Zeichen wird auf längere Sicht Gütekennzeichen wie das VDE- oder GS-Zeichen ersetzen.

Nach § 4 des BauPG ist es (vorbehaltlich möglicher Ausnahmen und Befreiungen) nur dann gestattet, ein Bauprodukt in den Verkehr zu bringen, wenn es mit dem CE-Zeichen gekennzeichnet ist.

Die Umsetzung des noch wenig bekannten Gesetzes wird zwar noch einige Zeit in Anspruch nehmen, doch sind bereits jetzt die Auswirkungen auf die Verdingungsordnung (VOB) sowie AGB-Klauseln zu beachten [7].

Bauregellisten

Nach den Landesbauordnungen dürfen Bauprodukte und Bauarten (Zusammenfügung von Bauprodukten zu baulichen Anlagen) nur eingesetzt werden, wenn sie den Anforderungen des Bauproduktengesetzes entsprechen. Die Landesbauordnungen unterscheiden zwischen geregelten, nicht geregelten und sonstigen Bauprodukten,

---

1) Eine Zertifizierung ist bei Nachweis eines nach DIN EN ISO 9000 ff. vorhandenen Qualitätsmanagement-Systems (QMS) auch für Architektur- und Ingenieurbüros möglich.

2

die in Bauregellisten Teil A, B und C aufgeführt sind. Bauregellisten enthalten:

- Bezeichnung des Bauproduktes bzw. der Bauart
- Technischen Regeln für das Bauprodukt bzw. die Bauart
- Erforderlichen Übereinstimmungsnachweis (Ü-Zeichen)
- Notwendigen Verwendbarkeits- bzw. Anwendbarkeitsnachweis (z. B. allg. bauaufsichtliches Prüfzeugnis oder allg. bauaufsichtliche Zulassung
- Bei nicht geregelten Bauprodukten bzw. Bauarten das anerkannte Prüfverfahren

Die *Bauregelliste A Teil 1* enthält für *geregelte Produkte* in tabellarischen Aufstellungen die technischen Regeln, die erforderlichen Übereinstimmungs- und ggf. Verwendbarkeitsnachweise, die zur Erfüllung der bauaufsichtlichen Anforderungen nötig sind (Technische Baubestimmungen).

Übereinstimmungs- und Verwendbarkeitsnachweise können sein: Übereinstimmungserklärungen des Herstellers (ggf. nach vorheriger Prüfung des Bauproduktes durch eine anerkannte Prüfstelle), Übereinstimmungszertifikat einer anerkannten Prüfstelle, die allgemeine bauaufsichtliche Zulassung oder ein bauaufsichtliches Prüfzeugnis.

- *Geregelte Produkte* sind Bauprodukte, für die in einer Bauregelliste die technischen Regeln bekannt gemacht sind (z. B. DIN-Normen, VDE- bzw. VDI-Regelungen u. a.) und die davon nicht wesentlich abweichen. Die veröffentlichten Regeln gelten dabei als *„Allgemein anerkannte Regeln der Technik"*. Für Bauprodukte, die diesen Regeln entsprechen, gilt die Verwendbarkeit als nachgewiesen.

In *Teil 2 der Bauregelliste A* werden nicht geregelte Bauprodukte (für die Sicherheit baulicher Anlagen untergeordnete Bauprodukte) und in *Teil 3* nicht geregelte Bauarten aufgeführt.

- *Nicht geregelte Produkte* sind Bauprodukte, für die es keine allgemein anerkannten Regeln gibt bzw. die von den bekanntgegebenen Regeln der Bauregelliste erheblich abweichen. Für diese Produkte muss die Verwendbarkeit entsprechend den Bauordnungen der Länder nachgewiesen werden. Dies geschieht durch Prüfung und allgemeine bauaufsichtliche Zulassung (Deutsches Institut für Bautechnik (DIBt), Berlin) oder durch eine Zustimmung im Einzelfall (Oberste Bauaufsichtsbehörde des jeweiligen Bundeslandes).

Tabelle **2**.1 Übersicht: Bauprodukte, Verwendbarkeitsnachweis, Übereinstimmungsnachweis

Bauprodukte	Verwendbarkeitsnachweis	Übereinstimmungsnachweis
Geregelte Bauprodukte	Ausführung nach DIN-Norm	
= Bauprodukte, die den technischen Regeln der Bauregelliste A, Teil 1 entsprechen.	Feststellung der Übereinstimmung mit den technischen Regeln nach der Bauregelliste A, Teil 1	Nachweis der Übereinstimmung durch Kennzeichnung mit dem Übereinstimmungszeichen (Ü-Zeichen)
Nichtgeregelte Bauprodukte	Verwendung von geprüften Bauprodukten	
= Bauprodukte, die von den technischen Regeln der Bauregelliste A, Teil 1 wesentlich abweichen oder für die es allgemein anerkannte Regeln der Technik nicht gibt.	Feststellung der Übereinstimmung mit • allgem. bauaufs. Zulassung • allgem. bauaufs. Prüfzeugnis • Zustimmung im Einzelfall	Nachweis der Übereinstimmung mit • allgem. bauaufs. Zulassung • allgem. bauaufs. Prüfzeugnis • Zustimmung im Einzelfall durch Kennzeichnung mit dem Übereinstimmungszeichen (Ü-Zeichen)
Sonstige Bauprodukte	Ausführung nach den allgemein anerkannten Regeln der Technik	
= Bauprodukte, für die es allgemein anerkannte Regeln der Technik zwar gibt, die jedoch in die Bauregelliste A, Teil 1 nicht aufgenommen sind.	Kein Verwendbarkeitsnachweis erforderlich	Kein Übereinstimmungsnachweis erforderlich
Bauprodukte nach Liste C		
= Bauprodukte, die für die Erfüllung öffentlich-rechtlicher Anforderungen von untergeordneter Bedeutung sind.	Kein Verwendbarkeitsnachweis erforderlich	Kein Übereinstimmungsnachweis erforderlich

In die *Bauregelliste B* sollen geregelte Produkte aufgenommen werden, die weiteren Europäischen Richtlinien entsprechen.

Die *Bauregelliste C* enthält Produkte, für die es weder technische Baubestimmungen noch allgemein anerkannte Regeln der Technik gibt und die bauaufsichtlich von untergeordneter Bedeutung sind.

Bei der Verwendung aller Bauprodukte trifft im übrigen den Hersteller und ggf. auch den Teilehersteller das Produkthaftungs-Gesetz. Kann der Hersteller nicht festgestellt werden, kann auch der Lieferant haftbar gemacht werden.

2.3 Maßordnung nach DIN 4172

Seit langer Zeit bildeten die Abmessungen von Ziegeln als einem der ältesten Baumaterialien die Grundlage für die Vereinheitlichung von Baumaßen.

Das Breitenmaß von Ziegeln betrug überall entsprechend dem Greifmaß der Hand regional unterschiedlich etwa 10 bis 15 cm. Somit ergaben sich unter der Berücksichtigung der erforderlichen Mörtelfugen beim Vermauern ungeteilter Steine bestimmte Maßsprünge für die Abmessungen von Wanddicken, Pfeilerbreiten, Maueröffnungen usw.

Nach Einführung des metrischen Systems fand der Vorschlag, das „Achtelmeter" (am) = 12,5 cm zur Grundlage einheitlicher Steinmaße zu machen, rasche Verbreitung und führte zu einer der frühesten Normen im Bauwesen, der „Maßordnung im Hochbau", DIN 4172 von 1955. Sie wird bis heute vor allem bei gemauerten Bauwerken angewendet und bildet die Grundlage für Abmessungen vieler Bauelemente und Ausbauteile.

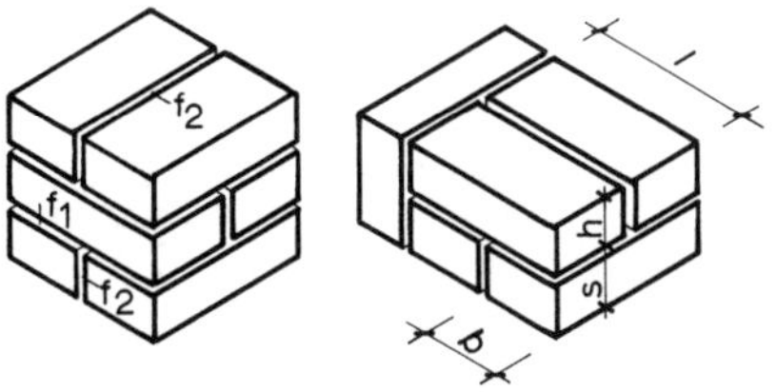

2.2 Maßverhältnisse beim Vollstein Mz nach DIN 105 und KS nach DIN 106

f_1 = horizontale Lagerfuge
f_2 = vertikale Stoßfuge
l = Länge
b = Breite
h = Steinhöhe
s = Schichthöhe (Steinhöhe einschl. einer Lagerfuge)

Die Maßverhältnisse von Ziegeln, Kalksandsteinen o. Ä. künstlichen Bausteinen (s. Abschn. 6.2.2) unter Berücksichtigung der erforderlichen Mörtelfugen zeigt Bild **2**.2.

Dementsprechend sind als Nennmaße festgelegt:

- Länge bzw. Breite: 115, 175, 240, 300, 365, 490 mm
- Höhe: 52 mm (DF, „Dünnformat"), 71 mm (NF, „Normalformat"), 113 mm (2 DF), 238 mm

Diese Maße sind wie folgt errechnet:

Beispiel	Baurichtmaß –	Fuge =	Nennmaß
Steinlänge	25 cm	1 cm	24 cm
Steinbreite	25/2 cm	1 cm	11,5 cm
Steinhöhe (NF)	25/3 cm	1,23 cm	7,1 cm (12 Schichten je m)
Steinhöhe (DF)	25/4 cm	1,05 cm	5,2 cm (16 Schichten je m)

Die gegenseitige Abhängigkeit der Höhenmaße zeigt Bild **2**.3.

Mauerdicken können ausgedrückt werden in Steinlängen oder Achtelmeter (am) (Tabelle **2**.4 und **2**.5).

Beim Vermaßen von Bauwerken nach DIN 4172 muss bei den Einzelmaßen (*Richtmaßen*) jeweils das Fugenmaß von 1 cm für die Stoßfugen zwischen den Steinen berücksichtigt werden.

Es ergeben sich dabei für Baugesamtmaße, Pfeiler und Wanddicken (*A*), für Bauvorsprünge und freie Mauerenden (*P*) und für Rauminnenmaße und Öffnungen (*Ö*) die in Tabelle **2**.6 aufgeführten typischen Maßreihen.

Ein schematisiertes Beispiel für Bauwerksabmessungen zeigt Bild **2**.7.

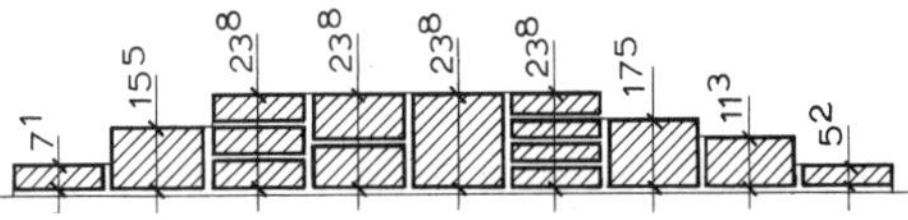

2.3 Gegenseitige Abhängigkeit der Ziegel-Höhenmaße. Auf 1 m Höhe gehen 16 Schichten DF oder 12 Schichten NF

Tabelle **2**.4 Dickenmaße gemauerter Wände

cm	Steinlänge Mauerstein NF (DIN 105, 106, 398)	Achtelmeter (am)
11,5	1/2 Stein dicke Wand	1 er Wand
17,5	–	1 1/2 er Wand
24	1 Stein dicke Wand	2 er Wand
30	–	2 1/2 er Wand
36,5	1 1/2 Stein dicke Wand	3 er Wand

2

Tabelle **2**.5 Wanddicken

Wanddicken mit Verwendung des Mauerziegels DF DIN 105 mit den Abmessungen 240 × 115 × 52

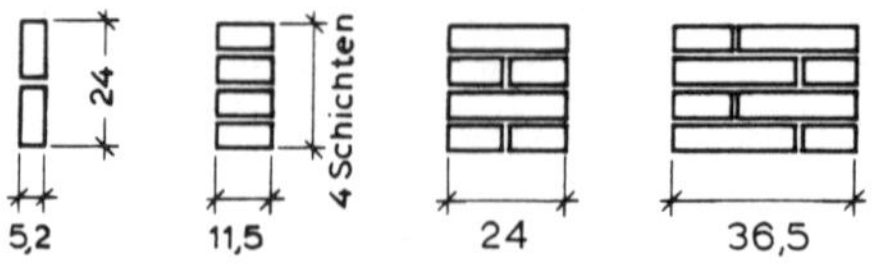

Wanddicken mit Verwendung des Mauerziegels NF DIN 105 mit den Abmessungen 240 × 115 × 71

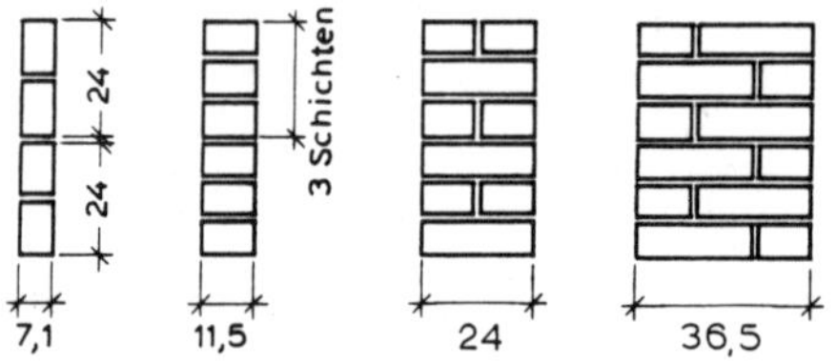

Vollmauerwerk 30 cm und 36,5 cm dick aus Mauersteinen NF DIN 105

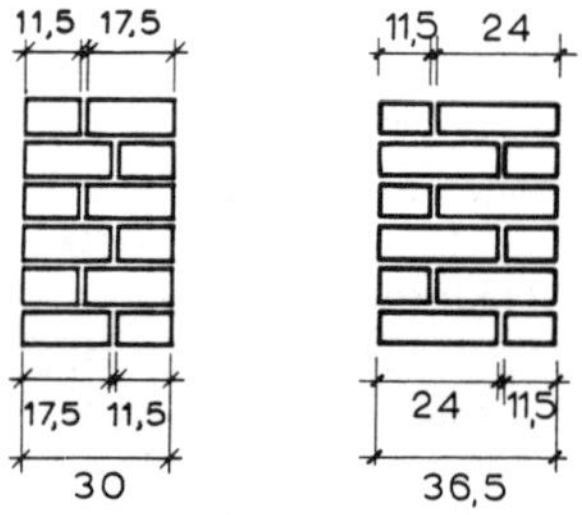

Tabelle **2**.6 Maße in cm nach DIN 4172

Baugesamtmaße, Wanddicken, Pfeiler (A)	Bauvorsprünge, freie Mauerenden (P)	Rauminnenmaße, Öffnungen (Ö)
11,5	12,5	13,5
24	25	26
36,5	37,5	38,5
49	50	51
61,5	62,5	63,5
74	75	76
86,5	87,5	88,5
99	100	101
111,5	112,5	113,5
124	125	126
⋮	⋮	⋮

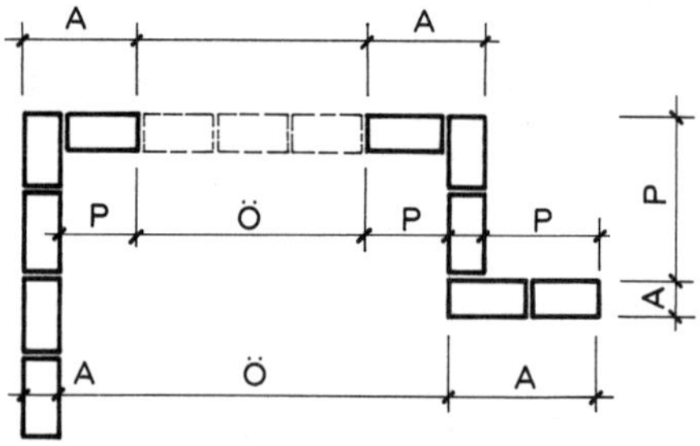

2.7 Bauwerksabmessungen nach DIN 4172
Bauteil $A = n \cdot 12{,}5 - 1$, Rohbaumaß in cm (Wanddicken, Pfeiler, Außenmaße)
Bauteil $Ö = n \cdot 12{,}5 + 1$, Rohbaumaß in cm (Öffnungen, Wandnischen, Rauminnenmaße)
Bauteil $P = n \cdot 12{,}5$, Rohbaumaß in cm (Pfeilervorlagen, freie Mauerenden)

2.4 Modulordnung

Für Bauwerke, bei denen die handwerkliche Bauausführung, z. B. von Maurerarbeiten, eine untergeordnete Bedeutung hat, ist die international üblichere Maßkoordination auf der Basis des Dezimalsystems sinnvoll.

Seit langem wird daher auch auf internationalen Ebenen eine entsprechende Normung angestrebt. Zahlreiche Ansätze zur Klärung von Grundbegriffen, Anwendungsgrundlagen, zeichnerischer Darstellung usw. wurden gemacht, doch stehen verbindliche Festlegungen noch aus, obwohl sie im Hinblick auf den europäischen Gemeinsamen Markt sicher dringend erforderlich wären.

Mit der DIN 18000 *„Modulordnung im Bauwesen"* werden als Hilfsmittel zur Abstimmung von Maßen rechtwinklig im Raum aufeinanderstehende Bezugsebenen als Koordinationssysteme festgelegt (Bild **2**.8)

Sie haben in der Regel untereinander Abstände („Koordinationsmaße") von einem Vielfachen des *Grundmoduls*

$$M = 100\ \text{mm}.$$

Neben dem Grundmodul M gibt es als ausgewählte Vielfache davon die *Multimoduln*

$$3\,M = 300\ \text{mm}$$
$$6\,M = 600\ \text{mm}$$
$$12\,M = 1200\ \text{mm}$$

Als *Ergänzungsmaße* für notwendige Maße, die kleiner sind als M, sind ferner festgelegt: 25, 50 und 75 mm. Damit soll jeweils auf volle M-Werte ergänzt werden.

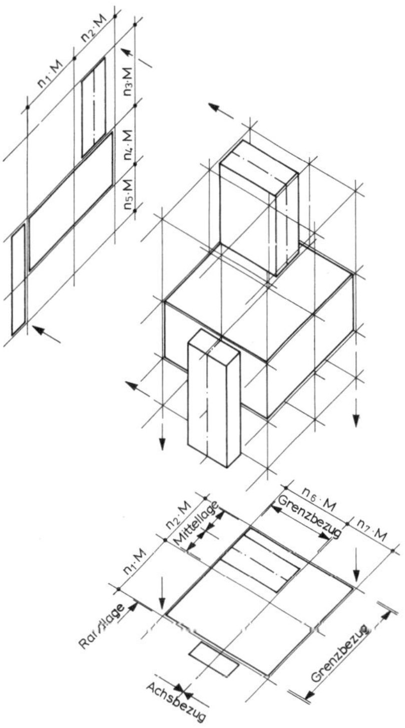

2.8 Bezugsarten im Koordinationssystem nach DIN 18 000

Die *Koordinationsmaße* sollen aus den Moduln bzw. Multimoduln in begrenzten Folgen mit *Vorzugszahlen* gebildet werden:

1, 2, 3 bis 30x M
1, 2, 3 bis 30x 3 M
1, 2, 3 bis 30x 6 M
1, 2, 3 bis 30x12 M

Koordinationsräume. In Weiterführung der in Planungen vielfach üblichen Grundriss-Koordinationsraster werden durch die Regelungen der DIN 18000 dreidimensionale *Koordinationsräume* gebildet.

Dabei können das ganze Bauwerk, Bauteile oder Räume maßlich in verschiedener Weise auf die Koordinationsebenen bezogen sein (vgl. Bild **2**.8), mit

- *Grenzbezug*. Koordinationsebenen bilden die Begrenzung von Bauwerken oder Bauteilen (Bild **2**.9).
- *Achsbezug*. Die Bauteile liegen mittig in einer Koordinationsebene (Bild **2**.10).
- *Randlage*. Eine Koordinationsebene bildet eine Begrenzung (Bild **2**.11).
- *Mittellage*. Eine Bauteil- oder Bauwerksachse liegt in der Mitte zwischen zwei Koordinationsebenen (Bild **2**.12).

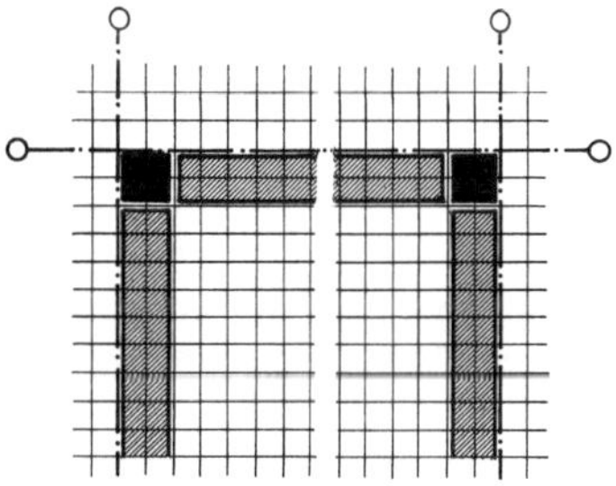

2.9 Grenzbezug

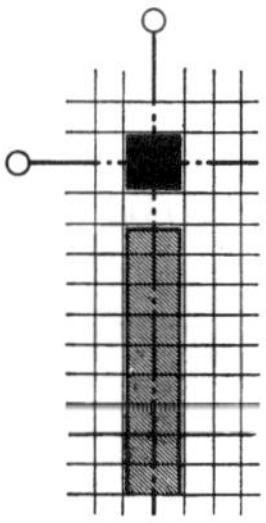

2.10 Achsenbezug

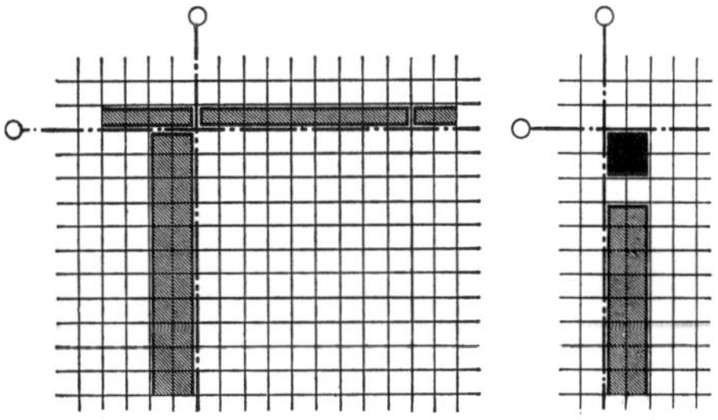

2.11 Randlage

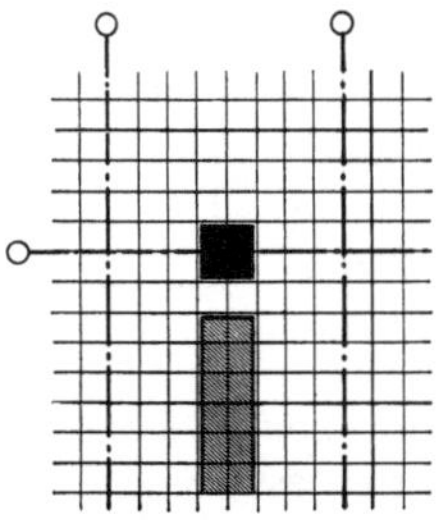

2.12 Mittellage

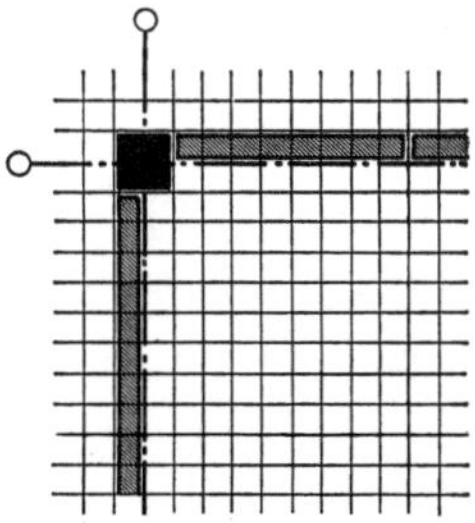

2.13 Achsenbezug und Randlage

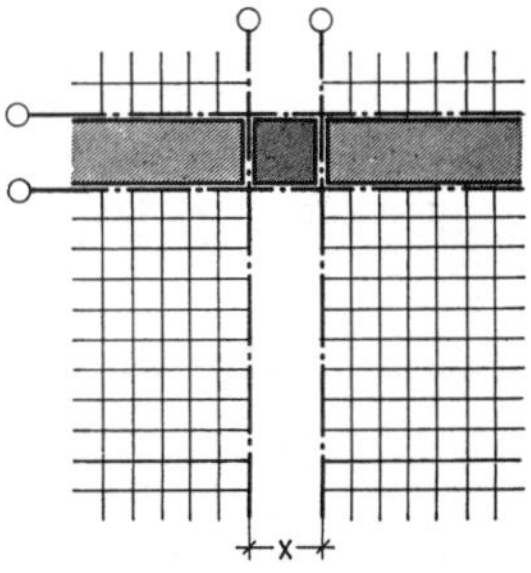

2.14 Nichtmodularer Bereich (x)

2

Dabei können sich Kombinationen verschiedener Bezugsarten ergeben (Bild **2**.13).

Wenn sich in Ausnahmefällen Abmessungen ergeben, die nicht modularen Maßen entsprechen, müssen *nicht modulare Bereiche* gebildet werden, an die mit Randbezug (s. Bild **2**.9 und **2**.11) angeschlossen wird (Bild **2**.14). Wenn in solchen Fällen allein wirtschaftliche Überlegungen im Vordergrund stehen, sollte beachtet werden, dass vielfach nicht nur der durch Mindestabmessungen gegebene Aufwand maßgeblich ist, sondern auch rationelle Fertigung und Montage. Eine Stütze 26 cm/26 cm, die statisch ausreichen würde, kann sich als teurer erweisen als eine an sich unnötig dicke Stütze 3 M/3 M, die aber infolge ihrer Einordnung in das Maßsystem ein Maximum an rationeller Produktion zulässt. Auch spätere Austauschbarkeit kann wichtig sein.

2.5 Maßtoleranzen

Geringfügige Abweichungen von den bei der Planung festgelegten Längen-, Höhen- usw. sowie von Winkelmaßen müssen ebenso wie kleinere Unebenheiten nicht unbedingt Einschränkungen für die Funktion oder Gestaltung von Bauteilen oder ganzen Bauwerken bedeuten.

Bei den meisten heute üblichen Baumethoden werden gewisse Maßabweichungen daher vielfach in Kauf genommen, weil erhöhte Anforderungen an die Maßgenauigkeit in der Regel mit erheblich höherem technischem Mehraufwand und damit auch höheren Herstellungskosten verbunden wären.

In welchem Umfang derartige Abweichungen von den Sollmaßen akzeptiert werden können, bedarf der vorherigen Definition. Es sind daher in DIN 18 201 sowie 18 202 und 18 203 Grundsätze und Toleranzmaße für Bauwerke und Bauteile festgelegt.

In den Normen wird jedoch festgehalten, dass die vorgesehenen Toleranzen für die im Rahmen üblicher Sorgfalt zu erreichende Genauigkeit gelten, wenn nichts anderes vereinbart wird. Eine Überprüfung von Maßen soll nur im Falle von Streitigkeiten erfolgen, etwa um festzustellen, ob für einen Folgeunternehmer die Vorleistungen anderer am Bau Beteiligter ausreichend genau sind.

Für durchzuführende Prüfungen sollen bereits vor der Bauausführung erforderliche Bezugspunkte festgelegt werden. Weil in der Normung zeit- und lastabhängige Verformungen von Bauteilen (z. B. Durchbiegungen) nicht erfasst sind, müssen Prüfungen so früh wie möglich erfolgen. Wenn erforderlich, muss festgelegt werden, in welchem Umfang etwa vorhandene Ungenauigkeiten bei nachfolgenden Arbeiten auszugleichen sind. Die in der Normung verwendeten Begriffe für Maße zeigt Bild **2**.15.

Grenzabmaße werden gebildet aus der Differenz zwischen Höchstmaß und Nennmaß oder Mindestmaß und Nennmaß.

Stichmaß ist ein Hilfsmaß zur Ermittlung der Ebenheit zwischen Messpunkten oder zur Ermittlung von Winkelabweichungen (Bild **2**.16).

Toleranzen. Die zulässigen Toleranzen für Maßabweichungen sind in DIN 18 202 festgelegt und können den Tabellen (Tab. **2**.17, **2**.18 und **2**.21) entnommen werden. Sie gelten baustoffunabhängig für die Ausführung von Bauwerken.

Bei der Anwendung der Tabellen ist insbesondere zu beachten:

- Bauwerksmaße, d. h. Außen-, Raum- und Achsmaße werden an markanten Stellen genommen wie z. B. Gebäudeecken, Achsschnittpunkten, Deckenkanten, Unterzügen o. Ä.
- Lichte Maße sind jeweils in 10 cm Abstand von Ecken und in Raummitte zu nehmen. Bei der Prüfung von Winkeln ist von den gleichen Messpunkten auszugehen (Bild **2**.19 und **2**.20).

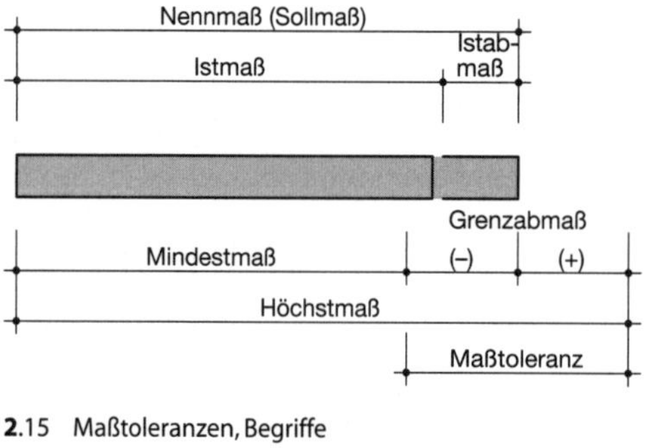

2.15 Maßtoleranzen, Begriffe

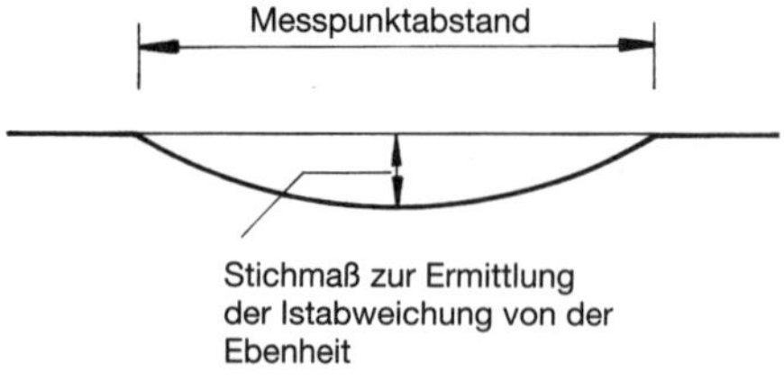

2.16 Stichmaß

Tabelle **2**.17 Grenzabmaße (DIN 18 202 Tab. 1)

Spalte	1	2	3	4	5	6
		Grenzabmaße in mm bei Nennmaßen in m				
Zeile	Bezug	bis 3	über 3 bis 6	über 6 bis 15	über 15 bis 30	über 30
1	Maße im Grundriss, z. B. Längen, Breiten, Achs- und Rastermaße	±12	±16	±20	±24	±30
2	Maße im Aufriss, z. B. Geschosshöhen, Podesthöhen, Abstände von Aufstandsflächen und Konsolen	±16	±16	±20	±30	±30
3	Lichte Maße im Grundriss, z. B. Maße zwischen Stützen, Pfeilern usw.	±16	±20	±24	±30	–
4	Lichte Maße im Aufriss, z. B. unter Decken und Unterzügen	±20	±20	±30	–	–
5	Öffnungen, z. B. für Fenster, Türen, Einbauelemente	±12	±16	–	–	–
6	Öffnungen wie vor, jedoch mit oberflächenfertigen Leibungen	±10	±12	–	–	–

Durch Ausnutzen der Grenzabmaße der Tabelle **2**.17 dürfen die Grenzwerte für Stichmaße der Tabelle **2**.18 nicht überschritten werden.

Tabelle **2**.18 Winkeltoleranzen (DIN 18 202 Tab. 2)

Spalte	1	2	3	4	5	6	7
		Stichmaße als Grenzwerte in mm bei Nennmaßen in m					
Zeile	Bezug	bis 1	von 1 bis 3	über 3 bis 6	über 6 bis 15	über 15 bis 30	über 30
1	Vertikale, horizontale und geneigte Flächen	6	8	12	16	20	30

Durch Ausnutzen der Grenzwerte für Stichmaße der Tabelle **2**.18 dürfen die Grenzabmaße der Tabelle **2**.17 nicht überschritten werden.

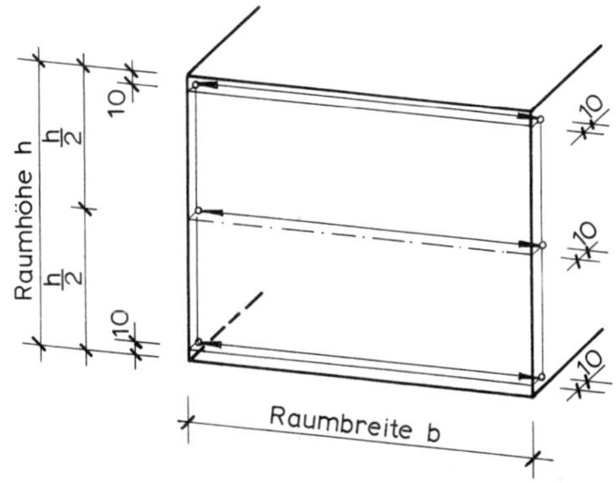

2.19 Prüfung einer Raumbreite in einem rechtwinkligen Raum, Lage der 6 Messpunkte und 3 Messstrecken

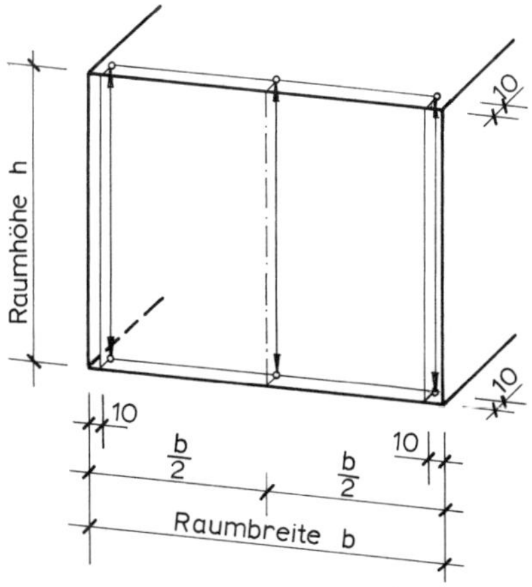

2.20 Prüfung einer Raumhöhe, Lage der 6 Messpunkte und 3 Messstrecken

Tabelle **2**.21 Ebenheitstoleranzen (DIN 18 202 Tab. 3)

Spalte	1	2	3	4	5	6
		Stichmaße als Grenzmaße in mm bei Messpunktabständen in m bis				
Zeile	Bezug	0,1	1	4	10	15
1	Nichtflächenfertige Oberseiten von Decken, Unterbeton und Unterböden	10	15	20	25	30
2	Nichtflächenfertige Oberseiten von Decken, Unterbeton und Unterböden mit erhöhten Anforderungen, z. B. zur Aufnahme von schwimmenden Estrichen, Industrieböden, Fliesen- und Plattenbelägen, Verbundestrichen Fertige Oberflächen für untergeordnete Zwecke, z. B. in Lagerräumen, Kellern	5	8	12	15	20
3	Flächenfertige Böden, z. B. Estriche als Nutzestriche, Estriche zur Aufnahme von Bodenbelägen Bodenbeläge, Fliesenbeläge, gespachtelte und geklebte Beläge	2	4	10	12	15
4	Flächenfertige Böden mit erhöhten Anforderungen, z. B. mit selbstverlaufenden Spachtelmassen	1	3	9	12	15
5	Nichtflächenfertige Wände und Unterseiten von Rohdecken	5	10	15	25	30
6	Flächenfertige Wände und Unterseiten von Decken, z. B. geputzte Wände, Wandbekleidungen, untergehängte Decken	3	5	10	20	25
7	Wie Zeile 6, jedoch mit erhöhten Anforderungen	2	3	8	15	20

2.6 Normen

Norm	Ausgabedatum	Titel
DIN 4172	07.1955	Maßordnung im Hochbau
DIN 18 000	05.1984	Modulordnung im Bauwesen
DIN 18 201	04.1997	Toleranzen im Bauwesen; Begriffe, Grundsätze, Anwendung, Prüfung
DIN 18 202	04.1997	Toleranzen im Hochbau; Bauwerke
DIN 18 203-1	04.1997	–; Vorgefertigte Teile aus Beton, Stahlbeton und Spannbeton
DIN 18 203-2	05.1986	–; Vorgefertigte Teile aus Stahl
DIN 18 203-3	08.1984	–; Bauteile aus Holz und Holzwerkstoffen

2.7 Literatur

[1] *Arlt, J. u. Kiehl, P.*: Bauplanung mit DIN-Normen. Stuttgart/Leipzig 1995

[2] *Bludau, H.J., Ertl, R., Weber, D.*: Maßgerechtes Bauen; Toleranzen im Hochbau. Köln 1998

[3] DIN Deutsches Institut für Normung e.V.: Europäische Normung. Berlin 2001; www.din.de

[4] –: DIN-Katalog für technische Regeln auf CD-ROM. Berlin 2002

[5] –: Dokumentennachweis zurückgezogener DIN-Normen; CD-ROM. Berlin 2001

[6] *Hallermann/Wagner*: Maßanlegen und Maßkontrolle am Bau. Schriftenreihe der Rationalisierungsgemeinschaft „Bauwesen" Nr. 21 1983

[7] *Meyer, H. G.*: Anmerkungen zur Bauregelliste A und Liste C. In Tür-Tor-Report 5.96

[8] *Oswald, R., Abel, R.*: Hinzunehmende Unregelmäßigkeiten bei Gebäuden. Wiesbaden/Berlin 2000

[9] *Schmeel, G.*: Bauproduktengesetz. In: ARGE Baurecht, 3.96

[10] *Schlapka, Tiltmann, Helm*: Maßtoleranzen im Hochbau – Kontrolle der Bauausführung. Augsburg 2001

[11] Zentralverband des Deutschen Baugewerbes e.V. (ZDB) Berlin: Merkblatt Toleranzen im Hochbau nach DIN 18 201 und 18 202, 1988; www.zdb.de

3 Baugrund und Erdarbeiten

3.1 Baugrund

Teil der Planungsarbeiten für ein Bauwerk ist die genaue Erkundung aller für die Bauausführung wichtigen Verhältnisse auf dem Baugelände:

Aufwuchs

In der Regel ist vorab zu klären, welcher Teil des vorhandenen Aufwuchses, insbesondere Bäume, auf Grund der bestehenden Gesetze bzw. Vorschriften zu erhalten und während der Baumaßnahmen zu schützen sind.

Hindernisse

Zur Ausführungsvorbereitung gehört die Erkundung von – oft verborgenen – Hindernissen aller Art wie

- Grundwasserverhältnisse
- Grundleitungen, Kabel u. Ä.
- überschüttete Reste früherer Bauwerke
- eventuell zu erwartende archäologische Befunde usw.

In weiterem Sinne können Rechte Dritter (z. B. Geh- oder Wegerechte auf dem Baugrundstück), besondere Bedingungen für Zu- und Abfahrt (es können z. B. Baustelleneinfahrten an stark befahrenen Verkehrsstraßen nicht erlaubt sein) u. a. m. zu den Hindernissen für die Bauausführung zählen.

Benachbarte Bauwerke

Sind die Baumaßnahmen in unmittelbarer Nähe bestehender Bauwerke auszuführen, ist deren Gründungsart und -tiefe zu ermitteln. Zum Ausschluss möglicher späterer Streitigkeiten ist vor dem Beginn der eigenen Baumaßnahmen der vorhandene bauliche Zustand gfls. auch mittels eines gerichtlichen Beweissicherungsverfahrens zu dokumentieren.

Altlasten

Besteht der Verdacht, dass der Baugrund durch *Altlasten* kontaminiert ist, müssen Art und Umfang der Belastung festgestellt werden. Dabei versteht man unter Altlasten ganz allgemein Gefährdungen, die infolge von Ablagerungen in der Vergangenheit eine Beeinträchtigung des Gemeinwohls bedeuten können.

Für Art und Umfang der *Entsorgungspflicht* bestehen noch keine einheitlichen Rechtsvorschriften. In jedem Fall muss mit den zuständigen Behörden geklärt werden, ob und wie eine Reinigung von belastetem Baugrund an Ort und Stelle zugelassen wird (z. B. Bodenwaschverfahren, thermische Behandlung, mikrobielle Behandlung), oder es ist die Zwischenlagerung und der Verbleib oder ggf. die erforderliche, nachweislich zu dokumentierende Entsorgung von abzufahrendem Aushubmaterial festzulegen. Mit Schadstoffen verunreinigter Aushub kann dabei als Abfall, besonders überwachungsbedürftiger Abfall oder sogar als Sonderabfall gemäß Europäischem Abfallkatalog (EAK – 07.1999) eingestuft werden.

Auch wenn Aushub mit *Bauschutt* vermengt ist, kann u. U. auf der Grundlage von Landesvorschriften oder Kommunalsatzungen für den Umweltschutz eine besondere Entsorgung verlangt werden, selbst wenn keine konkrete Gefahr im Einzelfall nachzuweisen ist.

Baugrunduntersuchung

Nur in recht seltenen Fällen können bei bekanntem gleichmäßigem Schichtenaufbau des Bodens oder aus Erfahrungen auf unmittelbar benachbarten Baustellen Rückschlüsse auf die gegebenen Baugrundverhältnisse gezogen werden. Insbesondere in früheren Stromtälern und vergleichbaren Gebieten wechseln *Bodenarten* und Schichthöhen so sehr, dass auch für kleinere Bauvorhaben, besonders aber für Bauwerke mit großen Bodenbelastungen oder großen Gründungstiefen eine genaue Untersuchung der vorhandenen Baugrundverhältnisse durch Sachverständige geboten ist. Durch den Planer ist frühzeitig auf erforderliche Untersuchungen des Baugrundes und der Gründungsverhältnisse hinzuweisen.

Da bei größeren Bauvorhaben die Eigenschaften des Baugrundes die gesamte Gestaltung der Baukörper und ihrer Grundrisse erheblich beeinflussen können, sollte eine Baugrunduntersuchung am Anfang aller Planungen stehen.

Das Gutachten des Sachverständigen enthält in der Regel

- Beschreibungen der Bodenarten und des Schichtenaufbaues im Baugrund, insbesondere auch in den Bereichen unterhalb der unmittelbaren Gründungsebenen,
- Hinweise zur Belastbarkeit des Baugrundes,
- Beurteilung evtl. Grundbruchgefahr,
- Einschätzung von Risiken für benachbarte Bauwerke,
- Grundwasserverhältnisse und Grundwasserqualität.

Es dient als Entscheidungsgrundlage

- bei schwierigen Baugrundverhältnissen für die Grundrissgestaltung,
- für die Wahl der geeigneten Gründungen und ihre Dimensionierung,
- für nötige Sicherungsmaßnahmen beim Aushub der Baugrube,
- sowie als Ausschreibungs- und Abrechnungsgrundlage.

Die Durchführung von Bodenuntersuchungen wird in DIN 4094 erläutert. Sie kann erfolgen durch

- *Schürfung* (Probenentnahme aus Schürfgruben, geeignet nur für Untersuchungen bis etwa 3 m Tiefe),
- *Sondierung* (Einrammen oder Einpressen genormter Sondierstangen), am häufigsten jedoch durch
- *Bohrungen* (Entnahme von Bodenproben mit Spiralbohrern oder durch Kernbohrungen) und ferner für sehr großflächige Bauvorhaben durch geophysikalische Untersuchungen.

Die Abstände und die Lage der einzelnen Untersuchungspunkte hängen ab von den gegebenen Baugrundverhältnissen und der beabsichtigten Bauwerksplanung.

Die Untersuchungen richten sich auf die angetroffenen Bodenarten mit Korngrößen, Wassergehalt, Zusammenpressbarkeit, Scherfestigkeit usw.

Es werden nach DIN 1054 zunächst unterschieden:

- *gewachsener Boden* (Lockergestein, durch einen abgeklungenen erdgeschichtlichen Vorgang entstanden),
- *Fels* (Festgestein, nach Lagerungszustand sowie Kornstruktur und -eigenschaften (DIN 4022) unterscheidbar) und
- *geschütteter Boden* (durch Aufschütten – verdichtet oder unverdichtet – oder durch Aufspülen entstanden).

Beim gewachsenen Boden werden 3 Hauptgruppen unterschieden (DIN 1054 Abschn. 2.1):

- *Nichtbindige Böden*. Dazu gehören Sand, Kies, Steine und ihre Mischungen. Die einzelnen Körner sind hier nicht miteinander verkittet. Die Belastbarkeit dieser Böden wächst mit der Korngröße, der Lagerungsdichte und mit der Tiefe, in der die Schicht liegt.
- *Bindige Böden*. Das sind Tone, Schluffe und Lehme. Ihr Korngerüst ist durch Ton mehr oder weniger verkittet. Die Tragfähigkeit bindiger Böden sinkt mit zunehmender Feuchtigkeit. Bindige Böden sind, falls sie nicht tief genug liegen, besonders frostgefährdet.

  Ein Boden mit weniger als 15 % Bestandteilen unter 0,06 mm wird im Sinne der DIN 1054 als nichtbindiger Boden bezeichnet.

  Sind in einem Bodengemisch mehr als 15 % Bestandteile unter 0,06 mm Korngröße enthalten, liegt ein bindiger Boden vor, weil ab etwa dieser Grenze angenommen werden muss, dass der Feinanteil nicht mehr nur die Hohlräume der gröberen Körnung ausfüllt, sondern sich bereits an der Lastübertragung beteiligt. Zu den bindigen Böden zählen im Sinne dieser Norm auch die gemischtkörnigen Böden.
- *Organische Böden* wie Torf und Mudden sowie ihre Abarten, z. B. tonige Mudde, schwach feinsandiger Torf o. Ä. (s. DIN 4022-1).

Für die Einordnung und Kennzeichnung der Korngrößen gibt DIN 4022-Teil 1, Tab. 1 einen Überblick.

Zu den wichtigen Aussagen eines Bodengutachtens gehört die Beurteilung des Baugrundes hinsichtlich der Gefahr von *„Grundbruch"*.

Die Belastung des Baugrundes durch den Druck der Gründungskörper breitet sich im allgemeinen unter einem Druckverteilungswinkel von etwa 45° so im Baugrund aus, dass die Beanspruchung in den tieferen Schichten abnimmt. Dabei entstehen jedoch auch seitliche Druckbeanspruchungen im Untergrund. Bei Messungen können unter der Gründungsfläche etwa kreisförmig verlaufende Linien gleichen Druckes festgestellt werden.

Infolge dieser auch seitlichen *Druckbeanspruchung* kann es – besonders bei plastischem, bindigem Baugrund – zu einem Verdrängen und Ausweichen des der Gründungsfläche benachbarten Erdreiches führen.

Wenn durch Baugrubenaushub eine erhebliche Entlastung plastischer Bodenbereiche bewirkt wird, kann für benachbarte Bauwerke akute Einsturzgefahr entstehen (Bild **3**.1).

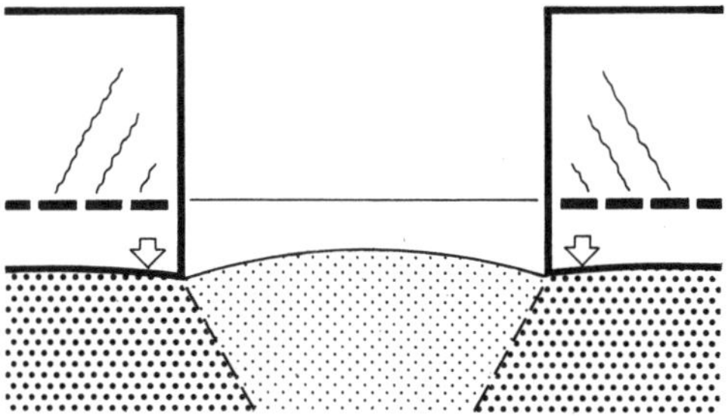

3.1 Grundbruch in einer Baugrube

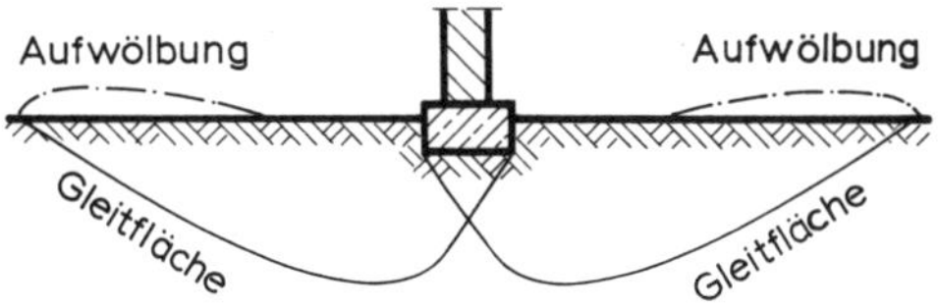

3.2 Grundbruch unter mittig belasteten Fundamenten [9]

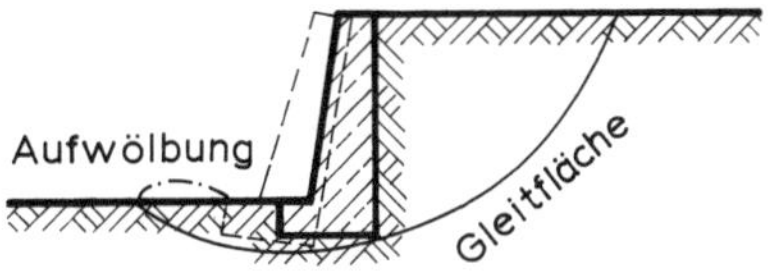

3.3 Geländebruch [9]

Durch einzeln stehende, hoch belastete Bauwerksteile kann es auch innerhalb von Baugruben zu Grundbruch kommen (Bild **3**.2).

Ähnliche Gefahren können durch „Geländebruch" entstehen, wenn Bauwerke (z. B. Stützmauern) zusammen mit Erdmassen ausweichen, die auf Gleitflächen rutschen (Bild **3**.3).

In solchen Fällen müssen als Maßgabe des Bodengutachtens geeignete Sicherungsmaßnahmen getroffen werden. Am einfachsten kann u. U. ein abschnittsweises Ausführen der Erdbewegungen sein. Meistens werden die benachbarten Bauwerke jedoch durch Absteifungen, durch Spund- oder Schlitzwände oder durch Unterfangungen zu sichern sein (s. Abschn. 3.4). Es kann auch eine Bodenverfestigung durch Injektion von Bindemitteln, Vermörtelung oder Chemikalien in Frage kommen.

Benachbarte Bauwerke sind in der Regel durch *Absteifungen* zu sichern (s. Abschn. 10.2 in Teil 2 des Werkes).

Zur Sicherung benachbarter Bauwerke kann bei großen Bauvorhaben mit mehreren Untergeschossen die sogenannte *Deckelbauweise* angewendet werden. Dabei werden die zunächst hergestellten Decken und Wände der oberen Untergeschosse als Aussteifungsscheiben ausgenutzt. Die weiteren Tiefgeschosse werden erst anschließend unterhalb diese „Deckels" nach unten vorgetrieben.

Im übrigen muss in diesem Rahmen für das umfangreiche Sondergebiet der Bodenuntersuchungen, Bodenmechanik, Bodenverfestigung usw. auf weiterführende Literatur verwiesen werden [9].

Grundwasser. Bestandteil von Bodenuntersuchungen ist in der Regel auch die Feststellung von Grundwasserstand und -qualität.

Man unterscheidet

- *freies Grundwasser* (nicht unter Druck stehend),
- *schwebendes Grundwasser* (in Ansammlungen auf wasserundurchlässigen Bodenschichten),
- *gespanntes* (artesisches) *Grundwasser* (unter Überdruck stehend, Bild **3**.4c).

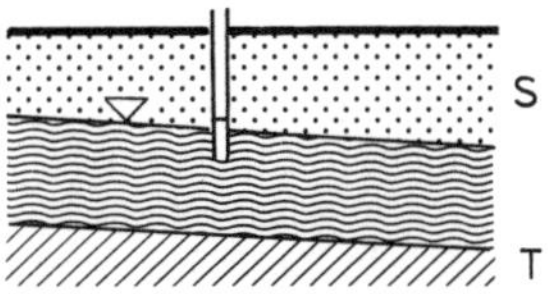

3.4a

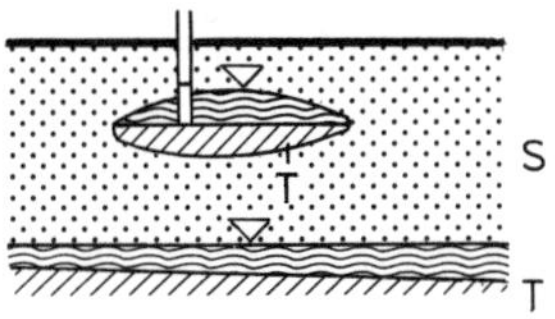

3.4b

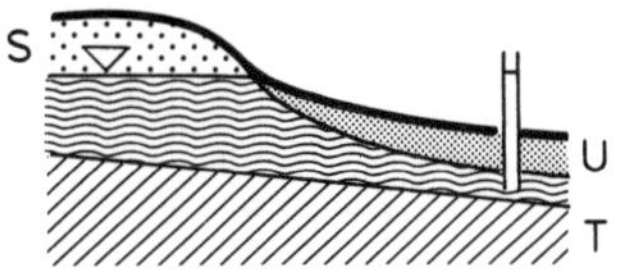

3.4c

3.4 Grundwasserarten [9]
a) freies Grundwasser
b) schwebendes Grundwasser
c) artesisches Grundwasser

S nicht bindiger Boden, z. B. Sand
T bindiger Boden, z. B. Ton
U wasserundurchlässige Bodenschicht

Untersucht werden muss, ob Grundwasser, das mit Bauwerksteilen in Berührung kommen kann, betonschädigende Bestandteile hat, z. B. Kohlensäure („aggressives Wasser"). Es müssen in diesem Falle u. U. Spezialzemente verwendet werden und die Betonüberdeckungen der Bewehrungsstähle erhöht werden (s. Abschn. 5.5.2).

Reichen Bauwerke oder Bauwerksteile (z. B. Fundamente) in den Grundwasserbereich, sind besondere Vorkehrungen für die Gründung (s. Abschn. 4) und Abdichtungen gegen drückendes Wasser nötig (s. Abschn. 16.4.6). Bis zur Fertigstellung und vollen Wirksamkeit der Abdichtungen und zur Sicherung von abgedichteten Teilbauwerken gegen Auftrieb ist eine ständige Grundwasserhaltung bzw. -absenkung erforderlich (s. Abschn. 3.6).

3.2 Erdaushub

Im allgemeinen werden vor Beginn der Erdarbeiten die Begrenzungslinien jedes Bauprojektes anhand des in der Baugenehmigung enthaltenen Lageplanes durch das zuständige Katasteramt oder durch öffentlich bestellte Vermessungsingenieure „abgesteckt". Zur Sicherung der *Absteckungspunkte* wird vor Beginn der Arbeiten ein *Schnurgerüst* aufgestellt. Dazu sind bei freistehenden Bauten entsprechend der Anzahl der Absteckungspunkte je drei Rundholzpfähle in sicherem Abstand von der späteren Oberkante der Baugrubenböschung einzugraben und durch genau waagrecht angenagelte Bohlen zu verbinden (eingegraben müssen die Pfähle auf Brett- oder Steinunterlagen ruhen). Die Oberkante dieser Bohlen liegt nach Möglichkeit auf der 0,00-Meter-Marke der für das Bauwerk geltenden Planungshöhen (z. B. „OKFFB-EG" = Oberkante fertiger Fußboden Erdgeschoss) oder Oberkante Rohdecke Erdgeschoss („OKRD-EG"). Über das Schnurgerüst werden die Fluchtschnüre so ausgespannt, dass durch Lote die Absteckungspunkte durch Kerben o. Ä. auf das Schnurgerüst übertragen werden können (Bild **3**.5).

Bei Baugruben an stark geneigten Hängen erreichen die talseitigen Schnurgerüste unter Umständen große Höhen. In diesen Fällen müssen die Schnurgerüste in verschiedenen Höhen gestaffelt angeordnet werden.

Innerhalb der Baustelle werden unter Einsatz von Nivelliergeräten, Theodoliten oder Lasergeräten Festpunkte und Rasternetze mit geringsten Maßtoleranzen (± 2,5 mm) vermessen, insbesondere überall dort, wo maßgenaue Fertigteile verwendet werden sollen.

Für die *Abrechnung* von Erdarbeiten ist die Boden- bzw. Felsklassifizierung gemäß DIN 18 300 zu berücksichtigen.

Boden- und Felsklassen nach DIN 18 300

Klasse 1

Oberboden (Mutterboden). Oberboden ist die oberste Schicht des Bodens, die neben anorganischen Stoffen, z. B. Kies-, Sand-, Schluff- und Ton-

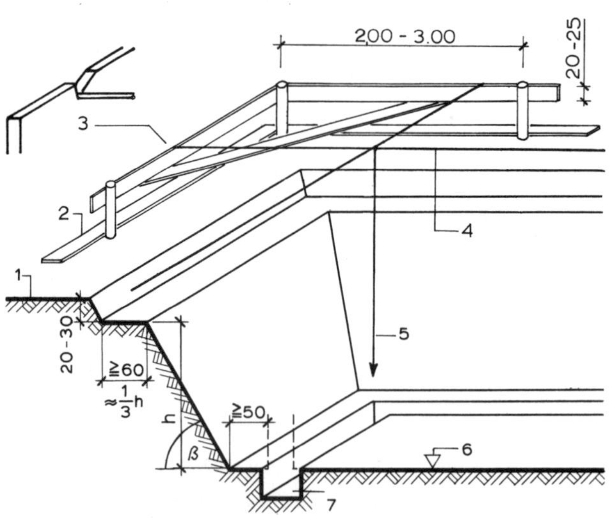

3.5
Schnitt durch Baugrube mit Schnurgerüst
1 Mutterboden
2 Brett für genaues Messen
3 Schnurkerbe
4 Fluchtschnur
5 Lot
6 Baugrubensohle
7 Fundamentgraben

gemische, auch Humus und Bodenlebewesen enthält. Sie ist in aller Regel zu sichern und der Wiederverwendung zuzuführen.

Klasse 2

Fließende Bodenarten. Bodenarten, die von flüssiger bis breiiger Beschaffenheit sind und die das Wasser schwer abgeben.

Klasse 3

Leicht lösbare Bodenarten. Nichtbindige bis schwachbindige Sande, Kiese und Sand-Kies-Gemische mit bis zu 15 Gewichts-% Beimengungen an Schluff und Ton (Korngröße kleiner als 0,06 mm) und mit höchstens 30 Gewichts-% Steinen von über 63 mm Korngröße bis zu 0,01 m^3 Rauminhalt[1)]).

Organische Bodenarten mit geringem Wassergehalt (z. B. feste Torfe).

Klasse 4

Mittelschwer lösbare Bodenarten. Gemische von Sand, Kies, Schluff und Ton mit einem Anteil von mehr als 15 Gewichts-% Korngröße kleiner als 0,06 mm.

Bindige Bodenarten von leichter bis mittlerer Plastizität, die je nach Wassergehalt weich bis fest sind und die höchstens 30 Gewichts-% Steine von über 63 mm Korngröße bis zu 0,01 m^3 Rauminhalt[1)]) enthalten.

Klasse 5

Schwer lösbare Bodenarten. Bodenarten nach den Klassen 3 und 4, jedoch mit mehr als 30 Gewichts-% Steinen von über 63 mm Korngröße bis zu 0,01 m^3 Rauminhalt[1)]).

Nichtbindige und bindige Bodenarten mit höchstens 30 Gewichts-% Steinen von über 0,01 m^3 bis 0,1 m^3 Rauminhalt[1)]).

Ausgeprägte plastische Tone, die je nach Wassergehalt weich bis fest sind.

Klasse 6

Leicht lösbarer Fels und vergleichbare Bodenarten. Felsarten, die einen inneren, mineralisch gebundenen Zusammenhalt haben, jedoch stark klüftig, brüchig, bröckelig, schiefrig, weich oder verwittert sind, sowie vergleichbare verfestigte nichtbindige und bindige Bodenarten.

Nichtbindige und bindige Bodenarten mit mehr als 30 Gewichts-% Steinen von über 0,01 m^3 bis 0,1 m^3 Rauminhalt[1)]).

Klasse 7

Schwer lösbarer Fels. Felsarten, die einen inneren, mineralisch gebundenen Zusammenhalt und hohe Gefügefestigkeit haben und die nur wenig klüftig oder verwittert sind.

Festgelagerter, unverwitterter Tonschiefer, Nagelfluhschichten, Schlackenhalden der Hüttenwerke und dergleichen.

Steine von über 0,1 m^3 Rauminhalt[1)]).

Vorbereitung und Durchführung von Aushubmaßnahmen

Auch als Grundlage für die spätere Abrechnung der Leistungen sind möglichst gemeinsam mit dem Auftragnehmer vor Beginn der Arbeiten alle örtlichen Verhältnisse festzustellen wie

- Aufwuchs (insbesondere Bäume und Pflanzflächen, die geschützt werden müssen),
- benachbarte Bauwerke (Gründungshöhen, evtl. bereits vorhandene Bauschäden),
- Geländehöhen,
- Höhen gemäß Bodenuntersuchung voraussichtlich anzutreffender Bodenschichten.

Vor Beginn der Arbeiten muss der *Baustellen-Einrichtungsplan* vorliegen, in dem insbesondere festzulegen ist:

- Zufahrt zur Baustelle (ggf. Berücksichtigung des fließenden Verkehrs u. U. durch Umleitung, Signalregelung, auch Reinigungsplatz für Baustellenfahrzeuge),
- Lage der Baustellen-Versorgungsanschlüsse,
- Lage von Unterkunfts-, Bauleitungs- und Lagergebäuden,
- Lagerplätze für Baumaterial und Zwischenlagerung von Aushubmaterial,
- Anordnung von Fördergeräten (z. B. Kranbahnen) und Förderwagen innerhalb der Baustelle,
- zu schützende vorhandene Bauwerke, Bäume, Pflanzflächen, Grund- und Oberleitungen u. Ä., ggf. mit einzuhaltenden Frei- und Abstandsflächen.

Wenn die Standsicherheit von Baugrubenböschungen oder -wänden durch vorhandene bauliche Anlagen oder Baustelleneinrichtungen beeinflusst wird, muss ein besonderer Standsicherheitsnachweis geführt werden.

[1)] 0,01 m^3 Rauminhalt entspricht einer Kugel mit einem Durchmesser von etwa 0,30 m.
0,1 m^3 Rauminhalt entspricht einer Kugel mit einem Durchmesser von etwa 0,60 m.

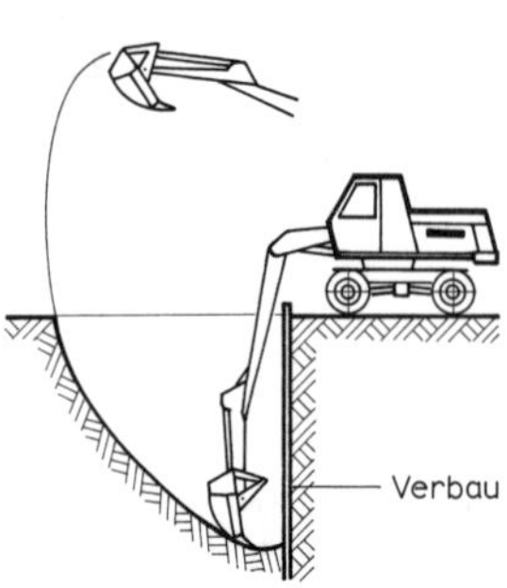

3.6a

3.6b

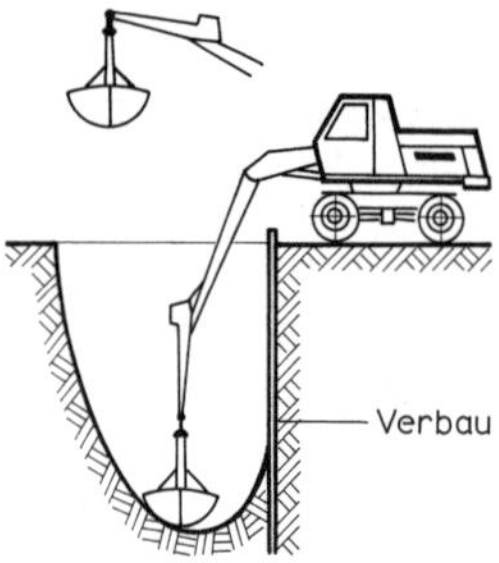

3.6c

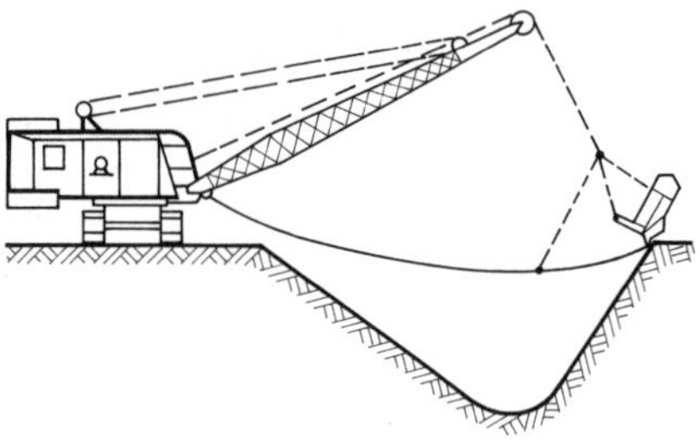

3.6d

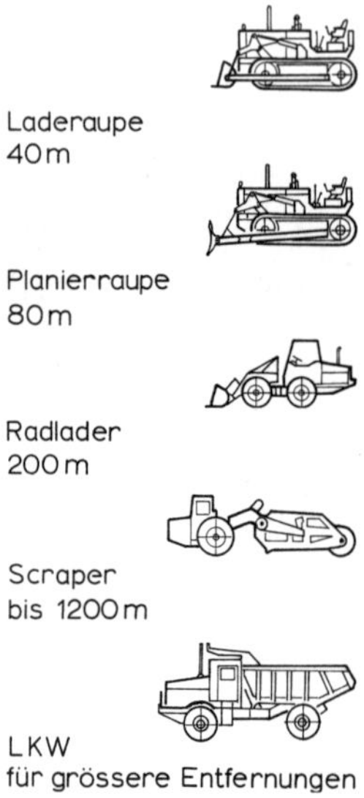

3.6e

3.6 Bagger und Ladefahrzeuge
a) Tieflöffel, b) Hochlöffel, c) Greifer, d) Dragline, e) Ladefahrzeuge und ihre Einsatzwege

Vor Beginn der Bauarbeiten muss das Baugelände so weit erschlossen sein, dass Straßen für Bautransporte benutzt werden können.

Nach Entfernen des Aufwuchses wird zunächst der wertvolle Mutterboden sorgfältig abgeschoben und zur späteren Verwendung für Grünflächen in länglichen Haufen (Mieten) aufgesetzt, die trapezförmige Querschnitte haben und 1,00 bis 1,20 m hoch sind. Diese Mieten sollen locker und luftig aufgeschüttet sein und sind ggf. feucht zu halten. Auf keinen Fall soll Mutterboden in nassem Zustand oder bei starkem Regen gefördert werden.[2)]

Im allgemeinen werden für den Baugrubenaushub je nach Baustellengröße und erforderlichen Förderwegen Ladefahrzeuge wie z. B. Raupen und LKW, oder Bagger unterschiedlicher Größen und Reichweiten (Bild **3**.6) eingesetzt.

Auf jeden Fall muss dabei vermieden werden, dass die *Baugrubensohle* im Bereich der Gründungsflächen durch Maschineneinsatz bei den Aushubarbeiten, durch die nachfolgenden Arbeiten oder durch Ausspülen oder Auffrieren aufgelockert wird. So sollen Baugruben in der Regel nicht bis zur Gründungssohle maschinell ausgehoben werden, sondern eine *Schutzschicht* von 10 bis 15 cm ist zu belassen. Diese wird von Hand unmittelbar vor Beginn der Gründungsarbeiten entfernt. Etwa aufgelockerter, nicht bindiger Boden kann durch sorgfältiges Einrütteln evtl. wieder verdichtet werden. Aufgelockerter bindiger Boden muss jedoch entfernt und durch Magerbeton ersetzt werden. Jede Störung der Gründungssohle führt, besonders bei Arbeiten auf bindigem Boden, zu erheblichen späteren Setzungsschäden.

Baugruben in bindigem Baugrund sollten mit leichtem Gefälle angelegt und mit einer 10 bis 20 cm dicken Sand- oder Kiesschicht als *Sauberkeits-*

---

2) Baugesetzbuch 1997, § 202: Mutterboden, der bei der Einrichtung und Änderung baulicher Anlagen sowie bei wesentlichen anderen Veränderungen der Erdoberfläche ausgehoben wird, ist in nutzbarem Zustand zu halten und vor Vernichtung oder Vergeudung zu schützen.

und Filterschicht versehen werden, um Auflockerungen durch Niederschlagwasser zu mindern.

Außerdem ist streng darauf zu achten, dass fertige Gründungssohlen nicht während der Arbeiten als Laufwege benutzt werden.

3.3 Nicht verbaute Baugruben

Die *Baugrube* kann nach DIN 4124 in gewachsenen standfesten Böden bei Aushubtiefen bis 1,25 m (bzw. 1,75 m) *ohne Böschungen* ausgeführt werden, wenn die anschließende Geländeoberfläche bei nichtbindigen Böden[3] nicht mehr als 1:10 bzw. bei bindigen Böden nicht mehr als 1:2 geneigt ist. In mindestens steifen bindigen Böden[4] sowie bei Fels darf bis 1,75 m Tiefe ohne Abböschung ausgehoben werden, wenn oberhalb von 1,25 m der Baugrubenrand unter 45° abgeböscht wird (Bild **3**.7).

In der Regel werden Baugruben jedoch *mit Böschungen* ausgeführt. Die Böschungsneigung richtet sich nach den Bodeneigenschaften und der Baugrubentiefe bzw. Böschungshöhe, nach der Zeit, für die die Baugrube offenzuhalten ist (Witterungseinflüsse auf die Böschungsoberfläche!) sowie nach den Belastungen und Erschütterungen innerhalb und in der Nähe der Baugrube (Bild **3**.8).

Im allgemeinen kann ohne rechnerischen Nachweis mit folgenden Böschungswinkeln β gerechnet werden:

a) nichtbindiger oder weicher bindiger Boden — β höchstens 45°
b) steifer oder halbfester bindiger Boden — β höchstens 60°
c) Fels — β höchstens 80°

Geringere Wandhöhen oder Böschungswinkel von Baugruben müssen vorgesehen werden, wenn besondere Verhältnisse wie z. B. Störungen des Bodengefüges, Auftreten von Schichtenwasser, Erschütterungen, Frost, starke Niederschläge u. Ä. die Standsicherheit gefährden.

Insbesondere bei leichten, nichtbindigen Böden können nicht verbaute Böschungen auch bei richtig angelegten Böschungswinkeln durch die Einwirkungen von Oberflächenwasser, Frost oder Austrocknung ihre Standfestigkeit verlieren. Durch das Anlegen von Wasserableitungen an den oberen Böschungsrändern und durch Abdeckungen mit Schutzfolien, durch das Aufbringen von Zementmilch, dünnen Betonschichten o. Ä. ist entsprechende Vorsorge zu treffen.

Muss bei tiefen Baugruben mit dem Nachrutschen einzelner Erdschollen, von Steinen o. Ä. gerechnet werden, ist die Baugrubenböschung staffelförmig mit „Bermen" auszuführen (Bild **3**.9).

Im übrigen muss bei Böschungen regelmäßig überprüft werden, ob sich einzelne größere Steine, Felsbrocken o. Ä. nicht nach starkem Regen, bei Tauwetter oder nach längeren Arbeitsunterbrechungen lösen können.

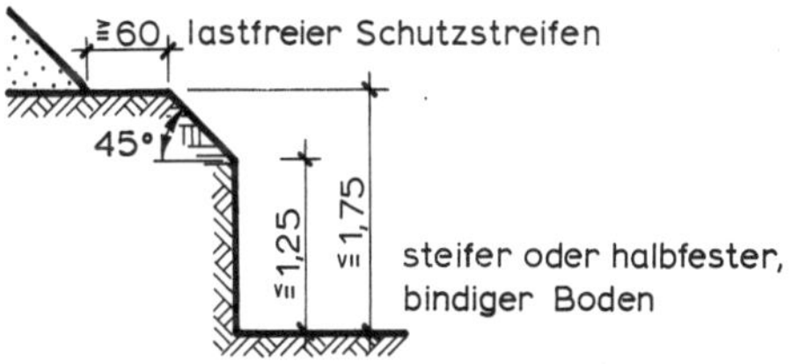

3.7 Baugrube ohne Verbau mit abgeböschten Kanten in standfestem gewachsenem Boden (DIN 4124)

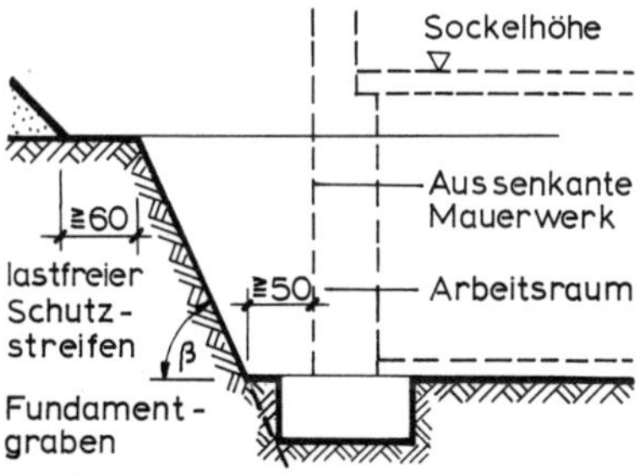

3.8 Schnitt durch abgeböschte Baugrube und Fundamentgraben

---

3) Nichtbindiger Boden (DIN 1054): Gewichtsanteil der Bestandteile mit Korngrößen < 0,06 mm < 15 %.

4) DIN 4022:
Weicher Boden: Lässt sich leicht kneten.
Steifer Boden: Lässt sich schwer kneten, aber in der Hand zu 3 mm dicken Röllchen ausrollen, ohne zu reißen oder zu zerbröckeln.
Halbfester Boden: Bröckelt beim Versuch, ihn auszurollen, lässt sich schwer wieder zu einem Klumpen formen.

3

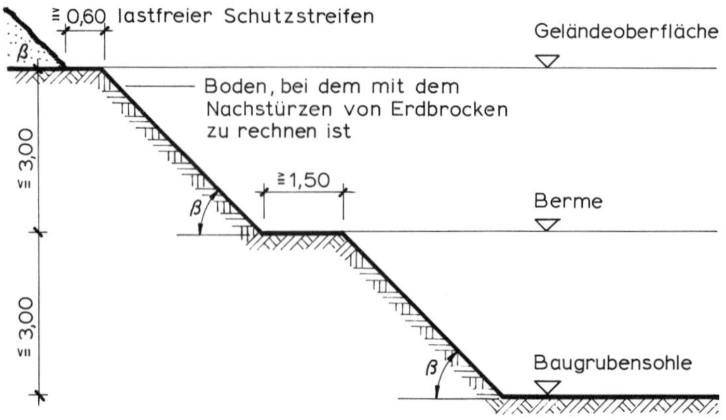

3.9 Baugrubenböschung mit Berme

3.4 Verbaute Baugruben und Gräben

Wenn wegen fehlender Standfestigkeit des Erdreichs oder aus Platzmangel Abböschungen von Baugruben nicht möglich sind, muss mit *Verbau* gearbeitet werden.

Waagerechter Verbau. Mit dem Aushub fortschreitend, spätestens ab 1,25 m Tiefe, werden Bohlen von > 5 cm Dicke eingebracht und mit Verbauträgern, Brusthölzern und Steifen gesichert (Bild **3**.10).

Für kleinere Baugruben kann ein waagerechter Verbau mit Erdankern – unter Nachweis der Standsicherheit – wie in Bild **3**.11 ausgeführt werden. Die frühere Ausführung mit „Treiblade" und Schrägabsteifung (Bild **3**.12) ist aufwendig und erfordert einen erheblich breiteren Arbeitsraum (s. Abschn. 3.5).

Senkrechter Verbau. Steht der Boden nicht mindestens auf Bohlenbreite und muss deshalb sofort abgefangen werden, sind die Verbaubohlen senkrecht einzutreiben. Auch für Baugruben mit komplizierten oder gekrümmten Grundrissformen kann ein Verbau mit senkrecht gestellten Verbaubohlen zweckmäßiger sein (Bild **3**.13).

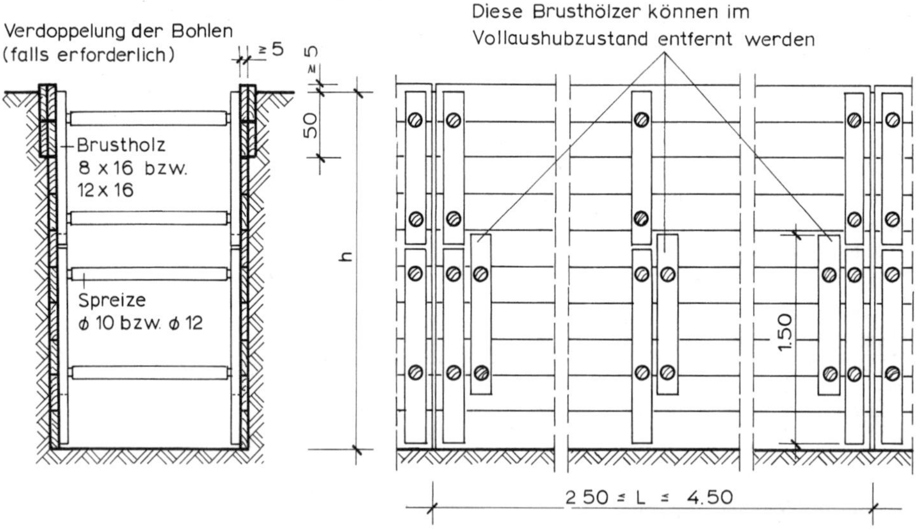

3.10 Waagerechter Normverbau für Gräben (DIN 4124), ohne Darstellung der Befestigungsmittel

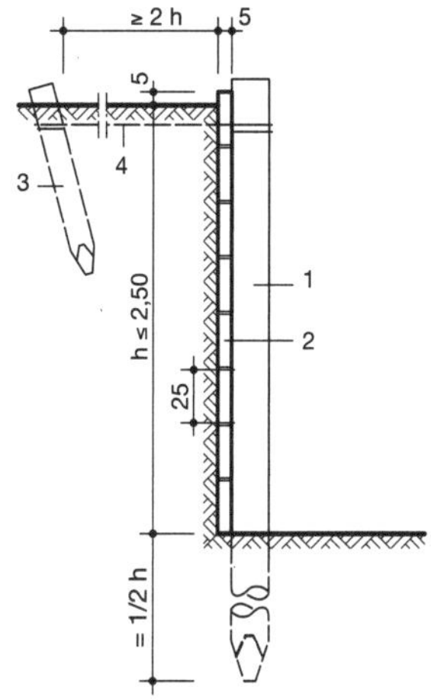

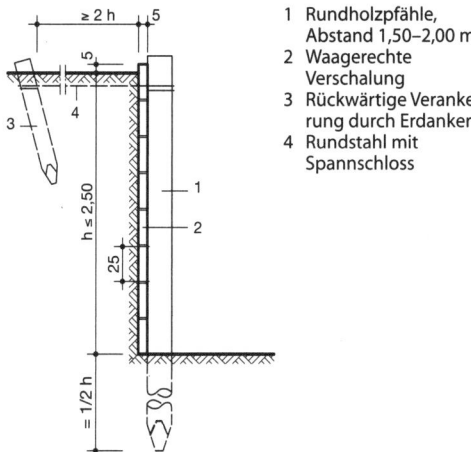

1 Rundholzpfähle, Abstand 1,50–2,00 m
2 Waagerechte Verschalung
3 Rückwärtige Verankerung durch Erdanker
4 Rundstahl mit Spannschloss

3.11 Verbau einer Baugrube; Abfangung durch rückwärtig verankerte Pfähle

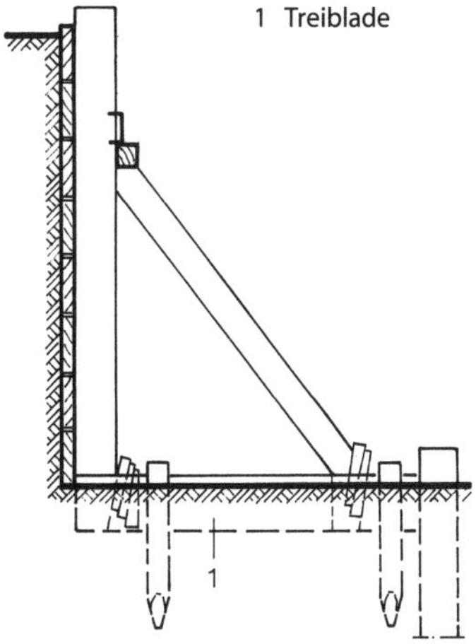

3.12 Schrägabsteifung mit Treiblade

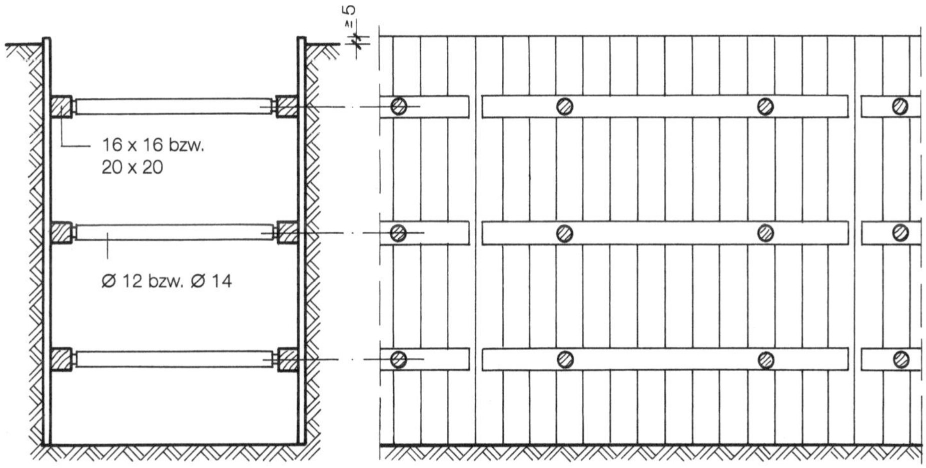

3.13 Senkrechter Normverbau mit Verbauteilen aus Holz (DIN 4124), ohne Darstellung der Befestigungsmittel

Für längere grabenartige Baugruben werden komplette Verbauelemente aus Stahltafeln und Spreizen eingesetzt.

Trägerbohlenwände. Wenn bei sehr tiefen oder stark beanspruchten Baugrubenwänden ein Verbau erforderlich ist, werden Bohlen, Kant- oder Rundhölzer zwischen eingerammte Stahlprofile eingeschoben und verkeilt („Berliner Verbau", Bild **3**.14).

Spundwände. Für besonders hohe Beanspruchungen, insbesondere auch im Zusammenhang mit Wasserhaltungsmaßnahmen (Abschn. 3.6), kommen für den Verbau Stahl-Spundwände in Frage. Sie bestehen aus eingerammten Stahlprofilen, die auch eine teilweise Abdichtung gegen in die Baugrube eindringende Wässer bilden. (Bild **3**.15).

Massive Verbauarten. Als schwerer Baugrubenverbau und oft gleichzeitig als späterer Bauwerksbestandteil (z. B. als Teil der Gründung, vgl. Abschn. 4.3) werden *Stahlbeton – Bohrpfähle* von ca. 40 bis 100 cm Durchmesser in fortlaufenden Wänden im „Tangential"- oder „Sekantensystem" ausgeführt (Bild **3**.16).

Schlitzwände sind tiefreichende Wände im Untergrund, für die zunächst mit Spezialbaggern in

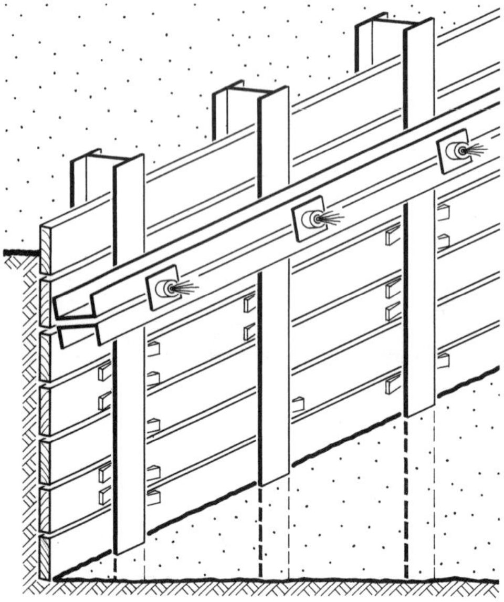

3.14 Trägerbohlenwand – „Berliner Verbau" (durch Erdanker gesichert, vgl. Bild **3**.17)

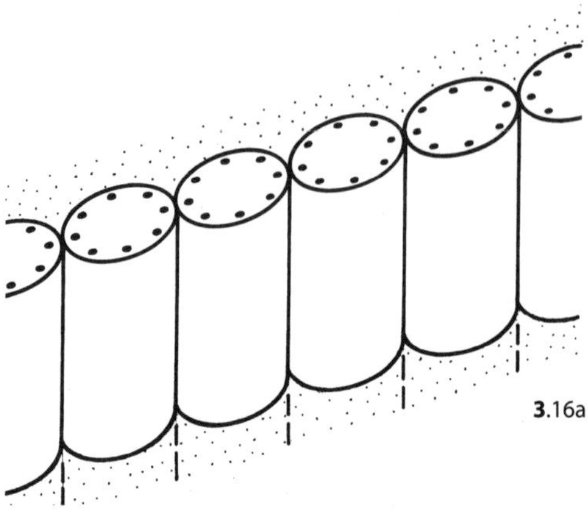

3.16a

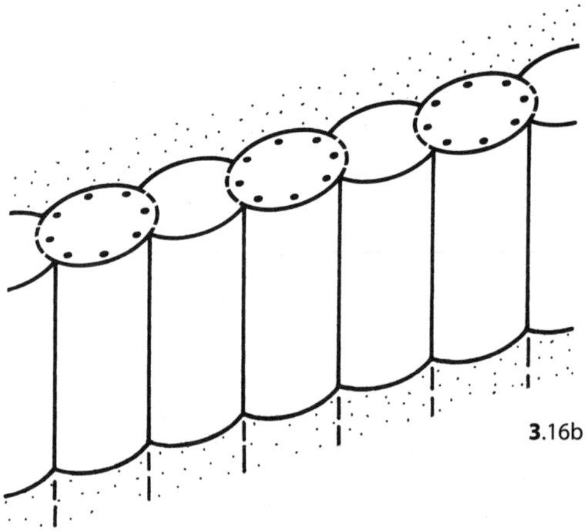

3.16b

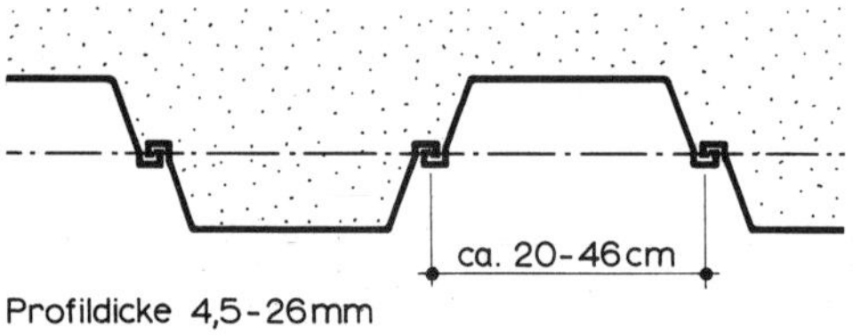

3.15 Stahl-Spundwand (Draufsicht)

3.16 Verbau mit Stahlbeton-Bohrpfählen

a) Tangentialsystem (bewehrte Stahlbetonpfähle)
b) Sekantensystem (Wechsel von vorgetriebenen bewehrten Stahlbetonpfählen mit unbewehrten Pfählen)

Wandbreite Schlitze ausgehoben werden. Sie werden durch Stützflüssigkeiten am Einsturz gehindert. Stützflüssigkeiten sind gallertartige Suspensionen, die durch hydrostatischen Druck dem Erddruck und ggf. auch dem Grundwasserdruck entgegenwirken (auch „Bentonit", s. Abschn. 16.4.6.5). Sie können durch entsprechende Mischungen auf verschiedene Bodenverhältnisse eingestellt werden. Beim Betonieren von Fundamenten oder Wänden werden sie durch den spezifisch schwereren Beton verdrängt und fortlaufend abgesaugt. Gebrauchte Stützflüssigkeit kann aufgearbeitet und wiederverwendet werden.

Standsicherung

Hochbeanspruchter Verbau in tiefen Baugruben wird gegen Abkippen infolge Erddruck bzw. Belastungen von benachbarten Bauwerken, Baustelleneinrichtungen, Verkehr usw. durch rückwärtige *Erdanker*-Reihen (*Rückwärtige Verankerung* ggf. in mehreren Reihen übereinander) mit entsprechendem Standsicherheitsnachweis gesichert (Bild **3**.17).

Selbstverständlich ist die Ausführung rückwärtiger Erdanker u. Ä. in benachbarten Grundstücken nur im Einvernehmen mit deren Eigentümern möglich.

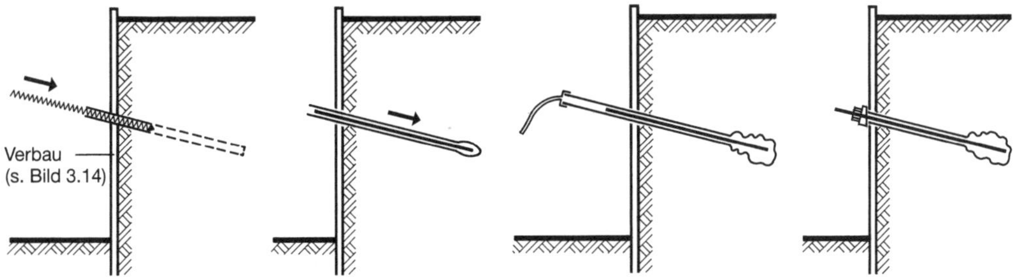

3.17a **3**.17b **3**.17c **3**.17d

3.17 Sicherung eines Baugrubenverbaus durch Erdanker
a) Herstellen der Bohrlöcher
b) Einführen der Spannstähle
c) Verpressen mit Beton
d) Setzen der Ankerköpfe und Spannen der Anker

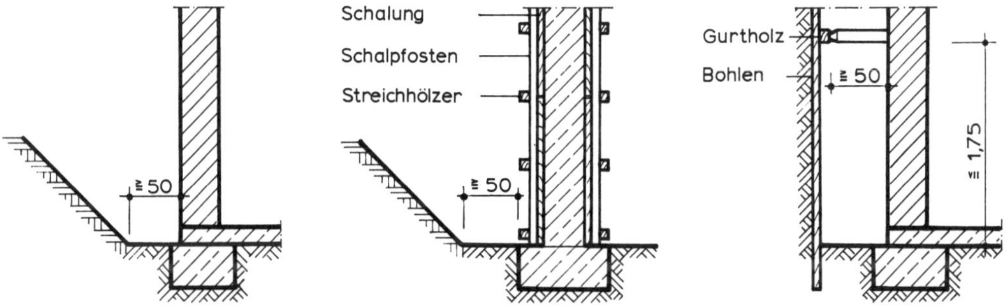

3.18a **3**.18b **3**.18c

3.18 Arbeitsraum

Der Verbau von Baugruben und Gräben darf erst ausgebaut werden, wenn das Bauwerk den entstehenden Erddruck aufnehmen kann. Dabei müssen Bodeneinstürze und Absackungen vermieden werden. Gleichzeitig mit dem abschnittsweisen Abbau des Verbaues ist die Baugrube zu verfüllen und der Aushubraum zu verdichten. Kann der Verbau nicht gefahrlos entfernt werden, verbleibt er an der Einbaustelle. Massiver Verbau verbleibt in der Regel an der Einbaustelle.

3.5 Arbeitsraum

Zwischen Bauwerk und Baugrubenwand bzw. -böschung ist für die Ausführung von z. B. Schalungs-, Drän- und Abdichtungsarbeiten ein Arbeitsraum vorzusehen. Die Breite des Arbeitsraumes muss an allen Stellen mindestens 50 cm betragen, gemessen zwischen dem Fuß der Baugrubenböschung und der Außenflucht des Bauwerkes bzw. der Außenflucht von Einschalungen von Stahlbetonkonstruktionen. Auch in Baugruben mit Verbau muss an allen Stellen eine lichte Breite des Arbeitsraumes von mindestens 50 cm gewährleistet sein (Bild **3**.18).

Nach Abschluss der erforderlichen Arbeiten und wenn die erstellten Bauwerke Erddruck aufnehmen können, ist der Arbeitsraum zu verfüllen. Geeignetes Bodenmaterial ist in Schichten von etwa 50 cm aufzufüllen und sorgfältig mit geeignetem Gerät zu verdichten. Dabei dürfen keine Schäden an den erstellten Bauwerken entstehen. Dazu gehört, dass beim *Verdichten* keine unzulässigen

Beanspruchungen ausgeübt werden und dass vor dem Verfüllen alle Fremdkörper entfernt werden, die zur Beschädigung von Abdichtungen führen können oder die später zu Setzungen im Verfüllraum führen müssen (Schutz von Abdichtungen s. Abschn. 16.4).

3.6 Wasserhaltung

Offene Wasserhaltung

Einsickerndes Wasser muss aus der Baugrube abgeleitet oder herausgepumpt werden. Zu diesem Zweck wird nahe der tiefsten Stelle der Baugrube ein Schacht (*Pumpensumpf*) angelegt, dessen Boden etwa 1,00 m unter der tiefsten Fundamentsohle liegen muss. Das Wasser ist dem Schacht durch Drainleitungen oder offene Gräben zuzuführen, die jedoch die Bauarbeiten in der Baugrube nicht behindern dürfen. Es wird abgepumpt und in Gräben oder Rohrleitungen nach tiefer gelegenen Wasserläufen („Vorfluter") abgeleitet (*offene Wasserhaltung*, Bild **3**.19).

Bei stärkerem Wasserandrang, insbesondere in Gefällelagen und in der Nähe von Gewässern, ist außerdem die Baugrube durch Erdwälle aus fettem Lehm, Fangdämme oder Holz- bzw. Stahlspundwände zu umschließen.

Grundwasserabsenkung

Liegt der höchste Grundwasserstand mehr als etwa 30 cm über der Baugrubensohle, ist in der Regel eine *Grundwasserabsenkung* erforderlich. Durch die bei Grundwasserabsenkungen meistens unvermeidliche Ausschwemmung von Feinsand aus dem Untergrund können an benachbarten Bauwerken besonders bei bindigen Böden u. U. erhebliche Setzungsschäden ausgelöst werden. Vor der Ausführung muss daher geprüft werden, ob zusätzliche Maßnahmen (z. B.

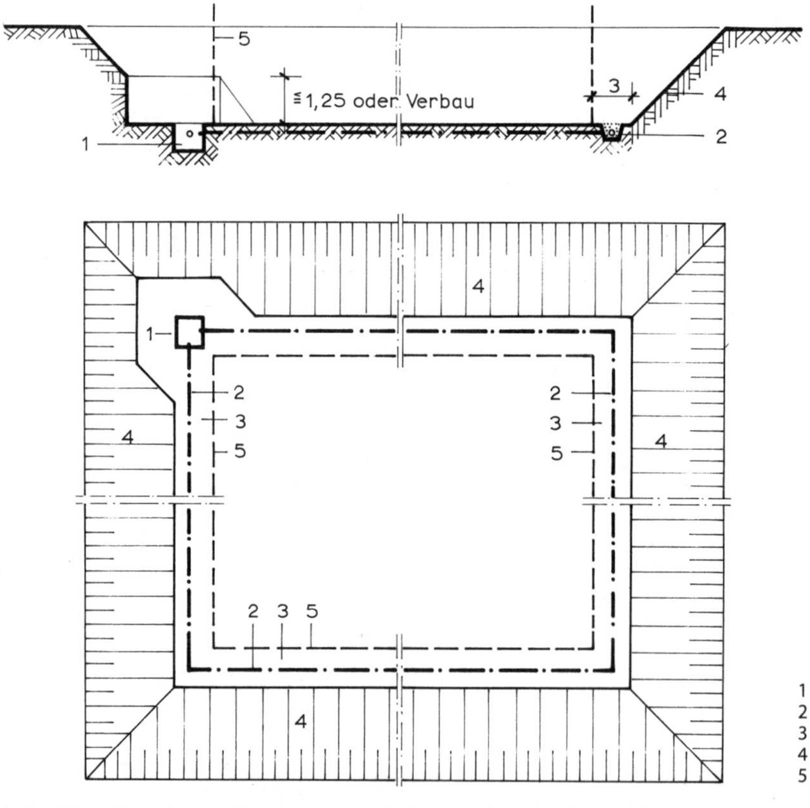

1 Pumpensumpf
2 Dränage in Kiesbett
3 Arbeitsraum
4 Baugrubenböschung
5 Bauwerksrand

3.19 Offene Wasserhaltung (Profil und schematischer Grundriss einer Baugrube) chemische Injektionen zur Bodenverfestigung) nötig sind. Zu beachten ist auch, dass benachbarter Aufwuchs nötigenfalls während der Arbeiten zu bewässern ist.

In nichtbindigen Böden werden Saugrohre („*Lanzen*") bis in die wasserführende Schicht eingespült. Sie werden mit flexiblen durchsichtigen Schlauchleitungen über eine Ringleitung an die Pumpenanlage angeschlossen (Bild **3**.20).

Bei sehr starkem Wasserandrang können *Saugbrunnen* erforderlich werden. Dazu werden Bohrlöcher hergestellt und geschlitzte Filterrohre eingeführt. Nach dem Einbau der Saugrohre wird mit Perlkies verfüllt, um das Zuschlämmen der

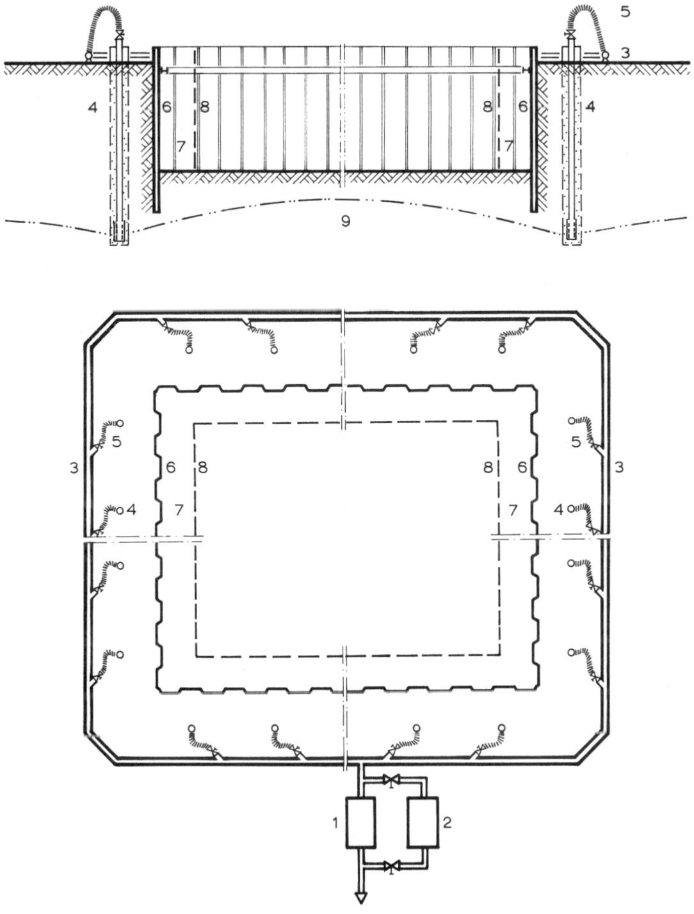

3.20 Grundwasserabsenkung (Profil und schematischer Grundriss einer Baugrube)

1 Pumpe mit Sandfang
2 Reservepumpe
3 Ringleitung mit Absperrschiebern
4 Saugrohre („Brunnen") s. Bild 3.23
5 Durchsichtiger Anschlussschlauch (Sichtkontrolle!)
6 Baugrubenverbau (Spundwand)
7 Arbeitsraum
8 Bauwerksrand
9 Absenkungskurve; schematisierter, ungefährer Verlauf

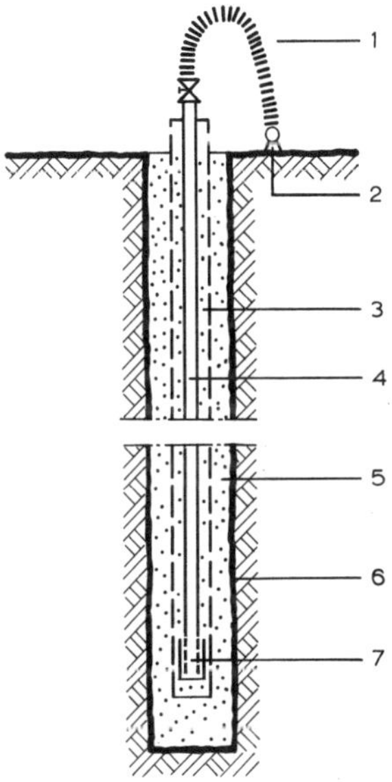

3.21 Rohrfilterbrunnen (schematisch)

1 Durchsichtiger Anschlussschlauch (Sichtkontrolle)
2 Ringleitung zu den Pumpen
3 Schlitzrohr
4 Saugrohr
5 Kiesverfüllung
6 Bohrloch
7 Saugkopf

3

Ansaugstellen durch Feinsand zu vermindern (Bild **3**.21). Je nach Wasseranfall (kontrollierbar an den durchsichtigen Saugleitungen) werden an die Ringleitung entweder zusätzliche Sauglanzen bzw. Saugbrunnen angeschlossen oder entbehrliche Saugstellen durch Schieber stillgelegt.

In der geschilderten Weise sind Grundwasserabsenkungen bis etwa 4 m Tiefe möglich. Bei tieferen Baugruben müssen die Pumpen staffelförmig höhenversetzt werden.

Die Grundwasserhaltung muss ununterbrochen in Betrieb bleiben, bis die erforderlichen Abdichtungen voll wirksam werden und die fertiggestellten Bauwerksteile nicht mehr durch *Auftrieb* gefährdet werden können. Es müssen daher automatisch zuschaltende Reservepumpen vorgesehen werden. Weil die Pumpenanlage auch nachts in Betrieb bleiben muss, sind ggf. besonders geräuscharme oder geräuschgeschützte Anlagen erforderlich. Durch ständige Überwachung der Baustelle muss sofortige Abhilfe bei Betriebsstörungen gewährleistet sein.

Bei der Planung von größeren Projekten mit Grundwasserabsenkungen sollen Vorkehrungen für den Ausfall der Absenkungsanlagen oder gegen ungewöhnliche Witterungsereignisse getroffen werden.

Wenn durch eingeplante Zuflussöffnungen eine rasche *Notüberflutung* möglich ist, kann die Zerstörung noch nicht belastbarer Abdichtungen und das Aufschwimmen noch nicht voll belasteter Bauwerksteile, verbunden mit in der Regel nicht reparierbaren Verkantungen, meistens verhindert werden.

Bei umfangreichen Grundwasserabsenkungen, besonders wenn sich diese über längere Zeiträume erstrecken, muss mit Auswirkungen auf unmittelbar benachbarte Bauwerke und auf den Aufwuchs in der Umgebung gerechnet werden. Vor Beginn sollte daher der vorhandene Zustand genau dokumentiert werden und Einvernehmen mit allen Betroffenen und Behörden hergestellt werden.

3.7 Normen

Norm	Ausgabedatum	Titel
DIN 1054	11.1976	Baugrund; Zulässige Belastung des Baugrunds
DIN 1054 Bbl	11.1976	–; Zulässige Belastung des Baugrunds; Erläuterungen
E DIN 1054	12.2000	Baugrund; Standsicherheitsnachweise im Erd- und Grundbau
DIN 1055-2	02.1976	Lastannahmen für Bauten; Bodenkenngrößen; Wichte, Reibungswinkel, Kohäsion, Wandreibungswinkel
DIN 4014	03.1990	Bohrpfähle; Herstellung, Bemessung und Tragverhalten
DIN 4019-1	04.1979	Baugrund; Setzungsberechnungen bei lotrechter, mittiger Belastung
DIN 4019-2	02.1981	–; Setzungsberechnungen bei schräg und bei außermittig wirkender Belastung
DIN 4021	10.1990	Baugrund; Aufschluss durch Schürfe und Bohrungen sowie Entnahme von Proben
DIN 4022-1	09.1987	Baugrund und Grundwasser; Benennen und Beschreiben von Boden und Fels; Schichtenverzeichnis für Bohrungen ohne durchgehende Gewinnung von gekernten Proben im Boden und im Fels
DIN 4022-2	03.1981	–; Benennen und Beschreiben von Boden und Fels, Schichtenverzeichnis für Bohrungen im Fels (Festgestein)
DIN 4022-3	05.1982	–; Benennen und Beschreiben von Boden und Fels, Schichtenverzeichnis für Bohrungen mit durchgehender Gewinnung von gekernten Proben im Boden (Lockerstein)
DIN 4084	07.1981	Baugrund; Gelände- und Böschungsbruchberechnungen
DIN 4084 Bbl1	07.1981	–; Gelände- und Böschungsbruchberechnungen; Erläuterungen
DIN 4094	12.1990	Baugrund; Erkundung durch Sondierungen
DIN 4094 Bbl1	12.1990	–; Erkundung durch Sondierungen; Anwendungshilfen, Erklärungen
DIN 4107	01.1978	Baugrund; Setzungsbeobachtungen an entstehenden und fertigen Bauwerken
DIN 4123	09.2000	Ausschachtungen, Gründungen und Unterfangungen im Bereich bestehender Gebäude
DIN 4124	08.1981	Baugruben und Gräben; Böschungen, Arbeitsraumbreiten, Verbau
E DIN 4124	08.2000	Baugruben und Gräben; Böschungen, Verbau, Arbeitsraumbreiten
DIN 4125	11.1990	Verpressanker; Kurzzeitanker und Daueranker, Bemessung, Ausführung und Prüfung
DIN 4126	08.1986	Ortbeton-Schlitzwände; Konstruktion und Ausführung

Normen, Fortsetzung

Norm	Ausgabedatum	Titel
DIN 18126	11.1996	Baugrund; Untersuchung von Bodenproben, Bestimmung der Dichte nichtbindiger Böden bei lockerster und dichtester Lagerung
DIN 18130-1	05.1998	Baugrund, Untersuchung von Bodenproben; Bestimmung des Wasserdurchlässigkeitsbeiwerts; Laborversuche
DIN 18196	10.1988	Erd- und Grundbau; Bodenklassifikation für bautechnische Zwecke
DIN 18300	12.2000	VOB Verdingungsordnung für Bauleistungen; Teil C: Allgemeine Technische Vertragsbedingungen für Bauleistungen (ATV); Erdarbeiten
DIN 18301	12.2000	–; Bohrarbeiten
DIN 18303	12.2000	–; Verbauarbeiten
DIN 18304	12.2000	–; Ramm-, Rüttel- und Pressarbeiten
DIN 18305	12.2000	–; Wasserhaltungsarbeiten
DIN 18320	12.2000	–; Landschaftsbauarbeiten
DIN EN 1536	06.1999	Ausführung von besonderen geotechnischen Arbeiten (Spezialtiefbau); Bohrpfähle; Deutsche Fassung EN 1536: 1999

3.8 Literatur

[1] Deutsche Ges. für Erd- und Grundbau: Empfehlungen des Arbeitskreises „Baugruben", Berlin 1988; www.dggt.de

[2] *Fritsch, H.*: Böschungs- u. Hangsicherung durch Verankerungen. IRB 1987; www.irb.fhg.de

[3] *Fritsch, H.*: Grabenverbau. IRB 1988; www.irb.fhg.de

[4] *Grasshoff, H., Siedek, P., Floß, R.*: Handbuch Erd- und Grundbau, Düsseldorf 1979/82

[5] *Hoffmann / Kremer*: Zahlentafeln für den Baubetrieb. Abschnitt Boden, Baugrube, Verbau. Stuttgart, 1999

[6] *Kinze, W., Franke, D.*: Grundbau. Wiesbaden 1983

[7] *Metzger, E.*: Rechtsfragen der Beseitigung von Erdaushub und Bauschutt. DAB 4/95

[8] *Pietzsch, W., Rosenheinrich, G.*: Erdbau. Düsseldorf 1998

[9] *Schloz, T.*: Grundwasserabsenkung im Grundbau. IRB 1993; www.irb.fhg.de

[10] *Schneider, K.-J., Franke,D.*: Bautabellen für Architekten. Düsseldorf 2001

[11] *Schnell, W.*: Verfahrenstechnik zur Sicherung von Baugruben. Stuttgart, 1995

[12] *Simmer, K.*: Grundbau Teil 1 und 2. Stuttgart 1994/1999

[13] *Smoltczyk, U.*: Grundbau-Taschenbuch Teil 1 bis 3. Berlin 1992/2001

[14] *Teige, M.*: Gelände- und Böschungsbruch. IRB 1986; www.irb.fhg.de

[15] *Weiß, F., Winter, K.*: Schlitzwände als Trag- und Dichtungswände, Wiesbaden 1985

4 Fundamente

4.1 Allgemeines

Die Standsicherheit von Bauwerken ist weitgehend abhängig von der sicheren Übertragung aller Lasten auf den Baugrund. In der Regel reicht dessen Belastbarkeit nicht aus, um Gebäudelasten direkt auf die Gründungsflächen zu übertragen. Insbesondere Wand- und Stützenlasten müssen über verbreiternde Fundamente so in den Untergrund abgeleitet werden, dass die zulässigen Baugrundbeanspruchungen nicht überschritten werden. Andernfalls können Bauwerke durch unzulässig große Setzungen, durch Kippen, Gleiten oder Grundbruch gefährdet werden (vgl. DIN 1054, Abschn. 2.3).

Setzungen treten praktisch immer auf, da fast jeder Baugrund durch die Auflast des Bauwerkes mehr oder weniger zusammengedrückt wird. Die

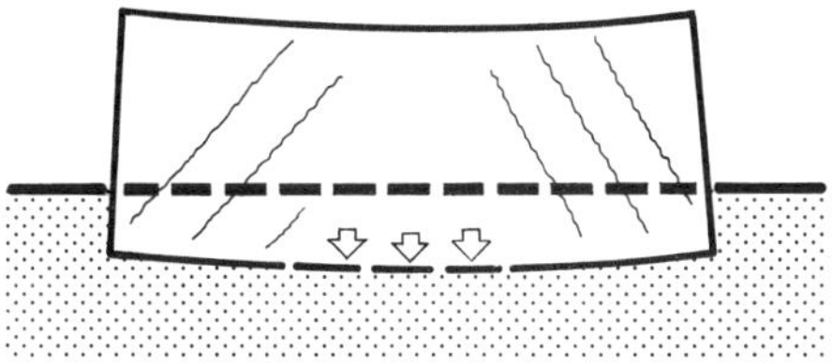

4.1a

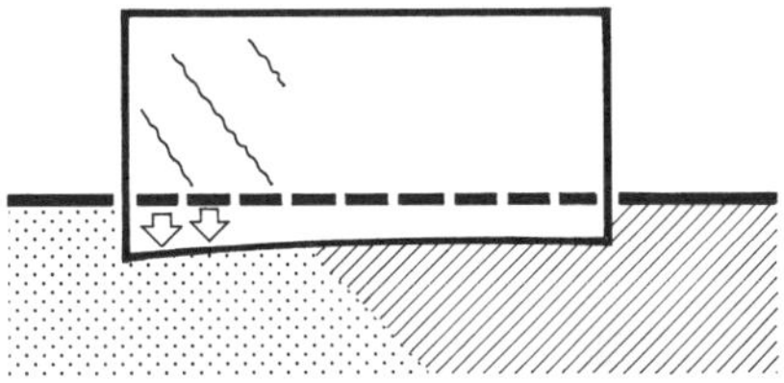

4.1b

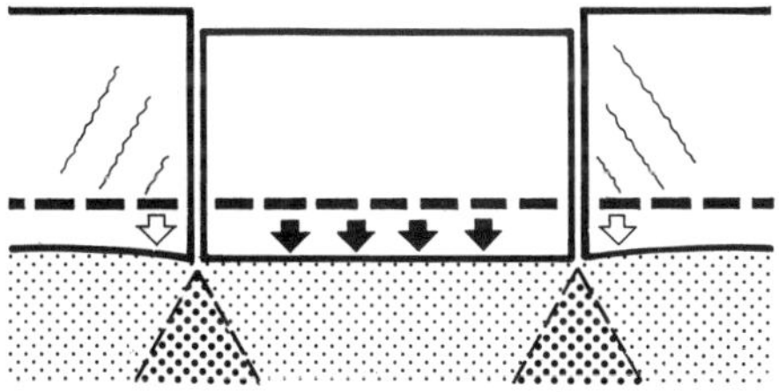

4.1c

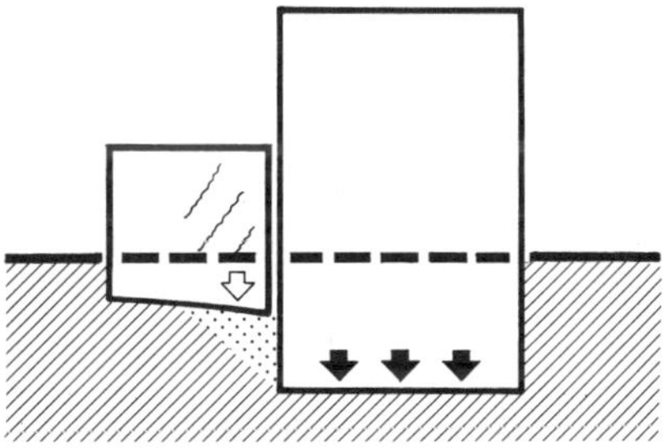

4.1d

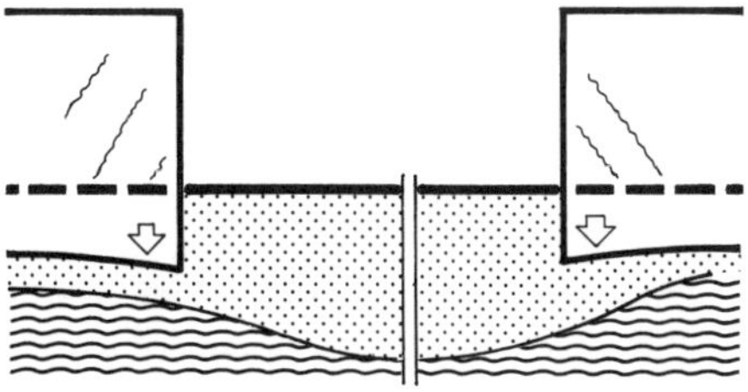

4.1e

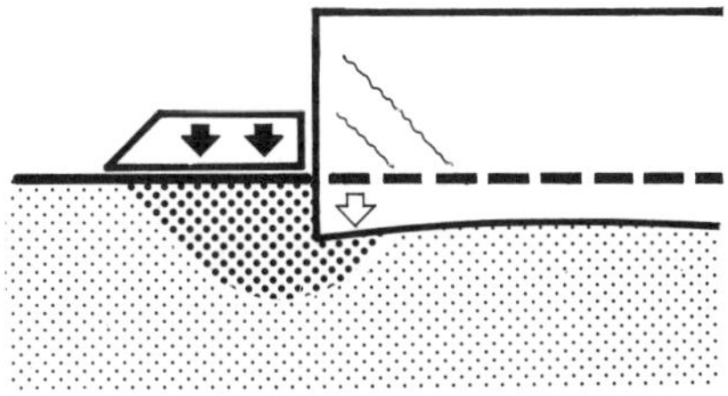

4.1f

4.1 Ursachen für Setzungsrisse

a) Gebäude zu lang, Gründungsmängel
b) ungleichmäßige Gründungsverhältnisse
c) nachträgliche Belastung der Gründungssohle vorhandener Bauwerke durch Drucküberlagerung
d) ungleiche Gründungstiefen, sehr unterschiedliche Baugrundbelastungen, evtl. auch Setzungen in aufgefüllten Bereichen (Arbeitsräume!)
e) Grundwasserabsenkung oder Austrocknen bindiger Bodenschichten
f) Belastung durch nachträgliche Auflasten (Aufschüttung, Anbauten)

statische Berechnung und die daraufhin vorgenommene Dimensionierung der Fundamente müssen gewährleisten, dass diese Setzungen gleichmäßig und nur in solchen Größenordnungen erfolgen, dass keine Schäden für das Bauwerk (z. B. Rissbildung) entstehen. Die Gefahr von unregelmäßigen Setzungen besteht besonders bei unterschiedlichen Gründungstiefen innerhalb eines Gebäudes oder gegenüber benachbarten Bauwerken, bei sehr unterschiedlichen Bodenverhältnissen innerhalb des Gründungsbereiches und bei stark schwankenden Grundwasserverhältnissen (Bild **4**.1).

Bei ausgedehnten Bauwerken, insbesondere mit zusammengesetzten Grundrissformen, sehr unterschiedlichen Gebäudelasten oder Gründungstiefen sind Setzrisse allein durch ausreichende Gründung nicht mit Sicherheit zu vermeiden. Derartige Gebäude sind mit durch alle Bauteile durchlaufenden senkrechten Fugen (*Setzungsfugen*) so zu unterteilen, dass voneinander unabhängige schadensfreie Setzungen der einzelnen Gebäudeteile möglich sind.

Gleiten auf nicht horizontal gelagerten Bodenschichten kann eine andere Gefährdung von Gründungen bedeuten. Die Gefahr des Gleitens besteht insbesondere, wenn wasserführende mit bindigen Schichten wechseln.

4.2 Flächengründungen (Fundamente)

4.2.1 Allgemeines

Unter Flächen- oder Flachgründung wird die flächenförmige Abtragung der Bauwerkslasten auf die Gründungsflächen durch Fundamente verstanden. Unterschieden werden

- *Streifenfundamente* für aufgehende tragende Wandbauteile,
- *Einzelfundamente* für Stützen oder Pfeiler sowie
- *Plattenfundamente* für vollständige Bauwerke.

Plattenfundamente können zudem bei Gebäudeteilen, die dem Grundwasser ausgesetzt sind, auch Bestandteil druckwasserhaltender Bauwerksabdichtungen („Wannen") sein (Abschn. 16.4.6).

Voraussetzung für die Ausführung von Flachgründungen ist, dass die Fundamentsohlen unter allen zu erwartenden Witterungsbedingungen frostfrei bleiben. Die Mindesttiefe dafür darf nach DIN 1054 in Zonen mit relativ mildem Klima 0,80 m nicht unterschreiten. In besonders frostgefährdeten Gegenden kann sie bis 1,50 m betragen.

Die *frostfreie Tiefe* muss an jeder Stelle der Fundamente gewährleistet sein, z. B. auch bei Abtreppungen in Hanglagen, bei Schächten, Kelleraußentreppen usw.

Unfertige Bauten werden oft durch Frost stark geschädigt, weil die Kellerwände bis zum Fundament freiliegen und die dann ungehindert im bindigen Baugrund sich bildenden Eislinsen oder -bänder die Wandfundamente und Kellerfußböden u. U. um mehrere Zentimeter emporheben. Bei Wintereinbruch ist daher der Abstand zwischen Baugrubenböschung und Kellerwand (Arbeitsraum) zu verfüllen. Kellertür- und -fensteröffnungen und größere Öffnungen in der Kellerdecke sind zu verschließen. Schmelz- und Grundwasseransammlungen im und am Gebäude sind zu verhindern.

Flächengründungen können nur auf Gründungsflächen mit ausreichender Belastbarkeit hergestellt werden. Sie sollten so bemessen werden, dass zumindest innerhalb gleicher Gründungsebenen etwa gleiche Bodenpressungen entstehen.

Die entstehenden Druckbeanspruchungen des Baugrundes breiten sich unterhalb der Gründungsflächen unter einem *Druckverteilungswinkel* aus, der abhängig von der Beschaffenheit des Baugrundes ist. Dabei nimmt die Bodenpressung unter Gründungskörpern innerhalb des Baugrundes mit zunehmender Tiefe ab. Das kann mit Hilfe sogenannter „Druckzwiebeln" bildlich annähernd veranschaulicht werden (Bild **4**.2).

Bei der Bemessung muss ggf. die Überlagerung der Druckausbreitung verschiedener Fundamente berücksichtigt werden (Bild **4**.3).

Ist der Baugrund durch eine Baugrunduntersuchung, jedoch spätestens beim Baugrubenaushub und auf Grund örtlicher Erfahrungen nach Bodenart, Lagerungsdichte, Schichtenaufbau und Belastbarkeit sowie der höchste anzunehmende Grundwasserstand zuverlässig zu beurteilen, können in einfachen Fällen (*„Regelfällen"*) die Werte für die zulässige Bodenpressung zur Dimensionierung der Fundamente den Tabellen aus DIN 1054, Abschn. 4.2, entnommen werden.

Regelfälle liegen vor, wenn es sich um Streifen- und Einzelfundamente mit begrenzten und häufig vorkommenden Abmessungen einerseits und um häufig vorkommende typische Bodenarten andererseits handelt.

Die Werte der Tabellen 1 bis 6 der DIN 1054 beziehen sich auf Flächenverhältnisse, die mindestens

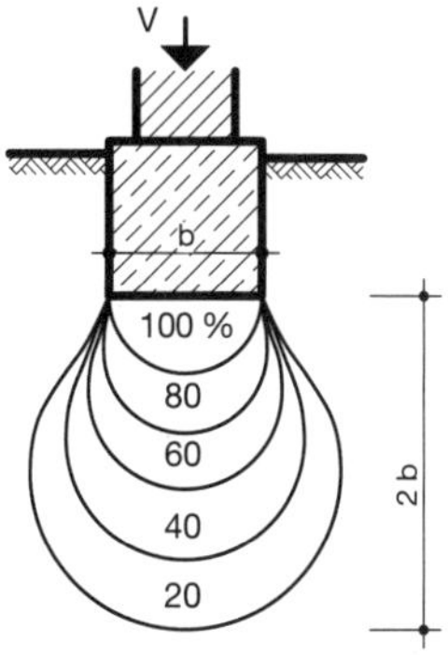

4.2 Abbau der Bodenpressung unter einem Einzelfundament („Druckzwiebel")

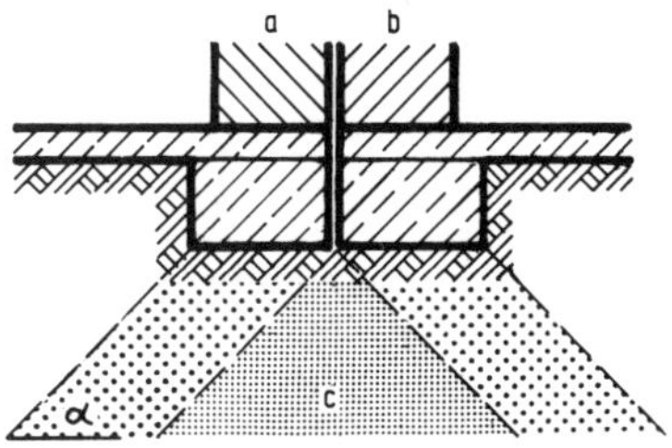

4.3 Überschneiden der Druckausbreitung
a) vorhandenes Bauwerk
b) später errichtetes Bauwerk
c) Zone nachträglich erhöhter Bodenpressung; u. U. muss bei c die Bodentragfähigkeit durch Verdichten oder Verfestigen verbessert werden.
α Druckverteilungswinkel

bis in eine Tiefe unter der Gründungssohle annähernd gleichmäßig sind, die der zweifachen Fundamentbreite entspricht.

Ferner darf das Fundament nicht überwiegend oder regelmäßig dynamisch beansprucht werden.

Für *nichtbindige Böden* gelten die Tabellen 1 (setzungsempfindliche Bauwerke) und 2 (setzungsunempfindliche Bauwerke) der DIN 1054 (Tabellen **4**.4 und **4**.5).

Für *bindige Böden* gelten je nach der Kornzusammensetzung die Tabellen 3 (Schluff), 4 (gemischtkörniger Boden), 5 (toniger Schluff) und 6 (Ton), wobei sich die zulässigen Bodenpressungen innerhalb der Tabellen entsprechend der vorhandenen Bodenkonsistenz staffeln.

Die Werte der Tabellen gelten nur für Fundamente mit lotrechter Belastung. Herabsetzungen und Erhöhungen der Tabellenwerte sind unter bestimmten Voraussetzungen zulässig bzw. erforderlich; s. DIN 1054 Abschn. 4.2 ff.

Voraussetzung für die Anwendung der Tabellen ist, dass der Baugrund gegen Auswaschen oder Verringerung seiner Lagerungsdichte durch strö-

Tabelle **4**.4 Nichtbindiger Baugrund und setzungsempfindliches Bauwerk nach DIN 1054

Kleinste Einbindetiefe des Fundaments	Zulässige Bodenpressung in kN/m² bei Streifenfundamenten mit Breiten *b* bzw. *b'* von					
in m	0,5 m	1 m	1,5 m	2 m	2,5 m	3 m
0,5	200	300	330	280	250	220
1	270	370	360	310	270	240
1,5	340	440	390	340	290	260
2	400	500	420	360	310	280
bei Bauwerken mit Gründungstiefen *t* ab 0,3 m und mit Fundamentbreiten *b* ab 0,3 m	150					

Tabelle **4**.5 Nichtbindiger Baugrund und setzungsunempfindliches Bauwerk nach DIN 1054

Kleinste Einbindetiefe des Fundaments	Zulässige Bodenpressung in kN/m² bei Streifenfundamenten mit Breiten *b* bzw. *b'* von			
in m	0,5 m	1 m	1,5 m	2 m
0,5	200	300	400	500
1	270	370	470	570
1,5	340	440	540	640
2	400	500	600	700
bei Bauwerken mit Gründungstiefen *t* ab 0,3 m und mit Fundamentbreiten *b* ab 0,3 m	150			

mendes Wasser gesichert ist. Bindige Böden sind außerdem während der Bauzeit gegen Aufweichen und Auffrieren zu schützen.

Ähnliche Wirkungen wie strömendes Wasser haben stetige Änderungen des *Grundwasserspiegels*. Auch führt Verminderung des Porenwassers bindiger Böden unter dem Druck des Bauwerks u. U. zu erheblichen, langdauernden Setzungen.

Außerdem muss der höchste Grundwasserspiegel in einer Tiefe unter der Gründungssohle liegen, die bei nichtbindigem Baugrund mindestens gleich der einfachen Fundamentbreite ist. Bei bindigen Böden wird der Einfluss des Grundwasserspiegels auf die zulässige Bodenpressung nicht berücksichtigt (Bild **4**.6).

Kann für die Dimensionierung der Fundamente nicht von „Regelfällen" ausgegangen werden, muss die zulässige Bodenpressung durch eine Bodenuntersuchung mit Gründungsgutachten festgelegt werden.

4.2.2 Streifen- und Einzelfundamente

Unterschieden werden

- *Streifenfundamente* zur Aufnahme von linienartig einwirkenden Lasten aus Mauern oder engen Pfeiler- oder Stützenreihen,
- *Einzelfundamente* für einzelne Stützen oder schwere Einzellasten wie Schornsteine, Maschinen u. Ä.; Stützen oder Pfeiler mit unregelmäßigem Querschnitt müssen mit ihrer Schwerachse im Schwerpunkt der Fundamentfläche stehen.

In älteren Gebäuden sind noch anzutreffen:

- *Fundamente aus Feld- und Bruchsteinen*. Das sind möglichst große, lagerhafte Steine mit gut ausgezwickten Fugen in hydraulischem Kalk- oder Zementmörtel sorgfältig vermauert. Verhältnis Höhe zur einseitigen Ausladung 2:1, mind. 1,5:1.
- *Fundamente aus frostbeständigen Mauerziegeln* oder Mauersteinen. Sie sind ≥ 5 Schichten hoch und sorgfältig im Kreuzverband mit vollen Fugen in hydraulischem Kalk- oder Zementmörtel hergestellt. Die unterste Schicht ist in einem Mörtelbett verlegt.

Heute üblich sind

- *Fundamente aus Kiesbeton* (B 5 bis B 25), Druckfestigkeit 5 bzw. 25 N/mm², Mindestzementgehalt 100 kg/m³ bei Verwendung in frostfreier Tiefe.

Die erforderliche Fundamenthöhe h ergibt sich aus der errechneten Fundamentbreite b, dem Überstand a über die Wanddicke d und dem Druckverteilungswinkel α nach dem Ansatz

$h \geq n \times a$ (n-Werte aus DIN 1054 Tab. 17).

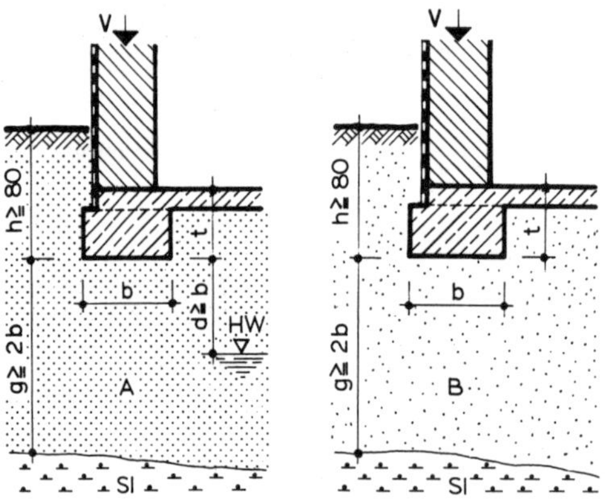

4.6a **4**.6b

4.6
Baugrundverhältnisse in „Regelfällen" nach DIN 1054 Abschn. 4.2

a) nichtbindiger Baugrund (zu DIN 1054 Tab. 1 und 2)
b) bindiger Boden (zu DIN1054 Tab. 3 bis 6)
A nichtbindiger, mindestens mitteldicht gelagerter Baugrund
B bindiger Boden von steifem, halbfestem oder festem Zustand[1]
V lotrechte Lasten
HW höchster Grundwasserspiegel
b Fundamentbreite
t Einbindetiefe
h Gründungstiefe in Abhängigkeit der Frosteinwirkung
d Abstand zwischen Gründungssohle und höchstem Grundwasserspiegel
g Mindesthöhe des als *gleichmäßig* erkannten Baugrundes
Sl Schlick

[1] *Steif* ist ein Boden, der sich schwer kneten, aber in der Hand zu 3 mm dicken Röllchen ausrollen lässt, ohne zu zerreißen oder zu zerbröckeln.
Halbsteif ist ein Boden, der beim Versuch, ihn zu 3 mm dicken Röllchen auszurollen, zwar bröckelt und reißt, aber noch feucht genug ist, um ihn erneut zu einem Klumpen formen zu können.
Fest (hart) ist ein Boden, der ausgetrocknet ist und dann meist heller aussieht. Er lässt sich nicht mehr kneten, sondern nur zerbrechen. Ein nochmaliges Zusammenballen der Einzelteile ist nicht mehr möglich.

Bei *unbewehrten Fundamenten* kann α mit 50 bis 60° angenommen werden. Als erforderliche Fundamenthöhe ergibt sich somit $h = a \times \tan \alpha$ (Bild **4**.7).

Dabei kann sich für hohe Belastungen z. B. unter Stützen eine so große Fundamentbreite ergeben, dass zur Betoneinsparung eine Abtreppung der Fundamente möglich ist (Bild **4**.8).

Wegen des Schalungsaufwandes ist in der Regel in solchen Fällen jedoch die Ausführung von *Stahlbetonfundamenten* wirtschaftlicher (Bild **4**.9).

Gegenüber Fundamenten ohne Bewehrung können Stahlbetonfundamente in der Regel mit geringerem Querschnitt ausgeführt werden. Sie sind trotz des Stahlbedarfes durch Einsparungen bei den Aushubarbeiten und durch geringeren Betonverbrauch meistens wirtschaftlicher.

Nach Möglichkeit werden Stahlbetonfundamente so bemessen, dass sie nur mit einer unteren Bewehrungslage ausgeführt werden können. Bei hohen Belastungen ist jedoch eine mehrlagige Bewehrung mit Schubsicherungen nicht zu vermeiden (vgl. Bild **4**.9).

Bei großen Belastungen und bei schlechten oder stark unterschiedlichen Baugrundverhältnissen stellen Stahlbetonfundamente die Regelausführung dar.

Stahlbetonfundamente sind bei stark wechselnden Belastungen (z. B. Aufeinanderfolge hochbelasteter Pfeiler mit größeren Maueröffnungen) zur gleichmäßigen Lastverteilung unerlässlich.

Wenn Stützenlasten (z. B. unmittelbar an Grundstücksgrenzen) nicht mittig auf die Fundamente abgetragen werden können, entsteht aus der *Exzentrizität* zwischen den Resultierenden von Belastung und Bodenpressung ein Moment. Eine Verkantung der Gründungen kann bei Stahlbetonkonstruktionen durch biegesteifen Verbund zwischen Stütze bzw. Wand und Fundament ausgeschlossen werden (Bild **4**.10a). Gemauerte Wände müssen in derartigen Fällen auf entsprechend bewehrten biegesteifen Bodenplatten gegründet werden (Bild **4**.10b).

Um eine korrekte Lage der erforderlichen Bewehrungen sicherzustellen, ist in der Regel eine *Sauberkeitsschicht* von mindestens 5 cm Dicke aus Beton B 5 bis B 10 auf das Feinplanum der Fundamentgräben bzw. -gruben einzubringen. Neuerdings werden auch Kunststoff-Noppenplatten als Sauberkeitsschicht eingesetzt.

Sind die senkrechten Fundamentbegrenzungen nicht ausreichend standfest, müssen Einschalungen vorgesehen werden (s. Abschn. 5.4, Bild **5**.22 und **5**.23).

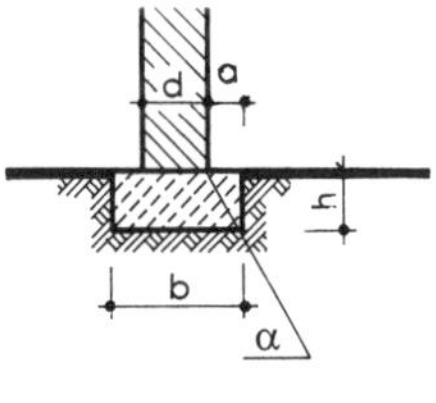

4.7 Fundamenthöhe bei Betonfundamenten

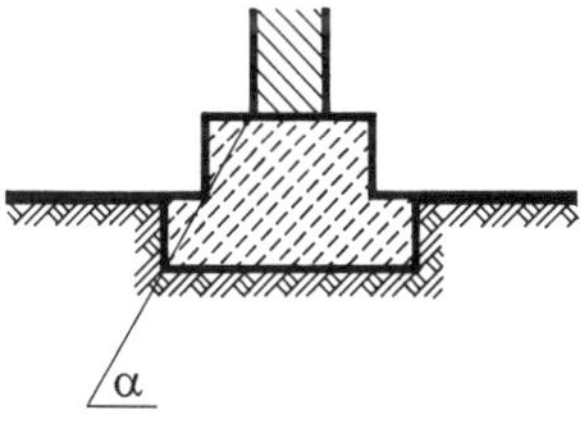

4.8 Abgetrepptes Fundament aus Stampfbeton

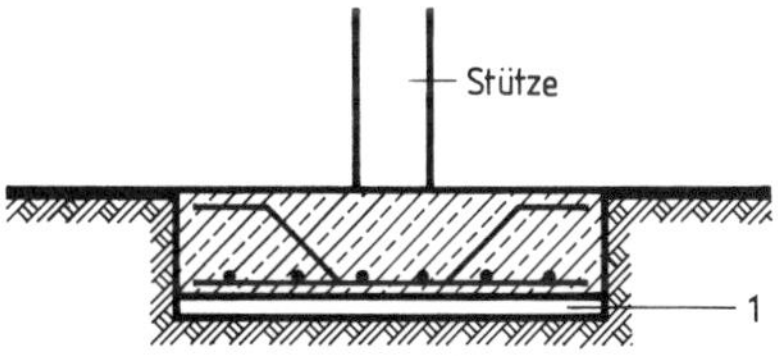

4.9 Fundament aus Stahlbeton als Streifen- oder Einzelfundament

1 Sauberkeitsschicht aus Magerbeton

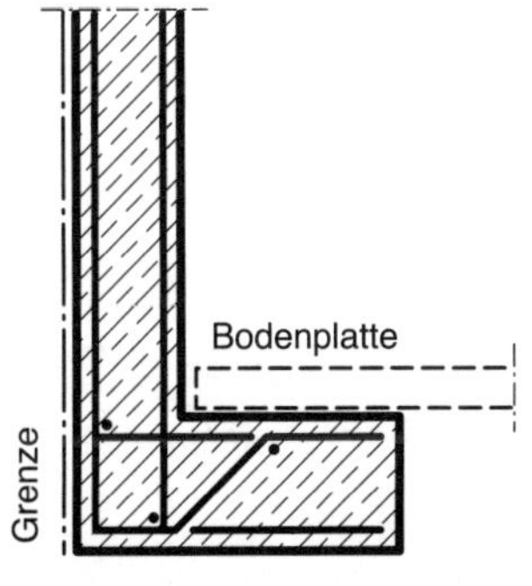

4.10a

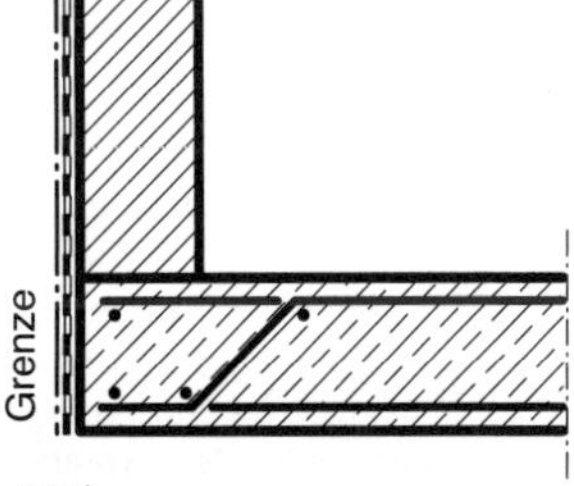

4.10b

4.10
Fundamente mit exzentrischer Belastung

a) Stahlbetonwand oder -stütze (Winkelfundament)
b) Mauer auf Stahlbetonplatte

4.11a

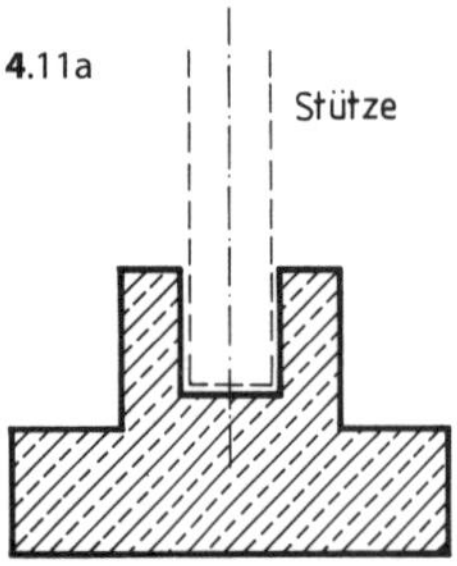

4.11b

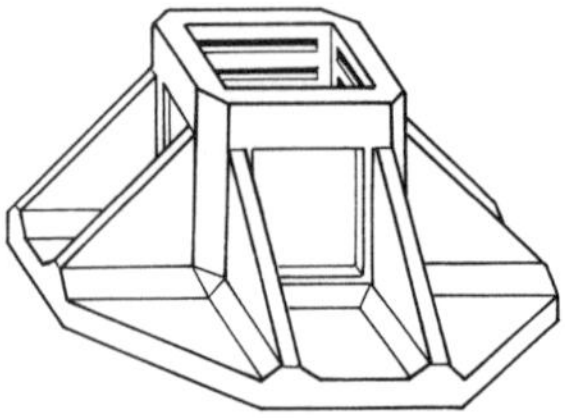

4.11
Köcherfundamente
a) Ausführung in Ortbeton (Schnitt)
b) Fertigteil-Köcherfundament

Für gleichartig beanspruchte Einzelfundamente und zur Einspannung (s. Abschn. 1.6) von Stützen werden *Köcherfundamente* aus Ortbeton oder als Fertigteile eingesetzt. (Bild **4**.11).

4.2.3 Plattenfundamente

Plattenfundamente (Fundamentplatten) sind bei komplizierten Grundrissen bzw. bei sehr unterschiedlichen Bauwerkslasten oft wirtschaftlicher als zahlreiche dicht nebeneinander oder sogar in unterschiedlichen Höhenlagen herzustellende einzelne Fundamente.

Darüber hinaus kann bei schlechtem Baugrund durch eine biegesteife, lastverteilende Fundamentplatte die Gründungsfläche wesentlich vergrößert und damit die Baugrundbelastung vermindert werden. Eine solche Platte kann außerdem ungleichmäßige Setzungen verhindern.

Das Plattenfundament stellt die neue Form der sog. *Grundgewölbe* dar, die man noch unter alten Gebäuden findet. (Sie sind nach unten gewölbt, stützen sich gegen die unteren Teile der Kellermauern und übertragen so die Lasten auf die gesamte überbaute Bodenfläche.)

Dementsprechend ist die Bewehrung der Plattenfundamente zur Aufnahme des nach oben wirkenden Erddrucks teilweise oben, also umgekehrt wie eine Deckenbewehrung bzw. als Doppelbewehrung anzuordnen, um sowohl positive als auch negative Biegemomente aufnehmen zu können.

Bei sehr großflächigen Räumen mit großen Spannweiten zwischen den Kellerwänden werden Plattenfundamente durch Rippen verstärkt. Oft sind aber dickere Platten wirtschaftlicher. Unter stark belasteten Stützen wird das Plattenfundament wie eine umgekehrte Pilzdecke unterseitig mit einer Aufdickung ausgebildet (Bild **4**.12).

Fundamentplatten sind in vielen Fällen Bestandteil von „Wannen" zur Abdichtung gegen drükkendes Wasser, entweder als wasserundurchlässiges Bauteil („weiße Wanne", s. Abschn. 16.4.6.2) oder als ebene Abdichtungsbasis für geklebte Abdichtungen („schwarze Wannen", s. Abschn. 16.4.6.3).

Plattenfundamente werden – wie Stahlbetonfundamente – nicht unmittelbar auf dem Baugrund betoniert. Um Verschmutzungen des Stahlbetons zu verhindern und um die auch an der Unterseite erforderliche Betonüberdeckung sicherzustellen, ist die Baugrund-Oberfläche zunächst mit einer

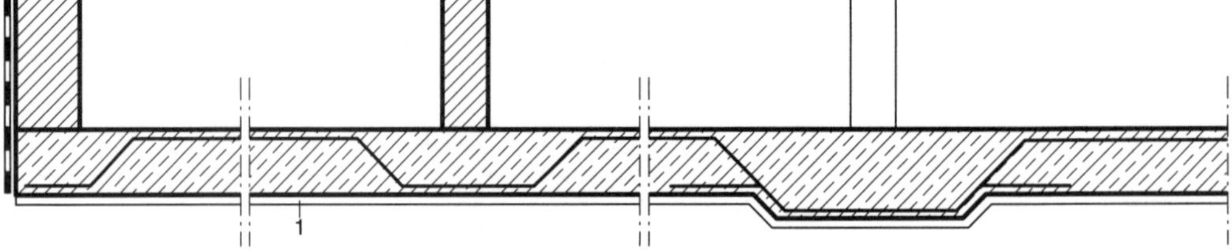

4.12 Plattenfundament (Schnitt mit Lage der Hauptbewehrung)
1 Sauberkeitsschicht

≥ 5 cm dicken Betonschicht (*Sauberkeitsschicht*) abzudecken.

4.3 Tiefgründungen

Liegen tragfähige Bodenschichten in so großer Tiefe, dass sie bei den vorgesehenen Gebäudetiefen mit Flächengründungen nicht erreichbar sind, wird die Gebäudelast mit Pfählen durch die nicht tragfähigen Bereiche hindurch auf den Untergrund abgetragen.

Alte Gebäude stehen seit Jahrhunderten noch heute auf gerammten Holzpfahlgründungen (z. B. Venedig). Sie bestehen aus bis etwa 20 m langen Laub- oder Nadelholzstämmen. Diese verfaulen nicht, wenn sie ständig unter Wasser stehen. Bei den in vielen Gebieten zu beobachtenden Veränderungen des Wasserspiegels sind die Hölzer äußerst gefährdet, und die Standfestigkeit der alten Gebäude muss durch aufwendige Maßnahmen gesichert werden.

Tiefgründungen werden daher heute fast nur noch mit Pfählen aus Stahlbeton hergestellt.

Pfahlgründungen übertragen die Gebäudelasten durch ein Zusammenwirken von *Spitzendruck* und *Mantelreibung* auf den Untergrund (Bild **4**.13). Abhängig von den örtlichen Verhältnissen sind für den Einbau unterschiedliche Verfahren zur Einbringung der Pfähle entwickelt worden.

Es werden unterschieden :

- *Rammpfähle* werden heute meistens aus Spannbeton hergestellt als quadratische Massivpfähle (ca. 30/30 cm, bis etwa 25 m Länge) oder als Hohlpfähle mit bis zu 1,00 m Durchmesser und mit Längen von über 50 m. Sie werden wegen der unvermeidlichen Erschütterungen beim Einrammen heute überwiegend zur Gründung von Brückenpfeilern oder bei ähnlichen Bauaufgaben eingesetzt.
- *Bohrpfähle* aus Stahlbeton werden mit Durchmessern von etwa 30 bis 100 cm nach verschiedenen Verfahren hergestellt. Sie unterscheiden sich durch den jeweils erzielbaren Anteil von Spitzendruck und Mantelreibung. Die Lastenübertragung wird verbessert durch Verbreiterungen des Pfahlfußes (Spitzendruck) und durch möglichst rauhe Flanken der Pfähle (Mantelreibung). Das wird erreicht durch Einpressen des Betons (Presswirkung durch das Eigengewicht des Betons, durch Stampfen, Rütteln und auch durch Pressluft).

Herstellung, Dimensionierung, Belastbarkeit, Abstände, Einbindung in den Baugrund usw. werden für Bohrpfähle in DIN 4014 festgelegt.

Bei der Herstellung von Bohrpfählen, die in größere Tiefen reichen, muss die Standfestigkeit der Bohrlochflanken durch Einpressen, Einbohren oder seltener auch durch Einrammen von Mantelrohren aus Stahl gesichert werden. Für schwere Bohrgeräte bilden auch sehr schwere Bodenarten oder Felsbrocken kein Hindernis. Fortlaufend wird dabei mit Spezialgreifern das Erdreich innerhalb der Bohrlöcher ausgebaggert. Nach Erreichen der Gründungsebene wird der Pfahlfuß eingestampft oder eingepresst und die Bewehrung eingebracht. Daran anschließend wird abschnittsweise betoniert. Gleichzeitig wird das

4

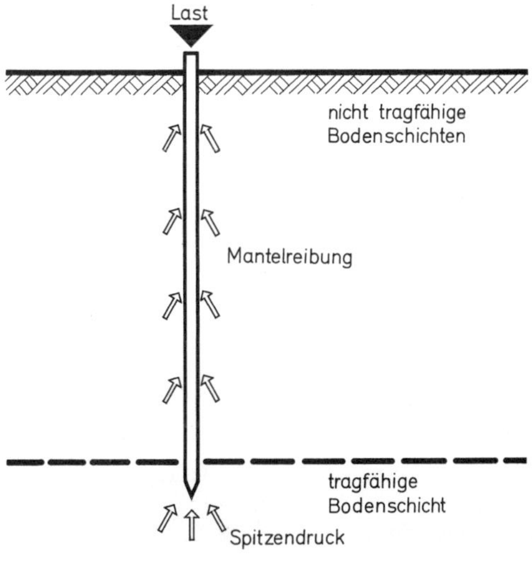

4.13
Tragwirkung von Pfahlgründungen

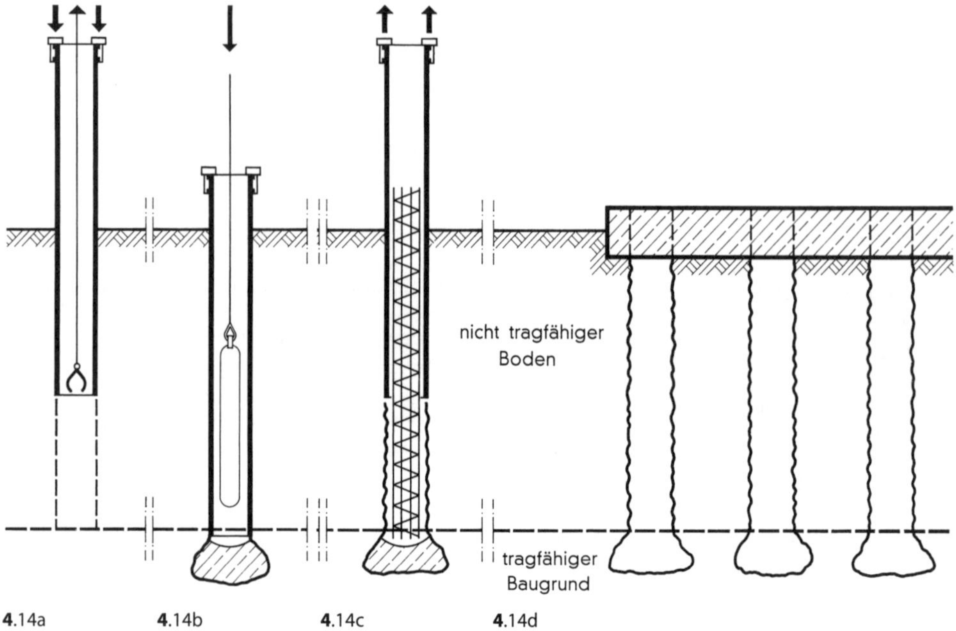

4.14 Herstellung von Bohrpfählen
a) Bohren bzw. Eintreiben der Mantelrohre, Ausbaggern
b) Einstampfen des Pfahlfußes
c) Einbringung der Bewehrung, Betonieren, Ziehen der Mantelrohre
d) durch Stahlbetonplatte oder -rost zusammengefasste Bohrpfähle (Pfahlrost)

Mantelrohr, meistens unter Drehungen, herausgezogen. Dabei wird das anstehende Erdreich aufgerauht, so dass der Beton eindringen kann und eine zur Verbesserung der Mantelreibung gewünschte unregelmäßige rauhe Oberfläche des Pfahles entsteht (Bild **4**.14).

Dringt Grundwasser in die Bohrlöcher ein, wird mit Hilfe verdrängender Stützflüssigkeiten gearbeitet (vgl. Abschn. 3.4).

Die fertiggestellten Ramm- oder Bohrpfähle werden schließlich in Reihen oder einzelnen Bündeln mit dicken Stahlbetonüberzügen oder -platten zusammengefasst. Die Bewehrungen der Pfähle und der verbindenden Platten werden dabei so miteinander verbunden, dass *„Pfahlroste"* als Gründungsbasis entstehen.

Für hohe Gründungslasten können anstelle von Pfahlbündeln auch Großbohrpfähle mit Durchmessern bis etwa 2,50 m hergestellt werden, die mit den früheren „Brunnengründungen" vergleichbar sind.

Auch Bohrpfahlreihen von schwerem Baugrubenverbau können für Tiefgründungen herangezogen werden (vgl. Abschn. 3.4).

4.4 Unterfangen von Fundamenten

Wenn unmittelbar neben einem vorhandenen Bauwerk ein Neubau errichtet wird, dessen Fundamentsohle tiefer liegt als die des bestehenden Gebäudes, muss das alte Fundament vertieft (unterfangen) werden, bevor der Neubau beginnt.

Unterfangungsarbeiten müssen – ebenso wie die Ausschachtungs- und Gründungsarbeiten – sorgfältig vorbereitet werden, um den Neubau zu sichern und das vorhandene Nachbargebäude nicht durch Setzungen oder Grundbruch zu gefährden. Die Unfallverhütungsvorschriften der Bauberufsgenossenschaften müssen genau befolgt werden. Die örtlichen Verhältnisse (Art und Lage der Bodenschichten, Art und Tiefe der benachbarten Fundamente, Horizontalkräfte, Grundwasserstand) sind sorgfältig zu erkunden. Die Erkundungsergebnisse sowie die geplanten Arbeiten und deren zeitlicher Ablauf werden zeichnerisch festgelegt und dokumentiert. Aus rechtlichen Gründen sollte vor Beginn der Arbeiten im Rahmen einer *Beweissicherung* unter Mitwirkung aller Beteiligten der Zustand vorhandener Gebäude festgestellt werden und eine Einmessung erfolgen.

Grundbruch (s. Abschn. 3.1). Die Grundbruchsicherheit ist nachzuweisen

- bei nicht zuverlässigem bindigem Baugrund,
- wenn größere Horizontalkräfte zu berücksichtigen sind,
- bei einem Grundwasserstand von weniger als 1,00 m unter der Gründungssohle,
- bei Belastungen von Streifenfundamenten mit mehr als 200 kN/m und
- wenn Grundwasserabsenkung erforderlich ist (s. Abschn. 3.6).

Es ist zu berücksichtigen, dass nach Errichtung eines Neubaus durch Überschneiden der Druckausbreitung der Baugrund auch unter vorhandenen Fundamenten zusammengedrückt wird (Bild **4**.3). Eine beim Neubau etwa vorgenommene Grundwasserabsenkung kann zu Setzungen der vorhandenen Gebäudeteile führen (vgl. Bild **4**.1e).

In den meisten Fällen dürften Unterfangungsarbeiten von benachbarten, also anderen Eigentümern gehörenden Grundstücken aus auszuführen sein. Es müssen dazu alle juristisch relevanten Fragen bereits vor der Planung geklärt werden. Vor Beginn der Arbeiten ist vor allem die Regelung möglicher Bauschäden vertraglich festzulegen. Dazu sollten etwa schon vorhandene Bauschäden vor Beginn der Arbeiten in geeigneter Form dokumentiert werden.

Die Unterfangung muss so bemessen sein, dass sie auch auftretende Horizontalkräfte aus dem unterfangenen Gebäude und dem Erdreich aufnehmen kann.

In einfachen Fällen kann nach folgenden Richtlinien verfahren werden:

1. Die Wände, die unterfangen werden sollen, sind vorher abzustützen (s. Teil 2 dieses Werkes, Abschn. 10). Dabei ist der Strebendruck der Abspreizungsstreben oder Verspreizungen auf aussteifende Querwände und die massiven Decken des vorhandenen Gebäudes zu übertragen. Ein statischer Nachweis ist gfls. erforderlich.
2. Grundsätzlich darf ein vorhandenes Bauwerk nicht in ganzer Länge oder Breite bis zu einer Fundamentkante freigeschachtet werden. Neue Fundamente unmittelbar neben einem Nachbargebäude oder Fundamentunterfangungen sind *abschnittweise* herzustellen. Zur Wahrung der Grundbruchsicherheit muss längs der vorhandenen Außenwand ein Erdkörper (Berme) von > 2,00 m Breite stehenbleiben, dessen OK nicht tiefer als OK-Kellerfußboden liegen darf und dessen Höhe über Fundamentsohle > 0,50 m betragen muss (Bild **4**.15).

4

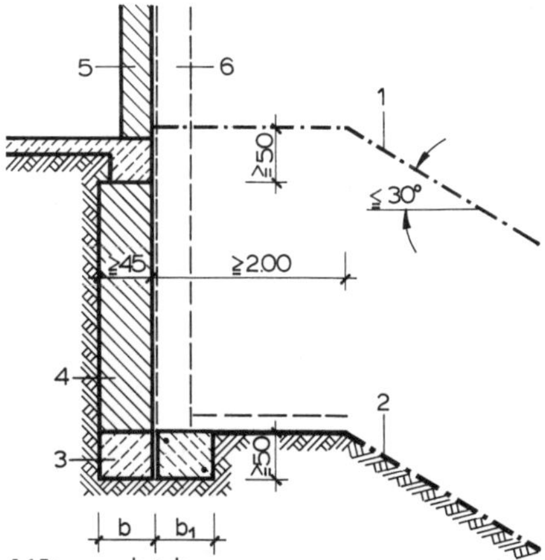

4.15a $b_1 > b$

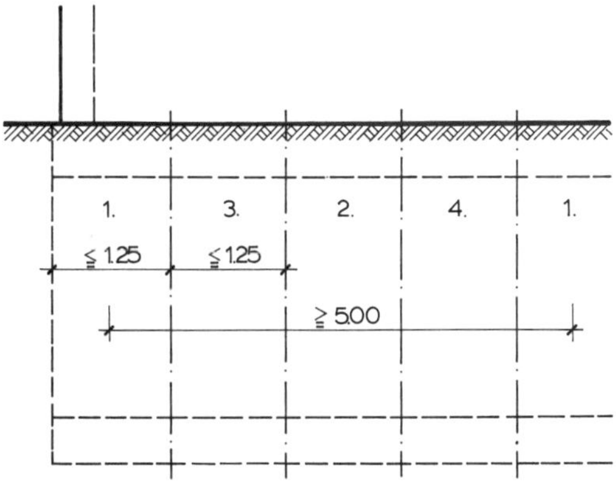

4.15b

4.15 Unterfangen einer Brandwand
a) Schnitt b) Ansicht mit Unterfangungsabschnitten und Reihenfolge
1 Bodenaushubgrenze vor Unterfangung
2 Bodenaushubgrenze nach Unterfangung
3 neues Fundament
4 Unterfangungsmauerwerk (Einbau vgl. Bild **4**.16)
5 vorhandene Brandwand
6 Lage der neuen Wand

3. Die Länge von Unterfangungsabschnitten darf 1,25 m nicht überschreiten. Der Achsabstand der Abschnitte soll höchstens 5,00 m betragen.
4. Falls es besondere örtliche Verhältnisse erfordern, sind auch die rechtwinklig an die Brand- oder Giebelwand anschließenden Außen- und Innenwände bis < 2,50 m Länge zu unterfangen oder in anderer Weise gegen nachträgliches Setzen zu sichern. Wandöffnungen im Bereich der Gebäudeecken sind für die Dauer der Unterfangungsarbeiten auszusteifen.
5. Ausschachtungen von > 1,25 m Tiefe für die einzelnen Unterfangungsabschnitte müssen verbaut (ausgesteift) werden, um jede Einsturzgefahr zu vermeiden (Bild **4**.16).
6. Gemauerte Unterfangungen sind in handwerksgerechtem Mauerverband zu errichten. Um Setzungen soweit wie möglich zu vermindern, sind dünne Lagerfugen und schnellbindender Zementmörtel zu verwenden. Die Fuge zwischen alter Fundamentsohle und Unterfangung ist mit großflächigen Stahlkeilen zu verkeilen und mit Zementmörtel auszupressen. Hohlräume zwischen Unterfangung und anstehendem Boden sind mit Magerbeton voll auszustampfen.

   Umfangreichere Unterfangungen werden besser und wirtschaftlicher aus Beton hergestellt (schneller und raumsparender Materialtransport durch Schüttrohre, guter Anschluss an das anstehende Erdreich). Die Verwendung maschineller Rüttelgeräte ist hier wegen der Gefahr der Schwingungsübertragung nicht zulässig.

   Vor dem Schließen der Anschlussfuge werden die neuen Fundamente mit Hilfe von hydraulischen Pressen vorbelastet. Nach Festlegen der Druckkolben wird die Fuge mit Beton ausgepresst. Die Pressen werden nach Erhärten des Fugenbetons ausgebaut (Bild **4**.17).
7. Das neue Fundament mit normaler Ringverankerung ist abschnittweise gleichzeitig mit dem Fundament der Unterfangung auszuführen. Die Unterkanten der Fundamente

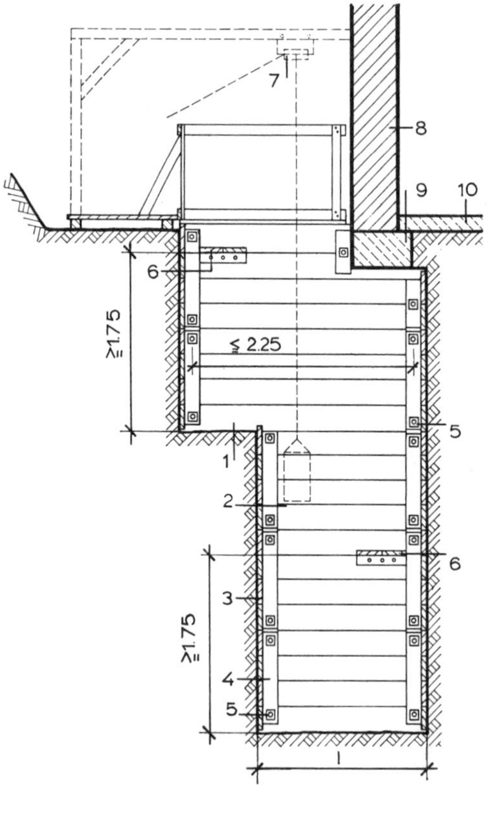

4.16
Schacht für die Vorbereitung der Unterfangung (waagerechter Verbau)

1 Vorschacht (Erweiterung des Hauptschachtes zur Erleichterung des Personen- und Baustofftransports)
2 Hauptschacht (Breite < 1,25, Länge *L* hängt von neuer Fundamentbreite ab)
3 waagerechter Verbau (Bohlendicke 5 cm)
4 Brustholz 8/16; 1,00 m lang
5 Spindelspreizen
6 Arbeitspritsche, zugleich Schutzdach
7 Laufkatzenaufzug
8 vorhandene Brandwand
9 vorhandenes Fundament
10 vorhandene Bodenplatte

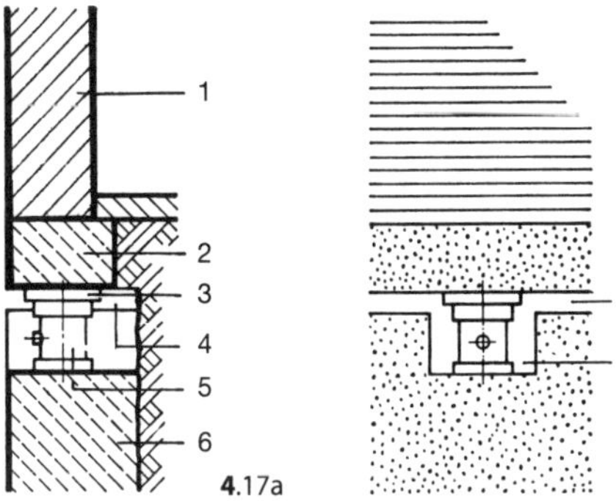

4.17a **4**.17b

4.17 Vorbelastung der neu hergestellten Unterfangung
a) Schnitt
b) Ansicht
1 vorhandene Brandwand
2 vorhandenes Fundament
3 Bleiplatte zur Druckverteilung
4 offene Restfuge (10 cm breit)
5 Öldruckpresse
6 Unterfangung
7 vorläufig offengehaltene Nische für Öldruckpresse

müssen auf gleicher Höhe liegen. Die Enden von Ringankern der einzelnen Abschnitte sind zunächst hochzubiegen. Die Überdeckungslänge soll ca. 50 cm betragen.

8. Ist eine Längsbewehrung des neuen Fundamentes erforderlich, so wird zunächst in gleicher Höhe mit dem Fundament der Unterfangung *abschnittweise* ein unbewehrtes Fundament hergestellt, nach Erhärten wird darauf in *ganzer Länge* das Stahlbetonfundament betoniert.
9. Bei Unterfangungsarbeiten im Winter sind Mauerwerk und (bei bindigen Böden) Baugrubensohle vor Wasser und Frost zu schützen (sturmsichere Abdeckung mit Planen, Ableitung des Wassers, Abdeckung).
10. Die Absteifungen vorhandener Gebäude bzw. Bauwerksteile dürfen erst entfernt werden, wenn die ausgeführten Unterfangungen ihre volle Tragfähigkeit haben.

Unterfangungsarbeiten sollten nur von dafür spezialisierten erfahrenen Fachfirmen und bei

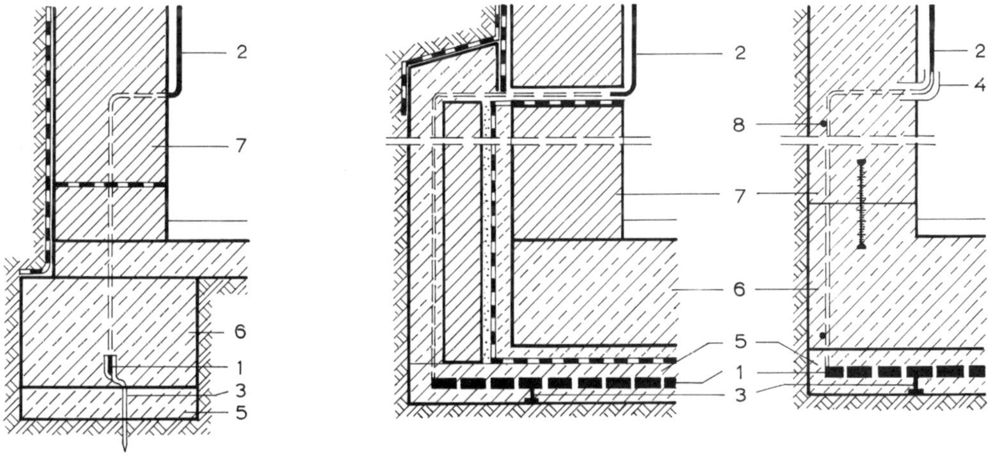

4.18a **4**.18b **4**.18c

4.18 Fundamenterder
a) Ausführung bei Mauerwerk auf Streifenfundament
b) Ausführung bei geklebter Abdichtung gegen drückendes Wasser
c) Ausführung bei Abdichtung gegen drückendes Wasser mit wasserundurchlässigem Beton
1 Fundamenterder; feuerverzinkter Bandstahl 30/3,5 mm, hochkant auf Abstandhaltern
2 Anschluss-„Fahne" mit Verbinderklemme, freies Ende > 1,00 m, oder angeschlossen an Potentialausgleichschiene
3 Abstandhalter
4 flexibles Überrohr bei Stahlbetonwänden
5 Sauberkeitsschicht
6 Streifenfundament bzw. Fundamentplatte
7 Außenwand
8 Verbindung mit Bewehrung

guten Witterungsverhältnissen ausgeführt werden. Sie bedürfen der besonders intensiven Überwachung und Dokumentation durch die örtliche Bauleitung.

4.5 Fundamenterder

Die in fast allen Gebäuden in großer Zahl vorhandenen metallischen Heizungs-, Sanitär- und Elektroinstallationsleitungen können sich durch Verschleppen elektrischer Spannungen untereinander beeinflussen. Um in derartigen Fällen Schutz gegen gefährliche Berührungsspannungen zu erzielen, wird in der Regel in betonierte Gebäudefundamente ein Fundamenterder nach VDE-Vorschrift eingelegt. An ihn werden über eine Potentialausgleichsschiene alle metallisch leitenden Systeme angeschlossen, so dass ein Potentialausgleich erzielt wird. *Fundamenterder* bestehen aus Bandstahl 30 x 3,5 oder 26 x 4 mm und sind durch den umhüllenden Beton ohne zusätzliche Maßnahmen vor Rost geschützt (Bild **4**.18a bis c).

4.6 Normen[1)]

Norm	Ausgabedatum	Titel
DIN 1054	11.1976	Baugrund; Zulässige Belastung des Baugrunds
DIN 1054 Bbl	11.1976	–; Zulässige Belastung des Baugrunds; Erläuterungen
E DIN 1054	12.2000	Baugrund; Standsicherheitsnachweise im Erd- und Grundbau
DIN EN 1536	06.1999	Ausführung von besonderen geotechnischen Arbeiten (Spezialtiefbau); Bohrpfähle; Deutsche Fassung EN 1536: 1999
DIN 4014	03.1990	Bohrpfähle; Herstellung, Bemessung und Tragverhalten
DIN 4017-1	08.1979	Baugrund; Grundbruchberechnungen von lotrecht , mittig belasteten Flachgründungen
DIN 4017-2	08.1979	–; Grundbruchberechnungen von schräg und außermittig belasteten Flachgründungen
E DIN 4017	06.2001	Baugrund; Berechnungen des Grundbruchwiderstandes von Flachgründungen
DIN 4018	09.1974	–;Berechnung der Sohldruckverteilung unter Flachgründungen
DIN 4022-1	09.1987	Baugrund und Grundwasser; Benennen und Beschreiben von Boden und Fels, Schichtenverzeichnis für Bohrungen ohne durchgehende Gewinnung von gekernten Proben im Boden und im Fels
DIN 4022-2	03.1981	–; Benennen und Beschreiben von Boden und Fels; Schichtenverzeichnis für Bohrungen im Fels (Festgestein)
DIN 4022-3	05.1982	–; Benennen und Beschreiben von Boden und Fels; Schichtenverzeichnis für Bohrungen mit durchgehender Gewinnung von gekernten Proben im Boden (Lockergestein)
DIN 4123	09.2000	Ausschachtungen, Gründungen und Unterfangungen im Bereich bestehender Gebäude
DIN 4124	08.1981	Baugruben und Gräben; Böschungen, Arbeitsraumbreiten, Verbau
E DIN 4124	08.2000	Baugruben und Gräben; Böschungen, Verbau, Arbeitsraumbreiten
DIN V EN V 1992-3	12.2000	Eurocode 2; Planung von Stahlbeton- und Spannbetontragwerken; Teil 3 Fundamente; Deutsche Fassung EN V 1992-3: 1998

4.7 Literatur

[1] *Dörken, W., Dehne, E.*: Grundbau in Beispielen, Teil 2, Flächengründungen u. a. Wiesbaden–Berlin 2000
[2] *Dörken, W., Dehne, E.*: Grundbau in Beispielen, Teil 3, Baugruben und Gräben, Spundwände und Verankerungen, Böschungs- und Geländebruch. Wiesbaden–Berlin 2001
[3] *Grassnick, A., Holzapfel, W.*: Der schadenfreie Hochbau. Köln–Braunsfeld 1994
[4] *Hettler, A.*: Gründung von Hochbauten. 2000
[5] *Schmidt, H. H.*: Grundlagen der Geotechnik. Stuttgart, Wiesbaden 1996
[6] *Schmitt, H., Heene, A.*: Hochbaukonstruktion. Wiesbaden 2001
[7] *Schnell, W.*: Verfahrenstechnik der Pfahlgründungen. Stuttgart 1996.
[8] *Simmer, K.*: Grundbau Teil 1: 20. Aufl. Stuttgart 2001. Teil 2: 18. Aufl. Stuttgart, Wiesbaden 1999
[9] *Stiegler, J. W.*: Baugrundlehre für Ingenieure. Düsseldorf 1994

1) s. a. Abschn. 3.7

5 Beton- und Stahlbetonbau

5.1 Allgemeines

5.1.1 Allgemeine Eigenschaften des Betons

Der Beton- und Stahlbetonbau ist ein ausgedehntes Sachgebiet des Bauwesens. Es kann hier nur in einem Rahmen behandelt werden, wie er der Anwendung bei einfacheren Bauvorhaben des Hochbaues entspricht.

Für die Bemessung, Herstellung und Bauausführung von Beton steht neben der noch gültigen deutschen DIN 1045 ab 2002 eine völlig neu bearbeitete europäische Normengeneration zur Verfügung.

Für den Übergang von der alten deutschen DIN 1045 (1988) zur neuen europäischen DIN 1045/ DIN EN 206 (2001) ist eine mehrjährige Übergangszeit vorgesehen.

Die Parallelgeltung von alter und neuer DIN 1045 endet voraussichtlich Ende 2004. Damit behält die alte DIN 1045 nach wie vor Gültigkeit.

Die endgültige europäische Normung für Beton- und Stahlbetonbau nach DIN 1045/DIN EN 206 lag bei Redaktionsschluss noch nicht vor. In diesem Abschnitt werden daher nur die grundlegenden Neuerungen angesprochen.

Die völlige Einarbeitung des europäischen Normenwerkes kann erst für die nächste Auflage von Teil 1 des Werkes vorgesehen werden. Wenn nicht ausdrücklich anders angegeben, sind Hinweise auf DIN 1045 in der z. Zt. noch gültigen alten Fassung bezogen.

Nachgelagerte Normen sind teilweise bereits umgestellt (z. B. DIN EN 197: Zement) und werden bereits berücksichtigt, oder sie befinden sich noch in der Umstellung (z. B. DIN 4226; Gesteinskörnung).

Beton ist ein Gemisch aus Zement als Bindemittel sowie natürlichen oder künstlichen, dichten oder porigen mineralischen Stoffen, die ungebrochen oder gebrochen sein können (DIN 4226) und Wasser. Er erhärtet an der Luft und auch unter Wasser. Seine Biegezug-, Zug- und Scherfestigkeit nach dem Abbinden, die wie bei allen natürlichen und künstlichen Steinen gering ist, kann durch eine Stahlbewehrung bedeutend erhöht werden.

Aus dem Dreistoffsystem Beton (Zement, Gesteinskörnung, Wasser) wird zunehmend ein Fünfstoffsystem aus Zement, Gesteinskörnung, Wasser, Betonzusatzmittel und Betonzusatzstoff. Dabei können viele Eigenschaften des Frisch- und des Festbetons mit Betonzusatzmitteln und Betonzusatzstoffen gezielt beeinflusst werden. Innovative Betone wie der Selbstverdichtende Beton oder der Hochfeste Beton sind ohne Betonzusatzmittel bzw. -stoffe nicht realisierbar.

Stahlbeton ist wegen seiner großen Festigkeit, seiner Widerstandsfähigkeit gegen Erschütterungen und seiner Feuerbeständigkeit besonders für die Ausführungen von tragenden Bauteilen wie Stützen, Unterzügen, Decken und Treppen und sowohl für einheitliche Konstruktionssysteme (Stahlbetonskelettbau) als auch für die Herstellung vorgefertigter oder an der Baustelle betonierter Wände geeignet. Die leichte Formbarkeit gestattet die Ausführung nahezu beliebig gestalteter Bauteile, sofern die erforderliche Einschalung wirtschaftlich herzustellen ist und konstruktiv ausreichende Abmessungen gewährleistet werden können.

Im Stahlbeton werden die in den Bauteilen auftretenden Druckspannungen vom Beton, die Zug und Schubspannungen von der Bewehrung aufgenommen, deren Lage innerhalb des Betonkörpers und deren Abmessungen durch statische Berechnung festgelegt wird. Das Zusammenwirken von Stahl und Beton zur Aufnahme der Schnittgrößen (s. DIN 1045 Abschn. 15) wird dadurch ermöglicht, dass die Wärmedehnzahlen beider Stoffe fast gleich sind, der Beton fest am Stahl haftet und eine Rostbildung bei sachgemäßer Umhüllung des Stahls mit vorschriftsmäßig gemischtem Beton nicht eintritt.

Spannbeton ist durch eine künstliche Vorspannung der Bewehrungsstähle gekennzeichnet. Die Bauteile erhalten unter Belastung im gesamten Querschnitt praktisch nur Druckspannung. Damit sind Querschnittsverringerungen möglich, und es kann an Eigengewicht der Bauteile gespart werden.

Für das umfangreiche Sondergebiet des Spannbetons muss auf Spezialliteratur verwiesen werden.

Zementbeton. Bindemittel für Beton ist in der Regel Zement nach DIN EN 197 in Verbindung mit DIN 1164 (s. Abschn. 5.2.1). Für Stahlbeton im

Bauwesen kommen außer Zementen nach DIN EN 197 nur bauaufsichtlich zugelassene sonstige Zemente als Bindemittel in Frage. Andere Betonarten (z. B. Kalkbeton) müssen in diesem Zusammenhang außer Betracht bleiben. Im nachfolgenden Abschnitt wird unter Beton daher allgemein nur Zementbeton verstanden.

Die Betonforschung liefert sichere Grundlagen für die zweckdienliche und wirtschaftliche Herstellung und Verwendung des Betons. Die Kenntnis der Zusammenhänge zwischen Betonaufbau und -eigenschaften in Verbindung mit der durch Rüttelgeräte möglichen, fast vollkommenen Frischbetonverdichtung erlauben die Herstellung von Beton ganz bestimmter Druckfestigkeit, Wasserundurchlässigkeit, Frostbeständigkeit und Widerstandsfähigkeit gegen chemische Angriffe (Abschn. 5.1.6).

Eigenschaften des Betons werden beeinflußt durch:

- Art und Festigkeitsklasse des Zements
- Art, Kornform und Oberflächenbeschaffenheit der Zuschläge
- Kornzusammensetzung der Zuschläge
- Eigenfestigkeit und Rohdichte der Zuschläge
- Gewichtsverhältnis von Wassergehalt zu Zementgehalt (Wasserzementwert w/z)
- Durchmischung
- Konsistenz
- Art und Intensität der Verdichtung
- Temperatur der Betonbestandteile bzw. der Umgebung
- Nachbehandlung des Betons
- Erhärtungsalter
- Betonzusätze

Daraus wird deutlich, dass mit der bloßen Angabe des Mischungsverhältnisses von Zement und Zuschlägen die „Güte" eines Betons keineswegs eindeutig bestimmt wird. Ein Beton ist gut, wenn er den besonderen Ansprüchen, die im Einzelfall an ihn gestellt werden, in vollem Umfange genügt. Güte im landläufigen Sinne ist hier nicht immer gleichbedeutend mit hoher Druckfestigkeit. Häufig sind geringes Schwindmaß oder z. B. hohe Wärmedämmfähigkeit eines Betons ebenso wichtig oder sogar wichtiger.

5.1.2 Herstellung

Betonentwurf

Beton kann planmäßig mit genau vorherbestimmten konstruktiven und bauphysikalischen Eigenschaften hergestellt werden.

Der Entwurf einer Betonrezeptur mit den zugehörigen Grenzwerten wird in der neuen DIN 1045 zukünftig über *Expositionsklassen* geregelt, die sich auf verschiedene Umweltbedingungen beziehen (Tabelle **5**.1)

Grenzwerte sind der maximale Wasserzementwert, der Mindest-Zementgehalt (auch unter Berücksichtigung von Flugasche) und gegebenenfalls der Mindest-Luftgehalt oder andere Anforderungen.

In Abhängigkeit von der Lage bzw. Nutzung eines Bauteiles können auch mehrere Expositionsklasssen angegeben werden. In solchen Fällen sind die jeweils höchsten Anforderungen aus allen angegebenen Expositionsklassen zu berücksichtigen.

„Betone mit besonderen Eigenschaften" (Abschnitt 5.1.6) wird es somit nach der neuen DIN 1045 nicht mehr in allen Fällen geben. (z. B. „Beton mit hohem Widerstand gegen chemische Angriffe" wird durch die Expositionsklassen XA1 bis XA3 „Betonangriff durch aggressive chemische Umgebung" ersetzt)

Besondere Eigenschaften, die sich auf eine spezielle Konstruktion beziehen, werden in der neuen DIN 1045 an anderer Stelle berücksichtigt (z. B. „Wasserundurchlässiger Beton" wird in DIN 1045-2, Abschnitt 5 behandelt.

Bei der Herstellung von Beton wird unterschieden nach

Ort der Herstellung

- **Baustellenbeton** (Beton, dessen Bestandteile auf der Baustelle zugegeben und gemischt werden; s. auch DIN 1045 Abschn. 2 und 5). Als Baustellenbeton gilt auch solcher Beton, der von bis zu 5 km entfernten Baustellen des gleichen Unternehmens herantransportiert wird.
- **Transportbeton** (Beton, dessen Bestandteile außerhalb der Baustelle zugemessen werden und der in Fahrzeugen an der Baustelle in einbaufertigem Zustand übergeben wird).

Ort des Einbringens

- **Ortbeton** (Beton, der als Frischbeton in der Regel auf der Baustelle in seine endgültige Lage gebracht wird und dort erhärtet).
- **Betonfertigteile, Betonwaren, Betonwerkstein.**

Umgebungsbedingungen

- Beton für Innenbauteile
- Beton für Bauteile mit Zugang der Außenluft
- Beton für Außenbauteile

Tabelle 5.1 Expositionsklassen, bezogen auf die Umweltbedingungen **(neue Normung)**

Klasse	Umgebung	Beispiele	min f_{ck}
kein Korrosions- oder Angriffsrisiko[1]			
X0	alle Expositionsklassen außer XF, XA, XM	Fundamente ohne Bewehrung und ohne Frost; Innenbauteile ohne Bewehrung	C8/10
Bewehrungskorrosion durch Karbonatisierung[2]			
XC1	trocken oder ständig nass	Bauteile in Innenräumen mit üblicher Luftfeuchte (einschließlich Küche, Bad und Waschküche in Wohngebäuden); Beton, der ständig in Wasser getaucht ist	C16/20
XC2	nass, selten trocken	Teile von Wasserbehältern; Gründungsbauteile	C16/20
XC3	mäßige Feuchte	Bauteile, zu denen die Außenluft häufig oder ständig Zugang hat, z. B. offene Hallen; Innenräume mit hoher Luftfeuchtigkeit z. B. in gewerblichen Küchen, Bädern, Wäschereien, in Feuchträumen von Hallenbädern un din Viehställen	C20/25
XC4	wechselnd nass und trocken	Außenbauteile mit direkter Beregnung	C25/30

1) Bauteile ohne Bewehrung oder eingebettetes Metall in nicht Beton angreifender Umgebung
2) Beton, der Bewehrung oder anderes eingebettetes Metall enthält und Luft sowie Feuchtigkeit ausgesetzt ist

Klasse	Umgebung	Beispiele	min f_{ck}
Bewehrungskorrosion durch Chloride außer Meerwasser[1]			
XD1	mäßige Feuchte	Bauteile im Sprühnebelbereich von Verkehrsflächen; Einzelgaragen	C30/37[3]
XD2	nass, selten trocken	Solebäder; Bauteile, die chloridhaltigen Industrieabwässern ausgesetzt sind	C35/45[3]
XD3	wechselnd nass und trocken	Teile von Brücken mit häufiger Spritzwasserbeanspruchung; Fahrbahndecken; Parkdecks	C35/45[3]
Bewehrungskorrosion durch Chloride aus Meerwasser[2]			
XS1	salzhaltige Luft, aber kein unmittelbarer Kontakt mit Meerwasser	Außenbauteile in Küstennähe	C30/37[3]
XS2	unter Wasser	Bauteile in Hafenanlagen, die ständig unter Wasser liegen	C35/45[3]
XS3	Tidebereiche, Spritzwasser- und Sprühnebelbereiche	Kaimauern in Hafenanlagen	C35/45[3]

1) Beton, der Bewehrung oder anderes eingebettetes Metall enthält und chloridhaltigem Wasser, einschließlich Taumittel, ausgenommen Meerwasser ausgesetzt ist
2) Beton, der Bewehrung oder anderes eingebettetes Metall enthält, Chloriden aus Meerwasser oder salzhaltiger Seeluft ausgesetzt ist
3) Bei LP-Beton aufgrund gleichzeitiger Anforderung aus Expositionsklasse XF eine Festigkeitsklasse niedriger

Klasse	Umgebung	Beispiele	min f_{ck}
Frostangriff mit oder ohne Taumittel[1]			
XF1	mäßige Wassersättigung, ohne Taumittel	Außenbauteile	C25/30
XF2	mäßige Wassersättigung, mit Taumittel	Bauteile im Sprühnebel- oder Spritzwasserbereich von taumittelbehandelten Verkehrsflächen, soweit nicht XF4; Betonbauteile im Sprühnebelbereich von Meerwasser	C35/45[3]
XF3	hohe Wassersättigung, ohne Taumittel	offene Wasserbehälter; Bauteile in der Wasserwechselzone von Süßwasser	C35/45[3]
XF4	hohe Wassersättigung, mit Taumittel	Verkehrsflächen, die mit Taumittel behandelt werden; überwiegend horizontale Bauteile im Spritzwasserbereich von taumittelbehandelten Verkehrsflächen; Räumerlaufbahnen von Kläranlagen; Meerwasserbauteile in der Wasserwechselzone	C30/37

(Fußnoten zu Frostangriff mit oder ohne Taumittel siehe nächste Seite)

5

5

Tabelle **5**.1 (Fortsetzung)

Klasse	Umgebung	Beispiele	min f_{ck}
Betonangriff durch Verschleißbeanspruchung[2]			
XM1	mäßige Verschleißbeanspruchung	tragende oder aussteifende Industrieböden mit Beanspruchung durch luftbereifte Fahrzeuge	C30/37[4]
XM2	starke Verschleißbeanspruchung	tragende oder aussteifende Industrieböden mit Beanspruchung durch luft- oder vollgummibereifte Gabelstapler	C35/45[4] [5]
XM3	sehr starke Verschleißbeanspruchung	tragende oder aussteifende Industrieböden mit Beanspruchung durch elastomer- oder stahlrollenbereifte Gabelstapler; Oberflächen, die häufig mit Kettenfahrzeugen befahren werden; Wasserbauwerke in geschiebebelasteten Gewässern, z. B. Tosbecken	C35/45[4]

[1] Durchfeuchteter Beton, der in erheblichem Umfang Frost-Tau-Wechseln ausgesetzt ist
[2] Beton, der einer erheblichen mechanischen Beanspruchung ausgesetzt ist
[3] Bei LP-Beton aufgrund gleichzeitiger Anforderung aus Expositionsklasse XF zwei Festigkeitsklassen niedriger
[4] Bei LP-Beton aufgrund gleichzeitiger Anforderung aus Expositionsklasse XF eine Festigkeitsklasse niedriger
[5] Bei Oberflächenbehandlung des Betons eine Festigkeitsklasse niedriger

Betonangriff durch aggressive chemische Umgebung[1]			
XA1	chemisch schwach angreifende Umgebung nach Tabelle unten	Behälter von Kläranlagen; Güllebehälter	C25/30
XA2	chemisch mäßig angreifende Umgebung nach Tabelle unten und Meeresbauwerke	Betonbauteile, die mit Meerwasser in Berührung kommen; Bauteile in Beton angreifenden Böden	C35/45[2]
XA3	chemisch stark angreifende Umgebung nach Tabelle unten	Industrieabwasseranlagen mit chemisch angreifenden Abwässern; Gärfuttersilos und Futtertische der Landwirtschaft; Kühltürme mit Rauchgasableitung	C35/45[2]

[1] Beton, der chemischen Angriffen durch natürliche Böden, Grund- oder Meerwasser gemäß nachfolgender Tabelle und Abwasser ausgesetzt ist.
[2] Bei LP-Beton aufgrund gleichzeitiger Anforderung aus Expositionsklasse XF eine Festigkeitsklasse niedriger

Grenzwerte für die Expositionsklassen bei chemischem Angriff durch Grundwasser[1) 2)]

chemisches Merkmal	XA1	XA2	XA3
pH-Wert	6,5 … 5,5	< 5,5 … 4,5	< 4,5 und ≥ 4,0
Kalk lösende Kohlensäure (CO_2) [mg/l]	15 … 40	> 40 … 100	> 100 bis zur Sättigung
Ammonium[3] (NH_4^+) [mg/l]	15 … 30	> 30 … 60	> 60 … 100
Magnesium (Mg^{2+}) [mg/l]	300 … 1000	> 1000 … 3000	> 3000 bis zur Sättigung
Sulfat (SO_4^{2-}) [mg/l]	200 … 600	> 600 … 3000	> 3000 und ≤ 6000

[1] Werte gültig für Wasser temperatur zwischen 5 °C und 25 °C sowie eine sehr geringe Fließgeschwindigkeit (näherungsweise wie für hydrostatische Bedingungen)
[2] Der schärfste Wert für jedes einzelne Merkmal ist maßgebend. Liegen zwei oder mehrere angreifende Merkmale in derselben Klasse, davon mind. eines im oberen Viertel (bei pH im unteren Viertel), ist die Umgebung der nächsthöheren Klasse zuzuordnen. Ausnahme: Nachweis über eine spezielle Studie, dass dies nicht erforderlich ist.
[3] Gülle kann, unabhängig vom NH_4^+-Gehalt, in die Expositionsklasse XA1 eingeordnet werden.

Verarbeitungsart

Schüttbeton ist die am meisten verwendete Betonart und wird für fast alle an der Baustelle hergestellten Betonteile verwendet.

Fließbeton wird unter Zusatz von flüssigen Betonverflüssigern hergestellt, die nachträglich dem fertigen Frischbeton ohne Zugabe weiterer Stoffe – insbesondere ohne weiteres Zugabewasser – zugemischt werden. Fließbeton kann mit wesentlich geringerem Verdichtungsaufwand als normaler Schüttbeton und mit Hilfe von Pumpen eingebaut werden.

Selbstverdichtender Beton (SVB oder SCC – „Self Compacting Concrete") entlüftet allein unter dem Einfluss von Schwerkraft und fließt bis zum Niveauausgleich.

Vakuumbeton setzt man zur wirtschaftlichen Herstellung monolithischer Betonböden und -decken ein. Dabei wird der auf die Schalung gebrachte frische Beton verdichtet und besonders höhengenau abgezogen. Mit Hilfe von speziellen Filtermatten wird durch Vakuumwirkung dem Beton Überschusswasser entzogen. Der Beton wird dabei derart oberflächenverdichtet, dass durch anschließendes maschinelles Abscheiben oder Glätten völlig ebene und sehr verschleißfeste Oberflächen entstehen.

Schleuderbeton wird zur Herstellung von Rohren verwendet.

Stampfbeton wird erdfeucht oder steif für Fundamente und ähnliche Bauteile eingebaut.

Spritzbeton wird zur Verstärkung vorhandener Betonkonstruktionen, im Kanalbau u. Ä. eingesetzt.

5

Tabelle **5**.2a Konsistenzbereiche des Frischbetons

Konsistenzbereiche Bedeutung	 Kurzzeichen	Ausbreitmaß a [1)] in cm	Verdichtungsmaß v [2)]
steif	KS	–	≧ 1,20
plastisch	KP	35 bis 41	1,19 bis 1,08
weich	KR	42 bis 48	1,07 bis 1,02
fließfähig	KF	49 bis 50	–

1) Auf einen waagerechten Ausbreittisch (70/70 cm) wird frischer Beton in einen aufgesetzten genormten Messbehälter gefüllt. Nach Abheben des Bechers werden 2 Durchmesser des ausgebreiteten Beton parallel zu den Tischkanten gemessen und gemittelt: $a = (a_1 + a_2)/2$

2) Ein genormter Messbehälter ($b/l/h$ = 20/20/40 cm) wird mit losem frischem Beton gefüllt. Der Beton wird verdichtet, und das Verdichtungsmaß wird festgestellt mit $v = 40/h$.

Tabelle **5**.2b Konsistenzklassen des Frischbetons **(neue Normung)**

Konsistenzbezeichnung	Klasse	Ausbreitmaß [cm]	Verdichtungsmaß [–]
sehr steif	C0	–	≥ 1,46
steif	C1 F1	– ≤ 34	1,45 … 1,26 –
plastisch	C2 F2	– 35 … 41	1,25 … 1,11 –
weich	C3 F3	– 42 … 48	1,10 … 1,04 –
sehr weich	F4	49 … 55	–
fließfähig	F5	56 … 62	–
sehr fließfähig	F6	≥ 63	–

Regelkonsistenz Ortbeton: C3 und F3; Hochfester Beton: F3 und weicher; Zugabe FM vorgeschrieben: C3, F4 und weicher
Bei Ausbreitmaßen > 70 cm ist die DAfStb-Richtlinie „Selbstverdichtender Beton" zu beachten

5

Konsistenz

Die *Verarbeitungsbedingungen* am Bau bestimmen die Wahl der Frischbetonkonsistenz nach der folgenden Tafel über die Konsistenzbereiche des Frischbetons. Die *Konsistenz* ist abhängig vom Wassergehalt des Frischbetons bzw. vom Einsatz eines Betonzusatzmittels. Sowohl Betonverflüssiger als auch Fließmittel verringern den Wasseranspruch. Der Wassergehalt (Wasserzementwert) beeinflusst den erforderlichen *Zementanteil* und damit die Betonfestigkeit (und mittelbar auch die Kosten).

Die künftige europäische Normung gibt eine genaue Unterteilung der Konsitzenzklassen vor. In Tabelle **5**.2 sind die Konsistenzbereiche in alter und neuer Norm dargestellt.

Die Konsistenz des Betons muss den Gegebenheiten an der Baustelle angepasst sein. Für Ortbeton der Gruppe BIist vorzugsweise die Konsistenz KR (weich) einzusetzen. Fließbeton (KF) muss entsprechend den gesonderten „Richtlinien für Beton mit Fließmitteln" hergestellt werden.

- Nach DIN 1045 Abschn. 7.4.3.4 ist die Konsistenz … während des Betonierens laufend nach dem Augenschein zu überwachen. Erweist es sich, dass der Beton mit der gewählten Konsistenz für einzelne schwierige Betonierabschnitte nicht ausreichend verarbeitbar ist, müssen Wassergehalt und Zementanteil im gleichen Gewichtsverhältnis vergrößert werden (Abschn. 6.5.6.3) oder Zusatzmittel eingesetzt werden. Die Konsistenz des Beton BI muss bei der Eignungsprüfung an der oberen Grenze des gewählten Konsistenzbereichs (obere Grenze des Ausbreitmaßes) liegen (Abschn. 7.4.2.2).

Die Regelkonsistenz kann in den meisten Fällen mit $a = 42$ bis 48 cm gegeben sein.

Wasserzementwert

Als *Wasserzementwert* wird das Verhältnis des Wassergehalts *w* zum Zementgewicht *z* im Beton bezeichnet. Der Wasserzementwert ist besonders wichtig für die Güte, vor allem auch für das Schwindverhalten von Beton. Er wird mit *w/z* oder ω bezeichnet. Soll der Wassergehalt erhöht werden, so muss der Zementanteil im gleichen Gewichtsverhältnis vergrößert werden (Abschn. 5.3).

Mehlkorngehalt

Der Beton muss eine bestimmte Menge an Mehlkorn enthalten, damit er gut verarbeitbar ist und ein geschlossenes Gefüge erhält. Der Mehlkorngehalt setzt sich zusammen aus dem Zement, dem in der Gesteinskörnung enthaltenen Kornanteil 0 bis 0,125 mm und gegebenenfalls dem Betonzusatzstoff. Ein ausreichender Mehlkorngehalt ist besonders wichtig bei Beton, der über längere Strecken oder in Rohrleitungen gefördert wird, bei Beton für dünnwandige, eng bewehrte Bauteile und bei wasserundurchlässigem Beton. DIN 1045 Abschn. 6.5.4 enthält tabellarische Anga-ben über den höchstzulässigen Mehlkorngehalt (< 0,125 mm) sowie Mehlkorn- und Feinstsandgehalt (< 0,250 mm).

Nach der neuen Normung wird nur noch der Mehlkorngehalt (< 0,125 mm) in Abhängigkeit von den Expositionsklassen festgelegt.

5.1.3 Betongruppen[1)]

Die Einteilung in die Gruppen Beton BI und BII ermöglicht es u. a., aus Gründen der Wirtschaftlichkeit die Anforderungen abzustufen, denen die Baustellen zur Betonherstellung zu genügen haben.

Beton der Gruppe I kann unter üblichen Baustellenbedingungen hergestellt werden („Rezeptbeton" mit bestimmtem Mindestzementgehalt; s. Abschn. 5.3). Man unterscheidet:

- Beton BI mit Mindestzementgehalt (Tab. **5**.19) ohne Eignungsprüfung und
- Beton BI mit Eignungsprüfung. Eine Eignungsprüfung ist immer erforderlich, wenn Betonzusatzmittel oder -zusatzstoffe verwendet werden (s. Abschn. 5.3).

Beton der Gruppe II (nur mit Eignungsprüfung) ist unter besonderen Anforderungen an die Ausstattung der Baustelle mit Führungskräften, Geräten und Einrichtungen zur Eigen- bzw. Fremdüberwachung der Betonherstellung herzustellen (s. DIN1045 Abschn. 5.2 und 7). Eine „B II-Baustelle" – auf der Beton der Festigkeitsklasse B 35 und höher hergestellt und verwendet werden darf – ist z. B. u. a. mit einer Betonprüfstelle E (ständige Betonprüfstelle für die Eigenüberwachung von Beton II …) rechtlich und räumlich so zu verbinden, dass eine enge Zusammenarbeit zwischen Baustelle und Betonprüfstelle möglich ist.

5.1.4 Festigkeit

Entsprechend den unterschiedlichen statischen Anforderungen an die aus Beton bzw. Stahlbeton hergestellten Bauteile werden Festigkeitsklassen für Beton festgelegt (Tabelle **5**.3).

Überprüft wird die Festigkeit von Beton durch Abdrücken von Probewürfeln mit 20 cm Kantenlänge. Dazu werden beim Betonieren aus verschiedenen Mischerfüllungen bzw. Transportbe-

---

[1)] Die Betongruppen B I und B II wird es nach der neuen Normung nicht mehr geben. Zur Überprüfung der maßgebenden Frisch- und Festbetoneigenschaften wird der Beton in drei *Überwachungsklassen* eingeteilt (ÜK 1 bis ÜK 3). Diese sind in Abhängigkeit von der Festigkeitsklasse, Expositionsklasse und den besonderen Betoneigenschaften festgelegt.

Tabelle **5**.3a Festigkeitsklassen des Betons

a) DIN 1045 Tab. 1

Betongruppe	Betonfestigkeitsklasse	Nennfestigkeit β_{WN} in N/mm²	Serienfestigkeit β_{WS} in N/mm²	Anwendung
Beton B I	B 5	15	18	nur für unbewehrten Beton
	B 10	10	15	
	B 15	15	20	für unbewehrten und bewehrten Beton
	B 25	25	30	
Beton B II	B 35	35	40	
	B 45	45	50	
	B 55	55	60	

Nach den Richtlinien des Deutschen Ausschusses für Stahlbeton (DAfStb), Ausgabe August 1995, ist in Ergänzung zu DIN 1045 Hochfester Beton in den Festigkeitsklassen B 65 bis B 115 zugelassen. Hochfester Beton ist in jedem Fall als bewehrter Beton II, Konsistenzklasse KF oder KR herzustellen.

b) Hochfester Beton (Ergänzung DIN 1045; DAfStb. / 8.95)

Beton B II	B 65	65	70	nur für bewehrten Beton
	B 75	75	80	
	B 85	85	90	
	B 95	95	100	
	B 105	105	*)	
	B 115	115	*)	

*) Für den Verwendungszweck im Einzelfall festzulegen

Tabelle **5**.3b Druckfestigkeitsklassen für Normal- und Schwerbeton **(neue Normung)**

Druckfestigkeitsklasse	$f_{ck,cyl}$ 1) [N/mm²]	$f_{ck,cube}$ 2) [N/mm²]	Betonart
C8/10	8	10	Normal- und Schwerbeton
C12/15	12	15	
C16/20	16	20	
C20/25	20	25	
C25/30	25	30	
C30/37	30	37	
C35/45	35	45	
C40/50	40	50	
C45/55	45	55	
C50/60	50	60	
C55/67	55	67	Hochfester Beton
C60/75	60	75	
C70/85	70	85	
C80/95	80	95	
C90/105 3)	90	105	
C100/115 3)	100	115	

1) $f_{ck,cyl}$ = charakteristische Festigkeit von Zylindern, Durchmesser 150 mm, Länge 300 mm, Alter 28 Tage, Lagerung nach EN 12 390-2.
2) $f_{ck,cube}$ = charakteristische Festigkeit von Würfeln, Kantenlänge 150 mm, Alter 28 Tage, Lagerung nach EN 12 390-2.
3) Allgemeine bauaufsichtliche Zulassung oder Zustimmung im Einzelfall erforderlich.

5

tonlieferungen jeweils 3 Proben entnommen, in genormte Stahl- oder Kunststoffschalungen gefüllt und verdichtet. Aus praktischen Gründen haben sich Probewürfel mit 15 cm Kantenlänge durchgesetzt. Bei diesen kleineren Würfeln muss allerdings über einen Umrechnungsfaktor der Einfluss der Körpergröße berücksichtigt werden. Die Prüfung erfolgt in der Regel nach 28 Tagen, d. h. nach Erreichen der rechnerischen Endfestigkeit des Betons (β_{W28}).

Festigkeitsklassen nach DIN 1045

Die Bezeichnung B 5 bedeutet z. B., dass die Güteprüfung bei jedem der drei Würfel einer Serie für die Druckfestigkeit β_{WN} als Mindestwert 5 N/mm² ergeben hat. Der Mindestwert für die mittlere Druckfestigkeit jeder Würfelserie β_{WS} („Serienfestigkeit") liegt höher, und zwar um 3 N/mm² bei B 5, im übrigen um 5 N/mm² (s. DIN 1045 Tab. 1; Tabelle **5**.3a).

Beton der Festigkeitsklassen B 5 und 10 darf nicht für Stahlbeton verwendet werden.

Beton für Außenbauteile muss mindestens der Festigkeitsklasse B 25 entsprechen. Beton B 55 ist für werkmäßige Herstellung von Fertigteilen vorgesehen.

Die künftigen Festigkeitsklassen für Normal- und Schwerbeton nach DIN EN 206 enthält Tabelle **5**.3 b.

Die Druckfestigkeit kann künftig sowohl an Zylindern (Durchmesser 150 mm, Länge 300 mm) als auch an Würfeln (Kantenlänge 150 mm) bestimmt werden. Die hochfesten Betone sind in der neuen DIN 1045 enthalten.

5.1.5 Rohdichte

Die Rohdichte ist u. a. abhängig von Art, Korngröße und Kornzusammensetzung der Zuschläge, die in der Regel aus natürlichem oder künstlichem, dichtem oder porigem Gestein bestehen.

Normalbeton und Schwerbeton haben ein geschlossenes, möglichst dichtes Gefüge. Gesteinskörnungen sind in der Hauptsache Sand, Kies, Schotter; für Schwerbeton (Anwendung z. B. im Reaktorbau) Schwerspat, Magnetit, Stahlschrott.

Leichtbeton. Normalbeton weist mit 2,1 W/mK bis 2,8 W/mK sehr ungünstige Wärmeleitzahlen auf. Für Bauteile, die für sich allein oder im Zusammenhang mit anderen Materialien Anforderungen an den Wärmeschutz genügen müssen, wird daher Leichtbeton verwendet. Leichtbeton hat ein poriges Gefüge durch Zuschläge aus Naturbims, Hüttenbims, Lava- oder porigen Hochofenschlacken, Blähton, Blähschiefer, Vermiculit (Blähglimmer), Perlit (Blähpechstein), Ziegelsplitt u. a.

Stahlleichtbeton ist bewehrter Leichtbeton mit geschlossenem Gefüge, der ganz oder teilweise unter Verwendung von leichten Zuschlägen, z. B. von Blähton oder Blähschiefer oder auch Blähglimmer und geblähtem Obsidian hergestellt wird. Die Druckfestigkeit des Leichtbetons muss wenigstens der der Festigkeitsklasse LB15 entsprechen. Die Rohdichte muss (nach 28 Tagen) zwischen 1,2 t/m³ und 2,0 t/m³ bei Wärmeleitzahlen zwischen 0,6 W/mK und 1,2 W/mK liegen (s. Abschn. 5.1.7).

Nach der neuen Normung ändern sich die Grenzwerte der Rohdichte für die Einteilung in Leicht-, Normal- und Schwerbeton geringfügig (Tabelle **5**.4).

5.1.6 Beton mit besonderen Eigenschaften[1)]

Die Anforderungen an Beton mit besonderen Eigenschaften sind in DIN 1045 Abschn. 5.6.7 festgelegt (Tab. **5**.5).

Wasserundurchlässiger Beton wird für Bauteile verwendet, die nichtdrückendem oder drückendem Wasser ausgesetzt sind (s. Abschn. 15.4.6.2). Als wasserundurchlässig wird ein Beton bezeichnet, in den Druckwasser bei der Prüfung nach DIN 1048 höchstens 5 cm tief eindringt. (In der Regel beträgt die Eindringtiefe ca. 20 mm).

1) vgl. Abschnitt 5.1.2 Expositionsklassen

Tabelle **5**.4 Einteilung des Betons nach der Trockenrohdichte **(neue Normung)**

Betonart	Rohdichte [kg/dm³ bzw. t/m³]	Gesteinskörnungen[1)] z. B.
Leichtbeton	0,8 … 2,0	Blähschiefer, Blähton, Hüttenbims, Naturbims
(Normal)-Beton[2)]	> 2,0 … 2,6*	Sand, Kies, Splitt, Hochofenschlacke
Schwerbeton	> 2,6*	Eisenerz, Eisengranulat, Schwerspat

1) Ein Gemisch aus Zement, Wasser und Gesteinskörnung bis 4 mm Größtkorn heißt Zementmörtel.
2) Wenn keine Verwechslungen mit Schwer- oder Leichtbeton möglich sind, wird Normalbeton als „Beton" bezeichnet.
* bisheriger Wert: 2,8

Tabelle 5.5 Anforderungen an Beton mit besonderen Eigenschaften (DIN 1045, Abschn. 6.5.7)

Betoneigenschaft, Angriffsgrad		Herstellung als	Sieblinienbereich	Mindestzementgehalt in kg/m³	Wasser-Zement-Wert [1]	Zusätzliche Anforderungen
Wasserundurchlässigkeit		B I	A 16/B 16 A 32/B 32	370 350	– –	Wassereindringtiefe $e_w \leqq 50$ mm
		B II [2]	–	–	$d \leqq 40$ cm; $w/z \leqq 0{,}60$	
			–	–	$d > 40$ cm; $w/z \leqq 0{,}70$	
hoher Frostwiderstand		B I	A 16/B 16 A 32/B 32	370 350	– –	Zuschläge eF DIN 4226 frostbeständig; $e_w \leqq 50$ mm[6]
		B II	–	–	$w/z \leqq 0{,}60$	
			–	–	bei massigen Bauteilen $w/z \leqq 0{,}70$	Zuschläge eFT DIN 4226 frostbeständig; [6] $e_w \leqq 50$ mm; mittlerer LP-Gehalt [3] bei 8 mm Größtkorn [4] $\geqq 5{,}5$ Vol.-% 16 mm Größtkorn [4] $\geqq 4{,}5$ Vol.-% 32 mm Größtkorn [4] $\geqq 4{,}0$ Vol.-% 63 mm Größtkorn [4] $\geqq 3{,}5$ Vol.-%
hoher Frost- und Tausalzwiderstand		zweckmäßig B II	–	–	$w/z \leqq 0{,}5$	
hoher Verschleißwiderstand		B II	nahe A oder B/U	($\leqq 350$ bei Zuschlag 0/32)	–	Beton $\geqq$ B 35; Zuschlag bis 4 mm[6] Quarz o. Ä., > 4 mm mit hohem Verschleißwiderstand
hoher Widerstand gegen chemischer Angriff	schwach [5]	B I	A 16/B 16 A 32/B 32	400 350	– –	Wassereindringtiefe $e_w \leqq 50$ mm
		B II	–	–	$w/z \leqq 0{,}60$	
	stark [5]	B II	–	–	$w/z \leqq 0{,}50$	Wassereindringtiefe $e_w \leqq 30$ mm
	sehr stark [5]	B II	–	–	$w/z \leqq 0{,}50$	Wassereindringtiefe $e_w \leqq 30$ mm und Schutz des Betons, s. Abschn. 5.6.5

1) Zur Berücksichtigung der Streuung bei der Bauausführung ist bei der Eignungsprüfung der w/z-Wert um etwa 0,05 niedriger einzustellen.
2) Unter bestimmten Bedingungen auch als B I zulässig.
3) Luftporen; bei Betonwaren aus sehr steifem Beton nicht erforderlich.
4) Zur Berücksichtigung der Streuungen bei der Bauausführung ist bei der Eignungsprüfung der LP-Gehalt um 0,5 Vol.-% höher einzustellen. Einzelwerte dürfen den mittleren LP-Gehalt um höchstens 0,5 Vol.-% unterschreiten.
5) Angriffsgrade definiert in DIN 4030
6) Siehe auch 5.2.2 Gesteinskörnungen (Zuschlag)

5

Die Eindringtiefe und damit auch die Wasserdurchlässigkeit sind direkt abhängig von der Porosität des Zementsteines und damit vom Wasserzementwert und einer fachgerechten Nachbehandlung.

Risse können durch die Wahl einer geeigneten Konstruktion, einer sinnvollen Betonrezeptur (niedrige Hydratationswärme, geringes Schwindmaß), Anordnung von Fugen und/oder einer rissverteilenden Bewehrung vermieden werden.

Zur Herstellung von wasserundurchlässigem Beton dürfen alle Normzemente nach DIN EN 197/ DIN 1164 eingesetzt werden. Zur Verringerung der Eigenspannungen aus abfließender Hydratationswärme haben sich allerdings langsam erhärtende Zemente besonders bewährt. Für Beton, der dem Angriff von Wasser mit mehr als 600 mg Sulfat pro Liter ausgesetzt wird, ist Zement mit hohem Sulfatwiderstand (HS) nach DIN 1164 zu verwenden.

Wasserundurchlässiger Beton wird meistens mit Festigkeitsklassen ab B 35 hergestellt. Aber auch Beton B I mit der Festigkeitsklasse B 25 kann wasserundurchlässig ausgeführt werden. Der Zementgehalt muss in diesem Fall mindestens betragen:

- 370 kg/m³ bei Zuschlägen mit Größtkorn 16 mm,
- 350 kg/m³ bei Zuschlägen mit Größtkorn 32 mm.

Die Sieblinie des Zuschlaggemisches (s. Abschn. 5.2.2) soll möglichst stetig verlaufen und zwischen den Regelsieblinien A und B, am besten dicht unterhalb der Sieblinie B. Im übrigen müssen die Gesteinskörnungen DIN 4226 entsprechen und insbesondere frei von schädlichen Bestandteilen wie Lehm, Ton und humusartigen Beimischungen gehalten werden.

Die Geschmeidigkeit und die gewünschten besonderen Eigenschaften des wasserundurchlässigen Betons werden stark durch den Mehlkorngehalt beeinflusst.

Bei wasserundurchlässigem Beton, der als Beton II, also mit Eignungsprüfung hergestellt wird, ist der Wasserzementwert begrenzt. Bei Bauteilen mit Dicken von etwa 10 bis 40 cm darf der Wasserzementwert 0,60 und bei dickeren Bauteilen 0,70 nicht überschreiten. Zur Berücksichtigung der unvermeidlichen Streuungen der Mischungen bei der Bauausführung ist es empfehlenswert, den Wasserzementwert um 0,05 niedriger anzusetzen.

Zusatzmittel können Hilfen bei der Herstellung von wasserundurchlässigem Beton sein. Sie sind jedoch nicht in der Lage, Fehler in der Betonzusammensetzung oder -verarbeitung auszugleichen. Bei der Zugabe von Zusatzmitteln, z. B. Betonverflüssiger (BV) oder Dichtungsmittel (DM), muss der Beton genauso sorgfältig zusammengesetzt, eingebracht, verdichtet oder nachbehandelt werden wie ohne Zusatzmittel. Dichtungsmittel (DM) werden kaum noch eingesetzt, da die Reduzierung des w/z-Wertes durch BV oder FM viel wirksamer ist.

Beim Betonieren ist besonders sorgfältig darauf zu achten, dass sich der Beton nicht entmischt. Bei größeren Fallhöhen sind Fallrohre zu verwenden, die dicht über der Einbaustelle enden. Die Schichthöhen des Frischbetons sollen 50 cm nicht überschreiten.

Um wasserundurchlässigen Beton zu erhalten, ist eine sorgfältige Nachbehandlung erforderlich. Die Vernachlässigung der Nachbehandlung stellt die Güte des Betons in Frage, auch wenn alle anderen Regeln der Betontechnologie befolgt werden. Deshalb ist der junge Beton unbedingt mindestens 7 Tage feucht zu halten oder durch Aufsprühen eines Nachbehandlungsfilms zu schützen sowie gegen Wärme und Kälte durch Abdeckungen zu schützen (vgl. Abschn. 5.3.2).

Beton mit hohem Frost- und Tausalz-Widerstand wird als wasserundurchlässiger Beton mit einem möglichst niedrigen Wasserzementwert (0,5) und mit Gesteinskörnungen für erhöhten Widerstand gegen Frost und Taumittel (eFT) hergestellt.[1)]

Durch Zugabe eines luftporenbildenden Betonzusatzmittels (LP) ist außerdem sicherzustellen, dass der in DIN1045 Tabelle 5 angegebene Luftgehalt im Frischbeton eingehalten wird.

Beton mit hohem Verschleißwiderstand wird benötigt für Bauteile, die starkem und schwerem Verkehr ausgesetzt sind oder durch rutschendes Schüttgut, strömendes Wasser u. Ä. stark beansprucht werden.

Derartige Bauteile müssen aus Beton B II hergestellt werden und mindestens die Festigkeitsklasse B 35 aufweisen. Der Zementgehalt soll dabei 350 kg/m³ bei 32 mm Größtkorn des Zuschlages nicht überschreiten. Die Gesteinskörnungen müssen aus Gesteinen mit hohem Abnutzungswiderstand bestehen, wobei der Gesteinskörnungsanteil mit 4 mm Korngröße überwiegend aus Quarzsand bestehen muss. Ferner können Hartstoffe wie z. B. besondere Schlacken, Metallspäne, Stahlfasern, Elektrokorund, Siliziumkarbid beigemischt werden. Beim Einbau ist möglichst steifer Beton zu verwenden, der sorgfältig nachbehandelt werden muss.[1)]

Beton mit hohem Widerstand gegen chemische Angriffe z. B. durch angreifendes („aggressives") Grundwasser, Abwasser oder Abgase wird in der Regel als wasserundurchlässiger Beton mit niedrigem Wasserzementwert hergestellt, der sorgfältig verdichtet und nachbehandelt wird.

Außerdem kann je nach Beanspruchung Spezialzemente wie z. B. Zement mit hohem Sulfatwiderstand (HS), mit niedrigem wirksamem Alkaligehalt (NA) (s. Abschn. 5.2.1) verwendet werden. Außerdem können bei sehr starken Beanspruchungen nach DIN 4030 Schutzüberzüge in Frage kommen (s. Abschn. 5.6.5).

Beton für hohe Gebrauchstemperatur bis 250 °C. Dieser Beton findet fast ausschließlich Verwendung im Industriebau.

Er ist mit Zuschlägen herzustellen, die eine Wärmedehnung möglichst nahe der des Zementsteins haben, wie beispielsweise Hochofenschlacke, bestimmte dichte Kalksteine und Basalt. Der Beton muss besonders sorgfältig nachbehandelt werden (s. Abschn. 5.3.2). Erst nach dem Austrocknen des

[1)] Siehe auch 5.2.2 Gesteinskörnungen (Zuschlag)

Betons sollte die erste Erhitzung möglichst langsam erfolgen. Bei kurzfristigen oder ständig einwirkenden Temperaturen über 80 °C sind die Besonderheiten der DIN 1045 in bezug auf die Rechenwerte für die Druckfestigkeit und den E-Modul zu beachten.

5.1.7 Leichtbeton

Leichtbeton ist ein Beton mit erheblich besseren Wärmedämmeigenschaften als Normalbeton. Er wird besonders dort eingesetzt, wo ein zusätzlicher Wärmeschutz technisch oder aus gestalterischen Gründen schwierig angebracht werden kann (z. B. bei auskragenden Bauteilen im Zusammenhang mit Sichtbeton, Stützen in Außenwänden, durchbindenden Unterzügen u. Ä.). Die Gefahr, dass Wärmebrücken entstehen, kann auf diese Weise abgemildert werden.

Man unterscheidet Leichtbeton mit haufwerksporigem und mit geschlossenem Gefüge. Unter besonderen Vorsichtsmaßnahmen kann auch haufwerksporiger Leichtbeton Stahleinlagen ent-

Tabelle **5**.6a Festigkeitsklassen und Anwendung von Leichtbeton (DIN 4219)

Betongruppe	Festigkeitsklasse des Leichtbetons	Nennfestigkeit β_{WN} in N/mm²	Serienfestigkeit β_{WS} in N/mm²	Anwendung	
Leichtbeton B I[1]	LB 8	8	11	für unbewehrte Bauteile und bewehrte Wände	nur bei vorwiegend ruhenden Lasten
	LB 10	10	13		
	LB 15	15	18	unbewehrter Leichtbeton und Stahlleichtbeton	
	LB 25[2]	25	29	unbewehrter Leichtbeton, Stahlleichtbeton und Spannleichtbeton	auch bei nicht vorwiegend ruhenden Lasten
Leichtbeton B II	LB 35	35	39		
	LB 45	45	49		
	LB 55[3]	55	59		

[1] stets mit Eignungsprüfung
[2] LB 25 für Spannleichtbeton ist unter den Bedingungen für B II herzustellen und zu überwachen.
[3] Zustimmung im Einzelfall oder Zulassung entsprechend den bauaufsichtlichen Vorschriften erforderlich.

Tabelle **5**.6b Druckfestigkeitsklassen für Leichtbeton **(neue Normung)**

Druckfestigkeitsklasse	charakteristische Mindestdruckfestigkeit von Zylindern $f_{ck,cyl}$ N/mm²	charakteristische Mindestdruckfestigkeit von Würfeln $f_{ck,cube}$ N/mm²
LC 8/9	8	9
LC 12/13	12	13
LC 16/18	16	18
LC 20/22	20	22
LC 25/28	25	28
LC 30/33	30	33
LC 35/38	35	38
LC 40/44	40	44
LC 45/50	45	50
LC 50/55	50	55
LC 55/60	55	60
LC 60/66	60	66
LC 70/77	70	77
LC 80/88	80	88

[a] Es dürfen andere Werte verwendet werden, wenn das Verhältnis zwischen diesen Werten und der Referenzfestigkeit von Zylindern mit genügender Genauigkeit festgestellt und dokumentiert worden ist.

5

halten (DIN 4232). Für tragende Bauteile wird jedoch im Allgemeinen nur Leichtbeton mit geschlossenem Gefüge (DIN 4219) verwendet („konstruktiver Leichtbeton").

Anders als in europäischen Nachbarländern wird Hochfester Konstruktions-Leichtbeton in Deutschland noch wenig angewendet.

Mit Hochfestem Konstruktions-Leichtbeton lassen sich erhebliche Gewichtseinsparungen gegenüber Ausführungen mit Normalbeton erzielen, und es eröffnen sich damit enorme Möglichkeiten für die Gestaltung von Bauwerken.

Leichtbeton wird in den Festigkeitsklassen LB 8 bis LB 55 unter Verwendung von Leichtzuschlägen nach DIN 4226-2 (Leichtsande, Blähton, Blähschiefer u. a.) hergestellt (Tab. **5**.6 a).

Die Wärmeleitfähigkeit von Leichtbeton (Tab. **5**.7) ist abhängig insbesondere von den Zuschlägen (s. Abschn. 5.2.2).

Auch die Bestimmungen über Leichtbeton werden in der neuen Normengeneration völlig überarbeitet. Die Bezeichnung für Leichtbeton nach neuer europäischer Normung besteht analog zu der Bezeichnung für Normalbeton aus dem Kürzel LC für Light-Concrete und zwei Zahlen, die die charakteristische Druckfestigkeit gemessen an einem Zylinder und an einem Würfel wiedergeben.

Vorgesehen sind Druckfestigkeitsklassen nach Tabelle **5**.6 b. Ferner soll unterschieden werden nach den Rohdichteklassen D 1,0 D 1,2 D 1,4 D 1,6 D 1,8 D 2,0 [D 2,0: > 1800; < 2000 kg/m³].

Die Neubearbeitung des Abschnittes über Leichtbeton muss der nächsten Auflage vorbehalten bleiben.

5.2 Baustoffe

5.2.1 Zement

Zusammensetzung, Anforderungen und Eigenschaften der Zemente sind in der Norm DIN EN 197-1 oder in darauf bezogenen bauaufsichtlichen Zulassungen geregelt. Für Zemente mit besonderen Eigenschaften gilt die (Rest-)Norm DIN 1164, Ausgabe 11/2000. Die Prüfverfahren für Zemente sind in der Norm DIN EN 196 beschrieben (Tabelle **5**.8). Anders als bei der DIN 1045 ist für Zement die Einführung der europäischen Normung bereits abgeschlossen.

Für Beton und Stahlbeton nach DIN 1045 dürfen nur Normzemente nach DIN EN 197, DIN 1164 oder als gleichwertig zugelassene Zemente verwendet werden. Die Anwendung bauaufsichtlich zugelassener Zemente ist in deren Zulassung geregelt.

Die Normalzemente werden in fünf Haupt-Zementarten unterteilt:

Portlandzement	CEM I
Portlandkompositzement	CEM II
Hochofenzement	CEM III
Puzzolanzement	CEM IV
Compositzement	CEM V

Den Hauptbestandteil der Portlandzemente bilden den Portlandzementklinker (K). Portlandkompositzemente sind aus verschiedenen Bestandteilen zusammengesetzt, die mit besonderen Kennbuchstaben verdeutlicht werden. Sie werden je nach Anteil an Portlandzementklinker in den Gruppen A und B unterschieden (Tabelle **5**.8).

Tabelle **5**.7 Wärmeleitfähigkeit von Leichtbeton[1)]

Zuschlagart	Leichtzuschlag mit oder ohne Natursand zugelassen für Beton B I und B II		Blähton oder Blähschiefer ohne Natursand nur zugelassen für Beton B II	
Rohdichteklasse	Trockenrohdichte ϱ_d in kg/dm³	Wärmeleitfähigkeit λ in W/m K	Trockenrohdichte ϱ_d in kg/dm³	Wärmeleitfähigkeit λ in W/m K
1,0	bis 1,0	0,47	bis 0,9 bis 1,0	0,35 0,38
1,2	bis 1,2	0,59	bis 1,1 bis 1,2	0,44 0,50
1,4	bis 1,4	0,72	bis 1,3 bis 1,4	0,56 0,62
1,6	bis 1,6	0,87	bis 1,5 bis 1,6	0,67 0,73
1,8	bis 1,8	0,99	–	–
2,0	bis 2,0	1,16	–	–

1) zum Vergleich: Normalbeton hat die Wärmeleitfähigkeit $\lambda = 2{,}1$ W/m · K

Tabelle 5.8 **Normalzemente und ihre Zusammensetzung nach DIN EN 197-1** (Die bisher in Deutschland genormten Zemente sind durch Unterlegung gekennzeichnet)

Haupt-zement-arten	Benennung	Kurz-bezeichnung	Zusammensetzung: (Massenanteile in Prozent)[1]										
			Hauptbestandteile										Neben-bestand-teile[2]
			Portland-zement-klinker K	Hütten-sand S	Silica-staub D	Puzzolane natürlich P	Puzzolane natürlich getempert Q	Flugasche kiesel-säurereich V	Flugasche kalk-reich W	Ge-brannter Schiefer T	Kalkstein L	Kalkstein LL	
CEM I	Portlandzement	CEM I	95–100	–	–	–	–	–	–	–	–	–	0–5
CEM II	Portland-hüttenzement	CEM II/A-S	80–94	6–20	–	–	–	–	–	–	–	–	0–5
		CEM II/B-S	65–79	21–35	–	–	–	–	–	–	–	–	0–5
	Portland-silicastaubzement	CEM II/A-D	90–94	–	6–10	–	–	–	–	–	–	–	0–5
	Portlandpuzzolan-zement	CEM II/A-P	80–94	–	–	6–20	–	–	–	–	–	–	0–5
		CEM II/B-P	65–79	–	–	21–35	–	–	–	–	–	–	0–5
		CEM II/A-Q	80–94	–	–	–	6–20	–	–	–	–	–	0–5
		CEM II/B-Q	65–79	–	–	–	21–35	–	–	–	–	–	0–5
	Portlandflugasche-zement	CEM II/A-V	80–94	–	–	–	–	6–20	–	–	–	–	0–5
		CEM II/B-V	65–79	–	–	–	–	21–35	–	–	–	–	0–5
		CEM II/A-W	80–94	–	–	–	–	–	6–20	–	–	–	0–5
		CEM II/B-W	65–79	–	–	–	–	–	21–35	–	–	–	0–5
	Portlandschiefer-zement	CEM II/A-T	80–94	–	–	–	–	–	–	6–20	–	–	0–5
		CEM II/B-T	65–79	–	–	–	–	–	–	21–35	–	–	0–5
	Portlandkalkstein-zement	CEM II/A-L	80–94	–	–	–	–	–	–	–	6–20	–	0–5
		CEM II/B-L	65–79	–	–	–	–	–	–	–	21–35	–	0–5
		CEM II/A-LL	80–94	–	–	–	–	–	–	–	–	6–20	0–5
		CEM II/B-LL	65–79	–	–	–	–	–	–	–	–	21–35	0–5
	Portland-kompositzement[3]	CEM II/A-M	80–94	←				6–20				→	0–5
		CEM II/A-M[4]	65–79	←				21–35				→	0–5
CEM III	Hochofenzement	CEM III/A	35–64	36–65	–	–	–	–	–	–	–	–	0–5
		CEM III/B	20–34	66–80	–	–	–	–	–	–	–	–	0–5
		CEM III/C	5–19	81–95	–	–	–	–	–	–	–	–	0–5
CEM IV	Puzzolanzement[3]	CEM IV/A	65–89	–	←		11–35		→	–	–	–	0–5
		CEM IV/B	45–64	–	←		36–55		→	–	–	–	0–5
CEM V	Kompositzement	CEM V/A	40–64	18–30	–	←	18–30	→	–	–	–	–	0–5
		CEM V/B	20–38	31–50	–	←	31–50	→	–	–	–	–	0–5

1) Die Werte in der Tafel beziehen sich auf die Summe der Haupt- und Nebenbestandteile (ohne Calciumsulfat und Zementzusätze)
2) Stoffe, die als Nebenbestandteile dem Zement zugegeben werden, dürfen nicht gleichzeitig im Zement als Hauptbestandteil vorhanden sein.
3) Der Anteil von Silicastaub ist auf 10 % begrenzt.
4) Von dieser Zementart war bisher nur Portlandflugaschehüttenzement genormt.

5

Bei den Zementen wird in Abhängigkeit von der 28-Tage-Druckfestigkeit zwischen den Festigkeitsklassen 32,5, 42,5 und 52,5 unterschieden.

Diese drei Klassen werden nach ihrer Anfangsfestigkeit nochmals unterteilt in

- normal erhärtende (Kennbuchstaben N), und
- schnell härtende Zemente (Kennbuchstabe R).

Somit ergeben sich sechs Festigkeitsklassen, die bei den Verpackungen durch verschiedene Farben und Aufdrucke gekennzeichnet werden (Tabelle **5**.9).

Ferner sind Zemente mit besonderen Eigenschaften genormt, für die zusätzliche Kennbuchstaben festgelegt sind (DIN 1164 Abschn. 4):

- Zement mit **n**iedriger Hydratations**w**ärme NW
- Zement mit **h**ohem **S**ulfatwiderstand HS
- Zement mit **n**iedrigem wirksamem **A**lkaligehalt NA

NW-Zemente (mit niedriger Hydratationswärme) sind besonders für massige Bauteile geeignet.

HS-Zemente (mit hohem Sulfatwiderstand) sind bei einem Sulfatangriff des Grundwassers über 600 mg/l erforderlich.

NA-Zemente (mit niedrigem wirksamem Alkaligehalt) werden bei Verarbeitung von Zuschlägen mit alkaliempfindlichen Bestandteilen verwendet, die in einigen Bereichen Deutschlands vorkommen können. Näheres regelt die Richtlinie „Alkalireaktion im Beton" des DAfStb.

Für die normgerechte Kennzeichnung von Zementen mit Hilfe der Kurzbezeichnungen werden zwei Beispiele genannt:

Portlandzement der Festigkeitsklasse 42,5 mit hoher Anfangsfestigkeit nach EN 197-1

Portlandzement EN 197-1 – CEM I 42,5 R

Portlandkompositzement mit einem Massenanteil an Hüttensand (S), kieselsäurereicher Flugasche(V) und Kalkstein (L) mit einem Massenanteil zwischen 6 % und 20 % und der Festigkeitsklasse 32,5 mit hoher Anfangsfestigkeit

Portlandkompositzement EN 197-1 – CEM II/A-M (S-V-L) 32,5 R

Der Zement ist in sauberen Transportbehältern zu liefern, die Kennfarben tragen und ebenso wie die Lieferscheine mit Angaben über Zementart, Festigkeitsklasse, Zusatzbezeichnung, Lieferwerk, Gewicht und Übereinstimmungszeichen versehen sind (Bild **5**.10).

Tabelle **5**.9 Festigkeitsklassen und Kennfarben von Zement nach DIN 1164[1]

Festigkeitsklasse	Druckfestigkeit in N/mm²				Kennfarbe	Farbe des Aufdrucks
	Anfangsfestigkeit		Normfestigkeit			
	2 Tage	7 Tage	28 Tage			
32,5 N	–	≥ 16	≥ 32,5	≤ 52,5	hellbraun	schwarz
32,5 R	≥ 10	–	≥ 32,5	≤ 52,5	hellbraun	rot
42,5 N	≥ 10	–	≥ 42,5	≤ 62,5	grün	schwarz
42,5 R	≥ 20	–	≥ 42,5	≤ 62,5	grün	rot
52,5 N	≥ 20	–	≥ 52,5	–	rot	schwarz
52,5 R	≥ 30	–	≥ 52,5	–	rot	weiß

[1] Gegenüberstellung neuer und alter Festigkeitsklassen der Zemente

neu	alt (DIN 1164-1, 3.1990)
32,5 N	Z 35 L
32,5 R	Z 35 F
42,5 N	Z 45 L
42,5 R	Z 45 F
52,5 N	Z 55 L
52,5 R	Z 55

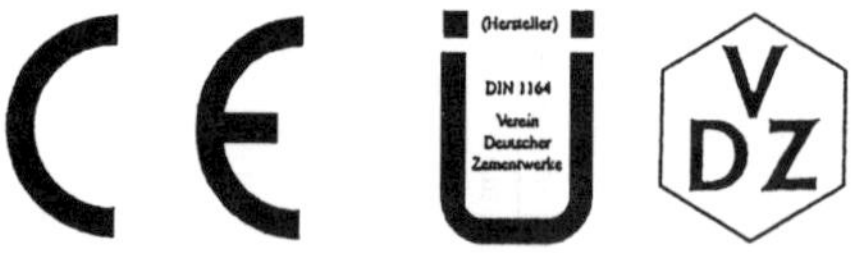

5.10 EG Konformitätszeichen (CE-Zeichen), Übereinstimmungszeichen (Ü-Zeichen) und Zeichen der Überwachungsgemeinschaft des Vereins Deutscher Zementwerke

5.2.2 Gesteinskörnungen (Betonzuschlag)

Die neue DIN-Norm 4226 hat die bisherige Normung – anders als bei der Betonnormung nach DIN 1045 – ohne Übergangsfrist abgelöst.

Dadurch können sich in der Baupraxis beim Beton-Entwurf nach alter Norm Ungenauigkeiten ergeben, da die neue Gesteinskörnungs-Norm nur auf die neue Beton-Normung zugeschnitten ist.

Im Rahmen dieses Abschnittes kann lediglich auf einige wichtige Grundsätze der neuen Gesteinskörnungs-Norm eingegangen werden. Für die Lösung von Abstimmungsproblemen zwischen den unterschiedlichen Normungen muss auf Spezialliteratur verwiesen werden.

In der europäischen Normung wird der Begriff „Zuschlag" durch den Begriff „Gesteinskörnung" ersetzt.

Gesteinskörnungen für Normalbeton können aus natürlichem Material bestehen, industriell hergestellt oder rezykliert sein. Gesteinskörnungen sind meistens körnige, in der Regel mineralische Stoffe, die durch Zementleim (Zement-Wasser-Gemisch) zu dem künstlichen Konglomerat Beton zusammengekittet werden, nachdem der Zementleim zu Zementstein erhärtet ist.

Begriffe, Korngrößen usw. von Gesteinskörnungen werden in DIN 4226, Teile 1, 2 und 100 geregelt. Dabei werden unterschieden

- Füller (Gesteinsmehl),
- feine Gesteinskörnungen (Sand),
- grobe Gesteinskörnungen,
- Korngemische (Mischungen grober und feiner Gesteinskörnungen (Tabelle **5**.11)

Gesteinskörnungen für Normalbeton haben ein dichtes Gefüge. Die Kornrohdichte liegt im Allgemeinen zwischen 2,6 und 2,9 kg/dm³.

Tabelle **5**.11 Bezeichnung der Gesteinskörnungen

Gesteinskörnung mit		Bezeichnung
Kleinstkorn [mm]	Größtkorn [mm]	
0	0,063*	Füller (Gesteinsmehl)
0	≤ 4	feine Gesteinskörnung (Sand)
≥ 2	≥ 4	grobe Gesteinskörnung
0	≥ 4	Korngemisch

* überwiegend ≤ 0,063 mm

Die Gesteinskörnungen müssen eine dem jeweiligen Verwendungszweck des Betons entsprechende Kornfestigkeit haben, dürfen nicht die Erhärtung des Zementes behindern (z. B. durch bestimmt chemische Eigenschaften) oder den Korrosionsschutz der Bewehrung beeinträchtigen und sie müssen (z. B. durch Kornform und Oberflächenbeschaffenheit des Kornes) eine einwandfreie Haftung zwischen Gesteinskorn und Zementstein gewährleisten.

Die Gesteinskörnungen werden in Korngruppen (Lieferkörnungen) eingeteilt. Die Korngruppen werden durch Angabe von zwei Begrenzungssieben bezeichnet (d = Siebweite des oberen Begrenzungssiebes; D = Siebweite des unteren Begrenzungssiebes).

Die Begrenzungssiebe können gewählt werden aus den folgenden Siebreihen:

Grundsiebreihe	1; 2; 4; 8; 16; 31,5; 63 (Siebweiten in mm)
Ergänzungssiebsatz	5,6; 11,2; 22,4; 45 (Siebweiten in mm)

Die gebräuchlichsten Korngruppen/Lieferkörnungen sind

0/2; 0/4; 2/8; 5,6/11,2; 8/16; 11,2/22,4; 8/31,5 und 16/31,5

Kornzusammensetzung. Zur Verringerung des Porenvolumens (Haufwerksporen) von Gesteinskörnungen werden einzelne Korngruppen zu Korngemischen zusammengestellt. Die Zusammensetzung von Korngemischen wird durch Sieblinien bestimmt. Die Bilder **5**.12 und **5**.13 zeigen als Beispiel die Sieblinien eines Korngemisches mit 16 mm bzw. 32 Größtkorn. In DIN 1045-2 sind außerdem Sieblinien für 8 mm und 63 mm Größtkorn festgelegt.

Die Sieblinie gibt über jeder Lochweite den Massenanteil des Gesamtgemisches an, der durch das betreffende Sieb hindurchfällt.

Unabhängig vom Größtkorn des Korngemisches wird die untere dargestellte Sieblinie mit A, die mittlere mit B und die obere mit C bezeichnet. Das jeweilige Größtkorn ist als Beiwert aufgeführt. Die Bezeichnung A 32 bedeutet ein Korngemisch mit einem Größtkorn von 32 mm nach Sieblinie A.

Die Sieblinien A und B begrenzen den günstigen Bereich (3), die Sieblinien B und C den brauchbaren Bereich (4). Als ungünstig gelten Korngemische, deren Sieblinie unter A oder oberhalb C liegt, also die Bereiche (1) und (5). Die Linie U soll von Sieblinien unstetiger Korngemische – also Ausfallkörnungen – nicht unterschritten werden.

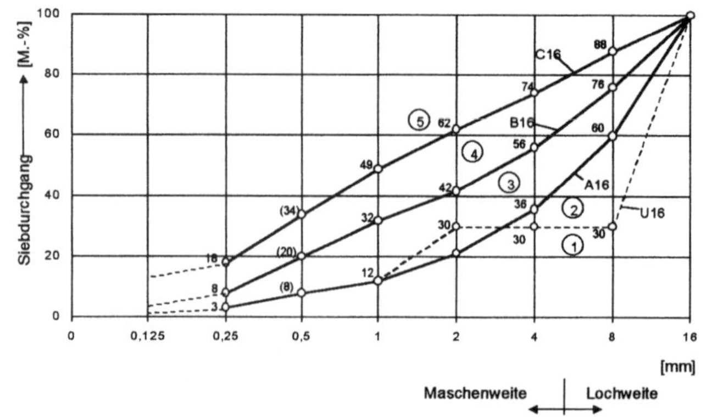

5.12
Sieblinie nach DIN 1045 für Zuschlaggemische mit 16 mm Größtkorn

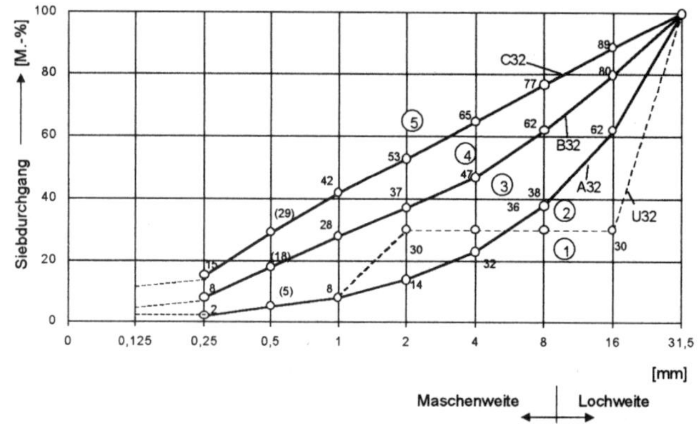

5.13
Sieblinie nach DIN 1045 für Zuschlaggemische mit 31,5 mm Größtkorn

Zur übersichtlichen Darstellung im Sandbereich ist ein logarithmischer Maßstab für die Lochweiten gewählt. Dadurch entstehen zeichnerisch gleiche Abstände zwischen den einzelnen Lochweiten.

Der höchstzulässige Mehlkorngehalt nach der noch gültigen DIN 1045 Abschn. 6.5.4 ist Tabelle **5**.14a zu entnehmen. In den Tabellen **5**.14b und c sind die Richtwerte für die Obergrenzen des Mehlkorngehaltes entsprechend der neuen Normung-Anwendungsregeln zu DIN EN 206-1 enthalten.

5.2.3 Zugabewasser

Als Zugabewasser ist das in der Natur vorkommende Wasser geeignet, soweit es nicht Bestandteile enthält, die das Erhärten oder andere Eigenschaften des Betons ungünstig beeinflussen oder

Tabelle **5**.14a Höchstzulässiger Mehlkorngehalt sowie höchstzulässiger Mehlkorn- und Feinstsandgehalt für Beton mit einem Größtkorn des Zuschlaggemisches von 16 mm bis 63 mm (DIN 1045 Abschn. 6.5.4)[1)]

Zementgehalt in kg/m³	Höchstzulässiger Gehalt in kg/m³ an Mehlkorn bei einer Prüfkorngröße von 0,125 mm	 Mehlkorn und Feinstsand 0,250 mm
≤ 300	350	450
350	400	500

[1)] Die Begrenzung gilt für Beton mit hohem Frostwiderstand, hohem Frost- und Tausalzwiderstand, hohem Verschleißwiderstand und für Beton von Außenbauteilen

Tabelle **5**.14b Richtwerte für die Obergrenzen des Mehlkorngehaltes (neue Normung) für Beton ≥ C 55/67 und ≥ LC 55/60 (bei allen Expositionsklassen)

Zementgehalt[1)] [kg/m³]	Mehlkorn[2)] (≤ 0,125 mm) [kg/m³]
≤ 400	500
450	550
≥ 500	600

1) Für Zwischenwerte ist der Mehlkorngehalt geradlinig zu interpolieren.
2) Bei 8 mm Größtkorn dürfen die Tafelwerte zusätzlich um 50 kg/m³ erhöht werden.

Tabelle **5**.14c Höchst zulässiger Mehlkorngehalt (MK) für Beton ≤ C 50/60 und LC ≤ 50/55 (neue Normung)

- alle Klassen (außer XF, XM) MK-Gehalt ≤ 550 kg/m³
- Klasse XF1 – XF4 Frostangriff ohne/mit Taummittel
- Klasse XM1 – XM3 Verschleiß

Zementgehalt[1)] [kg/m³]	Mehlkorn[3)] (≤ 0,125 mm) [kg/m³]
≤ 300	400
350	450

1) Für Zwischenwerte ist der Mehlkorngehalt geradlinig zu interpolieren.
2) Sie dürfen bei 8 mm Größtkorn zusätzlich um 50 kg/m³ erhöht werden.
3) Die Werte dürfen insgesamt um max. 50 kg/m³ erhöht werden, wenn
- der Zementgehalt 350 kg/m³ übersteigt, um den über 350 kg/m³ hinausgehenden Zementgehalt
- ein puzzolanischer Betonzusatzstoff Typ II (z. B. Flugasche, Silika) verwendet wird, um dessen Gehalt.

den Korrosionsschutz der Bewehrung beeinträchtigen, wie z. B. Verunreinigungen durch Industrieabwässer. Im Zweifelsfalle ist eine Untersuchung über die Eignung zur Betonherstellung nötig. Normales Leitungswasser ist immer geeignet.

5.2.4 Betonstahl

Betonstabstahl

Betonstahl wird für die Bewehrung, d. h. für die Stahleinlagen, benötigt, die in dem Verbundbaustoff Stahlbeton zusammen mit dem Beton die Aufnahme der Schnittgrößen (DIN 1045 Abschn. 15) bewirken.

Durchmesser, Form, Festigkeitseigenschaften und Kennzeichnung von Betonstahl müssen DIN 488-1 bis -7 entsprechen. Die dort geforderten Eigenschaften sind in DIN 488-1 zusammengefasst (Tabelle **5**.15).

Nach DIN 488 ist die Bezeichnung für Betonstahl wie folgt zu bilden:

- Benennung (Betonstabstahl, Betonstahlmatte, Bewehrungsdraht),
- DIN-Hauptnummer (DIN 488),
- Kurzname oder Werkstoffnummer für die Betonstahlsorte,
- Nenndurchmesser bei Betonstabstahl und Bewehrungsdraht bzw. kennzeichnende Nennmaße bei Betonstahlmatten.

Beispiele für die Normbezeichnung (s. auch DIN 488-2 und DIN 488-4):

a) Bezeichnung von geripptem Betonstabstahl der Sorte B St 500 S mit einem Nenndurchmesser von d_s = 20 mm:

Betonstabstahl DIN 488 – B St 500 S – 20

oder **Betonstabstahl DIN 488 – 1.0438 – 20**

b) Bezeichnung von glattem Bewehrungsdraht der Sorte BSt 500 G mit einem Nenndurchmesser von d_s = 6 mm:

Bewehrungsdraht DIN 488 – B St 500 G – 6

oder **Bewehrungsdraht DIN 488 – 1.0464 – 6**

Tabelle **5**.15 Sorteneinteilung und Eigenschaften der Betonstähle (Auszug aus Tab. 1 DIN 488-1)

Betonstahlsorte	Kurzname		BSt 420 S	BSt 500 S	BSt 500 M	Wert p in %
	Kurzzeiche[1)]		III S	IV S	IV M	
	Werkstoffnummer		1.0428	1.0438	1.0466	
	Erzeugnisform		Betonstabstahl	Betonstabstahl	Betonstahlmatte	
Nenndurchmesser d_s		in mm	6 bis 28	6 bis 28	4 bis 12	–

1) Für Zeichnungen und statische Berechnungen.

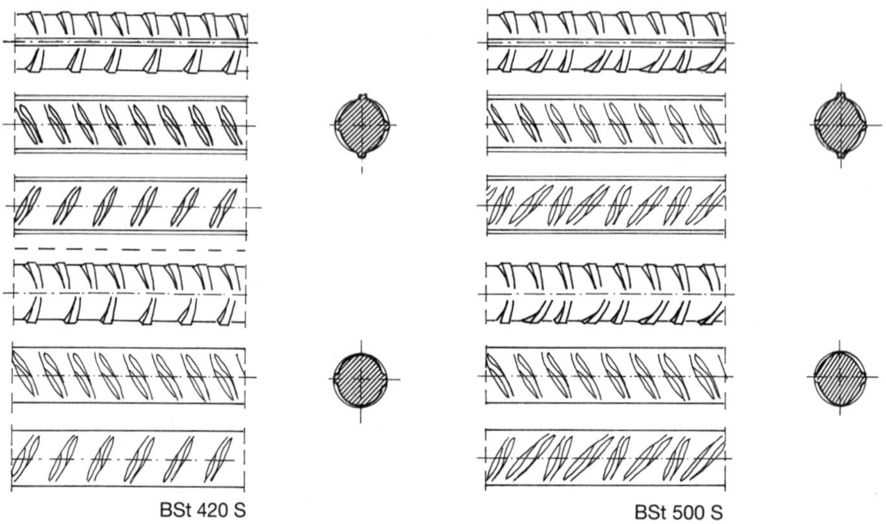

5.16a

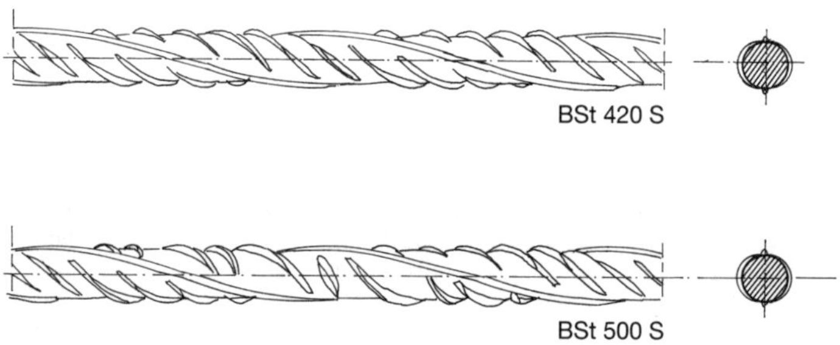

5.16b

5.16 Kennzeichnung von Betonstahl (Stabstahl) DIN 488
a) Nicht verwundener Betonstahl mit und ohne Längsrippe
b) Kalt verwundener Betonstahl

Bei jeder Lieferung von Betonstahl ist zu prüfen, ob der Stahl das in DIN 488-1 festgelegte Kennzeichen der Stahlgruppe und das Werkkennzeichen trägt (Bild **5**.16). Ist das nicht der Fall, so darf der Stahl nicht verwendet werden (DIN 1045 Abschn. 7.5).

Betonstahlmatten

Die Verlegung von Betonstahl lässt sich durch die Verwendung von Betonstahlmatten (DIN 488-4) erheblich rationalisieren.[1)]

Geschweißte Betonstahlmatten B St 500 M (Kurzzeichen IVM) bestehen aus kaltgewalztem gerippten Betonstahl und haben quadratische („Q-Matten") oder rechteckige („R-Matten") Maschen mit Maschenweiten von 50 bis 300 mm und Stabdicken von 4 bis 12 mm. Die Stäbe sind an allen Kreuzungsstellen durch Widerstandspunktschweißung verbunden.

Die Längs- bzw. Querstäbe sind entweder Einfachstäbe oder Doppelstäbe, bestehend aus zwei dicht nebeneinander liegenden Stäben von gleichem Durchmesser. Betonstahlmatten dürfen nur in einer Richtung Doppelstäbe haben.

Betonstahlmatten dürfen Zonen mit verringerten Stahlquerschnitten (z. B. dünnere Stäbe, Einfach- statt Doppelstäben) aufweisen.

1) Die vielfach gebrauchte Bezeichnung „Baustahlgewebe" ist ein geschütztes Warenzeichen der Bau-Stahlgewebe GmbH.

Unterschieden werden:

- N: Nichtstatische Gewebe mit ≥ < 4,0 mm (glatte Stäbe ≥ 2,5 bis 3 mm)
- Q: Quadratische Gewebe
- R: Rechteckige Gewebe

Geliefert werden:

1. *Lagermatten* mit vom Hersteller festgelegtem standardisiertem Mattenaufbau für bestimmte bevorzugte Maße,
2. *Listenmatten* mit einem Mattenaufbau, der vom Besteller im Rahmen der DIN-Bezeichnungen festgelegt wird,
3. *Zeichnungsmatten*, die bei der Bestellung durch Zeichnungen und normgerechte Bezeichnungen beschrieben werden.

Besonders wirtschaftlich ist die Verwendung von Randsparmatten mit Doppelstäben für die Bewehrung von Stahlbetonplatten. Die Doppelstäbe werden nur im inneren Bereich der Matte und in Längsrichtung der Matten angeordnet. Man unterscheidet

- R-Matten mit 2 Einfachstäben,
- Q-Matten mit 4 Einfachstäben an jedem Längsrand.

Für die Anwendung von geschweißten Betonstahlmatten gilt DIN 1045 Abschn. 18. Die Matten dürfen als statische Bewehrung nur bei Stahlbetonbauteilen mit vorwiegend ruhender Belastung verwendet werden (s. DIN 1055-3).

Gekennzeichnet sind die Stäbe von Betonstahlmatten B St 500 M (IV M) durch sichelförmige Schrägrippen (Bild **5**.17). Sie müssen außerdem witterungsbeständige Anhänger mit der Nummer des Herstellerwerkes und der Mattenbezeichnung haben.

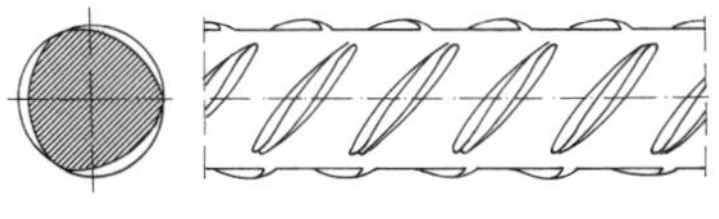

5.17
Kennzeichnung von Betonstahlmatten BSt 500 (IV M)

Faserbeton

Zunehmend wird auch im Hochbau werkgemischter Faserbeton verwendet. Es kommen Stahl-, Glas-, Kunststoff- und Textilfasern zum Einsatz. Fasern verbessern das Riss- und Bruchverhalten des Betons. Am gebräuchlichsten ist Stahlfaserbeton. Stahlfasern sind im Regelfall 25 mm bis 60 mm lang und bis zu 1,2 mm dick. Das Verbundverhalten wird durch Wellung, Abkröpfung oder Verdickung der Enden verbessert. Anwendungsgebiete für Stahlfaserbeton sind besonders Industriefußböden, Tunnelschalen, sowie konstruktiv bewehrte Kellersohlen und -wände.

Glas- und Kunststofffasern sind dünner, kürzer und leichter als Stahlfasern. Übliche Anwendungsgebiete sind Fassadenelemente, kleinere Fertigteile, verlorene Schalungen, Abflussrinnen u. Ä. Außerdem wird Faserbeton bei Beton-Instandsetzungssystemen verwendet.

5.2.5 Betonzusatzmittel

Betonzusatzmittel sind flüssige oder pulverförmige Stoffe, die dem Beton zugesetzt werden, um durch chemische und/oder physikalische Wirkung Eigenschaften des Frisch- oder Festbetons – wie z. B. Verarbeitbarkeit, Erstarren, Erhärten oder Frostwiderstand – zu verändern. Dabei muss gelegentlich auch die unerwünschte Änderung einer anderen Betoneigenschaft in Kauf genommen werden. Voraussetzung für die erfolgreiche Verwendung von Betonzusatzmitteln ist die Berücksichtigung der anerkannten Grundsätze über die Mischungszusammensetzung sowie über die Verarbeitung und Nachbehandlung des Betons.

Betonzusatzmittel werden i. d. R. in so geringen Mengen zugegeben, dass sie als Raumanteil des Betons ohne Bedeutung sind. Die zulässigen Zugabemengen bei Einsatz eines Mittels sind bei Beton und Stahlbeton nach DIN 1045 50 ml/kg Zement, bei hochfestem Beton mit verflüssigenden Zusatzmitteln 70 ml/kg Zement. Bei Spannbeton und Beton mit alkaliempfindlichen Zuschlägen gelten geringere Werte.

Übersteigt die Zusatzmittelmenge 2,5 l/m^3 Frischbeton, so ist die gesamte Menge dem Wassergehalt zuzurechnen und bei der Berechnung des w/z-Wertes zu berücksichtigen. Außer bei Fließmitteln, dürfen nicht mehrere Betonzusatzmittel derselben Wirkungsgruppe angewendet werden (Tabelle **5**.18).

Tabelle **5**.18 Betonzusatzmittel

Mittel	Kurzzeichen	Farbkennzeichen
Betonverflüssiger	BV	gelb
Fließmittel	FM	grau
Luftporenbildner	LP	blau
Dichtungsmittel	DM	braun
Verzögerer [1)]	VZ	rot
Beschleuniger	BE	grün
Einpreßhilfen	EH	weiß
Stabilisierer	ST	violett
Chromatreduzierer	CR	rosa
Recyclinghilfen für Waschwasser	RH	schwarz

[1)] Bei einer um mind. 3 Std. verlängerten Verarbeitbarkeitszeit „Vorl. Richtlinie für Beton mit verlängerter Verarbeitbarkeitszeit" des DAfStb [14] beachten.

5.2.6 Betonzusatzstoffe

Betonzusatzstoffe sind feinstkörnige Zusätze, die bestimmte Eigenschaften des Betons beeinflussen. Dies sind vorrangig die Verarbeitbarkeit des Frisch- und die Festigkeit und Dichtigkeit des Festbetons. Im Gegensatz zu Betonzusatzmitteln ist die Zugabemenge im allgemeinen so groß, dass sie bei der Stoffraumrechnung zu berücksichtigen ist.

Die Zusatzstoffe dürfen das Erhärten des Zementes sowie die Festigkeit und Dauerhaftigkeit des Betons nicht beeinträchtigen und den Korrosionsschutz der Bewehrung nicht gefährden. Deshalb dürfen nur Betonzusatzstoffe verwendet werden, die entweder einer in Tabelle **5**.19 genannten Norm entsprechen oder eine allgemeine bauaufsichtliche Zulassung besitzen.

Zusatzstoffe lassen sich in verschiedene Gruppen einteilen. Es kann jedoch bei der Wirkungsweise Überschneidungen geben. Es werden unterschieden:

- inerte Zusatzstoffe
- puzzolanische Zusatzstoffe
- latent hydraulische Zusatzstoffe
- faserartige Zusatzstoffe
- organische Zusatzstoffe

Inerte Zusatzstoffe, wie Quarz- oder Kalksteinmehl, reagieren nicht mit Zement und Wasser und greifen somit nicht in die Hydratation ein. Sie dienen aufgrund ihrer Korngröße, -zusammensetzung und -form der Verbesserung des Kornaufbaus im Mehlkornbereich. Sie werden zugesetzt, um beispielsweise bei Betonen mit feinteilarmen Sanden einen für die Verarbeitbarkeit und ein geschlosseneres Gefüge ausreichenden Mehlkorngehalt zu erzielen.

Zu den inerten Zusatzstoffen zählen auch die Pigmente, die zum Einfärben eines Betons gebraucht werden.

Puzzolanische Zusatzstoffe lassen sich in natürliche Puzzolane, wie Trass, und künstliche Puzzola-

Tabelle **5**.19: Betonzusatzstoffe und Kennwerte

Zusatzstoffart	Spez. Oberfläche [cm²/g]	Dichte [kg/dm³]	Schüttdichte [kg/dm³]
Quarzmehl DIN 4226	> 1.000	2,65	1,3 … 1,5
Kalksteinmehl DIN 4226	> 3.500	2,6 … 2,7	1,0 … 1,3
Farbpigmente DIN 53 237	50.000 … 200.000	4 … 5	–
Steinkohlenflugasche (DIN EN 450)	2.000 … 8.000	2,2 … 2,4	0,9 … 1,1
Trass (DIN 51 043)	> 5.000	2,4 … 2,6	0,7 … 1,0
Silicastaub (Zulassung)	180.000 … 220.000	ca. 2,2	0,3 … 0,6
Silicasuspension (Zulassung)	–	ca. 1,4	

ne, wie Steinkohlenflugasche oder Silicastaub, einteilen. Sie reagieren mit dem bei der Hydratation des Zementsteins entstehenden Calciumhydroxid und bilden dabei unlösliche, zementsteinähnliche Erhärtungsprodukte. Solche Stoffe tragen zur Erhärtung bei und dienen aufgrund ihrer Korngröße, -zusammensetzung und -form der Verbesserung des Kornaufbaus im Mehlkornbereich.

Latent hydraulische Stoffe, wie z. B. Hüttensand, reagieren nicht mit Calciumhydroxid. Sie benötigen dieses oder Gips jedoch als Anreger, um selbst hydraulische Eigenschaften zu entwickeln. Sie sollen nicht als Zusatzstoff verwendet werden sondern werden schon bei der Zementherstellung zugemahlen.

Faserartige Stoffe kommen insbesondere als Stahlfasern, aber auch als Glasfasern oder Kunststofffasern zum Einsatz. Sie können die Frisch- und Festbetoneigenschaften (Festigkeit, Dichtigkeit, Arbeitsvermögen) verbessern.

Organische Zusatzstoffe (Kunstharzdispersionen) reagieren nicht mit den Zementbestandteilen, sondern entwickeln selbst eine Klebkraft. Sie werden hauptsächlich zu Reparaturzwecken eingesetzt und sollen die Verarbeitbarkeit, Haftung, Zugfestigkeit und Dichtigkeit verbessern.

5.3 Allgemeine Bedingungen für die Herstellung von Beton

Im Rahmen dieses Werkes kann nur ein kurzer, vereinfachender Überblick mit Hinweisen auf Grundsätze der Betontechnologie gegeben werden. Es muss berücksichtigt werden, dass in Wirklichkeit für die Zusammensetzung von Beton einer bestimmten Festigkeitsklasse recht komplizierte Zusammenhänge zwischen Gesteinskörnung, Zementgehalt und dem Wasserzementwert (w/z-Wert) bestehen.

Zur Herstellung von Beton einer bestimmten Festigkeitsklasse oder von Beton mit besonderen Eigenschaften sind insbesondere die Bedingungen zu erfüllen, die u. a. in DIN 1045 Abschn. 6.5 ff. ausgeführt sind. Da im Bauwesen der Beton hauptsächlich der Aufnahme von Beton-*Druckspannungen* dient, wird die Betonherstellung in den meisten Fällen in erster Linie auf eine bestimmte Druckfestigkeit hin angelegt, und demgemäß wird die Güte des Betons durch die Druckfestigkeit gekennzeichnet (s. Tab. **5**.3).

Beton muss so viel Zement enthalten, dass die geforderte Druckfestigkeit und im Stahlbeton ein ausreichender Schutz der Stahlbewehrung vor Korrosion erreicht werden können.

Der Mindestzementgehalt ist abhängig von der Sieblinie der Gesteinskörnung, der Festigkeitsklasse des verwendeten Zementes und der vorgesehenen Verarbeitungskonsistenz des Betons.

Beton wird entweder auf Grund einer Eignungsprüfung zusammengesetzt oder als „Rezeptbeton" hergestellt.

Beton B I (B 5 bis B 25) ohne Eignungsprüfung (vgl. Abschn. 5.1.2) muss nach den Anforderungen der Tabelle **5**.20 hergestellt werden.

Der Zementgehalt darf verringert werden

- bei Zement der Festigkeitsklasse CEM 42,5 um max. 10 %
- bei Größtkorn von 63 mm um max. 10 %

jedoch bei Stahlbeton in keinem Falle unter 240 kg/m^3.

Beton B I mit Eignungsprüfung

Die Werte der Tabelle **5**.20 gelten nicht, wenn an den Beton besondere Anforderungen gestellt oder wenn gebrochene Zuschläge, Betonzusätze, Zuschläge mit verminderten Anforderungen oder Ausfallkörnungen verwendet werden. In solchen Fällen ist eine Eignungsprüfung erforderlich.

Als Rezeptbeton (ohne Eignungsprüfung) dürfen jedoch hergestellt werden

- Wasserundurchlässiger Beton
- Beton mit hohem Widerstand gegen schwachen chemischen Angriff
- Beton mit hohem Frostwiderstand.

Beton B II

Für die Herstellung von Beton B II sind nach DIN 1045 größere Freiheiten für die Zusammensetzungen gegeben, doch ist in jedem Fall eine Eignungsprüfung erforderlich.

Bei der Eignungsprüfung muss die mittlere Druckfestigkeit für Baustellenbeton die Werte der Tabelle **5**.20 erreichen.

Eignungsprüfung. Mit Hilfe der Eignungsprüfung wird vor Verwendung des Betons festgestellt, welche Zusammensetzung der Beton haben muss, damit er mit den in Aussicht genommenen Ausgangsstoffen und der vorgesehenen Konsistenz unter den Verhältnissen der betreffenden Baustelle zuverlässig verarbeitet werden kann und die geforderten Eigenschaften (z. B. auch den Luftporengehalt bei Verwendung luftporenbildender Zusatzstoffe gem. DIN 1045 Abschn. 2.1.3.6) sicher erreicht. Für Beton der Beton-

Tabelle **5**.20 Betonfestigkeitsklassen – Anwendung, Anforderungen bei Eignungs- und Güteprüfung

Betongruppe	Betonfestigkeitsklasse	Nennfestigkeit β_{WN} in [N/mm^2]	Serienfestigkeit β_{WS} in [N/mm^2]	Anwendung	Erforderliche Druckfestigkeit bei der Eignungsprüfung in [N/mm^2]	Erforderliche Konsistenzmaße a oder v bei der Eignungsprüfung
Beton B I	B 5	5,0	8,0	nur für unwehrten Boden	≥ 11	KS: v = 1,24 bis 1,20
	B 10	10	15		≥ 20	KP: a = 39 bis 41 cm (v = 1,12 bis 1,08) [2]
	B 15	15	20	für unbewehrten und bewehrten Beton	≥ 25	KR: a = 46 bis 48 cm (v = 1,04 bis 1,02) [2]
	B 25	25	30		≥ 35	KF: a = 56 bis 60 cm
Beton B II	B 35	35	40		35 + Vorhaltemaß [1]	Von der Baustelle verlangte Konsistenz + Vorhaltemaß
	B 45	45	50		45 + Vorhaltemaß [1]	
	B 55	55	60		55 + Vorhaltemaß [1]	

[1] Vorhaltemaß nach Erfahrung, andernfalls mindestens 10 N/mm^2 zweckmäßig
[2] für Beton mit gebrochenem Zuschlag

gruppe B II und für Beton mit besonderen Eigenschaften ist außerdem festzustellen, mit welchem Wasserzementwert der Beton hergestellt werden muss.

Die Verantwortung dafür, ebenso wie für die Durchführung und Auswertung der vorgeschriebenen Prüfungen trägt der Bauleiter des ausführenden Unternehmens. Die Durchführung der Prüfung sowie Herstellung und Lagerung der Probekörper richten sich nach DIN 1048. Durchzuführen sind außerdem:

- Die **Güteprüfung** (DIN 1045 Abschn. 7.4.3), die dem Nachweis dient, dass der für den Einbau hergestellte Beton die geforderten Eigenschaften erreicht. Zu diesem Zweck sind in vorgeschriebenen Zeitabständen aus den Mischerfüllungen Betonproben für die Probekörper und für die Prüfung der Konsistenz zu entnehmen, ferner ist bei Beton B I die Zementzugabe je m^3 verdichteten Betons festzustellen, bei Beton B II ist außerdem der w/z-Wert für jede verwendete Betonsorte zu ermitteln.
- Die Ergebnisse der Druckfestigkeitsprüfung der Probekörper liegen in der Regel 28 Tage, bei Anwendung eines Umrechnungsverfahrens gemäß DIN 1045 Abschn. 7.4.3.5.3 schon 7 Tage nach der Probeentnahme vor. Versuchskörpergröße, Versuchskörpergestalt, Versuchsanordnung und Belastungsgeschwindigkeit sind für das Untersuchungsergebnis von Bedeutung.
- Die **Erhärtungsprüfung**, die einen Anhalt gibt über die Festigkeit, die der Beton zu einem bestimmten Zeitpunkt im Bauwerk besitzt. Sie gibt auch Aufschluss über die Ausschalfristen. Die Erhärtung kann nach DIN 1048 an Probekörpern oder zerstörungsfrei ermittelt werden (s. DIN 1045 Abschn. 7.4.4 u. 5).

Im Zuge der weiteren technischen Entwicklung sind auch Betone mit höheren Festigkeiten als den in Tabelle **5**.20 aufgeführten Werten möglich. Diese hochfesten Betone sind in einer Richtlinie des Deutschen Ausschusses für Stahlbeton bis zu einer Festigkeitsklasse B 115 geregelt. In der neuen DIN 1045 sind diese hochfesten Betone enthalten (s. Tabelle **5**.3).

5.3.1 Befördern von Beton zur Baustelle und zur Einbaustelle

Beton wird heute außer bei Großbaustellen meistens als Transportbeton zur Verwendungsstelle angeliefert. Er ist in den Spezialfahrzeugen vor schädlichen Witterungs- und Temperatureinflüssen zu schützen. Bei heißem Wetter darf z. B. die Frischbetontemperatur in der Regel nicht höher als 30° sein. Beton der Konsistenzklassen KP, KR oder KF darf nur in Fahrzeugen mit Rührwerk befördert werden und ist vor dem Entladen nochmals gleichmäßig durchzumischen. Die möglichen Transport- bzw. Entladezeiten richten sich nach der Zugabe von Verzögerungsmitteln (VZ) und der Außentemperatur.

Beim Fördern auf der Baustelle muss sichergestellt sein, dass sich der Beton nicht entmischt. Er muss z. B. durch Fallrohre zusammengehalten werden, die beim Einfüllen in die Schalungen erst kurz vor der Einbaustelle enden.

5.3.2 Verarbeiten des Betons

Beton ist sofort nach der Anlieferung zu verarbeiten, ehe er ansteift oder seine Zusammensetzung ändert.

Die Bewehrungsstäbe sind dicht mit Beton zu umhüllen. Bewehrungen, Schalungen usw. späterer Betonierabschnitte dürfen nicht durch erhärteten Beton verkrustet sein.

Verdichten. Nach dem Einfüllen in die Schalungen ist der Beton (je nach Konsistenz) sorgfältig durch Rütteln, Stochern, Stampfen, Klopfen an der Schalung usw. zu verdichten. Besonders an den Ecken und längs der Schalung muss eine sorgfältige Verdichtung gewährleistet werden.[1)]

Beton der Konsistenz KS, KP u. KR (s. Abschn. 5.1.2) ist in der Regel durch Rütteln zu verdichten. Dabei ist DIN 4235 zu beachten. Für das Eintauchen von Innenrüttlern müssen in den Bewehrungslagen Rüttellücken (DIN 1045 Abschn. 3.2.1) eingeplant werden. Besonders bei dichtliegenden oberen Bewehrungen an Stützen oder an Kreuzungen von Unterzügen kann es sonst zu erheblichen Schwierigkeiten kommen.

Oberflächenrüttler sind so langsam fortzubewegen, dass der Beton unter ihnen weich und die Betonoberfläche hinter ihnen geschlossen ist. Unter kräftig wirkenden Oberflächenrüttlern soll die Schicht nach dem Verdichten höchstens 20 cm dick sein. Bei Schalungsrüttlern ist die beschränkte Einwirkungstiefe zu beachten, die auch von der Ausbildung der Schalung abhängt.

Fließfähig eingebrachter Beton der Konsistenzklasse KF ist vor allem durch Stochern zu entlüften.

Beton des Konsistenzbereiches KS kann durch Stampfen in Lagen von ca. 15 cm Dicke verdichtet werden, bis der Beton weich wird und eine geschlossene Oberfläche erhält. Die einzelnen Schichten sollen dabei möglichst rechtwinklig zu der im Bauwerk auftretenden Druckrichtung verlaufen und in Druckrichtung gestampft werden. Wo dies nicht möglich ist, muss die Konsistenz mindestens KP entsprechen, damit gleichlaufend zur Druckrichtung keine Stampffugen entstehen.

Arbeitsfugen. Für größere Betonbauwerke werden in der Regel Betonierabschnitte mit Arbeitsfugen (s. Abschn. 5.6.2) vorgesehen. Andernfalls darf das Betonieren an Arbeitsabschnitten nur so lange unterbrochen werden, dass der zuletzt eingebrachte Beton noch nicht erstarrt ist und eine gute und gleichmäßige Verbindung möglich ist (Rüttelflaschen müssen noch in die bereits betonierte verdichtete Schicht eindringen können).

[1)] Selbstverdichtender Beton s. Abschn. 5.1

Nachbehandlung. Neben der Druckfestigkeit ist die Güte der Betonoberfläche entscheidend für die Gesamtqualität von Betonkonstruktionen. Durch Nachbehandlung des Betons soll daher ein dichtes Oberflächengefüge erreicht werden, das mit hohem Diffusionswiderstand gegen CO_2 und SO_2 den Abbau der Alkalität im Bereich der Stahleinlagen möglichst lange verhindert (s. Abschn. 5.6.5). Auch das Schwinden des jungen Betons wird vermindert, wenn er ausreichend lange feucht gehalten wird. Die Nachbehandlung kann erfolgen durch

- Belassen in der Schalung und Feuchthalten von Holzschalungen
- Abdecken mit Folien
- Aufbringen wasserhaltender Abdeckungen
- Aufbringen flüssiger Nachbehandlungsmittel
- kontinuierliches Besprühen mit Wasser.

Die Dauer der Nachbehandlung richtet sich nach den Umgebungsbedingungen. Bei Temperaturen über 10 °C reichen etwa 5 Tage, doch ist diese Frist bei tieferen Temperaturen zu verdoppeln. Während der Nachbehandlungszeit sollte keine Betonoberfläche unter 0 °C abkühlen.

In den „Richtlinien zur Nachbehandlung von Beton" werden im Übrigen genaue Festlegungen in Abhängigkeit von der Festigkeitsentwicklung des Betons (je nach Zementfestigkeitsklasse, w/z-Wert und Umgebungsbedingungen) getroffen [16].

5.3.3 Betonieren bei Frost

Bei kühler Witterung und bei Frost ist der Beton wegen der Erhärtungsverzögerung und der Möglichkeit der bleibenden Beeinträchtigung der Betoneigenschaften mit einer bestimmten Mindesttemperatur einzubringen. Der eingebrachte Beton ist eine gewisse Zeit gegen Wärmeverluste, Durchfrieren und Austrocknen zu schützen:

- Bei Lufttemperaturen zwischen +5 °C und –3 °C darf die Temperatur des Betons beim Einbringen +5 °C nicht unterschreiten. Sie darf +10 °C nicht unterschreiten, wenn der Zementgehalt im Beton kleiner ist als 240 kg/m³, wenn Zemente niedriger Hydratations wärme oder wenn Mischbinder verwendet werden.
- Bei Lufttemperaturen unter –3 °C muss die Betontemperatur beim Einbringen mind. +10 °C betragen und anschließend wenigstens 3 Tage auf mind. +10 °C gehalten werden. Andernfalls ist der Beton so lange gegen Wärmeverluste,

Durchfrieren und Austrocknen zu schützen, bis eine ausreichende Festigkeit erreicht ist.

- Wird auf Winterbaustellen der Beton mit erwärmtem Zugabewasser hergestellt, darf die Frischbetontemperatur +30 °C nicht überschreiten. An gefrorene Betonteile darf nicht anbetoniert werden.

Die im Einzelfall erforderlichen *Schutzmaßnahmen* hängen in erster Linie von den Witterungsbedingungen, den Ausgangsstoffen und der Zusammensetzung des Betons sowie von der Art und den Abmessungen der Bauteile und der Schalung ab.

5.4 Schalungen

5.4.1 Allgemeines

Die Schalungstechnik ist wegen der immer stärker werdenden Differenzierung der gestalterischen Anforderungen an Stahlbetonbauteile und wegen der gleichzeitig notwendigen äußersten Rationalisierung zu einem bautechnischen Spezialgebiet geworden. Die Wahl des Schalungssystems (Schalhaut und Tragkonstruktion) hängt von technischen und wirtschaftlichen Forderungen ab. Die optimale Leistung eines Schalsystems wird ermittelt, wenn außer Lebensdauer, Arbeitsaufwand einschließlich Wartung, Wiederverwendungsmöglichkeiten und Einsatzhäufigkeit innerhalb eines bestimmten Betriebes die Wirkungen der Schalung auf die Qualität des Betons (z. B. Maßgenauigkeit, Oberflächenstruktur) mit beachtet werden. Schalungen müssen wie ein Bauwerk von erfahrenen Fachleuten geplant und konstruiert werden. Im Rahmen dieses Abschnittes können daher nur die wichtigsten Grundsätze des Schalungsbaues behandelt werden (s. auch DIN 1045 Abschn. 12 und DIN 4420).

Schalungen bestehen aus der

- *Tragkonstruktion* (Schalungsgerüst) und der
- *Schalhaut*, die die Form und Oberflächenbeschaffenheit des Betonteils bestimmt (Nadelholzbretter oder -tafeln, kunstharzbeschichtete Sperrholz- oder Vollholztafeln (s. DIN 18 215), gehärtete Holzfaserplatten, Stahlbleche oder Kunststoffplatten).

Schalhaut

Für Betonflächen und damit in der Regel auch für die Ausbildung der Schalungshaut sind in DIN 18 217 Begriffsbestimmungen gegeben. Man unterscheidet

- *Betonflächen ohne besondere Anforderungen.* Hierbei bleibt die Art der Herstellung – auch die Wahl der Schalungshaut – dem Auftragnehmer überlassen. Ausbesserungen der fertigen Betonoberfläche sind zulässig.
- *Betonflächen mit Anforderungen an das Aussehen („Sichtbeton").* Bei dieser Ausführungsart können die Oberflächen durch die Art der Schalung, die Betonrezeptur sowie durch Nachbehandlung beeinflusst werden. Besondere Oberflächenstrukturen werden erreicht durch eine entsprechende Schalungshaut (z. B. Schalungsbretter bestimmter Abmessungen oder Oberflächenbeschaffenheit, in die Schalung eingelegte Strukturmatrizen aus Kunststoffen, Rohrmatten o. Ä.)

Saugende Schalungsoberflächen ergeben raue, porenfreie und meistens dunkler erscheinende Betonoberflächen. Glatte Schalungsflächen machen kleinere Lufteinschlüsse unvermeidlich und lassen die fertigen Betonoberflächen bei gleicher Betonrezeptur heller erscheinen. Eine farbige Gestaltung ist durch Einfärben mit Pigmenten oder durch Verwendung farbiger Ausgangsstoffe möglich.

Die Betonoberflächen können außerdem nachträglich durch Waschen, Spalten, Spitzen, Stocken, Scharrieren, Sandstrahlen, Absäuern, Schleifen, Flammstrahlen u. a. m. zusätzlich bearbeitet werden. Ferner kann eine Behandlung durch Fluatieren, Polieren, Versiegeln und Beschichten erfolgen. (Die Betondeckung der Bewehrungen ist gegenüber den Mindestanforderungen nach DIN 1045 insbesondere bei zusätzlich behandelten Betonoberflächen zu erhöhen, vgl. Abschn. 5.5.2.)

Im übrigen sind gegebenenfalls auch für Fugenanordnungen, erforderliche Schalungsstöße, Arbeitsabschnitte, Ankerstellen, Einbau von Abstandshaltern usw. Festlegungen zu treffen, wenn besondere Anforderungen an das Aussehen oder die technischen Anforderungen der Betonoberflächen gestellt werden. Dazu gehören auch Angaben über die Ausführung der Eckprofilierung von Bauteilen (Abrundungen, Fasen), von erforderlichen Wasserrillen usw. (Bild **5**.21).

Wenn zur Ausführung von Abtropfrillen Leisten oder Profile in die Schalung eingelegt werden (Bild **5**.21d und e), ist auf die verbleibende ausreichende Betonüberdeckung der Bewehrungen besonders zu achten.

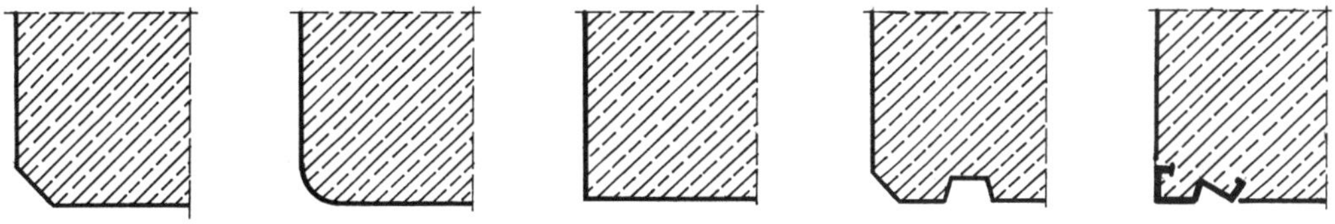

5.21a **5**.21b **5**.21c **5**.21d **5**.21e

5.21 Eckprofilierungen
a) gefast, b) gerundet, c) scharfkantig (Schalungsfuge mit Silikondichtung), d) Wasserrille geschalt mit Trapez-Holzleiste, e) Wasserrille mit Stahlprofil (Protektor)

- *Betonflächen mit technischen Anforderungen.* Wenn Betonflächen bestimmte technische Funktionen erfüllen müssen oder in besonderer Weise Nachfolgebauwerken dienen, sind die Anforderungen in speziellen Leistungsbeschreibungen festzulegen.

Schalungsgerüste

Schalungen müssen dicht, maßgenau, frei von Durchbiegungen, standsicher und vor allem für die Belastungen durch den Frischbeton ausreichend dimensioniert sein.

Die auftretenden Kräfte (Schüttgeschwindigkeit, Art der Verdichtung) müssen sicher in den Baugrund abgeleitet werden. Hierauf ist besonders zu achten, wenn sich die Rüstungen und Schalungen auf andere Bauteile stützen, z. B. auf Zwischendecken oder bei Aufstockungen oder Umbauten. Die *Stützenlasten* sind sachgemäß auf den Erdboden zu verteilen. Bei nicht tragfähigem oder gefrorenem Untergrund sind besondere Maßnahmen zu treffen. Die Stützen müssen eine sichere und unverrückbare *Unterlage* erhalten (z. B. Kanthölzer oder Bohlen, nicht jedoch lose Ziegel oder Steine). *Schrägstützen* sind gegen Gleiten zu sichern.

Verschiebungen in fertigen Einschalungen durch grobe Erschütterungen, z. B. beim Absetzen von Material mit Kran oder durch plötzliches Entleeren von Betonbehältern beim Betonieren müssen unbedingt vermieden werden.

Schalungen und Lehrgerüste müssen leicht, gefahrlos und ohne Erschütterungen entfernt werden können. Dazu dienen Keile, Schraubspindeln oder andere Ausrüstvorrichtungen. Vor dem Einbringen des Betons sind die Schalungen zu reinigen und anzunässen. Hierzu sind Reinigungsöffnungen bei Schalungen von Säulen und Wänden am Fuß anzuordnen. Vor und während des Betonierens sind die Schalungen und ihre Unterlagen sorgfältig nachzuprüfen.

Baustoffe dürfen auf Schalungen nicht in unzulässiger Menge gestapelt werden.

Bei eingeschossigen Schalungsgerüsten gewöhnlicher Hochbauten, bei denen sämtliche Lasten durch lotrechte Stiele unmittelbar übertragen werden, braucht die Standsicherheit nicht besonders nachgewiesen zu werden, solange die Gerüsthöhe nicht mehr als 5 m beträgt.

Bei allen anderen Schalungs- und Lehrgerüsten ist eine Festigkeitsberechnung aufzustellen.

Für die Bemessungen sind die jeweils gültigen amtlichen Vorschriften anzuwenden.

Als lotrechte Kräfte für die Bemessungen der Schalungen und Rüstungen kommen in Betracht:

- das Eigengewicht der Schalung und Rüstung
- das Gewicht des eingebrachten frischen Betons, wobei die Anhäufung an einzelnen Stellen berücksichtigt werden muss
- das Gewicht von Fördergerät
- der Einfluss von Stößen, z. B. beim Ausschütten des Betons, und
- das Gewicht der Arbeiter.

Als waagerechte Kräfte sind außer der Windlast gegebenenfalls auch Seilzug, Schub aus Schrägstützen und dgl. zu beachten. Zur Berücksichtigung der Kräfte, die aus unvermeidlichen Schrägstellungen der Stützen usw. entstehen, sind entsprechende Versteifungen und Anschlüsse zu bemessen. Bei *seitlichen* Schalungen ist zu beachten, dass weicher und vor allem flüssiger Beton, im übrigen aber jeder Beton, der durch Innenrüttler verdichtet wird, bei größerer Schütthöhe einen hohen seitlichen Druck ausübt. Nachweis der Standsicherheit s. DIN 1045 Abschn. 3.3, 12.1 und DIN 4420 (Gerüste) sowie DIN 18 218 Frischbetondruck auf lotrechte Schalungen.

Grundsätzlich ist zu beachten:

- **Versteifungen** sind unter Berücksichtigung der Biegefestigkeit der Schalhaut so zu bemessen, dass sie alle beim Betonieren auftretenden Belastungen aufnehmen und auf die Abstützungen und Verspannungen übertragen können (Stützen, Gurte usw. in Form von Holzbauteilen oder heute meistens Konstruktionen aus Vollwand- oder Fachwerkträgern, ausziehbaren Schalungsträgern und -stützen).
- **Abstützungen** müssen die Standfestigkeit der Schalelemente sichern und die auftretenden

Kräfte in den Untergrund bzw. auf andere Bauteile ableiten (Spreizen, Schrägstützen, Streben, Verschwertungen, Konsolen mit Spindeln usw., s. Bild **5**.22 und **5**.24).

- **Verspannungen** haben den auftretenden Schalungs-Innendruck aufzunehmen. Schraubenartig profilierte Spannstähle mit Spannmuttern oder -schlössern sichern die Schalwände. Aufgeschobene Kunststoffhülsen dienen als Abstandhalter und ermöglichen beim Ausschalen das Herausziehen der Spannstähle (Bild **5**.26).

  Bei Sichtbeton dürfen Verspannungen die später sichtbaren Oberflächen nicht durchdringen und müssen in der Regel außerhalb dieser Schalungsflächen angeordnet werden.

  Besondere Verspannungen sind für wasserundurchlässige Bauteile erforderlich (s. Abschn. 16).

Aussteifungen der Schalungs- und Lehrgerüste sind in Längs- und Querrichtung im allgemeinen durch Dreiecksverbände vorzunehmen. Die Schalungsstützen sollen dabei möglichst wenig auf Biegung beansprucht werden. Dreieckverbände können in Stützenfeldern entbehrt werden, die unverschieblich gegen benachbarte ausgesteifte Bauwerksteile festgelegt werden.

Schalungsstützen. Es werden fast ausschließlich Stahl-Schalungsstützen mit Justier- und Absenkvorrichtungen verwendet. Wenn als Schalungsstützen Hölzer verwendet werden, sind bei Rundholzstützen geringere Zopfdicken als 7 cm unzulässig. Wenn nötig, sind die Knicklängen durch doppelte *Kreuzstreben* nach zwei zueinander senkrechten Richtungen oder durch waagerechte *Zangen* zu vermindern. Bei mehrgeschossigen Rüstungen sind die Schalungsstützen so anzuordnen, dass die Last der oberen Stützen unmittelbar auf die darunterstehenden übertragen wird.

Aussparungen im Beton für Installation u. Ä. lassen sich bei kleineren Abmessungen leicht herstellen, indem entsprechend geformte Hartschaumblöcke im Inneren der Schalung befestigt und ihre Reste nach dem Ausschalen ausgeschnitten werden. Große Aussparungen werden ähnlich wie Deckenränder eingeschalt.

5.4.2 Schalung von Fundamenten und Wänden

Nur bei kleinen Bauaufgaben kann die konventionelle Bretterschalung noch wirtschaftlich sein. Dafür werden parallel besäumte, vollkantige Bretter gleicher oder verschiedener Breite von 24 bis 30 mm Dicke verwendet. Wirtschaftlich ist die Verwendung gleich breiter Bretter von 10,5 cm Breite und 24 mm Dicke (Nordische Schalung), die als Schalbretter, Laschen, Knaggen, Gurt-, Bogen-, Drängbretter, Schwerter usw. benutzt werden können.

Für größere Bauten werden heute fast ausschließlich vorgefertigte Schalungselemente verwendet.

Fundamente werden insbesondere bei Streifenfundamenten mit kleineren Abmessungen in der Regel gegen Erdreich betoniert. Bei nicht standfesten Böden oder bei besonderen Ausführungsformen müssen Fundamentschalungen vorgesehen werden. Eine Standardlösung in zimmermannsmäßiger Ausführung ist in Bild **5**.22 gezeigt.

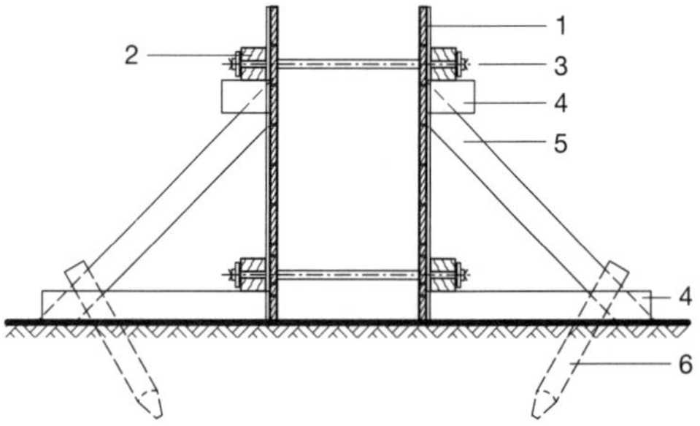

5.22 Fundamentschalung in zimmermannsmäßiger Ausführung
1 Bretterschalung oder Schaltafeln
2 Gurtholz
3 Spannanler mit Abstandhalter(s. Bild **5**.23)
4 Knagge
5 Strebe

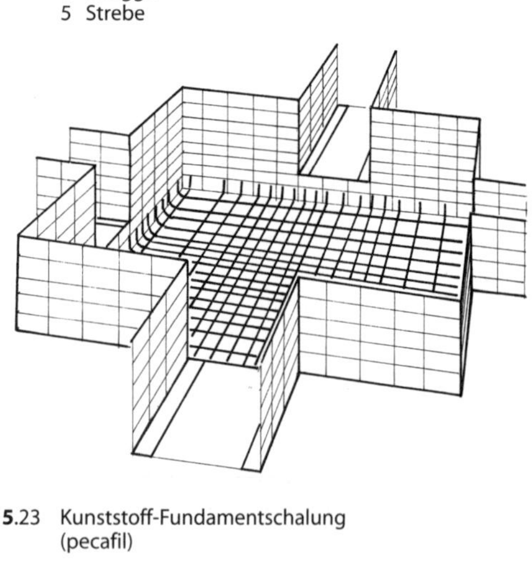

5.23 Kunststoff-Fundamentschalung (pecafil)

Da an die Qualität der Außenflächen von Fundamenten in der Regel keine besonderen Ansprüche gestellt werden, können auch vereinfachte Schalungen z. B. mit Hilfe verstärkter frei stehender Kunststoffelemente ausgeführt werden (Bild **5**.23). Wenn neben Fundamenten Dränagen verlegt werden, sind Schalkörper mit Hohlprofilen für die äußeren Schalflächen oft eine wirtschaftliche Lösung (s. Abschn. 16.3).

Wandschalungen werden in verschiedenen Ausführungsarten erstellt (Bild **5**.24).

Bei zimmermannsmäßiger Herstellung (Bild **5**.25) kann die Schalungshaut aus waagerechten Schalbrettern oder aus Schaltafeln bestehen, die gegen senkrecht gestellte Kanthölzer (Schalter) genagelt werden. Die je nach Beanspruchung im Abstand von 40 bis 60 cm stehenden senkrechten Kanthölzer werden dabei gegen auf den Betonboden geschlossene Drängbretter oder einbetonierte Bau- oder Profilstahlwiderlager gesetzt. Die Gurthölzer werden in der Regel durch Spannanker (Bild **5**.26) in Verbindung mit Kunststoff-Abstandhaltern verspannt. An den Ecken muss die Wandschalung außen und innen besonders gesichert werden.

Wandschalungen werden heute jedoch fast durchweg aus vorgefertigten, industriell hergestellten Schalungselementen gebaut. Sie bestehen aus großformatigen kunstharzbeschichteten Schaltafeln mit dahinter liegenden Aussteifungskonstruktionen aus Metall oder Holz. Die Systeme sind fast immer so durchgebildet, dass damit auch schwierige Schalungsaufgaben wirtschaftlich bewältigt werden können.

Bei derartigen Schalungssystemen werden die Innenecken mit Hilfe besonderer Formelemente geschalt. Außenecken können durch Übereinanderschieben der Elemente gebildet werden. Für notwendige Maßausgleiche werden besondere Differenzstücke verwendet.

Fast alle derartigen Systeme sind kombinierbar mit den notwendigen Arbeits- oder Schutzgerüsten.

Unterschieden werden

- Rahmenschalungen (Bilder **5**.27 bis **5**.29)
- Trägerschalungen (Bilder **5**.30 bis **5**.32)

Als Beispiel aus der großen Zahl von Rahmen-Schalungssystemen ist in Bild **5**.27 der Aufbau einer Wandschalung mit schmalen Standard-Elementen gezeigt. Die Elemente werden durch waagerechte Aussteifungsprofile gegen den Betoninnendruck gesichert. Eine Möglichkeit der Eckausbildung und von Maßanpassungen zeigt Bild **5**.28. Rahmenelemente können auch bei relativ großen Einzelabmessungen durch Spezialklammern untereinander verbunden und ausgesteift werden (Bild **5**.29).

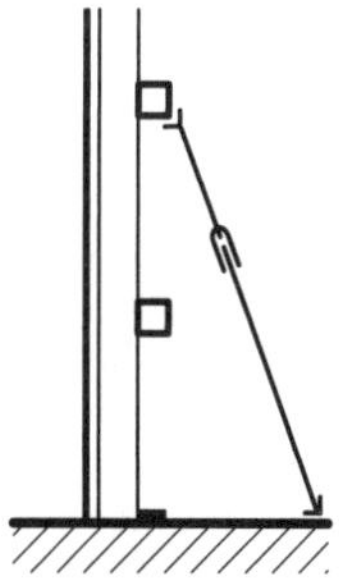

5.24a

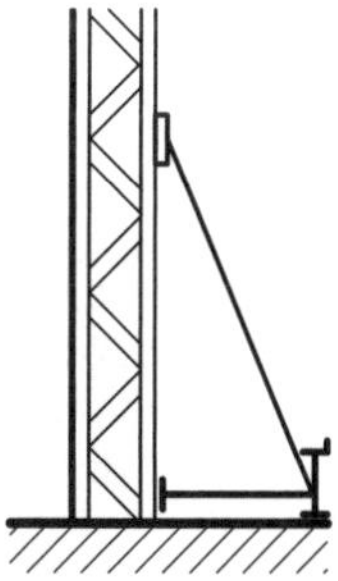

5.24b

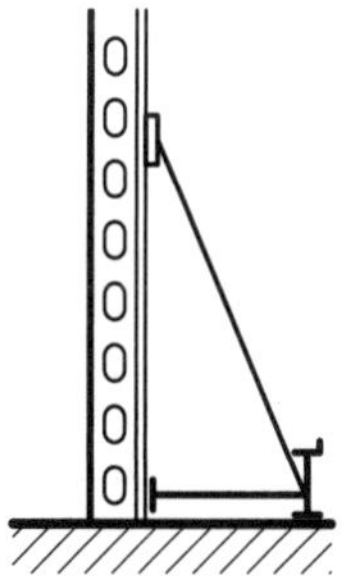

5.24c

5.24 Schematische Darstellung von Wandschalungssystemen

a) zimmermannsmäßige Ausführung mit Bretterschalung oder Schaltafeln, senkrechten Kantholzträgern, Kantholzriegeln, Schrägstützen

b) Ausführung mit Schaltafeln, senkrechten Gitter- oder Vollwandträgern und Spindelabstützung

c) Ausführung mit Rahmenelementen und Spindelabstützung

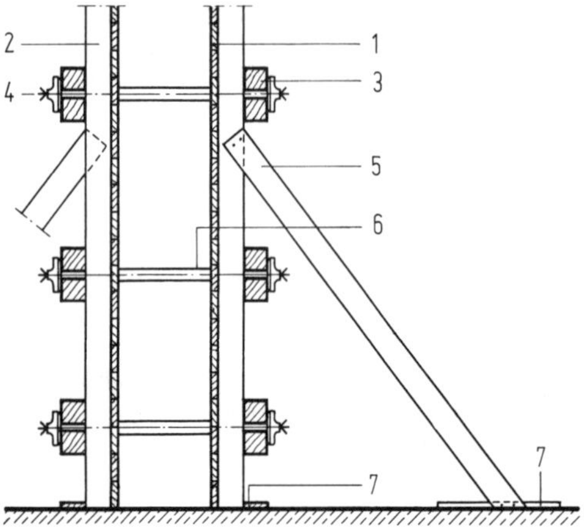

5.25a

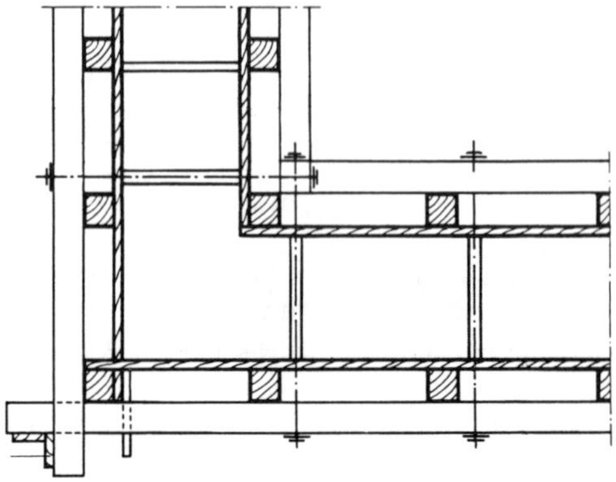

5.25b

5.25
Wandschalung in zimmermannsmäßiger Ausführung mit Brettern oder Schalttafeln
a) Schnitt, b) Grundriss

1 Bretterschalung oder Schaltafeln
2 senkrechte Kantholzträger
3 Kantholzriegel (1- oder 2-lagig)
4 Spannanker (s. Bild **5**.26)
5 Strebe
6 Abstandhalter
7 Drängbrett

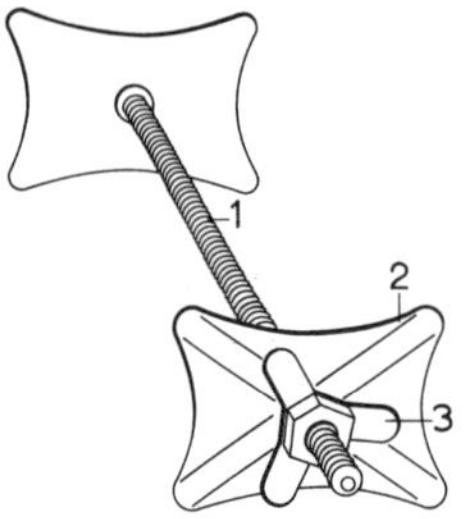

5.26
Spannanker System Dywidag
1 Spannstahl
2 Druckplatte
3 Spannmutter

Trägerschalungen werden meistens mit Vollwand- oder Gitterträgern aus Holz in Verbindung mit einer Schalungshaut aus beschichteten Sperrholz- oder Laminatplatten ausgeführt (Bild **5**.30). Für wiederkehrende Schalungsaufgaben bei gleichartigen Wandteilen werden zur Verbesserung der Wirtschaftlichkeit vormontierte Standard-Elemente eingesetzt Bild **5**.31). Mit Ständerschalungssystemen sind auch Schalungen gekrümmter Wände mit Hilfe spezieller Spannklammern und in Verbindung mit flexiblen Schaltafeln relativ einfach ausführbar (Bild **5**.32).

Müssen bei durchlaufend geschalten Stahlbetonwänden Vorkehrungen für den Anschluss angrenzender Stahlbetonwände getroffen werden, ist statt arbeitsaufwändiger besonderer Einschalarbeiten die Verwendung von zargenartigen Anschlussprofilen zur Regel geworden. Sie werden in praktisch allen in Frage kommenden Breiten für die anzuschließenden Bauteile geliefert und in die durchlaufenden Bauteile mit einbetoniert. Anschlussstähle entsprechend statischer Berechnung können abgebogen durchgesteckt und später nach Entfernen der Schutzabdeckungen wieder zurückgebogen werden (Bild **5**.33).

Bei großen Durchmessern der Bewehrungsstähle, z. B. für den Anschluss von durchlaufenden Dekken- oder Unterzugbewehrungen sind Schraubverbindungen möglich (Bild **5**.34).

Müssen gleichartige Schalungen für mehrere Geschosse übereinander erstellt werden, können kostensparende Schalungen eingesetzt werden, die horizontal verfahren oder auf Klettergerüsten entsprechend dem Bautakt übereinander aufgebaut werden (Bild **5**.35). Für Hochhäuser und ähnliche Bauaufgaben gibt es für Innen- und Außenschalungen derartige Gerüste mit Selbstklettertechnik.

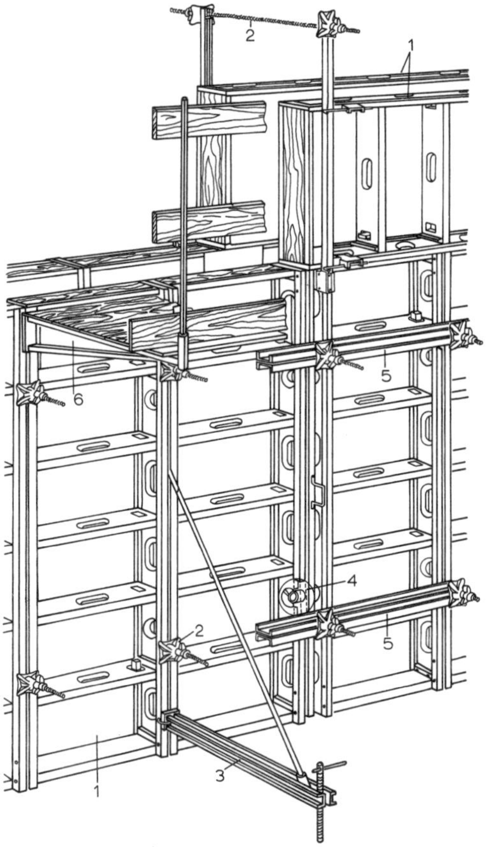

5.27 Wandschalungssystem (Hünnebeck)
1 Rahmenelement, bestehend aus beschichteter Schalplatte, Rand- und Feldaussteifung aus verzinkten Spezial-Blechprofilen
2 Spannanker (vgl. Bild **5**.26)
3 justierbare Kippsicherung
4 Stoßverbindung der Schalelemente
5 zusätzliches Richt- bzw. Aussteifungsprofil
6 Auslegerkonsole für Arbeitsgerüst

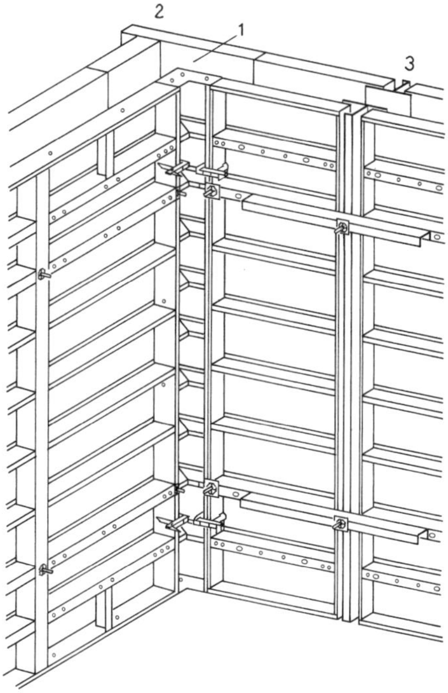

5.28 Eckausbildung und Maßanpassung mit Schalelementen
1 Innenecke mit Spezialteil
2 Elementstoß an Außenecke
3 Ausgleichselement

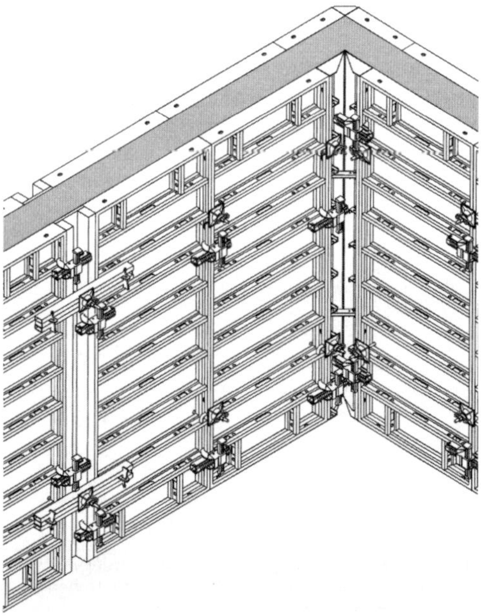

5.29
Rahmenschalung (PERI-Domino) für Schalungen bis ca. 2,50 m Höhe, Elementbreiten 0,25–1,00 m

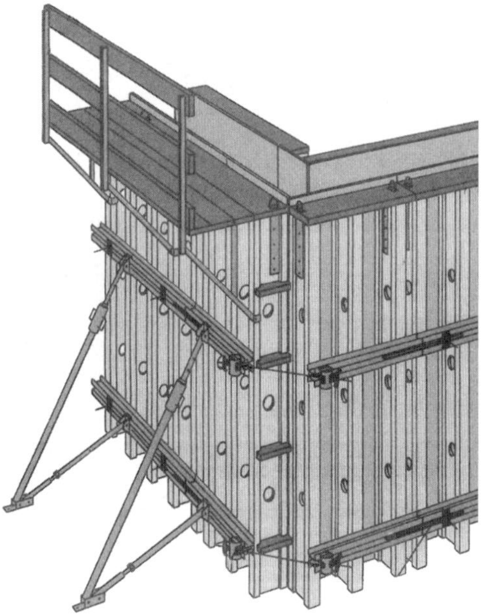

5.30 Trägerschalung (DOKA-Top 50)

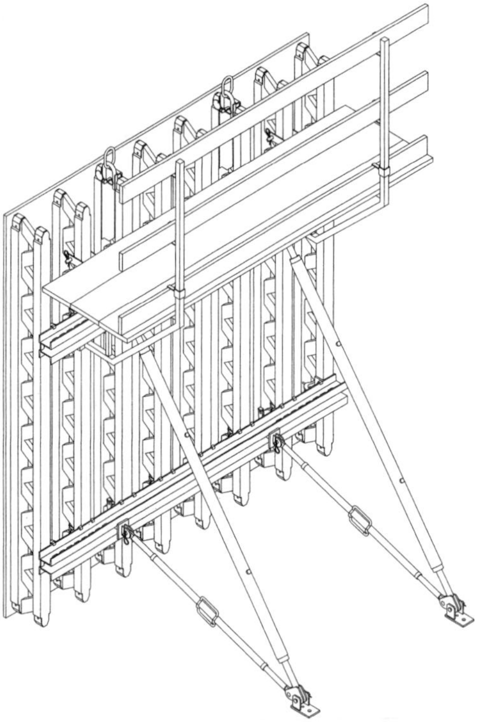

5.31 Trägerschalung, vormontiertes Standardelement mit Betoniergerüst und Richtstützen für Höhen bis 9,00 m (PERI Vario GT 24)

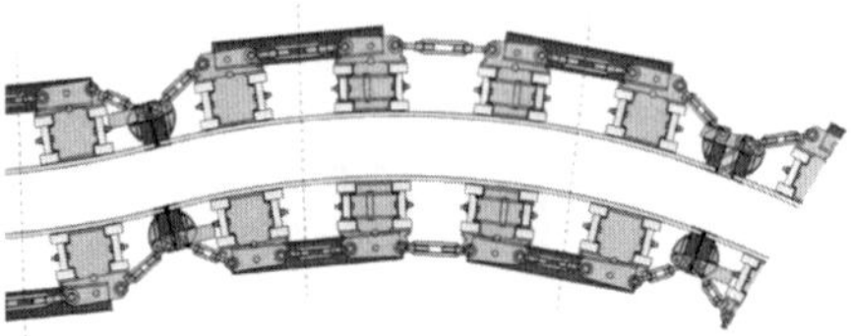

5.32 Rundschalung (DOKA H 20)

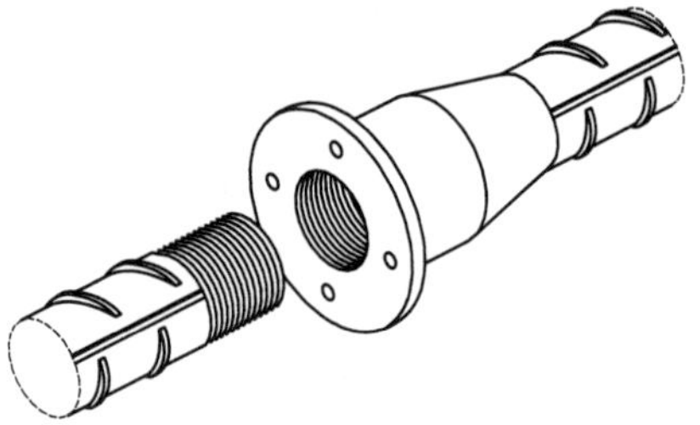

5.34 Schraubanschluss für Bewehrungsstab

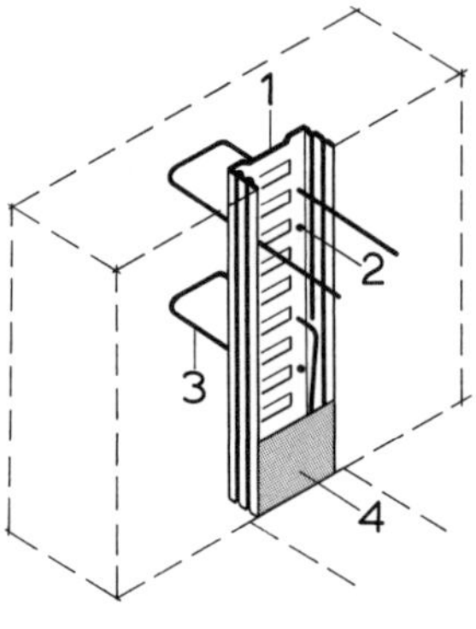

5.33 Anschlussprofil (HALFEN)
1 gesicktes Stahlgehäuse-Profil
2 Nagellöcher
3 Rückbiege-Anschlussstahl, heruntergebogen
4 Profilabdeckung aus Holzfaserplatte

5.35
Fahrschalung auf Klettergerüst (System PERI)
a) Wandschalung ohne Gerüst. Vorlaufanker für die spätere Anhängung des Gerüstes werden im ersten Wandabschnitt gleich mit eingebaut.
b) Kletterfahrgerüst angehängt. Wandschalungselement auf dem Kletterfahrgerüst montiert. Schalungshöhe X ist beliebig (in der Regel bis max. 6,50 m).
c) Klettergerüst mit angehängter Nacharbeitsbühne für beliebige Höhe der Schalungsabschnitte.

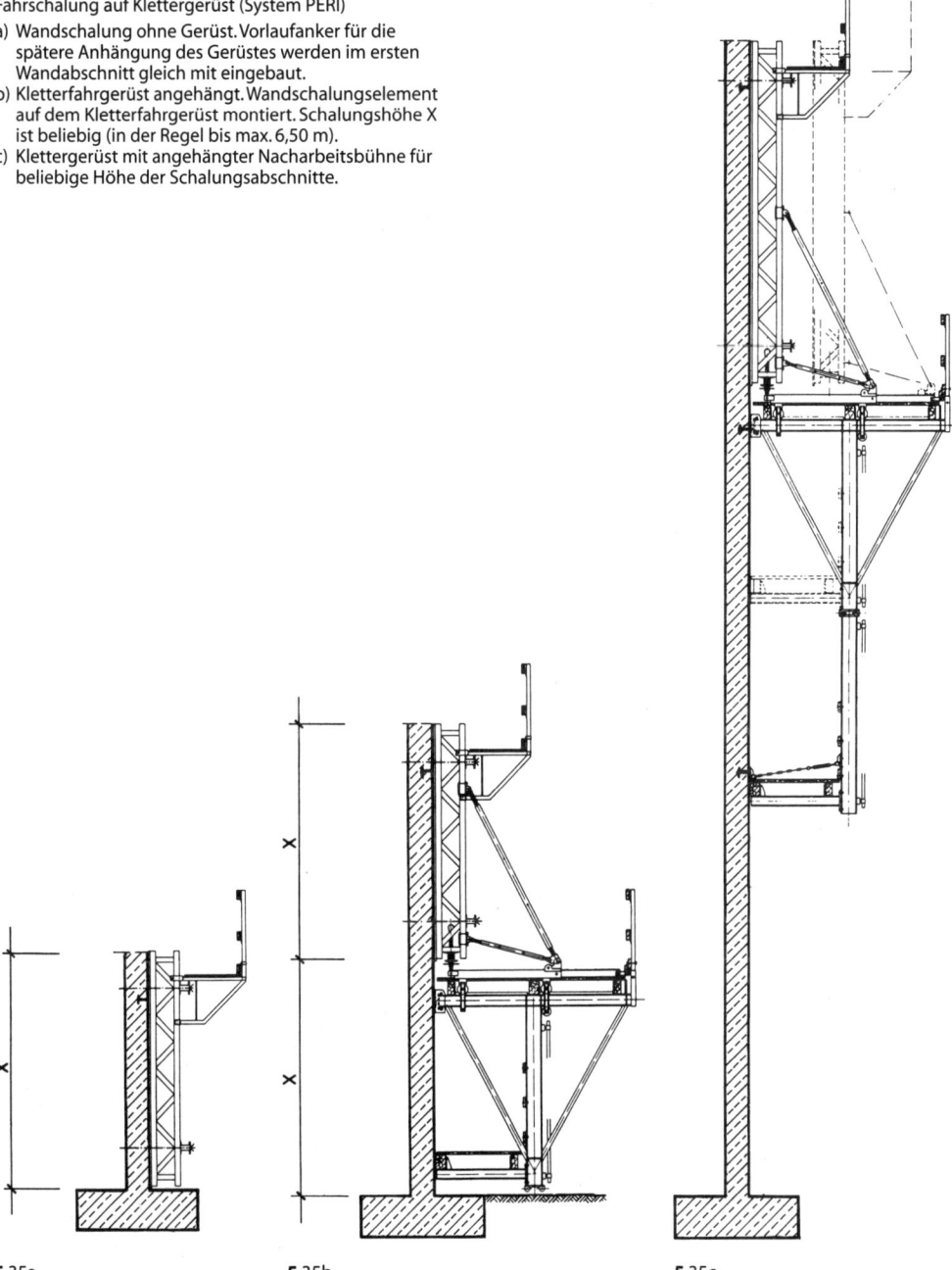

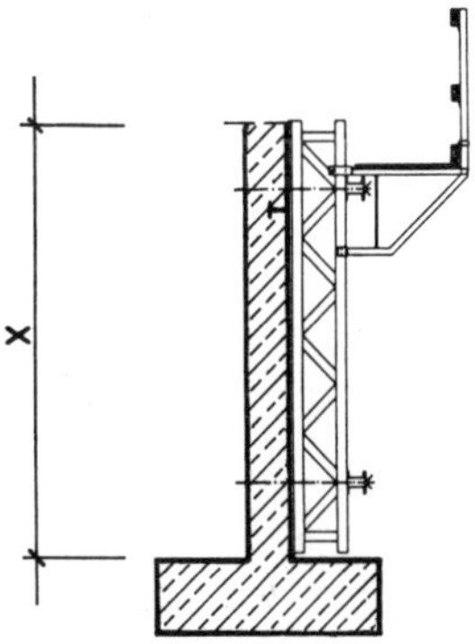

5.35a

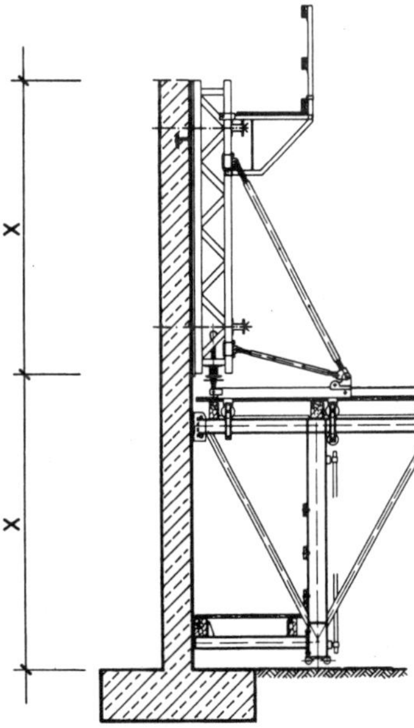

5.35b

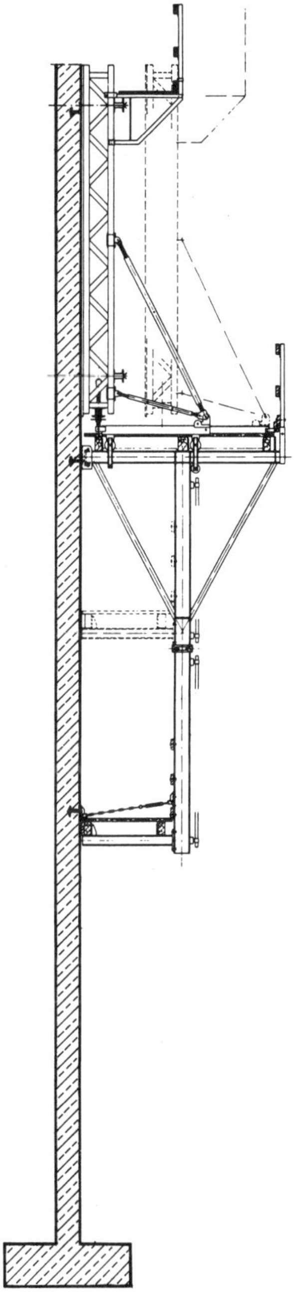

5.35c

5

5.4.3 Schalung von Stützen

Die Schalungskästen für rechteckige Stahlbetonstützen werden bei der in manchen Fällen noch angewendeten zimmermannsmäßigen Ausführung aus senkrechten Brettertafeln oder aus Schaltafeln zusammengesetzt. Der Zusammenschluss der Platten kann durch Brettkränze bewirkt werden (Bild **5**.36). An Stelle der Brettkränze werden meistens jedoch heute verstellbare Stahlzwingen verwendet.

Stützenschalungen werden heute in der Regel mit entsprechenden Sonderteilen der verschiedenen Wandschalungssysteme ausgeführt.

Eine moderne Schalungskonstruktion zeigt Bild **5**.37. Sie besteht aus 75 cm breiten und zu verschiedenen Höhen kombinierbaren Schalungselementen. Diese können mit speziellen Eckverschraubungen für die verschiedensten Stützenquerschnitte zusammengefügt werden.

Sonder-Querschnittsformen werden mit Hilfe entsprechender Formteile hergestellt, die in Rechteckschalungen eingelegt werden (Bild **5**.38).

Die *Ecken* des Stützenquerschnittes sollen durch Einfügen von Dreikantleisten in die Ecken der Stützenschalung gebrochen werden. Dadurch werden Kantenrisse und Beschädigungen der Ecken beim Ausschalen verhindert.

Bei *Rundstützen* kann die Schalung bei zimmermannsmäßiger Ausführung aus schmalen Brettern zusammengesetzt und durch Holzkränze (Normenbogen) in Form gehalten werden. Die

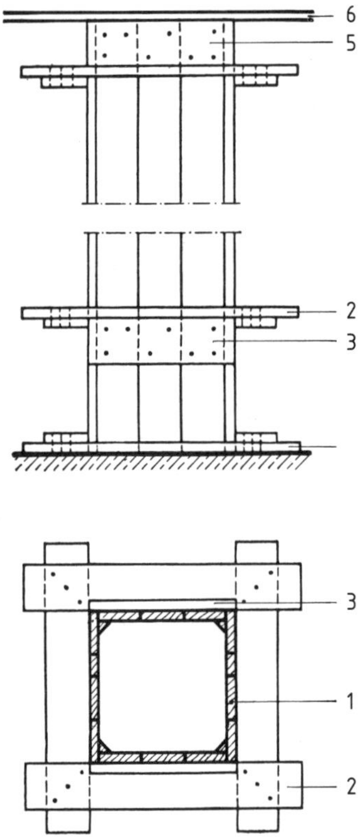

5.36 Stützenschalung, zimmermannsmäßige Ausführung
1 Bretterschalung oder Schaltafeln
2 Kranzbrett
3 Lasche
4 Fußkranz
5 Kopflaschen
6 Anschluss an Decke oder Balken

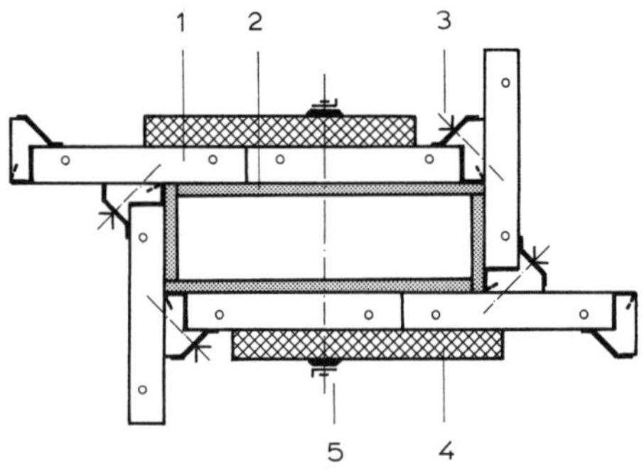

5.37 Stützenschalung (doka)
1 Schalungsträgerelement
2 Schalhaut
3 Verschraubung
4 Klemmschiene
5 Spannanker
(nur bei flachen Querschnitten erforderlich)

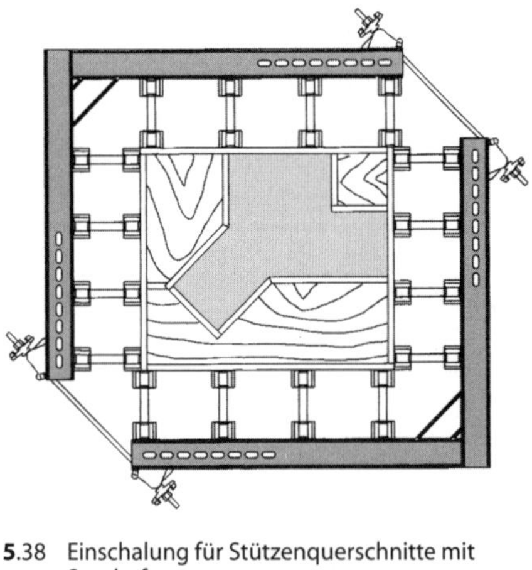

5.38 Einschalung für Stützenquerschnitte mit Sonderformen

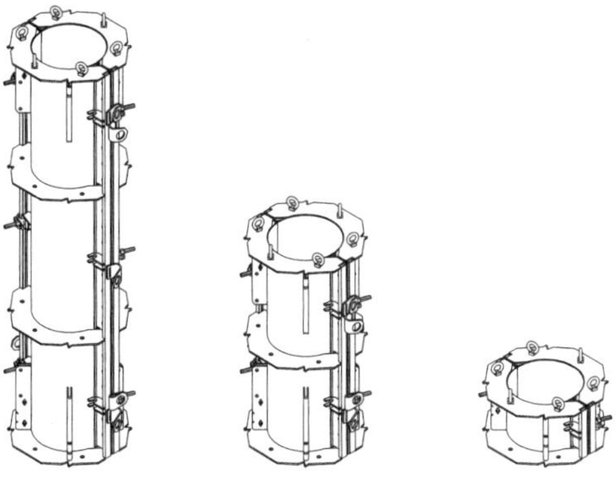

5.39 Rundstützenschalung (PERI SRS)

Sicherung gegen den Betondruck geschieht durch Stahlbänder.

Viel wirtschaftlicher kann jedoch die Schalung von Rundstützen mit Hilfe von Spezialschalungen sein, die für die verschiedensten Stützendurchmesser und -höhen auf dem Markt sind (Bild **5**.39).

Ferner werden Schalungen aus Leichtmetallelementen oder aus spiralenförmigen Stahlbändern verwendet, mit deren Hilfe das Einschalen von Rundstützen verschiedener Durchmesser möglich ist. Die Schalungsspiralen werden beim Ausschalen abgewickelt und können im allgemeinen nicht wieder verwendet werden.

Rundstützen können auch sehr vorteilhaft mit völlig glatter Oberfläche hergestellt werden, wenn Faserzement-Druckrohre als verlorene Schalung verwendet werden.

Auch handelsübliche Kunststoff-Abflussrohre werden als Schalung für Rundstützen verwendet.

Am Fuß der Schalung von Stützen und Wänden, am Ansatz von Auskragungen und an der Unterseite von tiefen Balkenschalungen sind Reinigungsöffnungen anzuordnen, die kurz vor dem Betonieren zu schließen sind.

5.4.4 Schalung von Balken und Decken

Die Schalungen für kleinere *Stahlbetonbalken und Unterzüge* werden vielfach noch zimmermannsmäßig ausgeführt, wenn geringe Stückzahlen bzw. wechselnde Abmessungen den Einsatz von Schalungssystemen schwierig machen. Ein Beispiel ist in Bild **5**.40 gezeigt. Die ausziehbaren Stahlrohr-Schalungsstützen werden meistens zweireihig angeordnet, um ein leichteres Justieren der Schalung auch in der Querrichtung zu ermöglichen. Zur Diagonalaussteifung werden einhängbare und ausziehbare Stahlrohrelemente verwendet.

Deckenschalungen sind nur für kleinere Flächen oder über schwierigen Grundrissen in zimmermannsmäßiger Ausführung auf Kanthölzern oder auf ausziehbaren Schalungsträgern wirtschaftlich. Je nach Deckengewicht betragen die Trägerabständen 50 bis 70 cm. Die Schalhaut besteht in der Regel aus Schalplatten (kunstharzbeschichtete Spanplatten). Für Restflächen der Deckenfelder werden übliche Schalungsbretter verwendet.

Deckenschalungen werden heute in der Regel mit industriell vorgefertigten Schalungselementen ausgeführt.

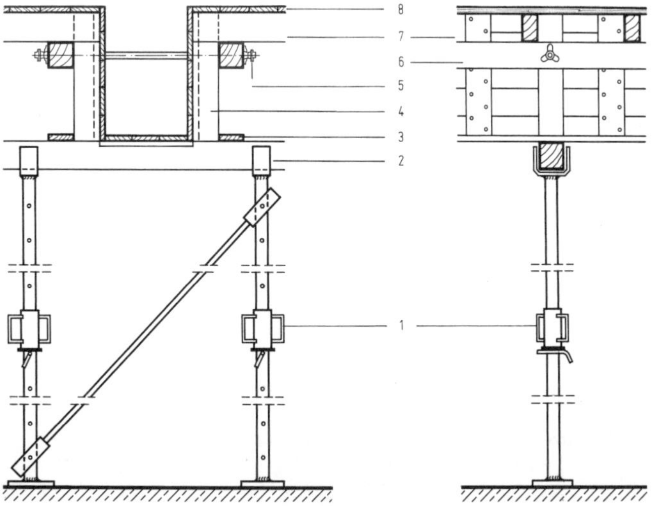

5.40
Unterzugschalung, zimmermannsmäßige Ausführung
1 ausziehbare Schalungsstütze
2 Kanzholzträger
3 Drängbrett
4 Schalter
5 Spannanker mit Abstandhalter
6 Gurtholz
7 Schalungsträger
8 Decken- und Unterzugschalung (Schalbretter oder Schaltafeln)

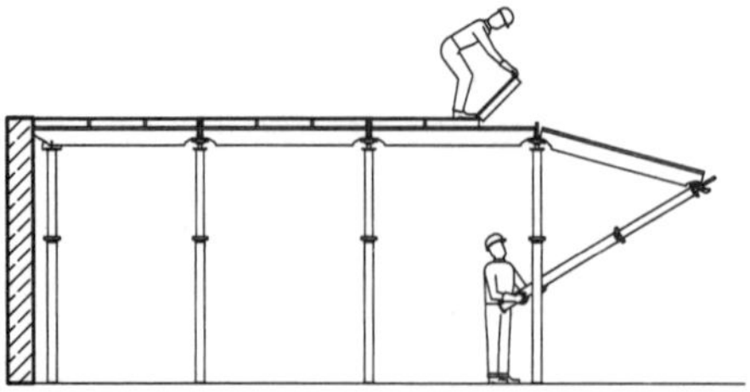

5.41a

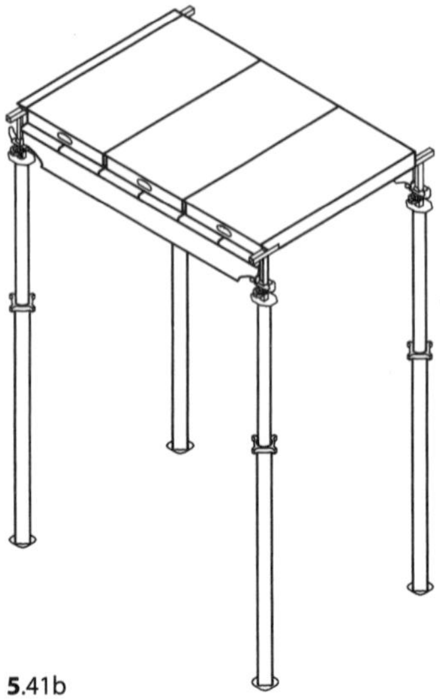

5.41b

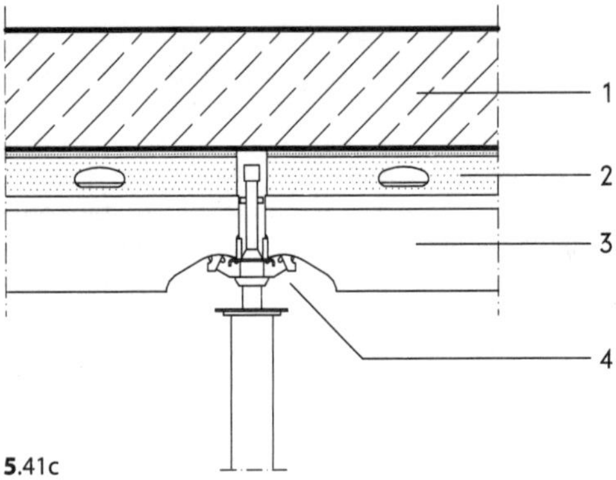

5.41c

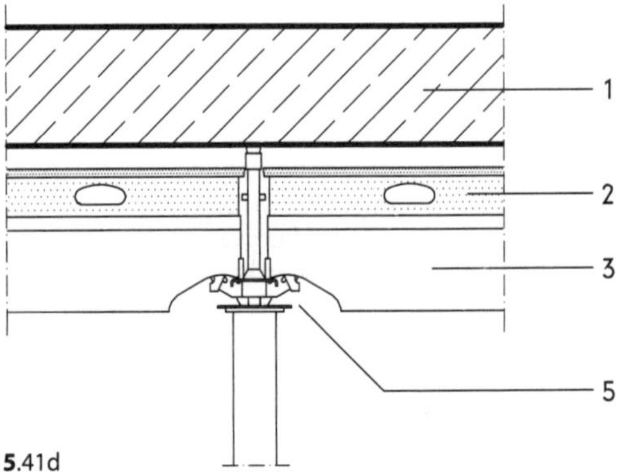

5.41d

5.41
Modernes Deckenschalungssystem PERI (Skydeck)
a) Aufstellen der Stützen und Längsträger
b) Deckenschalung (Ausschnitt)
c) eingeschalte Decke (Schnittausschnitt)
d) eingeschalte Decke (Stützenkopf abgesenkt, Schalungspaneele und Längsträger können ausgeschalt werden).
1 Stahlbeton
2 Schalungspaneel
3 Längsträger
4 Stützenkopf
5 Stützenkopf abgesenkt

Moderne Deckenschalungssysteme bestehen aus weitgehend selbsttragenden leichten Schalungspaneelen, die sich auf baukastenmäßig kombinierbare Längsträger auflegen. Die Stützen sind leicht durch Ratschenarretierungen in der Höhe justierbar. Bei dem in Bild **5**.41 gezeigten System können die Träger mit Hilfe der gelenkartig anschließenden Stützen verlegt werden. Die Plattenauflager in den Stützenköpfen sind absenkbar, so dass bereits nach kurzer Zeit die Paneele ausgeschalt und weiterverwendet werden können, während die Längsträger und Stützen als Sparschalung solange verbleiben, bis der Beton die für das vollständige Ausschalen erforderliche Festigkeit erreicht hat (s. Tab. **5**.45).

Große Deckenflächen oder über Grundrissen, bei denen sich Rechteckelemente nicht eigenen, werden mit Trägerschalungen eingerüstet. Zur Längenanpassung werden die Träger falls erforderlich gegeneinander verschoben (Bild **5**.42).

Für größere oder am Bau sich öfter wiederholende gleichartige Deckenflächen werden Schalungen z. B. zu großen, komplett umsetzbaren Elementen („Schaltische") zusammengesetzt (Bild **5**.43).

Der Aufwand für Schalungen kann auch durch Einsatz ganz oder teilweise vorgefertigter Bauteile gesenkt werden.

Lediglich mit „Sparschalung" (Einzelunterstützungen durch Gurte oder Stützen) kann gearbeitet

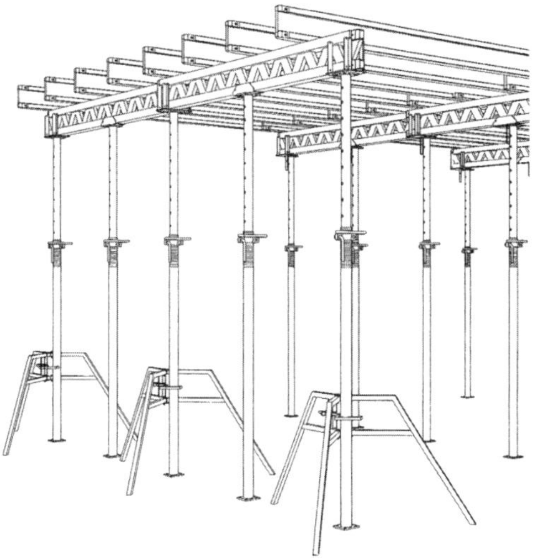

5.42 Deckenschalung mit Vollwand- und Gitterträgern

5.43 Schaltisch (schematisch)

5.44a

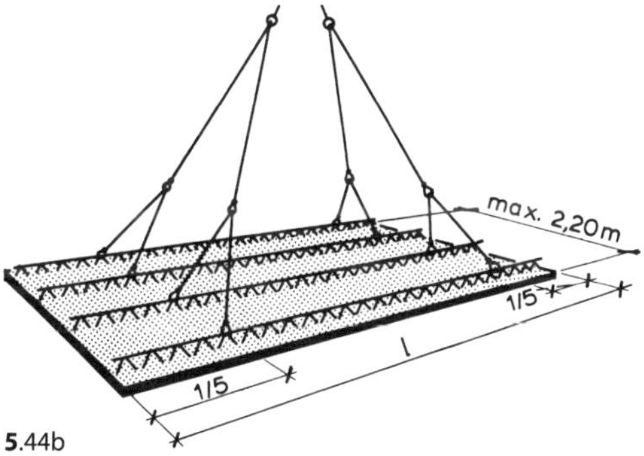

5.44b

5.44
Plattendecke (Kaiser-OMNIA)
a) Schnitt, fertiger Zustand der Decke
b) Unterplatte Verlegung durch Kran

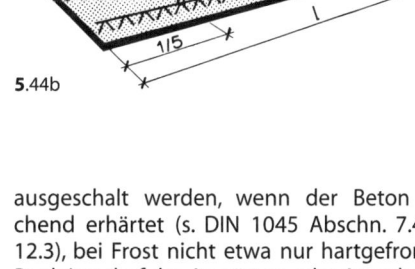

werden, wenn dünne, vorgefertigte Stahlbetonplatten verwendet werden, die bereits die Zugbewehrung enthalten und lediglich einen Aufbeton bis zur vollen Deckenstärke erfordern. Diese Plattenelemente ersetzen die Schalung und bilden damit in gewissem Sinn eine „verlorene Schalung" (Bild 5.44).

Sonder-Querschnittsformen werden mit Hilfe entsprechender Formteile hergestellt, die in Rechteckschalungen eingelegt werden (vgl. Bild 5.38).

5.4.5 Ausrüsten und Ausschalen

Bauteile dürfen nur auf besondere Anweisung der Bauleitung und nur dann ausgerüstet oder ausgeschalt werden, wenn der Beton ausreichend erhärtet (s. DIN 1045 Abschn. 7.4.4 und 12.3), bei Frost nicht etwa nur hartgefroren. Der Bauleiter darf das Ausrüsten oder Ausschalen nur anordnen, wenn er sich von der ausreichenden Festigkeit des Betons überzeugt hat.

Als ausreichend erhärtet gilt Beton, wenn der betonierte Bauteil eine solche Festigkeit erreicht hat, dass er alle zur Zeit des Ausrüstens oder Ausschalens einwirkenden Lasten mit der vorgeschriebenen Sicherheit (DIN 1045 Abschn. 17.2.2) aufnehmen kann.

Besondere Vorsicht ist geboten bei Bauteilen, die schon nach dem Ausrüsten nahezu die volle rechnungsmäßige Last aufnehmen müssen.

5

Tabelle **5**.45 Ausschalfristen (Anhaltswerte) nach DIN 1045 Tab. 8 / DIN 1164

1	2	3	4
Zementfestigkeitsklasse	für die seitliche Schalung von Balken und für die Schalung von Wänden und Stützen in Tagen	für die Schalung von Deckenplatten in Tagen	für die Rüstung (Stützung) von Balken, Rahmen und weitgespannten Platten in Tagen
CEM 32,5	3	8	20
CEM 32,5 R und CEM 42,5	2	5	10
CEM 42,5 R und CEM 52,5	1	3	6

Das gleiche gilt für Beton, der nach dem Einbringen niedrigen Temperaturen ausgesetzt war.

War die Temperatur des Betons seit seinem Einbringen stets mindestens +5 °C, so können für das Ausschalen und Ausrüsten im allgemeinen die Fristen der Tab. **5**.45 (DIN 1045) als Anhaltswerte angesehen werden. (Andere Fristen können notwendig bzw. angemessen sein, wenn die nach DIN 1045 Abschn. 7.4.4 ermittelte Festigkeit des Betons noch gering ist.) Die Fristen der Spalten 3 und 4 dieser Tabelle gelten – bezogen auf das Einbringen des Ortbetons – als Anhaltswerte auch für Montagestützen unter Stahlbetonfertigteilen –, wenn diese Fertigteile durch Ortbeton ergänzt werden und die Tragfähigkeit der so zusammengesetzten Bauteile von der Festigkeitsentwicklung des Ortbetons abhängig ist (s. z. B. DIN 1045 Abschn. 19.4 und 19.7.6).

Die Ausschalfristen sind gegenüber der Tab. **5**.45 zu vergrößern, u. U. zu verdoppeln, wenn die Betontemperatur in der Erhärtungszeit überwiegend unter +5 °C lag. Tritt während des Erhärtens Frost ein, so sind die Ausschal- und Ausrüstfristen für ungeschützten Beton mindestens um die Dauer des Frostes zu verlängern (s. DIN 1045 Abschn. 11).

Für eine Verlängerung der Fristen kann das Risiko möglicher Rissbildung – vor allem bei Bauteilen mit sehr verschiedener Querschnittsdicke oder Temperatur – oder durch Kriechverformungen vermindert werden.

Bei Verwendung von Gleit- oder Kletterschalungen kann in der Regel von kürzeren Fristen ausgegangen werden.als in der Tab. **5**.45 angegeben.

Stützen, Pfeiler und Wände sollen vor den von ihnen gestützten Balken und Platten ausgeschalt werden. Rüstungen, Schalungsstützen und frei tragende Deckenschalungen (Schalungsträger) sind vorsichtig durch Lösen der Ausrüstvorrichtungen abzusenken. Es ist unzulässig, diese ruckartig wegzuschlagen oder abzuzwängen. Erschütterungen sind zu vermeiden.

Um die Durchbiegungen infolge von Kriechen und Schwinden klein zu halten, sollen Hilfsstützen möglichst lange stehen bleiben oder sofort nach dem Ausschalen gestellt werden. Die Hilfsstützen sollen in den einzelnen Stockwerken übereinander stehen (bei Platten und Balken mit Stützweiten von 3 bis ca. 8 m genügen Hilfsstützen in der Mitte der Stützweite).

Lässt sich eine Benutzung von Bauteilen, namentlich von Decken, kurz nach dem Ausschalen nicht vermeiden, so ist besondere Vorsicht geboten. Keineswegs dürfen auf frisch hergestellten Decken Lasten abgeworfen, abgekippt oder in unzulässiger Menge gestapelt werden.

5.5 Bewehrungen

5.5.1 Allgemeines

Nahezu ausschließlich wird Stahlbeton mit Bewehrungen aus Rundstahl nach DIN 488 (s. Abschn. 5.2.4) hergestellt.

Betonstabstahl und Betonstahlmatten werden in der Regel in der normalen Walzqualität geliefert und eingebaut. Nur in Fällen, wo mit großer Korrosionsgefährdung gerechnet werden muss, sind Bewehrungen mit Feuerverzinkung oder Kunststoffbeschichtung einzusetzen.

Die Abmessungen der Bauteile und ihre Bewehrung sind in der Regel vom Statiker durch Zeichnungen eindeutig und übersichtlich in den *Scha-*

lungs- und *Bewehrungsplänen* darzustellen. Die Zeichnungen müssen mit den Ergebnissen der statischen Berechnung über einstimmen und alle für die Ausführung der Bauteile und für die Prüfung der Berechnung erforderlichen Maße enthalten.

Insbesondere sind anzugeben (s. DIN 1045 Abschn. 3.2):

- Festigkeitsklasse des Betons,
- die Stahlsorten (s. auch DIN 488-1),
- Zahl, Durchmesser, Form und Lage der Bewehrungsstäbe und Baustellenschweißungen,
- die Betondeckung der Stahleinlagen (auch der Bügel) und die Unterstützungen der oberen Bewehrung,
- die Mindestdurchmesser der Biegerollen (s. DIN 1045 Abschn.18, Bewehrungsrichtlinien).

Jeder tragende Stahlbetonbauteil (Position der statischen Berechnung) wird in der Regel gesondert gezeichnet (M 1:20), so dass Schnittlänge, Biegelänge, Stabform und alle Teillängen abgelesen werden können.

Alle einzubauenden Stahleinlagen werden in der *Stahlliste* zusammengefasst. Nach ihr werden die Stähle abgelängt und gebogen. Ferner werden mit ihrer Hilfe Verschnitt und Gesamtgewicht, nach Güte und Durchmesser getrennt, für die Abrechnung ermittelt.

Bewehrungen aus Formstahl – teilweise auch in Verbindung mit Rundstahl – können die Kosten für die Verlegung der Bewehrung und evtl. auch der Schalungskosten senken (Bild **5**.46)

In diesem Zusammenhang sind auch die Stahl-Beton-Verbundbauweisen wie Verbundstützen und Verbunddecken zu erwähnen (s. Abschn. 7).

Ungelöst ist bisher die Frage, wie der Brandschutz von Stahlbetonbauteilen mit Profilstahlbewehrung zu bewerten ist [22].

5.5.2 Betondeckung

Eine Fülle von Betonschäden muss immer wieder auf nicht ausreichende Betondeckung zurückgeführt werden. Der Verbund zwischen Bewehrung und Beton ist daher durch eine ausreichend dicke und dichte Betondeckung zu sichern. Sie muss in der Lage sein, den Stahl dauerhaft gegen Korrosion zu schützen.

Die Betondeckung jedes Bewehrungsstabes, also auch der Bügel, muss nach allen Seiten entsprechend DIN 1045 die Werte der Tabelle **5**.47 haben, soweit nicht nach DIN 1045 Abschn. 13.2.2 noch größere Maße oder nach Abschnitt 13.3 andere Maßnahmen in Betracht kommen.

Das Nennmaß nom c ist auf den Bewehrungszeichnungen anzugeben, bei der Ermittlung der Maße der Biegeformen zu beachten und bei der Auswahl der Abstandhalter zugrunde zu legen. Es enthält ein „Vorhaltemaß" Δc von – in der Regel – 1 cm.

Das Mindestmaß min c (nom c =min $c + \Delta c$) gilt für die Überdeckung im fertigen Bauteil und stellt also ein Kriterium für nachträgliche Kontrollen dar.

Schichten aus natürlichen oder künstlichen Steinen, Holz oder haufwerkporigem Beton dürfen nicht auf die Betondeckung angerechnet werden.

Bei Beton mit einem Größtkorn der Gesteinskörnung von mehr als 32 mm sind die Betondeckungsmaße um 5 mm zu vergrößern.

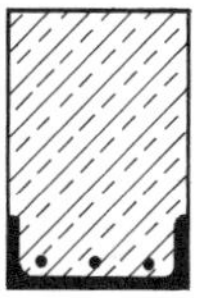

5.46a

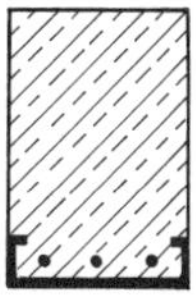

5.46b

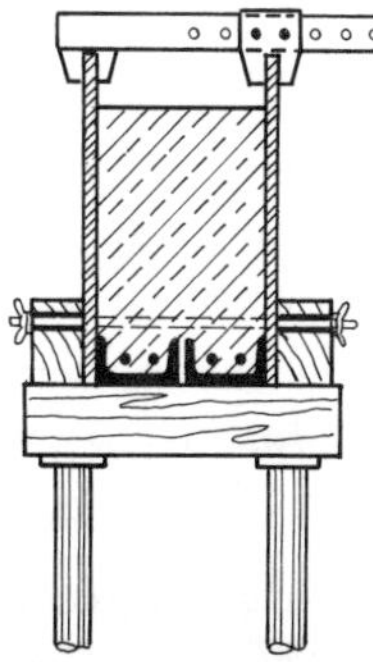

5.46c

5.46
Formstahlbewehrter Stahlbeton
a) Bewehrung mit [-Stahl und Stabstahl
b) Bewehrung mit C-Profil und Stabstahl
c) Schalungsrationalisierung in Verbindung mit Formstahlbewehrung

Tabelle **5**.47 Maße der Betondeckung in cm, bezogen auf die Umweltbedingungen (Korrosionsschutz) und die Sicherung des Verbundes (DIN 1045 Tab. 10)

1	2	3	4
Umweltbedingungen	Stabdurchmesser d_s in mm	Mindestmaße für ≥ B 25 min *c* in cm	Nennmaße für ≥ B 25 nom *c* in cm
Bauteile in geschlossenen Räumen, z. B. in Wohnungen (einschließlich Küche, Bad und Waschküche), Büroräumen, Schulen, Krankenhäusern, Verkaufsstätten – soweit nicht im folgenden etwas anderes gesagt ist. Bauteile, die ständig trocken sind.	bis 12 14, 16 20 25 28	1,0 1,5 2,0 2,5 3,0	2,0 2,5 3,0 3,5 4,0
Bauteile, zu denen die Außenluft häufig oder ständig Zugang hat, z. B. offene Hallen und Garagen. Bauteile, die ständig unter Wasser oder im Boden verbleiben, soweit nicht Zeile 3 oder Zeile 4 oder andere Gründe maßgebend sind. Dächer mit einer wasserdichten Dachhaut für die Seite, auf der die Dachhaut liegt.	bis 20 25 28	2,0 2,5 3,0	3,0 3,5 4,0
Bauteile im Freien. Bauteile in geschlossenen Räumen mit oft auftretender, sehr hoher Luftfeuchte bei üblicher Raumtemperatur, z. B. in gewerblichen Küchen, Bädern, Wäschereien, Feuchträumen von Hallenbädern, Viehställen. Bauteile, die wechselnder Durchfeuchtung ausgesetzt sind, z. B. durch häufige starke Tauwasserbildung oder in der Wasserwechselzone. Bauteile, die „schwachem" chemischem Angriff nach DIN 4030 ausgesetzt sind.	bis 25 28	2,5 3,0	3,5 4,0
Bauteile, die besonders korrosionsfördernden Einflüssen auf Stahl oder Beton ausgesetzt sind, z. B. durch häufige Einwirkung angreifender Gase oder Tausalze (Sprühnebel- oder Spritzwasserbereich) oder durch „starken" chemischen Angriff nach DIN 4030 (s. auch Abschnitt 13.3).	bis 28	4,0	5,0

Für eine ausreichende Betondeckung ist neben der Einhaltung des Abstandes *c* zwischen Bewehrung und Schalung auch der erforderliche Mindestabstand *a* zwischen den einzelnen Bewehrungsstäben sicherzustellen Er beträgt 2 cm für Stabdurchmesser bis 20 mm, 2,5 cm für Stabdurchmesser von 25 mm und 3 cm für Stabdurchmesser von 28 mm (Bild **5**.48) [8].

Eine Vergrößerung der Betondeckung kann in den folgenden Fällen notwendig werden :

- Brandschutzmaßnahmen nach DIN 4102
- bei besonders dicken Bauteilen
- bei Betonflächen aus Waschbeton
- bei Flächen, die gesandstrahlt, steinmetzmäßig bearbeitet werden oder durch Verschleiß stark abgenutzt werden.

Die Einhaltung der Mindestmaße für die Betonüberdeckung ist daher durch Abstandhalter, die für nom *c* dimensioniert sein müssen, sicherzustellen und an der Baustelle genau zu überwachen (Bild **5**.49).

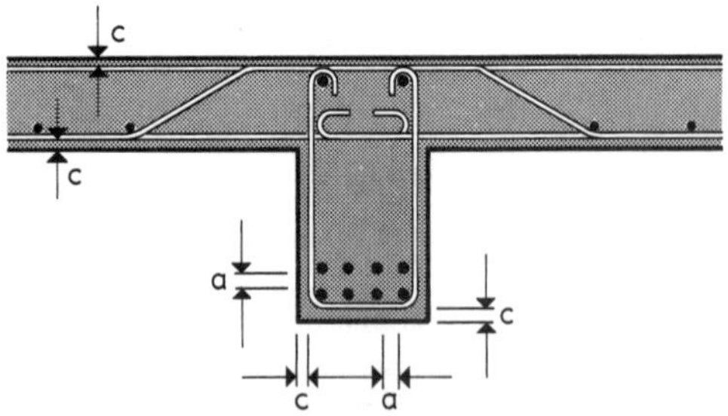

5.48 Betondeckung (c) und Stababstand (a)

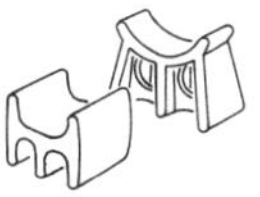

5.49a

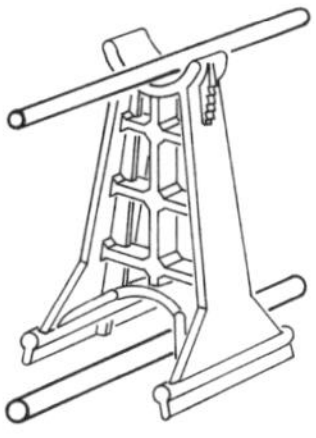

5.49b

5.49c

5.49d

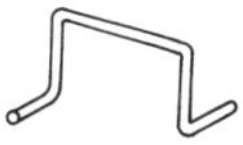

5.49e

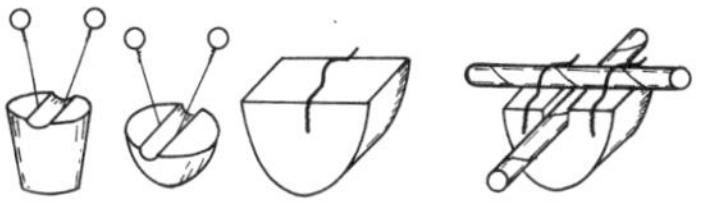

5.49f

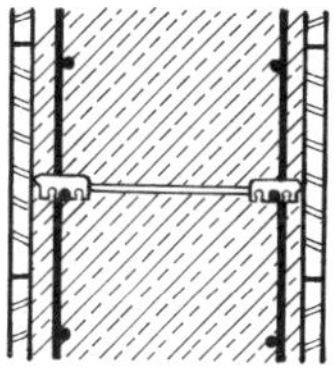

5.49g

5.49 Abstandhalter

a) Kunststoff-Abstandhalter für untere Bewehrung von Platten
b) Kunststoff-Abstandhalter für zwei Bewehrungslagen
c) Kunststoff-Abstandhalter für Bewehrungen aller Art
d) Beton- oder Kunststoff-Abstandhalter mit Drahtbügeln
e) Aus Bewehrungsstahl gebogener Abstandhalter für hochliegende Eisen
f) Faserbetonabstandhalter mit Rödeldraht bzw. Stahlklemme
g) Stahlstab mit Kunststoffummantelung als Abstandhalter für Betonwände mit Doppelbewehrung, ersetzt gleichzeitig S-Haken; drei wählbare Betondeckungen (20, 30, 40 mm)

Ist durch Fehler beim Einschalen oder Betonieren die erforderliche Betondeckung nicht erreicht, müssen nachträgliche Schutzmaßnahmen getroffen werden, um die Korrosion der Bewehrungen und damit auch längerfristig schwere sonstige Schäden an den betroffenen Bauteilen zu verhindern. In Frage kommen spezielle Spachtelungen, die eine porenfreie Oberflächenversiegelung bewirken oder Beschichtungen mit flexiblen Dichtungsschlämmen oder Spritzmörtel zur Verminderung der umweltbedingten Betonschädigungen s. Abschn. 5.19) [33].

5.6 Wärmedämmung

Bei Außenbauteilen aus Stahlbeton und bei Stahlbetonteilen, die in Außenflächen einbinden, ist wegen der schlechten Wärmedämmeigenschaften von Normalbeton (s. Abschn. 5.1.5) eine zusätzliche Wärmedämmung erforderlich. Diese dient dem Wärmeschutz des Bauwerkes, muss Wärmebrücken verhindern und ist meistens auch erforderlich, um temperaturbedingte Maßänderungen von Stahlbetonbauteilen zu begrenzen.

Stahlbetonbauteile, deren Sichtflächen Putz oder Bekleidungen erhalten, werden meistens durch anbetonierte Wärmedämmungen geschützt. Dabei werden Holzwolle-Leichtbauplatten, Mehrschicht-Leichtbauplatten oder Hartschaumplatten in die Schalung eingelegt und mit einbetoniert. Der Verbund der Platten mit dem Beton wird durch Kunststoffanker und auch durch die Verbindung mit rauen Oberflächen der Platten bewirkt.

Bei Stahlbetonbauteilen, die in andere Bauteile wie z. B. Mauerwerk einbinden, sind jedoch trotz anbetonierter Wärmedämmungen vielfach Probleme in Bezug auf Wärmebrücken gegeben. Diese lassen sich vermeiden, wenn auf Einzel-Wärmeschutz für außen liegende Bauteile aus Stahlbeton verzichtet wird und das gesamt Bauwerk seinen Wärmeschutz durch eine umhüllende „Thermohaut" erhält (s. Abschn. 16.5).

Bei erdberührten Bauteilen (z. B. Kelleraußenwänden) müssen feuchtigkeitsbeständige extrudierte PS-Hartschaumplatten oder Schaumglas-Platten verwendet werden („Perimeterdämmung").

Bei Stahlbetonbauteilen mit Außenflächen aus Sichtbeton muss eine mehrschichtige Konstruktion mit innenliegender Wärmedämmung gewählt werden. In diesen Fällen muss ggf. die Minderung der Wärmedämmung infolge

5

durchbindender Anker und ggf. der mögliche Tauwasserausfall berücksichtigt werden (s. Abschn. 16.1).

5.7 Arbeits- und Dehnfugen

Arbeitsfugen. Nicht immer können Bauwerksteile in einem Arbeitsgang durchlaufend betoniert werden. Dann müssen Arbeitsfugen im Einvernehmen mit dem Statiker in den Arbeitsvorgang eingeplant werden. Sie sind so auszubilden, dass alle auftretenden Beanspruchungen aufgenommen werden können. Arbeitsabschnitte und damit die Lage der Arbeitsfugen sollten so geplant werden, dass der Schalungsauf- und -abbau und das Einbringen des Betons erleichtert werden (Stoß von Bewehrungen s. Abschn. 5.4).

Die Schalung des jeweils folgenden Betonierabschnittes soll an der Arbeitsfuge an den bereits betonierten Betonteil mit möglichst knapper Überdeckung und gut angepresst anschließen. Dann ist die Gefahr geringer, dass frischer Beton zwischen Anschlussschalung und vorhandenen Bauteil quillt (Bild **5**.50).

In den Arbeitsfugen muss für einen ausreichend festen und dichten Zusammenschluss der Betonschichten gesorgt werden. Verunreinigungen, Zementschlämme und nicht einwandfreier Beton sind vor dem Weiterbetonieren zu entfernen. Trockener älterer Beton ist vor dem Anbetonieren mehrere Tage lang feucht zu halten, um das Schwindgefälle zwischen jungen und altem Beton gering zu halten und um weitgehend zu verhindern, dass dem jungen Beton Wasser entzogen wird. Zum Zeitpunkt des Anbetonierens muss die Oberfläche des älteren Betons jedoch etwas abgetrocknet sein, damit sich der Zementleim des neu eingebrachten Betons mit dem älteren Beton gut verbinden kann.

Arbeitsfugen bleiben in den Betonflächen immer sichtbar, und an diesen Stellen treten meistens auch Schwindrisse auf. Es ist daher ratsam, die Lage der Arbeitsfugen durch genau auf der Trennlinie in der Schalung angebrachte Profilleisten als Scheinfugen zu markieren (Bild **5**.52). Dadurch werden später etwa erforderliche Nacharbeiten oder Nachdichtungen sehr erleichter.

Arbeitsfugen in wasserundurchlässigen Bauteilen sind wie sonstige Dehn- oder Bewegungsfugen jedoch mit Hilfe von Dichtungsbändern auszuführen (s. Abschn. 16.4.7).

Dehnfugen. Je großflächiger monolithische Wandbauteile aus Stahlbeton sind, um so mehr machen sich Verformungen – im ungünstigsten Falle in Gestalt von Rissen – bemerkbar, und zwar unter dem Einfluss von Temperaturänderungen, Kriechen und Schwinden sowie von Bewegungen, die in der Konstruktion bei Auftreten von veränderlichen statischen oder dynamischen Belastungen entstehen. Verformungen durch Setzungen und Temperatureinflüsse, Kriechen und Schwinden lassen sich voraussehen und in ihrem Umfang abschätzen oder berechnen. Um regellose Risse im Bauwerk zu vermeiden, werden unterteilende, durchgehende Fugen angeordnet. Bei ausgedehnten Bauwerken müssen Betonierab-

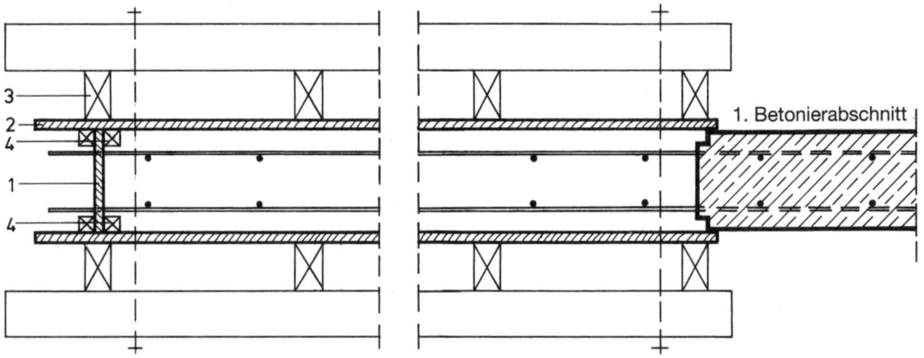

5.50 Arbeitsfuge in einer Betonwand, Einschalung für 2. Betonierabschnitt
1 Abstellung (Ende des 2. Betonierabschnittes), Anschlusseisen durchgesteckt
2 Schalwand
3 Schalungskonstruktion
4 Fugenleiste für Anschluss des 3. Betonierabschnittes

Tabelle **5**.51 Abmessungen der Fugenabdichtung (DIN 18 540-3)

vorhandener Fugen-abstand in m	erforderliche Mindest-fugenbreite *b* in mm	Dicke der Fugendichtungsmasse	
		t_F [1)]	zul. Abweichung
bis 2,0	10	8	± 2
bis 3,5	15	10	± 2
bis 5,0	20	12	± 2
bis 6,5	25	15	± 3
bis 8,0	30	15	± 3

1) Die Werte gelten für den Endzustand, dabei ist auch der Volumenschwund der Fugendichtungsmasse zu berücksichtigen.

schnitte eingeplant werden, die zeitlich überlappend so ausgeführt werden, dass Schwindvorgänge von bereits betonierten Teilen zwischenzeitlich abgeklungen sind (vgl. Abschnitt 16.4.2). Der Abstand der Fugen ist von den speziellen Verhältnissen am Bauwerk abhängig.

Bewegungsfugen. Wenn nicht schon durch notwendige Setzfugen (s. Abschn. 4.1 Bild **4**.1) eine ausreichende Unterteilung erfolgt, sollten großformatige Betonteile in Abständen von höchstens 10 m durch Fugen unterteilt werden. Sind die Bauteile der Sonnen einstrahlung oder Frost besonders ausgesetzt, sind die Fugenabstände so zu verringern, dass Einzelflächen von 4 bis 6 m^2 entstehen. Die Abmessungen von Fugen und -dichtungen sind Tabelle **5**.51 (DIN 18 540-3) zu entnehmen.

Konstruktionsfugen ergeben sich, wenn verschiedene Bauteile aneinanderstoßen, z. B. Fertigteile aus Stahlbeton, Wandbauteile und tragendes Skelett, Stützen und Fassadenelemente. Derartige Fugen können gleichzeitig auch Dehn- oder Setzfugen sein und sind wie diese konstruktiv auszubilden und ggf. zu dichten.

Fugenabschlüsse. Fugen in Betonbauteilen sollten möglichst immer so geplant werden, dass keine zusätzlichen Dichtungsmaßnahmen nötig sind. Es ist zu bedenken, dass alle Dichtungen – z. B. mit Fugendichtungsmassen – nicht nur sehr kostenaufwändig sind, sondern auch mit größter und an der Baustelle oft nicht überall erreichbarer Sorgfalt hergestellt werden müssen. Darüber hinaus müssen derartige Fugendichtungen einer ständigen Kontrolle unterliegen und wegen der

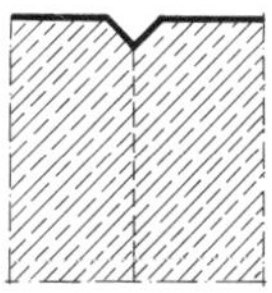

5.52 Scheinfuge

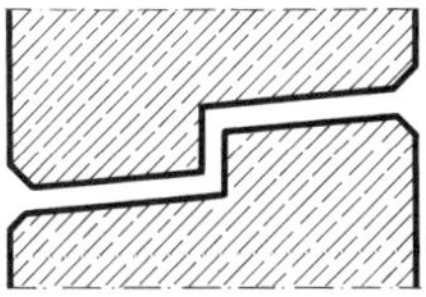

5.53 Offene Fuge bei hinterlüfteten Fassadenelementen (senkrechter Schnitt)

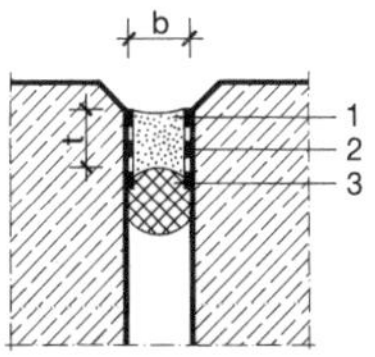

5.54 Fugendichtung zwischen großformatigen Betonteilen
1 Fugendichtungsmasse
2 Voranstrich („Primer")
3 Hinterfüllung (Schaumstoffband)
b Fugenbreite
t Fugentiefe (vgl. Tab. **5**.47)

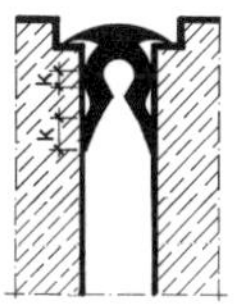

5.55 Fuge mit Kunststoff-Klemmprofil
k = Klebeflächen

meistens auf Dauer nicht zu beurteilenden Alterungsbeständigkeit u. U. öfter erneuert werden.

Fugen, an die keine besonderen Anforderungen gestellt werden, können offen bleiben. Durch entsprechende Profilierung ist ggf. für die Ableitung von Schlagregen zu sorgen (Bild **5**.53).

Ist eine Fugenabdichtung unvermeidbar, werden die Fugen, besonders in Außenwandflächen, durch dauerplastische und dauerelastische Dichtungsmassen (Thiocol, Acrylharze, Silicon-Kautschuk, Polyurethan) geschlossen. Die Ausführung von derartigen Fugen sollte nur durch erfahrene Spezialfirmen erfolgen. Dabei werden in der Regel die Fugen zunächst durch Schaumstoffstreifen ausgestopft, die Fugenflanken mit einem Voranstrich (Primer) als Haftgrund behandelt und mit der Ein- oder Zweikomponenten-Fugenmasse ausgespritzt. Die Fugenoberfläche wird – abhängig von der verwendeten Fugenmasse – geglättet. Es sollte besonders darauf geachtet werden, dass die angrenzenden Bauteile nicht durch – meist zunächst nicht sichtbare – Voranstrich- oder Dichtungsreste verschmutzt werden (Bild **5**.50).

Innen können die Fugen durch Kunststoffklemmprofile abgedeckt werden (Bild **5**.55). Wenn größere Bewegungen in den Fugen zu erwarten sind, müssen derartige Klemmprofile zusätzlich eingeklebt werden.

5.8 Befestigungsvorrichtungen an Betonbauteilen[1)]

An Betonkonstruktionen können andere Bauteile (z. B. Installationen, Ausbauelemente wie abgehängte Decken, Fenster, Außenwandbekleidungen usw.) vielfach mit Hilfe von Dübelungen befestigt werden.

Für weniger beanspruchte Verbindungen werden handelsübliche Kunststoffdübel ohne besonderen statischen Nachweis verwendet.

Für den Anschluss von gemauerten Zwischenwänden werden in die Stahlbetonbauteile am besten Ankerschienen einbetoniert.

Für Befestigungen schwerer Bauteile kommen *Schwerlastdübel* aus Metall in Frage, die je nach Belastungsfähigkeit in Dimensionen von M 6 bis M 20 als Spreizdübel in verschiedenen Bauarten auf dem Markt sind. Es gibt sie als selbstbohrende Dübel oder sie werden in präzise ausgeführte Bohrungen in die Stahlbetonbauteile eingesetzt (Bild **5**.56). Die zu befestigenden Bauteile werden mit Drehmomentschlüsseln montiert.

Schwerlastdübel für tragende Konstruktionen oder für Bereiche, in denen beim Versagen der Dübelung Gefahren für die Nutzer bzw. die Allgemeinheit entstehen würden, müssen bauaufsichtlich zugelassen sein.

1) s. auch Abschn. 14.3.1

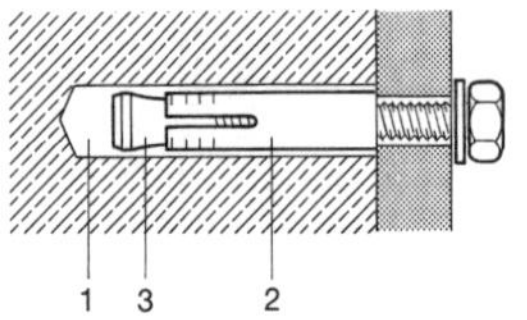

5.56a

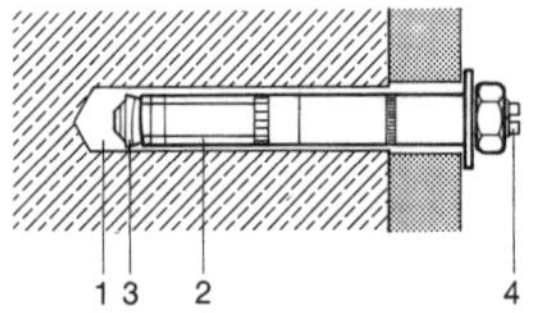

5.56b

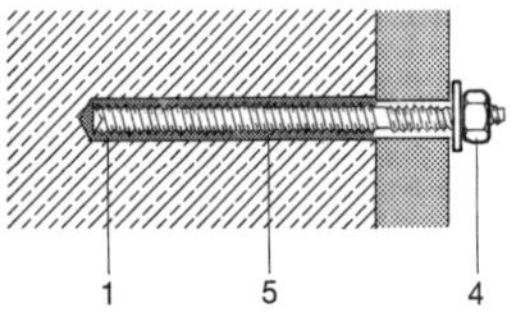

5.56c

5.56 Schwerlastdübel (Fischer), gezeichnet im Zustand vor der Spreizung

a) Schwerlastdübel,
b) Hochleistungsanker,
c) Reaktionsanker

1 genaue Bohrung in < B 25
2 Spreizkörper
3 Konus
4 Gewindebolzen mit Mutter
5 Reaktionsmasse, in Bohrloch eingepresst; Dübelbolzen eingedreht und nach vorgegebener Reaktionszeit belastbar

Müssen schwere Lasten von Betonbauteilen aufgenommen werden oder sollen im Montagebau Betonbauteile untereinander verbunden werden, müssen entsprechende Befestigungsvorrichtungen geplant und ggf. bereits beim Betonieren mit eingebaut werden. Für derartige Zwecke stellen *Ankerschienen* heute in den meisten Fällen die rationellste Lösung dar. Sie sind in vielfältigen Abmessungen mit verschiedener Tragkraft auf dem Markt und werden in durchlaufenden Strängen oder in Abschnitten für einzelne Befestigungspunkte verwendet.

Ankerschienen werden in der Regel auf der Schalung der Betonteile fixiert und unterhalb der Bewehrungseisen mit einbetoniert. Herausziehbare Schaumstoff-Füllungen verhindern das Eindringen von Beton in die Schienen. Der Einbau schwerer Ankerschienenprofile muss im Zusammenhang mit der Lage der Bewehrungseisen besonders geplant werden.

Montagen an Ankerschienen werden mit „Hammerkopf"-Schrauben ausgeführt (Bild **5**.57).

5.9 Oberflächengestaltung

Die Oberfläche von Betonbauteilen können als „*Sichtbeton*" gestaltet werden.

Für die Herstellung gibt es z. Z. noch keine verbindlichen Festlegungen. In DIN 18 331 (Beton- und Stahlbetonarbeiten), DIN 18 333 (Betonwerksteinarbeiten) und DIN 18 500 (Betonwerkstein, Anforderungen, Prüfungen, Überwachung) wird bewusst Spielraum für die Ausführung von Sichtbeton („Betonflächen mit Anforderungen an das Aussehen" – DIN 18 217, vgl. Abschn. 5.4.1) gelassen.

Man unterscheidet:

- **Oberflächen ohne nachträgliche Bearbeitung** (Gestaltung durch Schalungsabdruck, ggf. durch Verwendung besonderer Schalungsmatrizen, Färbung, geringfügige Bearbeitung des ausgeschalten Frischbetons, z. B. Beseitigung kleinerer Grate und Unebenheiten, scharfes Abfegen),
- **Oberflächen mit nachträglicher Bearbeitung** des frisch ausgeschalten Betons **durch Auswaschen** („Waschbeton"),

5.57a

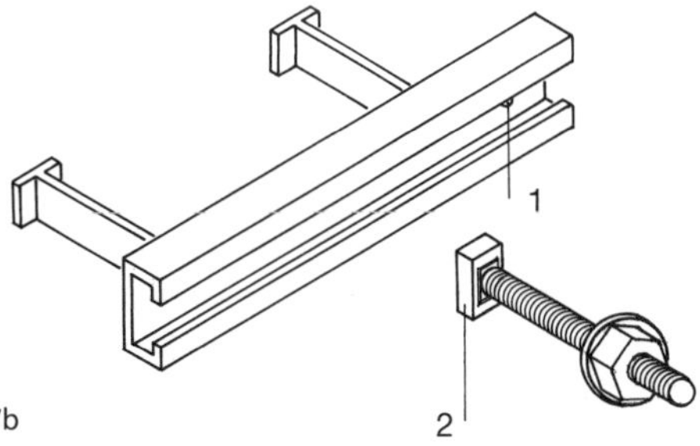

5.57b

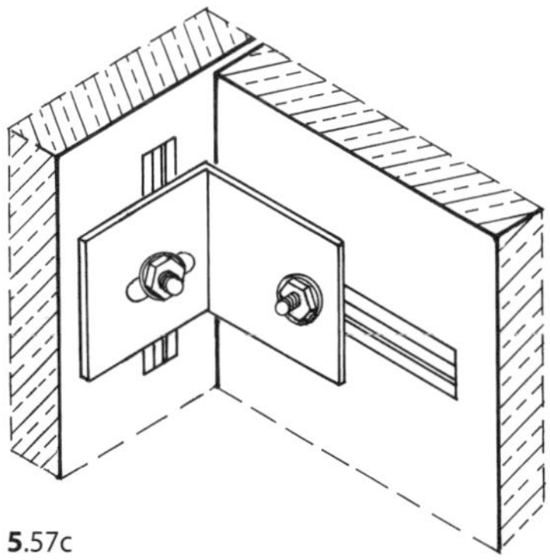

5.57c

5.57 Ankerschienen

a) verschiedene Querschnittsformen von Ankerschienen („HALFENEISEN")
b) Ankerschienen mit angeschweißten Ankern
c) Verbindung von Fertigteilen (Ankerschienen und Winkel)

1 Nagelloch
2 Hammerkopfschraube

5

- **Oberflächen mit nachträglicher Bearbeitung** erhärteter Betonoberflächen **mit Steinmetz-Techniken** (Spitzen, Stocken, vgl. Abschn. 6.3.2),
- **Nachbearbeitung** durch Sandstrahlen, Schleifen, Polieren.

Grundbedingung für die Ausführung einwandfreier Sichtbetonflächen ist eine besonders sorgfältig hergestellte überall (z. B. an Schalungsstößen, Ankern, Arbeitsfugen) dichte Schalung.

Darüber hinaus müssen die folgenden Voraussetzungen gegeben sein:

- Verwendung von Beton mindestens der Festigkeitsklasse B 25 mit einem Mindest-Zementgehalt von 300 kg/m^3,
- möglichst genaue Einhaltung eines Wasserzementwertes von w/z = 0,55 und gleich bleibender ausreichend weicher Konsistenz des Bereiches KR(vgl. Abschn. 5.1.5),
- Verwendung von Zuschlägen mit nichtsaugendem Korn, ausreichendem Anteil von Sand- und Mehlkorn und gleich bleibender Zusammensetzung (gleicher Herkunftsort, einheitliche Lieferung),
- ausreichende Mischzeiten, Vorkehrungen gegen Entmischung bei Verarbeitung,
- sorgfältige und gleichmäßige Verdichtung,
- Ausschalfristen, die für nachbearbeitete Flächen eine möglichst gleichmäßige Erhärtung berücksichtigen,
- sorgfältige Nachbehandlung des frischen Betons (Schutz vor Wärme, Kälte, Regen, Schnee, Wind und Verschmutzung); Fremdwasser, hohe Luftfeuchtigkeit, stark wechselnde Temperaturen begünstigen das Entstehen von Ausblühungen,
- Verwendung nur bauaufsichtlich zugelassener Zusatzmittel und erprobter Trennmittel (z. B. Schalöle).

Vor der Ausführung sollten die gewünschten Oberflächenstrukturen des Sichtbetons am besten durch größere Musterstücke geklärt werden. Die Ausführung der Schalungen (Brettschalung, Schaltafeln, beschichtete Schalplatten, Schalungsmatrizen und ggf. besondere, strukturbildende Schalungseinlagen wie z. B. Rohrgewebe, Kunststoffformstücke), Fugenschnitte, Kantenausbildungen und auch Arbeitsabschnitte sind in den Schalungsplänen genau festzulegen (s. auch Abschnitt 5.4.1).

Waschbetonoberflächen werden mit Zuschlägen ausgesuchter Körnungen in Verbindung mit Abbindeverzögerern hergestellt. Der ausgeschalte Frischbeton wird bei reichlicher Wasserzuführung vorsichtig durch Bürsten von der äußeren Mörtel- und Zementmilchschicht befreit, mit stark verdünnter Salzsäure abgesäuert und sorgfältig mit Wasser nachgewaschen.

Die steinmetzmäßige Bearbeitung (z. B. „Stocken" oder „Spitzen") von Stahlbetonflächen ist nur möglich, wenn die vorgeschriebene Überdeckung der Stahleinlagen – auch der Bügel – nach der Bearbeitung mit Sicherheit vorhanden ist. Dazu sind die Überdeckungsmaße entsprechend zu vergrößern. Vor der steinmetzmäßigen Bearbeitung muss der Beton 4 bis 6 Wochen alt sein.

Feingliedrige Bauteile, wie schlanke Betonpfeiler, schmale Gesimse oder Fensterumrahmungen, lassen sich durch Abschleifen oder Sandstrahlgebläse bzw. Stahlbürsten bearbeiten.

5.10 Oberflächenschutz

Einwandfrei hergestellter Beton ist zwar weitgehend witterungsbeständig, wird jedoch auf Dauer durch die heute fast überall als Verschmutzung in der Luft vorhandenen freien Säuren, insbesondere Salz- und Schwefelsäure aus Rauch- oder Industrieabgasen angegriffen. Auch Tausalze, Brandgase und pflanzliche und tierische Fette und Öle sind betonschädigend. Ungeschützte Betonoberflächen werden außerdem durch Schmutzablagerungen meistens rasch unansehnlich. In feinen Rissen und auf rauen Stellen der Oberfläche siedeln sich mit der Zeit auch Moose, Flechten o. Ä. an, deren Ausscheidungen den Beton zersetzen können.

Betonschädigend sind vor allem aber die durch *„Karbonatisierung"* ausgelösten Korrosionsvorgänge an den in der Nähe der Oberfläche liegenden Bewehrungen.

Beim Abbinden des Zementes durch Hydratationsvorgänge ist frischer Beton zunächst stark alkalisch mit pH-Werten von 12 bis 13. Dadurch ist der Betonstahl wirksam gegen Korrosion geschützt, solange ein pH-Wert von 10 nicht unterschritten wird. Aus der Umgebungsluft eindringendes gasförmiges oder in Niederschlagwasser gelöstes Kohlendioxid (CO_2) und Schwefeldioxid (SO_2) gehen mit dem im Beton enthaltenen Calciumhydroxid Verbindungen ein, die die Alkalität abbauen und schließlich neutralisieren. (Da diese Umsetzungen hauptsächlich durch Kohlensäure

– Karbonat – bewirkt werden, hat man den Vorgang als „Karbonatisierung" bezeichnet.)

Dieser Prozess setzt sich mit der Zeit immer weiter in das Betoninnere fort und kann schließlich auch den Bereich der Stahlbewehrungen erreichen – insbesondere, wenn die gewählten Stahlüberdeckungen (s. Abschn. 5.5.2) zu gering sind oder Ausführungsfehler vorliegen. Bei pH-Werten unter 9 kommt es zur Rostbildung an den Bewehrungsstählen. Die damit verbundenen Volumenvergrößerungen führen zu Absprengungen und fortschreitenden Schäden bis zu kritischen Einschränkungen der Tragfähigkeit konstruktiver Stahlbetonteile.

Betonoberflächen sollten daher in exponierten Lagen einen alkalibeständigen Oberflächenschutz erhalten. Verwendet werden:

- **Imprägnierungen**. Sie schützen die Betonoberflächen durch Hydrophobierung (Wasserabweisung). Dünnflüssige Silikonharzlösungen dringen dabei in die Oberfläche ein, ohne einen Film zu bilden und ohne die Wasserdampfdiffusion zu behindern. Die natürliche Betonfarbe bleibt erhalten.
- **Unpigmentierte Beschichtungen**. Methylacrylatlösungen bewirken je nach Verdünnung transparente, mattglänzende wasser abweisende Oberflächen.
- **Betonlasuren**. Wasserdampfdurchlässige, jedoch wasser abweisende schwach pigmentierte Beschichtungsstoffe (Silikatlasuren oder Dispersionslasuren) bilden betonfarbene oder je nach gestalterischen Absichten farbige Oberflächen. Dadurch können auch Farbabweichungen oder Ausbesserungen in Sichtbetonflächen überdeckt werden.
- **Deckende Farbbeschichtungen**. Stark pigmentierte farbige Beschichtungen werden auf der Basis verschiedener Bindemittel nach speziellen Verarbeitungsrichtlinien der Hersteller ausgeführt.
- **Schutzüberzüge**. Bei erdberührten Bauteilen haben sich unter normalen Bedingungen Schutzüberzüge als entbehrlich erwiesen. Bei Beanspruchung durch aggressives, betonschädigendes Wasser gemäß DIN 4030 sind Anstriche oder Beschichtungen auf Bitumen- oder Reaktionsharzbasis vorzusehen. Schutzüberzüge müssen durch geeignete Bindemittelkombinationen und ggf. in Verbindung mit Verstärkungen durch Mineral- oder Kunststoffvliese oder -gewebe in der Lage sein, unvermeidliche kleinere Verformungen oder feine Risse der Betonflächen ohne Schaden zu überbrücken.

5

Schutzüberzüge gegen starke Beanspruchungen werden auf die sauberen, trockenen und evtl. durch Sandstrahlen aufgerauten Betonflächen in der Regel mehrlagig durch Streichen, Rollen, Spritzen oder Spachteln aufgetragen. Dabei müssen die behandelten Flächen bis zum Abschluss der Arbeiten und bis zum Aushärten gegen Niederschläge, Kondenswasser, Wind, Sonneneinstrahlung, Frost und Verunreinigungen geschützt werden. Die für die verschiedenen Materialien von den Herstellern vorgeschriebenen Min desttemperaturen für die Verarbeitung dürfen nicht unterschritten werden. Die Schichtdicken betragen – abhängig von evtl. zu berücksichtigenden mechanischen Beanspruchungen – 0,2 bis 3,0 mm.

Wenig beanspruchte Fugen in den Betonflächen oder Risse können mit Hilfe von Zwi-

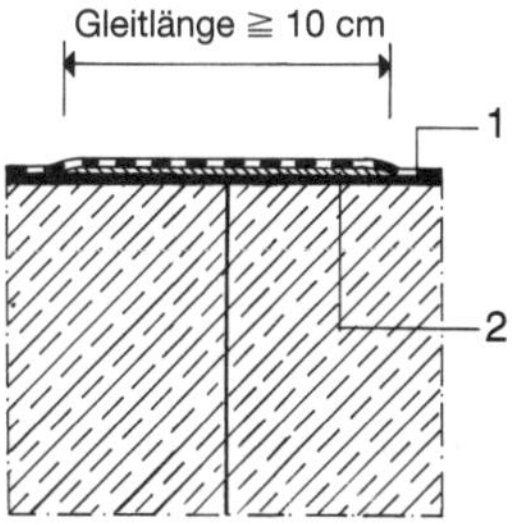

5.58 Schutzüberzüge: Überbrückung von Fugen und Rissen
1 Schutzüberzug
2 Zwischenlage (z. B. Streifen aus PVC- oder PE-Folie

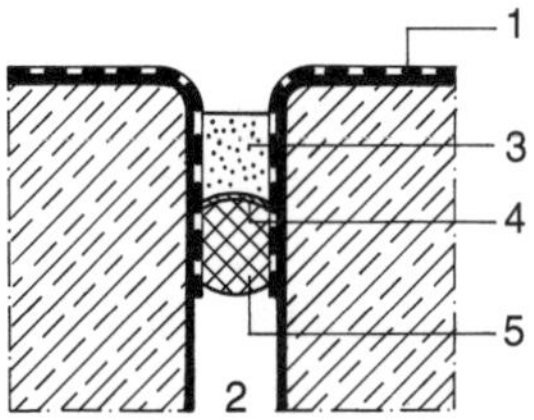

5.59 Schutzüberzüge: Abdichtung einer Baufuge
1 Schutzüberzug
2 Fugenabmessungen vgl. Tab. **5**.47
3 Fugendichtungsmasse
4 Trennlage (z. B. PE-Folie)
5 Hinterfüllung (Schaumstoffband)

schenlagen überbrückt werden (Bild **5**.58). Im übrigen müssen Schutzüberzüge in Fugen so weit hineingezogen werden, dass die später auszuführende Fugendichtung (vgl. Bild **5**.59) vollflächig angeschlossen werden kann (Bild **5**.59). Obere Abschlüsse in senkrechten Flächen sollten, insbesondere bei größeren Schichtdicken, eine Verwahrung erhalten mit einem Abschlussprofil, um ein Ablösen des Schutzüberzuges zu verhindern.

5

5.11 Betoninstandsetzung

Besonders bei Stahlbetonbauteilen, die der Witterung oder sonstigen besonderen Beanspruchungen ausgesetzt sind, kann es bei Nichtbeachtung der in den vorangegangenen Abschnitten beschriebenen Herstellungsanforderungen wie z. B. genaue Einhaltung des w/z-Wertes (s. Abschn. 5.1.3), ausreichende und gleichmäßige Verdichtung (s. Abschn. 5.3.2), genügende Betonüberdeckung der Armierungen (Abschn. 5.5.2) vor allem in Verbindung mit Karbonatisierungsvorgängen (s. Abschn. 5.10) zu Rissbildungen, Korrosion des Bewehrungsstahls und Rostaufbrüchen mit Absprengungen von Oberflächenteilen kommen.

Dadurch kann unter Umständen die Standsicherheit tragender Bauteile gefährdet werden. Erkennbare Schäden müssen daher so bald wie möglich grundlegend saniert werden, und an noch nicht geschädigten Bauteilen sind vorbeugende Oberflächenbehandlungen vorzunehmen (s. Abschn. 5.10).

Bei der Sanierung sind zunächst durch Abstemmen alle losen Betonteile zu entfernen, und die korrodierten Betonstahlteile sind freizulegen. Durch Sandstrahlen oder andere Verfahren (DIN 55 928-4) ist der Stahl restlos (ggf. auch an den Rückseiten!) zu entrosten.

Sofort anschließend wird voll deckend ein Korrosionsschutz aufgetragen, der heute vorwiegend aus 2-Komponenten-Epoxidharzen besteht (Verarbeitung bei mindestens 10 °C Außentemperatur!). Dabei sind die angrenzenden Betonflächen abzudecken und möglichst nicht zu überstreichen. Ein zweiter Anstrich, möglichst in Kontrastfärbung, ist nach guter Austrocknung innerhalb 24 Stunden aufzutragen. In die noch nicht abgebundene oberste Korrosionsschutzschicht kann zur besseren Haftung des späteren Sanierungsaufbaues Quarzsand eingestreut werden.

Auf die Ausbruchstellen wird anschließend eine Haftbrücke aufgetragen (Haftschlämme nach Werksangaben hergestellt aus Zement, Quarz und Kunststoffdispersionen oder spezielle fertige Haftmittel). Dann werden die Schadstellen mit hydraulisch abbindendem sorgfältig nach Herstellerangaben gemischtem Reparaturmörtel ausgespachtelt.

Die fertigen Flächen erhalten abschließend eine kälteelastische und rissüberbrückende Oberflächenbeschichtung (vgl. auch Abschn. 5.6.5).

5.12 Änderungen an Stahlbetonbauteilen

Nachträgliche Veränderungen an Bauteilen aus Beton oder Stahlbeton sind nur sehr schwierig auszuführen.

Etwa erforderliche nachträgliche *Aussparungen* an fertigen Bauteilen (z. B. für das Hindurchführen von Installationen durch Unterzüge o. Ä.) können je nach statischen Verhältnissen mit Kernbohrungen bei Durchmessern bis etwa 60 cm hergestellt werden. Dabei ist selbstverständlich Vorsorge dafür zu treffen, dass keine wichtigen Bewehrungseinlagen durchtrennt werden.

Größere Öffnungen in Stahlbetondecken oder -wänden lassen sich durch nass ausgeführte Trennschnitte mit Spezialsägen herstellen. An den Eckpunkten werden dabei meistens zunächst kleinere Kernbohrungen ausgeführt. Die herauszuschneidenden Teile müssen durch Aufhängungen o. Ä. gegen Herausfallen gesichert werden, und es muss für das Auffangen und Ableiten des anfallenden Bohrschlammes gesorgt werden. Zu bedenken ist auch, dass während der Ausführung Bohrschlamm durch Hohlräume wie z. B. angeschnittene einbetonierte Rohrleitungen unkontrolliert abfließen kann.

Massige Bauteile können durch thermische Betonverflüssigung mit „Pulverlanzen" durchstoßen werden. Der Kostenaufwand ist in jedem Fall beträchtlich.

Nachträgliche Verstärkungen von tragenden Stahlbetonteilen z. B. wegen erhöhter Nutzlastanforderungen können mit zusätzlichen Profilstahlkonstruktionen oder mit *Klebearmierungen* vorgenommen werden. Dabei werden je nach statischen Anforderungen Flachstahlbänder (geprimter Flachstahl ST 37.2) auf die sorgfältig durch Sandstahlen oder mit Nadelhammer reprofilierten Betonflächen kraftschlüssig mit Reaktionsharzen auf Epoxidharzen aufgeklebt. Für

Verstärkungen kommen auch auf Grund besonderer Zulassungen aufgeklebte Kohlefaserkunststoff-CFK-Lamellen in Frage.

Klebearmierungen können auch Auswechselungen beim nachträglichen Einschneiden von Öffnungen, für Ergänzungen beschädigter Bewehrungen, bei Sanierungen usw. angewendet werden.

In jedem Fall ist die Ausführung nur durch Spezialfirmen möglich.

5.13 Normen

Norm	Ausgabedatum	Titel
DIN 488-1	09.1984	Betonstahl; Sorten, Eigenschaften, Kennzeichen
DIN 488-2	06.1986	–; Betonstabstahl; Maße und Gewichte
DIN 488-3	06.1986	–; Betonstabstahl, Prüfungen
DIN 488-4	06.1986	–; Betonstahlmatten und Bewehrungsdraht; Aufbau, Maße und Gewichte
DIN 488-5	06.1986	–; Betonstahlmatten und Bewehrungsdraht; Prüfungen
DIN 488-6	06.1986	–; Überwachung (Güteüberwachung)
DIN 488-7	06.1986	–; Nachweis der Schweißeignung von Betonstabstahl; Durchführung und Bewertung der Prüfungen
DIN 1045	07.1988[1)]	Beton- und Stahlbetonbau; Bemessung und Ausführung
	08.1995	Ergänzung: DAfStb.-Richtlinien für Hochfesten Beton
DIN 1045-1	07.2001	Tragwerke aus Beton, Stahlbeton und Spannbeton: Bemessung und Konstruktion
DIN 1045-2	07.2001	–; Beton – Festlegung, Eigenschaften, Herstellung und Konformität, Anwendungsregeln zu DIN EN 206-1
DIN 1045-3	07.2001	–: Bauausführung
DIN 1045-4	07.2001	–, Ergänzende Regeln für die Herstellung und Überwachung von Fertigteilen
DIN 1048-1	06.1991	Prüfverfahren für Beton; Frischbeton
DIN 1048-2	06.1991	–; Festbeton in Bauwerken und Bauteilen
DIN 1048-4	06.1991	–; Bestimmung der Druckfestigkeit von Festbeton in Bauwerken und Bauteilen; Anwendung von Bezugsgeraden und Auswertung mit besonderen Verfahren
DIN 1048-5	06.1991	–; Festbeton, gesondert hergestellter Probekörper
DIN 1055-1	07.1978	Lastannahmen für Bauten; Lagerstoffe, Baustoffe und Bauteile
E DIN 1055-1	03.2000	Einwirkungen auf Tragwerke; Wichte und Flächenlasten von Baustoffen, Bauteilen und Lagerstoffen
DIN 1055-3	06.1971	Lastannahmen für Bauten; Verkehrslasten
E DIN 1055-3	03.2000	Einwirkungen auf Tragwerke; Eigen- und Nutzlasten für Hochbauten (in Verb. m. DIN 1055 – 100 u. a.)
DIN 1055-4	08.1986	Lastannahmen für Bauten; Verkehrslasten; Windlasten bei nicht schwingungsanfälligen Bauwerken
E DIN 1055-4	03.2001	Einwirkungen auf Tragwerke; Eigen- und Nutzlasten für Hochbauten; Windlasten
DIN 1055-5	06.1975	Lastannahmen für Bauten; Verkehrslasten, Schneelast und Eislast
E DIN 1055-5	04.2001	Einwirkungen auf Tragwerke; Schnee- und Eislasten
E DIN 1055		weitere Teile in Vorbereitung
DIN 1060-1	03.1995	Baukalk; Begriffe, Anforderungen, Lieferung, Überwachung
DIN 1084-1	12.1978	Überwachung (Güteüberwachung im Beton- und Stahlbetonbau; Beton B II auf Baustellen)
DIN 1084-2	12.1978	–; Güteüberwachung im Beton- und Stahlbetonbau; Fertigteile

Fortsetzung s. nächste Seite

[1)] DIN 1045 wird künftig weitgehend ersetzt durch DIN EN 206. Es sind jedoch längere Übergangszeiten vorgesehen.

Normen, Fortsetzung

Norm	Ausgabedatum	Titel
DIN 1084-3	12.1978	–; Güteüberwachung im Beton- und Stahlbetonbau; Transportbeton
DIN 1164	11.2000	Zement mit besondern Eigenschaften; Zusammensetzung, Anforderungen und Übereinstimmungsnachweis (neue Normung für Zement siehe DIN EN 197)
DIN 1164-8	11.1978	Portland-, Eisenportland-, Hochofen- und Trasszement; Bestimmung der Hydratationswärme mit dem Lösungskalorimeter
DIN 1164-31	03.1990	–; Bestimmung des Hüttensandanteils von Eisenportland- und Hochofenzement und des Trassanteils von Trasszement
DIN 4030-1	06.1991	Beurteilung betonangreifender Wässer, Böden und Gase –; Grundlagen und Grenzwerte
DIN 4099-1	11.1985	Schweißen von Betonstahl; Anforderungen, Prüfung
DIN 4129	12.1979	Leichtbeton und Stahlleichtbeton mit geschlossenem Gefüge
DIN 4219-1	12.1979	Leichtbeton und Stahlleichtbeton mit geschlossenem Gefüge; Anforderungen an den Beton, Herstellung und Überwachung
DIN 4219-2	12.1979	–; Bemessung und Ausführung
DIN 4226-1	07.2001	Gesteinskörnungen für Beton und Mörtel; Normale und schwere Gesteinskörnungen
DIN 4226-2	02.2002	Gesteinskörnungen für Beton und Mörtel; Leichte Gesteinskörnungen (Leichtzuschläge)
DIN 4226-100	02.2002	Gesteinskörnungen für Beton und Mörtel; Rezyklierte Gesteinskörnungen
DIN 4227	07.1988	Spannbeton
DIN 4232	09.1987	Wände aus Leichtbeton mit haufwerksporigem Gefüge; Ausführung und Bemessung
DIN 4235	12.1978	Verdichten von Beton durch Rütteln
E DIN 18 197	07.2000	Abdichten von Fugen in Beton mit Fugenbändern
DIN 18 215	12.1973	Schalungsplatten aus Holz für Beton- und Stahlbetonbauten
DIN 18 216	12.1986	Schalungsanker für Betonschalungen; Anforderungen, Prüfung, Verwendung
DIN 18 217	12.1981	Betonflächen und Schalungshaut
DIN 18 218	09.1980	Frischbetondruck auf lotrechte Schalungen
DIN 18 331	12.2000	VOBTeil C; Beton- und Stahlbetonarbeiten
DIN 18 333	12.2000	–; Betonwerksteinarbeiten
DIN 18 500	04.1991	–; Betonwerkstein; Anforderungen, Prüfung, Überwachung
DIN 18 540	02.1995	Abdichten von Außenwandfugen im Hochbau mit Fugendichtstoffen
DIN 18 541-1	11.1992	Fugenbänder aus thermoplastischen Kunststoffen zur Abdichtung von Fugen in Beton; Begriffe, Formen, Maße
DIN 18 541-2	11.1992	–; Anforderungen, Prüfung, Überwachung
DIN 52 170-1	02.1980	Bestimmung der Zusammensetzung von erhärtetem Beton; Allgemeines, Begriffe, Probenentnahme, Rohdichte
DIN 52 170-2	02.1980	–; Salzsäureunlöslicher und kalkstein- und/oder dolomihaltiger Zuschlag, Ausgangsstoffe nicht verfügbar
DIN 52 170-3	02.1980	–; Salzsäureunlöslicher Zuschlag, Ausgangsstoffe nicht verfügbar
DIN 52 170-4	02.1980	–; Salzsäureunlöslicher Zuschlag, und/oder unlöslicher Zuschlag, Ausgangsstoffe vollständig oder teilweise verfügbar
DIN EN 197	11.2000	Zement; Konformitätsbewertung
DIN EN 206-1	07.2001	Beton; Festlegung, Eigenschaften, Herstellung und Konformität
DIN EN 12 350-1	03.2000	Prüfung von Frischbeton, Probenentnahme (ersetzt DIN 1048-3)
DIN EN 12 350-2	03.2000	–; Setzmaß (ersetzt DIN ISO 4109)
DIN EN 12 350-3	03.2000	–; Vebe-Prüfung (ersetzt DIN ISO 4110)

Normen, Fortsetzung

Norm	Ausgabedatum	Titel
DIN EN 12 350-4	06.2000	–; Verdichtungsmaß
DIN EN 12 350-5	06.2000	–; Ausbreitmaß
DIN EN 12 350-6	03.2000	–; Frischbetonrohdichte (ersetzt DIN 1048, 1048-3, 1048-1)
DIN EN 12 350-7	11.2000	–; Luftgehalte-Druckverfahren
DIN EN 12 390-1	02.2001	Prüfung von Festbeton; Form, Maße und andere Anforderungen für Probekörper und Formen
DIN EN 12 390-4	12.2000	–; Bestimmung der Druckfestigkeit; Anforderungen an Prüfmaschinen
DIN EN 12 390-7	02.2001	–; Dichte und Festbeton
DIN EN 12 390-8	02.2001	–; Wassereindringtiefe unter Druck
E DIN EN 12 620	02.1997	Gesteinskörnungen für Beton einschließlich Beton für Straßen und Deckschichten (ersetzt DIN 4226)
E DIN EN 13 747-1	03.2000	Fertigteilplatten mit Ortbetonergänzung; Allgemeine Anforderungen
E DIN EN 13 747-2	03.2000	–; Spezielle Anforderungen an schlaff bewehrte Fertigteilplatten
E DIN EN 13 747-3	03.2000	–; besondere Anforderungen an vorgespannte Fertigteilplatten
DIN V ENV 1992-1-1	06.1992	Eurocode 2; Planung von Stahlbeton- und Spannbetontragwerken; Grundlagen und Anwendungsregeln für den Hochbau
DIN V ENV 1992-1-2	12.1994	–: Allgemeine Regeln; Tragwerksbemessung für den Brandfall
DIN V ENV 1992-1-3	12.1994	–: Allgemeine Regeln; Bauteile und Tragwerke aus Fertigteilen
DIN V ENV 1992-1-4	12.1994	–; Leichtbeton mit geschlossenem Gefüge
DIN V ENV 1992-1-5	12.1994	–; Tragwerke mit Spanngliedern ohne Verbund
DIN V ENV 1992-1-6	12.1994	–; Tragwerke aus unbewehrtem Beton
DIN V ENV 1992-2	10.1997	–; Betonbrücken
DIN V ENV 1992-3	12.2000	–; Fundamente
DIN V ENV 1992-4	12.2000	–; Stütz- und Behälterbauwerke aus Beton
DIN V ENV 10 080	08.1995	Betonbewehrungsstahl; Schweißgeeigneter gerippter Betonstahl B 500; Technische Lieferbedingungen für Stäbe, Ringe und geschweißte Matten

5

5.14 Literatur

[1] Tricosal-Fugenband für die Bauwerksfuge. Illertissen, 1989 (www.tricosal.de)

[2] *Bayer, E., Kampen, R.*: Beton-Praxis. Düsseldorf 1999

[3] *Bayer, E., Klose, N.*: Beton, Prüfung nach Norm. Düsseldorf 1996

[4] *Brandt, J.* u. a.: Fassaden, Konstruktion und Gestaltung mit Betonfertigteilen. Düsseldorf 1988, Bundesverband der Deutschen Zementindustrie e.V.

[5] Beton, Herstellung nach Norm. Düsseldorf 2001

[6] Bundesverband der Deutschen Zementindustrie: Beton Atlas 1995

[7] –; Sichtbeton Merkblatt, 1997

[8] –; Zement-Merkblatt: Betonstahl und Verlegen der Bewehrung. Köln 1998 (www.bdzement.de)

[9] –; Zement-Merkblatt: Gesteinskörnungen für Normalbeton, Köln 2002

[10] –; Zement-Merkblatt: Betone mit besonderen Eigenschaften. Köln 2000

[11] –; Zement-Merkblatt: Nachbehandeln von Beton. Köln 1999

[12] –; Zement-Merkblatt: Zemente und ihre Herstellung. Köln 2001

[13] *Cziesielski, E.*: Fuge und Beton – ein schwieriges Pärchen. In: bausubstanz 1/88

5

[14] Deutscher Ausschuss für Stahlbeton: Richtlinie für Beton mit verlängerter Verarbeitbarkeitszeit. Berlin 1995 (www.betonverein.de)

[15] –; Richtlinie für Fließbeton. Berlin 1995

[16] –; Richtlinie Nachbehandlung von Beton. Berlin 1984 (wird in DIN 1045 NEU aufgehen)

[17] –; Richtlinie für hochfesten Beton. Berlin 1995 (wird in DIN 1045 NEU aufgehen)

[18] –; Richtlinie Wasserundurchlässige Bauwerke aus Beton (in Vorbereitung)

[19] –; Richtlinie Selbstverdichtender Beton (in Vorbereitung)

[20] Deutscher Beton- und Bautechnikverein E.V.: Beton-Handbuch, Wiesbaden 1995 (www.betonverein.de)

[21] –; Merkblatt Sammlung incl. 2. Ergänzung. Berlin 2000

[22] *Droese, S., Kordina, K.*: Formstahlbewehrter Stahlbeton. In: beton 11/88

[23] *Edelmann, A.*: Nachbehandlung von Beton. In: beton 11/88

[24] *Eligehausen, R., Fuchs, W., Reuter, M.*: Moderne Befestigungstechnik im Bauwesen, In DAB 3/88

[25] *Fehlhaber, J.*: Beton und Farbe. In: DAB 10/88

[26] *Grube, H.*: Beschichtungen auf Beton. In: beton 12/91

[27] *Harth, H.-J.*: Handbuch Betonsanierung. Berlin 1993

[28] *Härig, S., Günther, K., Klausen, D.*: Technologie der Baustoffe. Heidelberg 1996

[29] *Kordina, K., Meyer-Ottens, C.*: Beton-Brandschutz-Handbuch. Düsseldorf 1999

[30] *Lamprecht, H.* u. a.: Betonoberflächen, Gestaltung und Herstellung. Grafenau 1984

[31] *Lohmeyer, G.*: Stahlbetonbau. Stuttgart 1994

[32] –; Weiße Wannen einfach und sicher. Düsseldorf 2000

[33] *Ruffert, G.*: Instandsetzung von Stahlbeton. In: beton 7/89

[34] *Schmincke, P.*: Sichtbeton – gewusst wie. In: beton 7/90

[35] *Schmitt, R.*: Die Schalungstechnik, Verlag Ernst & Sohn, Berlin, 2001

[36] *Schorn, H.*: Beton mit Kunststoffen und andere Instandsetzungsstoffe. Berlin 1991

[37] Verein Deutscher Zementwerke: Zementtaschenbuch 2000

[38] *Weber, R., Tegelaa, R.*: Guter Beton. Düsseldorf 2001

6 Wände

6.1 Allgemeines

Wände werden heute immer noch – ähnlich wie seit Jahrtausenden – aus mehr oder weniger kleinformatigen vorgefertigten künstlichen Steinen oder aus Natursteinen zu *Mauern* zusammengefügt. Vergleichbar dem uralten Lehmbau entstehen heute im *Betonbau* aus ungeformten Rohstoffen fugenlose *Wände*. Außerdem werden Wände in Kombination verschiedener Materialien hergestellt (Beton, künstliche Steine, Holz, Metall, Glas, Kunststoffe usw., ggf. in Verbindung insbesondere mit Wärmedämmstoffen).

Innerhalb eines Baugefüges (s. Abschn. 1) können Wände *tragend* oder *aussteifend* für die Standfestigkeit eines Bauwerkes erforderlich sein, als *nichttragende* Trennwände lediglich der Raumunterteilung dienen oder Ausfachungen zwischen tragenden Elementen z. B. von Skelettbauten bilden.

Unterschieden werden daher in statischer Hinsicht:

- **tragende Wände** (überwiegend auf Druck beanspruchte scheibenartige Bauteile zur Aufnahme vertikaler und horizontaler Lasten)
- **aussteifende Wände** (scheibenartige Bauteile zur Aussteifung von Gebäuden oder zur Knickaussteifung von tragenden Wänden. Sie gelten stets auch als tragende Wände)
- **nichttragende Wände** (scheibenartige Bauteile, die überwiegend durch Eigenlasten beansprucht werden und zur Sicherung der Standfestigkeit eines Bauwerkes nicht herangezogen werden)

Darüber hinaus müssen Wände oft besondere Anforderungen erfüllen wie:

- Wärmeschutz (Wärmedämmung und Wärmespeicherung, s. Abschn. 6.2.1.2 und 16.5),
- Schallschutz (s. Abschn. 6.2.1.3 und 16.6),
- Brandschutz (s. Abschn. 6.2.1.4 und 16.7),
- Schlagregenschutz (s. Abschn. 6.2.1.5),
- Schutz gegen drückendes und nichtdrückendes Wasser, z. B. bei Kellerwänden (s. Abschn. 16.4).

Bei der Auswahl der geeigneten Baustoffe oder Baustoffkombination ist weiterhin zu berücksichtigen:

- Oberflächengestaltung,
- Dampfdurchlässigkeit,
- Gewicht,
- Herstellungs- bzw. Montagemöglichkeiten,
- Kosten.

Maß-, Winkel- und Ebenheitstoleranzen sind in DIN 18 202 geregelt.

Die traditionelle Ausführung von Mauerwerk mit Ziegeln und sonstigen Mauersteinen wird ständig ergänzt durch neu entwickelte Materialien, durch neue und größere Steinformate, durch verbesserte Qualitäten (z. B. Wärmedämm- und Schalldämmeigenschaften), durch die Optimierung der Steinformen (z. B. Nut-Feder-Stoßfugen) und optimale Maßhaltigkeit (dadurch Möglichkeit für die Ausführung von mörtelfreiem Mauerwerk), durch neue Mörtel (Dünnbett- und Klebemörtel, wärmedämmende Mörtel) sowie durch die Entwicklung neuer Arbeitshilfsmittel (Transport- und Versetzhilfen, Mörtelauftragsgeräte, Grifföffnungen u. Ä. bei den Steinen).

Herkömmliche Bauarten, insbesondere der Mauerwerksbau, erfüllten mehr oder weniger alle an eine Wand zu stellende Anforderungen problemlos. Nachdem spezielle Materialien für nahezu jede Einzelanforderung verfügbar sind, ist bei der Kombination von Baustoffen oft unterschiedlichster Eigenschaften die Kenntnis und konstruktive Beherrschung der damit auftretenden bauphysikalischen Probleme unabdingbar.

6.2 Mauerwerk aus künstlichen Steinen

6.2.1 Allgemeines

6.2.1.1 Standsicherheit

Die Standsicherheit von Wänden ist je nach Bauart und statischer Beanspruchung nachzuweisen.

Neuere Forschungsergebnisse haben zu verfeinerten Berechnungsverfahren für Mauerwerk geführt. Dabei wird die gegenseitige Beeinflussung von Wänden und Decken hinsichtlich ihrer Verformung und des Zusammenwirkens bei der Standsicherheit stärker als bisher berücksichtigt.

So wird jetzt z. B. davon ausgegangen, dass zwischen gemauerten tragenden Wänden und Stahlbetondecken am Auflager praktisch eine biegesteife Eckverbindung entsteht. Auch sind für die Standsicherheitsnachweise hinsichtlich Knicken, Schub und Zug/Biegzug bei Mauerwerk differenziertere Erkenntnisse berücksichtigt.

In Verbindung mit hochfesten Baustoffen (Mauersteine der Festigkeitsklassen 36, 48 und 60, s. Abschn. 6.2.2) und der Verwendung von Mauermörtel der Mörtelgruppe III (s. Abschn. 6.2.2.3) ergeben sich dabei auch bei geringen Mauerdicken konstruktive Möglichkeiten, wie sie früher nur dem Bauen mit Stahlbeton vorbehalten blieben. Unterschieden wird in DIN 1053

- Rezeptmauerwerk (RM)
- Mauerwerk nach Eignungsprüfung (EM)

DIN 1053-1 enthält *vereinfachte Verfahren für den Standsicherheitsnachweis.*

Sie dürfen angewendet werden für Bauwerke

- mit Höhen bis 20 m über Gelände,
- mit Deckenstützweiten bis 6 m,
- mit Verkehrslasten bis 5 kN/m² und
- wenn die Bedingungen der Tabelle **6**.1 (DIN 1053, Tab. 1) eingehalten sind.

Tabelle **6**.1 Voraussetzungen für die Anwendung des vereinfachten Verfahrens für den Standsicherheitsnachweis (DIN 1053-1, Tab. 1)

Bauteil	Voraussetzungen		
	Wanddicke d in mm	lichte Geschosshöhe h_s	Nutzlast p in kN/m²
Innenwände	$\geqq 115$ < 240	$\leqq 2{,}75$ m	$\leqq 5$
	$\geqq 240$	–	
einschalige Außenwände	$\geqq 175$[1] < 240	$\leqq 2{,}75$ m	
	$\geqq 240$	$\leqq 12 \cdot d$	
Tragschale zweischaliger Außenwände und zweischalige Haustrennwände	$\geqq 115$[2] < 175[2]	$\leqq 2{,}75$ m	$\leqq 3$[3]
	$\geqq 175$ < 240		$\leqq 5$
	$\geqq 240$	$\leqq 12 \cdot d$	

Tragende Wände dürfen bei entsprechendem Nachweis selbst bei nur zweiseitiger Auflagerung eine Mindestdicke von nur 11,5 cm haben, sofern sie nicht durch Schlitze oder Aussparungen geschwächt sind oder nicht zusätzliche Anforderungen z. B. für Schall- oder Brandschutz bestehen.

Das bedeutet, dass auch Trennwände weitgehend als Tragwände herangezogen werden können. Dadurch werden die Deckenspannweiten reduziert und die Bedingungen für die Gebäudeaussteifung verbessert.

Tragende Wände. Alle Wände, die mehr als ihre Eigenlast aus einem Geschoss zu tragen haben, gelten als Tragwände. Nur wenn die gewählte Wanddicke offensichtlich ausreichend ist, darf auf einen Nachweis der erforderlichen Wanddicke verzichtet werden.

Tragende Wände sind auf lastabtragenden Bauteilen (Fundamente, Sohlen, Geschossdecken) zu „gründen".

Innerhalb eines Geschosses sollen nur einheitliche Stein- und Mörtelarten verwendet werden. *Kelleraussenwände* dürfen ohne Nachweis hinsichtlich Erddruck errichtet werden, wenn die folgenden Bedingungen erfüllt sind:

- lichte Höhe des Kellers höchstens 2,60 m,
- Wanddicke der Kelleraußenwand mindestens 24 cm,
- im Einflussbereich des Erddruckes dürfen keine Verkehrslasten von mehr als 5 kN/m² vorhanden sein,
- die Geländeoberfläche darf nicht ansteigen,
- die Anschütthöhe h_e ist nicht höher als h_s (vgl. Tab. **6**.2),
- die Auflast N_0 der Kelleraußenwand liegt innerhalb folgender Grenzen:
  $\max N_0 \geq N_0 \geq \min N_0$ mit $\max N_0 = 45 \cdot d \cdot \sigma_0$
  bzw. innerhalb der Werte von Tab. **6**.2.

[1] Bei eingeschossigen Garagen und vergleichbaren Bauwerken, die nicht zum dauernden Aufenthalt von Menschen vorgesehen sind, auch $d \geqq 115$ mm zulässig.

[2] Geschossanzahl maximal zwei Vollgeschosse zuzüglich ausgebautes Dachgeschoss; aussteifende Querwände im Abstand $\leqq 4{,}50$ m bzw. Randabstand von einer Öffnung $\leqq 2{,}0$ m.

[3] Einschließlich Zuschlag für nichttragende innere Trennwände.

Als Gebäudehöhe darf bei geneigten Dächern das Mittel von First- und Traufhöhe gelten.

Tabelle **6**.2 min N_0 für Kelleraußenwände ohne rechnerischen Nachweis (DIN 1053-1, Tab. 8)

Wand dicke d	min N_0 bei einer Höhe der Anschüttung h_e			
	1,0 m in kN/m	1,5 m in kN/m	2,0 m in kN/m	2,5 m in kN/m
240	6	20	45	75
300	3	15	30	50
365	0	10	25	40
490	0	5	15	30

Zwischenwerte sind geradlinig zu interpolieren.

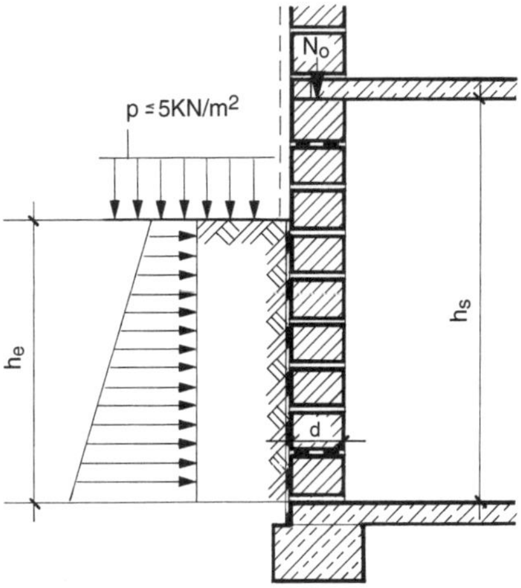

Tragende Pfeiler müssen eine Mindestabmessung von 11,6 x 36,5 cm bzw. 17,5 x 24 cm haben.

Aussteifende Wände. Von größter Bedeutung sind die Aufgaben, die Wände für die Standfestigkeit im gesamten Baugefüge zu übernehmen haben. Sie müssen ebenso wie alle vertikalen Lasten (Eigengewichte, Verkehrs- und Nutzlasten, Schneelast usw.) auch alle horizontalen Beanspruchungen auf das Bauwerk (z. B. Windlasten, Lasten aus Schrägstellungen usw.) sicher auf den Baugrund übertragen.

Das wird erreicht durch das Zusammenwirken unverschieblich gehaltener Wand- und Deckenscheiben (Bild **6**.3) oder auch durch Ringbalken oder Rahmen (vgl. Abschn. 1.6).

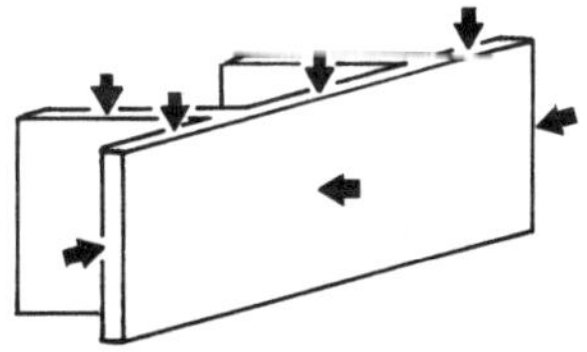

6.3a

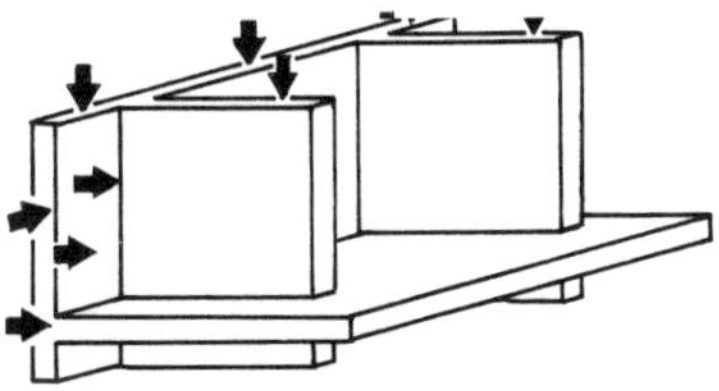

6.3b

6.3 Aussteifung
a) Aussteifung einer Wand durch Querwände
b) Aussteifung durch Querwände und Deckenscheibe

Wenn die Geschossdecken als steife Scheiben ausgebildet sind oder statisch berechnete Ringbalken vorhanden sind, bzw. wenn ein Bauwerk „offensichtlich genügend lange aussteifende Wände in ausreichender Zahl aufweist, die ohne größere Schwächungen oder Versprünge bis auf die Fundamente geführt sind" (DIN 1053-1, Abschn. 6.4), darf auf einen besonderen Nachweis der räumlichen Steifigkeit verzichtet werden.

Was als „offensichtlich ausreichend" anzusehen ist, wird nicht näher definiert, so dass der Planer und Ingenieur in eigener Verantwortung entscheiden müssen.

Im übrigen muss ein statischer Nachweis entweder nach dem vereinfachten Verfahren von DIN 1053-1 Abschn. 6 oder – in schwierigeren Fällen bzw. zur bestmöglichen Ausnutzung des Mauerwerkes – nach dem genaueren Verfahren für Mauerwerk nach Eignungsprüfung nach DIN 1053-2 Abschn. 7 geführt werden.

Aussteifende Wände müssen mindestens eine wirksame Länge von 1/5 der lichten Geschosshöhe h_s und eine Dicke von 1/3 der Dicke der auszusteifenden Wand, mindestens jedoch 11,5 cm haben (Bild **6**.4).

Sie müssen unverschieblich und rechtwinklig zur ausgesteiften Wand gehalten sein. Bei einseitig angeordneten Aussteifungswänden müssen diese gleichzeitig mit der auszusteifenden Wand im Verband hochgeführt werden, oder es muss durch andere Maßnahmen (z. B. Maueranker, Anschlussprofile u. Ä.) eine zug- und druckfeste Verbindung gesichert sein.

Als statisch gleichwertige Maßnahme ist bei Kalksandsteinmauerwerk die „Stumpfstoßtech-

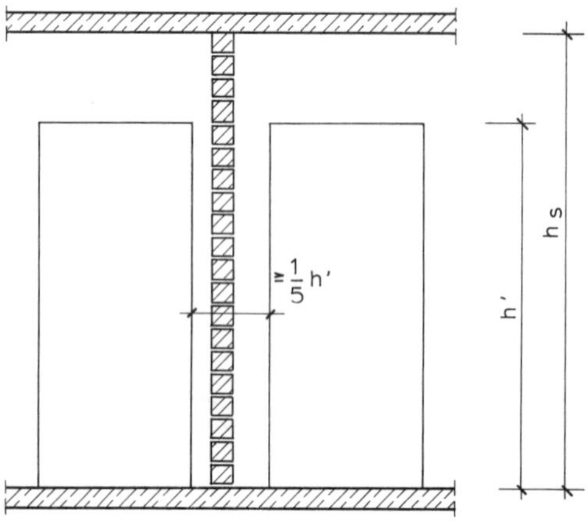

6.4 Mindestlänge der aussteifenden Wand

nik" zugelassen, wenn die Wände als zweiseitig gehalten nachgewiesen sind. Eine Verzahnung kann also entfallen, doch sind Stumpfstöße aus wärme- und schallschutztechnischen Gründen zu vermörteln. Es wird jedoch empfohlen, die Anschlüsse mit Flachstahl ankern auszuführen [15].

Je nach Anzahl der rechtwinklig zur Wandebene gehaltenen Ränder werden zwei-, drei- und vierseitig gehaltene oder frei stehende Wände unterschieden. Für drei- und vierseitig gehaltene Wände können abgeminderte Knicklängen in Rechnung gestellt werden, wenn Horizontallasten nur durch Wind bestehen. Für freistehende Wände muss immer ein Standsicherheitsnachweis geführt werden.

Umfassungswände müssen mit den Decken zugfest verbunden werden. Wenn Massivdecken mindestens bis zur halben Wanddicke aufliegen, müssen keine besonderen Maßnahmen zur Verbindung getroffen werden. Holzbalkendecken müssen durch Anker mit Splinten (s. Abschn. 10.3) im Abstand von 2 m (ausnahmsweise = 4 m) verbunden werden. Giebelwände müssen an den Dachstühlen verankert werden, wenn sie nicht durch Querwände, Pfeilervorlagen o. Ä. genügend ausgesteift sind.

Aussteifungspfeiler. Wenn bei langen tragenden Wänden keine aussteifenden Querwände möglich sind, können Aussteifungspfeiler aus Stahlbeton oder Stahlprofilen vorgesehen werden. Dabei ist in der Regel ein statischer Nachweis erforderlich. Darüber hinaus ist die Problematik zu beachten, die sich aus dem Nebeneinander der verschiedenen Baustoffe ergeben kann, und es ist ggf. außerdem auf ausreichende zusätzliche Schall- und Wärmeschutzmaßnahmen zu achten (Bild **6**.5).

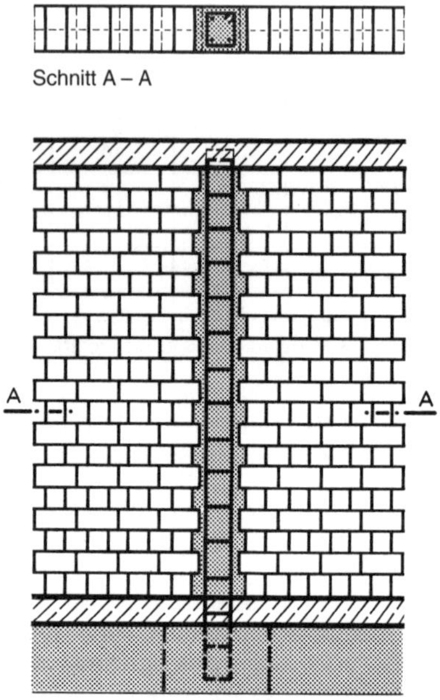

6.5a

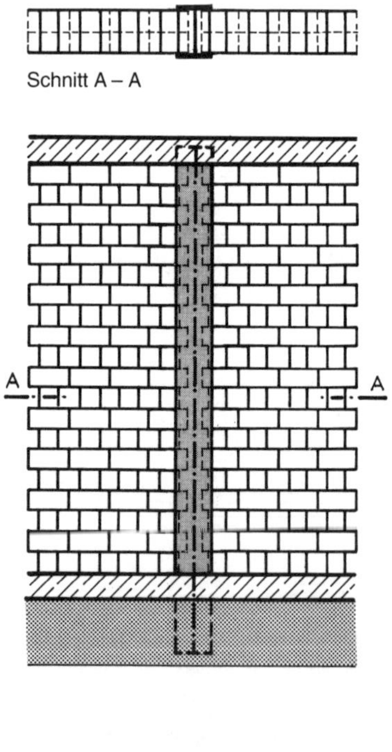

6.5b

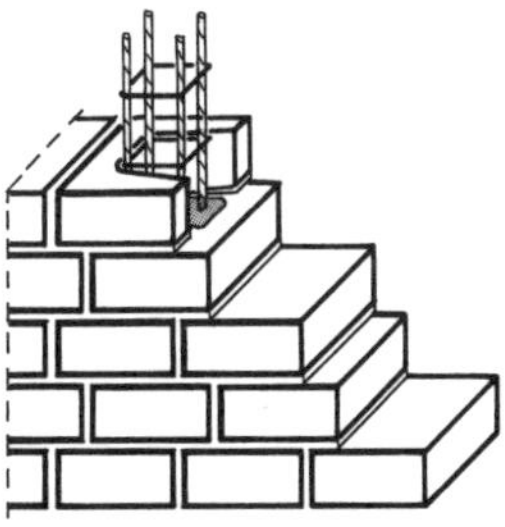

6.5c

6.5 Aussteifung durch Pfeiler

a) Stahlbetonpfeiler
b) Stahlprofil
c) Aussteifungsstütze, betoniert mit Hilfe von Kalksandstein-Schalen (KS U) in Sichtmauerwerk

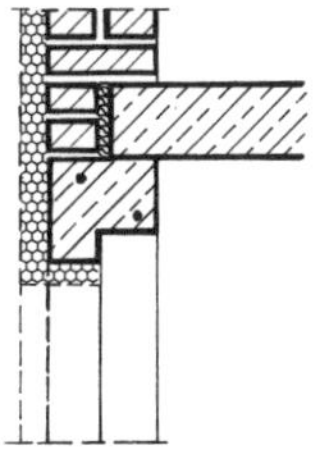

6.6b

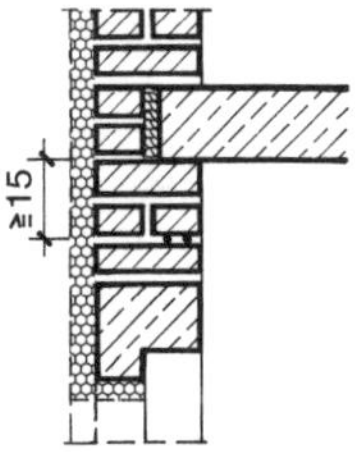

6.6c

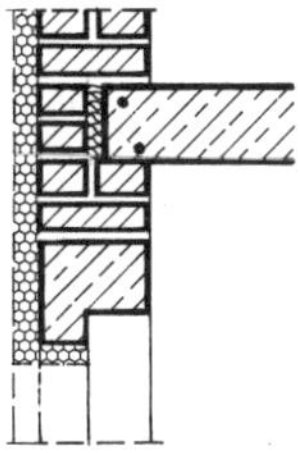

6.6d

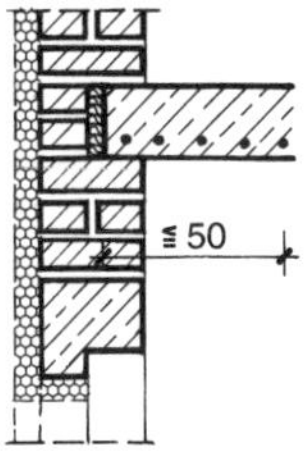

6.6e

Ringanker und Ringbalken. In alle Außenwände und in die Querwände, die als vertikale Scheiben der Abtragung horizontaler Lasten (z. B. Wind) dienen, sind unmittelbar unterhalb der Geschossdecken *Ringanker* zu legen bei Bauten

- mit mehr als 2 Vollgeschossen oder > 18,00 m Länge,
- bei Wänden, in denen die Summe der Öffnungsbreiten 60 % der Mauerlänge übersteigt (bzw. 40 %, wenn die Fensterbreiten größer sind als 2/3 der Geschosshöhe).

Die Ringanker können mit Massivdecken (s. Abschn. 10.2) oder Fensterstürzen aus Stahlbeton vereinigt werden. Sie sollen < 15 cm hoch und oben und unten mit mindestens 2 durchlaufenden Rundstählen bewehrt sein, die eine Zugkraft von < 30 kN aufnehmen.

Sie wirken wie ein Zugband für einen gedachten Druckbogen in der Deckenplatte und müssen alle Außenwände und durchgehenden Querwände zusammenhalten (Bild **6**.6a). Einige Ausführungsmöglichkeiten für Ringanker zeigt Bild **6**.6b bis e.

6.6a

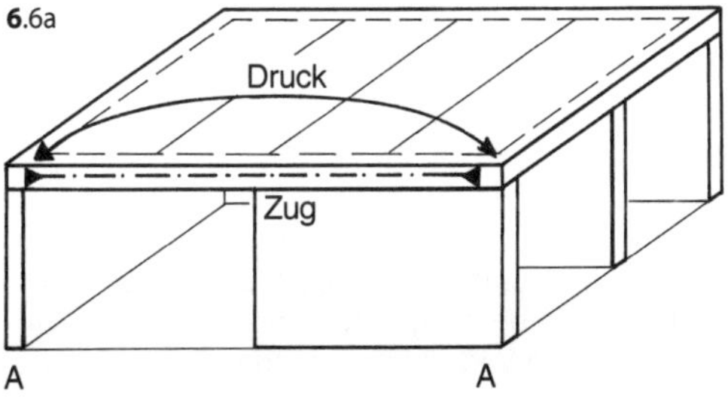

Wenn Decken ohne Scheibenwirkung verwendet werden (z. B. Holzbalkendecken) oder wenn Stahlbetondecken mit Gleitlagern auf den tragenden Wänden aufliegen (s. Abschn. 10.1.2), muss die Aussteifung durch *Ringbalken* sichergestellt werden (Bild **6**.6f).

6.6f

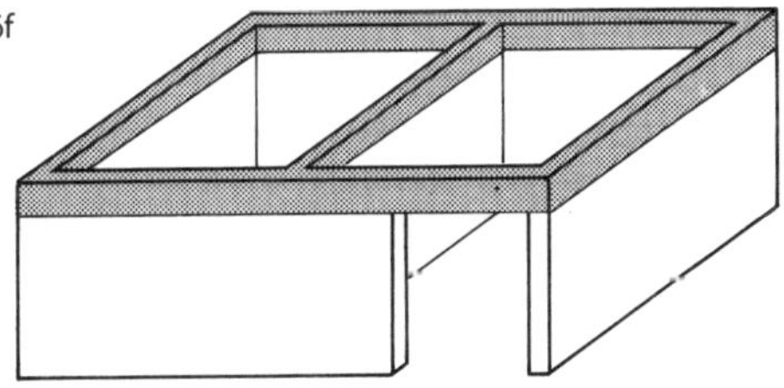

6.6 Ringanker und Ringbalken

a) Ringankerprinzip, dargestellt für die Bauwerksseite A–A
b) Ringanker in Verbindung mit dem Fenstersturz unter der Decke
c) Ringanker zwischen Decke und Fenstersturz. Bewehrtes Ziegelmauerwerk, die Bewehrung – mind. 2 durchlaufende Rundstäbe – muss eine Zugkraft von ≧ 30 kN aufnehmen)
d) Ringanker in Deckenhöhe
e) Parallel zu Ringankern liegende durchlaufende Bewehrungen dürfen in einem Streifen von ≦ 50 cm als Ringanker-Bewehrung angerechnet werden.
f) Ringbalken

6

6

Ringanker oder -balken in Außenwänden werden – ebenso wie Deckenränder – vielfach immer noch mit einem Wärmeschutz aus anbetonierten Holzwolleleichtbauplatten ausgeführt. (Für den erforderlichen Außenputz müssen diese Flächen mit Putzträgern überspannt werden.)

Eine derartige Ausführung ist jedoch problematisch. Die hinter dem Außenputz liegenden Wärmedämmungen bewirken meistens einen Wärmestau bei Sonneneinstrahlung. Dadurch und durch unvermeidliche Verformungen der Decken an den Auflagerrändern (s. Abschn. 10.1) sind Rissbildungen fast immer die Folge. Es sollten daher entweder Ausführungen wie in Bild **6**.6b bis e vorgezogen werden oder eine sogenannte „Dämmschalung" als verlorene Schalung zur Ausführung kommen. Diese Dämmschalungen bestehen meistens aus Polystyrol-Hartschaum und werden häufig auch als „verlorene Deckenrandschalung" verwendet (s. Abschnitt 10.1.2). Auf diese Dämmschalung wird dann – ebenso wie auf Mauerwerk – der Putzträger aufgebracht.

Bewehrtes Mauerwerk

Mauerwerk nimmt hohe Druck-, aber nur geringe Zugkräfte auf.

Die Bewehrung von Mauerwerk erhöht nicht nur die Tragfähigkeit, sondern verbessert auch in erheblichem Maß die Risssicherheit. So können z. B. beim Anschluss nichttragender Fensterbrüstungen an angrenzendes Pfeilermauerwerk die auftretenden Zugspannungen durch Bewehrungen aufgenommen werden.

Bei nichttragenden gemauerten Innenwänden können durch Bewehrungen in den unteren Lagerfugen Horizontalrisse infolge von Deckenverformungen („Stützgewölbeeffekt") verhindert werden. Auch aufwendige Ringankerausführungen lassen sich in vielen Fällen durch bewehrtes Mauerwerk ersetzen.

Für vertikale Bewehrungen können grossformatige Füllziegel mit grossen Aussparungen verarbeitet werden, wenn ihre Druckfestigkeit ohne Verfüllung der Aussparungen ermittelt wurde.

In der Altbausanierung werden hauptsächlich nichttragende Trennwände eingebaut. Meistens können die Decken die zusätzliche Belastung nicht aufnehmen. Durch eine Bewehrung der Lagerfugen werden diese Wände selbsttragend. Sie setzen sich dann nicht auf den Decken ab.

Durch die Vergrößerung der Zugfestigkeit werden darüber hinaus die Anwendungsmöglichkeiten für Mauerwerk erheblich ausgeweitet. Bewehrungen aus Rundstahl oder aus vorgefertigten gitterartigen Bewehrungen werden bei horizontalen Biegebeanspruchungen von Platten oder über Maueröffnungen in die Lagerfugen des Mauerwerkes eingelegt.

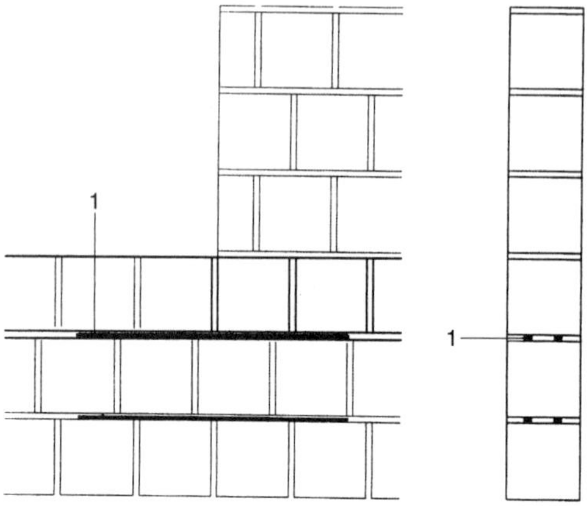

6.7 Fensterbrüstung mit Lagerfugenbewehrung
1 Lagerfugenbewehrung

Die Bewehrung darf nur in Normalmörtel der Mörtelgruppe III und IIIa eingebettet sein. Bei vertikalen Beanspruchungen ist die Ausführung von bewehrtem Mauerwerk mit Hilfe von speziellen Hohlkammersteinen möglich.

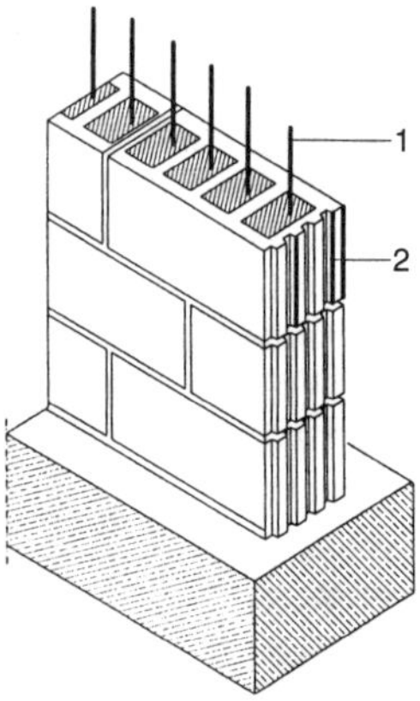

6.8 Bewehrtes Mauerwerk aus Füllziegeln
1 Bewehrung
2 Füllziegel

In die Hohlkammern werden vorgefertigte Bewehrungskörbe eingestellt und mit Beton vergossen. Zum Verfüllen ist mindestens Beton der

Festigkeitsklasse B 15 nach DIN 1045 zu verwenden. Das Größtkorn darf dabei 8 mm nicht überschreiten. Der Korrosionsschutz der Bewehrung ist zu gewährleisten, z. B. durch ausreichende Betonüberdeckung oder durch korrosionsgeschützte Bewehrung. Nicht gegen Korrosion geschützte Bewehrung darf nur in Mauermörtel eingelegt werden, wenn für die Wand ein dauernd trockenes Raumklima sichergestellt ist (Innenwände).

Windlasten beanspruchen nichttragende Aussenwände von Skelett- und Hallenbauten auf Biegung. Daher kommt bei Mauerwerks-Ausfachungsflächen häufig (z. B. bei Hallenbauten) horizontale Bewehrung zur Ausführung. Dadurch können bei geringen zulässigen Abmessungen der Wandstärken häufig Zwischenriegel entfallen, wodurch die Kosten deutlich gesenkt werden. (Bild **6**.9)

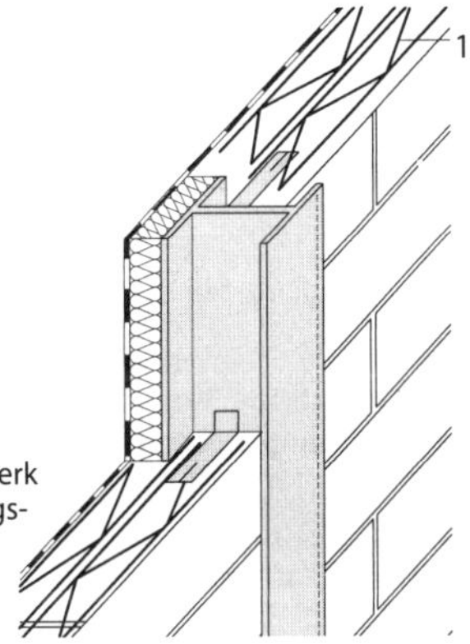

6.9 Bewehrtes Mauerwerk in einer Ausfachungsfläche
1 Mauerwerksbewehrung

Schlitze und Aussparungen. In tragenden oder aussteifenden Wänden sind Schlitze und Aussparungen für Installationen nur dann zulässig, wenn dadurch die Standfestigkeit nicht beeinträchtigt wird. Schlitze und Aussparungen müssen entweder im Verband gemauert oder nachträglich gefräst werden. Das nachträgliche Stemmen ist nicht zulässig!

Ohne besonderen Standsicherheitsnachweis für die Wände dürfen Schlitze und Aussparungen gemäß Tab. **6**.10 (DIN 1053, Tab. 10) ausgeführt werden.

Ohne statischen Nachweis sind danach nur Schlitze bis höchstens 4 cm Tiefe zugelassen, die nur für Kabel oder Rohre von geringem Querschnitt in Betracht kommen.

Das *bedeutet*, dass *sämtliche* größere Schlitze und Aussparungen von vornherein bei der Planung festgelegt und bei der statischen Berechnung berücksichtigt werden *müssen*!

Schlitze und Aussparungen schwächen Wände jedoch nicht nur in ihrem Tragverhalten. Sie sind immer auch Schwachstellen hinsichtlich des Schall- und Wärmeschutzes. Es sollten daher auch aus diesen Gründen möglichst „Vorwand-Installationen" bevorzugt werden. Alle Rohrleitungen usw. werden dabei – ggf. vormontiert oder in kompletten Einbauelementen – vor den Wänden oder in Installationsschächten eingebaut. Beim Innenausbau werden die Installationen ausge-

Tabelle **6**.10 Ohne Nachweis zulässige Schlitze und Aussparungen in tragenden Wänden (DIN 1053-1, Tab. 10).

Wanddicke	horizontale und schräge Schlitze 1) nachträglich hergestellt		vertikale Schlitze und Aussparungen nachträglich hergestellt			vertikale Schlitze und Aussparungen in gemauertem Verband			
	Schlitzlänge								
	unbeschränkt Tiefe 3)	≤ 1,25 m lang 2)	Tiefe	Einzelschlitzbreite 5) Tiefe 4)	Abstand der Schlitze und Aussparungen von	Breite 5)	Restwanddicke	Mindestabstand der Schlitze und Aussparungen von Öffnungen	Mindestabstand der Schlitze und Aussparungen untereinander
≥ 115	–	–	≤ 10	≤ 100		–	–	≥ 2fache	
≥ 175	0	≤ 25	≤ 30	≤ 100		≤ 260	≥ 115	Schlitzbreite	
≥ 240	≤ 15	≤ 25	≤ 30	≤ 150	≥ 115	≤ 385	≥ 115	breite	≥ Schlitzbreite
≥ 300	≤ 20	≤ 30	≤ 30	≤ 200		≤ 385	≥ 175	bzw.	
≥ 365	≤ 20	≤ 30	≤ 30	≤ 200		≤ 385	≥ 240	≥ 365	

1) Horizontale und schräge Schlitze sind nur zulässig in einem Bereich ≤ 0,4 m ober- oder unterhalb der Rohdecke sowie jeweils an einer Wandseite. Sie sind nicht zulässig bei Langlochziegeln.

2) Mindestabstand in Längsrichtung von Öffnungen ≥ 490 mm, vom nächsten Horizontalschlitz zweifache Schlitzlänge.

3) Die Tiefe darf um 10 mm erhöht werden, wenn Werkzeuge verwendet werden, mit denen die Tiefe genau eingehalten werden kann. Bei Verwendung solcher Werkzeuge dürfen auch in Wänden ≥ 240 mm gegenüberliegende Schlitze mit jeweils 10 mm Tiefe ausgeführt werden.

4) Schlitze, die bis maximal 1 m über den Fußboden reichen, dürfen bei Wanddicken ≥ 240 mm bis 80 mm Tiefe und 120 mm Breite ausgeführt werden.

5) Die Gesamtbreite von Schlitzen nach Spalte 5 und Spalte 7 darf je 2 m Wandlänge die Maße in Spalte 7 nicht überschreiten. Bei geringeren Wandlängen als 2 m sind die Werte in Spalte 7 proportional zur Wandlänge zu verringern.

mauert, erhalten eine Vormauerung oder Ausmauerung, oder sie werden verkleidet (Bild **6**.11).

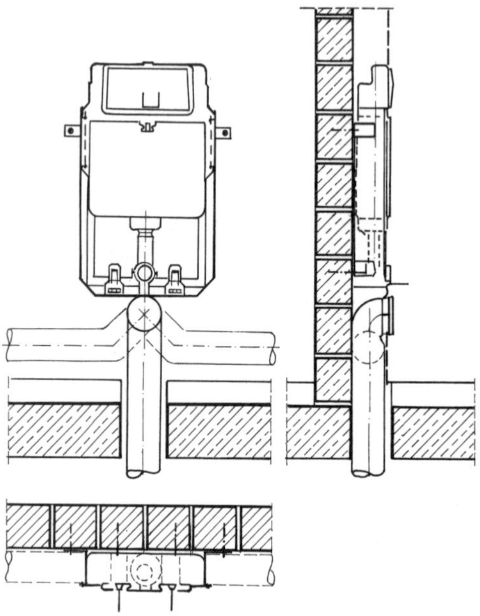

6.11 WC-Vorwandinstallation mit KOMBIFIX-Montagerahmen zur nachträglichen Ausmauerung oder Vormauerung (Geberit)

In *Aussenwänden* sind nach DIN 1986 Schlitze nur dann zulässig, wenn mindestens 24 cm Wanddicke verbleiben und außerdem der Wärmeschutz nach DIN 4108 gewährleistet bleibt. Im übrigen müssen Installationsleitungen und somit etwa erforderliche Schlitze jeweils an den Außenseiten der Wände von Aufenthaltsräumen ausgeführt werden (DIN 4109).

Nichttragende Wände. Nichttragende innere Trennwände, die der Raumaufteilung dienen und die keinen statischen Beanspruchungen innerhalb des konstruktiven Baugefüges unterliegen, sind nach DIN 4103 auszuführen (s. Abschn. 6.10 und Abschn. 15).

Heizkörpernischen sind als nichttragende Bestandteile tragender Wände zu betrachten. Ihre besondere Problematik wird in Abschn. 6.2.5 behandelt.

In Ausfachungen von Fachwerk-, Skelett- und Schottenbauweisen müssen nichttragende Wände die auf ihre Fläche wirkenden Lasten (insbes. Eigengewicht, Windlasten) auf tragende Bauteile abtragen.

Nichttragende Wände, die durch Anker, Versatz, Verzahnung o. Ä. gehalten sind, in Normalmörtel MG IIa (s. Abschn. 6.2.2.3) ausgeführt sind und den Bedingungen der Tabelle **6**.12 entsprechen, dürfen ohne statischen Nachweis ausgeführt werden.

Tabelle **6**.12 Größte zulässige Werte der Ausfachungsfläche von nichttragenden Außenwänden ohne rechnerischen Nachweis (DIN 1053-1, Tab. 9)
(ε kennzeichnet das Verhältnis der größeren zur kleineren Seite der Ausfachungsfläche)

Wanddicke *d*	Größte zulässige Werte[1] der Ausfachungsfläche bei einer Höhe über Gelände von					
	0 bis 8 m		8 bis 20 m		20 bis 100 m	
	$\varepsilon = 1{,}0$ in m^2	$\varepsilon \geqq 2{,}0$ in m^2	$\varepsilon = 1{,}0$ in m^2	$\varepsilon \geqq 2{,}0$ in m^2	$\varepsilon = 1{,}0$ in m^2	$\varepsilon \geqq 2{,}0$ in m^2
115[2]	12	8	8	5	6	4
175	20	14	13	9	9	6
240	36	25	23	16	16	12
≅ 300	50	33	35	23	25	17

1) Bei Seitenverhältnissen $1{,}0 < \varepsilon < 2{,}0$ dürfen die größten zulässigen Werte der Ausfachungsflächen geradlinig interpoliert werden.

2) Bei Verwendung von Steinen der Festigkeitsklassen ≧ 12 dürfen die Werte dieser Zeile um 1/3 vergrößert werden.

6.2.1.2 Wärmeschutz

Neben Decken und Dachflächen bilden die Außenwände einen wesentlichen Bestandteil der gesamten Umfassungsflächen von Räumen. Sie müssen daher auch den in DIN 4108 und den Wärmeschutzverordnungen festgelegten sehr weitgehenden Forderungen an den winterlichen und sommerlichen Wärmeschutz genügen (Anforderungen und Berechnungsverfahren s. Abschn. 16.5).

Auf den Heizenergieverbrauch eines Gebäudes hat der Wärmeschutz der Außenwände einen erheblichen Einfluss. Durch geeignete Anwendung von Dämmstoffen können die Wärmeverluste erheblich reduziert werden.

Die Wärmeschutzverordnung (WSVO) 1995 ist seit dem 1. Februar 2002 durch die Energieeinsparverordnung (ESVO) abgelöst. Damit werden Energieeinsparwerte bis zu 25 % gegenüber der Wärmeschutzverordnung gefordert.

Wärmeschutzmaßnahmen richten sich auf den *Wärmedurchgang* (Wärmeverluste im Winter, Aufheizung im Sommer) und die *Wärmespeicherung* (Ausgleich von Temperaturschwankungen infolge der unterschiedlichen Tag- und Nachttemperaturen beim Heizungsbetrieb im Winter und von Tag- und Nacht-Außentemperaturen im Sommer).

Weitere Ziele sind die Vermeidung von Feuchtigkeitsschäden und eine ingesamt deutliche Verbesserung der Behaglichkeit des Raumklimas. Bild **6**.13 zeigt mehrschichtige Konstruktionen, bei denen sich unter Verwendung moderner Wärmedämmstoffe bei entsprechenden Dämmstoffdicken Wärmedurchgangskoeffiziente (U-Werte, früher „k-Werte") zwischen 0,15 und 0,30 W/m$^2 \cdot$ K mühelos erreichen lassen.

Das Bestreben nach immer größerer Energieeinsparung bedingt ständig erhöhten Anforderungen an die Wärmedämmung von Bauteilen immer grössere Bedeutung bekommt neben der Wärmedämmung die Ausnutzung der eingestrahlten Sonnenenergie. Diese konnte bisher nur über Fensterflächen nutzbar gemacht werden. Bei hochgedämmten Fassaden lassen sich selbst bei starker Sonneneinstrahlung jedoch keine Wärmegewinne erzielen.

Es sollten möglichst gleichmässige innere Oberflächentemperaturen erzielt werden. Wärmebrücken sind dabei die Schwachstellen, da sich an ihnen die tiefsten raumseitigen Oberflächentemperaturen einstellen. An Wärmebrücken besteht immer die Gefahr von Tauwasserbildung.

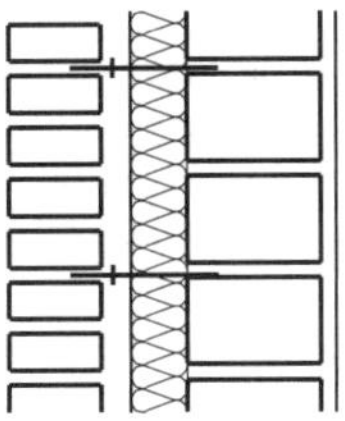

6.13a

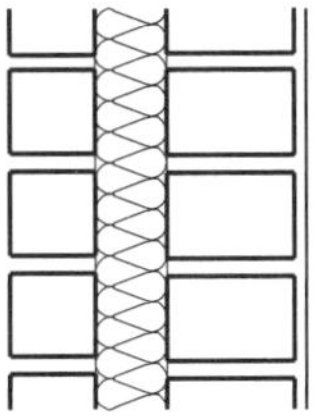

6.13b

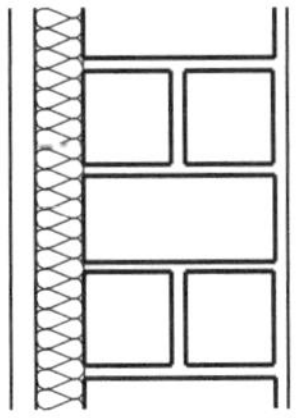

6.13c

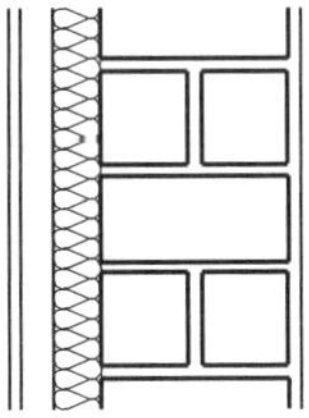

6.13d

6.13 Außenwandkonstruktionen (Außenseite links)
a) Zweischaliges Mauerwerk mit Luftschicht und Wärmedämmung, Schalenabstand nach DIN 1053 max. 15 cm
b) Zweischaliges Mauerwerk mit Kerndämmung, Schalenabstand nach DIN 1053 max. 15 cm
c) Einschalige Wand mit aussenliegender Wärmedämmung, beidseitig verputzt
d) Mauerwerk mit Wärmedämmung und hinterlüfteter Vorhangfassade

Tauwasserbildung setzt überall dort ein, wo die örtliche Oberflächentemperatur die Taupunkttemperatur des jeweiligen Wasserdampfdruckes unterschreitet. Tauwasserschäden treten deshalb zuerst im Bereich von Wärmebrücken auf. Je nach Oberflächenmaterial kann bei relativen Luftfeuchtigkeiten über etwa 80 %, bezogen auf die dazugehörige Oberflächentemperatur, auf dem Wege der Kapillarkondensation Feuchte aufgenommen werden und bei entsprechender Dauer zur Schimmelpilzbildung führen. Schimmelpilzbildung kann bereits bei Luftfeuchten erfolgen, die noch keine Tauwasserbildung zur Folge haben. Das Beiblatt 2 zur DIN 4108 enthält Planungs- und Ausführungsbeispiele zur Verminderung von Wärmebrückenwirkungen. Das Beiblatt stellt Wärmebrückendetails aus dem Hochbau dar, jedoch keine Konstruktionsbeispiele für Gebäude mit einer Innentemperatur unter 19 °C.

Die Entscheidung, welche Wandbauart anzuwenden ist, hängt von konstruktiven Anforderungen

(z. B. notwendige Belastbarkeit), gestalterischen Absichten (z. B. Wahl von Verblend- oder Sichtmauerwerk oder Innen- und Aussenputz) insbesondere aber vielfach von der Überlegung ab, wie mit möglichst geringem Aufwand optimaler Wärmeschutz erreicht werden kann (niedrige Material- und Herstellungskosten, geringer Unterhaltungsaufwand, nicht zu grosse Wanddicken, die eine Verringerung der Nutzflächen bedeuten).

- Verwendung von Mauersteinen mit unterschiedlichen Wärmedämmeigenschaften („Mischmauerwerk"),
- einbindende oder durchlaufende Bauteile wie z. B. Deckenauflager, Kragplatten, Stürze o. Ä. ohne ausreichenden zusätzlichen Wärmeschutz,
- Beeinträchtigung des Wärmeschutzes durch Wandaussparungen, Schlitze o. Ä.,
- Befestigung der Wärmedämmschichten
- formbedingte („geometrische") Wärmebrücken

6

Geometrische Wärmebrücken entstehen, wenn in den Außenecken der Außenwände kleinen erwärmten Flächen auf der Innenseite größere äußere Abkühlungsflächen gegenüberstehen. Durch den damit gegebenen „Kühlrippeneffekt" können bei einschaligen, nicht zusätzlich wärmegedämmten Wänden die Innenecken derart abkühlen, dass es bei ungünstigen Belüftungsverhältnissen (z. B. auch durch dicht anschließende Möblierungen) zur Kondensatbildung mit allen Folgeerscheinungen (z. B. Feuchtigkeitsschäden mit Schimmelpilzbildung) kommen kann (Bild **6**.14).

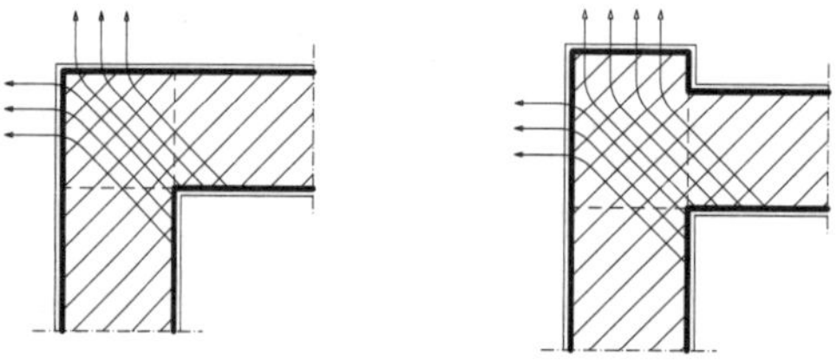

6.14a **6**.14b

6.14 Geometrische Wärmebrücke an Außenwandecke
a) Wärmeströmung
b) Verstärkte Wärmeströmung (Kühlrippeneffekt) durch Wandvorsprung

Zur Reduzierung geometrischer Wärmebrücken sollten stark gegliederte Baukörper möglichst vermieden werden.

Bei Mauerwerk war bisher eine Dämmung von Außenecken allenfalls bei besonders hohen Anforderungen oder Beanspruchungen üblich.

Eine zusätzliche Wärmedämmung außen (Bild **6**.16a) ist nur in Verbindung mit zweischaligem Mauerwerk oder bei zusätzlichen Fassadenbekleidungen anwendbar. Bei einschaligem Mauerwerk kann eine Verbesserung erreicht werden, wenn in den Eckbereichen Steine aus dem gleichen Material wie im angrenzenden Mauerwerk jedoch mit höheren Wärmedämmeigenschaften verwendet werden (Bild **6**.15b).

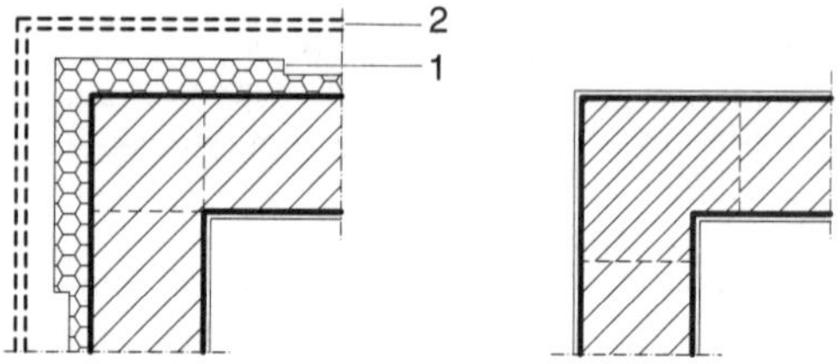

6.15a **6**.15b

6.15 Wärmedämmung an Außenecken
a) Zusätzliche Wärmedämmung der Ecke in Verbindung mit Fassadenbekleidungen
b) Wärmedämmung durch Mauerwerk mit höheren Wärmedämmeigenschaften

Wärmebrücken ergeben sich auch am Fußpunkt hochgedämmter Außenwände. Sie können durch den Einbau von Dämmelementen oder hochbelastbaren Dämmstoffstreifen (z. B. aus Schaumglas) vermieden werden (Bild **6**.16).

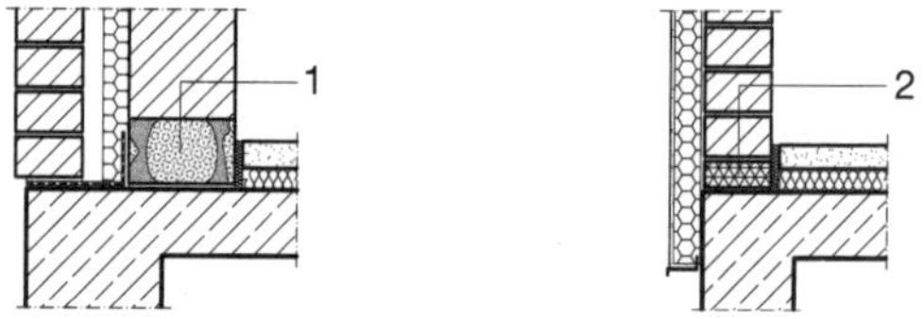

6.16a **6**.16b

6.16 Wärmedämmung am Mauerfuß
a) Wärmedämmelement Schöck Isomur®
b) Streifen aus Foamglas® Perinsul

Der Wärmedämmschutz der Aussenbauteile ist nicht nur von den Wärmedurchlasswiderständen (R) bzw. von den Wärmedurchgangskoeffizienten (U) der einzelnen Aussenbauteile abhängig, sondern er hängt auch stark von der Ausbildung der Anschlussbereiche zwischen den einzelnen Bauteilen ab. Dieses Phänomen wird mit zunehmender Verbesserung des Wärmeschutzes bedeutsamer. Aus energetischer Sicht sind Wärmebrücken zu beachten, da ihr Anteil am Transmissionswärmeverlust eines Gebäudes erheblich sein kann (Bbl 2 zu DIN 4108 von August 1998).

Es werden daher immer häufiger auch Versuche mit *transparenten Wärmedämmungen* gemacht. Dabei werden luftgefüllte Waben- bzw. Kapillarplatten aus lichtdurchlässigen Kunststoffen (PC und PMMA) in Dicken von 5 bis 12 cm und Schüttungen aus Aerogelen auf der Basis von Wasserglas verwendet. Bei unverschatteten Flächen lassen sich damit in Versuchsanordnungen Wärmegewinne von 70 bis 120 kWh/m^2 (100 kWh/m^2 entsprechen 10 l Heizöl) erzielen.

Bei der Anwendung von transparenter Wärmedämmung wird die Sonneneinstrahlung über durchscheinende Platten aus Kunststoffröhrchen hinter Glas auf eine dunkel gestrichene Wand geleitet und schliesslich, zeitverzögert um 4–6 Stunden, nach innen abgeführt. Die Wärme wird dann ähnlich wie bei einer Fussbodenheizung von den Wänden als Strahlungswärme an den Raum abgegeben (Bild **6**.17).

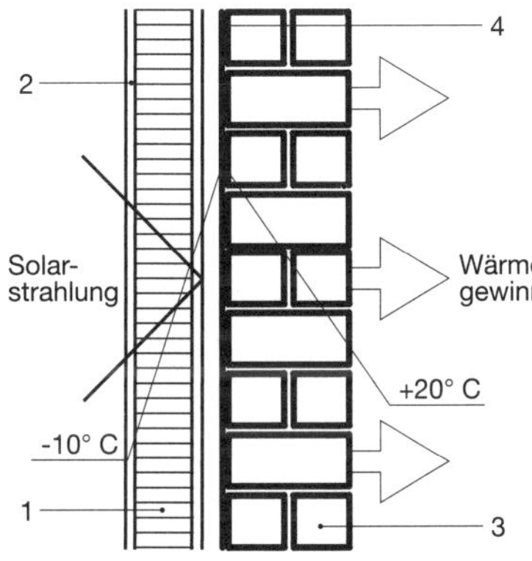

6.17 Aussenwand mit transparenter Wärmedämmung (Vertikalschnitt)
1 Kapillarplatten (aus Kunststoffröhrchen)
2 Glasscheibe zum Schutz der Kapillarplatten
3 Massive Innenwand
4 Dunkel gestrichene Fläche (Absorptionsfläche)

Die Wärmedämmung sollte zweilagig und möglichst stoßversetzt überlappend eingebaut werden. Dadurch wird die Gefahr der geometrischen Wärmebrücken reduziert und verhindert auch, dass Feuchte über die Stösse bis zum Hintermauerwerk vordringen kann.

Transparente Wärmedämmungen können nur in Verbindung mit Verschattungseinrichtungen oder Hinterlüftungen eingebaut werden, damit außerhalb der Heizperioden die Überhitzung der dahinter liegenden Räume verhindert werden kann.

Mit transparenten Wärmedämmungen sind eine Reihe von Demonstrationsobjekten ausgeführt. Inzwischen sind auch schon Leichthochlochziegel mit werkseitig aufgebrachter, transparenter Wärmedämmung in der Entwicklung. Die weitere Entwicklung auf diesem hochinteressanten Gebiet muss noch abgewartet werden.

Transparente Wärmedämmungen benötigen einen transparenten, aussenliegenden Witterungsschutz (z. B. Glasscheibe). Alle zur Verfügung stehenden Kunststoffe absorbieren nämlich Feuchtigkeit, die dann am kältesten Punkt, nämlich aussen, bei Erwärmung ausgetrieben wird. Somit entstehen ästhetische Beeinträchtigungen (z. B. Wassernasen), die zwar funktional ohne Einfluss sind, aber nach den bisherigen Erfahrungen immer wieder zu Reklamationen geführt haben.

Nicht nur die hohen Kosten sondern auch die noch immer existierenden technischen Probleme mit dieser Technologie haben bisher eine weite Verbreitung von TWD (transparente Wärmedämmung) verhindert.

6

Einschalige Wände (s. Abschn. 6.2.3.2) aus herkömmlichen Baustoffen wie Ziegel oder Kalk sandstein erfordern bei Außenwänden ohne zusätzliche Wärmedämmschichten im Hinblick auf die hohen Anforderungen der DIN 4108 bzw. der Wärmeschutzverordnung (s. Abschn. 16.5) unvertretbar große Wanddicken, die zwar bauphysikalisch problemlos, aber in der Regel zu teuer in der Herstellung sind. Ausserdem ist der Grundflächenbedarf derartiger Wandkonstruktionen sehr hoch. Folge solcher Wandkonstruktionen sind ein grösserer Brutto-Rauminhalt (umb. Raum) und dadurch bedingt auch höhere Baukosten.

Einschalige Wände werden daher fast nur noch aus Steinen mit sehr guten Wärmedämm-Eigenschaften hergestellt (z. B. porosierte Leichtziegel, Porenbeton, Leichtbeton-Hohlblocksteinen, oder aus Hohlblocksteinen mit integrierter Wärmedämmung.

Mit Blick auf Niedrigenergiehäuser, die inzwischen Standard sind, hat die Baustoffindustrie hochwärmedämmendes Mauerwerk entwickelt. Es werden Wärmeleitfähigkeiten zwischen λ 0,11 und 0,14 W/mK erreicht.

Für Passivhäuser (Heizwärmebedarf ≤ 15 kWh/m^2/a (im Vergleich zum Niedrigenergiehaus ≤ 75 kWh/m^2/a) wurden inzwischen spezielle, hochwärmedämmende Steine entwickelt.

Sie müssen unter Verwendung von Wärmedämm-Mörtel hergestellt werden, da sonst die Fugen Wärmebrücken darstellen, die sich nicht nur ungünstig auf den Gesamt-Wärmedurchlasswiderstand der Wand auswirken, sondern sich auch später durch Verfärbungen in den Wandflächen abzeichnen.

Mauerwerk aus Steinen mit hoher Wärmedämmung wird deshalb am besten mit Klebemörtel hergestellt.

Einschalige Wände mit zusätzlicher Wärmedämmung, die aus Steinen mit relativ schlechten Wärmedämm-Eigenschaften lediglich nach statisch-konstruktiven Anforderungen geplant werden und eine zusätzlich *aussen aufgebrachte Wärmedämmung* (Hartschaum oder Mineralwolle mit zement- oder kunstharzgebundenen Dünn-Putzen, sog. Wärmedämmverbundsysteme (WDVS) erhalten, stellen nach vergleichenden Untersuchungen eine sehr kostengünstige Lösung dar. Dabei wirkt sich auch die relativ geringe Gesamt-Wanddicke (etwa 30 cm) im Hinblick auf den insgesamt umbauten Raum vorteilhaft aus (Bild **6**.13c). Die Ausführung des Außenputzes hierbei erfordert große Erfahrung, damit einerseits eine auf Dauer rissefrei bleibende schlagregensichere Außenfläche erreicht wird, die jedoch andererseits nicht die Wasserdampfdiffusion in gefährlichem Maß behindern darf. Bei den auf dem Markt befindlichen „geschlossenen Systemen" sind alle Materialien unter genauer Definition der Gewährleistung aufeinander abgestimmt sind (s. Teil 2 dieses Werkes).

Zu beachten ist, dass diese Bauart recht empfindlich hinsichtlich mechanischer Beschädigungen ist. Außerdem können zusätzlich aufgebrachte weiche Schalen die Schallschutz eigenschaften des Mauerwerks ungünstig beeinflussen.

Von *innen aufgebrachte Wärmedämmungen* stellen eine nur für besondere Fälle empfehlenswerte Lösung dar wie z. B. für Versammlungsräume (Wärmespeicherwirkung der Wände meistens nicht erforderlich) oder für nachträgliche Verbesserungen des Wärmeschutzes, wenn das Aufbringen einer zusätzlichen Wärmedämmung von außen nicht möglich ist (s. Abschn. 8 in Teil 2 d. Werkes). In diesem Fall sollte jedoch unbedingt die Problematik der Wasserdampfdiffusion beachtet werden (s. Abschn. 16.5.6)

Zweischaliges Mauerwerk (s. Abschn. 6.2.3.3) besteht aus der innen liegenden tragenden Wand und der äußeren nicht belasteten Schale, die in erster Linie als Wetterschutz dient.

Bei Außenwänden, die nicht allzu stark dem Schlagregen ausgesetzt sind, wird die Wärmedämmung *ohne Luftschicht* als „Kerndämmung" zwischen den Schalen eingebaut. Sie besteht aus einer losen Hyperlite-Schüttung, Hartschaumplatten oder speziellen, wasserabweisenden („hydrophobierten") Mineralwolleplatten. Derartige Wandkonstruktionen kommen auch in Frage, wenn Außenwände beidseitig als Sichtmauerwerk ausgeführt werden sollen (Bild **6**.13b).

Jede Art von Hydrophobierung lässt im Laufe der Zeit nach. Die wasserabweisende Eigenschaft ist kein Freibrief für die Sorglosigkeit bei der Verarbeitung. Die Aussenschale muss in jedem Fall so sorgfältig ausgeführt werden, dass ein Eindringen von Schlagregen weitestmöglich vermieden wird. Eine Hydrophobierung ist nicht mit feuchtigkeitsbeständig oder dauerhaft feuchtigkeitsbelastbar gleichzusetzen.

Bessere Voraussetzungen für den Schlagregenschutz und die Ableitung von diffundierendem Wasserdampf bietet zweischaliges Mauerwerk mit *Luftschicht*, das in den regenreichen nordwesteuropäischen Gebieten die traditionelle Wandbauweise bildete (Bild **6**.13a).

Daraus abgeleitet wurde das zweischalige Mauerwerk mit *Luftschicht und Wärmedämmung*. Auf die innenliegende tragende Wand wird außen die aus Hartschaum- oder Mineralwolleplatten bestehende Wärmedämmung aufgebracht. Zwischen dieser und der äußeren Schale verbleibt ein etwa 4 bis 6 cm breiter hinterlüfteter Abstand. In dieser Luftschicht kann diffundierender Wasserdampf ebenso wie etwa an der Rückseite der Wetterschutzschale austretendes Niederschlagwasser ohne Durchnässung der Wärmedämmung abgeleitet werden. Die Außenschalen werden bei zweischaligem Mauerwerk mit Luftschicht in der Regel aus Sichtmauerwerk hergestellt. Bei dieser Wandkonstruktion sind die Aufgaben der einzelnen Bauteilschichten unter optimalen bauphysikalischen Voraussetzungen klar abgesetzt. Dem steht als Nachteil gegenüber der relativ hohe Herstellungsaufwand und die

erforderliche Gesamtdicke der Wand von 45 bis 49 cm (Bild **6**.13a). Diese Wandkonstruktion verlangt große Sorgfalt bei der Ausführung. Mauermörtel darf nicht in die Luftschicht der äusseren Schale gelangen. Es dürfen sich keine sogenannten Mörtelbrücken bilden, da sie die Funktionen der einzelnen Schichten stark beeinträchtigen.

Nach dem gleichen Bauprinzip kann die äußere Wetterschutzschale auch durch vorgehängte Leichtkonstruktionen (z. B. aus Metall- oder Faserzementplatten, vgl. Abschn. 8) gebildet werden (Bild **6**.13d).

Kellerwände

Innendämmungen sind problematisch, weil dann einerseits die Wärmespeicherfähigkeit der meist massiven Aussenwände nicht mehr wirksam wird und andererseits dabei erhöhte Gefahr von Tauwasser- und damit Schimmelpilzbildung besteht.

Die Nutzung von Kellerräumen hat sich in den vergangenen Jahren grundsätzlich verändert. Immer mehr werden Kellerräume zu Wohnzwecken benutzt. Dies erfordert eine Beheizung und damit verbunden auch dauerhaft eine funktionsfähige Wärmedämmung dieser Räume.

Kellerwände, gegen die das Erdreich ansteht, werden mit aussenliegender „Perimeterdämmung" gedämmt. Perimeter-Dämmstoffplatten bestehen aus expandiertem (EPS) oder extrudiertem (XPS) Polystyrol bzw. aus Schaumglas. Sie zeichnen sich dadurch aus, dass sie je nach Qualität nur sehr wenig oder überhaupt kein Wasser aufnehmen. Somit wird die Wärmedämmfähigkeit von Perimeterdämmung durch Kontakt mit Wasser nicht beeinträchtigt. Immer häufiger kommen heute – insbesondere auch bei Passivhäusern (Abschn. 6.2.3.4) – Wärmedämmungen unterhalb der Bodenplatte zur Ausführung. Für diese Fälle sollte Schaumglas oder Hartschaum mit ausreichender Druckfestigkeit als Dämmstoff bevorzugt werden. Schaumglas ist ein anorganischer Baustoff ohne Bindemittelzusätze, es besteht aus reinem Glas und besitzt keine Kapillarität. Um Wärmebrücken zu vermeiden, sollten bevorzugt Wärmedämmplatten mit Stufenfalz zur Ausführung kommen.

6.2.1.3 Schallschutz

Schallschutzmaßnahmen müssen getroffen werden gegen die Übertragung von Außenlärm, von Geräuschen aus eigenen und fremden Wohn- und Arbeitsbereichen sowie gegen die Schallübertragung aus Treppenhäusern, von Aufzugsanlagen oder von besonderen Schallquellen wie Gewerbebetrieben, Diskotheken usw.

Anforderungen und notwendige Nachweise sind in Einzelerlassen der Bauaufsichtsbehörden und in DIN 4109 und 18 005 enthalten.

Besondere Bestimmungen gelten dabei für den Schallschutz von Geschosshäusern mit Wohn- und Arbeitsräumen, für Einfamilien-, Doppel- und Reihenhäuser, für Schulen u. Ä., für Krankenhäuser, Sanatorien, Beherbergungsstätten, ferner für Gewerbebetriebe, Gaststätten sowie für Technische Räume. Schallschutzmaßnahmen im Hinblick auf *Wände* richten sich in erster Linie auf die Dämmung von *Luftschall*.

Dabei sind zu unterscheiden:

- Außenwände
- trennende Außenwände (Haustrennwände)
- trennende Innenwände (Wohnungstrennwände, Treppenhauswände, Wände von Aufzugsschächten u. Ä.)

Hinsichtlich der Konstruktion unterscheidet man:

- einschalig biegesteife Trennwände,
- zweischalige Trennwände aus zwei biegesteifen Schalen mit durchgehender Gebäudefuge,
- zweischalige Trennwände mit einer biegesteifen und einer biegeweichen Schale,
- dreischalige Wände mit einer biegesteifen und zwei beidseitig angeordneten biegeweichen Schalen (Bild **6**.21).

Die bei einschaligen Wänden erreichbare Dämmung gegen Luftschall ist in erster Linie abhängig von ihrer flächenbezogenen Masse bzw. ihrem Flächengewicht (kg/m^2) sowie von den Eigenschaften der flankierenden Bauteile. Voraussetzung ist dabei, dass Undichtigkeiten ausgeschlossen (vollfugiges Mauern, Putz, Wandmaterial mit offenen Poren, unvollständig vermörtelte Fugen bei Sichtmauerwerk, Trocknungsrisse an den Flanken, undichte Stumpfstösse von Wänden) und Schwachstellen (z. B. Wandschlitze, Nischen) vermieden werden (s. DIN 4109, Bbl. 1, Tab. 1). Rohrleitungen dürfen nicht in oder an Wohnungstrennwänden montiert werden.

Die gestiegenen Anforderungen an die Wärmedämmung haben zur Entwicklung von immer leichteren, poröseren Baustoffen geringer Rohdichte geführt. Je geringer die flächenbezogene Masse einer Wand ist, desto schlechter sind allerdings auch die Schalldämmeigenschaften dieser Wand. Auch Lochungen in den Steinen können zu Schwingungen im Stein selbst und dadurch zu Schalldämmeinbrüchen führen.

Die Schalldämmeigenschaft einer Wand ist darüber hinaus von ihrer *Steifigkeit* abhängig. Als „steife" Wände gelten z. B. Vollziegel- oder Kalksandsteinwände, als „biegeweich" sind Wandkonstruktionen aus dünnen Schalen (z. B. Gipskarton) auf Rahmen oder Ständern zu betrachten.

Zweischalige Wände können bei gleichem Flächengewicht die Schalldämmung erheblich verbessern unter der Voraussetzung, dass der Abstand der Schalen ausreichend groß ist, im Hohlraum Schallschluckmaterialien vorgesehen werden und feste Verbindungen zwischen den Schalen vermieden sind. Trennfugen (z. B. zwischen Haustrennwänden) müssen unbedingt vollständig durchgehen. Durchlaufende Decken verschlechtern die Schalldämmung erheblich!

Haustrennwände werden in der Regel mit nebeneinanderstehenden einschaligen biegesteifen Trennwänden mit durchgehender Fuge ausgeführt (Bild **6**.18a und d). Sind die Außenwände zweischalig ausgeführt, muss die Trennfuge auch durch die Außenschale hindurch geführt werden (Bild **6**.18b und c).

Die Fugenbreite bei Haustrennwänden ist abhängig von der flächenbezogenen Masse der Trennschalen.

- Bei einer flächenbezogenen Masse von mindestens 100 kg/m² (ggf. einschl. Putz) muss die Fugenbreite mindestens 5 cm betragen,
- bei einer flächenbezogenen Masse von mindestens 150 kg/m² (ggf. einschl. Putz) muss die Fugenbreite mindestens 3 cm, besser jedoch 5 cm betragen.

Der Fugenhohlraum ist mit dicht gestoßenen, vollflächig verlegten speziellen Trennwandplatten auszufüllen.

Bei Ortbetonbauweisen müssen die Dämmplatten so eingebaut werden, dass keine *Schallbrücken* (s. Bild **6**.19b) entstehen können. In jedem Fall sollten nicht brennbare Dämmplatten verwendet werden.

Nur bei einer flächenbezogenen Masse von mindestens 200 kg/m² darf auf eingelegte Dämmschichten verzichtet werden. Der Hohlraum muss in diesem Fall zur Verhinderung von Schallbrücken aber mit Hilfe von Füllkörpern hergestellt werden, die nachträglich wieder ausgebaut werden müssen.

Trotz des hohen Aufwandes wird vielfach der geplante Schallschutz von Haustrennwänden bedingt durch Ausführungsfehler nicht erreicht.

Häufige Schadensursachen sind:

- Der Abstand zwischen den Trennwänden ist zu gering (Luftschallübertragung ist auch ohne Berührung zwischen den Trennwänden möglich!),
- Schallbrücken durch Ausführungsfehler (überquellender Mörtel, fehlerhaft verlegte, zu steife oder zu dünne Trennplatten, Bild **6**.19b, Punkt A),
- Deckenränder können durch zu steife Trennschichten oder durch Betonierfehler Schallbrücken bilden (Bild **6**.19b, Punkt B).

Trennwände. Beim Schallschutz von Trennwänden muss beachtet werden, dass die Schallübertragung nicht nur direkt durch die Wandflächen möglich ist, sondern auch indirekt durch „Flankenübertragung" (Bild **6**.20, s. Kapitel 16.6.3.3). Es müssen daher bei der Planung und Ausführung auch die flankierenden Bauteile berücksichtigt werden.

Als Maßnahme gegen Flankenübertragung kommen in Betracht:

- einschalige, schwere und biegesteife flankierende Wände,
- zweischalige flankierende Wände (eine biegesteife und eine biegeweiche Schale, Bild **6**.21),
- Massivdecken mit biegeweichen Schalen (abgehängte Decken), s. Abschn. 10 und 14, sowie mit schwimmendem Estrich.

Verkleidungen biegesteifer Wände mit *steifen* Schalen – insbesondere, wenn diese beidseitig

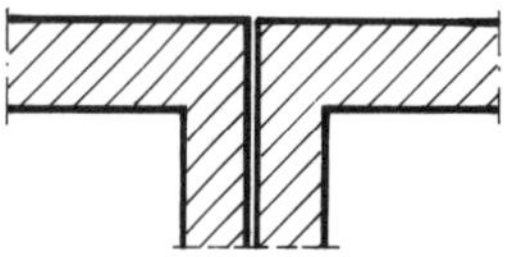

6.18a

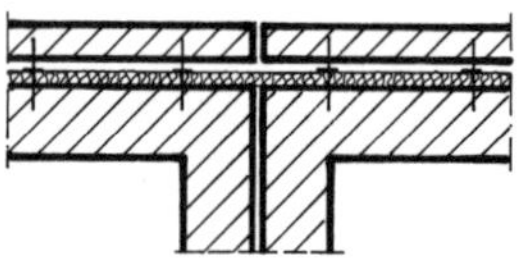

6.18b

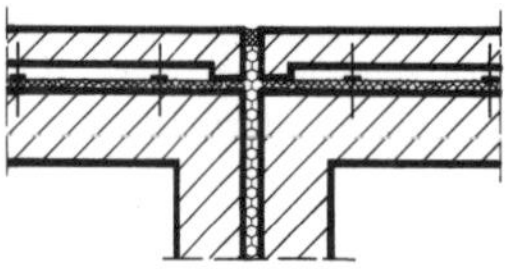

6.18c

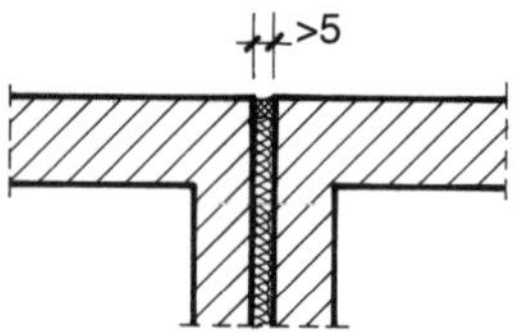

6.18d

6.18
Fugen in Haustrennwänden
a) einschalige Wände, offene Fuge
b) zweischalige Außenwände, Außenschalen stumpf gestoßen
c) zweischalige Außenwände, Außenschalen elastisch angeschlossen, Stoßfugen jeweils mit elastischer Fugendichtung
d) einschalige Außenwände, Trennwände > 150 kg/m², Fuge > 3 cm breit, außen mit Dämmstreifen und Fugenprofil geschlossen.

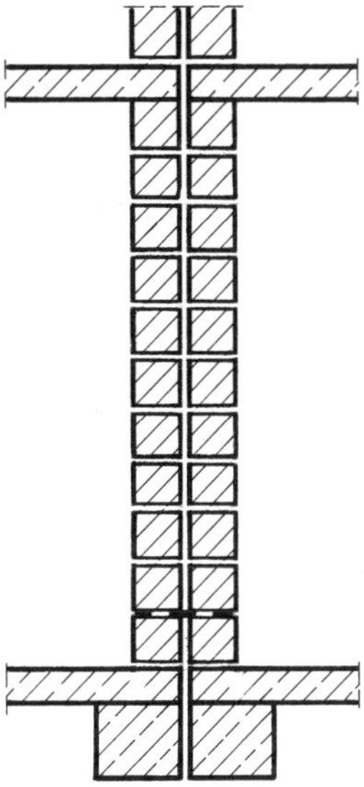

6.19a

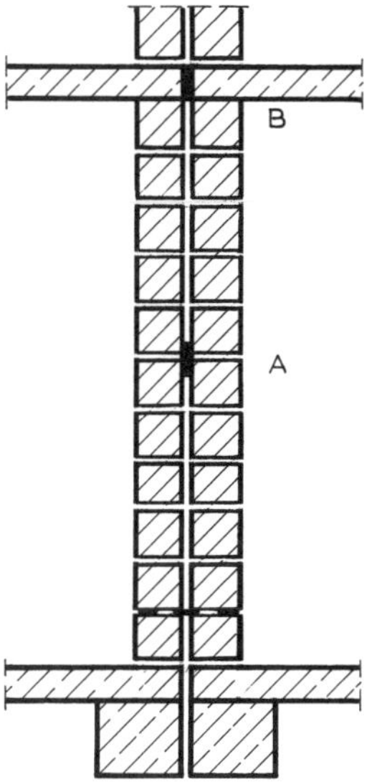

6.19b

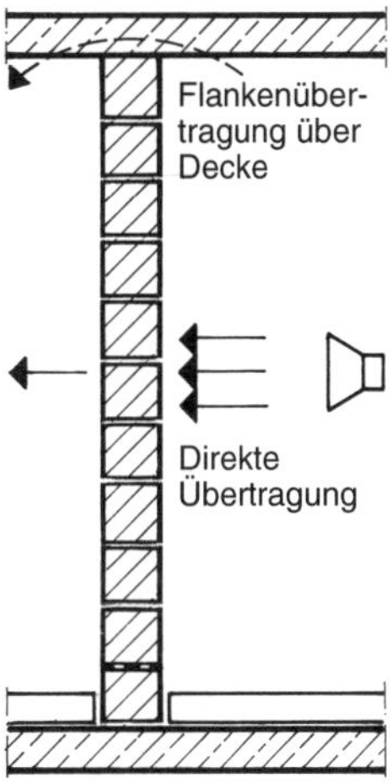

6.19 Schnitte durch Gebäudetrennfuge (Trennschicht nicht eingezeichnet)

a) Schnitt – einwandfreie Ausführung – (schallschutz-technisch ist auch ein durchlaufendes Fundament unter den Gebäudetrennwänden möglich)

b) Schnitt durch Gebäudetrennfuge mit Schallbrücken

A Schallbrücke durch Verbindung der Wände in der Fuge

B Schallbrücke durch Verbindungen der Deckenränder

6.20 Schallübertragung (Flankenübertragung nicht nur über die Decke, sondern auch seitlich über durchlaufende flankierende Wände möglich)

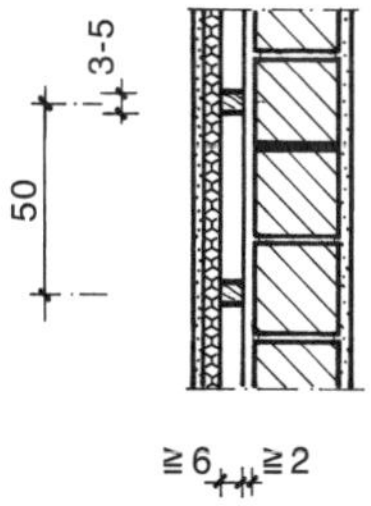

6.21a

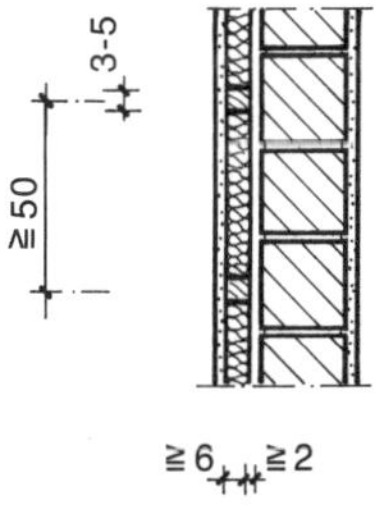

6.21b

6.21c

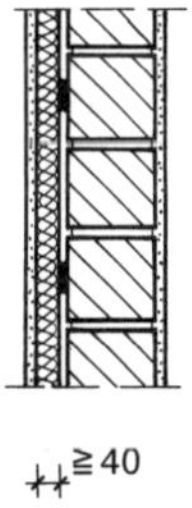

6.21d

6.21 Biegesteife schwere Wände mit biegeweichen Vorsatzschalen (Beispiel aus Beibl. 1 DIN 4109, Tab. 7)

a) Vorsatzschale aus Holzwolle-Leichtbauplatten (DIN 1101) d > 25 mm auf Holzstielen mit Abstand > 20 mm vor schwerer Schale freistehend

b) Vorsatzschale aus Gipskartonplatten (12,5 oder 15 mm dick, nach DIN 18180) oder Spanplatten (10 bis 16 mm dick, DIN 68 763) mit Hohlraumausfüllung aus Faserdämmatten oder -platten

c) Vorsatzschale aus Holzwolle-Leichtbauplatten (50 mm dick, DIN 1101) verputzt, freistehend mit Abstand von 30 bis 50 mm vor schwerer Schale

d) Vorsatzschale aus Gipskartonplatten nach DIN 18180, Dicke 12,5 mm oder 15 mm, und Faser dämmplatten (DIN 18 165-1), Ausführung nach DIN 18 181, an schwerer Schale streifen- oder punktförmig angesetzt aufgebracht werden – verschlechtern die Schalldämmung durch Resonanzwirkungen.

Vor allem aber sollten bereits in der Grundrissgestaltung günstige Bedingungen für den Schallschutz geschaffen werden. Dazu zählt insbesondere die geeignete Anordnung geräusch erzeugender Einrichtungen oder Räume wie z. B. Sanitärräume in Wohnungen, Aufzüge o. Ä. innerhalb des Grundrisses, insbesondere dann, wenn „erhöhte Anforderungen an den Schallschutz innerhalb eigener Wohn- und Arbeitsbereiche" (DIN 4109, Bbl. 2) zu berücksichtigen sind.

Grundsätzlich kann gesagt werden, dass schwere Trennwände in Verbindung mit ausreichendem Schutz gegen Flankenübertragung immer die besseren Voraussetzungen für ausreichenden Schallschutz bieten als mehrschalige Leichtkonstruktionen.

6

6.2.1.4 Brandschutz[1)]

Wände müssen fast immer auch Anforderungen des Brandschutzes genügen. In den Bauordnungen der Länder sind Bestimmungen enthalten insbesondere für

- Trennwände zwischen Häusern bzw. Bauwerken und zwischen Wohnungen,
- Trenn- und Umfassungswände von Heizräumen, Treppenhäusern, Aufzügen und andere mehr,
- Wände im Bereich von Ein- und Ausgängen und von Rettungswegen.

Diese Wände sind im allgemeinen in feuerbeständiger Ausführung (entsprechend DIN 4102 Feuerwiderstandsklasse F 60 oder F 90) herzustellen.

Die Anforderungen an Wände aus der Sicht des Brandschutzes sind in DIN 4102 festgelegt. Es werden in DIN 4102-4 unterschieden:

- nichttragende Wände,
- tragende und aussteifende Wände,
- nicht raumabschließende Wände,
- raumabschließende Wände.

Für diese Wandarten sind Feuerwiderstandsklassen festgelegt. Entsprechende Ausführungsarten mit Mindestdicken und ggf. -breiten können den Aufstellungen in DIN 4102-4 entnommen werden.

Davon abweichende Ausführungen müssen durch besondere Prüfungen zugelassen werden.

Besondere Anforderungen werden an *Brandwände* gestellt. Sie müssen ausgedehnte bauliche Anlagen in Brandabschnitte von höchstens 40 m unterteilen. Als Brandwände müssen alle Wände auf Grundstücksgrenzen errichtet werden, ebenso zwischen Räumen oder Bauwerken mit besonderer Brandgefährdung.

Brandwände müssen der Feuerwiderstandsklasse F 90 entsprechen. Sie dürfen keine Öffnungen – ausnahmsweise nur mit Türen der Feuerwiderstandsklasse T 90 – enthalten, müssen mindestens 30 cm über die Dachflächen hochgeführt werden und dürfen keine brennbaren Bauteile enthalten oder sich auf solchen abstützen. Brennbare Bauteile dürfen nicht in Brandwände einbinden oder sie durchstoßen (z. B. Dachpfetten, Dachlatten).

6.2.1.5 Schlagregenschutz

Durch Kapillarwirkung und infolge Wind-Staudruck kann bei Regen Feuchtigkeit in Außenwände eindringen.

Insbesondere Außenwände von Gebäuden, die dem dauernden Aufenthalt von Menschen dienen, müssen ausreichend gegen Schlagregen gesichert sein.

Außenwände aus nicht frostwiderstandsfähigen Steinen müssen einen Außenputz erhalten und mindestens 24 cm dick sein, sofern sich nicht ohnehin wegen des erforderlichen Wärmeschutzes größere Wanddicken ergeben.

Sichtmauerwerk muss mindestens 31 cm dick sein. Eine 2 cm dicke „Regenbremse" (s. Bild **6**.50), bestehend aus einer senkrechten, versetzt durchlaufenden hohlraumfreien Mörtelfuge, kann nur bei völlig einwandfreier Ausführung, die aber in der Praxis nur schwer erreicht wird, Schlagregenschutz bewirken.

Die Außenfugen sind mit Fugenglattstrich auszuführen oder 15 mm tief sauber auszukratzen und anschließend handwerksgerecht zu verfugen (DIN 1053, Abschn. 8.4 [2)]).

Im Übrigen sind in DIN 4108-3, Abschn. 41) für den Schlagregenschutz die Beanspruchungsgruppen I bis III festgelegt mit Mindestanforderungen an die Ausführung von Außenwänden.[3)]

1) s. auch Abschn. 16.7

2) Im allgemeinen Gebiete mit Jahresniederschlagsmengen unter 600 mm sowie besonders windgeschützte Lagen auch in Gebieten mit größeren Niederschlagsmengen.

3) Putze s. Abschn. 8 in Teil 2 dieses Werkes

- **Beanspruchungsgruppe I** (geringe Beanspruchung) [1)]
  Außenputz ohne besondere Anforderungen an Schlagregenschutz oder einschaliges Sichtmauerwerk ≥ 31 cm dick.
- **Beanspruchungsgruppe II** (mittlere Beanspruchung) [2)]
  wasserhemmender Außenputz oder einschaliges Sichtmauerwerk ≥ 37,5 cm dick oder angemörtelte Bekleidungen nach DIN 18 515.
- **Beanspruchungsgruppe III** (starke Beanspruchung) [3)]
  wasserabweisender Putz oder zweischaliges Verblendmauerwerk mit Luftschicht oder zweischaliges Verblendmauerwerk ohne Luftschicht mit Vormauersteinen oder angemauerte oder angemörtelte Bekleidung mit Unterputz und wasserabweisendem Fugenmörtel oder gefügedichte Beton-Außenschalen.

Fugen müssen durch konstruktive Maßnahmen (z. B. Hinterschneidung) oder Fugendichtungsmassen gegen Schlagregen abgedichtet sein.

6.2.2 Baustoffe

Für gemauerte Wände stehen klein-, mittel- und großformatige Mauersteine in vielfältigen Formen und Abmessungen zur Verfügung.

Die bisher handelsüblichen Ziegel und Mauersteine sind genormt. Es werden jedoch ständig neue Produkte entwickelt, für die teilweise keine Normung besteht bzw. möglich ist. Derartige Mauersteine müssen dann jedoch eine bauaufsichtliche Zulassung haben, die in der Regel Festlegungen für die Verarbeitung enthalten.

Je nachdem, ob Außen- oder Innenwände hergestellt werden sollen, erfolgt die Auswahl der Steinarten und -qualitäten zunächst nach den Kriterien von Belastung (Druckfestigkeit)

- Wärmeschutz
- Schallschutz
- Brandschutz
- Schlagregenschutz
- Frostbeständigkeit

Die Wahl der *Steinformate* wird durch gestalterische, arbeitstechnische und wirtschaftliche Überlegungen bestimmt. *Kleinformatige* Mauersteine kommen insbesondere für schwierig herzustellende Bauteile wie Pfeiler, Stürze, Bögen und für Wände mit komplizierten Grundrissformen in Frage. Auch wenn Bauteile aus gestalterischen Gründen unverputzt oder ohne Wandbekleidungen als „Sichtmauerwerk“ (s. Abschn. 6.2.6.1) hergestellt werden, sind kleinformatige Steine oft bevorzugt. *Grossformatige* Mauersteine sind in erster Linie zur Rationalisierung der Arbeitsabläufe gedacht und für einfache, großflächige Innen- und Außenwände besonders wirtschaftlich:

Die Hersteller haben sich bei der Entwicklung der grossformatigen Steine an dem bewehrten Oktametersystem orientiert.

Die Lagerfugen werden bei grossformatigen Mauersteinen mit Dünnbettmörtel ausgeführt. Die Stossfugen werden bei den meisten Steinen durch Verzahnung gebildet und bleiben mörtelfrei.

Bei grossformatigen Steinen ist häufig ein Höhenausgleich erforderlich. Die Verwendung kleinformatiger Steine kann selbst bei gleichartigem Material die Wandeigenschaften ungünstig beeinflussen. Aber auch aus Rationalisierungsgründen werden bei der Herstellung von Wänden mit grossformatigen Steinen möglichst keine andersformatigen Steine eingesetzt.

Es sollte daher eine erste (untere) „Kimmschicht“ eingeplant werden. Diese muss mit grosser Sorgfalt ausgeführt werden.

Ungenauigkeiten können beim Mauerwerk mit Dünnbettmörtel nämlich nur aufwendig korrigiert werden. Es empfiehlt sich daher, die Kimmschicht tags zuvor von einem spezialisierten Maurer „in Serie“ anlegen zu lassen.

Die *Abmessungen* der Bausteine ergeben sich auf Grund der Oktameter-Teilung der Maßordnung DIN 4172 (s. Abschn. 2.3).

Steinformate werden gekennzeichnet mit einem Vielfachen von

---

1) Im allgemeinen Gebiete mit Jahresniederschlagsmengen unter 600 mm sowie besonders windgeschützte Lagen auch in Gebieten mit größeren Niederschlagsmengen.

2) Im allgemeinen Gebiete mit Jahresniederschlagsmengen von 600 bis 800 mm sowie windgeschützte Lagen auch in Gebieten mit größeren Niederschlagsmengen. Hochhäuser und Häuser in exponierter Lage in Gebieten, die auf Grund der regionalen Regen- und Windverhältnisse einer geringen Schlagregenbeanspruchung zuzuordnen wären.

3) Im allgemeinen Gebiete mit Jahresniederschlagsmengen über 800 mm sowie windreiche Gebiete auch mit geringeren Niederschlagsmengen (z. B. Küstengebiete, Mittel- und Hochgebirgslagen, Alpenvorland). Hochhäuser und Häuser in exponierter Lage in Gebieten, die auf Grund der regionalen Regen- und Windverhältnisse einer mittleren Schlagregenbeanspruchung zuzuordnen wären.

6

DF (Dünnformat) 52 mm Steinhöhe; 4 Steinschichten einschl. Lagerfugen ergeben 250 mm oder

NF (Normalformat) 71 mm Steinhöhe; 3 Steinschichten einschl. Lagerfugen ergeben 250 mm. (Gegenseitige Abhängigkeit der Höhenmaße s. Bild **2**.3)

Die *Nennmasse* von Mauersteinen betragen danach z. B.:

- Länge bzw. Breite: 115, 145, 175, 240, 300, 365, 490 mm
- Höhe: 52, 71, 113, 238 mm

Beispiele für die Kennzeichnung und Steinformate gibt Bild **6**.22.

6

6.2.2.1 Gebrannte Mauersteine (Mauerziegel)

Allgemeines. Ziegel gehören zu den ältesten, vorgefertigten Wandbauelementen. Sie sind handlich, haben hohe Druckfestigkeiten und haben sehr vorteilhafte Eigenschaften hinsichtlich Wasserdampfdiffusion bzw. Feuchtigkeitsaufnahme und -abgabe.

Ihre Verwendung lässt zahlreiche Wand- und Bauformen zu. Geringe Verformungen können sich über zahllose Fugen gleichmäßig verteilen und wirken daher in der Regel nicht als Risse, die die Festigkeit und Dauerhaftigkeit des Mauerwerks gefährden.

Ziegel werden aus Lehm, Ton oder tonigen Massen geformt und gebrannt. Ihre Abmessungen und Eigenschaften sind in DIN 105 festgelegt.

Ziegel müssen frei sein von schädlichen, insbesondere treibenden Einschlüssen (z. B. Kalk) und Salzen (z. B. Natrium-, Kalium-, Magnesiumsulfat), die zu Ausblühungen und langfristig auch zur Zerstörung von Putzen oder der Ziegel selbst führen können.

Ziegelarten (DIN 105-1)

Vollziegel (Mz) sind die älteste kleinformatige Ziegelart. Als Vollziegel gelten auch Ziegel, die in ihrem Querschnitt durch Lochung um bis zu 15 % gemindert sind.

Lochziegel (HLz) werden hergestellt, um das Gewicht der gebrannten Vollziegel und damit den

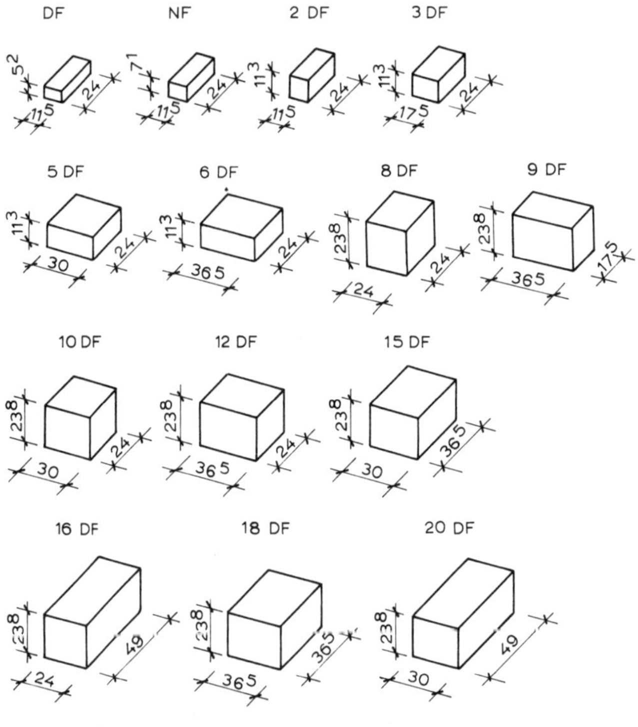

6.22 Steinformate und Kurzbezeichnungen

Format-Kurzzeichen	Maße *l*	*b*	*h*
1 DF (Dünnformat)	240	115	52
NF (Normalformat)	240	115	71
2 DF	240	115	113
3 DF	240	175	113
4 DF	240	240	113
5 DF	240	300	113
6 DF	240	365	113
8 DF	240	240	238
10 DF	240	300	238
12 DF	240	365	238
15 DF	365	300	238
18 DF	365	365	238
16 DF	490	240	238
20 DF	490	300	238

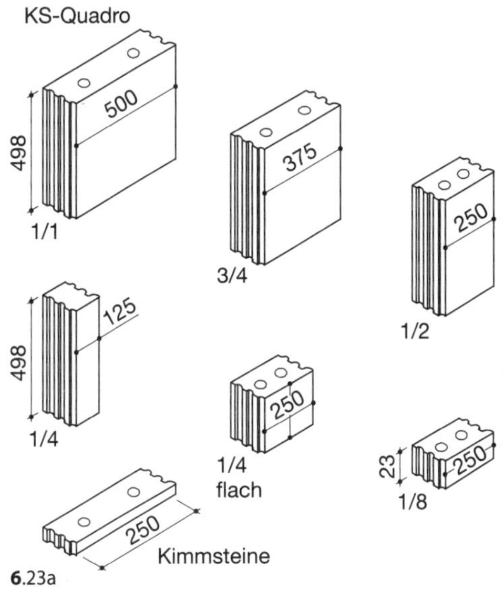

6.23a

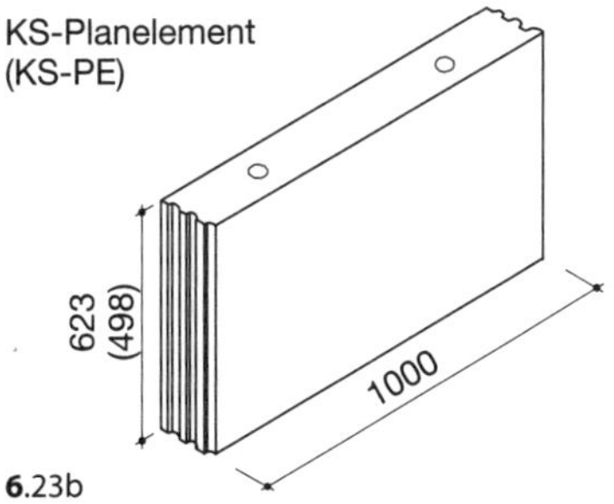

6.23b

KS-Planelemente (KS-PE) (werkseitig konfektionierte Wandbausätze)						
Steinart	Festig-keits-klasse	Roh-dichte-klasse	Format	Ab-messungen (mm)		
				L	B	H
KS-PE	20	2,0		1000		623/
						498
Sonder-höhen						398
						248
Wanddicken 100/115/150/175/200/214/240/300/365						

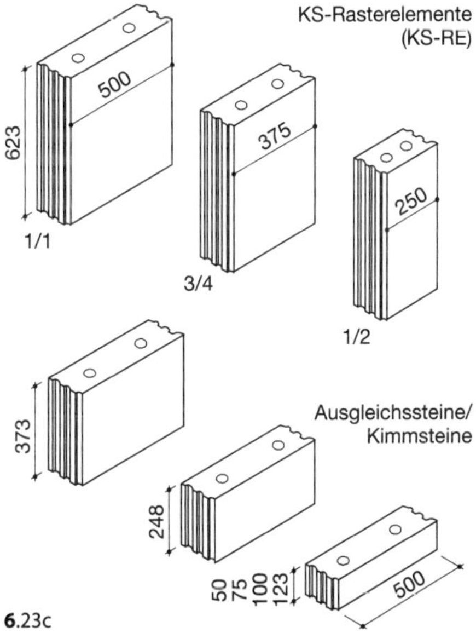

6.23c

KS-Quadro-Bausystem						
Steinart	Festig-keits-klasse	Roh-dichte-klasse	Format	Ab-messungen (mm)		
				L	B	H
KS-Quadro	20	2,0	1/1	500		498
			3/4	375		498
			1/2	250		498
			1/4	125		498
			1/4 flach	250		250
			1/8	250		123
				500		123
						100
						75
						50
Wanddicken 115/150/175/200/240/300/365 Kimmsteine: 36,5 cm = 2 x 17,5 cm						

KS-Rasterelemente (KS-RE)						
Steinart	Festig-keits-klasse	Roh-dichte-klasse	Format	Ab-messungen (mm)		
				L	B	H
KS-RE	20	2,0	1/1	500		623
			3/4	375		623
			1/2	250		623
				500		373*
Sonder-höhen/* Kimm-steine						248
						123
						100
						75
						50
Wanddicken 100*/115/150/175/200*/214*/240/300/365 Kimmsteine in unterschiedlichen Längen in Abhängigkeit der Wanddicken lieferbar. * auf Anfrage						

6.23 KS XL Elemente zum mechanischen Versetzen in Dünnbettmörtel

a) KS-Quadro
b) KS-Planelemente
c) KS-Rasterelemente

Die hier gezeigten Lochanordnungen, Griffhilfen und Daumenlöcher können bei den einzelnen Lieferwerken unterschiedlich sein. Bei Steinen mit Nut- und Federsystem sind die Steinlängen als Achsmaße angegeben. Die effektiven Maße sind um 2 mm geringer (z. B. 250-2 = 248 mm).

Arbeitsaufwand beim Vermauern zu vermindern und die Wärmedämmfähigkeit der Ziegel zu steigern. Je nach der Stellung der Lochachse zur Lagerfuge unterscheidet man in Hochloch- und Langlochziegel (Bild **6**.24).

Vormauerziegel (VHLz, VMz) für unverputzte Außenwände und Klinker müssen frost beständig sein. Ihre Oberfläche darf strukturiert sein.

Klinker (KHLz, KMz) sind Ziegel, die bis zur Sinterung der Oberfläche gebrannt werden, um die Wasseraufnahme in Außenwänden herabzusetzen (< 7 %). Ihre Frostbeständigkeit muss durch Prüfung nachgewiesen sein, und sie müssen mindestens der Druckfestigkeitsklasse 28 (s. Tab. **6**.25) entsprechen. Die Oberfläche darf strukturiert sein.

In allen Vollsteinarten werden ferner Formsteine für besondere Anwendungsarten und Ziermauerwerk hergestellt.

Mauertafelziegel (ohne Kurzzeichen) sind Langlochziegel für die Herstellung von Mauer tafeln (DIN 1053-4).

Handformziegel (ohne Kurzzeichen) haben eine unregelmäßig strukturierte Oberfläche und dürfen geringfügig von der Quaderform abweichen.

Leichthochlochziegel (HLz, DIN 105-2) sind Ziegel aus Ton, die mit Rohdichten bis höchstens 1,0 kg/dm^3 in den Festigkeitsklassen 4, 6, 8 und 12 meistens unter Zusatz von Porenbildnern (z. B. Polystyrol, Holzspäne) gebrannt werden. Sie sind wegen ihrer gegenüber normalen Ziegeln wesentlich besseren Wärmedämm-Eigenschaften besonders für Außenwände geeignet. Sie werden hergestellt als

- Leichthochlochziegel (Lochung Typ A, B, C, W elliptisch oder wabenförmig, Bild **6**.24c) und Formleichtziegel. Sie werden heute fast ausschließlich mit passgenauen Nut-Feder-Stoßfugenverzahnungen zum Versetzen mit mörtelfreien Stoßfugen hergestellt. (Die verbreitete Bezeichnung „Poroton" für Leichthochlochziegel ist ein geschützter Fabrikatname.)
- Leichthochloch-Planziegel mit plangeschliffenen Lagerflächen zur Vermauerung mit Dünnbettmörtel.

Leichthochlochziegel werden vermauert mit Leichtmauermörtel (Rohdichte 0,7 bis 1,0 kg/dm^3, Druckfestigkeit 5,0 N/mm^2).

Zur Verbesserung der Schallschutzeigenschaft sind ferner auch Leichthochloch-Schallschutzziegel zugelassen, bei denen senkrechte Einfüllkanäle mit besonderem Gießmörtel zu verfüllen sind.

Leichtlanglochziegel und -ziegelplatten (LLz, LLp, DIN 105-5) werden vorwiegend zur Herstellung tragender und nichttragender Innenwände verwendet. Sie werden zur wirtschaftlicheren Anwendung in großen Formaten hergestellt (Leichtlangloch-Ziegelplatten haben eine Dicke von 40 bis 115 mm und Längen bis zu 1000 mm).

Hochfeste Ziegel und Klinker (HLz, Mz, KMz, KHLz, DIN 105-3) werden für hochbeanspruchte Mauerteile (z. B. Pfeiler) in Innen- und Außenmauerwerk verwendet. Sie werden in Druckfestigkeitsklassen 28, 36, 48 und 60 hergestellt. Die Abmessungen entsprechen denen von Vollziegeln, jedoch dürfen Vormauerziegel und Klinker, die für nichttragende Verblendschalen nicht im Verband mit dem übrigen Mauerwerk ausgeführt werden, abweichende Werkmaße haben.

Keramikklinker (KHK, KK, DIN 105-4) werden aus hochwertigen Tonen als Voll- oder Hochlochklinker vorwiegend für Fassadenmauerwerk hergestellt. Sie weisen eine besonders hohe Wider-

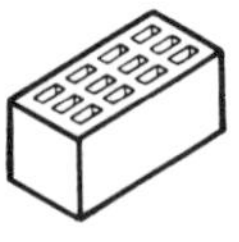

6.24a

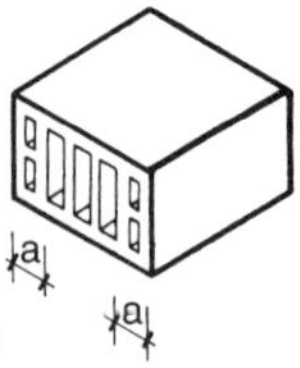

6.24b

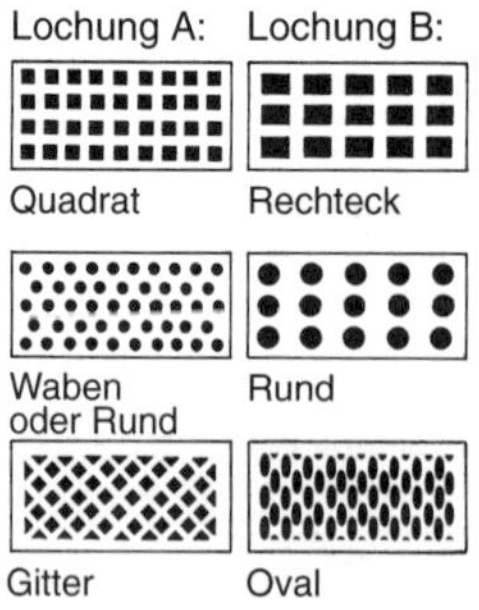

6.24c

6.24 Lochziegel
a) Hochlochziegel (Lochung senkrecht zur Lagerfuge)
b) Langlochziegel (Lochung gleichlaufend zur Lagerfuge)
c) Lochungsarten

standsfähigkeit gegen aggressive Stoffe und mechanische Beanspruchungen auf. Ihre Wasseraufnahme muss bei < 6 % liegen. An die Oberflächenbeschaffenheit der Sichtflächen werden besonders hohe Anforderungen hinsichtlich Rissfreiheit gestellt.

Eine Zusammenstellung der gebräuchlichsten Lieferformen der verschiedenen Ziegelarten enthält Tabelle **6**.25.

Bezeichnung. Ziegel sind in der Reihenfolge DIN-Hauptnummer, Ziegelart (Kurzzeichen), Druckfestigkeitsklasse, Rohdichteklasse und Format-Kurzzeichen zu bezeichnen.

Bezeichnungsbeispiel. Bezeichnung eines Vollziegels (Mz) der Druckfestigkeitsklasse 12, der Rohdichteklasse 1,8, der Länge l = 240 mm, der Breite b = 115 mm und der Höhe h = 113 mm (2 DF): **Ziegel DIN 105 Mz 12–1,8–2 DF**

Für Leichthochlochziegel nach DIN 105-2 gilt: Leichthochlochziegel sind in der Reihenfolge DIN-Hauptnummer, Ziegelart (Kurzzeichen), Druckfestigkeitsklasse, Rohdichteklasse und Format-Kurzzeichen zu bezeichnen. Bei Ziegeln W ohne Mörteltasche ist die vorgesehene Wanddicke hinter dem Format-Kurzzeichen anzufügen (z. B. Wanddicke = 300 mm (300)).

Bezeichnungsbeispiel. Bezeichnung eines Leichthochlochziegels (HLz) ohne Mörteltasche, mit der Lochung W, der Druckfestigkeitsklasse 6, der Rohdichteklasse 0,7, der Länge l = 240 mm, der Breite b = 300 mm und der Höhe h = 238 mm (10 DF) für eine Wanddicke von 300 mm (300):
Ziegel DIN 105 – HLzW6–0,7–10 DF (300)

6.2.2.2 Ungebrannte Mauersteine

Kalksandsteine (DIN 106) werden aus Kalk und Quarzsand hergestellt und unter Dampfdruck gehärtet. Sie zeichnen sich gegenüber gebrannten Steinen durch besonders gute Maßhaltigkeit aus und sind daher für Sichtmauerwerk (s. Abschn. 6.2.6.1) gut geeignet.

Steinbezeichnungen

KS Vollstein, Blockstein (ohne Nut-Feder-System)

6

Tabelle **6**.25 Ziegel DIN 105: Kurzbezeichnungen, Druckfestigkeitsklassen, Rohdichteklassen und gebräuchlichste Formate

Ziegelart	Kurzbezeichnung	Druckfestigkeitsklasse	Rohdichteklassen	Formatkurzzeichen
Vollziegel Vormauervollziegel DIN 105-1	Mz VMz	12 20 28	1,8 2,0	DF NF 2 DF 3 DF
Hochlochklinker DIN 105-1	KHLz	28	≧ 1,9	DF NF
Vollklinker DIN 105-1	KMz	28	≧ 1,9	DF NF
Hochlochziegel DIN 105-1	HLzA oder HLzB	6 8 12 20 28	1,2 1,4 1,6 1,8	NF 2 DF 3 DF 5 DF 8 DF 10 DF 12 DF 12 DF
Vormauerhochlochziegel DIN 105-1	VHLz	12 20 28	1,4 1,6 1,8	DF NF 2 DF 3 DF

Ziegelart	Kurzbezeichnung	Druckfestigkeitsklasse	Rohdichteklassen	Formatkurzzeichen
Leicht hochlochziegel DIN 105-2	HLz oder HLzW	4 6 8 12 20	0,7 0,8 1,0	NF 2 DF 3 DF 5 DF 7,5 DF 10 DF 12 DF 16 DF 20 DF 24 DF
Hochfeste Ziegel und hochfeste Klinker DIN 105-3				
Hochlandziegel	HLz	36 48 60	1,2 1,4 1,6 1,8 2,0 2,2	DF NF 2 DF 3 DF 4 DF 5 DF
Vollziegel	Mz			
Hochlochklinker	KHLz			
Vollklinker	KMz			
Keramikklinker nach DIN 105				
Keramik-Hochlochklinker	KHK	60	1,4 1,6 1,8 2,0 2,2	DF NF 2 DF
Vollklinker	KK			

KS L Lochstein, Hohlblockstein (ohne Nut-Feder-System)

KS-R Voll- und Blockstein für Normalmörtel

KS L-R Loch- und Hohlblockstein für Normalmörtel

KS-R(P) Voll- und Blockstein für Dünnbettmörtel

KS L-R(P) Loch- und Hohlblockstein für Dünnbettmörtel

KS-P Bauplatte für Dünnbettmörtel mit umlaufendem Nut-Feder-System

KS-PE Planelemente für Dünnbettmörtel mit Nut-Feder-System

KS-Quadro Element für Dünnbettmörtel mit Nut-Feder-System

R Stein mit Nut-Feder-System

P Planstein und Bauplatte für Dünnbettmörtel

Kalksandstein-Planelemente bzw. Planblocksteine dürfen auch mit Dünnbettmörtel vermauert werden. Einen Überblick über einige Lieferformen, Festigkeits- und Rohdichteklassen sowie Maße und Verwendungsmöglichkeiten gibt Tabelle **6**.26.

Außerdem werden KS-Vormauersteine, KS-Verblender und KS-Verblender für Innenwände hergestellt.

KS Vb Verblender

KS Vb L Verblender als Lochstein

KS Vm Vormauerstein

KS Vm L Vormauerstein aus Lochstein

KS iS als Innensicht- und Industriesichtsteine ohne Anforderung an Frostbeständigkeit

KS iSL als Innensicht- und Industriesichtlochsteine ohne Anforderung an Frostbeständigkeit

KS-Design KS iS mit abgefasten Kanten

Insbesondere für die Ausführung von Sichtmauerwerk stehen außerdem zahlreiche Formsteine für Stürze, Ringbalken, Deckenauflager, Schlitze usw. und auch Elektroinstallationssteine zur Verfügung (Bild **6**.27d und e).

Einzelne Werke stellen außerdem Kalksandstein-Hohlblöcke in den Druckfestigkeitsklassen 4 und 6 in den Rohdichteklassen 0,7 und 0,8 kg/dm³ sowie Platten für leichte Trennwände her, die sehr gute Wärmedämmeigenschaften haben („Yali"-Blöcke, Bild **6**.27g).

Bezeichnungsbeispiel. Bezeichnung eines Kalksandstein-Hohlblocksteines KS L mit Nut-Feder-System der Druckfestigkeitsklasse 12, Rohdichteklasse 1,2 mit der Länge l = 248 mm, der Breite b = 240 mm und der Höhe h = 238 mm (8 DF) für die Wanddicke 240 mm:

Kalksandstein DIN 106 KS L -R–12–1,2–8 DF (240)

Tabelle **6**.26 Kalksandsteine DIN 106, Kurzbezeichnungen, Druckfestigkeitsklassen, Rohdichteklassen und gebräuchlichste Formate

	Kurzbezeichnung	Druck festigkeitsklasse	Rohdichteklassen	Formatkurzzeichen		Kurzbezeichnung	Druckfestigkeitsklasse	Rohdichteklassen	Formatkurzzeichen
KS-Vollsteine und Blocksteine	KS	12 20 28	1,8 2,0	DF NF 2 DF 3 DF 5 DF 10 DF	KS L-R Hohlblocksteine und Planblocksteine	KS L-R KS L P (P)	6 12 20	1,2 1,4 1,6	8 DF 10 DF 12 DF 15 DF 16 DF
KS-Loch- und Hohlblocksteine	KS L	6 12 20 28	1,2 1,4 1,6	2 DF 3 DF 5 DF 10 DF 12 DF	KS Yali-Wärmedämmblöcke	KS Yali	4 6	0,7 0,8	12 DF 15 DF
KS-Blocksteine (Schallschutzblöcke), auch als Planblöcke	KS-R KS-R(P)	12 20 28	1,8 2,0	5 DF 8 DF 9 DF 10 DF 12 DF 14 DF 16 DF	KS-Bauplatten [1]	KS-P7	–	2,0	[2]

[1] für nichttragende Trennwände, d = 70 mm

[2] Abmessungen 70/498/248 mm

Mauersteine aus Leichtbeton (Tab. **6**.28) sind Steine aus porigen, mineralischen Zuschlägen und hydraulischen Bindemitteln. Als porige Zuschläge werden u. a. dabei verwendet: Naturbims, Hüttenbims (geschäumte Hochofenschlacke), Ziegelsplitt, Tuff, Blähton. Beträgt der Anteil eines bestimmten Zuschlages > 75 % oder bei Naturbims 100 %, können die Steine nach den betreffenden Zuschlägen benannt werden, z. B. Ziegelsplitt-Vollsteine usw.

Auf dem Markt sind:

Vollsteine aus Leichtbeton V (DIN 18152): Mauersteine mit einer Höhe bis 115 mm ohne Luftkammern, mit und ohne Griffschlitz.

- Rohdichteklassen: 0,6 bis 1,8 kg/dm³,
- Druckfestigkeitsklassen: 2,0 bis 12,0 N/mm²,
- Bezeichnung: V 2, V 4, V 6, V 8, V 12,
- Kennzeichnung: Ohne oder mit 1, 2 bzw. 3 Nuten bzw. grüne, blaue, rote, schwarze Farbstreifen.

Vollblöcke aus Leichtbeton Vbl-SW (DIN 18 152): Mauersteine mit bis 11 mm breiten Schlitzen, Höhe 238 mm. Anzahl der Schlitzreihen 2 bis 7 je nach Steinbreite. Schlitzfläche max. 10 % der Steinflächen.

- Rohdichteklassen: 0,5 bis 0,8 kg/dm³,
- Druckfestigkeitsklassen: 2, 4, 6 N/mm²,
- Kennzeichnung: Wie bei Vollsteinen,
- Bezeichnungen: Vbl 2 – Vbl 6.

Hohlblocksteine aus Leichtbeton Hbl (DIN 18 151): Mauersteine mit Luftkammern senkrecht zur Lagerfuge als Einkammer (1 K)-, 2 K-, 3 K-usw. bis zu 6K-Steine.

- Rohdichteklassen: 0,5 bis 1,4 kg/dm³,
- Druckfestigkeitsklassen: 2,0 bis 8,0 N/mm²,
- Bezeichnung: Hbl 2, Hbl 4, Hbl 6, Hbl 8,
- Kennzeichnung: s. Vollsteine.

Hohlwandplatten aus Leichtbeton Hpl (DIN 18 148): Fünfseitig geschlossener Mauerstein mit Kammern senkrecht zur Lagerfläche.

- Rohdichteklassen 0,6 bis 1,4 kg/dm³,
- Druckfestigkeit i. M. min. 2,5 N/mm², Einzelwert min. 2,0 N/mm²,
- Bezeichnungsbeispiel: z. B. Hohlwandplatte aus Leichtbeton (Hpl) mit 0,80 kg/dm³ Plattenrohdichte (0,80) und Formatkurzzeichen 11,5.

Hohlwandplatte aus Leichtbeton (DIN 18 148) – Hpl 0,8 – 11,5

- Kennzeichnung: Jede Liefereinheit (z. B. Plattenpaket) oder mindestens jede 50. Hohlwandplatte ist mit der Rohdichteklase und einem Herstellerkennzeichen zu versehen.

Wandbauplatten aus Leichtbeton Wpl (DIN 18 162): Grossformatige Platten ohne Lochung

- Rohdichteklassen 0,8 bis 1,4 kg/dm³,
- Bezeichnungsbeispiel: z. B. Wandbauplatte aus Leichtbeton (Wpl) mit 0,80 kg/dm³ Plattenrohdichte (0,8), Formatkurzzeichen 6 und Länge *l* = 990 mm:
- Wandbauplatte DIN 18 162 – Wpl – 0,8-6-990

6

Mauersteine aus Beton Hbn (DIN 18 153) werden hergestellt aus haufwerksporigem oder gefügedichtem Beton unter Verwendung von Zuschlägen mit dichtem Gefüge (DIN 4226-1). Bei Hohlblocksteinen Abmessungen und Luftkammern wie bei Hbl (Tab. **6**.28 und Bild **6**.29).

- Rohdichteklassen: 0,9 bis 2,0 kg/dm³,
- Druckfestigkeitsklassen: 2,0 bis 12 N/mm²,
- Bezeichnung: Hbn 2, Hbn 4, Hbn 6 und Hbn 12,
- Kennzeichnung: S. Vollsteine.

Nicht genormte, jedoch bauaufsichtlich zugelassene Mauersteine aus Leicht- oder Normalbeton werden hergestellt als Formsteine verschiedener Art (z. B. T-Steine, Anschlagsteine, Installationssteine) sowie als Hohlblocksteine aus Leichtbeton mit Zwischenschichten oder Einlagen aus Schaumstoff.

Porenbeton-Blocksteine und -Plansteine P, PP, Ppl, PPpl (DIN 4165 und 4166/A2), Wandbausteine aus dampfgehärtetem Porenbeton (Tab. **6**.30), hergestellt auch mit NF-Stoßfugen und Grifftasche.

Porenbeton-Bauplatte: Bauplatte, die aus dampfgehärtetem Porenbeton hergestellt wird und im Normal- oder Leichtmauermörtel nach DIN 1053-1 zu versetzen ist.

Porenbeton-Planbauplatte: Bauplatte, die aus dampfgehärtetem Porenbeton hergestellt wird und in Dünnbettmörtel nach DIN 1053-1 zu versetzen ist.

Dampfgehärteter Porenbeton: Feinporiger Beton, der aus Zement und/oder Kalk und feingemahlenen oder feinkörnigen, kieselsäurehaltigen Stoffen unter Verwendung von porenbildenden Zusätzen, Wasser und ggf. Zusatzmitteln hergestellt und in gespanntem Dampf gehärtet wird.

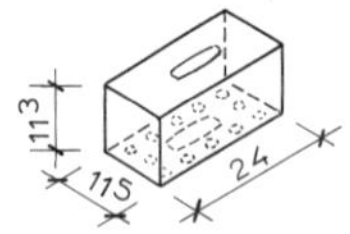

6.27a

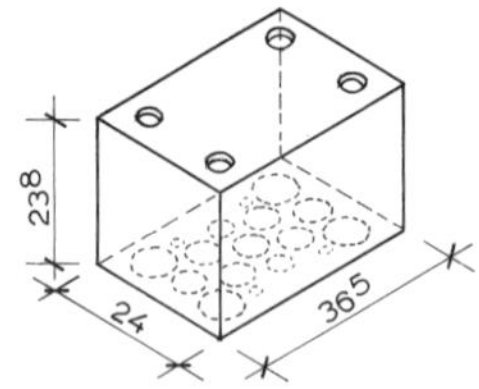

6.27b

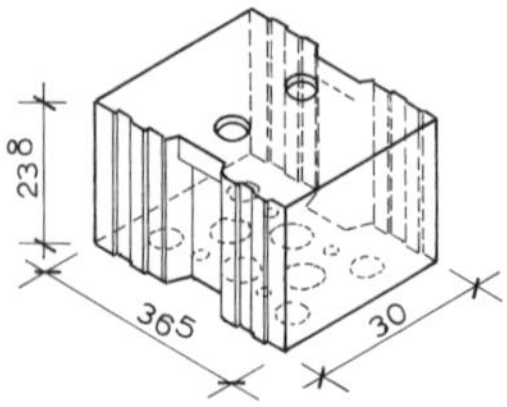

6.27c

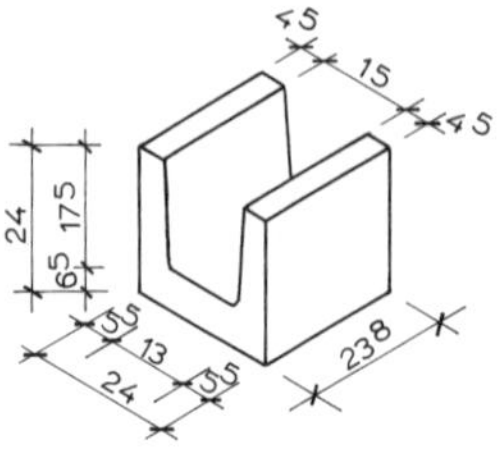

6.27d

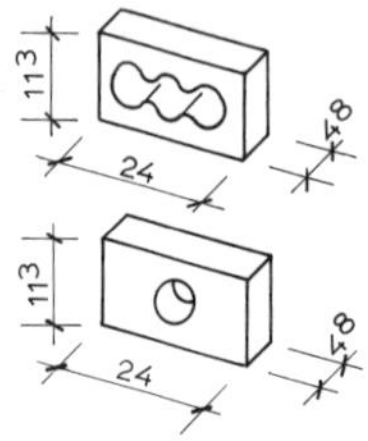

6.27e

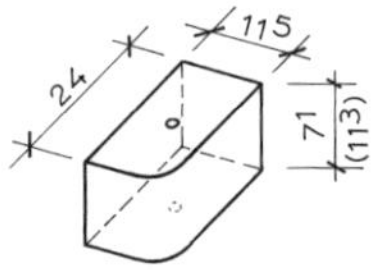

6.27f

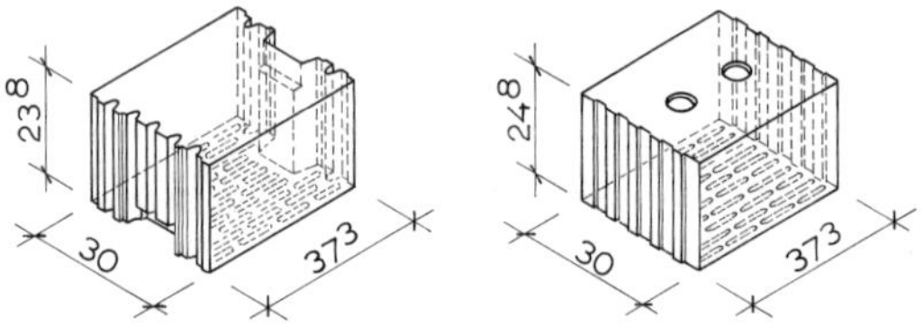

6.27g

6.27 KS-Steine und KS-Formsteine (Beispiele)
a) KS L-Lochstein 2 DF
b) KS-Blockstein mit Grifflöchern 16 DF
c) KS L-R Ratioblock mit mörtelfreier Verzahnung 15 DF
d) KS-U-Schale für Stürze und Schlitze
e) Installationssteine für Elektro-Schalterdosen o. Ä.
f) Radius-Eckstein
g) Yali-Blöck

Tabelle 6.28 Betonsteine

Steinart	Kurzbezeichnung	Druckfestigkeitsklasse	Rohdichteklassen	Formatkurzbezeichnung
Leichtbeton-Vollsteine	V	2 4 6 8 12	0,5 0,6 0,7 0,8 0,9 1,0 1,2 1,4	DF, NF, 1,7 DF [1], 2, 3, 3,1 DF, 4, 5,6, 6,8 DF [3], 8, 10 DF
Leichtbeton-Vollblöcke DIN 18 152	Vbl-SW	2 4 6	0,5 0,6 0,7 0,8	12 DF 16 DF 20 DF
Leichtbeton-Hohlblöcke DIN 18 151 (als 1- bis 6-Kammerblöcke)	Hbl Hbl	2 4 6 8	0,5 0,6 0,7 0,8 0,9 1,0 1,2 1,4	8, 9, 10, 12, 15, 16, 18, 20 DF

Steinart	Kurzbezeichnung	Druckfestigkeitsklasse	Rohdichteklassen	Formatkurzbezeichnung
Mauersteine aus Beton- (Normalbeton-) Hohlblöcke (als 1- bis 6-Kammerblöcke)	Hbn	2 bis 12	0,9 1,0 1,2 1,4 1,6 1,8 2,0 2,2	8, 9, 10 12, 15, 16, 18, 20 DF
Vollblöcke	Vbn	4 bis 28		Vorzugsmaße nach DIN 18 153, und örtliche Sondermaße
Vollsteine	Vn	4 bis 28		
Vormauersteine	Vm	6 bis 48		
Vormauerblöcke	Vmb	6 bis 48		

[1] 240/115/95 mm
[2] 300/145/113 mm
[3] 490/240/95 mm
örtlich auch Sondermaße möglich

Bezeichnungsbeispiel: z. B. Hohlblockstein mit 3-Kammer-Reihen, Steinrohdichte 0,8 kg/dm [3], Nennfestigkeit 2 N/mm [2], Länge 495 mm x Breite 300 mm x Höhe 238 mm, DIN 18 151:
Hohlblock DIN 18 151–3K Hbl 2–0,8–20 DF–300

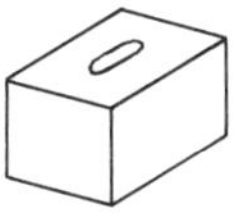

6.29a

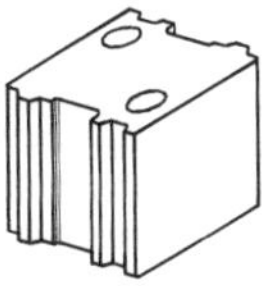

6.29b

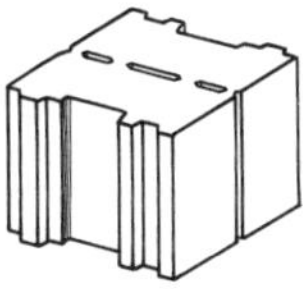

6.29c

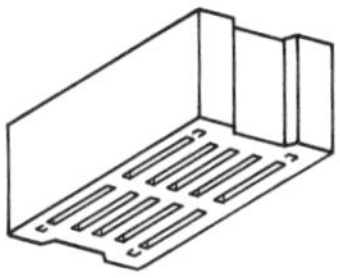

6.29d

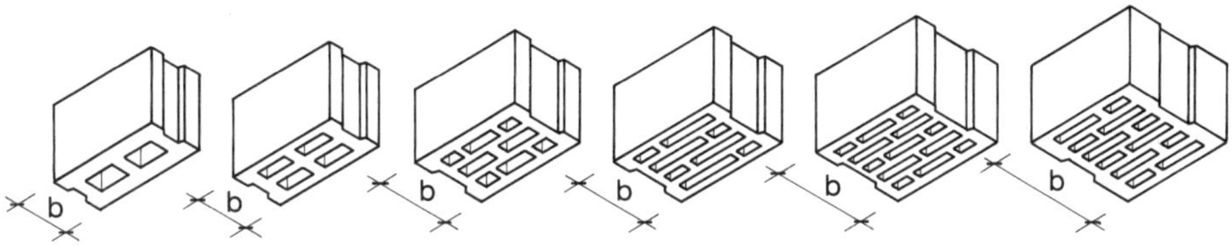

6.29e

6.29 Vollblöcke DIN 18 151, Hohlblöcke und Sondersteine
a) Vollblock, mit Griffloch, b) Vollblock mit Grifflöchern, NF-Stoß, c) Vollblock, teilbar, NF-Stoß, d) Vollblock, geschlitzt, e) Hohlblocksteine DIN 18 151 und 18 153

1-Kammer-Hohlblockstein b = 17,5 cm
2-Kammer-Hohlblockstein b = 17,5, 24, 30 cm
3-Kammer-Hohlblockstein b = 24 cm
4-Kammer-Hohlblockstein b = 25, 30, 36,5 cm
5-Kammer-Hohlblockstein b = 30, 36,5 cm
6-Kammer-Hohlblockstein b = 36,5, 49 cm

Tabelle **6**.30 Porenbetonsteine DIN 4165 und 4166

	Festigkeitsklasse	Rohdichteklasse	Kennzeichnung
	PPW 2	0,35	grün
	PPW 2	0,4	grün
	PPW 2	0,45	grün
	PPW 2	0,5	grün
Planblock	PPW 4	0,5	blau
Großblock	PPW 4	0,55	blau
	PPW 4	0,6	blau
	PPW 4	0,65	blau
	PPW 6	0,7	rot
	PP 6	0,8	rot
	P 3,3	0,5	Produktionsdaten sind an die
Wandelemente	P 3,3	0,6	Stirnseiten der jeweiligen
	P 4,4	0,6	Fertigteile eingestempelt.
	P 4,4	0,7	

Bezeichnungsbeispiel: Porenbeton-Planstein DIN 4165–PP2–0,5–499 x 300 x 249

6

Rohdichteklassen

Tabelle 6.31 Maße von in Normal- oder Leichtmauermörtel zu verlegenden Porenbeton-Bauplatten (Masse in mm), DIN 4166, Tab. 1

Länge[1)] ± 3[2)]	Breite ± 3[2)]	Höhe ± 3[2)]
	25	
	30	
365	50	
390	75	190
490	100	240
590	115	390
615	120	
740	125	
990	150	
	175	
	200	

1) Für Platten mit Mörteltaschen darf und für Platten mit Nut- und Federausbildung muss die Länge der Platte um 9 mm erhöht werden.
2) Grenzabmaße von den Sollmaßen für den Einzel- und Mittelwert

Tabelle 6.32 Maße von in Dünnbettmörtel zu verlegenden Porenbeton-Planbauplatten (Masse in mm), DIN 4166, Tab. 2

Länge ± 1,5[1)]	Breite ± 1,5[1)]	Höhe ± 1[1)]
	25	
	30	
374	50	
399	75	199
499	100	249
599	115	399
624	120	499
749	125	624
999	150	
	175	
	200	

1) Grenzabmaße von den Sollmaßen für den Einzel- und Mittelwert

Die Rohdichte von Porenbeton-Bauplatten und Porenbeton-Planbauplatten muss den Bedingungen nach Tabelle 3 entsprechen.

Tabelle 6.33 Rohdichteklasse, Rohdichte v. Porenbeton-Bauplatten, DIN 4166, Tab. 3

Rohdichteklasse	Mittlere Rohdichte[1)] kg/dm³
0,35	> 0,30 bis 0,35
0,40	> 0,35 bis 0,40
0,45	> 0,40 bis 0,45
0,50	> 0,45 bis 0,50
0,55	> 0,50 bis 0,55
0,60	> 0,55 bis 0,60
0,65	> 0,60 bis 0,65
0,70	> 0,65 bis 0,70
0,80	> 0,70 bis 0,80
0,90	> 0,80 bis 0,90
1,00	> 0,90 bis 1,00

1) Einzelwerte dürfen die Klassengrenzen bei den Rohdichteklassen ≤ 0,70 um nicht mehr als 0,03 kg/dm³, bei den Rohdichteklassen > 0,70 um nicht mehr als 0,05 kg/dm³ über- oder unterschreiten.

Bezeichnungsbeispiel: z. B. Porenbeton-Bauplatte (Ppl) der Rohdichteklasse 0,50, der Länge 490 mm, der Breite 100 mm und der Höhe 240 mm:

Porenbeton-Bauplatte DIN 4166 –Ppl-0,50
490 x 100 x 240

Hüttensteine (DIN 398) sind Mauersteine aus granulierter Hochofenschlacke mit Kalk, Schlackenmehl, Zement o. Ä. als Bindemittel. Die geformten Steine werden an der Luft oder unter Dampf oder in kohlensäurehaltigen Abgasen gehärtet. Unterschieden werden:

- Hüttenvollsteine (HSV), ohne Lochung oder Querschnitt durch oben gedeckte Lochung senkrecht zur Lagerfläche bis 25 % gemindert, mit Rohdichten von 2,60 bis 1,80 kg/dm³ und mit Nennfestigkeiten von 6 bis 28 N/mm²,
- Hüttenlochsteine (HSL), in der Regel fünfseitig geschlossene Mauersteine mit Lochungen senkrecht zur Lagerfläche, mit Rohdichten von 1,60 und 1,40 kg/dm³ und mit Nennfestigkeiten von 6 und 12 N/mm².

Die großen Formate (3 DF oder 21/4 NF) müssen Grifföffnungen haben.

Hüttensteine mit den Nennfestigkeiten 12 und 20 N/mm² müssen frostbeständig sein, wenn sie als Vormauersteine (VHSV) verwendet werden sollen.

6.2.2.3 Mauermörtel

Mauermörtel ist ein Gemisch aus Sand, Bindemittel und Wasser, ggf. auch mit Zusatzstoffen und Zusatzmitteln. Er hat die Aufgabe, die Mauersteine miteinander zu verbinden, dabei Maßungleichheiten der Steine und Unebenheiten der Steinlagerflächen auszugleichen und damit eine gleichmäßige Druckübertragung zu ermöglichen. Es wird unterschieden:

- Normalmörtel (NM)
- Leichtmörtel (LM) und
- Dünnbettmörtel (DM).

Darüber hinaus wird zwischen Baustellenmörtel und Werkmörtel unterschieden. Werkmörtel gibt es in den Lieferformen Werk-Trockenmörtel, Werk-Vormörtel, Werk-Frischmörtel sowie Mehrkammer-Silomörtel.

Normalmörtel sind baustellengefertigt oder Werkmörtel und werden in die Mörtelgruppen I, II, IIa, III und IIIa eingeteilt. Die Zusammensetzung ergibt sich für die Mörtelgruppen I bis III ohne besonderen Nachweis nach Tabelle **6**.34.

Für die Mörtelgruppe IIIa und bei Abweichungen von der vorgegebenen Zusammensetzung ist eine Eignungsprüfung erforderlich. Sie ist auch dann durchzuführen, wenn auf der Baustelle Zusatzmittel (z. B. sog. „Mischöle") zugegeben werden.

Für die Anwendung von Normalmörtel gelten Einschränkungen:

- Mörtelgruppe I:
  Nicht zugelassen für Gewölbe und Kellermauerwerk, bei mehr als 2 Vollgeschossen, bei Wanddicken unter 24 cm, bei Vermauerung in Außenschalen von 2schaligem Mauerwerk.
- Mörtelgruppe II und IIa:
  Nicht zugelassen für Gewölbe
- Mörtelgruppe III und IIIa:
  Nicht zugelassen für Außenschalen von 2schaligem Mauerwerk (ausgenommen für nachträgliches Verfugen).

Die Zusammensetzung und Konsistenz des Mörtels muss vollfugiges Vermauern möglich machen. Bei Nässe und niedrigen Temperaturen ist Mörtel mindestens der Gruppe II zu verwenden. An der Baustelle muss sichergestellt sein, dass unterschiedliche Mörtelarten nicht verwechselt werden können.

Als Zusatz*stoffe* kommen Baukalk (DIN 1060-1), Gesteinsmehl (DIN 4226-1), Trass (DIN 51 043), geeignete Pigmente (z. B. nach DIN 53 237) sowie Betonzusatzstoffe mit Prüfzeichen in Frage. Geprüfte Zusatz*mittel* dienen der Beeinflussung der Mörteleigenschaften (z. B. Verflüssiger, Dichtungsmittel, Erstarrungsbeschleuniger oder -verzögerer, Luftporenbildner usw.). Die Verwendung von Zusatzmitteln stellt in jedem Falle eine Abweichung von Tabelle **6**.34 dar und macht somit die Durchführung einer Eignungsprüfung erforderlich.

Anforderungen an Normalmörtel enthält Tabelle **6**.35. Neben der Druckfestigkeit wird auch die Haftscherfestigkeit aufgeführt, die ein Maß für das Verbundverhalten zwischen Stein und Mörtel darstellt. Bei der Eignungsprüfung wird die Druckfestigkeit des Mauermörtels auch zwischen den Steinen geprüft.

Leichtmörtel. Je nach verwendetem Steinformat beträgt der Fugenanteil von Mauerwerk flächenmäßig 7 bis 15 %. Die Verwendung von Leichtmörtel kann daher je nach Materialkombination zu einer erheblichen Verbesserung der Gesamt-Wärmedämmung von Mauerwerk führen.

6

Leichtmörtel nach DIN 1053 wird in 2 Gruppen eingeteilt:

- LM 21 (Rechenwert der Wärmeleitfähigkeit 0,21 W/(m · K)
- LM 36 (Rechenwert der Wärmeleitfähigkeit 0,36 W/(m · K)

Für diese Mörtelgruppen enthält DIN 1053 Angaben über die Zusammensetzung und die Anforderungen. Für abweichende Mörtelgruppen ist eine bauaufsichtliche Zulassung erforderlich. Leichtmörtel ist stets als Werkmörtel herzustellen.

Leichtmörtel ist nicht zugelassen für Gewölbe und der Witterung ausgesetztes Sichtmauerwerk.

Dünnbettmörtel dient zum Vermauern spezieller, besonders maßhaltiger Steine (z. B. Porenbeton-Planblöcke Ppl) für Fugendicken von 1 bis 3 mm. Dünnbettmörtel – meistens nach Mörtelgruppe III – sind ausschließlich als Werk-Trockenmörtel herzustellen. Anforderungen und Angaben zur Zusammensetzung sind in DIN 1053 enthalten.

Dünnbettmörtel ist nicht zugelassen für Gewölbe und für Steine mit Maßabweichungen von mehr als 1 mm.

Bindemittel. Es dürfen nur Bindemittel nach DIN 1060-1 (Baukalk), DIN 1164-1 (Zement) sowie DIN 4211 (Putz- und Mauerbinder) verwendet werden. Andere Bindemittel dürfen nur verwendet werden, wenn sie zur Herstellung von Mauermörtel bauaufsichtlich zugelassen sind.

Tabelle **6**.34 Mörtelzusammensetzung, Mischungsverhältnis für Normalmörtel in Raumteilen DIN 1053, Tab. A.[1)]

	Mörtelgruppe	Luftkalk und Wasserkalk		hydraulischer Kalk	hochhydraulischer Kalk, Putz- und Mauerbinder	Zement	Sand[1)] aus natürlichem Gestein
		Kalkteig	Kalkhydrat				
1	I	1	–	–	–	–	4
2	I	–	1	–	–	–	3
3	I	–	–	1	–	–	3
4	I	–	–	–	1	–	4,5
5	II	1,5	–	–	–	1	8
6	II	–	2	–	–	1	8
7	II	–	–	2	–	1	8
8	II	–	–	–	1	–	3
9	II a	–	1	–	–	1	6
10	II a	–	–	–	2	1	8
11	III	–	–	–	–	1	4
12	III a[2)]	–	–	–	–	1	4

1) Die Werte des Sandanteils beziehen sich auf den lagerfeuchten Zustand.
2) mit Eignungsprüfung (s. DIN 1053 Abschn. A.3.1)

Alle Bindemittel müssen vor Feuchtigkeit geschützt gelagert werden. Da die Bindefähigkeit auch in geschlossenen Räumen nachlassen kann, sollten Lagerbestände in 4 bis 6 Wochen aufgearbeitet werden. Länger gelagerte Bindemittel sollten vor der Verwendung auf ihre Festigkeitseigenschaft geprüft werden.

Kalk. Kalk (allgemeiner Begriff für verschiedene Formen von Calcium- und Magnesiumoxid bzw. -hydroxid) wird nach DIN 1060[1)] unterschieden in

- *Baukalk* (Bindemittel mit Hauptbestandteilen von Calciumoxid (CaO) und -hydroxid ($Ca(OH)_2$) und geringen Anteilen von Magnesium-, Silicium-, Aluminium- und Eisenverbindungen).
- *Luftkalke* (vorwiegend Calciumoxid (CaO) und -hydroxid ($Ca(OH)_2$)), die unter der Einwirkung von atmosphärischem Kohlenstoffdioxid langsam an der Luft erhärten,
- *ungelöschte Kalke* (vorwiegend Calcium- und Magnesiumoxid) sind durch Brennen hergestellt. Sie reagieren bei Berührung mit Wasser exotherm. Lieferung als Stückkalk und in verschiedenen Körnungen gemahlen.
- *Branntkalke* (ungelöschte Kalke, vorwiegend aus Calciumoxid),
- *Dolomitkalke* (ungelöschte Kalke, vorwiegend aus Calciumoxid und Magnesiumoxid),
- *gelöschte Kalke* (vorwiegend Calcium- und auch Magnesiumoxid, entstanden durch gesteuertes Löschen von Branntkalk) als Pulver oder Teig,
- *Kalkhydrate* (gelöschte Kalke, vorwiegend aus Calciumhydroxid ($Ca(OH)_2$),
- *Dolomitkalke und halb bzw. vollständig gelöschte Dolomitkalke* (vorwiegend Calciumhydroxid, Magnesiumhydroxid und Magnesiumoxid), ferner
- Muschelkalke, Carbidkalke und Kalkteige.

Hydraulische Kalke erstarren und erhärten unter Wasser. Ihre Festigkeitsanforderungen und sonstigen physikalischen Eigenschaften sind in DIN 1060 Abschn. 4.5 festgelegt.

Die verschiedenen Baukalkarten werden nach ihrem CaO- + MgO-Anteil oder bei hydraulischen Kalken nach ihrer Druckfestigkeit klassifiziert (Tabelle **6**.36).

Baukalke sind bei der Lieferung mit der Benennung der Baukalkart, der DIN-Hauptnummer und dem Kurzzeichen der Baukalkart zu kennzeichnen.

Beispiel Hydraulischer Kalk 5 (HL 5)
Hydraulischer Kalk DIN 1060 – HL 5

Die *hydraulischen Kalke* kommen fast nur pulverförmig, gelöscht oder ungelöscht, in Säcken auf die Baustelle. Sie unterscheiden sich durch ihre Normenmindestfestigkeiten, die bei Mörtelprüfkörpern nach DIN 1060 betragen:

- für Wasserkalk nach 28 Tagen
- für hydraulischen Kalk nach 28 Tagen
- für hochhydraulischen Kalk und Romankalk nach 28 Tagen

Kalkmörtel wird entweder von Hand oder maschinell gemischt. Er muss frisch verwendet wer-

1) Europäische Norm DIN EN 459

Tabelle **6**.35 Anforderungen an Normalmörtel (DIN 1053, Tab. A.2)

Mörtelgruppe	Mindestdruckfestigkeit [1] im Alter von 28 Tagen Mittelwert		Mindesthaftscherfestigkeit im Alter von 28 Tagen [4] Mittelwert
	bei Eignungsprüfung [2)3)] in N/mm²	Bei Güteprüfung in N/mm²	bei Eignungsprüfung N/mm²
I	–	–	–
II	3,5	2,5	0,10
II a	7	5	0,20
III	14	10	0,25
III a	25	20	0,30

1) Mittelwert der Druckfestigkeit von sechs Proben (aus drei Prismen). Die Einzelwerte dürfen nicht mehr als 10 % vom arithmetischen Mittel abweichen.
2) Zusätzlich ist die Druckfestigkeit des Mörtels in der Fuge zu prüfen. Diese Prüfung wird z. Z. nach der „Vorläufigen Richtlinie zur Erfänzung der Eignungsprüfung von Mauermörtel; Druckfestigkeit in der Lagerfuge; Anforderungen, Prüfung" durchgeführt. Die dort festgelegten Anforderungen sind zu erfüllen.
3) Richtwert bei Werkmörtel.

6

den. Im übrigen sind die Verarbeitungsvorschriften des Lieferwerks (z. B. über Einsumpfdauer oder Mörtelliegezeit; DIN 1060) zu beachten.

Zemente der verschiedenen Festigkeitsklassen (s. Abschn. 5.2.1, Festigkeitsklassen der Normenzemente s. Tab. **5**.9) sind nach DIN EN 197-1 genormt unter den Bezeichnungen:

- Portlandzement (CEM I)
- Portlandkompositzement (CEM II)
- Hochofenzement (CEM III)

Ferner wird besonders für Altbausanierungen Trasszement verwendet. Mörtel mit Trass zement ist besonders geschmeidig bei der Verarbeitung und hat eine höhere Elastizität als Zementmörtel.

Sand für die Herstellung von Mauermörtel nach DIN 1053-1 soll gemischtkörnig sein und darf keine Bestandteile enthalten, die zu Schäden an Mörtel oder Mauerwerk führen. Als schädlich gelten größere Mengen abschlämmbarer Bestandteile, sofern es sich dabei um Ton oder Stoffe organischen Ursprungs (z. B. pflanzliche, humusartige oder Kohlen-, insbesondere Braunkohleanteile) handelt.

Sand, der DIN 4226-1 entspricht, erfüllt diese Anforderungen stets.

Besondere Anforderungen gelten für Leichtzuschlag, dessen Verwendung jedoch ohnehin auf Werkmörtel beschränkt ist.

Güteprüfung. Heute wird Mauermörtel fast ausschließlich als Werkmörtel hergestellt. Werkmörtel unterliegt der Überwachung nach DIN 18 557, und dies muss aus dem Lieferschein hervorgehen.

Nicht überwachte Werkmörtel dürfen gemäß DIN 1053-1 nicht verwendet werden. Die Überwachung schließt die Eignungsprüfung vor der Mörtelherstellung, die Eigenüberwachung während der Mörtelherstellung und die regelmäßige Fremdüberwachung durch unabhängige, staatlich anerkannte Stellen ein. Baustellenmörtel unterliegt keiner geregelten Überwachung, jedoch sind bei Abweichungen von Zusammensetzungen nach Tabelle **6**.34, bei Verwendung von Zusatzmitteln und für die Mörtelgruppe IIIa stets Eignungsprüfungen durchzuführen.

Während der Bauausführung ist bei allen Mörteln der Gruppe IIIa an jeweils 3 Prismen aus 3 verschiedenen Mischungen je Geschoss (mindestens aber je 10 m³ Mörtel) die Mörteldruckfestigkeit nach DIN 18 555-3 nachzuweisen. Sie muss dabei die Anforderungen der Tabelle **6**.34, Spalte 3, erfüllen.

Bei Gebäuden mit mehr als 6 gemauerten Vollgeschossen ist die geschossweise Prüfung (mindestens aber je 20 m³ Mörtel) auch bei Normalmörtel der Gruppen II, IIa und III sowie bei Leicht- und Dünnbettmörtel durchzuführen. Bei den obersten 3 Geschossen darf darauf verzichtet werden.

6

Tabelle **6**.36 Baukalkarten nach DIN 1060

	Benennung	Kurzzeichen
1	Weißkalk 90	CL 90
2	Weißkalk 80	CL 80
3	Weißkalk 70	CL 70
4	Dolomitkalk 85	DL 85
5	Dolomitkalk 80	DL 80
6	Hydraulischer Kalk 2	HL 2
7	Hydraulischer Kalk 3,5	HL 3,5
8	Hydraulischer Kalk 5	HL 5

6.2.3 Ausführung von gemauerten Wänden

6.2.3.1 Allgemeines

Arbeitsvorgänge. Mauerwerk aus künstlichen Steinen ist lot-, flucht- und waagerecht herzustellen. Die Ecken werden genau nach dem Lot angelegt und die Schichten nach einer dazwischen gespannten Schnur ausgeführt. Damit gleiche Schichtenhöhen erzielt werden, sind *Hochmasslatten* zu verwenden.

Besonders zeitraubende Arbeiten sind das Aufmauern der Mauerecken und das der Fenster- und Türanschläge infolge der damit verbundenen erheblichen Lotarbeit. Durch Anwendung von *Ecklehren und Fensterlehren* können diese Arbeiten vereinfacht werden. Zunehmend werden, wie in den Nachbarländern bereits lange üblich, zur Rationalisierung auch der Maurerarbeiten Fenster und Türzargen bereits im Rohbau mit eingebaut.

Das Mauerwerk ist überall möglichst gleichzeitig hochzuführen, damit ungleiches Setzen vermieden wird. Die Steine sollen möglichst ebenflächig und maßgenau sein, damit die *Lagerfugen* gleichmäßig dünn (10 bis 12 mm) gehalten und die Steine über die ganze Fläche gleichmäßig belastet werden können. Dicke Fugen steigern infolge der Querdehnung des Mörtels, die größer ist als die des Mauersteines, die Spannungen, die bei Belastung quer zur Kraftrichtung – durch Stauchung – im Mauerwerk auftreten. Die Mauersteine werden bei Überbeanspruchung nicht durch die Druckkräfte zermalmt, sondern unter der Wirkung der Zugspannungen bei der Stauchung aufgerissen. Im bis zum Bruch belasteten Mauerwerk treten die Risse immer über den Stoßfugen auf. Daher ist die *Stossfugenbreite* auf 1 cm zu beschränken.

Vermörtelte Stoßfugen können durch Heranrücken des einzelnen Steines an die Nachbarsteine oder durch Anstreichen von Mörtel an den zu vermauernden Stein gefüllt werden.

Bei Lochsteinen ist durch richtige Wahl der Mörtelsteife zu bewirken, dass der Mörtel nicht tief in die Löcher der Mauersteine eindringt. Bei langen, geraden Mauerabschnitten, insbesondere wenn Steine mit unvermörtelten Nut-Feder-Stoßfugen verwendet werden, kann das Auftragen des Mörtels mit Hilfe von Mörtelschlitten rationalisiert werden.

Beim Vermauern müssen die Mauersteine sauber sein und besonders bei heißem Wetter gut angenässt werden, da sie sonst die Mörtelfeuchtigkeit aufsaugen und dem Mörtel das zum Abbinden erforderliche Wasser entziehen würden. Bei hochbelastetem Mauerwerk schlanker Pfeiler und von Wänden ≤ 11,5 cm ist es sicherer, wenig saugfähige Mauersteine zu verwenden, um zu vermeiden, dass durch ungleichmäßigen Mörtelwasserentzug in den Außenzonen und den „Wackeleffekt" beim Aufmauern (Bild **6**.37) die Fugen abgewälzt und die Tragfähigkeit des Mauerwerks schon bei zentrischer und noch mehr bei exzentrischer Belastung herabgesetzt wird.

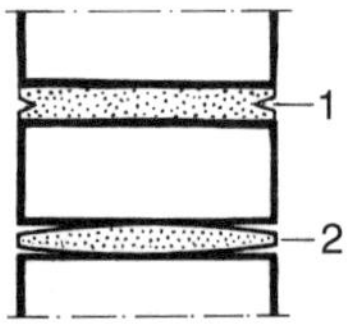

6.37
Verminderung der Standsicherheit von dünnen Wänden aus stark saugenden Steinen
1 durch Wasserverlust bei Berührung mit stark saugenden Steinen (Spaltbildung)
2 Verlust an Plastizität, bei Wackelbewegungen während des Aufmauerns wird die Mörtelfuge abgewälzt

Für *Aussenwände aus Leichtziegeln* oder anderen besonders gut wärmedämmenden Mauersteinen sind möglichst Leichtmauermörtel zu verwenden. Sie bestehen aus genormten Bindemitteln und Blähton-Zuschlägen und ermöglichen Druckfestigkeiten bis zu den Anforderungen für die Mörtelgruppe IIa.

Witterungseinflüsse. Nicht fertiggestellte Mauerabschnitte sind bei Arbeitsunterbrechungen durch Folien oder Bitumenbahnen gegen Durchnässung zu schützen. Bei Frost ist ab –3° Celsius das Mauern einzustellen. Die unvollendeten Mauern sind mit Folien o. Ä. und Ziegelsteinen abzudecken und die äußeren Maueröffnungen durch Verbretterung zu schließen. Werden die Maurerarbeiten wieder fortgesetzt, so sind frostgeschädigte Schichten zu entfernen.

Oft lässt sich das Bauen im Winter nicht vermeiden. Es muss, angefangen bei der Wahl der Baustoffe und Bauweisen bis zur Baustelleneinrichtung, schon beim Entwurf auf das sorgfältigste vorbereitet werden, damit die durch Beheizen der Baustelle, Anwärmen der Baustoffe usw. entstehenden Kosten auf ein Mindestmaß beschränkt bleiben und Bauschäden vermieden werden.

Folgende Maßnahmen werden empfohlen:

1. Bei kühlem Tageswetter (+5° bis 0 °C) und leichtem Nachtfrost (bis –3 °C):
   Vor Wind, Regen und Schnee geschützte Lagerung der Baustoffe,
2. Bei vorübergehendem, leichtem Tagesfrost (bis –3 °C) zusätzlich zu 1.:
   Schutz des frischen Ziegelmauerwerks bei Nacht durch Abdecken mit Planen, Säcken oder ähnlichem, Erwärmen des Anmachwassers für den Mörtel,
3. bei anhaltendem Frost (bis –10 °C) zusätzlich zu 2.:
   Erwärmen des Sandes und der Ziegel,
4. Bei anhaltend strengem Frost zusätzlich zu 3.:
   Abschirmen des Bauwerks oder -teils gegen die Außentemperatur durch Schutzbauten und Beheizen des Arbeitsraumes.

Maße und Formate. Die Abmessungen der Mauersteine bzw. -ziegel und die sich daraus ergebenden Wanddicken sowie Raum-, Öffnungs-, Pfeilermaße usw. sind in der „Maßordnung" DIN 4172 festgelegt (s. Abschn. 2.2).

Steinformate (s. auch Abschn. 6.2.2). Bei der Herstellung von Mauern werden verwendet:

*klein*formatige Mauersteine

L B H in cm	nach DIN
24 x 11,5 x 5,2	105, 106 (DF-Dünnformat)
24 x 11,5 x 7,1	105, 106, 398 (NF-Normalformat)
24 x 11,5 x 11,3	105, 106 (1 1/2 NF oder 2 DF)
24 x 11,5 x 11,5	18 152

*mittel*formatige Mauersteine (Einhandsteine mit Griffschlitz)

24 x 17,5 x 11,3	105, 106 (3 DF)
11,5 x 24 x 17,5	18 152

*gross*formatige Mauersteine (Vollsteine, geschlitzte Vollblöcke, Hohlblocksteine, Hochlochsteine)

- für Wanddicken von 17,5, 24, 30 und 36,5 cm — 105, 106, 4165
- in verschiedenen Höhen, meistens von 23,8 cm — 18 151, 18 152, 18 153

Die Anwendung der Kleinformate (Bild **6**.38) ermöglicht eine große Variabilität der Längenmaße. Der hohe Fugenanteil des Mauerwerks erleichtert Maßkorrekturen, vermindert jedoch die Wärmedämmfähigkeit der Wand. Die Verwendung der Mittelformate (Hochlochziegel, Gitterziegel) vermindert den Arbeitsaufwand, erfordert jedoch starke Bindung der Längenmaße an die Maßordnung. In noch höherem Grade gilt das für Großformate; ungeschickte Maßabweichungen oder -korrekturen verringern hier die Güte des Mauerwerks. Die mit den Großformaten verbundenen Vorteile der Arbeitsrationalisierung werden aufgehoben, wenn an den Steinen Trennschnitte vorgenommen werden müssen.

6.38a der gebräuchlichste kleinformatige Stein einschließlich Stoß- und Lagerfuge 25,0 x 12,5 x 12,5 cm oder 2 x 1 x 1 am

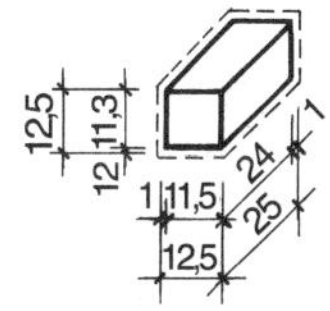

6.38b der gebräuchlichste mittelformatige Stein (mit Griffschlitz) einschließlich Stoß- und Lagerfuge 25,0 x 18,75 x 12,5 oder 2 x 1 1/2 x 1 am

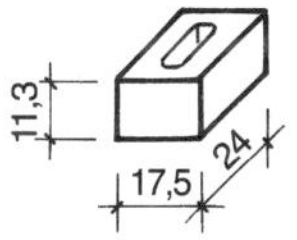

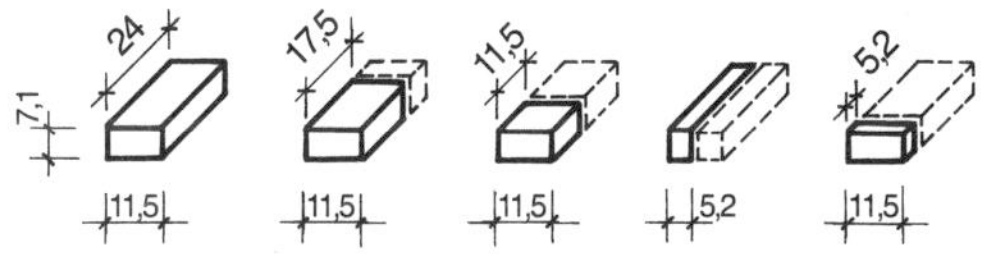

6.38c der Mauerziegel NF und seine Teilstücke

6.38 Kleinformatige Steine

Die Verwendung von mehreren *verschiedenen* Steinformaten in derselben Wand oder von vorgefertigten Eck- oder Anschlagsteinen bedeutet immer eine Erschwerung des Arbeitsablaufs (getrenntes Anliefern, Vorrathalten, Stapeln usw.).

Bei Wänden aus Klein- oder Mittelformaten kann auf besondere Eck- und Anschlagsteine verzichtet werden. Ab 30 cm Wanddicke ist die Verwendung zweier verschiedener Formate nebeneinander (24 x 11,5 x 11,3 und 24 x 17,5 x 11,3) trotz der oben angedeuteten Nachteile üblich.

In Außenwänden dürfen *verschiedene Steinmaterialien* („Mischmauerwerk") nicht verwendet werden. Die unterschiedlichen Wärmedämmeigenschaften der Steine führen zu unterschiedlicher Feuchtigkeitsaufnahme des Mauerwerks, damit zu Putzverfärbung und langfristig zu Bauschäden.

Mauerverbände. Unter *Mauerverband* versteht man die Art, wie die Steine schichtweise im Mauerwerk zusammengefügt und miteinander verzahnt werden, damit die auf dem Mauerwerk aufruhenden Lasten gleichmäßig auf die ganze Grundfläche der Mauer verteilt werden und der Mauerkörper rissefrei bleibt, d. h. seine Standsicherheit, Tragfähigkeit und sein Widerstand gegen die Witterung den Vorschriften genügen.

Nach der Art, Mauerziegel in einer Schicht aneinanderzureihen, werden *Läuferschicht, Binderschicht* sowie *Grendadierschicht* unterschieden. Die *Rollschicht* kann als Sonderform einer Binderschicht betrachtet werden (Bild **6**.39). Läuferschicht ist die Schicht, in der die Mauerziegel mit der Langseite in der Mauerflucht liegen; in der Binderschicht sind von der Mauerflucht her die Köpfe der Binder zu sehen, die in die Wand einbinden.

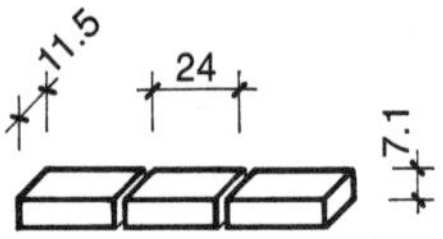

6.39a

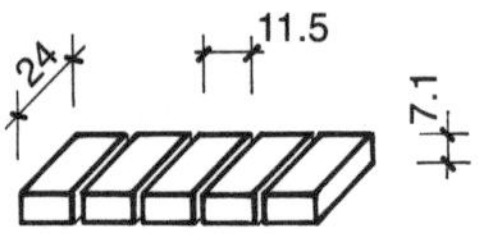

6.39b

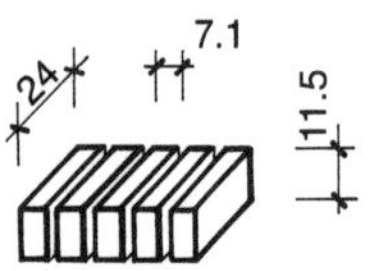

6.39c

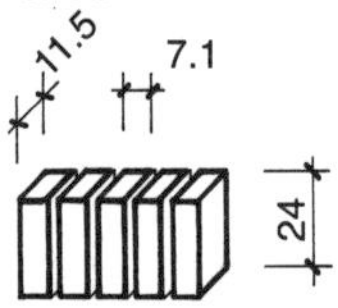

6.39d

6.39 Benennung der Schichten
a) Läuferschicht
b) Binderschicht
c) Rollschicht
d) Grenadierschicht

Die Schichten ein und derselben Wand sind in der Regel gleich hoch. Schließen Wände aus Steinen verschiedener genormter *Steinhöhen* aneinander an, so lassen sich die Wände miteinander auf vielfältige Art verzahnen (Bild **6**.40). Daher brauchen Verbandsregeln sich nur auf Wände gleicher Schichthöhe zu beziehen.

Man unterscheidet:

- *Zwischenverbände* (Verbände in Mauermitte),
- *Endverbände* (Verbände an rechtwinklig begrenzten Mauerenden aller Art),
- *Pfeilerverbände*

Übliche Mauerverbände sind

- *Läuferverband* (auch mittiger Verband genannt) für Wände bis 17,5 cm Dicke, Vormauerschalen oder Wände aus großformatigen Steinen (Bild **6**.41),
- *Blockverband* (Bild **6**.42).
- *Kreuzverband* (Bild **6**.43).

Bei gebogenen Wänden wird der *Binderverband* angewendet, in dem jede Schicht Binderschicht ist.

Zierverbände. Sichtmauerwerk wird vielfach wieder in mittelalterlichen Zierverbänden hergestellt (Beispiele in Bild **6**.44a bis c), ferner im „Wilden Verband" (Bild **6**.44d). In 36,5 cm dickem Mauerwerk können sich bei diesen Verbänden auf den Innenseiten übereinander liegende Stoßfugen ergeben.

Für alle Verbände gelten folgende Grundregeln:

1. Jede Schicht muss genau waagerecht liegen und soll waagerecht durch sämtliche Mauern eines Gebäudes durchgehen.
2. Die Stoßfugen unmittelbar aufeinanderfolgender Schichten dürfen sich nicht decken. Das Überbindemaß *ü* wird nach DIN 1053-1 auf die Steinhöhe bezogen und beträgt mindestens 4,5 cm. Es gibt an, wie weit die Stoßfuge einer einbindenden oder durchbindenden Wand von der Innenecke (bei Ecke, Kreuzung, Stoß) entfernt liegt, und legt so den Verband fest (Bild **6**.45).
   Von einer Innenecke darf in jeder Schicht nur eine Stoßfuge ausgehen. Ihre Richtung wechselt in jeder Schicht.
3. Es dürfen sich keine übereinanderliegenden Fugen ergeben, die im Wandinneren *parallel* zur Wand verlaufen. Sie sind gefährlich, weil bei Belastung die Stauchung quer zu Wand erfolgt (Aufreißen in Schalen); zudem sind diese Fugen nach Lage, Anzahl und Zustand am fertigen Mauerwerk nicht zu erkennen.
4. Es sind möglichst viele ganze Steine zu verwenden. Dadurch wird der Fugenanteil (Wärmebrücken) vermindert, das Überbindemaß (Verzahnung) meist vergrößert und so die Mauerwerksfestigkeit erhöht.

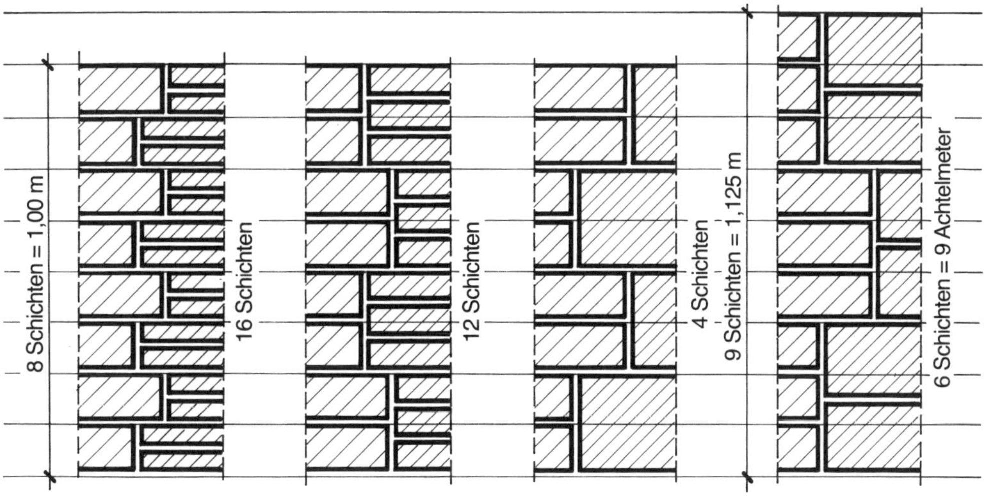

6.40 Mauerstöße von Wänden mit verschiedenen Steinformaten und Schichthöhen (1 am = 1 Achtelmeter; *ü* =Überbindemaß)

Schichthöhen							
1 am	$^1/_2$ am	1 am	$^1/_2$ am	1 am	2 am	1 am	1 $^1/_2$ am
Steinhöhen							
11,3 cm	5,2 cm	11,3 cm	7,1 cm	11,3 cm	23,8 cm	11,3 cm	17,5 cm
Tiefe der Verzahnung							
$ü_1 = {}^1/_2$ am		$ü_1 = {}^1/_2$ am		$ü_2 = 1$ am		$ü_2 = 1$ am	

Mauerverzahnungen und Mauerschlitze (s. Abschn. 6.2.1.1) müssen für anzuschließende Wände bzw. für Rohrleitungen im Verband berücksichtigt werden oder als durchgehende genau *senkrechte Schlitze* ausgespart werden. In Schlitzen anschließende Wände müssen sich bei Setzungen bewegen können.

Lochverzahnungen sind $^1/_4$ Stein tiefe Aussparungen in jeder zweiten Schicht. Sie sind so breit, wie das anschließende Mauerwerk dick ist.

Heute ist auch die „Stumpfstosstechnik" von gegeneinanderstossenden Wänden eine häufig angewandte Methode. Zum einen spart dies Arbeitszeit, zum anderen ermöglicht die Stumpfstosstechnik die Kombination unterschiedlicher Steinarten und Steinformate. So kann z. B. eine Aussenwand mit einer geringen Rohdichte (hohe Wärmedämmung) mit einer schweren Innenwand (hoher Schallschutz) in Stumpfstosstechnik ohne Rissgefahr verbunden werden.

Bei der Stumpfstosstechnik treten in Verbindung mit wärmegedämmten Aussenwänden keine Wärmebrücken auf.

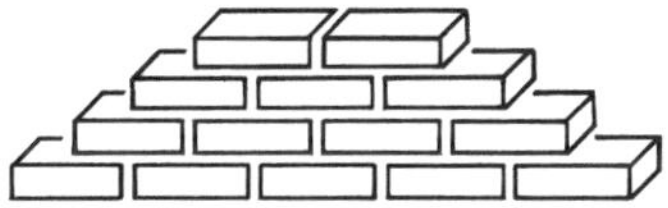

6.41 Längsverband

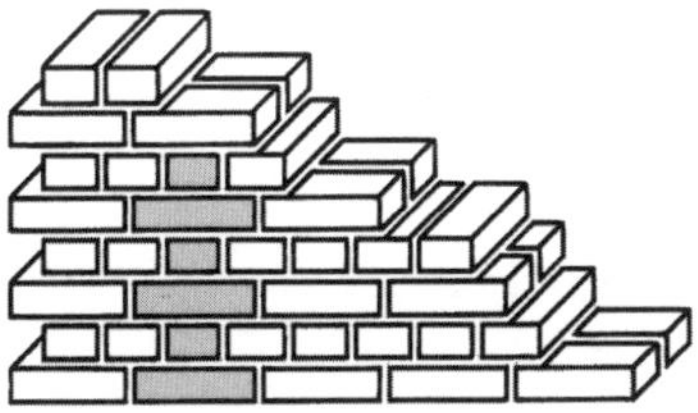

6.42 Blockverband

6.43 Kreuzverband

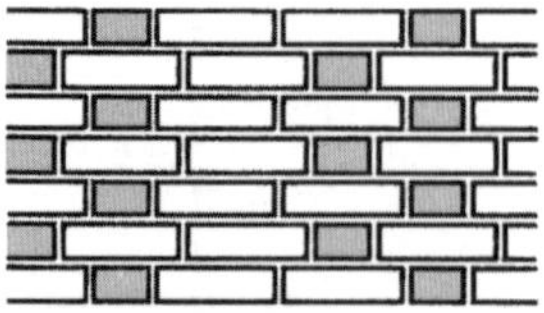

6.44a

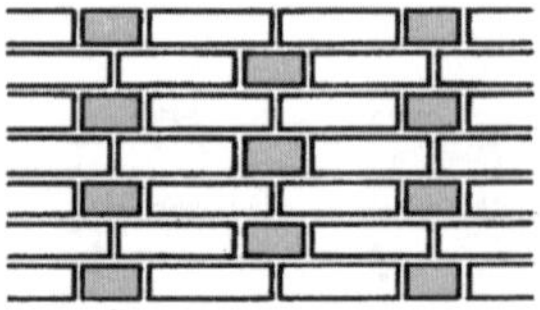

6.44b

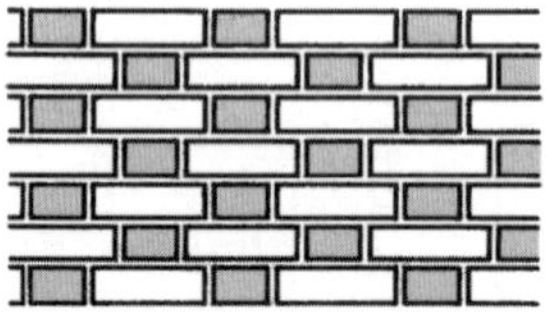

6.44c

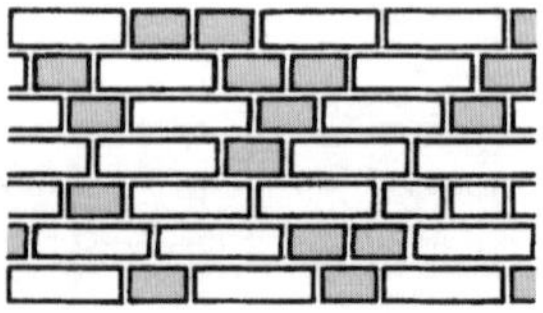

6.44d

6.44 Zierverbände
a) Märkischer Verband, b) Flämischer Verband, c) Gotischer Verband, d) „Wilder" Verband

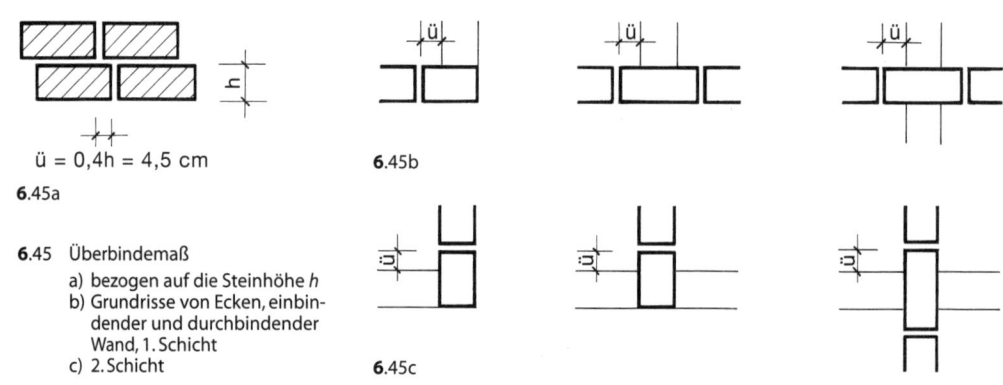

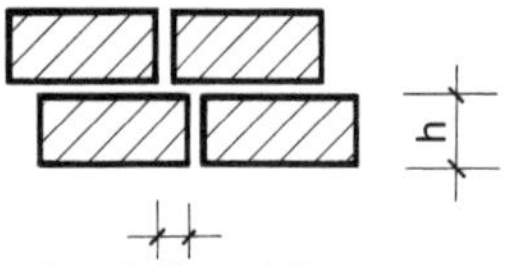

ü = 0,4h = 4,5 cm

6.45a

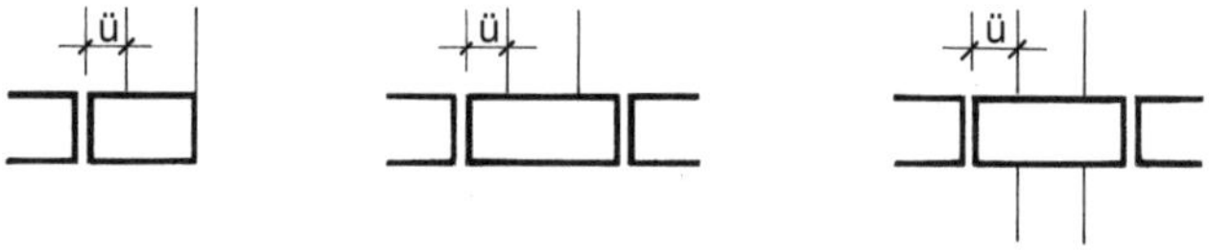

6.45b

6.45 Überbindemaß
a) bezogen auf die Steinhöhe *h*
b) Grundrisse von Ecken, einbindender und durchbindender Wand, 1. Schicht
c) 2. Schicht

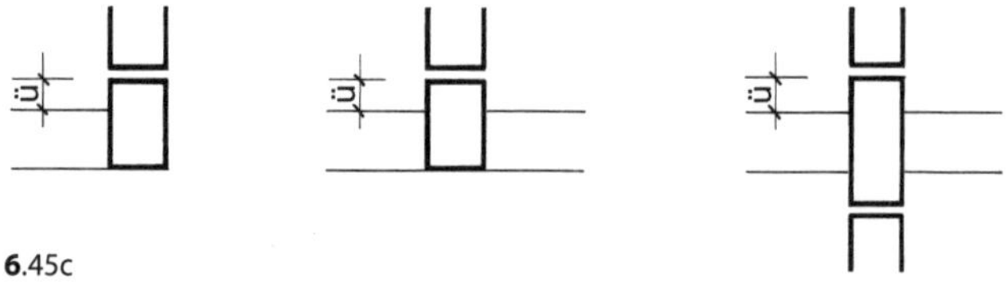

6.45c

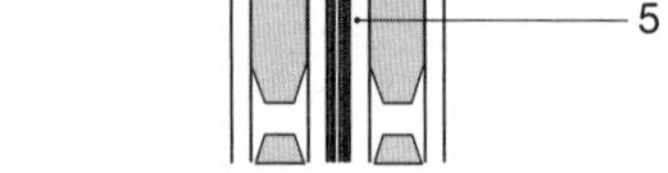

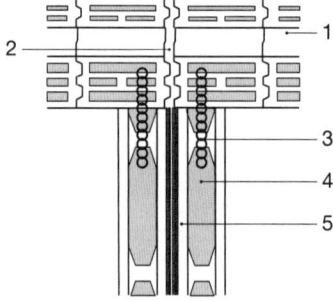

6.46 Anschluss Gebäudetrennwände an Aussenwand in Stumpfstosstechnik (System GISOTON)
1 Planblock aus Blähton-Leichtbeton mit werkseitig eingebauter (Polystyrol) Wärmedämmung
2 Dehnfugenprofil
3 Flachstahl-Maueranker aus nichtrostendem Stahl
4 Schalungssteinwände aus Blähton, bei 2 x 12,5 cm: Schallschutzmass = 68 dB bei 2 x 15,0 cm: Schallschutzmass = 70 dB
5 Mineralfaserdämmmatten Typ T, 2 x 2 cm

Ausserdem ergibt sich die Möglichkeit, zweischalige Wohnungstrennwände mit einem grösseren Schalenabstand zu erstellen, wodurch der Schallschutz erheblich verbessert werden kann. Der grössere Schalenabstand zeichnet sich bei der Stumpfstosstechnik in der Aussenwand nicht ab, so dass hier eine normal grosse Fuge ausgebildet werden kann (Bild **6**.46).

6.2.3.2 Einschaliges Mauerwerk

Einschaliges Mauerwerk aus klein- und mittelformatigen Steinen kommt in Frage für tragende und dem Schall- oder Brandschutz dienende Innenwände, insbesondere für solche mit komplizierten Grundrissen, sowie für Pfeilermauerwerk.

Für Außenwände ist wegen der meistens erforderlichen größeren Wanddicken einschaliges Mauerwerk – auch in Verbindung mit zusätzlichen Wärmedämmungen in der Regel aus großformatigen Steinen vorherrschend.

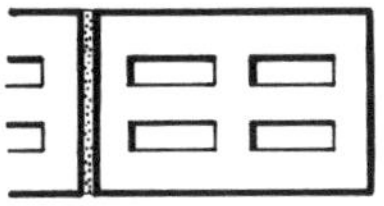

6.47a

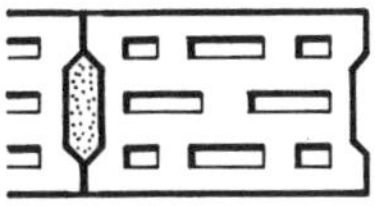

6.47b

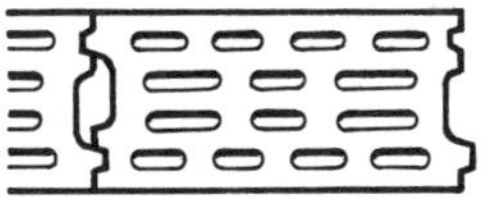

6.47c

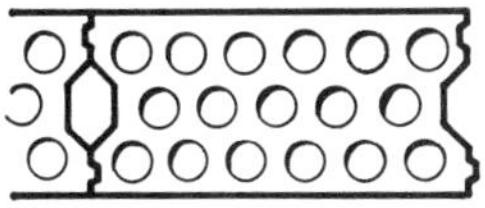

6.47d

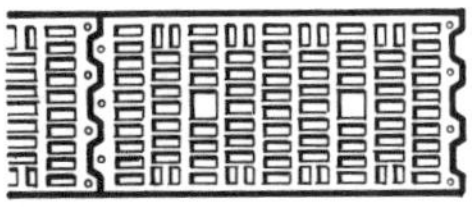

6.47e

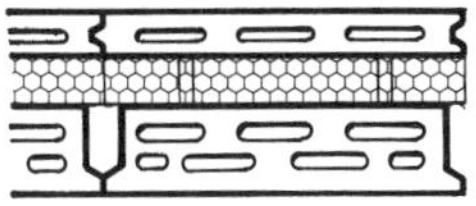

6.47f

6.47 Großformatige Steine
a) Hohlblocksteine aus Leichtbeton (2-Kammerstein, vermörtelte Stoßfuge)
b) Hohlblocksteine aus Leichtbeton (3-Kammersteine, verfüllte Mörteltasche)
c) Hohlblocksteine aus Leichtbeton (HLB) mit Nut-Feder-Stoßfuge
d) Kalksandstein Planblock mit Nut-Feder-Stoßfuge
e) Leichthochlochziegel mit Stoßfugenverzahnung
f) Leichtbetonstein mit integrierter Polystyrol-Wärmedämmung

Wände aus großformatigen Steinen gehören zu den wirtschaftlichsten Wandbauarten. Großformat und geringes Gewicht (Zweihandsteine) verringern den Arbeitszeitaufwand, wenn schnelles, bequemes Umrüsten für die Arbeitsgerüste gewährleistet ist.

Großformatige Steine werden hergestellt als:

- Großblockziegel, auch als Hochloch-Leichtblocks (s. Tabelle **6**.25)
- Kalksandstein-Hohlblocksteine (s. Tabelle **6**.26 und Bild **6**.27)
- Leichtbeton-Hohlblocksteine (s. Tabelle **6**.28, Bild **6**.29) und auch als zweischalige Steine mit innenliegender Wärmedämmung aus Schaumstoff
- Vollsteine oder Vollblöcke aus Leichtbeton (s. Tabelle **6**.29).
- Porenbeton-Großblocksteine und Porenbeton-Plansteine (s. Tabelle **6**.30)

Großformatige Steine werden mit Normalmörtel (NM) oder Leichtmörtel (LM), Planblöcke (besonders maßhaltige großformatige Steine) mit Dünnbettmörtel (DM) vermauert (vgl. Abschn. 6.2.2.3).

Die Stoßfugen können voll vermörtelt (Bild **6**.47a) oder mit verfüllten Stoßfugentaschen (Bild **6**.47b) ausgeführt werden.

Da eine wirklich einwandfreie Verfüllung der Stoßfugen bzw. der Stoßfugentaschen an der Baustelle schwer zu gewährleisten ist, haben fast alle Hohlblocksteintypen an den Stirnseiten Nut-Feder-Profile, so dass ohne Zwischenvermörtelung gearbeitet werden kann (Bild **6**.47c bis f). Die Wärmedämmung wird durch verfeinerte Gestaltung der Hohlräume ständig verbessert.

Den ständig steigenden Ansprüchen an die Verbesserung der Wärmedämmung gerecht werdend hat die Industrie immer höherwertige Steine entwickelt. So sind z. B. Steine aus hochwertigem Blähton mit integrierter Wärmedämmung (Polystyrol oder Naturkork) entwickelt worden. Durch das relativ hohe Wandgewicht des Blähtons werden gute Schallschutzwerte erreicht. Die innenliegende Wärmedämmschicht sorgt für eine hohe Wärmespeicherfähigkeit. Aufgrund der Wärmedämmschicht, die im Stein liegt, entsteht raumseitig ein Speicherkern, der einen sogenannten „Kachelofeneffekt" bewirkt. Diese Steine können in einem Arbeitsgang verarbeitet werden. Ihre Wärmedämmwerte sind so gut, dass sie bereits mit einer Wandstärke von 25 cm NEH-Standard (Niedrigenergiehaus-Standard) und mit 37,5 cm Wandstärke Passivhaus-Standard erreichen können (Bild **6**.48).

Die Hersteller der Steine mit werkseitig eingearbeiteten Wärmedämmungen bieten für ihre Systeme auch spezielle „Anlegemörtel" mit besonders guten Wärmedämmeigenschaften (analog Leichtmörtelsystemen) an. Diese Anlegemörtel werden für die erste Schicht verwendet und vermeiden weitestgehend Wärmebrücken und damit Abzeichnungen der Fugen im Aussenputz.

Bei Mauerwerk aus großformatigen Steinen stellen die Fugen innerhalb des Wandgefüges immer wärmetechnische Schwachstellen dar. Die Außenwände sollten daher mit Leichtmörtel (LM)

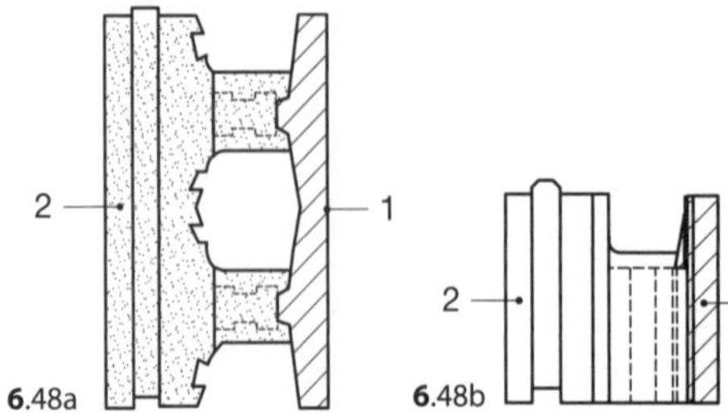

6.48 Stein aus Blähton mit werkseitig eingebauter Polystyrol-Dämmung
a) Horizontalschnitt
b) Vertikalschnitt

1 Blähton
2 Werkseitig eingebaute Polystyrol-Wärmedämmung

oder bei Planblocksteinen mit Dünnbettmörtel (DM) oder neuerdings sogar trocken aufgemauert werden.

Für die großformatigen Steine gelten *Verbandsregeln*, die von denen für kleine und mittelformatige Mauersteine abweichen. Die DIN 18 151 unterscheidet *mittigen* und *schleppenden* Verband. Beim mittigen Verband sind die Stoßfugen um 1/2 Steinlänge (Bild **6**.49a), beim schleppenden Verband sind sie um 1/3 Steinlänge gegeneinander versetzt (Bild **6**.49b).

Anschlagsteine lassen sich einsparen, wenn die Fenster- und Türrahmen statt in einen gemauerten Anschlag in die beigeputzte Nut der anschlaglosen Maueröffnungen gesetzt werden.

Alle Leichtbeton-Steine, die aus porigen Stoffen hergestellt werden, müssen vor dem Vermauern gut getrocknet sein und werden vor dem Vermauern *nicht* angenässt. Bei Arbeitsunterbrechungen sind die nicht fertiggestellten Mauern sorgfältig abzudecken, denn in den Poren eingeschlossenes Wasser verdunstet sehr langsam und vermindert die Wärmedämmfähigkeit der Steine ganz beträchtlich. Bei Frost besteht für ungenügend getrocknete Steine die Gefahr der Zerstörung.

Einschalige Außenwände aus nicht frostwiderstandsfähigen Steinen müssen einen Außenputz oder einen anderen Witterungsschutz erhalten.

Sichtmauerwerk als *einschaliges* Außenmauerwerk besteht aus einer äußeren Schale aus frostbeständigen – meistens kleinformatigen – Vormauersteinen oder Klinkern mit einer Hintermauerung aus anderem Steinmaterial.

Beide Schalen müssen im Verband hochgemauert werden. Die Verblendung gehört zum tragenden Querschnitt. Für die zulässige Beanspruchung ist die jeweils kleinste Steinfestigkeitsklasse maßgebend.

Mit einschaligem Sichtmauerwerk lassen sich die heutigen Anforderungen an Aussenwände im Hinblick auf den Wärmeschutz nicht mehr erfüllen. Sichtmauerwerk wird daher heute fast ausschließlich als zweischaliges Mauerwerk ausgeführt (s. Abschn. 6.2.3.3).

6.2.3.3 Zweischaliges Mauerwerk für Außenwände

Allgemeines

Zweischaliges Mauerwerk für Außenwände besteht aus der inneren tragenden Wand und einer äußeren mindestens 9 cm dicken Wand (bei der Ausführung aus Mauerwerk) als „Wetterschirm" gegen Schlagregen (s. Abschn. 6.2.1.5).

Nach DIN 1053-1 wird bei Außenmauerwerk unterschieden zweischaliges Mauerwerk

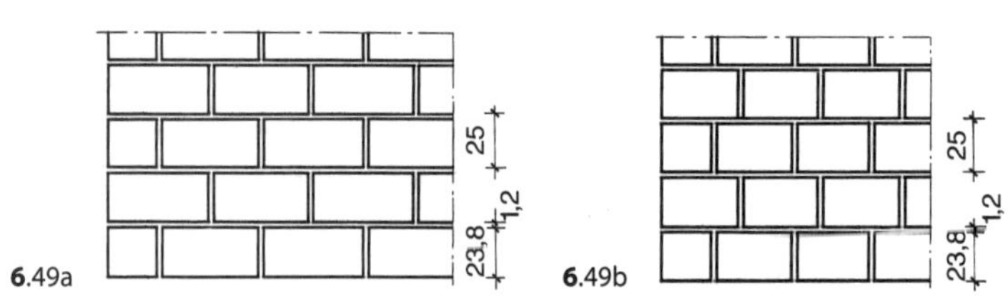

6.49 Mauerverband bei großformatigen Steinen
a) mittiger Verband, Steinlänge 49 cm
b) schleppender Verband, Steinlänge 36,5 cm

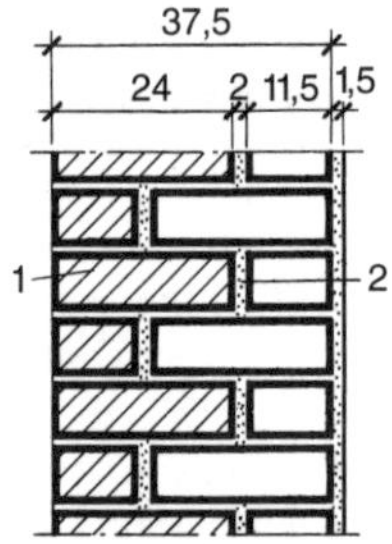

6.50 Schlagregensicherung bei einschaligem Mauerwerk
1 Verblendmauerwerk, frostbeständig
2 Schalenfuge 2 cm („Regenbremse")

- mit Putzschicht
- mit Kerndämmung
- mit Luftschicht
- mit Luftschicht und Wärmedämmung.

Für die Außenschale sind ausblühungsfreie, frostfeste Vormauersteine als Vollsteine zu verwenden. Lochsteine sind wegen der möglichen stärkeren Durchfeuchtung – insbesondere bei Ausführungsfehlern bei der Verfugung von Sichtmauerwerk – weniger geeignet.

Die werkgerechte Ausführung von zweischaligem Mauerwerk ist aufwendig und erfordert sorgfältige handwerkliche Arbeit. Sie stellt aber besonders bei starker Witterungsbeanspruchung (Schlagregen) eine sehr gute Lösung besonders für Sichtmauerwerk dar.

Die Mauerschalen sind durch Drahtanker aus nichtrostendem Stahl nach DIN 17 440 (Bild **6**.51) miteinander zu verbinden. Dabei darf der vertikale Abstand der Anker höchstens 50 cm und der horizontale Abstand höchstens 75 cm betragen. Die Mindestanzahl der Anker ist Tabelle **6**.52 zu entnehmen. An allen freien Mauerrändern (an Gebäudeecken, Öffnungen, entlang von Fugen an den oberen Abschlüssen usw.) sind zusätzlich 3 Anker je m Randlänge anzuordnen.

Eine Verankerungsmöglichkeit bei Innenschalen aus Stahlbeton mit Hilfe von rostsicheren Stahlankern in Verbindung mit senkrecht einbetonierten Ankerschienen zeigt Bild **6**.53.

Außenschalen von weniger als 11,5 cm Dicke dürfen nicht höher als 20 m über Gelände geführt werden und müssen in Höhenabständen von etwa 6 m abgefangen werden. Giebeldreiecke bis zu 4 m Höhe dürfen bei Gebäuden mit bis zu 2 Vollgeschossen ohne zusätzliche Abfangung ausgeführt werden.

Die Außenschalen sind durch vertikale Dehnfugen (Abstand bei Ziegeln % 10 m, bei Kalksandstein % 8 m) zu unterteilen. Der Abstand richtet sich nach der Beanspruchung (z. B. Erwärmung durch Sonneneinstrahlung, auch abhängig von der Materialfarbe). Die freie Beweglichkeit der gebildeten Wandabschnitte muss in vertikaler Richtung und in horizontaler Richtung insbesondere auch an den Bauwerksecken sowie an Öffnungen möglich sein (vgl. Bild **6**.57). Die thermisch stärker belastete Vormauerschale soll sich dabei frei über angrenzende Schalen bzw. andere Bauteile hinweg ausdehnen können (Die im Grundriss senkrecht dargestellte Außenschale = Südseite des Bauwerkes). Die Fugen sind am besten durch Compribänder o.ä. zu verschließen. Dauerelastische Fugen haben nur begrenzte Haltbarkeit. An

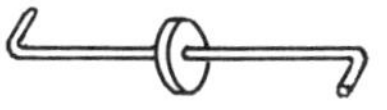

6.51a

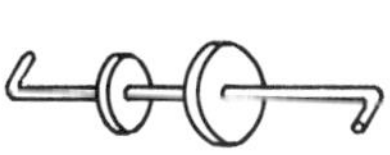

6.51b

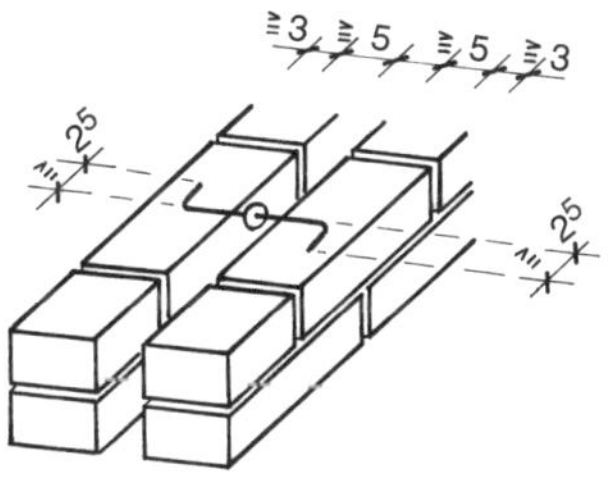

6.51c

6.51 Drahtanker für zweischaliges Mauerwerk für Außenwände
a) Stahldrahtanker mit Kunststoff-Tropfscheibe
b) mit zusätzlicher Klemmplatte für Wärmedämmung
c) Abmessungen

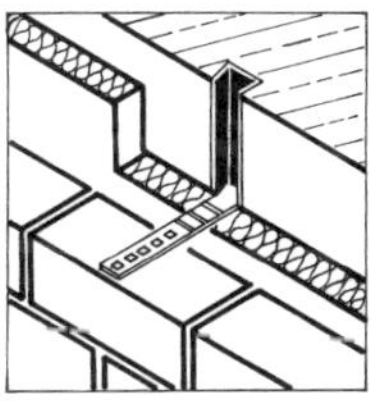

6.53 Verankerung mit Anschlussankern in Ankerschiene

Tabelle **6**.52 Mindestanzahl und Durchmesser von Drahtankern je m² Wandfläche

	Drahtanker Mindestanzahl	Drahtanker Durchmesser
mindestens, sofern nicht Zeilen 2 und 3 maßgebend	5	3
Wandbereich höher als 12 m über Gelände oder Abstand der Mauerwerksschalen über 70 bis 120 mm	5	4
Abstand der Mauerwerksschalen über 120 bis 150 mm	7 oder 5	4 5

Berührungspunkten wie z. B. Fensterlaibungen sind die Schalen durch eine wasserundurchlässige Sperrschicht zu trennen.

Außenschalen aus 11,5 cm dickem Mauerwerk sollen in Höhenabständen von 12 m abgefangen werden. Während die Außenschale an ihrer Unterseite in der Regel in ihrer ganzen Länge auf Sockelvorsprüngen aufliegt, sind für Zwischenabfangungen Konsolanker üblich, die am besten mit Ankerschienen an den Deckenrändern befestigt werden (Bild **6**.58).

Die Außenflächen sind mit wasserabweisendem, nicht ausblutendem Mörtel zu vermauern (Zugabe von Trass oder wasserabweisenden Zusätzen). Häufig werden Aussenschalen mit wasserabweisenden Imprägnierungen (Hydrophobierungen) versehen. Dabei ist aber zu bedenken, dass sich die Hydrophobierung im Laufe der Zeit durch Verwitterung „abnutzt". Stellen, die dann noch ausreichend hydrophobiert sind, weisen das Wasser ab. Flächen, deren Hydrophobierung bereits stark „abgenutzt" ist, nehmen mehr Wasser auf. Dies führt zwangsläufig zu Schäden (insbesondere Frostschäden) im Mauerwerk. Wenn in besonderen Fällen Mauerwerk hydrophobiert wird, muss die Hydrophobierung regelmässig erneuert werden. Eine schadhaft gewordene Hydrophobierung lässt sich nur äusserst schwierig nachbessern.

Sichtmauerwerk ist am besten sofort beim Aufmauern „frisch in frisch" zu verfugen (vgl. Abschn. 6.2.6.2).

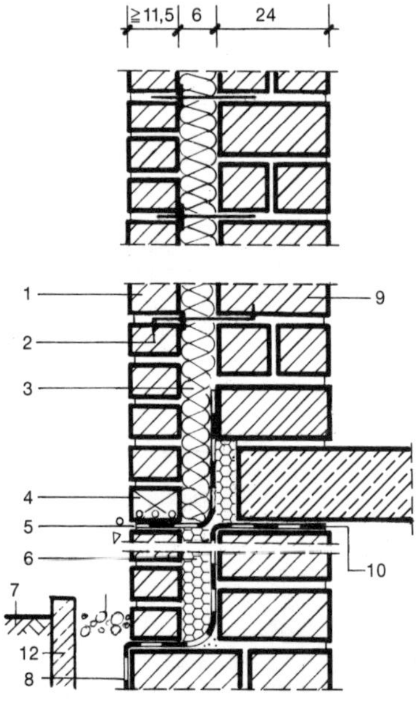

6.54
Zweischalige Außenwand mit Kerndämmung
1 Verblendschale
2 Drahtanker mit Krallenplatte
3 Kerndämmung wasserabweisend
4 offene Stoßfugen als Notentwässerung
5 Abdichtung mind. 30 cm über OK-Gelände (Spritzwasserschutz und Ableitung von Kondensat und eingedrungenem Schlagregenwasser)
6 Wärmedämmung
7 OK-Gelände
8 Außenwandabdichtung bzw. Gleitfolie
9 tragendes Mauerwerk
10 waagerechte Abdichtung
11 Kiesrigole
12 Stahlbeton-Randstein

Zweischalige Außenwände mit Kerndämmung

Zweischaliges Mauerwerk mit Kerndämmung wird mit mindestens 11,5 cm dicken Außenschalen aus frostbeständigen Steinen mit einem lichten Abstand von i. d. R. höchstens 15 cm vor der tragenden Innenschale ausgeführt (Bild **6**.54).

Die DIN 1053.-1 lässt einen Schalenabstand zwischen der Innen- und der Aussenschale bis 15 cm zu. Bei den ständig steigenden Anforderungen an die Wärmedämmung sind jedoch selbst 15 cm starke Wärmedämmungen kaum noch ausreichend.

Alukaschierte Dämmplatten erreichen zwar bei 15 cm Dicke sehr hohe Dämmwerte. Wegen der Gefahr der Tauwasserbildung innerhalb der Wandkonstruktion sind alukaschierte Dämmplatten für Aussenwände nicht zugelassen. Sie würden nämlich die Diffusionsfähigkeit der Wand verhindern. Bei sehr hohen Anforderungen an die Wärmedämmung (z. B. bei Häusern in Passivhausstandard) mit Wärmedämmung von mehr als 15 cm Dicke wird bei zweischaligem Mauerwerk eine aufwendige Abfangkonstruktion für das Verblendmauerwerk erforderlich, die unter wirtschaftlichen Gesichtspunkten kaum zu vertreten ist.

Der Zwischenraum wird voll mit Wärmedämmstoffen ausgefüllt, die gegen vorübergehende Durchfeuchtung durch Schlagregen oder Kondensatbildung unempfindlich sein müssen und rasch wieder austrocknen. Die Materialien müssen für den speziellen Verwendungszweck genormt bzw. bauaufsichtlich zugelassen sein. Verwendet werden Platten, Matten, Granulate und Ortschäume wie z. B.:

- Polystyrol- bzw. Polyurethan-Hartschaum, schwer entflammbar,
- Mineralwolle, schwer entflammbar, wasserabweisend,
- Blähperlite-Schüttungen.

Eine verbesserte Austrocknung der Außenschale kann erreicht werden durch Kerndämmplatten mit zusätzlichen Luftschichten oder mit zusätzlichen Luftschichtplatten, mit denen eine begrenzte Hinterlüftung erreicht wird (Bild **6**.55).

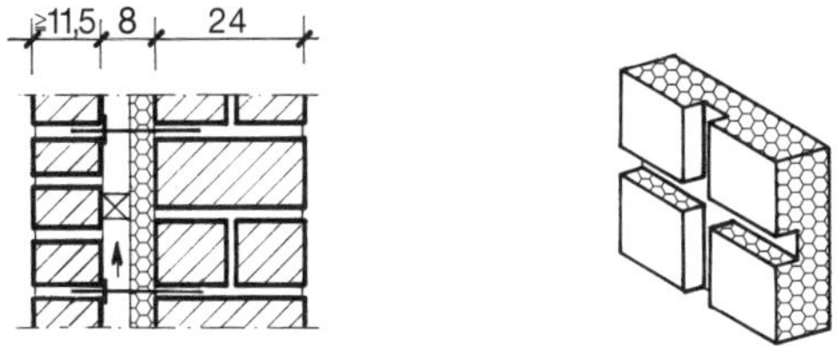

6.55 Zweischalige Außenwand mit Kerndämmung, Kerndämmung aus Schaumstoffplatten mit vertikalen und horizontalen Lüftungsschlitzen (Schnitt durch senkr. Lüftungskanal)

Im Fußpunktbereich müssen je 20 m² Fassadenfläche Entwässerungsöffnungen mit mindestens 5000 mm² Querschnitt vorgesehen werden (Bild **6**.54).

Zweischalige Außenwände mit Luftschicht

Zweischaliges Mauerwerk mit Luftschicht für Außenwände erfordert gegenüber Mauerwerk mit Kerndämmung arbeitsmäßig nur wenig Mehraufwand. Die zwischen Innen- und Außenschale liegende Luftschicht hat zwar keine unmittelbare Wärmeschutzwirkung, da in ihr Luft ständig zirkuliert, doch kann in den Hohlraum etwa eingedrungenes Regen- oder Kondenswasser problemlos abfließen oder abtrocknen.

Zweischaliges Mauerwerk *ohne zusätzliche Wärmedämmung* (Bild **6**.56) ist nur in Verbindung mit sehr gut dämmenden inneren Tragwänden (z. B. aus Porenbeton) wirtschaftlich herzustellen. Es ist daher meist nur noch als traditionelle Mauerwerksform in den regen- und windreichen nordwesteuropäischen Gebieten anzutreffen.

Die Luftschicht muss mindestens 6 cm und darf höchstens 11,5 cm dick und nicht durch Mörtelbrücken unterbrochen sein.

Die Luftschicht muss an allen oberen Abschlüssen (d. h. auch den Oberkanten von Fensterbrüstungen u. Ä.) und an den unteren Auflagerungen – auch an den Zwischenauflagerungen bei Abfangungen (Bild **6**.58) – Ent- bzw. Belüftungsöffnungen – am besten durch offene Stoßfugen – von insgesamt mindestens 7500 mm² je 20 m² Fassadenfläche erhalten.

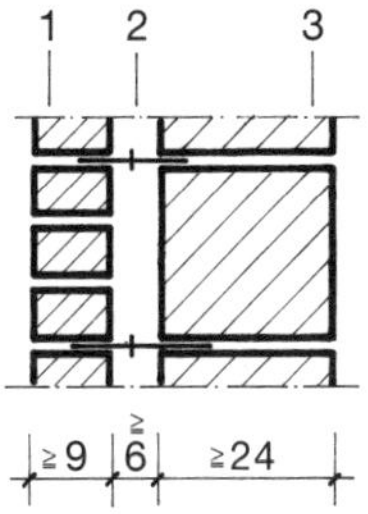

6.56 Zweischalige Außenwand mit Luftschicht
1 Verblendschale 11,5 cm
2 Luftschicht
3 wärmedämmerndes, tragendes Mauerwerk (z. B. Porenbeton)

6

Die unteren Öffnungen dienen gleichzeitig der Abführung von etwa eingedrungenem Schlagregenwasser und Kondensat. An Sockeln müssen Öffnungen mindestens 10 cm über dem Geländeanschnitt liegen.

Zweischalige Außenwände mit Luftschicht und Wärmedämmung

Zweischaliges Aussenwände mit *Luftschicht und Wärmedämmung* bietetn den Vorteil, dass alle Arten von Mauerwerk oder Stahlbeton die tragende Wand bilden und Wärmebrücken weitestgehend vermieden werden können.

Sie haben sich auch unter extremen Bedingungen bislang bewährt. Einziger Nachteil war bisher -abgesehen von den hohen Herstellungskosten- in dem durch die großen Wanddicken bedingten Grundflächenbedarf (Einschränkung der Nutzflächen) zu sehen (Bild **6**.57).

Der lichte Abstand zwischen den Mauerwerksschalen darf höchstens 15 cm sein. Zwischen Wärmedämmung und Außenschale muss an allen Stellen eine mindestens 4 cm dicke Luftschicht vorhanden sein. Die immer höheren Anforderungen an Wärmedämmungen auch von Aussenwänden haben dazu geführt, dass der zwischen zwei Wandschalen verbleibende Zwischenraum grösstenteils mit der notwendigen Wärmedämmung ausgefüllt werden muss. Der nach DIN geforderte Luftzwischenraum von mind. 4 cm ist auf der Baustelle nur schwer einzuhalten. Hierfür sind nicht nur unsorgfältige Ausführung (Mörtelbrücken) usw. verantwortlich. Bei den hoch gedämmten Bauteilen ist heute eine mangelfreie Ausführung von zweischaligen Aussenwänden mit Luftschicht und Wärmedämmung kaum mehr möglich. Um möglichen Regressansprüchen vorzubeugen, ist zu empfehlen, kein zweischaliges Mauerwerk mit Luftschicht mehr auszuschreiben. Besser sollte stattdessen Mauerwerk mit Kerndämmung, die gleichzeitig wasserabweisend ist -und zwar ohne Luftschicht-ausgeschrieben werden. Laut DIN darf der „Fingerspalt" bei dieser Ausführung 4 cm dick sein. Mörtelbrücken würden bei dieser Ausführungsart keinen Mangel darstellen, bei der laut Leistungsbeschreibung geforderten Ausführung mit Luftschicht jedoch fast immer eine mangelhafte Ausführung nach sich ziehen, weil die Forderung der DIN kaum einzuhalten ist. Wärmedämmplatten sind dicht gestoßen zu verlegen und in geeigneter Weise zu befestigen (z. B. durch Klemmplatten auf den Drahtankern, s. Bild **6**.51b, durch Tellerdübel o. Ä.).

Dämmplatten sind dicht gestossen, im Verband und so zu verlegen, dass keine Hohlräume zwischen Untergrund und Dämmschicht entstehen.

Es dürfen nur Dämmplatten verwendet werden, die nicht nachträglich aufquellen.

Abfangungen und Öffnungen

Wie bereits einleitend ausgeführt, müssen die Außenschalen von zweischaligem Mauerwerk bei Höhen über 12 m abgefangen werden.

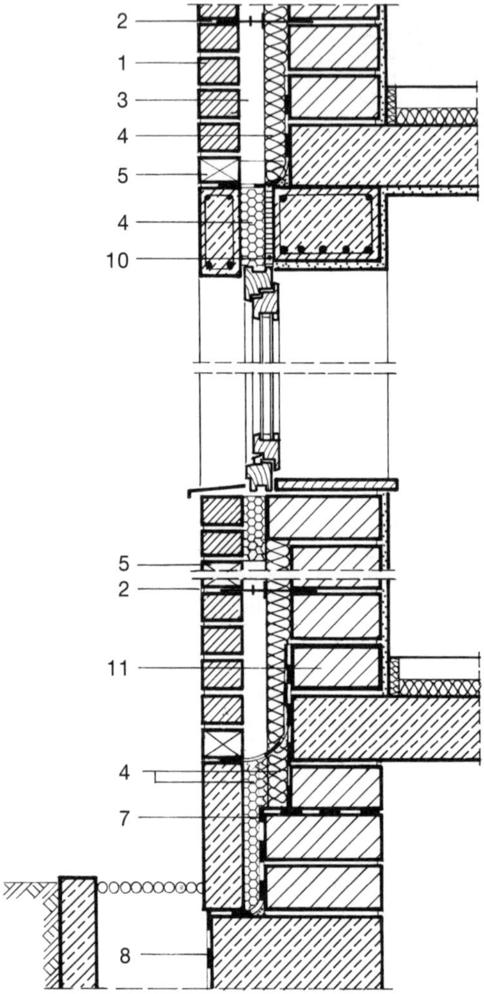

6.57a

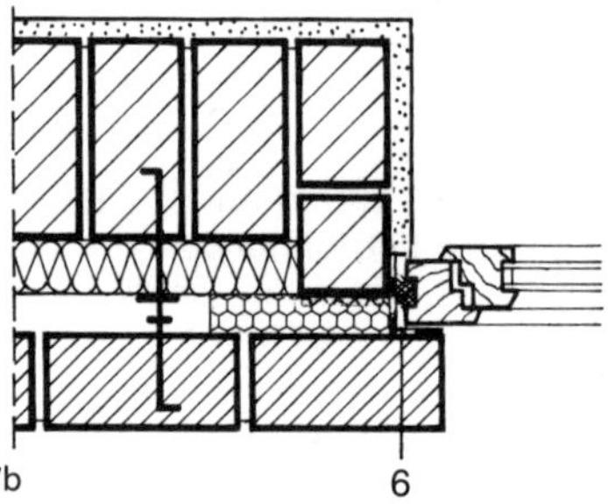

6.57b

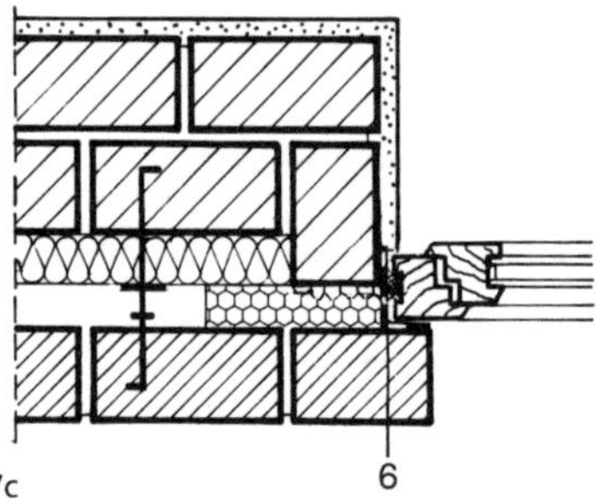

6.57c

6.57 Zweischalige Außenwand mit Luftschicht (Innenwände binden nur in die Innenschale, die entsprechend statischer Erfordernissen auch dünner als 11,5 cm ausgeführt werden kann)

a) Vertikalschnitt, b) Horizontalschnitt (Gebäudeecke), c) Horizontalschnitt (Fensteranschluß))

1 Verblendschale (> 9 cm)
2 Drahtanker mit Tropf- und Klemmscheibe
3 Luftschicht
4 Wärmedämmung
5 offene Stoßfugen (7500 m^2/20 m^2 Wandfläche)
6 Sperrschicht zwischen Fenster und Mauerwerk
7 Abdichtung bzw. „Gleitschicht"
8 senkrechte Abdichtung DIN 18 195
9 durchlaufende senkrechte Fuge mit dauerelastischer Abdichtung
10 HWL (Holzwolleleichtbau)-Platte

Die Ausführung mit Hilfe spezieller Konsolen zeigt Bild **6**.58a. Wegen der unvermeidlichen Wärmebrückenprobleme sind auskragende Stahlbeton-Deckenränder als Auflager für die Außenschalen ungeeignet.

Ähnlich wie Abfangungen werden auch Öffnungen über Fenstern o. Ä. ausgeführt. Bei kleineren Öffnungen werden Konsolanker in Verbindung mit Fertigteilstürzen verwendet (Bild **6**.58c). Für größere Öffnungen kommen Sturzausbildungen mit Hilfe von Profilstahlauflagen in Verbindung mit eingemörtelten Konsolen in Frage (Bild **6**.58d). Im übrigen können in Sichtmauerwerk Stürze mit Schalungssteinen, in Form von scheitrechten oder Rundbögen, mit Stahlbetonfertigteilen usw. oder als bewehrtes Mauerwerk ausgeführt werden (vgl. Abschn. 6.2.2).

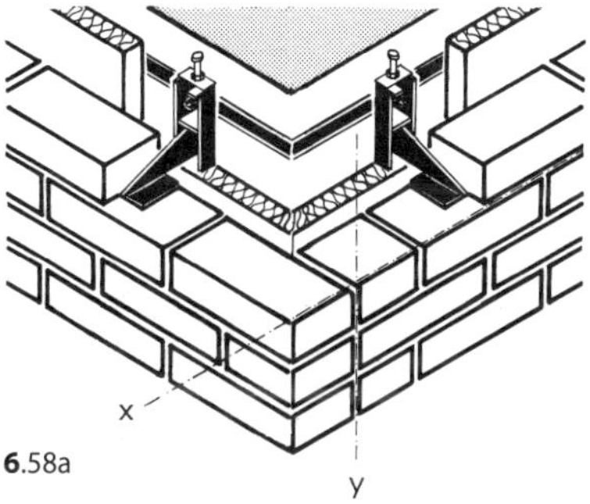

6.58a

6.58b

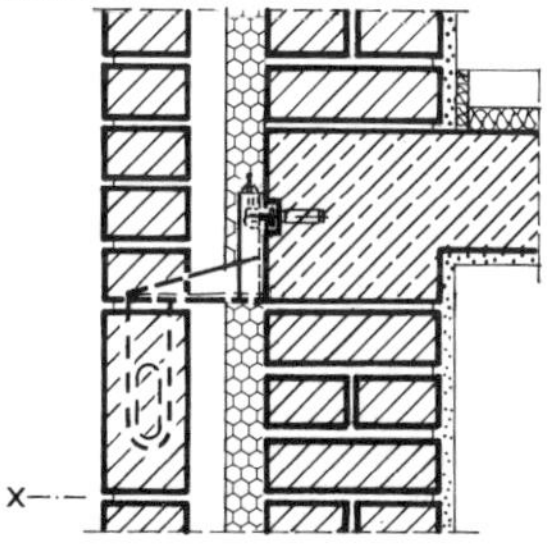

x = Setzfuge
y = Dehnfuge

6.58c

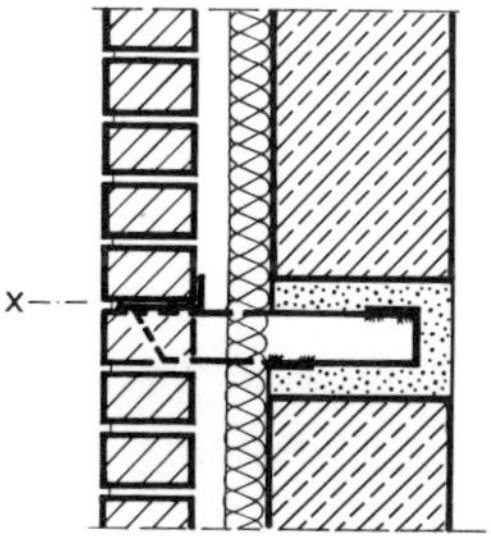

6.58 Abfangkonsolen
a) Konsolanker (Typ Halfeneisen) an Ankerschienen
b) Abfangung mit einer Grenadier- bzw. Rollschicht, aufgehängt mit Konsolanker
c) Abfangung mit eingemörtelten Konsolen und L-Profil

6.2.3.4 Wandkonstruktionen in Passivhaus-Standard

Die immer höheren Anforderungen an Energieeinsparung und CO_2-Minderung haben dazu geführt, dass sich die Entwicklung über das Niedrigenergie-Haus zum Passivhaus hin fortgesetzt hat. (vgl. Absch. 6.2.3.4).

Das „Passivhaus" beginnt, zu einem neuen Baustandard in Deutschland zu werden.

Bild **6**.59a zeigt einen Schemaschnitt durch ein Passivhaus.

Für das Passivhaus muss eine optimal wärmegedämmte Gebäudehülle geschaffen werden. Diese Gebäudehülle muss ausserdem eine sehr hohe Luftdichtigkeit aufweisen.

Die Fenster in einem Passivhaus sind hochwärmegedämmte 3-Scheiben-Wärmeschutzverglasungen.

Beim Passivhaus wird die Abluft (verbrauchte Luft) -insbesondere aus den Räumen mit stark verbrauchter Luft (Bäder, Küchen, WC´s) abgesaugt. Diese Abluft wird über den Luft/Luftwärmetauscher wieder an die Aussenluft abgegeben.

Die Frischluft wird von aussen über einen Frischluftfilter, der auch mit Allergiker- und Pollenfilter ausgestattet werden kann, meistens durch einen Erdwärmetauscher (einfache PVC-Grundleitungen im Erdreich verlegt) über den Luft/Luftwärmetauscher, wo der Abluft die Wärme entzogen wird, in das Haus geführt und mit einer sehr geringen Strömungsgeschwindigkeit als Zuluft in die Räume eingeblasen. Dadurch ist gewährleistet, dass die Räume immer ausreichend mit Frischluft versorgt werden. In einem Passivhaus sollten während der Heizperiode die Fenster nicht geöffnet werden.

Die PVC-Grundleitungen (Erdwärmetauscher) sollten möglichst im Gefälle verlegt werden, damit evtl. auftretendes Kondenswasser kontrolliert abfliessen kann. So kann Schimmelpilzbildung innerhalb dieser Leistungen vorgebeut werden, der sich ansonsten im Lüftungssystem ausbreiten und zur Gesundheitsgefährdung für die Gebäudenutzer führen könnte.

Die Wärmedämmung der gesamten Gebäudehülle sollte einen mittleren Wärmedurchgangskoeffizienten (U-Wert) erreichen, der unter 0,15 W/m^2K liegt. Der Nachweis hierzu wird durch die Passivhausprojektierung erbracht. Hierzu werden durch das Passivhausinstitut Darmstadt wertvolle Projektierungshilfen herausgegeben.

Passivhäuser zeichnen sich durch besonders gute

6

Wärmedämmung aus. Sie können bei konsequenter Nutzung durch die Bewohner zu grosser Energieeinsparung beitragen. Durch die enorme Energieeinsparung tragen sie auch erheblich zur Reduzierung des CO_2-Ausstosses in die Atmosphäre bei.

Die Herstellungskosten für ein Passivhaus sind heute kaum höher als die eines Niedrigenergiehauses.

Die Steinhersteller haben sich inzwischen darauf eingestellt, speziell für den Passivhaus-Standard auch Steine zu entwickeln.

Bild **6**.59b zeigt einen Passivhaus-Aussenwandaufbau in Massivbauweise.

Genauso ist Passivhausstandard mit Holzbausystemen realisierbar. Dabei sind i. d. R. dünnere Aussenwandkonstruktionen möglich, weil zwischen den tragenden Elementen (z. B. Holzständern) gedämmt werden kann.

Die gesamte Hüllfläche (Aussenwände, Dach, Sohle) ist beim Passivhaus besonders gut zu dämmen.

6.2.4 Maueröffnungen

6.2.4.1 Allgemeines

Maueröffnungen für Fenster, Türen und größere Wandaussparungen z. B. für Lüftungskanäle werden durch *Stürze* überdeckt, die aus Stahlbeton, Stahlbetonfertigteilen, Profilstahlträgern oder aus gemauerten Bögen bestehen können.

Bei der Dimensionierung von Stürzen unter Wänden muss nach DIN 1053-1, Abschn. 8.5.3 nur das Gewicht desjenigen Wandteiles berücksichtigt werden, der durch ein gleichseitiges Dreieck über dem Sturz umschlossen wird, weil die darüber liegenden Wandteile sich gewölbeartig abstützen (Bild **6**.60).

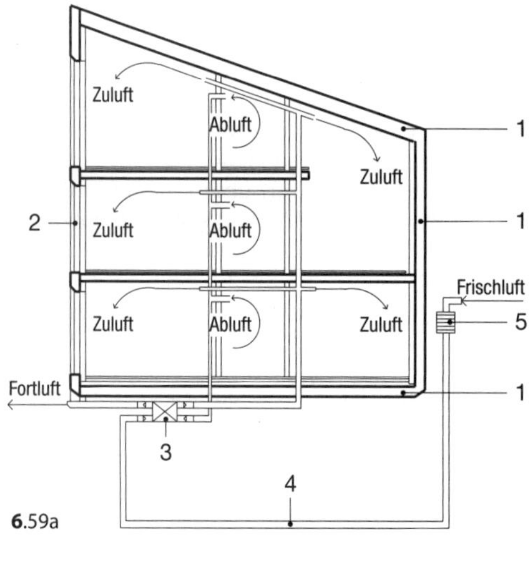

6.59a

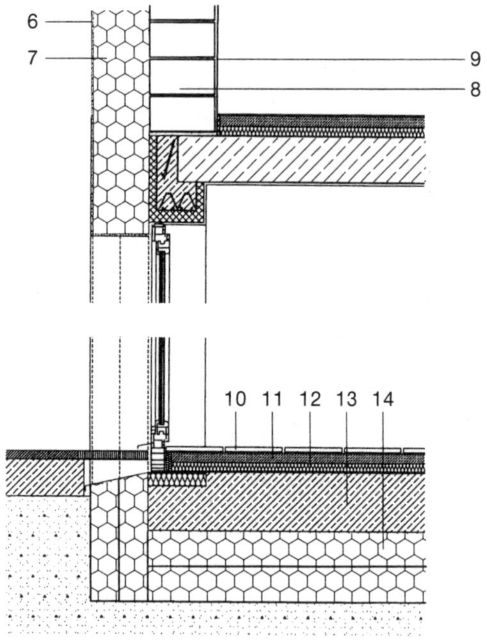

6.59b

6.59 Einschalige Aussenwand in Passivhausstandard (nicht unterkellert)

a) Schemaschnitt
b) Wand- und Bodenaufbau

1 Wärmedämmung mit U < 0,15 W/m²K
2 Dreischeiben-Wärmeschutzverglasung U < 0,7 W/m²K
3 Luft-/Luft-Wärmetauscher
4 Erdwärmetauscher
5 Frischluftfilter
6 Aussenputz, 10 mm
7 Mineraldämmplatte MD, 200 mm
8 Porenbeton, 240 mm
9 Innenputz, 10 mm
10 Bodenbelag, 15 mm
11 Estrich, 40 mm
12 Trittschalldämmung, 45 mm
13 Stahlbetonsohle, 250 mm
14 Polystyrol Hartschaum, 300 mm

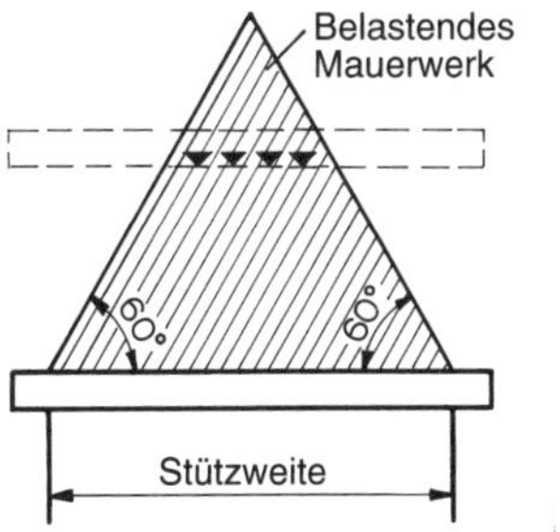

6.60 Wandlast über Wandöffnungen (Gewölbewirkung, DIN 1053-1, Abschn. 8.5.3)

6.61 Wandöffnungen für Türen (auf der Grundlage von DIN 4172)

Dick umrandet: Vorzugsgrößen

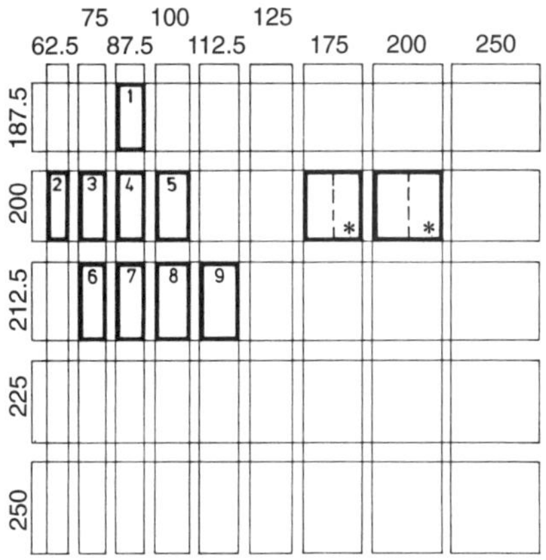

6.61 Für die mit einer Ziffer gekennzeichneten Größen werden in DIN 18 101 genaue Maße für Zargen und Türblätter angegeben; die Zahl ist gleich der Zeilennummer in Tabelle 1 der DIN 18 101.
In DIN 18 111-1 sind für diese Größen Stahlzargen genormt, allerdings nur für gefälzte Türblätter.
* Wandöffnungen dieser Vorzugsgrößen sind im Regelfall zwei flügelig.

Sind in Ausnahmefällen andere Größen erforderlich, so sollen deren Baurichtmaße ganzzahlige Vielfache von 125 mm sein, siehe DIN 4172.

Gleichmäßig verteilte Deckenlasten oberhalb des Belastungsdreiecks bleiben bei der Bemessung der Träger unberücksichtigt. Deckenlasten, die innerhalb des Belastungsdreiecks als gleichmäßig verteilte Last auf das Mauerwerk wirken (z. B. bei Deckenplatten und Balkendecken mit Balkenabständen ≤ 1,25 m), sind nur auf der Strecke, in der sie innerhalb des Dreiecks liegen, einzusetzen. Die Dimensionierung kann – insbesondere bei kleineren Öffnungen – überschläglich ermittelt werden. Meistens werden Stürze jedoch zusätzlich durch Deckenauflager, oft auch durch Sturz- bzw. Unterzugauflager zusätzlich belastet, und ihre Dimensionierung ist durch Berechnung nachzuweisen.

Öffnungsmasse von Fenstern sind unter Berücksichtigung von DIN 4172 zu planen. Wandöffnungen für Türen sind genormt nach DIN 18 100 (Tab. **6**.61), die Maße sind dabei entsprechend DIN 4172 vorgegeben.

6.2.4.2 Stürze aus Stahlbeton

Für kleinere Öffnungen in nichttragenden Zwischenwänden werden in der jeweiligen Mauerbreite hergestellte vorgefertigte Stahlbetonstürze verwendet. Einen besseren Putzgrund bieten vorgefertigte Ziegelstürze. Sie bestehen aus profilierten Sonderziegeln, die aneinandergereiht zusammen mit dem Vergussbeton und der Bewehrung den biegesteifen Zuggurt des Sturzes bilden. Er erlangt im Zusammenwirken mit der Übermauerung aus Ziegeln bzw. mit dem Beton des Deckenauflagers oder Ringbalkens als „Druckzone" die volle Tragfähigkeit. Fertigteilstürze können eine schlaffe oder vorgespannte Bewehrung haben. Sie sind als Einfeldträger für Stützweiten bis 3,00 m zugelassen (Bild **6**.62).

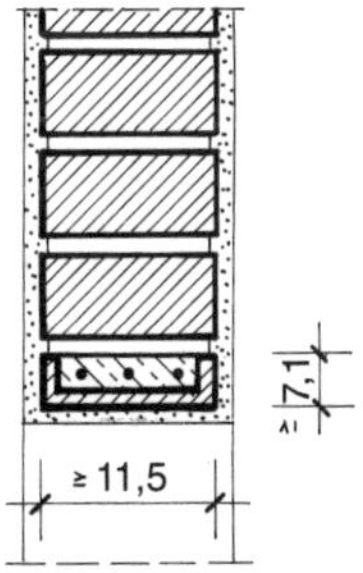

6.62 Vorgefertigter Ziegelsturz mit schlaffer Bewehrung. Mauerwerk über dem Zuggurt bildet die Druckzone des Sturzes

Für Sichtmauerwerk aus Ziegeln und Kalksandsteinen gibt es den jeweiligen Steinformaten bzw. Schichthöhen entsprechende Schalensteine, aus denen Stürze vorgefertigt werden können oder die für örtlich betonierte Stahlbetonstürze als verlorene Schalung verwendet werden (Bild **6**.63).

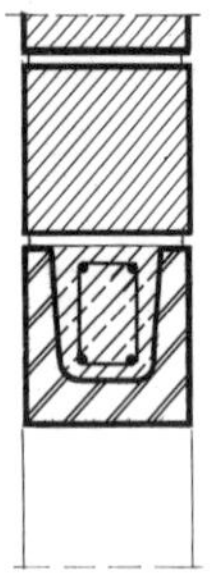

6.63a

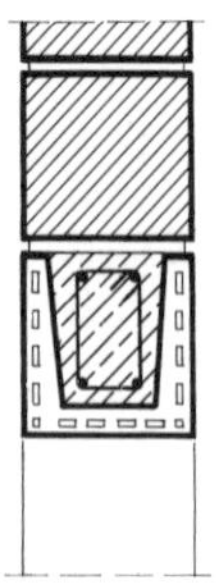

6.63b

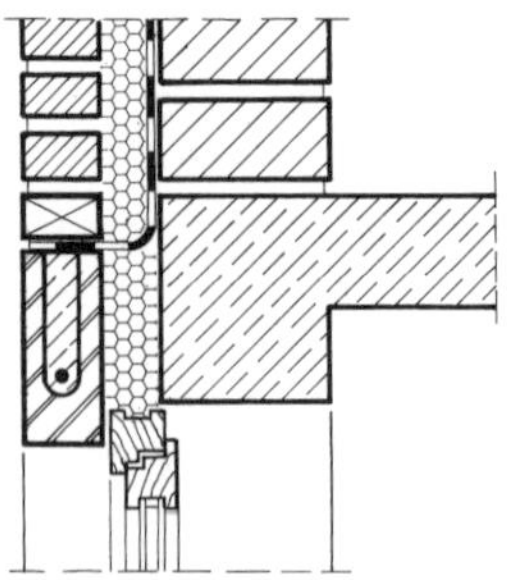

6.63c

6.63 Schalungssteine für Stürze
a) Türsturz mit KS-U-Schalen
b) Leichtziegel-U-Schalen
c) Fenstersturz mit KS-U-Schalen

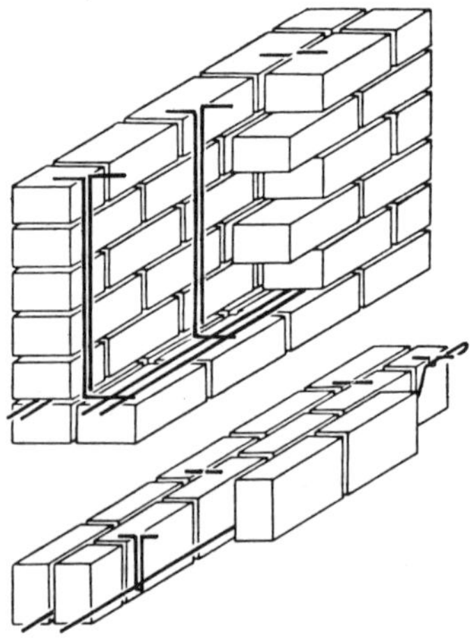

6.64 Bewehrte Mauerziegelstürze

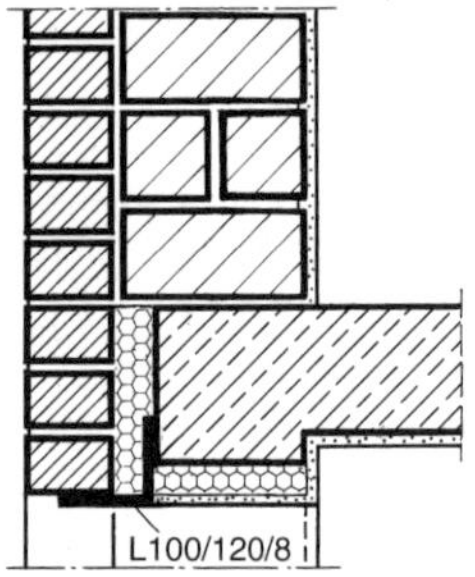

6.65 Verblendmauerwerk auf Stahlwinkel

Für Sichtmauerwerk kommen ferner vorgefertigte oder örtlich hergestellte Stürze aus bewehrtem Mauerwerk (Bild **6**.64) oder aus Stahlprofilen in Frage (Bild **6**.65).

Wird bei Sichtmauerwerk aus formalen Gründen als Sturz eine Grenadierschicht (s. Bild **6**.39d) gewünscht, werden vorgefertigte Sturzbalken verwendet, oder die Steine werden mit Hilfe von Winkelkonsolen und durchgesteckten Halteeisen gesichert. Eine tragende Funktion haben derartige Stürze jedoch nicht (Bild **6**.66).

In Verbindung mit Stahlbetondecken oder bei besonderer statischer Beanspruchung bilden *Stahlbetonstürze* die Regelausführung. Falls sie nicht aus Fertigteilen bestehen, sind sie in ihren Höhenlagen von den Mauerwerksschichten unabhängig.

Die in Bild **6**.67 in Verbindung mit einer geputzten Fassade gezeigte Ausführung ist immer noch häufig anzutreffen, stellt jedoch eine bedenkliche Lösung dar. Hier ist der in das Mauerwerk einbindende Stahlbetonsturz zur Wärmedämmung mit Holzwolleleichtbauplatten o. Ä. ummantelt. Abgesehen von der Verringerung des statisch wirksamen Sturzquerschnittes kommt es bei dieser Ausführung aus verschiedenen Ursachen trotz Überspannung der Leichtbauplatten mit Putzträgern zu Rissbildungen im Außenputz (Wärmestau vor der Dämmung, unterschiedliche Materialeigenschaften, zu rasches Abbinden des frischen Außenputzes). Auf Dauer kommt es außerdem fast immer zu farblichen Markierungen.

Besser, allerdings auch aufwendiger ist eine Lösung wie in Bild **6**.68 gezeigt. Ein Sturzfertigteil bildet hier beim Betonieren für den Deckenrand mit Wärmedämmung eine „verlorene Schalung". Wegen der geringeren statisch wirksamen Breite des Sturzes muss dieser ggf. bei hoher Belastung als Überzug ausgebildet werden.

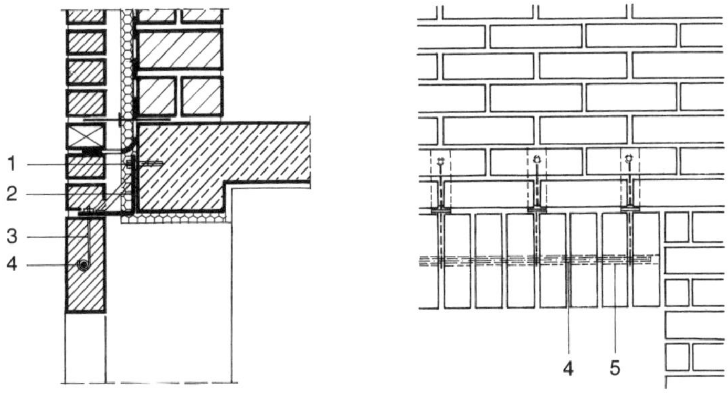

6.66
Fenstersturz, Abfangung einer Grenadierschicht
1 Sicherheitsdübel
2 Winkelkonsole (HARDO)
3 V4A-Anker 6 mm
4 Trageisen (V4A-Stange ≥ 10 mm)
5 durchgehende Bohrung oder Griffloch

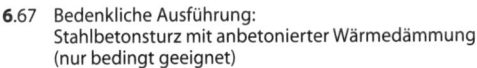

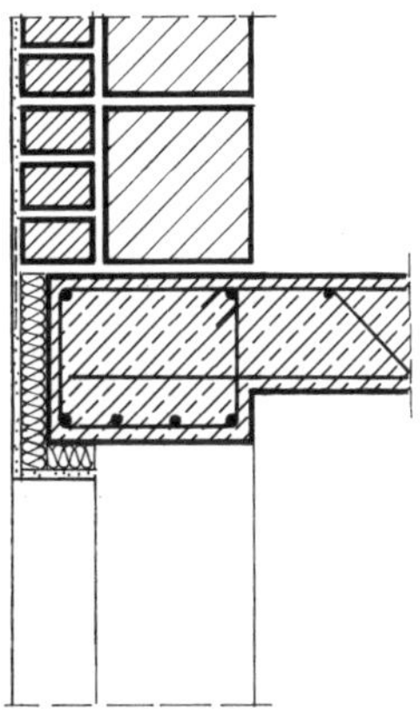

6.67 Bedenkliche Ausführung:
Stahlbetonsturz mit anbetonierter Wärmedämmung (nur bedingt geeignet)

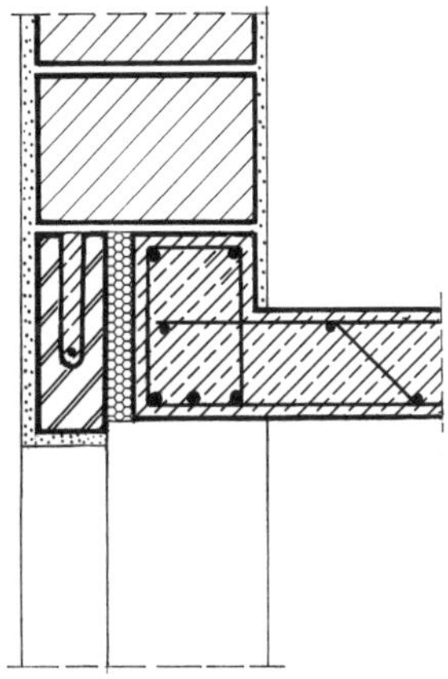

6.68 Stahlbetonsturz als Überzug, Wärmedämmung rückseitig am Fertigteil (vgl. auch Bild **6**.55a)

6.2.4.3 Gemauerte Stürze und Bögen

Bei Altbausanierungen werden in Verbindung mit Sichtmauerwerk auch gemauerte Bögen als Stürze für nicht zu große Spannweiten ausgeführt (Bild **6**.69).

Mauerbögen wirken als Ganzes oder in ihren Teilen wie Keile, die die darauf ruhenden Lasten auf die jede Maueröffnung seitlich begrenzenden Pfeiler oder Mauern übertragen. Zwischen der Oberkante von Mauerbögen und dem Deckenauflager sind zur besseren Lastverteilung einige durchlaufende Mauerschichten nötig. Bei Stahlbetondecken kann der tragende Sturz über gemauerten Maueröffnungen u. U. durch Verstärkung der Bewehrung am Plattenrand gebildet werden.

Bezeichnungen

Widerlager (Widerlagermauern) sind die Mauerstücke, zwischen die sich der Bogen spannt.

Kämpferpunkte sind die Punkte, in denen der Bogen am Widerlager beginnt.

Kämpferlinie nennt man die Verbindungslinie der zu demselben Widerlager gehörenden Kämpferpunkte.

Spannweite ist die lichte waagerechte Entfernung der Widerlager voneinander.

Scheitel heißt der höchste Punkt des Bogens.

Stich- oder *Pfeilhöhe* nennt man den Höhenunterschied zwischen Kämpfer- und Scheitelpunkt.

Leibung ist die untere Fläche des Bogens bzw. die innere Wandung der Maueröffnung.

Rücken heißt die obere Fläche des Bogens.

Stirn oder *Haupt* nennt man die Ansichtsfläche des Bogens.

Gewände heißen die seitlichen Begrenzungen der ganzen Maueröffnung.

Dicke des Bogens ist der Abstand zwischen Leibung und Rücken.

Achse des Bogens ist die Verbindung der Mittelpunkte der äußeren Bogenlinien.

Tiefe des Bogens ist die Abmessung in Richtung der Achse; sie entspricht im allgemeinen der betreffenden Mauerdicke.

Schlussstein heißt der Wölbstein im Scheitel.

Lagerfugen sind die Fugen zwischen den Wölbschichten; sie laufen nach der Tiefe des Bogens.

6

Stossfugen heißen die Fugen zwischen den Steinen derselben Schicht.

Hintermauerung nennt man das Mauerwerk über dem Bogen bis zur Rückenhöhe.

Als *Breite* und *Höhe* einer Öffnung gelten immer die Lichtmaße der Maueröffnung (Bild **6**.70).

Rundbögen

Bögen werden meistens aus gewöhnlichen Mauerziegeln mit keilförmigen Lagerfugen ausgeführt. Dabei darf die Fugendicke an der Leibung nicht kleiner als 1/2 cm, am Rücken nicht größer als 2 cm werden (Bild **6**.71 rechts). Für stark gekrümmte Bögen sind spezielle Keilsteine erforderlich (Bild **6**.71 links). Bei Normalsteinen werden die Lagerfugen an der Rückseite um so breiter, je dicker der Bogen ist. Man wölbt daher dicke Bögen auch in einzelnen, übereinanderliegenden Ringen ein (Bild **6**.71 rechts), im Bildbeispiel ist für diese Wölbart der Bogendurchmesser zu klein, die Fugen klaffen zu weit auseinander).

Mauerbögen erhalten stets eine ungerade Anzahl von Bogensteinen, so dass im Scheitel keine Fuge, sondern ein Schlussstein liegt. Die Lagerfugen müssen senkrecht zur Bogenleibung und durch die ganze Tiefe des Bogens verlaufen. Die Fugenlinien sind an der Stirn des Bogens nach dem Bogenmittelpunkt gerichtet. Die Stoßfugen zweier nebeneinanderliegender Schichten dürfen nicht zusammenfallen.

Der *Verband* der Mauerbögen ist im allgemeinen nach den Regeln für den Pfeilerverband zu bilden.

Die *Bogendicke* großer, stark belasteter Überwölbungen von Maueröffnungen ist durch statische Untersuchung zu bestimmen. Für geringere Belastungen können Erfahrungswerte benutzt werden.

Die *Widerlager* für Rundbögen liegen i. Allg. waagerecht in Kämpferhöhe.

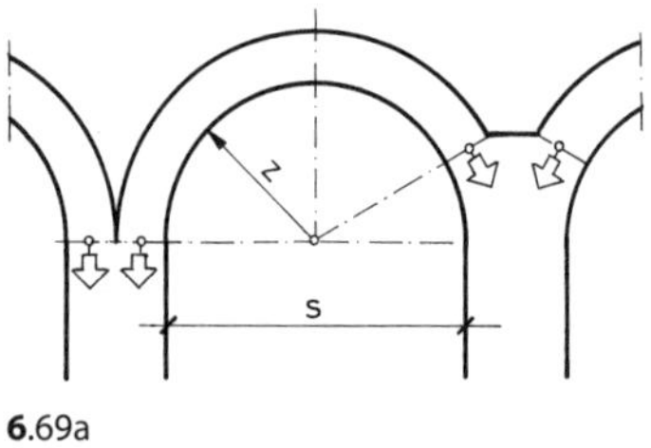

6.69a

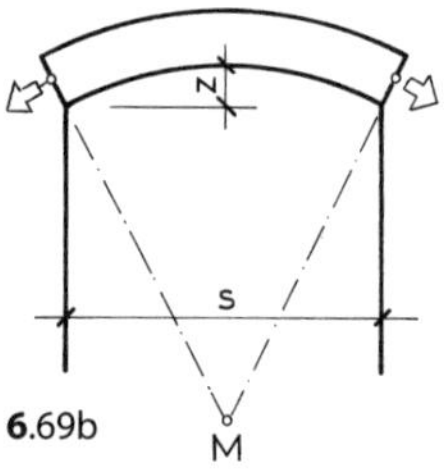

6.69b

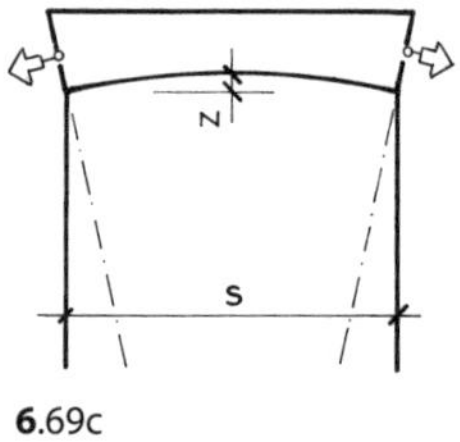

6.69c

6.69 Mauerbögen (schematische Darstellung)
- a) Rundbögen
  rechts: mit ausgekragtem Widerlager über schmalem Pfeiler (richtig)
  links: keilartig wirkende Auflast über dem Pfeiler verschiebt u. U. die Auflager (falsch)
- b) Segmentbogen
  s Spannweite, *z* Stichhöhe (1/20 bis 1/15 *s*), *M* Bogenmittelpunkt
- c) scheitrechter Bogen
  Stichhöhe *z* = 1/50 *s* (bei *s* % ca. 1,25 = 1 bis 2 cm)

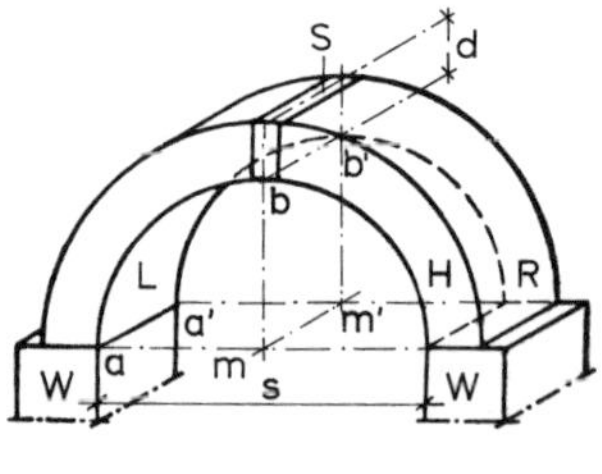

6.70 Benennung der Bogenteile

s	Spannweite	W	Widerlager
m–m'	Achse	L	Leibung
a–a'	Kämpferlinie	R	Rücken
b–b'	Scheitellinie	H	Stirn oder Haupt
m–b	Stich- oder Pfeilhöhe	S	Schlussstein
d	Bogendicke		

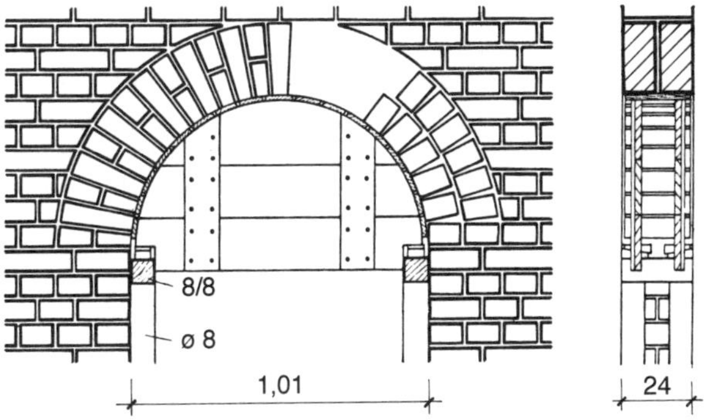

6.71
Halbkreisbogen mit Einrüstung
Linke Seite mit Keilsteinen, rechte mit voneinander unabhängigen Binderschichten eingewölbt; hier sind die Keilfugen zu dick!

Scheitrechte Bögen (Flachbögen)

Scheitrechte Bögen und *Flachbögen* (Segmentbögen) erhalten schräge Widerlager, die nach dem Bogenmittelpunkt gerichtet sind (Bild **6**.69b und **6**.72). Nach diesem Punkt laufen auch die Lagerfugen. Als Stützweiten für scheitrechte Bögen können für 24 cm dicke Wände % 80 cm, für 36,5 cm dicke Wände % 120 cm als Anhalt angenommen werden.

Der *Bogenrücken* sollte immer in einer Lagerfuge enden, um dünne Ausgleichsschichten über den scheitrechten Bögen oder unschöne Zwickel über dem Widerlager zu vermeiden.

Die *Einwölbung* der Mauerbögen erfolgt auf einer Einrüstung mit Lehr- bzw. Wölbscheiben, meistens mit einer Überhöhung („Stich") von 1/50 der Öffnungsbreite (Bild **6**.72a).

Können gemauerte scheitrechte Bögen oder Rundbögen die ermittelten Auflasten nicht aufnehmen, werden sie als bewehrtes Mauerwerk ausgeführt, oder es werden Stahlbeton-Entlastungsstürze vorgesehen, die hinter dem Sichtmauerwerk liegen (Bild **6**.72b).

Wegen des hohen Arbeitsaufwandes werden gemauerte Stürze heute in vielen Fällen als Fertigteile hergestellt und komplett auf die vorbereiteten Widerlager gesetzt.

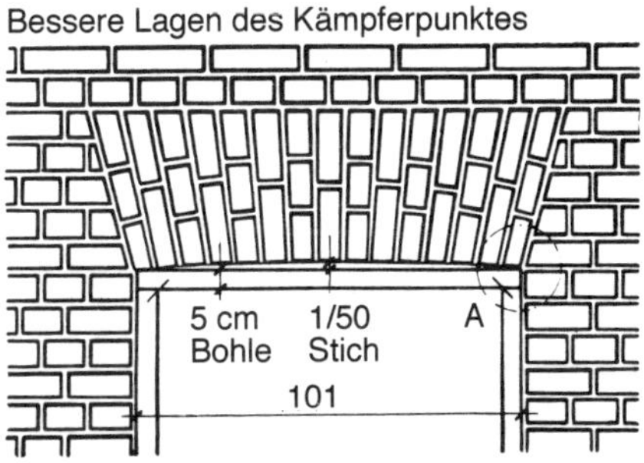

6.72a

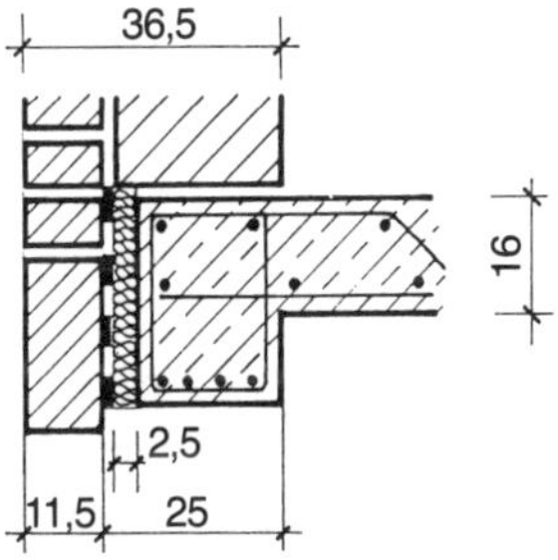

6.72b

6.72 Scheitrechter Bogen
a) Einrüstung, Widerlager
b) scheitrechter Bogen vor tragendem Stahlbetonsturz

6.2.4.4 Stürze bei Rolladeneinbau

Im Zusammenhang mit Stürzen über Fenstern oder Fenstertüren muss vielfach der Einbau von Rolläden oder Rollgittern (s. Abschn. 5 in Teil 2 dieses Werkes) berücksichtigt werden.

Die Rolladen oder Rollgitter erfordern Einbaukästen, die früher meistens in Verbindung mit den tragenden Stahlbetonstürzen in den Außenwänden vorgesehen wurden. An der Außenseite ist bei örtlich hergestellten Rolladenkästen eine „Rolladenschürze" erforderlich. Sie kann mit Hilfe vorgefertigter Sturzelemente gebildet werden (Bilder **6**.73 und **6**.66).

Je nach Höhe der Öffnungen und abhängig von der Profilart der Rolladen bzw. der Gitterart sind dabei mindestens 20 cm Ballendurchmesser zu berücksichtigen.

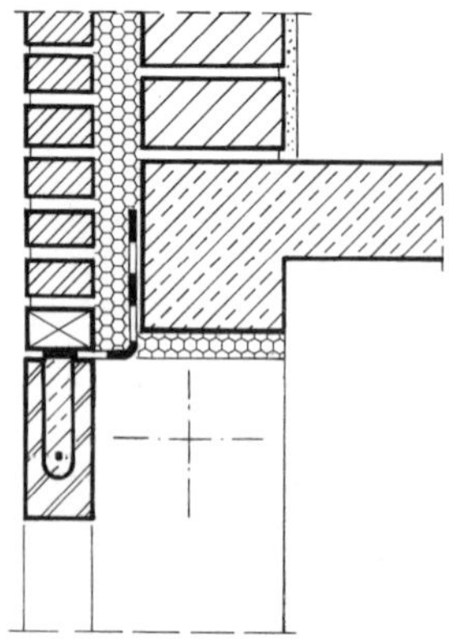

6.73a

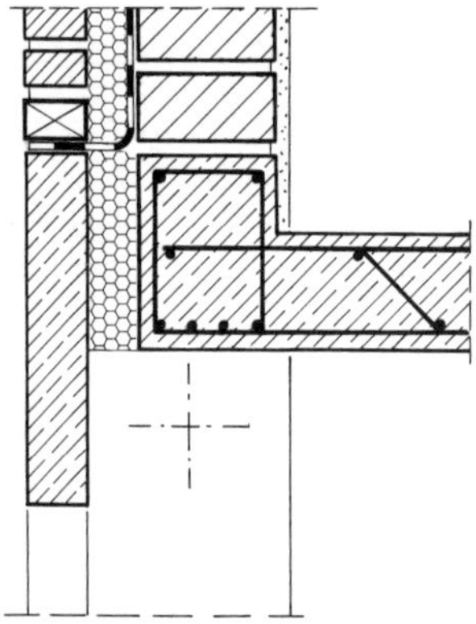

6.73b

6.73 Rolladenschürzen

a) Ausführung im Zusammenhang mit zweischaliger Außenwand mit Kerndämmung (KS-U-Schale)

b) Betonfertigteil in Verbindung mit Stahlbetonüberzug

Je nach Zugänglichkeit müssen innen oder außen Montageöffnungen von mindestens 8 cm Breite über die ganze Länge des Rolladens vorgesehen werden. An der Wandinnenseite können die erforderlichen Rolladenkästen daher nur bei Außenwanddicken ab 30 cm flächenbündig eingebaut werden. In jedem Fall ist mit dem Einbau von Rolladen eine erhebliche Schwächung des Wandquerschnittes verbunden.

Bei breiten Öffnungen und den somit aus statischen Gründen erforderlichen größeren Sturzhöhen ergibt sich bei Fenstertüren mit Öffnungshöhen von $2{,}13^5$ oder 2,26 m bei üblichen Geschosshöhen von etwa 2,75 m nur eine verfügbare Sturzhöhe von etwa 25 cm.

In solchen Fällen werden Stahlbetonstürze durch Profilstahlträger ersetzt, oder die Fensterstürze werden – wenn möglich – als Überzug ausgebildet (Bild **6**.73b). Es können auch tragende Rolladenkästen eingeplant werden (Bild **6**.74).

Örtlich hergestellte Rolladenaussparungen sind immer Schwachstellen im Wandgefüge (unterschiedliche Materialeigenschaften, Rissgefahr an

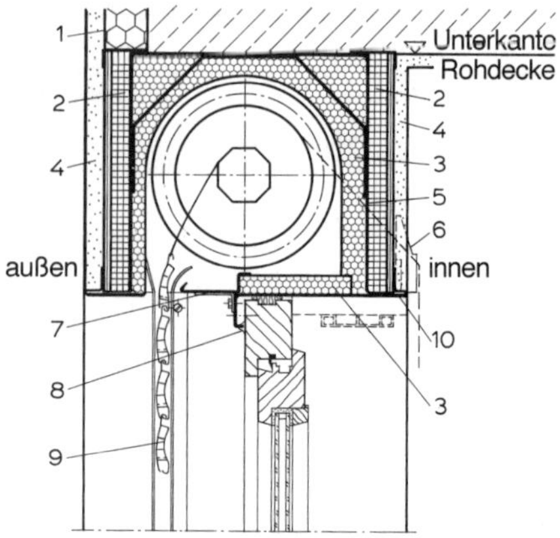

6.74 Tragender Rolladenkasten (STUROKA)
1 Betondecke mit Wärmedämmung am Rand
2 Wärmedämmung mit Putzträger
3 Wärmedämmung innen, Styropor – hart, schwer entflammbar
4 Putz
5 tragender Stahlmantel, verzinkt
6 Gurtleiter
7 Montageklappe
8 Fensteranschlagprofil mit Dichtung
9 Kunststoffrolladen
10 Putzabzugleiste

den Anschlussstellen), besonders jedoch für den Wärmeschutz von Außenwänden. Dieser muss nach DIN 4108-2 an allen Stellen, ausdrücklich auch an Rolladenkästen (bei diesen auch an Montageklappen o. Ä.), gewährleistet sein. Insbesondere in Verbindung mit den noch weitergehenden Anforderungen der Wärmeschutzverordnung ist das bei örtlich hergestellten Rolladenkästen in Wandaussparungen nur schwer zu erreichen. Es werden daher besser wärmegedämmte Fertigteile für die Aufnahme der Rolladen verwendet. Auch bei diesen bilden innenliegende Montageöffnungen Schwachstellen für den Wärmeschutz, besonders jedoch hinsichtlich des Schallschutzes gegen Außenlärm.

Nach DIN 4109 Abschn. 5.4 müssen auch bei Rolladenkästen die Anforderungen an Außenwände bzw. an Fenster erfüllt werden (Bild **6**.75).

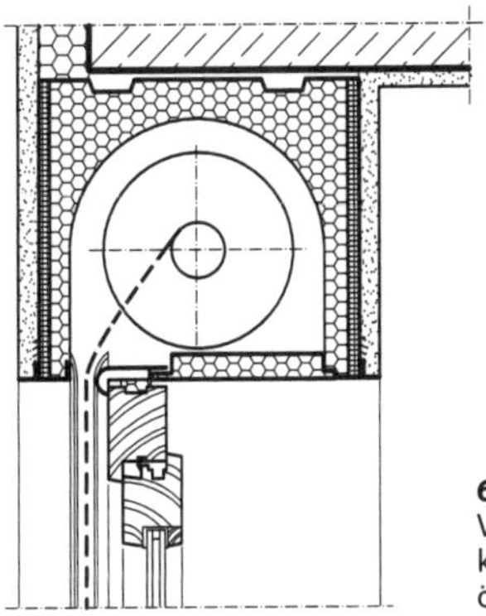

6.75
Vorgefertigter Rolladenkasten mit Montageöffnung innen

Wenn Wartungsarbeiten von außen ohne Schwierigkeiten ausführbar sind, sollten daher Rolladenkästen mit außenliegenden Montageöffnungen vorgezogen werden.

Wenn die gestalterischen Konsequenzen berücksichtigt werden können, lassen sich die geschilderten technischen und bauphysikalischen Schwierigkeiten am besten mit Rolladen vermeiden, die vor der Fensterebene eingebaut werden (Bild **6**.76).

Bei nachträglichem Einbau können bei dem in Bild **6**.76b gezeigten Rolladentyp der Rolladenkasten auch außen oberhalb des Sturzes und die Führungsschienen außen seitlich neben der Fensteröffnung montiert werden, wenn die verfügbare Blendrahmenbreite des Fensters zu gering ist.

Zusammenfassend ist festzuhalten, dass der Einbau von Rolläden -auf welche Art und Weise sie auch immer eingebaut werden- meistens zu unbefriedigenden Ergebnissen führen. Einerseits entstehen erhebliche Probleme, dem Schall- und insbesondere dem Wärmeschutz zu genügen. Andererseits sind aussen auf der Fassade aufgebrachte Rolladenkästen gestalterisch sehr problematisch.

Auch der Einbruch- oder Sichtschutz sind heute keine ernst zu nehmenden Argumente mehr, sich für den Einbau von Rolläden zu entscheiden. Deutlich bessere Alternativen sind z. B. Klapp- oder Schiebeläden.

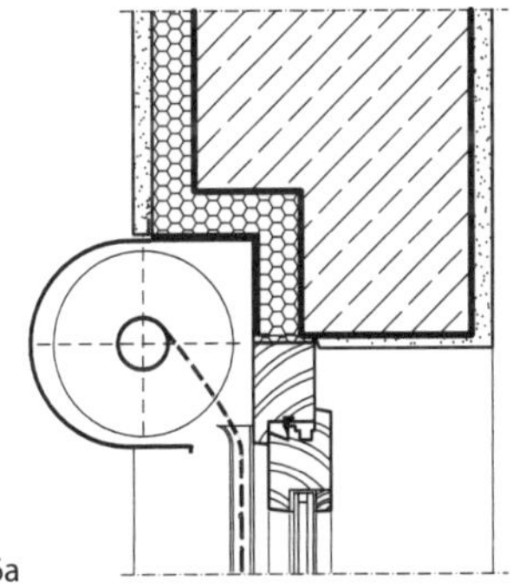

6.76a

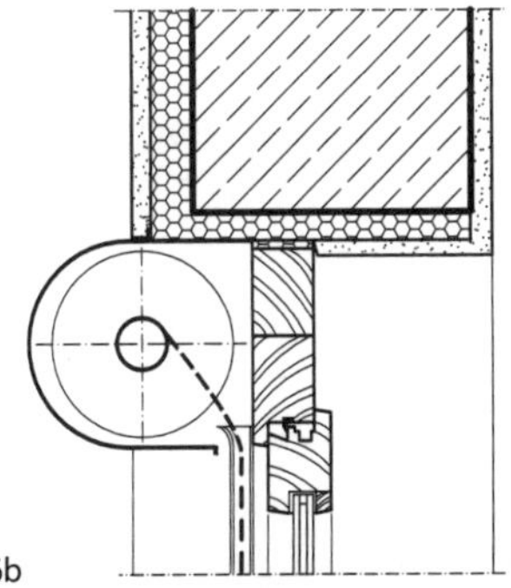

6.76b

6.76 Außenliegender Rolladenkasten (rondo®)
a) in Sturzaussparung
b) oberer Fensterrahmen verlängert

6.2.5 Heizkörpernischen

Damit Heizkörper möglichst wenig Raum beanspruchen, werden sie auch heute noch in vielen Fällen in Heizkörpernischen – in der Regel über die gesamte Fensterbreite – vorgesehen.

Heizkörpernischen schwächen die Außenwand und unterbrechen zusätzlich zur Fensteröffnung das statische Gefüge der Wand. Insbesondere, wenn hochbelastete Pfeiler an die Heizkörpernische angrenzen, kommt es leicht zu Rissbildungen. Das Mauerwerk von Heizkörpernischen sollte daher nicht nachträglich, sondern immer gleichzeitig mit der Außenwand und aus dem gleichen Material hochgemauert werden.

Heizkörpernischen erfordern sorgfältig ausgeführten *zusätzlichen Wärmeschutz*, da sie sonst als Wärmebrücken wirken und einen erheblichen Teil der vom Heizkörper abgestrahlten Wärme nach außen ableiten.

Eine nur rückseitige Wärmedämmung mit Holzwolle-Leichtbauplatten oder Gipskarton-Schaumstoffplatten genügt heutigen Anforderungen an den Wärmeschutz nicht mehr.

Die Wanddicke der Heizkörpernische sollte wegen der Aufhängung der Heizkörper mindestens 11,5 cm sein. Berücksichtigt man den Platzbedarf der Wärmedämmung, ergeben sich bei den üblichen Abmessungen der Außenmauern lediglich Nischen, in denen nur flache Heizkörper flächenbündig mit der inneren Wandflucht montiert werden können. Wenn größere Heizkörper ohnehin in den Raum überstehen, sollte bei der Planung überlegt werden, ob nicht völlig auf Heizkörpernischen verzichtet werden kann, weil diese immer nicht nur einen Mehraufwand, sondern auch eine Verkomplizierung des Bauablaufes bedeuten.

6.2.6 Oberflächenbehandlung von Mauerwerk aus künstlichen Steinen [1)]

Mauerwerk in Normalausführung wird in der Regel außen und innen verputzt (Putz s. Abschn. 8 in Teil 2 dieses Werkes). Besondere Gestaltungsmöglichkeiten ergeben sich für gemauerte Wände mit der Ausführung als Sichtmauerwerk.

6.2.6.1 Sichtmauerwerk

Sichtmauerwerk setzt eine sorgfältige Planung bereits bei der Grundrissgestaltung unter konsequenter Anwendung der Maßordnung (s. Abschn. 2.3) voraus. Aber auch bei der Festlegung aller Höhenmaße eines Bauwerkes müssen die Steinformate mit den dazugehörigen Lagerfugen berücksichtigt werden.

Besonders, wenn durch die Anwendung der typischen handwerklichen Techniken für die Ausführung von Stürzen und Zwischenschichten (Bild **6**.39, und Abschn. 6.2.3.1), von Zierverbänden (s. Bild **6**.44) und von Formsteinen die gestalterischen Möglichkeiten bei Sichtmauerwerk ausgenützt werden sollen, sind für alle wichtigen Bauwerksteile genaue Wandabwicklungen zu zeichnen.

6.2.6.2 Verfugung

Selbst einschaliges Mauerwerk bedarf, wie die Ziegelrohbauten z. B. der norddeutschen Tiefebene zeigen, keiner besonderen Schutzschicht gegen die Witterung, wenn die Außenwände mind. 36,5 cm dick sind und frostbeständige, vollfugig vermauerte Vormauersteine verwendet werden. Sie sind für Ziegelsichtmauerwerk besser als Klinker, die infolge ihrer dichten Struktur die Wärmedämmfähigkeit der Wand einschränken und die Dampfdiffusion behindern.

Ebenso ist Sichtmauerwerk aus frostbeständigen Kalksandsteinen weit verbreitet.

Einschaliges Außenmauerwerk als Sichtmauerwerk wird einwandfrei schlagregendicht erst durch Ausführung einer „Regenbremse". Bei einschaligem Sichtmauerwerk, das mindestens 30, am besten 37,5 cm dick auszuführen ist, werden die parallel zur Wand laufenden Stoßfugen 2 cm dick angelegt und schichtenweise sorgfältig mit flüssigem Mörtel (evtl. mit Dichtungszusatz) verfüllt (Bild **6**.50).

Am besten ist es, wenn das Mauerwerk sofort beim Hochmauern vollfugig mit dem Mauermörtel verfugt wird. Beim Mauern ausquellender Mörtel wird dabei kurz nach dem Anziehen mit einem Holzspan, einem Stück Wasserschlauch, noch besser mit einem Fugeisen, über das ein Stück Wasserschlauch gezogen ist, bei gleichzeitigem Andrücken lediglich glattgestrichen („Fugenglattstrich"). Dabei erfolgt keine Bindemittelanreicherung an der Mörteloberfläche, die später zur Rissbildung des Fugenmörtels führen kann und außerdem die Wasserdampfdurchlässigkeit der Fuge verringert (Bild **6**.77).

Auf keinen Fall sollten vor- oder zurückspringende Verfugungen (Bild **6**.77d und e) ausgeführt werden, weil sie Anlass zu erhöhter Durchfeuchtung der Fassade sind.

Soll ausnahmsweise erst nachträglich verfugt werden, müssen die Fugen beim Hochmauern etwa 1,5 cm tief mit einem Holzspan ausgekratzt

6.77 Beispiele für Fugenausführung
a) und b) richtig, c) möglich, d) und e) falsch

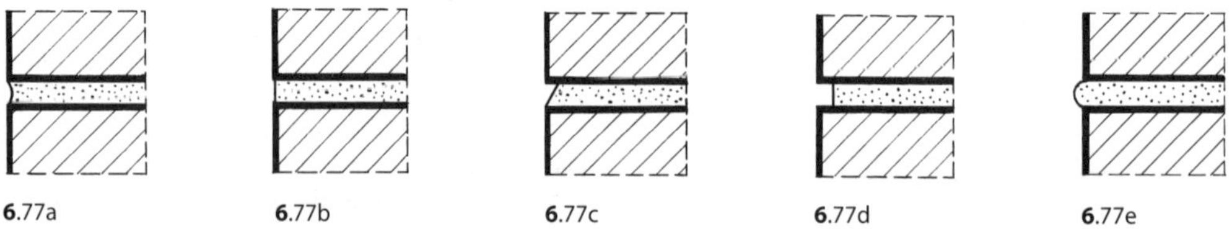

6.77a **6**.77b **6**.77c **6**.77d **6**.77e

1) Außenwandbekleidungen s. Abschn. 8

werden. Vor dem Verfugen sind die Mauerflächen trocken mit der Bürste zu reinigen. Beim Mauern müssen Verschmutzungen der Sichtflächen sorgfältig vermieden und frische Mörtelspritzer vor dem Erhärten mit Wasser abgewaschen werden. Nur so lässt sich das Absäuern, dass eine häufig angewandte, für das Mauerwerk aber untaugliche Methode ist, es von Verschmutzung mit Mörtelspritzern zu reinigen, vermeiden. Absäuern von Mauerwerk bringt immer die Gefahr von Ausblühungen mit sich. Ausserdem werden dadurch schädigende Salze in das Mauerwerk transportiert.

Der Fugenmörtel soll möglichst dieselbe Zusammensetzung wie der verwendete Mauermörtel haben. Für das Ausfugen der üblichen Vormauerziegel eignet sich im übrigen ein Mörtel der Gruppe II mit einem Anteil von 20 bis 25 % Feinkorn □ 0,2 mm. Guter Fugenmörtel besteht aus 1 Raumteil Kalkhydrat (oder Portlandzement), 1 Raumteil Trass und 5 Raumteilen Sand 0 bis 2 mm.

Trass quillt im Mörtel bei Zutritt von Feuchtigkeit und sperrt dadurch die Kapillaren, d. h. „dichtet" den Fugenmörtel. Reiner Zementmörtel würde hier in höherem Maße schwinden und ausbröckeln.

In Zementmörtel vermauertes Klinkermauerwerk wird mit Mörtel der Mörtelgruppe III (Zementmörtel 1:2) ausgefugt. Verwendet werden soll hier Sand der Körnung 0 bis 3 mm mit einem Anteil von 70 Gew.-% der Korngruppe 0 bis 1 mm.

6.2.6.3 Anstriche und Imprägnierungen

Neben ihrer ästhetischen Wirkung können Anstriche und Imprägnierungen von Mauerwerk die Feuchtigkeitsaufnahme durch Schlagregen und stärkere Verschmutzung mildern. Das Mauerwerk muss zum Anstrich frei von Ausblühungen, trocken und rissefrei sein und ggf. bei Pilz- und Algenbefall entsprechend vorbehandelt werden. Neben hoher Haftfestigkeit, Alterungs- und UV-Beständigkeit sowie Alkali-Beständigkeit müssen Anstriche aller Art zwar eine möglichst geringe Wasserdurchlässigkeit aufweisen, dürfen jedoch die Wasserdampfdiffusion nicht behindern.

Für farblose Imprägnierungen kommen Silikonharz-Imprägnierungen (z. Z. noch nicht genormt) sowie Kieselsäure-Imprägnierungen in Frage. Imprägnierungen von Sichtmauerwerk sollten nur in begründeten Ausnahmefällen zur Ausführung kommen. Auf die Problematik wurde bereits in Abschnitt 6.2.1.2 hingewiesen.

Für deckende Anstriche werden Silikatfarben, Dispersionsfarben, Polymerisatfarben und Farben auf Silikonbasis verwendet. Das jeweilige Anstrichsystem ist auf das entsprechende Mauerwerk sorgfältig abzustimmen.

Dispersionsfarben sind mit grosser Vorsicht zu geniessen. Schon geringste mechanische Beschädigungen führen zur sogen. „Filmbildung". Dabei dringt Wasser zwischen Farbschicht und Untergrund und führt so zu mehr oder weniger grossflächigen Farbabplatzungen.

Die Ausführung sollte nur durch erfahrene Fachfirmen erfolgen. Bei allen Anstrichsystemen sollen nur Mittel desselben Herstellers verwendet werden. In jedem Fall ist zu bedenken, dass Mängel und Ausführungsfehler von Sichtmauerwerk durch eine nachträgliche Oberflächenbehandlung kaum überdeckt werden können.

6.2.7 Trockenmauerwerk

Die Herstellung künstlicher Steine hat einen so hohen Qualitätsstandard erreicht, dass für Mauerwerk mit Dünnbettmörtel Höhentoleranzen von 1 mm einhaltbar sind. Diese Toleranz ist auch für Trockenmauerwerk ausreichend. Zur weiteren Rationalisierung des Mauerwerkbaues konnten daher vom Institut für Bautechnik, Berlin, Zulassungen herausgegeben bzw. verlängert werden. Danach sind Gebäude aus Trockenmauerwerk mit bis zu 3 Geschossen (bzw. bis 10 m über Gelände) mit lichten Geschosshöhen bis 2,75 m zugelassen, wenn die Wände durch Deckenscheiben belastet und gehalten sind. Es sind jedoch besondere Statische Nachweise hinsichtlich Knicklängen, Verbänden usw. erforderlich. Die Winddichtigkeit ist durch beidseitigen Putz (vorerst nur bewehrter Putz empfohlen) sicherzustellen.

Die Entwicklung auf diesem Gebiet ist noch nicht abgeschlossen.

6.2.8 Vorfertigung und Systembau im Mauerwerksbau

Durch Verwendung von industriell vorgefertigten Mauerwerksteilen wird eine Rationalisierung des lohnintensiven Mauerwerksbaus angestrebt. Die Vorfertigung von Wandtafeln erfordert allerdings eine gründliche Entwurfs- und Ausführungsplanung.

Die Bauweisen hierzu sind: Mauertafeln, Verguss- und Verbundtafeln.

6

Mauertafeln werden geschosshoch wie konventionelles Mauerwerk, z. T. mit Mauermaschinen oder auch durch Mauerwerksroboter hergestellt.

Vergusstafeln werden in liegenden Formkästen zu meist raumbreiten Elementen vorgefertigt. Sie bestehen aus speziell geformten Ziegeln nach DIN 4159. Durch seitliche Aussparungen in diesen Ziegeln ergeben sich im Wandelement horizontal und vertikal durchlaufende Rippen, die mit Beton vergossen werden.

Verbundtafeln werden liegend aus Hohlziegeln, verbunden durch senkrecht verlaufende Betonrippen und -scheiben hergestellt. Durch eine profilierte Aussenwandung der Hohlziegel wird der Verbund mit dem umschliessenden Beton gewährleistet.

Durch die witterungsunabhängige Produktion ist eine exakte Zeitplanung mit Termingenauigkeit für die Erstellung des Rohbaus möglich. Die Rohbauzeiten auf der Baustelle verkürzen sich. Ausserdem ist durch die Verwendung von Wandelementen auf der Baustelle weniger Lagerplatz für Baumaterialien erforderlich, weil die Wandelmente i. d. R. direkt vom Transportfahrzeug aus montiert werden können. Durch den hohen Vorfertigungsgrad der Elemente unter Einschluss von Ausbauteilen werden auch die Bauzeiten und Kosten für die nachfolgenden Gewerke (z. B. Putzarbeiten, Installationsarbeiten etc.) erheblich reduziert. Ein schnellerer Baufortschritt reduziert ausserdem die Kosten für die Zwischenfinanzierung deutlich.

Auch eine gut durchdachte Logistik auf der Baustelle ist hierbei dringend erforderlich. Die Verwendung von geschosshohen Fertigbauteilen erfordert den Einsatz von schwerem Hebezeug, z. B. Autokrane. Die genaue Reihenfolge der Elementeanlieferung ist deshalb vorzubestimmen. Unnötige Umstellhübe und Stillstandzeiten verursachen unnötige Kosten. Beim Arbeiten mit vorgefertigten Wandbauteilen ist der Einsatz eines erfahrenen Montageteams empfehlenswert.

6.2.9 Normen

Norm	Ausgabedatum	Titel
DIN 105-1	06.2002	Mauerziegel; Vollziegel und Hochlochziegel
DIN 105-2	06.2002	–; Leichthochlochziegel
DIN 105-3	05.1984	–; Hochfeste Ziegel und hochfeste Klinker
DIN 105-4	05.1984	–; Keramikklinker
DIN 105-5	05.1984	–; Leichtlanglochziegel und Leichtlangloch-Ziegelplatten
DIN 106-1 [1)]	09.1980	Kalksandsteine; Vollsteine, Lochsteine, Blocksteine, Hohlblocksteine
DIN 106-2 [2)]	11.1980	–; Vormauersteine und Verblender
DIN 398	06.1976	Hüttensteine; Voll- und Lochsteine
DIN 1053-1	11.1996	Mauerwerk; Berechnung und Ausführung
DIN 1053-2	11.1996	–; Mauerwerkfestigkeitsklassen aufgrund von Eignungsprüfungen
DIN 1053-3	02.1990	–; Bewehrtes Mauerwerk; Berechnung und Ausführung
DIN 1053-4 [3)]	09.1978	–; Bauten aus Ziegelfertigbauteilen
DIN EN 459-3	02.2002	Baukalk - Teil 3: Konformitätsbewertung , Dt. Fassung EN 459-3: 2001
DIN 1164	11.2000	Zement mit besonderen Eigenschaften; Zusammensetzung Anforderungen, Übereinstimmungsnachweis
DIN 1168-1	01.1986	Baugipse; Begriff, Sorten und Verwendung, Lieferung und Kennzeichnung
DIN 1168-2	07.1975	–; Anforderung, Prüfung, Überwachung
DIN 4165 [4)]	11.1996	Porenbeton-Blocksteine und Porenbeton-Plansteine
DIN 4166	10.1997	Porenbeton-Bauplatten und Porenbeton-Planbauplatten
E DIN 4166/A2	02.1994	–; Änderungen
DIN 4172	07.1955	Maßordnung im Hochbau
DIN 4208	04.1997	Anhydritbinder
DIN 4211	03.1995	Putz- und Mauerbinder; Anforderungen, Überwachung

Normen, Fortsetzung

Norm	Ausgabedatum	Titel
DIN 4226-1	07.2001	Zuschlag für Beton; Zuschlag mit dichtem Gefüge, Begriffe, Bezeichnung, Anforderungen
DIN 4226-2	02.2002	–; Zuschlag mit porigem Gefüge (Leichtzuschlag), Begriffe, Bezeichnung, Anforderungen
DIN 18 100	10.1983	Türen; Wandöffnungen für Türen, Maße entsprechend DIN 4172
DIN 18 111-1 [5)]	01.1985	Türzargen; Stahlzargen; Standardzargen für gefälzte Türen
DIN 18 148	10.2000	Hohlwandplatten aus Leichtbeton
DIN 18 151 [6)]	09.1987	Hohlblöcke aus Leichtbeton
DIN 18 152 [7)]	04.1987	Vollsteine und Vollblöcke aus Leichtbeton
DIN 18 153 [8)]	09.1989	Mauersteine aus Beton (Normalbeton)
DIN 18 157-1	07.1979	Ausführung keramischer Bekleidungen im Dünnbettverfahren; Hydraulisch erhärtende Dünnbettmörtel
DIN 18 162	10.2000	Wandbauplatten aus Leichtbeton, unbewehrt
DIN 18 216	12.1986	Schalungsanker für Betonschalungen; Anforderungen, Prüfung, Verwendung
DIN 18 330	12.2000	VOB, Teil C: Allg. Techn. Vertragsbedingungen für Bauleistungen; Mauerarbeiten
DIN 18 515-1	08.1998	Außenwandbekleidungen; Angemörtelte Fliesen oder Platten; Grundsätze für Planung und Ausführung
DIN 18 515-2	04.1993	–; Anmauerung auf Aufstandsflächen; Grundsätze für Planung und Ausführung
DIN 18 516-1	12.1999	Außenwandbekleidungen, hinterlüftet; Anforderungen; Prüfgrund sätze
DIN 18 516-3	12.1999	–; Naturwerkstein; Anforderungen, Bemessung
DIN 18 555-1	09.1982	Prüfung von Mörtel mit mineralischen Bindemitteln; Allgemeines; Probeentnahme, Prüfmörtel
DIN 18 555-3	09.1982	–; Festmörtel; Bestimmung der Biegezugfestigkeit, Druckfestigkeit und Rohdichte
DIN 18 555-4, -5	03.1986	–; weitere Prüfnormen
DIN 18 555-6 bis -8	11.1987	–; weitere Prüfnormen
DIN EN 1015-4	12.1998	Prüfverfahren für Mörtel für Mauerwerk. Teil 4: Bestimmung der Konsistenz von Frischmörtel (mit Eindringgerät)
DIN 18 557	11.1997	Werkmörtel; Herstellung, Überwachung und Lieferung
DIN 51 043	08.1979	Trass, Anforderungen, Prüfung1

1) z. Zt. in Neubearbeitung (E 05.2000)
2) z. Zt. in Neubearbeitung (E 05.2000)
3) z. Zt. in Neubearbeitung (E 08.1999)
4) z. Zt. in Neubearbeitung (E 03.2001)
5) z. Zt. in Neubearbeitung (E 04.2002)
6) z. Zt. in Neubearbeitung (E 12.99)
7) z. Zt. Änderung A1 in Bearbeitung (E 12.1998)
8) z. Zt. Änderung A1 in Bearbeitung (E 12.1998)
9) z. Zt. Änderung A1 in Bearbeitung (E 12.1998)

6.3 Wände aus natürlichen Steinen

6.3.1 Allgemeines

Mauerwerk aus natürlichen Steinen ergibt bei richtiger Auswahl und werkgerechter Behandlung Mauerflächen von großer Beständigkeit und Schönheit. Die richtige Auswahl wird erleichtert, wenn an älteren, ausgeführten Bauten festgestellt werden kann, wie sich die Steine hinsichtlich ihrer Wetter- und Farbbeständigkeit bewährt haben. Dabei sind nicht nur Steinart und Herkunftsort, sondern auch die Lage im Steinbruch mit in Betracht zu ziehen (s. a. DIN 52 100).

Die *wichtigsten natürlichen Bausteine* sind

- aus der Gruppe der Sedimentgesteine: Kalkstein und Sandstein,
- aus der Gruppe der magmatischen Gesteine: Granit, Porphyr, vulkanische Tuffsteine, Basaltlava und – im Wasserbau – Basalt.

6

Die Eigenschaften der *natürlichen Bausteine*

- Rohdichte, Dichtigkeitsgrad, Härte, Wasseraufnahme, Wasserabgabe, Frostbeständigkeit, Druck-, Schlagfestigkeit und Abnutzbarkeit werden nach DIN 52 100 bis 52 108 geprüft.

Die *Rohdichte* der natürlichen Bausteine liegt zwischen 2 und 3 kg/dm³. Die *Druckfestigkeit* hängt von den Mineralien und dem Gefüge sowie dem Bindemittel ab. Wegen der geringen *Zugfestigkeit* ist Beanspruchung auf *Biegung* unzulässig (Entlastungsbögen!). Das *Gefüge* kann kristallin, körnig, dicht, porphyrisch schiefrig, porös sein. Auch *Härte und Wetterbeständigkeit* hängen von den Mineralien und dem Gefüge sowie dem Bindemittel ab. Die Härte bedingt die Bearbeitbarkeit, Abnutzbarkeit und Polierfähigkeit. Nur Steine von dichtem, gleichmäßigem Gefüge und großer Härte können poliert werden, z. B. Granit, Basalt, Porphyr, Kalkstein, Marmor.

Nicht polierbar sind: Sandsteine, Trachyt, Tuffe. Die *Feuerbeständigkeit* wird erhöht durch einen großen Gehalt an Quarz, Ton und Glimmer, verringert durch das Vorhandensein von kohlensaurem Kalk und Feldspat. Günstiges Brandverhalten zeigen nur tonige Sandsteine, Trachyte und Glimmerschiefer.

Natursteine haben im allgemeinen infolge ihrer Dichte eine geringe *Wärmedämmfähigkeit*. Ein zusätzlicher Wärmeschutz ist daher gemäß DIN 4108 erforderlich. Wie jede andere Art von Mauerwerk ist auch Natursteinmauerwerk gegen aufsteigende und von oben eindringende *Feuchtigkeit* zu schützen. Gegen in der Luft und im Wasser enthaltene Säuren sowie gegen Moose und Flechten helfen verschiedene *Steinschutzmittel* (farblose Dichtungs- und Härtungsanstriche). Die Anstrichstoffe sind entweder Lösungen bzw. Emulsionen von Wachs, Ceresin, Paraffin und anderen wachsartigen Stoffen oder Fluate (wasserlösliche Kieselfluor-Metallsalze), die gleichzeitig *Oberflächenhärtung* bewirken.

Natursteinmauerwerk ist vor ständiger Durchfeuchtung zu schützen. Wo Steine und Steinfugen den Niederschlägen besonders ausgesetzt sind, muss das Wasser auf kürzestem Wege abgeleitet werden. Weiche, porige Steine werden mit Zink- oder Edelstahlblech abgedeckt. Wichtig ist auch die Wahl des Fugenmörtels, der grundsätzlich so dicht sein soll wie das jeweils verwendete Steinmaterial. Feinkörnige Sande (Korngröße % 1 mm) mit Quarzmehlzusatz ergeben dichte raumbeständige Mörtel. Kalkauswaschungen werden durch Dichtungsmittel (Fluate) vermieden.

Für die zulässigen Beanspruchungen des Werksteinmauerwerks ist DIN 1053-1 Abschn. 12 maßgebend. Belastete Wände mit Dicken < 24 cm sind nicht zulässig.

6.3.2 Gewinnung und Bearbeitung der natürlichen Bausteine

Mit Brechstange und Keilen oder auch durch Sprengung stehengebliebener Pfeiler werden die Steine im Bruch gelöst. Die Stücke werden entweder maschinell (Steinsäge, Pressluftgerät) oder durch Spaltkeile und Bossierhammer (bei weichen oder mittelharten Steinen) oder mit dem Zweispitz (bei härteren Steinen) in eine rechteckig-prismatische Form gebracht, wobei in jeder Richtung ein „Bruchzoll" von etwa 5 cm zugegeben wird, der bei weiterer Bearbeitung abfällt. Da die meisten Gesteine in bruchfeuchtem Zustand weicher sind als nach längerer Einwirkung der Luftkohlensäure (insbesondere die Süßwassertuffe), werden sie in der Regel sofort im Steinbruch nach einem genauen Schichtenplan bearbeitet, dem eine Werkzeichnung im Maßstab 1:20 zugrunde liegt. Alle Steine werden nach der Bearbeitung in Übereinstimmung mit der Zeichnung benummert.

Der rohe Steinblock wird „aufgebänkt" (wobei zum Schutz der Kanten Stroh- oder Hanf seile unterlegt werden), danach wird mit einem Schlageisen ein Randschlag (Bild **6**.78) von 2 bis 3 cm Breite hergestellt.

Dann folgt der dazu parallele Randschlag, wobei durch „Versehen" über zwei Richtscheite der zweite Randschlag in die Ebene des ersten gebracht wird. Der dritte und vierte Randschlag

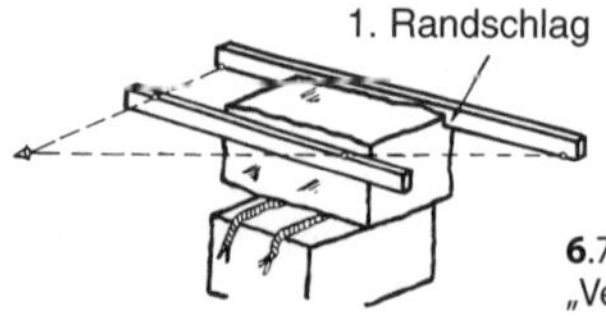

6.78
„Versehen" des aufgebänkten Steins, d. h. Feststellung der Lage des zweiten Randschlags

wird in derselben Weise hergestellt. Der zwischen den Randschlägen verbleibende rauhe Teil wird „Bossen" genannt, der entweder als solcher stehenbleibt oder bis zur gleichen Ebene mit den Randschlägen weggeschlagen und geebnet wird. Auf diese Weise werden alle übrigen Steinflächen hergestellt, wobei mit einem Stahlwinkel geprüft wird, ob die zusammenstoßenden Flächen rechtwinklig zueinander stehen.

Die *Oberflächenbehandlung* des „Hauptes" (sichtbar bleibende Steinfläche) hängt von den gestalterischen Absichten und von der Härte des Gesteins ab. Je härter der Stein, desto rauher kann seine Oberfläche bleiben.

Es gibt folgende Bearbeitungsarten:

- spaltrauh,
- bossiert,
- gespitzt,
- gekrönelt,
- geflächt,
- gestockt,
- gebeilt,
- gezahnt,
- geriffelt,
- scharriert,
- aufgeschlagen,
- gesägt,
- abgerieben,
- gesandet,
- geschurt,
- beflammt,
- gefräst,
- geschliffen,
- poliert,

Harte Steine werden entweder bossiert (Oberfläche bleibt roh stehen), gespitzt (stark aufgerauht) oder mit Stockhammer gestockt (gleichmäßig grobkörnige Oberfläche).

Weiche Steine werden nach dem Spritzen gekrönelt (mit dem Kröneleisen behandelt, regelmäßig körnige Fläche) oder scharriert (feine parallele, senkrecht oder waagerecht verlaufende Riffelung). Eine wirkungsvolle Oberfläche ergibt sich auch, wenn die Fläche mit einem Zahnhammer aufgeschlagen wird. Ganz glatte Steinoberflächen entstehen durch Schleifen. Dazu wird ein Schleifpulver (Sandsteinpulver, Schmirgel) unter stetiger Wasserzuführung mittels filz- oder lederbenagelter Holzscheiben auf dem Stein verrieben. Harte Steine, wie Granit, Marmor u. a., können poliert werden.

Außer von Hand werden die Steine auch mit Steinsägen, Hobel-, Schleif- und Poliermaschinen bearbeitet. Durch Sägen werden insbesondere die dünnen Platten für Wandbekleidungen hergestellt.

Farb- und Strukturschwankungen durch das naturgegebene Vorkommen innerhalb des gleichen Farbtons und der gleichen Gesteinsstruktur sind zulässig.

6.3.3 Mauerwerksarten und Steinverbände

Allgemeines. Richtlinien für die handwerksgerechte Verarbeitung natürlicher Steine und für die Herstellung von Mauerwerk aus natürlichen Steinen enthalten DIN 1053 und DIN 18 332. Die lagerhaften Steine sind im Mauerwerk auf ihr natürliches Lager (Lagerfugen rechtwinklig zum Kraftangriff) zu verlegen. Das Verhältnis der Steinhöhe zur Steinlänge darf 1/1 bis 1/5 betragen. Im ganzen Querschnitt ist auf handwerksgerechten Verband zu achten. Stoßfugen dürfen nicht durch mehr als 2 Schichten gehen. In den Ansichts- und Rückflächen dürfen nirgends mehr als 3 Fugen zusammenstoßen. Entweder müssen Läufer- und Binderschichten regelmäßig miteinander abwechseln, oder es muss in jeder Schicht auf 2 Läufer mindestens 1 Binder kommen. Jeder Binder muss etwa um das 11/2fache der Schichthöhe, mindestens aber 30 cm tief einbinden. Die Tiefe (Dicke) der Läufer muss mindestens gleich der Schichthöhe sein. Stoßfugen müssen sich bei Schichtenmauerwerk um mindestens 10 cm, bei Quadermauerwerk um mindestens 15 cm überdecken.

Lassen sich Zwischenräume im Inneren des Mauerwerks nicht vermeiden, so sind sie mit geeigneten, allseits von Mörtel umhüllten Steinstücken so auszuzwickeln, dass keine Mörtelnester entstehen. Für Mauerwerk unter der Erde sind hydraulischer Kalkmörtel oder Kalkzementmörtel, über Gelände Kalkzementmörtel zu verwenden.

Zementmörtel ist im allgemeinen ungeeignet.

Sichtflächen sind nachträglich zu verfugen; sind Flächen der Witterung ausgesetzt, muss die Verfugung voll und wasserdicht sein. Die Ausfugungstiefe ist gleich der Fugendicke (s. auch Abschnitt 6.2.6.2).

Trockenmauerwerk. Beim Trockenmauerwerk sind Bruchsteine ohne Mörtel unter geringer Bearbeitung in richtigem Verband so aneinanderzufügen, dass möglichst enge Fugen und keine Hohlräume verbleiben. In die Hohlräume müssen kleinere Steine so eingekeilt werden, dass Spannung zwischen den Mauersteinen entsteht.

Trockenmauern dürfen nur als *Schwergewichtsmauern* (z. B. als niedrige Stützmauern) verwendet werden. Als Raumgewicht ist im Standsicherheitsnachweis die Hälfte der Rohdichte des verwendeten Steines anzunehmen. (DIN 1053-1)

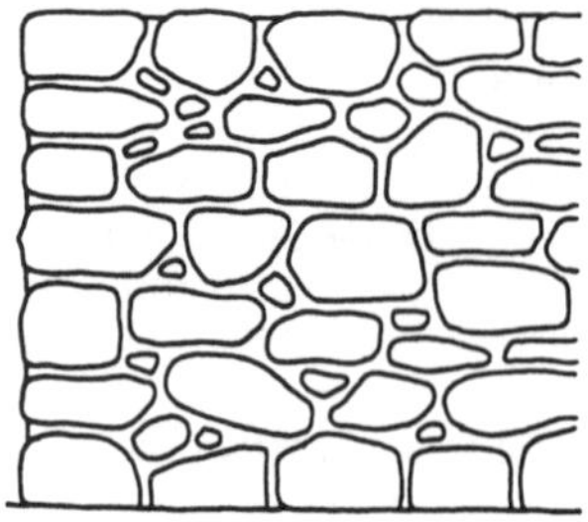

6.79a

6.79b

6.79c

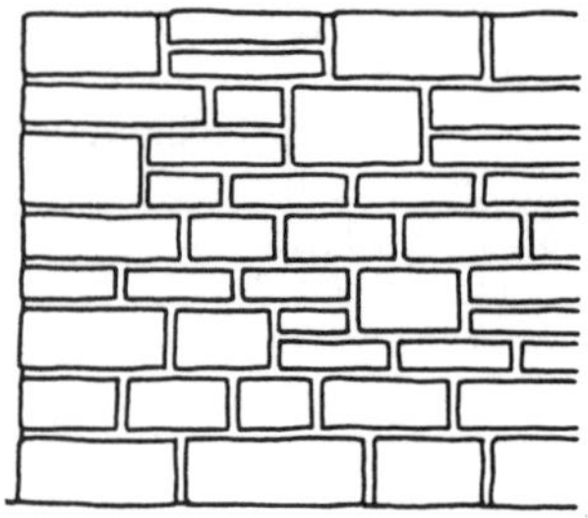

6.79d

6.79e

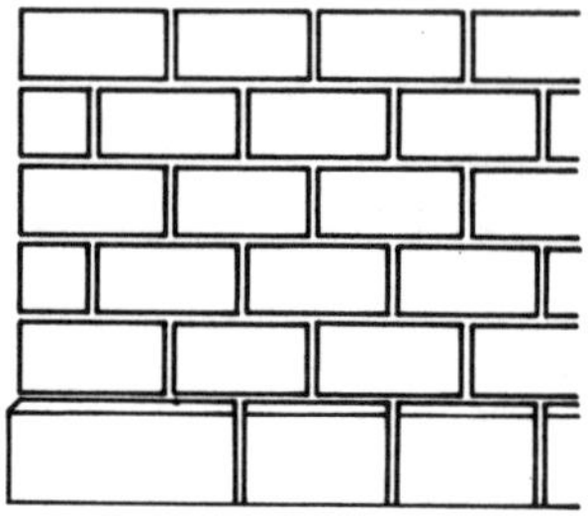

6.79f

6.79 Natursteinmauerwerk
a) Findlingsmauerwerk
b) Bruchsteinmauerwerk
c) hammerrechtes Schichtenmauerwerk
d) unregelmäßiges Schichtenmauerwerk
e) regelmäßiges Schichtenmauerwerk
f) Quadermauerwerk

Findlingsmauerwerk. Für *Findlingsmauerwerk* werden unbearbeitete Feldsteine verwendet. Die rundliche Form der Steine ergibt sehr unregelmäßige Fugen, die sorgfältig zu füllen und mit Steinstücken auszuwickeln sind. Altes Feldsteinmauerwerk ist häufig geputzt. Um den Mauerwerksverband zu sichern, führt man die Ecken aus regelmäßiger geformten Steinen aus und gleicht die durch Binder zusammengehaltenen Schichten in Absätzen von etwa 1,00 m waagerecht ab (Bild **6**.79a).

Bruchsteinmauerwerk. Die in den Steinbrüchen gewonnenen 15 bis 30 cm hohen Bruchsteine werden nur wenig oder gar nicht in den Lagerflächen bearbeitet. Es werden Steine verschiedener Größe in lagerhaften Schichten zusammengesetzt. Die unregelmäßigen Fugen sind sorgfältig mit Mörtel auszufüllen und, falls erforderlich, mit kleinen Steinstückchen auszuwickeln. Bruchsteinmauerwerk ist in seiner ganzen Dicke und in Absätzen von höchstens 1,50 m Entfernung rechtwinklig zur Kraftrichtung auszugleichen (Bild **6**.79b). Mindestwanddicke ca. 50 cm.

Hammerrechtes Schichtenmauerwerk. Die Steine der Sichtfläche erhalten auf mindestens 12 cm Tiefe bearbeitete Lager- und Stoßfugen, die ungefähr rechtwinklig zueinander stehen. Die Schichthöhe darf innerhalb einer Schicht und in den verschiedenen Schichten wechseln; jedoch ist auch hier das Mauerwerk in seiner ganzen Dicke alle 1,50 m rechtwinklig zur Kraft richtung auszugleichen (Bild **6**.79c).

Unregelmäßiges Schichtenmauerwerk. Die Steine der Sichtfläche erhalten auf mindestens 15 cm Tiefe bearbeitete Lager- und Stoßfugen, die zueinander und zur Oberfläche senkrecht stehen. Die Fugen der Sichtflächen dürfen nicht breiter als 3 cm sein. Die Schichthöhe darf innerhalb einer Schicht und in den verschiedenen Schichten in mäßigen Grenzen wechseln; jedoch ist das Mauerwerk in seiner ganzen Dicke alle 1,50 m rechtwinklig zur Kraftrichtung auszugleichen (Bild **6**.79d).

In Bild **6**.80 sind richtige und falsche Fugenbilder gegenübergestellt.

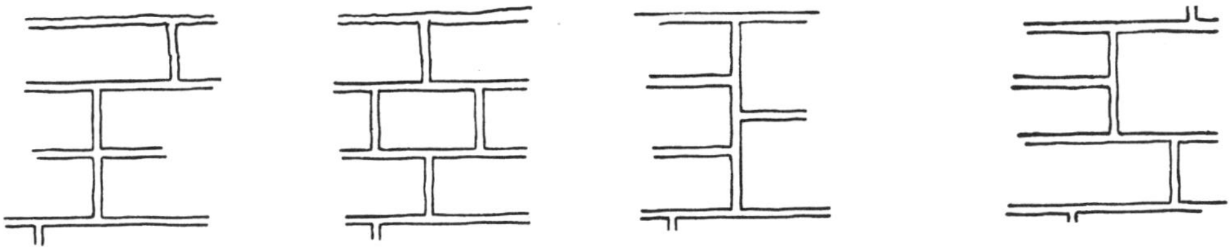

falsch
Kreuzfuge ist unzulässig

richtig
die Stoßfugen müssen versetzt sein

unschön
Stoßfugen über 3 Schichten wirken als Trennung

richtig
neben einen hohen Stein können 2 flache Steine gesetzt werden

6.80 Fugenbildung

Regelmäßiges Schichtenmauerwerk. Die Steine sind wie bei unregelmäßigem Schichtenmauerwerk zu bearbeiten. Innerhalb der Schicht darf aber die Steinhöhe nicht wechseln; jede Schicht ist rechtwinklig zur Kraftrichtung auszugleichen (Bild **6**.79e). Lagerfuge 10 bis 15 mm, Stoßfuge 8 bis 12 mm.

Quadermauerwerk. Die Steine sind genau nach den angegebenen Maßen zu bearbeiten. Die Fugenweite soll 3 cm nicht überschreiten. Lager- und Stoßfugen müssen in ganzer Tiefe bearbeitet werden. Bei engen Fugen der Sichtfläche sind die Steine so zu verlegen, dass die Fugen später sicher und voll mit Mörtel ausgegossen werden können; unmittelbare Berührung der Quader ist unzulässig. Versetzen der Quader ohne Mörtel verlangt ebengeschliffene Lagerflächen (Bild **6**.79f).

Mischmauerwerk. Es besteht aus der mittragenden Natursteinverblendung in Form von regelmäßigem Schichten- oder Quadermauerwerk und der Hintermauerung aus Beton oder Ziegelmauerwerk. Verblendung und Hintermauerung sind durch einbindende Verblendung (< 30 % Bindersteine) zu verbinden. Die Verblendung kann bei verblendeten *Beton*wänden, wie beim vollen Quadermauerwerk, aus Läufer- und Binderschichten oder mit abwechselnden Läufern und Bindern in jeder Schicht gebildet werden.

Bei Hintermauerung aus *künstlichen* Steinen muss mindestens jede dritte Schicht eine Binderschicht sein. Die Binder müssen mindestens 24 cm tief (dick) sein und mindestens 10 cm tief in die Hintermauerung eingreifen (Bild **6**.81). Mittragende Verblendplatten müssen mindestens 11,5 cm dick sein (Höhe kleiner als dreifache Dicke).

Pfeiler. Pfeiler und Säulen (kleinste Dicke größer als 1/10 der Höhe) müssen als Quader mauerwerk ausgebildet werden. – Ist ihre kleinste Dicke kleiner als 1/14 der Höhe, dann sind sie ohne Stoßfugen zu errichten.

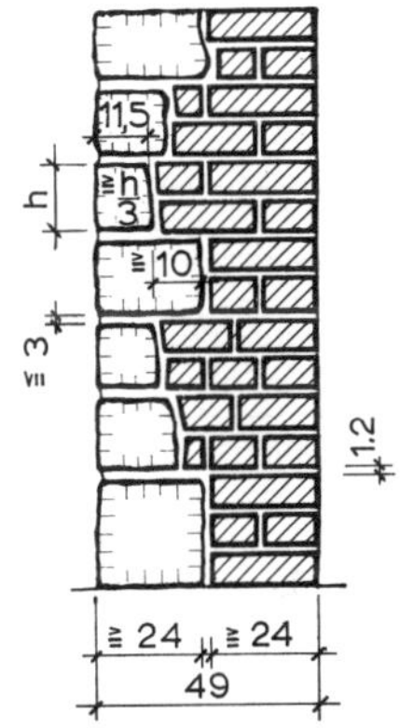

6.81
Schnitt durch Mischmauerwerk (Verblendung aus regelmäßigem Schichtenmauerwerk).
Die Verblendung trägt mit, daher ist jede dritte Schicht Binderschicht. Ziegelhintermauerung ≧ 24 cm.

6.3.4 Ausführung von Werksteinmauerwerk (DIN 18 332)

6.3.4.1 Mörtel

Mörtel für Natursteinmauerwerk, für das Versetzen von Werkstücken, für Verankerungen usw. ist grundsätzlich nach den Bestimmungen von DIN 1053 zu verwenden (vgl. Abschn. 6.2.2.3). Wegen der Materialeigenschaften der verschiedenen Natursteine sind jedoch besondere Richtlinien zu beachten [8].

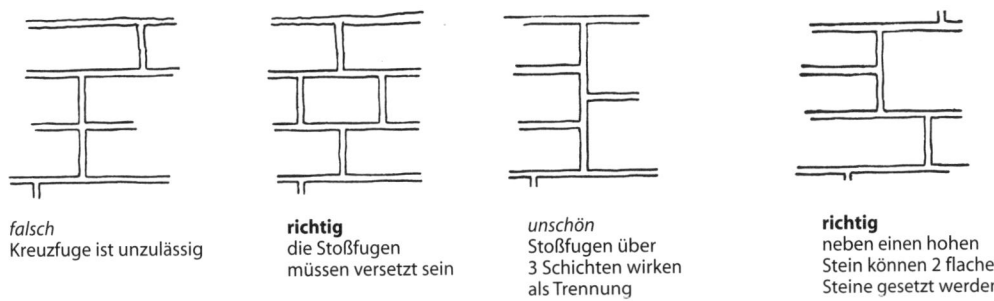

Grundsätzlich können Werkfrisch- oder -trockenmörtel verwendet werden. Insbesondere aber, wenn sie Zusatzmittel enthalten, sind wegen der

Tabelle **6**.82

a) Mörtel für Naturwerksteinarbeiten im Außenbereich

Anwendungsbereiche und Mischungsverhältnisse in Raumteilen für auf der Baustelle gemischte Mörtel

Anwendungsfall	Mörtel-gruppe	Bindemittel Trasszement	Kalkhydrat	Trass-Kalk, hydr. Kalk	Zuschlag in mm
Versetzen von Werkstücken, Mauerwerk	II	1	2 1	 3	8 (0/4)
Versetzen von Werkstücken, Mauerwerk, Ausfugen	II a	1 1	1 2	 1	6 (0/4) 8 2,5*)
Mauerwerk im Sonderfall	III	1			4 (0/4)
sehr breite Fugen im Sonderfall		1			4 bis 5 (0/8)
Bodenbeläge, Treppenbeläge	III	1	kein Kalk!		3 (0/4)
Anmörteln Wandbeläge		1	kein Kalk!		4 bis 5 (0/4)
Spritzbewurf vor Anmörteln		1	kein Kalk!		2 bis 3 (0/4)
Unterputz vor Anmörteln		1	kein Kalk!		3 bis 4 (0/4)
Haufwerkporiger Mörtel für Hinterfüllung und Drainagen		1	kein Kalk!		1 (0/1) + 3 (4/8)
Fugmörtel für Beläge		1	kein Kalk!	(0/2)	2 bis 3
Ankermörtel		1	Portlandzement		3 (0/4)

b) Mörtel für Natursteinarbeiten im Innenbereich

Anwendungsbereiche und Mischungsverhältnisse in Raumteilen für auf der Baustelle gemischte Mörtel zur Verlegung im normalen Mörtelbett Naturwerksteinarbeiten innen.

Anwendungsfall	Mörtel-gruppe	Bindemittel Trasszement	Kalkhydrat	Trass-Kalk, hydr. Kalk	Zuschlag in mm
Bodenbeläge, Treppenbeläge normale Beanspruchung	III	1	kein Kalk!		4 (0/4)
Bodenbeläge, Treppenbeläge verstärkte Beanspruchung, z. B. öffentlicher Bereich	III	1	kein Kalk!		3 (0/4)
Fugmörtel für Beläge		1	kein Kalk!		2 bis 3 (0/2)

*) Eignungsprüfung erforderlich

möglichen Einflüsse auf Naturwerksteine (z. B. Verfärbungen, Ausblühungen usw.) die Verarbeitungshinweise der Hersteller genauestens zu beachten. Die Baustoffindustrie liefert auch spezielle – meistens Trasszusätze enthaltende – Spezialmörtel für Natursteinarbeiten.

Trass ist fein gemahlenes Gestein vulkanischen Ursprunges, das gemeinsam mit Kalk oder Zement erhärtet und dabei in starkem Maß Kalk bindet. Das Mörtelgefüge wird dichter, und die Gefahr von Kalkausblühungen und -aussinterungen und von Verfärbungen wird gemindert. Trass – nicht zu verwechseln mit Trasszement – ist ein Mörtelzusatzstoff und kein selbständiges Bindemittel!

Zu unterscheiden sind Naturwerksteinarbeiten im Außenbereich und im Innenbereich.

Empfohlene Mörtelzusammensetzungen enthält die Tabelle **6**.82.

Es sollen möglichst weiche, langsam erhärtende trasshaltige Kalk- oder Trass-Zement-Kalk-Mörtel verwendet werden, die weniger fest sind als die Werksteine.

Besonders zu beachten ist, dass vor allem eine Reihe von Marmorarten besonders empfindlich gegen Verfärbungen durch Kalk sind. Dem Mörtel darf daher in keinem Fall Kalk zu gefügt werden. Für Innenarbeiten gibt es für derartige Fälle spezielle Trass- und Schnellzemente.

Verfugungen sollten sofort mit dem Mauermörtel ausgeführt werden. Bei Restaurierungen müssen Fugen tief ausgeräumt und gesäubert werden. Nach gutem Anfeuchten sind Fugenmörtel mit erhöhtem Wasserrückhaltevermögen (z. B. Trass-Zement-Kalkhydrat-Kombinationen oder spezielle Werkmörtel) einzubringen.

Für Ankermörtel ist Portlandzement CEM I 52,5 R oder CEM I 42,5 R bzw. Werkmörtel mit besonderer Zulassung zu verwenden.

Schnellzemente dürfen nur verwendet werden, wenn sie nicht korrosionsfördernd und für diesen Zweck ausdrücklich zugelassen sind.

Der Mörtel ist bis zur Erhärtung sorgfältig gegen Wasserentzug aber auch gegen Fremdwasser zu schützen (Abhängen mit Folien, die aber nicht in Kontakt zu den Werksteinen stehen dürfen).

6.3.4.2 Verbindungsteile

Die Quaderverblendung nach Bild **6**.81 bedarf außer den Mörtelfugen keiner weiteren Verbindung untereinander und mit der Hintermauerung. In besonderen Fällen können die Steine gegen Verschieben durch folgende Hilfsmittel gesichert werden:

- **Klammern** zum Verbinden nebeneinanderliegender Steine bestehen aus nichtrostendem 5 bis 7 mm dickem Flachstahl. Die abgebogenen und aufgehauenen Enden der etwa 20 cm langen Klammer greifen in schwalbenschwanzförmige Dübellöcher ein. Die Klammer muss bündig mit der oberen Steinfläche liegen (Bild **6**.83a).
- **Dübel** zum Verbinden übereinanderliegender Steine größerer Höhe und geringer Standfläche, z. B. Fenstergewändesteine, sind etwa 8 cm lang und bestehen aus 20 bis 25 mm dickem Quadratstahl, dessen Kanten widerhakenartig aufgehauen sind (Bild **6**.83b).
- **Gabelanker** zur Verbindung dicker Platten mit der Hintermauerung werden aus 5 bis 7 mm dickem Flachstahl gefertigt (Bild **6**.84), am Ende aufgebogen oder mit besonderem, durchgestecktem Splint versehen.

Ferner können Verankerungsbauteile in Frage kommen, wie sie für Natursteinbekleidungen verwendet werden (vgl. Abschn. 8.4.2).

Die Stahlteile werden in den Steinen durch Vergießen der Dübellöcher mit Zementmörtel oder hydraulischem Kalkmörtel befestigt. In sehr altem Mauerwerk findet man auch Bleiverguss.

Grundsätzlich ist ein Kippen auskragender Werkstücke allein dadurch zu verhindern, dass ihr Schwerpunkt weit genug innerhalb der Auflagerfläche liegt.

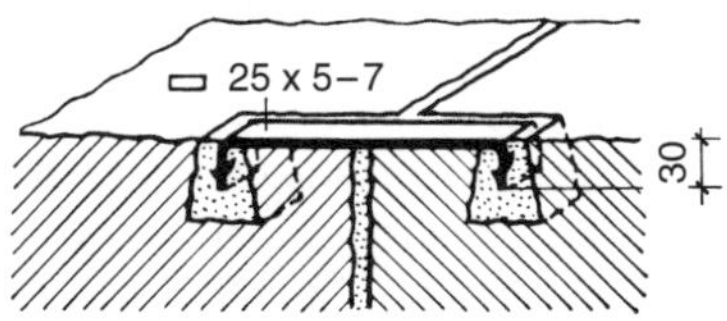

6.83a

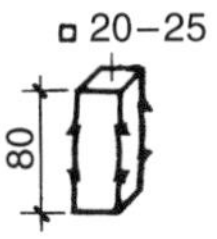

6.83b

6.83 Verbinden der Steine durch
a) nichtrostende Stahlklammern
b) Stahldübel

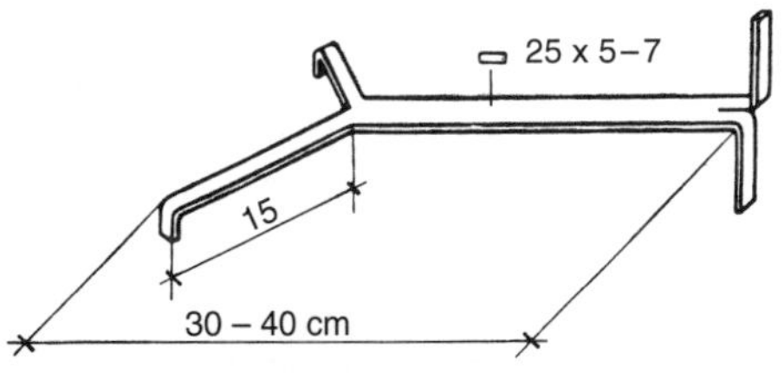

6.84 Gabelanker

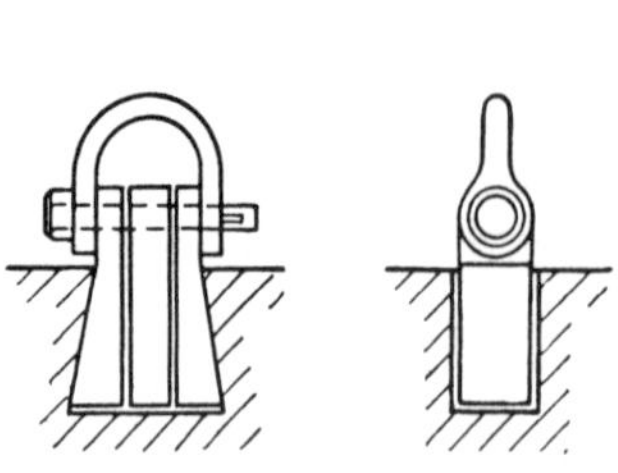

6.85 Wolf

6.86 Greifschere

6.3.4.3 Hebezeug

Versetzt werden die Steine nach Schichtplänen, die vom Steinmetzen ausgearbeitet und vom Architekten und Statiker überprüft werden. Die Pläne zeigen Steinschnitt, Verankerung, Entlastung, Vermörtelung, Verfugung, Maße und Versetznummern. Die Steine müssen vorsichtig befördert und versetzt werden, damit die Steinkanten nicht beschädigt werden; u. U. sind Strohseile, Schaumstoff oder Brettstücke zum Schutz vorzusehen.

Zum traditionellen Befestigen an der Aufzugskette bzw. dem Drahtseil dienten folgende Geräte:

- **Das Kranztau** wird kreuzweise um kleinere und stark gegliederte Steine gelegt und oben verknotet. Vorher sind die Kanten und vorspringenden Teile mit Strohbauschen zu umwickeln.
- **Der Wolf** (Bild **6**.85) ist ein dreiteiliger, durch einen Vorsteckbolzen zusammengehaltener Stahlkern mit übergeschobenem Bügel, der in ein trapezförmiges, in die Oberseite des Steines eingearbeitetes Dübelloch eingreift. Er ist nur bei genügend hartem Steinmaterial verwendbar, bei dem ein Ausbrechen nicht zu befürchten ist. Das Dübelloch muss über dem Schwerpunkt des Steines liegen.
- **Die Greifschere** (Bild **6**.86) fasst den Stein von beiden Seiten an vertieften Stellen.

Vor dem Niederlassen des Steines werden auf die Ecken, etwa 2 cm von den Außenkanten entfernt, kleine Plättchen aus Hartgummi, Blei oder Schiefer (Pläner) in Fugendicke (4 bis 5 mm) aufgelegt. Der Stein wird langsam gesenkt, mit der Wasserwaage probeweise in seine richtige Lage gebracht und nochmals hochgehoben. Dann wird das angenässte Lager mit einem feinsandigen hydraulischen Kalkmörtel überzogen und der Stein endgültig in das volle Mörtelbett gesetzt. Die Stoßfugen, die sich nach hinten meist etwas erweitern, werden außen zugestrichen und von oben mit dünnflüssigem hydraulischem Kalkmörtel vergossen.

6.3.5 Maueröffnungen[1)]

Überwölbungen von Öffnungen mit Werksteinen bei nicht tragendem Natursteinmauerwerk werden insbesondere in der Denkmalpflege noch angewandt. Sie bestehen aus einzelnen, keilförmig bearbeiteten Bogensteinen (Bild **6**.87).

6.87 Werksteinbogen mit abgetrepptem Gewölberücken in Werksteinmauer

Die Wölbung wird durch einen Schlussstein im Scheitel geschlossen. Spitzwinklige Ecken können leicht abgedrückt werden. Deshalb erhalten die Wölbsteine Fünfecksform, die auch am besten den Anschluss der Werksteinschichten an den Gewölberücken ermöglicht. Dabei müssen die Maßverhältnisse zwischen Mauerwerksschichten und Wölbsteinen richtig ausgewogen werden. Der kleinste Wölbstein darf nicht kleiner als einer der verwendeten Quadersteine, der größte nicht zu massiv im Verhältnis zum gesamten Gewölbe sein.

1) s. auch Abschn. 6.2.4.3

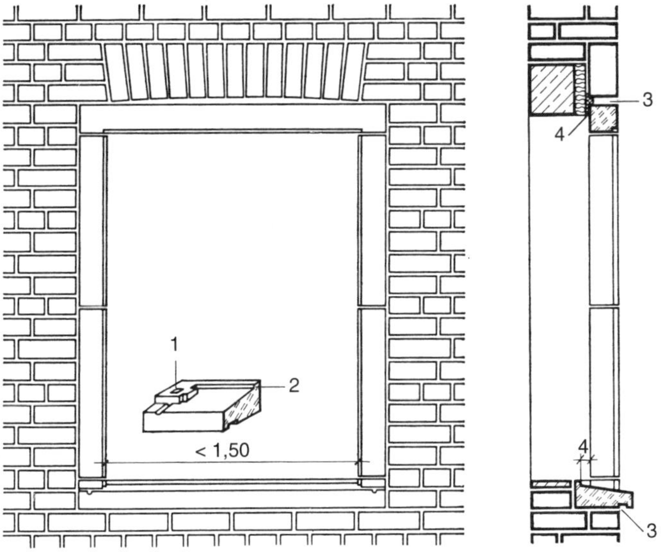

6.88
Fensteröffnung mit Werksteinumrahmung (Gewände). Die Fenstersohlbank liegt unter der Fensteröffnung hohl. Die Wassernase ist nicht verkröpft. Der Zwischenraum zwischen Werksteinsturz und Entlastungsbogen ist erst nach Fertigstellung des Rohbaues auszumauern.

1 Dübelloch
2 Anschlag für Fensterrahmen
3 Hohlfuge
4 dauerplastische Dichtung

Gewände. Fenster- und Türöffnungen im Mauerwerk werden mit einem einfachen Werksteinsturz abgedeckt, der durch einen Entlastungsbogen über einer Hohlfuge entlastet werden muss (Bild **6**.88). Unter Werksteinsohlbänken oder Türschwellen muss unterhalb der Fenster- oder Türöffnung die Fuge ebenfalls offengehalten werden, damit der Werkstein beim Setzen des Mauerwerks durch den Mauerdruck nicht abgeschert wird (Bild **6**.88).

Naturstein-Fenstergewände in geputztem Mauerwerk sollten nicht mit durchlaufender Fuge so an der gemauerten Leibung anschließen, dass diese Fuge gleichzeitig auch Putzanschlussfuge ist. Die Gewände sollten eine Putzanschlussfase erhalten, damit der Außenputz – am besten mit Hilfe von Putzanschlussprofilen – über die Fuge hinweggezogen werden kann (Bild **6**.89).

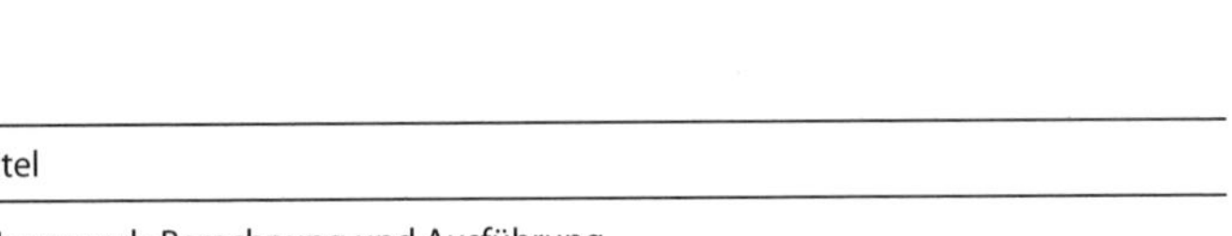

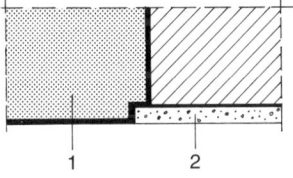

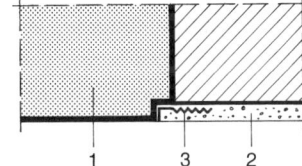

6.89
Putzanschluss bei Natursteingewänden

1 Natursteingewände (waagerechter Schnitt
2 Außenputz
3 Putzanschlussprofil

6.3.6 Normen

Norm	Ausgabedatum	Titel
DIN 1053-1	11.1996	Mauerwerk; Berechnung und Ausführung
DIN 18 332	12.2000	VOB Teil C: Allg. Techn. Vertragsbedingungen für Bauleistungen; Naturwerksteinarbeiten
DIN 18 333	12.2000	VOB, Teil C: Allgemeine Technische Vertragsbedingungen für Bauleistungen (ATV), Betonwerksteinarbeiten
DIN 18 516-3	12.1999	Außenwandbekleidungen, hinterlüftet; Naturwerkstein; Anforderungen, Bemessung
DIN 51 043	08.1979	Trass; Anforderung, Prüfung

6.4 Wände aus Beton
(Betonbau s. Abschn. 5)

6.4.1 Allgemeines

Wände werden aus Stahlbeton ausgeführt, wenn hohe Belastungen oder andere statische Beanspruchungen es erforderlich machen (z. B. aussteifende Wandscheiben, Wandscheiben über großen Öffnungen, Wände, die besonders dem Erd- oder Wasserdruck ausgesetzt sind usw.).

Wirtschaftlich sind Wände aus örtlich hergestelltem Stahlbeton, wenn moderne Schalungssysteme verwendet werden (s. Abschn. 5.4.2). Alle Nacharbeiten an Betonmauern (z. B. Stemmarbeiten) sind durch sorgfältige Planung auszuschließen. Öffnungen und Aussparungen für Installationen o.ä. sind durch besondere Schalungen oder an der entsprechenden Stelle einbetonierte Schaumstoffblöcke zu berücksichtigen.

Werden Wände aus Stahlbeton innerhalb eines Bauwerkes im Zusammenhang mit gemauerten Wänden ausgeführt, berücksichtigt man möglichst die vom Mauerwerk vorgegebenen Wanddicken (z. B. 24, 30, 36,5 cm). Im übrigen werden Stahlbetonwände entsprechend den statischen Anforderungen nach DIN 1045 dimensioniert.

Ohne zusätzliche Bekleidungen oder ohne Wärmedämmung kommen Wände aus Normalbeton (s. Abschn. 5.1.5) im Hochbau nur als tragende oder aussteifende Innenwände in Frage, als Kelleraußenwände für Räume, die keinen Wärmeschutz erfordern. Im Zusammenhang mit Abdichtungen gegen drückendes Wasser werden sie aus wasserundurchlässigem Beton (s. Abschn. 16.4.6.2) ausgeführt.

6.4.2 Einschalige Wände aus Beton

Stahlbeton-Außenwände aus Normalbeton können nur mit zusätzlichem Wärmeschutz ausgeführt werden. Die herstellungstechnisch einfachste Ausführungsart dafür stellt das Anbetonieren von Holzwolle-Leichtbauplatten (mit und ohne Schaumstoffkern) dar. Die Wärmedämmplatten werden dicht gestoßen in die Schalung eingestellt und verbinden sich mit dem eingebrachten Beton allein durch Materialhaftung, bei größeren Flächen zusätzlich durch eingesteckte Kunststoff- oder verzinkte Blech- bzw. Drahtanker. Wärmedämmplatten aus Schaumstoff können auch nachträglich auf die Betonflächen aufgeklebt und zusätzlich mit gedübelten Klemmplatten mechanisch befestigt werden.

Die Oberflächen wärmegedämmter Stahlbetonwände erhalten Außenwandbekleidungen (s. Abschn. 8) oder werden mit Putzträgergeweben überspannt und verputzt (s. Teil 2 dieses Werkes, Abschn. 8). Werden Wärmedämmungen ausnahmsweise innen angebracht, muss der relativ hohe Wasserdampfdiffusionswiderstand von Beton beachtet werden, d. h. es kann eine Dampfsperre auf der warmen Wandseite erforderlich werden. In jedem Fall ist bei Innendämmung eine Taupunktberechnung durchzuführen.

Leichtbetonwände und -pfeiler. Als einschalige Außenwände können Wände aus Leichtbeton mit ausreichenden Wärmedämm-Eigenschaften nur mit unwirtschaftlich großen Wanddicken hergestellt werden (s. Abschn. 5.1.7). Die Ausführung komplizierter Bauteilformen in Stahlleichtbeton ist jedoch möglich, um Wärmebrücken einzuschränken, die sich bei Normalbeton als Sichtbeton nicht vermeiden ließen.

Mindestwanddicken sind 25 cm für Außenwände, 20 cm für tragende Innenwände bzw. 15 cm für ausgesteifte, tragende Innenwände aus LB 10 bei Geschosshöhen % 3,50 m und 12 cm für aussteifende, nichttragende Innenwände (s. a. DIN 4232).

In tragenden Leichtbetonwänden, die % 15 cm dick sind, sind Schlitze jeder Art unzulässig. Bei mehr als 15 cm Dicke sind Querschnittschwächungen durch waagerechte oder schräge Schlitze beim Standsicherheitsnachweis zu berücksichtigen.

Tür- und Fensterstürze in Leichtbetonwänden dürfen in Gebäuden mit Deckenlasten bis zu 2,75 kN/m^2 und bis zu einer Lichtweite von % 1,50 m aus Leichtbeton mit porigem Gefüge gebildet werden. Sie werden konstruktiv mit Rippenstahl 2 x ≥ 14 mm bewehrt und gleichzeitig mit der anschließenden Wand betoniert. Bei Belastung durch eine Decke müssen sie mindestens 40 cm, sonst mindestens 30 cm hoch sein. Besteht zwischen Sturz und Massivdecke ein vollkommener Verbund (z. B. durch Bügel), so wird die Sturzhöhe bis Oberkante Decke gemessen, Stürze über Öffnungen mit Lichtweiten von mehr als 1,50 m oder mit Einzellast belastete Stürze dürfen nicht aus Leichtbeton hergestellt werden.

Um Setzungsschäden zu verhindern, sollen unmittelbar *unterhalb* von Fensteröffnungen 2 Stahlstäbe ≥ 10 mm als Bewehrung eingelegt werden, wobei je ein Stab 0,50 m und 1,00 m seitlich über die Fensteröffnung hinausragt.

Kelleraußenwände aus Stahlbeton können im Bereich der Erdanschüttung eine außen liegende Wärmedämmung aus extrudierten Polystyrol-Hartschaumplatten (z. B. Roofmate, Styrodur) erhalten, die vollflächig dicht gestoßen aufgeklebt werden.

Derartige Schaumstoffplatten müssen nicht gegen Erdfeuchtigkeit zusätzlich geschützt werden (sog. „Perimeterdämmung"). Im Sockelbereich können fest aufgeklebte bzw. angedübelte Dämmungen mit Trägermaterial überspannt und verputzt werden. Auch die Verlegung von keramischem Material in Dünnbettmörtel ist möglich.

6.4.3 Zweischalige Wände aus Beton

Insbesondere bei großformatigen Fertigteilen für Außenwände verwendet man Verbundplatten, bestehend aus einer 8 bis 12 cm dicken Außenschale, einer Kerndämmung aus Schaumstoffplatten und der tragenden Innenschale („Sandwich"-Element, s. Abschn. 6.7.2.2). Auch an der Baustelle können derartige Wände hergestellt werden. Die nicht tragende Außenschale, kombiniert mit der bereits anbetonierten Wärmedämmung bildet als Fertigteil eine „verlorene Schalung", gegen die die tragenden Innenwände betoniert (ggf. auch gemauert) werden.

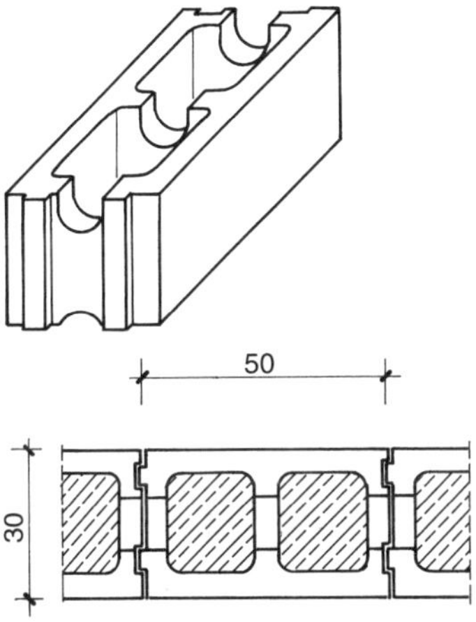

6.90a

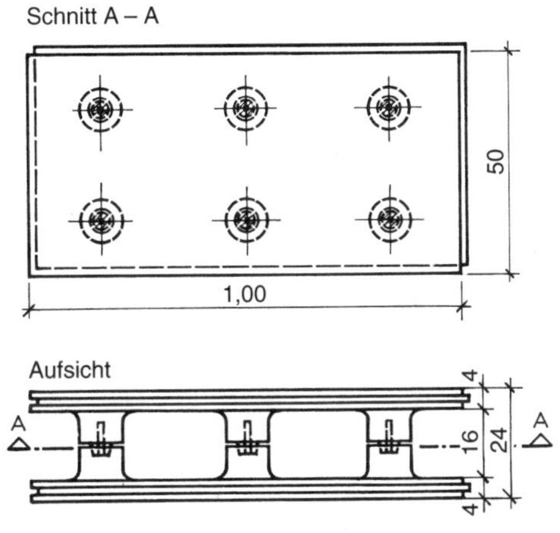

6.90b

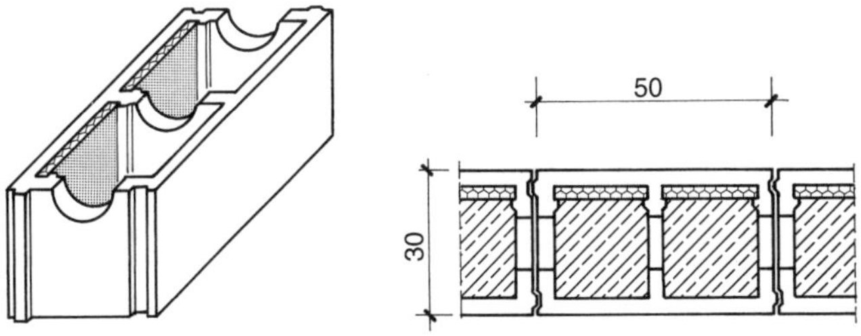

6.90c

6.90 Mantelbauweisen
a) Betonwand mit Schalungssteinen aus Holzspanbeton; Wandgefüge (Schema), Stoßfuge (unvermörtelt) und Riegelstein (Schema)
b) Schalungselemente aus Hartschaumstoff
c) Schalungsstein aus Leichtbeton mit „integrierter" Wärmedämmung (GISOTON)

Stahlbetonwände mit zusätzlicher Wärmedämmung können im Übrigen als tragende Innenschale auch Bestandteil von zweischaligen Wänden mit Luftschicht und Wärmedämmung sein (s. Abschn. 6.2.3.3). Die äußere Schale besteht aus Mauerwerk, einer Wandbekleidung oder einer Vorhangwand. Für die Verankerung der Außenschale und ggf. der Wärmedämmungen sind dabei Ankerschienen in die Innenschalen mit einzubetonieren.

6.4.4 Mantelbauweisen

Mehrschalige Betonwände können auch in *Mantelbauweise* hergestellt werden. Bei dieser zunächst für kleinere Bauwerke entwickelten Bauart werden Schalungselemente aus Stahlbeton (s. Abschn. 6.7.2.2), Holzspanbeton oder Schaumstoff, die in ähnlichen Abmessungen wie andere großformatige Bausteine und mit allen nötigen Formteilen hergestellt werden, lose – ohne vermörtelte Lagerfugen – meist mit Nut-Feder-Anschlüssen aufgebaut und abschnittsweise mit Beton verfüllt (Bild **6**.90a bis c).

Auch für großformatige Bauteile wie geschosshohe Wände bis 8,50 m Länge sowie für Decken, Treppenläufe usw. sind zur Rationalisierung der Einschalarbeiten und zur gleichzeitigen Verbesserung der Wärmedämmeigenschaften Mantelbauweisen entwickelt worden (z. B. Duo-Massiv). Durch Abstandhalter bzw. Halteanker verbundene polymergebundene Holzwerkstoffplatten bilden dabei verlorene Schalungen. Die inneren Oberflächen sind anstrichfertig. Erforderliche Bewehrungen werden werkseitig eingebaut. Derartige Bauteile weisen gute Schalldämmaße auf und erreichen die Feuerwiderstandsklasse F 90. Bei Verwendung zementgebundener Schalungsplatten und somit nicht brennbaren Oberflächen können Feuerwiderstandsklassen bis zu F 180 erreicht werden (s. Abschn. 16.7).

6.4.5 Normen (s. auch Abschn. 5.7)

Norm	Ausgabedatum	Titel
DIN 1045-1	07.2001	Tragwerke aus Beton; Stahlbeton und Spannbeton; –; Bemessung und Konstruktion
DIN 1045-2 1)	07.2001	–; Beton; Festlegung, Eigenschaften, Herstellung und Konformität
DIN 1045-3 2)	07.2001	–; Bauausführung
DIN 1045-4	07.2001	–; Ergänzende Regeln für die Herstellung und Konformität
DIN 1048-1, -2, -4, -5	06.1991	Prüfverfahren für Beton
DIN EN 206-1	07.2001	Beton - Teil 1: Festlegung, Eigenschaften, Herstellung und Konformität Dt. Fassung EN 2000
DIN 4226-1	07.2001	Gesteinskörnungen für Beton und Mörtel Teil 1: Normale und schwere Gesteinskörnungen
DIN 4226-2	02.2002	Gesteinskörnungen für Beton und Mörtel Teil 2: Leichte Gesteinskörnungen (Leichtzuschläge)
DIN 4232	09.1987	Wände aus Leichtbeton mit haufwerksporigem Gefüge; Bemessung und Ausführung
DIN EN 990 3)	09.1995	Prüfverfahren zur Überprüfung des Korrosionsschutzes der Bewehrung in dampfgehärtetem Porenbeton und in haufwerksporigem Leichtbeton
DIN 18 331	12.2000	VOB Teil C, Beton- und Stahlbetonarbeiten

1) Berichtigung (E 06.2002) 2) Berichtigung (E 06.2002) 3) z. Zt. in Neubearbeitung (E 04.2001)

6.5 Wände aus Lehm

Der Lehmbau zählt zu den ältesten Bauarten. Seine Anwendung beschränkte sich in Europa jedoch nur auf kleinere Wohn- und Wirtschaftsgebäude in ländlichen Gegenden. In den regenarmen Gebieten Afrikas werden aber heute noch eindrucksvolle Bauwerke auch von erheblicher Höhe angetroffen. Es ist möglich, dass der Lehmbau dort noch lange wegen der billigen, brennstofffreien Gewinnung des Baustoffes eine wichtige Rolle spielt.

Neuerdings werden Lehmbautechniken nicht nur für Restaurierungen wiederbelebt. Im Zusammenhang mit der Suche nach „alternativen" Bauweisen sind auch in letzter Zeit einige Versuchsbauten auf der Grundlage der 1974 zurückgezogenen DIN 18 951 bzw. der ebenfalls zurückgezogenen Vornormen DIN 18 952 bis 18 957 mit Ausnahmegenehmigungen in verschiedenen Lehmbauweisen errichtet worden.

Lehm ist als Baustoff in weitem Umfang überall verfügbar und gegebenenfalls auch wiederverwendbar. Lehmwände haben sehr gute Schallschutzeigenschaften und ein ähnliches Wärmespeichervermögen wie Vollziegelwände. Sie nehmen schnell und erheblich mehr Feuchtigkeit auf und geben sie relativ schnell wieder ab, so dass gleichmäßige Luftfeuchtigkeitsverhältnisse in Lehmbauten herrschen. Als Nachteil steht demgegenüber, dass Lehm je nach Verarbeitungsweise beim Austrocknen bis zu 12 % schwindet und sehr nässe- und frostempfindlich ist.

Die Verarbeitung erfordert große Erfahrung, die heute bei uns aber weitgehend verlorengegangen ist. Die ausgeführten Versuchsbauten bestätigten auch, dass alle Lehmbauarten nur bei sehr starker Rationalisierung einigermaßen wirtschaftlich ausgeführt werden können, da der Lohnkostenanteil außerordentlich hoch ist. Man unterscheidet:

- *Lehmziegelbau* (ungebrannte Lehmziegel, sog. „Grünlinge")
- *Stampflehmbau* (in Schalung eingebrachter aufgearbeiteter Lehm),
- *Lehmstrangbauweise* (in Strangpressen auf der Baustelle geformte Stränge, die zu Innenwänden geschichtet werden).

Herkömmlicher Strohlehm ist wegen seines Schwundverhaltens beim Austrocknen schwierig zu verarbeiten. Es werden daher neuerdings insbesondere für Sanierungsmaßnahmen von Fachwerkbauten in noch kleinen Mengen Strohlehm-Leichtelemente mit verbessertem Schwundverhalten (Rohdichten von 650 kg/m^3 und 850 kg/m^3) nach genauen Dosierungen industriell hergestellt (Formate 16/24/30 und 12/24/30 cm).

Massivwände lassen sich aus Holzlehm herstellen. Dabei werden Holzspäne oder Holzschnitzel gemischt (ca. 1/3 Lehm und 2/3 Holzfasern) und ähnlich Beton in Schalungen eingebracht und verdichtet.

Weil alle traditionellen Lehmbauweisen sehr empfindlich gegen Nässe und hohe Luftfeuchtigkeit sind, wurden wasserfeste und damit auch quell- und frostfeste Lehmbauelemente entwickelt („Teranig").

Lehmbauteile werden mit Lehm- oder Kalkmörtel vermauert. Zur Verarbeitung in Mörtelmaschinen sind spezielle feine Lehmpulver entwickelt worden.

Lehmwandflächen können außen und innen durch einen Kalkputz geschützt werden. Zwischen Lehm und Kalk ist keine chemische Verbindung möglich. Daher müssen die Flächen gut aufgerauht werden, oder es muss durch Lochungen eine mechanisch wirksame Verbindung zur Putzfläche geschaffen werden.

6.6 Fachwerkwände

6.6.1 Allgemeines

Fachwerkbauten genießen als hervorragende Beispiele handwerklicher Baukunst hohe Wertschätzung. Viele Fachwerkgebäude, die früher als Scheunen, Speicher oder sonstige Zweckbauten dienten, werden immer häufiger umgebaut und als Wohn- und Geschäftshäuser genutzt.

Die Kenntnis von Grundbegriffen des Fachwerkbaues erscheint daher angesichts der zahlreichen Restaurierungs- und Sanierungsaufgaben wieder sehr wichtig.

Fachwerkkonstruktionen liegen in der Regel auf gemauerten Fundamentsockeln oder auf massiven Untergeschossen auf, deren sorgfältige Ausführung und ggf. Sanierung Sicherung gegen aufsteigende Feuchtigkeit bieten muss.

Die Konstruktionshölzer einfacher Fachwerkbauten bestehen meistens aus Nadelholz. Für aufwendige und repräsentative Gebäude wurde Eichenholz verwendet.

Die Bauhölzer wurden je nach Anforderungen sehr sorgfältig ausgesucht und vor dem Einbau u. U. mehrere Jahre abgelagert. Gegen Bewitterung und Schlagregen wurde es nach Möglichkeit konstruktiv geschützt, z. B. durch weite Dachüberstände. Nadelholz, das bei geringem Nährstoffgehalt im Winter gefällt wird, und bei dem durch Flößen ein weiterer Entzug von Nährstoffen bewirkt wird, bot recht guten Schutz gegen tierische Schädlinge.

Bei Reparaturen ist immer die gleiche Holzart wie im bisherigen Bestand zu wählen. Es sollte möglichst Holz aus abgetragenen alten Gebäuden verwendet werden. Für neue Hölzer (ausgenommen Eichenholz) ist meistens chemischer Holzschutz unentbehrlich (s. Teil 2 des Werkes, Abschn. 1).

6.6.2 Bestandteile des Fachwerks

Die Bezeichnungen für die wichtigsten Bestandteile einer Fachwerkwand zeigt Bild **6**.91.

Schwelle. Die Schwelle bildet die untere Begrenzung der Fachwerkwand (a in Bild **6**.91). Sie liegt auf der Kernseite und wird meistens in der ganzen Länge durch Mauerwerk unterstützt.

Gelegentlich kommen in alten Bauten auch Schwellen mit „Aufklotzung" vor, d. h. die Schwelle liegt auf Abstandsklötzen, so dass zur Sicherung gegen aufsteigende oder stauende Feuchtigkeit eine Luftschicht zum tragenden Mauerwerk entsteht.

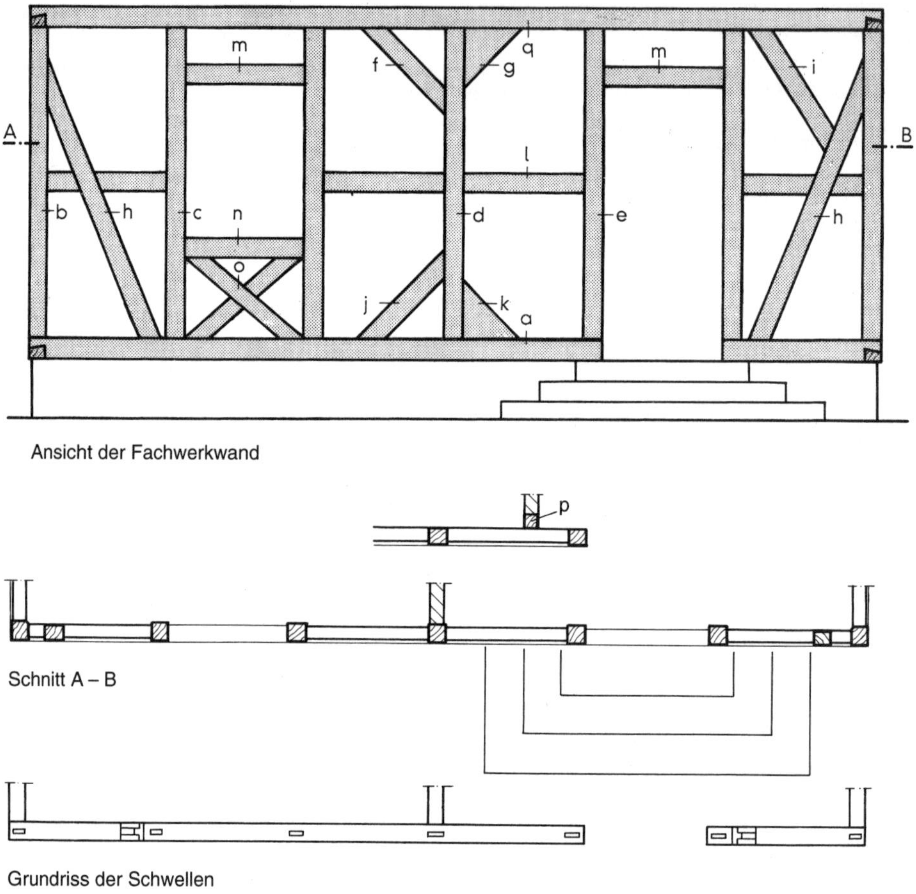

6.91 Fachwerkwand, Bezeichnungen

a Schwelle
b Eckständer (-pfosten)
c Fensterständer
d Ständer (Stiehl)
e Türständer
f Kopfband
g Kopfwinkelholz (auch bogenförmig)
h Strebe
i Gegenstrebe
j Fußband
k Fußwinkelholz (auch bogenförmig)
l Riegel (Fachriegel)
m Sturzriegel
n Brüstungsriegel
o Andreaskreuz
p Klappstiel
q Rähm

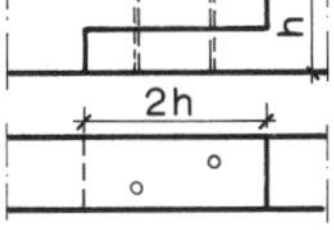

6.92a

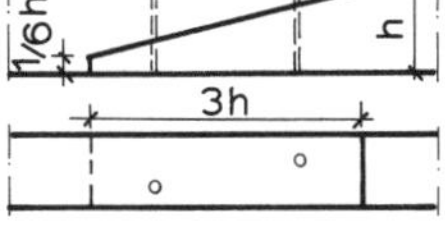

6.92b

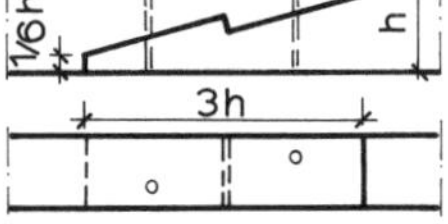

6.93a

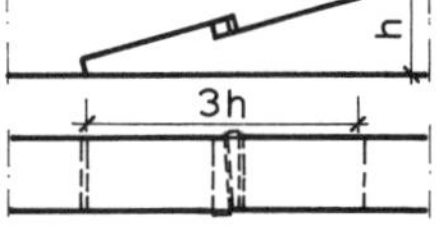

6.93b

6.92 Blatt
a) gerades Blatt
b) schräges Blatt

6.93 Hakenblatt
a) schräges Hakenblatt
b) schräges Hakenblatt mit Keil

Bei Erneuerungen im Schwellenbereich ist meistens auch eine vorherige Sanierung des darunter liegenden Auflagers und das Einbringen einer Abdichtung gegen aufsteigende Feuchtigkeit erforderlich. Dazu ist die Mauerschicht unterhalb der Schwellen zu entfernen, abschnittsweise eine Abdichtung gegen aufsteigende Feuchtigkeit einzubauen und neu zu untermauern (vgl. Abschn. 16.4).

An der fast unvermeidlichen Fuge zwischen Abdichtung und Schwelle kann sich leicht fäulnisbildende Feuchtigkeit anreichern. Günstiger ist es deshalb, wenn die Abdichtungsbahn so eingebaut werden kann, dass zwischen neuer Abdichtung und Schwellen noch eine Mauerschicht folgt und dann die Übergangsfuge zum Fachwerk sorgfältig mit Mörtel ausgestopft wird.

Falls längere Schwellhölzer aus mehreren Teilen zusammengesetzt werden müssen, verwendet man folgende Holzverbindungen:

- das gerade Blatt (Bild **6**.92a);
- das schräge Blatt (Bild **6**.92b);
- das schräge Hakenblatt (Bild **6**.93a) kann auch ohne Nägel oder Verbolzen Zugspannungen aufnehmen, wenn es Auflast trägt und unterstützt ist;
- das schräge Hakenblatt mit Keil (Bild **6**.93b). Es ist eine brauchbare Verbindung der Verlängerung waagerecht liegender Hölzer. Durch das Antreiben der Keile wird die Verbindung bei trockenem Holz vollkommen fest.

Insbesondere für Reparaturverbindungen kommen weiter in Frage [12]

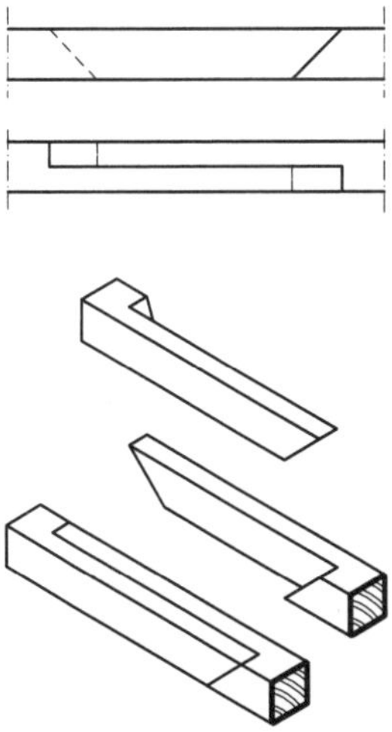

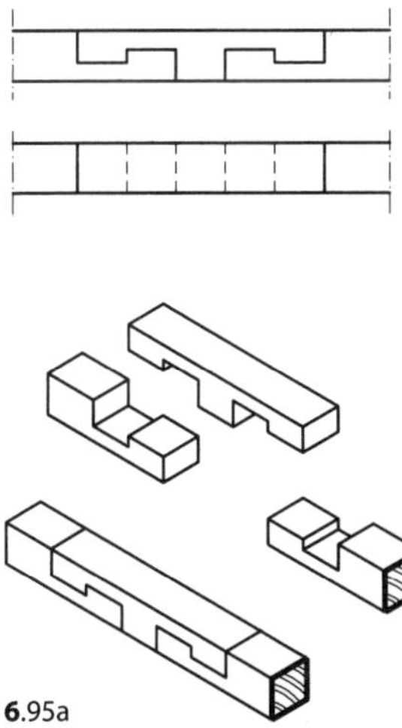

6.95a

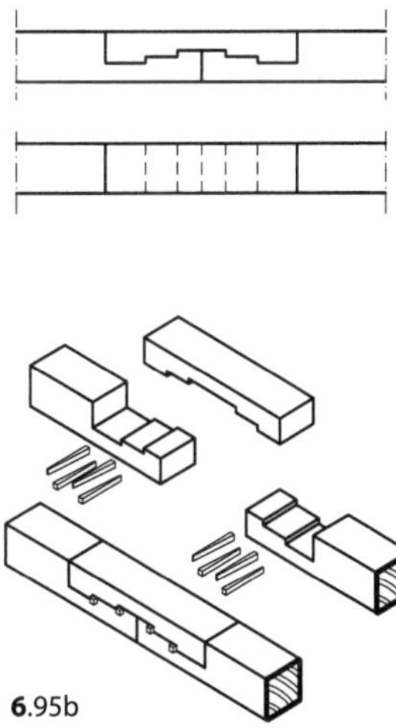

6.95b

6.94 Stehendes gerades Blatt, in zwei Richtungen schräg angeschnitten

6.95 Reparaturstoß
a) mit verlängertem Einsatzstück
b) gerader eingeschnittener Stoß mit eingesetztem doppeltem Haken u. Keilen

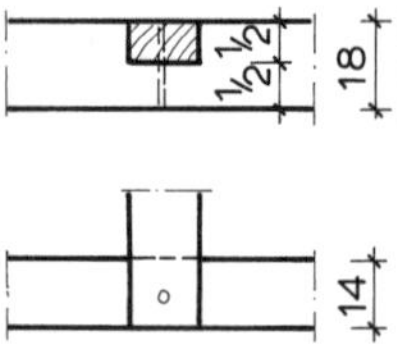

6.96a

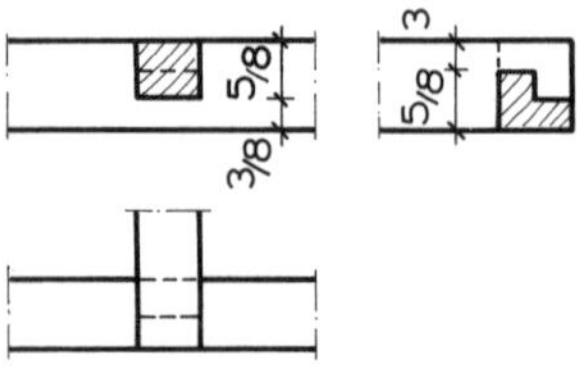

6.96b

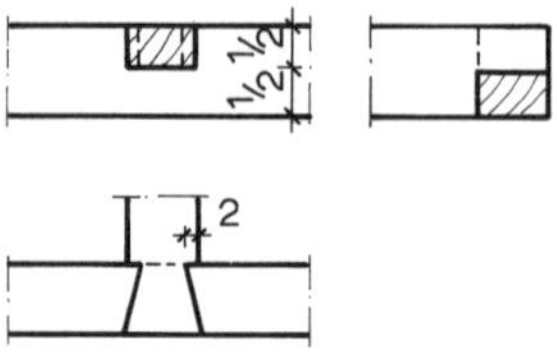

6.96c

6.96 Überblattung
a) Einfache Überblattung
b) Hakenförmige Überblattung
c) Schwalbenschwanzförmige Überblattung

- stehendes gerades Blatt (Bild **6.**94),
- eingeschnittener Stoß mit Einsatzstück (Bild **6.**95a),
- eingeschnittener Stoß mit Hakenplatte und Keilen (Bild **6.**95b).

Notwendige Stoßverbindungen sollten möglichst ohne Stahlverwendung mit den früher üblichen Holznägeln gesichert werden.

Die Schwellhölzer der verschiedenen Wände eines Fachwerkgebäudes liegen in der gleichen Höhe und werden an den Ecken oder Wandanschlüssen durch Überblattungen verbunden. Dabei sind folgende Fälle möglich:

Stößt ein Schwellholz gegen ein *durchgehendes anderes Schwellholz*, wird entweder eine einfache Überblattung (Bild **6.**96a) oder besser eine hakenförmige (Bild **6.**96b) oder eine schwalbenschwanzförmige Überblattung (Bild **6.**96c) angewandt. Die beiden letztgenannten Verbindungen machen auch ohne Nägel oder Bolzen ein Verschieben der Hölzer in waagerechter Richtung unmöglich.

Bilden beide Schwellhölzer eine Ecke, dann werden sie entweder durch Ecküberblattung mit schrägem Schnitt (Bild **6.**97a) oder haken- und schwalbenschwanzförmige Ecküberblattung (Bild **6.**97b) verbunden.

Stiele oder Ständer. Die Stiele oder Ständer stehen auf der Schwelle in Abständen von 0,60 bis 1,00 m. Bei der Aufteilung ist Rücksicht auf Fenster- und Türöffnungen, die seitlich durch Stiele begrenzt werden müssen, zu nehmen. An den Stellen, wo Zwischenwände an die Außen- oder Mittelwände treffen, sind *Bundstiele* (d in Bild **6.**91) anzuordnen. Ergäbe ein solcher Bundstiel eine unregelmäßige Teilung in der Außenwand, so wird ein *Klappstiel* (p in Bild **6.**91) verwendet.

Bei stark belasteten mehrgeschossigen Wänden (z. B. Speichern) werden die Binder- und Eckstän-

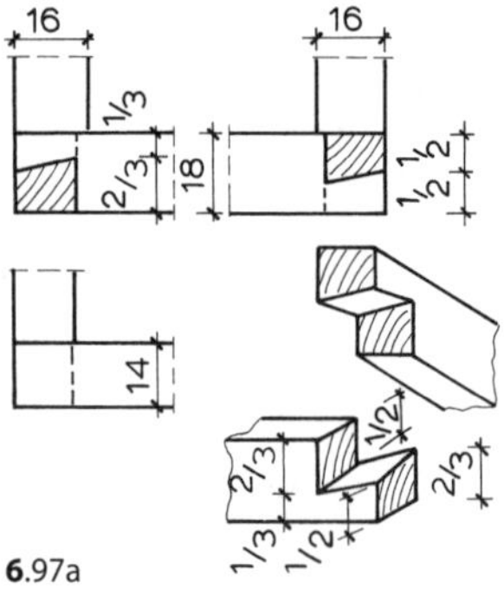

6.97a

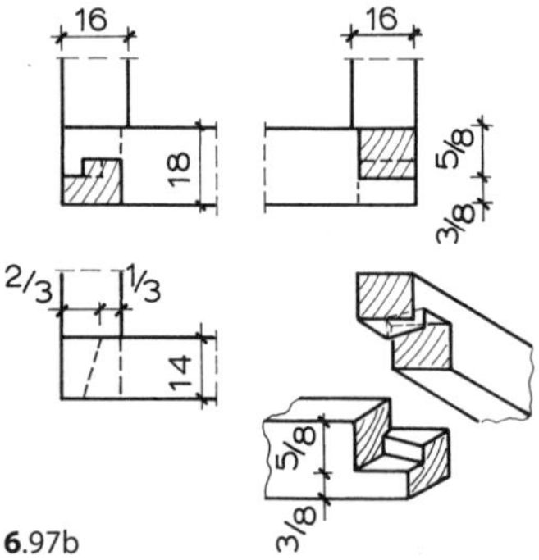

6.97b

6.97 Ecküberblattung
a) mit schrägem Schnitt
b) Haken- und schwalbenschwanzförmige Ecküberblattung

der häufig als *Doppelstiele* (verdübelt und verbolzt) angeordnet und mit versetzten Stößen durch die ganze Höhe des Gebäudes geführt.

Zwischenstiele (Fensterstiele, c in Bild **6**.91) werden mit der Schwelle und mit dem Rähm durch den *einfachen Zapfen* (Bild **6**.98) verbunden. Die Breite des Zapfens ist gleich der Holzbreite, die Dicke ist gleich 1/3 der Holzdicke, die Höhe 6 bis 7 cm. Die Zapfenverbindung wird durch einen Holznagel gesichert.

Eckstiele und Türstiele (b und e in Bild **6**.91), die am Ende des Schwell- und Rähmholzes stehen, erhalten den *geächselten Zapfen* (Bild **6**.99). Seine Breite beträgt nur 2/3 der Holzbreite. Dadurch ergeben sich auch an den Enden von Schwelle und Rähm verdeckte Zapfenlöcher.

Müssen bei Reparaturen neue Stiele eingefügt werden, wird an einem Ende ein „Falscher Zapfen" vorgesehen (Bild **6**.100).

Streben. Die Streben (h in Bild **6**.91) steifen die Wand in der Längsrichtung aus. Man ordnet sie entweder zwischen Schwelle und Rähm oder besser zwischen Schwelle und Stiel an (h in Bild **6**.91). Die Verbindung der Streben mit Schwelle und Rähm erfolgt durch den schrägen Zapfen mit Versatz (Bild **6**.101). Der Versatz ist 2 bis 3 cm tief und hat den Zweck, auch Horizontalkräfte in die Schwelle abzutragen.

Kopfbänder, Kopfwinkelhölzer. Kopfbänder (f in Bild **6**.91) und Kopfwinkelhölzer (g in Bild **6**.91) wirken bei der Horizontalaussteifung des Wandverbandes mit. Kopfbänder verkürzen bei breiten Gefachen auch die Stützweite des Rähms. Kopfwinkelhölzer sind oft durch Schnitzereien besonders dekorativ gestaltet.

Fußbänder und Fußwinkelhölzer. Fußbänder (j in Bild **6**.91) und Fußwinkelhölzer (k in Bild **6**.91) wirken ähnlich wie Kopfbänder und Kopfwinkelhölzer. Auch Fußwinkelhölzer werden oft als Schmuckelement eingesetzt.

Riegel. Die Riegel teilen die Felder zwischen den Stielen und Streben in kleinere „Fache" und vermindern die Knicklänge der Stiele.

Die *Zwischenriegel* (l in Bild **6**.91) werden mit den *Stielen* durch den einfachen Zapfen verbunden. Treffen zwei Riegel in derselben Höhe an den Stiel, so soll zwischen den Zapfenlöchern noch 3 bis 4 cm Holz stehenbleiben.

Zur Verbindung der Riegel mit den *Streben* dient der schräge Zapfen (Bild **6**.101). *Tür- und Fensterriegel* (m, n in Bild **6**.91) bilden den oberen Abschluss der Tür- und Fensteröffnungen; sie werden mit den Stielen durch geraden Zapfen mit einfachem Versatz verbunden (Bild **6**.102). Beim *Brüstungsriegel* (n in Bild **6**.91), dem unteren

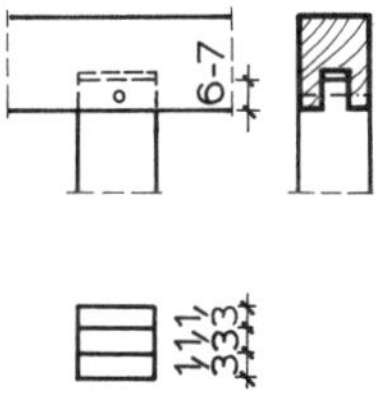

6.98 Der einfache Zapfen

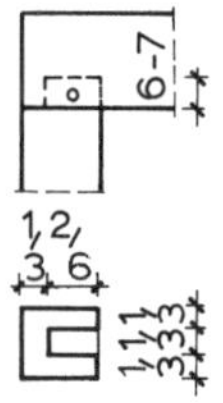

6.99 Der geächselte Zapfen

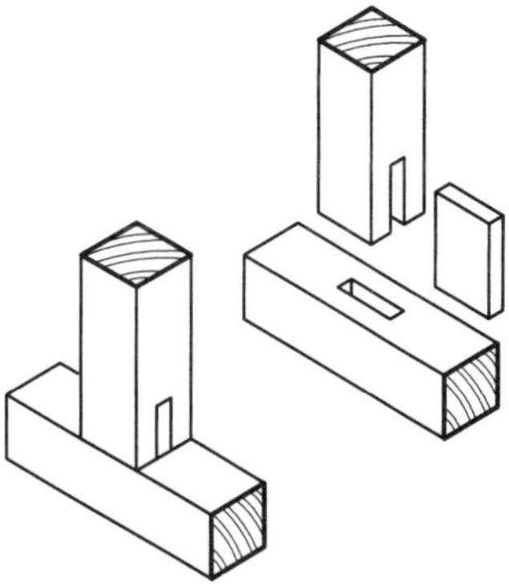

6.100 Der falsche Zapfen [14]

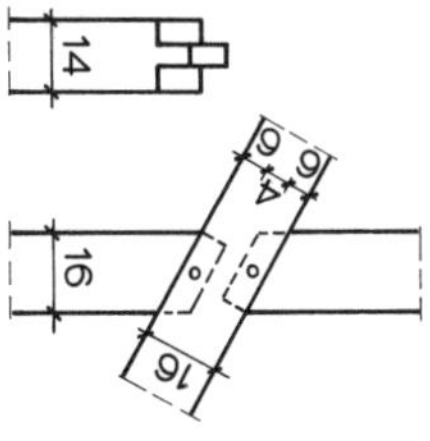

6.101a

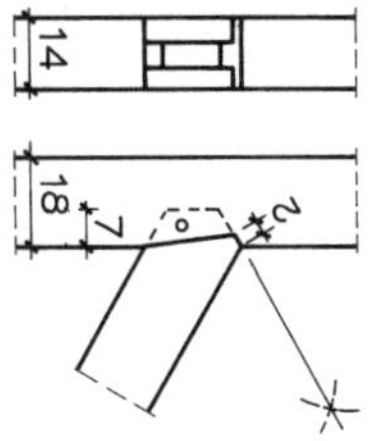

6.101b

6.101 Schräger Zapfen mit Versatz
a) Schwellenanschluss
b) Riegelanschlüsse

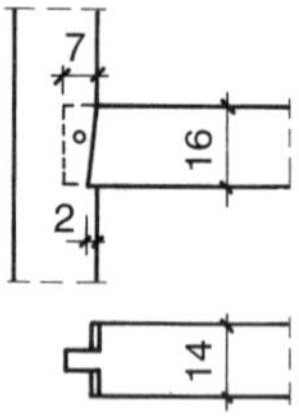

6.102 Sturzriegel

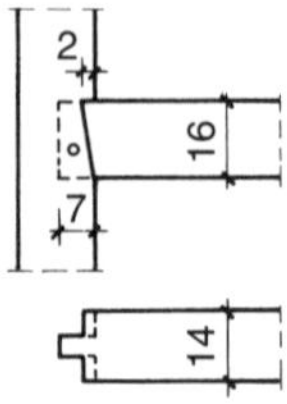

6.103 Brüstungsriegel

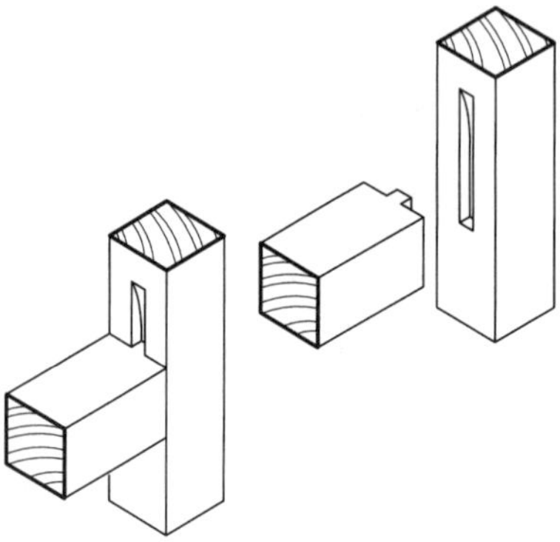

6.104a

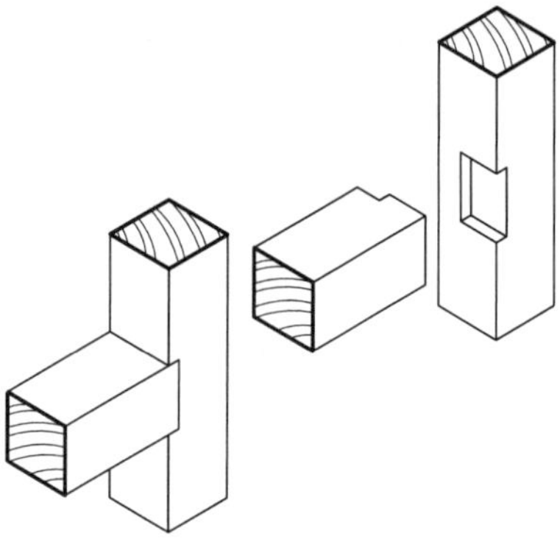

6.104b

6.104 a) Schleifzapfen [14]
b) gerades Blatt über Zapfenloch [14]

Abschluss der Fensteröffnung, wird der Versatz nach oben angeordnet, damit keine fallende Fuge in der unteren Fensterecke entsteht (Bild **6**.103).

Bei Sanierungen oder Umbauten werden neue Riegel auf einer Seite mit „Schleifzapfen" (Bild **6**.104a) oder mit geradem Blatt über das aufgestemmte Zapfenloch eingesetzt (Bild **6**.104).

Rähm. Das Rähm (q in Bild **6**.91) bildet die obere Begrenzung der Wand und trägt die Balkenlage. Zusammenstoßende oder eine Ecke bildende Rähme werden wie die Schwellhölzer verbunden.

Holzdicken

Innere Wände (Wanddicke 12 cm)

- Stiele, Rähm 12/12 bis 12/14 cm
- Riegel, Schwelle 12/16 cm
- Streben 12/14 bis 12/16 cm

Äußere Wände. Gute Maßverhältnisse in den Ansichtsflächen der Fachwerkwände werden durch möglichst breite Hölzer erreicht. Brauchbare Holzquerschnitte sind bei:

Rohbauausführung der Fache (Wanddicke 12 cm)

- Stiele, Streben und Riegel 12/16 bis 12/18 cm
- Schwellen und Rähme 12/18 bis 14/20 cm

geputzten Fachen (Wanddicke 14 cm)

- Stiele, Streben und Riegel 14/16 bis 14/18 cm
- Schwellen und Rähme 14/19 bis 14/20 cm

Die dickeren Eckstiele müssen ausgewinkelt (ausgekehlt) werden.

Balkenlagen.[1)] Die Balkenlagen für Fachwerkgebäude können auf zwei Arten angeordnet werden: Nur *zwei gegenüberliegende Seiten* des Gebäudes sollen Balkenköpfe zeigen (Bild **6**.105). Die balkentragenden Wände werden oben durch Rähme abgeschlossen. Darauf sind die Balken verkämmt. Der letzte Balken liegt in der Seitenwand und bildet dort das Rähm für die neue Wand und die Schwelle des nächsten Geschosses.

1) Holzbalkendecken s. auch Abschn. 10.3, Teil2 dieses Werkes

- Die Verkämmungen ergeben eine 2 cm tiefe Überschneidung der Hölzer. Für den Punkt A in Bild **6**.105 kommen in Betracht: Der *einfache Kamm* (Bild **6**.106), der *doppelte Kamm* (Bild **6**.107) oder die *schwalbenschwanzfömrige Verkämmung* (Bild **6**.108). In Punkt B in Bild **6**.105 wird die *Eckverkämmung* (Bild **6**.109) angeordnet.
- Alle Seiten des Gebäudes sollen Balkenköpfe zeigen (Bild **6**.110). Alle Seiten des Gebäudes müssen hierzu Rähme und Saumschwellen haben. Nach den Giebelseiten sind Stichgebälke auszuführen. Auf die Ecke kommt ein Diagonal-Stichbalken. Die Verbindung der Stichbalken mit dem Hauptbalken geschieht durch den Brustzapfen oder durch das schwalbenschwanzförmige Blatt mit Brüstung (Bild **6**.111).

Bei mehrgeschossigen Fachwerkgebäuden können die oberen Wände gegen die unteren mehr oder weniger weit vorgekragt werden. Die Zwischenräume zwischen Rähm und Saumschwelle können durch Bretter oder durch Füllhölzer ausgefüllt werden.

Die Ausmauerung wird in den Fachen durch Mörtel gehalten, der einerseits am Mauerstein haftet, andererseits in eine seitliche Nut des Stiels eingreift (Bild **6**.112c).

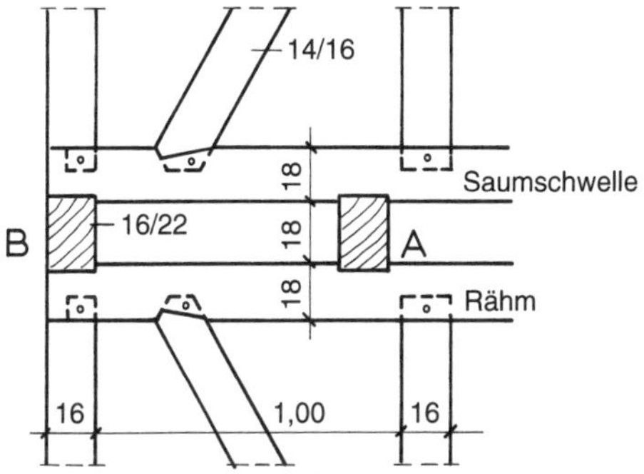

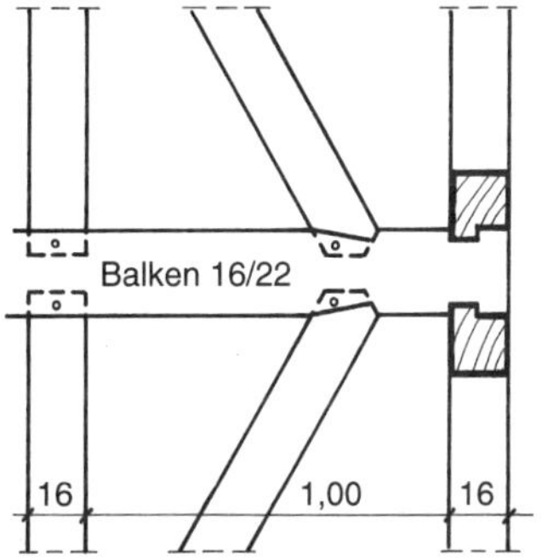

6.105 Balkenlage für Fachwerkwände

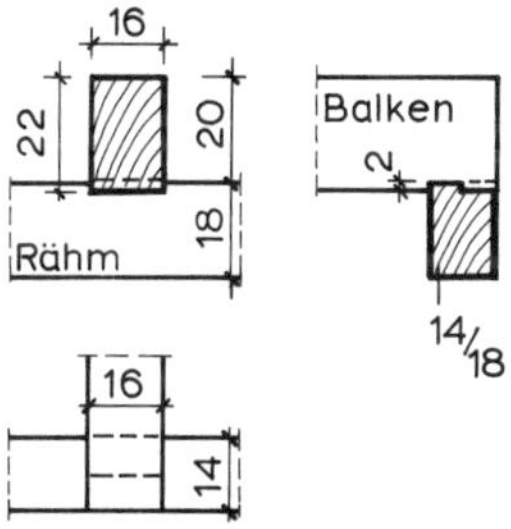

6.106 Einfache Verkämmung

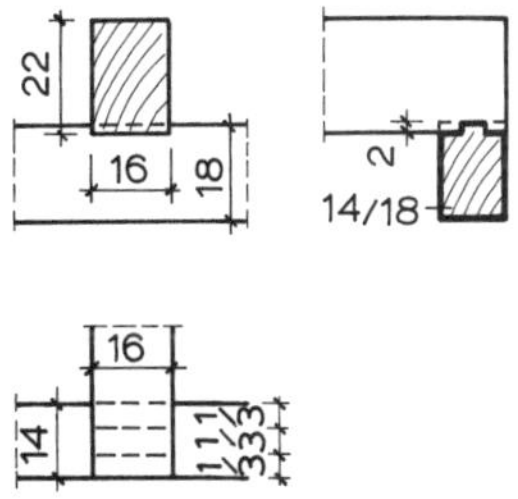

6.107 Doppelte Verkämmung

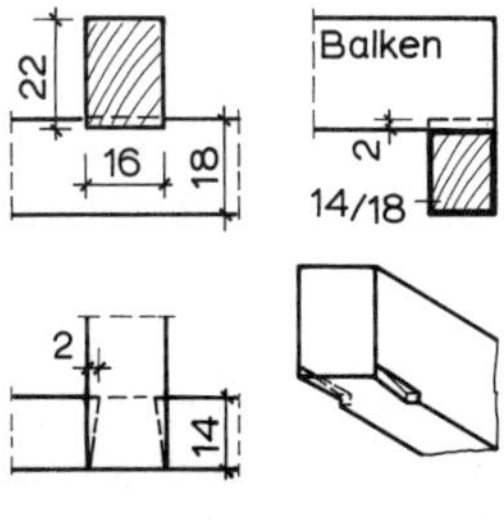

6.108 Schwalbenschwanzförmige Verkämmung

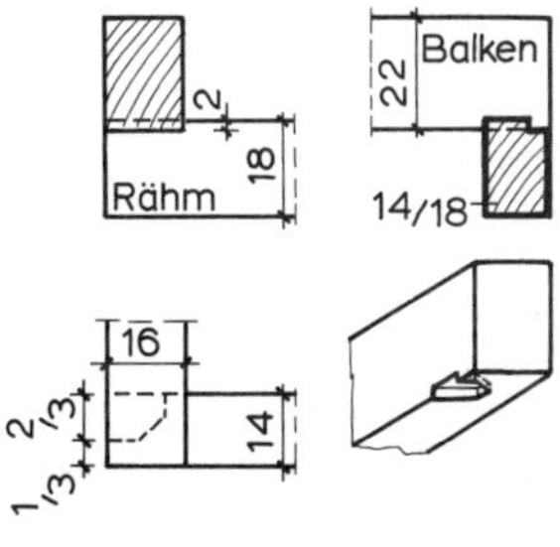

6.109 Eckverkämmung

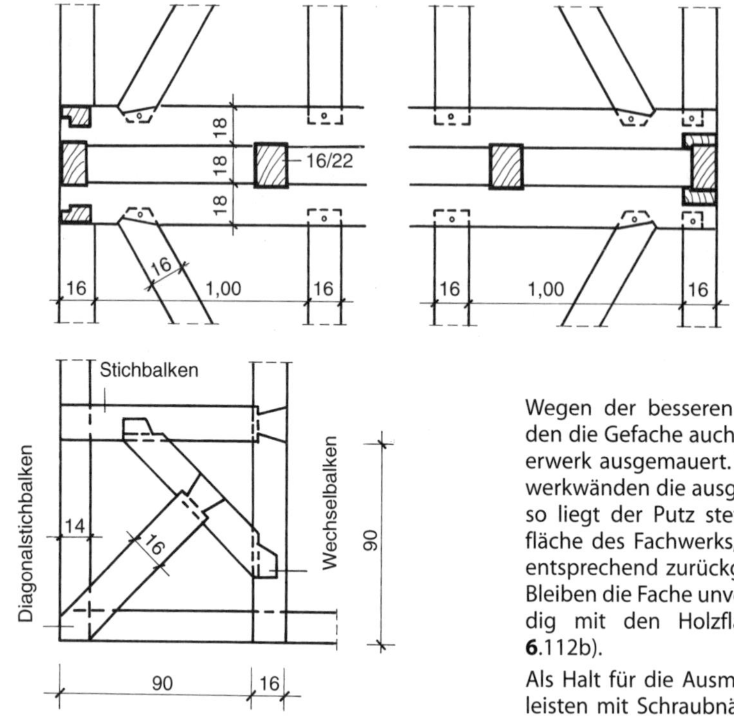

6.110 Balkenlage für Fachwerkwände

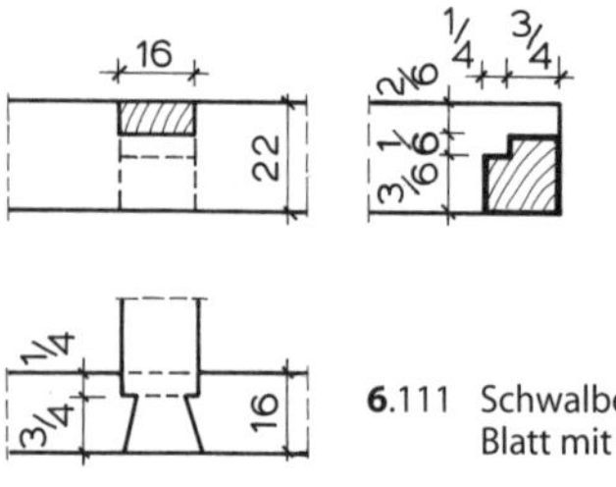

6.111 Schwalbenschwanzförmiges Blatt mit Brüstung

6.6.3 Ausfachung

Zwischen den tragenden Hölzern des Fachwerkes liegen die *Ausfachungen* („Gefache"). Sie bestanden ursprünglich aus Flechtwerk („Gewundenes" – daraus das Wort Wand) oder aus Wickelstakung (vgl. Bild **10**.59, Abschn. 6.3) mit dickem Lehmbewurf, der mit Häcksel oder Kälberhaaren (magern und verankern), Tierblut oder Schmiedezunder (Volumenvergrößerung infolge Oxydation) aufbereitet, so gut wie rissefrei blieb und der Ziegelwand in bezug auf Wärme- und Schalldämmung nicht nachstand.

Wegen der besseren Wetterbeständigkeit wurden die Gefache auch mit verfugtem Ziegelmauerwerk ausgemauert. Werden bei äußeren Fachwerkwänden die ausgemauerten Fache verputzt, so liegt der Putz stets bündig mit der Außenfläche des Fachwerks, und die Ausmauerung ist entsprechend zurückgesetzt (Bild **6**.112a und c). Bleiben die Fache unverputzt, so wird außen bündig mit den Holzflächen ausgemauert (Bild **6**.112b).

Als Halt für die Ausmauerung können Dreikantleisten mit Schraubnägeln in die Gefache genagelt werden (Bild **6**.112d).

Die Ausmauerung wird in den Fachen durch Mörtel gehalten, der einerseits am Mauerstein haftet, andererseits in eine seitliche Nut des Stiels eingreift (Bild **6**.114 a und b).

Bei der Wiederherstellung von gemauerten Ausfachungen sollten möglichst kleinformatige, gut wärmedämmende Steine mit Mörtel der Mörtelgruppe 2 verwendet werden. Porenbetonsteine sind nur bei völlig trockenem Einbau für Ausfachungen geeignet, weil sie aufgenommenes Wasser nur sehr langsam wieder abgeben.

Sowohl das Fachwerk als auch die Ausfachung schwinden und dehnen sich bei Wärme und Feuchtigkeit unterschiedlich, so dass Risse in den Anschlussfugen unvermeidlich sind. Fachwerkaußenwände können daher im Sinne von DIN 4108 nicht als schlagregendicht gelten. Dennoch ergeben sich bei Fachwerkbauten mit gepflegtem Bauzustand nur selten Feuchtigkeitsschäden, weil eingedrungene Feuchtigkeit insbesondere von Lehmausfachungen vor übergehend aufgenommen wird und bei Sonneneinstrahlung wieder abtrocknet. Voraussetzung ist jedoch, dass diffusionsoffene und kapillar transportfähige Baustoffe (z. B. Kalkputze und -anstrich) verwendet werden. Wasserdichte Putze oder Anstriche dürfen also keinesfalls verwendet werden.

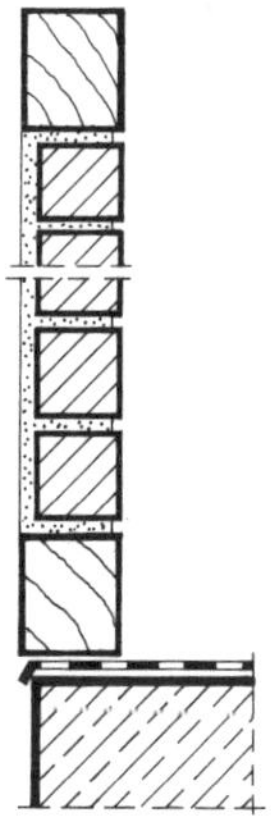

6.112a

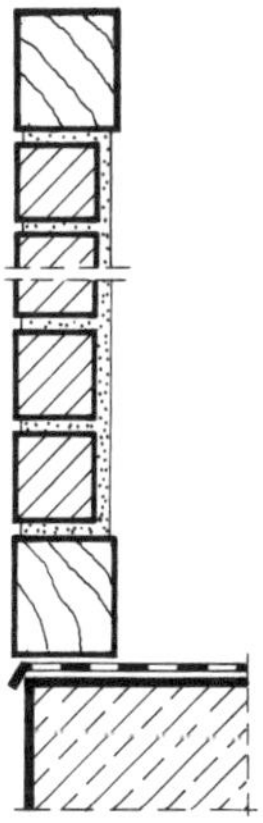

6.112b

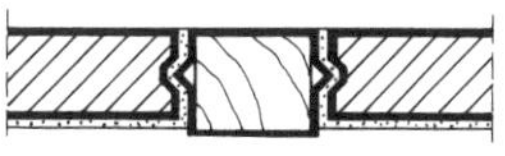

6.112c

6.112d

6.112 Ausmauerung der Fachwerkwände (Darstellung ohne Wärmeschutz)
a) Ausfachung geputzt
b) Ausfachung als Sichtenmauerwerk
c) seitlicher Anschluss mit Dreikantleisten
d) seitlicher Anschluss mit Nut

Sehr starken klimatischen Beanspruchungen können Fachwerkaußenwände auch bei handwerklich einwandfreier Ausführung auf Dauer nicht standhalten. Deshalb weisen alte Fachwerkkonstruktionen an exponierten Wandteilen oder bei insgesamt ungünstigen Umgebungsverhältnissen einen Wetterschutz durch Verschieferung, Verschindelung oder vollflächigen Verputz auf. In vielen Fällen kann es daher kritisch sein, Fachwerk aus gestalterischen Gründen durch Entfernen eines derartigen Fassadenschutzes freizulegen (Putz auf Fachwerkwänden s. Teil 2 des Werkes).

6.6.4 Wärmeschutz

Der Wärmeschutz üblicher Fachwerk-Außenwände reicht im Hinblick auf die Forderungen der seit 01. Februar 2002 gültigen Energieeinsparverordnung (vgl. Abschn. 16.5) nicht mehr aus.

Nur in Ausnahmefällen kann ein Wärmeschutznachweis unter Berücksichtigung der gesamten Hüllflächen zu ausreichenden Ergebnissen führen, d. h. nur wenn der Wärmeschutz von Decken, Fußböden und Fenstern optimal ist.

Bei der denkmalpflegerischen Instandsetzung von Fachwerkbauten, – insbesondere, wenn nur Ausfachungen erneuert werden, – sind durch ministerielle Erlasse (Hessen und Nordrhein-Westfalen) ausdrücklich Ausnahmen zugelassen.

Den Anforderungen an den Wärmeschutz der demnächst gültigen Energieeinsparverordnung können übliche Fachwerk-Aussenwände nicht mehr genügen. Fachwerk-Aussenwände sind danach bei (notwendigen) Veränderungen entweder aussenseitig zu dämmen und zu verputzen oder mit einer Innendämmung zu versehen. Bei einer nachträglichen Innendämmung ist in jedem Fall eine Taupunktberechnung durchzuführen, damit sichergestellt wird, dass es nicht zu Tauwasseranfall innerhalb der Aussenwandkonstruktion kommt.

Eine Alternative zu den bisher angewendeten Innendämmungen mit all ihren bekannten bauphysikalischen Schwächen stellt die kapillaraktive Innendämmung mit Kalziumsilikatplatten dar.

Kalziumsilikatplatten werden in Dicken ab 25 mm angeboten. Sie halten die Aussenwand diffusionsoffen und erlauben selbst das Austrocknen von Kondensat bei möglicher Umkehr des Dampfstromes in der warmen Jahreszeit. Auf Grund der hohen Alkalität (pH-Wert 7–10) bietet Kalziumsilikat auch in feuchtem Zustand keinen Nährboden für Schimmel. Kalziumsilikatplatten haben sich in Langzeit-Praxisversuchen als Innendämmung bewährt.

Für die Dimensionierung der Wärmedämmung von Lehmausfachungen sind keine einschlägigen Bestimmungen vorhanden. Es können jedoch etwa folgende Werte zugrunde gelegt werden:

	Rohdichte:	Wärmeleitfähigkeit λ_R
• Leichtlehm	(ca. 800 kg/m^3)	0,23 W/mK
• Strohlehm	(ca. 1200 kg/m^3)	0,47 W/mK
• Massivlehm	(ca. 1800 kg/m^3)	0,93 W/mK

Grundsätzlich ist bei der Dimensionierung des Wärmeschutzes zu beachten, dass nicht allein die Wärmedämmwerte zu betrachten sind, sondern gleichzeitig die Taupunktgrenze und die anfallende Tauwassermengen zu ermitteln sind. (Diese darf auf keinen Fall Werte über 1 kg Tauwasser/m^2 ergeben.)

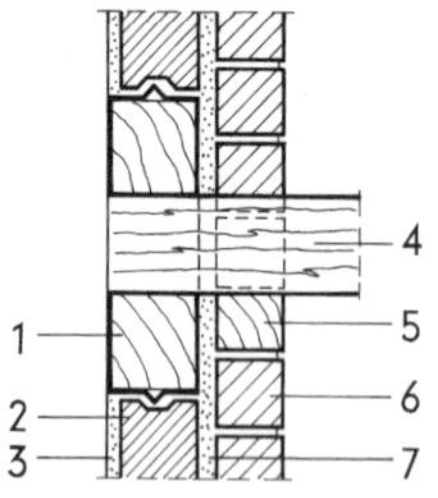

6.113
Fachwerkwand mit Regenbremse und Hintermauerung (Schema)
1 Fachwerkriegel (Fachwerkfläche innen mit Papier überspannt)
2 Ausmauerung
3 Kalkputz
4 Deckenbalken
5 Auflagerriegel
6 Hintermauerung
7 Regenbremse

Sind Ausfachungen aus Lehm mit Stakung vorhanden und ihre Erhaltung möglich, wird in der Fachliteratur [12] in der Regel folgendes Vorgehen empfohlen:

- Abtragen der Lehmausfachung aussen um etwa 25 mm,
- Überspannen der Gefache mit Putzträgern (z. B. Rippenstreckmetall), die jedoch nur an den Stakhölzern, *nicht am Fachwerk*, befestigt werden dürfen,
- Spritzwurf und Putzauftrag, mit zweilagigem mineralischem Putz (z. B. aus Kalk-Trassmörtel). Es können auch Wärmedämmputze verwendet werden.
- Anschlussfugen zum Fachwerk sind durch Kellenschnitt von 10 mm Tiefe zu bilden. Eine Fugenabdichtung zwischen den Putzflächen in den Gefachen und dem Balkenwerk mit dauerelastischen Dichtungsmassen ist nicht nur wenig haltbar, sondern auch in ihrer Auswirkung äußerst nachteilig für das Austrocknen eingedrungener Feuchtigkeit.

In vielen Fällen ist im Zusammenhang mit der Sanierung von Fachwerkbauten eine Verbesserung der Wärmedämmung unumgänglich. Dafür gibt es verschiedene Möglichkeiten.

Wenn die Verringerung der Raum-Grundflächen in Kauf genommen werden kann, wird eine Innenschale aus Lehmsteinen, Blähtonsteinen oder Leichtziegeln auf Lastverteilungsbalken oder dem Sockel mit 2 cm Abstand ausgeführt. Dabei dürfen auf keinen Fall eine offene Fuge oder Hohlräume zwischen Fachwerk und neu aufgeführten Wänden verbleiben. Als vorteilhaft wird die Ausführung einer Regenbremse wie bei zweischaligem Mauerwerk mit Putzschicht empfohlen. Um die Übertragung von Bewegungen zwischen Fachwerk und Innenschale zu verhindern, wird das Fachwerk mit einer Trennlage (Papier, Ölpapier, nicht aber aus Folien oder ähnlichem dampfsperrendem Material!) überspannt und die Fuge lagenweise beim Aufmauern mit flüssigem Trassmörtel ausgegossen (Bild **6**.113).

Kann die vorhandene historische Ausfachung nicht erhalten oder ausgebessert werden, müssen die Gefache neu mit StrohLehmsteinen, porosierten Leichtziegeln, Blähtonsteinen o. Ä. neu ausgemauert werden .

Auf der Innenseite wird eine zusätzliche Wärmedämmung aufgebracht. Dafür gibt es verschiedene Möglichkeiten. In jedem Fall sollten dabei nicht nur der Wärmeschutz, sondern auch die Tauwasserverhältnisse bauphysikalisch nachgewiesen werden.

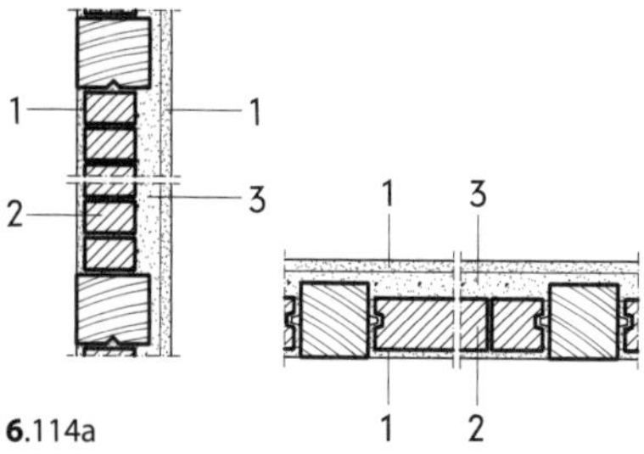

6.114a

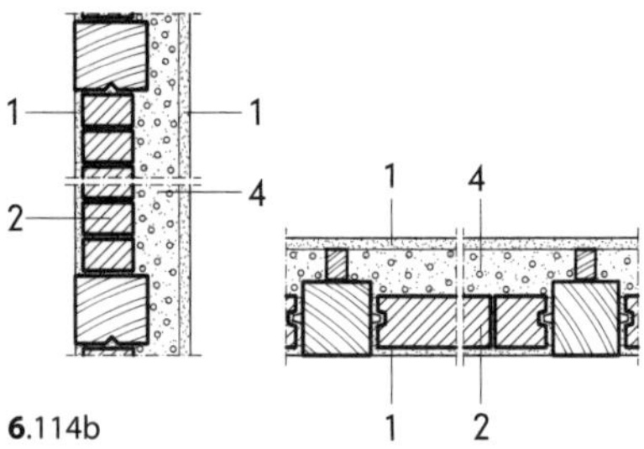

6.114b

6.114 Fachwerkausfachung mit zusätzlicher Wärmedämmung
a) Ausführung mit Leichtlehm-Innendämmung [12]
b) Ausführung mit Dämmputz innen [12]

1 Kalkputz
2 porosierte Leichtziegel
3 Mineralischer Dämmputz
4 Mineralischer Leichtlehm

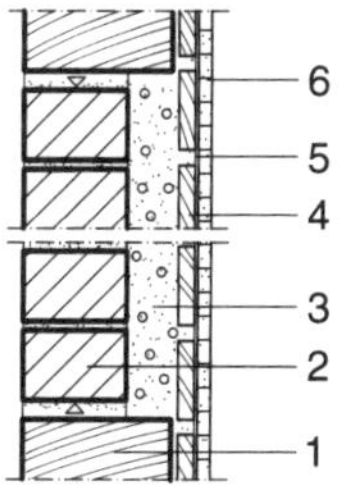

6.115a

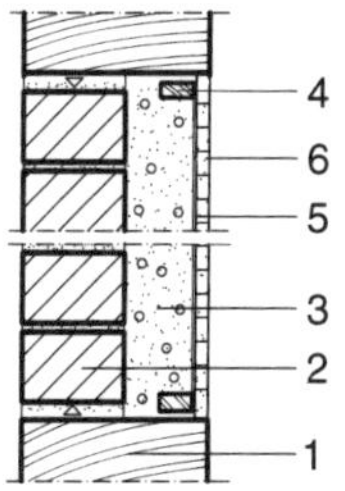

6.115b

6.115 Fachwerksanierung mit Spezial-Baustoff (CELLCO®)
a) Fachwerk innen verdeckt
b) Fachwerk innen sichtbar
1 Fachwerkriegel
2 Sichtmauerwerk, vollfugig gemauert
3 CELLCO-Wärmeschutz
4 Lattung
5 Putzträger
6 Kalk-Trass Innenputz

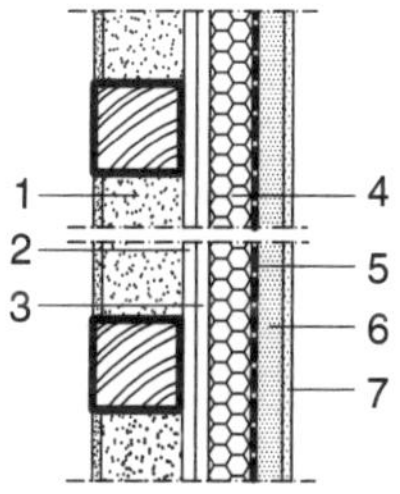

6.116 Ausfachung mit wärmedämmendem Mörtel [12]
1 Wärmedämmender Gefachmörtel mit Aussenputz
2 Rauhspundschalung
3 Holzfaserplatte (Pavatex)
4 Dämmung
5 Dampfsperre
6 Holzspanplatte
7 Gipskartonplatte

Besonders in Verbindung mit evtl. teilweise erhaltenen Ausfachungen in traditioneller Lehmtechnik kann der zusätzliche Wärmeschutz durch eine entsprechend dimensionierte Schicht von mineralischem Leichtlehm erreicht werden. Dieser wird zwischen Gefachen aus aufgeschraubten Kanthölzern eingebracht und mit einem Kalkputz (ggf. in Verbindung mit einem Putzträger) abgedeckt (Bild **6.**114a).

Bei der in Bild **6.**114b dargestellten Möglichkeit wird der zusätzliche Wärmeschutz durch mineralischen Dämmputz erreicht [12].

Eine Ausführungsmöglichkeit für eine zusätzliche Innendämmung mit einem Spezialmaterial aus Kork, Kieselgur, Stroh usw. (CELLCO®) ist in Bild **6.**115 gezeigt. Das in plastischem, knetbarem Zustand oder in Plattenform gelieferte Material ähnelt den historischen Lehmbaustoffen und kann in Dicken von 3 bis 10 cm eingebaut werden (Wärmeleitfähigkeit λ_R) = 0,080 W/(mK).

Zur Neu-Ausfachung sind spezielle wärmedämmende Spritzputzsysteme auf dem Markt. Sie erfüllen bei entsprechender Verarbeitung die Anforderungen von DIN 4102 Baustoffklasse A 1 (nicht brennbar), und die Gesamtkonstruktion hat gute Schalldämmeigenschaften (Bild **6.**116).

In Bädern oder ähnlichen Feuchträumen sind raumseitig Dampfsperren einzubauen und eine ausreichende Lüftung zu gewährleisten.

6.6.5 Schallschutz

Bei bestehenden Fachwerkbauten ist die Gewährleistung des erforderlichen Luft- und Trittschallschutzes meistens recht problematisch.

Trittschallschutz mit schwimmenden Estrichen auf Zement- oder Anhydritbasis ist auf den in der Regel vorhandenen Holzbalkendecken meistens aus Gewichtsgründen und wegen der oft sehr begrenzten Geschosshöhen nicht möglich. Wegen seiner geringeren Einbauhöhe und auch wegen seiner Elastizität kann schwimmender Asphaltestrich in Frage kommen. In vielen Fällen dürfte jedoch eine Trockenbauweise mit schwimmend, ggf. auf einer Ausgleichsschüttung verlegten Spanplatten, Gipsfaserplatten o. Ä. die beste Lösung sein (vgl. Abschn. 11).

Der **Luftschallschutz** der Außen- und Wohnungstrennwände kann nur durch biegeweiche Schalen vor den Wänden verbessert werden. Um dabei Schallnebenwege (Flankenübertragung) zu vermeiden, sind in der Regel auch biegeweiche Schalen unter den Geschossdecken erforderlich, allein schon wegen der meistens aber ohnehin kaum ausreichenden Geschosshöhen problematisch (vgl. Abschn. 16.6).

Es müssen bei historischen Fachwerkbauten daher beim Schallschutz – ebenso wie beim Brandschutz – Kompromisse in Kauf genommen werden, die jeweils im Einzelfall mit Nutzern, Bauaufsichtsbehörden und ausführenden Firmen abzustimmen sind.

6.6.6 Oberflächenbehandlung

Wenn Fachwerkhölzer farbig behandelt werden sollen, dürfen keinesfalls dampfsperrende bzw. dampfdichte Lacke oder Anstriche verwendet werden. Für die Gefache haben sich dampfdurchlässige Mineralfarbstoffe gut bewährt.

Von erheblicher Bedeutung ist die Erhaltung eines mittleren Feuchtigkeitszustandes in den Innenräumen. Er muss insbesondere durch ausreichende Lüftung sichergestellt werden. Der Einbau dicht schließender moderner Fenster in Fachwerkbauten ist immer problematisch. Am besten erfüllen Doppel- bzw. Kastenfenster die Anforderungen des Wärme- und Schallschutzes (s. Abschn. 5 in Teil 2 dieses Werkes).

6

6.7 Wände im Montagebau

6.7.1 Allgemeines

Ziel des Montagebaues ist es, transportable Bauelemente unter Beachtung der Maßnormen und bestimmter Rastermaße (Moduln) in Werkstätten oder Fabriken bis in die Einzelheiten vorzufertigen und sie auf der Baustelle innerhalb kurzer Zeit zusammenzusetzen. Damit soll erreicht werden, dass die Hauptarbeit nicht auf den von der Witterung oder sonstigen hinderlichen Umständen abhängigen Baustellen, sondern in gedeckten, zweckmäßig eingerichteten Arbeitsräumen und in genau aufeinander abgestimmten, mechanischen Arbeitsgängen durchgeführt wird. Auf diese Weise lassen sich Verluste an Zeit, Arbeitskraft und Baustoffen auf das geringstmögliche Maß beschränken. Andererseits muss oft ein hoher Transportaufwand in Kauf genommen werden.

Die *Baukosten* der Montagebauten konnten gegenüber örtlich hergestellten Bauten gesenkt werden, doch wurden auch dort durch Teilvorfertigung, verbesserte Schaltechniken, Rationalisierung von Mauerarbeiten usw. erhebliche Kostenreduzierungen erreicht.

Großformatige massive Wandelemente für den Montagebau spielten eine große Rolle im Geschosswohnungsbau besonders bei völlig neu angelegten Wohngebieten. Technische Mängel in der Ausführung, oft große Defizite in der architektonischen Gestaltung, insbesondere aber neue soziologische und städtebauliche Konzepte haben zu einer weitgehenden Abkehr vom Wohnungsbau mit großformatigen Bauteilen geführt.

Nach wie vor behalten vorgefertigte großformatige Wandbauteile aber überall dort ihre Bedeutung, wo z. B. kurze Ausführungsfristen an der Baustelle oder beengte Baustellenverhältnisse im Vordergrund stehen.

Die im Montagebau herstellbaren Wände lassen sich grob gliedern in:

- Wände aus selbsttragenden Scheiben (Platten und Tafeln aus Holz, Stahlbeton usw.) (Bild **6**.117),
- Wände, die im Zusammenhang mit Skelettkonstruktionen (s. Abschn. 7) eingebaut werden (Bild **6**.118).

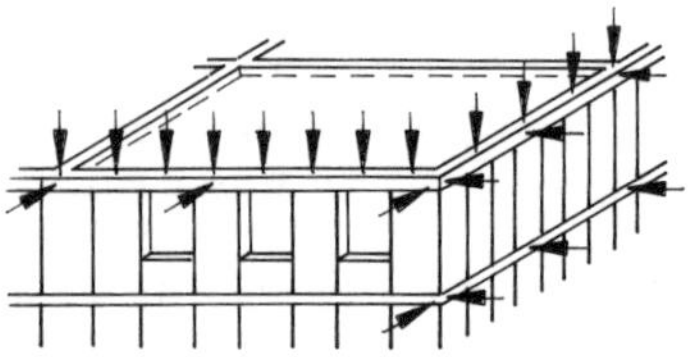

6.117a

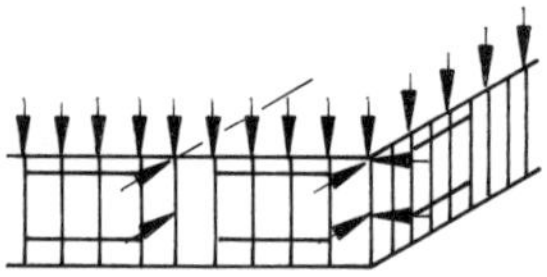

6.117b

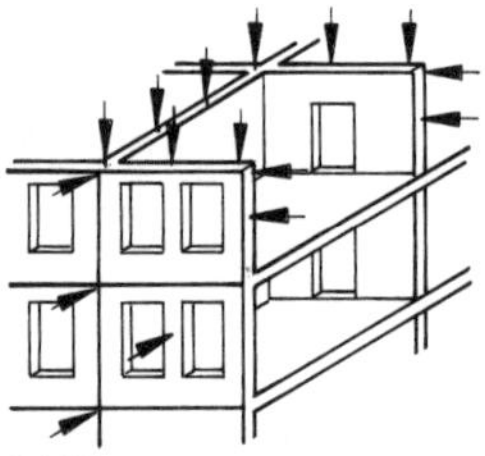

6.117c

6.117 Anwendung und statische Beanspruchung von Montagewänden

a) Wände aus *stehenden Wandelementen*, geschosshoch, 50 bis 100 cm breit, 20 bis 30 cm dick, Ringanker in Deckenhöhe. Durch Fugenverguss und Ringanker werden die Elemente zu geschosshohen und -breiten Platten zusammengeschlossen, die – untereinander ausgesteift – zusammen mit den Deckenschalen Vertikal- und Horizontalkräfte aufnehmen

b) geschosshohe Wände aus gerahmten Tafeln, Wandelementen geschosshoch, 0,80 bis 1,25 m breit. Verwendung innen und außen, für Balken- und Rippendecken geeignet; die Deckenlasten ruhen auf den vertikalen Tafelstößen. Die durch die Füllung ausgesteiften Tafeln der Außen- und Innenwände nehmen die Querkräfte auf

c) Raumgroße, deckentragende Platten aus Stahlbeton, mehrschichtig. Höhe 2,60 bis 4,00 m, Breite 6,00 bis 7,00 m, Gewicht 6,0 bis 7,0 t. Verwendung innen und außen, statische Beanspruchung wie a)

Werden vorgefertigte Wände und andere Bauteile nicht nur verwendet, um bestimmte konstruktive Einzelaufgaben innerhalb eines Projektes zu lösen, sondern im Rahmen kompletter, in der Regel vorgefertigter, Bausysteme verwendet, ist der Begriff „Elementiertes Bauen" gebräuchlich. Montagebauweisen und elementiertes Bauen lassen sich jedoch nicht eindeutig voneinander abgrenzen, so dass sich die Ausführungen des Abschn. 6.7 und auch 10 (Vorgefertigte Geschossdecken) mit dem Inhalt des Abschn. 7 berühren.

Die großformatigen, vorgefertigten *selbsttragenden* Wandbauteile gliedern sich in geschosshohe selbsttragende schmale *Tafeln* (Bild **6**.117a und b) und geschosshohe selbsttragende raumbreite *Platten* (Bild **6**.117c).

Nichttragende vorgefertigte Wände werden als Außenwandelemente bei wabenartigen Tragwerksstrukturen („Schottenbauweise") oder im Zusammenhang mit Skelettkonstruktionen eingesetzt (Bild **6**.118).

Baustellenuntersuchungen haben zwar für Wände aus liegenden und stehenden Tafeln im Vergleich zu anderen, wärmetechnisch gleichwertigen Wandkonstruktionen besonders günstige Werte bezüglich des Gesamt*arbeits*aufwandes ergeben, der geringe Arbeitsaufwand allein ist jedoch kein Maßstab für die Vorteile, die eine Wandkonstruktion bietet, da die *Wand*baukosten nur einen Teil der *Gesamt*baukosten ausmachen und außerdem der optimale Wert einer Wand neben den Herstellungskosten von vielerlei Eigenschaften bestimmt wird, wie:

- Festigkeit
- Sicherheit gegen Nässe, Schall und Wärmeverluste
- Dauerhaftigkeit
- kurze Bauzeit (Montage)
- geringe oder gar keine Baufeuchtigkeit
- geringe Baustoffmasse (Raum-, Stoff- und Transportersparnis)
- Maßgenauigkeit
- Aussehen usw.

Einige der geforderten Eigenschaften wirken einander entgegen, z. B. Schalldämmfähigkeit und geringe Masse, wasserdichte Außenhaut und Möglichkeit der Dampfdiffusion u. Ä.

Nur sehr sorgfältige Planung und genaue Arbeitsdurchführung ermöglichen es, das beste Gesamtergebnis zu erreichen.

Tafeln, die den hohen Ansprüchen genügen sollen, die z. B. im Wohnungsbau gestellt werden, müssen alle Eigenschaften einer guten Massivwand haben, aber außerdem transportabel und montierbar sein. Sie dürfen bei hinreichender Luftschall- und Wärmedämmung nicht zu schwer sein und müssen vor und nach dem Einbau, trotz ihrer Größe, maßgenau und an allen Stößen vollkommen dicht sein. Obwohl möglichst bis in die Einzelheiten des inneren Ausbaus vorgefertigt, sollen sie nicht nur transportsicher, sondern auch nicht zu transportempfindlich sein.

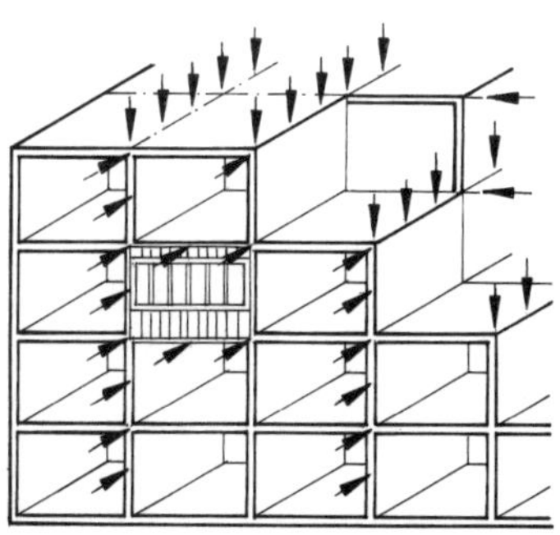
6.118a

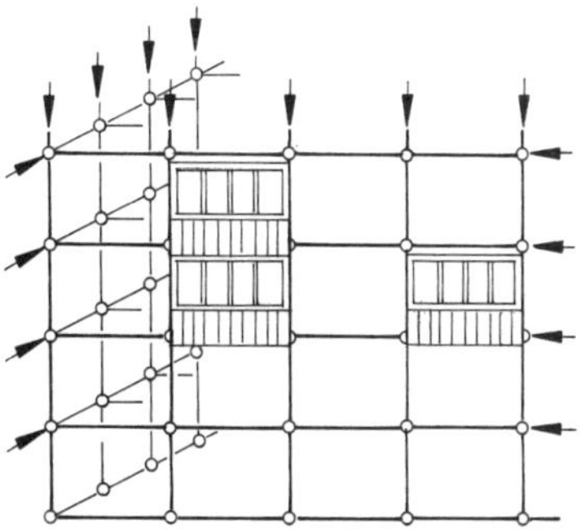
6.118b

6.118 Nichttragende vorgefertigte Wände

a) Zellenwerk aus tragenden Querwänden (Schotten) mit eingesetzten, nicht deckentragenden Außenwandelementen. Tragende Querwandelemente geschosshoch, meist raumtief, Längsaussteifung durch Deckenscheiben, Treppenhauswände und längsgerichtete Trennwände

b) Stahl- oder Stahlbetongerippe mit außen vorgehängten Wandelementen. Wandelemente geschosshoch, Breite 1,00 bis 3,00 m. Horizontalkräfte werden durch Rahmen und Deckenscheiben aufgenommen

Tafelabmessungen werden vom Baustoff (Gewicht und Festigkeit) sowie vom Entwurfsrastermaß (Bild **6**.119) bestimmt. Die Tafelhöhe ist gleichzeitig Geschosshöhe.

Die Beschränkung auf wenige, aber abwandlungsfähige Tafeltypen und -größen (große Serien, gleichartige Montage, einfache Lagerhaltung) bei großem Spielraum für die architektonische Gestaltung sind ebenso erforderlich wie eine für die gesamte Planung konsequente Anwendung der Maß- bzw. Modulordnung (vgl. Abschn. 2).

Tafelverbindungen werden auf zahllose Arten durch Fugenverguss, Dübel, Schrauben, Haken, Klammern, Nutfedern usw. hergestellt. Die Wahl der Verbindung hängt vom Tafelbaustoff (Festigkeit, Maßgenauigkeit, Wärmedämmung, Schwindmaß) sowie vom Wand aufbau ab (einschalig, mehrschalig, hohl, gerahmt usw.).

Außenwandtafeln sind meistens mehrschalig oder -schichtig (außen Wetterschutz, im Inneren Wärmedämmung, an der Innenfläche oft fertiger Untergrund für Anstrich oder Tapete). Durch Dampfsperren ist zu vermeiden, dass Wasserdampf im Wandinneren kondensiert und zu Bauschäden und Wärmeverlusten führt.

Innenwandflächen sollen nagelbar sein und Dübel, Schrauben usw. für das Anbringen von Raumausstattungsgegenständen sowie Installationsleitungen aufnehmen können. Gefordert werden weiterhin dichte Fugen (nicht nur gegen Schmutz und Ungeziefer sondern immer mehr auch wegen der Forderungen nach luftdichten Gebäudehüllen, die in Folge der immer höheren Wärmedämmforderungen allmählich zum Standard werden), und Luftschalldämmfähigkeit. Die Schalldämmung kann durch doppelschalige Wände aus Tafeln verschiedener Biegesteifigkeit erreicht werden.

Fugendichtungen erfordern besondere Sorgfalt. Anzustreben sind konstruktive Lösungen wie z. B. Nut- und Federverbindungen. Für die Dichtung von Fugen, in denen auch Dehn- und Schwindbewegungen ausgeglichen werden sollen, sind Fugenprofile, vorkomprimierte Dichtungsbänder oder Dichtungsmassen zu verwenden, die hinreichend fest an den Fugenflanken haften und bei Dehnung nicht reißen (s. Abschn. 5.7.2, Bilder **5**.54 bis **5**.55).

Die für Transport und Montage erforderliche Kantenfestigkeit sowie die Knickfestigkeit können durch Einfassen der Tafeln mit Holz- oder Metallrahmen verbessert werden. Tafelrahmen aus Metall oder Schwerbeton liegen im Innern der Fuge, oder sie müssen durch Falzungen und wärmedämmende Kunststoffpolster unterbrochen werden, damit sie keine Wärmebrücken bilden.

Tafelauflager werden in der Regel von Fundamentplatten aus Beton oder den Rohdecken gebildet. Die Tafeln werden bei den meisten Systemen in U-förmige Metallschienen eingeschoben, die auf den Deckenrändern verankert werden. Die Dichtung der Lagerfuge muss der Stoßfugendichtung den einzelnen Tafeln entsprechen.

Bei der Verbindung zwischen Wand- und Deckentafeln aus Beton wird wie in Bild **6**.122 und **6**.128 gezeigt verfahren.

6.7.2 Vorgefertigte tragende Wandelemente

Flachbauten werden seit langer Zeit aus etwa meterbreiten, geschosshohen Tafeln zusammengesetzt, die wärmedämmend und so fest sind, dass sie ohne Aussteifung durch Stützen leichte Decken- oder Dachlasten aufnehmen können. Balken- oder Rippendecken können dabei auf die

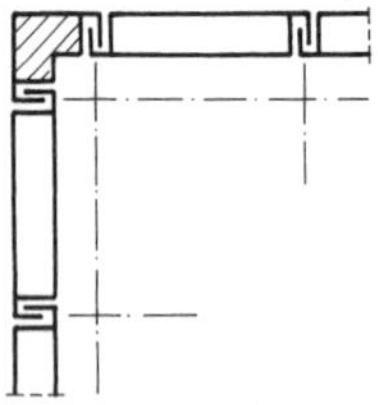

6.119a

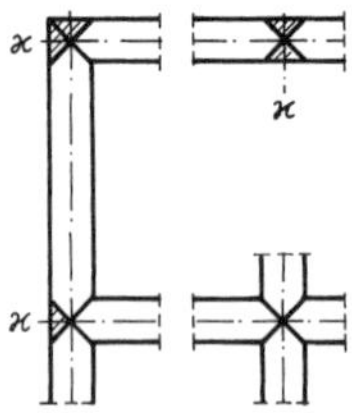

6.119b

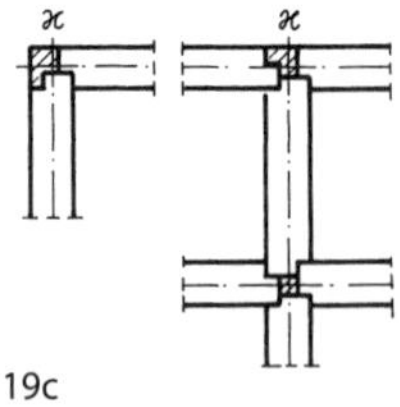

6.119c

6.119 Einfluss der Tafelstöße und -kreuzungen auf die Einordnung in Rastersysteme (vgl. Bild **2**.9 bis **2**.13)

a) Raster neben Elementachse, weil Eckglied bei mehrschaligen Wandelementen besonders groß bemessen ist
b) Rasterachse deckt sich mit Wandelementachse bei einschaligen Tafeln (x = kleine Füllglieder mit hoher Wärmedämmfähigkeit)
c) ähnlich b mit rechtwinklig gebrochenen Stoßfugen

steifen Vertikalkantenstöße der Tafeln aufgelagert werden (Bild **6**.116c). Aus Tafeln (Schalen, Flächen) zusammengefügte Wände bieten allgemein die Vorteile der Serienherstellung, der Anpassungsfähigkeit an vielerlei Grundrissformen und der trockenen, schnellen Montage der bis zum Ausbau vorgefertigten Wandelemente.

6.7.2.1 Porenbetonelemente

Porenbetonelemente werden als raumhohe Tafeln von 62,5 cm Breite oder in Raumbreite (bis etwa 6,00 m) – auch mit eingearbeiteten Fenster- und Türöffnungen – hergestellt.

In Verbindung mit entsprechenden Porenbeton-Dach- und Deckenelementen ergeben sie komplette Montagesysteme für Gebäude mit bis zu 3 Vollgeschossen. Die Tafeln haben entweder nur eine leichte Transportbewehrung oder auch Zugbewehrungen nach statischer Berechnung, so dass Horizontalkräfte (Winddruck, Erddruck) aufgenommen werden können.

Die Tafeln werden auf Fundamenten oder Deckenrändern in ein Mörtelbett (MG III) gesetzt und im übrigen an den Stößen stumpf oder mit Nut-Feder-Rändern durch Klebe- oder Dünnbettmörtel verbunden.

Gebäudeecken werden mit Stahlankern gesichert. An den Deckenrändern werden Ringanker nach statischer Berechnung ausgeführt (Bild **6**.120).

Die Außenflächen können in herkömmlicher Weise geputzt werden oder Dünnbettputze bzw. Anstriche erhalten, die jedoch nicht die Wasserdampfdiffusion behindern dürfen.

6.7.2.2 Stahlbetonelemente[1)]

Stahlbeton-Fertigelemente kommen in einfacher Form für den Bau von Kellerwänden in Frage. Schmale, raumhohe Elemente sind wegen ihres hohen Gewichtes und der damit verbundenen Transportprobleme meistens gegenüber örtlich mit modernen Schaltungstechniken hergestellten Betonwänden unwirtschaftlich. Dagegen können – auch mit leichtem Hebezeug versetzbare – zweischalige Wandelemente vorteilhaft sein. Sie werden nach dem Einbau mit Beton verfüllt und sind eigentlich als „verlorene Schalung" zu betrachten (Bild **6**.121).

Geschosshohe, raumbreite Stahlbeton-Wandelemente werden als tragende Platten aus Normal- oder Leichtbeton hergestellt. Sie werden vor der Montage oft bis in alle Einzelheiten (Fenster, Türen, Installation, Putz, Verglasung) vorgefertigt. Die Anfertigung erfolgt in hochmechanisierten Werken, wo mit größter Genauigkeit und Sparsamkeit sorgfältig ausgewählte Baustoffe von gleichbleibender Güte verarbeitet werden. Durch große Serien und die damit verbundene straffe Rationalisierung bei Fertigung und Montage können Kosten gesenkt werden. Voraussetzungen für das Erreichen dieses Zieles sind frühzeitige Planung, Zusammenarbeit erfahrener Fachleute auf dem Gebiet des Entwurfs, der Fertigung und des Baustellenbetriebes und günstige Transportbedingungen (Entfernung 50 bis 100 km).

Die Maßtoleranzen wie Grenzabmasse und Winkeltoleranzen für vorgefertigte Bauteile wie u. a. Wandtafeln aus Beton sind in DIN 18 203-1 geregelt.

Durch die Abkehr vom vielgeschossigen Massenwohnungsbau und durch den Trend zu immer stärker differenzierter architektonischer Gestaltung der Fassaden ist trotz der vorhandenen technischen Möglichkeiten auf diesem Gebiet der Einsatz großformatiger *tragender* Außenwandelemente heute in erster Linie dort gegeben, wo lediglich rasche Montage an der Baustelle wichtig ist. Dazu gehören Außen- und Innenwände, wenn der Einsatz der erforderlichen schweren Hebezeuge dafür wirtschaftlich bleibt.

*Aussenwand*platten werden zweischalig mit dazwischenliegender Dämmschicht („Sandwichplatten") hergestellt. Die äußere Betonschale bildet den Wetterschutz, die innere trägt die Deckenlast. Die Maßgenauigkeit wird durch die Fertigung in Metallformen erreicht und durch Dampfhärtung (Verhindern des Schwindens nach Einbau) (Bild **6**.122).

Äußere und innere Schale müssen miteinander verankert werden. Die *Verankerung* muss einerseits eine sichere Verbindung der Schalen gewährleisten, andererseits aber auch thermische Bewegungen der Außenschale sowie Schwindbewegungen zulassen. Daher werden in Tafelmitte starre Zentralanker und an den Rändern flexible, korrosionsfeste Stahldrahtanker („Nadeln") eingebaut (Bild **6**.123).

Die Außenschale ist mindestens 7 cm dick und kann an der Oberfläche durch Schalungsmatrizen, Nachbehandlungen oder mit Waschbeton- o. Ä. Vorsätzen gestaltet werden (vgl. Abschn. 5.9).

Die Plattenaufteilung ist in erster Linie von den gestalterischen Absichten abhängig. Die Elementbreite sollte aber möglichst auf etwa 4 m begrenzt werden.

[1)] s. auch Abschn. 6.7.3.5

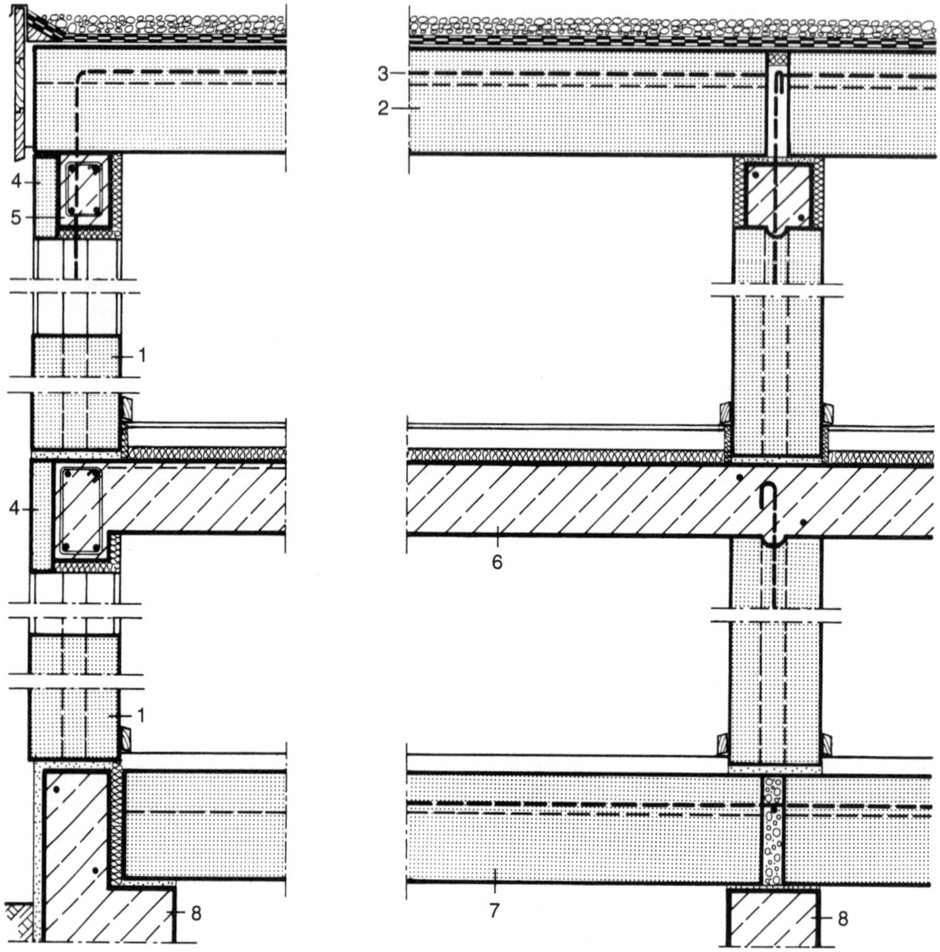

Schnitt

Grundriß

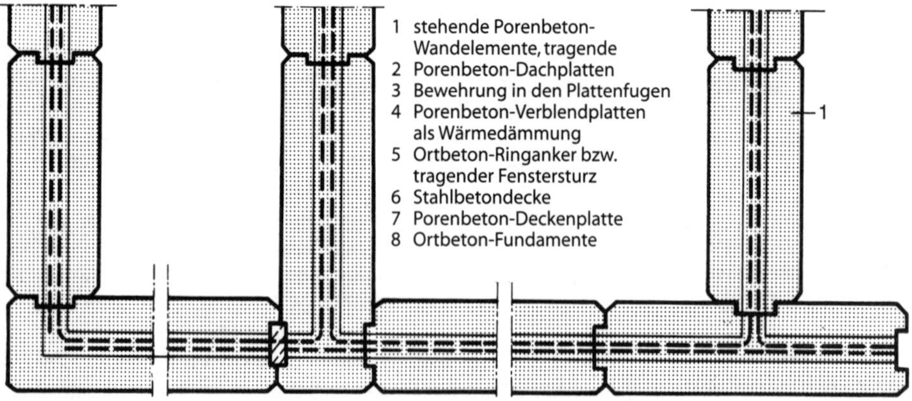

1 stehende Porenbeton-Wandelemente, tragende
2 Porenbeton-Dachplatten
3 Bewehrung in den Plattenfugen
4 Porenbeton-Verblendplatten als Wärmedämmung
5 Ortbeton-Ringanker bzw. tragender Fenstersturz
6 Stahlbetondecke
7 Porenbeton-Deckenplatte
8 Ortbeton-Fundamente

6.120 Tragende Porenbeton-Wandelemente (YTONG)

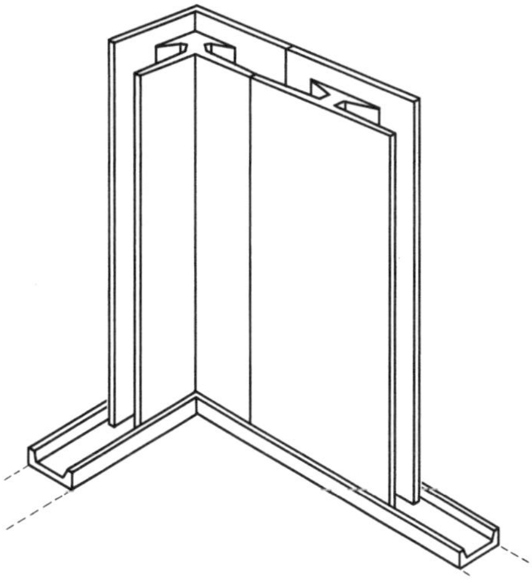

6.121
Zweischalige Schwerbetonwandelemente (BHN)

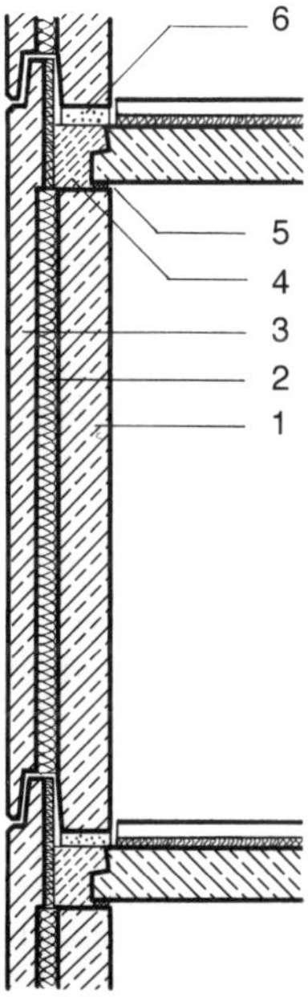

6.122 Geschosshohes Stahlbeton-Außenwandelement (Sandwich-Fassadenplatten)

1 tragende Scheibe
2 Wärmedämmung (Dampfsperre nur in Sonderfällen)
3 Vorsatzschale
4 Vergussbeton
5 Auflagerscheibe PVC
6 Unterstopfmörtel

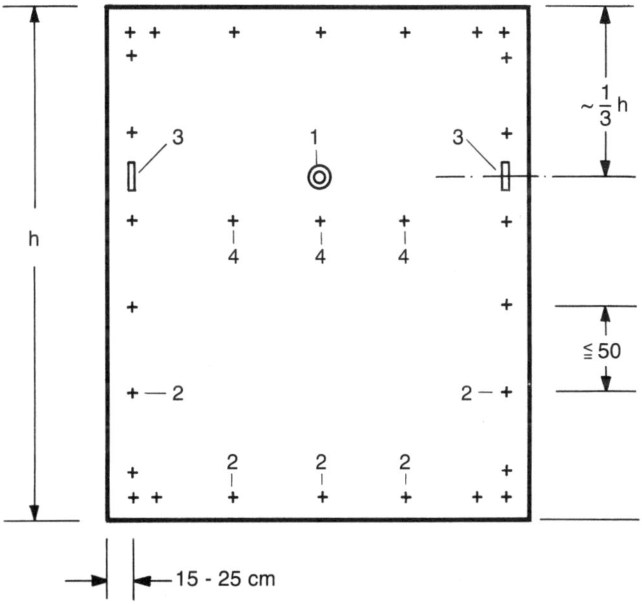

6.123 Verankerungen in Sandwichplatten

1 Zentralanker
2 Randanker („Nadeln")
3 Zentrieranker
4 Zusatznadelreihe bei Höhen über 2,50 m

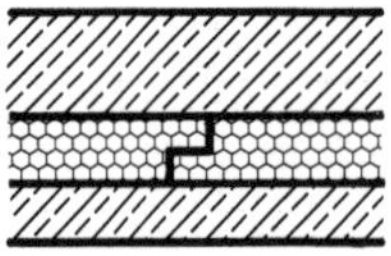

6.124a

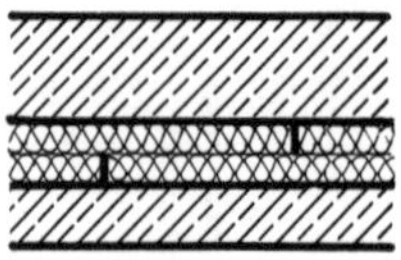

6.124b

6.124
Stöße der Wärmedämmung von Sandwich-Elementen
a) Stufenfalz
b) Stöße versetzt

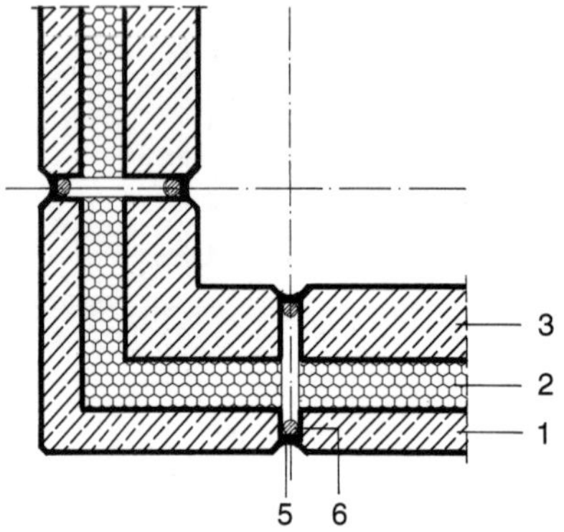

6.125 Außenwandecken ohne Stütze
1 Vorsatzschale
2 Wärmedämmung
3 innere Schale

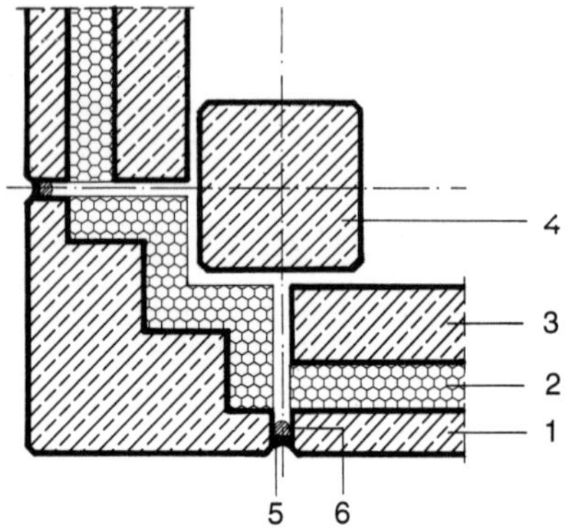

6.126 Außenwandecken mit Stütze
4 Stütze des Stahlbetonskeletts
5 Fugenabdichtung
6 Fugenhinterfüllung

Die *Wärmedämmung* besteht im allgemeinen aus schwer entflammbaren oder nicht brennbaren Schaumstoffen bzw. Mineralwolleplatten. Wärmebrücken müssen durch Stufenfalze der Wärmedämmplatten oder durch mehrschichtige Anordnung mit versetzten Stössen verhindert werden (Bild **6**.124).

Ecken werden meistens mit Hilfe von Sonderformteilen ausgebildet (Bild **6**.125 und **6**.126).

Fugen. Entscheidend für die Güte der gesamten Wand, insbesondere der Außenschale, ist die Ausbildung der *Horizontal-* und *Vertikalfugen*. Sie werden mit eingelegten Dichtungsbändern (Bild **6**.127a), Profilsystemen (Bild **6**.127b) oder als abgedichtete Fugen (Bild **6**.127c) ausgeführt.

Durchfeuchtungsschäden und Wärmeverluste an den Plattenfugen können vermieden werden, wenn den physikalischen Grundsätzen auf einfache Weise durch die *Fugenform* Rechnung getragen wird. Um eine sichere Ableitung von Schlagregenwasser auch an den Fugenkreuzungen zu gewährleisten, werden z. B. die senkrechten Fugenebenen in diesen Bereichen gegeneinander versetzt (Bild **6**.128).

Die *Horizontalfuge* kann auch durch eine mindestens 6 cm hohe „Schwelle" geschützt werden, deren Höhe sich aus dem Staudruck des Windes herleitet. Die Windsperre bilden der Ortbetonverguss oder Dichtungsbänder (Bild **6**.129). Die *Vertikalfuge* erhält hier eine Regensperre aus einem Kunststoffprofil, hinter dem der vertikale Druckausgleichsraum liegt, aus dem etwa eingedrungenes Wasser in der Horizontalfuge nach außen abfließen kann (Bild **6**.127a und b).

Fugen, die ausschließlich mit Dichtstoffen gesichert werden, sind besonders schadensanfällig, weil Verarbeitungsfehler zunächst schwer erkennbar sind. Dies gilt insbesondere, wenn versucht wird, mit der Fugendichtung Montagefehler (ungleiche Fugenbreiten) oder Herstellungsfehler an den Wandelementen auszugleichen. Besonders in den neuen Bundesländern sind umfangreiche Instandsetzungsarbeiten an den Fugen von Plattenbauten erforderlich geworden. Hierfür muss auf Spezialliteratur verwiesen werden.

Beim Beton-Großplattenbau ist es keine ideale Lösung, wenn bei der Montage Ortbeton verwendet werden muss. Besser ist der statisch wirksame Verbund der trocken versetzten Platten durch

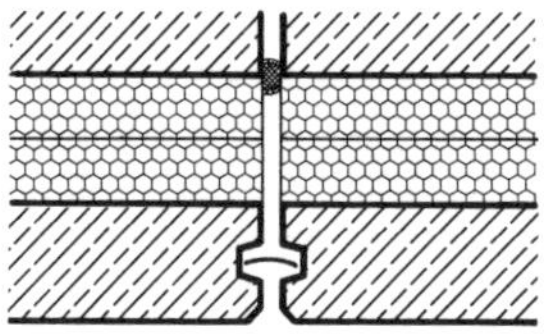

6.127a

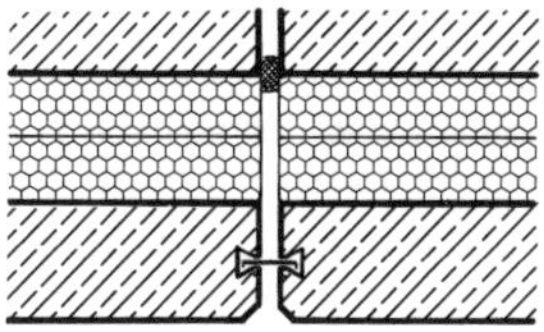

6.127b

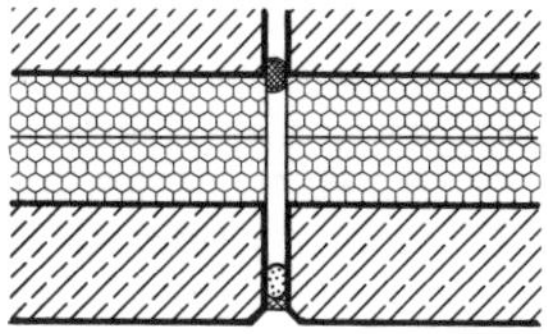

6.127c

6.127 Fugenausbildung
a) Dichtungsband in Stahlbetonnut
b) Fugenprofile mit Dichtungsband
c) dauerelastische Abdichtung (s. auch Bild **5**.50)

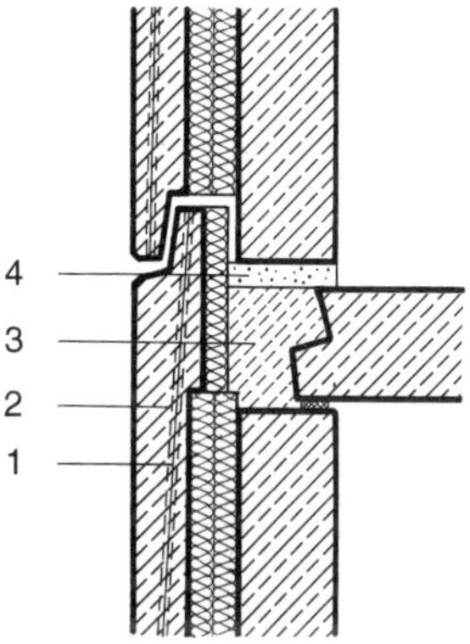

6.128 Hinterlüftete Horizontalfuge einer Sandwich-Wand
1 seitliche Fugenzunge
2 Fugendichtungsprofil
3 Vergussbeton
4 Unterstopfmörtel

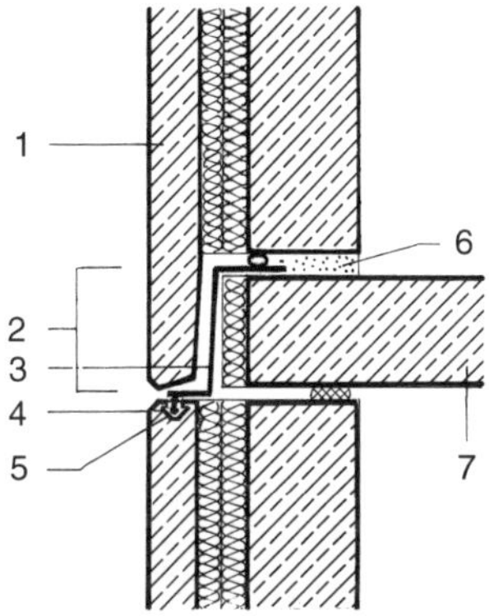

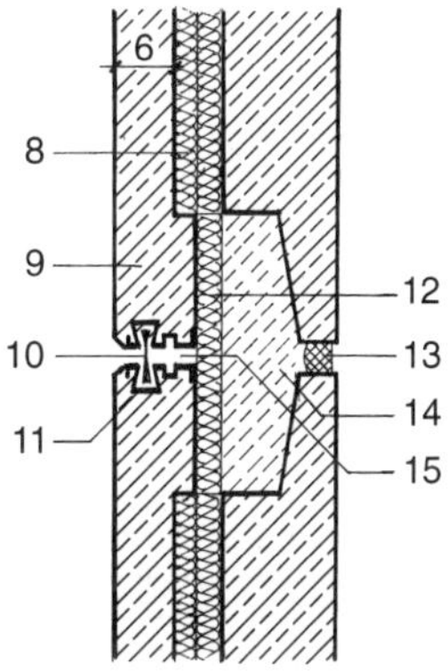

6.129 Prinzip der druckausgleichenden Vertikalfuge bei mehrschichtigen Beton-Außenwandplatten[1] (Schnitt und Grundriss)
1 Außenschale
2 Schwellenhöhe $h \geqq 6$ cm
3 den Kreuzungspunkt überdeckendes Kunststoffprofil
4 Steckbefestigung des Kunststoffprofils
5 einbetoniertes PVC-Profil
6 Windsperre (Mörtel) im Wandinnern durch Dichtungsband angeschlossen
7 Stahlbetondecke
8 Wärmedämmung (zweilagig)
9 verdickte Außenschale
10 Regensperre (Polychloropren)
11 Vertikalfugenprofil aus PVC
12 vor dem Ortbetonverguss einzubringende Wärmedämmung
13 Dichtungsmasse
14 Ortbeton
15 Druckausgleichsraum

[1] nach Unterlagen der Eurofit GmbH, Berlin

Spannkeile (mögliche Demontage, bessere Wärmedämmung, geringeres Transportgewicht).

Raumgroße lasttragende *Innen*wandplatten werden aus einschaligem Normal- oder Stahlleichtbeton hergestellt. Sie enthalten meistens Kanäle für Versorgungsleitungen aller Art.

Schornsteine und Müllschächte werden ebenfalls in geschosshohen Elementen hergestellt (s. Abschn. 3 in Teil 2 dieses Werkes).

6.7.3 Vorgefertigte nichttragende Wandelemente

6.7.3.1 Allgemeines

Nichttragende Außenwandtafeln, die in zahlreichen Variationen verwendet werden, und zwar aus Holz-, Stahl- oder Aluminiumrahmen, mit Blech, Faserzement, kunststoffbeschichteten Sperrholz-, Spanholz- oder Faserholzplatten o. Ä.

beplankt und innen mit Wärmedämmstoffen gefüllt bzw. ausgeschäumt, lassen sich mit höchster Maßgenauigkeit in Serie herstellen und miteinander oder auch mit den Tragsystemen verbinden. Die Fertigung umfasst oft auch Fenster oder Türen als Teil des Wandelements. Spezialtransportgerät kann Transportschäden vermeiden helfen.

Außenwände von Gebäuden mit Stahl- oder Stahlbetongerippen (s. Bild **6**.117) oder tragenden Querwänden (Zellenwerk, „Schotten") werden durch leichte, vorgefertigte Wandelemente gebildet, die entweder als Ausfachung zwischen die Tragkonstruktion (Bild **6**.130a und b) gesetzt oder *davor* aufgehängt werden (Bild **6**.130c und d).

6

Ausfachungen werden zwischen Deckenplatten oder Stützen so montiert, dass das Skelett des Bauwerkes ganz oder teilweise sichtbar bleibt (Bild **6**.130a bis c). Problematisch ist dabei die Einhaltung enger Maßtoleranzen bei der Ausführung des tragenden Skeletts, das Verhindern von Wärmebrücken in der Fassade und die Abdichtung zwischen den Ausfachungselementen und dem Skelett. Es ist deshalb meistens einfacher, vorgefertigte Wandelemente komplett *vor* die Tragkonstruktion zu hängen (Bild **6**.130).

6.7.3.2 Leichtelemente

Leichte hallenartige Gebäude ohne Wärmeschutz können einfache Montagewände aus Faserzement- (Bild **6**.131), Stahl- oder Aluminium-Profilplatten erhalten, die mit Hilfe von Riegeln oder freistehend vor den Skelettkonstruktionen montiert werden (Bild **6**.132).

6.7.3.3 Metallelemente mit Wärmedämmung

Für Hallen- und für Lagerbauten mit Skelettkonstruktionen, bei denen keine Wärme*speicherung* der Wände erforderlich ist, stellen Metallprofilplatten mit Wärmedämmung sehr wirtschaftliche Lösungen dar.

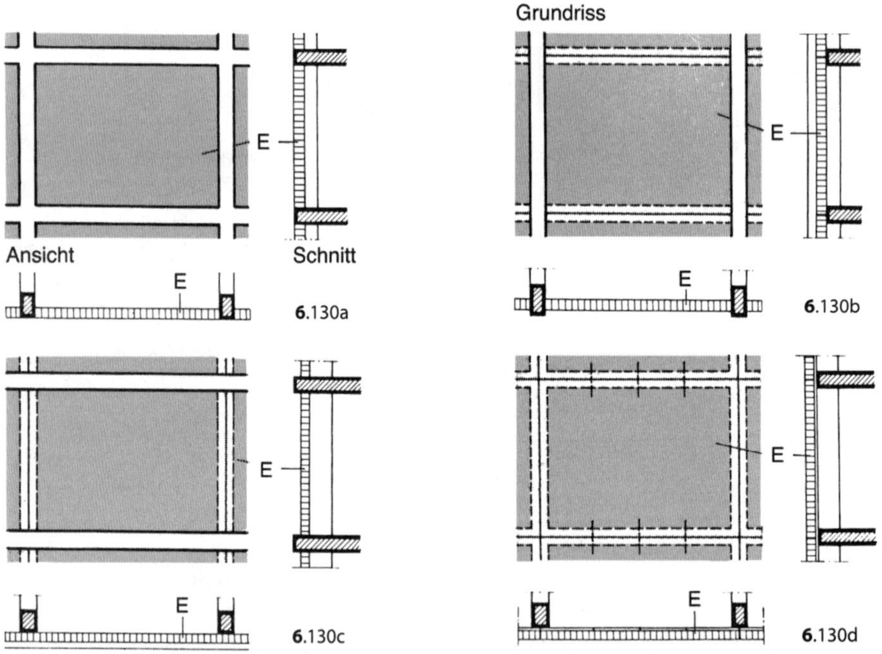

6.130 Anordnung vorgefertigter Außenwandelemente (Prinzipskizzen)
a) Außenwandelemente *E zwischen* Deckenplatten und Stützen gehängt oder auf Deckenplatte aufgesetzt
b) Außenwandelement *E vor* Deckenplatten, *hinter* Stützenvorderfläche (Elemente sind an der Decke beliebig oft aufgehängt oder auf ihr abgestützt)
c) Außenwandelement *E vor* Stützen, *hinter* Deckenstirnflächen (Elemente sind auf die Deckenplatten aufgesetzt)
d) Außenwandelemente *E vor* Stützen, und *vor* Deckenplatten (Elemente sind an den Decken- und Stützenstirnflächen befestigt)

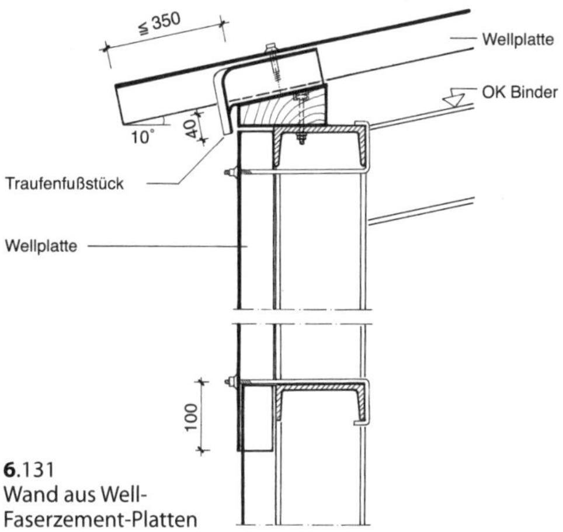

6.131
Wand aus Well-Faserzement-Platten

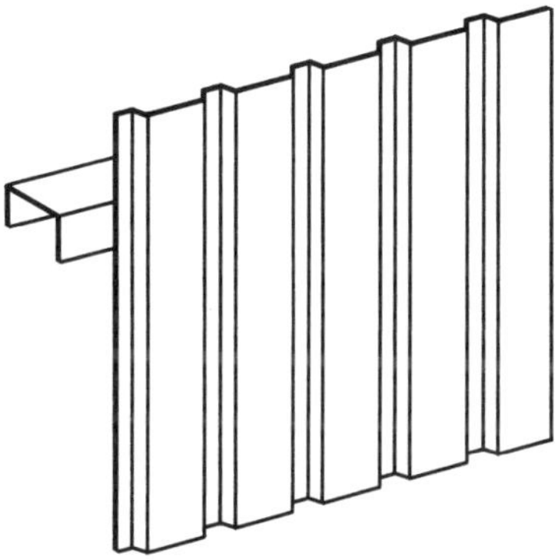

6.132 Wand aus Stahlblech-Trapezprofilen

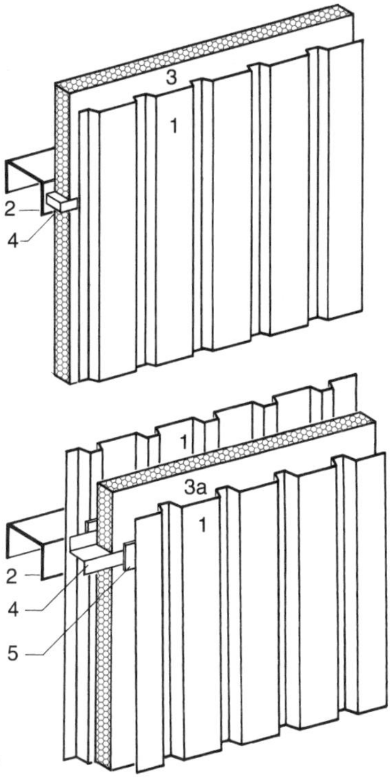

6.133 Stahlblech-Trapezprofilwände (HOESCH)
a) zweischalig mit Wärmedämmung
b) zweischalig, Feuerwiderstandsklasse W90

1 Trapezprofil
2 Unterkonstruktion
3 Wärmedämmschicht
3a Wärmedämmschicht (nicht brennbar)
4 Z-Profil
5 Silikatstreifen 10 x 100 mm

Wenn an die Innenflächen keine Anforderungen – auch hinsichtlich mechanischer Beschädigungen – gestellt werden müssen, können steife Wärmedämmplatten (z. B. extrudierte PS-Hartschaumplatten) zwischen den Riegeln montiert werden (Bild **6**.133a). Werden nichtbrennbare Dämmplatten verwendet, die zwischen zwei Blechschalen angeordnet sind, können derartige leichte Außenwände Feuerwiderstandsklassen bis zu W 90 erreichen (Bild **6**.133b).

Insbesondere im Industriebau werden für derartige Wandkonstruktionen vorgefertigte Elemente aus beschichteten Stahl- oder Aluminiumprofilen mit Schaumstoffkern verwendet. Sie sind besonders im Hinblick auf den Montageaufwand sehr wirtschaftlich und können bei baulichen Veränderungen leicht abgenommen und wiederverwendet werden (Bild **6**.134).

Wenn an den Innenseiten glatte Wandflächen ohne Riegel erforderlich sind, stellen Stahlkassettenwände eine gute Lösung dar. Während die Außenschale bei ihnen vertikal gespannte Trapezprofile aufweist, wird die Innenschale aus Kassettenprofilen gebildet, die horizontal von Stütze zu Stütze gespannt werden. Mit entsprechender Kassettentiefe kann jede erforderliche Wärmedämmschicht eingebaut werden. Werden die innenliegenden Kasetten aus Lochblechen gebildet, lassen sich erhebliche Schallschluckwerte in Verbindung mit geeigneten Wärmedämmstoffen erreichen (Bild **6**.135).

Berücksichtigt werden muss, dass Metallkonstruktionen gegen mechanische Beschädigungen empfindlich sind, und nur mit recht hohem Aufwand können sie Anforderungen hinsichtlich Schallschutz erfüllen.

Durch konstruktive Maßnahmen und Wahl geeigneter Baustoffe muss sichergestellt sein, dass schädigende Einwirkungen z. B. verschiedener Baustoffe untereinander – auch ohne direkte Berührung, insbesondere in Fliessrichtung des Wassers – ausgeschlossen sind. Kontakt- und Spaltkorrosion ist z. B. durch elastische Zwischen- oder Gleitschichten, Bitumendachbahnen und Kunststoff-Folien zu vermeiden (DIN 18 516-1).

6.7.3.4 Poren- und Leichtbetonelemente

Porenbetonelemente bieten als nichttragende Wände bei größeren Wanddicken gegenüber Stahlprofilwänden folgende Vorteile:

- gute Wärmedämm- & -speichereigenschaften
- unproblematische Wasserdampfdiffusion
- relativ guter Schallschutz
- guter Brandschutz
- Unempfindlichkeit bzw. gute Reparaturmöglichkeit bei mechanischen Beschädigungen.

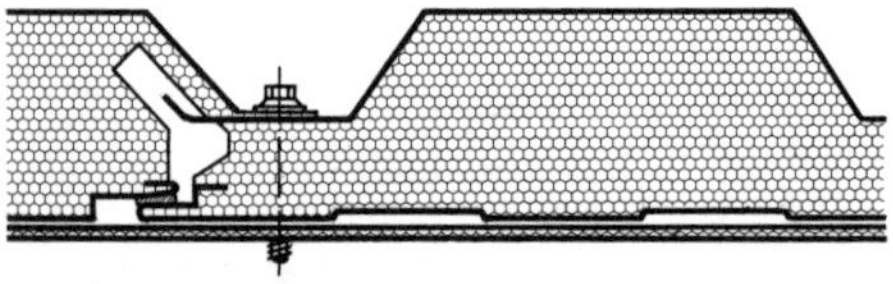

6.134a

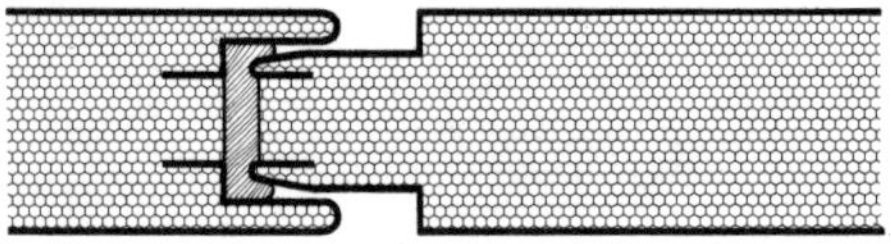

6.134b

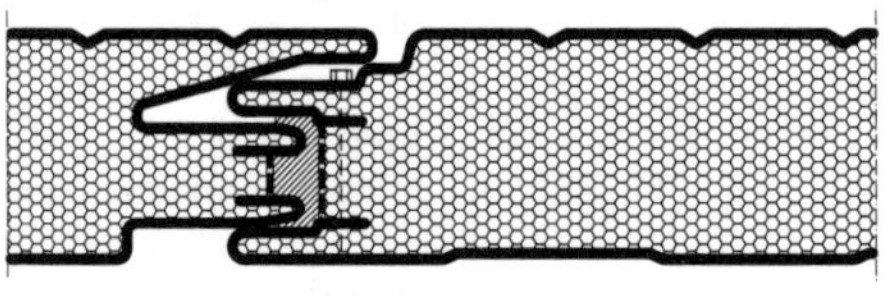

6.134c

6.134 Montagewände aus Stahlblech
a) wärmegedämmte Trapezprofilbleche
b) Sandwich-Platten (HOESCH-Isowand)
c) Sandwich-Element mit verdeckter Befestigung (Fischer Isotherm plus N)
d) Schnitt

1 HOESCH-Isowand
2 Wandriegel
3 Fußriegel
4 Trapezblech (Dachaufbau s. Teil 2 dieses Werkes)
5 Attikakappe
6 Kunststoffdachbahn
7 Haltewinkel
8 Horizontalverwahrung
9 Dichtungsband
10 Verbundestrich
11 Stahlbetonsockel

Dem steht gegenüber der höhere Montageaufwand, die erforderliche laufende Unterhaltung durch Anstriche, die eingeschränkte Wiederverwendbarkeit bei baulichen Änderungen. Das höhere Eigengewicht der Elemente erfordert entsprechend bemessene Unterkonstruktionen.

Für *nichttragende* Wände werden 62,5 cm breite, geschosshohe Porenbetonelemente vor den Riegeln von Skeletten *stehend* oder *liegend* eingebaut. Bei liegendem Einbau sind Elementlängen bis zu 7,50 m Länge möglich. Die Verbindung mit

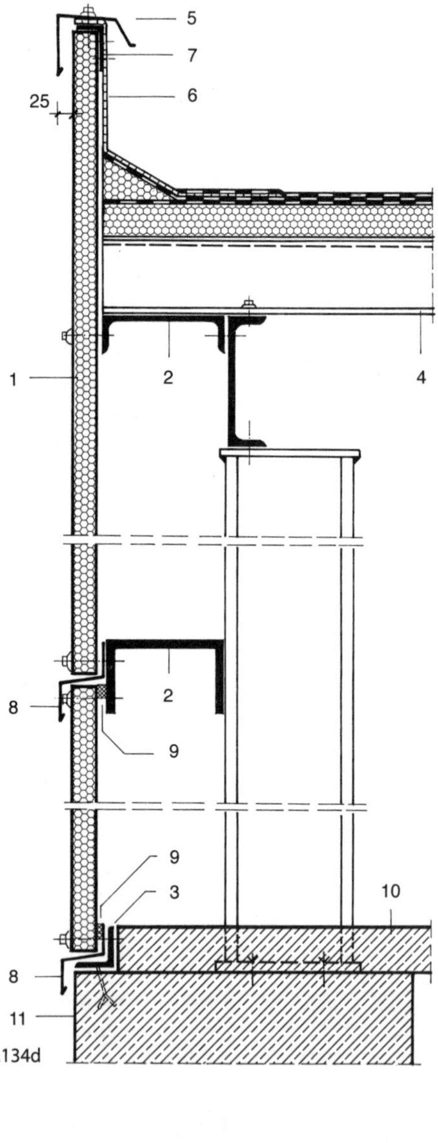

6.134d

dem Skelett erfolgt in der Regel mit Halteankern, die in Ankerschienen eingehängt oder an Stahlskeletten angeschweißt werden (Bild **6**.136b).

Die Stoßverbindungen und Oberflächenbehandlung usw. werden wie bei tragenden Porenbetonelementen ausgeführt (s. Abschn. 6.7.2.1).

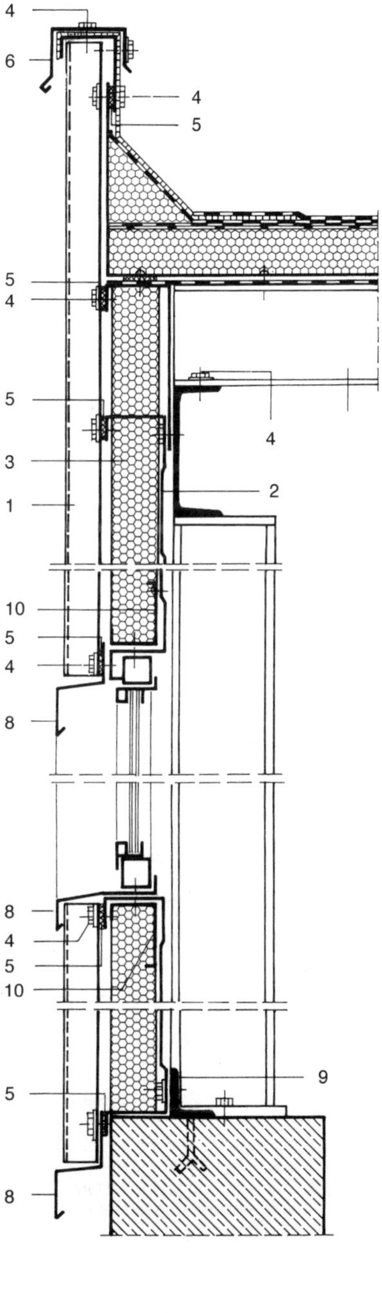

6.135a

6.7.3.5 Stahlbeton-Fassadenelemente

Für Stahlbetonskelettbauten mit hohen Anforderungen an Wärme- und Schallschutz kann eine Kombination von Ausfachungswänden mit zusätzlichem Wärmeschutz und vorgehängten Stahlbeton-Außenwandelementen in Frage kommen. Diese werden mit Schwerlastankern an den Stahlbetonstützen oder -riegeln oder an den Deckenrändern der Skelettkonstruktion aufgehängt und justiert (Bild **6**.137). Je nach Abstand zwischen Außenwandelement und Wärmedämmung liegt damit eine zweischalige Außenwand mit Kerndämmung oder eine hinterlüftete Außenwand vor (vgl. Abschn. 6.2.3.3).

Bei einer anderen Montageart werden die Stahlbeton-Außenwandelemente mit bereits rückseitig aufgeklebter oder anbetonierter Wärmedämmung mit kurzen angeformten Nocken auf die Deckenränder aufgesetzt. Mit Winkellaschen werden die Konsolnocken auf einbetonierten Ankerschienen verschraubt. Nur im oberen Bereich werden sie mit Schwerlastankern gegen Abkippen gesichert. Anschließend werden die Skelett-

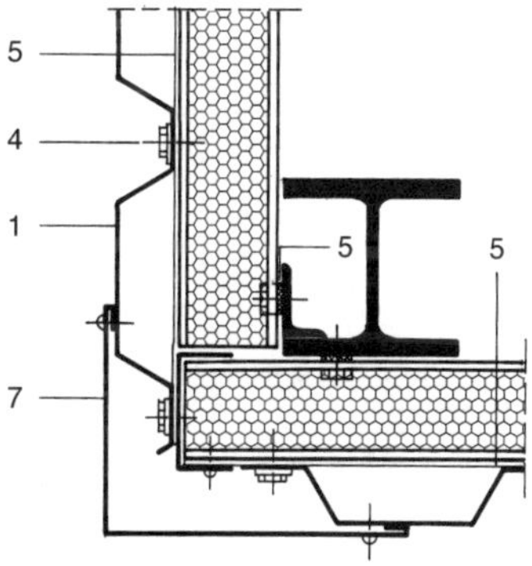

6.135b

6.135 Stahlkassettenwände [9]

a) Schnitt, b) Grundriss, Ecke

1 Stahltrapezprofil (Dachaufbau s. Teil 2 dieses Werkes)
2 Stahlkassette
3 Wärmedämmung
4 Edelstahlschraube mit U-Scheibe und Neoprene-Dichtung
5 Dichtungsband
6 Attika-Kappe
7 Eckprofil
8 Tropfprofil
9 Fußwinkel
10 Verstärkungsriegel

felder von der Innenseite her ausgemauert, so dass eine zweischalige Wand mit Kerndämmung entsteht (Bild 6.138, vgl. Abschn. 6.2.3.3).

Hinterlüftete Konstruktionen sind bei dieser Bauweise auch möglich, wenn die Wärmedämmung mit Hilfe von wabenartigen Kunststoff-Abstandhaltern an die Fertigteile anbetoniert wird.

Die Fugen der Elemente werden wie bei den tragenden Stahlbetonwänden ausgeführt (s. Bild **6**.127).

Die außerordentlich verfeinerten Schalungstechniken erlauben auch die Herstellung von gestalterisch und formtechnisch aufwendigen Fassadenteilen.

6.136a

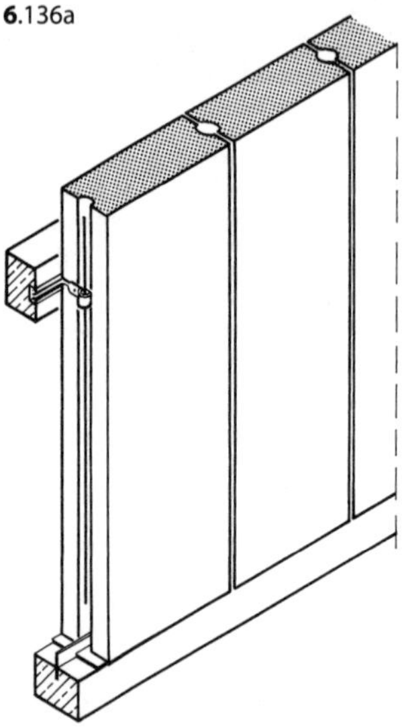

6.136b

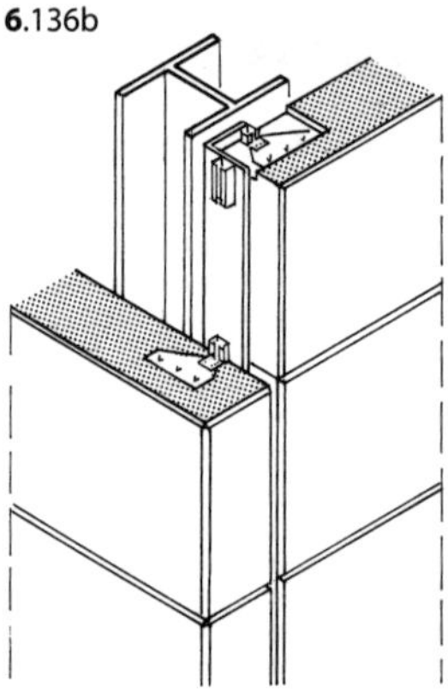

6.136c

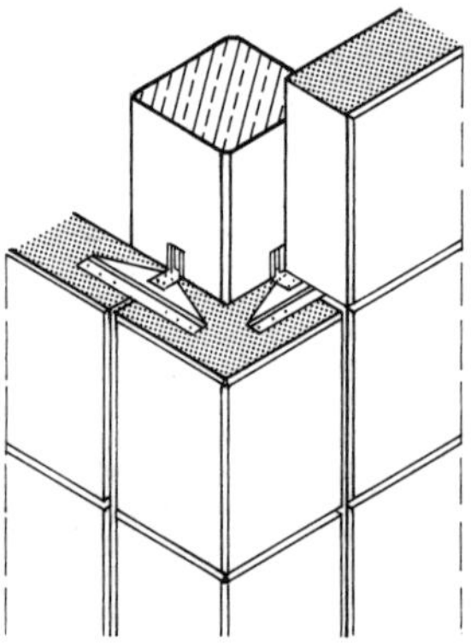

6.136 Stahlskelett mit Porenbetondielen
a) stehende Montage vor Stahlbetonriegel
b) liegende Montage
c) liegende Montage mit Eckelement

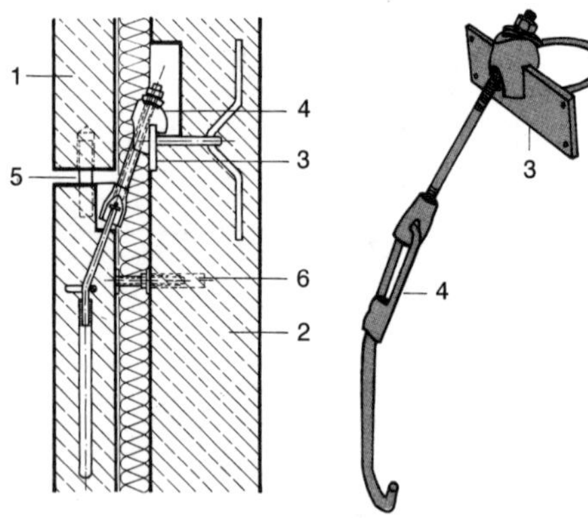

6.137 Fassadenplattenanker (deha)
1 Fassadenplatte
2 Stahlbetonskelett
3 einbetonierte Ankerplatte
4 Fassadenplattenanker
5 Justierstift
6 Abstandhalter

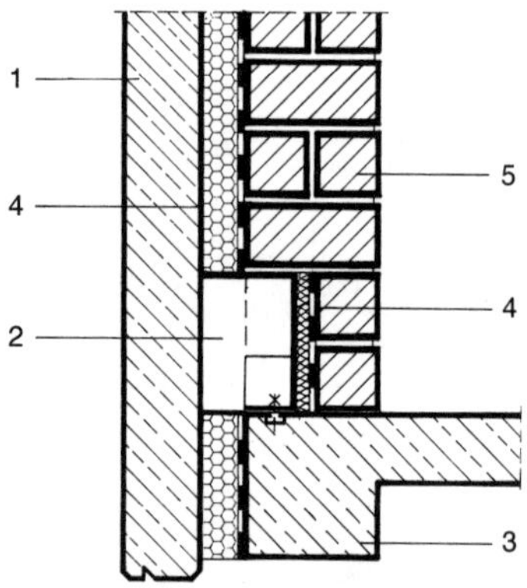

6.138 Aufgesetzte Stahlbeton-Fassadenplatte
1 Fassadenplatte
2 Aufstandnocken mit seitlichem Sicherungswinkel auf Ankerschiene
3 Stahlbetonriegel (bzw. Sturz)
4 Wärmedämmung mit raumseitiger Dampfsperre
5 Hintermauerung

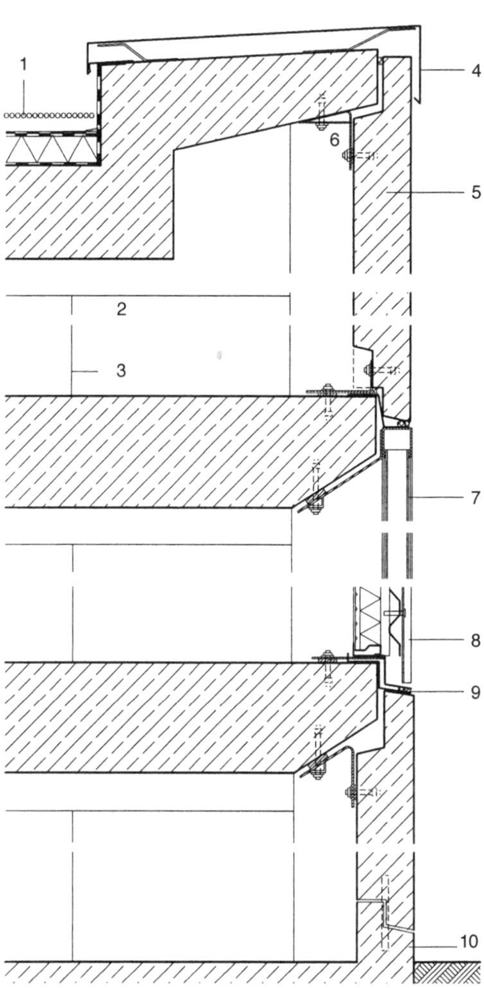

6.139 Fassade aus Stahlbeton-Fertigteilen (Logistikzentrum in Lyon, Arch.: Tectoniques, Lyon) Fassadenschnitt

1 Dachaufbau:
Steinschüttung 60 mm, Dachdichtung mehrlagig, Dämmung 80 mm, Dampfsperre, Beton-Hohlraum-Deckenelement mit Stahlbeton-Verguss
2 Querträger, Stahlbeton
3 Rundstütze, Stahlbeton
4 Aluminium-Abdeckblech, lackiert
5 Fassadenelement Betonfertigteil d = 160 mm lasiert mit leichtem Grünton
6 Stahlwinkel verdübelt
7 Fassadenelement, Profilglas
8 Aufbau Metall-Fassadenelement:
Lochstahlblech lackiert auf U-Stahlprofilen Polyester-Wellplatte transparent auf U-Stahlprofilen, Dämmung Steinwolle, Gipsplatte 13 mm als Brandschutz (h = 1 m) in Stahlblech lackiert
9 Silikonverfugung
10 Sockel Betonaufkantung

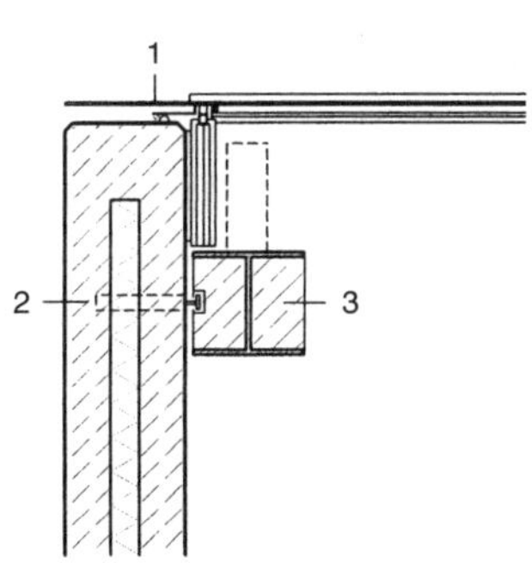

6.140a

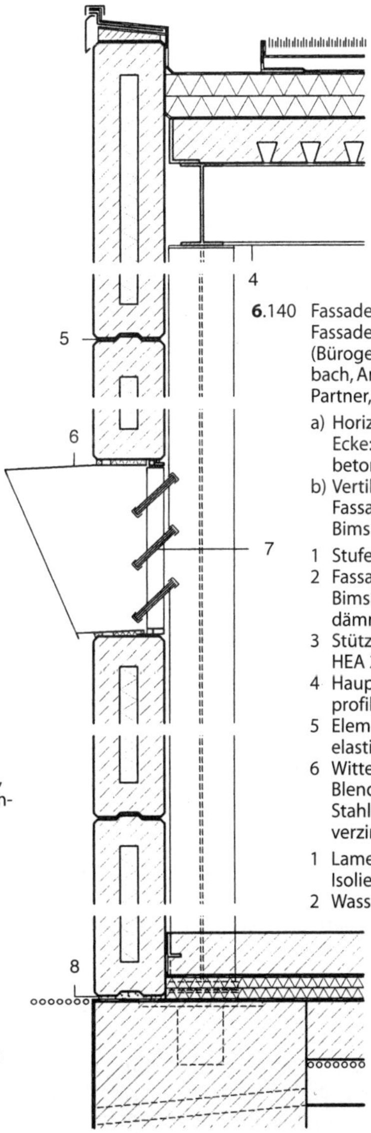

6.140b

6.140 Fassade mit Bimsbeton-Fassadenelementen (Bürogebäude in Fellbach, Arch.: Dollmann + Partner, Stuttgart)

a) Horizontalschnitt Ecke: Fassade Bims beton/Fassade Glas
b) Vertikalschnitt Fassade Ost/West Bimsbeton

1 Stufenverbundglas
2 Fassadenelemente Bimsbeton mit Kerndämmung 240 mm
3 Stütze Stahlprofil HEA 220, ausbetoniert
4 Hauptträger Stahlprofil IPE 270
5 Elementstoss, dauerelastisch versiegelt
6 Witterungs- und Blendschutzhaube Stahlblech, feuerverzinkt

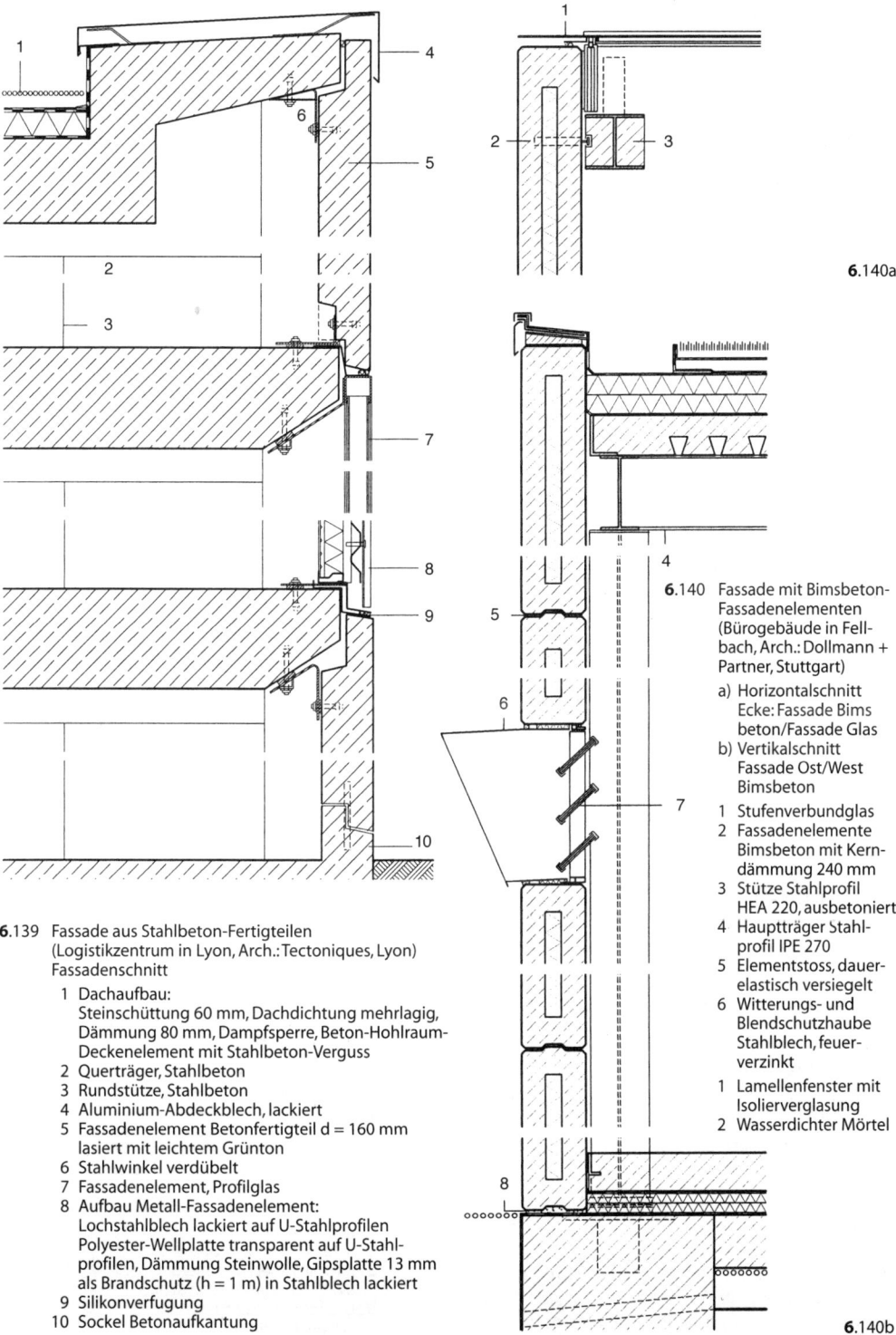

1 Lamellenfenster mit Isolierverglasung
2 Wasserdichter Mörtel

6.8 Holzbausysteme

6.8.1 Bauen mit Holzmodulen

In den letzten Jahren ist das Bauen mit Holz immer beliebter geworden. Dies hat dazu geführt, dass die Industrie immer ausgereiftere Bausysteme entwickelt.

Eine dieser Entwicklungen ist die sogenannte „Holzmodul-Bauweise". Dabei werden durch loses Zusammenstecken von Systemteilen (Modulen) tragende und aussteifende Wände von Wohngebäuden bzw. von vergleichbar genutzten Gebäuden mit bis zu drei Vollgeschossen erstellt.

Holzmodul-Bauweisen sind Baukastensysteme, die hohe Anforderungen an Stabilität, Dauerhaftigkeit, Komfort und Gestaltungsfreiheit erfüllen. Diese Bauweise reduziert im Verhältnis zum Montagebau bzw. zum elementierten Bauen den Planungsaufwand erheblich und vergrössert dadurch den kreativen Spielraum.

Mit diesen Holzbausystemen sollen die Vorteile vom Mauerwerksbau mit den positiven Eigenschaften des Rohstoffes Holz verbunden werden. Die Module können sowohl die Dämmung als auch Installationsleitungen aufnehmen.

Das übliche kleinteilige Raster (16 cm horizontal, 8 cm vertikal) ermöglicht grosse Planungs- und Herstellungsfreiheit.

Auch unter ökologischen Gesichtspunkten sind Holzmodul-Bauweisen eine durchaus ernst zu nehmende Alternative zum konventionellen Massivbau. Das Holz wird auf Grund der technischen Trocknung ohne jeglichen Holzschutz eingesetzt. Es fällt nahezu kein Bauschutt an. Holzmodul-Wände können auch wieder zurückgebaut und in einem anderen Grundriss oder an anderer Stelle wiederverwendet werden.

Holzmodul-Bauweisen sind nach DIN 1052-1 „Holzbauwerke, Berechnung und Ausführung" und nach DIN 1052-2 „Holzbauwerke; mechanische Verbindungen" auszuführen. Bei der Anwendung der Holzmodul-Bauweisen ist ausserdem DIN 68 800-2 „Holzschutz; vorbeugende bauliche Massnahmen im Hochbau" zu beachten.

Bei Aussenwänden ist aussen ein dauerhafter Wetterschutz sicherzustellen. Die verschiebungssteife Verbindung der Module untereinander wird durch das Ineinandergreifen ihrer speziell geformten Ober- und Unterseite gesichert. Zum Ausrichten der Module untereinander und zur Herstellung eines Verbundes in Längsrichtung dienen Holzdübel in Steckverbindungen. Für den oberen und unteren Abschluss sind in der Regel Schwellen und Einbinder zu verwenden.

Wände in Holzmodul-Bauweise müssen am Wandfuss und am Wandkopf rechtwinklig zur Wandebene horizontal gehalten sein, z. B. durch Decken, die über die gesamte Wanddicke und Wandbreite aufliegen. Sie sind durch Beplankungen, Stiele und in anderer geeigneter Weise gemäss den Vorgaben des Herstellers zu verstärken.

Die Holzmodul-Bauweisen erreichen auch hohe Schall- und Wärmeschutzwerte. So erreichen die Systembauteile bei 16 cm Gesamtwandstärke mit Wärmedämmungen in den Kammern (Zelluloseflocken, Perlite usw.) und einer zusätzlichen Aussendämmung von 16 cm Dicke einen Wärmedurchgangskoeffizenten (U-Wert) von 0,14 W/m^2K. Stellvertretend für zahlreiche andere auf dem Markt befindliche Holzmodulbauweien werden in den nachfolgenden Abbildungen ein Fassadenschnitt und Einzelheiten für das von der Fa. Steko entwickelte System gezeigt (Bilder **6**.141 bis **6**.143).

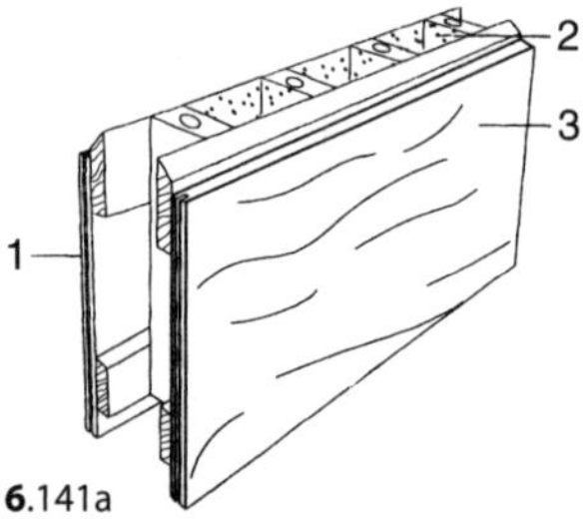

6.141a

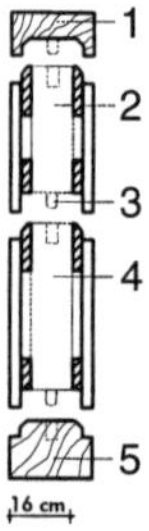

6.141b

6.141 a) System-Bauteil Holzmodul für Aussenwand (System STEKO)

1 Sichtqualität ohne Innenverkleidung bzw. Gipskartonplatte direkt auf Holzmodul
2 Kerndämmung: Eingelassene Zelluloseflocken bzw. Dämmstoff-Schüttung (z. B. Perlite)
3 Aufbau aussen auf Holzmodul: Winddichte Schicht, Wärmedämmung, Aussenbekleidung

b) Vertikalschnitt durch Holzmodul (System STEKO)

1 Einbinder, 8 cm
2 Ausgleichsmodul, 24 cm
3 Buchendübel zur Sicherung der Verbindung gegen Schub
4 Grundmodul, 32 cm
5 Schwelle, 8 cm

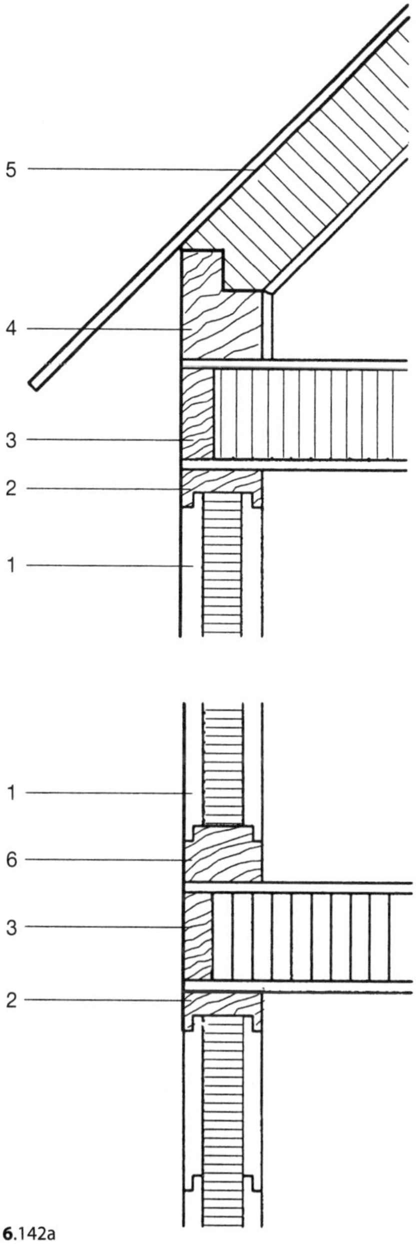

6.142a

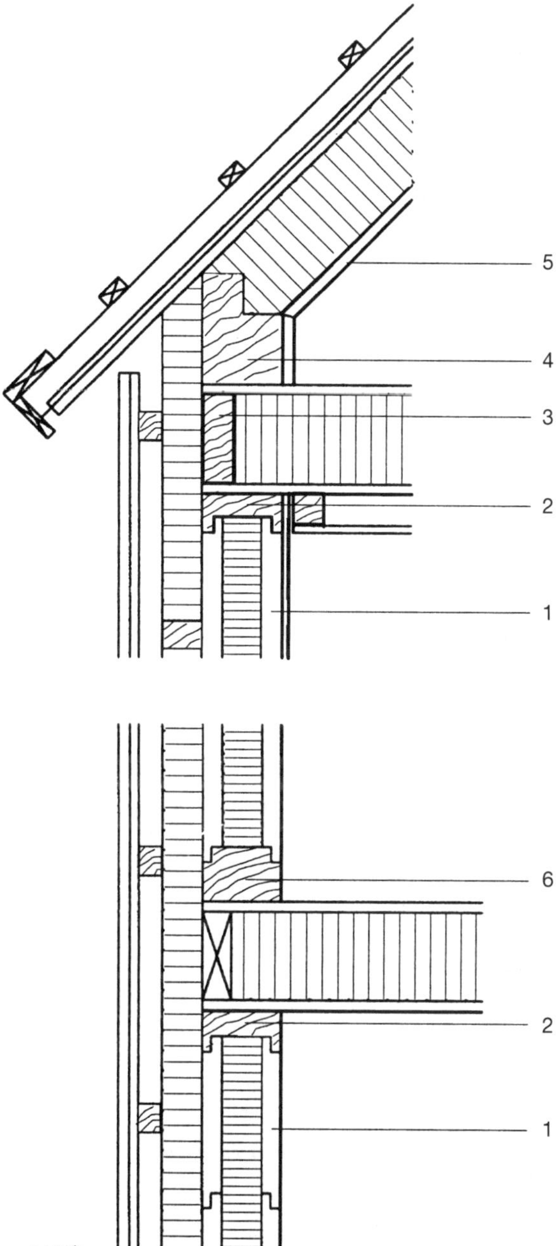

6.142b

6.142 Fassadenschnitt Holzbausystem (System STEKO)

a) Vertikalschnitt im „Rohbau" (Nur tragende Elemente)
b) Vertikalschnitt mit Ausbauelementen

1 Holzmodul-Baustein
2 Einbinder
3 Deckenelement
4 Randbalken
5 Dachelement
6 Schwelle

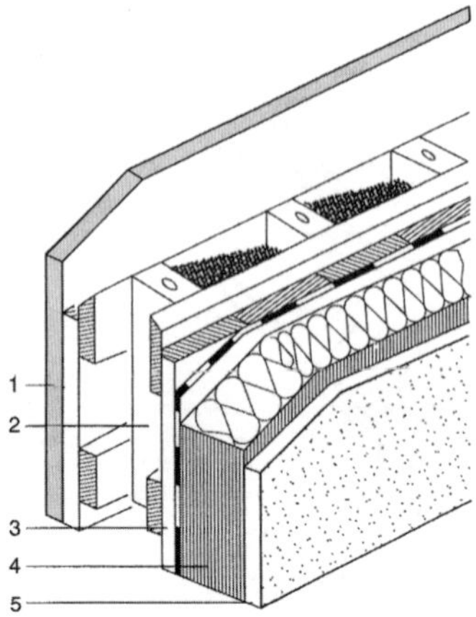

6.143 Wandaufbau (System Steko)

1 Gipskartonplatte, 15 mm
2 STEKO-Modul, wärmegedämmt, 160 mm
3 Winddichte Schicht
4 Aussendämmung, 100 mm
5 Aussenputz, 20 mm

U-Wert = 0,20 W/m²K bei 295 mm Gesamtdicke

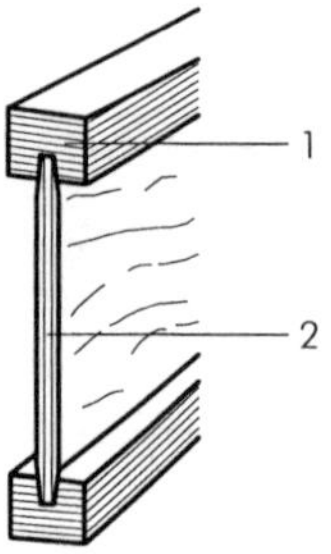

6.144 TJM-Element (TJM Europe, Genval, Belgien)

1 Gurt aus Furnierschichtholz
2 Steg aus gepressten Holzspanplatten (z. B. OSB Performance Plus)

6.145

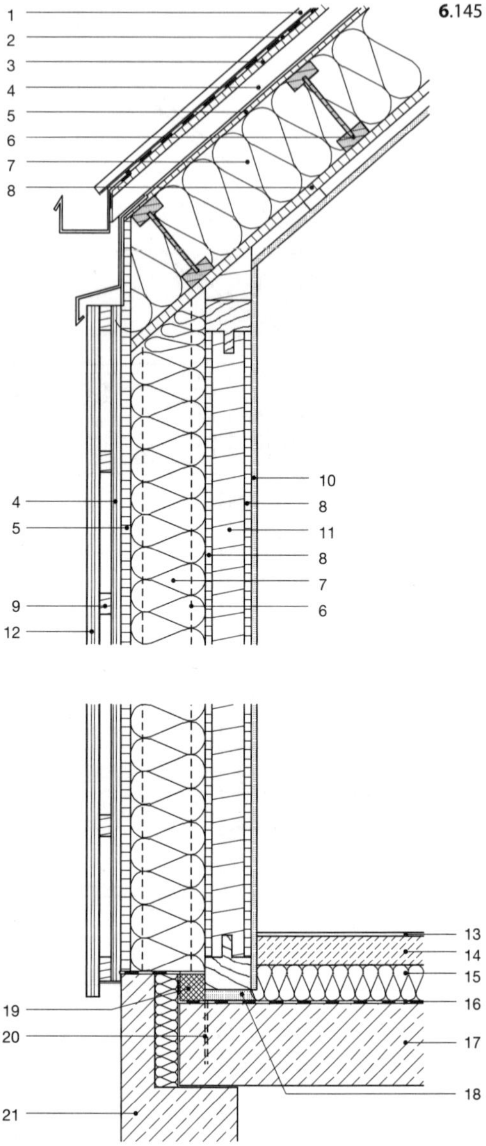

6.145 Fassadenschnitt eines Wohnhauses aus Massivholzwänden (Arch.: Frank Drewes, drewes + strenge architekten)

1 Titanzink
2 Trennlage
3 Holzlangspanplatte, 22 mm
4 Konterlattung, 40/60 mm
5 DWD-Platte, 16 mm
6 TJI-Träger, 200 mm
7 Zellulosedämmung, 200 mm
8 Holzlangspanplatte, 18 mm
9 Lattung, 24 mm
10 GK-Platte, 12,5 mm
11 Massivholzkern
12 Lärchenholzschalung
13 Bodenbelag
14 Estrich, 60 mm
15 Dämmung, 80 mm
16 Schweissbahn mit Aluminium verklebt
17 Bodenplatte aus WU-Beton
18 Nivellierebene (Mörtel)
19 Heiss-Bitumenverguss
20 Anker
21 Betonfertigteil

6.8.2 Systemoffene Bauteile

Es sind auch systemoffene Bauteile, die dem Planer und Ausführenden mehr Gestaltungsfreiheit lassen, entwickelt worden. Dabei bestehen die Ständer, Decken- und Dachträger aus Doppel-T-Trägern. Die Gurte dieser Doppel-T-Träger sind aus Furnierschichtholz, die Stege dagegen aus gepressten Holzlangspanplatten.

Die systemoffenen Bauteile beschränken sich im Wesentlichen auf lastabtragende und aussteifende Bauteile und ihre Verbindungen in Dach, Wand und Decke. Sie bieten keine Lösungen für komplette Wand-, Decken oder Dachelemente. Jedoch können alle üblichen Konstruktionen aus dem Holzrahmen- oder -skelettbau darauf angepasst werden.

6.8.3 Massivholzwände

Bild 6.145 zeigt den Fassadenschnitt eines Wohnhauses aus sogen. „Massivholzwänden". Die massiven Holzmodulelemente werden vorgefertigt. Ein Modul besteht dabei aus 70 mm dicken, verleimten Massivholzelementen, die durch 15 mm dicke Holzlangspanplatten verbunden werden.

6.8.4 Holztafelbau

Wandelemente aus Holz werden für Außen- und Innenwände als geschosshohe Tafeln von 1,00 bis 1,25 m Breite hergestellt (vgl. Bild **6**.117b). Die Tafeln bestehen aus Latten- oder Kantholzrahmen, die beidseitig Bekleidungen tragen. Dabei werden für Innenflächen Spanplatten, Sperrholz oder Gipskartonplatten verwendet und für die Außenflächen Faserzementplatten, beschichtete Spanplatten oder Spanplatten mit Dünnschicht-Kunstharzputzen. Außenputz wird hier möglichst vermieden, um die Vorteile der trockenen Montage uneingeschränkt wahrzunehmen.
Die Rahmen können sichtbar bleiben (Bild **6**.146a), werden aber meistens durch die Bekleidungen überdeckt (Bild **6**.146b und c). Die Tafeln werden untereinander durch Bolzenschlösser, Dollen oder Federn verbunden und direkt auf den Decken bzw. Gebäudesockeln oder auf Fußschwellen verankert. Die Tafelstöße werden durch Profilleisten abgedeckt oder – bei nachträglich montierten Bekleidungen mit Hilfe von Dichtungsbändern verbunden (Bild **6**.147). Die Hohlräume der Tafeln werden mit Wärmedämmstoffen ausgefüllt. Dabei unterscheidet man *nicht hinterlüftete* (Bild **6**.146a und b) und *hinterlüftete* Wandkonstruktionen (Bild **6**.146c). Bei hinterlüfteten Elementen können stehende Luftschichten als zusätzliche Wärmedämmung wirksam werden. Hinterlüftete Wandelemente sind durch die Vorsatzschale auch vorteilhaft im Hinblick auf sommerlichen Wärmeschutz.

Bei entsprechender Dimensionierung kann die Wärmedämmung von Wandbauelementen aus Holz allen Anforderungen gerecht werden. Nachteilig bleibt die schlechte Wärmespeicherungsfähigkeit der Wandelemente.

Bei vielen Holztafelbauweisen bestehen auch die Decken und Fußböden aus vorgefertigten Tafeln. Die unter sich gleich großen Wandtafeln sind ihrem Verwendungszweck entsprechend als geschlossene Wandtafeln, als Fenstertafeln oder als Türtafeln ausgebildet. Leicht können in diesen Tafeln schon in der Werkstatt Leerrohre für Verkabelungen oder vorgefertigte Versorgungsleitungen untergebracht werden.

Alle der Witterung oder der Feuchtigkeit ausgesetzten Teile von Holz-Skelettkonstruktionen müssen *Holzschutz*anstriche nach DIN 68 800 erhalten. Hinsichtlich des *Brandschutzes* sind alle einschlägigen Bestimmungen von DIN 4102 zu beachten. Als weitergehende konstruktive Maßnahmen kommen schaumbildende Anstriche oder Bekleidungen mit Brandschutzplatten in Frage.

6.8.4.1 Bauen mit Holzblocktafeln

Holzblocktafeln sind industriell vorgefertigte Bauelemente mit mehrschichtigem Wandaufbau. Aus den massiven, geschosshohen Elementen werden ganze Wandscheiben montiert. Die Holzblocktafeln ermöglichen durch ein relativ kleines Raster von 12,5 cm (z. B. Lignotrend Holzbausystem), dass nicht bindend ist, nicht nur hohe Flexiblität sondern bieten ausserdem die Möglichkeit, genormte Bauteile problemlos einzuplanen.

Holzblocktafeln können praktisch allen Anforderungen an Wärme-, Schall-, Brandschutz und Festigkeit erfüllen. Brandschutzwerte bis F 90 B sind erreichbar. Durch aussenliegende Luftdichtungen und Zusatzdämmungen kann jeder beliebige U-Wert erreicht werden.

Weitere Vorteile solcher Systeme sind die vorbildliche Installationsfreundlichkeit -bedingt durch die Hohlräume in den Holztafelelementen- sowie die durch die industrielle Vorfertigung bedingte kurze Rohbauphase.

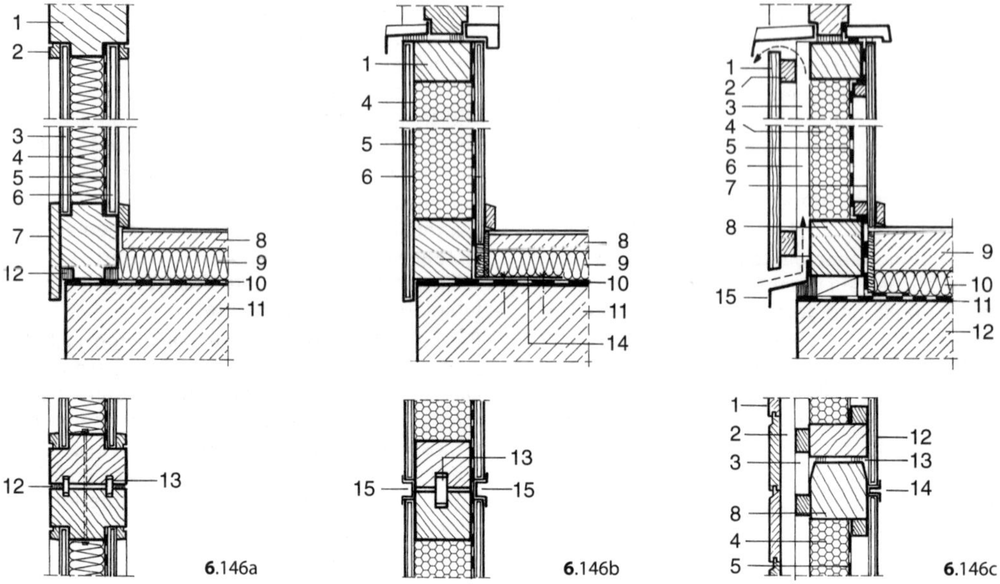

6.146a **6**.146b **6**.146c

6.146 Holztafelkonstruktionen (Schnitt, Tafelstoß, Grundriss)

a) nicht hinterlüftet, Rahmenwerk sichtbar

1 Rahmen
2 Deckleiste
3 Füllung (z. B. glasierte Faserzementtafel)
4 Wärmedämmung
5 Dampfsperre
6 Füllung innen (z. B. Gipskartonplatte)
7 Abdeckleiste
8 Zementestrich
9 Wärmedämmung
10 Abdichtung gegen aufsteigende Feuchtigkeit
11 Stahlbetondecke oder -sockel
12 Dichtung
13 Nut-Feder-Verbindung
14 Haltewinkel
15 Abdeckprofil

b) nicht hinterlüftet, Rahmenwerk verdeckt

c) hinterlüftet

1 senkrechte Profilbretter
2 Traglattung
3 Konterlattung
4 Wärmedämmung
5 Dampfsperre
6 Luftraum
7 Gipskartonplatte
8 Rahmen
9 Zementestrich
10 Wärmedämmung
11 Abdichtung gegen aufsteigende Feuchtigkeit
12 Stahlbetondecke oder -sockel
13 Dichtung
14 Abdeckprofil
15 3 x gekantetes Abdeckblech mit Tropfkante

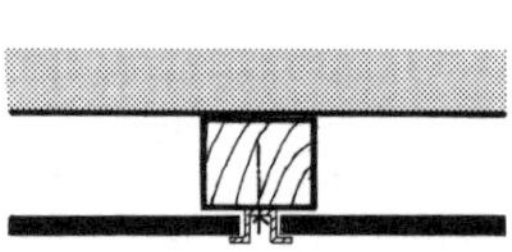

6.147a

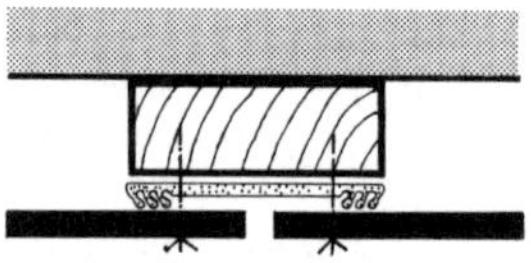

6.147b

6.147 Tafelstöße (Grundrisse)

a) Stoß mit Abdeckprofil
b) Stoß mit Dichtungsband

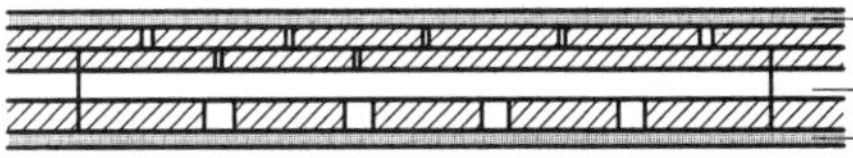

6.148a

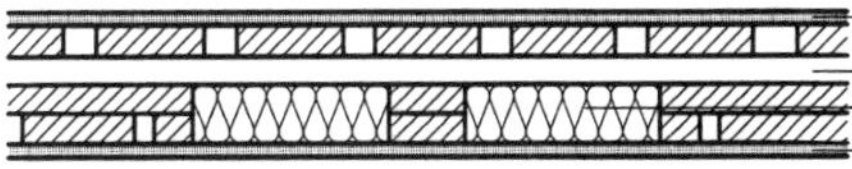

6.148b

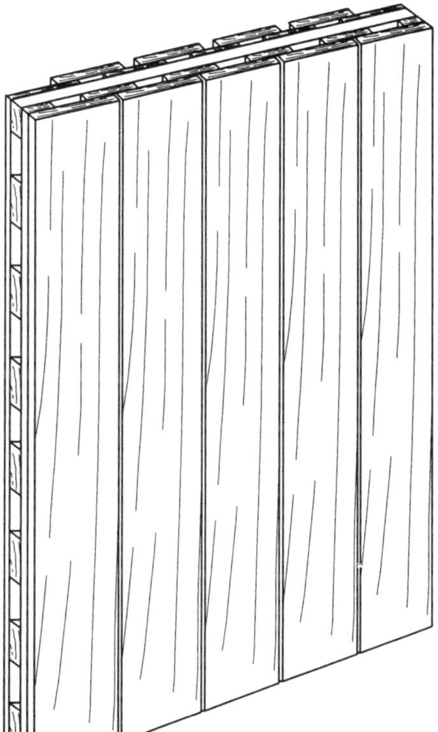

6.148c

6.148 Holzblocktafel-Wandelement (LIGNOTREND LUX 5)
a) ohne zusätzliche Dämmung
b) mit weicher Dämm-Füllung
1 Beplankung
2 Holzblocktafel
3 Beplankung
4 Weiche Dämm-Füllung

6.8.5 Holzständerbau

Der Holzständerbau (auch Holzrippenbau) wurde in den Vereinigten Staaten und in Kanada entwickelt. Er ist gekennzeichnet durch enggestellte Stützenreihen mit Horizontalaussteifungen durch Diagonalverbände. Bei den „Platform"-Konstruktionen liegen – ähnlich dem historischen Fachwerkbau – geschosshohe Ständerreihen auf den Deckenelementen bzw. -balken auf (Bild **6.**149a).

Bei der „Balloon"-Bauweise laufen die Ständerreihen in der Regel über zwei Geschosse. Die Deckenbalken liegen auf Zwischenrahmen auf (Bild **6.**149b).

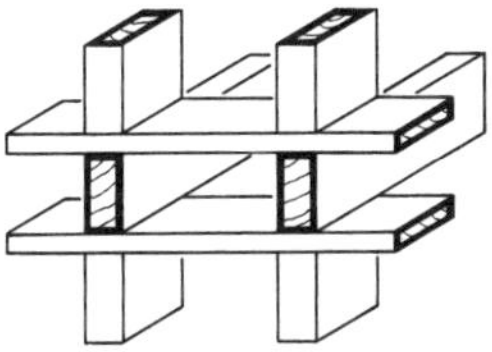

6.149a „Platform"-Konstruktion

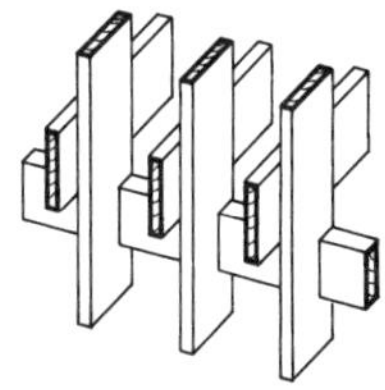

6.149b „Balloon"

6.8.6 Holzrahmenbau

Die Weiterentwicklung des Ständerbaues führte zum Holzrahmenbau. Hierbei werden Bauwerke aus teilweise oder komplett vorgefertigten geschosshohen tragenden Wand- und Deckentafeln zusammengefügt. Diese interessante Möglichkeit des Wandbaues mit Holz wird zunehmend auch bei uns angewendet.

Der Vorteil der Holzrahmenbauweise liegt in der Möglichkeit zur fast vollständigen Vorfertigung großer, einfach montierbarer Elemente von relativ geringem Gewicht, deren Abmessungen nur durch die Transportmöglichkeit begrenzt werden (Bild **6.**151).

Einen weiterentwickelten Holzrahmenbau stellt beispielhaft für andere Anbieter das System „81 FÜNF" (Hersteller: 81 FÜNF high-tech & holzbau AG, Dannenberg) dar. Bei diesem System laufen die vertikalen Tragelemente im Rastermaß von 81,5 cm vom Boden bis zum Dach durch. Aussenwandelemente können bis zu einer Höhe von drei Geschossen angefertigt werden (Bild **6.**150).

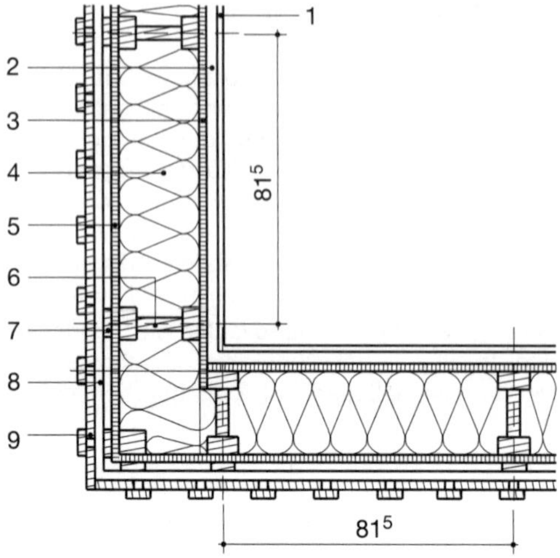

6.150 Wandaufbau System 81 FÜNF (Hersteller: 81 FÜNF high-tec & holzbau AG, Dannenberg)

1 Gipskartonplatte
2 30/60 mm Lattung
3 15 mm Sterling-OSB-Platte
4 200 mm Isofloc Zellulosefaserdämmstoff
5 Holzweichfaserplatte, bituminiert
6 Profilträger
7 20/60 mm Konterlatte
8 40/60 mm Konstruktionslatte
9 2 mm Bodendeckelschalung Lärche/Douglasie

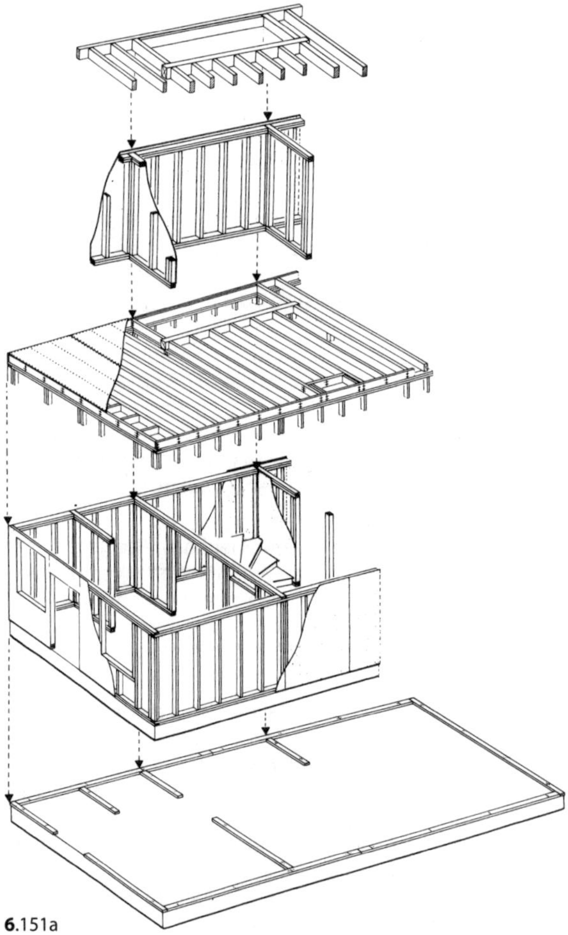

6.151a

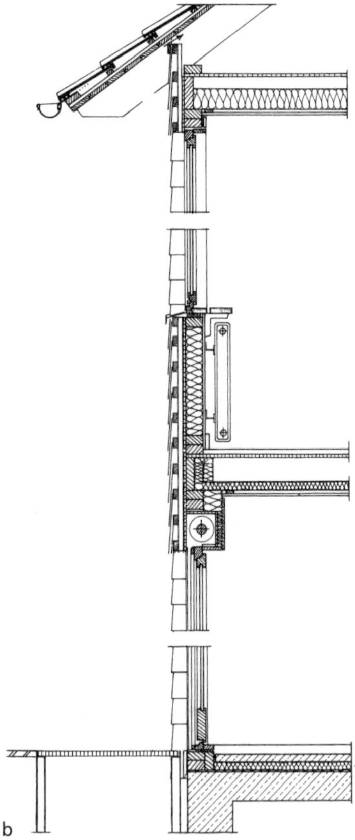

6.151b

6.151 Holzrahmenbau [4]

a) Übersicht
b) Schnitt

6.9 Normen

Norm	Ausgabedatum	Titel
DIN 1053-1	11.1996	Mauerwerk; Berechnung und Ausführung
DIN 1053-2	11.1996	–; Mauerwerksfestigkeitsklassen aufgrund von Eignungsprüfungen
DIN 1053-4 [1)]	08.1999	–; Bauten aus Ziegelfertigbauteilen
DIN 4102-1	05.1998	Brandverhalten von Baustoffen und Bauteilen; Begriffe, Anforderungen und Prüfungen
Berichtigung 1 zu vor	08.1998	Berichtigung 1 zu DIN 4102-1
DIN 4102-2	09.1977	–; Bauteile; Begriffe, Anforderungen und Prüfungen
DIN 4102-3	09.1977	–; Brandwände und nichttragende Außenwände; Begriffe, Anforderungen und Prüfungen
DIN 4102-4	03.1994	–; Zusammenstellung und Anwendung klassifizierter Baustoffe, Bauteile und Sonderbauteile
Berichtigung 1 zu vor	05.1995	Berichtigung 1 zu DIN 4102-4
Berichtigung 2 zu vor	04.1996	Berichtigung 2 zu DIN 4102-4
Berichtigung 3 zu vor	09.1998	Berichtigung 3 zu DIN 4102-4
DIN EN 1634-1	03.2000	Feuerwiderstandsprüfungen für Tür- und Abschlusseinrichtungen, Teil 1: Feuerschutzabschlüsse
DIN 4102-6	09.1977	–; Lüftungsleitungen; Begriffe, Anforderungen und Prüfungen
DIN 4102-7	07.1998	–; Bedachungen; Begriffe, Anforderungen und Prüfungen
DIN 4108-1	08.1981	Wärmeschutz und Energieeinsparung in Gebäuden
DIN 4108 Bbl. 2	08.1998	–, Wärmebrücken, Planungs- und Ausführungsbeispiele
DIN 4108-2	03.2001	–;Mindestanforderungen an den Wärmeschutz
DIN 4108-2/A 1	02.2002	-; Änderungen
DIN 4108-3	07.2001	–; Klimabedingter Feuchteschutz; Anforderungen und Hinweise für Planung und Ausführung
Berichtigung zu vor	04.2002	Berichtigung zu DIN 4108-3
DIN V 4108-4	02.2002	–; Wärme- und feuchteschutztechnische Kennwerte
DIN EN ISO 10 077-1	11.2000	Berechnung des Wärmedurchgangskoeffizienten, wärmetechnisches Verhalten von Fenstern, Türen und Abschlüsse, Teil 1; Vereinfachtes Verfahren
DIN EN ISO 6946	11.1996	–; Wärmedurchlasswiderstand und Wärmedurchgangskoeffizient, Berechnungsverfahren
DIN V 4108-6	11.2000	Wärmeschutz im Hochbau – Teil 6: Berechnung des Jahresheizwärmebedarfs von Gebäuden
DIN 4108-20	07.1995	Wärmeschutz im Hochbau – Teil 20: Thermisches Verhalten von Gebäuden; Sommerliche Raumtemperaturen bei Gebäuden ohne Anlagentechnik; Allgemeine Kriterien und Berechnungsalgorithmen (Vorschlag für eine Europäische Norm)
DIN 4109	11.1989	Schallschutz im Hochbau, Anforderungen, Nachweise
Berichtigung 1 zu vor	08.1992	Berichtigung zu DIN 4109, DIN 4109 Bbl. 1, DIN 4109 Bbl. 2
DIN 4109 Bbl 1	11.1989	; Ausführungsbeispiele und Rechenverfahren
DIN 4109 Bbl 2	11.1989	–; Hinweise für Planung und Ausführung; Vorschläge für einen erhöhten Schallschutz; Empfehlungen für den Schallschutz im eigenen Wohn- und Arbeitsbereich
DIN 4109 Bbl 3	06.1996	Schallschutz im Hochbau; Berechnung von R` (Index) w, R für den Nachweis der Eignung nach DIN 4109 aus Werten des im Labor ermittelten Schalldämm-Maßes R` (Index) w
DIN 4109 Bbl 4	11.2000	Schallschutz im Hochbau; Nachweis des Schallschutzes-Güte-und Eignungsprüfung
DIN 18 202	04.1997	Toleranzen im Hochbau; Bauwerke
DIN 18 203-1	04.1997	Toleranzen im Hochbau; Vorgefertigte Teile aus Beton; Stahlbeton und Spannbeton
DIN 18 203-2	05.1986	–; Vorgefertigte Teile aus Stahl
DIN 18 500	04.1991	Betonwerksteine; Begriffe, Anforderungen, Prüfung, Überwachung
DIN 18 540	02.1995	Abdichten von Außenwandfugen im Hochbau mit Fugendichtungsmassen; konstruktive Ausbildung der Fugen
DIN 18 545-1	02.1992	Abdichten von Verglasungen mit Dichtstoffen; Anforderungen an Glasfalze
DIN 18 545-2 [5)]	03.1995	–; Dichtstoffe; Bezeichnung, Anforderungen und Prüfung
DIN 18 545-3	02.1992	–; Verglasungssysteme
DIN EN 12 114	04.2000	Wärmetechnisches Verhalten von Gebäuden, Luftdurchlässigkeit von Bauteilen, Laborprüfverfahren

[5)] z. Zt. in Neubearbeitung (E 08.1999)
[5)] z. Zt. Änderung A 1 zu Bbl. 1 in Bearbeitung (E 01.2001)

6.10 Nichttragende innere Trennwände

6.10.1 Allgemeines

Nichttragende innere Trennwände sind nach DIN 4103 Bauteile, die im Inneren eines Bauwerkes lediglich der Unterteilung von Räumen dienen und nicht bei der Lastabtragung und Aussteifung des Gebäudes mitwirken.

Trennwände erhalten ihre Standsicherheit erst durch die Verbindung mit angrenzenden tragenden Bauteilen. Man unterscheidet:

- Fest eingebaute Trennwände
- umsetzbare Trennwände (s. Abschn. 15)
- bewegliche Trennwände (z. B. Schiebe- und Faltwände, s. Abschn. 7 in Teil 2 dieses Werkes).

Die Trennwände müssen so ausgebildet sein, dass sie ruhende (statische) Belastungen aufnehmen und auf tragende Bauteile wie Decken oder andere Wände ableiten können.

Sie müssen außerdem stoßartigen Belastungen widerstehen können, die beim Gebrauch üblicherweise auftreten können (z. B. Anprall von Menschen, Druck von Menschenmassen).

Ruhende Belastungen sind:

- Eigengewicht einschl. Putz oder Wandbekleidungen,
- leichte Konsollasten (0,4 kN/m, vertikale Wirkungslinie in % 30 cm Wandabstand; ausgenommen bei Glastrennwänden u. Ä.).

Bei stoßartigen Belastungen wird nach DIN 4103-1, Abschn. 4.3 unterschieden zwischen „weichem Stoß" und „hartem Stoß". Die Erfüllung der hierfür gegebenen Anforderungen sind durch genormte Versuchsverfahren für die jeweiligen Wandbauten nachzuweisen.

Die anzusetzenden Stoßenergien dienen der Sicherheit von Personen. Dabei darf die Wand nicht durchbohrt oder vom Gebäude losgetrennt werden. Dennoch herabfallende Bruchstücke dürfen Menschen nicht ernsthaft verletzen. Die mögliche Formänderung von angrenzenden Bauteilen (z. B. Durchbiegung von Decken, Längenänderung massiver Flachdachplatten u. Ä.) muss durch entsprechende konstruktive Ausbildung der Trennwände berücksichtigt werden. So sind gemauerte Zwischenwände nicht gegen die darüberliegenden Decken zu vermörteln, sondern z. B. durch Schaumstoffstreifen zu trennen. An abgehängte Decken und Deckenbekleidungen können leichte Trennwände angeschlossen werden, wenn die aus der Beanspruchung der Trennwände resultierenden Horizontalkräfte sicher in die tragenden Bauteile abgeleitet werden können (s. Abschn. 14). Vorerst sind die dafür notwendigen Konstruktionen dem Ermessen der Hersteller von leichten Trennwänden überlassen, doch muss der Nachweis geführt werden, dass die Anforderungen der DIN 4103-1 erfüllt werden.

Befestigungsmittel, Baustoffe und Bauteile müssen den gültigen Normen entsprechen, oder ihre Eignung muss nachgewiesen werden.

Für die Anforderungen an Trennwände sind in DIN 4103-1 zwei Beanspruchungsbereiche festgelegt:

- **Einbaubereich 1.** Bereiche mit geringen Menschenansammlungen wie z. B. in Wohnungen, Büro-, Hotel- und Krankenhausräumen u. Ä. einschließlich der dazugehörigen Flure,
- **Einbaubereich 2.** Bereiche mit größeren Menschenansammlungen wie z. B. in größeren Versammlungsräumen, Schulen, Hörsälen, Ausstellungs- und Verkaufsräumen u. Ä. Zum Einbaubereich 2 zählen auch Trennwände zwischen Räumen mit Höhenunterschieden der Fußböden < 1,00 m.

Nach DIN 1055-3 ist es zulässig, leichte Trennwände ohne Wandträger oder besondere Verstärkungsstreifen auf die Geschossdecken zu stellen, falls der Einfluss ihres Gewichtes bei der Deckenberechnung in Form von Zuschlägen zur Verkehrslast berücksichtigt wird (s. auch Abschn. 10.1). Der Zuschlag beträgt

- 0,75 kN je m^2 bei Wandgewichten % 100 kg/m^2 einschließlich Putz,
- 1,25 kN je m^2 bei Wandgewichten < 100 % 150 kg/m^2 einschließlich Putz.

Bei Verkehrslasten von < 5,00 kN/m^2 erübrigt sich ein Zuschlag.

Bei Trennwänden muss sichergestellt werden, dass sie bei Bauwerksverformungen nicht unbeabsichtigt belastet werden, denn – abgesehen von Schäden an den Trennwänden selbst – können sonst erhebliche nachteilige Folgen für das gesamte statische Baugefüge durch derartige dann „tragende" Wände entstehen.

Die Ausführung von geeigneten elastischen Deckenanschlüssen zeigt Bild **6**.152.

Nichttragende Trennwände müssen – abhängig von Materialart, Wanddicke, Wandhöhe und Wandlänge – ausgesteift werden.

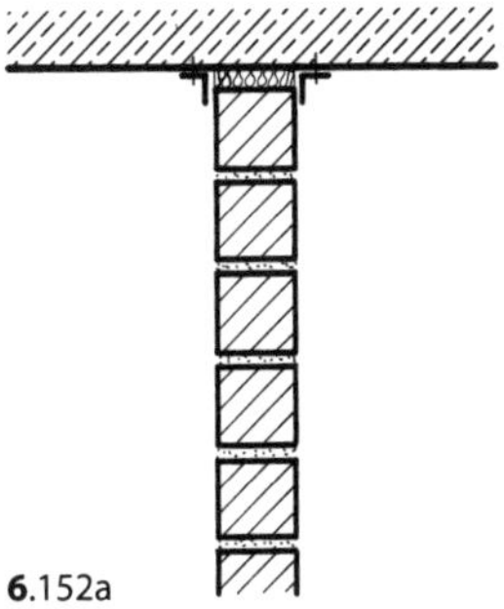
6.152a

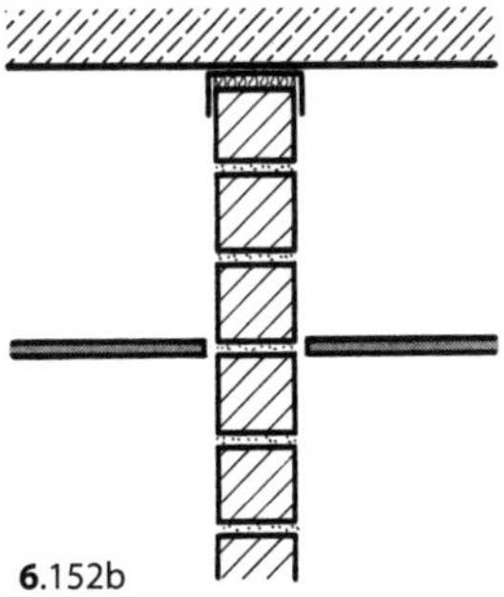
6.152b

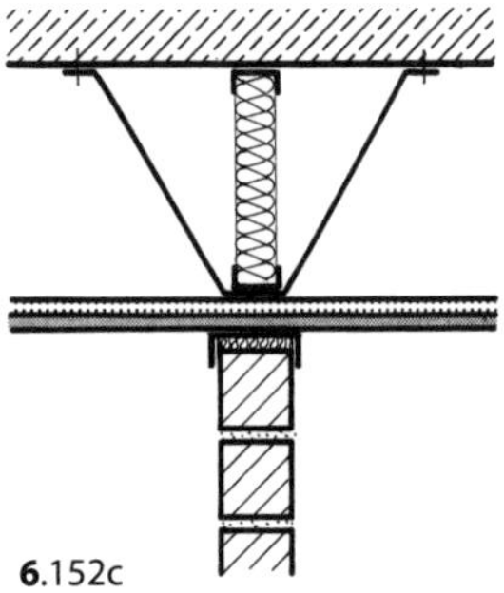
6.152c

6.152 Anschlüsse von nichttragenden Trennwänden an Decken
a) Anschluss mit Metallwinkeln
b) Anschluss mit Metall-U-Profil
c) Anschluss an abgehängte schalldämmende Decke

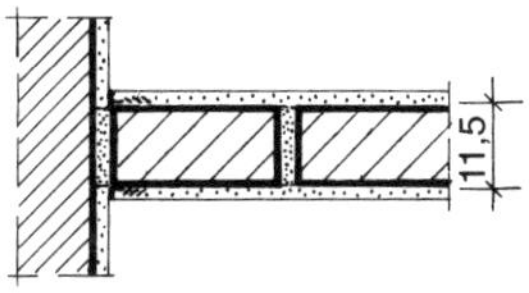

6.153a

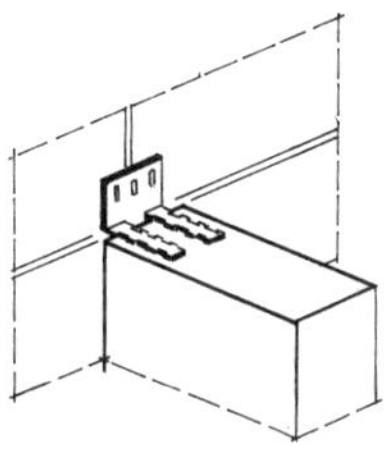
6.153c

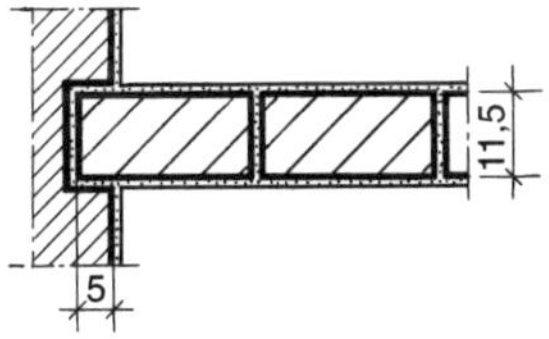

6.153b

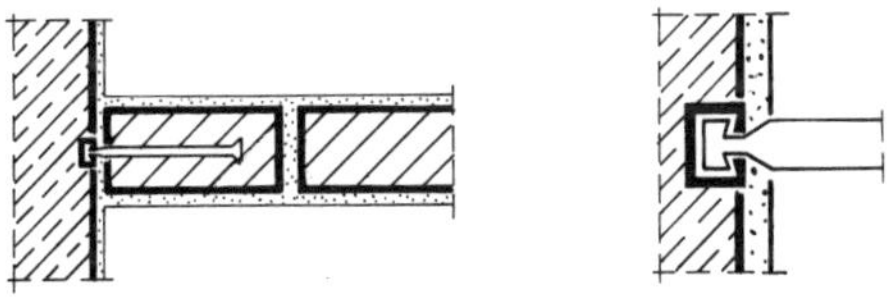
6.153d

6.153 Nichttragende gemauerte Wände: Anschluss an tragende Wände
a) Stumpfstoß
b) Anschluss in Wandaussparung
c) Anschluss mit Ankerlaschen
d) Anschluss mit Ankerschiene/-anker

Die Aussteifung kann – wie bei tragenden Wänden – durch einbindende Verzahnung oder Ankerlaschenverbindung mit anderen Trennwänden, durch Ankerschienen oder durch Einbinden in Wandaussparungen erfolgen (Bild **6**.153).
Der Anschluss der Wände muss hier – ebenso wie beim Anschluss an tragende Wände – so ausgeführt werden, dass keine Kraftübertragung und keine Beeinflussung durch Formänderungen des Bauwerks möglich ist. Im Wohnungsbau ist es bei den dort vorhandenen meistens kleineren Abmessungen der Wände üblich, diese im Verband auch mit den tragenden Wänden auszuführen.

Durch ausreichende Dimensionierung der Decken ist dafür zu sorgen, dass es nicht infolge von Durchbiegungen zu Schäden an Zwischenwänden kommt. Bei größeren Verformungen der Decken kann innerhalb der Zwischenwände ein „Stützgewölbe-Effekt" wirksam werden. Die Folge sind Horizontalabrisse in den unteren Lagerfugen (Bild **6**.154). Wenn derartige Verformungen nicht ausgeschlossen werden können, sollten die unteren Schichten von gemauerten Zwischenwänden als bewehrtes Mauerwerk ausgeführt werden (vgl. Abschn. 6.2.1.1, bewehrtes Mauerwerk).

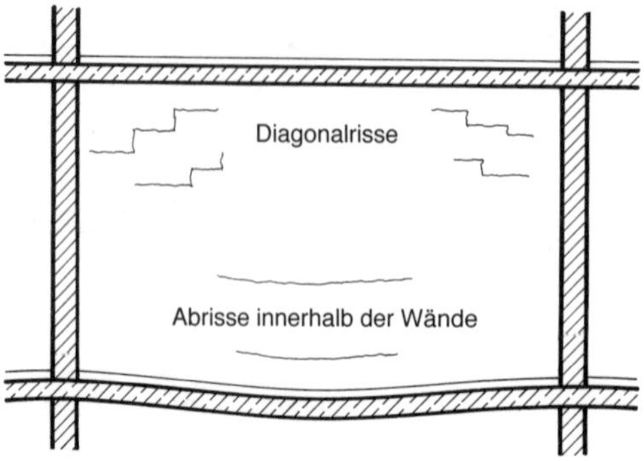

6.154
Schadensbild an Zwischenwänden bei zu großen Deckendurchbiegungen

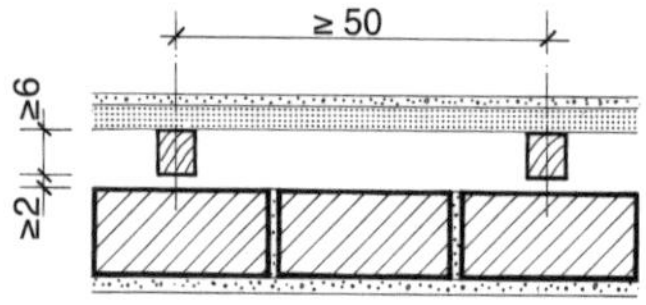

6.155a

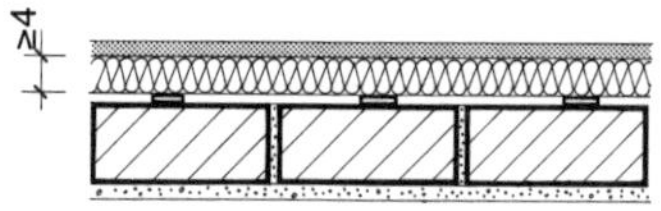

6.155d

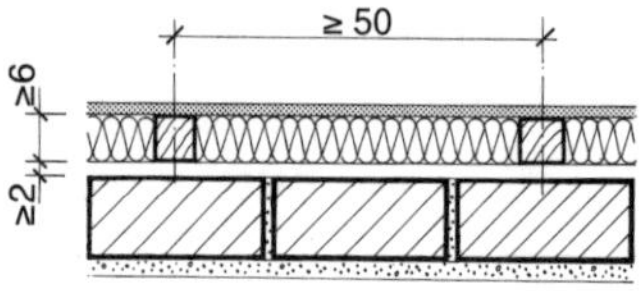

6.155b

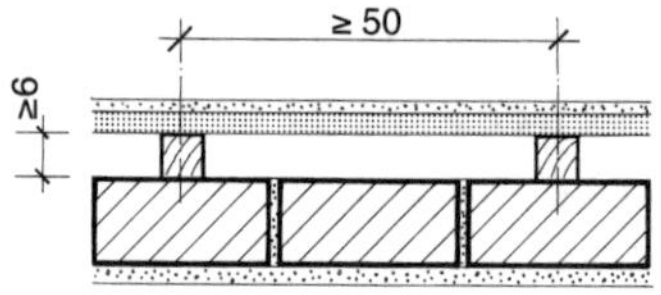

6.155e

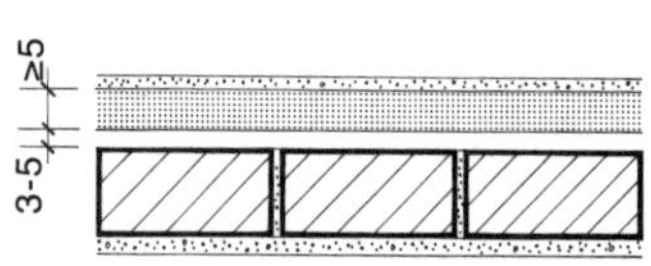

6.155c

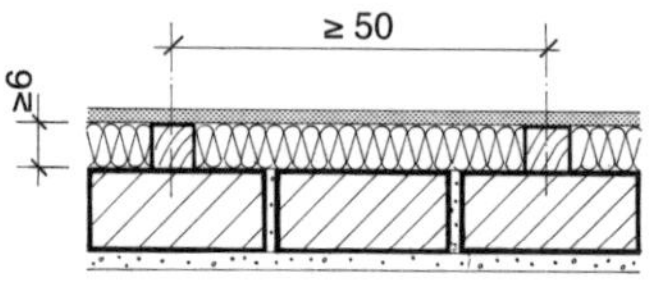

6.155f

6.155 Biegesteife Wände mit biegeweichen Versatzschalen. Die Konstruktionen a bis d verbessern das bewertete Schalldämm-Maß um mindestens 15 dB, die Konstruktionen e und f um mindestens 10 dB.

a) Vorsatzschale aus Holzwolle-Leichtbauplatten > 25 mm, verputzt, Holzständer, freistehend
b) Vorsatzschale aus Gipskartonplatten 12,5 oder 15 mm dick oder aus Spanplatten 10 bis 16 mm dick, Hohlraumfüllung zwischen den Holzständern oder C-Profilen aus Stahlblech, freistehend
c) Vorsatzschale aus Holzwolle-Leichtbauplatten > 50 mm, verputzt, freistehend
d) Vorsatzschale aus Gipskartonplatten 12,5 oder 15 mm dick und Faserdämmplatten, streifen- oder punktförmig angesetzt
e) Vorsatzschale aus Holzwolle-Leichtbauplatten > 25 mm, verputzt, Ständer an schwerer Schale befestigt
f) Vorsatzschale aus Gipskartonplatten, 12,5 oder 15 mm dick oder aus Spanplatten 10 bis 16 mm dick, mit Hohlraumfüllung aus Faserdämmstoffen, Ständer an schwerer Schale befestigt

6.10.2 Einschalige nichttragende Trennwände

6.10.2.1 Allgemeines

Einschalige nichttragende Trennwände können in Wanddicken von 5 bis % 24 cm aus verschiedenen Materialien im Verband aufgemauert werden. Als Baustoffe kommen in Frage:

- Ziegel (DIN 105)
- Kalksandsteine (DIN 106)
- Porenbeton (DIN 4165 und 4166)
- Leichtbeton (DIN 18 148 und 18 162)
- Gipsplatten (DIN 18 163)
- Glasbausteine (DIN 4242, 4243, 18 175).

Schallschutz. Ausreichenden Schallschutz können einschalige Trennwände in der Regel nicht ohne zusätzliche Maßnahmen bieten. Im Beiblatt 1 zu DIN 4109 werden für einschalige biegesteife Wände verschiedene Konstruktionsvorschläge für biegeweiche Vorsatzschalen gemacht (Bild **6**.155). Unterschieden werden Konstruktionen ohne oder federnde Verbindung der Schalen und Konstruktionen mit fest verbundenen Schalen. Die erreichbare Verbesserung hängt vom Flächengewicht der biegesteifen Wand und der Ausbildung der flankierenden Bauteile ab (vgl. Abschn. 6.2.1.3 und 14.6). Rechenwerte sind in Tabelle **6**.156 enthalten.

Tabelle **6**.156 Bewertetes Schalldämm-Maß $R'_{w,R}$ von einschaligen, biegesteifen Wänden mit einer biegeweichen Vorsatzschale nach Bild **6**.169 (Rechenwerte)

Spalte	1	2
Zeile	Flächenbezogene Masse der Massivwand in kg/m²	$R'_{w,R}$ 1) 2) in dB
1	100	49
2	150	49
3	200	50
4	250	52
5	275	53
6	300	54
7	350	55
8	400	56
9	450	57
10	500	58

1) Gültig für flankierende Bauteile mit einer mittleren flächenbezogenen Masse $m'_{L,Mittel}$ von etwa 300 kg/m². Weitere Bedingungen für die Gültigkeit der Tabelle 8 s. DIN 4109 Bbl. 1 Abschn. 3.1.

2) Bei Wandausführungen nach Bild **6**.169e und f sind diese Werte um 1 dB abzumindern.

Brandschutz. Hinsichtlich des Brandschutzes können einschalige Trennwände auch in einfachen Ausführungen die Anforderungen der Feuerwiderstandsklasse F 30 (W 30) – „feuerhemmend" – erfüllen. Gemauerte Trennwände erreichen – insbesondere mit beidseitigem Putz – bereits ab 11,5 cm Wanddicke die Feuerwiderstandsklasse F 90 (W 90) – „feuerbeständig". Auch mit mehrschaligen Trennwänden können sehr hohe Brandschutzanforderungen gewährleistet werden (DIN 4102-4, Abschn. 4). Neben der Wanddicke, die für die einzelnen Bauarten tabellarisch festgelegt ist, ist die Ausbildung von Fugen und insbesondere von Anschlüssen an andere Bauteile dabei von ausschlaggebender Bedeutung (s. Abschn. 16.7).

Ausführungsbestimmungen für leichte Trennwände der verschiedenen Bauarten sind in DIN 4103, 4242 und 18 183 enthalten.

6

6.10.2.2 Gemauerte nichttragende Wände

Gemauerte Trennwände können für Wanddicken von 11,5 cm in herkömmlicher Art aus kleinformatigen Ziegeln oder Kalksandsteinen aufgemauert werden. Wesentlich rationeller ist jedoch die Herstellung aus Bauplatten von 25 bis 50 cm Höhe, 50 bis 100 cm Länge für Wanddicken von 5 bis 17,5 cm.

Zur Erleichterung der Bemessung ist von der Deutschen Gesellschaft für Mauerwerksbau e. V. ein Merkblatt mit „Grenzabmessungen" herausgegeben.

Unterschiedlich werden Trennwände, die dreiseitig (ein freier, vertikaler Rand) oder vierseitig gehalten sind (Tabellen **6**.157 bis **6**.159).

Bei der Anwendung der Tabellen, die für Wände ohne Auflast gelten, muss sichergestellt sein, dass durch die Verformung angrenzender Bauteile, d. h. in der Regel der Decken, keine Belastungen erfolgen. Für Tabelle **6**.159 dürfen infolge starrer Anschlüsse lediglich geringfügige Auflasten entstehen.

Zur weiteren Rationalisierung können geschosshohe Elemente aus Porenbeton eingesetzt werden (Bild **6**.160).

6.10.2.3 Leichte Trennwände aus Gipsbauplatten

Leichte Trennwände aus Gipsbauplatten sind genormt nach DIN 4103-2. Sie werden – beginnend auf einer Ausgleichs-Mörtelschicht – im Verband aufgesetzt, mit Gipsmörtel verbunden und mit Fugengips gespachtelt. Danach kann unmittelbar

Tabelle **6**.157 Grenzabmessungen für dreiseitig gehaltene Wände (oberer Rand ist frei) ohne Auflast bei Verwendung von Ziegeln oder Leichtbetonsteinen[4)]

d in cm	max. Wandlänge in m (Tabellenwert) im Einbaubereich I (oben) und II (unten) bei einer Wandhöhe in m 2,0	2,25	2,50	3,0	3,50	4,0	4,5
5,0	3,0	3,5	4,0	5,0	6,0	–	–
	1,5	2,0	2,5	–	–	–	–
6,0	5,0	5,5	6,0	7,0	8,0	9,0	–
	2,5	2,5	3,0	3,5	4,0	–	–
7,0	7,0	7,5	8,0	9,0	10,0	10,0	10,0
	3,5	3,5	4,0	4,5	5,0	6,0	7,0
9,0	8,0	8,0	9,0	10,0	10,0	12,0	12,0
	4,0	4,0	5,0	6,0	7,0	8,0	9,0
10,0	10,0	10,0	10,0	12,0	12,0	12,0	12,0
	5,0	5,0	6,0	7,0	8,0	9,0	10,0
11,5	8,0	9,0	10,0	10,0	12,0	12,0	12,0
	6,0	6,0	7,0	8,0	9,.0	10,0	10,0
12,0	8,0	9,0	10,0	12,0	12,0	12,0	12,0
	6,0	6,0	7,0	8,0	9,0	10,0	10,0
17,5	keine Längenbegrenzung						
	8,0	9,0	10,0	12,0	12,0	12,0	12,0

Tabelle **6**.158 Grenzabmessungen für vierseitig[1)] gehaltene Wände ohne Auflast bei Verwendung von Ziegeln oder Leichtbetonsteinen[4)]

d in cm	max. Wandlänge in m (Tabellenwert) im Einbaubereich I (oben) und II (unten) bei einer Wandhöhe in m 2,5	3,0	3,5	4,0	4,5
5,0	3,0	3,5	4,0	–	–
	1,5	2,0	2,5	–	–
6,0	4,0	4,5	5,0	5,5	–
	2,5	3,0	3,5	–	–
7,0	5,0	5,5	6,0	6,5	7,0
	3,0	3,5	4,0	4,5	5,0
9,0	6,0	6,5	7,0	7,5	8,0
	3,5	4,0	4,5	5,0	5,5
10,0	7,0	7,5	8,0	8,5	9,0
	5,0	5,5	6,0	6,5	7,0
11,5	10,0	10,0	10,0	10,0	10,0
	6,0	6,5	7,0	7,5	8,0
12,0	12,0	12,0	12,0	12,0	12,0
	6,0	6,5	7,0	7,5	8,0
17,5	keine Längenbegrenzung				
	12,0	12,0	12,0	12,0	12,0

Tabelle **6**.159 Grenzabmessungen für vierseitig[1)] gehaltene Wände ohne Auflast bei Verwendung von Ziegeln oder Leichtbetonsteinen[5)]

d in cm	max. Wandlänge in m (Tabellenwert) im Einbaubereich I (oben) und II (unten) bei einer Wandhöhe in m 2,5	3,0	3,5	4,0	4,5
5,0	5,5	6,0	6,5	–	–
	2,5	3,0	3,5	–	–
6,0	6,0	6,5	7,0	–	–
	4,0	4,5	5,0	–	–
7,0	8,0	8,5	9,0	9,5	–
	5,5	6,0	6,5	7,0	7,5
9,0	12,0	12,0	12,0	12,0	12,0
	7,0	7,5	8,0	8,5	9,0
10,0	12,0	12,0	12,0	12,0	12,0
	8,0	8,5	9,0	9,5	10,0
11,5	keine Längenbegrenzung				
		12,0	12,0	12,0	12,0
12,0	keine Längenbegrenzung				
				12,0	12,0
17,5	keine Längenbegrenzung				

1) Bei dreiseitiger Halterung (ein freier, vertikaler Rand) sind die max. Wandlängen zu halbieren.

2) Bei Verwendung von Porenbeton-Blocksteinen und Kalksandsteinen mit Normalmörtel sind die max. Wandlängen zu halbieren. Dies gilt nicht bei Verwendung von Dünnbettmörteln oder Mörteln der Gruppe III. Bei Verwendung der Mörtelgruppe III sind die Steine vorzunässen.

3) Bei Verwendung von Porenbeton-Blocksteinen mit Normalmörtel und Wanddicken < 10 cm sind die max. Wandlängen zu halbieren. Dies gilt auch für 10 cm dicke Wände der genannten Steinarten und Normalmörtel im Einbaubereich II. Die Einschränkungen sind nicht erforderlich bei Verwendung von Dünnbettmörteln oder Mörteln der Gruppe III. Bei Verwendung der Mörtelgruppe III sind die Steine vorzunässen.

4) Bei Verwendung von Steinen aus Porenbeton und Kalksandsteinen mit Normalmörteln sind die max. Wandlängen wie folgt zu reduzieren:

a) bei 5, 6 und 7 cm dicken Wänden auf 40 %
b) bei 9 und 10 cm dicken Wänden auf 50 %
c) bei 11,5 und 12 cm dicken Wänden im Einbaubereich II auf 50 % (keine Abminderung im Einbaubereich I)

Die Reduzierung der Wandlängen ist nicht erforderlich bei Verwendung von Dünnbettmörteln oder Mörteln der Gruppe III. Bei Verwendung der Mörtelgruppe III sind die Steine vorzunässen.

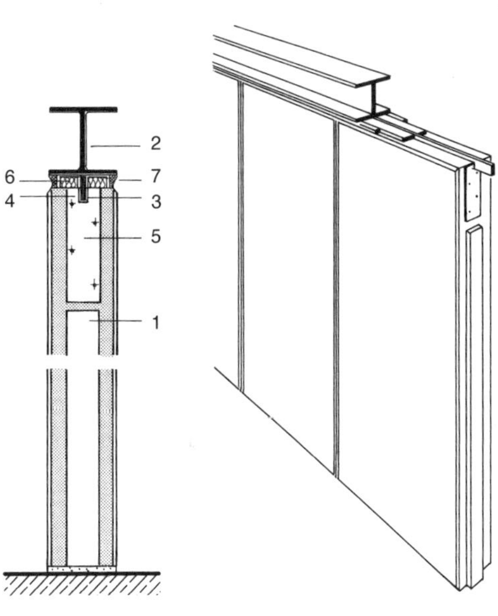

6.160
Trennwand aus geschosshohen Porenbeton-Elementen, Anschluss an Stahlträger (HEBEL)

1 Porenbeton-Wandplatten
2 Stahlkonstruktion
3 Flachstahl, bauseits angeschweißt 30/6,5 mm
4 Stirnnut
5 Nagellasche mit Bohrungen, Ø 9 mm
6 Hinterfüllmaterial, z. B. Mineralwolle
7 Fugendichtungsmasse, plasto-elastisch

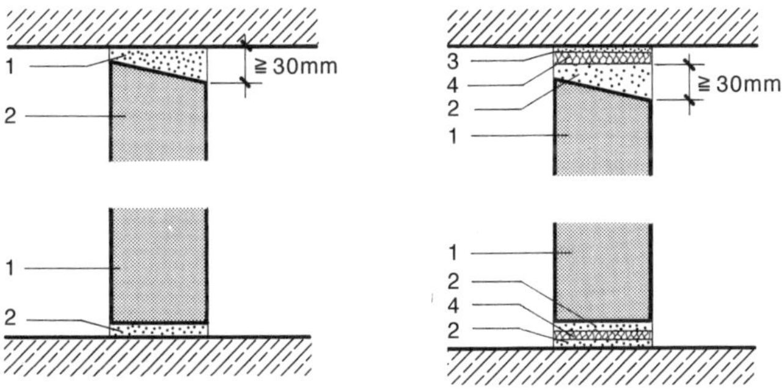

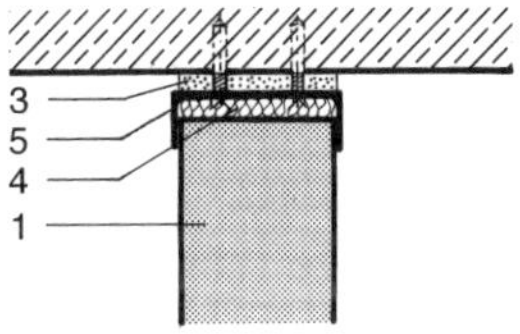

6.161a

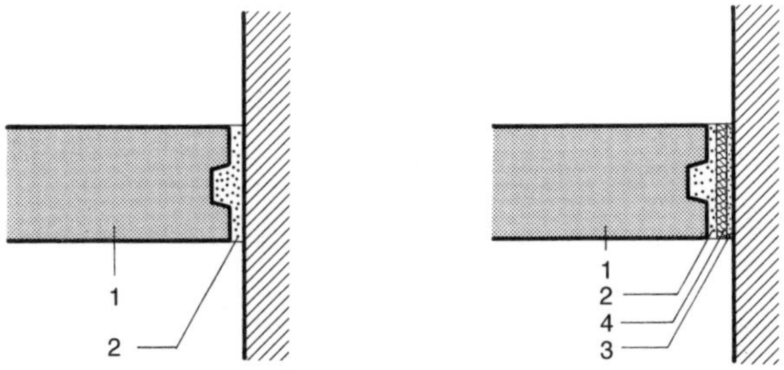

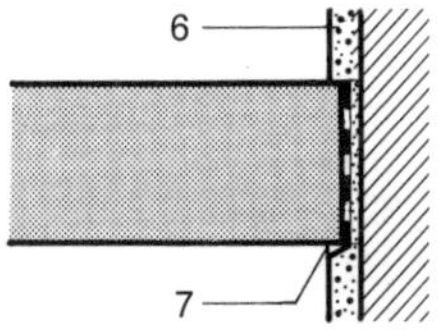

6.161b

6.161 Anschlüsse von Trennwänden aus Gipsbauplatten

a) Vertikalschnitte mit starrem, elastischem oder gleitendem Decken- und mit Bodenanschluss
b) Horizontalschnitte mit Wandanschluss

1 Gipsbauplatte
2 Gipsmörtel
3 Fugengips
4 Mineralwolle-, Bitumenfilz- oder Korkstreifen
5 U-Profil
6 Wandputz
7 Kellenschnitt oder Putzanschlussprofil

die Endbehandlung z. B. durch Tapezieren oder Anstrich erfolgen.

Grundsätzlich sind Trennwände aus Gips mit elastischen Anschlüssen an benachbarte Bauteile anzuschließen. Durch lückenlos verlegte, wandbreite, elastische Bitumenfilz-, Presskork- oder Mineralwollestreifen wird die Übertragung von Körperschall verhindert. Sind z. B. bei großen Spannweiten größere Deckendurchbiegungen zu erwarten, sind gleitende Anschlüsse mit Anschlussprofilen vorzusehen (Bild **6**.161).

Die planebenen Oberflächen sorgfältig hergestellter Wände aus Gipsbauplatten erfordern lediglich eine Spachtelung. Danach können Anstriche oder Tapezierarbeiten ausgeführt werden.

Für Sanitärräume o. Ä. werden Gipsbauplatten mit Imprägnierungen gegen Feuchtigkeit verwendet. Aussparungen für Installationen dürfen nur durch Fräsen hergestellt werden.

Nur bei vernachlässigbar geringen zu erwartenden Zwängungskräften kann der Anschluss starr an benachbarte Bauteile ausgebildet werden.

Alle Einbau- und Befestigungsteile müssen sorgfältig gegen Korrosion geschützt sein.

Die zulässigen Wandlängen in Abhängigkeit von Plattendicke und Wandhöhe sind den Tabellen **6**.162 und **6**.163 zu entnehmen.

Das Gewicht einschaliger Gipswände kann durch Verwendung von Platten mit porigem Gefüge verringert werden. Die Wärme- und Schalldämm-

6

Tabelle **6**.162 Zulässige Wandhöhe *h* für Wände, die mindestens oben und unten angeschlossen sind, eine beliebige Wandlänge *l* besitzen und große Öffnungen (z. B. Türöffnungen) aufweisen dürfen

Einbaubereich nach DIN 4103-1	Zulässige Wandhöhe *h* 1) [mm] für Plattenarten 2) von	bei Plattendicken	
	60 mm PW, GW, SW	80 mm PW, GW, SW	100 mm PW, GW, SW
1	3500	4500	700
2	nur mit Nachweis möglich	2750 3500	5000

1) Für Wände über 5000 mm Höhe, an die Anforderungen nach DIN 4102-4 gestellt werden, ist ein entsprechender Nachweis zu führen – dieser Nachweis ist durch Prüfungen am Institut für Baustoffe, Massivbau und Brandschutz, Braunschweig, erbracht.

2) Nach DIN 18 163 werden folgende Plattenarten unterschieden:
Porengips-Wandbauplatte PW mit einer Rohdichte über 0,6 bis 0,7 kg/dm³
Gips-Wandbauplatte GW mit einer Rohdichte über 7,0 bis 0,9 kg/dm³
Gips-Wandbauplatte SW mit einer Rohdichte über 0,9 kg/dm³

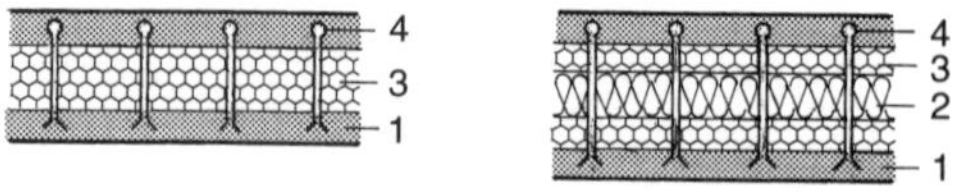

6.164 Mehrschalige Gips-Trennwandelemente (ATONA, Firma Grohmann)
1 Gipsplatten
2 Mineralfaserkern
3 Hartschaum
4 Kunststoff-Verbinder

Tabelle **6**.163 Zulässige Wandlänge *l* in Abhängigkeit von der Wandhöhe *h* bei Wänden, die keine großen Öffnungen aufweisen und vierseitig angeschlossen sind

Einbaubereich nach DIN 4103-1	Höhe *h* 1) in mm	Zulässige Wandlänge *l* [mm] für Plattenarten 2) bei Plattendicken von 60 mm und der Plattenart 2) nach DIN 18 163	80 mm		100 mm
		PW, GW, SW	PW	GW, SW	PW, GW, SW
1	3000	Wandlänge beliebig			
	3500				
	4000	8000			
	4500				
	5000		12 500		
	5500		13 750		
	6000	nur mit Nachweis möglich			
	6500				
	7000				
2	3000	4500	6000	Wandlänge beliebig	
	3500		7000		
	4000		8000	10 000	
	4500	nur mit Nachweis möglich			
	5000				
	5500				16 500

Eigenschaften werden verbessert durch Mehrschichtplatten (Bild **6**.164).

6.10.2.4 Glasbausteinwände

Glasbausteine (DIN 18 175) sind Hohlglaskörper, die aus zwei gepressten Teilen verschmolzen werden. Der Zwischenraum ist luftdicht abgeschlossen. Die Sichtflächen können eben und durchsichtig, aber auch profiliert und ornamentiert sein.

Glasbausteine werden nach DIN 4242 für Lichtwände und Raumteiler, Lichtbänder usw. verwendet. Wände aus Glasbausteinen bieten neben relativ guter Wärmedämmung (U = 2,9 bis 3,2 W/m^2K) und Schalldämmung (bewertetes Schalldämmaß R_w ca. 40 dB) die Möglichkeit, lichtdurchlässige Wände herzustellen, die gegen mechanische Beanspruchungen weniger empfindlich als übliche Verglasungen sind. Sie können mit der Feuerwiderstandsklasse G 60 und als Doppelwand sogar mit G 120 ausgeführt werden (vgl. Abschn. 16.7).

Glasbausteinwände können mit Steinen 190 x 190 x 80 mm als durchschusshemmend nach DIN 52 290-2 ausgeführt werden (Beanspruchungsart bis zu C 3).

Einen Überblick über die verfügbaren wichtigsten Formate von Glasbausteinen gibt Tabelle **6**.165.

Öffnungsmaße, Fugen- und erforderliche Randbreiten können nach Bild **6**.166 ermittelt werden.

Glasbausteine dürfen außer ihrem Eigengewicht keine lotrechten Lasten aufnehmen und müssen frei von Belastungen und Zwängungen durch Bauteilverformungen oder temperaturbedingte Längenänderungen sein. Es müssen daher insbesondere bei Glasbausteinen in Fassaden seitliche und obere Dehnfugen und unten Gleitfugen vorgesehen werden. Diese werden am besten mit Hilfe korrosionsgeschützter Stahl- oder Leichtmetall-Profile gebildet, in die Faserdämmplatten eingelegt werden (Bild **6**.167).

Glasbausteinflächen in Fassaden dürfen ohne besonderen statischen Nachweis ausgeführt werden, bei Aufmauerung

- *ohne Verband* (mit durchgehenden Fugen): Bei Seitenlängen < 1,50 m, Wanddicke > 80 mm, Windlast < 0,8 kN/m^2,
- *im Verband*: Wenn die kleinere Seite der Fläche < 1,50 m, die größere Seite < 6,00 m ist.

In allen anderen Fällen ist die Bemessung und Bewehrung nach DIN 4242 Abschn. 4 bzw. nach ENV 1992 Abschn. 4 durchzuführen.

Bei Wänden, die in der Regel ohne Knicksicherheitsnachweis erstellt werden können, ergibt sich bei einem gegebenen seitlichen Abstand der Auflager und einer Mindestwanddicke von 80 mm die maximale Höhe wie folgt:

gegebene Breite (m)
1,00 2,00 3,00 4,00 5,00 6,00

maximale Höhe (m)
8,00 7,00 6,00 5,00 4,00 3,00

Tabelle **6**.165 Glasbausteine: Maße, Gewichte, Druckfestigkeitsklassen

Länge l ± 2 mm	Breite b ± 2 mm	Höhe h ± 2 mm	Gewicht kg min.	Druckfestigkeiten MN/m² Mittelwert min.	Einzelwert min.
115	115	80	1,0	7,5	6,0
190	190	80	2,2	7,5	6,0
240	115	80	1,8	6,0	4,8
240	240	80	3,5	7,5	6,0
300	300	100	6,7	7,5	6,0

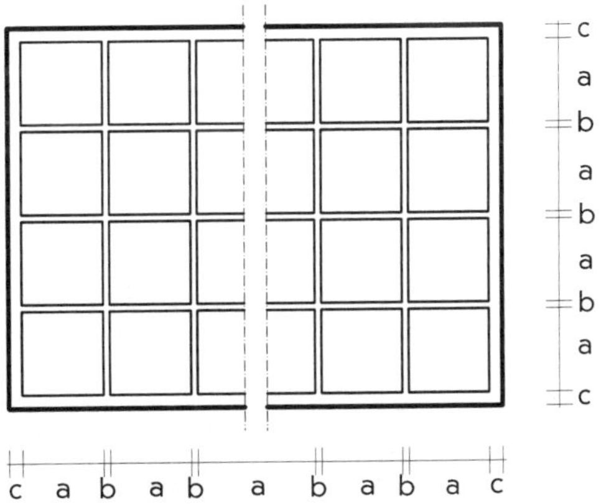

6.166 Ermittlung der erforderlichen Öffnungsmaße für Flächen aus Glasbausteinen
a = Kantenlänge der Steine
b = Fugenbreite (12 bis 30 mm)
c = Randstreifen (min. 50 mm, max. 100mm)

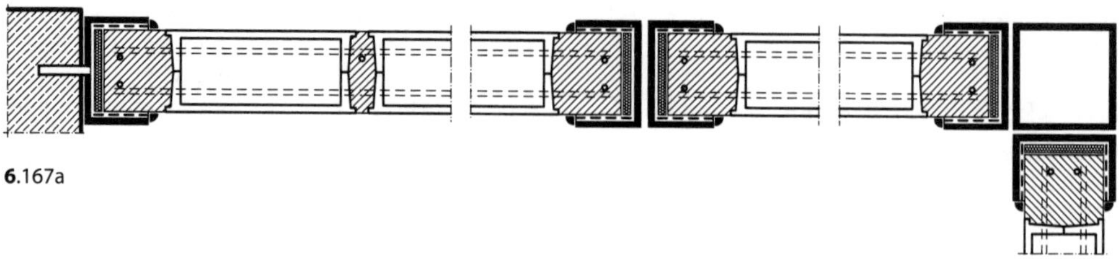

6.167a

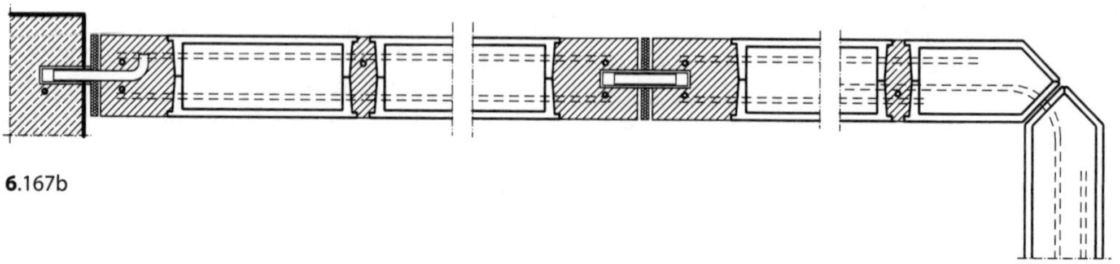

6.167b

6

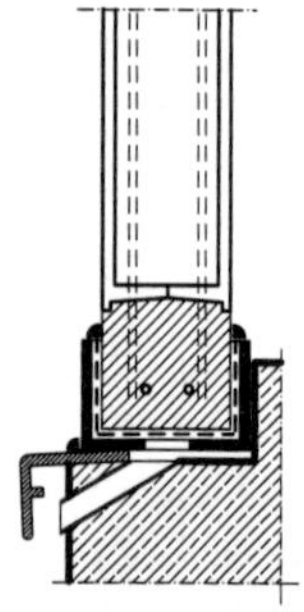

6.167c

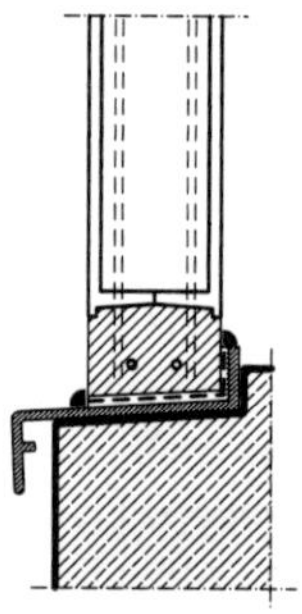

6.167d

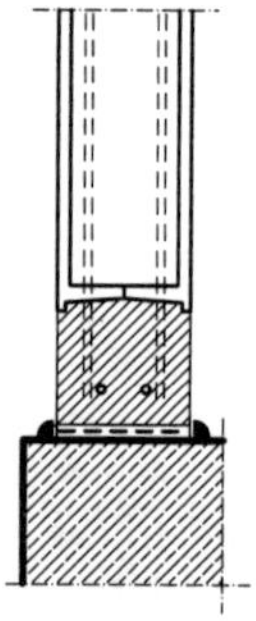

6.167e

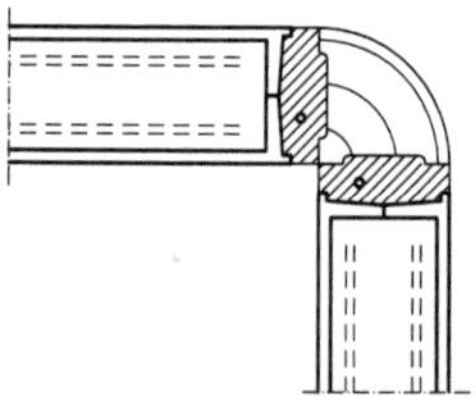

6.167 Wände aus Glasbausteinen; Konstruktionsdetails (Grundrisse)
- a) Wandanschluss, Trennfuge und Ecke mit LM-U-Profilen
- b) Wandanschluss und Trennfugenausbildung ohne U-Profile, Ecken mit Formsteinen
- c) Bodenanschluss mit U-Profilen
- d) Bodenanschluss mit Fensterbank
- e) Bodenanschluss ohne U-Profile

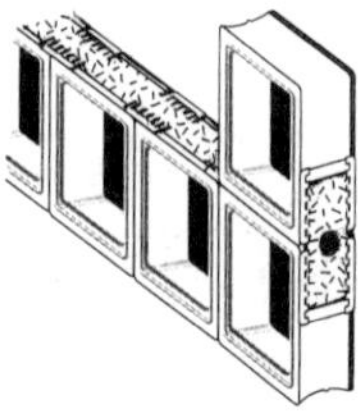

6.168a

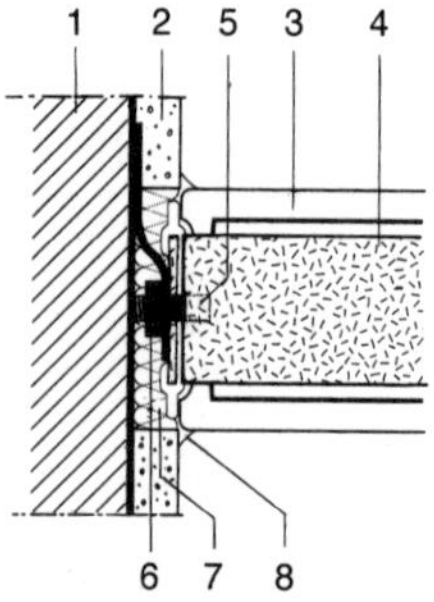

6.168b

6.168
Aufbau von Glasbausteinen mit Spezial-Profilen (STECKfix)
- a) räumliche Darstellung
- b) Wandanschluss Schnitt

1. Mauerwerk
2. Putz
3. Glasstein
4. Armierungsstahl, verzinkt
5. eingeschweißter Bolzen M 8
6. Mutter- oder Gewindehülse, verzinkt
7. Hinterfüllmaterial
8. Versiegelung

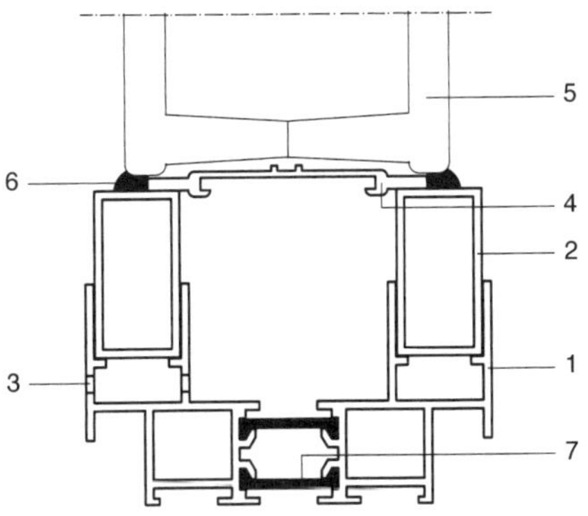

6.169a

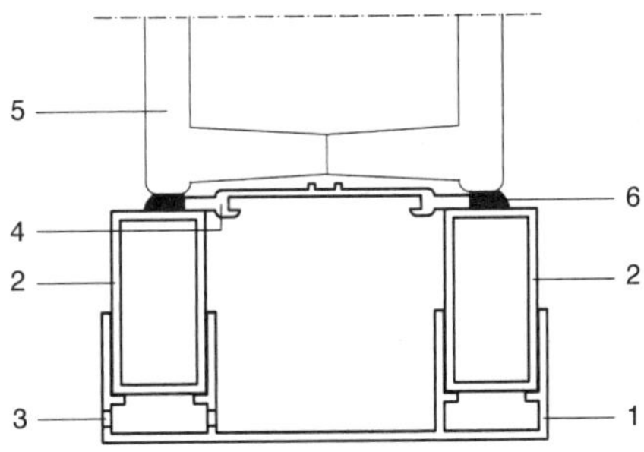

6.169b

6.169 Rahmenprofile für Giasbausteine (STECKfix®)
a) Normalprofil
b) Profil mit thermischer Trennung
1 Rahmenprofil
2 Ausgleichsprofil (20 bis 100 mm breit)
3 Entwässerung und Belüftung (nach vorn oder unten)
4 Combi-Clip
5 Glasstein
6 Versiegelung
7 Wämmedämmsteg

Glasbausteine werden mit feuchtem, fast trockenem Zement- oder Leichtmörtel vermauert und anschließend verfugt. Der Fugenabstand beträgt in der Regel 12 mm, maximal 30 mm (z. B. bei starken Stahleinlagen).

Zur Rationalisierung sind neuerdings Trockenbauverfahren auf dem Markt. Die Steine werden dabei zwischen verzinkten Flacheisen versetzt, die in die Lagerfugen eingelegt werden. Auf diese werden spezielle Kunststoff-Clips aufgeklemmt, die die Steine halten. Die nur 3 mm dicken Fugen werden mit einer Silikon-Spezialversiegelung kraftschlüssig gedichtet (Bild **6**.168). Für Rahmenkonstruktionen gibt es Leichtmetallprofile mit Höhen- und Seitenausgleich und für Außenwände mit thermischer Trennung (Bild **6**.169).

6.10.3 Mehrschalige nichttragende Trennwände – Trockenbau

6.10.3.1 Allgemeines

Überall dort, wo einschalige nichttragende Trennwände aus Gewichtsgründen nicht in Frage kommen, wo leichte Demontage möglich sein soll oder bei nachträglichen Einbauten werden mehrschalige Trennwandkonstruktionen bevorzugt.

Auch bei Baumassnahmen, bei denen Wassereintrag in den Bau möglichst vermieden werden muss, werden Wände bevorzugt in Trockenbau-Systemen ausgeführt.

Die tragenden Gerüste bestehen aus Stielen bzw. Ständern oder aus fachwerkartigen Rahmenkonstruktionen. Sie werden bekleidet mit Spanplatten, Profilbrettern, Paneelen, Gipskarton- oder -faserplatten, Faserzementplatten, Blechen usw. Derartige Wände können nur bedingt als umsetzbar gelten, da nur bei besonderen Vorkehrungen die Bekleidungen nach einem Abbau ohne Beschädigungen bleiben und wieder verwendet werden können (Umsetzbare Trennwände s. Abschn. 15). Sie gewinnen jedoch ständig zunehmende Bedeutung im Rahmen der Bestrebungen, zur Rationalisierung des Bauablaufes alle Innenausbauten in Trockenbauweisen auszuführen. Mit ganz oder teilweise vorgefertigten Trennwandelementen in Verbindung mit „Trockenputz“ (Wandbekleidungen aus Gipskartonplatten) können z. B. Putzarbeiten vermieden werden, die neben dem erforderlichen Zeitaufwand und allen unvermeidbaren Verschmutzungen auch einen erheblichen Nässeeintrag in die Baustelle bedeuten.

Schallschutz. Für die Gewährleistung ausreichenden Schallschutzes sind nicht allein die Eigenschaften der Wände maßgeblich. Es müssen vor allem Maßnahmen gegen Schall übertragung über angrenzende Bauwerksteile (Flankenübertragung) getroffen werden (s. Abschn. 10).

Die Schalldämmung des oberen Anschlusses von leichten Trennwänden an Geschossdecken ist schwierig, wenn unter der Decke Installationen hängen oder keine ebenen, geschlossenen Deckenuntersichten (z. B. bei Stahlbetonrippendecken, Stahlleichtdecken mit Trapezblechen) vorhanden sind. In derartigen Fällen muss eine schalldämmende, abgehängte Unterdecke vorgesehen werden, die über die Trennwände hinwegläuft, wobei die Trennwandskelette nur punktweise mit der Rohdecke verankert werden (s. Abschn. 14.3).

Brandschutzanforderungen können mit mehrschaligen Trennwandkonstruktionen bei Beachtung der in DIN 4102-4 Abschn. 4.9 festgelegten Anforderungen in vollem Umfang erfüllt werden, insbesondere, wenn statt Gipskartonplatten Feuerschutz-Spezialplatten verwendet werden (z. B. Fireboard-Platten, Fa. Knauf).

Die Auswirkungen der europäischen Normen lassen erwarten, dass künftig für den Trockenbau das in den grossen europäischen Nachbarländern schon lange praktizierte „Paket-Denken" stark an Bedeutung gewinnen wird. Bauteile sind dabei „im System" herzustellen. Dies bedeutet, dass die Austauschbarkeit einzelner Komponenten stark eingeschränkt, wenn nicht sogar unmöglich sein wird. Es ist zu erwarten, dass Kataloge mit Beschreibungen europäisch technisch zugelassener Bauteile entstehen werden. Für den Bereich der Bauteile mit vertraglich zu sichernden Eigenschaften wird das frei wählbare Zusammenstellen der Komponentenplatte = Fabrikat „A", Unterkonstruktion = Fabrikat „B", Schrauben = Fabrikat „C", Dämmstoff = Fabrikat „D", Fugengips = „E" usw. stark eingeschränkt, wenn nicht sogar unmöglich sein.

6.10.3.2 Trennwände mit Unterkonstruktionen in Holzbauart

Unterkonstruktionen in Holzbauart können nach DIN 4103-4 ausgeführt werden. Die Unterkonstruktion besteht aus Vollholz, besser jedoch aus verleimtem Holz oder aus Flachpressplatten (DIN 68 763 bzw. 68 000-2, Emissionsklasse E der Formaldehyd-Richtlinien).

Die erforderlichen Mindestquerschnitte für die Stiele – Abstand 62,5 cm – sind in Abhängigkeit von Einbaubereich und Wandhöhe in Tabelle **6**.170 (DIN 4103-4) vorgeschlagen.

Bei einer Ausführung nach Bild **6**.171 können leichte Trennwände in Holzbauart lediglich für eine einfache Raumunterteilung dienen. Sie wer-

Tabelle **6**.170 Erforderliche Mindestquerschnitte *b/h* für Holzstiele oder -rippen bei einem Achsabstand *a* = 625 mm in Abhängigkeit von Einbaubereich, Wandhöhe und Wandkonstruktion

	Einbaubereich nach DIN 4103-1 1			2		
Wandhöhe *H*	2600	3100	4100	2600	3100	4100
Wandkonstruktion	Mindestquerschnitte *b/h*					
Beliebige Bekleidung 1)	60/60		60/80	60/80		
Beidseitige Beplankung aus Holzwerkstoffe 2) oder Gipsbauplatten 3), mechanisch verbunden 4)	40/40	40/60	40/80	40/60	40/60	40/80
Beidseitige Beplankung aus Holzwerkstoffen, geleimt 5)	30/40	30/60	30/80	30/40	30/60	30/80
Einseitige Beplankung aus Holzwerkstoffe 5) oder Gipsbauplatten, mechanisch verbunden	40/60		60/50	60/60		

1) Z. B. Bretterschalung
2) Genormte Holzwerkstoffe und mineralisch gebundene Flachpressplatten
3) Gipsbauplatten DIN 18 180 und Gipsfaserplatten
4) Nägel, Klammern, Schrauben; $e > 80\,d < 200\,d$
5) Wände mit einseitiger, aufgeleimter Beplankung aus Holzwerkstoffplatten können wegen der zu erwartenden, klimatisch bedingten Formänderungen (Aufwölben der Wände) allgemein nicht empfohlen werden.

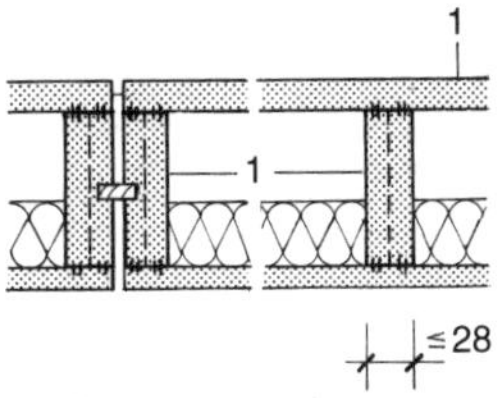

6.171a

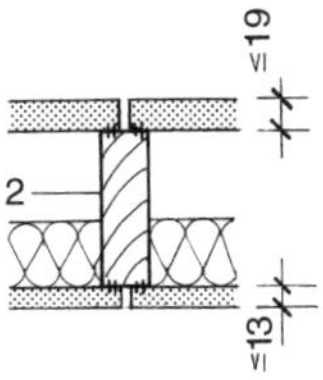

6.171b

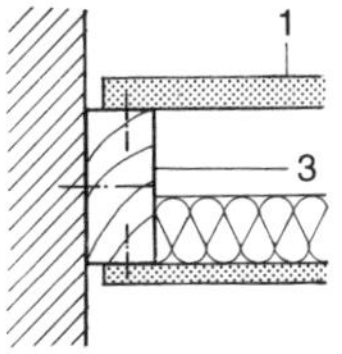

6.171c

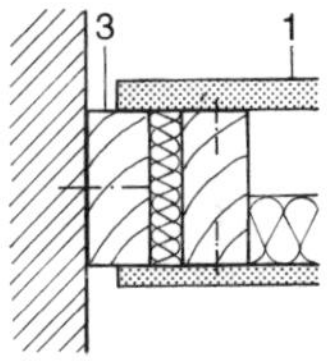

6.171d

6.171 Trennwand mit Unterkonstruktion in Holzbauart
Grundrisse:
a) Element-Stoß
b) Planenstoß
c) Wandanschluss fest
d) Wandanschluss gleitend

1 Flachpressplatten
2 Vollholzprofil
3 Wandanschlussprofil, Vollholz

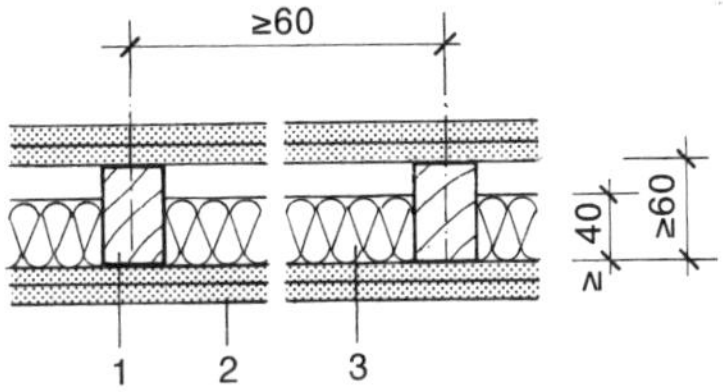

6.172a

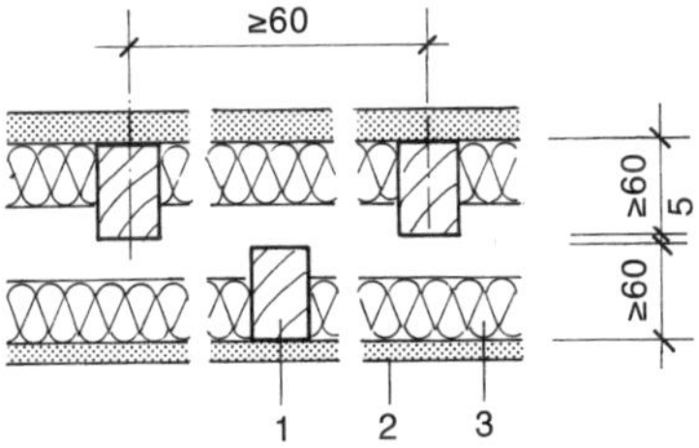

6.172b

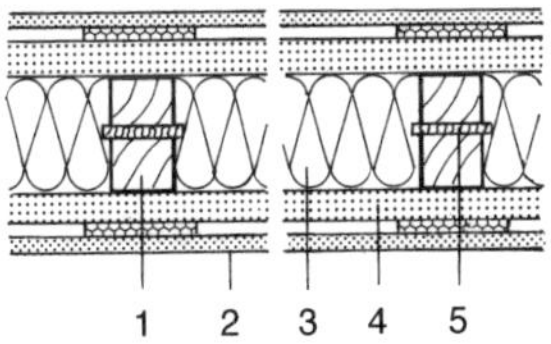

6.172c

6.172
Trennwand mit Unterkonstruktion in Holzbauart: schalldämmende Ausführungen
a) einfache Unterkonstruktion mit doppellagiger Beplankung aus Gipskartonplatten und Mineralwolle-Einlage
b) Doppelständer-Unterkonstruktion mit einfacher Beplankung aus Gipskartonplatten und doppelter Mineralwolle-Einlage
c) zweischalige Unterkonstruktion mit Beplankung aus Gipskartonplatten. mit Wabenplatten, auf Leichtbauplatten geklebt
1 Holzprofil
2 Gipskartonplatte, Gipsfaserplatte
3 Mineralwolle
4 Leichtbauplatte
5 Distanzstreifen (z. B. selbstklebender Filzstreifen)

den bei Längen bis zu 5 m mit Holzschrauben < 6 mm an die benachbarten Bauteile angedübelt. Leichte Konsollasten können – ausgenommen bei Bretterschalungen – bei geeigneten Befestigungsmitteln an jeder Stelle angeschlossen werden.

Ähnlich den in Abschnitt 6.10.3.3 behandelten Trennwänden mit Unterkonstruktionen aus Metallprofilen können auch in Holzbauart Trennwände hergestellt werden, die erhöhte Schalldämm-Anforderungen erfüllen. Einige Beispiele dafür zeigt Bild **6**.172. Mit derartigen Konstruktionen können bewehrte Schalldämm-Maße $R'_{w,R}$ von 38 bis 49 dB (vgl. Abschn. 16.6) erreicht werden.

Die Ausführung der Bekleidungen in unterschiedlicher Dicke kann die Schalldämm-Eigenschaften verbessern.

6

6.10.3.3 Trennwände mit Unterkonstruktionen aus Metallprofilen

Trennwände mit Unterkonstruktionen aus Metallprofilen werden im Innenausbau bevorzugt verwendet. Derartige Trennwände mit Beplankungen aus Gipskartonplatten sind in DIN 18 183 genormt.

Unterschieden werden Einfachständerwände, Doppelständerwände und Vorsatzschalen.

Die Unterkonstruktionen bestehen aus verzinkten Stahlprofilen. Dabei sind die UW-Profile für Decken- und Bodenanschlüsse, die CW-Profile für die „Ständer" vorgesehen. In die Wandhohlräume werden zur Schalldämmung Platten aus Mineralwolle (Steinwolle, Glaswolle) eingebracht. Dabei gilt: Je höher der Füllgrad des Hohlraumes ist, desto höher ist die Verbesserung der Schalldämmung der „Ständerwand" gegenüber einer ungedämpften Wand. Zur vollen Nutzung der schallschutztechnischen Leistungsfähigkeit von Ständerwänden sollte eine 80–100 %-ige Hohlraumfüllung angestrebt werden.

In der jüngsten Vergangenheit wurde durch fast alle Gipskartonplattenhersteller aus „logistischen Gründen" die flächenbezogene Masse von Gipskartonplatten redudziert. Die flächenbezogenen Massen von üblichen 12,5 mm dicken Gipskartonplatten, Typ GKB (Gipskarton-Bauplatten), liegen heute zwischen 8,5 und 9,5 kg/m². Feuerschutzplatten (GKF) haben eine flächenbezogene Masse von etwas mehr als 10 kg/m². Die Gewichtsreduzierung der Gipskartonplatten hat zu erheblichen Einbussen beim Schallschutz von entsprechenden Trennwänden geführt. Daraufhin hat die Entwicklung neuer technischer Lösungen mit hohem Schallschutzstandard eingesetzt.

Voraussetzung für gute Schalldämmwerte von „Ständerwänden" ist das „Feder-Masse-System". Dieses System entsteht durch die Kopplung von zwei Schalen (Gipskarton-Platten) durch eine verbindende „Feder" (z. B. Metallständer). Je besser die akustische Entkopplung der einzelnen Schalen einer Ständerwand ist, desto besser ist auch ihr Schallschutz.

Die führenden Hersteller haben auf Grund der durch die Gewichtsreduzierung von Gipskartonplatten aufgetretenen Schalldämmprobleme sowohl die Standard-CW-Profile verändert als auch die besonders federnden Spezialständer-Profile

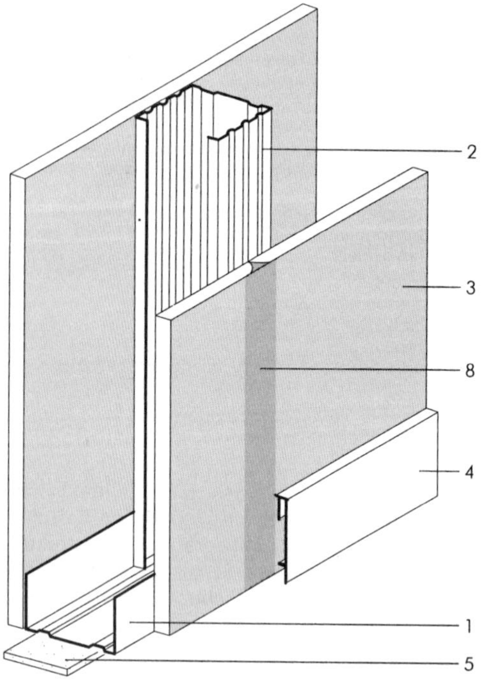

6.173a

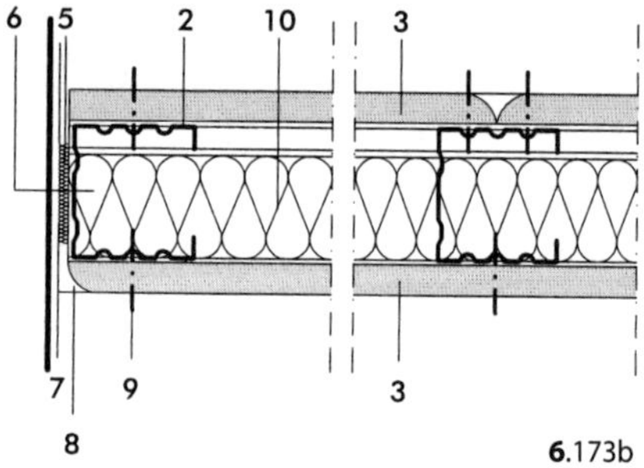

6.173b

6.173 Montagewand (Metallständerwand), System Richter®
a) Isometrie
b) Querschnitt mit Wandanschluss

1 Anschlussprofil UW
2 Ständerprofil CW
3 Gipskartonplatte GKB 12,5 mm
4 Sockelleiste
5 Dichtungsband, 1-seitig klebend
6 Befestigungselement
7 Trennstreifen
8 Fugenfüller
9 BLACK-STAR®-Typ 1 TN-25 mm
10 Dämmstoff

MW entwickelt. Die neuen CW-Profile sind stärker profiliert, wodurch die federnde Wirkung der Ständer und damit die Entkopplung der einzelnen Schalen verstäkrt wird. Die MW-Profile sind mit einer „Federzunge" ausgestattet, wodurch eine Verbesserung der Schalldämmung von bis zu 6 dB gegenüber MW-Profilen erreicht wird. Bild **6**.174 zeigt das Schalldämmverhalten von 150 mm dicken, doppelt beplankten Metallständern aus 100 mm CW-Profilen im Vergleich mit 100 mm MW-Ständer-Profilen mit Federzunge.

Bauakustische Vergleichsmessungen haben gezeigt, dass bei flächenbezogenen Masse der Gipskartonplatten in den Bereichen von 8,5 bis 10 kg/m² nur geringe Unterschiede in der Schalldämmung festzustellen sind. Je nach Wandkonstruktion wurden hier Unterschiede von 1 bis 3 dB zu Gunsten der schweren Platten gemessen.

Dagegen kommt der Gefügezusammensetzung der Gipskartonplatten eine grössere Bedeutung zu. Es sind inzwischen Gipskartonplatten auf dem Markt, die allein auf Grund ihrer Gefügezusammensetzung bei gleicher flächenbezogener Masse bessere Schalldämmwerte erreichen, selbst bei Verwendung von Standard-CW-Profilen. Bei Verwendung von Ständerprofilen mit Federzunge werden die Schalldämmwerte deutliche verbessert (s. Tab. **6**.175).

Auch der Abstand der einzelnen Gipskartonplattenschalen hat erheblichen Einfluss auf den Schallschutz der Ständerwände. Der Abstand der einzelnen Schalen beeinflusst die Lage der Resonanzfrequenz, die möglichst unter 100 Hz liegen sollte. Je grösser der Abstand der Schalen untereinander ist, um so niedriger ist auch die Resonanzfrequenz und damit auch das Schalldämmmass einer Ständerwand.

Die verbesserten Systeme mit geänderten Ständerprofilen verlangen nicht zuletzt natürlich auch eine sorgfältige Verarbeitung wie z. B. Dichtheit der Anschlüsse. Durch unsachgemässe oder nicht sorgfältige Verarbeitung gehen die möglichen Verbesserungen der Schalldämmwerte schnell wieder verloren.

Doppelständerwände bieten sehr gute Schalldämmeigenschaften, wenn beide Schalen einwandfrei voneinander getrennt sind. Dabei ist eine versetzte Anordnung der Ständer ebenso möglich wie die Trennung gegenüberstehender

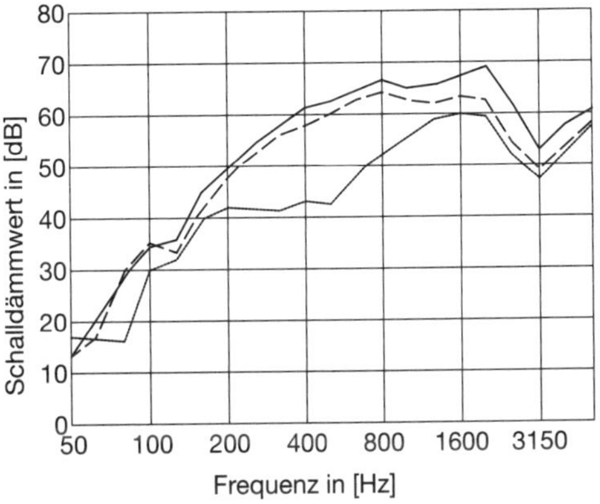

—— MW 100, 2 × 12,5 mm GK Piano, $R_{w,P}$ = 60 dB
– – MW 100, 2 × 12,5 mm GKB, $R_{w,P}$ = 56 dB
—— CW 100, 2 × 12,5 mm GKB, $R_{w,P}$ = 50 dB

6.174 Messkurven – Einfluss von Ständern und Gipskartonplatten auf die Schalldämmung einer 150 mm dicken Ständerwand

Tab. **6**.175 Schalldämmwerte Rw,R von Knauf Einfach-Metallständerwänden im Überblick

			GK-Platten > 8,5 kg/m² auf Profil		Schallschutzplatte Knauf Piano auf Profil	
Wandtyp	Profilabm. mm	Wanddicke mm	CW	MW	CW	MW
W 111/ W 141	50	75	40		41	
	75	100	41	44	43	48
	100	125	42	45	45	50
W 112/ W 142	50	100	47		49	
	75	125	49	53	52	56
	100	150	50	54	54	58
W 113/ W 143	75	150		56		58
	100	175	52	57		60

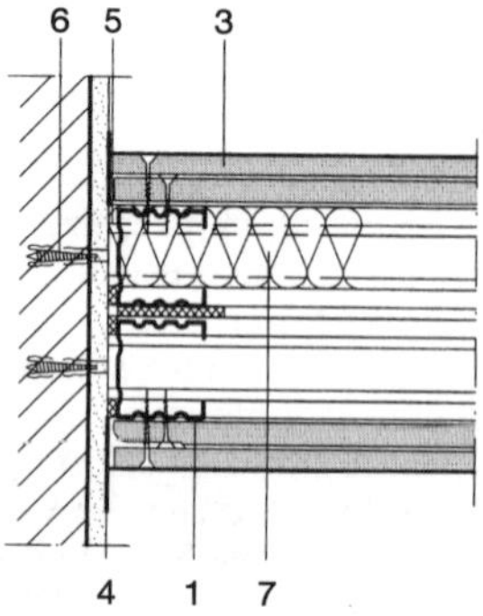

6.176a

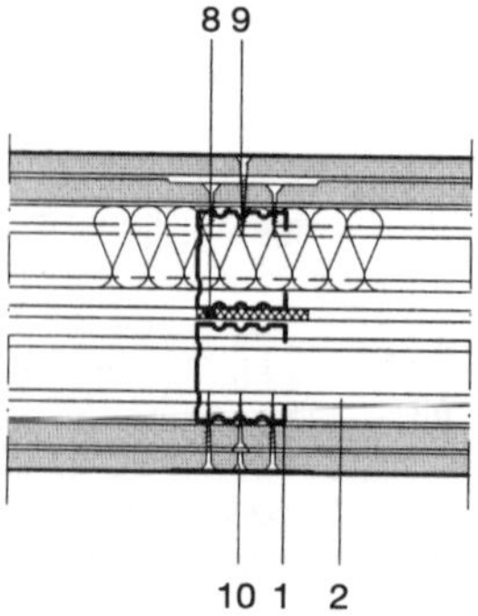

6.176b

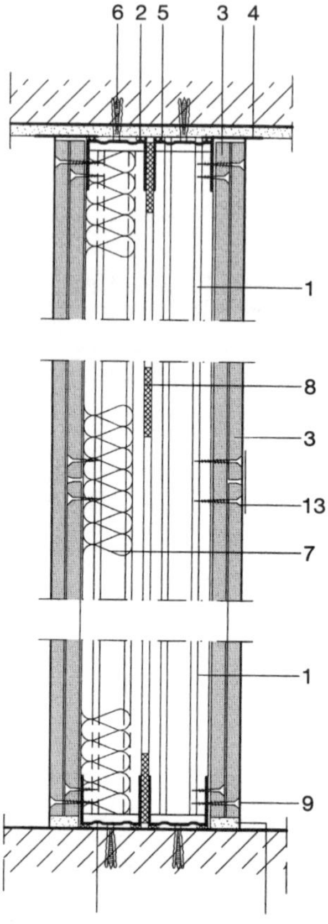

6.176f

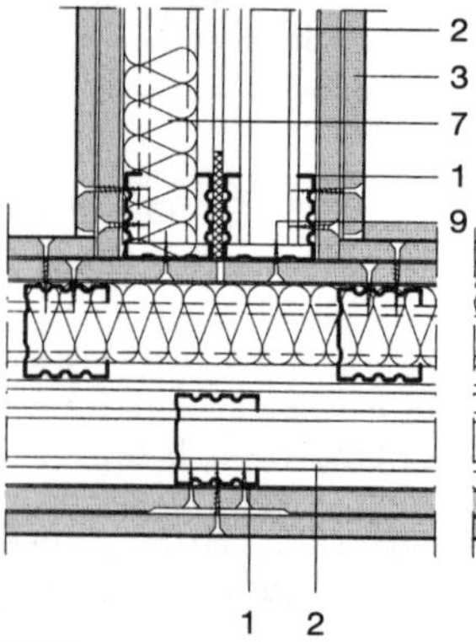

6.176c

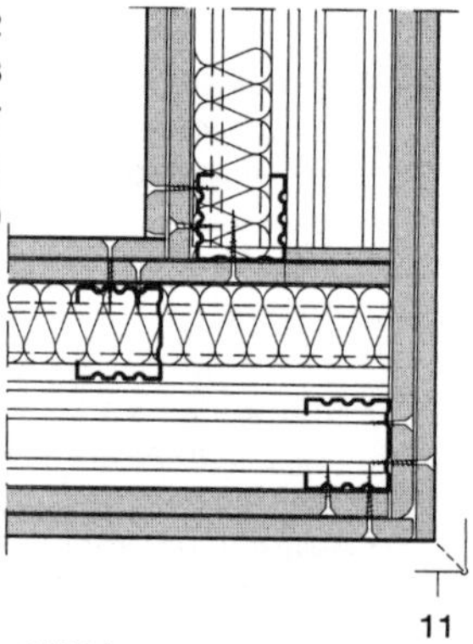

6.176d

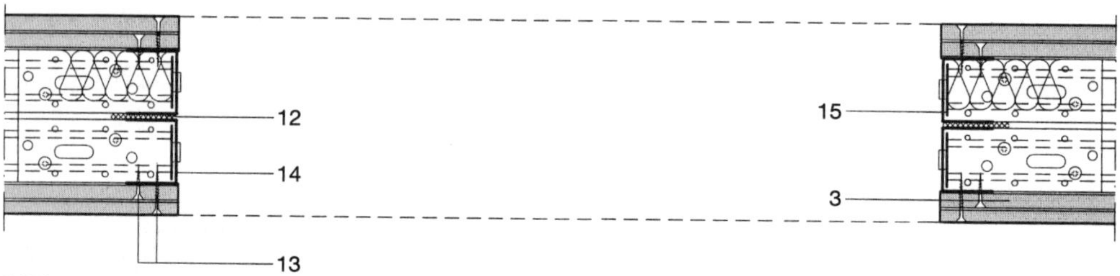

6.176e

6.176 Metallständerwand, Doppelständerwerk zweilagig beplankt (System Knauf, W115)

a) Anschluss an Massivwand, b) Plattenstoss, c) T-Verbindung, d) Eckausbildung, e) Türausbildung
f) Vertikalschnitt

1 CW-Profil
2 UW-Profil
3 Knauf Gipsplatten
4 Trennstreifen oder Trennfix
5 Trennwandkitt
6 Drehstiftdübel
7 Dämmschicht
8 Selbstklebendes Dämmstreifenstück
9 Schnellbauschrauben TN
10 Knauf Uniflott
11 Falls erforderlich: Knauf Eckschutzschiene bzw. Alux Kantenschutz
12 Dämmstreifen durchlaufend
13 Schnellbauschraube TB
14 UA-Profil 2 mm
15 Türpfostensteckwinkel

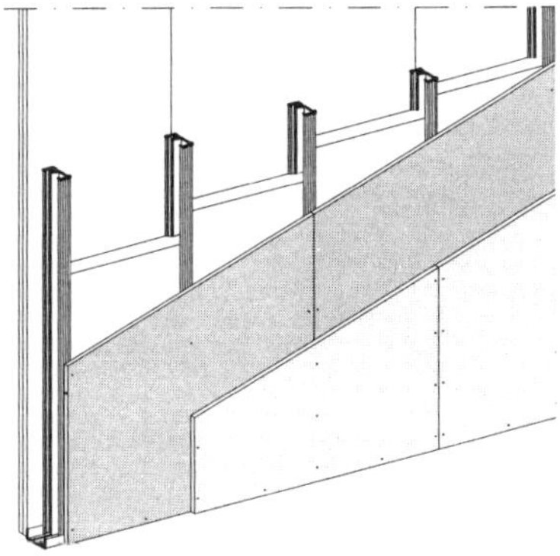

6.177a

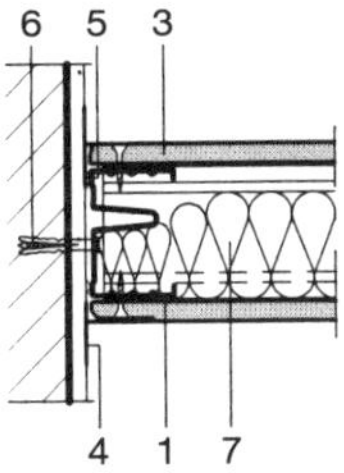

6.177b

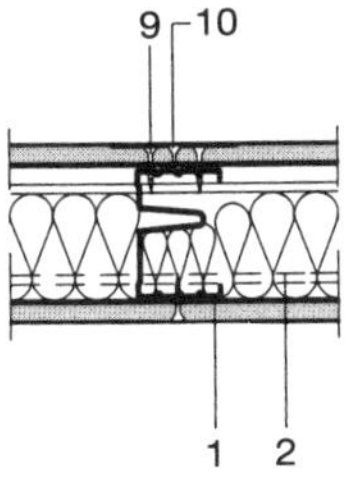

6.177c

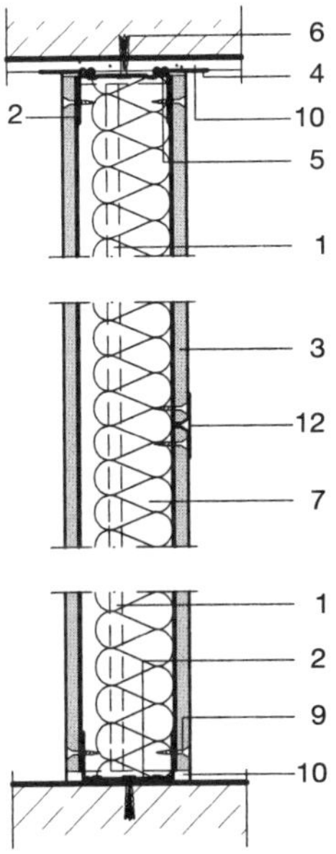

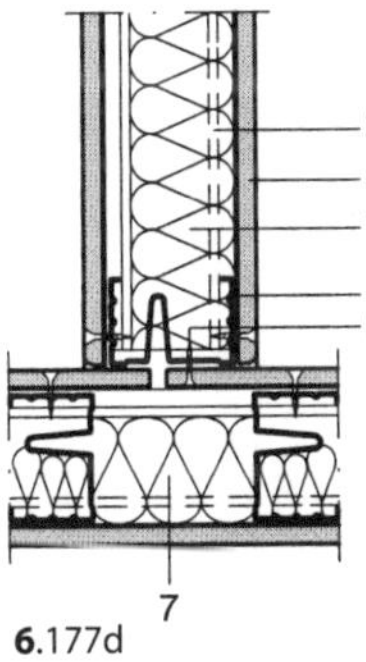

6.177d

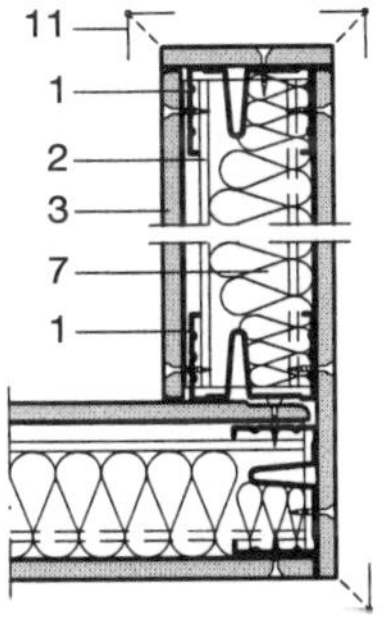

6.177e

6.177g

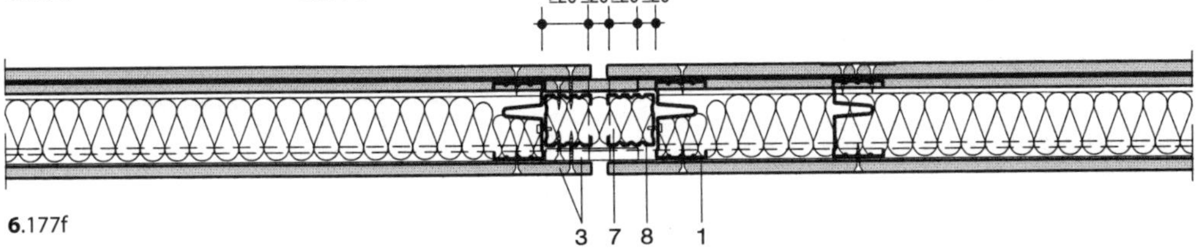

6.177f

6.177 Schallschutzwand, Metall-Einfachständerwerk MW, 2-lagig beplankt, System Knauf W142

a) Isometrie, b) Anschluss an Massivwand, c) Plattenstoss, d) T-Verbindung, e) Eckausbildung freistehendes Wandende, f) F30-Bewegungsfuge, g) Vertikalschnitt

1 MW-Profil
2 UW-Profil
3 Knauf-Gipsplatte
4 Trennstreifen oder Trennfix
5 Trennwandkitt
6 Drehstiftdübel
7 Dämmschicht
8 CW-Profil
9 Schnellbauschraube TN
10 Knauf Uniflott
11 Falls erforderlich: Knauf Eckschutzschiene oder Alux Kantenschutz
12 Horizontalstoss mit Papierfugendeckstreifen spachteln

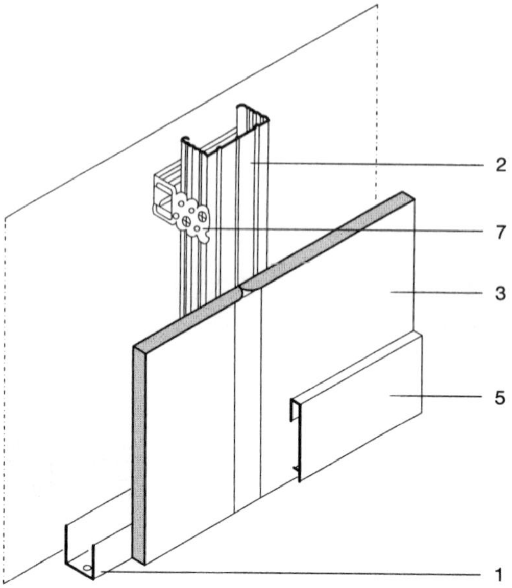

6.178a

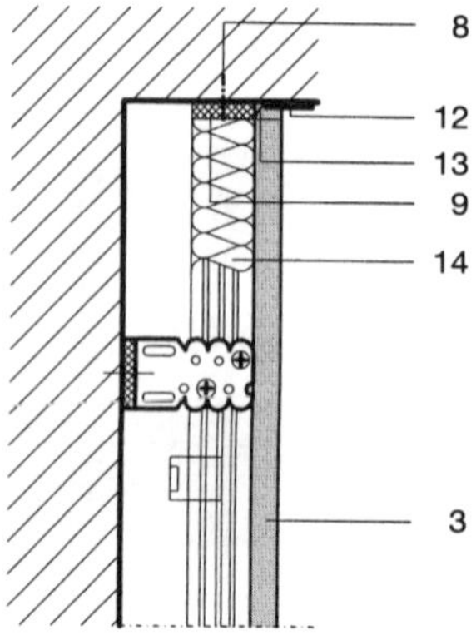

6.178d

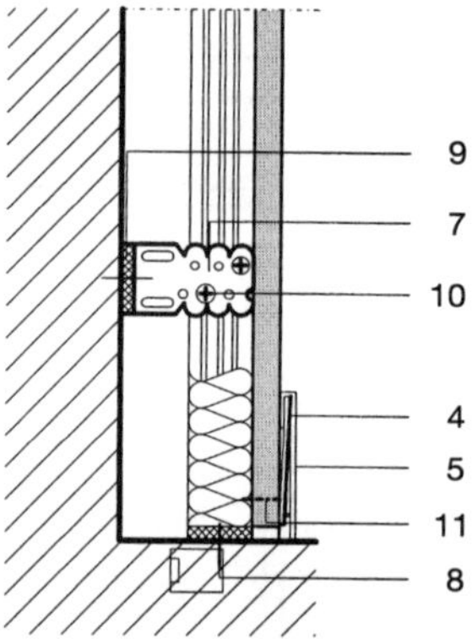

6.178e

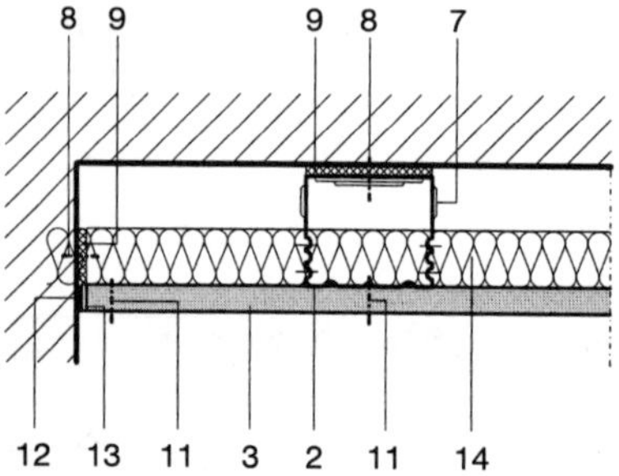

6.178b

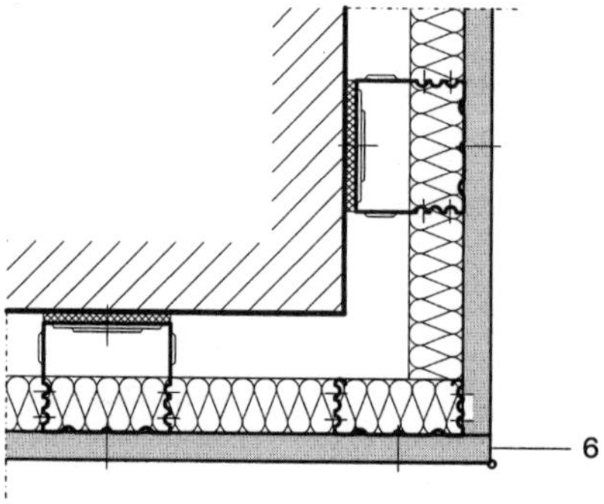

6.178c

6.178 Metallständer-Vorsatzschale

a) Isometrie, b) Wandanschluss, c) 90°-Aussenecke, d) Deckenanschluss, e) Bodenanschluss

1 Anschlussprofil UD 28/27 x 06
2 Profil CD 60 x 06
3 Gipsplatte GKB/GKF 12,5 mm
4 Sockelleiste
5 Sockelclip
6 Eckleiste SYRECK® Typ 001, verz. 27/27 mm
7 Direktabhänger
8 Drehstiftdübel
9 Dichtungsband, einseitig klebend, 30 mm
10 Blechschraube
11 BLACKSTAR®-Schraube Typ 1 TN-25 mm
12 Trennstreifen bei geputzten Anschlussflächen
13 Fugenfüller
14 Dämmstoff

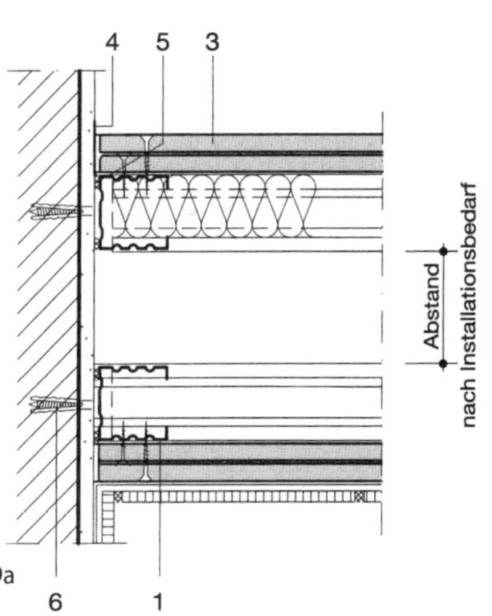

6.179a

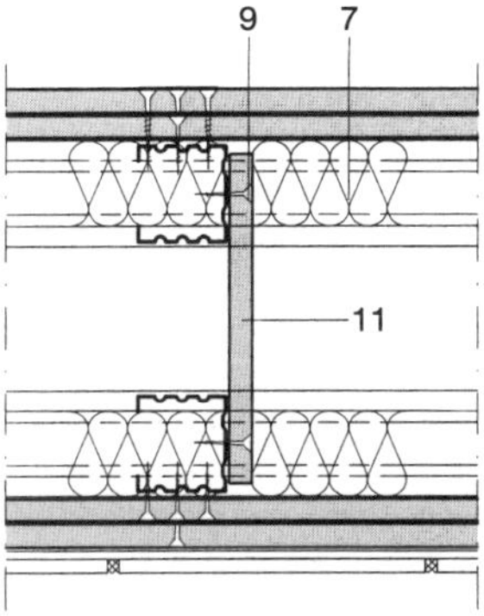

6.179b

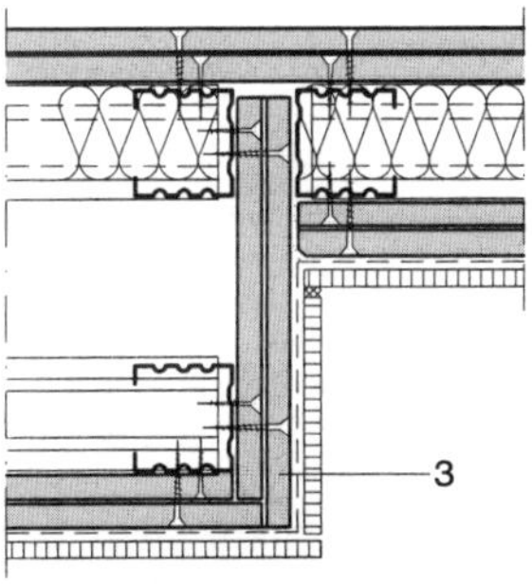

6.179c

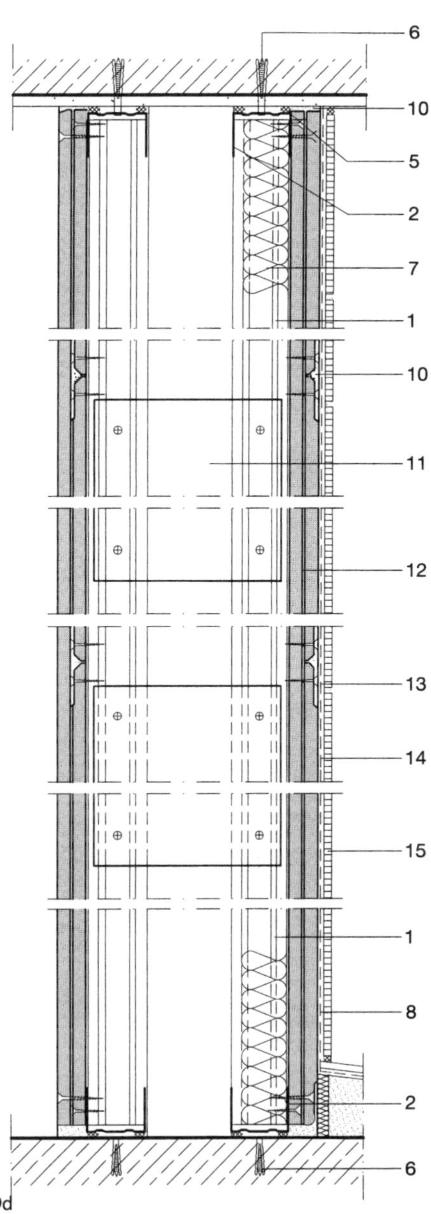

6.179d

6.179 Installationswand, Doppelständerwerk, zweilagig beplankt, System Knauf W116

a) Anschluss an Massivwand, b) Ständeraussteifung mit Plattenstreifen, c) Wandverjüngung (auf System W112) d) Vertikalschnitt

1 CW-Profil
2 UW-Profil
3 Knauf-Gipsplatte
4 Trennstreifen oder Trennfix
5 Trennwandkitt
6 Drehstiftdübel
7 Dämmschicht
8 Flächendichtband
9 Schnellbauschraube TN
10 Knauf Uniflott
11 Gipsplattenstreifen > 12,5 mm dick, 300 mm hoch
12 Knauf Gipsplatte, imprägniert
13 Flächendicht (Feuchtigkeitssperre)
14 Flexkleber
15 Fliese

Ständer durch federnde Zwischenlagerung (s. Bild **6**.176). Eine weitere Verbesserung des Schallschutzes ist möglich durch bis dreilagige Beplankung mit Gipskartonplatten unterschiedlicher Dicke.

Bewegungsfugen des Rohbaus müssen in die Konstruktion der Ständerwände übernommen werden. Bei durchlaufenden Wänden sind im Abstand von ca. 15,00 m Bewegungsfugen erforderlich.

In der Altbausanierung kommen häufig Metallständer-Vorsatzschalen zur Ausführung um die Wärme- und Schalldämmung insbesondere von Aussen- und Wohnungstrennwänden zu erhöhen, s. Bild **6**.178.

6

Wenn an den Montagewänden grössere Konsollasten berücksichtigt werden müssen, kommen verstärkte Konstruktionen mit versetzt angeordneten oder verstärkten Ständern in Frage. Im übrigen dürfen an jeder Stelle von Ständerwänden nach DIN 18 183 Konsollasten (z. B. aus Regalen oder Wandschränken) angebracht werden, solange 0,4 kN/m Wandlänge nicht überschritten werden bzw. 0,7 kN/m bei Beplankungen mit d > 18 mm. Grössere Konsollasten, z. B. für Waschtische und für andere Sanitärobjekte oder für schwere Bücherregale sind über besondere Traversen einzuleiten, und Doppelständerwände sind in den Ständerreihen durch Laschen zugfest zu verbinden.

In „Installationswänden" stehen die Ständer so weit auseinander, dass Installationsleitungen und Tragsysteme (z. B. für Waschtische) problemlos in den Wandzwischenräumen untergebracht werden können, s. Bild. **6**.179.

Umsetzbare Trennwände mit Unterkonstruktionen aus Metall

Montagewände mit Unterkonstruktionen aus Metall waren bisher bei Demontagen bedingt wiederverwendbar, wenn z. B. die Beplankung aus Holzspanplatten bestand; umsetzbare Trennwände s. Abschn. 15).

Der Preis für Gipskartonplatten ist in den vergangenen Jahren zwar kontinuierlich gesunken. Dagegen ist aber der Preis für die Schuttentsorgung drastisch gestiegen. Dies führte zur Entwicklung einer komplett wiederverwendbaren Gipskarton-Ständerwand. Die Wand kann mehrere Male wieder ab- und aufgebaut werden.

Im Bereich der gefasten Gipskartonplatte wird eine „Reißschnur" eingebracht und mit dem Fugenband geschlossen und verspachtelt. Das Ende des teilweise aufgerollten Fugenbandes und des Rissfadens wird durch den Sockel abgedeckt.

Bei der Demontage wird der Sockel entfernt, die Reißschnur aus der Fuge herausgerissen, so dass die Fuge wieder frei ist. Bei einem Umbau ergibt sich damit eine Kostenersparnis von über 70 % gegenüber dem Abbruch und der Entsorgung der alten Wand und der Herstellung der neu gesetzten Wand mit neuem Material.

Für flexible Raumnutzungen (z. B. Büroräume) haben sich auch umsetzbare Stahl-Elemente in Schalenbauweise etabliert. Sie bestehen aus Stahlelementen in Schalenbauweise, einer verzinkten Metallunterkonstruktion und 1 mm dicken, allseitig umgekanteten Stahlblechschalen, in die 9,5 mm dicke Gipsplatten eingeklebt sind. Die Oberfläche ist einbrennlackiert und zum Schutz vor Beschädigungen bei Transport und Montage mit einer Schutzfolie versehen. Die Schutzfolie wird erst nach Beendigung der Arbeiten entfernt. Die Stahlblechschalen werden über Klemmständer miteinander verbunden. Der Wandhohlraum kann mit Dämmstoff ausgekleidet und für Installationen genutzt werden. Auch nachträgliche Installationen können ausgeführt werden, da die Stahlblechschalen jederzeit herausgenommen werden können. Das Rastermass ist flexibel von 100–12 500 mm und kann damit den jeweiligen Bauwerksbedürfnissen angepasst werden. Individuelle Farbbeschichtungen nach RAL sind möglich.

Die Verarbeitung von Zubehör-Profilen ist im Trockenbau mittlerweile die Regel. Durch entsprechende Profile (Wandabschlussprofile, Bilderleisten, Schattenfugenprofile) werden nicht nur Arbeitszeiten (schnellere und exaktere Ausführung der Spachtelarbeiten) eingespart sondern die Ausführung ist auch sauberer. Auch ist durch eingebaute Bilderleisten in Trockenbauwände der Beschädigung der Wände durch ständig wechselnde Austellungen vorgebeugt. Bild **6**.180 zeigt eine umsetzbare Vorsatzschale.

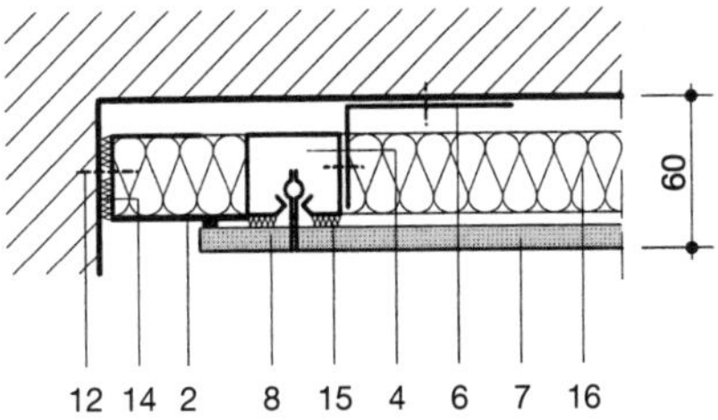

6.180d

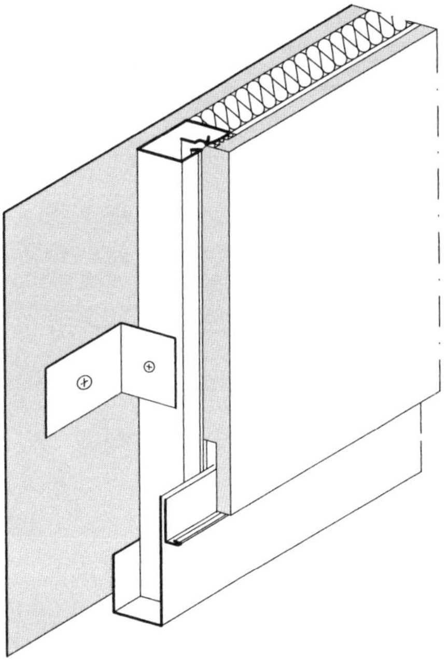

6.180a

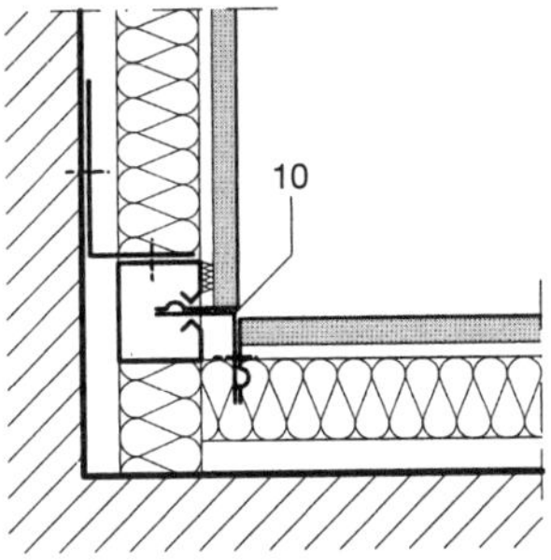

6.180e

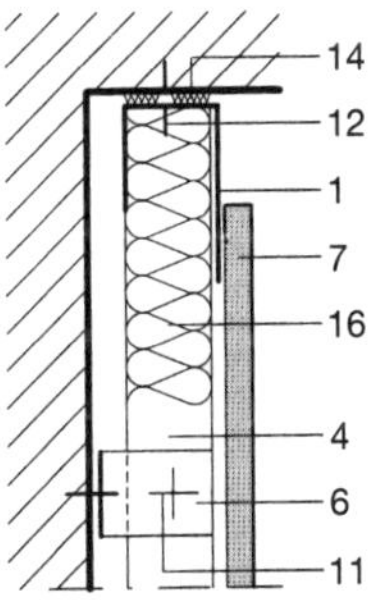

6.180b

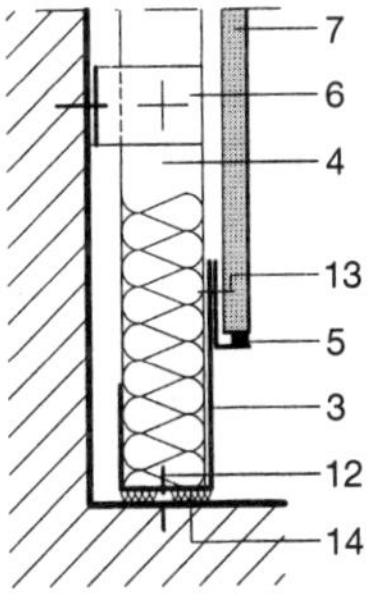

6.180c

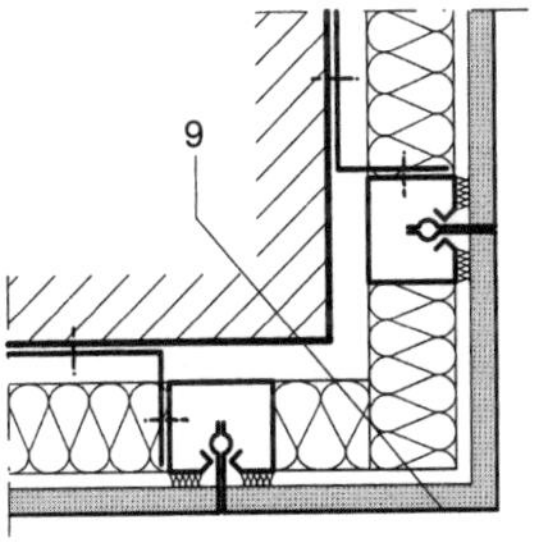

6.180f

6.180 Umsetzbare Vorsatzschale Systal®, Richter-System®

a) Vorsatzschalenaufbau, Isometrie, b) Deckenanschluss, c) Bodenanschluss, d) Wandanschluss
e) 90°-Innenecke, f) 90°-Aussenecke

1 U-Profil für Deckenanschluss
2 U-Profil für Wandanschluss
3 U-Profil für Bodenanschluss
4 Klemmständer
5 Justierprofil
6 Wandanschlusswinkel
7 Elementwandschale
8 Wandanschlussleiste
9 90°-Ecke aussen
10 Winkelprofil für 90°-Ecke innen
11 Blechschraube LN-9 mm
12 Befestigungselement (entsprechend Bauwerk-Anschluss)
13 Stahlniet Ø 4 x 6 mm
14 Dichtungsband, 1 seit. kleb. 12 x 3,2 mm
15 Dichtungsstreifen, 1 seit. kleb. 15 x 3,2 x 100 mm
16 Dämmstoff

6.10.4 Normen

Norm	Ausgabedatum	Titel
DIN 105-1	06.2002	Mauerziegel; Vollziegel und Hohllochziegel
DIN 105-2	06.2002	–; Leichthochlochziegel
DIN 105-3	05.1984	–; Hochfeste Ziegel und hochfeste Klinker
DIN 105-4	05.1984	–; Keramikklinker
DIN 106-1 [1)]	09.1980	Kalksandsteine, Vollsteine, Lochsteine, Hohlblocksteine
DIN 106-2 [2)]	11.1980	–; Vormauersteine und Verblender
DIN 278	09.1978	Tonhohlplatten (Hourdis) und Hohlziegel; statisch beansprucht
DIN 1052-1	04.1988	Holzbauwerke Berechnung und Ausführung
DIN 1052-1/A 1	10.1996	–; Änderungen
DIN 1052-2	04.1988	–; Mechanische Verbindungen
DIN 1052-2/A 1	10.1996	–; Änderungen
DIN 1052-3	04.1988	–; Holzhäuser in Tafelbauart
DIN 1052-3/A 1	10.1996	–, Änderungen
DIN 1055-3 [3)]	06.1971	Lastannahmen für Bauten; Verkehrslasten
DIN 1101	06.2000	Holzwolle-Leichtbauplatten und Mehrschicht-Leichtbauplatten als Dämmstoffe für das Bauwesen; Anforderungen, Prüfung
DIN 1102	11.1989	Holzwolle-Leichtbauplatten und Mehrschicht-Leichtbauplatten nach DIN 1101 als Dämmstoffe für das Bauwesen; Verwendung, Verarbeitung
DIN 4103-1	07.1984	Nichttragende innere Trennwände; Anforderungen, Nachweise
DIN 4103-2	12.1985	–; Trennwände aus Gips-Wandbauplatten
DIN 4103-4	11.1988	–; Unterkonstruktion in Holzbauart
DIN 4165 [4)]	11.1996	Porenbeton-Blocksteine und Porenbeton-Planbausteine
DIN 4166	10.1997	Porenbeton-Bauplatten und Porenbeton-Planbauplatten
DIN 4242	01.1979	Glasbaustein-Wände; Ausführung und Bemessung
DIN 18 148	10.2000	Hohlwandplatten aus Leichtbeton
DIN 18 151	09.1987	Hohlblöcke aus Leichtbeton
DIN 18 151/A 1	12.1998	–; Änderungen
DIN 18 152	04.1987	Vollsteine und Vollblöcke aus Leichtbeton
DIN 18 152/A 1	12.1998	–; Änderungen
DIN 18 153	09.1989	Mauersteine aus Beton (Normalbeton)
DIN 18 153/A 1	12.1998	–; Änderungen
DIN 18 162	10.2000	Wandbauplatten aus Leichtbeton; unbewehrt
DIN EN 12 859	11.2001	Gips-Wandbauplatten - Begriffe, Anforderungen und Prüfverfahren, Dt. Fassung EN 12 859 : 2001
DIN V 18 164-1	08.1992	Schaumkunststoffe als Dämmstoffe für das Bauwesen; Dämmstoffe für die Wärmedämmung
DIN V 18 164-2	09.2001	Dämmstoffe für die Trittschalldämmung
DIN V 18 165-1	07.1991	Faserdämmstoffe für das Bauwesen; Dämmstoffe für die Wärmedämmung
DIN V 18 165-2	09.2001	–; Dämmstoffe für die Trittschalldämmung
DIN 18175	05.1977	Glasbausteine; Maße, Anforderungen, Prüfung
DIN 18 180	09.1989	Gipskartonplatten; Arten, Anforderungen, Prüfung
DIN 18 181	09.1990	Gipskartonplatten im Hochbau; Richtlinien für die Verarbeitung –; Grundlagen für die Verarbeitung
DIN 18 183	11.1988	Montagewände aus Gipskartonplatten; Ausführung von Metallständerwänden

Normen, Fortsetzung

Norm	Ausgabedatum	Titel
DIN 18 184	06.1991	Gipskarton-Verbundplatten mit Polystyrol- oder Polyurethan-Hartschaum als Dämmstoff
DIN 18 350	12.2000	VOB Teil C: Putz- und Stuckarbeiten
DIN EN 635-1	01.1995	Sperrholz; Klassifizierung nach dem Aussehen der Oberfläche, Teil 1: Allgemeines
DIN 68 705-3	12.1981	–; Bau-Furniersperrholz
DIN 68 705-4	12.1981	–; Bau-Stabsperrholz, Bau-Stäbchensperrholz
DIN EN 622-1	08.1997	Faserplattten-Anforderungen, Teil 1: Allgemeine Anforderungen
DIN 68 751	11.1987	Kunststoffbeschichtete dekorative Holzfaserplatten; Begriff, Anforderungen
DIN EN 312-5	06.1997	Spanplatten, Anforderungen, Teil 5: Anforderungen an Platten für tragende Zwecke zur Verwendung im Feuchtbereich
DIN 68 764-1	09.1973	–; Strangpressplatten für das Bauwesen; Begriffe, Eigenschaften, Prüfung, Überwachung
DIN 68 764-2	09.1974	–; Strangpressplatten für das Bauwesen; beplankte Strangpressplatten für die Tafelbauart
DIN 68 765	11.1987	–; Kunststoffbeschichtete dekorative Flachpressplatten; Begriff, Anforderungen
DIN EN 197-1	02.2001	Zement; Zusammensetzung, Anforderungen und Konformitäts kriterien; Teil 1: Allgemein gebräuchlicher Zement
DIN V ENV 413-1	03.1995	Putz- und Mauerbinder – Teil 1: Anforderungen
DIN EN 413-2	03.1995	Putz- und Mauerbinder – Teil 2: Prüfverfahren
DIN EN 459-1	02.2002	Baukalk – Teil 1: Definitionen, Anforderungen und Konformitäts kriterien
DIN EN 459-2	02.2002	Baukalk – Teil 2: Prüfverfahren
DIN EN 459-3	02.2002	Baukalk – Teil 3: Konformitätsbewertung, Dt. Fassung EN 459-3 : 2001

1) z. Zt. in Neubearbeitung (E 05.2000)
2) z. Zt. in Neubearbeitung (E 05.2000)
3) z. Zt. in Neubearbeitung (E 05.2000)
4) z. Zt. in Neubearbeitung (E 03.2001)

6.11 Literatur

[1] *Belz, Gösele, Jenisch, Pohl, Reichert*: Mauerwerk-Atlas, München 1984

[2] *Brechner* u. a.: Kalksandstein. Planung, Konstruktion, Ausführung. Hrsg. Kalksandstein Information GmbH, Hannover 1989

[3] *Brandt, J., Moritz, M.*: Bauphysik nach Maß. Düsseldorf 1995

[4] Bund Deutscher Zimmermeister: Holzrahmenbau mehrgeschossig. Karlsruhe 1996

[5] Bundesverband der Leichtbauplattenindustrie e.V.: Leichtbauplattenfibel. München 1985

[6] *Compagno, A.*: Intelligente Glasfassaden. Artemis 1995

[7] *Dahms, K.*: Große Tafeln – große Fugen – große Schäden. In: bausubstanz 4/1991

[8] Deutscher Naturwerkstein-Verband e.V.:
Bautechnische Information Naturstein, Würzburg 1996, www.dnv.naturstein-netz.de

[9] Deutscher Stahlbau-Verband:
Stahlbau-Arbeitshilfen für Architekten und Ingenieure, Merkblätter. Köln 1990–1996, www.deutscher stahlbau.de

[10] Deutsches Zentrum für Handwerk und Denkmalspflege: Katalog der Fachwerkausfachungen, Fulda 1996

[11] –: Reparaturverbindungen für Holzkonstruktionen. Fulda 1996

[12] *Gerner, M.*: Fachwerk; Entwicklung, Gefüge, Instandsetzung. Stuttgart 1994

[13] –: Farbiges Fachwerk. Stuttgart 1983

[14] *Gerner, M.*: Handwerkliche Holzverbindungen der Zimmerer. Stuttgart 1992

[15] Hebel Handbücher für den Wohnungsbau und Industriebau. Emmering–Fürstenfeldbruck 1985

[16] *Hart, F.; Henn, W.; Sonntag, H.*: Stahlbauatlas. München 1990

[17] Informationsdienst Holz:Holzbauhandbuch 1996, www.argeholz.de

[18] Kalksandstein-Informationsreihen. Hrsg. vom Bundesverband Kalksandsteinindustrie e.V. Hannover-Herrenhausen

[19] *Klöckner, K.*: Alte Fachwerkbauten. München 1990

[20] –: Der Blockbau. München 1982

[21] *Krämer Dr., G.*: Schallschutz mit Metallständerwänden in: Die neue quadriga 3/2001

[22] *Kräntzer, K. R.*: Betonfertigteile für den Mauerwerksbau. 2. Aufl. Köln 1980

[23] *Kroner, W. M.*: Intelligente Konstruktionen für anpassungsfähige Fassaden. In: AIT 4/95

[24] *Luscher, A.*: Energiegeladen. In: AIT 3/1996

[25] Mauerwerk Atlas, Bonn 1996

[26] Mauerwerk Kalender 1996, Berlin 1995

[27] *Mehling, G.*: Naturstein-Lexikon, München 1986

[28] Mitteilungen des Instituts für Bauforschung e.V. Hannover

[29] *Minck, G.*: Neue Lehmbautechniken. In: Arconis 1/96

[30] *Pohl, Schneider, Wormuth, Ohler, Schubert*: Mauerwerksbau. Düsseldorf 1990

[31] *Reichel, W.*: YTONG-Handbuch. Wiesbaden und Berlin 1987

[32] *Reichert, H.*: Konstruktiver Mauerwerksbau. Bildkommentar zur DIN 1053. Köln 1990

[33] *Ruske, W.*: Holzhäuser im Detail. Kissingen 1990

[34] *Schild, E.* u. a.: Bauschadenverhütung im Wohnungsbau – Schwachstellen – Bd. 2: Außenwände und Öffnungsanschlüsse. Wiesbaden und Berlin 1990

[35] *Schmitt, H., Heene, A.*: Hochbaukonstruktion. Düsseldorf 1996

[36] *Schumacher, F.*: Das Wesen des neuzeitlichen Backsteinbaues. München 1920/1985

[37] *Schulze, J.*: Normengerechte Fachwerksanierung? In: das bauzentrum 7/1995

[38] –: Fachwerkzerstörung durch Modernisierung? In: DAB 5/1991

[39] –: Regenschutz von historischen Fachwerkbauten. In: das bauzentrum 7/1994

[40] *Schwab, A.*: Neue Konzepte mehrschaliger Glasfassaden. In: DAB 3/1996

[41] *Simon, C.*: Intelligente Fassaden. In: Der Architekt 3/96

[42] *Sobon, J., Schroeder, R.*: Fachwerkkonstruktionen. Düsseldorf 1990

[43] *Weber, H.*: Porenbeton-Handbuch. Wiesbaden 1991

[44] *Wendehorst*: Bautechnische Zahlentafeln. 27. Aufl. Stuttgart 1996

[45] *Wonner, M., Bubeck, S.*: Energiewandler, Niedrigenergie-Bürogebäude in Karlsruhe. In: AIT 3/1996

[46] Zementmerkblätter. Hrsg. vom Fachverband Zemente e.V., Köln

[47] Ziegelbauberatung: Ziegel. Technische Informationsreihe. Hrsg. vom Bundesverband der deutschen Ziegelindustrie e.V. Bonn

[48] *Zimmermann, G.*: Bauschäden-Sammlung. Stuttgart 1990

7 Skelettbau

7.1 Allgemeines

Beim Skelettbau werden die Gebäudelasten über stabartige, horizontale und vertikale Tragelemente zusammengeführt und an wenigen Stellen punktuell abgeleitet. Er stellt somit eine Alternative zum *Wandbau* dar, bei dem die Lasten über die tragenden Wände linear abgeleitet werden.

Im Industriebau und bei Verwaltungs- und Geschäftsbauten sind in der Regel weiträumige Nutzflächen zu planen, die den oft wechselnden funktionellen Anforderungen leicht angepasst und auch ohne großen Aufwand durch Erweiterungen ergänzt werden können. Tragende Wände innerhalb der Geschossflächen und als Außenwände würden dieser Forderung entgegenstehen. Hinzu kommen für viele Bauaufgaben zunehmend Forderungen nach Verbesserung der natürlichen Belichtungsverhältnisse durch transparente Außen- und auch Innenwandflächen, die häufig die Ausführung eines Massivbaues als Wandbau ausschließen.

Die Hauptelemente von Skelettkonstruktionen sind Stützen und Träger, auf denen die Dachflächen oder Geschossdecken aufgelagert sind. In den Anschlussstellen (Knoten) sind je nach *Aussteifungskonzeption* gelenkige oder steife Verbindungen zu schaffen.

Während beim Massivbau die raumabschließenden Scheiben der tragenden Wände das Tragwerk bilden, ist beim Skelettbau das Tragwerk (das Skelett) konstruktiv und funktionell klar von den Elementen der Außenhülle und des Innenausbaues getrennt. Alle Lasten werden durch das Skelett abgetragen, während die Wände lediglich *nichttragende Raumabschlüsse* sind.

Der entscheidende Vorteil von Skelettbauten besteht neben wesentlich geringeren Eigenlasten des Bauwerkes darin, dass die Flächenaufteilung innerhalb der Geschossflächen bei eingeschossigen Bauten nahezu uneingeschränkt möglich ist und bei Geschossbauten lediglich durch die erforderlichen Stützen eingeschränkt wird. Spätere Änderungen der Raumaufteilung sind – insbesondere, wenn bereits entsprechende Vorkehrungen eingeplant wurden – leicht nachträglich ausführbar.

Die Standfestigkeit des Skeletts muss durch *Aussteifungen* mit Wandscheiben oder Diagonalverbänden, durch Rahmen mit biegesteifen Eckverbänden oder durch Einspannung gewährleistet werden.

Aus der großen Zahl der in Frage kommenden vielfältig variierbaren Möglichkeiten für die Aussteifung *hallenartiger*, eingeschossiger Bauwerke zeigt Bild **7**.1 drei typische Beispiele.

Bei *Geschossbauten* bilden Stützen und Unterzüge in der Regel im Zusammenwirken mit den Decken ausgesteifte Systeme.

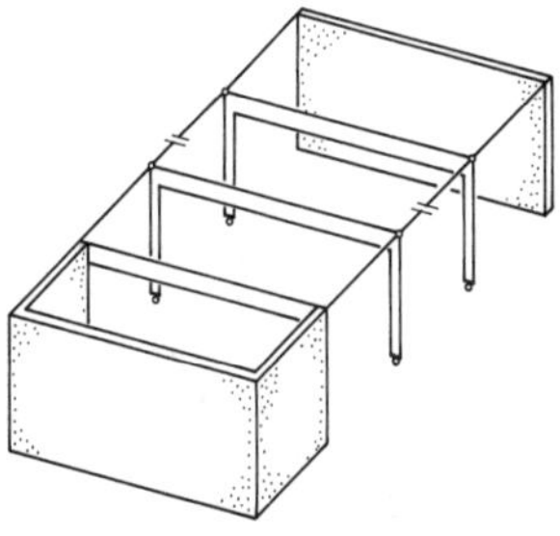

7.1a

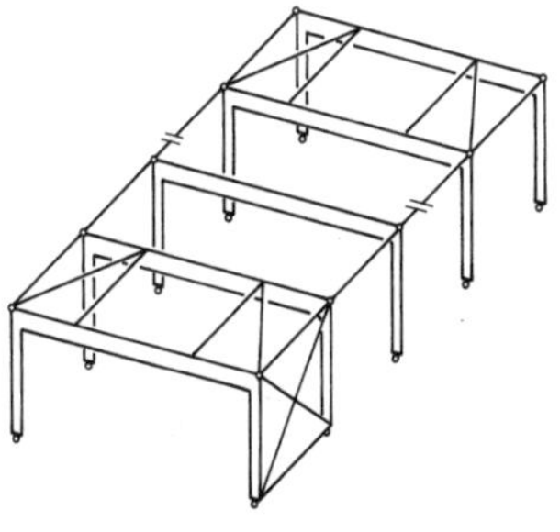

7.1b

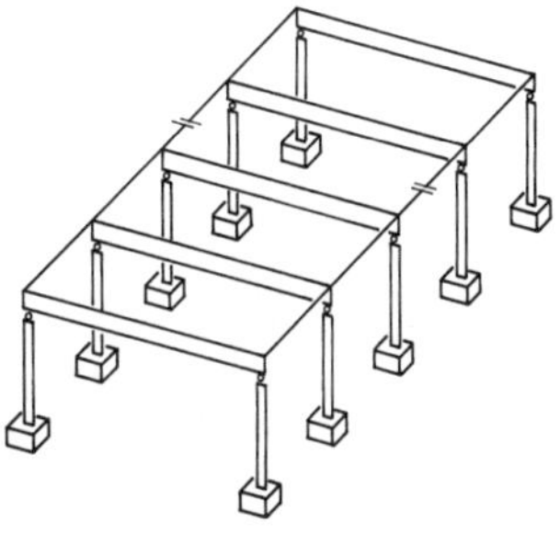

7.1c

7.1 Aussteifung von Skelettkonstruktionen
a) durch Wandscheiben und durch Rahmen mit biegesteifen Ecken
b) durch Diagonalverbände und Rahmen mit biegesteifen Ecken
c) durch Einspannung der Stützen

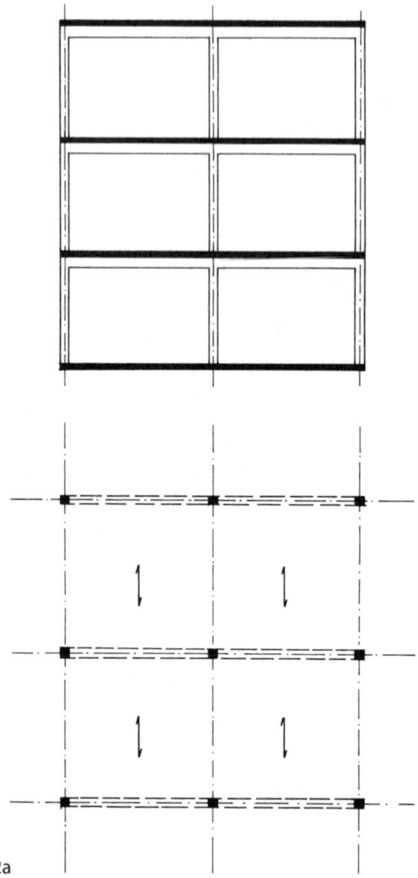

7.2a

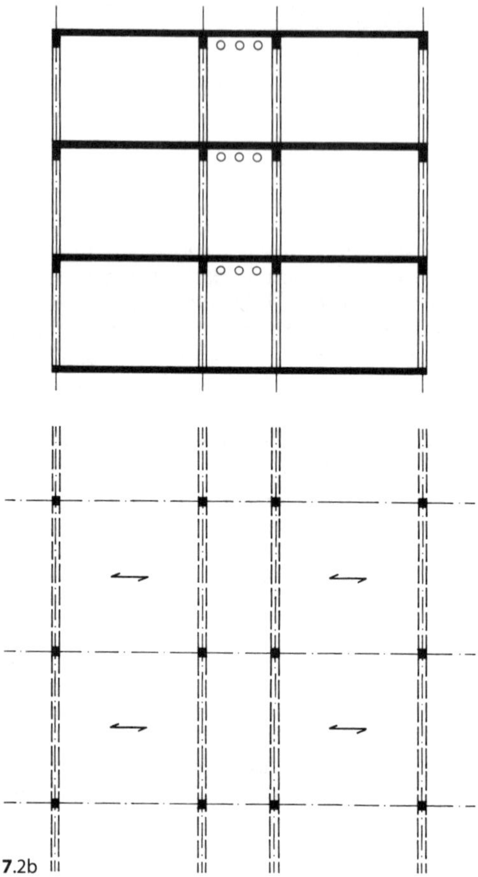

7.2b

7.2 Skelettsysteme

a) Querunterzüge (Rahmen)
b) Längsunterzüge
c) aussteifender Gebäudekern, Decken außen auf Pendelstützen
d) Rahmen mit Pendelstützen

Als wirtschaftlicher Stützenabstand ergibt sich aus statischer Sicht ein Maß von etwa 7 m (s. Abschn. 7.2).

Zur Optimierung der Nutzung können sich natürlich andere Abstände als erforderlich erweisen. Für die Nutzung ist vor allem die richtige Planung der Hauptrichtung von erforderlichen Unterzügen ausschlaggebend, insbesondere dann, wenn Flurzonen o. Ä. berücksichtigt werden müssen (Bild **7**.2b).

Die Räume zwischen den Unterzügen werden in der Regel zur Unterbringung von Installationen genützt (Be- und Entlüftungskanäle, Einbauleuchten usw.). Aussparungen in den Unterzügen sind zwar möglich, doch wird man selbstverständlich immer versuchen, die Hauptrichtung der Unterzüge (quer oder längs zur Gebäudehauptrichtung) in Abhängigkeit von den wichtigsten oder umfangreichsten Installationssträngen festzulegen.

Zunehmend finden *unterzugsfreie Flachdecken* Eingang in die Praxis. Sie ermöglichen neben den häufig wirtschaftlicheren Erstellungskosten eine in alle Gebäuderichtungen frei wählbare horizontale Installationsführung innerhalb oder/und unterhalb der Deckenfläche. Weitere Vorteile ergeben sich durch erzielbare geringere Geschosshöhen sowie durch die Möglichkeit der Aktivierung der Speichermassen der in der Regel dickeren Flachdecken im Skelettbau, wenn diese unverkleidet zur Regulierung der Raumtemperatur (Nachtauskühlung) mit herangezogen werden.

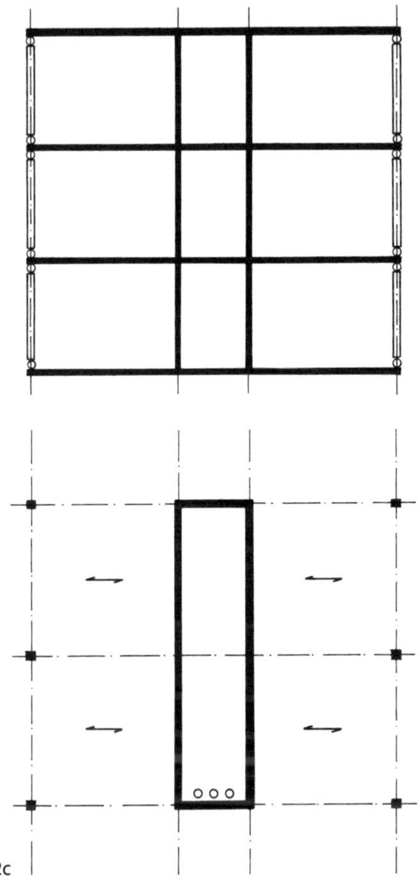

7.2c

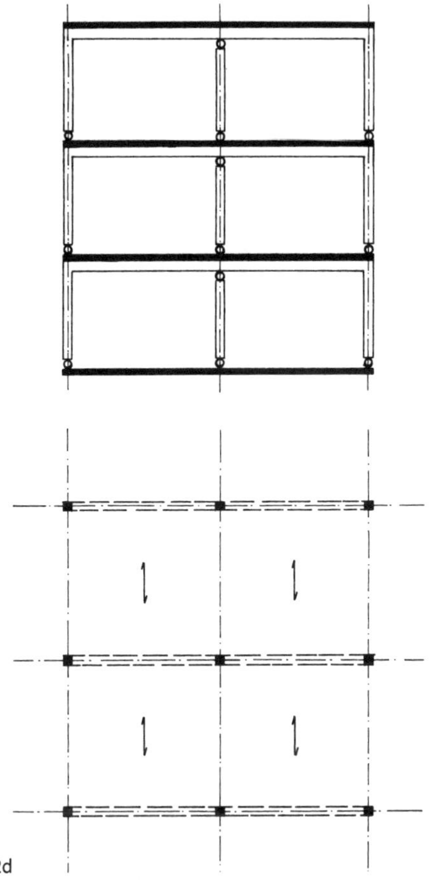

7.2d

7.2 Skelettsysteme (Fortsetzung)

Unterschieden werden Skelettsysteme mit Querunterzügen (Bild **7**.2a) und Längsunterzügen (Bild **7**.2b) oder auch mit Flachdecken (Bild **7**.3).

Ihre Aussteifung erfolgt nach den in Bild **7**.1 gezeigten Grundsätzen in der Regel unter Mitwirkung der Decken. Dabei werden biegesteife Verbindungen zwischen den einzelnen Bauelementen gebildet, und die Aussteifung wird durch Wandscheiben oder Verbände ergänzt. Die Aussteifung von Geschoss-Skelettbauten wird häufig durch Gebäudekerne (z. B. geschlossene Treppenhäuser, Aufzugsschächte o. Ä.) bewirkt. Die Decken können aus derartigen Gebäudekernen auskragen und mit ihren Außenrändern auf meistens sehr wirtschaftlich zu dimensionierenden *Pendelstützen* aufliegen (Bild **7**.2c).

Eine andere konstruktive Möglichkeit wird durch Geschossrahmen gegeben, die durch innenliegende Pendelstützen ergänzt sein können (Bild **7**.2d).

Wird für die Nutzung des Gebäudes Unabhängigkeit von konstruktiv bedingten Einschränkungen für die Grundrissanordnung und Installationsführungen verlangt (z. B. bei Laborbauten), werden – statisch weniger wirtschaftliche – jedoch kostengünstig zu erstellende, unterzugfreie Konstruktionen gewählt (Bild **7**.3). Die Knotenanschlüsse zwischen Decke und Stützen können bei Stahlbetonkonstruktionen innerhalb dicker Deckenplatten liegen. Im Stützenbereich sind zur Verhinderung des sog. *Durchstanzens* besonders dichte Bewehrungslagen, spezielle Stahlformteile oder aber Deckenverstärkungen erforderlich (sog. „Pilzdecken", s. Bild **7**.3b).

Vielfach sind Stützen im Fassadenbereich nicht erwünscht, um z. B. eine von der Tragstruktur un-

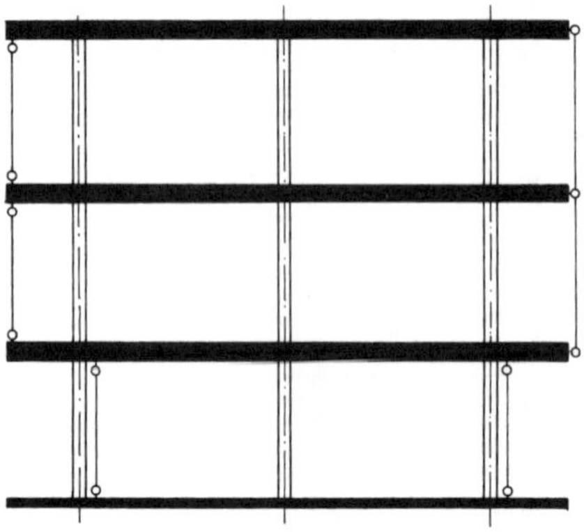

7.3a

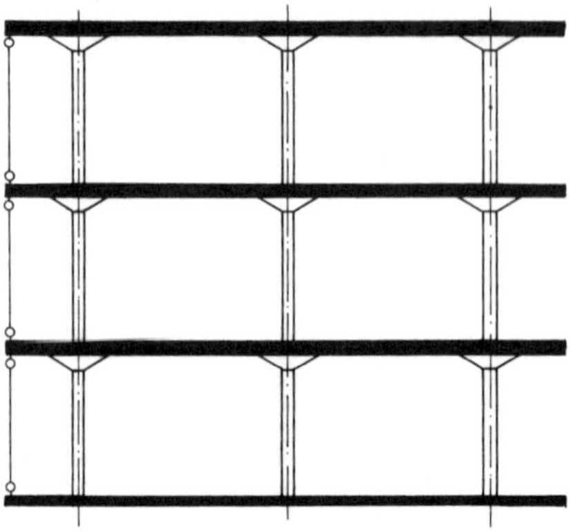

7.3b

7.3 Unterzugfreie Decken (Flachdecken)
a) Unterzüge in Decke integriert, b) Pilzdecke

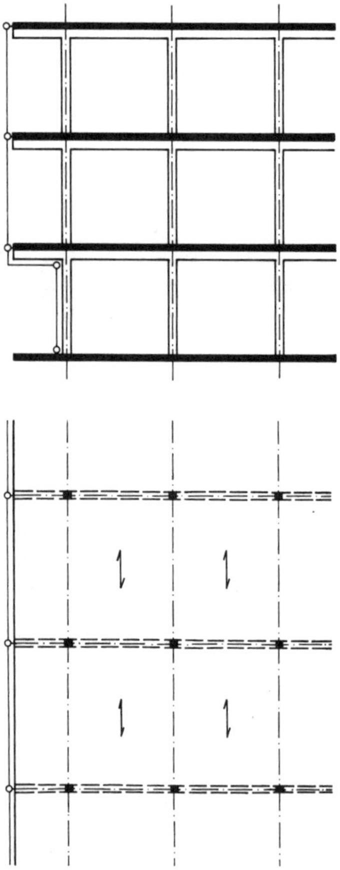

7.4 Skelettrahmen mit Kragträgern

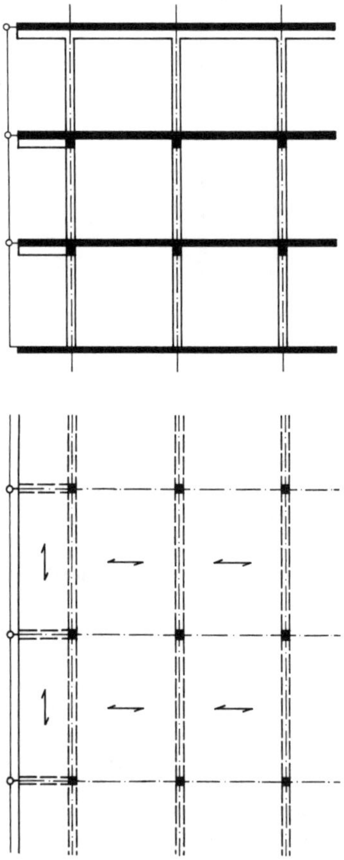

7.5 Hängekonstruktion (Fassade und äußere Deckenfelder werden am Außenrand mit Zugbändern am oberen Kragträger aufgehängt)

abhängige Fassadengliederung oder überall gleichartige Trennwandelemente anschließen zu können, oder wenn aus funktionalen und formalen Gründen das Erdgeschoss ohne Stützen am Gebäudeaußenrand ausgeführt werden soll.

In solchen Fällen können Unterzüge oder auch Flachdecken zur Außenwand hin auskragen. Durch die Auskragung wird eine Entlastung des Deckenfeldes bewirkt. Hierfür sind verstärkte Querschnitte erforderlich, um das Durchhängen der Unterzugenden bzw. Deckenränder und damit verbundene Verformungen für den Fassadenanschluss auszuschließen (Bild **7**.4). Bei Hängekonstruktionen (Bild **7**.5) können die Lasten der Randfelder und die Eigengewichte der Fassaden auf den Gebäudekern übertragen werden.

Üblich ist noch vielfach die weitgehende Verkleidung der Deckenuntersichten durch Unterdecken („abgehängte Decken") zur Verkleidung von Installations- und Beleuchtungseinrichtungen (s. Abschn. 14). Zur Aktivierung der Wärmespeicherkapazität der Massivdecken sollte jedoch der Flächenanteil von Unterdecken auf das unbedingt Notwendige beschränkt werden.

Die Außenwände von variabel nutzbaren Skelettbauten sind meistens gekennzeichnet von durchlaufenden Fensterbändern oder raumhohen Glasfassaden. Die Breite der einzelnen Fensteröffnungen bzw. Fassadenelemente ist dabei abgestimmt auf die Nutzungs-Grundeinheiten. Der Anschluss von Trennwänden soll danach an jeder Fenster- bzw. Fassadenachse möglich sein. Derartigen Anforderungen werden vorgefertigte Fassadensysteme, insbesondere „Vorhangwände" oder auch die in regelmäßigen Rastern angeordneten Pfosten – Riegel-Fassaden am besten gerecht (s. Abschn. 9.4).

Die inneren Trennwände werden vielfach als versetzbare Trennwände (s. Abschn. 15), durchweg aber als leichte Trennwände (s. Abschn. 6.10) ausgeführt.

7.2 Planung und Maßkoordination

Lage der Stützen. Entscheidend für das äußere Erscheinungsbild und die Gliederungsstruktur der Gebäudefassaden ist die Lage der Stützen. Stützen können innerhalb der Fassadenebenen, hinter der Fassadenfläche im Gebäudegrundriss oder außerhalb vor den Fassadenflächen positioniert werden. Die Anordnung der Stützen hat größten Einfluss auf die Nutzbarkeit der Innenräume, die Möglichkeiten zur Integration von Sonnen- und Blendschutzanlagen sowie von Reinigungs- und Wartungsstegen. Fragen des Wärme-, Schall- und Feuchteschutzes sind in Abhängigkeit von der Lage und dem gewählten Material unterschiedlich zu behandeln.

Stützenraster. Für die Anordnung der Stützen innerhalb der Geschossflächen ist neben statischen Überlegungen vor allem die Planung der vorherbestimmbaren Arbeitsabläufe, die Berücksichtigung erforderlicher Arbeitsplatzgrundeinheiten mit Varianten, von Maschinenstellplätzen, Lagereinheiten usw. grundlegend (für Bürogebäude hat sich z. B. ein Vielfaches von 1,20 bis 1,25 m als geeignete Grundeinheit erwiesen).

Es wird untersucht, wie weit solche Grundeinheiten untereinander addier- und kombinierbar

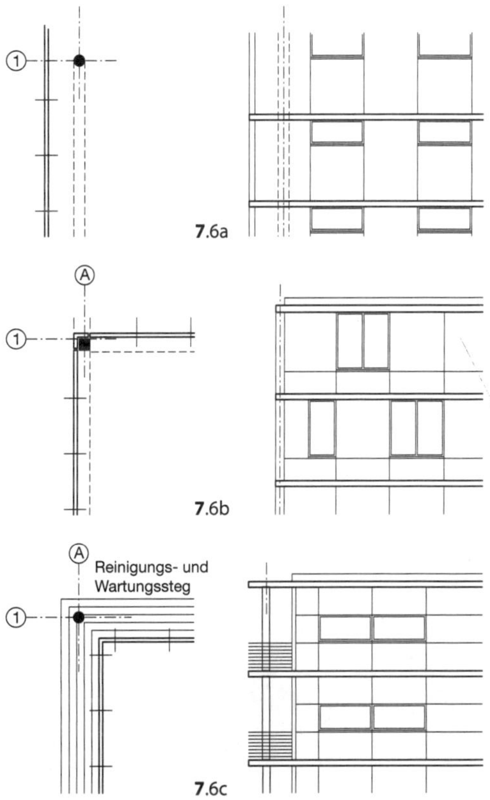

7.6 Anordnung der Stützen und Lage der Fassaden
a) Stützen innerhalb des Grundrisses
b) Stützen in der Fassadenebene
c) Stützen außerhalb liegend, Decken auskragend

sind. Derartige Planungen führen in der Regel zu einem *Nutzungsraster* (Sekundärraster). In Übereinstimmung mit diesem wird das *Konstruktionsraster* (Primärraster) entwickelt, das zwar häufig Quadrate oder Rechtecke bildet, aus formalen Gründen aber auch anderen geometrischen Systemen folgen kann.

Gleichzeitig sind selbstverständlich alle Aspekte einer wirtschaftlichen Bauausführung zu beachten. Bei vielfach geforderten allzu großen Stützenabständen müssen die gewonnenen Vorteile für eine flexible Nutzung der Flächen durch zwangsläufig große Dimensionen von Flachdecken, Unterzügen und Trägern und damit unwirtschaftlicheren Geschosshöhen erkauft werden.

Für die Erstellung von komplizierten, viele Halbfabrikate umfassenden komplexen Gebäuden, wie sie Skelettbauten darstellen, sind neben den Stoff-, Güte-, Prüf- und Sicherheitsnormen auch besondere *Planungsnormen* unentbehrlich. Dadurch können Bauelemente aufeinander abgestimmt und die Anzahl notwendiger Bauteilgrößen verringert werden. Die Planung auf Basis der im Massivbau immer noch grundlegenden „Maßordnung" DIN 4172 von 1955 ist für Skelettbauten nicht geeignet. Die Planung basiert auf der „Modulordnung" DIN 18 000 (s. Abschn. 2), oder es werden statt dessen spezifische normenähnliche Festlegungen für den Einzelfall getroffen.

Die Vervielfachung der zugrunde gelegten Planungsgrundeinheiten („Module") führt zu einem Nutzungsraster. Dieser ist dann mit den konstruktiven Elementen und deren Konstruktionsraster zu koordinieren.

Für ein Verwaltungsgebäude bedeutet das z. B., dass alle Elemente des Ausbaues wie umsetzbare Trennwände, abgehängte Decken- und Beleuchtungselemente, Installationen aller Art bis hin zu Belüftungs- und Klimaanlagen mit allen Einzelheiten der Gebäudekonstruktion wie z. B. auch mit den erforderlichen Fassadenelementen aufeinander abzustimmen sind.

Die Wahl des Stützenrasters wird im Rahmen der für eine wirtschaftliche Bauausführung zu berücksichtigenden Vorgaben auf die ermittelten Planungsgrundeinheiten vorgenommen.

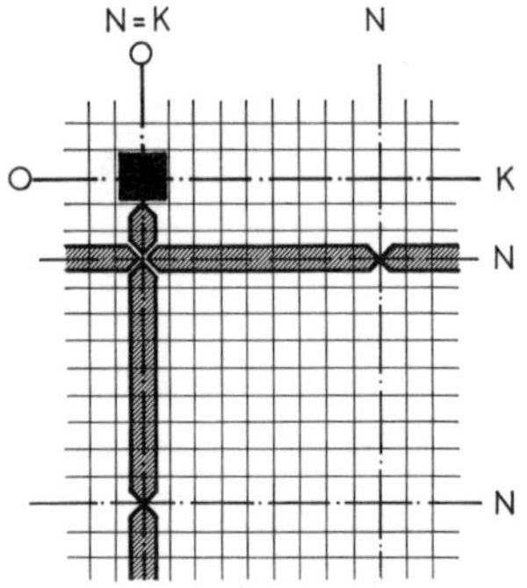

7.7a

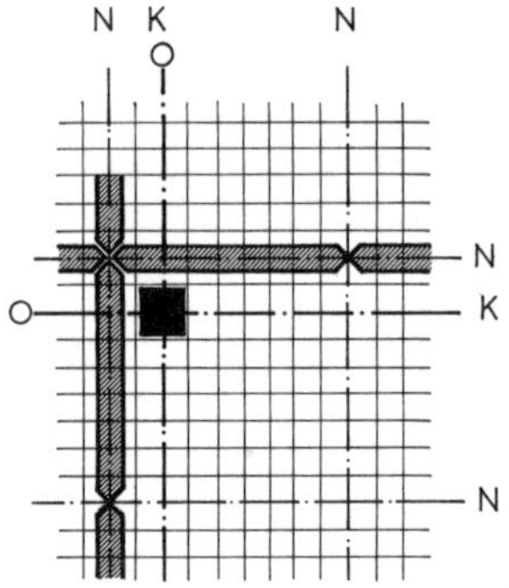

7.7b

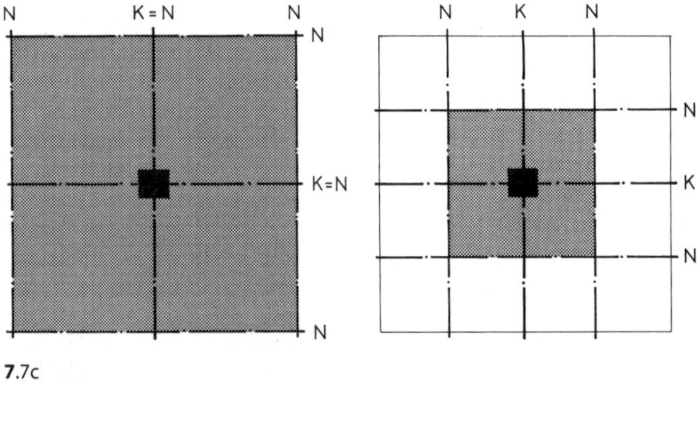

7.7c

7.7
Koordination von Ausbau-(Nutzungs-)raster N und Konstruktionsraster K

a) Ausbau- und Konstruktionsraster decken sich teilweise. Anpassungsteile im Ausbau erforderlich, z. B. für Trennwandelemente
b) Ausbau- und Konstruktionsraster gegeneinander versetzt. Keine Anpassungselemente bei Trennwandelementen
c) Bei deckungsgleichem Konstruktions- und Nutzungsraster haben an der Stütze **vier** Nutzungsrastereinheiten eingeschränkte Flächenmaße. Sind Konstruktions- und Nutzungsraster gegeneinander versetzt, wird nur **eine** Nutzungsrastereinheit durch die Stützenstellen beeinträchtigt

Wenn sich *Konstruktions- und Ausbauraster* (Primär- und Sekundärraster) ganz oder teilweise decken, sind für Zwischenwände und andere Ausbauelemente besondere Anpassungsteile an Stützen- und Fassadenanschlüssen erforderlich (Bild **7**.7a). Daher werden bei den meisten Planungen Konstruktions- und Ausbauraster gegeneinander verschoben (Bild **7**.7b). Auf diese Weise erübrigen sich kostenaufwändige Anschlussstücke für die Wandelemente. Außerdem werden dabei weniger Nutzungseinheiten (bzw. -rasterfelder) durch Stützen beeinträchtigt (Bild **7**.7c).

Ein Bereich, der für jede Planungsvariante eine besondere Lösung erfordert, sind die Gebäudeecken. Von Bedeutung ist dabei die Lage der Wandachse zum Planungsraster bzw. zu den Koordinationsebenen (Bild **7**.8 a und b). Außerdem besteht konstruktiv ein Unterschied zwischen *Innenecken und Außenecken* (Bild **7**.8c).

Das Problem der Innen- und Außenecke wird bei der schematischen Darstellung mehrschichtiger Außenwandelemente mit verschiedenen Schichtdicken und Schichtbaustoffen in Bild **7**.8d deutlich. Bei der hier angedeuteten Fugenteilung wird je ein Innen- und Außeneckelement benötigt.

Geschosshöhen. In ähnlicher Weise wie bei der horizontalen Maßkoordination für den Grundriss wird bei der Planung der Geschosshöhen und aller Höhenabmessungen des Gebäudes vorgegangen. Neben den funktionellen, bauaufsichtlichen, sicherheitstechnischen usw. Anforderungen haben die notwendigen Installationseinrichtungen, – insbesondere Lüftungs- und Klimaanlagen mit ihren meistens recht großen Querschnitten –, den größten Einfluss. Diese Installationen werden normalerweise unterhalb der tragenden Decken zwischen den in der Regel vorhandenen Unterzügen vorgesehen und raumseitig durch Unterdecken (s. Abschn. 14) abgeschlossen. Die insgesamt nötigen Querschnitte – insbesondere, wenn auch trotz sorgfältiger Planung Kreuzungen über- bzw. untereinanderliegender Leitungen nicht vermieden werden können – bestimmen in der Hauptsache die erforderlichen Geschosshöhen (Richtung von Unterzügen s. Abschn. 7.1).

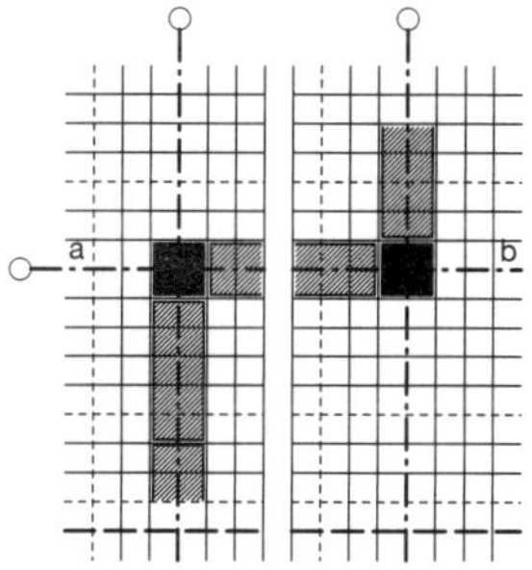

7.8a

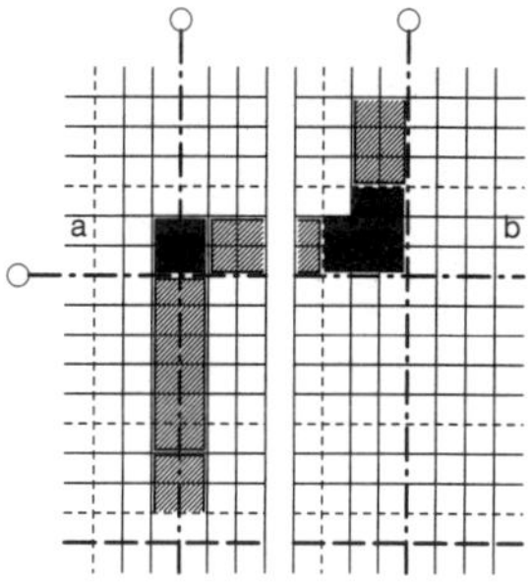

7.8b

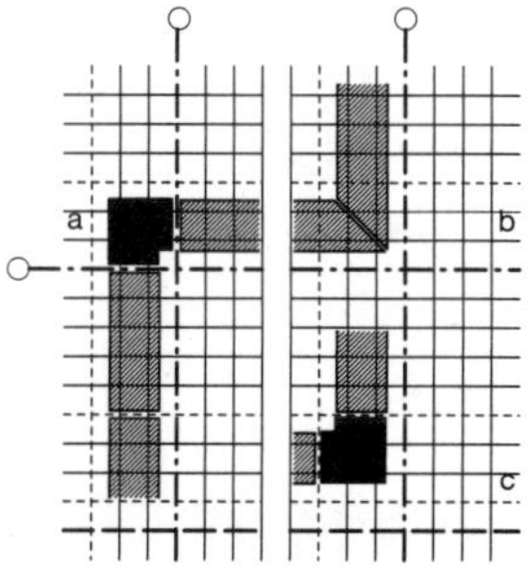

7.8c

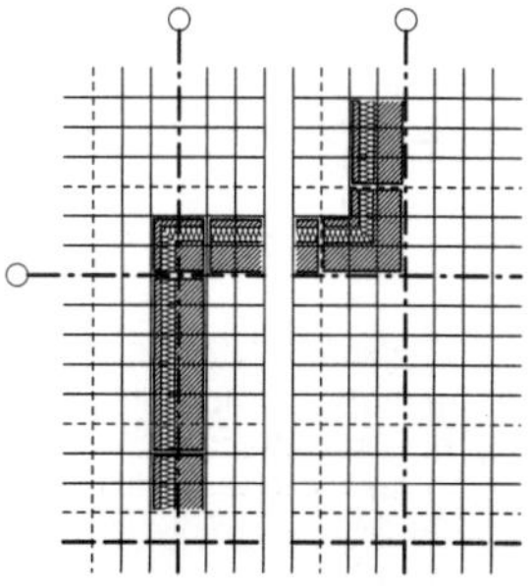

7.8d

7.8
Eckausbildungen

a) Wandachse und Planungsraster decken sich. Eckelemente bei Außenecke (a) und Innenecke (b) haben gleiche Außenmaße. Wandelemente **ungleich** breit
b) Wandelemente liegen an Koordinationsebene (Randlage bzw. Grenzbezug). Zwei verschiedene Eckelemente für Außen- und Innenecke erforderlich. Wandelemente **gleich** breit
c) Wandelemente liegen **neben** der Koordinationsebene (Randlage bzw. Grenzbezug). Gleich große Eckelemente (a und c) möglich, ebenso gleich breite Wandelemente. Für Lösung b sind rechte und linke Wandelemente nötig (transportempfindliche Ecke)
d) Wandecke bei verschiedenen Schichtdicken in den Elementen.

7

7.3 Holzskelettbau[1)]

7.3.1 Allgemeines

Aus dem historisch tradierten Holzfachwerkbau (s. Abschn. 6.6) hat sich einhergehend mit der Entwicklung neuer Verbindungsmittel der Holzskelettbau entwickelt. Beim Holzskelettbau gehen die Stiele oder Stützen bei mehrgeschossigen Gebäuden durch die Geschosse hindurch. Horizontale Trägerelemente werden durch Holz- oder Stahlverbindungsmittel seitlich an die Stützen angeschlossen oder auf der oberen Querschnittsfläche aufgelegt und in ihrer Lage fixiert. Dadurch werden die Nachteile vermieden, die sich durch das Schwinden des Holzes beim Fachwerkbau alter Art in der Höhe der Balkenanlagen ergeben (quer zur Faser schwindet Holz erheblich, in Längsrichtung kaum!).

Im weiteren Sinne können Bauten mit weit gespannten Holzkonstruktionen zum Holzskelettbau gezählt werden. Soweit eine Behandlung den Rahmen dieses Werkes nicht sprengt, sind dazu Ausführungen in Teil 2 des Werkes enthalten.

7.3.2 Baustoff Holz, Holzschutz

Neben vollkantigem üblichem Bauholz werden für Holzskelettbauten zunehmend und insbesondere für große Querschnitte zur Vermeidung von Verformungen und Rissbildungen vor allem Brettschichtträger verwendet (Baustoff Holz; Brettschichtträger und Holzschutz s. Abschn. 1 in Teil 2 dieses Werkes).

7.3.3 Brandschutz

Wegen der einschränkenden Bestimmungen für den baulichen Brandschutz können tragende Bauteile aus brennbaren Baustoffen und somit alle tragenden Holzkonstruktionen praktisch nur in Gebäuden mit bis zu zwei Vollgeschossen wirtschaftlich angewendet werden. Für höhere Gebäude würden insbesondere die Stützen wegen der in DIN 4102 (s. Abschn. 16.7) geforderten Mindestabmessungen unwirtschaftlich.

7.3.4 Bauteilanschlüsse

Die *Einspannung* von Holzstützen in Fundamente oder Sockel ist auch in Kombination mit Stahlprofilen insbesondere in bezug auf den einwandfreien dauerhaften Fäulnisschutz problematisch. Die *Aussteifung* von Holzskelettbauwerken wird daher in der Regel mit Diagonalverbänden (z. B. mit Flachstahlbändern oder Drahtseilverspannungen), Dreiecksverbänden (z. B. durch Kopfbänder, vgl. Abschn. 1.2 in Teil 2 dieses Werkes) oder im Zusammenhang mit gemauerten, betonierten oder auch aus Leichtbauwänden hergestellten Wandscheiben (vgl. Bild **7**.1) ausgeführt.

Die *Knotenpunkte* von Holzskelettkonstruktionen (d. h. die Anschlüsse zwischen Stützen und Trägern) können auf verschiedene Weise gebildet werden.

Man unterscheidet:

- Tragelemente in *mehreren* Ebenen: Stützen mit Doppelträgern als „Zangen" (Bild **7**.9a) und Träger mit Doppelstützen (Bild **7**.9b),
- Tragelemente in *einer* Ebene (Bild **7**.9c).

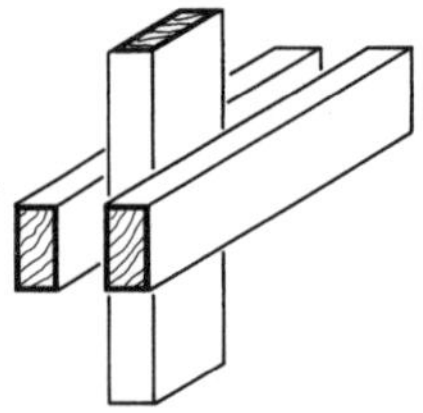
7.9a

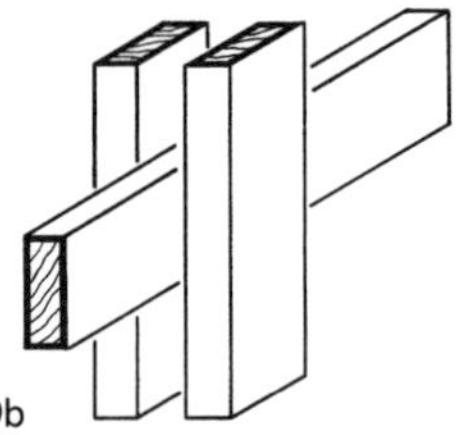
7.9b

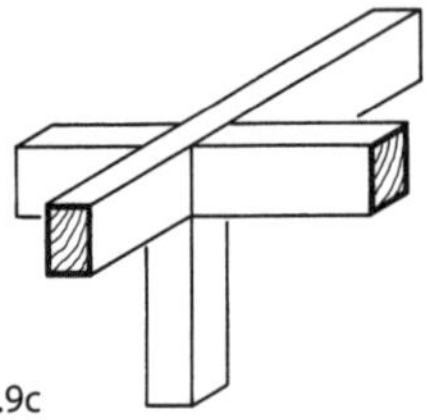
7.9c

7.9 Knoten bei Holzskeletten
a) Stütze mit doppelter Trägerlage (Zange)
b) Doppelstütze
c) Aufliegende Träger in einer Ebene

---

1) Dachtragsysteme s. Teil 2 des Werkes

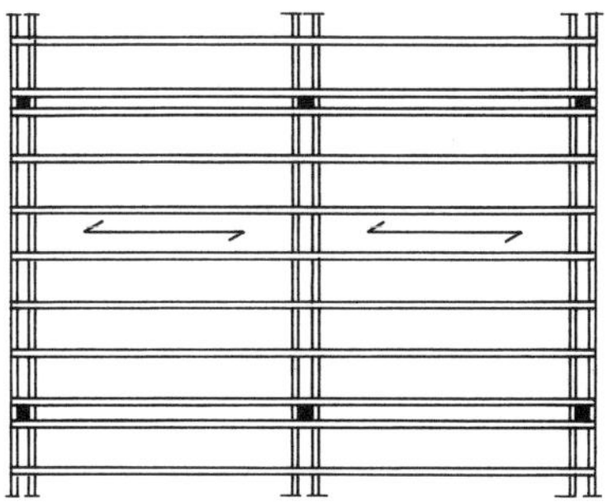

7.10 Durchlaufbalken über 2 oder 3 Felder

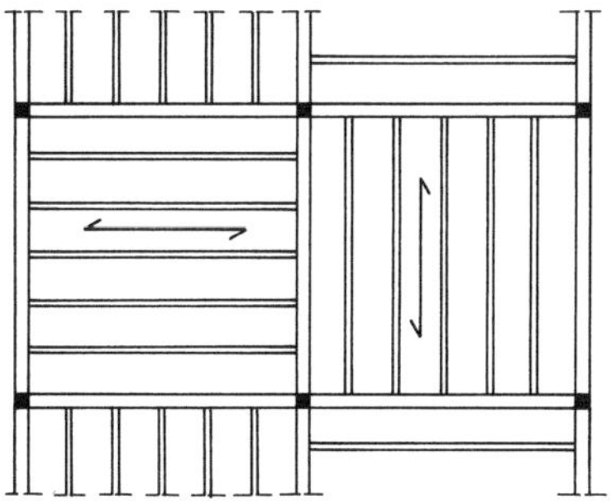

7.11 Einfeldbalken mit wechselnden Spannrichtungen

Deckenbalken werden statisch als *Durchlaufträger* über zwei oder drei Felder ausgeführt und auf die Unterzüge bzw. Riegel in zweiter Ebene aufgelegt (Bild **7**.10). Die Auflagerträger (Riegel) können sehr wirtschaftlich dimensioniert werden, wenn die Deckenbalken mit wechselnden Spannrichtungen verlegt werden, so dass die Riegelbelastungen jeweils nur aus einem halben Feld wirksam werden (Bild **7**.11, konstruktive Einzelheiten von Holzbalkendecken s. Abschn. 10.3).

Im Holzskelettbau wird auf herkömmliche handwerksgerechte Holzverbindungen verzichtet, weil sie teilweise rechnerisch schwer zu erfassen sind, vor allem aber einen hohen Arbeitszeitaufwand erfordern. Die Hölzer werden stumpf abgeschnitten und mit Bolzen – meistens in Verbindung mit Dübelplatten – miteinander verbunden (Bild **7**.12 und **7**.13). Die Montage wird dabei erleichtert, wenn Stahlwinkel oder -konsolen verwendet werden, die allerdings häufig sichtbar sind (Bild **7**.14).

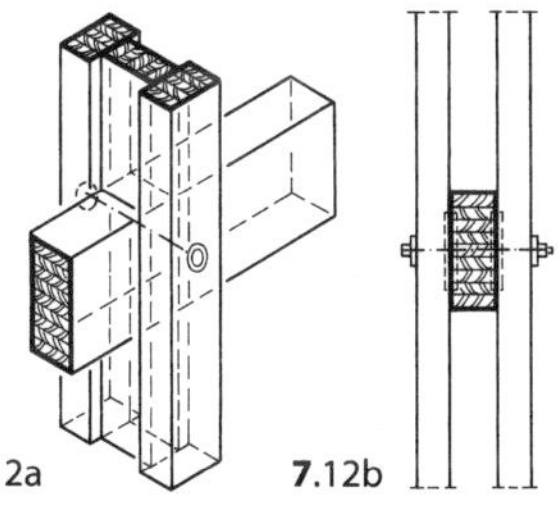

7.12a **7**.12b

7.12 Anschluss von Tragelementen mit Bolzen und Dübelplatte
a) isometrische Darstellung
b) Schnitt

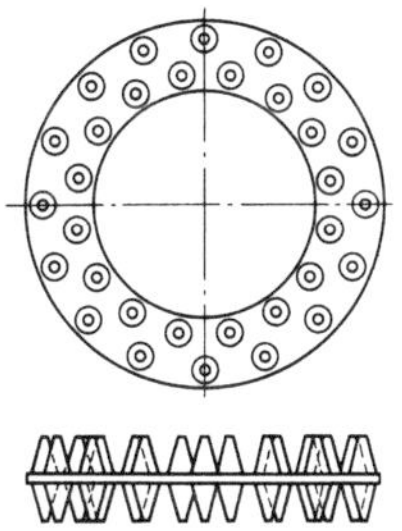

7.13 Einpressdübel (Geka-Dübel, Karl Georg, Groß-Umstadt/Hessen)

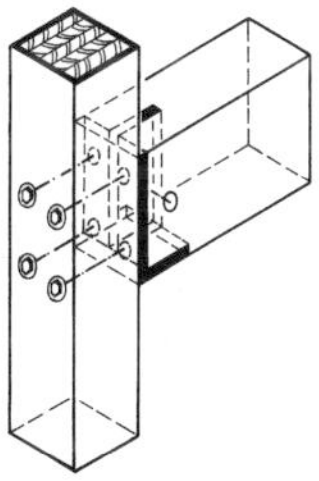

7.14 Anschluss durch angeschraubte Stahlwinkel mit einer eingeschweißten Lasche

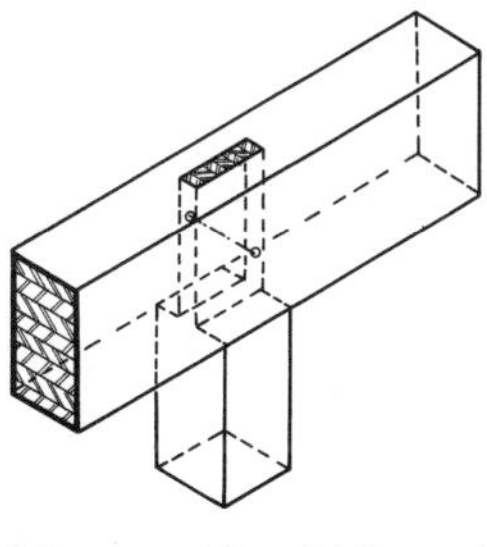

7.15 Stützenanschluss: Schlitz- und Zapfenverbindung

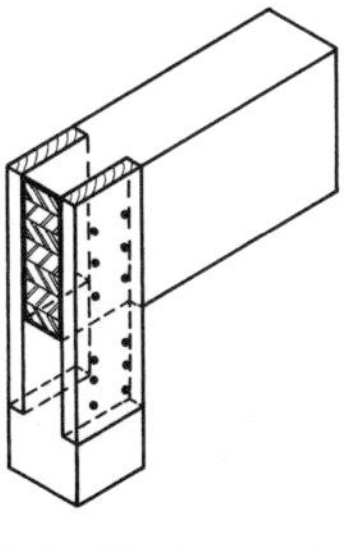

7.16 Eckverbindung an Stütze: Sperrholz- oder Vollholzlasche ein gelassen und genagelt

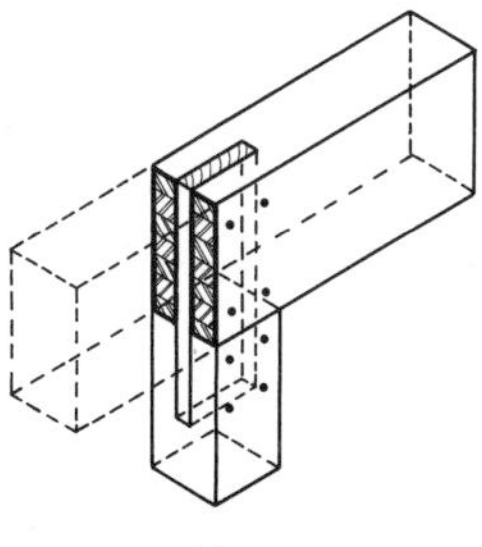

7.17 Stützenanschluss: Lasche aus Sperrholzplatte (ggf. zusätzl. Bolzen) eingeschlitzt und genagelt

In einer Ebene anzuschließende Hölzer werden mit Schlitz-Zapfenverbindung (Bild **7**.15), besser aber mit weiterentwickelten häufig auch sichtbaren Zimmermanntechniken verbunden wie mit Laschen aus Sperrholzplatten (Bild **7**.16 + **7**.17), Knaggen (Bild **7**.19), durchlaufend über Gabelstützen (Bild **7**.20) oder mit verleimten Steckdübeln (Bild **7**.21).

Gestalterisch und konstruktiv anspruchsvolle Anschlüsse lassen sich mit *Stabdübeln* aus Stahl herstellen (Bild **7**.18 und **7**.22).

Besonders schnelle Montagen können – auch in mehreren Ebenen – mit *Hakenplatten* ausgeführt werden (Bild **7**.23).

Wo gestalterische Forderungen nicht im Vordergrund stehen, können die Anschlüsse sehr wirtschaftlich mit den vielen Formen handelsüblicher Stahlblechverbinder sichtbar ausgeführt werden (Bild **7**.24).

Alle erforderlichen Anschluss-Formteile können auch entsprechend den statischen und gestalterischen Anforderungen auf individuelle Weise entwickelt und hergestellt werden (Bild **7**.25).

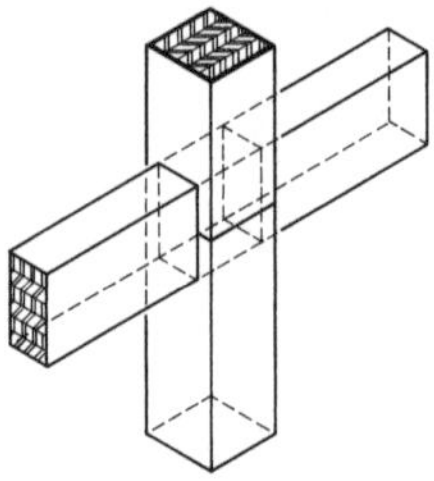

7.20 Gabelstütze

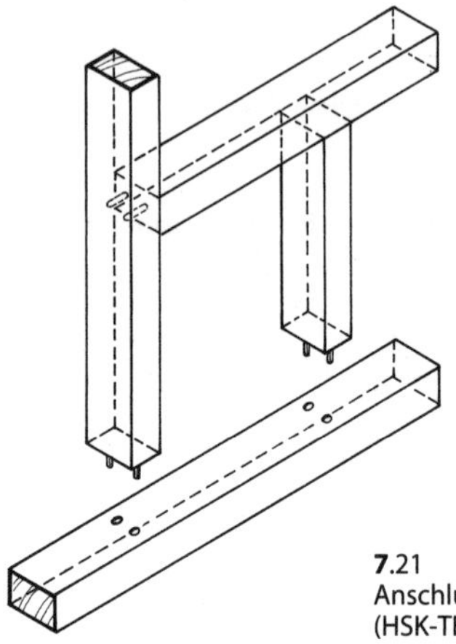

7.21 Anschluss mit Steckdübeln (HSK-TEC)

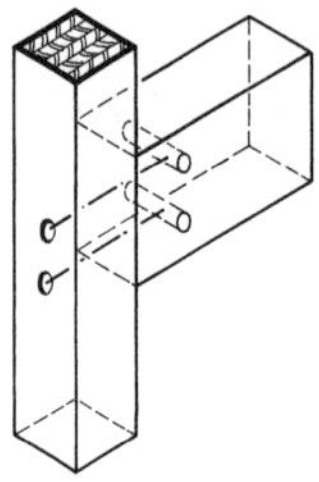

7.18 Anschluss durch Stabdübel

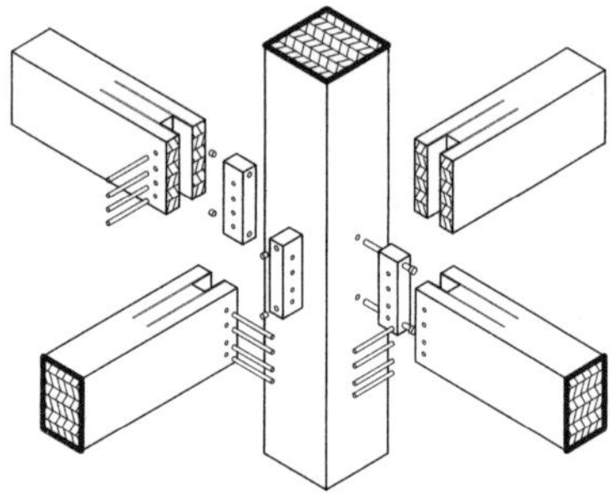

7.22 Anschuss mit Stabdübelsystem (BSB)

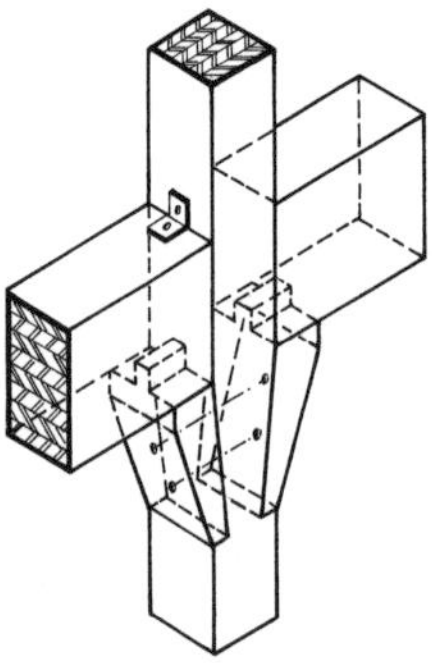

7.19 Stützenanschluss mit Knaggen

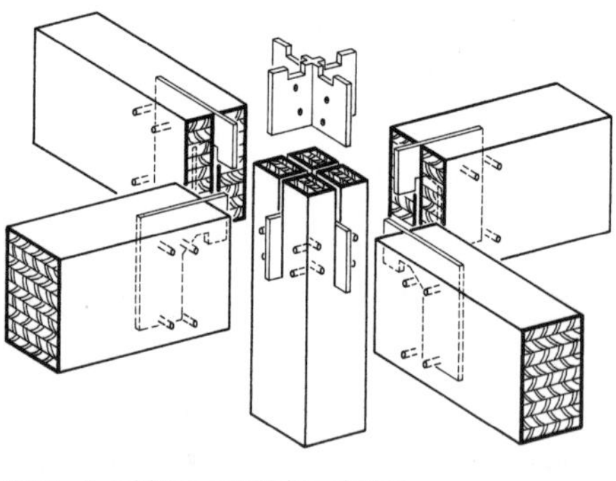

7.23 Anschlüsse mit Hakenplatten (System Bulldog)

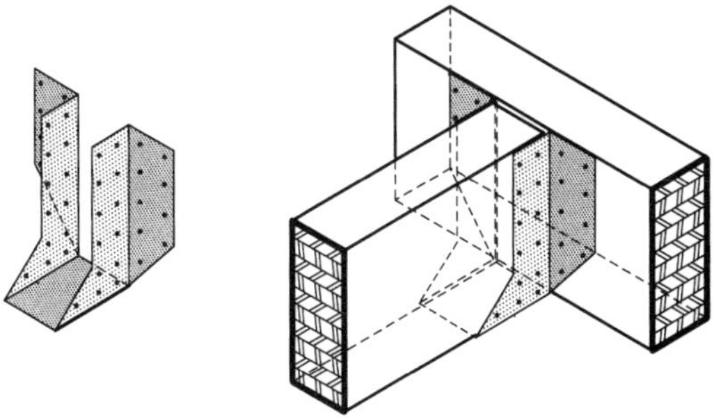

7.24 Anschluss mit genagelten Stahlblechlaschen (Balkenschuh)

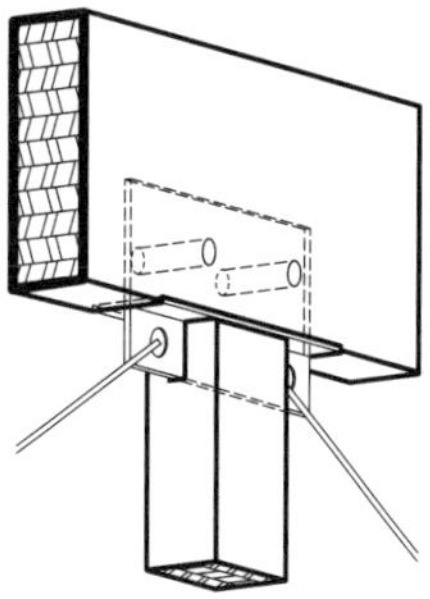

7.25 Stützen- und Diagonalverband-Anschluss mit geschweißtem Stahlblechformteil

7.3.5 Konstruktionselemente

Stützen werden im Innenbereich stumpf auf Betonplatten oder Fundamente gestellt und mit Laschen oder Winkeln angeschlossen (Bild **7**.26). Unter der Hirnholzfläche des Stützenfußes ist eine Feuchtigkeitssperre, wegen der hohen Pressung aus Bleiblech, Kunststoff oder Hartgummi vorzusehen. Im Außenbereich muss je nach Beanspruchung als Schutz gegen Fäulnis durch aufsteigende Feuchtigkeit und Spritzwasser ein ausreichender Abstand gegen die Bodenflächen verbleiben (Bild **7**.27).

Einige Beispiele für Stützenfußpunkt-Konstruktionen zeigt Bild **7**.28.

Wände in Holzskelettkonstruktionen können aus Mauerwerk oder auch aus Leichtbauwänden z. B. aus Holz bestehen. Im Innenbereich sollte man die Wanddicken mit den Stützenabmessungen abstimmen. Gemauerte Außenwände, die wegen des erforderlichen Wärme- und Schallschutzes dicker sein müssen als die Skelettkonstruktion, werden am besten unabhängig von der Skelettkonstruktion ausgeführt und können je nach gestalterischer Absicht sowohl auf der Innen- wie auch der Außenseite der Außenstützen angeordnet werden. Erforderliche Stützenanschlüsse werden mit dem Ziel einer winddichten Ausführung am besten mit aufquellenden Schaumstoff-Fugenbändern abgedichtet („Kompriband" o. Ä.).

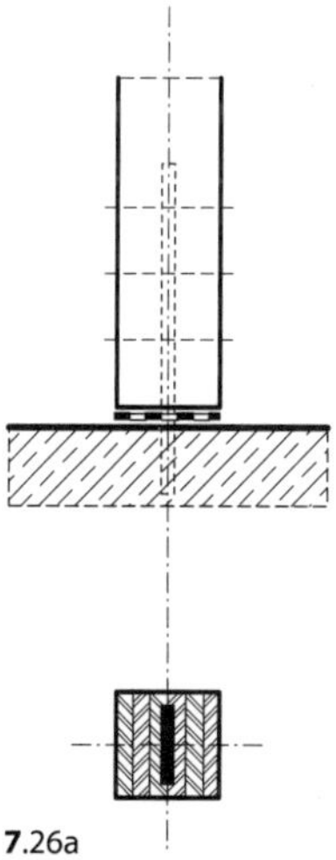

7.26a

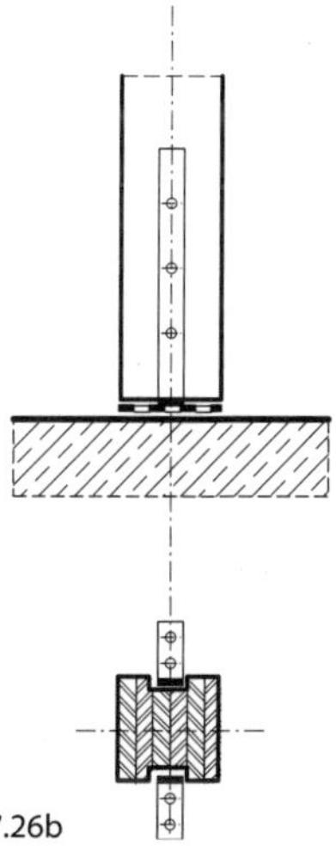

7.26b

7.26 Stützenfuß, Anschluss im Innenbereich
a) Anschluss mit eingeschlitzter Stahllasche
b) Anschluss mit aufgeschraubten Stahlwinkeln

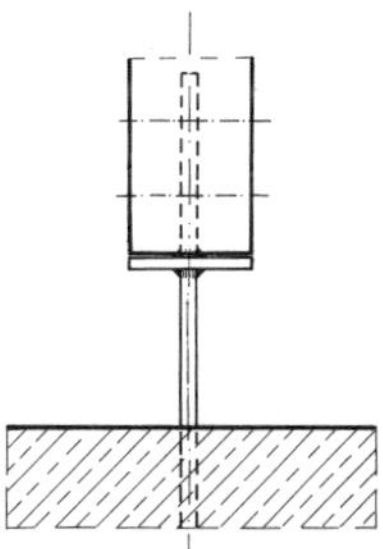

7.27 Stützenfuß: Anschluss im Außenbereich – Spritzwasserschutz durch Holzabstand > 15 cm (Ausführungen s. Bild **7**.28)

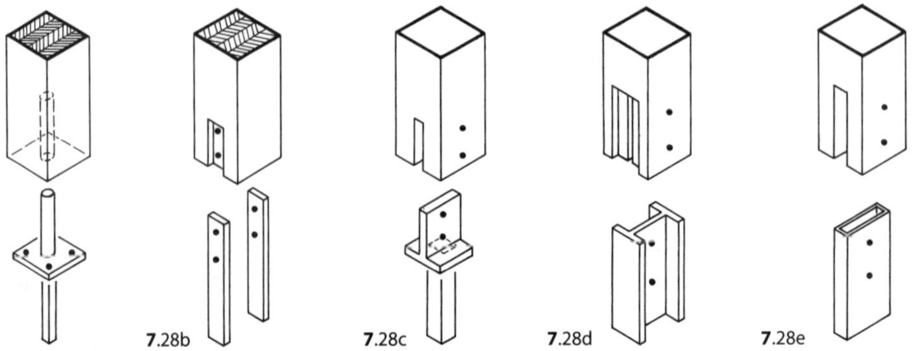

7.28b 7.28c 7.28d 7.28e

7.28 Stützenfuß im Außenbereich – Beispiele
a) Rund- oder Vierkantstahl mit eingeschweißter Fußplatte
b) seitlich angeschraubte Stahllaschen
c) eingeschlitztes Stabprofil mit angeschweißten Fußplatten
d) eingeschlitzter bzw. eingestemmter Profilstahl
e) eingeschlitztes Vierkant-Rohrprofil

Starre Dichtungsbaustoffe wie Montageschäume o. Ä. sind hier untauglich.

Bei mehrschaligen vorgefertigten Wandelementen (s. Abschn. 6.8) bestehen verschiedene Anschlussmöglichkeiten wie in Bild **7**.29 gezeigt.

In jedem Fall müssen beim Anschluss von Wänden an die Stützen von Holzskelettkonstruktionen neben üblichen Maßtoleranzen und Formänderungen infolge Belastung vor allem auch die durch Feuchtigkeitsschwankungen bedingten Verformungen durch Schwinden und Quellen der Hölzer bei der Planung der Fugen und des elastischen Fugenverschlusses berücksichtigt werden. Die Verwendung von Brettschichtholz (s. Abschn. 1 in Teil 2) ist unter diesen Aspekten in jedem Fall vorteilhaft.

Fugenanschlüsse mit einfacher oder doppelter Überfälzung (Bild **7**.29 b und **7**.29c) sind stumpfen Anschlüssen (Bild **7**.29a) in jedem Fall vorzuziehen.

7.3.6 Konstruktionsbeispiele

Holzskelettkonstruktionen werden immer häufiger ausgeführt, und in umfangreicher Fachliteratur werden viele Beispiele ausführlich dargestellt. Im Rahmen dieses Werkes können aus der großen Zahl möglicher Anwendungsformen nachfolgend nur zwei Systembeispiele gezeigt werden (Bilder **7**.30 und **7**.31) [14], [15].

Für Bauwerke mit bis zu 2 Vollgeschossen stellt die *Holzrahmenbauweise* eine interessante Alternative zum Skelettbau dar. Hier werden vorgefertigte Wand- und Deckentafeln als tragende oder nichttragende Elemente baukastenartig zusammengefügt (s. Abschn. 6.8.6) [8], [9], [15].

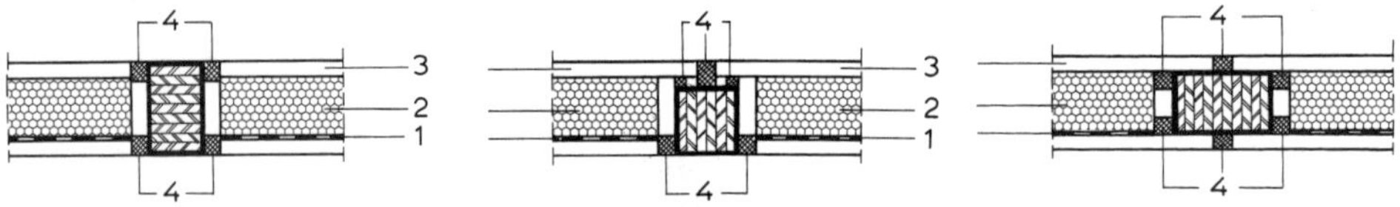

7.29a 7.29b 7.29c

7.29 Anschlüsse vorgefertigter Wandelemente an Stützen (schematisch)
a) Wandanschluss stumpf zwischen Stützen (Gefahr mangelnder Fugendichtigkeit an den Stützen)
b) Wandanschluss mit einfacher Überfälzung
c) Wandanschluss mit doppelter Überfälzung
1 Dampfsperre oder -bremse 2 Wärmedämmung 3 Außenschale 4 Dichtungen bzw. Deckprofile

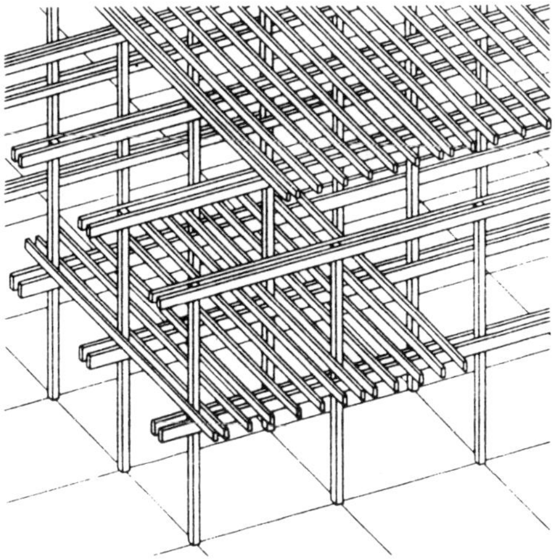

7.30 Holzskelettsystem mit einfachen Stützen und doppelter Trägerlage (Detail s. Bild **7**.9a)

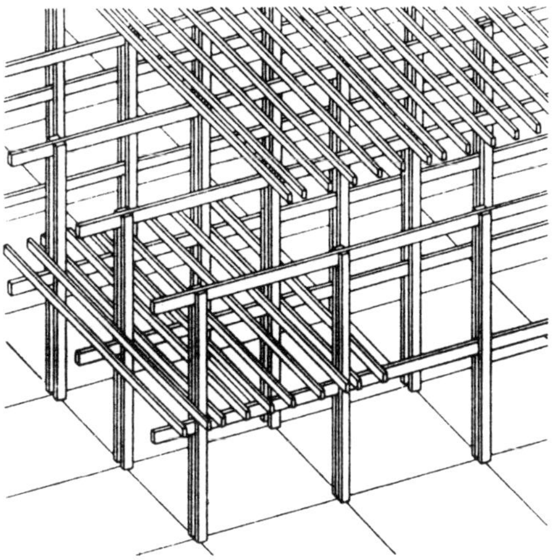

7.31 Holzskelettsystem mit Doppelstützen und einfacher Trägerlage (Detail s. Bild **7**.9b)

7.3.7 Holzschutz

Alle tragenden oder der Witterung oder der Feuchtigkeit ausgesetzten Teile von Holz-Skelettkonstruktionen müssen in der Regel je nach verwendeter Holzqualität Holzschutzanstriche nach DIN 68 800 erhalten (s. Abschn. 1.2 in Teil 2 d. Werkes). Hinsichtlich des Brandschutzes sind alle einschlägigen Bestimmungen von DIN 4102 zu beachten. Als konstruktive Maßnahmen kommen in erster Linie auf die Brandschutzanforderungen abgestimmte Querschnittsdimensionierungen und ggf. auch schaumbildende Anstriche oder Bekleidungen mit Brandschutzplatten in Frage (s. Abschn. 16.7).

Offen eingebaute Holzquerschnitte (brennbare Baustoffe) verfügen je nach Abmessung über bessere Brandschutzeigenschaften (längere Standsicherheit) als vergleichbar verwendete Stahlquerschnitte (nicht brennbare Baustoffe).

7.4 Stahlskelettbau

7.4.1 Allgemeines

Stahlskelettkonstruktionen haben insbesondere die folgenden Vorteile:

- Alle tragenden und weitgehend auch alle raumbildenden bzw. -abschließenden Bauteile können werkstattmäßig vorgefertigt und an der Baustelle in kurzer Zeit montiert werden,
- bei relativ geringen Eigengewichten und Querschnitten der tragenden Teile können große Spannweiten erreicht werden,
- wegen der im Stahlbau sehr geringen Toleranzen ist das Einpassen anderer maßgenauer Bauteile möglich und damit eine weitgehend „trockene Bauweise", d. h. keine oder nur sehr geringfügige Verwendung von Beton und Putz,
- konstruktive Teile können leicht verändert, auch nachträglich verstärkt oder ggf. auch demontiert werden.

Dem steht als Nachteil gegenüber, dass bei mehrgeschossigen Bauten erhebliche Aufwendungen für den Brandschutz aller tragenden Bauteile vorgeschrieben sind. Hinzu kommen die Aufwendungen für einen dauernden Korrosionsschutz. Diese Einschränkungen haben jedoch nicht verhindert, dass der überwiegende Teil der vielgeschossigen Hochhausbauten aufgrund des relativ geringen Eigengewichtes als Stahlskelettbauten errichtet wurden und noch werden.

Stahlskelette bestehen aus senkrechten Stützen- und waagerechten Trägerprofilen. Die Knotenpunkte werden vergleichbar den für den Holzskelettbau gezeigten Grundsätzen ausgeführt (vgl. Bilder **7**.9, **7**.14 und **7**.40 ff.).

Die *horizontale Aussteifung* erfolgt durch Deckenplatten oder liegende Fachwerkverbände. Vertikal kann das tragende Stahlgerippe durch biegesteife, unverschiebbare Eckverbindungen (Rahmen), Dreieckverbände oder Wandscheiben ausgesteift werden (vgl. Bild **7**.1).

7.4.2 Baustoffe

Profilstahl

Baustahl für Stahlbauten ist als Stabstahl, Formstahl oder für Hohlprofile in den Qualitäten S 235 usw. bis S 355 (DIN EN 10 027) oder den hochfesten Stahlsorten StE 460 und StE 690 genormt.

Für Stahlbauten kommen in erster Linie I-Profilstähle gemäß DIN 1025, L-, U-, T-, Z- sowie Rohrprofile der verschiedensten Lieferformen und Dimensionen in Frage (Überblick s. Tabelle **7**.32).

Verbundbauweisen

Ferner kommen Verbundträger, -stützen und -decken in Betracht. Dabei werden Stahlprofile mit Betonbauteilen schubfest verbunden und auf diese Weise die günstigen Eigenschaften des Stahles hinsichtlich der Zugfestigkeit mit der Druckfestigkeit des Betons kombiniert sowie die Brandschutzeigenschaften wesentlich verbessert.

Verbundstützen bestehen aus ummantelten oder mit Beton gefüllten Profilen. Der Beton kann eine schlaffe Bewehrung haben.

Tabelle **7**.32 Stahlprofile (Auswahl)

Profile	Kurzbezeichnungen	
Warmgewalzte schmale I-Träger (I-Reihe)	I	80 bis 550
Warmgewalzte mittelbreite I-Träger (IPE-Reihe)	IPE	80 bis 600
Warmgewalzte breite I-Träger (HEAA-, HEA- / IPB I, HEB- / IPB-Reihe)	HE HE-A HE-B	100 bis 1000 AA 100 bis 1000 100 bis 1000
Warmgewalzte breite I-Träger (HEM- / IPB_V-Reihe)	HE-M	100 bis 1000
Warmgewalzte Breitflansch-Stützenprofile	HD	260 bis 400
Warmgewalzter rundkantiger [-Stahl	U	30 bis 400
Warmgewalzter gleichschenkliger rundkantiger Winkel-Stahl	L	20 bis 200
Warmgewalzter ungleichschenkliger rundkantiger Stahl	L	30 bis 200
Warmgewalzter rundkantiger hochstegiger T-Stahl	T	30 bis 140
Warmgewalzter rundkantiger Z-Stahl	Z	30 bis 200
Nahtlose Stahlrohre	D	33,7 bis 406,4
Quadratische Hohlprofile		40 bis 300
Rechteckige Hohlprofile		50 x 30, 350 x 250
ferner: Vierkant-Stahl, Rundstahl, Flach-, Wulstflach- und Breitflachstahl u. a.		

Betonummantelte Stützen mit einer Betondeckung von 50 mm für das Stahlprofil und von 35 mm für die mitwirkende Bewehrung erfüllen die Anforderungen für die Feuerwiderstandsklasse F90.

Ausbetonierte Stützen sind wesentlich tragfähiger als die entsprechenden Hohlprofile. Bei so genannten kammergefüllten Profilen werden lediglich die Profilkammern ausbetoniert, während Flansche und Kanten sichtbar bleiben. Sie werden insbesondere als Unterzüge und Deckenträger verwendet (Bild **7**.33 b bis d).

Verbundträger bestehen aus Stahlprofilen, die durch Kopfbolzen schubfest mit den aufliegenden Stahlbetondecken verbunden sind, so dass die Deckenplatte als Druckplatte und der Träger überwiegend auf Zug beansprucht wird. Der so entstandene Bauteil kann mit den „Plattenbalken" (s. Abschn. 10) des Stahlbetonbaues verglichen werden (Bild **7**.34).

Verbunddecken (s. auch Abschn. 10.2.4) werden aus Stahlprofildecken („Holorib") gebildet, die gleichzeitig als *verlorene Schalung* dienen. Der Aufbeton wird durch aufgeschweißte Kopfbolzen mit Unterzug- bzw. Trägerflanschen schubfest verbunden. Dabei nehmen die Profilbleche die Zugbeanspruchungen und der Aufbeton die Druckbeanspruchung auf (Bild **7**.35).

Stahlseile

Als hochfeste Zugglieder kommen im Stahlskelettbau auch Stahlseile mit werkseitig angeformten Verbindungselementen aus Stahl oder Guss in Frage.

7.4.3 Korrosionsschutz

Für Stahlkonstruktionen, die der Witterung ausgesetzt sind, können wetterfeste, nicht rostende, hochfeste Sonderstähle (WT-Stähle, Handelsna-

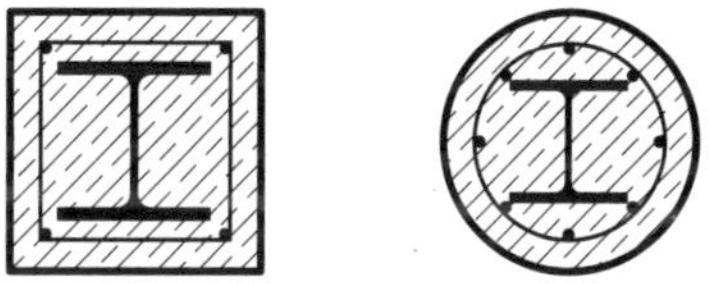
7.33a

7.33b

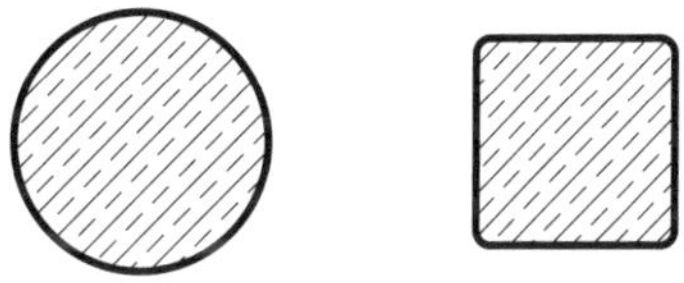
7.33c

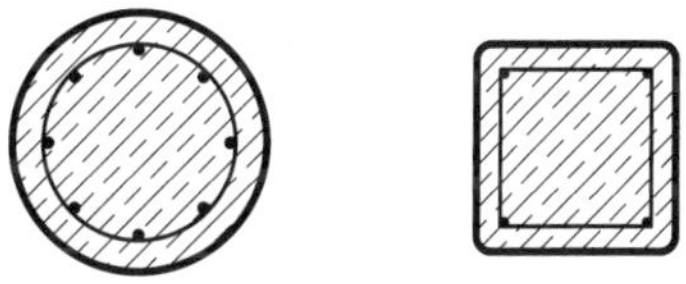
7.33d

7.33 Verbundstützen
a) einbetonierte Stahlprofile
b) Walz- oder Schweißprofile mit Kammerbeton
c) ausbetonierte Hohlprofile
d) ausbetonierte Hohlprofile mit Zusatzbewehrung für den Brandfall

7.34a

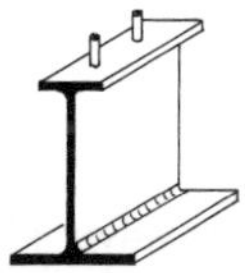
7.34b

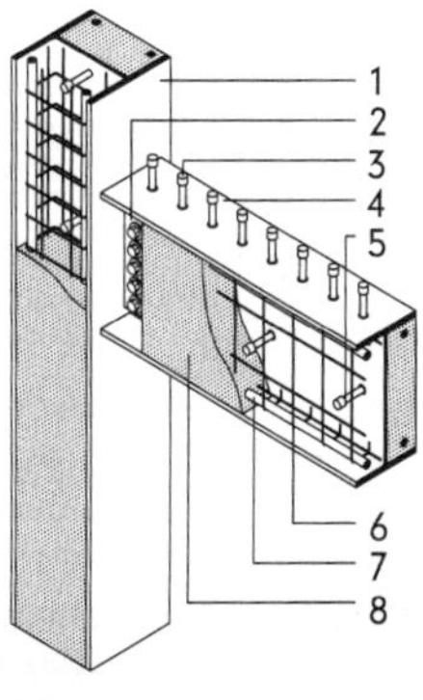

7.34c

7.34
Verbundträger
a) Walzträger mit Kopfbolzen
b) geschweißter Träger mit Kopfbolzen (Verbundanker s. Bild **7**.53)
c) Stützenanschluss bei Verbundprofilen
1 Stütze
2 Steglaschenanschluss
3 Kopfbolzendübel für Trägerverbund
4 Deckenträger
5 Kopfbolzendübel für Profilverbund
6 Bügelbewehrung
7 Längsstabbewehrung
8 Kammerbeton

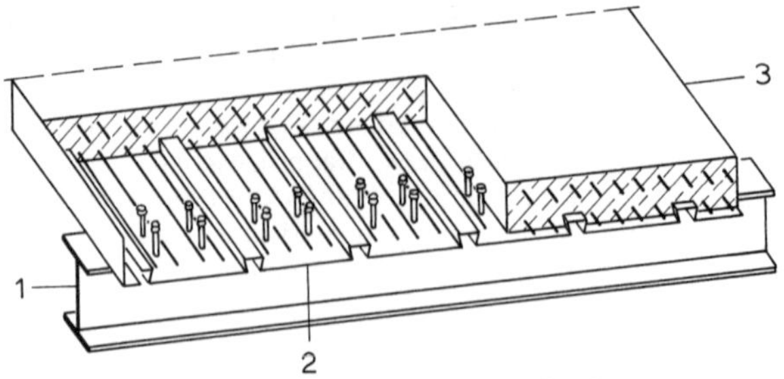

7.35
Verbunddecke [2]
1 Unterzug oder Nebenträger mit Kopfbolzendübeln
2 Holorib-Profilblech mit schwalbenschwanzförmigen Sicken (geeignet für Abhängungen)
3 bewehrter Aufbeton als Druckgurt

me z. B. *„Cor-Ten"-Stahl* sowie Chrom-Nickelstähle, Chrom-Nickel-Molybdän-Stähle, Handelsname z. B. Nirosta, V2A, V4A) verwendet werden.

Auf der Oberfläche von WT Stahl bildet sich unter normalen Witterungsbedingungen eine rostähnliche Schutzschicht aus, die den Stahl nach 3 bis 4 Jahren vor weiterer Korrosion schützt. Es ist zu beachten, dass diese Schutzschicht zunächst vom Regen abgewaschen wird und zur Verschmutzung angrenzender Bauteile führen kann. WT-Stahl bekommt mit der Zeit eine dunkelbraune Färbung und bedarf keiner weiteren Unterhaltung.

7

Im übrigen müssen alle Stahlbauteile, die aus üblichen, unlegierten Stahlsorten (DIN EN 10 027-1,2) hergestellt sind, durch *Beschichtungen* oder *Feuerverzinkung* nach DIN EN ISO 12 944 gegen Korrosion geschützt werden.

Grundregeln für einen dauerhaften Korrosionsschutz sind:

- Die Konstruktionen sollen möglichst wenig Zerklüftungen aufweisen und an allen Teilen gut zugänglich sein, damit Anstriche einwandfrei aufgebracht, überwacht und erneuert werden können.
- Profilflächen sollen untereinander oder gegenüber Wandflächen einen Mindestabstand von 120 mm haben.
- Spalten und Zwischenräume an Anschlussstellen sollen verschlossen werden oder > 10 mm breit sein.
- Kanten sind abzurunden und bei hoher Beanspruchung evtl. zusätzlich zu behandeln.
- Durch geneigte Flächen oder Entwässerungsöffnungen ist im Freien dafür zu sorgen, dass sich keine Schmutz- und Wasseransammlungen bilden.
- Hohlräume müssen entweder einen ausreichenden Korrosionsschutz erhalten und gut belüftet bleiben, oder sie müssen luftdicht abgeschlossen werden.
- Durch entsprechende konstruktive Maßnahmen ist *Tauwasserbildung* an Stahlteilen möglichst zu unterbinden.
- Bei Verbindungen von Metallen mit unterschiedlichem elektrischem Potential besteht unter dem Einfluss von Feuchtigkeit die Gefahr von *Kontaktkorrosion*. Es müssen daher isolierende Zwischenlager vorgesehen werden. Verbindungsteile wie Schrauben u. Ä. müssen entsprechende Hülsen erhalten.

Der Korrosionsschutz kann bestehen aus:

- *Beschichtungen* (Anstrichen), 1- bis 4-fach aufgetragen,
- *Überzügen* aus metallischen Schichten (im Stahlbau bevorzugt Feuerverzinkung),
- *Korrosionsschutz-Systemen* (Duplex-Systemen), die eine Kombination aus Beschichtungen und Überzügen bilden.

Rostumwandler und Roststabilisatoren sind nicht zulässig.

Vor der Ausführung sind die Stahlteile gründlich von Verschmutzungen (insbesondere Fett und Öl, Farbresten), Rost und Walzzunder zu reinigen. Dabei sind die geeigneten Verfahren (mechanische Reinigung, Flammstrahlen, chemisch-physikalische Verfahren) gemäß DIN 53 210 bzw. DIN EN ISO 12 944-4 abhängig von der Stahlsorte, dem Rostgrad und der Art der beabsichtigten Beschichtung zu wählen.

Beschichtungen

Korrosionsschutzbeschichtungen werden mit dem Pinsel oder durch Spritzen mit 2 Grundanstrichen und 2 Deckanstrichen aufgetragen.

Korrosionsschutzbeschichtungen bestehen aus Pigmenten, Füllstoffen und Bindemitteln. Pigmente dienen durch unterschiedliche Einfärbung der Kontrolle der Anzahl aufgebrachter Schichten, der Dickenkontrolle, dem Schutz gegen mechanische Beschädigungen, der Passivierung und Neutralisation der Oberflächen u. a. Füllstoffe schützen insbesondere die Bindemittel vor Lichteinwirkung. Als Füllstoffe sind Aluminiumpulver, Zinkstaub, Eisen, Titan und Zinkoxid u. a. gebräuchlich. Bleimennige und Zinkchromat sind als toxische Bestandteile nicht mehr zulässig. Als Bin-

Tabelle **7**.36 Korrosionsschutz, Schichtdicken und Aufgaben [8]

Anzahl der Schichten	Beschichtung Überzug	Sollschichtdicke je Schicht in µm	Aufgaben
1	Fertigungsbeschichtung (FB)	15 bis 25	Schutz der Stahlbauteile während Lagerung, Fertigung und innerbetrieblichem Transport
1 bis 2	Grundbeschichtung (GB)	40 normal 80 DICK	Schutz der Stahloberfläche gegen Korrosion
1 bis 2	Deckbeschichtung (DB)	40 normal 80 DICK	Schutz der Grundbeschichtung bzw. in besonderen Fällen der Feuerverzinkung vor aggressiven Stoffen
1	Feuerverzinkung (Stückverzinkung)	50 bis 85 (360 bis 610 g/m^2)	Schutz der Stahloberfläche vor Korrosion

Bemerkung: normal = normale Beschichtungsstoffe, DICK = dickschichtige Beschichtungsstoffe

demittel werden Leinöl, Alkyd-, Silikon- und Epoxidharze, Chlorkautschuk, Polyurethan sowie bituminöse Stoffe verwendet.

Die Beschichtungsdicke beträgt bei Pinselauftrag 20 bis 60 µm und bei Spritzauftrag 5 bis 15 µm. Die Gesamtdicke soll nicht unter 130 µm liegen und kann bei besonderer Beanspruchung bis auf 220 µm gesteigert werden.

Einen Überblick über die Beschichtungsarten und die erforderlichen Schichtdicken gibt Tabelle **7**.36.

Feuerverzinkung ist eine Korrosionsschutzmethode, die angewendet werden kann, wenn kleinere und feingliederige Konstruktionen insgesamt oder Einzelteile geschützt werden sollen, die lediglich durch Verschraubung oder Nietung zusammengefügt werden. Dabei werden die zu schützenden Teile nach der Reinigung in „Zinkbädern" bei 450° verzinkt. Die Schichtdicke ist nach DIN EN ISO 1461 abhängig von der Materialdicke der zu schützenden Teile und beträgt 35 bis 70 µm. Aus technischen Gründen können die Werkstücke dabei nur Längen bis etwa 15 m haben, oder es muss möglich sein, sie mehrfach zu tauchen.

Es ist zu beachten, dass nicht alle Stahlsorten für Feuerverzinkung geeignet sind und dass durch die Verzinkung u. U. Verformungen möglich sind, wenn die Konstruktionen Verspannungen aufweisen. Nacharbeiten an feuerverzinkten Teilen wie z. B. der nachträgliche Schutzanstrich von Schweißnähten müssen vermieden werden. Wenn sie unumgänglich sind, müssen die beschädigten Stellen der Verzinkung durch Spritzverzinkung oder Zinkanstriche sorgfältig ausgebessert werden.

7.4.4 Brandschutz (s. auch Abschn. 16.7)

Stahlbauteile brennen zwar nicht, verformen sich aber unter Brandeinwirkung und verlieren schließlich – oft schlagartig – ihre Tragfähigkeit. Sie müssen daher entsprechend den verschiedenen Vorschriften und Richtlinien der Landesbauordnungen je nach der Brandgefährdung der Gebäude (vgl. dazu DIN 18 230) nach DIN 4102 Brandschutz erhalten.

Wenn aus gestalterischen Gründen Stahlkonstruktionen sichtbar bleiben sollen, kommen als Beschichtung aufgetragene *„Dämmschichtbildner"* in Frage, die vielfache Farbgebungen ermöglichen und Bestandteil des Korrosionsschutzes sein können. Sie entfalten ihre Schutzwirkung erst im Brandfall. Seit Ende 2001 lassen sich mit derartigen Beschichtungen Brandschutzanforderungen bis max. F90) erreichen (s. a. Abschn. 16.7.4).

Für höhere Anforderungen, insbesondere in mehrgeschossigen Gebäuden, werden genormte oder geprüfte Brandschutzbekleidungen verwendet, die bestehen können aus:

- Betonummantelungen aus Stahlbeton DIN 1045,
- Putze in verschiedenen Zusammensetzungen, auch mit Zusätzen von Mineralfasern, Vermiculite u. a.,
- Ummantelungen mit Gipskarton-, Gipsfaser- und speziellen Brandschutzplatten.

7.4.5 Verbindungstechnik

Nietverbindung. Kraftschlüssige Verbindungen durch Nietung (Bild **7**.37) sind heute nur noch in Ausnahmefällen anzutreffen. Hoher Arbeitsaufwand macht sie unwirtschaftlich, und die unver-

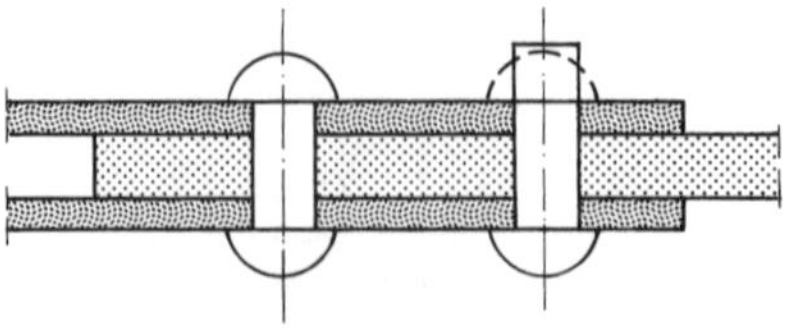

7.37 Nietverbindung
links: fertige Nietverbindung
rechts: Niet vor dem Stauchen

meidliche große Lärmentwicklung bei der Ausführung kann kaum noch hingenommen werden.

Schraubverbindung. Äußerst maßgenaue Bearbeitungsverfahren haben im Stahlbau die Verwendung hoch belastbarer Schraubverbindungen ermöglicht. Die Verbindung von großen Werkstücken z. B. von Trägern und Stützen oder von ganzen Bauteilgruppen erlauben eine rasche und problemlose Montage an der Baustelle ebenso wie spätere Änderungen oder Demontagen.

Bei den zu verwendenden Schrauben werden unterschieden:

- Rohe Schrauben
  R (unbearbeitet, mit Lochspiel in den Bohrlöchern)
- Passschrauben
  P (nachbearbeitet, ohne oder mit sehr geringem Lochspiel)
- Hochfeste Schrauben
  HR (spezielle Materialqualität, geeignet für Vorspannung)
- Hochfeste Passschrauben
  HP (spezielle Materialqualität, nachbearbeitet, geeignet für Vorspannung)

Bei den Verbindungsarten werden unterschieden:

Verbindungen mit Scher-/Lochleibungswirkung. Die Schrauben werden dabei senkrecht zu ihrer Achse beansprucht (Bild **7**.38).

- SL-Verbindung
  Bauteile mit vorwiegend ruhender Belastung (Standard-Verbindung im Hochbau)
- SLP-Verbindung
  Bauteile mit ruhender und teilweise nicht ruhender Belastung, nur mit Passschrauben herzustellen.

Gleitfeste Verbindungen. Bei diesen hochbelastbaren Verbindungen werden Kräfte senkrecht zur Schraubenachse und außerdem durch Reibung in den Kontaktflächen der miteinander verbundenen Konstruktionsteile übertragen. Die Kontaktflächen müssen vor dem Zusammenbau durch Sandstrahlen o. Ä. vorbehandelt werden (Bild **7**.39).

Unterschieden werden:

- GV-Verbindung
  Bauteile mit vorwiegend ruhender und
- GVP-Verbindung
  nicht vorwiegend ruhender Belastung (GVP-Verbindungen nur mit Passschrauben)

Einige Konstruktionsbeispiele mit Verschraubungen an typischen Knotenpunkten von Stahlskeletten zeigen die Bilder **7**.40 bis **7**.45.

Schweißverbindung. Bauteilgruppen aus Stahl werden werkstattmäßig in der Regel durch Schweißverbindungen zusammengefügt. Dafür kommen handgeführte oder automatisierte Schweißungen in Frage, die als elektrische Lichtbogenschweißung oder als Gasschmelz-(„Autogen"-)Schweißungen möglich sind und nur durch ausgebildete Fachleute ausgeführt werden dürfen.

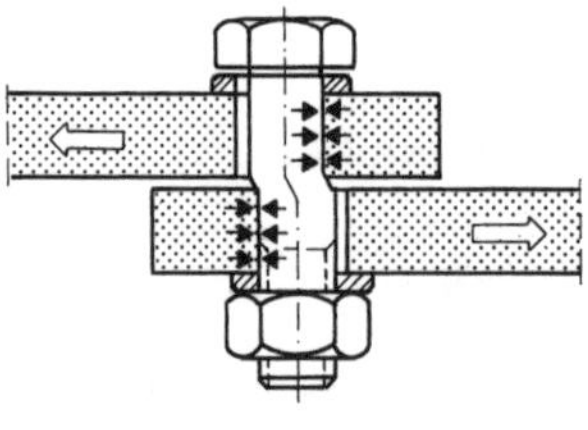

7.38 Schraubverbindung SL/SLP [4]
(Scher-/ Lochleibungsbeanspruchung)

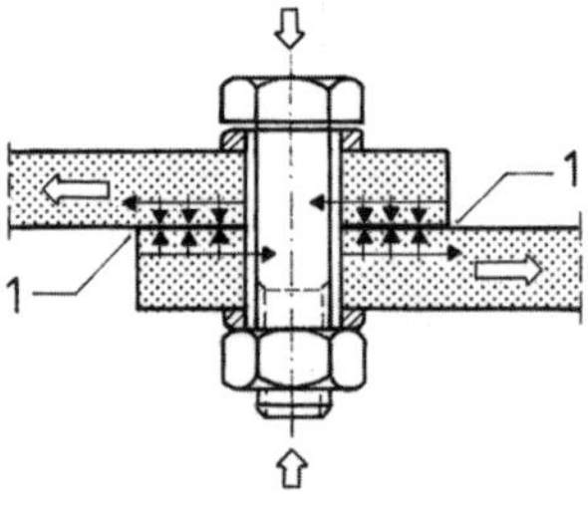

7.39 Schraubverbindung GV/GVP [4]
(gleitfeste Verbindung)
1 vorbehandelte Flächen

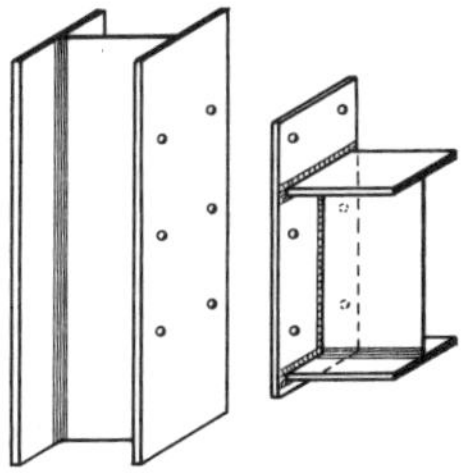

7.40a

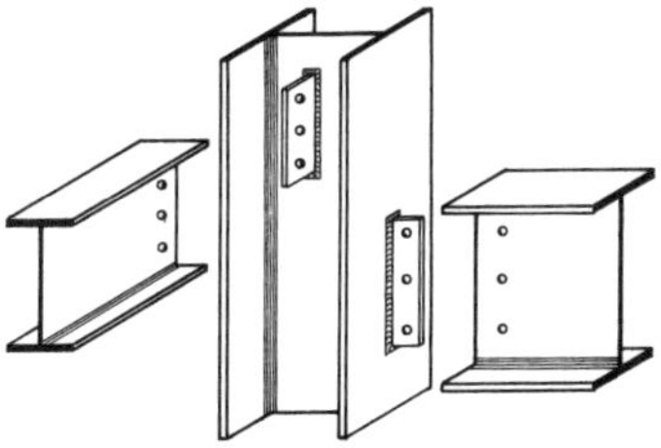

7.40b

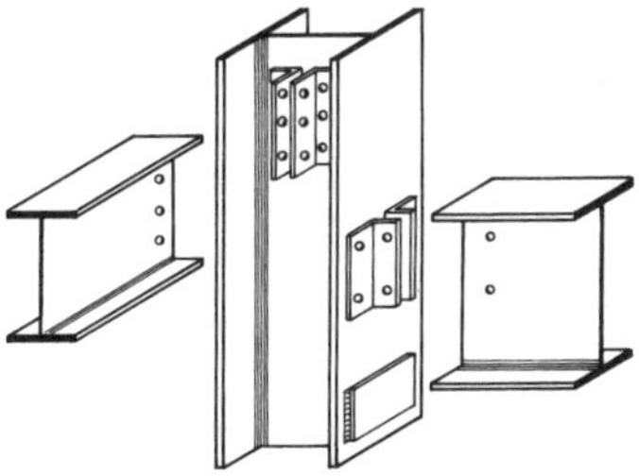

7.40c

7.40 Trägeranschlüsse an Profilstahlstützen
a) Anschluss mit aufgeschweißter Kopfplatte
b) Anschluss mit angeschweißten Laschen
c) Anschluss mit geschweißten oder angeschraubten Doppelwinkeln und Aufstandskonsole

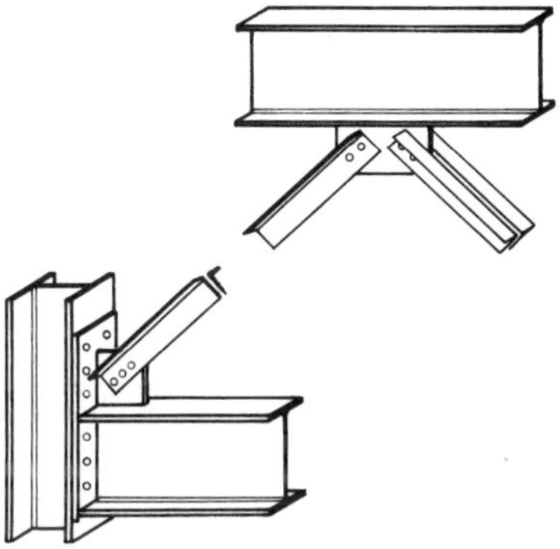

7.41 Knotenausbildungen für aussteifende Diagonalverbände

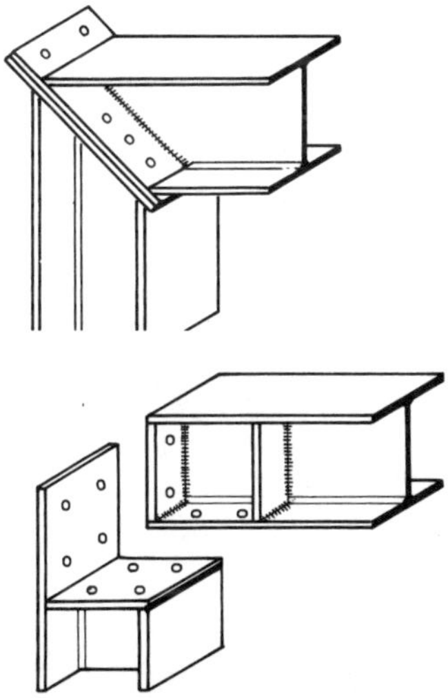

7.42 Geschraubte biegesteife Trägeranschlüsse an Rahmenecken

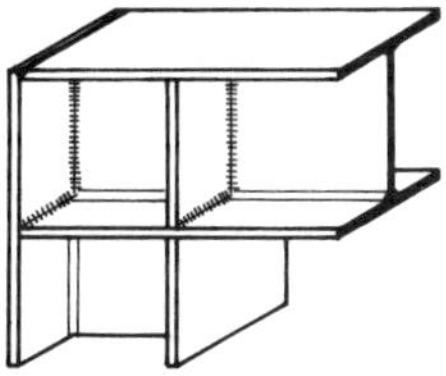

7.43
Biegesteife Trägeranschlüsse an Rahmenecken geschweißter Anschluss

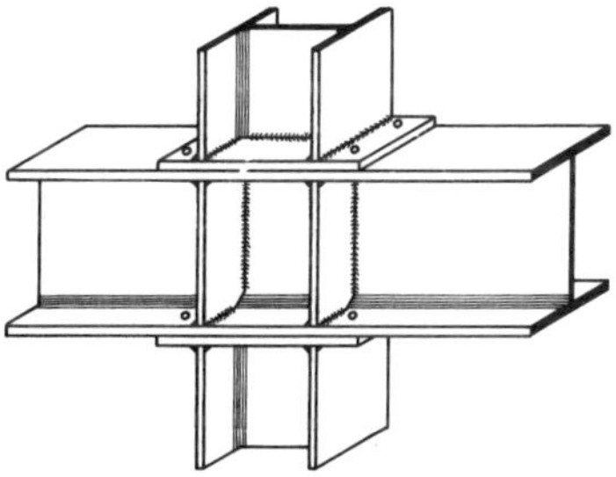

7.44 Stütze-/Träger-Anschluss: Träger durchlaufend

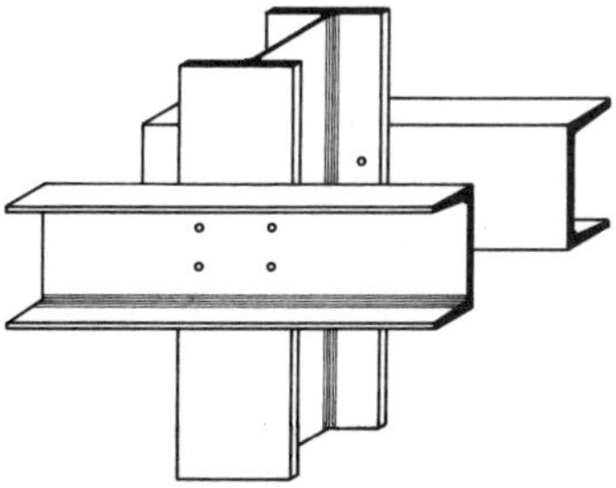

7.45 Stütze-/Träger-Anschluss: Stütze durchlaufend; Doppelträger

Gegenüber Verschraubungen sind Schweißverbindungen vor allem bei rohrförmigen Konstruktionsteilen vorteilhaft. Sie sparen Gewicht an den Verbindungsstellen, und sie erlauben ggf. eine anspruchsvollere Gestaltung der Stahlkonstruktionen.

Bei feingliedrigen Bauteilen muss durch fachgerechte Ausführung die Verformungsgefahr infolge der starken Erhitzung an den Schweißstellen – am besten durch Anwendung der Lichtbogenschweißung – ausgeschlossen werden.

Bei Schweißarbeiten an der Baustelle ist die nicht unerhebliche Brandgefährdung zu beachten.

Schweißverbindungen werden abhängig vom gewählten Schweißverfahren, Dicke und Materialart der zu verbindenden Bauteile und den zu berücksichtigenden konstruktiven Beanspruchungen in verschiedenen Nahtformen ausgeführt [10].

7

Als Beispiel für die zahlreichen Möglichkeiten von Schweißverbindungen kann die in Bild **7**.43 gezeigte biegesteife Rahmenecke gelten.

Natürlich gibt es auch viele Kombinationen von geschweißten mit verschraubten Verbindungen (s. Bilder **7**.40a und b, **7**.41, **7**.42, **7**.44).

7.4.6 Konstruktionselemente

Stützen bestehen in der Regel aus I- und IPE-Walzprofilen, Breitflanschträgern der HE-(IPB)-Reihen, Rechteck- oder Rundrohrprofilen sowie kastenförmig verschweißten Hohlprofilen (Tab. **7**.32) oder werden als Verbundstützen ausgebildet (Bild **7**.33).

Auf Fundamenten stehen Stützen mit Fußplatten auf, die bei Pendelstützen mit Anker- oder Dübelschrauben befestigt (lagegesichert) werden. Eingespannte Stützen (vgl. Bild **7**.1c) werden in den Fundamenten in Verbindung mit Ankerschienen eingebaut (Bild **7**.46).

Anschlüsse von Trägern werden an Profilstahlstützen in der Regel mit Schraubverbindungen hergestellt (Bild **7**.40). Einen Anschluss von Stahlbetonkonstruktionen aus Ortbeton oder Fertigteilen mit Hilfe angeschweißter Konsolen zeigt Bild **7**.47.

In mehrgeschossigen Gebäuden können Stützen jeweils durch die Trägerlasten unterbrochen und mit Fuß- bzw. Kopfplatten kraftschlüssig angeschlossen werden (Bild **7**.44), oder sie laufen zwischen Doppelträgern (Zangen) hindurch (Bild **7**.45).

Träger in Stahlskeletten bestehen aus schweren Walzprofilen (Bild **7**.48a), aus *Wabenträgern* (Bild **7**.48b; hohe, in der Mitte sägezahnartig aufgetrennte Profile, die dann wieder – horizontal versetzt angeordnet – mit wabenförmigen Aussparungen maschinell verschweißt werden) oder aus Kombinationen verschiedener Profile (Bild **7**.48c). Hohe Träger können zur Gewichtseinsparung entsprechend statischem Nachweis Aussparungen erhalten.

Aussparungen für unvermeidliche Installationsdurchlässe können in Trägern mit großen Steghöhen bei kleineren Abmessungen im Bereich der Mittellinie – bei entsprechendem statischem Nachweis – ohne besondere Vorkehrungen ausgeführt werden. Für größere Durchbrüche werden besondere Verstärkungen eingeschweißt (Bild **7**.49).

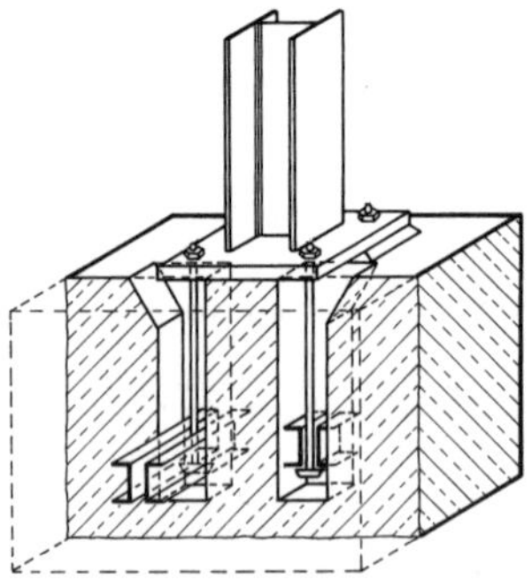

7.46 Stützenfuß und Fundamentverbindung für eingespannte Stahlstützen

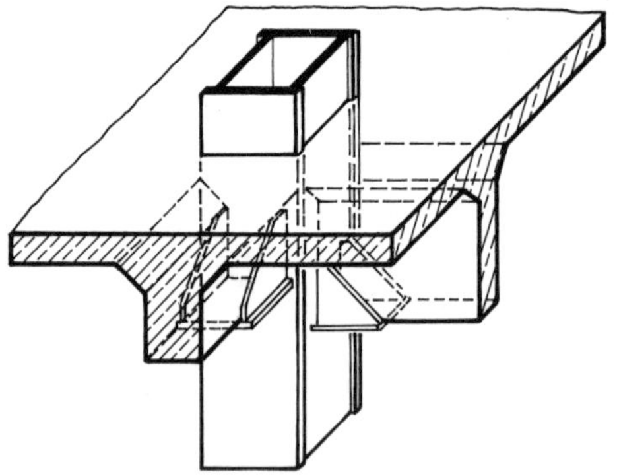

7.47 Stahlstütze mit Auflagerung von Stahlbetonrippendecke

7.48a

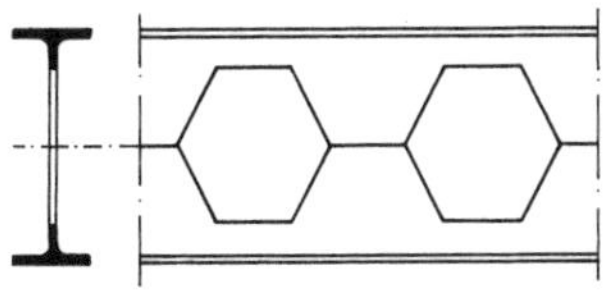

7.48b

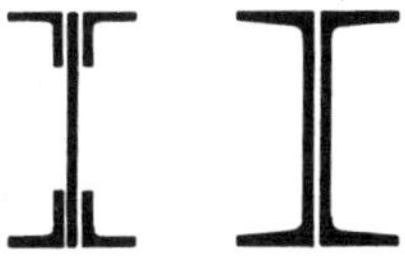

7.48c

7.48 Träger in Stahlskeletten
a) Walzprofile
b) Wabenprofil
c) zusammengesetzte Profile

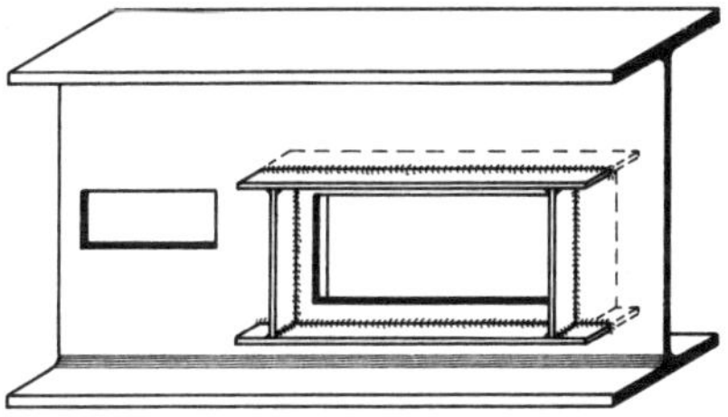

7.49 Durchbrüche in Stahlträgern

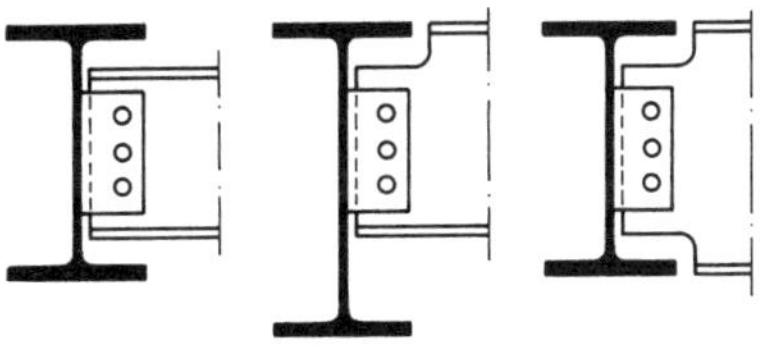

7.50 Steganschluss von Trägern

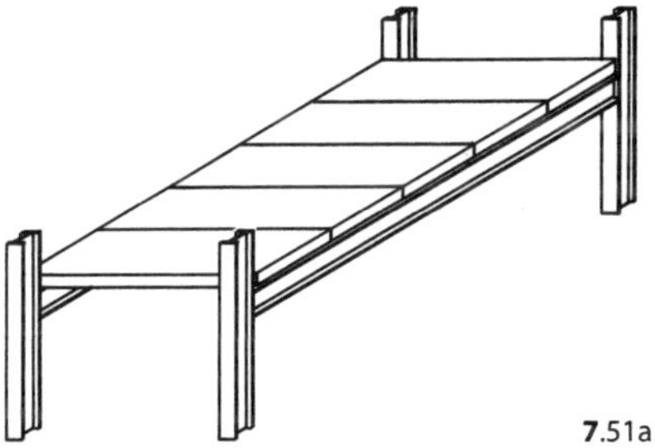

7.51a

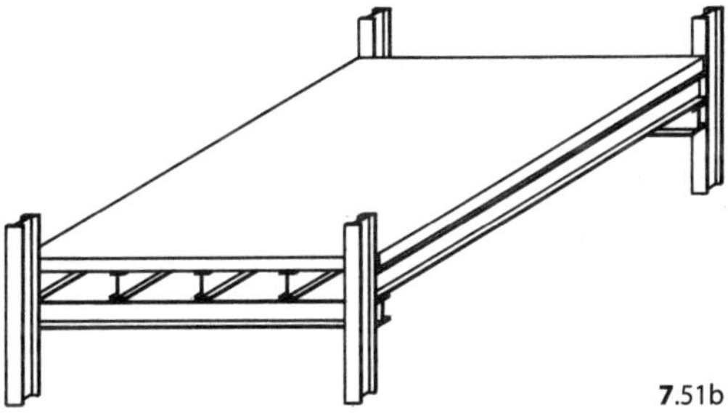

7.51b

7.51 Deckenauflagerung bei Stahlgerippen
a) Deckentragwerk mit einer Trägerlage
b) Deckentragwerk mit zwei Trägerlagen

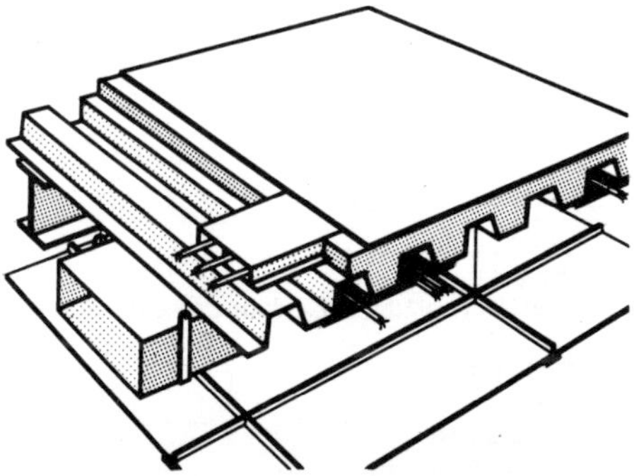

7.52 Trapezblechdecke mit Installationssystem

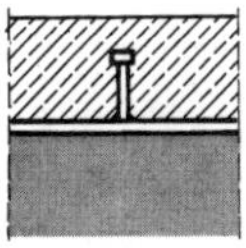

7.53a

7.53b

7.53c

7.53
Verbundmittel für schubfeste Deckenanschlüsse
a) Kopfbolzen
b) Verbundanker
c) Verbundbügel

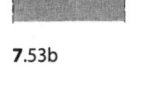

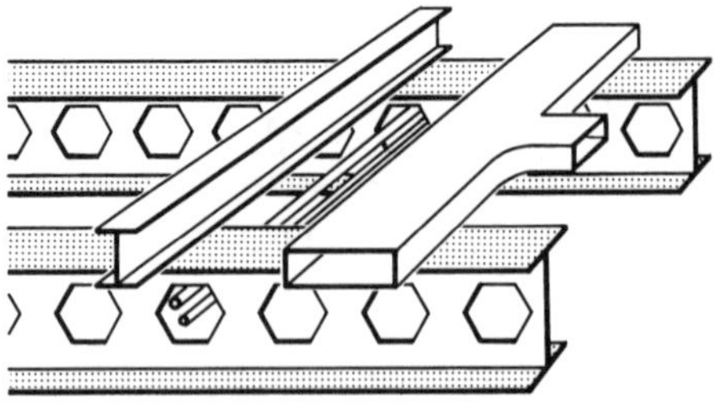

7.54 Doppelte Trägerlagen mit Installationen

Trägerkreuzungen haben Anschlüsse, die – in Abhängigkeit von den statischen Erfordernissen – mit den sonstigen planerischen Anforderungen (z. B. Berücksichtigung von Installationsführung quer zu Trägerlagen) abgestimmt werden. Sie können mittig, an der Oberkante bündig oder beidseitig bündig liegen (Bild **7**.50).

Decken können ohne besondere Verbindung auf die Skelettrahmen oder -träger aufgelegt werden. Sie liegen direkt auf den Skelettrahmen (Bild **7**.51a) oder auf einer weiteren Sekundär-Trägerlage (Bild **7**.51b).

Neben Ortbetonplatten werden vielfach Stahlbeton-Fertigdecken eingebaut. Sie können als einfache (vorgespannte) Platten oder als Filigran-Deckenelemente mit Aufbeton ausgebildet sein.

Ferner können Trapezblechdecken ohne Aufbeton oder mit Aufbeton als *Verbunddecken* verwendet werden (Bild **7**.52 und **7**.53, s. auch Bild **7**.35).Verbunddecken entstehen, wenn zwischen Deckenplatte und Träger eine *schubfeste Verbindung* hergestellt wird. Die Deckenplatte ergänzt in diesem Falle den druckbeanspruchten Obergurt des Trägers ähnlich wie in einer Stahlbeton-Plattenbalkendecke (s. Abschn. 10). Auf diese Weise lassen sich für das gesamte Tragwerk günstigere Dimensionierungen erreichen. Als Ver-

7

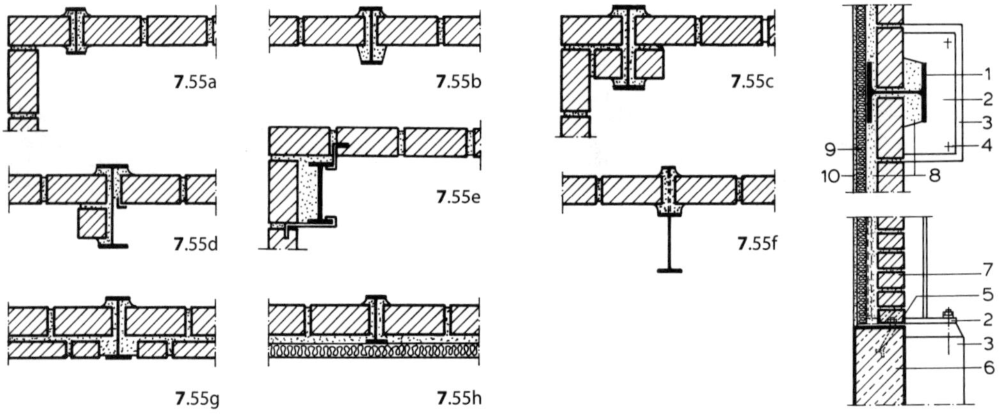

7.55 Ausfachung von Skeletten aus Walzprofilen mit nicht wärmegedämmtem Mauerwerk. Überall ist reiner dichter Zementmörtel zu verwenden

a) Anschluss von 11,5 cm dicker Ziegelausfachung an IPE 160 (Ecklösung)
b) Ausfachung von IPE 200 mit 11,5 cm dicker Ziegelwand
c) Anschluss an IPE 300 mit Ecklösung
d) links: Wandanschluss wie c, rechts: Anschluss mit angeschweißtem Winkelprofil
e) Stütze vor der Wand. Verankerung mit Drahtklammern
f) Anschluss an dreiseitig freistehende Stütze durch angeschweißtes I-Profil 50/5 (Variante zu e)
g) Ausfachung einer Hallenwand; Flansch liegt an Innenseite bündig (Tauwasser!)
h) Ausfachung der Außenwand einer gut belüfteten Halle. Innenseitige Dämmplattenbekleidung deckt Stützenflansch
i) Stahlfachwerk mit wärmegedämmter Ziegelausfachung (Grundriss und Schnitt)

1 Stahlstütze IPB
2 Fußplatte
3 Stützensockel
4 Ankerschraube
5 Wandschwelle [120 und Stütze verschweißt]
6 Wandsockel
7 Ziegelausfachung
8 Zementmörtel
9 Wärmedämmung
10 Putz

bundmittel werden auf die Trägerobergurte Kopfbolzen, Verbundanker oder Verbundbügel aufgeschweißt (Bild **7**.53).

Bei Konstruktionen in zwei Ebenen ergeben sich Deckenhohlräume in beide Richtungen, die insbesondere zusammen mit Wabenträgern gut zur Unterbringung von Installationen genutzt werden können (Bild **7**.54).

Außenwände von Stahlskelettkonstruktionen können bei einfachen Bauten aus einer Ausmauerung bestehen (Bild **7**.55).

Wegen der besseren Wärmedämmung werden jedoch zunehmend Porenbeton-Wandelemente in Dicken von 15 bis 24 cm und Längen bis zu 6 m liegend oder stehend vor dem Stahlskelett montiert (Bild **7**.56).

Sehr häufig kommen Trapezbleche mit oder ohne Wärmedämmung (Kasettenwände) und vorgefertigte Aluminium- oder Stahlblech-Wandbauteile (Sandwich- Elemente) zum Einsatz (s. Abschn. 6.7, Bilder **6**.132 bis **6**.135). Im Übrigen sind – besonders für Geschossbauten – Vorhangfassaden die Regel (s. Abschn. 9.4).

7.4.7 Ausführungsbeispiel

Um die wesentlichen Prinzipien des Stahlskelettbaues zu zeigen, wurden überwiegend Konstruktionen gezeigt, die auf herkömmlichen Kombinationen von Standardprofilen beruhen. Für die vielfältigen Möglichkeiten des Konstruierens mit Stahl kann die in Bild **7**.57 gezeigte Konstruktion aus Rohrprofilen als Beispiel dienen [4].

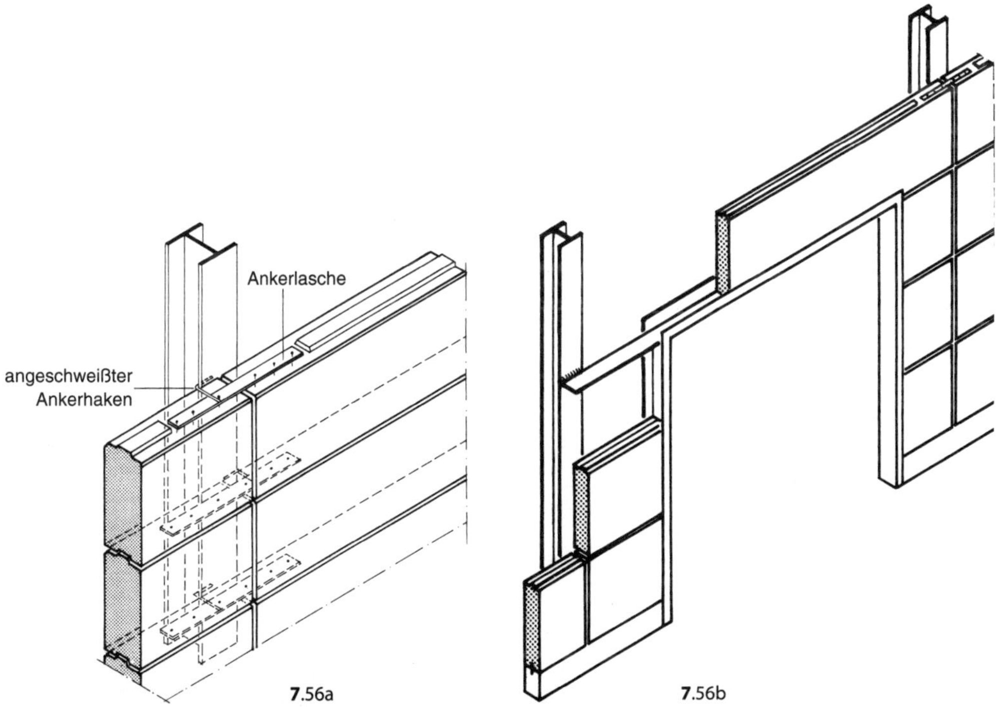

7.56 Stahlskelett mit Porenbetondielen
a) liegende Montage vor Stahlskelett, b) Toröffnung

7

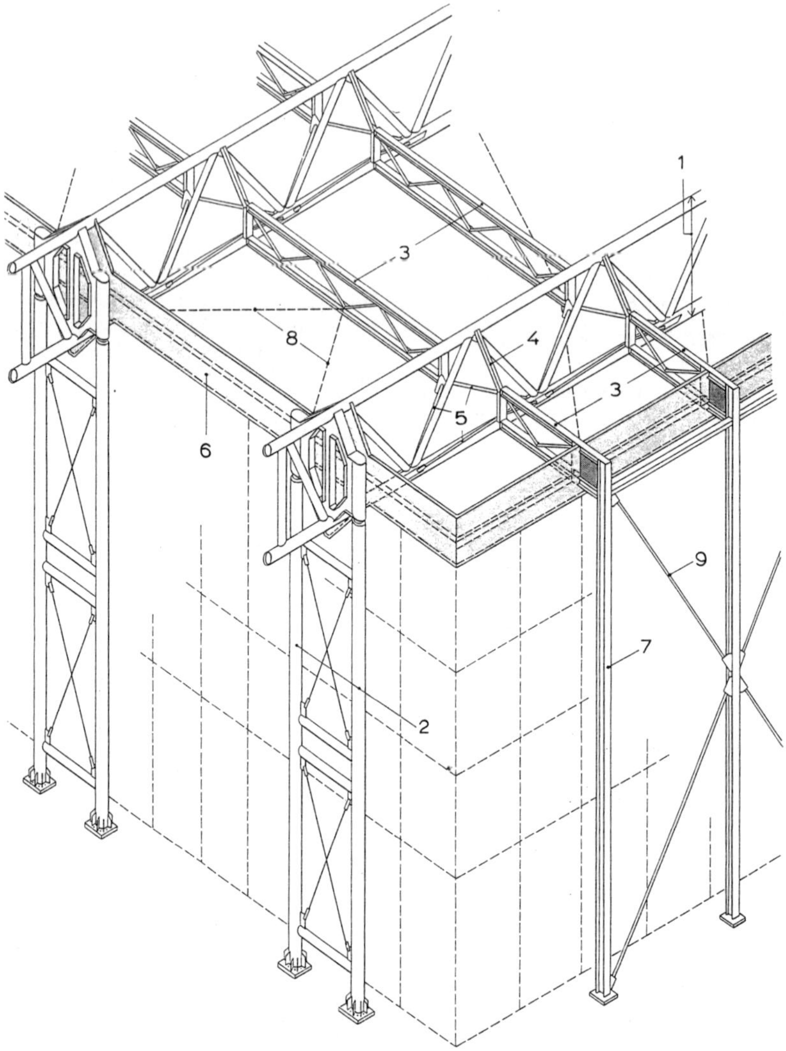

7.57 Stahltragwerk aus zusammengesetzten Rohrprofilen – isometrische Darstellung – (Sporthalle der Universität Bremen, Architekten: Planungsgemeinschaft medium, Hamburg) [4]

1 Gitterträger als Überzug aus Rohrprofilen
2 Gitterstütze aus Rohrprofilen
3 Nebenüberzüge
4 räumliche Diagonalverbände
5 Oberlicht
6 Randträger und Gesims
7 Profilstützen
8 liegende Verbände
9 Diagonalverband

7.5 Stahlbetonskelettbau

7.5.1 Allgemeines

Ein großer Teil aller Skelettbauten mit geringer Geschosszahl wird in Stahlbetonbauweise ausgeführt. Moderne Schaltechniken ermöglichen eine wirtschaftliche Herstellung in *Ortbetonbauweise* in allen erforderlichen Abmessungen, auch von Sonderformen, selbst für kleinere Bauwerke (vgl. Abschn. 5.1 und 1.4 in Teil 2 d. Werkes).

Stahlbetonskelette aus Ortbeton bilden monolithische Konstruktionen mit in der Regel *biegesteifen Knoten*. Günstig auf die Dimensionierung der Bauteile kann sich dabei die *Durchlaufwirkung* von Stützen, Trägern und Decken erweisen.

Nachteilig sind Ortbetonskelette wegen des hohen Arbeitsaufwandes an der Baustelle und wegen des durch die Ausschalfristen (s. Abschn. 5.4.5) bedingten zusätzlichen Zeitbedarfes. Hinzu kommt, dass Stahlbetontragwerke in Ortbetonausführung überhaupt nicht oder nur mit hohem Aufwand nachträglich geändert, verstärkt oder demontiert werden können, wie vielfach im Industriebau erforderlich.

Industrie-, Verwaltungs- und Schulbauten werden vielfach in *vorgefertigten Bausystemen* ausgeführt, bei denen tragendes Skelett, Decken, Innen- und Außenwände bzw. Fassaden so geplant sind, dass sie baukastenartig eingesetzt werden können. Diese Systeme bestehen meistens aus Stützen mit Auflagerkonsolen, auf die Unterzüge oder weit gespannte Deckenelemente aufgelegt werden.

Die Aussteifung vorgefertigter Stahlbetonskelett-Konstruktionen erfolgt in vielen Fällen durch Einspannung der Stützen in Köcherfundamenten (s. Bild **7**.58), ferner durch massive Deckenscheiben oder durch – oft auch aus Stahlbeton vorgefertigte – Wandscheiben.

Bei Berücksichtigung der nötigen Stahlüberdeckung ist praktisch keine laufende Unterhaltung erforderlich.

7.5.2 Brandschutz

Bauteile aus Stahlbeton sind bei den aus statischen Gründen ohnedies erforderlichen Abmessungen bereits ausreichend feuerwiderstandsfähig. Bei Betonüberdeckungen der Stahlbewehrungen von 25 mm wird z. B. bei Stahlbetonmassivdecken aus Normalbeton bereits in statisch ungünstigen Fällen die Feuerwiderstandsklasse F60 erreicht. Bei größerer Stahlüberdeckung sind selbst hochfeuerbeständige Ausführungen (F180) ohne weiteres möglich (im übrigen s. Abschn. 16.7).

7.5.3 Baustoff Beton

Die Zusammensetzung, Herstellung und Verarbeitung des Baustoffes Beton sind ausführlich behandelt in Abschn. 5.

7.5.4 Bauteile

Es liegt nahe, vorgefertigte Bauteile für Stahlbetonskelettbauten zur Kostensenkung zu standardisieren, denn viele Bauaufgaben lassen sich wirtschaftlicher selbst dann durchführen, wenn im Einzelfall auf Minimalabmessungen verzichtet wird und andererseits auf ein baukastenartiges System von Bauteilen zurückgegriffen werden kann. Einige wichtige Details, wie sie vom Bundesverband der Deutschen Beton- und Fertigteilindustrie vorgeschlagen werden, zeigen die nachfolgenden Bilder [11].

Stützenfundamente können als vorgefertigte „Köcherfundamente" mit dem Kran auf die vorbereitete Sauberkeitsschicht aufgesetzt werden. Die Stützen werden eingesetzt und mit Ortbeton vergossen (Bild **7**.58).

Stützen eignen sich weniger für eine Standardisierung, weil – z. B. auch für verschiedene Geschosszahlen – und höhen und für Eck- und Endfeldlösungen – zu viele Typen zu entwickeln wären. Sinnvoll ist es aber, die Anschluss- und Auflagerpunkte zu standardisieren.

Auflagerkonsolen für Unterzüge und Riegel zeigt Bild **7**.59. Der Anschluss von Bindern am Stützenkopf zur Ausbildung von Rahmen ist in Bild **7**.60 dargestellt. Fassaden- bzw. Brüstungselemente werden wie in Bild **7**.61 aufgelagert.

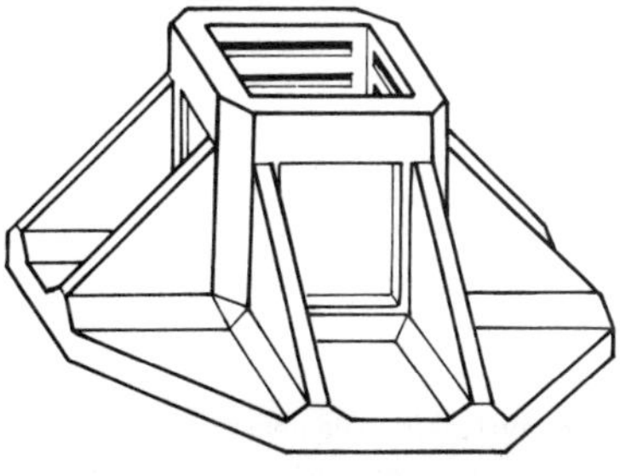

7.58 Köcherfundament als Fertigteil

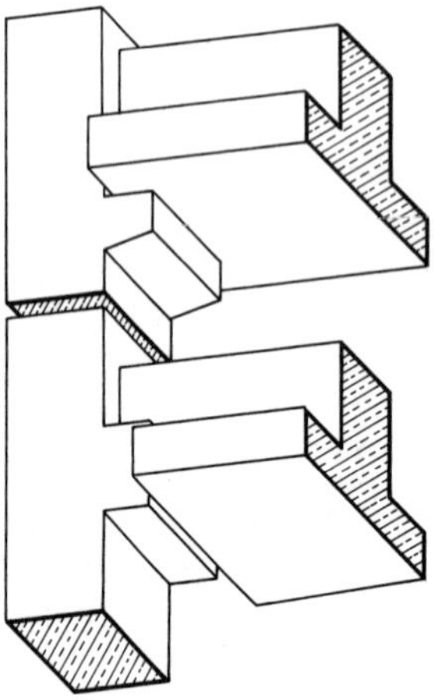

7.59 Auflagerkonsolen für Unterzüge

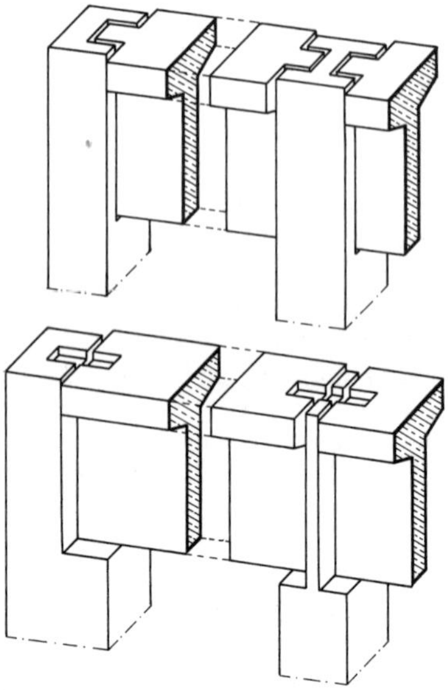

7.60 Auflager von Bindern

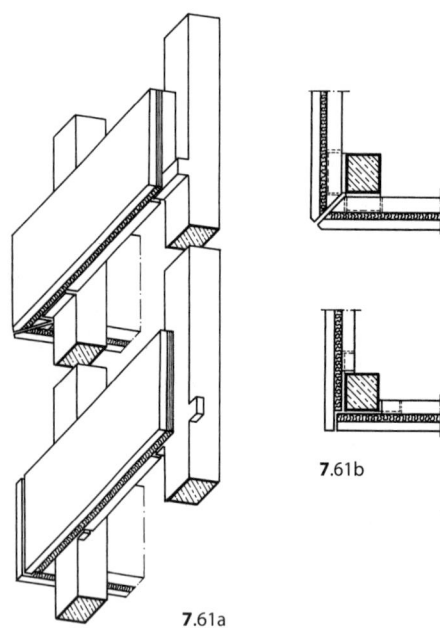

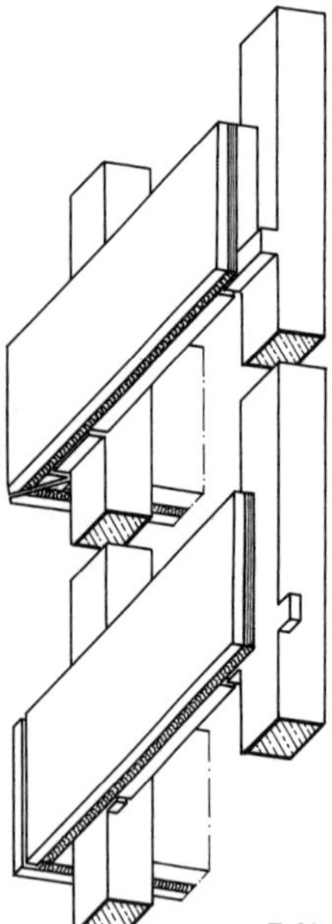

7.61a

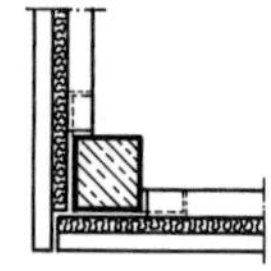

7.61b

7.61 Auflagerung von Fassadenelementen
a) räumliche Darstellung
b) Eckausbildungen, Grundrisse

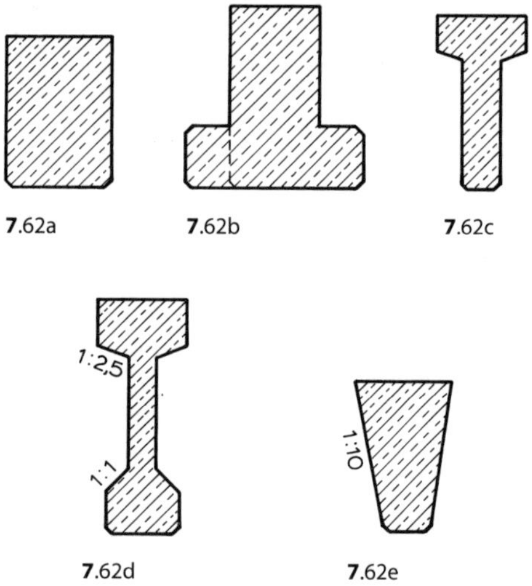

7.62 Standardisierte Querschnitte von Stahlbetonfertigteilen
a) Unterzüge und Riegel (b 200 bis 600 mm, h 400 bis 800 mm)
b) Unterzüge als T- oder L-Profile (b 300 bis 600 mm, h 500 bis 1000 mm)
c) Binder, T-Profil (h 600 bis 1800 mm)
d) Binder, I-Profil (h (d_0) 900, 1200, 1500 mm)
e) Balken, Trapezprofil (h 800 bis 1600 mm)

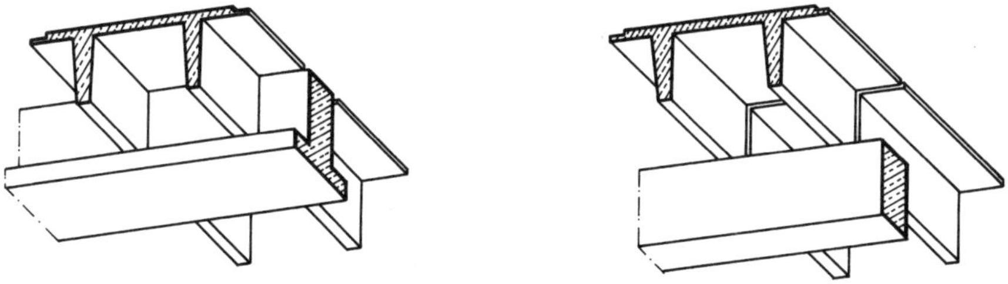

7.63 Auflagerung von TT-Deckenplatten

Unterzüge, Träger und Balken. Unterzüge und Träger werden entweder im Zusammenhang mit den Decken in Ortbeton ausgeführt, oder es werden Fertigteile mit standardisierten Querschnitten eingesetzt, die in Maßsprüngen je nach statischen Erfordernissen und in Längen je nach Bedarf hergestellt werden (Bild **7**.62).

Der Anschluss an die Stützen mit Konsolen oder in Aussparungen der Stützen ist aus den Bildern **7**.59 und **7**.60 ersichtlich.

Decken. In Ortbeton-Skelettbauten werden Decken im Zusammenhang mit den Unterzügen als Stahlbeton-Massivplatten oder bei großen Spannweiten bzw. großen Belastungen als Plattenbalken- oder Rippendecken ausgeführt (s. Abschn. 10). Auch Verbunddecken in Verbindung mit vorgefertigten Betonschalen oder Trapezblechen (Bild **7**.35 und **7**.52) sind möglich.

Für Decken mit großen Spannweiten werden vielfach bei 2- bis 3-geschossigen Bauten aus Stahlbetonfertigteilen die in Bild **7**.63 gezeigten *TT-Platten* eingesetzt. Sie können mit entsprechender statischer Dimensionierung in großen Längen vorgefertigt werden. Die Abmessungen sind vor allem abhängig von den gegebenen Möglichkeiten beim Straßentransport und von den an der Baustelle einsetzbaren Hebegeräten.

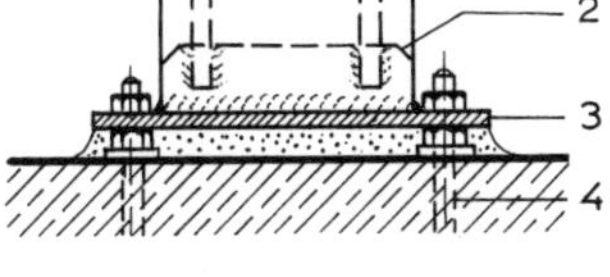

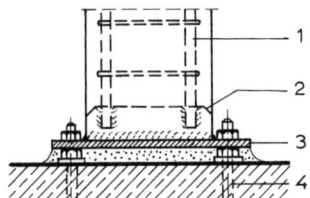

7.64 Momentsteifer Stützenanschluss mit Fußplatte
1 Stützenbewehrung
2 Stegplatten, mit Stützenbewehrung und Fußplatte verschweißt
3 Fußplatte
4 Ankerschrauben (Anschluss vgl. Bild **7**.46)

Werden mit Rücksicht auf umfangreiche Installationen, z. B. bei Laborbauten u. Ä. *unterzugfreie Decken* benötigt, kommen entsprechend dimensionierte Flachdecken als *Pilzdecken* (Bild **7**.3) in Frage. Derartige Decken können jedoch wegen ihres hohen Gewichtes bzw. wegen des zusätzlichen Schalungsaufwandes unwirtschaftlich in der Herstellung sein. Sie werden daher immer mehr durch unterseitig vollständig ebene *Flachdecken-Konstruktionen* verdrängt. Bei diesen werden die im Stützenbereich als Sicherung gegen *Durchstanzen* nötigen, in dünnen Decken konstruktiv aber nicht unterzubringenden Schubbewehrungen durch *Dübelleisten* ersetzt. Sie bestehen aus sternförmig an die Stützen anschließenden Flachstahl-Grundleisten mit aufgeschweißten Kopfbolzendübeln (vgl. Bild **7**.34). Sie werden nach entsprechender statischer Berechnung für die jeweilige Verwendungsart speziell angefertigt.

In vorgefertigten Bausystemen oder bei großen Spannweiten werden – insbesondere, wenn die Gesamt-Konstruktionshöhen weniger ausschlaggebend sind, – großformatige vorgefertigte

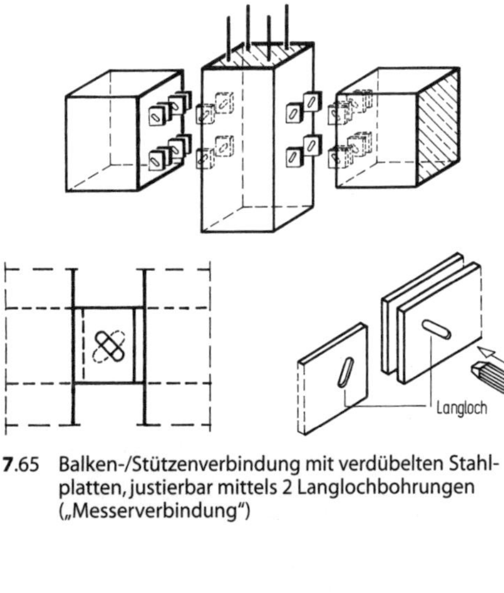

7.65 Balken-/Stützenverbindung mit verdübelten Stahlplatten, justierbar mittels 2 Langlochbohrungen („Messerverbindung")

7

Deckenelemente mit TT- oder U-Profil auf die Unterzüge aufgelegt (Bild **7**.63).

7.5.5 Spezialverbindungen für Stahlbetonfertigteile

Wie bereits ausgeführt, besteht ein wesentlicher Nachteil von Stahlbetonkonstruktionen darin, dass sie – selbst bei vorgefertigten Systemen – praktisch nicht zerstörungsfrei demontierbar sind. Eine Lösung dieses Problems kann die Herstellung von Verbindungen in ähnlicher Form wie bei Stahlbauten ermöglichen. Bei derartigen „stahlbauähnlichen Verbindungen" werden in die miteinander zu verbindenden Stahlbetonfertigteile Stahllaschen o. Ä. mit genau aufeinander abgestimmten Bolzen- oder Dübellöchern einbetoniert. Auf diese Weise können z. B. Stützenanschlüsse (Bild **7**.64 und **7**.65) oder Anschlüsse, die Querkräfte und bedingt auch Biegemomente aufnehmen können, ausgebildet werden (Bild **7**.66).

7.5.6 Fugen, Maßtoleranzen

Je nach Bauteilgröße müssen wegen der unvermeidlichen Maßabweichungen bei der Fertigung und zur Erleichterung der Montage Fugen eingeplant werden. Richtwerte für Fugenbreiten nach DIN 18 540 sind in Tabelle **7**.67 angegeben.

7.5.7 Ausführungsbeispiel

Stahlbetonskelettkonstruktionen sind in den verschiedensten technischen und gestalterischen Formen ausführbar (s. z. B. Abschn. 1.4.2 in Teil 2 des Werkes). Der Versuch, einen Überblick darüber zu geben, würde den Rahmen dieses Werkes sprengen, und es muss auf weiterführende Literatur verwiesen werden.

Für vorgefertigte Stahlbeton-Skelettbausysteme ist in Bild **7**.68 ein Beispiel gezeigt.

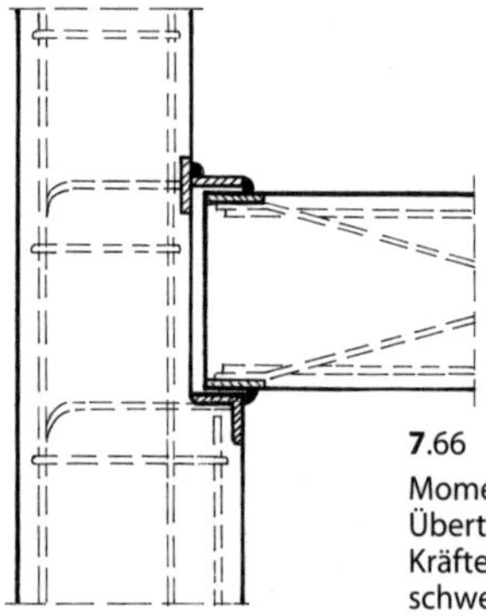

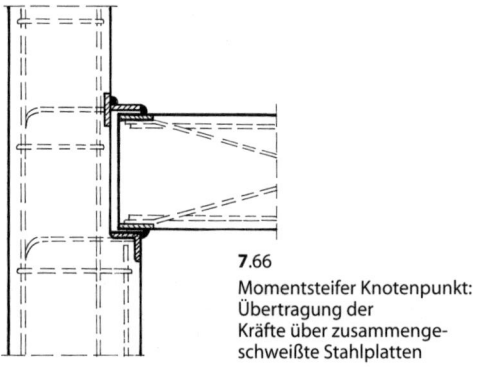

7.66
Momentsteifer Knotenpunkt: Übertragung der Kräfte über zusammengeschweißte Stahlplatten

Tabelle **7**.67 Richtwerte für die Fugenbreite nach DIN 18 540

Fugenabstand in m	bis 2	über 2 bis 4	über 4 bis 6	über 6 bis 8
Sollfugenbreite in mm	15	20	25	30

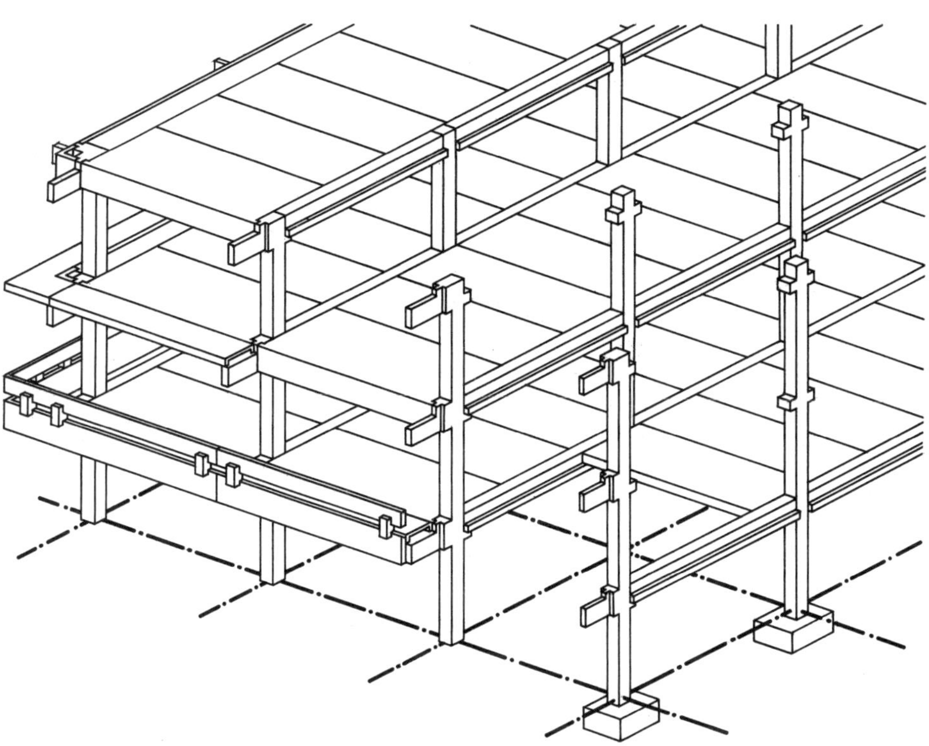

7.68 Stahlbetonskelettbau (System HOCHTIEF), Übersichtsskizze

7.6 Normen[2]

Norm	Ausgabedatum	Titel
DIN 1052-1	04.1988	Holzbauwerke; Berechnung und Ausführung
DIN 1052-1/A1	10.1996	–; Änderung 1
DIN 1052-2	04.1988	–; Mechanische Verbindungen
DIN 1052-2/A1	10.1996	–; Änderung 1
DIN 1052-3	04.1988	–; Holzhäuser in Tafelbauart; Berechnung und Ausführung
DIN 1052-3/A1	10.1996	–; Änderung 1
E DIN 1052	05.2000	Entwurf, Berechnung und Bemessung von Holzbauwerken; Allgemeine Bemessungsregeln und Bemessungsregeln für den Hochbau
DIN 4172	07.1955	Maßordnung im Hochbau
DIN 18 000	05.1984	Modulordnung im Bauwesen
DIN 18 201	04.1997	Toleranzen im Bauwesen; Begriffe, Grundsätze, Anwendung, Prüfung
DIN 18 202	04.1997	Toleranzen im Hochbau; Bauwerke
DIN 18 203-1	04.1997	Toleranzen im Hochbau; Vorgefertigte Teile aus Beton, Stahlbeton und Spannbeton
DIN 18 203-2	05.1986	–; Vorgefertigte Teile aus Stahl
DIN 18 203-3	08.1984	–; Bauteile aus Holz und Holzwerkstoffen

(Fortsetzung s. nächste Seite)

[2] Normen Stahlbetonbau s. Abschn. 5.13

Norm	Ausgabedatum	Titel
DIN 18 330	12.2000	VOB Verdingungsordnung für Bauleistungen; Teil C: Allgemeine Technische Vertragsbedingungen für Bauleistungen (ATV); Mauerarbeiten
DIN 18 331	12.2000	–; Beton- und Stahlbetonarbeiten
DIN 18 332	12.2000	–; Naturwerksteinarbeiten
DIN 18 333	12.2000	–; Betonwerksteinarbeiten
DIN 18 334	12.2000	–; Zimmer- und Holzbauarbeiten
DIN 18 335	12.2000	–; Stahlbauarbeiten
DIN 18 540	02.1995	Abdichten von Außenwandfugen im Hochbau mit Fugendichtstoffen
DIN 18 800-1 bis -4	11.1990	Stahlbauten; Bemessung und Konstruktion und Stabilitätsfälle
StahlbauAnpRL	10.1998	–; Anpassungsrichtlinie Stahlbau; Anpassungsrichtlinie zu DIN 18 800 Teil1 bis 4
E DIN 18 800-5	01.1999	–; Verbundtragwerke aus Stahl und Beton; Bemessung und Konstruktion
DIN 18 801	09.1983	Stahlhochbau, Bemessung, Konstruktion, Herstellung
DIN 18 806-1	03.1984	Verbundkonstruktionen; Verbundstützen
DIN 18 807-1	06.1987	Trapezprofile im Hochbau; Stahltrapezprofile; Allgemeine Anforderungen, Ermittlung der Tragfähigkeitswerte durch Berechnung
DIN 18 807-1/A1	05.2001	–; –, Allgemeine Anforderungen, Ermittlung der Tragfähigkeitswerte durch Berechnung; Änderung A1
DIN 18 807-2	06.1987	–; Stahltrapezprofile; Durchführung und Auswertung von Tragfähigkeitsversuchen
DIN 18 807-2/A1	05.2001	–;–; Durchführung und Auswertung von Tragfähigkeitsversuchen; Änderung A1
DIN 18 807-3	06.1987	–; Stahltrapezprofile; Festigkeitsnachweis und konstruktive Ausbildung
DIN 18 807-3/A1	05.2001	–; –; Festigkeitsnachweis und konstruktive Ausbildung; Änderung
DIN 18 807-6	09.1995	Trapezprofile im Hochbau; Aluminium-Trapezprofile und ihre Verbindungen; Ermittlung der Tragfähigkeitswerte durch Berechnung
DIN 18 807-7	09.1995	–; Aluminium-Trapezprofile und ihre Verbindungen; Ermittlung der Tragfähigkeitswerte durch Versuche
DIN 18 807-8	09.1995	–; Aluminium-Trapezprofile und ihre Verbindungen; Nachweise der Tragsicherheit und Gebrauchstauglichkeit
DIN 18 807-9	06.1998	–; Aluminium-Trapezprofile und ihre Verbindungen; Anwendung und Konstruktion
DIN 18 808	10.1984	Stahlbauten; Tragwerke aus Hohlprofilen unter vorwiegend ruhender Beanspruchung
DIN 55 928-8	07.1994	Korrosionsschutz von Stahlbauten durch Beschichtungen und Überzüge; Korrosionsschutz von tragenden dünnwandigen Bauteilen
DIN 55 928-9	05.1991	–; Beschichtungsstoffe; Zusammensetzung von Bindemitteln und Pigmenten
DIN 68 140	10.1971	Keilzinkenverbindungen von Holz
DIN 68 365	11.1957	Bauholz für Zimmerarbeiten; Gütebedingungen
DIN 68 705-2	07.1981	Sperrholz; Sperrholz für allgemeine Zwecke
DIN 68 705-3	12.1981	–; Bau - Furniersperrholz
DIN 68 800-1	05.1974	Holzschutz im Hochbau; Allgemeines
DIN 68 800-2	05.1996	Holzschutz; Vorbeugende bauliche Maßnahmen im Hochbau
DIN 68 800-3	04.1990	–; Vorbeugender chemischer Holzschutz
DIN 68 800-4	11.1992	–; Bekämpfungsmaßnahmen gegen holzzerstörende Pilze und Insekten
DIN 68 800-5	05.1978	Holzschutz im Hochbau; Vorbeugender chemischer Schutz von Holzwerkstoffen
E DIN 68 800-5	01.1990	Holzschutz; Vorbeugender chemischer Schutz von Holzwerkstoffen
DIN EN 335-1	09.1992	Dauerhaftigkeit von Holz- und Holzprodukten – Definition der Gefährdungsklassen für den biologischen Befall; Allgemeines
DIN EN 335-2	10.1992	–; Definition der Gefährdungsklassen für den biologischen Befall; Anwendung bei Vollholz
DIN EN 350-1	10.1994	Dauerhaftigkeit von Holz- und Holzprodukten – Natürliche Dauerhaftigkeit von Vollholz; Grundsätze für die Prüfung und Klassifizierung der natürlichen Dauerhaftigkeit von Vollholz

Norm	Ausgabedatum	Titel
DIN EN 385	03.2002	Keilzinkenverbindungen im Bauholz; Leistungs- und Mindestanforderungen an die Herstellung; Deutsche Fassung EN 385: 2001
DIN EN 460	10.1994	Dauerhaftigkeit von Holz- und Holzprodukten – Natürliche Dauerhaftigkeit von Vollholz; Leitfaden für die Anforderungen an die Dauerhaftigkeit von Holz für die Anwendung in den Gefährdungsklassen
DIN EN 635-1	01.1995	Sperrholz, Klassifizierung nach dem Aussehen der Oberfläche; Allgemeines
DIN EN ISO 1461	03.1999	Durch Feuerverzinken auf Stahl aufgebrachte Zinküberzüge (Stückverzinken); Anforderungen und Prüfungen; Deutsche Fassung EN ISO 1461: 1999
DIN EN ISO 1461 Bbl. 1	03.1999	–; Hinweise zur Anwendung der Norm
DIN V ENV 1992-1-1	06.1992	Eurocode 2: Planung von Stahlbeton- und Spannbetontragwerken; Teil 1: Grundlagen und Anwendungsregeln für den Hochbau; Deutsche Fassung ENV 1992-1-1: 1991
DIN V ENV 1992-1-3	12.1994	Eurocode 2: Planung von Stahlbeton- und Spannbetontragwerken; Teil 1-3: Allgemeine Regeln; Bauteile und Tragwerke aus Fertigteilen; Deutsche Fassung ENV 1992-1-3: 1994
DIN V ENV 1992-1-4	12.1994	Eurocode 2: Planung von Stahlbeton- und Spannbetontragwerken; Teil 1-4: Allgemeine Regeln; Leichtbeton mit geschlossenem Gefüge; Deutsche Fassung ENV 1992-1-4:1994
DIN V ENV 1992-1-5	12.1994	Eurocode 2: Planung von Stahlbeton- und Spannbetontragwerken; Teil 1-5: Allgemeine Regeln; Tragwerke mit Spanngliedern ohne Verbund; Deutsche Fassung ENV 1992-1-5:1994
DIN V ENV 1992-1-6	12.1994	Eurocode 2: Planung von Stahlbeton- und Spannbetontragwerken; Teil 1-6: Allgemeine Regeln; Tragwerke aus unbewehrtem Beton; Deutsche Fassung ENV 1992-1-6: 1994
DIN V ENV 1993-1-1	04.1993	Eurocode 3: Bemessung und Konstruktion von Stahlbauten; Teil 1: Allgemeine Bemessungsregeln; Bemessungsregeln für den Hochbau; Deutsche Fassung ENV 1993-1-1:1992
DIN V ENV 1993-1-2	05.1997	Eurocode 3: Bemessung und Konstruktion von Stahlbauten; Teil 1-2: Allgemeine Regeln; Tragwerksbemessung für den Brandfall; Deutsche Fassung ENV 1993-1-2:1995
DIN V ENV 1994-1-1	02.1994	Eurocode 4: Bemessung und Konstruktion von Verbundtragwerken aus Stahl und Beton; Teil 1-1: Allgemeine Bemessungsregeln, Bemessungsregeln für den Hochbau; Deutsche Fassung ENV 1994-1-1: 1992
DIN V ENV 1994-1-2	06.1997	Eurocode 4: Bemessung und Konstruktion von Verbundtragwerken aus Stahl und Beton; Teil 1-2: Allgemeine Regeln; Tragwerksbemessung für den Brandfall; Deutsche Fassung ENV 1994-1-2: 1994
DIN V ENV 1995-1-1	06.1994	Eurocode 5: Entwurf, Berechnung und Bemessung von Holzbauwerken; Teil 1-1: Allgemeine Bemessungsregeln, Bemessungsregeln für den Hochbau; Deutsche Fassung ENV 1995-1-1: 1993
DIN V ENV 1995-1-2	05.1997	Eurocode 5: Bemessung und Konstruktion von Holzbauwerken; Teil 1-2: Allgemeine Regeln; Tragwerksbemessung für den Brandfall; Deutsche Fassung ENV 1995-1-2: 1994
DIN EN ISO 8503-1 bis 3	08.1995	Vorbereitung von Stahloberflächen vor dem Auftragen von Beschichtungsstoffen Rauhheitskenngrößen von gestrahlten Stahloberflächen
DIN EN ISO 12 944-1-8	07.1998	Beschichtungsstoffe – Korrosionsschutz von Stahlbauteilen durch Beschichtungssysteme; Teil 1 bis 8
DASt 103	11.1993	Richtlinie zur Anwendung von DIN V ENV 1993-1-1 – Eurocode 3: Bemessung und Konstruktion von Stahlbauten – Teil 1-1: Allgemeine Bemessungsregeln, Bemessungsregeln für den Hochbau
DASt 104	02.1994	Richtlinie zur Anwendung von DIN V ENV 1994-1-1 – Eurocode 4: Bemessung und Konstruktion von Verbundwerken aus Stahl und Beton – Teil 1-1: Allgemeine Bemessungsregeln, Bemessungsregeln für den Hochbau
		Nationale Anwendungsdokumente (NAD)
NAD DIN V EN V 1995-1-1	02.1995	Richtlinie zur Anwendung von DIN V ENV 1995-1-1 – Eurocode 5: Entwurf, Berechnung und Bemessung von Holzbauwerken – Teil 1-1: Allgemeine Bemessungsregeln, Bemessungsregeln für den Hochbau

7.7 Literatur

[1] *Ackermann, K.*: Geschossbauten für Gewerbe- und Industrie. Stuttgart 1993

[2] –: Industriebau. Stuttgart 1994

[3] –: Tragwerke in der konstruktiven Architektur. Stuttgart 1988

[4] Beratungsstellen für Stahlverwendung: Bauen mit Stahl e.V., www.bauen-mit-stahl.de und Stahl-Informations-Zentrum, www.stahl-online.de

[5] *Bindseil, P.*: Stahlbetonfertigteile. Düsseldorf 1998

[6] *Bode, H.*: Euro- Verbundbau. Düsseldorf 1998

[7] *Brandt, J., Rösel, W., Schwerm, D., Stöffler, J.*: Beton-Fertigteile im Industrie-Hallenbau. Düsseldorf 1993

[8] Bund Deutscher Zimmermeister: Holzrahmenbau. Karlsruhe 2000; Holzrahmenbau; Mehrgeschossig.1996, www.bdz-holzbau.de

[9] *Cheret, P., Müller, A.*: Holzbausysteme. Stuttgart 2001

[10] Deutscher Stahlbauverband: Stahlbau-Arbeitshilfen. Köln; www.deutscherstahlbau.de

[11] Fachvereinigung Betonfertigteilbau e.V. Bonn. www.fdb-fertigteilbau.de

[12] *Führer, W., Ingendaaji, S., Stein, F.*: Der Entwurf von Tragwerken. Köln 1995

[13] *Gerkan, v., M.*: Tragwerke – Gestalt durch Konstruktion. Köln 1989

[14] *Herzog, T., Natterer, J., Volz, M.*: Holzbauatlas Zwei. München 2001

[15] Informationsdienst Holz: Berichte, Merk- und Informationsblätter. Düsseldorf ; www.argeholz.de

[16] *Grimm, F.*: Stahlbau im Detail. Augsburg 1995

[17] Informationszentrum RAUM und BAU der Frauenhofer- Gesellschaft, Stuttgart; www.irb.fhg.de

[18] *Kahlmeyer, E.*: Stahlbau. Düsseldorf 1998

[19] *Kindmann, R., Krahwinkel, M.*: Stahl- und Verbundkonstruktionen. Stuttgart 1998

[20] *Kolb, J.*: Systembau mit Holz. Zürich 1995

[21] –: Bausysteme im Holzbau. In: Bauhandwerk 5/95

[22] *Krüger, U.*: Stahlbau. 2000

[23] *Lohse, W.*: Stahlbau, Teil 1 (24. Aufl.), Stuttgart 2002

[24] *Maaß, G.*: Stahltrapezprofile. Düsseldorf 2000

[25] *Mönk, W., Rug, W.*: Holzbau. Berlin/München 2000

[26] *Mund, H.*: Das Eckproblem im Skelettbau. München 1972

[27] *Pracht, K.*: Holzbausysteme. Köln 1978

[28] *Ruske, W.*: Holzskelettbau. Stuttgart 1981

[29] *Schulitz, H. C., Sobek,. W.*: Stahlbauatlas. München 2001

[30] *Schulze, H.*: Holzbau. Stuttgart 1998

[31] *Steck, Dr. G.*: Euro-Holzbau. Düsseldorf 1997

[32] *Thiele, A./Lohse W.*: Stahlbau , Teil 2 (19. Aufl.).Stuttgart 2000

[33] *Walraven, J.*: Verbindungen im Betonfertigteilbau unter Berücksichtigung „stahlbaumäßiger" Ausführung. In: Betonwerk + Fertigteil-Technik 20/88

[34] *Werner, G., Zimmer, K.*: Holzbau 1 und 2. Berlin 1999

7

8 Außenwandbekleidungen

8.1 Allgemeines

Außenwandbekleidungen aus den verschiedensten Materialien sind ein vielfältiges Gestaltungsmittel. Die Formate und die Fugenaufteilung des Bekleidungsmaterials, die Anpassung an die Baukörpergeometrie sowie die maßliche Einpassung der Öffnungen in die durch das Plattenmaterial bestimmte Rasterstruktur sind planerisch vorzugeben.

Bekleidungen dienen als dauerhafter Schutz der Außenflächen gegen Witterungseinflüsse, insbesondere gegen Schlagregen. Die Anforderungen an den Schlagregenschutz sind in DIN 4108-3 festgelegt (s. Abschn. 6.2.1.5).

Danach wird gefordert für

Beanspruchungsgruppe II (mittlere Beanspruchung) u. a.

- angemörtelte Bekleidung nach DIN 18 515,

Beanspruchungsgruppe III (starke Beanspruchung) u. a.

- angemörtelte Bekleidung mit Unterputz und Wasser abweisendem Fugenmörtel sowie *zweischalige Wandkonstruktionen mit Hinterlüftung*. Diese sind gleichzusetzen hinterlüfteten Außenwandbekleidungen nach DIN 18 516.

Versetzpläne. Für Bekleidungen aus Naturwerkstein-, Betonwerkstein- und Keramikplatten > 0,1 m² und auch Holzwerkstoffplatten müssen in jedem Fall Versetzpläne angefertigt werden, aus denen hervorgehen

- *Untergrund*: (Verankerungsgrund): Art (Steinfestigkeit, Mörtelart, Betongüte) und Dicke,
- *Bekleidung*: Stoffe und Abmessungen der Einzelteile,
- *Befestigungsmittel*: Art, Anzahl und Anordnung,
- *Fugen*: Art der Bauwerksfugen (Gebäudetrennfugen, Dehnungsfugen in der Bekleidung, Setzfugen) und bei den *Plattenfugen* die Art der Fugenausbildung (Mörtelfugen, mit dauerelastischen Dichtmassen oder kompressibelen Dichtstoffen geschlossene Fugen, hinterlegte, abgedeckte oder offene Fugen).

Bei *Frostgefahr* (Temperaturen unter +5° Celsius) dürfen Versetz- und Bekleidungsarbeiten mit Mörtel nicht ausgeführt werden. Auch für dauerelastische und kompressibele Fugendichtungen sind die jeweiligen Verarbeitungsbedingungen zu berücksichtigen.

8.2 Baustoffe

Für angemörtelte Außenwandbekleidungen (DIN 18 515) kommen als Baustoffe in Frage

- Keramische Wandfliesen (DIN EN 176, wenn frostbeständig, auch DIN EN 177 und DIN EN 178),
- Keramische Spaltplatten (DIN EN 121, wenn frostbeständig, auch DIN EN 186 und DIN EN 187),
- Spaltziegelplatten und Klinkerplatten,
- Naturwerksteinplatten (DIN 18 516-3)
- Betonwerksteinplatten (DIN 18 500)

ferner

- Zement (DIN EN 197 und DIN 1164), vorzugsweise Trasszement und Zuschläge mit dichtem Gefüge (DIN 4226),
- Mörtel (DIN 18 515-1, s. Tab. **8**.2),
- Hydraulisch erhärtende Dünnbettmörtel (DIN 18 156-2),
- Baustahlgitter und Traganker aus nicht rostendem Stahl (DIN EN 10 088-2),
- Wärmedämmstoffe in Wasser abweisenden und feuchtigkeitsbeständigen Lieferformen,
- Fugendichtstoffe (DIN 18 540).

Für hinterlüftete Außenwandkonstruktionen (DIN 18 516) kommen als Bekleidungsmaterialien in Frage

- Natursteinplatten,
- keramische kleinformatige Platten in Verbindung mit Stahlbeton,
- keramische großformatige Platten,
- Glasplatten,
- Metallbleche,
- Verbundplatten aus Leichtmetall und Kunststoffen (z. B. „Alucobond"),
- Faserzementplatten,
- Holz und Holzwerkstoffplatten,
- Einscheibensicherheitsglas (s. Abschn. 9.3).

8.3 Angemörtelte und angemauerte Außenwandbekleidungen

Unterschieden werden *angemörtelte* (DIN 18 515-1) und auf Aufstandsflächen *angemauerte* Außenwandbekleidungen (DIN 18 515-2).

8.3.1 Angemörtelte Außenwandbekleidungen

Für angemörtelte Bekleidungen gelten als Maßbegrenzung bei den verwendeten Platten:

- Fläche < 0,12 m^2,
- Seitenlänge < 0,40 m,
- Dicke < 0,015 m (geriffelte Platten < 0,02 m).

8

Keramische Wandfliesen und Spaltplatten können farbige, glasierte oder unglasierte Sichtflächen haben. Keramisches Material hat einen wesentlich höheren Wasserdampfdiffusions – Widerstandsfaktor ($\mu = 200$ bis 300 einschl. Fugenanteil) als Mauerwerk ($\mu = 15$ für Kalksandstein) oder Beton ($\mu = 70$ bis 150). Durch die an der Außenseite der Wandkonstruktion liegende dampfdichtere Schicht bedarf die Bewertung des Feuchtehaushaltes und der Wasserdampfkonzentration der Gesamtkonstruktion unter der Berücksichtigung der unterschiedlichen Materialdicken besonderer Aufmerksamkeit. Günstig auf das Diffusionsverhalten wirken sich kleinformatige keramische Wandbekleidungen durch ihren hohen Fugenanteil aus. Bei Außenwänden von Feuchträumen oder sonstigen stark beheizten Räumen mit hohem Dampfdruckeintrag von innen sollten jedoch Dampfsperren – oder bremsen vorgesehen werden.

In jedem Fall müssen bei der Ausführung, je nach verwendeten Materialien, die bauphysikalischen Grundregeln für den Aufbau mehrschichtiger Außenwände beachtet werden (s. Abschn. 6.2.3.3).

Vorbehandlung des Untergrundes. Zu unterscheiden ist bei der Herstellung von Außenwandbekleidungen:

- *unmittelbares Ansetzen* auf ausreichend festen, in Material und Struktur gleichmäßigen Flächen wie Mauerwerk und Beton (z. B. auf Mauerwerk DIN 1053-1 und -2, Steine der Festigkeitsklasse 12, MGII oder Stahlbeton) und
- *Herstellen von Ansetzflächen* auf nicht ausreichend tragfesten Untergründen wie Mischmauerwerk oder außen liegenden Wärmedämmungen.

Auf derartigen Flächen ist ein Unterputz mit Bewehrung und Verankerung erforderlich.

Angemörtelte Wandbekleidungen sind möglichst erst dann auszuführen, wenn sich der Untergrund hinreichend gesetzt hat und Schwindvorgänge von Betonteilen abgeklungen sind. Die zu bekleidenden Flächen müssen geschlossen und frei von Rissen, offenen Fugen, Gerüstlöchern oder von ähnlichen Hohlräumen sein. Die Ansetzflächen müssen auch frei von Staub, Ausblühungen, Verunreinigungen und von Schalungstrennmitteln sein. Wenn eine Instandsetzung nicht möglich ist, muss ein bewehrter, verankerter Unterputz aufgebracht werden (s. u.).

Spritzbewurf. Nach der Überprüfung der Ebenheit, von Winkeln und der Lotrechten erhalten die Ansetzflächen einen Spritzbewurf aus reinem Zementmörtel (1 RT Zement +2 bis 3 RT scharfer, gewaschener Sand) zur Verbesserung der Haftung.

Unterputz. Bei größeren Unebenheiten ist ein Unterputz von mindestens 10 mm und höchstens 25 mm Dicke, bei mehr als 25 mm Dicke mit Bewehrung aus reinem Zementmörtel (1 RT Zement +3 bis 4 RT scharfer, gewaschener Sand) mit möglichst rauer Oberfläche aufzutragen.

Bei Schlagregensicherung entsprechend der Beanspruchungsgruppe III ist ein Unterputz von mindestens 20 mm Dicke vorzusehen.

Bewehrter Unterputz. Besteht der Untergrund aus verschiedenen, unterschiedlichen Baustoffen, aus Baustoffen geringer Festigkeit (z. B. Porenbeton, Wärmedämmschichten o. Ä.), aus sehr glattem Material (z. B. Betonflächen) oder müssen größere Unebenheiten und Maßabweichungen des Rohbaues mit Putzdicken von mehr als 25 mm ausgeglichen werden, muss ein Unterputz mit Bewehrung aus Betonstahlmatten 50/50/2 mm ausgeführt werden. Für die Verankerung ist ein statischer Nachweis zu erbringen. Wegen der zunehmenden Gefährdung von Fassadenflächen durch chemische Beanspruchungen ist für die Bewehrung und für die Anker nicht rostender Stahl zu verwenden.

Die Anker für bewehrten Putz dürfen am Auflagerpunkt eine Querkraft von nicht mehr als 1,0 kN aufzunehmen haben. Die Eigenlasten der

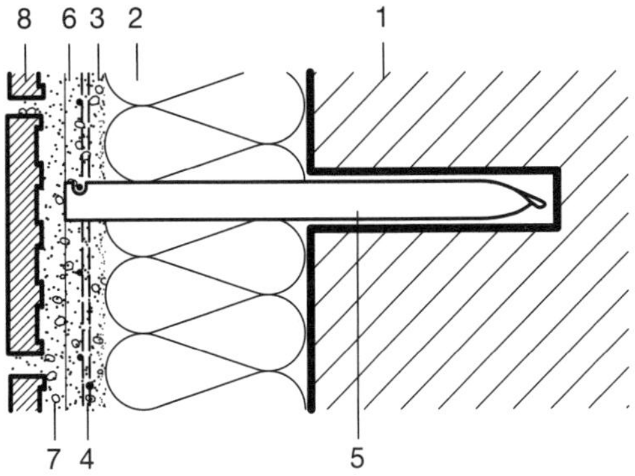

8.1 Angemörtelte Spaltplattenbekleidungen mit Verankerung

1 Mauerwerk
2 Wärmedämmung
3 Spritzbewurf
4 Baustahlmatte (z. B. N 141)
5 biegesteifer Anker aus nicht rostendem Stahl, in Mörtel eingesetzt
6 Unterputz
7 Ansetzmörtel (bzw. Dünnbett)
8 Spaltplatte

Tabelle **8**.2 Mörtelzusammensetzung (DIN 18 515)

Mörtel für	Mischungsverhältnis Zement : Sand in Raumteilen	Körnung des Zuschlagstoffes
Spritzbewurf	1 : 2 bis 1 : 3	0 bis 4
Unterputz bewehrt und unbewehrt	1 : 3 bis 1 : 4	0 bis 4
Dickbett	1 : 4 bis 1 : 5	0 bis 4
Verfugen [1)2)3)]	1 : 2 bis 1 : 3	0 bis 2 [4)]

1) Es sollten Werktrockenmörtel, die vom Hersteller als geeignet ausgewiesen werden, verwendet werden
2) Der Mörtel muss Wasser abweisende Eigenschaften nach DIN 18 550-1 haben
3) Zuschlag mit dichtem Gefüge und erhöhtem Widerstand gegen Frost nach DIN 4226-1
4) Das Größtkorn des verwendeten Sandes darf ein Drittel der Fugenbreite nicht überschreiten. Zur Verbesserung des Mehlkorn- und Feinsandgehaltes 0 bis 0,25 mm kann gegebenenfalls dem Sand ein Zusatz von Gesteinsmehl, z. B. Quarzmehl, Trass, zugegeben werden

Außenwandbekleidung müssen durch mindestens 3 Reihen Traganker aufgenommen werden, die in Streifen von ca. 1,50 m Höhe in der Mitte der Putzfelder liegen sollen.

Ansetzen der Bekleidungen im Dickbett. *Arbeitsvorgang*: Die vorgespritzte Fläche ist örtlich anzunässen. Auf die vorgenässten und mit Bindemittel eingeschlämmten Rückseiten der Platten wird Trasszementmörtel bzw. hochhydraulischer Kalkmörtel in plastischer Konsistenz im Mittel 15 mm dick aufgegeben. Die Platten werden schrägliegend herangeführt, angedrückt und durch leichtes Richten in Flucht und Lot angesetzt. Entstandene Mörtelhohlräume sind durch schräges Abstreichen an den Plattenoberkanten auszufüllen.

Ansetzen der Bekleidung im Dünnbett. Im Dünnbettverfahren sind Bekleidungen in der Regel auf einem Unterputz aufzubringen. Die Ausführung nach DIN 18 157 bzw. DIN EN 12 004 unterscheidet drei Verlegeverfahren:

- „Floating-Verfahren": Der Dünnbettmörtel wird mit einem Kammspachtel oder der Zahnkelle auf die Wand in zwei Arbeitsgängen aufgetragen,
- „Buttering-Verfahren": Der Dünnbettmörtel wird auf die Rückseite des Bekleidungsmaterials aufgetragen.

Bei beiden Verfahren sind aber Hohlräume zwischen Ansetzfläche und Bekleidungsmaterial fast unvermeidlich. In der Praxis bewährt ist die Kombination beider Mörtelauftragsverfahren im

- „kombinierten Floating-Buttering"-Verfahren.

Die Schichtdicke des Dünnbettmörtels soll nach dem Ansetzen mindestens 3 mm betragen.

Ansetzflächen auf Wärmedämmungen. Auf außenliegenden Wärmedämmschichten ist in jedem Fall ein bewehrter Unterputz (nicht rostende Stahlmatten 50/50/2 mm Maschenweite mit Ankern) erforderlich. Die Wärmedämmungen müssen dem Anwendungstyp WD nach DIN EN 826 entsprechen. Faserdämmstoffe müssen vor dem Putzauftrag mit einer kunststoffvergüteten Zementschlämme vorbehandelt werden. Alle Wär-

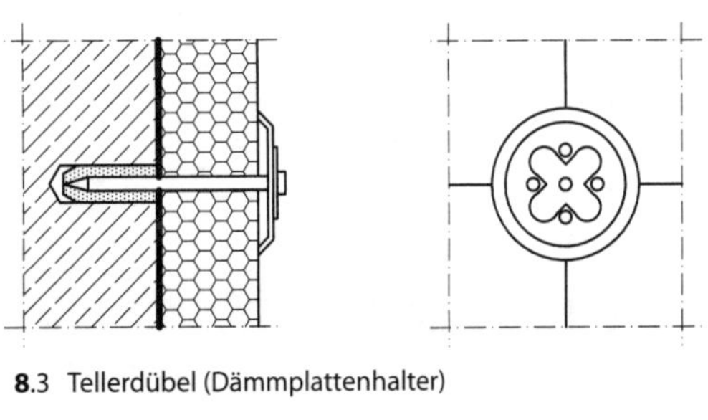

8.3 Tellerdübel (Dämmplattenhalter)

medämmungen müssen mit Tellerdübeln gesichert sein (Bild **8**.3).

Fugen. Die Fugenbreiten des Bekleidungsmaterials sind formatabhängig (ATV DIN 18 352).

Als Richtwerte können angenommen werden:

- Keramische Fliesen 3 bis 8 mm
- Keramische Spaltplatten 4 bis 10 mm
- Spaltziegelplatten 10 bis 12 mm

Die Fugen werden am besten nach dem Ansetzen des Materials und noch vor dem Aushärten des Verlegemörtels ausgekratzt und durch Einschlämmen oder mit dem Fugeisen mit Zementmörtel verfugt. Bei starker Schlagregenbeanspruchung ist Wasser abweisender Mörtel zu verwenden.

Bewegungs- und Trennfugen. Infolge der unterschiedlichen Materialeigenschaften der Beläge und der Unterkonstruktion können durch wechselnde Temperaturen und durch Feuchtigkeitsveränderungen bedingte Quell- und Schwindvorgänge zu Spannungen und damit zu Rissbildungen und Absprengungen führen. Es müssen daher zusätzlich zu den etwa im Bauwerk bereits vorhandenen Trennfugen *Dehnungsfugen* vorgesehen werden, die bis auf den Untergrund durchgehen (Bild **8**.4a). Im Bauwerk vorhandene Fugen müssen selbstverständlich durch die Außenwandbekleidung hindurch fortgesetzt sein (Bild **8**.4b). Abstand und Anordnung der Dehnfugen sind von örtlichen Verhältnissen abhängig, jedoch sollte mindestens in Höhe jeder Geschossdecke eine horizontale Dehnfuge und weitere Fugen im Bereich von Brüstungen, Außen- und Innendecken vorgesehen werden. Fugen sollen 10 mm breit und in Abständen von mindestens 3 m, höchstens 6 m angeordnet sein. Sie werden mit gut haftenden elastischen Dichtmassen geschlossen (vgl. Abschn. 5.7).

Zur Verbesserung des Standvermögens der Fugenfüllung, ihres Haft- und Dehnungsverhaltens sowie zur Vermeidung der Verfärbung angrenzender Baustoffe kann ein Voranstrich der seitlichen Fugenflanken erforderlich werden.

Der zu wählende Abstand von Dehnungsfugen ist in besonderem Maß abhängig von den zu erwartenden Temperaturschwankungen an den Oberflächen von Fassaden. Je nach Klimazone sind die maximalen Außentemperaturen zwischen −10 °C im Winter und +20 °C im Sommer anzunehmen, doch können je nach Sonneneinfallwinkel, Oberflächenstruktur, insbesondere aber auch Farbe der Wandbekleidungen wesentlich höhere Oberflächentemperaturen auftreten.

Sie können auf Südfassaden bei hellen Flächen bis zu 60 °C und auf dunklen Flächen bis zu 85 °C betragen. Bei dunklen Fassadenfarben sollten daher besonders enge Fugenabstände gewählt werden. An den Bauwerksecken ist die Lage der Fugen so zu wählen, dass sich die temperaturmäßig am stärksten belastete Fläche ohne Zwängung ausdehnen kann (Bild **8**.4c). Fugen sind auch an Übergängen zu anderen, nicht bekleideten Bauteilen, z. B. Fenstern vorzusehen (Bild **8**.4d).

8.3.2 Angemauerte Außenwandbekleidungen

Für Außenwandbekleidungen, die mit Dicken von 55 bis 90 mm Dicke auf Aufstandsflächen von Wandflächen aufgemauert werden, sind Aus-

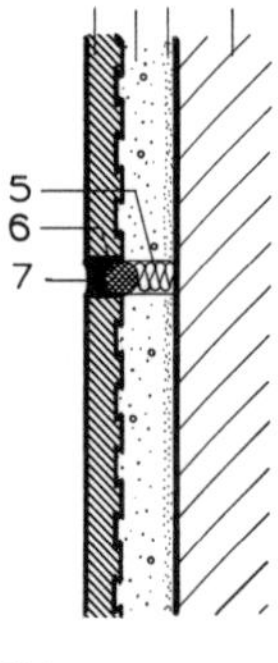

8.4a

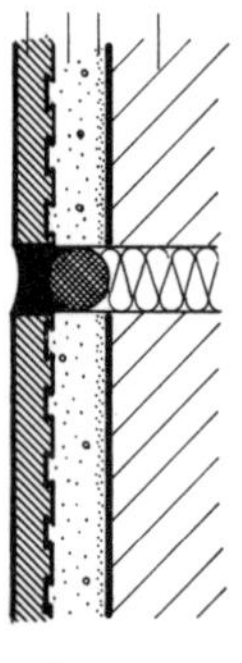

8.4b

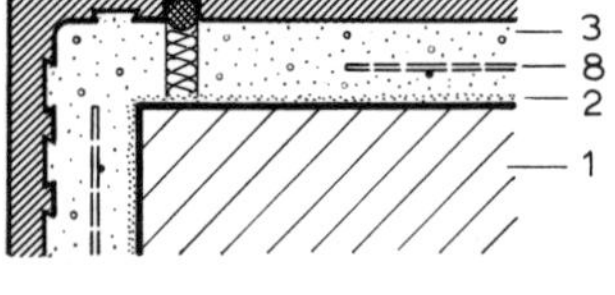

8.4c

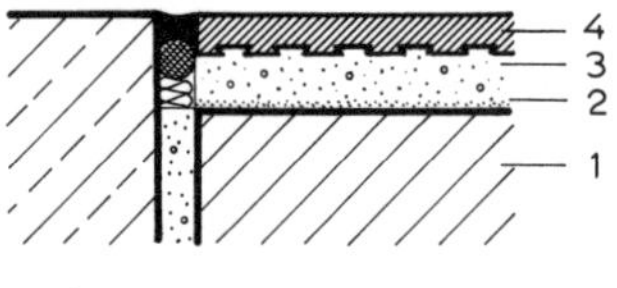

8.4d

8.4
Fugen in keramischen Außenwandbekleidungen (Grundrisse)

a) Dehnungsfuge
b) Bauwerksfuge
c) Dehnungsfuge an Bauwerksecke
d) Anschlussfuge zwischen Beton und keramischer Bekleidung

1 Mauerwerk
2 Spritzbewurf
3 Ansetzmörtel (ggf. mit Betonstahlmatte)
4 Spaltplatten
5 Fugenfüllung
6 Hinterfüllstoff
7 elastische Dichtungsmasse
8 Bewehrung (nicht rostende Betonstahlmatte)

führungsgrundsätze in DIN 18 515-2 festgelegt (für dickere Aufmauerungen gilt DIN 1053-1 und -2).

Aufstandsflächen können z. B. Fundamentvorsprünge, Stahlkonsolen oder vorspringende Deckenränder sein (thermisch getrennt von den rückwärtigen Deckenteilen). Als Baustoffe kommen keramische Werkstoffe mit Anforderungen wie an Vormauerziegel oder Klinker (DIN 105-1) oder Kalksandsteinverblender (DIN 106-2), Betonwerkstein (DIN 18 153) oder Naturwerkstein (DIN 18 516-3) in Frage.

Die Außenwandbekleidungen dürfen nur durch Eigen- und Windlasten beansprucht werden. (Abfangungen über Fenster- und Türöffnungen, Bewegungs- und Trennfugen und Abdichtungen vgl. Abschn. 6.2.3.3). Je m^2 sind mindestens 5 Drahtanker, Durchmesser > 3 mm aus nicht rostendem Stahl erforderlich.

Auf den sauberen Ansetzflächen ist ein Spritzbewurf sowie ein 15 mm dicker nicht geglätteter Unterputz aufzubringen. Das Bekleidungsmaterial ist vollfugig mit mindestens 15 mm und höchstens 25 mm Abstand vor dem Unterputz aufzumauern und zu verfugen. Der verbleibende Spalt ist schichtweise dicht mit Mörtel zu verfüllen.

8.4 Hinterlüftete Außenwandbekleidungen

8.4.1 Allgemeines

Eine unmittelbar auf die Außenwand aufgebrachte Bekleidung (einschalige Konstruktion) ist immer gewagt, weil die gebotene Sorgfalt bei der Herstellung meist nicht ausreichend zu überwachen ist und auch die örtlichen Verhältnisse (Sonneneinstrahlung, Wind, Veränderung der Raumnutzung usw.), die Intensität der Wärmedehnungen, der Dampfdiffusion, der Setzungen, des Schwindens und Kriechens, des Quellens und Schrumpfens oft nur unzulänglich beurteilt werden können.

Diese Risiken werden vermieden, wenn hinterlüftete Konstruktionen gewählt werden. Dafür stehen neben keramischen Materialien vor allem Natur- und Betonwerkstein, keramische Platten, Metalle, Holz, eine Reihe von Kunststoffen und Glas zur Verfügung (s. Abschn. 8.2). Durch die Wahl des Bekleidungsmaterials, seine Farbigkeit, die Oberflächenstruktur und Verwendungsart eröffnen sich vielfältige Gestaltungsmöglichkeiten und differenzierte Erscheinungsbilder von Bauwerken.

Hinterlüftete Außenwandbekleidungen sind nach DIN 18 516 auszuführen. (Diese Norm bezieht sich jedoch nicht auf Metallbekleidungen in handwerklicher Ausführung, Verbretterungen und Bekleidungen mit Faserzementplatten nach DIN 12 467).

Unterschieden werden Bekleidungen mit offenen oder geschlossenen Fugen oder sich überdeckenden Elementen bzw. Stößen. Es kommen Unterkonstruktionen aus Metall- oder Holzprofilen oder Schalungen mit oder ohne Konterlattung zur Anwendung. Alle Befestigungsmittel sind unter Berücksichtigung des Korrosionsschutzes, der Temperaturbeanspruchung, des Windes und damit im Zusammenhang möglicher Geräuschentwicklungen vorzusehen.

Hinsichtlich des Wärme-, Schall-, Brand- und Feuchteschutzes ist der Gesamtaufbaus der Außenwand im Zusammenwirken mit der Bekleidung zu berücksichtigen.

Allgemein wird festgelegt:

- Es sind mindestens 20 mm tiefe *Lüftungsspalte* vorzusehen (örtlich darf die Spalttiefe bei Wandunebenheiten und bedingt durch die Unterkonstruktion bis auf 5 mm reduziert sein).
- Die Mindestquerschnitte der *Be- und Entlüftungsöffnungen* müssen 50 cm^2 pro m Wandlänge betragen.
- Die Bekleidungsflächen sind konstruktiv in Flächen von etwa 50 m^2 zu unterteilen (ca. 2 Geschosse in der Höhe, ca. 8 m in der Breite).
- *Unterkonstruktionen* müssen zur Vermeidung von Zwängungen in alle Richtungen verschieb- und verdrehbar sein.
- Im Regelfall sind für *Temperatureinflüsse* als Grenzfall –20° bzw. +80 °C anzunehmen.
- Die Möglichkeit von *Geräuschentwicklung* durch Wind- und Temperaturbeanspruchung ist bei der Planung zu beachten.
- Beim Wärme-, Feuchte- und Brandschutz ist das mögliche Zusammenwirken von Außenwänden und Außenwandbekleidung zu berücksichtigen.
- *Randabstände* von Befestigungen müssen mindestens 10 mm betragen.
- Alle Teile, die nach Fertigstellung nicht für *Wartung oder Überwachung* zugänglich sind, müssen auf Dauer korrosionsgeschützt sein (DIN 18 516-1, Abschn. 7).

  Dabei muss sichergestellt sein, dass schädigende Einflüsse der verwendeten Baustoffe untereinander, z. B. durch Kontakt- oder Spaltkorrosion nicht möglich sind.

- Für hinterlüftete Außenwandbekleidungen müssen geeignete Wartungseinrichtungen, mindestens aber Verankerungseinrichtungen für später erforderliche *Einrüstungen* vorgesehen werden.
- *Standsicherheitsnachweise* nach DIN 18 516-1 Abschn. 6 sind zu führen.

8.4.2 Naturwerksteinbekleidungen

Für hinterlüftete Naturstein-Außenwandbekleidungen werden gesägte Platten von etwa 30 bis 100 cm Breite und 50 bis 150 cm Höhe (*b*:*h* bis 1:2) verwendet. Ihre Dicke richtet sich nach der Größe und der Bruchfestigkeit und ist nach den Bemessungsverfahren des Deutschen Natursteinverbandes hinsichtlich Ankerdornbelastung, Biege- und Ausbruchfestigkeit am Ankerdornloch zu bestimmen. Sie beträgt bei Plattenneigungen von $\alpha = 0°$ bis 60° ≥ 40 mm, bei $\alpha > 60°$ bis 90° ≥ 30 mm [7].

Anker. Die Bekleidungsplatten werden in der Regel durch 4 Anker gehalten. *Trageanker* leiten das Eigengewicht der Bekleidung und Windlasten in den Untergrund. *Halteanker* sichern die Bekleidungsplatten gegen Abkippen und Winddruck bzw. -sog.

Die Verbindung zu den Platten wird durch *Ankerdorne*, durch Verschraubung (*Schraubanker*), *Nutlagerung auf Profilstegen* oder *Hinterschnittdübel* für bestimmte, feste Natursteinarten hergestellt (Bild **8**.5).

Anker mit Dornen. In vorgebohrte Ankerlöcher der Platten greifen Ankerdorne ein. Der Regelabstand der Ankerlöcher von der Plattenecke beträgt das 2,5-fache der Plattendicke. Bei Platten von 30 mm sitzen die Ankerlöcher mittig, bei dickeren Platten dürfen sie auch außermittig angeordnet werden. Die Dornlöcher haben in der Regel einen Durchmesser von 10 mm und greifen mindestens 25 mm in die Platte ein. Zum Ausgleich von Temperaturbewegungen sind in die Ankerlöcher der einen Plattenkante Gleithülsen aus Polyacetal (POM) einzukleben. Zwischen Anker und Plattenrand muss ein Bewegungsspiel von 2 mm vorhanden sein (Bild **8**.5a).

Schraubanker. Anstelle von Dornen dürfen Natursteinplatten auch mit Schrauben an entsprechenden Ankern befestigt werden.

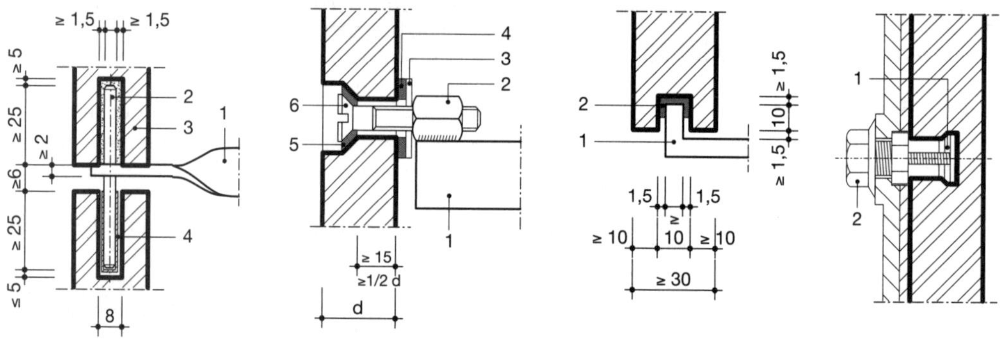

8.5a **8**.5b **8**.5c **8**.5d

8.5 Trageanker für hinterlüftete Plattenbekleidung mit offenen Fugen (je Platte > 2 Traganker) [7]

a) Ankerdorne Vertikalschnitt/Horizontalschnitt
   1 Traganker
   2 Ankerdorn Ø 5 mm, Länge 60 mm
   3 Werksteinplatte
   4 Gleithülse

b) Schraubanker, Trag- und Halteanker
   1 Ankersteg
   2 angeschweißte Mutter
   3 Unterlegscheibe aus nicht rostendem Stahl
   4 Unterlegscheibe aus EPDM
   5 Trichterscheibe aus EPDM
   6 Schraube aus nicht rostendem Stahl

c) Verankerung der Platten über Profilstege (Nutlagerung)
   1 Profilsteg aus nicht rostendem Stahl
   2 Profilband aus EPDM

d) Befestigung mit Hinterschnittdübeln
   1 Dübel mit Aufspreizung
   2 Schraubbefestigung an Unterkonstruktion

Für Traganker sind Schrauben > M 10, für Halteanker Schrauben > M 8 aus Stählen nach DIN 267, Stahlgruppe A4, vorzusehen (Bild **8**.5b).

Nutlagerung. An der Unterseite genutete Platten können auf Profilstege aufgelagert werden. Die Nut muss 3 mm breiter als der Profilsteg sein, und es müssen beidseitig 10 mm Stein-Restdicke verbleiben. Auflagelängen mit mehr als 50 mm Breite müssen mit einem Profilband aus EPDM überzogen sein (Bild **8**.5c).

Hinterschnittdübel. Die Befestigung mit Hinterschnittdübeln an der Rückseite der Platten ist als Sonderbefestigung bauaufsichtlich zugelassen. Sie erfolgt mittels eines Dübels, der sich in einer konischen Aufweitung des Bohrloches durch das Andrehen der Schraube spreizt und somit eine auszugsfeste Verankerung ermöglicht. Die Schrauben werden über Agraffen an Unterkonstruktionen aus Aluminium eingehangen.

Alle Anker müssen aus nicht rostendem Stahl (nach DIN EN 10 088) bestehen. Druckverteilungsplatten müssen mit den Ankern unlöslich verbunden (z. B. verschweißt) sein.

Für alle Verankerungen ist ein statischer Nachweis nach DIN 18 516-3 Abschn. 5 zu führen.

Befestigung im Untergrund

Für die Befestigung der Anker im Untergrund gibt es verschiedene Möglichkeiten.

Mörtelanker stellen immer noch eine bewährte traditionelle Bauweise zur Befestigung von Natur- oder Betonwerkstein dar. Die Anker werden dabei mit ihren gewellten, gedrehten oder geschlitzten Enden im Untergrund einzementiert. In Bild **8**.6 sind verschiedene Ausführungsformen für Trag- und Halteanker gezeigt. Der Querschnitt der Ankerstege war bisher meistens rechteckig, doch haben sich runde und rohrförmige Ankerquerschnitte bewährt, weil bei ihnen weniger Sonderformen nötig sind. Trageanker haben an der Unterseite angeschweisste Druckverteilungsplatten.

Die Anker sind in tragfähigen Untergründen in entsprechende Bohrlöcher einzumörteln. Die Einbindtiefe ist nachzuweisen und beträgt mindestens 80 mm bis 150 mm.

Die Aussparungen müssen mindestens 5 mm tiefer als die rechnerische Einbindtiefe sein und sind unterschnitten oder gewellt herzustellen. Der Bohrlochdurchmesser für die Anker darf 50 mm nicht überschreiten. Die Einbindtiefe muss mindestens das 2-fache des Bohrlochdurchmessers betragen.

Ankerabstände in Betonbauteilen > 120 mm Dicke müssen > 320 mm voneinander entfernt sein (s. DIN 18 516-3, Abschn. 6.4.3.2).

Für die Befestigung ist Mörtel der Gruppe III nach DIN 1053-1, mit Zement nach DIN 1164 bzw. DIN EN 197 zu verwenden.

Die Verwendung korrosionsfördernder, insbesondere chloridhaltiger Zusätze ist unzulässig.

Die Anker dürfen je nach Neigung der Bekleidung frühestens 3 Tage, bei tiefen Temperaturen u. U. erst 14 Tage nach Einbau belastet werden.

Für hängende Bekleidungen sind konische *„Überkopfbohrlöcher"* mit mindestens einseitiger Hinterschneidung und gesondertem Nachweis der Auszugsfestigkeit herzustellen.

Beim Befestigen von Ankern an tragenden Bauteilen dürfen deren Querschnitte nicht unzulässig geschwächt werden. Unbelastetes Mauerwerk, z. B. bei Brüstungen, ist vor Anbringung von Trageankern für Plattenbekleidungen gegen Kippen zu sichern.

8

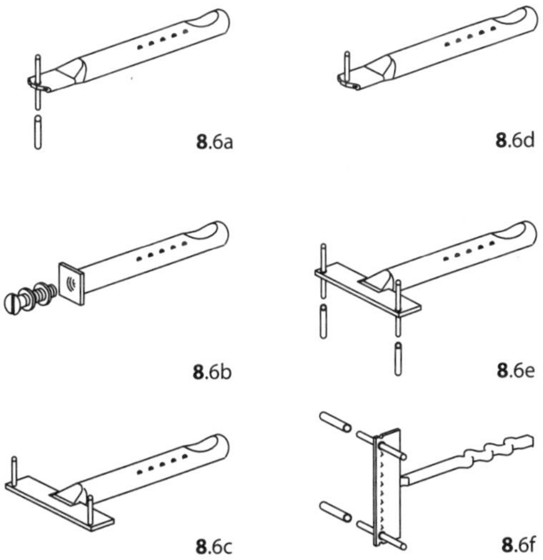

8.6 Mörtelanker [7]
Verschiedene Ausführungen für Traganker und für Halteanker

a) Trag- und Halteanker
b) Schraubanker
c) Nutlagerung
d) Traganker/Nutlagerung
e) Trag- und Halteanker
f) Trag- und Halteanker, vertikal

Anschraubanker. Mit Anschraubankern können Werksteinplatten auf Beton, Stahlbeton oder Stahlkonstruktionen durch Schraubverbindungen montiert werden. Schraubverbindungen können hergestellt werden mit Hilfe von Dübeln, Hammerkopfschrauben in Ankerschienen, Sechskant- oder Selbstbohrschrauben auf geeigneten Unterkonstruktionen, Mörtelankern mit Gewinde (Bild **8**.7).

Anschweißanker. Auf einbetonierte oder angeschraubte Ankerplatten können Trag- oder Halteanker aufgeschweißt werden. Derartige Verbindungen eignen sich besonders für Eckausführungen oder sonstige komplizierte Bekleidungsformen an Brüstungen, Unterzügen usw. sowie an dünnwandigen bzw. hochbelasteten Bauteilen. Die Schweißarbeiten an den nicht rostenden Stählen der Befestigungsteile dürfen nur von zugelassenen Fachbetrieben ausgeführt werden (Bild **8**.8).

Verbindungsteile. Zur Verankerung von Werksteinplatten untereinander und für Sonderfälle sind die verschiedenartigsten Spezialanker und Verbindungsteile verfügbar.

Eckplatten von Fassadenbekleidungen werden untereinander verdübelt und durch Scherdorn-Klammern aus nicht rostendem Stahl oder durch Knotenbleche gesichert (Bild **8**.9a und b). Bei geringen Überständen können die Eckplatten von der Rückseite her miteinander durch Winkelverschraubungen verbunden und gemeinsam auf der Unterkonstruktion montiert werden (Bild **8**.9c)

Montagesysteme. Die traditionelle Montage von Natursteinbekleidungen mit einzeln eingesetzten Ankern ist sehr arbeitsaufwändig. Die Montagezeiten lassen sich durch Verwendung von Hängeschienensystemen verkürzen, die punktweise an der tragenden Wand befestigt und ausgerichtet werden und an denen Trag- und Halteanker verschraubt werden (Bild **8**.10).

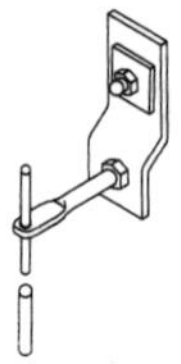

8.7a

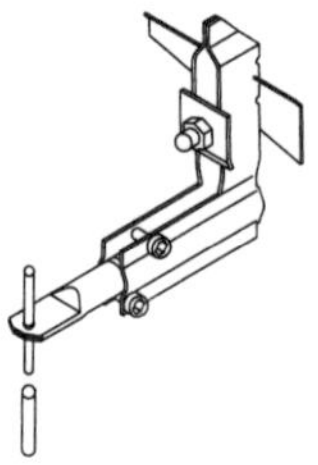

8.7b

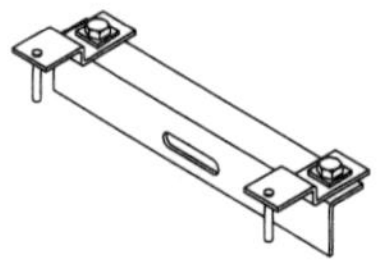

8.7c

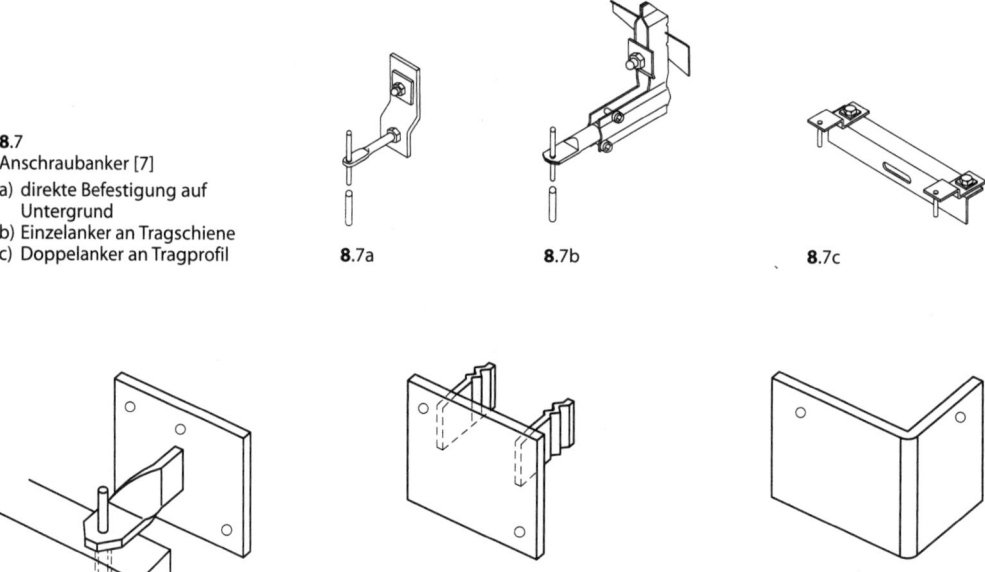

8.7
Anschraubanker [7]
a) direkte Befestigung auf Untergrund
b) Einzelanker an Tragschiene
c) Doppelanker an Tragprofil

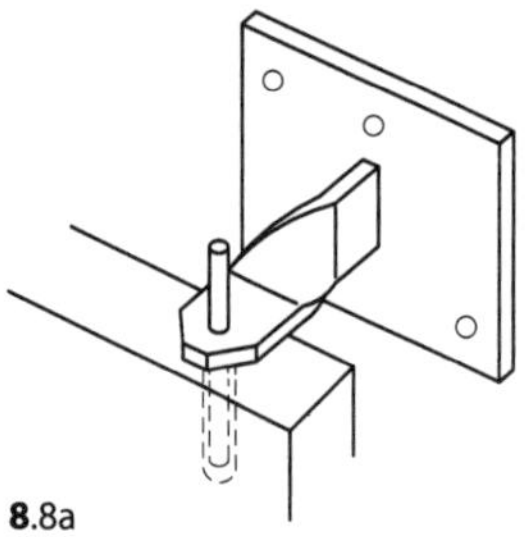

8.8a

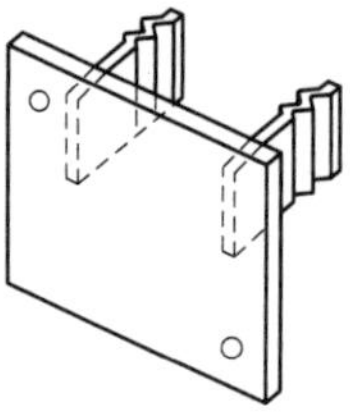

8.8b

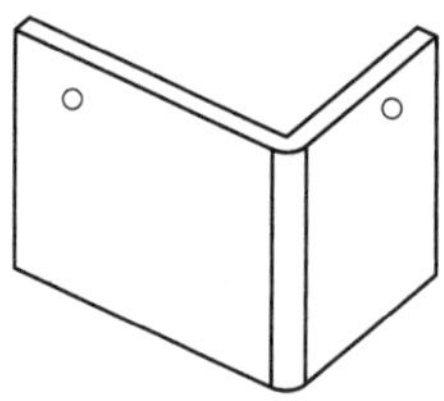

8.8c

8.8 Anschweißanker/Ankerplatten [7]
a) Traganker für waagerechte Fuge
b) Ankerplatte zum Einbetonieren
c) Eckankerplatte zum Anschrauben

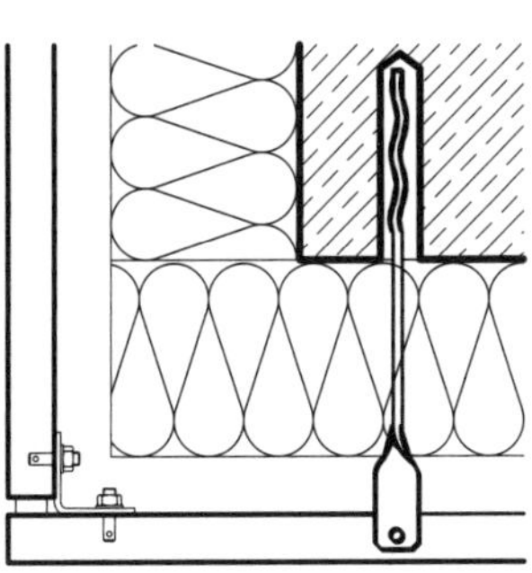

8.9a

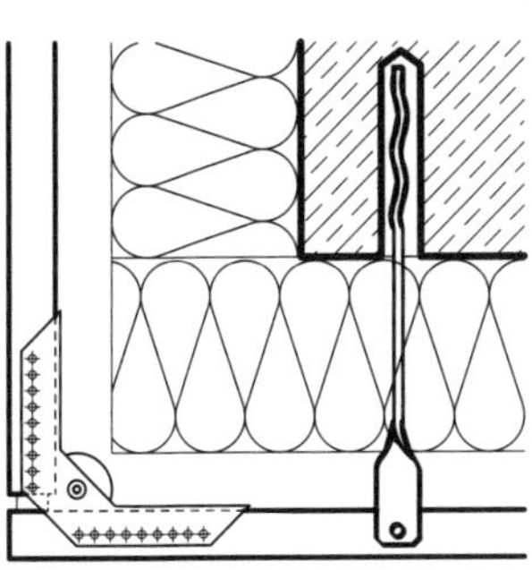

8.9b

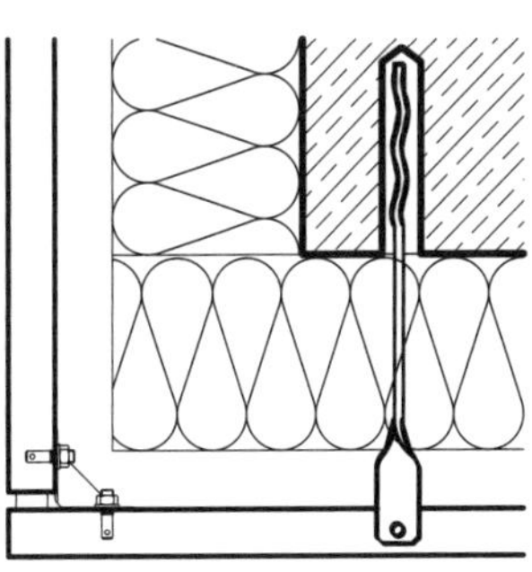

8.9c

8.9 Eckverbinder/Laibungswinkel (Fa. Halfen) [12]
a) Laibungstragwinkel
b) justierbarer Laibungswinkel
c) Laibungshaltewinkel

Als „integrierte Fassadensysteme" können derartige Konstruktionen gleichzeitig auch auf Fensteranschlüsse und sonstige Fassadenelemente vorgerichtet werden. Dabei werden die Fenster usw. bereits mit allen Anschlussprofilen, Abdichtungen usw. vorab eingebaut und danach die Fassadenplatten unter Einhaltung engster Maßtoleranzen in die vorbereitete Unterkonstruktion eingehängt.

Alle derartigen Verankerungen sind nur mit korrosionsgeschützten Bauteilen, entsprechend der Zulassung für nicht rostende Stähle auszuführen. Sie müssen im Übrigen bauaufsichtlich zugelassen sein.

Besondere Fassadenteile. Fenster, Türen, Beleuchtungs- und Reklamekonstruktionen sowie Gerüste u. Ä. dürfen nicht an der Bekleidung ver-

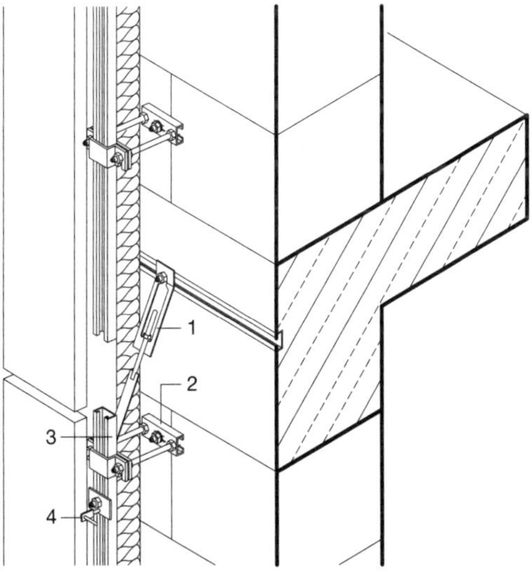

8.10 Hängeschienensystem für Natursteinbekleidungen (Fa. Halfen) [12]
1 Fassadenanker zum Anschrauben
2 Abstandshalter zur Abstützung der Schiene
3 Zahnschiene
4 Anker für horizontale Fuge

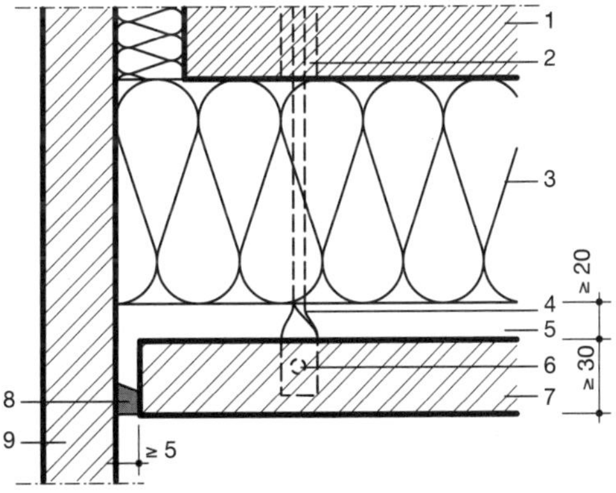

8.11 Horizontalschnitt durch *Anschlussfuge* zwischen hinterlüfteter Plattenbekleidung und einem Türgewände
1 Außenwand
2 Druckverteilungsplatte
3 Wärmedämmung
4 Anker
5 Hinterlüftung
6 Ankerdorn
7 Natursteinbekleidung mit allseits offenen Fugen
8 Dichtung („Kompriband")
9 Naturstein-Türgewände

ankert werden. Solche Teile sind im Untergrund zu befestigen und an etwaigen Berührungsstellen von der Bekleidung durch mind. 5 mm breite, ebenso tief mit Dichtmasse und bis zum Verankerungsgrund mit elastischen Füllmassen gefüllte *Anschlussfugen* zu trennen. Fenster- und Türrahmen sind an den Untergrund wasser- und winddicht anzuschließen (Bild **8**.11).

Besondere Auflager. Werkstücke für Sohlbänke, Fenstergewände, Gesimse, Sockel o. Ä. Teile müssen unabhängig von der Fassadenbekleidung auf tragfähigen Auflagern versetzt und gegen etwaigen Schub, Stoß, Druck und gegen Drehung verankert werden.

Wärmedämmungen. Die für das Bauwerk nötigen Wärmedämmungen sind in der Regel bereits vor der Ausführung von hinterlüfteten Fassadenbekleidungen angebracht. Mineralwolledämmungen sind vor dem Bohren der erforderlichen Aussparungen für die Befestigung der Anker sorgfältig auf etwa 150 x 150 mm auszuschneiden. Aussparungen in Schaumstoffen werden am besten mit Kernbohrern hergestellt. Nach dem Einbau der Anker sind die ausgeschnittenen Teile der Wärmedämmung sorgfältig wieder einzupassen.

8

Im Sockelbereich sind bei hinterlüfteten Fassadenbekleidungen die erforderlichen Wärmedämmungen bis mindestens 15 cm über Geländeoberkante mit Schaumkunststoffen nach DIN V 18 164-1 (z. B. geschlossenporige extrudierte Polystyrolplatten – PUR) oder aus Schaumglas (DIN 18 174) auszuführen. Die Unterkanten der Sockelplatten werden auf übergreifende winkelförmige Trage- bzw. Haltegürtel gesetzt.

Fugen. Unter Berücksichtigung der Stegdicke der Anker und einer Bewegungstoleranz von 2 mm ergibt sich bei Naturwerksteinbekleidungen eine Fugenbreite von 8 bis 10 mm.

Bei Fassaden mit Naturwerksteinbekleidungen muss der *Schlagregenschutz* gemäß DIN 4108-3 beachtet werden, d. h. dieser muss auch im Bereich der Fugen und Anschlüsse sichergestellt sein. Es werden offene Fugen und mit Fugendichtstoffen nach DIN 18 540 geschlossene Fugen unterschieden. Konstruktive Maßnahmen können neben der Schließung der Fugen z. B. Hinterschneidungen (Bild **8**.12) oder die Verwendung feuchtigkeitsunempfindlichen Wärmedämmungen (z. B. mit Vlieskaschierung) sein. Wenn starke Schlagregenbeanspruchung nach Beanspruchungsgruppe III zu gewährleisten ist, müssen offene Fugen mit 100 mm Schwellenhöhe, geschlossene Fugen mit geeigneten Dichtstoffen (DIN 18 540-1) geschlossen werden.

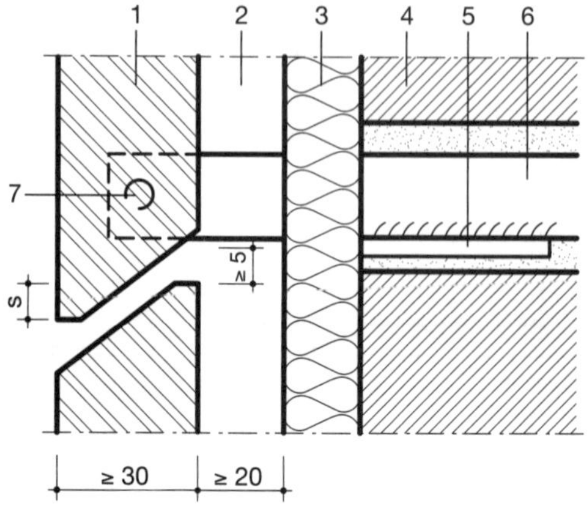

8.12 Vertikalschnitt durch eine offene horizontale Fuge
1 Bekleidung
2 Hinterlüftung
3 Wärmedämmung
4 Außenwand
5 Druckverteilungsplatte
6 Anker
7 Ankerdorn
s = Schwellenhöhe

Bei besonderer Schlagregenbeanspruchung und der damit verbundenen Ableitung von Niederschlagwasser auch an der Rückseite der Bekleidung sollte der Mindestabstand für die Hinterlüftung vergrößert werden und die Ausführung des erforderlichen Hinterlüftungsraumes muss besonders sorgfältig überwacht werden. Dabei sind Rohbauungenauigkeiten, Dickentoleranzen, das eventuelle Aufquellen von Wärmedämmungen und der Platzbedarf von Unterkonstruktionen und damit mögliche Behinderungen des Wasserablaufes zu berücksichtigen.

Anschlussfugen (DIN 18 516-3 Abschn. 7.4) sind dort vorzusehen, wo die Bekleidung an andere Baustoffe (z. B. Metallrahmen) anschließt oder wo sie zwischen tragenden Bauteilen (Gesimsen, Decken) Druckspannungen ausgesetzt werden könnte. Anschlussfugen sind mind. 10 mm breit. Sie können mit elastischen Dichtungen geschlossen werden.

Ecken mit genau fluchtenden Plattenrändern (Bild **8**.13a) sind schwierig herzustellen. Ebenso erfordert die Eckausbildung nach Bild **8**.13b eine sehr hohe Ausführungsgenauigkeit. Günstiger sind Ausführungen wie in Bild **8**.13c und d gezeigt.

Sockel- und Pfeilerbekleidungen (ausgenommen Beton-Werksteinplatten) werden wegen der Gefahr einer Beschädigung durch Stoß oder

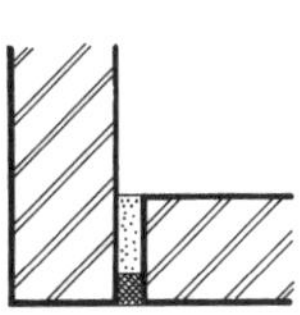

8.13a

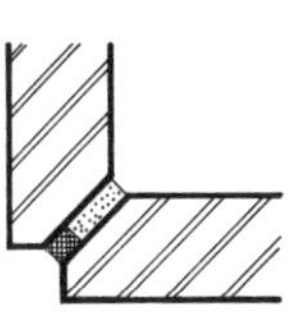

8.13b

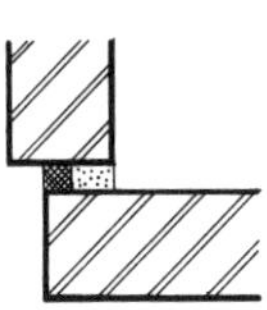

8.13c

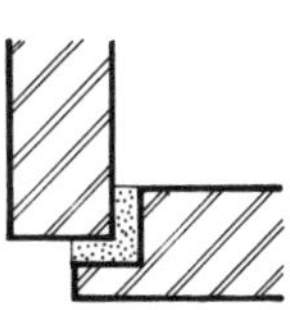

8.13d

8.13 Eckausbildung (Grundrisse)
a) fluchtende Platten, b) Platten mit Schrägschnitt, c) versetzter Plattenstoß, d) versetzter Plattenstoß mit Nut

Schlag meist hintermörtelt. Der *Hinterfüllmörtel* soll möglichst porös (z. B. als Einkorn-Mörtel) ausgeführt werden, und zwar als Kalkzementmörtel der Gruppe II nach DIN 1053-1 oder Trasszementmörtel im gleichen Mischungsverhältnis, bei Jurakalkstein nur Kalkmörtel (Gruppe I) oder Trasskalkmörtel.

Mit Mörtel zu verfüllende Fugen müssen mindestens 4 mm breit sein. Die Plattenkanten sind vorher von Staub zu befreien, damit der Fugenmörtel gut haftet.

Der Fugenmörtel soll geschmeidig und so verarbeitbar sein, dass damit ein guter Fugenschluss erzielt wird.

Mischungsverhältnis: 1 RT Bindemittel +2 bis 5 RT Sand.; Bindemittel: Trasszement, Trasskalk, Portlandzement mit Zusatz von Trass (1:1), Kalkhydrat mit Zusatz von Trass (1:1); Sand: Möglichst gewaschener, rundkörniger Natursand, frei von schädlichen Beimengungen, empfohlenes Größtkorn 1/3 der Fugenbreite.

8.4.3 Bekleidungen mit keramischen Platten

Auch *kleinformatige keramische Platten* können zu hinterlüfteten Fassadenbekleidungen aus vorgefertigten Fassadenelementen verwendet werden. Sie werden hergestellt, indem die Platten in

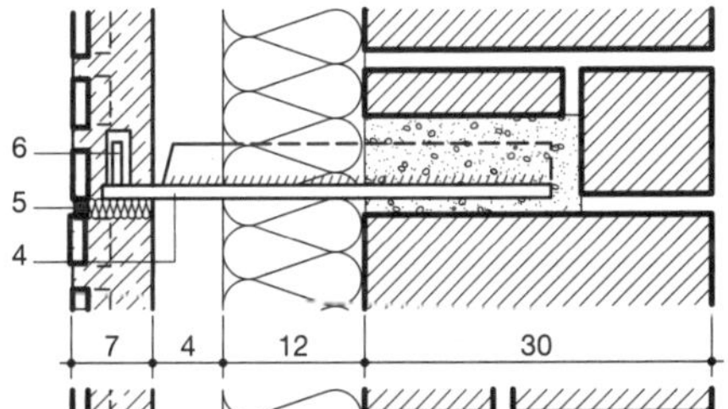

8.14a

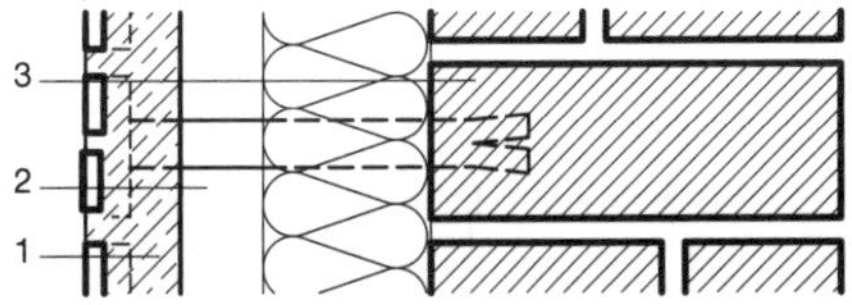

8.14b

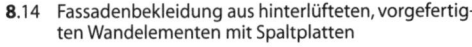

8.14 Fassadenbekleidung aus hinterlüfteten, vorgefertigten Wandelementen mit Spaltplatten
a) senkrechter Schnitt
b) waagerechter Schnitt
1 Wandelement, bewehrt, > 7 cm dick
2 Luftschicht mit Belüftungsöffnungen in Höhe Kellerdecke, unterhalb Dachtraufe
3 Außenwand mit Wärmedämmung
4 Traganker mit Druckverteilungsplatte und Ankerdorn
5 Fuge mit Hinterfüllung (vgl. Bild **8**.4)
6 Halteanker in Vertikalfuge

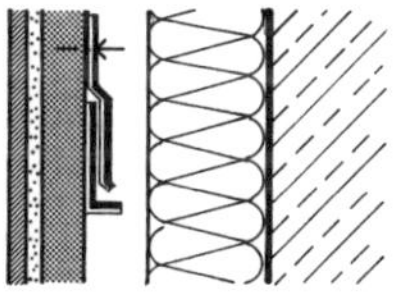

8.15a

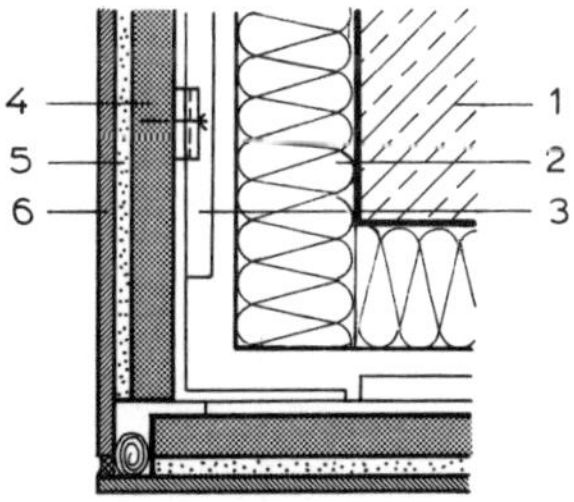

8.15b

8.15 Kleinformatige keramische Platten in Verbindung mit Polymerbeton-Elementen
a) senkrechter Schnitt
b) waagerechter Schnitt
1 tragende Wand
2 Wärmedämmung
3 Halteschiene für Aufhängung
4 Polymerbetonplatte
5 Klebermörtel
6 feinkeramische Platten
7 Fugenverschluss, dauerelastisch mit Hinterfüllung

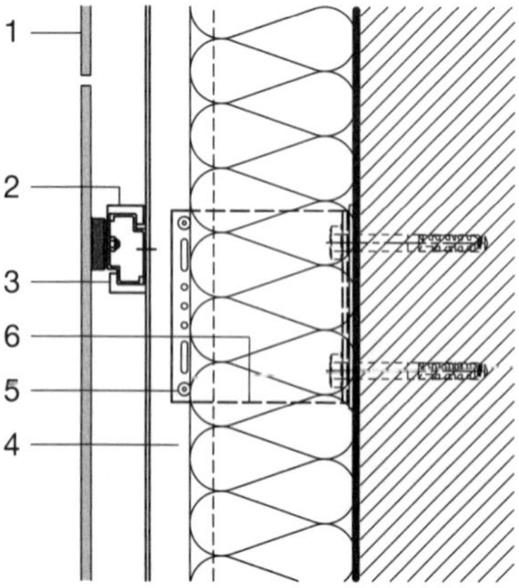

8.16a

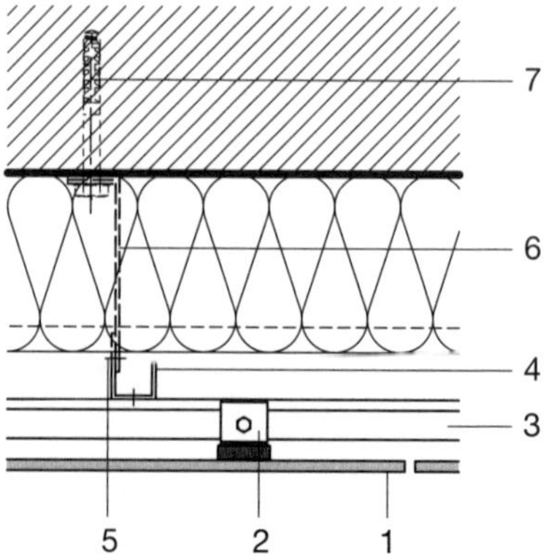

8.16b

8.16 Hinterlüftete Fassadenbekleidung mit großformatigen Keramikplatten (Buchtal Ker-Aion)
a) senkrechter Schnitt
b) waagerechter Schnitt

1 Platte
2 verdeckte Befestigung (Agraffenbefestigung)
3 Tragschiene
4 vertikales Tragprofil
5 Rostfreie Verschraubung
6 Wandwinkel mit thermischer Entkoppelung
7 Dübelbefestigung

8

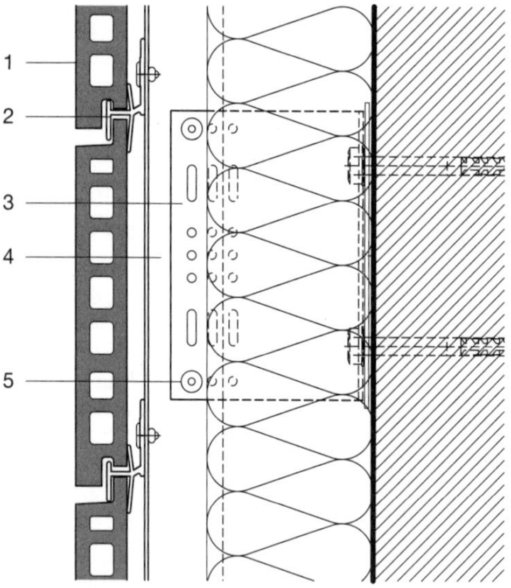

8.17a

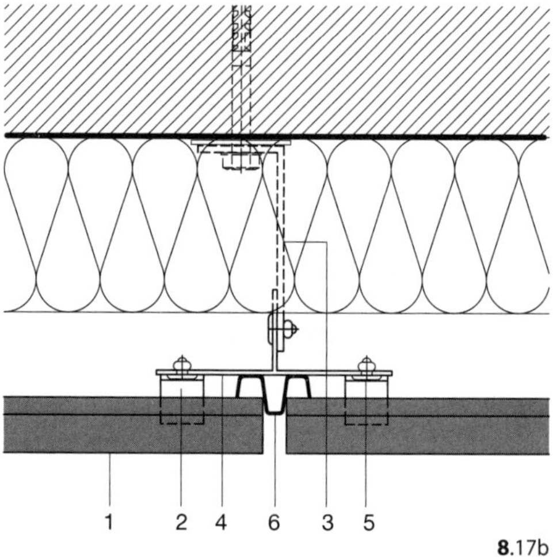

8.17b

8.17 Hinterlüftete Fassadenbekleidung mit Ziegelplatten (Fa. ArGeTon)
a) senkrechter Schnitt, b) waagerechter Schnitt

1 Langloch-Ziegelplatte
2 LM-Halter
3 Wandwinkel mit thermischer Trennung
4 Alu-T-Profil
5 Nieten
6 Alu-Fugenprofil

Raster, die der Fugenteilung entsprechen, eingelegt werden und einen rückseitigen Stahlbetonauftrag erhalten, so dass Platten von mindestens 7 cm Dicke und von etwa maximal 4 m^2 Fläche entstehen. Diese werden nach ähnlichen Techniken wie Natursteinbekleidungen (s. Abschn. 8.4.2) an den Fassaden montiert (Bild **8**.14).

Derartige Wandbekleidungen haben den Nachteil des recht hohen Gewichtes. Ähnliche Elemente lassen sich in leichterer Ausführung herstellen, wenn dünnwandiger Polymerbeton verwendet wird (Bestandteile: gereinigter und getrockneter Quarzsand, Korngröße 0 bis 8 mm, Acrylharz-Reaktionsgemisch als Bindemittel). In die etwa 30 mm dicken *Polymerbetonplatten* (max. 1,00 x 2,00 m) werden Gewindebuchsen eingegossen, die nicht rostende Stahlanker aufnehmen. Die keramischen Platten werden werkseitig im Dünnbettverfahren auf die Polymerbetonplatten aufgebracht und verfugt (Bild **8**.15). Die Montage erfolgt am besten mit Hängeschienensystemen (Bild **8**.10).

Großformatige hochfeste Keramikplatten können auf Leichtmetall-Unterkonstruktionen leichte, hinterlüftete Fassadenbekleidungen bilden (Bild **8**.16).

Zunehmend werden hinterlüftete Fassadenbekleidungen aus verhältnismäßig leichten, kleinformatigen Ziegelplatten (Bild **8**.17) eingesetzt.

Auch vollständig vorgefertigte Außenwandelemente mit hinterlüfteten Außenschalen aus keramischen Spaltplatten sind auf dem Markt.

8.4.4 Faserzementplatten-Bekleidungen[1)]

Für hinterlüftete Außenwandbekleidungen werden vorwiegend ebene Faserzementtafeln verwendet. Sie werden in verschiedenen Formaten und Dicken hergestellt mit glatter Oberfläche

- hellgrau (naturfarben, aus Herstellung mit grauem Zement),
- durchgefärbt,
- mit Oberflächen aus eingebrannten Silikatfarben,

1) Früher: Asbestzement-Baustoffe; Zur Problematik von Asbestzement-Baustoffen s. Abschn. 1.5.5 in Teil 2 des Werkes.

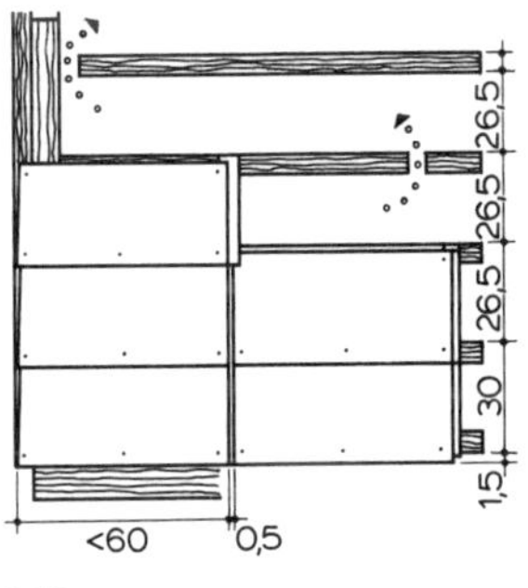

8.18a

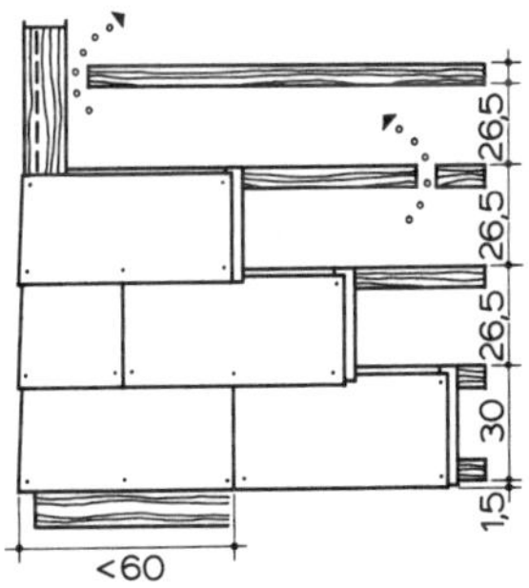

8.18b

8.18
Kleinformatige Faserzementplatten auf waagerechter Lattung
a) Vertikaldeckung,
b) Stülpdeckung,
c) waagerechte Deckung,
d) Deckung mit Edelstahl-Montageklammern

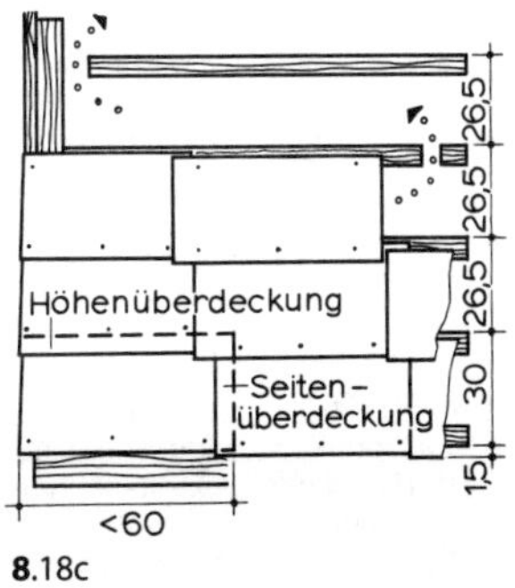

8.18c

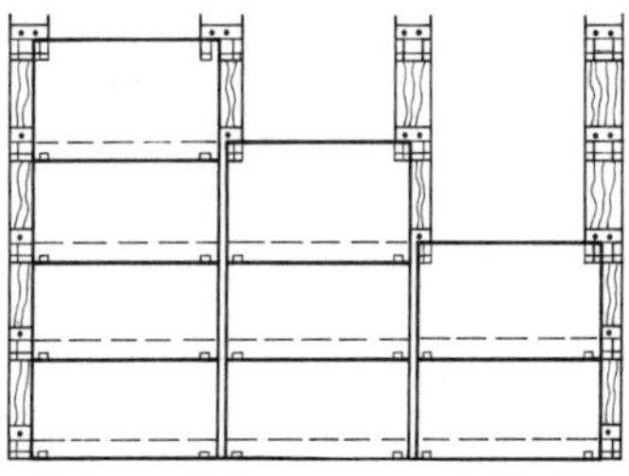

8.18d

- mit glasurähnlichen farbigen Oberflächen,
- weiß (aus Herstellung mit Weiß-Zement),

ferner mit granulierten und strukturierten, auch gefärbten Oberflächen.

Kleinformatige Faserzement-Fassadenplatten (< 0,4 m², z. B. 60 x 30 cm) sind werkseitig gelocht und werden auf aufgedübelter einfacher Lattung – vor außenseitiger Wärmedämmung auch auf Lattung mit Konterlattung – in Vertikaldeckung (Bild **8**.18a), Stülpdeckung (Bild **8**.18b) oder waagerechter Deckung (Bild **8**.18c) mit verzinkten Schieferstiften oder plattenfarbigen nicht rostenden Nägeln befestigt. Eine Montagemöglichkeit der Platten mit Edelstahlklammern, die auch in den jeweiligen Plattenfarben verfügbar sind, zeigt Bild **8**.18d.

Bei Vertikaldeckung und Stülpdeckung werden die Stoßfugen mit Fugenbändern hinterlegt, ein- und ausspringende Ecken sowie Anschlüsse an Fenster usw. werden mit sichtigen Metall- oder Kunststoffprofilen (vgl. Bild **8**.19 und **8**.22) ausgebildet.

8

Unterkonstruktionen aus Holz müssen vor der Montage mit Holzschutzmitteln nach DIN 68 800-3 behandelt sein. Konterlatten werden häufig in Stärke der Dämmungen auf dem Mauerwerk nur mit amtlich zugelassenen Dübeln o. Ä. befestigt. Die Traglatten müssen auf den Konterlatten an jedem Kreuzungspunkt mit 2 Schraubstiften oder Schrauben diagonal befestigt werden. Alle Befestigungsmittel müssen rostfrei sein. Zur Herstellung einer Hinterlüftung ohne Konterlattung werden die horizontal verlaufenden Traglatten mit Unterbrechungen eingebracht (s. a. Abschn. 8.4.6).

Großformatige Faserzement-Fassadentafeln (z. B. Weiß-Eternit, Plattengrößen bis 1250 x 3380 mm, -Dicken 5 bis 20 mm) eignen sich für die Ausführung großflächiger hinterlüfteter Fassadenbekleidungen.

Sie können mit von außen sichtbaren Schrauben oder Nieten auf Traglattungen aus Holz (Bild **8**.19a), zunehmend häufiger auf dreidimensional justierbaren Leichtmetallunterkonstruktionen (Bild **8**.19b und c), mit auf der Rückseite aufgeschraubten Leichtmetallschienen eingehängt (Bild **8**.19c und **8**.20) oder auch durch Verkleben montiert werden (Bild **8**.19d).

Stoßfugen können offen bleiben oder werden mit Fugenbändern hinterlegt (Bild **8**.22).

In horizontalen Fugen sollten die Platten nach hinten so abgeschrägt werden, dass es durch ablaufendes Regenwasser zu Schmutzablagerungen nur an der Rückseite kommt.

Anschlüsse an benachbarte Bauteile werden mit offenen Fugen oder mit Leichtmetallschienen hinterlegt ausgebildet. Vornehmlich im Industriebau werden auch großformatige Faserzementplatten mit Wellprofil verwendet. Sie dienen entweder als einfacher Wetterschutz vor leichten Skelettbauten (Bild **6**.131) oder werden als Außenwandbekleidung vor tragenden Wänden bzw. Skeletten auf Stahl-Unterkonstruktionen montiert (Bild **8**.23).

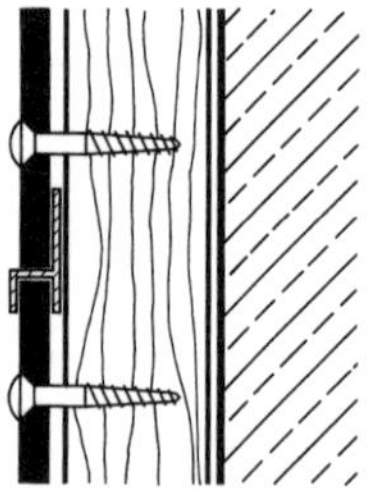

8.19a

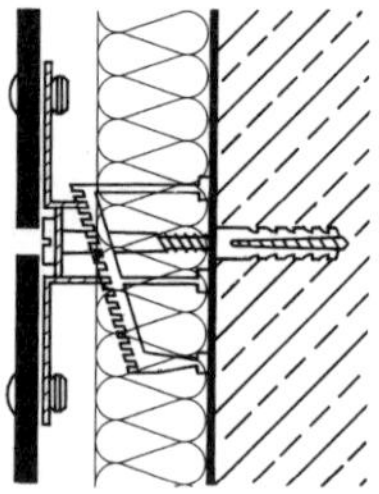

8.19b

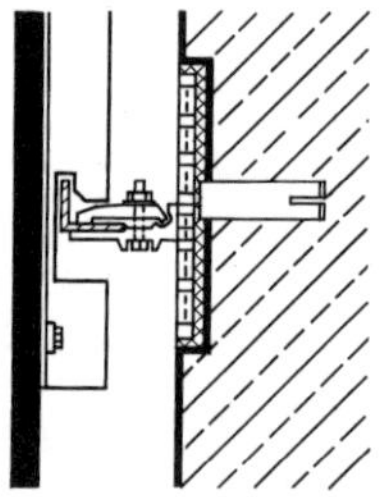

8.19c

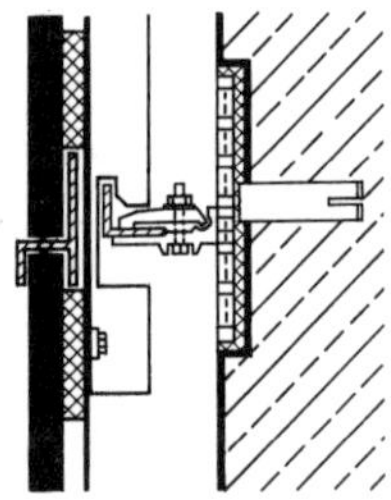

8.19d

8.19 Unterkonstruktionen für hinterlüftete Wandbekleidungen mit Faserzementtafeln
a) sichtbare Befestigung mit Holzschrauben auf Unterkonstruktion aus Holz
b) sichtbare Befestigung mit Nieten auf angedübelter Unterkonstruktion aus Leichtmetall mit Justiermöglichkeit
c) unsichtbare Befestigung mit Spezialdübeln (ETERNIT) auf der Rückseite (Mindestdicke der Tafeln 12 mm). Unterkonstruktion mit justierbarem Leichtmetall-Schienensystem
d) Verklebung mit Sika-Tack-Panel-System (ETERNIT), gem. Brandschutzvorschriften und statischem Nachweis

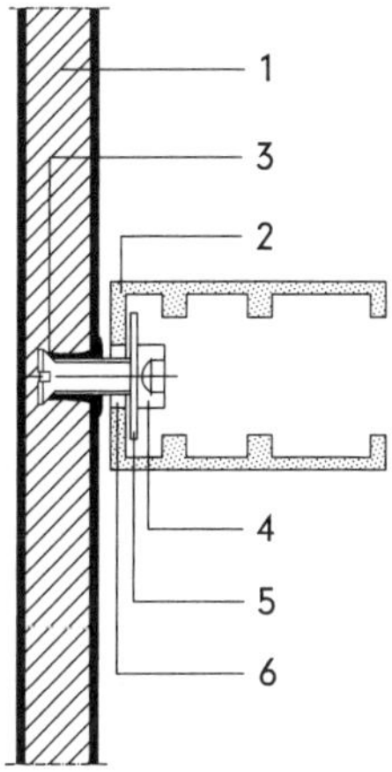

8.20
Unsichtbare Befestigung mit Hinterschnittdübel

1 Faserzementplatte 12 mm
2 Platten-Tragprofil
3 Hinterschnittdübel
4 Schraube
5 Scheibe
6 Federring

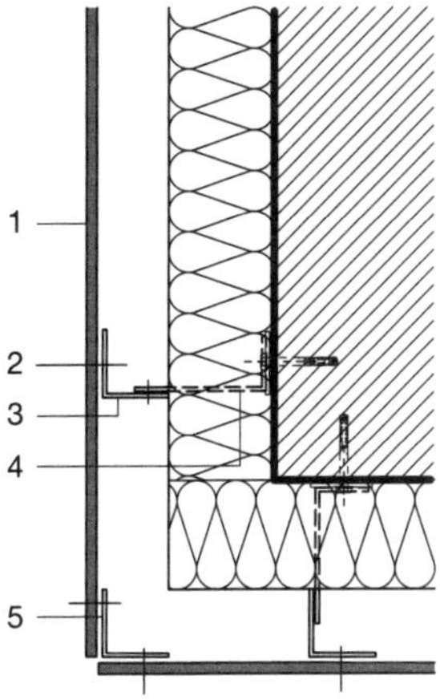

8.21
Hinterlüftete Wandbekleidung aus Faser zementplatten, Montage auf angedübelten Faserzementstreifen (Horizontalschnitt durch Gebäudeecke)

1 Faserzement-Fassadenplatte (z. B. Pelicolor)
2 Fassadenniet
3 Aluminium-Tragprofil
4 Wandhalter mit thermischer Trennung
5 Aluminium-Winkel

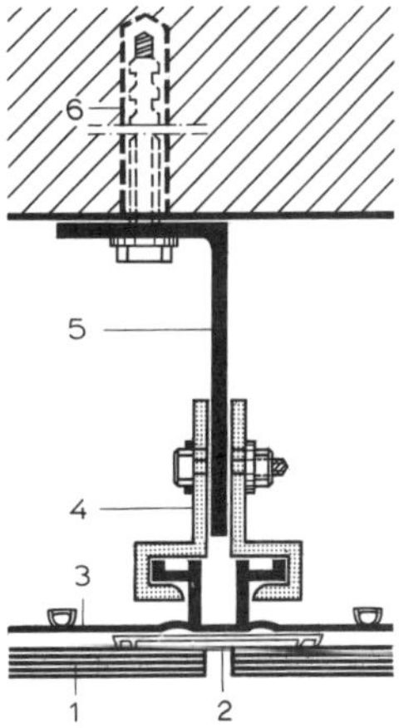

8.22
Unterkonstruktion aus Leichtmetall (System Protektor Alu 002), Horizontalschnitt

1 Faserzement-Fassadenplatten
2 Kunststoff-Stoßdichtung
3 Leichtmetall-Tragschiene
4 justierbares Halteprofil, verschraubt
5 Haltewinkel, verzinkt
6 Tragdübel

8

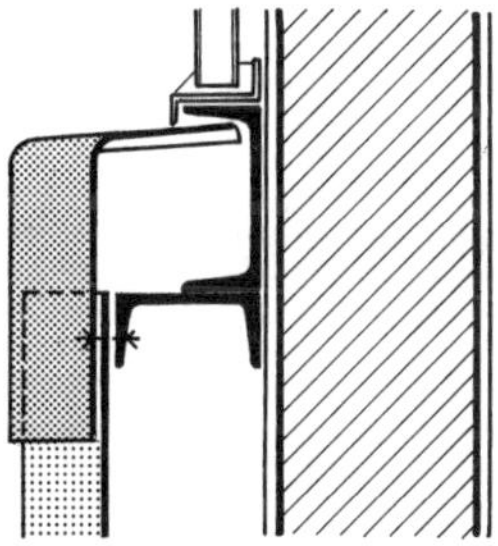

8.23a

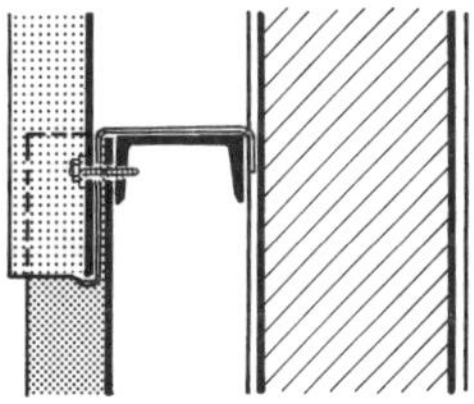

8.23b

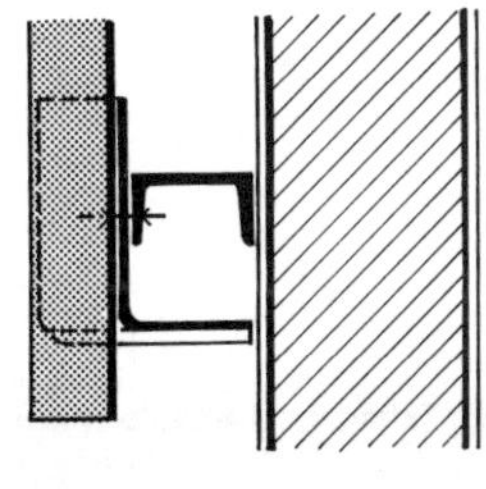

8.23c

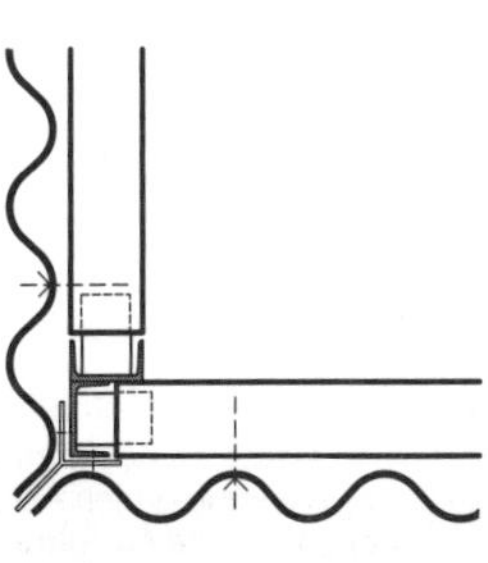

8.23d

8.23
Außenwandbekleidung mit Faserzement-Wellplatten vor ausgemauertem Stahlskelett

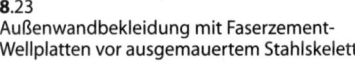

a) Brüstungsabdeckung mit Formteil
b) Element-Stoß
c) unterer Abschluss mit Formteil
d) Ecke mit Formteil (Grundriss) bei großformatigen Elementen

8.4.5 Metallbekleidungen

Bei Außenwandbekleidungen aus Metall ist zu unterscheiden zwischen Konstruktionen, die ausgeführt werden aus

- Kupfer-, Zink- oder Aluminium-Blechen, seltener auch aus Bleiblechen, die in handwerklichen Techniken auf Holzunterkonstruktionen ausgeführt werden und

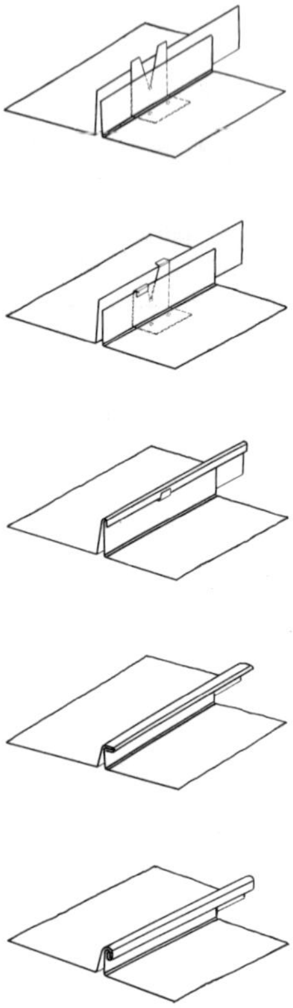

8.24 Doppelstehfalz, Herstellungsablauf bei handwerklicher Ausführung [19]

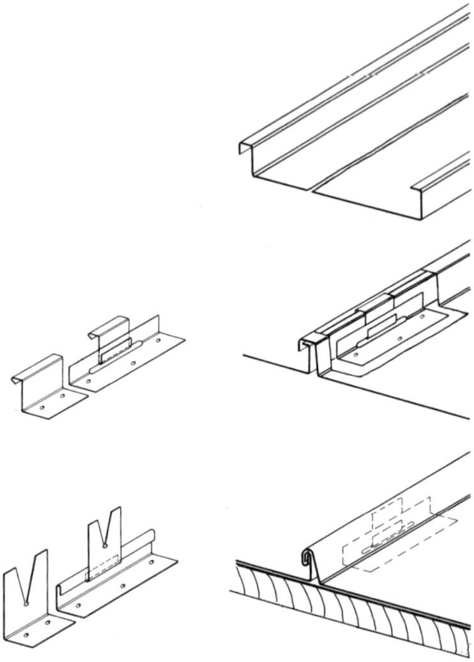

8.25 Doppelstehfalz, Herstellungsablauf bei Verlegung mit RHEINZINK-PROFIMAT-FALZOMAT [19]

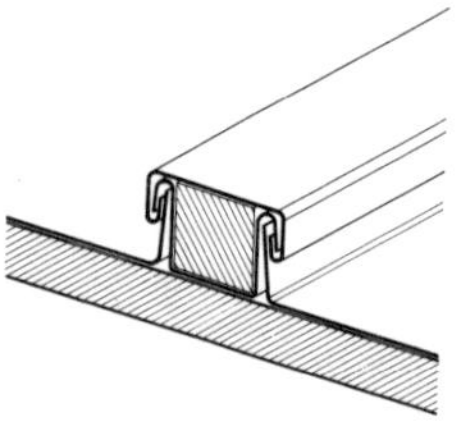

8.26a

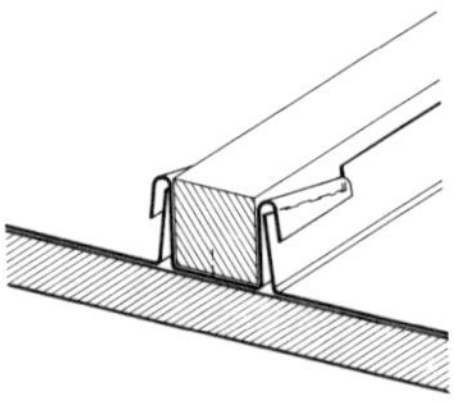

8.26b

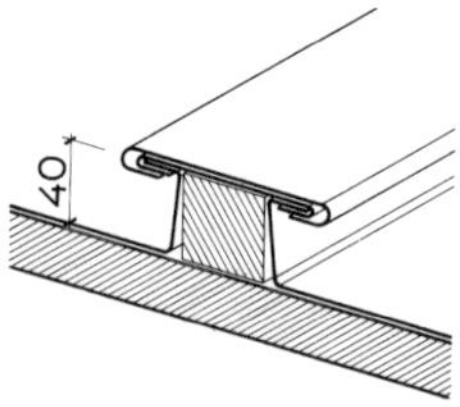

8.26c

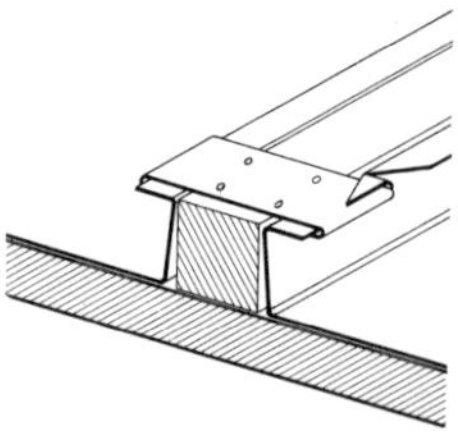

8.26d

8.26 Leistendeckungen [19]
a) „Deutsche Ausführung"
b) Fixierung gegen Abrutschen der Scharen beim Deutschen Leistensystem
c) „Belgische Ausführung"
d) Fixierung gegen Abrutschen der Scharen beim Belgischen Leistensystem

- Formteil- Außenwandbekleidungen aus Leichtmetall oder Stahl, montiert auf Metall-Unterkonstruktionen (Vorhangwände s. Abschn. 9).

Da Metall-Außenwandbekleidungen praktisch völlig dampfdicht sind, muss durch einwandfrei funktionierende Hinterlüftung jede Tauwasserbildung sowohl im Wandbereich als auch an der Unterkonstruktion vermieden werden.

Als Erfahrungsformel für den Querschnitt der Lüftungsöffnungen gilt:

- Zuluftöffnungen = 1/1000 der Wandfläche,
- Abluftöffnungen = 1/800 der Wandfläche (d. h. die Abluftöffnungen sollen etwa 20 % größer sein als die Zuluftöffnungen).

Dabei wird unbehinderter Luftwechsel vorausgesetzt. Der Luftraum darf also nicht durch die Tragkonstruktion o. Ä. eingeengt sein. Bei funktionsbedingten überdurchschnittlichen Wasserdampfbeanspruchungen sollte auf eine raumseitige Dampfsperre nicht verzichtet werden.

Für Unterkonstruktionen aus Holz müssen insbesondere die Brandschutzanforderungen bereits bei der Planung mit den Bauaufsichtsbehörden abgestimmt werden.

Außenwandbekleidungen aus Blechen in handwerklichen Ausführungstechniken werden in der Regel auf einer Unterkonstruktion mit *Rauhspund-Vollschalung* ausgeführt, seltener auf Baufurniersperrholz oder mineralisch gebunde-

8

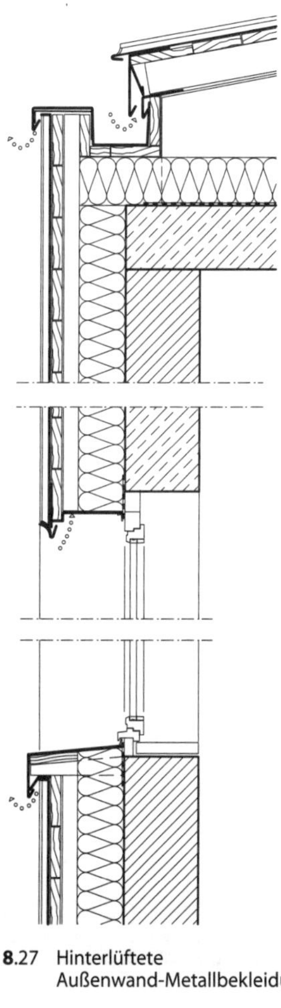

8.27 Hinterlüftete Außenwand-Metallbekleidung

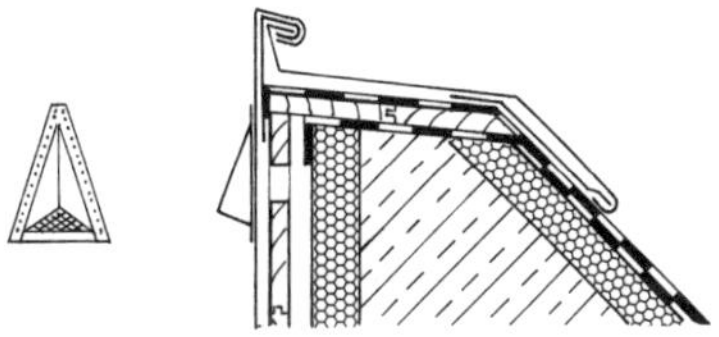

8.28 Be- und Entlüftungsgaube

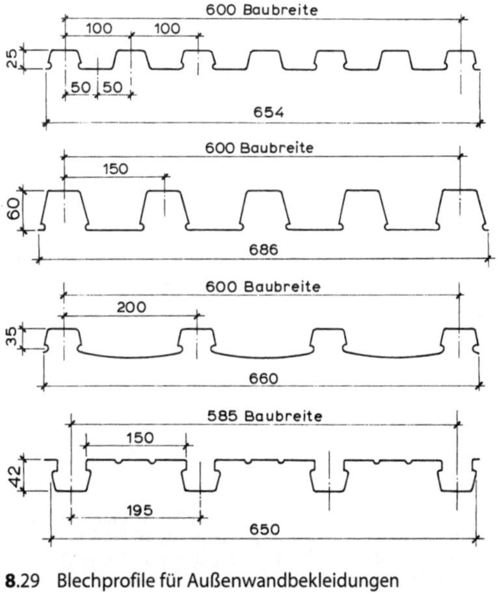

8.29 Blechprofile für Außenwandbekleidungen

nen Spanplatten (Holzspanplatten sind für Nagelungen und Schraubungen wenig geeignet). Alle Holzteile müssen vor dem Einbau mit Holzschutzmitteln nach DIN 68 800-1 vorbehandelt werden und ggf. außerdem mit schaumbildenden Brandschutzanstrichen.

Zwischen Metall und Schalung als Unterkonstruktion wird im allgemeinen eine Trennschicht – am besten aus einer Lage Glasvlies-Unterspannbahnen verlegt, die einerseits die Metallbleche gegen Einflüsse der Holzschutzmittel schützen soll, andererseits auch während der Bauzeit als vorübergehender Wetterschutz der Unterkonstruktion vorteilhaft ist. Eine direkte Berührung der Metallbahnen mit Beton, Mörtel und Steinen sowie Bitumen ist auf jeden Fall zu verhindern.[2)]

Außenwandbekleidungen aus Blechen werden ähnlich wie Dachdeckungen in den traditionellen Techniken ausgeführt. Für größere Flächen werden dabei *vorgefertigte Blechbahnen* („*Schare*") verwendet, die an Ort und Stelle maschinell verfalzt werden (s. Teil 2 dieses Werkes).

Die Arbeitsgänge bei der Ausführung einer *Doppelstehfalz-Bekleidung* sind in Bild **8**.24 gezeigt.

Bild **8**.25 zeigt den Herstellungsablauf, wenn vorgefertigte *Schare* verwendet werden, die maschinell verfalzt werden. Die Technik der *Leistendeckung* ist in Bild **8**.26 dargestellt.

Mit diesen Ausführungsarten lassen sich sehr viele Gestaltungsabsichten für Außenwandbekleidungen – auch im Zusammenhang mit entsprechenden Dacheindeckungen – für Vor- und Rücksprünge konstruktiv einwandfrei lösen. Ein Beispiel zeigt Bild **8**.27.

Können Zu- und Abluftschlitze für die Hinterlüftung nicht nach dem in Bild **8**.27 geeigneten Prinzip gelöst werden, sind kleine Entlüftungsgauben (Bild **8**.28) in die Schare einzuarbeiten bzw. aufzusetzen.

Verwendet werden für Fassadenbekleidungen außerdem Well- und Trapezbleche, die in bis zu 10 m langen, etwa 0,60 m breiten verzinkten oder kunststoffbeschichteten Stahlblechtafeln oder aus lackiertem oder kunststoffbeschichteten Aluminium hergestellt werden. Derartige Wandbekleidungen werden durch Aufklemmen auf Halteprofile mit Unterkonstruktionen montiert (Bild **8**.29).

[2)] Neuere Untersuchungen und Erfahrungen im Ausland haben ergeben, dass eine Trennlage aus den genannten Gründen nicht unbedingt erforderlich ist.
So sind z. B. in Frankreich Trennlagen seit jeher nicht üblich. Lediglich zu Schutz der Unterkonstruktion werden armierte Folien verlegt, die entsprechend dem Montagefortschritt der Metallbekleidungen wieder abgenommen werden [19].

Formteil-Außenwandbekleidungen werden mit kassettenähnlichen Elementen aus eloxiertem oder farbbeschichtetem Leichtmetall, aus emailliertem Stahlblech oder aus Edelstahl hergestellt. Sie sind in großer Vielfalt in Grundprofilen verfügbar oder werden mit den unterschiedlichsten Produktionsverfahren entsprechend den gestalterischen Absichten der Architekten individuell geformt (Bild **8**.30).

Für die vielfältigen Möglichkeiten der Herstellung von Spezialteilen für Ecken oder Bauteilanschlüsse zeigt Bild **8**.31 Beispiele.

Eine Fassade, die aus ebenflächigen Elementen in Verbindung mit der dahinter liegenden Fenster-

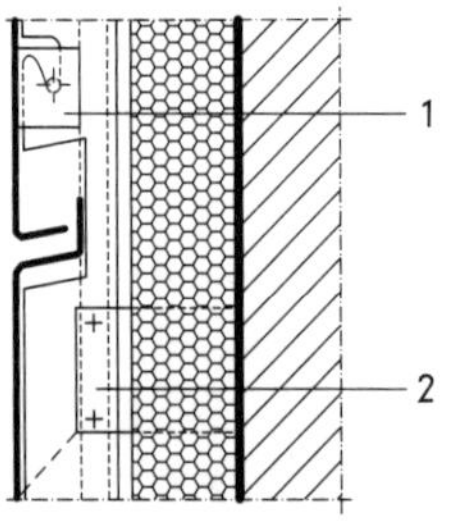

8.30a

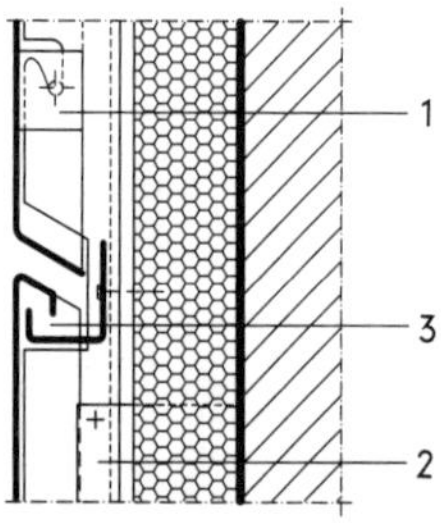

8.30b

8.30 Fassadenbekleidung aus Stahlblechprofilen
a) waagerechte offene Stoßfuge
b) waagerechte Stoßfuge mit Innenentwässerung
1 Aufhängung
2 Unterkonstruktion
3 Regenwasser-Fangrille

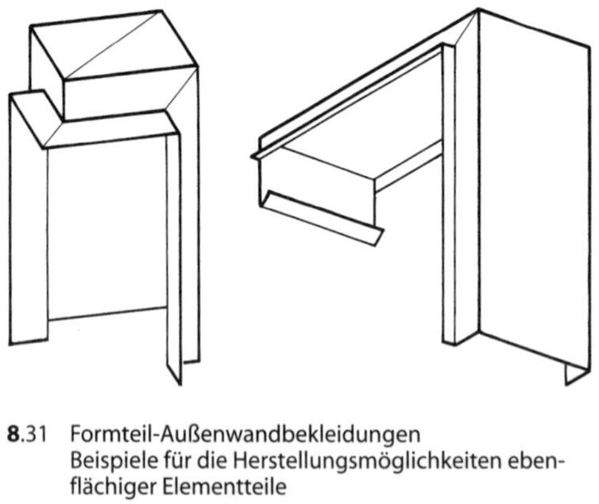

8.31 Formteil-Außenwandbekleidungen
Beispiele für die Herstellungsmöglichkeiten ebenflächiger Elementteile

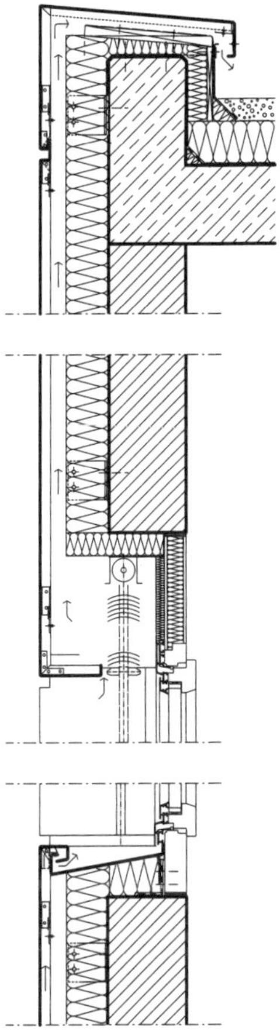

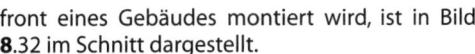

8.32 Fassadenbekleidung mit Aluminium- oder Stahl-Formteilen

front eines Gebäudes montiert wird, ist in Bild **8**.32 im Schnitt dargestellt.

Eine Fassadenbekleidung aus gepressten geschosshohen Elementen zeigt Bild **8**.33.

Die Montage an den Fassaden erfolgt auf Metall-Unterkonstruktionen, die in jeder Richtung zum Ausgleich von Rohbauungenauigkeiten justierbar sind. Die einzelnen Elemente werden in die Sprossenraster so eingehängt, dass Windbelastungen aufgenommen und temperaturbedingte Längenänderungen problemlos möglich sind. Durch kunststoffummantelte Befestigungsteile o. Ä. wird bewirkt, dass bei Bewegungen zwischen den Elementen und in der Unterkonstruktion keine Geräusche entstehen (Bild **8**.34).

Für dekorative, auch gegen mechanische Beschädigungen sehr widerstandsfähige Wandbekleidungen kommen ferner Aluminium-Gussplatten mit verschiedenartigster Oberflächengestaltung in Frage. Sie werden mit Hilfe von Konstruktionen, ähnlich wie in Bild **8**.19 b gezeigt, montiert.

Verbundbleche können in vielfachen Anwendungsformen für hinterlüftete Fassadenbekleidungen verwendet werden. Die 3 bis 6 mm dicken Verbundbleche bestehen z. B. aus einseitig einbrennlackierten oder eloxierten 0,5 mm dicken Aluminiumtafeln mit einem Kern aus Kunststoff oder mineralischem Material. Als Verbundbaustoff ist jedoch eine Trennung der Schichten zur Wiederverwendung oder getrennten Entsorgung ausgeschlossen. Die Verbundplatten werden mit größter Oberflächenplanheit

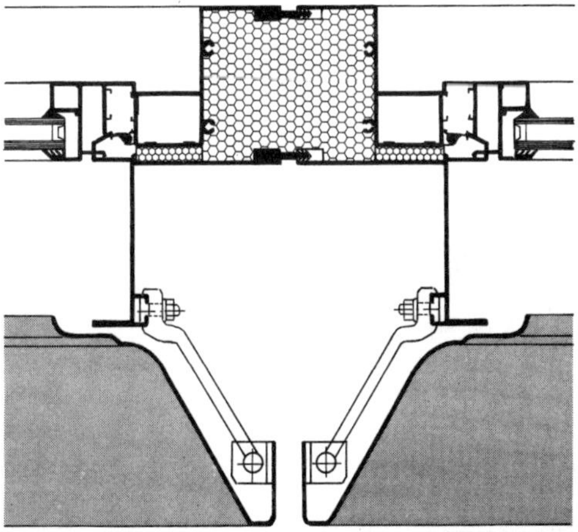

8.33a

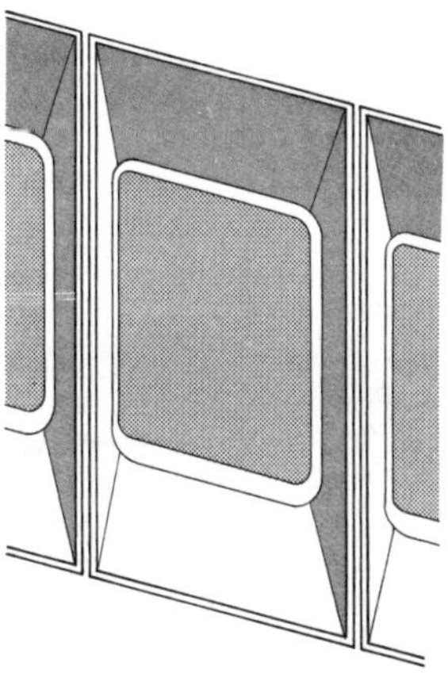

8.33b

8.33 Fensterfassaden-Element
a) Schnitt (Grundriss), b) räumliche Darstellung

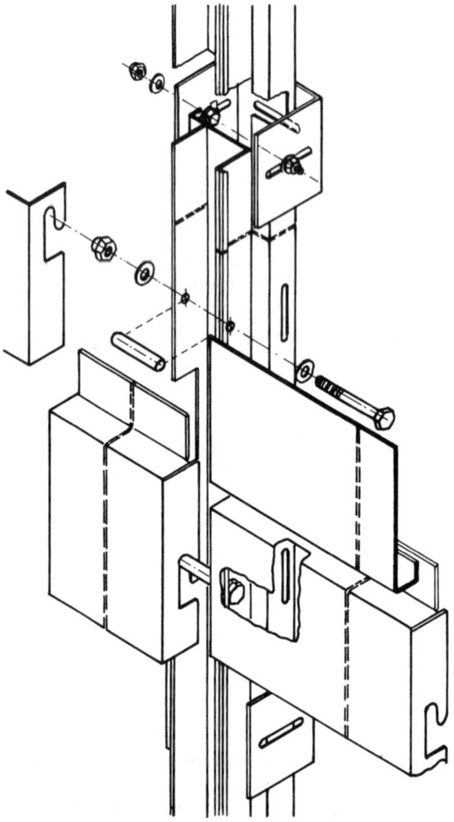

8.34 Montage von Bekleidungselementen auf Sprossenunterkonstruktion (SCHÜCO)

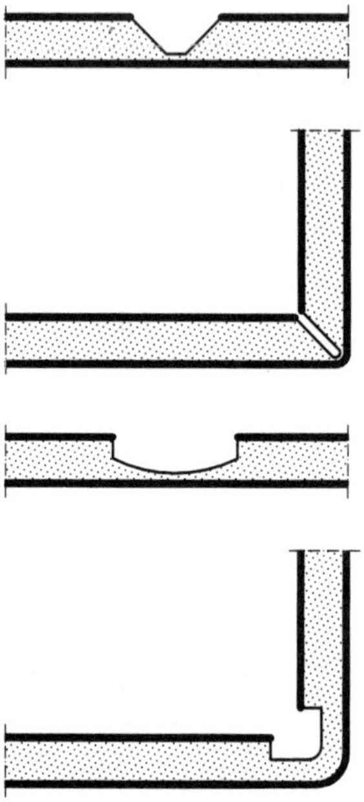

8.35a

8.35b

8.35 Aluminium-Verbundtafeln („alucobond") Fräsungen für Abkantungen

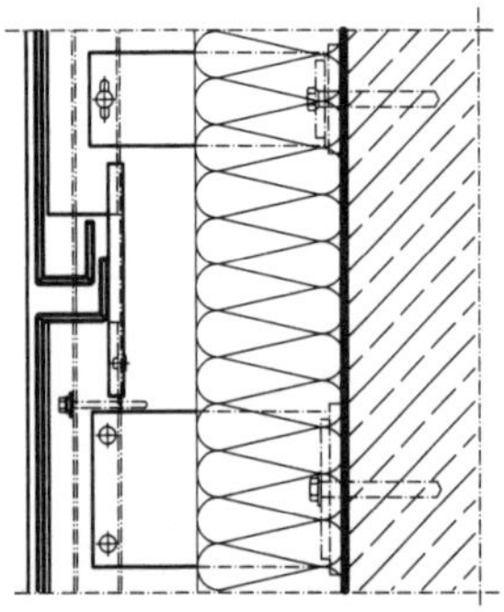

8.36a

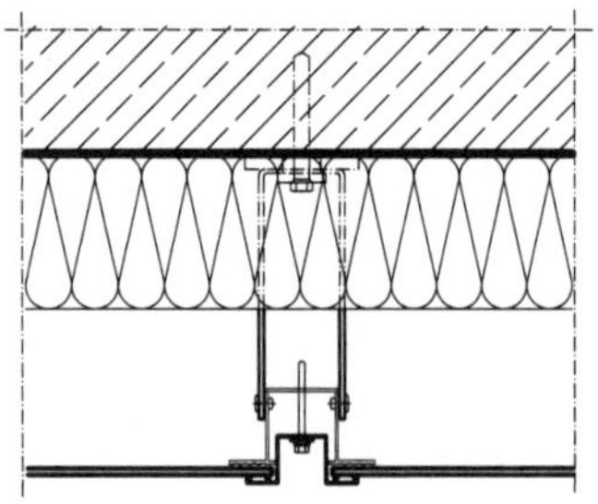

8.36b

8.36
Ebene Aluminium-Verbundtafeln, auf Unterkonstruktion genietet

a) senkrechter Schnitt
b) waagerechter Schnitt

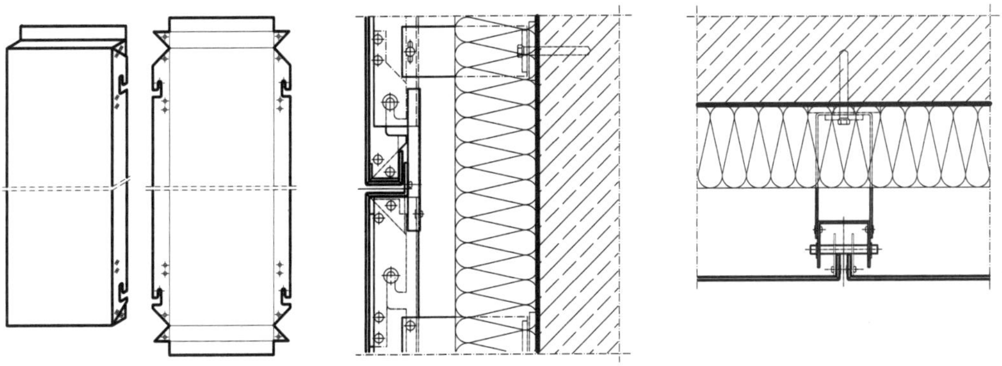

8.37a **8**.37b **8**.37c

8.37 Kassetten aus Aluminium-Verbundtafeln („alucobond")
a) Kassette und Stanzform (schematisches Beispiel)
b) Senkrechter Schnitt
c) Waagerechter Schnitt

in Breiten ab 1000 mm und in Längen bis 8000 mm geliefert („alucobond"). Je nach Ausführung ist das Material nach DIN 4102 als „normalentflammbar" (B 2) oder „nicht brennbar" (A 2) eingestuft (s. Abschn. 16.7.2). Die Platten können werkseitig gebogen werden (*r* = 10 x *d*), rund gewalzt und an Stößen durch Heißluftschweißung verbunden werden. Abkantungen sind mit Hilfe rückseitiger Fräsungen möglich (Bild **8**.35).

Ebene Verbundplatten werden in den festgelegten Zuschnittmaßen auf Unterkonstruktionen (vgl. Bild **8**.15 und **8**.34) geschraubt, genietet oder mit Klemmverbindung durch Profilleisten befestigt (Bild **8**.36).

Aus formgestanzten und abgekanteten Platten können kassettenartige Fassadenelemente in den vielfältigsten Formen hergestellt und in Sprossen-Unterkonstruktionen eingehängt werden (Bild **8**.37).

8.4.6 Holzbekleidungen

Allgemeines

Holzbekleidungen auf Außenwänden werden oft als Gestaltungsmittel oder teilweise auch im Zusammenhang mit nachträglich aufgebrachten zusätzlichen Wärmedämmungen verwendet. Die Bekleidungen und deren Unterkonstruktionen aus Holz sind als brennbare Baustoffe der Baustoffklasse B (EURO- Hauptklassen B, C, D, oder E, s. a. Abschn. 16.7) nur begrenzt als Bekleidungsmaterial an Außenwänden einsetzbar. Einschränkungen ergeben Anforderungen der LBO's (s. Abschn. 16.7) hinsichtlich der Geschosszahlen (in der Regel max. 3 Geschosse) und der erforderlichen Abstandsflächen (in der Regel min. 5 m).

Als Bekleidungsmaterialien kommen Vollholzbretter oder Schindeln und großformatige Holzwerkstoffplatten in Frage. Außenflächen mit Holzbekleidungen sollten durch Dachüberstände möglichst gegen Schlagregen geschützt sein. Für den Fall, dass auf Dachüberstände verzichtet werden soll, sind feuchtigkeitsresistente Hölzer oder Holzwerkstoffe mit hoher Witterungsbeständigkeit, wie z. B. „Garantie-Sperrhölzer" zu verwenden.

In jedem Fall muss dafür gesorgt werden, dass Niederschlagwasser gut abgeleitet wird und insbesondere von den unteren Bretträndern frei abtropft, ohne Gelegenheit zu finden, sich in Fugen hineinzuziehen. Bei horizontalen Schalungen sind Nute daher selbstverständlich stets nach unten anzuordnen, bei senkrechten Schalungen von der Wetterseite abgewendet. Gehobelte Bretter trocknen schneller ab als sägerauhe. Von senkrecht eingebauten Schalbrettern läuft Niederschlagwasser rascher ab als von waagerecht angeordneten Brettern. Es ist jedoch zu bedenken, dass bei waagerecht angeordneten Bekleidungen die zuerst schadhaften Teilflächen im Sockelbereich problemlos ausgewechselt werden können (Bild **8**.43).

Von ausschlaggebender Bedeutung für die Funktionsfähigkeit von Holz- Außenbekleidungen ist eine ausreichende *Hinterlüftung*. Die Ausführung erfolgt als hinterlüftete Fassaden nach DIN

18 516, wenngleich Holzbekleidungen in dieser Norm ausdrücklich nicht behandelt werden. Alle Holzverschalungen außen und auch innen müssen hinterlüftet werden, weil sich die Schalbretter sonst wegen der unterschiedlichen Feuchtigkeitsverhältnisse an Vorder- bzw. Rückseite verziehen.

Für eine zuverlässige Hinterlüftung soll zwischen Bekleidung und dahinter liegender Bauteilschicht ein durchgehender Hohlraum von mindestens 2 cm (bei dahinter liegender Wärmedämmung besser von mindestens 4 cm bzw. 50 cm^2/m Wandlänge) vorhanden sein. Er bleibt am unteren und oberen Rand am besten durchgehend offen und wird nur durch Lochgitter gegen das Eindringen von Insekten und Vögeln geschlossen (verbleibender Mindestquerschnitt der Öffnungen 2 ‰ der Wandfläche).

Die Rohbauaußenwände, insbesondere Außenwandkonstruktionen aus Holz, sind möglichst luftdicht auszuführen. Das Einströmen warmer, feuchter Innenraumluft in die Hohlräume (Wärmekonvektion) kann durch Kondensatbildung zu Durchfeuchtungen und damit Fäulnisschäden führen, die jedoch nichts mit Dampfdiffusionsvorgängen der gesamten Wandkonstruktion zu tun haben.

Vor der Montage sind alle Teile der Unterkonstruktion durch Tauchimprägnierung oder Anstrich mit Holzschutzmitteln gegen tierische oder pflanzliche Schädlinge zu schützen (DIN 68 800-3). Die Bekleidungsbretter werden – *vor der Montage auch von der Rückseite* – am besten mit lasierenden, pigmentierten Holzschutzanstrichen behandelt.

Unterkonstruktionen

Waagerechte Schalungen werden auf senkrechter *Traglattung* verlegt, die auf dem Untergrund aufgedübelt wird (Bild **8**.38).

Bei senkrechter Schalung ist eine *Konterlattung* nötig, bei der zunächst eine senkrechte Lattung auf dem Untergrund aufliegt und eine darüber liegende Querlattung zur Befestigung der Schalung dient (Bild **8**.38b). Werden gleichzeitig Wärmedämmungen eingebaut, wählt man die senkrechte Konterlattung entsprechend der Dicke der Wärmedämmung.

Wenn für eine derartige doppellagige Lattung nicht genügend Platz vorhanden ist, dienen waagerechte Lattenstücke als Schalungsauflager, die seitlich so gegeneinander versetzt sind, dass in jeder Höhe je m Wandbreite ≥ 25 cm^2 Lüftungsöffnungen zwischen den Lattenstücken vorhanden sind, d. h. bei 2 cm Lattendicke müssen die Auflagerlatten auf ≥ 12,5 cm Länge je Meter Wandbreite unterbrochen werden (Bild **8**.39).

Statt einer Konterlattung, die auch für das Ausgleichen von Rohbautoleranzen sehr vorteilhaft ist, können auch horizontale Unterlattungen mit Ausklinkungen zur Durchführung der Hinterlüftung verwendet werden (Bild **8**.40).

Bei der Montage der Unterkonstruktion an den Außenwandflächen sind insbesondere die Bestimmungen hinsichtlich Windlasten nach DIN 1055-4 zu beachten. Im Übrigen sind die allgemeinen Anforderungen an Unterkonstruktionen für Außenwandbekleidungen in DIN 18 516-1 zusammengefasst.

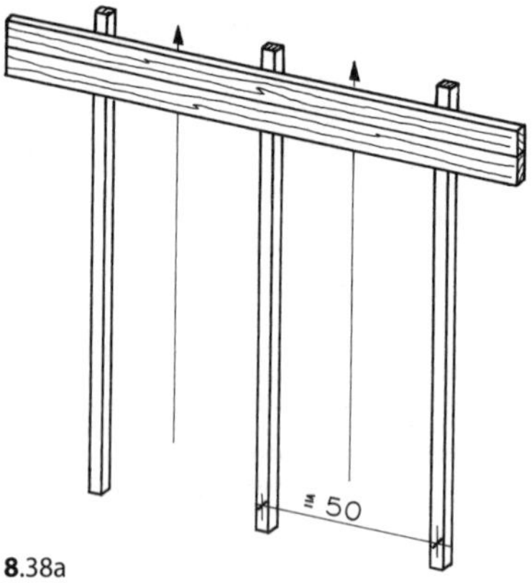

8.38a

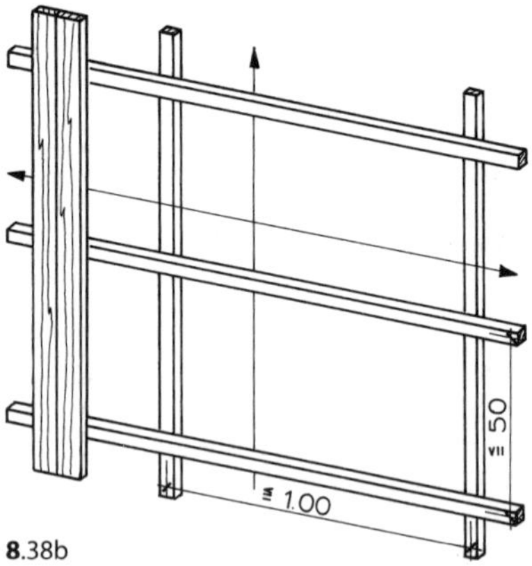

8.38b

8.38 Unterkonstruktion
a) für horizontale Brettbekleidungen
b) mit Konterlattung für vertikale Brettbekleidungen

Während die Befestigung auf den Wandflächen im Allgemeinen durch Dübelung erfolgt, sind bei Konterlattungen die Latten untereinander mit mindestens 2 korrosionsgeschützten Schrauben oder Schraubnägeln diagonal versetzt an den Kreuzungspunkten zu verbinden.

Abstandsbügel aus verzinkten Stahlblech können als Folge großer Wärmedämmschichtdicken notwendige balkenartige Konterlattungen ersetzten und auch bei der Montage das Ausrichten der Konstruktion sehr erleichtern (Bild **8**.41). Häufig werden Unebenheiten jedoch durch Hinterlegen mit Sperrholzplättchen (können herausfallen!) oder mit Keilen ausgeglichen (Bild **8**.42).

Bekleidungsflächen

Geeignet sind Schalungen, bei denen sich die Bretter mit voller Holzdicke überdecken (Bild **8**.43a und b), und Schalungen aus handelsüblichen Profilbrettern (Bild **8**.43c) sowie großformatige Tafeln aus Holzwerkstoffplatten. Häufig verwendete Nadelholzarten sind Fichte, Lärche und auch Kiefer. Unbehandelte Verbretterungen vergrauen durch die Sonneneinstrahlung unter Zersetzung des holzeigenen Lignins und verlieren an der Oberfläche ihre Festigkeit. Der Einsatz pigmentierter oder deckender, wasserlöslicher Lasuranstriche verlangsamt diesen Prozess erheblich. Eine tradierte Holzschutzfarbe ist das so

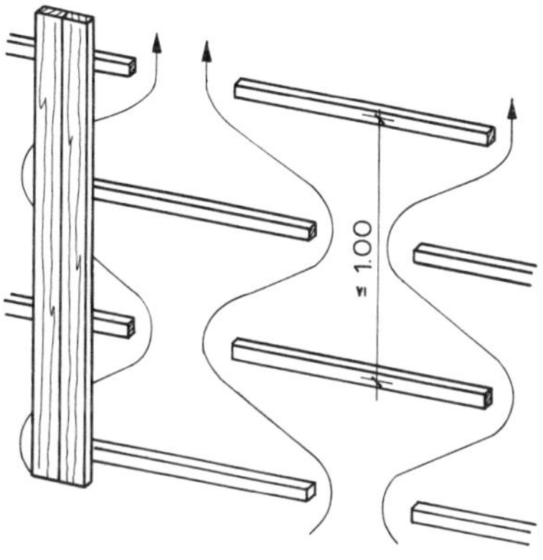

8.39 Einfache Unterkonstruktion aus versetzten Latten

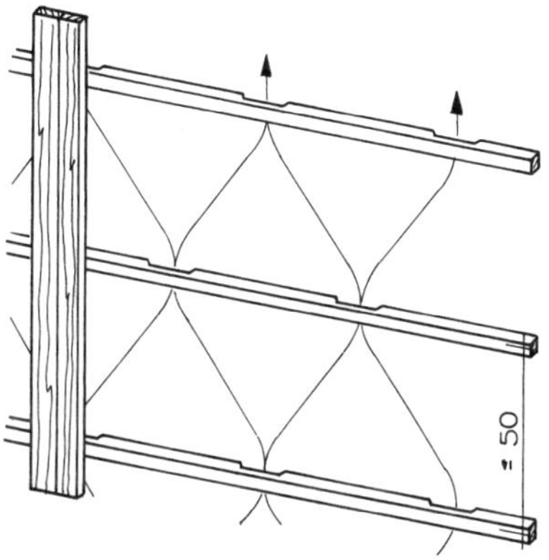

8.40 Unterkonstruktion mit ausgestemmten Lüftungsschlitzen

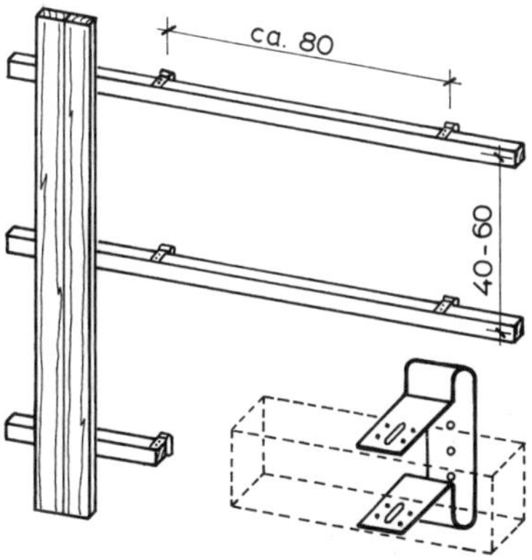

8.41 Montage von Unterkonstruktionen mit verzinkten Abstandsbügeln

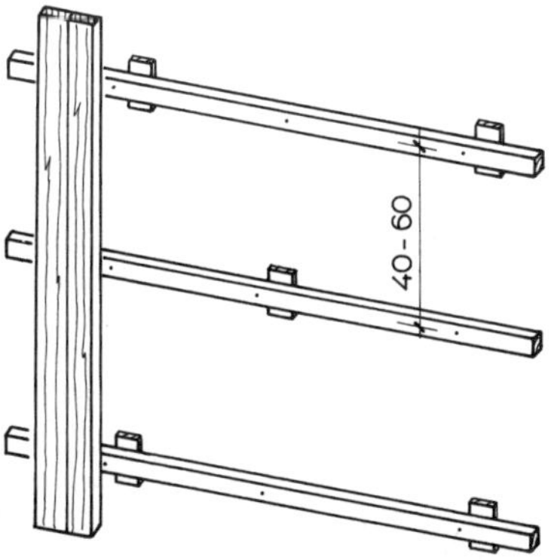

8.42 Ausrichten von Unterkonstruktionen mit Sperrholzplättchen oder Keilen (ein Annageln oder -leimen an die Lattung verhindert ein evtl. Loslösen der Plättchen oder Keile)

8

genannte „Schweden – Rot“, bestehend aus Mehl, Leinöl und Mineral- Erdstoffen mit naturroter Färbung.

Alle Anstriche müssen in Zeitabständen zwischen 8 und 15 Jahren in Abhängigkeit von der Bewitterungsintensität erneuert werden.

Holzwerkstoffe erhalten ihre Schutzwirkung durch Kunstharz- oder Zementbindemittel im Material selbst sowie UV- beständige und lichtechte Oberflächenbeschichtungen.

Bei *Leistenschalungen* werden die in ihrer Breite verschieden wählbaren Bekleidungsbretter mit Überdeckungen von 12 % der Brettbreite mit korrosionsgeschützten Schrauben oder Nägeln auf der Unterkonstruktion befestigt (Bild **8**.44a).

Offene Befestigungen mit verzinkten Nägeln oder Schrauben, aber auch mit Messingschrauben, können (besonders bei bestimmten Holzarten wie z. B. Red Cedar) zu Verfärbungen führen. In solchen Fällen müssen Edelstahlnägel oder -schrauben verwendet werden, wenn die Flächen nicht mit Farblasuren behandelt werden.

Profilbretter werden entweder in den Nuten verdeckt genagelt (Bild **8**.44b) oder besser mit Hilfe von Montageklammern befestigt (Bild **8**.44c und d). Das herkömmliche Nageln wird dabei meis-

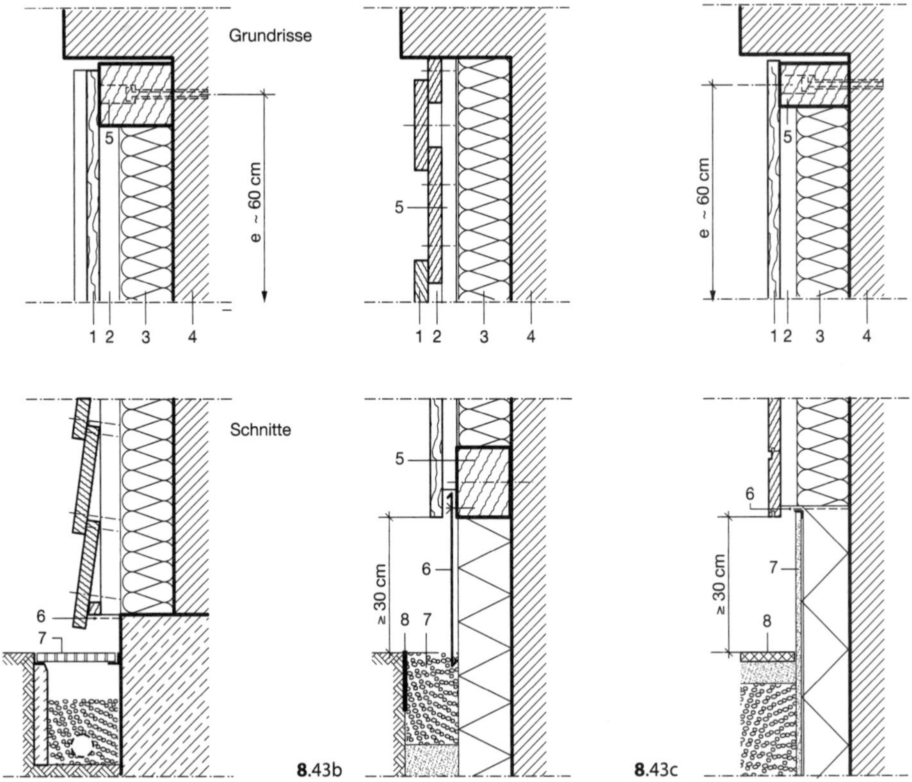

8.43a **8**.43b **8**.43c

8.43 Außenwandbekleidungen aus Holz

a) waagerechte Stülpschalung
1 Holzbekleidung
2 Hinterlüftung
3 Wärmedämmung
4 Mauerwerk
5 Unterkonstruktion: Lattung im Abstand von 60 bis 70 cm
6 Insektengitter
7 Gitterrost über Kiesstreifen

b) senkrechte Leistenschalung (auch „Boden-Deckelschalung“)
1 Holzbekleidung
2 Hinterlüftung
3 Wärmedämmung
4 Mauerwerk
5 Unterkonstruktion: Lattung im Abstand von 60 bis 70 cm
6 Blechverwahrung
7 Kiesrandstreifen
8 Flachstahlprofil als Randeinfassung

c) waagerechte Profilbretter
1 Holzbekleidung
2 Hinterlüftung
3 Wärmedämmung
4 Mauerwerk
5 Unterkonstruktion: Lattung im Abstand von 60 bis 70 cm
6 Insektengitter
7 Sockelputz als Sperrputz
8 Plattenbelag

tens durch den Einsatz von Kompressornaglern oder Tackern ersetzt.

Bei größeren Bekleidungsflächen sind *Brettstöße* unvermeidlich. Stumpfe, in der Fläche liegende Hirnholzstöße sollten – auch bei horizontalen Brettanordnungen – vermieden werden. Bewährt haben sich bewusst breit ausgebildete mit der gesamten Fassadengestaltung abgestimmte Fugen, bei denen später auch eine einwandfreie Nachbehandlung der Hirnholzflächen möglich bleibt (Bild **8**.45).

Möglichkeiten für Eckausbildungen zeigt Bild **8**.46.

Regional werden anstelle von Bretterschalungen zur Fassadengestaltung *Holzschindeln*, vorwiegend aus einheimischen oder amerikanischen Nadelhölzern, verwendet.

Lieferformen sind: Keilförmig gespalten oder gesägt, gleichmäßig dick gespalten oder gesägt oder Zierformen mit verschiedenen Abrundungen am Schindelfuß und verschiedenen Oberflächenstrukturen. Die Vorzugslängen betragen für Außenwandbekleidungen 200 bis 400 mm, die Breite ist verschieden ab etwa 70 mm.

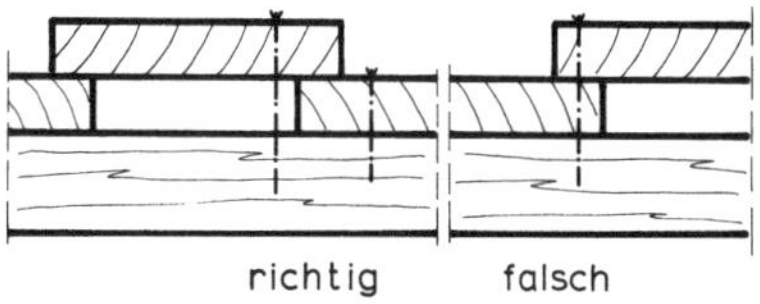

8.44a

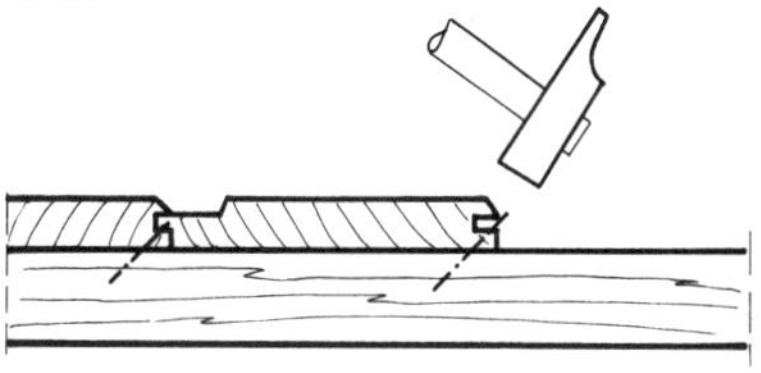

8.44b

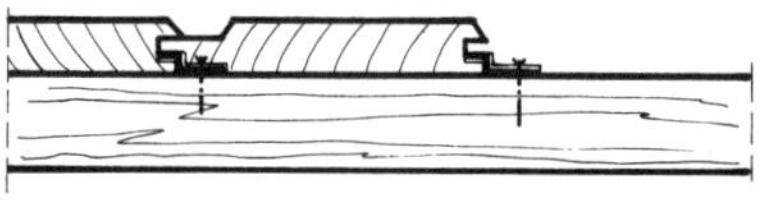

8.44c

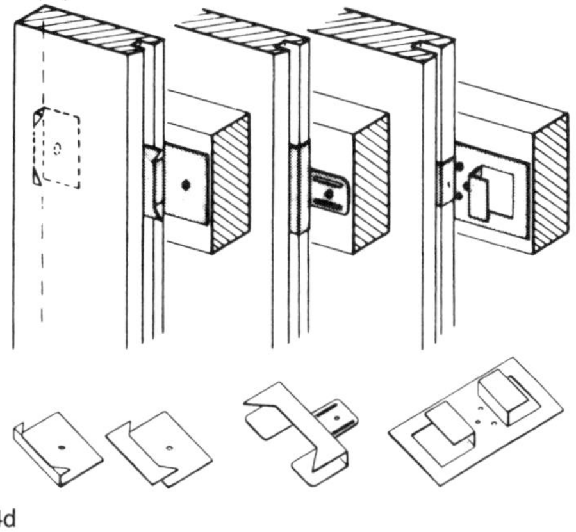

8.44d

8.44 Befestigung von Profilbrettern
a) Boden-Deckelschalung, geschraubt
b) Profilbretter, verdeckt genagelt
c) Profilbretter mit Montageklammern befestigt
d) Montageklammern

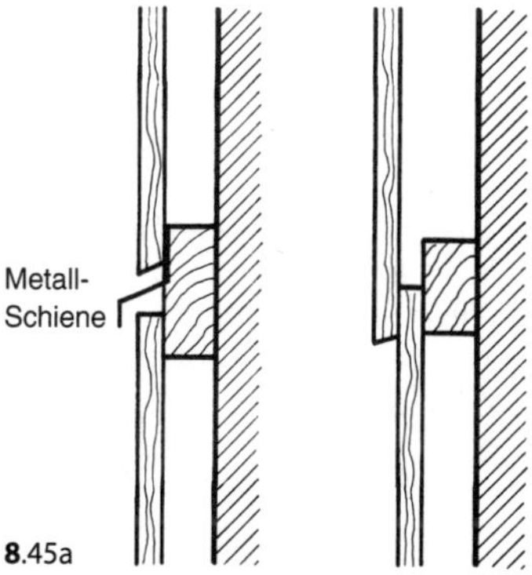

8.45a

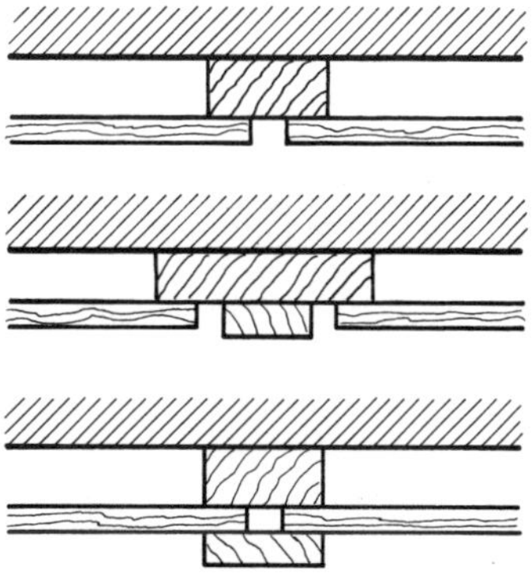

8.45b

8.45 Stoßausbildungen
a) bei vertikaler Schalung (senkrechter Schnitt)
b) bei horizontaler Schalung (waagerechter Schnitt)

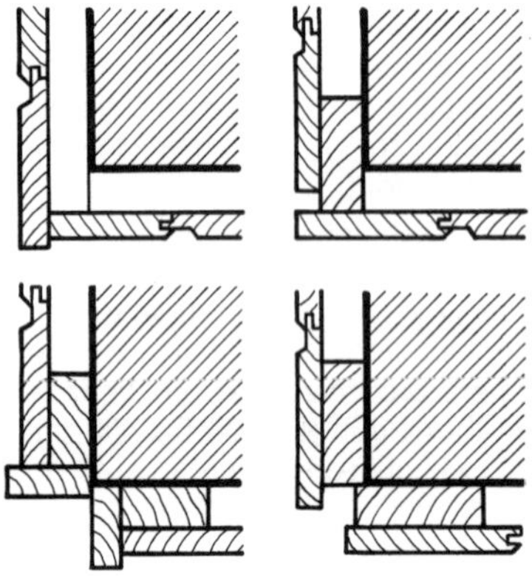

8.46a

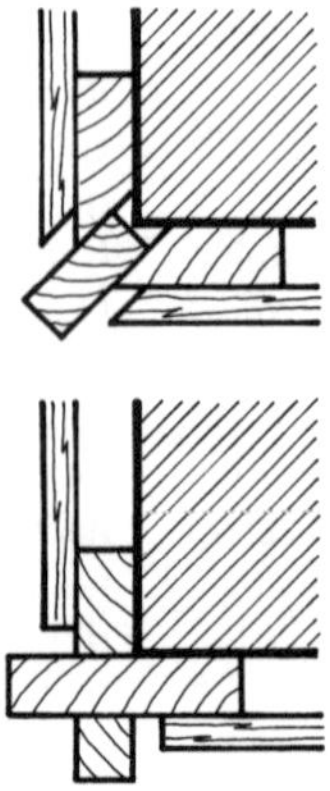

8.46b

8.46
Eckausbildungen
a) bei senkrechter Bekleidung
b) bei horizontaler Bekleidung

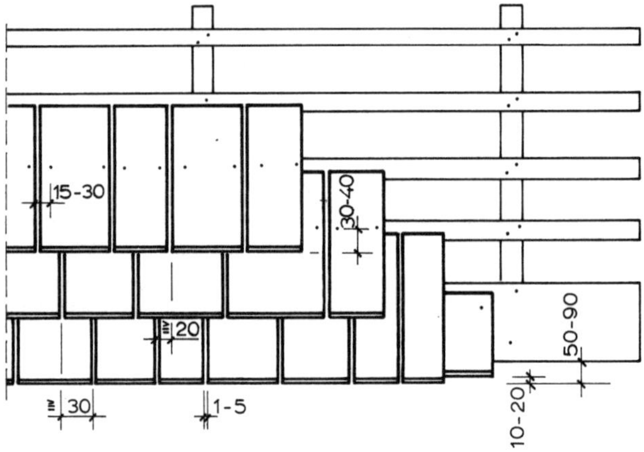

8.47
Außenwandbekleidung mit Holzschindeln (Beginn bei der Verlegung mit kürzeren Schindeln. Bei gleichlangen Schindeln ist die Anhebung der Fußkante erforderlich, z. B. durch Ersetzen eines Keilbretts.)

Die Schindeln werden in Doppeldeckung auf Latten und Unterkonstruktionen mit verzinkten Nägeln oder Edelstahlnägeln (unbedingt zu empfehlen bei Schindeln aus ausländischen Nadelhölzern und aus Eiche wegen der sonst unvermeidlichen Verfärbungen) befestigt (Bild **8**.47). Eine dreilagige Deckung ist nur bei extremen Beanspruchungen erforderlich (vgl. hierzu auch Abschn. 1.5.6 in Teil 2 dieses Werkes) [1].

Für die Unterkonstruktionen gelten die gleichen Anforderungen wie für Holzschalungen. Es wird jedoch empfohlen, den Mindestquerschnitt für die Hinterlüftun mit mindestens 150 cm^2/m Wandlänge zu wählen.

Bauwerksecken sollten bei Wandbekleidungen mit Holzschindeln in Anlehnung an die in Bild **8**.46b gezeigten Beispiele ausgeführt werden, keinesfalls aber mit Hilfe von Kunststoff- oder Metall-Eckprofilen (vgl. Bild **8**.21)

8.5 Normen

Norm	Ausgabedatum	Titel
DIN EN 826	05.1996	Wärmedämmstoffe für das Bauwesen; Bestimmung des Verhaltens bei Druckbeanspruchung
DIN EN 988	08.1996	Zink und Zinklegierungen; Anforderungen an gewalzte Flacherzeugnisse für das Bauwesen
DIN 1052-1	04.1988	Holzbauwerke; Berechnung und Ausführung
DIN 1052-2	04.1988	–; Mechanische Verbindungen
E DIN 1052	05.2000	Entwurf, Berechnung und Bemessung von Holzbauwerken; Allgemeine Bemessungsregeln und Bemessungsregeln für den Hochbau
DIN 4074-1	09.1989	Sortierung von Nadelholz nach der Tragfähigkeit; Nadelschnittholz
DIN 4108-3	07.2001	Wärmeschutz und Energie- Einsparung in Gebäuden; Klimabedingter Feuchteschutz, Anforderungen, Berechnungsverfahren und Hinweise für Planung und Ausführung
DIN EN 10 088-2	08.1995	Nicht rostende Stähle; Technische Lieferbedingungen für Blech und Band für allgemeine Verwendung
DIN EN 10 088-3	08.1995	–; Technische Lieferbedingungen für Halbzeug, Stäbe, Walzdraht und Profile für allgemeine Verwendung
DIN EN 12 004	07.2001	Mörtel und Klebstoffe für Fliesen und Platten; Definitionen und Spezifikationen
DIN EN 12 152	08.2002	Vorhangfassaden; Luftdurchlässigkeit; Leistungsanforderungen und Klassifizierung; Deutsche Fassung EN 12 152: 2002
DIN EN 12 154	06.2000	Vorhangfassaden; Schlagregendichtheit, Leistungsanforderungen und Klassifizierung
DIN EN 12 467	09.2000	Faserzement-Tafeln; Produktspezifikation und Prüfverfahren
DIN EN 12 467 Ber.1	02.2001	Berichtigungen zu DIN 12 467: 2000-09
E DIN EN 13 859-2	05.2000	Abdichtungsbahnen; Definition und Eigenschaften von Unterdeck- und Unterspannbahnen; Unterdeck- und Unterspannbahnen für Wände
DIN 17 440	03.2001	Nicht rostende Stähle; Technische Lieferbedingungen für gezogenen Draht
DIN 18 156-2	03.1978	Stoffe für keramische Bekleidungen im Dünnbettverfahren; Hydraulisch erhärtende Dünnbettmörtel
DIN 18 156-3	07.1980	Stoffe für keramische Bekleidungen im Dünnbettverfahren; Dispersionsklebstoffe
DIN 18 157-1	07.1979	Ausführung keramischer Bekleidungen im Dünnbettverfahren; Hydraulisch erhärtende Dünnbettmörtel
DIN 18 157-2	10.1982	–; Dispersionsklebstoffe
DIN 18 157-3	04.1986	–; Epoxidharzklebstoffe
DIN 18 159-1	12.1991	Schaumkunststoffe als Ortschäume im Bauwesen; Polyurethan – Ortschaum für die Wärme -und Kältedämmung; Anwendung, Eigenschaften, Ausführung, Prüfung
DIN V 18 164-1	01.2002	Schaumstoffe als Dämmstoffe für das Bauwesen; Dämmstoffe für die Wärmedämmung
DIN V 18 165-1	01.2002	Faserdämmstoffe für das Bauwesen; Dämmstoffe für die Wärmedämmung
DIN 18 174	01.1981	Schaumglas als Dämmstoff für das Bauwesen; Dämmstoffe für die Wärmedämmung
DIN 18 333	12.2000	VOB Verdingungsordnung für Bauleistungen, Teil C: Allgemeine Technische Vertragsbedingungen für Bauleistungen (ATV), Betonwerksteinarbeiten
DIN 18 334	12.2000	–; Zimmer- und Holzbauarbeiten
DIN 18 351	12.2000	–; Fassadenarbeiten
DIN 18 352	12.2000	–; Fliesen- und Plattenarbeiten
DIN 18 360	12.2000	–; Metallbauarbeiten
DIN 18 500	04.1991	Betonwerstein; Begriffe, Anforderungen, Prüfung, Überwachung
DIN 18 515-1	08.1998	Außenwandbekleidungen; Angemörtelte Fliesen oder Platten; Grundsätze für Planung und Ausführung
DIN 18 515-2	04.1993	–; Anmauerung auf Aufstandsflächen; Grundsätze für Planung und Ausführung
DIN 18 516-1	12.1999	Außenwandbekleidungen, hinterlüftet; Anforderungen, Prüfgrundsätze
DIN 18 516-3	12.1999	Außenwandbekleidungen, hinterlüftet; Naturwerkstein; Anforderungen, Bemessung

Fortsetzung s. nächste Seite

Norm	Ausgabedatum	Titel
DIN 18 516-4	02.1990	Außenwandbekleidungen, hinterlüftet; Einscheiben-Sicherheitsglas; Anforderungen, Bemessung, Prüfung
DIN 18 516-5	12.1999	Außenwandbekleidungen, hinterlüftet; Betonwerkstein; Anforderungen, Bemessung
DIN 18 540	02.1995	Abdichten von Außenwandfugen im Hochbau mit Fugendichtstoffen
DIN 68 365	11.1957	Bauholz für Zimmerarbeiten; Gütebedingungen
DIN 68 800-1	05.1974	Holzschutz im Hochbau - Allgemeines
DIN 68 800-2	05.1996	Holzschutz; Vorbeugende bauliche Maßnahmen im Hochbau
DIN 68 800-3	04.1990	–; Vorbeugender chemischer Holzschutz (teilweise ersetzt durch DIN EN 335-1 und -2, DIN EN 350-1 und -2, DIN EN 460)
DIN 68 800-4	11.1992	–; Bekämpfungsmaßnahmen gegen holzzerstörenden Pilz- und Insekten
DIN 68 800-5	05.1978	Holzschutz im Hochbau; Vorbeugender chemischer Schutz von Holzwerkstoffen
E DIN 68 800-5	01.1990	Holzschutz; Vorbeugender chemischer Schutz von Holzwerkstoffen
DIN EN ISO 6946	11.1996	Bauteile; Wärmedurchlasswiderstand und Wärmedurchgangskoeffizient; Berechnungsverfahren; Deutsche Fassung EN ISO 6946: 1996

8.6 Literatur

8

[1] Arbeitsgemeinschaft Holz e.V.: Informationsdienst Holz. Holzbau Handbuch, Reihe 1, Teil 10, Folge 1. Düsseldorf 1998; www.argeholz.de

[2] *Baus, U., Siegele, K.*: Holzfassaden. Stuttgart/München 2000

[3] Bundesverband Porenbeton: Bericht 16, Bewehrte Wandplatten – hinterlüftete Außenwandbekleidungen. Wiesbaden 1999; www.porenbeton.de

[4] *Cerliani, C., Baggenstos, T.*: Holzplattenbau. Dietikon Schweiz 2000

[5] *Christensen, S., Behning, F.*: Fassaden mit Titanzink. In: DBZ 8/89

[6] Das Dachdeckerhandwerk: Anwendungstechnik für vorgehängte hinterlüftete Fassaden. Industrieverband Hartschaum, Styropor-Dämmpraxis: Hinterlüftete Außenwandbekleidungen 1985

[7] Deutscher Naturwerksteinverband (DNV): Naturstein, Bautechnische Informationen; www.dnv.naturstein-netz.de

[8] Entwicklungsgemeinschaft Holzbau: Regeln für die Verwendung von Holzschindeln für Außenwandbekleidungen. In: Bauten mit Holz 6/86; www.dgfh.de

[9] Fachverband Baustoffe und Bauteile für vorgehängte Fassaden e.V. Berlin; www.fvhf.de

[10] *Gehardy, L., Royar, J.*: Wärmedämmung der hinterlüfteten, vorgehängten Fassade. In: DBZ 8/96

[11] *Grimm, F., Richarz, C.*: Hinterlüftete Fassaden. Stuttgart und Zürich 1994

[12] Halfen Natursteinanker. Wiernsheim 2000; www.halfen.de

[13] *Hullmann, H.*: Stahl in anspruchsvollen Fassadensystemen. In :DBZ 11/93

[14] Industrieverband Hartschaum: Hinterlüftete Außenwandbekleidungen. Heidelberg 1995

[15] Keramische Fassadenbekleidungen nach DIN 18 515. In: db „deutsche Bauzeitung" 2/89

[16] *Langkau, H.-J.*: Keramikplatten als großformatige Fassadenbekleidungen. In: Der Architekt 4/86

[17] *Lubinski, F.*: Bauschädensammlung, Schäden an Metallfassaden- und Dachdeckungen. Stuttgart 1997–2001

[18] *Nowakowski, M.*: Vorgehängte Fassaden aus Faserzement. In: DBZ 2/93

[19] Rheinzink GmbH: Rheinzink®, Anwendung in der Architektur. Datteln 2001; www.rheinzink.de

[20] Zentralverband des Deutschen Dachdeckerhandwerks (ZDD); Richtlinien für die Ausführung von Außenwandbekleidungen mit kleinformatigen Platten aus Schiefer und Faserzement; www.dachdecker.de

[21] Zentralverband des deutschen Dachdeckerhandwerks (ZDD); Fachregeln Außenwandbekleidung; Regeln für Außenwandbekleidungen mit Holzschindeln. 1987; www.die-dachdecker.de

9 Fassaden aus Glas

9.1 Allgemeines

Zunehmende Bedeutung erhalten in den letzten 10 bis 15 Jahren Fassaden aus Glas insbesondere für Bauaufgaben mit repräsentativem Anspruch. Die Verwendung zeitgemäßer Baustoffe im Zusammenhang mit leichten und transparenten, technisch geprägten Konstruktionen führen zu einer Erweiterung der Gestaltungsmöglichkeiten der Gebäudehülle. Energieoptimierte, ganzheitliche Gebäudekonzepte unter Einbeziehung klimatischer Bedingungen und Wechselwirkungen werden mit einer Ästhetik verbunden, die diese Konzepte sichtbar macht.

Glasfassaden schaffen neue Möglichkeiten der Transparenz, erweitern die natürliche Belichtung bis in größere Gebäudetiefen und die Sichtkontaktflächen nach außen. Die Nutzung natürlichen Tageslichtes (Lichtqualität, Beleuchtungsstärke und Helligkeitsverteilung, Farbechtheit) durch Vergrößerung des Tageslichteintrages wird durch hohe Verglasungsanteile verbessert. Die Verwendung besonders lichtdurchlässiger Gläser gewinnt hinsichtlich des Energieverbrauches bei der Gebäudenutzung und der visuellen Behaglichkeit (Reduktion des Kunstlichtbedarfes) insbesondere an Büroarbeitsplätzen zunehmend an Bedeutung.

Massive Außenwände mit guten Schallschutz- und Wärmespeicherfähigkeiten verfügen, – verbunden mit durch Einzelfenster eingeschränkten Belichtungsmöglichkeiten –, nur über eine relative Anpassungsfähigkeit an die unterschiedlichen Beanspruchungen im Sommer, Winter, bei Tag und Nacht. Weitgehend verglaste Außenwandflächen erfüllen vergleichbare Eigenschaften durch zusätzliche konstruktive Maßnahmen, eine Differenzierung der Bauteilschichten und/oder haustechnische Anlagen zur Klimakonditionierung.

Die Ansprüche an transparente, leichte Fassaden widersprechen sich vielfach:

- der im Winter gewünschte Wärmeenergiegewinn durch Sonneneinstrahlung muss im Sommer durch Schutzmaßnahmen gegen direkte Einstrahlung oder durch sehr energieaufwendige Kühllasten verhindert werden,
- durch sommerliche Einstrahlung – häufig verbunden mit der Abwärme technischer Anlagen – tagsüber aufgeheizte Räume sollen nachts auskühlen, – im Winter dagegen sind Wärmeverluste nicht erwünscht,
- die Anforderungen an den Schallschutz der Fassade nach außen aber auch innerhalb der Gebäude stehen im Widerspruch zu der funktional und ästhetisch gewünschten Filigranität und Transparenz,
- die Berücksichtigung der Himmelsrichtungen mit ihren unterschiedlichen klimatischen Einwirkungen lässt sich nur mit konstruktiv und optisch unterschiedlichen Fassadenarten optimieren.

Die Anforderungen an Fassaden aus Glas stellen komplexe Zusammenhänge aus Nutzerverhalten, Klimaverhältnissen (z. B. Himmelsrichtungsdisposition, Schwankungsintervallen), Energieeintrag, Energieverlusten, Belichtung (Tageslichtschwankungen) und Belüftung (mechanisch oder natürlich), Schallschutz, Behaglichkeitsempfinden sowie wirtschaftlichen Aspekten dar. Planungskonzepte für Glasfassaden erfordern integrierte Lösungen hinsichtlich der bauphysikalischen Funktionszusammenhänge, der Wirkungsweisen im Zusammenhang mit den Innenbauteilen (Speichervermögen, Kühldecken) und der Technischen Gebäudeausrüstung.

Voraussetzung für einen zunehmenden Glasflächenanteil an der Gebäudehülle bei gleichzeitig verstärkten Forderungen nach sparsamerem Energieverbrauch sind innovative, glastechnische Neuentwicklungen und Konstruktionstechniken mit verbesserten Wärme- und Sonnenschutzeigenschaften (hochwärmedämmende Gläser, Aerogelverglasungen). *Wärme-, licht- und schallregulierende Gläser* erweiterten zunehmend die Möglichkeiten für Fassadenkonzepte aus Glas. Verbunden hiermit sind neue Begriffe wie „intelligente oder aktive Fassade", „Klimafassade", „Medienfassade" usw. entstanden. Einfluss haben auch neue Materialentwicklungen wie *transparente Wärmedämmstoffe* oder Kollektor- und Photovoltaikanlagen zur direkten Energiegewinnung an Außenwandflächen. Neuere Entwicklungen experimentieren darüberhinaus mit „polyvalenten", aktiv auf sich verändernde Umgebungsbedingungen reagierenden Eigenschaften von Glas und werden die Möglichkeiten für anpassungs-

9

fähige Fassadenkonstruktionen ergänzen. Ziel vielfältiger Ansätze sind hierbei flexibel reagierende, aktiv und passiv steuerbare, membranartige Hüllen zwischen Innen- und Außenklima im Gegensatz zu herkömmlichen statisch konzipierten Trennschichten von innen nach außen.

Neueste Entwicklungen mit *nano-beschichteten Gläsern* mit Schmutz abweisender und selbstreinigender Wirkung können wesentlich zu einer Verringerung des regelmäßig wiederkehrenden Reinigungsaufwandes beitragen.[1)]

Lüftungsanlagen zur künstlichen Gebäudeklimatisierung und Kühlung (Frischluftzufuhr, Feuchteausgleich, Schadstoffaustrag Geruchsbelästigung, Wärmelastenabtrag, interne Zugerscheinungen), insbesondere verbunden mit nicht öffenbaren Fenstern stoßen aus psychologischen und wirtschaftlichen Gründen zunehmend auf Ablehnung. Hochtechnisierte, vom Nutzer je nach thermischem Behaglichkeitsempfinden individuell nicht regelbare zentrale Anlagen zur Vollklimatisierung sind vielfach nicht gewünscht, da auch gesundheitliche Schäden als Folge vorkonditionierter Luft nicht auszuschließen sind.

Unterschieden werden können Konstruktionen, die durch technische Anlagen zur Steuerung, Belüftung und Bewegung von Fassadenteilen geprägt sind und einfache, die natürlichen Klimabedingungen nutzende, ganzheitlich entwickelte Konzepte.

Glasflächen erfordern Vorrichtungen für allseitige, gefahrenfreie Reinigungsmöglichkeiten durch Stege vor den Fassaden oder im Fassadenzwischenraum bei Doppelfassaden oder *Befahranlagen*, die an der vertikalen Verglasungsfläche oder von der Dachfläche herabhängend angeordnet werden können.

In Abgrenzung zu Kapitel 5 (Fenster) in Teil 2 dieses Werkes werden hier integrierte, geschoss- bzw. gebäudehohe Fassadensysteme besprochen, die sich durch ihren hohen Glasflächenanteil und die Einbauart von einem Einzelfenster innerhalb ansonsten geschlossener Wandflächen unterscheiden.

[1)] Durch Aufbringen von mikroskopisch dünnen, transparenten Beschichtungen aus mehreren chemischen Schichten (Schichtdicke ≤ 50 Nanometer = 50-millionstel Meter) können *hydrophile* (zur gleichmäßigen, filmartigen Verteilung von Regen und Feuchtigkeit, keine Perlenbildung) und *photokatalytische* (zur chemischen Reaktion (Oxydation) von UV-Strahlung mit Schmutzpartikeln und Ablagerungen) Merkmale erzeugt werden. Beide Eigenschaften zusammengenommen unterbinden die Haftung von anorganischen und organischen Ablagerungen an der Oberfläche und unterstützen das Abwaschen des Schmutzes beim „Herunterlaufen" von der Glasfläche (Selbstreinigungseffekt).

9.2 Unterscheidungskriterien für Glasfassaden

Fassaden aus Glas lassen sich nach unterschiedlichen Anforderungen und Merkmalen betrachten. Hierbei können z. B. bauphysikalische (z. B. Klima- und Lüftungskonzept), konstruktive (Ein- oder Mehrschaligkeit, Verglasungsart), statische, befestigungstechnische oder auch materialspezifische (Glasarten) Kriterien maßgeblich sein. Zunehmend wird nach dem in Verbindung mit dem Fassadentyp stehenden Klima- und Lüftungskonzept des gesamten Gebäudes, der Bauteilschichtung der Fassade oder der Reaktionsfähigkeit des Glases auf Licht- und Klimaschwankungen unterschieden.

Neben den nach Herstellungsverfahren oder nach Wärme,- Schall,- und Brandschutz- sowie Sicherheitsfunktionen unterscheidbaren Funktionsgläsern wie z. B. Wärmeschutz-, Schallschutz-, Sonnenschutzgläsern (s. a. Abschn. 5.4 in Teil 2 dieses Werkes) sind für Glasfassaden weitere Eigenschaften entscheidend:

Transparenzgrad des Glases. Gläser können unterschiedliche Eigenschaften hinsichtlich der optischen Durchsichtigkeit von innen nach außen und umgekehrt annehmen. Durch Einfärbung oder Eintrübung des Materials, Farbbeschichtung durch Bedampfung, Bedruckung oder Kunststofffolien auf der Oberfläche lassen sich verschiedene Grade der Durchsichtigkeit und des Blend- und Sonnenschutzes erzielen. Es werden folgende Eigenschaften unterschieden:

- Transparentes Glas, (die Durchsicht nicht oder nur geringfügig einschränkendes Glas),
- Transluzentes Sichtschutzglas, (die Durchsicht verhinderndes, bedingt lichtdurchlässiges, teilweise bedrucktes, beschichtetes, eingefärbtes oder gesandstrahltes Glas),
- Opakes Glas (undurchsichtiges, lichtundurchlässiges Glas, vorwiegend zur Abdeckung von dahinter liegenden Bauteilen).

Gläser zur direkten thermischen (Luft- oder Wasserkollektoren) oder elektrischen Energiegewinnung (Beschichtungen aus Silizium oder mit Photozellen) führen zu in die Fassadenkonstruktion integrierbaren opaken Teilflächen.

Steuerungsmöglichkeiten der Glasbeschichtungen. Neben Entwicklungen zur Optimierung der *permanenten Glaseigenschaften* (z. B.: hochwärmedämmende Isoliergläser durch Vakuumbildung oder Gelfüllungen im Luftzwischenraum (LZR)) gibt es Entwicklungen zu *reversibelen Glasarten*. Mit ihnen können die Licht- und Wärmestrahlungstransmissionen variabel aktiv oder passiv gesteuert werden. Ziel ist die Anpassung der solaren Wärmegewinne an das Strahlungsangebot und die Regulierung des direkten und diffusen Tageslichteintrages an die Arbeitsplatzerfordernisse der Nutzer. Hierbei werden langfristig wirtschaftlich Vorteile gegenüber wartungsintensiven Steuerungssystemen und mechanischen Sonnen- und Blendschutzanlagen gesehen.

Es werden folgende Steuerungsarten der Glaseigenschaften unterschieden:

- Witterungsabhängige, schaltende Steuerung über Temperatur (thermotrope-) oder Strahlung (phototrope Verglasungen), nicht farbig, rein streuend,
- Nutzerabhängige, schaltbare Steuerung über Spannung (elektrochrome-) oder Gaseinleitung (gasochrome Verglasungen), farbig, nicht streuend.

Thermotrope Beschichtungen bestehen aus einer Kunststoffmischung, die bei niedrigen Temperaturen homogen und transparent ist und sich bei höheren Temperaturen (Wärmeeinwirkung der Außentemperaturen oder Sonneneinstrahlung) entmischt (Trennung der Polymere in submikroskopischer Größe). Das Licht wird hierdurch stark gestreut und die Scheibe erscheint milchig weiß.

Elektrochrome Beschichtungen können bei freier Durchsicht verschiedene Grade der Wärme- und Lichtdurchlässigkeit (Transmissionsgrad) durch automatisch gesteuerte Spannungswechsel einnehmen. Die Scheiben sind mit einer leitfähigen Polymerfolie beschichtet, die durch das Anlegen einer Spannung (max. 5 Volt) ihre optischen Eigenschaften verändern kann. Jede Scheibe ist mit einer elektrischen Zuleitung versehen und kann einzeln oder gruppenweise zentral gesteuert werden.

Gasochrome Beschichtungen lassen sich durch Wechsel der Gasfüllung im Scheibenzwischenraum manuell einfärben (blau) und wieder entfärben.

Darüber hinaus können durch Prismengläser, Mikroprismenraster (Streuung des Tageslichteintrages) oder holographisch-optische Beschichtungen die Reaktionsfähigkeiten der Gläser auf Tageslichtschwankungen und eine Einflussnahme auf die Lichtreflexion und Lichtlenkung erreicht werden.

Unterscheidung nach Glashalterung. Es werden drei Prinzipien zur Befestigung von Glasscheiben unterschieden.

- *Lineare Lagerung* als zwei- oder vierseitig am Rand auf Unterkonstruktionen aus Holz- oder Metallprofilen mit Halte- (Klemm- oder Press-) profilen gehaltene Scheibe vergleichbar der Einbauart in umlaufenden Fensterrahmenprofilen,
- *Punktuelle Lagerung* von überwiegend rahmenlosen Scheiben mit an den Ecken eingeklemmten oder durchbohrten Halterungen an einer Tragkonstruktion.
- *Lineare Lagerung und Befestigung durch Verklebung* an einer Tragkonstruktion (structural glazing).

Die vertikale und horizontale Lastabtragung der Glasscheiben erfolgt dabei linear durch Halteprofile oder Halteleisten, oder punktuell durch Verschraubungen oder Klemmelemente an den Ecken (Bild **9**.1). Innerhalb oder außerhalb des Scheibenquerschnittes angeordnete gelenkige Punkthalterungen der Gläser ermöglichen spannungsfreie, hängende Befestigungsmöglichkeiten.

Horizontale Windlasten werden hierbei häufig über feingliedrige, horizontal oder vertikal gespannte Seilträgersysteme als Hinterspannungen (Bild **9**.2) oder über Glasschwerter in angrenzende tragende Bauteile weitergeleitet.

Die vertikale Lastabtragung bei geklebten Befestigungen kann ausschließlich über die Verklebung an Tragprofilen selbst oder über Profilkanten oder Konsolen erfolgen. Die horizontalen Lasten aus Windsog werden in beiden Fällen durch die Verklebung aufgenommen. Neuere Entwicklungen kombinieren Verklebungsflächen mit Teilbohrungen bis in die Mitte des Glasquerschnittes zur Übernahme der Vertikallasten (Bild **9**.3).

Im Ausland werden seit vielen Jahren Glasfassaden und Fassadenverkleidungen aus Glas gebaut, bei denen Einfachscheiben und auch Isolierglasscheiben ohne zusätzliche mechanische Sicherung unmittelbar auf Unterkonstruktionen aufgeklebt werden. Nachdem entsprechende bauaufsichtliche Zulassungen vorliegen, können derartige Verglasungen auch in Deutschland

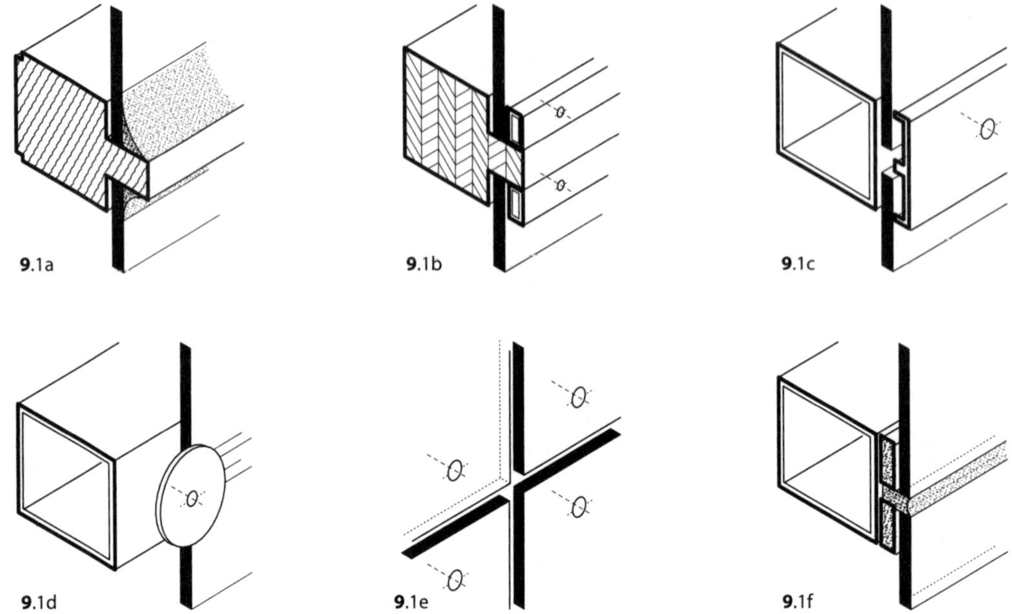

9.1 Glashalterungen

a) Kittverglasung an Holz- oder Metallprofilen (Nassverglasung)
b) Klemmleisten-Verglasung mit einer Klemmleiste je Scheibe
c) Pressleisten-Verglasung, Pressleiste für zwei Scheiben
d) Punktuelle Glashalterung mit Klemmprofilen (Teller, Flachstahl) an den Ecken
e) Punktuelle Glashalterung mit Bohrungen und gelenkig gelagerten Halteprofilen (nicht dargestellt)
f) Nicht sichtbare Befestigung durch Verklebung (structural glazing)

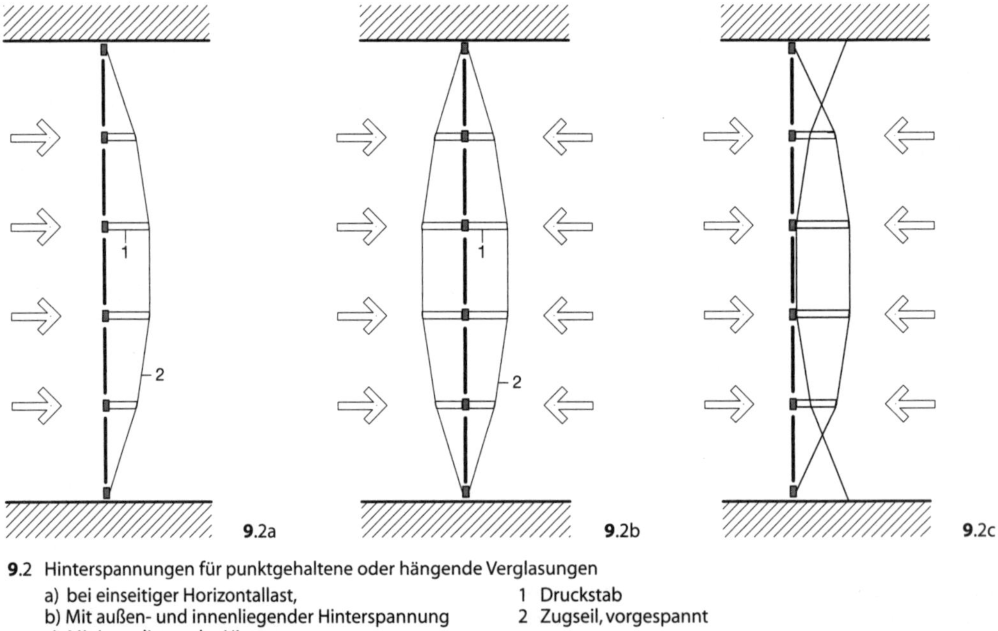

9.2 Hinterspannungen für punktgehaltene oder hängende Verglasungen

a) bei einseitiger Horizontallast,
b) Mit außen- und innenliegender Hinterspannung
c) Mit innenliegender Hinterspannung

1 Druckstab
2 Zugseil, vorgespannt

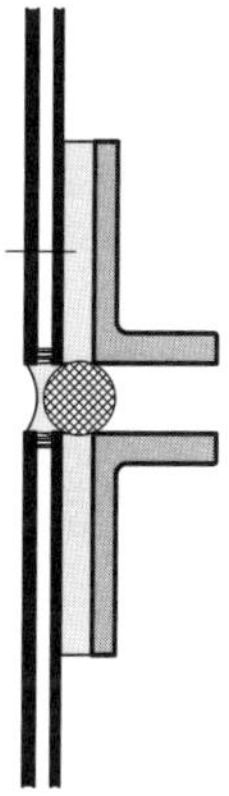

9.3a

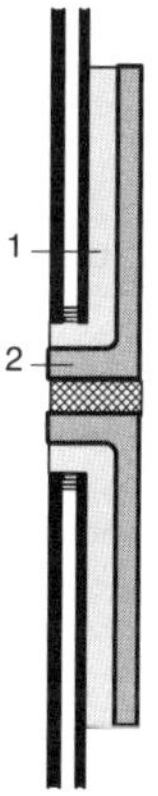

9.3b

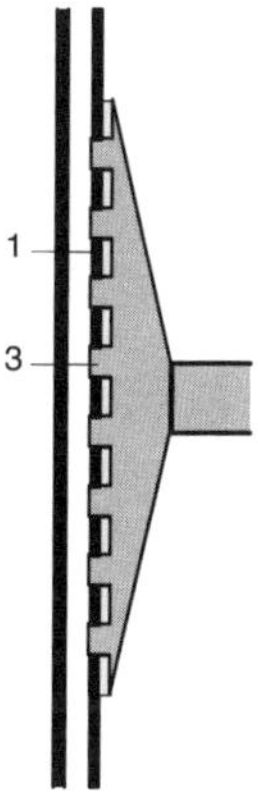

9.3c

9.3 Lastabtragung des Eigengewichtes
a) Scheibenverklebung ohne zusätzliche Lastabtragung
d) zusätzliche Lastabtragung auf Profilkante oder Auflagerkonsole
c) teilgebohrte Glashalterung
1 Klebeflächen
2 Konsolauflager
3 Dorne in teilgebohrten Glasquerschnitt

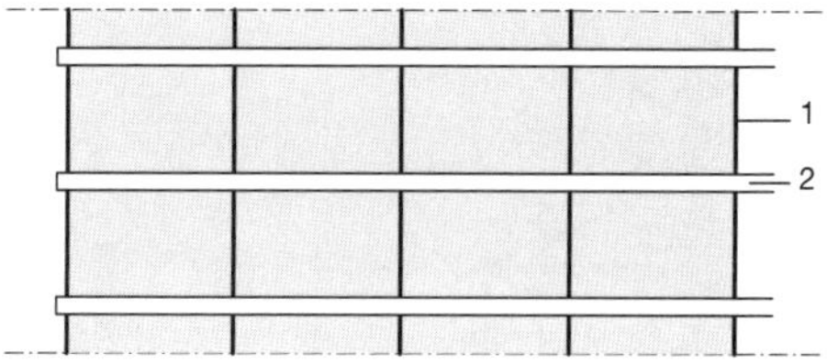

9.4a

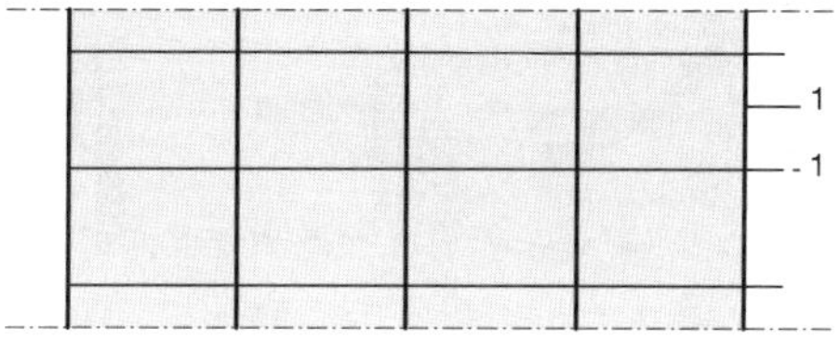

9.4b

9.4 „structural glazing"
a) zweiseitig
b) vierseitig
1 Klebeverbindung
2 Halteprofil (Klemmprofil)

nach diesem Prinzip („*structural glazing*") ausgeführt werden mit der Einschränkung, dass ab 8 m Höhe die Scheiben zusätzlich durch Klemmrosetten, Verschraubungen o. Ä. mechanisch gesichert sein müssen.

Möglich wurde diese Konstruktionstechnik durch die Entwicklung spezieller Silikon-Klebemassen, die nicht nur die Fassadenfugen abdichten, sondern auch die auf die Scheiben einwirkenden Druck- und Sogkräfte – auch unter schwierigsten klimatischen Bedingungen, insbesondere auch bei UV-Bestrahlung, – dauerhaft sicher aufnehmen (daher auch die Bezeichnung „Silikon-Verglasung").

Bei „*zweiseitigem structural glazing*" werden nur die vertikalen Glasränder durch die Verklebung gehalten, während die Ober- und Unterkanten in konventionellen Profilen ruhen (Bild **9**.4). Beim „*vierseitigen structural glazing*" werden die Scheiben allseitig durch die Verklebung gehalten.

Die Fachwelt, – insbesondere die Genehmigungsbehörden in Deutschland –, standen diesen Konstruktionen lange skeptisch gegenüber und bestanden auf zusätzlichen mechanischen Halterungen als Sicherungen für die fassadenbildenden Scheiben. Das ist möglich mit Hilfe von Eckhalterungen (Bild **9**.1d) oder von Verschraubungen, bei denen die Glasscheiben durchbohrt und durch spezielle, abgedichtete Passschrauben auf Unterkonstruktionen befestigt werden. Verschraubungskonstruktionen gibt es sowohl für 1-Scheiben-Sicherheitsglas (ESG) als auch für Isolierverglasungen (Bild **9**.5a und b).

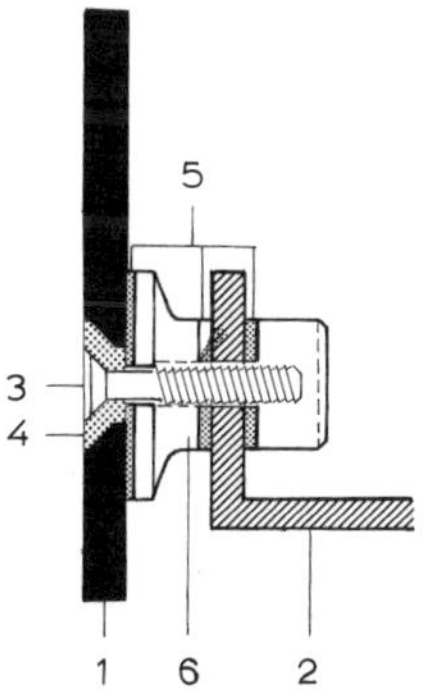

9.5a

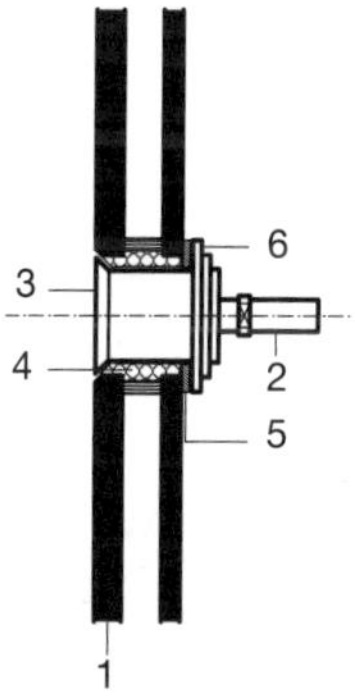

9.5b

9.5 Mechanische Scheibenhalterungen, gebohrt
a) Einscheibensicherheitsglas, Schnitt durch Verschraubung (System Planar, Flachglas)
b) Isolierglas, Verschraubung in Bohrung gehalten (schematisch)
1 ESG Glas
2 Haltewinkel (auf Unterkonstruktion)
3 Halteschraube
4 Dichtungsring
5 Silikondichtungen
6 Distanzscheibe

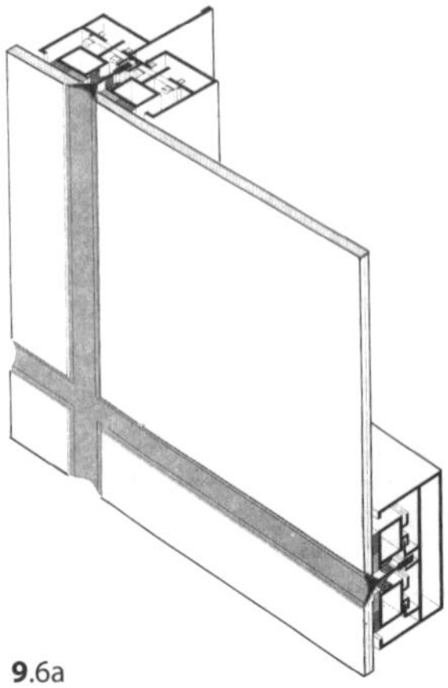

9.6a

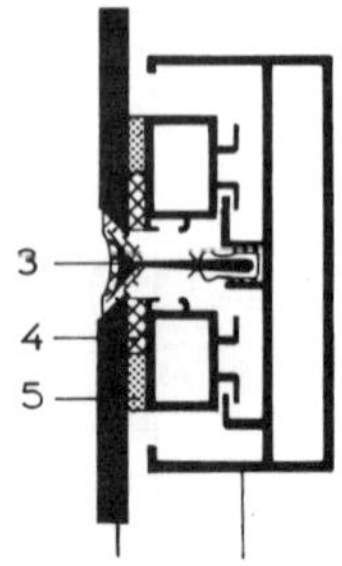

9.6b

9.6
Scheibenhalterung mit Durchlaufprofilen (System Fenster Werner)
a) Außenansicht Kaltfassade (Die Konstruktion erlaubt auch die Montage von Mehrscheibenglas)
b) Schnitt
1 ESG Glas
2 Unterkonstruktion
3 Y-Halteprofil mit Silikon-Dichtungen
4 Silikonverklebung
5 Nortonband

Die gestalterische Forderung nach völlig ebenen Glasfassadenflächen ohne sichtbare Befestigungen kann auch mit Hilfe durchlaufender Halteprofile, die mit Anpressdichtungen kombiniert sind, erfüllt werden. Eine derartige bauaufsichtlich zugelassene Ganzglas-Fassadenkonstruktion zeigt Bild **9**.6.

Bei der in Bild **9**.7 gezeigten Konstruktion sind die erforderlichen Halteprofile dadurch verdeckt, dass Isoliergläser – insbesondere solche mit Spiegeleffekten – eine spezielle Kantenausbildung erhalten. Bei diesen sind die innenliegenden Randprofile so gestaltet, dass Halterungen eingreifen können. Die äußere Glasscheibe ist rundum entsprechend größer als die innere (sog. *„Stufenglas"*).

Unterscheidung nach Fugenausführung. Die Fugenausbildung erfolgt entweder mit Dichtstoffen oder Dichtprofilen (s. a. Abschn. 5.4 in Teil 2 dieses Werkes) als

- *Nass-Verglasung* überwiegend bei Holzprofilen (früher Kittverglasung) mit elastischen *Dichtstoffen* (verhindert Eintritt von Wasser) zwischen Rahmen bzw. Glashalteleiste und Verglasung, mit Silikonverklebung auf Tragprofilen (structural glazing) oder auch zwischen den Fugen rahmenlos eingebauter Scheiben (Glasstöße),
- *Trocken-Verglasung mit Glashalteleiste* überwiegend bei Metallprofilen mit elastischen *Dichtprofilen* und *von innen* einzubringender Glashalteleiste,
- *Trocken-Verglasung* (o. a. Druckverglasung) *mit Pressleiste* durch lineares, spannungsfreies Anpressen der Scheibe mit Dichtungsprofil und *von außen* einzubringender Pressleiste.

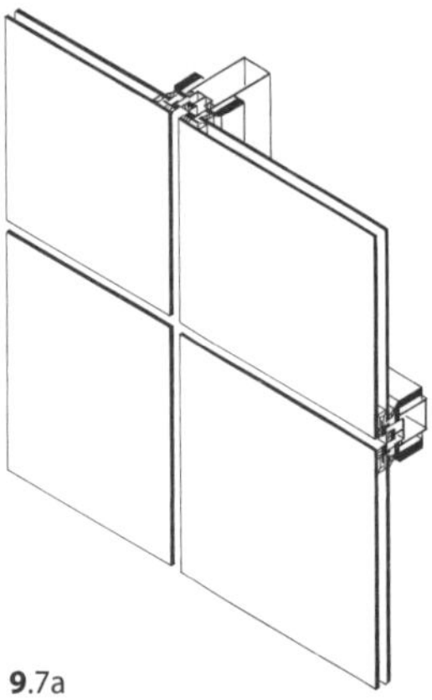

9.7a

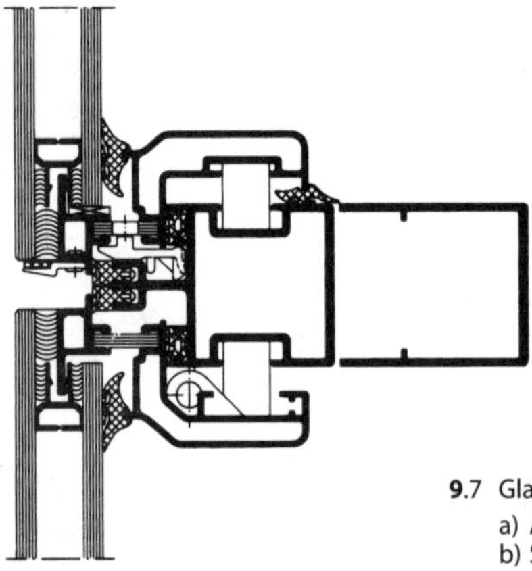

9.7b

9.7 Glasfassade System SCHÜCO SG
a) Außenansicht
b) Schnitt

Trocken-Verglasungen erfordern einen dichtstofffreien, belüfteten Falzraum. Eintretendes Wasser, Tauwasser und der Dampfdruckausgleich müssen über eine *Falzentwässerung* sowohl aus dem horizontalen als auch dem vertikalen Falzraum über Bohrungen in den Pressleisten nach außen möglich sein (s. a. Abschn. 5.4 in Teil 2 dieses Werkes).

9.3 Fassadenbekleidungen aus Glas

Fassadenbekleidungen aus Einscheiben-Sicherheitsglas können nach DIN18 516-4 mit Hinterlüftung in ähnlichen Techniken wie mit anderen Materialien ausgeführt werden (s. Abschn. 8.4).

Aus Gläsern mit verschiedenen Oberflächen (z. B. mit gesandstrahlten, bedruckten, verspiegelten Gläsern) können dabei besondere gestalterische Effekte erzielt werden. Einsatzmöglichkeiten bestehen für Fassadenflächen, die *transluzent* oder *opak* bekleidet werden, z. B. zur Bekleidung von Wärmedämmstoffen oder auch als „Wärmefalle" vor massiven Wärmespeicherwänden (Trombe-Wand).

Die Scheibendicke muss mindestens 6 mm betragen, ist aber in jedem Fall statisch nachzuweisen. Die Scheiben dürfen erst nach einer speziellen Heißlagerungsprüfung eingebaut werden. Vorgeschrieben ist weiter, dass die Scheiben linienförmig oder punktförmig gelagert bzw. befestigt sein können, jedoch in ihrer gesamten Dicke von der Halterung umfasst sein müssen.

9.4 Einschalige Fassaden aus Glas

9.4.1 Allgemeines

Einschalige Glasfassaden können aus konstruktiver Sicht unterschieden werden in:

- Fassaden, geschosshoch zwischen den angrenzenden Decken gefasst (vergleichbar üblichen Fenstern eingebaut und befestigt)
- Fassadenelemente, vor der Tragkonstruktion unterbrechungslos als Vorhangfassaden („curtain wall") montiert.

Bei der Konstruktion von einschaligen Fassaden aus Glas muss die leichte, transparente und schlanke Glashaut allen Anforderungen u. a. an den sommerlichen und winterlichen Wärmeschutz sowie den Schall- und Brandschutz genügen. Für den winterlichen Wärmeschutz stehen zunehmend hochdämmende Gläser mit verbesserten Wärmedurchlasskoeffizienten (U-Werten bis 0.7 W/m^{2}K) zu Verfügung. Der sommerliche Wärmeschutz kann durch auf die Fassadenausrichtung abgestimmte, feststehende oder bewegliche Verschattungsanlagen (s. a. Abschn. 9.6), durch die Aktivierung von schweren, wärmespeicherfähigen Gebäudeteilen zur Nachtauskühlung bzw. durch Sonnenschutzverglasungen erreicht werden. Hohe Anforderungen an den Schallschutz können nur bedingt durch die Auswahl schwerer, in der Glasdicke unterschiedlicher Gläser und dichter Fugenanschlüsse ermöglicht werden. Brandschutzanforderungen an Fassaden, insbesondere bei höheren Gebäuden lassen sich teilweise in Kombination mit der Entwicklung eines Brandschutzkonzeptes durch festzulegende Kompensationsmaßnahmen erfüllen (s. a. Abschn. 16.7).

9.4.2 Pfosten-Riegel-Fassaden

Großflächige Belichtungsöffnungen oder auch ganze Fassadenflächen können mit Fassadensystemen aus tragenden handwerklich gefertigten Profilen aus Metall oder Holz hergestellt werden. Vertikale Pfostenprofile (Hauptprofile) und horizontale Riegelprofile ergeben eine skelettartige Tragstruktur zur Aufnahme linear, zwei- oder vierseitig gelagerter Verglasungen (Trocken-Verglasungen mit Pressleisten). Herkömmliche Öffnungselemente wie Fenster und Türen sowie wärmegedämmte Paneele aus Holz oder Metall können in nicht transparenten Bereichen integriert werden. Die Dimensionierung der Pfosten und Riegel erfolgt gemäß der statischen Beanspruchung durch Eigenlasten und horizontale Windlasten.

Die Konstruktionen und Befestigungsarten von Pfosten-Riegel-Fassaden sind handwerklich geprägt und der Bauart üblicher Fenster ähnlich. Sie werden weitergehend in Teil 2 dieses Werkes behandelt.

9.4.3 Vorhangfassaden (Elementfassaden)

Industriell vorgefertigte Außenwände werden überwiegend für Gebäude mit gerasterten Fassadenflächen als leichte „Vorhangwände" („curtain wall") verwendet. Metall-Verbundelemente kombiniert mit Fenstern und Brüstungen bieten insbesondere bei hohen Skelettbauten neben der Möglichkeit rascher Montage und ggf. leichter Änderbarkeit eine Vergrößerung der Nutzflächen durch schlanke Wandquerschnitte. Außerdem wird durch die verhältnismäßig leichte Bauweise eine erhebliche Verminderung der auf Stützen, Deckenränder und Fundamente wirkenden Lasten erreicht.

Vorhangwände werden an Geschossdecken oder an den Stahl- oder Stahlbeton- Skelettstützen befestigt. Schon bei der Rohbauplanung müssen justierbare, leicht zugängliche, korrosionsgeschützte Winkel, Konsolen oder Ankerschrauben festgelegt werden.

Bei der Planung muss festgelegt werden:

- Art der Montage (z. B. aus Einzelbestandteilen oder aus vorgefertigten Rahmen). Daraus ergeben sich Art und Umfang der Arbeitsvorgänge in der Werkstatt und am Bau.
- Spannrichtung (vertikal oder horizontal). Hieraus ergibt sich, wie die Befestigung am Skelett angeordnet und ausgebildet sein muss und wie die Sprossen zu bemessen sind (Bild **9**.8a und b).
- Fugenausbildung zwischen den Sprossen (Sprossenform), Sprossenrahmen sowie den Sprossen und Füllungen (einschließlich Fensterrahmen).
- Festlegung der Maßtoleranzen, der dreidimensionalen Justierbarkeit an der Tragkonstruktion und der Fugenausbildung zwischen den Fassadenelementen zur Sicherstellung der Dehnungsmöglichkeiten der einzelnen Fassadenelemente und der Fassade insgesamt.

Die einzelnen Elemente sind an ihren Kanten miteinander verbunden und bilden beliebig große, ununterbrochene Wandflächen. Das dahinter liegende tragende Skelett tritt nicht unmittelbar in Erscheinung. Es kann aber durch die Anordnung von Konstruktionsteilen der Vorhangwände (Pfosten, Sprossen) in seiner Lage angedeutet werden. Verwendet werden für nicht transparente Teilflächen

- Tafeln mit Außenhaut aus gepressten Blechen oder Kunststoffen
- mechanisch verbundene, mehrschichtige Tafeln mit oder ohne aussteifender Unterkonstruktion

Es werden Konstruktionen mit sichtbaren oder verdeckten Sprossen bzw. Tragkonstruktionen unterschieden (Bilder **9**.8 und **9**.9).

Sie bestehen aus einem System senkrechter und waagrechter Sprossen, die an den tragenden Teilen des Bauwerks (vor allem den Deckenplatten) befestigt sind. Das Sprossenwerk trägt die flächenbildenden Platten oder Tafeln einschließlich der Fenster.

Die Fassadenelemente werden statisch nur durch Eigengewicht und Windlasten beansprucht, sie müssen jedoch auch dem Transport und der Montage standhalten.

Bei hohen Gebäuden führt die Windlast zu beachtlichen Durchbiegungen der vorgehängten Elemente. Dabei müssen *unterschiedliche* Durchbiegungen nebeneinander liegender Wandelemente vermieden werden, damit keine Undichtigkeiten an den einzelnen Fugen entstehen. Verminderte Durchbiegungen sind durch engere Stützweiten oder durch Verstärkung der Rahmenkonstruktion erreichbar.

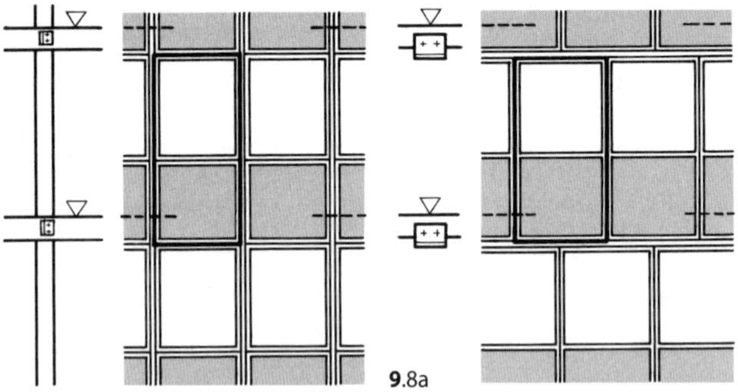

9.8a **9**.8b

9.8 Vorhangwände mit sichtbaren Sprossen
a) vertikal gespannt
b) horizontal gespannt

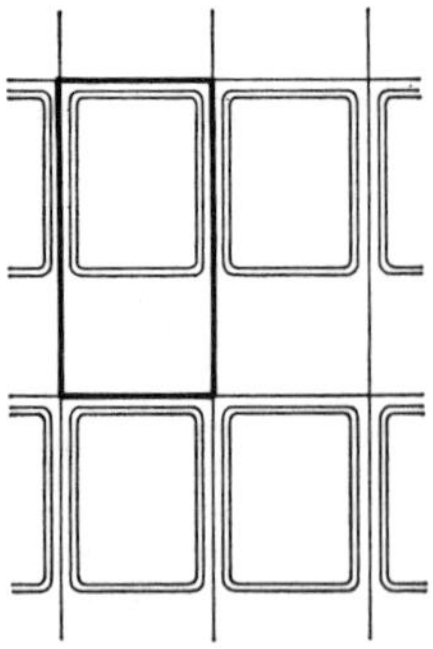

9.9 Vorhangwand Tragkonstruktion verdeckt

Außerordentlich wichtig ist bei der Planung die Berücksichtigung temperaturbedingter Längenänderungen und Verformungen der Fassadenteile. Sowohl die Fassadenelemente als auch die Aufhängekonstruktionen müssen sich kontrolliert in allen Richtungen dreidimensional dehnen können, ohne dass Lockerungen in der Aufhängung und des Gesamtgefüges oder Undichtigkeiten möglich werden. Dies wird in der Regel durch ausreichend dimensionierte *Schiebefugen* erreicht, seltener auch durch federnde Verbindungen.

Bild **9**.10 zeigt schematisch den Querschnitt durch ein zusammengesetztes Leichtmetallprofil mit senkrecht zur Pfostenachse *verschieblicher Fuge*.

Für Vertikalbewegungen werden in hohle Sprossen- oder Pfostenstöße Passstücke als Führungsglieder eingesetzt (Bild **9**.11a). Am Vertikalstoß können Verbindungen durch Gleitschienen mit *Langlochverbindungen* hergestellt werden (Bild **9**.11b).

An allen Gleitstellen der Elemente und der Unterkonstruktion muss durch Kunststoff-Einlagen

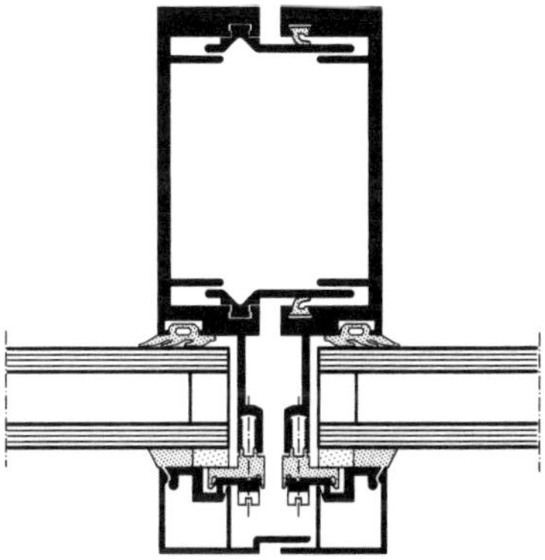

9.10 Verschiebliche Fuge in aufgetrenntem Pfosten einer Sprossenkonstruktion (Querschnitt, FWB)

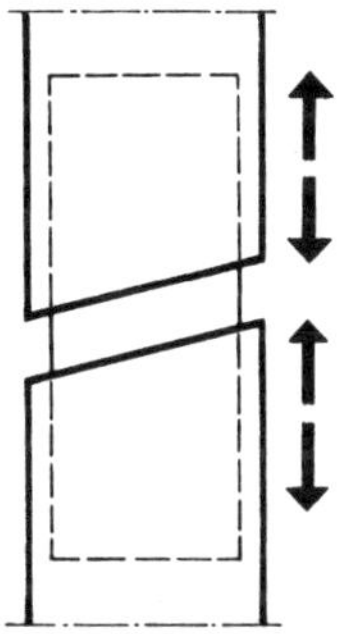

9.11a

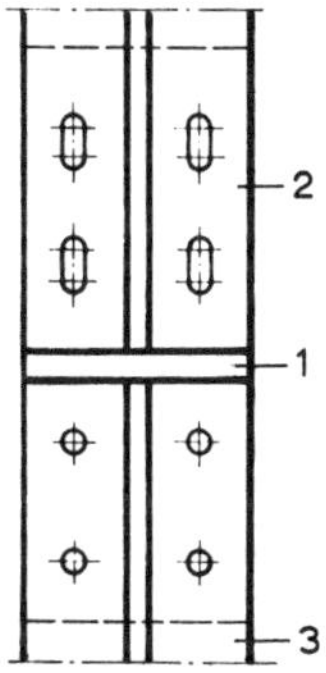

9.11b

9.11 Senkrechter Pfostenstoß
a) mit Passstück als Führung (der obere Pfostenteil hängt über dem unteren; Seitenansicht)
b) Pfostenstoß mit Langlochverbindung
1 Dehnungsbereich (Lasche)
2 Langlochverbindung
3 Pfosten

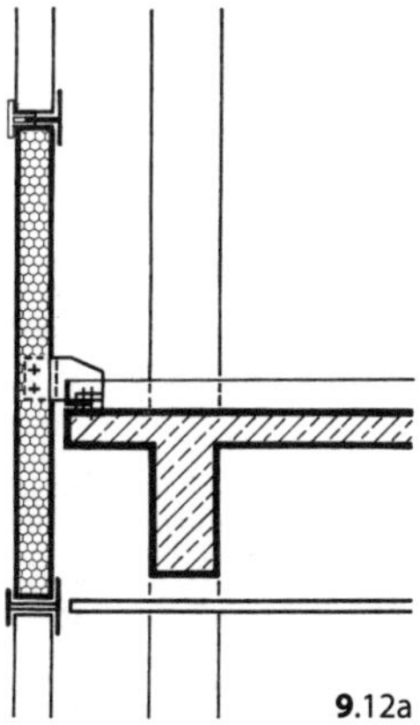

9.12a

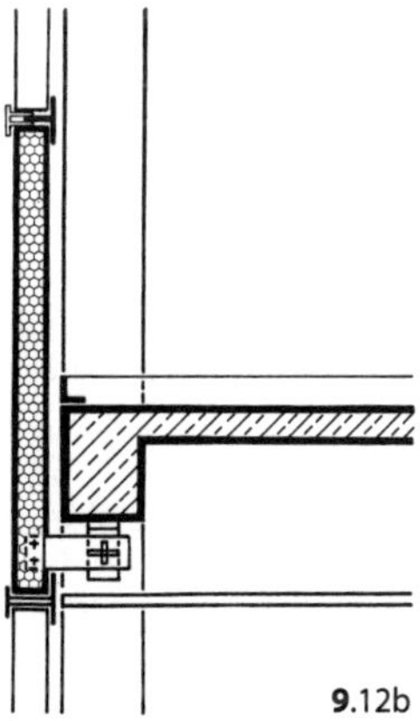

9.12b

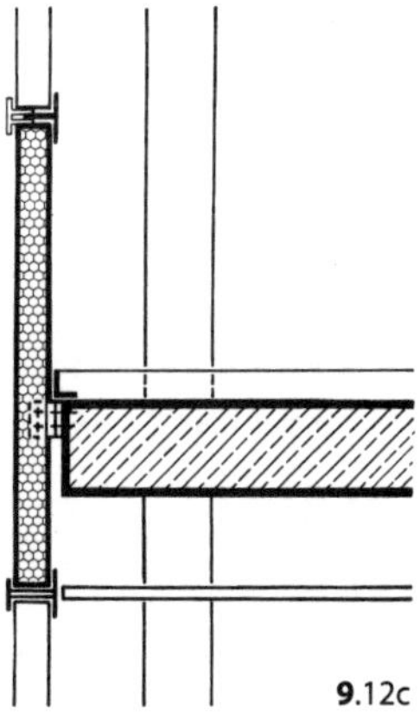

9.12c

9.12 Vorgehängte Fassade (Vorhangwand), Befestigung am Rohbau
a) Befestigung auf der Deckenoberkante
b) Befestigung unter einem Sturz oder Unterzug
c) Befestigung an der Vorderkante der Geschossdecke

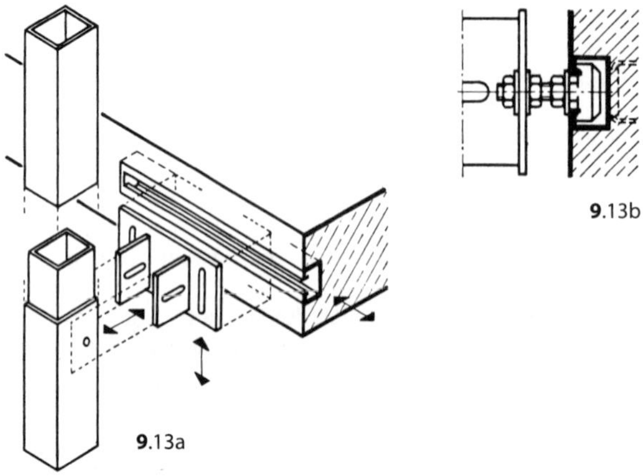

9.13 In jeder Richtung justierbarer Pfostenanschluss an Deckenvorderkante durch Ankerschiene und Winkel mit Langlöchern
a) Schema
b) Schnitt durch Ankerschiene

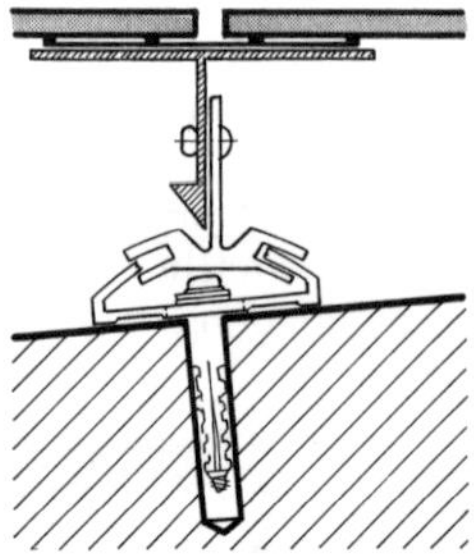

9.14 Unterkonstruktion zum Ausgleich von Verdrehungen (Protektor Alu 005)

o. Ä. dafür gesorgt werden, dass bei Bewegungen (z. B. Längenänderungen bei Sonneneinstrahlung) keine Geräusche entstehen können.

Bei stark beanspruchten Fassaden (z. B. bei Hochhäusern) wird vielfach die Dimensionierung und Detaillierung der Fassaden vor der Ausführung durch Beregnungs-, Windkanal- u. a. Versuche getestet.

Am Rohbau werden die Fassadenelemente bzw. die Unterkonstruktionen auf den Rohdecken, unter Stürzen oder Unterzügen oder an den Stirnseiten der Decken befestigt (Bild **9**.12).

Den unvermeidlichen horizontalen und vertikalen Maßabweichungen des Rohbaues wird bei allen Befestigungssystemen durch entsprechende Justiermöglichkeiten Rechnung getragen (Bild **9**.13). Zu beachten ist, dass durch *Verdrehungen* bei der Montage infolge von Rohbautoleranzen Torsionszwängungen der Konstruktionsteile entstehen können, die auf Dauer zu Schäden führen. Eine Befestigungskonstruktion, die auch Verdrehungen ausgleicht, zeigt Bild **9**.14 .

Der Wärmeschutz von opaken Teilflächen muss wie für Außenwände berücksichtigt werden. Ein- oder zweischalige Konstruktionen sind möglich.

Bei einschaligen Konstruktionen sind Witterungsschutz (Blech-, Glas-, Kunststoffplatten), Wärmedämmschicht und innere Dampfsperre zu einer mehrschichtigen Tafel (*Sandwich-element*) zusammengefasst und fugendicht in den Sprossenrahmen eingesetzt bzw. – bei Tafelkonstruktionen – fugendicht mit den übrigen Tafeln verbunden.

Hinterlüftung auf der Außenseite liegender dampfsperrender Schichten ist nicht erforderlich, wenn die Wärmedämmung dampfundurchlässig und mit diesen Schichten dicht verbunden ist – z. B. aufgegossenes Schaumglas (Foamglas) – oder wenn die Wärmedämmung auf der warmen Seite eine sichere Dampfsperre trägt.

Andernfalls müssen dampfdichte Bekleidungen (Glas, Metall, Keramikplatten, dichte Kunststoffe), hinter denen sich Wasserdampf niederschlagen könnte, hinterlüftet werden. Sie werden mit Abstand vor die Wärmedämmschicht gelegt und bilden mit dieser eine zweischalige Wand (Bild **9**.15). Das in dem Luftraum zwischen Wetterschutz und Wärmeschutz anfallende Tauwasser muss nach außen abgeleitet werden.

An Sprossen müssen Wärmedämmung und Dampfsperre ununterbrochen durchlaufen. Das ist mit Hilfe thermisch getrennter Sprossenprofile zu erreichen (Bild **9**.16).

Die tragenden Sprossen können in vielfältigen Formen z. B. als TT-, T-, L- oder Hohlraumprofil ausgeführt werden. Bei dem in Bild **9**.17 gezeigten Beispiel ist der statisch erforderliche große Querschnitt aus gestalterischen Gründen und zur Verbesserung des Lichteinfallswinkels zur Raumseite hin verjüngt.

Schallschutz. Mit ihrem relativ niedrigen Eigengewicht haben Vorhangwände eine wesentlich

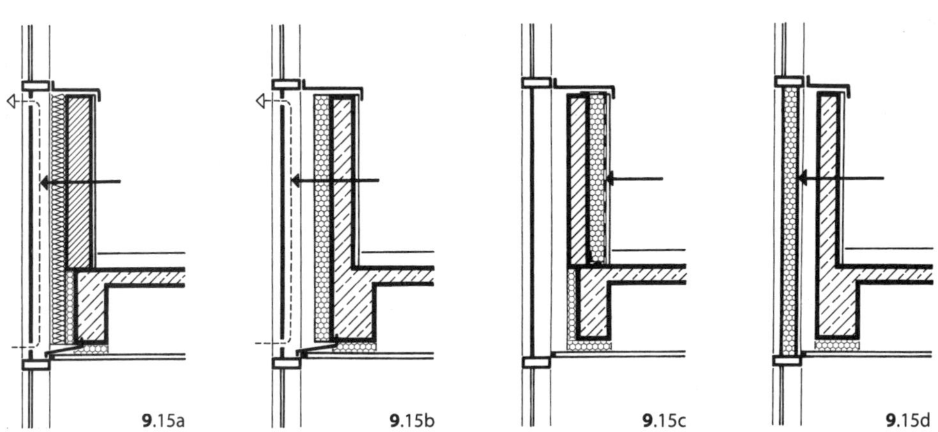

9.15a 9.15b 9.15c 9.15d

9.15 Brüstungen hinter Vorhangwänden
a) gemauerte Brüstung mit außen liegender Wärmedämmung, hinterlüftete Außenhaut als Wetterschutz
b) Stahlbetonbrüstung mit außen liegender Wärmedämmung und hinterlüfteter Außenhaut als Wetterschutz
c) Wärmedämmung auf der Raumseite der Brüstung mit Dampfsperre
d) Brüstung als Brandschutz ohne Wärmedämmung. Wärmedämmschicht innerhalb der Vorhangfassade (Sandwich-Element) als „Warmfassade"

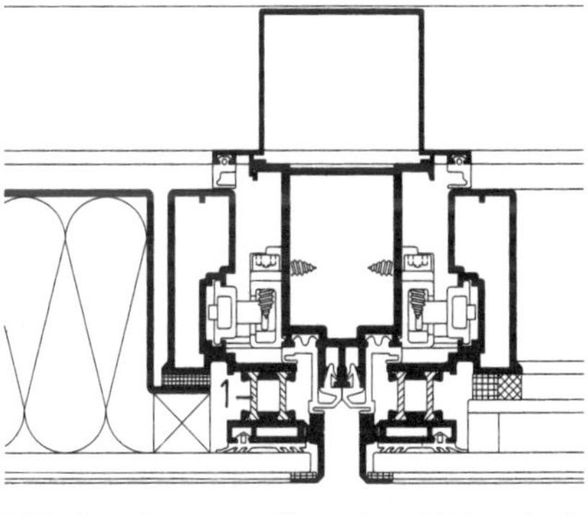

9.16 Fassadensprosse für verglaste Felder oder Felder mit Paneelen („Modulfassade" Systherm® 52)
1 thermische Trennung im Sprossenprofil

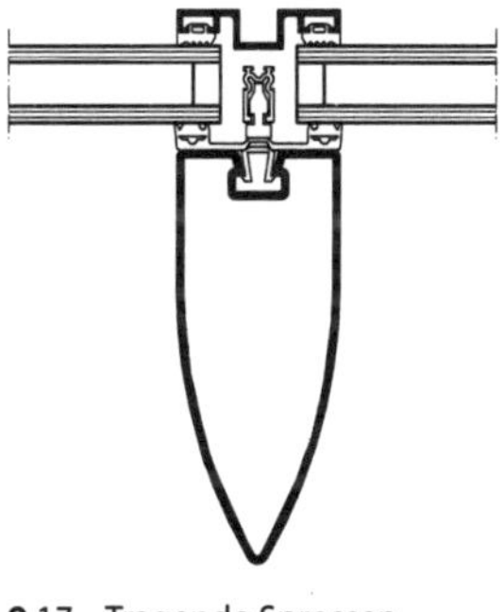

9.17 Tragende Sprossen

geringere Luftschalldämmung als konventionelle Außenwände. Um den Anforderungen von DIN 4109 Abschn. 5 und Beiblatt 2 sowie DIN 18 005 (Schallschutz im Städtebau) zu genügen, ist – insbesondere für Leichtkonstruktionen – in der Regel der Nachweis des ausreichenden Schallschutzes durch spezielle Eignungsprüfungen erforderlich.

Schallschutzmaßnahmen an vorgehängten Fassaden müssen sich auf folgende Bereiche erstrecken:

- *Schalldämmung gegen Lärm von außen.*
- *Schallübertragung auf Nebenwegen.* Eine Schallübertragung zwischen verschiedenen Geschossen und innerhalb eines Geschosses zwischen verschiedenen Räumen kann durch die Fuge zwischen Geschossdecke und Vorhangwand, zwischen Zwischenwand und Vorhangwand und zwischen massiver Brüstung und Vorhangwand erfolgen. Es muss daher auf abdichtende Anschlüsse mit biegeweichen Materialien, die auch bei den unvermeidbaren Bewegungen der Vorhangwand auf Dauer wirksam bleiben, geachtet werden (Bild **9**.18 und **9**.19).
- *Maßnahmen gegen Geräuschquellen innerhalb der Vorhangwände.*

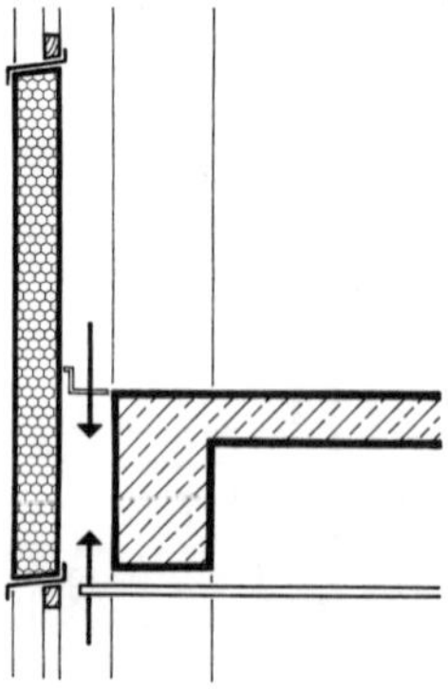

9.18
Schallbrücken zwischen Geschossen

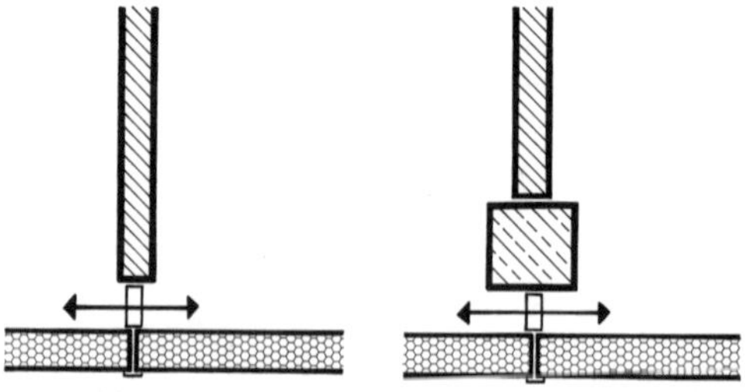

9.19a 9.19b

9.19 Schallbrücken zwischen Räumen
a) Wandanschluss
b) Stützenanschluss

Durch geeignete Kunststoff- oder Gummizwischenlagen (Bild **9**.20), auch durch Ausschäumen von Hohlräumen (Bild **9**.21), müssen Geräusche verhindert werden, die bei Temperaturschwankungen und Winddruck in beweglich miteinander verbundenen Teilen der Wandkonstruktion entstehen können (Knacken, Quietschen, Klappern).

Brandschutz. Die Brandschutzbestimmungen für Außenwände (DIN 4102, E DIN 1364-4, Hochhaus-Richtlinien u. a.) erfordern i. d. R. im Zusammenhang mit Vorhangfassaden mindestens 90 cm hohe Brüstungen aus feuerbeständigen Baustoffen und an den Fensterstürzen Feuerschutzschürzen (s. Abschn. 16.7).

Bei Sprossenkonstruktionen muss beachtet werden, dass Aluminium unter den in DIN 4102 aufgestellten Bedingungen schmelzen würde. Plattenteile von Vorhangwänden müssen daher direkt oder durch Stahlprofile mit dem tragenden Skelett verbunden sein. Aluminium-Profile können dann nur der Fugenabdeckung und Dichtung zwischen den einzelnen Elementen dienen.

Bei Stahlbetonskeletten können Brüstungen auch eine statische Funktion als Längsträger haben. Innenliegende Brüstungen werden in diesen Fällen meistens wärmedämmend ausgeführt, so dass die vorgehängte Außenwand nur den Wetterschutz übernimmt. Dabei sind die gleichen Regeln wie für mehrschichtige Außenwände hinsichtlich Tauwasserbildung zu beachten:

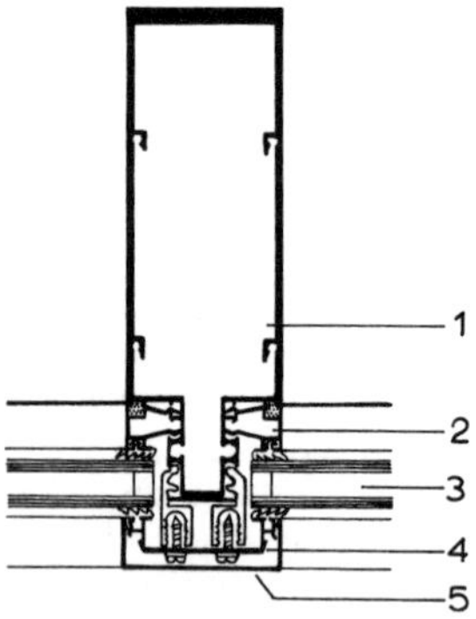

9.20 Sprossenprofil mit Dichtungsprofilen. Verglasung (WICONA)
1 Sprosse
2 Glashalteleiste
3 Isolierglas (oder Brüstungselement) in Dichtungsprofilen
4 Klemmprofil
5 Deckkappe

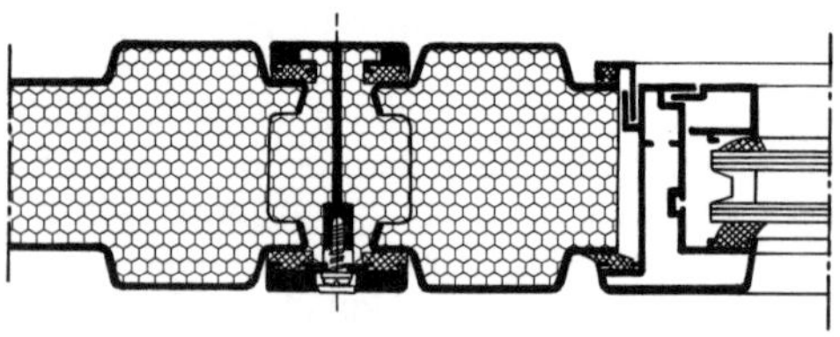

9.21 Ausgeschäumte Plattenelemente (WERTAL F85)

- Bei einschichtigen Wänden muss Feuchtigkeit an der Außenseite abgeführt werden können,
- bei mehrschichtigen Wänden sollen Baustoffe mit hohem Wasserdampfdiffusionswiderstand an der Raumseite liegen. Es muss raumseitig eine Dampfsperre vorgesehen oder für eine einwandfreie Hinterlüftung zwischen Brüstungselementen und Vorhangsfassade gesorgt werden.

Haben innenliegende Brüstungen lediglich statische oder Brandschutzaufgaben, muss die Vorhangfassade als klimatrennende Hülle wärmedämmend nach den bereits erläuterten Regeln für mehrschichtige Bauteile konstruiert sein (Bild **9**.15d).

9.5 Mehrschalige Fassaden aus Glas (Doppelfassaden)

9.5.1 Allgemeines

Forderungen an zunehmende Transparenz der Gebäudehülle und Verbesserung der natürlichen Belichtung verbunden mit erhöhten Anforderungen an den Wärme-, Schall- und Sonnenschutz bei gleichzeitiger natürlicher Belüftung („sick-building-syndrom") hat in den letzten Jahren zu Neuentwicklungen mehrschaliger Fassadenkonstruktionen geführt. Eine zusätzliche innen- oder außenseitig vorgelagerte Glasebene soll hierbei zur Verbesserung der bauphysikalischen Eigenschaften und der raumklimatischen Bedingungen führen.

Raumhohe Verglasungen stellen mit zunehmendem Glasflächenanteil hinsichtlich der Energiebilanz erhöhte Anforderungen sowohl an den winterlichen als auch an den sommerlichen Wärmeschutz. *Einschalige Glaskonstruktionen* werden bei erhöhten Beanspruchungen aus Wärme-, Schall-, und Sonnenschutz und bei hohen Gebäuden auch aus Windbelasung und Bewitterung häufig nicht allen Anforderungen gerecht. Die unterschiedlichen bauphysikalischen Funktionen überwiegend transparenter Gebäudehüllen können durch einen *mehrschaligen Wandaufbau* mit auf Teilaufgaben spezialisierten Bauteilschichten besser erfüllt werden. Von ausschlaggebender Bedeutung hierbei ist die thermisch- klimatische Behaglichkeit in den Innenräumen, die neben der Raumlufttemperatur und Luftfeuchte auch durch die Oberflächentemperatur der Glasflächen, die direkte Sonneneinstrahlung, die Luftdichtigkeit und Raumbelüftung bestimmt wird.

Geschlossene Außenverglasungen mit mechanischer Luftführung verbessern insbesondere die Schallschutzwirkung gegen Außenlärm. Weniger aufwendige, dauerbelüftete, *nicht steuerbare Fassadenzwischenräume* haben die geringste Energiespar- und Schallschutzwirkung, ermöglichen jedoch natürliche Fensterlüftung auch bei hohen, windexponierten Gebäuden über einen großen Zeitraum des Jahres. *Regulierbare Systeme zur Belüftung* des Fassadenzwischenraumes verbessern durch den mechanischen Aufwand (senorgesteuerte, motorisch bedarfsweise verschließbare Lüftungsöffnungen) zur Öffnung und Schließung der Lüftungsöffnungen die Reaktionsfähigkeit auf sich jahreszeitlich und täglich verändernde klimatische Bedingungen.

Doppelschalige Fassaden stellen neue Anforderungen an ein integriertes Planungs- und Energiekonzept eines Gebäudes. Strömungssimulationen zur Feststellung der aero- und thermodynamischen Verhältnisse am und im Baukörper geben Aufschluss über lokale Klimabedingungen und zu erwartende Auswirkungen durch und auf das Gebäude.

Brandschutzgefährdungen durch Rauchlängsleitung, Wärmestrahlung und Flammenüberschlag über den Fassadenzwischenraum muss durch feuerwiderstandsfähige Unterteilungen (Segmentierungen, Abschottungen) und automatische Sprinkleranlagen innerhalb der Räume, – nicht im Fassadenzwischenraum begegnet werden [22]. Die Fassadenunterteilungen verhindern darüber hinaus die Luftschall- und Geruchsübertragung.

Der erforderliche zusätzliche Aufwand für mehrschalige Fassaden aus Glas ist standortbezogen und im Einzelfall auch unter Berücksichtigung von gfls. ersparten Aufwendungen für die Gebäudelüftung und -klimatisierung und die Heiztechnik festzustellen. Geringere Investitions- und Instandhaltungskosten für die durch die Zweite-Haut-Fassade geschützte innere Klimahülle sollte dabei ebenfalls berücksichtigt werden. Die erhöhte Schallschutzwirkung gegen Außenlärm und eine mögliche Verbesserung der Tageslichtausbeute für die Innenräume – weniger die Energie-Einspareffekte im Winter – sind entscheidende Vorteile dieses Fassadentypes. Die konstruktive Ausbildung in Verbindung mit integrierten haustechnischen Anlagen lassen vielfältige bedarfs- und nutzerorientierte Lösungen zu, deren Entwicklungen insbesondere in Verbindung mit innovativen Glasarten in vollem Gange ist. Allgemein gültige Begriffsdefinitionen und

Bewertungskriterien für mehrschalige Fassaden bestehen bisher nicht, so dass eine direkte Vergleichbarkeit der klimatische Resultate und energetischen Bilanzen nicht möglich ist.

Die energetische Bilanz bei der Gebäudenutzung (*Betriebskosten*) stellt in Anbetracht des erforderlichen zusätzlichen Aufwandes bei der Erstellung mehrschaligen Fassadenkonstruktionen (*Investitionskosten*) ein wesentliches Kriterium dar. Als Antwort auf erweiterte Nutzeranforderungen und zur Verbesserung des Wärmeschutzes finden seit ca. 10 Jahren vielfältige, kontrovers diskutierte Entwicklungen [13] statt.

Ziele dieser Entwicklungen sind:

- Reduktion der Transmissions- und Lüftungswärmeverluste im Winter durch Verbesserung des U-Wertes (Wärmedurchlasskoeffizienten) und Schaffung einer Zwischentemperaturzone („Wärmepuffer"),
- Abführung sommerlicher, in den massiven Bauteilen (Speichermassen) absorbierter Wärme durch „Nachtauskühlung" (natürliche Belüftung in der Nacht),
- Verbesserung des Schallschutzes insbesondere bei niedrigen Gebäuden,
- Schaffung von Öffnungsmöglichkeiten der Fenster bei Wind (Verringerung der Windanströmung) und schlechter Witterung auch bei hohen Gebäuden (natürliche Belüftung),
- Erhöhung der Gebäudesicherheit bei geöffneten Fenstern,
- Verringerung der Baugrößen und Betriebszeiten energieintensiver Lüftungs- und Klimaanlagen,
- Im Fassadenzwischenraum geschützte Unterbringungsmöglichkeiten für Sonnen- und Blendschutzeinrichtungen sowie für Reinigungs- und Wartungsanlagen.

Anordnung der Verglasungsebenen. Verglasungen können hinsichtlich ihrer Lage zur Außenwand und aufgrund des Lüftungskonzeptes für den dazwischen entstehenden Luft- oder Fassadenzwischenraum unterschieden werden.

Die Lage der Verglasungsebenen hat maßgeblichem Einfluss auf die funktionalen und gestalterischen Eigenschaften der Fassaden (Bild **9**.22).

Die Lage kann folgendermaßen unterschieden werden:

- Innerhalb der Wanddicke der Außenwandkonstruktion (Kasten- oder Verbundfenster),

9

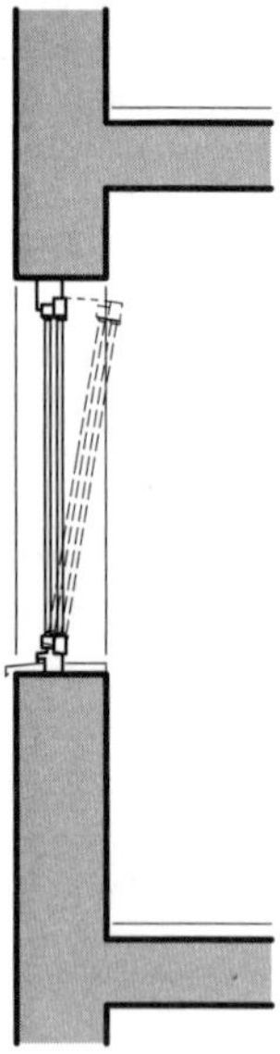
9.22a

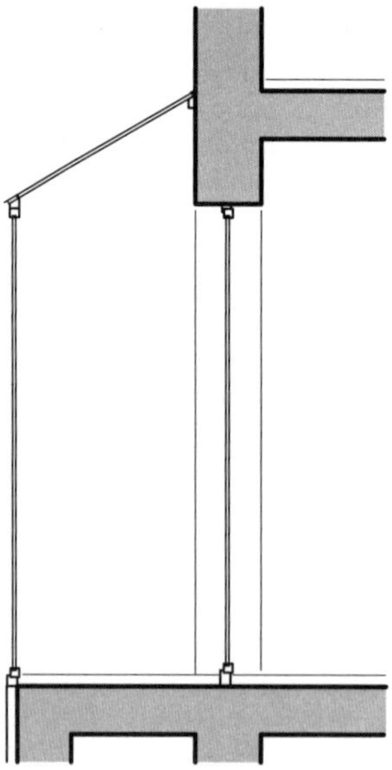
9.22b

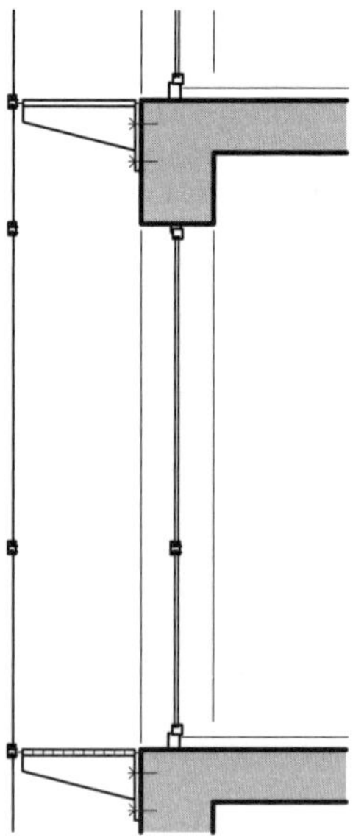
9.22c

9.22 Anordnung von Verglasungsebenen bei zweischaligen Fassaden
a) Beide Verglasungen innerhalb der Wandkonstruktion (Kasten/Verbundfenster)
b) Außerhalb der Wandkonstruktion innen oder außen angeordnete zweite Verglasungsebene (Loggia oder Wintergarten)
c) Zweite vollflächig vorgelagerte Verglasungsebene (Doppelfassade)

- Innen oder außen in Teilflächen angeordnet (Wintergarten-, Loggiaverglasung),
- Ganzflächig, außenseitig angeordnete Verglasung (Doppelfassade).

Die Anordnung *innerhalb des Außenwandquerschnittes* ist bereits aus historischen Bauarten des Kasten- und Verbundfensters oder auch des jahreszeitlich temporär eingebrachten „Vorfensters" als flächenbündigem, demontabelem zweitem, meist einfachverglastem Fensterrahmen geläufig. Die einfache Bauweise und Befestigungsart entsprechen derjenigen eines üblichen Fensters in einer Lochfassade (s. a. Abschn. 5 in Teil 2 dieses Werkes und Bild **9**.22a).

Eine Anordnung der zweiten Fassadenebene in größerem Abstand *vor oder hinter der Außenwand* (Klimahülle) ermöglicht einen temporär nutzbaren Zwischentemperaturbereich, wie er aus Wintergärten, Erkern und verglasten Loggien oder Balkonen bekannt ist. Die Außenwand als Gebäudehülle bleibt aufgrund der nur in Teilflächen angeordneten zweiten Verglasungsebene hierbei i. d. R. erkennbar. (Bild **9**.22b)

Eine *vollflächige zweite Verglasungsebene* vor oder seltener auch hinter der Außenfassade als Klimahülle wird auch als *„Doppelfassade"* bezeichnet (Bild **9**.22c).

Unterscheidung nach Lüftungskonzept. Der entstehende Fassadenzwischenraum kann nach außen oder innen belüftet oder auch unbelüftet hergestellt werden .

Sowohl die innerhalb der Außenwandkonstruktion (Lochfassade) als auch die vor oder hinter der Außenwand liegenden zwei Verglasungsebenen verfügen i. d. R. über Lüftungsöffnungen zur Be- und Entlüftung des Zwischenraumes und für den notwendigen Luftwechsel der Raumluft. Die Lüftungsöffnungen können nur nach außen angeordnet sein oder aus dem Fassadenzwischenraum selbst in Verbindung mit Klimaanlagen und mit der Innenraumluft (Abluftfenster) stehen.

Doppelfassaden als vollflächige, zweihäutige Glasfassaden werden hinsichtlich ihrer Lüftungsmöglichkeiten unterschieden:

- *Pufferfassaden* als geschlossene Systeme ohne Lüftungsöffnungen nach innen oder außen,
- *Abluftfassaden* mit Abluftöffnungen aus dem Fassadenzwischenraum und Zuluftzuführung aus dem Innenraum
- *Zweite-Haut-Fassaden* mit Lüftungsöffnungen nach innen und außen für natürliche Lüftung.

9.5.2 Geschlossene Systeme, Pufferfassaden

Pufferfassaden sind geschlossene Systeme und verfügen über keine Lüftungsöffnungen (ausgenommen Dampfdruckausgleichsöffnungen). Die zweite, äußere Glasfassade bildet ähnlich wie beim Kastenfester eine Zwischentemperaturzone als „stehende Luftschicht" zur Verbesserung des winterlichen Wärmeschutzes aus (Erhöhung der Oberflächentemperatur der Innenfassade und Verringerung der Lüftungswärmeverluste).

Vorteile sind die geschützte Unterbringungsmöglichkeit von Sonnenschutzanlagen, ein erhöhter Schutz vor Straßenlärm (Lärmschutzfassade) und eine Verbesserung des Schutzes der Innenräume und der Klimahülle vor den Außenbedingungen.

Nachteilig ist die erhebliche Aufheizung des Fassadenzwischenraumes und in der Folge der Innenschale im Sommer. Pufferfassaden eignen sich deshalb vornehmlich für nordorientierte Fassadenflächen. Der Raumluftwechsel erfolgt entweder über separat in die Fassade eingebaute kastenartig durchgesteckte Fensteröffnungen (natürliche Belüftung) oder über eine Vollklimatisierung der Innenräume verbunden mit dem Nachteilen für das Behaglichkeitsempfinden der Nutzer (Bild **9**.23a).

9.5.3 Abluftfassaden

Abluftfassaden werden aus einer außen liegenden Klimahülle mit Isolierverglasung ohne Fensteröffnungen und einer innenliegenden, – i. d. R. Einfachverglasung hergestellt. Diese ist nur zur Reinigung öffenbar. Der Luftzwischenraum schützt Sonnenschutzanlagen vor direkter Bewitterung. Er wird mit warmer, vorkonditionierter Raumluft auch zur Verhinderung von Tauwasserbildung durchströmt, die zu einer Klimaanlage zurückgeführt wird. Er ist hierdurch als Bestandteil der klimatechnischen Anlagen zu betrachten. Die Luftkonditionierung erfolgt ganzjährig.

Von Vorteil sind verbesserte Schallschutzeigenschaften und eine Komfortsteigerung in Fassadennähe durch die erhöhte Oberflächentemperatur an der Fassadeninnenseite. Dieser Fassadentyp kommt vorwiegend bei hohen Belastungen durch Wind und starken Schall- und Schadstoffemissionen zur Ausführung, und wenn öffenbare Fenster ausgeschlossen werden müssen (Bild **9**.23b).

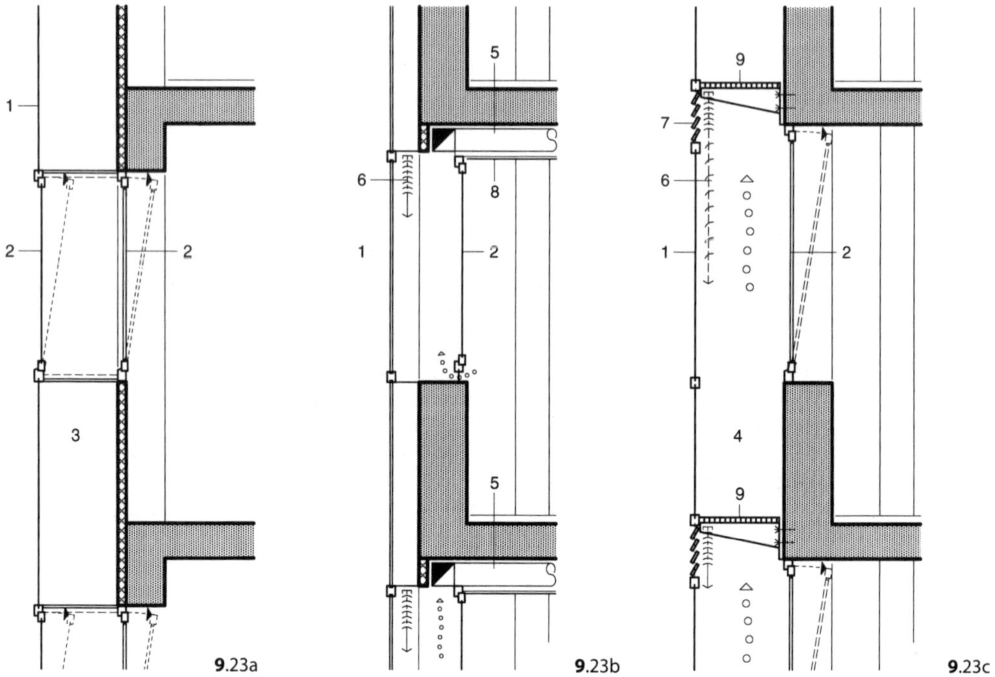

9.23 Zweischalige Fassaden und ihr Lüftungskonzept

a) Pufferfassade mit zusätzlich möglichen Kastenfenstern zur natürlichen Raumbelüftung (Schema)

b) Abluftfassade (Schema),

c) Zweit-Haut-Fassade

1 Festverglasung
2 Öffnungsflügel (Putzflügel)
3 Luftzwischenraum ohne Belüftung
4 Luftzwischenraum mit Zuluft- und Abluftöffnungen
5 Abluft – Absaugung
6 Sonnenschutz
7 Mögliche regulierbare Zuluftöffnung (Lamellenfenster)
8 Abgehängte Decke
9 Reinigungs- und Wartungssteg

9.5.4 Zweite-Haut-Fassaden

Zweite, nicht tragende, vorgehängte, transparente Verglasungsebenen weisen eine Zwischenzone auf, aus der über öffenbare Fenster Frischluft zugeführt und Reinigungs- und Wartungsstege für die gesamte Fassade sowie Sonnenschutzanlagen witterungsgeschützt untergebracht werden können. Die Breite des Fassadenzwischenraumes wird aus Gründen der gewollten Thermik (Kaminwirkung) und bestehender Strömungswiderstände an Luftein- und auslässen nicht kleiner als 20 cm, für den Fall der Begehbarkeit (Reinigungs- und Wartungszwecke) > 50 cm ausgeführt.

Unterscheidungsmerkmale von Doppelfassaden können über die Verglasungsart (Einfach- oder Isolierverglasung innen und/oder außen) definiert werden. Die außen liegende Schale wird überwiegend als Einscheiben-Sicherheitsverglasung, -häufig mit punktgehaltener Befestigung hergestellt und nur bei besonderen Anforderungen an den Wärmeschutz aus Isolierglas ausgeführt. Verglasungen von Atrien und Hallen mit größerem Abstand von der Außenwand (Klimahülle) sowie das Gesamtgebäude überdeckende Glashüllen (Haus-im-Haus-Prinzip) zählen ebenfalls zu diesem Fassadentyp einer hinterlüfteten Kaltfassade (Bild **9**.23c).

Zweite-Haut-Fassaden sind als regulierungsfähige („hybride") Systeme ausgebildet und können auch in windexponierten, emissionsbelasteten Bereichen über öffenbare Fenster verfügen. Auf eine Vollklimatisierung kann vielfach verzichtet werden. Vorteile sind individuell beeinflussbare Wärmegewinne über geöffnete Fenster in den Jahresübergangszeiten und die mögliche Nachtauskühlung der Massivbauteile im Sommer. Über an der Innenfassade geschützt liegende, öffenbare Fenster kann der Heizenergie- und Belüftungsaufwand entscheidend verringert werden. Dabei ist auf die Qualität der durch die offenen Fenster zugeführten Frischluft und auf den Schutz vor übermäßigen Außenlärm sowie Geruchseinwirkungen insbesondere in innerstädtischen Bereichen besonders zu achten.

Die Abführung der sich im Fassadenzwischenraum erwärmenden Luft kann je Einzelfenster, geschossweise oder über die gesamte Fassadenhöhe erfolgen. Mischformen sind möglich und hinsichtlich der unterschiedlichen Anforderungen an den Brand- und Schallschutz sowie ausgeglichene Temperaturverhältnisse innerhalb des Zwischenraumes häufig sinnvoll. Unterschieden werden:

- Fassaden *ohne* Unterteilung des Luftzwischenraumes (auch Atrien, Hallen, „Haus-im-Haus"),
- Fassaden *mit* Unterteilung (Segmentierung) des Luftzwischenraumes.

Fassaden mit segmentiertem Luftzwischenraum können weiterhin unterschieden werden als:

- *Korridorfassaden* mit horizontaler, geschossweiser Segmentierung,
- *Schachtfassaden* mit vertikaler Segmentierung,
- *Kastenfenster-Fassade* mit horizontaler und vertikaler Unterteilung je Fensterachse.

Fassaden ohne Unterteilung. Vorteile liegen in der einfachen Steuerbarkeit aufgrund des thermischen Auftriebes, der leichten Änderbarkeit der Querschnitte der Zu- und Abluftöffnungen und in den relativ geringen Herstellungskosten.

In Fassadenzwischenräumen ohne Segmentierung können sich aber Rauch und Feuer ebenso wie Schall und Gerüche ungehindert ausbreiten. Zwischen niedrigstem und höchstem Punkt kann sich in Abhängigkeit von der Gesamtausdehnung der Fassade bei mangelnder Durchlüftung ein erhebliches Temperaturgefälle zum Nachteil der oberen Bereiche (Hitzestau) aufbauen.

Zur Vermeidung der Nachteile nicht unterteilter Doppelfassaden muss der Luftzwischenraum in horizontal oder vertikale Segmente unterteilt oder abgeschottet werden.

Korridorfassaden. Damit die Erwärmung der Luft innerhalb des Fassadenzwischenraumes und die damit verbundene Thermik (Kaminwirkung) nicht zu stark werden, um Schall- und Geruchsübertragungen von Geschoss zu Geschoss einzuschränken, sowie aus Gründen des Brandschutzes (Feuerüberschlagwege s. Abschn. 16.7) werden Doppelfassaden häufig mit begehbaren Stegen in geschosshohe Abschnitte als *Korridorfassaden* unterteilt (Bild **9**.24a).

Die Hinterlüftung wird über permanent geöffnete oder regelbare Luftöffnungen gesteuert. Zur Vermeidung einer Durchmischung ausströmender Abluft und einströmender Zuluft (Überströmen) nahe beieinanderliegender Lüftungsöffnungen können Einström- und Ausströmöffnungen zueinander seitlich versetzt oder mit ausreichendem vertikalem Abstand angeordnet werden.

Schachtfassaden nutzen den thermischen Auftrieb (Kaminwirkung) des horizontal nicht unterteilten Fassadenzwischenraumes zur Verbesserung des Luftaustausches (Absaugung der Raumluft durch Unterdruck) der angeschlossenen Innenräume. Durchgehende Fassadenschächte können in Abhängigkeit von der Gebäudehöhe und -nutzung häufig die Anforderungen des Brand- und Schallschutz nicht erfüllen. Eine teilweise auch horizontale Segmentierung kann erforderlich sein.

Kombinierte Schacht- und Kastenfenster-Fassade. Eine Kombination aus vertikaler Unterteilung und horizontalen Abschottungen kann bezogen auf Fenster- oder auch Raumachsen erfolgen.

9

Bei der Aufteilung in Fensterachsen können raumweise im Wechsel angeordnete Fassadenschächte mit Kastenfensterelementen angeordnet werden. Die Vorteile des Schachtprinzips mit der natürlichen Thermik und geschlossener Innenverglasung und jeweils daneben liegenden, von Innen öffenbaren Kastenfensterelementen werden somit kombiniert. Die Zufuhr von Außenluft erfolgt über untere Öffnungen an den Kastenfensterelementen. Die Abluft wird über in jedem Kastenfensterelement oben angeordnete Öffnungen in den Trennwänden zum Fassadenschacht übergeleitet. Sie gelangt unterstützt durch im Schacht mittels bestehender Thermik vorhandenen Unterdruck ohne mechanische Lüftungsanlagen am oberen Schachtrand nach außen. Eine temporäre Unterstützung der Abluftführung mit Ventilatoren ist bei ungünstigen thermischen Verhältnissen am oberen Schachtabschluss zu empfehlen (Bild **9**.24b).

Kastenfenster-Fassade. Das Prinzip der Kastenfenster-Fassade ist sehr aufwendig, erfüllt jedoch die bauphysikalischen Anforderungen des Brand- und Schallschutzes am ehesten. Sowohl horizontale als auch vertikale Unterteilungen bilden je Fensterelement oder je Raum eine schall- und lufttechnisch abgeschlossene Einheit, die über eigene Zu- und Abluftöffnungen verfügt. Eine diagonal versetzte Anordnung der Luftöffnungen vermindert das direkte Überströmen der verbrauchten Raum- Abluft in die Zuluftöffnungen auf kurzem Weg (Rezirkulation). Die geringere Durchströmung des Fassadenzwischenraumes durch mangelnden Auftrieb der nur geschosshohen Elemente muss durch ausreichend dimensionierte Lüftungsöffnungen ausgeglichen werden (Bild **9**.24c).

Ein Beispiel für die Ausführung einer Zweite-Haut-Fassade als Schachtfassade mit einfachverglaster Außenschale zeigt Bild **9**.25.

Die *Art der Hinterlüftung* (geschlossene Außenverglasung, Dauerhinterlüftung, regulierbarer Hinterlüftung) kann unterschiedlich vorgesehen werden. Der Fassadenzwischenraum kann entweder kontinuierlich durch permanente Öffnungen (passives System) oder bedarfsweise durch manuell oder motorisch betätigte Klappen oder Fensterflügel durchlüftet werden (aktives System).

Die Form, Größe und strömungstechnische Ausführung der Öffnungen ist entscheidend für die Hinterlüftung des Fassadenraumes, für die Belüftung der dahinter liegenden Räume und auch für die Sicherung gegen das Eindringen von Wasser, Schnee, Vögeln, Insekten, und sie darf schließlich nicht zu besonderer Verschmutzung der gesamten Fassade beitragen. Einige ausgeführte Beispiele zeigen die Bilder **9**.26 bis **9**.28 [35].

9.5.5 Hybride, „polyvalente" Fassaden

Allgemeines. Unter dem Druck der ständig zunehmenden Bestrebungen zur Energieeinsparung und zu möglichst umweltverträglichen Bauweisen sind zwei völlig konträre Entwicklungen in Gang gekommen:

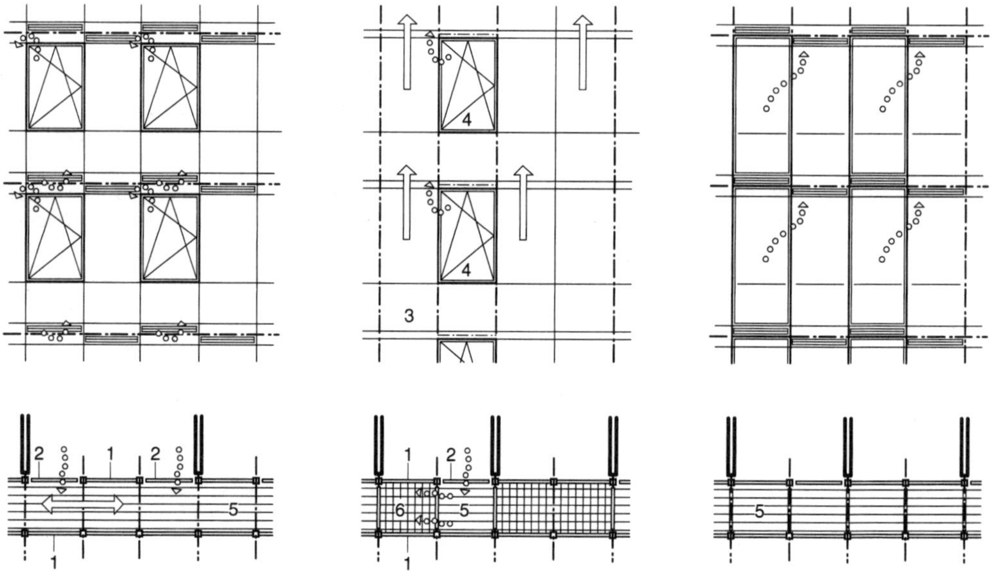

9.24a **9**.24b **9**.24c

9.24 Möglichkeiten der Segmentierung und Belüftung von Doppelfassaden

a) Korridorfassade mit geschossweiser, horizontaler Segmentierung
b) Schachtfassade und kombinierte Fassade mit vertikaler Segmentierung
c) „Kastenfenster"-Fassade mit fenster- oder raumweiser Segmentierung und versetzt angeordneten Lüftungsöffnungen

1 Festverglasung
2 Öffnungsflügel
3 durchgehender vertikaler Schacht mit unterer Zuluft- und oberer Abluftöffnung
4 Kastenfenster- Element mit allseitiger Abschottung und Zuluftöffnungen
5 Reinigungs- und Wartungssteg, geschlossen
6 Reinigungs- und Wartungssteg, luftdurchlässig

Einerseits wird die Rückbesinnung auf fast archaische Bautechniken wie z. B. Lehmbau propagiert. Andrerseits werden Baustoffe mit teilweise veränderbaren bauphysikalischen Eigenschaften, technisch aufwendige, anpassungsfähige, selbststeuernde Bausysteme für Fassaden und neue, ganzheitliche Gebäudekonzeptionen mit sehr niedrigen Energiehaushalten gefordert und entwickelt.

Den Fassadenflächen kommt bei der Planung energieoptimierter Gebäude eine ganz besondere Bedeutung zu. Die Außenwand ist bei diesen Konzepten nicht mehr allein konstruktiver Bestandteil des statischen Gefüges und hat nicht mehr nur Witterungsschutz zu gewährleisten, sondern wird zu einem integrierten Bestandteil des Gebäudeentwurfes mit seiner Formgebung, der vertikalen und horizontalen Organisation des Grundrisses unter Berücksichtigung der Luftdurchströmung des Gebäudes und der aerodynamischen Verhältnisse sowie der technischen Gebäudeausrüstung.

Weil diese neuartigen Bauweisen nicht mehr permanent im einmal geplanten und ausgeführten Zustand verharren, sondern ihre Eigenschaften durch Reagieren auf wechselnde Umweltbedingungen selbsttätig ändern können, sind dafür auch Bezeichnungen wie *„Intelligente Fassade"* bzw. *„Intelligente Architektur"* gebräuchlich geworden.

Reaktionsfähige Fassaden können vom Architekten nur in engem Zusammenwirken mit Fachingenieuren, insbesondere mit Spezialisten für Bauphysik, Heizungs-, Lüftungs- und Klimatechnik und Fassadenplanung entwickelt werden. Sie werden in vielen Fällen zunächst in Ausschnitten als Prototypen gebaut und in Klimakammern, Windkanälen usw. vor der Gesamtausführung eingehend erprobt.

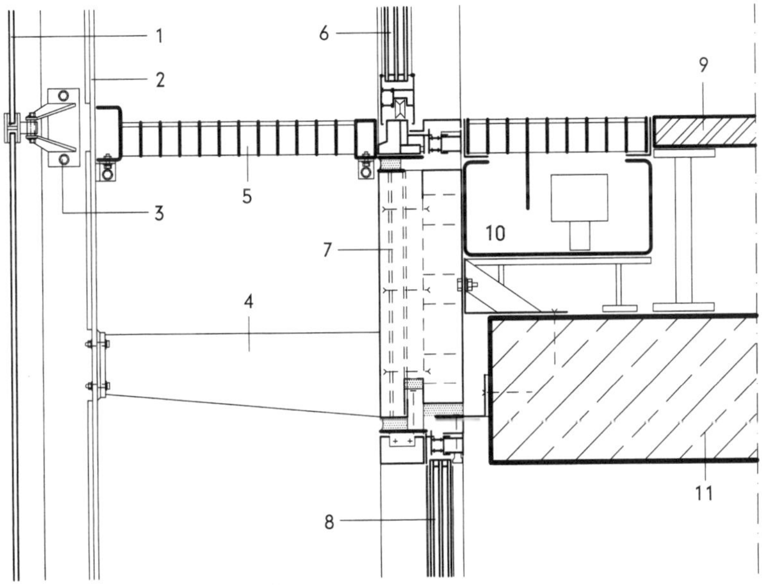

9.25a

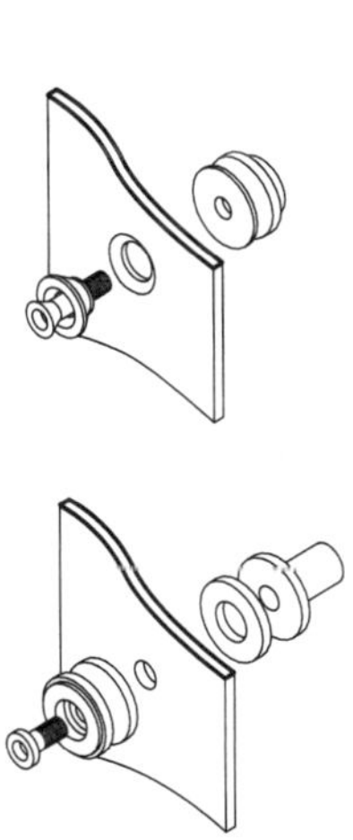

9.25b

9.25 Zweischalige Fassade
a) Details Fassadensteg (Telecom PTT Lausanne, [27])
1 Glasscheibe
2 Vertikaler T-Profil-Träger
3 Flansch zur Scheibenhalterung
4 Konsole
5 Gitterrost
6 Dreischeibenfassade mit Schiebetüren
7 Aluminiumkassetten
8 Festverglasung
9 Installationsfußboden
10 Konvektor mit Abdeckung
11 Stahlbetondecke

b) Glashalterung für Außenschale
1 System Pilkinton Planar (Flachglas AG),
2 System Gartner, Gundelfingen

Kennzeichnend für viele hybride Fassadenkonstruktionen ist ein doppelschaliger, vollverglaster Außenwandaufbau wie bei den Zweite-Haut-Fassaden.

Die Entwicklungen geht vom reinen Wärmepuffer hin zur reaktiven Hülle. Durch Verbesserung der Wärmeschutzeigenschaften der Gläser (bis 0,7 W/m^{2}K) tritt der winterliche Wärmeschutz in den Hintergrund gegenüber Anforderungen an den sommerlichen Wärmeschutz. Verbunden damit werden die Abführung interner Wärmelasten der technischen Anlagen und die witterungsgeschützte, funktionssichere Anordnung eines „außen liegenden" Sonnen- und Blendschutzes (s. Abschn. 9.6) gefordert.

In neueren Entwicklungen ist nicht nur die Steuerung der Luftströme verfeinert, sondern auch mit den innerhalb des Fassadenzwischenraumes liegenden starren oder gesteuerten Sonnenschutzeinrichtungen sowie Lichtreflektoren bzw. *Lichtlenksystemen* kombiniert. Darüber hinaus kann Sonneneinstrahlung, die von gesteuerten Spiegelscheiben, Jalousetten o. Ä. reflektiert wird, ggf. über Prismenssysteme oder Reflektionsflächen an den Decken als blendfreies Tageslicht in die Räume geleitet werden. Dieser Effekt kann durch Fenstergläser mit veränderlichen, gesteuerten optischen Eigenschaften ergänzt werden (s. Abschn. 9.2). Nur bei besonderen Anforderungen bzw. bei Dunkelheit werden künstliche Lichtquellen eingesetzt (Bild **9**.29).

Der Tageslichtnutzung durch Erweiterung des Lichtangebotes in größere Raumtiefen durch Lichtlenkung kommt zunehmende Bedeutung zu. Tageslichtlenkung ermöglicht die Reduktion des Kunstlichtbedarfes, eine damit einhergehenden Verringerung der Wärmelasten und des Energieverbrauches der Beleuchtungsanlagen und eine Verbesserung des Behaglichkeitsempfindens der Nutzer insbesondere an Dauerarbeitsplätzen.

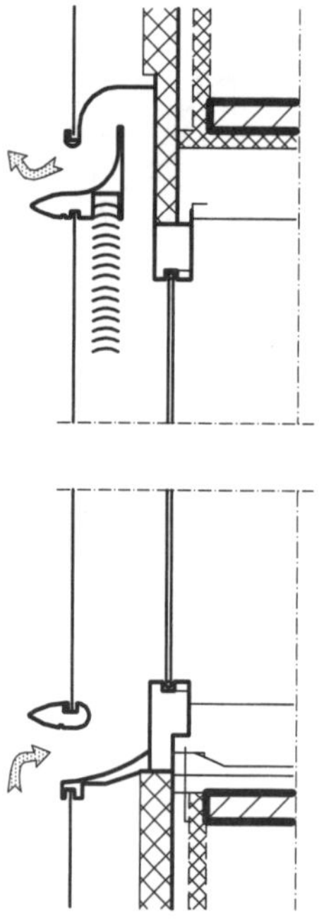

9.26 Zweischalige Fassade mit großen, permanent geöffneten Querschnitten mit geringem Strömungswiderstand [35]

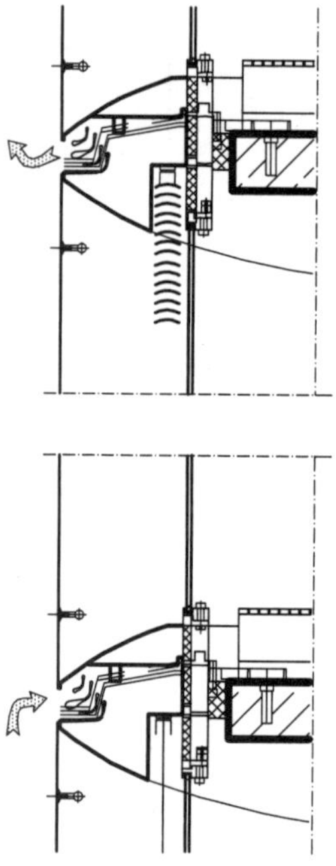

9.27 Zweischalige Fassade mit kleinformatigen, permanent geöffneten Querschnitten mit großem Strömungswiderstand [35]

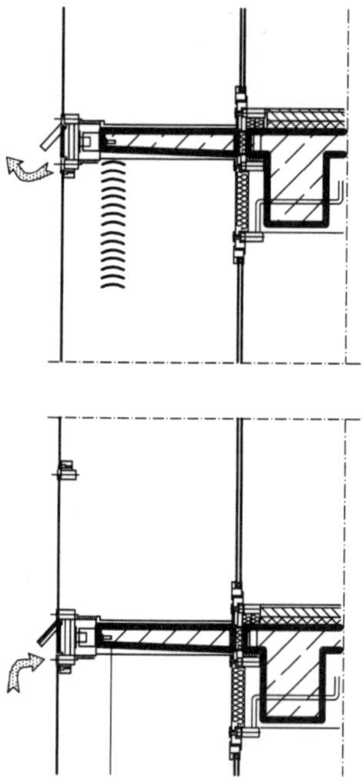

9.28 Zweischalige Fassade mit regelbaren Luftöffnungen mit geringem Strömungswiderstand [35]

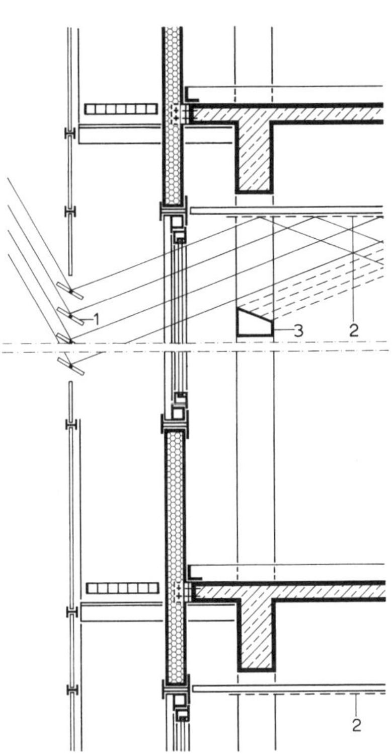

9.29 Zweischalige Fassade mit Tageslichtsteuerung („Intelligente Fassade")

1 gesteuerte Lamellen
2 reflektierende Decke
3 Leuchtkörper

Die zur Selbststeuerung der Fassaden benötigte Energie wird vielfach über Photovoltaik-Anlagen gewonnen. Diese können Teil der gesteuerten Sonnenschutzeinrichtungen sein.

Für „Intelligente Gebäude" gibt es ausgeführte Beispiele mit verschiedenartigsten Lösungsansätzen.

Gebäudeplanungen werden dabei als komplexe Aufgabe unter Berücksichtigung aller Energieströme und Klimatisierungskonzepte betrachtet. Ziel der Entwicklungen ist die Minimierung konventioneller haustechnischen Anlagen (Investitions- und Betriebskosten) zugunsten des Einsatzes selbststeuernder Bauelemente und energiesparender, einfacher Technik auch unter Teillast und Teilnutzung. Hierbei kommt der Optimierung der Nutzung der natürlichen Klimaeinflüsse und der Vernetzung der Funktionen der Fassadenlüftung mit der Haustechnik besondere Bedeutung zu.

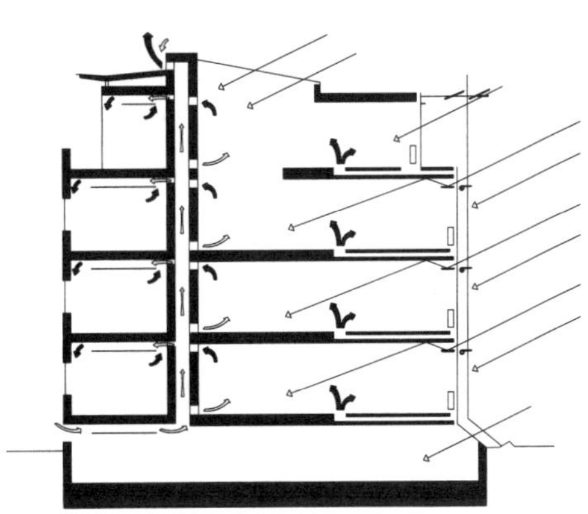

9.30a

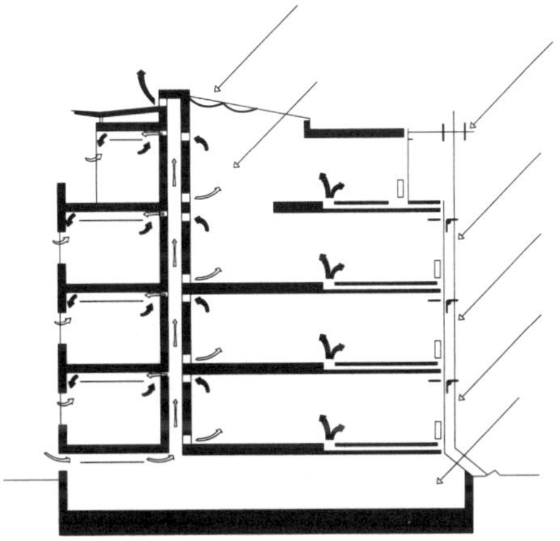

9.30b

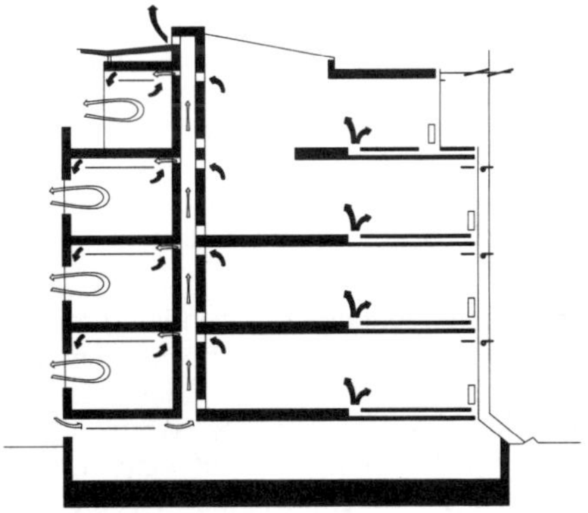

9.30c

9.30 Niedrigenergie-Bürogebäude [42]
Schematische Darstellung der Betriebszustände

a) Wintertag
b) Sommertag
c) Sommernacht

Unter Einbeziehung mehrschaliger Fassaden werden je nach Tages- bzw. Jahreszeitanforderungen Luftströmungen durch massive Hohldecken und Schächte geleitet, die als Wärmepuffer (*Bauteilspeicherung*) dienen (Bild **9**.30). Auch massive Wandteile werden zur Speicherung von eingestrahlter Sonnenenergie ausgenutzt. Auf diese Weise kann Energie gespeichert werden, die auch zur Unterstützung der Luftumwälzung nutzbar ist.

Im Sommer wird die Tageswärme in der Gebäudemasse zunächst gespeichert und über Nacht wieder abgeführt. Die Doppelfassade unterstützt und optimiert die natürlichen Lüftungsvorgänge.

Im Winter kann der Luftraum in Doppelfassaden zusätzlichen Wärmeschutz bieten, wenn die Luftströmungen unterbunden werden.

Die erforderliche Befeuchtung der zugeführten Frischluft lässt sich weitgehend durch künstliche Wasserflächen erreichen, die den Ansaugeinrichtungen vorgelagert werden.

In derartigen „Intelligenten Gebäuden" kann nicht nur auf besondere Kühl- bzw. Klimatisierungsinstallationen verzichtet werden, sondern es sind auch Energieeinsparungen möglich. Die technischen Anlagen dienen in Verbindung mit Gebäudeleittechnik nur noch als unterstützende Systeme, die nur bei Bedarf und in Ergänzung zur reaktiven Gebäudehülle das Innenraumklima beeinflussen.

9

Gesicherte vergleichende Untersuchungen fertiggestellter Gebäude über den tatsächlichen Jahres-Energieverbrauch liegen nur vereinzelt vor [25] [39]. Durch Simulationsberechnungen unterstützte Planungen halten den durch Messungen nachgewiesenen Ergebnissen an gebauten Beispielen vielfach nicht Stand. Insbesondere stehen die beabsichtigten Wärmeenergie-Einspareffekte im Winter häufig im Widerspruch zu der gerade in Verwaltungsbauten dominierenden Aufgabe der Abführung überschüssiger Wärmelasten im Sommer.

Zu einer weitergehenden Behandlung dieses neuartigen, in der Entwicklung befindlichen Aspektes des Gestaltens (z. B. auch durch Einsatz von veränderbaren Farben, von Werbemitteln usw.) und Konstruierens muss auf weiterführende Literatur und Veröffentlichungen ausgeführter Projekte verwiesen werden.

9.6 Sonnen- und Blendschutzsysteme

Bei hohem Verglasungsanteil der Fassadenflächen ist die Anordnung von Sonnenschutzeinrichtungen von entscheidender Bedeutung. Die Lage und Ausbildung hängt überwiegend von der Himmelsausrichtung der einzelnen Fassaden und der Raumnutzung ab (s. Abschn. 16.5.4). Für Bürogebäude mit hohen Wärmelasten durch technische Einrichtungen steht der Sonnenschutz im Zusammenhang mit einer Gebäudekühlung.

Ein wirksamer sommerlicher Wärmeschutz ist nur mit außen liegenden Sonnenschutzanlagen möglich. Nur bei außenseitiger Lage der Verschattungseinrichtungen kann entstehende Wärme *vor dem Eindringen* durch die Klimahülle abgeleitet werden.

Alle Sonnenschutzeinrichtungen müssen in Abhängigkeit von den jahreszeitlich unterschiedlichen Sonneneinfallswinkeln geplant werden. Die Ermittlung der jahreszeitlich und regional unterschiedlichen Sonneneinfallswinkel erfolgt mit Sonnenstandsdiagrammen.[2)]

Sonnenschutzanlagen begrenzen die direkte Wärmeeinstrahlung und können Funktionen eines Blendschutzes und der *Tageslichtlenkung* (Steuerung des Tageslichteintrages) – insbesondere wichtig bei Bildschirmarbeitsplätzen – übernehmen. Ein hoher Tageslichtanteil insbesondere im Winter (bessere Farb- und Kontrastwiedergabe, Wechselwirkung des Wetters) ist für das Wohlbefinden wesentlich.[3)] Durch Lichtlenkungssysteme in Verbindung mit Sonnenschutzanlagen und tageslichtabhängiger Kunstlichtsteuerung lassen sich die Ausbeute der Tageslichtmenge verbessern und gleichzeitig Aufwendungen für die Beleuchtungsanlagen und die Gebäudekühlung erheblich reduzieren.

Sonnenschutzanlagen können nach ihrer Lage in Bezug zur Verglasung, der mechanischen Beweglichkeit und der Materialart unterschieden werden. Häufig sind Sonnenschutzeinrichtungen in

---

2) Einfallswinkel max.= ca. 62° am 21. Juni und min. = ca. 15° am 21. Dez. auf 51,5° nördl. Breite (Höhe Dortmund-Halle)

3) Mit der Reduzierung der Strahlungsintensität (Gesamtenergiedurchlassgrad = g-Wert) durch den Sonnenschutz nimmt auch die Tageslichtintensität (Lichttransmissionsgrad = τ) ab. Natürliches Licht lässt sich in quantitativer (Beleuchtungsstärke, Tageslichtquotient) und qualitativer Hinsicht (Blendungserscheinungen, Helligkeitsverteilung, Leuchtdichtendifferenz) bewerten.

Verbindung mit Vorrichtungen zur Fassadenreinigung und Wartung bei der Planung zu berücksichtigen.

Lage zur Verglasung. Sonnenschutzsysteme können durch Abdeckung der Fensterflächen außerhalb vor der Verglasung, innerhalb des Luftzwischenraumes (LZR) von Isolierglasscheiben oder im Rauminneren angeordnet werden (*geometrischer Sonnenschutz*). Alternativ kann die Strahlungsintensität durch Beschichtungen, Bedruckungen und Folien gegen UV- und Infrarotstrahlung auf den Glasscheiben (s. Abschn. 5.4 in Teil 2 dieses Werkes) verringert werden (strahlungsvermindernder, *selektiver Sonnenschutz*).

- *Außen liegender Sonnenschutz* kann aus Textilien (Markisen) Glas-, Holz– oder Metalllamellen (horizontal oder vertikal angeordneten Lamellenraffstores), Rollladen, Metallrosten oder Blechen bestehen.
- *Verglasungsintegrierte Verschattungssysteme* innerhalb des Luftzwischenraumes (LZR) bestehen aus hochziehbaren oder wendbaren Leichtmetalllamellen, rollbaren Folien, tageslichtlenkenden Lamellenjalousien, Prismengläsern oder Liquidfüllungen.
- *Innen liegender Sonnenschutz* wird aus textilen Vorhängen, horizontal oder vertikal angeordneten Jalousien oder Lamellen hergestellt.
- *Beschichtungen* der Glasscheiben oder Einfärbungen zur Licht- und Wärmereflexion sind Bestandteil der Verglasung.

Außen liegender Sonnenschutz ist innen Liegendem zur Verringerung der Kühllasten vorzuziehen. Innen liegender Sonnenschutz ist kaum dazu geeignet, Wärmestrahlung abzuhalten und sollte, – wenn er überhaupt vorgesehen wird –, über möglichst wärmestrahlungsreflektierende Oberflächen verfügen und möglichst dicht an der Verglasung angeordnet werden.

An west- und ostorientierten Fassaden ist vertikal abdeckender Sonnenschutz aufgrund der niedrigen Sonnenstände vorzuziehen. An südorientierten Verglasungen können horizontal angeordnete Verschattungsanlagen bei hohen Sonnenständen gute Schutzeigenschaften ergeben.

Bewegliche Sonnen- und Blendschutzanlagen zwischen den Isolierglasscheiben (LZR) können als schmale Lammellen oder Screens (kunststoffbeschichtete, reflektierende Gewebe) mit Elektromotoren oder manuell mit Magneten bedient

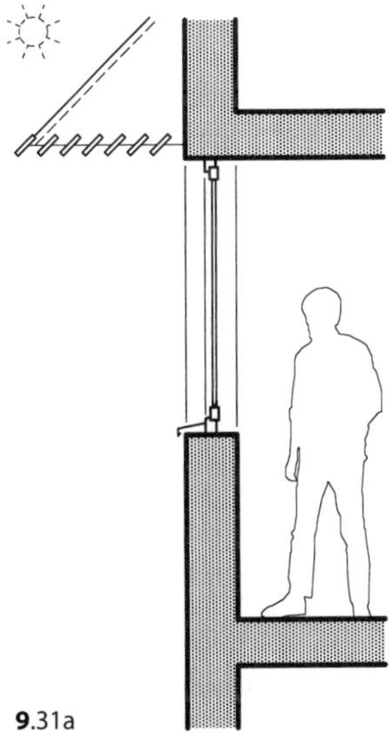

9.31a

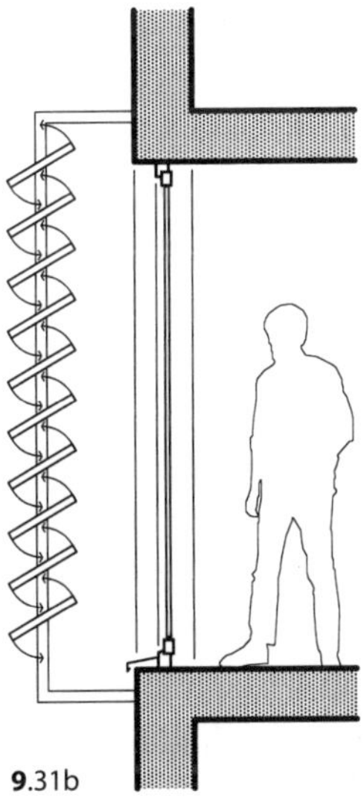

9.31b

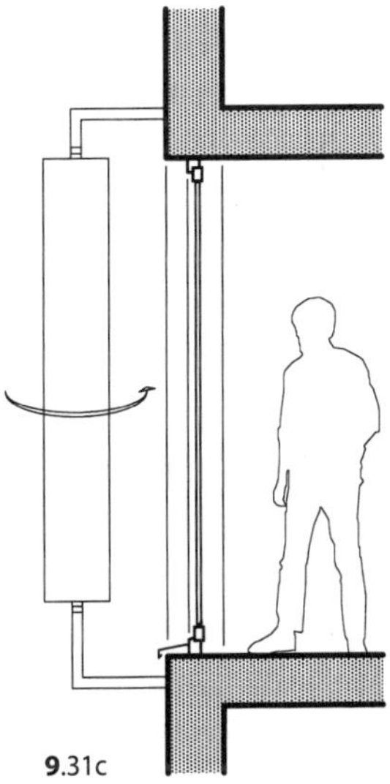

9.31c

9.31 Sonnenschutzanlagen

a) starre, feststehende Sonnenschutzanlage
b) beweglicher, horizontal drehbarer Sonnenschutz (nachführbare Großlamellen/shelfs)
c) beweglicher, vertikal drehbarer Sonnenschutz (nachführbare Großlamellen/shelfs)

(gewendet oder gerafft) werden. An den Sonnenschutzanlagen absorbierte Wärmestrahlung heizt das Glas auf und wird überwiegend nach außen abgegeben, wenn die innere Scheibe über Wärmeschutzbeschichtungen verfügt. Nachteile sind ein erforderlicher kompletter Austausch der Verglasung bei defekten Anlagen und die versperrte Durchsicht bei nicht raffbaren Anlagen. Vorteile ist die geschützte und verschmutzungsfreie Unterbringung im LZR.

Sonnen- und Blendschutz in Doppelfassaden. Die Lage des Sonnenschutzes in einem Fassadenzwischenraum, insbesondere die Abstände zur Verglasung haben erheblichen Einfluss auf das Innenklima. Ist der Abstand zu den Verglasungsebenen zu gering, findet keine ausreichende Abkühlung durch mangelnde Umströmung statt. Es entsteht ein heißes Luftposter, das sogar zum Bruch der angrenzenden Glasscheiben führen kann. Ist der Abstand zu weit, ist die auftriebsbedingte Geschwindigkeit des Luftstromes zwischen Sonnenschutz und Verglasung zu gering. Die Folge sind Aufheizungserscheinungen des Sonnenschutzes auf Grund mangelnden Wärmeabtransportes und in der Folge zunehmende Erhitzung des Fassadenzwischenraumes.

Feststehender und beweglicher Sonnenschutz.

- *Feststehender Sonnenschutz* kann durch bauliche Maßnahmen (Balkone, Loggien, Dachüberstände, zurückgesetzte Fenster, textile Überdachungen, Arkaden) oder mittels horizontaler, seltener vertikaler oder geneigt auskragender Bauteile wie Roste, Lamellen oder Blechen vorgesehen werden.
- *Bewegliche Sonnenschutzeinrichtungen* sind alle Formen mechanisch, manuell oder elektrisch, horizontal oder vertikal und diagonal verstellbarer Anlagen (Markisen, Jalousien, Lamellen, Schiebeläden). Bewegliche Sonnenschutzanlagen können zudem in verschiebliche und drehbare Systeme unterschieden werden.

Feststehende Sonnenschutzanlagen werden als Trägerroste aus Stahl, Aluminium oder Edelstahl aus geraden, gekanteten oder Rechteck-Hohlprofilen hergestellt. Sie können konsolartig auskragend, selbsttragend oder auch begehbar (Reinigungs- und Wartungsstege) vorgesehen werden. Rostsysteme sperren oder/und reflektieren die direkte Einstrahlung in Abhängigkeit von der Rostgeometrie und dem Einstrahlungswinkel (Bild **9**.31a). Feststehende Sonnenschutzanlagen als Roste oder Lamellen und die Fassadenflächen

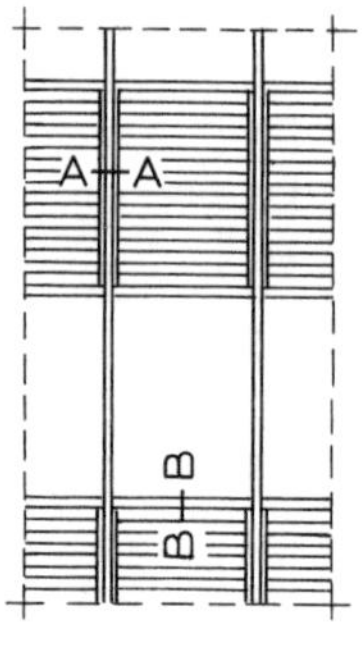

9.32a

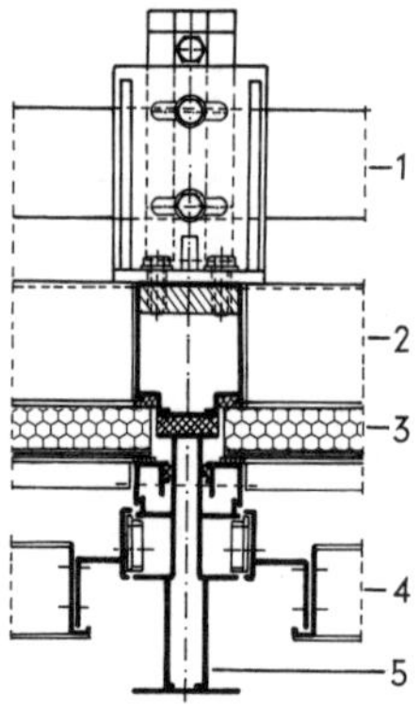

9.32b

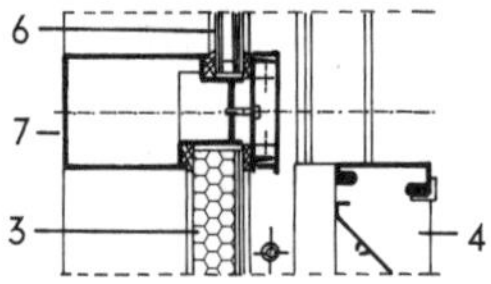

9.32c

9.32 Vorhangfassade mit senkrechten, verfahrbaren Sonnenschutzlamellen (Postscheckamt Essen)
a) Ansicht
b) Horizontalschnitt A–A durch den Pfosten mit justierbarer Befestigung, Brüstungselementen und den davorliegenden Rahmen der Sonnenschutzanlage
c) Vertikalschnitt B–B durch den Riegel, davor der obere Rahmen der Sonnenschutzanlage

1 justierbare Aufhängung
2 Tragprofil innen
3 Brüstungselement
4 vertikal verfahrbare Sonnenschutzlamellen
5 Tragprofil außen mit Fahrschiene für Fassadenreinigungskorb
6 Isolierverglasung
7 waagerechte Sprosse

vollständig abdeckende Anlagen reduzieren den Tageslichteinfall erheblich.

Bewegliche Sonnenschutzanlagen als Lamellenraffstores, Markisen, Rollos, Screens und Roll- und Schiebeläden für Fensteranlagen werden in Teil 2, Abschn. 5 dieses Werkes behandelt.

Großflächige Glasfassaden können auch durch vor der Verglasungsebene angeordnete, einachsig horizontal oder vertikal drehbar gelagerte Großlamellen, - sog. shelfs -, aus Aluminium, Glas oder Holz verschattet werden. Die Anlagen werden häufig dem Sonnenstand folgend automatisch mit elektromotorisch betriebenen Schubstangen nachgeführt. Kombinationen mit Photovoltaikanlagen sind zur Energieversorgung der Verschattungsanlagen möglich. *Glaslamellen* aus Sonnenschutzglas mit strahlungsbehindernden Bedruckungen oder Beschichtungen schränken die Durchsicht in geschlossenem Zustand nur unwesentlich ein. Prismenlamellen aus Acrylglas verhindern direkten Strahlungseintritt, - lassen aber diffuse Strahlung zur Raumbelichtung durch. Nachteile sind die gfls. behinderte Durchsicht und der relativ hohe Aufwand für die Herstellung, Reinigung und Wartung (Bild **9**.31b und c).

Öffenbare Lamellen verbunden mit lichtlenkenden Beschichtungen an den Oberflächen (Lightselfs) oder die Anordnung im oberen Drittel der Verglasungsflächen verbessern die Tageslichtausbeute (s. Bild **9**.29).

Außen liegende und zudem bewegliche Sonnenschutzanlagen sind an Fassaden mit hoher Windbelastung (z. B. Hochhäuser) problematisch. Einen interessanten Lösungsversuch mit Hilfe einer senkrecht verfahrbaren, starren Lamellenkonstruktion zeigt Bild **9**.32.

Laubbäume und Bewuchs können als jahreszeitlich variierende Schattenspender die Besonnung von Innenräumen und Fassaden beeinflussen. Umliegende Gebäude haben gfls. erheblichen Einfluss auf die Besonnungssituation.

9.7 Normen

Norm	Ausgabedatum	Titel
DIN 107	04.1974	Bezeichnung mit links oder rechts im Bauwesen
DIN EN 410	12.1998	Glas im Bauwesen; Bestimmung der lichttechnischen und strahlungsphysikalischen Kenngrößen von Verglasungen
DIN EN 1096-1	01.1999	–; Beschichtetes Glas; Definition und Klasseneinteilung
DIN 1249-11	09.1986	Flachglas im Bauwesen; Glaskanten; Begriffe, Kantenformen und Ausführung
DIN 1259-1	09.2001	Glas; Begriffe für Glasarten und Glasgruppen
DIN 1259-2	09.2001	Glas; Begriffe für Glaserzeugnisse
E DIN EN 1364-4	05.2002	Feuerwiderstandsprüfungen für nichttragende Bauteile; Vorhangfassaden, Teilausführung
DIN 4102-13	05.1990	Brandverhalten von Baustoffen und Bauteilen; Brandschutzverglasungen; Begriffe, Anforderungen und Prüfungen
DIN 4108-1	08.1981	Wärmeschutz im Hochbau; Größen und Einheiten
DIN 4108-2	03.2001	Wärmeschutz und Energie-Einsparung in Gebäuden; Mindestanforderungen an den Wärmeschutz
DIN 4108-3	07.2001	–; Klimabedingter Feuchteschutz; Anforderungen, Berechnungsverfahren und Hinweise für Planung und Ausführung
DIN V 4108-6	11.2000	–; Teil 6: Berechnung des Jahresheizwärme- und des Jahresheizenergiebedarfes
E DIN 4108-20	07.1995	Wärmeschutz im Hochbau – Teil 20: Thermisches Verhalten von Gebäuden; Sommerliche Raumtemperaturen bei Gebäuden ohne Anlagentechnik; Allgemeine Kriterien und Berechnungsalgorithmen (Vorschlag für eine Europäische Norm)
DIN 4109	11.1989	Schallschutz im Hochbau, Anforderungen, Nachweise
DIN 4109 Bbl 2	11.1989	–; Hinweise für Planung und Ausführung; Vorschläge für einen erhöhten Schallschutz; Empfehlungen für den Schallschutz im eigenen Wohn- und Arbeitsbereich

Fortsetzung s. nächste Seite

Normen, Fortsetzung

Norm	Ausgabedatum	Titel
DIN 5034-1	10.1999	Tageslicht in Innenräumen; Allgemeine Anforderungen
DIN 5034-2	02.1985	–; Grundlagen
DIN EN 12 150-1	11.2000	Glas im Bauwesen; Thermisch vorgespanntes Kalknatron-Einscheibensicherheitsglas; Definition und Beschreibung
DIN EN 12 152	08.2002	Vorhangfassaden – Luftdurchlässigkeit; Leistungsanforderungen und Klassifizierung
DIN EN 12 153	09.2000	Vorhangfassaden; Luftdurchlässigkeit; Prüfverfahren
DIN EN 12 154	06.2000	Vorhangfassaden; Schlagregendichtheit, Leistungsanforderungen und Klassifizierung
DIN EN 12 179	09.2000	Vorhangfassaden; Widerstand gegen Windlast; Prüfverfahren
E DIN EN 13 022-1	01.1998	Glas im Bauwesen; Geklebte lastabtragende Glaskonstruktion; Einwirkungen, Anforderungen und Terminologie
E DIN EN 13 022-2	01.1998	–; Geklebte lastabtragende Glaskonstruktion; Glas
E DIN EN 13 022-3	01.1998	–; –; Dichtstoffe , Prüfverfahren
E DIN EN 13 022-4	01.1998	–; –; Verglasungsvorschriften
E DIN EN 13 363-1	01.1999	Sonnenschutzeinrichtungen in Kombination mit Verglasungen; Berechnung der Solarstrahlung und des Lichttransmissionsgrades; Vereinfachtes Verfahren
E DIN EN 13 474-1	04.1999	–; Bemessung von Glasscheiben; Allgemeine Grundlagen für Entwurf, Berechnung und Bemessung
DIN 18 005-1	07.2002	Schallschutz im Städtebau; Grundlagen und Hinweise für die Planung
DIN 18 005-1 Bbl 1	05.1987	Schallschutz im Städtebau; Berechnungsverfahren; Schalltechnische Orientierungswerten für die städtebauliche Planung
DIN 18 073	11.1990	Rollabschlüsse, Sonnenschutz und Verdunklungsanlagen im Bauwesen; Begriffe, Anforderungen
DIN 18 202	14.1997	Toleranzen im Hochbau; Bauwerke
DIN 18 203-2	05.1986	–; Vorgefertigte Teile aus Stahl
DIN 18 351	12.2000	VOB Verdingungsordnung für Bauleistungen; Teil C: Allgemeine technische Vertragsbedingungen für Bauleistungen (ATV); Fassadenarbeiten
DIN 18 358	12.2000	–; Rolladenarbeiten
DIN 18 361	12.2000	–; Verglasungsarbeiten
DIN 18 516-4	02.1990	Außenwandbekleidungen, hinterlüftet; Einscheiben-Sicherheitsglas; Anforderungen, Bemessung, Prüfung
DIN 18 540	02.1995	Abdichten von Außenwandfugen im Hochbau mit Fugendichtstoffen
DIN 18 542	01.1999	Abdichten von Außenwandfugen mit imprägnierten Dichtungsbändern aus Schaumkunststoff; Imprägnierte Dichtungsbänder; Anforderungen, Prüfung
DIN 18 545-1	02.1992	Abdichten von Verglasungen mit Dichtstoffen; Anforderungen an Glasfalze
DIN 18 545-2	02.2001	–; Dichtstoffe; Bezeichnung, Anforderungen und Prüfung
DIN 18 545-3	02.1992	–; Verglasungssysteme
GlaskonstrZulBek	12.1998	Bekanntmachung der Leitlinie für die europäische technische Zulassung für geklebte Glaskonstruktionen
Vertikalverglasung TR	08.1997	Technische Regeln für die Verwendung von linienförmig gelagerten Vertikalverglasungen

9.8 Literatur

[1] *Bäckmann, R.*: Sonnenschutz Teil 1 bis 3; Systeme, Technik und Anwendung, Gestaltung und Konstruktion, Tageslichttechnik u. a. 1999/2000

[2] *Behling S.* (Hrsg.) : Glass; Konstruktion und Technologie. Düsseldorf 1999

[3] *Behling S.*: Sol Power; Die Evolution der solaren Architektur. München – New York 1996

[4] *Blum, H. J., Compagno, A., Fitzner, K., Heusler, W., Hortmanns, M., Hosser, D.*: Doppelfassaden. Berlin 2001

[5] *Compagno, A.* : Intelligente Glasfassaden; Material, Anwendung, Gestaltung. Basel 1999

[6] *Danner, D., Dassler, F. H., Krause, J. R.* (Hrsg.): Die klima-aktive Fassade. Leinefelden- Echterdingen 1999

[7] *Davis, M.*: Eine Wand für alle Jahrenszeiten: Die intelligente Umwelt erschaffen. In: Arch+ Nr. 104, 1990

[8] Deutsches Institut für Bautechnik (DIBt); Technische Regeln für die Verwendung von absturzsichernden Verglasungen (TRAV)-Entwurfsfassung 3/2001. Berlin; www.dibt.de

[9] *Dworschak, G., Wenke, A.*: Fassadenschichtungen. Berlin 2002

[10] *Ernst, J.*: Zweite- Haut- Fassade. In: Baumeister 01/2001

[11] *Eicker, U.*: Solare Technologien für Gebäude. Wiesbaden 2001

[12] *Gall, D., Vandahl, C., Jordanowa, S.*: Tageslicht und künstliche Beleuchtung, Bewertung von Lichtschutzeinrichtungen. 2000

[13] *Gertis; K.*: Sind neuere Fassadenentwicklungen bauphysikalisch sinnvoll? Teil 2: Glas-Doppelfassaden (GDF). In: Bauphysik Nr. 21. Stuttgart 1999

[14] *Hauser, G*: Energetische Wirkungen einer durchströmten Glasfassade. In: TAB 19/1989

[15] *Hausladen, G.*: Solare Doppelfassaden; Energetische und raumklimatische Auswirkungen. In: KI 34/1998

[16] *Heusler, W., Compagno, A.*: Mehrschalige Fassaden. In: DBZ 06/1998

[17] Informationsdienst Holz: Holzbauhandbuch, Reihe 1, Teil 10, Folge 3, 12/1999; www.argeholz.de

[18] Informationszentrum RAUM und BAU- (IRB)- Literaturdokumentationen: Glasfassaden, Temporärer Wärmeschutz, Lichtumlenkung, Energiegewinnung durch Fenster, Tageslichttechnik, Hochhausfassaden, Sonnenschutz von Büro- und Verwaltungsbauten u. a. Stuttgart 2001; www.irb.fhg.de

[19] Intelligente Architektur; AIT Spezialausgaben seit 1996 und AIT-Scripte 1 bis 3

[20] *Knaack, U.*: Glas im konstruktiven Detail. In: DBZ 3/2001

[21] *Kroner, W. M.*: Intelligente Konstruktionen für anpassungsfähige Fassaden. In: AIT 04/1995

[22] *Kunkelmann, J.*: Brandschutz von Gebäuden mit Doppelfassaden. In : BBauBl. 47-7/1998

[23] *Lang, W.*: Zur Typologie mehrschaliger Gebäudehüllen aus Glas. In : DETAIL 7/1998

[24] *Laske, U., Richter, K.*: Umdruck Baukonstruktion, Skelettbau I, Glasfassaden. Darmstadt 1991

[25] *Lödel, T.*: Erfahrungsbericht über das Solskin-Gebäude der Götz GmbH, Würzburg. In: AIT 11/1997

[26] *Lukas, H. G.*: Baurechtliche Verfahren für Glaskonstruktionen. In: DAB 10/1993

[27] *Luscher, A.*: Energiegeladen. In: AIT 03/1996

[28] *Mösle, P.*: Zwischen den Schalen. In: db 01/2001

[29] *Müller, H. ,Nolte, C., Pasquay, T., Thiel ,D.*: Bericht zu Messvorhaben an drei Gebäuden mit Doppelfassaden. In: AIT/Intelligente Architektur 15/1998

[30] *Oesterle, E., Lieb, R. D., Lutz, M, Heusler, W.*: Doppelschalige Fassaden – ganzheitliche Planung. München 1999

[31] *Otto, F., Hauser, G.*: Planungsinstrument für das sommerliche Wärmeverhalten von Gebäuden, Stuttgart. 1997

[32] *Rice, P., Dutton, H.*: Transparente Architektur; Glasfassaden mit Structural Glazing . Basel 1995

[33] *Schuler, M.*: Luft in Hülle und Fülle; Doppelfassaden an Hochhäusern sind oft umstritten. In: db 4/1997

[34] *Schuler, M.*: Glasfassaden und Sonnenschutz. In: VfA Profil 10/98

[35] *Schwab, A.*: Neue Konzepte mehrschaliger Fassaden. In: DAB 03/1996 und: Fassaden für natürlich belüftete Gebäude. In: DAB 30/1998

[36] *Schittich, C., Staib, G., Balkow, D., Schuler, M., Sobeck, W.*: Glasbauatlas, Berlin 1998

[37] *Schittich, C.* (Hrsg.): Gebäudehüllen Im Detail, 2001

[38] *Simon, C.*: Intelligente Fassaden. In: Der Architekt 03/1996

[39] *Stahl, M.*: Doppelfassade, Solarwärme, Kühldecken, neuronale GLT(Gebäudeleittechnik). Götz-Neubau: Ist das ein Intelligentes Gebäude? In: CCI 30/1996

[40] *Stiell, W.*: Structural Glazing – Die geklebte Ganzglasfassade. In: DBZ 12/1993

[41] Technische Richtlinien des Institutes des Glaserhandwerks für Verglasungstechnik und Fensterbau (IGH); Schrift 1, 2, 4, 13, 17, 19. Hadamar; www.glaserhandwerk.de

[42] *Wonner; M., Bubeck, S.*: Energiewandler, Niedrigenergie – Bürogebäude in Karlsruhe. In: AIT 03/1996

[43] Verband Deutscher Ingenieure (VDI): Optimierung von Tageslichtnutzung und künstlicher Beleuchtung, Tagungsbericht. Berlin 2001

[44] *Vögele, O.*: Handbuch für Rollladen und Sonnenschutzsysteme. 2000

10 Geschossdecken und Balkone

10.1 Allgemeines

Die Aufgabe, gebaute Räume nach oben abzuschließen und die Geschosse durch Decken zu trennen, kann auf verschiedene Weise gelöst werden. Zu unterscheiden sind nach den jeweiligen Hauptbaustoffen:

- Decken aus *natürlichen* oder *künstlichen Steinen*,
- Decken aus *Beton* oder Stahlbeton,
- Decken aus *Stahl*,
- Decken aus *Holz*.

Man kann ferner unterscheiden:

- *ebene* Decken, überwiegend *biegebeansprucht*,
- gewölbte Decken, überwiegend *druckbeansprucht*.

Massivdecken werden an der Baustelle oder vorgefertigt hergestellt als Stahlbetonplatten oder -balkendecken, Stahlbetonrippendecken, Stahlbetondecken mit Füllkörpern oder aus Stahlblechen mit Aufbeton. Sie stellen heute für den weitaus größten Teil aller Bauvorhaben die übliche Geschossdecke dar, weil damit relativ leicht die notwendige Feuersicherheit und ausreichender Schallschutz erreicht werden können.

Holzbalkendecken genügen nur bei sehr sorgfältiger Ausführung den Schallschutzanforderungen und kommen allenfalls noch für kleinere Bauvorhaben mit zwei Geschossen, z. B. Einfamilienhäuser, in Frage oder für Decken in Verbindung mit einem Dachstuhl aus Holz.

Die *Gewölbe* stellen die älteste Form steinerner Decken dar; sie bilden mit den Gebäudemauern ein festes Gefüge.

10.1.1 Standsicherheit

Ebene Decken werden durch ihr Eigengewicht und Nutz- bzw. Verkehrslasten statisch auf Biegung beansprucht. Die anzunehmenden Verkehrslasten sind in DIN 1055-3 festgelegt. Sie betragen 1,5 kN/m² für Decken von Wohnräumen und bis zu 30 kN/m² für Decken von Fabriken und Lagern. Wird für Trockenbauwände zur Verkehrslast eine Last von 0,75 kN/m² hinzugerechnet, so sind Trockenbauwände ohne weiteren statischen Nachweis auf der Decke beliebig platzierbar. Die daraus resultierende Konstruktionsart und die erforderliche Dimensionierung ist abhängig von der Spannweite und -richtung der Decken.

Balken- und Rippendecken (s. Abschn. 10.2.3) werden in der Regel so auf den tragenden Bauteilen (tragende Wände, Unterzüge, Riegel von Skelettbauten) aufgelagert, dass kurze Spannweiten – möglichst unter Ausnutzung der Durchlaufwirkung – und damit wirtschaftliche Abmessungen erzielt werden.

Ebene Massivplatten können am wirtschaftlichsten ausgeführt werden, wenn sie unter Ausnut-

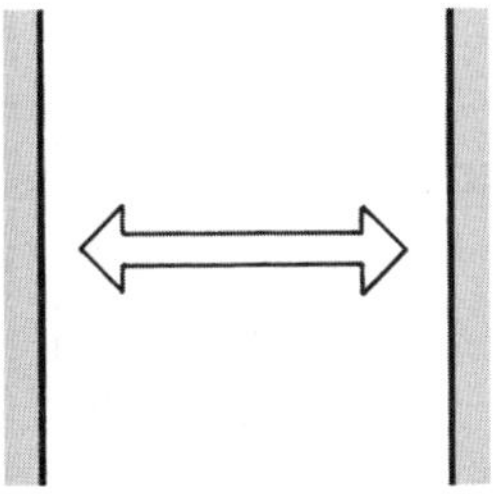

10.1a

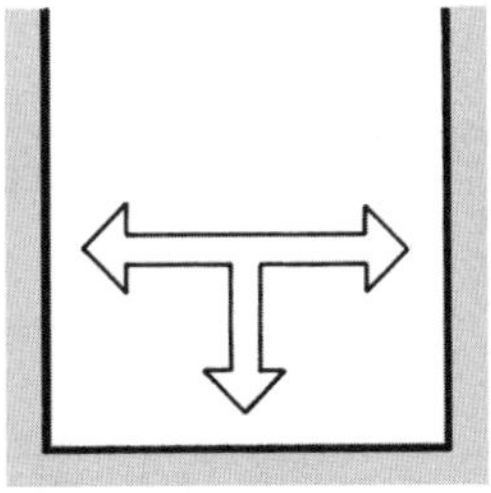

10.1b

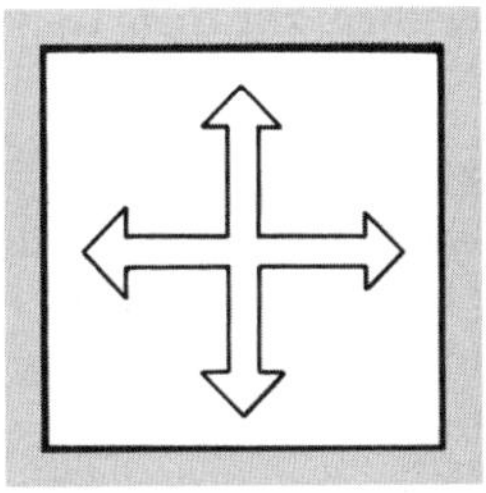

10.1c

10.1 Stahlbetonplatte
a) zweiseitig aufgelagert
b) dreiseitig aufgelagert
c) allseitig aufgelagert

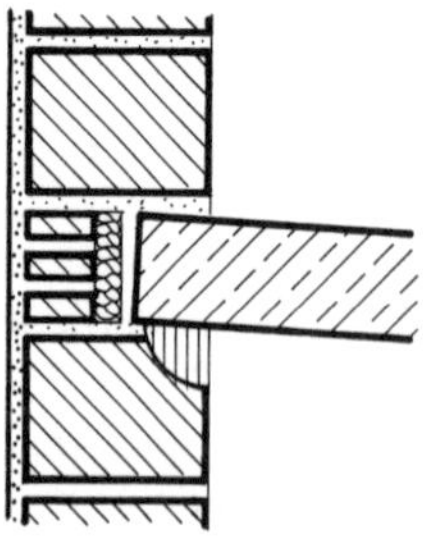

10.2 Kantenpressung am Auflagerrand

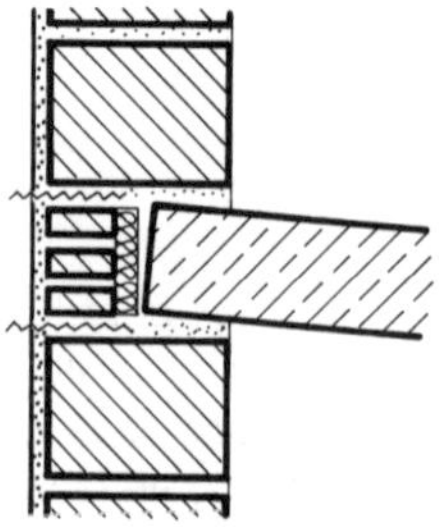

10.3 Rissbildung infolge Verdrehung am Auflager

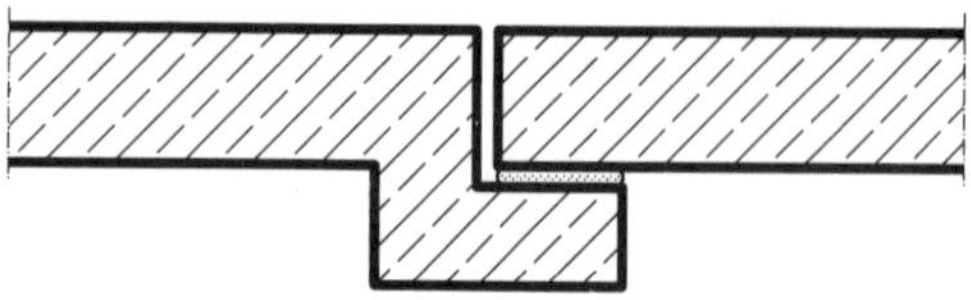

10.4 Auflager auf Kragkonsole

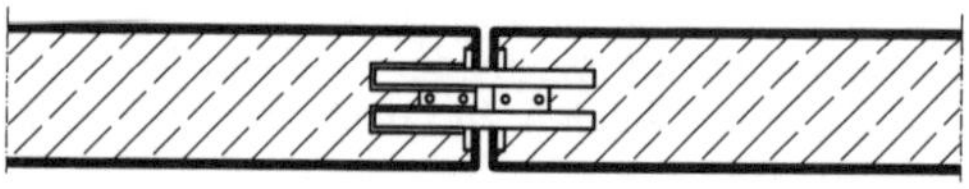

10.5 Tragdornverbindung (Schoeck Staifix®)

zung verschiedener Spannrichtungen drei- oder vierseitig aufgelagert werden (Bild **10**.1).

Gemäß DIN 1045, Abschn. 20.1.2 ist die Auflagertiefe von Stahlbetonplatten so zu wählen, dass die zulässigen Pressungen der Auflagerflächen nicht überschritten werden. Die Mindesttiefe der Auflager beträgt

- auf Mauerwerk, Beton B5 und B10 mindestens 7 cm,
- auf Beton B15 bis B550 mindestens 5 cm,
- auf Trägern aus Stahlbeton oder Stahl mindestens 3 cm.

10

Bei geringer Auflagertiefe entsteht infolge der Durchbiegung der Decke eine erhöhte Kantenpressung am Auflager. Dabei können die Auflagerränder durch Überbeanspruchung abplatzen (Bild **10**.2). Durch Verdrehungen im Auflagerbereich besteht besonders bei geputzten Außenwänden und bei Innenwänden, die auf einer Seite am Deckenauflager durchlaufen, die Gefahr der Bildung von Horzontalrissen (Bild **10**.3). In den oberen Raumecken sollte daher bei geputzten Flächen zwischen Decken- und Wandputz ein Kellenschnitt ausgeführt werden.

Im Rahmen des gesamten Baugefüges tragen ebene Massivdecken als horizontale Scheiben wesentlich zur Aussteifung und Sicherung der Standsicherheit bei (s. Abschn. 1.6, Bilder **1**.27c und **1**.28).

In diesem Fall ist die Verbindung mit den ausgesteiften Wänden ohne zusätzliche Maßnahmen ausreichend, wenn die Auflagertiefe mindestens der halben Wanddicke entspricht (vgl. Abschn. 6.2.1.1). Wenn aus statischen Gründen Deckenauflager ohne Einspannung hergestellt werden müssen oder wenn Fugen zwischen verschiedenen Deckenfeldern (z. B. sehr unterschiedliche Nutzlasten, komplizierte Grundrissformen) erforderlich sind, können besondere Auflager durch Unterzüge oder durch Auskragungen gebildet werden (Bild **10**.4).

Eine wesentlich rationellere Ausführungsmöglichkeit bieten in solchen Fällen Konstruktionen mit hochbelastbaren Tragdornverbindungen (Bild **10**.5).

Für die Auflagerung von Massivplatten für Flachdächer gelten besondere Bedingungen (s. Teil 2 des Werkes).

Gemäß DIN 1055-3 dürfen leichte Trennwände ohne zusätzliche Träger oder Verstärkungsstreifen unmittelbar auf Decken errichtet werden (vgl. Abschn. 6.10.1). Dabei muss die Durchbiegung der Decken durch entsprechende Dimensionie-

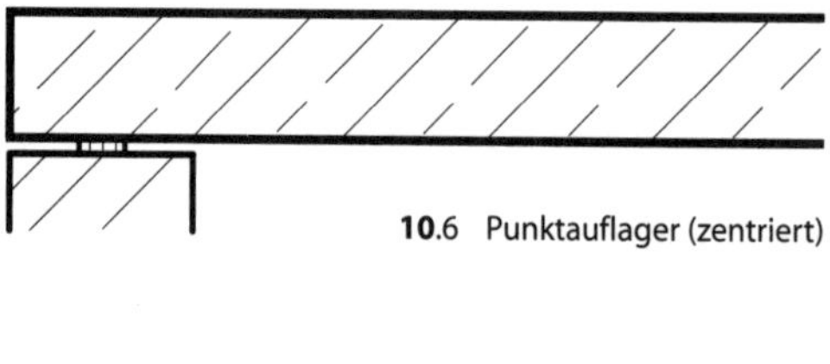

10.6 Punktauflager (zentriert)

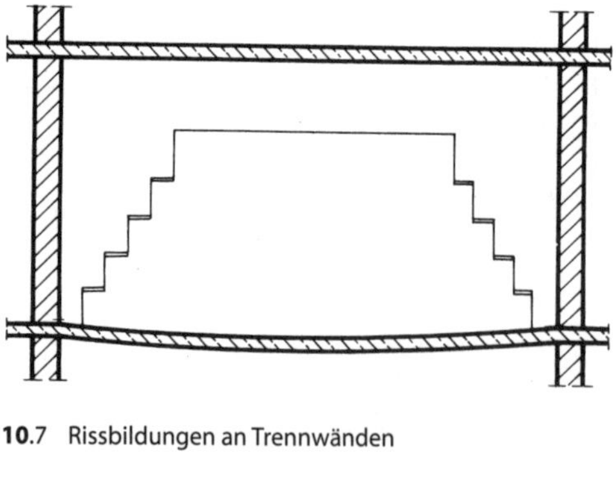

10.7 Rissbildungen an Trennwänden

rung in engen Grenzen gehalten werden, da sonst Rissbildungen in den Wänden auftreten.

Ein typisches Schadensbild an nichttragenden Zwischenwänden infolge zu großer Durchbiegung der Decke zeigt Bild **10**.7.

10.1.2 Wärmeschutz[1)]

Je nach Lage innerhalb eines Bauwerkes müssen Decken unterschiedlichen Anforderungen an den Wärmeschutz genügen, die in DIN 4108 im einzelnen definiert sind für

- Wohnungstrenndecken,
- Kellerdecken,
- Decken, die den unteren Abschluss nicht unterkellerter Räume bilden (unmittelbar auf dem Erdreich aufliegend oder über nicht belüftetem Hohlraum),
- Decken unter nicht ausgebauten Dachräumen,
- Decken, die Aufenthaltsräume gegen die Außenluft abgrenzen (z. B. bei offenen Durchfahrten, Flachdächern, s. Abschn. 16.5).

Die teilweise sehr hohen Anforderungen können in der Regel von der Rohdecke allein nicht erfüllt werden. Bildet eine Decke den *oberen* Abschluss eines Bauwerkes, ist der erforderliche Wärmeschutz im Rahmen der gesamten Dach- bzw. Flachdachkonstruktion zu gewährleisten (s. Abschn. 2 Teil 2 dieses Werkes).

Bei *Kellerdecken* und *Decken über offenen Durchfahrten* kommen unterseitig aufgebrachte (z. B. anbetonierte) Wärmedämmungen als zusätzliche Maßnahmen in Frage. Im Übrigen ist der Wärmeschutz der Decken fast immer nur in Verbindung mit einer *Deckenauflage* (z. B. schwimmender Estrich, s. Abschn. 11) zu erreichen.

Zu beachten ist jedoch der ausreichende Wärmeschutz für die Außenkanten der Rohdecken, da diese sonst Wärmebrücken darstellen würden. Bei durchbindenden Decken muss mindestens eine – am besten anbetonierte – Wärmedämmung aus Holzwolle-Leichtbauplatten vorgesehen werden (Bild **10**.8a). Bei einer derartigen Ausführung muss jedoch bei geputzten Außenwänden auch bei einer Überspannung mit verzinktem Drahtgewebe oder ähnlichen Putzträgern mit Rissbildung und farblichen Abzeichnungen gerechnet werden, weil die Deckenränder andere bauphysikalische Eigenschaften aufweisen als die angrenzenden Wandflächen. Besser ist eine Ausführung gemäß Bild **10**.8b. Der

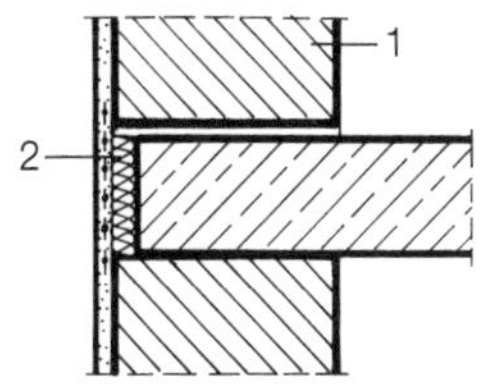

10.8a

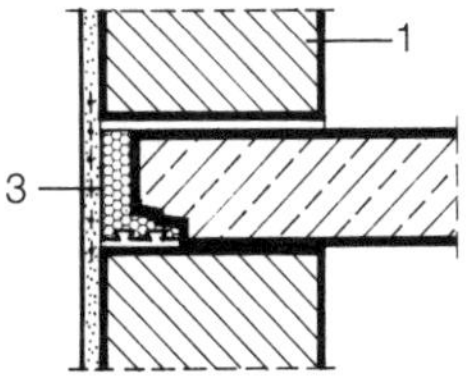

10.8c

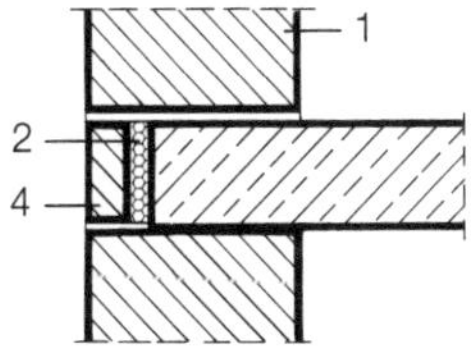

10.8b

10.8 Wärmedämmung von Deckenrändern
a) Wärmeschutz aus anbetonierter Holzwolle-Leichtbauplatte, geputzt (bedenkliche Ausführung!)
b) Wärmeschutz hinter Abmauerung
c) Deckenrand mit wärmedämmendem anbetoniertem Randprofil (HBAU warmbord)

1 Mauerwerk
2 Wärmedämmung
3 wärmedämmendes Schalungselement mit Bewehrung und Putzträger
4 Abmauerung

Rationalisierung dienen vorgefertigte Schalungselemente mit Wärmedämmstreifen (Bild **10**.8c).

Sollen Deckenränder aus gestalterischen Gründen in den Fassadenflächen sichtbar bleiben, so werden sie am besten mit Hilfe von wärmegedämmten Fertigteilen ausgeführt, die beim Betonieren der Rohdecken mit einbetoniert werden.

Bei hochgedämmten Außenwänden können sich über die Deckenränder, im Sockelbereich bzw. über Kellern Wärmebrücken bilden. Dadurch sind kritische niedrige Oberflächentemperaturen im Innenbereich des Mauerfußes möglich. Abhilfe kann durch Einbau von tragenden Wärmedämmelementen geschaffen werden (Bild **10**.9).

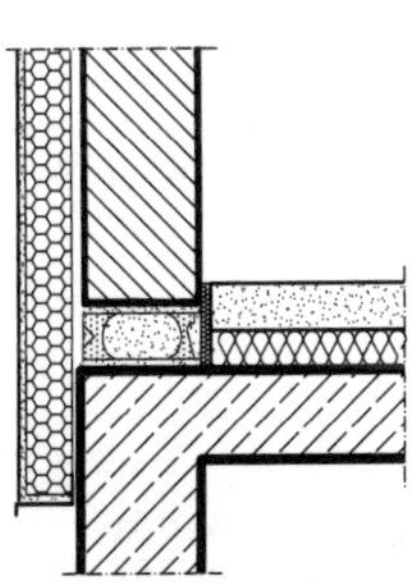

10.9
Tragendes Wärmedämm-Element (Schöck isomur®)

10.1.3 Schallschutz[1)]

Die Anforderungen an Decken hinsichtlich Schallschutz sind in DIN 4109 festgelegt. Unterschieden wird zwischen Luftschallschutz und Trittschallschutz. Zwar geben schwere Massivdecken gute Voraussetzungen für ausreichenden Luftschallschutz, insgesamt jedoch ist bei allen Deckensystemen ausreichender Schallschutz – insbesondere der Trittschallschutz – nur in Verbindung mit Deckenauflagen (s. Abschn. 11 und – bei höheren Anforderungen – durch Kombination mit Unterdecken (s. Abschn. 14) zu erreichen.

10.1.4 Brandschutz[2)]

Massivdecken stellen in Geschossbauten einen wesentlichen Schutz gegen Brandausbreitung dar. In den Landesbauordnungen und sonstigen bauaufsichtlichen Bestimmungen sind daher vielfältige, im einzelnen unterschiedliche Brandschutzanforderungen an Decken gestellt, die wie folgt zusammengefasst werden können:

- **Bauwerke mit bis zu 2 Vollgeschossen:** für normale Geschossdecken keine besonderen Anforderungen,
- **Bauwerke mit 3 bis 5 Vollgeschossen:** Geschossdecken mit mindestens feuerhemmender Bauart, Feuerwiderstandsklasse F 301),
- **Bauwerke mit mehr als 5 Vollgeschossen**, insbesondere Hochhäuser, ferner Heizräume u. ä.: Decken in feuerbeständiger Bauart, mindestens Feuerwiderstandsklasse F60 bzw. F90).

Die Einreihung in bestimmte Feuerwiderstandsklassen gemäß DIN 4102-4, ist bei Stahlbetondecken abhängig von der Dicke und der Überdeckung der Stahlbewehrungen.

Bei anderen Deckenbauarten sind Bekleidungen aus besonderen Brandschutzmaterialien oder spezielle Unterdecken erforderlich (s. Abschn. 14). Die erforderlichen Maßnahmen sind katalogartig in DIN 4102-4 aufgeführt. Bei abweichenden Ausführungen muss der Nachweis des ausreichenden Brandschutzes jeweils durch Gutachten von Materialprüfungsstellen einzeln erbracht werden.

[1)] Begriffe und weitere Ausführungen s. Abschn. 16.6

[2)] Begriffe und weitere Ausführungen s. Abschn. 16.7

10.2 Ebene Massivdecken

10.2.1 Allgemeines

Die meisten Geschossdecken und Flachdächer werden als ebene Massivdecken hergestellt. Sie sind feuerbeständig, unempfindlich gegen Feuchtigkeit und Schädlinge und daher fast unbegrenzt dauerhaft. Die Verbindung von Massivdecke und Wänden ergibt ein statisch günstig wirkendes einheitliches Gefüge. Durch geeignete Maßnahmen (z. B. Gleitfugen) müssen Schäden durch Wärmedehnungen, Kriechen und Schwinden des Stahlbetons (z. B. am Deckenauflager besonders der Dachdecken) verhindert werden. Nachteile der Massivdecken sind ihre geringe Wärmedämmfähigkeit, feuchter Einbau und hohes Eigengewicht.

Zur Einsparung von Bauzeit, Lohn, Konstruktionshöhe, Schalung und Stahl werden ständig neue Ausführungsarten für Massivdecken entwickelt. Ein großer Teil dieser Decken wird aus vorgefertigten Teilen hergestellt.

Platten sind ebene Flächentragwerke (Bild **10**.10-1), die quer zu ihrer Ebene belastet sind; sie können linienförmig oder auch punktförmig gelagert sein. Je nach ihrer statischen Wirkung werden einachsig oder zweiachsig gespannte Platten unterschieden.

Zu den Platten gehören die *Stahlsteindecken* (Bild **10**.10-2). Das sind Decken aus Deckenziegeln, Beton oder Zementmörtel und Betonstahl, für die das Zusammenwirken der genannten Baustoffe zur Aufnahme der Schnittgrößen kennzeichnend ist. Der Zementmörtel muss wie Beton verdichtet werden. Stahlsteindecken dürfen nur einachsig hergestellt werden (Mindestdicke = 9 cm).

Die Festlegungen, die für Stahlbetonplatten gelten, sind i. allg. auch auf den *Glasstahl*beton (s. Abschn. 10.2.2.5) anzuwenden, d. h. auf Platten aus Beton, Betongläsern (nach DIN 4243) und Betonstahl, bei denen ebenfalls das Zusammenwirken dieser Baustoffe zur Aufnahme der Schnittgrößen nötig ist (Bild **10**.10-3). Glasstahlbeton darf nur als Abschluss gegen die Außenluft (Oberlicht, Abdeckung von Lichtschächten usw.) und i. Allg. nur für überwiegend auf Biegung beanspruchte Teile, nicht für Durchfahrten und nur bedingt für befahrbare Decken verwendet werden.

Pilzdecken sind Platten (Bild **10**.10-4), die unmittelbar auf Stützen mit oder ohne verstärkten Kopf aufgelagert und mit den Stützen biegefest oder gelenkig verbunden sind (DIN 1045 Abschn. 22).

Die Platten müssen mindestens 15 cm dick sein.

Balken sind überwiegend auf Biegung beanspruchte stabförmige Träger beliebigen Querschnitts.

Balkendecken sind Decken aus unmittelbar nebeneinander verlegten Stahlbetonfertigbalken (Bild **10**.10-5 und -6) oder aus Balken mit Zwischenbauteilen, die in der Längsrichtung nicht mittragen (Bild **10**.10-7).

Zwischenbauteile sind mittragende oder nicht mittragende Beton- oder Stahlbetonfertigteile oder Deckensteine aus Beton, Leichtbeton oder gebranntem Ton, die zwischen die Balken oder Rippen von Balken- oder Rippendecken eingefügt oder auf ihnen gelagert werden (s. DIN 4158, DIN 4159 und DIN 4160). Sie können über die volle Höhe der Rohdecke oder nur einen Teil dieser Höhe reichen (DIN 1045 Abschn. 2.1.3.8).

Zwischenbauteile für Stahlbetonrippendecken müssen, falls sie aus Beton bestehen, DIN 4158 und falls sie aufs gebranntem Ton hergestellt

Tabelle **10**.10 Schematische Darstellung der Grundformen ebener Massivdecken

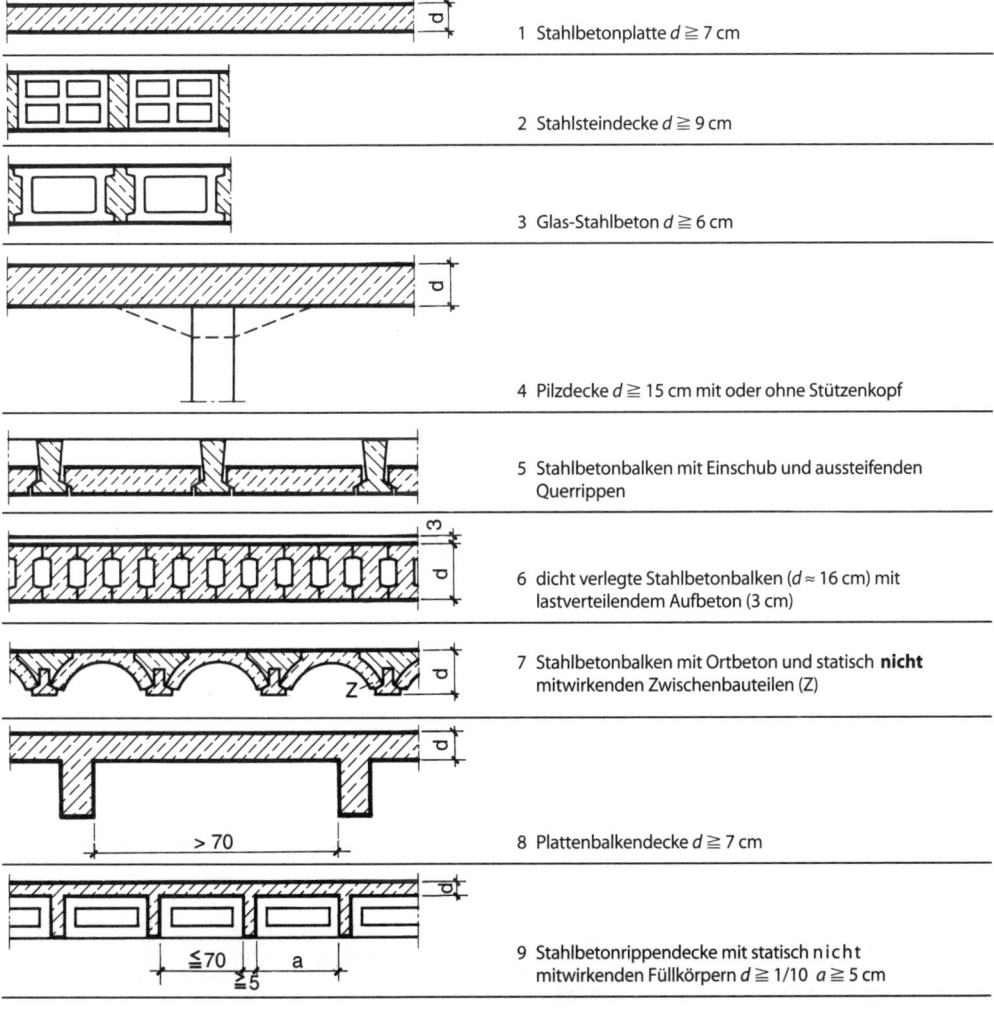

	1 Stahlbetonplatte $d \geqq 7$ cm
	2 Stahlsteindecke $d \geqq 9$ cm
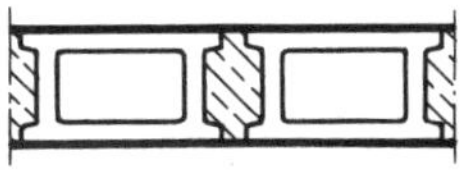	3 Glas-Stahlbeton $d \geqq 6$ cm
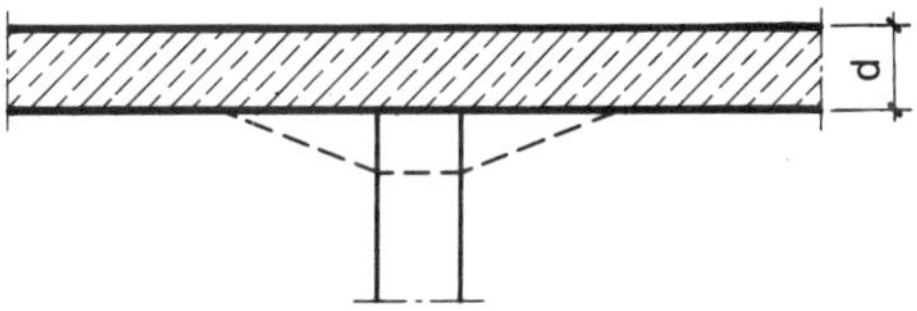	4 Pilzdecke $d \geqq 15$ cm mit oder ohne Stützenkopf
	5 Stahlbetonbalken mit Einschub und aussteifenden Querrippen
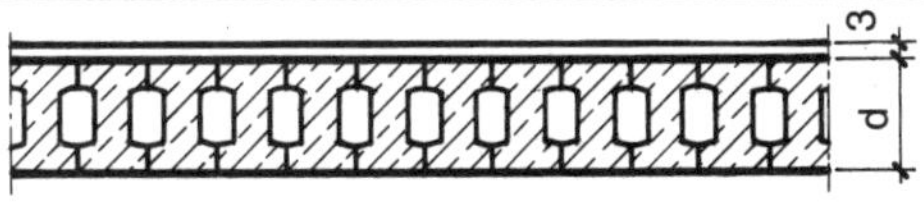	6 dicht verlegte Stahlbetonbalken ($d \approx 16$ cm) mit lastverteilendem Aufbeton (3 cm)
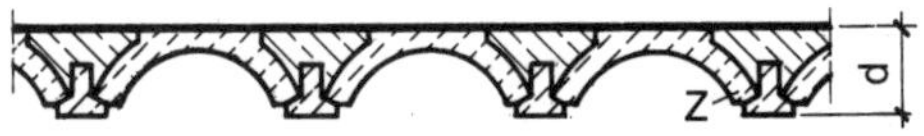	7 Stahlbetonbalken mit Ortbeton und statisch **nicht** mitwirkenden Zwischenbauteilen (Z)
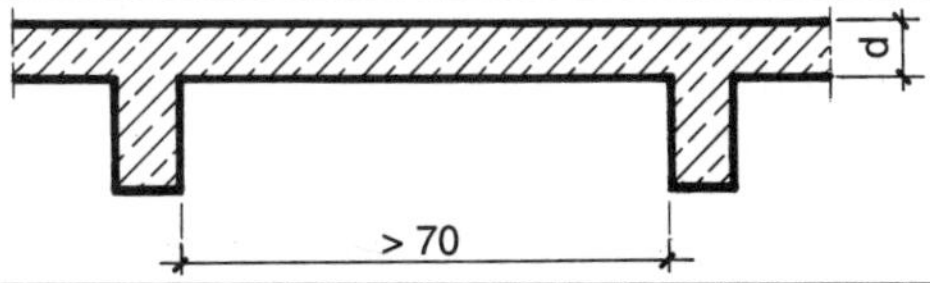	8 Plattenbalkendecke $d \geqq 7$ cm
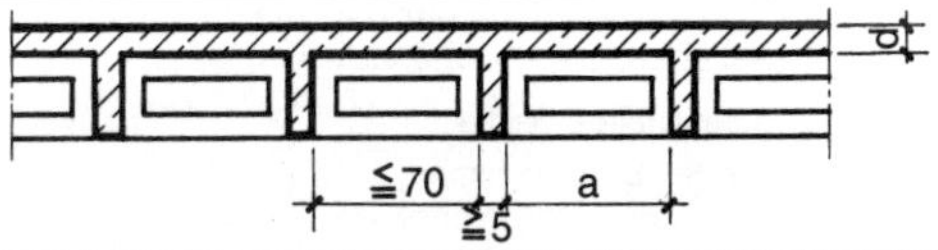	9 Stahlbetonrippendecke mit statisch nicht mitwirkenden Füllkörpern $d \geqq 1/10$ $a \geqq 5$ cm

sind, DIN 4159 entsprechen (DIN 1045 Abschn. 6.7.2). Bei jeder Lieferung ist zu prüfen, ob sie die geforderten Abmessungen und Formen (Stoßfugenform) aufweisen (s. DIN 1045 Abschn. 7.6.3).

Plattenbalken sind stabförmige Tragwerke, bei denen kraftschlüssig miteinander verbundene Platten und Balken (Rippen) bei der Aufnahme der Schnittgrößen zusammenwirken (Bild **10**.10-8). Die *Plattenbalkendecke* kann aus einzelnen Trägern oder als geschlossene Plattenbalkendecke ausgeführt werden. Sie ist leichter als die Stahlbetonplatte und damit bei größeren Stützweiten wirtschaftlicher. Anschluss der Balken an die Platten durch Schrägen (Vouten) 1:3 spart Stahl, verteuert jedoch die Schalarbeit (Bild **10**.10-8).

Stahlbeton-Rippendecken sind Plattenbalkendecken mit einem lichten Abstand der Rippen von 70 cm und beschränkter Verkehrslast (5,0 kN/m²), bei denen kein statischer Nachweis für die Platten erforderlich ist. Zwischen den Rippen können unterhalb der Platte statisch nicht mitwirkende Zwischenbauteile liegen. An die Stelle der Platte können ganz oder teilweise Zwischenbauteile treten, die in Richtung der Rippen mittragen (Bild **10**.10-9).

Bei den in Bild **10**.10 schematisch dargestellten Grundformen ist zu beachten, dass der lasttragende Teil der Decke, die *Rohdecke*, noch zu ergänzen ist durch die *Deckenauflage* (s. Abschn. 10 und 11), die aus dem Fußboden und seiner meist trittschalldämmenden Unterkonstruktion besteht, und ggf. durch die *Unterdecke* (s. Abschn. 14) (Bild **10**.11).

10.2.2 Plattendecken

10.2.2.1 Stahlbeton-Vollplatten

Die *Stahlbeton-Vollplatte* als Ortbeton-Platte wird aus Normal- oder Leichtbeton (s. Abschn. 5) auf Holz- oder Stahltafelschalung hergestellt und entweder in einer Richtung oder kreuzweise mit Rundstahl oder mit Betonstahlmatten bewehrt. Die Deckendicke ergibt sich aus Belastung, Spannweite, Art der Bewehrung und dem Eigengewicht (Bild **10**.12).

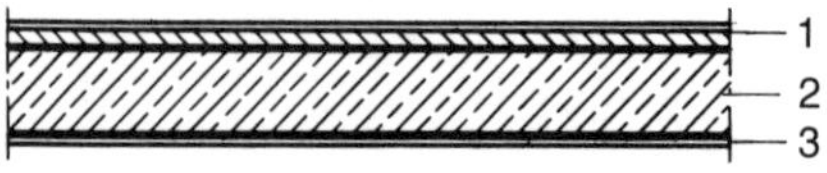

10.11a

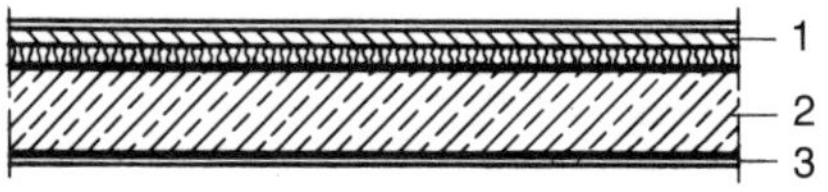

10.11b

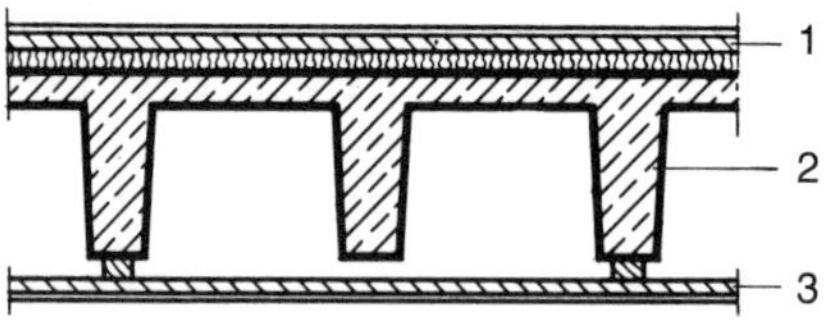

10.11c

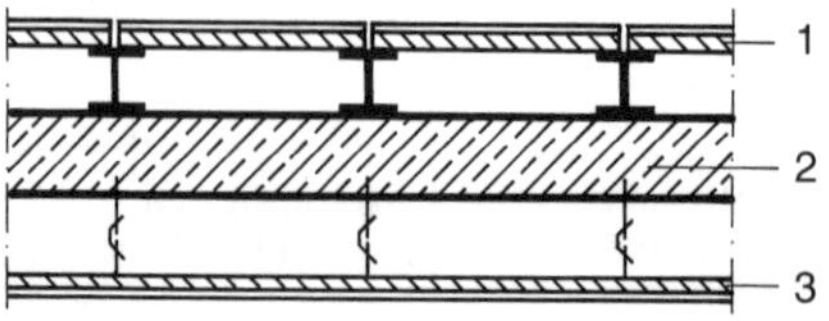

10.11d

10.11 Beispiele für ein- und mehrschalige Geschossdecken (schematisch)

a) einschalige Decke
1 Deckenauflage (z. B. Verbundestrich mit Textilbelag)
2 Rohdecke (z. B. Stahlbetonplatte)
3 Putz

b) zweischalige Decke
1 Deckenauflage (schwimmender Estrich, z. B. Zementestrich auf Trittschall-Dämmplatten mit Gehbelag, s. Abschn. 10.3)
2 Rohdecke (z. B. Stahlbetonplatte)
3 Putz

c) mehrschalige Decke
1 Deckenauflage (schwimmender Estrich)
2 Rohdecke (z. B. Stahlbeton-Rippendecke)
3 Unterdecke (Deckenbekleidung, direkt an der Rohdecke montiert oder als abgehängte Decke)

d) mehrschalige Decke
1 Doppelbodensystem
2 Rohdecke (Stahlbetonplatte)
3 Unterdecke

Die *Mindest*deckendicke *d* beträgt

- 7 cm im allgemeinen,
- 10 cm bei befahrenen Platten (PKW),
- 12 cm bei befahrenen Platten (schwere Fahrzeuge),
- 5 cm bei ausnahmsweise begangenen Platten (z. B. Dachplatten).

Obwohl heute Stahlbetonplattendecken in Ortbetonbauweise mit Hilfe moderner Schalungssysteme sehr wirtschaftlich erstellt werden können, gibt es zahlreiche Versuche, die Herstellung solcher Decken weiter zu rationalisieren.

Im Wohnungsbau können vollständig vorgefertigte raumgroße Deckenplatten verwendet werden. Derartige Platten sind allerdings in statischer Hinsicht weniger wirtschaftlich, wenn sie als Einfeldplatten ohne Durchlaufwirkung ausgebildet sind. Sie haben hohe Transportgewichte.

Günstiger sind deshalb in vielen Fällen Deckensysteme, die nur teilweise vorgefertigt sind. Sie bestehen aus vorgefertigten etwa 4 cm dicken und etwa 0,36 bis 1,50 m breiten Betonplatten mit Längs- und Querarmierung und einem zunächst freiliegenden Stahl-Gitterwerk, das die dünnen Platten für den Transport aussteift. Es bewirkt außerdem einen schubfesten Verbund, wenn an der Baustelle die Konstruktion durch Ortbeton auf ihre endgültige Dicke gebracht wird. Derartige Plattendecken können ohne Einschalung hergestellt werden. Lediglich in der Feldmitte und am Auflager der Platten ist eine Abstützung beim Betonieren erforderlich (Bild **10**.13).

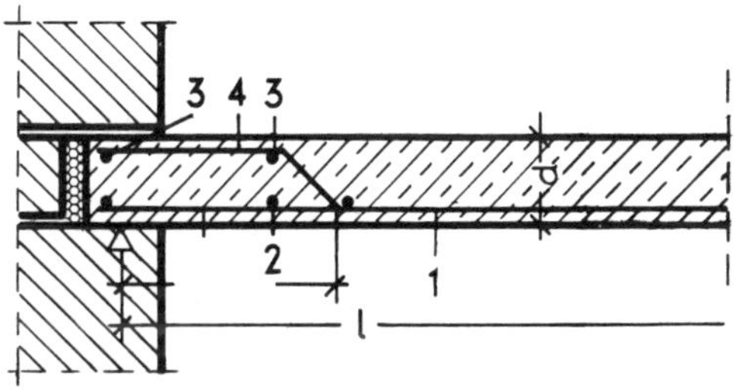

10.12a

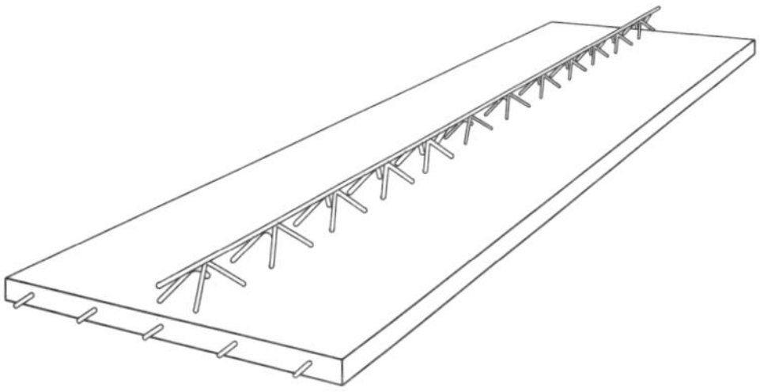

10.13a

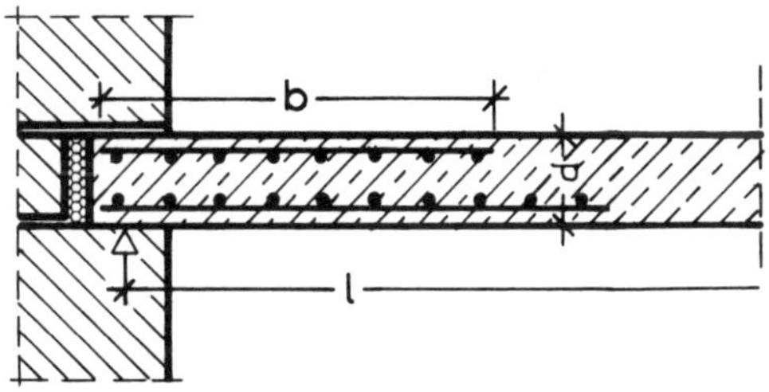

10.12b

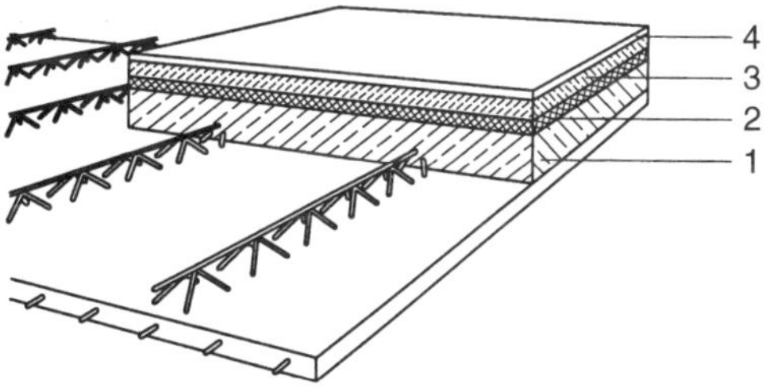

10.13b

10.12 Stahlbetonplatte (Deckenauflager)

a) Bewehrung mit Stäben

1 Hauptbewehrung (Feldbewehrung)
2 Verteilungsstähle (Querschnitt > 20 % der Hauptbewehrung)
3 Montagestähle
4 $^1/_{33}$ bis $^1/_{22}$ der Feldbewehrung zur Aufnahme kleiner Einspannmomente aufgebogen

b) Bewehrung mit Matten

$b \geq 0{,}15\, l$ (Randstreifenbreite, Abreißsicherung)
l = Spannweite = Lichtweite + 1 Auflagerbreite
d = Deckendichte = Auflagerbreite

10.13 Stahlbeton-Plattendecke („Filigrandecke")

a) Deckenelement (Plattendicke 4–5 cm)
b) Deckenelement mit Aufbau

1 Ortbeton, ca. 10 cm
2 Dämmung, ca. 3 cm
3 Estrich, ca. 4,5 cm
4 Bodenbelag

Als vorgefertigte Plattendecken können auch Decken betrachtet werden, die aus Porenbeton oder Leichtbetonplatten zusammengefügt und untereinander auf verschiedene Weise zu zusammenhängenden Platten verbunden werden (Bild **10**.14 und **10**.15, s. auch Abschn. 10.2.3.3).

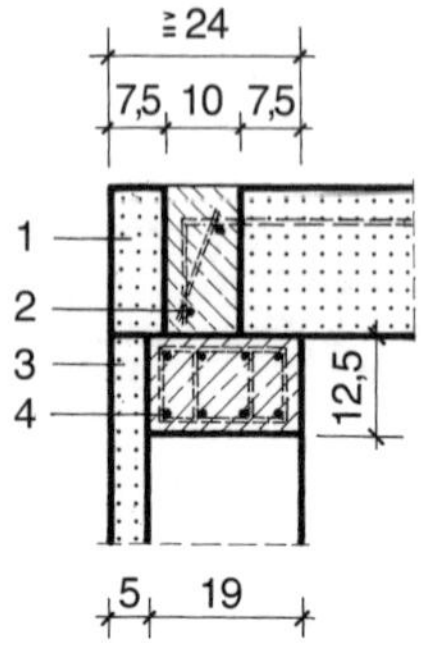

10.14a

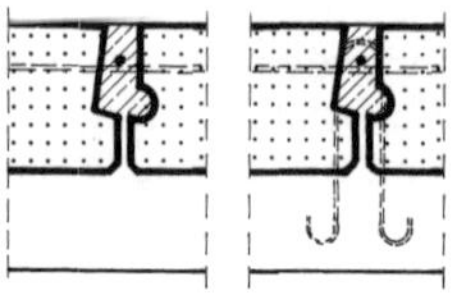

10.14b

10.14 Plattendecke aus Porenbetonplatten
a) Endauflager
b) Querschnitt
1 Porenbeton-blendplatte
3 Rolladenblende
2 Ringanker (Ortbeton)
4 Fertigteilsturz

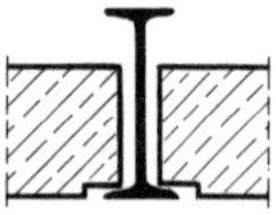

10.15a

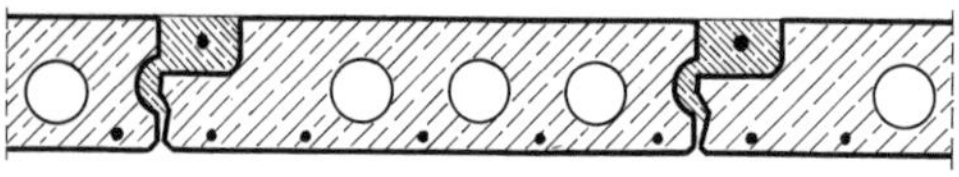

10.15b

10.15 Vorgefertigte Plattendecke aus Leichtbetonplatten
a) Auflager auf I-Trägern
b) Querschnitt

10.2.2.2 Stahlbeton-Hohlplatten

Wenn bei großen Spannweiten Stahlbetonvollplatten wegen der erforderlichen großen Dicke ein zu hohes Gewicht haben würden, kann die Verwendung von Stahlbetonhohlplatten sinnvoll sein. Sie können auf üblicher Schalung an der Baustelle so betoniert werden, dass Hohlkörper aus Drahtgewebe, Schaumstoff, Hartfaserplatten o. Ä. in den Querschnitt – in der Regel in Spannrichtung – eingebettet werden. Die Form der Bewehrung weicht z. T. wesentlich von der üblichen Plattenbewehrung ab. Eine Ausführungsmöglichkeit für eine derartige Stahlbetonplatte in Verbindung mit vorgefertigten dünnen Stahlbetonplatten (vgl. Abschn. 10.2.2.1) zeigt Bild **10**.16.

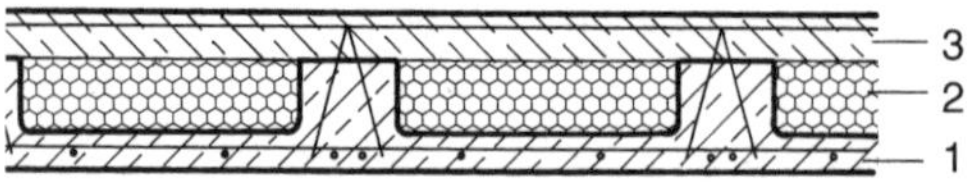

10.16
Stahlbetonhohlplatte, teilvorgefertigt (Sikler-Betonwerk)
1 Stahlbeton-Fertigteilplatte
2 Füllkörper
3 Aufbeton

Für Spannweiten bis etwa 7,00 m sind vorgefertigte Stahlbetonplatten auf dem Markt (Bild **10**.17). Die einzelnen Elemente dieser Decken werden lediglich dicht gestoßen auf die Tragkonstruktion verlegt und untereinander an einbetonierten Fixpunkten verschweißt, so dass zusammenhängende Deckenscheiben entstehen.

Für größere Spannweiten oder für hohe Belastungen werden Stahlbeton-Hohlplatten mit Hilfe von Füllkörpern mit Dicken bis etwa 75 cm in Ortbeton hergestellt.

10.2.2.3 Stahlsteindecken

Stahlsteindecken sind Plattendecken mit mittragenden Ziegelhohlkörpern. Die Hohlkörper vermindern das Deckengewicht. Sie wirken nach DIN 4159 bei der Aufnahme der Druck- und Schubspannungen voll mit. Die Bewehrung liegt in den durch die Ziegel gebildeten Rippen oder in den Aussparungen (Bilder **10**.18 und **10**.19). Der Achsabstand der Bewehrung darf nicht größer sein als 25 cm. Der Fugenbeton muss mindestens die Festigkeit B15 aufweisen. Eine Querbewehrung ist im Normalfall (p % 3,50 kN/m^2, DIN 1055-3) nicht erforderlich.

Die Deckenziegel sind mit durchgehenden Stoßfugen unvermauert auf Schalung zu verlegen. Sie müssen vor dem Einbringen des Betons so durchfeuchtet sein, dass sie nur wenig Wasser aus dem Beton oder Mörtel aufsaugen. Auf die volle Ausfüllung der Fugen und Rippen ist sorgfältig zu achten.

Die Decken eignen sich für Stützweiten, bei denen Stahlbeton-Volldecken nicht mehr wirtschaftlich sind. Formänderungen durch Wärmedehnung, Kriechen und Schwinden, sind im Vergleich zur Stahlbetonvollplatte gering.

Ziegeldecken werden heute meistens aus vorgefertigten, etwa 1 m breiten Elementen hergestellt (Bild **10**.20).

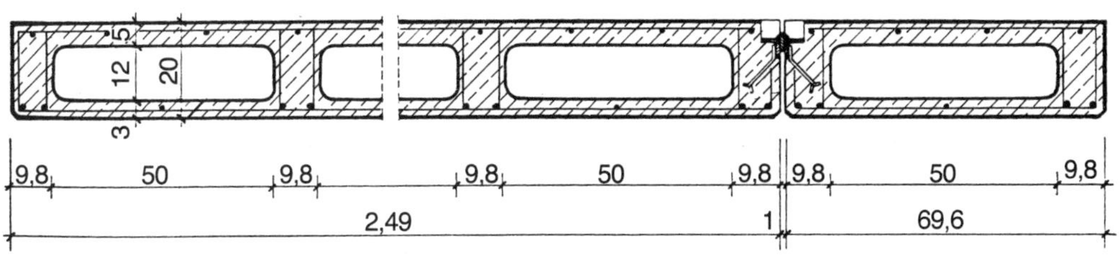

10.17 Vorgefertigte Stahlbeton-Hohlplattendecke (System Klee-Reymann)

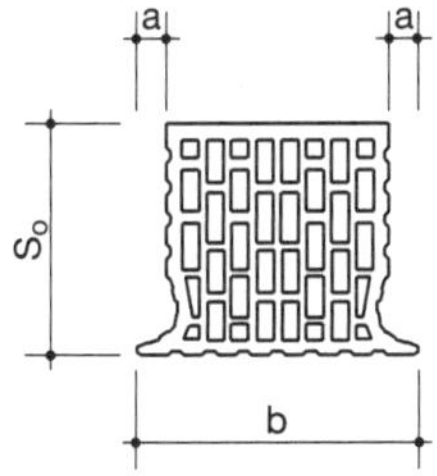

10.18a

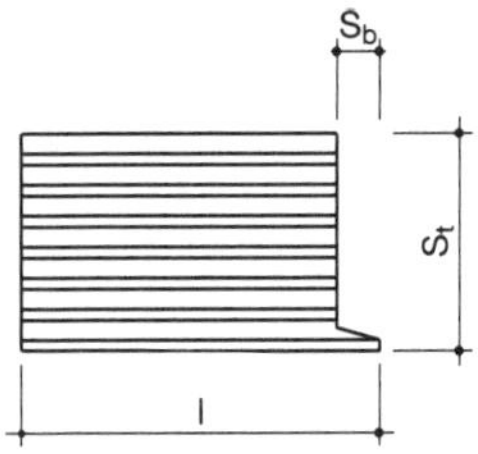

10.18b

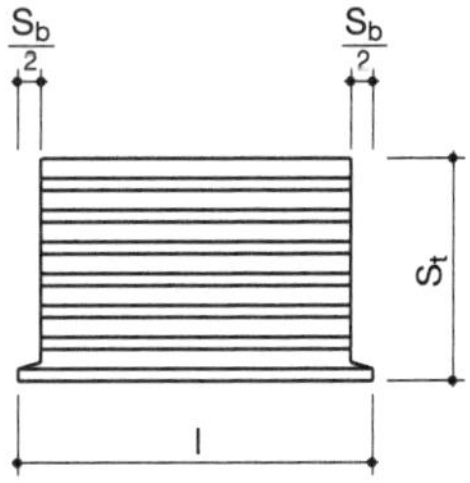

10.18c

10.18 Deckenziegel für Stahlsteindecken für vollvermörtelbare Stossfugen nach DIN 4159
a) Schnitt
b) Ansicht einseitige Stossfuge
c) Ansicht beidseitige Stossfuge

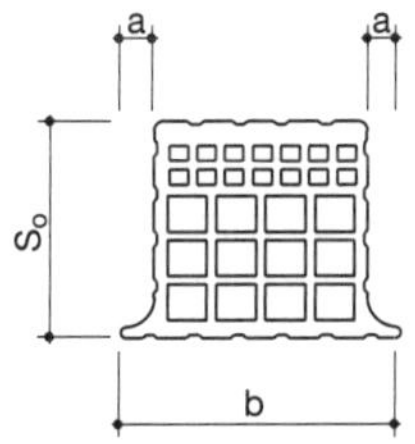

10.19a

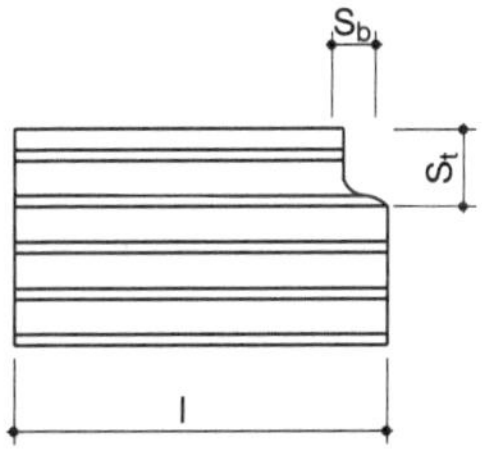

10.19b

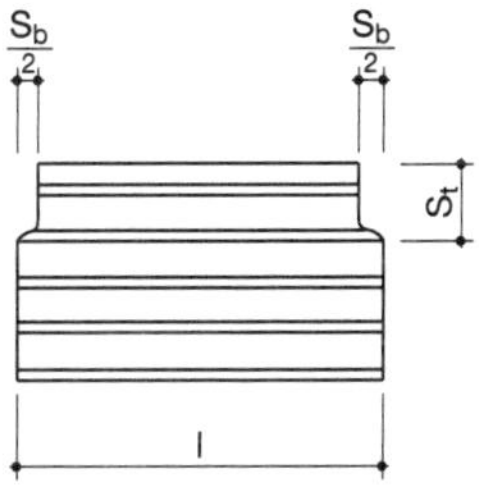

10.19c

10.19 Deckenziegel für Stahlsteindecken für teilvermörtelbare Stossfugen nach DIN 4159
a) Schnitt
b) Ansicht einseitige Stossfuge
c) Ansicht beidseitige Stossfuge

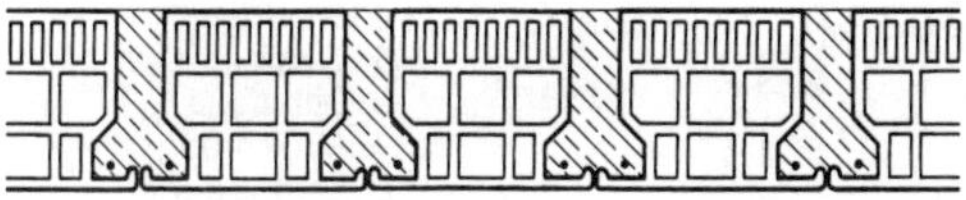

10.20 Vorgefertigte Ziegeldecke (JUWÖ)

10.2.2.4 Pilzdecken

Pilzdecken werden hier nur noch wegen der Vollständigkeit in der Reihe der Plattendecken erwähnt. Sie wurden früher über Räumen angewendet, die bei relativ niedrigen Konstruktionshöhen frei von Unterzügen bleiben sollten. Als Sicherheit gegen „Durchstanzen" der Deckenplatten infolge hoher Verkehrs- und Nutzlasten wurden bei ihnen die Stützenköpfe pilzförmig verstärkt (vgl. Abschn. 7.1, Bild **7**.3b). Wegen des hohen Schalungsaufwandes sind sie durch Flachdecken verdrängt. Das alte statische Prinzip erscheint dabei noch in Form von besonderen Bewehrungen oder von Spezialbewehrungselementen über den Stützen.

10.2.2.5 Glasstahlbetondecken

Glasstahlbetondecken (Bild **10**.21) ermöglichen die Abdeckung und Belichtung von Hofkellern, Lichtschächten u. Ä. Die Betongläser müssen unmittelbar in den Beton eingebettet sein, so dass ein Verbund zwischen Glas und Beton gewährleistet ist. Hohlgläser müssen über die ganze Plattendicke reichen.

Die Betonrippen müssen bei einachsig gespannten Tragwerken ≥ 6 cm hoch, bei zweiachsig gespannten ≥ 8 cm hoch und in Höhe der Bewehrung ≥ 3 cm breit sein. Alle Trag- und Querrippen (Sprossen) müssen mindestens einen Bewehrungsstab mit einem Durchmesser von ≥ 6 mm erhalten.

Tragteile aus Glasstahlbeton müssen durch einen umlaufenden Stahlbeton-Ringbalken mit geschlossener Ringbewehrung verbunden sein. Breite und Dicke des Balkens müssen mindestens so groß wie die Dicke der Tragrippen sein, und die Ringbewehrung muss der Bewehrung der Hauptrippen entsprechen. Die Bewehrung aller Rippen ist bis an die äußeren Ränder des umlaufenden Balkens zu führen.

Tragteile aus Glasstahlbeton sind z. B. durch nachgiebige Fugen vor Zwängkräften aus der Gebäudekonstruktion zu schützen.

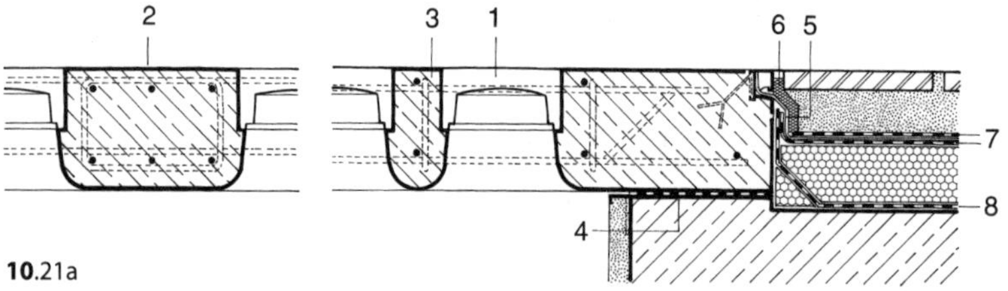

10.21a

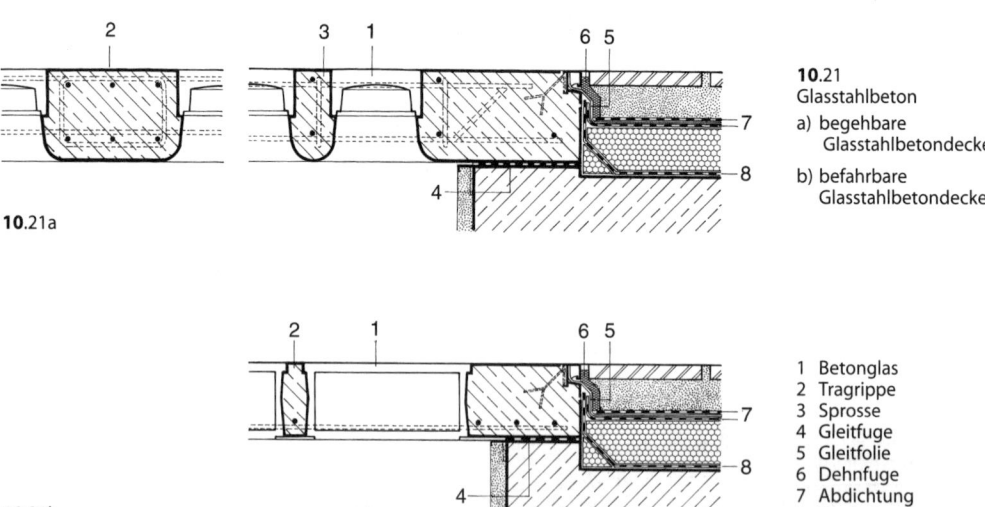

10.21 Glasstahlbeton
a) begehbare Glasstahlbetondecke
b) befahrbare Glasstahlbetondecke

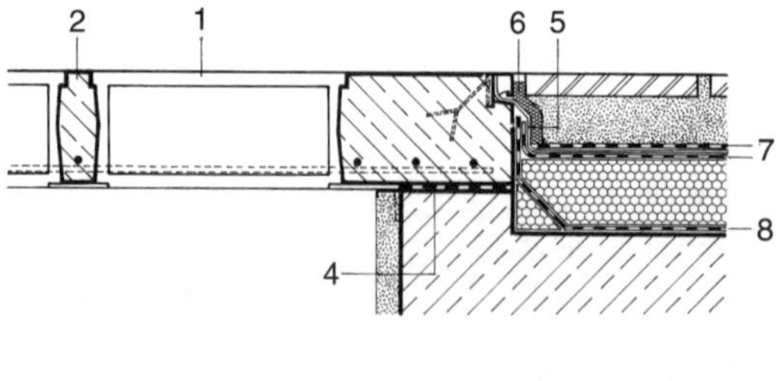

10.21b

1 Betonglas
2 Tragrippe
3 Sprosse
4 Gleitfuge
5 Gleitfolie
6 Dehnfuge
7 Abdichtung
8 Dampfsperre

10.2.3 Balkendecken

10.2.3.1 Massivbalkendecken

Die Suche nach Massivdecken, die ohne Schalung hergestellt werden können, hat zu Decken geführt, die von mehr oder weniger dicht nebeneinanderliegenden *vorgefertigten* Massivbalken getragen werden. Diese Massivbalken können u. a. die Form von Stahlbetonbalken, profilierten Stahlbetonträgern mit Steg und Flansch oder von Stahlbeton-Hohlbalken, von Ziegelhohlbalken oder von Stahlleichtträgern haben. Von Vorteil ist die meist hohe Tragfähigkeit dieser Decken und die geringe Baufeuchtigkeit, die bei ihrer Herstellung auftritt. Nicht zu unterschätzen sind jedoch Transport- und Montagekosten bei dicht verlegten massiven Stahlbetonfertigbalken (Bild **10**.22).

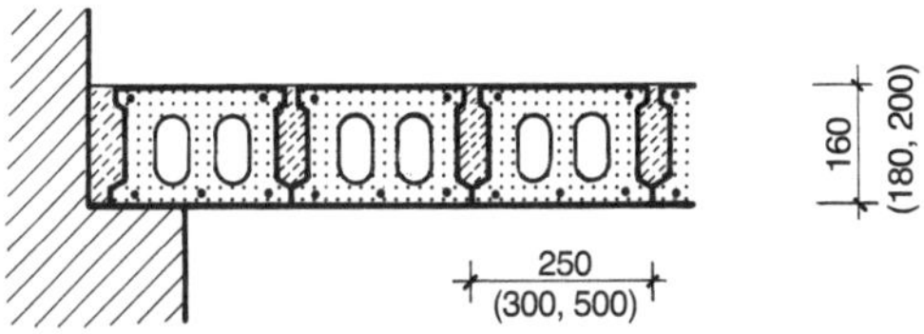

10.22 Bimsbeton-Balkendecke (RAAB)

Verbreitet sind Decken mit Fertigbalken, die aus auf mannigfache Art geformten Spezialhohlziegeln und Zwischenbauteilen aus großformigen Hohlziegeln bestehen (Bild **10**.23).

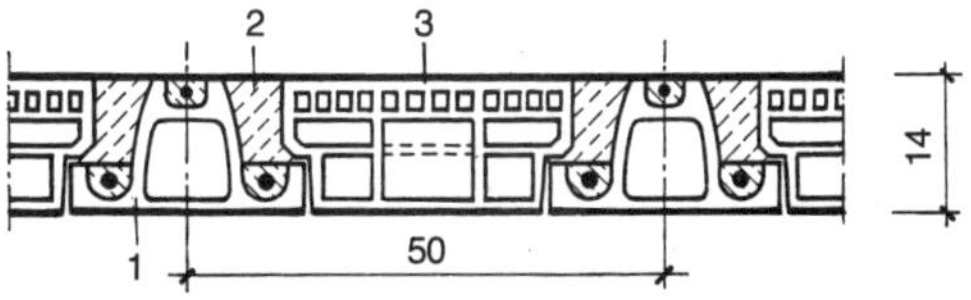

10.23 Massivbalkendecke mit bewehrten Hohlziegelbalken (ESTO-Decke)
1 vorgefertigter Hohlziegelbalken
2 Ortbeton
3 Druckzone des statisch mitwirkenden Zwischenbauteils

Die Ziegelbalken erhalten bei ihrer Herstellung die erforderliche, in Beton eingebettete Bewehrung. Die Zwischenbauteile können, wie hier gezeigt, statisch mitwirken oder sie beteiligen sich *nicht* an der Lastaufnahme (z. B. in DIN 4028, 4158 bis 4160). Im letzteren Fall muss die Druckschicht durch eine 5 cm dicke Ortbetonplatte gebildet werden, um zu gewährleisten, dass an den Fugen aus unterschiedlicher Belastung der einzelnen Balken keine Durchbiegungsunterschiede entstehen. In dem in Bild **10**.24 gezeigten Beispiel stellt der Ortbeton die Verbindung zwischen Hohlziegelbalken und der besonders ausgebildeten Druckzone des Zwischenbauteils her.

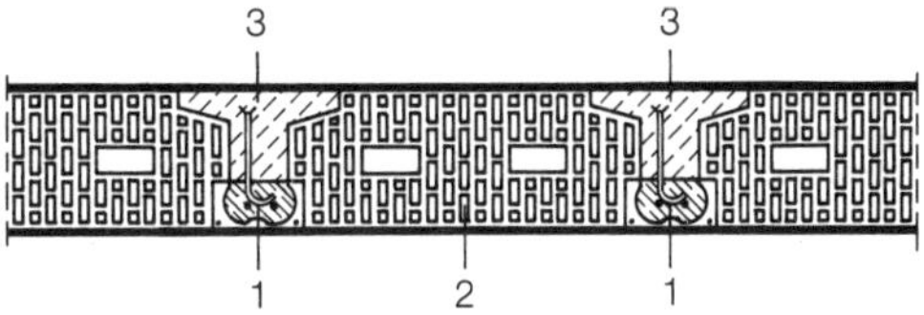

10.24
Massivbalkendecke mit Leichtziegel-Zwischenbauteilen (Klimaton, Syst. Schätz)
1 Stahlleichtträger mit unterer Ziegelschale
2 Einhäng-Leichtziegel
3 Ortbeton

Bei nicht vorwiegend ruhenden Verkehrslasten wirken die Zwischenbauteile statisch nicht mit. Die Sicherung der Quersteifigkeit muss dann die obere Ortbetonplatte übernehmen (Übergang zur Rippendecke).

Das Balken- und damit das Deckengewicht kann durch Verwendung von *Stahlleichtträgern*, die in zahlreichen Formen auf dem Markt sind, weiter vermindert werden. Es gibt u. a. Rundstahl-Gitterträger, Stahlblech-Gitterträger und entsprechende Kombinationen. Der Untergurt wird meist durch eine Betonfußleiste bzw. durch eine Stahlbetonleiste im Ziegelschuh (Tonschalen) gebildet, die als Auflager für die statisch mitwirkenden oder nicht mitwirkenden Zwischenbauteile dient.

10.2.3.2 Plattenbalkendecke

Wirtschaftlicher als eine Vollplatte ist bei größeren Stützweiten und Lasten die Plattenbalkendecke. Bei ihr wird der Beton der Zugzone auf das notwendigste Maß vermindert und die erforderliche Zugbewehrung in Balken zusammengefasst (Bild **10**.25). Die Plattenbalkendecke besteht aus Rechteckbalken und monolithisch mit ihnen verbundenen Platten, die als beiderseitig über die Balken ragende Kragplatten oder als Durchlaufplatten ausgebildet werden können.

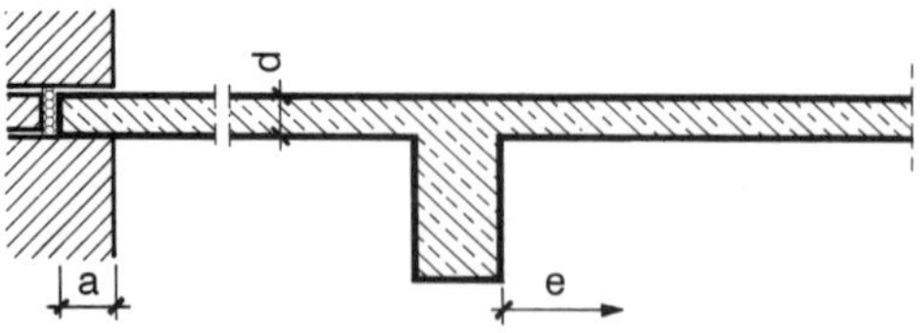

10.25 Plattenbalkendecke (Stahlbewehrung nicht gezeichnet)
$a \geq 19$ cm $d \geq 7$ cm
e – lichter Balkenabstand ≧ 70 cm
(in der Regel 2,0 bis 3,0 m)

Möglich sind Balkenabstände von 2 bis 3 m. Bei engeren Abständen ergeben sich dünnere Platten und Balken von geringerer Höhe. Werden die lichten Abstände zwischen den Balken kleiner als 70 cm, spricht man von Stahlbeton-Rippendecken.

Möglich sind jedoch auch Plattenbalkendecken aus

- Ortbetonplatten und vorgefertigten Balken mit Schubanschlüssen z. B. durch Kopfbolzen (vgl. Bild **10**.38),
- vorgefertigten Balken und Ortbetonplatten oder vorgefertigten Platten (Bild **10**.26),

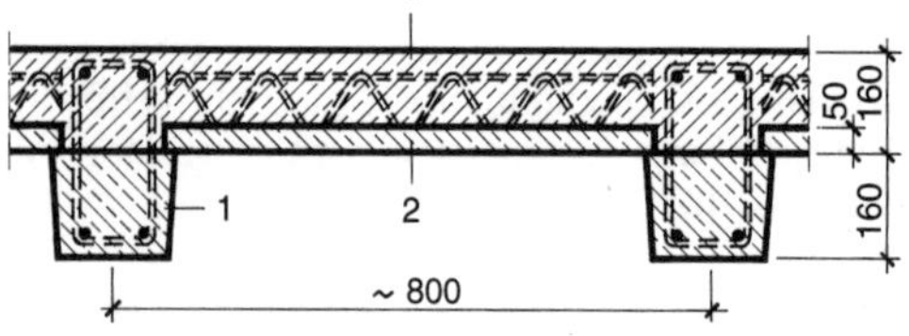

10.26 Plattenbalkendecke (vorgefertigt), System Kaiser
1 vorgefertigter Stahlbetonbalken
2 vorgefertigte Platte
3 Ortbeton

- vorgefertigten Balken und vorgefertigten nichttragenden Füllkörpern und Oberbeton (Bild **10**.27).

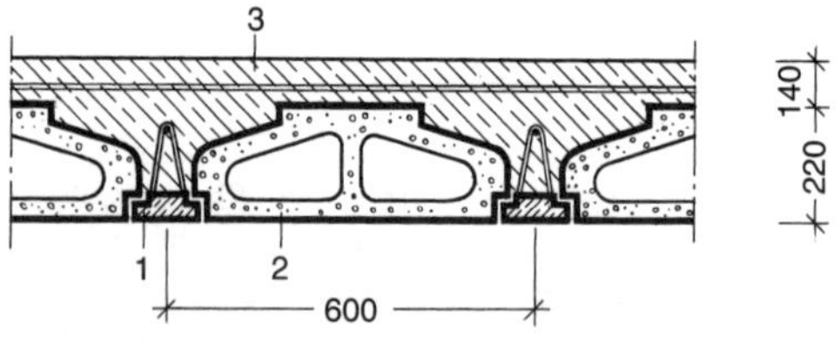

10.27 Plattenbalkendecke (vorgefertigt) mit nichttragendem Füllkörper, System Kaiser-OMNIA
1 vorgefertigter Balken mit Bewehrung
2 nichttragender Füllkörper aus Leichtbeton
3 Ortbeton, ggf. mit zusätzlicher Bewehrung

10.2.3.3 Stahlbeton-Rippendecken

Die Druckplatte der Stahlbeton-Rippendecke ($d \geq$ 1/10 des lichten Rippenabstandes, jedoch ≥ 5 cm dick) erhält nur eine einfache Querbewehrung zur Sicherung der Quersteifigkeit. Die Zugbewehrung liegt in den Längsrippen, die mindestens 5 cm breit sein müssen. Die Stahlbeton-Rippendecke besteht statisch aus T-Balken, die quersteif untereinander verbunden sind (Bild **10**.28). Hergestellt werden Stahlbetonrippendecken meistens unter Verwendung vorgefertigter Trägerelemente (s. auch Bild **10**.27). Die kassettenartigen Aussparungen werden durch Stahl-Schalungselemente bewirkt, die auf Sparschalungen aufgesetzt werden und mehrfach wiederverwendet werden können. Entsprechend den statischen Anforderungen oder zum Maßausgleich werden die Wandanschlüsse mit Massivstreifen gebildet (Bild **10**.28c).

Stahlbeton-Rippendecken können mit statisch mitwirkenden Zwischenbauteilen (z. B. aus Ziegeln nach DIN 4159) hergestellt werden, aber auch mit statisch nicht mitwirkenden Füllkörpern, die zwischen den Rippen und unter der Platte nicht nur die Schalung ersetzen, sondern eine ebene Deckenuntersicht bilden (Bild **10**.29). Sie können der Schall- und Wärmedämmung dienen, müssen über ihre Schalungsfunktion hinaus jedoch keine Festigkeit aufweisen und sind infolge ihres geringen Gewichts leicht und schnell zu verlegen. Sie bestehen meist aus Holzwerkstoffen, Schaumstoff o. Ä.

Wenn die Füllkörper statisch nicht mitwirken, besteht die Möglichkeit, die Schalkörper auf wiederholte Verwendung hin anzufertigen. So gibt es Schalbleche für Ortbeton-Rippendecken verschiedener Abmessungen, daneben zahlreiche andere Arten von wiederverwendbaren oder verlorenen Schalkörpern.

Auswechslungen sollen möglichst vermieden werden. Sind Wechsel notwendig, so ist die Schubsicherung besonders nachzuweisen.

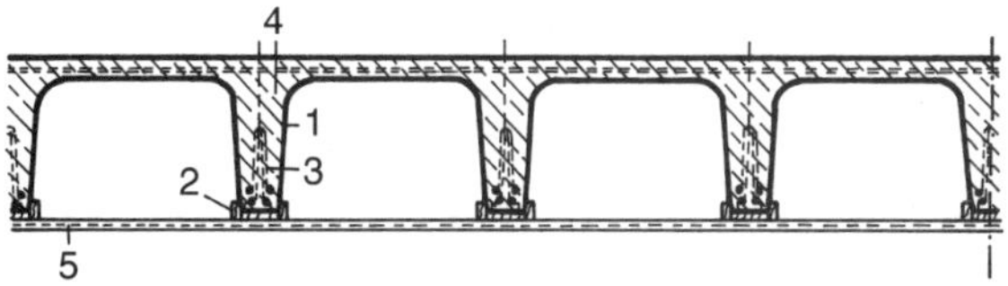

10.28a

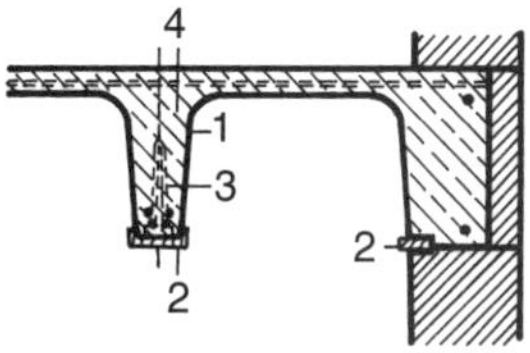

10.28b

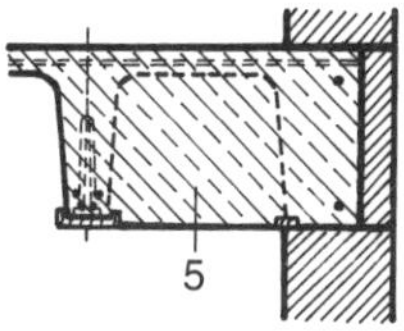

10.28c

10.28
Stahlbeton-Rippendecke

a) Deckenquerschnitt
b) Wandanschluss mit normalem Schalungskörper
c) Wandanschluss mit Massiv betonstreifen oder Pass-Schalungskörper

1 Schalungskörper
2 Holzleiste
3 vorgefertigte Hauptbewehrung
4 Ortbeton
5 Ortbetonstreifen oder Pass-Schalkörper

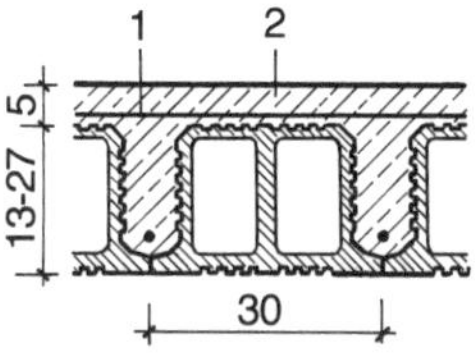

10.29a

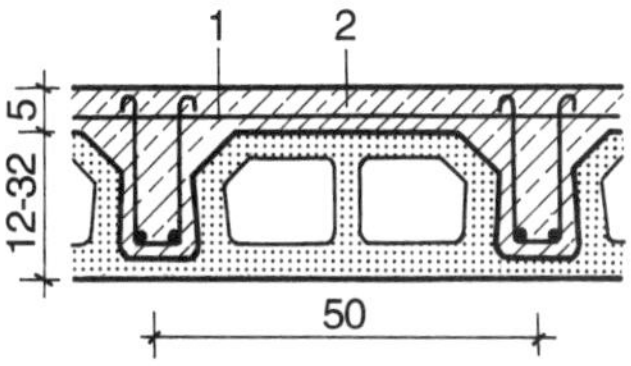

10.29b

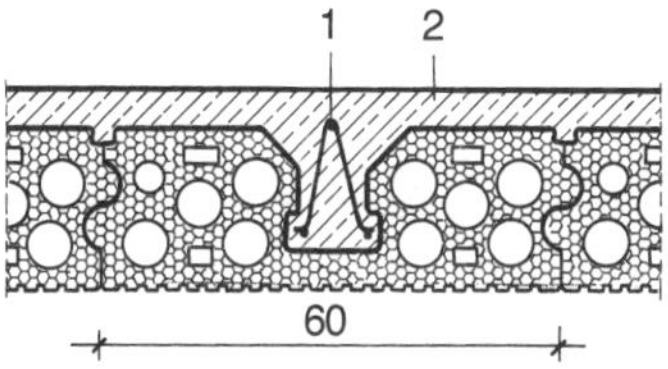

10.29c

10.29 Stahlbeton-Rippendecken mit statisch nicht mitwirkenden Füllkörpern
a) Hohlziegel-Füllkörper, b) Leichtbeton-Füllkörper, c) Schaumstoff-Füllkörper
1 Querbewehrung
2 Druckplatte

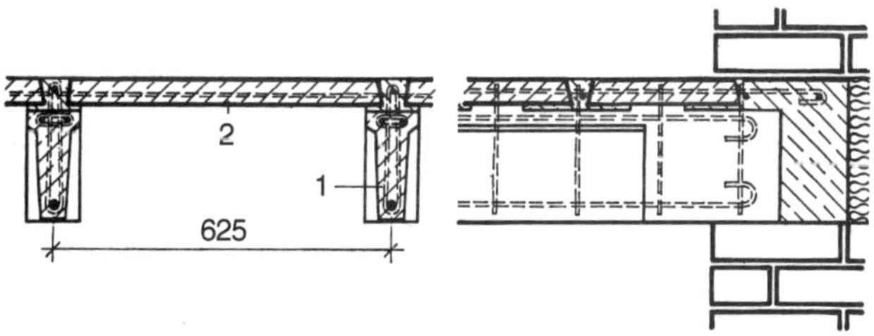

10.30
Stahlbeton-Rippendecke aus Fertigteilen (Decke ist unmittelbar neben dem Balkenauflager geschnitten)
1 Stahlbeton-Fertigbalken
2 vorgefertigte Druckplatte

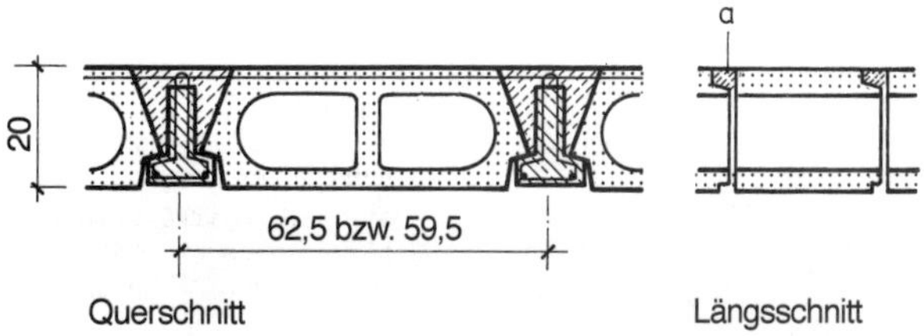

10.31
Stahlbeton-Rippendecke aus Stahlbeton-Fertigbalken mit Rippendecken-Füllkörpern

Der Fugenmörtel der besonders geformten Stoßfuge (bei a) gewährleistet die Druckübertragung zwischen den Füllkörpern. Querbewehrung in der Druckzone

10

Teilvorgefertigte Stahlbetonrippendecken zeigen die Bilder **10**.30 und **10**.31.
Vollständig vorgefertigte Stahlbetonrippendecken (bzw. Plattenbalkendecken) werden in geschlossenen Skelettbausystemen (s. Abschn. 7.5) für große Spannweiten als Doppelstegplatten (TT-Platten) oder als U-Platten verwendet (Bild **10**.32).

In den Bildern **10**.33 bis **10**.35 sind verschiedene Beispiele für die Ausbildung der zwischen den einzelnen Fertigteilplatten erforderlichen Querverbindungen gezeigt. Die jeweils im Einzelfall nötigen Maßnahmen sind in DIN 1045 Tabelle 27 zusammengefasst.

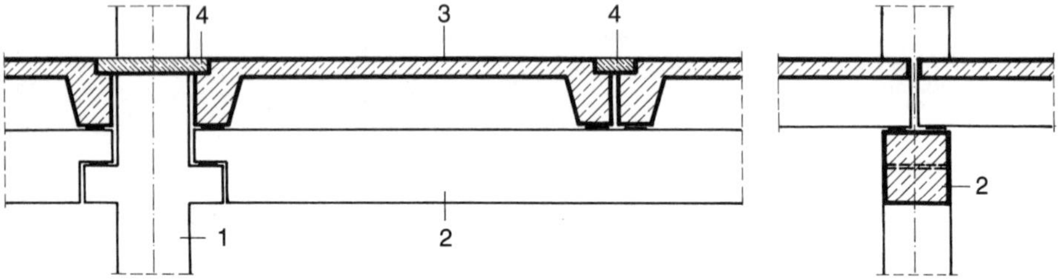

10.32a

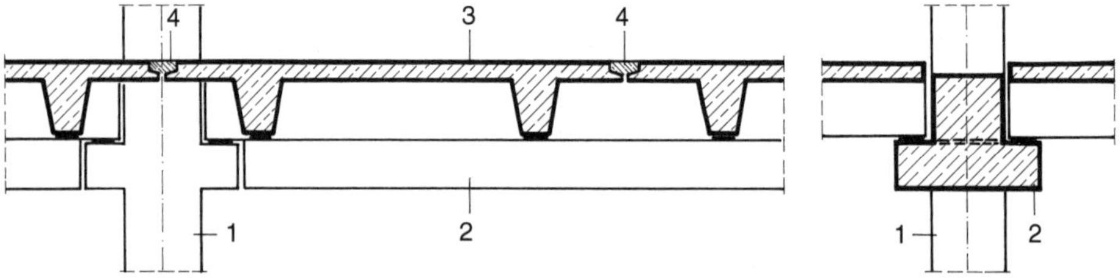

10.32b

10.32 Vorgefertigte Stahlbetonrippendecken
a) U-Platten,
b) TT-Platten

1 Stütze mit Konsolen
2 Träger
3 Deckenelement
4 Querverbindung

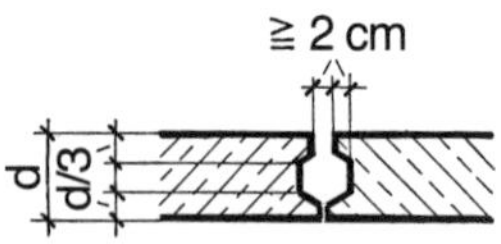

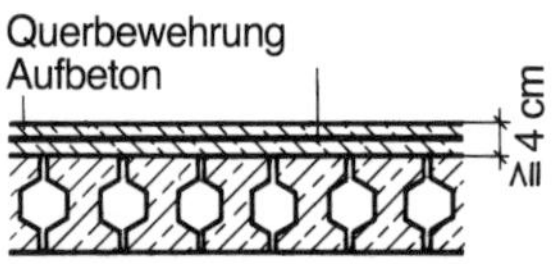

10.34a

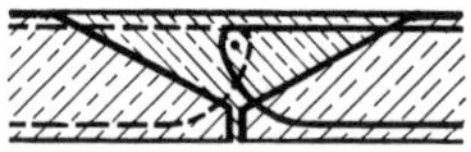

10.34b

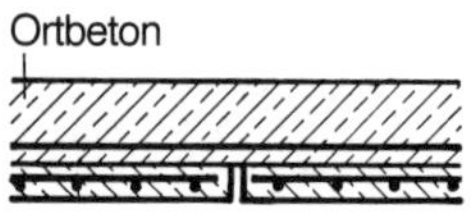

10.35a

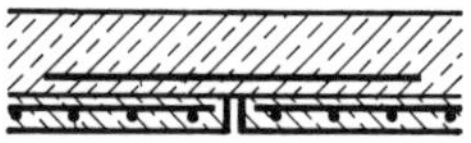

10.35b

10.33
Beispiel für Fugen zwischen Fertigteilen

10.34
Beispiele für die Anordnung einer Querbewehrung
a) in ≧ 4 cm dickem Ortbeton
b) bei Stößen im Fertigteil

10.35
Beispiele für die Anordnung einer Querbewehrung
a) bei stat. erforderlicher Bewehrung im Ortbeton
b) bei stat. erforderlicher Bewehrung nur im Fertigteil

10.2.4 Trapezstahldecken

Massive Geschossdecken können mit Hilfe von Trapezblechen hergestellt werden, die aus bandverzinktem Stahlblech von 0,75 bis 2,00 mm Dicke in Breiten von etwa 0,60 bis 1,00 m, in Längen bis 15,00 m und Höhen von etwa 50 mm bis 160 mm kalt gefaltet werden.

Trapezbleche können als Ein- oder Mehrfeldplatten verlegt werden.

An der seitlichen Überlappung werden die Profilbleche durch Niete, Schrauben oder Stanzung verbunden. Die Verbindung mit der Unterkonstruktion (z. B. Profil-Stahlträgern) bilden Schrauben, Setzbolzen oder Punktschweißung.

Sie können als Tragwerk für die verschiedensten Trockenkonstruktionen dienen (Bild **10**.36a bis c).

Trapezbleche werden als verlorene Schalung für tragende Stahlbetondecken eingesetzt und können ansprechende Deckenunterschichten bilden (Bild **10**.37).

In Stahlblech-Verbunddecken sind die Trapezbleche mittragend. Bei einigen Systemen können in die schwalbenschwanzförmige Profilierung der

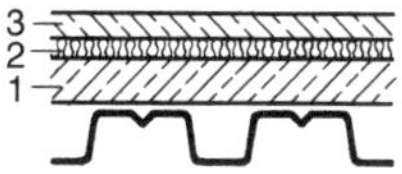

10.36a

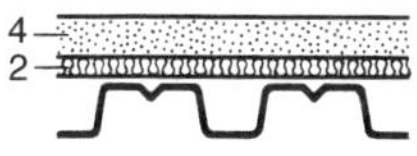

10.36b

10.36c

10.36 Trapezstahl-Decke, verschiedene Konstruktionsmöglichkeiten (a bis c)
1 Fertigbetonplatte
2 Trittschall- und Wärmedämmung
3 Estrich
4 mehrschichtige Pressplatte
5 Hartstoffplatte
6 Aufbeton

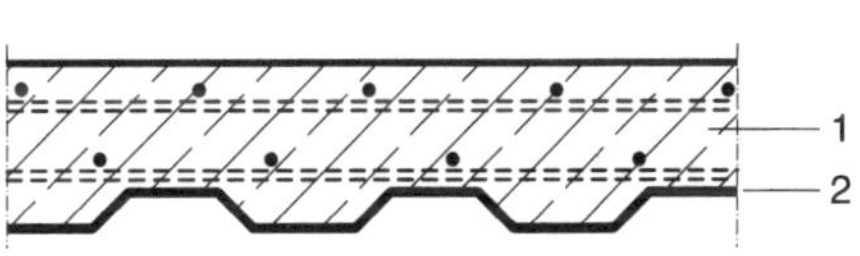

10.37
Stahlbetondecke mit verlorener Trapezblechschalung
1 Stahlbeton
2 Trapezblech

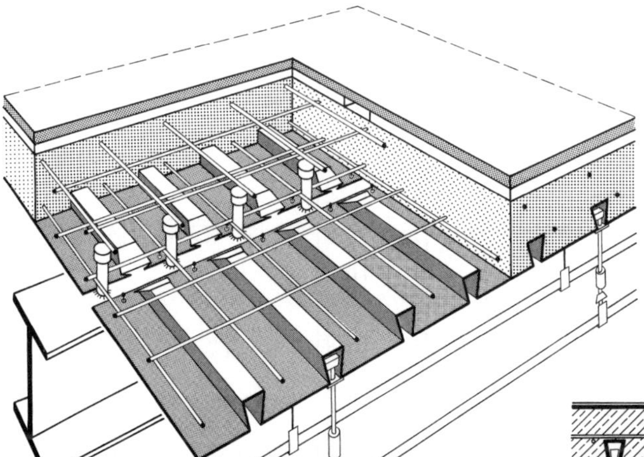

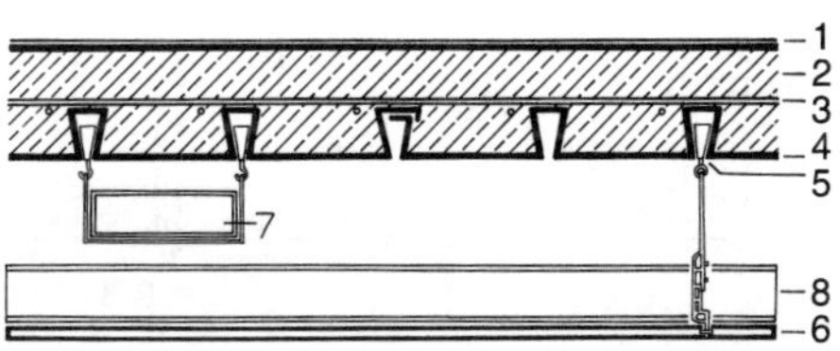

10.38
Stahlblech-Verbunddecke (HOESCH)
1 Bodenbelag
2 Ortbeton
3 Schwindbewehrung
4 Profilblech
5 Aufhängeschienen
6 abgehängte Decke
7 Installations- oder Klimakanal
8 Unterkonstruktion

10

Stahlbleche Aufhängeschienen oder Einzelaufhänger für Installationen oder Unterdecken eingeschoben werden. Bei dem in Bild **10**.38 gezeigten Beispiel entsteht durch den schubfesten Kopfbolzenanschluss auf den Profilstahlunterzügen ein Plattenbalken-Deckensystem (vgl. auch Abschn. 7.4.6).

Stahlblech-Deckenkonstruktionen können nach DIN 4102 den Feuerwiderstandsklassen F 90 bis F 120 zugeordnet werden (vgl. Abschn. 16.7).

10.3 Holzbalkendecken[1)]

10.3.1 Allgemeines

Als Geschossdecken sind Holzbalkendecken – auch im Wohnungsbau – nahezu völlig von Massivdecken verdrängt worden. Ihren Vorteilen (geringes Gewicht, Vorfertigung mit trockenem Einbau, gute Wärmedämmung) stehen als Nachteil die schwierige Schalldämmung (s. Abschn. 16.6) sowie die wegen des erforderlichen Brandschutzes begrenzte Anwendungsmöglichkeit auf Gebäude mit nur 2 Vollgeschossen gegenüber.

Holzbalkendecken kommen daher nur noch für einfache, kleinere Bauvorhaben und als Decken über dem obersten Geschoss, insbesondere für Flachdächer und im Zusammenhang mit Holzskelett-Fertigbauweisen vor.

Decken in Holzbauweise werden in traditioneller Weise aus Vollholzbalken jedoch auch aus Brettschichtträgern, Wellstegträgern, Gitterträgern und in Stapelholzbauweise ausgeführt (s. Abschn. 10.3.3.5). Holzbalkendecken aus Vollhölzern werden im Rahmen dieses Abschnittes besonders im Hinblick auf die neuerdings wieder wichtiger werdenden Sanierungsaufgaben an Altbauten behandelt.

1) Baustoff Holz s. Teil 2 dieses Werkes

10

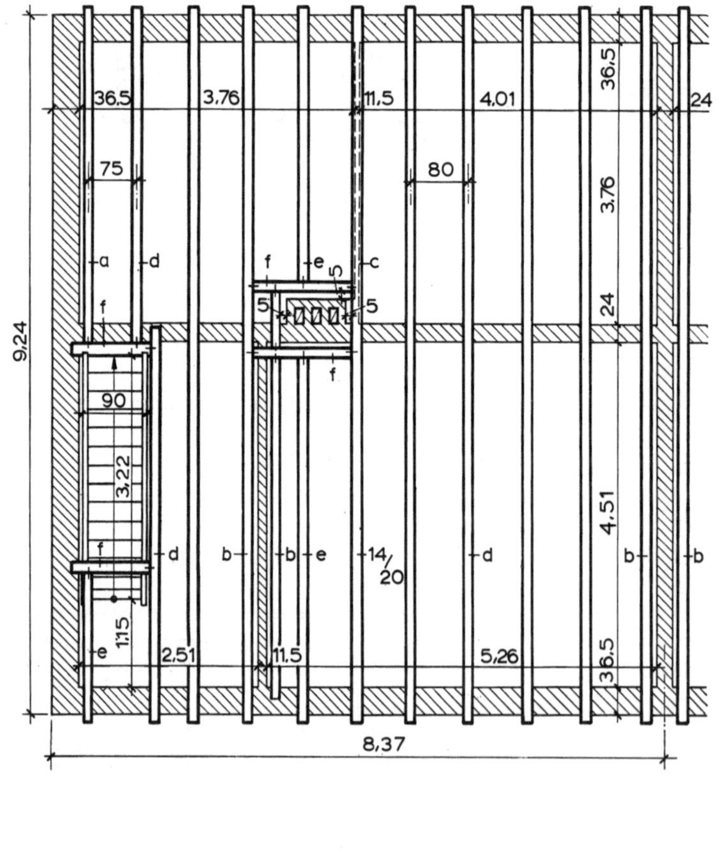

10.39
Dachbalkenlage für ein eingeschossiges Doppelhaus
a) Giebelbalken
b) Streichbalken
c) Wandbalken
d) Zwischenbalken
e) Stichbalken
f) Wechsel

10.3.2 Holzbalkenlagen

Die Balkenlage ist der tragende Teil einer hölzernen Decke. Man unterscheidet:

- *Zwischen-* oder *Geschossbalkenlagen*, die zwei Geschosse voneinander trennen,
- *Dachbalkenlagen* über dem obersten Geschoss,
- *Kehlbalkenlagen* innerhalb des Dachgerüstes; sie bilden den oberen Abschluss der Dachgeschossräume.

Die Balken dienen Fußböden als Auflager, an der Unterseite werden Putzdecken oder andere Unterdeckenflächen befestigt. Darauf ist bei der Balkenanordnung Rücksicht zu nehmen.

Nach Lage und Zweck unterscheidet man folgende Balken (Bild **10**.39):

Ort- oder *Giebelbalken* an den Giebeln. Erhält die Giebelmauer im folgenden Geschoss eine geringere Dicke, so ist der Giebelbalken nicht auf den Mauerabsatz zu legen (Bild **10**.40 und **10**.41).

Streichbalken an einer oder beiden Seiten der nach oben weitergeführten massiven Wände. Durchgehende Wände sollen auf beiden Seiten feste Berührung mit den Balken haben; daher werden auf die Streichbalken Latten aufgenagelt (Bild **10**.42).

Wandbalken auf jeder unter dem Gebälk aufhörenden massiven Zwischenwand von geringer Dicke (**10**.39c). Reicht die Balkenbreite zum Befe-

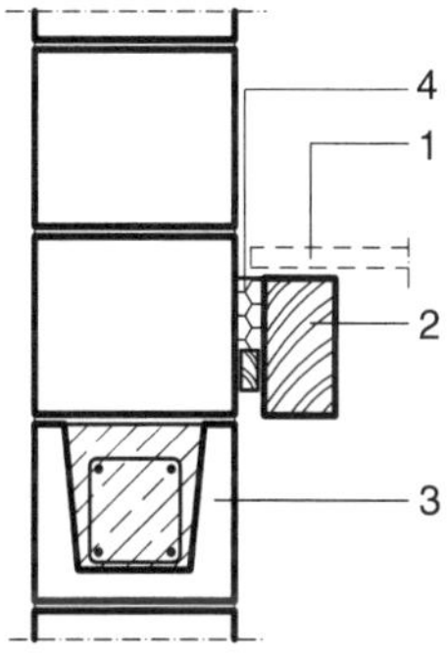

10.40 Ort- oder Giebelbalken
1 Deckenscheibe
2 Balken
3 U-Schalungsstein mit Ringankerbewehrung in B 25
4 Fugendichtung

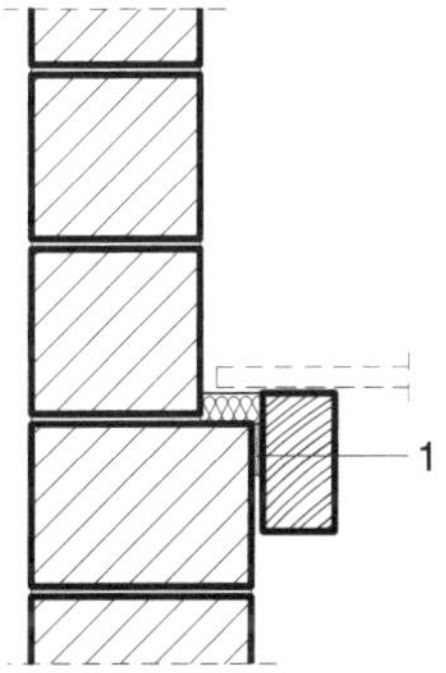

10.41 Ort- oder Giebelbalken neben Mauerabsatz
1 Fugendichtung

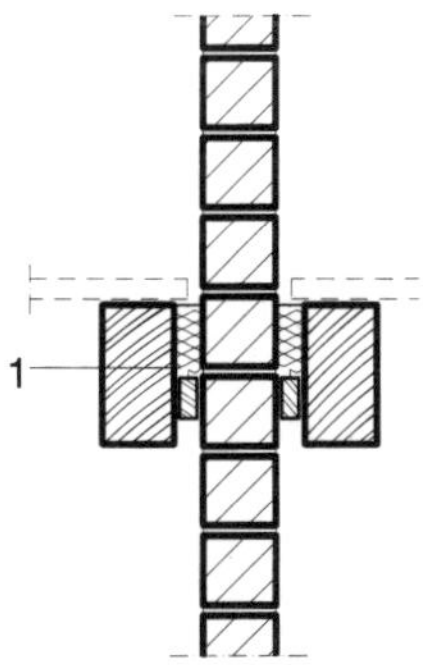

10.42 Streichbalken neben Ziegelwand
1 Fugendichtung

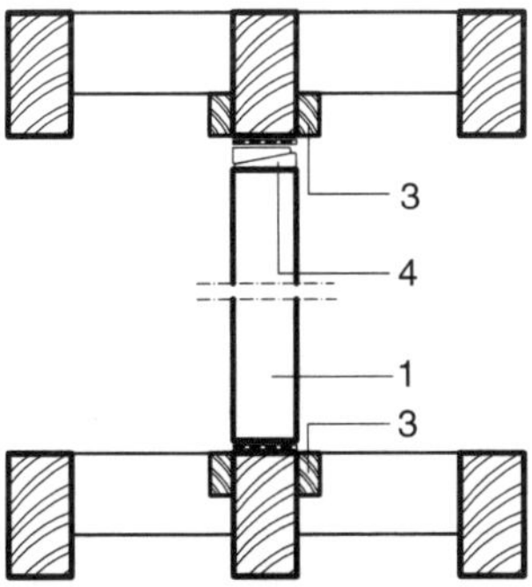

10.43 Wandbalken für Zwischenwand aus Gipsbauplatten o. Ä.

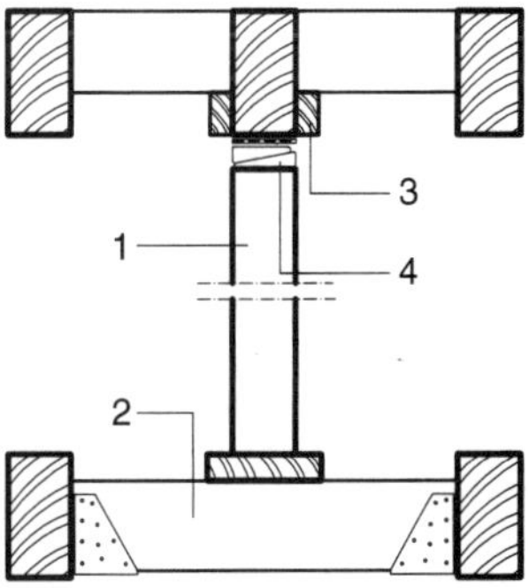

10.44 Auflager für Montagewand
1 Montagewand
2 Füllholz mit Auflagerschwelle
3 Balkenverstärkung für Deckenanschluss

stigen der Deckenschalung nicht aus, so ist der Balken durch unten angenagelte Latten zu verbreitern (Bild **10**.43). Müssen dünne Leichtwände *zwischen* Balken gestellt werden, so ist durch Füllhölzer und Schwellbrett ein Auflager zu schaffen (Bild **10**.44).

Zwischenbalken (Bild **10**.39d) sollen möglichst durch die ganze Tiefe des Gebäudes gehen; sie heißen dann Ganzbalken oder Hauptbalken.

Stichbalken (Bild **10**.39e) liegen mit einem Ende auf der Wand, mit dem anderen Ende in einem Balken; sie werden bei Balkenauswechslungen und bei Fachwerkbauten, die an den Giebelseiten Balkenköpfe zeigen sollen, verwendet.

Wechsel sind mit beiden Enden in andere Balken verzapft (Bild **10**.39f). Auswechslungen ergeben sich z. B. an den Schornsteinen und bei Treppen.

Beim Entwerfen einer Balkenlage werden zunächst alle Giebel-, Streich- und Wandbalken festgelegt.

Wirtschaftliche Balkenabmessungen ergeben sich bei Achsabständen der Balken von ca. 0,60 bis 0,80 m. Am günstigsten werden für möglichst viele Balkenfelder jedoch *lichte* Abstände gewählt, die den Maßen der vorgesehenen Einschubmaterialien, z. B. Wärmedämmungen zwischen den Balken oder auch den Maßen der oberen Abdeckungen (Dielen oder Holzspanplatten) entsprechen. Anpassungsarbeiten mit unvermeidlichem Verschnitt sind dann nur in wenigen „Restfeldern" erforderlich.

Holzbalkendecken auf *Hohlblockstein-Wänden* müssen besonders sorgfältig ausgeführt werden, weil die Wände am Balkenauflager sehr geschwächt sind und hier erhebliche Wärmeverluste und Tauwasserbildung (s. Abschn. 16.5.6) auftreten können. Bei Außenwänden sind die Balkenköpfe außen mit dem gleichen Material wie beim übrigen Mauerwerk abzumauern (kein „Mischmauerwerk").

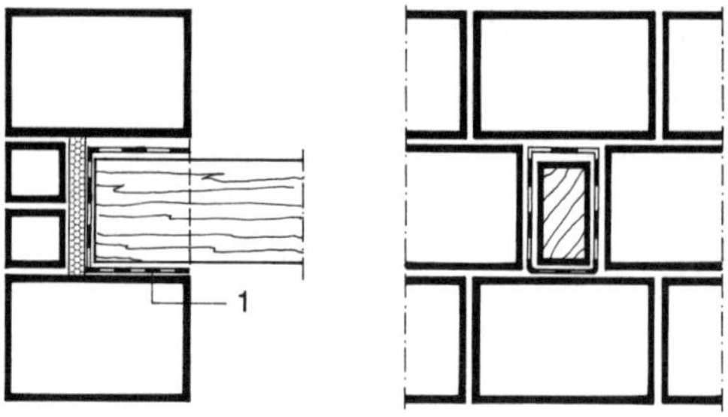

10.45
Einmauerung der Balkenköpfe
1 Dachbahn

10.3.3 Konstruktive Einzelheiten

10.3.3.1 Balkenauflager

Bei gemauerten Wänden sind die Balken auf eine volle, waagerecht abgeglichene Steinschicht bzw. auf die Ringanker aufzulegen. Die Länge des *Balkenauflagers* beträgt bei Balken bis 20 cm Höhe 15 cm, bei höheren Balken 20 cm.

Der gesamte Balken ist allseitig mit einem anerkannten Holzschutzmittel zu behandeln und trocken zu vermauern. Zum Schutz gegen Feuchtigkeit – insbesondere auch aus dem Mauerwerk wird der Balkenkopf in diffusionsoffener Dachpappe „eingepackt". Zwischen Balkenkopf und äußerem Mauerteil ist eine *Wärmedämmplatte* einzuschieben, die gemeinsam mit dem äußeren Mauerteil dem Wärmeschutz der jeweiligen gesamten Mauerdicke entspricht (Bild **10**.45). Eine gute Belüftung des Balkenkopfes wird durch eine Umhüllung mit *Falzpappe* erreicht. Auflager von

Bei Umbauten oder Sanierungen werden sehr oft Fäulnisschäden oder Schädlingsbefall an Balkenauflagern angetroffen, die eine Reparatur erfordern. Dazu müssen zunächst die betroffenen Deckenteile abgefangen werden (s. Abschn. 10 in Teil 2 des Werkes). Danach werden die befallenen Balkenköpfe so weit abgeschnitten, dass nur einwandfreies Balkenholz verbleibt. Vorsorglich sollten die verbleibenden Holzteile soweit zugänglich mit einem Holzschutzmittel behandelt werden.

Für die Erneuerung kommen danach besonders die folgenden Möglichkeiten in Frage:

- seitliches Anlaschen von Balkenverlängerungen (Bild **10**.46a),
- Bei Schäden an einzelnen Balken: Soweit statisch möglich, Auflagerung über neu eingebaute Wechsel an benachbarte Balken (Bild **10**.46b),
- Ersatz des abgetrennten Balkenkopfes mit Hilfe von Reaktionsharz-Beton (Bild **10**.46c).

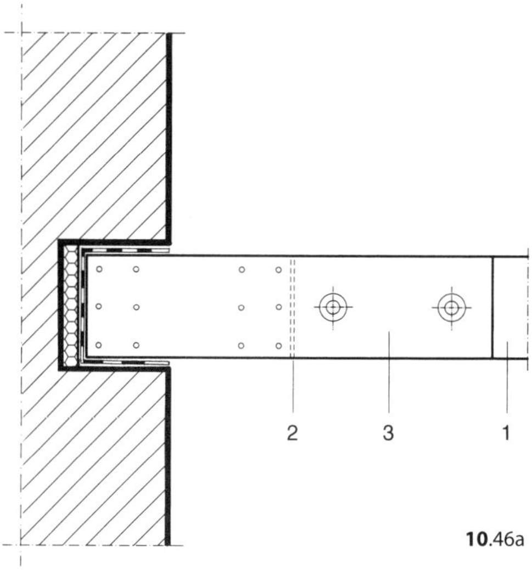

10.46a

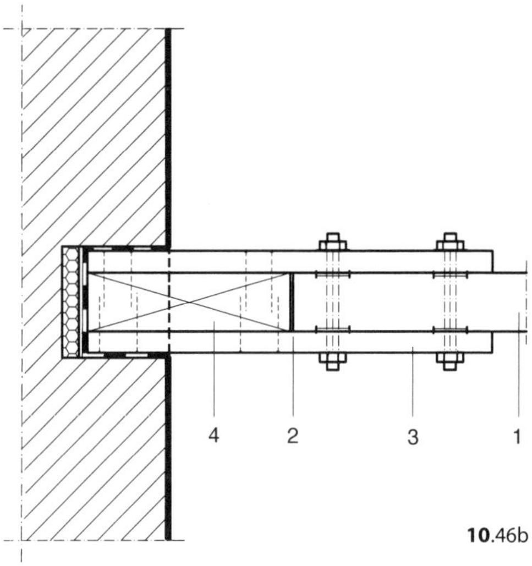

10.46b

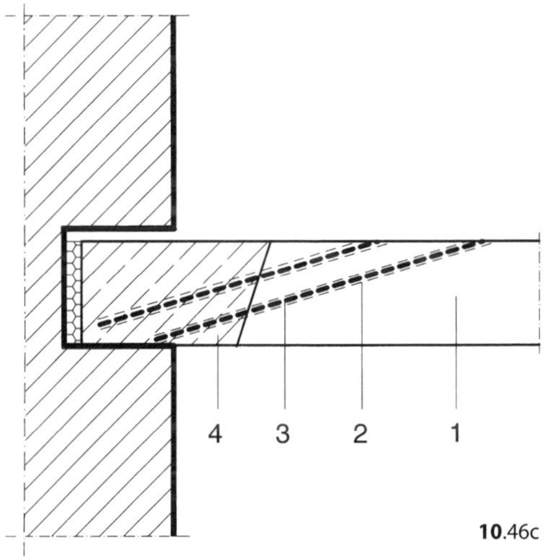

10.46c

10.46 Instandsetzung von Balkenköpfen

Reparatur durch Laschung
a) Ansicht
b) Draufsicht
1 Abgeschnittener Balken
2 neues Balkenende
3 Laschen (Verbolzung oder Nagelung nach statischer Berechnung)
4 Futterklotz

b) Neue Auflagerung auf Wechsel
1 Abgeschnittener Balken
2 Wechselbalken
3 Eckverbinder
4 Auflagerbohle für Deckbretter
5 Benachbarter Balken

c) Neuer Balkenkopf aus Reaktionsharz-Beton
1 Abgeschnittener Balken
2 Bohrlöcher für Bewehrungsstäbe
3 Polyester Bewehrungsstäbe nach statischer Berechnung
4 Reaktionsharz-Beton

10.3.3.2 Anker

Die Balkenlage muss eine wirksame Verankerung mit gegenüberliegenden Außenwänden haben. Zu diesem Zweck wird bei Geschossbalkenlagen etwa jeder vierte Balken an den Enden durch Stahlanker mit dem Mauerwerk zugfest verbunden.

Wenn *Ankerbalken* gestoßen werden, müssen sie am Stoß zugfest miteinander verbunden werden (Abschn. 10.3.3.3).

Balkenanker (Bild **10**.47) bestehen aus der 60 bis 80 cm langen Ankerschiene (Flachstahl 40 x 10 bis 50 x 10) und dem 50 bis 60 cm langen Splint (Flachstahl 50 x 15). Ein Ende der Ankerschiene ist zu einer Öse umgeschmiedet, durch die der Splint gesteckt wird. Der Splint muss von Innenkante Wand $\geq$ 24 cm entfernt sein. Statt des Splintes werden auch quadratische oder kreisrunde Scheiben verwendet, die auf der Außenfläche der Wand liegen; sie werden mit dem Ankereisen verschraubt. Die Splinte sind mit Zementmörtel zu vermauern.

10

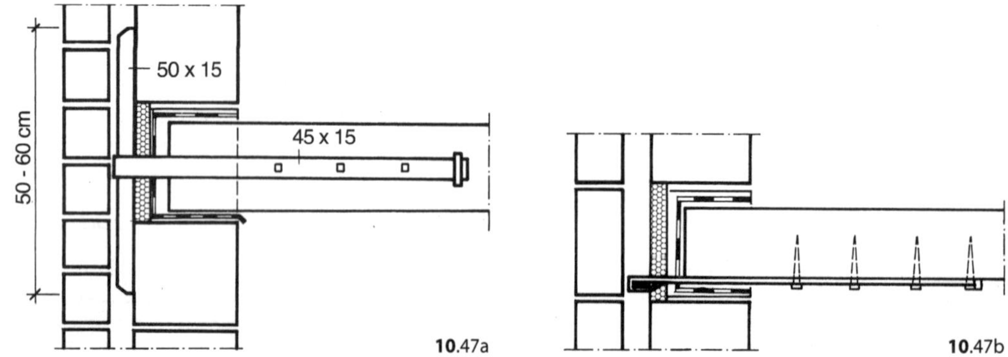

10.47a

10.47b

10.47 Balkenanker
a) Schnitt/Seitenansicht
b) Grundriss

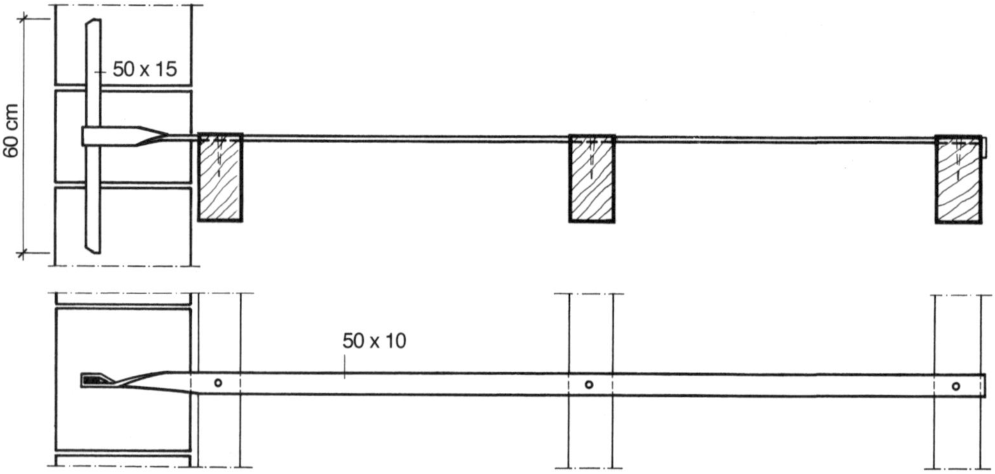

10.48 Giebelanker

Giebelanker (Bild **10**.48) dienen zur Verankerung freistehender Giebelwände mit dem Gebäude; sie bestehen aus Ankerschienen aus Flachstahl 50 x 10, die über drei Balken hinwegreichen müssen. Durch das gedrehte Ankerende ist der ca. 60 cm lange Splint gesteckt.

Holzbalkendecken, die eine mit der Balkenlage nach DIN 1052 festverbundene Decken- oder Dachschalung aus Dielen oder Spanplatten haben, können als mitwirkende Scheiben zur Aussteifung herangezogen werden.

Bei Gebäuden mit Ringankern bzw. Ringbalken nach DIN 1053-1 sind die Balkenlagen in geeigneter Weise so anzuschließen, dass Zug-, Druck- und Schubkräfte übertragen werden können (Bild **10**.49 und **10**.50). In Verbindung mit Holzbalkendecken können Ringanker auch aus Holzprofilen bestehen, wenn sie eine Zugkraft von > 30 kN aufnehmen können und fest mit den Wänden verankert sind (Bild **10**.51).

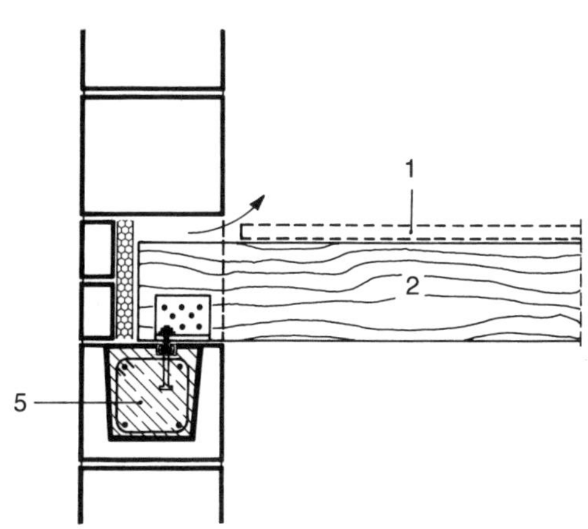

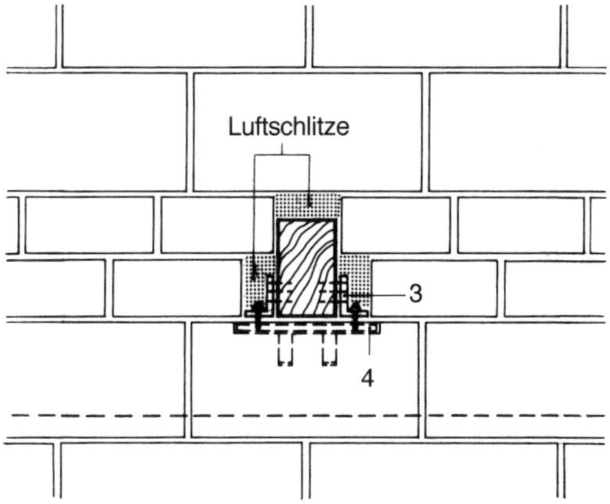

10.49 Anschluss an Ringbalken

1 Deckenscheibe
2 Balken
3 beidseitig Stahlwinkel, genagelt
4 Ankerschiene + 2 x M 12
5 U-Schalungsstein mit Ringankerbewehrung in B 259.48 Seitlicher Deckenanschluss an Ringbalken

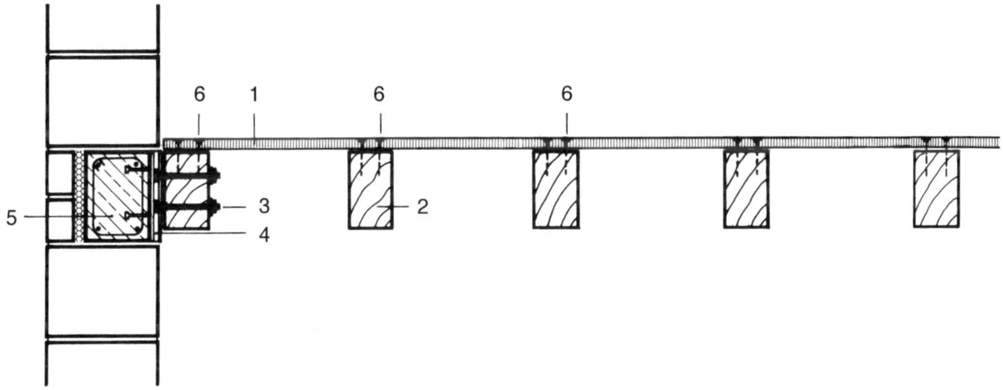

10.50 Seitlicher Deckenanschluss an Ringbalken

1 Deckenscheibe
2 Balkenlage
3 Bolzen in Ankerschiene
4 Ankerschiene
5 Ringanker
6 zusätzliche Nagelung je 6 Na 34 90

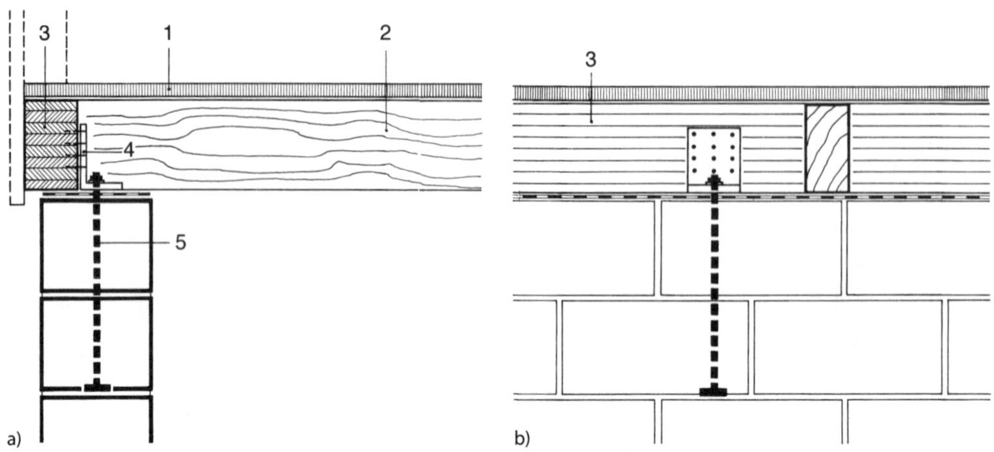

10.51 Holzprofil als Ringbalken
1 Deckenscheibe
2 Balkenlage, zugfest angeschlossen
3 Brettschichtholz (Ringanker)
4 Stahlwinkel
5 Ankerschraube M 16, eingemauert oder -betoniert

10.3.3.3 Balkenstöße

Über die ganze Gebäudetiefe durchlaufende Balken (auf 3 oder mehr Auflagern) sind wegen der statisch günstigeren Durchlaufwirkung vorzuziehen. Bei zu großen erforderlichen Längen müssen die Balken jedoch gestoßen werden. Die Ausführung von Balkenstößen ist in den Bildern **10**.52 bis **10**.55 dargestellt.

Für Zugbeanspruchungen müssen die Stöße gegebenenfalls durch Laschen und Bolzen gesichert werden (Bild **10**.55). Sollen gestoßene Balken statisch als Durchlaufträger wirken, so müssen sie durch seitliche Bohlenlaschen biegesteif verbunden werden.

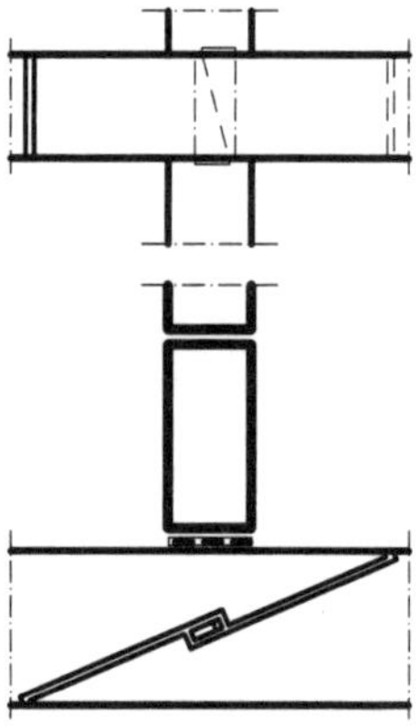

10.54 Balkenstoß mit schrägem Hakenblatt mit Keil

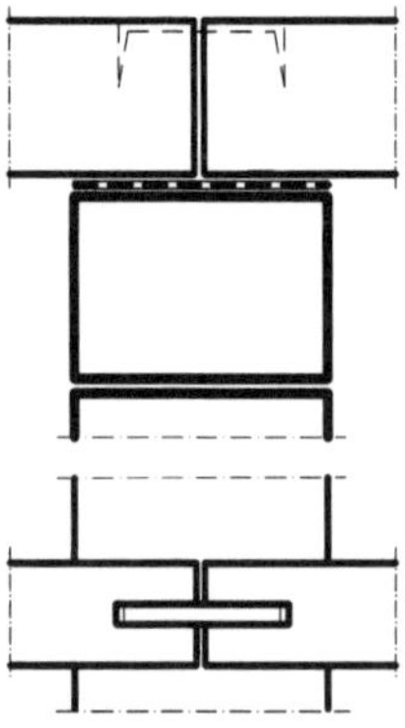

10.52 Gerader Balkenstoß mit Spitzklammer auf 36,5 cm dicker Mauer

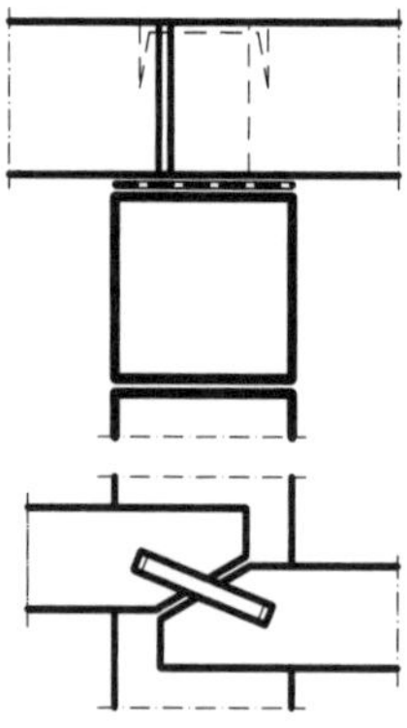

10.53 Möglicher Balkenstoß

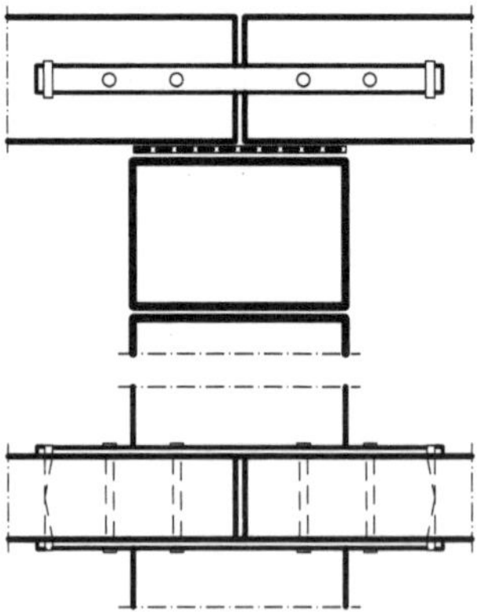

10.55 Zugfester Balkenstoß mit Stahllaschen

10.3.3.4 Wechsel

Schornsteine, Treppenöffnungen usw. zwingen oft dazu, Deckenbalken „auszuwechseln" (s. Bild **10**.39e und f). Das geschieht bei Holzbalkendecken in traditioneller Weise durch Einzapfen des unterbrochenen Balkens (Stichbalken) in einen Wechselbalken, der seinerseits in die benachbarten durchlaufenden Balken eingezapft ist (Bild **10**.56).

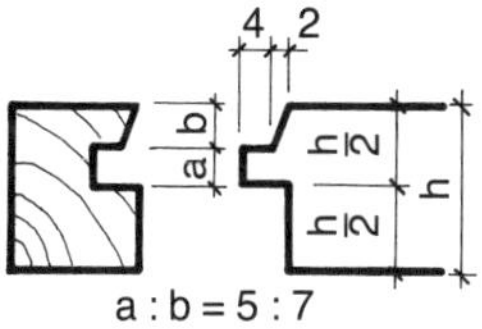

10.56 Brustzapfen
a) Wechselbalken
b) Stichbalken

Beide Hölzer werden außerdem durch eine Spitzklammer verbunden. Stahlblechkonsolen („Balkenschuhe") vermindern den Arbeitsaufwand und die Schwächung des Holzquerschnitts (Bild **10**.57).

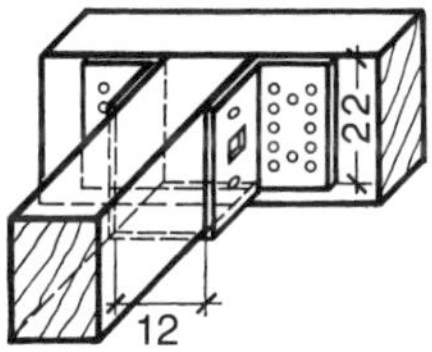

10.57 Anschluss mit Balkenschuh Nagelung mit verzinkten Stahlstiften

Die Balkenhölzer müssen ≥ 5 cm von Schornsteinwangen entfernt bleiben. Der Zwischenraum zwischen Schornsteinwange und Balken kann durch Leichtbeton ausgefüllt werden (s. a. Bild **10**.39 f.).

10.3.3.5 Holzbalkenquerschnitte

Der Balkenquerschnitt richtet sich nach der freien Länge, der Balkenentfernung, dem Deckengewicht und der Verkehrslast. Zur wirtschaftlichen Verwendung des Bauholzes sind alle Balken statisch zu berechnen. (Für Bauteile, die aus Erfahrung beurteilt oder deren Maße aus anderen Vorschriften entnommen werden können, ist kein rechnerischer Standsicherheitsnachweis erforderlich.) Jeder Balken ist statisch voll auszunutzen. Das kann dadurch erreicht werden, dass bei gleicher Balkenhöhe die jeweils statisch notwendigen Balken*breiten* verwendet oder die Balken*abstände* geändert werden. Das Eigengewicht der Decke kann bei leichten Zwischendecken mit 2,0 kN/m^2 angenommen werden. Die Verkehrslast ist bei allen Wohngebäuden mit 2,0 kN/m^2 anzusetzen.

Die nach DIN 4070 genormten Balken haben die Querschnittsverhältnisse von 1:2,5 (z. B. 8/20) bis 5:6 (z. B. 20/24). Statisch am günstigsten sind schmale hohe Querschnitte. Zu empfehlen sind daher die Halbholzbalken (10/20, 10/22, 12/24, 12/26) mit Abständen von 60 bis 70 cm. Bei geringen Balkenabständen sind Deckenscheiben weniger hinsichtlich Durchbiegung beansprucht.

Statt der Vollholzquerschnitte sind bei größeren Spannweiten vorgefertigte Träger wirtschaftlicher, weil sie entweder bei gleichen Abmessungen wie Vollhölzer wesentlich höher belastbar sind (z. B. Brettschichtträger, s. Abschn. 1.2.4.2 in Teil 2 des Werkes) oder ein wesentlich geringeres Eigengewicht bei gleicher Tragfähigkeit haben wie z. B. Wellstegträger (Bild **10**.58). Wellstegträger haben Ober- und Untergurte aus Vollholzquerschnitten, in die wellenförmig gebogene Sperrholzstege eingeleimt sind.

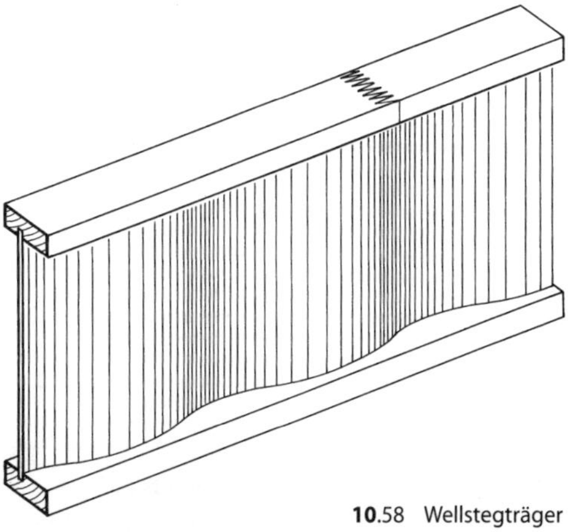

10.58 Wellstegträger

10.3.3.6 Deckeneinschub

Die Balkenzwischenräume von Holzbalkendecken werden zum Wärme- und Schallschutz mit „Einschüben" ausgeführt. Die alte Technik des Wickelbodens aus Strohlehmwickeln (Bild **10**.59)

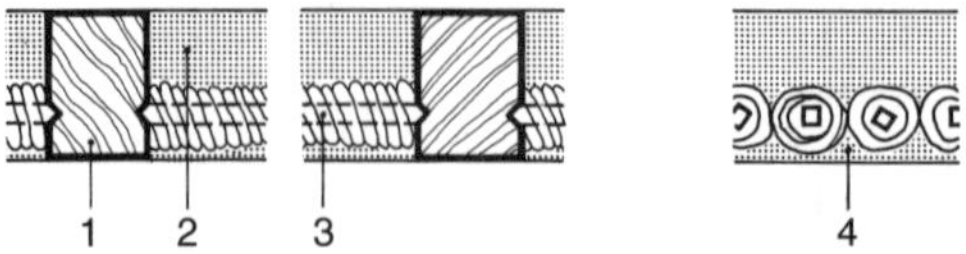

10.59 Wickelboden
1 Deckenbalken mit seitlichen Einkerbungen
2 Lehmauffüllung
3 Strohlehmwickel
4 Deckenputz

bietet zwar recht gute Schall- und Wärmedämmung, ist aber allein aus Lohnkostengründen allenfalls im Bereich denkmalpflegerischer Maßnahmen noch anwendbar. Wirtschaftlicher sind Einschübe, die aus Auffüllungen mit Leichtbeton (Bild **10**.60), aus eingelegten Leichtbetonplatten

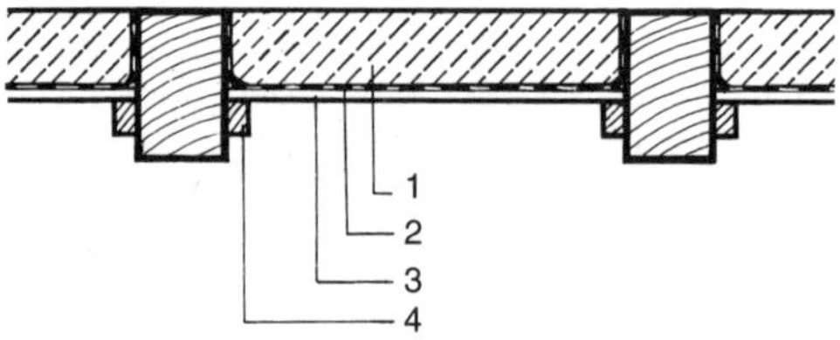

10.60 Einschubdecke mit Auffüllung aus Leichtbeton
1 Leichtbeton
2 Einschubbretter oder entrindete Schwarten
3 PE-Folie
4 Latte

(Bild **10**.61) oder Lochziegelkörpern (Bild **10**.62) bestehen. Bei den heutigen Anforderungen sind jedoch für alle diese Ausführungen zusätzliche Maßnahmen insbesondere zum Trittschallschutz notwendig (s. Abschn. 10).

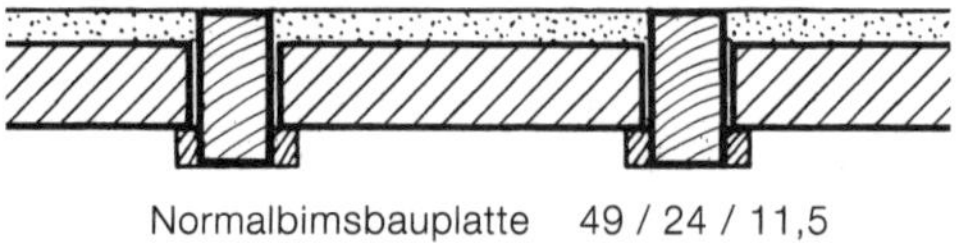

10.61 Einschub mit 11,5 cm dicken Leichtbauplatten o. Ä. und Auffüllung

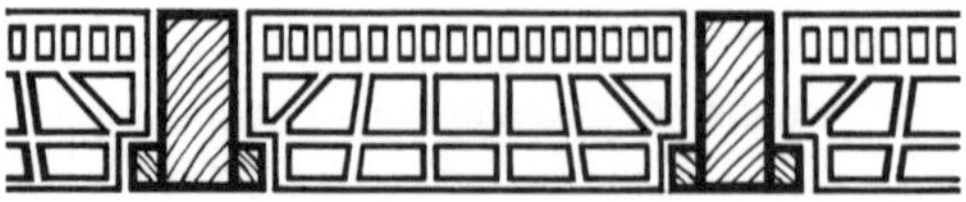

10.62 Einschub aus Hohlziegelkörpern

10.3.3.7 Deckenauflage

Über Holzbalkendecken wird bei herkömmlichen Konstruktionen direkt auf die Balken eine Nut-Feder-Dielenschalung als Gehbelag verlegt. Statt dessen werden bei neueren Holzbalkendecken Holzspanplatten mit verleimten Nut-Feder-Stößen verwendet, oder es dienen verzinkte Trapezbleche mit einem Gießestrich als Unterkonstruktion für die Gehbeläge (Bild **10**.63).
Der für Geschossdecken erforderliche Schallschutz ist damit jedoch nicht zu erreichen. Die notwendigen Maßnahmen sind in Abschn. 10.3 gesondert erläutert.

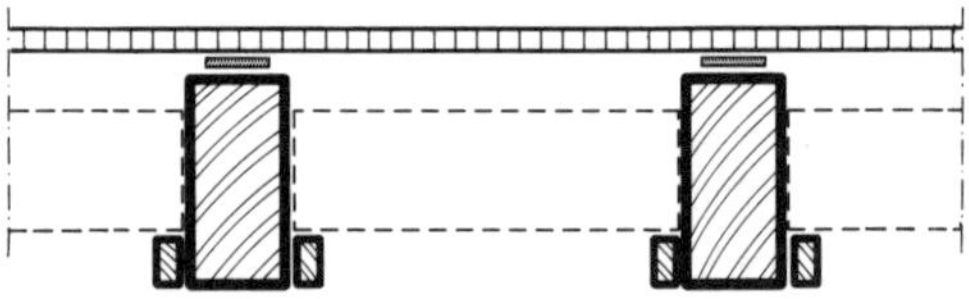

10.63a

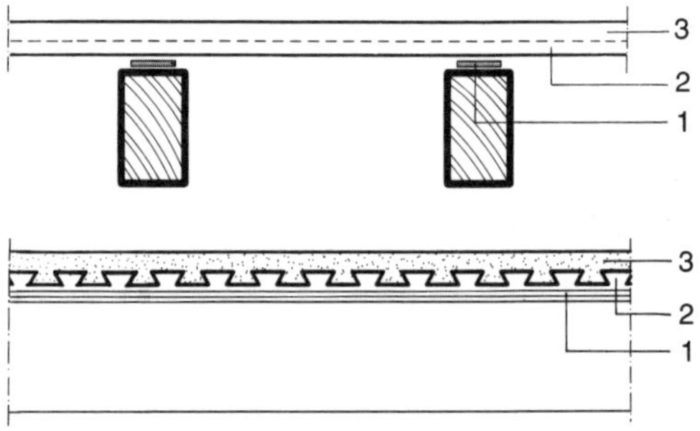

10.63b

10.63 Deckenauflagen
a) Dielung oder Spanplatten auf Filzstreifen o. Ä.
b) Auflage aus Trapezblech mit Gießestrich (Längs- und Querschnitt)
1 Filzstreifen
2 Verzinktes Trapezblech
3 Gießestrich

10.4 Decken aus Brettstapel- oder Dübelholz-Elementen

Deckensysteme aus Brettstapel- oder Dübelholzelementen bestehen aus flächenbildenden, tragenden Elementen. Die Deckenelemente werden aus Brettern, Bohlen oder Kanthölzern hergestellt. Diese laufen entweder ungestoßen über die ganze Elementlänge durch oder sind durch Keilzinkung kraftschlüssig miteinander zu Lamellen verbunden.

In Querrichtung erfolgt die Verbindung der Lamellen mit mechanischen Verbindungsmitteln. (Nägel, Holz-Stabdübel)

Brettstapel- oder Dübelholzelemente sind mit anderen Systemen bzw. Bauweisen kombinierbar.

Die Spannweiten der Deckenelemente sind für Einfeldträger bis 6,00 m und für Durchlaufträger bis 7,50 m wirtschaftlich.

Die Elementdicken (Lamellenbreiten) liegen zwischen 60 und 240 mm (Bild **10**.64 a-e).

Trotz der höheren Masse weisen „Lamellendecken" gegenüber üblichen Holzbalkendecken wegen ihrer höheren Steifigkeit kein besseres Trittschallschutzmaß auf. Die Schalllängsleitung der relativ biegesteifen Decken in die ähnlich steifen Wände ist ebenso zu berücksichtigen wie die Schallweiterleitung über die offenen Lamellenfugen bei durchlaufenden, sichtbaren Decken über die Wände hinweg. Die Raumakustik kann durch Profilierung der sichtbaren Unterseiten verbessert werden.

Übliche Bauteile erreichen die Feuerwiderstandsklasse F30-B. Die Feuerwiderstandsklassen F60-B und F90-B sind durch Vergrößerung der Bauteildicken oder mit Holz-Beton-Verbundelementen erreichbar. Eine Beplankung auf der dem Feuer abgewandten Seite verhindert ein Durchströmen der Fugen und damit den schnellen Durchbrand.

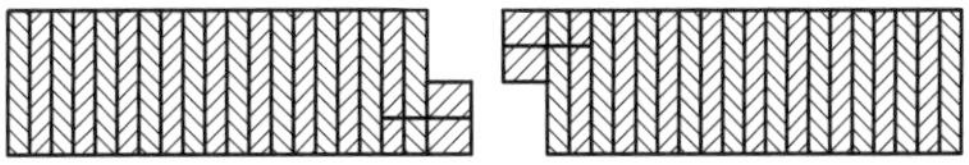

10.64a

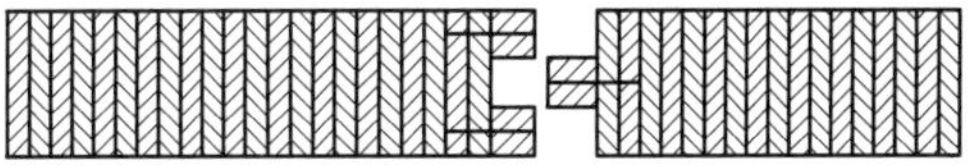

10.64b

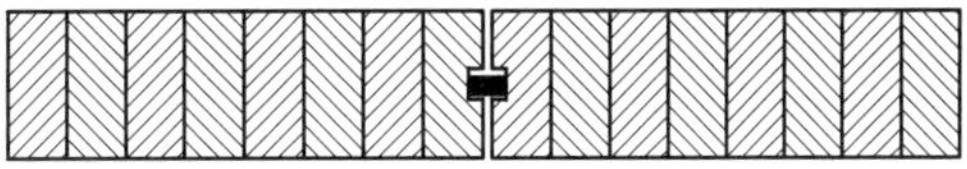

10.64c

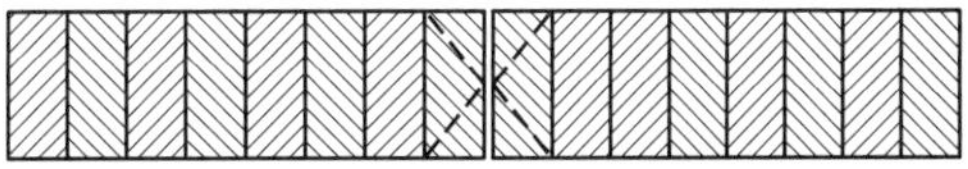

10.64d

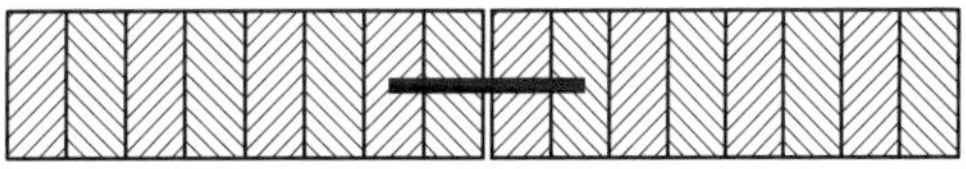

10.64e

10.64 Brettstapel- und Dübelholzelemente (Querverbindungen)
a) Überfälzung
b) Nut und Feder
c) Baufurnier-Sperrholzfeder
d) Schrägnagelung
e) Stabdübel-Verbindung

10.5 Decken aus Holztafelelementen

Das Bauen mit vorgefertigten Bauelementen hat auch zur Weiterentwicklung des Holztafelbaus für Geschossdecken beigetragen.

Mit solchen Deckensystemen sind mit geringem Aufwand hohe Schallschutzwerte zu erreichen, die den gehobenen Anforderungen an Wohnungstrenndecken genügen.

Bild **10**.65 zeigt als Beispiel das Lignotrend-Deckensystem. Bei diesem System kann die flächige Untersicht wahlweise in „Trendqualität" als Holzuntersicht oder in Holzwerkstoffplatte als streichfähiger Untergrund ausgeführt werden.

Durch die geschlossene, 4 cm dicke Unterseite der Deckenelemente werden die Anforderungen an die Brandschutzklasse F30 B erfüllt.

Installationen bis zu 90 mm Durchmesser können innerhalb der Decke verlegt werden. Zur Verbesserung des Schallschutzes sind Anhydrit- und Zementestriche auf Holzbalkendecken problematisch. Der Vorteil von Anhydritestrichen gegenüber Zementestrichen ist die ca. 5 mm geringere Dicke bei nur unwesentlich kleineren Auflasten. Bezüglich des Brandverhaltens ist er mit dem Zementestrich vergleichbar. Ein großer Nachteil liegt allerdings darin, dass der Fließestrich eine dicht verschweißte Unterlage benötigt, damit die Holzbalkenkonstruktion nicht durchfeuchtet wird. Dadurch wird ein Diffusionsgefälle von unten nach oben erzeugt. Die Gefahr von Kondensatbildung innerhalb der Deckenkonstruktion ist damit sehr hoch und kann Pilzwachstum innerhalb der Konstruktion hervorrufen.

Es sollte also bei Bodenaufbauten mit Anhydrit- und Zementestrichen immer darauf geachtet werden, dass der Kondensatbildung vorgebeugt wird, d. h. die Gesamtkonstruktion ist diffusionsoffen auszubilden. Die diffusionsoffene Konstruktion des Gesamtaufbaus einer Holzbalkendecke ist insbesondere über Feuchträume zu beachten. (Bild **10**.66).

Zur Verbesserung des Schallschutzes werden die Hohlstellen der Deckenelemente mit Kalksplitt gefüllt. Der Fußbodenaufbau sollte in einem Trockenbausystem erfolgen. Ein Estrich könnte bei diesem System zu Durchfeuchtungen der Holzwerkstoffe und damit zu Bauschäden führen.

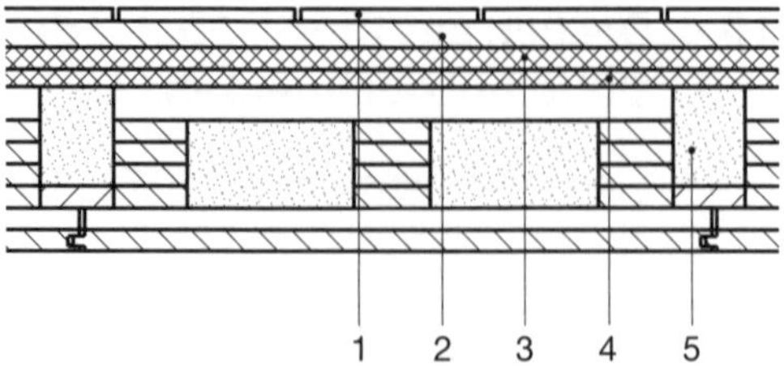

10.65 Deckenelement LIGNOTREND Decke Q3
1 Fussbodenbelag
2 Trockenestrichelement
3 Trittschalldämmplatte
4 Druckverteilungsplatte
5 Schüttung (Deckenhohlräume für Installationen)

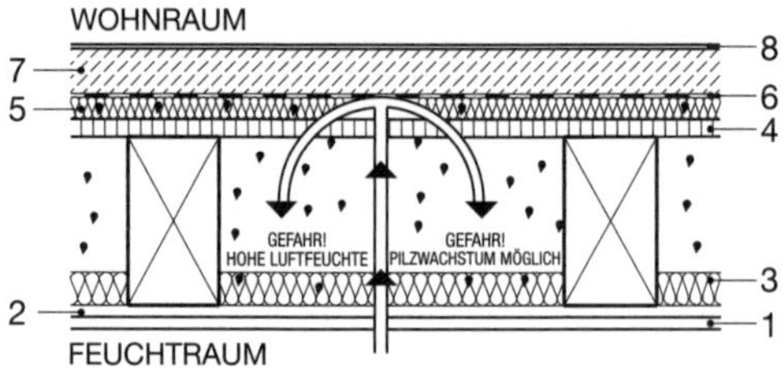

10.66 Diffusionsdichte Deckenkonstruktion
1 Unterseitige Bekleidung
2 Lattung
3 Dämmung
4 Wasserfest verleimte Spanplatte
5 Dämmung
6 Dichte (meist verschweisste) Unterlage
7 Anhydritfliessestrich
8 Bodenbelag
Quelle: Unger, A: „Nie mehr Estrich auf Holzbalkendecken" in Arconis 3/98

10.6 Gewölbe

Gewölbe können als bogenförmig oder sphärisch gekrümmte gemauerte Massivdecken betrachtet werden, deren Steine sich gegeneinander so abstützen, dass sie untereinander nur auf Druck beansprucht sind. An den Auflagern müssen neben vertikalen Belastungen jedoch – je nach Gewölbekonstruktion – erhebliche Horizontalkräfte aufgenommen werden.

Seit seinen Anfängen hat der Gewölbebau seine vielfachen Ausformungen gewonnen durch das Streben nach größeren Spannweiten, nach größeren Öffnungen in den Auflagerwänden, vor allem aber durch die immer weiter verfeinerten Methoden zur Bewältigung der Horizontalkräfte in den Auflagerpunkten.

Die verschiedenen historischen Gewölbeformen zur Überspannung von Räumen spielen heute nur noch in der Denkmalpflege eine Rolle. Bei Geschossdecken sind sie durch Massivdecken bzw. durch Stahlbetonkonstruktionen verdrängt.

Die Gewölbeteile werden ähnlich wie bei Mauerbögen benannt (vgl. Bild **6**.70). Bei den Umfassungsmauern überwölbter Räume werden *Widerlagermauern*, die das Gewölbe tragen, von *Stirnmauern* oder Schildmauern, die nur zum Raumabschluss dienen, unterschieden.

Alle *Gewölbeformen* lassen sich im wesentlichen auf zwei Grundformen zurückführen:

- *Tonnengewölbe* mit zylindrischer Wölbfläche und
- *Kuppelgewölbe* mit kugelförmiger Wölbfläche.

Danach kann man die Gewölbe in zylindrische und kugelförmige (sphärische) einteilen. Zu den *zylindrischen* Gewölben gehören: Tonnengewölbe (auch die sogenannten „preußischen Kappen"), Klostergewölbe, Muldengewölbe, Spiegelgewölbe, römisches Kreuzgewölbe (Bilder **10**.67 bis **10**.69).

Den Übergang zu den *sphärischen* Gewölben bilden: Kreuzgewölbe mit Bogenstich und Busung, Stern-, Netz- und Fächergewölbe. Zu den sphärischen Gewölben gehören: Kuppelgewölbe, Hängekuppel, Zwischenkuppe, böhmische Kappe (Bilder **10**.70 bis **10**.72).

10.6.1 Tonnengewölbe

Das Tonnengewölbe lässt nur eine beschränkte Ausnutzung seiner Raumhöhe zu. Die Gewölbefläche reicht an den Widerlagermauern tief herab und muss für die Anordnung von Fenstern und Türen Durchbrechungen erhalten, die durch sog. *Stichkappen* in Zylinder- oder Kegelform mit waagerechter oder geneigter Achse geschlossen werden. Die Wölbfläche ist im allgemeinen die eines halben geraden Kreiszylinders (Bild **10**.67).

Größere und stark belastete Gewölbe sind mit Hilfe des Stützlinienverfahrens statisch zu erfassen.

10.6.2 Preußisches Kappengewölbe

Der Form nach bildet das sogenannte preußische Kappengewölbe einen Teil eines Tonnengewölbes. Die *Wölblinie* ist ein *Flachbogen* mit einer Stichhöhe von 1/5 bis 1/10 der Spannweite.

Wegen der geringen Stichhöhe ist das preußische Kappengewölbe nur für kleinere Spannweiten anwendbar. Größere Räume müssen in kleinere Felder aufgeteilt werden. In Bild **10**.68 ist die Anordnung der Kappen zwischen I-Trägern dargestellt.

Bei Kappendecken treten in den Endfeldern beträchtliche Horizontalkräfte auf. Sie werden aufgehoben durch Zuganker, die den letzten Träger mit dem Randauflager koppeln.

10

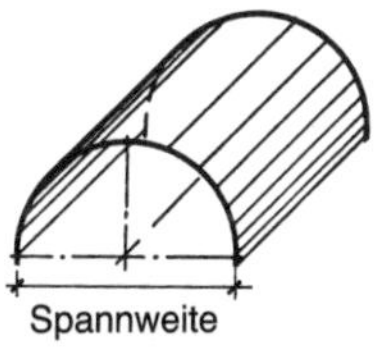

10.67 Gerades halbkreisförmiges Tonnengewölbe

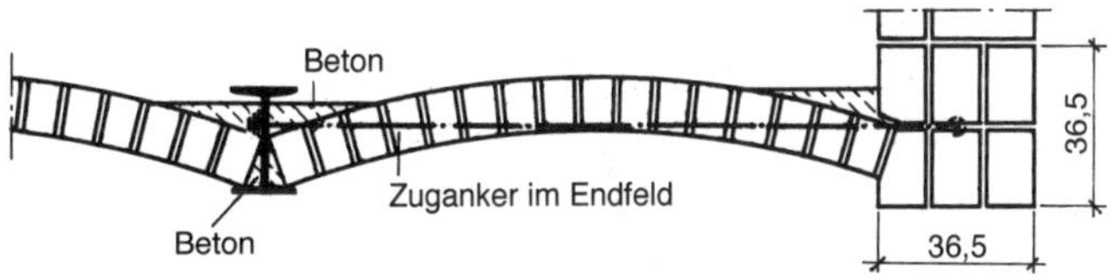

10.68 Preußisches Kappengewölbe

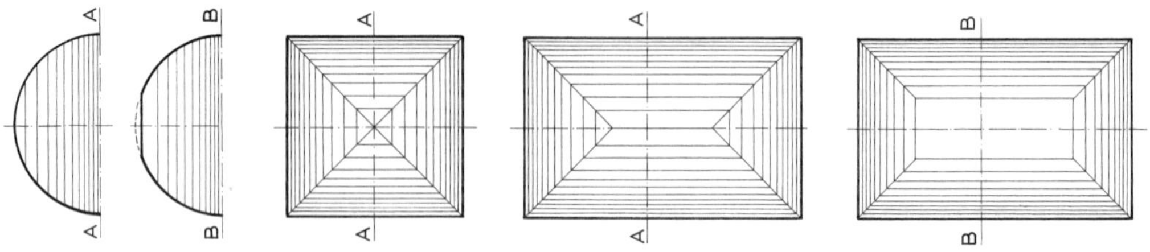

10.69a **10**.69b **10**.69c **10**.69d

10.69 Klostergewölbe
a) Querschnitt, b) über quadratischem Raum, c) Muldengewölbe, d) Spiegelgewölbe

10.6.3 Klostergewölbe, Muldengewölbe, Spiegelgewölbe

Das Klostergewölbe (Bild **10**.69) entsteht aus der rechtwinkligen Kombination von zwei Tonnengewölben zur Überspannung quadratischer Grundrisse. Der Diagonalbogen (Kehlbogen) ist eine Ellipse; sämtliche Umfassungswände sind Widerlager. Das Klostergewölbe eignet sich im allgemeinen nicht zur Überdeckung von niedrigen Räumen, da die allseitig tief herabreichenden Wölbflächen die Anlage der Tür- und Fensteröffnungen erschweren.

Das Muldengewölbe ist ein Tonnengewölbe über Rechteckgrundriss, das auf beiden Seiten durch halbe Klostergewölbe geschlossen wird (Bild **10**.69c).

Spiegelgewölbe sind Kloster- und Muldengewölbe, deren oberer Teil durch eine waagerechte Fläche, den *Spiegel*, ersetzt wird. Die verbleibenden Gewölbeteile nennt man *Vouten* (Bild **10**.69d).

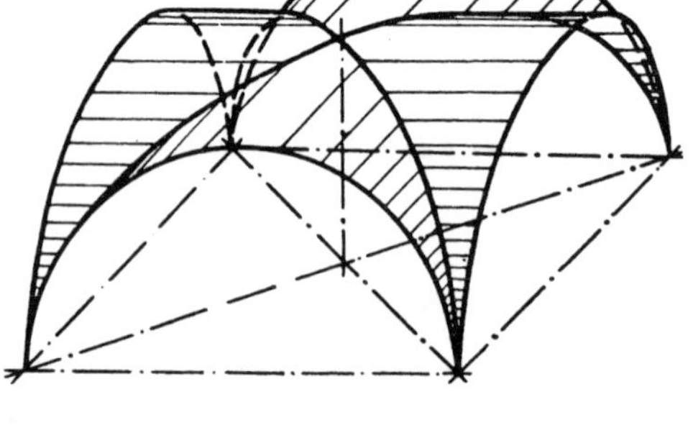

10.70
Kreuzgewölbe über quadratischem Raum (römisches Kreuzgewölbe)

10.6.4 Kreuzgewölbe

Das Kreuzgewölbe entsteht als Durchdringung von 2 Tonnen (Bild **10**.70). Die Kappen können entweder *zylindrisch* oder *gebust*, d. h. allseitig (kugelartig) gekrümmt sein.

Schildbögen (Wandbögen) heißen die Linien, in denen die Kappen an Umfassungswände anschließen; sie können Halbkreise, Spitzbögen oder elliptische Bögen sein. *Grate* heißen die Linien, in denen sich die Kappen durchdringen.

Bei *zylindrischen* Gewölben (Bild **10**.71) sind die Gratbögen durch „Vergatterung" aus den Wandbögen zu bestimmen.

Bei „gebusten" Wölbungsflächen können Wand- und Gratbögen, wie z. B. in Kreuzgewölben, unabhängig voneinander angenommen werden (Bild **10**.73 und **10**.74).

Scheitellinien der zylindrischen Kappen sind gerade oder – wegen des Setzens – mit geringer Steigung („mit Stich") nach dem Gewölbescheitel zu angeordnet.

Die Scheitellinien der gebusten Kappen sind bogenförmig.

Das Kreuzgewölbe besitzt gegenüber anderen Gewölbeformen den statischen Vorzug, dass es die Gewölbelast über die Grate fast ganz auf die Ecken des Raumes überträgt. Das Widerlager an

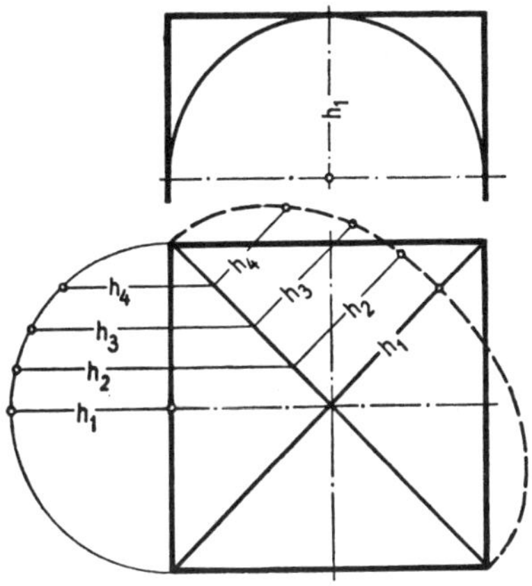

10.71 Römisches Kreuzgewölbe (zylindrische Kappenflächen, gerade, waagerechte Scheitel linie)

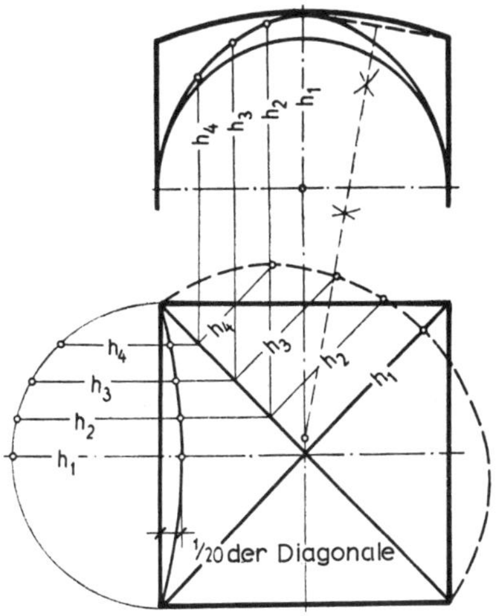

10.72 Romanisches Kreuzgewölbe mit Bogenstich

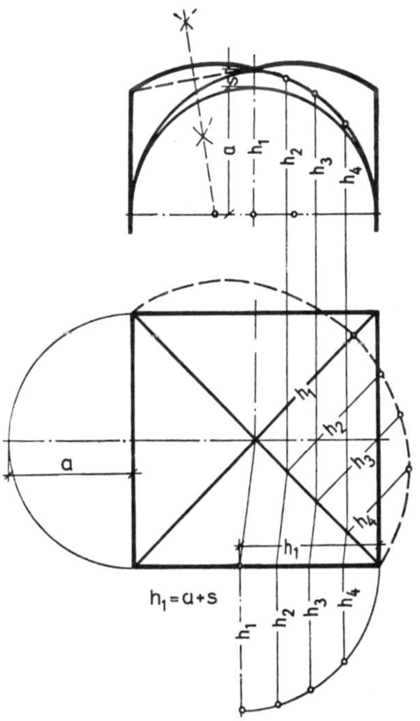

10.73 Romanisches Kreuzgewölbe mit Busung und Stich

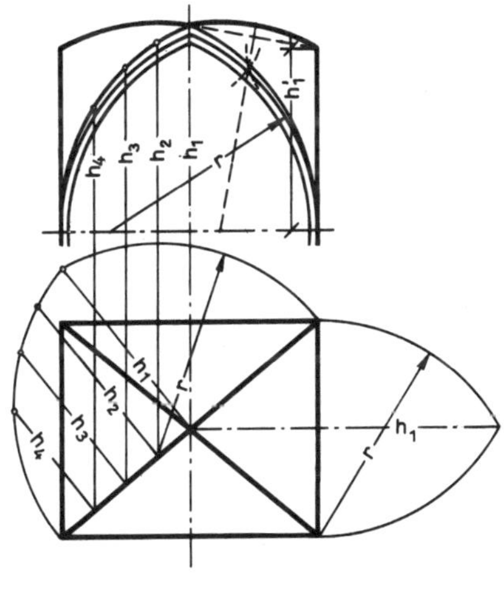

10.74 Gotisches Kreuzgewölbe

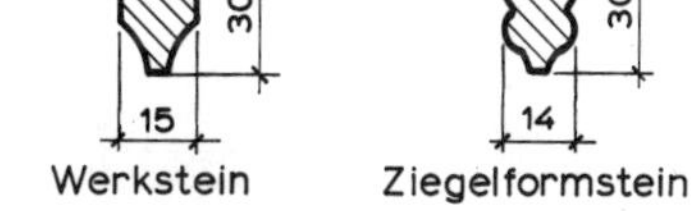

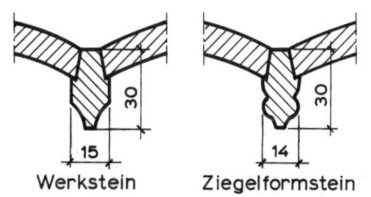

10.75 Gewölberippen

den Ecken wird durch Mauern, Pfeiler oder Säulen gebildet.

Die Umfassungswände können durch Gurtbögen ersetzt werden (offene Gewölbe).

Kreuzgewölbe ermöglichen eine günstige Beleuchtung des zu überwölbenden Raumes, da man in den Schildmauern große Fensteröffnungen anlegen kann.

Zur Überdeckung größerer Räume werden mehrere Gewölbe neben- oder hintereinandergereiht. Die einzelnen Felder nennt man *Gewölbejoche*; sie werden durch Gurtbögen voneinander getrennt. Eine Jochreihe nennt man ein Schiff; ein Raum mit 2, 3 oder mehr nebeneinanderliegenden Jochreihen heißt zwei-, drei- oder mehrschiffig.

Der historischen Entwicklung nach unterscheidet man:

1. Das *römische* Kreuzgewölbe (Bild **10**.70); es ist die Durchdringung zweier Tonnengewölbe gleicher Spannweite.
2. Das *romanische* Kreuzgewölbe; es ersetzt den flachelliptischen, stark schiebenden Gratbogen des römischen Kreuzgewölbes durch überhöhte Bogenformen bis hin zu einem Halbkreis (Bild **10**.72 und **10**.73).
3. Das *gotische* Kreuzgewölbe hat halbkreisförmige oder stumpfspitzbogenförmige Gratbögen (Bild **10**.74). Die Schildbögen sind Spitzbögen, die Kappenflächen gebust.

Kreuzgewölbe können auch mit selbständigen *Rippenbögen* ausgeführt werden, gegen die sich die Kappen seitlich stützen. Der größere Teil des Rippenquerschnitts tritt nach unten vor und endet in einem Profil (Bild **10**.75). In den Gewölbescheitel wird ein Schlussstein gesetzt, gegen den die Gratrippen anlaufen.

Eine Weiterentwicklung der Gewölbetechnik bildet in gewissem Sinne das Bauen mit sehr dünnwandigen Stahlbetonschalen, die infolge der monolithischen Eigenschaften des Werkstoffs (Aufnahme von Druck-, Zug- und Biegekräften) größte Spannweiten zulassen.

10.7 Balkone und Loggien

10.7.1 Allgemeines

Balkone erhöhen, wenn sie ausreichend bemessen sind und hinsichtlich Himmelsrichtung und Wetterschutz richtig geplant sind, den Wohnwert von Geschosswohnungen beträchtlich. Sie können bei bestimmten Gebäudetypen (z. B. Laubenganghäuser) Erschließungswege bilden. Bei ausgedehnten oder hohen Gebäuden dienen sie vielfach als Fluchtweg sowie als Plattform für die Reinigung und Instandhaltung der Gebäudeaußenflächen.

Die Decken von Balkonen und Loggien sind als Sonderfälle für die Ausführung von Decken zu betrachten.

Hinsichtlich der Grundrissgestaltung können Balkone ausgebildet werden als

- freie Balkone (Bild **10**.76a)
- Eckbalkone (Bild **10**.76b)
- teilweise eingezogene Balkone (Bild **10**.76c)
- eingezogene Balkone (Bild **10**.76d)

In jedem Fall liegen die Balkonflächen vollständig im Außenbereich.

Loggien entstehen, wenn übereinanderliegende eingezogene Balkone untereinander ganz oder teilweise durch Wände oder Verglasungen verbunden werden. Die Unterseiten der Loggien-Deckenflächen liegen im Innenbereich, können

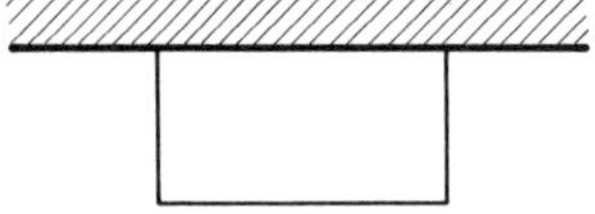

10.76a

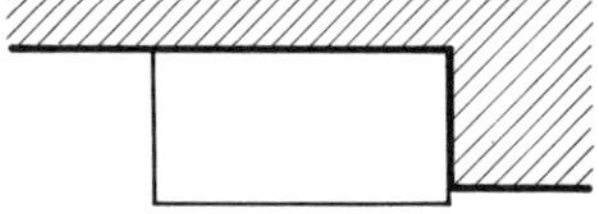

10.76b

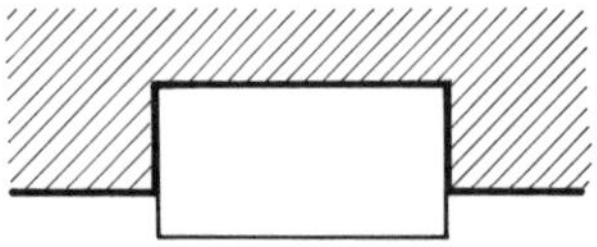

10.76c

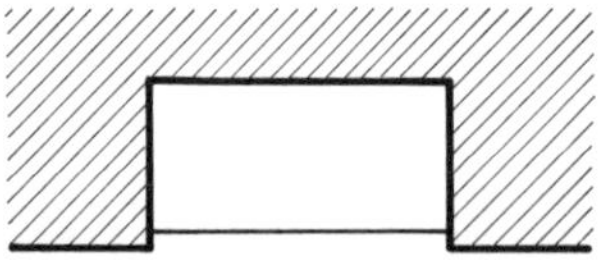

10.76d

10.76
Grundrissformen von Balkonen
a) Freibalkon
b) Eckbalkon
c) teilweise eingezogener Balkon
d) ganz eingezogener Balkon

aber auch – z. B. im untersten Geschoss – mit der Unterseite an den Außenbereich angrenzen. Bei eingezogenen Loggien ist die Bodenfläche für darunterliegende Räume praktisch eine begehbare Flachdachfläche (s. Abschn. 2 in Teil 2 dieses Werkes).

Grundsätzlich muss beachtet werden:

- Stahlbeton-Balkonplatten sind in besonderem Maße Temperatureinwirkungen unterworfen, wenn sie allseitig der Außenluft ausgesetzt sind. Die daraus resultierenden Längenänderungen dürfen sich nicht auf das übrige Bauwerk auswirken.
- Die außenliegenden Konstruktionsteile von Balkonen und Loggien dürfen keine „Wärmebrücken" zu innenliegenden Konstruktionsteilen bilden. Es müssen ausreichende Vorkehrungen gegen Wärmeübertragung getroffen werden.
- Balkonfußböden müssen trittsicher und witterungsbeständig (insbesondere frostbeständig) sein.

Die Ränder und Bauwerksanschlüsse von Balkonen und Loggien müssen sehr unterschiedliche Beanspruchungen erfüllen. Deckenanschlüsse, freie Ränder, Fassadenanschlüsse, Anschlüsse in den Leibungen von Fenstertüren und Fenstertüranschlüsse erfordern eine genaue Detailplanung und eine sorgfältige Überwachung der einwandfreien Ausführung. Insbesondere um Wärmebrücken zu vermeiden wird immer mehr die Ausführung frei vor der Fassade stehender Balkone bevorzugt (s. Bilder **10**.83 und **10**.84).

- Durch entsprechende Abdichtungen muss das Eindringen von Feuchtigkeit in angrenzende Bauwerksteile verhindert werden.
- Balkone müssen ausreichend hohe und sichere Geländer haben.
- Größere Balkon- und Loggienflächen müssen über gesonderte Grundleitungen entwässert werden.
- Bei Loggien ist ggf. für ausreichenden Wärmeschutz darüber- oder darunterliegender Gebäudeteile zu sorgen.

10.7.2 Tragende Bauteile

Balkone werden auch heute noch häufig im Zusammenhang mit den Geschossdecken hergestellt. Insbesondere, wenn sie auch als Sicherung gegen Brandüberschlag zwischen den Geschossen dienen (vgl. Abschn. 16.7), werden sie in Stahlbeton ausgeführt.

Kragplatten stellen die technisch einfachste Form für die Ausführung von frei vor der Gebäudeflucht stehenden Balkonen dar. Um bereits in der Rohbauphase das Eindringen von Niederschlagswasser in die angrenzenden Gebäudeteile zu vermeiden und als zusätzliche Schutzmaßnahme zur Abdichtung (s. Abschn. 10.7.3) sollten Bal-

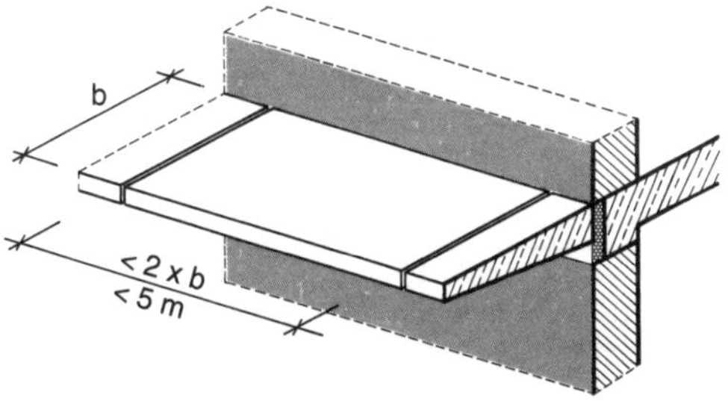

10.77a

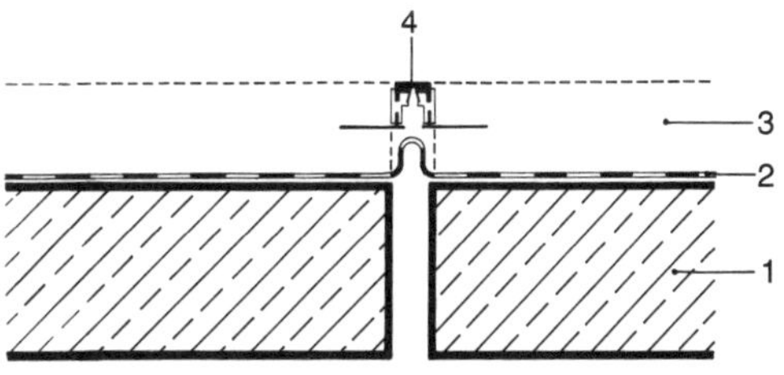

10.77b

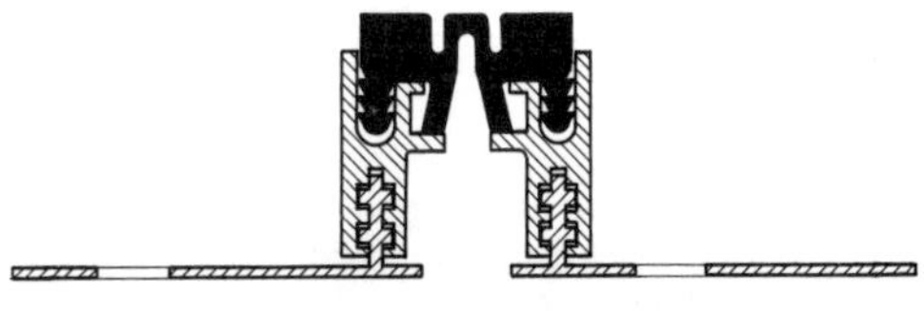

10.77c

10.77
Dehnfugen in Kragplatten
a) Fugenabstände
b) Schnitt
c) Fugenprofil (MIGUA)

1 Kragplatte
2 Abdichtung mit Dehnungsschlaufe
3 Gehbelagaufbau, s. Bilder 10.86 ff.
4 Fugenprofil

kon- und Loggien-Rohdecken immer mindestens 2 cm tiefer geplant werden als die anschließenden Geschoss-Rohdecken.

Dadurch wird in der Rohbauphase Regenwasser auf den Balkonplatten vom Gebäudeinneren ferngehalten. Insbesondere kann es später bei Schäden oder Ausführungsfehlern an der Abdichtung (s. Abschn. 10.7.3) nicht so leicht zu folgenschweren Durchnässungen der innen anschließenden Fußbodenkonstruktionen kommen.

Es ist ratsam, die Unterseite freistehender Balkonplatten nach vorn ansteigen zu lassen, weil – auch bei richtig berücksichtigter Durchbiegung der fertigen Kragplatten – in vielen Fällen der optische Eindruck entsteht, dass die Platten nach vorn durchhängen.

Bei längeren Kragplatten (z. B. bei Laubengängen) ist die Längenänderung in Längsrichtung nur dann in vertretbaren Grenzen zu halten, wenn im Abstand von höchstens 5,00 m Unterteilungen durch Dehnfugen vorgesehen werden (Bild **10**.77). Wichtig ist dabei, dass diese Dehnungsfugen auch in fest verklebten Abdichtungen und in fest (z. B. in Mörtelbett) verlegten Bodenplatten durchlaufen und einwandfrei abgedichtet werden.

Die Stahlbetonkragplatten bilden wegen ihrer großen Außenflächen besonders kritische Wärmebrücken. Die Wärmeübertragung auf die angrenzenden raumseitigen Geschossdecken muss daher durch konstruktive Maßnahmen verhindert werden. Wenn der erforderliche Wärmeschutz durch anbetonierte Leichtbauplatten o.ä. erreicht werden soll, ist eine Schwächung der statisch nutzbaren Sturz- und Deckenquerschnitte unvermeidbar (Bild **10**.78). Der arbeitstechnische Mehraufwand und die entsprechend erforderlichen größeren Gesamtdimensionierungen sind unwirtschaftlich.

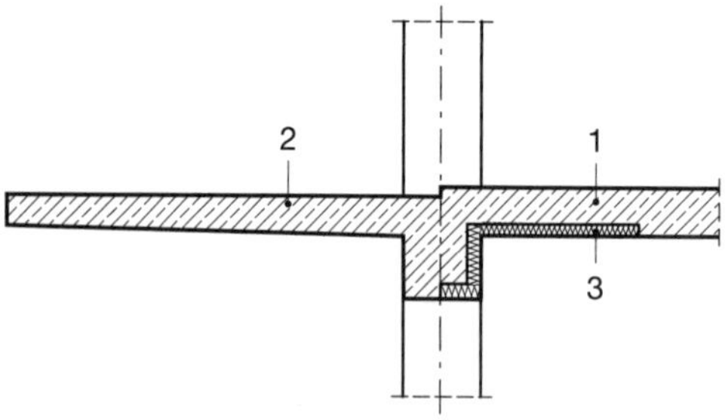

10.78 Balkonplatte als Kragplatte
1 Geschossdecke
2 Balkonplatte
3 Wärmedämmung

Eine bessere Lösung kann darin bestehen, dass die Unterseite der angrenzenden Geschossdecke einen Wärmeschutz durch eine geeignete Unterdecke erhält (z. B. Holzschalung mit eingelegten Wärmedämmplatten, Bild **10**.79).

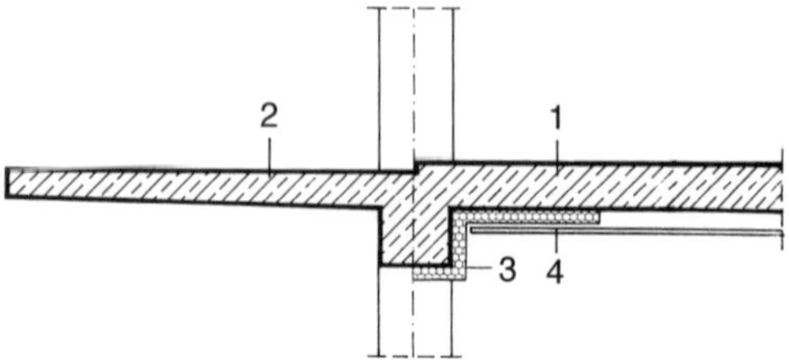

10.79 Balkonplatte als Kragplatte
1 Geschossdecke
2 Balkonplatte
3 Wärmedämmung
4 Deckenbekleidung, abgehängte Decke

Es ist jedoch grundsätzlich vorteilhafter, Balkonplatten von den Geschossdecken bzw. dem gesamten Gebäude thermisch zu trennen. Das kann konstruktiv erreicht werden durch

- *Kragplatten mit thermischer Trennung* durch wärmedämmende statisch wirksame Zwischenbauteile (Bild **10**.80).

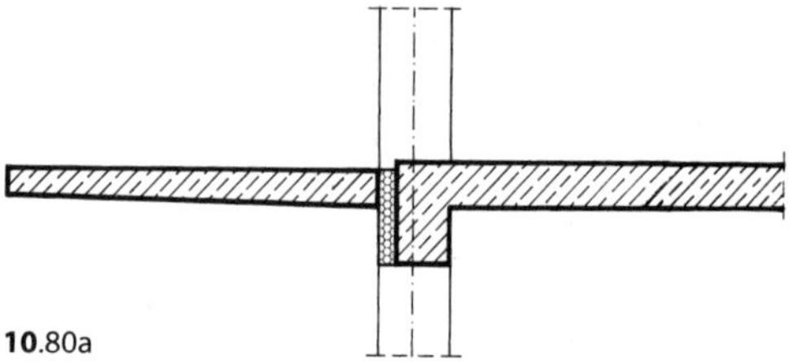

10.80a

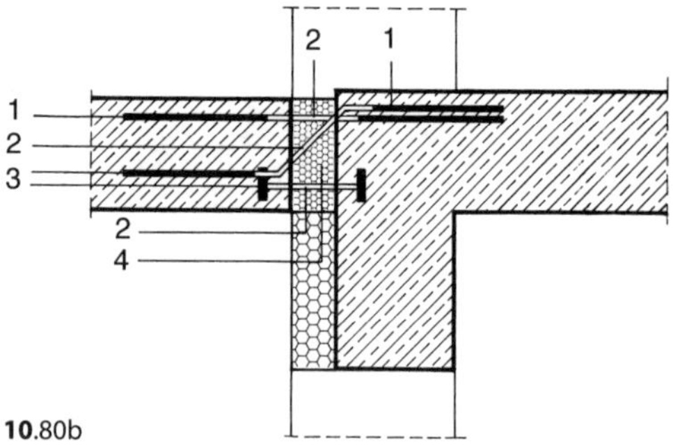

10.80b

10.80 Balkonplatte als Kragplatte mit „thermischer Entkoppelung" (SCHOECK-Isokorb)
a) Schnitt, b) Detail

1 Betonstahl
2 Edelstahl V4A
3 Stahlplatte St 37
4 Polystyrol WLG 040, 80 mm

- *Balkonplatten auf Kragträgern*, die in die angrenzenden Deckenplatten oder Wände einbinden. Die statische Spannrichtung ist parallel zur Fassadenfläche. Die Kragträger werden aus konstruktivem Leichtbeton hergestellt (s. Abschn. 5), oder sie werden in ausreichender Tiefe innerhalb des Gebäudes gegen Wärmeübertragung (z. B. durch anbetonierte Holzwolle-Leichtbauplatten) geschützt (Bild **10**.81).

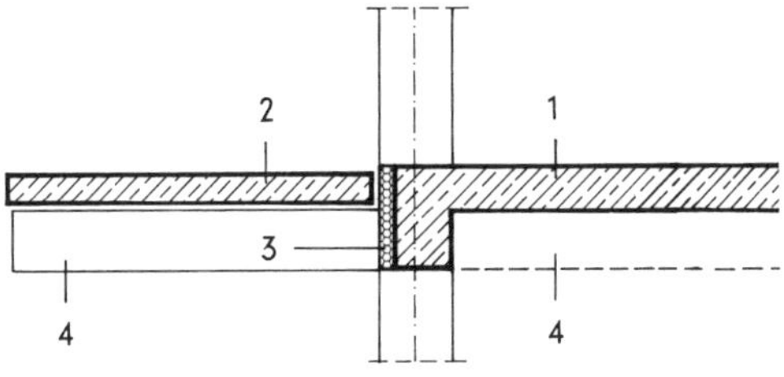

10.81 Balkonplatte auf Kragträgern
1 Geschossdecke
2 Balkonplatte
3 Wärmedämmung
4 Kragträger

- *Balkonplatten aufgelagert auf Stützen oder Wandscheiben vor der Fassade* (Bild **10**.82). Insbesondere für teilweise oder ganz eingezogene Balkone (Bild **10**.76c und d) sollte diese Lösung immer vorgezogen werden.

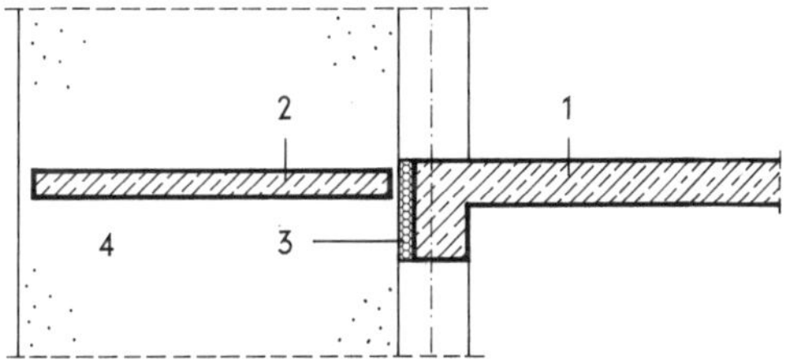

10.82 Balkonplatte auf seitlichen Mauerscheiben
1 Geschossdecke
2 Balkondecke
3 Wärmedämmung
4 seitliche Mauerscheiben

- *Balkon aufgelagert auf Konsolen und freistehenden Stützen* (Bild **10**.83).

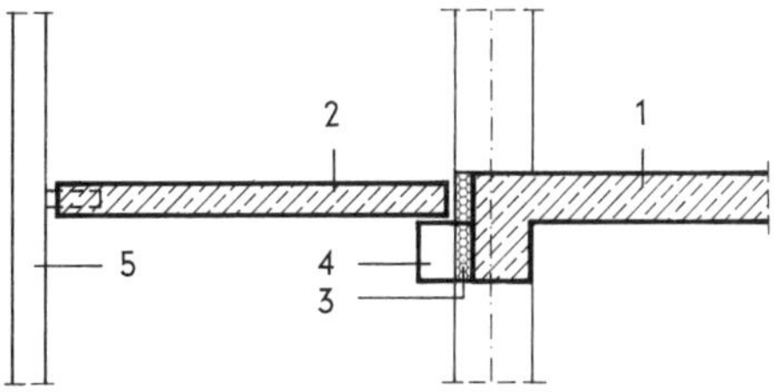

10.83 Balkonplatte auf Konsolen und frei stehenden Stützen
1 Geschossdecke
2 Balkonplatte
3 Wärmedämmung
4 Konsolen
5 Stützen

- *Balkone auf Stützen* frei vor der Fassade stehend (Bild **10**.84).

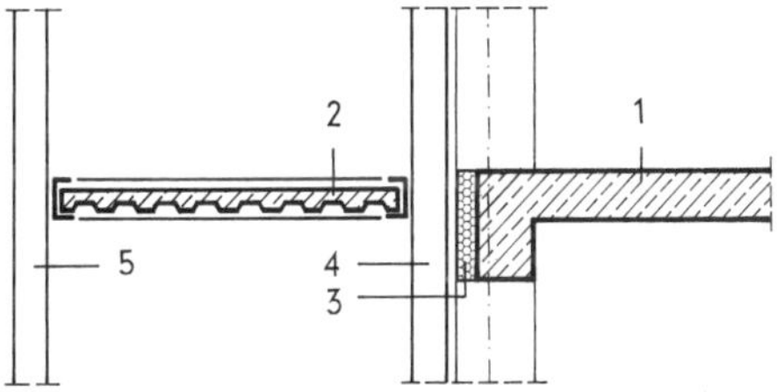

10.84 Balkonplatte auf frei stehenden Stützen
1 Geschossdecke
2 Balkonplatte (hier: Stahlbeton auf Trapezblech in Rahmen aus [-Profil)
3 Wärmedämmung
4 Stützen

10.7.3 Abdichtung

Werden Balkone mit Hilfe von Fertigteilen aus wasserundurchlässigem Beton (s. Abschn. 5) auf Konsolen, Kragplatten oder Stützen unabhängig von den Geschossdecken ausgebildet (Bilder **10**.81, **10**.83 und **10**.84), sind Abdichtungen auf den Konstruktionsflächen nicht unbedingt erforderlich.

In allen anderen Fällen sind die tragenden Platten von Balkonen und Loggien durch eine Abdichtung nach DIN 18 195 zu schützen. Die Abdichtung soll Sickerwasser, das durch die Fugen der

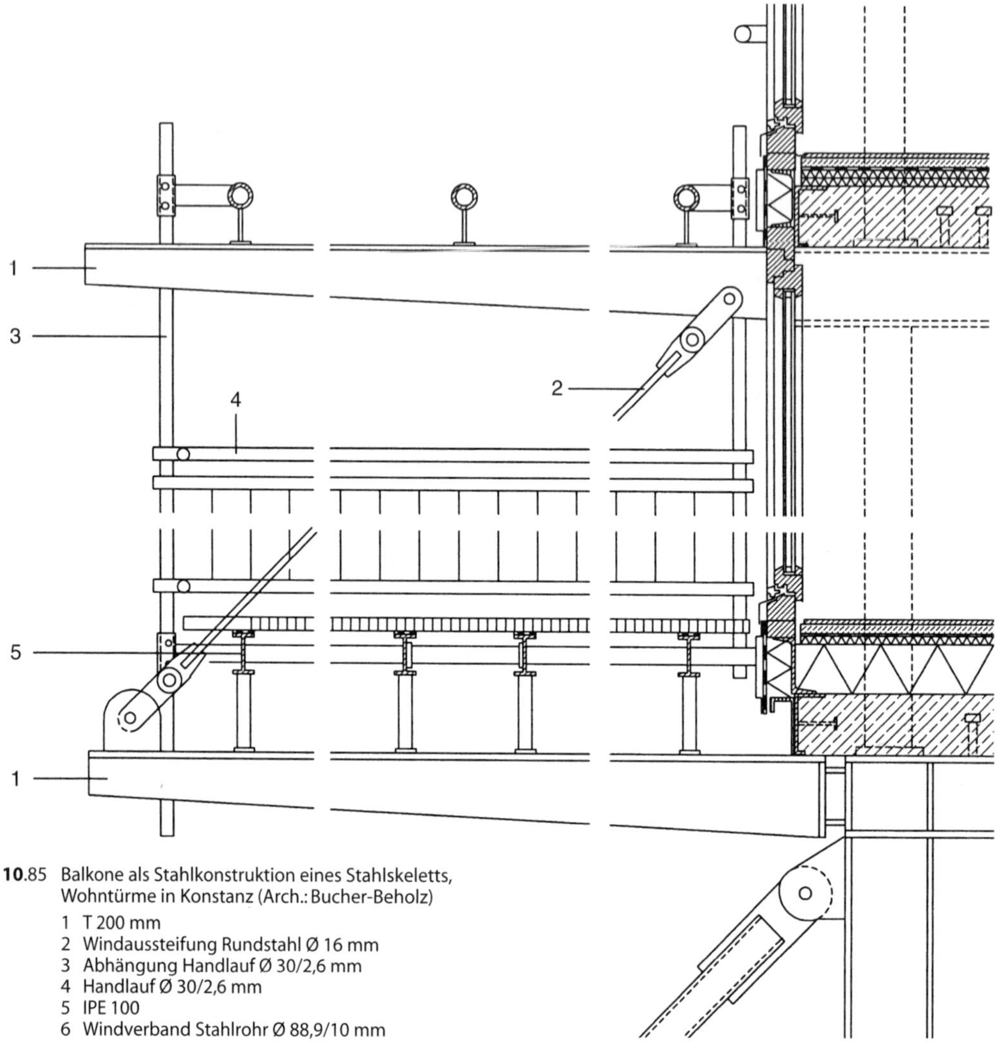

10.85 Balkone als Stahlkonstruktion eines Stahlskeletts, Wohntürme in Konstanz (Arch.: Bucher-Beholz)

1 T 200 mm
2 Windaussteifung Rundstahl Ø 16 mm
3 Abhängung Handlauf Ø 30/2,6 mm
4 Handlauf Ø 30/2,6 mm
5 IPE 100
6 Windverband Stahlrohr Ø 88,9/10 mm

Bodenbeläge eindringt, möglichst rasch zu Entwässerungsabläufen oder Tropfkanten ableiten. Dies und die Oberflächenentwässerung wird am besten erreicht, wenn der gesamte Aufbau des Gehbelages und der Abdichtungen mit einem Gefälle von 1 bis 2 % (bei sehr rauhen Oberflächen ggf. mehr!) ausgeführt wird.

Die Herstellung von Stahlbetonoberflächen mit Gefälle in Ortbeton ist meistens unwirtschaftlich. Es wird daher besser ein Gefälleestrich als Verbundestrich aufgebracht.

Es muss darauf geachtet werden, dass an Materialübergängen, an Klebeflanschen von Entwässerungsabläufen, Einlaufblechen usw. keine Überhöhungen auftreten.

Materialstöße der Dichtungsbahnen sollen parallel zur Hauptfließrichtung liegen.

Dehnfugen (Abschn. 10.7.2) sind durch eingeklebte Fugenprofile zu überbrücken (Bild **10**.77 und **10**.93).

Die Abdichtung kann mit mehrlagig voll aufgeklebten Bitumen-Dichtungsbahnen oder einlagig lose verlegten Kunststoffdichtungsbahnen (hochpolymere Dichtungsbahnen) hergestellt werden (s. Abschn. 15). Noch nicht in die Normung aufgenommen, in der Praxis aber sehr be-

10.86
Balkonübergang mit Drainrost (AquaDrain®)
1 Stahlbetonplatte
2 Gefällebeton
3 Abdichtung mit Gleitfolie
4 Drainplatte
5 Druckverteilungsplatte mit Bewehrung
6 Keramische Platten in Dünnbett
7 Lochwinkel
8 Drainrost, höhenverstellbar

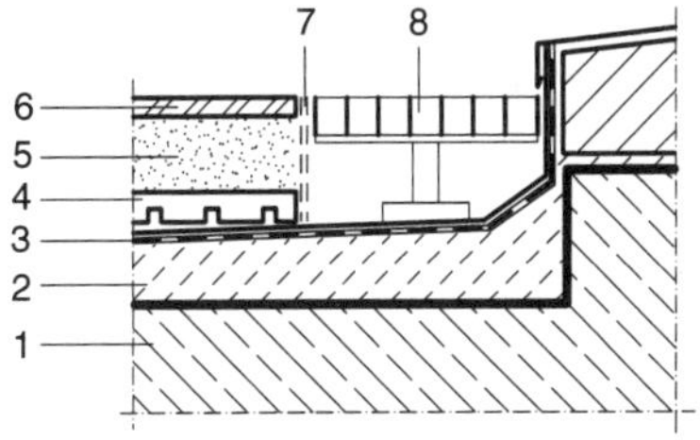

währt, sind „Alternative Abdichtungen" (sogenannte Flüssigfolien). Sie bestehen aus mehrlagig flüssig aufgetragenen Kunststoffen ggf. mit Einlage von Trägervlies. Sie eignen sich ganz besonders bei komplizierten Grundrissformen und für schwierige Anschlüsse an angrenzende oder einbindende Bauteile.

Der gesamte Aufbau von Balkonbelägen erfordert – insbesondere wegen des Gefälleestriches – in der Regel mehr Höhe als der Fußbodenaufbau innerhalb des Gebäudes. Die Oberkante der Konstruktionsflächen muss daher entsprechend tiefer geplant werden, was bei Kragplatten (Bild **10**.77) oft auf konstruktive Schwierigkeiten stößt.

Bei der Ausführung von Abdichtungsarbeiten sind auch die „Flachdachrichtlinien" [10] zu beachten. Danach sind Abdichtungen an angrenzenden aufgehenden Wänden mindestens 15 cm über die Fertighöhe der Plattenbeläge – auch an den unteren Blendrahmenprofilen von Fenstertüren – hochzuführen und gegen mechanische Beschädigungen zu schützen.

Davon kann nur abgesehen werden, wenn durch Entwässerungsvorrichtungen oder durch seitliche Abflussmöglichkeit für Niederschlagwasser mit einer Staubildung – auch bei Schneematsch – vor den Fenstertüren nicht zu rechnen ist.

Auch in diesen Fällen soll die Abdichtung zur Sicherung gegen Schnee und Eisbildung mindestens 5 cm über die Oberkante der Gehbeläge bzw. des Gitterrostes hochgezogen werden.

Bei konsequenter Weiterführung der hochgezogenen Abdichtung, auch im Bereich von Türen bzw. Fenstertüren, ist eine Höhendifferenz von 15 bis 17 cm zwischen Innen- und Außenfußboden nicht zu vermeiden. Kann eine derartige Zwischenstufe nicht in Kauf genommen werden (z. B. Berücksichtigung von Behinderten), ist es möglich, die Bodenbeläge durch einen etwa 10 bis 15 cm breiten Abstand vom Türanschluss zu trennen, der mit einem Gitterrost überdeckt wird (Bild **10**.86). In Loggien können eingelegte Gitterroste – auch aus imprägnierten Harthölzern oder speziell gezüchteten Tropenhölzern (z. B. Bangkirai) – den höhengleichen Übergang zwischen Innen- und Außenflächen ermöglichen (Bild **10**.87).

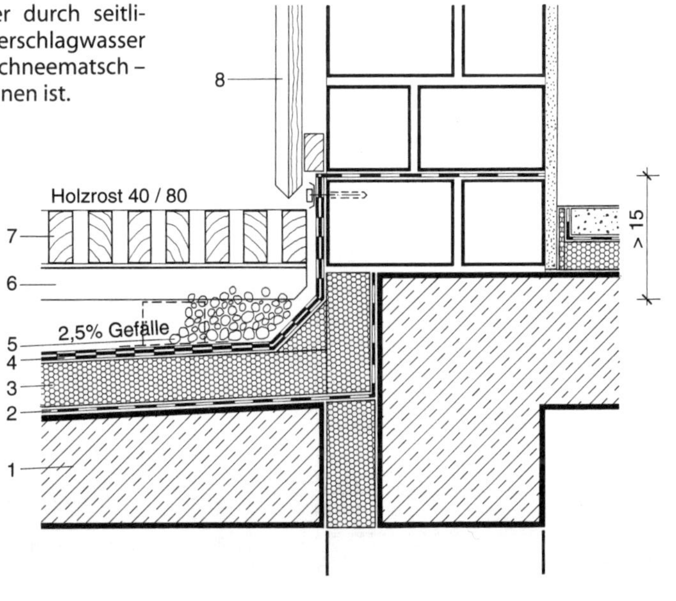

10.87
Holzgitterrost zur Höhenüberdeckung
1 Stahlbetonplatte
2 Dampfsperre
3 Wärmedämmung
4 Abdichtung
5 Kiesschüttung 8/16
6 Lagerholz, punktförmig gelagert
7 Holzrost, z. B. Lärche unbehandelt
8 Fassadenbekleidung

Bei Ausführung der Balkonplatten nach Bild **10**.81 und **10**.82 wird die Fuge zwischen Balkonplatte und Bauwerk am besten durch einen Gitterrost überspannt (Bild **10**.88).

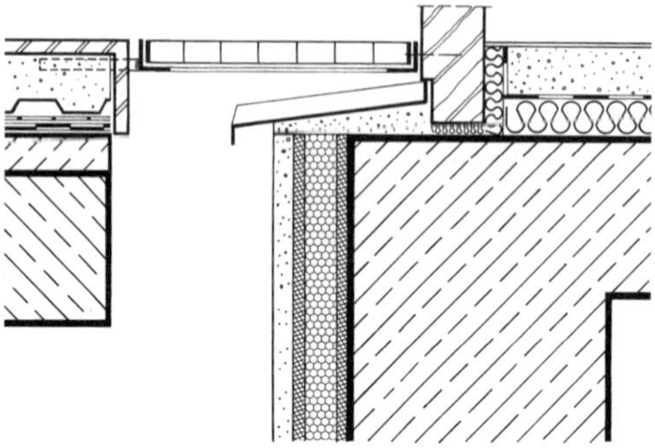

10.88 Balkonübergang mit Gitterrost

Für die Wandanschlüsse sollte in jedem Fall ein Rücksprung in den aufgehenden Wänden vorgesehen werden (Bild **10**.89 a bis c).

Wenn der Schutz der hochgezogenen Abdichtungen durch angemörtelte Sockelplatten hergestellt werden soll, sind sorgfältige Putzanschlüsse am besten mit Hilfe von Anschlussprofilen und dauerelastisch abgedichteten Fugen erforderlich. Die Fuge am Übergang zu den Bodenbelägen ist mindestens mit sorgfältig eingebrachten dauerelastischen Dichtungsmassen, besser unter Verwendung spezieller Anschlussprofile (Bild **10**.89a) oder mit speziellen Sockel-Formsteinen (Bild **10**.89b) auszuführen.

Ferner kommen Spezial-Leichtmetallprofile (Bild **10**.89c) in Frage, oder Wandbekleidungen werden über die hochgezogene Abdichtung bis auf die Gehbeläge hinuntergeführt (Bild **10**.89d).

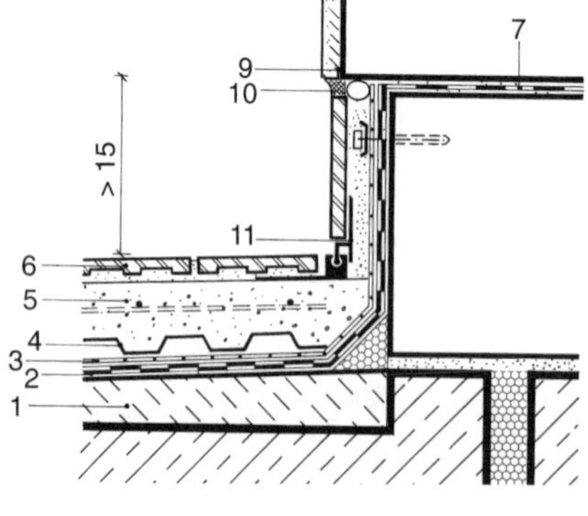

10.89a

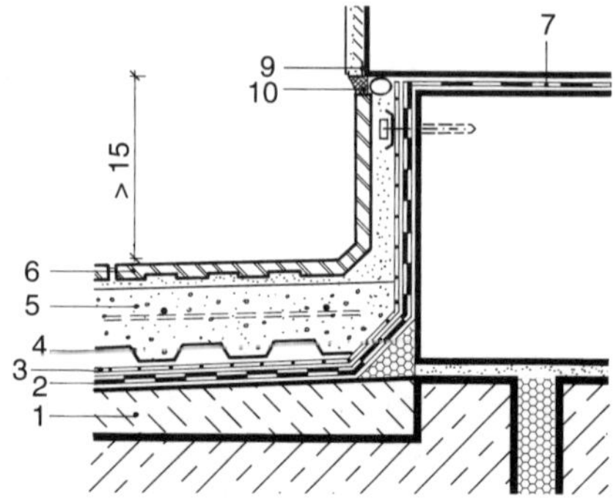

10.89b

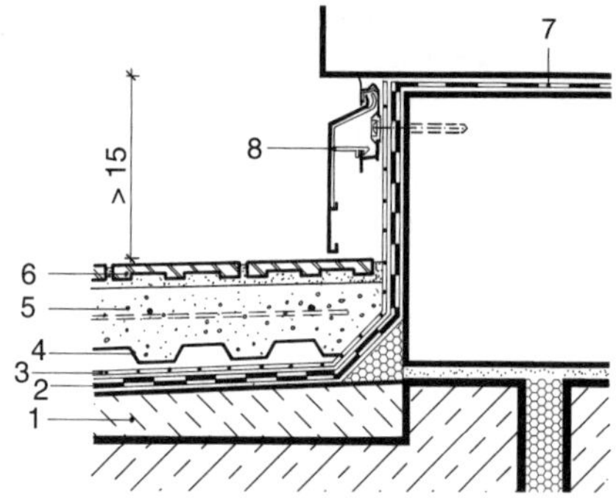

10.89c

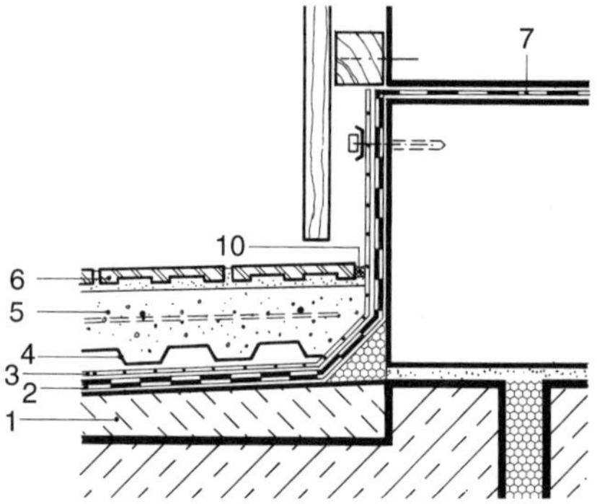

10.89d

10

10.89 Wandanschluss von Balkonplatten

a) Wandanschluss mit Spezial-Eckprofil für Sockelplatten
b) Wandanschluss, abgedeckt mit keramischer Winkelplatte
c) Wandanschluss, abgedeckt mit Leichtmetallprofil
d) Abdichtungsanschluss hinter Wandbekleidung

1 Gefälleestrich auf Stahlbetonplatte
2 Abdichtung DIN 18 195
3 Gleitfolie
4 Dränschicht, z. B. Schlüter Troba-Matte (s. Abschn. 10.7.4)
5 Druckverteilungsplatte mit Bewehrung
6 keramische Platten in Dünnbett
7 Abdichtung gegen aufsteigende Baufeuchtigkeit
8 LM-Wandanschlussprofil
9 Putzabschlussprofil
10 dauerelastische Dichtung
11 Eckprofil (Schlüter)

Besteht bei Balkonflächen, die stark Niederschlägen ausgesetzt sind, die Gefahr der Durchnässung anschließender Wände durch Spritzwasser, sollten Schutzmaßnahmen ähnlich denen im Sockelbereich eingeplant werden (vgl. Abschn. 16.4.4).

10.7.4 Bodenbeläge

Balkonplatten können sehr wirtschaftlich lediglich aus sauber geglättetem wasserundurchlässigem Stahlbeton in Ortbetonbauweise oder aus einem Fertigteil gebildet werden, dessen Oberfläche durch imprägnierende Behandlung oder Anstrich vergütet wird. Meistens werden jedoch die Gehflächen von Balkonen und Loggien mit keramischen Platten, Naturwerkstein oder Betonwerkstein gestaltet.

Klein- und mittelformatige Platten können nur bei kleinen Flächen und auf Unterkonstruktionen ohne Wärmedämmschichten und ohne Abdichtung direkt auf der mit Gefälle hergestellten Oberfläche oder auf dem Gefälleestrich in Mörtel (Dickbett) oder in Dünnbett verlegt werden (Bild **10**.90).

Auf Balkonflächen mit Abdichtung ist die Verlegung nur in Verbindung mit einer Dränschicht möglich. Sie kann bestehen aus profilierten Kunststoffplatten (Bild **10**.91a), aus Schaumstoff-Dränagematten (Bild **10**.91b) oder auch aus Einkornleichtbeton (Bild **10**.91c). Zwischen der Dränschicht und der Abdichtung ist als Gleitschicht eine Trennlage aus doppellagigen Kunststoff-Folien anzuordnen.

Auf die Dränschicht wird ein je nach Größe der Flächen mindestens 4 cm dicker Betonestrich nach DIN 18 560 mit Bewehrung (Betonstahlmatten DIN 488, z. B. N 94 oder Betonstahlgitter 50/50/2, 75/75/3 oder 100/100/3, nicht rostender Stahl) als Lastverteilungsschicht aufgebracht. Auf diesem können die Platten im Dick- oder Dünnbett verlegt und anschließend verfugt werden.

Bei in Mörtel verlegten Bodenplatten dringt häufig durch die Haarrisse der Fugen Wasser in die darunter liegende Mörtelschicht ein. Dadurch kommt es bei Balkonen immer wieder zu Frostschäden. Die Haarrisse in den Fugen der Bodenplatten lassen sich nicht vermeiden. Sie treten auch bei Zusatz von entsprechenden Dichtungsmitteln auf.

Durch die unterschiedlichen Materialeigenschaften und durch Temperatureinflüsse entstehen in den Oberflächen Spannungen, die zu Rissen in den Belägen führen. In Mörtel verlegte Beläge

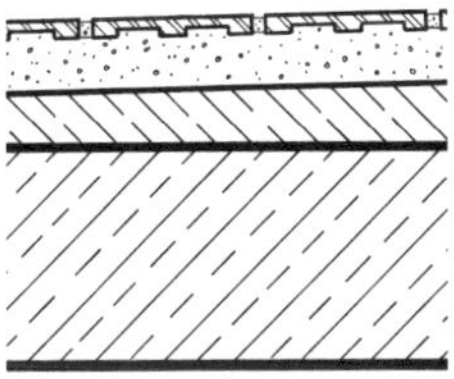

10.90a

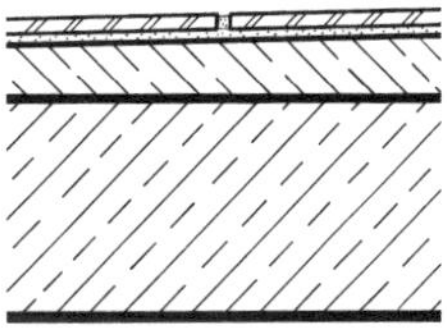

10.90b

10.90 Verlegung von Bodenplatten auf Flächen ohne Abdichtung
a) Spaltplatten in Mörtelbett
b) Bodenplatten in Klebemörtel (Dünnbett)

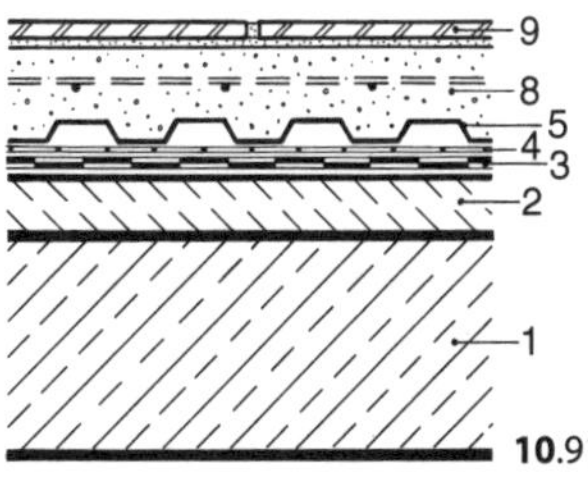

10.91a

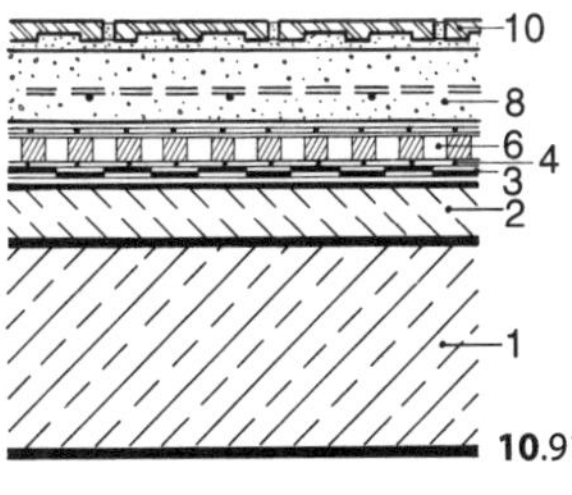

10.91b

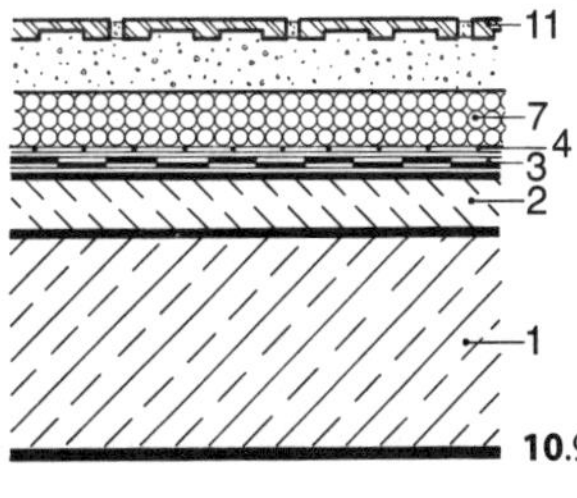

10.91c

10.91 Verlegung von Bodenplatten auf Flächen mit Abdichtung
a) Bodenfliesen in Dünnbett
b) Spaltplatten in Dünnbett
c) Spaltplatten in Mörtel (Dickbett)

1 Stahlbetonplatte
2 Gefälleestrich
3 Abdichtung DIN 18 195
4 Gleitfolie
5 Kunststoff-Dränplatte (SCHLÜTER-Troba)
6 Schaumstoff-Dränplatte (Aquadrain)
7 Dränschicht aus Einkornbeton
8 Druckverteilung B 25 mit Bewehrung
9 keramische Platten in Dünnbett
10 Spaltplatten in Dünnbett
11 Spaltplatten in Dickbett

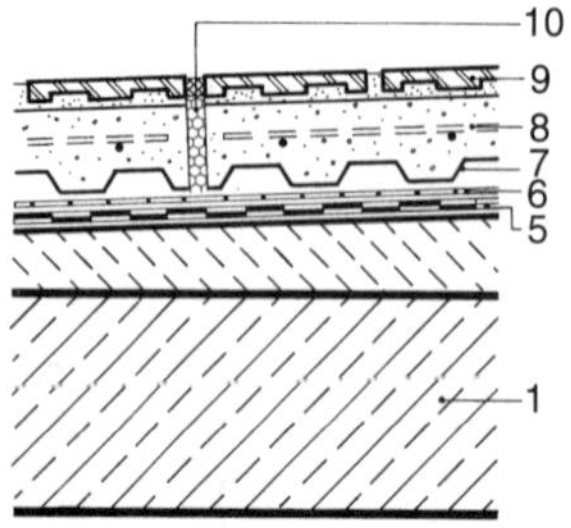

10.92a

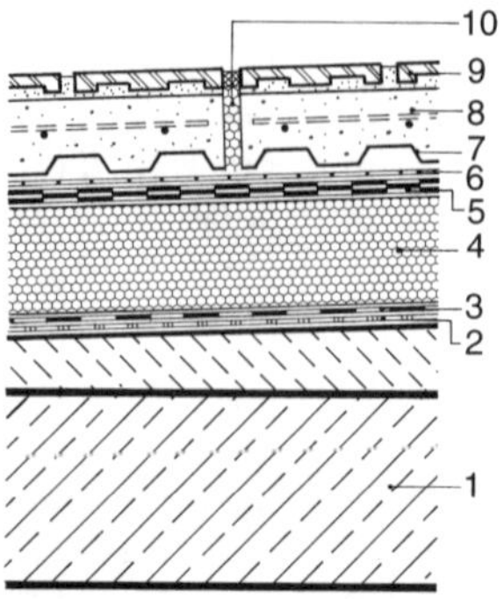

10.92b

10.92 Dehnfugen
a) Balkonplatte mit Abdichtung
b) Dehnfuge (Plattenbelag auf Abdichtung mit Wärmedämmung)
1 Stahlbetonplatte mit Gefälleestrich
2 Lochbahn als Dampfdruckausgleichsschicht
3 Dampfsperre
4 Wärmedämmung
5 Abdichtung DIN 18 195
6 Gleitfolie
7 Dränplatte
8 Druckverteilung mit Bewehrung
9 Spaltplatten in Dünnbett
10 Dehnfuge mit dauerelastischer Abdichtung

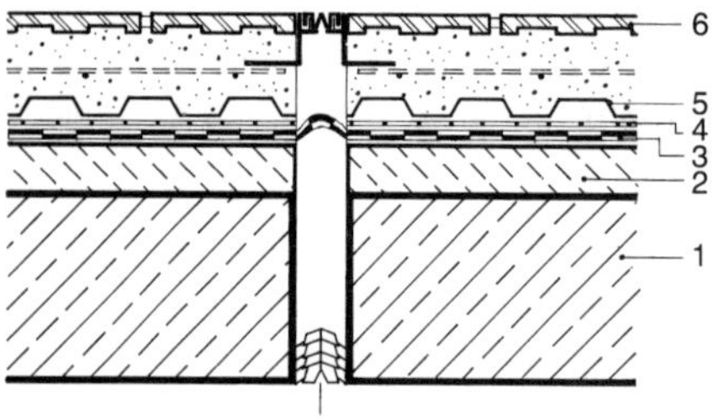

10.93 Balkonplatte mit durchgehender Dehnungsfuge
1 Stahlbetonplatte
2 Gefälleestrich
3 Abdichtung DIN 18 195 mit Dehnungsschlaufe
4 Gleitfolie
5 Dränplatte
6 keramische Platten in bewehrtem Mörtel oder in Dünnbett auf bewehrter Druckverteilungsplatte
7 Kunststoff-Steckprofil

sind daher durch Bewegungsfugen zu unterteilen (Bild **10**.92). Der Abstand richtet sich nach der zu erwartenden Sonneneinstrahlung, nach dem Helligkeitsgrad der verlegten Platten und auch nach der Grundrissgliederung der Flächen. Der Fugenabstand sollte zwischen 2 m und höchstens 5 m liegen, und es sollten sich Teilflächen von etwa 4 bis 6 m² Größe ergeben. An Bauwerks- oder Bauteilanschlüssen ist durch Dehnfugen die Einspannung der Beläge zu verhindern. Sind aus konstruktiven Gründen Baufugen vorhanden (s. z. B. Bild **10**.77), müssen sich die Feldunterteilungen mit diesen Fugen decken (Bild **10**.93).

Großformatige Natur- oder Betonwerksteinplatten, die für größere Flächen in Frage kommen, können in einem Mörtelbett eingebaut werden. Die lose Verlegung in einer 5 bis 6 cm dicken Kiesschüttung (Körnung 6 bis 9 mm) ist jedoch günstiger (Bild **10**.94). Diese Ausführung ist insbesondere für Verlegung in Verbindung mit Wärmedämmungen nach dem Prinzip des „Umkehrdaches" (s. Abschn. 2 in Teil 2 diese Werkes) sehr vorteilhaft (Bild **10**.95).

Die lose Verlegung von Natur- und Betonwerksteinplatten in einer entsprechend dicken Kiesschüttung ist der Verlegung von Bodenplatten in

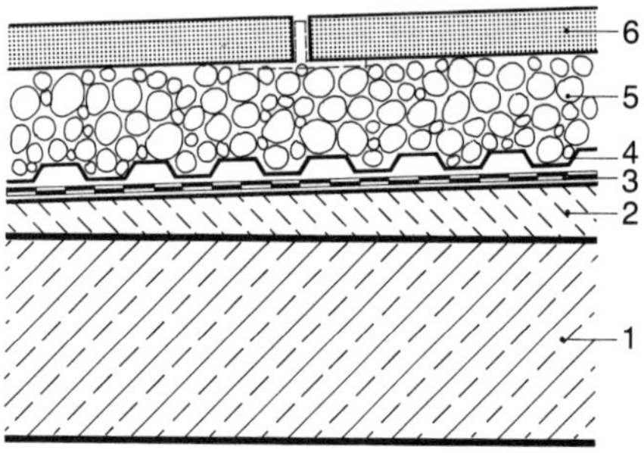

10.94 Bodenbelag aus lose verlegten großformatigen Platten in Kiesbett auf Abdichtung, DIN 18 195
1 Stahlbetonplatte
2 Gefälleestrich
3 Abdichtung DIN 18 195
4 Dränplatte auf Trennlage
5 Kiesbett
6 großformatige Werkstein-Platten mit Fugenkreuzen

Mörtelbett auch deshalb vorzuziehen, weil hierbei Frostschäden so gut wie ausgeschlossen werden können.

Für größere Flächen kann auch die Verlegung von Werksteinplatten ab etwa 50 x 50 cm Größe auf höhenjustierbaren „Stelzlagern" in Frage kommen (Bild **10**.96).

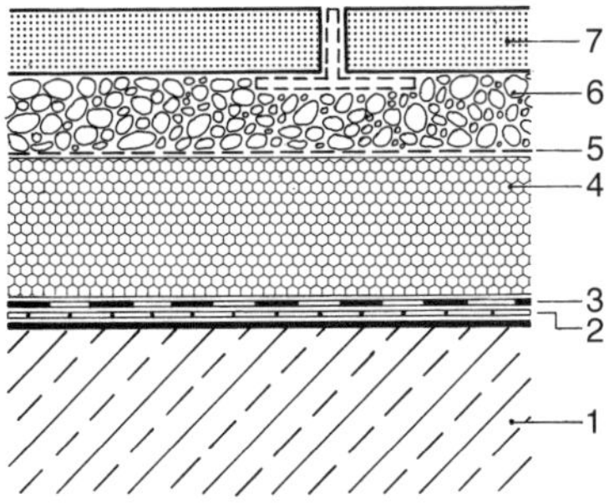

10.95 Bodenbelag aus lose verlegten großformatigen Werksteinplatten auf Wärmedämmung („Umkehrdachprinzip")

1 Stahlbetonplatte
2 Trennlage
3 Abdichtung DIN 18 195, lose verlegte Kunststoffdichtungsbahn
4 Wärmedämmung (extr. PS-Hartschaum)
5 Filtervlies
6 Kiesbett
7 großformatige Werksteinplatten mit Abstandhaltern

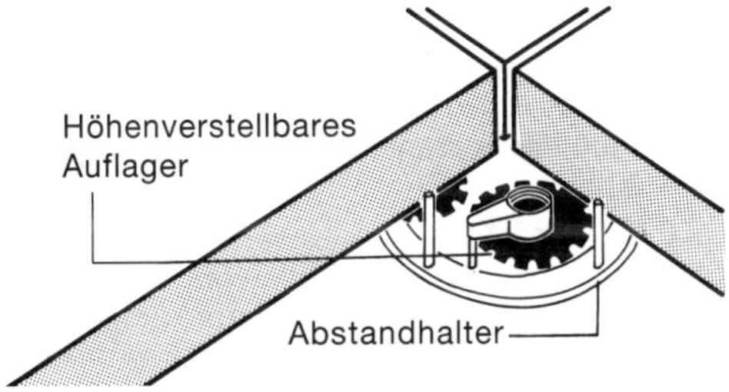

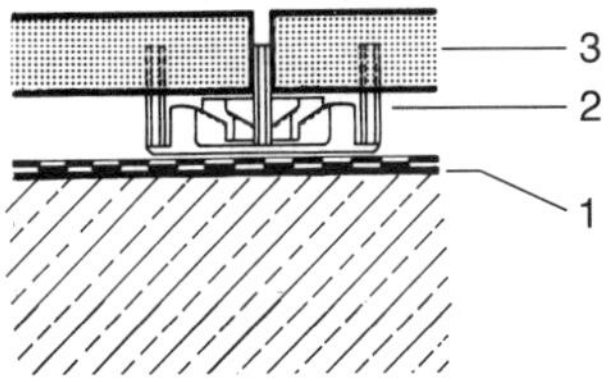

10.96 Bodenbelag aus großformatigen Platten aus Stelzlagern

1 Abdichtung DIN 18 195
2 Stelzlager (ALWITRA) mit Abstandhaltern für Plattenfugen und höhenverstellbaren Auflagern

Die verbleibenden Hohlräume dienen der Wasserableitung. Sie verschmutzen aber rasch und bieten einen idealen Unterschlupf für allerlei Kleinlebewesen. Das Reinigen der Hohlräume muss durch Abnehmen einzelner Platten möglich sein.

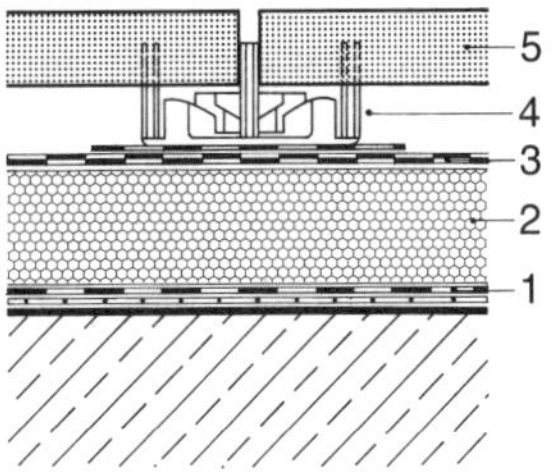

10.97 Stelzlager, Ausführung auf bituminöser Abdichtung mit Wärmedämmung

1 Dampfdruckausgleichsschicht und Dampfsperre
2 Wärmedämmung
3 Abdichtung DIN 18195
4 Stelzlager (Alwitra)
5 großformatige Werksteinplatten

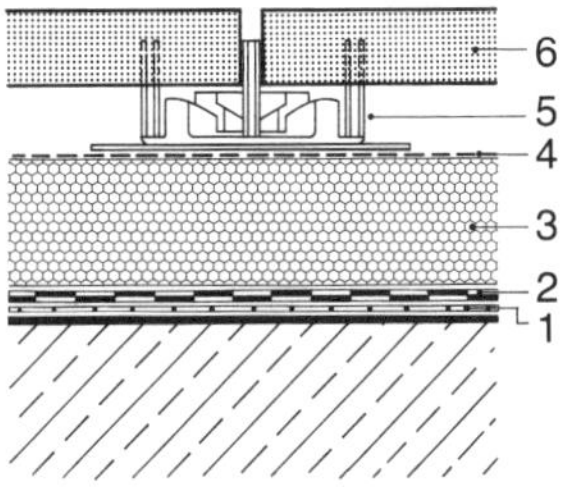

10.98 Stelzlager, Ausführung nach dem „Umkehrdach"-Prinzip

1 Trennlage
2 Abdichtung DIN 18 195, z. B. lose verlegte Kunststoffdichtungsbahn
3 Wärmedämmung (extr. PS-Hartschaum)
4 Filtervlies
5 Stelzlager (Alwitra)
6 großformatige Werksteinplatten

Bei wärmegedämmten Unterkonstruktionen muss durch lastverteilende Unterlagen sichergestellt werden, dass die Abdichtungen nicht allmählich „durchgestanzt" werden (Bild **10**.97). Um eine solche „Durchstanzung" zu vermeiden, werden häufig sogen. „Schleppstreifen" unter den Stelzlagern lose verlegt. Besser ist auch hier die Ausführung nach dem Prinzip des „Umkehrdaches" (Bild **10**.98).

Immer häufiger kommen als Bodenbeläge für Balkone und Terrassen auch Holzdielen zur Ausführung. Die Holzdielen werden mit 2–3 mm breiten Fugen auf Unterkonstruktionshölzern (Balken aus feuchtigkeitsunempfindlichen Hölzern, z. B. Bangkirai) verlegt. Es sollte darauf geachtet werden, dass nur solche Hölzer zur Anwendung kommen, die speziell für ie Verwendung im Bauwesen angebaut werden und nicht aus tropischen Regenwäldern stammen. Geeignet ist auch chemisch unbehandeltes Lärchenholz. Bei ausreichender Belüftung verwittern die Oberflächen, erhalten schliesslich eine silbergraue Farbe und sind fast unbegrenzt lange haltbar. In die Oberflächen können Riefen eingearbeitet werden, um die Rutschgefahr bei Nässe zu minimieren (Bild **10**.99).

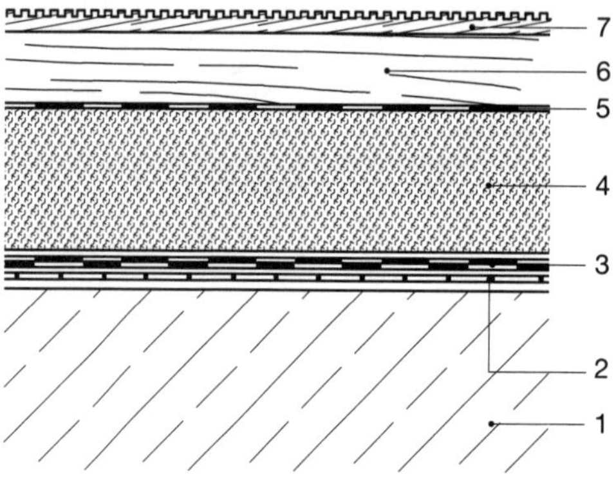

10.99 Holzdielen auf Unterkonstruktion
1 Stahlbetondecke
2 Trennlage
3 Abdichtung DIN 18 195, z. B. lose verlegte Kunststoffdichtungsbahn
4 Wärmedämmung (extr. PS-Hartschaum)
5 Dachpappe-Streifen unter den Unterkonstruktionshölzern
6 Unterkonstruktionshölzer, z. B. 6 cm x 8 cm (Bangkirai o. a.)
7 Holzdielen (z. B. Lärche unbehandelt)

10

10.7.5 Entwässerung

Nur kleinere Balkonflächen und nur, wenn sie nicht in mehreren Geschossen übereinander liegen, können ohne Anschluss an eine Entwässerungsleitung lediglich mit Abtropfkanten ausgeführt werden. Die seitlichen Ränder erhalten dann einen Abschluss mit Aluminium- oder Messingprofilen oder aus Winkelformsteinen, die an der Stirnseite als Tropfkanten wirken (Bild **10**.100a bis c). Winkelprofile, die bei in Mörtel verlegten Bodenbelägen den Randabschluss bilden, müssen gelocht sein, um einen rückseitigen Feuchtigkeitsstau zu verhindern. Bei massiven Brüstungen ist eine Ausführung wie in Bild **10**.100d möglich. Ein U-Profil bildet den Übergang zwischen Bodenbelag und Brüstung, das seitlich als Wasserspeier herausgeführt ist. In jedem Fall sollten Massivplattenränder an der Unterseite umlaufende Abtropfrillen aufweisen, die mit Holz- oder Kunststoffprofilen ausgeführt werden. Sie werden in die Ortbetonschalung eingelegt, oder durch einbetonierte Randprofile aus rostfreiem Stahl gebildet (Bild **10**.100a bis c).

Im übrigen müssen Balkon- und Loggienflächen über gesonderte Fallrohre entwässert werden (DIN 1986). Bei geschlossenen Brüstungen müssen dabei zusätzliche Notüberläufe von mind. 40 mm lichter Weite vorgesehen werden.

Möglich ist eine Entwässerung von Balkon- oder Loggienflächen über vorgehängte Rinnen (Bild **10**.101, s. Abschn. 1.6 in Teil 2 dieses Werkes). Durch eingeklebte Einlaufbleche muss sichergestellt werden, dass auch Sickerwasser, das oberhalb der Abdichtung anfällt, in die Rinnen abgeleitet wird. Bei Kunststoffabdichtungen verwendet man beschichtete Bleche, auf die die Abdichtung aufgeschweißt wird.

Wegen des erforderlichen sorgfältigen Verbundes der verschiedenen Bauteile und -materialien, wegen ihres unterschiedlichen bauphysikalischen Verhaltens, wegen des meistens formal wenig zufriedenstellend zu lösenden Anschlusses an die Fallrohre und auch im Hinblick auf den Anschluss der Geländer (s. Abschn. 10.7.6) stellen vorgehängte Rinnen an Balkonen und Loggien eine anfällige und – richtig ausgeführt – auch aufwendige Lösung für die Entwässerung dar.

Balkon- und Loggienflächen sollten daher am besten mit speziellen Ablaufgarnituren entwässert werden, die als *Innenentwässerung* in die Bodenflächen einzubauen sind.

Durch Verwendung von Aufstockelementen ist dabei die Entwässerung auch in der Abdich-

10.100 Ausführung von Balkonrändern

a) Balkonrand mit Winkelplatte
b) Balkonrand mit Drain-Abschlussprofilen (AquaDrain®)
c) Balkonrand mit T-Profil und Abtropfwinkel
d) Balkonrand mit Stahlbetonbrüstung

1 Stahlbetonplatte
2 Gefälleestrich
3 Abdichtung DIN 18 195
4 Dränplatte
6 keramische Platten in Dünnbett auf bewehrter Druckverteilungsplatte
7 LM-Profil mit Ablauflöchern für Sickerwasser
8 Wassernasen-Profil
9 Leichtmetall-U-Profil mit seitlichen Wasserspeiern
10 Stahlbeton-Fertigteil

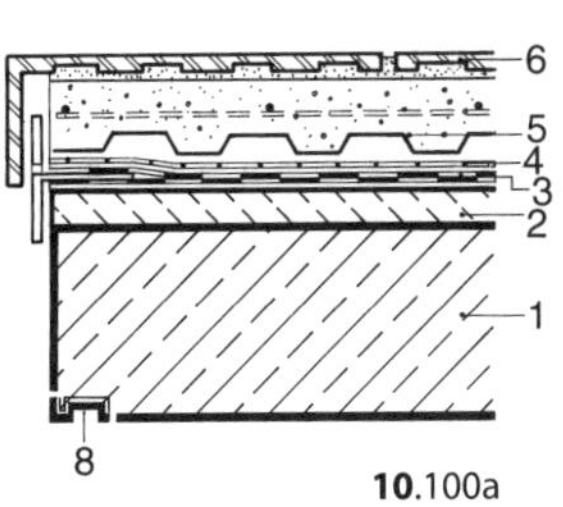

10.100a

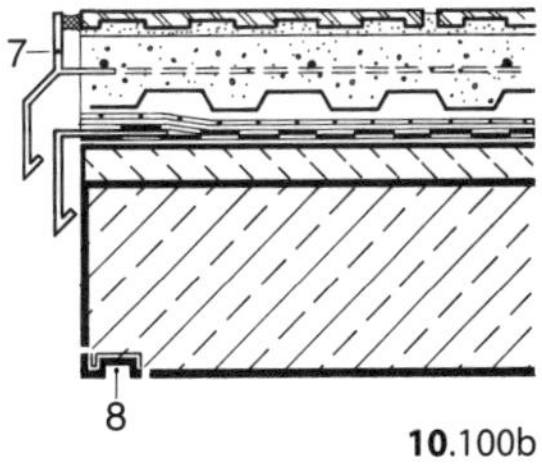

10.100b

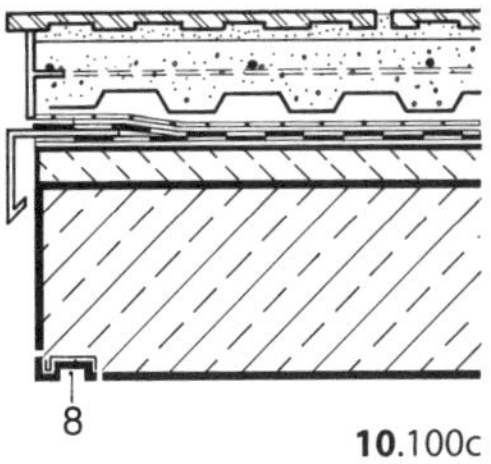

10.100c

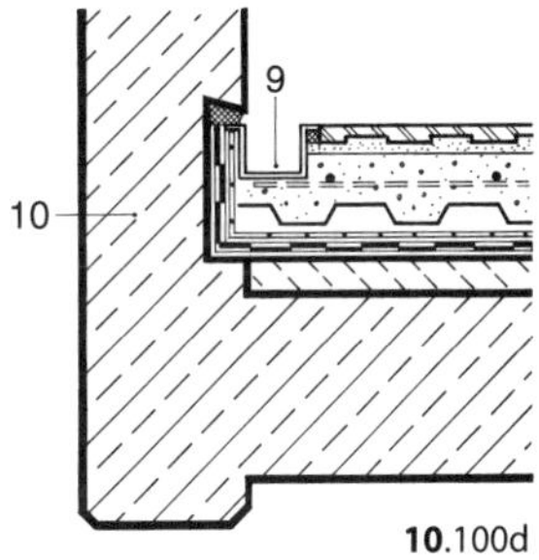

10.100d

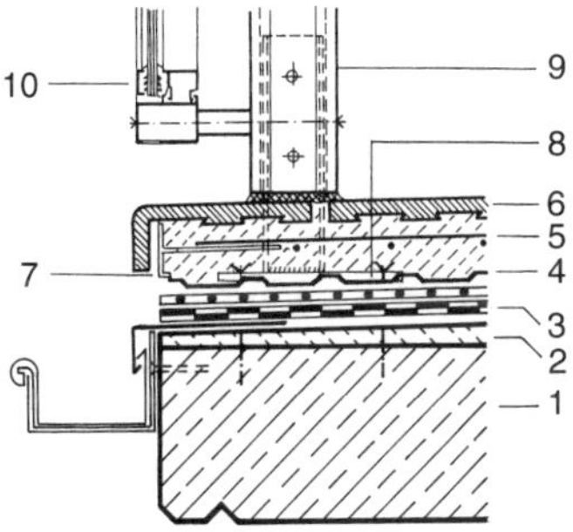

10.101 Balkonentwässerung mit vorgehängter Rinne

1 Stahlbetonplatte
2 Gefälleestrich
3 Abdichtung DIN 18 195
4 Dränplatte
5 Druckverteilung oder Verlegemörtel mit Bewehrung
6 Spaltplatten
7 LM-Randprofil (Schlüter)
8 Haltepfosten mit Ankerplatte, aufgedübelt
9 LM-Geländerpfosten, überschoben und verschraubt
10 LM-Rahmen mit Gussglasfüllung

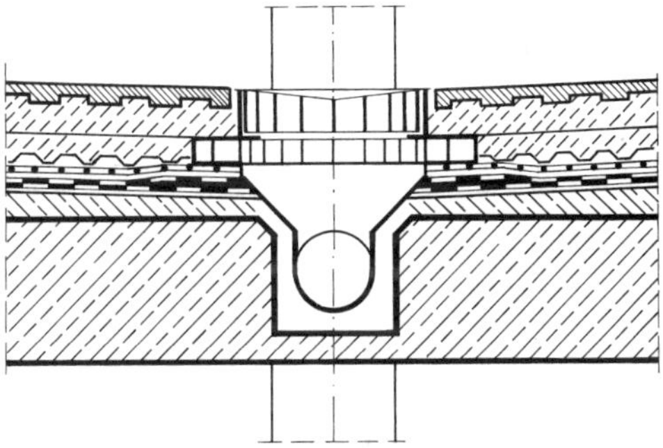

10.102 Innenentwässerung von Balkon- und Loggienflächen

1 Stahlbeton
2 Gefälleestrich
3 Abdichtung
4 Gleitfolien
5 Dränschicht
6 Plattenbelag in Mörtelbett
7 seitlicher Ablauf
8 Fallrohr in Wandschlitz

tungsebene sicherzustellen. Abläufe sind in mind. 50 cm Entfernung von Rändern oder Wand anschlüssen vorzusehen, um eine einwandfreie Ausführung der Abdichtungsarbeiten zu ermöglichen. Insbesondere, wenn die tragenden Bauteile parallel zur Fassade gespannt sind (vgl. Bild **10**.81 und **10**.82), lässt sich der Anschluss zwischen den Bewehrungsstählen verdeckt zu seitlich angeordneten Fallrohren führen (Bild **10**.102).

Von Nachteil ist, dass bei Einzelentwässerungen die Oberflächen wegen des nötigen Gefälles trichterförmig ausgebildet werden müssen, so dass Beläge aus mittel- und großformatigen Platten schwierig bzw. nur mit unschönen Kehlen auszuführen sind.

Einfacher können die Oberflächen gestaltet werden, wenn durchgehende Ablaufrinnen eingebaut werden (Bild **10**.103).

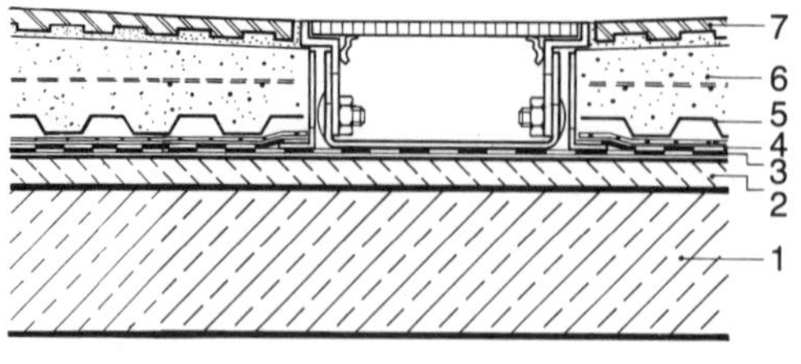

10.103 Balkonentwässerung durch Rinne mit Gitterrost
1 Stahlbetonplatte
2 Gefälleestrich
3 Abdichtung DIN 18195
4 Anschlussbahn für eingeklebtes Lochwinkelprofil
5 Dränplatte auf Gleitfolie
6 Druckverteilung mit Bewehrung
7 Spaltplatten in Mörtel (Dickbett)

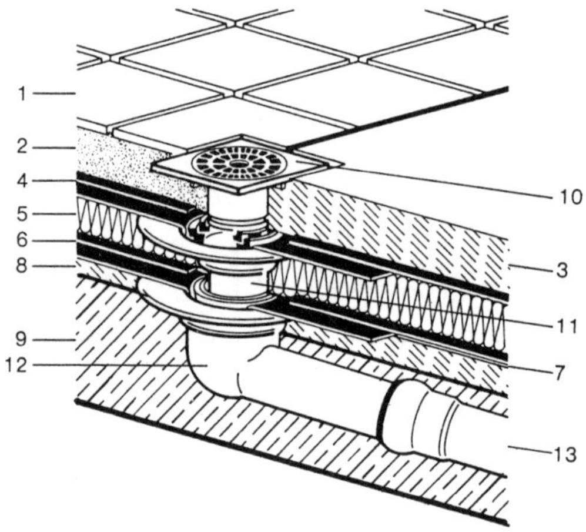

10.104 Balkonentwässerung (LORO) mit Fliesenbelag im Mörtelbett (linker Bildteil) oder mit Fertigestrich (rechter Bildteil)
1 Fliesenbelag
2 Mörtellbett
3 Fertigestrich
4 Dichtungsbahn
5 Wärmedämmung
6 Dichtungsbahn + Dampfsperre
7 Dampfdruckausgleichsschicht auf Haftgrund
8 Ausgleichestrich mit Gefälle
9 Stahlbetonplatte
10 Sieb und Siebaufnahme, mit Höhenverstellung sowie Entwässerungsring (für Sickerwasserabführung)
11 Etageneinsatz mit Klemmanschlussfolie (werkseitig vormontiert) und Dichteelement (für Verbindung mit Einzelablauf)
12 Einzelablauf mit Klemmanschlussfolie (werkseitig vormontiert) und Klemmring
13 Stahlabflussrohr mit Wärmedämmung

Bei einem Abdichtungsaufbau mit Wärmedämmung (z. B. bei Loggien) müssen kombinierte Entwässerungsabläufe mit Ablauftrichtern in der Ebene der Dampfsperre und in der Ebene der Abdichtung eingebaut werden (Bild **10**.104).

10.7.6 Geländer

Sicherheitsanforderungen an Geländer und Umwehrungen sind in den Landesbauordnungen festgelegt. Die Geländerhöhe muss mindestens 0,90 m, bei möglichen Absturzhöhen über 12 m mindestens 1,10 m und bei Hochhäusern (> 22 m über Gelände) mindestens 1,20 m betragen. Geländer müssen so ausgeführt sein, dass Kindern das Hochklettern nicht erleichtert wird, d. h. vorspringende horizontale Konstruktionsteile auf der Rückseite sowie horizontale Gitter, Verbretterungen o. Ä. mit Zwischenräumen > 2 cm sind nicht erlaubt. Wenn die Geländer vor den Plattenrändern angebracht sind, sollen keine Öffnungen bestehen, bei denen die Gefahr des Hindurchtretens gegeben ist, d. h. hier dürfen Abstände von höchstens 4 cm vorhanden sein.

Die Abstände zwischen senkrechten Gitterstäben oder zwischen Brüstungsfertigteilen dürfen nicht weiter als 12 cm sein. Bei Balkonen, die nur der Fassadenwartung oder als Fluchtweg dienen, können die Geländer in einfacher Form ausgeführt werden und müssen im allgemeinen nur den Anforderungen an Schutzgerüste genügen (s. Abschn. 10 in Teil 2 dieses Werkes).

Umwehrungen für Balkone und Loggien können aus Mauerwerk oder Stahlbeton bestehen. Dabei müssen diese nicht auf die volle erforderliche Höhe geführt werden, sondern können durch Stahlkonstruktionen ergänzt werden (Bild **10**.105a und b). Die Montage auf der Mauerabdeckung führt in den meisten Fällen zu Schäden, weil langfristig Wasser eindringt und somit Frostschäden entstehen. Insbesondere bei längeren gemauerten Brüstungen besteht die Gefahr von Rissbildungen infolge der unvermeidlichen Durchbiegung der Balkonränder. Stahlbetonbrüstungsplatten können als Tragelement mitwirken und die Dimensionierung der Platten günstig beeinflussen (Bild **10**.105b und c).

Massive Brüstungen sollten in Teilbereichen mit Gitterkonstruktionen kombiniert werden, um eine bessere Durchlüftung zu ermöglichen, weil völlig umschlossene Balkon- oder Loggienflächen sonst durch oft anhaltende Feuchtigkeit zum Vermoosen neigen. Außerdem wird damit auch ein Notüberlauf für den Fall verstopfter Abläufe geschaffen.

Bei der *Gestaltung* der Füllelemente von Geländern muss dafür gesorgt werden, dass Zugerscheinungen vorgebeugt wird. Im allgemeinen ist es dabei günstiger, Geländerfüllungen vor die Plattenränder zu setzen (Bild **10**.106).

Meistens werden Geländer mit Stahl- oder Leichtmetallkonstruktionen ausgeführt, die mit Füll- oder Verblendteilen aus Holz, Glas, Kunststoffen, Aluminium usw. ergänzt werden, welche selbsttragend oder in Rahmen auf der Tragkonstruktion angebracht werden. Die Konstruktion gitterartiger Geländer betrifft in erster Linie die Befestigung der Tragstäbe an den Plattenrändern.

In die Bodenflächen eingebaute Tragstäbe beeinträchtigen die Ausdehnungsmöglichkeit der verschiedenen Belagschichten. Die einwandfreie Verbindung mit der Abdichtung, mit Einlaufblechen und Bodenbelag erfordert sorgfältigste handwerkliche Arbeit (Bild **10**.107a). Bei aufgekanteten Plattenrändern (z. B. von Fertigteilen) ist eine derartige Ausführung unproblematischer (Bild **10**.107b).

Hinsichtlich der Abdichtungsprobleme werden Geländertragstäbe sinnvollerweise an der Plattenunterseite bzw. an der Stirnseite angeschlossen. Es muss dabei jedoch wegen des langen Hebelarmes auf entsprechende Dimensionierung der Tragstäbe geachtet werden (Bild **10**.107d).

Am günstigsten ist meistens der Anschluss von Geländerkonstruktionen an der Stirnseite der Plattenränder, falls dort nicht vorgehängte Rinnen zuviel Platz beanspruchen. Die Tragstäbe

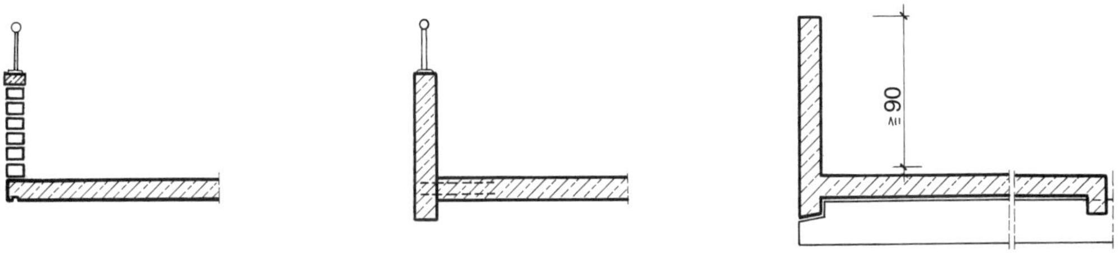

10.105a **10**.105b **10**.105c

10.105 Massive Umwehrungen (Brüstungen)
a) gemauerte Brüstung, Abdeckung mit Rollschicht
b) Brüstung aus Stahlbetonfertigteilen
c) vorgefertigtes Balkonelement auf seitlichen Kragarmen

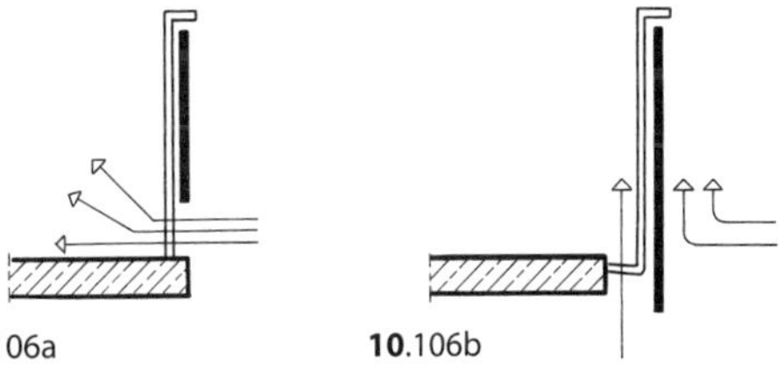

10.106a **10**.106b

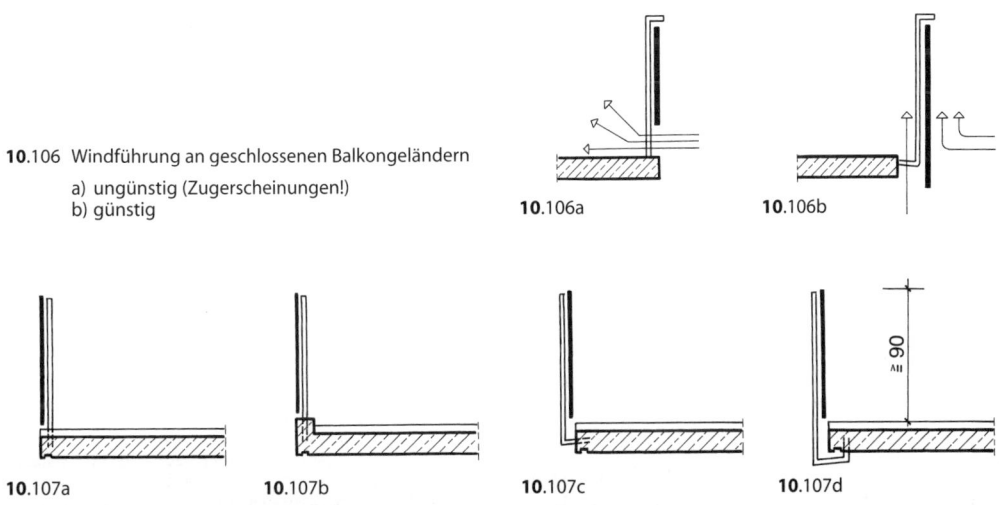

10.106 Windführung an geschlossenen Balkongeländern
a) ungünstig (Zugerscheinungen!)
b) günstig

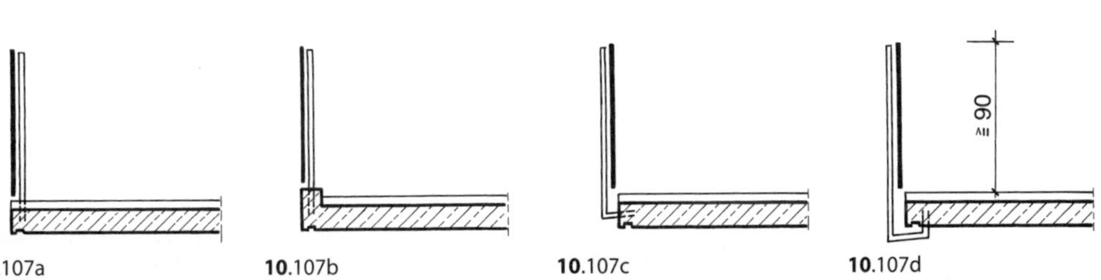

10.107a **10**.107b **10**.107c **10**.107d

10.107 Einbau von Geländerstäben
a) in Bodenfläche, b) in Aufkantung, c) an Stirnseite, d) an Unterseite

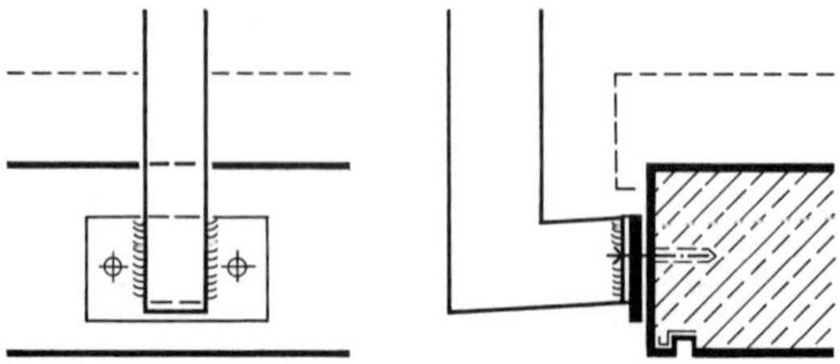

10.108a

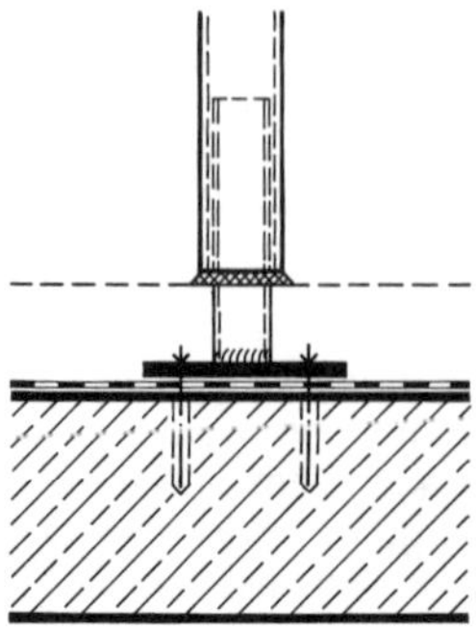

10.108c

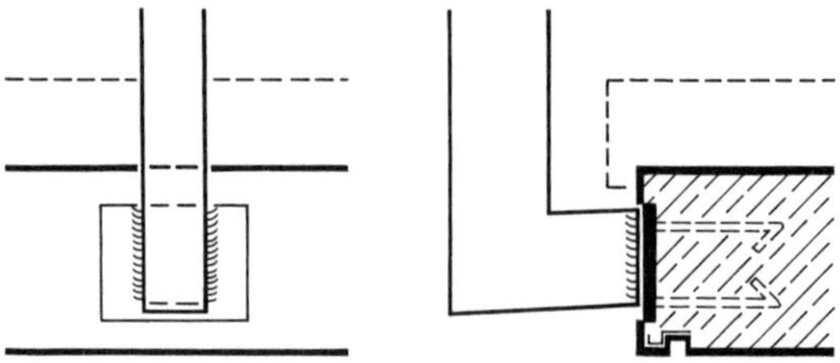

10.108b

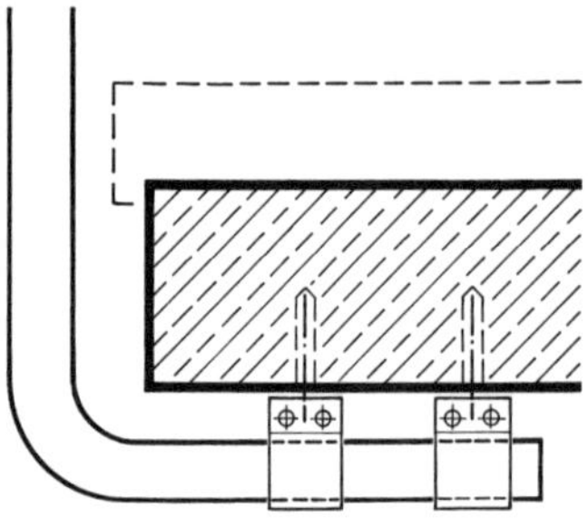

10.108d

10.108 Befestigung von Geländerstäben

a) Geländerstab seitlich auf Ankerplatte geschweißt, Ankerplatte an Stirnseite der Balkonplatte angedübelt
b) Ankerplatte an Stirnseite der Balkonplatte einbetoniert, Geländerstab später angeschweißt
c) Ankerplatte mit Halterohr auf Balkonplatte aufgedübelt, Geländerstab nach Verlegung des Belages überschoben, verschraubt und eingedichtet
d) Befestigung von unten mit angedübelten Verschraubungen (SKS), Halfenschiene o. Gewindehülsen

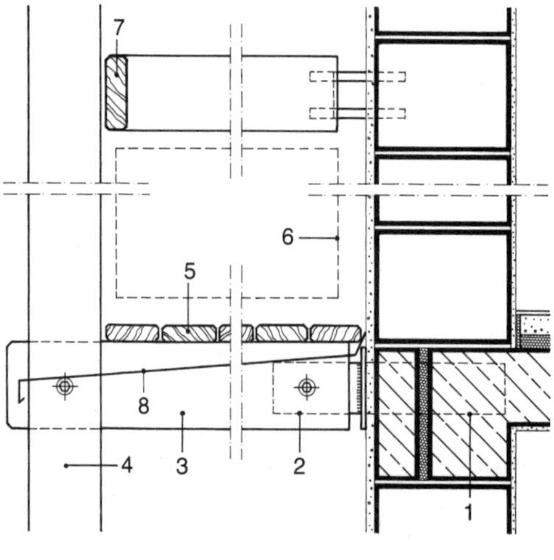

10.109 Holzbalkon, auf auskragendem Stahlprofil in Verbindung mit Stützen montiert (alternativ möglich auch stützenfrei mit Montage an stat. nachgewiesenen Kragkonsolen)

1 Ankerplatte, einbetoniert in Stahlbeton-Unterzug
2 Kragarme (angeschweißte Stahlprofile)
3 Tragbalken (Brettschichtholz), geschlitzt, an Konsole verschraubt
4 Doppelstütze (Brettschichtholz), mit Abstandhaltern an Tragbalken verschraubt
5 Gehbelag aus Hartholzbohlen
6 Geländerfüllung je nach gestalt. Absicht
7 Abschlussprofil
8 Blech (Vermeidung der Belästigung v. Nachbarn)

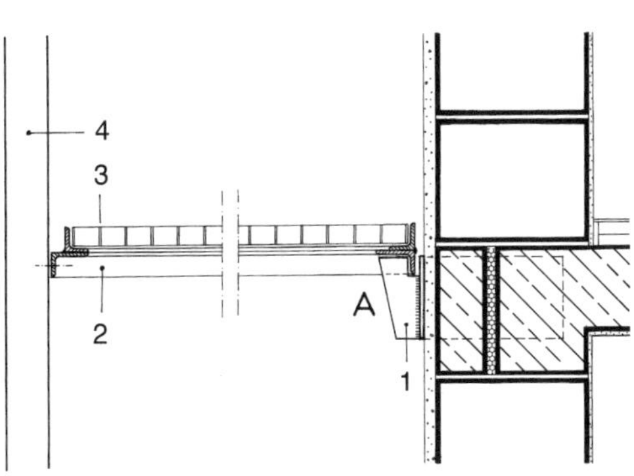

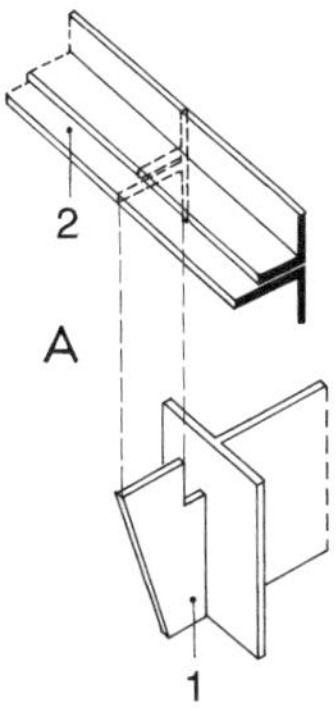

10.110 Vorgehängter Balkon in Stahlkonstruktion (Geländer nicht eingezeichnet)
1 Ankersteg mit Ankerplatte, Traghaken, angeschweißt
2 Tragrahmen
3 Gitterrost in Auflagerrahmen
4 Stütze, gleichzeitig als Geländerpfosten (Geländer nicht eingezeichnet)

werden mit Laschen aufgedübelt (Bild **10**.108a) oder auf vorher einbetonierte Ankerplatten aufgeschweißt (Bild **10**.108b). Dabei sollen die Verbindungen immer mit Gefälle angeschlossen werden. Das nachträgliche Aufschweissen auf einbetonierte Ankerplatten sollte möglichst vermieden werden, weil dadurch die Feuerverzinkung (Korrosionsschutz) wieder beschädigt wird. Ein nachträgliches Kaltverzinken bedeutet in jedem Fall eine Qualitätsminderung des Korrosionsschutzes. Deshalb sollten möglichst geschraubte Geländerkonstruktionen vorgezogen werden.

Eine Anschlussmöglichkeit für Stäbe auf der Balkonplatte zeigt Bild **10**.108c. Solche Anschlüsse auf der Balkonplatte sind immer problematisch, weil ein ordnungsgemäßer Anschluss an die Abdichtung nur sehr schwer zu gewährleisten ist.

Die Gestaltungsmöglichkeiten für Geländer sind so vielfach, dass in diesem Rahmen nur einige Beispiele für konstruktive Grundsätze genannt werden können.

Vor, hinter oder zwischen den Tragstäben aus Stahl- oder Aluminiumprofilen oder aus Holz können – ggf. auf horizontalen Unterkonstruktionen – senkrechte oder horizontale Füllstäbe oder -platten aus Holz oder Metall angebracht werden.

Ebenso können Rahmen mit Füllungen aus Gussglas, Kunststoffen, Drahtgittern usw. verwendet werden.

Für die verschiedenen Gestaltungs- bzw. Konstruktionsmöglichkeiten von Geländern sind im übrigen Hinweise in Abschn. 4 in Teil 2 des Werkes enthalten. Sie können sinngemäß auch für Balkongeländer gelten.

10.7.7 Sonderlösungen

Insbesondere kleinere Balkone können – auch vorgefertigt – so vor Fassaden montiert werden, dass die in den voranstehenden Abschnitten behandelten Probleme insbesondere der Abdichtung und Entwässerung entfallen.

Für Gebäude mit nur einem Obergeschoss oder überall dort, wo bei übereinander liegenden kleinen Balkonen unvermeidliche gegenseitige Belästigungen in Kauf genommen werden, kommen dabei auch gitterartige Gehflächen aus Holz oder Stahl in Frage (Bild **10**.109 und **10**.110). Bei gitterartigen Gehflächen kann Schmutz u. dgl. durch die Zwischenräume der Beläge auf den eventuell darunterliegenden Balkon rieseln. Unter gitterartigen Belägen sollte z. B. eine feuerverzinkte Blechwanne montiert werden, die den Schmutz auffängt.

Konstruktiv werden derartige Balkone an einbetonierten Kragarmen montiert oder auf Konsolen in Kombination mit Stützen aufgelagert.

Bei der in Bild **10**.109 gezeigten Holzkonstruktion sind Auflagerbohlen an der Fassade an einbetonierten Stahlkonsolen verschraubt. Außen lagern diese auf Pendelstützen auf, die für mehrere Geschosse durchlaufen können.

Ähnlich ist ein kleiner Balkon aus speziell angefertigten feuerverzinkten Stahl-Gitterrosten ausgeführt. Hier sind die tragenden Winkelrahmen in Konsolhaken an der Fassade eingehängt und gelenkig verschraubt (Bild **10**.110).

Für derartige Bauweisen sind auch vorgefertigte Balkone aus Aluminium auf dem Markt, die bei vielfachen Gestaltungsmöglichkeiten für Neubauten, besonders aber für Sanierungen geeignet sind. Als Beispiel können die in Bild **10**.111 dargestellten Schnitte für das System der Firma Schüco dienen.

In einigen Regionen werden für bis ca. 1,50 m ausladende Balkone Holzkonstruktionen mit auskragenden Trägern bevorzugt. Die meistens mehrlagigen verdübelten Kragträger werden an obenliegenden verzinkten Flacheisen verschraubt, die in dahinterliegende Stahlbetondecken einbetoniert sind. Auch können die Kragträger in einbetonierte Balkenschuhe eingeschoben werden (Bild **10**.112).

Die Kragträger werden an den Oberseiten zur Wasserableitung dachförmig abgeschrägt und durch eine Blechabdeckung geschützt. Die Balkonflächen werden von aufgeschraubten gehobelten Bohlen gebildet. Diese Konstruktion ist problematisch, denn für das in den Stahlschuh nicht belüftete, eingeschobene Holz droht Fäulnis. Es ist sinnvoller, die tragenden Teile solcher Konstruktionen komplett in feuerverzinktem Stahl auszuführen.

Wärmebrücken an den Verankerungsstellen werden durch das in Bild **10**.113 gezeigte Montagesystem für Holzbalkone vermieden. Bei ihm wird ein Verankerungsteil mit druckfester Wärmedämmung in die Massivdecke einbetoniert. Die Kragträger werden mit speziellen Anschlussteilen eingehängt.

10.111a

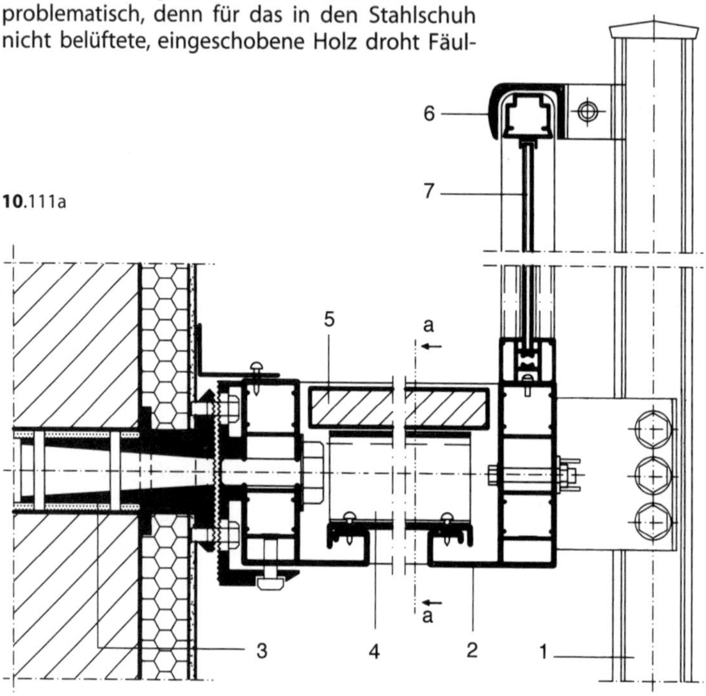

10.111b

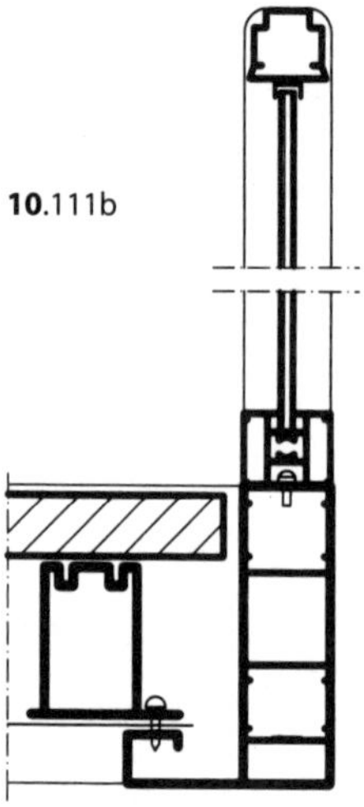

10.111 Vorgefertigtes Balkonsystem aus Aluminium (Schüco®)
a) Schnitt mit Fassadenanschluss
b) Querschnitt

1 Stütze
2 tragendes Randprofil
3 Wandverankerung
4 tragendes Bodenprofil mit Bodenblech
5 Betonwerksteinplatte
6 Handlauf
7 Glas- oder Trespa-Füllung

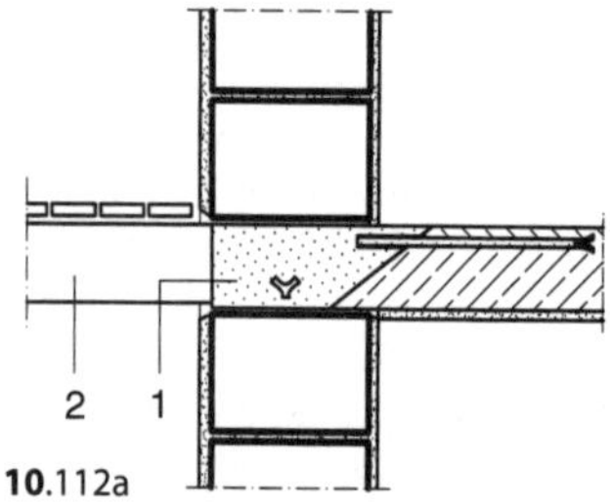

10.112a

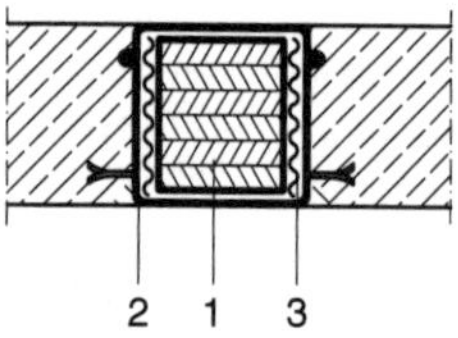

10.112b

10.112
Einstecksystem für Träger von Holzbalkonen (S. Piske, Vilshofen)
a) Längsschnitt
b) Detail (Querschnitt)
1 Kragträger, oben und unten genau passend gehobelt
2 Stahlschuh 180/180, verzinkt, mit seitlicher und rückwärtigen Betonankern
3 Hohlraum mit Montageschaum gefüllt

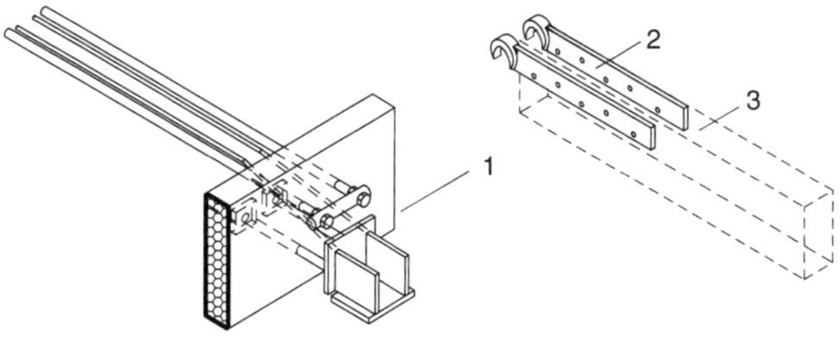

10.113
Montagesystem für Holzbalkone (Schoeck)
1 Verankerungselement mit Wärmedämmung
2 Einhänge-Tragkonstruktion
3 Balkonträger

10.8 Normen

Norm	Ausgabedatum	Titel
DIN 1045-1 bis 4	07.2001	Beton- und Stahlbeton; Bemessung und Ausführung
DIN EN 206-1	12.1996	Beton- und Stahlbetonbau, Bemessung und Ausführung
DIN 1052-1	04.1988	Holzbauwerke; Berechnung und Ausführung
DIN 1053-1	11.1996	Mauerwerk; Berechnung und Ausführung
DIN 1053-2	11.1996	–; Mauerwerksfestigkeitsklassen aufgrund von Eignungsprüfungen
DIN 1053-3	02.1990	–; Bewehrtes Mauerwerk; Berechnung und Ausführung
DIN 1055-3 [1)]	06.1971	Lastannahmen für Bauten; Verkehrslasten
DIN 1101	11.1989	Holzwolle-Leichtbauplatten und Mehrschicht-Leichtbauplatten als Dämmstoffe für das Bauwesen; Anforderungen, Prüfung
DIN 1102	11.1989	– nach DIN1101; Verwendung und Verarbeitung
DIN 4028	01.1982	Stahlbetondielen aus Leichtbeton mit haufwerksporigem Gefüge; Anforderungen, Prüfung, Bemessung, Ausführung, Einbau
DIN 4070-1	01.1958	Nadelholz; Querschnittsmaße und statische Werte für Schnittholz, Vorratskantholz und Dachlatten
DIN 4070-2	10.1963	–; Querschnittsmaße und statische Werte, Dimensions- und Listenware
DIN 4071-1	04.1977	Ungehobelte Bretter und Bohlen aus Nadelhölzern; Maße
DIN 4072	08.1977	Gespundete Bretter aus Nadelhölzern
DIN 4073-1	04.1977	Gehobelte Bretter und Bohlen aus Nadelhölzern;Maße
DIN 4074-1 [3)]	09.1989	Sortierung von Nadelholz nach der Tragfähigkeit;Nadelschnittholz
DIN 4109	11.1989	Schallschutz im Hochbau; Anforderungen und Nachweise Berichtigung 1, 08.1992, Bbl 1, 1/A1, 2, 3 und 4
DIN 4158	05.1978	Zwischenbauteile aus Beton für Stahl- und Spannbetondecken
DIN 4159	10.1999	Ziegel für Decken und Wandtafeln, statisch mitwirkend
DIN 4160	04.2000	Ziegel für Decken; statisch nicht mitwirkend Berichtigung 06.2000
DIN 4243	03.1978	Betongläser; Anforderungen, Prüfung
DIN 18 334	12.2000	VOB Teil C; Allgemeine technische Vertragsbedingungen für Bauleistungen; Zimmer- und Holzbauarbeiten
DIN 68 365	11.1957	Bauholz für Zimmerarbeiten; Gütebedingungen
DIN 68 800-1	05.1974	Holzschutz im Hochbau; Allgemeines
DIN 68 800-2	05.1996	–; Vorbeugende bauliche Maßnahmen
DIN 68 800-3	04.1990	–; Vorbeugender chemischer Holzschutz
DIN 68 800-4	11.1992	–; Bekämpfungsmaßnahmen gegen Pilz- und Insektenbefall

Normen, Fortsetzung

Norm	Ausgabedatum	Titel
DIN 68 800-5 2)	05.1978	–; Vorbeugender chemischer Schutz von Holzwerkstoffen
DIN EN 335-1	09.1992	Dauerhaftigkeit von Holz und Holzprodukten; Definition der Gefährdungsklassen für einen biologischen Befall; Teil 1: Allgemeines; Deutche Fassung EN 335-1
DIN EN 335-2	10.1992	Dauerhaftigkeit von Holz und Holzprodukten; Definition der Gefährdungsklassen für einen biologischen Befall; Teil 2: Anwendung bei Vollholz; Deutsche Fassung EN 335-2
DIN EN 350-1	10.1994	Dauerhaftigkeit von Holz und Holzprodukten – Natürliche Dauerhaftigkeit von Vollholz – Teil 1: Grundsätze für die Prüfung und Klassifikation der natürlichen Dauerhaftigkeit von Holz; Deutsche Fassung EN 350-1
DIN EN 350-2	10.1994	Dauerhaftigkeit von Holz und Holzprodukten – Natürliche Dauerhaftigkeit von Vollholz – Teil 2: Leitfaden für die natürliche Dauerhaftigkeit und Tränkbarkeit von ausgewählten Holzarten von besonderer Bedeutung in Europa; Deutsche Fassung EN 350-2
DIN EN 460	10.1994	Dauerhaftigkeit von Holz und Holzprodukten – Natürliche Dauerhaftigkeit von Vollholz – Leitfaden für die Anforderungen an die Dauerhaftigkeit von Holz für die Anwendung in den Gefährdungsklassen; Deutsche Fassung EN 460: 1994
DIN EN 635-1	01.1995	Sperrholz – Klassifizierung nach dem Aussehen der Oberfläche – Teil 1: Allgemeines; Deutsche Fassung EN 635-1

1) z. Zt. in Neubearbeitung (E 03.2000)
2) z. Zt. in Neubearbeitung (E 01.1990)
3) z. Zt. in Neubearbeitung (E 05.2001)

10.9 Literatur

[1] Fachverband des Deutschen Fliesengewerbes: Merkblatt Bodenbeläge aus Fliesen und Platten außerhalb von Gebäuden. Bonn 1988

[2] *Götz, K. H., Hoor, D., Möhler, K., Natterer, J.*: Holzbauatlas. München 1989

[3] *Grunau, E.*: Sichere Verlegung keramischer Platten auf Balkonen und Terrassen. In: Fliesen und Platten 4/89

[4] Gussglas-Gemeinschaftswerbung: Broschüre Gussglas – Konstruktionen aus Stahl, Aluminium, Holz. Bonn 1988

[5] *Köneke, R.*: Schäden an Balkonen, Loggien, Laubengängen. Köln 1987

[6] *Marx, H. G.*: Konstruktionen mit Fliesenbelägen (Boden- und Terrassenbeläge). In: Fliesen und Platten 11/87

[7] *Natterer, J., Herzog, T.*: Holzbauatlas Zwei. München 1991

[8] *Pracht, K.*: Balkone, Terrassen und Freiräume. Stuttgart 1990

[9] *Präkelt, W., Öttl-Präkelt, H.*: Balkone und Terrassen; Planen und Ausführen. Köln 1993

[10] Richtlinien für die Planung und Ausführung von Dächern mit Abdichtung – Flachdachrichtlinien –. Berlin 1991

[11] *Schild, E., Oswald, R.* u. a.: Schwachstellen Bd. 1: Flachdächer, Dachterrassen, Balkone. Wiesbaden 1987

[12] *Schild, E., Oswald, R.* u. a.: Schwachstellen Bd. IV: Innenwände, Decken, Fußböden. Wiesbaden 1980

[13] Technische Richtlinien des Glaserhandwerkes: Umwehrungen. Schorndorf 1985

[14] Informationsdienst Holz; holzbauhandbuch Reihe 1 Teil 1 Folge 4, 12/00, www.argeholz.de

11 Fußbodenkonstruktionen und Bodenbeläge

11.1 Allgemeines

Die Beschaffenheit des Fußbodens hat auf das Wohlbefinden des Menschen einen großen Einfluss (Wohnbehaglichkeit, Hygiene) und spielt bei der Beurteilung des Nutzwertes und der Qualität eines Gebäudes eine wesentliche Rolle (Feuchte-, Schall-, Wärmeschutz).

Fußböden müssen in den zum dauernden Aufenthalt von Menschen vorgesehenen Räumen ausreichend verschleißfest, sicher und angenehm begehbar, möglichst fußwarm, trittschalldämmend sowie einfach zu reinigen und zu pflegen sein. Außerdem sollen sie gut aussehen, lichtecht, maßhaltig und relativ preisgünstig sein.

Bei allen öffentlichen Gebäuden, Büro-, Industrie-, Freizeit- und Sportanlagen sowie bei Bauten für Behinderte und Betagte werden darüber hinaus noch weitergehende, jeweils ganz spezifische Anforderungen gestellt.

Die Auswahl eines Bodenbelages und die damit auf das engste verbundene Festlegung des gesamten Fußbodenaufbaues müssen mit großer Umsicht vorgenommen und bei der Planung eines Gebäudes rechtzeitig berücksichtigt werden.

Da es keinen Bodenbelag und keinen Fußbodenaufbau gibt, die allen Anforderungen gleichermaßen gerecht werden, müssen die in Frage kommenden Beläge und Fußbodenkonstruktionen unter Beachtung

- baukonstruktiver,
- bauphysikalischer,
- wirtschaftlicher,
- ökologischer,
- raumgestalterischer

Gesichtspunkte miteinander verglichen und je nach Zweckbestimmung der einzelnen Raumzonen eingestuft werden. Dabei sind immer auch Art und Intensität der zu erwartenden Beanspruchung sowie die immer wiederkehrenden Pflege- und Reinigungskosten richtig einzuschätzen.

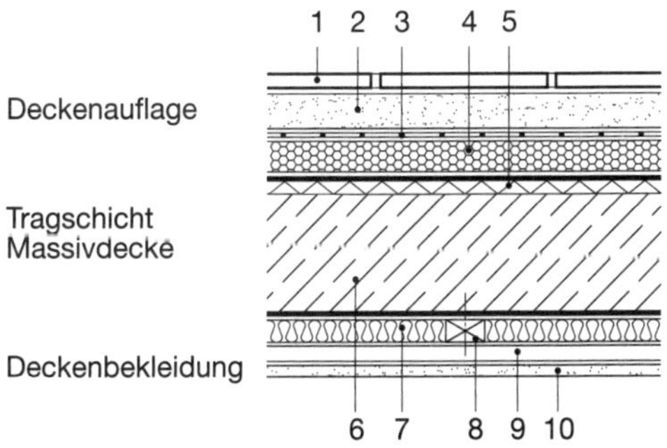

11.1a

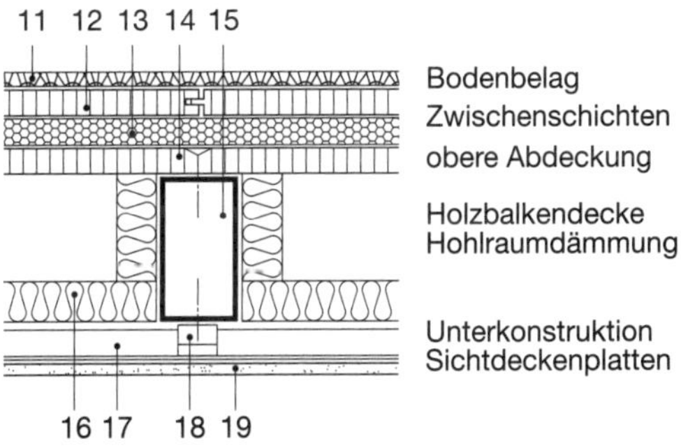

11.1b

11.1 Schematische Darstellung von Geschossdecken mit Benennung der wichtigsten Einzelschichten

a) **Massivdecke**
1 Nutzschicht (keramischer Bodenbelag)
2 schwimmender Estrich (lastverteilende Schicht)
3 Abdeckung (Bitumen- oder Folienbahn)
4 Schall- und Wärmedämmschichten
5 Glätteschicht (Spachtelmasse)
6 Tragschicht (Massivdecke)
7 schalldämmende Mineralwolleeinlage
8 Grundlattung
9 Traglattung
10 Decklage (Sichtdeckenplatten)

b) **Holzbalkendecke**
11 Nutzschicht (textiler Fußbodenbelag)
12 Fertigteilestrich (lastverteilende Schicht)
13 Schall- und Wärmedämmschichten
14 obere Abdeckung (z. B. Spanplatten)
15 Tragschicht (Holzbalkendecke)
16 Hohlraumdämmung (Mineralwolleeinlage)
17 Grundlattung mit Dämmstreifen
18 Federbügel aus Metall
19 Decklage (Sichtdeckenplatten)

11.2 Einteilung und Benennung: Überblick

Es gibt kein Bauteil, an das so verschiedenartige Anforderungen gestellt werden wie an den Fußboden. Kaum ein anderes Bauteil setzt sich daher auch aus so vielen übereinandergelagerten, jeweils ganz bestimmte Funktionen übernehmenden Schichten zusammen. Viele Eigenschaften eines Fußbodens lassen sich deshalb nur unter Einbeziehung des gesamten Fußbodenaufbaues – gegebenenfalls einschließlich tragender Deckenkonstruktion und Unterdecke – beurteilen. Im einzelnen sind zu nennen (Bild **11**.1):

1. Tragschicht (Rohdecke)

Bodenplatte gegen Grund (an das Erdreich grenzend)

- nichttragender Betonboden
- tragende Fundamentplatte mit Bewehrung u. a.

Geschossdecke (freitragende Deckenkonstruktion)

- Massivdecke
- Holzbalkendecke u. a.

2. Deckenauflage (Unterbodenkonstruktion)

Der gesamte Fußbodenaufbau oberhalb der Tragdecke wird als Deckenauflage bezeichnet. Entsprechend den jeweiligen Forderungen, die an eine Fußbodenkonstruktion unter Umständen gestellt werden, können folgende Einzelschichten (Hauptgruppen) notwendig werden:

- **Glätte- und Ausgleichschichten.** Unzulässige Höhendifferenzen sowie fertigungsbedingte Unebenheiten von Rohdecken und Estrichen müssen vor dem Aufbringen weiterer Fußbodenschichten ausgeglichen werden. Die zu beachtenden Ebenheitstoleranzen sind in DIN 18 202 festgelegt. Raue Oberflächen werden bei Bedarf mit selbstverlaufender Feinspachtelmasse (0 bis 5 mm) geglättet, kleine Unebenheiten mit Ausgleichsmasse (0 bis 10 mm) egalisiert. Zum Nivellieren von deutlichen Höhenunterschieden werden Füllmassen (bis 35 mm) eingesetzt. Große Höhendifferenzen bzw. Gefällelagen von Massivdecken werden in der Regel mit Leichtbeton, von Holzbalkendecken mit einer Trockenschüttung ausgeglichen.
- **Gefälleschicht.** Bei größerem Brauch- und Nutzwasseranfall in Nassräumen sind Gefälleschichten vorzusehen (Gefälle üblicherweise 1,5 bis 2,0 %), die eine rasche Ableitung des Oberflächenwassers zum Bodeneinlauf ermöglichen. Derartige Gefälleschichten werden in der Regel unterhalb der Dämmschichten im Verbund mit der Rohdecke eingebracht (z. B. als Verbundestrich, meist zugleich als Ausgleichschicht).
- **Abdichtung gegen Feuchtigkeit.** Abdichtungen nach DIN 18 195 schützen Baustoffe und Bauteile vor dem Eindringen von Feuchtigkeit. Diese kann in tropfbar-flüssiger Form oder als Wasserdampf anfallen (z. B. Dampfdiffusionsvorgang oder Kondensation). Die Lage der Dichtungsschichten innerhalb eines Fußbodenaufbaues hängt u. a. davon ab, ob Wasser bzw. Feuchtigkeit von oben, von unten, von der Seite oder gleichzeitig aus mehreren Richtungen zu erwarten ist. Besonders sorgfältig zu schützen sind beispielsweise die Dämmschichten, aber auch feuchtigkeitsempfindliche Estriche und Fertigteilestriche aus Holzspanplatten oder Gipskartonplatten.
- **Bauliche Wärmeschutzmaßnahmen** sind notwendig, um in beheizten Gebäuden ein für die Menschen behagliches Raumklima zu schaffen. Gleichzeitig soll dadurch die Baukonstruktion vor Schäden durch Feuchteeinwirkung geschützt (bauphysikalischer Aspekt) und der Verbrauch an Heizenergie in tragbaren Grenzen gehalten werden (energietechnische-ökologische Aspekte). Wärmedämmschichten sind nach DIN 4108 und der jeweils gültigen Wärmeschutzverordnung – zukünftig Energieeinsparverordnung (EnEV) – zu bemessen.
- **Bauliche Schallschutzmaßnahmen** dienen dem Ziel, Menschen in Aufenthaltsräumen vor unzumutbaren Belästigungen durch Schallübertragung (Luftschall-, Trittschall-, Flankenübertragung) zu schützen. Schalldämmschichten sind nach DIN 4109 zu bemessen. Ihre Anordnung sowie konstruktive Ausbildung innerhalb eines Fußbodenaufbaues richten sich nach den jeweiligen Anforderungen, die an eine Decken- bzw. Fußbodenkonstruktion insgesamt gestellt werden. Ausführungsbeispiele von Bauteilen und deren Schalldämmwerte beinhaltet Beiblatt 1 zu DIN 4109.
- **Abdeckung.** Dämmschichten und Randstreifen müssen vor dem Aufbringen des Estrichs mit geeigneten Bitumenbahnen oder Polyethylenfolien abgedeckt werden, um das Eindringen von Wasser bzw. Zementleim aus dem Mörtel in die darunter liegende Dämmschicht während des Estricheinbaues zu verhindern. Diese Abdeckung ist jedoch nicht als Abdichtungsmaßnahme im Sinne der DIN 18 195 zu verstehen. Bei Fließestrichen und Gussasphaltestrichen sind besondere Maßnahmen zu treffen.
- **Trennschicht.** Trennschichten werden überall dort verlegt, wo unmittelbar übereinanderliegende Schichten keine innige, kraftschlüssige Verbindung eingehen dürfen (z. B. bei Estrich auf Trennschicht, Gleitschicht über Abdichtung). Verwendet werden vor allem Bitumenbahnen oder Polyethylenfolien, in der Regel jeweils zweilagig verlegt. Auch diese haftverhindernde Trennlage ist keine Abdichtung im Sinne der DIN 18 195.
- **Lastverteilende Schicht.** Um druckempfindliche Schichten – wie beispielsweise Trittschall- und Wärmedämmplatten oder Abdichtungen – gegenüber größeren Lasteinwirkungen von oben zu schützen, muss darüber eine lastverteilende Schicht in Form eines Estrichs oder Fertigteilestrichs (Unterboden aus vorgefertigten Plattenelementen) aufgebracht werden. Diese schwimmende Konstruktion ist auf seiner Unterlage beweglich und weist keine unmittelbare Verbindung mit den angrenzenden Bauteilen auf.

3. Nutzschicht (Bodenbelag)

Bei keinem Bauteil wird die obere Schicht derart stark und vielseitig beansprucht wie beim Fußboden. Demzufolge kann der Bodenbelag auch aus ganz verschiedenartigen Materialien hergestellt werden. Eine verbindliche Einteilung der Fußbodenbeläge gibt es nicht. Im wesentlichen unterscheidet man (Hauptgruppen):

- Naturwerkstein-Fußbodenbeläge
- Keramische Fußbodenbeläge
- Bodenbeläge aus zement- oder bitumengebundenen Bestandteilen
- Holzfußbodenbeläge
- Elastische Fußbodenbeläge
- Bodenbeläge aus kunstharzgebundenen Bestandteilen
- Textile Fußbodenbeläge

4. Deckenbekleidung und Unterdecke

Deckenbekleidungen und Unterdecken bilden den oberen sichtbaren Abschluss eines Raumes. Sie bestehen aus einer Unterkonstruktion und einer flächenbildenden Decklage (Sichtdeckenplatten). Bei Deckenbekleidungen ist die Unterkonstruktion unmittelbar am tragenden Bauteil verankert, bei Unterdecken wird die Unterkonstruktion abgehängt. Ihre konstruktive Ausbildung richtet sich nach den jeweiligen Anforderungen, die an eine Deckenkonstruktion (Geschossdecke) insgesamt gestellt werden, und zwar vor allem in Bezug auf Schallschutz und Brandschutz. Dies gilt auch für die Unterdecke als Funktions- und Installationsträger von Beleuchtung, Klima- und Heizungstechnik sowie hinsichtlich der Anschlussmöglichkeit von nichttragenden (umsetzbaren) Trennwänden.

Klärung von Fachbegriffen

Bis vor einigen Jahren sprach man ganz allgemein von „Isolieren" bei Maßnahmen des Wärme-, Feuchte- und Schallschutzes. Das hat zu Verständigungsproblemen geführt. Man hat sich deshalb auf folgende Benennung mit den jeweils davon abzuleitenden Wortverbindungen geeinigt:

- **abgedichtet** – werden Bauwerke, Bauteile und Baustoffe gegen Wasser- und Feuchteeinwirkungen,
- **gebremst** oder **gesperrt** – wird die Wasserdampfdiffusion durch Bauteile und Baustoffe,
- **gedämmt** – werden Bauteile und Bauelemente gegen Wärme- und Schalldurchgang,
- **reflektiert, gedämpft** oder **absorbiert** (geschluckt) – wird der Schall in einem Raum,
- **geschützt** – werden Bauwerke, Bauteile, Bauelemente und Baustoffe vor Brandeinwirkung,
- **isoliert** – wird der elektrische Stromfluss.

11.3 Fußbodenkonstruktionen

11.3.1 Tragschicht und Ebenheitstoleranzen

Tragschicht. Die Tragschicht dient zur Aufnahme und Ableitung statischer und dynamischer Kräfte. Bei der Festlegung einer Deckenkonstruktion sind neben dem Zweck und der zu erwartenden Beanspruchung vor allem wirtschaftliche und herstellungstechnisch bedingte Aspekte zu beachten. Im Hinblick auf die darauf aufliegende Fußbodenkonstruktion sollten Durchbiegungen und Schwingungen der Tragdecke möglichst gering sein. Einzelheiten hierzu s. Abschn. 10, Geschossdecken.

Ebenheitstoleranzen. Unzulässige Höhendifferenzen sowie fertigungsbedingte Unebenheiten von Rohbetondecken und Estrichen müssen vor dem Aufbringen weiterer Fußbodenschichten oder vor dem unmittelbaren Verlegen eines Belages ausgeglichen werden. Die zu beachtenden Ebenheitstoleranzen für die entsprechenden Flächen sind in DIN 18 202, Tab. 3, festgelegt. Abweichungen von den vorgeschriebenen Maßen sind nur im Rahmen der von dieser Norm bestimmten Grenzen zulässig.

Tabelle **11**.2 Ebenheitstoleranzen für Flächen von Decken, Estrichen, Bodenbelägen und Wänden nach DIN 18 202

Spalte	1	2	3	4	5	6
Zeile	Bezug	Stichmaße als Grenzwerte in mm bei Messpunktabständen in m bis				
		0,1	1	4	10	15
1	Nichtflächenfertige Oberseiten von Decken, Unterbeton und Unterböden	10	15	20	25	30
2	Nichtflächenfertige Oberseiten von Decken, Unterbeton und Unterböden mit erhöhten Anforderungen, z. B. zur Aufnahme von schwimmenden Estrichen, Industrieböden, Fliesen- und Plattenbelägen, Verbundestrichen Fertige Oberflächen für untergeordnete Zwecke, z. B. in Lagerräumen, Kellern	5	8	12	15	20
3	Flächenfertige Böden, z. B. Estriche als Nutzestriche, Estriche zur Aufnahme von Bodenbelägen Bodenbeläge, Fliesenbeläge, gespachtelte und geklebte Beläge	2	4	10	12	15
4	Flächenfertige Böden mit erhöhten Anforderungen, z. B. mit selbstverlaufenden Spachtelmassen	1	3	9	12	15
5	Nichtflächenfertige Wände und Unterseiten von Rohdecken	5	10	15	25	30
6	Flächenfertige Wände und Unterseiten von Decken, z. B. geputzte Wände, Wandbekleidungen, untergehängte Decken	3	5	10	20	25
7	Wie Zeile 6, jedoch mit erhöhten Anforderungen	2	3	8	15	20

Wie Tabelle **11**.2 zeigt, wird zwischen nichtflächenfertigen und flächenfertigen Verlegeuntergründen unterschieden. Werden an die Ebenheit von Flächen erhöhte Anforderungen gestellt – sowie dies in den Zeilen 2, 4 und 7 der Fall ist –, dann müssen diese stets gesondert vereinbart werden. Sie gelten als nicht vereinbart, wenn im Leistungsbeschrieb nur ganz allgemein „Toleranzen nach DIN 18 202" gefordert sind. Die Ebenheitstoleranzen können durch Einzelmessungen oder durch ein Rasternivellement überprüft werden, sofern dies technisch erforderlich ist.

11.3.2 Feuchteschutz von Fußbodenkonstruktionen

Allgemeines

Fußböden von Aufenthaltsräumen müssen gegen Einwirkungen von Feuchte und Wasser geschützt werden. Dies gilt vor allem für Fußbodenkonstruktionen in nicht unterkellerten Räumen (erdreichberührte Bodenplatte) und in Nassräumen aller Art.

Abdichtungen sind notwendig, um gegebenenfalls feuchtigkeitsempfindliche Umfassungsbauteile, Unterbodenschichten oder Bodenbeläge vor Feuchteeinwirkung zu schützen.

Die Lage der Dichtungsschicht (en) innerhalb einer Bodenkonstruktion hängt immer davon ab, ob Feuchte bzw. Wasser zu erwarten sind:

von oben z. B. in Form von

- Brauch- und Reinigungswasser, Spritz- und Planschwasser in Nassräumen oder Wohnungsbädern

von unten z. B. in Form von

- Bodenfeuchte durch kapillare Wasseraufnahme,
- nichtdrückendem oder drückendem Wasser aus dem Erdreich,
- herstellungsbedingter Bauteilfeuchte aus Betondecken oder frischem Estrich,
- Feuchtetransport durch Dampfdiffusion (meist von warm nach kalt),
- Tauwasserbildung innerhalb der Konstruktion oder an der Bauteiloberfläche bei mangelndem Wärmeschutz oder ungünstigen raumklimatischen Verhältnissen.

von der Seite z. B. in Form von

- seitlich eindringender Feuchtigkeit bei ungenügender Außenwandabdichtung bzw. fehlender Drainage.

aus mehreren Richtungen z. B. bei gleichzeitiger Wassereinwirkung von außen – aus dem Erdreich – und vom Gebäudeinnern.

Die Wasseraufnahme bzw. der Feuchtetransport erfolgt entweder in

- flüssiger Form (z. B. kapillar, bei saugfähigen Baustoffen) oder in Form von
- Wasserdampf (z. B. bei Wasserdampfdiffusion durch ein Bauteil oder durch Kondensation).

Einteilung und Benennung: Überblick

Die Wahl der zweckmäßigsten Abdichtungsart ist insbesondere abhängig von der Angriffsart des Wassers und der Nutzung des Bauwerks bzw. Bauteils; sie ist außerdem abhängig von den zu erwartenden physikalischen – vor allem mechanischen und thermischen – Beanspruchungen.

Die Norm für Bauwerksabdichtungen DIN 18 195 (Ausg. 08.2000) unterscheidet folgende Beanspruchungsarten:

- **DIN 18 195-4**, Abdichtungen gegen Bodenfeuchte
- **DIN 18 195-5**, Abdichtungen gegen nichtdrückendes Wasser
- **DIN 18 195-6**, Abdichtungen gegen von außen drückendes Wasser
- **DIN 18 195-7**, Abdichtungen gegen von innen drückendes Wasser

Einzelheiten über Bauwerksabdichtungen im allgemeinen sind Abschn. 16.4 zu entnehmen.

11.3.2.1 Fußbodenkonstruktionen auf erdreichberührter Bodenplatte

Bodenplatten können in Form von tragenden Fundamentplatten oder nichttragenden Betonböden ausgebildet sein. Während die Fundamentplatten zur Aufnahme von Lasten und ggf. gegen Druckwasserbeanspruchung zu bewehren sind, dienen Betonböden (nichtdruckwasserbeanspruchbar) nur als unterer Raumabschluss gegen das Erdreich; sie sind in einer Dicke von mind. 10 cm auszuführen.

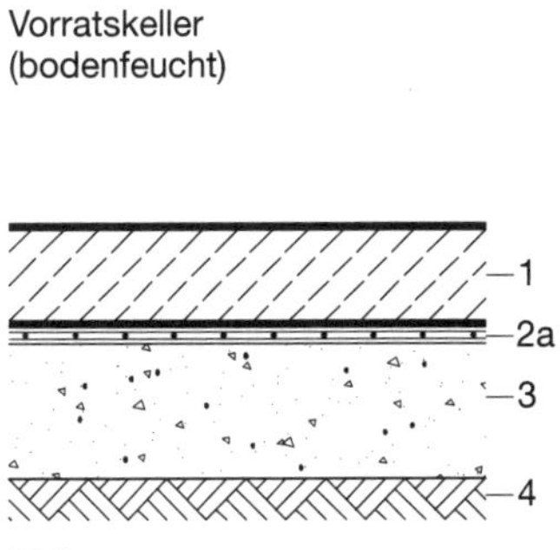

11.3a

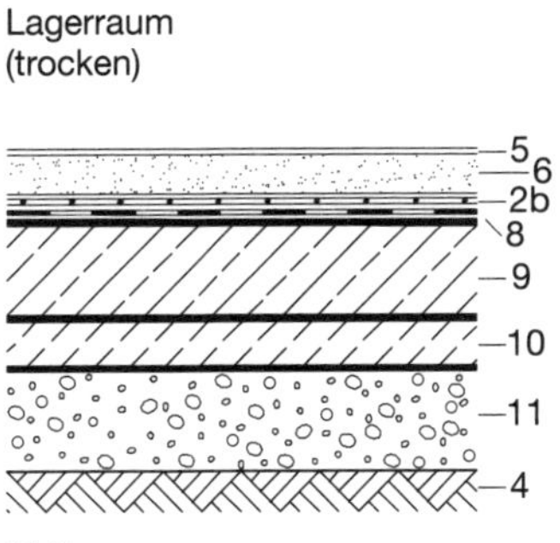

11.3b

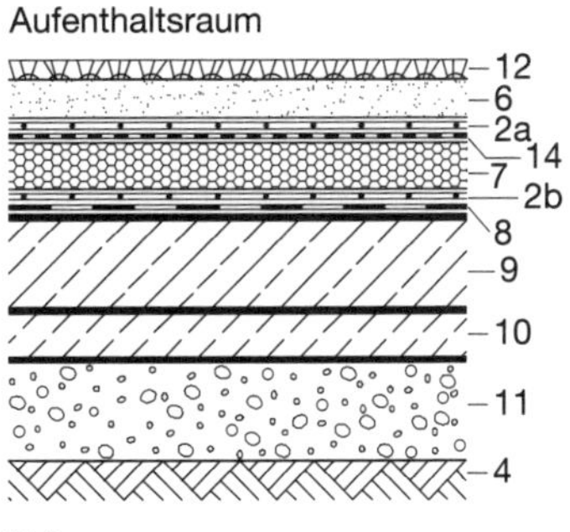

11.3c

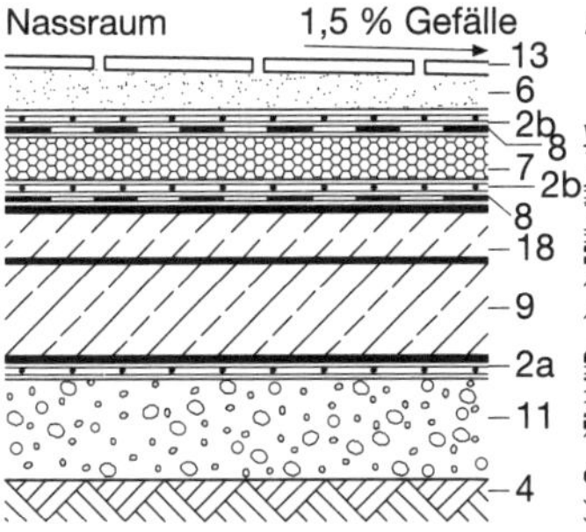

11.3d

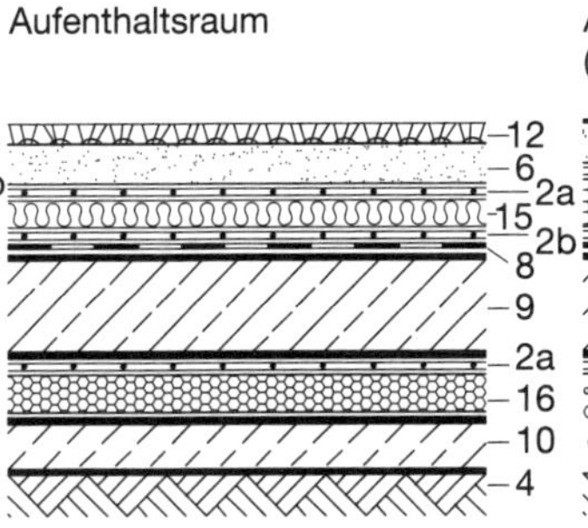

11.3e

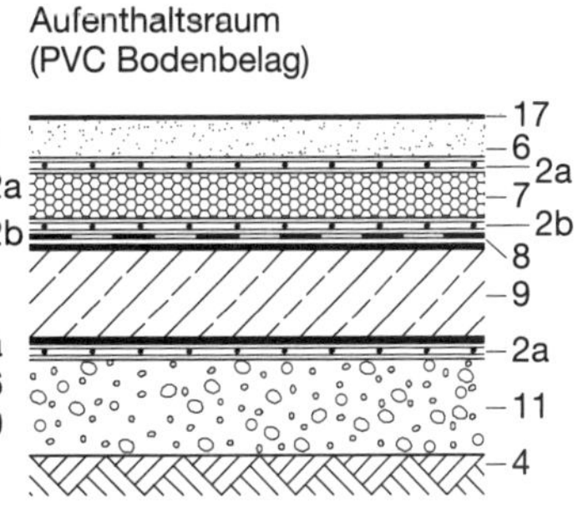

11.3f

11.3 Schematische Darstellung von Fußbodenkonstruktionen mit Abdichtungen gegen Bodenfeuchtigkeit und nichtdrückendes Wasser bei erdberührten Bodenplatten. Vgl. hierzu auch Abschn. 16.4.4.

a) Abdichtung gegen Feuchtigkeit von unten (Erdreich), durch eine kapillarbrechende, grobkörnige Schüttung. Nur bei untergeordneter Raumnutzung.
b) Abdichtung gegen Feuchtigkeit von unten (Erdreich), mit Estrich auf Gleitschicht/Dampfbremse. Deckenauflage ohne Anforderungen an Schall- und Wärmeschutz. Wegen der besonders im Sommer zu niedrigen Wand- und Bodentemperaturen (fehlende Dämmung) wird häufig raumseitig die Taupunkttemperatur unterschritten, und es kommt (besonders bei Lüftung mit warm-feuchter Außenluft) zu erheblichen Kondensationsniederschlägen am Boden und im unteren Wandbereich.
c) Abdichtung gegen Feuchtigkeit von unten (Erdreich), mit schwimmendem Estrich. Die eingezeichnete Dampfsperre mit bremsender Wirkung [14] kann bei ausreichender Wärmedämmung (mind. $1/\Lambda = 1{,}8\ m^2K/W$) und Verwendung von dampfbemsenden Dämmmaterialien (z. B. Foamglas, extrudierter PS-Hartschaum, Rohdichte 30 kg/m^3) entfallen.[1)]
d) Abdichtung gegen Feuchtigkeit von unten (Erdreich) und gegen Feuchtigkeit von oben (Nassraum).
e) Wärmedämmung/Perimeterdämmung (z. B. extrudierte PS-Hartschaumplatten) unterhalb der Bodenplatte. Abdichtung und Trittschalldämmung oberhalb der Tragschicht.
f) Abdichtung gegen Feuchtigkeit von unten (Erdreich), mit schwimmendem Estrich und dampfdichtem Bodenbelag (PVC-Belag). In diesem Fall kann auf eine Dampfsperre innerhalb des Fußbodenaufbaues (vgl. hierzu c) verzichtet werden.[1)]

1 Bodenplatte (bewehrt)
2a Abdeckung (z. B. PE-Folie, 0,1 mm, einlagig)
2b Gleitschicht/Dampfbremse (z. B. PE-Folie, 0,2 mm, zweilagig)
3 grobkörnige Schüttung, mind. 15 cm
4 Erdreich
5 Nutzschicht
6 Zementestrich
7 feuchtigkeitsunempfindliche Dämmschicht
8 Abdichtung aus Bitumen-Dichtungsbahnen (Kunststoff-Dichtungsbahnen)
9 Fundamentplatte (bewehrt)
10 Sauberkeitsschicht aus B ≥ 5, d ≥ 5 cm (nicht in jedem Fall erforderlich)
11 Grobkies oder Kies-/Sandbett
12 textiler Bodenbelag
13 keramischer Bodenbelag
14 Dampfsperrschicht mit bremsender Wirkung (z. B. PVC-Folie 1,0 mm)
15 Mineralwolleplatten (trittschalldämmend)
16 Perimeterdämmung (bauaufsichtlich zugelassene Dämmmaterialien, die so gut wie keine Feuchtigkeit aufnehmen (z. B. extrudierte PS-Hartschaumplatten, Schaumglas)
17 PVC-Bodenbelag (dampfdicht)
18 Gefälleestrich

Fußnote [1)] s. Seite 366

11

1. Abdichtungen gegen Bodenfeuchte (DIN 18 195-4)

Begriff. Unter Bodenfeuchte versteht man Wasser in nichttropfbarer flüssiger Form, das im Erdreich kapillar gebunden vorhanden ist (Saugwasser, Haftwasser, Kapillarwasser). Auf Grund von Kapillarkräften kann das Wasser auch entgegen der Schwerkraft aufsteigen, so dass mit Bodenfeuchte **immer** zu rechnen ist.

Erdreichberührte Bodenplatten sind gemäß DIN 18 195-4 daher grundsätzlich gegen von **außen** angreifende Feuchtigkeit abzudichten. Die Norm lässt jedoch Ausnahmen bei untergeordneten Räumlichkeiten zu, die nicht zum ständigen Aufenthalt von Personen gedacht sind.

Ausführung (Bild **11**.3a). Werden **geringe** Anforderungen an die Trockenheit der Raumluft gestellt (z. B. unbeheizte Vorratskeller und Lagerräume), so kann die Abdichtung entfallen, wenn unter dem Betonboden eine kapillarbrechende, grobkörnige Schüttung in einer Dicke von mind. 15 cm angeordnet wird. Um die kapillarbrechende Wirkung der Schüttung nicht zu beeinträchtigen, ist diese vor dem Betonieren der Bodenplatte – bzw. Aufbringen einer Sauberkeitsschicht – durch eine Folie (Trennlage) abzudecken, um so ein Einlaufen des Betons zu verhindern.

Ausführung (Bild **11**.3b bis f). Werden **hohe** Anforderungen an die Trockenheit gestellt (z. B. Aufenthaltsräume), so ist auf die Betonplatte eine mind. einlagige Abdichtung – meist aus Bitumen- oder Kunststoff-Dichtungsbahnen – vollflächig aufzubringen.

Wie Bild **11**.4 zeigt, muss diese Flächenabdichtung in ihrer gesamten Länge an die untere, waagerechte Abdichtung der gemauerten Innen- und Außenwände so herangeführt und mit ihr verklebt werden, dass keine Feuchtigkeitsbrücken – insbesondere im Bereich von Putzflächen – entstehen können (10 bis 15 cm breiter Klebestoß).

Einzelheiten über Bauwerksabdichtungen im allgemeinen sind Abschn. 16.4 zu entnehmen.

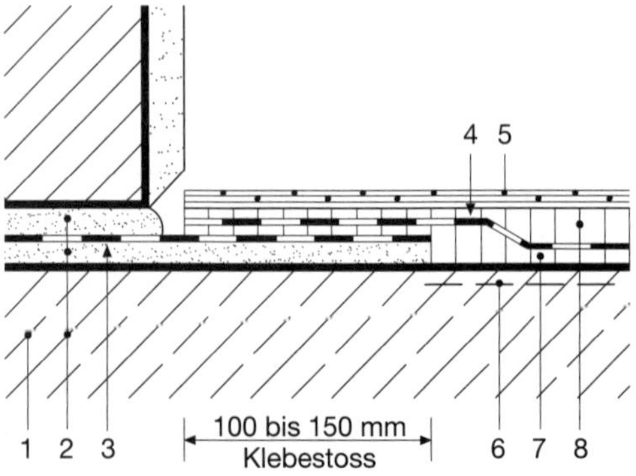

11.4 Konstruktionsbeispiel: Abdichtung einer erdberührten Bodenplatte gegen Feuchte/nichtdrückendes Wasser von außen mit einlagiger Bitumen-Dichtungsbahn und Klebestoß unter gemauerter Wand

1 erdberührte Bodenplatte
2 Auflageflächen aus Mauermörtel (DIN 1053-1)
3 Bitumen-Dachdichtungsbahn (DIN 52 130)
4 Bitumen-Schweißbahn (Flächenabdichtung)
5 Gleitschicht/Dampfbremse je nach Bedarf (z. B. PE-Folie 0,2 mm, zweilagig)
6 Voranstrich
7 Bitumenkleberschicht
8 Bitumendeckaufstrich

2. Abdichtungen gegen nichtdrückendes Wasser (DIN 18 195-5)

Begriff. Unter nichtdrückendem Wasser wird gemäß der Abdichtungsnorm Wasser in tropfbarer flüssiger Form verstanden, das als Niederschlags-, Sicker- oder Brauchwasser keinen – oder vorübergehend nur einen geringen – hydrostatischen Druck ausübt.

DIN 18 195-5 gibt für die Abdichtung von

- Gebäudeaußenflächen, wie horizontale und geneigte Flächen im Freien und im Erdreich. Einzelheiten hierzu s. Abschn. 16.4.5.
- Gebäudeinnenflächen, wie Boden- und Wandflächen in Nassräumen. Einzelheiten hierzu s. Abschn. 11.3.2.2.

Fußnote zu Bild **11**.3

[1] In jeder erdberührten Fußbodenkonstruktion findet immer auch eine Wasserdampfdiffusion – von unten nach oben oder von oben nach unten – statt (Temperaturunterschiede bis zu 15 °C). Bei Dampfdiffusion von **unten nach oben** kann es bei zu dampfdurchlässiger Abdichtung und nicht ausreichend bemessener Wärmedämmschicht zu Kondensat unterhalb eines dampfdichten PVC-Belages kommen. Folge: Blasenbildung, Verseifung des Klebers. Für den Fall der Dampfdiffusion von **oben nach unten** (z. B. bei erhöhter Luftfeuchtigkeit im Raum) ist bei einem dampfdichten Bodenbelag dieses Kondensatproblem gelöst. Bei dampfdurchlässigem Bodenbelag (z. B. Teppichboden) muss jedoch eine wirksame Dampfsperre oberhalb der Wärmedämmschicht angebracht sein, wenn diese nicht ausreichend bemessen oder zu dampfdurchlässig ist (z. B. bei Mineralfaserplatten). Weitere Einzelheiten sind dem Abschnitt „Tauwasserbildung in Fußbodenkonstruktionen" zu entnehmen.

Je nach Größe der auf die Abdichtung einwirkenden Beanspruchungen durch Verkehr, Temperatur und Wasser werden **mäßig** und **hoch** beanspruchte Abdichtungen unterschieden.

Die Beanspruchung ist als mäßig anzusehen, wenn

- die Verkehrslasten vorwiegend ruhig nach DIN 1055-3 sind und die Abdichtung nicht unter befahrenen Flächen liegt,
- die Wasserbeanspruchung gering und nicht ständig ist und ausreichend Gefälle vorhanden ist, um Wasserstau und Pfützenbildung zu verhindern.

Wird eine oder mehrere dieser Annahmen überschritten, so gilt die Abdichtung in der Regel als hoch beansprucht. Dieser Unterschied drückt sich dann unter anderem in der Lagenzahl der Dichtungsbahnen aus. So sind nach der Norm beispielsweise mäßig beanspruchte Abdichtungen aus Bitumenbahnen mit Gewebeeinlage aus mind. einer Lage, hoch beanspruchte aus mind. zwei Lagen, Abdichtungen aus nackten Bitumenbahnen sogar aus drei Lagen herzustellen.

Ausführung (Bild **11**.3). Die Abdichtung von erdberührten Bodenplatten gegen von außen (unten) nichtdrückendes Wasser werden im Prinzip ähnlich ausgeführt, wie die Abdichtungen gegen Bodenfeuchte. Auch hier muss die Flächenabdichtung in ihrer gesamten Länge an die untere, waagerechte Abdichtung der Innen- und Außenwände herangeführt und mit ihr verklebt werden (Klebestoß s. Bild **11**.4). Für diese Abdichtungen werden in der Regel Dichtungsbahnen verwendet.

Die fertiggestellten Abdichtungen sind vor mechanischen Beschädigungen unmittelbar zu schützen (z. B. Estrich auf Trenn- oder Schutzlagen gemäß DIN 18 195-2). Anschlüsse an Rohrdurchführungen sind mit Los-/Festflanschkonstruktionen wasserdicht auszubilden.

Einzelheiten über Bauwerksabdichtungen im allgemeinen sind Abschn. 16.4 zu entnehmen.

Tauwasserbildung in Fußbodenkonstruktionen

Im Bauwesen spielt die Fähigkeit der Luft Wasserdampf aufnehmen oder als Kondenswasser wieder ausscheiden zu können eine wichtige Rolle. Je wärmer die Luft ist, um so mehr Wasserdampf kann sie aufnehmen; kühle Luft vermag nur geringe Mengen aufzunehmen. Werden diese überschritten, fällt Wasser in flüssiger Form aus, es kommt zur Tauwasserbildung (Wasserdampfkondensation) in oder auf Bauteilen. Einzelheiten hierzu s. Abschn. 16.5.6.

Da das Wasser in der Raumluft als Dampf vorhanden ist, macht es an Bauteiloberflächen nicht halt, sondern dringt in die Bauteile ein und diffundiert durch sie hindurch. Es erfolgt eine Wasserdampfwanderung in porösen Bauteilen infolge unterschiedlicher Wasserdampfpartialdrücke.

Der Wasserdampf verhält sich dabei ähnlich wie die Wärme, er bewegt sich in der Regel in

- Richtung der niedrigeren Temperatur oder in
- Richtung der niedrigeren Luftfeuchte, im Winter also von innen nach aussen.
- Im Sommer kann es auch – vorübergehend – zu umgekehrt verlaufenden Diffusionsvorgängen kommen.

Jede Baustoffschicht setzt dieser Diffusion jedoch einen Widerstand entgegen, der von der jeweiligen Wasserdampf-Diffusionswiderstandszahl μ (mü) des Materials und von der Dicke der Schicht d in (m) = s_d-Wert abhängt. Je dichter das Gefüge eines Stoffes ist, umso größer ist der Widerstand gegen die Wasserdampfdiffusion. S. hierzu auch Abschn. 16.5.6.

In diesem Zusammenhang werden in der Baupraxis die Begriffe Dampfbremse und Dampfsperre verwendet.

- **Dampfbremsen** sind Materialien, die die Wasserdampfdiffusion einschränken, sie aber nicht völlig verhindern.

  Beispiel: PE-Folie 0,2 mm dick, s_d = 20 m = dampfbremsende Wirkung.

- **Dampfsperren** sind Materialien, die in einem bestimmten Anwendungsfall die Wasserdampfdiffusion sicher unterbinden.

  Beispiel: Bitumen-Dampfsperrschweißbahn, $s_d \geq 1500$ m = dampfsperrende Wirkung.

Beide müssen immer auf der Warmseite, d. h. auf der Raumseite des Bauteils angeordnet werden.

In erdreichberührten Fußbodenkonstruktionen (Bild **11**.3) ist immer mit Dampfdiffusion zu rechnen und zwar in der Regel von unten nach oben. Daher ist die Schicht mit der größten dampfsperrenden Wirkung direkt auf der Bodenplatte anzuordnen. Damit übernimmt die Abdichtung auf der Bodenplatte – vor allem bei nahezu dampfdichter Nutzschicht (z. B. PVC-Bahnen) und feuchteempfindlichen Belägen (z. B. versiegelte Holzfußböden) – nicht nur eine dichtende sondern gleichzeitig auch eine dampfsperrende Funktion. Die weitere Schichtenfolge innerhalb der Fußbodenkonstruktion ist dann zum Raum hin zunehmend diffusionsoffener auszubilden, d. h. der s_d-Wert der Abdichtung unter dem Estrich muss in der Regel höher sein als der s_d-Wert des Oberbelages.

Restfeuchte aus Rohbetondecken (Geschossdecken). Bild **11**.5. Die Austrocknungszeit von Rohdecken bis zum Erreichen der Ausgleichsfeuchte kann sich über Jahre hinziehen. So benötigt eine nur 15 cm dicke Stahlbetondecke rund zwei bis drei Jahre, eine 30 cm dicke Betondecke nahezu vier Jahre, bis die ungebundene Restfeuchte entwichen ist. (Faustregel: Dicke mal Dicke mal 1,6 = Zeit in Tagen, die zur Austrocknung benötigt werden).

Bei Normalbedingungen entweicht die Feuchte in der Regel über die Fußbodenkonstruktion in den darüber liegenden Raum ohne Schaden anzurichten; dies ist insbesondere der Fall, wenn die Feuchte durch wasserdampfoffene Bodenbeläge (z. B. Textilbeläge ohne dichte Rückenbeschichtungen, Nadelvliesbeläge u. Ä.) ungehindert von unten nach oben wandern kann.

Sobald jedoch eine stark diffusionsbremsende Nutzschicht (z. B. elastische Bodenbeläge oder versiegelte Parkettböden) aufgebracht wird, staut sich der Feuchtestrom am Belag und die darunterliegende Schicht (Estrich, Kleber) wird angefeuchtet (Folge: Blasenbildung) oder der feuchteempfindliche Belag nimmt Schaden.

Eine fachgerecht eingebrachte **Dampfbremse** (z. B. PVC-Folie 0,5 mm dick oder zwei Lagen, jeweils 0,2 mm dick) zwischen Betondecke und schwimmendem Estrich bewirkt, dass die Restfeuchte an die darüber liegenden Fußbodenschichten dosiert abgegeben wird, ohne dass dies zu Schäden führt. Weitere Angaben sind der Spezialliteratur [1] zu entnehmen.

Befinden sich unter der Geschossdecke jedoch Heizrohre, Heizkeller, Sauna oder Schwimmbad und raumseitig stark diffusionsbremsende Nutzschichten, so muss auf die Betondecke eine wirksame **Dampfsperre** aufgebracht werden.

Bei Sonderfällen, wo Geschossdecken unterseitig an Kalträume angrenzen (z. B. Tiefgarage, offene Durchfahrten) ist immer eine Diffusionsberechnung durchzuführen. Vgl. hierzu auch Abschn. 16.5.6.

11

11.3.2.2 Fußbodenkonstruktionen in Nassräumen

Begriff: Nach DIN 18 195-1 ist ein Nassraum ein Innenraum, in dem nutzungsbedingt Wasser in solcher Menge anfällt, dass zu seiner Ableitung eine Fußbodenentwässerung erforderlich ist. Bäder im Wohnungsbau **ohne** Bodenablauf zählen **nicht** zu den Nassräumen.

Damit ist klargestellt, dass beispielsweise Wohnungsbäder mit niveaugleichen Duschen selbstverständlich zu den Nassräumen zählen, während Wohnungsbäder mit Badewannen und normalen Duschwannen nur dann dazugehören, wenn zusätzlich ein Bodenablauf eingebaut wird, der gegebenenfalls auch als Ausguss benutzt werden kann.

Einzelheiten hierzu s. Abschn. 11.3.2.3, Fußbodenkonstruktionen in Wohnungsbädern.

Abdichtungen in Nassräumen gemäß DIN 18 195-5

Wie bereits zuvor beschrieben, wird in dieser Norm zwischen mäßig und hoch beanspruchten Flächen unterschieden.

Zu den **mäßig** beanspruchten Innenflächen zählen zum Beispiel

- unmittelbar spritzwasserbelastete Fußboden- und Wandflächen in Nassräumen des Wohnungsbaus (Wohnbäder mit Bodenablauf).

Zu den **hoch** beanspruchten Innenflächen zählen unter anderem

- durch Brauch- und Reinigungswasser stark beanspruchte Fußboden- und Wandflächen in Nassräumen, wie Umgänge in Schwimmbädern, öffentliche Duschen, gewerbliche Küchen und andere gewerbliche Nutzungen.

Hinweis: Dieser letztgenannte Lastfall ist nicht zu verwechseln mit Abdichtungen gegen von **innen** drückendes Wasser, wie sie nach DIN 18 195-7 beispielsweise zum Abdichten von Schwimmbecken erforderlich sind.

Ausführung. Die Abdichtung in Nassräumen ist nach DIN 18 195-5 im Regelfall mind. **15 cm** über die Oberfläche des Bodenbelages an allen aufgehenden Bauteilen hochzuführen und dort zu befestigen. Außerdem sind die Abdichtungen nach ihrer Fertigstellung möglichst unverzüglich durch Schutzschichten (z. B. Estrich) zu schützen.

Die Forderung der Norm, die Dichtungsbahn(en) in Nassräumen mind. 15 cm über OF-Bodenbelag hochführen zu müssen, führt in der Baupraxis oftmals zu erheblichen konstruktiven Schwierig-

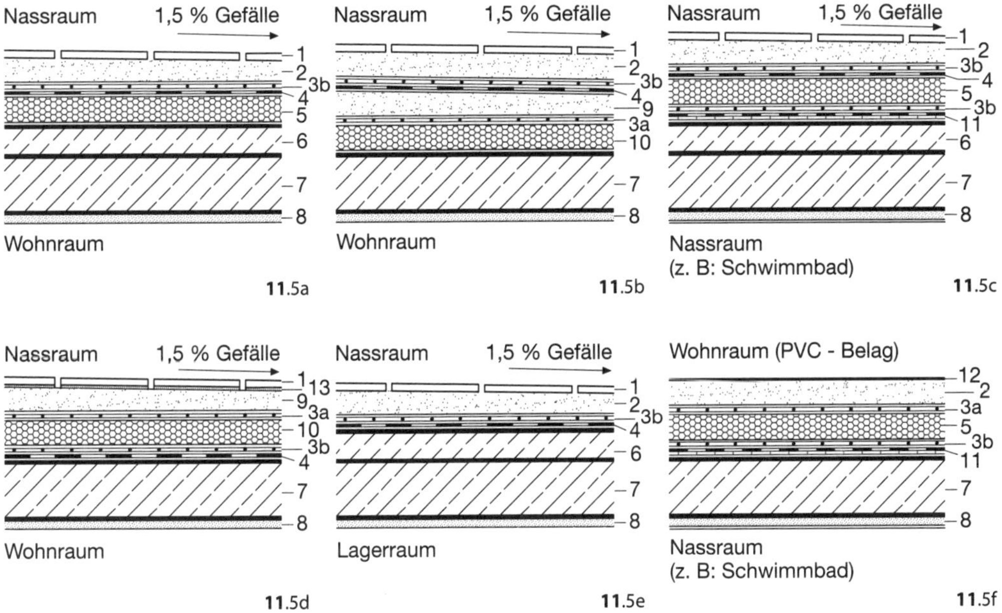

11.5 Schematische Darstellung von Fußbodenkonstruktionen mit Bahnenabdichtungen in Nassräumen über Geschossdecken. Weitere Beispiele s. Abschn. 16.4.5.

a) Abdichtung gegen Feuchtigkeit von oben, zwischen Dämmschicht und Zementestrich
b) Abdichtung gegen Feuchtigkeit von oben, zwischen Gefälleestrich und Zementestrich
c) Abdichtung gegen Feuchtigkeit von oben, mit Dampfsperre unterhalb der Dämmschicht gegen Dampfdiffusion von unten (Nassraum)
d) Abdichtung gegen Feuchtigkeit von oben, mit Dichtungsbahnen unterhalb einer feuchtigkeitsunempfindlichen Dämmschicht
e) Abdichtung gegen Feuchtigkeit von oben, unmittelbar auf dem Gefälleestrich. Deckenauflage ohne Anforderungen an den Schall- und Wärmeschutz
f) Dampfsperre unmittelbar auf der Geschossdecke gegen Dampfdiffusion von unten (Nassraum), bei oberseitigem Bodenbelag aus dampfdichtem Material (PVC-Bahnenbelag)

1 keramischer Bodenbelag
2 Zementestrich
3a Abdeckung (z.B. PE-Folie 0,1 mm, einlagig)
3b Gleitschicht / Dampfbremse (z.B. PE-Folie 0,2 mm, zweilagig)
4 Abdichtung aus Bitumen-Dichtungsbahnen (Kunststoff-Dichtungsbahnen)
5 feuchtigkeitsunempfindliche Dämmschicht
6 Gefälleestrich (Verbundestrich)
7 Geschossdecke
8 Deckenputz mit unterseitiger Beschichtung (dampfbremsender Anstrich o. Ä.)
9 Gefälleestrich mit Bewehrung (Mindestestrichdicke beachten)
10 feuchtigkeitsunempfindliche Dämmschicht (trittschalldämmend)
11 Dampfsperrschicht (z. B. Bitumen-Dampfsperrschweißbahn)
12 PVC-Bodenbelag (dampfdicht)
13 keramische Bodenfliesen in Klebstoff (Dünnbettverfahren)

keiten, vor allem um die notwendige Stabilität für eine stoßbeanspruchbare Sockelzone zu erreichen.

Konstruktionsbeispiele. Die nachstehenden Bilder zeigen Konstruktionsbeispiele für mäßig beanspruchte Flächen, die jeweils ganz bestimmte Vor- und Nachteile aufweisen.

Bild 11.6a). Da Wandfliesen üblicherweise im Dünnbett auf die meist verputzten Wandflächen aufgebracht werden, andererseits die 15 cm hochgezogene Bahnenabdichtung in der Dicke stärker aufträgt als die Dünnbettkonstruktion, kann ein flächenbündiger, stoßbeanspruchbarer Sockel nur erreicht werden, wenn bereits im Rohbau ein Rücksprung im Wanduntergrund vorgesehen ist. Dies ist allerdings – vor allem bei dünnen Zwischenwänden – nur schwer realisierbar und insgesamt aufwendig. Weitere Einzelheiten sind der Spezialliteratur [2] zu entnehmen.

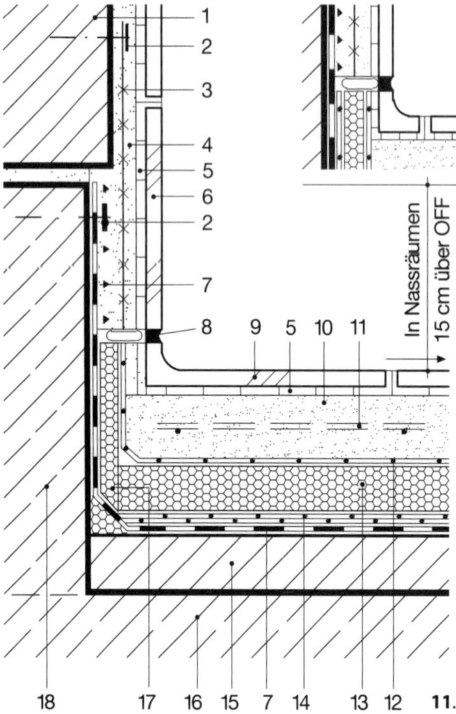

11.6a

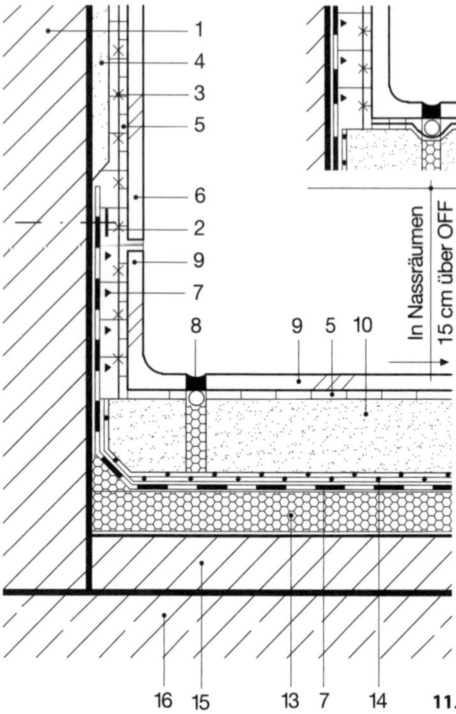

11.6b

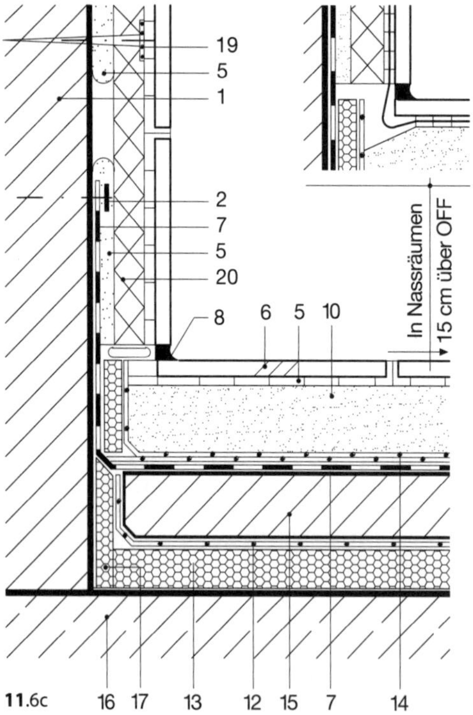

11.6c

11.6

Konstruktionsbeispiele: Bodenaufbau und Eckanschlüsse in Nassräumen über Geschossdecken

a) Nassraum mit Wandrücksprung und liegendem Kehlsockel
b) Nassraum ohne Wandrücksprung mit stehendem Kehlsockel
c) Nassraum mit Vorsatzschale aus feuchteunempfindlichen PS-Platten

1 Mauerwerk
2 Metallbandbefestigung (z. B. Alu-Lochband)
3 Armierungsgewebe
4 Putzlage / Mörtelbett
5 Dünnbettmörtel/Klebstoff
6 Wandfliese/Sockelfliese
7 Bitumen-Dichtungsbahnen mit Quarzsand-Einpressung, Gittergewebe o. Ä.
8 Bewegungsfuge (Fugenfüllprofil mit Dichtmasse)
9 Kehlsockel (liegend/stehend, Radius 60 mm)
10 Zementestrich
11 Bewehrung (verzinkte Betonstahlmatte)
12 Abdeckung (PE-Folie 0,1 mm, einlagig)
13 feuchtigkeitsunempfindliche Dämmschicht
14 Gleitschicht/Dampfbremse (PE-Folie 0,2 mm, zweilagig)
15 schwimmender Gefälleestrich (außerhalb der Norm) Mindestestrichdicke beachten
16 Geschossdecke
17 Randdämmstreifen (ca. 5 mm dick)
18 Aufbetonstreifen (Wandrücksprung)
19 Tellerdübel zur Plattenbefestigung
20 extrudierte PS-Platten mit beidseitiger Gewebe- und Mörtelbeschichtung

11

Bild 11.6b) Damit an den senkrecht hochgezogenen Bitumen-Dichtungsbahnen der Verlegemörtel/Kleber bei keramischen Belägen im Sockelbereich besser haftet, wird der Deckaufstrich der heiß eingeklebten Bitumenbahnen mit scharfkörnigem Quarzsand bestreut und ein an der Wandfläche befestigtes Kunstfaser-Armierungsgewebe in das Mörtelbett eingelegt. Feldbegrenzungsfugen in der Bodenfläche müssen immer noch zusätzlich mit einem Dichtband gesichert werden.

Bild 11.6c) Wird vor eine unverputzte Wandfläche eine Art „Vorsatzschale" – beispielsweise aus feuchtigkeitsbeständigen, extrudierten PS-Platten mit beidseitiger Gewebe- und Mörtelbeschichtung – aufgeklebt und mit Tellerdübeln gegen Abrutschen noch zusätzlich gesichert, so ergibt dies abdichtungstechnisch eine sichere, jedoch auch relativ teure Konstruktion. Auch hier kann die Bodenfuge mit einem Dichtband sowie die Wand- und/oder Bodenflächen mit einer Verbundabdichtung noch zusätzlich abgedichtet werden.

Bodenabläufe

Nassräume müssen einen Bodenablauf aufweisen. Um ihn fachgerecht an die Abdichtungsebene anschließen zu können, muss der gesamte Bodenaufbau bekannt sein, denn danach sind die geeigneten Materialien auszuwählen und die jeweiligen Anschlusstechniken festzulegen. Dabei ist sicherzustellen, dass sich die vorgesehenen Materialien auch vertragen[1)] und dauerhaft miteinander verbinden lassen.

Um Bodenabläufe an Dichtungsbahnen anschließen zu können, müssen diese mit einem geeigneten Anschlussflansch gemäß DIN EN 1253-1, Tabelle 2, versehen sein.

- **Pressdichtungsflansche** (Los-/Festflanschkonstruktionen) garantieren bei hohem Wasseranfall den sichersten Anschluss am Bodenablauf.
- **Klebeflansch** (bei Bitumen-Dichtungsbahnen) und
- **Anschweißflansch** (bei Kunststoff-Dichtungsbahnen) sind bei einlagigen Bahnenabdichtungen nach wie vor üblich.
- **Dünnbett-Bodenabläufe** werden bei Abdichtungen im Verbund mit keramischen Belägen eingesetzt. Weitere Einzelheiten hierzu s. Abschn. 11.3.2.3 mit den Bildern **11**.10 und **11**.11.

1) Auf die Verträglichkeit der verwendeten Stoffe ist immer zu achten. So dürfen beispielsweise für die Verlegung mit heiß zu verarbeitender Klebermasse nur bitumenverträgliche Kunststoff-Dichtungsbahnen eingesetzt werden.

Abläufe werden entsprechend ihrer Belastbarkeit nach DIN EN 1253 klassifiziert und in 4 Klassen eingeteilt: H 1,5 - K 3 - L 15 - M 125. Die Wahl der geeigneten Klasse liegt in der Verantwortung des Planers.

Die Anschlüsse am Bodeneinlauf sind derart auszubilden, dass sowohl die Ebene der Dichtungsbahnen als auch die Bodenbelagoberfläche (zwei Entwässerungsebenen) vollständig entwässert werden. Der notwendige Gefälleestrich kann ausgebildet werden (Bild **11**.6a bis c)

- in Form eines Verbundestriches unmittelbar auf der Rohdecke aufgebracht (Regelausführung),
- in kleinen Räumen als Gefälleestrich auf einer Trittschalldämmung (außerhalb der Norm, Mindestestrichdicke beachten),
- über einer vollflächigen Bodenabdichtung auf erdberührter Bodenplatte (bei gleichzeitiger Wassereinwirkung von außen und innen).

Bodengefälle. Als sinnvolle Bodengefälle gelten 1 % bei geringem, 2 % bei normalem, 3 % bei starkem Wasseranfall. Die Ebene der Dichtungsbahnen ist möglichst mit dem gleichen Gefälle wie die Belagoberfläche in Richtung Bodenablauf auszubilden.

Türanschlüsse. Abdichtungen in Nassräumen sind nach DIN 18 195-5 mind. 15 cm über OF-Bodenbelag an allen aufgehenden Bauteilen hochzuführen und auch die Türschwellen – vor allem in hoch belasteten Nassbereichen – in die Abdichtungsmaßnahmen einzubeziehen. Diese Dichtungsaufkantung wird im Türbereich üblicherweise durch eine vorgesetzte Blockstufe aus Beton geschützt.

Wird auf Grund einer möglichen Nutzungsbeeinträchtigung (z. B. in gewerblichen Küchen) auf die 15 cm hohe Schwelle verzichtet und stattdessen ein niveaugleicher oder nur geringfügig höhenversetzter Übergang verlangt (max. 2 cm bei behindertengerechten Bauten), so ist im Nassbereich unmittelbar vor dem Türelement eine Überlaufrinne einzubauen sowie insgesamt ein stärkeres Oberflächengefälle (z. B. 2 bis 4 %) in Richtung Bodenablauf vorzusehen. Vgl. hierzu auch Bild **11**.9 und Bild **11**.13.

Dämmschichten in Nassräumen müssen aus feuchteunempfindlichen Materialien bestehen (z. B. extrudierte PS-Hartschaumplatten, Formglas o. Ä.). Derartige Platten können unter Umständen auch oberhalb/unterhalb der Abdichtungsebene – und damit im Feuchtebereich der Bodenkonstruktion – angeordnet sein (Bild **11**.5a bis f). Aus trittschalltechnischen Gründen sind auch in Nassräumen Randdämmstreifen vorzusehen und bei keramischen Belägen die Boden-/Wandfuge möglichst dicht und dauerelastisch (elastoplastisch) auszufugen. Vgl. hierzu auch die Bilder **11**.6a bis c. Auf die weiterführende Spezialliteratur [2], [3], [4], [11] wird verwiesen.

11.3.2.3 Fußbodenkonstruktionen in Wohnungsbädern

Bei Wohnungsbädern ergeben sich mit Blick auf die zu wählenden Abdichtungstechniken drei Schutzsituationen gegen Wasser- bzw. Feuchtebeanspruchung:

- Wohnungsbad mit Bodenablauf, als mäßig beanspruchter Nassraum
- Wohnungsbad ohne Bodenablauf, mit feuchteempfindlichen Untergründen
- Wohnungsbad ohne Bodenablauf, mit feuchteunempfindlichen Untergründen

1. Wohnungsbad mit Bodenablauf (als mäßig beanspruchter Nassraum)

- **Abdichtungen mit Dichtungsbahnen gemäß DIN 18 195-5**

Mäßig beanspruchte, unmittelbar spritzwasserbelastete Fußbodenflächen in Nassräumen des Wohnungsbaus (mit Bodenablauf) werden in der Regel mit einer Lage Dichtungsbahn vollflächig abgedichtet. Wie Bild **11**.6a bis c verdeutlicht, ist diese Abdichtung mind. 15 cm über die Oberfläche der Nutzschicht an allen aufgehenden Bauteilen hochzuführen. Auf die sich dabei im Sockelbereich oftmals ergebenden konstruktiven Probleme wurde bereits in Abschn. 13.3.2.2 hingewiesen.

Verlegeuntergründe. Geeignete Untergründe im Bodenbereich von mäßig beanspruchten Nassräumen sind zum Beispiel Betonflächen, Zementestriche, extrudierte PS-Dämmplatten u. Ä.

Holzwerkstoffe (z. B. Spanplatten) und Calciumsulfatestriche (Anhydritestrich) sind als Verlegeuntergrund in Nassräumen mit Bodenabläufen ungeeignet.

11

2. Wohnungsbad ohne Bodenablauf (mit feuchteempfindlichen Untergründen)

- **Abdichtungen im Verbund mit keramischen Belägen außerhalb DIN 18 195**

Auf Grund einer „Öffnungsklausel" in der DIN 18 195-5 kann bei mäßig beanspruchten Flächen in Nassräumen des Wohnungsbaus (mit Bodenablauf) ein hinreichender Schutz gegen eindringende Feuchtigkeit auch durch Maßnahmen erreicht werden, die außerhalb der Norm liegen. Ihre Eignung ist jedoch nachzuweisen.

Des weiteren ist nach dieser Norm bei häuslichen Bädern (ohne Bodenablauf) jedoch mit feuchtigkeitsempfindlichen Umfassungsbauteilen (z. B. Holzbau, Trockenbau, Stahlbau) der Schutz gegen Feuchtigkeit besonders zu beachten. Werden demnach feuchtigkeitsempfindliche Baustoffe, wie zum Beispiel Gipskartonplatten, Gipsputze u. Ä., im spritzwasserbelasteten Bereich eingesetzt, so sind diese grundsätzlich mit einer Abdichtung zu versehen. Gleiches gilt auch für Estriche auf Calciumsulfatbasis (Anhydritestrich).

Für beide in der Norm angesprochenen Schutzsituationen eignen sich alternative Abdichtungen im Verbund mit keramischen Belägen.

Abdichtungen im Verbund

Abdichtungen nach DIN 18 195 erfordern in der Regel relativ komplizierte Schichtenfolgen um sie normgerecht herzustellen und vor mechanischer Einwirkung zu schützen. Des weiteren zeichnen sich diese Abdichtungssysteme dadurch aus, dass das Wasser in die Fußbodenkonstruktion relativ tief eindringen kann, bis es auf die eigentlich wirksame Dichtungsebene unterhalb der Estrichschicht trifft.

Da wasserbelastete und feuchtigkeitsbeanspruchte Raumflächen in der Regel mit keramischen Fliesen und Platten versehen werden, liegt es nahe, Abdichtungen im direkten Verbund mit keramischen Belägen (Bodenbereich oder Bekleidungen (Wandbereich) herzustellen. Da die ausgemörtelten Fugen jedoch in jedem Fall wasserdurchlässig sind (z. B. Haarrisse entlang der Fugenkanten) muss eine vollflächig dichtende

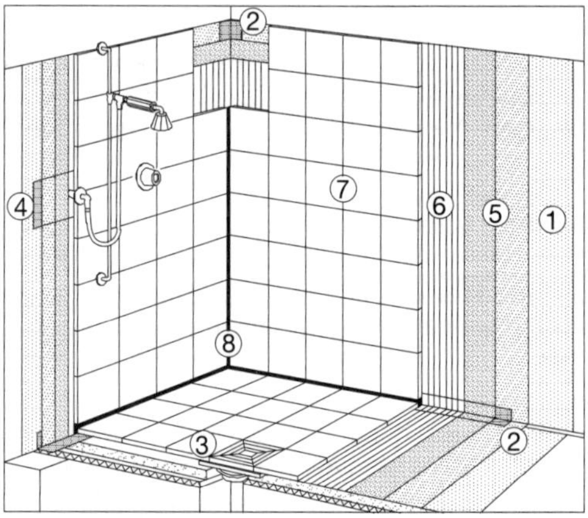

11.7 Schematische Darstellung: Aufbau des Dicht- und Klebesystems einer Verbundabdichtung mit keramischen Fliesen und Platten [7].

1 Grundierung (Voranstrich)
2 flexibles Fugendichtband zum Abdichten aller Anschluss- und Bewegungsfugen
3 Bodenablaufeindichtung im Verbund mit einer Manschette
4 Abdichten der Rohrdurchführung im Verbund mit einer Manschette
5 Flächenabdichtung (zweischichtig)
6 Dünnbettmörtel / Klebstoff zur Fliesenverlegung
7 wasserabweisende Verfugung
8 elastoplastische Dichtmasse zum Verschluss aller Anschluss- und Bewegungsfugen

Ebene unterhalb der Fliesenlage geschaffen, alle Eckanschlüsse und Bewegungsfugen mit darin eingebetteten Dichtbändern elastisch überbrückt sowie Bodenabläufe und sonstige Rohrdurchführungen mit Dichtmanschetten zusätzlich verstärkt und abgedichtet werden (Bild **11**.7)

Qualitätssicherungs-Maßnahmen. Die Verbundabdichtungen werden vor Ort durch Beschichten des zu schützenden Bauteils hergestellt. Da die Dicke der flexiblen Dichtungsschicht durch die Auftragsmenge bestimmt wird – und das Rissüberbrückungsvermögen mit der Dicke linear zunimmt – kann die Abdichtung im Verbund den jeweiligen Anforderungen stufenlos angepasst werden. Damit hängt die Güte der Abdichtung aber auch ganz wesentlich von der Sorgfalt bei der Verarbeitung vor Ort ab, so dass diese in jedem Fall durch entsprechende Qualitätssicherungs-Maßnahmen überwacht werden muss.

Außerdem ist die Eignung des gewählten Gesamtsystems – d. h. Abdichtung einschließlich Verlegemörtel und Keramikbelag – durch Nachweis eines Prüfzeugnisses auf der Basis des ZDB-Merkblattes des Fliesengewerbes (Ausg. 08.2000) „Hinweise für die Ausführung von Abdichtungen im Verbund mit Bekleidungen und Belägen aus Fliesen und Platten für den Innen- und Außenbereich" [5] sowie [6] nachzuweisen.

Für diese Art der Abdichtung ist immer eine vertragliche Regelung erforderlich, da sie außerhalb der DIN 18 195 liegt.

Feuchtigkeitsbeanspruchungsklassen. Da unterschiedliche Belastungssituationen auftreten können, wird in dem vorgenannten ZDB-Merkblatt des Fliesengewerbes [5] eine Einteilung in vier Feuchtigkeitsbeanspruchungsklassen vorgenommen. Diese werden mit der Erfüllung bestimmter Prüfkriterien für die einzusetzenden Abdichtungsstoffe sowie der Eignung von Verlegeuntergründen für Abdichtungen an Boden und/oder Wand verknüpft.

- **Feuchtigkeitsbeanspruchungsklasse I**
  - Beanspruchung: zeitweise, kurzzeitig als Spritzwasser
  - Einsatzbereiche: (Wohn-)Bäder **ohne** Bodenablauf mit Duschtasse und/oder Badewanne
  - Untergründe für Fußbodenbeläge: Beton DIN 1045, Zement- und Gussasphaltestriche nach DIN 18 560, Calciumsulfatestriche (Anhydritestrich), Gipskartonplatten, Gipsfaserplatten, Verbundelemente aus extrudiertem Polystyrol mit beidseitiger Mörtelbeschichtung

- **Feuchtigkeitsbeanspruchungsklasse II**
  - Beanspruchung: längerfristig bis ständig mit Wasserbeaufschlagung, jedoch nicht stauend
  - Einsatzbereiche: Duschen ohne Duschtassen, Sanitärräume im öffentlichen und gewerblichen Bereich **mit** Bodenabläufen
  - Untergründe für Fußbodenbeläge: Beton DIN 1045, Zement- und Gussasphaltestriche nach DIN 18 560, Verbundelemente aus extrudiertem Polystyrol mit beidseitiger Mörtelbeschichtung

- **Feuchtigkeitsbeanspruchungsgruppe III**
  - Beanspruchung: Feuchtigkeitsbeanspruchte Bauteile im Außenbereich
  - Einsatzbereiche: Balkone, Terrassen ohne Dämmschichten sowie angrenzende Gebäudesockel
  - Untergründe: Beton DIN 1045, Zementestriche nach DIN 18 560

- **Feuchtigkeitsbeanspruchungsgruppe IV**
  - Beanspruchung: längerfristig bis ständig mit Wasserbeaufschlagung, jedoch nicht stauend, aggressive Flüssigkeiten und Reinigungsmittel, hohe mechanische Belastung
  - Einsatzbereiche: Gewerbliche Küchen, Spülräume, Nasstherapien. Industrielle Bereiche wie Lebensmittelbetriebe, Brauereien, Molkereien, Schlachtereien usw.
  - Untergründe für Fußbodenbeläge: Beton DIN 1045, Zement- und Gussasphaltestriche nach DIN 18 560

Anforderungen an Untergründe. Folgende Anforderungen müssen Untergründe erfüllen, auf denen eine Verbundabdichtung gemäß ZDB-Merkblatt des Fliesengewerbes [5] aufgebracht werden soll:

Die Oberfläche des Untergrundes muss ausreichend ebenflächig (Ebenheitstoleranzen s. Tabelle **11**.2), tragfähig, frei von durchgehenden Rissen und haftmindernden Stoffen sein sowie eine ausreichende Festigkeit aufweisen. Schwind- und Kriechvorgänge müssen weitgehend abgeschlossen sein.

Als Richtwert kann gelten, dass auf Untergründen aus Beton und Mauerwerk aus mit Bindemittel gebundenen Steinen nach DIN 1053 die Abdichtungen erst ca. sechs Monate nach Herstellung aufgebracht werden dürfen. Putze, Gipskarton- und Gipsfaserplatten müssen trocken und Zementestriche mind. 28 Tage alt sein.

Bei Estrichen im Innenbereich darf der Feuchtegehalt (mit CM-Gerät gemessen) nicht mehr betragen als

- 0,3 % bei calciumgebundenen Estrichen,
- 2,0 % bei Zementestrichen.

Abdichtungsstoffe. In der Baupraxis werden üblicherweise drei unterschiedliche Gruppen von Abdichtungsstoffen eingesetzt:

- **Kunststoffdispersionen** (verarbeitungsfertig). Je nach Rezeptur ist die jeweilige Kunststoffdispersion gefüllt oder ungefüllt. Sie kann auch in Kombination mit Bitumen vorliegen. Verwendung nur im Innenbereich; die Erhärtung erfolgt durch Trocknung.
- **Kunststoff-Zement-(Mörtel)-Kombinationen.** Typische Beispiele für diese Gruppe sind flexible mineralische Dichtungsschlämmen. Innen und außen einsetzbar; die Erhärtung erfolgt durch Hydration.
- **Reaktionsharze**. Im wesentlichen handelt es sich hierbei um flüssige bzw. pastöse gefüllte und ungefüllte Kunststoffe, z. B. Epoxidharze oder Polyurethanharze. Innen und außen verwendbar sowie für chemisch belastete Bereiche. Erhärtung durch chemische Reaktion.

Nach dem ZDB-Merkblatt des Fliesengewerbes [5] müssen die gemäß der einzelnen Feuchtigkeitsbeanspruchungsklassen einzusetzenden Abdichtungsstoffe zahlreichen Anforderungen genügen (z. B. Haftzugfestigkeit, Frost-, Temperatur- und Alterungsbeständigkeit, Wasserundurchlässigkeit, Rissüberbrückung, Chemikalienbeständigkeit usw.).

Die Prüfung der Abdichtungsstoffe erfolgt gemäß dem ZDB-Merkblattt [6] „Prüfung von Abdichtungsstoffen und Abdichtungssystemen" (Ausg. 09.95). Die Eignung der Abdichtungsstoffe muss durch ein Prüfzeugnis nachgewiesen werden. Weitere Einzelheiten hierzu sind dem ZDB-Merkblatt [5] zu entnehmen.

Abdichtungssystem. Das Abdichtungssystem besteht in der Regel aus

- **Grundierung** (Voranstrich) zum Ausgleich von unterschiedlich saugenden Untergründen und zur Haftverbesserung,
- **Abdichtungsstoff** (flüssig oder pastös) zur Herstellung der beiden Abdichtungsschichten (nach Austrocknen der ersten Schicht wird die zweite Schicht aufgetragen),
- **Armiervlies** (Gewebeeinlage), nur erforderlich bei kritischen Untergründen, Rissgefährdung und erhöhter Wasserbeanspruchung,
- **Fugendichtband** zum Abdichten und zur elastischen Überbrückung von Eckfugen, Boden-/Wandanschlussfugen und Feldbegrenzungsfugen,
- **Dichtmanschette** für den wasserdichten Einbau von Bodenabläufen und sonstigen Rohrdurchführungen,
- **Dünnbettmörtel** oder Klebstoff zum Verkleben der Fliesen und Platten (nach Erhärtung der zweiten Abdichtungsschicht),
- **Fugendichtmasse** zum elastoplastischen Verschluss aller Anschluss- und Feldbegrenzungsfugen.

Ausführung (Bild **11**.8). Zunächst muss der Untergrund von Verunreinigungen gesäubert und mit einer Grundierung (Voranstrich) versehen werden. Nach dem Trocknen der Grundierung werden alle Eckfugen, Boden-/Wandanschlussfugen und Feldbegrenzungsfugen mit elasti-

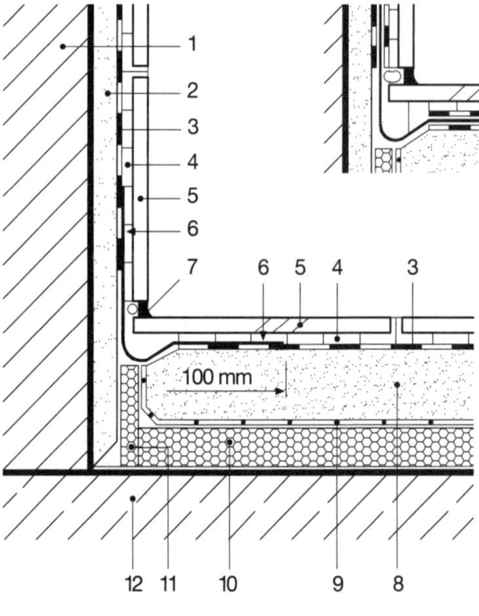

11.8 Konstruktionsbeispiel: Bodenaufbau und Eckanschluss in Nassraum mit mäßig beanspruchter Abdichtung im Verbund mit keramischen Fliesen und Platten (außerhalb DIN 18 195)

1 Mauerwerk
2 Putzlage (Kalkzementputz)
3 Verbundabdichtung (zweischichtig)
4 Dünnbettmörtel / Klebstoff (DIN 18 156)
5 Wandfliese / Bodenfliese
6 Dichtbandeinlage mit Schlaufe
7 Bewegungsfuge (Fugenfüllprofil mit Dichtmasse)
8 Zementestrich
9 Abdeckung (PE-Folie 0,1 mm, einlagig)
10 feuchtigkeitsunempfindliche Dämmschicht
11 Randdämmstreifen (ca. 5 mm dick)
12 Geschossdecke

schen, etwa 15 cm breiten Fugendichtbändern abgedichtet. Sind größere Bewegungen im Fugenbereich zu erwarten, so sind die Dichtbänder schlaufenförmig auszubilden.

Die Dichtbänder werden in eine vorher aufgetragene frische Abdichtungsschicht eingebettet und anschließend nochmals mit dem Abdichtungsstoff überstrichen. Die Abdichtung von Trennschienen im Türbereich (Bild **11**.9) erfolgt auf die gleiche Weise, ebenso wie der Einbau von Dichtmanschetten an Bodenabläufen und sonstigen Rohrdurchführungen.

Anschließend wird die erste Flächenabdichtung satt und porenfrei auf den Untergrund durch Rollen, Streichen, Spachteln oder Spritzen aufgetragen. Nach ausreichender Festigkeit der ersten Abdichtungsschicht wird die zweite Schicht aufgebracht. Abdichtungen im Verbund sind in jedem Fall in zwei **getrennten** Arbeitsgängen auszuführen.

Nach dem Erhärten der zweiten Schicht kann der Fliesenbelag mit flexiblem Dünnbettmörtel verlegt werden (Dünnbettverfahren nach DIN 18 157). Anschließend werden die Fugen des keramischen Bodenbelages bzw. der Wandbekleidung mit Fugenfüllmaterial (meist im Schlämmverfahren) verfugt und alle Anschluss- und Feldbegrenzungsfugen mit elastoplastischer Dichtungsmasse – im Farbton an das Fugenfüllmaterial angeglichen – verschlossen. Vgl. hierzu auch Abschn. 11.3.6.5, Elastoplastische Fugenmasse.

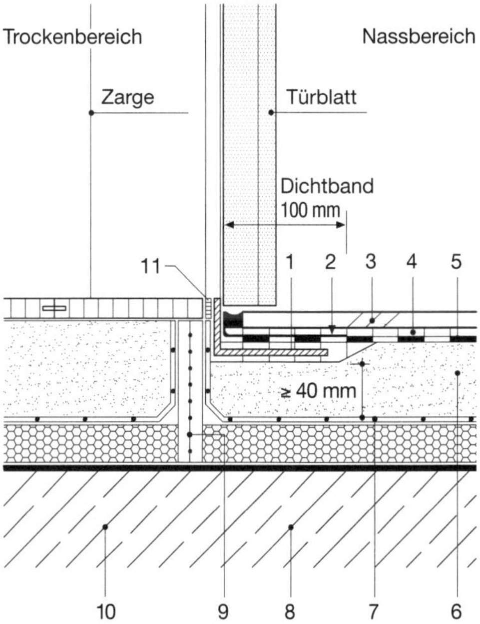

11.9 Konstruktionsbeispiel: Abdichtungsmaßnahmen im Türbereich eines mäßig beanspruchten Nassraumes im Verbund mit keramischen Fliesen und Platten (außerhalb DIN 18 195). Vgl. hierzu Bild **11**.13.

1 Edelstahlwinkel in Klebstoff eingebettet
2 Dichtbandeinlage mit Metallwinkel verklebt
3 Bodenfliese
4 Dünnbettmörtel / Klebstoff
5 Flächenabdichtung (aufgespachtelte Dichtschicht)
6 Zementestrich
7 Abdeckung (PE-Folie 0,1 mm, einlagig)
8 feuchtigkeitsunempfindliche Dämmschicht
9 Dämmstreifen im Türzargenbereich (Fugenprofil aus geschlossenzelligem PE-Schaum, drahtverstärkt, bruchfest, trittschalldämmend).
10 Geschossdecke
11 Randdämmung (Korkstreifen o. Ä.).

Dünnbett-Bodenabläufe

11

Abdichtungen im Verbund mit keramischen Belägen (Dünnbettkonstruktionen) lassen sich an herkömmliche Bodenabläufe dauerhaft nicht sicher anschließen. Vgl. hierzu Abschn. 11.3.2.2, Bodenabläufe. Daher werden spezielle Dünnbett-Abläufe angeboten. Man unterscheidet:

- **Ablauf mit Fest- und Losflanschverbindung** (Bild **11**.10). Bei dieser Konstruktion wird eine Dichtmanschette zwischen Festflansch und Losflansch (Flanschring aus Edelstahl) eingepresst und das überstehende Gewebe in die Flächenabdichtung eingebettet.
- **Ablauf mit Polymerbetonkragen** (Bild **11**.11). Dieser werkseitig vorgefertigte Bodenablauf besteht aus einem Kunststoffgehäuse und einem damit dicht verbundenen Kragen aus Polymerbeton, in den eine überstehende Baustahlmatte eingegossen ist. Mit vier Justierschrauben kann der Ablauf in der Höhe millimetergenau ausgerichtet und oberflächenbündig in den Estrich eingebaut werden. Die Flächenabdichtung wird auf dem Polymerkragen bis zur Ablaufkante des Gehäuses geführt und eine auf dem Betonkragen angebrachte Glasgewebeeinlage in die Abdichtungsschicht eingebettet.

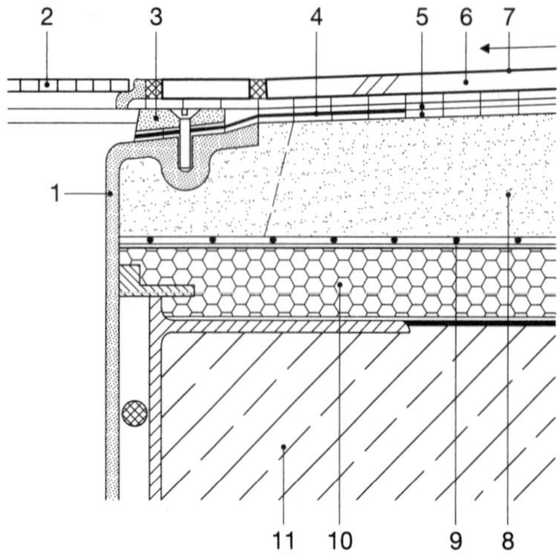

11.10 Konstruktionsbeispiel: Einbau eines Dünnbett-Bodenablaufes mit Fest-/Losflansch und Dichtmanschette [8]

1 Festflansch
2 Bodeneinlauf
3 Losflansch
4 Dichtmanschette (Glasseidegewebe)
5 Verbundabdichtung (zweischichtig)
6 Dünnbettmörtel / Klebstoff
7 Bodenfliese
8 Zementestrich
9 Abdeckung (PE-Folie 0,1 mm)
10 feuchtigkeitsunempfindliche Dämmschicht
11 Geschossdecke

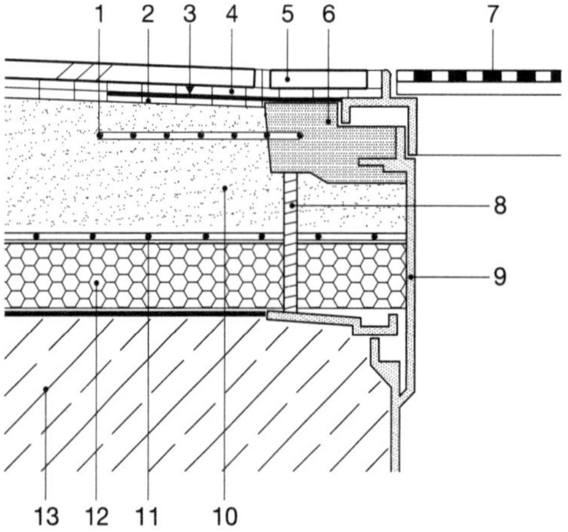

11.11 Konstruktionsbeispiel: Einbau eines vorgefertigten, höhenjustierbaren Dünnbett-Bodenablaufes mit Polymerbetonkragen und Dichtmanschette [9].

1 Baustahlmatte (in Polymerbetonkragen eingegossen)
2 Verbundabdichtung (zweischichtig)
3 Dichtmanschette (Glasseidegewebe)
4 Dünnbettmörtel / Klebstoff
5 Bodenfliese
6 Polymerbetonkragen
7 Bodeneinlauf
8 Justierschrauben (4 Stück)
9 Kunststoffgehäuse (Aufstockelement)
10 Zementestrich
11 Abdeckung (PE-Folie 0,1 mm)
12 feuchtigkeitsunempfindliche Dämmschicht
13 Geschossdecke

3. Wohnungsbad ohne Bodenablauf (mit feuchteunempfindlichen Untergründen)

- **Abdichtungen mit einlagiger Dichtungsbahn außerhalb DIN 18 195**

Bei umsichtig genutzten häuslichen Bädern ohne Bodenablauf ist in der Regel mit keiner oder nur sehr geringen, kurzzeitigen Feuchtebeanspruchung zu rechnen. Die Verlegeuntergründe bestehen meist aus feuchteunempfindlichen Materialien, wie z. B. Kalkzementputz auf Mauerwerk, Zementestrich usw. Für derartige Wohnbäder ist daher weder nach der neuen Abdichtungsnorm (Ausg. 08.2000) noch nach dem ZDB-Merkblatt des Fliesengewerbes [5] eine Abdichtung zwingend erforderlich.

Da jedoch nie ausgeschlossen werden kann, dass Badezimmer weniger pfleglich benutzt und Wasser beispielsweise hinter die Badewanne oder Duschtasse gelangt, bietet es sich an, in derartigen Räumen technisch weniger aufwendige und somit auch kostengünstigere Konstruktionen vorzusehen.

Neben den Abdichtungen im Verbund mit keramischen Belägen bietet sich hierfür auch Abdichtungen mit einlagiger Dichtungsbahn an (beide außerhalb DIN 18 195).

Ausführung (Bild **11**.12). Auf den Einbau eines Bodenablaufes und Gefälleestriches wird verzichtet, die Verlegeuntergründe an Boden und Wand bestehen aus feuchtigkeitsunempfindlichen Materialien. Die zwischen Estrich und Dämmschicht angeordnete, einlagige Dichtungsbahn wird an den aufgehenden Bauteilen **nur etwa 4 cm** über OF-Nutzschicht hochgezogen und dort befestigt. Sie ist lose verlegt mit entsprechenden Stoßüberlappungen, die dicht verklebt oder verschweißt sind.

An feuchtebeanspruchten Wandflächen kann sich daran bei Bedarf eine Verbundabdichtung mit keramischen Fliesen anschließen. Im Türbereich ist die Dichtungsbahn ebenfalls bis OF-Fertigfußboden hochzuziehen und mit der Trennschiene fest zu verbinden (Bild **11**.13).

Für diese Art der Abdichtung ist es immer angebracht, eine vertragliche Vereinbarung zu treffen, da sie außerhalb der DIN 18 195 liegt.

Hinweis: Bei feuchtigkeitsempfindlichen Umfassungsbauteilen bzw. Verlegeuntergründen ist in Wohnbädern ohne Bodenablauf eine spachtelbare Abdichtung im Verbund mit keramischen Fliesen und Platten unverzichtbar.

Bei Bädern auf Holzbalkendecken muss im Bodenbereich immer noch zusätzlich eine Bahnenabdichtung nach DIN 18 195-5 vorgesehen werden. Auf die weiterführende Spezialliteratur [10] wird verwiesen.

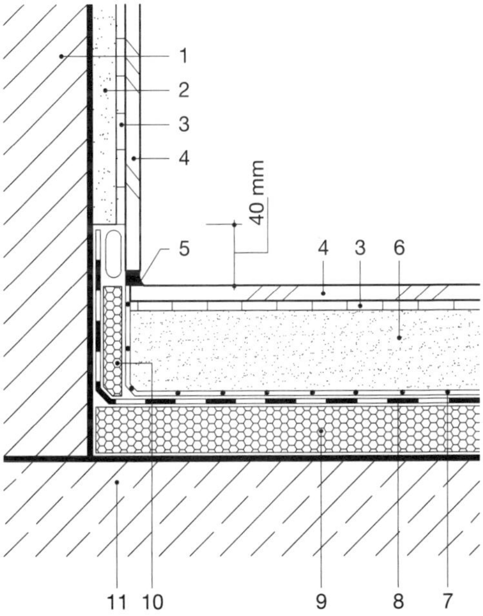

11.12 Konstruktionsbeispiel: Bodenaufbau und Eckanschluss in einem Wohnungsbad mit mäßig beanspruchter Abdichtung aus einlagiger Dichtungsbahn (außerhalb DIn 18 195)

1 Mauerwerk
2 Putzlage (Kalkzementputz)
3 Dünnbettmörtel / Klebstoff
4 Wandfliese / Bodenfliese
5 Bewegungsfuge (Fugenfüllprofil mit Dichtmasse)
6 Zementestrich
7 Gleitschicht / Abdeckung (PE-Folie 0,2 mm)
8 Dichtungsbahn (einlagig)
9 feuchtigkeitsunempfindliche Dämmschicht
10 Randdämmstreifen (ca. 5 mm dick)
11 Geschossdecke

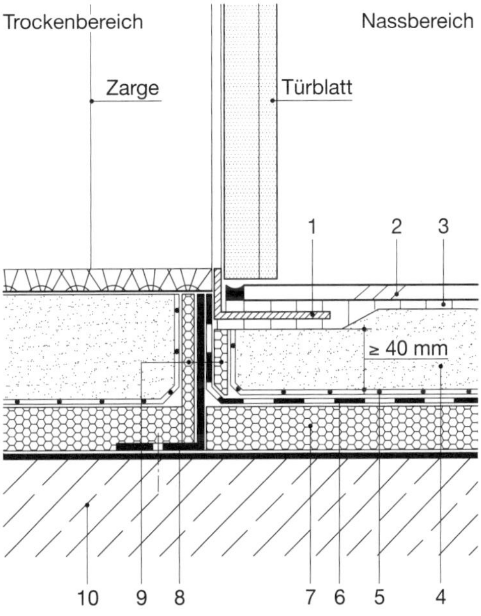

11.13 Konstruktionsbeispiel: Bodenaufbau und Türanschluss in einem Wohnungsbad mit mäßig beanspruchter Abdichtung aus einlagiger Dichtungsbahn (außerhalb DIN 18 195). Vgl. hierzu Bild **11**.9.

1 Edelstahlwinkel in Klebstoff eingebettet
2 Bodenfliese
3 Dünnbettmörtel / Klebstoff
4 Zementestrich
5 Gleitschicht / Abdeckung (PE-Folie 0,2 mm)
6 Dichtungsbahn (einlagig)
7 feuchtigkeitsunempfindliche Dämmschicht
8 Stahlwinkel (korrosionsgeschützt)
9 Randdämmstreifen (ca. 5 mm dick)
10 Geschossdecke

11.3.3 Schallschutz von Massivdecken und Holzbalkendecken

Allgemeines

Der Schallschutz in Bauwerken hat große Bedeutung für die Gesundheit und das Wohlbefinden des Menschen. Bauliche Schallschutzmaßnahmen dienen daher dem Ziel, Menschen in Aufenthaltsräumen vor unzumutbaren Belästigungen durch Schallübertragung zu schützen. Sie müssen während des Planungsprozesses immer rechtzeitig berücksichtigt werden, da ein unzureichend geplanter oder auch mangelhaft ausgeführter Schallschutz nachträglich nur mit erheblichem Aufwand verbessert werden kann.

Einteilung und Benennung: Überblick

Lärmbelästigungen durch Schallübertragung können sowohl innerhalb als auch außerhalb eines Gebäudes auftreten. Bauliche Schallschutzmaßnahmen sollen Menschen demnach im wesentlichen gegen Geräusche aus einem fremden Wohn- und Arbeitsbereich, vor Geräusche aus haustechnischen Anlagen und Betrieben sowie gegen Außenlärm schützen.

Die zu beachtenden Hinweise und Anforderungen für einen ausreichenden bzw. erhöhten Schallschutz im Hochbau – beispielsweise von Decken- und Bodenkonstruktionen – enthalten:

11

- **DIN 4109** (Ausg. 11.89)
  - Schallschutz im Hochbau; Anforderungen und Nachweise
- **Beiblatt 1 zu DIN 4109**
  - Schallschutz im Hochbau; Ausführungsbeispiele und Rechenverfahren
- **Beiblatt 2 zu DIN 4109**
  - Schallschutz im Hochbau; Hinweise für Planung und Ausführung; Vorschläge für einen erhöhten Schallschutz; Empfehlungen für den Schallschutz im eigenen Wohn- oder Arbeitsbereich
- **DIN E 4109-10** (Ausg. 06.2000)
  - Schallschutz im Hochbau; Vorschläge für einen erhöhten Schallschutz von Wohnungen

Ergänzende Anforderungen zur DIN 4109:

- **VDI-Richtlinie 4100** (Ausg. 09.1994)
  - Schallschutz von Wohnungen; Kriterien für Planung und Bewertung (Bleibt hier unberücksichtigt).

Einzelheiten über den Schallschutz im allgemeinen sowie Rechenwerte s. Abschn. 16.6

Schallschutz

Unter Schallschutz versteht man Maßnahmen gegen die Schallentstehung und Maßnahmen gegen die Schallübertragung von einer Schallquelle zum Hörer.

Befinden sich Schallquellen und Hörer in verschiedenen Räumen, so erfolgt die Schallminderung hauptsächlich durch Schalldämmung.

- **Schalldämmung** beinhaltet demnach die Minderung der Schallübertragung zwischen benachbarten Räumen.

Befinden sich Schallquelle und Hörer im gleichen Raum, geschieht die Schallminderung durch Schallabsorption (auch Schallschluckung oder Schalldämpfung genannt).

- **Schallabsorption** bedeutet die Minderung des Schalles bzw. der Schallausbreitung im Raum selbst. Die auf die raumumschließenden Bauteile auftreffende Schallenergie wird zu einem Teil absorbiert zum anderen in denselben Raum reflektiert.

Beide Maßnahmen unterscheiden sich und müssen getrennt voneinander betrachtet werden. Einzelheiten hierzu s. Abschn. 16.6.2.

Luftschall/Trittschall. Abhängig von der Schallquelle und der Ausbreitungsart wird zwischen Luftschall- und Körperschallanregung unterschieden.

- Luftschall ist der sich in der Luft ausbreitende Schall.
- Körperschall ist der sich in festen Körpern ausbreitende Schall. Der beim Begehen einer Decke entstehende Körperschall wird als
- Trittschall bezeichnet, der teilweise wieder als Luftschall in den darunter liegenden Raum (eventuell auch schräg darunter liegende Räume) abgestrahlt wird.

Anforderungen an den Schallschutz von Geschossdecken

Baurechtlich verpflichtende Anforderungen an die Luft- und Trittschalldämmung von Decken zum Schutz gegen Schallübertragung aus einem fremden Wohn- und Arbeitsbereich sind in Tabelle **11**.14 festgelegt. Bei diesen Werten handelt es sich um **Mindest**-Anforderungen gemäß DIN 4109, Tab. 3.

Die in der Tabelle für die Schalldämmung der trennenden Bauteile angegebenen Werte gelten nicht für diese Bauteile allein, sondern für die resultierende Dämmung unter Berücksichtigung der an der Schallübertragung beteiligten Bauteile und Nebenwege in eingebautem Zustand.

Tabelle **11**.14 Anforderungen an die Luft- und Trittschalldämmung von Decken zum Schutz gegen Schallübertragung aus einem **fremden** Wohn- oder Arbeitsbereich (Auszug aus DIN 4109 – Ausg. 11.89 – Tab. 3). Siehe hierzu auch Tabelle **16**.88

Spalte	1	2	3	4	5
Zeile	Decken	Bauteile	Anforderungen erf. R'_w*) in dB	 erf. $L'_{n,w}$*) (erf. *TSM*) in dB	Bemerkungen
1	**Geschosshäuser mit Wohnungen und Arbeitsräumen**				
1		Decken unter allgemein nutzbaren Dachräumen, z. B. Trockenböden, Abstellräumen und ihren Zugängen	53	53 (10)	1)
2		Wohnungstrenndecken (auch -treppen) und Decken zwischen fremden Arbeitsräumen bzw. vergleichbaren Nutzungseinheiten	54	53 (10)	2) 3) 4)
3		Decken über Kellern, Hausfluren, Treppenräumen unter Aufenthaltsräumen	52	53 (10)	5) 6)
4		Decken über Durchfahrten, Einfahrten von Sammelgaragen und ähnliches unter Aufenthaltsräumen	55	53 (10)	
5		Decken unter/über Spiel- oder ähnlichen Gemeinschaftsräumen	55	46 (17)	7)
6		Decken unter Terrassen und Loggien über Aufenthaltsräumen	–	53 (10)	–
7		Decken unter Laubengängen	–	53 (10)	5)
8		Decken und Treppen innerhalb von Wohnungen, die sich über zwei Geschosse erstrecken	–	53 (10)	1) 5) 6) 8)
9		Decken unter Bad und WC ohne/mit Bodenentwässerung	54	53 (10)	
10		Decken unter Hausfluren	–	53 (10)	5) 6)
2	**Einfamilien-Doppelhäuser und Einfamilien-Reihenhäuser**				
11		Decken	–	48 (15)	5)
12		Treppenläufe und -podeste und Decken unter Fluren	–	53 (10)	9)
3	**Beherbergungsstätten**				
13		Decken	54	53 (10)	–
14		Decken unter/über Schwimmbädern, Spiel- oder ähnlichen Gemeinschaftsräumen zum Schutz gegenüber Schlafräumen	55	46 (17)	7)
15		Treppenläufe und -podeste	–	58 (5)	10)
16		Decken unter Fluren	–	53 (10)	5)
17		Decken unter Bad und WC ohne/mit Bodenentwässerung	54	53 (10)	5) 11)

*) **Kennzeichnende Größen** für die Anforderungen an die Luft- und Trittschalldämmung von Decken sind:

- erf.R'_w = bewertetes Schalldämm-Maß mit Schallübertragung über flankierende Bauteile (Luftschalldämmung)
- erf.$L'_{n,w}$ = bewerteter Norm-Trittschallpegel in dB (Trittschalldämmung)

Anzustreben sind: Hohe R_w-Werte und niedrige $L_{n,w}$-Werte.

(Fortsetzung Seite 380)

Tabelle **11**.14, Fortsetzung

Spalte	1	2	3	4	5
Zeile	Decken	Bauteile	Anforderungen erf. R'_w*) in dB	 erf. $L'_{n,w}$*) (erf. *TSM*) in dB	Bemerkungen
4 Krankenanstalten, Sanatorien					
18		Decken	54	53 (10)	–
19		Decken unter/über Schwimmbädern, Spiel- oder ähnlichen Gemeinschaftsräumen	55	46 (17)	7)
20		Treppenläufe und -podeste	–	58 (5)	10)
21		Decken unter Fluren	–	53 (10)	5)
22		Decken unter Bad und WC ohne/mit Bodenentwässerung	54	53 (10)	5) 11)
5 Schulen und vergleichbare Unterrichtsbauten					
23		Decken zwischen Unterrichtsräumen oder ähnlichen Räumen	55	53 (10)	–
24		Decken unter Fluren	–	53 (10)	5)
25		Decken zwischen Unterrichtsräumen oder ähnlichen Räumen und „besonders lauten" Räumen (z. B. Sporthallen, Musikräume, Werkräume)	55	46 (17)	7)

1) Bei Gebäuden mit nicht mehr als 2 Wohnungen betragen die Anforderungen erf. R'_w = 52 dB und erf. $L'_{n,w}$ = 63 dB (erf. *TSM* = 0 dB).

2) Wohnungstrenndecken sind Bauteile, die Wohnungen voneinander oder von fremden Arbeitsräumen trennen.

3) Bei Gebäuden mit nicht mehr als 2 Wohnungen beträgt die Anforderung erf. R'_w = 52 dB.

4) Weichfedernde Bodenbeläge dürfen bei dem Nachweis der Anforderungen an den Trittschallschutz nicht angerechnet werden; in Gebäuden mit nicht mehr als 2 Wohnungen dürfen weichfedernde Bodenbeläge, z. B. nach Beiblatt 1 zu DIN 4109 (11.89), Tabelle 18, berücksichtigt werden, wenn die Beläge auf dem Produkt oder auf der Verpackung mit dem entsprechenden $\Delta L_w(VM)$ nach Beiblatt 1 zu DIN 4109 (11.89), Tabelle 18, bzw. nach Eignungsprüfung gekennzeichnet sind und mit der Werksbescheinigung nach DIN 50 049 ausgeliefert werden.

5) Die Anforderung an die Trittschalldämmung gilt nur für die Trittschallübertragung in fremde Aufenthaltsräume, ganz gleich, ob sie in waagerechter, schräger oder senkrechter (nach oben) Richtung erfolgt.

6) Weichfedernde Bodenbeläge dürfen bei dem Nachweis der Anforderungen an den Trittschallschutz nicht angerechnet werden.

7) Wegen der verstärkten Übertragung tiefer Frequenzen können zusätzliche Maßnahmen zur Körperschalldämmung erforderlich sein.

8) Die Prüfung der Anforderungen an das Trittschallschutzmaß nach DIN 52 210-3 erfolgt bei einer gegebenenfalls vorhandenen Bodenentwässerung nicht in einem Umkreis von r = 60 cm.

9) Bei einschaligen Haustrennwänden gilt: Wegen der möglichen Austauschbarkeit von weichfedernden Bodenbelägen nach Beiblatt 1 zu DIN 4109 (11.89), Tabelle 18, die sowohl dem Verschleiß als auch besonderen Wünschen der Bewohner unterliegen, dürfen diese bei dem Nachweis der Anforderungen an den Trittschallschutz nicht angerechnet werden.

10) Keine Anforderungen an Treppenläufe in Gebäuden mit Aufzug.

11) Die Prüfung der Anforderungen an den bewerteten Norm-Trittschallpegel nach DIN 52 210-3 erfolgt bei einer gegebenenfalls vorhandenen Bodenentwässerung nicht in einem Umkreis von r = 60 cm.

*) **Neue Bezeichnungen.** In Angleichung an die internationale Normung wurden in der DIN 4109 (Ausg. 11.89) ersetzt:

- das Luftschallschutzmaß LSM durch das bewertete Schalldämm-Maß R'_w
- das Trittschallschutzmaß TSM durch den bewerteten Norm-Trittschallpegel $L'_{n,w}$
- das äquivalente Trittschallschutzmaß TSM_{eq} von Rohdecken durch den äquivalenten bewerteten Norm-Trittschallpegel $L_{n,w,eq}$
- das Trittschallverbesserungsmaß VM durch das Trittschallverbesserungsmaß ΔL_w.

Zur Berechnung gelten folgende Beziehungen:

$TSM = 63\text{ dB} - L'_{n,w}$ $TSM_{eq} = 63\text{ dB} - L_{n,w,eq}$, $VM = \Delta L_w$.

11

Wird ein über DIN 4109 hinausgehender Schallschutz gewünscht, ist dieser gesondert zwischen Bauherr und Entwurfsverfasser vertraglich zu vereinbaren. Dementsprechend enthält das Beiblatt 2 zu DIN 4109 Vorschläge für einen erhöhten Schallschutz sowie Empfehlungen für den Schallschutz im eigenen Wohn- und Arbeitsbereich.

Vorschläge für einen erhöhten Schallschutz – speziell von Wohnungen im Mehrfamilienhäusern, Doppel- und Reihenhäusern – sind in der neuen DIN E 4109-10 unterbreitet und drei Schallschutzstufen (SSt) näher definiert.

- Schallschutzstufe I stimmt mit den Mindest-Anforderungen der DIN 4109 überein. Für die
- Schallschutzstufen II und III sind jeweils Kennwerte angegeben, bei deren Einhaltung die Bewohner ein normales bis hohes Maß an Ruhe finden. Für die Planung von Wohnungen der Schallschutzstufe III ist die Hinzuziehung eines Sachverständigen für Bauakustik erforderlich.

Nachweis des geforderten Schallschutzes. Der Nachweis, dass die verwendeten Bauteile den in DIN 4109 geforderten Schallschutz besitzen, kann entweder durch Verwendung von im Beiblatt 1 der DIN 4109 angegebenen Rechenwerte erfolgen oder durch bauakustische Messungen (Eignungsprüfungen).

Wie Tabelle **11**.14 verdeutlicht, sind je nach Gebäudeart und Nutzung unterschiedlich hohe Anforderungen an die Luft- und Trittschalldämmung von Decken festgelegt.

Eine fertige Decke besteht – sofern es sich um eine Massivdeckenkonstruktion handelt – in bauakustischem Sinne aus der Rohdecke und der Deckenauflage, gegebenenfalls mit einem bestimmten Bodenbelag und einer abgehängten Unterdecke bzw. Deckenbekleidung.

Holzbalkendecken nehmen wegen ihrer im Vergleich zu Massivdecken andersartigen akustischen Eigenschaften eine Sonderstellung ein. Vgl. hierzu Abschn. 11.3.3.3.

- **Trittschalldämmung**. Für den anvisierten Trittschallschutz ist die Trittschalldämmung der fertigen Decke maßgebend. Sie ergibt sich aus dem äquivalenten bewerteten Norm-Trittschallpegel $L_{n,w,eq}$ (Rohdecke ohne Deckenauflage) und dem Trittschallverbesserungsmaß ΔL_W (Schallpegelminderung durch die Deckenauflage).

  Um mögliche Unterschiede in den Schalldämmeigenschaften und Alterungsveränderungen der Decke zu berücksichtigen, wird von der Norm noch ein Vorhaltemaß von 2 dB gefordert. Wird auf einen schwimmenden Estrich noch zusätzlich ein weichfedernder Bodenbelag aufgebracht, so ist bei der Berechnung nur das größere der beiden Verbesserungsmaße zu berücksichtigen.

  Damit lässt sich die Trittschalldämmung der Fertigdecke mit folgender Formel ermitteln:

  $L'_{n,w} = L_{n,w,eq} - \Delta L_W + 2$ (dB).

  Entsprechende Ausführungsbeispiele und Rechenwerte für den äquivalenten bewerteten Norm-Trittschallpegel verschiedener Rohdecken (ohne trittschalldämmende Auflage) und für Verbesserungsmasse unterschiedlicher Deckenauflagen bzw. Bodenbeläge s. Beiblatt 1 zu DIN 4109 sowie Abschn. 16.6.4.

- **Luftschalldämmung**. Zur Kennzeichnung der Luftschalldämmung von Decken dient das bewertete (Luft-) Schalldämm-Maß R'_W = bewertetes Schalldämm-Maß in dB einschließlich Schallübertragung über flankierende Bauteile.

  Es ist ein Maß für den durch das trennende Bauteil hervorgerufenen Schallpegelunterschied – zwischen dem lauten und dem leisen Raum. Dies setzt jedoch eine mittlere flächenbezogene Masse der biegesteifen flankierenden Bauteile von etwa 300 kg/m² voraus; auch hier ist ein Vorhaltemaß von 2 dB zu berücksichtigen.

  Entsprechende Ausführungsbeispiele und Rechenwerte für die Luftschalldämmung von Massiv- und Holzbalkendecken s. Beiblatt 1 zu DIN 4109 sowie Abschn. 16.6.4.1.

11.3.3.1 Schallschutz von Massivdecken

Die Schallübertragung von einem Raum zum anderen erfolgt durch Schwingungen der raumabschließenden Bauteile. Ausgehend von der neu zu planenden oder vorhandenen Rohdecke (Altbau) und je nach Lage der Decke innerhalb eines Gebäudes, sind die Dämm-Maßnahmen so zu wählen, dass sowohl die luft- und trittschalltechnischen – als auch gegebenenfalls wärmeschutztechnischen – Anforderungen erfüllt werden. Diese umfassen die gesamte Deckenkonstruktion, nämlich

- Rohdecke (z. B. Massivdecke),
- Deckenauflage (z. B. schwimmender Estrich),
- Bodenbelag (z. B. weichfedernder Teppichbelag),
- Unterdecke bzw. Deckenbekleidung.

Wie in Bild **11**.15 dargestellt, wird akustisch zwischen einschaligen und mehrschaligen Deckenausbildungen unterschieden.

- **Einschalige Bauteile** bestehen aus einem einheitlichen Baustoff (z. B. Beton) oder aus mehreren fest miteinander verbundenen Schichten (z. B. Betonplatte mit Putzschicht), die als Ganzes schwingen. Je höher das Flächengewicht (flächenbezogene Masse) und die Biegesteifigkeit des Bauteils ist, umso besser ist die Schalldämmung.

- **Mehrschalige Bauteile** bestehen aus zwei oder mehreren Schalen, die nicht starr miteinander verbunden, sondern durch elastische Dämmstoffe (z. B. bei schwimmendem Estrich) oder Luftschichten voneinander getrennt sind. Je weniger starr die Verbindung dieser Schalen ist, und je biegeweicher und je schwerer die Einzelschale ist, umso besser ist in der Regel die Schalldämmung.

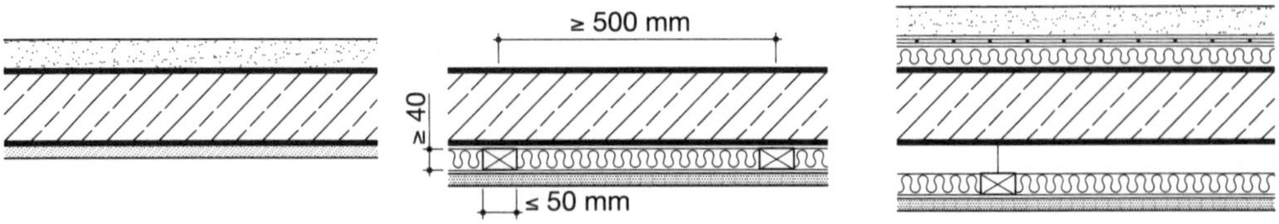

11.15a **11**.15b **11**.15c

11.15 Schematische Darstellung von ein- und mehrschaligen Geschossdecken
a) einschalige Decke: Massivdecke mit Verbundestrich und Putzschicht (alle Schichten sind starr miteinander verbunden)
b) zweischalige Decke: Massivdecke entweder mit biegeweicher Deckenbekleidung oder mit schwimmend verlegtem Estrich
c) mehrschalige Decke: Massivdecke mit abgehängter, biegeweicher Unterdecke und schwimmend verlegtem Estrich

Die für ein- und mehrschalige Bauteile eingesetzten Schalen können in akustischer Hinsicht biegesteif (z. B. schwimmender Estrich, Betondecke) und biegeweich (z. B. Unterdecke) ausgebildet sein. Einzelheiten hierzu s. Abschn. 16.6.3.

Flankenübertragung/Nebenwegübertragung. Schall wird nicht nur über die Geschossdecke selbst von Raum zu Raum übertragen, sondern auch über Nebenwege. Darunter versteht man sowohl die Schallübertragung längs angrenzender Bauteile (Wände, Stützen), die sog. Flankenübertragung, als auch die Luftschallübertragung durch Undichtigkeiten, Lüftungsanlagen, Deckenhohlräume von Unterdecken und ähnlichem, insgesamt als Nebenwegübertragung bezeichnet.

Die Flankenübertragung spielt bei der Luftschalldämmung eine wesentliche, bei der Trittschalldämmung eine eher untergeordnete Rolle.

Einzelheiten hierzu, insbesondere hinsichtlich biegesteifer Anschlüsse (Massivbauten) und gelenkiger Anschlüsse (Skelettbauten) zwischen trennendem und flankierendem Bauteil s. Abschnitt 16.6.3.3.

1. Luftschalldämmung von Massivdecken

Die Luftschalldämmung von Massivdecken wird überwiegend von der flächenbezogenen Masse der jeweiligen Rohdecke bestimmt. Bei Bedarf kann sie durch einen schwimmenden Estrich und gegebenenfalls eine biegeweiche Unterdecke verbessert werden. Von großer Bedeutung ist in diesem Zusammenhang die Ausbildung der flankierenden Bauteile in Bezug auf deren flächenbezogenen Masse und die schalldämmende Wirkung einer gegebenenfalls notwendigen biegeweichen Vorsatzschale.

- **Luftschalldämmung einschaliger Decken** (Bild **11**.15a). Die Luftschalldämmung einschaliger Decken ist umso besser, je schwerer sie sind. Um die Mindest-Anforderungen nach DIN 4109 zu erfüllen, ist eine flächenbezogene Masse von ≥ 450 kg/m² erforderlich, um ein bewertetes Luftschalldämm-Maß von ≥ 53 dB zu erreichen (sofern auf der Rohdecke kein schwimmender Estrich aufgebracht wird). Derart schwere Bauteile sind aus statischen und kostenbezogenen Gründen oft nicht realisierbar oder gewünscht, so dass meist zweischalige Konstruktionen eingesetzt werden. Größere Hohlräume in den Decken, Undichtigkeiten sowie unterseitig anbetonierte oder angeklebte und verputzte Holzwolle-Leichtbauplatten oder Hartschaum-Dämmplatten verschlechtern die Schalldämmung einschaliger Decken.
- **Luftschalldämmung mehrschaliger Decken** (Bild **11**.15 b und c). Mit zwei- und mehrschaligen Decken kann – im Vergleich zu einschaligen Decken gleichen Gewichtes – eine Verbesserung der Luftschalldämmung auch mit geringerer flächenbezogenen Masse (z. B. ≥ 200 kg/m²) erreicht werden, wenn die Rohdecke mit einem schwimmenden Estrich bzw. anderen geeigneten schwimmenden Böden oder/und einer biegeweichen Unterdecke versehen wird. Die bewerteten Luftschalldämm-Maße $R'_{w,R}$ können zum Teil erheblich über denen von einschaligen Bauteilen liegen. Eine Begrenzung ist jedoch vorgegeben, weil die Schallübertragung der flankierenden Wände in Massivbauten immer vorhanden ist.

Entsprechende Ausführungsbeispiele und Rechenwerte für die Luftschalldämmung ein- und mehrschaliger Massivdecken s. Beiblatt 1 zu DIN 4109 sowie Abschn. 16.6.4.1.

Biegeweiche Unterdecke. Biegeweiche Unterdecken verbessern vor allem die Luftschalldämmung von Massivdecken, ähnlich wie biegeweiche Vorsatzschalen bei aufgehenden Wänden. Sie verbessern auch die Trittschalldämmung auf Grund verringerter Schallabstrahlung in den darunter liegenden Raum; wegen der verbleibenden Flankenübertragung – vor allem in Massivbauten – jedoch nur in eingeschränktem Maße.

Eine schallschutztechnisch wirksame Unterdecke muss in jedem Fall bestimmte konstruktive Voraussetzungen erfüllen. So muss die Bekleidung möglichst dicht und biegeweich, ihre flächenbezogene Masse und ihr Abstand zur Rohdecke möglichst groß, die Berührungsfläche mit der Rohdecke möglichst gering und die horizontale Dämmstoffauflage (Hohlraumdämpfung) vollflächig ausgebildet sein. Einzelheiten hierzu s. Abschn. 14.2.2, Schallschutz mit leichten Unterdecken.

Biegeweiche Vorsatzschale. Damit die schalldämmende Wirkung der Unterdecke durch die oben angesprochene Schall-Längsleitung entlang der flankierenden Bauteile nicht zu stark beeinträchtigt wird, müssen die raumbegrenzenden Wände entweder genügend schwer sein und eine mittlere flächenbezogene Masse von ≥ 300 kg/m² aufweisen oder in geeigneter Weise zweischalig ausgebildet werden.

Biegeweiche Vorsatzschalen verbessern die Luftschalldämmung von Massivwänden, ohne das Wandgewicht wesentlich zu erhöhen. Man unterscheidet (Bild **15**.7)

- Vorsatzschalen **mit** Unterkonstruktion aus Holz- oder Metallständern (mit oder ohne feste Verbindung zur Wandfläche) sowie
- Vorsatzschalen **ohne** Unterkonstruktion aus Gipskarton-Verbundplatten (Gipskartonplatten mit Mineralwollplatten des Anwendungstyps WV direkt auf die Massivwand angesetzt).

Dämmstoffe mit höherer dynamischen Steifigkeit, wie beispielsweise PS-Hartschaumplatten, beeinflussen den bestehenden Schallschutz negativ, und zwar sowohl beim direkten (vertikalen) Schalldurchgang als auch in der Schall-Längsleitung.

Bei Vorsatzschalen auf Außenwänden ist aus feuchtetechnischen Gründen auf eine Dampfbremse (z. B. PE-Folie 0,2 mm), gegebenenfalls sogar Dampfsperre (z. B. Alufolie), zu achten. Nur bei relativ dampfdurchlässigen Außenschalen kann – nach Überprüfung des Tauwasseranfalls – auf eine besondere Dampfbremse verzichtet werden.

Vgl. hierzu Abschn. 9.11.2, Innendämmung von Wänden, im Teil 2 dieses Werkes.

Deckenauflage/Bodenbelag. Wie bereits erläutert, verbessert ein schwimmender Estrich oder andere schwimmenden Böden zwar auch die Luftschalldämmung leichter Massivdecken, durch derartige Deckenauflagen wird jedoch vor allem der Trittschallschutz angehoben. Beachtenswert ist auch, dass die Luftschalldämmung einer Decke mit weichfedernden Bodenbelägen, gleich welcher Art, nicht verbessert werden kann.

2. Trittschalldämmung von Massivdecken

Auch die Trittschalldämmung von Massivdecken nimmt mit steigendem Flächengewicht zu, so dass durch eine Erhöhung der Deckendicke der Trittschallpegel gesenkt werden kann. Da jedoch eine ausreichende Trittschalldämmung – im Gegensatz zur Luftschalldämmung – nicht allein durch Erhöhung der flächenbezogenen Masse erreicht werden kann, ist immer eine Verbesserung durch Deckenauflagen und gegebenenfalls biegeweiche Unterdecken notwendig. Dementsprechend sind in Beiblatt 1 zu DIN 4109 Rechenwerte angegeben von

- Massivdecken ohne / mit Deckenauflage,
- Massivdecken ohne / mit biegeweicher Unterdecke,
- Deckenauflagen bzw. Bodenbeläge allein.

Damit wird ablesbar, mit welcher Deckenauflage, biegeweichen Unterdecke oder welchem Bodenbelag Massivdecken versehen werden müssen, damit die geforderte Schalldämmung erreicht werden kann. Als Deckenauflagen zur Verbesserung des Trittschallschutzes eignen sich besonders schwimmende Estriche und weichfedernde Bodenbeläge.

Schwimmender Estrich. Die Trittschalldämmung einer Decke wird am wirksamsten mit einem schwimmenden Estrich verbessert, weil er bereits das Eindringen des Körperschalls in die Deckenkonstruktion weitgehend verhindert und zudem auch die Luftschalldämmung verbessert.

Ein schwimmender Estrich ist ein auf einer weichfedernden Dämmschicht verlegter Estrich, der auf seiner Unterlage beweglich ist und keine unmittelbare (starre) Verbindung mit angrenzenden Bauteilen oder ihn durchdringende Rohrleitungen aufweist.

Die Dämmwirkung einer solchen Deckenauflage ist in der Regel umso besser, je schwerer die Estrichplatte und je weichfedernder die Dämmschicht ist. Je weicher jedoch die Dämmschicht gewählt wird, umso dicker muss auch die Estrichplatte sein, um entsprechende Lasten aufnehmen zu können. Die schallschutztechnische Wirkung eines schwimmenden Estrichs wird demnach weitgehend bestimmt durch die

- dynamische Steifigkeit s' der Dämmschicht,
- flächenbezogene Masse m' der Estrichplatte (mind. 70 kg/m²).

Weitere Einzelheiten hierzu s. Abschn. 11.3.5, Dämmstoffe, Abschn. 11.3.6.4, Estrichkonstruktionen, Abschn. 13.2.2, Schallschutz mit leichten Unterdecken sowie Abschn. 16.6.3.

Weichfedernde Bodenbeläge. Durch sie kann die Trittschalldämmung von Massivdecken, nicht aber die Luftschalldämmung verbessert werden. Wegen des möglichen Austausches und Verschleisses von weichfedernden Bodenbelägen (Teppiche, PVC-Verbundbeläge), dürfen diese jedoch in Wohnungsbauten beim Nachweis des Mindest-Trittschallschutzes nicht angerechnet werden. Eingesetzt werden sie dagegen in Bauten mit aufgesetzten, umsetzbaren Trennwänden (Objektbereich), wo ein von Raum zu Raum durchgehender schwimmender Estrich wegen der horizontalen Schall-Längsübertragung nicht in Frage kommt und statt dessen ein Verbundestrich eingebracht wird. Vgl. hierzu Abschn. 15.3.3, Schallschutz von umsetzbaren Trennwänden. Da der schwimmende Estrich häufig auch eine wärmedämmende Funktion hat, kann ein weichfedernder Bodenbelag diesen nur ersetzen, wenn nicht wärmeschutztechnische Forderungen der DIN 4108 dagegen sprechen.

11.3.3.2 Schallschutz von Holzbalkendecken

Holzbalkendecken werden wieder zunehmend bei der Neubauplanung, vor allem in Einfamilienhäusern und Dachaufbauten sowie in Holzfertighäusern eingesetzt. Allgemein steigen auch die Anforderungen an den Wohnkomfort und somit an die schallschutztechnischen Erfordernisse bei Holzbalkendecken in Massiv- und Skelettbauten.

Auch im Zuge der Altbausanierung sind meist umfangreiche schalltechnische Verbesserungen zu erbringen, da die in der Regel einschalig ausgebildeten Deckenkonstruktionen oftmals nur bewertete Luftschalldämm-Maße von 45 bis 50 dB und bewertete Norm-Trittschallpegel von 63 bis 73 dB aufweisen.

Übertragungswege bei Holzbalkendecken. Wie Bild **11**.16 verdeutlicht, gibt es bei schalltechnisch unzureichend ausgebildeten Holzbalkendecken vor allem drei Übertragungswege, die die Luft- und Trittschalldämmung nachteilig beeinflussen.

11

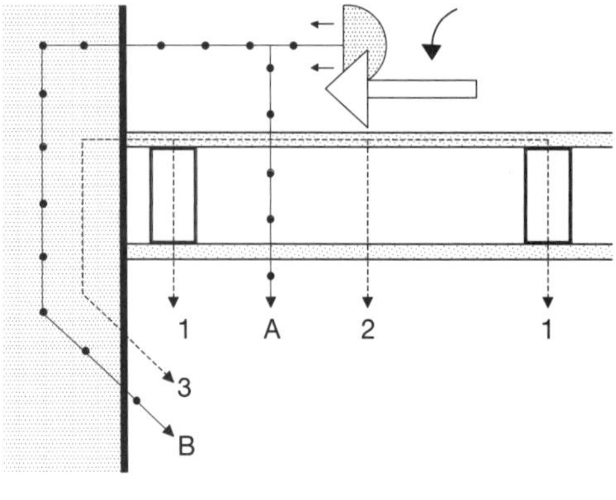

11.16 Prinzipielle Übertragungswege bei Luft- und Trittschallanregung einer Holzbalkendecke mit angrenzendem Bauteil
a) Schallübertragungswege bei **Trittschall**-Anregung:
Weg 1: direkt über die Holzbalken
Weg 2: direkt über den Deckenhohlraum
Weg 3: über flankierende Wand
b) Schallübertragungswege bei **Luftschall**-Anregung:
Weg A: direkt über die Holzdecke
Weg B: über flankierende Wand

- Weg 1: Schallübertragung über die Holzbalken
- Weg 2: Schallübertragung über den Regelquerschnitt (Einschubdecke)
- Weg 3: Schallübertragung über flankierende Bauteile.

Daraus kann abgeleitet werden, dass bei Holzbalkendecken eine gute Luft- und Trittschalldämmung nur erreicht werden kann, wenn die direkte Schallübertragung unterbunden wird und zwar durch

- Entkoppelung der Deckenoberseite von der Rohdecke,
- Entkoppelung der Deckenbekleidung von der Balkenlage,
- Hohlraumdämpfung durch entsprechende Materialien,
- ausreichende Dämmung (Flankenübertragung) der angrenzenden Wände.

Ähnlich wie Massivdecken können Holzbalkendecken ein-, zwei- oder mehrschalig ausgebildet sein. Ein erhöhter Schallschutz wird in der Regel nur erreicht, wenn sie konsequent mehrschalig aufgebaut sind.

- **Einschalige Holzbalkendecken** (Bild **11**.17a) Einschalig ausgebildete Holzbalkendecken, bei denen die oberseitige Abdeckung und unterseitige Verkleidung mit den Tragbalken fest verbunden sind, weisen einen sehr geringen Luftschall- und besonders Trittschallschutz auf, da der Schall vor allem über die Balken direkt nach unten übertragen wird. Derartige Konstruktionen, mit oberseitig aufgenagelten Fußbodendielen und unterseitig angenagelter Schalung mit Putz auf Rohrmatten, trifft man in älteren Gebäuden häufig an. Die Schalldämmung dieser Decken versuchte man früher weiter zu verbessern, indem man zwischen den Balken eine sog. Einschubdecke (Zwischenboden aus Brettern mit Lehm-, Schlacke- oder Sandfüllung) einbrachte. Infolge der Erhöhung des Flächengewichtes – allerdings nur zwischen den Balken – wurde auch eine gewisse Verbesserung erreicht, die jedoch den heutigen schalltechnischen Anforderungen keinesfalls genügt.
- **Zweischalige Holzbalkendecken** (Bild **11**.17b). Zweischalig ausgebildete Holzbalkendecken, bei denen die unterseitige Deckenbekleidung von der Balkenlage oder die oberseitige Deckenauflage von der Rohdecke entkoppelt sind, ergeben eine wesentliche Verbesserung des

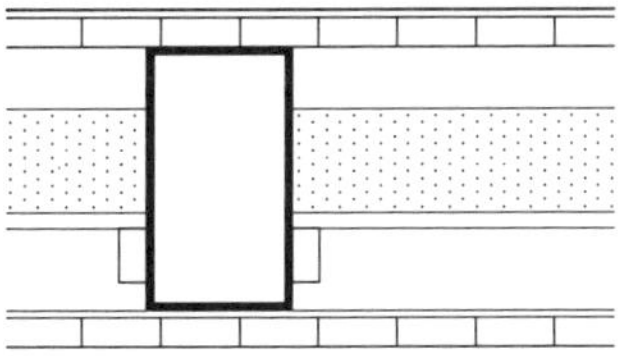

11.17a

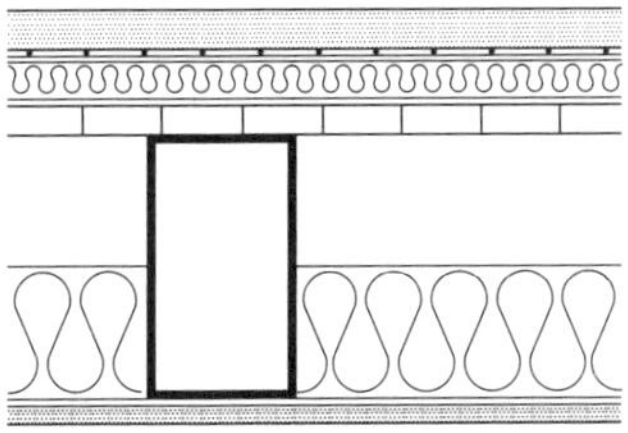

11.17b

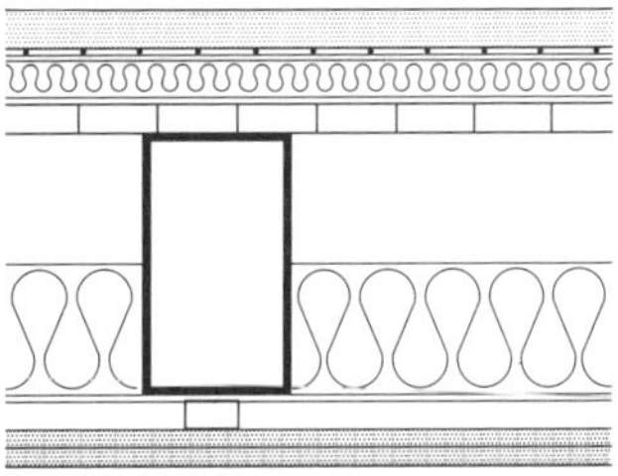

11.17c

11.17 Schematische Darstellung von ein- und mehrschaligen Holzbalkendecken
a) einschalige Holzdecke: Obere Beplankung und unterseitige Verkleidung mit den Tragbalken starr verbunden
b) zweischalige Holzdecke: Entkoppelung der oberseitigen Deckenauflage oder unterseitigen Deckenbekleidung von der Rohdecke
c) mehrschalige Holzdecke: Entkoppelung sowohl der Deckenauflage als auch der Deckenbekleidung von der Rohdecke

Schallschutzes im Vergleich zu den einschaligen Decken.

- **Mehrschalige Holzbalkendecken** (Bild **11**.17c). Erhöhter Schallschutz, so wie dies in Beiblatt 2 zu DIN 4109 und in DIN E 4109-10 gefordert wird, kann jedoch nur mit mehrschaligen Deckenkonstruktionen erzielt werden, bei denen sowohl die Deckenbekleidung als auch die Deckenauflage von der Rohdecke entkoppelt sind. Weitere Verbesserungen können noch mit oberseitigen Beschwerungen in Form von Betonplatten oder Waben-Sandschüttungen erzielt werden, sofern die Tragfähigkeit der Rohdecke dies zulässt (Bild **11**.20b).

Hohlraumdämpfung (Bild **11**.18a, b). Bei hoch gedämmten Bauteilen dringt der Schall zum Teil durch die Deckenhohlräume und muss dort absorbiert werden. Hierfür eignen sich Mineralwollematten nach DIN 18 165-1, Typ W oder WZ. Gänzlich ungeeignet sind dagegen Polystyrol-Hartschaumplatten.

Bei einer Mindest-Dämmstoffdicke von ≥ 50 mm wird die Mineralwolle wannenförmig (U-förmig), bei Dämmstoffdicken von ≥ 100 mm planeben zwischen die Holzbalken in die Gefache press eingefügt.

Ein Ausbetonieren der Gefache und das Aufbringen einer durchgehenden Estrichschicht unmittelbar auf die Rohdecke ist schalltechnisch falsch und nahezu wirkungslos.

Flankierende Bauteile. Die Luftschallübertragung zwischen zwei Räumen erfolgt sowohl über das trennende Bauteil (z. B. Decke) als auch über die flankierenden Bauteile (z. B. Wände). Die Schall-Längsübertragung hängt dabei sehr stark von der Art des flankierenden Bauteiles und der konstruktiven Anbindung der Trenndecke an die raumbegrenzenden Wände ab.

Dementsprechend wird in Beiblatt 1 zu DIN 4109 in schallschutztechnischer Hinsicht grundsätzlich unterschieden zwischen

- **Massivbauart mit biegesteifer Anbindung** des trennenden Bauteils an die flankierenden Bauteile (= direkte Schallübertragung bei Massivbauten, daher ist eine spezielle Flankendämmung erforderlich),
- **Skelett- und Holzbauart mit gelenkiger Anbindung** des trennenden Bauteils an die

11.18
Schematische Darstellung der Hohlraumdämmung bei Holzbalkendecken
a) Mineralwollematten nach DIN 18 165, ≥ 50 mm, U-förmige Verlegung im Gefach
b) Mineralwollematten nach DIN 18 165, ≥ 100 mm, press zwischen die Holzbalken eingefügt

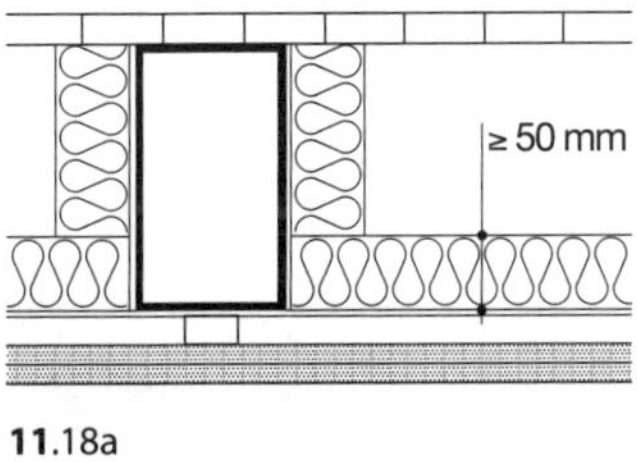

11.18a

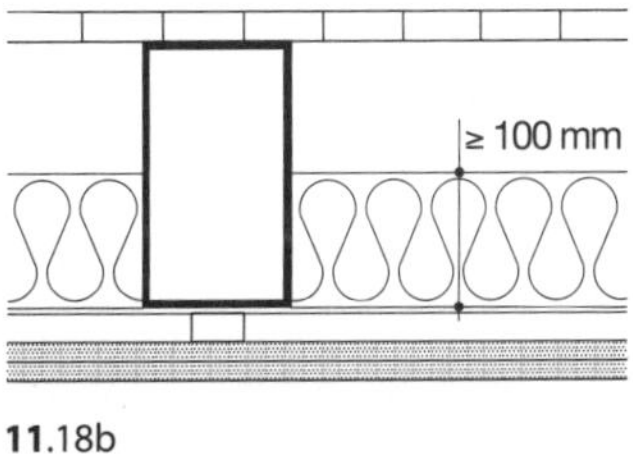

11.18b

flankierenden Bauteile (= vernachlässigbare Schallüberragung auf Grund trennender Fugen besonders bei Skelettbauten).

In Massivbauten ist die Schall-Längsleitung umso größer, je leichter die Wände sind. Daher müssen auch in Massivbauten mit Holzbalkendecken die flankierenden Wände eine möglichst große flächenbezogene Masse aufweisen oder durch eine biegeweiche Vorsatzschale (z. B. Gipskarton-Verbundplatte) verkleidet werden. Es macht keinen Sinn, nur die Schalldämmung der Holzbalkendecke zu verbessern und die der flankierenden Wände zu vernachlässigen.

Dagegen ist bei reiner Skelett- und Holzbauweise die Schall-Längsleitung des flankierenden Bauteils (z. B. biegeweiche Holzständerwand) relativ gering und kann weitgehend vernachlässigt werden.

Trittschallschutz von Holzbalkendecken

Da die Anforderungen an den Trittschallschutz bei Holzdecken stets schwieriger zu erfüllen sind als der geforderte Luftschallschutz, wird im folgenden nur der **Trittschallschutz** besprochen. Ist dieser erreicht, ist automatisch auch ein ausreichender Luftschallschutz vorhanden, sofern die angrenzenden Bauteile eine genügende Flankendämmung aufweisen. Alle konstruktiven Maßnahmen, die zu einer Verbesserung des Trittschallschutzes führen, bewirken immer auch eine Verbesserung der Luftschalldämmung.

Vergleicht man die schalldämmenden Verbesserungsmaßnahmen von Rohdecken im Massivbau mit denen im Holzbau, dann stellt man fest, dass

- schwere Massivdecken (für ausreichenden Trittschallschutz) mit relativ leichten schwimmenden Deckenauflagen oder weichfedernden Bodenbelägen versehen werden müssen,
- leichte Holzbalkendecken dagegen einen möglichst schweren Fußbodenaufbau benötigen, bei gleichzeitiger Entkoppelung der Schalen auf der Deckenober- und/oder Deckenunterseite.

Daraus ergibt sich, dass auf Massivdecken ermittelte Trittschallminderungen und deren Rechenwerte nicht auf den Holzbau übertragbar sind.

Rohdecke mit oberseitiger Deckenauflage

Während bei den Massivdecken seit langem bekannt ist, wie groß die schalldämmende Wirkung einer Deckenauflage sein kann, ist dies bei Holzbalkendecken erst in den letzten Jahren durch Untersuchungen der Entwicklungsgemeinschaft für Holzbau [12], [13], [14], deutlich geworden.

Deckenauflagen (Bild **11**.19a, b). Zur Verbesserung des Trittschallschutzes von Holzdecken werden in der Baupraxis schwimmend verlegte Deckenauflagen unterschiedlichster Art eingesetzt.

- **Mörtelestrich**. Die vorgenannten Untersuchungen haben ergeben, dass die Dämmwirkung eines Zementestrichs auf Holzbalkendecken wesentlich geringer ist als die eines gleich bemessenen Estrichs auf Massivdecken. Dort beträgt das Trittschall-Verbesserungsmaß etwa 30 dB, auf Holzbalkendecken aber lediglich etwa 15 bis 20 dB. Der Calciumsulfat-Fließestrich (Anhydritestrich) ist bei gleicher flächenbezogener Masse dem Zementestrich aus schalltechnischer Sicht ebenbürtig. Problematisch ist, dass ein frisch eingebrachter Fließestrich wesentlich mehr ungebundenes Wasser enthält als ein konventioneller Zementestrich.
- **Gussasphaltestrich**. Bei Gussasphaltestrich geht die Dämmwirkung auf Grund der geringeren flächenbezogenen Masse der Estrichplat-

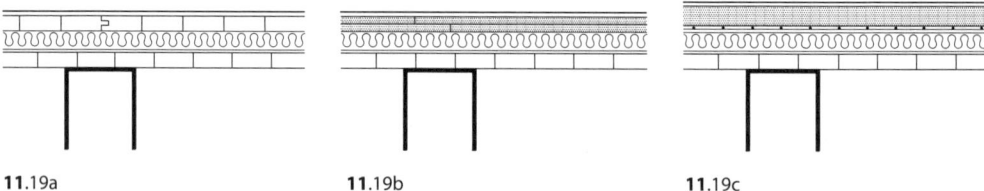

11.19a

11.19b

11.19c

11.19 Gebräuchliche Deckenauflagen für Holzbalkendecken
a) Holzspanplatten (25 mm) im Verbund mit Mineralwolleplatten (28/25 mm) auf Beplankung (22 mm) der Rohdecke
b) Gipsbauplatten (2 x 12,5 mm) im Verbund mit Mineralwolleplatten (28/25 mm)
c) Zementestrich (ZE 50 mm) schwimmend auf Mineralwolleplatten (28/25 mm)

te weiter zurück. Dieser Nachteil wird jedoch durch seine niedrige Körperschall-Leitfähigkeit (hohe innere Materialdämpfung) in akustischer Hinsicht voll ausgeglichen; außerdem bringt er keine Feuchte in das Bauwerk. Mit Gussasphaltestrichen können, je nach Steifigkeit der eingesetzten Dämmplatten, Trittschall-Verbesserungsmaße bis zu 15 dB auf Holzdecken erzielt werden.

- **Trockenestrich.** Wesentlich ungünstiger wird das Ergebnis, wenn im Bestreben nach trockenem Ausbau statt des Estrichs ein vollflächig schwimmender Fertigteilestrich (Trockenestrich) beispielsweise aus Gipskarton- oder Gipsfaserplatten, Holzspanplatten o. Ä. aufgebracht wird. Derartige Auflagen erbringen auf Holzdecken nur ein Trittschall-Verbesserungsmaß zwischen 7 und 10 dB. Daraus wird ersichtlich, dass ein Trockenestrich ohne Zusatzmaßnahmen – beispielsweise in Form einer Rohdecken-Beschwerungen oder federnd abgehängten Unterdecke – keinen befriedigenden Schallschutz bieten kann.

Rohdecken-Beschwerungen. Biegeweiche Beschwerungen mit möglichst hoher flächenbezogener Masse erhöhen die Trittschalldämmung leichter Holzdecken am eindeutigsten. In der Baupraxis haben sich besonders bewährt:

- **Betonplatten** (Bild **11**.20a), die je nach flächenbezogener Masse unterschiedliche Dämmwirkung zeigen. Die Plattengröße liegt üblicherweise bei 30 x 30 cm, mit Plattendicken zwischen 40 mm (100 kg/m²) und 60 mm (150 kg/m²).

  Eine derartige Beschwerung ist jedoch weitgehend wirkungslos, wenn die oberseitige Beplankung der Rohdecke undicht ist, wie dies bei Nut- und Federbrettern auf Grund der vielen offenen Fugen der Fall ist. Daher muss auf die Rohdecke zunächst eine Abdeckung in Form eines Kraftpapieres oder einer dampfdurchlässigen Glasvlies-Bitumendachbahn aufgebracht und darauf die Betonplatten mit einem Bitumenkaltkleber auf Lücke aufgeklebt werden. Eine lose Verlegung ist aus akustischer Sicht nicht ausreichend.

  Keinesfalls dürfen jedoch auf eine Holzdecke dampfbremsende Schichten – wie beispielsweise PE-Folien – verlegt werden, da es in Folge von Diffusion zu einer Feuchteanreicherung kommen könnte, die im Laufe der Zeit das darunter liegende Holzwerk zerstören würde. Vgl. hierzu auch Abschn. 11.3.7.2, Fertigteilestriche.

- **Sandschüttung in Pappwaben** (Bild **11**.20b). Sandschüttungen ergeben nach [14] bei gleicher flächenbezogener Masse bessere Dämmwerte als Plattenbeschwerungen, da durch sie eine zusätzliche Bedämpfung der Schwingungen erreicht wird. Die Schüttung muss trocken sein, außerdem ist bei allen Konstruktionen ein geeigneter Rieselschutz vorzusehen.

  Um ein Wandern der Sandschüttung beim Begehen des Bodens zu verhindern, muss diese in geeigneter Form gefasst sein. Es bieten sich der Einsatz von fertigen Sandmatten und die Sandschüttung in Pappwaben an.

  Bei der letztgenannten Fassung werden etwa 30 mm hohe Kartonwabenelemente – unterseitig mit einem Kraftpapier als Rieselschutz kaschiert – vollflächig auf die Beplankung der Rohdecke verlegt und anschließend trockener Sand in die Wabenauslassungen eingebracht. Pappwabenschüttungen sind nach dem Verfüllen sofort belastbar und müssen nicht nachverdichtet werden. Auf Grund ihres relativ günstigen Gewichtes (45 bis 75 kg/m²) – je nach Wabenhöhe und Schüttgutqualität auch wesentlich darüber – eignen sie sich auch für den Einsatz in Altbauten, sofern das Traglastvermögen der Holzdecken dies zulässt.

Weichfedernde Bodenbeläge. Weichfedernde Gehbeläge verbessern die Trittschalldämmung auf Holzdecken weniger wirksam als auf Massivdecken. Sie werden in ihrer Wirkung auf Holzbalkendecken häufig überschätzt, da sie nur

11.20
Rohdecken-Beschwerungen mit Betonplatten oder Pappwaben-Sandschüttung
a) Betonplatten (300 x 300 x 40 bis 60 mm) mit Bitumen-Kaltkleber auf Lücke verklebt (bei offenen Bretterfugen zusätzlich noch mit Kraftpapier-Abdeckung o. Ä.)
b) Biegeweiche Sandschüttung in Pappwaben (30 bis 40 mm dick) mit unterseitigem Rieselschutz (z. B. Kraftpapier) auf Rohdecke lose aufgelegt

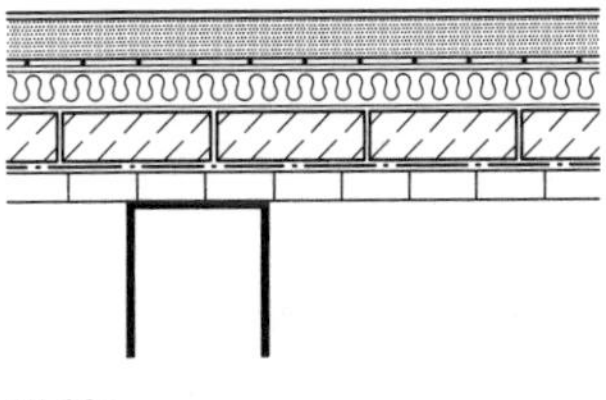

11.20a

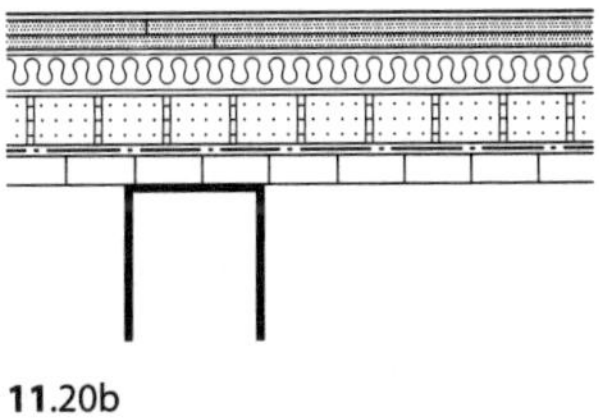

11.20b

die hochfrequentierten Geräuschanteile des Trittschalls reduzieren.

Wie Tabelle **11**.14 verdeutlicht, dürfen weichfedernde Bodenbeläge nach DIN 4109 zum Nachweis des baurechtlich vorgeschriebenen Mindest-Trittchallschutzes von Wohnungstrenndecken nur in bestimmten Fällen herangezogen werden, da beispielsweise Teppichbeläge durch nachfolgende Nutzer ausgewechselt werden könnten. So ist bei Wohnungstrenndecken in Gebäuden mit mehr als 2 Wohnungen darauf zu achten, dass die Anforderungen an den normalen Trittschallschutz von der Decke **ohne** Berücksichtigung des Gehbelags eingehalten werden.

Rohdecke und unterseitige Deckenbekleidung

Die Schalldämmung einer Holzdecke ist umso besser, je weichfedernder die unterseitige Deckenbekleidung an der Balkenlage befestigt und je biegeweicher und dichter diese untere Schale ausgebildet ist.

- **Konterlattung.** Bereits das unterseitige Anbringen einer Lattung quer zur Balkenlage und die damit verbundene Reduzierung der Verbindungsfläche mindert die vertikale Schallübertragung wesentlich.
- **Federbügel** (Bild **11**.21a). Noch bessere schalltechnische Ergebnisse werden erzielt, wenn die Querlatten mit Federbügeln und zwischengelegten Mineralwollestreifen an den Balken befestigt werden.
- **Federschiene** (Bild **11**.21b). Eine ähnlich gute schallmäßige Entkoppelung wird mit Federschienen erreicht. Sowohl Federbügel als auch Federschienen sind korrekt zu montieren, wobei die Befestigungsschrauben nicht fest angezogen werden dürfen. Wichtig ist, dass die Federschienen nicht press, sondern mit einem Spiel von etwa 1 mm am Holzbalken befestigt sind.

Als Bekleidungsmaterialien für die Deckenunterseite kommen vor allem Gipskarton- und Gipsfaserplatten in Frage. Untersuchungen haben ergeben, dass sich einlagige Bekleidungen aus ≥ 20 mm dicken und damit relativ biegesteifen Platten schalltechnisch nicht bewährt haben. Bessere Ergebnisse werden mit Aufdoppelungen (z. B. 2 x 12,5 mm dicken Gipskartonplatten) erzielt. Die beiden fugenversetzt anzubringenden Lagen dürfen jedoch nicht miteinander verklebt, sondern nur punktweise verschraubt und damit biegeweich miteinander verbunden werden. Auch verputzte Rohr- und Drahtgewebe sind als noch ausreichend biegeweich zu bezeichnen.

Schalltechnisch wesentlich ungünstiger verhalten sich – auf Grund der vielen offenen Fugen – Bekleidungen mit Nut- und Feder-Brettern. Profilholz-Bekleidungen sollten daher immer auf einer Lage Holzspanplatten oder Gipskartonplatten montiert werden. Entsprechende Befestigungstechniken s. Abschn. 14.5.3.2.

Deckenkonstruktionen

Die nachstehenden Bilder zeigen beispielhaft Holzbalkendecken mit unterschiedlich ausgebildeten Deckenauflagen und federnd abgelösten Deckenbekleidungen, die jeweils ganz bestimmte Vor- und Nachteile aufweisen.

In der Baupraxis sind neben der Schalldämmung häufig auch noch brandschutztechnische Anforderungen, Tragfähigkeitsprobleme bei Altdecken sowie andere bauliche Besonderheiten zu berücksichtigen.

Es ist daher sinnvoll auf geprüfte Deckenkonstruktionen zurückzugreifen. Sowohl schall- als auch brandschutztechnisch erprobte Konstruktionen sind den Firmenunterlagen [15], [16], [17] und der weiterführenden Spezialliteratur [14], [18], [19] zu entnehmen.

Bild 11.22a zeigt eine Regelkonstruktion mit schwimmend verlegtem Zementestrich und zweilagiger GK-Deckenbekleidung unterseitig an Federschienen befestigt. Zu beachten ist, dass auch hier Randdämmstreifen entlang aller angrenzenden Bauteile sowie Dämmschalen an Rohrdurchführungen u. Ä. einzubauen sind. Auch alle Zwischenräume – vor allem zwischen Wand und Streichbalken – müssen mit Mineralwolle satt ausgestopft und gegebenenfalls an passen-

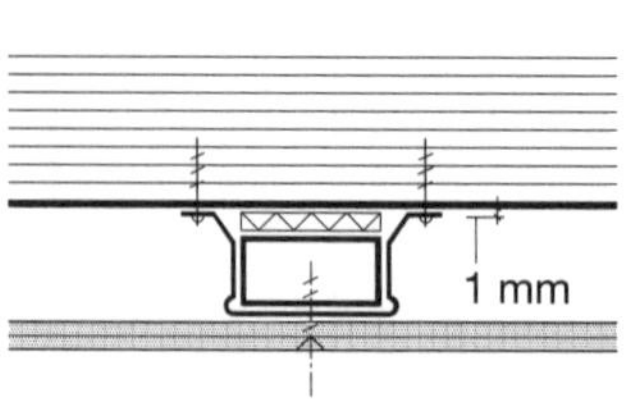

11.21a

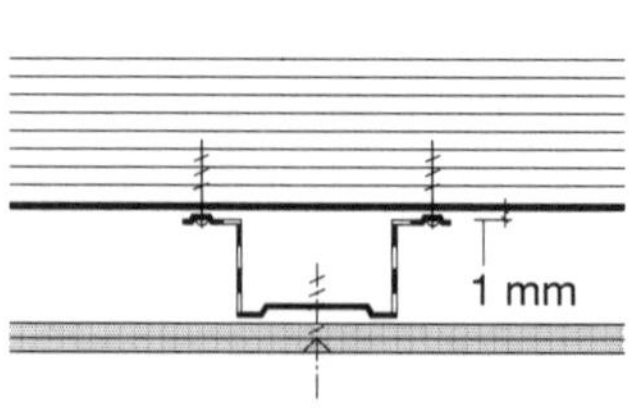

11.21b

11.21

Entkoppelung der Deckenbekleidung von der Rohdecke

a) Befestigung über Federbügel mit Holzlattung (24/48 mm) und zwischengelegtem Dämmstreifen
b) Befestigung über Federschiene mit Abstand von 1 mm zum Holzbalken

der Stelle noch vorkomprimierte Schaumstoffbänder als zusätzliche Dichtung vorgesehen werden. Die unterseitige Deckenbekleidung ist mit versetzten Plattenfugen möglichst dicht auszubilden und elastoplastisch an die angrenzenden Bauteile anzuschließen.

Bild 11.22b weist auf der Deckenoberseite einen schwimmend verlegten Fertigteilestrich aus GK-Bauplatten mit einer zusätzlichen Beschwerung aus Pappwaben-Sandfüllung auf, da ein Trockenestrich allein – d. h. ohne Zusatzmaßnahmen – keinen befriedigenden Schallschutz bietet. Unterseitig ist die GK-Deckenbekleidung an Federbügeln befestigt.

Bild 11.22c zeigt eine Konstruktion mit auf die Rohdecke aufgeklebten Betonsteinen und schwimmend verlegtem Fertigteilestrich. Derart ausgebildete Deckenauflagen genügen hohen schallschutztechnischen Anforderungen, so dass Decken mit unterseitig sichtbaren Holzbalken möglich sind. Weiterentwicklungen sind in dieser Richtung zu erwarten. Dabei gilt es jedoch zu beachten, dass in Altbauten damit häufig die Grenze der statischen Belastbarkeit von Holzdecken und oftmals auch die überhaupt mögliche Einbauhöhe der Deckenauflage überschritten wird. Deshalb müssen bereits bei der Planung die vorhandenen und oftmals nicht zu ändernden Treppenan- und Treppenaustritte, lichten Türhöhen, Brüstungshöhen u. Ä. berücksichtigt werden.

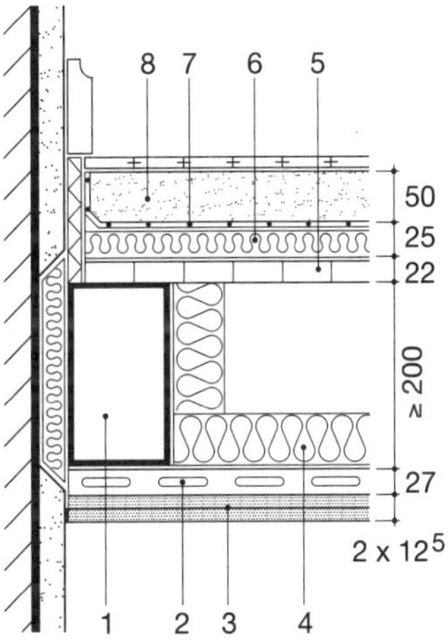

11.22a

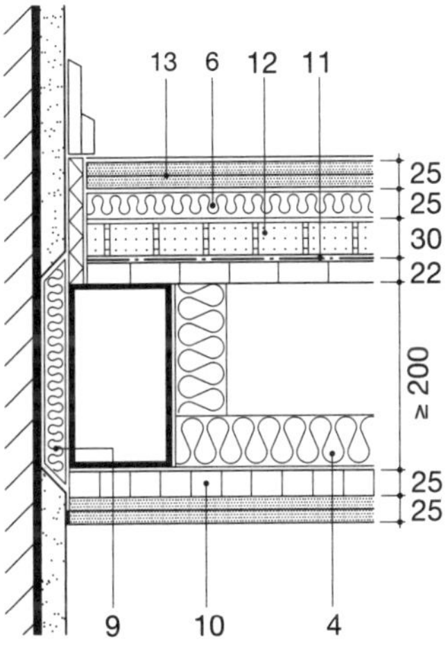

11.22b

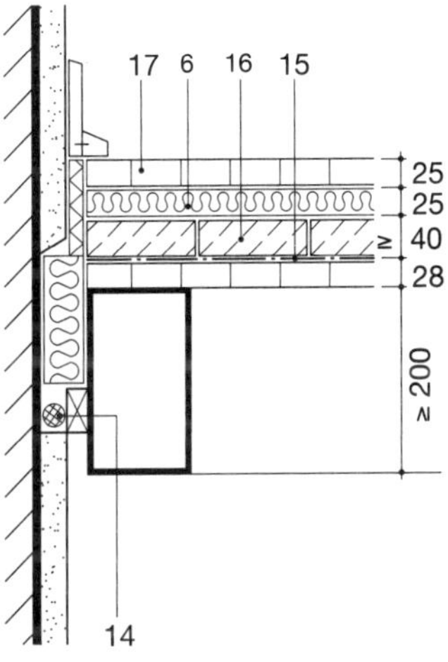

11.22c

11.22 Konstruktionsbeispiele mehrschalig aufgebauter Holzbalkendecken mit erhöhtem Schallschutz

a) Zementestrich schwimmend verlegt, unterseitige Deckenbekleidung über Federschiene an der Holzdecke befestigt

b) Fertigteileestrich aus GK-Bauplatten schwimmend verlegt auf Rohdecken-Beschwerung (Sandschüttung in Pappwaben), Deckenbekleidung über Federbügel an der Holzdecke befestigt

c) Fertigteilestrich aus Holzspanplatten schwimmend verlegt auf Rohdecken-Beschwerung (Betonplatten) mit unterseitig sichtbaren Holzbalken

1 Holzbalken (≥ 100 x 200 mm)
2 Federschiene
3 Gipskartonplatten (2 x 12,5 mm)
4 Hohlraumdämpfung (Mineralwollematten)
5 Holzspanplatten mit Nut- und Feder (Rohdecken-Beplankung)
6 Trittschalldämmplatten (z.B. Mineralwolleplatten 25/20 mm, Typ T oder TK)
7 Abdeckung (z. B. PE-Folie 0,1 mm)
8 Zementestrich (z. B. 50 mm)
9 Mineralwolle zwischen Wand und Streichbalken (Randfuge satt ausgestopft)
10 Federbügel mit Holzlattung und Dämmstoffstreifen
11 Rieselschutz (z. B. Kraftpapier)
12 Sandschüttung in Pappwaben (Rohdecken-Beschwerung)
13 Fertigteilestrich aus GK-Bauplatten (2 x 12,5 mm)
14 vorkomprimiertes Dichtstoffband (zusätzliche Abdichtung der Randfuge)
15 Kaltbitumenkleber (bei offenen Bretterfugen zusätzlich noch mit Kraftpapier-Abdeckung o. Ä.)
16 Betonplatten mit offenen Fugen verklebt (Rohdecken-Beschwerung)
17 Fertigteilestrich aus OSB-Holzspan-Verlegeplatten

11.3.4 Wärmeschutz und Energie-Einsparung

Allgemeines

Der Wärmeschutz und die Energie-Einsparung im Hochbau umfassen alle Maßnahmen, die zur Verringerung der Wärmeübertragung durch die Umfassungsflächen eines Gebäudes und durch die Trennflächen von Räumen mit unterschiedlichen Temperaturen führen.

DIN 4108 – Mindestanforderungen an den Wärmeschutz

Die DIN 4108-2 (Ausg. 03.01) legt Mindestanforderungen an die Wärmedämmung von Bauteilen und an Wärmebrücken in der Gebäudehülle fest. Bei Erfüllung dieser Mindestanforderungen – die bei keinem Bauteil unterschritten werden dürfen – soll den Bewohnern ein hygienisches und behagliches Raumklima sowie ein dauerhafter Schutz der Baukonstruktion vor klimabedingten Feuchteeinwirkungen gesichert werden (bauphysikalischer Aspekt). Eine erhöhte Einsparung von Heizenergie wird dadurch nicht erreicht.

Wärmeschutzverordnung (1955)

Diese Verordnung über einen energiesparenden Wärmeschutz enthält die maßgebenden gesetzlichen Forderungen, nach denen der bauliche Wärmeschutz in der Praxis auszuführen ist. Damit soll der Energieverbrauch und die Kohlendioxid (CO_2-) Emissionen von Heizanlagen um bis zu 25 % verringert und die Bewirtschaftungskosten insgesamt gesenkt werden (energietechnische- ökologische-ökonomische Aspekte). S. hierzu auch Abschn. 16.5.

11

Zwei Nachweisverfahren stehen zur Wahl.

- **Energiebilanzverfahren**. Die Wärmeschutzverordnung verlangt den Nachweis, dass der voraussichtliche Jahres-Heizwärmebedarf eines Gebäudes einen vorgegebenen Grenzwert nicht überschreitet. Diese Forderung bedingt ein Nachweisverfahren, in das unter anderem die Gebäudegeometrie (Verhältnis A/V), die Wärmedurchgangskoeffizienten der Bauteile (k-Werte), die Zahl der Heizgradtage im Jahr eingehen. Darüber hinaus werden bei dem sog. Energiebilanzverfahren sowohl die Energieverluste über die Außenbauteile und durch Lüftung als auch mögliche Energiegewinne durch Sonneneinstrahlung (Glasflächen) und aus internen Wärmequellen (Geräte, Leuchten) eingerechnet.

  Wesentliche Ergebnisse dieses rechnerischen Nachweises sind in einem Wärmebedarfsausweis festzuhalten. Dieser sog. Wärmepass vermittelt somit Behörden, Nutzern und Erwerbern ein Höchstmaß an Transparenz über die energierelevanten Eigenschaften eines Gebäudes.

- **Bauteilverfahren**. Dieses vereinfachte Nachweisverfahren darf nur für kleinere Wohngebäude mit maximal zwei Vollgeschossen und höchstens drei Wohneinheiten angewendet werden. Das Bauteilverfahren stellt konkrete Anforderungen an die Wärmedurchgangskoeffizienten **k** einzelner Bauteile. Die in Tabelle **11**.24 genannten Werte sind in jedem Fall einzuhalten.

  Begrenzung des Wärmedurchgangs bei Flächenheizungen. Bei Flächenheizungen (Fußbodenheizungen) darf der Wärmedurchgangskoeffizient der Bauteilschichten zwischen der Heizfläche und der Außenluft, dem Erdreich oder Gebäudeteilen mit wesentlich niedrigeren Innentemperaturen den Wert 0,35 W/m^2K nicht überschreiten. Daraus ergibt sich – unabhängig von der Lage der Flächenheizung im Gebäude – eine einheitliche Anforderung.

Bei beiden Nachweisverfahren sind ausschließlich die in DIN V 4108-4 (Ausg. 10.98) festgelegten wärme- und feuchteschutztechnischen Kennwerte (Rechenwerte der Wärmeleitfähigkeit von Bauteilschichten) oder die im Bundesanzeiger bekanntgegebenen Stoffwerte einzusetzen. Werden an ein Bauteil Forderungen sowohl nach der Wärmeschutzverordnung als auch nach DIN 4108 gestellt, so ist immer die weitestgehende Forderung maßgebend. S. hierzu auch Abschn. 16.5.7.

Begriffsbestimmung. Für die Anwendung und zum besseren Verständnis der hier angesprochenen Normen und Verordnungen gelten folgende Begriffe:

- **Heizwärmeverbrauch** eines Gebäudes. Darunter versteht man rechnerisch ermittelte Wärmeeinträge über ein Heizsystem, die zur Aufrechterhaltung einer bestimmten mittleren Raumtemperatur in einem Gebäude benötigt werden.
- **Heizenergiebedarf** eines Gebäudes. Hierbei handelt es sich um eine berechnete Energiemenge, die dem Heizsystem des Gebäudes zugeführt werden muss, um den Heizwärmebedarf abdecken zu können. Das heißt, die Verluste durch die technischen Anlagen (z. B. Heizung und Warmwasseraufbereitung) werden mit berücksichtigt.
- **Heizenergieverbrauch** eines Gebäudes. Darunter versteht man einen über eine bestimmte Zeitspanne gemessenen Wert an Heizenergie, der zur Aufrechterhaltung einer bestimmten Temperatur erforderlich ist. Er entsteht bei der Beheizung des realen Gebäudes unter realen Randbedingungen und hängt somit sehr stark vom Nutzerverhalten und von den jährlich schwankenden Außentemperaturen ab.

  Hinweis. Der Heizwärmebedarf eines Gebäudes nach DIN V 4108-6 ist nicht identisch mit dem Norm-Wärmebedarf nach DIN 4701 „Regeln für die Berechnung des Wärmebedarfs von Gebäuden" – der zur Auslegung der Heizeinrichtungen dient. Auf die weiterführende Spezialliteratur [20] wird verwiesen.

Energieeinsparverordnung (2002)

Die Energieeinsparverordnung – voraussichtliche Einführung 2002 – wird die Wärmeschutzverordnung 1995 ablösen. Damit soll in den nächsten Jahren eine Senkung der CO_2-Emissionen und weitere Reduzierung des Heizwärmebedarfes bei Neubauten um etwa 25 % gegenüber 1990 erreicht werden.

In der Energieeinsparverordnung wird die Wärmeschutzverordnung 1995 und Heizanlagenverordnung 1998 zusammengefasst. Während bisher Anforderungen an den Jahres-Heizwärmebedarf gestellt wurden (WSVO '95) soll nunmehr in der

Energieeinsparverordnung das Anforderungsniveau am Jahres-Heizenergiebedarf – unter Einbeziehung der Primärenergie und Anlagentechnik – ausgerichtet werden. Der Jahres-Heizenergiebedarf schließt darüber hinaus auch Aufwendungen für die Warmwasserbereitung sowie Wärmeverluste des Heizsystems und der raumlufttechnischen Anlage mit ein und umfasst somit ganzheitlich den Energiebedarf eines Gebäudes.

Zur Berechnung des Jahres-Energiebedarfs wird DIN EN 832 herangezogen unter Berücksichtigung der nationalen Bedingungen gemäß DIN V 4108-6. Eine weitere Änderung betrifft die Bezeichnung der Kenngrößen. So werden unter anderem beispielsweise k-Werte in Zukunft europaeinheitlich als U-Werte bezeichnet.

Einzelheiten über Wärmeschutz und Energie-Einsparung im allgemeinen sowie Rechenbeispiele mit den entsprechenden Rechenwerten sind Abschn. 16.5 zu entnehmen.

Ausführungsbeispiele wärmegedämmter Böden und Decken

Bei der Dämmung von Böden und Decken muss grundsätzlich zwischen Wärme- und Schallschutz-Maßnahmen unterschieden werden. In Abhängigkeit zur jeweiligen Lage der Decke im Gebäude ergeben sich daraus unterschiedliche wärme- und/oder schallschutztechnische Anforderungen (Bild **11**.23).

Die wichtigsten bauteilbezogenen Ausführungsbeispiele wärmegedämmter Böden und Decken werden nachstehend – unter Bezug auf Tabelle 11.24 und Bild 11.25 – kurz erläutert.

Unterer Abschluss nicht unterkellerter Aufenthaltsräume
(Zeile 1, Tabelle **11**.24 sowie Bild **11**.25a und b)

Unmittelbar an das Erdreich grenzende Bodenplatten von Aufenthaltsräumen müssen gut gedämmt sein, um vor allem Wärmeverluste nach unten zu verhindern und Tauwasserbildung auf oder innerhalb des Fußbodenaufbaues zu vermeiden. Trittschallschutzmaßnahmen sind wegen möglicher Schallübertragung in andere Räume erforderlich.

Außerdem ist immer auch eine Abdichtung gemäß DIN 18 195 gegen von außen eindringende Feuchtigkeit vorzusehen. Wie die Bilder **11**.25a und b zeigen, können die notwendigen Wärmedämmschichten sowohl oberhalb als auch unterhalb der Abdichtungsebene liegen.

- **Dämmschichten oberhalb der Abdichtungsebene.** Bei der Dämmschichtanordnung oberhalb der Abdichtung ist neben der Wärmedämmung immer auch ein ausreichender Trittschallschutz einzuplanen, um eine Schall-Längsleitung über flankierende Bauteile zu minimieren. Dies wird am wirksamsten mit einem schwimmenden Estrich erreicht. Auf Grund der erhöhten Anforderungen durch die Wärmeschutzverordnung (1995) – zukünftig Energieeinsparverordnung – und der sich daraus ergebenden Dämmschichtdicke von bis zu 120 mm, empfiehlt sich eine zweilagige Ausführung, d. h. die kombinierte Verlegung von Trittschall- und Wärmedämmplatten (Anwendungstypen T und WD). Dabei soll die weichere Trittschalldämmplatte immer unten, auf der Bodenabdichtung, in einer Nenndicke unter Belastung von etwa 20 mm (25/20 mm) liegen. Darüber ist die Wärmedämmplatte in erforderlicher Dicke anzuordnen. Besonders geeignet sind Dämmstoffe, die möglichst wenig Feuchte aufnehmen und verrottungsfest sind (z. B. PS-Hartschaumplatten).
  Da bei erdberührten Fußbodenkonstruktionen – vor allen in beheizten Untergeschossräumen – eine verstärkte Wasserdampfdiffusion von unten nach oben oder von oben nach unten stattfinden kann (Temperaturunterschiede bis zu 15 °C) sind stark dampfdurchlässige Dämmmaterialien (z. B. Mineralfaserplatten) nur in Verbindung mit einer stark dampfbremsenden Schicht einsetzbar. Einzelheiten hierzu sind dem Abschnitt „Tauwasserbildung in Fußbodenkonstruktionen" sowie Bild **11**.3 mit Fußnote zu entnehmen.
- **Dämmschichten unterhalb der Abdichtungsebene.** Bei erdberührten Bauteilen kann die erforderliche Wärmedämmung auch außerhalb der Bauwerksabdichtung angeordnet sein, wobei die notwendige Trittschalldämmung raumseitig durch einen schwimmenden Estrich erreicht wird. Diese Art des Wärmeschutzes im Erdreich bezeichnet man als **Perimeterdämmung**. Die notwendige Abdichtungsebene kann entweder unter – d. h. unmittelbar auf den Dämmplatten – oder über der Bodenplatte angeordnet werden.

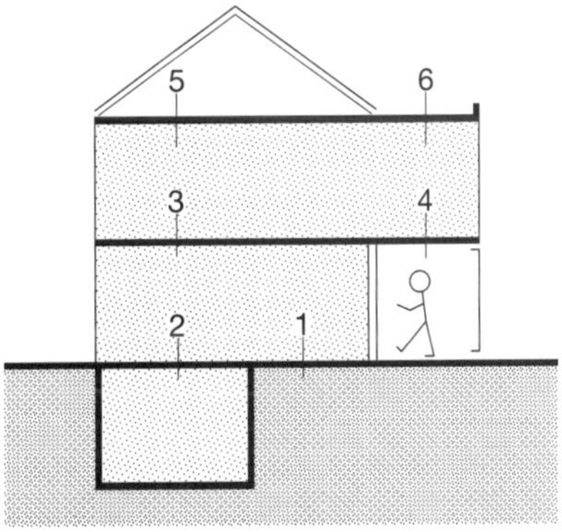

11.23
Bauteilbenennung und Darstellung der Lage von Böden und Decken im Gebäude an die wärme- und/oder schallschutztechnische Anforderungen gestellt wurden. Vgl. hierzu auch Tab. **11**.24 u. Bild **11**.25.

1 Unterer Abschluss nicht unterkellerter Aufenthaltsräume (unmittelbar an das Erdreich grenzend)
2 Kellerdecken (Decken gegen unbeheizte Räume)
3 Wohnungstrenndecken und Decken zwischen fremden Arbeitsräumen
4 Decken, die Aufenthaltsräume nach unten gegen die Außenluft abgrenzen
5 Decken unter nicht ausgebauten Dachräumen
6 Decken, die Aufenthaltsräume nach oben gegen die Außenluft abgrenzen (z. B. Decken unter Terrassen) bleiben hier unberücksichtigt

Nach DIN 4108-2 dürfen bei der Berechnung des Wärmedurchlasswiderstandes jedoch nur die Schichten herangezogen werden, die raumseitig (oberhalb) der Bauwerksabdichtung liegen, da übliche Dämmstoffe ihre Wärmedämmfähigkeit unter Feuchteeinfluß größtenteils einbüssen. Für die Perimeterdämmung sind daher nur Dämmstoffe geeignet und zugelassen (allgemeine bauaufsichtliche Zulassung durch das Deutsche Institut für Bautechnik, Berlin), für die der Nachweis erbracht wurde, dass sich ihre Eigenschaften im eingebauten Zustand unter den vorgesehenen Bedingungen auch über einen langen Zeitraum hinweg nicht nachteilig verändern. Es eignen sich vor allem extrudierte PS-Hartschaumplatten und Schaumglas, bei denen nahezu keine Feuchtigkeitsaufnahme zu verzeichnen ist.

Kellerdecken (Decken gegen unbeheizte Räume)
(Zeile 2, Tabelle **11**.24 sowie Bild **11**.25c und d)

Die Raumtemperaturen in unbeheizten Kellerräumen liegen im Winter bei etwa 10 °C und im Sommer bei etwa 15 °C. Dadurch entsteht zwischen den Räumen des Erd- und Kellergeschosses ein Wärmegefälle, so dass die Kellerdecke nach der Wärmeschutz- bzw. Energieeinsparverordnung wie eine Gebäudehüllfläche eingestuft wird. Auch der bei einer Flächenheizung (Fußbodenheizung) gegenüber Kalträumen vorgegebene Wärmedurchgangskoeffizient der Bauteilschichten in Höhe von maximal 0,35 W/m²K ist einzuhalten.

Kellerdecken können auf der Oberseite und/oder Unterseite gedämmt werden. Es ist von Fall zu Fall abzuwägen, ob die Dämmschichten nur oberseitig in Form eines schwimmenden Estrichs (= kombinierte, zweilagige Verlegung von Trittschall- und Wärmedämmplatten) oder beidseitig der Kellerdecke (= oberseitig Trittschalldämmung, unterseitig Wärmedämmung) angebracht werden sollen.

Wärmedämmplatten auf der Unterseite der Kellerdecke werden entweder vor dem Betonieren der Massivdecke auf die Schalung gelegt und anbetoniert oder nachträglich durch Kleben, Dübeln o. Ä. als Deckensichtplatten angebracht. Dabei sind immer auch das Brandverhalten der Dämmstoffe sowie die bauaufsichtlichen Vorschriften bezüglich des vorbeugenden Brandschutzes zu beachten.

Tabelle **11**.24 Auszüge aus DIN 4108-2 und der Wärmeschutzverordnung (1995)[1)] mit Angabe der erforderlichen Dämmschichtdicken bei Anwendung des Bauteilverfahrens. S. hierzu auch Bild **11**.23 und Bild **11**.25

Zeile	Bauteil	DIN 4108 (Ausg. 1981) Wärmedurchlasswiderstand $\frac{1}{\Lambda}$ in m²/K/W	Wärme durchgangskoeffizient in W/m² K	3. Wärmeschutzverordnung (1955) Wärmedurchgangskoeffizient *k* (nach dem Bauteilverfahren)[2)] in W/m² K	erforderliche Dicke der Dämmschicht[3)] (nach dem Bauteilverfahren) in mm
1	Unterer Abschluss nicht unterkellerter Aufenthaltsräume (unmittelbar an das Erdreich grenzend)	≧ 0,90	≦ 0,93	≦ 0,35[4)]	≧ 105
2	Kellerdecken (Decken gegen unbeheizte Räume)	≧ 0,90	≦ 0,81	≦ 0,35	≧ 100
3	Wohnungstrenndecken und Decken zwischen fremden Arbeitsräumen	≧ 0,35	≦ 1,45	keine Anforderung für Decken zwischen beheizten Räumen	≧ 35[5)]
4	Decken, die Aufenthaltsräume nach unten gegen die Außenluft abgrenzen	≧ 1,75	≦ 0,51	≦ 0,22	≧ 170
5	Decken unter nicht ausgebauten Dachräumen	≧ 0,90	≦ 0,90	≦ 0,22	≧ 170

1) Die neue Energieeinsparverordnung (EnEV) ist am 01.02.2002 in Kraft getreten und zu beachten. Sie löst die Wärmeschutzverordnung aus dem Jahre 1995 ab. Die diesbezügliche europäische Normgebung ist noch nicht in allen Teilen abgeschlossen. Einzelheiten hierzu sind den Abschnitten 11.5 und 12.4, Normen, sowie Abschn. 16.5, Wärmeschutz, zu entnehmen.

2) Das Bauteilverfahren gilt als vereinfachtes Nachweisverfahren nur für kleine Wohngebäude mit maximal zwei Vollgeschossen und höchstens drei Wohneinheiten. Bei größeren Bauwerken ist der Nachweis des Jahres-Heizwärmebedarfes zu erbringen (Energiebilanzverfahren).

3) Berechnungsgrundlagen: Stahlbetondecke $d = 16$ cm, Dämmstoff der Wärmeleitfähigkeitsgruppe 040, Zementestrich $d = 4$ cm, PVC-Belag

4) Bei Flächenheizungen (Fußbodenheizungen) darf der *k*-Wert zwischen der Heizfläche und dem Erdreich bzw. Gebäudeteilen mit wesentlich niedrigeren Innentemperaturen den Wert 0,35 W/m² K nicht überschreiten.

5) Schallschutz maßgebend

11

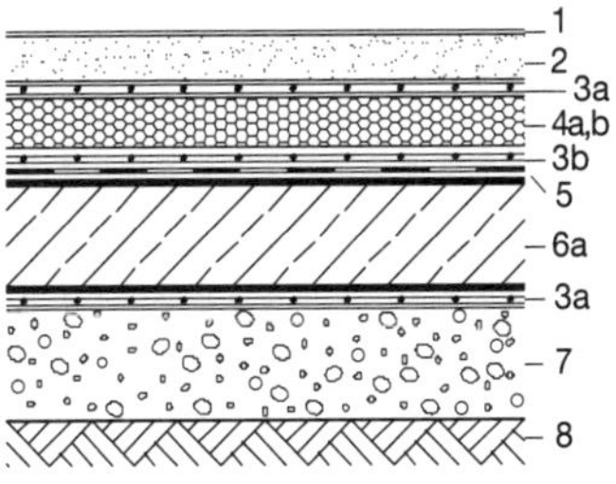

11.25a

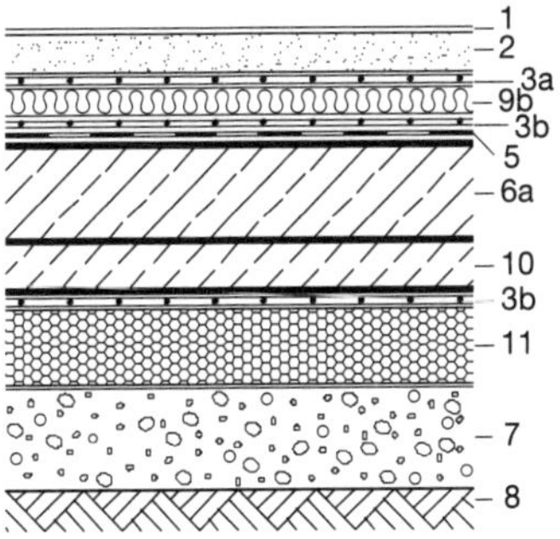

11.25b

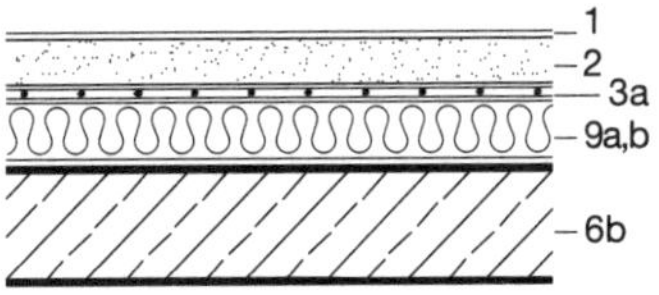

11.25c

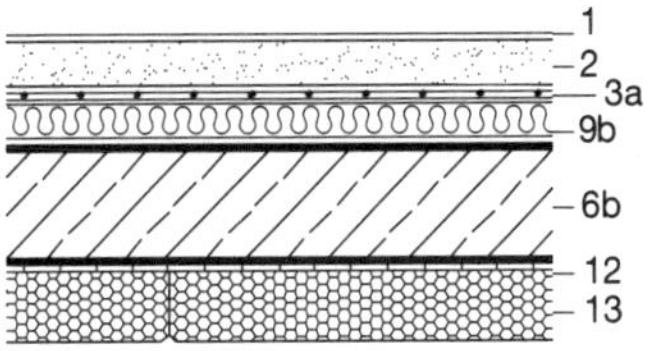

11.25d

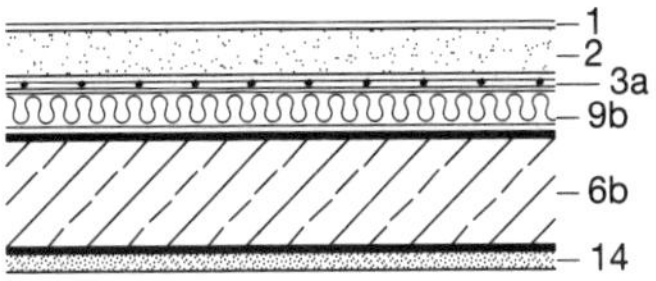

11.25e

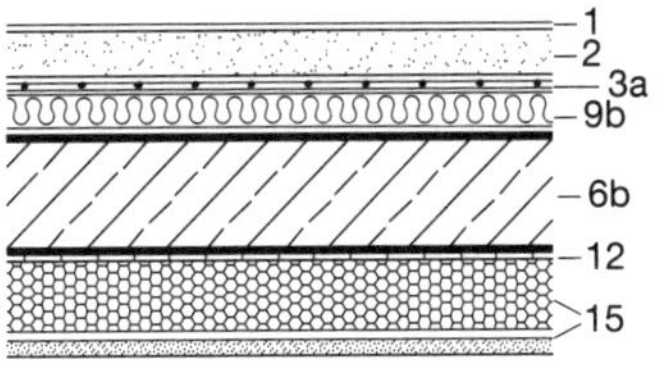

11.25f

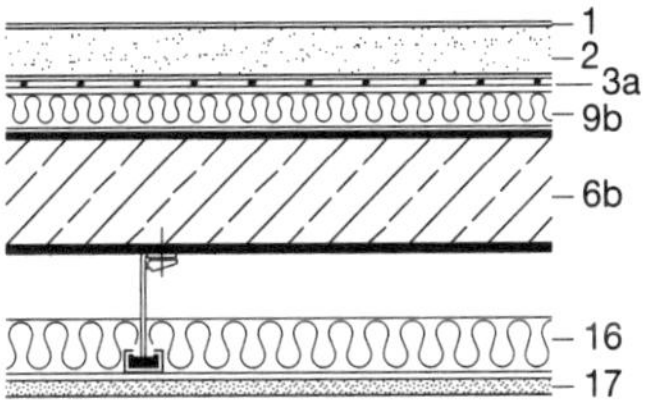

11.25g

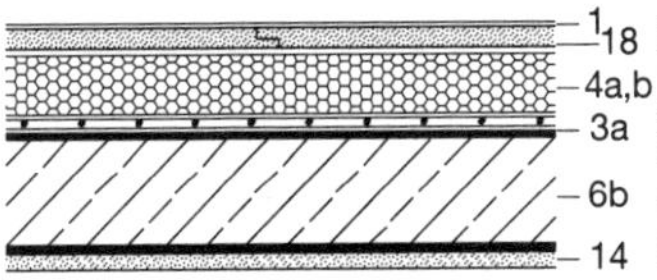

11.25h

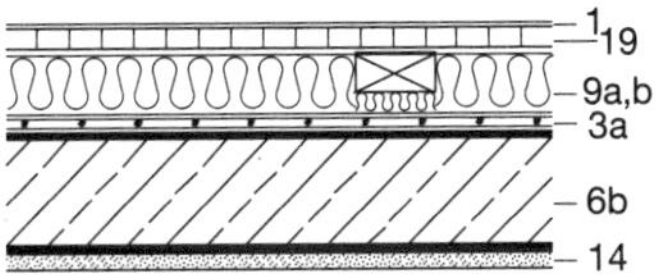

11.25i

11.25 Schematische Darstellung der wärme- und/oder schallschutztechnischen Maßnahmen, die je nach Lage des Bodens oder der Decke im Gebäude erforderlich sind. Vgl. hierzu auch Bild **11**.23 und Tabelle **11**.24.

a) und b) Unterer Abschluss nicht unterkellerter Aufenthaltsräume (unmittelbar an das Erdreich grenzend)
c) und d) Kellerdecken (Decken gegen unbeheizte Räume)
e) Wohnungstrenndecken und Decken zwischen fremden Aufenthaltsräumen
f) und g) Decken, die Aufenthaltsräume nach unten gegen die Außenluft abgrenzen
h) und i) Decken unter nicht ausgebauten Dachräumen

1 Bodenbelag
2 Mörtelestrich
3a Abdeckung (z. B. PE-Folie 0,1 mm, einlagig)
3b Gleitschicht / Dampfbremse (z. B. PE-Folie 0,2 mm, zweilagig)
4a Wärmedämmung (z. B. PS-Hartschaumplatten).
4b Trittschalldämmung (z. B. elastifizierte PS-Hartschaumplatten)
5 Abdichtung aus Bitumen-Dichtungsbahnen (Kunststoff-Dichtungsbahnen)
6a Bodenplatte (bewehrt)
6b Geschossdecke
7 Sauberkeitsschicht (z. B. Kies-/Sandbett)
8 Erdreich
9a Wärmedämmung (z. B. Mineralwolleplatten)
9b Trittschalldämmung (z. B. Mineralwolleplatten)
10 Schutzbeton (Sauberkeitsschicht)
11 Perimeterdämmung; bauaufsichtlich zugelassene Dämmmaterialien, die so gut wie keine Feuchtigkeit aufnehmen (z. B. extrudierte PS-Hartschaumplatten, Schaumglas)
12 Kleber
13 Deckensichtplatten (unterseitige Wärmedämmung)
14 Deckenputz (Innenputz)
15 Wärmedämm-Verbundsystem (PS-Hartschaumplatten mit Armierungsgewebe und Außenputz)
16 Wärmedämmung (z. B. Mineralwollematten)
17 abgehängte Unterdecke (z. B. GK-Bauplatten)
18 Trockenestrich (z. B. GK-Bauplatten im Verbund mit PS-Hartschaumplatten)
19 Trockenestrich (z. B. Holzspanplatten auf Lagerhölzern mit Mineralwolle-Dämmstreifen).

Vgl. hierzu auch Tab. **16**.92.

Wohnungstrenndecken und Decken zwischen fremden Arbeitsräumen (Zeile 3, Tabelle **11**.24 sowie Bild **11**.25e)

Geschossdecken müssen vor allem einen ausreichenden Luft- und Trittschallschutz aufweisen. Dies wird am wirksamsten mit einem schwimmenden Estrich auf geeigneten Trittschalldämmplatten (Anwendungstyp T oder TK) erreicht, die gleichzeitig auch eine ausreichende Wärmedämmung abgeben. Dabei sollte bedacht werden, dass in Mehrfamilienhäusern einzelne Wohneinheiten oftmals über einen längeren Zeitraum nicht bewohnt werden und damit weniger beheizte Räume gut beheizten Bereichen Heizwärme entziehen. Dies kann zu einer Verfälschung der Heizkostenabrechnung führen.

Decken, die Aufenthaltsräume nach unten gegen die Außenluft abgrenzen
(Zeile 4, Tabelle **11**.24 sowie Bild **11**.25 f und g)

Decken über Durchfahrten, Garagen, auskragenden Gebäudeteilen u. Ä. müssen besonders sorgfältig gedämmt werden, da diesen exponierten Bauteilen am meisten Wärme entzogen wird (Temperaturunterschiede von 35 °C und mehr). Auch an diese Decken werden gleichzeitig Anforderungen bezüglich des Trittschallschutzes gestellt (horizontale und schräge Schall-Längsleitung), so dass sich ähnlich wie bei den Kellerdecken eine doppelseitige Anordnung der Dämmschichten anbietet. Üblicherweise wird auf der Deckenoberseite ein schwimmender Estrich aufgebracht, der den normalen Wärme- und Trittschallanforderungen genügt. Die noch zusätzlich erforderlichen Wärmedämmschichten ordnet man auf der Unterseite der Rohdecke an, d. h. auf der „kalten Seite" der Konstruktion, so dass die gesamte Geschossdecke ohne Absatz durchbetoniert werden kann.

Bei derart mehrschichtigen Außenbauteilen ist immer auch auf die bauphysikalisch richtige Anordnung der einzelnen Schichten zu achten, da es sonst zu Feuchtekondensat infolge Dampfdiffusion kommen kann. So kann bei dem hier besprochenen Bauteil unter bestimmten Voraussetzungen (z. B. bei Räumen mit ständig hoher Raumfeuchte, stark dampfdurchlässigem Dämmmaterial) der Einbau einer stark dampfbremsenden Schicht auf der Warmseite der innenliegenden Dämmschichten notwendig werden.

Ein vollflächiges Anbetonieren oder vollflächiges Ankleben von biegesteifen Wärmedämmplatten (z. B. Holzwolle-Leichtbauplatten, steifen Hartschaumplatten) an der Deckenunterseite derartiger Bauteile sollte nach DIN 4109 unterbleiben (Schall-Längsleitung, Verschlechterung der Luftschalldämmung). Zu empfehlen ist dagegen ein nachträgliches punktweises Verkleben der Platten an der Rohdeckenunterseite, die Anordnung auf einem schalltechnisch abgekoppelten Lattenrost oder die Ausbildung als abgehängte biegeweiche Unterdecke. Es ist jedoch darauf zu achten, dass bei derartigen Ausführungen die Deckensichtplatten möglichst dicht und dauerelastisch an die angrenzenden Bauteile angeschlossen und nur schwerentflammbare Dämmmaterialien verwendet werden.

Decken unter nicht ausgebauten Dachräumen
(Zeile 5, Tabelle **11**.24 sowie Bild **11**.25 h und i)

Wird der Raum zwischen der letzten Geschossdecke und der eigentlichen Dachhaut belüftet, d. h. mit der Außenluft direkt verbunden (Kaltdachprinzip), dann kommt es in diesem Zwischenraum im Winter zu einer starken Abkühlung bis minus 10 °C und darunter und im Sommer durch Wärmestau zu Temperaturen bis zu plus 60 °C und mehr. Dachgeschoßdecken sind daher mit einer oberseitig aufgebrachten Wärmedämmung zu schützen. Die Wärmedämmung ist auf und nicht unterhalb der Decke anzuordnen, weil die Ausführung kostengünstiger, die Verlegung der Dämmplatten einfacher und oberseitig (außenseitig) die bauphysikalisch richtige Anordnung gegeben ist.

Neben dem baulichen Wärmeschutz wird bei Dachgeschoßdecken immer auch ein ausreichender Luftschallschutz und – bei begehbaren Dachräumen – auch ein entsprechender Trittschallschutz verlangt. Auf Decken von nicht genutzten Dachräumen können die Dämmplatten im Prinzip ohne Abdeckung verlegt werden, ggf. mit aufgelegten Laufbohlen für den Schornsteinfeger. Bei genutzten Dachräumen (z. B. Geschosshäuser mit Abstellräumen) kann der Trittschallschutz am wirksamsten mit einem schwimmend verlegten Zementestrich oder Fertigteilestrich geschaffen werden.

Fußwärme (Wärmeableitung von Fußböden)

Mit dem Fußboden steht der Mensch – im Unterschied zu den anderen raumbegrenzenden Bauteilen – nahezu ständig in direkter Berührung. Fußböden in Aufenthaltsräumen sollten daher „fußwarm" sein, d. h. die Fußbodenkonstruktion eine insgesamt ausreichende Wärmedämmung nach DIN 4108-2 bzw. Wärme- und Energieeinsparverordnung haben und der Bodenbelag (Gehschicht) eine möglichst geringe Wärmeableitfähigkeit aufweisen.

Unter der Wärmeableitung eines Fußbodens versteht man die auf eine bestimmte Fläche bezogene Wärmemenge, die in einer Zeiteinheit von einem warmen Körper auf den Fußboden übergeht. Bei einer schnellen Ableitung erscheint ein Bodenbelag physiologisch als „fußkalt", bei einer langsamen Ableitung hingegen als „fußwarm".

Während beim unbekleideten Fuß vor allem die Wärmeableitung der obersten Gehschicht, die Belagdicke und ggf. Schichtenfolge eine Rolle spielen, ist beim bekleideten Fuß vornehmlich die Fußbodentemperatur und Lufttemperatur in unmittelbarer Bodennähe von Bedeutung. Auch die jeweilige Einwirkdauer und Beschaffenheit des Schuhwerkes sind zu beachten. Die Oberflächentemperatur eines Fußbodens sollte nicht unter 18 °C absinken.

Als besonders fußwarm werden vor allem Teppichbeläge mit hoher Nutzschichtdicke (Poldicke) – insbesondere verspannte Teppichware mit Filzunterlage – aber auch elastische Bodenbeläge mit Schaumstoff-, Kork- oder Filzunterschicht (Verbundbeläge) sowie gewisse Holzfußböden gewertet.

Als nur bedingt ausreichend fußwarm gelten Keramik-, Naturstein- und Betonwerksteinplatten, Zementestrich u. Ä. Für Räume mit derartigen Belägen (z. B. im Wohnbereich) bietet sich der Einbau einer Fußboden-Flächenheizung an.

11

11.3.5 Dämmstoffe für die Wärmedämmung und Trittschalldämmung von Fußbodenkonstruktionen

Allgemeines

Dämmschichten innerhalb eines Fußbodenaufbaues bewirken – je nach Beschaffenheit der gewählten Produktgruppe – eine Verbesserung der Wärmedämmung und/oder Schalldämmung der jeweiligen Deckenkonstruktion.

Im Bauwesen dürfen nur genormte Dämmstoffe verwendet werden, die in der Bauregelliste A geführt sind und eine gültige allgemeine bauaufsichtliche Zulassung des Deutschen Instituts für Bautechnik, Berlin, besitzen. Die entsprechenden Normen wurden während der letzten Jahre neu bearbeitet und ihr Aufbau im wesentlichen aufeinander abgestimmt. Die Einhaltung der darin festgelegten Anforderungen ist von jedem Herstellerwerk durch eine Güteüberwachung – bestehend aus werkseigener Produktionskontrolle und Fremdüberwachung – sicherzustellen.

Einteilung und Benennung: Überblick

Dämmstoffe für Wärme- und Trittschalldämmzwecke

- **Schaumkunststoffe**[1)]
  für Wärmedämmung DIN 18 164-1 (Ausg. 08.92)
  für die Trittschalldämmung DIN 18 164-2 (Ausg. 03.91)
  DIN E 18164-2 (Ausg. 05.99)
- **Faserdämmstoffe**[1)]
  für Wärmedämmung DIN 18 165-1 (Ausg. 07.91)
  für die Trittschalldämmung DIN 18 165-2 (Ausg. 03.87)
  DIN E 18165-2 (Ausg. 05.99)
- **Holzfaserdämmstoffe**
  für Wärmedämmung DIN 68 755-1 (Ausg.06.00)
  für die Trittschalldämmung DIN 68 755-2 (Ausg. 06.00)

Dämmstoffe nur für Wärmedämmzwecke

- **Korkerzeugnisse**, Dämmstoffe für Wärmedämmung DIN 18 161-1 (Ausg.12.76) (teilweise ersetzt durch DIN EN 826)
- **Schaumglas**, Dämmstoffe für Wärmedämmung DIN 18 174 (Ausg.01.81) (teilweise ersetzt durch DIN EN 826)

Die nachstehenden Ausführungen beschränken sich aus Gründen der Übersichtlichkeit schwerpunktmäßig auf die Anforderungen, die an Schaumkunststoffe und Faserdämmstoffe als Dämmmaterial in Fußbodenkonstruktionen gestellt werden.

Einzelheiten über Herstellung und Energieverbrauch, Auswirkungen im Brandfall, Umweltverträglichkeit, Gesundheitsgefährdung, Wiederverwertung und Entsorgung von „klassischen" Dämmstoffen (Schaumstoffe und Mineralwolle – etwa 95 % Marktanteil) und „alternativen-nachwachsenden" Dämmstoffen (etwa 5 % Marktanteil) sowie ihre ökologische und ökonomische Bewertung sind der Spezialliteratur [21], [22], [23], [24] zu entnehmen. Die vielfältigen Entwicklungen auf diesem Gebiet sind noch nicht abgeschlossen und bedürfen einer ständigen kritischen Beobachtung.

Angaben über Dämmstoffe im allgemeinen und ihre Rechenwerte s. Abschnitt 16.5.5.

Dämmstoffe für die Wärmedämmung (DIN 18 164, DIN 18 165)

Anwendungstypen. Alle Wärmedämmstoffe der beiden vorgenannten Normen werden entsprechend ihrer Verwendung im Bauwerk bestimmten Anwendungsgebieten zugeordnet und je nach Einsatzbereich unterschiedliche Anforderungen an bestimmte Eigenschaften der Dämmstoffe gestellt. In Tabelle **11**.25-1 sind die sich daraus ergebenden Anwendungstypen mit den dazugehörigen Typkurzzeichen genannt.

Wie diese Tabelle zeigt, dürfen unter Estrichen – gleichmäßig verteilte, normale Verkehrslasten vorausgesetzt – nur Wärmedämmstoffe des Plattentyps **WD**, keinesfalls aber des Anwendungstyps **W** eingebaut werden. Um Verwechslungen mit Trittschalldämmplatten auszuschließen, müssen die Wärmedämmstoffe auf ihrer Verpackung – gegebenenfalls auch auf dem Erzeugnis selbst – in deutlicher Schrift (z. B. „nicht für Trittschalldämmung") gekennzeichnet sein.

Wärmeleitfähigkeitsgruppen. Alle Wärmedämmstoffe werden in Wärmeleitfähigkeitsgruppen eingestuft. Die Werte liegen bei Schaumstoffen (DIN 18 164-1) zwischen 0,020 bis 0,045 W/(m · K) und bei Faserdämmstoffen (DIN 18 165-1) zwischen 0,035 und 0,050 W/(m · K). Die zugehörigen Rechenwerte der Wärmeleitfähigkeit λ_R sind DIN 4108-4 oder Veröffentlichungen im Bundesanzeiger zu entnehmen. S. hierzu auch Tab. **16**.59.

Brandverhalten. Dämmstoffe sind hinsichtlich ihres Brandverhaltens besonders sorgfältig auszuwählen.

Schaumstoffe und Faserdämmstoffe müssen mindestens der Baustoffklasse B2 nach DIN 4102-1 (normalentflammbar) entsprechen.

Faserdämmstoffe der Baustoffklasse A nach DIN 4102-1 (nichtbrennbar) mit brennbaren organi-

[1)] Diese Dämmstoffnormen werden z. Zt. überarbeitet und voraussichtlich 2002 neu erscheinen.

Tabelle 11.25-1 Anwendungstypen von Wärmedämmstoffen (Auszüge aus DIN 18 164, DIN 18 165)

Typkurz-zeichen	Beanspruchbarkeit	Beispiele für die Verwendung im Bauwerk	DIN 18 164 Teil 1	DIN 18 165 Teil 1
W	nicht druckbelastbar	für Wände, Decken und Dächer	•	•
WL	nicht druckbelastbar	für Dämmungen zwischen Sparren und Balkenlagen	–	•
WD	druckbelastbar	unter druckverteilenden Böden (ohne Trittschallanforderung) und in Dächern unter der Dachhaut	•	•
WV	beanspruchbar auf Abreiß- und Scherbeanspruchung	für angesetzte Vorsatzschalen ohne Unterkonstruktion	–	•
WS	druckbelastbar mit höherer Belastbarkeit	für Sondereinsatzgebiete, z. B. bei Parkdecks, Industrieböden	•	–

schen Bestandteilen sowie Schaum- und Faserdämmstoffe der Baustoffklasse B1 (schwerentflammbar) unterliegen der Zulassungspflicht (Deutsches Institut für Bautechnik, Berlin).

Bei Faserdämmstoffen der Bauklasse A ohne brennbare organische Bestandteile sowie Schaum- und Faserdämmstoffe der Baustoffklasse B2 nach DIN 4102-1 (normalentflammbar) ist das Brandverhalten durch ein Übereinstimmungszertifikat einer hierfür anerkannten Überwachungsstelle nachzuweisen.

11

Dämmstoffe für die Trittschalldämmung (DIN 18 164, DIN 18 165)

Anwendungstypen. Auch alle Trittschalldämmstoffe der beiden vorgenannten Normen werden entsprechend ihrer Verwendung im Bauwerk bestimmten Anwendungsgebieten zugeordnet. In Tabelle 11.25-2 sind die sich daraus ergebenden Anwendungstypen mit den dazugehörigen Typkurzzeichen genannt.

Dynamische Steifigkeit. Trittschalldämmstoffe müssen ein ausreichendes Federungsvermögen haben, das durch die dynamische Steifigkeit s′ der Dämmschicht gekennzeichnet wird. Sie ist um so niedriger (besser), je elastischer und dicker der Trittschalldämmstoff ist.

Andererseits muss der Trittschalldämmstoff eine Mindestdruckfestigkeit aufweisen, da er sowohl die Eigenlast der Estrichplatte als auch die Verkehrslasten (z. B. Einrichtungen) dauerhaft tragen muss. Somit ist die dynamische Steifigkeit des Dämmstoffes zusammen mit der flächenbezogenen Masse des Estrichs (Lastverteilungsschicht) entscheidend für die mit einem schwimmenden Estrich erzielbare Dämmwirkung.

- **Steifigkeitsgruppen**. Trittschalldämmstoffe werden entsprechend ihres jeweiligen Federungsvermögens in sog. Steifigkeitsgruppen eingeteilt. Die Mittelwerte der dynamischen Steifigkeit liegen bei Schaumstoffen (DIN E 18 164-1) zwischen 50 bis ≤ 7,0 MN/m³ und bei

Tabelle 11.25-2 Anwendungstypen von Trittschalldämmstoffen (Auszüge aus DIN 18 164, DIN 18 165)

Typkurz-zeichen	Beanspruchbarkeit	Beispiele für die Verwendung im Bauwerk	DIN 18 164 Teil 2	DIN 18 165 Teil 2
T	druckbelastbar	unter schwimmend verlegten Estrichen nach DIN 18 560-2	–[1)]	•
TK	druckbelastbar, mit geringer Zusammendrückbarkeit	unter schwimmend verlegten Estrichen nach DIN 18 560-2 sowie unter Fertigteilestrichen	•	•

1) Nach DIN E 18 164-2 zukünftig unter schwimmenden Estrichen ebenfalls zulässig.

Faserdämmstoffen (DIN E 18 165-1) zwischen 70 bis ≤ 7,0 MN/m³. S. hierzu auch Tabelle **16**.92.

Je niedriger der Zahlenwert ist, desto besser ist das Trittschallverbesserungsmaß. In der Regel werden Trittschalldämmplatten mit einer dynamischen Steifigkeit von $s' \leq 20$ MN/m³ verwendet.

Beispiel: Ein schwimmender Estrich mit einer flächenbezogenen Masse von ≤ 70 kg/m² kann auf Dämmschichten mit einer dynamischen Steifigkeit s' von 30 MN/m³ ein Verbesserungsmaß ΔL_W (VM) von 26 dB erbringen, mit $s' \leq 10$ MN/m³ ein VM von 30 dB.

Wärmeleitfähigkeit. Da Trittschalldämmplatten gleichzeitig auch Wärmedämmeigenschaften besitzen, werden diese – wie die vorgenannten Wärmedämmstoffe – entsprechend ihrer Wärmeleitfähigkeit λ in

- **Wärmeleitfähigkeitsgruppen** eingestuft. Für wärmeschutztechnische Berechnungen ist die Dicke unter Belastung (d_B) – zukünftig Dicke unter Nutzung d_{VL} – einzusetzen. Die Rechenwerte der Wärmeleitfähigkeit λ_R sind DIN 4108-4 oder Veröffentlichungen im Bundesanzeiger zu entnehmen. Vgl. hierzu auch Tab. **16**.59.

Dicken und Zusammendrückbarkeit. In der derzeit gültigen Fassung von DIN 18 164-2 (03.91) und DIN 18 165-2 (03.87) werden als Nenndicke die Werte d_L (Lieferdicke) und d_B (Dicke unter Belastung) angegeben. Die Nenndicke – die in die Zeichnung eingetragen wird – ergibt sich aus den Werten d_L/d_B.

Beispiel 20/15: Lieferdicke d_L = 20 mm, Dicke unter Belastung d_B = 15 mm/Nenndicke.

Die Zusammendrückbarkeit einer Trittschalldämmplatte ergibt sich aus der Differenz der Lieferdicke d_L und der Dicke d_B unter einer genormten Prüfbelastung. Diese Nenndickendifferenz ist eine theoretische Größe, die für die Beurteilung von Estrichen nach DIN 18 560-2 herangezogen wird. Sie beträgt für den festeren Anwendungstyp TK ≤ 3 mm, für den elastischeren Typ T ≤ 5 mm.

In der Baupraxis wird häufig davon ausgegangen, dass sich die Dicke unter Belastung d_B zwangsläufig einstellt, wenn die Eigenlast des Estrichs und die jeweilige Verkehrslast auf die Trittschalldämmplatten einwirken.

Untersuchungen [25], [26] haben jedoch ergeben, dass sich der Dämmstoff nach Aufbringen eines 50 mm dicken Estrichs (~ 100 kg/m²) nur um etwa einen Millimeter und im Nutzungszustand (Verkehrslast für Wohnbauten ~ 1,5 kN/m²) zusätzlich um einen weiteren Millimeter zusammendrückt.

Empfehlungen und Hinweise. Um den in DIN 4109 geforderten Mindest-Trittschallschutz von Decken zu erreichen, müssen Trittschalldämmplatten in einer Dicke von mind. 20/15 mm eingesetzt werden (Annahme: Faserdämmstoffe – dynamische Steifigkeit $s' \leq 20$ MN/m³, Stahlbetondecke – 15 mm dick).

Damit eine Trittschallbelästigung jedoch sicher ausgeschlossen werden kann, wird auf die Vorschläge für einen erhöhten Schallschutz im Beiblatt 2 zu DIN 4109 verwiesen und Faserdämmstoffe in einer Dicke von 30/25 mm zum Einbau empfohlen. Weitere Angaben und Rechenverfahren s. Abschn. 16.6.4.1.

Die Zusammendrückbarkeit der Trittschalldämmstoffe unter Belastung sollte nicht mehr als 5 mm betragen. Bei einer Zusammendrückbarkeit über 5 mm ist die Estrichdicke nach DIN 18 560-2 um 5 mm zu erhöhen. Bei Stein- und Keramikbelägen ist die Estrichdicke mindestens ≥ 45 mm anzunehmen.

Nach der Estrichnorm dürfen Trittschalldämmplatten zwar maximal zweilagig angeordnet, unter Estrichen mit Stein- und Fliesenbelag Trittschalldämmstoffe des Typs T und des Typs TK jedoch nur einlagig verlegt werden.

Wenn aus Gründen des Wärmeschutzes eine größere Dämmstoffdicke erforderlich wird, ist eine kombinierte Verlegung von Trittschalldämmplatten (Typ T oder TK) mit druckbelastbaren Wärmedämmplatten (Typ WD) möglich. In diesem Fall soll die weichere Trittschalldämmplatte immer unten, d. h. unmittelbar auf der Rohdecke liegen.

Wird dagegen bei Rohrleitungen auf Rohdecken ein Höhenausgleich mit Dämmstoffen notwendig, dann ist aus schallschutztechnischen Gründen zwingend darauf zu achten, dass die untere Dämmplattenlage aus den steiferen Wärmedämmplatten besteht, worauf die weichfedernden Trittschalldämmplatten vollflächig verlegt werden. Einzelheiten hierzu s. Abschn. 11.3.6.6.

11.3.6 Estricharten und Estrichkonstruktionen

Allgemeines

Estrich ist ein auf einem tragenden Untergrund oder auf einer zwischenliegenden Trenn- oder Dämmschicht hergestelltes Bauteil, das unmittelbar als Boden nutzfähig ist oder mit einem Belag versehen werden kann.

Estriche werden überall dort eingesetzt, wo ein tragender Untergrund nicht unmittelbar nutzfähig ist. So können beispielsweise Anforderungen hinsichtlich Ebenheit, Gefälle, Verschleißwiderstand, Begehbarkeit, Wärmeschutz, Schallschutz oder Abdichtung den Einbau eines Estrichs notwendig machen. Zusätzlich kann ein Estrich noch weitere Aufgaben übernehmen, wie dies an der Wirkungsweise des Heizestrichs deutlich wird.

11.3.6.1 Einteilung und Benennung: Überblick

- **DIN 18 560-1** (Ausg. 05.92) Estriche im Bauwesen – Begriffe, allgemeine Anforderungen, Prüfungen[1)]
- **DIN 18 560-2** (Ausg. 05.92) Estriche im Bauwesen – Estriche und Heizestriche auf Dämmschichten
- **DIN 18 560-3** (Ausg. 05.92) Estriche im Bauwesen – Verbundestriche
- **DIN 18 560-4** (Ausg. 05.92) Estriche im Bauwesen – Estriche auf Trennschicht
- **DIN 18 560-7** (Ausg. 05.92) Estriche im Bauwesen – Hochbeanspruchbare Estriche (Industrieestriche).
- **DIN EN 13 318** (Ausg. 12.00) Estrichmörtel und Estriche – Begriffe

Benennung nach dem Bindemittel

- Zementestrich (ZE)
- Zement-Fließestrich (ZFE)
- Calciumsulfatestrich (CE)[2)]
- Calciumsulfat-Fließestrich (CFE)[2)]
- Gussasphaltestrich (GE)
- Schnellzementestrich
- Magnesiaestrich (ME) (bleibt hier unberücksichtigt)
- Kunstharzestrich (nicht genormt)

Benennung nach der Bauart (Verbindung zum tragenden Untergrund)

- Verbundestrich
- Estrich auf Trennschicht
- Estrich auf Dämmschicht

Benennung nach besonderen Anforderungen

- Heizestrich auf Dämmschicht
- Estrich auf Hohlraumboden
- Hochbeanspruchbarer Estrich (Industrieestrich)

Benennung nach der Verlegetechnik

- Kellenverlegbarer, in steif-plastischer Konsistenz einbaufertiger Estrich (Verteilen-Abziehen-Verdichten-Glätten)
- Pumpfähiger, selbstnivellierender Fließestrich (durch Zugabe von Fließmittel)

Benennung nach dem Herstellungsort

- Baustellenestrich – der aus den Ausgangsstoffen auf der Baustelle hergestellt oder der einbaufertig in gemischtem Zustand angeliefert und dort eingebaut wird.
- Fertigteilestrich (Trockenestrich) – der aus vorgefertigten, kraftschlüssig miteinander verbundenen Plattenelementen besteht, die vor Ort trocken eingebaut und mit einem Belag oder einer Beschichtung versehen werden. Einzelheiten hierzu siehe Abschnitt 11.3.7.

[1)] Die neue europäische Estrichnorm DIN EN 13 813 wird voraussichtlich 2002 erscheinen und die Estrichnorm DIN 18 560-1 teilweise ersetzen.

[2)] Seitherige Bezeichnung Anhydritestrich (AE) bzw. Anhydrit-Fließestrich (AFE). S. hierzu auch Fußnote auf Seite 403.

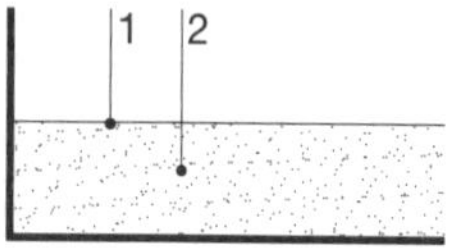

11.26a

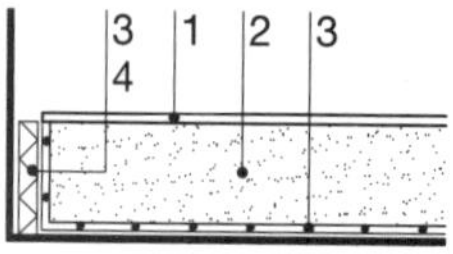

11.26b

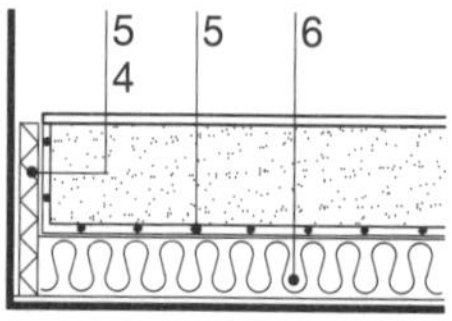

11.26c

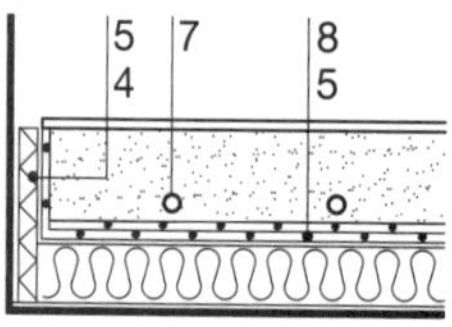

11.26d

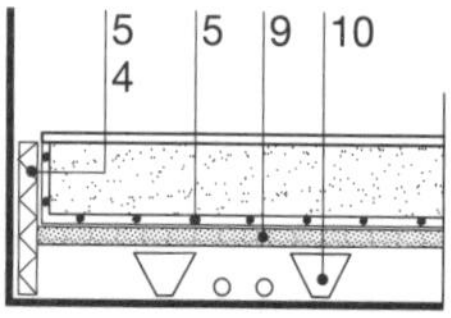

11.26e

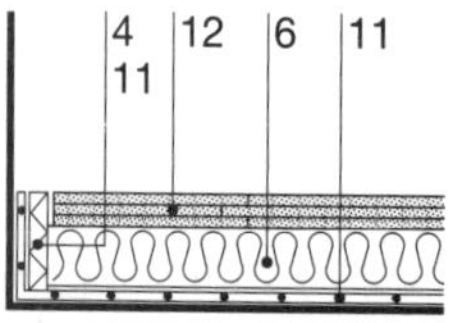

11.26f

11.26

Schematische Darstellung unterschiedlicher Estrichverlegearten und Estrichbauarten mit jeweiligem Randanschluss

a) Verbundestrich
b) Estrich auf Trennschicht
c) Estrich auf Dämmschicht
d) Heizestrich auf Dämmschicht
e) Estrich auf Hohlraumboden
f) Fertigteilestrich auf Dämmschicht

1 Nutzschicht/Bodenbelag
2 Estrichschicht/Estrichplatte
3 Trennschicht
4 Randstreifen
5 Abdeckung
6 Dämmschicht(en)
7 Heizrohr
8 Gleitschicht
9 Tragschicht (GK-Bauplatten)
10 Stützfuß
11 Feuchtigkeitsschutz (z. B. PE-Folie)
12 Fertigteilestrich (GK-Bauplatten)

11.3.6.2 Estricharten

1. Konventioneller Zementestrich

Die Ausgangsstoffe zur Herstellung von Zementestrich sind Normzemente, gemischtkörnig aufgebauter Sand als Zuschlag, Wasser sowie gegebenenfalls Zusätze (Zusatzstoffe, Zusatzmittel).

Bindemittel Zement. Zement ist ein feingemahlenes hydraulisches Bindemittel, das mit Wasser gemischt, Zementleim ergibt. Dieser erstarrt und erhärtet durch Hydration sowohl an der Luft als auch unter Wasser und bleibt nach der Erhärtung auch unter Wasser fest.
Zement (Normalzement) ist in DIN EN 197-1 (Ausg. 11.00), Zement mit besonderen Eigenschaften in DIN 1164 (Ausg. 11.00) genormt. Einzelheiten hierzu sind der Spezialliteratur [27] sowie Abschn. 5.2.1 zu entnehmen.

Zur Herstellung von Zementestrich wird in der Regel Portlandzement der Festigkeitsklasse CEM I 32,5 (seither Z 35) oder CEM I 42,5 (seither Z 45) eingesetzt. Der Zementgehalt ist auf das notwendige Maß zu beschränken, um bauchemisch und bauphysikalisch bedingte Schwindvorgänge in Zementestrichen möglichst gering zu halten. Je nach Festigkeitsklasse und Größe der Zuschlagkörnung liegen die Zementmengenwerte zwischen 360 und 410 kg je m^3 Estrich.

Zuschläge für Zementestriche müssen DIN 4226-1 (Zuschlag für Beton) entsprechen. Das güteüberwachte Zuschlaggemisch soll ein möglichst dichtes Gefüge mit einem Minimum an Hohlräumen zwischen den Einzelkörnern aufweisen. Daher ist stets ein gemischtkörniger, gut gewaschener Sand bzw. Kiessand einzusetzen.

- Die Kornzusammensetzung/Sieblinie des Zuschlages sollte nach DIN 1045 in der oberen Hälfte des günstigen Bereiches zwischen den Sieblinien A und B (Bereich 3) liegen. S. hierzu Abschn. 5.2.2.
- Bei Estrichdicken bis 40 mm soll ein Größtkorn von 8 mm verwendet werden und das Gemisch je zur Hälfte aus Sand 0/2 bzw. Kiessand 2/8 bestehen.
- Bei dickeren Estrichen soll das Größtkorn nicht größer als 16 mm sein und das Gemisch sich je zu einem Drittel aus 0/2 - 2/8 - 8/16 Zuschlag zusammensetzen.
- Nach Raumteilen gemessen beträgt das Mischungsverhältnis etwa 1 RTL Zement zu 4 RTL Sand (ungefähre Faustregel für Estriche im Wohnungsbau).

Zugabewasser/Wasserzementwert. Das Zugabewasser darf keine Bestandteile enthalten, die das Erhärten des Estrichs ungünstig beeinflussen.

Die Güte und damit auch die Festigkeit eines konventionellen Zementestrichs wird weitgehend vom sog. Wasserzementwert (w/z-Wert) bestimmt. Darunter versteht man das Verhältnis des Wassergehaltes w zum Zementgehalt z in einem frischen Estrichmörtel. Mit steigendem w/z-Wert vergrößert sich das Schwindmaß beim fertigen, konventionellen Zementestrich. Um das Schwinden zu begrenzen, darf bei den jeweiligen Festigkeitsklassen ein bestimmter w/z-Wert nicht überschritten werden (Beispiel: Festigkeitsklasse ZE 30 mit angenommenem w/z-Wert 0,53).

Im allgemeinen gilt: Je niedriger der w/z-Wert, um so höher ist die Estrichqualität. Überschüssiges Wasser, das beim Erhärten von Zement (Hydration) nicht gebunden wird, verdunstet später und hinterlässt feine, leere Kapillarporen, die sich zusammenziehen. Dies führt zu niedriger Festigkeit, zu stärkerem Schwinden (Volumenverringerung) und bei unsachgemäßer Trocknung zur Aufschüsselung bzw. Aufwölbung der Estrichplatte sowie zur Rissbildung.

- **Maßnahmen zur Verringerung der Schwindvorgänge.** Das Gesamtschwindmaß eines konventionellen Zementestrichs kann verringert werden durch: Normgerechte Zuschlagskörnung, möglichst dichte Kornzusammensetzung, möglichst geringe Wasser- bzw. Zementzugabe, Beigabe von Zusatzstoffen (z. B. Verkleinerung des w/z-Wertes durch Betonverflüssiger), intensive Verdichtung und fachgerechte Nachbehandlung des Frischmörtels (z. B. Schutz vor zu frühzeitigem Verdunsten des Anmachwassers sowie vor Hitze, Frost und Zugluft). Weitere Einzelheiten sind der Spezialliteratur [28], [29] zu entnehmen.

Konsistenz des Estrichmörtels. Die Steifigkeit des Estrichmörtels muss den jeweiligen Anforderungen und Gegebenheiten an der Baustelle angepasst werden. Diese wird durch den w/z-Gehalt der Mischung, die Kornzusammensetzung des Zuschlags und gegebenenfalls durch plastifizierende Zusätze (z. B. Betonverflüssiger, Fließmittel) beeinflusst.

Wie Tabelle **5**.2 zeigt, unterscheidet man vier Konsistenzbereiche. Dabei ist zu beachten, dass Mischungen in zu steifer Konsistenz sich nicht ausreichend verdichten lassen, wogegen Mischungen in zu weicher Konsistenz zum Absondern von Zementschlämme an der Oberfläche neigen.

Mörtelzusätze. Es ist zwischen Zusatzmitteln und Zusatzstoffen zu unterscheiden.

- **Zusatzmittel** sind in DIN EN 13 318, Estrichmörtel und Estriche, definiert: Ein Estrichzusatzmittel ist ein Stoff, der beim Mischen in geringen Mengen zugegeben wird, um die Eigenschaften des Estrichs im frischen oder erhärteten Zustand zu verändern.
Im Gegensatz zu Betonzusatzmitteln – deren Eigenschaften und zu erbringende Anforderungen in DIN EN 934-2 näher beschrieben sind und die nur mit gültigem Prüfzeichen des Deutschen Instituts für Bautechnik, Berlin, verarbeitet werden dürfen – unterliegen Estrichzusatzmittel keiner Prüfzeichenpflicht. Da sich jedoch andere wichtige

Tabelle **11**.27 Festigkeitsklassen von Zementestrichen (Auszug aus DIN 18 560-1)

Festigkeitsklasse	Güteprüfung			Eignungsprüfung
	Druckfestigkeit		Biegezugfestigkeit	Druckfestigkeit
Kurzzeichen	Kleinster Einzelwert (Nennfestigkeit) in N/mm²	Mittelwert jeder Serie (Serienfestigkeit) in N/mm²	Mittelwert jeder Serie (Serienfestigkeit) in N/mm²	Richtwert in N/mm²
ZE 12	≥ 12	≥ 15	≥ 3	18
ZE 20	≥ 20	≥ 25	≥ 4	30
ZE 30	≥ 30	≥ 35	≥ 5	40
ZE 40	≥ 40	≥ 45	≥ 6	50
ZE 50	≥ 50	≥ 55	≥ 7	60
ZE 55M[1)]	≥ 55	≥ 70	≥ 11	80
ZE 65A[1)] ZE 65KS[1)]	≥ 65	≥ 75	≥ 9	80

[1)] M, A, KS: Hartstoffgruppen nach DIN 1100

Eigenschaften durch ihre Zugabe ungünstig verändern können, ist eine Eignungsprüfung Voraussetzung für ihren Einsatz. Durch Beimischen von Zusatzmitteln lassen sich beispielsweise – w/z-Wert, Fließfähigkeit, Verarbeitbarkeit und Erhärtungsdauer des Mörtels sowie Schwindneigung und Festigkeitseigenschaften des erhärteten Estrichs – beeinflussen. Dabei handelt es sich um chemisch und/oder physikalisch wirksame Mittel, deren Verwendung nur gestattet ist, sofern sie nachweisbar keinen schädigenden Einfluß auf den Estrich ausüben. Im wesentlichen unterscheidet man:

- Plastifizierende Zusatzmittel (z. B. Verflüssiger (BV), Luftporenbildner (LP), Fließmittel (FM)
- Abbinderegulierende Zusatzmittel (z. B. Erstarrungsverzögerer (VZ), Erstarrungsbeschleuniger (BE). Einzelheiten hierzu sind [27], [29] zu entnehmen.

- **Zusatzstoffe.** Auch Zusatzstoffe – die in größeren Mengen beigegeben werden und die als Volumenanteil zu berücksichtigen sind – beeinflussen bestimmte Mörteleigenschaften.
  - Kunststoffdispersionen (physikalische Trocknung) werden unter anderem zur Erhöhung der Biegezugfestigkeit, Minderung der Gefahr von Rissbildung und zur Verbesserung der Verarbeitbarkeit eingesetzt. Wegen ihres Klebeeffektes bewirken sie beim Verbundestrich auch eine verbesserte Haftung mit dem tragenden Untergrund (Rohdecke).
  - Kunstharzzusätze (chemische Umwandlung) können gleichzeitig die Funktion eines Bindemittels übernehmen und führen zur Erhöhung der Biegezug- und Druckfestigkeit sowie zur Reduzierung der Schwindneigung. Sie eignen sich auch zur Herstellung dünnschichtiger Verbundestriche und zur Ausbesserung schadhafter Estrichoberflächen.

11

Festigkeitsklassen von Zementestrich. Bestimmendes Merkmal für die Verwendung von Zementestrich im Bauwerk ist die Zuordnung je nach Beanspruchung in Festigkeitsklassen nach DIN 18 560-1. Wie Tabelle **11**.27 zeigt, wird Zementestrich in Festigkeitsklassen ZE 12 bis ZE 65 eingeteilt, aus denen sich bestimmte Anwendungsbereiche ableiten lassen.

Anwendungsbereiche (vereinfachte Zusammenstellung)

ZE 12 Verbundestrich zum Ausgleich von Unebenheiten und bei Nutzung mit Belag

ZE 20 Schwimmender Estrich im Wohnungsbau bei gleichmäßig verteilten Verkehrslasten bis 1,5 kN/m² zur Nutzung mit oder ohne Belag; als Verbundestrich bei unmittelbarer Nutzung (ohne Belag).

ZE 30 Verbundestrich als Nutzestrich für normalen Fußgängerverkehr und geringen Fahrverkehr leichter Fahrzeuge mit weicher Bereifung; Mindest-Festigkeitsklasse für Industrieestriche.

ZE 40
ZE 50 Verbundestrich als Nutzestrich: Industrieestriche für Fußgängerverkehr, mittelschweren Fahrzeug- und Gabelstaplerverkehr, Absetzen und Kollern leichter bis

mittelschwerer Güter. Weitere Angaben über Beanspruchungsarten ohne/mit Belag s. [29].

ZE 55
ZE 65 Verbundestrich als Nutzestrich: Industrieestriche in der Regel als hochbeanspruchbare Hartstoffestriche nach DIN 18 560-7. Einzelheiten hierzu s. Abschn. 11.3.6.7.

Konventioneller Zementestrich wird – im Vergleich zu den anderen Estricharten – nach wie vor am meisten eingesetzt und zwar zum überwiegenden Teil als Baustellenmischung. Er ist relativ kostengünstig herzustellen und nahezu allen Beanspruchungen – im Innen- und Außenbereich – gewachsen. Zementestrich ist beständig gegen Feuchtigkeit, auch gegen dauernde Naßbeanspruchung durch chemisch nicht angreifende Stoffe. Zementestrich ist außerdem nicht brennbar (Baustoffklasse A1 nach DIN 4102).

Der relativ hohe Wasserzusatz und die damit verbundene längere Trockenzeit bis zur Belegreife mit einem Bodenbelag sind als nachteilig anzusehen. Seine Neigung zum Schwinden, zur Volumen- und Formänderung (Aufschüsselung bzw. Absenkung der Estrichränder) und die Gefahr von Rissbildung kann durch die zuvor erläuterten Maßnahmen zur Verringerung des Schwindvorganges und Anordnung von Bewegungsfugen weitgehend aufgefangen werden.

Konventioneller Zementestrich sollte nicht vor Ablauf von 3 Tagen begangen und nicht vor Ablauf von 7 Tagen höher belastet werden. Die zulässigen Feuchtewerte für die Belegreife von Estrichen mit einem Bodenbelag sind Tabelle **11**.32 sowie Tabelle **12**.9 zu entnehmen.

Einzelheiten über Estrichkonstruktionen und Estrichherstellung siehe Abschn. 11.3.6.4 und Abschn. 11.3.6.5.

2. Zement-Fließestrich

Nach jahrzehntelangen Bemühungen gelang es, Zement-Fließestrich auf der Definitionsbasis von DIN 18 560, Estriche im Bauwesen, zu entwickeln und in der Baupraxis mit Erfolg einzusetzen. Zement-Fließestrich wird derzeit in zwei Lieferformen angeboten und zwar als

- Werkfrischmörtel aus dem Fahrmischer,
- Werktrockenmörtel aus dem Silo.

Aus diesen beiden Lieferformen lassen sich jeweils unterschiedliche Systemwerte ableiten. Wie Tabelle **11**.28 zeigt, unterscheiden sich beide Systeme deutlich voneinander bezüglich Schwindverhalten (Fugenabstand) und Verformungstendenzen (Aufschüsselung) der Estrichplatte. Einzelheiten hierzu sind der Spezialliteratur [30], [31] zu entnehmen.

- **Werkfrischmörtel** aus dem Fahrmischer. Das System dieses Estrichmörtels entspricht im wesentlichen der klassischen Betontechnologie: Ausgehend von der jeweiligen Estrich-Festigkeitsklasse sollte die Sieblinie des Zuschlags nach DIN 1045 optimal abgestimmt sein, ein bestimmter w/z-Wert nicht überschritten und möglichst gering gehalten werden. In diesem Fall ist bei der Fugenplanung von Feldgrößen max. 30 Quadratmeter auszugehen, also ähnlich dimensioniert wie beim konventionellen Zementestrich. Das Fugenschneiden sollte so früh wie möglich erfolgen, sobald der Estrich begehbar ist.

  Ein weiteres Kriterium bei Zementestrichen ist ihre Volumen- und Formänderung (Aufschüsseln bzw. Absenken der Estrichränder). Diese sind bei Zement-Fließestrich aus dem Fahrmischer (Werkfrischmörtel) relativ groß, da aufgrund der großen Oberflächendichte und

Tabelle **11**.28 Zement-Fließestriche. Systemübersicht und vergleichende Gegenüberstellung von Werkfrischmörtel und Werktrockenmörtel [30], [31].

Werkfrischmörtel (aus dem Fahrmischer)	**Werktrockenmörtel** (aus dem Silo)
• optimale Sieblinie	• angepasste Sieblinie
• Zementgehalt möglichst gering	• Zementgehalt möglichst gering
• W/Z-Wert möglichst gering	• W/Z-Wert relativ hoch
• Nachbehandlung erforderlich	• Nachbehandlung erforderlich
• Endschwindmaß 0,6–0,8 mm/m	• Endschwindmaß 0,3–0,4 mm/m
• Feldgrößen bis 30 m² ohne Fugen	• Feldgrößen bis 200 m² ohne Fugen

des höheren Wassergehaltes diese Art des Fließestriches langsamer austrocknet. Dies ist auch ein Grund, warum Zement-Fließestrich grundsätzlich angeschliffen werden muss.

- **Werktrockenmörtel** aus dem Silo. Zement-Fließestrich aus Werktrockenmörtel weist eine andere System-Charakteristik auf: Hier kann nach [30] mit relativ hohen w/z-Werten gearbeitet werden und dennoch ergibt sich ein günstigeres Schwindverhalten als beim Werkfrischmörtel oder im Vergleich zum konventionellen Zementestrich. Die Schwindreduzierung beruht sowohl auf einer physikalischen als auch chemischen Komponente; außerdem ist der Werktrockenmörtel faserarmiert. Daher kann bei der Fugenplanung – abhängig von der jeweiligen Raumgeometrie – von Feldgrößen bis zu 200 m^2 und einer maximalen Seitenlänge von 20 m ausgegangen werden. Die Austrocknungszeit ist nur unwesentlich länger als beim konventionellen Estrich und kommt der des Calciumsulfat-Fließestrichs sehr nahe. Ein Anschleifen der Oberfläche ist bei allen Zement-Fließestricharten erforderlich.

Zement-Fließestriche aus Werkfrischmörtel oder Werktrockenmörtel sind Zementestriche die DIN 18 560 entsprechen. Im Gegensatz zum Calciumsulfat-Fließestrich – der aufgrund seiner Empfindlichkeit gegen länger einwirkende Feuchtigkeit nur einen begrenzten Einsatzbereich abdeckt – kann Zement-Fließestrich uneingeschränkt sowohl im Innen- wie Außenbereich eingesetzt werden.

11

Im Vergleich zum steif-plastisch einzubringenden, konventionellen Zementestrich lassen sich Fließestriche wesentlich leichter verarbeiten und somit höhere Verlegeleistungen erzielen. Zement-Fließestriche sind jedoch hochkomplizierte Vielstoffgemische, die bezüglich ihrer Zusammensetzung und der örtlichen Verarbeitungsbedingungen sehr empfindlich reagieren. Die Verarbeitungsrichtlinien der Hersteller sind daher genauestens einzuhalten.

Mit der Einführung des Zement-Fließestriches und seiner weiteren Bewährung in der Baupraxis wird sich der Estrichmarkt zukünftig sicherlich stark verändern.

Einzelheiten über Estrichkonstruktionen und Estrichherstellung siehe Abschn. 11.3.6.4 und Abschn. 11.3.6.5.

3. Schnellestriche auf Zement- oder Calciumsulfatbasis

Immer kürzere Ausführungszeiten und damit zunehmender Termindruck auf der Baustelle fordern immer kürzere Abbinde- und Trocknungszeiten von Estrichen. Während konventionelle Zement- und Calciumsulfatestriche frühestens nach etwa 3 bis 4 Wochen soweit erhärtet und getrocknet sind, dass darauf Bodenbelagarbeiten durchgeführt werden können, ist eine ausreichende Belegreife bei den sog. Schnellestrichen bereits nach wenigen Tagen gegeben. Diesem großen Zeitgewinn steht allerdings der hohe Preis dieser Produkte gegenüber.

Schnellestriche bestehen aus sehr unterschiedlich zusammengesetzten Bindemittel-Mischungen, die nach DIN 18560, Estriche im Bauwesen, nicht genormt sind und keiner bauaufsichtlichen Überwachung unterliegen. Die jeweilige Zusammensetzung des Bindemittels und die Einbindung des Anmachwassers sind die entscheidenden Kriterien für die vielfältigen Eigenschaften dieser schnellabbindenden Estriche. Folgende Hauptgruppen werden unterschieden:

Typ I: Bindemittelgemisch aus Tonerdeschmelzzement (TSZ)[1)] und **Portlandzement** (CEM I) ergibt Schnellestriche mit hoher Frühfestigkeit, jedoch mit relativ langsamer Feuchtigkeitsabgabe (Trocknung). Diese Estriche sind in der Regel für den Innen- und Außenbereich geeignet.

Typ II: Bindemittelgemisch aus Tonerdeschmelzzement (TSZ)[1)] und **Calciumsulfat** ergibt Schnellestriche mit hoher, schneller Frühfestigkeit und deutlich beschleunigter Feuchtigkeitsabgabe, so dass – je nach den klimatischen Verhältnissen an der Baustelle – die Belegreife bereits nach 24 Stunden erreicht werden kann. Diese Estriche sind jedoch ausschließlich für den Innenbereich und zwar nur für dauerhaft trockene Bodenkonstruktionen geeignet.

Schnellestriche auf TSZ/Portlandzementbasis. Bei diesen Estrichen muss ein Teil des Anmachwassers durch Verdunstung abgegeben werden, woraus sich der langsamere Feuchtigkeitsabbau ergibt. Diese Austrocknung hängt jedoch sehr stark von den jeweiligen klimatischen Bedingungen während der Erhärtungsphase ab. Je gerin-

[1)] Tonerdeschmelzzement (TSZ) ist ein nicht genormtes Bindemittel, das die Eigenschaft aufweist, deutlich mehr Wasser chemisch binden zu können als Portlandzement (CEM I).

ger die Luftfeuchte und je höher die Umgebungstemperatur ist, um so mehr Wasser kann die Luft aufnehmen. Daher muss eine regelmäßige Raumlüftung erfolgen und im Winter geheizt werden.

Schnellestriche auf TSZ/Calciumsulfatbasis. Bei diesen Estrichen wird das zugegebene Wasser schnell und nahezu vollständig durch Hydration chemisch gebunden, so dass ein Trocknen des Estrichs durch Verdunsten weitgehend entfällt. Diese kristalline Wasserverbindung gelingt allerdings nur, wenn die vom Hersteller angegebenen produktbezogenen Verarbeitungsrichtlinien (z. B. optimaler w/z-Wert) beim Einbau des Estrichs genauestens eingehalten und die vorgeschriebenen klimatischen Bedingungen gegeben sind.

Schnellestriche werden auf der Baustelle wie konventionelle Zementestriche hergestellt. Zu berücksichtigen ist jedoch, dass die Verarbeitungszeit des angemachten Estrichmörtels nur etwa 30 Minuten beträgt. In diesem Zeitrahmen muss auch die jeweilige Oberflächenbehandlung abgeschlossen sein.
Während konventioneller Zementestrich nicht vor Ablauf von 3 Tagen begangen und nicht vor Ablauf von 7 Tagen höher belastet werden soll, ist Schnellestrich schon nach 3 Stunden begehbar und die Verlegereife für Bodenbeläge – je nach Bindemittelmischung – oftmals schon nach 24 Stunden erreicht.

Schnellestriche eignen sich zur Herstellung von Verbundestrich, Estrich auf Trennschicht und Dämmschicht oder von Heizestrich sowie zur Reparatur und Sanierung schadhafter Estrichflächen (Festigkeitsklassen ZE 20, ZE 30 und ZE 40). Vor der Bodenbelagverlegung ist in jedem Fall eine CM-Messung zur Ermittlung der Restfeuchte vorzunehmen. Vgl. hierzu Tab. **11**.32 und Tab. **12**.9. Weitere Angaben sind der Spezialliteratur [32], [33] zu entnehmen.

Einzelheiten über Estrichkonstruktionen und Estrichherstellung siehe Abschn. 11.3.6.4 und Abschn. 11.3.6.5.

4. Konventioneller Anhydritestrich (Calciumsulfatestrich)[1)]

Die Ausgangsstoffe zur Herstellung von konventionellem Anhyritestrich sind Anhydritbinder – bestehend aus Anhydrit und Anreger – gemischtkörnig aufgebauter Sand als Zuschlag, Wasser sowie gegebenenfalls Zusätze (Zusatzstoffe, Zusatzmittel).

Bindemittel. Anhydrit kommt in der Natur vor oder fällt als synthetischer Anhydrit im Industriebereich an. Als Bindemittel für den Estrich wird Anhydritbinder der Festigkeitsklasse AB 20 nach DIN 4208 verwendet, dem bereits werkseitig der erforderliche Anreger (= Abbindebeschleuniger) beigemischt wird. Der Bindemittelanteil sollte 450 kg je m^3 Estrich nicht überschreiten.

Anhydritbinder ist ein nichthydraulisches Bindemittel, d. h. es erhärtet nur an Luft aus (Luftmörtel), und zwar durch Kristallisation.

Zuschläge für Anhydritestriche müssen DIN 4226-1 entsprechen und güteüberwacht sein. Bei Estrichdicken ≥ 40 mm besteht der Zuschlag in der Regel aus gemischtkörnigem Sand der Körnung 0/8. Die Kornzusammensetzung des Zuschlags sollte im Bereich 3 der Sieblinie nach DIN 1045 liegen. S. hierzu Abschn. 5.2.2.

Nach Raumteilen gemessen beträgt das Mischverhältnis 1 RTL Anhydritbinder AB 20 zu 2,5 RTL Sand.

Mörtelzusätze. Es ist zwischen Zusatzmitteln und Zusatzstoffen zu unterscheiden.

- Zusatzmittel sind in DIN EN 13 318, Estrichmörtel und Estriche, näher definiert. Sie werden eingesetzt um die Verarbeitbarkeit, Festigkeitsentwicklung und Endfestigkeit zu verbessern. Es sollten nur solche Zusatzmittel und Zusatzstoffe verwendet werden, die vom Bindemittelhersteller empfohlen werden.

Festigkeitsklassen von Anhydritestrich. Bestimmendes Merkmal für die Verwendung von Anhydritestrich im Bauwerk ist die Zuordnung je nach Beanspruchung in Festigkeitsklassen nach DIN 18 560-1. Wie Tabelle **11**.29 zeigt, wird Anhydritestrich in Festigkeitsklassen AE 12 bis AE 40 eingeteilt, aus denen sich entsprechende Anwendungsbereiche ableiten lassen.

Anwendungsbereiche (vereinfachte Zusammenstellung)

AE 12 Verbundestrich zum Ausgleich von Unebenheiten und bei Nutzung mit Belag

AE 20 Schwimmender Estrich im Wohnungsbau bei gleichmäßig verteilten Verkehrslasten bis 1,5 kN/m^2 zur Nutzung mit oder ohne Belag; als Verbundestrich bei unmittelbarer Nutzung (ohne Belag).

AE 30 Mindest-Festigkeitsklasse für Industrieestriche

AE 40 Höhere Beanspruchungsklasse für Industrieestriche in Gewerbe- und Industriebau-

1) Anhydritestriche werden aus Anhydritbinder hergestellt. Da es jedoch auch Estriche auf der Basis entwässerter Gipsbindemittel gibt, werden die Estriche dieser Gruppe neuerdings zusammenfassend als Calciumsulfatestriche bzw. Calciumsulfat-Fließestriche bezeichnet.

Tabelle **11**.29 Festigkeitsklassen von Anhydritestrichen (Auszug aus DIN 18 560-1)

Festigkeitsklasse	Güteprüfung			Eignungsprüfung
	Druckfestigkeit		Biegezugfestigkeit	Druckfestigkeit
Kurzzeichen	Kleinster Einzelwert (Nennfestigkeit) in N/mm²	Mittelwert jeder Serie (Serienfestigkeit) in N/mm²	Mittelwert jeder Serie (Serienfestigkeit) in N/mm²	Richtwert in N/mm²
AE 12	≥ 12	≥ 15	≥ 3	18
AE 20	≥ 20	≥ 25	≥ 4	30
AE 30	≥ 30	≥ 35	≥ 6	40
AE 40	≥ 40	≥ 45	≥ 7	50

ten. Weitere Angaben über Beanspruchungsarten ohne/mit Belag siehe [34].

Konventioneller Anhydritestrich. Als großer Vorteil des Anhydritestrichs gilt seine gute Formbeständigkeit. Da die Schwind- und Quellmaße sehr gering sind, können große zusammenhängende Flächen nahezu ohne Bewegungsfugen hergestellt werden. Aus stofflicher Sicht ist jedoch Anhydritestrich nicht gleich Anhydritestrich. Je nach Bindemittel- und Mörtelzusammensetzung können unterschiedliche Ausdehnungskoeffizienten und Schwindverhalten auftreten, so dass unter Beachtung dieser Vorgaben und der jeweiligen Raumgeometrie immer ein Fugenplan erstellt werden sollte. Vgl. hierzu Abschn. 11.3.6.4, Verlegung von Calciumsulfat-Fließestrich auf Dämmschicht.

Nachteilig wirkt sich seine Empfindlichkeit gegen anhaltende Feuchtigkeit aus. Anhydritestriche dürfen daher nicht im Außenbereich und nicht in Räumen verlegt werden, in denen ständige Feuchtigkeitsbeanspruchung auftreten kann. Bodenflächen, in denen mit Feuchtigkeitseinwirkung von unten zu rechnen ist, müssen durch eine Abdichtung und/oder Dampfsperre gemäß Abschn. 11.3.2 geschützt werden. Ist mit mäßiger Feuchtigkeitsbeanspruchung von oben – beispielsweise in Wohnbädern mit Duschtasse und Badewanne (Feuchtigkeitsbeanspruchungsklasse I) – zu rechnen so ist eine Abdichtung im Verbund mit keramischen Fliesen und Platten vorzusehen.

Konventioneller Anhydritestrich sollte nicht vor Ablauf von 3 Tagen begangen und nicht vor Ablauf von 7 Tagen höher belastet werden. Bei Heizestrichen kann mit dem Aufheizen bereits 7 Tage nach dem Estricheinbau begonnen werden. Die zulässigen Feuchtewerte für die Belegreife von Estrichen mit einem Bodenbelag sind Tab. **11**.32 sowie Tab. **12**.9 zu entnehmen.

Einzelheiten über Estrichkonstruktionen und Estrichherstellung s. Abschn. 11.3.6.4 und Abschn. 11.3.6.5.

5. Calciumsulfat-Fließestrich[1)]

Die Ausgangsstoffe zur Herstellung von calciumsulfatgebundenem Fließestrich sind Calciumsulfat-Binder, gemischtkörnig aufgebauter Sand als Zuschlag und Wasser.

Calciumsulfat-Bindemittel. Als Rohstoffe werden Naturanhydrit, synthetisches Anhydrit, thermisches Anhydrit und Alpha-Halbhydrat eingesetzt. Diese Bindemittel weisen jeweils unterschiedliche Materialeigenschaften auf. Demgemäß unterscheiden sich auch die Fließestriche – je nach Bindemittelart – bezüglich Erhärtungszeit, Festigkeit, Ausdehnungskoeffizient und Verformungsverhalten.

Calciumsulfat-Binder. Das Bindemittel Calciumsulfat bildet zusammen mit den Zusatzmitteln und Zusatzstoffen den Calciumsulfat-Binder nach DIN EN 13 454-1.

Mörtelzusätze. Es ist zwischen Zusatzmitteln und Zusatzstoffen zu unterscheiden.

- **Zusatzmittel** werden eingesetzt (z. B. Anreger, Verzögerer, Fließmittel), um Mörteleigenschaften wie beispielsweise Konsistenz, Verarbeitungszeit usw. zu verbessern.
- **Zusatzstoffe** sind Zusätze, die die chemischen und/oder physikalischen Eigenschaften der Mörtelmischung beeinflussen.

Zuschläge für Calciumsulfat-Fließestriche müssen DIN 4226-1 entsprechen und güteüberwacht sein (z. B. Quarzsande). Bewährt haben sich – je nach Einsatzbereich – stetige Sieblinien nach DIN 1045 mit den Korngrößen 0/2 - 0/4 - 0/8 mm. Einzelheiten sind der Spezialliteratur [35] sowie Abschn. 5.2.2 zu entnehmen.

1) Siehe Fußnote Seite 403.

11

Tabelle **11**.30 Festigkeitsklassen von Calciumsulfat-Werkmörtel (Auszug aus DIN EN 13 454-1)

Festigkeitsklasse	Biegezugfestigkeit N/mm²		Druckfestigkeit N/mm²	
	geprüft nach			
	3 Tagen	28 Tagen	3 Tagen	28 Tagen
12	1,5	3,0	5,0	12,0
20	1,5	4,0	8,0	20,0
30	2,0	5,0	12,0	30,0
40	2,5	6,0	16,0	40,0

Festigkeitsklassen von Calciumsulfat-Werkmörtel. Bestimmendes Merkmal für die Verwendung von Calciumsulfat-Fließestrich im Bauwerk ist die Zuordnung je nach Beanspruchung in Festigkeitsklassen. Tabelle **11**.30 zeigt Festigkeitsklassen von Calciumsulfat-Werkmörtel nach DIN EN 13 454-1.

Calciumsulfat-Fließestrich. Der fertig vorgemischte Werktrockenmörtel wird am Einsatzort nur noch mit Wasser aufbereitet und in fließfähiger Konsistenz an die Verlegestelle gepumpt. Dort entfällt das mühevolle Verteilen, Abziehen, Verdichten und Glätten wie es bei konventionellen Estrichmassen üblich ist, da der Fließestrich nahezu planeben verläuft und sich selbst nivelliert und verdichtet.

Calciumsulfatgebundener Fließestrich kann großflächig nahezu fugenlos verlegt werden. Aufgrund seines günstigen Quell- und Schwindmaßes ist er nach dem Abbinden weitgehend raumstabil, so dass es an den Estrichrändern – im Gegensatz zum Zementestrich – zu keinen Aufwölbungen (Aufschüsselungen) oder nachträglichen Absenkungen kommt.

Da die Calciumsulfat-Bindemittel jedoch unterschiedliche Eigenschaften aufweisen und bei Heizestrichen sowie großflächiger Sonneneinstrahlung in Verbindung mit einer ungünstigen Raumgeometrie Wärmedehnungen in der Estrichplatte auftreten können, sind in bestimmten Fällen Bewegungsfugen und ggf. Scheinfugen vorzusehen. Vgl. hierzu Abschn. 11.3.6.4, Verlegung von Calciumsulfat-Fließestrich auf Dämmschicht.

Fließestrich auf Calciumsulfatbasis darf keiner ständigen Feuchtigkeitsbeanspruchung ausgesetzt werden. Bodenflächen, bei denen mit Feuchtigkeitseinwirkung von unten zu rechnen ist – beispielsweise in Form von Bodenfeuchtigkeit auf erdberührten Bodenplatten, Restfeuchte aus noch jungen Rohbetondecken oder Wasserdampfdiffusion durch Decken über Heizkeller, Schwimmbäder o. Ä. – müssen durch eine Abdichtung und/oder Dampfsperre gemäß Abschn. 11.3.2. geschützt werden. Ist mit mäßiger Feuchtigkeitsbeanspruchung von oben – zum Beispiel in häuslichen Bädern mit Duschtasse und Badewanne (Feuchtigkeitsbeanspruchungsklasse I) – zu rechnen, so ist eine Abdichtung im Verbund mit keramischen Fliesen und Platten vorzusehen.

Vom konventionellen Anhydritestrich unterscheidet sich der Fließestrich deutlich durch seine Dichte. Diese höhere Dichte des calciumsulfat gebundenen Fließestrichs ergibt zwar meist höhere Festigkeiten und damit geringere Estrichnenndicken, aber auch längere Austrocknungszeiten bis zur Belegreife mit einem Bodenbelag.

Außerdem bedarf die Oberfläche des calciumsulfatgebundenen Fließestrichs – sofern keine verbindlichen, anderslautenden Herstellervorschriften vorliegen – in aller Regel einer mechanischen Nachbearbeitung (z. B. Anschleifen – Absaugen – Grundieren), bis sie als Verlegeuntergrund für Beläge und Beschichtungen geeignet ist.

Calciumsulfat-Fließestrich kann bei günstigen Baustellenbedingungen und je nach Eigenschaftscharakteristik des Estrichs bereits nach 1 Tag (2 Tagen) begangen und nach 2 Tagen (5 Tagen) belastet werden. Die zulässigen Feuchtewerte für die Belegreife von Estrichen mit einem Bodenbelag sind Tab. **11**.32 sowie Tab. **12**.9 zu entnehmen.

Einzelheiten über Estrichkonstruktionen und Estrichherstellung s. Abschn. 11.3.6.4 und Abschn. 11.3.6.5.

11

6. Gussasphaltestrich

Die Ausgangsstoffe zur Herstellung von Gussasphaltestrich sind Bitumen als schmelzbares Bindemittel, ein Mineralstoffgemisch als Zuschlag sowie gegebenenfalls Zusätze.

Bindemittel. Bitumen wird bei der Destillation von Erdöl gewonnen. Für die Herstellung von Gussasphalt werden Bitumen nach DIN 1995-1 sowie Hartbitumen oder ein Gemisch aus diesen eingesetzt.

Zuschläge. Der Zuschlag muss DIN 4226 entsprechen und güteüberwacht sein. Das Mineralstoffgemisch ist korngestuft und hohlraumarm zusammengesetzt und besteht in der Regel aus Steinmehl, Sand, Splitt und Feinkies. Je nach Einbaudicke des Gussasphaltes ist ein Kornaufbau von 0/5 mm oder 0/8 mm zu verwenden. Die Wahl des Größtkorns richtet sich nach der vorgesehenen Estrichdicke und den zu erwartenden Beanspruchungen.

Mineralstoffgemisch und Bindemittelgehalt werden so aufeinander abgestimmt, dass die verbliebenen Hohlräume im fertigen Gussasphaltestrich mit Bitumen gefüllt sind und sich eine mechanische Verdichtung der im heißen Zustand plastischen Masse erübrigt.

Je nach Mineralstoffzusammensetzung, Bitumengehalt und Bitumenart kann er den unterschiedlichsten klimatischen, chemischen und mechanischen Beanspruchungen angepasst werden.

Härteklassen von Gussasphaltestrich. Gussasphaltestriche im Wohnungs- und Industriebau werden wegen ihres thermoplastischen Verhaltens nicht wie Mörtelestriche in Festigkeitsklassen, sondern in Härteklassen unterteilt. Die Wahl der zweckmäßigsten Härteklasse richtet sich im wesentlichen nach der zu erwartenden Beanspruchung aus Temperatur und Verkehrslast.

Das entscheidende Maß bei der Güteprüfung ist daher die Eindringtiefe eines genormten Stempels bei Prüftemperaturen von 22 °C und/oder 40 °C und entsprechender Prüfdauer.

Wie Tabelle **11**.31 zeigt, wird Gussasphaltestrich nach DIN 18 560-1 in Härteklassen GE 10 bis GE 100 unterteilt, aus denen sich bestimmte Anwendungsbereiche ableiten lassen.

Tabelle **11**.31 Härteklassen von Gussasphaltestrichen (Auszug aus DIN 18 560-1)

Härteklasse	Eindringtiefe in mm		
	Stempelquerschnitt 100 mm²		Stempelquerschnitt 500 mm²
Kurzzeichen	bei (22 ± 1) °C Prüfdauer 5 h	bei (40 ± 1) °C Prüfdauer 2 h	bei (40 ± 1) °C Prüfdauer 0,5 h
GE 10	≤ 1,0	≤ 4,0 (≤ 2,0)[1]	–
GE 15	≤ 1,5	≤ 6,0	–
GE 40	–	–	> 1,5 bis 4,0
GE 100	–	–	> 4,0 bis 10,0

[1] Klammerwert für Heizestrich

Anwendungsbereiche (vereinfachte Zusammenstellung)

GE 10 Schwimmender Estrich bei gleichmäßig verteilten Verkehrslasten bis 1,5 kN/m²
- für normal beheizte Räume.

Verbundestrich und Estrich auf Trennschicht

GE 15 • für normal beheizte Räume,

GE 40 • für unbeheizbare Räume und Estriche im Freien,

GE 100 • für Räume mit besonders niedrigen Temperaturen (z. B. Kühlräume).

Gussasphalt. Die Herstellung von Gussasphalt erfolgt in güteüberwachten stationären Mischwerken. Das fertige Mischgut wird in heißem Zustand in beheizten Rührwerkkesseln an die Baustelle transportiert und mit einer Verarbeitungstemperatur von etwa 240 °C eingebaut.

Baustoffe und Bauteile, mit denen Gussasphalt in Berührung kommt, müssen beständig gegenüber dieser Einbautemperatur sein. Vorsicht ist auch geboten bei hitzeempfindlichen Kunststoff-Folien, nackten Bitumenbahnen, Dichtungsbahnen o. Ä. Angaben hierzu s. Abschn. 11.3.6.4, Verlegung von Gussasphaltestrich auf Dämmschicht.

Gussasphaltestrich. Da Gussasphalt heiß eingebaut wird, bringt er keinerlei Feuchtigkeit in das Bauwerk. Unabhängig von Witterungseinflüssen kann er ohne Fugen großflächig verlegt und sofort nach dem Erkalten – in der Regel nach 2 bis 3 Stunden – begangen bzw. mit einem Belag oder einer farbigen Kunststoffbeschichtung versehen werden. Allerdings ist seine Verlegung mit einem hohen körperlichen Einsatz und zeitlichen Aufwand verbunden (Transport mit Jochen und Holzeimern), da das Mischgut nicht pumpfähig ist.

Vorteilhaft sind des weiteren seine Unempfindlichkeit gegen Wasser, die geringe Einbaudicke je nach Verwendungsart des Estrichs und sein hoher spezifischer elektrischer Widerstand (Isolierfähigkeit). Durch Zusatz von Graphitstaub o. Ä. kann er zur Ableitung elektrostatischer Aufladungen jedoch auch leitfähig ausgebildet werden. Außerdem ist er wasserdicht und dampfdicht sowie schwerentflammbar (Baustoffklasse B1 nach DIN 4102). Von besonderer Bedeutung für den Schallschutz ist auch seine niedrige Körperschall-Leitfähigkeit, aufgrund hoher innerer Dämpfung des Gussasphalts.

Gussasphaltestrich ist wiederverwertbar, frei von Emissionen und enthält weder Teer noch Phenole; nachteilige Auswirkungen auf Gesundheit und Umwelt treten nach dem derzeitigen Kenntnisstand nicht auf. [1)]

Nachteilig können sich hohe Dauerlasten auswirken, wenn Last, Aufstandsfläche und die zu erwartenden Temperaturverhältnisse nicht sorgfältig aufeinander abgestimmt sind. Weiter ist zu beachten, dass die Zusammendrückbarkeit der Dämmschichten unter Belastung bei Gussasphaltestrich nicht mehr als 5 mm betragen darf. Vgl. hierzu auch Tab. **11**.34.

Gussasphaltestriche sind zwar relativ teuer (obere Preisklasse), in Anbetracht der vielen Vorteile jedoch durchaus als wirtschaftlich zu bezeichnen. Einzelheiten sind der Spezialliteratur [36] zu entnehmen. Es wird empfohlen, bereits im Planungsstadium eine Gussasphalt-Fachfirma zur Beratung heranzuziehen.

[1)] Bitumen wird häufig mit Teer verwechselt. Da Teer nach DIN 55 946 (Steinkohlenteerpech) ein krebserzeugender und damit kennzeichnungspflichtiger Gefahrstoff ist, wird fälschlich unterstellt, Gemische mit Bitumen könnten für den Menschen ebenfalls ein gesundheitliches Risiko darstellen.
Bitumen ist nach der Gefahrstoffverordnung jedoch kein krebserzeugender Gefahrstoff und kennzeichnungsfrei. Weitere Einzelheiten sind der Spezialliteratur [37] zu entnehmen.

Einzelheiten über Estrichkonstruktionen und Estrichherstellung siehe Abschn. 11.3.6.4 und Abschn. 11.3.6.5.

11.3.6.3 Trockenzeiten und zulässige Feuchtegehalte (Belegreife) von unbeheizten Estrichen

Mineralisch gebundene Estriche (Mörtelestriche) benötigen eine gewisse Trockenzeit, bis sie mit einer bestimmten Bodenbelagart belegt werden dürfen. Der Trocknungsverlauf wird im wesentlichen bestimmt von

- materialspezifischen Eigenschaften: Bindemittelart, Wasser-, Bindemittel-, Festanteile (Zusammensetzung und Konsistenz des Estrichs),
- klimatischen Verhältnissen: Baustellenfeuchtigkeit, Temperatur, Luftfeuchte und Luftaustauschgeschwindigkeit (je nach Witterung und Jahreszeit),
- konstruktiven Voraussetzungen: Estrichdicke und Verlegeart (Estrichkonstruktion).

Je niedriger die relative Luftfeuchte und je höher die Temperatur und Luftaustauschgeschwindigkeit sind, desto schneller erfolgt die Austrocknung des Estrichs bis zur Belegreife.

In Anbetracht der immer kürzer werdenden Bauabwicklungstermine, reicht oftmals das Lüften und Heizen vor Ort nicht mehr aus, so dass Trocknungsgeräte eingesetzt werden müssen (z. B. Absorptionstrockner, Kondenstrockner o. Ä.).

11

Trockenzeiten von Estrichen. Mit zunehmender Estrichdicke verlängert sich die Austrocknungszeit. Als Faustregel gilt, dass bei günstigem Baustellenklima die Trockenzeit bei einem

- **40 mm dicken Estrich** etwa 4 Wochen beträgt (pro Zentimeter 1 Woche). Bei jedem weiteren Zentimeter erhöht sich die Trockenzeit im Quadrat. Somit kommen bei einem
- **60 mm dicken Estrich** nochmals 4 Wochen hinzu (pro Zentimeter 2 Wochen), so dass die Gesamttrockenzeit bei dieser Estrichdicke ungefähr 8 Wochen beträgt.

Belegreife von Estrichen. Eine Restmenge an Feuchtigkeit – Ausgleichsfeuchte oder Gleichgewichtsfeuchte genannt – verbleibt jedoch immer im unbeheizbaren Estrich und entweicht normalerweise nicht. Die Belegreife eines Estrichs ist im allgemeinen erreicht, wenn er den für die Verlegung eines bestimmten Bodenbelags zulässigen Grenzfeuchtigkeitsgehalt aufweist.

Grenzwerte für die zulässige Restfeuchte von konventionellen Estrichen und Fließestrichen auf Zement- und Calciumsulfatbasis zeigt Tabelle **11**.32.

Tabelle **11**.32 Zulässige Feuchtewerte für die Belegreife von Estrichen

Estrichart	Zementestrich	Calciumsulfat-estrich
Belag		
• dampfbremsend	≤ 2,0 CM-./.	≤ 0,5 CM-./.[1]
• als Heizestrich	≤ 1,8 CM-./.	≤ 0,3 CM ./.[2]
Belag		
• dampfdurchlässig	≤ 2,5 CM-./.	≤ 1,0 CM-./.

[1] Alle Werte gelten für Messungen mit dem CM-Gerät
[2] Vgl. hierzu auch Tabelle **12**.9

Die Gehschicht (Nutzschicht) wird bezüglich der Wasserdampfdurchgängigkeit in dampfdurchlässige, dampfbremsende und (relativ) dampfdichte Bodenbelagarten bzw. Bodenbeschichtungen eingeteilt. Zu den relativ dampfdichten Belägen zählt man die elastischen Bodenbeläge (PVC, Gummi, Linoleum), Stein- und Keramikbeläge in Dünnbett sowie Bodenbeschichtungen aus Kunstharzen. Textile Bodenbeläge können sowohl dampfbremsende als auch dampfdurchlässige Rückenbeschichtungen aufweisen. Zu den besonders feuchteempfindlichen Belägen zählen alle Holz- und Holzwerkstoffböden, Laminatböden u. Ä.

11

Schäden an Bodenbelägen treten häufig dadurch auf, dass sich die Feuchtigkeit aus dem Estrich, ggf. auch aus dem tragenden Untergrund, unter relativ dampfdichten Belägen anreichert und dort zur Verseifung des Klebers, zur Blasenbildung und bei feuchteempfindlichem Estrich (z. B. Calciumsulfatestrich) zur Erweichung der oberen Estrichzone führt. Um derartige Schäden weitgehend auszuschließen, muss die verbleibende Restfeuchte grundsätzlich vor dem Aufbringen eines Bodenbelages bzw. einer Beschichtung vom Bodenleger im Rahmen seiner Prüfpflicht gemessen werden. Hierfür wird in der Regel ein sog. CM-Gerät verwendet.

Bei beheizbaren Fußbodenkonstruktionen wird der Feuchtegehalt durch Aufheizen der Estrichschicht weiter reduziert und so vor dem Verlegen der Nutzschicht die zulässige Belegreife für den jeweiligen Bodenbelag erreicht. Trotz dieses Aufheizungsvorganges ist jedoch nicht sichergestellt, dass der Estrich den erforderlichen Feuchtegehalt aufweist. Daher sind Feuchtigkeitsmessungen mit dem CM-Gerät auch beim Heizestrich unerläßlich. Einzelheiten hierzu s. Abschn. 12.2.3 sowie Tabelle **12**.9.

11.3.6.4 Estrichkonstruktionen und Estrichherstellung

Einteilung und Benennung: Überblick

Estrichkonstruktionen. Estriche können grundsätzlich nach zwei Konstruktionsprinzipien aufgebaut sein. Man unterscheidet (Bild **11**.33):

- **Verbundkonstruktion**, die im kraftschlüssigen Verbund mit dem tragenden Untergrund hergestellt wird.
- **Schwimmende Konstruktion**, die durch eine Trennschicht, Abdichtung oder Dämmschicht vom tragenden Untergrund getrennt ist und auch keine unmittelbare Verbindung mit den angrenzenden Bauteilen aufweist.

Beide Konstruktionsarten unterscheiden sich wesentlich, so dass sich daraus Auswirkungen ergeben beispielsweise hinsichtlich der Belastbarkeit, der Fugenanordnung sowie den zu erwartenden Verformungstendenzen (Schubspannungen) in der jeweiligen Bodenkonstruktion.

1. Verbundestriche

Allgemeines. Verbundestriche sind mit dem tragenden Untergrund fest verbunden (Bild **11**.26a und **11**.33a bis c). Sie können unmittelbar, d. h. ohne Belag, genutzt oder mit einem Belag bzw. einer Beschichtung versehen werden. Verbundestriche eignen sich insbesondere als

- Ausgleichestrich, wenn der tragende Untergrund größere Unebenheiten aufweist,
- Gefälleestrich, zur raschen Ableitung des Oberflächenwassers zum Bodeneinlauf,
- Nutzboden in untergeordneten Räumen, ohne Anforderungen an Schall- und Wärmeschutz,
- Nutzestrich im Industriebau, wo hohe Belastbarkeit und Verschleißfestigkeit gefordert sind.

Verbundestriche müssen unmittelbar und vollflächig kraftschlüssig mit dem jeweiligen tragenden Untergrund (z. B. Betondecke) verbunden sein. Alle auftretenden Kräfte, die aus Verformungen des Untergrundes, Schwindvorgängen des Estrichs, Temperatureinflüssen und aus Verkehrslasten resultieren, erzeugen in dieser Verbundkonstruktion Zwängungsspannungen, die von dem Gesamtsystem (Untergrund, Haftbrücke, Estrich) aufgenommen bzw. weitergegeben werden.

Damit ein guter Haftverbund möglich wird, muss die Oberfläche des tragenden Untergrundes in der Regel ausreichend trocken, fest, eben,

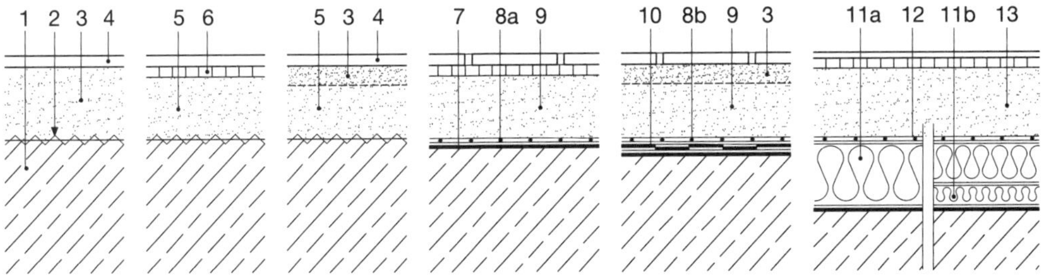

11.33 Schematische Darstellung unbeheizbarer Estrichkonstruktionen (Überblick)

Verbundkonstruktionen

a) mit Dickbettmörtel
b) mit Verbundestrich und Dünnbettkleber
c) mit Verbundestrich und Dickbettmörtel

1 tragender Untergrund (Rohbetondecke)
2 Haftbrücke
3 Dickbettmörtel
4 Fliesenbelag
5 Verbundestrich
6 Dünnbettkleber
7 planebener Untergrund

Schwimmende Konstruktionen

d) auf Trennschicht
e) auf Abdichtung mit Trennschicht (Gleitschicht)
f) auf Dämmschichten (ein- oder zweilagig)

8a Trennschicht (zweilagig)
8b Trennschicht/Gleitschicht (einlagig)
9 Estrich auf Trennschicht/Abdichtung
10 Abdichtung gegen Feuchtigkeit
11a) Dämmschicht (einlagig)
11b) Dämmschicht (zweilagig)
12 Abdeckung (z.B. PE-Folie 0,1 mm) einlagig
13 Estrich auf Dämmschicht(en)

oberflächenrauh und frei von haftmindernden Verunreinigungen sein; außerdem darf der Untergrund keine Risse und lose Bestandteile aufweisen. Eine mechanische Behandlung des Tragbetons (Schleifen, Fräsen, Sandstrahlen) kann in bestimmten Fällen notwendig werden.

Fugen im Verbundbereich. Bauwerksfugen (Gebäudetrennfugen) sind an gleicher Stelle und in gleicher Breite im Verbundestrich zu übernehmen und die Belagkanten durch spezielle Metallprofile zu schützen (Bild **11**.40a und **11**.41).

Die Unterteilung der Estrichflächen in Einzelfelder durch Bewegungsfugen (Feldbegrenzungsfugen) ist bei Verbundestrichen zu unterlassen; sie sind schädlich und stören den Verbund.

Randfugen sind an aufgehenden Bauteilen nur anzulegen, wenn diese Teile nicht fest mit dem tragenden Untergrund verbunden sind.

Anforderungen. Verbundestriche müssen den allgemeinen Anforderungen nach DIN 18 560-1 und -3 entsprechen; für hochbeanspruchbare Industrieestriche gilt Teil 7 der vorgenannten Norm.

Die jeweiligen Festigkeitsklassen und Anwendungsbereiche sind Abschn. 11.3.6.2, Estricharten, zu entnehmen.

Einzelheiten über die Herstellung von Verbundestrichen siehe VOB Teil C, DIN 18 353, Estricharbeiten, sowie DIN 18 354, Gußasphaltarbeiten. Auf die weiterführende Spezialliteratur [29], [38] wird verwiesen.

Zementgebundener Verbundestrich
(Konventioneller Zementestrich)

Zementgebundener Verbundestrich wird im Wohnungsbau vor allem in Kellern, Nebenräumen und Garagen als unmittelbar begehbarer Nutzestrich eingesetzt. In gewerblich genutzten Räumen kommt er als Industrieestrich für hohe Beanspruchungen mit vergüteter Oberfläche zur Anwendung. Vgl. hierzu Abschn. 11.3.6.7, Zementgebundener Hartstoffestrich.

Untergrund. Zementgebundener Verbundestrich kann entweder auf einem frisch betonierten, noch nicht erhärteten Betonuntergrund „frisch in frisch" oder auf einen bereits erhärteten und trockenen Untergrund aufgebracht werden.

Wird er auf einen bereits erhärteten Untergrund aufgetragen, müssen die wesentlichen Verformungen des Betonuntergrundes aus Kriechen und Schwinden bereits abgeklungen sein, da es sonst zu einer Überlagerung mit den Zugspannungen des Estrichs kommt. Es besteht dann die Gefahr, dass Scherspannungen am Estrichrand entstehen, die bei ungenügendem Haftverbund zwischen Untergrund und Estrich zur Ablösung führen. Diese Spannungen sind um so kritischer zu bewerten, je dicker und je großflächiger der Estrich ist.

Haftbrücken. Um eine ausreichende Haftzugfestigkeit zwischen Tragbeton und Estrich zu erreichen, muss in der Regel immer zuerst eine Haftbrücke auf den Untergrund aufgetragen werden. Diese verbessert die Verbindung zwischen Estrich und Tragbeton und somit den Haftverbund. Man unterscheidet:

11

- **Zementschlämmen** (Grundierschlämme) aus werkgemischtem Trockenmörtel (Mischungsverhältnis Zement: Feinsand 0/2 mm = 1 : 1), der am Einsatzort nur noch mit Wasser angemacht wird. Vor dem Auftrag der Haftbrücke muss der trockene Untergrund – der sehr saugfähig sein kann – sorgfältig vorgenässt werden, um Trockenrisse im Estrich zu vermeiden. Diese mineralische Haftbrücke ist feuchtigkeitsbeständig, so dass sie auch auf erdberührten, feuchten Betonuntergründen aufgebracht werden kann.
  In der Regel ist jedoch vor der Ausführung eines Verbundestrichs sicherzustellen, dass aus dem darunter liegenden Bauteil keine Feuchtigkeit mehr nach oben wandern kann.
- **Kunstharzdispersionen**, die jedoch nicht im gleichen Masse kraftschlüssig wirken, wie rein mineralische Haftbrücken. Sie sind außerdem meist nicht einsetzbar, wenn bei erdberührtem Untergrund mit aufsteigender Feuchtigkeit gerechnet werden muss.
- **Reaktionsharze** (z. B. Epoxidharze) werden als Haftbrücke häufig eingesetzt. Sie haften an Betonoberflächen sehr gut und sind weniger feuchtigkeitsempfindlich als die Kunstharzdispersionen, ergeben jedoch in gewissen Fällen eine dampfbremsende Schicht und sind relativ teuer. Die Verarbeitungsvorschriften der Hersteller sind immer zu beachten.

Festigkeitsklassen/Nenndicke. Zementgebundene Verbundestriche müssen zur Aufnahme eines Belages die Festigkeitsklasse ZE 12, bei Nutzung ohne Belag mind. die Festigkeitsklasse ZE 20 aufweisen (Tab. **11**.27). Für Industrieestrich ist mind. die Festigkeitsklasse ZE 30 erforderlich.

Bei einschichtiger Ausführung sollten sie nicht dicker als 50 mm und nicht dünner als 20 mm sein. Der Einbau noch dünnerer Verbundestriche aus kunststoffvergüteten Estrichmischungen bzw. reinen Reaktionsharzestrichen ist möglich.

11

Die erforderliche Mindestestrichdicke bei Zement-Fließestrich im Verbund beträgt 30 mm; dünnere Schichten sind ebenfalls möglich. Die Entwicklung auf diesem Gebiet ist noch nicht abgeschlossen. Einzelheiten hierzu sind den Abschnitten „Estricharten" und „Estrich auf Dämmschichten" zu entnehmen.

Nachbehandlung. Der frisch eingebrachte, fertige Estrich ist durch Feuchthalten, Abdecken vor Sonneneinstrahlung, Zugluft und Frost ausreichend lang zu schützen. Diese Nachbehandlung ist ganz entscheidend für die Rissanfälligkeit und Festigkeit der Estrichoberfläche.

Calciumsulfatgebundener Verbundestrich
(Calciumsulfat-Fließestrich)

Calciumsulfat-Fließestriche sind pumpbar, verlaufen und nivellieren sich weitgehend selbst und sind demzufolge rationell zu verarbeiten.

Auch calciumsulfatgebundene Verbundestriche müssen vollflächig kraftschlüssig mit dem tragenden Untergrund verbunden sein, damit alle auftretenden Kräfte, Spannungen und Lasten vom Gesamt-Verbundsystem aufgenommen werden können.

Untergrund. Fließestriche auf Calciumsulfatbasis werden in der Regel auf Betonuntergrund verlegt. Da sie keiner ständig einwirkenden Feuchtebeanspruchung ausgesetzt werden dürfen, muss dieser beim Einbau trocken sein und auch stets trocken bleiben. Um dies zu gewährleisten, ist die Estrichschicht auf erdberührter Bodenplatte gegen aufsteigende Feuchtigkeit, über noch junger Rohbetondecke gegen nachstoßende Restfeuchte und bei Decken über Räumen mit feucht-warmer Luft gegen Wasserdampfdiffusion von unten gemäß Abschn. 11.3.2 zu schützen.

Haftbrücken. Die Tragschicht muss des weiteren ausreichend fest, sauber, offenporig und saugfähig sein. Darauf ist eine Grundierschlämme oder auf dichtem Untergrund, eine Haftbrücke aus Epoxidharz mit Quarzsandabstreuung aufzutragen. Der schmale Wandstreifen, an den der Verbundestrich später anschließt, muss ebenfalls grundiert werden, um eine Feuchtigkeitsabgabe an die Wand zu verhindern.

Bauwerksfugen (Gebäudetrennfugen) sind an gleicher Stelle und in gleicher Breite zu übernehmen; ansonsten kann der Verbundestrich fugenlos ausgeführt werden.

Festigkeitsklassen/Nenndicke. Calciumsulfatgebundene Verbundestriche müssen zur Aufnahme eines Belages die Festigkeitsklasse AE 12, bei Nutzung ohne Belag mindestens die Festigkeitsklasse AE 20 aufweisen (Tabelle **11**.29 und **11**.30). Für Industrieestriche ist mindestens die Festigkeitsklasse AE 30 erforderlich.

Die Nenndicke soll in der Regel ≥ 25 mm betragen; bei einschichtiger Ausführung darf der Verbundestrich nicht dicker als 50 mm und nicht dünner als 20 mm sein.

Bitumengebundener Verbundestrich
(Gussasphaltestrich)

Gussasphaltestrich im Verbund wird vorwiegend im Industriebau eingesetzt, er kann aber auch im Freien verlegt werden.

Untergrund. Als tragender Untergrund eignet sich vor allem Asphalt. Der Gussasphaltestrich wird darauf direkt aufgebracht, so dass aufgrund der hohen Einbautemperaturen eine vollflächige, dauerhafte Verbindung entsteht. Betonflächen sind für die Verbundverlegung weniger geeignet.

Die Oberfläche des Gussasphaltestrichs muss in noch warmen Zustand mit Sand abgerieben oder mit Splitt abgestreut werden. Eine weitergehende Nachbehandlung ist nicht erforderlich. S. hierzu auch Abschn. 11.3.6.4, Verlegung von Gussasphaltestrich auf Dämmschicht.

Härteklassen/Nenndicke. Die jeweilige Härteklasse des Verbundestrichs muss auf die Art der Nutzung und der Beanspruchung abgestimmt sein. Für beheizte Räume werden GE 10 oder GE 15, für nicht beheizbare Räume GE 15 oder GE 40 und im Freien ebenfalls GE 40 eingesetzt (Tabelle **11**.31).

Die Nenndicke liegt je nach Beanspruchungsgruppe zwischen ≥ 25 und ≥ 30 mm; sie sollte bei einschichtiger Ausführung 40 mm nicht überschreiten und nicht weniger als 20 mm betragen.

2. Estriche auf Trennschicht

Allgemeines. Beim Estrich auf Trennschicht liegt die Estrichplatte vollflächig auf dem tragenden Untergrund auf, ist von diesem jedoch durch eine dünne Zwischenlage getrennt (Bild **11**.26b und **11**.33d bis e). Der Estrich kann unmittelbar, d. h. ohne Belag, genutzt oder mit einem Belag bzw. einer Beschichtung versehen werden.

Estriche auf Trennschicht werden vor allem aus bautechnischen oder bauphysikalischen Gründen eingesetzt, wenn zum Beispiel

- keine Anforderungen an Wärme- und Trittschallschutz bestehen,
- der Untergrund für einen direkten Haftverbund nicht geeignet ist,
- ein junger Betonuntergrund noch eigenen Formänderungen unterworfen ist,
- mit hohen Temperatur-Wechselbeanspruchungen zu rechnen ist,
- auf eine Abdichtungsebene und/oder Dampfsperre eine gleitfähige Schutzschicht aufzubringen ist,
- mit starker Verkehrsbelastung und hoher Lasteinwirkung zu rechnen ist.

Estrich auf Trennschicht. Da beim Estrich auf Trennschicht kein Haftverbund zwischen der Estrichplatte und dem tragenden Untergrund besteht, können sich beide Teile unabhängig voneinander bewegen. Jedes Bauteil ist in seinem Verformungsverhalten eigenständig, Spannungen können weder übertragen noch abgeleitet werden.

Volumenveränderungen ergeben sich bei der lose aufliegenden, dünnen Estrichplatte vor allem durch Schwinden und Quellen und thermisch bedingte Einflüsse. Dabei kann sich die Estrichplatte – vorwiegend beim Zementestrich – auch in der Fläche verwölben und an den Rändern aufschüsseln.

Die wichtigsten Voraussetzungen für eine schadensfreie Estrichkonstruktion sind ein ebener Untergrund, eine darauf aufgebrachte zweilagige Trenn- und Gleitschicht, Bewegungsfugen (Feldbegrenzungsfugen) je nach Estrichart sowie elastische Randfugen zwischen Estrichplatte und allen aufgehenden Bauteilen, die die freie Beweglichkeit ermöglichen. Die Ebenheitstoleranzen nach DIN 18 202 sind Tabelle **11**.2 zu entnehmen.

Untergrund. Der tragende Untergrund darf keine punktförmigen Erhebungen, Rohrleitungen o. Ä. aufweisen. Falls Rohrleitungen auf dem Untergrund verlegt sind, müssen sie befestigt sein. Durch einen Ausgleich ist wieder ein tragender Untergrund mit einer ebenen Oberfläche zur Aufnahme der Trennschicht herzustellen. Ungebundene Schüttungen dürfen hierfür nicht verwendet werden. Einzelheiten hierzu s. Abschn. 11.3.6.6, Rohrleitungen auf Rohdecken.

Trennschicht. Die Trennschicht ist in der Regel zweilagig, bei Gussasphalt- und Fließestrich einlagig auszuführen und faltenfrei zu verlegen. Abdichtungen und Dampfsperren dürfen als eine Lage der Trennschicht gelten. Je nach Estrichart eignen sich für die Trennschicht beispielsweise Polyethylenfolie (PE-Folie mind. 0,1 mm dick), Natronkraftpapier PE beschichtet (Schrenzlage) und Rohglasvlies.

Fugenanordnung. Bauwerksfugen (Gebäudetrennfugen) sind an gleicher Stelle und in gleicher Breite zu übernehmen und die Kanten durch Metallprofile zu schützen (Bild **11**.40a und **11**.41). Bei der Festlegung von Fugenabständen und Estrichfeldgrößen ist die Estrichart, der vorgesehene Belag und die Art der Beanspruchung (z. B. thermische Einwirkung) zu berücksichtigen.

Anforderungen. Estriche auf Trennschichten müssen den allgemeinen Anforderungen nach DIN 18 560-1 und -4 entsprechen; für hochbeanspruchbare Industrieestriche gilt Teil 7 der vorgenannten Norm.

Die jeweiligen Festigkeitsklassen und Anwendungsbereiche sind Abschn. 11.3.6.2, Estricharten, zu entnehmen.

Einzelheiten über die Herstellung von Estrichen auf Trennschicht siehe VOB Teil C, DIN 18 353, Estricharbeiten, sowie DIN 18 354, Gussasphaltarbeiten.

Zementestrich auf Trennschicht

Zementestrich auf Trennschicht wird im Wohnungsbau aufgrund des fehlenden Wärme- und Trittschallschutzes vor allem in untergeordneten Räumen als unmittelbar begehbarer Nutzestrich eingesetzt. In gewerblich genutzten Räumen kommt er häufig auf noch jungen Tragbeton, als Schutz- und Nutzschicht über Abdichtungen sowie bei hohen Temperatur-Wechselbeanspruchungen und starken Belastungen aller Art zum Einsatz.

Estrichplatte. Bei zementgebundener Estrichplatte ist immer mit ausgeprägten Volumen- bzw. Formveränderungen beispielsweise durch Schwindvorgänge, bei hohen Temperaturen und zu frühzeitigem Belegen mit nahezu dampfdichten Bodenbelägen zu rechnen. Dies führt häufig zu Verwölbungen der Estrichplatte, zum Aufschüsseln bzw. Absenken der Estrichränder und zu Rissen. Einzelheiten hierzu s. Abschn. 11.3.6.4, Zementestrich auf Dämmschicht.

Die Trennschicht wird meist zweilagig ausgebildet; verwendet werden vor allem Polyethylenfolien, mind. 0,1 mm dick.

Fugenanordnung. Zwischen Estrichplatte und allen aufgehenden Bauteilen, Türzargen, Rohrleitungen usw. sind mind. 8 mm dicke Randstreifen ringsumlaufend anzuordnen. Größere Estrichfelder sind durch Bewegungsfugen (Feldbegrenzungsfugen) in 25 bis 40 m^2 große Teilflächen gedrungener Form (abhängig von den jeweiligen bauphysikalischen und raumgeometrischen Gegebenheiten) zu unterteilen, wobei die Seitenlänge 8 m nicht überschreiten soll. Einzelheiten hierzu s. Abschn. 11.3.6.5, Anordnung und Ausbildung von Fugen in schwimmenden Estrichkonstruktionen.

Festigkeitsklassen/Nenndicke. Zementestrich auf Trennschicht muss mind. die Festigkeitsklasse ZE 20 aufweisen

(Tab. **11**.27). Bei einschichtiger Ausführung und bei konventionellem Zementestrich auf Trennlage sollte die Estrichdicke 35 mm nicht unterschreiten. Die erforderliche Mindest-Estrichdicke bei Zement-Fließestrich auf Trennschicht beträgt 35 mm.

Calciumsulfatestrich auf Trennschicht

Anstelle des konventionellen Anhydritestriches werden vermehrt Calciumsulfat-Fließestriche eingesetzt, die pumpbar und fließfähig und aufgrund ihrer flüssigen Konsistenz rationell zu verarbeiten sind.

Untergrund. Calciumsulfatestriche dürfen keiner ständigen Feuchtigkeitsbeanspruchung ausgesetzt sein. Daher ist auf erdberührten Bodenplatten immer eine Abdichtung gegen aufsteigende Feuchtigkeit und bei Gefahr von Dampfdiffusion und nachstoßender Restfeuchte aus noch junger Rohbetondecke eine Dampfsperre bzw. dampfbremsende Schicht gemäß Abschn. 11.3.2 anzuordnen.

Die Trennschicht kann bei Fließestrich abweichend von der Norm einlagig ausgeführt werden. Über Abdichtungen und Dampfsperren ist jedoch immer noch eine weitere Trennschichtlage einzuplanen. Die Bahnenüberdeckung an den Stößen sollte 10 bis 20 cm betragen und verklebt oder verschweißt werden.

Fugenanordnung. Im Gegensatz zum Zementestrich auf Trennschicht kann Calciumsulfat-Fließestrich in großen zusammenhängenden Flächen nahezu ohne Feldbegrenzungsfugen verlegt werden. Nur in bestimmten Fällen sind Bewegungsfugen vorzusehen (Herstellerangaben beachten). S. hierzu auch Abschn. 11.3.6.4, Calciumsulfatestrich auf Dämmschicht.

An allen aufgehenden Bauteilen und Installationsrohren müssen jedoch mind. 8 mm dicke Randstreifen angeordnet werden. Bauwerksfugen (Gebäudetrennfugen) sind an gleicher Stelle und in gleicher Breite zu übernehmen und die Kanten durch Metallprofile zu schützen (Bild **11**.40a und **11**.41).

11

Festigkeitsklasse/Nenndicke. Die Estrichdicke bei Calciumsulfat-Fließestrich auf Trennschicht muss mind. 30 mm betragen. Die Festigkeitsklassen von Calciumsulfat-Werkmörtel sind Tab. **11**.30 zu entnehmen.

Gussasphaltestrich auf Trennschicht

Gussasphaltestrich auf Trennschicht wird hauptsächlich im Industrie- und Freizeitbereich (z. B. Markthallen, Großküchen, Sportanlagen) als hochbeanspruchbarer Estrich eingesetzt [38], [39]. Er wird in der Regel auf Tragbeton verlegt, kann jedoch im Prinzip auf allen tragfähigen Untergründen aufgebracht werden, die fest, trocken, eben, sauber und frei von Rissen sind.

Die Trennschicht kann bei Gussasphaltestrich einlagig ausgeführt werden. Im Hinblick auf die hohe Einbautemperatur eignen sich als Trennlage vor allem Rohglasvlies und Natronkraftpapier.

Fugenanordnung. Gussasphalt auf Trennschicht kann ohne Fugen großflächig aufgebracht werden. Lediglich Bauwerksfugen (Gebäudetrennfugen) sind zu übernehmen und die Kanten mit Metallprofilen zu sichern (Bild **11**.40a und **11**.41).

Da sich der heiß eingebrachte Gussasphalt beim Erkalten zusammenzieht (Kontraktion), kann auf die Anordnung von Randstreifen im allgemeinen verzichtet werden. Es genügt, wenn die Trennschicht an den Wänden und anderen aufgehenden Bauteilen bis Oberfläche Fußbodenbelag hochgezogen wird (Bild **11**.39).

Werden auf Gussasphaltestrich jedoch Stein- oder Keramikbeläge, Holzpflaster oder Parkett verlegt, so sind immer Randstreifen in einer Dicke von mind. 10 mm vorzusehen (unterschiedliche Wärmeausdehnungskoeffizienten). S. hierzu Abschn. 11.3.6.4, Gussasphaltestrich auf Dämmschicht.

Härteklasse, Nenndicke. Gussasphalt auf Trennschicht soll für normal beheizte Räume die Härteklasse GE 15, für nicht beheizte Räume die Härteklasse GE 40 aufweisen (Tab. **11**.31). Die Estrichdicke sollte bei einschichtiger Ausführung 20 mm nicht unterschreiten und 40 mm nicht überschreiten.

3. Estriche auf Dämmschichten

Allgemeines. Estrich auf Dämmschicht (schwimmender Estrich) ist ein auf einer Dämmschicht hergestellter Estrich, der auf seiner Unterlage beweglich ist und keine unmittelbare Verbindung mit angrenzenden Bauteilen, wie beispielsweise Wänden oder Installationsrohren, aufweist. Eine Sonderform dieser Estrichkonstruktion stellen Heizestriche dar (Bild **11**.26c bis d).

Estrich auf Dämmschicht wird vor allem aus schall- und/oder wärmetechnischen Gründen eingebaut. Die biegesteife, lastverteilende Estrichplatte bildet mit der federnden Dämmschicht auf der Rohdecke ein Schwingungssystem (zweischalige Konstruktion), das das Eindringen von Körperschall (Trittschall) in die Deckenkonstruktion weitgehend verhindert, die Luftschalldämmung verbessert und auch Anforderungen an den Wärmeschutz erfüllt.

Estrichnenndicke/Verkehrslast. Die Dicke der Estrichplatte ist im wesentlichen von der Art des Estrichs, der Dicke und Zusammendrückbarkeit des Dämmstoffes sowie von der anzunehmenden Verkehrslast abhängig

In Tabelle **11**.34 sind die jeweils erforderlichen Nenndicken und Festigkeit unbeheizbarer Estriche – unter Berücksichtigung der im Wohnungsbau üblichen Verkehrslasten bis 1,5 kN/m^2 – angegeben. Entsprechende Nenndicken von Heizestrichen siehe Abschnitt 12.2.

Anmerkung: Für Fließestriche sind auch andere als in der Tabelle angegebenen Festigkeiten möglich, wenn die geforderten Werte für die Biegezugfestigkeit in der Bestätigungsprüfung nachgewiesen werden können.

Wie Tabelle **11**.35 verdeutlicht, muss nach DIN 1055-3 in öffentlich zugänglichen Gebäuden jedoch mit erheblich höheren Verkehrslasten als im Wohnungsbau gerechnet werden. Um diese Verkehrslasten aufnehmen zu können, sind auch entsprechend größere Estrichnenndicken einzuplanen.

Tabelle **11**.34 Nenndicken und Festigkeit bzw. Härte unbeheizbarer Estriche auf Dämmschichten für Verkehrslasten bis 1,5 kN/m² (Auszug aus DIN 18 560-2)

Estrichart		Estrichnenndicke in mm bei einer Dämmschichtdicke in d_B 1)		Bestätigungsprüfung			
				Biegezugfestigkeit β_{BZ} in N/mm²		Eindringtiefe (Härte) in mm	
		bis 30 mm	über 30 mm	kleinster Einzelwert	Mittelwert	bei (22 ± 1) °C	bei (40 ± 1) °C
Anhydrit Magnesia Zement	AE 20 ME 7 3) ZE 20	≥ 35 2)	≥ 40 2)	≥ 2,0	≥ 2,5	–	–
Gussasphalt	GE 10	≥ 20	≥ 20	–	–	≤ 1,0	≤ 4,0

1) Die Zusammendrückbarkeit der Dämmstoffe unter Belastung darf nicht mehr als 10 mm, bei Gussasphaltestrich nicht mehr als 5 mm betragen. Bei einer Zusammendrückbarkeit über 5 mm ist die Estrichnenndicke um 5 mm zu erhöhen. Die Zusammendrückbarkeit ergibt sich dabei aus der Differenz zwischen der Lieferdicke d_L und der Dicke unter Belastung d_B des Dämmstoffes. Sie ist aus der Kennzeichnung der Dämmstoffe ersichtlich, z. B. 20/15: d_L = 20 mm, d_B = 15 mm. Bei mehreren Lagen ist die Zusammendrückbarkeit der einzelnen Lagen zu addieren.
2) Unter Stein- und keramischen Belägen muss die Estrichnenndicke mindestens 45 mm betragen.
3) Die Oberflächenhärte bei Steinholzestrichen muss mindestens 30 N/mm² betragen.

Tabelle **11**.35 Gleichmäßig verteilte, lotrechte Verkehrslasten für Decken und Treppen nach DIN 1055-3 (Auszug)

Wohnräume mit Decken nach DIN 1045	1,5 kN/m²
Büroräume, Krankenzimmer, Flure in Wohn- und Büroräumen	2,0 kN/m²
Balkone, Hörsäle, Klassenzimmer, Küchen und Flure in Krankenhäusern, Garagen, Parkhäusern	3,5 kN/m²
Versammlungsräume in öffentlichen Gebäuden (Kirchen, Theater und Lichtspielsäle, Tanzsäle, Turnhallen), Flure zu Hörsälen und Klassenzimmern, Ausstellungs- und Verkaufsräume, Geschäfts- und Warenhäuser, Büchereien, Archive, Aktenräume	5,0 kN/m²
Tribünen, Werkstätten sowie Lagerräume mit geringer Belastung	7,5 kN/m²
Werkstätten und Fabriken sowie Lagerräume mit schwerem Betrieb, z. B. durch Gabelstapler	10 bis 30 kN/m²

Tabelle **11**.36 Nenndicken unbeheizbarer Estriche auf Dämmschichten für Verkehrslasten von 1,5 bis 7,5 kN/m² [40]

Verkehrslast kN/m²	Estrichnenndicke 1) in mm bei einer Zusammendrückbarkeit der Dämmschicht 2)			
	bis 5 mm und der Festigkeitsklasse		> 5 mm bis 10 mm und der Festigkeitsklasse	
	AE 20 3) ZE 20 3)	AE 30 4) ZE 30 4)	AE 20 3) ZE 20 3)	AE 30 4) ZE 30 4)
1,5	≥ 35	≥ 30	≥ 40	≥ 35
2,0	≥ 40	≥ 35	≥ 45	≥ 40
3,5	≥ 55	≥ 45	≥ 60	≥ 55
5,0	≥ 65	≥ 55	≥ 75	≥ 65
7,5	≥ 80	≥ 65	≥ 90	≥ 75

1) Bei Dämmschichten > 30 mm ist die Estrichnenndicke gegenüber den angegebenen Werten um 5 mm zu erhöhen.
2) d_L-d_B; bei 2-lagiger Dämmschicht ist die Summe der Zusammendrückbarkeit beider Lagen einzusetzen. Bei Dämmschichten ausschließlich aus Wärmedämmplatten sind in erster Näherung die Estrichnenndicken anzusetzen, die für eine Zusammendrückbarkeit der Dämmschicht bis 5 mm angegeben sind.
3) Biegezugfestigkeit des verlegten Estrichs nach DIN 18 560 Teil 2 im Mittel ≥ 2,5 N/mm².
4) Biegezugfestigkeit des verlegten Estrichs in Anlehnung an DIN 18 560 Teil 2 im Mittel ≥ 3,0 N/mm².

Die in Tabelle **11**.36 aufgezeigten Zusammenhänge werden bei der Dimensionierung der Estrichplatte häufig übersehen. Einzelheiten sind der weiterführenden Spezialliteratur [40] zu entnehmen.

In der Baupraxis wird häufig versucht, eine zu geringe Estrichnenndicke mit einer höheren Festigkeitsklasse – wie in den Tabellen **11**.27 bis **11**.31 aufgezeigt – auszugleichen. Durch Anhebung der Festigkeitsklasse kann die Estrichnenndicke jedoch nur wenig verkleinert werden. Demnach sind bei höheren Verkehrslasten in erster Linie die Estrichnenndicken entsprechend Tabelle **11**.36 zu erhöhen.

Anforderungen. Estriche auf Dämmschichten müssen den allgemeinen Anforderungen nach DIN 18 560-1 und -2 entsprechen.

Die jeweiligen Festigkeitsklassen und Anwendungsbereiche sind Abschn. 11.3.6.2, Estricharten, zu entnehmen.

Einzelheiten über die Herstellung von Estrichen auf Dämmschichten siehe VOB Teil C, DIN 18 353, Estricharbeiten, sowie DIN 18 354, Gussasphaltarbeiten.

Zementestrich auf Dämmschicht

Konventioneller Zementestrich/Verformungen. Bei der Erhärtung und Austrocknung hydraulisch abbindender Zementestriche entweicht das überschüssige Wasser aus den Kapillarporen, es kommt zu einer Volumenverringerung des Estrichs, dem sog. Schwinden.

11

Da der schwimmende Estrich unterseitig auf einer wasserundurchlässigen, diffusionsbremsenden Abdeckung (z. B. PE-Folie) aufliegt, trocknet er an der Oberfläche schneller als auf der Unterseite. Aufgrund dieses Feuchtigkeitsgefälles im Estrich kommt es an der Oberseite zur Verkürzung der Estrichplatte und zur **konkaven** Aufwölbung (Aufschüsselung) der Estrichränder. Durch diese Aufwölbung an den Rändern liegt die Estrichplatte dort nicht mehr auf, die Last konzentriert sich auf die Raummitte.

Wird der Zementestrich regelgerecht bis zur Belegreife gemäß Tabelle **11**.32 getrocknet, geht diese anfängliche Randaufwölbung im Laufe der Zeit wieder weitgehend zurück und etwa 70 bis 80 % des Endschwindmaßes der Estrichplatte sind dann erreicht. Allerdings ist hierfür auch ein Zeitraum von etwa 4 Wochen – bei einer Estrichdicke von 40 mm – einzuplanen. Gegebenenfalls muss der Estrich künstlich getrocknet bzw. beheizt werden.

- Immer häufiger werden jedoch Bodenbelagarbeiten unter Zeitdruck zu früh ausgeführt und beispielsweise keramische Fliesen und Platten bereits zwei bis drei Wochen nach der Verlegung des Zementestrichs – also vor dem Erreichen der Belegreife – auf die noch konkav aufgewölbte Estrichplatte verlegt. Kurz darauf wird auch die Boden-Wand-Anschlussfuge (Randfuge) mit elastoplastischer Fugendichtmasse verschlossen.

  Während des dabei weiter fortschreitenden Aushärtungs- und Schwindvorganges nimmt die verwölbte Estrichplatte zunächst ihre planebene Ausgangslage wieder ein. Bereits dabei kommt es zum Abriss der Randfuge, da sich die ehemals erhöhten Ränder absenken.

  Die zu früh belegte Estrichplatte wird sich danach weiter verkürzen und dabei durch den starren, kaum schwindenden Keramikbelag behindert (unterschiedliche Ausdehnungskoeffizienten). Außerdem weist der im Dünnbett verlegte Belag eine dampfbremsende Wirkung auf, so dass es zu einer Umkehrung des Feuchtigkeitsgefälles im Estrich kommt. Die Folge ist eine konvexe Verwölbung der gesamten Verbundkonstruktion mit weiterer zusätzlicher Randabsenkung. Nun hebt sich die Fläche in der Raummitte von der Dämmschicht ab, es kommt zu einer Hohllage und unter zu hoher Belastung kann es zu Rissen im Estrich bzw. Fliesenbelag kommen.

Randverformungen sind bei schwimmend verlegten, zementgebundenen Estrichkonstruktionen systembedingt und auch bei fachgerechter Ausführung nicht zu vermeiden. Bei Bodenflächen im Wohnungsbau, die mit Stein- und Keramikplatten belegt sind, können Randabsenkungen bis etwa 5 mm, bei anderen Belägen von etwa 3 mm auftreten. Elastoplastische Fugenmassen reißen bei diesen Bewegungen immer ab und müssen in der Regel nach zwei Jahren (2 Heizungsperioden) erneuert werden. Weitere Einzelheiten hierzu sind der Spezialliteratur [41], [42] sowie Abschn. 11.4.7.6, Verlegeverfahren bei Keramik- und Steinbelägen, zu entnehmen.

Konventioneller Zementestrich/Bewehrung. Über die Notwendigkeit, in konventionellem Zementestrich eine Bewehrung einzubauen, wird seit Jahren kontrovers diskutiert.

- In DIN 18560-2, Estriche im Bauwesen, ist festgehalten, dass eine Bewehrung von Estrichen auf Dämmschicht grundsätzlich nicht erforderlich ist. Es kann jedoch eine Bewehrung – insbesondere bei Zementestrichen zur Aufnahme von Stein- und keramischen Belägen – zweckmäßig sein, weil dadurch die Verbreiterung von eventuell auftretenden Rissen und der Höhenversatz der Risskanten vermieden werden. Es ist weiter angemerkt, dass das Entstehen von Rissen durch eine Estrichbewehrung nicht verhindert werden kann.

- Demgegenüber ist in VOB DIN 18 353, Estricharbeiten, gefordert, dass Zementestriche auf Dämmschichten zur Aufnahme von Stein- und keramischen Belägen mind. 45 mm dick und außerdem bewehrt sein müssen.
- Im Merkblatt „Keramische Fliesen und Platten, Naturwerkstein und Betonwerkstein auf zementgebundenen Fußbodenkonstruktionen mit Dämmschichten" (Estrich ohne Beheizung) [43] wird auf die Aussage der DIN 18 560 hingewiesen und empfohlen, in besonderen Fällen – zum Beispiel bei höheren Verkehrslasten (≥ 1,5 kN/m²), ungünstigen Raumgrundrissen, bei besonders starker Sonneneinstrahlung hinter großflächigen Glasfassaden – den Zementestrich dicker auszuführen und mit einer Bewehrung aus nicht statischen Baustahlmatten zu versehen.
- Im Merkblatt „Keramische Fliesen und Platten, Naturwerkstein und Betonwerkstein auf beheizten zementgebundenen Fußbodenkonstruktionen" (Estrich mit Beheizung) [44] wird ausdrücklich darauf hingewiesen, dass eine Bewehrung – im Hinblick auf die großen Temperaturunterschiede – einzubauen ist.

Der Einbau einer Bewehrung in Zementestrich auf Dämmschicht ist demnach vor allem überall dort notwendig, wo in Estrichflächen unter Stein- und Keramikbelägen mit größeren Temperatur-Wechselunterschieden zu rechnen ist. Dies gilt vor allem bei Fußbodenheizungen, dicker bemessenen Industrieböden, Bodenflächen hinter großflächigen Glasfassaden mit Sonneneinstrahlung usw.

Die Bewehrung hat im wesentlichen zwei Funktionen zu erfüllen, nämlich

- Beschränkung der Rissbreiten,
- Verhinderung eines Höhenversatzes der Risskanten.

Eine Bewehrung wird in der Regel nur in schwimmend verlegten Zementestrichen eingebaut; bei einschichtigen Verbundestrichen wirkt sich ihr Einsatz nachteilig aus. Als Bewehrung eignen sich Betonstahlmatten nach DIN 488-4 mit Maschenweiten bis 150 x 150 mm. Vermehrt eingesetzt werden auch Stahlfasern, Glasfasern und Kunststoff-Fasern.

Verlegung von konventionellem Zementestrich auf Dämmschicht

Die Herstellung eines schwimmenden Zementestrichs setzt große Erfahrung und sorgfältiges Arbeiten auf Seiten der Verlegefirma voraus, weshalb mit der Ausführung nur solide Spezialfirmen beauftragt werden sollten. Bei der Herstellung schwimmender Zementestriche ist im einzelnen folgendes zu beachten (Bild **11**.37 und Bild **11**.38).

- **Innentemperatur**. Die Innentemperaturen in Gebäuden sollen in der kalten Jahreszeit nicht unter 5 °C und nicht über 15 °C liegen. Die Temperaturen sollen möglichst gleichmäßig sein, da ein zu schnelles und einseitiges Antrocknen des Mörtels an der Oberfläche bei zu hohen Temperaturen zu Aufwölbungen, Festigkeitsminderungen und Rissen führt.
- **Außenwandöffnungen** müssen entweder verglast oder zumindest provisorisch mit Folien verschlossen sein, um Zugluft sowie das Eindringen von Wasser durch Schlagregen zu verhindern.
- **Innenausbau**. Aufgehende Bauteile, für die ein Wandputz vorgesehen ist, müssen vor dem Verlegen der Dämmschichten bis Oberfläche Rohfußboden verputzt sein, um eine sorgfältige Ausführung der Randdämmung vornehmen zu können. Auch die Montage mit haustechnischen Installationen, der Einbau von Türzargen mit Bodeneinstand und Anschlagschienen sowie der Verputz von Rohrschlitzen sind vorab fertig zu stellen.
- **Tragender Untergrund**. Der tragende Untergrund darf keine punktförmigen Erhebungen oder große Unebenheiten aufweisen, die zu Schallbrücken oder unterschiedlichen Estrichdicken führen können. Die zulässigen Ebenheitstoleranzen müssen DIN 18 202, Tabelle 3, Zeile 2 entsprechen. Einzelheiten hierzu sind der Tabelle **11**.2 zu entnehmen.

  Deckendurchbrüche müssen sorgfältig geschlossen und Bauwerksfugen (Gebäudetrennfugen) in der Rohdecke durch geeignete Spezialprofile im Estrich fortgeführt werden (Bild **11**.41).

  Bodenplatten, die unmittelbar an das Erdreich grenzen oder Geschossdecken, bei denen die Gefahr von Diffusionsfeuchte besteht, sind mit Abdichtungen bzw. geeigneten Dampfsperren gemäß Abschn. 11.3.2 zu schützen.
- **Rohrleitungen** müssen auf der Rohdecke festgelegt sein (Rohrhalterungen). Durch einen entsprechenden Höhenausgleich in Form von steifen Dämmstoffplatten, Schüttungen, Leichtmörtelestrich o. Ä. ist wieder eine ebene Oberfläche zur Aufnahme der notwendigen Trittschalldämmschicht zu schaffen. Einzelheiten hierzu s. Abschn. 11.3.6.6 mit Bild **11**.45 und **11**.46.
- **Randstreifen**, zwischen Estrich und Wand sowie anderen aufgehenden Bauteilen angeordnet, ergeben eine ringsumlaufende Bewegungsfuge (Randfuge). Die im allgemeinen 5 bis 8 mm, bei Heizestrichen mindestens 10 mm dicken Dämmsteifen müssen fugendicht gestoßen und vom tragenden Untergrund bis Oberkante Bodenbelag reichen. Auch alle durch Decke und Estrich geführten Rohrleitungen, Konsolen usw. sind mit Dämmschalen zu ummanteln (Bild **11**.38c).

  Die Randstreifen und die hochgezogene Abdeckung dürfen bei Naturstein-, Betonwerkstein- und Keramikböden sowie bei Parkettböden erst nach Fertigstellung des Fußbodenbelages, bei textilen und elastischen Bodenbelägen erst nach Erhärtung der Spachtelmasse abgeschnitten werden (Bild **11**.40c). Dadurch wird ein Ausfüllen der Randfugen mit Verlegemörtel, Fugenmaterial, Klebstoff o. Ä. verhindert und die Bildung von Schallbrücken vermieden.
- **Dämmschichten**. Die Dämmplatten sind mit dichten Stößen im Verband (versetzte Stöße, keine Kreuzfugen) zu verlegen. Wenn aus Gründen des Wärmeschutzes eine größere Dämmstoffdicke erforderlich wird, ist ein kombiniertes Verlegen von Trittschall- und Wärmedämmplatten möglich. In diesem Fall soll die weichere Trittschalldämmplatte immer unten, d. h. unmittelbar auf der Rohdecke liegen.

  Wird dagegen bei Rohrleitungen auf Rohdecken eine Höhenausgleich mit Dämmstoffen notwendig, dann ist aus schallschutztechnischen Gründen zwingend darauf zu achten, dass die untere Dämmplattenlage aus den steiferen Wärmedämmplatten besteht, worauf die weichfedernden Trittschalldämmplatten vollflächig verlegt werden. Einzelheiten hierzu s. Abschn. 11.3.6.6.

- **Abdeckung**. Vor dem Einbringen des Estrichmörtels muss die Dämmschicht mit einer Polyethylenfolie (PE-Folie mind. 0,1 mm dick), Schrenzpapierlage o. Ä. abgedeckt werden. Die einzelnen Bahnen müssen an den Randstreifen hochgeführt werden und sich an den Stößen 10 bis 20 cm überdecken. Sie sind beim Einbau möglichst faltenfrei zu verlegen (Estrichschwachstelle) und dürfen nicht beschädigt oder durchstoßen werden.

  Die Abdeckung ersetzt weder Dampfsperren noch Abdichtungen im Sinne der DIN 18 195. Sie soll lediglich das Eindringen von Wasser bzw. Zementleim aus dem Mörtel in die Dämmschicht während des Einbringens bzw. Erhärtungsvorganges verhindern.
- **Zementestrich**. Der meist mit Druckluft in steif-plastischer Konsistenz an die Einbaustelle gepumpte Mörtel wird verteilt, mit der Latte – gegebenenfalls über vorher exakt einnivellierte Lehren – abgezogen, verdichtet und geglättet. Beim konventionellen Estrich ist eine gute Verdichtung zwar nötig, wegen der federnden Wirkung der Dämmschicht jedoch meistens schwierig zu erbringen.
- **Nachbehandlung**. Der frisch eingebrachte, konventionelle Zementestrich ist mindestens 3 Tage vor zu raschem Austrocknen und danach wenigstens 1 Woche vor schädlichen Einwirkungen, wie beispielsweise Wärme und Zugluft zu schützen. Dadurch soll das Schwinden und die Verformungen der Estrichplatte möglichst gering gehalten und Rissbildungen weitgehend vermieden werden.
- **Konventioneller Zementestrich** soll nicht vor Ablauf von 3 Tagen begangen und nicht vor Ablauf von 7 Tagen höher belastet werden. Nach Erreichen der Belegreife ist der Estrich baldmöglichst mit einem Belag oder einer Beschichtung zu versehen, um schädliche Folgen durch mechanische Beanspruchung und ggf. nachträgliche Feuchteaufnahme zu vermeiden.
- **Angaben über Zement-Fließestrich** sind Abschn. 11.3.6.2, Estricharten, Angaben über Fugen in schwimmenden Estrichkonstruktionen Abschn. 11.3.6.5 zu entnehmen.

Verlegung von Calciumsulfat-Fließestrich auf Dämmschicht

Zu unterscheiden ist zwischen konventionellem Anhydritestrich (Calciumsulfatestrich) und Calciumsulfat-Fließestrich. Da Fließestriche den Einbau erleichtern und ihr Marktanteil ständig zunimmt, beziehen sich die nachstehenden Verlegehinweise auf diese Estrichart. Sie gelten in übertragenem Sinne auch für das Einbringen von **Zement-Fließestrich**.

Calciumsulfatestrich wird den sog. Nass- bzw. Mörtelestrichen zugeordnet. Die zuvor beim Zementestrich auf Dämmschicht gemachten Ausführungen – bezüglich der allgemeinen baulichen Erfordernisse für die Estrichverlegung – gelten daher sinngemäß auch für die Herstellung von calciumsulfat- und zementgebundener Fließestriche, so dass sich eine nochmalige Beschreibung der dort er-

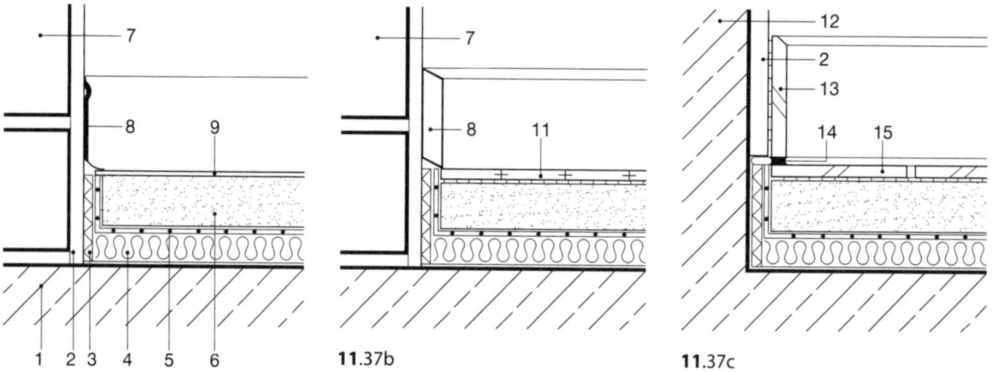

11.37a 11.37b 11.37c

11.37 Konstruktionsbeispiele: Mörtelestrich auf Dämmschichten
a) Boden-Wandanschluss: Kunststoffsockelleiste mit elastischem Bodenbelag
b) Boden-Wandanschluss: Holzsockelleiste mit Parkett-Holzfußboden
c) Boden-Wandanschluss: Sockelfliese mit keramischem Bodenbelag
Anmerkung: Wandputz bis OFF – aus schallschutztechnischen Gründen nur bei dichter Betonwand möglich.

1 tragender Untergrund (Rohbetondecke)
2 Wandputz
3 Randstreifen
4 Dämmschicht(en)
5 Abdeckung
6 Mörtelestrich
7 Mauerwerk
8 Kunststoffsockelleiste
9 elastischer Bodenbelag
10 Holzsockelleiste
11 Parkett-Holzfußboden
12 Betonwand
13 Sockelfliese
14 Fugenfüllprofil mit elastoplastischer Dichtungsmasse
15 keramischer Bodenbelag

wähnten Voraussetzungen bzw. Arbeitsschritte an dieser Stelle erübrigt.

- **Allgemeines.** Die auf dem Markt angebotenen Calciumsulfat-Fließestriche weisen – je nach verwendeter Bindemittelart – unterschiedliche Eigenschaften, beispielsweise bezüglich Erhärtungszeiten, Ausdehungskoeffizienten, Festigkeit und Verformungsverhalten auf. Dies führt zu einer gewissen Unübersichtlichkeit bei dieser Estrichgruppe. Daher müssen die Verarbeitungsrichtlinien des jeweiligen Estrichlieferanten bzw. Estrichherstellers genauestens beachtet werden.

- **Feuchtigkeitsbeanspruchung.** Calciumsulfat-Fließestrich darf keiner ständigen Feuchtigkeitsbeanspruchung ausgesetzt sein. Bodenflächen, in denen mit Feuchtigkeitseinwirkung von unten zu rechnen ist, müssen durch eine Abdichtung und/oder Dampfsperre gemäß Abschn. 11.3.2 geschützt werden. Ist mit mäßiger Feuchigkeitsbeanspruchung von oben – beispielsweise in Wohnungsbädern mit Duschtasse und Badewanne (Feuchtigkeitsbeanspruchungsklasse I) – zu rechnen, so ist eine Abdichtung im Verbund mit keramischen Fliesen und Platten vorzusehen.

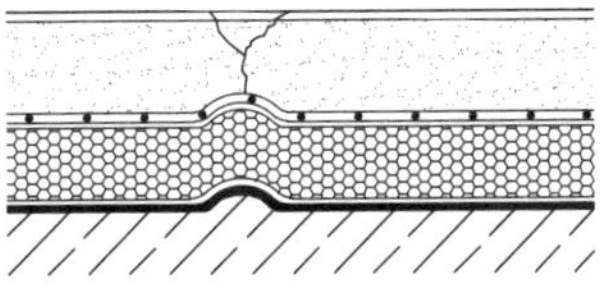

11.38a

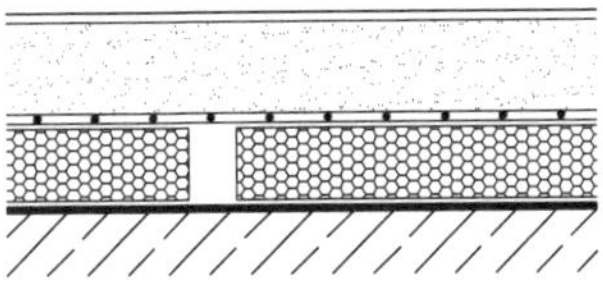

11.38b

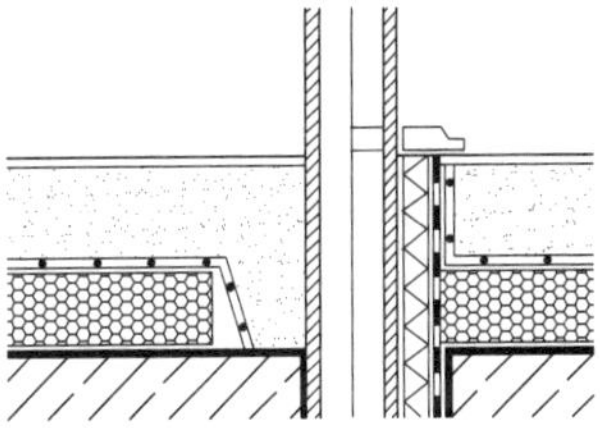

11.38c

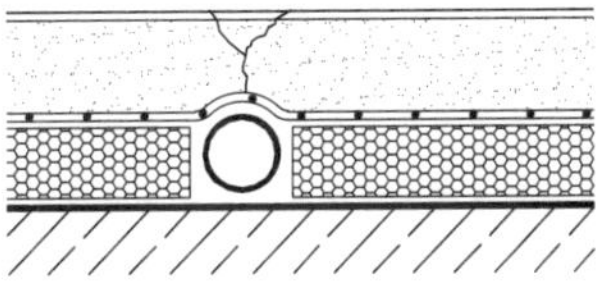

11.38d

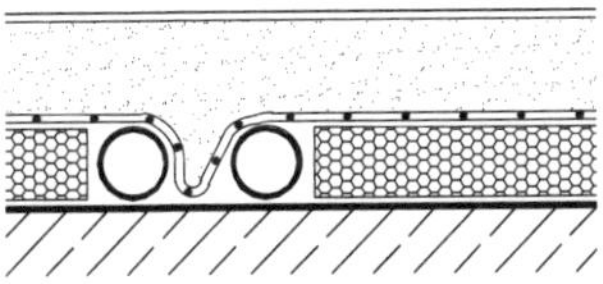

11.38e

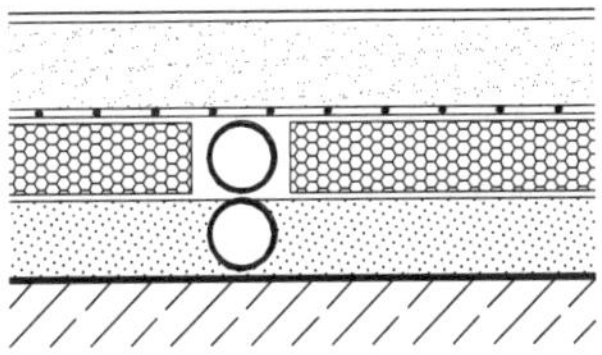

11.38f

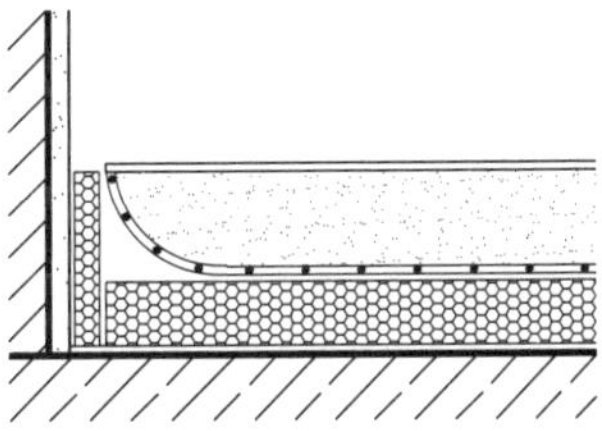

11.38g

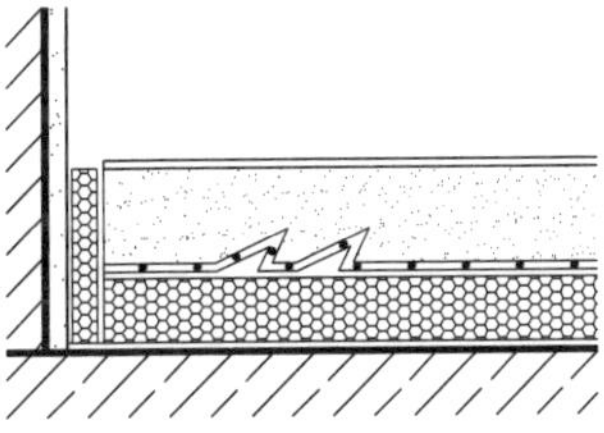

11.38h

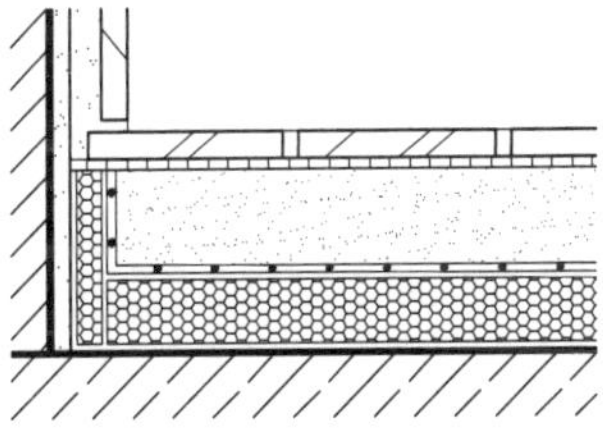

11.38i

11.38 Schematische Darstellung von **Ausführungsfehlern** bei der Verlegung von Estrich auf Dämmschicht
a) Punktuelle Unebenheiten auf der Rohbetondecke: Schwächung der Estrichplatte – Rissbildung bei Belastung
b) Einlagige Dämmschicht mit offener Stoßfuge: Minderung des Luft- und Trittschallschutzes der Gesamtdecke
c) Fehlende Dämmschale um das Installationsrohr: Minderung des Trittschallschutzes – Knackgeräusche am Heizungsrohr-Putzabriss auf der Deckenunterseite
d) Höhenmäßig falsch bemessene Rohrausgleichschicht: Schallbrücke – Schwächung der Estrichplatte – Rissbildung bei Belastung
e) Fehlende Rohrausgleich- und unterbrochene Trittschalldämmschicht: Schallbrücke – erhebliche Schallschutzminderung
f) Rohrkreuzung mit unterbrochener Trittschalldämmschicht: Schallbrücke – Minderung des Luft- und Trittschallschutzes
g) Schwächung des Estrichs im Randbereich: Bruchgefahr bei hoher Belastung durch schwere Möbel
h) Fehlende Randstreifenfolie und Faltenbildung in der Abdeckung: Schallbrücke – Schwächung der Estrichplatte – mögliche Rissbildung von unten
i) Starrer Boden-Wand-Anschluss durch Mörtel und Bodenbelag im Randbereich: Schallbrücke – höhenmäßig falsch abgeschnittener Randstreifen – fehlende elastoplastische Randfuge

Metallteile (z. B. Aluminium) sind abzukleben oder anderweitig zu schützen, da sie vom Fließestrichmörtel stark angegriffen werden. Aspekte des Korrosionsschutzes sind zu berücksichtigen.

- **Abdeckung.** Die Abdeckung auf der Dämmschicht muss bei Fließestrich so ausgebildet sein, dass kein Estrichmörtel oder Anmachwasser diese unterlaufen und in die Fugen der Dämmplatten eindringen kann (Schallbrücke). Dämmschicht und Randstreifen werden entweder mit Polyethylenfolie (mind. 0,1 mm dick) oder reißfester Schrenzpapierlage wannenförmig abgedeckt. Die einzelnen Bahnen müssen sich an den Stößen 10 bis 20 cm überlappen und es empfiehlt sich, diese zu verkleben oder zu verschweißen. Verwendet werden auch Randstreifen mit Stützfuß und Folie, die zusammen mit der Abdeckung einen sicheren und dichten Randanschluss ergeben.
- **Fließestrich.** Unmittelbar nach dem Einbringen des Fließestrichs wird dieser mit einer sog. Schwabbelstange oder einem Estrichbesen bearbeitet („durchgeschlagen"). Durch die dabei entstehende Wellenbewegung werden kleine Unebenheiten an der Estrichoberfläche beseitigt (Selbstnivellierung) und der Mörtel entlüftet bzw. homogenisiert. Eine Bewehrung in Form von Stahlmatten ist in keinem Fall einzubauen.
- **Oberflächenvorbereitung.** Da calciumsulfatgebundene Fließestriche unterschiedliche Eigenschaftscharakteristika aufweisen, sind auch die erhärteten Estrichoberflächen unterschiedlich beschaffen, so dass sie in der Regel nachträglich immer noch mechanisch bearbeitet werden müssen. Nach dem heutigen Stand der Technik muss die Oberfläche von Calciumsulfat-Fließestrichen mit einer Schleifmaschine angeschliffen und mit einem Industriestaubsauger abgesaugt werden, falls nicht verbindliche, anderslautende Herstellervorschriften zur Vorbereitung der Oberfläche vorliegen.
- **Fugenanordnung.** Unbeheizbare Estrichflächen werden in der Regel fugenfrei hergestellt. In bestimmten Fällen sind jedoch Bewegungsfugen anzuordnen und zwar
  - über vorhandenen Bauwerksfugen (Gebäudetrennfugen) an gleicher Stelle und in gleicher Breite,
  - als Randfuge an allen aufgehenden Bauteilen, Installationsrohren usw. (Randstreifendicke ≥ 8 mm),
  - als Feldbegrenzungsfuge in Türdurchgängen zwischen fremden Wohn- und Arbeitsräumen,
  - als Feldbegrenzungsfuge in der Regel bei einer Seitenlänge ≥ 20 m bzw. nach den verbindlichen Vorgaben der Estrichhersteller.

  Scheinfugen können hergestellt werden
  - als Feldbegrenzungsfugen bei größeren Erweiterungen oder Verengungen der Estrichfläche und in Türdurchgängen (Grundrisslänge über 5 m) bei mehreren hintereinander angeordneten Räumen innerhalb einer Wohnung.

  Weitere Angaben sind der Spezialliteratur [45] sowie Abschn. 11.3.6.5, Fugen in Estrichen über Dämmschichten, zu entnehmen.
- **Calciumsulfat-Fließestrich** kann bei günstigen Baustellenbedingungen und je nach Eigenschaftscharakteristik des Estrichs bereits nach 1 Tag (2 Tagen) begangen und nach 2 Tagen (5 Tagen) belastet werden. Die zulässigen Feuchtewerte für die Belegreife von Estrichen mit einem Bodenbelag sind Tabelle **11**.32 sowie Tabelle **12**.9 zu entnehmen.
- **Angaben über konventionellen Anhydritestrich** (Calciumsulfatestrich) siehe Abschnitt 11.3.6.2, Estricharten.

Verlegung von Gussasphaltestrich auf Dämmschicht

Die zuvor beim Zementestrich auf Dämmschicht gemachten Ausführungen – bezüglich der allgemeinen baulichen Erfordernisse für die Estrichverlegung – gelten sinngemäß auch für die Herstellung eines schwimmend verlegten Gussasphaltestriches, so dass sich eine nochmalige Beschreibung der dort erwähnten Voraussetzungen bzw. Arbeitsschritte an dieser Stelle erübrigt. Im einzelnen sind folgende Besonderheiten bei der Verlegung von Gussasphaltestrich auf Dämmschicht zu beachten (Bild **11**.39):

- **Allgemeines.** Gussasphalt wird in stationären Mischwerken hergestellt, als fertiges Mischgut in heißem Zustand an die Baustelle transportiert und dort mit einer Verarbeitungstemperatur von etwa 240 °C eingebaut.

  Baustoffe und Bauteile, mit denen der Gussasphaltestrich in Berührung kommt, müssen beständig gegenüber dieser Einbautemperatur sein. Daher dürfen nur hitzeunempfindliche Dämmstoffe, Abdeckungen und Trennlagen unter Gussasphaltestrich eingesetzt werden.
- **Dämmschichten.** Die Dämmplatten müssen flächig auf dem tragenden Untergrund aufliegen und mit dichten Stößen verlegt werden. Bei mehrlagigen Dämmschichten sind die Stöße gegeneinander versetzt anzuordnen.
  - **Hitzebeständigkeit.** Als Dämmstoffe für die Wärme- und Trittschalldämmung unter Gussasphalt eignen sich:
    - Mineralfaserdämmplatten
    - Korkdämmplatten
    - Schaumglasdämmplatten
    - Perlitedämmplatten
    - Holzfaserdämmstoffe
    - Schüttdämmstoffe
  - **Zusammendrückbarkeit.** Die Zusammendrückbarkeit der Dämmstoffe unter Belastung darf nach DIN 18 560-2 bei Gussasphaltestrich nicht mehr als 5 mm betragen (Tabelle **11**.34). Bei einer zu weichen Unterlage könnte es bei hohen Punktbelastungen zu Eindrücken im Asphaltestrich kommen. Es ist daher ratsam, bei Bauten mit erhöhten Trittschallanforderungen die Dämmschicht zweilagig auszubilden. Wie Bild **11**.39a zeigt, sollten dabei die weicheren Trittschalldämmplatten immer unten auf der Rohdecke liegen und die druckfesten, hitzebeständigen Dämmplatten mit höherer dynamischen Steifigkeit (z. B. Perlitedämmplatten) darüber angeordnet sein.
  - **Randverstärkung.** Die Gefahr, dass sich Gussasphaltestrich bei zu weichfedernden Dämmschichten verformt, ist besonders entlang der Randzonen eines Raumes gegeben, wenn dort sehr schwere, punktförmig einwirkende Lasten (z. B. Bücherregale, Schränke) aufgestellt werden. Um diesem Nachteil zu begegnen, baut man eine sog. Asphaltverstärkung ein, in dem man die Dämmplatten etwa 10 cm vor der Wand enden lässt (Bild **11**.39b). Die dabei entstehenden Schallbrücken werden bewusst in Kauf genommen. Aufgrund der niedrigen Körperschall-Leitfähigkeit des Gussasphaltes (besonders hohe innere Dämpfung) wirken sie sich hinsichtlich einer Trittschallminderung nicht nennenswert aus. Die Zonen vor den Türen sind dabei natürlich auszunehmen. Weitere Einzelheiten hierzu s. [46].
- **Randstreifen.** Da sich der heiß eingebrachte Gussasphalt beim Erkalten zusammenzieht (Kontraktion), kann auf die Anordnung von Randstreifen bei Gussasphaltestrich im Prinzip verzichtet werden (Bild **11**.39c). Nach DIN 18 560-2 genügt es, wenn bei bestimmten Belägen (z. B. Teppichböden, elastischen Bodenbelägen), lediglich die

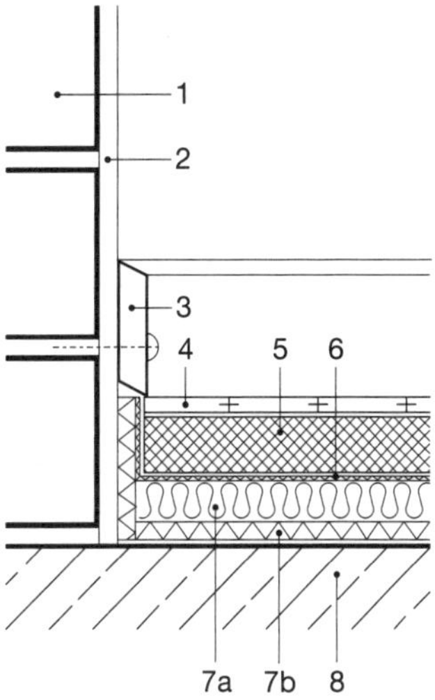

11.39a

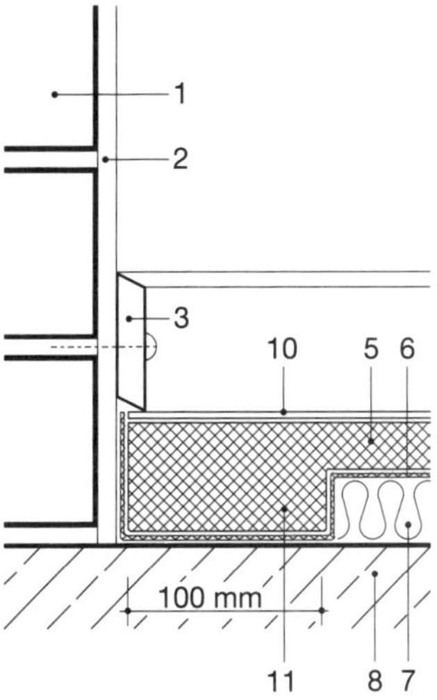

11.39b

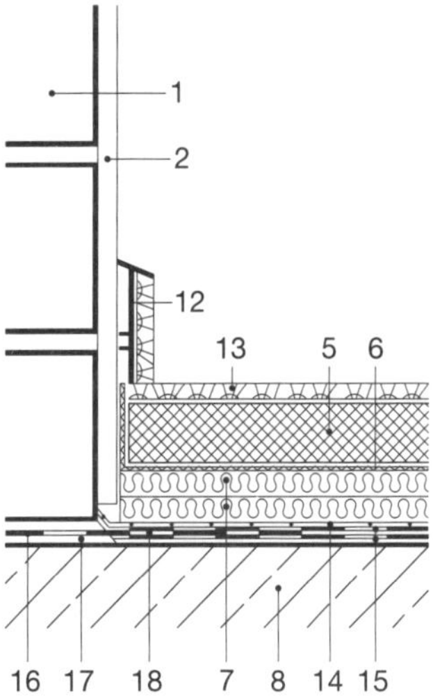

11.39c

11.39 Konstruktionsbeispiele: Gussasphaltestrich auf Dämmschichten

a) Gussasphalt schwimmend verlegt, mit Randstreifen (notwendig bei Stein- und Keramikbelag, Holzpflaster, Parkett) und zweilagiger Dämmschicht (Geschossdecke mit erhöhter Trittschallanforderung)

b) Gussasphaltestrich mit Randverstärkung entlang der Randzone eines Raumes (zur Aufnahme von schweren Lasten)

c) Gussasphaltestrich schwimmend verlegt, ohne Randstreifen (nur Abdeckung an den aufgehenden Bauteilen hochgezogen) mit Abdichtung gegen Feuchtigkeit von unten

1 Mauerwerk
2 Wandputz
3 Holzsockelleiste
4 Holzparkett-Bodenbelag
5 Gussasphaltestrich
6 Abdeckung (Rohglasvlies)
7 Trittschall- und Wärmedämmschicht
7a Perlitdämmplatten (hohe dynamische Steifigkeit)
7b Mineralfaserdämmplatten (niedrige dynamische Steifigkeit)
8 Massivdecke / Geschossdecke
9 Randstreifen
10 elastischer Bodenbelag
11 Randverstärkung
12 Teppichsockelleiste
13 textiler Bodenbelag
14 Gleitschicht/Trennlage (PE-Folie, zweilagig)
15 Abdichtung gegen Feuchtigkeit nach DIN 18 195
16 waagerechte Außenwandabdichtung
17 Auflagefläche aus Mörtel (MG III)
18 Klebestoß (etwa 100 mm Überlappung)

Abdeckung an den Wänden und anderen aufgehenden Bauteilen hochgezogen wird.
Werden auf Gussasphaltestrich jedoch Holzpflaster, Parkett, Naturstein oder keramische Fliesen verlegt, muss immer ein mind. 10 mm (besser 15 mm) dicker Randstreifen vorgesehen werden (unterschiedliche Wärmeausdehnungskoeffizienten). Bild **11**.39a.
Im Hinblick auf eine mögliche Nutzungsänderung der Räume und dem oftmals damit verbundenen Bodenbelagwechsel wird auch bei Gussasphaltestrich generell der Einbau von Randstreifen empfohlen.

- **Abdeckung**. Zur Abdeckung der Dämmschichten und als Trennlage unter Gussasphalt eignen sich hitzeunempfindliche Bahnen aus Rohglasvlies und Natronkraftpapier. Vorsicht ist jedoch geboten bei hitzeempfindlichen Kunststoff-Folien, nackten Bitumenbahnen, Dichtungsbahnen o. Ä.
- **Gussasphaltestrich**. Gussasphalt wird heiß eingebaut und seine Oberfläche mit Quarzsand abgerieben.
  - **Absandung**. Der Quarzsand dient als Haftbrücke zwischen dem nicht saugfähigen Gussasphalt einerseits und Spachtelmasse bzw. Kleber andererseits. Diese Absandung muss sehr sorgfältig und vorschriftsmäßig durchgeführt werden, so dass keine größeren blanken Flächen übrig bleiben.

  Wurde das Absanden und anschließende Absaugen fachgerecht durchgeführt, kann die Belagverlegung ohne Grundierung (Vorstrich) erfolgen.

- **Spachtelung**. Bitumengebundener Gussasphaltestrich weist eine dichte, nicht saugfähige Oberfläche auf. Die üblicherweise etwa 2 mm dicke, vollflächig aufgebrachte Spachtelschicht hat daher mehrere – zum Teil kontrovers diskutierte – Funktionen zu erfüllen. Einmal wird damit ein ausreichend ebener, rollstuhlbeanspruchbarer Untergrund für dünne Bahnen- und Plattenbeläge geschaffen. Zum anderen liefert sie den für wässrige Dispersionsklebstoffe notwendigen saugfähigen Untergrund, in dem sich auch der Kleber verkrallen kann. Des weiteren bietet sie Schutz vor lösemittelhaltigen Klebstoffen, die die Oberfläche des Gussasphaltes ansonsten anlösen könnten. Da allerdings lösemittelhaltige Kunstharzklebstoffe nach der

11

neuen Gefahrstoffverordnung nicht mehr – bzw. nur noch in Ausnahmefällen – eingesetzt werden dürfen, kann aus diesem Grund auf die teure Spachtelschicht verzichtet werden. Auch auf Spachtelungen, die auf hydraulischen Bindemitteln aufbauen, kann und sollte im Regelfall verzichtet werden.
Um den Vorteil der Wasserfreiheit und damit sofortigen Belegbarkeit des Gussasphaltestrichs nach dem Einbringen zu erhalten, empfehlen sich – vor allem auch für Heizestriche – gefüllte Ausgleichsmassen auf PU-Basis.

- **Nenndicken**. Die Nenndicke schwimmender Gussasphaltestriche soll nach DIN 18 560-2 mindestens 20 mm betragen (Tabelle **11**.34). Je nach Verkehrslast und Art und Dicke der Dämmschichten sind 25 bis 30 mm zweckmäßig. Bei Gussasphalt-Heizestrichen beträgt die Nenndicke mindestens 35 mm bei einer Rohrüberdeckung von mind. 15 mm. Je nach Heizsystem wird der Gussasphalt ein- oder zweilagig eingebaut.
- **Gussasphaltestrich** kann in großen Flächen fugenlos verlegt werden. Neben den oben erwähnten Randfugen sind lediglich Bauwerksfugen (Gebäudetrennfugen) an gleicher Stelle und in gleicher Breite zu übernehmen und die Kanten mit Metallprofilen zu schützen (Bild **11**.41). Gussasphaltestrich kann bereits 2 bis 3 Stunden nach dem Erkalten begangen und mit einem Belag oder einer Beschichtung versehen werden.
- **Angaben über Gussasphalt** siehe Abschnitt 11.3.6.2, Estricharten.

11.3.6.5 Anordnung und Ausbildung von Fugen in Estrichen auf Dämmschichten

Allgemeines. Bauteile sind Bewegungen und Formänderungen ausgesetzt, die hauptsächlich durch Austrocknung, Feuchtigkeitswechsel, Temperatureinwirkung oder Belastung hervorgerufen werden.

So trocknet das im frischen Estrichmörtel enthaltene, überschüssige Anmachwasser im Laufe der Zeit aus und führt zu einer Verkürzung der Estrichplatte (Schwindvorgang). Zu Volumenveränderungen kommt es durch unterschiedliche Feuchte, hauptsächlich bei Holz und Holzwerkstoffen (Quellen und Schwinden).

Bei Erwärmung von Bauteilen erfolgt eine Ausdehnung (Dilatation), bei Abkühlung eine Verkürzung (Kontraktion) entsprechend den materialspezifischen Ausdehnungskoeffizienten. Auflasten führen bei senkrechten Bauteilen zu einer geringen Verkürzung (Kriechen), bei waagerechten Bauteilen zur Durchbiegung. Die vorgenannten Formänderungen können sich auch überlagern.

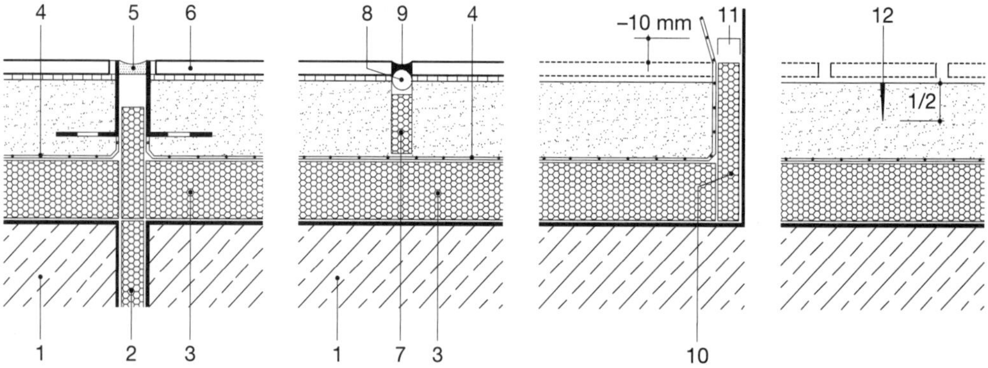

11.40a **11**.40b **11**.40c **11**.40d

11.40 Schematische Darstellung von Fugen in schwimmenden Estrichkonstruktionen
a) Bauwerksfuge (Gebäudetrennfuge)
b) Bewegungsfuge (Feldbegrenzungsfuge)
c) Randfuge (vgl. hierzu auch Bild **11**.37c)
d) Scheinfuge (mit Kunstharz geschlossen)

1 tragender Untergrund (Rohbetondecke)
2 Bauwerksfuge mit Dämmplatte
3 Dämmschicht
4 Abdeckung
5 Bauwerksfugenprofil
6 Plattenbelag auf schwimm. Estrich
7 Dämmstreifen
8 Fugenfüllprofil
9 elastoplastische Dichtungsmasse
10 Randstreifen
11 Überstand zum Abschneiden
12 Kellenschnitt (halbe Estrichdicke)

Bei all diesen Vorgängen treten Spannungen auf. Diese Spannungen müssen in Estrichkonstruktionen und Belagkonstruktionen (z. B. bei Keramik- und Steinbelägen) durch Anordnung von Fugen in schadenfreie Größenordnungen abgemindert werden. Nach ihrer jeweiligen Funktion unterscheidet man:

- **Bauwerksfugen** (Gebäudetrennfugen) sind statisch und konstruktiv erforderliche Fugen, die Bauwerke bzw. größere Baukomplexe in einzelne Bewegungsabschnitte teilen (Bild **11**.40a). Sie gehen durch alle tragenden und nichttragenden Teile eines Gebäudes oder Bauwerkes hindurch und müssen in Estrich und Bodenbelag an der gleichen Stelle und in ausreichender Breite übernommen werden. Bei mechanischer Beanspruchung der Beläge – wie z. B. durch starkes Begehen, Befahren und Absetzen von Gütern – sind zum Schutz der Kanten spezielle nichtrostende Metallwinkel bzw. Fugenprofile mit elastischen Zwischenteilen einzubauen (Bild **11**.41).
- **Bewegungsfugen** (Feldbegrenzungsfugen) nehmen Verformungen und Bewegungen des Estrichs auf und unterteilen die Bodenfläche in Felder begrenzter Größe (Bild **11**.40b). Sie sind von der Oberfläche des Estrichs bzw. Keramik- und Steinbelages bis auf den tragenden Untergrund oder bis auf die Abdeckung der Dämmung bzw. Abdichtung durchzuführen. Bewegungsfugen können hergestellt werden durch Einstellen eines Dämmstreifens in den frischen Estrichmörtel, durch nachträgliches Einschneiden mit der Fugenschneidemaschine, sowie durch Einsetzen vorgefertigter Bewegungsfugenprofile (Bild **11**.42 und Bild **11**.43).

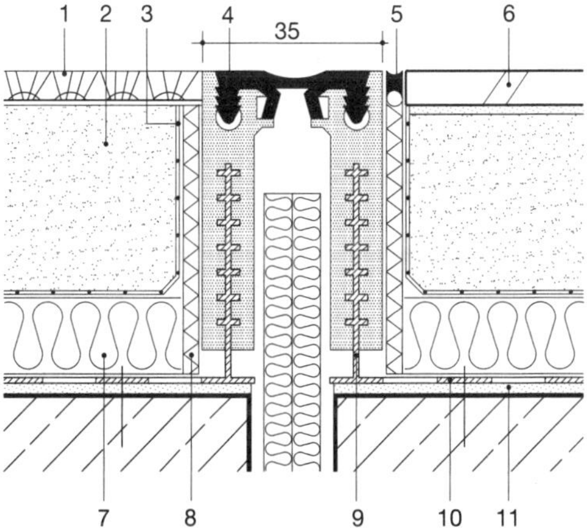

11.41 Gebäudetrennfugenprofil über Bauwerksfuge unmittelbar auf Rohbetondecke aufgesetzt (Schallbrücke), geeignet für hohe Lastaufnahme. Nach Abschluss der Bodenbelagarbeiten wird eine provisorisch eingebaute Distanzeinlage gegen die endgültige Profileinlage ausgetauscht (Baustellenbeschädigungen) und diese in das Alu-Trägerprofil eingedrückt.

1 Teppichbelag
2 Zementestrich
3 Abdeckung
4 Profileinlage (weitgehend witterungs-, temperatur-, öl-, säure-, bitumenbeständig)
5 elastische Fugenmasse mit Vorfüllprofil
6 keramischer Plattenbelag
7 Dämmschicht
8 Randstreifen
9 Aluminium-Trägerprofil (höhenverstellbar)
10 gelochter Befestigungswinkel
11 Mörtelband (etwa 10 cm breit)

Migua Fugensysteme GmbH, Wülfrath

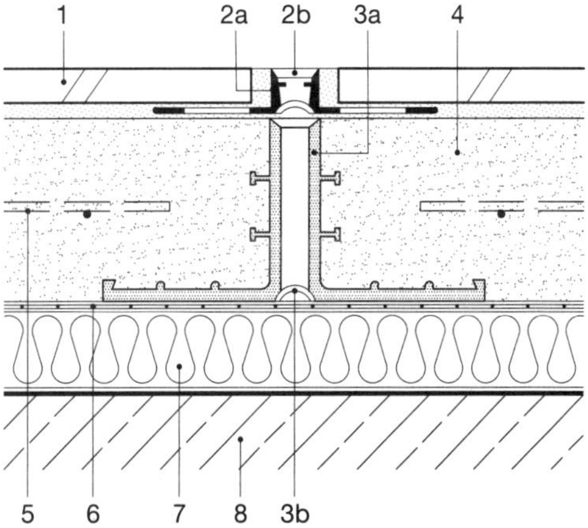

11.42 Doppel-Bewegungsfugenprofil für Fußbodenkonstruktionen mit Platenbelägen (Estrich-Fugenprofil mit einem deckungsgleich darüber angeordneten Belag-Fugenprofil). Die seitlichen Schenkel aus Hartkunststoff sind mit Bewegungszonen (Schleifen) aus Weichkunststoff verbunden. Für normale mechanische Beanspruchung mit begrenztem Kantenschutz.

1 keramischer Bodenbelag
2a/3a Profilschenkel aus Hartkunststoff
2b/3b Bewegungszonen aus Weichkunststoff
4 Zementestrich
5 Bewehrung (Betonstahlmatte)
6 Abdeckung
7 Dämmschicht
8 tragender Untergrund (Rohbetondecke)

Schlüter-System GmbH, Iserlohn

11

Bei der Festlegung von Fugenabständen und Estrichfeldgrößen sind die Art des Bindemittels, der vorgesehene Belag und die zu erwartende Beanspruchung, beispielsweise infolge Schwindens, Temperatureinwirkung oder Belastung zu berücksichtigen. Die Größe der Estrichfelder soll 40 m^2 nicht überschreiten und die Seitenlänge der Felder maximal 8 m betragen. Weiter ist darauf zu achten, dass möglichst gedrungene Felder entstehen, deren Länge höchstens das Doppelte der Breite betragen sollte (Seitenverhältnis 1 : 2).

Diese Richtwerte gelten derzeit allgemein für unbeheizbare und beheizbare konventionelle Zementestriche, aber auch für Anhydritestriche, wenn sie zur Aufnahme von Keramik- und Steinbelägen vorgesehen sind.

Abweichende Herstellerrichtlinien – insbesondere bei den Calciumsulfatestrichen – sind zu beachten [45]. Sonderregelungen gelten für Gussasphaltestrich und bei Heizestrichen. Als Richtgröße für die Fugenbreite von Feldbegrenzungsfugen können 5 bis 10 mm angenommen werden (z. B. bei Keramik- und Steinbelägen).

Bei der Anordnung der Bewegungsfugen ist von raumgeometrischen Randbedingungen (grundrißlicher Zuschnitt) auszugehen, wie sie bei einspringenden Ecken an Wandpfeilern und Kaminen oder sonstigen Verengungen bzw. Erweiterungen der Estrichfläche vorkommen. Bei Stein- und Keramikbelägen ist auch das vorgegebene Plattenraster und spätere Aussehen der Bodenfläche zu berücksichtigen. In Türdurchgängen zwischen fremden Wohn- und Arbeitsbereichen und zu gemeinsamen Treppenhäusern sind zur Vermeidung von Längsschallübertragung immer Bewegungsfugen erforderlich. Innerhalb einer Wohnung können in Türdurchgängen – je nach Estrichart und Anforderung – auch nur Scheinfugen eingeplant werden (Sonderregelung bei Heizestrich). Die Flächentrennung des Estrichs liegt dabei unter dem Türblatt. Im Bereich von Bewegungsfugen ist die gegebenenfalls vorhandene Bewehrung zu unterbrechen.

- **Randfugen** trennen Estrich und Bodenbelag von seitlich angrenzenden Wänden oder sie durchdringenden Bauteilen und festen Einbauten (Bild **11**.40c). Randfugen sind Bewegungsfugen, die durch Einstellen von schalldämmenden Randstreifen bis auf den tragenden Untergrund entstehen. Der Randstreifen muss gegen Verschieben beim Einbringen des Estrichs gesichert und so breit sein, dass er an der Belagoberfläche mind. 10 mm übersteht. Randstreifen und hochgezogene Abdeckung dürfen bei Stein- und Plattenbelägen sowie bei Parkettböden erst nach Fertigstellung des Fußbodenbelages, bei textilen und elastischen Bodenbelägen erst nach Erhärtung der Spachtelmasse abgeschnitten werden (Bild **11**.37c). Als Richtwert für die Breite von Randfugen können üblicherweise 5 bis 8 mm (10 mm) angenommen werden (Sonderregelungen bei Gussasphaltestrich und Heizestrich).

- **Scheinfugen** (eingeschnittene Fugen) sind keine Bewegungsfugen, sondern Sollbruchstellen (Bild **11**.40d). Sie werden vor allem im Zementestrich zur zusätzlichen Unterteilung in den durch Bewegungsfugen aufgeteilten Estrichfeldern angeordnet. Scheinfugen sollen die während der Erhärtungsphase einmalig auftretende, baustoffbedingte Schwindung aufnehmen und somit die unkontrollierte Rißbildung verhindern. Die Fugen werden bis zur Hälfte der Estrichdicke in den frisch verlegten Estrichmörtel eingeschnitten (Kellenschnitt). Sie bleiben zunächst offen und werden erst nach dem Austrocknen des Estrichs (Belegreife) dauerhaft kraftschlüssig mit Kunstharz geschlossen. Derart geschlossene Fugen sind bei der Herstellung der Bodenbeläge (Stein- und Plattenbeläge) nicht zu berücksichtigen.

- **Anschlussfugen** (Belagfugen) können zwischen gleichartigen oder unterschiedlichen Bodenbelägen sowie festen Einbauten (z. B. Metallrahmen) erforderlich sein (Bild **11**.44). Sie umfassen in der Regel die Dicke des Bodenbelages bis zur Verlegeoberfläche (z. B. Oberfläche Estrich).

Fugenprofile zum Schließen von Bewegungsfugen müssen vor allem biegesteif sein, die zu erwartenden Bewegungen und Kantenpressungen aufnehmen können und kraftschlüssig mit der Estrichschicht verbunden sein. Um Schallbrücken zu vermeiden, sollen die Profile bei schwimmenden Estrichkonstruktionen nicht auf die Rohbetondecke aufgesetzt werden, es sei denn, anderweitige Forderungen – wie beispielsweise hohe Lasteinwirkung – stünden im Vordergrund. Vgl. hierzu Bild **11**.40a mit Bild **11**.41).

Vorgefertigte Fugenprofile eignen sich ganz besonders zum Schließen von Bauwerksfugen (Gebäudetrennfugen), die bei mechanisch stärker beanspruchten Bodenbelägen zugleich auch den Kantenschutz übernehmen.

Feldbegrenzungsfugen (Bewegungsfugen) können mit Fugenprofilen geschlossen werden. Hierzu eignen sich aber auch Fugenmassen.

Fugenmassen müssen ein elastoplastisches Verhalten, d. h. gutes Rückstellvermögen, aufweisen. Geeignete Materiali-

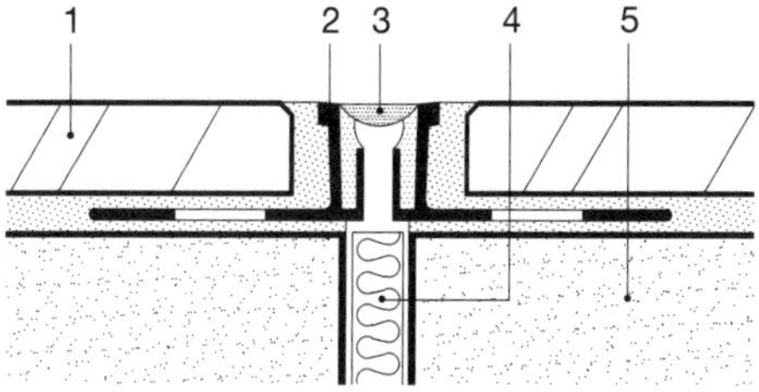

11.43a

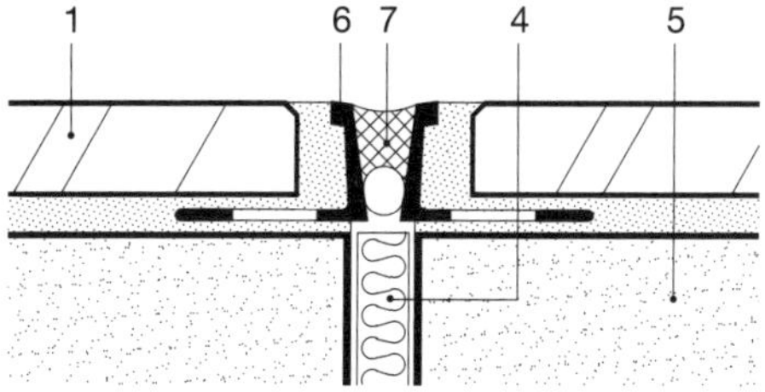

11.43b

11.43 Bewegungsfugenprofile (Belag-Fugenprofile) mit Kantenschutz für keramische Fliesenbeläge

a) Vorgefertigtes Bewegungsfugenprofil aus Metallstegen mit flexiblem Verbindungsprofil aus Synthetik-Kautschuk-Kantenschutz für höhere mechanische Beanspruchung.

b) Belag-Bewegungsfugenprofil aus Metall für hohe mechanische Beanspruchung mit sicherem Kantenschutz (Industriebereich)

1 keramischer Bodenbelag
2 Metallprofil mit geloch. Befestigungswinkel
3 flexibles Verbindungsstück (Synth. Kautschuk)
4 Bewegungsfuge (Feldbegrenzungsfuge)
5 Zementestrich
6 schräg abgewinkelte Metallschiene
7 elastoplastische Fugenmasse mit Vorfüllprofil

Schlüter-System GmbH, Iserlohn

en sind Thiokol-, Silikon- und Polyurethanprodukte. Die Fugenflanken müssen fest, sauber, trocken und in der Regel mit einem Primer vorbehandelt sein. Um den Dichtstoff abzustützen, muss die Fuge zunächst mit einem Vorfüllprofil (geschossenzellige Polyethylenschnur) hinterfüttert werden.

Mit Fugenmassen geschlossene Fugen sind nicht dauerhaft flüssigkeitsdicht und je nach Beanspruchung wartungsbedürftig; außerdem können sie durch Stöckelabsätze beschädigt werden. Wie Bild **11**.37c verdeutlicht, wird die bei Keramikbelägen üblicherweise 5 mm breite Randfuge zwischen Bodenbelag und Sockelfliese ebenfalls mit einem Vorfüllprofil und elastoplastischer Fugenmasse geschlossen. Auch diese Fugen sind nicht dauerhaft wasserdicht und immer wartungsbedürftig.

Bauwerksfugen, Bewegungsfugen und Randfugen sind von der Bauplanung festzulegen und bei der Ausschreibung von Bauleistungen zu berücksichtigen. Bei Bedarf ist ein Fugenplan zu erstellen, aus dem Art und Anordnung der Fugen zu entnehmen sind. Die endgültige Lage der Fugen muss vor der Ausführung in Abstimmung mit den beteiligten Gewerken (Estrichleger, Heizungsbauer, Bodenleger) vor Ort festgelegt werden.

Angaben zur Fugenausbildung s. Abschn. 11.3.6.2, Estricharten, Abschn. 11.3.6.4, Estrichkonstruktionen sowie DIN 18 560-2, Estriche und Heizestriche auf Dämmschichten. Auf die weiterführende Spezialliteratur [45], [47], [48] wird verwiesen.

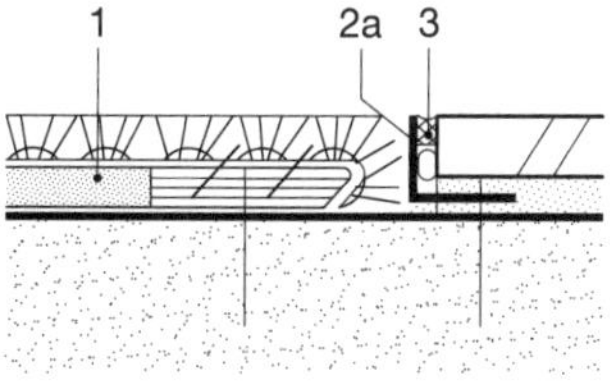

11.44a

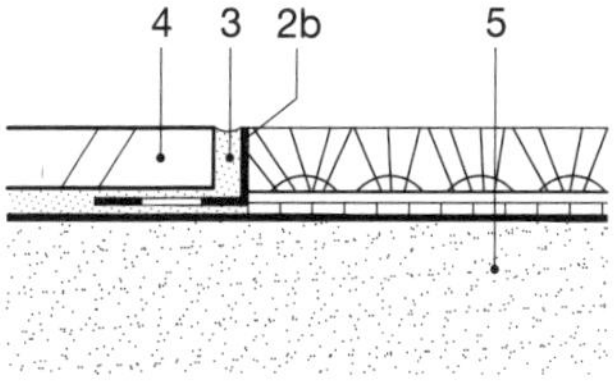

11.44b

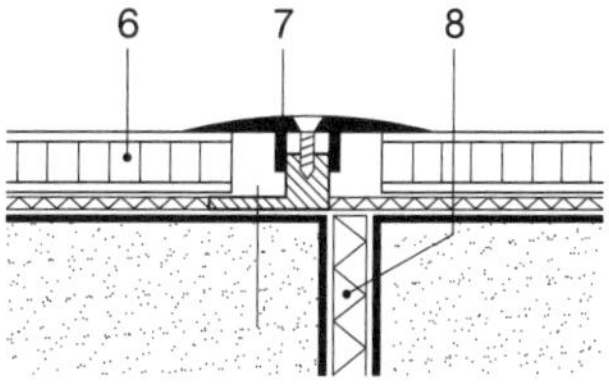

11.44c

11.44 Anschlussfugen zwischen gleichartigen oder unterschiedlichen Bodenbelägen

a) Anschluss zwischen im Mittelbett verlegtem Keramikbelag und verspanntem Teppichboden. Vgl. hierzu auch Bild **11**.91

b) Anschluss zwischen im Dünnbett verlegtem Keramikbelag und verklebtem Teppichboden

c) Anschluss zwischen zwei Fertigparkett-Elementen durch höhenverstellbares Übergangsprofil

1 verspannter Teppichbelag mit Nagelleiste und Filzunterlage
2a Metallwinkel (festgeschraubt)
2b Metallwinkel (in Kleber eingedrückt)
3 Anschlussfuge mit Dichtmasse oder Fugenmörtel
4 keramischer Bodenbelag
5 Zementestrich
6 schwimmend verlegtes Fertigparkett
7 höhenverstellbares Übergangsprofil
8 Bewegungsfuge (Feldbegrenzungsfuge)

11.3.6.6 Rohrleitungen auf Rohdecken in schwimmenden Estrichkonstruktionen

Rohrleitungen und Versorgungskabel aller Art werden häufig auf Rohdecken verlegt, ohne dass hierfür die notwendigen Ausgleichschichten bzw. Konstruktionshöhen zur Verfügung stehen. In der Praxis führt dies dann zu Fußbodenkonstruktionen mit ungenügendem Wärme- und Trittschallschutz sowie zu Rißbildungen über den Rohren in der Estrichplatte und im Bodenbelag. S. hierzu Bild **11**.38 und Bild **11**.45a.

Bei der Planung von Rohrleitungen auf Rohdecken sind u. a. folgende DIN-Normen und Rechtsvorschriften zu beachten:

- DIN 1988, Technische Regeln für Trinkwasserinstallationen
- DIN 4725, Warmwasser-Fußbodenheizungen
- DIN 4108, Wärmeschutz im Hochbau
- Energieeinsparverordnung (EnEV) mit integrierter Heizungsanlagenverordnung (ab 02.02)
- DIN 4109, Schallschutz im Hochbau
- DIN 18 560, Estriche im Bauwesen (zukünftig DIN EN 13 813) u. a. m.

Nach DIN 18 560-2 müssen Rohrleitungen, die auf dem tragenden Untergrund verlegt sind, festgelegt sein. Durch einen Ausgleich ist wieder eine ebene Oberfläche zur Aufnahme der Dämmschicht – mindestens jedoch der Trittschalldämmung – zu schaffen. Die dazu erforderliche Konstruktionshöhe muss eingeplant sein. Ungebundene Schüttungen aus Natur- oder Brechsand dürfen für den Ausgleich nicht verwendet werden.

Bei der Verlegung von Rohrleitungen auf Rohdecken kann im wesentlichen von folgenden Hauptgruppen ausgegangen werden:

- Rohrleitungen ohne Rohrdämmung (Kaltleitungen)
- Rohrleitungen mit Rohrdämmung (Warmleitungen)
- Versorgungskanäle und Kabelleitungen (bleiben hier unberücksichtigt).

1. Verlegung von ungedämmten Rohrleitungen (Kaltleitungen) auf Rohdecken

Für die Herstellung der geforderten Rohr-Ausgleichsschicht in schwimmenden Estrichkonstruktionen bieten sich alternative Lösungen an, denen jeweils bestimmte Vor- und Nachteile zugeordnet werden können (Bild **11**.45 b bis e).

- **Rohr-Ausgleichsschicht aus Dämmplatten** mit ein- oder zweilagiger Dämmplattenverlegung

  Die einlagige Verlegung (Bild **11**.45b) erfüllt die von der Estrichnorm gestellte Forderung nicht, wonach auf einer Ausgleichsschicht immer eine durchgehende Trittschalldämmung vorzusehen ist. Diese Lösung ergibt zwar einen relativ niedrigen Fußbodenaufbau und somit günstige Herstellungskosten, stellt aber insgesamt eine risikoreiche Konstruktion dar, sowohl in konstruktiver als auch in wärme- und schallschutztechnischer Hinsicht (schadenanfällige Konstruktion im Bereich der Schüttung/Abdeckung, Minderung der Wärme- und Trittschalldämmung). Verbesserte Lösungsansätze in Form von aufgelegten Wellpappe- oder Bleichstreifen über den Rohrleitungen – wie sie in der Fachliteratur angeführt sind – können diese Schwachstellen nicht wesentlich mindern. Überall dort, wo an die Fußbodenkonstruktion (Deckenauflage) Anforderungen an den Wärme- und Schallschutz gestellt werden, ist diese Lösung nicht zu empfehlen.

  Die zweilagige Verlegung (Bild **11**.45c) erfüllt die vorgenannten Forderungen. Sie bedingt allerdings eine geordnete Rohrführung auf der Rohdecke, und zwar geradlinig (einfacherer Plattenzuschnitt) und parallel zur Wand in einem Mindestabstand von etwa 50 cm. Die mit Rohrschellen festgelegten Rohre dürfen nur rechtwinkelig in die Wand einmünden, Rohrkreuzungen sind zu vermeiden. Die untere Dämmplattenschicht muss mindestens so dick sein wie die Rohrleitung, einschließlich Ummantelung, Dämmung, Halterung, **zuzüglich** 10 mm Dämmplattenüberstand. Hohlräume zwischen Rohren und Dämmplatten sind mit gebundenem Schüttmaterial (rohrverträglicher Bindemittelzusatz!) bis an die Plattenoberfläche auszugleichen. Die untere Dämmplattenlage besteht hier in der Regel aus den steiferen Wärmedämmplatten, worauf die weichfedernden Trittschalldämmplatten vollflächig und in einheitlicher Dicke verlegt werden. Vgl. hierzu Abschn. 11.3.5 und Abschn. 11.3.6.4, Zementestrich auf Dämmschicht. Dieser zweilagigen Verlegung ist vor allem aus schallschutztechnischen Gründen der Vorzug zu geben. Die im Vergleich zur einlagigen Verlegung erforderliche größere Konstruktionshöhe ist bereits bei der Gebäudeplanung zu berücksichtigen.

- **Rohr-Ausgleichsschicht aus Schüttungen** (Bild **11**.45d)

Bei dieser Konstruktion werden die Rohre mit einem gebundenen Schüttmaterial ausgeglichen und darauf eine Lage Trittschalldämmplatten vollflächig verlegt. Die Trockenschüttung muss eine gut verdichtbare, homogene und stabile Ausgleichsschicht ergeben, die mit etwa 10 mm Rohrüberdeckung eingebracht wird. Vgl. hierzu auch Abschn. 11.3.7.4, Trockenschüttung. Keinesfalls dürfen hierfür ungebundene Sandschüttungen o. Ä. verwendet werden. Bei diesem Ausgleichsmaterial ist eine ungebundene, freie Rohrführung möglich, wobei die Herstellerangaben [49] in jedem Fall zu beachten sind. Schüttungen werden vorwiegend dort eingesetzt, wo größere Unebenheiten, Höhendifferenzen oder Gefällelagen in Trockenbauweise ausgeglichen werden sollen. Diese Lösung ist jedoch im Vergleich mit den zuvor erläuterten Dämmplattenkonstruktionen lohnkostenintensiver und daher relativ teuer.

- **Rohr-Ausgleichsschicht aus Leichtmörtelestrich** (Bild **11**.45e)

Bei dieser Konstruktion besteht die Ausgleichsschicht aus pumpbarem Leichtmörtel mit Polystyrol-Zuschlag (Recyclingmaterial), worauf ebenfalls eine Lage Trittschalldämmplatten vollflächig verlegt wird. Um eine mögliche spätere Durchfeuchtung (Restfeuchte) der Trittschalldämmplatten auszuschließen, wird vorsorglich auf der Ausgleichsschicht eine einfache Feuchtigkeitssperre (PE-Folie) verlegt. Auch bei dieser Alternative ist eine ungeordnete Rohrführung möglich. Nachteilig wirkt sich bei diesem Aufbau die zusätzlich notwendige Trockenzeit der Ausgleichsschicht aus. Weitere Einzelheiten hierzu sind der Spezialliteratur [45] zu entnehmen.

2. Verlegung von gedämmten Rohrleitungen (Wärmeleitungen) auf Rohdecken

Nach der Heizungsanlagenverordnung sind wärmeabgebende und ggf. wärmeaufnehmende Rohrleitungen der Heizungs- und Sanitärinstallation zu dämmen (Heizkörperanschlussleitung,

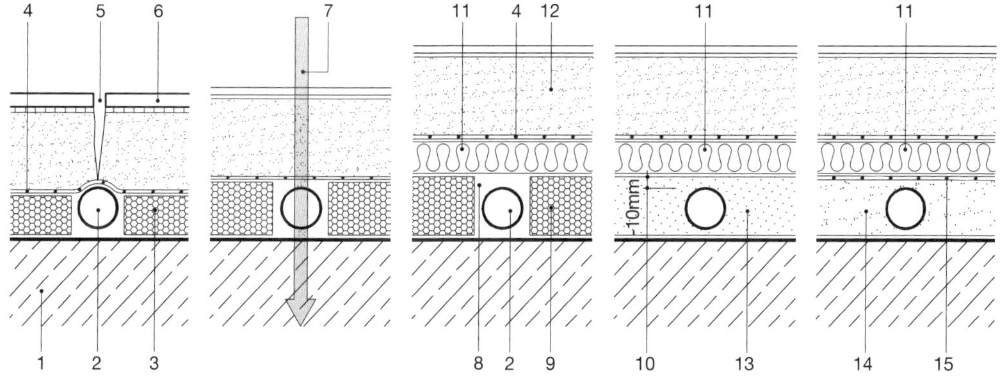

11.45a **11**.45b **11**.45c **11**.45d **11**.45e

11.45 Schematische Darstellung: Rohrleitungen – **ohne Rohrdämmung** – auf Rohdecken in schwimmenden Estrichkonstruktionen

a) Zu geringe Dämmschichtdicke führt unter Belastung zu Rissbildungen in der Estrichplatte und im Bodenbelag sowie zu Schall- und Wärmedurchgang.
b) Rohr- Ausgleichsschicht aus Dämmplatten. Einlagige Verlegung, die nicht den Forderungen der DIN 18 560-2 entspricht.
c) Rohr-Ausgleichsschicht aus Dämmplatten mit darüber liegenden Trittschalldämmplatten (zweilagige Verlegung)
d) Rohr-Ausgleichsschicht aus gebundenem Schüttmaterial (Trockenschüttung) mit darüber liegenden Trittschalldämmplatten
e) Rohr-Ausgleichsschicht aus Leichtmörtelestrich mit darüber liegenden Trittschalldämmplatten.

1 Rohbetondecke
2 Rohrleitung
3 Dämmplatten
4 Abdeckung (PE-Folie)
5 Rissbildung
6 Plattenbelag
7 Schall- und Wärmedurchgang
8 Schüttmaterial mit Bindemittelzusatz
9 Rohr-Ausgleichsschicht (Dämmplatten)
10 Rohr-Überdeckung (etwa 10 mm)
11 Trittschalldämmplatten
12 Estrich (Lastverteilungsschicht)
13 Trockenschüttung (gebundenes Schüttmaterial)
14 Leichtmörtelestrich
15 Feuchtigkeitssperre (PE-Folie, bei Bedarf)

Verteilleitung, Trinkwasserleitung/warm usw.). Dies gilt vor allem, wenn sie auf Decken verlegt gegen unbeheizte Räume, Erdreich oder Außenluft/Durchfahrt grenzen oder wenn die Rohrleitungen zwischen beheizten Räumen von ihrem Nutzer nicht abgesperrt werden können.

Für die Verlegung und Dämmung von wärmeabgebenden Rohrleitungen in schwimmenden Estrichkonstruktionen bieten sich mehrere alternative Lösungen an, denen jeweils bestimmte Vor- und Nachteile zugeordnet werden können (Bild **11**.46a bis e).

- **Rundrohrdämmung** mit Ausgleichdämmschicht und darüberliegender Trittschalldämmung (Bild **11**.46a). Bei Runddämmungen ergeben sich generell Zwickel- und Hohlräume, die durch gebundene Schüttungen ausgeglichen werden müssen, um wieder eine ebene Oberfläche zu schaffen. Unter Baustellenbedingungen besteht die Gefahr, dass dieses Schüttmaterial nach unten, ggf. sogar unter die Ausgleichsdämmplatten wandert und dadurch Hohlstellen entstehen. Die Rundrohrdämmung erfordert immer auch noch eine darüberliegende zusätzliche Trittschalldämmschicht, was insgesamt zu einem relativ hohen und damit unwirtschaftlichen Fußbodenaufbau führt.
- **Rohr-in-Rohr-System auf einer Dämmplatte** mit darüberliegender Trittschalldämmschicht (Bild **11**.46b). Bei dieser Verlegevariante kann die Dicke des unterlegten Dämmstreifens problemlos den jeweiligen wärme- und schalltechnischen Anforderungen angepasst und das gebundene Schüttmaterial sicher eingebracht werden. Ansonsten sind die bei der zweilagigen Dämmplattenverlegung (Bild **11**.45c) genannten Forderungen auch bei dieser relativ aufwendigen, lohnkostenintensiven Konstruktion zu beachten.
- **Rohr-in-Rohr-System auf einem Dämmblock** mit darüberliegender Trittschalldämmschicht (Bild **11**.46c). Durch die eckige und kantengera-

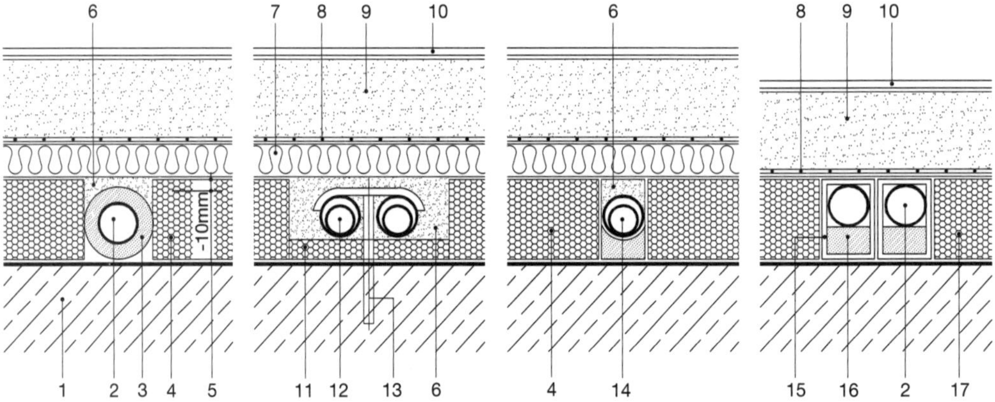

11.46a **11**.46b **11**.46c **11**.46d

11.46 Schematische Darstellung: Rohrleitungen – **mit Rohrdämmung** – auf Rohdecken in schwimmenden Estrichkonstruktionen

a) Rundrohrdämmung mit Ausgleichdämmschicht und darüberliegender Trittschalldämmschicht
b) Rohr-in-Rohr-System auf einer Dämmplatte mit darüberliegender Trittschalldämmschicht
c) Rohr-in-Rohr-System auf einem vorgefertigten Dämmblockprofil mit darüberliegender Trittschalldämmschicht (Roth Werke GmbH, Buchenau)
d) Kompakt-Dämmhülsen in die Ausgleich-, Wärme- und Trittschalldämmschicht integriert (Missel-Dämmsysteme, Stuttgart)

1 Rohbetondecke
2 Rohrleitung
3 Rundrohrdämmung
4 Rohr-Ausgleichschicht (Dämmplatten)
5 Rohr-Überdeckung (etwa 10 mm)
6 Schüttmaterial mit Bindemittelzusatz
7 Trittschalldämmplatten
8 Abdeckung (PE-Folie) mit 10 bis 20 cm Stoßüberlappung)
9 Estrich (Lastverteilungsschicht)
10 Bodenbelag
11 Dämmplatte (Dämmung gegen unten)
12 Rohr-in-Rohr-System (Basisrohrleitung mit Schutzrohr)
13 Rohrbefestigung (Doppeldübelhaken)
14 vorgefertigtes Dämmblockprofil
15 gepolsterte Kompakt-Dämmhülse
16 Dämmmaterial
17 Ausgleich-, Wärme-, Trittschalldämmschicht

de Ausbildung des vorgefertigten Dämmblockprofils können die Rohr-Ausgleichsdämmplatten unmittelbar und dicht angeschlossen werden, so dass eine Unterwanderung durch Schüttmaterial ausgeschlossen ist. Die Rohrführung erfolgt parallel und geradlinig sowie rechtwinkelig zu den umgebenden Wänden. Dieses Dämmsystem ist relativ einfach zu verlegen und daher kostengünstig.

- **Kompakt-Dämmhülsen** in die Ausgleichs- und Trittschalldämmschicht integriert (Bild **11**.46d). In eingebautem Zustand verspreizen sich die gepolsterten und kantengeraden Kompakt-Dämmhülsen seitlich gleichmäßig dicht mit den Dämmplatten. Aufgrund dieser dichten Verlegung und der schallentkoppelten Befestigungsbügel ist es möglich, bei normalen Anforderungen auf eine darüberliegende Trittschalldämmschicht zu verzichten (bei erhöhten schallschutztechnischen Anforderungen kann sie oberseitig aufgelegt werden). Die allseitig geschlossenen Dämmhülsen werden parallel und geradlinig sowie rechtwinkelig zu den umgebenden Wänden eingebaut. Dieses Dämmsystem beansprucht von allen Varianten in der Höhe (ohne oberseitige Trittschalldämmschicht) den geringsten Platz. Um allerdings eine Fugenbildung zwischen den einzelnen Teilen zu vermeiden, muss die Rohdecke relativ planeben ausgebildet sein und die Verlegearbeiten insgesamt sehr sorgfältig ausgeführt werden.

11.3.6.7 Hochbeanspruchbare Estriche (Industrieestriche)

Fußböden in Industriebetrieben unterliegen einer vielfältigen Nutzung. Sie sind in der Regel mechanisch hoch beanspruchte Bauteile, die vor allem sehr unterschiedlichen Verschleißvorgängen standhalten müssen. Neben thermischen oder chemischen Einwirkungen können sie durch ruhende Lasten sowie durch schleifende, rollende und stoßend-schlagende Beanspruchungen oder durch eine Kombination dieser Arten gefordert werden. Um diese hohen Beanspruchungen aufnehmen zu können, werden bei Industrieböden häufig Estriche als oberste Schicht eingebaut, die im Vergleich zu anderen Nutzschichten (z. B. Kunstharzbeschichtungen) oder Belägen (z. B. Keramische Fliesen und Platten, PVC-Beläge) kostengünstiger herzustellen sind.

Industrieestriche müssen den allgemeinen Anforderungen nach DIN 18 560-1 entsprechen und gegen mechanische Beanspruchungen – wie sie in Tabelle 1 der DIN 18 560-7 angeführt sind – widerstandsfähig sein. Diese Tabelle enthält drei Beanspruchungsgruppen: I (schwer), II (mittel), III (leicht), denen jeweils unterschiedliche Belastungsarten durch Förderfahrzeuge, Bereifungsart, Fußgängerverkehr usw. zugeordnet sind.

DIN 18 560-7 gilt für hochbeanspruchbare Gussasphaltestriche, Magnesiaestriche und zementgebundene Hartstoffestriche. Die meisten Industrieestriche werden als Verbundestriche ausgeführt. Ein Estrich auf Trennschicht kommt immer dann zur Anwendung, wenn die Untergrundbeschaffenheit einen Verbund nicht zulässt oder auf dem Tragbeton eine Abdichtung gegen Feuchtigkeit vorgesehen ist. Ein schwimmender Estrich wird notwendig, sofern Anforderungen an den Schallschutz und/oder Wärmeschutz gestellt werden.

Hochbeanspruchbarer Gussasphaltestrich

Hochbeanspruchbarer Gussasphaltestrich ist in der Regel als Estrich auf Trennschicht (z. B. Rohglasvlies) einschichtig herzustellen, da ein ausreichender Verbund mit dem meist vorhandenen Tragbeton nicht erreicht werden kann. Härteklasse, Nenndicke und das Größtkorn des Zuschlags sind in Abhängigkeit von der Beanspruchungsgruppe und dem Einsatzbereich (beheizte Räume, nicht beheizte Räume, Kühlräume) nach Tabelle 2 der DIN 18 560-7 auszuwählen (Tabelle **11**.47). Gussasphaltestriche mit Nenndicken über 40 mm sind zweischichtig herzustellen. Weitere Einzelheiten sind dem AGI-Arbeitsblatt A 12 Teil 3, Gussasphaltestrich [51], sowie der weiterführenden Speziallitertur [52] zu entnehmen.

Zementgebundener Hartstoffestrich

Zementgebundener Hartstoffestrich wird überall dort eingesetzt, wo hoher Widerstand gegen Verschleiß und besondere Festigkeit gefordert werden und wo normale Zementestriche derart hohen Beanspruchungen nicht standhalten. Hartstoffestriche sind Zementestriche mit Zuschlag aus Hartstoffen, die ein- oder zweischichtig hergestellt werden können. Als Verbundestrich wird er in der Regel einschichtig, als Estrich auf Trennschicht oder auf Dämmschicht zweischichtig ausgeführt. Die entsprechenden Festigkeitsklassen ZE 55 M, ZE 65 A, ZE 65 KS sind Tabelle **11**.27 zu entnehmen.

- **Einschichtiger Hartstoffestrich** wird direkt als Verbundestrich auf einen Tragbeton (mind. Festigkeitsklasse B 25 nach DIN 1045) aufge-

Tabelle **11**.47 Hochbeanspruchbarer Gussasphaltestrich, Nenndicken, Körnungen und Härteklassen (Auszug aus DIN 18 560-7)

Beanspruchungsgruppe nach Tabelle 1	Nenndicke	Größtkorn des Zuschlags	Einsatzbereich		
			beheizte Räume	nicht beheizte Räume und im Freien	Kühlräume
			Brechpunkt des Bindemittels nach Fraaß[1)]		
	mm	mm	unter +25 °C	unter 0 °C	unter −10 °C
			Härteklasse		
I (schwer)	≥ 35 ≥ 30	16 11	GE 10 oder GE 15	GE 15 oder GE 40	GE 40 oder GE 100
II (mittel)	≥ 30 ≥ 25	11 8			
III (leicht)	≥ 25 ≥ 25	8 5			

1) Prüfung nach DIN 52 012.

bracht, und zwar entweder unter Verwendung einer Haftbrücke (z. B. Kunstharzdispersionen) auf einen bereits erhärteten Betonuntergrund oder „frisch-in-frisch" auf einen in der Erstarrung befindlichen Untergrund. Die Betonoberfläche soll eine raue, offenporige Struktur aufweisen und frei von losen Teilen sowie sonstigen Verunreinigungen sein. Je nach Beschaffenheit des Untergrundes kann eine mechanische, thermische oder hydraulische Vorbehandlung (Reinigungsverfahren) notwendig werden. Einschichtiger Hartstoffestrich besteht nur aus der hochbeanspruchbaren Hartstoffschicht. Wie Tabelle **11**.48 zeigt, richtet sich ihre Nenndicke nach der zu erwartenden Beanspruchung und der gewählten Hartstoffgruppe bzw. Festigkeitsklasse.

- **Zweischichtiger Hartstoffestrich** besteht aus einer Übergangsschicht (Unterschicht) – die die Verbindung zwischen Tragbeton und Hartstoffschicht herstellt – und der eigentlichen Hartstoffschicht (Oberschicht). Üblicherweise wird zunächst die Übergangsschicht mittels einer Haftbrücke auf einen gereinigten Tragbeton verlegt. Diese Unterschicht muss mind. 25 mm dick sein und mind. der Festigkeitsklasse ZE 30 entsprechen (Estriche der Festigkeitsklasse ZE 12 und ZE 20 sind für Industrieestriche nicht geeignet). Wird die Übergangsschicht dagegen auf eine Trennschicht oder Dämmschicht verlegt, muss sie eine Dicke von mind. 80 mm aufweisen und ggf. zusätzlich mit einer Baustahlmatte bewehrt sein. Auf diese noch nicht erstarrte Übergangsschicht ist dann die eigentliche Nutzschicht/Hartstoffschicht im „frisch-auf-frisch"-Verfahren aufzubringen. Sie soll möglichst über Lehren abgezogen und auf jeden Fall maschinell geglättet werden. Die entsprechenden Nenndicken sind Tabelle **11**.48 zu entnehmen. Dieser Hartstoffschicht werden, je nach Art und Höhe der Beanspruchung, Hartstoffe nach DIN 1100 beigegeben. Die Hartstoffgruppen ZE 65 A, ZE 55 M und ZE 65 KS sind mit Großbuchstaben gekennzeichnet und bedeuten: **A** = Allgemein (universell einsetzbar, Natursteine besonderer Härte, dichte Schlacke o. Ä.), **M** = Metall (für elektrisch leitende Beläge), **KS** = Korund/Siliziumkarbid (extrem hoher Verschleißwiderstand).

Nachbehandlung. Zementgebundene Hartstoffestriche müssen unbedingt nachbehandelt und vor Zugluft geschützt werden. Diese Nachbehandlung wirkt einem zu

Tabelle **11**.48 Zementgebundener Hartstoffestrich, Nenndicke der Hartstoffschicht (Auszug aus DIN 18 560-7)

Beanspruchungsgruppe nach Tabelle 1	Nenndicke in mm bei Festigkeitsklasse ZE 65 A	ZE 55 M	ZE 65 KS
I (schwer)	≥ 15	≥ 8	≥ 6
II (mittel)	≥ 10	≥ 6	≥ 5
III (leicht)	≥ 8	≥ 6	≥ 4

schnellen Feuchtigkeitsentzug an der Oberfläche entgegen und ist somit von entscheidender Bedeutung für die Verschleißfestigkeit des Estrichs. Hartstoffestriche sollen frühestens 3 Tage nach der Verlegung begangen, ansonsten aber noch keinesfalls genutzt werden. Die Freigabe für leichten Verkehr kann frühestens nach 7 Tagen, die volle Nutzung nicht vor 21 Tagen erfolgen. Weitere Einzelheiten sind dem AGI-Arbeitsblatt A 12, Teil 1, Zementgebundener Hartstoffestrich [53], sowie der weiterführenden Spezialliteratur [54], [55] zu entnehmen.

11.3.7 Fertigteilestriche Trockenestriche aus Plattenelementen

Allgemeines

Ein Fertigteilestrich besteht aus industriell vorgefertigten Werkstoffplatten als lastverteilende Schicht, die in Form von ein- oder mehrlagigen Verlegeelementen angeboten und vor Ort kraftschlüssig miteinander verbunden werden. Unterseitig kann noch eine Trittschall- und/oder Wärmedämmschicht aufkaschiert sein. Die Elemente können trocken und witterungsunabhängig in einem Arbeitsgang eingebaut und bereits nach wenigen Stunden begangen und mit einem Belag versehen werden.

Fertigteilestriche werden vor allem bei der Altbausanierung (Holzbalkendecken), aber auch in Neubauten (Fertighausbau) eingesetzt. Durch die Trockenbauweise wird keine zusätzliche Feuchtigkeit in den Bau eingebracht und so die Bauabwicklungszeit – im Vergleich zu den relativ langsam trocknenden Mörtelestrichen – deutlich verkürzt. Vorteilhaft kann sich auch ihr geringes Flächengewicht und die systembedingt niedrige Konstruktionshöhe in bestimmten Anwendungsfällen auswirken; diese gehen jedoch häufig zu Lasten eines ausreichenden Trittschallschutzes der Gesamtdecke, insbesondere bei Holzbalkendecken.

Nachteilig wirkt sich bei einigen Plattentypen die Feuchteempfindlichkeit sowie ihr relativ ungünstiges Trag- und Verformungsverhalten im Gebrauchslastbereich aus.

Mit der Einführung neu entwickelter, zementgebundener Platten auf rein mineralischer Basis – die ganz hervorragende Trag-, Feuchte- und Brandschutzeigenschaften aufweisen – wird sich der Trockenestrichbau zukünftig sicherlich verändern und ganz neue Marktbereiche erschließen. Im Vergleich mit Fließestrichen ist die Verlegung elementierter Fertigteilestriche jedoch lohnintensiver und somit auch relativ teuer.

Fertigteilestrich-Systeme sind nicht genormt. Die Anforderungen der DIN 18 560-2, Estriche und Heizestriche auf Dämmschichten, müssen jedoch von diesen sinngemäß erfüllt werden. Außerdem sind die Technischen Daten und Konstruktionsvorschläge der Hersteller in jedem Fall zu beachten.

11.3.7.1 Einteilung und Benennung: Überblick

Einteilung nach dem Plattenwerkstoff

Holzwerkstoffplatten

- Kunstharzgebundene Spanplatten (Flachpressplatten)
- OSB-Flachpressplatten (Oriented Strand Boards)
- Mineralisch gebundene Spanplatten (Flachpressplatten)
- Zementgebundene Flachpressplatten
- Gipsgebundene Flachpressplatten (bleiben hier unberücksichtigt)

Gipswerkstoffplatten

- Gipskartonplatten (Kartonummantelung)
- Gipsfaserplatten (Zellulosearmierung)

Zementwerkstoffplatten (rein mineralisch gebunden)

- Faserarmierte Platten auf Zementbasis
- Gewebeummantelte Platten auf Zementbasis

Hartschaumwerkstoffplatten (beidseitig gewebe- und mörtelbeschichtet)

- PS-Hartschaumplatten (bleiben hier unberücksichtigt)

Einteilung nach der Bauart (Verbindung zum tragenden Untergrund)

- Vollflächig schwimmende Verlegung auf Dämmschicht und/oder Schüttung
- Verlegung auf Lagerhölzern über Massivdecken oder Deckenbalken
- Verlegung auf vorhandenen Altböden (Holzdielenböden)
- Verlegung auf Fußbodenheizung

Einteilung nach der Verlegeart

- Einzelplattenverlegung (eine oder mehrere Lagen vor Ort verklebt)
- Elementverlegung (mehrlagige Verlegeelemente werkseitig verklebt) und vor Ort verlegt

Einteilung nach dem Plattenverbund (Plattenstoß)

- Verbindung mit Nut- und Federprofil
- Verbindung mit Stufenfalz
- Verbindung von zwei Plattenlagen, fugenversetzt übereinander angeordnet
- jeweils verklebt und verschraubt oder geklammert

Einteilung nach der Art der Elementeausbildung

- Trockenestrich-Elemente (ein- oder mehrlagig)
- Verbundelemente (mit unterseitig aufkaschierter Dämmschicht)

11

11.3.7.2 Allgemeine Anforderungen

Feuchteschutz. Mit Ausnahme der rein mineralisch, zementgebundenen Platten sind alle Trockenestrich-Werkstoffplatten feuchteempfindlich und unterliegen – entsprechend der jeweiligen relativen Raumluftfeuchte – mehr oder weniger großen Volumenänderungen (Schwinden und Quellen), die sich jedoch bei fachgemäßer Verarbeitung der Platten in schadenfreier Größenordnung bewegen. Mögliche Durchfeuchtungen der Bodenkonstruktionen auf erdberührten Bodenplatten, Massivdecken oder Holzbalkendecken sind daher in jedem Fall durch entsprechende Maßnahmen auszuschließen.

Feuchte bei Fertigteilestrichen kann auftreten in Form von

- Feuchtebelastung aus dem tragenden Untergrund (z. B. Bodenfeuchte, Restfeuchte aus Rohbetondecke),
- Feuchtebelastung aus Brauch- und Reinigungswasser (z. B. in Nassräumen oder Wohnungsbädern),
- Feuchtebelastung durch Tauwasserbildung innerhalb der Bodenkonstruktion oder an der Bauteiloberfläche (z. B. bei unterschiedlichen Raumklimabedingungen unterhalb oder oberhalb einer Geschossdecke),
- Feuchtebelastung durch nicht ausreichend getrocknete Werkstoffplatten (z. B. zu hoher Feuchtegehalt von Holzspanplatten beim Einbau unter dampfdichtem Bodenbelag),
- Feuchtebelastung durch herstellungsbedingt notwendige Hilfswerkstoffe (z. B. Dünnbetmörtel oder Klebstoff für Fliesenverlegung).

11

- **Feuchteschutz bei Massivdecken**. Da Fertigteilestriche in der Regel keiner Feuchtebeanspruchung ausgesetzt sein dürfen, ist auf erdberührten Bodenplatten immer eine Abdichtung gegen aufsteigende Feuchtigkeit gemäß DIN 18 195 einzuplanen. Bei Gefahr von unterseitiger Dampfdiffusion oder nachstoßender Restfeuchte aus noch junger Rohbetondecke muss eine Dampfbremse (z. B. PVC-Folie 0,5 mm dick oder zwei Lagen, jeweils 0,2 mm dick) aufgebracht werden. Die Stöße sind zu verschweißen oder mind. 30 mm zu überlappen. An den Wänden und anderen die Estrichschicht durchdringenden Bauteilen, ist die Folie bis Oberfläche-Fertigfußboden (OFF) hochzuziehen, so dass auch die Plattenränder geschützt sind. Bei ungefährdeten Geschossdecken reicht es, wenn auf die Massivdecke eine 0,2 mm dicke PE-Folie verlegt wird.

  Befinden sich unter einer Geschossdecke jedoch Heizrohre, Heizkeller, Sauna oder Schwimmbad und raumseitig stark diffusionsbremsende Nutzschichten, so ist auf die Betondecke eine wirksame Dampfsperre gemäß Abschn. 11.3.2, Tauwasserbildung in Fußbodenkonstruktionen, aufzubringen.

- **Feuchteschutz bei Holzbalkendecken**. Besondere Vorsicht ist bei Holzbalkendecken geboten, die über Räumlichkeiten mit ständig hoher, relativer Luftfeuchte liegen (z. B. Bäder, Heizräume, Waschküchen). In diesen Fällen ergibt sich ein Dampfdiffusionsstrom (Wasserdampf-Wanderung) von unten nach oben durch das trennende Bauteil hindurch.

  Wird dieser natürliche Dampfdruckausgleich unterbunden, in dem auf Holzbalkendecken oder Holzdielenböden stark dampfbremsende Bodenbeläge (z. B. PVC-Bahnenware) aufgebracht oder innerhalb der Holzdeckenkonstruktionen dampfsperrende Schichten (z. B. PE-Folie) eingebaut werden, kann es an den Belag- bzw. Folienunterseiten zu Kondensat mit hoher Feuchteanreicherung kommen. Diese Feuchte würde zur Pilzbildung führen und das darunter liegende Holzwerk im Laufe der Zeit zerstören.

  Um Schäden dieser Art am Holzwerk zu vermeiden, sind möglichst **diffusionsfähige** Materialien einzubauen (z. B. Bitumenpapier oder Kraftpapier als Rieselschutz, dampfdurchlässiger Bodenbelag); außerdem ist für eine ausreichende Hinterlüftung der Holzbalken-Deckenkonstruktion zu sorgen.

  Falls jedoch ungünstige Luftfeuchtigkeitsverhältnisse in den darunter liegenden Räumen herrschen, sind die Holzbalkendecken auf ihrer Unterseite vor eindiffundierender Feuchte zu schützen und alle Anschlüsse möglichst dicht auszubilden. Dies kann beispielsweise durch dampfdichte Beschichtungen (Anstriche) der Deckenbekleidungsflächen sowie durch den Einbau diffusionsbremsender Folien oder aluminiumkaschierter Deckenplatten im Unterdeckenbereich erfolgen.

Schallschutz. Anforderungen an die Luft- und Trittschalldämmung von Decken sind je nach Gebäudeart und Nutzung in Tabelle **11**.14 aufgezeigt. Auch mit schwimmend verlegten Fertigteilestrichen lassen sich schallschutztechnische Verbesserungen auf Massivdecken und Holzbalkendecken erzielen. Zu beachten ist jedoch, dass sich schwimmende Trockenestriche auf Holzbalkendecken schallschutzmäßig anders verhalten als auf massiven Betondecken.

Einzelheiten über den Schallschutz von Massivdecken und Holzbalkendecken – unter besonderer Berücksichtigung von Fertigteilestrichen – sind in Abschnitt 11.3.3 ausführlich dargelegt, so dass sich eine nochmalige Besprechung an dieser Stelle erübrigt.

Brandschutz. Bei raumabschließenden Geschossdecken kann die entsprechende Feuerwiderstandsklasse bei Brandbeanspruchung von oben durch geeignete, vorzugsweise nichtbrennbare Fertigteilestriche relativ problemlos erreicht werden. Geprüfte Konstruktionen auf klassifizierten Rohdecken mit einer Feuerwiderstandsklasse bis zu F90 oder sogar F120 sind möglich. Verwendet werden vor allem Trockenestriche aus Gipskarton-, Gipsfaser- und Calciumsilikatplatten sowie aus rein mineralischen, zementgebundenen Plattenwerkstoffen. Die Prüfzeugnisse und Verlegehinweise der Hersteller sind genauestens zu beachten. Vgl. hierzu auch Abschn. 14.2.3, Brandschutz mit leichten Unterdecken.

Wärmeschutz. Der Wärmeschutz und die Energie-Einsparung im Hochbau umfassen alle Maßnahmen, die zur Verringerung der Wärmeübertragung durch die Umfassungsflächen eines Gebäudes und durch die Trennflächen von Räumen mit unterschiedlichen Temperaturen führen.

Bei der Dämmung von Böden und Decken muss grundsätzlich zwischen Wärme- und Schallschutz-Maßnahmen unterschieden werden. Wie die Bilder **11**.23 und **11**.25 sowie Tabelle **11**.24 verdeutlichen, ergeben sich daraus – abhängig von der jeweiligen Lage der Decke im Gebäude – unterschiedliche wärme- und/oder schallschutztechnische Anforderungen.

Die wichtigsten bauteilbezogenen Ausführungsbeispiele wärmegedämmter Böden und Decken – unter besonderer Berücksichtigung von Fertigteilestrichen – sind in Abschn. 11.3.4 dargestellt und erläutert. Dämmstoffe für die Wärmedämmung von Fußbodenkonstruktionen sind in Abschn. 11.3.5 beschrieben.

11.3.7.3 Tragender Untergrund

Für die Verlegung von Fertigteilestrichen muss der Untergrund tragfähig und ausreichend trocken sein sowie eine ebene Oberfläche aufweisen. Die zu beachtenden Ebenheitstoleranzen sind in Tabelle **11**.2 aufgezeigt.

- **Massivdecke.** Geringfügige Unebenheiten von Massivdecken-Oberflächen (0 bis 10 mm) werden in der Regel mit selbstnivellierendem Fließspachtel egalisiert. Die Verarbeitungshinweise der Anbieter – insbesondere bezüglich der einzuhaltenden Trockenzeiten – sind zu beachten. Größere Höhendifferenzen, punktförmige Erhebungen oder Rohrleitungen müssen mit druckfesten Materialien (z. B. verdichtete Schüttungen oder Dämmstoffplatten des Typs WD) ausgeglichen werden, so dass darauf eine Lage Trittschalldämmplatten vollflächig verlegt werden kann. S. hierzu auch Abschn. 11.3.6.6, Rohrleitungen auf Rohdecken.
- **Holzbalkendecke.** Vor der Verlegung von Trockenestrich-Elementen auf eine Holzbalkendecke muss diese auf ihren konstruktiven Zustand hin überprüft und gegebenenfalls ausgebessert werden. In Altbauten muss diese Bestandsaufnahme die gesamte Deckenkonstruktion – Holzbalken, Einschub, Dielenboden, Putzträgerdecke – umfassen. Fertigteilestriche können auf Holzbalkendecken vollflächig schwimmend (z. B. auf Schüttung mit unterlegter, diffusionsoffener Rieselschutzbahn) oder auf Lagerhölzern mit Dämmstoffstreifen verlegt werden.

11.3.7.4 Schüttungen

Schüttungen eignen sich zum Ausgleich unterschiedlicher Fußbodenhöhen und von Bodenunebenheiten; in gewissem Umfang verbessern sie auch die Wärme- und Trittschalldämmung sowie den Brandschutz (nichtbrennbares Material) der Gesamtdecke.

Der Markt bietet eine Vielzahl von Schüttungen mit den unterschiedlichsten Eigenschaften an. In der Regel sind die Ausgangsmaterialien mineralischen Ursprungs. Die aufbereiteten Rohstoffe wie Ton, Vulkangestein (Perlit), Vermiculit oder andere Materialien werden z. T. über 1000 °C erhitzt, blähen sich dabei auf das Vielfache ihres ursprünglichen Volumens auf und kommen dann in Form von Granulat als Blähton-, Perlite-, Blähschiefer-, Blähglas-Schüttungen in den Handel.

Man unterscheidet lose Schüttungen, gebundene Schüttungen und in Form gefasste Schüttungen.

- **Lose Schüttungen.** Bei losen, nicht gebundenen Schüttungen ist das Granulat meist mit Bitumen, Naturharz oder Gips ummantelt. Dadurch lässt sich das Material zu einer homogenen, tragfähigen Schicht verdichten.

  Das auf dem tragenden Untergrund aufgebrachte Schüttgut wird zunächst über höhenjustierte Lehren abgezogen, darauf werden 8 bis 10 mm dicke Abdeckplatten (z. B. Holzfaserdämmplatten) aufgelegt. Durch anschließendes Begehen der Abdeckung verdichtet sich die Schüttung und es kommt zu einer Kornverklebung, bei manchen Schüttgutarten auch zu einer Kornverzahnung.

  Ab einer Schütthöhe von ungefähr 60 mm muss in der Regel mechanisch verdichtet werden (Flächenrüttler). Für die Verdichtung ist eine Überhöhung von etwa 10 %

zu berücksichtigen. Rohrleitungen können in das Schüttgut eingebettet werden, ihre Mindest-Überdeckung muss 10 mm betragen. Vgl. hierzu auch Abschn. 11.3.6.6, Rohrleitungen auf Rohdecken.

Auf den derart vorbereiteten Verlegeuntergrund wird dann die lastverteilende Trockenestrichschicht – meist in Form von vorgefertigten Verbundelementen mit rückseitig aufkaschierter Dämmschicht – aufgelegt und die Plattenstösse je nach Produkt verklebt und verschraubt oder geklammert. Um Schallbrücken zu vermeiden, sind vor der Elementverlegung an allen aufgehenden Bauteilen Randdämmstreifen anzubringen. Weitere Einzelheiten hierzu sind der Spezialliteratur [49], [56] zu entnehmen.

- **Gebundene Schüttungen**. Bei diesen Neuentwicklungen wird das Schüttgut mit Hilfe von aushärtenden Systemkomponenten (z. B. Blähglasgranulat mit Epoxidharz-Bindemittel) gebunden, so dass sich daraus ein nach wenigen Stunden begehbarer, formstabiler Verlegeuntergrund ergibt. Das Material wird wie eine herkömmliche Trockenschüttung auf den tragenden Untergrund aufgebracht, mit einer Lehre in der gewünschten Höhe abgezogen und anschließend leicht verdichtet. Die ausgehärtete Oberfläche ist bereits nach wenigen Stunden begehbar und belegbar.
- **In Form gefasste Schüttungen**. Biegeweiche Beschwerungen mit möglichst hoher flächenbezogener Masse erhöhen die Trittschalldämmung leichter Holzdecken wesentlich. In der Baupraxis haben sich neben Betonplatten vor allem Sandschüttungen in Pappwaben und abgefasste Sandmatten bewährt. Einzelheiten hierzu s. Abschn. 11.3.3.2, Rohdecken mit oberseitiger Deckenauflage sowie Bild **11**.20.

11.3.7.5 Lastverteilende Schicht

11

Plattenwerkstoffe. Basis aller Trockenestrichplatten sind die Grundwerkstoffe Holz, Gips und Zement sowie gegebenenfalls PS-Hartschaum. Damit die Platten belastbar sind, werden sie mit Fasern armiert oder durch beidseitig aufgebrachte Glasgittergewebe oder Kartonummantelung verstärkt. Durch veränderte Kombinationen der Grundstoffe mit verschiedenartigen Armierungen wurden in den letzten Jahren zahlreiche Neuentwicklungen möglich. Alle Trockenestrichplatten werden auch als Verbundelemente mit unterseitig aufkaschierter Trittschall- und/oder Wärmedämmschicht angeboten.

Neben ihren technischen Eigenschaften – auf die in den nachfolgenden Abschnitten im einzelnen eingegangen wird – unterscheiden sich die Platten vor allem im Preis. Den teuren Platten aus Zement und Hartschaum stehen die preiswerten Gipskarton- und Gipsfaserplatten gegenüber.

- **Tragverhalten**. Die Qualität eines Fertigteilestriches wird weitgehend von der Festigkeit der lastverteilenden Schicht bestimmt. Diese wird durch Verkleben der Nut- und Federprofile oder Stufenfalzverbindungen oder durch vollflächiges Verkleben zweilagig übereinander angeordneter Einzelplatten erreicht. Alle Verbindungen werden zusätzlich noch verschraubt oder geklammert.
  Besondere Aufmerksamkeit ist der Stoßausbildung zu schenken, da unsauber profilierte und fehlerhaft verklebte, gelenkig wirkende Plattenstösse (z. B. bei Holzwerkstoffplatten) auf elastischen Trittschalldämmplatten nachgeben und die Hauptursache fehlerhafter Konstruktionen sind.
- **Verkehrslasten**. Trockenunterbodenkonstruktionen sind in der Regel für Verkehrslasten bis 1,5 kN/m² (Wohnungsbau) geeignet. Dabei ist zu unterscheiden zwischen Verkehrslasten in der Mitte eines Raumes und höheren Punktlasten in den Randbereichen – verursacht durch Auflasten über Schrankfüße, Bücherregale usw. – die häufig Ursache von Reklamationen sind.
  Zwischenzeitlich werden von den Systemherstellern geprüfte Konstruktionen mit zulässigen Verkehrslasten bis zu 3,5 kN/m² angeboten. In diesen Fällen müssen die dicker gewählten Lastverteilungsschichten mit hoher Druck- und Biegefestigkeit sowie die dynamische Steifigkeit der höher verdichteten Trittschalldämmplatten nach Vorgabe der Anbieter sorgfältig aufeinander abgestimmt sein. Leichte Trennwände werden in der Regel auf die Rohdecke aufgesetzt.

11.3.7.6 Fertigteilestriche aus Holzwerkstoffplatten

Spanplatten sind plattenförmige Holzwerkstoffe, die aus einem Gemisch aus Holzspänen und/oder anderen holzartigen Faserstoffen sowie Bindemitteln durch Verpressen unter Hitzeeinwirkung hergestellt werden.

Nach der Lage der Späne unterscheidet man Flachpressplatten und Strangpressplatten (nur noch von untergeordneter Bedeutung); der Plattenaufbau kann ein- oder mehrschichtig sein. Durch gezielte Anordnung der einzelnen Holzbestandteile ist die Belastbarkeit der Platten in einer bestimmten Richtung beeinflussbar.

Als Bindemittel kommen härtbare Kunstharze unterschiedlicher Art oder mineralische Stoffe, wie Zement oder Gips, zum Einsatz. Durch entsprechende Zusätze kann das Feuchte- und Brandverhalten sowie die Resistenz gegen Schädlinge beeinflusst werden. Von der Art dieser Bestandteile werden die jeweiligen Eigenschaften der Spanplatten bestimmt. Demnach unterscheidet man

- kunstharzgebundene Spanplatten,
- mineralisch gebundene Spanplatten.

1. Kunstharzgebundene Spanplatten (Flachpressplatten)

Flachpressplatten werden durch Verpressen von relativ kleinen Holzspänen mit Klebstoffen (härtbare Kunstharze) hergestellt, wobei die Späne vorzugsweise parallel zur Plattenebene liegen. In der Regel sind sie mehrschichtig oder mit stetigem Übergang in der Struktur ausgebildet.

- **Holzwerkstoffklassen**. In Abhängigkeit von der Feuchteresistenz des verwendeten Klebstoffes werden die Spanplatten mit Bezug auf die Anwendungsbereiche in drei Holzwerkstoffklassen – 20-100-100G – unterteilt. Es ist zu beachten, dass sich die angenommene Feuchteresistenz nur auf die Art der Verklebung, nicht aber auf die gesamte Platte bezieht. Demnach darf selbst der Plattentyp 100G – dem ein Holzschutzmittel gegen holzzerstörende Pilze beigemischt ist – keiner übermäßigen Feuchtebeanspruchung ausgesetzt werden, da die Platte durch zu große Formänderungen funktionsuntüchtig werden kann. Anforderungen an Spanplatten zur Verwendung im Feuchtbereich sind in DIN EN 312-5 festgelegt.

Zur Herstellung von Fertigteilestrichen werden in der Regel Flachpressplatten der Holzwerkstoffklasse 100 verwendet und nur in Sonderfällen Platten des Typs 100G. Die Verlegeplatten weisen an den Rändern ein ringsumlaufendes Nut- und Federprofil auf. Diese passgenaue Verbindung ergibt zusammen mit dem Verkleben und Verschrauben die notwendige Stabilität der Estrichscheibe und zugleich oberflächenbündige Plattenstösse. Die Klebungen müssen den in Tabelle 1 der DIN EN 204 beschriebenen Beanspruchungsgruppen (Klebefestigkeit) entsprechen.

Hinsichtlich ihres Brandverhaltens werden kunstharzgebundene Spanplatten der Baustoffklasse B2 (normalentflammbar) zugeordnet; durch Zusatz von Feuerschutzmitteln bei der Herstellung – die boratfrei sein sollten – lassen sich auch Platten der Baustoffklasse B1 (schwerentflammbar) nach DIN 4102 erzielen.

Spanplatten müssen bei Auslieferung aus dem Herstellerwerk die allgemeinen Anforderungen erfüllen, die in Tabelle 1 der DIN EN 312-1 aufgeführt sind. Diese Anforderungen gelten für alle Typen unbeschichteter Spanplatten (DIN EN 312-2 bis -7 als teilweiser Ersatz für DIN 68 761 und DIN 68 763).

Regelabmessungen – Spanplatten (Flachpressplatten). Standard-Plattenformate (mm): 925 x 2050 – 615 x 2050. Plattendicke: 10 – 13 – 16 – 19 – 22 – 25 – 28 – 38.

Formaldehydkonzentration. Je nach Plattentyp werden Spanplatten mit Kunstharzen unterschiedlicher Art verleimt. Ein Teil dieser Kunstharze enthält mehr oder weniger Formaldehyd, das überwiegend fest eingebunden ist, teilweise aber auch noch jahrelang aus den Platten entweicht. Da Formaldehyd im Verdacht steht, Krebs zu erzeugen, wurden entsprechende Einschränkungen ausgesprochen.

Zur Begrenzung der Formaldehydkonzentration in der Raumluft von Aufenthaltsräumen wurde die „Richtlinie über die Klassifizierung und Überwachung von Holzwerkstoffplatten bezüglich der Formaldehydabgabe" (Fassung 1994) – die sog. **DIBt-Richtlinie 100** – erlassen (Herausgegeben vom Deutschen Institut für Bautechnik, Berlin).

Nach dieser Richtlinie dürfen nur noch Holzwerkstoffe der **Emissionsklasse E1** verwendet werden. Dies bedeutet, dass nur noch Platten in den Verkehr gebracht werden dürfen, bei denen die durch den Holzwerkstoff verursachte Ausgleichkonzentration des Formaldehyds in der Luft eines vorgeschriebenen Prüfraumes 0,1 ml/m^3 (ppm) nicht überschreitet. Nach [57] wird dieser Grenzwert bei den zur Zeit verwendeten Holzwerkstoffen immer deutlich unterschritten.

- **OSB-Flachpressplatten** (Oriented Strand Boards) sind Spanplatten aus großflächigen meist parallel zur Plattenoberfläche liegenden Langspänen, sogenannten „Stands" (im Mittel etwa 0,6 mm dick, 75 mm lang und 35 mm breit). Bei dreischichtigem Aufbau verlaufen die Späne der beiden Deckschichten längs und die Mittelschichtspäne quer zur Fertigungsrichtung. Dadurch ist die Biegefestigkeit in der Längsrichtung der Platten deutlich höher als in der Querrichtung.

  Die OSB-Platten dürfen für alle Ausführungen eingesetzt werden, bei denen die Verwendung von Holzwerkstoffen der Holzwerkstoffklassen 20 und 100 nach DIN 68 800-2 in den technischen bauaufsichtlich eingeführten Baubestimmungen erlaubt ist.

  Aufgrund des dekorativen Erscheinungsbildes der Plattenoberfläche werden sie – meist transparent beschichtet – im gesamten Möbel- und Innenausbau, vor allem auch als direkt begehbare Fußbodenplatten, eingesetzt. Weitere Einzelheiten sind der Spezialliteratur [57] zu entnehmen.

  Regelabmessungen – OSB-Spanplatten (Flachpressplatten). Standard-Plattenformate (mm): 5000 x 2500 – 5000/2500 x 1250. Plattendicke: 8 – 10 – 12 – 15 – 18 – 22 – 25 – 30.

2. Mineralisch gebundene Spanplatten (Flachpressplatten)

Bei der Herstellung von mineralisch gebundenen Spanplatten werden Zement oder Gips als Binde-

11

mittel verwendet, die Holzspäne dienen als Armierung. Aufgrund dieser Zusammensetzung ist bei diesen Holzwerkstoffen mit keiner Formaldehyd-Emission zu rechnen, außerdem enthalten sie keine Asbestfasern, Holzschutzmittel und fungiziden Zusätze.

- **Zementgebundene Flachpressplatten** bestehen aus Holzspänen und Portlandzement. Ihre Eigenschaften lassen sich durch den jeweiligen Bindemittel- bzw. Holzspananteil variieren, so dass sie je nach Zusammensetzung unterschiedliche Biegefestigkeit- und Brandschutzeigenschaften aufweisen. Dementsprechend werden sie auch entweder der Baustoffklasse B1 (schwerentflammbar) oder Baustoffklasse A2 (nichtbrennbar) nach DIN 4102 zugeordnet.

  Zementgebundene Spanplatten sind deutlich schwerer als kunstharzgebundene Flachpressplatten, lassen sich aber wie diese verarbeiten (Bodenplatten mit Nut- und Federprofil). Außerdem sind sie frostbeständig und resistent gegen Pilz- und Schädlingsbefall. Die Platten können im Anwendungsbereich aller Holzwerkstoffklassen – 20 – 100 – 100G – eingesetzt werden.

  Bezüglich des Feuchteverhaltens ist grundsätzlich zu beachten, dass es sich bei den mineralisch gebundenen Spanplatten um Holzwerkstoffe handelt. Geringe feuchtebedingte Schwind- und Quellmaßänderungen müssen daher auch bei dieser Plattenart konstruktiv berücksichtigt werden, – im Gegensatz zu den rein mineralischen Zementwerkstoffplatten, die in Abschn. 11.3.7.8 näher erläutert sind.

  Zementgebundene Spanplatten müssen bei der Auslieferung aus dem Herstellerwerk den allgemeinen Anforderungen der DIN EN 634-1 sowie den in DIN EN 634-2 aufgeführten Eigenschaften entsprechen. Weitere Angaben sind der Spezialliteratur [57] zu entnehmen.

  Regelabmessungen – Zementgebundene Spanplatten (Flachpressplatten). Standard-Plattenformate (mm): 3100 x 1250 – 2600 x 1250. Bodenverlegeplatte: 625 x 1250. Plattendicke: 10 – 12 – 15 – 18 – 22 – 25 – 28 – 32 – 36 – 40.

Ausführungsbeispiele und Verlegehinweise

Allgemeines. Die jeweilige Bauart von Fertigteilestrichen ist immer abhängig von situationsbedingten Nutzungserwartungen, kontruktiven Gegebenheiten, bauphysikalischen Anforderungen und den zu erfüllenden Baubestimmungen.

Für Fertigteilestriche aus Spanplatten bieten sich an:

- Vollflächig schwimmende Verlegung auf Dämmplatten und/oder Trockenschüttung,
- Verlegung auf Lagerhölzern über Massivdecken oder Deckenbalken,
- Verlegung auf vorhandenem Altboden.

Der Feuchtegehalt von Spanplatten beträgt ab Herstellerwerk in der Regel 9 ± 4 %, bezogen auf das Darrgewicht. Da alle Holzwerkstoffe entsprechend der jeweiligen relativen Luftfeuchte gewissen Formänderungen (Schwinden und Quellen) unterliegen, ist es ratsam, die Spanplatten einige Tage am Verlegeort zu lagern, damit sie sich an das Umgebungsklima anpassen können. In der Baupraxis treten immer wieder Schäden auf, weil Spanplatten in baufeuchten, im Winter oftmals nicht beheizten Rohbauten gelagert und in diesem Zustand eingebaut werden.

Bei allen Bauarten und Plattentypen ist auf einen ausreichenden Wandabstand von etwa 15 mm zu achten. Dieser Abstand dient als Bewegungsfuge und gewährleistet eine Hinterlüftung der Plattenunterseite. Die eingestellten mineralischen Randstreifen sind so porös, dass sie die Diffusionsvorgänge nicht behindern. Dicht angeklebte Kunststoffprofile sind daher als Sockelleisten ungeeignet.

Nach dem Verlegen der Spanplatten muss der jeweilige Bodenbelag möglichst umgehend (unverzüglich) darauf aufgebracht werden. Ist dies nicht möglich, so muss der Verlegegrund behelfsmäßig abgedeckt (z. B. mit einer PE-Folie) oder eine Grundierung vollflächig aufgebracht werden, um eine einseitige Austrockung oder Feuchteaufnahme der Plattenoberfläche zu verhindern.

Fertigteilestriche aus Spanplatten sind als Verleguntergrund für bestimmte Bodenbelagarten (z. B. Keramik- und Steinbeläge) nicht unproblematisch und immer mit einem **Risiko** verbunden. Einzelheiten hierzu sind der Spezialliteratur [10], [58] sowie Abschn. 11.4.7.6 zu entnehmen.

• Vollflächig schwimmende Verlegung auf Dämmplatten und/oder Schüttung

Unter vollflächig schwimmender Verlegung versteht man das lose Auflegen fugenverleimter Verlegeplatten (Flachpressplatten 100) auf weichfedernde Unterlage, ohne feste Verbindung mit dem tragenden Untergrund, den aufgehenden Bauteilen oder sonstigen Deckendurchdringungen.

Bild 11.49. Nach dem Verlegen einer PE-Folie (Massivdecke) oder diffusionsoffenen Rieselschutzbahn (Holzbalkendecke), der Randstreifen und Trittschall-Dämmplatten

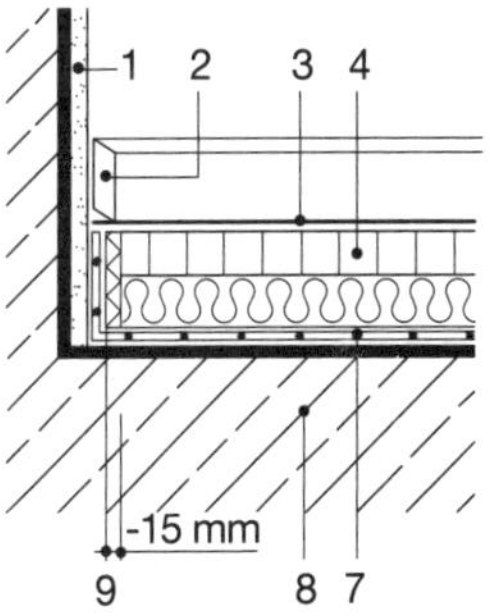

11.49a

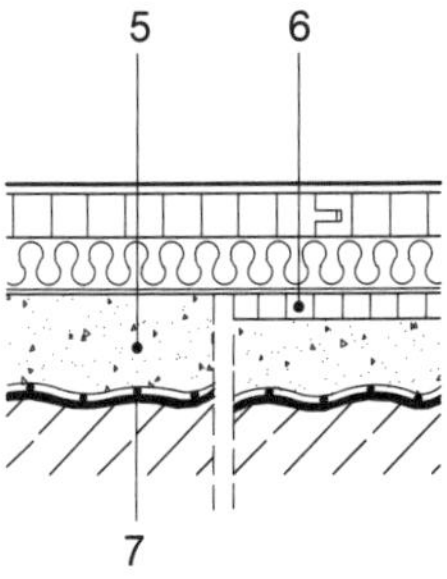

11.49b

11.49 Konstruktionsbeispiele: Fertigteilestrich aus Spanplatten (Flachpressplatten) vollflächig schwimmend verlegt
a) Verbundelemente auf ebener Massivdecke
b) Verbundelemente auf Schüttung und unebener Massivdecke
1 Mauerwerk mit Wandputz
2 Holzsockelleiste mit Lüftungsschlitzen
3 Bodenbelag
4 Spanplatte (Holzwerkstoffklasse 100) mit Trittschalldämmstoff (z. B. Mineralfaserplatten 22/20 oder 32/30 mm)
5 Schüttung (z. B. Bituperl)
6 Abdeckplatten (z. B. 8 mm dicke Holzfaserplatten)
7 PE-Folie (z. B. 0,2 mm)
8 Rohbetondecken (eben – uneben)
9 Randstreifen (mind. 15 mm dick)

– gegebenenfalls in Verbindung mit einer Schüttung – werden darüber die mit Nut- und Federprofil versehenen Spanplatten im Verband (versetzte Stösse, keine Kreuzfugen) angeordnet und zu einer kompakten Estrichscheibe verklebt. Der erforderliche Pressdruck wird durch Verkeilen in der Randzone, zwischen Plattenkanten und Wandlfächen, erzeugt. Nach dem Erhärten des Klebers sind die Keile wieder zu entfernen.

Die Mindestdicke der Spanplatten beträgt bei normaler Belastung 22 mm. Bei höheren Verkehrs- und Punktlasten ist die Estrichscheibe nach Herstellerangabe aufzudoppeln. Vom Handel werden auch verlegefertige Verbundelemente – in Form von Spanplatten mit unterseitig aufgeklebten Dämmplatten – angeboten und vorzugsweise eingebaut.

• Verlegung auf Lagerhölzern über Massivdecken oder Deckenbalken

Der Achsabstand der Lagerhölzer richtet sich nach der zu erwartenden Belastung (Verkehrslast), Art und Größe der Verlegeplatten, der Plattendicke und zulässigen Durchbiegung sowie dem gewählten statischen System. Dabei unterscheidet man

- Einfeldplatten, nur auf 2 Lagerhölzern aufliegend,
- Mehrfeldplatten, auf mind. 3 Lagerhölzern aufliegend.

Die jeweils zulässigen, maximalen Stützweiten von Mitte bis Mitte Kantholzauflager sind DIN 68 771, Tabelle 1, zu entnehmen. Danach beträgt beispielsweise der Achsabstand der Lagerhölzer bei Mehrfeldplatten und einer angenommenen Verkehrslast im Wohnbereich von 2 kN/m^2

- bei 19 mm Plattendicke = 62 cm,
- bei 22 mm Plattendicke = 68 cm,
- bei 25 mm Plattendicke = 78 cm.

In diesem Zusammenhang wird auch auf die E DIN EN 12 869-1 und -2, Tragende Unterböden auf Lagerhölzern mit Abdeckung aus Holzwerkstoffen, verwiesen.

Bild 11.50. Bei ebener Massivdecke wird zunächst eine PE-Folie vollflächig ausgelegt, an den aufgehenden Bauteilen hochgezogen und zusammen mit den Randstreifen gegen Abrutschen gesichert. Bei Holzbalkendecken ist bei Bedarf eine diffusionsoffene Rieselschutzbahn vorzusehen.

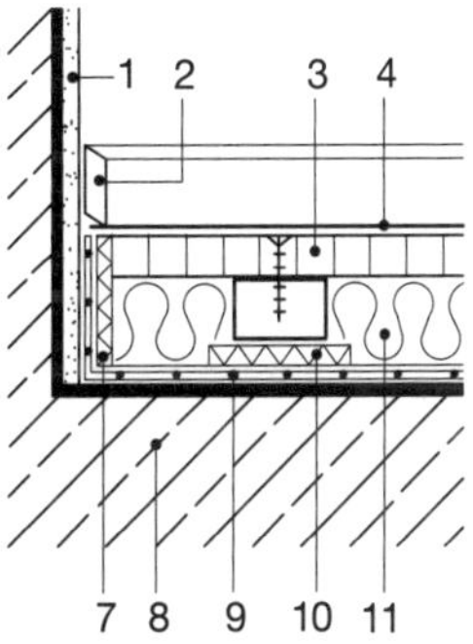

11.50a

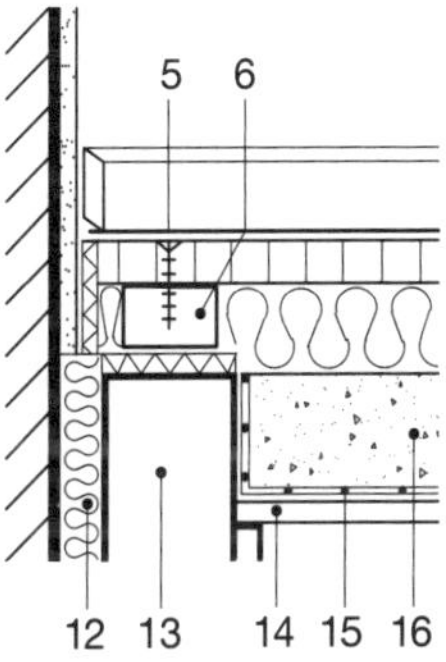

11.50b

11.50 Konstruktionsbeispiele: Fertigteilestrich aus Spanplatten (Flachpressplatten) auf Lagerhölzern schwimmend verlegt
a) Lagerhölzer auf einer Massivdecke
b) Lagerhölzer auf einer Holzbalkendecke
1 Mauerwerk mit Wandputz
2 Holzsockelleiste mit Lüftungsschlitzen
3 Spanplatte (Holzwerkstoffklasse 100)
4 Bodenbelag
5 Schraube, versenkt
6 Lagerhölzer (z. B. 40 x 60 mm)
7 Randstreifen (mind. 15 mm dick)
8 Massivdecke, eben abgezogen
9 PE-Folie (z. B. 0,2 mm)
10 Mineralfaser-Trittschall-Dämmstoffstreifen (10 mm dick)
11 Mineralwolle-Hohlraumdämpfung
12 Mineralwolle – zwischen Wand und Streichbalken
13 Holzdeckenbalken
14 Einschub (auch Stakung genannt)
15 Rieselschutzbahn (z. B. Bitumenpapier, dampfdurchlässig)
16 Füllung (je nach Bedarf)

Nach Beiblatt 1 zu DIN 4109, Tabelle 17, sind die Lagerhölzer zur Verbesserung des Trittschallschutzes in ihrer gesamten Länge vollflächig auf mind. 100 mm breite, in eingebautem Zustand mind. 10 mm dicke, lose aufgelegte Mineralfaserdämmstreifen zu legen. Die Zwischenräume – zwischen den Lagerhölzern – können zur Hohlraumdämpfung mit Mineralwolle ausgefüllt werden.

Die mit Nut- und Federprofil versehenen Spanplatten werden quer zu den Auflagern im Verband verlegt (Kreuzfugen vermeiden, Plattenstösse immer auf Lagerhölzern anordnen), in den Falzen verklebt und in Abständen von etwa 30 cm mit den Lagerhölzern verschraubt. Um Schallbrücken bei Holzbalkendecken zu vermeiden, ist darauf zu achten, dass keinesfalls die Lagerhölzer durch den Dämmstoffstreifen hindurch mit den Deckenbalken verschraubt werden.

- **Verlegung auf vorhandenem Holzdielenboden (Altboden)**

Im Zuge der Altbausanierung werden häufig Fertigteilestriche aus Spanplatten auf unebene, ausgetretene Holzdielenböden und auf Holzbalkendecken, die sich ungleichmäßig gesenkt haben, aufgebracht. Vor dem Verlegen neuer Plattenlagen auf Altböden ist immer zu prüfen

- wie die statischen und verlegetechnischen Gegebenheiten (z. B. Tragfähigkeit der Deckenbalken und Balkenköpfe, Zustand der alten Holzdielen) einzuschätzen und ggf. zu verbessern sind,
- wie sich die Feuchtigkeitsverhältnisse (z. B. Bodenfeuchtigkeit, Wasserdampfdiffusion) unter den Altböden darstellen, evtl. vorhandene Unzulänglichkeiten beheben lassen und wie sich durch die Auflage weiterer, beispielsweise dampfdichter Bodenbeläge, die bauphysikalischen Vorgänge insgesamt zukünftig entwickeln werden,
- wie der vorhandene Schall-, Wärme- und Brandschutz zu bewerten und im Hinblick auf die gestiegenen Anforderungen verbessert werden kann.

Zunächst ist zu klären, wie sich die oben erwähnten Feuchtigkeitsverhältnisse tatsächlich darstellen. Handelt es sich beispielweise um Räume, die nicht unterkellert sind, so muss bei Altbauten in der Regel mit aufsteigender Feuchtigkeit aus Erdreich, Kellergewölbe, ungenügend belüftetem Kriechkeller o. Ä. gerechnet werden. Auch bei Geschossdecken ist über Stallungen, Waschküchen, Heizkellern o. Ä. mit aufsteigender Luftfeuchtigkeit bzw. Dampfdiffusion zu rechnen, sofern die Deckenunterseite nicht entsprechend abgedichtet bzw. abgesperrt ist.

Werden nun derart gefährdete Holzböden mit neuen Unterbodenplatten und Bodenbelägen belegt (z. B. dampfbremsende PE-Folien, dampfdichte Klebstoffe oder PVC-Beläge), so kann die Feuchte nicht mehr wie vorher durch die Dielenfugen, Randzonen o. Ä. nach oben entweichen, sondern verbleibt im Deckenhohlraum und bringt Holzbalken und Dielenboden langsam zum Faulen. Alte Holzböden dürfen deshalb nur dann mit neuen (dampfdichten) Bodenbelägen versehen werden, wenn gewährleistet ist, dass die Räume entweder unterkellert und/oder die Decken gegen aufsteigende Feuchtigkeit bzw. Dampfdiffusion sorgfältig abgedichtet bzw. abgesperrt sind und eine funktionsfähige Luftzirkulation unter den alten Holzdielen mit der Raumluft (Hohlraumentlüftung) gegeben ist.

Bild 11.51. Will man über einem alten Dielenboden lediglich einen neuen biegesteifen Fertigteilestrich einbringen – ohne Verbesserung des vorgegebenen Schall- und Wärmeschutzes – so müssen der Zustand der Deckenbalken und die Qualität der Deckenfüllung überprüft, schadhafte Dielen ausgewechselt bzw. lose fest verschraubt werden. Darauf können unmittelbar die profilierten Spanplatten, im Regelfall 13 mm dick, aufgeschraubt werden. Bei höheren Anforderungen an den Schall- und Wärmeschutz und zum Höhenausgleich stark ausgetretener Dielenböden wird – wie zuvor beschrieben – eine vollflächig schwimmende Verlegung auf Trittschalldämmplatten mit Ausgleichschüttung erforderlich. Vgl. hierzu auch Abschn. 11.3.6.6, Rohrleitungen auf Rohdecken.

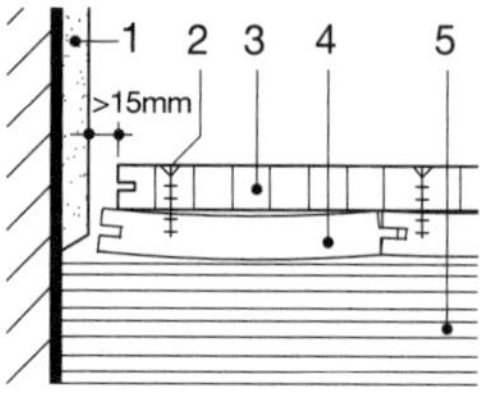

11.51a

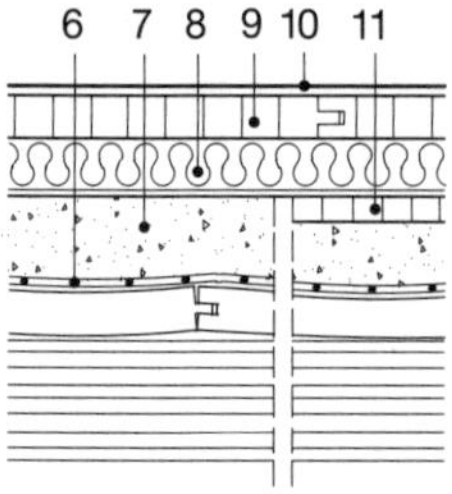

11.51b

11.51 Konstruktionsbeispiele: Fertigteilestrich aus Spanplatten (Flachpressplatten) auf vorhandenem Altboden verlegt
a) Spanplatten auf altem Holzdielenboden (ohne Verbesserung des Trittschallschutzes)
b) vollflächig schwimmende Verlegung auf Altboden, Schüttung und Trittschalldämmplatten
1 Mauerwerk mit Wandputz
2 Schraube versenkt
3 Spanplatte (Holzwerkstoffklasse 100)
4 alter Holzdielenboden
5 Holzdeckenbalken
6 Rieselschutzbahn (z. B. Bitumenpapier, dampfdurchlässig)
7 Schüttung (z. B. Bituperl)
8 Mineralfaser-Trittschalldämmplatten
9 Spanplatte (Holzwerkstoffklasse 100)
10 Bodenbelag
11 Abdeckplatten (z. B. 8 mm dicke Holzfaserplatten)

11.3.7.7 Fertigteilestriche aus Gipswerkstoffplatten

Gipsplatten sind plattenförmige Werkstoffe, die aus Naturgips (Gipsstein) oder technischen Gipsen (Nebenprodukte chemischer und industrieller Prozesse) für verschiedene Verwendungszwecke in unterschiedlicher Ausführung industriell gefertigt werden. Damit die Platten belastbar sind, wird der Gipskern entweder mit Karton ummantelt oder mit Fasern armiert. Durch entsprechende Zusätze kann das Feuchteverhalten (verzögerte Wasser- bzw. Wasserdampfaufnahme) und Brandverhalten (Glasfaserarmierung) beeinflusst werden. Nach Material und Plattenaufbau unterscheidet man:

- **Gipskartonplatten** (GK) bestehen aus einem Gipskern, der einschließlich der Längskanten mit einem festhaftenden Karton ummantelt ist. Aus dem Verbund zwischen Gipskern und Karton – der als Bewehrung der Zugzone wirkt – ergibt sich die erforderliche Festigkeit und Biegesteifigkeit der Platten.

  Gipskartonplatten unterliegen nur sehr geringen Formveränderungen (Schwinden und Quellen) bei kurzzeitiger Feuchteeinwirkung. Sie dürfen jedoch keiner länger anhaltenden oder dauernd hohen Feuchtebeanspruchung ausgesetzt sein, da dadurch die mechanische Eigenschaften der Platten negativ beeinflusst oder gar ihre Gefüge zerstört wird. Imprägnierte Gipskartonplatten (GKBI und GKFI) zögern zwar die Wasser- bzw. Wasserdampfaufnahme hinaus, können sie aber nicht verhindern. In diesem Zusammenhang wird auf die in Abschn. 11.3.2.3 erläuterten Abdichtungsmaßnahmen im Verbund mit keramischen Fliesen und Platten hingewiesen.

  In DIN 18 180 (zukünftig DIN EN 520) sind die allgemeinen Anforderungen an Gipskartonplatten geregelt und die unterschiedlichen Plattentypen im einzelnen erläutert. Eine zusammenfassende Beschreibung der wichtigsten Plattenarten ist Abschn. 14.5.2.1 zu entnehmen, so dass sich eine nochmalige Wiederholung an dieser Stelle erübrigt.

  Gipskartonplatten sind der Baustoffklasse A2 (nichtbrennbar) nach DIN 4102 zuzuordnen.

  Regelabmessungen – Gipskartonplatten. Standard-Plattenformate (mm): Breite 625 oder 1250, Länge 2000 – 4000, Plattendicke: 6 – 8 – 9,5 – 12,5 – 15 – 18 – 20 – 25.

- **Gipsfaserplatten** (GF) bestehen aus Gips und Papierfasern, die in einem Recyclingverfahren gewonnen werden und die als Armierung dienen. Unter Zugabe von Wasser wird die Gipsmasse mit Fasern durchsetzt, die Platten gepresst, getrocknet und anschließend zugeschnitten. Die Faserarmierung verleiht diesem Werkstoff eine in beiden Plattenrichtungen gleich hohe mechanische Stabilität und macht ihn besonders stoßfest.

  Gegenüber der Gipskartonplatte verfügt die Gipsfaserplatte über eine deutlich höhere Druckfestigkeit und größere Oberflächenhärte. Andererseits sind die Zellulosefasern hygroskopisch (wasseranziehend), nehmen dadurch Wasser auf und quellen bei Feuchteeinwirkung. Um dem entgegenzuwirken, erhalten die Platten generell eine werkseitige Grundierung (Hydrophobierung), so dass sie gegebenenfalls auch in Feuchträumen (Feuchtigkeitsbeanspruchungsklasse I) eingesetzt werden können. Zu beachten ist jedoch, dass die Gipsfaserplatte als hygroskopischer Werkstoff einer feuchtebedingten Längenänderung (Schwinden und Quellen) in höherem Maße unterworfen ist, als Gipskartonplatten. Außerdem sind Gipsfaserplatten teurer als Gipskartonplatten.

  Gipsfaserplatten sind nicht genormt, unterliegen jedoch der Eigenüberwachung der Hersteller sowie einer Fremdüberwachung durch amtlich anerkannte Materialprüfanstalten. Nach deren Prüfbescheid sind sie der Baustoffklasse A2 (nichtbrennbar) zuzuordnen, sofern sie nicht mehr als 15 % Faseranteil aufweisen. Bei höherem Faseranteil gelten sie als schwerentflammbar (Baustoffklasse B1)

  Regelabmessungen – Gipsfaserplatten. Standard-Plattenformate (mm): 1245 x 2000 – 1245 x 2500 – 1245 x 2750 – 1245 x 3000. Plattendicke: 10 – 12,5 – 15 – 18.

11

Ausführungsbeispiele und Verlegehinweise

Fertigteilestriche aus Gipsplatten können nur vollflächig schwimmend verlegt werden. Hierfür bieten sich grundsätzlich zwei Konstruktionsarten an:

Einzelplattenverlegung (Bild **11**.52a). Bei dieser Bauart werden vor Ort zwei Lagen Gipsplatten, jeweils 12,5 mm dick, fugenversetzt zueinander verlegt, vollflächig verklebt und verschraubt oder geklammert. Das handliche Plattenformat (z. B. 900 x 1250 mm) ermöglicht einen problemlosen Transport und raschen Einbau durch eine Person.

- **Bild 11.52b**. Nach der erforderlichen Untergrundvorbereitung, dem Auslegen der PE-Folie und der Randstreifen, wird die Dämmschicht bzw. Schüttung eingebracht und die erste Plattenlage mit Kreuzfugen verlegt. Darauf erfolgt der Einbau der zweiten Lage und zwar um eine halbe Platte fugenversetzt zur unteren Lage. Anschließend werden die Platten durch Begehen in den zuvor aufgebrachten Kleber fest eingedrückt, verklammert und die Plattenstösse verspachtelt.

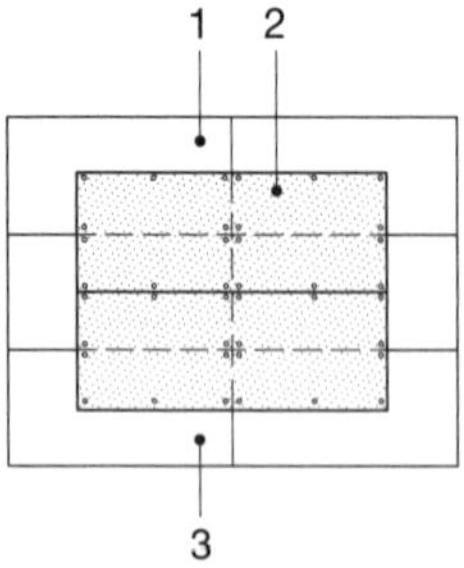

11.52a

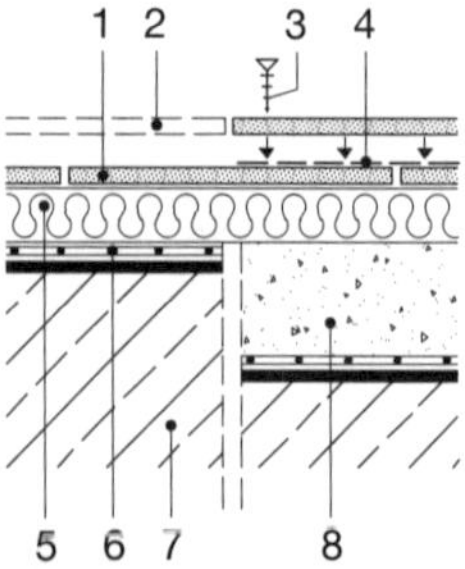

11.52b

11.52 Konstruktionsbeispiele: Fertigteilestrich aus Gipsplatten (Einzelplattenverlegung vor Ort)

a) Einzelplatten, zweilagig fugenversetzt zueinander verlegt, flächig verklebt und verschraubt
b) Einzelplatten, vollflächig schwimmend auf ebener Massivdecke, Schüttung und Trittschalldämmplatten

1 Gipsplatten (1. Lage – 12,5 mm dick)
2 Gipsplatten (2. Lage – 12,5 mm dick)
3 Verschraubung der Platten (Abstand ≤ 300 mm)
4 Kleberauftrag, vollflächig
5 Mineralfaser-Trittschalldämmplatten
6 PE-Folie (z. B. 0,2 mm)
7 Massivdecke, eben abgezogen
8 Schüttung (z. B. Bituperl)

Elementverlegung (Bild **11**.53a). Bei dieser Verlegeart werden zwei oder drei Gipsplatten bereits werkseitig miteinander verklebt und als einbaufertige Verlegeelemente angeboten. Die Ränder sind mit Nut- und Federprofil oder Stufenfalz versehen, so dass die Platten sich passgenau ineinanderschieben und verkleben lassen. Bei den sog. Verbundelementen (DIN 18 164) ist auf der Unterseite eine 20 bis 30 mm dicke Polystyrol- oder Mineralfaser-Dämmschicht aufkaschiert.

- **Bild 11.53 b, c**. Nach der üblichen Untergrundvorbereitung, dem Auslegen der PE-Folie und der Randstreifen, werden die einbaufertigen Verbundelemente mit einem Fugenversatz von 250 bis 300 mm verlegt (Kreuzfugen sind zu vermeiden). Die einzelnen Verlegeelemente bestehen beispielsweise aus drei miteinander verklebten, jeweils 8 mm dicken Gipskartonplatten, oder aus zwei jeweils 12,5 mm dicken Gipsfaserplatten mit 50 mm breitem Stufenfalz. Die Höhe der Verbundelemente beträgt üblicherweise 45 bzw. 55 mm.

  Werden die Elemente im Türbereich stumpf gestoßen, so sind die Stösse mit einem etwa 100 mm breiten Holz- oder Spanplattenstreifen zu unterlegen und alle Teile miteinander zu verkleben und zu verschrauben. Anschlüsse an Hartbeläge sind mit Metall-Winkelschienen zu unterfangen.

  Nach dem Aushärten des Klebers – etwa 4 Stunden nach Abschluss der Verlegearbeiten – ist der Fertigteilestrich begehbar. Wird ein Verlegeelement zu früh belastet, d. h. bevor der Kleber vollständig ausgehärtet ist, reißt der Klebefilm in den Fälzen und die Stoßfugen zeichnen sich später unter Belastung an der Belagoberfläche ab.

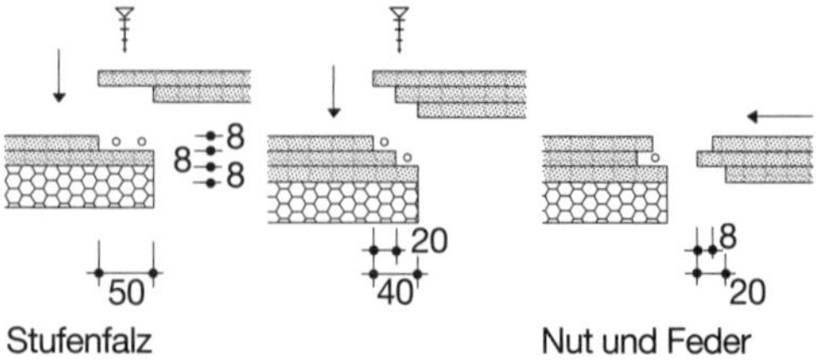

11.53a

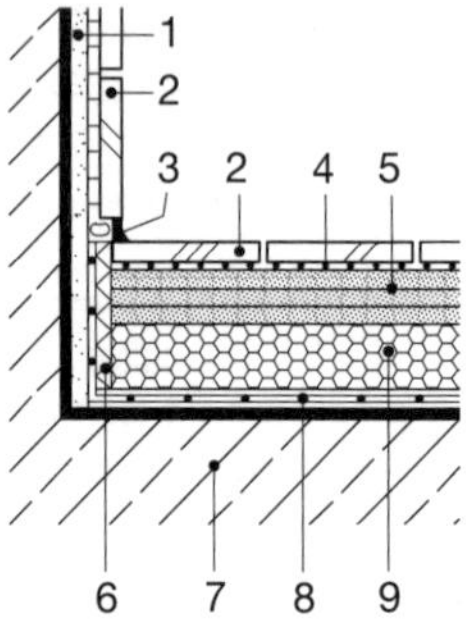

11.53b

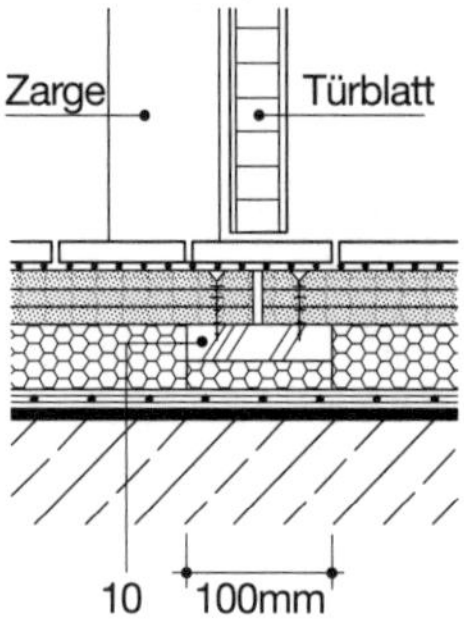

11.53c

11.53 Konstruktionsbeispiele: Fertigteilestrich aus Gipsplatten (Elementverlegung)

a) Plattenstöße von einbaufertigen Verlegeelementen
b) Verbundelemente, vollflächig schwimmend auf ebener Massivdecke
c) Ausführungsbeispiel im Türbereich

1 Mauerwerk mit Wandputz
2 Wand- und Bodenfliesen
3 Randfuge mit Fugenfüllprofil und elastoplastischer Dichtungsmasse
4 Fliesenkleber
5 Fertigteilestrich (Verbundelemente) aus 3 werkseitig miteinander verklebten Gipsplatten, jeweils 8 mm dick
6 Randstreifen (10 mm dick)
7 Massivdecke, eben abgezogen
8 Feuchtigkeitsschutz (z. B. PE-Folie 0,2 mm)
9 Polystyrol-Hartschaumplatten (üblicherweise 20 bis 30 mm dick)
10 Fugenverstärkung aus Spanplattenstreifen (verklebt und verschraubt)

Eine Grundierung des Trockenestrichs schützt die Platten vor Verunreinigungen durch nachfolgende Arbeiten, bindet Staubreste, neutralisiert den Untergrund und sorgt für eine sichere Haftung der Bodenbelagverklebung. Bei dünnen Bodenbelägen oder Rollstuhlbeanspruchung ist auf die Verlegefläche ein 2 bis 5 mm dicker Fließspachtel aufzubringen.

Ist die Verlegung von Gipsplattenelementen in Wohnbädern ohne Bodenablauf mit Duschtasse und/oder Badewanne vorgesehen (Feuchtigkeitsbeanspruchungsklasse I), so bietet sich hierfür die in Abschn. 11.3.2.3 näher erläuterte, alternative Abdichtung im Verbund mit keramischen Belägen an.

Weitere Einzelheiten über Fertigteilestriche aus Gipsplatten und die Verlegung von Bodenbelägen darauf, sind der Spezialliteratur [59], sowie den jeweiligen Herstellerunterlagen [60], [61], [62] zu entnehmen.

11.3.7.8 Fertigteilestriche aus Zementwerkstoffplatten

Zementgebundene Plattenwerkstoffe – auf rein mineralischer Basis – wurden in den letzten Jahren neu entwickelt und als Trockenestrich – Elemente auf dem Markt erfolgreich eingeführt.

Im Gegensatz zu den zementgebundenen Spanplatten (Holzwerkstoffplatten) – bei denen immer feuchtebedingte Schwind- und Quellmaßänderungen zu beachten sind – enthalten diese rein mineralischen Platten keine organischen Bestandteile, die zu Volumenänderungen führen könnten. Dementsprechend sind diese Platten gegen Feuchte- und Wassereinwirkung unempfindlich und bestens geeignet für den Einbau in Nassräumen im Verbund mit keramischen Belägen. Außerdem weisen sie eine hohe Oberflächenfestigkeit auf und sind der Baustoffklasse A2 (nichtbrennbar) nach DIN 4102 zuzuordnen. Alle zementgebundenen Platten werden auch als Verbundelemente mit unterseitig aufkaschierter Dämmschicht angeboten. Nach Material und Plattenaufbau unterscheidet man:

- **Faserarmierte Platten** auf Zementbasis, die einschichtig aufgebaut sind und die ihre Festigkeit durch Glasfasern erhalten, die der Rohmasse zugemischt werden.
- **Gewebeummantelte Platten** auf Zementbasis, die dreischichtig aufgebaut sind und aus einem Kern aus leichteren Zuschlagstoffen bestehen. Die hohe Tragfähigkeit wird durch ein beidseitig eingelegtes Glasgittergewebe erzielt.

Ausführungsbeispiele und Verlegehinweise

Fertigteilestiche aus zementgebundenen Platten können nur vollflächig schwimmend verlegt werden. Hierfür bieten sich zwei Konstruktionsarten an:

Einlagige Verlegung. Bei dieser Bauart werden die einschichtigen, faserarmierten Zementestrich – Elemente über einen 250 mm breiten Stufenfalz mit vorgestanzten Lochungen durch Verkleben und Verschrauben zu einer hochbelastbaren Estrichscheibe zusammengefügt. Diese kann bereits nach 12 Stunden voll belastet werden. Das Plattenformat beträgt 600 x 900 mm, die Plattendicke 22 mm.

Zweilagige Verlegung. Hier besteht jedes Trockenestrich-Element aus zwei versetzt miteinander verbundenen, jeweils 12,5 mm dicken Platten, so dass sich ein 50 mm breiter Stufenfalz ergibt. Diese gewebeummantelten Platten werden bereits werkseitig zu einbaufertigen Verlegeeinheiten verklebt und meist in Form von Verbundelementen mit vorgestanzten Lochungen angeboten.

- **Bild 11.54.** Nach der üblichen Untergrundvorbereitung, dem Auslegen der PE-Folie und der Randstreifen, werden die Elemente fugenversetzt verlegt und an den Rändern verklebt und verschraubt. Die Plattenfugen und Schraubenköpfe sind zu verspachteln. Bei dünnen Bodenbelägen (z. B. PVC- oder Linoleumbahnen) ist die Verlegefläche vollflächig abzuspachteln. Spachtelmasse und Kleber müssen für zementäre Untergründe geeignet sein. Die jeweiligen Verlegerichtlinien der Bodenbelaghersteller sind in jedem Fall zu beachten. Weitere Einzelheiten sind der Spezialliteratur [63] sowie den jeweiligen Herstellerunterlagen [64] zu entnehmen.

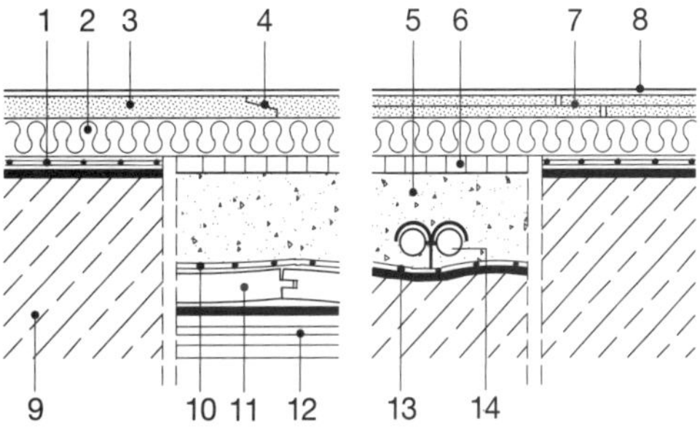

11.54a **11**.54b

11.54 Konstruktionsbeispiele: Fertigteilestrich aus rein mineralischen Zementwerkstoffplatten (Elementverlegung)
a) Einlagige Zementestrich-Elemente mit Stufenfalz vollflächig schwimmend verlegt
b) Zweilagige Zementestrich-Elemente, werkseitig verlegefertig hergestellt
1 Feuchteschutz (z. B. PE-Folie 0,2 mm)
2 Trittschalldämmplatte (Verbundelement)
3 zementgebundene, faserarmierte Trockenestrichplatte (22 mm dick)
4 Stufenfalz mit vorgestanzten Lochungen
5 Schüttung (z. B. Bituperl)
6 Abdeckplatte (z. B. 8 mm dicke Holzfaserplatte)
7 zementgebundene Trockenestrich-Elemente aus zwei versetzt miteinander verklebten, jeweils 12,5 mm dicken Platten
8 Bodenbelag
9 Massivdecke, eben abgezogen
10 Rieselschutzbahn (z. B. Bitumenpapier, dampfdurchlässig)
11 alter Holzdielenboden
12 Holzdeckenbalken
13 Feuchteschutz (z. B. PE-Folie 0,2 mm)
14 Rohrleitungen (Mindestüberdeckung ≥ 10 mm)

11.4 Fußbodenbeläge

Die weitgehende Ablösung der Holzbalkendecke durch die Massivdecke, die Entwicklung völlig neuartiger Werkstoffe, Herstellungs- und Verlegetechniken, die Stellung neuer Forderungen an die Nutzschicht durch Industrie und Gewerbe, die Steigerung des Komforts bei allmählicher Änderung der Wohngewohnheiten sowie Einflüsse der Mode, des Geschmacks und vieles mehr haben zu einer Vielfalt und damit Produktschwemme auf dem Fußbodenmarkt geführt, die selbst von einem Fachmann kaum mehr überblickt werden kann.

11.4.1 Einteilung und Benennung: Überblick

Eine verbindliche Einteilung der Fußbodenbeläge gibt es nicht. In der Regel werden sie nach den verwendeten Rohstoffen oder nach den jeweiligen Herstellungsverfahren eingeteilt. Man unterscheidet:

Bodenbeläge aus

- natürlichen Steinen: Naturwerkstein-Fußbodenbeläge
- kunstharzgebundenen Bestandteilen: Kunstharzwerkstein
- zementgebundenen Bestandteilen: Betonwerkstein- und Terrazzobeläge
- bitumengebundenen Bestandteilen: Asphaltplattenbeläge
- tongebundenen Bestandteilen: Keramische Fliesen und Platten
- Holz und Holzwerkstoffen: Holzfußbodenbeläge
- Trägermaterial und Schichtstoffplatten: Laminatböden
- ein- oder mehrschichtiger Bahnen- oder Plattenware: Elastische Fußbodenbeläge
- Bodenbeschichtungen aus Kunstharzen (Reaktionsharzen)
- natürlichen oder synthetischen Fasern: Textile Bodenbeläge

(Weitere Beläge bleiben unberücksichtigt).

11

11.4.2 Allgemeine Anforderungen

An die Fußböden von Aufenthaltsräumen werden vielfältige Forderungen, zum Teil widersprüchlichster Art, gestellt. Diesen unterschiedlichen Anforderungen muss insbesondere die oberste Schicht, der Bodenbelag, gerecht werden. Dabei sind vor allem konstruktive, physikalische, wirtschaftliche, ökologische, gestalterische und nutzungsbedingte Kriterien zu berücksichtigen. Da es jedoch keinen Belag gibt, der alle Anforderungen gleichermaßen erfüllt, müssen bei der Auswahl von Bodenbelägen oft Kompromisse eingegangen werden. Außerdem bilden Nutzschicht (Bodenbelag) und Fußbodenaufbau (Zwischenschichten) in mehrfacher Hinsicht eine Einheit. Diese wechselseitigen Abhängigkeiten gilt es bei allen vergleichenden Gegenüberstellungen zu berücksichtigen.

- **Gleitsicherheit/Trittsicherheit**. Alle Fußböden müssen sicher und angenehm zu begehen sein. Diese Forderung kann durch eine Reihe vorsorglicher, baulicher Maßnahmen weitgehend erfüllt werden.

  Bodenbeläge in Wohnungen, öffentlich zugänglichen Gebäuden und Arbeitsstätten müssen je nach Verwendungsbereich ausreichend rutschhemmend sein. Einzelheiten s. Abschn. 11.4.7.4. Höhendifferenzen zwischen benachbarten Platten sind bei keramischen Belägen bis 1,0 mm, bei Betonwerksteinplatten bis 1,5 mm zulässig. Nicht vermeidbare Fußbodenabsätze (Stolperstufen) innerhalb eines zusammenhängenden Gehbereiches müssen deutlich hervorgehoben und markiert werden. Alle Reinigungsverfahren und Reinigungsmittel sind auf den jeweiligen Bodenbelag abzustimmen.
- **Barrierefreies Bauen**. Für die meisten älteren und behinderten Menschen ist es erstrebenswert, ihr Leben selbstständig – von fremder Hilfe weitgehend unabhängig – gestalten zu können. Dieser Wunsch lässt sich häufig nicht realisieren, weil die baulichen Voraussetzungen für eine „barrierefreie Umgebung" nicht gegeben sind bzw. bei der Planung in nicht ausreichendem Maße berücksichtigt wurden. Einzelheiten hierzu sind DIN 18 024 und DIN 18 025, Barrierefreies Bauen, sowie Abschn. 7.3, Planungshinweise, in Teil 2 dieses Werkes zu entnehmen.
- **Verwendungsbereiche/Beanspruchungsgruppen**. Bodenbeläge können je nach Einsatzbereich den unterschiedlichsten mechanischen, thermischen, chemischen u. a. Beanspruchungen ausgesetzt sein. Dementsprechend zahlreich sind auch die Prüfverfahren, die nicht für alle Beläge einheitlich anwendbar sind.

  In der Regel werden Bodenbeläge den

  - Verwendungsbereichen Wohnen, Gewerbe, Industrie zugeordnet. Hinsichtlich der jeweiligen (mechanischen) Beanspruchung unterscheidet man die
  - Beanspruchungsgruppen gering (leicht), normal (mittelschwer), stark (schwer). Weiter sind beispielhaft zu beachten:
  - Art des Verkehrs (z. B. Fußgänger- und/oder Fahrverkehr)

  - Intensität des Verkehrs (z. B. Dichte und Häufigkeit des Verkehrs, Achsdruck und Art der Bereifung)
  - Art der Beanspruchung (z. B. schleifende Beanspruchung beim Fußgängerverkehr, vorwiegend rollende Beanspruchung beim Fahrverkehr, Stoß- und Schlagbeanspruchung beim Absetzen von Gütern sowie ruhende und punktförmig wirkende Einzellasten)
  - Zusatzeignungen (z. B. Stuhlrollen- und Treppeneignung, Eignung für Fußbodenheizung, Zigarettenglut-, Mineralöl-, Fettbeständigkeit u. a. m.)

- **Schalldämmung/Schallschluckvermögen**. Weichfedernde Bodenbeläge, wie zum Beispiel textile Bodenbeläge und elastische Verbundbeläge, verbessern zwar die Trittschalldämmung, nicht aber die Luftschalldämmung von Decken. Eine nennenswerte Schallabsorption wird vor allem durch Teppichbeläge erreicht, so dass sich damit der Geräuschpegel in einem Raum wirkungsvoll senken lässt. Einzelheiten s. Abschn. 11.3.3 und Abschn. 11.4.12.4.
- **Wärmedämmung/Fußwärme**. Bei der Dämmung von Böden und Decken muss grundsätzlich zwischen Wärme- und Schallschutz-Maßnahmen unterschieden werden. Einzelheiten über Wärmeschutz und Energie-Einsparung sowie bauteilbezogene Ausführungsbeispiele s. Abschn. 11.3.4.

  Ein wichtiges Beurteilungskriterium für einen Bodenbelag ist auch seine Wärmeleitfähigkeit (Fußwärmeempfindung). Als besonders fußwarm gelten Teppichbeläge mit hoher Nutzschichtdicke (Poldicke) – insbesondere verspannte Teppichware mit Filzunterlage – aber auch elastische Bodenbeläge (Verbundbeläge mit unterseitig aufkaschierter Dämmschicht) sowie gewisse Holzfußböden.
- **Brandverhalten**. Für die brandschutztechnische Beurteilung von Bodenbelägen gibt es zur Zeit noch zahlreiche Prüfverfahren, die jeweils nur für bestimmte Belaggruppen anwendbar sind. Mit der Vorlage des Entwurfes DIN EN 13 239, Prüfung des Brandverhaltens von Bodenbelägen, ist nunmehr ein einheitliches Prüfverfahren zur Beurteilung des Brandverhaltens für alle Arten von Bodenbelägen gegeben.
- **Elektrostatisches Verhalten**. Elektrostatische Aufladungen treten spürbar vorwiegend bei PVC-Belägen und Teppichbelägen auf. Einzelheiten über die Klassifikation des elektrostatischen Verhaltens von Bodenbelägen sowie über antistatische Ausrüstung und ableitfähige Verlegung s. Abschn. 11.4.10.7 und Abschn. 11.4.12.3.
- **Ökologische Bewertung**. Das ökologische Bauen gewinnt zunehmend an Bedeutung und entwickelt sich zu einem zentralen Thema der Architektur und damit auch des Innenausbaues. Vermehrt wird danach gefragt, wie ökologisch verträglich oder womöglich gesundheitsschädlich ein Baustoff ist, bevor man ihn im Neubau oder bei der Altbausanierung einsetzt. Das Wissen um ökologische Zusammenhänge verlangt vertiefte Spezialkenntnisse, über die der Planer in der Regel nicht verfügt. In seinem eigenen Interesse sollte er daher rechtzeitig mit einem kompetenten Baustoffberater zusammenarbeiten.
- **Gefahrstoffverordnung/TRGS**. Gesetzliche Grundlage ist die Gefahrstoffverordnung (Gef Stoff V), die allgemein gehalten ist. Sie wird ergänzt durch die Technischen Regeln für Gefahrstoffe (TRGS), die Vorgaben nach heutigem Stand der Kenntnis enthalten und die aufzeigen, wie mit Gefahrstoffen aus sicherheitstechnischer, arbeitsmedizinischer und hygienischer Sicht umzugehen ist.

  Welche Stoffe wie gefährlich sind, lässt sich an den Grenzwerten für Stoffe ablesen, die in der TRGS 900 angegeben sind. Es wird unterschieden zwischen Stoffen, die als Gas, Dampf oder Schwebstoff in der Luft enthalten sind und die die Gesundheit beeinträchtigen (z. B. Luftgrenzwerte – Maximale Arbeitsplatzkonzentration/MAK) und solchen Stoffen, die biologische Auswirkungen erzeugen und die über die Lunge bzw. andere Körperflächen vom Organismus aufgenommen werden (z. B. Biologische-Arbeitsplatz-Toleranzwerte/ BAT).
- **Raumluftbelastungen**. Die Raumluftqualität hängt ganz wesentlich von der Summe der verwendeten Baustoffe, Raumausstattungen und Einrichtungsgegenständen ab, die gas- und staubförmige Substanzen emittieren. Hierbei spielen vor allem sog. flüchtige organische Verbindungen eine große Rolle (VOC = volatile organic compounds). VOC werden u. a. von Baustoffen, Lacken, Klebstoffen, Reinigungsmitteln, Raumtextilien, Einrichtungs- und Gebrauchsgegenständen abgegeben/emittiert)[1].
- **Bodenbeläge/Klebstoffe**. Bodenbeläge – aber auch Vorstriche und Klebstoffe – haben wesentlichen Einfluss auf die Qualität der Raumluft und können Ursache bedeutsamer Emissionen sein. Von den Berufsgenossenschaften der Bauwirtschaft wurde daher ein Gefahrstoff-Informationssystem (GISBAU) konzipiert. In einem sog. GISCODE sind alle Vorstriche und Klebstoffe in entsprechende Produktgruppen eingeteilt und klassifiziert. Auf diese Angaben im GISCODE beziehen sich die Hersteller und vermerken sie auf ihren Gebinden, Sicherheitsdatenblättern und Technischen Merkblättern. S. hierzu auch Abschn. 11.4.10.7, Klebstoffe.

  Im Hinblick auf die Umweltbelastung sollten stark lösemittelhaltige Klebstoffe nur noch dann verwendet werden, wenn ihr Einsatz aus technischen Gründen unumgänglich ist. An ihrer Stelle sind lösemittelarme Produkte auf Dispersionsbasis zu verwenden bzw. vom Planer im Leistungsverzeichnis entsprechend auszuschreiben.

  Es kann nicht Aufgabe dieses Werkes sein, auf die vielfältigen Aspekte dieses Themenbereiches näher einzugehen. Es muss genügen, bei den einzelnen Bodenbelaggruppen und Beschichtungen auf die wichtigsten umweltrelevanten Fakten nur kurz hinzuweisen, ohne den Anspruch auf Vollständigkeit zu erheben. Aus der Fülle der zur Verfügung stehenden Spezialliteratur werden vier Veröffentlichungen [65], [66], [67], [68] ausgewiesen.
- **Recycelfähigkeit/Wiederverwertung**. Bodenbelaghersteller und Abfall-Verwertungsgesellschaften arbeiten seit Jahren intensiv an der Entwicklung ökologisch sinnvoller Wiederverwertungsverfahren. Das Kreislaufwirtschafts- und Abfallgesetz verpflichtet sie, die Abfälle so weit wie möglich zu verwerten und nicht nur auf Mülldeponien zu beseitigen.

  Es ist zwischen chemischer, stofflicher und energetischer Verwertung zu unterscheiden. In der Regel wird der stofflichen Verwertung – dem sog. Recycling – der Vorrang eingeräumt, da hierbei wertvolle Rohstoffe zurückgewonnen und diese wieder neuen Herstellungsprozessen zugeführt werden können.
- **Reinigung und Pflege**. Bei der Auswahl eines Bodenbelages muss der zu erwartende Aufwand für die immer wiederkehrenden Reinigungs- und Pflegekosten mit bedacht werden, da diese in der Regel mindestens genauso hoch einzuschätzen sind, wie die einmaligen Gestehungskosten.

---

1) Als **Emission** bezeichnet man die Abgabe gasförmiger, flüssiger oder staubförmiger Stoffe aus Anlagen oder Materialien. Werden diese Emissionen in die Umwelt (Luft, Erde, Wasser) eingetragen, spricht man von **Immissionen**.

Es ist Aufgabe des Planers, genügend große und richtig angeordnete Schmutzschleusen und Sauberlaufzonen vorzusehen, da gerade der sorgfältig geplante Eingangsbereich den ersten Eindruck vom Gesamtobjekt vermittelt. Richtig angeordnete Schmutzfangzonen senken den Verschmutzungsgrad der Bodenbeläge ganz erheblich, vergrößern die Reinigungsintervalle, verlängern die Lebensdauer der Beläge – ganz gleich ob Teppichboden, Holz-, Naturstein- oder Keramikbelag – und helfen Kosten sparen. Diese Sauberlauffläche ist groß genug zu bemessen, da der Eintretende im Objektbereich mindestens vier Schritte darauf machen muss, damit sie voll wirksam wird. Bei kleineren, stark strapazierten Eingangsbereichen – beispielsweise in Ladengeschäften, Hotels, Restaurants – empfiehlt es sich, diese vollflächig mit Sauberlaufbelag auszulegen.

Bei der Auswahl der Bodenbeläge im Innenbereich spielt die optische Schmutzempfindlichkeit eine entscheidende Rolle. Sie ist von der Farbe, der Musterung und von der Konstruktion (z. B. bei Teppichböden) des jeweiligen Belages abhängig. Einfarbige Beläge – vor allem extrem helle oder dunkle – sind empfindlicher (je nach anfallender Schmutzart) als kontrastreich bemusterte Beläge. Innerhalb eines Geschosses (ggf. Gebäudes) ist sowohl aus raumgestalterischen Gründen (Großzügigkeit) als auch pflegetechnischen Überlegungen heraus (gleichartige Reinigungsverfahren) eine möglichst einheitliche Materialwahl anzustreben.

- **Raumgestalterische Aspekte**. Bei der Wahl eines Fußbodenbelages sollten neben den zweckorientierten Überlegungen Fragen der Raumgestaltung niemals unberücksichtigt bleiben. Dabei müssen alle raumbegrenzenden Flächen und Teile (z. B. Wand- und Deckenmaterialien) in die Überlegungen mit einbezogen und zusammen mit dem milieubildenden Interieur (z. B. Möblierung, Textilien, Farbgebung, Materialstrukturen und Texturen) aufeinander abgestimmt werden.

11.4.3 Bodenbeläge aus natürlichen Steinen: Naturwerkstein-Fußbodenbeläge

Unter Naturstein versteht man natürlich entstandene Gesteine (Gegensatz: Kunstwerksteine). Sie sind Gemenge aus Mineralien, deren Zusammenhalt durch direkte Verwachsung oder durch eine Grundmasse bzw. ein Bindemittel gewährleistet wird. Die Gesteinsgruppen[1)] unterscheiden sich hinsichtlich

- ihrer **Entstehungsweise**, die vor allem die Struktur und das Gefüge bestimmt,
- ihres **Mineralbestandes**, der sich vorwiegend auf die Farbe, Härte und Oberflächenbeschaffenheit der Natursteine auswirkt.

[1)] Im Gegensatz zum Tier- und Pflanzenbereich spricht man bei Natursteinen nicht von Arten, sondern von Gesteinsgruppen, da Gesteine heterogene Gemenge aus Mineralien sind und jedes Vorkommen stets ein Unikat ist. In der Baupraxis wird jedoch üblicherweise von Gesteinsarten gesprochen.

Einteilung und Benennung: Überblick

Nach ihrer geologischen Entstehung werden die Natursteine in drei große Gesteinsgruppen eingeteilt.

1. Magmatische Gesteine (Erstarrungsgesteine). Sie entstehen durch Erstarren glutflüssiger Gesteinsschmelze (Magma), die von unten in die Erdkruste eindringt (intrudiert) bzw. aus ihr hervorbricht (eruptiert). Nach dem Erstarrungsort werden sie als Tiefengesteine (Plutonite) oder Ergusssteine (Vulkanite) bezeichnet.

- Tiefengesteine: Granit, Syenit, Diorit, Gabbro u. a.
- Ergussgesteine: Rhyolith, Trachyt, Basalt, Diabas u. a.

2. Sedimentgesteine (Ablagerungsgesteine). Sie entstehen durch Verwitterung von bereits vorhandenen Gesteinen aller Art. Die dabei entstehenden Partikelchen werden von Wasser, Wind usw. fortgeführt, an anderer Stelle zusammen mit gelösten Mineralien (z. B. Gips, Kalk, Ton als Bindemittel) abgelagert und unter hohem Druck verfestigt (Kompaktion). So entstehen anderenorts neue Gesteine, oft mit unterschiedlich geschichtetem Gefüge (auch mit tierischen und pflanzlichen Versteinerungen). Man unterscheidet:

- Trümmergesteine (Klastite): Tongesteine, Sandsteine, Kalksandsteine, Grauwacke u. a.
- Ausfällungsgesteine (Ausscheidungsgesteine): Kalksteine (z. B. Travertin, Solnhofener Platten), Kalkstein-Marmor, Dolomit u. a.

3. Umwandlungsgesteine (Metamorphe Gesteine): Bereits vorhandene magmatische Gesteine oder Sedimentgesteine werden in der Erdkruste in großer Tiefe durch Druck, Hitze oder tektonische Bewegungen nachträglich nochmals strukturell und/oder chemisch umgewandelt. Dabei verändern sich Mineralbestand, Gefüge und viele andere Eigenschaften. Der ursprüngliche Stoffbestand schmilzt und kristallisiert neu und wird teilweise in längliche, plattige Formen gepresst. Weitere Einzelheiten hierzu s. [27], [69], [70], [71], [72].

- Umwandlungsgesteine: Gneis, Granulit, Schiefer, Quarzit, Kristalliner Marmor (u. a. Carraro-Marmor).

Bezeichnung

Bei der Bezeichnung von Natursteinen ist grundsätzlich zu unterscheiden zwischen

- wissenschaftlicher Benennung der Gesteine (Internationale Natursteinkartei). Diese petrographischen Bezeichnungen sind international gültig. Für jedes existierende Gestein bestehen exakte Definitionen nach Entstehung und Mineralbestand [69].
- Handelsnamen. Sie beziehen sich meist auf den Bruchort (z. B. Obersteinbacher Sandstein) und sind für den Umgang mit Gesteinen in der Praxis unentbehrlich.
- Phantasienamen sagen dagegen wenig über die jeweilige Steinbeschaffenheit aus, werden zum Teil mehrfach verwendet und verwirren mehr als sie nützen. Außerdem führen sie bei Ausschreibungen oftmals zu Wettbewerbsverzerrungen (Verschleierung der tatsächlichen Herkunft und Güteeigenschaften). Der Auftraggeber sollte sich daher von der ausführenden Firma – vor allem bei weniger bekannten Steinen – die exakte Herkunft, die tatsächliche wissenschaftliche Bezeichnung und die spezielle Eignung für den jeweiligen Verwendungszweck schriftlich bestätigen lassen.

Gewinnung und Bearbeitung

Die Abbauverfahren im Steinbruch richten sich nach der Art des Gesteins. Früher erfolgte die Gewinnung manuell durch Spalten (Stahlkeile, Federkeile) oder durch Sprengungen. Heute werden die Blöcke durch hydraulische Steinspaltgeräte, Seilsägen mit diamantbestückten Drahtseilen oder durch Schrämmmaschinen gewonnen. Neuere Verfahren ermöglichen es, Blöcke mittels Hochdruck-Wasserstrahlschneideverfahren herauszutrennen.

Die so gewonnenen Rohblöcke sind das Ausgangsprodukt für die weitere Bearbeitung im Naturwerkstein-Fachbetrieb. Mit Diamantgatter, Blockkreissägen und anderen Verfahren werden zunächst Rohtafeln (Halbfertigerzeugnisse) entsprechend dem späteren Verwendungszweck hergestellt. Daran schließt sich die Oberflächen- und Kantenbearbeitung der Platten an.

Damit Natursteine als Bodenbelagplatten eingesetzt werden können, müssen die Plattenoberflächen je nach Gesteinsart, gewünschter Oberflächenstruktur und späterem Einsatzbereich weiter bearbeitet werden. Zur Herstellung glatter Oberflächen eignen sich automatische Schleif- und Polieranlagen, von griffigen Oberflächen stationäre Flammstrahl- oder Sandstrahlanlagen. Stockmaschinen sind in der Lage, traditionelle steinmetzmäßige Oberflächenbearbeitungen maschinell auszuführen (z. B. scharrieren, bossieren, stocken, zahnen u. a.m.). Von dieser Oberflächenbehandlung hängt auch weitgehend die Gleit- und Trittsicherheit beim Begehen sowie Reinigungsart und Pflegeaufwand des Belages ab. Einzelheiten über Rutschhemmende Bodenbeläge s. Abschn. 11.4.7.4.

Nach der Bearbeitung der Oberfläche wird die Halbfertigware auf die entsprechenden Plattenformate zugeschnitten (formatiert). Neben der üblichen Sägetechnik wird hierfür die computergesteuerte Wasserstrahltechnik eingesetzt, mit der auch ausgefallene Formen und Kantenprofilierungen realisiert werden können.

Derart fertig bearbeitete Werkstücke aus Naturstein bezeichnet man dann als **Naturwerkstein**.

Eigenschaften und Auswahl

Für die praxisbezogene Beurteilung von Natursteinen sind vor allem das Erscheinungsbild des Steines, seine technischen Eigenschaften, die mengenmäßige Verfügbarkeit im Steinbruch, die Gleichmäßigkeit des Materials und der Verlegeort (Außen/Innen) von Bedeutung.

- **Erscheinungsbild/Bemusterung**. Aufgrund des naturgegebenen Vorkommens sind Farb-, Struktur- und Texturschwankungen innerhalb einer Gesteinsgruppe bzw. desselben Bruchortes üblich. Diese Gegebenheiten muss der Planer kennen und in seine raumgestalterischen Überlegungen von Anfang an mit einbeziehen.

  Nach DIN 18 332, Naturwerksteinarbeiten, sind derartige Schwankungen innerhalb eines Vorkommens zulässig. Dies bedeutet, dass wenn keine Bemusterung durchgeführt wird, die ganze Bandbreite des Gesteins eines Steinbruches eingesetzt werden kann. Wird eine Bemusterung vorgenommen, so muss diese die tatsächliche Wirkung (Charakter) des anvisierten Belages aufzeigen. Der Nachweis kann in Form von größeren Musterflächen oder durch beispielhafte Referenzobjekte erfolgen; eine einzelne Musterplatte reicht hierfür nicht aus. Abweichungen sind nur im Rahmen der Bandbreite der Bemusterung zulässig.

- **Technische Eigenschaften** (Physikalische Eigenschaften, chemische Einflüsse). Struktur und Härte eines Steinmaterials hängen eng mit dem jeweiligen Entstehungsprozess und Mineralbestand zusammen. Je nach Verwendungszweck sind bei der Auswahl vor allem Rohdichte, Wasseraufnahmefähigkeit, Frostwiderstand, Druckfestigkeit, Biegefestigkeit, Witterungsbeständigkeit und Widerstand gegen Verschleiß, (Abriebbeständigkeit) zu berücksichtigen. Mit Hilfe der in den Normen angegebenen Werte und Klassifizierungen lassen sich Natursteine ausreichend genau beurteilen. Einzelheiten hierzu s. Abschn. 11.5, Normen.

In der Baupraxis werden Natursteine – wenn auch etwas unscharf – entsprechend den Härtegraden eingeteilt und zwar in Hartgesteine (z. B. Granit, Gabbro, Porphyr, Basalt, Gneis u. a.) und Weichgesteine (z. B. Sandstein, Travertin, Marmor, Tuffstein). Für Bodenbeläge im Gebäudeinneren werden an deutschen Naturwerksteinen vor allem Travertin, Solnhofener Platten, Quarzit, Schiefer, Kalkstein-Marmor eingesetzt, im Außenbereich vorwiegend Porphyr, Sandstein, Granit, Basaltlava u. a.

11.4.3.1 Naturwerkstein-Bodenplatten

Fußböden aus Naturwerksteinplatten können – je nach Plattenformat, Verlegeart und Fugenbreite – verschiedenartig gegliedert sein (Bild **11**.55). Naturwerksteine sind an keine Normgrößen gebunden. Das Plattenformat hängt von raumgestalterischen Kriterien, der vorgesehenen Beanspruchung, von der Dicke der Platten und deren technisch-physikalischen Werte sowie von der gewählten Verlegetechnik ab.

Bodenplatten werden jedoch auch in Standardgrößen industriell gefertigt. Ausgangsformat für die Beläge ist meist die quadratische (305 x 305 – 400 x 400 – 600 x 600 mm) oder rechteckige Platte (305 x 610 mm) oder Platten mit festgelegten Breitenabmessungen (300 – 400 – 600 mm) und in freien Längen lieferbar. Überlängen und Sonderformate sowie Polygonalplatten werden je nach Bedarf hergestellt.

Die Dicke der Platten richtet sich nach der Beanspruchung, der Gesteinsfestigkeit, dem Plattenformat, der Verlegetechnik und dem Untergrund; sie variiert in der Regel zwischen 8 – 10 – 12 – 15 – 20 – 30 – 40 bis 80 mm).

Verlegung

Werden Naturwerksteinplatten in Räumen verlegt, die zum dauernden Aufenthalt von Menschen bestimmt sind, so muss in jedem Fall für ausreichenden Schall-, Wärme- und Feuchteschutz gesorgt sein. Die mangelnde Eigenelastizität und das relativ ungünstige akustische Verhalten (schallreflektierender Bodenbelag) sowie die hohen Wärmeableitwerte von Steinbelägen sind bereits bei der Planung vorsorglich zu berücksichtigen. Vorteilhaft zeichnen sie sich durch ihre hohe Abriebfestigkeit, Formstabilität, Brandsicherheit sowie Farb- und Texturvielfalt aus.

Der vermehrte Einsatz von Natursteinfliesen – vor allem auch auf beheizbaren Estrichen – und von überseeischen Natursteinarten mit ganz spezifischen Eigenschaften sowie die Einführung neuartiger Klebeverfahren haben die Verlegetechniken stark beeinflusst und verändert.

Die Verlegung erfolgt – meist nach einem Verlegeplan – entweder direkt auf der Rohdecke als Verbundbelag, auf Trennschicht oder auf einem vollständig erhärteten, schwimmenden Estrich und zwar entweder im Dünnbett-, Mittelbett- oder Dickbettverfahren. Besonders hinzuweisen ist auf die in Bild **11**.56c aufgezeigte Plattenverlegung auf frischer Lastverteilungsschicht (frisch-in-frisch Methode), die nicht ganz unproblema-

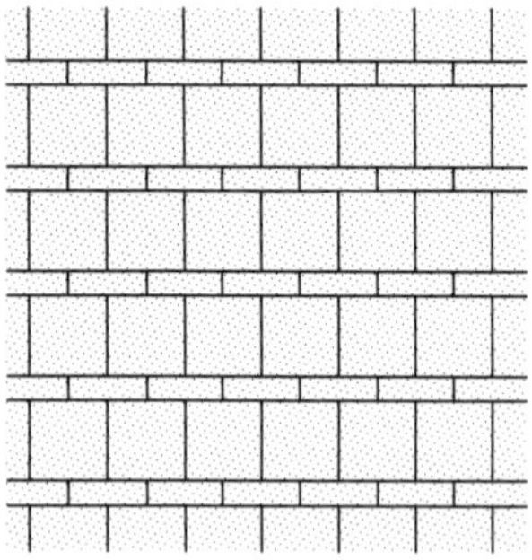

11.55a

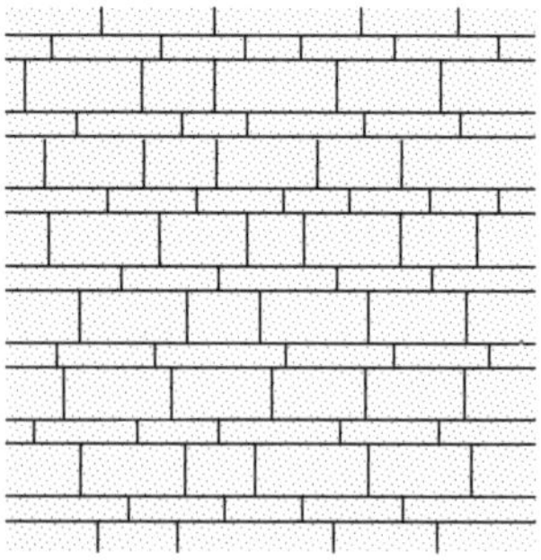

11.55b

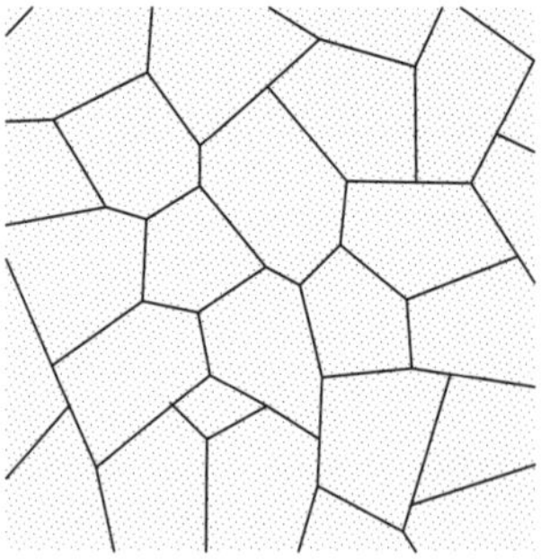

11.55c

11.55 Verlegebeispiele von Naturwerkstein-Bodenplatten
a) quadratisch mit Streifengliederung
b) unregelmäßiger Rechteckverband
c) polygonale Formate (maschinen- oder handbekantet)

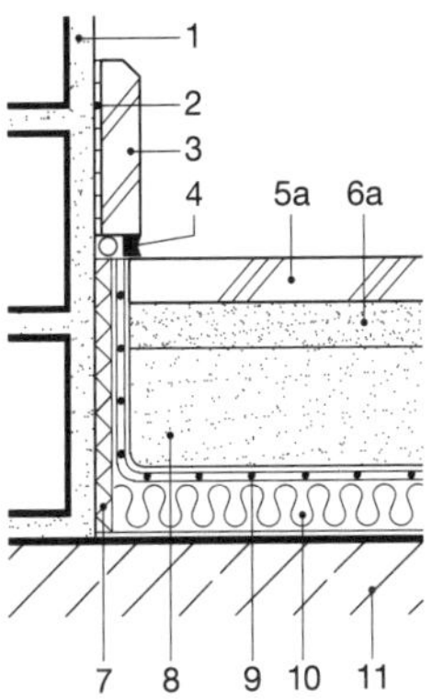

11.56a

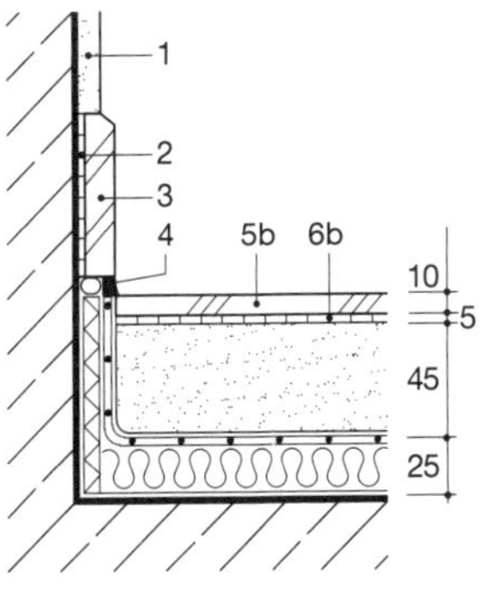

11.56b

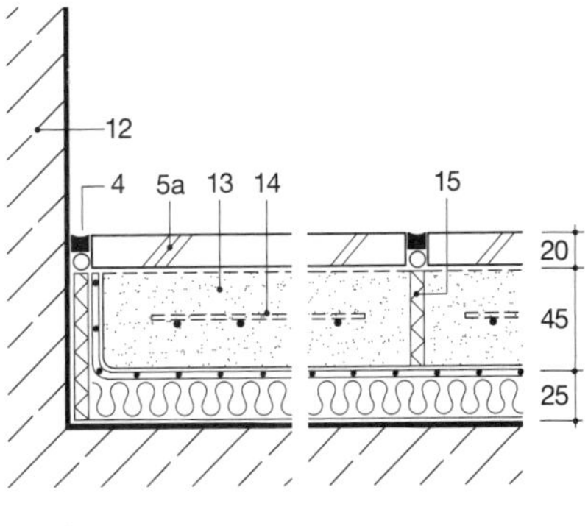

11.56c

11.56 Konstruktionsbeispiele: Naturwerkstein-Bodenplatten auf Zementestrich mit Dämmschicht

a) Naturwerksteinplatten auf erhärteten Estrich in Dickbettmörtel verlegt. Wandputz bis auf Rohdecke geführt (Regelausführung).

b) Naturwerksteinfliesen auf erhärteten Estrich in Dünnbettmörtel verlegt. Wandputz auf Betonwand nur bis OF-Fertigfußboden.

c) Naturwerksteinplatten unmittelbar auf frisch eingebrachten Estrich verlegt (sog. estrichgerechtes Mörtelbett). Diese Verlegeart ergibt zwar eine relativ niedrig Konstruktionshöhe, ist jedoch ansonsten nicht unproblematisch (Gefahr von Aufwölbung, Rissebildung, Verfärbung an der Belagoberfläche) und sollte daher nur in Ausnahmefällen und auf kleinen Flächen aufgebracht werden.

1 Mauerwerk/Betonwand mit Wandputz
2 Mörtel/Kleber
3 Sockelplatten
4 Randfuge mit Fugenfüllprofil und elastoplastischer Dichtmasse
5a Naturwerksteinplatten
5b Naturwerksteinfliesen
6a Dickbettmörtel, 15 bis 20 mm
6b Dünnbettmörtel, 4 bis 5 mm
7 Randstreifen, mind. 5 mm
8 Zementestrich, mind. 45 mm
9 Abdeckung (z. B. PE-Folie 0,1 mm)
10 Dämmschicht, je nach Bedarf
11 tragender Untergrund
12 Sichtbetonwand
13 frisch eingebrachter Zementestrich
14 Bewehrung (Betonstahlmatten, bei Bedarf)
15 Bewegungsfuge (Feldbegrenzungsfuge) mit Fugenfüllprofil und elastoplastischer Dichtmasse

tisch ist und die nur in Ausnahmefällen angewandt werden sollte.

Einzelheiten über Verlegeverfahren von Naturstein-Bodenplatten sind Abschn. 11.4.7.5 und 11.4.7.6 zu entnehmen. Auf die vom Deutschen Naturwerksteinverband herausgegebenen Merkblätter [71] sowie auf die weiterführende Spezialliteratur [72] wird verwiesen.

Angaben über die Ausbildung von Bewegungsfugen sind Abschn. 11.3.6.5, Angaben über die verfärbungsfreie Verlegung und Verfugung von Naturwerksteinplatten Abschn. 11.4.7.6 zu entnehmen. Verlegung, Aufmaß und Abrechnung erfolgt nach VOB Teil C, DIN 18 332, Naturwerksteinarbeiten.

11.4.3.2 Dünnsteintechnik: Natursteinfliesen und Natursteinfurniere

Moderne Schneidetechniken ermöglichen die Herstellung von dünnen Natursteinfliesen oder Natursteinfurnieren, die auf bestimmte Träger aufgeklebt werden können.

- **Natursteinfliesen** werden je nach Gesteinsart und Plattenformat in Dicken ab 7 (8 bis 12) mm angeboten, so dass sie mit anderen, ähnlich dicken Bodenbelägen (Keramikfliesen, Teppichware, Fertigparkett, Laminatboden) kombiniert bzw. ausgetauscht werden können. Die Abmessungen betragen beispielsweise 305 x 305 – 305 x 610 mm.

  Die Oberfläche der Steinfliesen kann geschliffen, poliert oder sandgestrahlt sein; andere Oberflächenbearbeitungen sind ebenfalls möglich. Die Verlegung dieser genau auf Maß bearbeiteten, gleichmäßig dicken, sog. kalibrierten Natursteinfliesen, erfolgt auf ebenem Verlegegrund in etwa 3 bis 5 mm dickem Dünnbettmörtel. Einzelheiten hierzu s. Abschn. 11.4.7.6, Dünnbettverlegung.

- **Natursteinfurnier**. Mit modernen Dünnschnittverfahren lassen sich auch sog. Natursteinfurniere in Dicken ab 3 (4) mm herstellen. Ähnlich wie bei der Holzfurniertechnik werden die wenige Millimeter dicken Steinfurniere auf

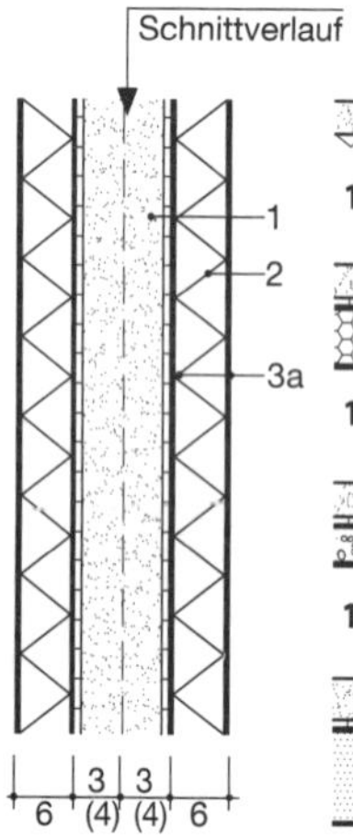

11.57a

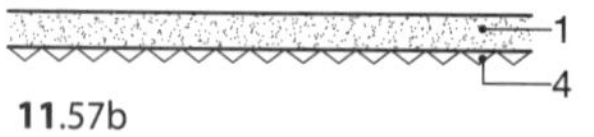

11.57b

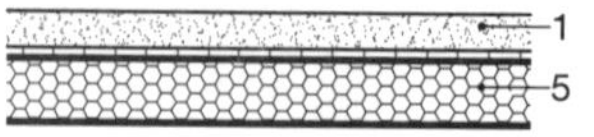

11.57c

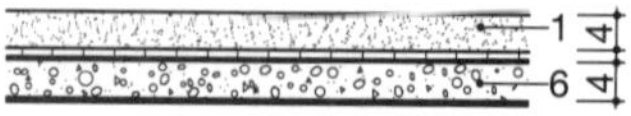

11.57d

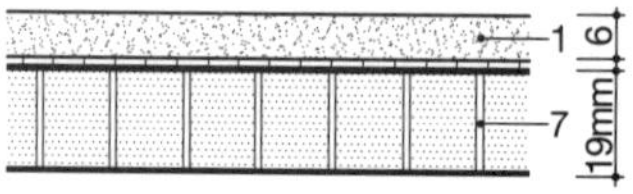

11.57e

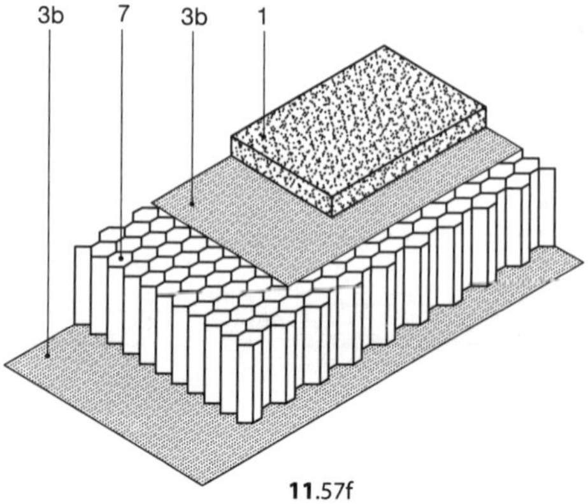

11.57f

11.57 Schematische Darstellung: Natursteinfurniere auf Träger (Verbundkonstruktionen)
a) Schnittverlauf und Aufbau einer Doppelplatte bei der Herstellung
b) Steinfurnier auf dünner Trägerschicht (z. B. rückseitig aufkaschierte Gewebearmierung, transparentes Kunststofflaminat – für hinterleuchtete Konstruktion geeignet)
c) Steinfurnier auf homogener Trägerplatte (z. B. Hartschaumplatte, Gipsfaserplatte)
d) Steinfurnier auf Aluminium-Sandwichplatte (mit mineralischem Kern)
e) Steinfurnier auf Kunststoff- oder Aluminium-Wabenplatte oder Aluminium-Wellplatten wie bei a)
f) Darstellung einer Verbundkonstruktion mit Natursteinfurnier und Trägerelement

1 Steinfurnier, 3 oder 4 mm dick
2 Aluminium-Wellplatte (Sandwichplatte)
3a Decklagen aus Aluminium
3b Decklagen aus Glasfasermatten o. Ä.
4 aufkaschierte Gewebearmierung oder transparentes Kunststofflaminat
5 Hartschaumplatte mit Gewebearmierung (Sandwichplatte)
6 Gipsfaserplatte mit Gewebearmierung (Sandwichplatte)
7 Aluminium- oder Kunststoff-Wabenplatten mit Decklagen

einen Träger aufgeklebt, meist auf Epoxidharzbasis. Wie Bild **11**.57 zeigt, unterscheidet man im wesentlichen folgende Verbundkonstruktionen:

- Steinfurnier auf dünner **Trägerschicht**
- Steinfurnier auf homogener **Trägerplatte**
- Steinfurnier auf leichtem **Trägerelement**

Diese dünnen Verbundkonstruktionen sind zwar relativ teuer, die Gewichteinsparung erlaubt jedoch einfachere Verankerungsmethoden und leichtere Unterkonstruktionen (Innen- und Außenbereich). Außerdem können große Plattenformate hergestellt (z. B. 1200 x 2400 – 1800 x 3500 – 600 x 1200 mm) und aus dem gleichen Steinblock mehr Furniere mit einheitlicher Textur und Farbgebung gewonnen werden. Die meisten Verbundkonstruktionen sind in die Baustoffklasse B1 (schwerentflammbar) einzuordnen, einige erfüllen die Bedingungen der Baustoffklasse A1 (nichtbrennbar) nach DIN 4102.

11.4.3.3 Natursteinpflaster

Mit Natursteinpflaster lassen sich dekorative Bodenbeläge im Außen- und Innenbereich herstellen. Die Gesteinswahl muss entsprechend der zu erwartenden Belastungen getroffen werden. Geeignet sind vor allem harte Gesteinsarten wie Granit, Basalt, Dionit, Grauwacke, Porphyr u. a., die sich gut und ebenflächig zu kleinen Würfeln (Quadern) spalten lassen. Abriebfestigkeit, Druckfestigkeit, Frostwiderstand und Streusalzbeständigkeit sind die wichtigsten Voraussetzungen für ihre Verwendung im Außenbereich; die entsprechenden Güteklassen sind zu beachten.

Pflastersteine haben den Vorteil, relativ einfach aufgenommen und wieder verlegt werden zu können. Daher werden am Markt auch gebrauchte Steine von alten Straßen und Plätzen angeboten. Pflasterungen mit Natursteinen sind jedoch lohnintensiv und daher relativ teuer. Die Verlegung kann ungeordnet, in Reihen, diagonal oder im Bogen erfolgen. Gemäß DIN 18 502, Pflastersteine (zukünftig DIN EN 1342), unterscheidet man:

- **Großpflastersteine**
  12/12 bis 12/18; 14/14 bis 14/20;
  16/16 bis 16/22, Höhe 13 bis 16 cm
- **Kleinpflastersteine**
  8/8 bis 10/10; Höhe 8 bis 10 cm
- **Mosaikpflastersteine**
  4/4 bis 6/6, Höhe 4 bis 6 cm

Verlegung von Natursteinpflaster im Außenbereich. Der konstruktive Aufbau eines Steinpflasters wird im wesentlichen von vier Schichten bestimmt, die in ihrem Tragverhalten aufeinander abgestimmt sein müssen.

- Der Untergrund (gewachsenes Erdreich) ist nach Angabe auszuheben, zu planieren und mit geeignetem Rüttelgerät zu verdichten. Angaben über Bodenklassen s. Abschn. 3.2.
- Der darauf aufgebrachte Unterbau als Trag- und Filterschicht (Kies, Schotter, mit einer Korngröße von 0 bis 35 mm) muss dem jeweiligen Untergrund und der zu erwartenden Verkehrsbelastung angepasst werden. Die Schichtdicke des im allgemeinen frostsicheren Unterbaus beträgt im privaten Umfeld etwa 15 bis 20 cm, bei stärker belasteten Verkehrsflächen etwa 20 bis 40 cm. Dieser tragende Untergrund wird bis zur Standfestigkeit verdichtet, so dass ein späteres Absacken des Pflasters nicht eintreten kann.
- Anschließend werden die Pflastersteine in ein planeben abgezogenes Sandbett versetzt, das nach dem Abrütteln bei Kleinpflaster höchstens 3 bis 4 cm und bei Großpflaster höchstens 4 bis 6 cm betragen soll. Diese Bettung muss formbar sein, um Maßabweichungen der Steine ausgleichen und einen möglichst ebenen, höhengenauen Belag verlegen zu können.
- Der Pflasterstein selbst muss frostbeständig sein. Nach dem Verlegen werden die Steinfugen mit Sand weiter verfüllt, die um etwa 2 cm höher gesetzte Pflastersteinfläche maschinell abgerüttelt, mit Wasser eingeschlämmt und nochmals mit Sand abgedeckt.

11.4.4 Bodenbeläge aus kunstharzgebundenen Bestandteilen: Kunstharzwerkstein

Kunstharzgebundene Platten werden in unterschiedlichen Verfahren und Zusammensetzungen hergestellt. In der Regel wird ein gemischtkörnig aufgebautes Natursteingranulat – bei modischen Spezialprodukten noch mit Mosaiksteinchen angereichert – mit einem Kunstharzbindemittel (Epoxidharz oder Polyesterharze) und Zusatzstoffen vermengt (= Agglomerat), im Vakuum-Vibrationsverfahren zu großen Rohblöcken verdichtet und nach der (thermischen) Aushärtung auf einem Sägegatter in gewünschter Dicke zu Platten gesägt. Daran schließt sich die entsprechende Oberflächenbehandlung und der Zuschnitt der Platten auf Maß an.

Agglomarmor wurde die gebräuchliche Bezeichnung für diese Kunstwerkstein-Erzeugnisse. Neben Bodenplatten werden aus diesem Material auch Treppenstufen, Fensterbänke, Formteile für Waschtischabdeckungen sowie Arbeitsplatten für den Küchenbereich gefertigt. Aufgrund der geringen Dicke und des niedrigen Flächengewichtes lassen sich die großformatigen Platten auch als raumhohes Wandbekleidungsmaterial im gesamten Innenausbau – teilweise auch im Außenbereich – einsetzen. Übliche Plattenformate sind 1200 x 3000 – 600 x 3000 – 600 x 600 – 300 x 300 mm, in Dicken von 4,5 – 6,5 – 10 bis 40 mm. Objektbezogene Sonderausführungen bis zu einer Größe von 1800 x 3800 x 150 mm sind möglich.

Agglomarmor-Bodenplatten zeichnen sich durch hohe Abriebfestigkeit und Oberflächendichte sowie Frost- und Tausalzbeständigkeit (nicht in jedem Fall gewährleistet!) aus. Sie sind pflegeleicht, farbbeständig, schwerentflammbar (zigarettenglutbeständig) und nassraumgeeignet. Im Vergleich mit den natürlich gewachsenen Natursteinplatten sind die kunstharzgebundenen Steinplatten preisgünstiger, einfacher zu verarbeiten, elastischer (geringere Bruchgefahr bei gleichzeitig dünnerer Herstellung) und jederzeit nachbestellbar bei gleichbleibender Qualität. Vorsicht ist allerdings bei ätzenden bzw. anlösenden Mitteln (Fleckentferner, Weichmacher, Aceton, Stempelfarbe) geboten. Die Aggloplatten können entweder auf einem planebenen Untergrund vollflächig aufgeklebt (Dünnbettverfahren) oder auch im Mittel- oder Dickbett verlegt werden.

11.4.5 Bodenbeläge aus zementgebundenen Bestandteilen: Betonwerkstein- und Terrazzobeläge

Zementgebundene Böden gibt es in Form von Estrich-, Platten- und Pflastersteinbelägen. Sie zeichnen sich vor allem durch ihre hohe mechanische Beanspruchbarkeit, Schmutzunempfindlichkeit, vielfältige Formen- und Oberflächenvariationen in Farbe, Textur und Struktur sowie günstige Gestehungskosten aus. Als nachteilig werden die relativ hohen Wärmeableitwerte (s. Abschnitt „Fußwärme"), ihre geringe Eigenelastizität sowie die beim Begehen entstehenden, hohen Luftschallwerte (schallreflektierender Bodenbelag) angesehen.

11.4.5.1 Betonwerksteinplatten

Betonwerkstein nach DIN 18 500 (zukünftig DIN EN 13 748) ist ein Kunststein, der unter Verwendung eines Bindemittels (Grauzement oder Weisszement), Zuschlägen, Wasser und ggf. Zusatzstoffen (Pigmente) hergestellt wird. Als Zuschläge werden zerkleinerte Natursteingranulate – ggf. in Verbindung mit größerem Gesteinsbruch – aus Weich- und Hartgesteinen (meist Kalkstein und Marmor) verwandt. Bestimmend für ihre Auswahl sind die technischen Eigenschaften wie Härte, Abrieb und Frostbeständigkeit. Diese Zuschläge geben den Betonwerksteinplatten auch ihr typisches, vielfältig variierendes Aussehen in Farbe und Textur der Oberfläche. Die Platten können ein- oder zweischichtig hergestellt werden.

- **Einschichtverfahren**. Die genau dosierte Betonmischung wird in Vakuum-Presskammern zu großen Rohblöcken gegossen und durch Vibration derart verdichtet, dass möglichst wenig Hohlräume entstehen. Nach dem vollständigen Erhärten (max. Druckfestigkeit nach 28 Tagen) werden die Rohblöcke zu Rohplatten jeder gewünschten Dicke – bis zu dünnen Fliesen – in Sägegattern geschnitten. Die anschließende Oberflächenbearbeitung erfolgt auf Schleifstrassen bis zum Feinschliff. Andere Oberflächenvarianten – wie beispielsweise poliert, geflammt oder sandgestrahlt – sind ebenfalls möglich. Die einschichtigen Platten sind in jedem beliebigen Format und jeder Dicke lieferbar. Sie zeichnen sich durch einen absolut gleichmäßigen, homogenen Aufbau und eine sehr dichte Oberfläche aus.

  Rekomarmor wurde die gebräuchliche Bezeichnung für diesen einschichtigen Betonwerkstein besonderer Güte [73].

- **Zweischichtverfahren**. Bodenplatten aus Betonwerkstein werden nach wie vor auch zweischichtig – bestehend aus einem Vosatzbeton und Kernbeton – konventionell in Plattenpressen gefertigt. Gemäß DIN EN 13 748 muss die Dicke der schleiffähigen und abriebfesten Vorsatzschicht mind. 4 mm, bei Bodenplatten – die nach dem Verlegen vor Ort nochmals geschliffen werden – mindestens 8 mm betragen. Nach dem Erhärten erfolgt die weitere Sichtflächenbearbeitung der für den Innenbereich bestimmten Platten wie zuvor bereits beschrieben.

Betonwerkstein-Bodenplatten können sehr genau auf Maß bearbeitet, d. h. kalibriert werden, so dass sie auf ebenem Untergrund sowohl im Dünnbett als auch konventionell im Dickbett verlegbar sind. Höhendifferenzen zwischen zwei benachbarten Platten, sog. Überzähne, dürfen 1,5 mm nicht überschreiten. In Einkaufszentren und anderen Großräumen sind Höhenversätze von nur 1 mm tolerierbar. Wird eine nahezu planebene Bodenfläche gefordert, können Betonwerksteinbeläge auch noch nach der Verlegung vor Ort vollflächig mit einer Fußbodenschleifmaschine überschliffen werden. Dabei wird ein erneutes Spachteln und Feinschleifen notwendig. Ob nach der Verlegung die Fugen betont oder möglichst unsichtbar bleiben sollen, hängt von der Fugenbereite (je nach Plattenformat 3 bis 5 mm) und der gewählten Farbe des Fugenmörtels ab. Einzelheiten hierzu s. Abschn. 11.4.7.6.

- **Oberflächenbehandlungen** von Betonwerksteinplatten sind zusätzliche Leistungen, die erst nach dem Verlegen der Platten im Innenbereich ausgeführt werden; sie sind bei diesem Hartbelag nicht in jedem Fall erforderlich.

  Eine zusätzliche Härtung (Verkieselung) der Oberfläche wird mit sog. Fluaten erreicht. Dadurch wird die Widerstandsfähigkeit der Oberfläche erhöht, die Wiederanschmutzung erheblich verzögert und die Pflege vereinfacht. In bestimmten Anwendungsfällen wird zur Vertiefung der Plattenfarbe auch flüssiges oder festes Wachs (Polierwachs) aufgetragen.

  Eine derartige Erstbehandlung darf jedoch frühestens 3 Monate nach dem Verlegen bzw. Verfugen der Platten erfolgen, damit die – vor allem aus dem Dickbettmörtel – in die Platten eingewanderte Restfeuchte vorher ausdiffundieren kann. Eine zu frühe Behandlung würde das Austrocknen verzögern und zur Fleckenbildung führen. Auf die entsprechende Spezialliteratur [74] wird verwiesen.

- **Wachsbetonplatten** (Platten für den Außenbereich) entstehen durch Auswaschen der obersten Mörtelschicht in einer Tiefe von mehr als 2 mm, wobei das Grobkorn zur Vermeidung des Auswitterns nur bis zu einem Drittel seines Durchmessers freigelegt werden darf. Die Feinmörtelschicht wird entweder sofort nach der Fertigung in frischem Zustand – oder bei vorherigem Auftragen von Kontaktverzögerer auf die Schalung nach dem Erhärten des Betons – durch Wasserstrahl entfernt. Zwischen Herstellungs- und Verlegetermin sollten mind. 4 Wochen liegen (Druckfestigkeit).

Angaben über die Ausbildung von Bewegungsfugen sind Abschn. 11.3.6.5, Angaben über die Verlegung von Steinbelägen Abschn. 11.4.7.6 zu entnehmen. Verlegung, Aufmaß und Abrechnung erfolgt nach VOB Teil C, DIN 18 333, Betonwerksteinarbeiten.

Regelabmessungen-Betonwerksteinplatten (nicht genormt). Standard-Plattenformate – z. B.: 25 x 25 – 25 x 50 – 30 x 30 – 40 x 40 – 40 x 60 – 50 x 50 – 60 x 60 cm. Plattendicken-Innenbereich: 2 – 2,5 – 2,7 – 3,5 cm. Außenbereich: 4 – 5 cm. Sonderformate sind möglich.
Vorzugsmaße von einschichtigen Bodenplatten (Rekomarmor): 60 x 33 x 2 – 33 x 33 x 2 cm.

11.4.5.2 Terrazzofußböden

Terrazzoboden ist ein meist zweischichtig aufgebauter fugenloser Bodenbelag, der am Verlegeort hergestellt und oberflächenfertig bearbeitet wird. Er setzt sich aus einem etwa 30 mm dicken Unterbeton und einer kraftschlüssig darauf aufgebrachten, etwa 20 mm dicken Terrazzovorsatzschicht zusammen; außerdem unterteilen Trennschienen die Bodenfläche. Die Vorsatzschicht besteht aus gut schleifbaren farbigen Zuschlägen (Kalkstein, Marmorsplitt), weißem oder grauem Portlandzement als Bindemittel, Wasser und ggf. Farbpigmenten. Sie bestimmt das Aussehen der Nutzfläche, d. h. die Farbwirkung und das Kornbild der später geschliffenen Oberfläche.

Terrazzoböden sind sehr strapazierfähig, nichtbrennbar, leicht zu pflegen, vielfältig gestaltbar, aber auch lohnkonstenintensiv bei der Herstellung und damit relativ teuer. Während Betonwerksteinplatten seriell, in immer gleichbleibender Zusammensetzung im Betonwerk gefertigt und an der Baustelle nur noch verlegt werden, wird der Terrazzoboden vor Ort hergestellt. Die sich daraus ergebenden relativ langen Herstellungs-, Nachbehandlungs- und Trockenzeiten sowie die Gefahr der Entmischung des Terrazzobetons an der Baustelle werden als Nachteil angesehen.

- **Der Unterbeton** kann direkt auf tragendem Untergrund (Betonfestigkeit mind. B 25) in einer Mindestdicke von 30 mm aufgebracht werden. Um zwischen der meist trockenen Tagschicht und dem frischen Unterbeton einen unauflösbaren Haftverbund zu erreichen, muss zuvor eine Haftbrücke aufgetragen werden. Der Unterbeton kann jedoch auch auf Trennschichten oder auf Dämmschichten in einer Mindestdicke von 50 mm verlegt werden. Da beim späteren Herstellungs- und Schleifvorgang der Terrazzoschicht Wasser anfällt, muss die Abdeckung über der Dämmschicht wannenförmig und dicht ausgebildet sein (verklebte Bahnenstöße).
- **Trennschienen** sind im Terrazzoboden aus konstruktiven Gründen notwendig (Sollbruchstellen). Die aus Kunststoff oder Messing gefertigten Schienen haben in der Regel eine Höhe von 30 mm und werden etwa zur Hälfte in den Unterbeton, zur anderen Hälfte in die Vorsatzschicht eingesetzt. Sie unterteilen die Bodenfläche in Abständen von 3 bis 5 Metern, je nach Beanspruchung, grundrisslichem Zuschnitt und stofflicher Zusammensetzung der Schichten. Vorhandene Gebäudetrennfugen sind an gleicher Stelle und in gleicher Breite zu übernehmen (Bild **11**.41) und Randstreifen an allen aufgehenden und die Terrazzofläche durchdringenden Bauteilen vorzusehen.
- **Die Terrazzovorsatzschicht** wird auf den noch nicht erhärteten Unterbeton aufgezogen, um eine innige Verbindung beider Schichten zu erreichen. Anschließend wird die Vorsatzschicht gleichmäßig durch Walzen verdichtet und die dabei freiwerdende Zementschlämme abgezogen. Durch Zugabe von Fließmitteln ist es auch möglich, die Vorsatzschicht pumpfähig zu machen. Dieser sog. **Fließterrazzo** braucht nicht mehr gewalzt, sondern nur noch mit der Latte gleichmäßig abgezogen werden. Damit der Terrazzoboden eine möglichst hohe Festigkeit erreicht, ist der Belag mehrere Tage feucht zu halten.
- **Die Oberflächenbearbeitung** kann frühestens zwei Tage nach dem Einbau der Vorsatzschicht beginnen. In mehreren Schleifvorgängen wird der Boden geschliffen, dazwischen mit Spachtelmasse gespachtelt und bis zum Feinschliff weiter bearbeitet. Die Ausbildung der Boden-Wandanschlüsse erfolgt mit farblich passenden, vorgefertigten Formstücken. Nach der abschliessenden Reinigung darf der Boden keinesfalls sofort – sondern erst nach etwa 8 bis 10 Wochen – mit Fluaten, Polierwachs o. Ä. behandelt werden. Weitere Einzelheiten sind der Spezialliteratur [75] zu entnehmen.

Herstellung, Aufmaß und Abrechnung von Terrazzoarbeiten nach VOB Teil C sind unter DIN 18 353, Estricharbeiten, erfasst.

11.4.6 Bodenbeläge aus bitumengebundenen Bestandteilen: Asphaltplattenbeläge

Asphaltplatten bestehen aus einem Gemisch aus Naturasphaltrohmehl (bitumenhaltiger Kalkstein) oder gemahlenem Naturgestein und Spezialbitumen als Bindemittel, das unter hohem Druck zu Fußbodenplatten gepresst wird.

Naturasphaltplatten sind vielseitig einsetzbar und eignen sich insbesondere für Industrieböden (z. B. in Werkstätten, Messe- und Markthallen), aber auch als Bodenbelag in Kirchen, Versammlungsstätten, Kunsthallen u. Ä. Moderne Gestaltungsabsichten lassen sich mit den neuen – hellen und farbigen – Platten verwirklichen.

Asphaltplatten sind maßhaltig, sehr strapazierfähig, rutschsicher und vor allem fußwarm (Wärmeleitzahl 0,40 W/mK) und relativ leicht zu reinigen. Außerdem isolieren sie gegen elektrische Ströme; soweit erforderlich, sind sie jedoch auch elektrisch leitfähig ausrüstbar und verlegbar. Hinsichtlich ihres Brandverhaltens werden sie in die

Baustoffklasse B1 (schwerentflammbar) nach DIN 4102 eingestuft.

Die Eignung der Platten wird ganz wesentlich von den thermoplastischen Eigenschaften des Bindemittels bestimmt. Diese bewirken eine niedrige Körperschall-Leitfähigkeit (sog. innere Dämpfung), so dass die Platten trittschall- und lärmdämpfend sind. Andererseits sind Asphaltplatten nur für Räume mit einer Raumtemperatur bis max. 50 °C geeignet. Wirken hohe Punktlasten auf die thermoplastischen Platten ein, so sind die Aufstandsflächen (z. B. von Lagerregalen) zu vergrößern. Asphaltplatten sind außerdem nicht einsetzbar, wenn Öle, Fette, Säuren und Laugen anfallen; beständig gegen mineralische Öle und Benzin ist nur eine ganz bestimmte, nachstehend ausgewiesene Plattenart. Asphaltplatten jeglicher Art sind auch nicht für Nassräume und als Belag im Freien geeignet. Weitere Einzelheiten sind der Spezialliteratur [76] sowie dem AGI-Arbeitsblatt A 60 [77] zu entnehmen.

Plattenarten.[1] Die handelsüblichen Plattenarten werden folgendermaßen bezeichnet und näher beschrieben:

1. Naturasphaltplatten
   - naturfarben,
     schwarzgrau bis schwarzbraun
   - rot aufgelegt,
     rote Deckschicht (zweischichtig), Oberschicht etwa 8 bis 10 mm dick und mit Eisenoxidrot eingefärbt
   - naturfarben-weiß-marmorierte oder
   - rot-weiß-marmorierte Deckschicht, mit heller Natursteinkörnung in der Oberschicht
   - hellgrau, grün, braun, hellbeige,
     enthalten als Bindemittel ein helles Spezialbitumen (durchgefärbt)
2. Naturasphaltplatten
   - elektrisch leitfähig durch Graphit-Zusatz, naturfarben
3. Naturasphaltplatten
   - bedingt mineralölbeständig, naturfarben (beschichtet).

Die Beläge werden mit lösemittelfreien Wachskehrspänen gereinigt und gepflegt. Bei erhöhten optischen Ansprüchen an den Plattenbelag können nach [76] lösungsmittelfreie farblose Wachsemulsionen verwendet werden. Durch eine farblose oder farbige Grundierung mit einem Asphaltgrundiermittel wird Porenverschluss mit gleichzeitiger Oberflächenhärtung erreicht.

Imprägnierungen und Versiegelungen mit Kunstharz sind möglich.

Angaben über die Ausbildung von Bewegungsfugen sind Abschn. 11.3.6.5, Angaben über die Verlegung von Hartbelägen Abschn. 11.4.7.6 zu entnehmen.

Regelabmessungen-Naturasphaltplatten. Plattenformate von allen Plattenarten: 25 x 25 – 25 x 12,5 – 20 x 10 cm. Die Plattendicke wird von der Art der Beanspruchung bestimmt: Fußgängerverkehr 2 cm, leichter Fahrverkehr 2,5 cm, mittelschwerer Fahrverkehr 3 cm, schwerer Fahrverkehr 4 cm.

11.4.7 Bodenbeläge aus tongebundenen Bestandteilen: Keramische Fliesen und Platten

Allgemeines

Die Qualität keramischer Bodenbeläge wird vor allem durch eine sorgfältige Auswahl der Rohstoffe, ein dem jeweiligen Produkt entsprechendes Herstellungsverfahren mit angemessener Brenntemperatur sowie durch fachgerechte Verlegung vor Ort bestimmt.

Im Hinblick auf die Raumgestaltung sind Farbgebung, Glanzgrad, Struktur und Textur der Belagoberfläche sowie Plattenformat und die optische Wirkung des Fugennetzes zu beachten.

Die Verwendungseigenschaften keramischer Produkte werden weitgehend von der Güte des Scherbens bestimmt. Neben der jeweiligen Rohstoffmischung kommt vor allem der Brenntemperatur eine besondere Bedeutung zu. Wie die nachstehenden Tabellen verdeutlichen, ist die Porosität und damit auch die Wasseraufnahmefähigkeit des Scherbens ein besonders wichtiges Kriterium für die Einteilung keramischer Erzeugnisse.

Vom Grad der Offenporigkeit hängen außerdem so wichtige Materialeigenschaften wie Festigkeit, Verschleißverhalten, Rauigkeit und Fleckenempfindlichkeit sowie Frostbeständigkeit und Kleberhaftung ab.

In der Baupraxis werden nach wie vor die porösen Produkte als Steingut (Irdengut), die dichteren Erzeugnisse als Steinzeug (Sinterzeug) bezeichnet, obwohl diese Begriffe in den Normen nicht (mehr) vorkommen (Tabelle **11**.58). Beide Gruppen sind noch einmal unterteilt in grob- und feinkeramische Produkte, wobei diese beiden Bezeichnungen aufgrund herstellungstechnischer

---

[1] Die seitherigen Bezeichnungen Hochdruck-Asphaltplatten, Hochdruck-Asphaltplatten mineralölfest, sowie Hochdruck-Asphaltplatten säurefest sind nicht mehr gebräuchlich. Terrazzo Asphaltplatten werden nicht mehr hergestellt.

11

Tabelle **11**.58 Einteilung baukeramischer Erzeugnisse (außerhalb der Produktnormung)

Steingut/Irdengut		**Steinzeug/Sinterzeug**	
• hohe Wasseraufnahme • Scherben porös und saugfähig • offene Poren • nicht frostbeständig • **unterhalb** der Sintergrenze gebrannt (Brenntemperatur bei etwa 1000 °C)		• niedrige Wasseraufnahme • Scherben dicht, kaum saugend • weitgehend geschlossene Poren • frostbeständig • **oberhalb** der Sintergrenze gebrannt (Brenntemperatur bei etwa 1200 °C)	
Feinkeramik	**Grobkeramik**	**Feinkeramik**	**Grobkeramik**
• Scherben feinkörnig • trockengepresst • glasiert, dadurch • wasserdicht • **nur** für innen	• Scherben grobkörnig • stranggepresst • unglasiert • wasserdurchlässig	• Scherben feinkörnig • trockengepresst • glasiert und • unglasiert • für innen **und** außen	• Scherben grobkörnig • stranggepresst • glasiert und • unglasiert • für innen **und** außen
z. B.: Steingutfliesen (STG) mit hellen Scherben	z. B.: Mauerziegel, Dränrohre	z. B.: Unglasierte Steinzeugfliesen (STZ-UGL)	z. B.: Keramische Spaltplatten, Klinker, Riemchen
z. B.: Irdengutfliesen (IG) mit farbigen Scherben	z. B.: Töpferwaren, Blumentöpfe	z. B.: Glasierte Steinzeugfliesen (STZ-GL)	z. B.: Bodenklinkerplatten (zum Teil trockengepresst)

Tabelle **11**.59 Klassifizierung der keramischen Fliesen und Platten nach Herstellungsverfahren, Wasseraufnahmevermögen (E) und zugehörigen Produktnormen (Auszug aus DIN EN 87)

Formgebungs- und Herstellungsverfahren	Niedrige Wasseraufnahme	Mittlere Wasseraufnahme		Hohe Wasseraufnahme
	Gruppe I	Gruppe II a	Gruppe II b	Gruppe III
	$E \leq 3\,\%$	$3\,\% < E \leq 6\%$	$6\,\% < E \leq 10\,\%$	$E > 10\,\%$
Formgebung **A** Stranggepresste Platten	Gruppe A I DIN EN 121	Gruppe A II a DIN EN 186	Gruppe A II b DIN EN 187	Gruppe A III DIN EN 188
Formgebung **B** Trockengepresste Fliesen und Platten	Gruppe B I DIN EN 176	Gruppe B II a DIN EN 177	Gruppe B II b DIN EN 178	Gruppe B III DIN EN 159
Formgebung **C** Gegossene Fliesen und Platten	Für gegossene Fliesen und Platten gibt es z. Z. noch keine Produktnorm			

Bodenklinkerplatten sind in DIN 18 158 genormt (keine EN-Normung)

Weiterentwicklungen gegenüber früher an Informationswert verloren haben.

Einteilung und Benennung: Überblick

In der Grundnorm DIN EN 87 (zukünftig DIN EN ISO 13 006)[1)] werden keramische Fliesen und Platten nach dem jeweiligen Herstellungsverfahren und der Wasseraufnahme E (franz. Eau) in Gruppen eingeteilt (Tabelle **11**.59). Daran schließen sich Produktnormen, die die Anforderungen (technischen Merkmale) jeder Produktgruppe beschreiben und zahlreiche Prüfnormen an. S. hierzu Abschn. 11.5, Normen.

[1)] Die zur Zeit noch geltenden DIN EN Normen werden zukünftig durch DIN EN ISO Normen ersetzt.

11.4.7.1 Trockengepresste Fliesen und Platten: Steingutfliesen mit hoher Wasseraufnahme *E* > 10 %

Trockengepresste keramische Fliesen mit mittlerer Wasseraufnahme gehören nach der Klassifizierung zu der Gruppe B II a bzw. B II b, Fliesen mit hoher Wasseraufnahme zur Gruppe B III. Sie werden nach DIN EN 159 gefertigt (Tabelle **11**.59).

Diese Fliesen (Steingutfliesen) sind durch einen feinkörnigen, kristallinen, porösen Scherben mit hoher Wasseraufnahme gekennzeichnet. Zu ihrer Herstellung werden anorganische Hartstoffe (Quarz, Feldspat, Schamotte) und Weichstoffe (Ton, Kaolin) gemahlen, unter Zusatz von Wasser gemischt, gesiebt, entwässert und das nahezu trockene Granulat mit einem Wassergehalt von etwa 7 % unter hohem Druck in Stahlformen gepresst (Formgebungsverfahren B).

Glasierte Fliesen können entweder im Zweibrand- oder Einbrandverfahren hergestellt werden. Beim Zweibrandverfahren wird nach einem ersten Brand im Tunnelofen auf die Sichtseite der Rohlinge eine Glasur aufgesprüht, die dann bei einem weiteren Brand mit der Oberfläche des Scherbens verschmilzt. Beim Einbrandverfahren erfolgt der Brand von Scherben und Glasur in einem Fertigungsgang.

11

Durch diese Glasur erhält die Fliese ihr endgültiges Aussehen und ihre spezifische Oberflächeneigenschaften. Sie verhindert das Eindringen von Spritzwasser, ist weitgehend beständig gegen haushaltsübliche Reinigungsmittel, Seifen und schwache Säuren; außerdem gibt sie der Fliesenoberfläche die geforderte Ritzhärte, UV-Beständigkeit und schmutzabweisende Eigenschaft. Dekorfliesen werden im Siebdruckverfahren glasiert.

Aufgrund ihrer hohen Porosität lassen sich Steingutfliesen gut schneiden, bohren oder brechen, andererseits sind sie jedoch nur im Innenbereich zu verwenden, da sie frostempfindlich sind. Hier werden sie fast ausschließlich als Wandfliesen im Wohnungs- und Objektbau eingesetzt. Eine gewisse Ausnahme bilden Steingutfliesen mit besonders dickem Scherben. Diese können auch auf mäßig beanspruchten Bodenflächen – wie beispielsweise im häuslichen Bad – verlegt werden, so dass Fußboden und Wandflächen aus ein und demselben Material bestehen.

11.4.7.2 Trockengepresste Fliesen und Platten: Steinzeugfliesen mit niedriger Wasseraufnahme *E* < 3 %

Trockengepresste keramische Fliesen mit niedriger Wasseraufnahme gehören nach der Klassifizierung zu der Gruppe B I. Sie werden nach DIN EN 176 hergestellt (Tabelle **11**.59).

Diese glasierten und unglasierten Fliesen (Steinzeugfliesen) sind durch einen feinkörnigen, kristallinen, dichtgesinterten Scherben mit niedriger Wasseraufnahme gekennzeichnet. Zu ihrer Herstellung werden Ton, Kaolin, Quarzsand, Feldspat und Wasser nach den in der feinkeramischen Industrie üblichen Verfahren aufbereitet, unter hohem Druck in Formen gepresst (Formgebungsverfahren B) und bei Temperaturen von etwa 1200 °C zur Sinterung gebrannt (= Beginn des Schmelzprozesses, ohne Deformation der Formlinge). Dabei entsteht ein Scherben mit sehr dichtem Gefüge und großer Härte.

Steinzeugfliesen sind feuchtigkeitsbeständig, wasserabweisend, widerstandsfähig gegen mechanische, chemische und thermische Beanspruchungen, leicht zu reinigen und zu desinfizieren. Die geringe Wasseraufnahme ist Voraussetzung für ihre Witterungs- und Frostbeständigkeit. Zur Erhöhung der Trittsicherheit in gewerblichen Bereichen und nassbelasteten Barfußbereichen können sie mit speziellen Oberflächen ausgestattet sein. S. hierzu Abschn. 11.4.7.4, Rutschhemmende Bodenbeläge.

Glasierte Steinzeugfliesen

Glasierte Steinzeugfliesen eignen sich für Bodenbeläge und Wandbekleidungen im Innen- und Außenbereich sowie für Fassadenbekleidungen und Auskleidungen von Schwimmbecken (Behälterbau). Außerdem sind sie beständig gegen Fleckenbildner und Haushaltschemikalien. Beständigkeit gegen Säuren und Laugen muss jeweils gesondert vereinbart werden.

Jeder genutzte Bodenbelag unterliegt einem gewissen Verschleiß. Dieser ist abhängig vom jeweiligen Anwendungsbereich und der Häufigkeit der Begehung, von Art und Grad der Verschmutzung sowie Härte und Verschleißfestigkeit des Belagmateriales.

Während unglasierte Steinzeugbodenfliesen praktisch keinen Anwendungsbeschränkungen unterliegen, lassen sich bei glasierten Fliesen Oberflächenverkratzungen nicht ganz vermeiden. Sie sind bei dunklen Farben stärker erkennbar als bei hellen, qualitativ jedoch nicht von Bedeutung. Da Quarz – Hauptbestandteil von Sand – schon bei geringem Abrieb hochglänzende Glasuren stumpf und unansehnlich werden lässt, sollten derart glänzende und unifarbene Bodenfliesen nur für wenig begangene Flächen, wie beispielsweise Badezimmerböden, eingesetzt werden.

Um Schmutz vom glasierten Bodenbelag fernzuhalten, sind genügend große und richtig angeordnete Sauberlaufzonen im Eingangsbereich eines Objektes und für solche Räume vorzusehen, die direkt von Außen zugänglich sind. Einzelheiten hierzu s. Abschn. 11.4.2, Reinigung und Pflege.

Glasurabrieb/Beanspruchungsgruppen. Die Bestimmung des Oberflächenverschleisses und der Beanspruchungsgruppen von glasierten Fliesen und Platten werden im sog. PEI-Nasstest-Verfahren nach DIN EN 154 (zukünftig DIN EN ISO 10 545-7) ermittelt. Wie Tabelle **11**.60 zeigt, unterscheidet man fünf Beanspruchungsgruppen.

Unglasierte Steinzeugfliesen

Unglasierte Steinzeugfliesen sind besonders strapazierfähig und geeignet für alle Bodenbeläge und Wandbekleidungen im Innen- und Außenbereich sowie zur Auskleidung von Becken und Behältern mit hoher mechanischer und chemischer Beanspruchung (Säureschutzbau).

Extrem beanspruchte Fußböden mit starkem Publikums- bzw. Fahrverkehr – wie beispielsweise in Supermärkten, Hotels, Schulen, Verwaltungsgebäuden, Schalter- und Bahnhofshallen, Krankenhäusern, Fußgängerpassagen usw. – sollten immer unglasierten Steinzeugfliesen (Feinsteinzeugfliesen) vorbehalten bleiben.

Anders verhält es sich, wenn fleckenbildende Flüssigkeiten wie Öle, Fette und farbige Flüssigkeiten anfallen. Sie dringen in die (wenigen) Poren tief ein und sind dann nur noch sehr schwer zu entfernen. Erhöhte Fleckenbeständigkeit kann von unglasierten Steinzeugfliesen nur erwartet werden, wenn diese nach dem Verlegen mit einer geeigneten Imprägnierung behandelt wurden.

Regelabmessungen – Steingutfliesen/Steinzeugfliesen. Plattenformate nach dem sog. Oktametersystem (1/8 m = 125 mm): 125 x 125 – 25 x 65 – 25 x 125 – 250 x 250 mm.

Plattenformate nach dem sog. Dezimetersystem (M = 1/10 m = 100 mm): 50 x 50 – 100 x 100 – 150 x 100 – 150 x 150 – 200 x 200 – 300 x 200 – 300 x 300 – 400 x 400 – 600 x 600 – 900 x 600 – 900 x 900 mm. Darüber hinaus gibt es noch eine Vielzahl von Sonderformaten, Kombinationsbelägen und kompletten Zubehörprogrammen.

Steinzeug-Kleinformate (Mosaik)

Mosaikflächen setzen sich aus einzelnen, kleinen Plättchen – deren Fläche in der Regel kleiner als 90 Quadratzentimeter ist – zusammen. Um diese rationell und preisgünstig verlegen zu können, werden die Plättchen entweder mit ihrer Vorderseite (Ansichtsfläche) oder mit ihrer Rückseite auf Papier- oder Kunststoffnetze aufgeklebt und in Form von Verlegetafeln angeboten. Für stark nassbelastete Flächen (Nassräume, Schwimmbecken) oder frostgefährdete Flächen (Fassaden, Terrassen) werden die auf der Oberseite geklebten Tafeln empfohlen (besserer Haftverbund mit dem Verlegegrund).

Regelabmessungen-Kleinmosaik: 20 x 20 – 24 x 24 mm, Tafelgrösse 306 x 510 mm. Mittelmosaik: 33 x 33 – 48 x 48 – 73 x 73 mm, Tafelgrösse 300 x 500 mm. Rundmosaik: 20 – 50 mm Durchmesser. Außerdem werden Sechseckmosaik, Kombimosaik u. a. angeboten.

Trockengepresste Fliesen und Platten: Feinsteinzeugfliesen mit besonders niedriger Wasseraufnahme $E < 0{,}5$ %

Feinsteinzeug (ital. Gres Porcellanato) ist aus extrem feingemahlenen Rohstoffen gefertigt. Die daraus in besonderen Verfahren aufbereitete Pressmasse (Sprühgranulate) wird nach dem Entwässern in Stahlformen unter hohem Druck zu Platten verdichtet und im Einbrandverfahren bei einer Temperatur von etwa 1220 °C gebrannt (Tabelle **11**.59).

Tabelle **11**.60 Beanspruchungsgruppen glasierter Fliesen und Platten mit Anwendungsbereichen [78]

Beanspruchungs-gruppe	Anzahl der Umdrehungen	Grad der Beanspruchung	Anwendungsbereiche Beispiele
I	150	sehr leicht	Schlaf- und Sanitärräume im privaten Wohnbereich
II	300 bis 600	leicht	Privater Wohnbereich, außer Küchen, Dielen, Treppen, Terrassen
III	750 bis 1500	mittel	Gesamter Wohnbereich mit Bädern, Dielen, Fluren, Balkonen; Hotelzimmer und -Bäder; Sanitär- und Therapieräume in Krankenhäusern
IV	> 1500	höher	Eingänge, Verkaufs- und Wirtschaftsräume, Büros
V	> 12 000	sehr hoch	Läden, Restaurationsbetriebe, Theken- und Schalterbereiche

Die materialtechnische Besonderheit besteht darin, dass der Scherben beim Brand hochgradig verglast und nahezu vollkommen dicht gesintert nur noch eine minimale Porigkeit aufweist (Wasseraufnahme 0 bis 0,5 %). Daraus ergeben sich prozellanähnliche Eigenschaften bezüglich Festigkeit, Ritzhärte, Verschleißwiderstand, Fleckenunempfindlichkeit, Frostbeständigkeit usw.

Aufgrund dieser Eigenschaften wird Feinsteinzeugmaterial überall dort eingesetzt, wo Fußbodenbeläge besonders stark frequentiert werden, wie zum Beispiel in Einkaufspassagen, Ladengeschäften, Restaurants, Verwaltungsgebäuden sowie in Industrie- und Gewerbebetrieben. Auch im privaten Bereich gewinnt die Feinsteinzeugfliese zunehmend an Bedeutung.

Feinsteinzeug ist ein in der Masse homogen aufbereitetes und aus verschieden eingefärbten Granulaten (Graniti-Effekt) bestehendes Material. Die Fliesen werden in den unterschiedlichsten Farbnuancen und Oberflächenvarianten angeboten, wie beispielsweise naturbelassen (nicht glasiert), schieferartig, leicht strukturiert, geschliffen oder hochglanzpoliert sowie mit besonders rutschfesten Oberflächen. Vermehrt werden Feinsteinzeugfliesen auch glasiert hergestellt. Ein Widerspruch in sich, da dieses durchgehend homogen aufgebaute, hochabriebfeste und dichte Material keiner Glasur bedarf.

11

Beim Verlegen von Feinsteinzeugfliesen sind einige Besonderheiten zu beachten, da auch die Fliesenrückseiten äußerst glatt sind und dieses dichte Gefüge den üblichen zementgebundenen Dünnbettmörteln zu geringe Verzahnungsmöglichkeiten (Zementleimvernadelung) bietet. Für eine sichere Verlegung von Feinsteinzeugmaterial sind daher hydraulisch erhärtende – speziell **kunststoffvergütete** Dünnbettmörtel – einzusetzen. Ausschlaggebend für die Adhäsion zwischen Feinsteinzeugrückseite und Dünnbettmörtel ist somit die Verklebung über die Kunststoffanteile des kunststoffvergüteten Dünnbettmörtels. Bei Bodenbelägen, bei denen mit chemischen Belastungen zu rechnen ist, sind Reaktionsharzklebstoffe auf Polyurethan – oder Epoxydharzbasis einzusetzen. S. hierzu auch Abschn. 11.4.7.6, Verlegeverfahren bei Keramik- und Steinbelägen.

Regelabmessungen-Feinsteinzeugfliesen. Fliesenformate: 125 x 125 – 150 x 150 – 150 x 300 – 250 x 250 – 300 x 300 – 335 x 335 – 400 x 400 – 600 x 600 – 600 x 1200 mm sowie Rechteck-, Sechseck-, Achteck- und Sonderformate mit komplettem Zubehörprogramm. Plattendicken üblicherweise 9 bis 12 mm.

11.4.7.3 Stranggepresste keramische Platten: Spaltplatten mit Wasseraufnahme *E* < 3 % bis 6 %

Stranggepresste keramische Platten (Spaltplatten) mit niedriger Wasseraufnahme gehören nach der Klassifizierung zu der Gruppe A I, mit mittlerer Wasseraufnahme in die Gruppe A IIa. Sie werden nach DIN EN 121 oder nach DIN EN 186-1 hergestellt (Tabelle **11**.59).

Spaltplatten gehören demnach ebenfalls in die Gruppe der Steinzeugprodukte. Die Rohstoffe sind Ton, Feldspat, Quarz, Schamotte und etwa 15 % Wasser. Diese Ausgangsmischung wird in knetbarem Zustand durch das Mundstück einer Vakuum-Strangpresse in Form eines Doppelstranges gepresst (Formgebung A). Von diesem Strang werden Doppelplatten in vorbestimmter Länge abgeschnitten, anschließend getrocknet, gegebenenfalls glasiert, bei Temperaturen über 1200 °C gebrannt und zu Einzelplatten gespalten.

Platten mit einer schwalbenschwanzförmig ausgebildeten Rückseite eignen sich zur Verlegung im Mörtelbett (Dickbettverfahren), diejenigen mit einer rillenförmigen Profilierung für das Dünnbettverfahren. Auch Formstücke wie Treppenwinkel, Kehlsockel, Überlaufrinnen oder Randplatten für Schwimmbäder können durch Strangpressen gefertigt werden.

Keramische Spaltplatten sind druck-, stoß- und ritzfest sowie säure- und laugenbeständig. Aufgrund des dichten Scherbens und ihrer relativ niedrigen Wasseraufnahme weisen sie eine hohe Frostbeständigkeit auf, so dass sie für Bodenbeläge und Wandbekleidungen im Innen- und Außenbereich geeignet sind. Sie werden glasiert und unglasiert in verschiedenen Formen, Farben und Abmessungen hergestellt. Weitere Einzelheiten sind der Spezialliteratur [78], [79], zu entnehmen.

Regelabmessungen-Spaltplatten: 240 x 115 – 240 x 240 – 240 x 52 – 194 x 194 – 194 x 94 mm sowie Sechseck-, Achteck- und Sonderformate mit komplettem Zubehörprogramm. Plattendicken von 8 bis 25 (40) mm. Verlegung, Aufmaß und Abrechnung nach VOB Teil C, DIN 18 352, Fliesen- und Plattenarbeiten.

11.4.7.4 Anforderung an die Trittsicherheit: Rutschhemmende Bodenbeläge

Nach der Arbeitsstättenverordnung und den Unfallverhütungsvorschriften müssen Fußböden eben, rutschhemmend und leicht zu reinigen sein. Besondere Schutzmaßnahmen gegen Ausgleiten sind überall dort erforderlich, wo gleitfördernde Stoffe, wie zum Beispiel Wasser, Öle, Fette,

Lebensmittel, Abfälle u. Ä. auf den Boden gelangen und die Rutschgefahr erhöhen. In folgenden Anwendungsbereichen ist bei der Auswahl von Bodenbelägen darauf zu achten:

- **Gewerbebereich** Bewertungsgruppen R9 bis R13, ohne oder mit Verdrängungsraum V
- **Barfußbereich** Bewertungsgruppen A, B, C
- **Privatbereich** Empfehlung – Bewertungsgruppe R9

Rutschhemmende Bodenbeläge für Arbeitsräume, Arbeitsbereiche und öffentlich genutzte Verkehrswege. Während in Industrie- und Gewerbeobjekten trittsichere Bodenbeläge schon seit langem vorgeschrieben sind, werden entsprechende Trittsicherungs-Anforderungen erst seit einigen Jahren auch für öffentlich zugängliche Bereiche – wie beispielsweise Schalterhallen in Geldinstituten, Hotel- und Empfangshallen, Verkaufsbereiche, Kindergärten, Schulen usw. – gefordert.

Das Verfahren zur Prüfung der Rutschhemmung von Bodenbelägen für Arbeitsräume, Arbeitsbereiche und Verkehrswege ist in DIN 51 130 geregelt. Die Prüfung erfolgt durch Begehen einer verstellbaren schiefen Ebene durch bestimmte Prüfpersonen mit definierten Prüfschuhen und unter Einsatz des Gleitmediums Öl. Der sich aus einer Messreihe ergebende, mittlere Neigungswinkel der schiefen Ebene – bei dem die Grenze des sicheren Gehens durch die Prüfperson noch gegeben ist – ist für die Einordnung des zu prüfenden Belages in eine der fünf Bewertungsgruppen (R 9 bis R 13) maßgebend. Wie Tabelle **11**.61 zeigt, bieten Bodenbeläge der Bewertungsgruppe R 9 den geringsten, Beläge der Bewertungsgruppe R 13 den höchsten Rutschemmungsgrad.

Für bestimmte Arbeitsbereiche, wie Großküchen oder Schlachtereien, in denen besonders gleitfördernde Stoffe – wie beispielsweise Fette, Fleischreste, Abfälle – auf den Boden gelangen, muss unter der eigentlichen Gehebene noch zusätzlich ein sog. **Verdrängungsraum** vorhanden sein, und zwar in Form von Vertiefungen (Oberflächenprofilierung je nach Anforderung). Derartige Arbeitsbereiche werden mit V-Kennzeichen klassifiziert, wobei die Zahl das Volumen des Verdrängungsraumes in cm^3/dm^2 angibt. (Tabelle **11**.62)

Zur Erfüllung der sicherheitstechnischen Anforderungen ist das Merkblatt „Fußböden in Arbeitsräumen und Arbeitsbereichen mit erhöhter Rutschgefahr ZH1/571" zu beachten [80]. Im Anhang zu diesem Merkblatt sind in einer detaillierten Aufstellung die den Arbeitsbereichen (z. B. Küche, Wäscherei, Werkstätten) zugeordneten Bewertungsgruppen (Kennzeichnung R) sowie gegebenenfalls erforderliche Verdrängungsräume (Kennzeichnung V) aufgelistet.

Beispiele:
- Bodenbeläge von Speiseräumen, Gasträumen, Kantinen (einschließlich Bedienungsgänge) werden der Bewertungsgruppe R 9 zugeordnet.
- Bodenbeläge von Gaststättenküchen, Hotelküchen (bis 100 Gedecke pro Tag) müssen die Bewertungsgruppe R 11 sowie einen Verdrängungsraum V 4 aufweisen.

Tabelle **11**.61 Bewertungsgruppen der Rutschhemmung (Prüfverfahren auf schiefer Ebene)

Bewertungsgruppe	Neigungswinkel	Haftreibwert
R 9	> 3° –10°	geringer Haftreibwert
R 10	> 10°–19°	normaler Haftreibwert
R 11	> 19°–27°	erhöhter Haftreibwert
R 12	> 27°–35°	großer Haftreibwert
R 13	> 35°	sehr großer Haftreibwert

Tabelle **11**.62 Verdrängungsraum bei profiliertem Bodenbelag

Schematische Darstellung	Bezeichnung	Verdrängungsraum (cm^3/dm^2)
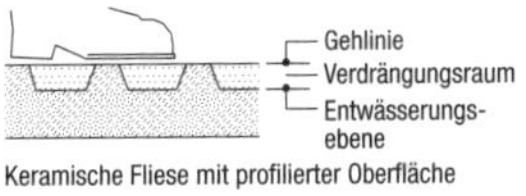	V 4	4
	V 6	6
	V 8	8
	V 10	10

Rutschhemmende Bodenbeläge für naßbelastete Barfußbereiche sind beispielsweise in Bädern, Krankenhäusern, Umkleide-, Wasch- und Duschräumen von Sport- und Arbeitsstätten sowie im gesamten Schwimmbadbereich gefordert. Das Ausgleiten in diesen Beriechen ist eine der häufigsten Unfallursachen.

Das Verfahren zur Prüfung der Rutschhemmung von Bodenbelägen für nassbelastete Barfußbereiche ist in DIN 51 097 geregelt. Als Bewertungsmaß gilt die Neigung einer verstellbaren schiefen Ebene, auf der sich eine Prüfperson barfuß auf dem zu prüfenden Bodenbelag gerade noch bewegen kann, ohne abzurutschen.

In dem Merkblatt GUV 26.17 „Bodenbeläge für nassbelastete Barfußbereiche" [81] werden die Bereiche entsprechend den unterschiedlichen Rutschgefahren drei Bewertungsgruppen A, B

Tabelle **11**.63 Bewertungsgruppen von nassbelasteten Barfußbereichen

Bewertungsgruppe	Anwendungsbereiche (Auszug)	Neigungswinkel
A	• Barfußgänge (weitgehend trocken) • Umkleideräume • Sauna- und Ruhebereiche	> 12°
B	• Duschräume und Beckenumgänge • Planschbecken • Beckenbögen in Nichtschwimmerbereichen • Treppen, die in das Wasser führen • Sauna und Ruhebereiche (soweit nicht A zugeordnet)	> 18°
C	• Treppen, die in das Wasser führen (soweit nicht B zugeordnet) • Durchschreitebecken • Geneigte Beckenrandausbildung	> 24°

und C zugeordnet, wobei die Anforderungen an die Rutschhemmung von A bis C zunehmen (Tabelle **11**.63).

Die geprüften Bodenbeläge werden in regelmäßigen Abständen in einer sog. Liste „NB" veröffentlicht. Diese Liste erfasst Beläge aus Keramik, Naturwerkstein, Betonwerkstein, Glas, beschichtete Werkstoffe, Kunststoffe und Gummi, Edelstahlbleche und -formteile sowie Holz.

Ausrutschunfälle lassen sich nicht nur durch rutschhemmende Bodenbeläge verhindern. Zusätzlich sind auch bauliche und organisatorische Maßnahmen (z. B. Vermeidung von Absätzen / Stolperstufen, ausreichendes Bodengefälle in Nassbereichen usw.) sowie insbesondere die Verwendung geeigneter Reinigungs-, Desinfektions- und Pflegemittel zu beachten.

11

Privatbereich. Für den privaten Anwendungsbereich mit Zuständigkeit diverser Versicherungsträger gibt es kein Regelwerk und auch kein Prüfverfahren bezüglich Trittsicherungs-Anforderungen an Bodenbeläge. Allgemein wird jedoch empfohlen – zumindest in Küche, Diele und Bad – solche Beläge einzusetzen, die der untersten Bewertungsgruppe (R 9) des gewerblichen Bereiches entsprechen. Weitere Einzelheiten sind der Spezialliteratur [79], [82] zu entnehmen.

11.4.7.5 Bodenbelagkonstruktionen mit keramischen Fliesen und Platten, Naturwerkstein und Betonwerkstein

Belagkonstruktionen. Keramik- und Steinbeläge können entweder

- mit Verbund zum tragenden Untergrund oder
- auf Trennschicht- und Dämmschichten verlegt werden.

Demnach unterscheidet man Verbund-Bodenbeläge und sog. schwimmend verlegte Bodenbeläge.

Die nachstehenden Ausführungen beziehen sich schwerpunktmäßig auf zementgebundenen Verlegeuntergrund in Form von Estrich oder Mörtelbett; materialbedingte Abweichungen beispielsweise bei Calciumsulfat- und Gussasphaltestrich sind den Abschnitten 11.3.6.2, Estricharten, sowie 11.3.6.4, Estrichkonstruktionen, zu entnehmen.

1. Keramik- und Steinbeläge auf tragendem Untergrund (Verbundkonstruktion)

Verbundbeläge werden überall dort eingesetzt, wo hohe mechanische Beanspruchungen, thermische Belastungen o. Ä. zu erwarten sind (Gewerbe- und Industriebau) und die Belagkonstruktion keine Anforderungen bezüglich Wärme-, Schall- oder Feuchteschutz zu erfüllen hat (Bild **11**.33 und Bild **11**.64).

Verbundkonstruktion. Das Prinzip der Verbundkonstruktion besteht darin, dass alle Schichten – Bodenbelag, Dickbettmörtel oder Dünnbettkleber – eine kraftschlüssige, schubfeste und vollflächige Verbindung untereinander und mit dem tragenden Untergrund aufweisen. Von ausschlaggebender Bedeutung ist vor allem der Verbund zwischen Verlegemörtel bzw. Verbundestrich zum tragfähigen Untergrund.

Wie in Abschn. 11.3.6.4 bereits erläutert, muss daher auf den sorgfältig gesäuberten Untergrund (Beton nach DIN 1045) immer zuerst eine Haftbrücke (Zementschlämme) zur Verbesserung der Haftung aufgetragen werden. Kunstharzdispersionen oder Reaktionsharze erhöhen den Verbund ebenfalls.

Belagkonstruktion. Keramik- und Steinbeläge können verlegt werden

- auf erhärtetem Verbundestrich/Ausgleichschicht (DIN 18 560-3) in der Regel im Dünnbettverfahren nach DIN 18 157 oder im Dickbett,
- auf frisch eingebrachtem Mörtelbett im Dickbettverfahren nach DIN 18 352 (VOB) mit vorher darauf aufgebrachter Haftschlämme als Kontaktschicht. Bei bestimmten Keramik- und Steinbelägen kann diese Verlegeart Verfärbungen und Ausblühungen verursachen; sie ist daher nur für kleinere Belagflächen zu empfehlen.
- auf ausreichend ebener Rohbetondecke im Dünnbettverfahren nach DIN 18 157. Dies setzt jedoch einen Verlegeuntergrund voraus, der die erhöhten Ebenheitsanforderungen nach DIN 18 202, Tabelle 3, Zeile 3, erfüllt. Vgl. hierzu Tabelle **11**.2.

Schwindprozess. Mit dem Aufbringen von Keramik- und Steinbelägen ist jedoch Vorsicht geboten, so lange der Untergrund noch starke Formänderungen infolge Schwindens anzeigt (z. B. nicht abgeschlossener Schwindprozess einer noch jungen Stahlbetondecke oder eines frischen zementären Verbundestrichs). Da der „harte" Oberbelag den Verformungen des Untergrundes nicht folgt, kann es zu Schubspannungen kommen, die vom Verbund nicht mehr aufgenommen werden können. Es besteht dann die Gefahr von Ablösungen.

Aus diesem Grund sind entsprechende Wartezeiten einzuhalten, und zwar müssen Verlegeflächen aus Beton zum Zeitpunkt der Belagverlegung ein Mindestalter von 6 Monaten, zementgebundene Verbundestriche ein solches von 28 Tagen aufweisen. Die in den Tabellen **11**.32 und **12**.9 angegebene Restfeuchte ist ebenfalls einzuhalten.

Falls diese in DIN 18 157 geforderten Mindestalter (Wartezeiten) nicht eingehalten werden können, bietet sich je nach zu erwartender Beanspruchung die Verlegung von Keramik- und Steinbelägen auf elastischen Zwischenschichten (kunststoffvergütete, besonders flexible Klebstoffe), auf sog. Entkopplungsmatten (Bild **11**.66) oder als schwimmender Belag auf Trennschicht nach DIN 18 560-3 an.

Bei im Verbund verlegten Belägen sind Gebäudetrennfugen an gleicher Stelle wie in der tragenden Konstruktion gemäß Abschn. 11.3.6.5 vorzusehen. Die Anordnung von Bewegungsfugen (Feldbegrenzungsfugen) ist bei Verbundestrichen zu unterlassen; sie sind schädlich und stören den Verbund. Randfugen sind an den aufgehenden Bauteilen nur anzulegen, wenn diese Teile nicht fest mit dem tragenden Untergrund verbunden sind.

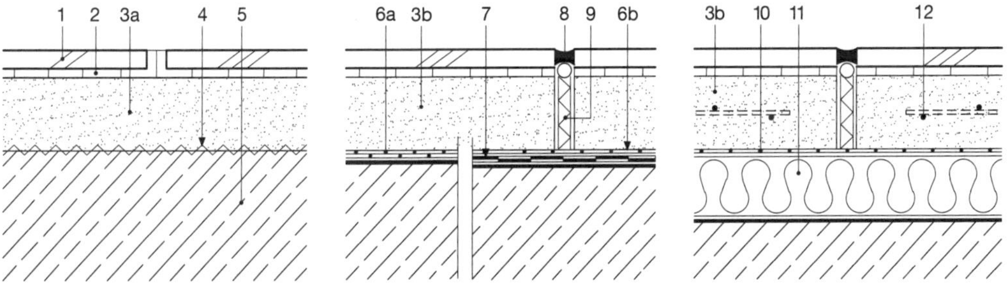

11.64a **11**.64b **11**.64c

11.64 Schematische Darstellung von Bodenbelagkonstruktionen mit Keramik- und Steinbelägen. Vgl. hierzu auch Bild **11**.33.
a) Belag mit Verbund zum tragenden Untergrund (Verbundbelag). Die Anordnung von Bewegungsfugen (Feldbegrenzungsfugen) ist bei Verbundestrichen zu unterlassen.
b) Belag auf Estrich über Trennschicht oder Abdichtung mit Bewegungsfuge (Feldbegrenzungsfuge)
c) Belag auf Estrich über Dämmschicht mit Abdeckung und Bewegungsfuge (Feldbegrenzungsfuge)

1 Keramik- und Steinbeläge
2 Dünnbettkleber
3a Verbundestrich oder Mörteldickbett
3b Lastverteilungsschicht (schwimmender Zementestrich)
4 Haftbrücke
5 tragender Untergrund (Rohbetondecke)
6a Trennschicht/Gleitschicht (PE-Folie, zweilagig)
6b Trennschicht über Abdichtung (PE-Folie, einlagig)
7 Abdichtung gegen Feuchtigkeit nach DIN 18 195
8 elastoplastische Fugenmasse mit Vorfüllprofil
9 Bewegungsfuge (Feldbegrenzungsfuge)
10 Abdeckung (PE-Folie 0,1 mm, einlagig)
11 Dämmschicht
12 Bewehrung nach Bedarf (Betonstahlmatte)

Festigkeitsklassen/Nenndicken von Verbundestrichen sind Abschn. 11.3.6.4, Estrichkonstruktionen und Estrichherstellung, zu entnehmen. Weitere Einzelheiten s. AGI-Arbeitsblatt A 70 [83].

2. Keramik- und Steinbeläge auf Trennschicht

Belagkonstruktionen auf Trennschicht (Bild **11**.64b) werden vor allem aus bautechnischen oder bauphysikalischen Gründen eingesetzt. Einzelheiten hierzu s. Abschn. 11.3.6.4.

Die Trennschicht hat die Aufgabe, die über ihr liegende Konstruktion bei möglichst geringem Gleitwiderstand sicher vom tragenden Untergrund zu trennen. Da durch das Einfügen der Trennschicht kein Haftverbund mit diesem besteht, können sich Deckenauflage und Tragdecke unabhängig voneinander bewegen.

Voraussetzung hierfür ist jedoch, dass ein ebener Untergrund, eine darauf aufgebrachte zweilagige Trenn- und Gleitschicht sowie elastische Randfugen zwischen der Bodenkonstruktion und allen aufgehenden Bauteilen die freie Beweglichkeit ermöglichen. Je nach Estrichart, Größe des Estrichfeldes und der Raumgeometrie sind Feldbegrenzungsfugen einzuplanen sowie Gebäudetrennfugen gemäß Abschn. 11.3.6.5 vorzusehen und auszubilden.

Belagkonstruktion. Keramik- und Steinbeläge können verlegt werden

- auf erhärtetem Estrich über Trennschicht (DIN 18 560-4) in der Regel im Dünnbettverfahren nach DIN 18 157 oder im Dickbett,
- auf frisch eingebrachtem Mörtelbett über Trennschicht im Dickbettverfahren nach DIN 18 352 (VOB).

11

Verlegen auf Estrich. Form- und Volumenänderungen ergeben sich bei der lose aufliegenden, dünnen zementären Estrichplatte (mind. 35 mm dick) vor allem durch Schwinden und Quellen sowie thermisch bedingte Einflüsse. Dabei kann sich die Estrichplatte in der Fläche verwölben oder an den Rändern aufschüsseln.

Um diese Formänderungen von zementärem Estrich auf Trennschicht auf eine unschädliche Größenordnung zu begrenzen, ist eine möglichst schwindarme Zusammensetzung des Estrichmörtels anzustreben. Einzelheiten hierzu s. Abschn. 11.3.6.2, Estricharten. Außerdem muss der Zementestrich auf Trennschicht zum Zeitpunkt der Belagverlegung ein Mindestalter von 28 Tagen nach DIN 18 157 sowie die in den Tabellen **11**.32 und **12**.9 angegebene Restfeuchte aufweisen.

Falls diese geforderten Wartezeiten nicht eingehalten werden können, bietet sich je nach Beanspruchung die Verlegung eines Belages auf elastischen Zwischenschichten (besonders flexible Klebstoffe) oder auf sog. Entkopplungsmatten an (Bild **11**.66).

Verlegen auf Mörtelbett über Trennschicht. Derartige Konstruktionen sind besonders schadensanfällig. Aufgrund der starken Verformungstendenzen der frischen Mörtelschicht – die die Aufgabe einer Lastverteilungsschicht nach DIN 18 560 zu übernehmen hat – stellen sie ein nicht zu kontrollierendes **Risiko** dar. Bei bestimmten Stein- und Keramikbelägen kann diese Verlegeart nicht nur zu Rissbildungen sondern auch zu Verfärbungen und Ausblühungen führen. Vgl. hierzu auch Bild **11**.56c.

Festigkeitsklassen/Nenndicken von Estrichen auf Trennschicht sind Abschn. 11.3.6.4, Estrichkonstruktionen und Estrichherstellung, zu entnehmen.

3. Keramik- und Steinbeläge auf Dämmschicht

Schwimmende Belagkonstruktionen (Bild **11**.65) werden vor allem aus Gründen des Wärme- und Schallschutzes eingebaut. Der Gesamtaufbau dieser Fußbodenkonstruktion sowie Art, Anordnung und Dicke der einzelnen Schichten, insbesondere der Dämmung und Abdichtung sowie die Anordnung der Bewegungsfugen, sind in den Abschnitten 11.3.2 bis 11.3.6 im einzelnen erläutert, so dass sich eine nochmalige Wiederholung an dieser Stelle erübrigt.

Belagkonstruktion. Keramik- und Steinbeläge können verlegt werden

- auf erhärtetem Estrich über Dämmschicht (DIN 18 560-2) in der Regel im Dünnbettverfahren nach DIN 18 157 oder im Dickbett,
- auf frisch eingebrachtem Mörtelbett über Dämmschicht im Dickbettverfahren nach DIN 18 352 (VOB).

Verlegen auf Estrich. Um konvexe Verwölbungen beim Schwindprozess des Verbundsystems Belag/Zementestrich weitgehend zu vermeiden, muss auch bei dieser schwimmenden Konstruktion eine möglichst schwindarme Lastverteilungsschicht hergestellt werden und diese beim Aufbringen des Belages ein Mindestalter von 28 Tagen aufweisen. Die zulässigen Feuchtegehalte (Belegreife) sind den Tabellen **11**.32 und **12**.9 zu entnehmen.

Falls diese geforderten Wartezeiten nicht eingehalten werden können, bietet sich je nach Beanspruchung die Verlegung eines Belages auf elastischen Zwischenschichten (besonders flexible Klebstoffe) oder auf sog. Entkopplungsmatten an.

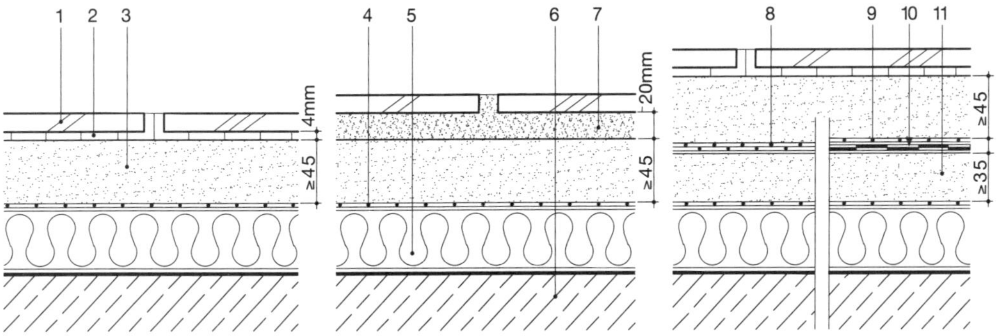

11.65a **11**.65b **11**.65c

11.65 Schematische Darstellung von Bodenbelagkonstruktionen mit Keramik- und Steinbelägen auf Dämmschicht. Vgl. hierzu auch Bild **11**.56.

a) Belag im Dünnbett auf erhärtetem Zementestrich
b) Belag im Dickbett auf erhärtetem Zementestrich
c) Belag im Dünnbett auf erhärtetem Zementestrich über Trennschicht oder Abdichtung

1 Keramik- und Steinbeläge
2 Dünnbettkleber
3 erhärteter Zementestrich (Lastverteilungsschicht mind. 45 mm)
4 Abdeckung (PE-Folie 0,1 mm, einlagig)
5 Dämmschicht
6 tragender Untergrund (Rohbetondecke)
7 Verlegemörtel (Dickbett 15 bis 20 mm)
8 Trennschicht (PE-Folie 0,1 mm, zweilagig)
9 Trennschicht über Abdichtung (PE-Folie, einlagig)
10 Abdichtung gegen Feuchtigkeit nach DIN 18 195
11 Schutzschicht (mind. ≥ 35 mm)

Bei zementgebundenen Estrichen mit Keramik- und Steinbelägen kann eine Bewehrung aus Betonstahlmatten zweckmäßig sein, um dadurch bei eventuell auftretenden Rissen einen Höhenversatz der Risskanten zu begrenzen.

Verlegen auf Mörtelbett über Dämmschicht. Diese Verlegeart ergibt zwar eine relativ niedrige Konstruktionshöhe, ist jedoch ansonsten nicht unproblematisch (Gefahr von Aufwölbung, Rissebildung, Verfärbung an der Belagoberfläche) und sollte nur in Ausnahmefällen aufgebracht werden. Vgl. hierzu auch Bild **11**.56c.

Festigkeitsklassen/Nenndicken von Estrichen auf Dämmschichten sind Abschn. 11.3.6.4, Estrichkonstrukionen und Estrichherstellung, zu entnehmen.

Auf die vom Zentralverband des Deutschen Baugewerbes herausgebrachten Merkblätter [43], [48] wird besonders hingewiesen. Verlegung, Aufmaß und Abrechnung nach VOB Teil C, DIN 18 332 – Naturwerksteinarbeiten, DIN 18 333 – Betonwerksteinarbeiten sowie DIN 18 352 – Fliesen- und Plattenarbeiten.

11.4.7.6 Verlegeverfahren bei keramischen Fliesen und Platten, Naturwerkstein und Betonwerkstein

Keramik- und Steinbeläge können im Dickbett- oder Dünnbettverfahren verlegt werden. In der Regel müssen die jeweiligen Verlegeuntergründe das vorgeschriebene Mindestalter, die notwendige Festigkeit und zulässigen Feuchtegehalte (Belegreife) aufweisen sowie je nach Estrichart entsprechende Bewegungsfugen eingeplant sein. Außerdem ist immer eine möglichst vollsatte Verlegung der Bodenbeläge anzustreben. Werden Keramik- und Steinbeläge in Räumen verlegt, die zum dauernden Aufenthalt von Menschen bestimmt sind, so muss im allgemeinen auch für ausreichenden Schall-, Wärme- und Feuchteschutz gesorgt sein.

1. Dickbettverfahren

Der konventionellen Verlegung im Dickbett wird der Vorzug gegeben, wenn die vorhandene Verlegefläche unregelmäßig und nicht ganz eben abgezogen ist oder ungleich dicke Platten verlegt werden sollen. Die Dickbettverlegung eignet sich auch zur Herstellung großflächiger, mechanisch hochbelastbarer Belagkonstruktionen im Rüttelverfahren (Industrieböden).

Dies setzt tragfähige Untergründe wie Beton (DIN 1045) oder erhärtete Zementestriche in Form von Verbundestrich oder schwimmendem Estrich (Lastverteilungsplatte) nach DIN 18 560 voraus. Dagegen sind Trockenbaukonstruktionen – deren Verlegeflächen in der Regel gegen kurzzeitig einwirkende Feuchtebelastungen empfindlich sind – für eine Dickbettverlegung ungeeignet.

Um eine möglichst innige Verbindung zwischen Verlegefläche und Mörtelbett zu bekommen, ist zunächst eine Haftbrücke gemäß Abschn. 11.3.6.4 auf den sauberen und saugfähigen Untergrund aufzubringen. Darauf wird das 15 bis 20 mm dicke Mörtelbett aufgetragen, mit der Setzlatte leicht verdichtet und eben abgezogen (Mörtelgruppe II/III. Mischungsverhältnis Zement CEM I 32,5 (seither Z 35): Sand 0 bis 4 mm, in RTL 1:4 bis 1:5).

Um auch zwischen dem Belag und dem frisch aufgezogenen Mörtelbett einen möglichst guten Haftverbund zu erzielen, wird dieses – je nach Eignung des Steinbelages – mit einer dünnen Kontaktschicht (Zementmörtelschlämme) überstrichen, die Platten in die frische Schicht eingelegt, ausgerichtet und angeklopft.

Um Verfärbungen bei Naturwerksteinen zu vermeiden, sind Erkundigungen beim Steinlieferanten über die besonderen Eigenschaften des Steinmaterials einzuholen; auch die nachstehenden Angaben über Verfärbungen bei Naturwerksteinbelägen sind zu beachten.

Verfärbungen bei Naturwerksteinbelägen. Das Angebot der auf dem Markt befindlichen Natursteine ist sehr umfangreich und vielschichtig. Um eine fachgerechte Verlegung vornehmen zu können, sind Kenntnisse über deren Eigenschaften ebenso notwendig, wie die richtige Beurteilung und Vorbehandlung der verschiedenartigen Verlegeuntergründe sowie die Auswahl geeigneter Verlegemörtel und Fugendichtstoffe.

Verändert haben sich im Laufe der Zeit auch die Verlegetechniken. Während früher nur dickschichtige Natursteinplatten im Dickbett verlegt wurden, werden die mit modernen Schneid- und Gattertechniken hergestellten, wesentlich dünneren Natursteinfliesen, heute zunehmend im Dünnbett und auf Fußbodenheizung verlegt.

Zusammengefasst bedeutet dies, dass bei der Natursteinverlegung wesentlich komplexere Zusammenhänge berücksichtigt werden müssen als beim Verlegen anderer Belagarten.

- **Optische Beeinträchtigungen.** Zu den häufigsten Beanstandungen bei Naturwerksteinbelägen zählen Verfärbungen und Ausblühungen (Aussinterungen) an der Oberfläche und im Rand- bzw. Fugenbereich der Platten. Im einzelnen unterscheidet man Verfärbungen durch
  - Gesteinsinhaltsstoffe in Form von organischen (pflanzlichen) und anorganischen Substanzen (Salze, Mineralien, Metalloxide),
  - Substanzen aus dem Verlegeuntergrund, Mörtelbett oder Klebstoff,
  - Einflüsse von oben (Schmutzpartikel, Tausalzeinwirkung, Pflegemaßnahmen),
  - Einwanderungen seitlich über die Fugen in die Plattenkanten (Randzonenverfärbungen durch Überschusswasser vom Fugenmörtel, Weichmacherwanderung aus elastoplastischem Fugendichtstoff, Reinigungswasser).
- **Verfärbungsmechanismen.** Der Transport von verfärbungsaktiven Substanzen erfolgt über das Wasser (Feuchtewanderung). Die Kapillarität (Porosität) und das Saugvermögen (Wasseraufnahmefähigkeit) gelten bei allen Gesteinen als Maß für die Verfärbungsneigung und als wesentliches Anzeichen dafür, in wie weit bei einem Gestein mit Verfärbungen zu rechnen ist.

  Dementsprechend ist zwischen verfärbungsempfindlichen Naturwerksteinen (z. B. Marmor, Solnhofener Platten) und relativ unempfindlichen Steinen (z. B. Granit, Porphyr, Alta-Quarzit) zu unterscheiden.

  Verfärbungen und Ausblühungen können zwar weitestgehend verhindert werden, ganz auszuschließen sind sie aufgrund der vielfältigen Beschaffenheit und Struktur der Natursteine jedoch nie.
- **Verlegung von Naturwerksteinplatten.** Großformatige, nicht kalibrierte Naturwerksteinplatten werden nach wie vor im klassischen Dickbettverfahren verlegt. Diese Verlegung im Zementmörtelbett birgt jedoch die Gefahr, dass überschüssiges, bei der Zementhydration nicht kristallin gebundenes Anmachwasser in den Naturwerksteinbelag diffundiert. Dabei können, wie zuvor aufgezeigt, lösliche Substanzen aus dem Mörtelbett und aus dem Naturwerkstein, Verfärbungen und Ausblühungen hervorrufen. Aber auch bei der Dünnbettverlegung müssen Vorkehrungen getroffen werden, dass der Feuchtetransport durch den Naturstein verhindert wird. Und zwar im wesentlichen durch:
  - Notwendige Feuchteschutzmaßnahmen (Abdichtung, Dampfsperre) im Bereich des tragenden Untergrundes.
  - Beachten der Belegreife (Restfeuchte) bei der Lastverteilungsschicht gemäß Tabelle **11**.32 sowie Tabelle **12**.9.
  - Einsatz von Trasszement für Naturwerksteinverlegung, durch den sich die Verfärbungsneigung wesentlich vermindern, aber nicht ganz verhindern lässt.
  - Verwenden von schnell erhärtendem Dünnbettmörtel aus kalkarmen Schnellzement als sichere Alternative, bei dem das Anmachwasser durch Hydration nahezu vollständig gebunden wird.
  - Beschichten der Plattenunterseite gegebenenfalls mit Dichtschämme o. Ä., wodurch der Naturstein auf der Rückseite wasserundurchlässig wird, jedoch dampfdurchlässig bleibt.
  - Verwendung weiß eingefärbter, schnell erhärtender und flexibel eingestellter Dünnbettmörtel nach DIN 18 156-2 (zukünftig DIN EN 12 004), für das Verlegen von weißen, hellen oder durchscheinenden Naturwerksteinen.
  - Einsatz der Fließbettmörtel-Technologie beim Dünnbettverfahren, die eine weitgehend hohlraumfreie Belageinbettung ergibt.

Weitere Einzelheiten sind der Spezialliteratur [43], [44], [71], [72] zu entnehmen.

2. Dünnbettverfahren

Beim Dünnbettverfahren nach DIN 18 157 werden gleichmäßig dicke, sog. kalibrierte Keramik- und Steinbeläge auf einen nahezu ebenen Verlegeuntergrund verlegt. Da ein Ausgleich von Unebenheiten bei diesem Verfahren kaum möglich ist, muss der Verlegeuntergrund in seiner Ebenflächigkeit der fertigen Nutzfläche weitgehend entsprechen. S. hierzu Tab. **11**.2, Ebenheitstoleranzen.

Bei unzureichender Ebenheit der Verlegeflächen muss diese gegebenenfalls durch vorheriges Aufbringen entsprechender Glätte- oder Ausgleichsschichten (Fließspachtel) hergestellt werden. Nach der Schichtdicke unterscheidet man

- Feinspachtelmassen bis 3 mm,
- Nivelliermassen ab 5 mm,
- Ausgleichsmassen bis 10 mm.

Der Dünnbettmörtel oder Klebstoff wird in gleichbleibender Schichtdicke – zwischen 2 und 5 mm je nach Fliesen- oder Plattenformat – mit einem Kammspachtel auf der Verlegefläche nach Angabe der Hersteller aufgebracht und die Belagplatten darin vollflächig eingebettet. Das Dünnbettverfahren ist sowohl auf Trockenbaukonstruktionen (z. B. Fertigteilestriche) als auch auf massiven Untergründen einsetzbar. Weitere Angaben hierzu s. Abschn. „Dünnbettmörtel und Klebstoffe".

Verlegeflächen aus Beton müssen beim Aufbringen des Belages ein Mindestalter von 6 Monaten aufweisen und Zementestriche mind. 28 Tage alt sein sowie die in den Tabellen **11**.32 und **12**.9 angegebene Restfeuchte aufweisen.

Falls diese geforderten Wartezeiten nicht eingehalten werden können, bietet sich je nach Beanspruchung die Verlegung eines Belages auf elastischen Zwischenschichten (besonders flexible Klebstoffe) oder auf sog. Entkopplungsmatten an.

Kritische Verlegeuntergründe

Dem Verformungsverfahren der durch innere Spannungen gekennzeichneten Verlegeuntergründe – meist verursacht durch unterschiedliche Schwind- und Quellneigungen, Ausdehnungskoeffizienten sowie Temperatureinflüsse – und den sich daraus für die Verlegung von Keramik- und Steinbelägen ergebenden Konsequenzen, ist große Beachtung zu schenken. Folgende Besonderheiten sind zu berücksichtigen:

- **Zementgebundene Estriche.** Einzelheiten über das Verformungsverhalten von Zementestrichen im Verbund, auf Trennschicht oder auf Dämmschicht sind den Abschnitten 11.3.6.4 und 11.3.6.5, Estrichkonstruktionen und Estrichherstellung, zu entnehmen. Es wird insbesondere auf den Abschnitt „Zementestrich auf Dämmschicht" verwiesen, in dem die zu erwartenden Probleme bei zu frühzeitiger Belagverlegung auf noch jungem Estrich angesprochen werden. Das ZDB-Merkblatt des Fliesengewerbes „Keramische Fliesen und Platten, Naturwerkstein und Betonwerkstein auf zementgebundenen Fußbodenkonstruktionen mit Dämmschichten" [43] ist in diesem Zusammenhang zu beachten.
- **Calciumsulfatgebundene Estriche.** Zu unterscheiden ist zwischen dem konventionellen Anhydritestrich (Bindemittel nach DIN 4208 „Anhydritbinder") und dem vermehrt eingebauten Calsiumsulfat-Fließestrich. Einzelheiten hierzu sind dem Abschn. 11.3.6, Estricharten und Estrichkonstruktionen, zu entnehmen. Den aktuellen Stand der Technik beschreibt das ZDB-Merkblatt des Fliesengewerbes „Keramische Fliesen und Platten, Naturwerkstein und Betonwerkstein auf calciumsulfatgebundenen Estrichen" [84].

  Die Verlegung von Keramik- und Steinbelägen auf calciumsulfatgebundenen Estrichen erfolgt in der Regel im Dünnbettverfahren nach DIN 18 157. Eine Verlegung im Mittel- oder Dickbett ist aufgrund der – wenn auch nur kurzzeitigen – Feuchtigkeitsbelastung nicht üblich und nur in Verbindung mit einer Reaktionsharz-Grundierung zu empfehlen, die mit Quarzsand abzustreuen ist.

  Zur Vorbereitung der Verlegearbeiten muss die Oberfläche von Calciumsulfat-Estrichen mit einer Schleifmaschine angeschliffen und mit einem Industriestaubsauger abgesaugt werden, falls nicht verbindliche, anderslautende Herstellervorschriften vorliegen. Die Oberfläche ist anschließend mit einer geeigneten und auf den Dünnbettmörtel abgestimmten Grundierung zu versehen, sofern von Seiten des Dünnbettmörtelherstellers keine anderslautende Angaben gemacht werden. Daneben gibt es jedoch auch Systeme, die ohne Grundierung eingesetzt werden können.
- **Bitumengebundene Estriche.** Einzelheiten über Gussasphaltestriche sind dem Abschn. 11.3.6, Estricharten und Estrichkonstruktionen, zu entnehmen. Wegen ihres thermoplastischen Verhaltens werden sie nicht wie Mörtelestriche in Festigkeitsklassen sondern in Härteklassen unterteilt.

  Besonders zu beachten sind mögliche Längenänderungen des Gussasphaltestriches, aufgrund seines hohen Ausdehnungskoeffizienten. Dieser gibt an, um wieviel sich ein Baustoff bei einer bestimmten Temperaturdifferenz ausdehnt oder zusammenzieht. Dieser Wert beträgt für Gussasphaltestrich 0,035 mm/mK, für Keramikbeläge etwa 0,006 mm/mK. Aus dieser Differenz der Längenänderung ergeben sich Spannungen innerhalb des Verlegemörtels, die von diesem aufgefangen werden müssen.

  Vorsicht ist vor allem geboten, wenn die Bodenkonstruktion bei großen Glasflächen – mit direkter Sonneneinstrahlung – hohen Temperaturen ausgesetzt ist. Damit die sich daraus ergebenden Bewegungen des Gussasphaltestriches nicht zu Rissen im Fugenbereich oder Ablösungen der Platten führen, sind diese bei thermischer Beanspruchung mit besonders flexiblen, kunststoffvergüteten Dünnbett-Fliesenklebern zu verlegen.
- **Holzwerkstoffplatten.** Fertigteilestriche aus Holzwerkstoffplatten sind in Abschn. 11.3.7.6 näher erläutert. Als lastverteilende Schicht bieten sich kunstharzgebundene Spanplatten oder mineralisch gebundene Spanplatten an (nicht zu verwechseln mit den rein mineralischen Zementwerkstoffplatten, wie sie in Abschn. 11.3.7.8 aufgezeigt sind).

  Die Verwendung von Holzspanplatten als Verlegeuntergrund für Keramik- und Steinbeläge ist nicht unproblematisch und immer mit einem **Risiko**[1] verbunden. Be-

---
1) Das ZDB-Merkblatt „Hinweise für das Ansetzen und Verlegen von keramischen Fliesen und Platten auf Holzspanplatten" wurde zwischenzeitlich zurückgezogen. Auch bei sorgfältiger Beachtung aller Vorgaben dieses Merkblattes waren Schäden an der Konstruktion nicht auszuschließen (Fachverband des Deutschen Fliesengewerbes).

reits geringe Schwankungen der jeweiligen relativen Raumluftfeuchte führen zu erheblichen Formänderungen des Plattenmaterials. Außerdem unterscheidet sich das Bewegungsverhalten von Spanplatten bei Feuchteeinwirkung wesentlich von dem eines Hartbelages. Während sich die Spanplatte bei Feuchtezunahme ausdehnt bzw. bei Feuchteabnahme schwindet, verändern sich Keramik- und Steinbeläge dadurch nur unwesentlich. Des weiteren kommt es bei einseitig einwirkender Feuchte zu einer konvexen Verwölbung des Verlegeuntergrundes und in der Regel zu Rissen im Belag, insbesondere im Bereich der Spanplattenstösse.

Das Verlegen von Keramik- und Steinbelägen auf Fertigteilestrichen aus Holzwerkstoffplatten mit Mörtel oder Klebstoffen ist daher nicht zu empfehlen und entspricht nicht den allgemein anerkannten Regeln der Technik.

Falls dennoch das Aufbringen von Hartbelägen auf Holzwerkstoffen – beispielsweise im Bereich der Altbausanierung – erforderlich wird, bietet sich ihre Verlegung im Dünnbett auf sog. Entkopplungsmatten an, die gleichzeitig auch als Abdichtung gegen raumseitig einwirkende Feuchte dienen.

Entkopplungsmatten oder elastischer Belagverbund

Belagkonstruktionen mit starrem Verbund zum Verlegeuntergrund sind von Vorteil, wenn mit dem Einwirken hoher mechanischer Belastungen (z. B. Punktlasten) gerechnet werden muss. Diese kraftschlüssige Verbindung setzt jedoch voraus, dass der Untergrund keinen starken Formänderungen infolge Schwindens o. Ä. mehr ausgesetzt ist.

11

Diese Voraussetzung ist bei instabilen, sich im Laufe der Zeit noch verändernden, kritischen Untergründen – wie beispielsweise noch jungen Estrichen und Betonkonstruktionen, Mischuntergründen, Holzdielen- und Holzspanplattenböden – nicht gegeben, so dass eine starre Verlegung von Keramik- und Steinbelägen auf derartigen Untergründen schadenanfällig und immer mit einem Risiko verbunden ist.

Hinzu kommen immer kürzere Bauabwicklungszeiten und damit zunehmender Termindruck, so dass die in den Normen und Merkblättern geforderten Wartezeiten – beispielsweise 6 Monate bei Beton, 28 Tage bei Zementestrichen sowie das Einhalten der Belegreife (Restfeuchte) bei Mörtelestrichen – bis zum Aufbringen eines Belages häufig gar nicht mehr eingehalten werden können.

Als Verlegehilfen bei kritischen Untergründen bieten sich zum einen sog. Entkopplungssysteme, zum anderen der elastisch ausgebildete Belagverbund an. In diesem Zusammenhang wird auch auf Abschn. 11.3.6.2, Schnellestriche, verwiesen.

- **Entkopplungssystem.** Das Prinzip der Entkopplung beruht auf der Trennung von Belag und Untergrund. Durch den Einbau einer Entkopplungsmatte werden Spannungen zwischen Verlegeuntergrund und Hartbelag – die aus unterschiedlichen Formänderungen resultieren und meist in Form von Scherkräften auftreten – abgebaut und neutralisiert. Ebenso werden Spannungsrisse aus dem tragenden Untergrund überbrückt und nicht in den Belag übertragen.

Bild 11.66 zeigt den Einbau einer druckstabilen Entkopplungsmatte aus Polyethylen mit quadratischen, schwalbenschwanzförmig hinterschnittenen Vertiefungen, auf die rückseitig ein Trägervlies aufkaschiert ist (Gesamtdicke 3 mm). Diese Matte dient in Verbindung mit Keramik- und Steinbelägen nicht nur als Entkopplungsschicht sondern auch als Abdichtung gegen nichtdrückendes Wasser und Dampfdruckausgleichschicht bei unterseitiger Feuchtigkeit.

So bald der Estrich begehbar ist, kann die Matte – ohne Einhaltung der sonst üblichen Wartezeiten – vollflächig in einen darauf aufgebrachten Fliesenkleber eingebettet und damit verklebt werden. Unmittelbar daran anschließend werden die Fliesen und Platten im Dünnbettverfahren verlegt, wobei sich der Fliesenkleber in den schwalbenschwanzförmigen Vertiefungen verkrallt.

Bauwerksfugen (Gebäudetrennfugen) sind an gleicher Stelle und in gleicher Breite zu übernehmen und die Belagkanten durch spezielle Metallprofile zu schützen (Bild 11.41 und 11.42). Bei Großflächen ist der Belag über der Matte entsprechend den geltenden Regelwerken mit Bewegungsfugen (Feldbegrenzungsfugen) zu unterteilen; ihre Anordnung richtet sich nach dem jeweiligen Fugenraster des Belages.

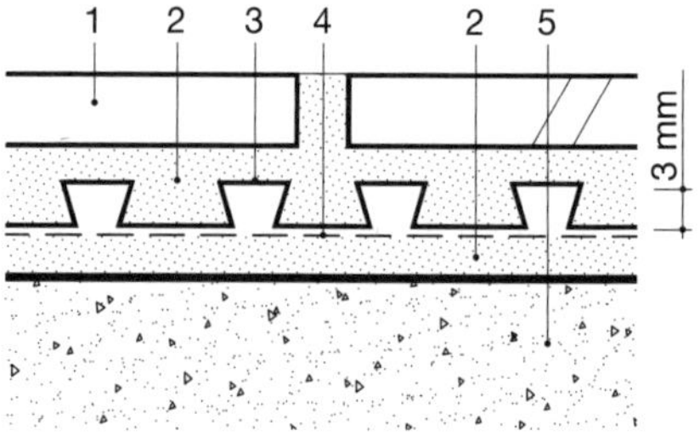

11.66 Schematische Darstellung einer Entkopplungsmatte auf kritischem Verlegeuntergrund mit Fliesen in Dünnbettverlegung [87]

1 Keramik- oder Steinbelag
2 Fliesenkleber (hydraulisch erhärtender Dünnbettmörtel nach DIN 18 156; zukünftig DIN EN 12 004)
3 druckstabile Entkopplungsmatte mit schwalbenschwanzförmig ausgebildeten Vertiefungen (Verlegematte zum Abdichten, Tragen, Entkoppeln, Schützen und Sanieren)
4 Vliesgewebe, rückseitig aufkaschiert
5 kritischer Verlegeuntergrund (z. B. noch junger Zementestrich)

- **Elastisch ausgebildeter Belagverbund.** Als weitere Verlegehilfe bei kritischen Untergründen bietet sich ein sog. elastischer Belagverbund an. Statt des sonst üblichen, starren Mörtels zwischen Belag und Untergrund wird hierbei eine – auch nach dem Einbau noch elastisch bleibende – Kleberschicht aufgebracht.

  Es eignen sich durch Kunststoffzusätze elastifizierte, hydraulische Dünnbettmörtel (DIN 18 156-2) oder Epoxidharz-Klebstoffe (DIN 18 156-4) – zukünftig DIN EN 12 004 –, die bei entsprechender Elastizität und Dicke der Zwischenschicht (etwa 4 mm) Formänderungen weitgehend spannungsfrei aufnehmen. Sie sind jedoch bei mechanisch hoch belasteten Belägen (Industrieböden) und sehr kritischen Verlegeuntergründen nur bedingt zu empfehlen. S. hierzu auch nachstehenden Abschn. „Dünnbettmörtel und Klebstoffe".

Dünnbettmörtel und Klebstoffe

Die Wahl des richtigen Mörtels oder Klebstoffes ist abhängig von der Art des Verlegeuntergrundes, der Art der Verlegeware, vom Einsatzzweck und der zu erwartenden Beanspruchung.

Normen. In der noch gültigen DIN 18 156-1 bis 4 sind die Eigenschaften der Stoffe, in DIN 18 157-1 bis 3 die Ausführungen von Bekleidungen im Dünnbettverfahren näher beschrieben.

Im Zuge der Neuabfassung der europäischen Normen wurde DIN EN 1322 geschaffen, die die wichtigsten Definitionen und Begriffsbestimmungen für Mörtel und Klebstoffe, Verlegeverfahren usw. beinhaltet.

DIN EN 12 004 beschreibt die wesentlichen Produkteigenschaften (Mindestwerte) von Mörteln und Klebstoffen, ihre Bezeichnungen, Kennwerte und Klassifizierung. Sie ersetzt zukünftig die DIN 18 156 in ihren Teilen 1 bis 4.

Diese Norm gilt somit für alle Mörtel und Klebstoffe, die für die Verarbeitung keramischer Fliesen und Platten im Dünnbettverfahren an Boden und Wand sowie im Innen- und Außenbereich bestimmt sind. Die darin beschriebenen Stoffe können auch für andere Materialarten – wie beispielsweise Natur- und Betonwerksteine – verwendet werden, wenn sie keine negativen Wirkungen auf diese haben.

Ergänzt wird die DIN EN 12 004 durch zahlreiche weitere Normen (Prüfnormen), wie sie in Abschn. 11.5 im einzelnen angeführt sind.

Mörtel und Klebstoffe. Die meisten Eigenschaften der Mörtel und Klebstoffe werden von der Art des jeweiligen Bindemittels bestimmt. DIN EN 12 004 unterscheidet:

- **Zementhaltige Mörtel (Typ C).** Gemische aus hydraulisch abbindenden Bindemitteln, mineralischen Zuschlägen und organischen Additiven (Kunststoffzusätze).
  - Zementäre Dünnbettmörtel erhärten mit Wasser in einer chemischen Reaktion (auch unter Luftabschluss). Die Trockengemische werden unmittelbar vor dem Verarbeiten mit Wasser angemacht. Sie entwickeln relativ hohe Endfestigkeiten und eignen sich daher für starre Verbindungen auf verformungsarmen, mineralischen Verlegeuntergründen wie Beton, Zementestriche usw. Außerdem sind sie wasserfest und frostbeständig, so dass sie in Nassbereichen und auch im Außenbereich eingesetzt werden können.
  - Elastifizierte Dünnbettmörtel enthalten als Bindemittel Zement und Kunstharzdispersionen. Der Zement erhärtet durch Hydration, die Kunstharzpartikel durch Trocknung. Je mehr Kunststoffteile der Mörtel enthält, desto verformbarer (flexibler) bleibt die ausgehärtete Mörtelschicht. Vgl. hierzu auch Abschn. „Entkopplungsmatten oder elastischer Belagverbund".

  Der Kunststoffanteil verbessert außerdem die Haftfestigkeit (Adhäsion), so dass damit auch Feinsteinzeugfliesen ausreichend sicher verlegt werden können.

- **Dispersionsklebstoffe (Typ D).** Gebrauchsfertiges Gemisch aus organischen Bindemitteln in Form wässriger Polymerdispersionen, organischen Zusätzen und mineralischen Füllstoffen.
  - In Dispersionsklebstoffen sind Kunstharzpartikel sehr fein verteilt, aber nicht gelöst. Sie erhärten durch Trocknung, so dass entweder der Verlegeuntergrund (Regelfall) oder ein saugender Scherbe (bei Steingutfliesen) das verdunstende Wasser aufnehmen muss. Erst wenn alle Feuchtigkeit dem Klebstoff entzogen ist, liegt eine erhärtete Kleberschicht (flexibler Klebefilm) vor. Dispersionsklebstoffe werden vor allem für Wandbekleidungen und weniger für Bodenbeläge verwandt.
  - Moderne Dispersionsklebstoffe zeichnen sich durch sehr unterschiedliche Formulierungsmöglichkeiten (Qualitäten) aus. Die Kleberschichten sind in der Regel nur beschränkt wasserfest und nicht frostbeständig, so dass sie für wasserbelastete Flächen und Außenanwendungen nicht geeignet sind.

    Andererseits gibt es jedoch auch Produkte, die in häuslichen Duschen und sogar im gewerblichen Bereich eingesetzt werden können. In jedem Fall dürfen Dispersionsklebstoffe in Feuchträumen nur verarbeitet werden, wenn dies vom Hersteller ausdrücklich angegeben ist.

- **Reaktionsharzklebstoffe (Typ R).** Gemisch aus synthetischen Harzen, mineralischen Füllstoffen und organischen Zusätzen, bei dem die Aushärtung durch eine chemische Reaktion erfolgt. Sie sind sowohl einkomponentig als auch mehrkomponentig (Bindemittel und Härter) erhältlich.

  Die Eigenschaften von Reaktionsharzklebstoffen können durch die Auswahl entsprechender Bindemittel angepasst werden. So sind Reaktionsharzkleber auf der Basis von
  - **Epoxidharzen** frostbeständig und wasserfest sowie mechanisch und chemisch hochbeständig (geeignet für säurefeste Verklebung und Verfugung), aber auch relativ teuer und nur für starre Untergründe geeignet. Vollflächig aufgetragene Epoxidharzklebstoffe sind

11

nicht nur wasserdicht sondern auch wasserdampfundurchlässig (Vorsicht – Dampfsperre!). Mit Klebern auf der Basis von

- **Polyurethanharzen** wird eine größere Flexibilität gegenüber den starren Epoxidharzen erreicht, so dass diese auch auf stärker verformenden Verlegeuntergründen aufgebracht werden können. Beide Kleberarten sind wesentlich teuerer als die vorgenannten Mörtel und Klebstoffe.

Klassifizierung. DIN EN 12 004 verlangt eine Klassifizierung der Mörtel und Klebstoffe, so dass die Produkteigenschaften auf der Packung (Gebinde) erkennbar sind. Es wird grundsätzlich unterschieden zwischen verbindlichen Kennwerten – die Mindestanforderungen vorgeben – und wählbaren Kennwerten, die erhöhte Anforderungen festlegen. Letztere differenzieren sich noch in zusätzliche und besondere Kennwerte. Weitere Einzelheiten sind den vorgenannten Normen sowie der Spezialliteratur [85] zu entnehmen.

Verlegeverfahren. Für das Aufbringen der Mörtel und Klebstoffe eignen sich unterschiedliche Verlegemethoden.

- Beim sog. Floating-Verfahren wird der Klebstoff mit einer Kammspachtel nur in einseitigem Auftrag auf die Verlegefläche aufgezogen. Diese Verlegeart ist relativ kostengünstig und für normal geforderte Bodenbeläge ausreichend.
- Beim sog. Buttering-Floating-Verfahren wird der Klebstoff sowohl auf den Untergrund als auch auf die Plattenrückseite aufgebracht (kombiniertes Verfahren), um vor allem bei großformatigen Fliesen und Platten eine möglichst vollflächige Einbettung zu erzielen. Diese Verlegemethode ist allerdings zeitaufwendig und damit teuer.
- Wesentlich rationeller und wirtschaftlicher lassen sich Keramik- und Steinbeläge mit neu entwickelten Fließbettmörteln verlegen. Diese werden in gießfähiger Konsistenz nur auf den Untergrund aufgebracht und damit eine weitgehend hohlraumfreie Verlegung erzielt.

Verfugung

Austrocknungszeiten. Nach dem Verlegen müssen die Keramik- und Steinbeläge noch eine gewisse Zeit mit offenen Fugen austrocknen, damit möglichst viel Mörtelfeuchtigkeit über das Fugennetz entweichen kann. Eine längere Austrocknungszeit ist vor allem bei der Dickbettverlegung – insbesondere bei verfärbungsgefährdeten Naturwerksteinbelägen – zwingend notwendig. Je nach Temperatur und relativer Luftfeuchte vor Ort, kann diese zwischen 7 und 14 Tagen oder darüber liegen. Bei in Dünnbettmörtel verlegten Belägen können die Verfugungsarbeiten in der Regel bereits nach 1 bis 3 Tagen ausgeführt werden.

Fugenbreite. Die Fugenbreite variiert bei Keramik- und Steinbelägen je nach Art und Format der Platten, Oberflächenrauigkeit und Art der Verfugung in der Regel zwischen 2 und 10 mm. Die übliche Fugenbreite im Innenbereich beträgt 2 bis 3 mm. Mit zunehmender Plattengröße steigen die zulässigen Toleranzen der Werkstücke, so dass bei größeren Kantenlängen die Fugenbreite 5 bis 10 mm betragen. Weitere Angaben sind VOB DIN 18 332 – Naturwerksteinarbeiten, DIN 18 333 – Betonwerksteinarbeiten sowie DIN 18 352 – Fliesen- und Plattenarbeiten zu entnehmen.

Flächenverfugung. Je nach Plattenart, Fugenbreite und der zu erwartenden Beanspruchung bieten sich im wesentlichen zwei Stoffgruppen als Verfugungsmaterial an:

- Hydraulisch erhärtende, zementäre Fugenmörtel (Mischung vor Ort Zement: Sand in RTL 1:2 bis 1:3), mit oder ohne Kunststoffmodifizierung, meist in Form von Fertigfugenmörteln.
- Reaktionsharz-Fugenmörtel, vorwiegend auf der Basis von Epoxidharzen, beständig gegen Chemikalien, mit sehr guter Flankenhaftung und weitgehend flüssigkeitsdichtem Fugenverschluss.

Verarbeitungsverfahren. Bei schmalen Fugen und bei Belägen mit dichter Oberfläche wird der Fugenmörtel – im sog. Schlämmverfahren – in plastischer Konsistenz mit einer Hartgummispachtel in die Fugen eingezogen. Bei Belägen mit rauen bzw. unglasierten Oberflächen und breiten Fugen werden die Fugenmassen mit einem Fugeneisen oder durch Ausspritzen (Spritzverfahren) verfugt.

Erst danach dürfen bei Keramik- und Steinbelägen die überstehenden Randstreifen mit Abdeckung abgeschnitten werden.

Fugendichtstoffe. Feldbegrenzungs- und Anschlussfugen sowie die üblicherweise 5 mm breite Randfuge zwischen Bodenbelag und Sockelfliese sind – wie in Abschn. 11.3.6.5, Anordnung und Ausbildung von Fugen, näher beschrieben – mit elastoplastischen Fugendichtstoffen zu schließen. Einzelheiten hierzu sind dem IVD-Merkblatt „Abdichtung von Bodenfugen mit elastischen Dichtstoffen" [86] zu entnehmen.

Die anschließende Reinigung des Keramik- oder Steinbelages erfolgt mit Wasser. Ein unter Umständen dann noch vorhandener Zementschleier ist mit einem Spezialreinigungsmittel oder einer verdünnten Essigsäure vorsichtig zu entfernen.

11.4.8 Bodenbeläge aus Holz und Holzwerkstoffen: Holzfußbodenbeläge

Allgemeines

Holzfußböden haben sich über Jahrhunderte bewährt und sind nach wie vor geschätzt. Die weitgehende Ablösung der Holzbalkendecke durch die Betondecke sowie immer rationellere Verarbeitungs- und Verlegemethoden führten zu erheblichen Wandlungen auf dem Gebiet des Holzfußbodenbaues. Die Entwicklung des Holzfußbodens zu einem modernen Ausbauelement ermöglichten vor allem neue holztechnologische Erkenntnisse, industrielle Fertigungsmethoden, verbesserte Klebstoffe und Versiegelungsmittel, das Aufkommen neuartiger Trockenunterbodenkonstruktionen sowie der Einsatz exotischer Hölzer aufgrund ihrer hohen Abriebfestigkeit und farbigen Schönheit. In Anbetracht der fortschreitenden Zerstörung tropischer Regenwälder ist beim letztgenannten Aspekt sicherlich ein Umdenken vonnöten und der Einsatz dieser wertvollen Hölzer als Bodenbelag auf ein Mindestmaß zu reduzieren. Wesentliche Eigenschaften des Holzfußbodens lassen sich aus dem Basismaterial Holz ableiten:

Als Vorteile sind zu nennen:

- geringe Wärmeableitung (fußwarmer Belag),
- günstige Trittschallverbesserungswerte (abhängig von der gesamten Unterbodenkonstruktion),
- günstige Trittelastizität bei fachgerechter Verlegung (kein vorzeitiges Ermüden der Fußmuskulatur),
- geringe elektrische Leitfähigkeit (Isolationswirkung) ohne elektrostatische Aufladeerscheinungen,
- relativ hohe Abriebfestigkeit (abhängig von der Holzhärte und Qualität der Versiegelung),
- umweltfreundliche Verarbeitung durch lösungsmittel- und formaldehydfreie Produkte (Dispersionsklebstoffe, Wasserlacke),
- eine Vielfalt von Holzarten, Farbtönungen, Verlegemustern (interessantes Gestaltungselement).

Nachteile können sich unter Umständen ergeben

- aus dem Schwinden und Quellen des Holzes (hygroskopisches Verhalten),
- durch unsachgemäße Verlegung (z. B. ungenügender Schutz vor Feuchtigkeitseinwirkung),
- bei zu schwerer, stoßartig oder punktförmig auftretender Lasteinwirkung,
- bei zu intensiver mechanischer Beanspruchung (Abschliff und Nachversiegelung bei „Laufstraßen"),
- durch überzogene Forderungen an den Oberflächenglanz des Versiegelungsfilmes („Speckschicht").

Einteilung und Benennung : Überblick

Dielen-Holzfußboden

Parkett-Holzfußboden[1)]

Stabparkett (22 mm)

- Parkettstäbe (DIN 280-1)
- Parkettriemen (DIN 280-1)

Massivparkett (10 mm)

Mosaikparkett

- Mosaikparkett-Lamellen (DIN 280-2)
- Hochkant-Lamellen (nicht genormt)

Fertigparkett

- Fertigparkett-Elemente (DIN 280-5)

Pflaster-Holzfußboden

- Holzpflaster GE (DIN 68 701) für gewerbliche Zwecke
- Holzpflaster RE (DIN 68 702) für repräsentative Zwecke.

11.4.8.1 Dielen-Holzfußboden

Holzfußböden aus Holzdielen werden wieder vermehrt gefordert und eingebaut (Dachgeschossausbau, Altbaurenovierung usw.). Verwendet werden vor allem Bretter aus Fichte, Tanne, Lärche, Kiefer und Douglasie, aber auch amerikanische Red Pine, Pitch Pine und Oregon Pine sind gefragt. Besonders geeignet sind Bretter mit aufrechtstehenden Jahresringen (größere Festigkeit, gutes Stehvermögen). Seitenbretter sollten wegen der geringeren Splittergefahr mit der Kernseite nach unten – d. h. mit der linken Seite nach oben – verlegt werden. Außerdem ist schmaleren Dielen der Vorzug zu geben, denn je breiter die Hobeldielen sind, desto größer ist die Gefahr des Verziehens beim Trocknen im eingebauten Zustand. Die nicht selten zimmerlangen Hobeldielen sind gemäß DIN 4072 passgenau gehobelt und mit Nut und Feder versehen (gespundete Bretter). Bild **11**.67. Sie können auf Massivdecken und Holzbalkendecken verlegt werden. Zum Zeitpunkt des Einbaues müssen sie einen Feuchtegehalt von 12 ± 2 %, bezogen auf die Darrmasse,

[1)] Neue europäische Normen für Parkett sind in Vorbereitung. Es werden voraussichtlich sechs Parkettnormen eingeführt:

- DIN EN 13 226-Holzfußböden. Parkettstäbe mit Nut und/oder Feder
- DIN EN 13 227-Holzfußböden. Vollholz-Lamparkettprodukte
- DIN EN 13 228-Holzfußböden. Vollholzparkett einschließlich Parkettblöcke mit Verbindungssystem
- DIN EN 13 488-Holzfußböden.Mosaikparkett ohne und mit Oberflächenbehandlung
- DIN EN 13 489-Holzfußböden.Mehrschichtparkett
- DIN EN 13 629-Holzfußböden. Massive Laubholz-Hobeldielen

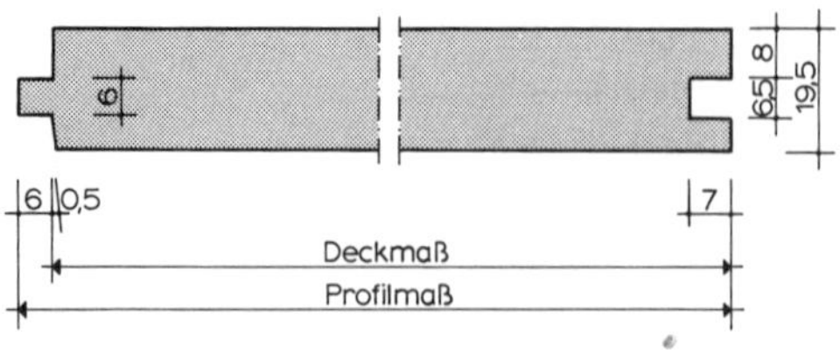

11.67 Hobeldiele mit Nut und angehobelter Feder (gespundetes Brett) nach DIN 4072

Deckmaß ist die Breite des Brettes ohne Feder

Profilmaß ist die Breite des Brettes einschließlich der Feder

aufweisen. Die seit einiger Zeit vom Handel angebotenen, überbreiten sog. Landhausdielen sind von ihrem mehrschichtigen Aufbau her den Fertigparkettelementen zuzuordnen, und wie in Abschn. 11.4.8.2 näher beschrieben, dementsprechend zu verlegen.

Hobeldielen über Massivdecken sind immer auf einer Unterkonstruktion aus Lagerhölzern aufzubringen, die in einem Achsabstand von etwa 60 bis 80 cm parallel und waagerecht ausgerichtet zueinander liegen. Der Achsabstand der Lagerhölzer hängt im wesentlichen von der Dielendicke, der zu erwartenden Belastung und der zulässigen Durchbiegung ab. Wie in Abschn. 11.3.7.1 im einzelnen dargestellt, müssen zur Sicherung des Feuchteschutzes gemäß DIN 68 771 zuvor eine 0,2 mm dicke PE-Folie vollflächig ausgelegt und die Lagerhölzer zur Verbesserung des Trittschallschutzes auf Mineralfaserdämmstreifen aufgebracht werden (Bild **11**.50a). Das vorherige Einbringen eines schwimmenden Estrichs entfällt. Das Kleben der Hobeldielen direkt auf den tragenden Untergrund ist nicht möglich.

Hobeldielen auf Holzbalkendecken. Bei Holzbalkendecken ist darauf zu achten, dass die heute üblicherweise verdeckt ausgeführte Nagelung auf keinen Fall durch die unter den Lagerhölzern angeordneten Dämmstreifen hindurchgeht (Schallbrücken!). Bild **11**.50b. Zwischen Dielenbelag und Wand oder anderen feststehenden Bauteilen ist ein genügend großer Abstand von etwa 15 mm vorzusehen. Zur Abdeckung dieser Randfuge werden meist Holzsockelleisten verwendet. Oberflächenbehandlung von Holzfußböden s. Abschn. 11.4.8.4. Weitere Angaben sind der Speziallitertur [88] zu entnehmen.

Regelabmessungen – Hobeldielen (gespundete Bretter nach DIN 4072): Brettbreiten (Profilmaß) 95 – 115 – 135 – 155 – 175 mm. Brettdicken 15,5 – 19,5 – 25,5 – 35,5 mm. Brettlängen von 1500 bis 6000 mm. Die Qualitätskriterien sind nach DIN 68 365, Bauholz für Zimmerarbeiten und DIN 68 360-2, Holz für Tischlerarbeiten, Gütebedingungen bei Innenanwendung, festgelegt. Aufmaß und Abrechnung nach VOB Teil C, DIN 18 334, Zimmer- und Holzbauarbeiten.

11.4.8.2 Parkett-Holzfußboden

Allgemeines

Die gebräuchlichsten Parkettarten – Stabparkett, Mosaikparkett, Hochkantlamellenparkett, Fertigparkett – können auf jedem festen, trockenen und ebenen Untergrund verlegt werden. Zu beachten sind dabei die entsprechenden Ebenheitstoleranzen (Tab. **11**.2), der notwendige Feuchtigkeitsschutz von Fußbodenkonstruktionen (Abschn. 11.3.2) sowie die in Abschn. 11.3.3 und Abschn. 11.3.4 erläuterten schall- und wärmetechnischen Anforderungen. Der zulässige Feuchtegehalt (Belegreife) von Estrichen ist Tab. **11**.32 sowie Tab. **12**.9 zu entnehmen. Die Verlegetechniken bei Parketthölzern – untereinander und auf dem tragenden Untergrund – sind unterschiedlich und richten sich nach der Parkettart und den jeweiligen baulichen Gegebenheiten. In jedem Fall sind zwischen Parkett und allen angrenzenden oder die Bodenkonstruktion durchdringenden Bauteilen ausreichend breite Randfugen (üblicherweise 10 bis 15 mm) vorzusehen. Holzsockelleisten, die diese Fugen abdecken, werden an den Ecken auf Gehrung gestoßen und mit Stahlstiften oder ggf. sichtbaren Schrauben an der Wand befestigt. Weitere Einzelheiten sind der Spezialliteratur [89] sowie dem Merkblatt [52] zu entnehmen.

Stabparkett (22 mm)

Parkettstäbe (DIN 280-1) sind ringsum genutete Parketthölzer, die beim Verlegen mit Hirnholzfedern (Querholzfedern) verbunden werden (Bild **11**.68a).

Parkettriemen (DIN 280-1) sind Parketthölzer, die an einer Kantenfläche (Längskante und Hirnholzkante) eine angehobelte Feder und an der

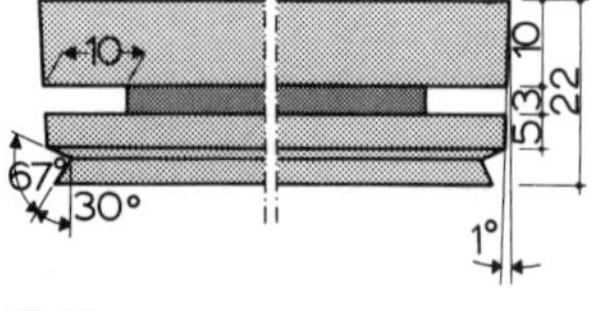

11.68a

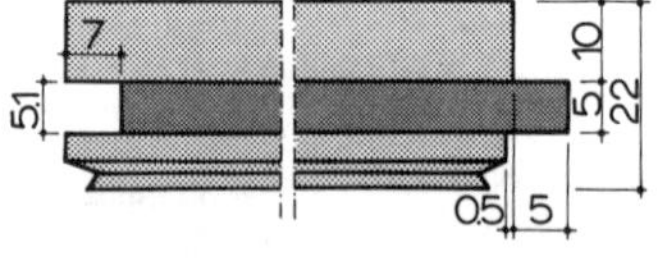

11.68b

11.68
Stabparkett (22 mm)
a) Parkettstab nach DIN 280-1
b) Parkettriemen nach DIN 280-1

anderen eine Nut haben. Beide Hirnholzkantenflächen können auch genutet sein (Bild **11**.68b).

Parkettstäbe und Parkettriemen – in der Regel aus Eiche, Esche, Buche (gedämpft/ungedämpft) sowie überseeischen Holzarten hergestellt – müssen an der begehbaren Oberseite rissfrei, die Kanten absolut parallel, rechtwinkelig und scharfkantig bearbeitet sein. Der Feuchtegehalt der fertigen Parkettstäbe hat zum Zeitpunkt der Lieferung 9 ± 2 %, bezogen auf die Darrmasse, zu betragen. Nach DIN 280 unterscheidet man drei Sortierungen (nicht zu verwechseln mit Güteklassen!) entsprechend den unterschiedlichen Wuchseigenschaften, Farben und Strukturen des natürlichen Rohstoffes Holz: Natur – Gestreift – Rustikal.

Stabparkett wird in der Regel vollflächig verklebt (z. B. auf Estrich, Fertigteilestrich), bei entsprechenden Untergründen (Blindböden) aber auch verdeckt genagelt. Bei der Verklebung ist darauf zu achten, dass der einzelne Parkettstab in den Kleber satt eingeschoben wird. Verwendet werden hartplastische Parkettklebstoffe (schubfeste Verklebung), da dem Holz immer eine gewisse Bewegungsfreiheit (Schwinden und Quellen) eingeräumt werden muss. Die Wahl des Klebstoffes ist abhängig von dem vorhandenen Unterboden und dessen Zustand, der zu verlegenden Parkettart und gewünschten Holzart. Für das Kleben von Parkett auf beheizten Fußbodenkonstruktionen sind nur dauertemperaturbeständige Kleber einzusetzen. Nach dem Abbinden des Klebstoffes wird der Holzfußboden am Verlegeort geschliffen und unmittelbar anschließend die entsprechende Oberflächenbehandlung vorgenommen. Einige Verlegemuster zeigt Bild **11**.69.

Regelabmessungen – Parkettstäbe und Parkettriemen: Länge von 250 bis 600 mm und darüber hinaus, von 50 zu 50 gestuft, bis 1000 mm. Breite 45 bis 80 mm, jeweils um 5 mm gestuft. Dicke 22 mm. Verlegung, Aufmaß und Abrechnung erfolgt für alle Parkettböden nach VOB Teil C, DIN 18 356, Parkettarbeiten.

Massivholzparkett (10 mm)

Das äußere Erscheinungsbild des sog. Zehn-Millimeter-Massivparkettes entspricht weitgehend dem des Stabparkettes. Seine Verbreitung wurde vor allem begünstigt durch die Forderung nach einem im Vergleich zum Stabparkett (22 mm) dünneren Massivholzbelag, der auch bei der Altbausanierung und niedrigen Raumhöhen eingesetzt und mit anderen, ähnlich dünnen Belägen (Keramikfliesen, Teppichware) kombiniert bzw. ausgetauscht werden kann. Das noch nicht genormte Massivparkett wird vor allem im Wohnungsbau und in mäßig beanspruchten öffentlichen Bauten verlegt. Die Kanten der Parketthölzer müssen absolut parallel, rechtwinkelig und scharfkantig bearbeitet sein, der Feuchtegehalt in Anlehnung an die DIN 280-1 muss zum Zeitpunkt der Lieferung 9 ± 2 %, bezogen auf die Darrmasse, betragen. Die Einzelstäbe bzw. Verlegeeinheiten – bei denen die Stäbe auf Gitterstoff oder Klebepapier aufgezogen sind – werden ohne Nut und Feder stumpf aneinandergestoßen und vollflächig auf die üblichen Estriche verklebt.

Regelabmessungen – 10 mm Massivparkett (nicht genormt): Länge von 200 bis 300 mm, Breite zwischen 40 und 60 mm. Dicke 10 mm. Aufmaß und Abrechnung erfolgt nach VOB Teil C, DIN 18 356, Parkettarbeiten.

Mosaikparkett

Mosaikparkett besteht aus 8 mm dicken, nebeneinanderliegenden Einzellamellen (DIN 280-2), die zu größeren Verlegeeinheiten mit unterschiedlichen Mustern (z. B. schachbrettartig, in Würfel mit jeweils fünf Lamellen) werkseitig zu-

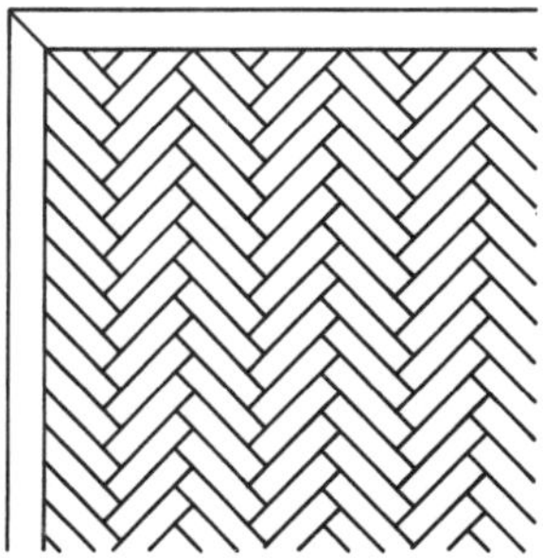

11.69a

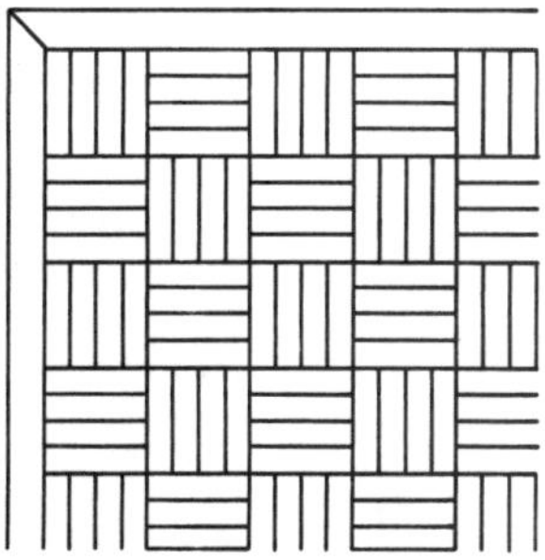

11.69b

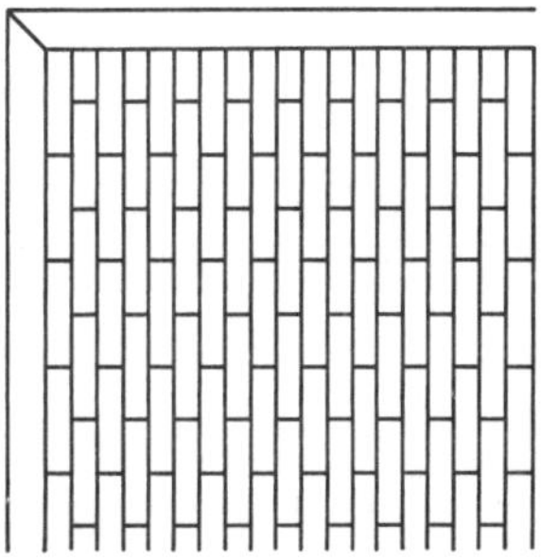

11.69c

11.69 Verlegemuster von Stabparkettböden
a) Fischgrätmuster
b) Würfelmuster
c) Schiffsbodenmuster

sammengesetzt sind. Die einzelnen Lamellen werden lose, nur durch ein unterseitig angeklebtes Netzgewebe oder Lochpapier zusammengehalten. Im Gegensatz zu den übrigen Parkettarten (Ausnahme: 10 mm Massivparkett), die alle von Element zu Element durch Federn miteinander verbunden sind, haftet das Mosaikparkett nur durch den Kleber auf dem jeweiligen Untergrund. Dieser muss entsprechend fest und eben ausgebildet sein. Der Feuchtegehalt der Lamellen muss zum Zeitpunkt der Lieferung 9 ± 2 %, bezogen auf die Darrmasse, betragen. Die Holzsortierungen tragen die Bezeichnungen: Natur – Gestreift – Rustikal.

Regelabmessungen – Einzellamellen: Längen von 120 bis 165 mm. Breite 20 bis 25 mm. Dicke 8 mm. Verlegung, Aufmaß und Abrechnung wie beim Stabparkett.

Hochkant-Lamellenparkett

Hochkant-Lamellenparkett besteht aus hochkant aneinandergereihten, jeweils 8 mm breiten Einzellamellen, die, ähnlich wie zuvor beschrieben, zu größeren, streifenförmigen Verlegeeinheiten werkseitig zusammengesetzt werden. Es ist ein robuster, unempfindlicher, vielseitig einsetzbarer und zugleich preiswerter Parkettfußboden, der vor allem in Werkstätten, Laboratorien, Schulen, Gaststätten, aber auch im Wohnbereich verlegt wird. Der Feuchtegehalt der Lamellen muss zum Zeitpunkt der Lieferung 9 ± 2 %, bezogen auf die Darrmasse, betragen. Die vollflächige Verklebung und Oberflächenbehandlung erfolgt wie beim Stabparkett.

Regelabmessungen – Einzellamellen: Länge von 120 bis 165 mm. Breite 8 mm. Dicke 18 bis 24 mm. Verlegung, Aufmaß und Abrechnung wie beim Stabparkett.

Fertigparkett

Fertigparkett-Elemente (DIN 280-5) sind industriell hergestellte, mehrschichtig abgesperrte, verlegefertige Fußbodenelemente, mit rund umlaufender Nut und Feder (Bild **11**.70). Sie bestehen in der Regel aus drei kreuzweise miteinander

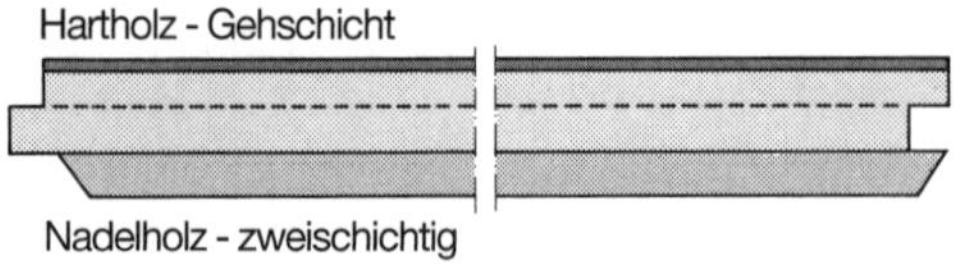

11.70 Schematische Darstellung eines mehrschichtig abgesperrten und verleimten Fertigparkett-Elementes nach DIN 280-5

verleimten Schichten (Gehschicht aus mind. 2 mm Parkettholz, Mittelschicht aus Nadelholz oder Spanplatte, Gegenlage aus massivem Holz), wodurch eine hohe Dimensionsstabilität erreicht wird. Da die Elemente im Herstellerwerk fertig geschliffen und versiegelt werden und somit am Verlegeort keiner Nachbehandlung mehr bedürfen, entfällt auch die bei den anderen Parkettarten sonst übliche Staub- und Geruchsbelästigung durch Abschliff und Versiegelung. Die Verbundelemente werden in Form von quadratischen Tafeln oder rechteckigen Dielen mit den unterschiedlichsten Abmessungen angeboten [90]. Der Feuchtegehalt der Elemente muss zum Zeitpunkt der Lieferung 8 ± 2 %, bezogen auf die Darrmasse, betragen. Wie in Abschn. 12.2.3 erläutert, eignet sich Fertigparkett auch zur Verlegung auf beheizten Fußbodenkonstruktionen.

Verlegeverfahren: Fertigparkett-Elemente können je nach Konstruktionsart (Mehrschichtparkett) und der daraus resultierenden Formstabilität verlegt werden:

- **vollflächig schwimmend**, auf einer lose aufgelegten Dämmunterlage, mit konventionell verleimtem Nut-Feder-Profil oder mit leimfreiem Verlegesystem (sog. Klickprofile s. Abschn. 11.4.9, Laminatböden),
- **verdeckt genagelt**, auf schwimmend verlegten Lagerhölzern,
- **schubfest verklebt**, auf einem bereits schwimmend verlegten ebenen Unterboden.

Eine flexible Verlegung ist gegeben (z. B. auf Rohdecke, Estrich, Trockenestrich), wenn die Fertigparkett-Elemente vollflächig schwimmend auf einer lose aufgelegten Dämmunterlage (z. B. 2 bis 3 mm Rohfilzpappe, PE-Schaumstoff, Korkdämmatte) verlegt sind. Bild **11**.71a. Die in der Regel 10 bis 15 mm dicken Elemente sind im Nut- und Federstoß fest miteinander verleimt oder leimlos über Klickprofile miteinander verbunden. Ihre exakte Vorfertigung garantiert eine vollkommen ebene Fußbodenoberfläche, die sofort nach dem Verlegen belastet und begangen werden kann. Zwischen Parkett und allen angrenzenden oder die Bodenkonstruktion durchdringenden Bauteilen sind Randfugen in einer Breite von etwa 10 bis 15 mm vorzusehen.

Freitragende Fertigparkett-Elemente, im allgemeinen 22 bis 26 mm dick, können ohne Zwischenauflage mindestens 30 bis 40 cm frei überbrücken und auf schwimmend verlegte Lagerhölzer verdeckt aufgenagelt sein. Wie Bild **11**.71b zeigt, müssen Dämmstreifen nicht nur unter den Lagerhölzern, sondern immer auch zwischen Lagerholzende und Wandfläche angeordnet werden. Die Hohlräume zwischen den Lagerhölzern sind mit geeignetem Dämmaterial so auszufüllen, dass ein Luftraum von etwa 10 mm erhalten bleibt. Vgl. hierzu auch Bild **11**.50.

Regelabmessungen – Quadratische Elemente: Seitenlänge 200 bis 650 mm. Dicke 7 bis 26 mm.

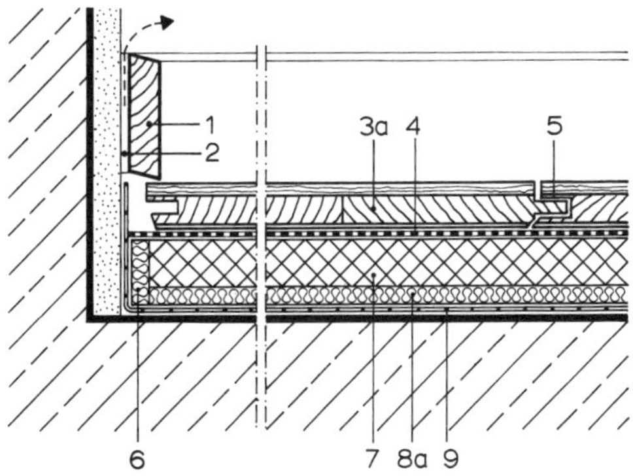

11.71a

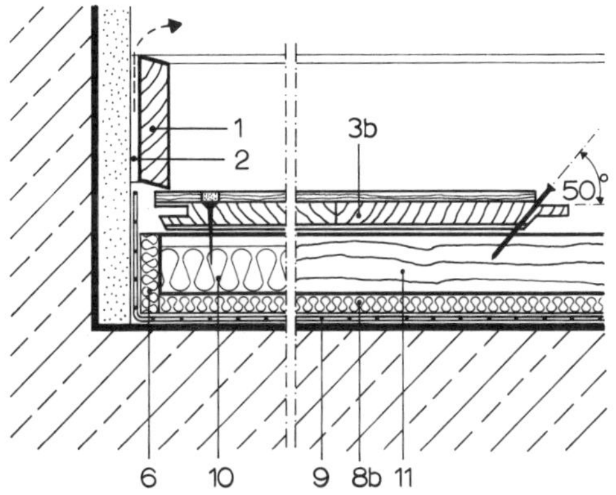

11.71b

11.71 Verlegebeispiele von Fertigparkett-Elementen
a) flexible Verlegung: Fertigparkett vollflächig schwimmend verlegt in Trockenbauweise
b) freitragende Verlegung: Fertigparkett auf Lagerhölzern schwimmend verlegt

1 Holzsockelleiste
2 Lüftungsschlitz
3a Fertigparkett fest miteinander verleimt
3b Fertigparkett verdeckt genagelt
4 Rohfilzpappe, Korkbahnen o. Ä.
5 Nut- und Federstoß fest verleimt
6 Randdämmstreifen
7 Weichfaserdämmplatten, 25 mm dick oder Fertigteilestrichplatten
8a Mineralfaser-Dämmstoffplatten, 10 mm dick
8b Mineralfaser-Dämmstoffstreifen, 10 mm dick
9 Feuchtigkeitsschutz (z. B. PE-Folie 0,2 mm)
10 Hohlraumdämmung
11 Lagerhölzer

Regelabmessungen – Rechteckige Elemente: Länge 400 bis 1200 mm und darüber. Breite 100 bis 400 mm. Dicke 7 bis 26 mm. Verlegung, Aufmaß und Abrechnung wie beim Stabparkett.

Parkettklebstoffe

Parkettklebstoffe nach DIN 281 sind Mischpolymerisate, die erst durch Austrocknen ihren endgültigen Zustand annehmen. Aufgrund der Hauptbestandteile unterscheidet man im Sinne dieser Norm Lösungsmittelklebstoffe (lösungsmittelhaltige Klebstoffe) sowie wässrige Dispersionsklebstoffe. Für die Verklebung von wasserempfindlichen Hölzern auf feuchtigkeitsempfindlichem Verlegeuntergrund bieten sich außerdem lösungsmittel- und wasserfreie Reaktionsharzklebstoffe auf der Basis von Epoxidharzen (EP) und Polyurethanharzen (PUR) an. Die Klebung erfolgt durch chemische Reaktion von Harz und Härter. Bei diesen Zweikomponentenklebstoffen muss jedoch zumindest eine Komponente als „Gefahrstoff" eingestuft werden (Reizungen bei Haut-, Augen- oder Schleimhautkontakten). Vgl. hierzu Abschn. 11.4.10.7, Klebstoffe.

Gefahrstoffverordnung. Die Gefahrstoffverordnung (GefStoffV) ist seit 1986 in Kraft. Sie regelt rechtsverbindlich den Umgang mit Gefahrstoffen von der Klassifizierung und Kennzeichnung bis zur Lagerung und Handhabung. Sie richtet sich nicht nur an die Hersteller „gefährlicher Stoffe", sondern auch an den Bodenleger, den sie verpflichtet, gefährliche Stoffe durch weniger gefährliche zu ersetzen (Substitutionspflicht) und die Arbeitsplätze besonders zu überwachen (Überwachungspflicht). Als Gefahrstoffe bei Bodenbelag- und Parkettarbeiten kommen insbesondere stark lösungsmittelhaltige Klebstoffe und Vorstriche in Betracht. S. hierzu auch Abschn. 11.4.2, Ökologische Bewertung.

Lösungsmittelfreie Dispersionsklebstoffe. Da es sich bei den lösungsmittelhaltigen Klebstoffen vorwiegend um umwelt- und gesundheitsschädliche Produkte handelt, sollten im Interesse der Boden- und Parkettleger (leicht entzündliche, giftige Dämpfe), der Benutzer (Geruchsbeschwerden) und der Umwelt (Kohlenwasserstoff-Emissionen) zukünftig nur noch lösungsmittelarme bzw. lösungsmittelfreie Dispersionsklebstoffe gemäß TRGS 610 (Technische Regel für Gefahrstoffe) bzw. GISCODE- oder EMICODE-Klassifizierung ausgeschrieben und verarbeitet werden. Klebstoffe mit hohem Lösungsmittelanteil sollten nur noch dort eingesetzt werden, wo deren Verwendung unumgänglich ist. Einzelheiten s. hierzu Abschn. 11.4.10.7 Klebstoffe.

11.4.8.3 Pflaster-Holzfußboden

Holzpflaster für Innenräume besteht aus scharfkantigen Holzklötzen (Einzelklötze oder vorgefertigte Verlegeeinheiten), die so zu gepflasterten Flächen verlegt werden, dass eine Hirnholzfläche als Gehschicht dient. An Holzarten kommen vor allem Kiefer, Lärche, Fichte und Eiche oder gleichwertige Hölzer in Betracht.

Holzpflasterböden sind fußwarm, trittelastisch und lärmdämpfend, sie ergeben eine gute Wärme- und Trittschalldämmung, haben eine trittsichere und rutschhemmende Oberfläche, günstiges Brandverhalten, hohe Verschleißfestigkeit, sowie eine geringe elektrische Leitfähigkeit. Die besonderen Eigenschaften des natürlichen Rohstoffes Holz, wie zum Beispiel seine Fähigkeit, Feuchtigkeit aufnehmen und wieder abgeben zu können (Quellen und Schwinden = Fugenbildung), gilt es gerade bei diesem Belag – nicht zuletzt im Hinblick auf die Wahl der späteren Oberflächenbehandlung – zu beachten. Auch die verhältnismäßig großen Konstruktionshöhen des Gesamtfußbodenaufbaues müssen bereits bei der Planung berücksichtigt werden. Hinsichtlich der Innenraumgestaltung ist zu bedenken, dass Holzpflasterböden immer einen ausgeprägten rustikalen Charakter aufweisen. Einzelheiten sind der Speziallliteratur [91] zu entnehmen.

Holzpflaster GE (DIN 68 701)

Holzpflaster GE – an das entsprechend der beabsichtigten Verwendung im Industrie- und Gewerbebereich besondere Anforderungen hinsichtlich Schub- und Zugbeanspruchung durch Fahrverkehr sowie Feuchtebeanspruchung gestellt werden – wird zur Verzögerung der Feuchteaufnahme werkseitig mit geruchsschwachen, öligen und biozidfreien[1)] **Imprägniermitteln** behandelt (wasserabweisende Wirkung). Imprägniermittel, die Teeröle oder Bestandteile aus Teerölen enthalten, dürfen im Innenraum nicht verwendet werden. Der Feuchtegehalt der Klötze richtet sich nach den örtlichen Gegebenheiten (Raumklima) am Einbauort. Er darf höchstens 16 %, bezogen auf die Darrmasse, betragen.

11

Verlegeuntergrund. Der tragende Untergrund – in der Regel eine Rohbetondecke (B25 nach DIN 1045) mit oder ohne Verbundestrich (ZE 30 nach DIN 18 650-3) – muss fest, tragfähig, eben und sauber sein. Ist mit aufsteigender Feuchtigkeit zu rechnen, so ist eine entsprechende Abdichtung vorzusehen. Neben der im Industriebau (Schwerindustrie) üblichen „Lättchenverlegung" (Einzelheiten s. DIN 68 701) wird Holzpflaster GE heute überwiegend im sog. Pressverfahren verlegt.

Wie Bild **11**.72a zeigt, wird auf den Betonuntergrund zur Verbesserung der Haftverbindung zunächst ein Voranstrich aufgebracht. Darauf ist eine Unterlagsbahn (z. B. nackte Bitumenbahn 500 g/m² nach DIN 52 129) vollflächig aufzukleben. Die Klötze werden dann mit der Unterseite in heißflüssige Klebemasse (plastischer Klebstoff) getaucht, seitlich aneinander pressgestoßen und vollflächig mit dem Untergrund verklebt. Danach ist der Belag mit Quarzsand abzukehren.

Regelabmessungen – Holzpflaster GE: Klotzhöhe 50 – 60 – 70 – 80 – 100 mm. Breite 80 mm. Länge 80 bis 160 mm.

Holzpflaster RE (DIN 68 702)

Holzpflaster RE besteht aus kammergetrockneten, vierseitig winkelgenau gehobelten, scharfkantigen, **nicht imprägnierten** Holzklötzen, die einzeln oder in Form von netzverklebten Verlegeeinheiten geliefert und zu gepflasterten Flächen verlegt werden. Der mittlere Feuchtegehalt der Klötze ist bei Anlieferung im Bereich von 8 bis 12 % nach den örtlichen Verhältnissen festzulegen. Eine möglichst gleichbleibende, relative Raum-Luftfeuchte zwischen 55 und 65 % ist anzustreben. Holzpflaster RE wird nach DIN 68 702 unterteilt in:

- **Holzpflaster RE-V** als repräsentativer, rustikaler Fußboden in Verwaltungsgebäuden und Versammlungsstätten (z. B. Kirchen, Schulen, Theater), Gemeinde- und Freizeitzentren und im Wohnbereich.
- **Holzpflaster RE-W** als Fußboden in Werkräumen und Werkstätten und für Räume mit gleichartiger Beanspruchung ohne große Klimaschwankungen und ohne Fahrzeugverkehr. Im Gegensatz zum Holzpflaster GE (Industriepflaster) sind die Klötze nicht imprägniert.

Verlegeuntergrund. Als tragender Untergrund eignen sich Beton (B 25 nach DIN 1045), Verbundestrich (ZE 30), Estrich auf Trennschicht sowie schwimmender Zement- und Gussasphaltestrich. Im Wohnungsbau ist ein schwimmender Zementestrich (ZE 30) in einer Nenndicke von mind. 45 mm, sonst in einer Dicke von mind. 60 mm mit Bewehrung nach DIN 18 560 herzustellen. Er muss fest, tragfähig, eben und gut ausgetrocknet sein. Die zulässige Restfeuchte s. Tab. **11**.32 sowie Tab. **12**.9. Ist mit aufsteigender Feuchtigkeit zu rechnen, müssen entsprechende Abdichtungsmaßnahmen gemäß Abschn. 11.3.2 getroffen werden. In repräsentativen Anwendungsbereichen ist die sog. Pressverlegung nach DIN 69 702 vorgeschrieben.

Pressverlegung. Wie Bild **11**.72b zeigt, werden die Holzklötze im Verband mit geradlinig durchgehenden Längsfugen parallel zu einer Wand in ein bereits aufgebrachtes Kleberbett verlegt. Für diese Pressverlegung ist ein hartplastischer, schubfester, für die Holzpflasterverklebung ausdrücklich geeigneter Spezialkunststoffkleber zu verwenden. Auf der Unterseite der Klötze angefräste Randfasen und Haftnuten wirken sich vorteilhaft auf den Klebeverbund aus. Zwischen dem Holzpflaster und allen angrenzenden oder die Verlegefläche durchdringenden Bauteilen sind ausreichend breite Randfugen (üblicherweise 15 mm) vorzusehen. Größere Bodenflächen müssen mit Bewegungsfugen (Feldbegrenzungsfugen) unterteilt werden. Mit neuentwickelten sog. Lamellenklötzen – die auf ihrer Unterseite mehrfach bis 3/4 Klotzhöhe eingenutet sind – können bei großen Flächen sog. „Knautschzonen" eingerichtet werden, durch die sich die üblichen, mit Fugenmassen ausgegossenen, gestalterisch unbefriedigenden Feldbegrenzungsfu-

1) Als biozidfrei wird ein Holzpflaster bezeichnet, wenn es keine chemischen Schutzmittel gegen holzzerstörende Pilze und/oder Insekten enthält.

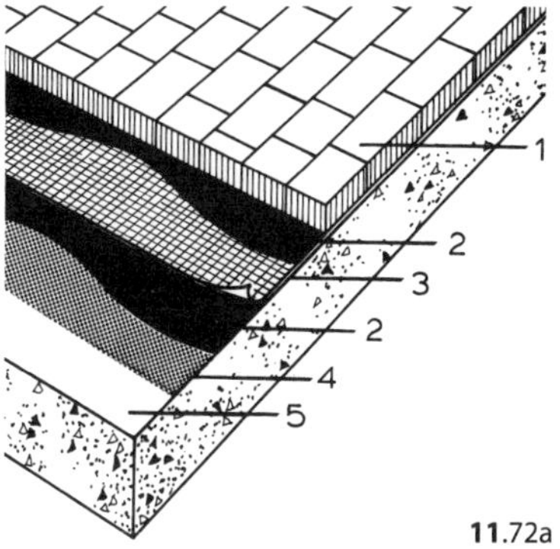

11.72a

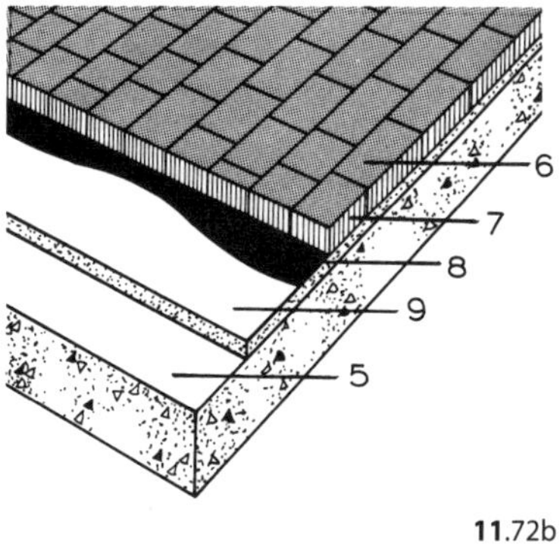

11.72b

11.72 Verlegebeispiele von Holzpflasterbelägen (Pressverlegung)
a) Holzpflaster-GE (DIN 68 701) für Industrie- und Gewerbereich mit imprägnierten Klötzen
b) Holzpflaster-RE (DIN 68 702) für Freizeit- und Wohnbereich mit Oberflächenbehandlung

1 Holzpflaster-GE (imprägnierte Klötze)
2 heißflüssige Klebermasse
3 Unterlagsbahn (nackte Bitumenbahn 500 g/m^2)
4 Voranstrich
5 tragender Untergrund (Rohbetondecke)
6 Oberflächenschutz (z. B. Versiegelung)
7 Holzpflaster-RE
8 Spezial-Kunststoffkleber (schubfest)
9 Verbundestrich oder schwimmender Estrich

gen weitgehend vermeiden lassen. Auch werkseitig vorgefertigte Treppenstufenelemente sind erhältlich.

Auf das Holzpflaster RE-V ist sofort nach dem Abschleifen ein geeigneter Oberflächenschutz aufzubringen. In der Regel wird ein Öl-Kunstharz-Siegel oder eine andere Versiegelung aufgebracht, die ein gutes Eindringvermögen aufweisen. Filmbildende Versiegelungsmittel sind wegen der möglichen Lackabrisse über den Fugen bei Feuchteschwankungen im Holz nur bedingt einsetzbar (Herstellerangaben beachten). Besonders stark frequentierte Holzpflasterböden (z. B. in öffentlichen Gebäuden, Schulen, Museen) sollten nicht versiegelt, sondern imprägniert werden. Ein bewährter Oberflächenschutz wird auch durch Kalt- bzw. Warmwachsen, Heißeinbrennen oder Ölen erreicht.

Regelabmessungen – Holzpflaster RE: Klotzhöhe 22 - 25 - 30 - 40 - 50 - 60 - 80 mm oder Sonderentwicklungen in allen Höhen von 20 bis 80 mm. Breite 40 bis 80 mm. Länge 40 bis 120 mm. Verlegung, Aufmaß und Abrechnung aller Holzpflasterböden nach VOB Teil C, DIN 18 367, Holzpflasterarbeiten.

11.4.8.4 Oberflächenbehandlung von Holzfußböden

Sinn einer Oberflächenbehandlung ist es im wesentlichen, das Eindringen von Schmutz und Feuchtigkeit zu vermeiden, eine möglichst hohe Verschleißfestigkeit zu bieten sowie den Reinigungs- und Pflegeaufwand so niedrig wie möglich zu halten. Für die Oberflächenbehandlung von Holzfußböden bieten sich grundsätzlich zwei Möglichkeiten an, nämlich einmal das Ölen und Wachsen mit natürlichen Überzugsmitteln, zum anderen das Versiegeln mit Lacken. Beide Gruppen unterscheiden sich wesentlich voneinander, sowohl hinsichtlich der Applikationstechniken und erzielbaren Abriebfestigkeiten als auch bezüglich der späteren Reinigung und Pflege.

Natürliche Überzugsmittel

- **Öle**. Für die Oberflächenbehandlung von Holzfußböden werden überwiegend Leinöl und Holzöl eingesetzt, die durch Aufnahme von Sauerstoff physikalisch-chemisch trocknen (Luftoxidation). Da die Öle in das Holz eindringen, entsteht eine offenporige Imprägnierung und kein filmbildender Überzug. Von Lösungsmitteln, Laugen und Säuren werden die Öle angegriffen, bei Wassereinwirkung quellen sie auf (Wasserränder). Die Oberflächenfestigkeit und Abriebfestigkeit sind nicht sehr hoch.
- **Wachse**. Bei den Wachsen unterscheidet man je nach Herkunft zwischen natürlichen (tierische, pflanzliche, mineralische Wachse), halbsynthetischen und synthetischen Wachsen. Für die Oberflächenbehandlung von Holzfußböden werden sie in harter, pastöser oder flüssiger Form angeboten. Wachse sind Thermoplaste, die von Lösungsmitteln an- bzw. aufgelöst werden, bei Wassereinwirkung quellen sie auf. Ihre Abriebfestigkeit ist nicht sehr hoch, die erzielte Oberfläche ist meist offenporig.

  Beim Wachsen ist zwischen Kaltwachsen, Warmwachsen (40 °C), Heißwachsen (80 °C) und Heißeinbrennen (160 °C) zu unterscheiden. Für die Behandlung von Holzfußböden im Objektbereich haben vor allem die beiden letztgenannten Verfahren eine gewisse Bedeutung.

Versiegelungen

Die Versiegelung bewirkt, dass die Poren des Holzes gefüllt und die Holzoberfläche durch einen fest haftenden Film von hoher Abrieb- und Kratzfestigkeit gegen das Eindringen von Schmutz und Feuchtigkeit geschützt wird. Außerdem lässt sich der Boden dadurch leichter und rationeller pflegen. Bei der Wahl des jeweils anzuwendenden Versiegelungsmittels ist vor allem der Verwendungszweck des Raumes sowie die zu erwartende Beanspruchung des Bodens zu berücksichtigen. Die Versiegelungsmittel selbst unterscheiden sich hinsichtlich ihrer chemischen Zusammensetzung, ihrer Verarbeitbarkeit sowie des optischen Effektes der versiegelten Oberfläche. Ihr Glanzgrad kann matt, halbmatt oder glänzend bestimmt werden. Auf die Rutschfestigkeit und Trittsicherheit von Holzfußböden ist dabei zu achten. Im Hinblick auf die Umweltbelastung und gesundheitliche Belastung der Verleger sollten zukünftig – von einigen technischen Ausgrenzungen abgesehen – nur noch formaldehyd- und lösungsmittelfreie (lösungsmittelarme) Lacksysteme ausgeschrieben und verarbeitet werden.

Versiegelungsmittel

- **Öl-Kunstharz-Siegel** sind einfach zu verarbeiten, geruchsschwach und formaldehydfrei, der Lösungsmittelanteil ist jedoch relativ hoch. Sie werden vor allem dort eingesetzt, wo hohe Gleitsicherheit – wie beispielsweise in Turnhallen – gefordert ist. Außerdem eignen sie sich für Dielenböden (Weichhölzer), Holzpflaster und Parkett auf Fußbodenheizung, d. h. überall dort, wo ein gutes Eindringvermögen sowie eine geringe kantenverleimende Wirkung zwischen den einzelnen Hölzern erwünscht ist. Öl-Kunstharz-Siegel ergeben einen festen, hornartigen, relativ wasserbeständigen und rutschhemmenden Film für normal bis stark beanspruchte Böden. Mittlere Preisklasse.
- **Säurehärtende Siegel** trocknen rasch auf, zeichnen sich durch eine gute Haftung aus, ergeben einen stark beanspruchbaren, duroplastischen Lackfilm, der nach der Erhärtung wasser-, chemikalien- und zigarettenglutbeständig ist. Da jedoch alle säurehärtenden Versiegelungslacke **Formaldehyd** und einen Lösungsmittelanteil von 50 % enthalten, sollten sie im Hinblick auf die Umweltbelastung und gesundheitliche Gefährdung der Parkettleger nicht mehr eingesetzt werden! Mittlere Preisklasse.
- **Polyurethan-Siegel** (DD-Siegel) haben ebenfalls ein gutes Haftvermögen und ergeben je nach Einstellung einen zäh-elastischen bis sehr harten Film. Sie sind formaldehydfrei, weisen jedoch einen relativ hohen Lösungsmittelanteil auf. Diese Lacksysteme werden überall dort eingesetzt, wo höchste mechanische Beanspruchung – wie beispielsweise in Gaststätten, Ladengeschäften, Kaufhäusern – sowie Wasser- und Chemikalienbeständigkeit gefordert sind. Obere Preisklasse.
- **Wasserlack** ist schadstoffarm, geruchlos, nicht brennbar, hat ein gutes Haftvermögen und ergibt einen zäh-elastischen Film für normale bis starke Beanspruchung. Nur bedingt geeignet für Dielenböden, Holzpflaster und Parkett auf Fußbodenheizung, da wegen der kantenverleimenden Wirkung bei entsprechenden Holzfeuchteschwankungen Abrissfugen auftreten können. Diese wasserbasierten/wasserverdünnbaren Versiegelungslacke sind formaldehydfrei, weisen einen Lösungsmittelanteil von unter 5 % auf und sind somit besonders umweltfreundlich. Mittlere bis obere Preisklasse (bedingt durch das aufwendige Herstellungsverfahren).

Nach dem Abbinden des Parkettklebestoffes wird der Holzfußboden am Verlegeort geschliffen, die Fugen und Risse gespachtelt, feingeschliffen und nach dem Absaugen des Schleifstaubes grundiert und lackiert. Je nach Produkt ist der Versiegelungsaufbau sehr unterschiedlich. In der Regel werden neben einer Grundierung zwei Versiegelungsanstriche mit Pinsel, Roller oder Schwamm aufgetragen. Seit einigen Jahren wird auch die sog. Spachteltechnik angewandt. Bei der sog. Puriertechnik wird der Decklack auf die Spachtelgrundierung gegossen und mit einem breiten Schwammwischer gleichmäßig verteilt.

Besonders stark frequentierte Holzböden (z. B. in Mehrzweckhallen, Schulen, Gaststätten) sollten nicht versiegelt, sondern imprägniert werden. Bewährt haben sich verdünnte Öl-Kunstharz-Siegel und Polyurethansiegel, aber auch Öle und Wachse (Kalt-/Warmwachsen, Heißeinbrennen). Auf die weiterführende Spezialliteratur [92] wird verwiesen.

Die von den Herstellern angegebenen Trocknungs- und Aushärtungszeiten müssen unbedingt eingehalten werden. Neuversiegelte Holzböden dürfen nicht vor dem nächsten Tag begangen werden. Eine volle Beanspruchung der versiegelten Fläche ist erst nach 8 bis 14 Tagen gegeben. Auf eine rechtzeitige Nachversiegelung stark beanspruchter Teilflächen ist hinzuweisen. Bei **Exotenhölzern** – die aus umweltbedingten Gründen (Abholzung der tropischen Regenwälder) nur noch sehr sparsam eingesetzt werden sollten – sind besondere Vorschriften der Hersteller zu beachten.

Fertigparkett-Elemente werden werkseitig mit flüssigem, lösungsmittel- und formaldehydfreiem Acrylharz beschichtet, welches durch UV-Strahlung aushärtet und eine besonders abrieb- und kratzfeste Oberflächenvergütung ergibt. Derart ausgerüstetes Fertigparkett bedarf nach seiner Verlegung keiner Nachbehandlung mehr. Auf die Verwendung geeigneter Pflegemittel im Hinblick auf die Rutsch- und Gleitsicherheit von Holzfußböden wird hingewiesen. S. hierzu Abschn. 11.4.7.4, Rutschhemmende Bodenbeläge.

11.4.9 Bodenbeläge aus Träger- und Schichtstoffplatten: Laminatböden

Laminatböden haben sich als eigenständige Bodenbelaggruppe durchgesetzt. Von ihrem Aufbau her sind sie weder ein Holz- noch ein Holzfurnierboden, obwohl sie überwiegend aufgrund täuschend echt dargestellter Holzdekore (Reproduktionen) im verlegten Zustand wie Dielen- oder Parkettboden (Parkettimitationen) aussehen. Auch ihre Nutzungseigenschaften sind im Vergleich mit Massivholz- oder Fertigparkettböden wesentlich anders, insbesondere was die höhere thermische und mechanische Beanspruchbarkeit anbelangt. Die Belaggruppe verzeichnet seit einigen Jahren einen deutlichen Marktzuwachs.

Laminatböden sind in DIN EN 13 329 genormt. In dieser Norm sind unter anderem einheitliche Prüf- und Bewertungskriterien sowie durch Piktogramme gekennzeichnete Beanspruchungsklassen und Verwendungsbereiche festgelegt.

Aufbau eines Laminat-Elementes (Bild **11**.73a). Die üblicherweise dreischichtig aufgebauten Verlegeelemente bestehen aus einer Deckschicht (Nutzschicht), einem Trägermaterial (vorwiegend Holzwerkstoffplatten) und einem sog. Gegenzug.

- **Deckschicht**. Die Nutzschicht bsteht aus einer oder mehreren dünnen Lagen eines faserhaltigen Materials (in der Regel Papier), imprägniert mit wärmehärtbaren Harzen (vorwiegend Melaminharz). Unter Hitze und Druck werden diese Lagen entweder zu HPL-Schichtstoffplatten verpresst und auf ein Trägermaterial verklebt oder im Falle von DPL direkt auf ein Trägermaterial verpresst.

  Nach der Art der Nutzschicht unterscheidet man demnach
  - HPL-Laminatboden-Elemente mit Deckschicht aus Hochdruck-Schichtstoffplatten gemäß DIN EN 438 (High Pressure Laminate),
  - DPL-Laminatboden-Elemente mit Deckschicht aus imprägnierten Papieren wie zuvor, jedoch direkt auf ein Trägermaterial verpresst (Direct Pressure Laminate).

  Wie Bild **11**.73b) verdeutlicht, bestehen die HPL-Schichtstoffplatten im einzelnen aus einer hochabriebfesten, glasklaren Melaminharzschicht (Overlay), einem darunter angeordneten Dekorpapier mit fototechnisch übertragenen Motiven (Holzreproduktionen, Trenddekors) und einem Kern aus mehreren kunstharzgetränkten Cellulosepapieren (Laminate). Dekorative Schichtstoffplatten sind in vielen Dessins und Farb-Variationen mit verschiedenen Oberflächenstrukturen (glatt, matt, strukturiert) erhältlich. In der Regel sind sie 0,7 oder 1,3 mm dick. Sie werden aber auch in Dicken von 0,5 bis 5,0 mm hergestellt.

- **Trägermaterial**. Laminatboden-Elemente weisen überwiegend Holzwerkstoffplatten mit hoher Druckfestigkeit als Trägermaterial auf. Die Kernschicht des fertigen Elementes besteht in der Regel aus formstabilen Spanplatten (DIN EN 309) oder aus mitteldichten bzw. hochverdichteten Faserplatten (MDF oder HDF nach DIN EN 316).

  Das Trägermaterial beeinflusst Steifigkeit, Dimensionsstabilität und Stoßfestigkeit der Fußbodenelemente; außerdem sollte es möglichst feuchtigkeitsunempfindlich sein. Faserplatten lassen sich im allgemeinen exakter bearbeiten, sind dichter und durch den erhöhten Materialeinsatz auch schwerer als Holzspanplatten. Bei allen Holzwerkstoffplatten ist aufgrund ihrer hygroskopischen Eigenschaften (Abgabe und Aufnahme von Feuchte) jedoch immer mit materialspezifischer Schwind- und Quellneigung zu rechnen.

  Wie Bild **11**.73 zeigt, sind je eine Längs- und eine Querseite der Elemente mit einer Nut bzw. einer angefrästen Feder versehen, wodurch eine bündig-stabile Verlegung erreicht wird.

- **Gegenzug**. Auf die Unterseite des Trägermaterials wird ein sog. Gegenzug aus beispielsweise HPL-Laminat (Konterlaminat) aufgeleimt. Diese

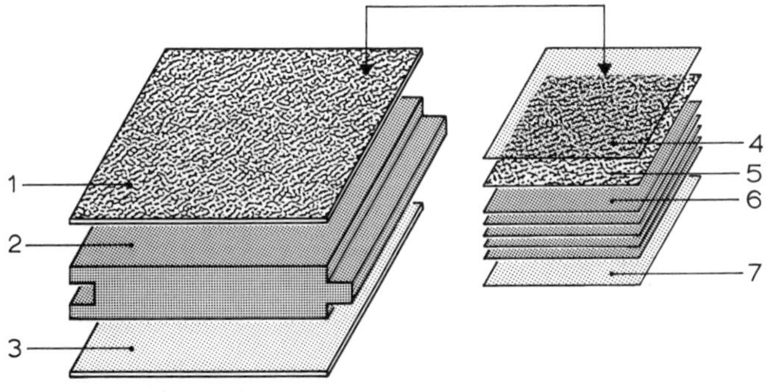

11.73a **11**.73b

1 Deckschicht
2 Trägermaterial (z. B. Feinspanplatte oder hochverdichtete Faserplatte)
3 Gegenzug
4 glasklare Melaminharzschicht (Overlay)
5 Dekorpapier (z. B. Holzreproduktionen, Trenddekors)
6 kunstharzgetränkte Zellulosepapiere (Laminate)
7 Gegenzugschicht

11.73 Schematische Darstellung eines Laminatboden-Elementes mit Nut- und Federprofil
a) dreischichtig aufgebautes Element
b) Aufbau einer HPL-Schichtstoffplatte

Schicht dient als Feuchtigkeitsschutz und zur Stabilisierung des fertigen Elementes, um ein Verziehen zu vermeiden (Symmetrischer Elementeaufbau).

Allgemeine Anforderungen. Laminatböden müssen die allgemeinen Anforderungen gemäß DIN EN 13 329 erfüllen. Dazu zählen insbesondere Abriebbeständigkeit, Stoß-, Schlag- und Druckfestigkeit, Beständigkeit gegenüber Stuhlrollen und Zigarettenglut sowie Fleckunempfindlichkeit und Eignung für Fußbodenheizung. Laminatböden werden als schwerentflammbar (Baustoffklasse B1 nach DIN 4102) eingestuft, ihre elektrostatische Aufladung und Rutschhemmung durch Begehen bestimmter Prüfflächen ermittelt. Vgl. hierzu Abschn. 11.4.7.4, Rutschhemmende Bodenbeläge.

Laminatböden eignen sich für den Wohnbereich und für gewerbliche Bereiche wie Büro- und Geschäftsräume, Hotelbauten, Kaufhäuser usw. Ausgenommen sind Zonen, die regelmäßig Nässe ausgesetzt sind. Die entsprechende Klassifizierung nach DIN EN 685 und zugehörigen Beanspruchungsklassen für Laminatböden sind DIN EN 13 329 zu entnehmen.

- **Feuchteeinwirkung.** Nachteilig wirkt sich bei Laminatböden ihre Empfindlichkeit gegen Feuchtigkeit aus. Feuchtebelastungen und extreme Raum-Klimaschwankungen führen zu Dimensionsänderungen der Bodenelemente mit Fugenbildung sowie zu Aufschüsselungen (Wölbungen) im Fugenbereich. Daher sind Laminatböden für Feucht- und Nassräume wie beispielsweise Badezimmer, Duschräume, Hauswirtschaftsräume oder Saunen nicht geeignet. Auch eine fachgerechte Nut- und Federverbindung stellt keinen absoluten Schutz gegen Feuchteeinwirkung dar, so dass auch die Oberfläche verlegter Laminatböden nicht nassbehandelt werden darf. Eine Nassreinigung üblicher Art ist zu vermeiden und die Fläche nur „nebelfeucht", d. h. möglichst trocken zu wischen.
- **Renovierung.** Treten bei Laminatböden irreversible Schäden auf (beispielsweise durch herunterfallende spitze Gegenstände/Werkzeuge) so kann die Fläche nicht renoviert, sondern nur gegen einen neuen Belag ausgetauscht werden. Demgegenüber lässt sich beschädigtes Massivholz- oder Fertigparkett mehrmals abschleifen und wieder versiegeln.
- **Gehgeräusche.** Der beim Begehen von Laminatböden entstehende Luftschall (Gehschall) im Raum, wird vom Verbraucher zunehmend als störend empfunden und gilt als Schwachpunkt des Produktes. Die Trittgeräusche entstehen aufgrund der harten Oberfläche des Belages, die auch den Schall in den Raum reflektiert (Trommeleffekt). Die Hersteller von Laminatböden arbeiten gezielt daran, das Klangverhalten ihrer Produkte zu verbessern. Vgl. hierzu auch Abschn. 11.3.3, Schallschutz von Geschossdecken sowie Abschn. 11.4.12.4, Schallschutztechnische Eigenschaften von Bodenbelägen
- **Ökologische Aspekte.** Wie jedes Holzprodukt enthält auch der Laminatboden die Substanz Formaldehyd, die an die Luft abgegeben werden kann. Wie Untersuchungen belegen, ist der Formaldehydabgabewert bei dieser Belagart sehr gering und liegt unter dem gesetzlichen Grenzwert (Emmissionsklasse E1). Vgl. hierzu Abschn. 11.3.7.6, Formaldehydkonzentration in kunstharzgebundenen Spanplatten.

  Auch die Entsorgung von Laminatböden ist relativ unproblematisch. Sie können nach Gebrauch – ohne Klebstoffanhaftung – auf kontrollierten Deponien abgelagert, in Industriefeuerungsanlagen verbrannt oder stofflich (Recycleverfahren) verwertet werden. Vgl. hierzu Abschn. 11.4.2, Ökologische Bewertung von Bodenbelägen.

Verlegung. Laminatböden-Elemente können je nach Herstellerangaben verlegt werden:

- vollflächig schwimmend auf Dämmunterlage mit Nut-Feder-Verleimung,
- vollflächig schwimmend auf Dämmunterlage mit leimloser Nut-Feder-Arretierung,
- vollflächig verklebt auf planebenem Untergrund mit Nut-Feder-Verleimung.

Laminatböden wurden für die schwimmende Verlegung entwickelt. Ihre vollflächige Verklebung auf den Untergrund sollte sich nur auf Sonderfälle beschränken und nur vorgenommen werden, wenn diese Verlegeart vom Hersteller ausdrücklich empfohlen wird.

- **Schwimmende Verlegung von Laminatböden.** Die Beschaffenheit und richtige Vorbereitung des Verlegeuntergrundes – bezüglich Festigkeit, Ebenheit und Trockenheit – ist sowohl bei der schwimmenden Verlegung als auch beim vollflächigen Verkleben von Laminatböden von ausschlaggebender Bedeutung.

  Besonders an die Ebenheit der Verlegefläche sind erhöhte Anforderungen gemäß DIN 18 202, Tabelle 3, Zeile 4, zu stellen, um ein Federn der Laminat-Elemente beim Begehen auszuschließen. S. hierzu Tab. **11**.2, Ebenheitstoleranzen.

  Der zulässige Feuchtegehalt (Restfeuchte) von Estrichen ist Tabelle **11**.39 sowie Tabelle **12**.9 zu entnehmen. Als vorsorglicher Feuchteschutz muss auf alle Estrich- und Betonflächen immer eine 0,2 mm dicke PE-Folie verlegt, die Bahnenstösse mind. 20 cm überlappt und die Folie an den Wandflächen bis Oberkante Belag hochgeführt werden. Darauf wird üblicherweise eine 2 bis 3 mm dicke Dämmunterlage (PE-Schaumstoff, Korkdämmatte) verlegt.

  Zwischen allen angrenzenden und die Bodenfläche durchdringenden festen Bauteilen ist eine mind. 8 mm breite Randfuge vorzusehen.

  Außerdem sind je nach Flächengröße und Raumgeometrie Bewegungsfugen mit entspre-

11

chenden Profilen nach Herstellerangabe einzuplanen. Vgl. hierzu auch Bild **11**.44.

Laminatboden-Elemente werden in PE-Folie eingeschweißt an den Verlegeort geliefert. Vor der Verlegung sind die Elemente an die jeweiligen raumklimatischen Bedingungen anzupassen, indem sie mindestens 48 Stunden in dem zu belegenden Raum gelagert werden.

Die Belagfläche erhält ihre Festigkeit durch die kraftschlüssige Nut- und Federverleimung, die immer „vollsatt" ausgeführt werden muss, damit die erforderliche Abdichtung der Fugen gegen von oben einwirkende Feuchtigkeit gewährleistet ist. Für die Verleimung ist ein vom jeweiligen Hersteller für diesen Zweck empfohlener Weißleim der Beanspruchungsklasse D3 nach DIN EN 204 zu verwenden. Die Befestigung der Sockelleisten erfolgt an der Wand und zwar derart, dass eine Hinterlüftung der Belagkonstruktion über Luftschlitze in den Abschlussleisten möglich ist.

- **Leimfreie Verlegesysteme** setzen sich bei den Laminatböden, Fertigparkett- und Furnierböden immer mehr durch. Im Vergleich mit den verleimten Nut- und Feder-Verbindungen lassen sich die Elemente mit den sog. Klickprofilen sehr viel einfacher, schneller und preiswerter verlegen; außerdem ergeben sie zugfeste und im Stoßbereich relativ dichte Verbindungen.

Wie Bild **11**.74 verdeutlicht, weisen die Bodenelemente an den Kanten Einrasterprofile auf, die aus dem Trägermaterial herausgefräst und so ausgebildet sind, dass sie sich beim Verlegen ineinander verhaken, so dass sie nicht mehr verleimt werden müssen.

Der Stoßfugenbereich ist und bleibt trotz aller erreichten Verbesserungen die Problemzone beim Laminatboden. Um die erforderliche Abdichtung der Fugen gegen von oben einwirkende Feuchtigkeit (z. B. Wischwasser) zu erreichen, sind diese bei der verleimten Ausführung immer „vollsatt" mit Leim zu füllen. Bei der leimlosen Verlegung werden die Wangen der Klickprofile werkseitig mit einer sog. Kantenhydrophobierung (Kantenimprägnierung) ausgestattet, um auf diese Weise ein Aufquellen oder Aufwölben des Trägermaterials im Fugenbereich zu verhindern. Weiterentwicklungen sind auf diesem Gebiet zu erwarten. Besonders hohe Anforderungen und enge Toleranzen sind an die ausgefrästen Klickprofile zu stellen, da unsauber profilierte und damit gelenkig wirkende Einrastprofile auf der elastischen Dämmunterlage unter Belastung nachgeben und im Laufe der Zeit zu Fugenöffnungen an den Längs- und Kopfstössen führen. Damit wird auch verständlich, warum die Hersteller so hohe Anforderungen an die Ebenheit des Verlegeuntergrundes stellen. Weitere Einzelheiten sind der Spezialliteratur [93], [94] zu entnehmen.

- **Flächenklebung von Laminatböden.** Die vollflächige Verklebung von Laminatboden-Elementen auf dem Untergrund sollte sich nur auf Sonderfälle beschränken, beispielsweise wenn erhöhte Anforderungen hinsichtlich Gehgeräusche, Flächenbelastbarkeit oder – bei beheizten Fußbodenkonstruktionen – an den Wärmedurchgang gestellt werden.

Der Untergrund muss sauber, fest, rissefrei, eben und trocken sein. An die Ebenheit werden erhöhte Anforderungen gemäß DIN 18 202, Tabelle 3, Zeile 4, gestellt. Diese Forderungen können beispielsweise mit geeigneten Fliessspachtelmassen erfüllt werden.

Der zulässige Feuchtegehalt (Restfeuchte) von Estrichen ist Tabelle **11**.32 sowie Tabelle **12**.9 zu entnehmen. Auf eine ausreichende Trockenheit des Untergrundes muss ganz besonders bei dieser Verlegeart geachtet werden.

Als Flächenklebstoff für Laminatböden eignen sich vor allem lösungsmittel- und wasserfreie Polyurethan-Klebstoffe. Für die Nut- und Federverleimung wird nach Herstellerangabe üblicherweise ein Weißleim der Beanspruchungsklasse D3 nach DIN EN 204 verwendet. Weitere Einzelheiten sind der Spezialliteratur [95] zu entnehmen.

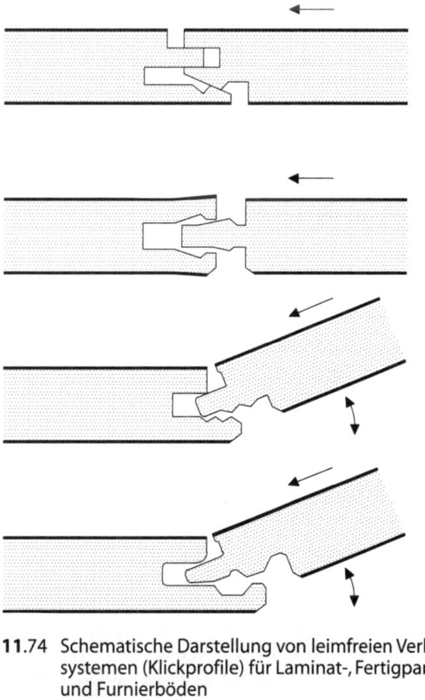

11.74 Schematische Darstellung von leimfreien Verlegesystemen (Klickprofile) für Laminat-, Fertigparkett- und Furnierböden

Regelabmessungen – Laminatboden-Elemente (nicht genormt): Rechteckige Formate 1285 x 190, 1200 x 400, 1200 x 190, 600 x 200 mm. Quadratische Formate: 200 x 200 mm. Dicke zwischen 6–4 und 11 mm, Regeldicke 8 mm. Aufmaß und Abrechnung nach VOB Teil C, DIN 18 365, Bodenbelagarbeiten.

11.4.10 Bodenbeläge aus ein- oder mehrschichtiger Bahnen- oder Plattenware: Elastische Fußbodenbeläge

Die Gruppe der elastischen Bodenbeläge umfasst die verschiedenartigsten Belagmaterialien mit zum Teil höchst unterschiedlichen Eigenschaften. Sie werden vorzugsweise dort eingesetzt, wo Nutzflächen ohne erheblichen baulichen und zeitlichen Aufwand mit einem preiswerten, strapazierfähigen, verhältnismäßig problemlos zu reinigenden Bodenbelag zu belegen sind. Da es keinen Bodenbelag gibt, der allen Anforderungen gleichermaßen gerecht wird, ist je nach Verwendungsbereich und Nutzungsintensität zu prüfen, welche Belegart den jeweiligen Ansprüchen am ehesten entspricht.

Einteilung und Benennung: Überblick

PVC-Bodenbeläge

- PVC-Beläge ohne Rücken (DIN EN 649)
- PVC-Beläge mit Rücken (DIN EN 650 bis 652 sowie DIN EN 655)
- PVC-Beläge mit geschäumter Schicht (DIN EN 653)
- PVC-Flex-Platten (DIN EN 654), bleiben hier unberücksichtigt.

Polyolefin-Bodenbeläge

Quarzvinyl-Bodenbeläge

Linoleum-Bodenbeläge

- Linoleum mit und ohne Muster (DIN EN 548)
- Linoleum mit Schaumrücken (DIN EN 686)
- Linoleum mit Korkmentrücken (DIN EN 687)
- Korklinoleum (DIN EN 688)

Kork-Bodenbeläge

- Presskorkplatten (DIN EN 12104)
- Korkmentunterlagen (DIN EN 12455)
- Kork-Fertigparkett (nicht genormt)

Elastomer-Bodenbeläge (Gummibeläge)

- Homogene und heterogene ebene Elastomer-Bodenbeläge (DIN EN 1817)
- Homogene und heterogene ebene Elastomer-Bodenbeläge mit Schaumstoffbeschichtung (DIN EN 1816)
- Homogene und heterogene profilierte Elastomer-Bodenbeläge (DIN EN 12199)

Klassifizierungssystem für elastische Bodenbeläge nach DIN EN 685

Um Verbraucher und ausschreibende Stellen (Planer) in die Lage zu versetzen, bei der Auswahl von elastischen Bodenbelägen die jeweils geeignete Klasse für einen vorgesehen Verwendungsbereich festzulegen, weist DN EN 685 ein Klassifizierungssystem aus, das für alle Arten von elastischen Bodenbelägen gilt; es ersetzt die seitherige sog. K-Klassifizierung.

Tabelle 11.75 zeigt die Einstufungsmöglichkeiten und beschreibt beispielhaft die Verwendungsbereiche. Damit ist eine Basis gegeben, alle elastischen Bodenbelagarten direkt miteinander vergleichen zu können.

1.4.10.1 PVC-Bodenbeläge

Das Ausgangsmaterial für diese Beläge ist Polyvinylchlorid (Bindemittel), kurz PVC genannt. Es wird mit Weichmacher, mineralischen Füllstoffen, Pigmenten und Stabilisatoren vermischt und zwar entweder zu einer teigähnlichen Masse oder pastösen Mischung.

Aus der teigähnlichen, plastifizierten Masse werden im sog. Kalanderverfahren (beheizte Metallwalzen) homogene und heterogene PVC-Beläge ohne Rücken, aus der pastösen Mischung im sog. Streichverfahren (meist vielschichtiger Aufbau) PVC-Beläge mit Rücken sowie geschäumte PVC-Beläge hergestellt.

Die Eigenschaften eines PVC-Belages können durch unterschiedliche Rezepturen – wie Art und Menge der zugegebenen Weichmacher und Füllstoffe – gezielt beeinflusst werden. Auch von der Höhe des jeweiligen PVC-Anteiles hängt die Qualität eines Belages ab. Reines PVC ist zwar außerordentlich widerstandsfähig, jedoch auch teuer und nicht maßbeständig. Daher müssen unter anderem Füllstoffe beigemischt werden, die die Maßstabilität und das Brandverhalten verbessern. Hohe Füllstoffanteile beeinflussen jedoch das Abriebverhalten ungünstig und setzen neben dem Preis auch die Nutzungsdauer des Belages herab.

1. PVC-Bodenbeläge ohne Rücken

PVC-Bodenbeläge ohne Rücken werden nach DIN EN 649 ein- oder mehrschichtig in homogenem oder heterogenem Aufbau hergestellt.

- **Homogene PVC-Beläge** weisen über die gesamte Dicke eine durchgehend gleiche Materialzusammensetzung, Färbung und Musterung auf. Sie eignen sich daher insbesondere für Objekte mit starkem Publikumsverkehr (Kaufhäuser, Schulen, Krankenhäuser) und leichtem Fahr-

Tabelle **11**.75 Klassifizierung von elastischen Bodenbelägen nach DIN EN 685

Klasse	Symbol	Verwendungsbereich	Beschreibung	Beispiele
		Wohnen	Bereiche, die für die private Nutzung vorgesehen sind	
21		mäßig	Bereiche mit geringer oder zeitweiser Nutzung	Schlafzimmer
22		normal	Bereiche mit mittlerer Nutzung	Wohnräume, Eingangsbereiche
23		stark	Bereiche mit intensiver Nutzung	Wohnräume, Eingangsbereiche
		Gewerblich	Bereiche, die für die öffentliche und gewerbliche Nutzung vorgesehen sind	
31	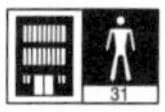	mäßig	Bereiche mit geringer oder zeitweiser Nutzung	Hotelzimmer, Einzelbüros, Konferenzräume
32	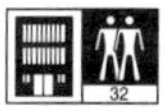	normal	Bereiche mit mittlerem Verkehr	Klassenzimmer, Einzelbüros, Hotels, Boutiquen
33	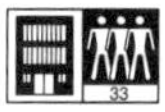	stark	Bereiche mit starkem Verkehr	Korridore, Kaufhäuser, Schulen, Mehrzweckhallen, Großraumbüros
34	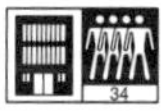	sehr stark	Bereiche mit intensiver Nutzung	Flughäfen, Mehrzweckhallen, Schalterhallen, Kaufhäuser
		Industriell	Bereiche, die für die Nutzung durch die Leichtindustrie vorgesehen sind	
41	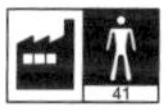	mäßig	Bereiche, in denen die Arbeit hauptsächlich sitzend durchgeführt wird und wo gelegentlich leichte Fahrzeuge benutzt werden	Elektronikwerkstätten, Feinmechanikwerkstätten
42	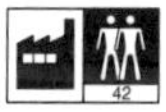	normal	Bereiche, in denen die Arbeit hauptsächlich stehend ausgeführt wird und/oder mit Fahrzeugverkehr	Lagerräume
43	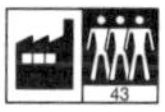	stark	andere industrielle Bereiche	Lagerhallen, Produktionshallen

verkehr gemäß Tab. **11**.75. Außerdem gibt es diese Beläge – deren Nähte thermisch verschweißt werden können – hinsichtlich ihres elektrostatischen Verhaltens auch in ableitfähiger Ausführung für Räume mit elektronischen Geräten, EDV-Anlagen o. Ä. S. hierzu auch Abschn. 11.4.10.7, Elektrostatisches Verhalten von Bodenbelägen.

- **Heterogene PVC-Beläge** sind immer mehrschichtig aufgebaut, wobei die einzelnen Schichten unterschiedliche Materialzusammensetzungen aufweisen. Während die unteren Schichten stark mit Füllstoffen angereichert sind und mit einer Stabilisierungseinlage verstärkt sein können, enthält die dünnere Oberschicht hohe PVC-Anteile. Die Nutzungsdauer dieser Beläge hängt demnach wesentlich von der Dicke und Abriebfestigkeit der obersten Schicht ab. Diese Beläge sind billiger, weniger strapazierfähig und vorwiegend im Wohnbereich gemäß Tabelle **11**.75 einsetzbar.

Produkttypische Eigenschaften. PVC-Bodenbeläge zeichnen sich durch eine geschlossene, weitgehend porenfreie – daher relativ leicht zu reinigende – trittsichere Nutzschicht mit hoher Abrieb- und Verschleißfestigkeit aus. Die Beläge sind gegen die meisten haushaltsüblichen Chemikalien beständig und mit thermischem Nahtverschluss auch für Computerräume, Nassräume und Hygienezonen (Krankenzimmer, Operationssäle) geeignet. Dekorative Dessins sind in vielen Farbstellungen erhältlich und ergeben interessante Gestaltungsmöglichkeiten im Wohn- und Objektbereich.

PVC-Bodenbeläge sind jedoch gegen aggressive Lösungsmittel, Bitumen, Teer und Fette sowie gegen hohe Temperaturen (Reibungswärme, Zigarettenglut) empfindlich – und zwar je nach Füllstoffanteil. Bestimmte Gummiarten hinterlassen bei längerer Einwirkung Verfärbungen (z. B. Möbelrollen, Gummifüsse), die nicht mehr entfernt werden können. Auch sog. Weichmacherwanderungen sind möglich, die zu irreversiblen Farbveränderungen an der Belagoberfläche führen.

Bürorollstühle müssen für den Einsatz auf PVC-Belägen mit Rollen gemäß DIN EN 12 529, Typ **W** ausgestattet sein (Weiche Radlaufflächen für stuhlrollengeeignete, elastisch-harte Bodenflächen). Vgl. hierzu auch Abschn. 11.4.12.3.

Vermehrt werden PVC-Bodenbeläge auf dem Markt angeboten, die ein sog. Oberflächen-Finish (Oberflächenschutzsystem) aufweisen. Mit dieser bereits werkseitig aufgebrachten PU-Versiegelung soll erreicht werden, dass die nach der Verlegung und Bauabschlussreinigung sonst übliche und notwendige Einpflege entfallen kann, die tägliche Unterhaltsreinigung vereinfacht und die Verschleißfestigkeit und damit Nutzungsdauer eines elastischen Belages erhöht wird.

- **Wiederverwertung von PVC-Bodenbelägen**. PVC ist ein thermoplastischer Werkstoff und somit vollständig wiederverwertbar. Entsprechende Initiativen der Arbeitsgemeinschaft „PVC-Bodenbelag-Recycling" (AgPR) – ein Zusammenschluss namhafter PVC-Rohstoffhersteller und PVC-Bodenbelagproduzenten – alle PVC-Altbeläge zu sammeln, das Material rein mechanisch (ohne chemische oder thermische Einflüsse) wieder aufzuarbeiten und das dabei gewonnene Recyclat erneuter Produktion zuzuführen, sind im Hinblick auf die Umweltentlastung mit besonderer Aufmerksamkeit zu verfolgen und an der Baustelle durch entsprechende Vorsortierung zu unterstützen. Das in den Recycling-Anlagen gewonnene PVC-Granulat kann bis zu achtmal ohne Qualitätseinbuße wieder zur Fertigung von Bodenbelägen verwendet werden. Vgl. hierzu Abschn. 11.4.2, Ökologische Bewertung.
- **Brandverhalten**. PVC-Bodenbeläge sind in der Regel der Baustoffklasse B1 (schwerentflammbar) nach DIN 4102 zuzuordnen. Diese Klassifizierung bedeutet weder, dass die Beläge zigarettenglutbeständig, noch dass sie nicht brennbar sind. Normalerweise tragen PVC-Beläge jedoch nicht zur Ausbreitung von Bränden bei.

  Beim Verbrennen von PVC werden giftige, bissig-ätzende Gase freigesetzt, wie zum Beispiel Chlorwasserstoff, der in Verbindung mit Feuchtigkeit Salzsäure bildet und durch Korrosion Metallkonstruktionen zerstören kann. Vgl. hierzu auch Abschn. 11.4.2.
- **Feuchteschutz**. Auf erdberührten Bodenplatten ist immer eine Abdichtung gegen aufsteigende Feuchtigkeit und bei Gefahr von Dampfdiffusion und nachstoßender Restfeuchte aus noch junger Rohbetondecke eine Dampfsperre bzw. dampfbremsende Schicht gemäß Abschn. 11.3.2 anzuordnen.

  Da PVC-Bodenbeläge nahezu dampfdicht sind und als oberseitige Dampfsperre wirken, müssen die zulässigen Feuchtewerte für die Belegreife von Estrichen gemäß Tab. **11**.32 und Tab. **12**.9 genauestens eingehalten werden. Feuchteanreicherung unter dem Belag führt zur Verseifung des Klebers, zur Blasenbildung und bei feuchteempfindlichem Estrich (z. B. Calciumsulfatestrich) zur Erweichung der oberen Estrichzone.

Die jeweiligen produktspezifischen Anforderungen, Verschleißgruppen- und Verwendungsbereich-Klassifizierungen sind den angeführten Produktnormen zu entnehmen. Vgl. hierzu auch Tabelle **11**.75.

Angaben über Verlegung, thermischen Nahtverschluss und elektrostatisches Verhalten von elastischen Bodenbelägen s. Abschn. 11.4.10.7.

Regelabmessungen – PVC-Bodenbeläge ohne Rücken (als Platten- und Bahnenware lieferbar): Bahnenbreite zwischen 100 und 400 cm, üblich 200 cm. Quadratische Plattenformate: 30 x 30 – 50 x 50 – 60 x 60 – 61 x 61 – 90 x 90 cm. Rechteckige Plattenformate: 50 x 60 – 60 x 90 – 60 x 120 cm. Dicke 1,5 bis 3,0 mm (Faustregel: Im Wohnbereich ab 1,5 mm, im Objektbereich ab 2,0 mm). Verlegung, Aufmaß und Abrechnung nach VOB Teil C, DIN 18365, Bodenbelagarbeiten.

2. PVC-Bodenbeläge mit Rücken (Unterschicht)

PVC-Bodenbeläge mit Rücken (DIN EN 650 bis 652 sowie 655) – auch PVC-Verbundbeläge genannt – bestehen aus einer PVC-Oberschicht wie zuvor beschrieben und aus einem mit dieser Schicht untrennbar verbundenen Rücken. Bei dieser Verbundkonstruktion werden die Vorteile der strapazierfähigen Oberschicht mit den Vorzügen der jeweiligen Unterschicht – wie zum Beispiel verbesserte Trittelastizität, Schall- und Wärmedämmung (Fußwärme) – in sinnvoller Weise miteinander verbunden. Im einzelnen unterscheidet man:

- **PVC-Beläge mit Jutefilz**. Jutefilz dient zur Verbesserung des Trittschalls bei preiswerten Qualitäten. Aufgrund des feuchteempfindlichen Rückenmaterials ist dieser Belag für Nassräume nicht geeignet. Thermisches Verschweißen ist nur bei entsprechender Herstellerempfehlung möglich.
- **PVC-Beläge mit Polyestervlies**. Im Gegensatz zum Jutefilz ist der synthetische Vliesstoff in Feuchträumen einsetzbar.
- **PVC-Beläge mit Schaumstoffschicht**. Da Oberschicht und Rücken verrottungsfest sind, können derartige Verbundbeläge in fugenverschweißter Ausführung in Nassräumen verlegt werden. Im Objektbereich sind die Nähte immer thermisch zu verschweißen.
- **PVC-Beläge mit Korkment**. Diese Presskorkunterlage dient zur Verbesserung der Trittelastizität und Trittschalldämmung als Verbundbelag. Im Objektbereich sind die Nähte immer thermisch zu verschweißen.

Die jeweiligen produktspezifischen Anforderungen, Verschleißgruppen- und Verwendungsbereich – Klassifizierungen sind den angegebenen Produktnormen zu entnehmen. Vgl. hierzu auch Tabelle **11**.75.

Regelabmessungen – PVC-Bodenbeläge mit Rücken (als Platten- und Bahnenware lieferbar): Bahnenbreite zwischen 100 und 400 cm, üblich 200 cm. Gesamtdicke ab 1,5 mm, üblich 3,0 bis 5,0 mm, je nach Qualität und Verwendungsbereich.

3. PVC-Bodenbeläge mit strukturierter Oberfläche (CV-Beläge)

Die geschäumten PVC-Bodenbeläge (DIN EN 653) – auch Cushioned Vinyls genannt – gehören aufgrund ihrer konstruktiven Merkmale zu den PVC-Belägen mit Rücken, nehmen aber wegen ihres abweichenden Aufbaues und ihrer reliefartig strukturierten Oberfläche eine Sonderstellung ein.

PVC-Schaumbeläge werden im sog. Streichverfahren hergestellt und setzen sich aus 4 bis 5 untrennbar miteinander verbundenen Schichten zusammen, so dass sie zu den heterogen aufgebauten PVC-Belägen zählen.

Im einzelnen bestehen sie aus einer transparenten, hochabriebfesten Nutzschicht aus PVC, einer darunter angeordneten, nach vorgegebenem Muster reliefartig aufschäumbaren Schaumschicht mit oberseitig aufgedrucktem Dekor (Reproduktionen von Holz, Fliesen oder graphischen Dessins) und einem Träger aus Glasvlies zur Stabilisierung.[1)] Je nach Art des Belages kann die Ware rückseitig noch mit einer zusätzlichen Schaumstoffschicht (Unterschicht) versehen sein.

Geschäumte PVC-Beläge sind feuchtigkeitsbeständig, angenehm begehbar, fußwarm, trittschalldämpfend, relativ pflegeleicht und recycelbar. Aufgrund dieser Eigenschaften eignen sich diese Beläge insbesondere für den Wohnbereich; für den Objektbereich geeignete Beläge sind auf dem Markt ebenfalls erhältlich.

Die jeweiligen produktspezifischen Anforderungen, Verschleißgruppen- und Verwendungsbereich-Klassifizierungen sind den angegebenen Produktnormen zu entnehmen. Vgl. hierzu auch Tabelle **11**.75.

[1)] Bis Mitte der 80er Jahre wurden CV-Beläge mit asbesthaltiger Rückenbeschichtung hergestellt. Da Asbest zwischenzeitlich in der Gefahrstoff-Verordnung als krebserzeugender Stoff eingestuft ist, besteht für dieses Material ein Herstellungs- und Verwendungsverbot. Man kann jedoch davon ausgehen, dass Beläge, die nach 1985 eingebaut wurden, keinen Asbest mehr enthalten.

Bei Renovierungsarbeiten anfallende Altbeläge wie

- CV-Beläge,
- Flex-Platten,
- Vinyl-Asbest-Platten

dürfen nur von Spezialfirmen mit entsprechender Sachkunde unter Beachtung strenger Sicherheitsmaßnahmen entfernt bzw. entsorgt werden. Eigenmächtiges Entfernen und Entsorgen ist strafbar und stellt ein Vergehen gegen die Umwelt dar. Asbesthaltige Stoffe dürfen auch nicht in die Container für Bauschutt und Baustellenabfälle gegeben werden.

Regelabmessungen – Geschäumte PVC-Bodenbeläge (CV-Beläge): Bahnenware 200, 300, 400 cm. Gesamtdicke zwischen 1,2 und 3,5 mm. Nutzschichtdicke 0,1 bis 0,3 mm, je nach Qualität und Einsatzbereich. Verlegung, Aufmaß und Abrechnung nach VOB Teil C, DIN 18365, Bodenbelagarbeiten.

11.4.10.2 Polyolefin-Bodenbeläge (PO-Beläge)

Die kontrovers geführte Diskussion über angeblich mangelnde Gesundheits- und Umweltverträglichkeit von PVC-Produkten im Bauwesen hat die Bodenbelagindustrie veranlasst, verstärkt nach alternativen Belägen zu suchen. Neben anderen Belaggruppen zählen auch die Polyolefin-Bodenbeläge zu den umweltfreundlichen Produkten.

PO-Beläge bestehen aus Polyolefinen mit EVA-Copolymerisat als Bindemittel, mineralischen Füllstoffen und Farbpigmenten. Ihre Herstellung ist vergleichbar mit der von PVC-Belägen: die Rohstoffe werden gemischt, plastifiziert, über Walzwerke ausgewalzt und zu homogenen Bahnen oder Platten konfektioniert.

Polyolefinbeläge sind chlor-, weichmacher- und schwermetallfrei, so dass sie mit normalem Hausmüll bzw. Bauschutt entsorgt, ohne nachteilige Emissionen in Verbrennungsanlagen verbrannt oder zu neuen Bodenbelägen wiederverwertet werden können.

Die Beläge sind elastisch, strapazierfähig, trittsicher und rutschhemmend, stuhlrollengeeignet und beständig gegen die gebräuchlichsten Haushaltschemikalien, so dass sie im gesamten Wohnbereich und normal beanspruchten öffentlichen Bereich eingesetzt werden können; außerdem sind sie schwerentflammbar (Baustoffklasse B1) nach DIN 4102. Aufgrund ihrer geschlossenporigen Oberfläche und thermischen Verschweißbarkeit der Belagnähte sind sie feuchteunempfindlich und in Nassräumen einsetzbar. Zu beachten ist jedoch, dass sich die auf dem Markt angebotenen Polyolefinbeläge teilweise stark voneinander unterscheiden (Herstellerangaben beachten!)

Insgesamt ist der Marktanteil von Polyolefinbelägen nicht sehr groß, vor allem auch deshalb, weil diese Alternativprodukte im Vergleich mit hochwertigen PVC-Belägen doch deutliche Qualitäts- und Nutzungsunterschiede aufweisen. Dies gilt insbesondere hinsichtlich Verschleißfestigkeit und Kratzempfindlichkeit, Dimensionsänderungen bei Temperaturwechsel (Wärmeeinwirkung) und direkter Sonneneinstrahlung sowie Haftungsproblemen bei der Verlegung.

Regelabmessungen – Polyolefin-Bodenbeläge (nicht genormt): Bahnenbreite im allgemeinen 125 und 200 cm. Quadratische Plattenformate 60 x 60 cm. Gesamtdicke für den Wohnbereich ab 1,5 mm, im Objektbereich 2,0 mm. Verlegung, Aufmaß und Abrechnung nach VOB Teil C, DIN 18 365, Bodenbelagarbeiten.

11.4.10.3 Quarzvinyl-Bodenbeläge

Quarzvinylbeläge eignen sich für extrem starke Beanspruchungen im Objektbereich. Sie bestehen überwiegend aus Quarzsand, mineralischen Füllstoffen, Farbpigmenten und wenigen PVC-Anteilen als Bindemittel. Aufgrund dieser umweltschonenden Zusammensetzung dürfen sie mit normalem Haushaltsmüll bzw. Bauschutt entsorgt werden.

Die Herstellung der Quarzvinylfliesen ist zwar ähnlich wie bei den PVC-Belägen. Nach dem Auswalzen des Mischgutes auf Kalandern (beheizte Metallwalzen) werden die Fliesen jedoch bei hoher Temperatur und sehr hohem Druck noch mehrmals nachgepresst. Durch diese Pressung werden die Quarzkörner und Füllstoffe derart verdichtet, dass alle Lufteinschlüsse beseitigt und die einzelnen Quarzkristalle zu einer festen Einheit verschmelzen.

Gepresste Quarz-Vinyl-Beläge zeichnen sich durch extrem hohe Verschleißfestigkeit, Rollstuhl- und sogar Gabelstaplereignung aus, so dass diese Beläge vor allem im Gewerbe- und Industriebereich sowie in öffentlich zugänglichen Gebäuden wie beispielsweise Warenhäuser, Ladengeschäfte, Schulen, Verwaltungsgebäude, Gaststätten, Diskotheken u. a.m. verlegt werden. Sie eignen sich außerdem zum Verlegen auf Fußbodenheizung und sind weitgehend beständig gegen gebräuchliche Säuren, Laugen und Lösungsmittel; bezüglich ihres Brandverhaltens werden sie der Baustoffklasse B1 (schwerentflammbar) nach DIN 4102 zugeordnet.

Nicht geeignet sind sie für Nassraumbereiche und Räume mit elektron. Geräten, EDV-Anlagen.

Regelabmessungen – Gepresste Quarzvinylfliesen (nicht genormt): Quadratisches Format: 30 x 30 cm. Rechteckige Formate auf Bestellung: 30 x 5 – 30 x 10 – 30 x 15 – 30 x 20 – 30 x 25 cm. Gesamtdicke 2 mm. Verlegung, Aufmaß und Abrechnung nach VOB Teil C, DIN 18 365, Bodenbelagarbeiten.

11.4.10.4 Linoleum-Bodenbeläge

Linoleum wurde vor beinahe 150 Jahren erfunden. Es war der erste Bahnenbelag, mit dem man Böden großflächig ohne besonderen baulichen Aufwand belegen konnte. Neuere Belagarten wie PVC-Beläge und (Nadelvlies-) Teppichböden reduzierten die Marktanteile von Linoleum deutlich, ohne die grundsätzlichen Vorzüge dieses Belages in Frage stellen zu können. Im Zug des umweltfreundlichen Bauens und Wohnens gewinnt der (nahezu) ganz aus natürlichen Rohstoffen hergestellte Belag wieder verstärkt an Interesse.

Linoleum (DIN EN 548) besteht im wesentlichen aus Leinöl, Naturharzen, Holz- und Korkmehl, mineralischen Füllstoffen sowie Farbpigmenten. Diese Grundstoffe werden in verschiedenen Verfahren zur teigartigen Linoleum-Deckmasse vermengt bzw. geknetet und unter Hitze und Druck in Walzwerken (Kalandern) auf ein Jutegewebe (Trägermaterial) aufgewalzt. In großen Trockenkammern muss das Linoleum noch einige Wochen ausreifen, um die erforderliche Endfestigkeit zu erreichen. Eine dünne transparente Oberflächen-Versiegelung macht den Belag weitgehend unempfindlich gegen Schmutz und vereinfacht die Reinigung.

Produktspezifische Eigenschaften. Linoleum ist ein bis zum Trägermaterial homogen zusammengesetzter und durchgefärbter elastischer Bodenbelag, in vielen Farben und Musterungen erhältlich. Es ist angenehm begehbar, strapazierfähig, zigarettenglutbeständig, schwerentflammbar (Baustoffklasse B1) nach DIN 4102 sowie permanent antistatisch; in Varianten jedoch auch elektrisch leitfähig herstellbar. Außerdem ist es beständig gegen Fette und Öle, Farb- und Filzstifte sowie geeignet für Fußbodenheizung und Stuhlrollenbeanspruchung (DIN EN 12 529 – **Rollentyp W**).

Für gewerbliche und industrielle Objekte wie Werkstätten, Fabrikations- und Lagerhallen werden besonders strapazierfähige Linoleumqualitäten angeboten, die sogar mit Gabelstaplern befahrbar sind.

Darüber hinaus ist Linoleum umweltfreundlich, da es aus überwiegend natürlichen, nachwachsenden Rohstoffen hergestellt wird. Im Brandfall entstehen keine schädlichen Gase mit Folgeschäden. Altes, ausgebautes Linoleum kann zwar nicht recycelt, jedoch kompostiert und damit kostengünstig und umweltfreundlich entsorgt werden.

Verlegung / Nahtverschluss. Linoleum sollte jedoch nicht in Räumen verlegt werden, in denen mit länger einwirkender Feuchtigkeit, heißem Wasser, organischen Lösungsmitteln, Säuren und Laugen zu rechnen ist; auch sind immer Abdichtungen gegen Feuchtigkeit von unten gemäß Abschn. 11.3.2 vorzusehen.

Aus der Rohstoffzusammensetzung und dem Herstellungsverfahren ergeben sich Materialeigenschaften, die beim Verlegen von Linoleum zu berücksichtigen sind (Umgebungsfeuchte, Klebstoffeinflüsse).

Der Nahtverschluss mit erhitztem Schmelzdraht – bei Linoleum „Verfugung" genannt – ist vor allem im Objektbereich und in Räumen, die nassgereinigt bzw. desinfiziert werden müssen (Krankenhaus, Pflegeheim), erforderlich. Vgl. hierzu auch Abschn. 11.4.10.7.

Reinigung und Pflege. Modernes Linoleum erfordert keinen größeren Pflegeaufwand als andere vergleichbare

Beläge, – das Bohnern mit Wachsen gehört längst der Vergangenheit an. Aus Gründen der leichteren Reinigung und höheren Strapazierfähigkeit wird häufig werkseitig noch eine dünne PU-Versiegelung auf die Belagoberfläche aufgebracht; Linoleum ist jedoch auch unbeschichtet erhältlich. Die nach der Verlegung und Bauabschlussreinigung notwendige Einpflege ist gemäß Herstellerempfehlung auszuführen. Ungeeignete Reinigungsmittel können zu Verfärbungen des Belages führen.

Linoleum mit Rücken – auch Linoleum-Verbundbelag genannt – besteht aus einer Linoleum-Oberschicht mit Trägermaterial aus Jute und einem unterseitig damit untrennbar verbundenen Rücken. Bei dieser Verbundkonstruktion werden die Vorteile der strapazierfähigen Oberschicht mit den Vorzügen der jeweiligen Unterschicht – wie zum Beispiel verbesserte Trittelastizität, Schall- und Wärmedämmung (Fußwärme) – in sinnvoller Weise miteinander verbunden. Im einzelnen unterscheidet man:

- Linoleum mit Schaumrücken (DIN EN 686)
- Linoleum mit Korkmentrücken (DIN EN 687).

Korklinoleum (DIN EN 688) ist ein homogener Linoleumbelag, dessen Oberschicht deutlich mehr Korkgranulat enthält, um einen bestimmten Begehkomfort und eine Trittschallverbesserung zu erzielen.

Korkmentunterlagen (DIN EN 12 455) werden in Verbindung mit anderen elastischen Bodenbelägen oder als flächige Unterlage bei Hartbelägen (Laminatboden, Fertigparkett) in Form von Rollen oder Platten für Trittschall- und Wärmedämmzwecke eingesetzt.

Die jeweiligen produktspezifischen Anforderungen, Verschleißgruppen- und Verwendungsbereich-Klassifizierungen sind den angeführten Produktnormen zu entnehmen. Vgl. hierzu auch Tab. **11**.75. Angaben über Verlegung, Nahtverschluss, Reinigung und Pflege von elastischen Bodenbelägen s. Abschn. 11.4.10.7.

Regelabmessungen – Linoleum: Bahnenbreite üblicherweise 200 cm, bei Sonderanfertigung 300 cm. Plattenformate 50 x 50 – 60 x 60 cm. Belagdicke: 2,0 – 2,5 – 3,2 – 4,0 mm. Gesamtdicke-Verbundbelag: 4,0 – 4,5 – 5,0 mm. Verlegung, Aufmaß und Abrechnung nach VOB Teil C, DIN 18 365, Bodenbelagarbeiten.

11.4.10.5 Kork-Bodenbeläge und Kork-Fertigparkett

Bodenbeläge aus Kork sind druckelastisch und angenehm begehbar, fußwarm, wärme- und trittschalldämmend, antistatisch, im Baubereich verrottungsfrei sowie für Fußbodenheizung geeignet. Kork-Bodenbeläge werden im gesamten Wohnbereich eingesetzt; Beläge mit PVC-Verschleißschicht sind besonders strapazierfähig und daher auch im Objektbereich verwendbar. Kork-Bodenbelag gilt außerdem als umweltfreundlich, da er aus überwiegend natürlichen, nachwachsenden Rohstoffen hergestellt wird. Folgende Korkbeläge sind zu unterscheiden:

Kork-Bodenbeläge

- **Einschichtige Kork-Bodenbeläge** aus homogener Presskorkplatte (DIN EN 12 104), geschliffen, ansonsten unbehandelt.
- **Zweischichtige Kork-Bodenbeläge** bestehend aus einer Presskorkplatte, beschichtet mit einer weiteren dekorativen Presskorkplatte oder einem Korkfurnier, geschliffen, ansonsten unbehandelt.

  Oberflächenbehandelte Kork-Bodenbeläge (einschichtig, zweischichtig oder furniert), werkseitig vorversiegelt oder vorgewachst.
- **Mehrschichtige Kork-Bodenbeläge** mit einer durchsichtigen PVC-Verschleißschicht, einem Presskorkträger (Presskorkplatte mit oder ohne dekorativem Furnier aus Kork oder Holz) und einem unterseitig aufkaschiertem PVC-Gegenzugmaterial.

Kork-Fertigparkett

- **Mehrschichtig aufgebaute Verlegeelemente** bestehend aus einem Trägermaterial (z. B. 6 mm HDF-Platte), beschichtet mit einer 3 bis 4 mm dicken, endversiegelten Kork-Nutzschicht und einem unterseitig aufkaschiertem, 2 bis 3 mm dicken Presskork-Gegenzug zur Stabilisierung und Trittschalldämmung.

  Kork-Fertigparkett ist für Feuchträume nicht geeignet; eine Verlegung auf Fußbodenheizung nicht empfehlenswert. Die Elemente sind verlegbar entweder
  - vollflächig schwimmend mit Nut-Feder-Verleimung oder
  - vollflächig schwimmend mit leimloser Nut-Feder-Arretierung (sog. Klickprofilen). Vgl. hierzu auch Abschn. 11.4.9, Laminatböden, mit Bild **11**.74.

Rohstoff und Herstellung. Kork wird aus der Rinde der nur sehr langsam – hauptsächlich im Mittelmeerraum – wachsenden Korkeiche gewonnen. Aus den gekochten und in Streifen geschnittenen Rindenstücken werden zunächst Flaschenkorken gestanzt und der Restkork in Schrotmühlen granuliert.

Dieses Granulat wird anschließend – entsprechend der jeweils gewünschten Optik des herzustellenden Belages – sortiert, mit Bindemitteln vermengt und in Stahlformen zu großen Blöcken verpresst. Davon werden Platten in gewünschter Dicke abgeschält, geschliffen und auf Größe gestanzt (Presskorkplatten nach DIN EN 12 104).

Mit werkseitig aufgebrachten dekorativen und ggf. farbig behandelten Kork- bzw. Holzfurnierschichten lässt sich die Dessinvielfalt noch wesentlich erweitern. Besonders exclusive Korkfurniere entstehen, wenn im Querschnitt quadratisch dimensionierte Rindenstücke in einer Art Schachbrettmuster übereinandergestapelt, verpresst und anschließend gemessert werden (Korkparkett nicht genormt).

Das mit Bindemittel angereicherte Korkgranulat kann aber auch auf Fließbänder geschüttet und großflächigen Pressen zugeführt werden. Die dabei entstehenden Bahnen dienen bei anderen Belägen als Unterlage für Wärme- und Trittschalldämmzwecke (Korkmentunterlagen nach DIN EN 12 455). Weitere Einzelheiten sind der Spezialliteratur [96] zu entnehmen.

Verlegung und Oberflächenbehandlung. Kork ist ein Naturprodukt und weist mehr oder weniger große Maßtoleranzen auf. Während furnierte Beläge weitgehend dickengleich sind, lassen sich bei den homogenen, naturbelassenen Presskorkplatten kleine Dickendifferenzen (Kantenüberstände) nicht vermeiden. Deshalb empfiehlt es sich, derartige Kork-Bodenbeläge nach dem Verkleben zu überschleifen. Furnierte und werkseitig vorbehandelte Korkbeläge dürfen maschinell jedoch nicht geschliffen werden. Einzelheiten über das nicht ganz unproblematische Verlegen von Kork-Bodenbelägen sind dem entsprechenden Merkblatt [97] zu entnehmen.

Kork-Bodenbeläge bedürfen eines Oberflächenschutzes, da roh belassene Korkfliesen bei der Benutzung sofort verschmutzen würden und Wischwasser in die Fugen eindringen könnte. Werkseitig unbehandelte Platten müssen daher nach dem Verkleben vor Ort versiegelt oder gewachst werden. Vom Hersteller vorversiegelte/vorgewachste Ware muss am Verlegeort immer auch noch endversiegelt/endgewachst werden. Korkbeläge mit einer PVC-Verschleißschicht bedürfen keiner weiteren Oberflächenbehandlung; diese Beläge sind außerdem für Stuhlrollenbeanspruchung (DIN EN 12 529) geeignet.

Kork-Bodenbeläge lassen sich in Wohnungsbädern ohne Bodenablauf nur einsetzen, wenn eine Versiegelung ausreichend Feuchteschutz gegen Wassereinwirkung von oben gewährleistet. Gewachste Böden und Kork-Bodenbeläge mit PVC-Verschleißschicht eignen sich hierfür nicht. Korkbeläge sind auch nicht geeignet – sofern von Seiten der Hersteller keine anderslautenden Empfehlungen vorliegen – für den Einsatz in Nassräumen wie beispielsweise Badezimmer mit Bodenablauf, Duschräumen usw.

Die jeweiligen produktspezifischen Anforderungen, Verschleißgruppen- und Verwendungsbereich-Klassifizierungen sind den angeführten Produktnormen zu entnehmen. Vgl. hierzu auch Tab. **11**.75. Angaben über Verlegung, Reinigung und Pflege von elastischen Bodenbelägen s. Abschn. 11.4.10.7.

Regelabmessungen – Kork-Bodenbeläge: Rechteckige Formate 30 x 60 – 90 x 15 – 90 x 30 cm. Quadratische Formate 30 x 30 cm. Dicken 4 – 5 – 6 – 8 mm. Kork-Bodenbelag mit PVC-Verschleißschicht, Gesamtdicke 3,2 mm. Kork-Fertigparkett 90 x 30 cm, Gesamtdicke 11 mm. Verlegung, Aufmaß und Abrechnung nach VOB Teil C, DIN 18 365, Bodenbelagarbeiten.

11.4.10.6 Elastomer-Bodenbeläge (Gummibeläge)

Elastomer-Bodenbeläge werden auf der Basis von Synthesekautschuk und/oder Naturkautschuk unter Zugabe von Füllstoffen, Farbpigmenten, Vulkanisierungsmitteln und sonstigen Zuschlagstoffen bzw. chemischen Komponenten hergestellt. Durch entsprechende Rezepturen können die Eigenschaften der Beläge gezielt beeinflusst und für nahezu jeden Verwendungszweck ein geeigneter Belag hergestellt werden. Die zunächst zähelastische Masse wird durch Kneten und Walzenpressung auf Kalandern zu Bahnen gezogen und unter Wärme und Druck durch Vulkanisation in ein dauerhaft elastisches Material umgewandelt (chemische Vernetzung unter Zugabe von Schwefel). Durch das Vulkanisieren wird aus der plastomeren (thermoplastischen) Kautschukmasse ein Elastomer.

Produkte aus vulkanisiertem Kautschuk haben gleichbleibende Eigenschaften über einen weiten Temperaturbereich. Daher sind Elastomerbeläge – im Gegensatz zu thermoplastischen Belägen (z. B. PVC-Beläge) – durch Wärmeeinwirkung nicht mehr schmelzbar bzw. verformbar, aber auch nicht thermisch verschweißbar.

Elastomer-Bodenbeläge sind PVC-, halogen- und weichmacherfrei, enthalten kein Asbest und sind recycelbar. Produktionsabfälle und ausgebaute Altbeläge – frei von Estrich- und Kleberrresten – können granuliert und bestimmten Produkten wieder beigemengt werden. Derzeit werden jedoch alte Beläge entweder auf kontrollierten Deponien entsorgt oder in Industriefeuerungsanlagen thermisch verwertet.

Der gummitypische Geruch kann sowohl bei Belägen aus natürlichem als auch synthetischem Kautschuk auftreten, insbesondere bei intensiver Sonneneinstrahlung oder bei Fußbodenheizung. Es liegen jedoch keine Erkenntnisse vor, dass sich im eingebauten Zustand Probleme durch Emissionen aus dem Belag ergeben.

Ebene homogene und heterogene Elastomer-Bodenbeläge (DIN EN 1817) sowie Ebene homogene und heterogene Elastomer-Bodenbeläge mit Schaumstoffbeschichtung (DIN EN 1816)

Ebene Elastomerbeläge können homogen oder heterogen aufgebaut sein und als Verbundbelag noch zusätzlich eine trittschallmindernde bzw. wärmedämmende Unterschicht aus Schaumstoff aufweisen.

- **Homogene Elastomer-Bodenbeläge** weisen über die gesamte Dicke eine durchgehend gleiche Materialzusammensetzung, Färbung und Musterung auf. Sie eignen sich daher für Objekte mit starkem Publikumsverkehr und leichtem Fahrverkehr gemäß Tabelle **11**.75.
- **Heterogene Elastomer-Bodenbeläge** sind immer mehrschichtig aufgebaut, wobei die einzelnen Schichten unterschiedliche Materialzusammensetzungen aufweisen. Während die unteren Schichten stärker mit Füllstoffen und ggf. recyceltem Altmaterial angereichert sind und mit einer Stabilisierungseinlage verstärkt sein können, enthält die obere Nutzschicht hohe Kautschukanteile. Nutzungsdauer und Preis sind bei diesen Belägen entsprechend niedriger anzusetzen.

Produktspezifische Eigenschaften. Kautschuk-Bodenbeläge sind außergewöhnlich strapazierfähig und verschleißfest, maßbeständig, stuhlrollengeeignet, schwerentflammbar (Baustoffklasse B1 nach DIN 4102) und zigarettenglutbeständig sowie weitgehend chemisch resistent gegen Säuren, Laugen, Öle, Fette und Lösungsmittel.

Sie zeichnen sich außerdem durch eine rutschhemmende, sehr dichte und daher relativ wirtschaftlich zu reinigende Oberfläche aus. Eine zusätzliche PU-Oberflächenversiegelung (Oberflächen-Finish) – wie sie bei den meisten elastischen Bodenbelägen noch zusätzlich aufgebracht wird – kann bei Elastomerbelägen entfallen.

Gummibeläge sind permanent antistatisch, Sonderqualitäten gibt es jedoch auch elektrisch leitfähig. Ein Nahtverschluss mit Fugenmasse ist möglich, in der Regel allerdings nicht erforderlich.

Aufgrund ihrer hohen Gleitsicherheit und Trittelastizität werden sie in Gymnastik-, Sport- und Mehrzweckhallen, aber auch in Pflegeheimen und Krankenhäusern eingesetzt. Je nach Anforderungsprofil sind sie außerdem für stark frequentierte Bereiche in öffentlichen Gebäuden sowie Industrie- und Gewerbebetrieben besonders geeignet.

Elastomer-Bodenbeläge gibt es sowohl mit klassischem als auch modernem Dessin in großer Farben- und Mustervielfalt, sowohl als Bahnen- wie Plattenware. Ein umfangreiches Zubehörprogramm (Sockelleisten, Kantenprofile, Formteile für Treppenbelag) runden das Angebot ab.

Die jeweiligen produktspezifischen Anforderungen, Verschleißgruppen- und Verwendungsbereich-Klassifizierungen sind den angegebenen Produktnormen zu entnehmen. Vgl. hierzu auch Tabelle **11**.75. Verlegung, Reinigung und Pflege s. Abschn. 11.4.10.7.

Regelabmessungen – Ebene Elastomer-Bodenbeläge: Bahnenbreite 120 cm. Plattenformat 61 x 61 cm. Dicke 1,8 bis 3,5 mm. Elastomer-Bodenbeläge mit einer Unterschicht aus Schaumstoff sind nur als Bahnenware erhältlich: Nutzschichtdicke ab 1,0 mm, Unterschicht 1,5 bis 2,5 mm. Gesamtdicke 3,5 bis 4,5 mm.

Profilierte homogene und heterogene Elastomer-Bodenbeläge (DIN EN 12 199)

Elastomer-Bodenbeläge mit profilierter Oberfläche – auch Gummi-Noppenbeläge genannt – bieten zusätzliche Trittsicherheit beim Begehen und vielfältige Gestaltungsmöglichkeiten. Die reliefartige Oberfläche besteht in der Regel aus klassischen Rundnoppen oder einer Kombination von Rund- und Längsnoppen.

Profilierte Gummibeläge eignen sich für normale, starke und sehr starke Beanspruchungen. Dementsprechend können sie im Wohnbereich, vor allem aber im Objektbereich sowohl in Boutiquen, Gaststätten und Arztpraxen, als auch in Flughäfen, Bahnhofs-, Messe-, Ausstellungs- und Schalterhallen oder in U-Bahnen, Straßenbahnen und anderen Schienenfahrzeugen eingesetzt werden.

Des weiteren werden noch Spezialbeläge beispielsweise in elektrostatisch leitfähiger bzw. ableitfähiger Ausführung für Räume mit elektronischen Geräten, UV-beständige Qualitäten für verglaste, tageslichtdurchflutete Zonen sowie öl- und fettbeständige Beläge angeboten.

Mit einem umfangreichen Zubehörprogramm lassen sich Anschlussprobleme in Randzonen, bei Treppenstufen und im Sockelbereich lösen. Auf die große Vielfalt von Farben und Dessins – abgestimmt mit den Zubehörteilen – wird besonders hingewiesen.

Die Rückseite der Beläge kann entweder glatt sein oder Zäpfchen aufweisen. Diese Zäpfchen ergeben eine hohlraumfreie Verklebung und bei extremer Beanspruchung noch zusätzlich eine mechanische Verankerung gegen Schub- und Scherkräfte (Gabelstaplerverkehr)

Zum Verlegen im Außenbereich oder in ausgesprochenen Nassbereichen sind Elastomer-Bodenbeläge nicht geeignet. Verlegehinweise beinhaltet das entsprechende Merkblatt [99].

Die jeweiligen produktspezifischen Anforderungen, Verschleißgruppen- und Verwendungsbereich-Klassifizierungen sind den angeführten Normen zu entnehmen. Vgl. hierzu auch Tab. **11**.75. Angaben über Verlegung, Reinigung und Pflege von elastischen Bodenbelägen s. Abschn. 11.4.10.7.

Regelabmessungen – Profilierte Elastomer-Bodenbeläge: Bahnenbreite 120 cm. Plattenformat: 50 x 50 – 60 x 60 cm. Gesamtdicke 2,0 – 2,5 – 3,0 – 3,5 – 4,0 – 4,5 – 5,0 mm. Noppenhöhe in der Regel 0,5 mm (1,5 mm bei Extrembeanspruchung). Verlegung, Aufmaß und Abrechnung nach VOB Teil C, DIN 18 365, Bodenbelagarbeiten.

11.4.10.7 Verlegung, Nahtverschluss und Pflege elastischer Bodenbeläge

Vor Beginn der Bodenbelagarbeiten hat der Auftragnehmer (Bodenleger) zu prüfen, ob und inwieweit der Untergrund (Neu-/Altuntergrund) die Voraussetzungen zur Verlegung des vorgesehenen Bodenbelages erfüllt und ob dieser auch für die voraussichtliche Beanspruchung geeignet ist.

Daraus ergeben sich Prüf- und Hinweispflichten. Falls nach den fachlichen Regeln Bedenken vorliegen, sind diese in schriftlicher Form an zuständiger Stelle (Auftraggeber/Planer) unverzüglich geltend zu machen. Maßgebend sind die Bedingungen der VOB ATV DIN 18 299, Allgemeine Regelungen für Bauarbeiten jeder Art sowie DIN 18 365, Bodenbelagarbeiten.

11

Da verschiedenartige Unterböden unterschiedliche Vorarbeiten erfordern, sind von Seiten der Bauplanung entsprechende Angaben über den Gesamtaufbau der Fußbodenkonstruktion – insbesondere über die Art des Estrichs (Bindemittel), Anordnung und Dicke der einzelnen Schichten (Dämmung, Abdichtung) sowie über die Funktion der Bewegungsfugen – im Leistungsverzeichnis anzugeben.

Die Prüf- und Hinweispflicht des Verlegers bezieht sich nur auf die Beschaffenheit des Verlegeuntergrundes, nicht aber auf etwaige darunterliegende Schichten bzw. Schichtenfolgen.

Prüfung des Verlegeuntergrundes. Elastische Bodenbeläge können auf neuen Untergründen (z. B. Estriche, Fertigteilestriche) oder auf geeigneten Altbelägen – sofern diese mit dem Untergrund fest verbunden sind und keine wesentlichen Verunreinigungen aufweisen – verlegt werden. In jedem Fall muss die Beschaffenheit des Untergrundes vom Bodenleger sorgfältig geprüft und die Oberfläche mit geeigneten Werkstoffen und Verfahren so behandelt werden, dass sie belegreif ist und den Anforderungen der DIN 18 365, Bodenbelagarbeiten, entspricht.

Besonders sorgfältig zu prüfen ist der zulässige Feuchtigkeitsgehalt entsprechend der Art des Untergrundes und des vorgesehenen Belages (Tabellen **11**.32 sowie **12**.9), die Festigkeit, Ebenheit (Tabelle **11**.2) und sonstige Beschaffenheit der Oberfläche, ihre Höhenlage zu anschließenden Bauteilen, der normgerechte Überstand des Randdämmstreifens sowie die Markierung von Messstellen und das Aufheizprotokoll bei beheizten Fußbodenkonstruktionen.

Vorbereitung des Verlegeuntergrundes. Der Untergrund, auf dem elastische Bodenbeläge verlegt werden sollen, muss eben, ausreichend fest und tragfähig, rissefrei, dauerhaft trocken, frei von Verunreinigungen wie Fetten, Ölen, Farbresten und losen Teilen sowie Trenn- und Sinterschichten sein. Objektbezogene Besonderheiten sind vom Bodenleger zu prüfen und entsprechend zu berücksichtigen (z. B. Stuhlrollenbeanspruchung, Fußbodenheizung usw.)

- **Grundieren.** Die meisten Verlegeuntergründe werden zunächst mit einer Grundierung (sog. Vorstrich) vorbehandelt. Diese reduziert die Saugfähigkeit mineralischer Untergründe, bindet den Staub, schützt feuchtigkeitsempfindliche und quellfähige Verlegeflächen (z. B. Anhydritestrich, Holzspanplatten) vor dem Wasser aus Spachtelmassen und Klebstoffen und verbessert den Haftverbund bei sehr dichten und sehr glatten Untergrundflächen.
- **Spachteln.** Durch das anschließende Spachteln des Untergrundes wird sichergestellt, dass die Verlegefläche eine optimale Saugfähigkeit, gute Festigkeit und ausreichende Ebenheit aufweist.

  Je nach Bedarf soll Feinspachtelmasse (bis 5 mm) die Poren füllen und kleinere Unebenheiten ausgleichen; bei größeren Unebenheiten ist Ausgleichsmasse (bis 10 mm) zu verwenden. Zum Nivellieren von deutlichen Höhenunterschieden werden Füllmassen (bis 35 mm) eingesetzt.

  Vor allem bei dünnen Belägen, die ohne Unterlagen verlegt werden und bei denen im Gegenlicht jede kleinste Unebenheit sichtbar ist, sind selbstverlaufende Spachtelmassen notwendig.

  Auch bei nicht oder nur gering saugenden Untergründen muss in der Regel eine mind. 2 mm dicke Spachtelschicht aufgebracht werden, die das überschüssige Wasser aus Dispersions-Klebstoffen vorübergehend aufnimmt. Ansonsten würde bei direktem Klebstoffauftrag auf weitgehend dichtem Untergrund nicht nur das Abbinden verzögert, sondern auch der Bodenbelag die Feuchtigkeit des Klebers aufnehmen, sich dadurch ausdehnen, an den Rändern aufstellen und Blasen bilden. Vgl. hierzu auch Abschn. 11.3.6.4, Spachtelung von Gussasphaltestrich.

  Überstehende Randdämmstreifen mit Abdeckung dürfen erst nach dem Spachteln abgeschnitten werden, damit die Randfugen nicht durch Spachtelmasse o. Ä. verfüllt und dadurch funktionslos werden. Vgl. hierzu Abschn. 11.3.6.4, Zementestrich auf Dämmschicht.

Klebstoffe

Die Wahl eines geeigneten Klebestoffes hängt von der Belagart, der Beschaffenheit des Untergrundes, der voraussichtlichen Beanspruchung des Bodens und den örtlichen Verhältnissen ab. So dürfen auf beheizbaren Fußbodenkonstruktionen nur solche Klebstoffarten verwendet werden, die von der Herstellerfirma als „für Fußbodenheizung geeignet" gekennzeichnet sind.

Elastische Bodenbeläge werden vollflächig verklebt. Zuvor sind sie im jeweiligen Verlegeraum ausreichend lang zu akklimatisieren, so dass sich das Material an Temperatur und Luftfeuchte anpassen kann. Die Klebstoffe müssen so beschaffen sein, dass durch sie eine feste und dauerhafte Verbindung erreicht wird. Sie werden in der Regel mit einem Zahnspachtel aufgetragen; dabei sind die Verarbeitungsvorschriften der Klebstoffhersteller genauestens einzuhalten.

Klassifizierung von Klebstoffen. Klebstoffe dürfen weder für den Bodenleger noch für den Benutzer gesundheitsschädigende bzw. raumluftbelastende Komponenten enthalten. Eine der wichtigsten Voraussetzungen dafür ist, dass die eingesetzten Klebstoffe keine Lösungsmittel, vor allem aber auch keine sogenannten synthetischen Weichmacher (Hochsieder) enthalten, die unter Umständen auf Wochen, Monate und sogar Jahre hinaus schädliche oder geruchlich unangenehme Komponenten an die Raumluft emittieren.

Es macht allerdings wenig Sinn, wenn nur der Bodenleger emissionsarme Produkte einsetzt, andere Verarbeiter jedoch mit hoch lösungsmittelhaltigen Grundierungen, Spachtelungen, Lackfarben usw. in den Innenräumen arbeiten. Daher müssen alle Produkte des Innenausbaues – einschließlich der Holzwerkstoffe und Einrichtungsgegenstände – möglichst emissionsarm sein, um die angegebenen Richtwerte nicht zu überschreiten. Vgl. hierzu auch Abschn. 11.4.2, Ökologische Bewertung.

GISCODE/EMICODE. Diese Forderung führt zur Klassifizierung von Klebstoffen nach ihrem Lösemittelgehalt und Emissionsverhalten. So teilt die in Abschn. 11.4.2 angesprochene TRGS 610 bzw. GISCODE-Klassifizierung Klebstoffe, Spachtelmassen und Vorstriche in

- stark lösemittelhaltige (über 10 %),
- lösemittelhaltige (bis 10 %),
- lösemittelarme (bis 5 %),
- lösemittelfreie (ohne bzw. bis max. 5 %) Produkte ein.

In den letzten Jahren wurden Verlegewerkstoffe entwickelt, die fast vollständig ohne Lösungsmittel auskommen. Dies führte zu der Produkt-Klassifizierung EC1 bis EC3 nach EMICODE. Somit kann heute davon ausgegangen werden, dass nahezu alle Klebstoffhersteller lösemittelfreie bzw. sehr emissionsarme Alternativen für alle in Frage kommenden Anwendungen anbieten. Die zunächst vorgetragenen Bedenken, Dispersionsklebstoffe auf Wasserbasis böten nicht die gleiche Klebeleistung wie lösemittelhaltige Klebstoffe, können zwischenzeitlich als überholt angesehen werden. Weitere Einzelheiten sind der Spezialliteratur [100] zu entnehmen.

Für Klebungen von elastischen und textilen Bodenbelägen werden folgende Klebstoffarten angeboten:

- **Dispersionsklebstoffe** (GISODE-Klassifizierung D1 bis D7). Sie können sehr unterschiedlich aufgebaut sein, so dass für nahezu alle Anwendungsgebiete geeignete Kleber zur Verfügung stehen. Das Bindemittel ist in Wasser dispergiert; dieses verdunstet oder wird vom Untergrund aufgesaugt. Daher ist eine gewisse Vorsicht bei feuchtigkeitsempfindlichen Untergründen und Belägen (z. B. Parkett) angebracht. Außerdem sind Dispersionsklebstoffe – auch wenn sie abgebunden haben – nicht wasserfest. Deshalb sind elastische Bodenbeläge, die ständig nass gereinigt werden oder starker Nässe ausgesetzt sind, unbedingt zu verschweißen oder zu verfugen. S. hierzu nachstehenden Abschnitt „Nahtverschluss bei elastischen Bodenbelägen".

  Dispersionsklebstoffe enthalten in der Regel keine oder nur geringe Mengen an organischen Lösungsmitteln. Aufgrund dessen sind sie nicht brennbar und umweltfreundlich, so dass sie die gesundheitlichen Risiken bei der Verlegung und die Umweltbelastung wesentlich verringern. Allerdings gibt es auf dem Markt auch Dispersionsklebstoffe, die als „lösungsmittelfrei" entsprechend TRGS 610 gekennzeichnet sind, obwohl sie „hoch siedende Lösungsmittel" enthalten und somit die Raumluft über Jahre hinweg belasten können.

- **Lösungsmittelklebstoffe** (GISCODE-Klassifizierung S1 bis S6). Sie sind aufgrund ihres Lösungsmittelgehaltes feuergefährlich (Vorsicht: Explosionsgefahr!). Die entsprechenden Sicherheitsvorschriften sind genauestens einzuhalten. Bei dieser Klebstoffart werden die Bindemittel (Kunstharz oder Naturharz) von den organischen Lösungsmitteln an- bzw. aufgelöst. Die Bindung erfolgt durch Verdunsten des Lösungsmittels.

  Lösungsmittelhaltige Kunstharzklebstoffe sollten im Hinblick auf die Umweltbelastung, Explosions- und Feuergefahr nur noch dann verwendet werden, wenn ihr Einsatz aus technischen Gründen unumgänglich ist. Vgl. hierzu auch Abschn. 11.4.8.2, Parkettklebstoffe.

- **Kontaktklebstoffe** (Neoprenebasis). Sie gehören ebenfalls zu der Gruppe der lösungsmittelhaltigen Klebstoffe und werden deshalb nur noch in Ausnahmefällen, wie beispielsweise zum Ankleben von Profilen, Sockelleisten, Treppenbelägen o.ä. eingesetzt. Der Klebstoff wird dabei beidseitig – auf Belagrückseite und Verlegeuntergrund – aufgetragen und der Belag nach dem Ablüften dann passgenau eingelegt; eine nachträgliche Korrektur ist nicht mehr möglich.

  In den letzten Jahren wurden jedoch auch Kontaktklebstoffe auf Dispersionsbasis – lösemittelarm oder lösemittelfrei – entwickelt, die aus Gesundheits- und Umweltgründen bevorzugt zu verwenden sind.

- **Reaktionsklebstoffe**. Sie können auf Polyurethanbasis (GISCODE-Klassifizierung RU1 bis RU4) oder Epoxidharzbasis ((GISCODE-Klassifizierung RE 1 bis RE 4) hergestellt sein. Diese meist 2-komponentigen Klebstoffe sind lösungsmittel- und wasserfrei. Die Klebung erfolgt durch chemische Reaktion (Harz/Härter).

  Reaktionsklebstoffe werden überall dort eingesetzt, wo der Belag hohen mechanischen und chemischen Beanspruchungen ausgesetzt ist, aber auch Feuchtigkeits- und Witterungsbeständigkeit gefordert sind (Vorsicht: Dampfsperre!). Sie sind auf nahezu allen Verlegeuntergründen einsetzbar (Außen- und Nassbereich) und auch für die Klebung von Parkett besonders geeignet.

  Bei den 2-Komponenten-Klebern muss jedoch zumindest eine Komponente als „Gefahrstoff" eingestuft werden (Reizungen, Ätzungen). Dementsprechend sind Arbeitsschutzmaßnahmen erforderlich und die Entsorgung kann zum Teil nur als Sondermüll erfolgen. Näheres über die „Technischen Regeln für Gefahrstoffe" (TRGS 610 für Bodenbelagarbeiten) s. Abschn. 11.4.2 sowie Abschn. 11.4.8.2, Parkett-Klebstoffe.

Aus Gründen der Übersichtlichkeit wird an dieser Stelle nicht näher auf die belagtypischen Verlegebedingungen eingegangen. Einzelheiten sind den branchenbekannten Merkblättern [97], [98], [99], „Kleben von Kork-Bodenbelägen", „Kleben von Linoleum-Bodenbelägen", „Kleben von Elastomer-Bodenbelägen" zu entnehmen.

Elektrostatisches Verhalten von Bodenbelägen

Alle Stoffe enthalten positive und negative elektrische Ladungen, die normalerweise im Gleichgewicht stehen und die Materialien sich somit elektrisch neutral verhalten.

Elektrostatische Aufladungen entstehen – insbesondere bei isolierenden Stoffen – beispielsweise durch Reibung zweier Oberflächen aneinander (Oberbekleidung an Möbelpolstern) oder bei innigem Kontakt und anschließender Trennung (Abheben der Schuhsohle vom Bodenbelag). Infolge derartiger Reibungs- und Trennungsvorgänge kann es dann zu einem mehr oder weniger unangenehmen Schlag beim Berühren geerdeter Metallteile kommen.

Auch Computer und andere elektronische Geräte können durch elektrostatische Auf- und Entladungen in ihrer Funktion gestört werden. Von den EDV-Herstellern werden daher Anforderungen an die Höhe der durch Begehen hervorgerufenen Personenaufladung, an den Erdableitwiderstand sowie an die Mindestwerte der relativen Luftfeuchte gestellt. Vgl. hierzu auch Abschn. 11.4.12.3, **Elektrostatisches Verhalten textiler Bodenbeläge**.

Elektrostatisches Verhalten. Für die Messung und Bewertung der elektrostatischen Eigenschaften von Fußbodenbelägen gab und gibt es eine Vielzahl produktspezifischer DIN-Normen. Im Zuge der Harmonisierung der europäischen und internationalen Normen erfolgt zur Zeit eine inhaltliche Zusammenfassung, die jedoch noch nicht abgeschlossen ist.

In der internationalen Norm DIN IEC 1340-4-1 (VDE 0303 Teil 83), Elektrostatisches Verhalten von Bodenbelägen und verlegten Fußböden, sind Prüfverfahren sowie Messungen des Widerstandes und der Aufladefähigkeit festgelegt. Die in dieser Norm beschriebenen Verfahren sind für Prüfungen an allen Bodenbelägen und verlegten Fußböden geeignet. Sie gilt damit für elastische und textile Beläge genau so, wie für Laminat- und Fertigparkettfußböden.

Um das elektrostatische Verhalten von Fußbodenelememten beurteilen zu können, ist es danach notwendig, den Oberflächenwiderstand (R_S), den Durchgangswiderstand (R_V) und die Personenaufladung (U_P) im Begehversuch zu messen. Bei verlegten Fußböden tritt anstelle des Durchgangswiderstandes der Erdableitwiderstand (R_E).

Widerstandsmessungen

Der Widerstand eines Bodenbelages wird durch den Oberflächen- und den Durchgangswiderstand charakterisiert (Maßeinheit Ohm). Verfahren zur Bestimmung des elektrischen Widerstandes sind in DIN EN 1081 festgelegt.

- Der **Oberflächenwiderstand** (R_S) gibt den elektrischen Widerstand in horizontaler Richtung an. Gemessen wird an der Oberfläche eines verlegten Bodenbelages zwischen zwei Elektroden, die in einem bestimmten Abstand aufgesetzt werden.
- Der **Durchgangswiderstand** (Volumenwiderstand R_V) gibt den elektrischen Widerstand in vertikaler Richtung an. Gemessen wird zwischen einer Elektrode auf der Oberfläche des Bodenbelages und einer Elektrode auf der unmittelbar gegenüberliegenden Unterseite eines unverlegten Belages.
- Der **Erdableitwiderstand** (Widerstand gegen Schutzerde R_E) kennzeichnet den elektrischen Widerstand, gemessen zwischen einer auf der Oberfläche eines verlegten Bodenbelages angebrachten Elektrode und der Schutzerde (Erdpotential) des Hausstromsystems.

Aufladungsmessungen

- Die **Personenaufladung** (U_P), die beim Begehen eines Bodenbelages entsteht, wird nach der Begehtestmethode bestimmt (Maßeinheit kV-Kilovolt). Da das elektrostatische Verhalten eines Stoffes hauptsächlich von der relativen Luftfeuchte abhängt, sind die Messungen unter geregelten Bedingungen (Klimakammer mit +23 °C und 12 – 25 – 50 % relativer Luftfeuchte) durchzuführen.

  Gemessen wird die Spannung U einer Versuchsperson, die einen Bodenbelag mit vorgeschriebenem Schuhwerk begeht.

Klassifizierung von Fußböden

Das elektrostatische Verhalten von Fußböden wird nach DIN IEC 1340-4-1(VDE 0303 Teil 83) in drei Klassen definiert:

- **Elektrostatisch leitender Fußboden (ECF).** Hierbei handelt es sich um einen Fußboden, der einen ausreichend niedrigen Widerstand hat, um Ladungen schnell abzuleiten, wenn er geerdet oder mit einem beliebig niedrigen Potential verbunden wird.

  Er ist durch einen Widerstand $R_X \leq 10^6$ Ohm gekennzeichnet.
- **Ableitfähiger Fußboden (DIF).** Ein Fußboden, der eine Ladungsableitung ermöglicht, wenn er geerdet oder mit einem beliebig niedrigen Potential verbunden wird.

  Er ist durch einen Widerstand R_X 10^6 Ohm bis 10^9 Ohm gekennzeichnet. Beispiele: EDV-Zentralen, Rechenzentren, Steuerungszentralen.
- **Antistatischer (astatischer) Fußboden (ASF).** Hierbei handelt es sich um einen Fußboden, der die Ladungserzeugung durch Kontakttrennung oder Reiben mit einem anderen Werkstoff (z. B. Schuhsohlen oder Räder) herabsetzt. Ein solcher Fußboden ist nicht unbedingt elektrisch leitend oder ableitfähig.

  Antistatische Fußböden werden für häusliche oder öffentliche Anwendungen verwendet; sie werden durch die Spannung einer Person, die auf dem Fußboden geht, gekennzeichnet. Ein zusätzliches Kriterium ist die jeweilige, sog. Umgebungsbedingungsklasse (Temperatur und relative Luftfeuchte).

  Diese Körperspannung (Aufladungsspannung) U_P darf 2 kV nicht überschreiten. Beispiele: Wohn-, Büro-, Verkaufs- und Ausstellungsräume mit elektronischen Geräten.

Verlegemaßnahmen (Elastische Bodenbeläge).

- **Antistatische Bodenbeläge.** Einige elastische Bodenbeläge, wie beispielsweise Gummibeläge (Elastomerbeläge) und Linoleum, sind bereits aufgrund ihrer materialspezifischen Eigenschaften antistatisch. Andere Belaggruppen, wie zum Beispiel PVC-Beläge, erhalten ihre Antistatik durch Beimischen von Kohlenstoff (Graphit, Rußzusatz) oder leitfähige Kohlenfasern in der jeweiligen Haupt- oder Zusatzfarbe. Werden derart ausgerüstete Beläge mit ganz normalen, nicht leitfähigen Klebern verlegt, so sind sie als antistatisch zu bezeichnen. In diesem Fall ist sichergestellt, dass die Personenaufladung unabhängig von der Art der Verlegung nicht größer als 2 kV ist.
- **Ableitfähige Bodenbelagkonstruktionen.** Um mögliche Störungen durch elektrostatische Auf- und Entladungen in Räumen auszuschalten, in denen eine besonders hohe Sicherheit gefordert wird (z. B. in EDV-Räumen, explosionsgefährdeten und medizinisch genutzten Räumen) sind ableitfähige Bodenbelagkonstruktionen einzuplanen. Je nach Art der vorgesehenen Raumnutzung und den sich daraus ergebenden Anforderungen an Fußböden unterscheidet man:
  - **Ableitfähige Verlegung mit leitfähigem Klebstoff und leitfähiger Grundierung** (Vorstrich). Zunächst wird die Grundierung mit einer Rolle vollflächig auf den Untergrund aufgetragen und nach dem Trocknen der leitfähige Belag mit leitfähigem Klebstoff verlegt.

    Dabei wird je 40 m^2 Bodenfläche eine etwa 1 m lange Kupferbandfahne mit aufgeklebt; der spätere Anschluss dieser Kupferbahnen an den Potentialausgleich (Erdung) muss von einem Elektrofachmann ordnungsgemäß durchgeführt werden. Die Fugen elektrisch ableitfähig verlegter Bodenbeläge werden in der Regel verschweißt (Nahtverschluss).
  - **Ableitfähige Verlegung mit leitfähigem Klebstoff auf durchlaufenden Kupferbändern.** Diese Verlegeart wird beispielsweise gewählt bei Plattenware und bei Untergründen, auf denen eine leitfähige Grundierung nicht geeignet ist (z. B. Holzuntergründe, Magnesiaestriche) und bei Belagkonstruktionen, die besonders ableitfähig ausgebildet sein müssen. Hierbei werden durchlaufende Kupferbänder (ggf. auch Gitternetze aus Kupferbändern) auf den vorbereiteten Untergrund mit leitfähigem Klebstoff aufgeklebt, so dass jede Platte oder Bahn mindestens einmal Kontakt mit dem Kupferband hat. Die durchlaufenden Kupferbänder sind an den Enden mit einem Querband (Ringleitung) miteinander zu verbinden und je 40 m^2 Bodenfläche mindestens einmal an den Potentialausgleich anzuschließen.

    Maßgebend für die Ausführung der ableitfähigen Verlegung und für die Verwendung geeigneter Hilfsmittel und Klebstoffe sind die Richtlinien der Klebstoffhersteller sowie die TKB-Merkblätter [95] bis [99] des Industrieverbandes Klebstoffe.

Nahtverschluss bei elastischen Bodenbelägen

Die Nähte elastischer Bodenbeläge – einschließlich der Anschlussfugen zu den Sockelprofilen – können aus Gründen der Optik (auseinanderklaffende Fuge), der Hygiene (Schmutzansammlung in der Naht), der Haltbarkeit (Reinigungswasser- bzw. Reinigungsmittel-Einwirkung) und der Gestaltung (dekorative Kontrastfarben) verschlossen werden. Anforderungen bezüglich der Nahtfestigkeit (z. B. in OP-Räumen, Reinräumen) sind in DIN EN 684 festgelegt.

- **Thermisches Verschweißen.** Dieses Verfahren wird beim Verschweißen der Nähte von homogenen PVC-Belägen und PVC-Verbund-belägen mit Korkment oder Schaumstoffschicht sowie bei allen PVC-Belägen auf Fußbodenheizung und im Objektbereich angewandt, wo mit außergewöhnlichen Belastungen (z. B. Wasser-, Stuhlrollen-, Wärmeeinwirkung) zu rechnen ist.

  Der zu verschweißende Belag wird zunächst entlang der Naht (Nahtschnitt) ausgefräst. Anschließend wird eine PVC-Schweißschnur unter Zufuhr heißer Luft (Heißluft-Schweißverfahren) in die ebenfalls erhitzte Nahtfuge eingepresst und bei hoher Temperatur mit dem Bodenbelag zu einer homogenen Einheit zusammengeschweißt (Bild **11**.76 und **11**.77). Nach dem Abkühlen wird die überstehende Schweißschnur in zwei Arbeitsgängen flächenbündig mit der Belagoberseite abgestoßen. Belag und Schweißnaht können in Kontrastfarben oder Ton in Ton gehalten sein.
- **Fugenverschluss bei Linoleum.** Das Schließen der Fugen erfolgt bei diesem Belag durch einen Schmelzdraht, der ähnlich wie zuvor beschrieben, bei hoher Temperatur schmilzt, in die ausgefräste Fuge einläuft und sich mit dem Belagmaterial verbindet. Dabei findet allerdings keine Verschweißung statt, sondern nur ein Ausfüllen der Fuge und mechanisches Anhaften des schmelzbaren Materials an der Belagkante.

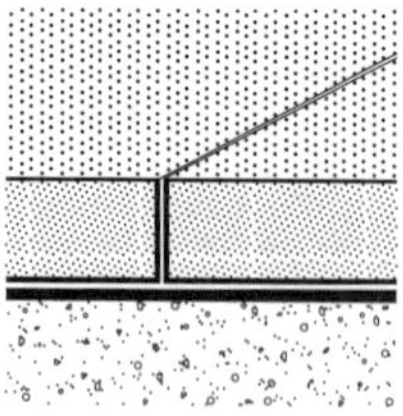

11.76a

11.76b

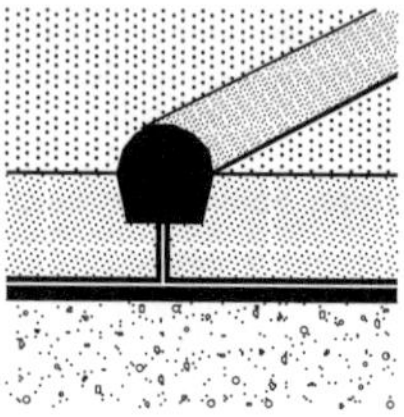

11.76c

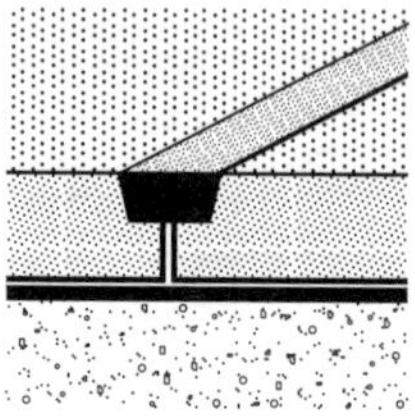

11.76d

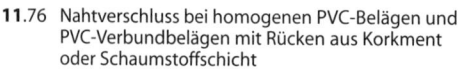

11.76 Nahtverschluss bei homogenen PVC-Belägen und PVC-Verbundbelägen mit Rücken aus Korkment oder Schaumstoffschicht

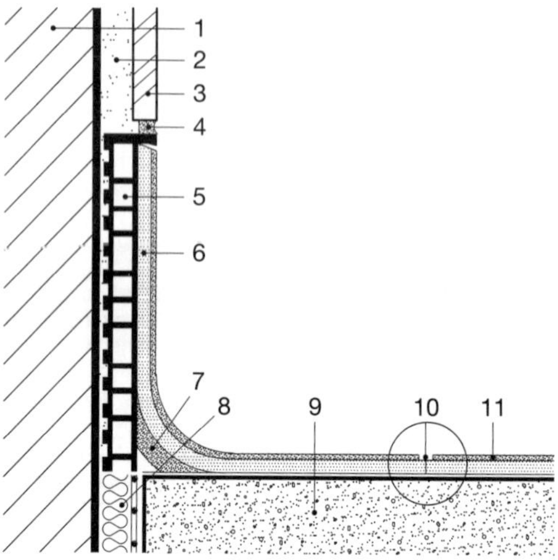

11.77 Schematische Darstellung eines flächenbündigen Boden- Wandüberganges mit elastischem Bodenbelag und Einputzsockelleiste

1 Mauerwerk
2 Mörtelbett
3 keramische Wandfliese
4 elastoplastische Fugenmasse
5 Einputzsockelleiste
6 PVC-Verbundbelag (Sockelstreifen)
7 Hohlkehlenprofil
8 Randdämmstreifen mit Abdeckung
9 schwimmender Estrich
10 Nahtverschluss mit PVC-Schweißschnur
11 PVC-Verbundbelag (Bodenbelag)

Diese Art des Verfugens reicht im Regelfall völlig aus. Bei speziellen Anforderungen (z. B. im Labor- und Krankenhausbereich) erfolgt das Verfugen mit zweikomponentigen Fugenmassen auf Polyurethanbasis. Der Fugenschluss ist bei Linoleum immer zu empfehlen.

Reinigung und Pflege elastischer Bodenbeläge

Bereits bei der Planung der Gebäude sollten als vorbeugende Maßnahme Schmutzschleusen in der gesamten Breite der Eingangsbereiche vorgesehen werden.

Da sich die elastischen Bodenbeläge sowohl in ihrer materialspezifischen Zusammensetzung als auch hinsichtlich ihres Fugenschlusses teilweise deutlich voneinander unterscheiden, kann es für diese Belaggruppe auch keine allgemein verbindliche Aussage über Reinigung und Pflege geben. Gültige Reinigungs- und Pflegeanweisungen sind daher immer den Unterlagen der jeweiligen Belaghersteller zu entnehmen. Im wesentlichen unterscheidet man folgende Verfahren:

- **Bauabschlussreinigung**. Diese wird sofort nach Abschluss der Verlegearbeiten durchgeführt. Sie muss besonders gründlich erfolgen, damit die Belagoberfläche von allen Rückständen und Verschmutzungen restlos befreit ist und die nachfolgenden Pflegemittel eine gute Bodenhaftung eingehen können.

- **Erstpflege bzw. Einpflege**. An die Bauschlussreinigung schließt sich unmittelbar eine Erstpflege an und zwar bevor der Boden begangen oder benutzt wird. Diese Pflegemittelbeschichtung hat die Aufgabe, den Bodenbelag vor mechanischen oder chemischen Einflüssen zu schützen (Werkerhaltung), das Aussehen zu verbessern und die nachfolgenden Reinigungsmaßnahmen (Unterhaltsreinigung) zu vereinfachen und zu erleichtern. Ohne diesen Schutzfilm ist das spätere Entfernen von Verunreinigungen schwieriger und wesentlich kostenaufwendiger.

  Vermehrt werden elastische Bodenbeläge auf dem Markt angeboten, die ein sog. Oberflächen-Finish (Oberflächenschutzsystem) aufweisen. Mit dieser bereits werkseitig aufgebrachten PU-Versiegelung soll erreicht werden, dass die sonst übliche und notwendige Einpflege entfallen kann, die tägliche Unterhaltsreinigung vereinfacht und die Verschleißfestigkeit und damit Nutzungsdauer eines elastischen Bodenbelages erhöht wird.

- **Unterhaltsreinigung**. Hierunter versteht man die laufende Behandlung des Bodenbelages über einen längeren Zeitraum. Je nach Art und Grad der Verschmutzung werden dem Wischwasser sog. Wischpflegemittel (Selbstglanz-Emulsionen) zugegeben. Moderne Produkte ermöglichen Reinigung und Pflege in einem Arbeitsgang.
- **Grundreinigung**. In größeren Zeitabständen ist eine Grundreinigung erforderlich, bei der sehr hartnäckige Verschmutzungen und alte Pflegemittelschichten entfernt werden. Daran schließt sich in der Regel wieder eine erneute Erstpflege an.

Um zu gewährleisten, dass die Pflege des jeweiligen elastischen Bodenbelages in geeigneter Form erfolgt, hat der Bodenleger gemäß DIN 18 365, Bodenbelagarbeiten, dem Auftraggeber eine Reinigungs- und Pflegeanweisung – bereits unmittelbar **nach der Belagverlegung** und nicht erst mit der Schlussrechnung – zu übergeben. Ungeeignete Pflegemittel können zu erheblichen Bodenbelagschäden führen!

Wie in Abschn. 11.4.7.4 näher erläutert, ist auch bei elastischen Bodenbelägen auf eine ausreichende Rutsch- und Trittsicherheit zu achten. Auf die richtige Beschaffenheit der Rollen von Bürorollstühlen gemäß DIN EN 12529 wird in Abschn. 11.4.12.3 näher eingegangen.

11.4.11 Industrieböden aus Reaktionsharzen: Oberflächenschutzsysteme auf Kunststoffbasis

Bei den als Oberflächenschutz von Fußböden verarbeiteten Kunststoffen unterscheidet man im wesentlichen zwischen thermoplastischen Kunstharzen (Thermoplaste) und Reaktionsharzen (Duromere).

Thermoplaste sind makromolekulare Verbindungen, die bei höheren Temperaturen erweichen. Zur Oberflächenbehandlung von Fußböden werden sie entweder als wässrige Dispersion oder als lösungsmittelhaltige Beschichtung (Kunstharzlösung) eingesetzt. Sie erhärten durch physikalische Trocknung (Verdunstung) – nicht durch chemische Reaktion – und können deshalb nur in dünnen Schichten aufgetragen werden. Da sie auch nur begrenzte Festigkeiten erreichen, werden thermoplastische Kunstharze in der Industriefußbodentechnik nur bedingt eingesetzt und an dieser Stelle nicht näher berücksichtigt.

Reaktionsharze (Duromere) sind nach DIN 16 945 flüssige oder verflüssigbare Kunstharze, die entweder für sich oder mit Reaktionsmitteln (Härter oder Beschleuniger) ohne Abspaltung flüchtiger Komponenten durch Polyaddition oder Polymerisation chemisch erhärten. Kurz vor der Verarbeitung werden die einzelnen Komponenten in flüssigem Zustand auf der Baustelle zur verarbeitungsfertigen Reaktionsharzmasse vermischt und je nach Füllstoffzugabe in flüssiger oder spachtelgerechter Form auf den Verlegeuntergrund aufgetragen.

Die Kunstharze können als transparente, pigmentierte oder mit Füllstoffen/Zuschlägen angereicherte Produkte eingesetzt werden. Aufgrund ihrer hervorragenden Eigenschaften eignen sie sich in besonderem Maße zur Herstellung von Industrieböden; seit einigen Jahren werden sie aber auch für dekorativ-farbige Bodenbeschichtungen angeboten.

Durch die Reaktionsharzschicht wird die Abnutzung der Oberfläche und damit die Staubbildung auf ein Minimum reduziert, ein dauerhafter Schutz des Untergrundes vor mechanischen Beanspruchungen, chemischen Angriffen und thermischen Belastungen erreicht, die Reinigung und Pflege erleichtert sowie eine farblich ansprechende Nutzfläche geschaffen. Reaktionsharzböden weisen normalerweise einen hohen elektrischen Leitwiderstand auf, sie können bei Bedarf jedoch auch leitfähig eingestellt werden. S. hierzu Abschn. 11.4.10.7, Elektrostatisches Verhalten von Bodenbelägen.

Reaktionsharzprodukte eignen sich zur Herstellung, Vergütung oder Sanierung/Reparatur stark beanspruchter (Industrie-)Böden. In der Praxis haben sich folgende Stoffgruppen (Bindemittel) bewährt:

- Epoxidharze (EP)
- Methacrylatharze (MMA)
- Polyurethanharze (PUR), ein- oder zweikomponentig
- Ungesättigte Polyesterharze (UP).

Innerhalb jeder Stoffgruppe lassen sich durch unterschiedliche Ausgangskomponenten und Formulierungen Endprodukte mit zum Teil sehr unterschiedlichen Eigenschaften herstellen. Ferner werden die Eigenschaften durch Füllstoffe, Zuschläge und Pigmente bestimmt. Zu den am häufigsten verwendeten Reaktionsharzen zählen die Epoxidharze (gefolgt von den Polyurethanharzen) – trotz ihres relativ hohen Preises – da sie am vielseitigsten eingesetzt und unter baupraktischen Gegebenheiten am einfachsten und risikolosesten verarbeitet werden können.
Auf die produktspezifischen Unterschiede wird im Rahmen dieser Abhandlung aus Gründen der Übersichtlichkeit nicht näher eingegangen. Ein-

zelheiten über die Herstellung, Verarbeitung und Eigenschaften der erwähnten Reaktionsharzgruppen sind dem BEB-Arbeitsblatt KH-O/S zu entnehmen [101].

Prüfung und Vorbereitung des Untergrundes. Die Haltbarkeit und Widerstandsfähigkeit der Reaktionsharz-Nutzschicht wird wesentlich von der Festigkeit und Güte des jeweiligen Untergrundes bestimmt. Es eignen sich vor allem Beton (z. B. bewehrte Bodenplatten, Stahlbetondecken) oder Zementestrich mit Mindestfestigkeiten bei leichten Beanspruchungen ≥ B 25 bzw. ZE 30, bei höheren Beanspruchungen ≥ B 35 bzw. ZE 40; die Abreißfestigkeit (Haftzugfestigkeit) des Untergrundes soll ohne Fahrbeanspruchung ≥ 1,0 N/mm^2, mit Fahrbeanspruchung ≥ 1,5 N/mm^2 betragen. Bei anderen Untergründen – wie beispielsweise Anhydrit- oder Gussasphaltestrich – sind besondere Vorschriften der Hersteller zu beachten.

Der Verlegeuntergrund muss tragfähig, fest, ferner frei von losen Bestandteilen und Verunreinigungen sowie staub- und ölfrei sein. Ungenügend feste Oberflächenzonen sind durch Fräsen, Strahlen, Schleifen oder Abstemmen abzutragen. Die zulässigen Ebenheitstoleranzen sind Tabelle **11**.2 zu entnehmen.

Bei feuchtigkeitsempfindlichem Reaktionsharz muss der Untergrund eine Restfeuchte von unter 3 % aufweisen, bei feuchtigkeitsverträglichem Reaktionsharz so weit trocken sein, dass die jeweilige Grundierung in die Oberflächenzone des Untergrundes eindringen kann. S. hierzu Tabelle **11**.32 und **12**.9.

Da die meisten Reaktionsharze gegen rückseitige Durchfeuchtung mehr oder weniger empfindlich und die Beschichtungen überwiegend auch nahezu dampfdicht sind, müssen die gefährdeten Untergründe in der Regel eine Abdichtung gegen Feuchtigkeit gemäß DIN 18 195 bzw. eine entsprechende Dampfsperre aufweisen. Vgl. hierzu Abschn. 11.3.2. Bei Nichtbeachtung dieser Forderungen droht nicht nur die Erweichung und Zerstörung des Estrichs (z. B. bei feuchtigkeitsempfindlichem Anhydritestrich) sondern auch Blasenbildung an der Oberfläche und Ablösung der Reaktionsharzschicht vom Untergrund.

Einzelheiten über die Prüfung und Vorbereitung des Untergrundes für Reaktionsharze sind dem BEB-Arbeitsblatt KH-O/U zu entnehmen [102].

Industrieböden aus Reaktionsharzen

Nach dem Prüfen, Vorbereiten und Reinigen des Untergrundes wird in der Regel zunächst eine Grundierung aufgebracht, die die oberflächennahe Zone des Verlegegrundes verfestigen soll und die zur Haftungsverbesserung zwischen Untergrund und Nutzschicht dient.

Ausgehend von der späteren Nutzung und der damit verbundenen Beanspruchung der Verschleißschicht sowie unter Beachtung des jeweiligen Verlegeuntergrundes werden die einzelnen Vergütungsmaßnahmen nach den aufzubringenden Schichtdicken eingeteilt und wie folgt benannt (Bild **11**.78):

- **Kunstharz-Imprägnierung** < 0,1 mm
- **Kunstharz-Versiegelung** 0,1 bis 0,3 mm
- **Kunstharz-Beschichtung** 0,3 bis 2,0 mm
- **Kunstharz-Belag** 2,0 bis 6,0 mm
- **Kunstharz-Estrich** > 6,0 mm

Imprägnierungen sind porenfüllende Tränkungen saugfähiger Untergründe, ohne dass diese diffusionsdicht verschlossen werden. Die Struktur der Oberfläche bleibt erhalten, die Poren sind nicht geschlossen. Imprägnierungen werden vorgenommen, um die Bodenfläche zu verfestigen, ihre Widerstandsfähigkeit zu erhöhen und Staubbildung durch Abrieb zu vermindern. Durch Imprägnieren kann nur eine begrenzte Verbesserung der Oberfläche – und somit auch nur schwacher Schutz gegen mechanische Beanspruchungen bzw. chemische Angriffe – erreicht werden. Anwendung: Lagerhallen, Tiefgaragen.

Versiegelungen verschließen die Poren des Untergrundes und decken die Bodenoberfläche mit einem dünnen geschlossenen Schutzfilm ab. Sie verbessern die mechanische Beanspruchung der Böden, ihre Reinigung und Pflege und verhindern das Eindringen von Ölen, Fetten und anderen Verschmutzungen. Versiegelungen werden im allgemeinen in zwei Arbeitsgängen durch Streichen, Rollen o. Ä. in farbiger oder farbloser (transparenter) Ausführung aufgebracht. Sie können aus lösungsmittelhaltigen oder lösungsmittelfreien Reaktionsharzen bestehen. Vgl. hierzu auch Abschn. 11.4.8.4, Oberflächenbehandlung von Holzfußböden. Anwendung: Werkstätten, Unterrichtsräume, Fabrikräume mit leichter mechanischer Beanspruchung.

Beschichtungen sind Überzüge aus lösungsmittelfreien Reaktionsharzen, die im allgemeinen mit Füllstoffen gefüllt und mit Pigmenten eingefärbt sind. Sie ergeben eine mechanisch stärker beanspruchbare Verschleißschicht mit guter Chemikalienbeständigkeit und pflegeleichter Oberfläche. Beschichtungen aus selbstverlaufenden Beschichtungsmassen werden durch Streichen, Spachteln oder Spritzen – meist in einem Arbeitsgang – aufgebracht. Bei besonders stark beanspruchten Böden ist die Einbettung von Armierungsgewebe vorteilhaft. Durch Einstreuen von trockenem Quarzkorn in die frische Beschichtung wird eine erhöhte Rutschfestigkeit erzielt. Anwendung: Bodenflächen in Industrie-, Lager- und Ausstellungshallen, in Getränke- und Lebensmittelbetrieben, Supermärkten, Werkräumen, Sanitär- und Hygieneräumen.

- **Dekorativ-farbige Bodenbeschichtungen** lassen sich mit Reaktionsharzen in einem dreischichtigen Aufbau herstellen. Eine Grundschicht gibt dem Boden den gewünschten Farbton und sorgt für einen guten Haftverband mit dem Untergrund. In diese frisch aufgebrachte Schicht werden einfarbige Chips oder mehrfarbige Chipsmischungen eingestreut, aufgetröpfelt oder mit einer Stachelwalze aufgewalzt, so dass farbig-dekorative Effekte in Form von Sprenkelungen, Marmorierungen o. Ä. in Kontrasttönen oder Ton-in-Ton-Abstufungen entstehen. Den oberen Abschluss bildet eine transparente, meist hochglänzende Versiegelung. Anwendung: Discotheken, Boutiquen, Ausstellungsräume, Ateliers, Treppen- und Flurzonen.
- **Quarzkiesel-Beschichtungen** (Quarzbodenbelag) bestehen im wesentlichen aus Natur- und Farbkiesel, eingebettet in Kunstharzbindemitteln und versiegelt mit transparenter Kunstharzmasse. Als erste Schicht wird eine geeignete Haftgrundierung aufgebracht. Darauf folgt der Auftrag der mit Bindemittel gemischten Quarzkieselmasse in möglichst gleichmäßiger Schichtdicke (Korngröße 1 bis 2 mm oder 3 bis 4 mm). Nach der Erhärtung wird die transparente Versiegelungsmasse durch Fluten oder Rol-

len aufgetragen. Die volle Belastbarkeit ist nach 6 bis 7 Tagen erreicht. Mit Quarzkiesel-Beschichtungen lassen sich sehr strapazierbare und zugleich dekorative Bodengestaltungen ausführen. Anwendung: Ausstellungsräume, Empfangshallen, Ladengeschäfte, Boutiquen.

Kunstharzbeläge sind Überzüge aus lösungsmittelfreien Reaktionsharzmörteln, denen mehr oder weniger Füllstoffe und mineralische Zuschläge beigegeben sein können. Dementsprechend unterscheidet man selbstverlaufend eingestellte Mörtel, die in einer Schicht vergossen (Gießbeläge) oder spachtelfähige Mörtel, die in einer oder mehreren Schichten aufgespachtelt werden. Die Beläge können mit Pigmenten eingefärbt oder aus transparenten Reaktionsharzen hergestellt sein. Sie sind mechanisch stärker beanspruchbar als die vorgenannten Beschichtungen und schützen den Untergrund dauerhaft vor chemischen Angriffen. Die Beläge werden porenlos ausgeführt, damit sie sich leicht reinigen lassen und den hohen hygienischen Anforderungen, vor allem in der Lebensmittelindustrie, genügen. Anwendung: Abfüllstationen, Schlachthöfe, Wartungshallen, Werkstätten und Industriehallen aller Art.

Kunstharzestriche enthalten neben lösungsmittelfreien Reaktionsharzen als Bindemittel noch Pigmente, Füllstoffe und Zuschläge (vor allem Quarzsande)[1]. Sie werden aus plastischen Mörteln in einer Schicht meist als Verbundestrich – bei entsprechender Dicke und Zusammensetzung auch als Estrich auf Dämm- oder Trennschicht – hergestellt. Hierbei unterscheidet man kellenverlegte Estriche, bei denen die Zuschläge überwiegen und die über Lehren abgezogen und geglättet werden sowie fließende Estriche, bei denen die Bindemittelmenge die Verarbeitungseigenschaften bestimmt. Reaktionsharzestriche erreichen hohe mechanische Widerstandsfähigkeit sowie gute chemische Beständigkeit, sofern sie mit flüssigkeitsdichtem Gefüge hergestellt sind. Anwendung: Reparaturhallen, Brauereien, Industriehallen u. a. m.

Einzelheiten über Eigenschaften, Verarbeitung und Stoffgruppen von Reaktionsharzen sind den BEB-Arbeitsblättern KH-1 bis KH-5 zu entnehmen [103].

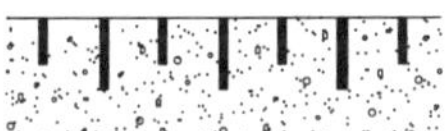

11.78a

11.78b

11.78c

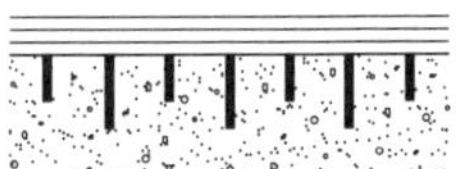

11.78d

11.78 Schematische Darstellung von Fußboden-Oberflächenvergütungen mit Kunstharzen (Reaktionsharzen)
a) Kunstharz-Imprägnierung
b) Kunstharz-Versiegelung
c) Kunstharz-Beschichtung bzw. -Belag
d) Kunstharz-Verbundestrich

[1] Estriche aus anderen Bindemitteln, die Reaktionsharze lediglich zur Vergütung oder Modifizierung enthalten – zum Beispiel in Form wässriger Dispersionen – sind keine Reaktionsharzestriche.

Hinweis: Reaktionsharze und ihre Dämpfe können die menschliche Gesundheit gefährden, leicht entzündbar, feuergefährlich und in höheren Konzentrationen sogar explosiv sein. Für den Umgang mit diesen Stoffen gilt die Gefahrstoffverordnung. S. hierzu Abschn. 11.4.2. Sie können jedoch gefahrlos verarbeitet werden, wenn die einschlägigen Vorschriften, die Hinweise auf den Produktbehältern und die Sicherheitsdatenblätter der Hersteller beachtet werden. Auf das BEB-Arbeitsblatt KH-6 wird in diesem Zusammenhang besonders hingewiesen [104].

11.4.12 Bodenbeläge aus natürlichen oder synthetischen Fasern: Textile Bodenbeläge

Allgemeines

Kein Bodenbelag hat die Verbrauchergewohnheiten während der letzten Jahrzehnte – sowohl im öffentlichen als auch im privaten Bereich – nachhaltiger beeinflusst als die textilen Bodenbeläge. Diese Entwicklung wurde begünstigt durch den Einsatz neuartiger Werkstoffe (synthetische Fasern), die Einführung kostengünstiger Herstellungstechniken (Tufting-Verfahren), das Entstehen neuer Belagarten (Nadelvliesbeläge) sowie das Aufkommen der Teppichfliesen (Teppichelemente) zur Selbstverlegung oder in Kombination mit Doppel- und Hohlraumböden (Systemböden). So wurde aus dem einstigen Luxusartikel ein Gebrauchsgut, das für jedermann erschwinglich ist.

Teppichboden als Bauelement. Als Bauelement hat der Teppichboden so günstige Eigenschaften aufzuweisen wie

- gute Trittschalldämmung und hohes Schallabsorptionsvermögen,
- gute Wärmedämmung bzw. Fußwärme, bei gleichzeitig ausreichend niedrigem Wärmedurchlasswiderstand zur Verlegung auf Fußbodenbeheizung,
- hohe Abrieb- und Verschleißfestigkeit, günstige Tritt- und Rutschsicherheit sowie Elastizität und gutes Wiedererholvermögen,
- Unempfindlichkeit gegen Feuchtigkeit (bei vollsynthetischen Teppichböden) und somit geeignet für Feucht- und Nassräume sowie als Kunstrasen- und Sportstättenbelag (Outdoor-Belag),
- niedrige Konstruktionshöhe, relativ günstiges Brandverhalten sowie einfache Verlege- und Wiederaufnahmemöglichkeit,
- relativ einfache und wirtschaftliche Pflege und Reinigung.

Teppichboden als Gestaltungselement. Als Gestaltungselement liegen seine Vorzüge in der Vermittlung von

- Wohnlichkeit, Komfort und Behaglichkeit (angenehmes Wohn- und Arbeitsklima),
- elegantem und repräsentativem Aussehen,
- beinahe unbegrenzten Möglichkeiten in der farblichen und strukturellen Gestaltung der Teppichoberseite, passend zu jedem Einrichtungsstil.

Teppichboden und Schadstoffe. Gesundheitliche Beeinträchtigungen durch textile Bodenbeläge können nach dem heutigen Stand der Wissenschaft bei neueren Produkten weitgehend ausgeschlossen werden. Teppichböden, die mit dem Gütesiegel teppichboden schadstoffgeprüft der GUT (Gütegemeinschaft umweltfreundlicher Teppichboden) gekennzeichnet sind, gehören zu den am strengsten überprüften Materialien des Innenausbaues.

Messungen und Kontrollen des Deutschen-Teppich-Forschungsinstitutes (TFI) sowie weiterer europäischer Forschungsanstalten gewährleisten, dass von den Teppichbodenherstellern dieser Gemeinschaft – der mehr als zwei Drittel der europäischen Teppichproduzenten angehören – nur Rohstoffe eingesetzt werden, die keine gesundheitsgefährdenden Schadstoffe enthalten (Bild **11**.79).

11.79 Gütesiegel TEPPICHBODEN SCHADSTOFFGEPRÜFT der GUT (Gemeinschaft umweltfreundlicher Teppichboden)

Auch die Emissionen geruchsbildender Komponenten unterliegen strengen Kontrollen. Entscheidend für die Qualität der Innenraumluft ist jedoch nicht alleine das Emissionsverhalten der textilen Bodenbeläge, sondern auch das Verhalten der eingesetzten Verlegewerkstoffe. In den letzten Jahren wurde daher eine neue Klebstoffgeneration etabliert. Diese Klebstoffe sind an der Kennzeichnung EC 1 (EMICODE) oder „sehr emissionsarm" zu erkennen. Derart gekennzeichnete Klebstoffe sind heute Stand der Technik. Vgl. hierzu auch Abschn. 11.4.10.7, Klebstoffe.

Teppichboden und Allergien. Milben gehören zu den häufigsten Allergieauslösern im Innenraum. Dabei sind nicht die Milben selbst, sondern ihre Ausscheidungsprodukte allergen. Diese sehr kleinen Teilchen verbinden sich mit dem Hausstaub, werden beim Gehen oder Staubsaugen aufgewirbelt und eingeatmet (Feinststauballergie).

Milben bedürfen für ihre Vermehrung bestimmter Voraussetzungen. Neben der Nahrung – wie menschliche und tierische Hautschuppen sowie Schimmelpilze – sind Feuchtigkeit und Temperatur die wichtigsten Faktoren. Besonders gut entwickeln können sie sich bei Temperaturen zwischen 20 und 30 °C und einer relativen Luftfeuchte ab 65 Prozent.

Besonders gute Lebensbedingungen finden die Milben in Matratzen und textilen Polstermöbeln. Der Teppichboden bietet – anders als oft dargestellt – Hausstaubmilben so gut wie keine Lebensgrundlage, da diese zur Vermehrung ein feuchtwarmes Klima benötigen. Eine Voraussetzung, die sie im Teppich fast nie vorfinden.

Für Allergiker werden seit geraumer Zeit spezielle Teppichböden aus allergenkontrolliertem Material – mit TÜV-Prüfzeichen – auf dem Markt angeboten. Einzelheiten über den Schutz vor Allergien (Hausstaubmilbenallergie) sind [105] zu entnehmen.

Teppichboden und Wiederverwertung. Spätestens ab dem Jahr 2005 entfällt das Beseitigen von Teppichbelägen auf Mülldeponien. Nach dem Kreislaufwirtschafts- und Abfallgesetz ist dann der Erzeuger und Besitzer von (Teppich-) Abfällen verpflichtet, diese stofflich zu verwerten oder zur Energiegewinnung einzusetzen (z. B. energetische Verwertung in der Zementindustrie), sofern dies technisch möglich und wirtschaftlich zumutbar ist.

Teppichböden beinhalten wertvolle Rohstoffe, die einer Wiederverwertung zugeführt werden können. Dabei werden die gebrauchten Beläge in ihre Grundbausteine zerlegt und die bei diesem Prozess gewonnenen Kunststoffe anschließend wieder als Rohstoff (z. B. Polyamid, Polyester) in der chemischen Industrie verarbeitet sowie Fasern von Wollteppichen als Dämm- und Isolierstoffe eingesetzt.

Zur Zeit wird ein europaweites Verwertungssystem aufgebaut; mehrere Recyclingwerke sind in Deutschland bereits in Betrieb. Diese Bemühungen werden auch zukünftig mit besonderem Interesse zu verfolgen sein. Auch die Notwendigkeit, nur noch schadstoffgeprüfte Teppichbeläge und emissionsfreie Klebstoffe einzusetzen, muss von allen planenden und ausführenden Stellen im Bauweisen verstärkt beachtet werden. Recyclinggerechte Bauweise s. [106].

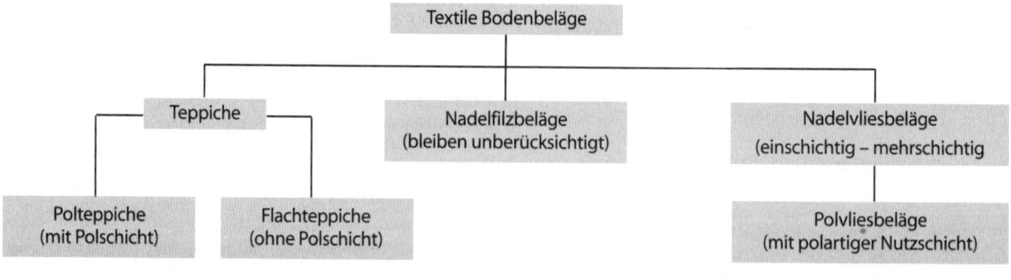

11.80 Einteilung und Benennung textiler Fußbodenbeläge

11.4.12.1 Einteilung und Benennung: Überblick

Konstruktiver Aufbau

Nach ihrer Konstruktion lassen sich textile Bodenbeläge in folgende Hauptgruppen einteilen (Bild **11**.80):

- **Polteppiche**. Sie bestehen aus einer textilen Nutzschicht (Polschicht) aus Garnen oder Fasern, die aus einer Grundschicht (Trägerschicht) hervortreten. Eine Polschicht weisen beispielsweise Webteppiche, Tuftingteppiche, Wirkteppiche, Klebepolteppiche, Flockteppiche sowie genadelte Polvliesbeläge auf. Die Polschicht kann schlingenartig oder geschnitten – als Schlingen- oder Schnittpol – ausgebildet sein (Bild **11**.81a).
- **Flachteppiche**. Sie bestehen aus einem auf Webmaschinen hergestellten Kette- und Schuss-Fadensystem, das unmittelbar begangen wird und keine zusätzliche Polschicht aufweist. Für ihre Herstellung werden vor allem Naturfasern wie Jute, Sisal und Kokos verwendet. Die mit und ohne Rückenausrüstung (Plan- oder Prägeschaum) lieferbaren Teppiche können vollflächig verklebt, verspannt oder lose verlegt werden. Sie sind sehr robust und pflegeleicht. Da der Marktanteil dieser Gruppe relativ unbedeutend ist, bleiben sie im Rahmen dieser Abhandlung unberücksichtigt (Bild **11**.81b).
- **Nadelvliesbeläge**. Sie weisen – mit Ausnahme der Polvliesbeläge – keine Garne als Polschicht auf, sondern bestehen aus einem durch Vernadeln von Textilfasern und Imprägnierung verfestigten Faservlies. Nadelvliesbeläge können ein- oder mehrschichtig, mit oder ohne Träger bzw. Rückenbeschichtung hergestellt sein (Bild **11**.81c).

Weitere Einzelheiten über den konstruktiven Aufbau textiler Bodenbeläge sind der Grundnorm DIN ISO 2424 zu entnehmen. Vgl. hierzu auch Abschn. 11.4.12.2, Herstellungsverfahren.

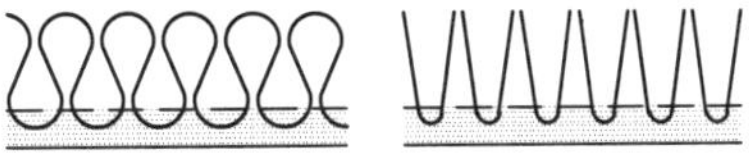

11.81a

11.81b

11.81c

11.81 Schematische Darstellung des konstruktiven Aufbaues textiler Bodenbeläge
a) Polteppich
Schlingenpol/Bouclé-Schnittpol/Velours
b) Flachteppich
c) Nadelvliesbelag

Tabelle **11**.82 Einteilung textiler Bodenbeläge in Beanspruchungsbereiche nach der Intensität der Nutzung (DIN EN 1307)

Klasse des Beanspruchungsbereiches	Nutzungsintensität	Beanspruchungsbeispiele	
		Wohnbereich	Geschäftsbereich
1	leichte Beanspruchung	leicht	
2	normale Beanspruchung	normal	
3	starke Beanspruchung	stark	normal
4	extreme Beanspruchung		stark

Anmerkung: Für den stark beanspruchenden Geschäftsbereich sollte Klasse 4 als Grundlage verwendet werden. Darüber hinaus kann es in Einzelfällen erforderlich sein, zusätzlich Anforderungen zu stellen, um individuellen Bedürfnissen gerecht zu werden.

Normen, Anforderungen und Einstufungen

In den derzeit vorliegenden, neuen europäischen und internationalen Normen

- Textile Bodenbeläge, Begriffe (DIN ISO 2424),
- Textile Bodenbeläge, Einstufung von Polteppichen (DIN EN 1307),
- Textile Bodenbeläge, Einstufung von Nadelvlies-Bodenbelägen (DIN EN 1470),
- Textile Bodenbeläge, Einstufung von Polvlies-Bodenbelägen (DIN EN 13 297),

sind je nach Produktgruppe bestimmte Anforderungen an Teppichböden festgelegt und deren Gebrauchseinstufung unter Berücksichtigung von beispielsweise Verschleiß, Aussehenserhalt sowie Komfort im einzelnen beschrieben. Damit sind die notwendigen Voraussetzungen für eine eindeutige Produktbeschreibung und bessere Vergleichbarkeit der Beläge gegeben.

Da der Normungsprozess der Teppichbeläge zur Zeit noch nicht in allen Teilen abgeschlossen ist, kann auf einige neue normative Anforderungen nachstehend nur kurz hingewiesen werden:

- **Beanspruchungsbereiche**. Wie Tabelle **11**.82 verdeutlicht, werden textile Bodenbeläge in Abhängigkeit von der jeweiligen Nutzungsintensität und weiterer produktspezifischer Anforderungskriterien zukünftig in vier unterschiedliche Beanspruchungsbereiche (Klasse 1 bis 4) eingestuft. S. hierzu auch Abschn. 11.4.12.3.
- **Kategorien L, M und N**. Polteppiche werden ferner nach dem Polschichtgewicht (g/m²) und der Polschichtdicke (mm) unterschieden und bezüglich des Verschleißverhaltens in drei Kategorien L, M und N eingeteilt. Mit der Kategorie L werden schwere, dicke Teppiche bezeichnet; die Kategorie M gilt für mittlere und Kategorie N für alle anderen Teppiche. S. hierzu auch Abschn. 11.4.12.2.
- **Komfortklassen LC1 bis LC5**. Polteppiche werden des weiteren in die Komfortklassen LC1 bis LC5 entsprechend dem Komfortfaktor C_F eingestuft. S. hierzu auch Abschn. 11.4.12.3.

Weitere Einzelheiten hierzu sind den oben angeführten Grund- und Produktnormen zu entnehmen. Die Prüfnormen sind in Abschn. 11.5 angegeben.

11.4.12.2 Kennzeichnende Merkmale

Textile Faserstoffe

Die Nutzschicht textiler Bodenbeläge besteht aus Fasern, deren Art und Qualität entscheidenden Einfluss auf die Eigenschaften der Teppichböden haben. Von ihnen hängt im wesentlichen das Aussehen, das Verschleißverhalten, der Begehkomfort, die Lichtbeständigkeit, das Wiedererholvermögen und elektrostatische Verhalten ab. Die Schmutzaufnahme und -wahrnehmung sowie die Reinigungsmöglichkeiten werden ebenfalls von der Faserqualität bestimmt. Die Faser beeinflusst natürlich auch den Teppichpreis.

Nach dem Textilkennzeichnungsgesetz muss bei allen textilen Erzeugnissen die Faserzusammensetzung angegeben werden. Bei Teppichböden betrifft dies die Nutzschicht (Polschicht).

Wie Bild **11**.83 im einzelnen verdeutlicht, werden entweder natürliche (tierische oder pflanzliche) Fasern oder synthetisch hergestellte Fasern verwendet, die später zu Garnen aufbereitet werden. Der älteste und bekannteste Faserstoff natür-

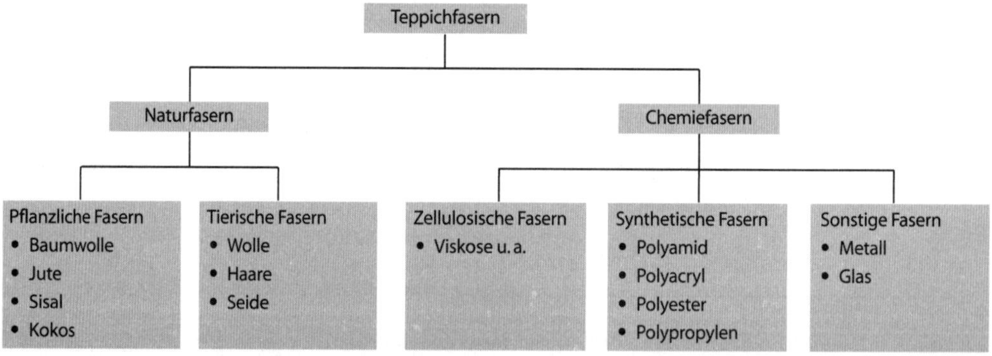

11.83 Einteilung textiler Faserstoffe bezogen auf die Nutzschicht (Polschicht) von Teppichbelägen

licher Herkunft für die Herstellung von Teppichböden ist die Wolle. Bei den synthetisch hergestellten Faserstoffen ist Polyamid der weitaus bedeutendste Rohstoff für Teppichgarne.

Naturfasern

Wolle. Wolle ist ein allgemeiner Textilbegriff für die Haare von Schafen. Im einzelnen muss jedoch unterschieden werden zwischen

- Schurwolle (Wolle vom lebenden Schaf) und
- Reißwolle (Wolle, die schon einmal verarbeitet, d. h. aufgefasert und wieder neu versponnen wurde).

Teppichböden, die mit dem Wollsiegel (Gütezeichen des IWS, Internationales Woll-Sekretariat) gekennzeichnet sind, müssen aus 100 Prozent reiner Schurwolle hergestellt sein.

Die Vorzüge von Wolle sind ihr natürlicher Glanz, hohe Elastizität und gutes Wiedererholvermögen sowie ihr günstiges Anschmutz- und Brennverhalten (schwerentflammbar).

Durch ihre Fähigkeit bis zu einem Drittel ihres Eigengewichtes Feuchtigkeit aufnehmen und bei Bedarf an trockene Raumluft wieder abgeben zu können, wirkt sie raumklimatisch ausgleichend. Aufgrund dieser möglichen Feuchtespeicherung lädt sich die Wolle elektrostatisch auch weniger auf, d. h. sie ist überwiegend antistatisch (ab einer relativen Luftfeuchte von etwa 50 Prozent). Trotzdem kann es auch bei Teppichböden aus Wolle – sofern sie beispielsweise nicht durch Metallfaserbeimischung antistatisch ausgerüstet wurden – in Extremfällen zu starken Aufladeerscheinungen kommen (z. B. bei starkem Heizen und Austrocknen der Faseroberfläche).

Als nachteilig wird ihre nur bedingt befriedigende Abriebfestigkeit und lästige Fusselbildung an der Teppichoberseite angesehen. Mit Fasermischungen (z. B. Wolle mit synthetischen Fasern) wird die Möglichkeit genutzt, die guten Eigenschaften beider Fasergruppen zu kombinieren. Auch Feuchtraumeignung ist bei Wolle nicht gegeben, weil sie als Naturfaser nicht verrottungsfest ist. Wollteppichböden müssen außerdem gegen Schädlingsbefall imprägniert werden. Auf die weiterführende Literatur [107] wird besonders hingewiesen.

Chemiefasern

Wie Bild **11**.83 zeigt, unterteilt man Chemiefasern in zellulosische (bleiben hier unberücksichtigt) und synthetische Fasern. Nur die letzteren haben sich als Fasermaterial für Teppichböden bewährt. Synthetische Fasern zeichnen sich vor allem durch hohe Abriebfestigkeit, Verrottungs- und Farbbeständigkeit, günstiges Anschmutzverhalten und verhältnismäßig leichte Pflege aus. Ein Hauptunterschied zwischen Natur- und synthetischen Fasern besteht darin, dass die Naturfasern Flüssigkeiten – und damit auch ausgeschüttete Fruchtsäfte mit ihren Farbstoffen – relativ rasch aufsaugen und in den Kapillaren speichern, während die synthetischen Fasern eine wesentlich flüssigkeitsdichtere Oberfläche aufweisen. Darauf beruht auch ihre geringere Anschmutzneigung und weitgehende Chemikalienbeständigkeit.

Neuere synthetische Fasern weisen außerdem verschiedenartige Faserquerschnitte (dreieckige, viereckige, trilobale Querschnittsformen) auf, wodurch die Polstabilität, das Wiedererholvermögen und die schmutzverbergenden Eigenschaften verbessert werden.

Gebrauchseigenschaften. Die Gebrauchseigenschaften der synthetischen Fasern sind aufgrund ihrer unterschiedlichen chemischen Zusammensetzung sehr verschieden und damit ihre Einsatzbereiche zum Teil auch begrenzt. Die vier wichtigsten Teppichfasern sind (in der Reihenfolge ihrer Bedeutung):

- **Polyamid (PA).** Wichtigste synthetische Teppichbodenfaser mit sehr hoher Abriebfestigkeit, optimalem Wiedererholvermögen und günstiger Anschmutzneigung. Geringe Feuchtigkeitsaufnahme. Dauerhafte antistatische Ausrüstung durch einen Kern aus Kohlenstoff. Fasermarken: Nylon, Perlon, Antron u. a.
- **Polyester (PE).** Nach Polyamid die wichtigste Faser mit hoher Abriebfestigkeit, gutem Wiedererholvermögen und seidigem Glanz. Geringe Feuchtigkeitsaufnahme. Überwiegend als Beimischung zu Polyamid eingesetzt, speziell bei hochwertigen Velouren zur Verbesserung des Teppichflairs. Fasermarken: Trevira, Diolen, Dacron u. a.
- **Polyacryl (PC).** Wollähnliche synthetische Faser mit guter Elastizität und hoher Bauschigkeit. Geringe Feuchtigkeitsaufnahme. Abriebfester als Wolle, jedoch deutlich geringere Verschleißfestigkeit als Polyamid. Überwiegend als Beimischung zur Wolle eingesetzt. Fasermarken: Dralon, Orlon u. a.
- **Polypropylen (PP).** Feuchtigkeitsabstoßende und UV-stabile Faser, mit besonders hoher Lichtbeständigkeit. Daher für Nassräume und Outdoor-Beläge geeignet. Gute Abriebfestigkeit, jedoch geringeres Wiedererholvermögen. Aufgrund der chemischen Zusammensetzung und entsprechend der Herstellungsverfahren billigste synthetische Faser. Vorwiegend in Nadelvliesprodukten eingesetzt. Fasermarken: Meraklon, Hostalen u. a.

Texturierverfahren. Die jeweilige Spinnmasse (Granulat) wird bei etwa 250 °C geschmolzen, die Faserschmelze unter hohem Druck durch feine Spinndüsen gepresst (Extruder) und die dünnen Schmelzfäden anschließend auf das Mehrfache ihrer ursprünglichen Länge gestreckt. Erst im sog. Texturierverfahren erhält dann das zunächst glatte Garn die notwendige Kräuselung bzw. Bauschigkeit, die für die Verarbeitung zu Teppichware erforderlich ist.

Fasermischungen. Aus anwendungs- und verarbeitungstechnischen Gründen werden häufig Fasermischungen eingesetzt (z. B. Synthetics/Sythetics oder Wolle/Synthetics). Durch Mischen lassen sich die Vorteile der einen Faser mit denen einer anderen verbinden. So hat sich bei der letztgenannten Mischung (z. B. 80 % Wolle und 20 % Polyamid) die Verbindung der guten Wolleigenschaften mit der strapazierfähigeren synthetischen Faser besonders gut bewährt. Auf die weiterführende Literatur [107], [108] wird verwiesen.

Polschichtdicke, Polschichtgewicht, Polrohdichte

Das Polmaterial der Nutzschicht ist der teuerste Rohstoff eines Teppichs. Daher wird der Preis eines textilen Bodenbelages ganz wesentlich von der verwendeten Menge und der Art dieses Materials bestimmt.

- Polschichtdicke (DIN ISO 1766) in mm und Polschichtgewicht (DIN ISO 8543) in g/m^2 geben die tatsächlich nutzbare Fasermenge der Polschicht über dem Teppichgrund an. Je dicker bzw. je höher der Pol, desto höher ist auch das Polschichtgewicht. Dies bedeutet jedoch nicht, dass eine dicke und schwere Teppichware unbedingt auch qualitativ günstiger sein muss als eine Ware mit weniger dicker oder weniger schwerer Polschicht. Erst das Verhältnis von Polschichtdicke zu Polschichtgewicht gibt über Dichte (Noppendichte) des Pols eine Auskunft.
- Diese Dichte wird mit dem Begriff Polrohdichte (DIN ISO 8548) in g/cm^3 gekennzeichnet: Dividiert man das Polschichtgewicht durch die Polschichtdicke, so erhält man die Polrohdichte. Polrohdichte und Polschichtgewicht sind bei gleicher Faserqualität maßgebend für die Lebensdauer eines Belages. S. hierzu auch DIN EN 1307.

Strukturelle und farbliche Oberseitengestaltung

Die Gestaltungsmöglichkeiten der Teppichoberseite (Nutzschicht) sind sehr vielfältig und können an dieser Stelle nur andeutungsweise erläutert werden.

Die **Oberflächenstruktur** kann beispielsweise ausgebildet sein als (Bild **11**.84):

- Schlingenpol. Die Teppichoberseite besteht aus deutlich ausgebildeten, geschlossenen Polschlingen, die sich von der Grundschicht abheben (auch Bouclèware genannt).
- Schnittpol. Die Teppichoberseite zeigt oftmals einen samtartigen Charakter. Die den Pol bildenden Schlingen sind aufgeschnitten und meist noch zusätzlich geschoren (auch Veloursware genannt).
- Hoch-Tief-Musterung. Die Teppichware ist reliefartig ausgebildet und besteht aus höher und tiefer liegenden Teilflächen. Die Polschlingen können sowohl geschlossen als auch aufgeschnitten sein, so dass Schnitt- und Schlingenflor-Kombinationen in der Warenoberfläche möglich sind.

Die **Farbgebung** und Musterung von Teppichböden sind wesentliche Elemente der Innenraumgestaltung. Zunächst war man auf Naturfarben angewiesen, die dem Pflanzen-, Tier- und Mineralbereich entstammten. Moderne, künstliche Farbstoffe sind kompliziert aufgebaute Kohlenwasserstoff-Verbindungen.

Grundsätzlich können sowohl Fasern und Garne als auch ganze Teppichböden gefärbt werden. Demnach unterscheidet man unterschiedliche Färbverfahren wie beispielsweise die Flocken-, Faser-, Garn- und Strangfärbung (je nach Stand des Verarbeitungsprozesses), die Spinndüsenfärbung (eingefärbte Spinnmasse / Granulat bei synthetischen Fasern), die Stückfärbung (Färbung des zunächst

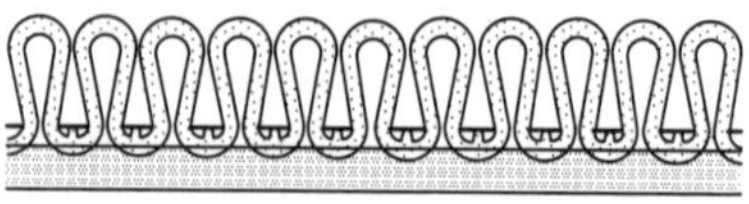

11.84a

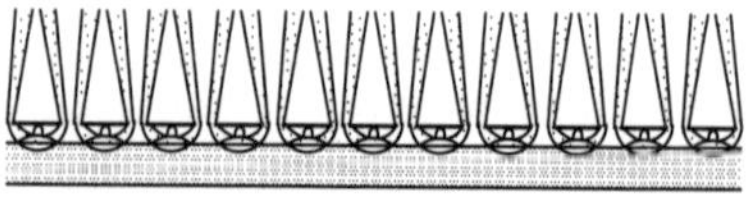

11.84b

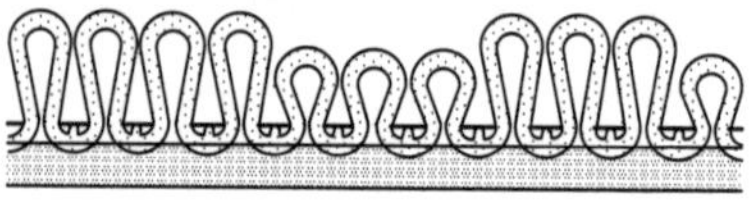

11.84c

11.84 Schematische und beispielhafte Darstellung einiger Oberflächenstrukturen von Teppichböden
a) Schlingenpol (auch Bouclèware genannt)
b) Schnittpol (auch Veloursware genannt)
c) Hoch-Tief-Musterung (Hoch- und Niedrigpolflächen)

aus rohweißem Garn gefertigten Teppichbodens in beliebiger Farbe) sowie das Druckverfahren (Siebdruck-Rotationsverfahren) und Militron-Spritzdruckverfahren (Teppichmusterung über computergesteuerte, mit Mikrodüsen bestückte Farbspritzanlage).

An die Teppichfarben selbst werden hohe Echtheitsanforderungen gestellt, wie beispielsweise Farbechtheit unter Einwirkung von Licht (UV-Strahlen), Wasser, Reinigungsmittel usw. Einzelheiten hierzu sind DIN EN 1307 zu entnehmen. Auswahlkriterien bezüglich Farbgebung, Musterung und Schmutzunempfindlichkeit von Teppichböden s. Abschn. 11.4.12.5.

Trägermaterial

Im Gegensatz zum gewebten Teppichboden – bei dem Grundgewebe und Pol in einem Arbeitsgang hergestellt werden – ist bei getufteten und anderen textilen Bodenbelagarten ein vorgefertigtes Trägermaterial nötig, in das die Polgarne eingefügt und dann durch rückseitiges Beschichten fest eingebunden werden. Das Trägermaterial dient somit zur Aufnahme und Verankerung des Polmaterials und beeinflusst Maßbeständigkeit, Festigkeit, Verlegeart und Verarbeitbarkeit. Eingesetzt werden vorwiegend Gewebe oder Trägervliese aus synthetischem Material (Vorteil: Unempfindlichkeit gegen Feuchtigkeit, verrottungsbeständig, gute Schnittkantenfestigkeit).

Rückenausrüstung

Polverankerung. Rückenausrüstungen beeinflussen den Gebrauchswert eines Teppichbodens ganz wesentlich. Während beim gewebten Teppich eine Rückenappretur (dünne Kunstharz- oder Latexdispersion) zur Verbesserung der Stabilität und Schnittfestigkeit aufgebracht wird, ist die Einbindung des Polmaterials bei getufteter Ware eine unerlässliche konstruktive Notwendigkeit: Das zunächst lose in das Trägermaterial eingenadelte Polgarn wird erst durch einen sog. Verfestigungsstrich absolut fest mit dem Träger verbunden (Noppenverankerung).

Rückenbeschichtung. Auf den Vorstrich wird vielfach noch eine glatte oder geprägte Rückenbeschichtung aufgebracht. Die weichporöse, elastische Schaummasse verbessert die Schnittfestigkeit, Trittelastizität sowie Schall- und Wärmedämmeigenschaften von Teppichböden für den Wohnbereich.

Im einzelnen unterscheidet man Glattschaum und Prägeschaum (Latexschaumrücken). Letzterer wird bei der Herstellung noch zusätzlich gepresst und gleichzeitig geprägt. Diese Nachbehandlung soll eine einfachere spätere Wiederaufnahme des verklebten Belages bewirken, so dass weniger Schaumreste auf dem Verlegegrund haften bleiben.

Die Nachfrage nach Teppichböden mit Schaumrücken ist jedoch stark rückläufig (nur noch Sonderangebote im unteren Preissegment), was nicht zuletzt auf ein verändertes Umweltbewusstsein der Endverbraucher zurückzuführen ist (Nachteile: Latexgeruch, Schichtentrennung bei Wiederaufnahme der Altbeläge, unbefriedigendes Recycling).

Für den Objektbereich eignen sich derartige Schaumrücken nicht. Hier werden entweder die vorgenannten appretierten Beläge, Teppichware mit massiv-festem, stuhlrollengeeignetem Kompaktschaum, Teppichböden mit textilem Zweitrücken oder mit textilem Vliesrücken eingesetzt. Lose verlegbare Teppichfliesen sind im Hinblick auf die Bodenhaftung mit einer sog. Schwerbeschichtung ausgerüstet. Sie sollten ein Flächengewicht von mind. 3,5 kg/m^2 aufweisen. Einzelheiten hierzu s. Abschn. 11.4.12.5.

Textiler Zweitrücken (Synthetischer Zweitrücken). Getuftete Teppichware im Objektbereich – üblicherweise vollflächig verklebt oder über Nagelleisten verspannt – ist heute allgemein auf ihrer Rückseite mit einem textilen Zweitrücken (Doppelrücken) ausgerüstet. Dieser auf den Verfestigungsstrich aufkaschierte zusätzliche Textilrücken ist in der Regel aus synthetischem Gewebe oder Faservlies (Feuchtraumeignung).

Die vollflächige Verklebung von Teppichböden mit Zweitrücken hat sich bewährt, da bei ihrer späteren Wiederaufnahme kaum Reste auf dem Verlegegrund zurückbleiben. Beim Verspannen von getufteter Teppichware ist der Zweitrücken ebenfalls erforderlich, weil dadurch die horizontale Stabilität des Teppichbelages erhöht und die Nägel der Nagelleisten im Gewebe einen besseren Halt finden und nicht ausreißen können. Webteppiche benötigen keine aufkaschierten Zweitrücken.

Textiler Vliesrücken. Tuftingteppiche mit aufkaschiertem Zweitrücken aus Vliesstoffen haben in den letzten Jahren immer größere Marktanteile gewonnen und zwar zu Lasten der Rückenbeschichtung mit Latexschäumen. Getuftete Teppiche mit Vliesrücken werden vorzugsweise für den Wohnbereich angeboten.

Für den Einsatz im Objektbereich ist – wie beim herkömmlichen synthetischen Zweitrücken auch – Stuhlrolleneignung nachzuweisen. Demnach unterscheidet man Vliesstoffe ohne Verstärkung (Wohnbereich) sowie Vliesstoffe mit Gewebeeinlage oder Fadenverstärkung (Objektbereich). Die Dicke der Vliesrücken bewegt sich zwischen 2 und 3 mm.

Die Gründe für die große Akzeptanz der Vliesstoffe sind geringe Umweltbelastung, keine Geruchsprobleme, Alterungsbeständigkeit sowie die relativ leichte Wiederaufnehmbarkeit von genutzten Belägen. Sie weisen jedoch ein ungünstigeres Brennverhalten auf. Für das Verlegen von Teppichböden mit Vliesrücken eignen sich spezielle Haftmittel und auf das Vlies abgestimmte Fixierungen. S. hierzu auch Abschn. 11.4.12.5, Verlegung.

Herstellungsverfahren

Textile Fußbodenbeläge werden in sehr unterschiedlichen Verfahren produziert. Die jeweilige Herstellungstechnik ist qualitätsbestimmend und auch für das Aussehen der Teppichware von großer Bedeutung. Man unterscheidet:

Webverfahren (Ruten-Webverfahren). Webteppiche bestehen aus einem Grundgewebe und einem Pol. Grundgewebe und Polschicht werden in einem Arbeitsprozess hergestellt. Beim Webvorgang werden drei längslaufende Fadengruppen – sogenannte „Ketten" (Polkette, Bindekette, Füllkette) sowie zwei querlaufende Fadengruppen – sogenannte „Schüsse" (Oberschuss, Unterschuss) rechtwinkelig verkreuzt.

Die Garne der Polkette bilden die Nutzschicht, die Bindeketten verbinden die querlaufenden mit den längslaufenden Fäden und die Füllkette gibt dem Teppichgewebe das Fundament (Bild **11**.85).

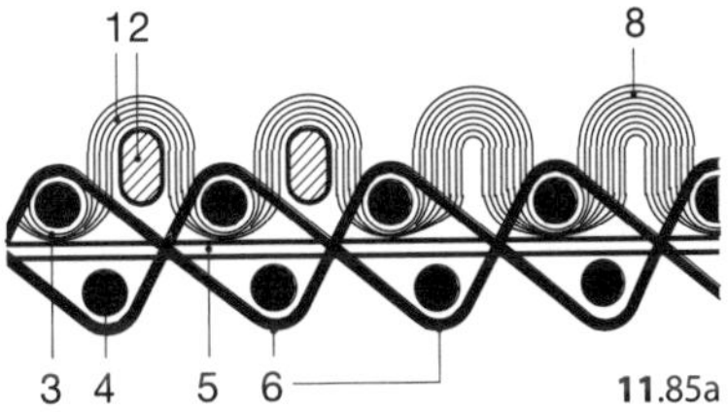

11.85a

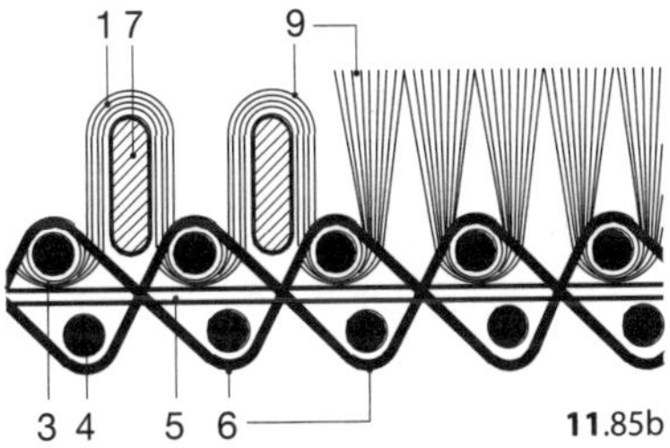

11.85b

11.85 Schematische Darstellung des Herstellungsverfahrens eines gewebten Teppichbelages (Ruten-Webverfahren)

a) Schlingenpolware (Bouclé)
b) Schnittpolware (Velours)

1 Polkette (Polschicht-Nutzschicht, auch Flor genannt)
2 Zugrute (Metallstab ohne Messer)
3 Oberschuss
4 Unterschuss
5 Füllkette
6 Bindekette
7 Zugrute (Metallstab mit Messer)
8 Schlingenpol (Bouclé)
9 Schnittpol (Velours)

ANKER-Teppichboden Gebrüder Schoeller, Düren

11

Die Garne der Polschicht laufen über Ruten (Metallstäbe), durch deren Abmessungen die Höhe des Pols (Kurz-, Mittel-, Langflor) und die Dichte der Schussfolge bestimmt wird. Befindet sich am Ende der Rute ein Messer, wird die Polkette beim Herausziehen der Rute aufgeschnitten, es entsteht Schnittpol (Veloursware). Bei Ruten ohne Messer bleiben die Schlingen erhalten, es entsteht Schlingenpol (Bouclèware).

Das Weben von Teppichböden mit mechanischen Webstühlen ist die älteste Art der Herstellung und sehr aufwendig. Diese zeitintensive Technik erfordert zudem einen hohen Materialeinsatz.

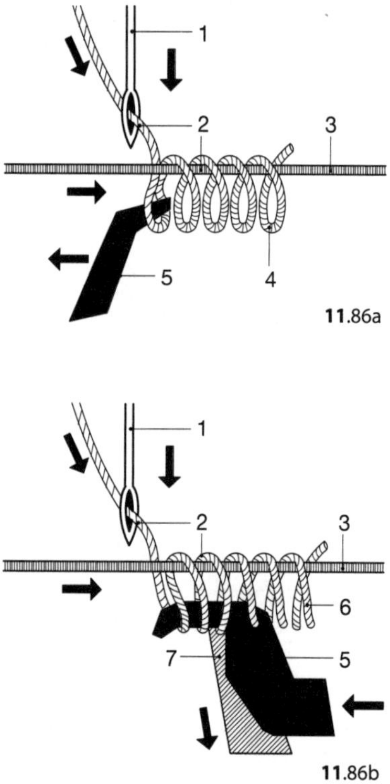

11.86 Schematische Darstellung des Herstellungsverfahrens eines getufteten Teppichbelages
a) Schlingenpolware (Bouclé)
b) Schnittpolware (Velours)
1 Nadel
2 Garn (Unterseite des Teppichs)
3 Trägerschicht
4 Schlingenpol (Nutzschicht)
5 Greifer
6 Schnittpol (Nutzschicht)
7 Messer
Europäische Teppichgemeinschaft, Wuppertal

Die Preise für gewebte Teppichböden sind daher vergleichsweise hoch. Auf der anderen Seite ist die Mustervielfalt, in denen sie angeboten werden, nahezu unbegrenzt und die Strapazierfähigkeit bzw. Langlebigkeit gewebter Teppichware sehr hoch. Weitere Einzelheiten sind der Spezialliteratur [109] sowie DIN ISO 2424 zu entnehmen.

Tuftingverfahren. Während bei der Herstellung gewebter Teppiche Grundgewebe und Polschicht in einem Arbeitsprozess entstehen, wird auf der Tuftingmaschine das Polgarn nach dem Nähmaschinenprinzip kontinuierlich von oben in ein vorgefertigtes Trägermaterial (Gewebe oder Vlies) eingenadelt und von Greifern auf der Unterseite so lange festgehalten (die Nutzschicht entsteht auf der Unterseite), bis die Nadeln zum nächsten Stich ansetzen. Dadurch bilden sich Schlingen, es entsteht Schlingenpolware (Bouclé). Werden die Schlingen durch ein Messer aufgeschnitten, so entsteht Schnittpolware (Velours). Bild **11**.86. Die Polgarne sind zunächst nur lose mit dem Trägermaterial verbunden und müssen durch einen zusätzlichen Rückenbeschichtungsprozess (Verfestigungsstrich) fest mit dem Träger verbunden werden. Um getuftete Ware verspannen zu können, muss der Belag mit einem textilen Zweitrücken (synthetischem Zweitrücken) ausgestattet sein. Vgl. hierzu Abschn. 11.4.12.2, Rückenausrüstung. Tuftingmaschinen leisten etwas das Zehn- bis Zwanzigfache eines Webstuhles, ein Produktionsvorteil, der zu günstigen Preisen führt, so dass derzeit etwa 70 Prozent der Teppichböden getuftet werden. Weitere Einzelheiten sind der Spezialliteratur [107], [110] sowie DIN ISO 2424 zu entnehmen.

Nadelvliesverfahren. Meist mehrschichtig übereinanderliegende, lockere Faservliesmatten durchlaufen einen Nadelstuhl, der mit vielen Spezialnadeln – die alle mit Widerhaken versehen sind – bestückt ist. Dabei heben und senken sich die Nadelbarren mit großer Geschwindigkeit (Millionen von Nadelstichen pro m^2), durchstechen ein ggf. eingelegtes Trägermaterial, ziehen die Fasern durch das Gewebe hindurch und verkreuzen diese beidseitig untereinander. Bei der Herstellung besonders strapazierfähiger Ware durchläuft das Faservlies bis zu dreimal die Nadelmaschine (Bild **11**.87). Das auf diese Weise mechanisch verdichtete Vlies kann zur weiteren Verfestigung des Faserverbundes noch teil- oder vollimprägniert und mit oder ohne Rückenbeschichtung ausgerüstet sein.

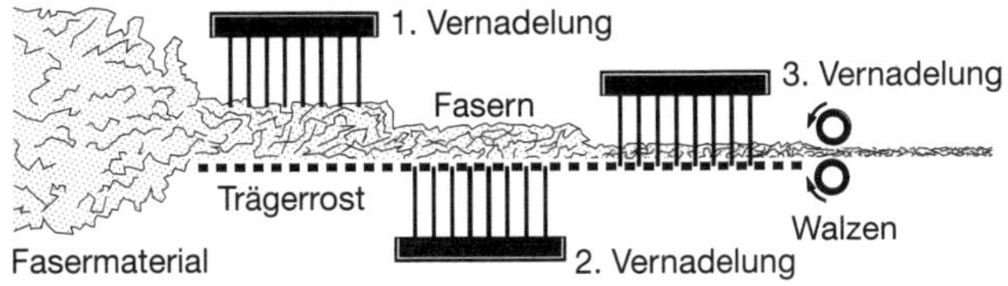

11.87a

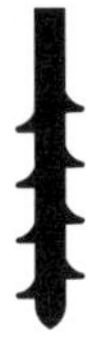

11.87b

11.87 Schematische Darstellung des Herstellungsverfahrens eines dreifach vernadelten, homogen aufgebauten Nadelvlies-Bodenbelages
a) Verdichtung der Fasern, b) Nadel mit Widerhaken Filzfabrik Fulda

Man unterscheidet Einschichtbeläge (Homogenbelag) und Mehrschichtbeläge (Heterogenbelag). Die letzteren bestehen dann aus Fasern erster Wahl in der Nutzschicht, einem Trägermaterial und einer Grundschicht aus Sekundärfasern. Je dünner die Nutzschicht aus Primärfasern ausgebildet ist, um so mindere Qualität dürfte zu erwarten sein. Die Einstufung von Nadelvlies-Bodenbelägen erfolgt gemäß DIN EN 1470.

Mit Hilfe bestimmter Nadeltechniken ist es auch möglich, Nadelvliesbeläge mit polartigem Aufbau zu fertigen. Diese sog. Polvlies-Bodenbeläge weisen einen deutlich ausgeprägteren Textilcharakter auf. Einstufung gemäß DIN EN 13 297.

Die Herstellungsverfahren weiterer Teppichbelagarten bleiben hier unberücksichtigt. Zu nennen wären noch gewirkte, geklebte, geflockte, gepresste und anderweitig hergestellte Teppichböden.

11.4.12.3 Funktionseigenschaften

Teppichbeläge werden gemäß den angeführten Normen zahlreichen Qualitäts- und Eignungsprüfungen unterzogen. Die Prüfergebnisse werden dem Verbraucher jeweils unmittelbar am Produkt in Form eines sog. **Teppich-Siegels** kenntlich gemacht. Dieses Qualitätszertifikat der Europäischen Teppich-Gemeinschaft (ETG) gibt Auskunft über wesentliche Qualitätskriterien eines Teppichbodens wie

- Einsatzbereiche,
- Komfortwert,
- Beanspruchung,
- Beschaffenheit der Nutzschicht,
- gesundheitliche Unbedenklichkeit.

Voraussetzung für die Vergabe ist die neutrale Qualitätsprüfung durch unabhängige Kontrollinstitute. Das Teppich-Siegel können grundsätzlich nur Teppichböden erhalten, die nach den Kriterien der Gemeinschaft umweltfreundlicher Teppichboden (GUT) schadstoffgeprüft sind und die umwelttechnischen Standards der GUT einhalten (Bild **11**.79). Das gesamte Lizenzierungs- und Prüfverfahren wird vom TÜV überwacht.

Komfortwert und Beanspruchung

Angelehnt an die Klassifizierung von Hotels weisen maximal 5 Sterne den entsprechenden Komfortwert aus, der im Wesentlichen durch die Dichte und Höhe der Polschicht sowie die Noppenzahl bestimmt wird. Je mehr Sterne angezeigt sind, desto mehr Polmaterial ist in den jeweiligen Teppichboden eingearbeitet. Damit ist der Komfort ein entscheidender Anhaltspunkt für Qualität und Preis (Bild **11**.88a).

Die Werte für die Beanspruchung stehen in direktem Zusammenhang mit dem jeweiligen Einsatzbereich. Insgesamt werden fünf Beanspruchungsklassen unterschieden: gering, mittel, stark, intensiv, extrem. Die jeweils mit dem Stern gekennzeichneten und somit zertifizierten Werte sind den empfohlenen Einsatzbereichen fest zugeordnet und nicht veränderbar. Beispiel: Für ein Schlafzimmer reicht die Kategorie „mittel", eine Empfangshalle braucht hingegen den Wert „extrem" (Bild **11**.88b).

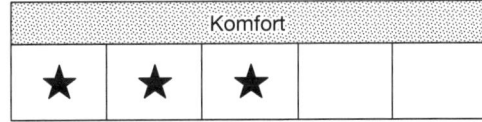

Komfort				
★	★	★		

11.88a

Beanspruchung				
gering	mittel	★ stark	intensiv	extrem

11.88b

11.88 Kennzeichnung von Polteppichen und Nadelvlies-Bodenbelägen in Bezug auf Komfort und Beanspruchung (Teppich-Siegel)
a) Komfortwert
b) Beanspruchung

Zusatzeignungen

Alle wichtigen zusätzlichen Eigenschaften sind durch einfache Symbole visualisiert: Stuhlrolle, Treppe, Fußbodenheizung, Antistatik. S. hierzu auch Abschn. 12.0 , Fußbodenheizungen. Die Zusatzeignungen „Stuhlrolle" und „Treppe" werden gegebenenfalls durch den Hinweis „wohnen" auf den Wohnbereich eingeschränkt. Ist kein Hinweis vorhanden, gilt automatisch die Eignung für Wohn- und Geschäftsräume (Bild **11**.89).

Weitere Ausrüstungsverfahren wie Antisoil-Ausrüstung (reduziertes Anschmutzverhalten), antibakterielle Ausrüstung (Hygienebereich), flammhemmende Ausrüstung (Objektbereich) u. a. m. sind möglich, bleiben im Rahmen dieser Abhandlung jedoch unberücksichtigt.

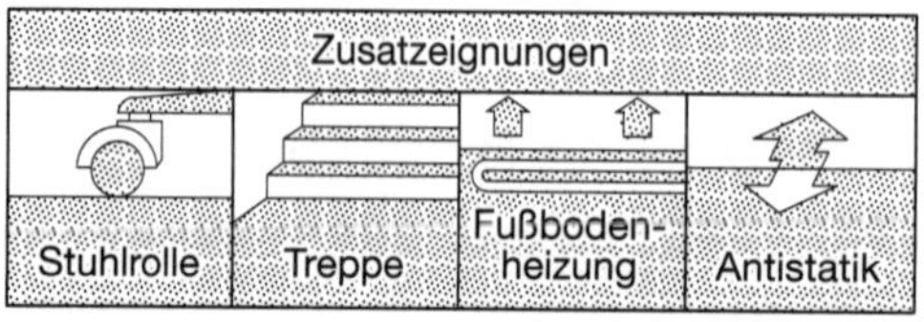

11.89a **11**.89b **11**.89c **11**.89d

11.89 Zusatzeignung textiler Bodenbeläge (Teppich-Siegel). Die Symbole zeigen an, welchen weiteren spezifischen Anforderungen der Teppichboden jeweils gerecht wird.
a) stuhlrollengeeignet
b) treppengeeignet
c) fußbodenheizungsgeeignet
d) antistatisch

Stuhlrolleneignung. Bereits bei der Planung sollte feststehen, in wieweit der Bodenbelag bzw. Estrich durch Stuhlrollen beansprucht wird, wobei zu unterscheiden ist zwischen gelegentlicher (Wohnung) und ständiger Nutzung (Büro).

Bei erhöhten Anforderungen – vor allem auch bei dünnen elastischen Bodenbelägen – sollte der Estrich eine Haftzugfestigkeit von 1 N/mm^2 aufweisen. Dies bedingt oftmals die Wahl einer höheren Estrichfestigkeitsklasse. Vgl. hierzu auch Abschn. 11.3.6.2, Estricharten.

Bei textilen und elastischen Bodenbelägen ist immer auch auf die richtige Beschaffenheit der Lauffläche und Form der

11

Rollen von Drehsesseln bzw. Möbelrollen zu achten. Die Industrie bietet – auf den jeweiligen Bodenbelag abgestimmt – unterschiedliche Rollentypen (Lenkrollen, Lenkdoppelrollen, Kugellenkrollen) mit verschiedenartigen Laufflächen an. Diese Laufflächen der Rollen/Räder dürfen am Belag keine farblichen oder sonstigen Veränderungen verursachen. Gemäß DIN EN 12 529 (seither DIN 68 131) unterscheidet man:

- **Typ W** (mit weicher Rollenlauffläche) für stuhlrollengeeignete **harte Bodenbeläge** wie beispielsweise Steinfußböden, Holzfußböden und elastische Bodenbeläge.
- **Typ H** (mit harter Rollenlauffläche) für stuhlrollengeeignete **weiche Bodenbeläge** wie zum Beispiel Web- und Tuftingteppiche sowie Nadelvlies-Bodenbeläge.

Die Stuhlrollenprüfung von textilen Bodenbelägen erfolgt nach DIN EN 985.

Rollstuhleignung. Die Räder und Reifen von Kranken- und Behindertenrollstühlen sind nicht genormt, so dass es bislang auch noch kein spezielles Zusatzsymbol „rollstuhlgeeignet" gibt.

Teppichböden für Rollstuhlfahrer sollten zum einen die Beanspruchung „stark" bis „extrem" und das Symbol „Stuhlrolle" aufweisen und des weiteren mit einem textilen Zweitrücken (Tuftingware) ausgerüstet sein. Teppichböden mit Schaumrücken sind für diese Nutzung nicht zu empfehlen. Aufgrund ihrer Konstruktion sind sie oft zu weich und erhöhen dadurch den Rollwiderstand; außerdem halten sie den auftretenden Scherkräften beim Drehen des Rollstuhls oftmals nicht stand. Auf die weiterführende Literatur [111] wird verwiesen.

Treppeneignung. Teppichböden, die mit dem Symbol „Treppe" gekennzeichnet sind, werden aufgrund der entsprechend deklarierten Grundeinstufung geprüft und eingeteilt. Demgemäss ist eine mit der Beanspruchung „stark" bis „extrem" eingestufte Ware für die Verlegung auf Treppen geeignet. Bei fachgerechter Verlegung ist darauf zu achten, dass die Treppenkante nicht scharfkantig ausgebildet ist, sondern eine Kantenabrundung von etwa 10 mm Radius aufweist. Die Treppeneignungsprüfung erfolgt nach DIN EN 1963.

Elektrostatisches Verhalten von textilen Bodenbelägen

Elektrostatische Aufladungen können beim Begehen von (textilen) Bodenbelägen oder durch Reiben zweier Oberflächen aneinander entstehen, insbesondere bei isolierenden Stoffen. In folge derartiger Trennungs- und Reibungsvorgänge kann es dann beim Berühren eines geerdeten Metallteiles zu einer für den Menschen ungefährlichen, jedoch unangenehmen elektrischen Entladung kommen.

Diese Auf- und Entladungsvorgänge treten vor allem während der Heizperiode auf, denn mit abnehmender relativer Luftfeuchte nimmt die Neigung isolierender Stoffe zu, sich elektrostatisch aufzuladen. Die Grenze kann man bei textilen Bodenbelägen bei etwa 50 % relativer Luftfeuchte und einer mittleren Raumtemperatur von 20 °C ansetzen. Oberhalb dieser Grenze ist praktisch mit keiner Schlagerscheinung mehr zu rechnen.

Es können jedoch noch weitere Einflussgrößen hinzukommen, wie beispielsweise stark isolierende Verlegeuntergründe, nicht leitfähiges Schuhwerk, Begehfrequenz, Fremdaufladungen, Größe der Bodenfläche, unterschiedliche Empfindlichkeit der Benutzer u. a. m.

Elektrostatisches Verhalten. In der internationalen Norm DIN IEC 1340-4-1 (VDE 0303 Teil 83), Elektrostatisches Verhalten von Bodenbelägen und verlegten Fußböden, sind Prüfverfahren sowie Messungen des Widerstandes und der Ableitfähigkeit festgelegt. Die in dieser Norm beschriebenen Verfahren sind für Prüfungen an allen Bodenbelägen und verlegten Fußböden geeignet. Einzelheiten hierzu sind Abschn. 11.4.10.7 zu entnehmen, so dass sich eine nochmalige Beschreibung der dort erwähnten Zusammenhänge an dieser Stelle erübrigt. Die seither maßgebende DIN 54 345-1 bis 6 wurde zwischenzeitlich zurückgezogen.

Elektronische Geräte. Elektronische Geräte, wie Computer o. Ä., können durch elektrostatische Aufladungen gestört werden. Der Zentralverband der Elektrotechnischen Industrie (ZVEI) empfiehlt daher seinen Mitgliedern, EDV-Geräte so zu konzipieren, dass nach deren Installation Personenaufladungen bis zu 5 kV keine Störungen hervorrufen. Bei antistatisch wirksamen Teppichbelägen wird demnach von folgenden Anforderungen ausgegangen:

- Begrenzung der durch Begehen von textilem Bodenbelag hervorgerufenen Personenaufladung[1] auf 2 kV.
- Anforderung an den Erdableitwiderstand[1] im Bereich 1 x 10^9 Ohm bis 1 x 10^{10} Ohm.
- Relative Luftfeuchte normalerweise zwischen 40 bis 60 %.

Antistatische Teppichböden. Störungen durch elektrostatische Aufladungen, die vom Begehen eines Teppichbodens herrühren, lassen sich durch den Einbau eines antistatischen Teppichbodens vermeiden.

Dies bedeutet, dass auch in Räumen mit üblichen Bürocomputern das Verlegen textiler Bodenbeläge – die mit dem Symbol „Antistatik" im ETG-Teppich-Siegel gekennzeichnet sind – in der Regel ausreicht.

Bei derartigen Belägen ist sichergestellt, dass die Personenaufladung – unabhängig von der Art der Rückenausrüstung und der Verlegung – kleiner als 2 kV ist und somit Sicherheitsreserven zum Richtwert von 5 kV des ZVEI bestehen. Dies bedeutet aber auch, dass leitfähiges Kleben zum Erreichen der oben geforderten Erdableitwiderstände normalerweise nicht nötig ist, wenn der Bodenbelag selbst aufgrund seines niedrigen Oberflächenwiderstandes[1] über die notwendige Flächenleitfähigkeit verfügt, die eine Verteilung der Ladung zulässt. Einzelheiten hierzu s. auch DIN ISO 6356.

Ableitfähige Teppichböden. Grundsätzlich wird unterschieden zwischen antistatischen Teppichböden und solchen, die antistatisch **und** ableitfähig sind und somit auch ableitfähig verlegt werden können. Das heißt mit anderen Worten, dass nicht jeder antistatische Teppichboden auch ableitfähig verlegt werden kann. Eine Ableitung elektrostatischer Aufladungen ist nur bei durchgehender Leitfähigkeit aller Schichten und Werkstoffe gegeben. Einzelheiten hierzu s. auch DIN ISO 10 965.

- **Leitfähiges Polmaterial.** Die fehlende Leitfähigkeit des Polmaterials kann bei der Garnherstellung durch Beimischen von Metallfasern bzw. Stahlfäden oder sog. modifizierten Synthesefasern sichergestellt werden. Bei den letzteren wird eine leitfähige Masse (Kohlestoffkern) in den Faserkörper eingesponnen, so dass auch bei starker Beanspruchung der Nutzschicht die Leitfähigkeit nicht verloren geht.
- **Leitfähige Rückenausrüstung**. Zusätzlich wird auch noch die Rückenkonstruktion leitfähig ausgerüstet. Leitfähige Horizontalschichten, wie sie beispielsweise durch leitfähige Verfestigungsstriche gebildet werden, haben die Aufgabe, elektrostatische Ladungen über das leitfähige Polmaterial in den Teppichgrund abzuführen, damit sie sich dort auf einer wesentlich größeren Fläche verteilen bzw. abfließen können.

Diese horizontale Leitschichten sind als Ergänzung zur leitfähigen Nutzschicht notwendig und nur in Kombination mit dieser wirksam. Ein derart mit leitfähiger Rückenkonstruktion ausgerüsteter Teppichboden kann somit hinsichtlich seiner elektrostatischen Merkmale weitgehend unabhängig von der Art der Verlegung gemacht werden.

Verlegemaßnahmen (ableitfähige Verlegung).

Beim Verlegen ableitfähiger Teppichböden muss normalerweise weder der Verlegeuntergrund besonders vorbereitet, noch müssen spezielle Kleber verwendet werden.

Bestehen jedoch aus bestimmten Gründen besonders hohe Anforderungen an die Ableitfähigkeit, kann diese – bei hierfür geeigneten Belägen – durch den Einsatz leitfähiger Klebstoffe verbessert werden.

Bei diesen Qualitäten ist dann eine ununterbrochene Ableitung über das Polmaterial, die leitfähige Rückenausrüstung, über die leitfähige Verlegung in die Erdableitung (Potentialausgleich) gegeben. In diesem Zusammenhang ist zu beachten, dass ein leitfähiges Verlegen von verspannten Teppichbelägen und Belägen mit Schaumrücken nicht möglich ist.

Das leitfähige Kleben textiler Bodenbeläge ist auch dann empfehlenswert, wenn sich beispielsweise in kleinen Räumen oder schmalen Fluren die entstehende Aufladung nicht ausreichend verteilen kann. Auch Beläge mit unzureichender Querleitfähigkeit, aber guter vertikaler Leitfähigkeit – wie dies bei einigen Nadelvlies- und Webwaren gegeben ist – können durch leitfähiges Kleben verbessert werden bzw. werden durch diese Maßnahme erst ableitfähig.

[1] Angaben über das elektrostatische Verhalten von Bodenbelägen und die sich daraus ergebenden Prüfverfahren sowie Messungen des Widerstandes und der Aufladefähigkeit s. Seite 486 und 487.

11

In allen Fällen sind die Verlegeempfehlungen der Hersteller unbedingt zu beachten, um eine für die jeweilige Nutzungsanforderung optimale Ableitfähigkeit zu erzielen. Dies gilt insbesondere auch für Teppichfliesen, die unterschiedliche hersteller- oder produktspezifische Maßnahmen erfordern. Auf die Veröffentlichungen der Europäischen Teppichgemeinschaft [112] und weiterführende Spezialliteratur [113] wird besonders hingewiesen.

11.4.12.4 Bauphysikalische Eigenschaften

Schalltechnische Eigenschaften

Das schalltechnische Verhalten von textilen Bodenbelägen beruht auf drei verschiedenen Wirkungsweisen.

- **Schallschluckende Wirkung** (Schallabsorption). Der auftretende Luftschall wird von der Teppichfläche nur noch zu einem Bruchteil reflektiert, d. h. ein überwiegender Teil der auftreffenden Schallenergie wird absorbiert, die Nachhallzeit dadurch verkürzt (Verbesserung der Sprachverständlichkeit) und der Geräuschpegel im Raum gemindert.
- **Gehschallmindernde Wirkung**. Der beim Gehen auf harten Fußböden in der Regel entstehende Luftschall tritt beim Begehen von textilen Bodenbelägen in kaum mehr messbarer Lautstärke auf.
- **Trittschalldämmende Wirkung**. Der beim Gehen über den Teppichboden entstehende Körperschall wird gedämmt und das in die darunterliegende Räume durchdringende Geräusch gemindert. Bei textilen Bodenbelägen sind Trittschallverbesserungsmaße $\Delta L_{W,R}$ (VM_R) von 20 bis 30 (40) dB möglich, je nach Konstruktion, Gesamtdicke und Verlegeart des Belages. Die Berechnung erfolgt nach DIN ISO 717-2. Nähere Angaben hierzu s. Abschn. 11.3.3 und Abschn. 16.6.3.2.

11

Wärmetechnische Eigenschaften

Hinsichtlich der wärmetechnischen Belange interessieren bei textilen Bodenbelägen die Wärmeableitung sowie der Wärmedurchlasswiderstand (auch Wärmeleitwiderstand genannt).

- **Wärmeableitung**. Die Wärmeableitung (WA) kennzeichnet das Verhalten im Hinblick auf die Fußwärme. Einzelheiten hierzu s. Abschn. 11.3.4.
- **Wärmedurchlasswiderstand**. Der Wärmedurchlasswiderstand (WDW) gibt an, wie viel Wärme (Energie) bei einem bestimmten Temperaturgefälle zwischen Ober- und Unterseite durch den Belag fließt. Nähere Angaben hierzu s. Abschn. 12.2.3, Bodenbeläge auf beheizbaren Fußbodenkonstruktionen.

Brandtechnische Eigenschaften

Grundlage für die Klassifizierung des Brandverhaltens von Baustoffen und Bauteilen und somit auch für textile Bodenbeläge ist zur Zeit noch DIN 4102-1.

Das neue europäische Klassifizierungssystem für Baustoffe soll in Kürze in nationales Recht umgesetzt werden. Da die entsprechenden Norm- und Prüfverfahren noch nicht abgeschlossen sind, wird nachstehend die seither übliche Klassifizierung von textilen Bodenbelägen weiterhin aufgezeigt.

Normalentflammbare Bodenbeläge (Baustoffklasse B2). Aufgrund der Prüfergebnisse nach DIN 66 081 erfolgt eine Einteilung in die Brennstoffklassen T-a, T-b, T-c (=ungünstigste Klasse).

- Textile Bodenbeläge der Klasse **T-c** sind leichtentflammbar im Sinne der DIN 4102, entsprechen damit der Baustoffklasse B3 und dürfen als ganzflächig verlegter Bodenbelag nicht eingebaut werden.
- Textile Bodenbeläge der Klasse **T-b** entsprechen der Baustoffklasse B2 normalentflammbar und dürfen überall dort eingebaut werden, wo keine besonderen Anforderungen an das Brandverhalten von Fußbodenbelägen gestellt werden.
- Textile Bodenbeläge der Klasse **T-a** liegen von den Anforderungen her höher, und zwar zwischen der Baustoffklasse B2 (T-b) und der Baustoffklasse B1 schwerentflammbar.

Schwerentflammbare Bodenbeläge (Baustoffklasse B1). Für begrenzte Einsatzbereiche (z. B. Hochhäuser, Hotels, Fluchtwege) fordert das Baurecht schwerentflammbare Baustoffe nach DIN 4102. Der Nachweis für die Baustoffklasse B1 wird in baurechtlichen Verfahren durch das Prüfzeichen des Deutschen Institutes für Bautechnik, Berlin, geführt. Es kann aber auch eine Zulassung im Einzelfall auf der Basis eines bauaufsichtlichen Prüfzeugnisses ausgesprochen werden. S. hierzu auch Abschn. 2.2.4, Bauregellisten sowie Abschn. 16.7, Baulicher Brandschutz.

11.4.12.5 Verlegung, Pflege und Reinigung

Verlegung textiler Bodenbeläge

Die drei klassischen Verlegemethoden von textilen Bodenbelägen – vollflächiges Verkleben mit Klebstoffen, Verspannen mit Nagelleisten und loses Verlegen – wurden in den letzten Jahren durch weitere, sog. Alternative Verlegesysteme ergänzt. Ihre wesentlichsten Vorteile sind verminderte Belastung der Raumluft durch emissionsfreie Verlegung, zerstörungsfreie Wiederaufnehmbarkeit und damit schneller bzw. schmutzfreier Belagwechsel sowie weitgehende Wiederverwertung (Recycling) der Rohstoffe.

Bei der Wahl der Verlegetechnik kommt es zunächst immer auf die Art der Raumnutzung und die zu erwartende Beanspruchung des Belages an (Wohnbereich, Objektbereich). Weiter sind die Beschaffenheit des Untergrundes, die jeweilige Teppichkonstruktion bzw. Art der zu verlegenden Teppichware mit den anvisierten Zusatzeignungen sowie die jeweiligen Preisvorstellungen zu beachten.

Teppichböden sollten immer erst nach Abschluss aller anderen Innenausbauarbeiten verlegt werden. Die Beschaffenheit des Untergrundes muss vom Bodenleger vorher sorgfältig geprüft und die Oberfläche mit geeigneten Werkstoffen und Verfahren so vorbehandelt sein, dass sie belegreif ist und den Anforderungen der DIN 18 365,

Bodenbelagarbeiten, entspricht. Einzelheiten über die Vorbehandlung des Verlegeuntergrundes sind in Abschn. 11.4.10.7 dargestellt, so dass sich eine nochmalige Beschreibung der dort erwähnten Arbeitsschritte an dieser Stelle erübrigt.

1. Konventionelle Verlegesysteme

Vollflächiges Verkleben. Bei dieser Verlegeart wird mit Hilfe von Klebstoff eine feste und dauerhafte Verbindung zwischen dem zu verlegenden Teppichboden und dem jeweiligen Verlegeuntergrund hergestellt (Bild **11**.90).

Der Untergrund muss ausreichend saugfähig, sauber, dauerhaft trocken, eben, rissefrei sowie zug- und druckfest sein. Die erforderlichen Ebenheitstoleranzen sind Tabelle **11**.2 zu entnehmen, der jeweils zulässige Feuchtegehalt von Estrichen (Belegreife) den Tabellen **11**.32 und **12**.9.

Nach Abschluss der notwendigen Vorarbeiten am Untergrund wird ein geeigneter Klebstoff mit einer Zahnspachtel auf diesen gleichmäßig aufgetragen, der zugeschnittene Belag in das nasse Klebstoffbett eingelegt, angerieben und nach einer gewissen Zeit mit einer Walze nochmals festgewalzt. Die Verarbeitungshinweise der Klebstoffhersteller sind dabei genauestens einzuhalten.

Die Belagkleber müssen eine sichere und dauerhafte Verklebung gewährleisten und dürfen weder für den Verarbeiter noch für den Benutzer gesundheitsschädigende bzw. raumluftbelastende Komponenten enthalten. Diese Forderungen führten zur Klassifizierung von Klebstoffen nach ihrem Lösemittelgehalt und Emissionsverhalten. Einzelheiten über die Produktklassifizierung nach GISCODE bzw. EMICODE s. Abschn. 11.4.10.7, Klebstoffe.

Das vollflächige Verkleben von textilen Bodenbelägen ist eine relativ preiswerte Verlegemethode. Wegen der anzustrebenden, weitgehend rückstandsfreien Wiederaufnahme empfiehlt sich der Einsatz von Teppichböden mit textilem Zweitrücken. S. hierzu Abschn. 11.4.12.2, Rückenausrüstung.

Vollflächig verlegter Altbelag – beispielsweise mit einem Schaumrücken ausgerüstet – lässt sich jedoch kaum ohne Beschädigung des Verlegegrundes bzw. der Teppichware selbst wieder herausnehmen. Der zu entfernende Belag muss daher in etwa einen Meter breite Streifen geschnitten und mit einem sog. Stripper (Gerät mit einem schwingenden Messer) vom Untergrund abgeschält werden. Anschließend ist der beschädigte Estrich meist auszubessern und wieder vollflächig zu spachteln.

Will man diese kosten- und zeitaufwendigen Arbeitsgänge umgehen, kann bei einem anstehenden Belagwechsel gegebenenfalls auch der Altbelag (gereinigt) liegen gelassen und bei Eignung als Unterlage darüber eine neue, verspannte Teppichware aufgebracht werden.

In diesem Zusammenhang sind die nachstehend erläuterten alternativen Verlegesysteme – als Alternativen zum vollflächigen Verkleben – besonders zu beachten.

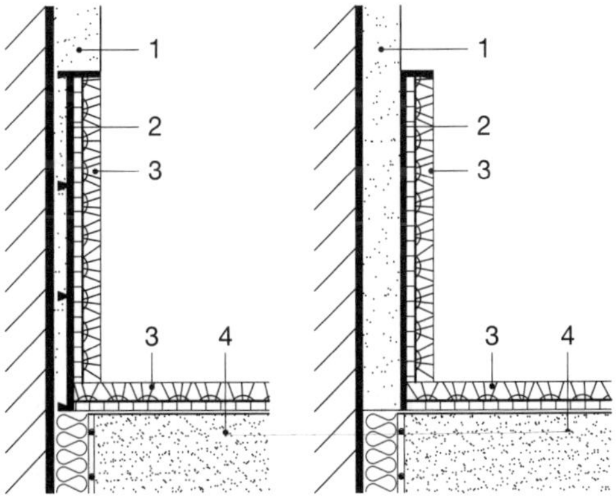

11.90a **11**.90b

11.90 Vollflächige Teppichboden-Verklebung
a) Einputz-Sockelleiste
b) Aufputz-Sockelleiste
1 Wandputz
2 Sockelleisten (Aluminium)
3 Schnittpolteppich vollflächig verklebt
4 schwimmender Estrich
ALU-PLAN-GMBH, München

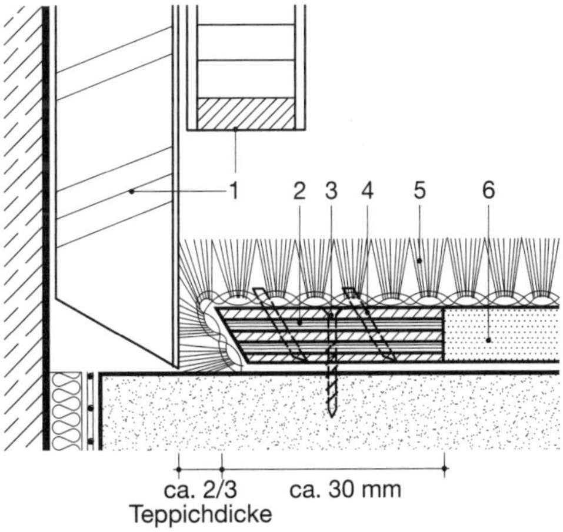

11.91 Teppichboden-Verspannung mit Nagelleisten
1 Wandbekleidung
2 Nagelleiste aus Holz
3 Befestigungsmittel
4 schräg stehende Nagelreihen
5 Schnittpolteppich (Veloursware)
6 Teppichunterlage (Spannfilz)

Verspannen mit Nagelleisten. Bei dieser Verlegetechnik werden entlang der Wandflächen und anderer aufgehender Bauteile sog. Nagelleisten auf den Verlegeuntergrund geklebt bzw. gedübelt, anschließend die gesamte Bodenfläche mit einer Filzunterlage belegt und darüber der konfektionierte Teppichbelag unter Spannung in die Nagelleisten eingehängt (Bild **11**.91).

Die Nagelleisten bestehen aus einer flachen Holzleiste (ggf. auch Metallschiene) mit zwei hintereinander schräg zur Wand stehenden Nagelreihen. Der Abstand zwischen Leiste und Wand sollte etwa 2/3 der Gesamtdicke des textilen Belages betragen.

Die Teppichunterlage – ein hochwertiger Spannfilz besonderer Art – muss druckfest, dauerelastisch, mottenbeständig, reißfest und in der Regel auch stuhlrollengeeignet sein. Sie entspricht der Dicke der Nagelleiste (etwa 6 mm) und wird entlang der Wände und unterhalb der Teppichnähte auf den Untergrund aufgeklebt.

Der zu verlegende Teppichboden setzt sich meist aus mehreren Bahnen zusammen, so dass die Stöße auf der Teppichrückseite durch Konfektionsbänder (Schmelzklebebänder) miteinander verbunden werden müssen. Da der Belag unter hoher Spannung in die Nagelleisten eingehakt wird, muss er außerdem reißfest sein. Dies schränkt die Auswahl der spannbaren Teppichbodenarten ein: geeignet sind alle gewebten Teppichböden und andere Teppichwaren (z. B. getuftete) sofern diese mit einem textilen Zweitrücken ausgerüstet sind. S. hierzu Abschn. 11.4.12.2, Rückenausrüstung.

11

Nicht verspannbar sind Nadelvliesbeläge. Auch auf Fußbodenheizungen ist das Verspannen aufgrund wärmetechnisch kaum erfassbarer Lufteinschlüsse problematisch. Einzelheiten hierzu s. Abschn. 12.2.3.

Verspannte Teppichböden weisen im Vergleich mit verklebter Teppichware eine deutlich längere Gebrauchsdauer infolge reduzierter Scheuervorgänge auf (hohe Belagelastizität). Durch den Einbau einer Filzunterlage ergeben sich außerdem wesentlich bessere Schall- und Wärmedämmwerte sowie Trittelastizität und höheren Gehkomfort.

Verspannte Teppichware kann des Weiteren schnell und kostengünstig ausgewechselt werden, bei Wiederverwendung der Nagelleisten, der Filzunterlage und ohne Beschädigung des Untergrundes bzw. Teppichbelages. Das Spannen ist außerdem umweltfreundlich und emissionsfrei, da das Entfernen von Klebstoffrückständen und neuerliches Grundieren, Spachteln, Schleifen und Kleben entfallen.

Das Verspannen mit Nagelleisten ist eine besonders teppichgerechte, zugleich aber auch die handwerklich anspruchvollste und teuerste Verlegemethode, die sich jedoch im Laufe der Jahre – vor allem beim Einsatz hochwertiger Teppichware – in anspruchsvollen Wohn- und Objektbereichen (z. B. Hotelbauten) voll bezahlt macht. Auch in diesem Zusammenhang sind die nachstehend erläuterten alternativen Verlegesysteme – insbesondere das Verkletten von Teppichware – vergleichend gegenüberzustellen.

Lose verlegte Teppichböden. Für die lose Verlegung eignen sich vor allem speziell ausgerüstete Teppich-Fliesen und nur in eingeschränktem Maße Teppich-Bahnenware.

- **Teppichfliesen** – auch Teppichelemente oder Teppichmodule genannt – können lose verlegt werden, wenn sie bestimmte Anforderungen bezüglich Flächengewicht, Maßbeständigkeit, Liegeverhalten und Schnittkantenfestigkeit aufweisen. Diese Anforderungen sind in DIN EN 1307 für Polteppich-Fliesen im einzelnen präzisiert. Nach dieser Norm unterscheidet man:
  - **Lose auslegbare Fliesen**, die ein Flächengewicht von mind. 3,5 kg/m^2 aufweisen sollten und die von Hand wieder leicht entfernt werden können. Ihr Liegeverhalten kann gegebenenfalls mit einem Antigleitmittel (Fixiermittel) verbessert werden.
  - **Klebefliesen**, die mit einem vom Hersteller empfohlenen Klebersystem ausgerüstet sind; sie können ebenfalls wieder aufgenommen und wieder verlegt werden.

In der **Baupraxis** unterscheidet man
- selbstliegende Fliesen = SL-Fliesen, lose verlegt,
- selbsthaftende Fliesen = SH-Fliesen, mit Haftkleber,
- selbstklebende Fliesen = SK-Fliesen, mit Kleber auf der Fliesenunterseite.

Die Abmessungen der Teppichelemente betragen in der Regel 50 x 50 oder 50 x 100 cm. Einzelheiten sind der Teppichfliesen-Übersicht [114] zu entnehmen.

Selbstliegende Teppichfliesen (SL-Fliesen) sind auf ihrer Rückseite mit einer sog. Schwerbeschichtung auf PVC-, Latex- oder Bitumen-Basis ausgerüstet. Ein darin eingebundenes Glasfaservlies gewährleistet Maßbeständigkeit und optimales Liegeverhalten.

Die kleberfreien, lose verlegten Fliesen liegen – bedingt durch ihr Eigengewicht – flach auf dem Verlegeuntergrund ohne sich zu wellen, zu wölben oder zu verziehen. Üblicherweise werden sie im Objektbereich eingesetzt.

Die genannten Schwerbeschichtungen verursachen jedoch hohe Herstellungs- und vor allem auch erhebliche Entsorgungskosten (Sondermüll). Unter Verzicht auf umweltbelastende Materialien wie PVC oder Bitumen wurden daher in den letzten Jahren neuartige Rückenkonstruktionen aus extra dickem und schwerem Spezialfilz (Polyestervlies) entwickelt, deren Rohstoffe alle insgesamt wiederverwertet (recycelt) werden können.

Selbsthaftende Teppichfliesen (SH-Fliesen) sind mit einem emissionsarmen Haftkleber ausgerüstet, der bereits werkseitig auf die Fliesenrückseite aufgetragen wird. Eine leicht abziehbare Folie schützt den Kleber. Der Teppichboden ist nach dem Verlegen sofort begehbar, kann aber jederzeit leicht entfernt und an anderer Stelle wieder neu verlegt werden.

Da sich sowohl die lose verlegbaren als auch die selbsthaftenden Teppichfliesen relativ problemlos aufnehmen und wieder verlegen lassen, ermöglichen sie einen leichten Zugang zu Installationen im Fußbodenhohlraum und zu Flachkabeln unmittelbar unter dem Belag. Ein Vorteil, der insbesondere in Büros mit Doppelboden – aber auch in Ausstellungs- und Verkaufsräumen – von großer Bedeutung ist, da damit die Räume flexibel genutzt werden können. Des Weiteren ergeben sich im Vergleich zur Bahnenware Anlieferungs- und Transportvorteile (z. B. in schwer zugänglichen Gebäuden) sowie Vorteile hinsichtlich der späteren Austauschbarkeit von verschmutzten oder abgenutzten Elementen.

Doppelbodengeeignete Teppichfliesen müssen je nach Einsatzbereich und Belagart bestimmte Eignungskriterien – sog. Doppelbodeneignung – erfüllen. Einzelheiten hierzu s. Abschn. 13.5, Doppelbodensysteme.

Die Verlegung von Teppichfliesen erfolgt immer von der Raummitte aus (1. Fliese). Der Abstand zu den Hauptwänden sollte immer ein Vielfaches einer Fliese betragen (Parallelverlegung). Soll ein gleichmäßiger Farbstrich bzw. Struktureffekt erzielt werden, so muss auf die Verlegemarkierung auf der Fliesenrückseite geachtet werden.

- **Teppich-Bahnenware** mit spezieller Rückenbeschichtung (Kompaktschaum) kann nur in eingeschränktem Maße und nur im Wohnbereich bis max. 20 m^2 Raumgröße lose verlegt werden. Hierbei besteht allerdings die Gefahr, dass bei zu starker Beanspruchung und bei raumklimatischen Wechselwirkungen die lose verlegte Teppichware Beulen und Wellen bildet.

  Eine Ausnahme bilden neu entwickelte Teppichböden mit umweltfreundlicher Rückenkonstruktion aus extrem schwerem und dickem Spezialfilz. Diese Teppichware kann sowohl in Form von selbstliegenden Teppichfliesen als auch als hochwertige Bahnenware lose verlegt werden. Sie ist extrem strapazierfähig, trittschalldämmend und – trotz der losen Verlegung – im Objektbereich für den Einsatz von Drehrollstühlen geeignet.

  Es ist jedoch ratsam, diese Teppichböden an besonders kritischen Stellen (z. B. Türdurchgänge, unterhalb von Bahnenstößen und entlang der Wände) mit doppelseitigen Klebebändern zu sichern. In Mietwohnungen ist dabei auf die Materialverträglichkeit zu achten, da beispielsweise Weichmacherwandungen zwischen Klebeband und ggf. vorhandenem PVC-Nutzboden gravierende Schäden hinterlassen können.

2. Alternative Verlegesysteme

In den letzten Jahren wurde eine ganze Reihe sog. Alternativer Verlegesysteme – alternativ zu den konventionellen Verlegesystemen – entwickelt. Es bleibt abzuwarten, in wie weit sich diese neuen Verlegetechniken auf dem Markt durchsetzen können. Ihre wesentlichen Vorteile sind verminderte Belastung der Raumluft durch emissionsfreie Verlegung, zerstörungsfreie Wiederaufnehmbarkeit und damit trockener, schneller und sauberer Belagwechsel sowie Wiederverwertung (Recycling) der Rohstoffe. Aus Platzgründen wird an dieser Stelle nur auf zwei Verfahren näher eingegangen.

- **Verkletten**. Das Klettverlegesystem besteht im wesentlichen aus zwei Komponenten: Einem neu entwickelten Teppichbodenrücken (Klettwirkware) mit feinen Schlaufen, die sich mit den Häkchen des am Boden befestigten Klettbandes sicher und fest verhaken.

  Für den Objektbereich wird das vollflächige Verkletten des Teppichbodens empfohlen; im privaten Wohnbereich reicht es, wenn die selbstklebenden Klettbänder umlaufend im Wandbereich, im Türbereich und unter den Bahnenstößen angebracht sind. Der konfektionierte Teppichboden kann dann ohne Wartezeit eingelegt bzw. verspannt werden.

  Die übliche Untergrundvorbereitung muss DIN 18 365, Bodenbelagarbeiten, entsprechen. Beim vollflächigen Verkletten ist besonders darauf zu achten, dass die zulässige Restfeuchte (Tab. **11**.32) genau eingehalten wird, da die marktgängigen Klettbänder nahezu dampfdicht sind. Erhöhte Feuchte im Untergrund würde den Kleber der Klettbänder erweichen und zu Ablösungen führen. Entsprechende Verlegehinweise der Teppichbodenhersteller [115] sind zu beachten.

  Das Klettverlegesystem kann in allen Wohn- und Objektbereichen eingesetzt werden; auch die Stuhlrolleneignung ist ohne Einschränkung gegeben.

  Bei der Erstverlegung entstehen zum Vergleich zu konventionellen Verfahren höhere Kosten. Wirtschaftliche Vorteile ergeben sich erst bei der Zweitverlegung, da hier die notwendigen Untergrundvorbereitungen – ähnlich wie beim Verspannen mit Nagelleisten – entfallen. Insgesamt relativ teure Verlegemethode.

- **Spaltbares Faservlies.** Bei der Verlegetechnik wird zunächst ein Faservlies vollflächig auf den üblich vorbereiteten Untergrund geklebt. Es dient als verlegereife Unterlage für den Bodenbelag, der seinerseits darauf mit einem emissionsarmen Klebstoff verklebt wird.

  Bei einem Wechsel des Belages wird dieses einfach abgezogen und zwar ohne Beschädigung oder Verunreinigung des Untergrundes. Dabei spaltet sich das Faservlies in der Mitte: Ein Teil haftet am Belagrücken und wird mit diesem abgezogen, der andere Teil verbleibt am Boden und bildet den neuen verlegereifen Untergrund. Auf diese Vlies-Restschicht wird dann wiederum das spaltbare Faservlies aufgeklebt und der neue Bodenbelag wie bei der Erstverlegung aufgebracht. Die Zahl der Neubelegungen ist allerdings begrenzt; bei textilen Bodenbelägen sind vier Renovierungszyklen möglich. Entsprechende Verlegehinweise sind den Herstellerunterlagen [116] zu entnehmen.

  Dieses Verlegeverfahren ermöglicht einen relativ schnellen und sauberen Bodenbelagwechsel – wie er vor allem bei Renovierungen von Hotels und Verkaufsräumen gefordert wird – weil aufwendige und schmutzintensive Arbeiten wie das Entfernen von Belag-, Klebstoff- und Spachtelmassenresten entfallen.

Pflege und Reinigung

Eine sachgemäße Pflege und Reinigung trägt viel dazu bei, den Gebrauchswert und das gute Aussehen eines Teppichbodens über einen langen Zeitraum zu erhalten. Bereits bei seiner Auswahl sind die wichtigsten Faktoren, die das Schmutzverhalten von textilen Bodenbelägen beeinflussen, zu berücksichtigen:

- **Nutzungsbedingte Aspekte**, wie beispielsweise Schmutzart, Schmutzmenge, Begehfrequenz, Ort und Art der Verlegung.
- **Farbwahl, Musterung, Oberflächenstruktur.** Bereits bei der Wahl des Teppichbodens ist daran zu denken, dass die sichtbare Verschmutzung bei hellen Farbtönen größer ist als bei dunklen. Innerhalb eines Farbtons nimmt sie mit zunehmender Farbtiefe deutlich ab (hellgrün-oliv-dunkelgrün). Melierte und gemusterte Beläge verhalten sich diesbezüglich im allgemeinen günstiger als einfarbige. Eine dichte und ebenmäßige Oberflächenstruktur zeigt Verschmutzungen stärker als grobstrukturierte Belagkonstruktionen.
- **Faserqualität.** Genau so wichtig bezüglich des Schmutzverhaltens eines Teppichbodens sind die schmutzabweisenden und schmutzverbergenden Eigenschaften einer Faser. Moderne Ausrüstungsverfahren und neu entwickelte Faserquerschnitte sorgen für reduziertes Anschmutzverhalten.
- **Vorbeugende Maßnahmen.** Im Hinblick auf später erforderlich werdende Reinigungsmaßnahmen ist immer eine fachgerechte, gegebenenfalls feuchtigkeitsunempfindliche Verlegung notwendig. Außerdem empfiehlt es sich, wirkungsvolle Schmutzfangzonen – bestehend aus Grobschmutzabstreifern und Sauberlaufzonen – in voller Breite der Eingangsbereiche vorzusehen. Einzelheiten hierzu s. Abschn. 11.4.2., Allgemeine Anforderungen.

Reinigungsverfahren. Bei der Wahl der Reinigungsverfahren und -geräte ist Rücksicht zu nehmen auf die Materialzusammensetzung der Nutzschicht, Teppichbodenkonstruktion, Verlegeart, Unterbodenbeschaffenheit sowie Art und Grad der Verschmutzung. Man unterscheidet:

- **Unterhaltsreinigung.** Hierunter versteht man das Behandeln von Flecken und die tägliche, gründliche Entfernung des losen Schmutzes durch leistungsstarke Bürstsauger. Durch die gleichzeitige Bürst- und Saugwirkung wird loser Schmutz wirkungsvoll aus der Tiefe der Nutzschicht geholt und an den Fasern haftender Schmutz abgestreift.
- **Zwischenreinigung.** Aufnahme des losen und oberflächlich verklebten Schmutzes durch Reinigen mit vorgefertigtem Schaum oder Reinigungspulver. Diese Trockenreinigungsmethode ermöglicht die Säuberung von Teilflächen – auch während der Nutzung – da keine Trockenzeit eingehalten und der Belag unmittelbar nach dem Reinigungsvorgang begangen werden kann.
- **Grundreinigung.** Sie wird dann notwendig, wenn der Teppichboden großflächig verschmutzt ist. Die Grundreinigung muss Tiefenwirkung haben, d. h. der Teppichgrund wird mitgereinigt. In der Regel werden damit Spezialreinigungsfirmen beauftragt. Geeignete Nassreinigungsverfahren sind die Shampoonierung und Sprühextraktion. Einzelheiten sind der Spezialliteratur [117] zu entnehmen.
- **Fleckentfernung.** Flecken sollen möglichst sofort entfernt werden, damit keine Veränderung an Farben und Fasern eintreten. Am schwierigsten zu entfernen sind Kaugummireste: Sie sind mit Kühlspray zu vereisen, anschließend mit einem kleinen Hammer o. Ä. zu zersplittern, die Teilchen sofort abzusaugen und die Fleckstellen mit Fleckentferner nachzubehandeln.

  Einzelheiten über Pflege und Reinigung von Teppichboden sind dem von der Europäischen Teppichgemeinschaft herausgegebenem Merkblatt [118] zu entnehmen.

Pflege- und Reinigungsanleitung. Zu den Beratungspflichten des Bodenlegers gehört es, dem Auftraggeber, Wohnungseigentümer oder Mieter unmittelbar nach Fertigstellung der Bodenbelagarbeiten – nicht erst bei Rechnungsstellung – die für den verlegten Bodenbelag geltenden Pflege- und Reinigungsanleitungen zu übergeben. Der Empfang ist immer durch Unterschrift zu bestätigen.

11.5 Normen

Norm	Ausgabedatum	Titel
DIN 280-1	04.1990	Parkett; Parkettstäbe, Parkettriemen und Tafeln für Tafelparkett
DIN 280-2	04.1990	–; Mosaikparkettlamellen
DIN 280-5	04.1990	–; Fertigparkett-Elemente
DIN 281	03.1994	Parkettklebstoffe; Anforderungen, Prüfung, Verarbeitungshinweise
DIN 488-1	09.1984	Betonstahl; Sorten, Eigenschaften, Kennzeichen
DIN 488-4	06.1986	–; Betonstahlmatten und Bewehrungsdraht; Aufbau, Maße und Gewichte
DIN 1045-1	07.2001	Tragwerke aus Beton, Stahlbeton und Spannbeton; Bemessung und Konstruktion
DIN 1045-2	07.2001	–; Beton; Festlegung, Eigenschaften, Herstellung und Konformität
DIN 1053-1	11.1996	Mauerwerk; Berechnung und Ausführung
DIN 1053-2	11.1996	–; Mauerwerksfestigkeitsklassen aufgrund von Eignungsprüfungen
DIN 1055-3	03.2000	Einwirkungen auf Tragwerke; Eigen- und Nutzlasten für Hochbauten
DIN 1100	10.1989	Hartstoffe für zementgebundene Hartstoffestriche
DIN 1164	11.2000	Zement mit besonderen Eigenschaften – Zusammensetzung, Anforderungen, Übereinstimmungsnachweis
DIN 1988-1	12.1988	Technische Regeln für Trinkwasser-Installationen (TRWI); Allgemeines; Technische Regel des DVGW
DIN 1988-2	12.1988	–; Planung und Ausführung; Bauteile, Apparate, Werkstoffe; Technische Regel des DVGW
DIN 1988-2 Bbl 1	12.1988	–; Zusammenstellung von Normen und anderen Technischen Regeln über Werkstoffe, Bauteile und Apparate; Technische Regel des DVGW
DIN 1988-6	11.2000	–; Feuerlösch- und Brandschutzanlagen; Technische Regel des DVGW
DIN 1988-7	12.1988	–; Vermeidung von Korrosionsschäden und Steinbildung; Technische Regel des DVGW
DIN 4102-1	05.1998	Brandverhalten von Baustoffen und Bauteilen - Teil 1: Baustoffe; Begriffe, Anforderungen und Prüfungen
DIN 4102-1 Ber 1	08.1998	Berichtigung zu DIN 4102-1:1998-05
DIN 4102-2	09.1977	Brandverhalten von Baustoffen und Bauteilen; Bauteile, Begriffe, Anforderungen und Prüfungen Ersetzt durch DIN EN 1363-1 (1999-10); DIN EN 1364-1 (1999-10); DIN EN 1364-2 (1999-10); DIN EN 1365-1 (1999-10); DIN EN 1365-2 (2000-02); DIN EN 1365-3 (2000-02); DIN EN 1365-4 (1999-10)
DIN 4102-3	09.1977	–; Brandwände und nichttragende Außenwände, Begriffe, Anforderungen und Prüfungen Ersetzt durch DIN EN 1363-2 (1999-10)
DIN 4102-4	03.1994	–; Zusammenstellung und Anwendung klassifizierter Baustoffe, Bauteile und Sonderbauteile
DIN 4102-4 Ber 1	05.1995	
DIN 4102-4 Ber 2	04.1996	
DIN 4102-4 Ber 3	09.1998	Berichtigungen zu DIN 4102-4:1994-03
DIN 4102-5	09.1977	–; Feuerschutzabschlüsse, Abschlüsse in Fahrschachtwänden und gegen Feuer widerstandsfähige Verglasungen, Begriffe, Anforderungen und Prüfungen Ersetzt durch DIN 4102-13 (1990-05); DIN EN 1634-1 (2000-03)
DIN 4102-13	05.1990	–; Brandschutzverglasungen; Begriffe, Anforderungen und Prüfungen
DIN 4108 Bbl 1	04.1982	Wärmeschutz im Hochbau; Inhaltsverzeichnisse; Stichwortverzeichnis
DIN 4108 Bbl 2	08.1998	Wärmeschutz und Energie-Einsparung in Gebäuden, Wärmebrücken, Planungs- und Ausführungsbeispiele
DIN 4108-1	08.1981	–; Größen und Einheiten, Ersetzt durch DIN EN ISO 7345 (1996-01)
DIN 4108-2	03.2001	–; Teil 2: Mindestanforderungen an den Wärmeschutz

Fortsetzung s. nächste Seite

Normen, Fortsetzung

Norm	Ausgabedatum	Titel
DIN 4108-3	07.2001	–; Teil 3: Klimabedingter Feuchteschutz; Anforderungen, Berechnungsverfahren und Hinweise für Planung und Ausführung, Ersetzt durch DIN EN ISO 13788 (2001-11)
DIN 4109	11.1989	Schallschutz im Hochbau; Anforderungen und Nachweise
DIN 4109 Ber 1	08.1992	Berichtigungen zu DIN 4109/11.89, DIN 4109 Bbl 1/11.89, DIN 4109 Bbl 2/11.89, DIN 4109 Bbl 3/06.96 und DIN 4109/A1 vom Januar 2001
DIN 4109 Bbl 1	11.1989	–; Ausführungsbeispiele und Rechenverfahren
DIN 4109 Bbl1/A1	01.2001	–; –; Änderung A1
DIN 4109 Bbl 2	11.1989	–; Hinweise für Planung und Ausführung; Vorschläge für einen erhöhten Schallschutz; Empfehlungen für den Schallschutz im eigenen Wohn- oder Arbeitsbereich
DIN 4109 Bbl 3	06.1996	–; Berechnung von R'(Index)w, R für den Nachweis der Eignung nach DIN 4109 aus Werten des im Labor ermittelten Schalldämm-Maßes R(Index)w
DIN 4109 Bbl 4	11.2000	–; Nachweis des Schallschutzes - Güte- und Eignungsprüfung
DIN 4172	07.1955	Maßordnung im Hochbau
DIN 4208	04.1997	Anhydritbinder
DIN 4226-1	07.2001	Gesteinskörnungen für Beton und Mörtel; Normale und schwere Gesteinskörnungen
DIN 4226-2	09.2000	–; Leichte Gesteinskörnungen (Leichtzuschläge)
DIN 4701-1	08.1995	Regeln für die Berechnung der Heizlast von Gebäuden, Grundlagen der Berechnung
DIN 4701-2	08.1995	–; Tabellen, Bilder, Algorithmen
DIN 4725-200	03.2001	Warmwasser-Fußbodenheizungen, Systeme und Komponenten, Teil 200: Bestimmungen der Wärmeleistung (Rohrüberdeckung > 0,065 m)
DIN 16 945	03.1989	Reaktionsharze, Reaktionsmittel und Reaktionsharzmassen; Prüfverfahren
DIN 18 000	05.1984	Modulordnung im Bauwesen
DIN 18 024-1	01.1998	Barrierefreies Bauen, Straßen, Plätze, Wege, öffentliche Verkehrs- und Grünanlagen sowie Spielplätze; Planungsgrundlagen
DIN 18 024-2	11.1996	–; Öffentlich zugängige Gebäude und Arbeitsstätten, Planungsgrundlagen
DIN 18 025-1	12.1992	Barrierefreie Wohnungen; Wohnungen für Rollstuhlbenutzer; Planungsgrundlagen
DIN 18 025-2	12.1992	–; Planungsgrundlagen
DIN 18 156-2	03.1978	Stoffe für keramische Bekleidungen im Dünnbettverfahren; Hydraulisch erhärtende Dünnbettmörtel, Ersetzt durch DIN EN 1308 (1997-03); DIN EN 1323 (1997-03); DIN EN 1348 (1997-08); DIN EN 12004 (2001-07)
DIN 18 156-3	07.1980	–; Dispersionsklebstoffe, Ersetzt durch DIN EN 1308 (1997-03); DIN EN 1323 (1997-03); DIN EN 1324 (1997-03); DIN EN 12 004 (2001-07)
DIN 18 156-4	12.1984	–; Epoxidharzklebstoffe, DIN EN 1308 (1997-03); DIN EN 1323 (1997-03); DIN EN 1346 (1997-03); Ersetzt DIN EN 12 004 (2001-07)
DIN 18 157-1	01.1979	Ausführung keramischer Bekleidungen im Dünnbettverfahren; Hydraulisch erhärtende Dünnbettmörtel
DIN 18 157-2	10.1982	–; Dispersionsklebstoffe
DIN 18 157-3	04.1986	–; Epoxidharzklebstoffe
DIN 18 158	09.1986	Bodenklinkerplatten
DIN 18 161-1	12.1976	Korkerzeugnisse als Dämmstoffe für das Bauwesen; Dämmstoffe für die Wärmedämmung, Ersetzt durch DIN EN 13 170 (2001-10); DIN EN 822 (1994-11); DIN EN 823 (1994-11); DIN EN 824 (1994-11); DIN EN 825 (1994-11); DIN EN 826 (1996-05); DIN EN 1602 (1997-01); DIN EN 1604 (1997-01); DIN EN 1605 (1997-01); DIN EN 1608 (1997-01)

Normen, Fortsetzung

Norm	Ausgabedatum	Titel
DIN 18 164-1	08.1992	Schaumkunststoffe als Dämmstoffe für das Bauwesen; Dämmstoffe für die Wärmedämmung, Ersetzt durch DIN EN 826 (1996-05); DIN EN 13166 (2001-10); DIN EN 13165 (2001-10); DIN EN 13164 (2001-10); DIN EN 13163 (2001-10); DIN EN 822 (1994-11); DIN EN 823 (1994-11); DIN EN 824 (1994-11); DIN EN 825 (1994-11); DIN EN 1602 (1997-01); DIN EN 1604 (1997-01); DIN EN 1605 (1997-01); DIN EN 1608 (1997-01)
DIN 18 164-2	09.2001	–; Dämmstoffe für die Trittschalldämmung aus expandiertem Polystyrol-Hartschaum
DIN 18 165-1	07.1991	Faserdämmstoffe für das Bauwesen; Dämmstoffe für die Wärmedämmung Ersetzt durch DIN EN 822 (1994-11); DIN EN 823 (1994-11); DIN EN 824 (1994-11); DIN EN 825 (1994-11); DIN EN 826 (1996-05); DIN EN 1602 (1997-01); DIN EN 1604 (1997-01); DIN EN 1605 (1997-01); DIN EN 1607 (1997-01);); DIN EN 1608 (1997-01); DIN EN 13 162 (2001-10); DIN EN 12 087 (1997-08)
DIN 18 165-2	09.2001	–; Dämmstoffe für die Trittschalldämmung
DIN 18 174	01.1981	Schaumglas als Dämmstoff für das Bauwesen; Dämmstoffe für die Wärmedämmung, Ersetzt durch DIN EN 822 (1994-11); DIN EN 823 (1994-11); DIN EN 824 (1994-11); DIN EN 825 (1994-11); DIN EN 826 (1996-05); DIN EN 1602 (1997-01); DIN EN 12 086 (1997- 08) ; DIN EN 13 167 (2001-10)
DIN 18 180	09.1989	Gipskartonplatten; Arten, Anforderungen, Prüfung
DIN 18 195-1	08.2000	Bauwerksabdichtungen; Grundsätze, Definitionen, Zuordnung der Abdichtungsarten
DIN 18 195-2	08.2000	–; Stoffe
DIN 18 195-3	08.2000	–; Anforderungen an den Untergrund und Verarbeitung der Stoffe
DIN 18 195-4	08.2000	–; Abdichtungen gegen Bodenfeuchte (Kapillarwasser, Haftwasser) und nicht stauendes Sickerwasser an Bodenplatten und Wänden, Bemessung und Ausführung
DIN 18 195-5	08.2000	–; Abdichtungen gegen nichtdrückendes Wasser auf Deckenflächen und in Nassräumen; Bemessung und Ausführung
DIN 18 195-6	08.2000	–; Abdichtungen gegen von außen drückendes Wasser und aufstauendes Sickerwasser; Bemessung und Ausführung
DIN 18 195-7	06.1989	–; Abdichtungen gegen von innen drückendes Wasser; Bemessung und Ausführung
DIN 18 195-8	08.1983	–; Abdichtungen über Bewegungsfugen
DIN 18 195-9	12.1986	–; Durchdringungen, Übergänge, Abschlüsse
DIN 18 195-10	08.1983	–; Schutzschichten und Schutzmaßnahmen
DIN 18 201	04.1997	Toleranzen im Bauwesen; Begriffe, Anwendung, Prüfung
DIN 18 202	04.1997	Toleranzen im Hochbau; Bauwerke
DIN 18 299	12.2000	VOB Verdingungsordnung für Bauleistungen – Teil C: Allgemeine Technische Vertragsbedingungen für Bauleistungen (ATV); Allgemeine Regelungen für Bauarbeiten jeder Art
DIN 18 332	12.2000	–; Teil C: Allgemeine Technische Vertragsbedingungen für Bauleistungen (ATV); Naturwerksteinarbeiten
DIN 18 333	12.2000	–; –; Betonwerksteinarbeiten
DIN 18 336	12.2000	–; –; Abdichtungsarbeiten
DIN 18 352	12.2000	–; –; Fliesen- und Plattenarbeiten
DIN 18 353	12.2000	–; –; Estricharbeiten
DIN 18 354	12.2000	–; –; Gussasphaltarbeiten
DIN 18 356	12.2000	–; –; Parkettarbeiten
DIN 18 365	12.2000	–; –; Bodenbelagarbeiten
DIN 18 367	12.2000	–; –; Holzpflasterarbeiten

Fortsetzung s. nächste Seite

Normen, Fortsetzung

Norm	Ausgabedatum	Titel
DIN 18 500	04.1991	Betonwerkstein; Begriffe, Anforderungen, Prüfung, Überwachung
DIN 18 560-1	05.1992	Estriche im Bauwesen; Begriffe, Allgemeine Anforderungen, Prüfung
DIN 18 560-2	05.1992	–; Estriche und Heizestriche auf Dämmschichten (schwimmende Estriche) Hinweis: Gilt zusammen mit DIN 18560 Teil 1
DIN 18 560-3	05.1992	–; Verbundestriche Hinweis: Gilt zusammen mit DIN 18560 Teil 1
DIN 18 560-4	05.1992	–; Estriche auf Trennschicht
DIN 18 560-7	05.1992	–; Hochbeanspruchbare Estriche (Industrieestriche)
DIN 51 097	11.1992	Prüfung von Bodenbelägen; Bestimmung der rutschhemmenden Eigenschaft; Nassbelastete Barfußbereiche; Begehungsverfahren; Schiefe Ebene
DIN 51 130	11.1992	–; –; Arbeitsräume und Arbeitsbereiche mit erhöhter Rutschgefahr; Begehungsverfahren; Schiefe Ebene
DIN 52 129	11.1993	Nackte Bitumenbahnen; Begriff, Bezeichnung, Anforderungen
DIN 54 345-2	09.1991	Prüfung von Textilien; Elektrostatisches Verhalten; Bestimmung der Personenaufladung beim Begehen von textilen Bodenbelägen
DIN 54 345-6	02.1992	–; –; Bestimmung elektrischer Widerstandsgrößen von textilen Bodenbelägen
DIN 68 702	04.2001	Holzpflaster
DIN 68 755-1	06.2000	Holzfaserdämmstoffe für das Bauwesen; Dämmstoffe für die Wärmedämmung, Ersetzt durch DIN EN 13 171 (2001-10)
DIN 68 755-2	06.2000	–; Dämmstoffe für die Trittschalldämmung
DIN 68 763	09.1990	Spanplatten; Flachpressplatten für das Bauwesen; Begriffe, Anforderungen, Prüfung, Überwachung
DIN 68 771	09.1973	Unterböden aus Holzspanplatten
DIN 68 800-1	05.1974	Holzschutz im Hochbau - Allgemeines
DIN 68 800-2	05.1996	Holzschutz ; Vorbeugende bauliche Maßnahmen im Hochbau
DIN 68 800-3	04.1990	–; Vorbeugender chemischer Holzschutz, Ersetzt durch DIN EN 335-1 (1992-9); DIN EN 335-2 (1992-10);DIN EN 350-1 (1994-10); DIN EN 350-2 (1994-10); DIN EN 460 (1994-10)
DIN 68 800-4	11.1992	–; Bekämpfungsmaßnahmen gegen holzzerstörende Pilze und Insekten
DIN 68 800-5	01.1990	–; Vorbeugender chemischer Schutz von Holzwerkstoffen
DIN EN 87	01.1992	Keramische Fliesen und Platten für Bodenbeläge und Wandbekleidungen; Begriffe, Klassifizierung, Anforderungen und Kennzeichnung;
DIN EN 121	12.1991	Stranggepresste keramische Fliesen und Platten mit niedriger Wasseraufnahme; E <= 3 %; Gruppe A I
DIN EN 159	12.1991	Trockengepresste keramische Fliesen und Platten mit hoher Wasseraufnahme; E >10 %; Gruppe B III
DIN EN 176	01.1992	Trockengepresste keramische Fliesen und Platten mit niedriger Wasseraufnahme; E <= 3 %; Gruppe B I
DIN EN 177	12.1991	Trockengepresste keramische Fliesen und Platten mit einer Wasseraufnahme von 3 % < E <= 6 %; Gruppe B II a
DIN EN 178	12.1991	Trockengepresste keramische Fliesen und Platten mit einer Wasseraufnahme von 6 % < E <=10 %; Gruppe B II b
DIN EN 186-1	12.1991	Keramische Fliesen und Platten; Stranggepresste keramische Fliesen und Platten mit einer Wasseraufnahme von 3 % < E <= 6 %; Gruppe A II a
DIN EN 186-2	12.1991	–; –; Teil 2
DIN EN 187-1	12.1991	–; Stranggepresste keramische Fliesen und Platten mit einer Wasseraufnahme von 6 % < E 10 %; Gruppe A II b
DIN EN 188	12.1991	–; Stranggepresste keramische Fliesen und Platten mit einer Wasseraufnahme von E > 10 %; Gruppe A III

Normen, Fortsetzung

Norm	Ausgabedatum	Titel
DIN EN 197-1	02.2001	Zement; Zusammensetzung, Anforderungen und Konformitätskriterien von Normalzement
DIN EN 197-2	11.2000	–; Konformitätsbewertung
DIN EN 197-3	09.2001	–; Zusammensetzung, Anforderungen und Konformitätskriterien für Normalzemente mit niedriger Hydratationswärme
DIN EN 204	09.2001	Klassifizierung von thermoplastischen Holzklebstoffen für nichttragende Anwendungen
DIN EN 206-1	07.2001	Beton; Festlegung, Eigenschaften, Herstellung und Konformität
DIN EN 309	08.1992	Spanplatten; Definition und Klassifizierung
DIN EN 316	12.1999	Holzfaserplatten – Definition, Klassifizierung und Kurzzeichen
DIN EN 312-3	11.1996	Spanplatten – Anforderungen; Anforderungen an Platten für Inneneinrichtungen (einschließlich Möbel) zur Verwendung im Trockenbereich
DIN EN 312-5	06.1997	–; Anforderungen; Anforderungen an Platten für tragende Zwecke zur Verwendung im Feuchtbereich
DIN EN 312-6	11.1996	–; –; Anforderungen an hochbelastbare Platten für tragende Zwecke zur Verwendung im Trockenbereich
DIN EN 312-7	06.1997	–; –; Anforderungen an hochbelastbare Platten für tragende Zwecke zur Verwendung im Feuchtbereich
DIN EN 335-1	09.1992	Dauerhaftigkeit von Holz und Holzprodukten; Definition der Gefährdungsklassen für einen biologischen Befall: Allgemeines
DIN EN 335-2	10.1992	–; –; Anwendung bei Vollholz
DIN EN 350-1	10.1994	–; Natürliche Dauerhaftigkeit von Vollholz, Grundsätze für die Prüfung und Klassifikation der natürlichen Dauerhaftigkeit von Holz
DIN EN 460	10.1994	–; –; Leitfaden für die Anforderungen an die Dauerhaftigkeit von Holz für die Anwendung in den Gefährdungsklassen
DIN EN 438-1	12.1992	Dekorative Hochdruck-Schichtpressstoffplatten (HPL); Platten auf Basis härtbarer Harze; Spezifikationen (ISO 4586-1:1987, modifiziert)
DIN EN 438-2	02.1992	–; –; Bestimmung der Eigenschaften (ISO 4586-2:1988, modifiziert)
DIN EN 520	01.2001	Gipsplatten – Definitionen, Anforderungen und Prüfverfahren
DIN EN 548	09.1997	Elastische Bodenbeläge – Spezifikation für Linoleum mit und ohne Muster
DIN EN 622-3	08.1997	Faserplatten-Anforderungen; Anforderungen an mittelharte Platten
DIN EN 622-5	08.1997	–; Anforderungen an Platten nach dem Trockenverfahren (MDF)
DIN EN 634-1	04.1995	Zementgebundene Spanplatten - Anforderungen; Allgemeine Anforderungen
DIN EN 634-2	10.1996	–; Anforderungen an Portlandzement (PZ) gebundene Spanplatten zur Verwendung im Trocken-, Feucht- und Außenbereich
DIN EN 684	07.1996	Elastische Bodenbeläge; Bestimmung der Nahtfestigkeit
DIN EN 649	01.1997	–; Homogene und heterogene Polyvinylchlorid-Bodenbeläge – Spezifikation
DIN EN 650	01.1997	–; Bodenbeläge aus Polyvinylchlorid mit einem Rücken aus Jute oder Polyestervlies oder auf Polyestervlies mit einem Rücken aus Polyvinylchlorid – Spezifikation
DIN EN 651	01.1997	–; Polyvinylchlorid-Bodenbeläge mit einer Schaumstoffschicht – Spezifikation
DIN EN 652	01.1997	–; Polyvinylchlorid-Bodenbeläge mit einem Rücken auf Korkbasis – Spezifikation
DIN EN 653	01.1997	–; Geschäumte Polyvinylchlorid-Bodenbeläge – Spezifikation
DIN EN 654	01.1997	–; Polyvinylchlorid-Flex-Platten – Spezifikation
DIN EN 655	01.1997	–; Platten auf einem Rücken aus Presskork mit einer Polyvinylchlorid-Nutzschicht – Spezifikation
DIN EN 685	07.1996	–; Klassifizierung

Fortsetzung s. nächste Seite

11

Normen, Fortsetzung

Norm	Ausgabedatum	Titel
DIN EN 686	09.1997	–; Spezifikation für Linoleum mit und ohne Muster mit Schaumrücken;
DIN EN 687	09.1997	–; Spezifikation für Linoleum mit und ohne Muster mit Korkmentrücken
DIN EN 688	09.1997	–; Spezifikation für Korklinoleum
DIN EN 822	11.1994	Wärmedämmstoffe für das Bauwesen – Bestimmung der Länge und Breite
DIN EN 826	05.1996	–; Bestimmung des Verhaltens bei Druckbeanspruchung
DIN EN 832	12.1998	Wärmetechnisches Verhalten von Gebäuden – Berechnung des Heizenergiebedarfs; Wohngebäude
DIN EN 934-2	03.1998	Zusatzmittel für Beton, Mörtel und Einpressmörtel; Betonzusatzmittel; Definitionen und Anforderungen
DIN EN 934-2/A1	02.1999	–; Betonzusatzmittel; Definitionen und Anforderungen
DIN EN 934-3	11.1998	–; Zusatzmittel für Mauermörtel; Definitionen, Anforderungen und Konformität
DIN EN 1081	04.1998	Elastische Bodenbeläge – Bestimmung des elektrischen Widerstandes
DIN EN 1195	06.1998	Holzbauwerke – Prüfverfahren – Tragverhalten tragender Fußbodenbeläge
DIN EN 1253-1	06.1999	Abläufe für Gebäude; Anforderungen
DIN EN 1253-4	02.2000	–; Abdeckungen
E DIN EN 1264-4	03.1994	Fußboden-Heizung; Systeme und Komponenten; Installation
DIN EN 1307	06.1997	Textile Bodenbeläge - Einstufung von Polteppichen
DIN EN 1308	03.1999	Mörtel und Klebstoffe für Fliesen und Platten – Bestimmung des Abrutschens (enthält Änderung A1:1998)
DIN EN 1323	03.1999	–; Betonplatten (enthält Änderung A1:1998)
DIN EN 1324	03.1999	–; Bestimmung der Haftfestigkeit von Dispersionsklebstoffen für innen (enthält Änderung A1:1998)
DIN EN 1342	03.2000	Pflastersteine aus Naturstein für Außenbereiche – Anforderungen und Prüfverfahren
DIN EN 1346	03.1999	–; Bestimmung der offenen Zeit (enthält Änderung A1:1998)
DIN EN 1348	03.1999	–; Bestimmung der Haftfestigkeit zementhaltiger Mörtel für innen und außen (enthält Änderung A1:1998)
DIN EN 1363-1	10.1999	Feuerwiderstandsprüfungen, Allgemeine Anforderungen
DIN EN 1364-1	10.1999	Feuerwiderstandsprüfungen für nichttragende Bauteile, Wände
DIN EN 1364-2	10.1999	–; Unterdecken
DIN EN 1365-1	10.1999	Feuerwiderstandsprüfungen für tragende Bauteile, Wände
DIN EN 1365-2	02.2000	–; Decken und Dächer
DIN EN 1365-3	02.2000	–; Balken
DIN EN 1365-4	10.1999	–; Stützen
DIN EN 1470	01.1998	Textile Bodenbeläge – Einstufung von Nadelvlies-Bodenbelägen, ausgenommen Polvlies-Bodenbeläge
DIN EN 1602	01.1997	Wärmedämmstoffe für das Bauwesen; Bestimmung der Rohdichte;
DIN EN 1605	01.1997	–; Bestimmung der Verformung bei definierter Druck- und Temperaturbeanspruchung
DIN EN 1607	01.1997	–; Bestimmung der Zugfestigkeit senkrecht zur Plattenebene
DIN EN 1608	01.1997	–; Bestimmung der Zugfestigkeit in Plattenebene
DIN EN 1634-1	03.2000	Feuerwiderstandsprüfungen für Tür- und Abschlusseinrichtungen; Feuerschutzabschlüsse
DIN EN 1816	05.1998	Elastische Bodenbeläge – Spezifikation für homogene und heterogene ebene Elastomer-Bodenbeläge mit Schaumstoffbeschichtung

Normen, Fortsetzung

Norm	Ausgabedatum	Titel
DIN EN 1817	05.1998	–; Spezifikation für homogene und heterogene ebene Elastomer-Bodenbeläge
DIN EN 1963	01.1998	Textile Bodenbeläge – Prüfung mit dem Tretradgerät System Lisson
DIN EN 12 004	07.2001	Mörtel und Klebstoffe für Fliesen und Platten – Definitionen und Spezifikationen
DIN EN 12 086	08.1997	Wärmedämmstoffe für das Bauwesen – Bestimmung der Wasserdampfdurchlässigkeit
DIN EN 12 087	08.1997	–; Bestimmung der Wasseraufnahme bei langzeitigem Eintauchen
DIN EN 12 103	05.1999	Elastische Bodenbeläge – Presskorkunterlagen – Spezifikation
DIN EN 12 104	10.2000	–; Presskorkplatten - Spezifikation
DIN EN 12 199	05.1998	–; Spezifikation für homogene und heterogene profilierte Elastomer-Bodenbeläge
DIN EN 12 455	12.1999	–; Spezifikation für Korkmentunterlagen
DIN EN 12 529	05.1999	Räder und Rollen - Möbelrollen – Rollen für Drehstühle – Anforderungen
DIN EN 13 162	10.2001	Wärmedämmstoffe für Gebäude – Werkmäßig hergestellte Produkte aus Mineralwolle (MW) – Spezifikation
DIN EN 13 164	10.2001	–; Werkmäßig hergestellte Produkte aus extrudiertem Polystyrolschaum (XPS) – Spezifikation
DIN EN 13 165	10.2001	–; Werkmäßig hergestellte Produkte aus Polyurethan-Hartschaum (PUR) – Spezifikation
DIN EN 13 166	10.2001	–; Wärmedämmstoffe für Gebäude – Werkmäßig hergestellte Produkte aus Phenolharzhartschaum (PF) – Spezifikation
DIN EN 13 170	10.2001	–; Werkmäßig hergestellte Produkte aus expandiertem Kork (ICB) – Spezifikation
DIN EN 13 171	10.2001	–; Werkmäßig hergestellte Produkte aus Holzfasern (WF) – Spezifikation
DIN EN 13 226	09.1998	Holzfußböden (einschließlich Parkett) – Produktnorm – Parkettstäbe mit Nut und/oder Feder
DIN EN 13 227	09.1998	–; Vollholz-Lamparkettprodukte
DIN EN 13 228	09.1998	–; Vollholzparkett einschließlich Parkettblöcke mit einem Verbindungssystem
DIN EN 13 297	11.2000	Textile Bodenbeläge – Einstufung von Polvlies-Bodenbelägen
DIN EN 13 318	12.2000	Estrichmörtel und Estriche – Begriffe
DIN EN 13 329	09.2000	Laminatböden – Spezifikationen, Anforderungen und Prüfverfahren
DIN EN 13 454-1	03.1999	Calciumsulfat-Binder, Calciumsulfat-Compositbinder und Calciumsulfat-Werkmörtel für Estriche; Definitionen und Anforderungen
DIN EN 13 454-2	03.1999	–; Prüfverfahren
DIN EN 13 488	06.1999	Holzfußböden (einschließlich Parkett) – Produktnorm – Mosaikparkett ohne und mit Oberflächenbehandlung
DIN EN 13 489	06.1999	–; Mehrschichtparkett
DIN EN 13 629	09.1999	–; Massive Laubholz-Hobeldielen
DIN EN 13 748	02.2000	Betonwerksteinplatten
E DIN EN 13 756	02.2000	Holzfußbodenbelag – Begriffe
E DIN EN 13 756-1	02.2000	Holzwerkstoffe; Schwimmend verlegte Fußböden; Leistungsspezifikation und Anforderungen
E DIN EN 13 813	04.2000	Estrichmörtel, Estrichmassen und Estriche – Eigenschaften und Anforderungen an Estrichmörtel und Estrichmassen
E DIN EN 14 016-1	12.2000	Bindemittel für Magnesiaestriche - Kaustiche Magnesia und Magnesiumchlorid, Definitionen, Anforderungen
DIN EN ISO 717-1	01.1997	Akustik – Bewertung der Schalldämmung in Gebäuden und von Bauteilen; Luftschalldämmung
DIN EN ISO 717-2	01.1997	–; –; Trittschalldämmung
DIN EN ISO 2424	01.1999	Textile Bodenbeläge – Begriffe

Fortsetzung s. nächste Seite

Normen, Fortsetzung

Norm	Ausgabedatum	Titel
DIN EN ISO 6356	03.2000	–; Bewertung des elektrostatischen Verhaltens – Begeh-Versuch
DIN EN ISO 7345	01.1996	Wärmeschutz – Physikalische Größen und Definitionen
DIN EN ISO 10 545-1	12.1997	Keramische Fliesen und Platten; Probenahme und Grundlagen für die Annahme
DIN EN ISO 10 545-2	12.1997	–; Bestimmung der Maße und der Oberflächenbeschaffenheit
DIN EN ISO 10 545-3	12.1997	–; Bestimmung von Wasseraufnahme, offener Porosität scheinbarer relativer Dichte und Rohdichte
DIN EN ISO 10 545-4	12.1997	–; Bestimmung der Biegefestigkeit und der Bruchlast
DIN EN ISO 10 545-5	12.1997	–: Bestimmung der Schlagfestigkeit durch Messung des Rückprallkoeffizienten
DIN EN ISO 10 545-6	12.1997	–; Bestimmung des Widerstandes gegen Tiefenverschleiß, unglasierte Fliesen und Platten
DIN EN ISO 10 545-7	03.1999	–; Bestimmung des Widerstandes gegen Oberflächenverschleiß – Glasierte Fliesen und Platten
DIN EN ISO 10 545-8	09.1996	–; Bestimmung der linearen thermischen Dehnung
DIN EN ISO 10 545-9	09.1996	–; Bestimmung der Temperaturwechselbeständigkeit
DIN EN ISO 10 545-10	12.1997	–; Bestimmung der Feuchtigkeitsdehnung
DIN EN ISO 10 545-11	09.1996	–; Bestimmung der Widerstandsfähigkeit gegen Glasurrisse; Glasierte Fliesen und Platten
DIN EN ISO 10 545-12	12.1997	–; Bestimmung der Frostbeständigkeit
DIN EN ISO 10 545-13	12.1997	–; Bestimmung der chemischen Beständigkeit
DIN EN ISO 10 545-14	12.1997	–; Bestimmung der Beständigkeit gegen Fleckenbildner
DIN EN ISO 10 965	11.1998	Textile Bodenbeläge – Bestimmung des elektrischen Widerstandes; Korrektur: 99.10
DIN EN ISO 13 006	12.2001	Keramische Fliesen und Platten – Begriffe, Klassifizierung, Gütemerkmale und Kennzeichnung
DIN EN ISO 13 788	11.2001	Wärme- und feuchtetechnisches Verhalten von Bauteilen und Bauelementen – Raumseitige Oberflächentemperatur zur Vermeidung kritischer Oberflächenfeuchte und Tauwasserbildung im Bauteilinneren – Berechnungsverfahren
DIN IEC 61 340-4-1 VDE 0303 Teil 83	04.1997	Elektrostatik – Teil 4: Festgelegte Messverfahren für spezifische Anwendungen; Hauptabschnitt 1: Elektrostatisches Verhalten von Bodenbelägen und verlegten Fußböden

11.6 Literatur

[1] *Unger, A.*: Tauwasserbildung in Fußbodenkonstruktionen. In: Boden-Wand-Decke **2** (1997)

[2] *Oswald, R.*: Schwachstellen. Der Feuchteschutz in Wohnungsbadezimmern. In: Deutsche Bauzeitung (db) **1** (2001)

[3] *Kohls, A.*: Was ist ein Nassraum. In: Fliesen und Platten **10** (2000)

[4] *Unger, A.*: Fußbodenatlas. 1. Aufl., Donauwörth 2000

[5] Merkblatt: Hinweise für die Ausführung von Abdichtungen im Verbund mit Bekleidungen und Belägen aus Fliesen und Platten für den Innen- und Außenbereich. Stand: August 2000. Hrsg.: Fachverband des Deutschen Fliesengewerbes im Zentralverband des Deutschen Baugewerbes e.V., Berlin

[6] Merkblatt: Prüfung von Abdichtungsstoffen und Abdichtungssystemen. Stand: September 1995. Hrsg.: Fachverband des Deutschen Fliesengewerbes im Zentralverband des Deutschen Baugewerbes e.V., Berlin. Bezug: Verlagsanstalt Rudolf Müller, Köln.

[7] *Kostka, A.*: Abdichtungssysteme für Feucht- und Nassräume. Firmenliteratur. Fa. Remmers, Löningen (1997)

[8] Bodenabläufe-Firmenliteratur. Fa. Passavant Guss GmbH, Aarbergen (2000)

[9] Systemtechnik für Ablaufstellen im Dünnbett. Firmenliteratur. Fa. Dallmer, Sanitärtechnik, Arnsberg (2000)

[10] Informationsdienst Holz: Nassbereiche in Bädern. Holzbau Handbuch, Reihe 3, Teil 2, Folge 1. Stand: Oktober 1999. Arbeitsgemeinschaft Holz e.V., Düsseldorf

[11] *Osswald, R., Klein, A., Wilmes, K.*: Niveaugleiche Türschwellen bei Feuchträumen und Dachterrassen. Bauforschungsergebnisse des Bundesministeriums für Raumordnung, Bauwesen und Städtebau. Fraunhofer-Informationszentrum Raum und Bau 1994

[12] *Gösele, K.*: Informationsdienst Holz. Holzbau Handbuch, Reihe 3, Teil 3, Folge 3: Schallschutz Holzbalkendecken. Hrsg.: Entwicklungsgemeinschaft Holzbau (1993)

[13] *Schulze, H.*: Informationsdienst Holz. Holzbau Handbuch, Reihe 3, Teil 3, Folge 1: Grundlagen des Schallschutzes. Hrsg.: Entwicklungsgemeinschaft Holzbau (1998)

[14] *Holtz, F.*: Informationsdienst Holz. Holzbau Handbuch, Reihe 3, Teil 3, Folge 3: Schalldämmende Holzbalken- und Brettstapeldecken. Hrsg.: Entwicklungsgemeinschaft Holzbau (1999)

[15] Konstruktionen für Wand, Decke und Fussboden. Firmenliteratur. Fels-Werke, Goslar (1999)

[16] Schallschutz. Anforderungen, Empfehlungen, Berechnungsverfahren. Firmenliteratur. Fa. Knauf, Iphofen (2001)

[17] Promat-Handbuch. Bautechnischer Brandschutz A1. Firmenliteratur. Fa. Promat, Ratingen (2001)

[18] Trockenbau Atlas. Grundlagen, Einsatzbereiche, Konstruktionen, Details. Rudolf Müller, Köln 1998

[19] *Gailfuss, K. P., Reichert, H., Zimmermann, K.*: Hochbaukonstruktion mit Dämmstoffen aus Styropor. Hrsg.: Industrieverband Hartschaum e.V., Heidelberg (1994)

[20] *Wendehorst, R., Wetzel, O. W.*: Bautechnische Zahlentafeln. B.G. Teubner in Verbindung mit dem DIN Deutsches Institut für Normung e.V. (1998)

[21] *Sörensen, Ch.*: Wärmedämmstoffe im Vergleich. Stand 1995. Hrsg.: Umweltinstitut München e.V., München

[22] *Eicke-Hennig, W.*: Neue Dämmstoffe – (k) eine Alternative? In: Das Bauzentrum – IBK **9** (1997)

[23] *Schulze, H.*: Dämmstoffe aus nachwachsenden Rohstoffen. Informationsdienst Holz. Holzbau Handbuch, Reihe 4, Teil 5, Folge 1. Hrsg.: Entwicklungsgemeinschaft Holzbau (1999)

[24] *Boy, E., Calgua, E.*: Technische, ökologische und ökonomische Qualität moderner Wärmedämmstoffe. In: Das Bauzentrum - IBK **12** (2000)

[25] *Schmidt, U.*: Schallbrücken kommen teuer. In: Boden-Wand-Decke **6** (2000)

[26] *Busch, K.*: Trittschalldämmung. Anforderungen an Estrich und Dämmstoff. In: Bauhandwerk / Bausanierung **10** (1999)

[27] *Härig, S., Günther, K., Klausen, D.*: Technologie der Baustoffe. 13. Aufl. Heidelberg 1996

[28] *Präkelt, W.*: Schwindvorgänge bei Zementestrichen. In: Fliesen und Platten **1** und **2** (1992)

[29] AGI-Arbeitsblatt A 12, Teil 1. Industrieböden. Zementestrich; Ergänzungen zu DIN 18560. Stand: Juni 1997. Hrsg.: Arbeitsgemeinschaft Industriebau e.V. Bezug: C.R. Vincentz Verlag, Hannover

[30] *Reisch, B.*: Zement-Fließestriche, Erfahrung aus der Praxis. In: Objekt **6–7** (1999)

[31] Produktinformation: Zement-Fließestrich. Hrsg.: maxit Holding

[32] *Gaede, W., Judith, E.*: Schnellestriche – wenn die Zeit drängt. In: Fliesen und Platten **8** (1999)

[33] *Schnell, W.*: Schnellestriche – Anspruch und Wirklichkeit. In: Boden-Wand-Decke **4** (1993)

[34] AGI-Arbeitsblatt A12 – Teil 2.1. Industrieböden. Konventioneller Anhydritestrich; Ergänzungen zu DIN 18560. Stand: Januar 1999. Herausgeber s. [29]

[35] Die Rohstoffe für Calciumsulfat-Fließestriche. Stand: 2001. Industrie-Gruppe Estrichstoffe im Bundesverband der Gips- und Gipsbauplattenindustrie, Darmstadt

[36] Informationen über Gußasphalt: Gußasphalt von A bis Z – Bauweisen. Stand: Januar 2001. Hrsg.: Beratungsstelle für Gußasphaltanwendung e.V., Bonn

[37] *Peffekoven, W.*: Gußasphalt – der umweltfreundliche Baustoff. Stand: 2000. Hrsg.: Beratungsstelle für Gußasphaltanwendung e.V., Bonn

[38] Informationen über Gußasphalt: Industrieestriche aus Gußasphalt. Hrsg.: Beratungsstelle für Gußasphaltanwendung e.V., Bonn

[39] Informationen über Gußasphalt: Gußasphalt in Sporthallen. Hrsg.: Beratungsstelle für Gußasphaltanwendung e.V., Bonn

[40] *Schnell, W.*: Estrichnenndicken bei Estrichen auf Dämmschichten im Hochbau ohne nennenswerte Fahrbeanspruchung. Institut für Baustoffprüfung und Fußbodenforschung, Troisdorf

[41] *Schnell, W.*: Das Trocknungsverhalten von Estrichen - Beurteilung und Schlussfolgerung für die Praxis. Institut für Baustoffprüfung und Fußbodenforschung, Troisdorf

[42] *Schnell, W.*: Randverformungen bei schwimmenden Zementestrichen. In: Boden-Wand-Decke **11** (1990)

[43] Merkblatt: Keramische Fliesen und Platten, Naturwerkstein und Betonwerkstein auf zementgebundenen Fußbodenkonstruktionen mit Dämmschichten. Stand: September 1995. Hrsg.: Fachverband des Deutschen Fliesengewerbes im Zentralverband des Deutschen Baugewerbes e.V., Berlin

[44] Merkblatt: Keramische Fliesen und Platten, Naturwerkstein und Betonwerkstein auf beheizten zementgebundenen Fußbodenkonstruktionen: Stand: September 1995. Hrsg.: Fachverband des Deutschen Fliesengewerbes im Zentralverband des Deutschen Baugewerbes e.V., Berlin

[45] Hinweise zur Verlegung von Fließestrichen auf Calciumsulfatbasis. Stand: März 1996. Bundesverband Estrich und Belag (BEB), Troisdorf

[46] *Cremer, L.*: Akustische Versuche an schwimmend verlegten Asphaltestrichen. Hrsg.: Beratungsstelle für Gussasphaltanwendung e.V., Bonn

[47] Hinweise für Fugen in Estrichen und Heizestrichen auf Dämmschichten nach DIN 18560. Stand: März 1994. Bundesverband Estrich und Belag (BEB), Troisdorf

[48] Merkblatt: Bewegungsfugen in Bekleidungen und Belägen aus Fliesen und Platten. Stand: September 1955. Hrsg.: Fachverband des Deutschen Fliesengewerbes im Zentralverband des Deutschen Baugewerbes e.V., Berlin

[49] Planer-Informationen. Perlite-Dämmstoff GmbH, Dortmund

[50] *Schnell, W.*: Rohre auf der Rohdecke – Auswirkungen und Möglichkeiten. In: Boden-Wand-Decke **4** (1994)

[51] AGI-Arbeitsblatt A12 – Teil 3. Industrieestriche. Gussasphaltestrich; Ergänzungen zu DIN 18560. Stand: 1991. Herausgeber s. [29].

[52] Informationen über Industrieestriche aus Gussasphalt. In: Gussasphalt **21** (1991). Hrsg.: Beratungsstelle für Asphaltverwendung e.V., Bonn

[53] AGI-Arbeitsblatt A12 – Teil 1. Industrieestriche. Zementgebundener Hartstoffestrich; Ergänzungen zu DIN 18560. Stand: Juni 1997. Herausgeber s. [29].

[54] *Glass, K.*: Was bei Hartstoffestrichen zu beachten ist. In: Boden-Wand-Decke **6** (1992)

[55] *Schnell, W.*: Estrichnenndicken bei Estrichen auf Dämmschichten im Hochbau ohne nennenswerte Fahrbeanspruchung. In: Boden-Wand-Decke **9** (1990)

[56] *Fischer-Uhlig, H.*: Problemlöser unterm Boden – Trockenschüttungen. In: Stuck-Putz-Trockenbau **10** (1997)

[57] Informationsdienst Holz: Holzwerkstoffe. Holzbau Handbuch, Reihe 4, Teil 4, Folge 1. Stand: Oktober 1997. Arbeitsgemeinschaft Holz e.V., Düsseldorf

[58] Merkblatt: Holzspanplatten als Untergrund für Bodenbelagsklebungen. Stand: April 1992. Industrieverband Klebstoffe e.V., Düsseldorf

[59] *Möllenbeck, M.*: Des Estrichs schöne Kleider. Über das Aufbringen unterschiedlicher Bodenbeläge auf Gipsplatten. In: Trockenbau **9** (1997)

[60] Technische Informationen über Knauf-Unterböden. Fa. Knauf, Westdeutsche Gipswerke, Iphofen

[61] Technische Informationen über Fertigteilestriche aus Fermacell-Gipsfaserplatten. Fels-Werke GmbH, Goslar

[62] Technische Informationen über Trockenestrich-Elemente. Fa. Rigips GmbH, Düsseldorf

[63] Plattenwerkstoffe-Zementgebundene Platten. In: Trockenbau **1–2** (1998) und **10** (2000)

[64] Technische Informationen über Trockenestrich auf Zementbasis. Deutsche Perlite GmbH, Dortmund

[65] *Grün, J.*: Altbaustoffe – Aufgabenfeld für den Baustoffberater. In: Der Architekt **1** (1996)

[66] *Zwiener, G.*: Materialauswahl unter ökologischen Aspekten. In: Das Bauzentrum **8** (1995)

[67] *Lahl, U., Zeschmar-Lahl, B.*: Ökologische Bewertung von Baustoffen. In: Der Architekt **1** (1997)

[68] Recyclingsgerechte Bauweisen im Innenausbau. Bauforschungsbericht des Bundesministers für Raumordnung, Bauwesen und Städtebau, Bonn (1992). Hrgs.: Informationszentrum RAUM und BAU der Fraunhofer Gesellschaft (IRB Verlag), Stuttgart

[69] *Müller, F.*: Naturwerkstein in der Architektur. In: Das Bauzentrum **5** (1991)

[70] Naturstein und Architektur. Hrsg.: Deutscher Naturwerkstein-Verband (DNV), Würzburg. 2. Aufl. 1994

[71] Merkblätter: Bautechnische Informationen (BTI). Deutscher Natuwerkstein-Verband, Würzburg

[72] *Weber, R., Hill, D.*: Naturstein für Anwender: Beurteilen - Verkaufen – Verlegen. 2. Aufl. Ulm 1999

[73] Rekomarmor. Bautechnische Informationen für Boden, Treppe und Fassade. Gläser Rekostein, Dudenhofen

[74] Betonwerkstein-Katalog. Stand: Februar 2001. Hrsg.: Informationsgemeinschaft Betonwerkstein e.V., Wiesbaden

[75] Terrazzofußböden (Technische Informationen): Fa. Dyckerhoff Weiss, Wiesbaden

[76] Asphaltplatten (Technische Informationen). Deutsche Naturasphalt GmbH (DASAG), Eschershausen/Holzminden

[77] AGI-Arbeitsblatt A 60. Industrieböden. Asphaltplattenbeläge. Stand: Februar 1999. Herausgeber und Bezug s. [29].

[78] Technische Informationen. Deutsches Steinzeug. Stand: 2001. Agrob-Buchtal Keramik, Schwarzenfeld

[79] *Niemer, E.-U.*: Praxis-Handbuch FLIESEN. Material, Planung, Konstruktion, Verarbeitung. Verlagsgesellschaft Rudolf Müller, Köln (1994)

[80] Merkblatt: Fußböden in Arbeitsräumen und Arbeitsbereichen mit erhöhter Rutschgefahr (ZH1/571). Hrsg.: Hauptverband der gewerblichen Berufsgenossenschaften, St. Augustin

[81] Merkblatt: Bodenbeläge für maßbelastete Barfußbereiche (GUV 26.17). Stand 1999. Hrsg.: Bundesverband der Unfallkassen (BUK), München

[82] Informationen über Trittsicherheit im Gewerbe- und Barfuß-Bereich. Stand 1999. Agrob-Buchtal Keramik, Schwarzenfeld

[83] AGI-Arbeitsblatt A70. Industrieböden. Bodenbeläge aus Fliesen und Platten. Stand: Oktober 1994. Herausgeber und Bezug s. [29]

[84] Merkblatt: Keramische Fliesen und Platten, Naturwerkstein und Betonwerkstein auf calciumsulfatgebundenen Estrichen. Stand: Januar 2000. Herausgeber s. [43]

[85] *Aderhold, V.*: Normale und bessere Mörtel. In: Fliesen und Platten **1** (2001)

[86] IVD-Merkblatt: Abdichtung von Bodenfugen mit elastischen Dichtstoffen. Stand: 2000. Hrsg. Industrieverband Dichtstoffe, Düsseldorf

[87] Technische Informationen: Schlüter-DITRA-Verlegematte. Schlüter-Systems GmbH, Iserlohn

[88] Informationsdienst Holz: Dielenböden

[89] Informationsdienst Holz: Parkett

[90] Informationsdienst Holz: Fertigparkett-Elemente

[91] Informationsdienst Holz: Holzpflaster

[92] Informationsdienst Holz: Versiegelung und Pflege von Parkettböden. Hrsg. und Bezug [88] bis [92]: Arbeitsgemeinschaft Holz e.V., Düsseldorf

[93] *Kille, A.*: Laminat-Fußbodenelemente richtig verlegen. In: Boden-Wand-Decke **5** (1998)

[94] *Pitt, W.*: Klicken oder schieben und fest sitzt die Diele. In: Boden-Wand-Decke **10** (1999)

[95] Merkblatt: Kleben von Laminatböden. Stand: 1997. Technische Kommission Bauklebstoffe (TKB) des Industrieverbandes Klebstoffe, Düsseldorf

[96] Merkblatt: Kork-Bodenbeläge. Verlegung, Oberflächenbehandlung, Reinigung und Pflege. Stand: 1998. Carl Ed. Meyer GmbH, Delmenhorst

[97] Merkblatt: Kleben von Kork-Bodenbelägen. Stand: 1999

[98] Merkblatt: Kleben von Linoleum-Bodenbelägen. Stand 1998

[99] Merkblatt: Kleben von Elastomer-Bodenbelägen. Stand 1998. [97] bis [99] Technische Kommission Bauklebstoffe (TKB) des Industrieverbandes Klebstoffe, Düsseldorf

[100] *Nengelken, P.*: Bleib'bloß liegen. In: Die Mappe **5** (2000)

[101] BEB-Arbeitsblatt KH-O/S: Industrieböden aus Reaktionsharz; Stoffe. Stand: Mai 1987

[102] BEB-Arbeitsblatt KH-O/U: Industrieböden aus Reaktionsharz; Prüfung und Vorbereitung des Untergrundes. Stand: Mai 2001

[103] BEB-Arbeitsblätter KH-1 bis KH-5: Industrieböden aus Reaktionsharz; Imprägnierung – Versiegelung – Beschichtung – Belag – Estrich. Stand: Januar 1985

[104] BEB-Arbeitsblatt KH-6: Industrieböden aus Reaktionsharz; Schutz und Sicherheitsmaßnahmen. Stand: August 1989. Hrsg: [101] bis [104] BEB-Bundesverband Estrich und Belag, Troisdorf

[105] Schutz vor Allergien.Hausstaubmilbenallergie. Stand: 2001. Hrsg.: Europäische Teppichgemeinschaft (ETG), Wuppertal, in Zusammenarbeit mit dem Berufsverband der Allgemeinärzte Deutschlands (BDA), Hausärzteverband

[106] Recyclinggerechte Bauweisen im Innenausbau. Bauforschungsbericht des Bundesministers für Raumordnung, Bauwesen und Städtebau, Bonn (1992). Hrsg.: Informationszentrum RAUM und BAU der Fraunhofer Gesellschaft (IRB Verlag), Stuttgart

[107] *Janke, G.*: Teppichboden-Lexikon. Sonderdruck aus der Fachzeitschrift Objekt 1995. Objekt Verlag, Düsseldorf

[108] *Janke, G.*: Qualitatives Wachstum durch fachgerechte Teppichbodenberatung (Tufting). Sonderdruck aus der Fachzeitschrift Objekt 1995. Objekt Verlag. Düsseldorf

[109] Herstellungstechniken von Teppichböden. Hrsg.: ANKER-Teppichboden Gebr. Schoeller, Düren

[110] Textile Bodenbeläge. Deutsches Teppich-Forschungsinstitut, Aachen

[111] Textiler Bodenbelag für Kranken- und Behindertenrollstühle. Stand 1999. Hrsg.: Europäische Teppichgemeinschaft (ETG), Wuppertal, in Zusammenarbeit mit dem Deutschen Teppich-Forschungsinstitut (TFI), Aachen

[112] Textiler Bodenbelag für Räume mit EDV. Stand: November 1999. Hrsg.: Europäische Teppichgemeinschaft (ETG), Wuppertal, in Zusammenarbeit mit dem Deutschen Teppich-Forschungsinstitut (TFI), Aachen

[113] Teppichboden-Lexikon. Stand: Januar 2001. ANKER-Teppichboden Gebr. Schoeller, Düren

[114] Teppichfliesen-Spezial (Teppichfliesen-Übersicht). Stand: 2002. Objekt Verlag, Düsseldorf

[115] Klettverlegesystem: Verkletten statt verkleben. Vorwerk & Co., Teppichwerke, Hameln

[116] UZIN-Bodenwechsel-System. Stand: 2001. UZIN UTZ AG, Ulm

[117] Pflege und Reinigung. Gebrauchsanleitung. Stand: 2001. ANKER-Teppichboden Gebr. Schoeller, Düren

[118] Pflege und Reinigung von Teppichboden. Stand: 1999. Europäische Teppichgemeinschaft (ETG), Wuppertal

12 Beheizbare Bodenkonstruktionen: Fußbodenheizungen

Allgemeines

Die Fußbodenheizung bietet bei richtiger Anwendung eine thermische Behaglichkeit, wie sie von keinem anderen Heizungssystem erreicht wird. Sie ist um so höher, je einheitlicher die Temperaturen aller Raumumschließungsflächen sind und je gleichmäßiger die Temperaturverteilung im Raum ist. Das thermische Umfeld wird außerdem von der jeweiligen Höhe der relativen Luftfeuchtigkeit und durchschnittlichen Luftbewegung (Konvektion) beeinflusst. Im Vergleich zu konventionellen Heizungssystemen zeichnen sich Fußbodenheizungen vor allem durch eine relativ niedrige Oberflächentemperatur, gleichmäßige Wärmeabgabe, hohen Strahlungsanteil, kaum spürbare Luftbewegung und somit auch geringe Staubverwirbelung aus. Derartige Niedertemperaturheizungen erlauben auch den Einsatz von Wärmepumpen und somit die Nutzung alternativer Energien; außerdem werden keine Montageflächen für Heizkörper o. Ä. benötigt. Als nachteilig sind die höheren Anlagekosten im Vergleich zu Radiatorenheizungen, die in der Regel größere Trägheit des Heizsystems (ungünstige Regelbarkeit) sowie die notwendigerweise aufwendigeren Reparaturmaßnahmen anzusehen.

Anforderungen

Fußbodenheizungen werden entweder als Vollheizung für ein ganzes Gebäude oder nur als Zusatzheizung für einzelne Räume bzw. Teilflächen eingesetzt. Ihre wirtschaftlichste Verwendung wird als Vollheizung erreicht. Voraussetzung ist jedoch, dass die Wärmedämmung des zu beheizenden Gebäudes insgesamt den Anforderungen der DIN 4108 sowie der jeweils gültigen Wärmeschutz- bzw. Energieeinsparverordnung entspricht[1)].

Wärmeschutzverordnung. Nach der Wärmeschutzverordnung (1995) darf bei Flächenheizungen der Wärmedurchgangskoeffizient der Bauteilschichten zwischen der Heizfläche und der Außenluft, dem Erdreich oder Gebäudeteilen mit wesentlich niedrigeren Innentemperaturen den Wert 0,35 W/(m^2 · K) nicht überschreiten. Da bei Fußbodenheizungen der Wärmedurchgang nach **unten** zu begrenzen ist, dürfen bei der Berechnung des Wärmeschutznachweises auch nur die Schichten unterhalb der Heizebene (Heizrohr) berücksichtigt werden. Anforderungen an Geschosstrenndecken sind in der Wärmeschutzverordnung nicht gestellt. Hierfür nennt DIN 4725-3, Warmwasser-Fußbodenheizungen, Mindestwerte für den Wärmedurchlasswiderstand der Dämmschicht unterhalb der Heizebene, und zwar 0,75 m^2 K/W über Räumen mit gleichwertiger Nutzung (Wohnungstrenndecken) sowie 1,25 m^2 K/W über Räumen mit nicht gleichwertiger Nutzung (z. B. Wohnräume über gewerblich genutzten Räumen).

Wärmebedarfsberechnung. Die Berechnung des notwendigen Wärmebedarfes von Gebäuden erfolgt nach den in DIN 4701 aufgestellten Regeln. Diese Wärmebedarfsberechnung ist die Grundlage für die Bemessung der Heizflächen einer Heizungsanlage (Heizflächenberechnung). Dabei ist zu berücksichtigen, dass der Wärmedurchlasswiderstand des Bodenbelages nicht größer als 0,15 m^2 K/W sein soll.

Oberflächentemperatur. Die optimale Oberflächentemperatur beheizter Fußböden in ständig genutzten Wohn- und Arbeitsbereichen (Verweilflächen) liegt bei 23 °C bis 24 °C. Als äußerster Grenzwert in Daueraufenthaltsbereichen gelten maximal 29 °C, in Badezimmern und Schwimmhallen etwa 33 °C und in wenig begangenen Randzonen entlang von Fensterflächen o. Ä. 35 °C. Großflächige Verglasungen müssen im allgemeinen noch zusätzlich gegen Kaltluftabfall bzw. „Kälteabstrahlung" abgeschirmt und eine etwaige Differenz zum tatsächlichen Wärmebedarf eines Raumes durch eine zusätzliche Ausgleichsheizung (z. B. intensive Randzonenbeheizung, Unterflurkonvektoren, Radiavektoren) gedeckt werden. Die Notwendigkeit, unterschiedlichen Heizsystemen getrennte Regelkreise zuzuweisen, bedingt jedoch erhöhte Investitionskosten.

[1)] Die neue Energieeinsparverordnung (EnEV) ist am 01.02.2002 in Kraft getreten und zu beachten. Sie löst die Wärmeschutzverordnung aus dem Jahre 1995 ab. Die diesbezügliche europäische Normgebung ist noch nicht in allen Teilen abgeschlossen. Einzelheiten hierzu sind den Abschnitten 11.5 und 12.4, Normen, zu entnehmen.

Schallschutz. Die Anforderungen an den Schallschutz sind in DIN 4109 festgelegt. In Tabelle 3 dieser Norm sind die zum Schutz von Aufenthaltsräumen gegen Schallübertragung aus fremden Wohn- und Arbeitsbereichen geforderten Luft- und Trittschalldämmwerte von Bauteilen enthalten, die auch beim Einbau einer Fußbodenheizung erfüllt werden müssen. Einzelheiten hierzu siehe Tabelle **11**.8 sowie Abschnitt 16.6.4.

Gesetze/Verordnungen. Bei der Planung einer Fußbodenheizung sind des weiteren folgende Gesetze und Verordnungen zu berücksichtigen: Energieeinsparverordnung (EnEV) – mit integrierter Heizungsanlagenverordnung –, Heizkostenverordnung (HeizkostenV) sowie die einzelnen Verwaltungsanweisungen der Länder.

12.1 Einteilung und Benennung: Überblick

Heizsysteme

Fußbodenheizsysteme werden nach der Art ihrer Heizelemente und der Energiezufuhr in zwei Hauptgruppen eingeteilt.

Warmwasser-Fußbodenheizung. Eine Warmwasser-Fußbodenheizung ist eine an Ort und Stelle als Fußbodenkonstruktion hergestellte Heizeinrichtung mit Rohren oder anderen Hohlprofilen (z. B. Flächenheizelemente) die von Warmwasser als Heizmittel durchströmt werden. Die Lage der Heizrohre in der Bodenkonstruktion ist systembedingt unterschiedlich. Wie Bild **12**.5 verdeutlicht, werden 5 Bauarten unterschieden. Für die Planung von Warmwasser-Fußbodenheizungen gilt DIN 4725-1 bis -4 (zukünftig DIN EN 1264) in Verbindung mit DIN 18 560-2, Heizestriche auf Dämmschichten.

Elektrische Fußbodenheizung. Eine elektrische Fußbodenheizung ist eine an Ort und Stelle als Fußbodenkonstruktion aufgebaute Heizeinrichtung, bei der die elektrische Energie durch Heizelemente – die an das Stromnetz angeschlossen sind – in Wärme umgewandelt wird. Für die Planung und Bemessung elektrischer Fußbodenheizungen gilt DIN 44 576-1 bis -4 in Verbindung mit DIN 18 560-2, Heizestriche auf Dämmschichten sowie entsprechende VDE-DIN-Normen und Rechtsvorschriften.

Wärmeabgabe

Die Art der Wärmeabgabe ist ein weiteres Unterscheidungsmerkmal von Fußbodenheizungen.

Fußboden-Direktheizung. Bei der Fußboden-Direktheizung wird die Wärme mit möglichst geringer zeitlicher Verzögerung über die Oberfläche des Fußbodens an den zu beheizenden Raum abgegeben. Dies wird vor allem durch eine möglichst oberflächennahe Verlegung der Heizrohre

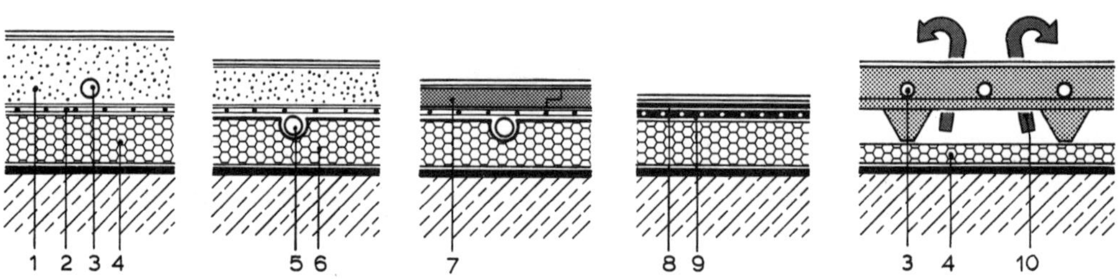

12.1a **12**.1b **12**.1c **12**.1d **12**.1e

12.1 Schematische Darstellung beheizbarer Fußbodenkonstruktionen (Warmwasser-Fußbodenheizungen)

a) Heizrohr in Heizestrich (Nassverlegesystem)
b) Heizrohr in Dämmplatte mit Mörtelestrich
c) Heizrohr in Dämmplatte mit Fertigteilestrich
d) Heizflächenelement mit Stahlblechtafeln
e) Fußboden- und Luftheizung (Hypokaustenheizung)

1 Heizestrich
2 Abdeckung
3 Heizrohr eingebettet
4 Dämmschicht
5 Heizrohr eingelegt
6 profilierte Dämmplatten
7 Fertigteilestrich
8 Stahlblechtafeln
9 Heizflächenelement
10 Fußbodenheizung mit Luftführung

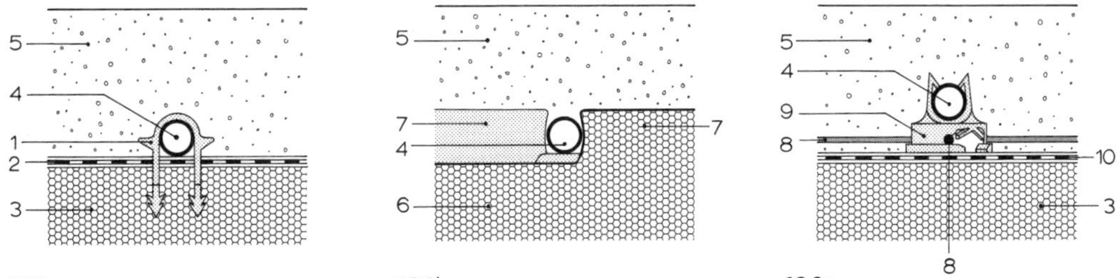

12.2a **12**.2b **12**.2c

12.2 Schematische Darstellung von Rohrbefestigungen beim Nassverlegesystem (Warmwasser-Fußbodenheizungen)
a) Heizrohr auf Wärmedämmung mit oberseitiger Abdeckfolie aufgetackert (Bauart A1)
b) Heizrohr in Noppenplatte eingespannt (Bauart A2)
c) Heizrohr an Gitterträgermatte mit Drehclipsen befestigt (Bauart A3)

1 Tackernadeln (Haltenadeln)
2 Verbundfolie mit aufgedrucktem Verlegeraster
3 Wärme- und Trittschalldämmung
4 Heizrohr aus Kunststoff
5 Heizestrich, Höhe je nach Bauart
6 Noppenplatte aus Hartschaum, zugleich Wärme- und Trittschalldämmung
7 versetzt angeordnete Noppen
8 Rohrträgermatte, aus 3 mm dicken Drähten
9 Drehclip zur Aufnahme der Heizrohre
10 Abdeckung, PE-Folie 0,2 mm dick

Fa. REHAU, Erlangen

bzw. Heizmatten und damit möglichst dünne Lastverteilungsschicht erreicht (Bild **12**.1). Eine derart gering gehaltene Speicherwirkung des Fußbodens ergibt auch ein insgesamt günstigeres Regelverhalten der Anlage. Bei der Direktheizung sollte außerdem der Bodenbelag die Wärme möglichst ungehindert durchlassen, d. h. einen möglichst niedrigen Wärmedurchlasswiderstand aufweisen, so wie dies vor allem bei Naturwerkstein-, Betonwerkstein- und Keramikbelägen der Fall ist.

Fußboden-Speicherheizung. Bei der Fußboden-Speicherheizung wird die Wärme mit einer gewollten zeitlichen Verzögerung über die Oberfläche des Fußbodens an den zu beheizenden Raum abgegeben (vorwiegend Elektrofußbodenheizung), da die Heizenergie nur für eine begrenzte Zeit zur Verfügung steht. Die Aufladung der elektrischen Speicherheizung findet während der Nachtstunden mit Niedertarifstrom statt. Zusätzlich dazu muss am Tage noch mindestens zwei Stunden nachgeheizt werden können. Vor der Planung einer elektrischen Fußbodenheizung ist in jedem Fall rechtzeitig die Zustimmung des jeweils zuständigen EVU (Energie-Versorgungsunternehmen) einzuholen. Infolge der hohen Auslastung und energiepolitischen Auflagen (berechtigte ökologische Bedenken) ist eine Genehmigung keinesfalls selbstverständlich (Bild **12**.10a). Auch auf die systembedingte große Trägheit und damit ungünstige Regelbarkeit wird besonders hingewiesen.

Der Fußbodenbelag ist bei Speicherheizungen ein wichtiger, konstruktiver Teil des Heizsystems. Zusammen mit der Speicherfähigkeit des Estrichs muss er gewährleisten, dass der betreffende Raum während der Aufladung nicht überheizt und die Wärme während des ganzen Tages möglichst gleichmäßig abgegeben wird. Der Bodenbelag dient bei diesem System somit als erwünschte Wärmebremse, der aufgrund seines höheren Wärmedurchlasswiderstandes eine Verzögerung der Wärmeabgabe bewirkt. Diese Forderung erfüllen vor allem textile Fußbodenbeläge. Vorteilhaft ist ein Belag, dessen Wärmedurchlasswiderstand zwischen 0,10 m^2 K/W und 0,15 m^2 K/W liegt.

Verlegesysteme

Entsprechend der höhenmäßigen Anordnung der Heizelemente in einer Fußbodenkonstruktion ergeben sich im wesentlichen zwei Konstruktionsprinzipien.

Nassverlegesystem. Bei der Nassverlegung sind die Heizrohre **oberhalb** der Wärme- und Trittschalldämmung direkt und allseitig umschlossen in den schwimmenden Estrich eingebettet, wodurch sich eine unmittelbare Wärmeübertragung ergibt (Bauart A1 bis A3 in Bild **12**.5). Die Heizrohre werden entweder direkt auf die Wärmedämmung mit oberseitiger Abdeckfolie aufgetackert, zwischen Noppen spezieller Basisplatten eingespannt oder mittels Drehclipsen an Rohrträgermatten befestigt (Bild **12**.2). Bei all diesen Befestigungsvorrichtungen ist der Rohrverlauf beliebig wählbar und somit an räumliche Vorgaben anpassungsfähig. Nassverlegesysteme sind technisch meist einfacher konzipiert und dadurch bei

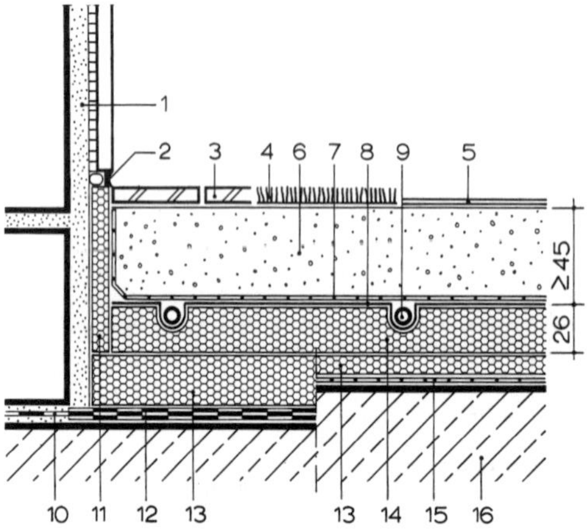

12.3 Schematische Darstellung einer Warmwasser-Fußbodenheizung im Trockenverlegesystem (Bauart B) mit Mörtelestrich als Lastverteilungsschicht

1 Wandputz mit Wandfliesen
2 Vorfüllprofil mit elastoplastischer Fugenmasse
3 keramischer Bodenbelag
4 textiler Bodenbelag
5 elastischer Bodenbelag
6 Heizestrich, mind. 45 mm dick
7 Abdeckung (mehrlagige Folie)
8 Alu-Folienkaschierung, vollflächig
9 Heizrohr aus Kupfer
10 waagerechte Außenwandabdichtung
11 Randstreifen, 10 mm dick
12 Abdichtung (soweit erforderlich)
13 zusätzliche Wärme- bzw. Trittschschalldämmung
14 profilierte PUR-Hartschaumplatten
15 Feuchtigkeitsschutz (soweit erforderlich)
16 tragender Untergrund

JOHN-Technik, Achern

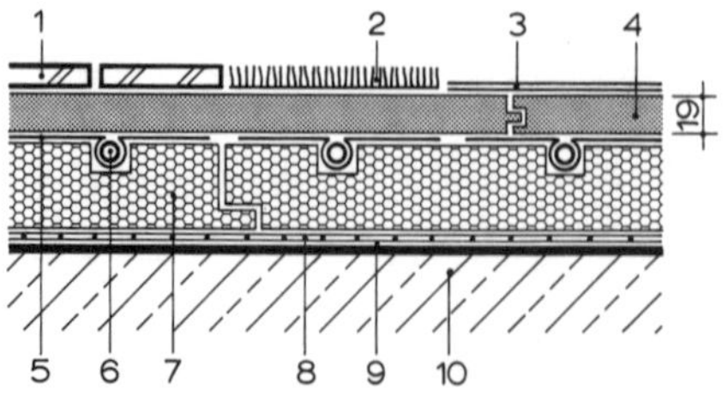

12.4a

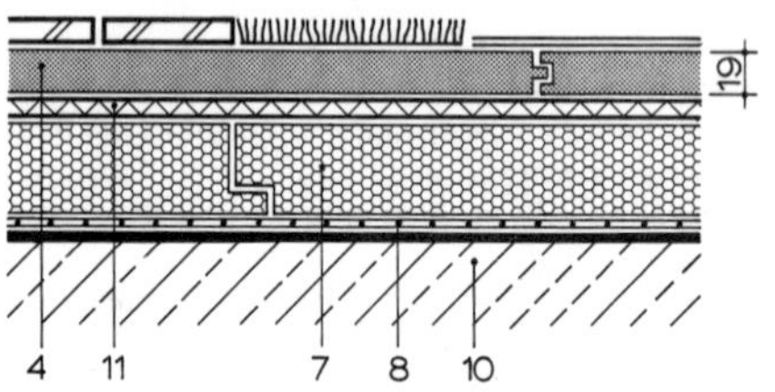

12.4b

12.4 Schematische Darstellung von Warmwasser-Fußbodenheizungen im Trockenverlegesystem mit Fertigteilestrich als Lastverteilungsschicht

a) Warmwasser in Heizrohren
b) Warmwasser in Hohlprofilmatten aus Kunststoff (Flächenheizelemente)

1 keramischer Bodenbelag
2 textiler Bodenbelag
3 elastischer Bodenbelag
4 Gipsfaserplatten (Fertigteilestrich)
5 Wärmeleit-Profilbleche aus Aluminium
6 Heizrohre aus Kupfer
7 profilierte PS-Hartschaumplatte
8 Feuchteschutz (PE-Folie 0,2 mm dick)
9 Bodenspachtelmasse (soweit erforderlich)
10 tragender Untergrund
11 Hohlprofilmatte aus Kunststoff

Gebr. KNAUF, Iphofen

der Herstellung auch etwas billiger als die anderen Systeme. Die Gefahr der Beschädigung der Heizrohre beim Einbringen des Estrichs, die relativ große Estrichdicke und die dadurch bedingten längeren Trockenzeiten bei Mörtelestrichen sowie die konstruktionsbedingte Trägheit des Systems werden als Nachteile angesehen. Ihr Einbau empfiehlt sich vor allem in Neubauten.

Trockenverlegesystem. Bei der Trockenverlegung liegen die Heizrohre in vorgefertigten Hartschaumplatten **unterhalb** des Estrichs, so dass die Heizelemente von der Estrichschicht vollkommen getrennt sind (Bauart B in Bild **12**.5). Die Rohre werden in profilierte, gleichzeitig der Wärmedämmung nach unten dienenden Formplatten eingelegt und mit mehrlagiger Folie abgedeckt (Trenn- und Gleitschicht, ggf. auch Abdichtungsebene). Um eine möglichst gleichmäßige Wärmeübertragung an den Estrich zu erzielen, weisen die Hartschaumplatten oberseitig entweder eine vollflächige Alu-Folienkaschierung auf oder die Rillen sind mit Profilblechen ausgelegt und mit großflächigen Wärmeleitblechen nach oben abgedeckt (Bild **12**.3 und **12**.4a). Auf die Trennschicht kann wahlweise ein Mörtelestrich oder ein Fertigteilestrich, beispielsweise aus Gipsfaserplatten, aufgebracht werden. Die Vorteile dieser Trockenverlegesysteme sind in der relativ geringen Einbauhöhe und Deckenbelastung (Altbaumodernisierung) sowie in der trockenen und relativ unproblematischen Estrichverlegung zu sehen. Nachteilig wirken sich die schlechtere Wärmeübertragung zwischen

Rohr und Estrich (= Luftspalte) und die dadurch bedingte 3 bis 4 Grad höhere Heizwassertemperatur aus. Ein nahezu planebener Untergrund ist außerdem unabdingbare Voraussetzung für die schadenfreie Verlegung, da Nachgiebigkeit der großformatigen Estrichplatten zwangsläufig zur Rissbildung bei Keramik- und Steinbelägen führt. Die Herstellungskosten sind bei Trockenverlegesystemen relativ hoch.

Flächenheizsystem. Eine interessante Weiterentwicklung der Warmwasser-Fußbodenheizung stellen die flächig durchflossenen Systeme dar (auch Klimaboden-Heizung genannt). Ziel der Entwicklung war es, eine weitgehend homogene Heizfläche mit möglichst geringem Eigengewicht und niedrigster Bauhöhe zu schaffen (Bild **12**.4b). Das Heizwasser fließt bei diesen Systemen nicht durch Rohrschlangen, sondern längs und quer durch großflächige, 5 bis 10 mm dicke Hohlprofilmatten aus Kunststoff. Die auf Wärme- bzw. Trittschalldämmplatten verlegten Elemente sind durch Rohrleitungen miteinander verbunden. Die Lastverteilungsschicht über den Flächenelementen kann wahlweise aus zwei Lagen Stahlblechtafeln, Fertigteilestrich (z. B. Gipsfaserplatten) oder Fließestrich bestehen. Vorteilhaft wirkt sich bei den Flächenheizsystemen die kurze Aufheizdauer und damit relativ gute Regelbarkeit aus. Durch das geringe Flächengewicht und die niedrige Aufbauhöhe ist dieses Heizsystem besonders für den nachträglichen Einbau in Altbauten geeignet. Mit relativ hohen Investitionskosten ist zu rechnen.

12.2 Warmwasser-Fußbodenheizungen

Beheizbare Fußbodenkonstruktionen bestehen in der Regel aus mehreren übereinander liegenden Schichten, und zwar (von unten nach oben) dem tragfähigen Untergrund (ggf. mit einer Ausgleichsschicht und Abdichtung gegen Feuchtigkeit), den Dämmschichten (Wärme- bzw. Trittschalldämmung), der Abdeckung, der Lastverteilungsschicht und dem Bodenbelag. Systembedingte Unterschiede gibt es hinsichtlich der Art und höhenmäßigen Anordnung der Heizelemente innerhalb dieser Bodenkonstruktion.

Bauarten von Warmwasser-Fußbodenheizungen

In Abhängigkeit von der Lage der Heizrohre in beheizbaren Fußbodenkonstruktionen werden nach DIN 18 560-2 folgende 5 Bauarten unterschieden (Bild **12**.5):

Bauart A1: Heizelemente im Estrich, Abstand der Heizrohre von der Unterfläche der Estrichplatte bis 5 mm.

Bauart A2: Heizelemente im Estrich, Abstand der Heizrohre von der Unterfläche der Estrichplatte über 5 bis 15 mm.

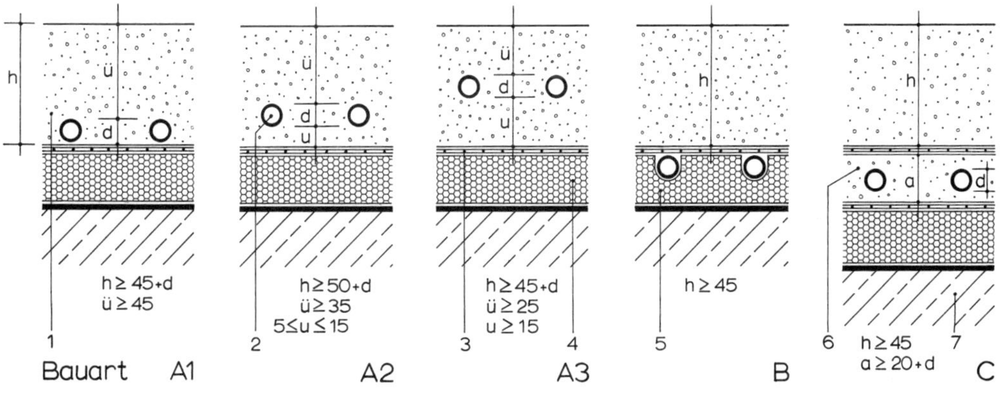

12.5 Bauarten und Nenndicken von Heizestrichen auf Dämmschichten für Verkehrslasten bis 1,5 kN/m² nach DIN18 560-2 (Ausg. 1992)

1 Heizestrich
2 Heizelement
3 Abdeckung / Trennschicht
4 Dämmschicht
5 profilierte Dämmplatten
6 Ausgleichestrich
7 tragender Untergrund

Bauart A3: Heizelemente im Estrich, Abstand der Heizrohre von der Unterfläche der Estrichplatte über 15 mm.

Bauart B: Heizelemente unter dem Estrich in bzw. auf der Dämmschicht.

Bauart C: Heizelemente in einem Ausgleichestrich, auf den der Estrich mit einer zweilagigen Trennschicht aufgebracht wird. Die Dicke des Ausgleichestrichs muss mind. 20 mm größer sein als der Durchmesser der Heizrohre. Der aufgebrachte Estrich muss mind. 45 mm dick sein. Vgl. hierzu Bild **12**.6.

12.2.1 Aufbau und Herstellung beheizbarer Fußbodenkonstruktionen

Für die Herstellung einer beheizbaren Fußbodenkonstruktion gelten im wesentlichen die gleichen baulichen Erfordernisse und ähnlichen Ausführungsbedingungen, wie sie bei den nicht beheizbaren Estrichen auf Dämmschicht in Abschn. 11.3.6.4 bereits erläutert wurden. Im folgenden werden daher nur die Besonderheiten kurz angesprochen, die bei der Herstellung von **Heizestrichen auf Dämmschichten** zu beachten sind.

- Vor dem Einbau der Fußbodenkonstruktion sollten die Fensteröffnungen verglast und die Montage von haustechnischen Installationen, der Einbau von Türzargen mit Bodeneinstand sowie die Putzarbeiten abgeschlossen sein. Auch alle an den Fußboden angrenzenden Bauteile sind vorher einzubringen.
- Der tragende Untergrund muss ausreichend fest, eben und trocken sein. Die Ebenheit der Oberfläche muss den erhöhten Anforderungen gemäß DIN 18 202, Tabelle 3, Zeile 2 entsprechen und eine vollflächige Auflage der Dämmschichten ermöglichen. S. hierzu Tabelle **11**.2, Ebenheitstoleranzen. Gefälleschichten sind auf der Rohdecke anzuordnen. Falls Rohrleitungen auf dem tragenden Untergrund verlegt sind, müssen sie befestigt sein. Durch einen Ausgleich ist wieder eine ebene Oberfläche zur Aufnahme der Dämmschicht zu schaffen. Angaben hierzu s. Abschn. 11.3.6.6. Muss mit aufsteigender Feuchtigkeit oder Dampfdiffusion gerechnet werden, so sind gemäß Abschn. 11.3.2, Feuchtigkeitsschutz von Fußbodenkonstruktionen, entsprechende Abdichtungen bzw. Dampfsperren aufzubringen.
- Die Randstreifen sind vor dem Einbau der Dämmschicht an allen angrenzenden und die Fußbodenkonstruktion durchdringenden Bauteilen sowie an Rohren, Türzargen usw. anzubringen. Sie müssen eine Bewegung von mind. 5 mm (besser 8 bis 10 mm) ermöglichen. Die überstehenden Teile des Randstreifens und der hochgezogenen Abdeckung dürfen bei Keramik- und Steinbelägen erst nach Fertigstellung des Fußbodenbelages bzw. bei textilen und elastischen Belägen erst nach Erhärtung der Spachtelmasse abgeschnitten werden.
- Die Dämmstoffe müssen DIN 18 164 sowie DIN 18 165 entsprechen. Bei Heizestrichen darf die Zusammendrückbarkeit der Dämmschicht nicht mehr als 5 mm betragen. Werden Trittschall- und Wärmedämmstoffe in einer Dämmschicht zusammen eingesetzt, soll der Dämmstoff mit der geringeren Zusammendrückbarkeit oben liegen. Bei Heizestrichen mit elektrischer Beheizung muss die oberste Lage der Dämmschicht kurzzeitig gegen eine Temperaturbeanspruchung von 90 °C beständig sein (Überheizung).

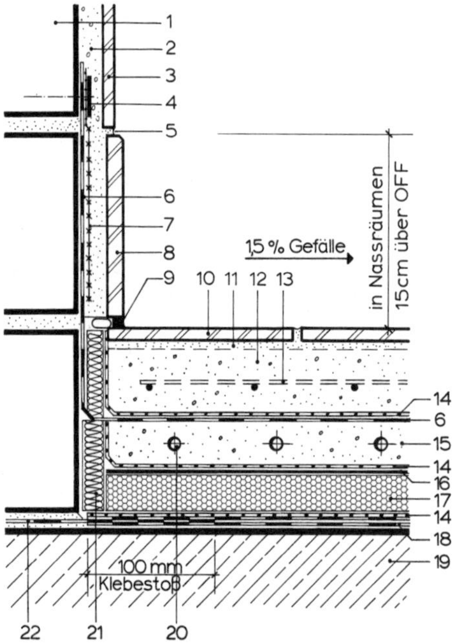

12.6
Konstruktionsbeispiel eines beheizbaren Fußbodens (Warmwasser-Fußbodenheizung der Bauart C) in einem nicht unterkellerten Nassraum (Feuchtigkeit von oben und unten). Vgl. hierzu auch Bild **11**.6a bis c.

1 Mauerwerk
2 Putzlage
3 Wandfliesen
4 Metallbandbefestigung (z. B. Alu-Lochband)
5 Fuge
6 Bitumen-Dichtungsbahnen mit Quarzsand-Einpressung
7 Armierungsgewebe
8 Sockelfliesen mit Fase
9 Bewegungsfuge (Fugenfüllprofil mit elastoplastischer Dichtmasse)
10 Keramikbelag
11 Dünnbettmörtel oder Klebstoff
12 Zementestrich
13 Bewehrung (verzinkte Betonstahlmatte)
14 Gleitschicht/Dampfbremse (PE-Folie 0,2 mm, zweilagig)
15 Ausgleichestrich
16 Wärmeleitbleche aus Aluminium (bei Bedarf)
17 feuchtigkeitsunempfindliche Wärmedämmschicht
18 Kellerbodenabdichtung aus Bitumenbahnen
19 tragender Untergrund
20 Heizrohre
21 Randstreifen, 10 mm dick
22 untere waagerechte Außenwandabdichtung

- Als Abdeckung der Dämmschicht ist eine Polyethylenfolie – bei Heizestrichen mind. 0,2 mm dick – aufzubringen und bis zur Oberkante des Randstreifens hochzuführen. Die einzelnen Bahnen müssen sich an den Stößen mind. 20 cm überlappen. Bei Fließestrich ist die Abdeckung der Dämmschicht so auszubilden, dass sie wasserundurchlässig ist.
- Heizestriche. Die Dicke und die Festigkeits- bzw. Härteklasse von Heizestrichen muss in Abhängigkeit von der gewählten Bauart DIN 18 560-2 entsprechen. Einzelheiten sind der Tabelle **12**.7 zu entnehmen. Bei Dämmschichten über 60 mm Dicke sowie bei Verkehrslasten über 1,5 kN/m² können größere Estrichdicken erforderlich werden. Die Estrichdicke über den Heizrohren muss aus fertigungstechnischen Gründen mind. 25 mm betragen. Eine Begrenzung der Estrichtemperatur wird bei Gussasphaltestrich auf 45 °C, bei Anhydritestrich auf 55 °C (kurzfristig 60 °C) und bei Zementestrichen auf 60 °C vorgeschrieben. Die Angaben der Herstellerfirmen sind zu beachten.
- Trockenestriche sind in der Estrichnorm DIN 18 560 nicht angeführt, obwohl sie sich in der Praxis durchaus bewährt haben. Unabdingbare Voraussetzung für die schadenfreie Verlegung ist ein nahezu planebener Untergrund (erhöhte Anforderungen an die Ebenheit der Verlegeflächen gemäß DIN 18 202). Jede Unebenheit der Rohdecke macht sich unmittelbar an den großformatigen Estrichplatten bemerkbar und führt zur Nachgiebigkeit der gesamten Konstruktion und damit zur Rissbildung bei Keramik- und Steinbelägen.
- Estrichfugen. Um die thermischen Spannungen im Estrich zu begrenzen, soll die Fläche eines einzelnen Estrichfeldes 40 m² und die größte Seitenlänge eines Feldes 8 m nicht überschreiten. Das Verhältnis der Seiten sollte nicht größer als 2 : 1 sein. Über die Anordnung der Fugen ist ein Fugenplan vom Planer zu erstellen und als Bestandteil der Leistungsbeschreibung dem Ausführenden vorzulegen. Weitere Angaben über Fugen in schwimmenden Estrichkonstruktionen sind Abschn. 11.3.6.5 zu entnehmen. Auf das vom Zentralverband des Deutschen Baugewerbes herausgegebene Merkblatt [1] wird besonders hingewiesen.

Anforderungen an Rohrleitungen von Warmwasser-Fußbodenheizungen

Für den Einsatz in der Fußbodenheizungstechnik haben sich vor allem Rohre aus Kunststoff und Kupfer bewährt. Rohre aus anderen Werkstoffen können zu diesem Zweck nur unter besonderer Berücksichtigung ihrer spezifischen Eigenschaften eingesetzt werden und bleiben hier unberücksichtigt.

Kunststoffrohre aus PB (Polybuten), PP (Polypropylen) und PE(vernetztes Polyethylen) müssen den Anforderungen der DIN 4726 entsprechen. Da Kunststoffrohre wesentlich voneinander abweichende Eigenschaften aufweisen können, sollten nur Rohre aus den vorgenannten Grundwerkstoffen eingesetzt und nur Rohre verlegt werden, denen das Gütezeichen einer amtlich anerkannten Prüfanstalt für Kunststoff erteilt wurde. Die Lebensdauer der Verrohrung (Rohre und Kupplungen) muss mind. 50 Jahre betragen.

Kunststoffe können mehr oder weniger gasdurchlässig sein. Dadurch kann Sauerstoff aus der Luft durch die Rohrwand in das Heizungswasser gelangen (in der Praxis als Sauerstoffdiffusion bezeichnet), so dass es zur Korrosion von Metallteilen im Heizkreislauf kommen kann. Damit verbunden ist Rostschlammbildung in der Anlage. Um dies zu verhindern, fordert DIN 4726 Werte für die Sauerstoffdurchlässigkeit von Kunststoffrohren, die unter 0,1 g/m³d liegen. Diese weitgehende Diffusionsdichtigkeit wird beispielsweise durch eine Fünfschicht-Verbundfolie aus Spezialpolymer, eine Sperrschicht aus Aluminium oder

Tabelle **12**.7 Nenndicken und Festigkeit bzw. Härte von Heizestrichen auf Dämmschichten für Verkehrslasten bis 1,5 kN/m² (Auszug aus DIN 18 560-2, Ausg. 1992)

Estrichart	Bauart	Estrich-nenndicke in mm 1) 2) min.	Überdeckungs-höhe in mm min.	Bestätigungsprüfung: Biegezugfestigkeit β_{BZ} in N/mm² kleinster Einzelwert	Mittelwert min.
Anhydrit AE 20 Zement ZE 20	A1 A2 A3 B, C	45 + d 50 + d 45 + d 45	45 – 25 3) –	2,0	2,5
				Eindringtiefe (Härte) in mm bei (22 ± 1) °C max.	bei (40 ± 1) °C max.
Gussasphalt GE 10	A1	35	15	1	2

1) d ist der äußere Durchmesser der Heizelemente.
2) Die Zusammendrückbarkeit der Dämmschicht darf höchstens 5 mm betragen.
3) Die Summe der Abstände der Heizelemente von der Ober- und der Unterfläche der Estrichplatte muss mindestens 45 mm betragen.

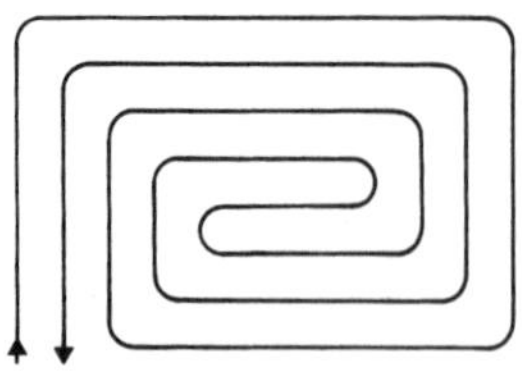

12.8a

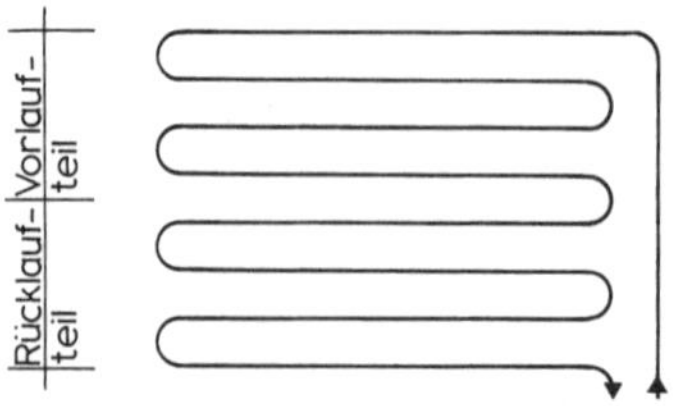

12.8b

12.8
Rohrführung in der waagerechten Fläche
a) Schneckenförmige (bifilare) Rohranordnung
b) Mäanderförmige Rohranordnung. Weitere Verlegevarianten ergeben sich aus der Kombination dieser beiden Rohrführungsarten

durch andere Kunststoffummantelungen (Extrusionsverfahren) im vollflächigen Verbund mit dem Basisrohr erreicht. Werden jedoch nicht diffusionsdichte Rohre im Sinne der vorgenannten Norm verwendet, sind anderweitige Schutzmaßnahmen vorzunehmen (Systemtrennung in Primär- und Sekundärkreislauf oder Einsatz von Korrosionsinhibitoren).

Kupferrohre nach DIN 1786 und DIN 59 753 haben sich zur Verrohrung von Warmwasser-Fußbodenheizungen ebenfalls bewährt. Reine Kupferrohre werden vorwiegend im Trockenverlegesystem (Bauart B) eingesetzt, so dass die Rohre vor chemischen Einflüssen und mechanischen Beschädigungen geschützt sind (Bild **12**.3). Um bei der Nasseinbettung die unterschiedlichen thermischen Längenänderungen von Kupferrohr und Zementestrich auffangen zu können, werden beim Nassverlegesystem (Bauart A1 bis A3) beinahe ausschließlich kunststoffummantelte Verbundrohre verwendet.

Angaben über die Verlegung und Dämmung von Rohrleitungen auf Rohdecken sind Abschnitt 11.3.6.6 zu entnehmen.

Rohrführung in der waagerechten Ebene

Um die Heizleistung einer Fußbodenheizung an den örtlichen Wärmebedarf besser anpassen zu können, werden die Rohre in unterschiedlichen Abständen, Anordnungen und Regelkreisen verlegt (Bild **12**.8).

Schneckenförmige (bifilare) Verlegung: Vor- und Rücklauf liegen bei der schneckenförmigen Rohrführung abwechselnd nebeneinander. Daraus ergibt sich eine weitgehend gleichmäßige Temperaturverteilung an der Fußbodenoberfläche. Diese Rohrführung hat außerdem den Vorteil, dass in der Regel nur 90°-Rohrbogen herzustellen sind.

Mäanderförmige Verlegung: Bei dieser Rohrführung ergibt sich aufgrund der kontinuierlich fallenden Heizwassertemperatur zwischen Vor- und Rücklauf ein deutliches Temperaturgefälle im Raum. Dieser Temperaturunterschied kann von Vorteil sein, wenn beispielsweise die spezifische Wärmeabgabe im Außenwandbereich und vor Fenstern höher sein soll als im Rauminnern. Bei dieser Rohrführung sind allerdings 180°-Rohrbogen herzustellen, so dass der jeweils zulässige Biegeradius beachtet werden muss, um ein Knicken des Rohres zu vermeiden.

Weitere Verlegevarianten ergeben sich aus der Kombination dieser beiden Rohrführungsarten. Dabei sollten die Heizkreise so geplant werden, dass Heizrohre und Bewegungsfugen sich nicht kreuzen. Außerdem sind die Heizkreise, die Feldbegrenzungsfugen sowie die Formate und Fugen der Fliesen oder Platten vom Planer aufeinander abzustimmen.

Dichtheitsprüfung: Die Heizkreise von Warmwasser-Fußbodenheizungen müssen vor dem Einbringen des Estrichs durch eine Wasserdruckprobe auf Dichtheit geprüft werden. Die Dichtheit muss hierbei unmittelbar vor und während der Estrichverlegung sichergestellt sein. Dichtheit und Prüfdruck sind in einem Prüfprotokoll zu dokumentieren.

12.2.2 Bodenbeläge auf beheizbaren Fußbodenkonstruktionen

Belegreife

Mörtelestriche (Nassestriche) benötigen eine gewisse Trockenzeit, bis sie mit einem Bodenbelag belegt werden dürfen. Eine Restmenge an Feuchtigkeit – Ausgleichsfeuchte oder Gleichgewichtsfeuchte genannt – verbleibt jedoch immer im unbeheizten Estrich und entweicht normalerweise nicht. Bei beheizbaren Fußbodenkonstruktionen muss der Feuchtegehalt durch Aufheizen der Estrichschicht noch weiter reduziert werden, so dass vor dem Verlegen der Nutzschicht die zulässige Belegreife für den jeweiligen Bodenbelag gemäß Tabelle **12**.9 erreicht wird. Vgl. hierzu auch Abschn. 11.3.6.3, Trockenzeiten von Estrichen.

Das Aufheizen soll bei Zementestrichen frühestens nach 21 Tagen, bei Schnellzementestrich nach 3 bis 4 Tagen und bei Anhydritestrichen nach Angaben des Herstellers – frühestens jedoch nach 7 Tagen – erfolgen. Dieses erstmalige Aufheizen beginnt mit einer Vorlauftemperatur von 35 °C. Diese Temperatur soll 3 Tage gehalten werden, danach wird auf die maximale Vorlauftemperatur erhöht, die wiederum 4 Tage gehalten wird. Soweit der zulässige Feuchtegehalt (Belegreife) für den jeweiligen Bodenbelag erreicht

Tabelle **12**.9 Für die Belegreife maßgebende, maximal zulässige Feuchte bei beheizbaren Fußbodenkonstruktionen (Feuchtegehalt des Estrichs in %, ermittelt mit dem CM-Gerät)[1)]

	Bodenbeläge		Zement-estrich CM-%	Calciumsulfat-estrich CM-%
1	Elastische Beläge		1,8	0,3
	Textile Beläge	dampfdicht	1,8	0,3
		dampfdurchlässig	3,0	1,0
2	Parkett		1,8	0,3
3	Laminatboden		1,8	0,3
4	Keramische Fliesen bzw.	Dickbett	3,0	–
	Natur-/Betonwerksteine	Dünnbett	2,0	0,3

Auszug aus der „Schnittstellenkoordination bei beheizten Fußbodenkonstruktionen". Bundesverband Flächenheizung e.V., Hagen.

[1)] Diese Feuchtwerte sind gegenüber DIN 4725-4 teilweise geändert und entsprechen dem Stand der Technik.

ist, kann die Heizung abgestellt werden. Trotz dieses Aufheizvorganges ist jedoch noch nicht sichergestellt, dass der Estrich die für die Belegreife erforderlichen Feuchte erreicht hat. Insbesondere bei Anhydrit-Fließestrichen ist auf diesen Hinweis zu achten. Über das Aufheizen ist von der Heizungsfirma ein Protokoll (Aufheiz- und Maßnahmeprotokoll) anzufertigen und den nachfolgenden Fachfirmen auszuhändigen.

Zur Messung des Feuchtegehaltes sind bei Bauart A geeignete Stellen in der Heizfläche auszuweisen. Nach DIN 4725-4 müssen mind. 3 Messstellen je 200 m^2 bzw. je Wohnung ausgewiesen werden. Die Festlegung und Markierung der Messpunkte ist Aufgabe des Bauleiters in Absprache mit dem Heizungsbauer, die Einbettung der Markierungszeichen in den Estrich sollte durch den Estrichleger erfolgen. Um Beschädigungen der Heizrohre zu vermeiden, darf die Messung des Feuchtegehaltes nur an den hierfür markierten Stellen vorgenommen werden. Diese Feuchtigkeitsprüfung führt der Bodenleger mit dem CM-Gerät durch. Fehlt die Kennzeichnung, so hat der Estrichleger seine Bedenken schriftlich geltend zu machen. Da in diesem Fall eine Feuchteprüfung im Estrich wegen der damit verbundenen Gefahr einer Beschädigung der Heizelemente nicht zulässig ist, gilt das Aufheizprotokoll als – relativ ungenauer – Nachweis der Belegreife.

Bodenbeläge und Verlegehinweise

Nahezu alle handelsüblichen Bodenbeläge eignen sich für die Verlegung auf beheizbaren Fußbodenkonstruktionen. Durch ihren jeweiligen Wärmedurchlasswiderstand beeinflussen sie jedoch die Vorlauftemperatur und das Regelungsverhalten einer Fußbodenheizung. Außerdem bewirken Bodenbeläge mit einem zu hohen Wärmedurchlasswiderstand einen größeren Wärmestrom nach unten und damit notwendigerweise die Verstärkung der Dämmschicht unterhalb der Heizelemente. Aus wirtschaftlichen Gründen darf daher der Wärmedurchlasswiderstand der Bodenbeläge 0,15 m^2 K/W nicht überschreiten. Bei den einzelnen Bodenbelägen sind folgende Anforderungen und Verlegehinweise zu beachten:

Keramik-, Naturwerkstein- und Betonwerksteinbeläge. Diese Hartbeläge leiten Wärme sehr gut und werden deshalb bevorzugt auf beheizbaren Bodenkonstruktionen aufgebracht. Ihr Wärmedurchlasswiderstand liegt in etwa zwischen 0,01 bis 0,02 m^2 K/W. Die üblichen Verlegearten sind in Bild **11**.65 dargestellt und in Abschn. 11.4.7.5, Fußbodenkonstruktionen mit Keramik- und Steinbelägen, näher beschrieben. Grundsätzlich unterscheiden sich die Verlegearten von Hartbelägen auf beheizbaren Fußbodenkonstruktionen nicht wesentlich von denen auf unbeheizten Bodenkonstruktionen. Keramik- und Steinbeläge können im Dickbett- und Dünnbettverfahren verlegt werden. Verwendet werden hydraulisch erhärtende Dünnbettmörtel nach DIN 18 156 sowie die in Abschn. 11.4.7.6 beschriebenen elastifizierten Mörtel und Klebstoffe gemäß DIN EN 12 004. Einzelheiten s. VOB Teil C, DIN 18 352, Fliesen- und Plattenarbeiten, DIN 18 332, Naturwerksteinarbeiten sowie DIN 18 333, Betonwerksteinarbeiten. Auf die weiterführende Spezialliteratur [1], [2] wird verwiesen.

Bodenbeläge aus Holz und Holzwerkstoffen. Für die Verlegung auf beheizbare Fußbodenkonstruktionen eignen sich Stabparkett (DIN 280-1), Mosaikparkett (DIN 280-2) und Fertigparkett-Elemente (DIN 280-5). Der Wärmedurchlasswiderstand beträgt bei Stabparkett (Eiche, 22 mm dick) 0,11 m^2 K/W, bei Mosaikparkett (Eiche, 8 mm dick) 0,04 m^2 K/W und bei Fertigparkett (10 bis 15 mm dick) 0,07 bis 0,11 m^2 K/W. Um die Schwindverformungen nach dem Einbau möglichst gering zu halten, darf der normgerechte Mittelwert der Holzfeuchte des Parketts (Stab- und Mosaikparkett 9 %, Fertigparkett-Elemente 8 %) bei der Verlegung auf keinen Fall überschritten werden. Für das vollflächige Verkleben von Holzparkett dürfen nur schubfeste Klebstoffe verwendet werden, die bis 50 °C dauertemperaturbeständig sind. Sie müssen vom Hersteller als „für Fußbodenheizung geeignet" bezeichnet sein. Zwischen Parkettboden und allen angrenzenden oder die Bodenkonstruktion durchdringenden Bauteilen ist eine mind. 15 mm breite Randfuge (Bewegungsfuge) vorzusehen. Für die Versiegelung ist ein Produkt mit hoher Filmelastizität vorteilhaft. Einzelheiten hierzu s. Abschn. 11.4.8, Holzfußbodenbeläge. Die Oberflächentemperatur des Holzfußbodens darf höchstens 28 °C betragen. Aufgrund der technologischen Eigenschaften des Naturproduktes Holz und der raumklimatischen Verhältnisse während der Heizperiode können Fugen nicht ausgeschlossen werden. Sie sind im allgemeinen gleichmäßig verteilt, bilden keinen Qualitätsmangel und müssen toleriert werden, da sie unvermeidbar sind. Dementsprechend sollen möglichst schmale und kurze Hölzer eingesetzt werden, da ein engmaschiges Fugennetz Dimensionsänderungen besser auffangen kann. Insgesamt ist die Verlegung von (Massiv)Holzfußböden auf beheizbaren Fußbodenkonstruktionen nicht unproblematisch und immer mit einem gewissen **Risiko** verbunden. Weitere Einzelheiten sind dem Merkblatt der Arbeitsgemeinschaft Holz [3] sowie VOB Teil C, DIN 18 356, Parkettarbeiten, zu entnehmen.

Elastische Bodenbeläge wie beispielsweise PVC-Beläge (Wärmedurchlasswiderstand etwa 0,025 m^2 K/W), Linoleumbeläge und Elastomerbeläge aus Kautschuk müssen ebenso wie die verwendeten Klebstoffe durch den Hersteller als „für Fußbodenheizung geeignet" ausgewiesen sein. Bei diesen Belägen ist weiter darauf zu achten, dass sie vor dem Verlegen ausreichend lange (mind. 24 Stunden) klimatisiert, d. h. auf eine für den jeweiligen Belag angemessene Verlegetemperatur ausgerichtet werden. Die Klebung von elastischen Bodenbelägen soll ganzflächig erfolgen. Bei PVC-Belägen sind die Fugen – sowohl der Bahnen- wie Plattenware – zu verschweißen, da PVC unter Wärmeeinwirkung schwindet. Die von den Herstellern speziell für Beläge auf Fußbodenheizung herausgegebenen Pflegehinweise sind zu beachten. Weitere Einzelheiten s. VOB Teil C, DIN 18 365, Bodenbelagarbeiten. Auf das vom Zentralverband des Deutschen Baugewerbes herausgegebene Merkblatt [4] wird verwiesen.

Textile Bodenbeläge. Um einen guten Wärmeübergang durch den textilen Fußbodenbelag an den zu beheizenden Raum zu erreichen, darf die Wärmedämmung dieses Belages nicht zu hoch sein. Als zulässige Höchstgrenze gilt nach DIN 66 095 (DIN EN 1307), Textile Bodenbeläge, ein Wärmedurchlasswiderstand von 0,17 m^2 K/W. Zum Vergleich: Der Wärmedurchlasswiderstand liegt bei dünnen (harten) textilen Bodenbelägen günstigstenfalls bei 0,06 m^2 K/W, bei einem 8 mm dicken Belag bei etwa 0,10 m^2 K/W und steigert sich bei voluminösen, hochwertigen Belägen auf 0,35 m^2 K/W. Textile Bodenbeläge sind für die Verwendung auf beheizbaren Fußbodenkonstruktionen geeignet, sofern sie das Zusatzsymbol „Fußbodenheizung" im Teppichsiegel aufweisen (Bild **11**.89). Textile Beläge mit thermoplastischen Rückenbeschichtungen, wie etwa bei selbstliegenden Fliesen, sind als Belag auf Fußbodenheizungen nicht geeignet. Wegen der möglichen Austrocknung und der damit verbundenen stärkeren Neigung zu elektrostatischer Aufladung sollte der textile Bodenbelag dauerhaft antistatisch ausgerüstet sein. Vgl. hierzu auch Abschn. 11.4.12.3. Textile Bodenbeläge werden mit dauertemperaturbeständigem Kleber vollflächig verklebt. Das Spannen ist infolge unkontrollierbarer und wärmetechnisch kaum erfassbarer Lufteinschlüsse, die den Wärmedurchlasswiderstand beeinflussen, problematisch. Von dieser Verlegeart ist abzuraten. Besteht die Absicht, auf den verklebten Textilbelag noch zusätzliche Einzelteppiche zu verlegen, so muss dies mit dem Heizungsbauer rechtzeitig abgesprochen werden. Weitere Einzelheiten sind dem Merkblatt des Deutschen Teppich-Forschungsinstitutes [5] sowie VOB Teil C, DIN 18 365, Bodenbelagarbeiten, zu entnehmen.

12.3 Elektrische Fußbodenheizungen

Bei den elektrisch beheizbaren Fußbodenkonstruktionen wird allgemein zwischen Speicherheizung und Direktheizung unterschieden. Die Heizelemente – meist Heizmatten – können entweder unter dem Heizestrich, im Heizestrich oder unmittelbar unter dem Bodenbelag verlegt werden. Der Wärmebedarf ist, wie bei anderen Heizsystemen auch, nach DIN 4701 zu errechnen. Einzelheiten hierzu s. Abschn. 12.1 sowie Abschn. 12.2. Für die Planung, Bemessung und Ausführung von elektrischen Fußbodenheizungen gilt DIN 44576 in Verbindung mit DIN 18 560 sowie entsprechende VDE-DIN-Normen und Rechtsvorschriften. Vor der Planung einer elektrischen Fußbodenheizung ist in jedem Fall rechtzeitig die Zustimmung des jeweils zuständigen EVU (Energie-Versorgungsunternehmen) einzuholen. Infolge der hohen Auslastung und energiepolitischen Auflagen (berechtigte ökologische Bedenken) ist eine Genehmigung keinesfalls selbstverständlich [6].

Elektrische Fußboden-Speicherheizung

Bei der elektrisch betriebenen Fußboden-Speicherheizung wird der Estrich in den Nachtstunden mit Niedertarifstrom aufgeheizt, die Wärme für Stunden gespeichert und zeitversetzt über die Fußbodenoberfläche an den zu beheizenden Raum abgegeben. Je nach Witterung muss am Tag noch mindestens zwei Stunden nachgeheizt werden können. Als Speichermasse dient ein 80 bis 100 mm dicker Heizestrich (meist Zementestrich). Bild **12**.10a.

Besondere Aufmerksamkeit ist der Temperaturbeständigkeit der verwendeten Heizelemente und Baumaterialien zu schenken. Während im normalen Betriebszustand die Temperaturen in der Heizleiterebene etwa 60 °C betragen, können nach einem Störfall durch Wärmestau Temperaturen bis 100 °C entstehen. Entsprechend muss die Temperaturbeständigkeit der Heizelemente 80 bis 150 °C, der Dämmstoffe 90 °C und der Spachtelmassen, Kleber und Bodenbeläge jeweils 50 °C betragen. Bei elektrischer Fußbodenheizung muss insbesondere die obere Lage der Dämmschicht kurzzeitig gegen eine Temperaturbeanspruchung von 90 °C widerstandsfähig sein. Außerdem darf die Zusammendrückbarkeit der Dämmschicht(en) nicht mehr als 5mm betragen. Werden zwei Dämmschichten mit unterschiedlicher Steifigkeit eingesetzt (Trittschall- und Wärmedämmplatten), sollte die dynamisch steifere Schicht oben liegen.

Bei den Heizmatten – geeignet für Speicher- und Direktheizung – handelt es sich um verlegefertig angelieferte Heizelemente. Sie bestehen in der Regel aus einzelnen Heizleitungen, die auf einem flachen Trägergewebe aus Kunststoff

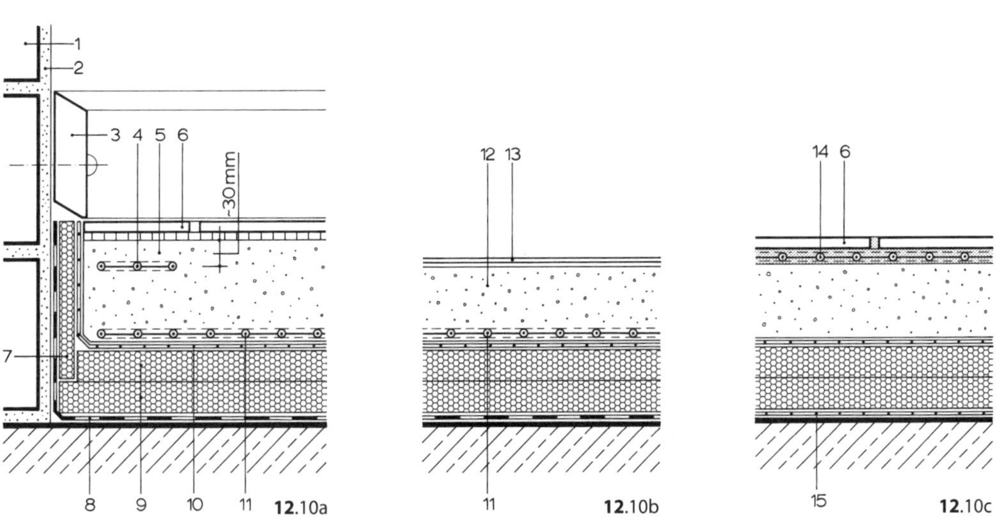

12.10 Konstruktionsbeispiele von elektrischen Fußbodenheizungen
a) elektrische Fußboden-Speicherheizung mit Direktheizung für die Randzone
b) elektrische Fußboden-Direktheizung
c) elektrische Teilflächen-Direktheizung unmittelbar unter keramischen Fliesen eingebettet

1 Mauerwerk
2 Wandputz
3 Holzsockelleiste
4 Heizmatte (Direktheizung) in der Randzone
5 Heizestrich, 80 bis 100 mm dick
6 keramische Fliesen im Dünnbett
7 Randstreifen, 5 bis 8 mm dick
8 Abdichtung (falls erforderlich)
9 Wärme- und Trittschalldämmung
10 Abdeckung, PE-Folie 0,2 mm dick
11 Heizmatte für Grundheizung
12 Heizestrich, etwa 45 mm dick
13 elastischer Bodenbelag
14 Heizmatte (Teilflächen-Direktheizung), in Spachtelmasse unter Keramikbelag eingebettet, Aufbauhöhe etwa 8 mm
15 Feuchtigkeitsschutz (PE-Folie, falls erforderlich)

SIEMENS-Vertrieb, Kulmbach

fixiert sind. Dieses Gittergewebe verhindert das Verrutschen der Heizleitungen beim Verlegen und damit eine unerwünschte Veränderung der Heizleiterabstände. Je nach mechanischer Beanspruchung und erforderlicher elektrischer Sicherheit werden Heizleitungen unterschiedlicher Bauart verwendet. Die Verlegung der Heizmatten erfolgt bei der Speicherheizung (Grundheizung) unter dem Heizestrich, direkt auf der Abdeckung (Bild **12**.10a). Heizmatten der Randzonen-Direktheizung werden etwa 20 bis 30 mm unter der Estrichoberfläche in den Heizestrich eingebettet. Der Wärmedurchlasswiderstand des Bodenbelages sollte bei Speicherheizungen zwischen 0,10 m^2 K/W und 0,15 m^2 K/W liegen.

Elektrische Fußboden-Direktheizung

Die elektrische Fußboden-Direktheizung unterscheidet sich von der Speicherheizung vor allem durch ihre relativ kurze Aufheizzeit und schnellere Wärmeabgabe an den zu beheizenden Raum (Bild **12**.10b). Dies wird einmal erreicht durch eine geringere Estrichdicke (üblicherweise 40 bis 50 mm), zum anderen durch Bodenbeläge mit niedrigem Wärmedurchlasswiderstand, vorzugsweise Keramik- und Steinbeläge. Als Vollheizung ist das System allerdings nur dort einsetzbar, wo das Energie-Versorgungsunternehmen Heizstrom für mindestens 16 Stunden freigibt und zu einem günstigen Tarif zur Verfügung stellt. Bei allen Nutzungsformen – ob als Vollheizung oder Ergänzungsheizung – darf die maximale flächenbezogene Aufnahmeleistung 160 Watt/m^2 nicht überschreiten. Da die Direktheizung jedoch auch elektrizitätswirtschaftlich sehr ungünstig ist (gleichzeitiger hoher Strombedarf bei sinkender Außentemperatur), wird sie als Vollheizung nur noch relativ selten eingeplant.

Elektrische Teilflächen-Direktheizung (Bild **12**.10c). Dieses Heizsystem eignet sich als Zusatzheizung – neben einer bereits installierten Zentralheizung – vorrangig zum Temperieren von Fußböden mit keramischen Fliesen und Platten (Badezimmer, Sauna- und Hobbyräume), zum Beheizen von Teilflächen im öffentlichen Bereich (unter Sitzgruppen, Ladenkassenzonen) und zum nachträglichen Einbau bei der Altbaumodernisierung. Neben den Keramik- und Steinbelägen sind auch alle anderen Bodenbeläge mit niedrigem Wärmedurchlasswiderstand geeignet. Der Vorteil dieser Teilflächen-Direktheizung liegt in der geringen Aufbauhöhe von nur 6 bis 8 mm. Die Steuerung erfolgt über elektronische Bodentemperaturregler; der zugehörige Messfühler wird in der Heizebene montiert. Der Anschluss an das 230-Volt-Netz muss von einem Elektrobetrieb vorgenommen werden.

12.4 Normen

Norm	Ausgabedatum	Titel
DIN 280-1	04.1990	Parkett; Parkettstäbe, Parkettriemen und Tafeln für Tafelparkett
DIN 280-2	04.1990	–; Mosaikparkettlamellen
DIN 280-5	04.1990	–; Fertigparkett-Elemente
DIN 281	03.1994	Parkettklebstoffe; Anforderungen, Prüfung, Verarbeitungshinweise
DIN 4108 Bbl 1	04.1982	Wärmeschutz im Hochbau; Inhaltsverzeichnisse; Stichwortverzeichnis
DIN 4108-1	08.1981	–; Größen und Einheiten
DIN 4108-2	03.2001	Wärmeschutz und Energie-Einsparung in Gebäuden; Teil 2: Mindestanforderungen an den Wärmeschutz
DIN 4108-3	07.2001	–; Klimabedingter Feuchteschutz; Anforderungen und Hinweise für Planung und Ausführung
DIN V 4108-4	10.1998	Wärmeschutz und Energie-Einsparung in Gebäuden; Wärme- und feuchteschutztechnische Kennwerte
DIN 4108-5	08.1981	–; Berechnungsverfahren, Ersetzt durch DIN EN ISO 6946 (1996-11) DIN EN ISO 10 211-2 (2001-06) DIN 4108-3 (2001-07)
DINV4108-6/A1	08.2001	Wärmeschutz und Energie-Einsparung in Gebäuden – Teil 6: Berechnung des Jahresheizwärme- und des Jahresheizenergiebedarfs; Änderung A1
DIN 4109	11.1989	Schallschutz im Hochbau; Anforderungen und Nachweise
DIN 4109 Bbl 1	11.1989	–; Ausführungsbeispiele und Rechenverfahren
DIN 4109 Bbl 2	11.1989	–; Hinweise für Planung und Ausführung; Vorschläge für einen erhöhten Schallschutz; Empfehlungen für den Schallschutz im eigenen Wohn- und Arbeitsbereich
DIN 4701-1	08.1995	Regeln für die Berechnung der Heizlast von Gebäuden: Grundlagen der Berechnung
DIN 4701-2	08.1995	–; Tabellen, Bilder, Algorithmen
DIN 4701-3	08.1989	–; Auslegung der Raumheizeinrichtungen
DIN 4725-4	09.1992	Warmwasser-Fußbodenheizungen; Aufbau und Konstruktion
E DIN 4725-4/A1	12.1994	–; –; Änderung A1
DIN 4725-200	03.2001	Warmwasser-Fußbodenheizungen – Systeme und Komponenten – Bestimmungen der Wärmeleistung (Rohrüberdeckung > 0,065 m)
DIN 68702	04.2001	Holzpflaster
DIN 4726	01.2000	Warmwasser-Fußbodenheizungen und Heizkörperanbindungen; Rohrleitungen aus Kunststoffen
DIN 18 164-1	08.1992	Schaumkunststoffe als Dämmstoffe für das Bauwesen; Dämmstoffe für die Wärmedämmung. Ersetzt durch DIN EN 826 (1996-05); DIN EN 13 166 (2001-10); DIN EN 13 165 (2001-10); DIN EN 13 164 (2001-10); DIN EN 13 163 (2001-10); DIN EN 822 (1994-11); DIN EN 823 (1994-11); DIN EN 824 (1994-11); DIN EN 825 (1994-11); DIN EN 1602 (1997-01); DIN EN 1604 (1997-01); DIN EN 1605 (1997-01); DIN EN 1608 (1997-01)
DIN 18 164-2	09.2001	–; Dämmstoffe für die Trittschalldämmung; aus expandiertem Polystyrol-Hartschaum
DIN 18 165-1	07.1991	Faserdämmstoffe für das Bauwesen; Dämmstoffe für die Wärmedämmung, Ersetzt durch DIN EN 826 (1996-05); DIN EN 13162 (2001-10); DIN EN 822 (1994-11); DIN EN 823 (1994-11); DIN EN 825 (1994-11); DIN EN 1602 (1997-01); DIN EN 1604 (1997-01); DIN EN 1605 (1997-01); DIN EN 1607 (1997-01); DIN EN 12087 (1997-08); DIN EN 1608 (1997-01); DIN EN 824 1994-11)
DIN 18 165-2	09.2001	-; Dämmstoffe für die Trittschalldämmung
DIN 18 201	04.1997	Toleranzen im Bauwesen; Begriffe, Anwendung, Prüfung
DIN 18 202	04.1997	Toleranzen im Hochbau; Bauwerke
DIN 18 332	12.2000	VOB Verdingungsordnung für Bauleistungen; Teil C: Allgemeine Technische Vertragsbedingungen für Bauleistungen (ATV); Naturwerksteinarbeiten
DIN 18 333	12.2000	–; –; Betonwerksteinarbeiten

Normen, Fortsetzung

Norm	Ausgabedatum	Titel
DIN 18 356	12.2000	–; –; Parkettarbeiten
DIN 18 365	12.2000	–; –; Bodenbelagarbeiten
DIN 18 560-1	05.1992	Estriche im Bauwesen; Begriffe, Allgemeine Anforderungen, Prüfung, Ersetzt durch DIN EN 13 318 (12-2000)
DIN 18 560-2	05.1992	–; Estriche und Heizestriche auf Dämmschichten (schwimmende Estriche)
DIN 18 560-3	05.1992	–; Verbundestriche
DIN 18 560-4	05.1992	–; Estriche auf Trennschicht
DIN 18 560-7	05.1992	–; Hochbeanspruchte Estriche (Industrieestriche)
DIN 44 576-1	03.1987	Elektrische Raumheizung; Fußboden-Speicherheizung; Gebrauchseigenschaften; Begriffe
DIN 44 576-2	03.1987	–; –; –; Prüfungen
DIN 44 576-3	03.1987	–; –; –; Anforderungen
DIN 44 576-4	03.1987	Bemessung für Räume
DIN 59 753	05.1980	Rohre aus Kupfer und Kupfer-Knetlegierungen für Kapillarlötverbindungen, nahtlosgezogen; Maße
DIN EN 548	09.1997	Elastische Bodenbeläge – Spezifikation für Linoleum mit und ohne Muster
DIN EN 649	01.1997	–; Homogene und heterogene Polyvinylchlorid-Bodenbeläge – Spezifikation
DIN EN 685	07.1996	–; Klassifizierung
DIN EN 688	09.1997	Elastische Bodenbeläge – Spezifikation für Korklinoleum
DIN EN 1057	05.1996	Kupfer und Kupferlegierungen – Nahtlose Rundrohre aus Kupfer
		für Wasser- und Gasleitungen für Sanitärinstallationen und Heizungsanlagen
DIN EN 1264-1	11.1997	Fußboden-Heizung – Systeme und Komponenten; Definitionen und Symbole
DIN EN 1264-2	11.1997	–; –; Bestimmung der Wärmeleistung
DIN EN 1264-3	11.1997	–; –; Auslegung
DIN EN 1307	06.1997	Textile Bodenbeläge – Einstufung von Polteppichen
DIN EN 1470	01.1998	Textile Bodenbeläge – Einstufung von Nadelvlies-Bodenbelägen, ausgenommen Polvlies-Bodenbeläge
DIN EN 1816	05.1998	Elastische Bodenbeläge; Spezifikation für homogene und heterogene ebene Elastomer-Bodenbeläge mit Schaumstoffbeschichtung
DIN EN 12 004	07.2001	Mörtel und Klebstoffe für Fliesen und Platten – Definitionen und Spezifikationen
E DIN EN 12 697-20	02.2000	Asphalt – Prüfverfahren für Heißasphalt: Eindringversuch an Probewürfeln oder Marshall-Probekörpern
E DIN EN 12 697-21	02.2000	–; Eindringversuch unter Verwendung von Platten
DIN EN 13 318	12.2000	Estrichmörtel und Estriche – Begriffe
DIN EN 13 329	09.2000	Laminatböden – Spezifikationen, Anforderungen und Prüfverfahren
E DIN EN 13 813	04.2000	Estrichmörtel, Estrichmassen und Estriche – Eigenschaften und Anforderungen an Estrichmörtel und Estrichmassen
E DIN EN 13 454-2	03.1999	Calciumsulfat-Binder, Calciumsulfat-Compositbinder und Calciumsulfat-Werkmörtel für Estriche: Prüfverfahren
E DIN EN 13 892-1	07.2000	Prüfverfahren für Estrichmörtel und Estrichmassen, Probenahme, Herstellung und Lagerung der Prüfkörper
E DIN EN 13 892-2	07.2000	–; Bestimmung der Biegezug- und Druckfestigkeit
E DIN EN 13 892-3	07.2000	–; Bestimmung des Verschleißwiderstandes nach Böhme
E DIN EN 13 892-4	02.2001	Prüfverfahren für Estrichmörtel, Bestimmung des Schleifverschleißes nach BCA
E DIN EN 13 892-5	12.2000	Prüfverfahren für Estrichmörtel und Estrichmassen, Bestimmung des Rollwiderstandes von Estrichen für Nutzschichten

Fortsetzung s. nächste Seite

Normen, Fortsetzung

Norm	Ausgabedatum	Titel
E DIN EN 13 892-6	07.2000	–; Bestimmung der Oberflächenhärte
E DIN EN 13 892-7	01.2001	–; Bestimmung der Rollstuhlfestigkeit von Estrichen mit Bodenbelägen
E DIN EN 13 892-8	02.2001	Prüfverfahren für Estrichmörtel, Bestimmung der Haftzugfestigkeit
E DIN EN 14 016-1	12.2000	Bindemittel für Magnesiaestriche – Kaustiche Magnesia und Magnesiumchlorid, Definitionen, Anforderungen

Weitere ergänzende Normen s. Abschnitt 11.5

12.5 Literatur

[1] Merkblatt: Keramische Fliesen und Platten, Naturwerkstein und Betonwerkstein auf beheizten zementgebundenen Fußbodenkonstruktionen. Stand 1995. Hrsg. Fachverband des Deutschen Fliesengewerbes im Zentralverband des Deutschen Baugewerbes, Berlin. Bezug: Verlagsgesellschaft Rudolf Müller, Köln

[2] Merkblätter: Bautechnische Informationen (BTI) – Naturwerkstein. Stand 1995. Hrsg.: Deutscher Naturwerkstein-Verband, Würzburg

[3] Merkblatt: Parkett auf Fußbodenheizung. Hrsg.: Arbeitsgemeinschaft Holz e.V., Düsseldorf

[4] Merkblatt: Elastische Bodenbeläge, textile Bodenbeläge und Parkett auf beheizten Fußbodenkonstruktionen. Stand 1981. Hrsg.: Zentralverband des Deutschen Baugewerbes, Bonn

[5] Merkblatt FH 4: Textile Bodenbeläge auf beheizten Böden. Stand 1991. Hrsg.: Deutsches Teppich-Forschungsinstitut, Aachen

[6] RWE Energie Bau-Handbuch. Hrsg.: RWE Energie Aktiengesellschaft, Bereich Anwendungstechnik, Essen. 11. Ausgabe

13 Systemböden Installationssysteme in der Bodenebene

13.1 Allgemeines

Die ständig fortschreitende Erneuerung der Kommunikationssysteme und zunehmende Technisierung aller Arbeitsbereiche erfordern vermehrt Neu- und Nachinstallationen in beispielsweise Büro- und Verwaltungsbauten, Forschungsinstituten, Rechenzentren, Industrie- und Werkräumen. Auch bei Nutzungsänderungen oder Neuvermietungen wird zunehmend eine flexible Versorgung aller Bereiche und Arbeitsplätze – an jeder Stelle des Raumes – mit Energie- und Installationsleitungen verlangt.

Als Funktions- und Installationsträger bieten sich hierfür – mit unterschiedlicher Zweckmäßigkeit – grundsätzlich an:

- Wandflächen
- Deckenzwischenräume
- Bodenhohlräume

Leichte nicht tragende Trennwände dienen der Raumtrennung. Sie übernehmen keine statische Funktion im Gebäude, so dass sie im Zuge einer Grundrissneugestaltung ohne Gefährdung der Standsicherheit entfernt oder umgesetzt werden können. Für die installationstechnische Versorgung von großflächigen Nutzräumen eignen sie sich daher im Allgemeinen nicht.

Auch die abgehängte Unterdecke ist als Verkabelungsebene weitgehend ungeeignet wegen ihrer schlechten Erreichbarkeit, der Verschmutzungs- und Beschädigungsgefahr bei mehrmaligem Öffnen sowie der umständlichen Leitungsführung zu den Tischgeräten hin.

Für die relativ problemlose Versorgung von Arbeitsplätzen kommt somit vor allem ein durchgehender, möglichst leicht zugänglicher Bodenhohlraum in Frage. Dieser eignet sich außerdem für Belüftung, Kühlung und Beheizung des darüber liegenden Nutzraumes.

Wie der nachstehende Überblick zeigt, bieten sich sehr unterschiedliche Arten von Installationssystemen in der Bodenebene an, denen jeweils bestimmte Vor- und Nachteile zugeordnet werden können.

13.2 Einteilung und Benennung: Überblick

Unterflurkanalsysteme

- Estrichbündiger Kanalboden (offenes System)
- Estrichüberdeckter Kanalboden (geschlossenes System)

Hohlraumbodensysteme

- Monolithischer Hohlraumboden (Foliensystem) mit Kunststoffschalung und AE-Fließestrich
- Mehrschichtiger Hohlraumboden (Stützfusssystem) mit Trägerplatten und AE-Fließestrich
- Trockenestrich-Hohlraumboden (Plattensystem) mit großformatigen, festmontierten Trägerplatten (Flächen-Hohlboden)

Doppelbodensysteme

- Elementierter Doppelboden (flexibles System) mit vorgefertigten, lose verlegten, an jeder Stelle wieder aufnehmbaren Bodenplatten (Element-Hohlboden)

Sonstige Installationssysteme

- Kabel-Doppelboden (Herforder Doppelboden)
- Aufboden-Installationskanal
- Brüstungs-Installationskanal
- Raum-Ständersäule-Elektroinstallationssystem
- Flachkabelboden (bleiben hier unberücksichtigt).

13.3 Unterflurkanalsysteme (estrichgebundene Kanalböden)

Die herkömmliche Art, Büroarbeitsplätze mit den notwendigen technischen Medien aus dem Fußboden zu versorgen, stellen Installations-Bodenkanäle dar – neben den Wand- und Brüstungskanälen – die hier unberücksichtigt bleiben.

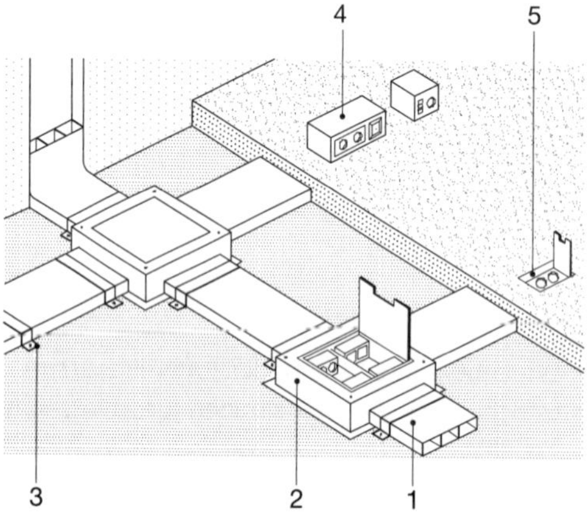

13.1 Schematische Darstellung eines estrichüberdeckten Kanalbodens (geschlossenes System)
1 Kabelkanal aus Stahlblech oder Kunststoff
2 bodenebene Einbaueinheiten (Dosenkörper)
3 Befestigungsbügel
4 bodenüberragende Einbaueinheiten (Elektranten)
5 bodenbündiger Geräteeinsatz mit selbsttätig zufallendem Klappdeckel

Allgemeine Konstruktionsprinzipien (Bild **13**.1). Je nach Fußbodenaufbau und späterer Raumnutzung (z. B. Mobiliaranordnung), werden flache Blech- oder Kunststoffkanäle im Baukastenprinzip in unterschiedlicher Weise auf die Rohdecke montiert.

Verbunden werden alle Teile durch querlaufende Verbindungskanäle und über Dosenkörper an den Kreuzungspunkten. Diese Dosenkörper ermöglichen den Zugang zu den Verlegetrassen, so dass auch noch im nachhinein weitere Leitungen eingezogen werden können. Durch in die Kanäle eingebaute Zwischenstege werden Starkstromleitungen von den Datenleitungen getrennt (ein-, zwei- oder dreizügiger Kanalquerschnitt).

13

Die Verlegung erfolgt in bestimmten Rasterabständen, entweder parallel oder senkrecht zur Fassade verlaufend. Bei den senkrecht zur Außenwand angeordneten Kanälen werden Störungen aus den Nachbarräumen – in Form horizontaler Schallübertragung unter umsetzbaren Trennwänden – eher vermieden, als bei parallel zur Fassade verlegten. Außerdem können tiefer im Rauminneren liegende Arbeitsplätze damit installationstechnisch besser versorgt werden.

Bei den Unterflursystemen ist man an die vorgegebene Kanalführung gebunden (eingeschränkte Flexibilität). Außerdem lassen die Kanäle nur eine begrenzte Installationsdichte zu. Dies hat in der Baupraxis oftmals zur Folge, dass das Kanalnetz in zu kleinen Rasterabstandsmaßen verlegt wird, wodurch dann – bei dem ansonsten preisgünstigen System – relativ hohe Investitionskosten entstehen.

13.3.1 Estrichbündiger Kanalboden (offenes System)

Systembeschreibung. Bei dieser Bauart sind die Kanäle von oben – wie beim Doppelboden – durchgehend in ihrer gesamten Länge zu öffnen. Sie ermöglichen dadurch eine schnelle Verkabelung und jederzeitige Nachinstallation sowie eine gute Ausnutzung des Kanalinnenraumes.

Die Kanalabdeckung besteht üblicherweise aus 3 bis 4 mm dickem, verzinktem Stahlblech, auf das die jeweiligen Verkehrslasten direkt einwirken. Je nach Bedarf werden Steinbelag, Parkett oder textiler Bodenbelag in bodenbündige Metallrahmen eingearbeitet.

Wie Bild **13**.2 zeigt, sind bei einigen Systemen die Kanäle in der Höhe stufenlos justierbar, so dass sie sich mit ihren flexiblen bzw. höhenverschiebbaren Seitenwänden allen Unebenheiten der Rohdecke bzw. dem einzubringenden Estrichniveau anpassen lassen.

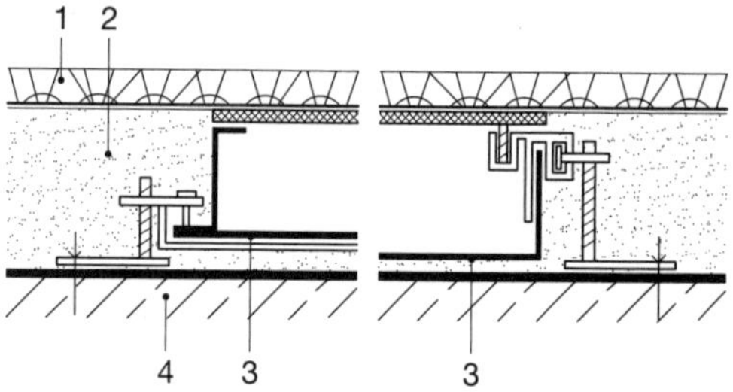

13.2 Konstruktionsbeispiel: Estrichbündiger Kanalboden (offenes System) [1]
1 Bodenbelag
2 Verbundestrich
3 Metallkanal, höhenjustierbar
4 Rohdecke

Besondere Merkmale. Der estrichbündige Kanalboden zeichnet sich durch geringe Konstruktionshöhe aus (Mindestestrichhöhe ≥ 40 mm) und ist relativ preisgünstig.

Als nachteilig wird das unterschiedliche Klangverhalten beim Begehen (Stahlblech-Verbundestrich) empfunden und das unter Umständen sich streifenförmige Abzeichnen der Kanalabdeckung bei textilen Bodenbelägen.

Beim estrichbündigen System sind des weiteren nur fußbodenüberstehende Installationsgeräte (Elektranten) verwendbar. Sie bilden Stolperfallen und dürfen nicht in Laufzonen angeordnet werden.

Brandschutztechnische Anforderungen ergeben sich bei estrichbündig angeordneten Kanälen nur für die obere Abdeckung der Kanäle in allgemein zugänglichen Fluren und in Treppenräumen. Sie muss aus nichtbrennbaren Baustoffen bestehen und darf keine Öffnungen aufweisen. Ausgenommen sind Nachbelegungs- oder Revisionsöffnungen, die dicht mit einem Verschluss aus nichtbrennbarem Material versehen sind.

Die Durchführung estrichbündig liegender Kanäle durch Wände, für die eine raumabschließende Feuerwiderstandsklasse gefordert wird, muss so ausgebildet sein, dass eine Übertragung von Feuer und Rauch nicht zu befürchten ist.

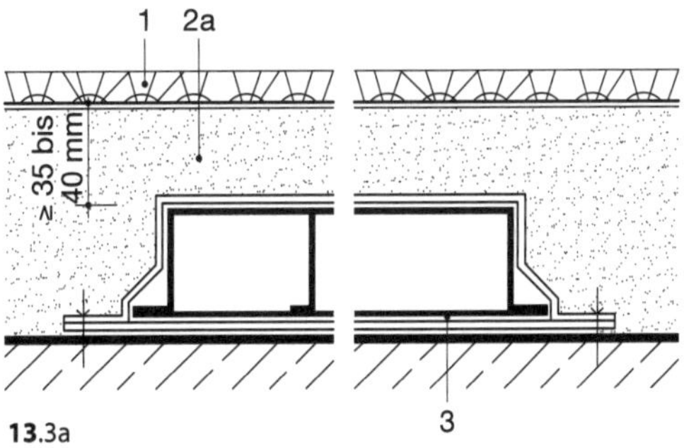

13.3a

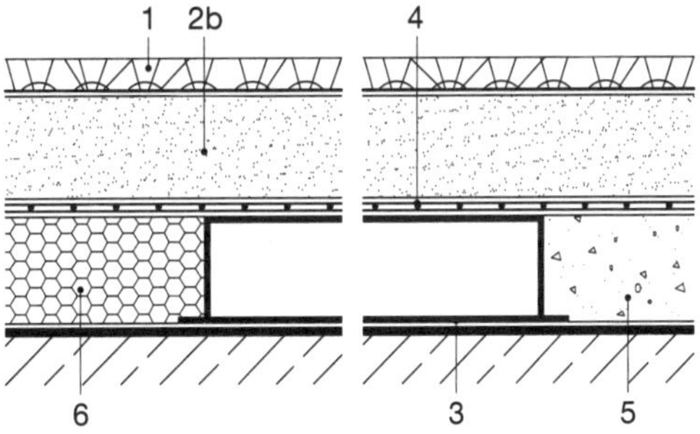

13.3b

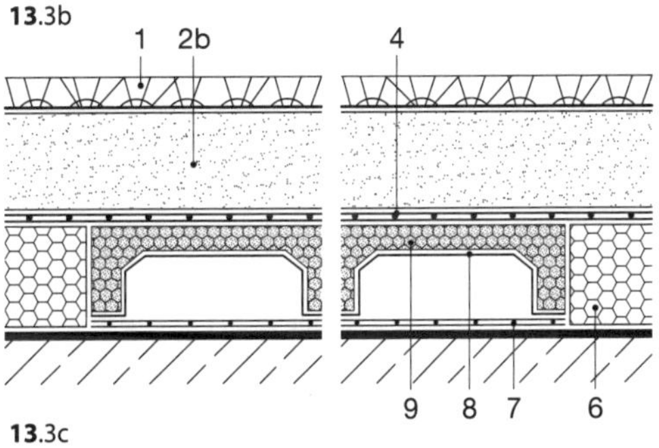

13.3c

13.3 Konstruktionsbeispiel: Estrichüberdeckte Kanalböden (geschlossenes System)

a) Metallkanal auf ebener Rohdecke montiert und vollflächig in Verbundestrich eingebettet

b) Metallkanal auf ebener Rohdecke montiert und in Dämmschichthöhe (Dämmstoffplatten oder Trockenschüttung) unter einem schwimmenden Estrich verlegt [1]

c) Mehrzügiger Kunststoffkanal mit Dämmschale auf ebener Rohdecke montiert und in Dämmschichthöhe unter einem schwimmenden Estrich verlegt [2]

1 Bodenbelag
2a Verbundestrich
2b schwimmender Estrich
3 Metallkanal
4 PE-Folie
5 Trockenschüttung
6 Dämmstoffplatten
7 Kunststofffolie (Gleitschicht)
8 Kunststoffkanal (Polystyrol)
9 Dämmschale (Hartschaum)

13.3.2 Estrichüberdeckter Kanalboden (geschlossenes System)

Systembeschreibung. Die allseitig geschlossenen Kanäle aus Stahlblech oder Kunststoff werden auf die Rohdecke montiert und entweder in Verbundestrich bzw. Estrich auf Trennlage eingebettet oder in Dämmschichthöhe unter einem schwimmenden Estrich verlegt (Bild **13**.3a bis c).

In Verwaltungsbauten mit flexibler Raumaufteilung (Skelettbauten mit umsetzbaren Trennwänden) kommt der Einsatz eines schwimmenden Estrichs allerdings weniger in Betracht, da dort in der Regel Rohdecke mit Verbundestrich – einschließlich fugendichter Unterdecke – einen ausreichenden Schallschutz (Trittschalldämmung und Schall-Längsdämmung) abgeben. S. hierzu auch Abschn. 15.3.3.1 und 15.3.3.2.

Estrichüberdeckung. Je nach Bodenaufbau sind folgende Mindestestrichüberdeckungen über Kanal einzuhalten, um die Tragfähigkeit der Estrichplatte zu gewährleisten und Rissbildungen im Kanalbereich zu vermeiden:

- Verbundestrich und Fließestrich auf Trennlage 35 mm
- Fließestrich auf Dämmlage 40 mm
- konventioneller Estrich auf Dämmlage 45 mm.

S. hierzu auch Abschn. 11.3.6.4, Estrichkonstruktionen und Estrichherstellung.

Besondere Merkmale. Der estrichüberdeckte Kanalboden zeichnet sich je nach Bauart durch relativ große Estrichhöhen und damit auch längere Trockenzeiten bis zur Belegreife aus. Vgl. hierzu Tabelle **11**.32.

Auch das Nachrüsten der Trassen über die Öffnungen der Unterflurdosen ist bei diesem geschlossenen System umständlicher und die Nutzungskapazität der Kanäle systembedingt begrenzt.

Wird das Kanalnetz in zu kleinen Rasterabstandsmaßen verlegt, stören viele Zugdosen und Blinddeckel das Bodenbild und verteuern zudem das System.

13.3.3 Allgemeine Anforderungen und technische Daten

Normen und Richtlinien. Alle Unterflur-Elektroinstallationssysteme müssen gemäß DIN VDE 0634-1 ausgebildet und geprüft sein.

Einbauöffnungen für Geräteeinsätze werden entweder vor der Estrichverlegung in Form von Styropor-Schalkörper festgelegt oder nach dem Aushärten des Estrichs durch Kernbohrungen hergestellt. Um dabei die Gefahr der Kanalverschmutzung durch Bohrmehl auszuschließen, dürfen nur Bohrwerkzeuge mit Absaugvorrichtungen verwendet werden.

Einbaueinheiten (Geräteeinbau). DIN VDE 0634-1 nennt drei Arten von Einbaueinheiten und zwar

- fußbodenebene,
- fußbodenüberragende,
- höhenvariable.

Bei Kanalböden mit Estrichhöhen unter 50 (55) mm sind nur fußbodenüberragende Installationsgeräte (Elektranten) einsetzbar.

Erst ab 50 (55) mm Estrichhöhe ist ein fußbodenebener Geräteeinbau möglich. Üblicherweise wird von einer Mindestestrichhöhe von 70 mm ausgegangen.

Geräteeinsätze und Fußbodenpflege. Nach DIN VDE 0634-1 müssen die jeweiligen Bodeneinsätze so gebaut und bemessen sein, dass sie bei bestimmungsgemäßem Gebrauch keine Gefahr für Personen und Sachen darstellen.

Dabei ist auch die Art der anstehenden Fußbodenpflege – insbesondere bei der Auswahl fußbodenebener Geräteeinsätze – mit zu berücksichtigen. Man unterscheidet

- trockengepflegte Fußböden,
- nassgepflegte Fußböden.

Fußbodenebene Einbaueinheiten werden vor allem in trockenen Räumen mit trockengepflegten Fußböden eingesetzt. Bodenebene Einbauten haben sich jedoch auch bei nassgepflegten Fußböden bewährt, sofern die Geräteeinsätze mit selbsttätig zufallendem Klappdeckel und entsprechend gesicherter Kabelauslassöffnung ausgerüstet sind.

Fußbodenüberragende Einbaueinheiten werden vorwiegend in nassgepflegten Räumen und bei zu niedrigen Bodenaufbauten installiert; auf die damit verbundene Stolpergefahr wird jedoch hingewiesen.

13.4 Hohlraumbodensysteme

Moderne Büro- und Verwaltungsbauten werden zunehmend mit großflächigen Installationsböden ausgerüstet, deren Hohlraum je nach Bedarf als Verkabelungsebene für Telekommunikation-, Daten- und elektrische Versorgungsleitungen sowie zur klimatechnischen Nutzung (Lüftung, Kühlung, Heizung) herangezogen werden kann.

Hohlraumböden werden in drei ganz unterschiedlichen Bauarten angeboten, die jeweils bestimmte Vor- und Nachteile aufweisen. Nach ihrem konstruktiven Aufbau unterscheidet man

- monolithischen Hohlraumboden,
- mehrschichtigen Hohlraumboden,
- Trockenestrich-Hohlraumboden.

Die lichte Installationshöhe liegt bei den Hohlraumböden in der Regel zwischen 40 und 200 mm.

13.4.1 Monolithischer Hohlraumboden (Foliensystem)

Systembeschreibung (Bild **13**.4). Bei dieser Bauart besteht die Unterkonstruktion aus tiefgezogenen, dünnwandigen PVC-Schalungselementen mit angeformten Tragfüßen. Diese bilden auf der Unterseite eine gewölbeförmige Hohlraumstruktur, die sich zur Leitungsführung und klimatechnischen Nutzung anbietet.

Die Stoßfugen der auf der Rohdecke verlegten Kunststoffelemente (600 x 600 mm) werden am Einsatzort mit Klebeband o. Ä. abgedichtet. Spezielle Randprofile aus Schaumstoff verhindern die Schallübertragung entlang der Wandflächen und anderer aufgehender Bauteile. Darauf aufkaschierte Folienstreifen dichten außerdem die Randfuge während der Estricharbeiten ab.

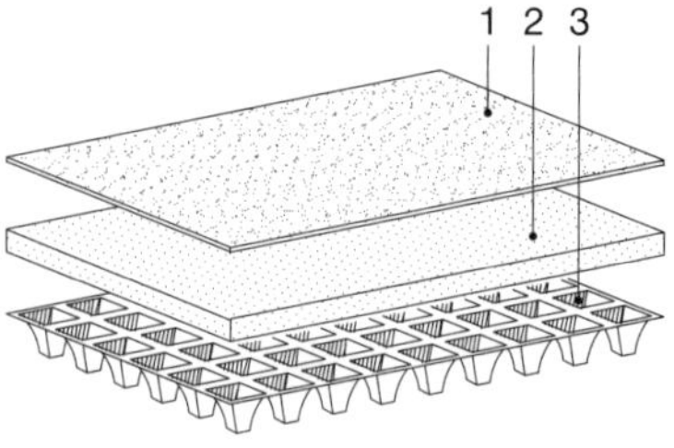

13.4 Schematische Darstellung eines monolithischen Hohlraumbodens (Foliensystem) mit Kunststoffschalung und Anhydrit-Fließestrich (Nassbauweise)
1 Bodenbelag
2 Anhydrit-Fließestrich
3 Kunststoffelemente (600 x 600 mm)

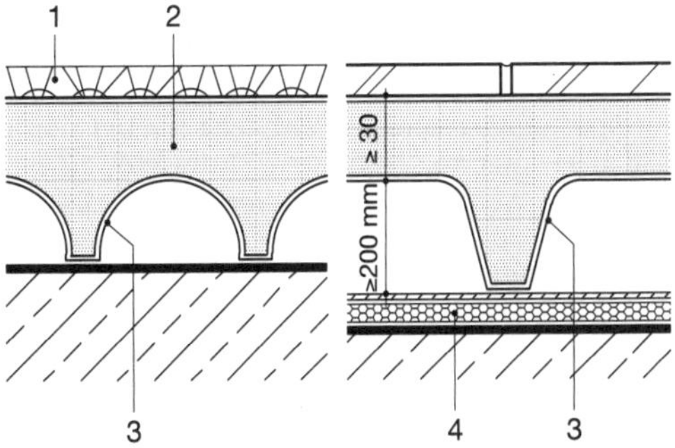

13.5 Konstruktionsbeispiel: Monolithisch aufgebauter Hohlraumboden mit Schalungselementen und Anhydrit-Fließestrich (Foliensystem)

1 Bodenbelag
2 Anhydrit-Fließestrich
3 PVC-Schalungselemente (Folienschalung)
4 Wärme-/Trittschalldämmung (ggf. mit oberseitiger Abdeckung aus 1 mm dicken Stahlblechtafeln als Lastverteilungsschicht)

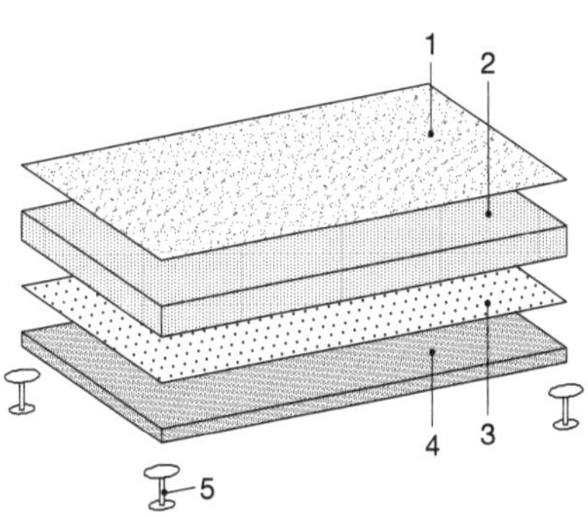

13.6 Schematische Darstellung eines mehrschichtig aufgebauten Hohlraumbodens (Stützfußsystem) mit Trägerplatte und Anhydrit-Fließestrich (Nassbauweise)

1 Bodenbelag
2 Anhydrit-Fließestrich
3 Trennlage
4 Tragschicht
5 höhenverstellbare Stützfüße

Auf die so geschlossene Schalfläche wird anschließend der selbstnivellierende Anhydrit-Fließestrich eingebracht, so dass ein monolithischer Bodenaufbau entsteht (Bild **13**.5).

Beim Verlegevorgang passt sich die flexible Folienschalung dem Rohfußboden an. Geringfügige Unebenheiten des Rohbodens werden mit variierender Estrichdicke ausgeglichen. Der Ausgleich größerer Unebenheiten erfolgt durch unterschiedlich hohe Schalelemente. Daraus ergeben sich jedoch ungleiche Trockenzeiten bis zur Belegreife innerhalb ein- und derselben Bodenfläche.

Estrichnenndicke. Die Estrichnenndicke ist vom jeweiligen Systemanbieter anzugeben; die erforderliche Mindestestrichüberdeckung beträgt 30 mm.

13.4.2 Mehrschichtiger Hohlraumboden (Stützfußsystem)

Systembeschreibung (Bild **13**.6). Hohlraumböden dieser Bauart bestehen aus mehreren, voneinander getrennten Schichten.

Als begehbare Trägerplatte werden meist 15 bzw. 18 mm dicke Gipsfaserplatten verwendet, die unterseitig mit höhenverstellbaren Stützfüßen zum Ausgleich von Rohbodenunebenheiten versehen sind.

Diese werkseitig vorgefertigten Stützfüße können entweder in Bohrungen der Trägerplatten eingesetzt und mit Fließestrich vergossen (Hohlraumstützen aus Kunststoff) oder einfach unterseitig angeschraubt bzw. angeklebt werden (Metallstützen). Bild **13**.7 und **13**.8.

Auf die Oberseite der Trägerplatten wird eine dichte Trennschicht (z. B. 0,2 mm PE-Folie) verlegt

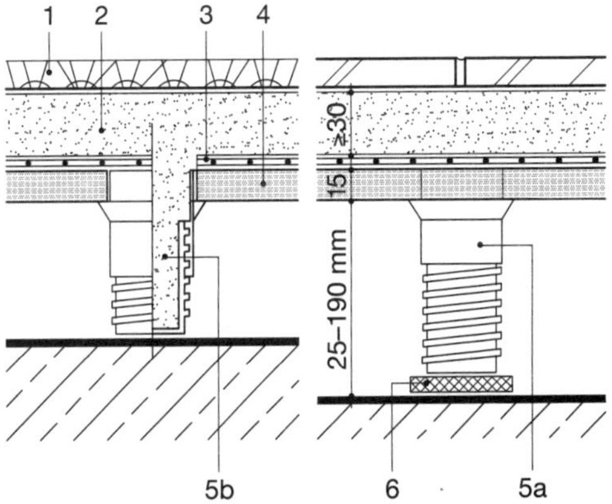

13.7 Konstruktionsbeispiel: Mehrschichtiger Hohlraumboden (Nassbauweise) mit höhenverstellbaren Stützfüßen [8]

1 Bodenbelag
2 Anhydrit-Fließestrich
3 Trennlage (z. B. 0,2 mm PE-Folie)
4 Tragschicht (Gipsfaserplatten)
5a höhenverstellbarer Stützfuß
5b Stützfuß mit Fließestrich gefüllt
6 Trittschalldämmung (Dämmelement aus z. B. Polyurethan-Kautschuk)

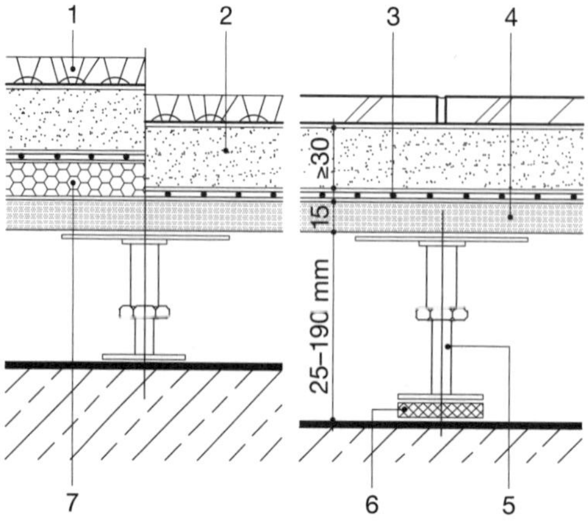

13.8 Konstruktionsbeispiel: Mehrschichtiger Hohlraumboden (Nassbauweise) mit höhenverstellbaren Stützfüßen [8]

1 Bodenbelag
2 Anhydrit-Fließestrich
3 Trennlage
4 Tragschicht (Gipsfaserplatten)
5 Stützfüße aus Metall
6 Trittschalldämmung
7 Wärmedämmung

und darauf ein selbstnivellierender Fließestrich aufgebracht. Entlang der Wandflächen und anderer aufgehender Bauteile sind Randdämmstreifen mit selbstklebenden Folienstreifen vorzusehen.

Estrichnenndicke. Die erforderliche Mindestestrichüberdeckung beträgt 30 mm.

Besondere Merkmale. Eine vergleichende Gegenüberstellung der beiden angeführten Bauarten weist deutliche Vorzüge zugunsten des mehrschichtigen Hohlraumbodens auf.

13

- Mehrschichtiger Hohlraumboden. Kennzeichnend sind sein relativ großer, freier Installationsquerschnitt, optimaler Brandschutz, seine günstigen Schallschutzwerte in horizontaler und vertikaler Richtung sowie seine hohe Tragfähigkeit. Diese erlaubt es, Trennwände ohne zusätzliche Maßnahmen darauf aufzustellen.

  Die Trägerplatten sind bereits beim Verlegevorgang uneingeschränkt begehbar und es besteht nicht die Gefahr des Einfließens von Estrichmörtel in den Hohlraum wie beim Foliensystem.

  Der Ausgleich von Rohbodenunebenheiten ergibt sich durch die höhenverstellbaren Stützfüße. Dadurch ist bei dieser Bauart eine gleichmäßig dicke Estrichschicht und damit auch eine gleichmäßige Austrocknung bis zur Belegreife gewährleistet.
- Monolithischer Hohlraumboden. Wie zuvor bereits erläutert, können Unebenheiten bei dieser Bauart nur mit erhöhtem Aufwand ausgeglichen werden. Des weiteren ist bei diesem System der frei verfügbare Installationsquerschnitt aufgrund des engeren Stützfußrasters deutlich begrenzt, so dass diese Art des Hohlraumbodens in Büro- und Verwaltungsbauten nicht mehr so häufig eingesetzt wird.

Insgesamt ist der estrichgebundene Hohlraumboden eine wirtschaftliche Alternative zum Kanalboden (Unterflurkanalsystem). Zu beachten ist jedoch, dass bei den beiden vorgenannten Bauarten viel Feuchtigkeit mit dem Fließestrich in das Bauwerk eingebracht wird und somit längere Trocknungszeiten bis zur zulässigen Belegreife für den jeweiligen Bodenbelag in Kauf genommen werden müssen. S. hierzu Tabelle **11**.32 und Tabelle **12**.9.

13.4.3 Trockenestrich-Hohlraumboden (Plattensystem)

Flächen-Hohlboden

Die relativ lange Trockenzeit der Tragschicht bei estrichgebundenen Systemböden führte zur Entwicklung des Hohlraumbodens in Trockenbauweise, auf den unmittelbar nach seiner Montage der Gehbelag aufgebracht werden kann.

Systembeschreibung (Bild **13**.9). In der Regel ist die Tragschicht bei dieser Bodenart aus Gipsfaser-

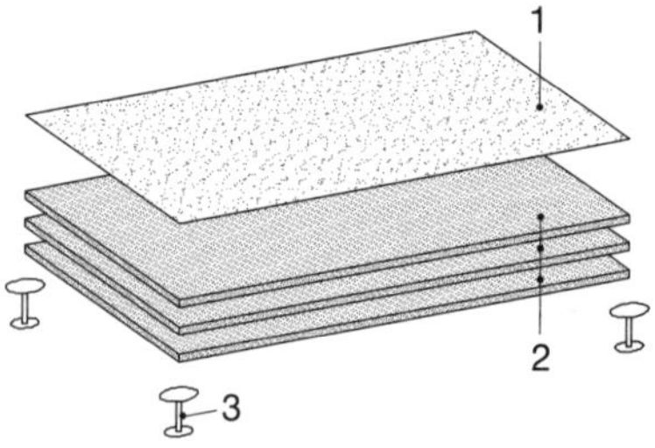

13.9 Schematische Darstellung eines Trockenestrich-Hohlraumbodens (Plattensystem) mit Tragschicht aus Unterbodenelementen (Trockenbauweise)

1 Bodenbelag
2 Gipsfaserplatten (zwei- oder dreischichtig, je nach System)
3 höhenverstellbare Stützfüße

platten; nur in besonderen Fällen werden Holzwerkstoffplatten verwendet.

- **Trockenestrich-Hohlraumboden aus Gipsfaserplatten** (Bild **13**.10) besteht je nach System aus zwei- oder dreischichtig aufgebauten Unterbodenelementen (Abmessungen 600 x 1200 mm), deren einzelne Lagen vollflächig im Verband miteinander verklebt sind und die auf höhenverstellbaren Stahlstützen verlegt werden.

  Die Ränder der entweder aus gleich dicken (3 x 12,5 mm) oder unterschiedlich dicken Platten (25 + 15 mm) zusammengesetzten Bodenelementen sind mit Nut- und Federprofil oder Stufenfalz versehen, so dass durch deren Stoßverklebung eine homogene, planebene und besonders tragfähige Nutzfläche entsteht. S. hierzu auch die Bilder **11**.52 und **11**.53.

  Bei dünnen und empfindlichen Bodenbelägen (z. B. PVC-Bahnenware) sind die Fugen zu verspachteln und die Verlegefläche zu grundieren.

  Wird Stuhlrolleneignung gefordert, ist zusätzlich eine vollflächige Spachtelung (mind. 2 mm) notwendig. Vgl. hierzu auch Abschn. 11.3.7, Fertigteilestrich.

Besondere Merkmale. In Trockenbauweise erstellte Hohlraumböden aus Gipsfaserplatten weisen im Vergleich mit estrichgebundenen Systemböden einige Vorteile auf.

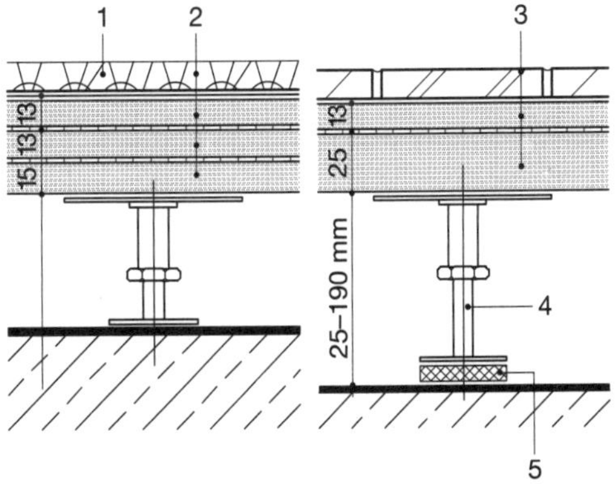

13.10 Konstruktionsbeispiel: Mehrschichtiger Trockenestrich-Hohlraumboden mit Tragschicht aus Unterbodenelementen (Trockenbauweise) [8]
1 Bodenbelag
2 3-lagige Tragschicht aus Gipsfaserplatten
3 2-lagige Tragschicht aus Gipsfaserplatten
4 höhenverstellbare Stützfüße
5 Trittschalldämmung (Dämmelement aus z. B. Polyurethan-Kautschuk)

Zu nennen sind vor allem die erheblich kürzeren Bauabwicklungszeiten, da keine Austrocknungszeiten wie bei den Nassestrichen zu berücksichtigen sind.

Des weiteren zeichnen sie sich durch relativ günstige Investitionskosten und einen bis zu 90 % frei verfügbaren Installationshohlraum aus, der eine richtungsfreie Verlegung von Ver- und Entsorgungsleitungen zulässt.

- **Trockenestrich-Hohlraumboden aus Holzwerkstoffplatten**. Auf Grund der materialbedingten Eigenschaften der Holzspanplatten (Schwinden und Quellen) ist die Maßbeständigkeit der Tragschicht bei dieser Bodenart weniger gegeben als bei Unterbodenelementen aus Gipsbaustoffen.

  Die Verwendung von kunstharzgebundenen Holzspanplatten als Verlegegrund von Keramik- und Steinbelägen (Rissbildung) sowie bei dünnen elastischen Bodenbelägen (Abzeichnen der Plattenfugen im Gehbelag) ist daher nicht unproblematisch und immer mit einem **Risiko** verbunden. Vgl. hierzu auch Abschn. 11.3.7.2 sowie Abschn. 11.4.7.6, Holzspanplatten als Verlegegrund.

13.4.4 Allgemeine Anforderungen und technische Daten

Normen und Richtlinien. Als technisches Regelwerk gelten das vom Bundesverband Systemböden herausgegebene „Technische Handbuch" [3] und die „Sicherheitsrichtlinie für Hohlraumböden" [4]. Damit stehen erstmals einheitliche und vergleichbare Kriterien zur Beurteilung derartiger Installationsböden zur Verfügung.

Die Produktnorm DIN EN 13 213 „Hohlraumböden" liegt als Entwurf vor.

Ebenheitstoleranzen. Der Rohbetonboden, auf dem die Hohlraumkonstruktion aufgebracht wird, muss die nach DIN 18 202, Tab. 3, Zeile 2, geforderten Ebenheitstoleranzen aufweisen.

Für die Estrichoberfläche gelten die Ebenheitstoleranzen gemäß DIN 18 202, Tabelle 3, Zeile 3. S. hierzu auch Tabelle **11**.2.

Estrichqualität. Die Estrichqualität ist gemäß DIN 18 560-1 zu beurteilen. Selbstnivellierender Anhydrit-Fließestrich (z. B. AEF-20) eignet sich – auf Grund seiner guten Maßbeständigkeit – in besonderer Weise zur Herstellung der Tragschicht bei Hohlraumböden. Einzelheiten hierzu sind den Abschnitten 11.3.6.2 bis 11.3.6.4 zu entnehmen.

Trockenzeiten und zulässige Feuchtigkeitsgehalte (Belegreife) von unbeheizten Estrichen s. Tabelle **11**.32. Die Feuchte der Rohbetondecke darf im Mittel 3 Gew.-./. nicht überschreiten.

Einbauöffnungen für den Geräteeinbau sowie Geräteeinsätze und Fußbodenpflege s. Abschn. 13.3.3.

Tragfähigkeit. Die Tragfähigkeit eines Hohlraumbodens wird im wesentlichen von seinem konstruktiven Aufbau und der Festigkeit der Tragschicht bestimmt.

Ausschlaggebend für die Sicherheit von Systemböden ist in der Regel nicht ihre Flächenbelastbarkeit, sondern die Tragfähigkeit hinsichtlich punktuell einwirkender Lasten (Punktlasten).

Die Zuordnung des Hohlraumbodens zu einer Tragfähigkeitsklasse erfolgt auf Grund der zu erwartenden statischen Belastung. In der „Sicherheitsrichtlinie für Hohlraumböden" wird zum einen von der sog. Nennpunktlast ausgegangen – der eigentlichen Lasthöhe, die während der Nutzung des Systembodens auftreten darf – zum anderen von der sog. Sicherheitspunktlast, die auf keinen Fall überschritten werden darf.

Wie Tab. **13**.11 zeigt, unterscheiden sich Nennpunktlast und Sicherheitspunktlast um den Sicherheitsfaktor 2,0. Weitere Einzelheiten sind der Sicherheitsrichtlinie für Hohlraumböden [4] sowie DIN EN 13 213 zu entnehmen.

Brandschutz. Die Musterbauordnung und die Mustersonderbauordnungen enthalten keine besonderen brandschutztechnischen Anforderungen an Hohlraumböden – und Doppelböden –, deren Hohlräume zur Aufnahme von Leitungen dienen. Sie entziehen sich weitgehend einer sinnvollen Beurteilung des Brandverhaltens als Bauteil nach DIN 4102, da die Brandlasten im Hohlraum auf Grund des geringen Raumvolumens in Verbindung mit den ungünstigen Ventilationsverhältnissen keinen Normalbrand ermöglichen.

Gemäß der „Musterrichtlinie über brandschutztechnische Anforderungen an Hohlraumböden" [5] brauchen diese keiner brandschutztechnischen Prüfung nach DIN 4102 unterzogen zu werden; sie entsprechen den Grundanforderungen der Musterbauordnung, wenn die

- lichte Installations-Hohlraumhöhe 200 mm nicht überschreitet,
- mineralische Estriche verwendet werden und
- wenn in allgemein zugänglichen Fluren und Treppenräumen die Schalungselemente aus nichtbrennbaren Baustoffen (Baustoffklasse A nach DIN 4102) bestehen. Bei Hohlraumböden, die außerhalb dieser Bereiche eingebaut werden, bestehen brandschutztechnisch keine Bedenken brennbare verlorene Schalungen zu verwenden, sofern diese mindestens aus Baustoffen der Baustoffklasse B2 nach DIN 4102 bestehen. Weitere Einzelheiten hierzu s. [6].

Trennwände, mit Ausnahme von Wänden zwischen Brandabschnitten, dürfen auf die vorgenannten Hohlraumestriche gestellt werden, wenn diese Estriche fugenlos sind und aus nichtbrennbaren Baustoffen bestehen. In allen anderen Fällen sind sie auf der Rohdecke aufzustellen, es sei denn, die Wände sind zusammen mit dem betreffenden Fußbodenaufbau hinsichtlich der Feuerwiderstandsdauer geprüft.

Schallschutz. In der Richtlinie VDI 3762 werden die wesentlichen schallschutztechnischen Eigenschaften von Hohlraumböden beschrieben und entsprechende Anforderungen und Messverfahren detailliert aufgeführt [9].

Bei der Planung und Beurteilung muss grundsätzlich zwischen vertikaler und horizontaler Schallübertragung unterschieden werden. Vgl. hierzu auch Abschn. 13.5.6, Schallschutz von Doppelböden.

- **Die vertikale Trittschalldämmung** von Hohlraumbodenkonstruktionen wird am wirkungsvollsten erreicht durch
  - möglichst günstiges Verbesserungsmaß des Bodenbelages,
  - möglichst große flächenbezogene Masse der Tragschicht,
  - vollflächiges Auslegen von Trittschalldämmplatten auf der Rohdecke (je nach System ggf. mit oberseitiger Abdeckung aus 1 mm dicken Stahlblechtafeln),
  - Alternativ: Aufkleben von ca. 5 mm dicken Polyurethan-Kautschukteller an der Auflagefläche des Stützfußes (Bild **13**.8 und **13**.10).
- **Die horizontale Schall-Längsdämmung** von Hohlraumböden wird im wesentlichen beeinflusst durch
  - Verbesserungsmaß des Bodenbelages,
  - flächenbezogene Masse der Tragschicht,
  - konstruktiven Aufbau des Hohlraumbodens (monolithisch oder geschichtet),
  - Art und Anzahl der Trennfugen (z. B. Fugenschnitt bzw. Fugenprofile im Estrich entlang der Trennwände),
  - Hohlraumdämpfung in Form von Absorberschotts o. Ä. unterhalb der Trennwände.

Tabelle **13**.11 Zuordnung von Laststufen für Systemböden (Hohlraum- und Doppelböden) [4], [10]

Laststufe	Nennpunktlast [N]	Sicherheitspunktlast¹⁾ [N]	Einsatzbeispiele
2	2000	4000	Büros mit geringer Frequentierung
3	3000	6000	Normale Bürobereiche, Hörsäle, Schulungs- und Behandlungsräume
4	4000	8000	Konstruktionsbüros Büros mit gehobener Frequentierung
5	5000	10 000	Büros mit hoher Frequentierung, Industrieböden mit leichtem Betrieb, Lagerräume, Werkstätten mit leichter Nutzung
6²⁾	6000	12 000	Böden mit Betrieb von Flurförderzeugen, Industrie- und Werkstattböden, Tresorräume

1) unter Berücksichtigung des Sicherheitswertes v = 2

2) Für Systemböden mit im Einzelfall spezifizierten hohen Anforderungen können weitere Laststufen definiert werden. Für diese Laststufen gilt die Beziehung: Laststufe (ganzzahlig) x 1000 N = Nennpunktlast

- **Auf die Luftschalldämmung** von Hohlraumböden haben textile und elastische Bodenbeläge keinen Einfluss. Lediglich die Schallabsorption im Raum selbst lässt sich durch textile Beläge erhöhen.

Wärmeschutz. Bei Deckenflächen (Rohdecken), die unmittelbar an das Erdreich oder unterseitig an die Außenluft grenzen, können Wärmedämmmaßnahmen notwendig werden. Vgl. hierzu Tabelle **11**.24.

In derartigen Fällen wird der Hohlraumboden auf Wärmedämmplatten (z. B. Styropor PS 30 SE) verlegt, die zuvor oberseitig mit 1 mm dicken verzinkten Stahlblechtafeln abgedeckt werden, um ein Eindrücken der Stützfüße in die Dämmschicht zu verhindern (Bild **13**.5).

Je nach Anforderung, kann die Wärme- bzw. Trittschalldämmschicht auch in Form eines schwimmenden Estrichs eingebracht werden (Bild **13**.8).

Lüftung-Kühlung-Heizung. Neben der Unterbringung von Ver- und Entsorgungsleitungen aller Art kann der Hohlraumboden auch zu Zwecken der Lüftung-Kühlung-Heizung des darüber liegenden Nutzraumes herangezogen werden. S. hierzu auch Abschn. 13.5.6, Lüftungssysteme von Doppelböden.

Die Luftzuführung erfolgt über den unter Überdruck stehenden, möglichst weitgehend abgedichteten Bodenhohlraum, direkt zu Bodenauslässen mit mengenregulierbaren Drosselvorrichtungen. Der jeweilige Fugendurchlasskoeffizient (a-Wert) der Hohlraumbodenkonstruktion ist gemäß DIN EN 13 213 durch Prüfzeugnis zu belegen.

Da dieser Druckraum der Luftzuführung dient, sind Verschmutzungen jeglicher Art im Hohlraum auszuschließen. Die Oberfläche des Rohbodens muss daher möglichst staubfrei gereinigt und mit einem geeigneten 2-Komponenten-Anstrich beschichtet sein.

Gemäß VDI 3803, Bauliche und technische Anforderungen an RLT-Anlagen, sind Luftleitungen dieser Art so auszubilden, dass sie reinigungs- und inspektionsfähig sind. Bei luftführenden Hohlraumböden ist daher entweder im Flurbereich oder/und entlang der Außenfassade ein Doppelbodenkanal für diese Zwecke vorzusehen.

Kombination von Systemböden

Die kombinierte Verlegung von Doppel- und Hohlraumböden ist angebracht, wenn sich die jeweiligen systembedingten Vorteile gegenseitig sinnvoll ergänzen.

Doppelböden werden üblicherweise dort eingebaut, wo mit hoher Installationsdichte und häufigen Revisionen zu rechnen ist (Flur- und Technikzonen). In Bereichen mit geringer Versorgungsdichte (Büroräume) und überall dort, wo homogene Verlegeflächen erwünscht sind, empfiehlt sich der Einsatz des kostengünstigeren Hohlraumbodens.

Der Einbau eines sog. Doppelbodenkanals – eines Kabelkanals, der in seiner ganzen Länge von oben zu öffnen ist – erfolgt vorzugsweise entlang des Fassadenbereiches, um große Hohlraumbodenflächen von zwei Richtungen (Gebäudekern und Fassade) installationstechnisch günstig erschließen zu können.

13.5 Doppelbodensysteme (Element-Hohlboden)

13.5.1 Allgemeines

Systembeschreibung. Unter dem Begriff Doppelboden versteht man ein auf Abstand zur Tragdecke aufgeständertes Bodensystem, das im wesentlichen aus elementierten, industriell vorgefertigten Bodenplatten und höhenjustierbaren Stützen besteht. Alle Teile werden am Einsatzort in Trockenbauweise zu einem Flächenverbund zusammengefügt, es entsteht das Doppelbodensystem.

Da die Einzelplatten an jeder beliebigen Stelle wieder herausgenommen werden können, ist überall ein direkter Zugang zu den im Hohlraum untergebrachten Installationen sowie Ver- und Entsorgungsleitungen möglich. Arbeitsräume aller Art sind damit so flexibel gestalt- und nutzbar, dass sie jederzeit neuen, funktionsgerechten Anforderungen angepasst werden können.

Doppelböden werden dementsprechend in Büro- und Verwaltungsbauten, EDV-Zentralen u. Ä. eingesetzt, vorwiegend aber auch überall dort, wo hohe Belastbarkeit gefordert ist, wie beispielsweise in Rechenzentren, Schalträumen, Labors und Fertigungsbetrieben.

Ein weiterer Vorteil des Doppelbodens liegt darin, dass dieser auch klimatechnische Funktionen wie Lüftung, Kühlung, Heizung übernehmen kann und zwar wesentlich effektiver und flexibler als dies Hohlraumböden zulassen. Allerdings müssen dafür auch relativ hohe Investitionskosten veranschlagt werden.

Besondere Merkmale. Doppelböden zeichnen sich im Vergleich mit Estrichkanal- und Hohlraumbodensystemen vor allem durch hohe Flexibilität und Belastbarkeit aus. Da der Boden an jeder beliebigen Stelle geöffnet werden kann, wird er vor allem dort eingebaut, wo mit hoher Installationsdichte und häufigen Revisionen sowie Nach- und Umrüstungen zu rechnen ist.

Bei Bedarf kann der Installationshohlraum Höhen bis 1800 mm und darüber aufweisen, so dass darin großvolumige Rohre und Kanäle für klimatechnische Anlagen u. a. untergebracht werden können. Auch die schall- und brandschutztechnischen Eigenschaften sind als günstig zu bezeichnen.

Die Montage der werkseitig vorgefertigten Einzelteile erfolgt in vollkommener Trockenbauweise; damit ist der Doppelboden nach seiner

Fertigstellung sofort begehbar und belastbar. Im Gegensatz zu den estrichgebundenen Bodensystemen fallen keine Baufeuchte und somit keine Wartezeiten an.

Nachteilig können sich systembedingte Mängel wie das Knarren und der sog. Barackenbodeneffekt bei zu leichten Doppelbodenplatten bemerkbar machen. Probleme können auch auftreten bei der horizontalen Schall-Längsdämmung unter umsetzbaren Trennwänden, so dass der nachträgliche Einbau von Abschottungen im Hohlraum notwendig werden kann.

Wesentlich höher als bei den estrichgebundenen Systemböden sind allerdings die Investitionskosten. Da beim geöffneten Doppelboden jedoch jede Stelle direkt erreichbar ist, fallen die laufenden Unkosten für Reparatur, Wartung und Umorganisation insgesamt niedriger aus.

13.5.2 Systemkomponenten

Doppelböden setzen sich im wesentlichen aus folgenden Hauptbestandteilen zusammen (Bild **13**.12):

- **Doppelbodenplatten**, hergestellt aus verschiedenartigen Werkstoffen bzw. Werkstoffkombinationen, mit oder ohne Bodenbelag.
- **Unterkonstruktion**, bestehend aus
  Metallstützen, für Lastabtragung und Herstellung unterschiedlicher Bodenhöhen,
  Stützkopfauflagen, für Ableitung elektrostat. Aufladungen, Trittschalldämmung und Plattenfixierung,
  Rasterstäbe, für tragende bzw. aussteifende und dichtende Funktionen.
- **Systemergänzende Zubehörteile**.

13

13.5.3 Doppelbodenplatten

Die Eigenschaften der Doppelbodenplatten stehen in Zusammenhang mit den Eigenschaften der verwendeten Werkstoffe. Diese haben den Anforderungen des Einsatzzweckes zu genügen und zwar insbesondere bezüglich

- Tragfähigkeit,
- Feuchteeinwirkung,
- Temperaturschwankungen,
- Schallschutz,
- Brandschutz.

Wie die Bilder **13**.13 bis **13**.15 verdeutlichen, können Doppelbodenplatten aus ganz verschiedenartigen Werkstoffen bzw. Werkstoffkombinationen hergestellt werden. Es kommen vorwiegend zum Einsatz:

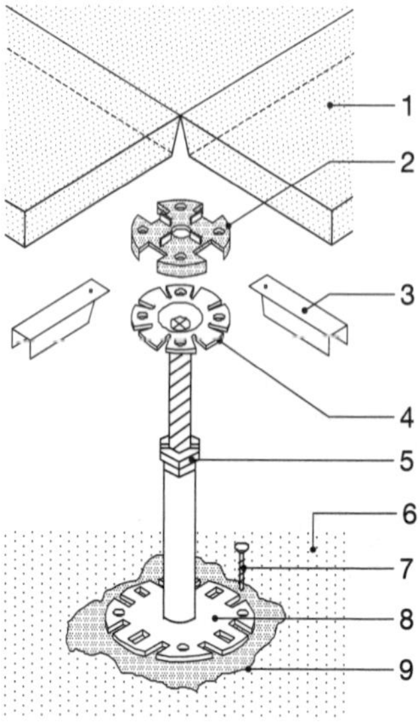

13.12 Schematische Darstellung der Hauptbestandteile und des konstruktiven Aufbaues eines Doppelbodens
1 Doppelbodenplatten (Trägerplatten)
2 Stützkopfauflage aus Kunststoff
3 Raserstäbe (Traverse), bei Bedarf
4 höhenverstellbare Doppelbodenstütze
5 Gewindesicherung
6 Rohbodenbeschichtung (Anstrich), bei Luftzuführung im Hohlraum
7 Dübelbefestigung, bei Bedarf
8 Fußplatte der Stütze
9 Stützenkleber

- Doppelbodenplatten aus Holzwerkstoff
- Doppelbodenplatten aus faserverstärkten Mineralstoffen
- Doppelbodenplatten aus Metallwanne mit Anhydritfüllung
- Doppelbodenplatten aus Stahl
- Doppelbodenplatten aus Aluminium.

Jeder Werkstoff hat seine spezifischen Vor- und Nachteile, auf die nachstehend kurz eingegangen wird. Welche Plattenart dann letztlich jeweils eingesetzt wird, muss immer objektbezogen beurteilt und in Beratungsgesprächen mit Planern, Nutzern und Anbietern entschieden werden.

Folgende Qualitäts- und Nutzungskriterien sind dabei besonders zu beachten:

- Gewicht der Platten
- Formstabilität der Platten

- Passgenauigkeit der Platten
- Quell-/Schwindneigung der Platten
- Korrosionsschutz aller gefährdeten Teile
- Standfestigkeit der Unterkonstruktion (auch bei geöffnetem Doppelboden).

Doppelbodenplatten aus Holzwerkstoff (Bild **13**.13a, b) sind auf Grund der zahlreichen Konstruktionsvarianten und ihrer relativ einfachen Verarbeitung universell einsetzbar.

Die üblicherweise 38 mm dicken Spanplatten, mit dem Standardrastermaß 600 x 600 mm und Rohdichten zwischen 680 und 780 kg/m³, müssen grundsätzlich den E1-Anforderungen bezüglich der Formaldehydemission entsprechen, um damit die Bedingungen der Gefahrstoffverordnung zu erfüllen.

Spanplatten in Normalausführung werden in die Baustoffklasse B2 normal entflammbar nach DIN 4102 eingestuft. Durch Beimischen entsprechender Salze kann die Baustoffklasse B1 schwer entflammbar erreicht werden, so dass die Gesamtkonstruktion derart ausgerüsteter Doppelböden die Anforderungen der Feuerwiderstandsklasse F30 nach DIN 4102 erfüllt.

Damit stellen Doppelböden aus Holzwerkstoffplatten eine zusätzliche Brandlast dar. Dies lässt sich nur durch den Einsatz von nichtbrennbaren Plattenwerkstoffen umgehen, die allerdings auch teurer sind.

Spanplatten in Standardausführung sind elektrisch normal leitfähig. Höhere Ableitfähigkeit kann durch Beimischen leitfähiger Bestandteile erreicht werden. Eine ableitfähige Doppelbodenkonstruktion erfordert insgesamt einen leitfähigen Belag, leitfähig verklebt, kontaktiert mit leitfähiger Stützenauflage und Erdungsschellen; die Erdung erfolgt immer bauseits.

Da Holzwerkstoffplatten eine deutlich stärkere Neigung zur Feuchteaufnahme und damit zum Quellen und Schwinden (= Formänderung) aufweisen – als dies beispielsweise mineralische Platten tun – ist eine allseitige Beschichtung der Platten mit diffusionshemmenden Materialien erforderlich. Aus diesem Grund wird jeweils auf die Plattenunterseite eine 0,05 (0,08) mm dicke Aluminium-Feinblechbeschichtung als Feuchteschutz vollflächig aufkaschiert. Damit wird ein Feuchteausgleich zwar zeitlich hinausgezögert, bei länger anhaltender Einwirkung jedoch nicht verhindert.

Umlaufende Kunststoffkanten – die in der Regel 4° nach unten angeschrägt sind um ein einfacheres Herausnehmen zu ermöglichen – schützen die Platten vor mechanischen Beschädigungen, verhindern das seitliche Eindringen von Feuchtigkeit und das ansonsten unvermeidliche Knarren der Doppelbodenkonstruktion beim Begehen („selbstschmierende" Eigenschaft der Kantenprofile).

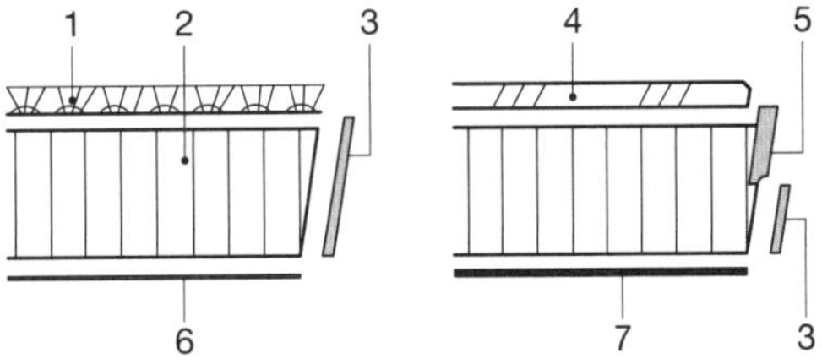

13.13a **13**.13b

13.13 Doppelbodenplatten aus Holzwerkstoff
a) mit Teppichbelag und diffusionshemmenden Materialien als Feuchteschutz
b) mit Keramikbelag, Kantenschutzprofil und Stahlblechtafel zur Traglasterhöhung

1 textiler Belag
2 Spanplatte (z. B. 38 mm)
3 PVC-Kunststoffkante
4 Keramik-/Naturwerksteinplatte
5 Spezial-Kantenschutzprofil
6 Aluminium-Feinblech (z. B. 0,05 bis 0,08 mm)
7 Stahlblechtafel (z. B. 0,5 bis 1,0 mm)

Die Tragfähigkeit der Spanplatten kann einmal durch die Erhöhung der Rohdichte, zum anderen durch das Aufkleben von 0,5 (1,0) mm dicken, verzinkten Stahlblechtafeln auf der Plattenunterseite (= Verbundkonstruktion) erreicht werden. Eine weitere wesentliche Traglasterhöhung ist durch den Einbau von Rasterstäben erzielbar.

Doppelbodenplatten können mit einer Vielzahl von technischen Einbauten (z. B. Lüftungsauslässe, Elektranten) versehen werden. Diese Einbauten haben jedoch Einfluss auf die technischen Eigenschaften des Bodens (z. B. Minderung der Tragfähigkeit und der Schalldämmung zwischen benachbarten Räumen).

Bei Holzwerkstoffplatten mit zu niedriger flächenbezogener Masse (Rohdichte unter 700 kg/m³) kann der sog. Barackenbodeneffekt auftreten: Je nach Bodenbelag klingt der Doppelboden „hohl".

Doppelbodenplatten aus faserverstärkten Mineralstoffen (Bild **13**.14). Diese Trägerplatten werden aus verschiedenartigen Bindemitteln hergestellt und weisen dementsprechend auch

13

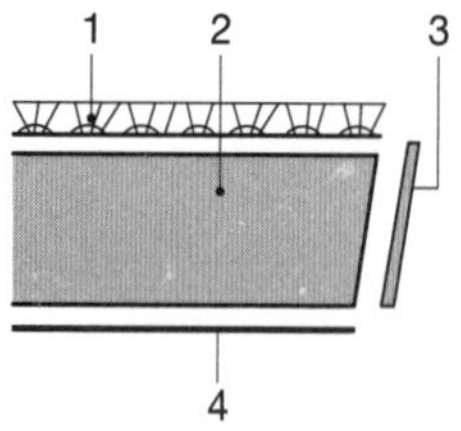

13.14 Doppelbodenplatte aus faserverstärkten, nichtbrennbaren Mineralstoffen
1 textiler Bodenbelag
2 faserverstärkte Gipsplatte (z. B. 36 mm)
3 PVC-Kunststoffkante gegen Stoß und Feuchte
4 Stahlblechtafel (z. B. 0,8 mm) zur Traglasterhöhung und als Feuchteschutz

unterschiedliche Werkstoffeigenschaften und Rohdichten auf.

- **Faserverstärkte Gipsplatten** bestehen aus Gips und Zellulosefasern, die im Recyclingverfahren gewonnen werden und als Armierung dienen. Gipsfaserplatten sind nicht genormt; ihre Rohdichte liegt zwischen 1100 und 1400 kg/m^3. Da sie feuchteempfindlich sind, müssen sie – ähnlich wie die Holzwerkstoffplatten – allseitig gegen Feuchte geschützt werden.
- **Calciumsilikat-Platten** bestehen aus Sand, Kalkstein, weiteren Füllstoffen und Armierungsfasern. Sie sind hoch temperaturbeständig (bis 1200 °C) und – im Gegensatz zu den Gipsfaserplatten – dauerhaft feuchteunempfindlich (wasserfest); ihre Rohdichte liegt zwischen 500 und 900 kg/m^3. Derartige Platten sind jedoch relativ teuer.

13

Alle Platten werden als nichtbrennbar in die Baustoffklasse A2 nach DIN 4102 eingestuft, so dass die Gesamtkonstruktion dieser Doppelböden die Anforderungen der Feuerwiderstandsklasse F30 bis F60 nach DIN 4102 erfüllt.

Doppelbodenplatten aus faserverstärkten Mineralstoffen erhalten – ähnlich wie die Holzwerkstoff-Doppelbodenplatten – einen umlaufenden Kantenschutz aus PVC-Profilen; auch ihre Tragfähigkeit wird durch das Aufkleben von 0,5 mm dicken, verzinkten Stahlblechtafeln auf der Plattenunterseite weiter erhöht (= Verbundkonstruktion).

Im Vergleich mit Doppelbodenplatten aus Holzwerkstoff entspricht die nichtbrennbare Trägerplatte aus faserverstärkten Mineralstoffen in besonderem Maße den Anforderungen des vorbeugenden Brandschutzes, des Feuchteschutzes (je nach Art des verwendeten Bindemittels) und auf Grund des relativ hohen Flächengewichtes, den erhöhten Anforderungen des Schallschutzes.

Dieser Plattentyp wird daher bevorzugt für Großraumbüros und Schalterhallen eingesetzt.

Doppelbodenplatten aus Metallwanne mit Anhydritfüllung (Bild **13**.15a, b). Die patentierte Bodenplatte besteht aus einer tiefgezogenen, korrosionsgeschützten Metallwanne, die mit nichtbrennbarem synthetischen Anhydrit AB 20 nach DIN 4208 gefüllt ist.

Diese mineralische Füllung weist eine hohe Festigkeit, geringe Quell- und Schwindeigenschaften sowie hervorragende Brandschutzwerte auf (Baustoffklasse A1 nach DIN 4102). Bei Hitzeeinwirkung wird in Anhydrit gebundenes Wasser (sog. Kristallwasser) freigesetzt und dadurch eine Kühlwirkung erzielt. Vgl. hierzu auch Abschn. 11.3.6.2, Anhydritestrich/Calciumsulfatestrich.

Auf Grund der Unbrennbarkeit des Plattenmaterials und den sich aus dem hohen Flächengewicht ergebenden guten schalldämmenden Eigenschaften eignet sich diese Bodenkonstruktion insbesondere für repräsentative Bereiche, wie beispielsweise Foyers, Casinos, Museen usw., die einen hohen Begehkomfort verlangen.

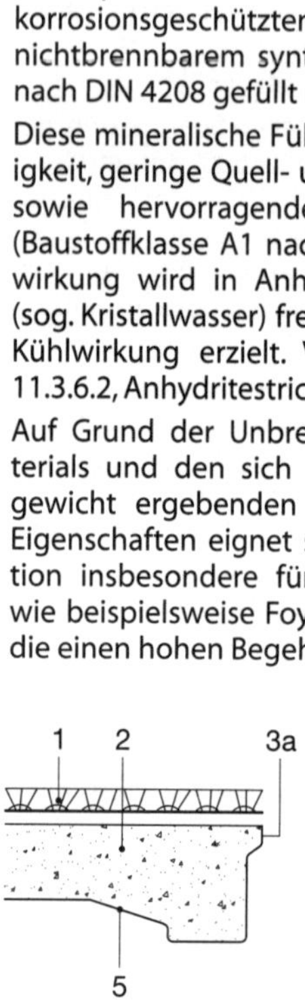

13.15a

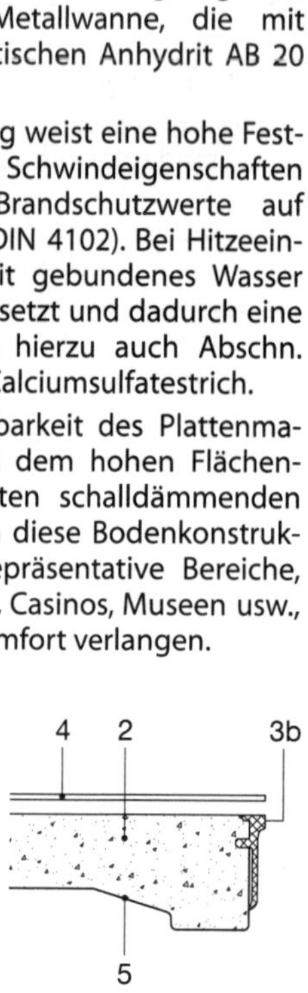

13.15b

13.15 Doppelbodenplatten aus Metallwanne mit Anhydritfüllung [11]
a) mit stabiler, stoßfester Stahlkante
b) mit werkseitig aufgebrachter Schutzkante
1 textiler Bodenbelag
2 mineralische Anhydrit-Füllung
3a angeformte Stahlkante
3b Spezial-Schutzkante
4 elastischer Bodenbelag o. Ä.
5 korrosionsgeschützte Stahlwanne

Doppelbodenplatten aus Stahl (Bild **13**.20 und **13**.21) bestehen aus einem nach statischen Gesichtspunkten bemessenen Stahlprofilrohrrahmen und einem Deckblech aus hochwertigem Stahl. Alle Teile sind verschweißt.

Stahlplatten sind im Vergleich mit Aluminiumplatten schwerer, von höherer Festigkeit und

Tragfähigkeit und müssen gegen Korrosion geschützt sein (z. B. in Form einer Pulverbeschichtung).

Dieser Doppelbodentyp wird überall dort eingesetzt, wo neben hoher Tragfähigkeit robuste Materialeigenschaften gefordert sind, wie beispielsweise in Fertigungsbereichen, Reinräumen, Rechenzentren usw.

Doppelbodenplatten aus Aluminium. Aluminium ist ein sehr hochwertiger und teurer Werkstoff, der auf Grund seiner spezifischen Eigenschaften nur in ganz bestimmten Anwendungsbereichen in Form von Druckgussplatten eingesetzt wird.

Aluminiumplatten weisen im Vergleich mit Stahlplatten ein geringeres Gewicht und Unempfindlichkeit gegen Feuchtigkeit sowie geringere Maßtoleranzen auf. Aluminiumteile lassen sich daher mit hoher Präzision und Passgenauigkeit herstellen.

Obwohl Aluminium der Baustoffklasse A zugeordnet wird, verliert es im Brandfall wegen seines niedrigen Schmelzpunktes (bei etwa 500 °C) die Tragfähigkeit sehr schnell und verhält sich somit ähnlich wie Stahl. Die Feuerwiderstandsklasse F30 wird nicht erreicht.

13.5.4 Unterkonstruktion

Jeder Doppelboden hat bei der Nutzung vertikale und horizontale Kräfte aufzunehmen und abzuleiten. Die einzelnen Doppelbodenplatten liegen jeweils an den vier Eckpunkten auf Stützen auf und werden von diesen zentriert und arretiert. Stützen stellen somit die statisch stabile Verbindung und Lastübertragung zwischen dem Baukörper (Rohdecke) und den Doppelbodenplatten her.

Metallstützen (Bild **13**.16a, b). Je nach Hohlraumhöhe und den zu erwartenden statischen sowie funktionellen Forderungen sind diese – bezüglich Werkstoff und Konstruktion – unterschiedlich ausgebildet. Immer sind sie jedoch höhenverstellbar, exakt justierbar und meist selbst arretierend.

Doppelbodenstützen werden entweder aus Stahl oder Aluminium hergestellt.

- **Stützen aus verzinktem Stahl** sind immer dann erforderlich, wenn die Doppelbodenkonstruktion insgesamt hohen Stabilitäts- oder/und Brandschutzanforderungen gerecht werden muss.

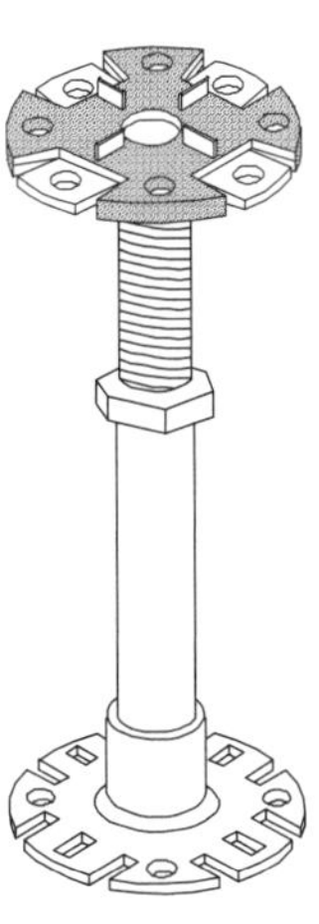

13.16a

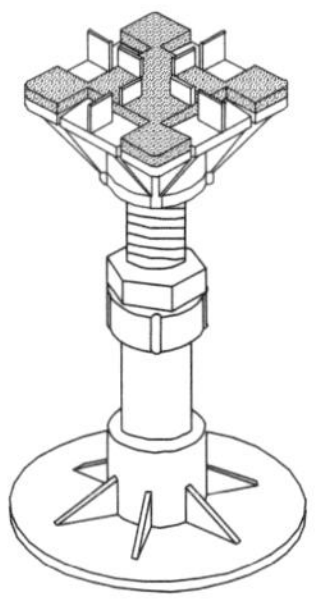

13.16b

13.16 Höhenverstellbare Metallstützen mit Stützkopfauflagen
a) Doppelbodenstütze aus verzinktem Stahl mit PVC-Auflage
b) Doppelbodenstütze aus Aluminium-Druckguss mit PVC-Auflage

- **Stützen aus Aluminium-Druckguss** eignen sich für die normalen Anforderungen.

Im Regelfall steht im vorgegebenen Raster – üblicherweise alle 600 x 600 mm – eine Stütze. Bei höheren Traglastanforderungen können auch kleinere Raster (z. B. 600 x 400, 500 x 500 mm) oder Rastermaße nach Kundenwünschen eingeplant werden.

Bei der Montage werden die Fußplatten der Stützen standsicher auf trockener, staubfreier Rohbodendecke verklebt oder bei unzureichendem Klebeverbund noch zusätzlich verdübelt. Bei Stützen > 500 mm Höhe ist eine Verdübelung immer erforderlich.

Stützkopfauflage (Bild **13**.16a, b). Die PVC-Auflage erfüllt im wesentlichen drei Anforderungen. Sie dient zur

- Ableitung elektrostatischer Aufladung,
- Trittschalldämmung,
- Plattenfixierung bzw. Plattenarretierung.

Für die notwendige horizontale Schubsicherheit sorgen eine Reihe überstehender Nocken, die in entsprechende Aussparungen auf der Unterseite der Doppelbodenplatten greifen. Ineinandergehakt bewirken sie die notwendige Selbstfixierung bzw. Arretierung, so dass sich die Bodenplatten

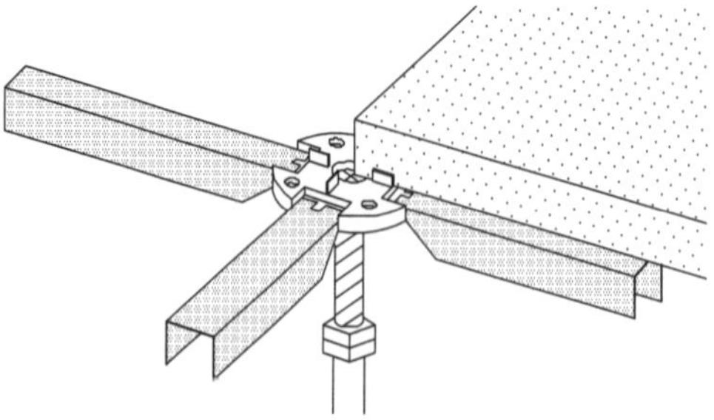

13.17 Schematische Darstellung von Rasterstäben für tragende bzw. aussteifende und dichtende Funktionen

gegenüber der Unterkonstruktion nicht unzulässig verschieben können.

Rasterstäbe (Bild **13**.17). Mit dem Einbau von Rasterstäben in Form von gekanteten Π-Profilen lassen sich die statischen Eigenschaften des Doppelbodens – wie Tragfähigkeit und Horizontalaussteifung – deutlich verbessern. Zusätzlich kann damit bei Bedarf auch die Fugendichtigkeit erhöht werden.

Im einzelnen unterscheidet man tragende oder nur versteifende Profile, die entweder eingehängt oder mit dem Stützenkopf verschraubt werden (mit und ohne Dichtungsband).

Stützenkopf und Profilstab sind so genau gefertigt und so präzise aufeinander abgestimmt, dass der Tragrost in der Regel vor Ort nur noch zusammengesteckt wird. Nachfolgende Installationsarbeiten im Bodenhohlraum werden durch die einzeln herausnehmbaren Stahlprofilstäbe nicht behindert.

13.5.5 Systemergänzende Zubehörteile

Alle Systembodenhersteller bieten serienmäßig eine Vielzahl ergänzender Zubehörteile an. Diese ermöglichen eine vielfältige Nutzung der Doppelböden und erhöhen damit deren Gebrauchswert ganz wesentlich. Zu nennen sind insbesondere:

- **Technotranten**. Darunter versteht man Einsätze in den Doppelbodenplatten mit Anschlüssen für Staubsaug- und Feuerlöschdosen, Rauchmelder, Luftauslässe usw.
- **Elektranten** ermöglichen Anschlüsse für Stromversorgung und Informationssysteme.
- **Abschottungen** unterteilen den Doppelbodenhohlraum je nach Anforderung. Man unterscheidet:
  - Lüftungsabschottungen
  - Brandschutzabschottungen
  - Schallschutzabschottungen.

  Diese Abschottungen bestehen aus ein- oder mehrschaligen Konstruktionen. Sie können aus Mineralwolle, Gipsbauplatten, Gasbetonelementen u. a. hergestellt werden.
- **Bewegungsfugenprofile** dienen in der fertigen Bodenfläche zum konstruktiven und dennoch unauffälligen Ausgleich von Gebäudebewegungen.
- **Kabeltrassen** eignen sich zur Aufnahme und Verlegung von Elektro- und sonstigen Versorgungsleitungen. Die Kabelpritschen werden abgelöst vom Rohboden an den Stützen befestigt, so dass die Leitungen beim möglichen Auslösen der Sprinkleranlage nicht im Wasser liegen.
- **Treppen und Rampen** werden zum Überwinden der Höhenunterschiede systemergänzend angeboten.

Doppelbodengeeignete Fußbodenbeläge. Beläge beeinflussen ganz wesentlich die Funktionsfähigkeit und das Aussehen eines Doppelbodens. Mit gewissen Einschränkungen sind nahezu alle Belagarten auf Doppelböden verlegbar, insbesondere textile und elastische Beläge, Keramik- und Naturwerksteinplatten sowie Holzparkett und Laminate. S. hierzu auch Abschn. 11.4, Fußbodenbeläge.

Eignungskriterien. Alle Beläge müssen eine sog. „Doppelbodeneignung" aufweisen. Je nach Einsatzbereich und Belagart sind bestimmte Eignungskriterien zu erfüllen:

- Verschleißwiderstand
- Dimensionsstabilität
- Stuhlrolleneignung
- Lichtechtheit
- elektrostatisches Verhalten
- brand-/schalltechnisches Verhalten
- Kanten-/Schnittfestigkeit des Belages
- Eignung des Belagmusters
- Eignung der Rückenausrüstung
- Schälwiderstand nach Angabe.

Textile Bodenbeläge. Die Vielfalt der textilen Bodenbeläge bezüglich Herstellungsverfahren, Materialwahl, Musterungsmöglichkeit, belagspezifischer Verlegemethoden und ihrer späteren Nutzung erfordern bestimmte Sicherheitsanforderungen (Doppelbodeneignung). Im einzelnen sind zu beachten:

- Textile Beläge mit Schaumrücken sind nicht zulässig.
- Die Dimensionsstabilität muss auch nach Reinigungsmaßnahmen gewährleistet sein.
- Die in der Sicherheitsrichtlinie für Doppelböden [10] angegebenen Schälwerte > 0,8 N/mm müssen gegeben sein, ohne dass sich die Rückenbeschichtung spaltet oder vom Belagrücken löst.

Keramik- und Naturwerksteinplatten. Doppelbodenplatten mit Hartbelägen erhalten in der Regel einen im Herstellerwerk angeformten, meist schwer entflammbaren Kantenschutz aus PU oder PVC. Damit werden die Belagkanten gegen Beschädigungen geschützt und eine passgenaue Fugenbildung erzielt. S. hierzu Bild **13**.13b.

Verlegearten. Die Beläge können im Herstellerwerk auf die Doppelbodenplatten appliziert, oder am Einsatzort auf die fertig eingebaute Doppelbodenanlage entweder vollflächig aufgebracht (z. B. textile Bahnenware) oder mit wiederaufnahmefähigen SL-Teppichfliesen belegt werden.

In diesem Zusammenhang gilt es zu beachten, dass Doppelbodenanlagen in der Regel bereits zu Beginn der Innenausbauarbeiten eingebaut werden, in dieser Bauphase jedoch erhöhte Verschmutzungsgefahr besteht. Dies bedingt, dass bereits im Herstellerwerk aufgebrachte Beläge vor Ort kostspielig abgedeckt und geschützt werden müssen.

Aus diesem Grund werden Doppelbodenböden immer häufiger ohne Belag eingebracht und erst später vor Ort mit einem geeigneten Bodenbelag (z. B. textile Bahnenware) beschichtet. Dies wiederum widerspricht jedoch der Funktion des Doppelbodens, dessen Hohlraum jederzeit zugänglich sein sollte. Außerdem besteht hier die Gefahr, dass sich die Plattenfugen in Folge unkontrollierter Luftbewegungen und damit einhergehender Staubablagerungen im Plattenkantenbereich abzeichnen. Wird diese Verlegeart gewählt , muss die Rohbodendecke möglichst staubfrei gesäubert und mit einem 2-Komponenten-Anstrich beschichtet werden.

Teppichfliesen. Einen jederzeitigen Zugang zum Installationsraum gestatten wiederaufnahmefähige Teppichfliesen (SL-Fliesen).

Wie in den Abschnitten 11.4.12.2 und 11.4.12.5 näher erläutert, bestehen die Fliesenrücken entweder aus

- Schwerbeschichtung auf PVC-, Latex- oder Bitumen-Basis mit darin eingebundenem Glasfaservlies oder
- extra dickem und schwerem, vollständig recycelbarem Spezialfilz (Polyestervlies).

Erfahrungsgemäß müssen SL-Fliesen auf Doppelbodenplatten immer noch zusätzlich fixiert werden, um ein Verrutschen zu vermeiden. Diese Fixierung dient lediglich als Rutschbremse und ist keine Verklebung. Die Fliesen können jederzeit aufgenommen und auch ausgetauscht werden.

13.5.6 Allgemeine Anforderungen und technische Daten

Normen und Richtlinien. Als technisches Regelwerk gilt die vom Bundesverband Systemböden herausgegebene „Sicherheitsrichtlinie für Doppelböden" [10].

Die Produktnorm DIN EN 12 825 „Doppelböden" liegt im Entwurf vor.

Ebenheitstoleranzen. Die Höhennivellierung der Stützen und damit der Doppelbodenplatten muss eine ausreichende Ebenheit der fertigen Fußbodenfläche ergeben. Diese muss nach DIN 18 202, Toleranzen im Bauwesen, mindestens den Regelforderungen (Zeile 3) oder den erhöhten Anforderungen (Zeile 4) der Tabelle 3 dieser Norm entsprechen. S. hierzu Tabelle **11**.2.

Tragfähigkeit. Für die Sicherheit eines Doppelbodens ist die Tragfähigkeit von ausschlaggebender Bedeutung. Ähnlich wie beim Hohlraumboden ist hierfür in der Regel nicht die Flächenlast, sondern die Punktlast entscheidend.

Wie Tabelle **13**.11 zeigt, unterscheiden sich Nennpunktlast und Sicherheitspunktlast um den Sicherheitsfaktor 2,0. Weitere Einzelheiten sind der Sicherheitsrichtlinie für Doppelböden [10] sowie DIN EN 12 825 zu entnehmen.

Brandschutz. Die Anforderungen an den baulichen Brandschutz von Doppelböden sind in der „Musterrichtlinie über brandschutztechnische Anforderungen an Hohlraumböden und Doppelböden" niedergelegt [5].

Diese unterscheidet zwischen

- Doppelböden mit lichtem Hohlraum < 200 mm,
- Doppelböden mit lichtem Hohlraum > 200 mm

mit Besonderheiten bei

- Doppelböden mit lichtem Hohlraum zwischen 200 und 400 mm.

Für Doppelböden mit einer lichten Raumhöhe bis 200 mm gelten die gleichen Anforderungen wie sie im Abschnitt 13.4.4, Brandschutz bei Hohlraumböden, beschrieben sind. Die Stützen müssen aus nichtbrennbaren Baustoffen bestehen.

Bei Doppelböden mit einer lichten Hohlraumhöhe über 200 mm muss die Doppelbodenkonstruktion (Bodenplatten mit Stützen) bei Brandbeanspruchung von unten der Feuerwiderstandsklasse F30 nach DIN 4102 T2 entsprechen. Die Doppelbodenplatten müssen in wesentlichen Teilen aus nichtbrennbaren Baustoffen bestehen (F30 – AB).

Bei Doppelböden mit einer lichten Hohlraumhöhe bis zu 400 mm sind davon abweichend – außerhalb von Treppenräumen und allgemein zugänglichen Fluren – Bodenplatten zulässig, die vom Hohlraum aus betrachtet schwerentflammbar (Baustoffklasse B1 nach DIN 4102) sind. Die Stützen müssen aus nichtbrennbaren Baustoffen bestehen.

Raumabschließende Wände, für die eine Feuerwiderstandsklasse vorgeschrieben ist – wie Treppenhauswände, Wände allgemein zugänglicher Flure, Wände zu anderen Nutzungseinheiten und Brandwände – sind von der Rohdecke aus hochzuführen.

Rauchmelder im Hohlraum. Werden Hohlräume auch zur Raumlüftung benutzt, muss sichergestellt sein, dass mit Hilfe von darin untergebrachten oder im Bereich des Luftaustritts angeordneten Rauchmeldern die Lüftungsanlage im Brandfall sofort abgeschaltet wird. Es ist mindestens ein Rauchmelder je 70 m^2 Grundfläche bei durchgehendem Hohlraum anzuordnen, sofern nicht aus Gründen der besonderen Nutzung des Raumes (z. B. Datenverarbeitungsanlage) weitere Auflagen zu beachten sind.

Schallschutz. Doppelböden sind technisch anspruchsvolle Konstruktionen, deren schallschutzmäßige Beurteilung und Prüfung fachspezifische Kenntnisse voraussetzt.

Doppelböden und Hohlraumböden verbessern sowohl die Luft- als auch die Trittschalldämmung von Rohdecken. Von besonderer Bedeutung ist bei Systemböden jedoch die Schall-Längsdämmung, da deren Hohlräume oftmals unter aufgesetzten Trennwänden durchlaufen.

Bei der Planung und Beurteilung muss demnach grundsätzlich zwischen vertikaler und horizontaler Schallübertragung unterschieden werden.

In der Richtlinie VDI 3762 werden die wesentlichen schallschutztechnischen Eigenschaften von Doppelböden beschrieben und entsprechende Anforderungen und Messverfahren detailliert aufgeführt [9].

- **Die vertikale Trittschalldämmung** von Doppelbodenkonstruktionen wird am wirkungsvollsten erreicht durch
  - möglichst günstiges Verbesserungsmaß des Bodenbelages,
  - möglichst große flächenbezogene Masse der Doppelbodenplatte,
  - erhöhte Fugendichtigkeit zwischen den Doppelbodenplatten,
  - dämpfende Wirkung der Stützkopfauflage.
- **Die horizontale Schall-Längsdämmung** von Doppelböden wird im wesentlichen beeinflusst durch
  - Verbesserungsmaß des jeweiligen Bodenbelages,
  - flächenbezogene Masse der Doppelbodenplatte,
  - Fugendichtigkeit zwischen den Doppelbodenplatten,
  - Hohlraumdämpfung in Form von Absorberschotts unterhalb der Trennwände. Vgl. hierzu auch Abschn. 15.3.3.1, Schall-Längsdämmung oberhalb und unterhalb umsetzbarer Trennwände.
- **Auf die Luftschalldämmung** von Doppelböden haben textile und elastische Bodenbeläge keinen Einfluss. Lediglich die Schallabsorption im Raum selbst lässt sich durch textile Beläge erhöhen.

Lüftung-Kühlung-Heizung

Auch der Doppelbodenhohlraum kann für klimatechnische Zwecke eingesetzt werden.

Die **Luftzuführung** zu den Luftauslässen in der Bodenfläche kann auf zwei Arten erfolgen. Man unterscheidet:

- **Offenes Luftführungssystem.** Die Luftzuführung erfolgt hier direkt über den als Druckboden ausgebildeten Doppelbodenhohlraum zu den Lüftungseinsätzen bzw. Lüftungsplatten und damit in den zu belüftenden Raum. Diese Luftführungstechnik arbeitet nach dem Verdrängungsprinzip. Der jeweilige Fugendurchlasskoeffizient (a-Wert) der Doppelbodenkonstruktion ist gemäß DIN EN 13 213 durch Prüfzeugnis zu belegen.
- **Geschlossenes Luftführungssystem.** Die Luft wird hier über Rohrleitungen oder Klimakanäle mit festem Anschluss zu den Bodenauslässen geführt. Vgl. hierzu auch Abschn. 14.2.6.1, Lüftungs- und Klimatechnik im Unterdeckenbereich.

Für die **Lufteinführung** vom Hohlraum in den darüber liegenden Nutzraum bieten sich ebenfalls mehrere Möglichkeiten an:

- **Lufteinführung über Bodenauslässe** (Bild **13**.18). Den in die Doppelbodenplatten eingelassenen Auslässen kann die Zuluft über den unter Überdruck stehenden Hohlraum (offenes System) oder über flexible Rohrleitungen (geschlossenes System) zugeführt werden. Sog. Lüftungseinsätze sorgen für eine weitgehend zugfreie Einführung. Diese Einsätze können bei Bedarf noch mit Schmutzfangkörben und Drosselvorrichtungen zur Mengenregulierung ausgerüstet sein.

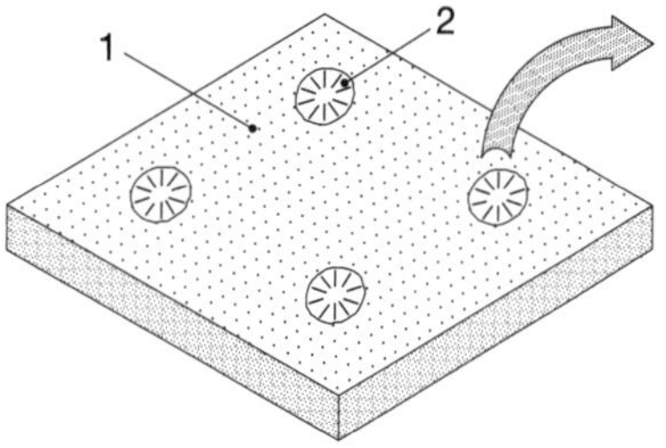

13.18 Doppelbodenplatte zur Lufteinführung über Bodenauslässe
1 Doppelbodenplatte mit Bodenbelag
2 Bodenauslässe mit Lüftungseinsätzen

- **Lufteinführung über Lochplatten** (Bild **13**.19). Bei diesem Prinzip strömt die Zuluft infolge des Überdruckes im Hohlraum durch Löcher oder Schlitze in den Doppelbodenplatten direkt in den Nutzraum. Je nach Anordnung und Dichte der Lochreihen pro Platte (= sog. freier Querschnitt) können gezielt klimatisierte

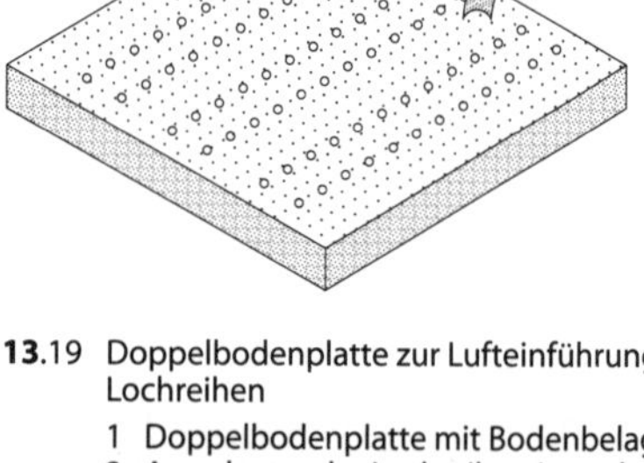

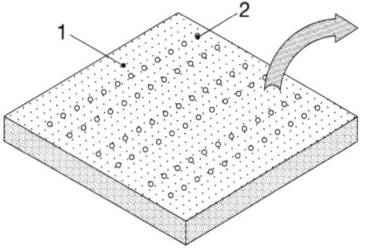

13.19 Doppelbodenplatte zur Lufteinführung über Lochreihen
1 Doppelbodenplatte mit Bodenbelag
2 Anordnung der Lochreihen je nach Bedarf

13

Zonen geschaffen und ein gleichmäßiger Luftaustausch erreicht werden. Eine Mengenregulierung durch Drosselvorrichtungen ist ebenfalls möglich.

Diese Perforation der Lüftungsplatten schränkt jedoch deren Tragfähigkeit ein. Ein statischer Ausgleich kann durch den Einbau von Rasterstäben (= allseitige Traversenauflage der Doppelbodenplatten) erreicht werden. Oberseitig auf die Π-Profile aufgeklebte Dichtungsbänder dichten zusätzlich die Stoßfugen der Doppelbodenplatten ab.

- **Lufteinführung über flächige Quelllüftung** (Bild **13**.20 und **13**.21). Bei den beiden vorgenannten Lufteinführungsarten sind im Bodenbelag immer Auslässe, Lochreihen o. Ä. erkennbar. Diese Oberflächenmarkierungen entfallen beim sog. Quelllüftungs-Doppelboden, da bei dieser Bauart Schlitzplatten oberseitig durchgehend mit einem nicht perforierten jedoch luftdurchlässigen textilen Bodenbelag beschichtet werden. Geeignet sind hierfür insbesondere Nadelfilzbeläge, aber auch spezielle Velours- und Webteppiche. Auf die Eignung der Beläge ist besonders zu achten. S. hierzu auch Abschn. 14.2.6, Kühldeckentechnik.

  Um bei dieser Art der Lufteinführung ein Abzeichnen der Schlitzplatten an der Belagoberfläche – bedingt durch Staubablagerung infolge der Luftbewegungen – weitgehend zu vermeiden, ist auf eine sorgfältige Wartung der Lüftungs- bzw. Klimaanlage (Filter) zu achten. Außerdem ist die Rohdecke möglichst staubfrei zu reinigen und mit einem 2 Komponenten-Anstrich zu beschichten.

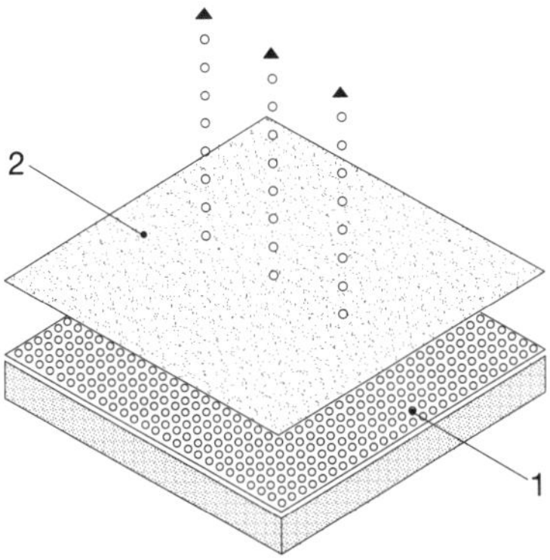

13.20 Doppelbodenplatte zur Lufteinführung über flächige Quelllüftung
1 Doppelbodenplatte mit gelochter Stahlblechabdeckung
2 nicht perforierter, jedoch luftdurchlässiger textiler Bodenbelag

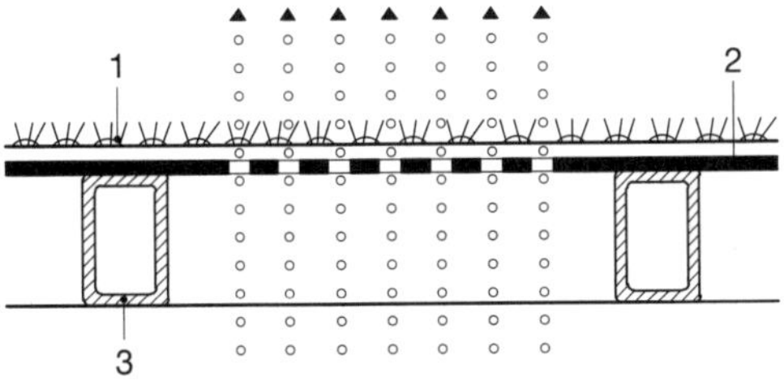

13.21 Großflächiger, hoch belastbarer Doppelboden aus Stahlprofilrohrrahmen mit aufgeschweißter Stahlschlitzplatte und luftdurchlässigem (nicht perforierten) textilen Bodenbelag
1 textiler Bodenbelag
2 Schlitzplatte aus Stahlblech
3 Tragrahmen

Heizung. Auch die Beheizung der Nutzräume kann über den Doppelbodenhohlraum erfolgen. Das System der Beheizung ist mit dem System der Belüftungstechnik identisch. Zur Temperaturabsenkung werden die Lüftungseinsätze geschlossen.

Elektrostatik. Beim Begehen von Doppelböden können elektrostatische Ladungen entstehen. Diese müssen schnell und gefahrlos zur Erde abgeleitet werden.

In den meisten Anwendungsfällen reicht in der Regel ein Oberbelag aus, der die Aufladungsgrenze von 2 kV nicht überschreitet. S. hierzu Abschn. 11.4.10, Klassifikation des elektrostatischen Verhaltens von Bodenbelägen sowie Abschn. 11.4.12, Elektrostatisches Verhalten von textilen Bodenbelägen.

Anforderungen an den Erdableitwiderstand der gesamten Doppelbodenkonstruktion sind nicht sinnvoll, beziehungsweise nur in Teilbereichen (z. B. Zentral-Rechenzentren) notwendig. Die entsprechenden Richtlinien der Berufsgenossenschaften, Hersteller elektronischer Geräte usw. sind zu beachten. Weitere Einzelheiten sind [11], [12], [13], [14] zu entnehmen.

13.6 Kabel-Doppelboden

Einen Doppelboden besonderer Bauart zeigt Bild **13**.22. Auf Grund seiner geringen Bauhöhe eignet er sich besonders für die Verlegung von Elektro- und Kommunikationskabeln in Neubauten mit normalen Raumhöhen (z. B. Arztpraxen, Büroräume) sowie zur nachträglichen Ausrüstung von Altbauten. Der hochbelastbare Boden ist an jeder beliebigen Stelle von oben zu öffnen, so dass auch Nachinstallationen ohne großen Aufwand möglich sind.

Die Basis dieses Kabelbodens bilden Noppenmatten. Diese bestehen aus nach oben gerichte-

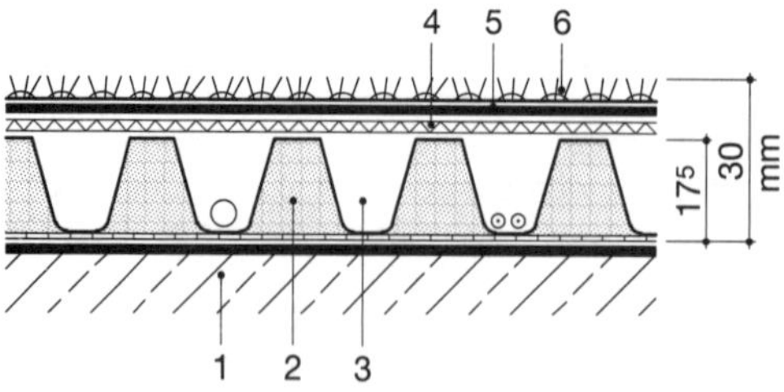

13.22 Schematische Darstellung eines Kabel-Doppelbodens mit besonders geringer Bauhöhe (System Herforder Doppelboden). Der Kabelboden ist an jeder Stelle von oben zu öffnen [14]

1 tragender Untergrund
2 fingerhutartig ausgebildete Noppen
3 Installationshohlraum
4 Klebevlies, selbstklebend
5 Stahlblechplatten (1,3 mm dick)
6 SL-Teppichfliesen, wiederaufnahmefähig

ten, fingerhutartig ausgebildeten Kegeln aus textilem Trevira-Gewirke, die rückseitig mit organischem Material (Spezialbeton) ausgefüllt sind. Die verbleibenden Zwischenräume dienen der Aufnahme von Elektro- und Kommunikationskabeln mit bis zu 15 mm Durchmesser.

Diese werkseitig vorgefertigten Noppenmatten werden am Einsatzort fest auf den Untergrund geklebt. Unmittelbar darauf aufgelegt wird die Lastverteilungsschicht aus Stahlblechtafeln (500 x 500 x 1,3 mm), korrosionsgeschützt und selbsthaftend mittels schalldämmendem Klebevlies.

Lose fixierte Teppichfliesen mit rückseitiger Schwerbeschichtung bilden die Nutzschicht. Die notwendigen Öffnungen für Bodenauslässe werden nach Bedarf eingeschnitten.

Die Vorteile dieses Kabel-Doppelbodens sind seine geringe Bauhöhe (Noppenhöhe 17,5 mm) bei hoher Tragfähigkeit, sein relativ geringes Flächengewicht und die vollkommene Trockenbauweise [15].

Hinsichtlich seiner schallschutztechnischen (horizontale Schall-Längsleitung unter umsetzbaren Trennwänden) und brandschutztechnischen Eigenschaften (Baustoffklasse B1 nach DIN 4102) sind gewisse Einschränkungen zu beachten. Unabdingbare Voraussetzung für die schadenfreie Verlegung ist ein nahezu planebener Untergrund. Erhöhte Anforderungen an die Ebenheit von Verlegeflächen gemäß DIN 18 202 sind Tabelle **11**.2 zu entnehmen.

13.7 Normen

Norm		Ausgabedatum	Titel
DIN 1055-3		06.1971	Lastannahmen für Bauten; Verkehrslasten
DIN 4102-1		05.1998	Brandverhalten von Baustoffen und Bauteilen; Baustoffe; Begriffe, Anforderungen und Prüfungen
DIN 4102-1	Ber. 1	08.1998	Berichtigung zu DIN 4102-1
DIN 4102-2		09.1977	–; Bauteile; Begriffe, Anforderungen und Prüfungen
DIN 4102-3		09.1977	–; Brandwände und nichttragende Außenwände; Begriffe, Anforderungen und Prüfungen
DIN 4102-4		03.1994	–; Zusammenstellung und Anwendung klassifizierter Baustoffe, Bauteile und Sonderbauteile
DIN 4102-4	Ber. 1	05.1995	Berichtigungen zu DIN 4102-4
	Ber. 2	04.1996	–;
	Ber. 3	09.1998	–;
DIN 4103-1		07.1984	Nichttragende innere Trennwände; Anforderungen, Nachweise
DIN 4103-2		12.1985	–; Trennwände aus Gips-Wandbauplatten
DIN 4103-4		11.1988	–; Unterkonstruktion in Holzbauart
DIN 4108-1		08.1981	Wärmeschutz im Hochbau; Größen und Einheiten
DIN 4108-2		08.1981	–; Wärmedämmung und Wärmespeicherung; Anforderungen und Hinweise für Planung und Ausführung
E DIN 4108-2		06.1999	Wärmeschutz und Energie-Einsparung in Gebäuden; Mindestanforderungen an den Wärmeschutz
DIN 4109		11.1989	Schallschutz im Hochbau; Anforderungen und Nachweise

Normen, Fortsetzung

Norm	Ausgabedatum	Titel
DIN 4109 Ber. 1	08.1992	Berichtigungen zu DIN 4109, DIN 4109 Bbl. 1 und DIN 4109 Bbl. 2
DIN 4109 Bbl. 1	11.1989	Schallschutz im Hochbau; Ausführungsbeispiele und Rechenverfahren
DIN 4109 Bbl. 2	11.1989	–; Hinweise für Planung und Ausführung; Vorschläge für einen erhöhten Schallschutz; Empfehlungen für den Schallschutz im eigenen Wohn- oder Arbeitsbereich
E DIN 4109/A1	04.1998	–; Anforderungen und Nachweise; Änderung A1
DIN 4208	04.1997	Anhydritbinder
DIN 18 165-1	07.1991	Faserdämmstoffe für das Bauwesen; Dämmstoffe für die Wärmedämmung (teilweise ersetzt durch DIN EN 826)
DIN 18 165-2	03.1987	–; Dämmstoffe für die Trittschalldämmung (teilweise ersetzt durch DIN EN 12 431)
E DIN 18 165-2	05.1999	–; Dämmstoffe für die Trittschalldämmung
DIN 18 180	09.1999	Gipskartonplatten; Arten, Anforderungen, Prüfung
DIN 18 181	09.1990	Gipskartonplatten im Hochbau; Grundlagen für die Verarbeitung
DIN 18183	11.1988	Montagewände aus Gipskartonplatten; Ausführung von Metallständerwänden
DIN 18 195-1	08.2000	Bauwerksabdichtungen; Grundsätze, Definitionen, Zuordnung der Abdichtungsarten
DIN 18 195-2	08.2000	–; Stoffe
DIN 18 195-3	08.2000	–; Anforderungen an den Untergrund und Verarbeitung der Stoffe
DIN 18 195-4	08.2000	–; Abdichtungen gegen Bodenfeuchte (Kapillarwasser, Haftwasser) und nichtstauendes Sickerwasser an Bodenplatten und Wänden; Bemessung und Ausführung
DIN 18 195-5	08.2000	–; Abdichtungen gegen nichtdrückendes Wasser auf Deckenflächen und in Nassräumen; Bemessung und Ausführung
DIN 18 195-6	08.2000	–; Abdichtungen gegen von außen drückendes Wasser und aufstauendes Sickerwasser; Bemessung und Ausführung
DIN 18 201	04.1997	Toleranzen im Bauwesen; Beriffe, Grundsätze, Anwendung, Prüfung
DIN 18 202	04.1997	Toleranzen im Hochbau; Bauwerke
DIN 18 203-2	05.1986	–; Vorgefertigte Teile aus Stahl
DIN 18 203-3	08.1984	–; Bauteile aus Holz und Holzwerkstoffe
DIN 18 353	05.1998	VOB Verdingungsordnung für Bauleistungen; Teil C: Allgemeine Technische Vertragsbedingungen für Bauleistungen (ATV); Estricharbeiten
DIN 18 365	05.1998	–; –; Bodenbelagarbeiten
DIN 18 560-1	05.1992	Estriche im Bauwesen; Begriffe, Allgemeine Anforderungen, Prüfung
DIN 18 560-2	05.1992	–; Estriche und Heizestriche auf Dämmschichten (schwimmende Estriche)
DIN 18 560-3	05.1992	–; Verbundestriche
DIN 18 560-4	05.1992	–; Estriche auf Trennschicht
DIN 18 560-7	05.1992	–; Hochbeanspruchbare Estriche (Industrieestriche)
DIN 52 217	08.1984	Bauakustische Prüfungen; Flankenübertragung; Begriffe
DIN 54 345-2	09.1991	Prüfung von Textilien; Elektrostatisches Verhalten; Bestimmung der Personalaufladung beim Begehen von textilen Bodenbelägen
DIN 54 345-6	02.1992	–; –; Bestimmung elektrischer Widerstandsgrößen von textilen Bodenbelägen
DIN 68 771	09.1973	Unterböden aus Holzspanplatten
DIN EN 1081	04.1998	Elastische Bodenbeläge; Bestimmung des elektrischen Widerstandes
DIN EN 1364-1	10.1999	Feuerwiderstandsprüfungen für nichttragende Bauteile; Wände
E DIN EN 12 825	06.1997	Doppelböden
E DIN EN 13 213	08.1998	Hohlböden; Anforderungen und Prüfverfahren
DIN VDE 0634-1	09.1987	Unterflur-Elektroinstallation; Einbaueinheiten

13

13.8 Literatur

[1] ACKERMANN-Unterflur-Installationssysteme, Gummersbach

[2] HESS-Fußbodensysteme, Hamburg

[3] Holraumböden im Bauwesen. Technisches Handbuch des Bundesverband Systemböden e.V., Düsseldorf. Stand Dezember 1995

[4] Hohlraumböden im Bauwesen. Sicherheitsrichtlinie für Hohlraumböden. Hrsg.: Bundesverband Systemböden e.V., Düsseldorf. Stand: März 1999

[5] Musterrichtlinie über brandschutztechnische Anforderungen an Hohlraumböden und Doppelböden. Fachkommission Bauaufsicht der ARGEBAU. Stand: März 1993

[6] *Schmid, L., Temme. H.-G., Wesche, J.*: Brandschutz mit Systemböden. Der sichere Weg durchs Feuer. In: Trockenbau **1/2** (1955)

[7] ELECTRAPLAN-Unterflur-Installationssysteme, Schenefeld

[8] LINDNER-Hohlraumböden. Technisches Handbuch. Lindner AG, Arnstorf

[9] Schalldämmung von Doppel- und Hohlraumböden. Richtlinie VDI 3762. Stand: November 1998. Verein Deutscher Ingenieure.

[10] Doppelböden im Bauwesen. Sicherheitsrichtlinie für Doppelböden. Hrsg.: Bundesverband Systemböden e.V., Düsseldorf. Stand: Januar 1998

[11] LINDNER-Doppelböden. Technisches Handbuch. Lindner AG, Arnstorf

[12] MERO-Bodensysteme. Produktinformation-Raumausbau. Mero-Werke, Würzburg

[13] Trockenbau Atlas. Grundlagen, Einsatzbereiche, Konstruktionen, Details. Rudolf Müller, Köln 1998

[14] G + H MONTAGE: Produktinformation – Doppelbodensysteme. Ludwigshafen.

[15] Herforder Teppichfabrik, Herfold/Lemgo

14 Leichte Deckenbekleidungen und Unterdecken

Allgemeines

Deckenbekleidungen und abgehängte Unterdecken wurden früher in handwerklicher Einzelfertigung – meist aus Holz oder Putz – in relativ schwerer Ausführung und mit hohem Zeitaufwand auf der Baustelle hergestellt. Zu erwähnen sind vor allem die mit Rahmen und Füllung gefertigten Holz-Kassettendecken sowie die dünnschaligen Drahtputzdecken aus Rabitzkonstruktionen.[1)]

Die heutige Bauweise ist vor allem durch den rasch fortschreitenden Industrialisierungsprozess gekennzeichnet, der auch den gesamten Innenausbau umfasst. Dementsprechend kommen im Unterdeckenbereich vorwiegend leichte, industriell vorgefertigte, in Trockenbauweise montierbare Deckensysteme zum Einsatz. Das Angebot reicht von der einfachsten, nur der Dekoration dienenden Bekleidung bis zu Deckensystemen, die gleichzeitig die unterschiedlichsten bauphysikalischen, baukonstruktiven und bautechnischen Funktionen sowie besondere gestalterische Aufgaben zu erfüllen haben. Die Vorteile des Trockenbaues im Unterdeckenbereich zeichnen sich insbesondere aus durch

- ein geringes Gewicht der Ausbauelemente und damit Entlastung der Tragkonstruktion,
- kurze Bauabwicklungszeiten infolge industrieller Vorfertigung und trockener Montage,
- flexible Raumnutzung bei Funktionstrennung von tragenden und nichttragenden Bauteilen,
- Erfüllung nahezu aller bauphysikalischer und bautechnischer Anforderungen,
- problemlose Integration von Beleuchtung und Klimatechnik im Deckenhohlraum,
- leichte Zugänglichkeit bei anfallenden Wartungsarbeiten und Nachinstallationen,
- besondere Eignung für die Modernisierung und Sanierung von Altbauten bei individueller Gestaltungsvielfalt der vorgefertigten Deckenelemente.

[1)] Benannt nach dem Berliner Maurermeister Karl Rabitz. Rabitzkonstruktionen werden heute gelegentlich noch in der Denkmalpflege und bei komplizierten Gewölbekonstruktionen eingesetzt. Angaben über die Herstellung von „Hängenden Drahtputzdecken" nach DIN 4121 sind Abschn. 9.7.6.6 in Teil 2 dieses Werkes zu entnehmen.

Mit **Trockenbaukonstruktionen** lassen sich Anforderungen an den Brand-, Schall-, Wärme- und Feuchteschutz erfüllen. Die Vorteile des Trockenbaues und damit des Leichtbaues werden vor allem im Objektbereich genutzt, während im Wohnungsbau (noch) weitgehend die traditionellen – massiven und nassen – Bautechniken das Baugeschehen bestimmen.

Mit dem Begriff Trockenbau wird ein Fertigungsprinzip (Fertigungsart) – nämlich das trockene Montieren werksmäßig vorgefertigter, aufeinander abgestimmter Bauteile, Bauelemente und Halbzeuge – bezeichnet. Dabei ist generell zu unterscheiden zwischen Bausystemen, deren einzelne Komponenten erst auf der Baustelle zu einem Ganzen zusammengefügt werden (Schalenbauweise) und werkseitig komplett hergestellten Konstruktionen, die vor Ort nur noch montiert werden müssen (Monoblockbauweise).

Voraussetzung für die serienmäßige Vorfertigung und Kombinierbarkeit industriell hergestellter Ausbauelemente sind umfassende Vereinbarungen über Maßordnungen, Toleranzen und Fügungsprinzipien (Maßkoordination). Bereits in der Planungsphase müssen Tragkonstruktion, Außenfassade, Haustechnik, Trennwände und abgehängte Unterdecken maßlich und konstruktiv aufeinander abgestimmt werden. Erst dadurch wird die Austauschbarkeit untereinander sowie ihre Verwendbarkeit in Bauwerken mit unterschiedlicher Zweckbestimmung erreicht. Die Elementierung von Deckenbekleidungen und Unterdecken hat zum Ziel, einen möglichst hohen Grad der Vorfertigung im Herstellerwerk zu erreichen – bei gleichzeitiger Reduzierung des Montageaufwandes am Einsatzort. Sonderelemente sind demnach möglichst zu vermeiden.

14.1 Einteilung und Benennung: Überblick

Leichte Deckenbekleidungen und Unterdecken sind nach DIN 18168-1 ebene oder anders geformte Decken mit glatter oder gegliederter Fläche, die aus einer Unterkonstruktion und einer flächenbildenden Decklage bestehen.

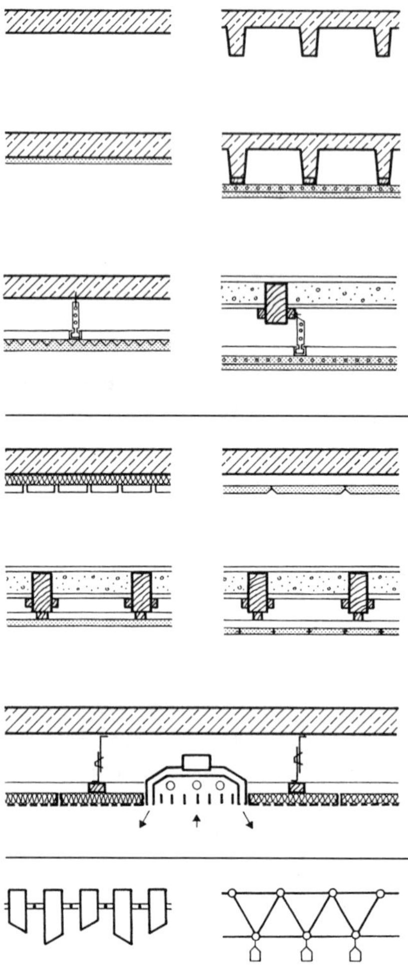

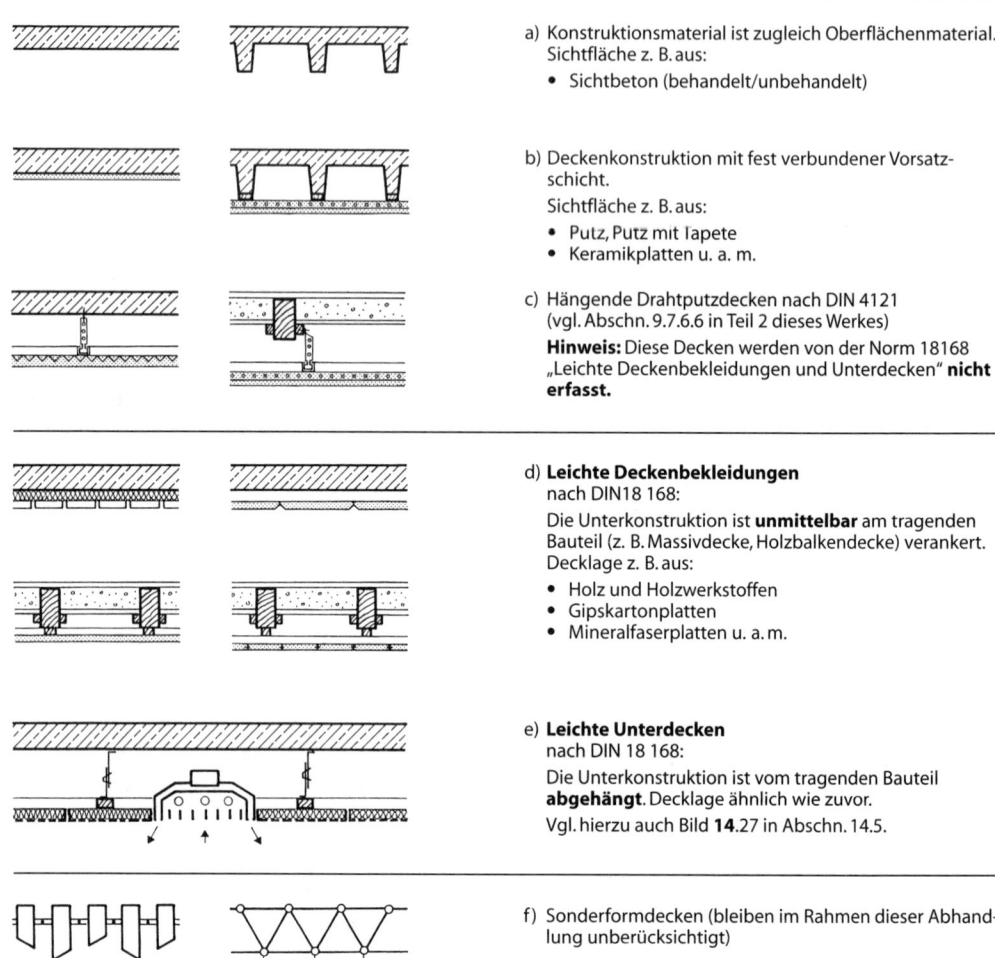

a) Konstruktionsmaterial ist zugleich Oberflächenmaterial. Sichtfläche z. B. aus:
- Sichtbeton (behandelt/unbehandelt)

b) Deckenkonstruktion mit fest verbundener Vorsatzschicht.
Sichtfläche z. B. aus:
- Putz, Putz mit Tapete
- Keramikplatten u. a. m.

c) Hängende Drahtputzdecken nach DIN 4121 (vgl. Abschn. 9.7.6.6 in Teil 2 dieses Werkes)
Hinweis: Diese Decken werden von der Norm 18168 „Leichte Deckenbekleidungen und Unterdecken" **nicht erfasst.**

d) **Leichte Deckenbekleidungen** nach DIN18 168:
Die Unterkonstruktion ist **unmittelbar** am tragenden Bauteil (z. B. Massivdecke, Holzbalkendecke) verankert. Decklage z. B. aus:
- Holz und Holzwerkstoffen
- Gipskartonplatten
- Mineralfaserplatten u. a. m.

e) **Leichte Unterdecken** nach DIN 18 168:
Die Unterkonstruktion ist vom tragenden Bauteil **abgehängt**. Decklage ähnlich wie zuvor.
Vgl. hierzu auch Bild **14**.27 in Abschn. 14.5.

f) Sonderformdecken (bleiben im Rahmen dieser Abhandlung unberücksichtigt)

14.1 Einteilung nach konstruktionstechnischen Merkmalen

14

Deckenbekleidungen sind über die Unterkonstruktion unmittelbar am tragenden Bauteil verankert (Bild **14**.1d).

Unterdecken weisen eine tragfähige Unterkonstruktion auf, die abgehängt am tragenden Bauteil befestigt ist (Bild **14**.1e).

Leichte Deckenbekleidungen und Unterdecken (max. Flächengewicht 50 kg/m^2) bilden den oberen, sichtbaren Abschluss des Raumes. Sie besitzen keine wesentliche Tragfähigkeit. Zusätzliche schwere Einzellasten sind gesondert abzuhängen oder über eine verstärkte Unterkonstruktion aufzunehmen. Abgehängte leichte Unterdecken dürfen auch nicht unmittelbar betreten werden. Bei Bedarf sind besondere Laufstege vorzusehen.

14.2 Allgemeine Anforderungen

An leichte Deckenbekleidungen und Unterdecken werden vielfältige Anforderungen gestellt. Sie schließen sich teilweise gegenseitig aus, so dass je nach Aufgabenstellung abzuwägen ist, welchen Forderungen im Einzelfall der Vorrang zu geben ist. Auszugehen ist dabei meist von den vorgegebenen konstruktiven und baulichen Voraussetzungen sowie von der späteren Nutzungsart der jeweiligen Räumlichkeiten.

Anforderungen an Unterdecken können gestellt werden bezüglich:

- Raumgestaltung (innenräumliches Gesamtkonzept)
- Schallschutz (Schalldämmung und Raumakustik)
- Brandschutz (Brandverhalten von Baustoffen und Bauteilen)
- Wärme- und Feuchteschutz (bei angrenzenden Außenbauteilen und internen Wärmequellen)
- Geometrische und maßliche Abstimmung (Maßordnung, Modulordnung, Rastertypen)
- Integration von Klima-, Lüftungs-, Heizungs- und Beleuchtungstechnik
- Ausbildung und Beschaffenheit der Unterkonstruktion und tragenden Teile (Lastabtragung)
- Anschlussmöglichkeiten von leichten, umsetzbaren Trennwänden
- Demontierbarkeit und Zugänglichkeit zum Deckenhohlraum
- Grad der industriellen Vorfertigung und Reduzierung des Montageaufwandes
- Material- und Sichtflächenbeschaffenheit der Decklage
- Umweltverträglichkeit, Wiederverwertung (Recycling), Wirtschaftlichkeit u. a. m.

14.2.1 Raumgestaltung

Bei der Festlegung einer Unterdecke sollten neben den zweckorientierten Überlegungen raumgestalterische Aspekte niemals unberücksichtigt bleiben. Im Hinblick auf die Deckengestaltung sind im einzelnen zu beachten:

- Innenarchitektonisches Gesamtkonzept (Absicht, Aufwand, Aussage)
- Nutzungszweck (Repräsentations- oder Zweckbau)
- Größe, Form und Zuschnitt der Räumlichkeiten
- Lage, Anordnung und Dimension der Raumöffnungen (Türen, Fenster, Oberlichter)
- Einfluss und Wirkung von Tageslicht und Kunstlicht
- Wechselwirkung von Deckenform, Deckenmaterial und Verarbeitungstechniken
- Ausbildung der Deckenanschlüsse an Wandflächen, Stützen, Deckendurchbrüche
- Anordnung der Deckenauslässe (Beleuchtungskörper, Luftdurchlässe) bei Beachtung der Deckengliederung
- Maßstäblichkeit durch geeignete Wahl von Rastermaß, Plattenformat, Fugenbreite sowie Oberflächenstruktur und Textur der Materialien in Relation zur Raumgröße
- Betonung oder Korrektur der Raumdimensionen bzw. Raumproportionen und damit des Raumeindruckes durch entsprechende Materialwahl und/oder Farbgebung.

Bei anspruchsvollen Innenausbauobjekten sollte immer ein Deckenplan (Deckenuntersicht) erstellt werden, in dem die wichtigsten Funktionsträger wie Deckeneinbauleuchten, Luftdurchlässe, Sprinklerköpfe usw. und alle raumhohen Einbauten wie Trennwände, Einbauschränke, Wandbekleidungen sowie die raumbegrenzenden Bauteile und Deckendurchbrüche (z. B. Treppenöffnungen) festgehalten sind.

14.2.2 Schallschutz mit leichten Unterdecken

Beim Schallschutz ist grundsätzlich zu unterscheiden zwischen Maßnahmen der Schalldämmung und der Schallabsorption.

Schalldämmung beinhaltet die Minderung der Schallübertragung zwischen benachbarten Räumen. Je nach Art der Schwingungsanregung der Bauteile unterscheidet man zwischen Luftschalldämmung und Körperschalldämmung.

Schallabsorption bedeutet Minderung des Schalles (Schallausbreitung) im Raum selbst. Beide Maßnahmen müssen getrennt voneinander betrachtet werden.

Schallenergie, die von einer Schallquelle ausgestrahlt wird, kann von der Begrenzungsfläche des Raumes ungeschwächt reflektiert (bei harten und glatten Oberflächen) oder mehr oder weniger absorbiert werden (bei weichen und porösen Oberflächen). Eine Verminderung bzw. Verhinderung der Reflexion (z. B. durch Schallschluckmaßnahmen im Unterdeckenbereich) führt zwangsläufig auch zu einer Verringerung des Schallpegels. Infolgedessen beeinflussen leichte Deckenbekleidungen und Unterdecken je nach Ausführungsart die

- Raumakustik (z. B. durch Schallabsorption, auch Schallschluckung genannt),
- Schalldämmung (z. B. durch Minderung der vertikalen Schallübertragung bei Geschossdecken),
- Schall-Längsdämmung (z. B. durch Minderung der horizontalen Schallübertragung entlang des Deckenhohlraumes).

14.2.2.1 Schallabsorption

Schallabsorbierende Unterdecken dienen je nach Zweckbestimmung des Raumes der Senkung des Lärmpegels oder der Regulierung der Nachhallzeit. Daraus ergibt sich:

Lärmpegelsenkung. Eine gleichmäßige Lärmpegelsenkung ist insbesondere in Büroräumen, Industriebetrieben, Kaufhäusern, Schalterhallen, Turnhallen usw. erwünscht. Um eine Lärmminderung zu erreichen, sind möglichst große Absorptionsflächen mit möglichst hohem Schallabsorptionsvermögen im Raum anzubringen.

Optimale Nachhallzeit. Im Gegensatz dazu stehen die Forderungen bei Unterrichtsräumen, Vortragssälen usw. Hier ist eine optimale Wahrnehmung von Sprache und Musik an jeder Stelle des Zuhörerraumes zu gewährleisten. Dabei kommt es nicht darauf an, möglichst viel Schallabsorptionsmaterial im Raum unterzubringen, sondern das richtige Material in der richtigen Menge an der richtigen Stelle einzuplanen [1].

Weitere Angaben s. DIN 18 041, Hörsamkeit in kleinen bis mittelgroßen Räumen sowie Abschn. 16.6.3.

Das Schallabsorptionsvermögen einer abgehängten Unterdecke (Akustikdecke) wird im wesentlichen bestimmt von

- der Beschaffenheit des Schallschluckmateriales (Dicke, Rohdichte, Oberflächenstruktur, Strömungswiderstand),
- dem wirksamen freien Querschnitt der Deckenschale (Perforationsgrad, Lochung, Fugenanteil),
- der Abhängehöhe (Abstand der Unterdecke zur Rohdecke),
- der Formgebung der Decke und der Deckenkonstruktion.

14.2.2.2 Schalldämmung

Die luft- und trittschalltechnischen Anforderungen einer Geschossdecke werden in der Regel von einem möglichst hohen Flächengewicht der Rohdecke und der darauf aufgebrachten Deckenauflage (z. B. schwimmender Estrich mit Bodenbelag) ausreichend erfüllt. Eine weitere Verbesserung lässt sich – vor allem bei leichten Rohdecken (mit geringer flächenbezog. Masse) oder bei Massivdecken mit Verbundestrich (z. B. in Skelettbauten mit umsetzbaren Trennwänden) – erreichen, wenn auf ihrer Unterseite eine biegeweiche Schale in Form einer Unterdecke angebracht wird.

Massivdecken. Bei Massivdecken wird der Schallschutz mit abgehängten Unterdecken jedoch nur verbessert, wenn die Unterdecke selbst bestimmte konstruktive Voraussetzungen erfüllt. Neben den in Abschn. 11.3.3 genannten allgemeinen Maßnahmen zur Schalldämmung von Massivdecken müssen Unterdecken im besonderen

- eine möglichst große flächenbezogene Masse aufweisen (Flächengewicht der Deckenplatten mind. 5 kg/m², besser 20 kg/m²),
- aus biegeweichen Platten bestehen (beispielsweise aus zwei dünnen Gipskartonplatten 2 x 12,5 mm, anstelle einer dicken Decklage),
- flächendicht und fugendicht ausgebildet sein (möglichst dichte und elastische Randanschlüsse an allen angrenzenden Bauteilen),
- Befestigungsstellen in einem Mindestabstand von ≥ 500 mm aufweisen (Bild **11**.15),
- möglichst geringe Berührungsflächen mit der Rohdecke haben (punktförmig und federnd, keine starre Verbindung zwischen tragendem Bauteil und Deckenschale),
- möglichst großen Schalenabstand von der Rohdecke aufweisen (mind. 50 mm, besser 200 mm und mehr),
- eine horizontale schallabsorbierende Dämmstoffauflage im Deckenhohlraum – oberhalb der Decklage – bekommen (mind. 50 mm, besser 100 mm je nach Anforderung).

Holzbalkendecken. Auch bei Holzbalkendecken kann der erforderliche Schallschutz durch einen entsprechenden Fußbodenaufbau (Deckenauflage) und eine geeignete Bekleidung an der Deckenunterseite erreicht werden. Während die schallschutztechnische Verbesserung auf der Deckenoberseite vor allem auf einer Erhöhung des Flächengewichtes der Deckenauflage beruht, hängt sie im Bereich der Unterdeckenschale im wesentlichen von der Art der Befestigung der Bekleidung (Unterkonstruktion) an der Balkenlage, von der Hohlraumdämpfung und der Art der Ausbildung der Sichtdeckenplatten (Decklage) ab. Neben den in Abschn. 11.3.3.2 genannten allgemeinen konstruktiven Maßnahmen zur Schalldämmung von Holzbalkendecken sind schallschutztechnische Verbesserungen auf der Deckenunterseite zu erreichen durch

- Trennung von Balken und Unterdecke durch federnde Deckenabhängungen (mit Federbügel, Federschienen oder elastischer Abhängung) Bild **11**.21,
- wannenförmige Auskleidung des Deckenhohlraumes zwischen den Balken mit mind. 50 mm, besser 100 mm dicken schallabsorbierenden Dämmstoffmatten (Hohlraumdämpfung) Bild **11**.18 und **11**.22.
- Erhöhung des Flächengewichtes der unteren biegeweichen Deckenschale (Aufdoppelung einer zweiten Gipskartonplatte 2 x 12,5 mm, Putz auf Putzträgerplatte o. Ä.).

Flankenübertragung. Häufig wird die schalldämmende Wirksamkeit der Unterdecke – bei Massiv- und Holzbalkendecken – durch Schallübertragung längs angrenzender Bauteile (Flankenübertragung), als auch durch Luftschallübertragung über Undichtigkeiten im Unterdeckenbereich (Nebenwegübertragung) beeinträchtigt. Dementsprechend müssen die seitlichen Wände entweder genügend schwer sein oder in geeigneter Weise zweischalig ausgebildet werden, beispielsweise durch Anbringen biegeweicher Vorsatzschalen aus Gipskartonplatten mit Mineralfaserauflage (MF-Verbundplatten). Auf die Spezialliteratur [2] wird verwiesen.

14.2.2.3 Schall-Längsdämmung

Unterdecken als flankierende Bauteile über Trennwänden

Die Probleme der Schall-Längsleitung oberhalb und unterhalb von umsetzbaren Trennwänden – im Decken- und Fußbodenbereich – sind in Abschnitt 15.3.3.1 im Gesamtzusammenhang aufgezeigt.

Konstruktionsbeispiele. An dieser Stelle soll auf die konstruktive Ausbildung der Anschlüsse von abgehängten Unterdecken mit nicht tragenden Trennwänden im Zusammenhang mit der Schall-Längsdämmung im Deckenhohlraum näher eingegangen werden (Konstruktionsbeispiele aus dem Skelettbau). Die jeweils dazugehörenden Rechenwerte (bewertete Schall-Längsdämm-Maße von Unterdecken) sind Beiblatt 1 zu DIN 4109 zu entnehmen.

Im Unterdeckenbereich erfolgt die Luftschallübertragung hauptsächlich über den Deckenhohlraum und die Unterdeckenplatten. Bei der Planung sind im einzelnen zu berücksichtigen:

- Abhängehöhe (Hohlraumhöhe),
- Hohlraumdämpfung (horizontale Dämmstoffauflage),
- schallleitende oder schalldämpfende Eigenschaft der Unterdeckenplatten,
- Dichtheit der Anschlussfugen.

Unterdecken ohne Abschottung im Deckenhohlraum. Die Schallschutznorm nennt Unterdecken mit und ohne Hohlraumabschottung und unterscheidet schallschutztechnisch zwischen Decken mit geschlossenen und gegliederten Decklagenflächen.

Unterdecken mit **geschlossener** Fläche werden vorwiegend mit Gipskarton-Bauplatten (DIN 18 180) bzw. Gipsfaserplatten hergestellt. Bild **14**.2a zeigt eine Unterdecke aus Gipskartonplatten, deren Decklage zwar insgesamt durchläuft, im Anschlussbereich der Trennwand jedoch durch eine Fuge getrennt ist. Durch diese Trennfuge kann eine Verbesserung der Schall-Längsdämmung im Vergleich mit einer vollflächig durchlaufenden Deckenbeplankung erreicht werden. Noch höhere Schall-Längsdämmwerte ergeben sich, wenn die Decklage durch eine eingeschobene Trennwand in voller Breite unterbrochen wird (Bild **14**.2b). Auf eine sorgfältige, beidseitige Randabdichtung ist dabei zu achten.

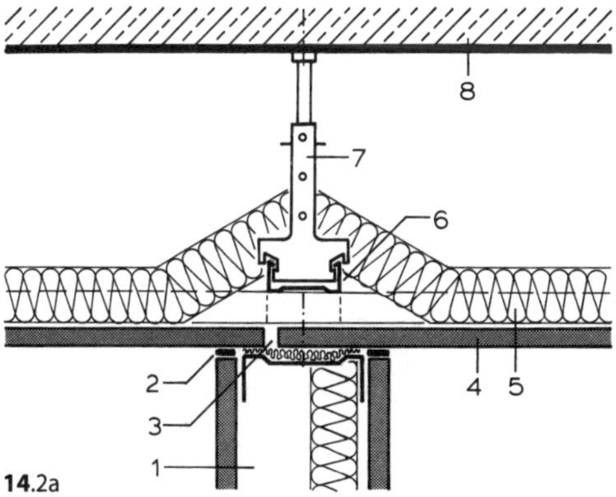

14.2a

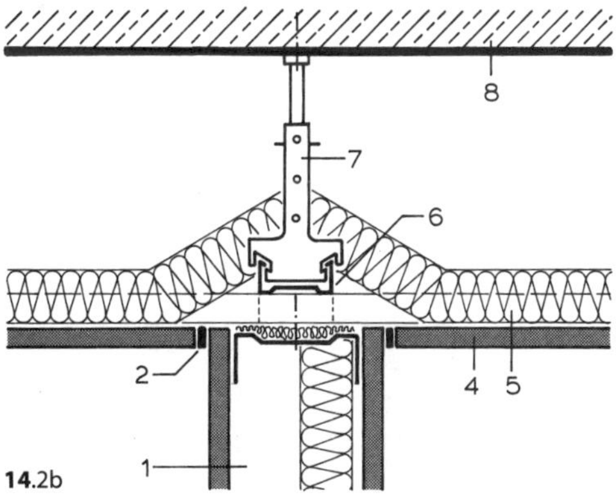

14.2b

14.2 Konstruktionsbeispiele: Trennwandanschlüsse an Unterdecken mit geschlossener Fläche und horizontaler Dämmstoffauflage

a) Decklage im Anschlussbereich der Trennwand durch eine Fuge getrennt
b) Decklage im Anschlussbereich der Trennwand in voller Breite unterbrochen

1 Trennwand mit Hohlraumdämmung und Gipskarton-Wandschalen
2 elastische Anschlussdichtung
3 Fuge in der Decklage
4 Gipskartonplatten
5 Faserdämmstoff nach DIN 18 165
6 Unterkonstruktion aus Stahlblech-Profilen
7 Abhänger
8 Massivdecke

Bei Unterdecken mit **gegliederter** Fläche handelt es sich im allgemeinen um sog. Bandrasterdecken, deren Decklage vorwiegend aus Mineralfaser-Deckenplatten, Leichtspan-Akustikplatten, Metall-Deckenplatten oder ähnlichem besteht. Bild **14**.3a zeigt eine Unterdecke mit Mineralfaser-Deckenplatten in Einlegemontage und dichtem Anschluss an das Bandraster-Deckenprofil. Besteht die Decklage aus perforierten Metall-Deckenplatten, so sind diese zum Zwecke der Schallabsorption mit Dämmstoff zu hinterlegen (Bild **14**.3b). Zur Verbesserung der vertikalen Schalldämmwerte und des Brandschutzes ist bei Bedarf zusätzlich noch eine schwere Abdeckung in Form von Gipskartonplatten o. Ä. aufzubringen. Vgl. hierzu Abschn. 14.5.3.3.

Unterdecken mit Abschottung im Deckenhohlraum. Die horizontale Schallübertragung zwischen benachbarten Räumen kann auch durch eine vertikale Abschottung des Deckenhohlraumes über den Trennwänden weitgehend unterbunden werden.

Abschottung durch **Plattenschott**. Bei dem in Bild **14**.4a gezeigten starren Plattenschott aus Gipskartonplatten ist vor allem auf eine dichte Ausbildung der Anschlüsse an tragenden Bauteilen, Rohrdurchführungen usw. zu achten. Durch Undichtigkeiten verringern sich die Dämmwerte erheblich. Einzelheiten s. Abschn. 15.3.3.1.

Abschottung durch **Absorberschott**. Beim Absorberschott wird der Deckenhohlraum über dem Trennwandanschluss bis zur Massivdecke mit fertigen Kissen aus Faserdämmstoff dicht ausgestopft (Bild **14**.4b). Mit zunehmender Breite des elastischen Schotts verbessern sich die Dämmwerte. Einzelheiten s. Abschn. 15.3.3.1.

Dämmstoffe im Zwischendeckenbereich

Mineralwolle-Dämmstoffe (Glaswolle, Steinwolle) werden im Unterdeckenbereich vorwiegend für Schall- und Brandschutzzwecke eingesetzt. Mineralwolle (auch Faserdämmstoff genannt) besteht aus künstlichen Mineralfasern (KMF), denen Kunstharze, Öle und weitere Zusätze (z. B. wasserabweisende Stoffe) zugegeben sind. Mineralwolle-Dämmstoffe sind schallabsorbierend, nichtbrennbar, verrottungs- und alterungsbeständig sowie sehr wasserdampfdurchlässig. Sie können jedoch dünne, einatembare Fasern abgeben, deren mögliche **gesundheitlichen Auswirkungen bei der Verarbeitung** besondere Aufmerksamkeit zu schenken ist.

Grundsätzlich sind Fasern aller Art dann in der Lage, Krebs zu erzeugen, wenn sie bestimmte Längen und Durchmesser sowie eine gewisse Beständigkeit im Körper aufweisen. Anders als Asbestfasern, die aufspleissen (d. h. sich der Länge nach teilen und somit immer dünner und gefährlicher werden), brechen Glas- und Steinwollefasern quer zur Faser und werden so immer kürzer (d. h. in der Wirkung dann mit jedem anderen Staub vergleichbar). Außerdem ist die Beständigkeit der Fasern von Bedeutung, weil die Fasern eine bestimmte Zeit in der Lunge verbleiben müssen, um eine Krebserkrankung hervorrufen zu können. Sobald diese aus der Lunge entfernt und aufgelöst sind, verlieren sie ihr krebserzeugendes Potential.

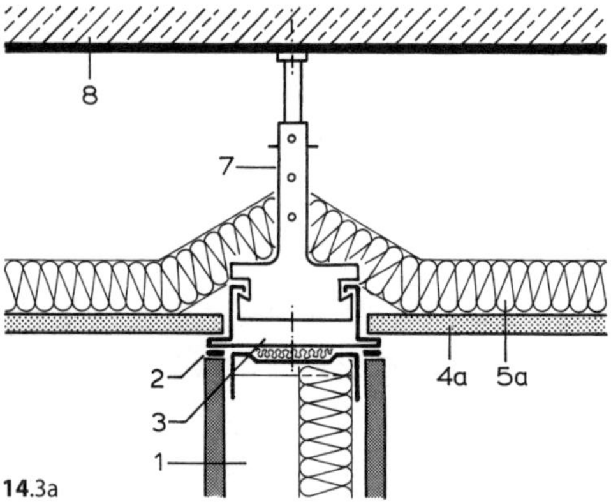

14.3a

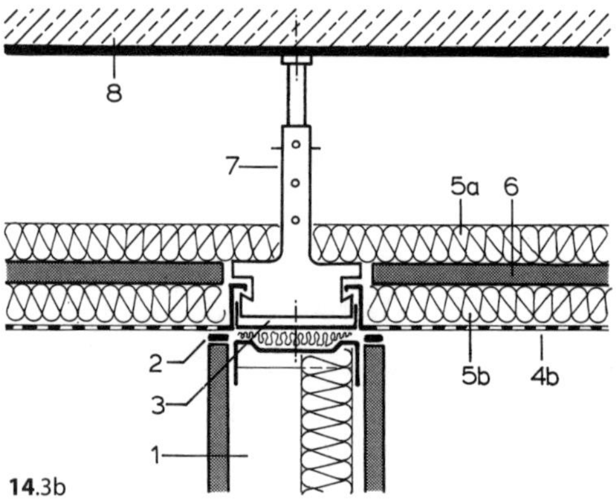

14.3b

14.3 Konstruktionsbeispiele: Trennwandanschlüsse an Unterdecken mit gegliederter Fläche (Bandrasterprofile) und horizontaler Dämmstoffauflage

a) Unterdecke aus Mineralfaser-Deckenplatten in Einlegemontage
b) Unterdecke aus perforierten Metallkassetten in Einlegemontage

1 Trennwand mit Hohlraumdämmung und biegeweichen Wandschalen
2 elastische Anschlussdichtung
3 Bandrasterprofil
4a Mineralfaser-Deckenplatten
4b perforierte Metallkassetten
5a horizontale Faserdämmstoffauflage
5b abgepasste Dämmstoffauflage
6 Schwereauflage aus Gipskartonplatten bei erhöhten schall- bzw. brandschutztechnischen Anforderungen
7 Abhänger
8 Massivdecke

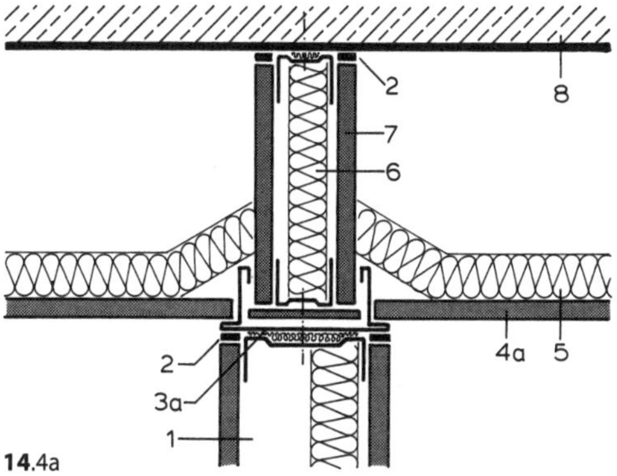

14.4a

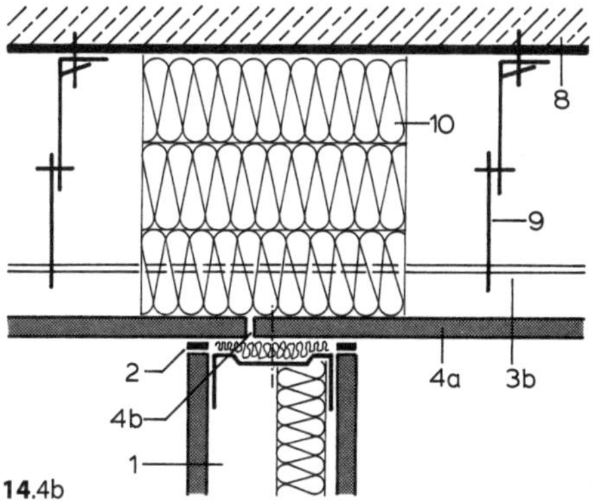

14.4b

14.4 Konstruktionsbeispiele: Unterdecken mit vertikaler Abschottung des Deckenhohlraumes
a) Plattenschott
b) Absorberschott

1 Trennwand mit Hohlraumdämmung und biegeweichen Wandschalen
2 elastische Anschlussdichtung
3a Bandrasterprofil
3b Unterkonstruktion (Tragschiene)
4a Mineralfaserplatten, Gipskartonplatten
4b Fuge in der Decklage
5 horizontale Faserdämmstoffauflage zur Hohlraumdämpfung
6 Faserdämmstoff mind. 40 mm dick
7 Plattenschott aus Gipskartonplatten
8 Massivdecke
9 Ahänger
10 Absorberschott aus Faserdämmstoff

Die Beurteilung der Fasern wird im Wesentlichen aufgrund ihrer Beständigkeit bzw. Löslichkeit vorgenommen. In Deutschland wird hierzu die chemische Zusammensetzung und/oder die in Tierversuchen ermittelte Biobeständigkeit herangezogen.

Bei Produkten, die vor 1996 eingebaut worden sind, muss von einem Krebsverdacht ausgegangen werden. Seit 1996 werden in Deutschland Mineralwolleprodukte hergestellt, die als unbedenklich gelten. Seit dem 1. Juni 2000 dürfen nur noch neue Produkte verarbeitet werden, die nach Anhang V der Gefahrstoffverordnung als unbedenklich gelten.

Diese Entwicklungen machen es notwendig, in der Baupraxis von sogen. „alten" und sogen. „neuen" Produkten zu sprechen.

- Beim Umgang mit „**neuen**" Mineralwolle-Dämmstoffen kann davon ausgegangen werden, dass die Produkte „frei von Krebsverdacht" sind. Es wird empfohlen, mit dem RAL-Gütezeichen gekennzeichnete Produkte zu verwenden.
- Der Umgang mit „**alten**" Mineralwolle-Dämmstoffen – die als „krebsverdächtig" gelten – ist nur noch im Rahmen von Demontage-, Abbruch-, Instandhaltungs- und Instandsetzungsarbeiten möglich bzw. zulässig. Für solche Arbeiten gilt die TRGS 521.

Einzelheiten über den Umgang mit Mineralwolle-Dämmstoffen sind der Handlungsanleitung [3] der Mineralfaserindustrie und Bau-Berufsgenossenschaften zu entnehmen.

Weichschaumstoff auf Melaminharzbasis. Die anhaltende Diskussion über mögliche gesundheitliche Auswirkungen bei der Nutzung künstlicher Mineralfasern im Bauwesen führte zur Entwicklung eines neuartigen Weichschaumstoffes auf Melaminharzbasis mit mineralischer Imprägnierung. Dieser offenporige schallabsorbierende Schaumstoff ist frei von Mineralfasern, Halogen und FCKW, lieferbar in den Baustoffklassen B1 und A2 (nichtbrennbar) nach DIN 4102 und weichelastisch eingestellt, so dass er ohne Rieselschutz passgenau in gelochte Deckenkassetten eingelegt werden kann. Weichschaumstoffe auf Melaminharzbasis werden vor allem für Schallabsorptionsaufgaben eingesetzt, sie weisen aber auch gute Wärmedämmeigenschaften auf. Die noch nicht abgeschlossene Entwicklung auf diesem Gebiet wird auch zukünftig mit besonderem Interesse zu verfolgen sein.

Dämmstoffe aus natürlichen Fasern. Verstärkt angeboten, jedoch (noch) mit geringen Marktanteilen, werden auch sog. alternative Dämmstoffe aus nachwachsenden Rohstoffen und tierischen Produkten. Dazu gehören beispielsweise Dämmstoffe aus Holzfasern, Zellulosefasern, Kokosfasern, Baumwolle, Schafwolle usw. Abhängig vom jeweiligen Material erhalten diese Dämmstoffe zum Schutz vor Schimmel, Schädlingsbefall und leichter Entflammbarkeit (Baustoffklasse B2, normalentflammbar) entsprechende Zusätze, meist Borsalze. Diese Borverbindungen sind aus gesundheitlichen Gründen umstritten [4]. Bei der Be- und Verarbeitung natürlicher Dämmstoffe werden ebenfalls Staub und Fasern freigesetzt, über deren gesundheitlichen Auswirkungen noch keine gesicherten Erkenntnisse vorliegen. Entsprechende Arbeitsschutzmaßnahmen sind vorsorglich einzuplanen; dabei ist die TRGS 521, Teil II, „Organische Faserstäube", zu beachten.

14.2.3 Brandschutz mit leichten Unterdecken

Brandschutz im Hochbau soll als vorbeugende Maßnahme die Entstehung und Ausbreitung von Schadensfeuern verhindern. Als technische Baubestimmung konkretisiert DIN 4102 die einzelnen brandschutztechnischen Begriffe, die in den

Tabelle **14**.5 Decken der Bauart I bis III mit Unterdecken aus Gipskarton-Feuerschutzplatten (GKF) DIN 18 180 mit geschlossener Fläche (Maße in mm)

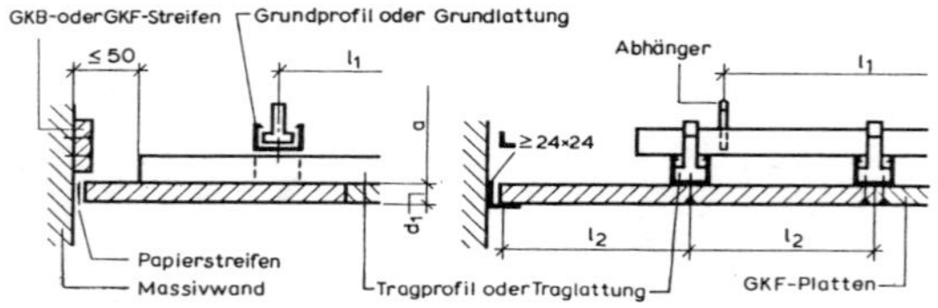
GKB-oder GKF-Streifen
Grundprofil oder Grundlattung
≤ 50
l1
a
d1
Papierstreifen
Massivwand
Abhänger
L ≥ 24×24
l2
Tragprofil oder Traglattung
GKF-Platten

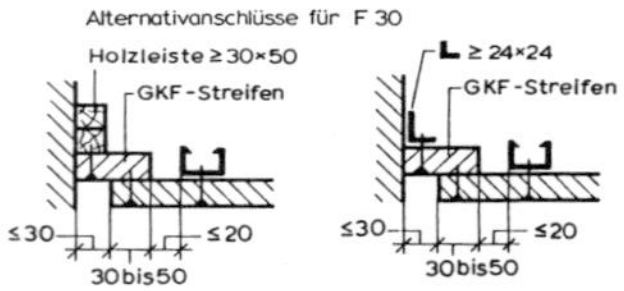
Alternativanschlüsse für F 30
Holzleiste ≥ 30×50
GKF-Streifen
L ≥ 24×24
≤30
≤20
30bis50

Zeile	Konstruktionsmerkmale und Bauart nach Abschn. 6.5.1, DIN 4102-4		Im Zwischendeckenbereich ist eine Dämmschicht	Mindest-deckendicke d	Mindest-abstand (Abhängehöhe) a	Max. Spannweite der Grund- und Traglattung bzw. Grund- und Tragprofile l_1	Max. Spannweite der GKF-Platten l_2	Mindest-GKF-Plattendicke bei Verwendung von Grund- und Traglatten aus Holz d_1	Mindest-GKF-Plattendicke bei Verwendung von Grund- und Tragprofilen aus Stahlblech d_1	Feuerwiderstandsklasse Benennung
1	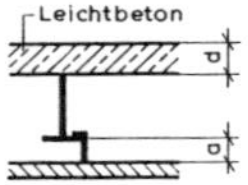Leichtbeton	I	vorhanden oder nicht vorhanden	50	40	1000	500	15		F 30-AB
2	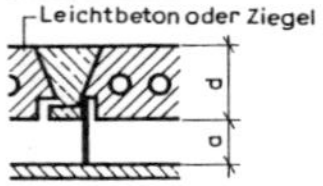Leichtbeton oder Ziegel			50	40	1000	500		15	F 30-A
3	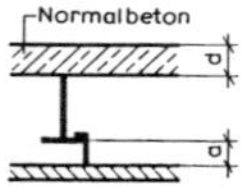Normalbeton	II	vorhanden	Bemessung entsprechend den Angaben der Zeilen 1 und 2						
4			nicht vorhanden	50	40	1000	500	12,5		F 30-AB
5				50	40	1000	500		12,5	F 30-A
6		III	vorhanden	Bemessung entsprechend den Angaben der Zeilen 1 und 2						
7	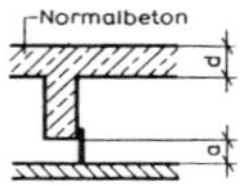Normalbeton		nicht vorhanden	50	40	1000	500	12,5		F 30-AB
8				50	40	1000	500		12,5	F 30-A
9				50	80	1000	500	2 x 12,5		F 60-AB
10				50	80	1000	500		12,5	F 60-A
11				50	80	1000	500		15	F 90-A
12				50	80	1000	400		18	F 120-A

baurechtlichen Vorschriften (z. B. Musterbauordnung, Landesbauordnungen, Rechtsverordnungen und Richtlinien) Verwendung finden. Diese Norm enthält ferner die Bedingungen für die Einteilung der Baustoffe nach ihrem Brandverhalten und deren Bezeichnung sowie die Prüfbedingungen für Bauteile und deren Einstufung in Feuerwiderstandsklassen. Einzelheiten hierzu s. Abschn. 16.7, Baulicher Brandschutz.

Baustoffe werden in DIN 4102-1 nach ihrem Brandverhalten in Baustoffklassen eingeteilt: Baustoffklasse A (nichtbrennbar), Baustoffklasse B (brennbar) mit weiteren Untergliederungen (B1 schwerentflammbar, B2 normalentflammbar), die Abschn. 16.7.2 im einzelnen entnommen werden können.

Bauteile werden in DIN 4102-2 entsprechend ihrer Feuerwiderstandsdauer in Feuerwiderstandsklassen eingestuft (F30 bis F180). Vorangestellte Buchstaben kennzeichnen die Bauteilart (F für Wände, Decken usw.), nachgestellte Buchstaben weisen auf die Brennbarkeit der für das jeweilige Bauteil verwendeten Baustoffe hin: A – AB – B.

Klassifizierte Bauteile. Gebräuchliche Bauteile und Konstruktionen – deren Brandverhalten durch Normbrandprüfungen nachgewiesen und bekannt ist und die daher ohne besonderen Nachweis unter den angegebenen Voraussetzungen eingesetzt werden dürfen – sind in DIN 4102 **Teil 4** zusammengestellt und klassifiziert (geregelte Bauprodukte). Ihre Anwendung ist im Rahmen bestimmter bauaufsichtlicher Anforderungen ohne weitere Prüfung des Brandverhaltens möglich.

Unterdecken bzw. Deckenbekleidungen haben bezüglich des baulichen Brandschutzes vor allem zwei Forderungen zu erfüllen:

- Unterdecken sollen so beschaffen sein, dass ein entstandener Brand sich nicht unkontrolliert – beispielsweise horizontal – auf dem Wege über den oberen Raumabschluss (Decklage bzw. Deckenhohlraum) ausbreiten kann.
- Unterdecken sollen außerdem die jeweils darüber liegende Tragdecke vor zu intensiver Brandbeanspruchung von unten schützen, so dass ein Übergreifen des Brandes in das darüber liegende Geschoss verhindert oder so lange wie möglich verzögert wird. Diese Aufgabe übernimmt in der Regel die jeweilige Gesamtkonstruktion, bestehend aus Tragdecke und Unterdecke. Im Normalfall geht man dabei immer von einer Brandbeanspruchung von **unten** aus.

Generell können Tragdecken bzw. Unterdecken folgenden Arten der Brandbeanspruchung ausgesetzt sein:

- Brandbeanspruchung von unten (untere Raumseite),
- Brandbeanspruchung von oben aus dem darüber liegenden Raum (obere Raumseite),
- Brandbeanspruchung von oben aus dem Zwischendeckenbereich,
- Brandbeanspruchungskombinationen von oben und unten. Die Brandbeanspruchung erfolgt im Brandfalle nur von einer Seite – nie gleichzeitig.

Deckenkonstruktionen (Tragdecken), die allein einer Feuerwiderstandsklasse angehören:

Tragdecke selbständig. Derartige raumabschließende Geschossdecken (Tragdecken) weisen schon selbst einen ausreichenden Feuerwiderstand auf. Sie bedürfen des Schutzes durch eine Unterdecke nicht (z. B. Stahlbeton- und Spannbetondecken), sofern sie bestimmte Mindestdimensionen, entsprechende Bewehrungen sowie ausreichende Betondeckung der Bewehrungsstäbe aufweisen. Das Anbringen von Bekleidungen an der Deckenunterseite und die Anordnung von Fußbodenbelägen auf der Deckenoberseite sind bei diesen in Teil 4 der DIN 4102 klassifizierten Decken ohne weitere Nachweise erlaubt.

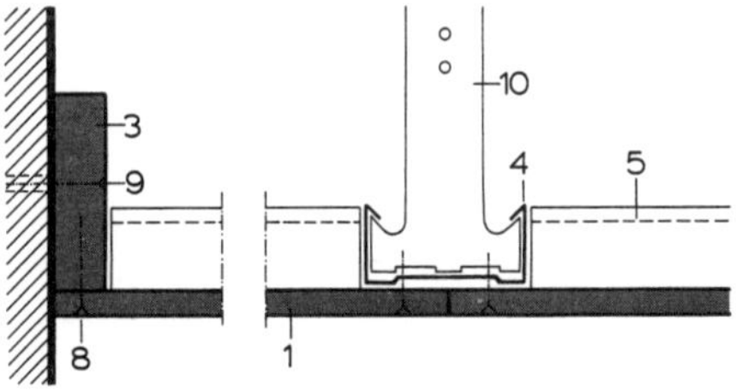

14.6a

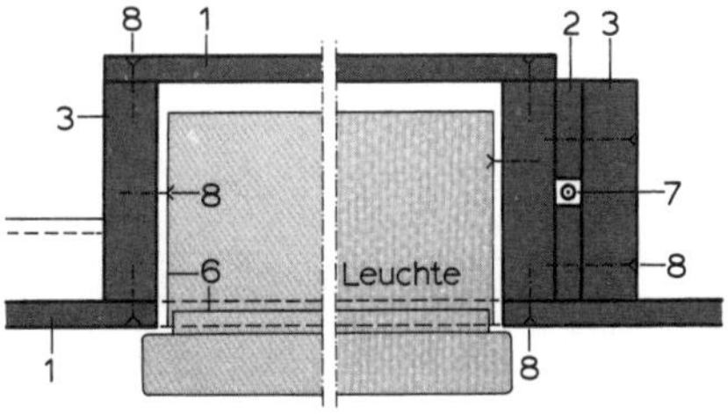

14.6b

14.6 Konstruktionsbeispiel: Abgehängte Unterdecke aus Promatect. Feuerwiderstandsklasse F90-A in Verbindung mit Stahlträgerdecken (oberseitige Abdeckung aus ≥ 80 mm Stahlbetonplatten) sowie Stahlbetondecken und Spannbetondecken nach DIN 1045.

a) Wandanschluss
b) integrierte Einbauleuchte

1 Promatect-H-Platten (d = 10 mm)
2 Promatect-H-Streifen (d = 10 mm)
3 Promatect-H-Streifen (d = 20 mm)
4 Tragprofil
5 Profil über Querstoß
6 Einbauleuchte (≤ 625 x 1250 mm)
7 Elektroleitung
8 Schrauben (Abstand etwa 200 mm)
9 Metallspreizdübel (Abstand 500 mm)
10 Abhänger

Promat GmbH, Ratingen

Deckenkonstruktionen (Tragdecken), die eine Feuerwiderstandsklasse nur mit Hilfe einer Unterdecke erreichen (Tabelle **14**.5 und Bild **14**.6):

Tragdecke mit Unterdecke. Geschossdecken, deren tragende Teile frei dem Feuer ausgesetzt sind, halten einem Brandangriff nicht lange stand (z. B. Stahlträgerdecke, Trapezblechdecke, Holzbalkendecke). Sie bedürfen des Schutzes durch eine Unterdecke. Der auf diese Weise erreichte Brandschutz muss durch ein allgemeines bauaufsichtliches Prüfzeugnis, eine allgemeine bauaufsichtliche Zulassung oder Zustimmung im Einzelfall (Gutachten) nachgewiesen werden.

Zur Beurteilung ihres Feuerwiderstandes muss, wie bereits erläutert, immer die Gesamtkonstruktion – Tragdecke und Unterdecke – herangezogen werden. Während die Unterdecke die tragenden Teile der Geschossdecke vor raumseitiger Beanspruchung von **unten** schützt, schützt die oberseitige Abdeckung (z. B. Leichtbeton oder Normalbeton auf Strahlträgerdecken, Holzspanplatten auf Holzbalkendecken) die tragenden Teile vor Brandbeanspruchung von **oben**. Generell unterscheidet man Massiv-Tragdecken der Bauart I bis III sowie Deckenbauarten aus Holz der Bauart IV (Tab. **14**.5). Einzelheiten s. Abschn. 16.7, Baulicher Brandschutz.

Unterdecken, die bei Brandbeanspruchung von unten oder von oben (aus dem Zwischendeckenbereich) allein einer Feuerwiderstandsklasse angehören (Tabelle **14**.7 und Bild **14**.8):

Unterdecke selbständig. Die Forderung nach einer bestimmten Feuerwiderstandsklasse bezieht sich im allgemeinen auf die Gesamtkonstruktion von Tragdecke und Unterdecke. In der Baupraxis kommt es jedoch häufig vor, dass diese brandschutztechnischen Anforderungen von einer Unterdecke **allein** erfüllt werden müssen. Diese selbständigen Unterdecken erfüllen die Anforderungen an raumabschließende Bauteile sowohl bei Brandbeanspruchung von **unten** als auch von **oben** (aus dem Zwischendeckenbereich). Nach DIN 4102-4 verleihen klassifizierte Unterdecken bei Brandbeanspruchung von unten auch allen Tragdecken, die oberhalb solcher Unterdecken liegen – unabhängig von ihrer Bauart – mindestens dieselbe Feuerwiderstandsklasse. Zu beachten ist auch DIN EN 1364-2. Selbständige Unterdecken werden beispielsweise eingesetzt:

- **Zum Schutz des Deckenhohlraumes**, um die bei hochinstallierten Bauten im Zwischendeckenbereich befindlichen Installationen vor Brandeinwirkung von unten zu schützen.
- **Bei Brandgefahr im Deckenhohlraum**, aufgrund größerer Mengen brennbarer Baustoffe oder Kabelisolierungen im Zwischendeckenbereich (Brandlast über 7 kWh/m²). Hierbei kommt es darauf an, dass die selbständige Unterdecke die darunter liegenden Zonen (z. B. Flucht- und Rettungswege) gegen Brandbeanspruchung von oben schützt (Bild **14**.8).

Tabelle **14**.7 Unterdecken aus Gipskarton-Feuerschutzplatten (GKF) DIN 18 180 mit geschlossener Fläche, die bei Brandbeanspruchung von **unten allein** einer Feuerwiderstandsklasse angehören (Maße in mm)

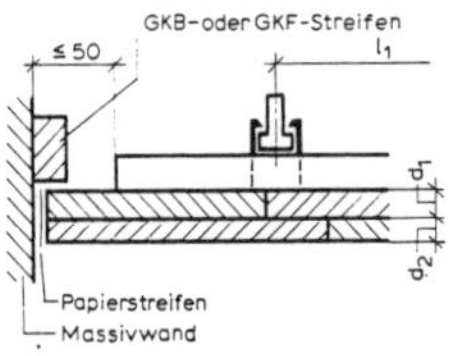

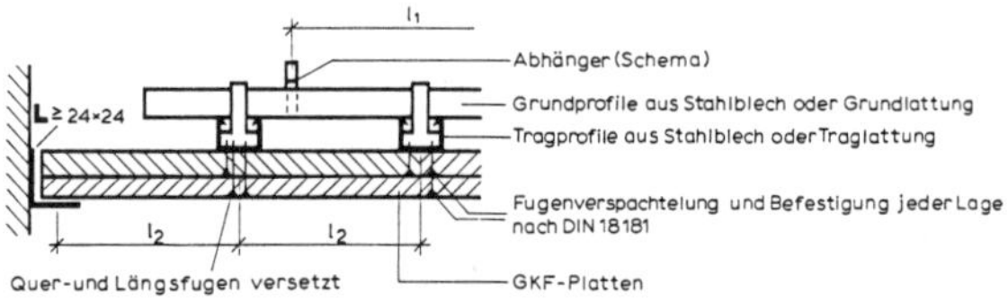

Zeile	Max. Spannweite der Grund- und Tragprofile bzw. der Grund- und Traglattung l_1	Gipskarton-Feuerschutzplatten (GKF) DIN 18180 mit geschlossener Fläche l_2	Mindest-GKF-Plattendicke bei Verwendung von Grund- und Traglattung aus Holz d_1	d_2	Grund- und Tragprofilen aus Stahlblech d_1	d_2	Feuerwiderstandsklasse Benennung
1	1000	500	12,5	12,5			F 30-B
2	1000	500			12,5	12,5	F 30-A
3	1000	400	18	15			F 60-B
4	1000	400			18	15	F 60-A

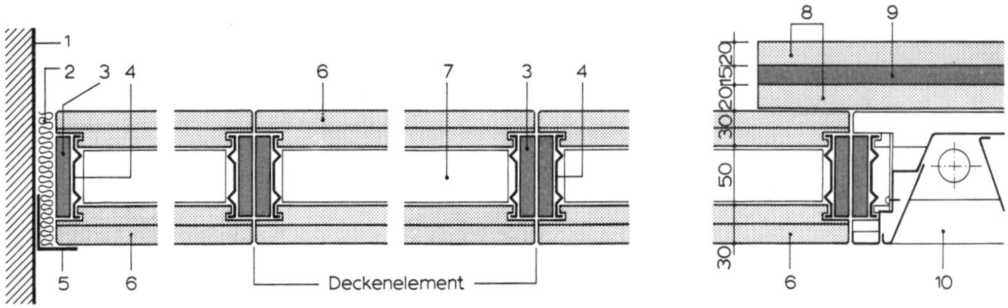

14.8 Konstruktionsbeispiel: Selbständiges Unterdeckensystem (Feuerwiderstandsklasse F 90-A) als Akustikdecke für Brandbeanspruchung von **oben** und **unten** aus einbaufertigen, freigespannten Deckenelementen (Längen bis 2500 mm) ohne Abhängung

1 Massivwand oder leichte Trennwand (Feuerwiderstandsklasse mind. F 90)
2 Mineralwollestreifen
3 Gipsfaser-Plattenstreifen
4 C-Profil
5 Wandprofil
6 Akustik-Langfeldplatten (Mineralfaserplatten)
7 Traversen
8 Mineralfaserplatten
9 Gipsfaserplatten
10 Einbauleuchte

OWA-Odenwald Faserplattenwerk, Amorbach

- **Zum Schutz des Nachbarraumes**, bei nichttragenden umsetzbaren Trennwänden, die nur bis zur Unterdecke reichen, während sich darüber ein durchgehender Deckenhohlraum befindet. Werden an Trennwände Feuerschutzanforderungen gestellt, so muss die abhängte Unterdecke das Übergreifen des Brandes horizontal über den Deckenhohlraum in angrenzende Räume selbständig verhindern.

Aus Gründen des Brandschutzes nennt DIN 4102 Teil 4 noch weitere Konstruktionshinweise, die bei der Ausbildung von Unterdecken in jedem Fall zu berücksichtigen sind. Diese beziehen sich im einzelnen auf:

- Anschlüsse von Unterdecken an Massivwänden aus Mauerwerk oder Beton, die immer dicht ausgebildet sein müssen.
- Anschlüsse von Unterdecken an nichttragende Trennwände. Die Eignung der Unterdecken und Anschlüsse sind durch allgemeine bauaufsichtliche Prüfzeugnisse oder eine allgemeine bauaufsichtliche Zulassung oder Zustimmung im Einzelfall nachzuweisen.
- Einbauten in Unterdecken (Einbauleuchten, klimatechnische Geräte), die bezüglich des Brandschutzes nicht besonders konstruiert oder bekleidet sind und die die brandschutztechnische Wirkung einer Unterdecke aufheben (Bild **14**.6 und **14**.8).
- Anbringung zusätzlicher Bekleidungen (Schmuckdecken aus Holz, Metallbekleidungen) unter einer brandschutztechnisch notwendigen Unterdecke, die die Feuerwiderstandsdauer einer solchen Unterdecke oder der Gesamtkonstruktion vermindern können.
  Anstriche oder Beschichtungen sowie Bekleidungen (Tapeten) bis zu etwa 0,5 mm Dicke beeinträchtigen die Wirkung einer Unterdecke aus der Sicht des Brandschutzes dagegen nicht.
- Brandlast im Deckenhohlraum, die durch brennbare Kabelisolierungen oder freiliegende Baustoffe der Klasse B1 entstehen kann. Zulässig ist eine Brandlast im Zwischendeckenbereich bis zu 7 kWh/m^2.
- Dämmschichten im Zwischendeckenbereich, die das Brandverhalten von Unterdecken beeinflussen. In DIN 4102-4 wird daher unterschieden zwischen Decken **ohne** Dämmschicht und Decken **mit** Dämmschicht. Werden aus Gründen des Brandschutzes Dämmschichten gefordert, so müssen diese immer der Baustoffklasse **A** (nichtbrennbare Baustoffe) entsprechen.

Selbsttätige Feuerlöschanlagen

Als eine weitere vorbeugende Maßnahme im Rahmen des baulichen Brandschutzes kann der Einbau einer selbsttätigen Feuerlöschanlage nach DIN 14 489 bzw. DIN 1988-6 in besonders gefährdeten Objekten gefordert werden (z. B. in Warenhäusern, Fabrik- und Messehallen, Theater und Festsälen).

Sprinkleranlagen sind selbsttätige, ständig betriebsbereite Löschanlagen, die das Wasser durch ortsfest verlegte Rohrleitungen – die meist im Deckenbereich untergebracht sind – an die zu schützenden Bereiche (Einzelobjekt, Einzelraum, Brandabschnitt) heranführen. Bei sich entwickelnder Brandhitze (etwa 30 °C über der Umgebungstemperatur) öffnen sich die an den Rohrleitungen in regelmäßigen Abständen eingebauten Sprinkler (Glasfasssprinkler oder Schmelzlotsprinkler) selbsttätig und besprengen den Brandherd lokal mit Wasser. Sie werden durch zwei getrennte, voneinander unabhängige und stets einsatzbereite Wasserzufuhren gespeist (z. B. öffentliche Wasserleitung, Vorrats- und Druckluftwasserbehälter). Bereits beim Öffnen eines einzelnen Sprinklers ertönen Alarmglocken und werden elektrische Meldeanlagen betätigt.

In beheizten Räumen kommen vorwiegend Nassanlagen, in unbeheizten und frostgefährdeten Bereichen meist Trockenanlagen zum Einsatz.

Die an der Unterdecke sichtbaren Sprinklerköpfe dürfen auf keinen Fall abgedeckt oder in anderer Form verkleidet werden. Die vom Verband der Sachversicherer (VdS) herausgegebenen Richtlinien sind bei der Planung von selbsttätigen Löschanlagen unbedingt zu beachten.

14.2.4 Wärmeschutz

Die wärmedämmenden Eigenschaften von leichten Deckenbekleidungen und Unterdecken – verstärkt durch Dämmschichten im Zwischendeckenbereich – spielen im Innenausbau eine untergeordnete Rolle (Ausnahme Brandschutz). Im Gegenteil, werden abgehängte Unterdecken unter einschaligen Flachdächern vorgesehen, muss dafür gesorgt werden, dass durch Anordnung von Lüftungsschlitzen in der Unterdecke ein Luftaustausch zwischen Deckenhohlraum und Nutzraum stattfinden kann. Eingeschlossene Luftschichten über abgehängten Unterdecken wirken sonst als zusätzliche Wärmedämmung. Dieser Umstand kann noch verstärkt werden, wenn im unbelüfteten Deckenhohlraum Warmwasserleitungen o. Ä. untergebracht und in die Unterdecke wärmeabstrahlende Deckenleuchten eingelassen sind. Auch ein nachträgliches Anbringen von beispielsweise Hartschaum-Deckensichtplatten an derartige Dachdecken ist zu unterlassen. Durch solche Maßnahmen kann in der Gesamtkonstruktion die Taupunktgrenze (Taupunktlage) so verlagert werden, dass es an der Unterseite der Dachschale zur Kondensatbildung kommt. Vgl. hierzu auch Abschn. 16.5, Wärmeschutz.

14.2.5 Geometrische und maßliche Festlegung

Vereinbarungen über Maßordnungen, Toleranzen und Fügungsprinzipien sind wichtige Voraussetzungen für die Planung und Ausführung von Bauwerken sowie für die Planung und Herstellung von Bauteilen, Bauelementen und Halbzeugen. Sie bestimmen auch weitgehend den Grad der Zusammenfügbarkeit und Austauschbarkeit industriell hergestellter Bauelemente sowie deren Verwendbarkeit in Bauwerken mit unterschiedlicher Zweckbestimmung. Im Bauwesen wird derzeit mit zwei Ordnungssystemen gearbeitet:

14

Maßordnung im Hochbau (DIN 4172). Die Maßordnung fügt „maßgenormte" Bauwerksteile und Bauteile (z. B. aus Ziegelsteinen) additiv aneinander: Vom Einzelteil zum Bauwerk. Diese Norm führte bereits 1955 zu einer wesentlichen Vereinheitlichung der Maße im Bauwesen. Einzelheiten hierzu s. Abschn. 2.3, Maßordnung.

Modulordnung im Bauwesen (DIN 18 000). Die Modulordnung beinhaltet in erster Linie Angaben zu einer Entwurfs- und Konstruktionssystematik unter Zugrundelegung eines Koordinationssystems als Hilfsmittel für Planung und Ausführung im Bauwesen. Mit diesem Koordinationssystem – das aus rechtwinkelig zueinander angeordneten, im Raum sich kreuzenden, theoretischen Ebenen besteht – können Bauwerke, Bauteile und Bauelemente koordiniert werden, um ihre Lage und/oder Größe zu bestimmen. Das Abstandsmaß dieser Koordinationsebenen ist das Koordinationsmaß; es ist in der Regel ein Vielfaches eines Moduls (Grundmodul M = 100 mm; Multimodule 3M = 300 mm, 6M = 600 mm, 12M = 1200 mm). Diese Methode der maßlichen Abstimmung ist material-, herstellungs- und ausführungsneutral. Einzelheiten hierzu s. Abschn. 2.4, Modulordnung.

Um die Lage und Größe von Bauteilen bzw. Bauelementen – wie beispielsweise Unterdeckenelemente – gemäß der Modulordnung bestimmen zu können, werden diese den Koordinationsebenen zugeordnet. Die Abstandsmaße dieser parallel verlaufenden Ebenen können entwurfsabhängig und nutzungsbedingt unterschiedlich groß sein. Sie können auf einem Modul oder verschiedenen Modulen im Wechsel aufbauen, sie können aber auch durch nicht modulare Zonen unterbrochen werden.

- So ergeben beispielsweise mit einem Modul bemessene Ebenen – in der Projektion auf dem Plan – rechtwinkelige Liniennetze, die üblicherweise in der Praxis als Linienraster (auch Achsraster) bezeichnet werden (Bild **14**.9a).

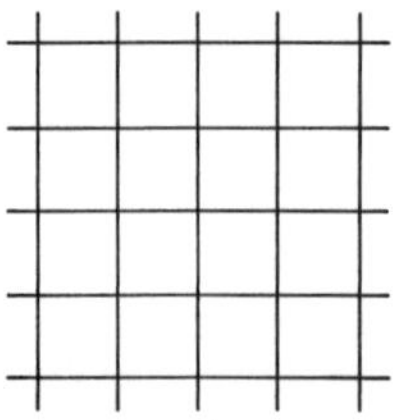

14.9a

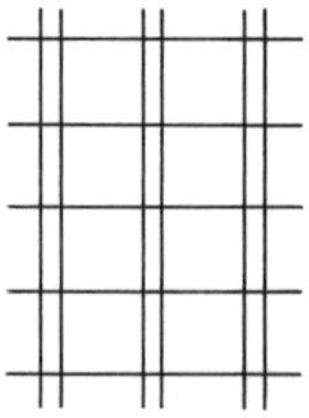

14.9b

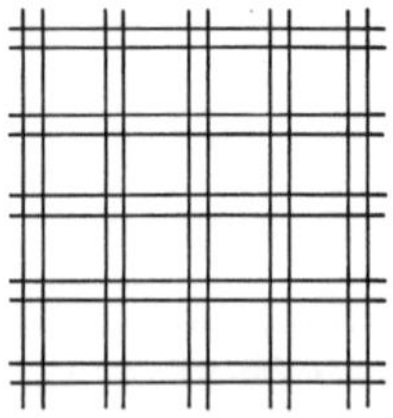

14.9c

14.9
Schematische Darstellung gebräuchlicher Rastertypen
a) Linienraster
b) Längsbandraster
c) Kreuzbandraster

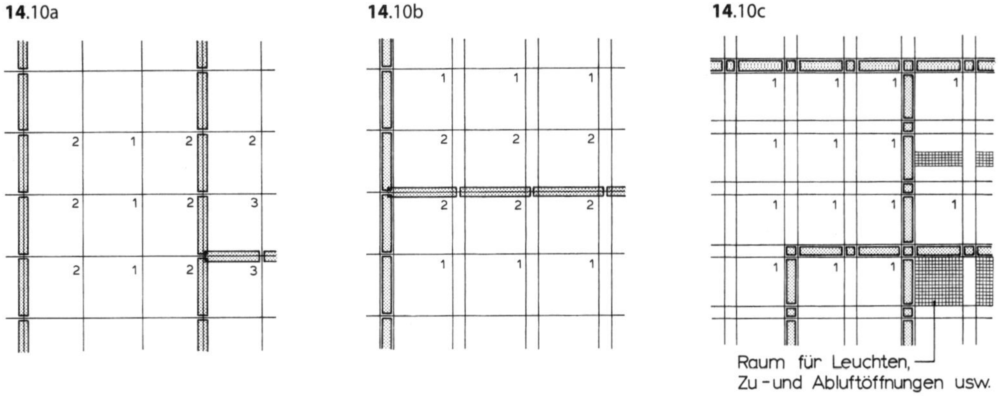

14.10 Schematische Darstellung möglicher Anschlussprobleme, die sich beim Einbau und späteren Umsetzen von Trennwänden bei unterschiedlichen Rastersystemen im Unterdeckenbereich ergeben können.
1 Standard-Deckenelement, 2 bis 3 Sonder-Deckenelemente

- Modulare Raster, die im Wechsel auf verschiedenen Modulen aufbauen bzw. durch nicht modulare Zonen unterbrochen sind, ergeben die für den flexiblen Ausbau so wichtigen Längsbandraster bzw. Kreuzbandraster (Bild **14**.9b und c).

Mögliche Anschlussprobleme, die sich beim Einbau und späterem Umsetzen von Trennwänden bei unterschiedlichen Rastersystemen im Unterdeckenbereich ergeben können, verdeutlicht Bild **14**.10:

- **Linienraster** (Bild **14**.10a). Werden Trennwandelemente beispielsweise linear in einer Richtung im Linienraster (Achsbezug) angeordnet, so ergeben sich einmal entlang einer solchen Wand – jeweils um die Hälfte der Wanddicke – schmalere Deckenfelder. Bei einem späteren Versetzen der Wandelemente sind außerdem aufwendige Anpassarbeiten im Unterdeckenbereich vorzunehmen. Werden achsbezogene Trennwände sogar über Eck oder in T-Form angeordnet, ergeben sich sowohl bei den Trennwand- wie bei den Deckenelementen Überschneidungen und somit zahlreiche Sonderteile bzw. Sonderkonstruktionen.
- **Längsbandraster** (Bild **14**.10b). Mit der Einführung des Bandrasters (Grenzbezug) werden diese Nachteile eliminiert. Die Breite des Bandes – je nach Planung modulare oder nicht modulare Zone – entspricht der jeweiligen Trennwanddicke einschließlich Fugenanteil und Toleranzen. Wie Bild **14**.10b zeigt, ergeben sich beim Zusammenfügen von Wandelementen in Richtung des Längsbandrasters (auch Parallelraster genannt) keine Anschlussprobleme und überall gleich große Deckenfelder. Ordnet man die Trennwände jedoch über Eck oder in T-Form an, reicht dieser einfach gerichtete Bandraster nicht aus, so dass ähnlich wie zuvor beschrieben, zu viele Wand- und Deckensonderteile entstehen.
- **Kreuzbandraster** (Bild **14**.10c). Keine systembedingten Sonderelemente ergeben sich beim Kreuzbandraster (auch Knotenraster genannt): gleich lange Wandelemente und gleich große Deckenelemente gewährleisten eine optimale Austauschbarkeit. Zu beachten ist jedoch, dass die Trennwände nicht beliebig, sondern nur in den Bandrasterstreifen versetzt und nur im Bereich der Knotenpunkte miteinander verbunden und an Versorgungsleitungen angeschlossen werden können. Daraus ergibt sich, dass innerhalb der Bandrasterstreifen keine Zu- und Abluftschlitze und auch möglichst keine Beleuchtungskörper o. Ä. installiert werden sollten.

Das Kreuzbandraster-System erfordert insgesamt einen wesentlich größeren Aufwand und somit auch höhere Kosten, da die Knotenpunkte auch dort vorgesehen werden müssen, wo zunächst keine Anschlüsse zu erwarten sind. Um problemlose Anschlüsse im Bereich umsetzbarer Trennwände (z. B. an Türelementen, Schrankwandkombinationen u. Ä.) sowie an der Fassadenfront (z. B. bei Brüstungs- und Stützenverkleidungen) zu erzielen, sind auch dort entsprechende Bandrasterblenden (Modulleisten) bzw. Anschlussprofile einzuplanen. Vgl. hierzu auch Abschn. 15.3, Umsetzbare Trennwände und vorgefertigte Schrankwandsysteme.

14.2.6 Integration von Klima-, Lüftungs-, Heizungs- und Beleuchtungstechnik im Unterdeckenbereich

Die Unterdecke ist in der Regel die größte sichtbare Fläche eines Raumes und somit ein wichtiger Bereich für die Innenraumgestaltung. Gleichzeitig ist sie aber auch idealer Funktions- und Installationsträger für gebäudetechnische Ausrüstungen (Lüftung, Kühlung, Heizung, Beleuchtung usw.) sowie für raumakustische Belange. In Anbetracht der Vielzahl von Einzelaspekten, die bei der Integration von gebäudetechnischen Anlagen in ein Bauwerk zu berücksichtigen sind, muss es stets zu einer frühzeitigen Abstimmung aller am Planungsprozess Beteiligter kommen (Architekt, Statiker, Fachingenieure des Techni-

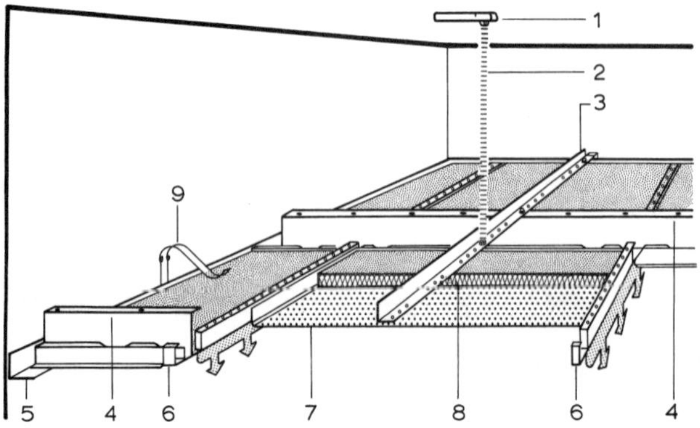

14.11
Konstruktionsbeispiel einer Lüftungsdecke (Überdruckdecke) mit Luftzuführung über Schlitzschienen. Ausgeführt als Akustikdecke mit perforierten Metallkassetten, Schallschluckeinlage und oberseitiger Aluminium-Folienkaschierung

1 Befestigungselement
2 Gewindestange o. Noniusabhänger
3 Tragwinkel
4 Tragprofil
5 Randwinkel
6 Schlitzschiene (Luftdurchlass)
7 Metallkassette, perforiert
8 Schallschluckeinlage mit oberseitiger Alu-Folienkaschierung (Abdichtung)
9 Druckfeder

Hartleif Metalldecken, Hockenheim

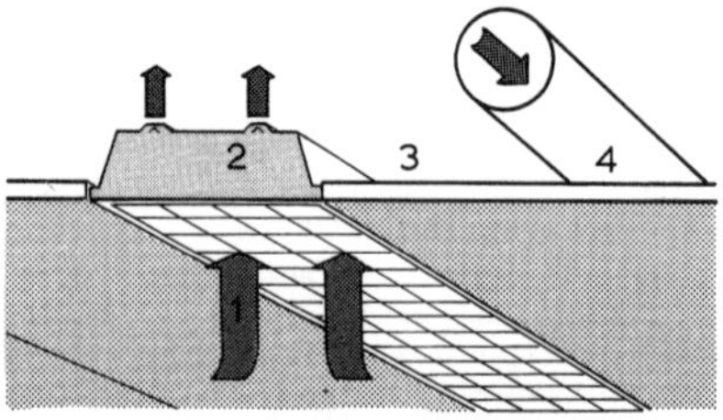

14.12a

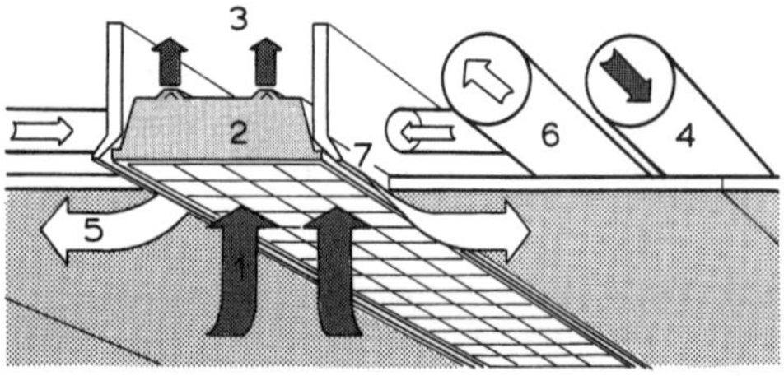

14.12b

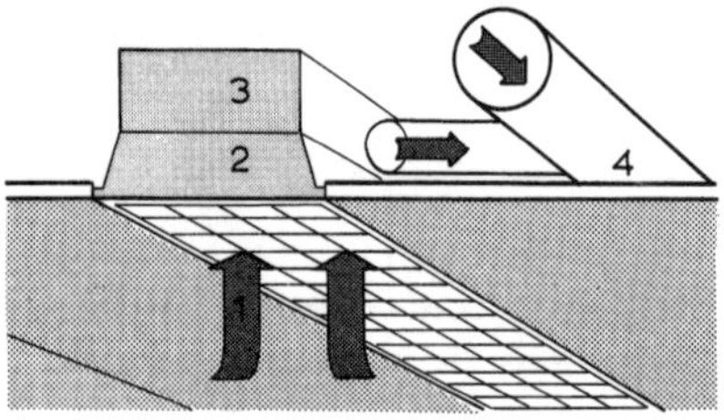

14.12c

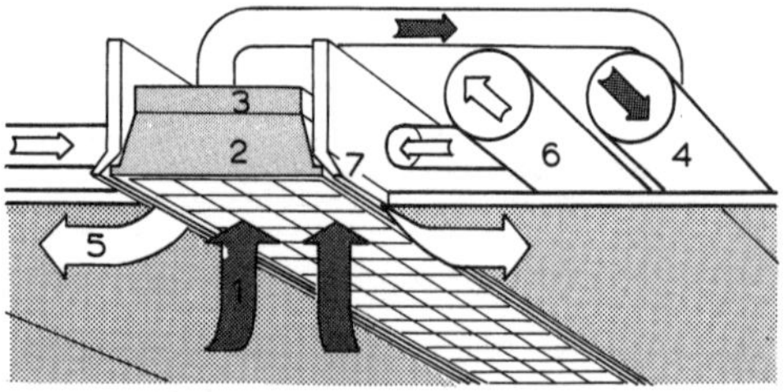

14.12d

14.12 Schematische Darstellung von Leuchten mit kombinierten Zuluft- und Abluftführungen

a) Die Abluft (1) strömt durch die Abluftleuchte (2) ohne Abluftdom in den unter Unterdruck stehenden Zwischendeckenbereich (3). Zur Erzeugung des Unterdruckes ist ein leuchtenunabhängiger Abluftkanal (4) erforderlich.
b) Die Abluft (1) strömt durch die Abluftleuchte (2) in den unter Unterdruck stehenden Deckenhohlraum (3); ein leuchtenunabhängiger Abluftkanal (4) sorgt für den notwendigen Unterdruck. Zuluft (5) wird durch Kanäle (6) herangeführt und gelangt über Zuluftverteiler (7), die ein Teil der Leuchte sein können, in den Raum. Die Zuluft soll sich an der Leuchte jedoch nicht aufheizen können.
c) Die Abluft (1) wird durch die Abluftleuchte (2) mit Abluftdom (3) abgesaugt und über Kanäle (4) abgeführt.
d) Abluft (1) wird durch die Abluftleuchte (2) mit Abluftdom (3) abgesaugt und über Kanäle (4) abgeführt. Zuluft (5) wird durch Kanäle (6) herangeführt und gelangt über Zuluftverteiler (7) in den Raum.

Nach Vorlagen der Trilux-Lenze KG, Arnsberg

schen Ausbaues usw.) Dabei kann es heute nicht mehr nur um eine möglichst optimale technische Beherrschung des Innenraumklimas gehen, sondern verstärkt auch um Fragen des Umweltschutzes, der Energieeinsparung (Wärmerückgewinnung, Einbeziehung zweischaliger Gebäudehüllen usw.) sowie um die Reduzierung der Investitions- und Betriebskosten.

14.2.6.1 Anforderungen aus der Lüftungs- und Klimatechnik

Die Lüftung eines Raumes bzw. Gebäudes kann entweder durch zu öffnende Fensterelemente (freie Lüftung) oder mechanische raumlufttechnische Anlagen (sog. RLT-Anlagen) erfolgen.

Raumlufttechnische Anlagen

RLT-Anlagen haben die Aufgabe, ein für den Menschen behagliches Innenraumklima zu schaffen. Sie bestehen im wesentlichen aus drei funktionalen Bauteilbereichen, und zwar der Luftaufbereitung, der Luftförderung bzw. Luftführung und der Luftverteilung im Raum.

Luftaufbereitung und Luftförderung. Hauptaufgabe der RLT-Anlagen ist die Erneuerung der Raumluft. Weitere Aufbereitungsstufen wie beispielsweise Reinigung, Erwärmung, Kühlung, Be- und Entfeuchtung der Luft können hinzukommen (DIN 1946). Demnach unterscheidet man (Hauptgruppen):

- Lüftungsanlagen, mit keiner oder nur einer Luftbehandlung (Heizen),
- Teilklimaanlagen, mit zwei oder drei Luftbehandlungen (z. B. Heizen, Kühlen),
- Klimaanlagen, mit vier Luftbehandlungen (Heizen, Kühlen, Be- und Entfeuchten).

Niederdruck-Klimaanlagen: Einkanal-ND-Klimaanlagen, bei denen die Warm- und Kaltluft nicht getrennt, sondern in einem Kanalsystem mit nur geringen Geschwindigkeiten (unter 8 m/s) gefördert wird, was jedoch relativ große Kanalquerschnitte bedingt.

Hochdruck-Klimaanlagen: Einkanal-HD-Klimaanlagen, bei denen die Luft mit hoher Geschwindigkeit (über 8 m/s) und hohem Druck bewegt wird. Daraus resultieren wesentlich kleinere Kanalquerschnitte, so dass auch Rohre mit rundem Querschnitt eingesetzt werden können. Zweikanal-HD-Klimaanlagen weisen eine getrennte Kalt- und Warmluftführung auf. Weitere Angaben sind der Spezialliteratur [5], [6], [7] zu entnehmen.

Luftführung und Luftverteilung. Die von RLT-Anlagen aufbereitete Luft wird über Kanäle und Rohre aus Stahlblech gefördert und über Auslässe in der Unterdecke, Fensterzone, Wand oder im Doppelboden dem Raum zugeführt bzw. an anderer Stelle wieder abgesaugt. Dadurch entstehen – vereinfacht dargestellt – Luftströmungen sowohl von oben nach unten als auch von unten nach oben.

- **Lüftungsdecken**. Zuluft und Abluft können im Deckenhohlraum entweder frei oder in Kanälen getrennt geführt werden. Bei den sog. Lüftungsdecken dient der gesamte Deckenhohlraum als Luftkammer, die je nach Luftführung entweder unter Überdruck oder Unterdruck gesetzt wird.
- Bei Überdruckdecken (Bild **14**.11) dringt Zuluft entweder durch offene Fugen zwischen den Deckenplatten, durch deren Perforation bzw. Lochung oder durch spezielle Luftdurchlässe in den Raum. Die Abluftführung erfolgt über Luftauslässe im Decken-, Wand- oder Bodenbereich.
- Bei Unterdruckdecken (Bild **14**.12a und b) strömt die Abluft durch Leuchtenkörper mit oberseitigen Abluftschlitzen hindurch und wird im Deckenhohlraum zentral abgesaugt.

  Bei beiden Systemen müssen alle Randanschlüsse und Deckeneinbauten sorgfältig abgedichtet und auch die über perforierten Deckenlagenelementen aufgelegten Dämmstoffplatten oberseitig mit einer Alu-Folie beschichtet oder in PE-Folie eingeschweißt werden. Wie Bild **14**.12c und d verdeutlicht, wird bei geschlossenen Einkanal- oder Zweikanal-Anlagen die Zu- und Abluft immer über Kanäle gefördert.
- **Luftdurchlässe** für die Deckenmontage gibt es in einer Vielzahl von Formen und Ausführungen. Verwendet werden vor allem Lochblechdurchlässe, Dralldurchlässe oder Lamellendurchlässe in runder und quadratischer Form. Lineare Schlitzdurchlässe eignen sich zum unauffälligen Einbau in die Fugen von Paneel- und Plattendecken.
- **Klimaleuchten** (Bild **14**.12d). Luft kann einem Raum im Unterdeckenbereich auch über Leuchten (Leuchtengehäuse) zugeleitet bzw. daraus abgeführt werden (sog. Verbundsystem). Bei der Luftrückführung über die Leuchte wird eine Zwangslüftung der Lampen erreicht, wobei der größte Teil der Lampenwärme unmittelbar abgeleitet wird und erst gar nicht in den Raum gelangen kann. Dies führt zu Einsparungen bei Anlage- und Betriebskosten der Klimaanlage. Außerdem werden dadurch günstige Bedingungen für die Wärmerückgewinnung geschaffen sowie eine spürbare Erhöhung der Lichtausbeute bei Leuchtstofflampen und eine höhere Lebensdauer der Vorschaltgeräte erreicht.

14.2.6.2 Anforderungen aus der Kühldeckentechnik

Moderne Büro- und Verwaltungsgebäude, aber auch Schalterhallen und Verkaufsräume, weisen immer höhere thermische Belastungen durch Personen, elektrisch betriebene Geräte und Beleuchtung auf. Hinzu kommen Wärmetransmission (Sonneneinstrahlung) über großflächige Glasfassaden sowie im Zuge der Energieeinsparung hohe Dämmwerte und Fugendichtigkeit der Gebäudehülle. Wie zuvor erläutert, sorgen Klimaanlagen (RLT-Anlagen) durch Luftaustausch und Luftaufbereitungsmaßnahmen für ein behagliches Raumklima und somit auch für die Abfuhr überschüssiger Wärmeenergie. Dies bedingt jedoch, dass bei herkömmlichen RLT-Anlagen große Luftvolumenströme energieaufwendig umgewälzt werden müssen. Dadurch kommt es von der Benutzerseite häufig zu Beschwerden über Zugerscheinungen durch zu hohe Luftgeschwindigkeit im Raum, ungenügende Temperaturregulierung und zu hohe Geräuschpegel. Außerdem benötigen derartige Anlagen nicht nur sehr viel Energie (Umweltschutz), sondern auch große Flächen bzw. Kubaturen für die RLT-Zentralen und Lüftungsleitungen. Daraus ergibt sich, dass die Abfuhr hoher thermischer Lasten alleine durch das Medium Luft als unwirtschaftlich zu bezeichnen ist. Erst durch den Einsatz von Kühldeckensystemen lässt sich der Luftvolumenstrom konventioneller Klimaanlagen auf das hygienisch notwendige Maß reduzieren, da hierbei die im Raum anfallende Wärmeenergie über gekühlte Bauteile abtransportiert werden kann; es kommt zu einer Entkoppelung von Lüftungsaufgabe und Kühlfunktion.

Kühldecken

Die Abfuhr der Wärmeenergie (Kühllast) eines Raumes kann demnach generell durch die Zufuhr gekühlter Luft oder durch Bauteilkühlung erfolgen. Wird die Raumdecke ganz oder teilweise auf Temperaturen unterhalb der Raumtemperatur gekühlt – so dass diese die Wärme vom Raum aufnehmen kann – spricht man von Kühldecke. Die Kühlung des Bauteils erfolgt meistens durch einen geschlossenen Kühlwasserkreislauf oder (seltener) durch einen Luftkreislauf. Bei hohen thermischen Lasten bietet das Medium Wasser Vorteile gegenüber Luft, da es eine viermal größere Wärmetransportkapazität (spezifische Wärmekapazität) und über 800mal größere Dichte aufweist. Daraus ergeben sich beim Trägermedium Wasser kleinere Querschnitte bei den Rohrleitungen sowie geringere Investitions- und Förderkosten. Das Medium Luft sorgt demgegenüber für die erforderliche Außenluftrate bzw. Luftqualität und regelt die Raumluftfeuchte.

Die Wärmeübertragung erfolgt bei Kühldecken sowohl durch Strahlung als auch durch Konvektion. Je nach Bauform der Kühldecke und der Luftbewegung im Raum können die Anteile Strahlung/Konvektion unterschiedlich hoch ausfallen. Grundsätzlich kann die Wärmeübertragung durch Leitung (kann bei Kühldecken unberücksichtigt bleiben), Konvektion und Strahlung erfolgen.

- **Leitung**. Die Wärme wird innerhalb eines Stoffes, unmittelbar von Molekül zu Molekül oder zwischen Körpern, die miteinander in Berührung stehen, weitergegeben. Man unterscheidet gute Wärmeleiter (z. B. Metall, insbesondere Kupfer) und schlechte Wärmeleiter (z. B. Holz, Dämmstoffe).
- **Konvektion**. Für diese Art der Wärmeübertragung ist ein Trägermedium (z. B. Wasser oder Luft) erforderlich. Das Medium nimmt die Wärme auf und gibt sie woanders wieder ab. Im einzelnen unterscheidet man freie Konvektion (z. B. Erwärmung der Luft an Heizkörpern), erzwungene Konvektion (z. B. mechanische Lüftung) sowie Mischkonvektionen.

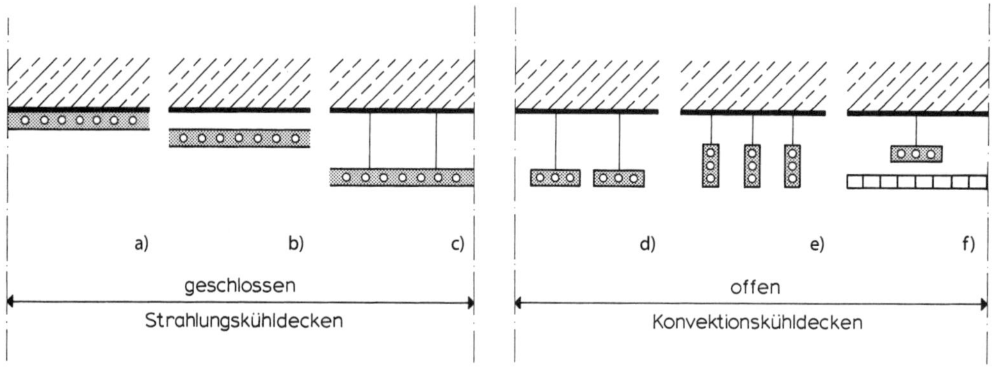

14.13 Einteilung und Benennung von Kühldecken (Schematische Darstellung)

Strahlungskühldecken (geschlossene Deckensichtflächen)
a) Deckenbeschichtung mit Kühlung (z. B. Putzdecke)
b) Deckenbekleidung mit Kühlung (z. B. Gipskartondecke)
c) abgehängte Unterdecke mit Kühlung (z. B. Metalldecke)

Konvektionskühldecken (offene Deckensichtflächen)
d) offene ebene Unterdecke mit Kühlung (z. B. Metalldecke mit Fugen)
e) offene Lamellendecke mit Kühlung (z. B. vertikale Hohlkörper-Lamellendecke)
f) offene Rasterdecke mit darüberliegendem selbständigem Kühlelement

- **Strahlung**. Bei der Wärmestrahlung wird die Wärme durch langwellige elektromagnetische Strahlung (die sich mit Lichtgeschwindigkeit durch den Raum bewegt) ausgesandt. Die Strahlungsenergie wird von den Oberflächen, auf die sie auftrifft, in der Regel absorbiert und in Wärmeenergie umgewandelt. Die Wärme entsteht also erst, wenn die Strahlung von einer Oberfläche aufgenommen wird.

Kühldecken lassen sich nach ihrer Wirkungsweise in zwei Hauptgruppen einteilen (Bild **14**.13):

Strahlungsdecken mit **geschlossenen** Deckensichtflächen (Bild **14**.13a bis c). Der Wärmeaustausch erfolgt vorwiegend durch Strahlung (etwa 60 % Strahlungsanteil, 40 % Konvektion). Sie können als Putzdecken auf massivem Untergrund, als Deckenbekleidung und in Form von elementierten Unterdecken (handelsübliche Montagedecken) ausgeführt werden. Ihr Platzbedarf ist in der Regel nicht größer als der für die Konstruktion einer Normaldecke ohne Kühlung. Damit können auch bestehende Gebäude mit derartigen Kühldecken nachgerüstet werden. Strahlungsdecken erbringen eine spezifische Kühlleistung von etwa 60 bis 80 W/m^2, was den heute üblichen Kühllasten in Büro- und Versammlungsräumen entspricht. Daraus ergibt sich jedoch, dass beim Einsatz von Strahlungsdecken der größte Teil der Unterdeckenfläche mit aktiven Kühlelementen ausgerüstet werden muss.

Konvektionsdecken mit **offenen** Deckensichtflächen (Bild **14**.13d bis f). Bei diesen Decken überwiegt der konvektive Anteil beim Wärmeaustausch. Die Öffnungen in der Deckenfläche bewirken die erforderliche Luftzirkulation und damit die Erhöhung der Kühlleistung. Da diese je nach Kühldeckensystem zwischen 90 und 130 (150) W/m^2 liegen kann, brauchen zur Abfuhr der Wärmeenergie (Kühllast) nicht mehr als 50 bis 70 % der Deckenfläche mit aktiven Kühlelementen belegt zu werden. Damit bleibt zwischen den Kühlelementen ausreichend Platz, um andere Installationen wie beispielsweise Beleuchtung, Sprinklerköpfe, Lautsprecher usw. im Deckenbereich integrieren zu können. Bei dieser Deckenart sind jedoch insgesamt größere Konstruktionshöhen erforderlich. Konvektive Kühlelemente können auch mit offenen Deckenelementen (z. B. Rasterdecken) kombiniert werden, so dass eine freie Gestaltung der Deckenfläche möglich ist.

Kühldecken und Lüftung. Da Kühldecken nur die Aufgabe der Raumkühlung übernehmen und somit keinen Beitrag zur Lufterneuerung leisten, sollten sie immer in Verbindung mit einer Lüftungs- oder Klimaanlage betrieben werden. Damit ist gewährleistet, dass die notwendige Außenluftzufuhr und Schadstoffabfuhr sowie die Regelung der Raumluftfeuchte erreicht werden. Bei sinnvoller Kombination entlastet die Kühlfläche das Lüftungssystem, d. h. der Luftstrom wird von der Energielast entkoppelt. Dadurch reduziert sich der Luftvolumenstrom gegenüber herkömmlichen RLT-Anlagen deutlich, was zu einer Verkleinerung der Querschnitte der Lüftungskanäle, der Deckenhohlräume und damit auch der Geschosshöhe führt.

Kühldecken können mit jeder Art von Lüftungsanlage bzw. Luftführungssystem kombiniert werden. Im Wesentlichen unterscheidet man turbulenzreiche Mischströmungen und turbulenzarme Schichtenströmungen.

- **Mischströmung (Induktionslüftung)**. Mit der turbulenten Mischluftströmung soll eine möglichst intensive Durchmischung von Zuluft und Raumluft erreicht werden. Sie entsteht durch den hohen Eintrittimpuls bei der Lufteinführung durch Deckendurchlässe (Dralldurchlässe, Schlitzdurchlässe) in Verbindung mit konventionellen Klimaanlagen. Die Folge sind häufig Zugerscheinungen und überhöhte Geräuschentwicklungen.
- **Schichtenströmung (Quelllüftung)**. Bei diesem Luftführungssystem wird die Zuluft mit geringer Strömungsgeschwindigkeit turbulenzarm über Luftdurchlässe im Hohlraum- oder Doppelboden in den Raum eingebracht. Die Zulufttemperatur soll etwa 1 bis 3 °C kälter sein als die Raumluft, jedoch nicht unter 20 (18) °C liegen. Diese Luftführungstechnik arbeitet nach dem Verdrängungsprinzip. Die bereits erwärmte und verbrauchte Luft wird durch Konvektion – verstärkt durch die Kühlfläche – nach oben verdrängt und im Deckenbereich abgeführt. Dabei entstehen mehr oder weniger ausgeprägte Luftschichten mit jeweils unterschiedlichen thermischen und stofflichen Eigenschaften. Bei der Quellüftung wird somit eine weitgehende Trennung von frischer und verbrauchter Luft erreicht, außerdem treten keine Zugerscheinungen und nennenswerten Geräusche auf (stille Kühlung). Vgl. hierzu Abschn. 13.5.6, Systemböden.

Kühldecken und Heizung. Grundsätzlich sind Kühldecken, die nach dem Strahlungsprinzip wirken, auch für Heizzwecke geeignet. Wie in Abschn. 14.2.6.3 näher ausgeführt, werden Deckenstrahlungsheizungen in Theaterfoyers, Sport- und Fabrikhallen u. Ä. mit Erfolg eingesetzt. Aus dem Komfortbereich (Büro- und Verwaltungsbauten) liegen allerdings noch keine einheitlichen Erfahrungen und Bewertungen vor. Bekannt ist, dass hinsichtlich des Behaglichkeitsempfindens der Benutzer keine allzu große Strahlungsasymmetrie in einem Raum auftreten darf. Dieser Zustand kann allerdings im Winter eintreten, beispielsweise bei hoher Wärmestrahlung durch die Heizdecke und gleichzeitiger Kälteeinwirkung (Kalt-

A. Wassergekühlte Strahlungsdecken (geschlossene Deckensichtflächen)

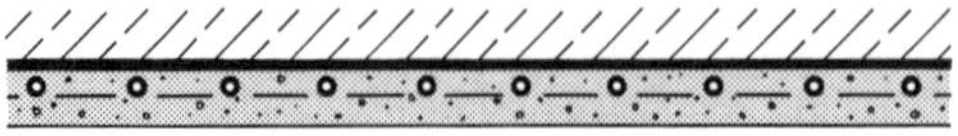

Putzdecken

z. B. Kupferröhrchen mit Abstandhalter

z. B. Kapillarrohrmatten aus Kunststoff
- auf Rohdecke in Putz eingebettet

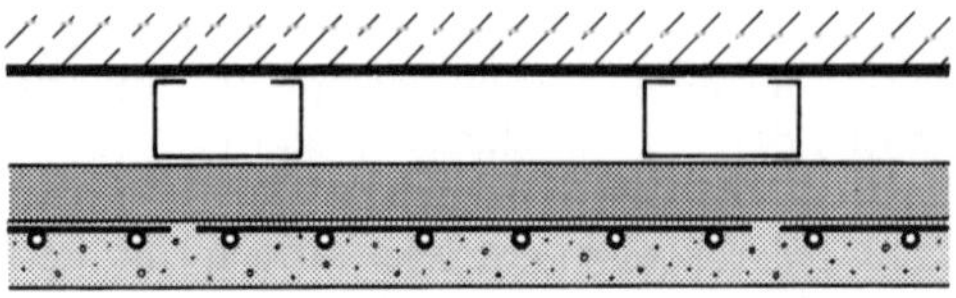

Gipskartondecken

z. B. Kupferrohrregister auf Kupferblech aufgelötet und auf Gipskartonplatte
- unterseitig eingeputzt (Akustikputz)

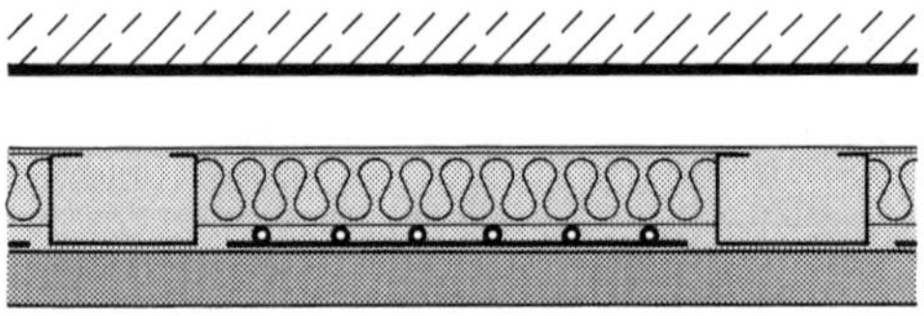

z. B. Kapillarrohrmatten aus Kunststoff (Polypropylen) auf Gipskartonplatte
- oberseitig aufgeklebt und gedämmt

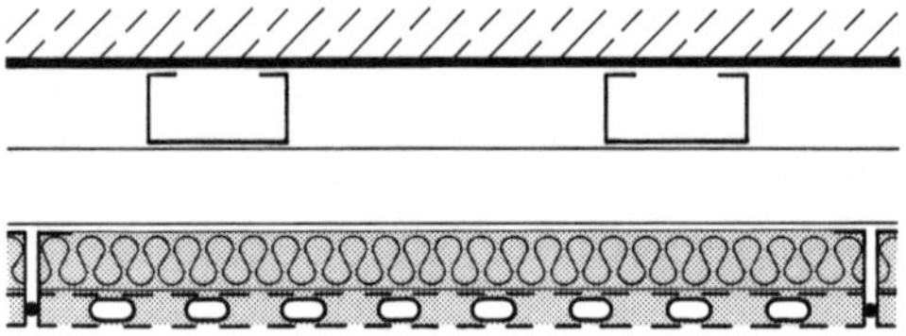

Metalldecken

z. B. flachgedrücktes Kupferrohr auf Lochblech aufgelötet

z. B. Kapillarrohrmatten aus Kunststoff
- in gelochte/ungelochte Metalldeckenplatte eingelegt und oberseitig gedämmt

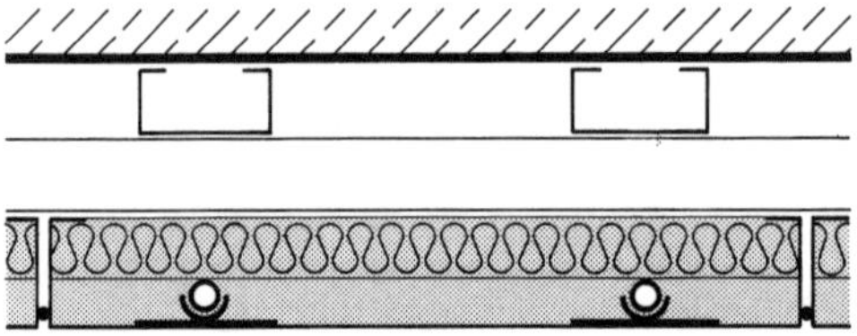

z. B. Aluminium-Wärmeleitschiene mit C-Profil und Kupferrohr
- auf gelochte/ungelochte Metalldeckenplatte oberseitig aufgeklebt und gedämmt

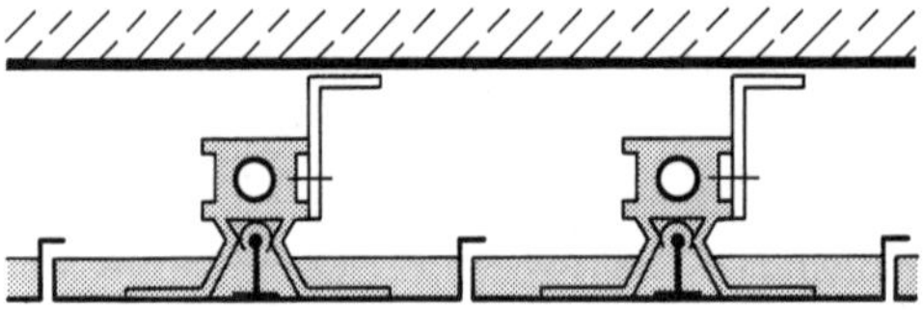

z. B. Aluminium-Wärmeleitschiene mit eingepresstem Kupferrohr
- und aufklipsbarem Deckenpaneel

14.14 Schematische Darstellung unterschiedlicher Bauformen von Kühldeckensystemen (Hauptgruppen). Einteilung nach konstruktionstechnischen Merkmalen.

Bild **14**.14, Fortsetzung

B. Wassergekühlte Konvektionsdecken (offene Deckensichtflächen)

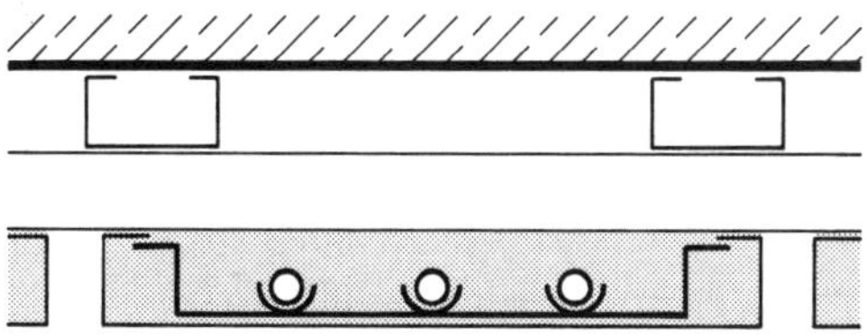

Paneeldecke

z. B. Aluminium-Wärmeleitprofil mit eingepressten Kupfer- oder Kunststoffrohren
- in Metallpaneele eingelegt

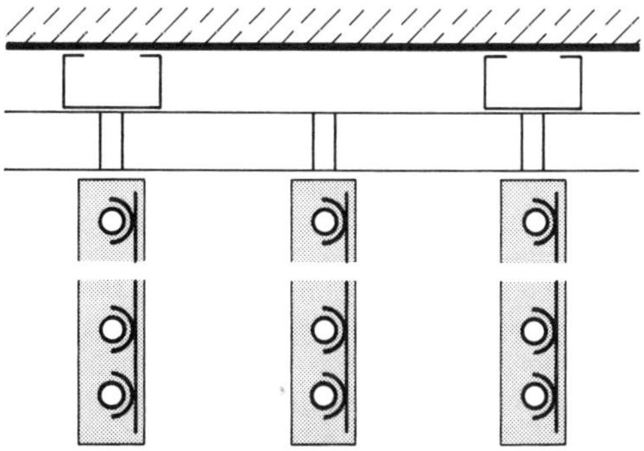

Lamellendecke

z. B. Aluminium-Wärmeleitprofil mit eingepressten Kupfer- oder Kunststoffrohren
- in Metall-Lamellen eingearbeitet

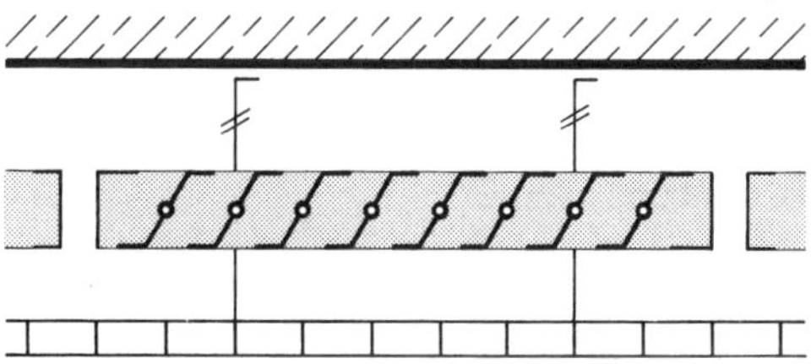

Statisches Kühldeckenssystem

z. B. Selbständiges Kühlelement aus Kupferrohren und aufgesteckten Aluminiumlamellen
- mit oder ohne offene Unterdecke

C. Kühldecke mit integrierter Luft- und Wasserkühlung

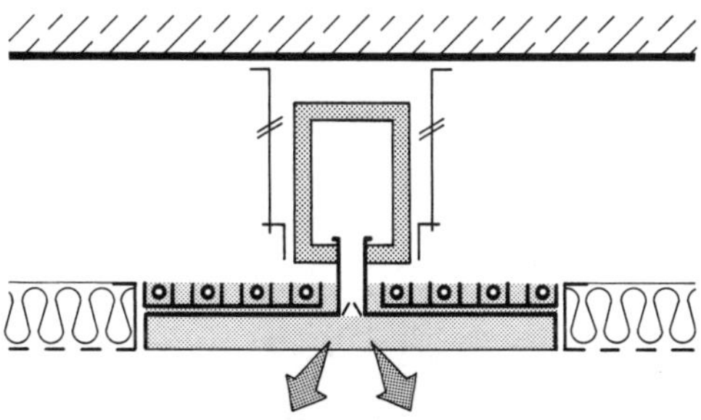

Kühldeckenpaneel

z. B. Unterseitig geripptes, wassergekühltes Deckenpaneel mit gedämmtem Zuluftkanal und schmalem Schlitzdurchlass (Zulufteinführung)
- mit beidseitig angrenzender Akustikdecke

luftabfall) an Fensterzonen ohne Heizkörper. Weiterentwicklungen sind auf diesem Gebiet zu erwarten, nicht zuletzt aufgrund digitaler Regelungstechniken, die auch im Bereich der Klima- und Lüftungstechnik zukünftig verstärkt eingesetzt werden.

Einsatzbereiche von Kühldecken. Kühldecken eignen sich vor allem für solche Anwendungsbereiche, bei denen hohe Komfortansprüche bestehen und die Energielasten im Verhältnis zu den Stofflasten sehr groß sind. Bei zu niedrigen Vorlauftemperaturen oder bei zu hoher Raumluftfeuchte besteht jedoch die Gefahr, dass sich Schwitzwasser an den Kühldeckenflächen bildet. Daher muss die Zuluft durch die RLT-Anlage so weit entfeuchtet werden, dass die Taupunkttemperatur der Raumluft unterhalb der Kühlwasservorlauftemperatur von etwa 16 bis 18 °C bleibt. Um sicherzustellen, dass es zu keiner Kondensatbildung kommt, sind grundsätzlich alle Kühldeckensysteme mit einer Temperaturüberwachung auszurüsten.

Bauformen und Konstruktionsbeispiele von Kühldeckensystemen

Durch die vielfältigen Bauformen sind Kühldecken sowohl für Neubauten als auch für die Modernisierung von Altbauten geeignet. Es kann allerdings nicht Aufgabe dieses Werkes sein, einen vollständigen Überblick über die auf dem Markt befindlichen Kühldeckensysteme zu geben; zu vielfältig sind die Ausführungsmöglichkeiten, sowohl in technischer als auch in formaler Hinsicht. In Bild **14**.14 sind einige Bauformen von wassergekühlten Strahlungs- und Konvektionsdecken sowie von Decken mit integrierter Luft- und Wasserkühlung schematisch dargestellt. Sie sollen lediglich als Orientierungshilfe dienen; Einzelheiten sind den jeweiligen Herstellerunterlagen zu entnehmen. Bild **14**.15 zeigt ein Konstruktionsbeispiel von einer Kühldecke mit abklappbaren Metallkassetten, die oberseitig mit Wasser führenden Kapillarmatten aus Kunststoff sowie mit Dämmaterial belegt sind. Auf die vom Fachinstitut Gebäude-Klima e.V. herausgegebene Grundlagenliteratur über Kühldecken [8] wird besonders hingewiesen.

14.2.6.3 Anforderungen aus der Heizdeckentechnik

Die Heizung eines Raumes kann auch über die Unterdeckenfläche erfolgen. Bei der Deckenstrahlungsheizung wird allerdings keine warme Luft erzeugt, sondern die Wärmeübertragung erfolgt (hauptsächlich) durch langwellige elektromagnetische Strahlung, die sich mit Lichtgeschwindigkeit durch den Raum bewegt. Der von den Strahlen durchdrungene Luftraum erwärmt sich dabei nicht. Die Strahlungsenergie wird von den Oberflächen, auf die sie auftrifft (Wände, Fußboden sowie Personen und Gegenstände), absorbiert und in Wärmeenergie umgewandelt. Diese angestrahlten Flächen geben dann die Wärme durch Strahlung und Konvektion an die Umgebung ab; erst dadurch wird auch die sie umgebende Luft erwärmt.

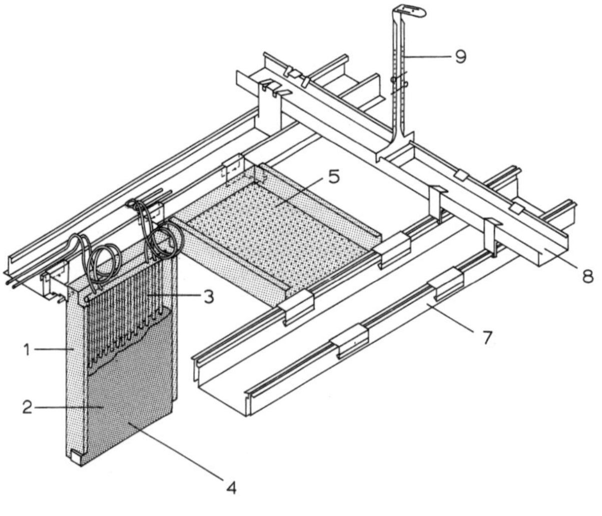

14.15
Konstruktionsbeispiel einer Kühldecke mit abklappbaren Metallkassetten, die oberseitig mit Wasser führenden Kapillarrohrmatten aus Kunststoff und Dämmaterial belegt sind.

1 Metallkassette
2 Dämmaterial
3 Kapillarrohrmatte aus Kunststoff
4 abgeklappte Deckenplatte
5 gelochte oder ungelochte Metallkassette
6 flexibler Kunststoffschlauch (Wasserkabel)
7 Bandrasterprofil
8 Grundprofil
9 Noniusabhänger

Sukow + Fischer, Biebesheim am Rhein

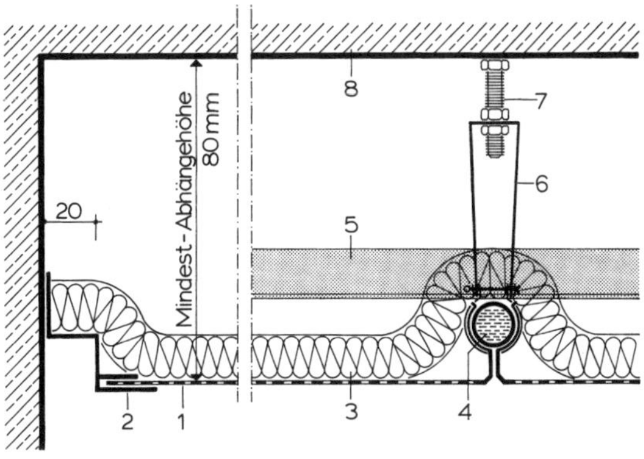

14.16
Konstruktionsbeispiel einer Deckenstrahlungsheizung in Form einer abgehängten Metalldecke
1 Aluminium-Kassetten (gelocht/ungelocht)
2 Wandanschlussprofil
3 Mineralfasermatte (Dämmaterial)
4 Rohrregister 1/2" für Heizwasser
5 Registeraussteifung
6 Lochbandabhänger
7 Gewindestift mit Konter- und Tragmuttern
8 Tragdecke

Zent-Frenger, Bensheim/Bergstraße

Deckenstrahlungsheizungen eignen sich vor allem für große, hohe Räume (bis 30 Meter Höhe), wie zum Beispiel Industrie-, Lager-, Sport- und Ausstellungsräume, aber auch für Theaterfoyers und überall dort, wo sichtbare Heizkörper funktionell stören würden. Bei geringen Raumhöhen kann es allerdings auch zu Unverträglichkeiten durch die auf den Kopf einwirkende Wärmestrahlung kommen. Bild **14**.16 zeigt eine Deckenstrahlungsheizung in Form einer abgehängten Metalldecke. Die Wärmeübertragung erfolgt durch metallischen Kontakt zwischen Rohrregister und Deckenkassetten. Die über den Heizrohren angeordneten Dämmatten bewirken, dass die Wärmestrahlung vor allem in den zu beheizenden Raum gelenkt und so ein unnötiges Aufheizen des Deckenhohlraumes weitgehend vermieden wird. Aufgrund des geringen Wasserinhaltes in den Rohrregistern lässt sich die Decke relativ schnell regulieren. Der schwankende Wärmebedarf wird durch die Regelung der Heizwassertemperatur ausgeglichen.

14.2.6.4 Anforderungen aus der Beleuchtungstechnik

Innenraumbeleuchtung

Nach DIN 5035 soll die Innenraumbeleuchtung mit künstlichem Licht gute Sehbedingungen schaffen und eine Umwelt vermitteln, die zum physischen und psychischen Wohlbefinden des Menschen beiträgt; außerdem soll sie helfen, Unfälle zu vermeiden.

Lichttechnische Gütemerkmale. Die Qualität einer Innenraumbeleuchtung mit künstlichem Licht lässt sich im wesentlichen nach folgenden Hauptkriterien beurteilen (Einzelheiten s. DIN 5035-1):

- Beleuchtungsniveau (Beleuchtungsstärke und Leuchtdichte),
- Harmonische Helligkeitsverteilung im Raum,
- Begrenzung der Blendung (Direkt- und Reflexblendung),
- Lichtrichtung und Schatteneinwirkung,
- Lichtfarbe und Farbwiedergabeeigenschaft.

Im Zusammenhang mit der Beleuchtungstechnik im Unterdeckenbereich sind insbesondere zu beachten:

Reflexionsverhalten. Besondere Bedeutung kommt dem Reflexionsverhalten beleuchteter Decken-, Wand- und Fußbodenflächen sowie den Reflexionsgraden der Oberflächen der sich im jeweiligen Raum befindlichen Gegenstände zu. Der Reflexionsgrad besagt, wie viel Prozent des auf eine Fläche auftreffenden Lichtstroms reflektiert wird. Dunklere Raumflächen erfordern höhere, hellere dagegen geringere Beleuchtungsstärken, um den gleichen Helligkeitseindruck zu erzeugen. Angaben über Reflexionsgrade der wichtigsten Innenausbaumaterialien sind der Spezialliteratur [6], [9], [10] zu entnehmen.

Begrenzung der Blendung. Jede Form der Blendung beeinträchtigt die Sehleistung. Nach ihrer Entstehung unterscheidet man Direktblendung und Reflexblendung.

- **Direktblendung** entsteht durch ungeeignete oder ungeeignet angebrachte Leuchten sowie durch zu hohe Leuchtdichten. Der kritische Ausstrahlungswinkel der Leuchten in bezug auf die Blendungsbegrenzung beginnt bei etwa 45° (DIN 5035-2).
- **Reflexblendung** entsteht durch Spiegelung bzw. störende Reflexe auf glänzenden Oberflächen (z. B. Kunstdruckpapier) nach dem Gesetz „Einfallwinkel = Ausfallwinkel". Sie lässt sich durch Festlegung einer geeigneten Lichteinfallsrichtung umgehen. Besondere Beachtung gilt der Vermeidung von Reflexblendung bei der Planung von Bildschirmarbeitsplätzen.

Bildschirmgerechte Beleuchtung

Die Vielfalt verschiedener Tätigkeiten an Bildschirmarbeitsplätzen führte gemäß DIN 66 233 (zukünftig DIN EN 5035) zu folgender Klassifizierung:

- **Bildschirmarbeitsplatz**. Arbeitsplatz mit Bildschirmgerät, bei dem Arbeitsaufgabe mit und Arbeitszeit am Bildschirmgerät bestimmend für die gesamte Tätigkeit sind. Derartige Arbeitsplätze unterliegen in beleuchtungstechnischer Hinsicht besonders hohen Anforderungen. Entsprechende Empfehlungen für die Beleuchtung von Räumen mit Bildschirmarbeitsplätzen sind in DIN EN 5035-7 formuliert.
- **Arbeitsplatz mit Bildschirmunterstützung**. Arbeitsplatz mit Bildschirmgerät, bei dem Arbeitsaufgaben mit und Arbeitszeit am Bildschirmgerät nicht bestimmend

für die gesamte Tätigkeit sind. Hier überwiegt die herkömmliche Bürotätigkeit, der Bildschirm dient zur unterstützenden Information. In Bezug auf die lichttechnischen Anforderungen ist die hier überwiegende Bürotätigkeit stärker zu berücksichtigen.

Als günstige Körperhaltung am Bildschirmarbeitsplatz wird der leicht nach vorne geneigte Kopf mit einer um etwa 20° aus der Waagerechten abgesenkten Blickrichtung angesehen. Da die Hauptblicklinie senkrecht auf den Bildschirm auftreffen soll, muss dieser ebenfalls um 20° zur Senkrechten geneigt sein. Diese Neigung wiederum hat zur Folge, dass sich herkömmliche Leuchten im Bildschirm spiegeln können. Leuchten für Bildschirmarbeitsplätze müssen daher so beschaffen sein, dass sie einerseits störende Reflexe auf den Bildschirmen wirksam vermeiden und andererseits zu keiner Direktblendung führen. Diese Forderungen werden durch richtige Zuordnung von Beleuchtung zum Arbeitsplatz sowie durch spezielle Leuchten für Bildschirmarbeitsplätze mit stark reduzierter Leuchtdichte oberhalb eines Ausstrahlungswinkels von etwa 50° zur Senkrechten erzielt (sog. Kritischer Winkelbereich). Geeignet sind hierfür vor allem Parabolspiegelrasterleuchten mit hochglänzenden Spiegelreflektoren. Einzelheiten sind DIN 66 234 und DIN EN 5035 (jeweils Teil 7) sowie den entsprechenden EU-Richtlinien zu entnehmen.

14.3 Tragende Teile der leichten Deckenbekleidungen und Unterdecken

Die tragenden Teile – Verankerung, Abhänger, Unterkonstruktion sowie deren Verbindungselemente – müssen die Lasten der Deckenbekleidungen und Unterdecken sicher auf die tragenden Bauteile (z. B. Massivdecke, Holzbalkendecke) übertragen (Bild **14**.17). Nach DIN 18 168 sind:

- **Verankerungselemente** die Teile, die die Abhänger oder Deckenbekleidungen direkt mit dem tragenden Bauteil verbinden.
- **Abhänger** die Teile, die die Verankerungselemente mit der Unterkonstruktion verbinden.
- **Unterkonstruktionen** die Teile, die die Decklagen tragen.

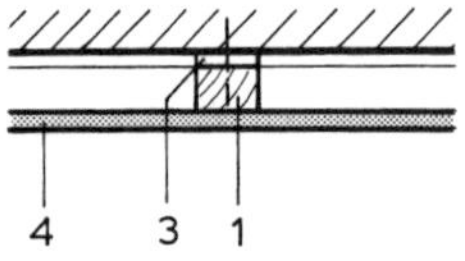

14.17a

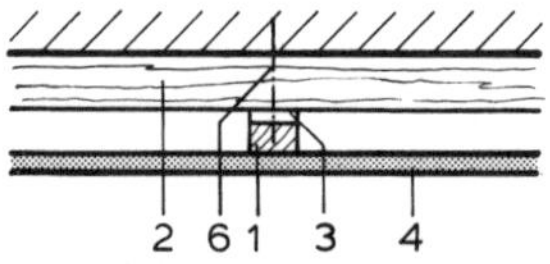

14.17b

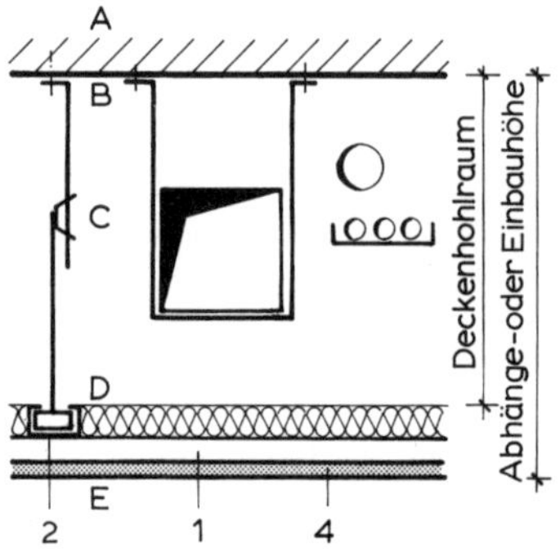

14.17e

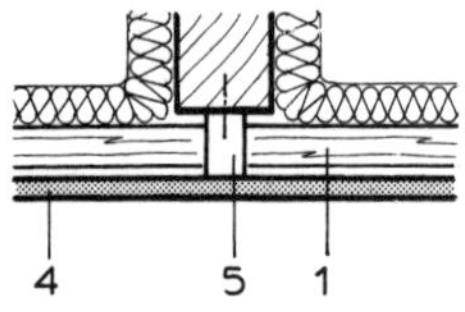

14.17c

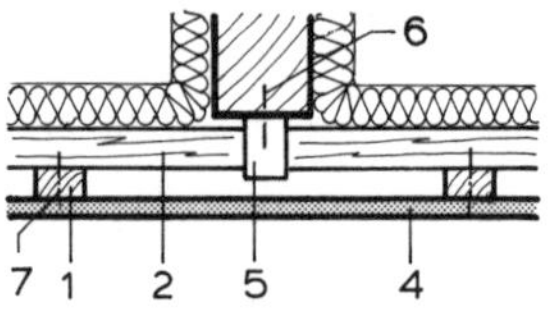

14.17d

14.17 Schematische Darstellung von Deckenbekleidungen und Unterdecken: Begriffsbestimmung

Deckenbekleidungen (Unterkonstruktion aus Holz)

a) mit Traglattung (Massivdecke)
b) mit Trag- und Grundlattung (Massivdecke)
c) mit Traglattung (Holzbalkendecke)
d) mit Trag- und Grundlattung (Holzbalkendecke)

Abgehängte Unterdecke (Unterkonstruktion aus Metall)

e) mit Abhänger sowie Trag- und Grundprofil

1 Traglattung aus Holz oder Tragprofil aus Metall
2 Grundlattung aus Holz oder Grundprofil aus Metall
3 Distanzklötze (bei Bedarf)
4 Decklage
5 Federbügel aus Metall
6 Verankerungselemente
7 Verbindungselemente

A Rohdecke
B Verankerung
C Abhänger
D Unterkonstruktion
E Decklage

- **Decklagen** die Teile, die den raumseitigen Abschluss bilden.
- **Verbindungselemente** die Teile, die die Verankerungselemente, Abhänger, Unterkonstruktionen und Decklagen miteinander oder untereinander verbinden.

Leichte Deckenbekleidungen und Unterdecken sind so auszubilden, dass das Versagen oder der Ausfall eines tragenden Teiles nicht zu einem fortlaufenden Einsturz der Decken führen kann.

Bild **14**.17a bis d zeigt den konstruktiven Aufbau von **Deckenbekleidungen**, Bild **14**.17e den einer **Unterdecke**. Bei Deckenbekleidungen ist die Unterkonstruktion unmittelbar an dem tragenden Bauteil verankert; bei Unterdecken wird die Unterkonstruktion abgehängt.

14.3.1 Verankerung an den tragenden Bauteilen

Baurechtliche Grundlagen. Gesetzliche Grundlage für das Bauen in Deutschland sind die Bauordnungen der einzelnen Bundesländer bzw. die Musterbauordnung (MBO), die den Landesbauordnungen (LBO) zugrunde liegt. In dieser Musterbauordnung wird gemäß der Bauproduktenrichtlinie zwischen geregelten, nicht geregelten und sonstigen Bauprodukten unterschieden. Einzelheiten hierzu s. Abschn. 2.2.4, Bauprodukte.

Befestigungssysteme – wie beispielsweise Ankerschienen, Dübel und Setzbolzen – sind Bauprodukte, die in den Geltungsbereich der Bauproduktenrichtlinie fallen, soweit an sie wesentliche sicherheitstechnische Anforderungen gestellt werden (z. B. mechanische Festigkeit, Standsicherheit, Brandschutz). Da es für solche Verankerungselemente keine Normen im Sinne der „allgemein anerkannten Regeln der Technik" gibt, werden sie als nicht geregelte Bauprodukte eingestuft. Der geforderte Brauchbarkeitsnachweis wird in der Baupraxis überwiegend durch allgemeine bauaufsichtliche Zulassungen erbracht [11].

Verankerung an tragenden Bauteilen. Die Verankerung von Abhängern und Unterkonstruktionen an den tragenden Bauteilen muss fest und sicher sein. Auch über längere Zeiträume hinweg dürfen sie sich weder lösen noch lockern. Nach DIN 18 168-1 ist die Anzahl der Verankerungsstellen so zu bemessen, dass die zulässige Tragkraft der Verankerungselemente sowie die zulässige Verformung der Unterkonstruktion nicht überschritten wird. Es ist jedoch mindestens eine Verankerung je 1,5 m^2 Deckenfläche anzuordnen. Eine Verankerung an einbetonierten Holzlatten – so wie dies früher üblich war – ist nach DIN 18 168 nicht mehr zulässig. Grundsätzlich bieten sich folgende Befestigungsarten an:

- Verankerungen, die rechtzeitig vorgeplant und in der Betonkonstruktion mit einbetoniert werden.
- Verankerungen, die nachträglich an den tragenden Bauteilen angebracht werden.

Ankerschienen (Einbetonierte Verankerungen)

In allen Neubauten, bei denen mit der Befestigung schwerer Lasten in bestimmten Deckenbereichen zu rechnen ist, sollten zweckmäßigerweise bereits bei der Herstellung der Stahlbeton- bzw. Spannbetondecken korrosionsgeschützte und bauaufsichtlich zugelassene Ankerschienen einbetoniert werden (Bild **14**.18).

Die Ankerschienen bestehen aus kalt- oder warmgewalzten Π-förmigen Stahlprofilen mit mindestens zwei auf den Profilrücken angeschweißten Verankerungselementen (I-förmige Anker). Die vorgefertigten, gegen das Eindringen

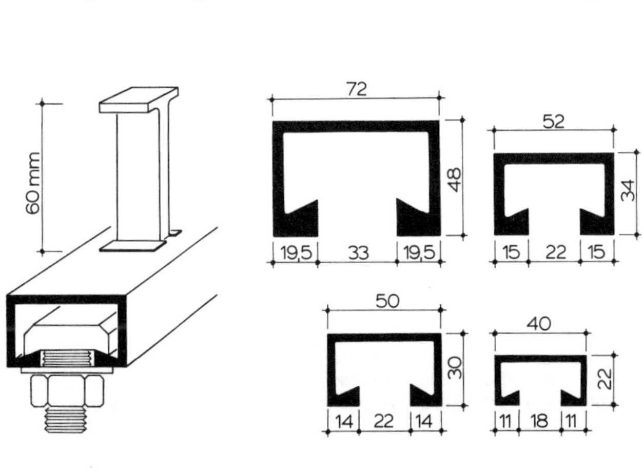

14.18
Ankerschienen zum oberflächenbündigen Einbetonieren in Stahlbeton- und Spannbetondecken (Beispiele: Warmgewalzte Profile für Hakenkopfschrauben)

Halfen GmbH, Langenfeld

von Frischbeton ausgeschäumten Schienen sind oberflächenbündig einzubetonieren. Nach dem Ausschalen und Entfernen der Schaumfüllung können spezielle Hammer- bzw. Hakenkopfschrauben an jeder beliebigen Stelle in den Schienenschlitz eingeführt und daran entsprechende Konstruktionsteile (z. B. Abhänger, Lüftungskanäle, Kabelpritschen) befestigt werden. Einzelheiten sind der Spezialliteratur [12] zu entnehmen.

Dübeltechnik

Dübel ermöglichen eine nachträgliche Verankerung von Bauteilen, Bauelementen, Unterkonstruktionen, Plattenbaustoffen und sonstigen Gegenständen am tragenden Untergrund. Nach den Landesbauordnungen ist zwischen tragenden und nichttragenden Konstruktionen zu unterscheiden. Eine tragende Konstruktion liegt vor, wenn deren Versagen die öffentliche Sicherheit gefährdet (sicherheitstechnischer Aspekt). Bei der Dübelauswahl gilt es im einzelnen zu beachten:

- Art und Beschaffenheit des Ankergrundes,
- Bohrverfahren (dem Baustoff entsprechend),
- Montagearten (Vorsteck-, Durchsteck-, Abstandsmontage),
- Korrosionsschutz (Verzinkung, nicht rostender Edelstahl),
- Höhe und Art der Belastung (Zug, Querzug, Schrägzug, Druck),
- Tragmechanismus und Wirkungsweise (Reibschluss durch Spreizung. Formschluss durch Anpassung, Stoffschluss durch Verbund),
- Zulassungen und Vorschriften.

Dübelkonstruktionen. Nach dem derzeitigen Stand der Technik unterscheidet man im wesentlichen drei Dübel-Konstruktionsarten:

- **Spreizdübel** aus Kunststoff oder Stahl (Bild **14**.19),
- **Hinterschnittdübel** mit direktem oder indirektem Formschluss (Bild **14**.20),
- **Haftdübel** mit Verbund auf Reaktionsharz- oder Zementmörtelbasis (Bild **14**.21).

Weitere Einzelheiten sind der Spezialliteratur [11], [13], [14] zu entnehmen.

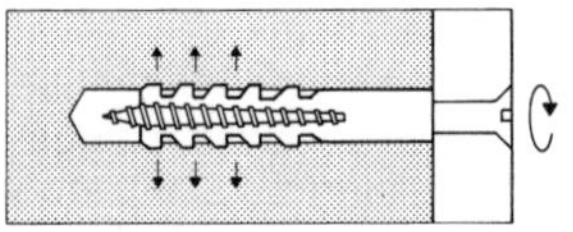
14.19a

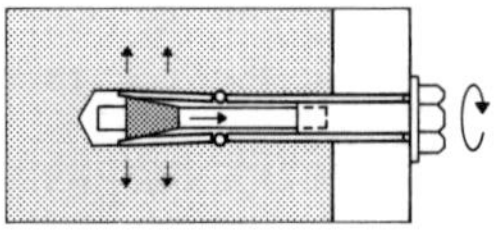
14.19b

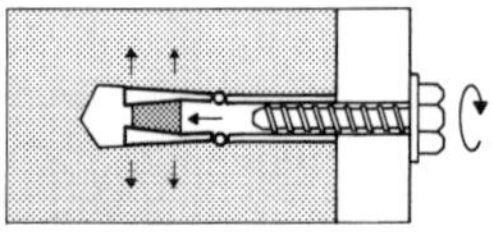
14.19c

14.19 Schematische Darstellung von Spreizdübeln aus Kunststoff und Stahl
a) Spreizdübel aus Kunststoff: Wegkontrollierte Spreizung durch Eindrehen einer Schraube
b) Spreizdübel aus Stahl: Kraftkontrollierte Spreizung durch Anziehen einer Ankerschraube
c) Spreizdübel aus Stahl: Wegkontrollierte Spreizung durch Einschlagen eines Konus in eine Hülse

14

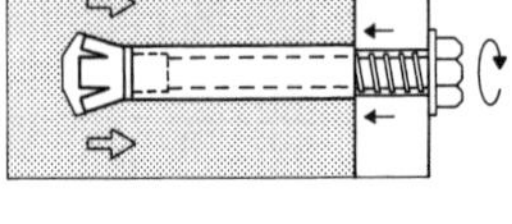
14.20a

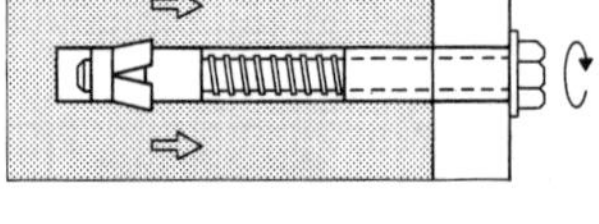
14.20b

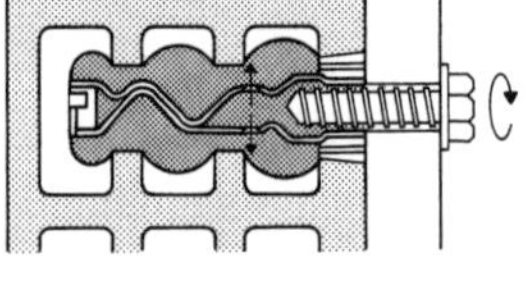
14.20c

14.20 Schematische Darstellung von spreizdruckfreien Hinterschnittdübeln und Injektions-Netzanker
a) Hinterschnittdübel aus Stahl: Formschlüssige Verbindung durch Einschlagen einer Spreizhülse über den Konusbolzen (wegkontrollierter Hinterschnittdübel)
b) Hinterschnittdübel aus Stahl: Formschlüssige Verbindung durch Anziehen eines Gewindebolzens und Öffnen von Klemmsegmenten in der Hinterschneidung (kraftkontrollierter Hinterschnittdübel)
c) Injektions-Netzanker: Form- und stoffschlüssige Verbindung zwischen Befestigungselement, erhärteter Injektionsmasse und Ankergrund

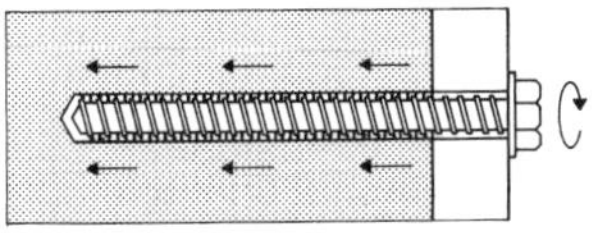

14.21a

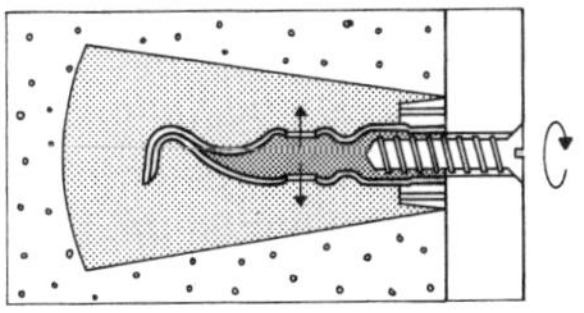

14.21b

14.21 Schematische Darstellung von spreizdruckfreiem Verbundanker und Injektionsanker für Mauerwerk
a) Verbundanker aus Stahl: Stoffschlüssige Verbindung durch Reaktionsharz zwischen Gewindestange und Ankergrund
b) Injektionsanker für Ankergrund mit porösem Gefüge: Form- und stoffschlüssige Verbindung zwischen Befestigungselement, erhärteter Injektionsmasse und Ankergrund

14.3.2 Abhänger

Abhänger müssen die auftretenden Lasten sicher aufnehmen und eine genaue Höhenjustierung ermöglichen. Die eingestellte Abhängehöhe muss außerdem dauerhaft fixiert werden können, ohne dass die Gefahr des Nachrutschens besteht. Abhängungen können aus Metall oder Holz hergestellt werden. Ihre zulässige Tragkraft ist durch allgemeine bauaufsichtliche Prüfzeugnisse oder eine allgemeine bauaufsichtliche Zulassung oder Zustimmung im Einzelfall (Gutachten) nachzuweisen.

Abhänger aus Metall. In der Regel werden Metallabhänger aus Federstahl, Gewindestäben, Stahlblech und in Sonderfällen aus Leichtmetall (Aluminiumblech) verwendet. Einzelheiten über Materialkennwerte und Mindestabmessungen von Abhängern sind DIN 18 168-1, Tab. 1 zu entnehmen. Entsprechend ihrer zulässigen Tragkraft werden sie in drei Tragfähigkeitsklassen nach DIN 18 168-2 eingestuft. Alle Metallteile müssen außerdem einen ausreichenden Korrosionsschutz entsprechend dieser Normen aufweisen. An höhenverstellbaren Metallabhängern werden vorwiegend eingesetzt (Bild **14**.22a bis d):

- **Schlitzbandabhänger** sind verhältnismäßig teuer und bei der Montage etwas umständlich zu handhaben. Sie können jedoch eine geringe Druckbelastung von unten aufnehmen.
- **Schnellspannabhänger** mit Federn gestatten eine stufenlose Höhenjustierung. Sie dürfen jedoch keinesfalls bei Druckbelastung von unten eingesetzt werden.
- **Noniusabhänger** werden – neben den Spannabhängern – am meisten verwendet, obwohl sie etwas teurer sind. Sie sind jedoch einfach zu montieren, in jedem Fall sicher und können auch Druck von unten aufnehmen (z. B. bei Trennwänden, die nach oben abgestützt werden müssen).

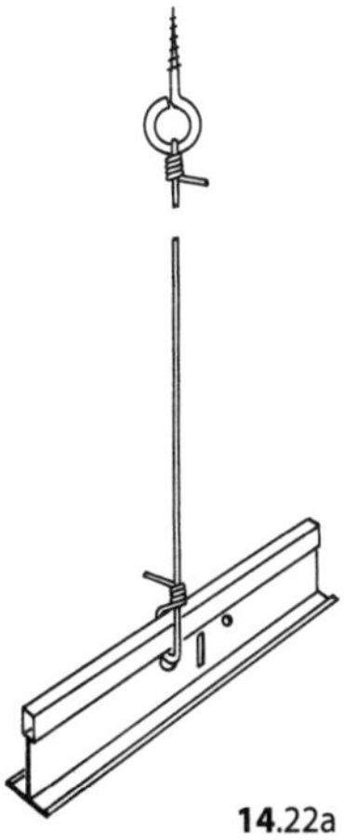

14.22a

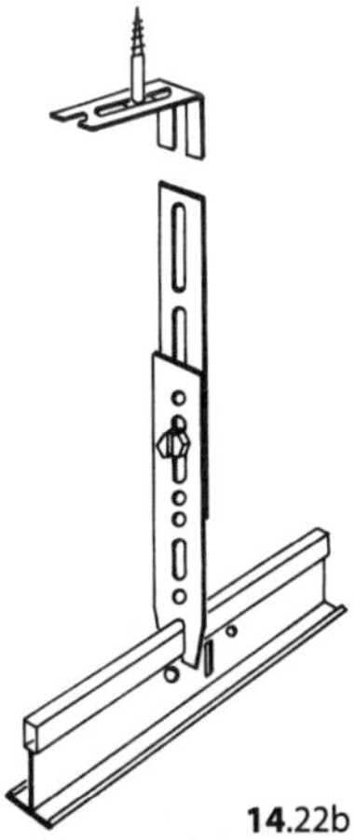

14.22b

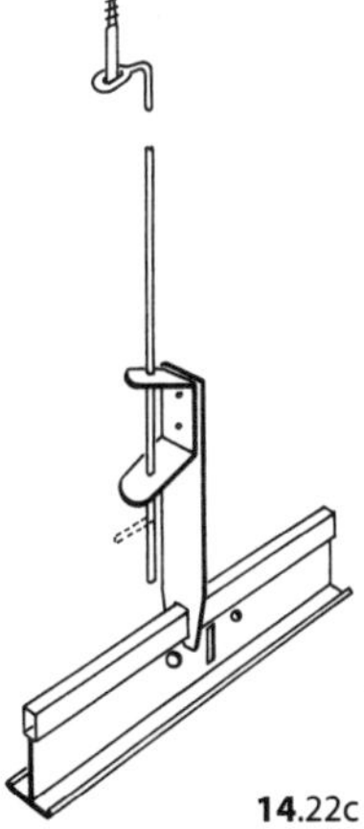

14.22c

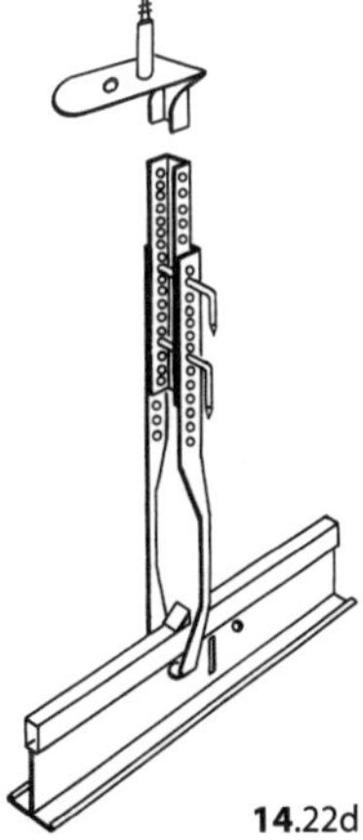

14.22d

14.22 Schematische Darstellung von Abhängern aus Metall [15]
a) Abhängung mit Draht, b) Schlitzbandabhänger, c) Schnellspannabhänger, d) Noniusabhänger

Abhänger aus Holz. Abhängungen aus Holz oder Holzwerkstoffen werden nur noch bei bestimmten Anwendungsfällen (Holzbauten, Sonderausführungen) angefertigt. Sie müssen nach DIN 18 168 gewisse Mindestquerschnitte bzw. Mindestdicken aufweisen. Berechnung und Ausführung sind nach DIN 1052-1 und -2 vorzunehmen. Für den vorbeugenden Holzschutz gilt DIN 68 800. S. hierzu auch DIN EN 335.

14.3.3 Unterkonstruktionen

Die Unterkonstruktion dient der Befestigung der Decklage. Sie darf sich unter der Last des Bekleidungsmateriales weder durchbiegen noch verformen. Außerdem muss sie so beschaffen sein, dass eine sichere Auflage (Einlegemontage) oder Befestigung der Decklage möglich ist. Die tragenden Teile der Unterkonstruktion sind nach DIN 18 168 so zu bemessen, dass die Durchbiegung höchstens 1/500 der Stützweite (z. B. des Abhängerabstandes), jedoch nicht mehr als 4 mm beträgt.

Ausbildung und Bemessung der Unterkonstruktion richten sich weitgehend nach Art und Größe des Bekleidungsmateriales (Decklage). Je nachdem, ob Unterdeckensysteme mit Achsraster, Längsbandraster, Kreuzbandraster oder fugenlose Unterdecken eingesetzt werden, müssen auch die Grund- und Tragprofile entsprechend angeordnet und ausgebildet sein. Die konkreten systembezogenen Achsabstände sind gemäß Bild **14**.23 den jeweiligen Herstellerunterlagen zu entnehmen. Einzelheiten über Materialkennwerte und Mindestabmessungen von Unterkonstruktionen s. DIN 18 168-1 und -2.

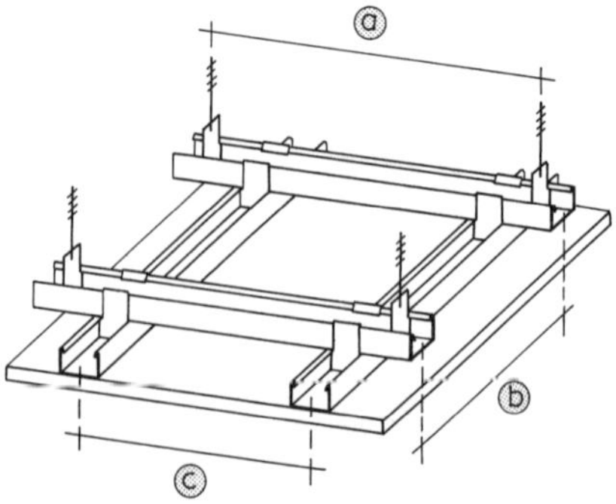

14.23
Schematische Darstellung der wichtigsten Achsabstände (Begriffsbestimmung)
a) Abstand der Abhänger bzw. Verankerungselemente
b) Abstand der Grundprofile bzw. Grundlattung
c) Abstand der Tragprofile bzw. Traglattung

Unterkonstruktionen aus Metall

Von ihrem Aufbau her unterscheidet man grundsätzlich höhengleich (einlagig) sowie höhenversetzt (zweilagig) ausgebildete Kreuzroste.

- **Höhengleicher Kreuzrost.** Bild **14**.24a zeigt einen in der Ebene einlagig angeordneten, von unten sichtbaren Kreuzrost (Kreuzbandraster-Unterdecke). Die an den Kreuz- bzw. Knotenpunkten eingefügten Verbindungselemente

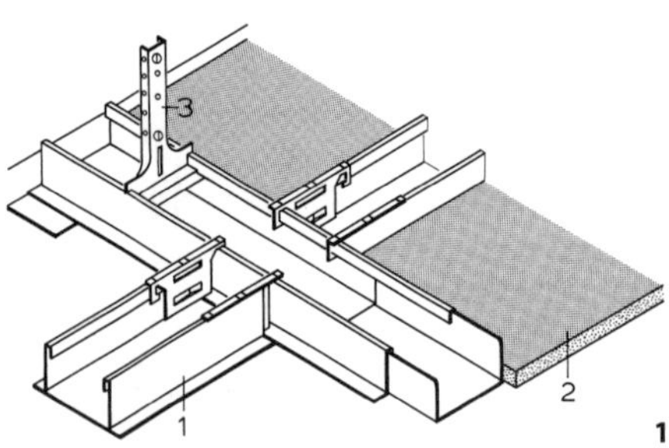

14.24a

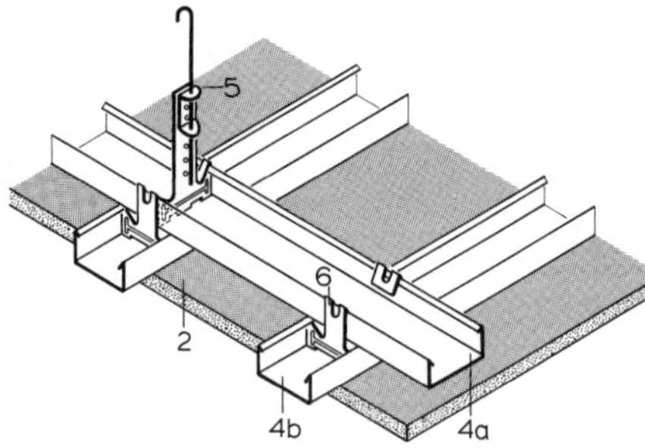

14.24b

14.24 Schematische Darstellung von Unterkonstruktionen aus Metall (Beispiele)
a) höhengleicher Kreuzrost (einlagig) aus Bandrasterprofilen: von unten sichtbares Kreuzbandraster
b) höhenversetzter Kreuzrost (zweilagig) aus Stahlblechprofilen: von unten unsichtbare Konstruktion
1 Bandrasterprofil
2 Decklage
3 Noniusabhänger
4a Stahlblechprofile (Grundprofile)
4b Stahlblechprofile (Tragprofile)
5 Schnellspannabhänger
6 Profilverbinder (Winkelanker)

sorgen für die erforderliche Aussteifung der Unterkonstruktion.

- **Höhenversetzter Kreuzrost.** Der in Bild **14**.24b dargestellte höhenversetzt ausgebildete Kreuzrost besteht aus zwei Lagen Stahlblechprofilen: einer oberen Lage aus Grundprofilen – meist in größeren Abständen verlegt – und einer unteren aus Tragprofilen, deren Anordnung sich systembedingt vor allem nach Art und Größe (Abmessungen) des Decklagenmateriales richtet. Vgl. hierzu auch Bild **14**.23.

Unterkonstruktionen aus Holz

Holz als Konstruktionsmaterial wird vorzugsweise bei Deckenbekleidungen (Direktmontage an der Tragdecke) eingesetzt. Möglich sind auch abgehängte Unterkonstruktionen aus Holzwerkstoffen (Holzspanplatten, Furniersperrholz, Stabsperrholz). Diese werden jedoch mehr und mehr von Metallkonstruktionen verdrängt, da Metallprofile gegenüber den Holzlatten erhebliche Montagevorteile aufweisen. Das Grundschema möglicher Holzunterkonstruktionen ist im Prinzip den zuvor beschriebenen Metallkonstruktionen sehr ähnlich.

Deckenbekleidungen mit Unterkonstruktionen aus Holz.

- **Höhengleiche Traglattung.** Die in Bild **14**.25a dargestellte einlagige Traglattung, mit einem Querschnitt von mind. 48 x 24 mm, wird direkt an der Tragdecke befestigt. Diese Konstruktionsart bietet sich bei ebenen Massivdecken, bei Holzbalkendecken oder bei geringen Raumhöhen an. Vgl. hierzu Bild **14**.17.
- **Höhenversetzte Trag- und Grundlattung.** Die in Bild **14**.25b gezeigte Grundlattung wird zunächst am Untergrund befestigt, quer dazu die Traglattung, die auch die Decklage trägt. Eine exakte Höhenjustierung kann durch das Einschieben von Distanzklötzen erreicht werden. Die Latten sind an jedem Kreuzungspunkt miteinander zu verschrauben.

Abgehängte Unterdecken mit Unterkonstruktionen aus Holz.

- **Höhenversetzte Trag- und Grundlattung** (Bild **14**.25c). Der Querschnitt der hochkant angeordneten Grundlattung muss mind. 40 x 60 mm (besser 60 x 90 mm), der der Traglattung mind. 48 x 24 mm betragen. Beide Lattungen können auch 50 x 30 mm sein. Vgl. hierzu Bild **14**.17.

14.3.4 Anschlüsse von Trennwänden an abgehängten Unterdecken

Werden nichttragende innere Trennwände (DIN 4103) an leichten Deckenbekleidungen und Unterdecken befestigt, so müssen die aus den Trennwänden resultierenden Kräfte durch geeignete Konstruktionen aufgenommen oder unmittelbar durch die Deckenbekleidungen oder Unterdecken auf Festpunkte abgeleitet werden. Werden hinsichtlich Stoßbeanspruchung (z. B. in Turnhallen) besondere Anforderungen gestellt, so ist die Aufnahme dieser Beanspruchung nachzuweisen. Einzelheiten hierzu s. Abschn. 15.3.2 und 15.3.5.

Unterdecken und Trennwand sollten immer von einem Hersteller geliefert werden, vor allem dann, wenn hohe Anforderungen bezüglich der Schall-Längsdämmwerte, Schallabsorptionsgrade und des Feuerwiderstandes gefordert werden. Meist erfüllen zwar Unterdecken und Trennwände jeweils für sich allein die geforderten Werte, im Verbund weisen die Anschlüsse jedoch – wenn die Ausbauteile nicht sorgfältig aufeinander abgestimmt sind – oft gravierende Schwachstellen auf.

Druck- und Scherkräfte. Bei der in Bild **14**.26a dargestellten Kreuzbandrasterdecke können die zuvor erwähnten Kräfte problemlos aufgenom-

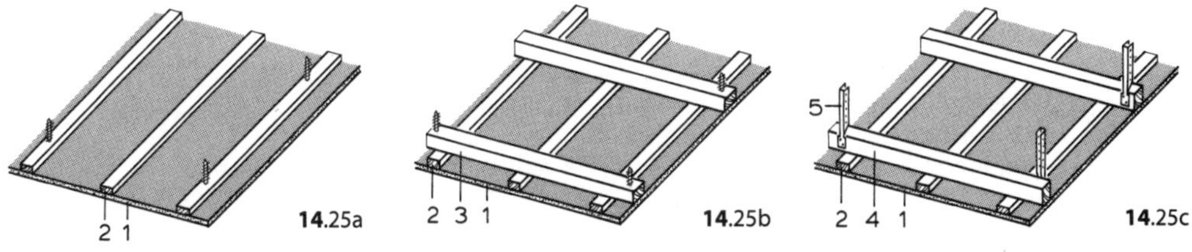

14.25 Schematische Darstellung von Unterkonstruktionen aus Holz. Vgl. hierzu auch Bild **14**.17
a) einlagige gerichtete Traglattung bei Deckenbekleidungen
b) höhenversetzte Trag- und Grundlattung (flach) bei Deckenbekleidungen
c) höhenversetzte Trag- und Grundlattung (hochkant) bei abgehängten Unterdecken
1 Decklage
2 Traglattung (mind. 48 x 24 oder 50 x 30 mm)
3 Grundlattung – flach (mind. 60 x 40 mm)
4 Grundlattung – hochkant (mind. 60 x 90 mm)
5 Abhänger

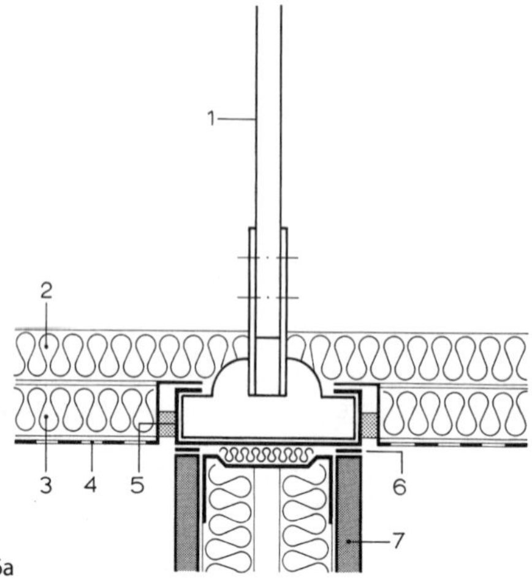

14.26a

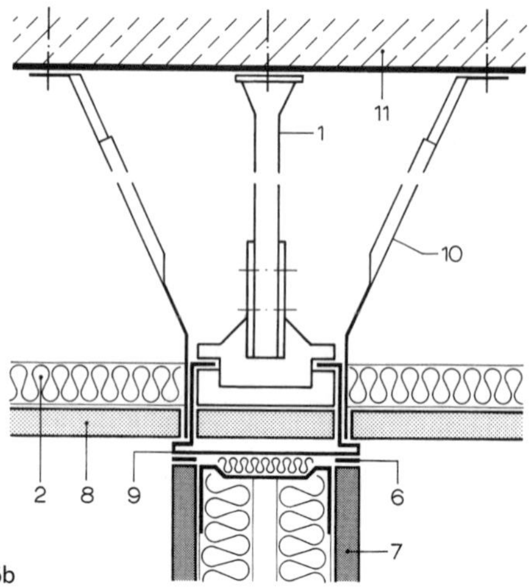

14.26b

14.26 Konstruktionsbeispiele

a) Kreuzbandrasterdecke mit drucksteifer Abhängung

b) Längsbandrasterdecke mit drucksteifer Abhängung und diagonaler Queraussteifung

1 Noniusabhänger
2 horizontale Faserdämmstoffauflage
3 abgepasste Dämmstoffeinlage
4 perforierte Metallkassetten
5 Bandrasterprofil mit Dichtungsband
6 elastische Anschlussdichtung
7 Trennwand mit Hohlraumdämmung und biegeweichen Wandschalen
8 Mineralfaser-Deckenplatten
9 Bandrasterprofil für Einlegemontage
10 diagonale Queraussteifung
11 Massivdecke

men und leichte Trennwände in jeder Richtung unter die Bandrasterprofile gestellt werden. Die Bandrasterprofile selbst müssen allerdings über die Knotenpunkte unbedingt drucksteif abgehängt sein. Noniusabhänger sind hierfür am besten geeignet. Werden die Bandrasterprofile jedoch nur in einer Richtung – in Form eines Längsbandrasters – angeordnet, so sind die Abhängungen oftmals noch zusätzlich diagonal auszusteifen, damit ein seitliches Ausweichen der Profile verhindert wird (Bild **14**.26b).

Ballwurfsicherheit. Als ballwurfsicher gemäß DIN 18 032 gelten Bauelemente von Sporthallen – wie beispielsweise Wand- und Unterdeckenbekleidungen, Leuchten, Lüftungsgitter – die bei mechanischer Beanspruchung durch Bälle ohne wesentliche Veränderungen der Oberflächeneigenschaften und der Unterkonstruktion dauerhaft bleiben. Eine ballwurfsichere Metallpaneeldecke zeigt Bild **14**.51.

Elastische Anschlüsse. Der Anschluss zwischen Bandraster- und Trennwandprofil ist elastisch auszubilden. Je nach Anforderung (Trennwand umsetzbar oder fest eingebaut) werden ein- bzw. zweiseitig selbstklebende Schaumstoffbänder, Filzstreifen oder Mineralfaserstreifen, ggf. mit elastoplastischer Dichtungsmasse, verwendet.

14.4 Decklagen

Als Decklage kommen genormte und nicht genormte Halbzeuge und vorgefertigte Bauelemente in Betracht, soweit sie für den jeweiligen Verwendungszweck geeignet sind. Die Auswahl einer Decklage wird im wesentlichen bestimmt durch (Hauptfaktoren)

- den jeweiligen Einsatzbereich der Decke,
- die daraus resultierenden Anforderungen,
- das gewählte Rastersystem (modular, nicht modular),
- einfache, trockene Montage und Demontage vorgefertigter Elemente,
- Austauschbarkeit und freie Kombinationsmöglichkeit verschiedenartig ausgerüsteter Deckenteile,
- Integration technischer Funktionsträger und leichter Trennwände,
- geringen Unterhaltsaufwand,
- allgemeine raumgestalterische Aspekte,
- Umweltverträglichkeit, Wiederverwertung (Recycling), Wirtschaftlichkeit in Relation zu den Qualitätsanforderungen.

An das Material einer Decklage können bestimmte Anforderungen wie beispielsweise Feuchtigkeitsbeständigkeit,

Korrosionsbeständigkeit, Feuerwiderstandsfähigkeit, Stoßunempfindlichkeit, Lichtechtheit u. Ä. gestellt werden. Die Decklagenelemente werden überwiegend oberflächenfertig geliefert, so zum Beispiel anstrich-, kunststoff-, folien-, metallbeschichtet oder mit einer Holzfurnier-, Textil- oder Schichtpressstoffauflage versehen. Auch der Glanzgrad – matt, seidenmatt, glänzend – und die Sichtflächenstruktur können sehr unterschiedlich ausgebildet sein: glatt, strukturiert, perforiert, reliefartig gestaltet oder räumlich gegliedert.

14.5 Leichte Deckenbekleidungen und Unterdecken: Deckensysteme

14.5.1 Einteilung und Benennung: Überblick

Die auf dem Markt befindlichen Deckensysteme können eingeteilt und benannt werden nach (Hauptgruppen):

- Einsatzbereichen (z. B. Hygiene-, Sport-, Verwaltungs-, Wohnbereich)
- Funktionsanforderungen (z. B. Licht-, Akustik-, Lüftungs-, Kühldecken)
- Schutzanforderungen (z. B. Brandschutz-, Schallschutzdecken)
- Konstruktionsmerkmalen (z. B. abgehängte –, sichtbare –, verdeckte Montage)
- Deckengeometrie (z. B. Achsraster-, Längsbandraster-, Kreuzbandrasterdecken)
- Decklagenmaterialien (z. B. Gipskarton-, Mineralfaser-, Holz-, Metalldecken)
- Gestaltungskriterien und Deckenbild (z. B. Platten-, Kassetten-, Paneel-, Rasterdecken).

Die in Bild **14**.27 dargestellte Einteilung der Deckensysteme ist als Orientierungshilfe gedacht und erhebt keinen Anspruch auf Vollständigkeit. Die Übergänge von einer Deckengruppe zur anderen vollziehen sich fließend, eine exakte Abgrenzung ist nicht möglich. Im wesentlichen lassen sich die Decken nach ihrer sichtbaren Erscheinung, nach der Art des konstruktiven Aufbaues und nach ihrer Funktion klassifizieren. Die in den nachfolgenden Abschnitten erläuterten Deckenbeispiele wurden – gemäß ihrer ganzheitlichen optischen Wirkung (Unterdeckenansicht) – in vier Hauptgruppen zusammengefasst:

A Fugenlose Deckenbekleidungen und Unterdecken

B Ebene oder anders geformte Deckenbekleidungen und Unterdecken

C Waben- und Pyramidendecken

D Integrierte Unterdeckensysteme

E Sonderformdecken bleiben im Rahmen dieser Abhandlung unberücksichtigt.

Da in der Praxis häufig ein bestimmtes Material den Ausgangspunkt für eine Deckenwahl abgibt, wurden die in Bild **14**.27 gezeigten Deckensysteme nochmals gegliedert und ihnen jeweils die in Frage kommenden Materialien zugeordnet. Daraus lassen sich im wesentlichen fünf materialbezogene Deckengruppen ableiten:

- Gips- und Gipskartondecken
- Mineralfaserdecken
- Holz- und Holzwerkstoffdecken
- Metalldecken
- Kunststoffdecken.

Es kann nicht Aufgabe dieses Werkes sein, einen vollständigen Überblick über alle auf dem Markt befindlichen Deckensysteme zu geben. Zu vielfältig sind die Ausführungsmöglichkeiten – sowohl in technischer als auch formaler Hinsicht. Vielmehr werden in diesem Abschnitt nur die wichtigsten Deckentypen erläutert und auf die jeweiligen Einsatzgebiete sowie Konstruktionsbedingungen hingewiesen.

14.5.2 Fugenlose Deckenbekleidungen und Unterdecken

Fugenlose Decken bestehen – abgesehen von den altbewährten Draht-Putzdecken[1] – aus plattenförmigen Halbzeugen, die auf der Baustelle an Unterkonstruktionen aus Metall oder Holz, direkt oder abgehängt, in Trockenmontage befestigt werden. Die Fugen der Platten sind so zu verspachteln, dass eine ebene, fugenlose Unterschicht entsteht (geschlossener Deckenspiegel). Zur Herstellung fugenloser Decken eignen sich vor allem unterschiedlich vergütete Gipskartonplatten, Gipsfaserplatten und Gipskarton-Putzträgerplatten. Je nach Anwendungsbereich erfüllen derartige Deckenbekleidungen und Unterdecken folgende Anforderungen:

- Verkleidung der Rohdecke, einschließlich der Ver- und Entsorgungsleitungen, Unterzüge u. Ä.
- Erhöhung des Brandschutzes von Geschossdecken
- Verbesserung der Schalldämmung von Geschossdecken
- Verbesserung der Raumakustik mit verputzten Gipskarton-Lochplatten (Fortsetzung Seite 584)

[1] s. Fußnote Seite 553

A. Fugenlose Deckenbekleidungen und Unterdecken

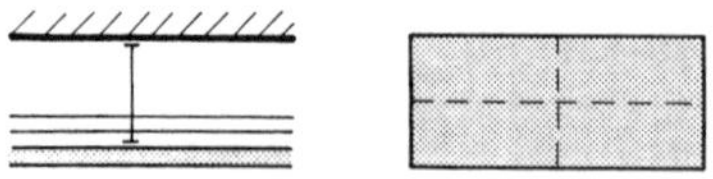

1. **Fugenlose Decken** mit geschlossenem Deckenspiegel,

   z. B. aus

- Gipskarton-Bauplatten
- Gipskarton-Putzträgerplatten
- Mineralfaser-Putzträgerplatten

B. Ebene Deckenbekleidungen und Unterdecken

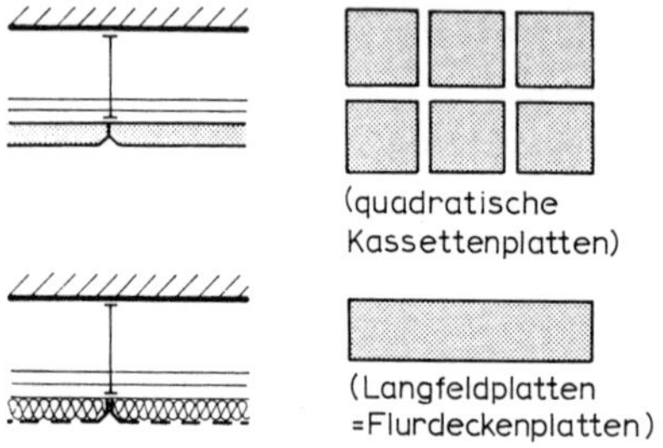

1. **Plattendecken** (meist geschlossene Systeme)

   z. B. aus

- Mineralfaserplatten
- Holz-Spanplatten
- Holz-Furnierplatten
- Holz-Faserplatten
- Holzwolle-Leichtbauplatten
- Gipskarton-Bauplatten
- Gipskarton-Kassetten
- Metall-Deckenplatten (gelocht/ungelocht) u. a. m.

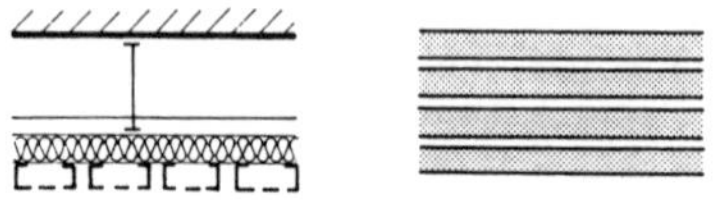

2. **Paneeldecken** (offene und geschlossene Systeme)

   z. B. aus

- Metall-Profilen
- Massivholz-Profilen
- Spanplatten-Paneelen
- Hart-PVC-Profilen (gelocht/ungelocht) u. a. m.

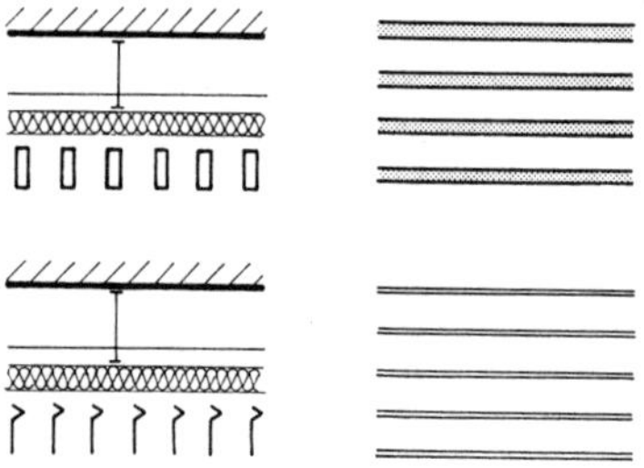

3. **Lamellendecken** (meist offene Systeme),

   z. B. aus

- Massivholz-Lamellen
- Spanplatten-Lamellen
- Mineralfaser-Lamellen
- Leichtmetall-Lamellen
- Stahlblech-Lamellen
- Hohlkörper-Lamellen aus Metall oder Holz (gelocht/ungelocht) u. a. m.

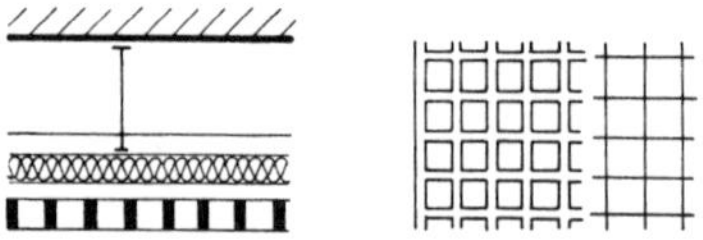

4. **Rasterdecken** (meist offene Systeme),

   z. B. aus

- Pressholz-Elementen
- Metall-Elementen
- Kunststoff-Elementen u. a. m.

14.27 Einteilung und Benennung leichter Deckensysteme

Bild **14**.27 Fortsetzung

C. Waben- und Pyramidendecken

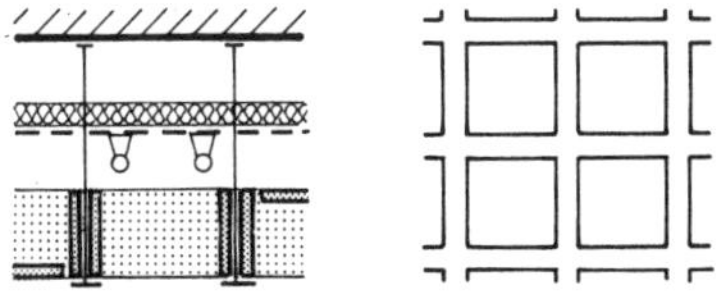

1. **Wabendecken** (offene und geschlossene Systeme),

   z. B. aus

- Mineralfaserplatten
- Holzwerkstoffplatten
- Hohlkörperprofile aus Metall (gelocht/ungelocht) u. a. m.

2. **Pyramidendecken**

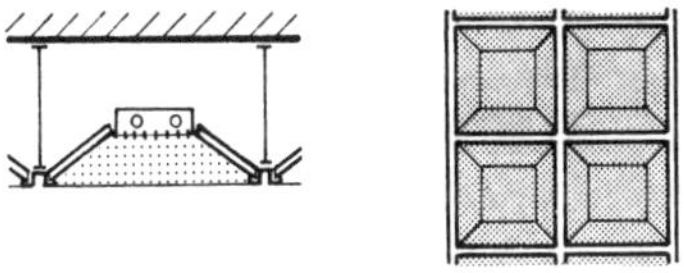

a) (geschlossene Systeme), mit integrierter Beleuchtung,

z. B. aus

- Mineralfaserplatten
- Holzwerkstoffplatten
- Metall-Deckenplatten (gelocht/ungelocht)

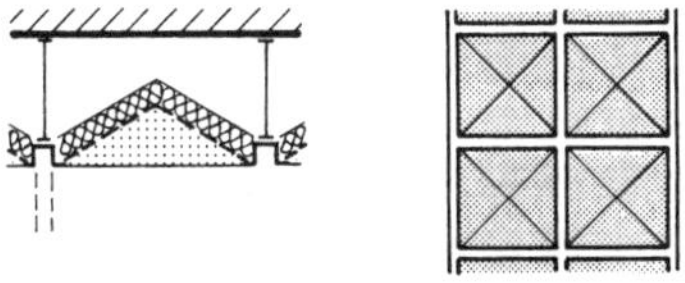

b) (geschlossene Systeme),

z. B. aus

- Mineralfaserplatten
- Holzwerkstoffplatten
- Metall-Deckenplatten (gelocht/ungelocht) u. a. m.

D. Integrierte Unterdeckensysteme

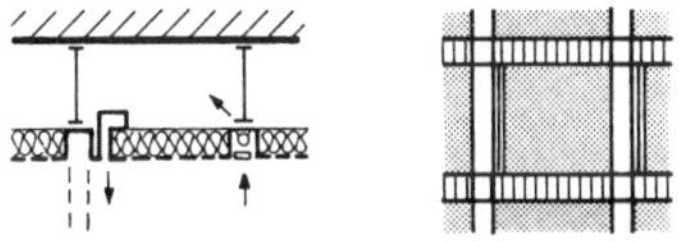

1. **Lichtkanaldecke** (mit integrierter Akustik, Beleuchtung, Klimatisierung), geschlossene Systeme,

   z. B. aus

- Holzwerkstoffplatten
- Textile Spannrahmenelemente
- Metall-Deckenplatten (gelocht/ungelocht)
- Mineralfaserplatten

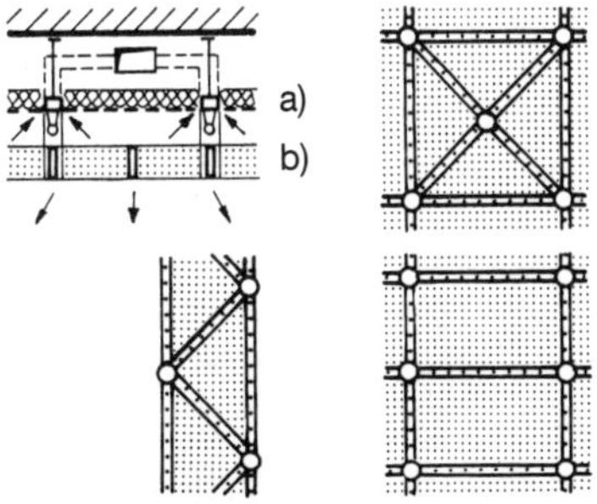

2. **Kombinationsdecke** (Großrasterdecke mit integrierter Akustik, Beleuchtung, Klimatisierung), geschlossene Systeme

a) ebene Akustikdecke,

z. B. aus

- gelochten/ungelochten Metall-Kassetten, Metall-Paneelen
- Mineralfaserplatten

b) Großrasterdecke,

z. B. aus

- gelochten/ungelochten Metall-Rasterlamellen

E. Sonderformdecken bleiben im Rahmen dieser Abhandlung unberücksichtigt

14

- Integration von Klima-, Lüftungs-, Kühl- und Beleuchtungstechnik
- Variable Trennwandanschlüsse
- Untergrund für Beschichtungen aller Art (Anstriche, Tapeten).

Gipskartonplatten (DIN 18 180) sind großflächige, im wesentlichen aus einem Gipskern bestehende Platten, deren Flächen und Längskanten mit einem fest haftenden, dem Verwendungszweck entsprechenden Karton ummantelt sind. Ihre beachtliche Biegefestigkeit erhalten sie durch diese Ummantelung. Die Fasern des Kartons verlaufen überwiegend in Plattenlängsrichtung, so dass sich senkrecht zur Kartonfaser höhere Festigkeiten als parallel dazu ergeben. Dementsprechend bekommen die Platten auf der Rückseite einen Stempel, der immer in Plattenlängsrichtung – also in Richtung Faserverlauf – weist (Tabelle **14**.29).

Gipsfaserplatten (nicht genormt) bestehen aus Gips und Papierfasern, die in einem Recyclingverfahren gewonnen werden. Die Papierfasern bewehren die Platten, so dass diese durch und durch faserverstärkt sind und sich daraus ihre hohe Biegefestigkeit ergibt. Üblicherweise sind sie in den Dicken 10 – 12,5 – 15 – 18 mm erhältlich. Ihre Kanten sind im allgemeinen scharfkantig und nicht besonders profiliert ausgebildet. In der Regel sind die Gipsfaserplatten für dieselben Anwendungsbereiche geeignet wie die Gipskartonplatten.

Gipsbaustoffe tragen wesentlich zur Schaffung und Erhaltung eines behaglichen Raumklimas bei (feuchtigkeitsregulierende Eigenschaft). Es gilt jedoch immer zu beachten, dass Bauelemente aus Gips einem länger währenden Wasserangriff oder langzeitig einwirkender hoher Luftfeuchte nicht ungeschützt ausgesetzt werden dürfen (Folge: Gefügezerstörung). Vorübergehend auftretende Feuchtigkeitseinwirkung – wie sie beispielsweise in Duschen, Bädern und Küchen des Wohn- und Geschäftsbereiches vorkommt – schadet den Gipsbauplatten nicht. Vgl. hierzu auch Abschnitt 9.3 in Teil 2 dieses Werkes.

14.5.2.1 Decken aus Gipskartonplatten

In DIN 18 180 (zukünftig DIN EN 520) sind die Plattenarten, Verwendung und Anforderungen an die Güte der Gipskartonplatten, in DIN 18 181 die Grundlagen für ihre Verarbeitung und in DIN 18 182-1 bis -4 die Zubehörteile näher erläutert und festgelegt. Je nach Verwendungszweck stehen folgende Plattenarten zur Verfügung:

- **Gipskarton-Bauplatten – GKB** (Dicken: 9 – 12,5 – 15 – 18 – 25 mm). Regelbreite: 600 (625) und 1250 mm. Regellänge: 2000 bis 4000 mm (in Stufen von 250). Sie eignen sich zum Befestigen auf flächiger Unterlage, zum Ansetzen als Wandtrockenputz und zur Herstellung von Gipskarton-Verbundplatten nach DIN 18184. Ab einer Dicke von 12,5 mm auch als Decklage auf Unterkonstruktion für Deckenbekleidungen und Unterdecken sowie für die Beplankung von Montagewänden (nicht tragende innere Trennwände). Die Längskanten sind kartonummantelt (Bild **14**.28), die Querkanten scharfkantig oder maschinenrauh geschnitten. Kennzeichnung: Kartonfarbe gelb–bräunlich, Rückseitenstempel blau.
- **Gipskarton-Bauplatten – imprägniert – GKBI** (Dicken: 12,5 – 15 – 18 mm) werden überall dort eingesetzt, wo mit erhöhter Feuchtigkeitsbeanspruchung zu rechnen ist (Küchen, Bäder, Untergrund für Verfliesungen). Gipskern und Karton sind wasserabweisend imprägniert (verzögerte Feuchtigkeitsaufnahme), der Karton ist außerdem noch fungizid ausgerüstet (gegen Pilz- und Schimmelbefall). Kennzeichnung: Karton grün eingefärbt, Rückseitenstempel blau.
- **Gipskarton-Feuerschutzplatten – GKF** (Dicken: 9,5 – 12,5 – 15 – 18 mm) sind für Bauteile wie Wand- und Deckenbekleidungen, abgehängte Unterdecken und Trennwände bestimmt, an die Anforderungen an die Feuerwiderstandsdauer (von F30 bis F180) nach DIN 4102 gestellt werden. Gipsbaustoffe eignen sich aufgrund der spezifischen Eigenschaften des Gipses – sein Kristallwasser bei höheren Temperaturen abzugeben und dadurch den Baustoff abzukühlen – in besonderem Maße für Brandschutz-Konstruktionen. Der Gipskern der Feuerschutzplatten ist zur Verbesserung des Gefügezusammenhaltes mit Glasfasern armiert (Baustoffklasse **A2** – nichtbrennbar – nach DIN 4102). Die Flächen und Längskanten besonders widerstandsfähiger Feuerschutzplatten sind mit Glasfaservlies ummantelt (Baustoffklasse **A1** – nichtbrennbar – nach DIN 4102). Kennzeichnung: Kartonfarbe gelbbräunlich, Rückseitenstempel rot.
- **Gipskarton-Feuerschutzplatten – imprägniert – GKFI** (Dicken: 12,5 – 15 – 18 mm) erfüllen die gleichen Bedingungen wie die vorgenannten GKBI-Platten (verzögerte Feuchtigkeitsaufnahme). Aufgrund der zusätzlichen Glasfaserarmierung des Gipskernes können die Platten auch dort eingesetzt werden, wo außerdem noch Anforderungen an den Brandschutz auftreten. Kennzeichnung: Karton grün eingefärbt, Rückseitenstempel rot.
- **Gipskarton-Putzträgerplatten – GKP** (Dicken: 9,5 mm) sind Gipsplatten mit runden kartonummantelten Längskanten, die überwiegend für Deckenbekleidungen und Unterdecken verwendet werden. Auf die als Putzträger dienenden Platten wird nach der Montage auf einer Unterkonstruktion noch anschließend eine Putzschicht aufgebracht (Bild **14**.32). Kennzeichnung: Karton grau, Rückseitenstempel blau.

Darüber hinaus gibt es noch eine Vielzahl weiterer Plattenarten, deren Aufbau und Wirkungsweise der Spezialliteratur [16] und den Herstellerunterlagen [17], [18] zu entnehmen sind.

Kantenausbildung und Verarbeitung. Tabelle **14**.28 zeigt Beispiele für die Ausbildung von kartonummantelten Längskanten. Die Querkanten der Platten sind nicht ummantelt, sondern scharfkantig bzw. maschinenrauh beschnitten. Wie Tabelle **14**.29 zeigt, können Gipskartonplatten in sog. Querbefestigung oder Längsbefestigung auf die Unterkonstruktion aufgebracht werden. Auf-

Tabelle **14**.28 Beispiele für die Ausbildung der kartonummantelten Längskanten von Gipskartonplatten

Schnitt	Kurzzeichen	Bezeichnung	Anwendungsbereich
	VK	Vollkante	Vorwiegend für Trockenmontage auf Abstand ohne Verspachtelung (mit sichtbaren Schattenfugen)
	WK	Winkelkante	Vorwiegend für Decken- und Wandbekleidungen mit Sichtfugen (Dekorplatten)
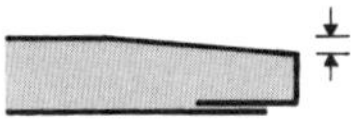	AK	Abgeflachte Kante	Für fugenlose Decken- und Wandbekleidungen. Die Abflachung dient zur Aufnahme der Fugenspachtelmasse
	RK	Runde Kante	Vorwiegend für Gipskarton-Putzträgerdecken mit 5 mm Längskantenabstand
	HRK	Halbrunde Kante	Vorwiegend zum Verspachteln ohne Bewehrungsstreifen
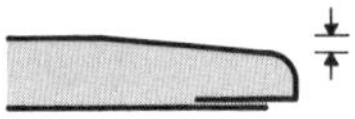	HRAK	Halbrunde abgeflachte Kante	Für fugenlose Decken- und Wandbekleidungen. Die Abflachung dient zur Aufnahme der Fugenspachtelmasse
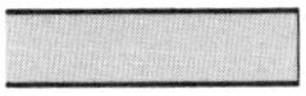	SK	Scharfkantig geschnittene Kante	An den geschnittenen Kanten liegt der Gipskern frei
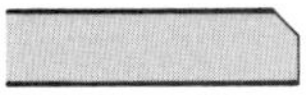	FK	Scharfkantig geschnittene und gefaste Kante	SK = Schattenfugen FK = Sichtfugen

Tabelle **14**.29 Zulässige Spannweiten von Gipskartonplatten bei Deckenbekleidungen und Unterdecken

Befestigungsarten	Plattendicke in mm	Zulässige Spannweiten von Gipskartonplatten an Decken (Achsabstände der Tragprofile) in mm
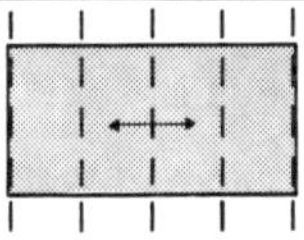 Querbefestigung	12,5 15 18 20 25	500 550 625 625 625
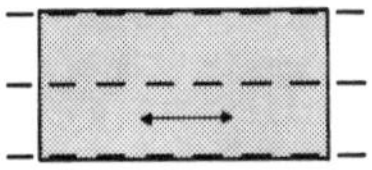 Längsbefestigung	12,5 15 18 20 25	420
Plattenlängsrichtung	(↔)	Rückseitenstempel

grund der besseren Aussteifung ist der Querbefestigung – vor allem bei Deckenkonstruktionen – der Vorzug zu geben. Die zulässigen Spannweiten der Gipskartonplatten sind DIN 18 181 zu entnehmen. Sie richten sich vorwiegend nach der Plattendicke, der Befestigungsart und den Befestigungsmitteln (Bild **14**.30).

Alle Platten sind im Verband zu verlegen, wobei der Plattenstoß bei Querbefestigung immer auf einem Metallprofil oder einer Holzlatte angeord-

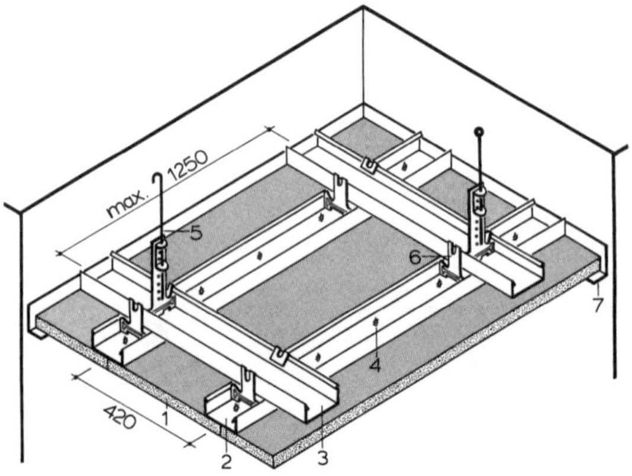

14.30
Konstruktionsbeispiel: Unterdecke aus Gipskarton-Bauplatten (Gipskartondecke) mit Unterkonstruktion aus C-förmigen Metallprofilen. Vgl. hier zu auch Tab. **14**.5 und Tab. **14**.7

1 Gipskarton-Bauplatten
2 Tragprofil
3 Grundprofil
4 Schnellbauschraube
5 Schnellspannabhänger
6 Ankerwinkel
7 Wandwinkel

BEDO-Vertriebsgesellschaft, Schwerte

net sein muss. Einzelheiten über die stets ausreichend zu bemessende und genügend steife Unterkonstruktion s. Abschn. 14.3.3. Je nach Anwendungsbereich bzw. Art der Unterkonstruktion werden die Platten mit Selbstbauschrauben, Spezialnägeln oder -klammern befestigt; eine zusätzliche Verklebung ist gestattet.

Das Verspachteln der Fugen darf erst erfolgen, wenn keine größeren Längenänderungen der Gipskartonplatten – infolge Feuchtigkeits- oder Temperatureinwirkung – mehr zu erwarten sind. Dementsprechend sollen Nassputze, Mörtelestriche und Gussasphaltestriche möglichst vor der Montage der Gipsplatten eingebaut werden. Je nach Kantenausbildung sind folgende Spacheltechniken möglich:

- Verspachtelung mit Papier- oder Glasfaserbewehrungsstreifen
- Verspachtelung mit selbstklebendem Fugenbewehrungsgitter

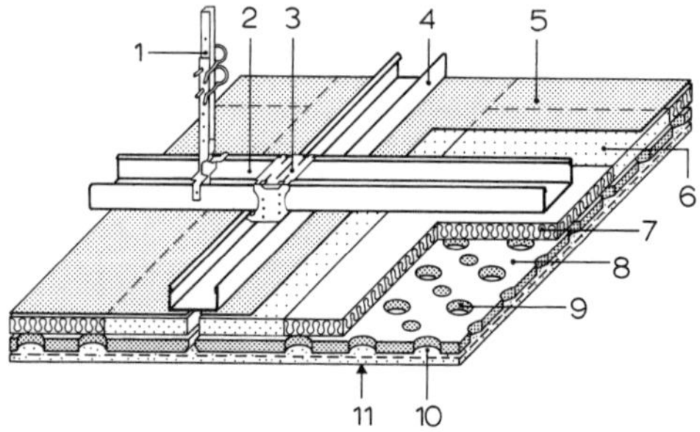

14.31 Konstruktionsbeispiel: Unterdecke aus putzbeschichteten Gipskarton-Lochplatten und hinterlegtem Schallschluckmaterial (fugenlose Lochplatten-Akustikdecke)

1 Noniusabhänger
2 Grundprofil 60 x 27
3 Kreuzverbinder
4 Tragprofil 60 x 27
5 Aluminiumfolie
6 GK-Plattenstreifen (Montagesteg 60 x 18)
7 Faserdämmstoff 20 mm
8 GK-Lochplatte 12,5 mm
9 Lochbild 12 / 20 / 46
10 Glasvliesbahn (schalldurchlässig)
11 Dekorputz 3 mm

Sto AG, Stühlingen – Gebr. Knauf, Iphofen

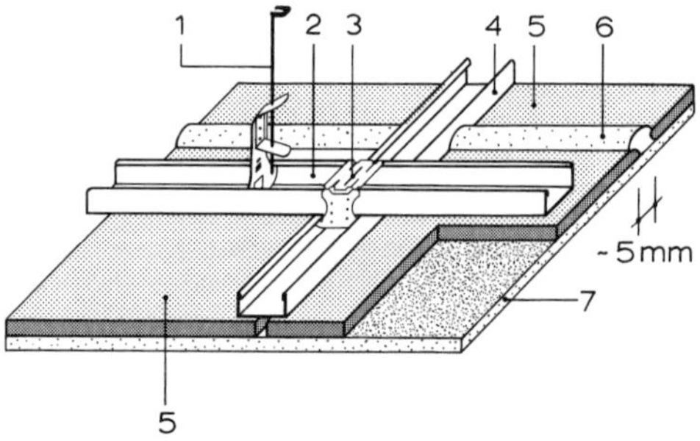

14.32 Konstruktionsbeispiel: Unterdecke aus putzbeschichteten Gipskartonplatten (fugenlose Gipskarton-Putzträgerdecke). Vgl. hierzu Bild **9**.22 und **9**.27 in Teil 2 dieses Werkes.

1 Schnellspannabhänger mit Feder
2 Grundprofil 60 x 27
3 Kreuzverbinder
4 Tragprofil 60 x 27
5 GK-Putzträgerplatten 9,5 mm
6 offene Längsfuge (etwa 5 mm) mit kantenumfassendem Wulst auf der Plattenrückseite
7 Maschinenputz 10 mm

Gebr. Knauf, Westdeutsche Gipswerke, Iphofen

14

- Verspachtelung ohne Fugenbewehrung in ein oder zwei Arbeitsgängen
- Verspachtelung – maschinell – mit automatischem Spachtelgerät.

Akustikdecken aus Gipskarton-Lochplatten. Die jeweils gewünschte akustische und gestalterische Raumwirkung lässt sich bei Lochplatten-Akustikdecken durch die entsprechende Wahl der sichtbar belassenen Lochbilder erzielen. Die Platten gibt es mit gerader, versetzter oder Streulochung, mit rückseitiger Faservlies-Kaschierung oder hinterlegtem Schallschluckmaterial. Sind aus gestalterischen Gründen fugenlose Deckenflächen mit Putzbekleidung erwünscht, haben sich putzbeschichtete Lochplatten-Akustikdecken mit hinterlegtem Schallschluckmaterial bewährt (Bild **14**.31). Einzelheiten hierzu s. Abschn. 9.10 sowie Bild **9**.27 in Teil 2 dieses Werkes.

Gipskarton-Putzträgerdecke. Die in Bild **14**.32 dargestellte fugenlose Decke besteht aus ungelochten Gipskarton-Putzträgerplatten (GKP) mit nachträglich aufgebrachter Putzschicht. Bei der Montage ist zwischen den abgerundeten Längskanten der Putzträgerplatten ein Abstand von etwa 5 mm einzuhalten. Diese Fugen werden vor dem Verputzen mit Gips so ausgedrückt, dass sich auf der Plattenrückseite ein kantenumfassender Wulst bildet. Vgl. hierzu Abschn. 9.7.6.6, Hängende Drahtputzdecken in Teil 2 dieses Werkes sowie Bild **14**.36, Mineralfaser-Putzträgerdecke.

14.5.3 Ebene Deckenbekleidungen und Unterdecken

Allgemeines

Während die fugenlosen Decken aus plattenförmigen Halbzeugen an der Baustelle hergestellt werden und erst dort ihr endgültiges Aussehen erhalten, bestehen die ebenen Deckensysteme[1)] aus werkmäßig vorgefertigten Einzelelementen mit fix und fertiger Oberfläche, die nur noch vor Ort montiert werden müssen (auch Element- oder Montagedecken genannt). Von daher lassen sich auch die unterschiedlichen Fugenausbildungen ableiten: Während bei den erstgenannten Decken Fugen aus den verschiedensten Gründen (z. B. Hygiene- und Brandschutzanforderungen) nicht gebraucht werden können, sind die Fugen der ebenen Decken als gestalterisches, d. h. flächengliederndes und maßstabbildendes Element erwünscht, bei anderen Deckenarten wiederum aus raumakustischen, herstellungs-, beleuchtungs- und lüftungstechnischen Gründen sogar funktionsbedingt erforderlich. Demnach unterscheidet man (Bild **14**.27):

- **Geschlossene Deckensysteme**, bei denen die Decklagenelemente dicht aneinander und dicht an die raumbegrenzenden Bauteile angeschlossen sind.
- **Offene Deckensysteme**, bei denen die einzelnen Decklagenelemente auf Fuge zueinander angebracht oder die Decklagenkörper selbst licht-, luft- oder schalldurchlässig ausgebildet sind.

In die meisten ebenen Deckenbekleidungen und Unterdecken lassen sich die jeweils erforderlichen beleuchtungs-, schall- und klimatechnischen Funktionen problemlos integrieren. Der Übergang von der einfachen Deckenbekleidung hin zum hochinstallierten, integrierten Deckensystem vollzieht sich fließend. Eine scharfe Abgrenzung der unterschiedlichen Deckensysteme ist nicht möglich. Ebene Deckensysteme sind überwiegend als schallabsorbierende Decken ausgebildet; vielfach werden diese Decken deshalb als ebene Akustikdecken bezeichnet. Wird die Beleuchtung oberhalb der lichtdurchlässigen Decklage angeordnet oder die perforierte Decklage für lüftungstechnische Zwecke genutzt, so spricht man von sog. Lichtdecken bzw. Lüftungsdecken. Derartige Bezeichnungen müssen jedoch immer unscharf bleiben, da sie nur einen Teil der tatsächlich von der jeweiligen Decke erbrachten Funktionen beschreiben.

Akustikdecken

Akustikdecken sind Deckenbekleidungen und Unterdecken, die unter anderem auch die Fähigkeit besitzen, auftreffende Schallwellen in möglichst hohem Maße zu absorbieren (Senkung des Lärmpegels) und die eine Schallreflexion nur soweit wie notwendig zulassen (Regulierung der Nachhallzeit und damit Optimierung der Raumakustik). Zur Vermeidung unerwünschter Reflexionen und zur Regulierung von Nachhallzeiten bieten sich zwei Arten von Schallabsorbern an:

- **Poröse Schallabsorber** aus porösen oder faserigen Materialien.
- **Resonanzabsorber** aus plattenförmigen Bekleidungen. Konstruktionen ohne Fugen bezeichnet man als Plattenschwinger (Plattenresonatoren), solche mit Fugen oder Löchern als Lochplattenschwinger (Helmholzresonatoren). Vgl. hierzu Abschn. 9.10 in Teil 2 dieses Werkes.

14

[1)] Die Bezeichnung „ebene Decke" soll verdeutlichen, dass es sich hierbei um Decken handelt, deren Oberflächen durchaus reliefartig ausgebildet sein können, deren Unterseite jedoch insgesamt keine größeren räumlichen Versätze – wie sie beispielsweise bei den Waben- oder Pyramidendecken zu verzeichnen sind – aufweisen.

Zur Herstellung von schallabsorbierenden Deckenbekleidungen und Unterdecken eignen sich demnach folgende Arten von Decklagenelementen (Hauptgruppen nach Bild **14**.33):

- **Poröse Decklagenelemente** aus offenporigen Materialien wie Mineralfaserplatten, Holzwolle-Leichtbauplatten, Leichtspan-Akustikplatten usw. Die Oberflächen sind je nach Dessin ggf. genadelt, strukturiert oder porös beschichtet.
- **Perforierte Decklagenelemente** aus gelochten oder geschlitzten Trägerschalen wie Gipskarton-Lochplatten, perforierten Metall-, Holz- oder Gipskassetten usw., meist mit rückseitiger Faservlies-Kaschierung oder hinterlegtem Schallschluckmaterial.
- **Auf Fuge angeordnete Decklagenelemente** aus glatten oder perforierten Platten, Paneelen, Lamellen usw. aus Metall, Holz oder Holzwerkstoffen, ebenfalls mit rückseitiger Faservlies-Kaschierung und vollflächig hinterlegtem Schallschluckmaterial.

14.5.3.1 Decken aus Mineralfaserplatten (Faserverbundplatten)

Mineralfaserdecken – auch kurz MF-Decken genannt – bestehen aus porösen Mineralfaserplatten als Decklage und passenden Unterkonstruktionen, meist aus Metall. Aufgrund eines breit gefächerten Angebotes verschiedenartiger Plattenmaterialien und Oberflächenausbildungen sind sie universell in nahezu allen Baubereichen einsetzbar. Insbesondere dort, wo es ankommt auf:

- Raumakustik
- Brandschutz
- Schallschutz
- geringes Flächengewicht
- einfache Montage und Demontage
- Integration von Beleuchtung, Lüftung usw.
- vielfältige Gestaltungsmöglichkeiten
- Preis und Wirtschaftlichkeit.

Mineralfaserplatten (Faserverbundplatten). Die Plattentypen der verschiedenen Hersteller unterscheiden sich deutlich hinsichtlich ihrer jeweiligen stofflichen Zusammensetzung und der sich daraus ergebenden technischen Eigenschaften. Die klassischen Mineralfaserplatten bestehen aus verdichteter und gebundener Mineralwolle, hergestellt aus künstlichen Stein- oder Glasfasern. Alternative Faserverbundplatten setzen sich aus natürlichen Rohstoffen bzw. Bindemitteln wie Perlit, Vermiculit, Tonmehl und Stärke sowie organischen Armierungsfasern (Zellulosefasern aus wiederverwertetem Papier) zusammen; sie sind voll recycelbar und enthalten keine künstlichen Mineralfasern. Übliche Mineralfaserplatten wei-

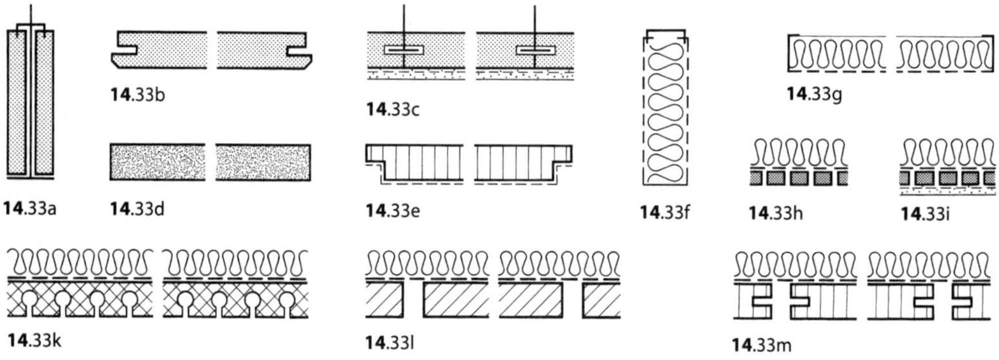

14.33 Schematische Darstellung von schallabsorbierenden Decklagenelementen zur Herstellung von Akustikdecken (Beispiele)

Poröse Decklagenelemente
a) vertikal angeordnete Mineralfaserplatten
b) Mineralfaserplatte
c) putzbeschichtete Mineralfaserplatten
d) Holzwolle-Leichtbauplatte
e) porös beschichtete Leichtspan-Akustikplatte

Perforierte Decklagenelemente
f) vertikal angeordnete, gelochte Trägerschale aus Metall
g) gelochte Metallkassette
h) Gipskarton-Lochplatte
i) putzbeschichtete Gipskarton-Lochplatte

Auf Fuge angeordnete Decklagenelemente
k) geschlitzte Röhrenspanplatte
l) Akustik-Glattkantbretter
m) Akustikpaneele aus Holzwerkstoffen, jeweils mit Faservlies-Kaschierung und hinterlegtem Schallschluckmaterial

sen nur eine geringe mechanische Festigkeit auf, dürfen nicht nass werden und sind auch gegen hohe Luftfeuchte nicht unempfindlich. Vor der Unterdeckenmontage müssen daher alle Nass- und Installationsarbeiten (Putz-, Estricharbeiten usw.) abgeschlossen sein. Auch beim Einbau und bei der späteren Nutzung sollte die relative Luftfeuchte von 70 % nicht überschritten werden. Sonderkonstruktionen für Feuchträume, Schwimmbäder usw. sind jedoch lieferbar.

Die Oberflächenausbildung der Mineralfaserplatten hat einen entscheidenden Einfluss auf die akustische Wirksamkeit des gesamten Deckensystems. Das hohe Schallabsorptionsvermögen der Platten wird durch die strukturierte poröse Oberfläche und durch eine zusätzliche Nadelung (Perforation) erreicht, so dass die Schallwellen tief in das Platteninnere eindringen können. In der Regel werden die Decklagenelemente werkseitig oberflächenfertig in vielen Struktur- und Farbvarianten angeboten. Ohne Beeinträchtigung der akustischen Wirkung können sie auch später durch einen weiteren Farbauftrag renoviert werden; die entsprechenden Herstellerhinweise sind dabei zu beachten.

Mineralfaserplatten gibt es wahlweise in den Baustoffklassen B1 (schwer entflammbar) und A2 (nichtbrennbar) nach DIN 4102. Je nach Plattenmaterial, Montagesystem und vorhandener Tragdecke können damit Feuerwiderstandsklassen von F 30 bis F120 gemäß DIN 4102 erreicht werden. Einzelheiten hierzu sind den jeweiligen Herstellerunterlagen und allgemeinen bauaufsichtlichen Prüfzeugnissen oder Zulassungen zu entnehmen.

Regelabmessungen – Mineralfaserplatten (Faserverbundplatten): 600 x 600 (625 x 625) – 1200 x 600 (1250 x 625) mm. Langfeldplatten: 2000 (2500) x 300 mm. Übliche Plattendicken: 15 – 20 – 25 mm. Sonderformate auf Anfrage.

Mineralfaser-Plattendecken lassen sich einfach, schnell und trocken montieren. Die Platten können unmittelbar an einer ebenen Tragdecke oder an Unterkonstruktionen aus Metall oder Holz – direkt oder abgehängt – angebracht werden. Von den Herstellern werden entsprechende Unterkonstruktionen meist als komplette Systeme mit genauer Montagevorschrift angeboten. Die Kantenausbildung richtet sich nach dem gewählten Montagesystem und nach den jeweiligen technischen und gestalterischen Anforderungen (Bild **14**.34 und Bild **14**.35). Je nach Konstruktionsart sind die Deckenplatten entweder fest eingebaut oder nach oben bzw. nach unten herausnehmbar, so dass der Deckenhohlraum jederzeit zugänglich bleibt. Auf die weiterführende Spezialliteratur [15] wird hingewiesen. Folgende Montagemöglichkeiten bieten sich bei Metallunterkonstruktionen an:

- **Verdeckte Montage**. Die Tragprofile werden von den Mineralfaserplatten verdeckt.
- **Halbverdeckte Montage**. Keine sichtbaren Querprofile zwischen den Längsbandrasterprofilen.
- **Sichtbare Montage**. Im Achsraster-, Längsbandraster-, Kreuzbandrastersystem.
- **Vertikale Montage**. In Form von Lamellen-, Raster- und Wabendecken.

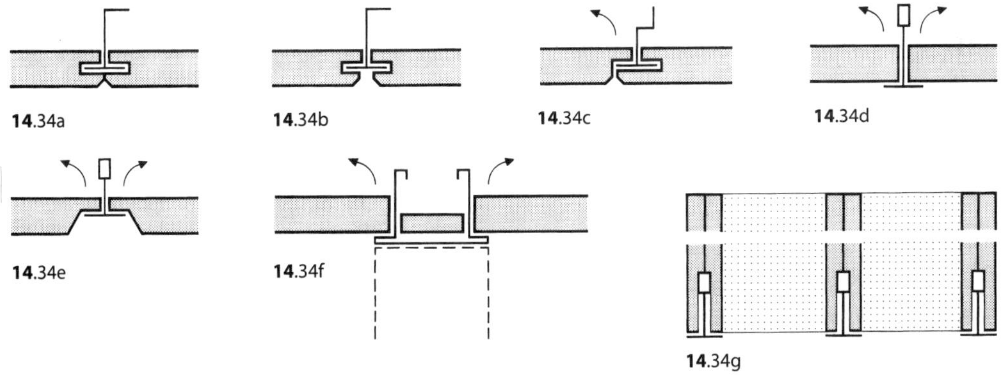

14.34 Schematische Darstellung möglicher Montagesysteme und Kantenformen von Mineralfaser-Deckenplatten (Beispiele)

a) verdeckte Montage, Platten nicht herausnehmbar
b) verdeckte Montage, Platten nicht herausnehmbar
c) verdeckte Montage, Platten herausnehmbar
d) sichtbare Montage, Platten herausnehmbar
e) sichtbare Montage, Platten herausnehmbar
f) sichtbare Montage, Platten herausnehmbar (Bandrasterdecke)
g) vertikale Montage von Mineralfaserplatten (Wabendecke)

OWA Odenwald Faserplattenwerk, Amorbach

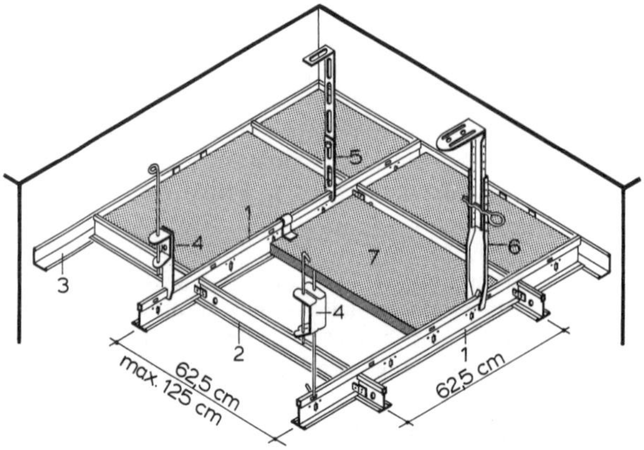

14.35 Konstruktionsbeispiel: Unterdecke aus Mineralfaserplatten mit sichtbaren Tragschienen (Einlegemontage)
1 Tragschiene
2 Querschiene
3 Wandwinkel
4 Schnellspannabhänger
5 Schlitzbandabhänger
6 Noniusabhänger
7 Mineralfaserplatte

DONN Products GmbH, Viersen

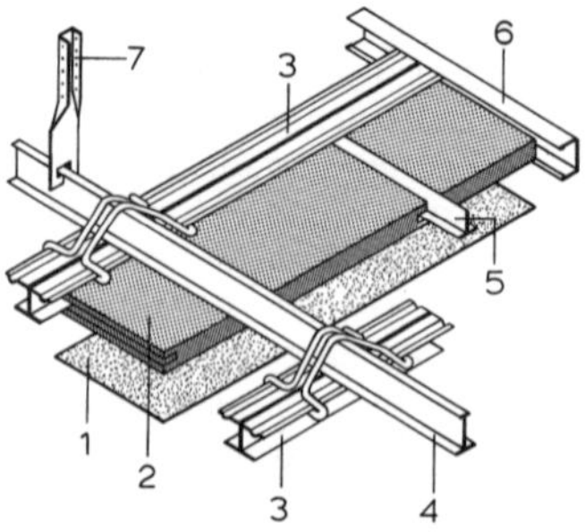

14.36 Konstruktionsbeispiel: Unterdecke aus putzbeschichteten Mineralfaserplatten (fugenlose Mineralfaser-Putzträgerdecke)
1 Dekorputz und Glasvlies
2 Mineralfaser-Putzträgerplatte
3 Tragprofil
4 Grundprofil
5 T-Profil
6 Wandanschlussprofil
7 Noniusabhänger

OWA Odenwald Faserplattenwerk, Amorbach

Mineralfaser-Putzträgerdecke (Bild **14**.36). Diese Unterdecke besteht aus einem für die verdeckte Montage geeignetem Profilsystem, auf das allseits genutete und scharfkantig geschnittene Mineralfaserplatten aufgebracht werden. Darauf wird quer zu den Plattenlängsstößen ein Glasvlies aufgezogen und anschließend mit einem Dekorputz beschichtet. Diese Putzträgerdecke zeichnet sich durch ein geringes Flächengewicht, hohe Schallabsorption und Schall-Längsdämmung aus; außerdem ergeben sich je nach Abhängehöhe und Art der Rohdecke Feuerwiderstandsklassen von F 30 bis F120 nach DIN 4102. Vgl. hierzu auch Bild **14**.32, Gipskarton-Putzträgerdecke.

14.5.3.2 Decken aus Holz und Holzwerkstoffen

14

Holzdecken sind nach wie vor sehr gefragt. Neben ihrem guten Aussehen – bedingt durch eine Vielzahl interessanter Holzarten und farbig behandelter Oberflächen – sind als weitere Vorzüge ihre relativ problemlose, trockene Montage, die minimale Nachpflege (keine wiederkehrenden Tapezier- und Malerarbeiten) sowie ihre hohe Lebensdauer bei relativ günstigen Preisen zu nennen. Zu beachten sind jedoch immer auch die materialbedingten Eigenschaften, die sich aus dem Naturwerkstoff Holz mit all seinen Vor- und Nachteilen ergeben (z. B. fortwährende Maß- und Formänderungen durch Schwinden und Quellen). Einzelheiten hierzu sind der Spezialliteratur [19] zu entnehmen.

Holzdecken können aus Massivholz oder Holzwerkstoffen – wie zum Beispiel Stabsperrholz (ST) und Furniersperrholz (FU) gemäß DIN 68 705 (zukünftig DIN EN 315 und 635), Holzspanplatten (FPY) nach DIN 68 761 (zukünftig DIN EN 309 und 312) sowie Schichtholzformteilen – entweder nach handwerklichen Regeln in Einzelfertigung oder unter Verwendung von einbaufertigen Serienprodukten hergestellt werden. Auch hier geht der Trend zu industriell hergestellten, oberflächenfertigen Decklagenelementen. Im einzelnen unterscheidet man (Bild **14**.27):

- Holzplattendecken und Holzkassettendecken
- Profilholzdecken und Holzpaneeldecken
- Holzlamellendecken
- Holzrasterdecken
- Sonderformdecken (bleiben hier unberücksichtigt)

Holzplattendecken und Holzkassettendecken

Plattendecken bestehen in der Regel aus quadratischen, rechteckigen oder anders geformten Decklagenelementen. Dabei handelt es sich meist um geschlossene Deckensysteme.

Fertigplattendecken (dekorative Deckenplatten) bieten sich als einfachste Ausführung zur Bekleidung von Rohdecken an. Diese dünnen, montagefertigen Tafeln aus Furniersperrholz oder Spanplatten werden vom Holzfachhandel in Form von Einzelelementen oder als komplette Systeme (Fertigtäfelungen für Decke und Wand),

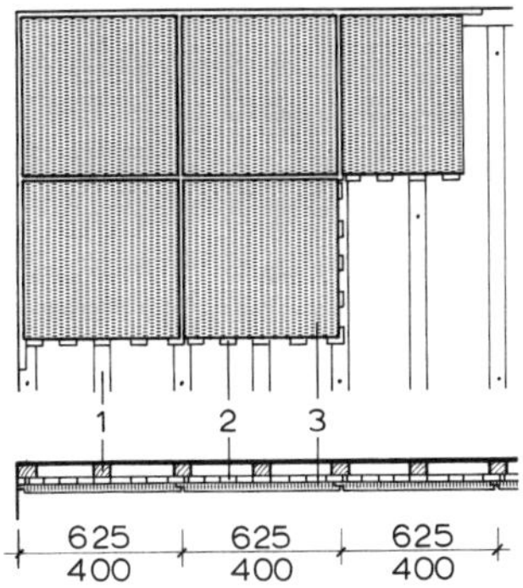

14.37 Schematische Darstellung einer Holzplattendecke aus montagefertigen, dekorativen Deckenplatten. Dicke der Platten 6, 8, 10 mm.

1 Grundlattung
2 Nagellaschen
3 Fertigtäfelung

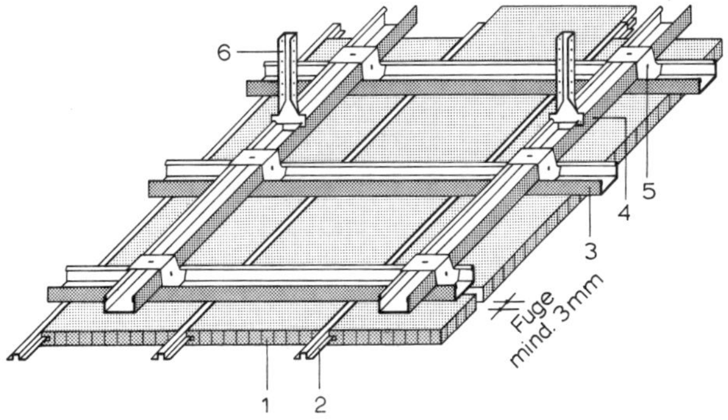

14.38 Konstruktionsbeispiel: Akustikdecke aus schallabsorbierenden Holzwerkstoffplatten und höhenversetztem Tragrost (zugleich ballwurfsichere Unterdecke)

1 Leichtspan-Akustikplatten
2 Hutprofil, mit darüberliegendem Tragprofil verschraubt
3 Tragprofil
4 Grundprofil
5 Kreuzverbinder
6 Noniusabhänger

Wilhelmi Werke, Lahnau

einschließlich Befestigungsmittel und Unterkonstruktion geliefert. Die Oberflächen können furniert, lackiert, mit Kunststoff-, Metallfolie oder anderen Materialien beschichtet sein. Durch Profile und Schattenfugen lassen sich gegliederte Flächen erzielen (Bild **14**.37).

Kassettendecken nennt man Deckenbekleidungen und Unterdecken aus meist quadratischen Elementen. Derartige Decken wurden früher aus Rahmen und Füllungen, mit vertieft angeordneten Feldern (Kassetten) nach handwerklichen Regeln hergestellt. Industriell gefertigte Kassetten bestehen üblicherweise aus oberflächenveredelten Holzwerkstoffen, deren Kanten für Einsteckfedern genutet oder anderweitig profiliert sein können.

Akustikdecken aus schallabsorbierenden Holzwerkstoffplatten. Zur Herstellung von Akustikdecken bieten sich poröse, perforierte und auf Fuge angeordnete Decklagenelemente an. Vgl. Bild **14**.33 sowie Abschn. 14.2.2.1.
Eine schallabsorbierende Plattendecke aus Holzwerkstoffen zeigt Bild **14**.38. Die an einem höhenversetzten Tragrost aus Metallprofilen befestigten Leichtspan-Akustikplatten (DIN 68 762) sind in den Baustoffklassen B1 (schwerentflammbar) und A2 (nichtbrennbar) nach DIN 4102 erhältlich. Die Oberfläche dieser Platten kann je nach Bedarf schallabsorbierend oder schallreflektierend ausgebildet sein, ohne dass sich das Aussehen verändert. Bei der schallabsorbierenden Ausführung ist die Plattensichtseite entweder mit einer offenporigen Feinspandeckschicht oder einem mikroporösen Akustikvlies beschichtet, auf die wahlweise ein offenporiger Akustiklack, Akustikfeinputz oder andere Absorptionsbeschichtungen aufgebracht werden können.

Profilholzdecken und Holzpaneeldecken

Profilhölzer aus Massivholz – auch Profilbretter oder gespundete Bretter genannt – werden in Hobelwerken gefertigt und sind über den Holzfachhandel zu beziehen. Die Längsseiten der passgenauen Profilhölzer sind mit Nut und Feder versehen, so dass im verlegten Zustand eine sichtbare Fuge entsteht. Die Querschnitte einiger Profilhölzer zeigt Bild **14**.39. Zum besseren Verständnis sind in Bild **14**.40 die notwendigen Fachbegriffe erläutert:

- **Profilhölzer** sind Bretter aus Massivholz mit Nut und angehobelter Feder.
- **Profilmaß** ist die Breite des Brettes einschließlich der Feder. Nach diesem Maß wird der Preis berechnet (Berechnungsbreite).
- **Deckbreite** ist die Breite des Brettes ohne Feder.
  Da bei Profilhölzern Nute und Feder ineinander greifen, muss bei der Ermittlung der für eine Fläche tatsächlich benötigten Menge von der Deckbreite ausgegangen werden. Die Differenz zwischen Profilmaß und Deckbreite entspricht der jeweiligen Federbreite; diese beträgt je nach Brettbreite 6 mm, 8 mm oder 10 mm.

Profilhölzer sind in der Regel in Längen von 0,60 (1,50) bis 6,10 m erhältlich. Die gängigen Profilbreiten liegen zwischen 69 und 146 (196) mm, gebräuchliche Brettdicken zwischen 11,0 und 19,5 mm. Von den Hobelwerken werden

14.39a

14.39b

14.39c

14.39d

14.39 Schematische Darstellung von Profilhölzern
a) Fasebretter aus Nadelholz (DIN 68 122)
b) Profilbretter mit Schattennut (DIN 68 126)
c) Profilbretter mit Schattennut (nicht genormt)
d) Profilbretter mit gewölbter Sichtfläche (nicht genormt)

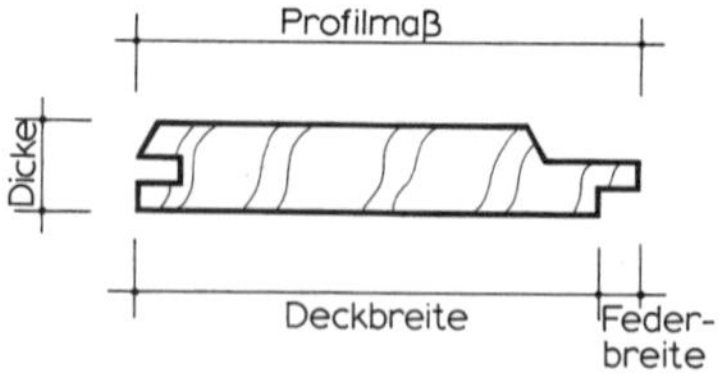

14.40 Fachbegriffe beispielhaft an einem Profilholz-Querschnitt dargestellt

darüber hinaus noch eine Vielzahl nicht genormter Profilarten angeboten (Sonderprofile). Die gebräuchlichsten Holzarten, aus denen Profilhölzer hergestellt werden, sind Fichte, Kiefer, Lärche, Red Pine, Oregon Pine, Western Red Cedar, Hemlock. Weitere Einzelheiten sind der Spezialliteratur [19], [20], [21] zu entnehmen oder beim Holzfachhandel zu erfragen.

Paneele aus Holzwerkstoffen bestehen aus einer Trägerplatte (Spanplatte oder MDF-Faserplatte), einer Ummantelung aus Furnier oder Kunststofffolie auf der Sichtseite und einem sog. Gegenzugmaterial auf der Rückseite (Bild **14**.41). Die Paneele sind in der Regel ringsum mit einer Nut (Einsteckfeder) versehen. Da sie aus Holzwerkstoffen gefertigt werden, unterliegen sie im Prinzip keiner material- bzw. konstruktionsbedingten Breitenbegrenzung. Handelsübliche Paneelmaße sind DIN 68 740 zu entnehmen oder beim Holzfachhandel zu erfragen.

Decken aus Profilhölzern und Paneelen. Ausbildung und Bemessung der Unterkonstruktion richten sich weitgehend nach der Art und Größe des Bekleidungsmateriales (Decklage). Die zulässigen Stützweiten und Abstände der Trag- und Grundprofile sind den jeweiligen Herstellerunterlagen bzw. amtlichen Prüfzeugnissen zu entnehmen. Angaben über Unterkonstruktionen s. Abschn. 14.3.3.

Bei **Deckenbekleidungen**, an die keine besonderen Anforderungen hinsichtlich ihrer Hinterlüftung gestellt werden, genügt eine einfache, höhengleiche Traglattung als Unterkonstruktion (Bild **14**.25). Das Anbringen einer höhenversetzten Trag- und Grundlattung empfiehlt sich überall dort, wo mit hoher relativer Luftfeuchte (Feuchtigkeitsschwankungen) zu rechnen ist. Für Decken in Feuchträumen gelten besondere Festlegungen. Einzelheiten hierzu s. [20].

Bei **Unterdecken** werden die Profilhölzer und Paneele vorwiegend an Metallunterkonstruktionen angebracht. Zu ihrer unsichtbaren Befestigung eignen sich handelsübliche Spezialkrallen (Bild **14**.42 und Bild **8**.44). Ihre Größe richtet sich nach der jeweiligen Nutwangendicke der Profilhölzer bzw. Paneele. In Verbindung mit entsprechenden Unterkonstruktionen können derart befestigte Decken auch ballwurfsicher ausgeführt werden.

Profilhölzer aus Massivholz dürfen nur in gut getrocknetem Zustand eingebaut werden, da sich Holz auf den Feuchtegehalt der umgebenden Luft einstellt (Gleichgewichts-Holzfeuchte). In beheizten Räumen soll die Holzfeuchte bei etwa 8 % (bezogen auf das Darrgewicht) liegen. Außerdem sollten die Profilhölzer vor der Montage durch mehrtägige Lagerung im temperierten Raum dem jeweiligen Raumklima angepasst werden.

Profilhölzer werden üblicherweise gehobelt und geschliffen angeboten, sie sind aber auch mit sägerauher und sandgestrahlter Oberfläche erhältlich. Eine farbige Behandlung der Hölzer ist ebenfalls möglich. Werden gespundete Profilhölzer oder Akustikbretter mit Einsteckfedern (Federn aus Sperrholz) verwendet, so ist darauf zu achten, dass alle sichtbaren Holzteile vor der Montage mindestens einmal mit dem jeweiligen Beschichtungsmittel (z. B. Farblasuren) vorbehandelt sind, damit bei späteren, holzwerkstoffbedingten Formänderungen die ursprüngliche Holzfarbe an den Nut- und Federstößen nicht unangenehm streifig in Erscheinung tritt.

Akustikdecken aus Profilhölzern und Paneelen. Zur Herstellung von schallabsorbierenden Deckenbekleidungen und Unterdecken eignen sich auf Fuge angeordnete Akustik-Glattkantbretter und Akustik-Profilbretter gemäß Bild

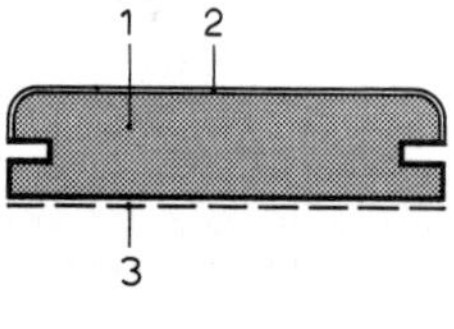

14.41
Schematische Darstellung eines Paneeles aus Holzwerkstoff
1 Trägerplatte (Spanplatte, MDF-Faserplatte)
2 Ummantelung (Furnier, Kunststofffolie)
3 Gegenzugmaterial (Formstabilität)

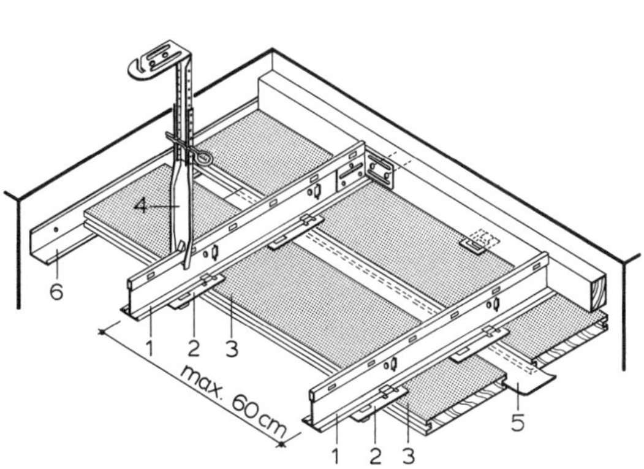

14.42a

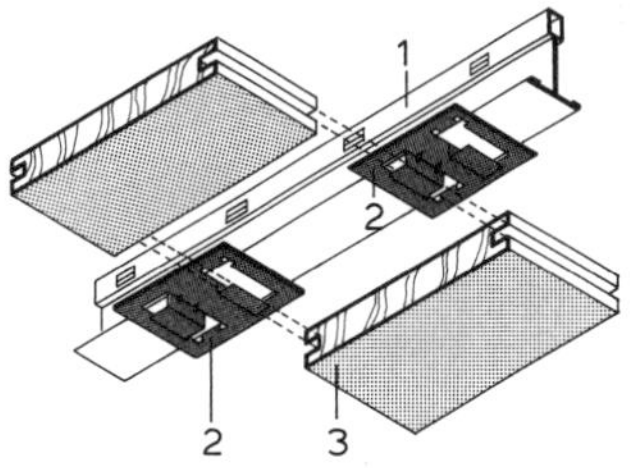

14.42b

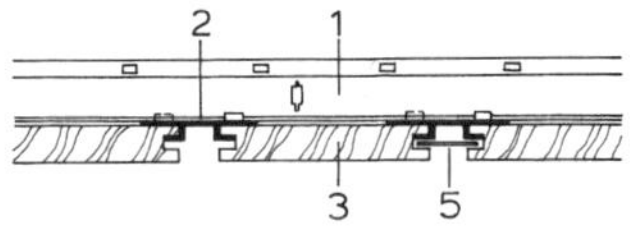

14.42c

14.42 Konstruktionsbeispiel: Abgehängte Akustikdecke mit Profilhölzern oder Holzpaneelen und Metallunterkonstruktion. Schallabsorbierende Dämmstoffauflage bei Bedarf.

a) Gesamtaufbau
b) bis c) Ausschnitte

1 Tragschiene
2 Spezialkralle (Drehklipp)
3 Profilhölzer, Paneele
4 Noniusabhänger (Unterteil)
5 Einschubfeder (Dämmfeder)
6 Wandwinkel

DONN Products GmbH, Viersen

14.33. Sie werden vor allem in Sportstätten, Schwimmhallen, Kirchen usw. eingesetzt, und zwar mit offenen oder geschlossenen Fugen (Dämmfedern), jeweils mit hinterlegtem Rieselvliesstoff bzw. Schallschluckmaterial (Bild **14**.42). Auch die Fugenbreiten können wahlweise 10, 15, 20 oder 25mm betragen, so dass sich bei gleicher Profilausbildung unterschiedliche Schallabsorptionsgrade erzielen lassen. Nähere Angaben hierzu sind der Speziallliteratur [20] zu entnehmen.

Werden erhöhte schallschutztechnische Anforderungen an Deckenbekleidungen gestellt, so bieten sich die in Bild **14**.43 dargestellten Akustik-Schwinghänger (Metallbügel mit Dämmstoffeinlage) an.

Holzlamellendecken

Lamellendecken bestehen aus einzelnen, senkrecht angeordneten, meist in gleichen Abständen parallel zueinander in einer Richtung verlaufenden Platten. An Materialien werden vorzugsweise Massivholz sowie Holzwerkstoffe, wie beispielsweise Leichtspan-Akustikplatten, eingesetzt. Durch eine entsprechend farbige Oberflächenbehandlung und schachbrettartige Anordnung der Lamellenfelder lassen sich interessante Deckenuntersichten erreichen.

Lamellendecken (Bild **14**.44) sind licht-, luft- und schalldurchlässig (offenes Deckensystem). Sie ergeben je nach Blickrichtung, Lamellenhöhe und Plattenabstand einen mehr oder weniger guten Sichtschutz. Durch Auflegen von Schallschluckmaterial können störende Installationen o. Ä. verdeckt und gleichzeitig ein hoher Schallabsorptionsgrad erzielt werden. Vgl. hierzu auch Abschn. 14.5.3.1, Decken aus Mineralfaserplatten.

14.43
Akustik-Schwinghänger für schallschutztechnisch wirksame Decken- und Wandbekleidungen

1 Akustik-Schwinghänger
2 Traglatte
3 Spezialkralle
4 Schraube
5 Profilholz, Paneel
6 Dämmaterial

Früh, Neckartenzlingen

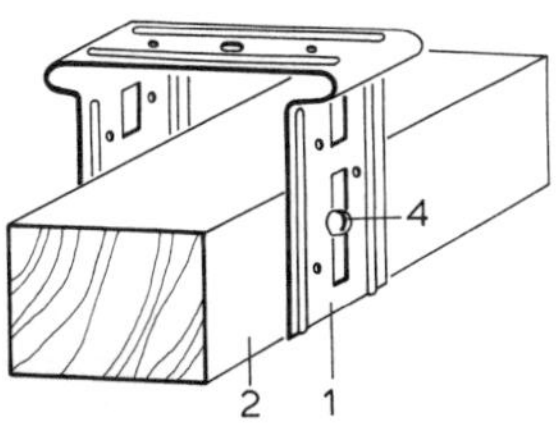

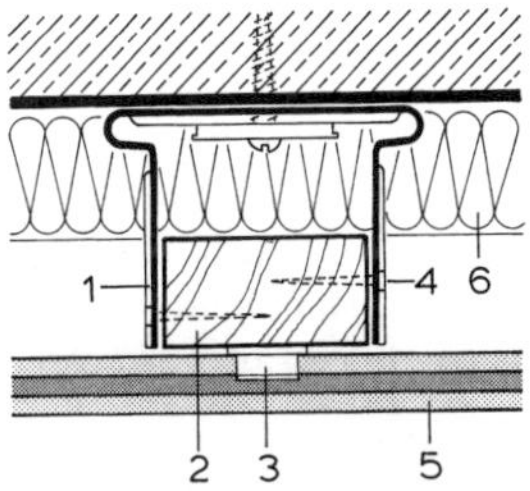

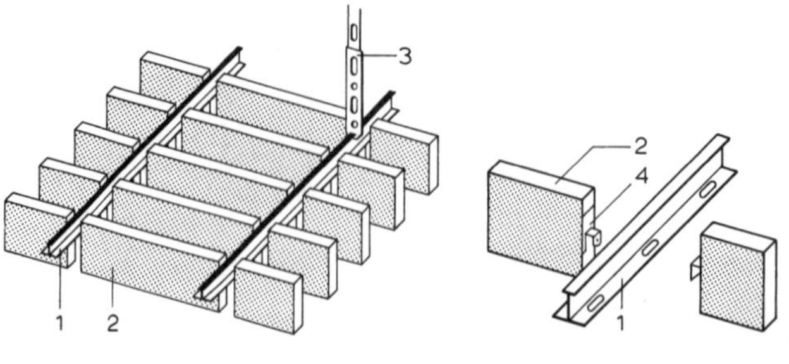

14.44
Schematische Darstellung einer abgehängten Lamellendecke
1 Tragprofil, beidseitig geschlitzt
2 Lamellen
3 Abhänger
4 Lamellenhalter mit Einhängehaken

Holzrasterdecken

Rasterdecken sind offene Deckensysteme mit meist gleichmäßig gerasteter Untersicht. Sie setzen sich aus handlichen Einzelelementen zusammen, die sich zu fugen- und richtungslos durchlaufenden Unterdeckenflächen zusammenfügen lassen. Die in quadratischer, rechteckiger oder polygonaler Form lieferbaren Elemente bieten vielfältige Gestaltungsmöglichkeiten. Sie können aus Massivholz, Holzwerkstoffen oder auch anderen Materialien hergestellt sein. Vgl. hierzu auch Abschn. 14.5.3.3, Metall- und Kunststoffrasterdecken.

Offene Rasterdecken mit einem freien Querschnitt von bis zu 70 bis 80 Prozent dienen oftmals nur zur optischen Korrektur der Raumhöhe, wobei das Luftvolumen des Raumes voll erhalten bleibt. Damit eignen sie sich in besonderer Weise für den Einsatz als Kühldecke gemäß Bild **14**.14, aber auch zur Herstellung von Akustikdecken mit oberseitig aufgelegtem Schallschluckmaterial. Oftmals werden Rasterdecken auch als Lichtrasterdecken bezeichnet, da sie viele Möglichkeiten der individuellen Lichtgestaltung zulassen. Auch für die Lüftung und Klimatisierung von Räumen hat die Rasterdecke aufgrund ihrer Durchlässigkeit erhebliche Vorteile.

Formgepresste Rasterelemente. Die in Bild **14**.45 dargestellten Rasterelemente werden aus einem Spanholzgemisch mit duroplastischen Kunstharzen formgepresst (Baustoffklasse B1 und B2 nach DIN 4102). Als tragende Unterkonstruktion dienen parallel verlaufende, abgehängte Steckrohre, an denen die Einzelelemente eingehängt werden. Um Höhenversätze und offene Fugen zwischen den einzelnen Elementen auszuschließen, werden sie untereinander noch mit Drahtklammern verbunden. Rasterdecken aus Spanholz sind immer freischwebend – ohne festen Wandanschluss – zu verlegen (materialbedingtes Schwinden und Quellen durch wechselnde Feuchteeinflüsse). Der Wandabstand soll mind. 4 mm je Meter Deckenfläche betragen. Dieser Abstand ist umlaufend auch an Pfeilern, Stützen und sonstigen Einbauten vorzusehen.

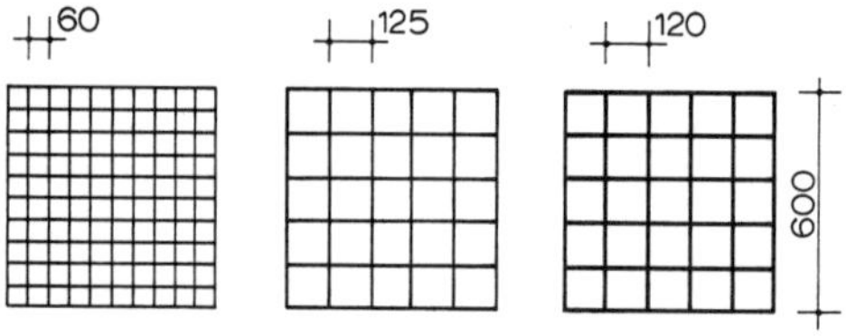

14.45a

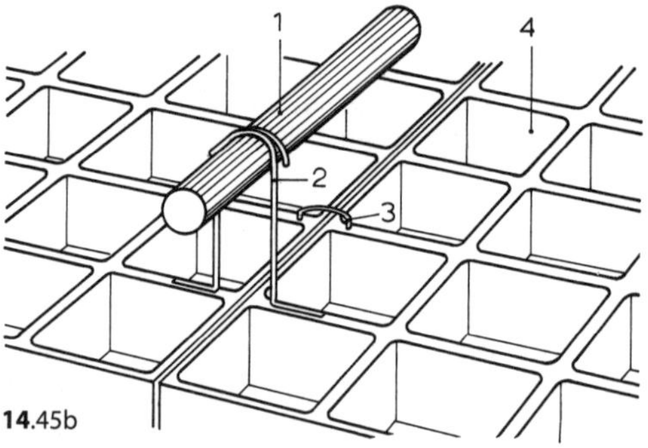

14.45b

14.45 Schematische Darstellung von offenen Rasterdecken mit Rasterelementen aus formgepresstem Holzwerkstoff
a) formgepresste Rasterelemente, b) Montage der Rasterelemente
1 Steckrohr (Tragrohr)
2 Aufhängehaken
3 Drahtklammer
4 formgepresstes Rasterelement

Pagolux Interieur GmbH, Xanten

14.5.3.3 Decken aus Metall

Metalldecken bewähren sich seit vielen Jahren im modernen Innenausbau. Sie zeichnen sich insbesondere durch geringes Eigengewicht, Unempfindlichkeit des Materiales gegen äußere Einflüsse, problemlose Integration von Beleuchtungs- und Klimatechnik, einfache trockene Montage und Demontage, geringen Unterhaltsaufwand sowie Materialien-, Farben- und Formenvielfalt aus. Außerdem eignen sie sich für den Einsatz als Kühldecke gemäß Bild **14**.14, als Licht- und Lüftungsdecke sowie als Akustikdecke mit hohem Schallabsorptionsvermögen. Ebene Metalldecken gibt es in Form von (Bild **14**.27):

- Kassettendecken
- Paneeldecken
- Lamellendecken
- Rasterdecken
- Sonderformdecken.

Die **Decklagenelemente** bestehen üblicherweise aus Stahlblech (korrosionsgeschützt). Als Beschichtungsverfahren kommen Nasslackierung, Pulverbeschichtung oder Bandbeschichtung (kontinuierliches Verfahren) zum Einsatz. Decken aus Aluminiumblech zeichnen sich vor allem wegen ihrer Beständigkeit gegen hohe Luftfeuchte und chemische Dämpfe, ihres geringen Gewichtes und eleganten Aussehens (obere Preisklasse) aus; es gibt sie mit Oberflächen in Alu-natur, eloxiert, einbrennlackiert oder folienbeschichtet. Außerdem ist Aluminium wiederverwertbar. Alle Decklagenelemente erhalten vor ihrer Auslieferung einen transparenten Folienüberzug, der sie während des Transportes, des Auspackens und der Montage vor Verschmutzung und Beschädigung schützen soll.

Die Decklagenelemente werden in der Regel an Unterkonstruktionen aus Metall angebracht. Ihre Ausbildung und Bemessung richten sich weitgehend nach der Art und Größe des aufzubringenden Bekleidungsmateriales (Decklage). Die zulässigen Stützweiten und Abstände der Tragprofile sind den jeweiligen Herstellerunterlagen und allg. bauaufsichtlichen Prüfzeugnissen bzw. Zulassungen zu entnehmen.

Metallkassettendecken

Metallkassettendecken bestehen aus quadratischen, rechteckigen oder anders geformten, wannenförmig ausgebildeten Deckenplatten (geschlossenes Deckensystem). Je nach Fugenausbildung kann die Deckenuntersicht flächig oder stark gegliedert wirken. Dementsprechend gibt es Metallkassettendecken mit verdeckter Unterkonstruktion (Haarfugen), sichtbarer Unterkonstruktion (betonte Schattenfugen), Bandrasterprofilen (Längs- oder Kreuzbandraster) sowie Lichtkanalprofilen.

Die Unterkonstruktion der Metallkassettendecke besteht aus einem fest verriegelten Verband aus Metallprofilen, der flucht- und waagerecht und ggf. drucksteif (Bandrasterdecken) von der Rohdecke abgehängt wird. Vgl. hierzu Abschn. 14.3.2 und 14.3.3, Unterkonstruktionen. In diesen Tragrost werden die meist seitlich gekanteten Kassetten entweder (Bild **14**.46):

- eingelegt (Einlegemontage)
- eingehängt (Einhängemontage)
- eingeklemmt (Klemmontage).

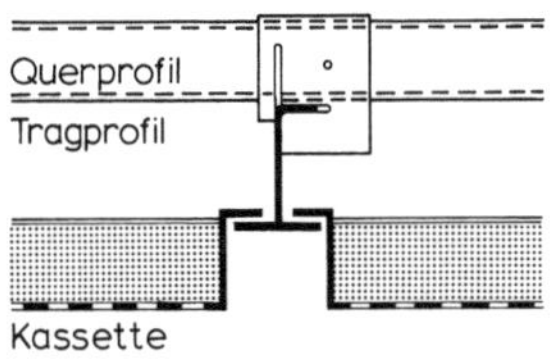

14.46a

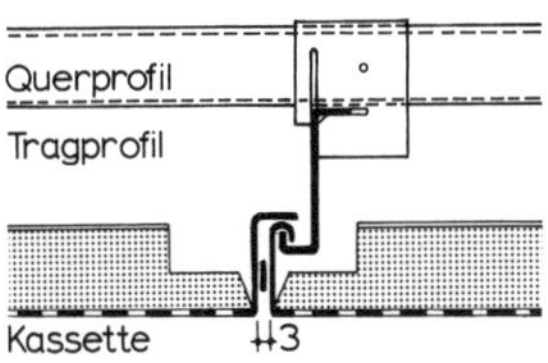

14.46b

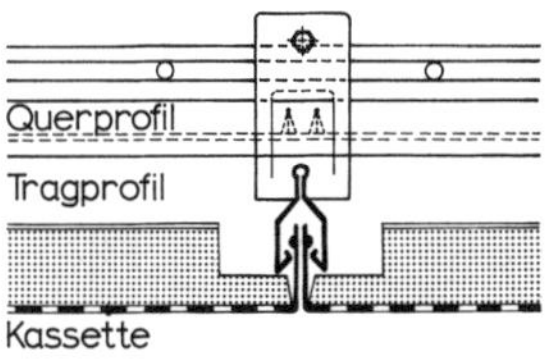

14.46c

14.46 Schematische Darstellung verschiedener Montagesysteme bei Metallkassettendecken
a) Einlegemontage: Die Kassetten werden von oben in ⊥-förmige Tragprofile eingelegt; es entsteht eine umlaufende Schattenfuge (Bild **14**.47)
b) Einhängemontage: Die abgekanteten Kassetten werden in Tragprofile eingehängt, mit ringsumlaufenden Dichtungsstreifen
c) Klemmontage: Eingestanzte Nocken und Aussparungen in den Kassettenkanten garantieren ein planebenes Deckenniveau.

Lindner AG, Arnstorf

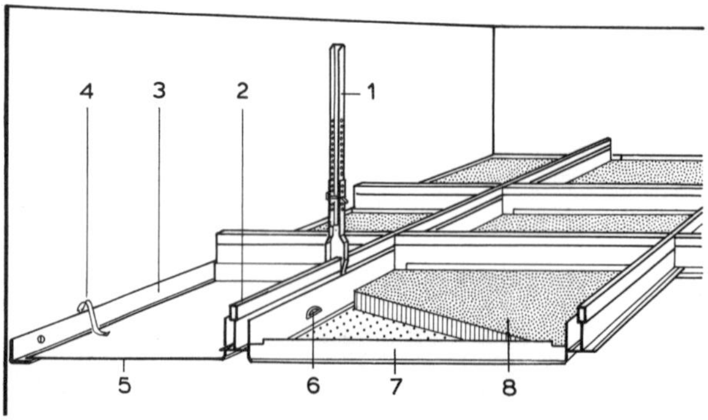

14.47
Konstruktionsbeispiel einer abgehängten Metallkassettendecke mit sichtbarer Unterkonstruktion (betonte Schattenfugen)

1 Noniusabhänger
2 Tragprofil
3 Wandwinkel
4 Druckfeder
5 Randstreifen, ungelocht
6 eingestanzte Nocke
7 Metallkassette, gelocht
8 Schallschluckeinlage

Deckenhohlräume, in denen wartungsintensive Installationen verlegt sind, müssen gut zugänglich sein. Daher wurden Metalldecken mit Klappkassetten entwickelt, die sich nach unten aufklappen und bei manchen Deckensystemen sogar noch seitlich verschieben lassen (Bild **14**.15). Bei Revisionsarbeiten entfällt die Zwischenlagerung der Kassetten, Beschädigungen sind ausgeschlossen.

Akustikdecken aus perforierten Metallkassetten. Metallkassetten gibt es in ungelochter und gelochter Ausführung. Entsprechend den jeweiligen gestalterischen und akustischen Anforderungen können die Decklagenelemente ganz unterschiedlich perforiert (Lochanteil zwischen 10 und 40 Prozent) und mit rieselsicherem Schallschluckmaterial hinterlegt sein (Bild **14**.48a und b). S. auch Abschn. 14.5.3, Akustikdecken.

Die normalerweise sichtbaren Löcher der Metallkassetten können jedoch auch mit einem Akustikvlies kaschiert und anschließend mit einem Akustiklack beschichtet werden (Bild **14**.49). Es entsteht dabei eine monolithische und glatte, aber trotzdem schallabsorbierende Oberfläche. Bei derart ausgerüsteten Metall-Akustikdecken kann die üblicherweise notwendige Schallschluckeinlage entfallen, so dass der Zugang zum Deckenhohlraum wesentlich vereinfacht wird.

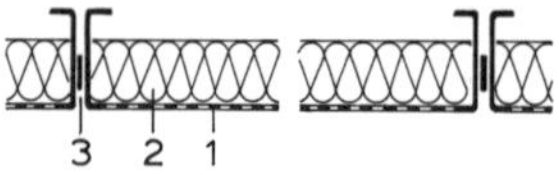

14.48a

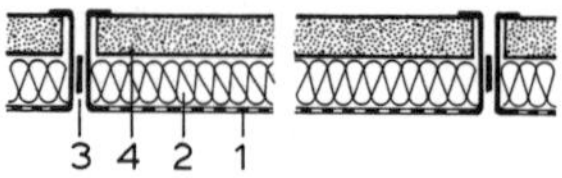

14.48b

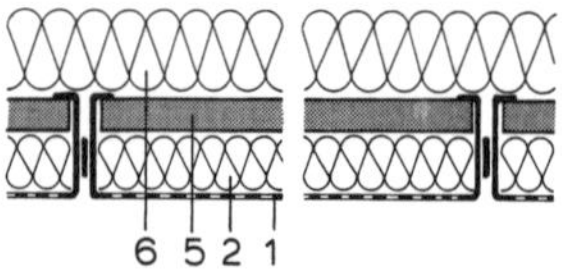

14.48c

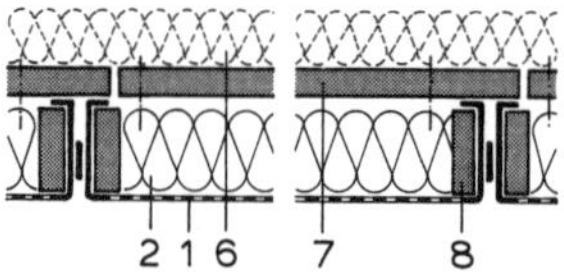

14.48d

14.48
Schematische Darstellung perforierter Metallkassetten. Aufbau je nach akustischen, schall- oder brandschutztechnischen Anforderungen.

1 Metallkassette, perforiert
2 Schallschluckeinlage
3 Dichtungsstreifen
4 Mineralfaserplatte, 13 mm
5 Gipskarton-Bauplatte 9,5 mm
6 vollflächige Dämmstoffauflage
7 Gipskarton-Feuerschutzplatte
8 Gipskarton-Randstreifen

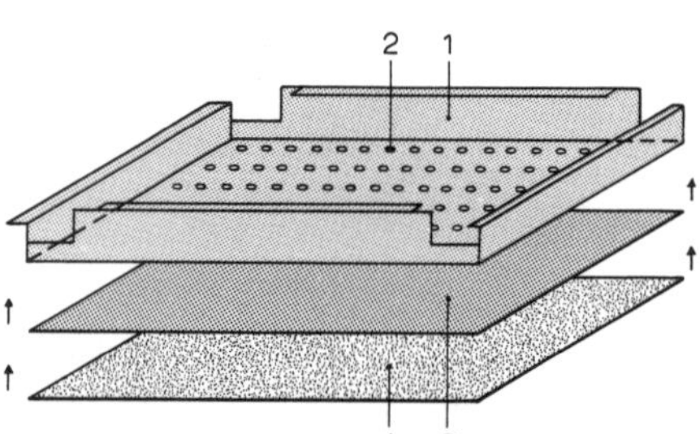

14.49
Schematische Darstellung einer perforierten Akustik-Metallkassette, Sichtseite mit Akustikvlies und Akustiklack beschichtet. Eine zusätzliche Dämmstoffeinlage ist nur bei erhöhten schallschutztechnischen Anforderungen notwendig.

1 Metallkassette, perforiert
2 Lochung nach Bedarf
3 Akustikvlies
4 Akustiklack

Wilhelmi Werke, Lahnau

Schall-Längsdämmung bei perforierten Metallkassetten. Übernehmen Akustikdecken beim Einbau von umsetzbaren Trennwänden auch noch die Funktion der horizontalen Schall-Längsdämmung, so muss jede einzelne Kassette eine Dämmstoffeinlage erhalten – und bei erhöhten schallschutztechnischen Anforderungen – darüber außerdem noch eine durchlaufende horizontale Abschottung aus Dämmstoffmatten aufgebracht werden (Bild. **14**.48c). Vgl. hierzu auch Abschn. 15.3.3.1. Der Zugang zum Deckenhohlraum wird dadurch jedoch erschwert, so dass einige Deckenhersteller auf Maß zugeschnittene, keilförmig einpressbare Dämmplatten direkt auf die Decklagenelemente aufkleben.

Brandschutz bei perforierten Metallkassetten. Um auch mit perforierten Metallkassetten einen ausreichenden Brandschutz zu erzielen, müssen noch zusätzliche Gipskarton-Feuerschutzplatten oberseitig auf die Schallschluckeinlage eingebaut werden (Sandwich-Bauweise, Gesamtdicke etwa 65 mm, Feuerwiderstandsklasse F30 nach DIN 4102). Bild **14**.48d.

Regelabmessungen – Metallkassetten: Quadratische Kassetten 600 x 600 und 625 x 625 mm. Großfeld-Kassetten 1200 x 1200 mm. Rechteck-Kassetten bis 500 mm Breite und 4000 mm Länge. Dreieck-Kassetten je nach Bauraster.

Metall-Langfeldkassetten zeichnen sich durch eine erhöhte Eigenstabilität aus. Es ist daher möglich, Deckenflächen bis etwa 4 Meter Breite frei zu überspannen und die rechteckigen Kassetten lediglich in Wandanschlussprofile einzulegen. Derartige Platten eignen sich besonders zum Überdecken von Fluren, Gängen und schmalen Räumen. Mit Langfeldkassetten können jedoch auch Unterdecken erstellt werden, die sich durch besonders große Abstände der Bandrasterprofile auszeichnen, wie sie vor allem in großflächigen Bürogebäuden, Schulzentren, Foyers, Kantinen usw. vorkommen. Vgl. hierzu auch Abschn. 14.5.3.6, Lichtkanaldecken.

Metallpaneeldecken

Paneeldecken bestehen aus einzelnen, horizontal angeordneten und parallel auf Abstand verlegten, paneelförmigen Decklagenprofilen. Sie ergeben eine insgesamt flächig wirkende, durch die Fugen zwischen den Paneelen jedoch richtungsbetonte Deckenuntersucht. Metallpaneeldecken zeichnen sich u. a. aus durch ihr geringes Eigengewicht, einfache und schnelle Montage sowie hohes Schallabsorptionsvermögen bei der Ausbildung als Akustikdecke mit hinterlegtem Schallschluckmaterial. Die Paneele bestehen üblicherweise aus Stahlblech (korrosionsgeschützt) oder Aluminiumblech und sind vollständig recycelbar. Interessante Formen- und Farbenangebote bieten viele Variationsmöglichkeiten für die Deckengestaltung. Einzelheiten über mögliche Oberflächenbeschichtungen s. Abschn. 14.5.3.3, Decklagenelemente.

Paneeltypen. Wie Bild **14**.50 beispielhaft zeigt, stehen zahlreiche Paneeltypen zur Wahl: In ebener, konkav oder konvex geknickter Form, rund oder scharfkantig umbördelt, mit und ohne Perforierung sowie Sonderprofile aller Art. Unterschiedliche Paneelbreiten und variable Fugenabstände – untereinander frei kombinierbar – machen Paneeldecken als offenes Deckensystem anpassungsfähig an jeden Grundriss und vorgegebene Rastereinteilung.

Metallpaneele werden in der Regel an Unterkonstruktionen aus Metall – direkt oder abgehängt – angebracht. Ihre Arretierung erfolgt an meist schwarz lackierten Tragschienen, die entweder angestanzte Zapfen (Tragerippen) oder aus-

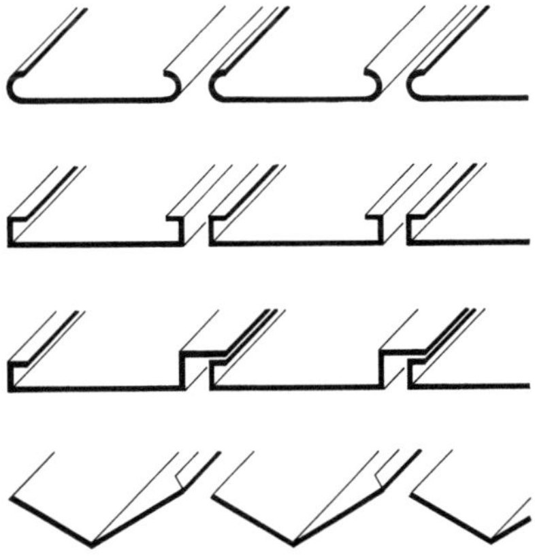
14.50a

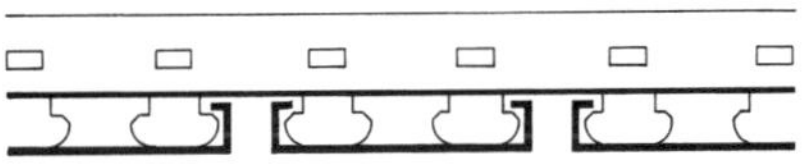
14.50b

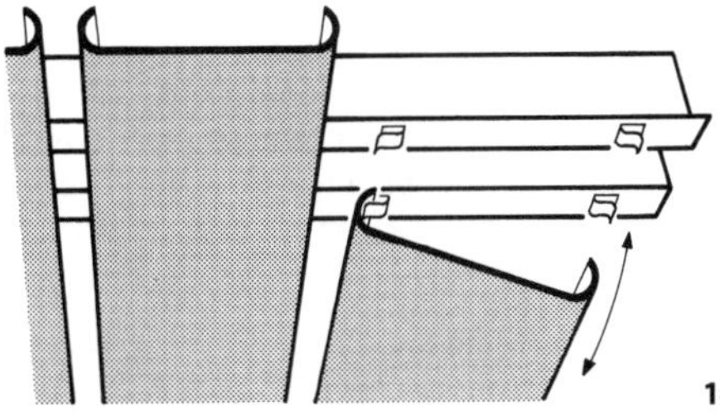
14.50c

14.50 Schematische Darstellung von Metallpaneelen und ihrer Befestigung an Tragschienen
a) Paneeltypen (Beispiele)
b) Befestigung an Tragschienen mit angestanzten Tragerippen
c) Befestigung an Tragschienen mit ausgestanzten Laschen

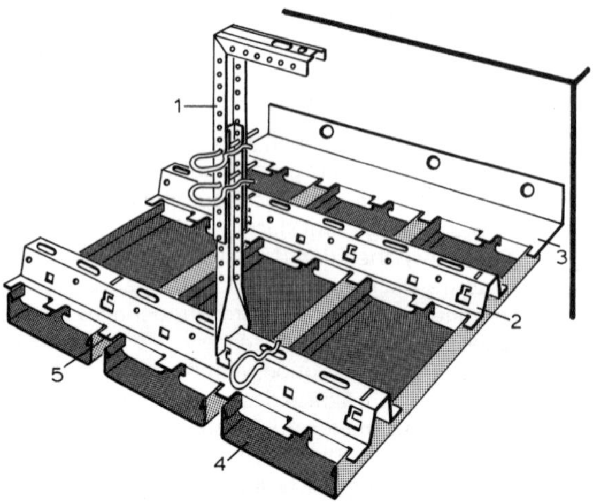

14.51
Konstruktionsbeispiel einer ballwurfsicheren Metallpaneeldecke
1 Noniusabhänger mit zwei Sicherungsstiften und drucksteifer Abhängung
2 Tragprofil mit angestanzten Tragerippen
3 Wandwinkel mit angestanzten Tragerippen
4 Sportdeckenpaneel aus 0,8 mm dickem Stahlblech
5 Sperrzunge, die als Sicherung nach unten gebogen wird.

BEDO Vertriebsgesellschaft, Schwerte

gestanzte Laschen aufweisen (Bild **14**.50b und c). In jedem Fall müssen die Halterungen so ausgebildet sein, dass sie den Paneelen zwar einen festen Sitz gewähren, bei Temperaturschwankungen spannungsfreie Längenänderungen jedoch zulassen. Jedes Paneel ist nachträglich wieder abnehmbar, so dass der Deckenhohlraum für Wartungs- und Reparaturarbeiten zugänglich bleibt.

Regelabmessungen – Metallpaneele: Paneelbreiten 34 – 84 – 134 – 184 – 284 mm. Fugenbreite 10 – 16 – 20 – 30 mm. Paneellänge bis max. 6000 mm.

Metallpaneeldecken haben sich besonders als Akustikdecken bewährt (Abschn. 14.5.3). Hohe Absorptionsgrade lassen sich vor allem mit perforierten und auf Fuge angeordneten Paneelen erzielen. Paneeldecken lassen sich auch als Lüftungsdecken ausbilden (Abschn. 14.2.6). Für Unterdecken in Gymnastik-, Turn- und Sporthallen eignen sich die ballwurfsicheren Metallpaneeldecken aus Stahlprofilen. Diese müssen – ähnlich wie die sturmsicheren Außendecken – den in DIN 18 032-3 genannten Anforderungen entsprechen. Wie Bild **14**.51 verdeutlicht, besitzen die Tragprofile derartiger Unterdecken sog. Sperrzungen, die nach dem Einklemmen der Profile nach unten gebogen werden und so das Herausfallen bei mechanischer Beanspruchung bzw. bei Druck- und Sogbelastung zuverlässig verhindern.

14

Metall-Lamellendecken

Lamellendecken bestehen aus einzelnen, vertikal angeordneten und parallel auf Abstand verlegten Sichtblenden. Sie ergeben in der Regel eine richtungsbetonte Deckenuntersicht. Derartige Decken finden vor allem dort Verwendung, wo Installationen, Versorgungsleitungen, Unterzüge und Lichtleisten verdeckt (Sicht- und Blendschutz) sowie die Höhe eines Raumes optisch verringert werden soll – ohne jedoch das Gesamtluftvolumen dabei zu schmälern (offenes Deckensystem). Lamellendecken sollten immer so eingebaut werden, dass die Blenden quer zur Hauptblick- und Hauptverkehrsrichtung hängen (z. B. in Fluren, Bahnhöfen, Ausstellungs- und Verkaufsräumen). Sie haben sich vor allem als Licht- und Akustikdecken bewährt.

Die Lamellen selbst bestehen in der Regel entweder aus mehrfach geknickten Metallsichtblenden (Bild **14**.52) oder U-förmig abgekanteten und perforierten Metallschalen mit Schallschluckeinlage (Bild **14**.53). Die Dimensionierung der Metallschalen richtet sich vorwiegend nach den jeweiligen akustischen Anforderungen. Vgl. hierzu Abschn. 14.5.3, Akustikdecken.

Metallrasterdecken und Kunststoffrasterdecken

Rasterdecken setzen sich aus einzelnen, in der Fläche vorwiegend gitterartig wirkenden Rasterelementen zusammen, die oftmals nur der optischen Korrektur einer Raumhöhe dienen. Die Rasterelemente selbst sind zwar licht-, luft- und schalldurchlässig (offenes Deckensystem), die Höhe der Stege und die jeweils günstigste geometrische Form der Wabe verhindern jedoch einen schrägen Einblick in den Deckenzwischenraum (Sicht- und Blendschutz). Die angebotene Typenvielfalt bietet für jedes Einsatzgebiet den richtigen Raster. Dieser kann rund, zylin-

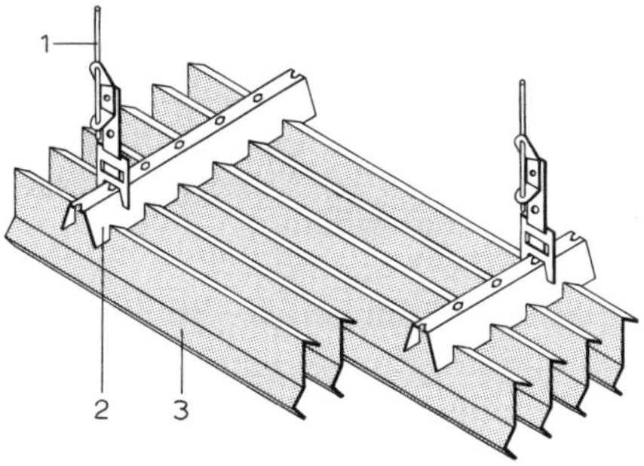

14.52 Schematische Darstellung einer Lamellendecke. Die Sichtblenden werden in entsprechende Ausstanzungen der Tragschienen lotrecht eingeklemmt.

1 Schnellspannabhänger
2 Tragprofil
3 Metall-Lamelle

Richter System GmbH, Griesheim

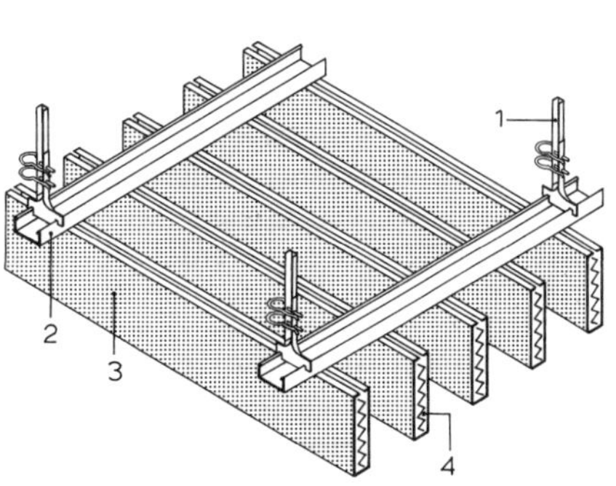

14.53 Schematische Darstellung einer Lamellendecke aus U-förmig abgekanteten und perforierten Metallschalen mit Schallschluckeinlage.

1 Noniusabhänger
2 Tragprofil
3 perforierte Metallschale
4 Schallschluckeinlage

drisch, rechteckig, dreieckig, quadratisch usw. ausgebildet sein. An Materialien kommen vor allem Stahlblech (korrosionsgeschützt), Aluminiumblech und Kunststoff in Frage.

Raster aus Stahl- und Aluminiumblech werden überall dort eingesetzt, wo die Forderung nach nichtbrennbaren Werkstoffen erhoben wird. Aluminiumraster zeichnen sich wegen ihrer Beständigkeit (z. B. Unempfindlichkeit gegen Feuchtigkeit, chemische Dämpfe), ihres geringen Gewichtes und eleganten Aussehens aus. Sie sind in Alu-natur, eloxiert, folien- und farbbeschichtet erhältlich. Im wesentlichen unterscheidet man Dünnstegraster (Bild **14**.54) und Breitstegraster (U-förmig abgekantete Schalen).

Regelabmessungen – Metallrasterelemente: 600 x 600 – 625 x 625 – 1200 x 600 – 1200 x 1200 – 1250 x 1250 mm. Rasterhöhe: 15 – 20 – 25 – 30 – 40 – 55 – 80 mm.

Raster aus Kunststoff werden im Spritzgussverfahren aus lichtbeständigem, thermoplastischem Kunststoff (z. B. Polystyrol) hergestellt und anschließend antistatisch behandelt. Die Kunststoffraster sind UV-stabil und gilben auch nach langer Benutzungsdauer nicht ein. Die Raster werden außerdem mit aufgedampfter Verspiegelung (metallisiert) in Gold-, Silber- und Kupfereffekt angeboten. Zur Ausstattung von Boutiquen, exklusiven Foyers o. Ä. stehen darüber hinaus zahlreiche sog. Dekorative Rasterdecken zur Verfügung (Blatt-Dekor-Raster, Parabol-Raster usw.). Kunststoffraster sind in der Regel normalentflammbar einzustufen (Baustoffklasse B2 nach DIN 4102).

Regelabmessungen – Kunststoffrasterelemente: 1212 x 604 – 1248 x 624 mm. Rasterhöhe: 13 – 15 – 20 – 30 – 35 – 50 mm.

Rasterdecken haben sich vor allem als Akustikdecken (Abschn. 14.5.3), Lüftungsdecken (Abschn. 14.2.6) und Lichtdecken (Lichtquellen im Deckenzwischenraum) bewährt. Die Unterkonstruktion aus Steckrohren, ⊥-förmigen oder U-förmigen Tragprofilen wird meist mit Schnellspannabhängern waagerecht und fluchtrecht von der Rohdecke abgehängt. Je nach Montageart können die Tragschienen sichtbar, halbverdeckt oder verdeckt angeordnet sein (Bild **14**.54).

14

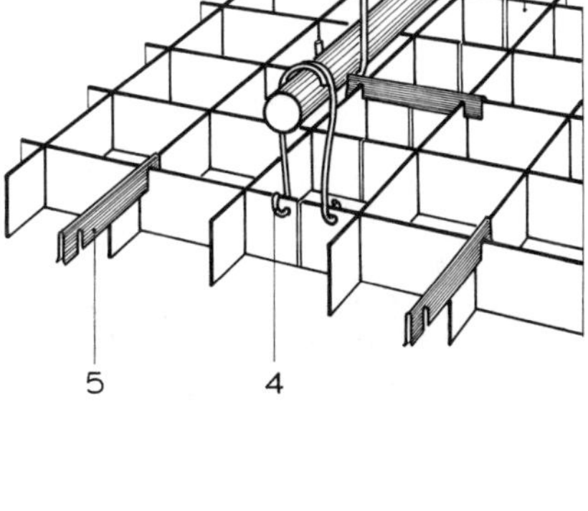

14.54
Schematische Darstellung einer Rasterdecke aus Leichtmetall (Dünnstegraster)

1 Abhänger
2 Tragrohr
3 Aluminiumraster
4 Aufhängehaken
5 Verbindungskamm

Alukarben-Raster GmbH, Bad Homburg

14.5.4 Wabendecken

Wabendecken bestehen aus senkrecht angeordneten, schallabsorbierenden Einzellamellen, die nach den jeweiligen akustischen, lichttechnischen und gestalterischen Anforderungen zu großformatigen Rasterfeldern zusammengefügt werden. Die meist quadratischen, rechteckigen oder polygonal ausgebildeten Wabendecken werden vor allem dort eingesetzt, wo eine hohe Schallabsorption verlangt wird (Produktions-, Lager-, Verkaufshallen, Foyers usw.). Durch die senkrechte Anordnung der Lamellen erreicht man im Vergleich mit ebenen Akustikdecken eine wesentliche Vergrößerung der Absorptionsfläche. Eine weitere Steigerung ist möglich, indem oberseitig auf die Wabenraster noch zusätzliche Akustikelemente aufgelegt werden.

Wabendecken können direkt von der Rohdecke abgehängt oder auch unterhalb einer ebenen Akustikdecke bzw. Brandschutzdecke installiert werden (sog. Kombinationsdecken s. Abschn. 14.5.3.6). Hergestellt werden sie üblicherweise aus

- **perforierten Metallschalen** mit Schallschluckeinlage (Bild **14**.55),
- **porösen Wabenelementen** mit Mineralfaserplatten (Bild **14**.56).

Wabendecken aus Metall

Die Einzellamellen dieser Unterdecken bestehen aus U-förmig abgekanteten, perforierten Metallschalen mit eingelegten schallabsorbierenden Matten (Bild **14**.55). Verwendet werden vor allem Aluminiumblech oder verzinktes und einbrennlackiertes Stahlblech. Da an der Oberkante der selbsttragenden Schalen ein Tragprofil eingearbeitet ist, können sie daran direkt über Abhänger an der Rohdecke befestigt werden. Durch oberseitiges Auflegen perforierter Metallkassetten – ggf. mit Dämmstoffeinlage – ergibt sich eine weitere Verbesserung des Schallabsorptionsgrades (geschlossenes Deckensystem).

Wabendecken aus Mineralfaserplatten

Der konstruktive Aufbau dieser Decken richtet sich einmal nach dem gewählten Rasterbild, zum anderen danach, ob diese Wabendecken direkt von der Rohdecke abgehängt oder unterhalb einer ebenen Akustikdecke installiert werden. Die Einzellamellen bestehen aus porösen Mineralfaserplatten, wie sie in Abschn. 14.5.3.1 näher beschrieben sind.

Bei der Montage von Quadrat- oder Rechteckwaben werden die Querprofile der Tragschienen entsprechend dem Raster in seitliche Ausstanzungen der durchlaufenden Längsprofile eingerastet (Bild **14**.56a).

Werden dagegen Dreieck-, Sechseck- oder Achteckwaben gewünscht, müssen an den Kreuzungspunkten passende Knotenbleche mit aufgesetzten Alu-Knotenprofilen eingebaut werden (Bild **14**.56b). Für die notwendige Aussteifung sorgen die zwischen den Knotenblechen montierten Tragprofile. Die Abhängung (Schnellspannabhänger) erfolgt immer an den Knotenpunkten.

In diese gitterartigen Tragroste werden die unterseitig genuteten und sich gegenseitig aussteifenden schallschluckenden Faserplatten senkrecht eingesetzt. Durch Auflegen weiterer Schallschluckplatten lassen sich die Waben auch noch nach oben hin abdecken (geschlossenes Deckensystem).

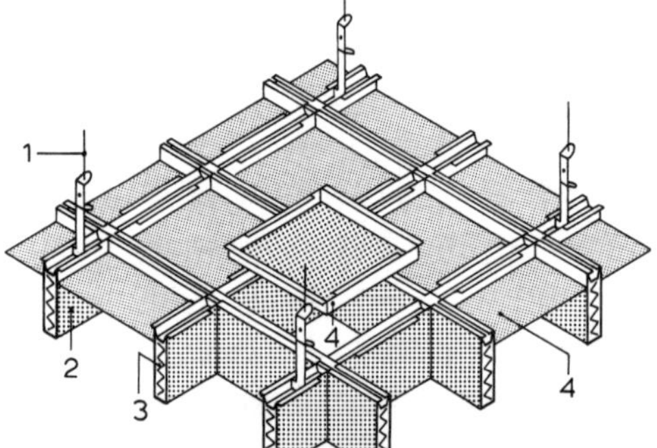

14.55
Konstruktionsbeispiel einer Wabendecke aus U-förmig abgekanteten und perforierten Metallschalen (Trägerschalen) mit Schallschluckeinlage sowie oberseitig eingelegten perforierten Metallkassetten.

1 Abhänger
2 perforierte Metallschale (Trägerschale)
3 Schallschluckeinlage
4 perforierte Metallkassette (ggf. mit Dämmstoffauflage)

Lindner AG, Arnstorf

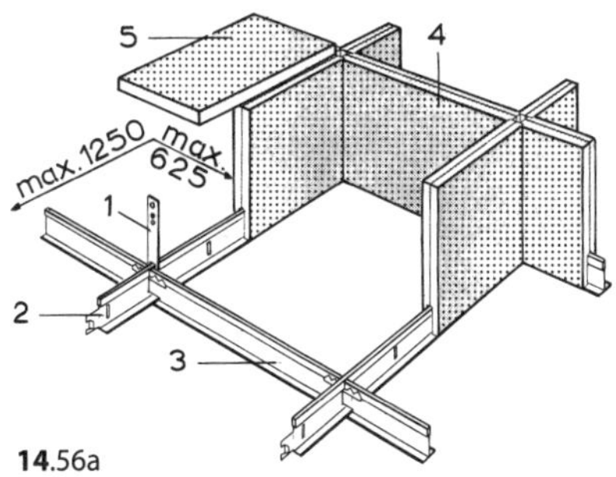

14.56a

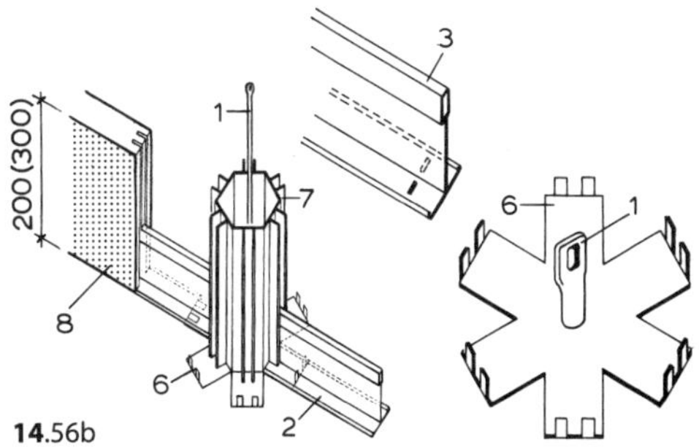

14.56b

14.56 Schematische Darstellung von Wabendecken aus porösen Mineralfaserplatten
a) für Quadrat- oder Rechteckwaben
b) für Dreieck-, Sechseck- oder Achteckwaben

1 Abhänger
2 Längsprofil
3 Querprofil
4 unterseitig genutete Wabenplatte
5 waagerecht aufgelegte Mineralfaserplatte
6 Knotenblech je nach Rasterbild
7 Knotenprofil aus Aluminium
8 unterseitig und stirnseitig genutete Wabenplatte

OWA-Odenwald Faserplattenwerk, Amorbach

14.5.5 Pyramidendecken

Pyramidendecken bestehen in der Regel aus vorgefertigten Einzelteilen, die schnell und trocken in Steckbauweise (Elementbauweise) zusammengebaut werden können. Zum Abdecken der trapezförmigen Pyramidenflächen eignen sich vor allem Mineralfaserplatten sowie perforierte Metallkassetten mit rückseitiger Schallschluckeinlage. In dieses Deckensystem sind alle wichtigen Funktionen wie Schallabsorption, Beleuchtung und Luftführung, Feuerwiderstand sowie der Einbau von Trennwänden integrierbar.

Pyramidendecken aus **Mineralfaserplatten**, wie in Bild **14**.57 dargestellt, haben den Vorteil, dass Decken- und Leuchteneinbau in einer Hand liegen. Zunächst wird der horizontale Tragrost in vorgesehenem Rastermaß (1250 x 1250 mm) von der Rohdecke abgehängt, darauf je Deckenfeld ein vorgefertigter Pyramidenstumpf aus Metallprofilen eingestellt und anschließend die schräg liegenden trapezförmigen Seitenflächen mit Mineralfaserplatten geschlossen. In die obere quadratische Öffnung können wahlweise Deckenleuchten, Luftdurchlässe oder Mineralfaserplatten eingebaut werden.

14.5.6 Integrierte Unterdeckensysteme

Die vielseitigen Anforderungen, die an eine Unterdecke beispielsweise in modernen Bürogebäuden gestellt werden, führten zur Entwicklung von sog. Integrierten Unterdeckensystemen. Darunter versteht man Deckensysteme, bei denen die wichtigsten Erfordernisse wie Akustik, Beleuchtung, Be- und Entlüftung (Klimatisierung)

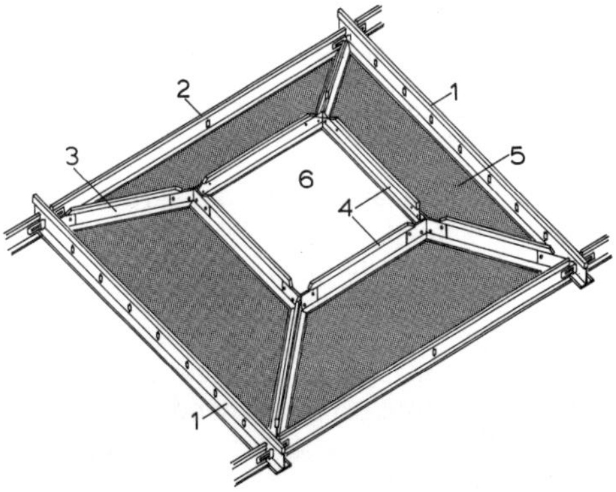

14.57
Konstruktionsbeispiel einer Pyramidendecke aus Mineralfaserplatten

1 Tragprofil
2 Querprofil
3 Metallrahmen (Pyramidenstumpf)
4 Lichtrahmen
5 trapezförmige Mineralfaserplatte
6 Platz für Deckenleuchte, Luftdurchlass oder Mineralfaserplatte

DONN Products GmbH, Viersen

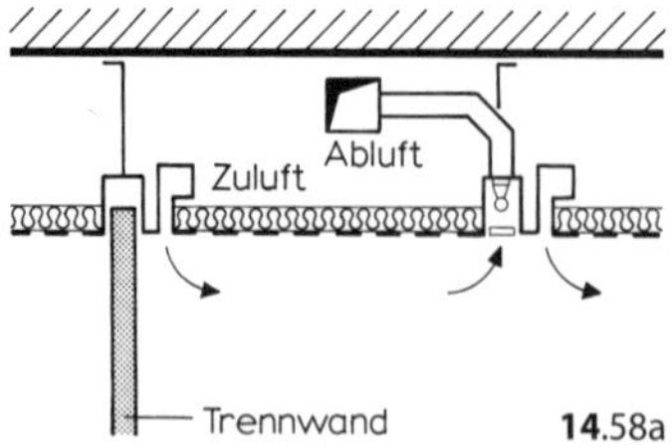

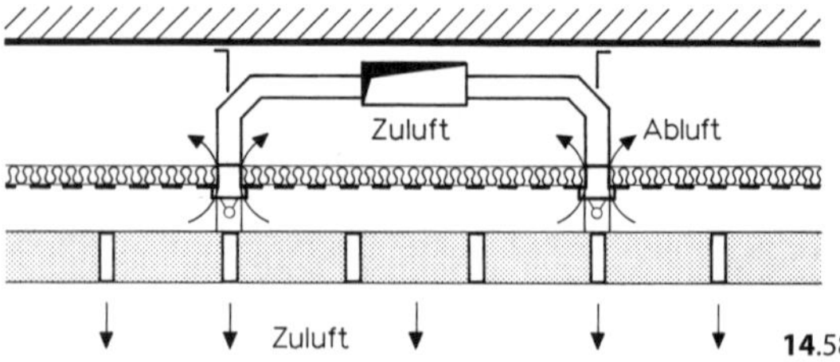

14.58 Schematische Darstellung des konstruktiven Aufbaues von Integrierten Unterdeckensystemen
a) Lichtkanaldecke
b) Lüftungsrasterdecke (Kombinationsdecke)

sowie Nutzungsvariabilität (Trennwandanschlüsse) optimal aufeinander abgestimmt sind. Integrierte Unterdeckensysteme lassen sich entsprechend ihrer konstruktiven Merkmale in zwei Hauptgruppen einteilen:

- **Lichtkanaldecken**, die aus Π-förmigen Stahlblechkanälen und schallabsorbierenden Decklagenflächen bestehen (Bild **14**.58a).
- **Lüftungsrasterdecken** (Kombinationsdecken), die sich aus einer ebenen Akustikdecke und einem darunter angeordneten Großraster (Lüftungsraster) zusammensetzen (Bild **14**.58b).

Lichtkanaldecken

Die Konstruktionsprinzipien der meisten auf dem Markt befindlichen Lichtkanaldecken sind annähernd gleich: kanalartige Tragprofile (sog. Lichtkanäle) werden parallel zueinander oder kreuzweise in vorgegebenem Raster über drucksteife Abhänger an der Rohdecke befestigt und zu einem stabilen Tragrost zusammengefügt. Die Kanäle geben der Unterdecke die statische Festigkeit und ermöglichen

- den Einbau von Leuchten in Längs- und Querrichtung,
- den Deckenanschluss für umsetzbare Trennwände,
- die unsichtbare Abluftführung durch Schlitze oberhalb der Lichtleisten,
- die unauffällige Integration von seitlich angeordneten Zuluftauslässen,
- eine freie Deckengestaltung durch variable Lichtkanalbreiten und Rastermaße.

14

In diesen Tragrost lassen sich vorgefertigte, meist schallabsorbierend ausgebildete Decklagenelemente passgenau einfügen, an deren Kanten bei Bedarf noch Zuluftschienen eingearbeitet sein können. Durch Aushängen bleibt der Deckenhohlraum großflächig zugänglich. Die Decklagenelemente bestehen vorwiegend aus

- perforierten Metallkassetten (Langfeldkassetten) mit Schallschluckeinlage,
- porösen und genadelten Mineralfaserdeckenplatten,
- Leichtspanakustikplatten mit aufkaschiertem Akustikvlies bzw. Akustiklack,
- vorgefertigten, glasgewebebespannten Rahmenelementen mit Dämmstoffauflage.

Bild **14**.59 zeigt eine Unterdecke, die aus Π-förmigen Lichtkanälen und einbaufertigen, glasgewebebespannten Rahmenelementen besteht. Dieses Textilglasgewebe ist lichtecht, antistatisch, nichtbrennbar (Baustoffklasse A1 nach DIN 4102) und kann weiß oder farbig geliefert werden. Die Dämmstoffauflage liegt auf Abstand über dem Glasgewebe. Über Schlitzdurchlässe wird die Zuluft in den Raum eingeleitet, Abluft über Öffnungen im Lichtkanal in den Deckenhohlraum abgeführt. Die Kanäle dienen nicht nur zur Aufnahme der Leuchten, sondern auch zur Befestigung von Trennwänden und vertikalen Abschottungen im Deckenhohlraum.

Lüftungsrasterdecken

Diese Kombinationsdecken wurden speziell für großflächige Bürobauten, Schalter- und Kassenhallen entwickelt. Sie setzen sich aus einer ebenen Akustikdecke und einem darunter angeordneten Zuluftraster (Großraster) zusammen (Bild **14**.58). Jede dieser Deckenebenen übernimmt ganz bestimmte Funktionen, die jedoch ganzheitlich aufeinander abgestimmt sein müssen.

Der Einsatz integrierter Deckensysteme hängt eng mit dem Problem der Klimatisierung von Arbeitsräumen zusammen. Auf diesem Gebiet hat ein gewisser Umdenkungsprozess eingesetzt. Während Neubauten bisher ganz selbstverständlich vollklimatisiert wurden (Aufbereitungsstufen der Raumluft s. Abschn. 14.2.6), gewinnen heute Fragen des Umweltschutzes, der Energieeinsparung (Wärmerückgewinnung, Einbeziehung zweischaliger Gebäudehüllen) sowie der natürlichen Be- und Entlüftung von Räumen verstärkt an Bedeutung.

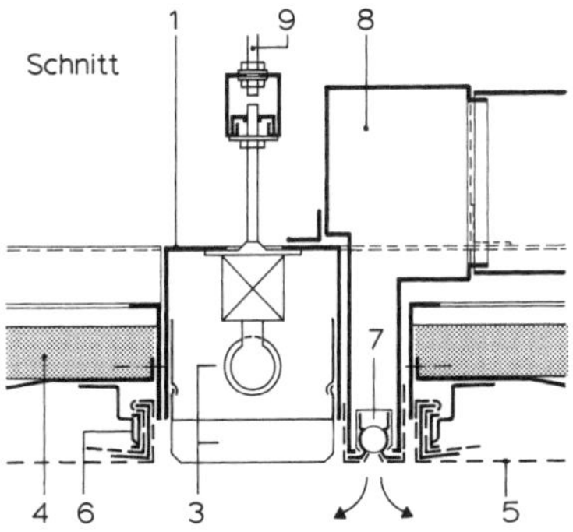

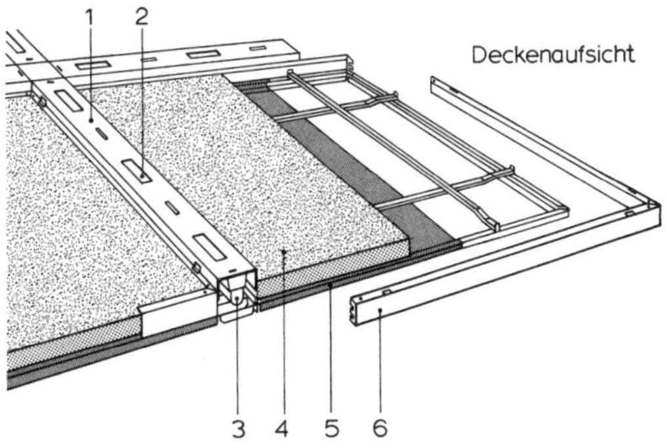

14.59 Konstruktionsbeispiel einer Lichtkanaldecke aus vorgefertigten und einhängbaren Rahmenelementen, die mit Textilglasgewebe bespannt sind.

1 Lichtkanal
2 Abluftöffnungen
3 Leuchte mit Lamellengitter
4 Schallschluckauflage
5 Textilglasgewebe
6 Spannrahmen mit Spannläufer
7 Zuluftauslass mit Drosselklappe
8 Zuluftkanal
9 Abhänger mit Tragprofil

Grünzweig + Hartmann Montage, Ludwigshafen

Raumakustik und Beleuchtung. Will man außerdem die komplexen Zusammenhänge zwischen Raumakustik einerseits und Beleuchtung andererseits verstehen, so ist von der Annahme auszugehen, dass beispielsweise in einem Großraum etwa 90 bis 100 % der Grundfläche als schallabsorbierende Fläche im Deckenbereich ausgewiesen werden müsste, um optimale akustische Verhältnisse zu erreichen. Da in der Deckenfläche jedoch Beleuchtungskörper, Zu- und Abluftdurchlässe sowie andere technische Einrichtungen untergebracht werden müssen, sind hohe akustische Anforderungen mit normalen ebenen Akustikdecken nur sehr schwer zu erfüllen. Bei Lüftungsrasterdecken wurde deshalb unter die ebene Akustikdecke noch zusätzlich ein schallabsorbierender Großraster angeordnet, der gleichzeitig auch die Funktion eines Zuluftrasters mit übernimmt. Dadurch wird die Absorptionsfläche gegenüber ebenen Akustikdecken wesentlich vergrößert und sehr günstige Schallabsorptionswerte erreicht.

Dieser Großraster wirkt sich jedoch nachteilig in ganz anderer Hinsicht aus: er beeinträchtigt die Lichtverteilungskurve der oberhalb des Rasters angeordneten Leuchten, so dass die Lichtausbeute insgesamt geringer ausfällt. Ein gewisser Ausgleich wird dadurch erreicht, indem die immer hell gehaltene ebene Akustikdecke wie ein großflächiger Reflektor wirkt.

Lüftungsrasterdecken, wie die in Bild **14**.60 dargestellte Kombinationsdecke, setzen sich zusammen aus:

- Ebener Akustikdecke, die aus perforierten Metallkassetten, Aluminiumpaneelen oder Mineralfaserdeckenplatten bestehen kann. Die Tragschienen (Lichtkanäle) sind oberseitig mit Schlitzöffnungen versehen, so dass Abluft und Lampenwärme unmittelbar in den Deckenhohlraum abgeführt werden.
- Vertikalem Großraster, der die Zuluft zugfrei in den Raum einführt, und zwar über sternförmige Verteiler, die die Luft an unterseitig perforierte Rasterblenden weiterleiten (Lüftungsraster).
- Dieser Großraster dient gleichzeitig als Akustikraster (seitlich perforierte Trägerschalen mit Schallschluckeinlage) sowie als Blend- und Sichtschutz gegenüber den darüber liegenden, freistrahlenden Lichtleisten.

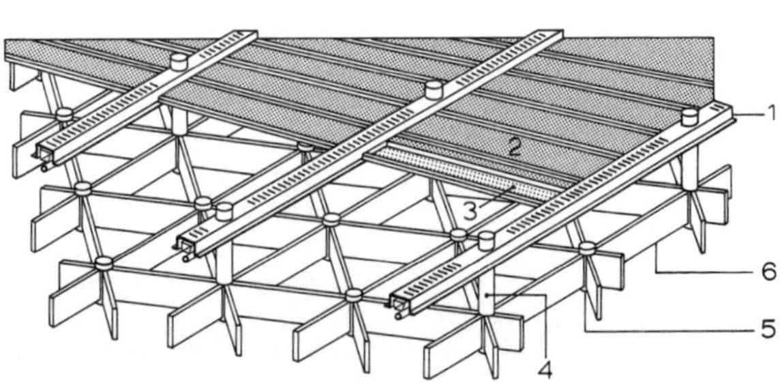

14.60
Konstruktionsbeispiel einer Lüftungsrasterdecke: Kombinationsdecke aus ebener Akustikdecke und unterseitigem Zuluftrohr (Großraster).
S. auch Bild **14**.58b.

1 Tragschiene mit Abluftschlitzen und Leuchte
2 Schallschluckmaterial, oberseitig mit Alu-Folie kaschiert
3 Metall-Langfeldkassette, gelocht
4 Zuluftstern
5 Blindstern
6 Zuluftraster, zugl. Akustik- und Blendraster

Grünzweig + Hartmann Montage, Ludwigshafen

14.6 Normen

Norm	Ausgabedatum	Titel
DIN 1052-1	04.1988	Holzbauwerke; Berechnung und Ausführung Geändert durch DIN 1052-1/A1 vom Oktober 1996
DIN 1052-1/A1	10.1996	–; –; Änderung 1
DIN 1101	06.2000	Holzwolle-Leichtbauplatten und Mehrschicht-Leichtbauplatten als Dämmstoffe für das Bauwesen - Anforderungen, Prüfung. Ersetzt durch DIN EN 13168 (2001-10); DIN EN 822 (1994-11); DIN EN 823 (1994-11); DIN EN 824 (1994-11); DIN EN 826 (1996-05); DIN EN 1602 (1997-01); DIN EN 12 089 (1997-08)
DIN 1102	11.1989	–; Verwendung, Verarbeitung
DIN 1946-1	10.1988	Raumlufttechnik; Terminologie und graphische Symbole (VDI-Lüftungsregeln)
DIN 1946-2	01.1994	–; Gesundheitstechnische Anforderungen (VDI-Lüftungsregeln)
DIN 1946-6	10.1998	–; Lüftung von Wohnungen; Anforderungen, Ausführung, Abnahme (VDI-Lüftungsregeln)
DIN 1988-6	05.2002	Technische Regeln für Trinkwasser-Installationen (TRWI); Feuerlösch- und Brandschutzanlagen; Technische Regel des DVGW
DIN 1988-7	12.1988	–; Vermeidung von Korrosionsschäden und Steinbildung; Technische Regel des DVGW
DIN 4071-1	04.1977	Ungehobelte Bretter und Bohlen aus Nadelholz; Maße
DIN 4072	08.1977	Gespundete Bretter aus Nadelholz
DIN 4073-1	04.1977	Gehobelte Bretter und Bohlen aus Nadelholz; Maße
DIN 4074-1	05.2001	Sortierung von Holz nach der Tragfähigkeit; Nadelschnittholz
DIN 4074-2	12.1958	Bauholz für Holzbauteile; Gütebedingungen für Baurundholz (Nadelholz)
DIN 4102-1	05.1998	Brandverhalten von Baustoffen und Bauteilen; Baustoffe; Begriffe, Anforderungen und Prüfungen
DIN 4102-1 Ber 1	08.1998	Berichtigung zu DIN 4102-1: 1998-05
DIN 4102-2	09.1977	–; Bauteile, Begriffe, Anforderungen und Prüfungen Ersetzt durch DIN EN 1365-1 (1999-10); DIN EN 1364-2 (1999-10); DIN EN 1364-1 (1999-10); DIN EN 1363-1 (1999-10); DIN EN 1365-4 (1999-10); DIN EN 1365-2 (2000-02); DIN EN 1365-3 (2000-02)
DIN 4102-3	09.1977	–; Brandwände und nichttragende Außenwände, Begriffe, Anforderungen und Prüfungen. Ersetzt durch DIN EN 1363-2 (1999-10)
DIN 4102-4	03.1994	–; Zusammenstellung und Anwendung klassifizierter Baustoffe, Bauteile und Sonderbauteile. Geändert durch DIN-Mitteilungen von 1995
DIN 4102-4 Ber 1	05.1995	Berichtigungen zu DIN 4102-4
DIN 4102-4 Ber 2	04.1996	Berichtigungen zu DIN 4102-4
DIN 4102-4 Ber 3	09.1998	Berichtigungen zu DIN 4102-4
DIN 4102-5	09.1977	–; Feuerschutzabschlüsse, Abschlüsse in Fahrschachtwänden und gegen Feuer widerstandsfähige Verglasungen, Begriffe, Anforderungen und Prüfungen. Ersetzt durch DIN 4102-13 (1990-05); DIN EN 1634-1 (2000-03)
DIN 4102-6	09.1977	–; Lüftungsleitungen, Begriffe, Anforderungen und Prüfungen. Ersetzt durch DIN EN 1366-1 (1999-10); DIN EN 1366-2 (1999-10)
DIN 4102-13	05.1990	–; Brandschutzverglasungen; Begriffe, Anforderungen und Prüfungen
DIN 4103-1	07.1984	Nichttragende innere Trennwände; Anforderungen, Nachweise
DIN 4103-2	12.1985	–; Trennwände aus Gips-Wandbauplatten
DIN 4108-1	08.1981	Wärmeschutz im Hochbau; Größen und Einheiten Ersetzt durch DIN EN ISO 7345 (1996-01)
DIN 4108-2	03.2001	Wärmeschutz und Energie-Einsparung in Gebäuden, Mindestanforderungen an den Wärmeschutz
DIN 4108-3	07.2001	–; Klimabedingter Feuchteschutz; Anforderungen, Berechnungsverfahren und Hinweise für Planung und Ausführung. Ersetzt durch DIN EN ISO 13 788 (2001-11)

Normen, Fortsetzung

Norm	Ausgabedatum	Titel
DIN 4108 Bbl 1	04.1982	Wärmeschutz im Hochbau; Inhaltsverzeichnisse; Stichwortverzeichnis
DIN 4108 Bbl 2	08.1998	Wärmeschutz und Energie-Einsparung in Gebäuden; Wärmebrücken; Planungs- und Ausführungsbeispiele
DIN 4109	11.1989	Schallschutz im Hochbau; Anforderungen und Nachweise. Geändert durch DIN-Mitteilungen von 1990
DIN 4109 Ber 1	08.1992	Berichtigungen zu DIN 4109/11.89, DIN 4109 Bbl 1/11.89 und DIN 4109 Bbl 2/11.89
DIN 4109 Bbl 1	11.1989	–; Ausführungsbeispiele und Rechenverfahren Geändert durch DIN-Mitteilungen von 1990
DIN 4109 Bbl 1/A1	01.2001	–; –; Änderung A1
DIN 4109 Bbl 2	11.1989	–; Hinweise für Planung und Ausführung; Vorschläge für einen erhöhten Schallschutz; Empfehlungen für den Schallschutz im eigenen Wohn- oder Arbeitsbereich. Geändert durch DIN-Mitteilungen von 1990
DIN 4121	07.1978	Hängende Drahtputzdecken; Putzdecken mit Metallputzträgern, Rabitzdecken, Anforderungen für die Ausführung
DIN 4172	07.1955	Maßordnung im Hochbau
DIN 4701-1	08.1995	Regeln für die Berechnung der Heizlast von Gebäuden; Grundlagen der Berechnung
DIN 4701-2	08.1995	–; Tabellen, Bilder, Algorithmen
DIN 5034-1	10.1999	Tageslicht in Innenräumen; Allgemeine Anforderungen
DIN 5034-2	02.1985	–; Grundlagen
DIN 5034-3	09.1994	–; Berechnung
DIN 5035-1	06.1990	Beleuchtung mit künstlichem Licht; Begriffe und allgemeine Anforderungen
DIN 5035-2	09.1990	–; Richtwerte für Arbeitsstätten in Innenräumen und im Freien
DIN 5035-7	09.1988	Innenraumbeleuchtung mit künstlichem Licht; Beleuchtung von Räumen mit Bildschirmarbeitsplätzen und mit Arbeitsplätzen mit Bildschirmunterstützung
DIN 18 000	05.1984	Modulordnung im Bauwesen
DIN 18 032-2	02.1996	Sporthallen; Hallen für Turnen, Spiele und Mehrzwecknutzung Sportböden; Anforderungen, Prüfungen. Ersetzt durch DIN V 18 032-2 (2001-04)
DIN V 18 032-2	04.2001	–; Sportböden; Anforderungen, Prüfungen
DIN 18 032-3	04.1997	–; Prüfung der Ballwurfsicherheit
DIN 18 041	10.1968	Hörsamkeit in kleinen bis mittelgroßen Räumen
DIN 18 164-1	08.1992	Schaumkunststoffe als Dämmstoffe für das Bauwesen; Dämmstoffe für die Wärmedämmung. Ersetzt durch DIN EN 826 (1996-05); DIN EN 13 166 (2001-10); DIN EN 13 165 (2001-10); DIN EN 13 164 (2001-10); DIN EN 13 163 (2001-10); DIN EN 822 (1994-11); DIN EN 823 (1994-11); DIN EN 824 (1994-11); DIN EN 825 (1994-11); DIN EN 1602 (1997-01); DIN EN 1604 (1997-01); DIN EN 1605 (1997-01); DIN EN 1608 (1997-01)
DIN 18 164-2	09.2001	–; Dämmstoffe für die Trittschalldämmung aus expandiertem Polystyrol-Hartschaum
DIN 18 165-1	07.1991	Faserdämmstoffe für das Bauwesen; Dämmstoffe für die Wärmedämmung. Ersetzt durch DIN EN 826 (1996-05); DIN EN 13162 (2001-10); DIN EN 822 (1994-11); DIN EN 823 (1994-11); DIN EN 825 (1994-11); DIN EN 1602 (1997-01); DIN EN 1604 (1997-01); DIN EN 1605 (1997-01); DIN EN 1607 (1997-01); DIN EN 12 087 (1997-08); DIN EN 1608 (1997-01); DIN EN 824 (1994-11)
DIN 18 165-2	09.2001	–; Dämmstoffe für die Trittschalldämmung
DIN 18 168-1	10.1981	Leichte Deckenbekleidungen und Unterdecken; Anforderungen für die Ausführung
DIN 18 168-2	12.1984	–; Nachweis der Tragfähigkeit von Unterkonstruktionen und Abhängern aus Metall
DIN 18 169	12.1962	Deckenplatten aus Gips; Platten mit rückseitigem Randwulst
DIN 18 180	09.1989	Gipskartonplatten; Arten, Anforderungen, Prüfung

Fortsetzung s. nächste Seite

Normen, Fortsetzung

Norm	Ausgabedatum	Titel
DIN 18 181	09.1990	Gipskartonplatten im Hochbau; Grundlagen für die Verarbeitung
DIN 18 182-1	01.1987	Zubehör für die Verarbeitung von Gipskartonplatten; Profile aus Stahlblech
DIN 18 182-2	01.1987	–; Schnellbauschrauben
DIN 18 182-3	01.1987	–; Klammern
DIN 18 182-4	01.1987	–; Nägel
DIN 18 183	11.1988	Montagewände aus Gipskartonplatten; Ausführung von Metallständerwänden
DIN 18 184	06.1991	Gipskarton-Verbundplatten mit Polystyrol- oder Polyurethan-Hartschaum als Dämmstoff
DIN 18 201	04.1997	Toleranzen im Bauwesen; Begriffe, Grundsätze, Anwendung, Prüfung
DIN 18 202	04.1997	Toleranzen im Hochbau; Bauwerke
DIN 18 203-3	08.1984	–; Bauteile aus Holz und Holzwerkstoffen
DIN 18 230-1	05.1998	Baulicher Brandschutz im Industriebau ; Rechnerisch erforderliche Feuerwiderstandsdauer.
DIN 18 230-1 Ber 1	12.1998	Berichtigungen zu DIN 18230-1
DIN V 18 230-1 Bbl 1	11.1989	–; Rechnerisch erforderliche Feuerwiderstandsdauer; Abbrandfaktoren und Heizwerte
DIN 18 232-1	01.1998	Rauch- und Wärmeableitung; Begriffe, Schutzziele
DIN 18 550-1	01.1985	Putz; Begriffe und Anforderungen
DIN 18 550-2	01.1985	–; Putze aus Mörteln mit mineralischen Bindemitteln; Ausführung
DIN 18 550-3	03.1991	–; Wärmedämmputzsysteme aus Mörteln mit mineralischen Bindemitteln und expandiertem Polystyrol (EPS) als Zuschlag
DIN 18 550-4	08.1993	–; Leichtputze; Ausführung
DIN 18 558	01.1985	Kunstharzputze; Begriffe, Anforderungen, Ausführung
DIN 52 270	12.1996	Prüfung von Mineralwolle-Dämmstoffen; Begriffe, Lieferformen, Lieferarten
DIN 68 122	08.1977	Fasebretter aus Nadelholz
DIN 68 123	08.1977	Stülpschalungsbretter aus Nadelholz
DIN 68 126-1	07.1983	Profilbretter mit Schattennut; Maße
DIN 68 126-3	10.1986	–; Sortierung für Fichte, Tanne, Kiefer
DIN 68 127	08.1970	Akustikbretter
DIN 68 705-3	12.1981	Sperrholz; Bau-Furniersperrholz
DIN 68 705-2	07.1981	–; Sperrholz für allgemeine Zwecke. Ersetzt durch DIN EN 635-1 (1995-01); DIN EN 315 (2000-10)
DIN 68 705-4	12.1981	–; Bau-Stabsperrholz, Bau-Stäbchensperrholz. Ersetzt durch DIN EN 315 (2000-10)
DIN 68 740-2	10.1999	Paneele; Furnier-Decklagen auf Holzwerkstoffen
DIN 68 751	11.1987	Kunststoffbeschichtete dekorative Holzfaserplatten; Begriffe, Anforderungen
DIN 68 754-1	02.1976	Harte und mittelharte Holzfaserplatten für das Bauwesen; Holzwerkstoffklasse 20 Ersetzt durch DIN EN 622-1 (1997-08); DIN EN 622-2 (1997-08); DIN EN 622-3 (1997-08)
DIN 68 762	03.1982	Spanplatten für Sonderzwecke im Bauwesen; Begriffe, Anforderungen, Prüfung
DIN 68 763	09.1990	–; Flachpreßplatten für das Bauwesen; Begriffe, Anforderungen, Prüfung, Überwachung. Ersetzt durch DIN EN 312-5 (1997-06)
DIN 68 764-1	09.1973	–; Strangpreßplatten für das Bauwesen, Begriffe, Eigenschaften, Prüfung, Überwachung
DIN 68 765	11.1987	–; Kunststoffbeschichtete dekorative Flachpreßplatten; Begriff; Anforderungen
DIN 68 800-1	05.1974	Holzschutz im Hochbau – Allgemeines
DIN 68 800-2	05.1996	–; Vorbeugende bauliche Maßnahmen im Hochbau

Normen, Fortsetzung

Norm	Ausgabedatum	Titel
DIN 68 800-3	04.1990	–; Vorbeugender chemischer Holzschutz Ersetzt durch DIN EN 335-1 (1992-09); DIN EN 335-2 (1992-10); DIN EN 350-1 (1994-10); DIN EN 350-2 (1994-10); DIN EN 460 (1994-10)
DIN 68 800-4	11.1992	–; Bekämpfungsmaßnahmen gegen holzzerstörende Pilze und Insekten
DIN 68 800-5	01.1990	–; Vorbeugender chemischer Schutz von Holzwerkstoffen
DIN EN 204	09.2001	Klassifizierung von thermoplastischen Holzklebstoffen für nichttragende Anwendungen;
DIN EN 309	08.1992	Spanplatten; Definition und Klassifizierung
DIN EN 312-3	11.1996	–; Anforderungen an Platten für Inneneinrichtungen (einschließlich Möbel) zur Verwendung im Trockenbereich
DIN EN 312-5	06.1997	–; Anforderungen an Platten für tragende Zwecke zur Verwendung im Feuchtbereich
DIN EN 312-6	11.1996	–; Anforderungen an hochbelastbare Platten für tragende Zwecke zur Verwendung im Trockenbereich
DIN EN 312-7	06.1997	–; Anforderungen an hochbelastbare Platten für tragende Zwecke zur Verwendung im Feuchtbereich
DIN EN 316	12.1999	Holzfaserplatten; Definition, Klassifizierung und Kurzzeichen
DIN EN 335-1	09.1992	Dauerhaftigkeit von Holz und Holzprodukten; Definition der Gefährdungsklassen für einen biologischen Befall; Allgemeines
DIN EN 335-2	10.1992	–; –; Anwendung bei Vollholz
DIN EN 338	02.2001	Bauholz für tragende Zwecke; Festigkeitsklassen
DIN EN 350-1	10.1994	Dauerhaftigkeit von Holz und Holzprodukten; Natürliche Dauerhaftigkeit von Vollholz; Grundsätze für die Prüfung und Klassifikation der natürlichen Dauerhaftigkeit von Holz
DIN EN 350-2	10.1994	–; Leitfaden für die natürliche Dauerhaftigkeit und Tränkbarkeit von ausgewählten Holzarten von besonderer Bedeutung in Europa
DIN EN 438-1	12.1992	Dekorative Hochdruck-Schichtpreßstoffplatten (HPL); Platten auf Basis härtbarer Harze; Spezifikationen (ISO 4586-1:1987, modifiziert)
DIN EN 438-2	02.1992	–; Platten auf Basis härtbarer Harze; Bestimmung der Eigenschaften (ISO 4586-2:1988, modifiziert)
DIN EN 460	10.1994	Dauerhaftigkeit von Holz und Holzprodukten; Natürliche Dauerhaftigkeit von Vollholz; Leitfaden für die Anforderungen an die Dauerhaftigkeit von Holz für die Anwendung in den Gefährdungsklassen
DIN EN 520	01.2001	Gipsplatten; Definitionen, Anforderungen und Prüfverfahren
DIN EN 622-1	08.1997	Faserplatten; Anforderungen; Allgemeine Anforderungen
DIN EN 622-2	08.1997	–; Anforderungen an harte Platten
DIN EN 622-3	08.1997	–; Anforderungen an mittelharte Platten
DIN EN 622-4	08.1997	–; Anforderungen an poröse Platten
DIN EN 622-5	08.1997	–; Anforderungen an Platten nach dem Trockenverfahren (MDF)
DIN EN 634-1	04.1995	Zementgebundene Spanplatten; Anforderungen; Allgemeine Anforderungen
DIN EN 634-2	10.1996	–; Anforderungen an Portlandzement (PZ) gebundene Spanplatten zur Verwendung im Trocken-, Feucht- und Außenbereich
DIN EN 635-1	01.1995	Sperrholz; Klassifizierung nach dem Aussehen der Oberfläche; Allgemeines
DIN EN 822	11.1994	Wärmedämmstoffe für das Bauwesen; Bestimmung der Länge und Breite
DIN EN 826	05.1996	–; Bestimmung des Verhaltens bei Druckbeanspruchung
DIN EN 832	12.1998	Wärmetechnisches Verhalten von Gebäuden; Berechnung des Heizenergiebedarfs; Wohngebäude
DIN EN 1072	08.1995	Sperrholz; Beschreibung der Biegeeigenschaften von Bau-Sperrholz

Fortsetzung s. nächste Seite

Normen, Fortsetzung

Norm	Ausgabedatum	Titel
DIN EN 1364-1	10.1999	Feuerwiderstandsprüfungen für nichttragende Bauteile; Wände; Hinweis: Gilt in Verbindung mit DIN EN 1363-1 (1999.10)
DIN EN 1364-2	10.1999	–; Unterdecken
DIN V ENV 1631	03.1997	Reinraumtechnik; Planung, Ausführung und Betrieb von Reinräumen und Reinraumgeräten
DIN EN 1363-1	10.1999	Feuerwiderstandsprüfungen; Allgemeine Anforderungen
DIN EN 1363-2	10.1999	–; Alternative und ergänzende Verfahren
DIN EN 1364-1	10.1999	Feuerwiderstandsprüfungen für nichttragende Bauteile; Wände
DIN EN 1364-2	10.1999	–; Unterdecken; Hinweis: Gilt in Verbindung mit DIN EN 1363-1 (1999.10)
DIN EN 1365-1	10.1999	Feuerwiderstandsprüfungen für tragende Bauteile; Wände Hinweis: Gilt in Verbindung mit DIN EN 1363-1 (1999.10)
DIN EN 1365-2	02.2000	–; Decken und Dächer
DIN EN 1365-3	02.2000	–; Balken
DIN EN 1365-4	10.1999	–; Stützen
DIN EN 5035-7	10.2001	Beleuchtung mit künstlichem Licht; Beleuchtung von Räumen mit Bildschirmarbeitsplätzen
DIN EN 12 086	08.1997	Wärmedämmstoffe für das Bauwesen; Bestimmung der Wasserdampfdurchlässigkeit
DIN EN 12 193	11.1999	Licht und Beleuchtung; Sportstättenbeleuchtung;
DIN EN 12 464	10.1998	Angewandte Lichttechnik; Beleuchtung von Arbeitsstätten
DIN EN 13 162	10.2001	Wärmedämmstoffe für Gebäude; Werkmäßig hergestellte Produkte aus Mineralwolle (MW); Spezifikation
DIN EN 13 164	10.2001	–; Werkmäßig hergestellte Produkte aus extrudiertem Polystyrolschaum (XPS); Spezifikation
DIN EN 13 165	10.2001	–; Werkmäßig hergestellte Produkte aus Polyurethan-Hartschaum (PUR); Spezifikation
DIN EN 13 166	10.2001	–; Werkmäßig hergestellte Produkte aus Phenolharzhartschaum (PF); Spezifikation
DIN EN 13 170	10.2001	–; Werkmäßig hergestellte Produkte aus expandiertem Kork (ICB); Spezifikation
DIN EN 13 171	10.2001	–; Werkmäßig hergestellte Produkte aus Holzfasern (WF); Spezifikation
DIN EN ISO 717-1	01.1997	Akustik; Bewertung der Schalldämmung in Gebäuden und von Bauteilen; Luftschalldämmung (ISO 717-1: 1996)
DIN EN ISO 717-2	01.1997	–; –; Trittschalldämmung (ISO 717-2: 1996)
DIN EN ISO 7345	01.1996	Wärmeschutz; Physikalische Größen und Definitionen (ISO 7345: 1987)
DIN EN ISO 12 944-1	07.1998	Beschichtungsstoffe; Korrosionsschutz von Stahlbauten durch Beschichtungssysteme; Allgemeine Einleitung (ISO 12 944-1: 1998)
DIN EN ISO 12 944-2	07.1998	–; –; Einteilung der Umgebungsbedingungen (ISO 12 944-2: 1998)
DIN EN ISO 12 944-3	07.1998	–; –; Grundregeln zur Gestaltung (ISO 12 944-3: 1998)
DIN EN ISO 12 944-5	07.1998	–; –; Beschichtungssysteme (ISO 12 944-5: 1998)
DIN EN ISO 13 788	11.2001	Wärme- und feuchtetechnisches Verhalten von Bauteilen und Bauelementen; Raumseitige Oberflächentemperatur zur Vermeidung kritischer Oberflächenfeuchte und Tauwasserbildung im Bauteilinneren; Berechnungsverfahren (ISO 13788:2001)

14.7 Literatur

[1] *Jungewelter, N.*: Schall- und Brandschutz von Unterdecken. In: Das Bauzentrum 5 (1990)

[2] *Gösele, K., Schüle, W.*: Schall – Wärme – Feuchte. 10. Aufl., Wiesbaden 1996

[3] Umgang mit Mineralwolle-Dämmstoffen (Glaswolle, Steinwolle) im Hochbau: Handlungsanleitung. Stand 2000. Hrsg.: Fachvereinigung Mineralfaserindustrie e. V., Frankfurt, Bau-Berufsgenossenschaften u. a.

[4] Marktübersicht – Alternative Dämmstoffe. In: Trockenbau-Akustik 3 (1996)

[5] *Wellpott, E.*: Technischer Ausbau von Gebäuden. 6. Aufl., Stuttgart 1994

[6] RWE-Bau-Handbuch. 11. Ausgabe, 1995. Hrsg.: RWE Energie Aktiengesellschaft, Bereich Anwendungstechnik, Essen

[7] *Volger/Laasch, E.*: Haustechnik. 9. Aufl., B. G. Teubner, Stuttgart 1994

[8] Kühldecken. Eine Informationsschrift des Fachinstitutes Gebäude-Klima e.V., Bietigheim-Bissingen

[9] Informationen zur Lichtanwendung. Heft 1 bis 13. Hrsg.: Fördergemeinschaft Gutes Licht, Frankfurt/M.

[10] *Kreft, W.*: Ladenplanung. Verlagsanstalt Alexander Koch, Stuttgart 2002

[11] Die Verwendung bauaufsichtlich zugelassener Dübel. Stand 1995. Hrsg.: Studiengemeinschaft für Fertigbau e.V., Wiesbaden

[12] *Smeets, W.*: Ankerschienen für justierbare Befestigungen an Betonkonstruktionen. In: Befestigungstechnik

[13] *Tschositsch, J.*: Befestigen mit Dübeln. In: Befestigungstechnik. Hrsg.: [12] bis [13]: Institut für das Bauen mit Kunststoffen (JBK), Darmstadt 1994

[14] Befestigungskatalog (Dübeltechnik). Stand 1996. Fischerwerke A. Fischer, Waldachtal

[15] *Jungewelter, N.*: Trockenbaupraxis mit Mineralfaserdecken. R. Müller, Köln-Braunsfeld 1983

[16] *Volkart, K.*: Bauen mit Gips. Hrsg.: Bundesverband der Gips- und Gipsbauplattenindustrie e.V., Darmstadt 1986

[17] Trockenbau-Systeme (Gipskarton- und Akustikdeckensysteme). Stand 1996. Gebr. Knauf, Westdeutsche Gipswerke, Iphofen

[18] Planungshilfe (Gipsfaserplatten). Stand 1996. Fels-Werke GmbH, Goslar

[19] Holztechnik Fachkunde. 17. Auflage 2002. Verlag Europa-Lehrmittel, Haan-Gruiten

[20] Informationsdienst Holz: Profilholz für Wand und Decke. Hrsg.: Arbeitsgemeinschaft Holz e.V.

[21] *Thunack, F.*: Holztabellen. 6. Aufl., Braunschweig 1985

[22] *Härig, S., Günther, K., Klausen, D.*: Technologie der Baustoffe. 14. Aufl. Heidelberg 2002

15 Umsetzbare nichttragende Trennwände und vorgefertigte Schrankwandsysteme

15.1 Allgemeines

Organisationsformen und Arbeitsabläufe in modernen Büro- und Verwaltungsbauten, Hochschulen und Forschungsstätten, Industriebauten usw. verändern sich ständig und zwar in immer kürzeren Zeitspannen. Daraus ergibt sich für den Innenausbau derartiger Objekte – die überwiegend in Skelett- und Fertigbauweise erstellt sind – die Forderung nach flexibler Raumaufteilung durch werkseitig vorgefertigte, umsetzbare Trennwände mit integrierbaren Schrankwandsystemen. Die Möglichkeit der nachträglichen Grundrissveränderung mit derartigen Systemwänden wird vermehrt auch in modernisierten bzw. sanierten Altbauobjekten und bei Neuvermietungen verlangt.

Die Investitionskosten für umsetzbare Trennwände liegen zwar zunächst höher als bei festeingebauten Gipsplatten-Ständerwänden mit ge-

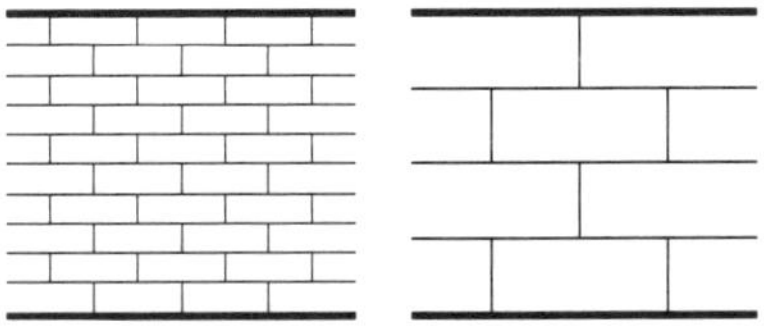

Gemauerte Steinwand Gips-Wandbauplatten

Fest eingebaute, nichttragende Trennwände nach DIN 4103 beispielsweise aus

- Künstlichen Steinen
- Gips-Wandbauplatten
- Porenbeton-Wandelementen
- Glasbausteinen
- Holz und Holzwerkstoffen

Nähere Angaben hierzu s. Abschn. 6.2.

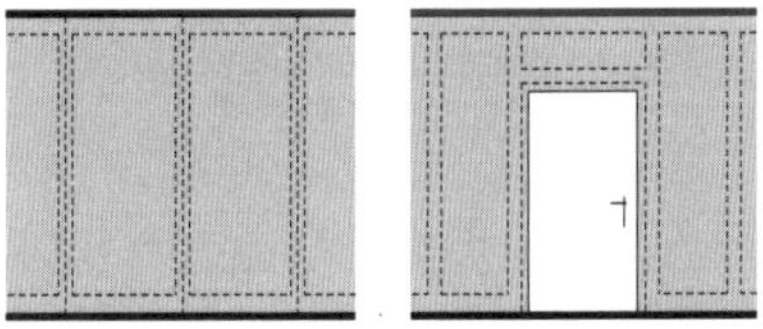

Vorsatzschale Gipsplatten-Ständerwand

Fest eingebaute, nichttragende Gipsplatten-Ständerwände nach DIN 4103, DIN 18 183 mit

- Unterkonstruktionen aus Holzprofilen
- Unterkonstruktionen aus Metallprofilen jeweils als Vorsatzschale oder Vollwand.

Derartige Plattenwände werden vorwiegend auf der Baustelle hergestellt, meist mit verputzter oder gespachtelter und tapezierter Oberfläche. Nähere Angaben hierzu s. Abschn. 6.10.3.3.

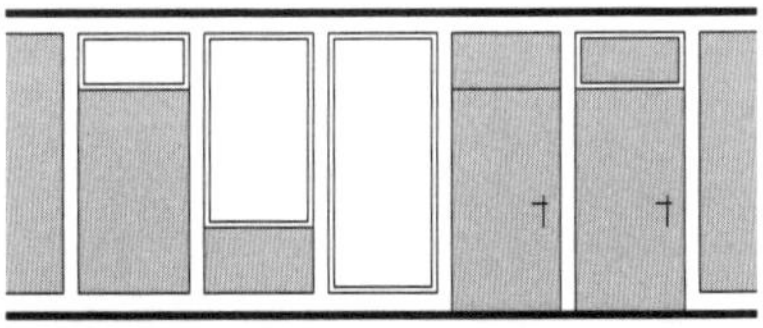

Umsetzbare nichttragende Trennwand

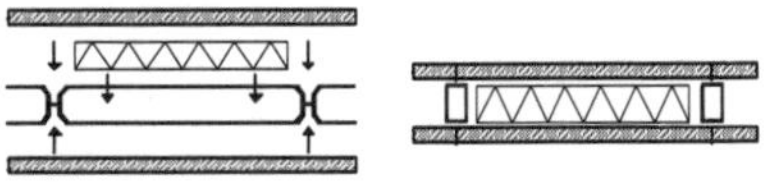

Schalenwand Monoblockwand

Umsetzbare, nichttragende Trennwände nach DIN 4103.

Diese Wände sind industriell gefertigt und lassen sich am Einsatzort ohne Nacharbeiten montieren und bei Bedarf auch wieder umsetzen.

Sie werden gemäß ihrer Bauweise und Montageart eingeteilt und bezeichnet als

- **Schalenwand**: Montage vorgefertigter Einzelteile am Einsatzort.
- **Monoblockwand**: Werkseitig zusammengefügtes, einbaufertiges Innenwandelement.

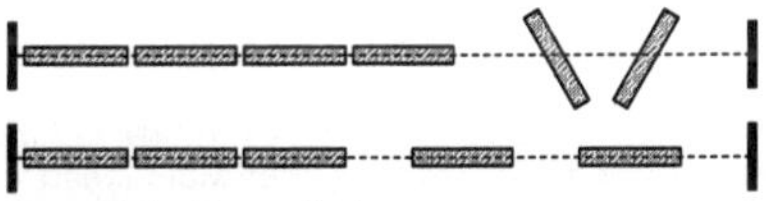

Bewegliche Trennwände

Bewegliche Trennwände, wie z. B. Schiebe- und Faltwände, die sich waagerecht und/oder senkrecht bewegen lassen, werden von der Norm 4103 **nicht erfasst**.

Einzelheiten hierzu s. Abschn. 8, Teil 2 dieses Werkes.

15.1 Einteilung nach konstruktionstechnischen Merkmalen

15

spachtelter, tapezierter und gestrichener Oberfläche (Bild **15**.1). Bei einem Kostenvergleich müssen jedoch immer auch die über mehrere Jahre hinweg anfallenden Instandhaltungskosten (Renovierungsaufwand) dieser Ständerwände mitbedacht und die nicht unerheblichen Entsorgungskosten bei einer anstehenden Veränderung mit einbezogen werden: Abbruch, Entsorgung, Deponiekosten und Neuerstellung übersteigen dann deutlich die einmaligen Gestehungskosten eines mehrfach verwendbaren, umsetzbaren Trennwandsystems. Auch aus ökologischer Sicht wird die Mehrfachnutzung von Bauelementen immer bedeutsamer. Die nachstehende Kriterienliste ist in diesem Zusammenhang zu beachten.

Vorgefertigte Schrankwände (Bild **15**.21) bestehen ebenfalls aus serienmäßig hergestellten Teilen, die mit relativ geringem Aufwand montiert und jederzeit wieder umgesetzt werden können. Sie dienen nicht nur als Stauraum, sondern übernehmen auch Raumteiler-, Brand- und Schallschutzfunktionen. Ihr äußeres Erscheinungsbild ist jeweils systembedingt auf die meist mitangebotenen, umsetzbaren Trennwänden abgestimmt.

15.2 Einteilung und Benennung: Überblick

Nichttragende Trennwände (Bild **15**.1) können **fest eingebaut** oder **umsetzbar** ausgebildet sein. Sie dienen nur der Raumtrennung und dürfen nicht zur Gebäudeaussteifung herangezogen werden. Beide Wandarten sind in DIN 4103-1 genormt.[1)]

Fest eingebaute, nichttragende Trennwände (Bild **15**.1) werden vorwiegend auf der Baustelle hergestellt und sind nicht dazu bestimmt, umgesetzt zu werden. Die Demontage der Wände ist zwar möglich, eine Wiederverwendung des Materiales jedoch weitgehend ausgeschlossen. Bei den fest eingebauten Trennwänden handelt es sich im allgemeinen um gemauerte Steinwände, Wände aus Gipsbauplatten oder Gipskarton-Metallständerwände mit vorwiegend gespachtelter oder vollflächig verputzter, ggf. tapezierter und gestrichener Oberfläche. Nähere Einzelheiten hierzu s. Abschn. 6.10.

Umsetzbare, nichttragende Trennwände (Bild **15**.1) sind dagegen industriell gefertigt und so konstruiert, dass sich die oberflächenfertigen Einzelteile am Einsatzort ohne wesentliche Nacharbeiten montieren lassen. Derartige Trennwände können bei Bedarf – unter Verwendung aller Einzelteile – auch wieder umgesetzt, verändert oder ergänzt werden.

Moderne Systemwände zeichnen sich außerdem durch große gestalterische Vielfalt aus (individuelle Formgebung, verschiedenartige Oberflächenmaterialien, integrierte Anhängesysteme für Regale, Vitrinen usw.), bei nahezu gleich bleibendem konstruktivem Aufbau: gleiche Wanddicken, Details und Anschlüsse trotz gegebenenfalls unterschiedlicher bauphysikalischer Anforderungen bezüglich Schall- und Brandschutz.

Umsetzbare Trennwände sind gemäß ihrer Bauweise und der damit zusammenhängenden Montageart unterteilbar in (Bild **15**.2):

- **Schalenwände**, deren werkseitig vorgefertigten Einzelteile erst an der Verwendungsstelle zur fertigen Wand montiert werden.
- **Monoblockwände**, die bereits im Herstellerwerk zu raumhohen Innenwandelementen zusammengefügt, fix und fertig zur Baustelle geliefert und dort einbaut werden.

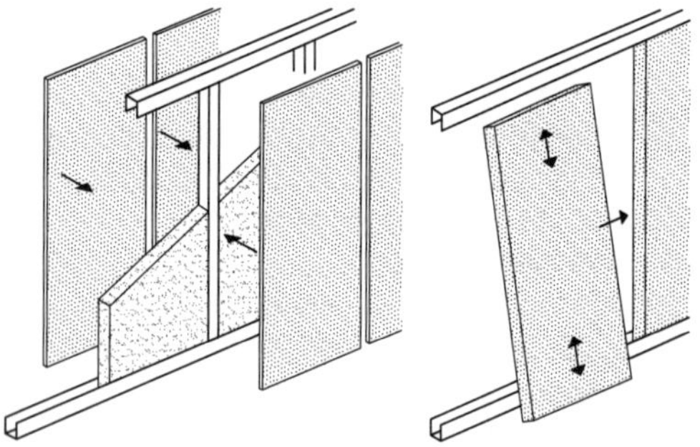

15.2a **15**.2b

15.2 Schematische Darstellung des prinzipiellen Aufbaues und der daraus resultierenden Montageart von umsetzbaren, nichttragenden Trennwänden
a) Schalenwand
b) Monoblockwand

1) DIN 4103 gilt nicht für bewegliche Trennwände, die sich waagerecht und/oder senkrecht bewegen lassen (z. B. Schiebe- und Faltwände). Nähere Angaben hierzu s. Abschn. 8 in Teil 2 dieses Werkes.

Kriterienliste für die Beurteilung umsetzbarer Trennwände:

- **Baustatik.** Geringes Wandgewicht durch Leichtbauweise und damit Entlastung der tragenden Bauteile. Einsparungen bei der Dimensionierung der Tragkonstruktionen in Neu- und Altbauten.
- **Maßkoordination.** Vereinbarungen über Maßordnungen, Toleranzen und Fügungsprinzipien: wichtige Voraussetzungen für die industrielle Vorfertigung von Trennwand- und Schrankwandteilen und ihrer problemlosen Zusammenfügbarkeit bzw. Austauschbarkeit am Einsatzort.
- **Modulares Koordinationssystem.** Klare Trennung bei Skelettbauten zwischen tragenden und ausfachenden Bauteilen bzw. Bauelementen (in der Praxis „Rasterversatz" genannt); dadurch weitgehende Vermeidung von Sonderelementen und Anpassarbeiten. Bauarten in Achsraster- und Bandrasterbezug.
- **Trockenbauweise/Bauzeitverkürzung.** Verkürzte Bauzeiten durch rationelle Montage- und Trockenbauweise. Keine ausbaubedingte Feuchtigkeit, keine zusätzliche Trockenzeit, nur geringer Schmutzanfall.
- **Bewährte Systemkonstruktionen** mit funktionsgerechten Anschlüssen an Unterdecke, Installationsboden, Fassade, Schrankwand usw.
- **Standsicherheit** auch bei Baukörperbewegungen durch höhenbewegliche, teleskopartig-gleitende Ausbildung der Deckenanschlüsse; dadurch keine Rissebildung.
- **Maßgenauigkeit** und gute Maßhaltigkeit der Elemente aufgrund kontrollierter Serienfertigung. Toleranzausgleich im Boden-, Wand- und Deckenbereich.
- **Installationen.** Unbehinderte Installationsführung, Aufnahme von Elektro- und Kommunikationsleitungen sowie Sanitärinstallationen. Leichte Zugänglichkeit für Wartungsarbeiten und Nachinstallationen.
- **Bauphysikalische Anforderungen.** Voraussetzung für den Einsatz von umsetzbaren Trennwänden im Objektbereich ist die Erfüllung der jeweiligen schall- und brandschutztechnischen Forderungen.
- **Oberflächenbeschaffenheit.** Hohe mechanische Festigkeit und Chemikalienbeständigkeit, dadurch geringe Instandhaltungs- und Reparaturkosten. Nahezu wartungsfreie Oberfläche.
- **Gestaltungsvielfalt.** Großes Angebot an gestalterischen Möglichkeiten durch individuelle Formgebung, verschiedenartige Oberflächenmaterialien, Farbgestaltung. Systembedingte Einbindung von Tür-, Glas- und Schrankwandelementen.
- **Anpassungsfähigkeit.** Variable Grundrissgestaltung und somit Anpassungsfähigkeit an sich ändernde Bedürfnisse durch Umsetzen, Wiederverwenden, Austauschen und Nachliefern von Teilelementen. Ökologischer Aspekt durch Mehrfachnutzung von Bauelementen.
- **Wirtschaftlichkeit.** Relativ hohe Erstinvestitionskosten bei verhältnismäßig geringen Folgekosten.

Als nachteilig können die relativ hohen Erstinvestitionskosten angesehen werden. Diese entstehen häufig dadurch, dass die baulichen Gegebenheiten des Einsatzortes vorab nicht genügend sorgfältig erfasst und die an die jeweilige Trennwand gestellten Anforderungen nicht rechtzeitig bekannt sind oder sich während der Bauzeit ändern. Außerdem spielt die Umsetzbarkeit derartiger Wände in der Praxis keineswegs die entscheidende Rolle, wie dies häufig angenommen wird. Vielmehr sind andere, in der Kriterienliste erwähnte Vorteile – wie beispielsweise gute Oberflächenbeschaffenheit, gleitend ausgebildete und damit rissefreie Deckenanschlüsse, relativ problemlose Nachinstallierbarkeit usw. – mindestens genauso hoch, wenn nicht sogar noch höher einzuschätzen.

15.3 Allgemeine Anforderungen

An umsetzbare Trennwände werden eine ganze Reihe von Anforderungen gestellt, die je nach Bauaufgabe und Situation von unterschiedlicher Wichtigkeit sein können. Ausgehend von den jeweiligen funktionellen und nutzugsbedingten Ansprüchen sind die entsprechenden Prioritäten immer wieder neu zu setzen, um so unnötige Forderungen auszuschließen und die Baukosten niedrig zu halten. Auf folgenden Gebieten können Anforderungen an umsetzbare Trennwände gestellt werden:

- Geometrische und maßliche Festlegungen
- Mechanische Anforderungen
- Bauphysikalische Anforderungen
- Montagetechnische Anforderungen
- Elektro- und Sanitärinstallationen in umsetzbaren Trennwänden
- Anforderungen an Trennwandtüren und Glaselemente
- Anforderungen an Anbauteile und integrierte Schrankwandsysteme.

15.3.1 Geometrische und maßliche Festlegungen

Vereinbarungen über Maßordnungen, Toleranzen und Fügungsprinzipien im Bauwesen sind wichtige Voraussetzungen für die Planung und Ausführung von Bauwerken sowie für die Planung und Herstellung von Bauteilen und Bauhalbzeugen. Sie bestimmen auch weitgehend den Grad der Zusammenfügbarkeit und Austauschbarkeit industriell hergestellter Bauelemente sowie deren Verwendbarkeit in Bauwerken mit unterschiedlicher Zweckbestimmung. Im Bauwesen wird derzeit mit zwei Ordnungssystemen gearbeitet:

Maßordnung im Hochbau (DIN 4172)

Die Maßordnung fügt „maßgenormte" Bauwerksteile und Bauteile (z. B. Ziegelsteine) additiv aneinander: Vom Einzelteil zum Bauwerk. Diese Norm führte bereits 1955 zu einer wesentlichen Vereinheitlichung der Maße im Bauwesen. Einzelheiten hierzu s. Abschn. 2.3, Maßordnung.

Modulordnung im Bauwesen (DIN 18 000)

Die Modulordnung beinhaltet in erster Linie Angaben zu einer Entwurfs- und Konstruktionssystematik unter Zugrundelegung eines Koordinationssystems als Hilfsmittel für Planung und Ausführung im Bauwesen. Mit diesem Koordinationssystem – das aus rechtwinkelig zueinander angeordneten, im Raum sich kreuzenden, theoretischen Ebenen besteht – können Bauwerke, Bauteile und Bauelemente koordiniert werden, um ihre Lage und/oder Größe zu bestimmen. Das Abstandsmaß dieser Koordinationsebenen in das Koordinationsmaß; es ist in der Regel ein Vielfaches eines Moduls (Grundmodul M = 100 mm; Multimodule 3 M = 300 mm, 6 M = 600 mm, 12 M = 1200 mm). Diese Methode der maßlichen Abstimmung ist material-, herstellungs- und ausführungsneutral. Einzelheiten hierzu s. Abschn. 2.4, Modulordnung.

Um die Lage und Größe von Bauteilen bzw. Bauelementen gemäß der Modulordnung bestimmen zu können, werden diese den Koordinationsebenen zugeordnet. Die Abstandsmaße dieser parallel verlaufenden Ebenen können entwurfsabhängig und nutzungsbedingt unterschiedlich groß sein. Sie können auf einem Modul oder verschiedenen Modulen im Wechsel aufbauen, sie können aber auch durch nicht modulare Zonen unterbrochen werden.

Um Bauteile bzw. Bauelemente – wie beispielsweise Trennwände – den Koordinationsebenen eindeutig zuordnen zu können, bedarf es außerdem der Festlegung einheitlicher Bezugsarten. Dazu dienen im Regelfall der Achsbezug und der Grenzbezug. Weitere Bezugsarten s. Bild **2**.9 bis **2**.14.

- **Zuordnung im Achsbezug**. Beim Achsbezug wird das Bauteil einer Koordinationsebene so zugeordnet, dass seine Mittelachse mit der Koordinationsebene zur Deckung kommt. Achsbezogene Trennwände (Bild **15**.3a) – in der Praxis „Achsrasterwände" genannt – haben den Vorteil, dass sie durchgehend angeordnet und relativ einfach versetzt werden können, insgesamt wirtschaftlicher sind und sich platzsparende Kombinationsmöglichkeiten mit Schränken ergeben. Nachteilig ist, dass pro Trennwandsystem mindestens 3 Sonderteile benötigt werden.
- **Zuordnung im Grenzbezug**. Beim Grenzbezug wird das Bauteil zwischen zwei parallelen Koordinationsebenen so angeordnet, dass es das Koordinationsmaß einschließlich Fugenanteil und Toleranzen ausfüllt. Grenzbezogene Trennwände (Bild **15**.3b) – in der Praxis „Bandrasterwände" genannt – ergeben eine bessere Austauschbarkeit untereinander, eine vorteilhafte Bündelung der Installationen im „Knotenpunkt" und immer nur eine Elementgröße. Als nachteilig können die insgesamt höheren Kosten sowie der Platzverlust durch Bandrasterblenden (Modulleisten) bei der endlosen Schrankwandkombination angesehen werden. S. hierzu auch Abschn. 14.2.5 mit Bild **14**.10.

Umsetzbare Trennwände werden heute vorzugsweise auf der Basis der DIN 18 000 geplant. Für die Dimensionierung der Wand- und Türelemente in der Breite hat sich im Schul- und Verwaltungsbau das Koordinationsmaß von 1200 mm (12 M) als günstig erwiesen. Im Klinikbau (Lichtes Durchgangsmaß ≥ 1200 mm) werden diese Standardelemente bei Bedarf durch ein Zusatzelement ergänzt. Die Wanddicke beträgt beinahe durchweg 100 mm, lediglich im Klinikbau sind dickere Wände üblich.

Voraussetzung für jede Flexibilität im Skelettbau ist der Verzicht auf tragende Wände sowie die

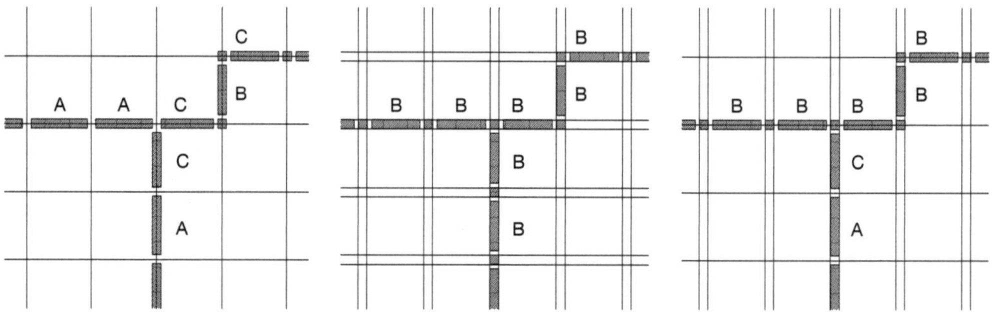

15.3a **15**.3b **15**.3c

15.3 Schematische Darstellung

a) Trennwände im Achsbezug (Achsraster)
b) Trennwände im Grenzbezug (Bandraster)
c) Trennwände im Achs- und Grenzbezug

Entflechtung von Tragkonstruktion (Stützen) und Ausbau (Bild **2**.13). Die Überlagerung verschiedener Koordinationssysteme (= Gliederung in Teilsysteme mit modularem Maß von beispielsweise 6 M) – in der Praxis auch „Rasterversatz" oder Trennung von „Konstruktions- und Ausbauraster" genannt – ergibt den Vorteil, dass alle Trennwand- und Fassadenelemente dieselbe Größe haben und es keiner Sonderelemente für den Anschluss an die Stützen bedarf. Außerdem wird durch diese Überlagerung ein verhältnismäßig maßgenauer Ausbau erreicht. Weitere Einzelheiten hierzu s. Abschn. 2.4).

15.3.2 Mechanische Anforderungen (Standsicherheit)

Nichttragende Trennwände sollen Beanspruchungen, wie sie vor allem durch menschliches Fehlverhalten verursacht werden, widerstehen können. Die Anforderungen zum Nachweis der Standsicherheit von fest eingebauten und umsetzbar ausgebildeten Trennwänden sind in DIN 4103-1 geregelt. In beiden Fällen erhalten die Trennwände ihre Standsicherheit erst durch Verbindung mit den an sie angrenzenden Bauteilen. S. hierzu auch Abschn. 15.3.5. In der vorgenannten Norm wird von zwei denkbaren Belastungsfällen ausgegangen.

Einbaubereich 1:

Räume und Flure mit geringer Menschenansammlung, wie z. B. in Wohnungen, Hotel-, Büro- und Krankenräumen. Hier wird eine Gebrauchslast von 0,50 kN/m zugrunde gelegt.

Einbaubereich 2:

Trennwände für Bereiche mit großer Menschenansammlung, wie z. B. in größeren Schul-, Versammlungs-, Ausstellungs- und Verkaufsräumen. Hierzu zählen auch stets Trennwände zwischen Räumen mit einem Höhenunterschied der Fußböden von mehr als 1,00 m. Die hier zugrunde liegende Gebrauchslast beträgt 1,00 kN/m.

- **Statische Belastung.** Nichttragende Trennwände müssen demnach – außer ihrer Eigenlast – alle auf ihre Flächen wirkenden statischen Lasten (vorwiegend ruhende) sowie stoßartige Lasten aufnehmen und an die angrenzenden Bauteile abgeben können.
- **Stoßartige Belastung.** Bei den stoßartigen Belastungen wird einmal vom weichen Stoß (z. B. Körperaufprall auf die Wand) und vom harten Stoß (z. B. Auftreffen harter Gegenstände auf die Wand) ausgegangen. Dabei darf die Wand weder durchstoßen, noch aus ihren Befestigungen herausgerissen werden und auch keine Gefährdung durch herabfallende Wandteile erfolgen.
- **Konsollasten.** Nichttragende Trennwände müssen auch so ausgebildet sein, dass leichte Konsollasten von 0,40 kN/m bei einer Lastausladung von 30 cm (z. B. in Form von Buchregalen, kleinen Hängeschränken o. Ä.) an jeder Stelle der Wand in geeigneter Weise angebracht werden können.

Bild **15**.4 zeigt eine umsetzbare Trennwand mit integriertem Anhängesystem, bei dem ein besonders entwickelter Regalständer das Aufhängen von Ober- und Unterschränken, Vitrinen und Regalen aller Art ermöglicht. Die einzelnen Teile können ohne Beschädigung der Wandoberfläche wieder abgenommen werden. S. hierzu auch Abschn. 15.5, Vorgefertigte Schrankwandsysteme.

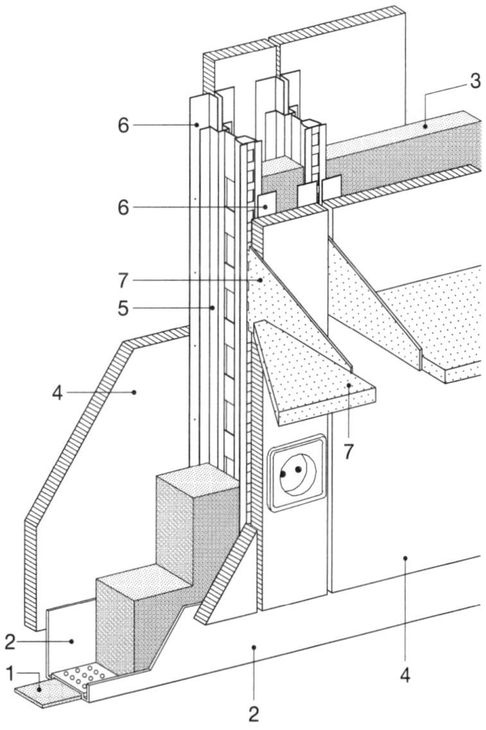

15.4 Umsetzbare Trennwand (Schalenwand) mit integriertem Regalsystem
1 Dichtungsband
2 U-förmiges Sockelprofil aus gelochtem Stahlblech
3 Mineralfaserdämmstoff, 50 mm / 50 kg / m^3
4 Wandschalen aus Holzspanplatten
5 Unterkonstruktion (Regalständer)
6 Halteleisten
7 Fachböden aus Holzspanplatten mit seitlichen Tragkonsolen aus Stahlblech

FECO-Innenausbausysteme, Karlsruhe

15.3.3 Schallschutz von umsetzbaren Trennwänden

Beim Schallschutz ist grundsätzlich zu unterscheiden zwischen Maßnahmen der Schallabsorption und der Schalldämmung.

Schallabsorption bedeutet Minderung des Schalles (Schallausbreitung) im Raum selbst. S. hierzu beispielsweise Abschn. 14.2.2, Schallabsorbierende Unterdecken.

Schalldämmung beinhaltet die Minderung der Schallübertragung zwischen benachbarten Räumen. Je nach Art der Schwingungsanregung der Bauteile unterscheidet man zwischen Luftschalldämmung und Körperschalldämmung.

Beide Maßnahmen müssen getrennt voneinander betrachtet werden.

Schallschutztechnisches Verhalten. Alle Bauteile bzw. Bauelemente sind aus schalltechnischer Sicht in zwei Gruppen zu unterteilen:

- **Einschalige Bauteile.** Sie bestehen aus einem einheitlichen Baustoff (z. B. Beton) oder aus mehreren, fest miteinander verbundenen Schichten (z. B. Betonplatte mit Putzschicht) die als Ganzes schwingen. Je höher das Flächengewicht (flächenbezogene Masse) des Bauteiles ist, um so besser ist die Schalldämmung.
- **Mehrschalige Bauteile.** Sie bestehen aus zwei oder mehreren Schalen, die nicht starr miteinander verbunden sind, sondern durch elastische Dämmstoffe oder Luftschichten voneinander getrennt sind. Je schwerer diese Schalen sind, je größer der Abstand und je weniger starr die Verbindung dieser Schalen ist, um so besser ist die Schalldämmung.

15.3.3.1 Schalldämmung

Umsetzbare Trennwände sind in der Regel nach dem Prinzip der Mehrschaligkeit aufgebaut, wodurch eine wesentlich bessere Schalldämmung erreicht werden kann. als mit einschaligen Wänden gleichen Flächengewichtes. Diese hängt im wesentlichen ab von

- Flächengewicht der Wandschalen,
- Biegeweichheit der Wandschalen,
- Art der Verbindung der Schalen mit der Unterkonstruktion,
- Abstand der Schalen zueinander,
- Hohlraumdämpfung mit absorbierendem Material,
- Dichtheit der Fugen.

Allgemein geht man von der Forderung aus, dass das normal gesprochene Wort auf der benach-

Tabelle **15**.5 Empfehlungen für normalen und erhöhten Schallschatz von Trennwänden in Büro- und Verwaltungsbauten (Auszug aus Tab. 3, Beiblatt 2 zu DIN 4109).

Spalte	1	2	3	4	5	6
Zeile	Bauteile	Empfehlungen für normalen Schallschutz		Empfehlungen für erhöhten Schallschutz		Bemerkungen
		erf. R'_w dB	erf. $L'_{n,w}$ (erf. TSM) dB	erf. R'_w dB	erf. $L'_{n,w}$ (erf. TSM) dB	
6	Wände zwischen Räumen mit üblicher Bürotätigkeit	37	-	≥ 42	-	Es ist darauf zu achten, dass diese Werte nicht durch Nebenwegübertragung über Flur und Türen verschlechtert werden.
7	Wände zwischen Fluren und Räumen nach Zeile 6	37	-	≥ 42	-	
8	Wände von Räumen für konzentrierte geistige Tätigkeit oder zur Behandlung vertraulicher Angelegenheiten, z. B. zwischen Direktions- und Vorzimmer.	45	-	≥ 52	-	
9	Wände zwischen Fluren und Räumen nach Zeile 8	45	-	≥ 52	-	
10	Türen in Wänden nach Zeile 6 und 7	27	-	≥ 32	-	Bei Türen gelten die Werte für die Schalldämmung bei alleiniger Übertragung durch die Tür.
11	Türen in Wänden nach Zeile 8 und 9	37	-	-	-	

barten Raumseite nicht mehr verstanden werden darf, d. h., die Silbenverständlichkeitsgrenze muss gewahrt bleiben. Diese ist bei einem Schalldämmwert von $R'_w \geq 40$ dB gegeben.

Zum Vergleich: Bei 35 dB wird das normal gesprochene Wort noch verstanden. Bei 40 dB wird es zwar noch gehört, aber nicht mehr verstanden; erst bei etwa 45 dB ist das normal gesprochene Wort in der Regel nicht mehr zu hören.

Empfehlungen für normalen und erhöhten Schallschutz von Trennwänden in Büro- und Verwaltungsbauten sind Tab. **15**.5 zu entnehmen. Weitere Angaben beinhalten Beiblatt 2 zu DIN 4109 für Beherbergungs- und Krankenhausbauten sowie E DIN 4109-10 für Wohnungen.

Beispiele von umsetzbaren Trennwänden mit unterschiedlichen Schalldämmwerten und Wanddicken sowie verschiedenartigen Beplankungsmaterialien und Wandschalen-Verbundkonstruktionen (innenseitige Aufdoppelungen) zeigt Bild **15**.6a, b.

Schallübertragungswege. Die Schalldämmung von mehrschaligen Trennwänden kann am Bau nicht beliebig hoch ausgeführt werden, da der Luftschall nicht nur über die Trennwand selbst von Raum zu Raum übertragen wird, sondern auch über Nebenwege. Unter

- **Nebenwegübertragung** versteht man sowohl die Schallübertragung längs angrenzender Bauteile, die sog. Flankenübertragung, als auch die Luftschallübertragung über Rohrleitungen, Kanäle von Lüftungsanlagen, Undichtigkeiten bei Anschlüssen u. a. m.
- **Flankenübertragung**. Die Schallübertragung über die flankierenden Bauteile (z. B. Längswände) kann vermindert werden, in dem die angrenzenden (massiven und biegesteifen) Bauteile entweder genügend schwer (Flächengewicht ≥ 300 kg/m²) oder in geeigneter Weise zweischalig ausgebildet werden.

Biegeweiche Vorsatzschalen. Wie Bild **15**.7 zeigt, bieten sich dafür zum einen durchgehende biegeweiche Vorsatzschalen aus Gipskartonplat-

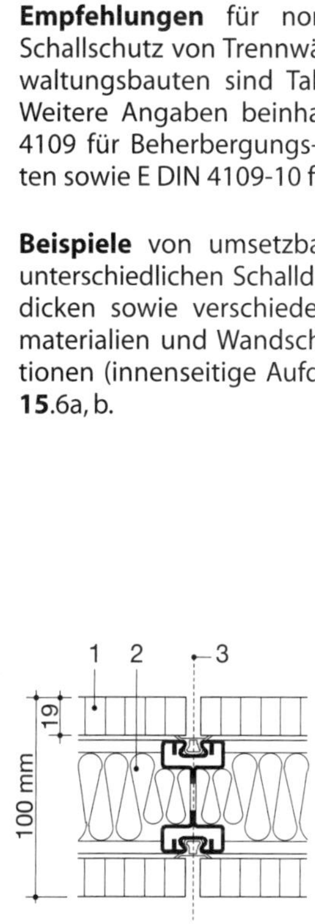

15.6a

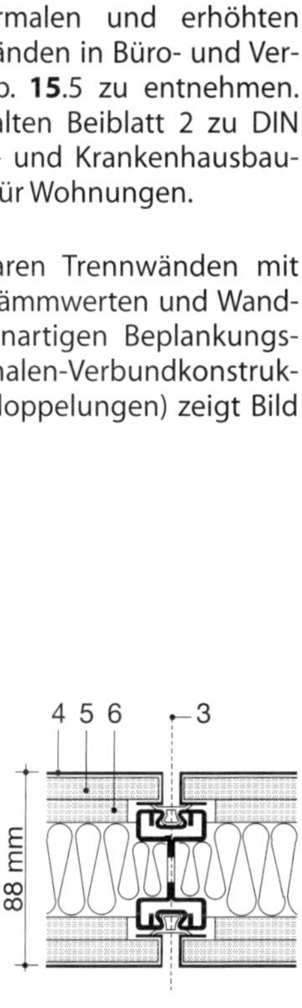

15.6b

15.6 Beispielhafte Darstellung von schalldämmenden, umsetzbaren Trennwänden mit unterschiedlichen Wanddicken aus verschiedenartigen Beplankungsmaterialien. Vgl. hierzu auch Bild **15**.14.

a) Beplankung beidseitig mit Spanplatten, Wanddicke 100 mm, Schalldämmwert $R_{w,P} = 42$ dB
b) Beplankung beidseitig mit Metallwandschalen und eingeklebten Gipskarton- bzw. Gipsfaserplatten (Verbundkonstruktion), Wanddicke 88 mm, Schalldämmwert $R_{w,P} = 51$ dB

1 Holzspanplatte, 19 mm
2 Mineralwolle
3 Einhängesystem für Regale
4 Wandschale aus Metall
5 Gipskartonplatte, eingeklebt
6 Gipsfaserplatte, aufgeklebt

LINDNER AG, Arnstorf

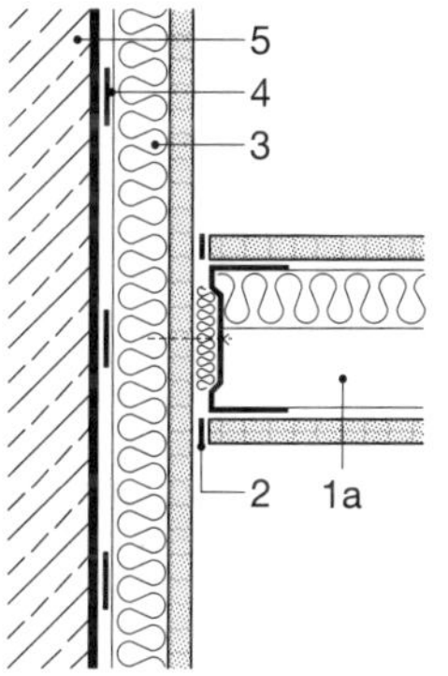

15.7a

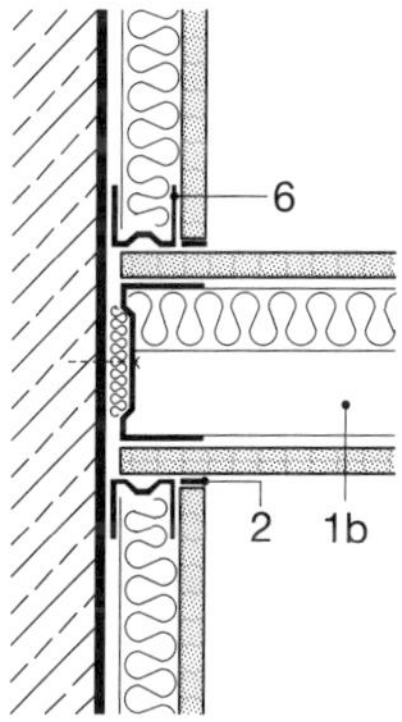

15.7b

15.7 Schematische Darstellung biegeweicher Vorsatzschalen auf biegesteifer Massivwand

a) angesetzte durchgehende Vorsatzschale
b) freistehende Vorsatzschale, durch Trennwandanschluss unterbrochen

1a Trennwand mit Hohlraumdämmung an biegeweicher Schale dicht angeschlossen
1b Trennwand an Massivwand dicht angeschlossen
2 Anschlussdichtung
3 Vorsatzschale aus Gipskartonplatten mit verspachtelten Fugen und Faserdämmstoff nach DIN 18 165 (Gipskarton-Verbundplatte)
4 Kleber streifenförmig aufgetragen
5 Massivwand (biegesteifes Bauteil)
6 Metallständer mit Mineralwolle und Gipskartonplatten (biegeweiche Vorsatzschale)

ten mit Mineralfaserauflage (streifen- oder punktförmig an Massivwand angesetzt) zum anderen freistehende (durch Trennwandanschluss unterbrochene) Vorsatzschalen nach DIN 18 183 an.

Weitere Konstruktionsbeispiele von Vorsatzschalen mit den entsprechenden Rechenwerten sind Beiblatt 1 zu DIN 4109 zu entnehmen. Vgl. hierzu auch Abschn. 11.3.3, Abschn. 14.2.2 sowie Abschn. 16.6.2.

15.3.3.2 Schall-Längsdämmung

Mit der Forderung nach flexibler Raumaufteilung und dem damit verbundenen Einbau von umsetzbaren Trennwänden in beispielsweise Büro-, Verwaltungs-, Schul- und Krankenhausbauten taucht das Problem der Schall-Längsleitung zwischen benachbarten Räumen verstärkt auf.

Damit die spätere Umsetzbarkeit derartiger Trennwände nicht beeinträchtigt wird, geht man von folgenden Annahmen aus:

- Die versetzbaren Trennwände werden nur bis zur abgehängten Unterdecke geführt, während der darüber liegende Deckenhohlraum über mehrere Räume hinweg durchlaufen kann. Somit muss die Unterdecke schalldämmende Aufgaben mit übernehmen.
- Die umsetzbaren Trennwände werden auf den fertigen Fußboden aufgesetzt, ohne dass der jeweilige Standort der Trennwände konstruktiv besonders ausgebildet wird.

Schall-Längsleitung. Die Schall-Längsleitung über die flankierenden Bauteile ist in Skelettbauten mit leichtem Ausbau meist wesentlich größer als in Bauten mit massiven Wänden. Sie wird besonders beeinflusst von

- der Art der flankierenden Bauteile,
- der konstruktiven Ausbildung der Anschlüsse zwischen flankierendem Bauteil und Trennwand,
- der Schallübertragung über Undichtigkeiten.

15

Rechnerischer Nachweis. Ein vereinfachter rechnerischer Nachweis mit den entsprechenden Rechenwerten ist in Beiblatt 1 zu DIN 4109 aufgezeigt. Die in den Tabellen der DIN 4109 angeführten kennzeichnenden Größen haben folgende Bedeutung:

a) Für das **trennende** Bauteil (ohne Längsleitung über flankierende Bauteile) gilt das bewertete Schalldämm-Maß R'_w.

b) Für **flankierende** Bauteile gilt das bewertete Schall-Längsdämm-Maß $R'_{L,w}$.

Die Werte der Schall-Längsdämmung der flankierenden Bauteile und das Schalldämm-Maß des trennenden Bauteils sollten um wenigstens **+5 dB** höher liegen als die angestrebte resultierende Gesamtschalldämmung zwischen zwei Räumen. Diese Anforderungen sind berechtigt, da normalerweise das Schall-Längsdämm-Maß eines Bauteils höher liegt als sein Schalldämm-Maß. Einzelheiten hierzu s. Abschn. 16.6.3.3.

Schallnebenwege. Das Problem der horizontalen Schall-Längsleitung tritt bei umsetzbaren Trennwänden – im Unterdeckenbereich und Fußbodenbereich – gemäß Bild **15**.8 vor allem auf entlang

- undichter Randfugen,
- schallleitender Unterdeckenplatten,
- ungedämmter Deckenhohlräume,
- textiler Fußbodenbeläge,
- schwimmender Estriche.

Weitere Schallnebenwege können entlang der flankierenden Fassade, der flankierenden Flurwand bzw. Schrank-Wand-Kombination und bei durchlaufenden Installationen auftreten. Demgegenüber hat sich die schallschutztechnische Qualität der meisten Trennwandsysteme im Laufe der letzten Jahre derart verbessert, dass der Weg über die Trennwandfläche als nennenswerte Fehlerquelle weitgehend außer Betracht bleiben

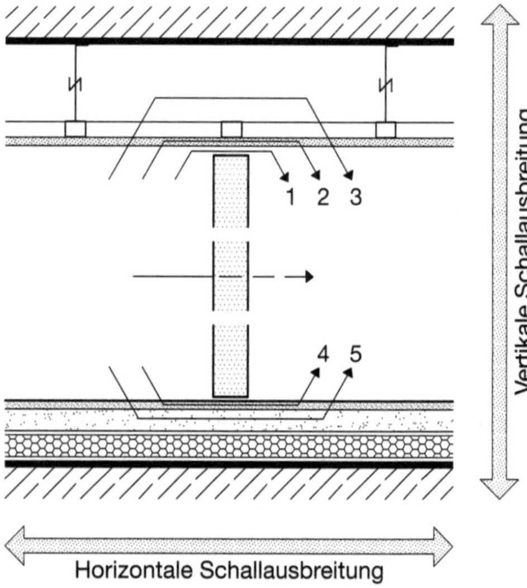

15.8 Schematische Darstellung möglicher Schallnebenwege (horizontale Schall-Längsleitung) oberhalb und unterhalb umsetzbarer Trennwände.
Weg 1: undichte Randfugen
Weg 2: schallleitende Unterdeckenplatten
Weg 3: ungedämmte Deckenhohlräume
Weg 4: textile Fußbodenbeläge
Weg 5: schwimmende Estriche

kann; gegebenenfalls ist im Türbereich, bei Verglasungen und zusätzlichen Installationen innerhalb der Trennwand mit gewissen Einschränkungen zu rechnen.

Fassadenanschlüsse. Besondere Aufmerksamkeit ist den Trennwand-Fassaden-Anschlüssen zu schenken, die in Form von sog. Fassadenschwertern ausgeführt werden. Auf Grund ihrer geringen Dicke von etwa 60 mm stellen diese schalltechnische Schwachpunkte dar. Die mehrschalig aufgebauten Passstücke müssen daher ein besonders hohes Flächengewicht aufweisen (z. B. Schalenkonstruktion aus Gipskartonplatten oder 1,5 mm dickem Stahlblech, mit jeweils 1 mm dickem Bleiblech innenseitig beklebt und Hohlraumdämpfung aus Mineralwolle). Die Anschlussdetails müssen so ausgebildet sein, dass die Fugen dicht sind und trotzdem die Fassadenbewegungen aufnehmen können. Bei der angrenzenden Fassadenkonstruktion ist außerdem insgesamt auf eine ausreichend gute Schall-Längsdämmung zu achten.

1. Unterdeckenbereich

Schall-Längsdämmung oberhalb umsetzbarer Trennwände

Als Faustregel gilt, dass die Schall-Längsdämmung der abgehängten Unterdecke um mindestens 5 dB höher gewählt werden sollte, als das gewünschte Schalldämm-Maß der raumteilenden Trennwand. Normal konstruierte Trennwände weisen ein bewertetes Schalldämm-Maß R'_w von etwa 40 dB auf. Bei sehr guten Ausführungen werden Werte um 50 dB erzielt. Die dann notwendigen hohen Schall-Längsdämmwerte können mit einer einfachen abgehängten Unterdecke (z. B. Mineralfaserdecke) nicht erreicht werden. Bei höheren schallschutztechnischen Anforderungen sind deshalb immer **zusätzliche Maßnahmen** erforderlich. Folgende Ausführungsalternativen bieten sich – unter Berücksichtigung der jeweiligen Vor- und Nachteile – an (Bild **15**.9a bis d):

Horizontale Dämmung im Deckenhohlraum

- **Horizontale Abschottung** (Bild **15**.9a). Die horizontale Dämmstoffauflage auf der Oberseite der Unterdeckenschale ist eine der wirksamsten Maßnahmen zur Verbesserung der Schall-Längsdämmung von abgehängten Unterdecken. Die Wirkung ist dabei abhängig von der Dicke, Dichte und dem Strömungswiderstand des Faserdämmstoffes sowie von der Abhängehöhe und der Formgebung der Deckenschale. Der Nachteil dieser vollflächigen Belegung ist , dass die Zugänglichkeit zu den Installationen im Deckenhohlraum beeinträchtigt wird. Untersuchungen haben ergeben [1], dass bei dieser Ausführungsalternative vor allem drei Einflussgrößen im Decklagenbereich zu beachten sind:
  - Das Flächengewicht der Decklagenplatten sollte mind. 5 kg/m², besser 10 bis 20 kg/m² betragen.
  - Die Unterdecken müssen fugendicht und flächendicht ausgebildet sein. Häufig ist die Dichtheit durch eine zusätzliche rückseitige Beschichtung in Form einer Alukaschierung, eines Rückseitenanstriches o. Ä. zu erhöhen. Auch die seitlichen Anschlüsse an den flankierenden Bauteilen müssen dicht und elastisch ausgeführt sein.
  - Die Schall-Längsdämmung im Deckenhohlraum ist um so besser, je dicker die zusätzliche Dämmstoffauflage auf den Deckenplatten ist (mind. 50 mm, besser 100 mm). Faustregel: Eine Erhöhung der Absorberauflage um 10 mm ergibt eine Verbesserung der Schall-Längsdämmung um etwa 2 dB.

Konstruktionsbeispiele von Unterdecken mit zusätzlicher horizontaler Faserdämmstoffauflage s. Abschn. 14.2.2.3.

- **Halbhohe vertikale Absorberplatten** (Bild **15**.9b). Die Anordnung von halbhohen vertikalen Absorberplatten oberhalb der Trennwände wird vorzugsweise bei Bandrasterdecken angewandt und führt je nach Dicke, Höhe und Abstand der Lamellen zu ähnlich guten Schall-Längsdämmwerten wie bei der horizontalen Dämmstoffauflage. Voraussetzung ist allerdings, dass die Unterdeckenschale selbst eine nicht zu geringe Schall-Längsdämmung ($R'_{L,w}$ > 35 dB) aufweist. (Zum Vergleich: Dämmwerte von Mineralfaserdecken ohne Zusatzmaßnahmen liegen zwischen 30 und 40 dB). Je nach Bedarf werden 80 bis 100 mm dicke Mineralfaserplatten in Längs- und Querrichtung hochkant in die Stege der Bandrasterprofile geklemmt. Diese Anordnung erleichtert das Öffnen und Schließen der Unterdecken und damit auch die Zugänglichkeit für Wartungsarbeiten und Nachinstallationen ganz wesentlich. Außerdem kann eine Materialersparnis in gewissem Umfang erzielt werden. Da die Absorberplatten nicht bis zur Rohdecke zu gehen brauchen, können Versorgungsleitungen noch darüber angeordnet sein.

Vertikale Abschottungen im Deckenhohlraum

- **Abschottung durch Plattenschott** (Bild **15**.9c). Durch vertikale Abschottung des Deckenhohlraumes oberhalb der Trennwand sind die höchsten Schall-Längsdämmwerte zu erzielen. Starre Abschottungen haben sich in der Praxis allerdings nur bedingt bewährt, da alle im Deckenhohlraum verlaufenden Kabel-, Heizungs- und Lüftungskanäle jeweils abgedichtet durch die Abschottung aus Gipskartonplatten o. Ä. geführt werden müssen. Undichtigkeiten verschlechtern die Dämmwirkung eines Plattenschotts nämlich erheblich, so dass der Aufwand für notwendige Anpassarbeiten ganz beträchtlich sein kann. Starre Abschottungen sind deshalb nur dort sinnvoll, wo im Deckenhohlraum so gut wie keine Installationen vorhanden sind. Außerdem lässt sich die Forderung nach flexibler Raumaufteilung bei vertikalen Abschottungen nur begrenzt erfüllen.

- **Abschottung durch Absorberschott** (Bild **15**.9d). Der Deckenhohlraum über dem Trennwandanschluss bis zur Rohdecke kann auch mit einem sog. Absorberschott verfüllt werden. Dieser besteht aus komprimierten, mehrlagig übereinander gestapelten Mineralwolle-Paketen, die mit Banderolen zusammengehalten sind. Nach dem Entfernen der Papierbänder geht der Schott auf und das elastische Material passt sich dabei weitgehend selbst den Konturen der Installationen an. Der entscheidende Vorteil des Absorberschotts gegenüber dem Plattenschott liegt in seiner schallabsorbierenden Wirksamkeit, so dass kleinere verbleibende Undichtigkeiten akustisch aufgefangen werden können. Mit zunehmender Breite des Schotts verbessern sich die Dämmwerte. Vorteilhaft wirkt sich bei dieser Ausführung auch die insgesamt leichtere Zugänglichkeit zu den Installationen im Deckenhohlraum aus, da die übliche horizontale Dämmstoffauflage als Ganzes entfallen kann. Bei hochinstallierten Deckenhohlräumen sind allerdings die vorgenannten Abdichtungsprobleme trotz der Anpassungsfähigkeit des elastischen Materials nicht zu unterschätzen.

Konstruktionsbeispiele von Platten- und Absorberschott s. Abschnitt 14.2.2.3.

2. Fußbodenbereich

Schall-Längsdämmung unterhalb umsetzbarer Trennwände

Schwimmende Estriche werden überall dort auf Massivdecken aufgebracht, wo ein ausreichender Luft- und Trittschallschutz gegenüber darunter liegenden Räumen erreicht werden soll (vertikale

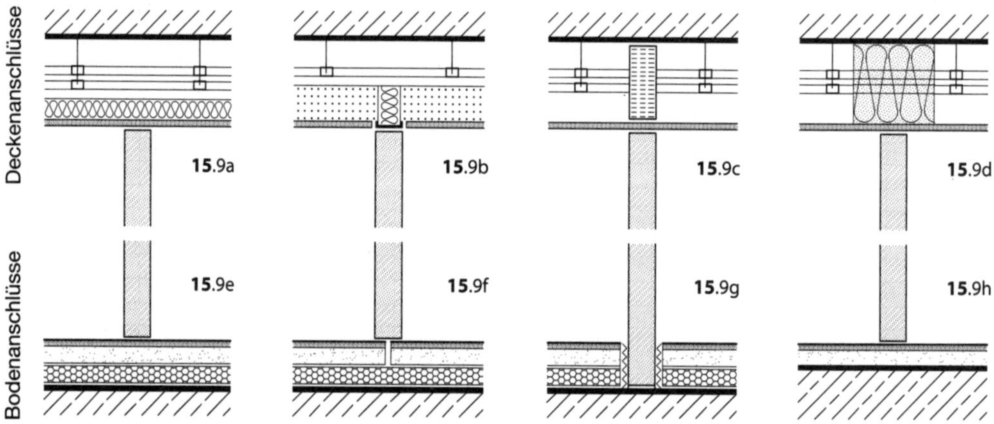

15.9 Schematische Darstellung von Maßnahmen zur Minderung der horizontalen Schall-Längsleitung bei leichten Trennwänden mit erhöhten Schallschutzanforderungen

Deckenanschlüsse mit Schall-Längsdämmung oberhalb umsetzbarer Trennwände:
a) horizontale Abschottung
b) halbhohe vertikale Absorberplatten
c) vertikale, starre Abschottung (Plattenschott)
d) vertikale, elastische Abschottung (Absorberschott)

Bodenanschlüsse mit Schall-Längsdämmung unterhalb umsetzbarer Trennwände:
e) schwimmender Estrich
f) schwimmender Estrich mit Trennfuge
g) schwimmender Estrich konstruktiv getrennt
h) Verbundestrich auf Massivdecke

Konstruktionsbeispiele von Unterdecken mit horizontalen und vertikalen Abschottungen s. Bild **14**.2 bis **14**.4.

Schallbegrenzung). Untersuchungen haben jedoch ergeben, dass schwimmende Estriche – die unter Trennwänden von einem Raum zum anderen hindurchlaufen – auch eine starke Schall-Längsleitung in **horizontaler** Richtung bewirken (Bild **15**.8). Deshalb sind auch die Bodenanschlüsse unter umsetzbaren Trennwänden so auszubilden, dass das Schall-Längsdämm-Maß der Fußbodenkonstruktion um mind. 5 dB höher liegt, als die angestrebte Gesamtschalldämmung zwischen zwei Räumen. Folgende Ausführungsalternativen bieten sich – unter Berücksichtigung der jeweiligen Vor- und Nachteile – an (Bild **15**.9e bis h):

- **Schwimmender Estrich** (Bild **15**.9e). Estrich auf Dämmschicht eignet sich zwar grundsätzlich zum Aufstellen von umsetzbaren Trennwänden, beispielsweise zwischen Räumen mit üblicher Bürotätigkeit und einem bewerteten Schall-Längsdämm-Maß bis etwa 40 dB. Aufgrund seiner hohen Schall-Längsleitung ist dieser Fußbodenaufbau jedoch unter Trennwänden mit höheren Schallschutzanforderungen nicht geeignet.
- **Schwimmender Estrich mit Trennfuge** (Bild **15**.9f). Durch das Auftrennen des schwimmenden Estrichs – in Form einer Trennfuge unter der Trennwand – wird die horizontale Schall-Längsleitung deutlich gemindert und ein bewertetes Schall-Längsdämm-Maß von etwa 55 dB erreicht. Die Forderung nach flexibler Raumaufteilung ohne sichtbare Markierung des Trennwandstandortes am Fußboden lässt sich damit allerdings nur bedingt erfüllen.
- **Schwimmender Estrich konstruktiv getrennt** (Bild **15**.9g). Wird ein Estrich konstruktiv getrennt und eine Trennwand unmittelbar auf eine Massivdecke aufgesetzt, kann zwar ein bewertetes Schall-Längsdämm-Maß von etwa 70 dB erzielt werden, die Möglichkeit einer flexiblen Raumaufteilung wird dadurch jedoch ausgeschlossen.

Wie die vorgenannten Beispiele zeigen, sollten schwimmende Estriche aufgrund ihrer schallschutztechnisch ungünstigen Eigenschaften in Bauten mit flexibler Raumaufteilung und höheren Anforderungen an die horizontale Schall-Längsdämmung nicht eingebaut werden. Eine wesentliche Verbesserung wird erreicht durch

- **Massivdecke mit Verbundestrich** (Bild **15**.9h). Die mit der Massivdecke fest verbundene Estrichschicht bildet in schallschutztechnischer Hinsicht eine Einheit: Bedingt durch das im Vergleich zum schwimmenden Estrich insgesamt wesentlich größere Flächengewicht findet eine Schall-Längsleitung in der Horizontalrichtung kaum mehr statt.

  Untersuchungen in Skelettbauten haben in diesem Zusammenhang ergeben [2], dass ein ausreichender Schallschutz in **vertikaler** Richtung (vorwiegend Trittschalldämmung) auch ohne schwimmenden Estrich erreicht werden kann, wenn die Deckenunterseite mit einer abgehängten, fugendichten Unterdecke einschließlich horizontaler Dämmstoffauflage bekleidet wird. Auf der Deckenoberseite ist dann anstelle des schwimmenden Estrichs ein Verbundestrich mit weichfederndem Gehbelag (z. B. textiler Fußbodenbelag) aufzubringen.

Auf Grund der ständig fortschreitenden Erneuerung der Kommunikationssysteme und zunehmenden Vernetzung aller Arbeitsbereiche untereinander, werden moderne Büro- und Verwaltungsbauten seit einigen Jahren mit Systemböden ausgerüstet. Diese eignen sich nicht nur zur Aufnahme von Elektro- und Datenleitungen sondern auch für klimatechnische Zwecke (Lüftung, Kühlung, Heizung).

- **Hohlraum- und Doppelbodensysteme**. An Stelle des schalltechnisch bevorzugten Verbundestriches werden in öffentlich zugänglichen Gebäuden vermehrt Installationsböden eingebaut, für die hinsichtlich der horizontalen Schall-Längsdämmung besondere Richtlinien gelten. Einzelheiten hierzu s. Abschn. 13.4.4, Hohlraumböden, und Abschn. 13.5.6, Doppelböden.

Textile Fußbodenbeläge unter umsetzbaren Trennwänden

Ein über mehrere Räume durchgezogener textiler Fußbodenbelag stellt unter umsetzbaren Trennwänden in akustischer Hinsicht weitgehend eine offene Fuge dar [2]. Da ein Auftrennen oder Hochziehen textiler Beläge an der Trennwand in Bauten mit flexibler Raumteilung kaum in Frage kommt, kann dieser Mangel nur gemindert werden, in dem die U-förmige Bodenanschlussschiene auf der Unterseite perforiert oder geschlitzt – d. h. schalldurchlässig gemacht wird – und so der gedämmte Hohlraum der Trennwand akustisch an die Fuge anschließt. Dadurch wird ein „Schalldämpfer" herstellt, der die Schallübertragungen über die Fuge reduziert. S. hierzu Bild **15**.4 und Bild **15**.10.

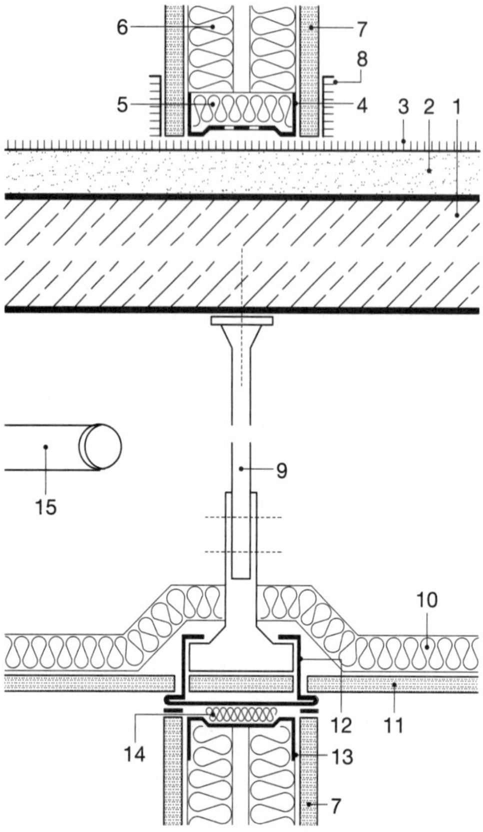

15.10 Konstruktionsbeispiel: Optimale Abstimmung schalldämmender Maßnahmen (Deckenober- und Deckenunterseite) zur Minderung der horizontalen und vertikalen Schallausbreitung (Schall-Längsdämmung sowie Luft- und Trittschalldämmung) bei umsetzbaren Trennwänden mit erhöhten Schallschutzanforderungen

1 Massivdecke
2 Verbundestrich
3 textiler Fußbodenbelag
4 Metallprofil, auf der Unterseite perforiert (Schalldämpfer)
5 Schallschluckeinlage
6 Mineralfaserdämmstoff
7 Wandschalen
8 Teppichsockelleiste
9 Noniusabhänger
10 horizontale Abschottung
11 Decklage (eingelegte Deckenplatte)
12 Bandrasterprofil
13 Metallprofil
14 elastische Anschlussdichtung
15 Installation im Deckenhohlraum

Bild **15**.10 zeigt eine Kombination von Maßnahmen auf der **Deckenoberseite** und **Deckenunterseite** zur Minderung der horizontalen und vertikalen Schallausbreitung als optimale Voraussetzung für den Einsatz umsetzbarer Trennwände in Bauten mit flexibler Raumaufteilung [3]. Vgl. hierzu auch Abschn. 11.3.3, Schallschutz von Massivdecken und Holzbalkendecken sowie Abschn. 14.2.2, Schallschutz mit leichten Unterdecken.

15.3.3.3 Schallschutztechnische Anforderungen an Trennwandtüren

Bei den meisten auf dem Markt befindlichen Trennwandprogrammen ist das Türelement in formaler Hinsicht ein integrierter Bestandteil. Passend zum jeweiligen Wandsystem gibt es eine Vielzahl von Ausführungsvarianten mit unterschiedlichen Oberflächenbeschichtungen. In schall- und brandschutztechnischer Hinsicht stellen Türen und Glaselemente jedoch Schwachstellen innerhalb des Gesamtsystems dar.

Schalldämmung von Türen. Bei der Beurteilung der Luftschalldämmung von Türen wird vielfach von falschen Annahmen ausgegangen. Entsprechende Grundsätze über die Prüf- und Einbaubedingungen von Türen sowie Angaben über mögliche Einflüsse auf das schalltechnische Verhalten betriebsfertig eingebauter Türelemente sind in Abschn. 7.4.1, im Teil 2 dieses Werkes, ausführlich beschrieben, so dass sich ein nochmaliges Aufzeigen dieser Zusammenhänge im Rahmen dieser Abhandlung erübrigt. Außerdem sind in Tab. **7**.9, Teil 2 dieses Werkes, die nach DIN 4109 geforderten Schalldämmwerte von Türen unterschiedlicher Einsatzbereiche zusammenfassend dargestellt.

Schalldämmung von Trennwandtüren. Die Schalldämmung von Türen in leichten Innenwänden hängt einmal von der konstruktiven Ausbildung des Türblattes bzw. Türelementes insgesamt, zum anderen von der Dichtung der Falze und insbesondere von der unteren Türfuge (Bodendichtung) ab.

- **Türblattkonstruktionen**. Während die Schalldämmung einschalig ausgebildeter Türblätter sich vor allem durch die Erhöhung des Flächengewichtes in Form von mehrschichtigen, schweren Platteneinlagen verbessern lässt, spielen bei mehrschichtig aufgebauten Türblattkonstruktionen vor allem Abstand und Gewicht der beiden äußeren Schalen (z. B. Stahlblech oder mehrfach verleimte Furnierholzplatten, ggf. mit Bleiblechbeschwerung) und die Hohlraumfüllung mit möglichst biegeweichen Einlagen (z. B. Weichfaserplatten, Mineralwolleplatten o. Ä.) eine große Rolle. Türblattdicken von mehr als 60 (65) mm sind allerdings für den Einbau in umsetzbare Trennwände – mit einer Gesamtdicke von ungefähr 100 mm – nicht geeignet. Daher versucht man durch Herabsetzen der Türblattsteifigkeit zu möglichst günstigen Ergebnissen zu kommen. Einzelheiten hierzu s. Abschn. 7.4.1.2, im Teil 2 dieses Werkes.

- **Zargenrahmen**. Türblätter in umsetzbaren Trennwänden sind in der Regel an Stahlzargen befestigt, die zusammen mit den Wandelementen auf den fertigen Fußbodenbelag aufgesetzt werden (Bild **15**.11). Zur Anwendung gelangen sog. Trockenbauzargen, in Form von einteiligen oder dreiteiligen Stahlzargen (auch Schnellbauzarge genannt). Stahlzargen für normale Beanspruchungen werden üblicherweise aus 1,5 mm dickem Stahlblech, bei hohen Schallschutzanforderungen aus 2,0 mm dickem Material hergestellt und der Profilhohlraum mit Mineralwolle satt verfüllt. Einzelheiten hierzu s. Abschn. 7.7.1, im Teil 2 dieses Werkes.
- **Türdichtungen**. Schalldämmend ausgebildete Türelemente sind in der Regel mit einer dreiseitig umlaufenden Falzdichtung – in Form einer Türfalz- oder Zargenfalzdichtung – und einer Dichtung im Bereich der unteren Türfuge (Bodendichtung) ausgestattet. Die Anforderungen an die Türdichtungen steigen mit den Anforderungen an die Schalldämmung der Trennwand.

Falzdichtungen sind erst dann wirksam, wenn sie die zulässigen Verformungen des Türblattes ausgleichen und bei geschlossener Tür in ihrer gesamten Länge an der Türzarge bzw. Türblattoberfläche dicht anliegen. Außerdem müssen die Profile ringsum in derselben Ebene liegen, und zwar so, dass sich diese Ebene auch mit dem Verlauf der Bodendichtung deckt. Die Einfederungstiefe (Wirkungsbereich) der Falzdichtung sollte mind. 3 mm – besser 5 mm – betragen, die erforderliche Bedienungskraft (Drehmoment) zur Bedienung eines Türdrückers etwa 20 Nm (Klasse 3, gemäß DIN EN 12 217-2). Einzelheiten hierzu s. Abschn. 7.4.1.2, Abschn. 7.8.3 sowie Abschn. 7.5.4, im Teil 2 dieses Werkes.

Bodendichtungen gibt es in sehr unterschiedlichen Ausführungen und Wirkungsweisen. Im Zusammenhang mit umsetzbaren Trennwänden kommen vor allem Auflaufdichtungen oder automatische Absenkdichtungen, die in die Türblattunterkante eingelassen sind, zur Anwendung. Bei der letztgenannten Art ist zwingend darauf zu achten, dass sich das absenkbare Dichtungsprofil an der Anpressstelle immer gegen eine stabile Druckplatte – beispielsweise in Form einer unterseitig abgedichteten Alu-Schiene – und nicht nur in einen Teppichbelag (= offene Fuge) andrückt. Bei hohen schalltechnischen Anforderungen an ein Türelement ist außerdem die akustische Trennung des schwimmenden Estrichs in Form einer Trennfuge oder vorgefertigten Estrich-Trennschiene unabdingbar. Einzelheiten hierzu s. Abschn. 7.5.4, Abschn. 7.8.3 sowie Bild **7**.68, im Teil 2 dieses Werkes.

1 Vollwand, Wandschale aus Holzwerkstoff
2 Abdeck- und Fugendichtungsprofil
3 Unterkonstruktion (Ständerprofil)
4 Bandrasterblende, abnehmbar
5 Stahlzarge, Materialdicke 2 mm
6 Falzdichtung (Kammerprofil)
7 Holztürblatt, 40 mm dick
8 Mineralwolle (Hohlraumdämpfung)
9 Lichtschalter o. Ä., in Bandrasterblende eingelassen

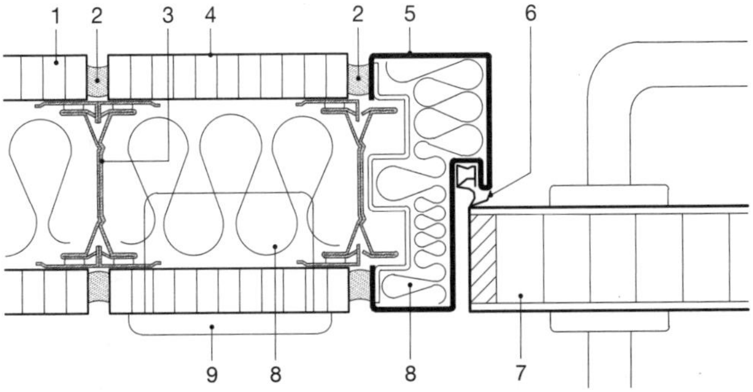

15.11 Konstruktionsbeispiel: Umsetzbare Trennwand mit Bandrasterblende, Stahlzarge und stumpf einschlagendem Holztürblatt. Schalldämmung $R_{w,P}$ = 27 bis 37 dB, je nach Ausführung. Vgl. hierzu auch Bild **15**.15.
FECO-Innenausbausysteme, Karlsruhe

15.3.4 Brandschutz von umsetzbaren Trennwänden

Brandschutz im Hochbau und Innenausbau soll als vorbeugende Maßnahme die Entstehung und Ausbreitung von Schadensfeuern verhindern.

DIN 4102. Als technische Baubestimmung konkretisiert DIN 4102 die einzelnen brandschutztechnischen Begriffe, die in den baurechtlichen Vorschriften (z. B. Musterbauordnung, Landesbauordnungen, Rechtsverordnungen und Richtlinien) Verwendung finden.

Diese Norm enthält ferner die Bedingungen für die Einteilung der Baustoffe nach ihrem Brandverhalten und deren Bezeichnung sowie die Prüfbedingungen für Bauteile und deren Einstufung in Feuerwiderstandsklassen. Einzelheiten hierzu s. Abschn. 16.7, Baulicher Brandschutz.

Baustoffe werden gemäß DIN 4102-1 nach ihrem Brandverhalten in Baustoffklassen eingeteilt: Baustoffklasse **A** (A1/A2 nichtbrennbar), Baustoffklasse **B** (brennbar) mit weiteren Untergliederungen (B1 schwerentflammbar, B2 normalentflammbar, B3 leichtentflammbar). Die Baustoffklasse B3 ist in der Regel bauaufsichtlich nicht zugelassen. Welche Baustoffe in welchen speziellen Fällen eingesetzt werden dürfen, wird durch die Landesbauordnungen geregelt. Diese orientieren sich wiederum an der (neuen) Musterbauordnung des Bundes.

- **Europäisches Klassifizierungssystem** für Baustoffe. Das neue Klassifizierungssystem der EU sieht insgesamt sieben Euroklassen vor und zwar A1, A2, B, C, D, E und F. Geprüft wird zukünftig auch die Rauchentwicklung und das Abtropfverhalten eines Baustoffes. Neu eingeführt werden daher Unterklassen für Rauch (Smoke) S1, S2, S3 und brennendes Abtropfen (Droplets) D0, D1, D2. Das neue Klassifizierungssystem soll im Laufe des Jahres 2000 in nationales Recht umgesetzt werden und ab Januar 2001 in Kraft treten.

Bauteile werden in DIN 4102-2 entsprechend ihrer Feuerwiderstandsdauer in Feuerwiderstandsklassen eingestuft (F30 bis F180). Vorangestellte Buchstaben kennzeichnen die Bauteilart (z. B. F für Wände, Decken usw.), nachgestellte Buchstaben weisen auf die Brennbarkeit der für das jeweilige Bauteil bzw. Bauelement verwendeten Baustoffe hin: A-AB-B.

Klassifizierte Bauteile. Gebräuchliche Bauteile und Konstruktionen – deren Brandverhalten durch Normbrandprüfungen nachgewiesen und bekannt ist und die daher ohne besonderen Nachweis unter den angegebenen Voraussetzungen eingesetzt werden dürfen – sind in DIN 4102 **Teil 4** zusammengestellt und klassifiziert (= geregelte Bauprodukte gemäß Bauregelliste **A**, Teil 1). Ihre Anwendung ist im Rahmen bestimmter bauaufsichtlicher Anforderungen ohne weitere Prüfung des Brandverhaltens möglich.

- **Nichttragende Gipsplatten-Ständerwände** (DIN 4103-1) mit wichtigen Anschlüssen und Detailausbildungen sind in DIN 4102-4 umfassend dargestellt und klassifiziert.
- **Umsetzbare Trennwände** (DIN 4103-1) werden dagegen von DIN 4102-4 **nicht erfasst**, so dass hierfür besondere Nachweise – in der Regel in Form von allgemeinen bauaufsichtlichen Prüfzeugnissen bzw. Zulassungen – erforderlich sind. S. hierzu auch Abschn. 2.2.4, Bauregellisten.

Raumabschließende Wände. Aus der Sicht des Brandschutzes wird zwischen nichttragenden und tragenden sowie zwischen raumabschließenden und nichtraumabschließenden Wänden unterschieden. Raumabschließende Wände können tragende und nichttragende Wände sein.

Raumabschließende Bauteile bzw. Bauelemente müssen bei entsprechenden Anforderungen durch die Bauordnungen so beschaffen sein, dass sie die Ausbreitung eines Feuers für eine bestimmte Zeit verhindern, um so den im Gebäude befindlichen Personen die Flucht zu ermöglichen. Die zu fordernde Sicherheit richtet sich nach

- der Art des Gebäudes (z. B. Gebäudetyp),
- seiner Nutzung (z. B. Anzahl der gefährdeten Personen) und
- weiteren begleitenden Sicherheitsmaßnahmen (z. B. Einbau einer Sprinkleranlage o. Ä.).

Verfahren zur Bestimmung der Feuerwiderstandsdauer von nichttragenden Innenwänden – mit oder ohne Verglasung – sind in DIN EN 1364-1 festgelegt.

Rettungswege. Nach den Grundsatzanforderungen der Musterbauordnung (MBO) und den jeweiligen Landesbauordnungen (LBO) werden Rettungswege unterteilt in horizontale notwendige, allgemein zugängliche Flure und Gänge sowie in vertikale Treppenräume.

- In Gebäuden geringer Höhe sind Flurwände der Feuerwiderstandsklasse F30-B aus normalentflammbaren Baustoffen zulässig.
- In Gebäuden mittlerer Höhe sind die Wände in der Feuerwiderstandsklasse F30-AB herzustellen.
- In Hochhäusern (oberstes Nutzungsgeschoss 22 m über Grund) müssen die Flurwände und Unterdecken (Fluchttunnel) der Feuerwiderstandsklasse F90-A entsprechen und die Raumtüren nach DIN 4102-5 die Feuerwiderstandsklasse T30 aufweisen.

In der Regel werden brandbeanspruchte Trennwände – beispielsweise Gipsplatten-Ständerwände und nichttragende Innenwände anderer Bauarten – auf den Rohboden aufgesetzt und bis zur Rohdecke hochgeführt (Bild **15**.12).

Brandbeanspruchte umsetzbare Trennwände. In modernen Büro- und Verwaltungsbauten sowie in Bauten der Industrie und des Handels werden jedoch neben den fest eingebauten Innenwänden vermehrt umsetzbare Trennwände zur Herstellung notwendiger Flucht- und Rettungswege eingebaut. Wie Bild **15**.13 zeigt, können sie auf einen Systemboden aufgesetzt und auch nur bis zur Unterdecke geführt werden, wenn diese Teile die gleiche Feuerwiderstandsdauer wie die Trennwand haben. Für diese sog. Fluchttunnelkonstruktion ist nach DIN 4102-2 ein besonderes Prüfverfahren, und zwar eine allgemeine bauaufsichtliche Zulassung durch das Deutsche Institut für Bautechnik, Berlin, erforderlich.

Zusammenwirken der Systeme. Auf der Basis derart geprüfter Konstruktionen ist es möglich, umsetzbare Trennwände ohne die üblichen Einschränkungen – beispielsweise in Form von fest fixierten, starren Abschottungen im Decken- und Fußbodenbereich – in ein flexibles Raumkonzept mit einzubeziehen.

Derartige brandschutztechnische Maßnahmen müssen jedoch immer aufeinander abgestimmt sein. Es reicht nicht aus, die einzelnen Bauteile – jedes für sich – zu prüfen; vielmehr kommt es auf das Gesamtverhalten aller Teile im Brandfalle an. Dementsprechend wird die Feuerwiderstandsdauer der Trennwand, der Unterdecke sowie die der Anschlüsse zwischen Trennwand und Unterdecke bzw. Systemboden usw. ermittelt und erst diese Gesamtkonstruktion einer entsprechenden Feuerwiderstandsklasse zugeordnet.

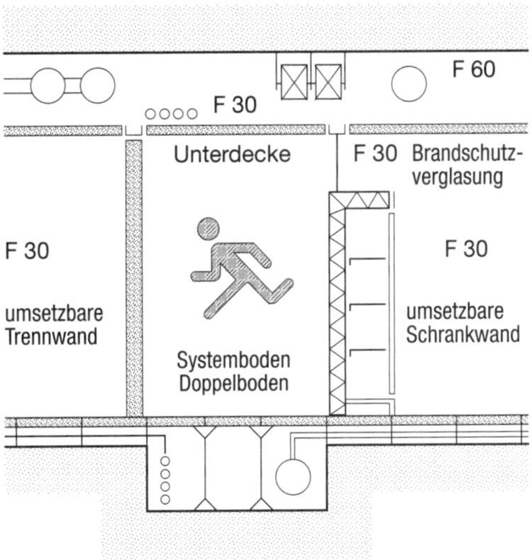

15.13 Fluchttunnelkonstruktion (alle Teile F30) bestehend aus umsetzbaren Trenn- und Schrankwänden, eingefügt zwischen Systemboden und Unterdecke. Geeignet zur Herstellung von Rettungswegen, mit der Möglichkeit für nachträgliche grundrissliche Änderungen (flexible Raumgestaltung) [4].

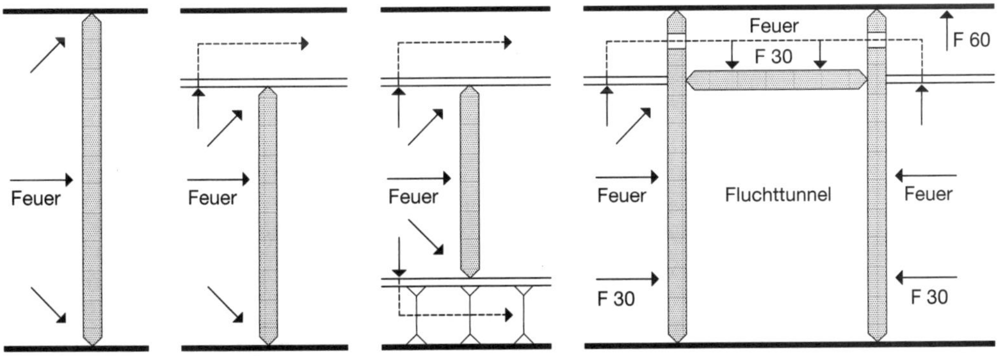

15.12a **15**.12b **15**.12c **15**.12d

15.12 Einbaumöglichkeiten von nichttragenden Trennwänden bei Brandbeanspruchung. Trennwandanschluss an
a) tragender Rohdecke und Fußboden,
b) abgehängter Unterdecke und Fußboden,
c) abgehängter Unterdecke und Systemboden,
d) tragender Rohdecke und Fußboden: Fluchttunnelkonstruktion mit allgemeiner bauaufsichtlicher Zulassung. Die Trennwände und die Unterdecke über dem Rettungsweg sind für Brandbeanspruchung von drei Seiten ausgelegt.

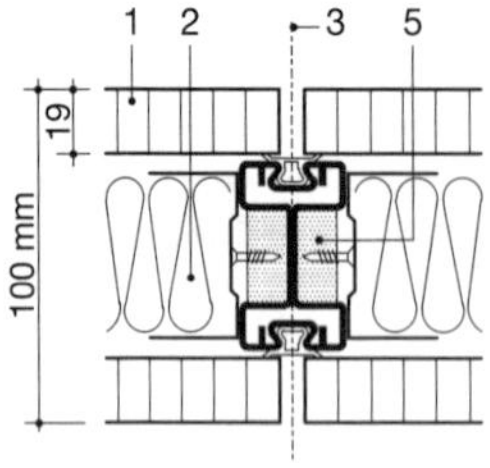

15.14a

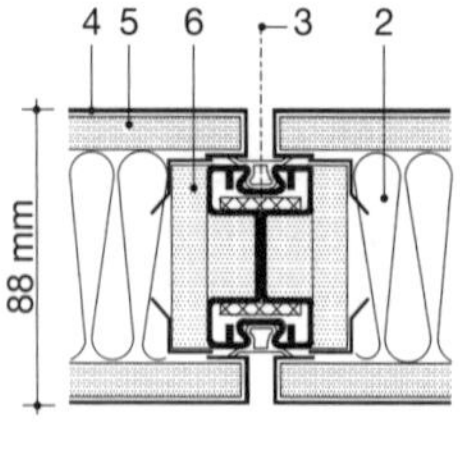

15.14b

15.14
Beispielhafte Darstellung von umsetzbaren Trennwänden mit unterschiedlichen Feuerwiderstands-Klassifizierungen und Wanddicken sowie aus verschiedenartigen Beplankungsmaterialien. Vgl. hierzu auch Bild **15**.6

a) Beplankung beidseitig mit Spanplatten, Wanddicke 100 mm, Feuerwiderstandsklasse F30
b) Beplankung beidseitig mit Metallwandschalen und eingeklebten Gipskarton- bzw. Gipsfaserplatten (Verbundkonstruktion), Wanddicke 88 mm, Feuerwiderstandsklasse F90

1 Holzspanplatte, 19 mm
2 Mineralwolle
3 Einhängesystem für Regale
4 Wandschale aus Metall
5 Gipskartonplatte, eingeklebt
6 Gipsfaserplatten o. Ä., T-förmig verklebt

LINDNER AG, Arnstorf

Beispiele von umsetzbaren Trennwänden mit unterschiedlichen Feuerwiderstands-Klassifizierungen (F30 und F90) und Wanddicken sowie verschiedenartigen Beplankungsmaterialien zeigt Bild **15**.14a, b.

Sonderbauteile. Wie schon zuvor ausgeführt, sind in DIN 4102-4 gebräuchliche Bauteile und Konstruktionen zusammengestellt und klassifiziert. Türen und Verglasungen in Verbindung mit brandschutztechnisch geforderten Trennwänden zählen jedoch zu den Sonderbauteilen. Für sie ist eine allgemeine bauaufsichtliche Zulassung durch das Deutsche Institut für Bautechnik, Berlin, notwendig. In Ausnahmefällen ist auch eine Zustimmung im Einzelfall – durch die jeweils zuständige oberste Bauaufsichtsbehörde des betroffenen Bundeslandes – möglich.

- **Feuerschutztüren** sind selbstschließende Feuerschutzabschlüsse, die gemäß DIN 4102-5 dazu bestimmt sind, im eingebauten Zustand den Durchtritt eines Feuers durch notwendige Öffnungen in raumabschließenden Wänden zu verhindern. Sie werden üblicherweise in die Feuerwiderstandsklasse T30 bis T90 eingestuft. Einzelheiten hierzu s. Abschn. 7.8.1, im Teil 2 dieses Werkes.

  Bild **15**.15 zeigt beispielhaft ein T30 Türelement mit anhydritgefüllter Stahlzarge in einer nach DIN 4102-5 geprüften, feuerbeständig ausgebildeten, umsetzbaren Trennwand (F90).

- **Brandschutzverglasungen**. Verglasungen in Wänden und Türen haben die Aufgabe, angrenzende Gebäudeteile (Flure und Treppenhäuser) zu belichten, einen Durchblick zu gewähren oder die Sichtverhältnisse im Interesse der Verkehrssicherheit zu verbessern. Es werden F- und G-Verglasungen unterschieden.

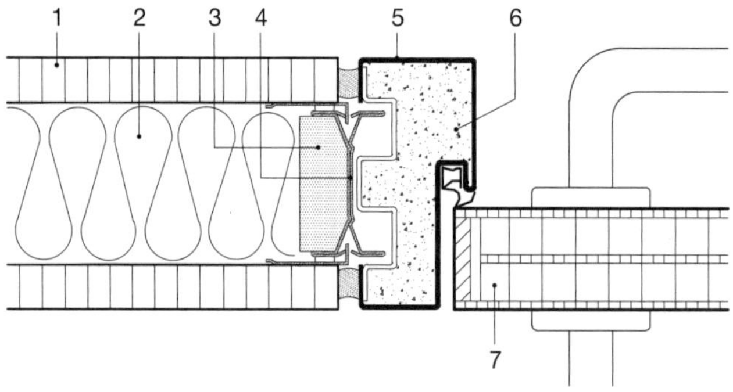

1 Wandschale, Baustoffklasse A
2 Mineralwolle
3 Brandschutzeinlage, Baustoffklasse A
4 Unterkonstruktion (Ständerprofil)
5 Stahlzarge, Materialdicke 2 mm
6 Anhydritfüllung
7 Holztürblatt, mehrschichtig aufgebaut, mit dreiseitig umlaufender, unter Hitzeeinwirkung aufschäumender (Palusol-)Brandschutzleiste.

15.15 Konstruktionsbeispiel: Umsetzbare Trennwand mit Stahlzarge und stumpf einschlagender Brandschutztür. Vgl. hierzu auch Bild **15**.11.
Feuerwiderstandsklasse der Trennwand F90
Feuerwiderstandsklasse der Brandschutztür T30

F-Verglasungen dürfen nach Maßgabe der bauaufsichtlichen Zulassungen grundsätzlich in allen raumabschließenden Bauteilen eingesetzt werden, an die Brandschutzanforderungen gestellt werden. Sie werden nach der Prüfnorm DIN 4102-2 brandschutztechnisch wie Wände klassifiziert, überwiegend in den Klassen F30 bis F90. F-Verglasungen sind im allgemeinen aus Spezialverbundglas mit speziellen Zwischenschichten, die im Brandfall Wärmeenergie absorbieren (= Bildung eines Hitzeschildes) und durch thermische Reaktionen strahlungsundurchlässig sowie undurchsichtig werden. Brandschutztechnisch geforderte Türen dürfen nach DIN 4102-5 grundsätzlich nur mit F-Verglasungen ausgerüstet sein. S. hierzu auch Abschn. 7.8.1, im Teil 2 dieses Werkes.

G-Verglasungen verhindern zwar entsprechend ihrer Feuerwiderstandsdauer (G30 bis G 120) die Ausbreitung von Feuer und Rauch, jedoch nicht den Durchtritt von Wärmestrahlung, so dass auf der dem Feuer abgekehrten Seite hohe Temperaturen auftreten können. Sie bleiben im Brandfall durchsichtig. In Rettungswegen dürfen sie nur eingebaut werden, wenn sie mit ihrer Unterkante mindestens 1,80 m über dem Fußboden angeordnet sind, da man davon ausgeht, dass sich oberhalb dieser Höhe keine Menschen mehr bewegen und aufhalten. Über den Einsatz von G-Gläsern entscheidet die zuständige örtliche Bauaufsichtsbehörde in jedem Einzelfall.

Konstruktionsbeispiele von Feuerschutztüren sowie weitere Angaben über Brandschutzverglasungen s. Abschn. 7.8.1, im Teil 2 dieses Werkes.

Bild **15**.16 zeigt Vertikalschnitte durch eine umsetzbare Trennwand (F30) mit einer Oberlichtverglasung der Feuerwiderstandsklasse G-30. Diese Konstruktion erbringt auch in schallschutztechnischer Hinsicht sehr gute Werte.

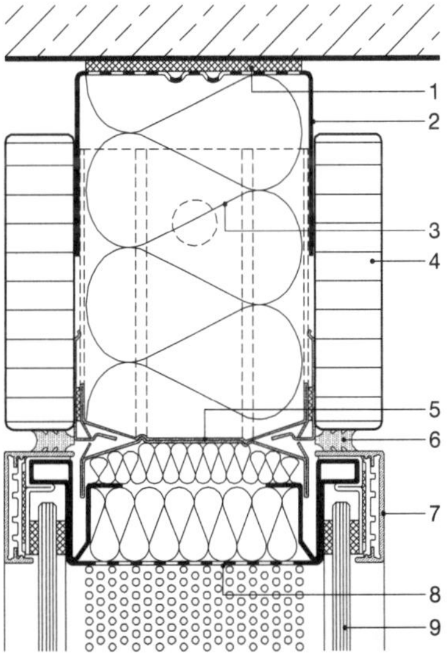

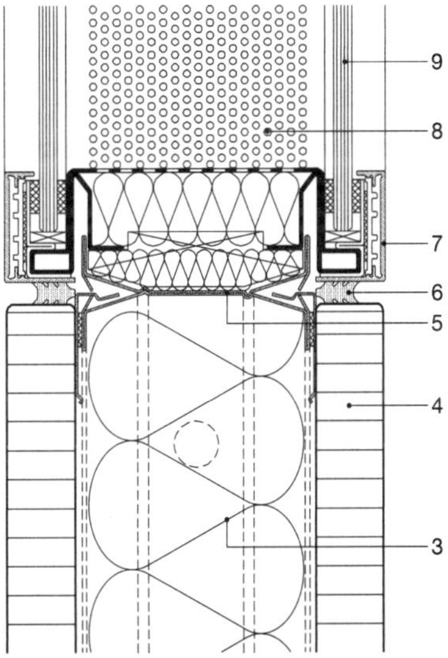

15.16 Konstruktionsbeispiel: Vertikalschnitte durch eine umsetzbare Trennwand (F30) mit schalldämmend ausgebildeter Oberlichtverglasung ($R_{w,P}$ = 46 dB)

1 Dichtungsband
2 U-förmiges Deckenanschlussprofil aus gelochtem Stahlblech
3 Mineralfaserdämmstoff, (Mineralwolle) 50 mm / 50 kg / m^3
4 Wandschalen aus Holzspanplatten, 19 mm dick
5 Unterkonstruktion (Ständerprofil)
6 Fugenprofil
7 Glasrahmenprofil mit Alu-Abdeckrahmen
8 gelochtes Stahlblech mit Schallschluckeinlage
9 verschiedene Glasarten, 7 bzw. 5 mm dick, G30-Oberlichtverglasung

FECO-Innenausbausysteme, Karlsruhe

15.3.5 Montagetechnische Anforderungen

Auf leichte Trennwände dürfen keine direkten Lasten von angrenzenden Bauwerksteilen einwirken. Sie müssen jedoch so konstruiert sein, dass sie Beanspruchungen – die vor allem durch menschliches Fehlverhalten verursacht werden – widerstehen können. In jedem Fall erhalten sie ihre Standsicherheit erst durch Verbindung mit den angrenzenden Bauteilen.

Baukörperanschlüsse. Bauwerksteile können erheblichen Verformungen unterliegen. So sind beispielsweise Durchbiegungen bei weit gespannten Geschossdecken möglich, auch Fassadenbewegungen durch Erwärmung und Abkühlung sowie bei Winddruck- und Sogkräften.

Leichte Trennwände müssen deshalb so beschaffen sein, dass sie derartige Baukörperbewegungen ohne Rissbildungen und sonstige bleibende Schäden – bei Erhalt der Standsicherheit – aufnehmen können.

Dies wird erreicht, indem bei Bedarf die Unterkonstruktionen (Tragprofile) der Trennwände selbst höhenbeweglich ausgebildet werden. Außerdem können die unmittelbar angrenzenden Boden-, Decken- und Wandanschlüsse teleskopartig gestaltet sein, so dass diese je Anschluss einen Toleranzausgleich von bis zu ± 20 mm ermöglichen.

Unterdeckenanschlüsse. Schließen leichte, umsetzbare Trennwände an leichte, abgehängte Unterdecken an, so werden diese in der Regel spannungsfrei an ein Deckenprofil herangeführt und mit diesem verschraubt. Um auch die aus den Trennwänden – beispielsweise durch stoßartige Belastungen – resultierenden Querkräfte bewegungsfrei aufnehmen zu können, muss die Unterdecke selbst horizontal stabilisiert, d. h. ausgesteift sein und größere Erschütterungen durch geeignete Konstruktionen unmittelbar auf Festpunkte ableiten. Vgl. hierzu Abschn. 14.3.4 mit Bild **14**.26.

Ungeachtet dieser Auflagen müssen versetzbare Trennwände des gehobenen Innenausbaues so beschaffen sein, dass sie ohne Schwierigkeiten und nennenswerte Nacharbeiten, unter Verwendung aller Einzelteile, umgesetzt und an anderer Stelle wieder aufgebaut werden können. Außerdem sollte immer ein Elementaustausch ohne Reihendemontage möglich sein.

15.3.6 Elektro- und Sanitärinstallationen in umsetzbaren Trennwänden

Elektroinstallationen können im Trennwandhohlraum untergebracht werden, ohne dadurch die Standsicherheit zu mindern. Die Einspeisung der Leitungen erfolgt entweder von oben (abgehängte Unterdecke) oder von unten (Systemboden) oder von der Seite (Flur- bzw. Fassadenbereich). Meist sind die tragenden Profile der Unterkonstruktion im oberen und unteren 30 cm-Bereich der Installationsführung sowieso ausgestanzt, so dass durch diese Öffnungen die Leitungen problemlos horizontal verlegt werden können.

Die Umsetzbarkeit der Trennwände ist jedoch nur dann gewährleistet, wenn Schalter, Steckdosen und andere Anschlüsse bei Veränderungen wieder schadlos entfernt (Deckenkappen) und Verdrahtungen auf einfache Weise gelöst werden können. Nachinstallationen von Elektro- und Kommunikationsleitungen müssen ohne Beschädigung der Wandteile möglich sein.

Bei brandschutztechnisch beanspruchten Trennwänden sind systembedingte Einschränkungen zu beachten. So dürfen beispielsweise Steck-, Schalter- und Verteilerdosen bei raumabschließenden Wänden nicht unmittelbar gegenüberliegend eingebaut werden.

Sanitärinstallationen. Die Unterbringung von Sanitärinstallationen in umsetzbaren Trennwänden ist zwar bedingt möglich, engt deren Veränderbarkeit aber erheblich ein. Um kleinere Handwaschbecken, Boiler o. Ä. an den Trennwänden unsichtbar befestigen zu können, müssen schon vorab – in entsprechender Höhe – tragende Querprofile bzw. Traversen in die Unterkonstruktion eingefügt werden. Weitere Angaben hierzu s. Abschn. 6.10.3, Nichttragende Trennwände.

15.4 Konstruktionstechnische Merkmale umsetzbarer Trennwände

Die auf dem Markt angebotenen Trennwandsysteme unterscheiden sich einmal durch ihren konstruktiven Aufbau und die daraus resultierende Montageart am Einsatzort, zum anderen durch die verwendeten Beplankungsmaterialien mit werkseitig aufgebrachten Oberflächenbeschichtungen. Entsprechend ihrer jeweiligen Bauweise werden sie entweder als Schalenwand oder Monoblockwand angeboten.

- **Schalenwände** (früher auch Skelettwände genannt). Bild **15**.17. Diese umsetzbaren Innenwände bestehen aus werkseitig vorgefertigten Einzelteilen, die erst an der Verwendungsstelle zur fertigen Wand montiert werden.

  Der Aufbau erfolgt nach dem Prinzip des Endlossystems bei immer gleich bleibender Konstruktionssystematik. Dabei werden zuerst höhenverstellbare, vertikale Stahl-Ständerprofile druckfrei zwischen Decken- und Bodenschiene montiert (Traggerüst aus Metall- oder Holzständer mit Längsschlitzungen), anschließend entsprechend den jeweiligen bauphysikalischen Anforderungen (Schall- und/oder Brandschutz) die Dämmmaterialien eingesetzt und die oberflächenfertigen Wandschalen in die Ständerprofile eingehängt bzw. eingeklipst.

  Die Wandschalen sind in der Regel aus Holzwerkstoff-, Gipskarton- oder Gipsfaserplatten sowie aus abgekanteten Stahlblechtafeln. Ihre Oberflächen können wahlweise mit DD-Lack, Schichtstoffplatten, Edelholzfurnier, PVC-Folien, Textilgewebe u. a.m. beschichtet sein.

  Die Vorteile dieser am häufigsten eingesetzten Wandbauart sind: Einfacher Transport aufgrund relativ geringer Gewichte der Einzelteile, weitgehend unbehinderte Installationsführung, problemlose Austauschbarkeit einzelner Wandpaneele, leichte Zugänglichkeit bei Wartungsarbeiten und Nachinstallation von Elektro- und Kommunikationsleitungen.

  Nachteilig wirken sich beim Aufbau die vielen Einzelteile aus, die – je nach System – unterschiedlich lange Montagezeiten verursachen.

- **Monoblockwände** (früher auch Elementwände genannt). Bild **15**.18. Diese ebenfalls umsetzbaren und jederzeit austauschbaren raumhohen Wandelemente bestehen aus einer tragenden Unterkonstruktion (Stahlprofilrahmen) mit beidseitiger Beplankung (Stahlblechpaneele) und Hohlraumfüllung (Mineralwolle). Sie werden im Herstellerwerk fix und fertig zusammengebaut, oberflächenfertig zur Verwendungsstelle gebracht und mit höhenverstellbaren Decken- und Bodenschienen montiert. Die Verriegelung der einzelnen Elemente miteinander erfolgt über einfache Steckverbindungen (Nocken, Klammern, Schienen).

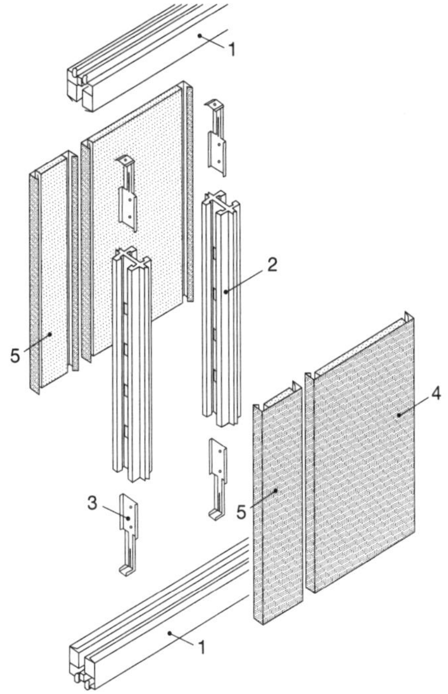

15.17 Schematische Darstellung der wichtigsten Einzelteile einer Schalenwand in Bandrasterbauweise
1 Boden- und Deckenschienen
2 Unterkonstruktion (Metallständerprofile)
3 Befestigungs- und Höhenausgleichsschuhe
4 Wandschalen aus Plattenmaterialien oder Stahlblechpaneelen
5 Bandrasterblende (Modulleiste)

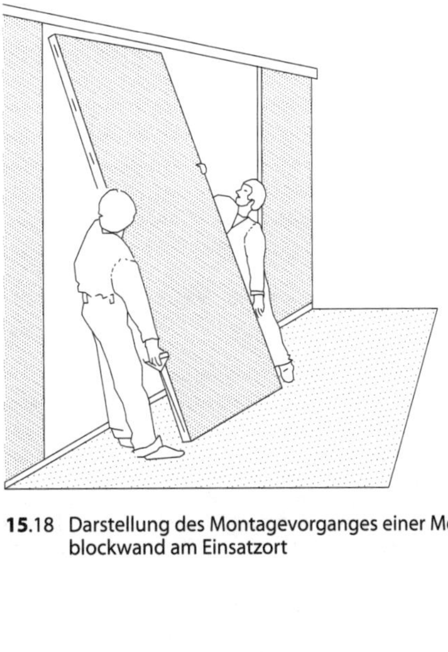

15.18 Darstellung des Montagevorganges einer Monoblockwand am Einsatzort

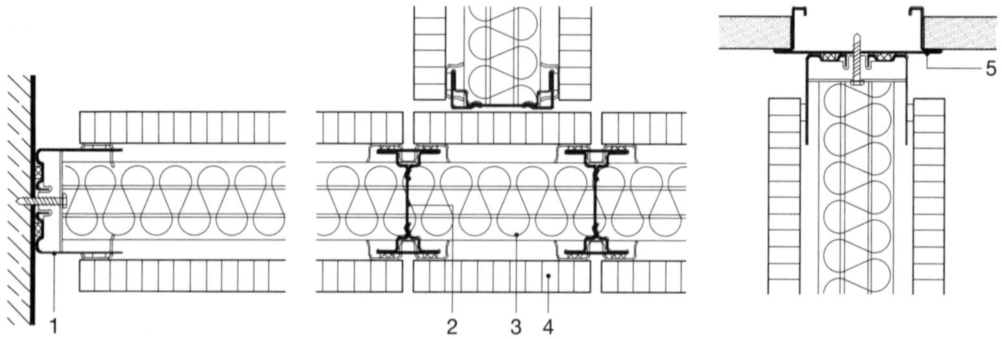

STRÄHLE System-Trennwand, Waiblingen (Schalenwand)

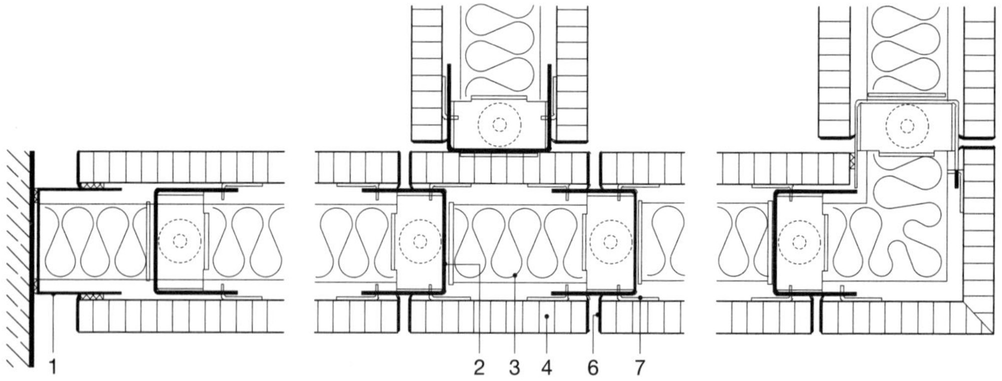

WAIKO System-Trennwand, Durlangen (Schalenwand)

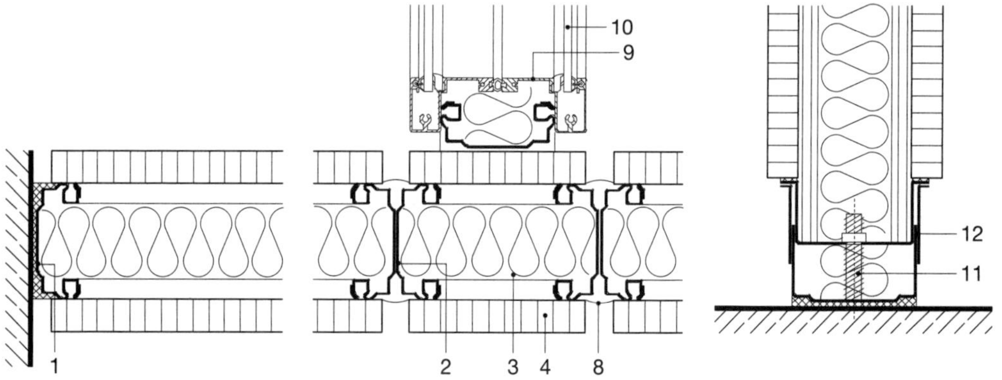

SCHARF System-Trennwand, Worms (Schalenwand)

15.19a **15**.19b **15**.19c

15.19 Konstruktionsbeispiele: Umsetzbare Trennwände

a) Wandanschlüsse, b) T-Anschlüsse (Bandrasteranschluss), c) Fußboden-, Decken- und Eckanschlüsse

1 Anschlussprofil
2 Ständerprofil
3 Mineralwolle (Dämmstoff)
4 Wandschale aus Spanplatte
5 Bandrasterprofil (Unterdecke)
6 Lippendichtung
7 Hakenverbindung
8 Fugendichtungsprofil
9 zweigeteilter Glasrahmen
10 schalldämmende Verglasung
11 Höhenjustierung / Toleranzausgleich
12 Teleskopsockel (ineinander geführte Metallprofile)

15

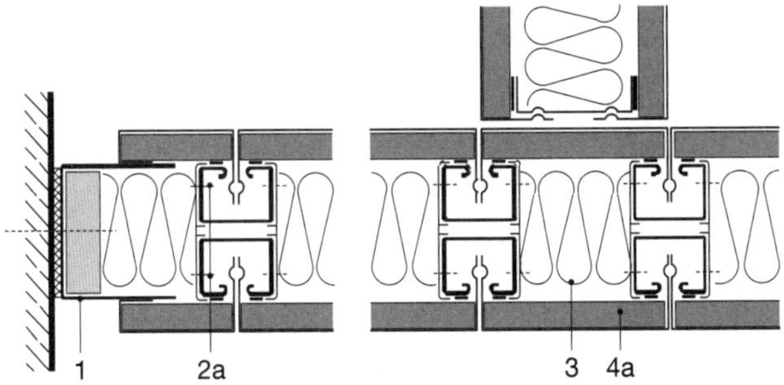

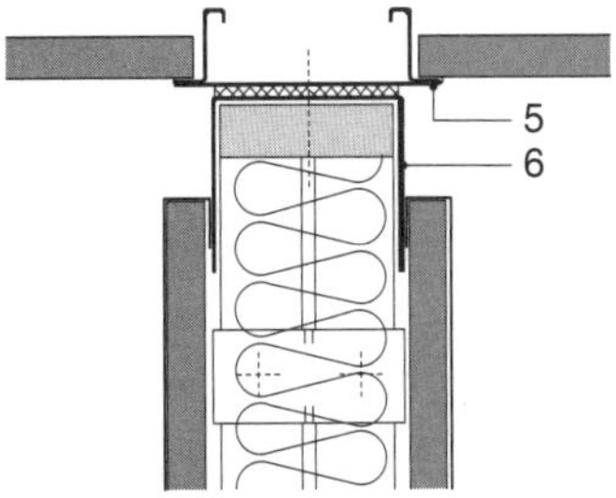

RICHTER SYSTEM, Griesheim-Darmstadt (Schalenwand)

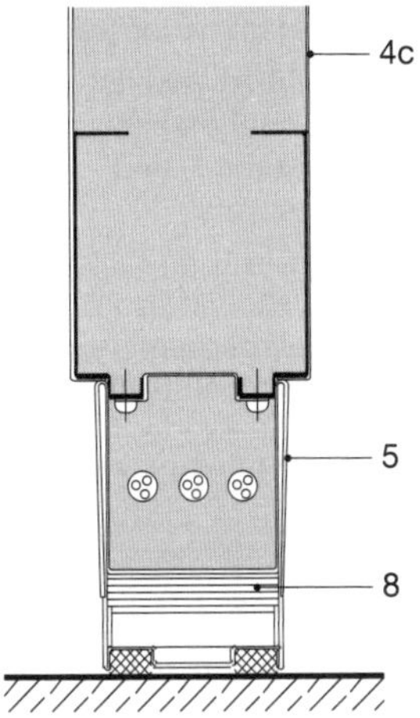

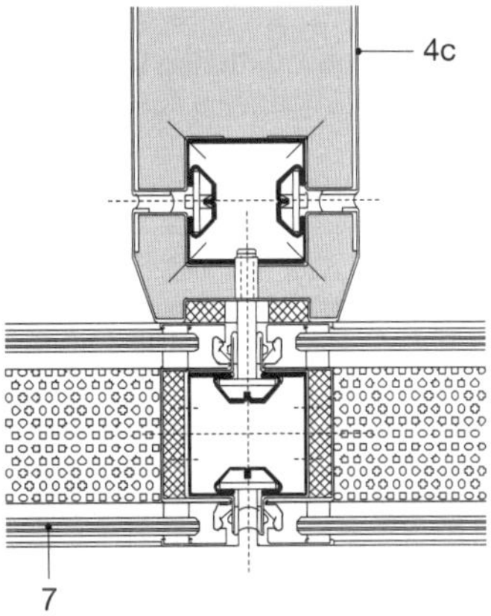

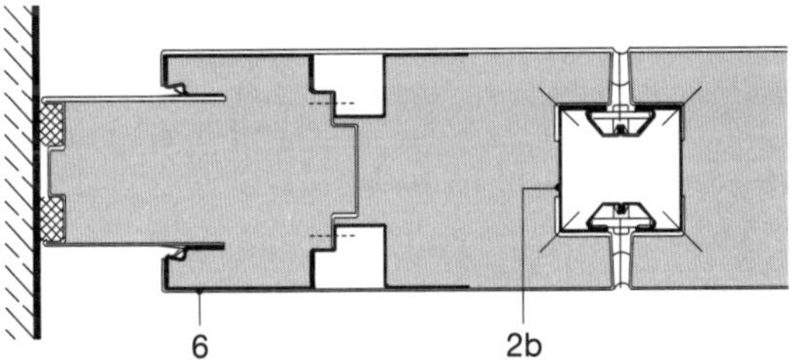

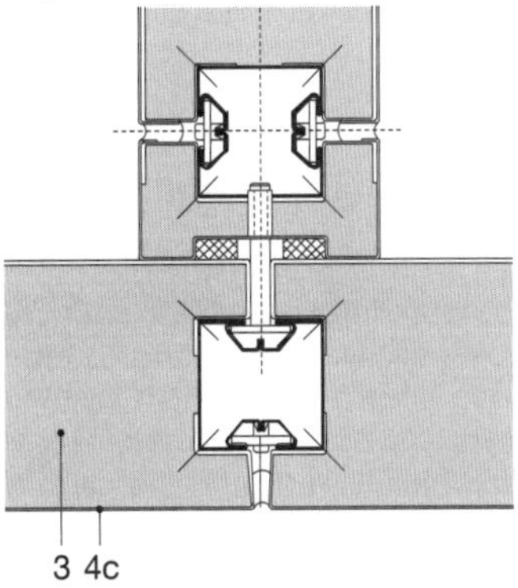

CLESTRA HAUSERMANN, Dreieich (Monoblockwand)

15.20a **15**.21b **15**.22c

15.20 Konstruktionsbeispiele: Umsetzbare Trennwände
a) Wandanschlüsse, b) T-Anschlüsse (Bandrasteranschluss), c) Fußboden-, Decken- und Eckanschlüsse

1 Anschlussprofil
2a Doppel-Ständerprofil
2b Ständerprofil / Knotenpunkt
3 Mineralwolle (Dämmstoff)
4a Wandschale aus abgekantetem Stahlblech mit eingeklebten Gipsplatten
4b Wandschale aus Gipskartonplatte mit Vinylbeschichtung
4c Wandschale aus abgekantetem Stahlblech mit Mineralwollefüllung
5 Sockelprofil/Bodenschiene
6 Passstück/Toleranzausgleich
7 Doppelverglasung mit Schallschluckkammer am Rand
8 Höhenjustierung/Toleranzausgleich

15

Da der Zusammenbau dieser selbsttragenden Wandelemente nicht am Einsatzort, sondern im Herstellerwerk erfolgt, zeichnen sich diese Wände durch eine besonders hohe Qualität und große Maßgenauigkeit aus. Als weiterer Vorteil ist ihre relativ leichte und schnelle Montage, Demontage und Remontage am Verwendungsort zu nennen.

Nachteilig wirken sich das meist hohe Transportgewicht, der geringe Spielraum für nachträgliche Installationen von Elektro- und Kommunikationsleitungen sowie die relativ starre Bindung an vorgegebene Rastermaße aus. Bei Beschädigung muss in der Regel das gesamte Wandelement ausgetauscht werden; bei bestimmten Wandkonstruktionen sind jedoch auch einzelne Stahlblechpaneele auswechselbar.

Die Vor- und Nachteile beider Systeme sind vor allem material- und bauartspezifisch bedingt. Um aus dem großen Marktangebot eine sinnvolle Auswahl treffen zu können, müssen die an die jeweilige Trennwand gestellten Anforderungen rechtzeitig und vollständig bekannt sowie die baulichen Gegebenheiten des Einsatzortes sorgfältig erfasst sein.

In diesem Zusammenhang wird daher noch einmal auf die in Abschn. 15.2 angeführte Kriterienliste (Beurteilung umsetzbarer Trennwände) hingewiesen.

15.4.1 Konstruktionsbeispiele von umsetzbaren Trennwänden

Es kann nicht Aufgabe dieses Werkes sein, einen vollständigen Überblick über die auf dem Markt befindlichen Trennwandsysteme zu geben. Mit den Bildern **15**.19 und **15**.20 werden nur einige typische Wandkonstruktionen vorgestellt; darüber hinaus wird auf die Spezialliteratur verwiesen [4], [5], [6], [7], [8].

15

15.5 Vorgefertigte Schrankwandsysteme

15.5.1 Allgemeines

Schrankwände aus Holz und Holzwerkstoffen werden entweder in Einzel- oder Serienfertigung hergestellt. Ähnlich wie bei den Trennwänden wird zwischen fest eingebauten und umsetzbaren Schränken unterschieden.

Individuell geplante Einbauschränke sind in das jeweilige räumliche Umfeld integriert und mit dem Bauwerk fest verbunden (bleiben hier unberücksichtigt). Sie werden meist nach handwerklichen Grundsätzen gefertigt und entsprechen funktionalen sowie ästhetischen Anforderungen unsrer Zeit genauso, wie die auf modernsten Anlagen industriell hergestellten Schrankwandsysteme.

Vorgefertigte Schrankwände bestehen aus serienmäßig hergestellten Teilen, die mit relativ geringem Aufwand montiert und jederzeit wieder umgesetzt werden können. Sie dienen nicht nur als Stauraum, sondern übernehmen auch Raumteiler-, Schall- und Brandschutzfunktionen.

Ihr äußeres Erscheinungsbild ist jeweils systembedingt auf die meist mitangebotenen, umsetzbaren Trennwänden abgestimmt und wird in vielfachen Variationen angeboten.

Auch ihre Inneneinrichtung (z. B. Organisationszüge für Hängemappen, Möbeltresore, Kühlschränke, Miniküchen, Waschbecken usw.) und das Angebot an Oberflächenmaterialien ist so vielseitig und ausbaufähig, dass sie für jeden Zweck eingesetzt und allen Wünschen angepasst werden können.

15.5.2 Einteilung und Benennung: Überblick

Vorgefertigte Schrankwände werden immer häufiger sowohl in privat genutzten als auch öffentlich zugänglichen Gebäuden eingebaut (z. B. Wohn-, Schul-, Büro-, Verwaltungs-, Hotel-, Krankenhausbauten). Wie Bild **15**.21 verdeutlicht, unterscheidet man entsprechend ihrer grundrisslichen und funktionalen Zuordnung bestimmte Grundtypen.

15.5.3 Konstruktionstechnische Merkmale vorgefertigter Schrankwände

Die auf dem Markt angebotenen Schrankwandsysteme unterscheiden sich einmal durch ihren konstruktiven Aufbau und die daraus resultierende Montageart am Einsatzort, zum anderen durch die verwendeten Plattenmaterialien mit werkseitig aufgebrachten Oberflächenbeschichtungen.

Ausgehend vom jeweiligen Konstruktionsprinzip werden sie entweder in herkömmlicher Elementbauweise oder Alu-Skelettbauweise angeboten.

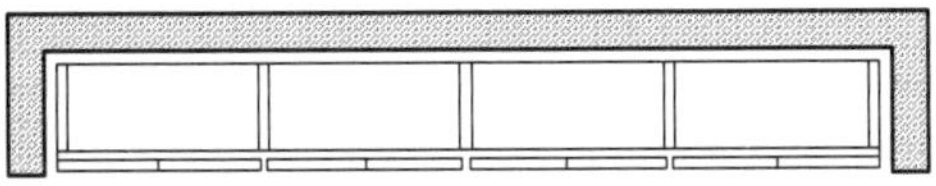

Schrank in einer Wandnische

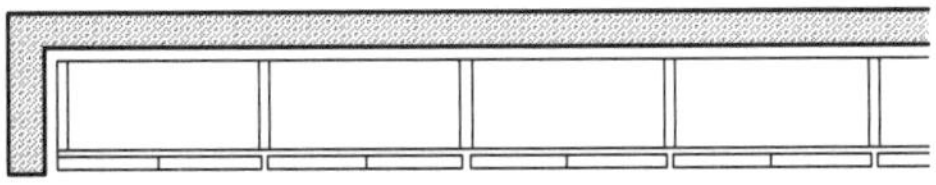

Schrank in einer Raumecke

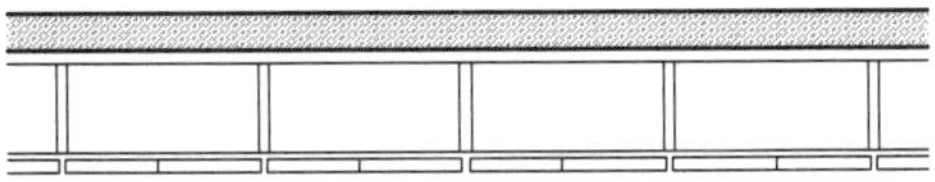

Schrank vor einer bauseitig errichteten Wand

Vorwandschrank: Schrank vor einer Wand

- **Stauraumfunktion**

Der Vorwandschrank wird vor eine bauseitig errichtete Massivwand oder leichte, nichttragende Trennwand gestellt. Er besteht aus montagefertigen Einzelteilen und weist in der Regel nur eine einfache Rückwand auf, die meist eingehängt – nicht eingenutet – wird. Anforderungen an Brand- und Schallschutz bestehen nicht.

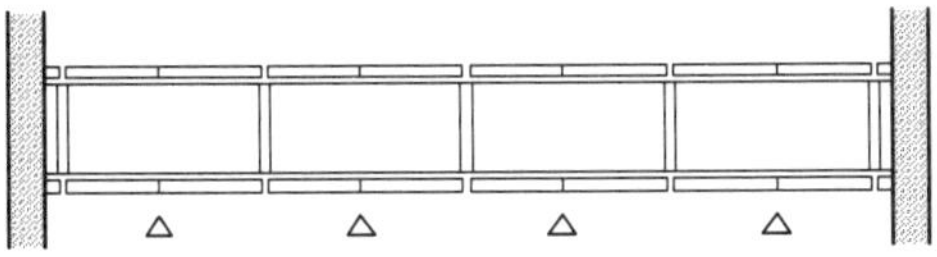

Raumteiler zwischen Wandflächen mit Sichtrückwand

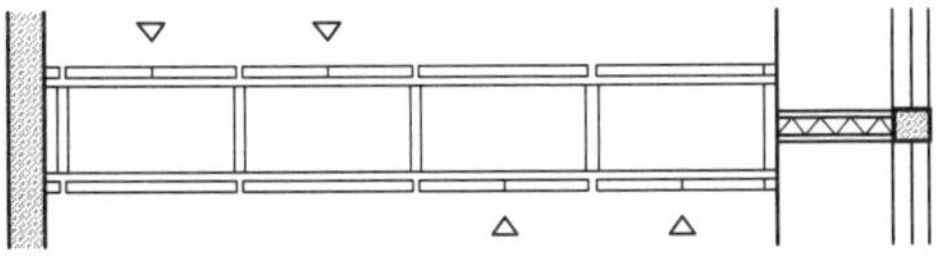

Raumteiler wechselseitig nutzbar

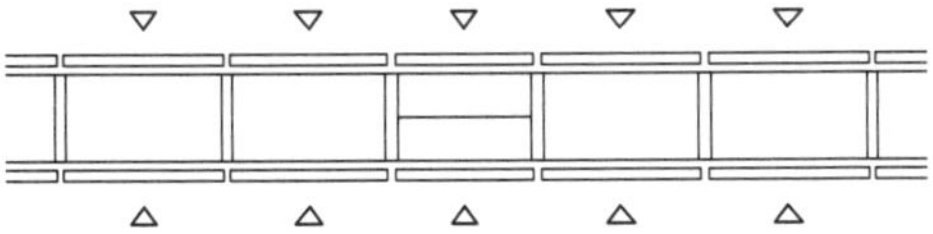

Raumteiler freistehend und doppelseitig nutzbar

Raumteiler: Raumteilende Schrankwand

- **Stauraumfunktion**
- **Raumteilerfunktion**

Raumteiler ersetzen nichttragende Trennwände und ermöglichen aufgrund ihrer Versetzbarkeit eine flexible Aufteilung der Geschossflächen. Die Nutzung der Schrankwände kann ein- oder doppelseitig sowie wechselseitig – auch bei unterschiedlichen Schranktiefen – sein.

In Raumteiler können auch Durchreiche- und Durchgangstüren integriert werden, sie können aber auch transparente Teile (z. B. Oberlichtverglasungen) aufweisen. Die Möglichkeit, gegebenenfalls Fronten gegen Sichtrückwände auszutauschen, muss mit einfachen Mitteln möglich sein; eine Demontage der Schrankwand darf dadurch nicht erforderlich werden.

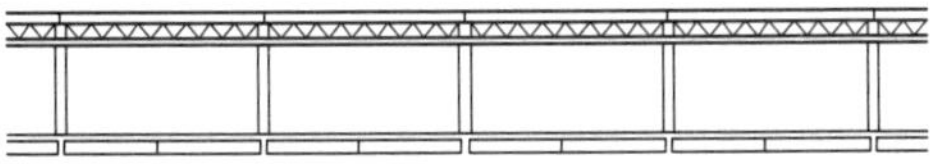

Schrankwand in Achsrasterbauweise
mit rückseitiger Trennwand-Halbschale

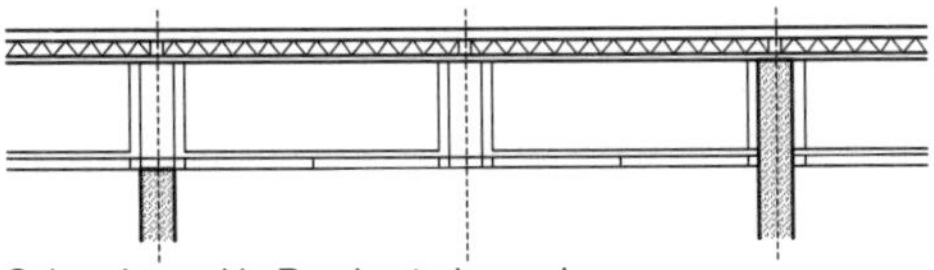

Schrankwand in Bandrasterbauweise
mit Trennwandanschlüssen

- **Schallschutzfunktion**
- **Brandschutzfunktion**

Schallschutztechnische und brandschutztechnische Anforderungen sind bei Bedarf zu erfüllen, meist in Kombination mit einer rückseitig aufgestellten Trennwand oder am Schrankkorpus angebrachten Trennwand-Halbschale.

- **Achsrasterbauweise**
- **Bandrasterweise**

Die raumteilende Schrankwand kann entweder in Achsraster- oder Bandrasterbauweise oder in Kombination beider Bauarten ausgeführt sein.

- Achsrasterbauweise: Endloses Anbausystem mit jeweils **einer** Schrankwandseite.
- Bandrasterbauweise: Selbständige, am Einsatzort aus Einzelteilen zusammengesetzte Schrankkorpusse mit jeweils **zwei** Schrankseiten und dazwischen angebrachten Bandrasterblenden (Modulleisten) zum Anschluss von umsetzbaren Trennwänden. Einzelheiten hierzu s. Abschn. 15.3.1.

15.21 Schematische Darstellung von vorgefertigten Schrankwänden nach ihrer grundrisslichen und funktionalen Zuordnung

- **Konventionelle Elementbauweise** (Bild **15**.22). Diese versetzbaren Schrankwände bestehen aus einzelnen raumhohen Schrankseiten und waagerechten Konstruktionsböden aus Holzwerkstoffplatten, die durch Excenterbeschläge in Endlosbauweise zu einem Korpus verbunden werden. In alle sichtbaren Plattenkanten sind Weichlippendichtungen eingelassen, so dass beispielsweise beim freistehenden Raumteiler ein wechselseitiges Austauschen von Sichtrückwänden und Schranktüren jederzeit möglich ist. Die Druckverteilung des Schrankgewichtes im Sockelbereich erfolgt über teleskopartig ausgebildete Bodenanschlussprofile, die einen Toleranzausgleich und eine nachträgliche Höhenjustierung ermöglichen; ähnlich ausgebildet sind auch die Decken- und Wandanschlüsse.
Alle raumhohen Schrankinnenseiten sind im Tür- bzw. Rückwandbereich mit einer Lochreihenbohrung versehen (Bohrabstand 25 oder 32 mm), die zur Aufnahme aller Konstruktions-

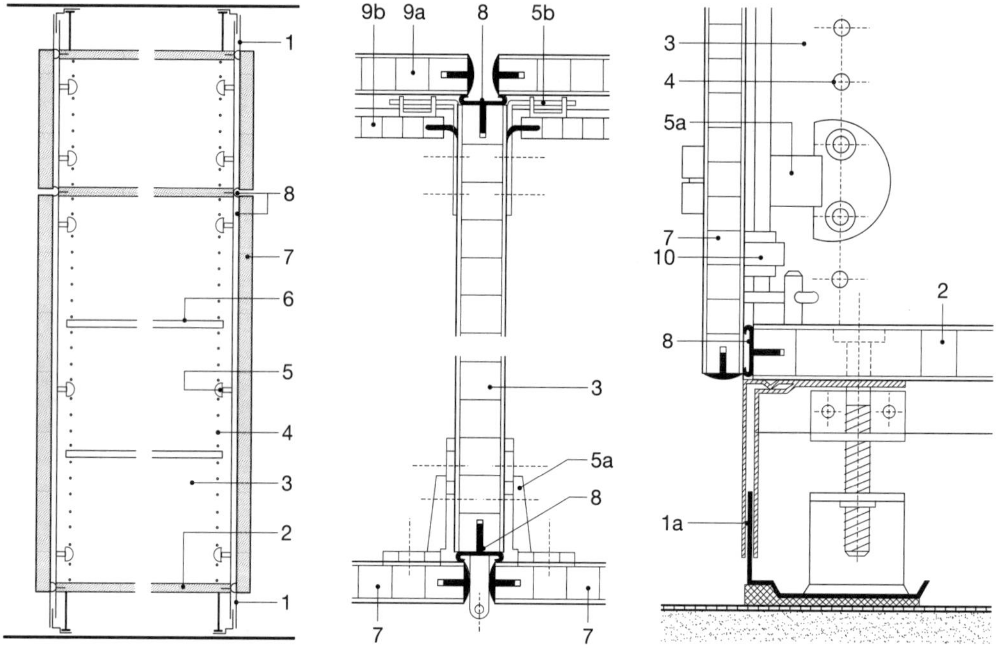

15.22a **15**.22b **15**.22c

15.22 Darstellung konstruktionstechnischer Merkmale vorgefertigter Schrankwandsysteme in konventioneller Elementbauweise

a) Vertikalschnitt: Raumteiler, ein- oder zweiseitig nutzbar
b) Konstruktionsdetail: Front- und Rückwandausbildung
c) Konstruktionsdetail: Höhenverstellbarer Bodenanschluss

1 Baukörperanschlüsse
1a Stahl-Teleskopsockel mit druckverteilendem Bodenanschlussprofil
2 Konstruktionsböden über Excenterbeschläge mit den Schrankseiten fest verbunden
3 Schrankseiten aus Holzspanplatten
4 Lochreihenbohrung zur Aufnahme aller Funktionsbeschläge und variabler Einrichtungsteile
5a Metalltürbänder
5b Einhängebeschlag zur Befestigung der Rückwände
6 Fachboden, höhenverstellbar
7 Schranktür
8 Weichlippendichtung
9a Sichtrückwand
9b Einbaurückwand
10 Drehstangenschloss

und Funktionsbeschläge sowie der variablen Einrichtungsteile dienen. Die Holzwerkstoffplatten (Holzspanplatten gemäß DIN 68 761, zukünftig DIN EN 312) müssen der Emissionsschutzklasse E1 und Baustoffklasse B2 nach DIN 4102 zugeordnet sein; alle Korpusteile, Schranktüren und Sichtrückwände sind üblicherweise 19 mm, die Konstruktionsböden 22 mm dick und melaminharzbeschichtet.

- **Aluminium-Skelettbauweise** (Bild **15**.23). Kennzeichnend für diese ebenfalls versetzbaren Schrankwände ist eine Leichtmetall-Skelettkonstruktion. Stranggepresste Aluminiumprofile übernehmen bei dieser Bauart die vertikale Lastabtragung und kraftschlüssige Verbindung der Schrankseiten mit den Konstruktionsböden (Spannbolzen) sowie Dichtungsfunktionen (Weichlippendichtungen), während die mit den Profilen fest verleimten Spanplatten lediglich der Ausfachung dienen. Die an den beiden Längskanten der Schrankseiten angebrachten Aluminiumprofile sind jeweils mit zwei parallel

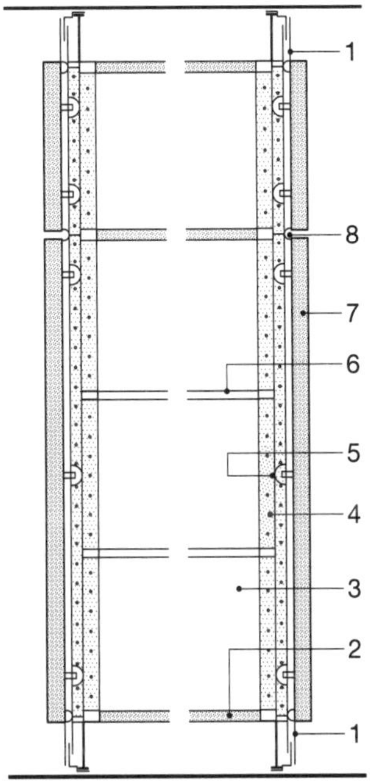

15.23a

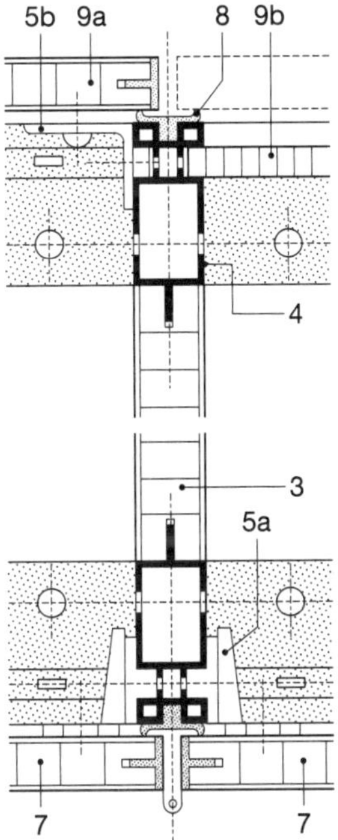

15.23b

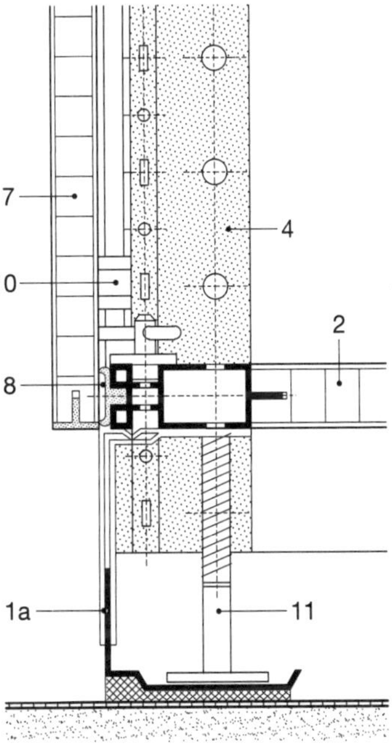

15.23c

15.23 Darstellung konstruktionstechnischer Merkmale vorgefertigter Schrankwandsysteme in Aluminium-Skelettbauweise

a) Vertikalschnitt: Raumteiler, einseitig nutzbar
b) Konstruktionsdetail: Front- und Rückwandausbildung
c) Konstruktionsdetail: Höhenverstellbarer Bodenanschluss

1 Baukörperanschlüsse
1a Stahl-Teleskopsockel mit Schrankwandhöhersteller und druckverteilendem Bodenanschlussprofil
2 Konstruktionsböden über Doppelbolzen in den Alu-Querprofilen mit den Schrankseiten kraftschlüssig verspannt
3 Schrankseite aus Holzspanplatten mit den Alu-Profilen fest verleimt
4 Aluminium-Standprofil mit zwei Lochraster- bzw. Schlitzrasterreihen
5a Metalltürbänder am Alu-Standprofil befestigt
5b Einhängebeschlag zur Befestigung der Sichtrückwand
6 Fachboden, höhenverstellbar
7 Schranktür
8 Weichlippendichtung
9a Sichtrückwand
9b Einbaurückwand
10 Drehstangenschloss
11 Stellschraube zur Höhenjustierung

verlaufenden Lochraster- oder Schlitzrasterreihen versehen (Abstand 16, 25 oder 32 mm). Sie dienen zur Aufnahme der Türbänder, Haltebeschläge für Rückwände und zur Befestigung der Inneneinrichtung.

Die Profile garantieren größtmögliche Stabilität, ausreißsichere Befestigung und flexible Aufnahme der Organisationsmittel sowie beschädigungsfreien Austausch von Sichtrückwand und Schranktür bei der raumteilenden Schrankwand. Die Höhenjustierung erfolgt über Stellschrauben, die jeweils am oberen und unteren Ende axial im Alu-Standprofil geführt werden; die Druckverteilung des Schrankgewichtes im Sockelbereich wird über ein teleskopartig ausgebildetes Bodenanschlussprofil erreicht; ähnlich ausgebildet sind auch die Decken- und Wandanschlüsse. In die Alu-Profile eingedrückte Weichlippendichtungen schützen den Schrankinhalt vor Verstauben, dämpfen Schließgeräusche und verbessern die schallschutztechnischen Werte einer raumteilenden Schrankwand.

Es kann nicht Aufgabe dieses Werkes sein, einen vollständigen Überblick über die auf dem Markt befindlichen, vorgefertigten Schrankwandsysteme zu geben. Mit den Bildern **15**.22 und **15**.23 werden nur die wichtigsten Bauarten und ihre konstruktionstechnischen Merkmale vorgestellt; darüber hinaus wird auf die Spezialliteratur verwiesen [7], [9], [10].

15.6 Normen

Norm	Ausgabedatum	Titel
DIN 4102-1	05.1998	Brandverhalten von Baustoffen und Bauteilen; Baustoffe; Begriffe, Anforderungen und Prüfungen
DIN 4102-1 Ber. 1	08.1998	Berichtigung zu DIN 4102-1
DIN 4102-2	09.1977	–; Bauteile; Begriffe, Anforderungen, Prüfungen
DIN 4102-3	09.1977	–; Brandwände und nichttragende Außenwände; Begriffe Anforderungen, Prüfungen
DIN 4102-4	03.1994	–; Zusammenstellung und Anwendung klassifizierter Baustoffe, Bauteile und Sonderbauteile
DIN 4102-4 Ber. 1	05.1995	Berichtigungen zu DIN 4102-4
Ber. 2	04.1996	–;
Ber. 3	09.1998	–;
DIN 4102-5	09.1977	–; Feuerschutzabschlüsse, Abschlüsse in Fahrschachtwänden und gegen Feuer widerstandsfähige Verglasungen; Begriffe, Anforderungen und Prüfungen (teilweise ersetzt durch DIN 4102-13)
DIN 4102-13	05.1990	–; Brandschutzverglasungen; Begriffe, Anforderungen und Prüfungen
E DIN 4102-19	12.1998	–; Wand- und Deckenbekleidungen in Räumen; Versuchsraum für zusätzliche Beurteilungen
DIN 4103-1	07.1984	Nichttragende innere Trennwände; Anforderungen, Nachweise
DIN 4103-2	12.1984	–; Trennwände aus Gips-Wandbauplatten
DIN 4103-4	11.1988	–; Unterkonstruktion in Holzbauart
DIN 4109	11.1989	Schallschutz im Hochbau; Anforderungen und Nachweise
DIN 4109 Ber. 1	08.1992	Berichtigungen zu DIN 4109, DIN 4109 Bbl. 1 und DIN 4109 Bbl. 2
DIN 4109 Bbl. 1	11.1989	Schallschutz im Hochbau; Ausführungsbeispiele und Rechenverfahren
DIN 4109 Bbl. 2	11.1989	–; Hinweise für Planung und Ausführung; Vorschläge für einen erhöhten Schallschutz; Empfehlungen für den Schallschutz im eigenen Wohn- oder Arbeitsbereich
E DIN 4109/A1	04.1998	–; Anforderungen und Nachweise; Änderung A1
DIN 4172	07.1955	Maßordnung im Hochbau
DIN 18 000	05.1984	Modulordnung im Bauweisen

15

Normen, Fortsetzung

Norm	Ausgabedatum	Titel
DIN 18 165-1	07.1991	Faserdämmstoffe für das Bauwesen; Dämmstoffe für die Wärmedämmung (teilweise ersetzt durch DIN EN 826)
DIN 18 165-2	03.1987	–; Dämmstoffe für die Trittschalldämmung (teilweise ersetzt durch DIN EN 12 431)
E DIN 18 165-2	05.1999	–; Dämmstoffe für die Trittschalldämmung
DIN 18 180	09.1989	Gipskartonplatten; Arten, Anforderungen und Prüfungen
DIN 18 181	09.1990	Gipskartonplatten im Hochbau; Grundlagen für die Verarbeitung
DIN 18 183	11.1988	Montagewände aus Gipskartonplatten; Ausführung von Metallständerwänden
DIN 68 762	03.1982	Spanplatten für Sonderzwecke im Bauweisen; Begriffe, Anforderungen und Prüfungen
DIN 68 763	09.1990	Spanplatten; Flachpressplatten für das Bauwesen; Begriffe, Anforderungen, Prüfungen und Überwachung (teilweise ersetzt durch DIN EN 312-5)
DIN 68 764-1	09.1973	–; Strangpressplaten für das Bauwesen; Begriffe, Eigenschaften, Prüfungen und Überwachung
DIN 68 765	11.1987	–; Kunststoffbeschichtete dekorative Flachpressplatten; Begriffe und Anforderungen
DIN EN 1364-1	10.1999	Feuerwiderstandsprüfungen für nichttragende Bauteile; Wände
DIN EN 1364-2	10.1999	–; Unterdecken

15.7 Literatur

[1] *Gösele, K., Kühn, B., Stumm, F.*: Schall-Längsdämmung von untergehängten Deckenverkleidungen. In: Bundesblatt 1976, Heft **3**

[2] *Gösele, K., Schüle, W.*: Schall-Wärme-Feuchte. 10. Aufl., Wiesbaden 1996

[3] *Zeeb, J.*: Die umsetzbare Trennwand. Stuttgart 1978

[4] LINDNER Aktiengesellschaft. Technische Produktunterlagen. 12. Aufl., Arnstorf 2000

[5] FECO Innenausbausysteme: Trennwand-Detailbroschüre. Karlsruhe 2000

[6] CLESTRA HAUSERMAN GMBH. Umsetzbare Trennwandsysteme. Dreieich 2000

[7] STEINFELD-BODE. System-Trennwände und Schrankwände. Kaufungen 2000

[8] STRÄHLE Raumsysteme. Umsetzbare Trennwände – Technische Produktunterlagen. Waiblingen 2000

[9] SCHÄRF Schrankwandsysteme. Konstruktionsblätter. Worms 2000

[10] VOKO-Schrankwand. Technische Informationen. Pohlheim 2000

16 Besondere bauliche Schutzmaßnahmen

16.1 Allgemeines

Die Innenräume alter Gebäude mit breiten, massiven Wänden und schweren Decken haben, falls sie gut belichtet und belüftet sind, zumeist drei schätzenswerte Eigenschaften: Sie sind trocken, sie sind im Winter warm, im Sommer kühl, und sie sind lärmdicht. Neuzeitliche Gebäude zeichnen sich infolge der genaueren Bemessungsverfahren einer hochentwickelten Baustatik und Baustoffkunde durch erheblich geringere Massen von Baustoffen für tragende Bauteile, wie Wände und Decken aus. Dafür müssen jedoch erhöhte Aufwendungen für Maßnahmen zum Schutz vor Feuchtigkeit, vor Wärmeverlusten, für sommerlichen Wärmeschutz, gegen Brandgefahr und gegen Lärm gemacht werden, wenn der Nutzwert nicht herabgemindert werden soll.

Räume zum dauernden Aufenthalt von Menschen und Haustieren müssen trocken und angemessen warm sein.

Feuchtigkeit schadet auch den meisten Baustoffen und der Gebäudeeinrichtung: Steine werden beim Gefrieren des in die Poren eingedrungenen Wassers zersprengt, wasserlösliche Bestandteile von Mörteln werden ausgewaschen, Stahl rostet bei Feuchtigkeit, nasses Holz wird von Fäulnis oder von Pilzen befallen. Es ist daher ein wichtiges Ziel der Baukonstruktion, die Räume und Bauteile eines Gebäudes vor jeder Art von Feuchtigkeit zu schützen.

Feuchtigkeit beansprucht Bauwerke durch:

- Niederschläge
- Bodenfeuchtigkeit (s. Abschn. 16.4.4, DIN 18 195-4)
- nicht drückendes Wasser (s. Abschn. 16.4.5, DIN 18 195-5)
- drückendes Wasser (s. Abschn. 16.4.6, DIN 18 195-6)
- Tauwasser (s. Abschn. 16.5.6)

Ständig erweiterte naturwissenschaftliche Erkenntnisse erfordern ferner Aufmerksamkeit gegenüber baustoff- und umweltbedingten gesundheitsgefährdenden Einflüssen (z. B. Radioaktivität von Baustoffen, geopathogene Einflüsse, Strahlungen, elektrische Felder u. a. m.). Zur Zeit liegen jedoch weder ausreichende bzw. allgemein anerkannte Forschungsergebnisse über Umfang und Qualität derartiger Gefährdungen noch über etwa erforderliche bzw. mögliche bautechnische Schutzmaßnahmen vor. Planer und Bauausführende sollten im Rahmen ihrer Aufklärungspflicht vorsorglich Auftraggeber bzw. Nutzer auf die aktuelle Diskussion hinweisen und daraus eventuell für das Projekt abzuleitende Maßnahmen definieren und abgrenzen (s. Abschn. 16.8).

16.2 Schutz gegen Niederschlagswasser

Es gibt an Bauwerken unserer Klimazone kaum Konstruktionsteile, die in Form und Gefüge nicht mitbestimmt werden von dem Bestreben, das Bauwerk vor Niederschlagswasser zu schützen. An dieser Stelle sollen einige Schutzmaßnahmen betrachtet werden, an denen sich das Grundsätzliche besonders deutlich erkennen lässt.

Die Schutzmaßnahmen für ein Bauwerk gegen Niederschlagswasser beginnen bereits bei der Planung in Bezug auf die umgebenden Geländeoberflächen. Sie sollten nach Möglichkeit immer so modelliert werden, dass Oberflächenwasser mit *ausreichendem Gefälle* vom Bauwerk weggeleitet wird (Bild **16**.1).

Außer Dächern (s. Teil 2 dieses Werkes) müssen auch alle anderen Bauteile, die Niederschlägen unmittelbar ausgesetzt sind, so geformt sein, dass das Wasser schnell und restlos von ihnen abläuft (Gefälle, keine muldenförmigen Vertiefungen, keine nach oben offenen Fugen). Außerdem müssen sie aus Baustoffen bestehen, bei denen – allgemein ausgedrückt – die Eindringgeschwindigkeit des Wassers geringer ist als dessen Verdunstungsgeschwindigkeit (wenig saugfähig, dicht oder Wasser abweisend). Werden Bauteile verwendet, die diesen Bedingungen nicht entsprechen, so müssen sie durch Überdachungen, Abdeckungen, Verkleidungen, Anstriche o. Ä. geschützt werden.

Abdeckung von Bauteilen

Bei der Planung kommt es oft zu Kollisionen zwischen gestalterischen Absichten und konstrukti-

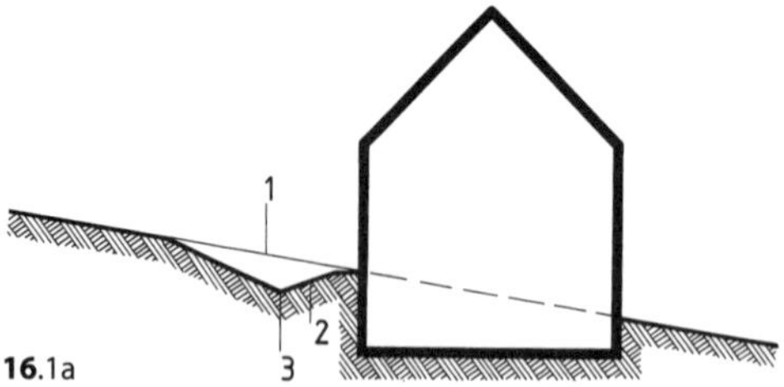

16.1a

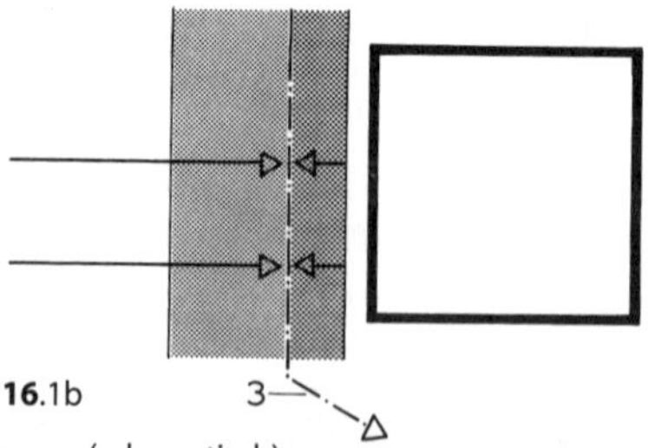

16.1b

16.1 Ableitung von Oberflächenwasser durch Geländemodellierung (schematisch)
a) Schnitt
b) Grundriss
1 vorhandenes Oberflächengefälle
2 Gegengefälle
3 Kehle mit Ableitung

ven Erfordernissen. Als Beispiel dafür kann der Schutz vor Niederschlagswasser bei freistehenden Wänden dienen:

Formal wird meistens eine klare Wandscheibe angestrebt ohne Vorsprünge von Abdeckungen. Bei Wänden aus Stahlbeton kann bei Ausführung mit wasserundurchlässigem Beton eventuell auf eine Abdeckung verzichtet werden, nicht aber bei Mauerwerkswänden.

Mauerabdeckungen durch Rollschichten (Bild **6**.39c) sind bei Sichtmauerwerk oft formal eine gute Lösung, auf Dauer jedoch selbst bei einer Behandlung mit Wasser abweisenden Imprägnierungsmitteln nicht haltbar. Wenn dennoch eine solche Ausführung gewählt wird, müssen auf jeden Fall *frostbeständige Vollsteine* (d. h. auch ohne produktionsbedingte Lochungen!) verwendet werden. Sonst besteht besondere Durchfeuchtungsgefahr.

Unvermeidlich bleiben aber bei derartigen Ausführungen auf lange Sicht Verschmutzungen durch ablaufendes Regenwasser. Diese können nach neuer Rechtsprechung u. U. als *Planungsfehler* geltend gemacht werden, selbst wenn sonstige Bauschäden nicht eintreten!

Eine konstruktiv richtige Ausführung mit einer Werksteinabdeckung zeigt Bild **16**.2. Dabei müssen die Werksteine aus dichtem Material bestehen, und die Stoßfugen sind sorgfältig voll mit Mörtel zu verfüllen .

Der Plattenüberstand muss so groß sein, dass Tropfwasser den Putz oder die Oberflächen nicht durchnässt. Überstände unter 5 cm sind dafür wirkungslos. Einseitig geneigte Platten haben Gefälle nach der Wetterseite, jedoch muss auch das obere Ende einen genügend großen Überstand und eine Tropfkante haben. Dachsteine bzw. -ziegel sind sehr stoßempfindlich und daher nur bedingt als Abdeckplatten geeignet.

Abdeckungen aus Zink- oder Kupfer-Blechen sind für breite Mauern weniger geeignet, weil sie unter Temperatureinwirkung leicht zum Verbeulen neigen. Bewährt – allerdings auch teuer – sind Mauerabdeckprofile aus Leichtmetall (Bild **16**.3).

Längere Metallabdeckungen müssen mit Gleitstößen ausgeführt werden.

Ähnliches gilt für Vorsprünge von Bauwerksteilen wie z. B. größere Gesimse oder für Kragplatten von Vordächern. Werksteine oder selbst Stahlbeton sind unter andauernden Temperatur- und

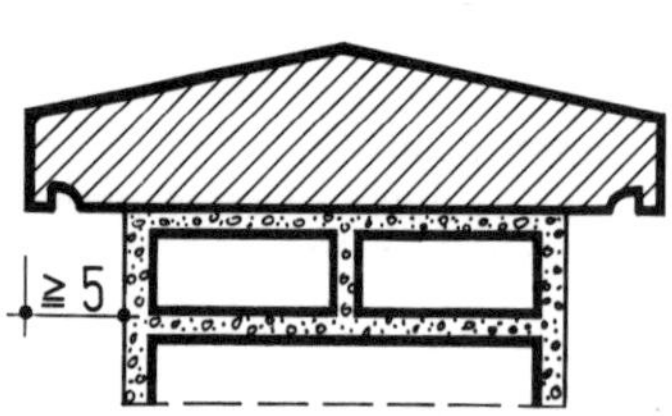

16.2 Betonabdeckplatte für geputzte Mauer.
Zu beachten: reichlicher Überstand, scharfkantige Tropfnase, dichte Stoßfuge

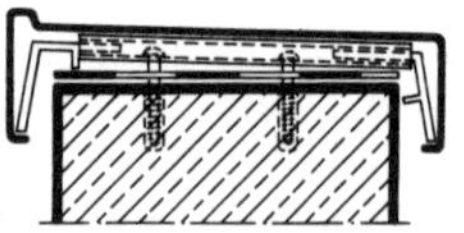

16.3 Mauerabdeckung aus Aluminiumprofil (ALWITRA)

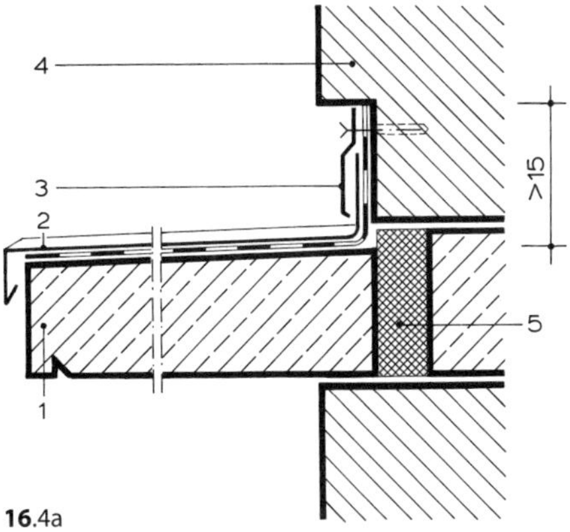

16.4a

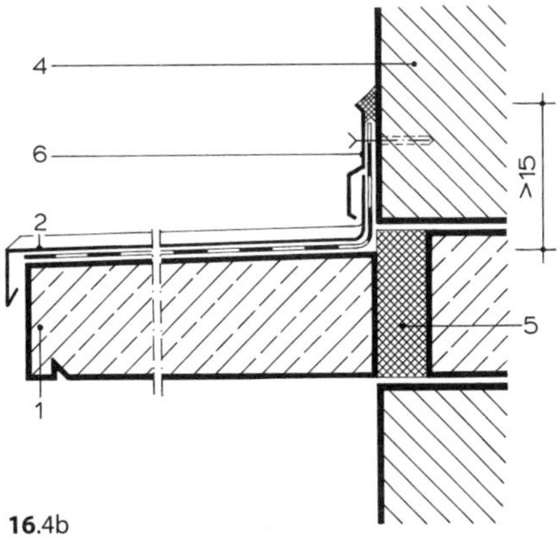

16.4b

16.4 Anschluss von Metallabdeckungen
a) Anschluss mit Hinterschneidung
b) Anschluss mit eingedichtetem Anschlussprofil
1 Gesims o. Ä.
2 Metall-Abdeckung auf Trennlage
3 Abdeckprofil, angedübelt
4 Sichtmauerwerk
5 durchlaufende Bewehrung mit thermischer Trennung (z. B. Schoeck – Isokorb o. Ä.)
6 Wandanschlussprofil mit dauerelastischer Abdichtung

Witterungswechseln in Verbindung mit Luftverunreinigungen nicht ohne schützende Metallabdeckung oder zumindest mit wasserdichtenden Beschichtungen oder Anstrichen auszuführen. Hierbei sind die Anschlüsse zwischen den zu schützenden und den anschließenden Bauteilen vom Planer genau vorzugeben. In jedem Fall sind dabei „konstruktive" Lösungen (z. B. hinterschnittener Anschluss, Bild **16**.4a) solchen vorzuziehen, bei denen man sich auf dauerelastisches, wartungsnotwendiges Material und sehr sorgfältige handwerkliche Ausführung verlassen muss (Bild **16**.4b).

Formal sind bei solchen Ausführungen Kompromisse unvermeidlich, und es muss im Einzelfall im Einvernehmen mit dem Auftraggeber entschieden werden, welche Prioritäten in solchen und ähnlichen Fällen zu setzen sind.

Bauteilanschlüsse

Besondere Aufmerksamkeit muss der Planung aller Anschlüsse zwischen verschiedenen Bauteilen gelten.

Klare Trennungen sollten hier bereits beim Entwurf den Vorzug vor komplizierten Abdichtungen haben. Beispielsweise sollten im Außenbereich Treppenläufe von parallel liegenden Wänden abgerückt werden (Bild **16**.5). Die vielen Ecken zwischen Tritt- und Setzstufen bzw. den begleitenden Sockelplatten dürften andernfalls fast zwangsläufig zu Ansatzpunkten für die Durchfeuchtung der anschließenden Mauer- bzw. Putzflächen und für Verschmutzung werden.

Sind direkte Anschlüsse nicht zu vermeiden, sollte an den Übergängen – selbst bei kleinflächigen Bauteilen – durch Gefälle (≥ 5 %) das Niederschlagwasser abgeleitet werden (Bild **16**.6). Ist bei größeren Bauteilen aus formalen Gründen eine

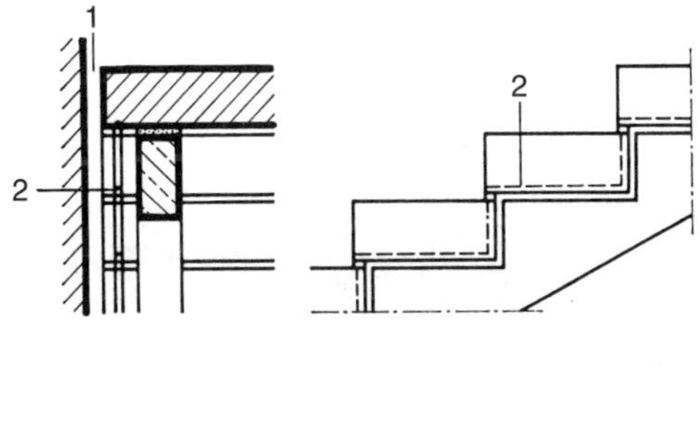

16.5
Freitreppe auf Stahlbetonwange parallel zur Gebäudewand
1 Fuge zwischen Stufen und Gebäudewand
2 Tropfnase als Abtropfkante an der Unterseite

Abschrägung zur Gefällebildung unerwünscht, sind an den Übergängen Höhenversprünge vorzusehen, damit Niederschlagswasser nicht in die Bauteilfugen eindringt (Bild **16**.7). Auch hier sollte man sich nicht in erster Linie auf einen dauernden Schutz durch Fugenabdichtungsmassen verlassen!

Besonders gefährdet durch ständige Feuchtigkeitseinwirkung sind Putzflächen, die an Bauteilfugen anschließen. Falsch sind *Putzaufstandsflächen auf vorspringenden Gesimsen*, Sockeln o. Ä. (Bild **16**.8a). Zumindest sollten vorspringende Kanten mit Gefälle ausgebildet werden (Bild **16**.8b). Aber auch hier besteht die Gefahr, dass an

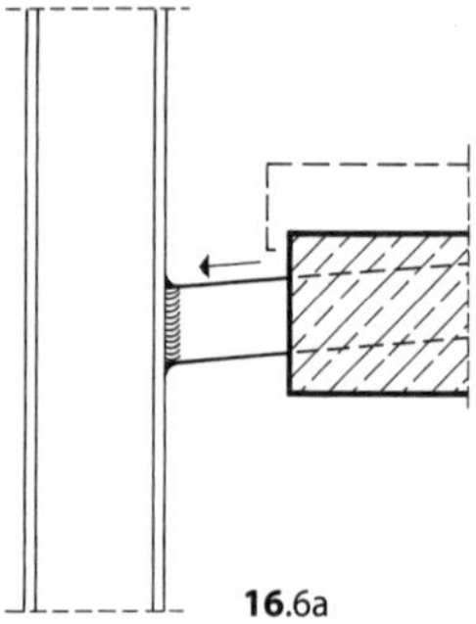

16.6a

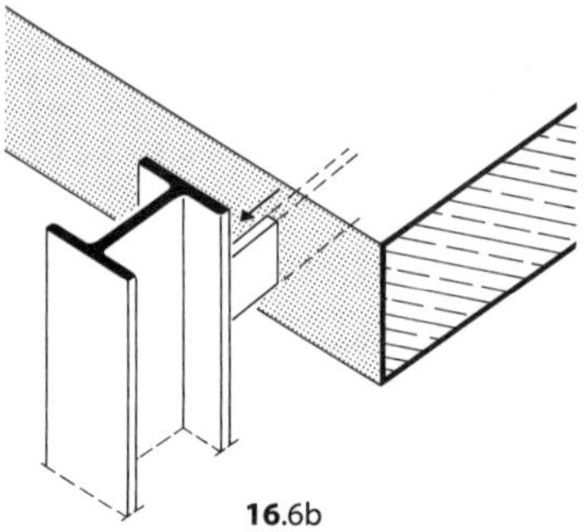

16.6b

16.6 Anschluss einer Stahlstütze an einen Bauteil aus Stahlbeton
a) Schnitt
b) isometrische Darstellung

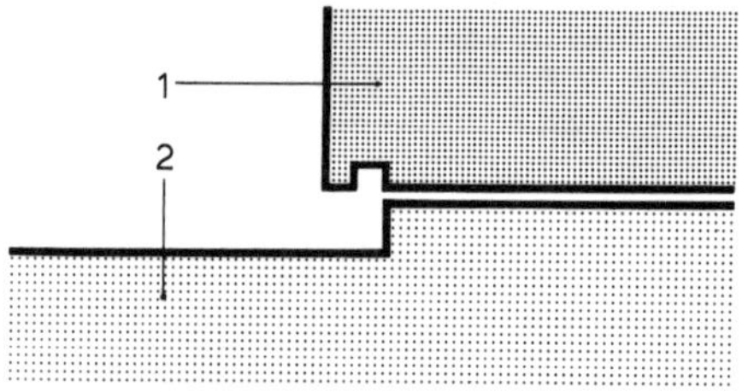

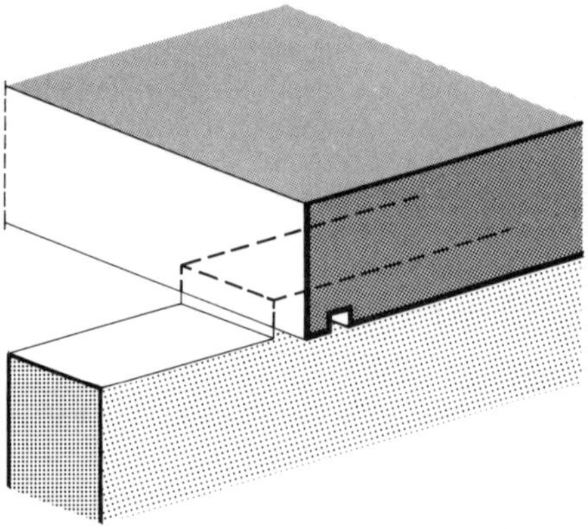

16.7 Höhenversprung zwischen anschließenden Bauteilen
1 aufliegender Bauteil (z. B. Platte)
2 auskragender Bauteil (z. B. Unterzug)

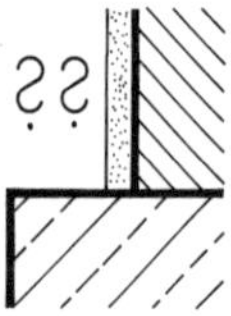

16.8a

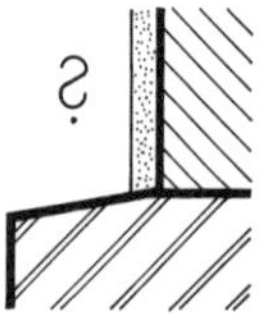

16.8b

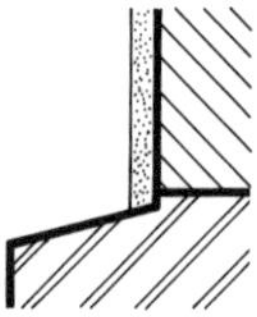

16.8c

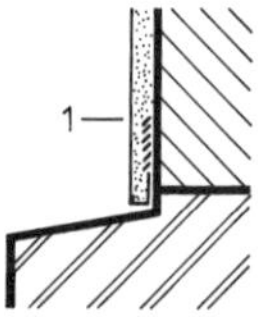

16.8d

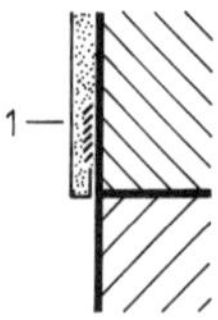

16.8e

16.8 Putzanschlüsse
a) falscher Anschluss an Sockel oder Gesims
b) bedenklicher Anschluss
c) Anschluss mit Höhenversprung
d) Anschluss mit Höhenversprung und Putzabschlussprofil
e) Anschluss bei bündigen Flächen mit Putzabschlussprofil

16

der Fassade ablaufender Schlagregen die Fuge immer wieder durchnässt, Feuchtigkeit in das Bauwerk eindringt und auch der Putz an der Übergangsstelle auf Dauer geschädigt wird. Besser ist ein Anschluss mit einer Profilierung des anschließenden Werksteines wie in Bild **16**.8c. Als optimale, wenn auch aufwändigste Lösung ist der Einbau von Putzabschlussprofilen zu betrachten (Bild **16**.8d). Ein derartiger Übergang ist auch an flächenbündigen Sockelübergängen vorzuziehen (Bild **16**.8e).

Korrosion von einbindenden Stahlteilen

Häufig entstehen Schäden dadurch, dass eingebaute *Stahlteile* durch Niederschläge oder Luftfeuchtigkeit zum Rosten gebracht werden (Korrosion). Dabei vergrößert sich das Volumen der Stahlteile, und das wasserdurchlässige Mauerwerk (bzw. Beton oder Putz) wird zersprengt. Im Gegensatz zu manchen anderen Metallen schützt bei Stahl die Korrosionsschicht nicht vor weiterem Rosten, sondern dieses setzt sich bei ungehindertem Feuchtigkeitszutritt bis zur völligen Zerstörung des Bauteils fort.

Das sicherste Mittel, teilweise eingemauerte Metallteile vor Rost zu schützen, ist neben einwandfreier Rostschutz-Oberflächenbehandlung (Anstrich mit Rostschutzfarben, Verzinkung) ein Einbau, bei dem durch entsprechendes Gefälle und Abdeckprofile eine gute Wasserableitung von den Übergangsstellen der Bauteile gewährleistet wird (vgl. Bild **16**.6).

Gegen den Angriff der gewöhnlichen Luftfeuchtigkeit können Stahlteile durch *Einbetten in dichten Beton* geschützt werden. Voraussetzung ist jedoch eine ausreichende dicke Überdeckung (≥ 5 cm) und die Gewährleistung ausreichender Haftung durch Verwendung geeigneter Umhüllung der Stahlteile mit korrosionsgeschützten Trägermaterialien (z. B. Streckmetall, Drahtgewebe usw.). Den Niederschlägen ausgesetzte Ummantelungen, deren Wasserdichtheit nicht gesichert ist (z. B. bei Trägern aus Walzstahl), sind nutzlos und sogar besonders gefährlich, weil sie eine Beobachtung der umhüllten Stahlteile verhindern.

Müssen Stützen mit ihren Fußplatten auf Fundamente oder andere Bauteile gestellt werden, ist durch entsprechende Profilierung bzw. Überhöhung an der Aufstandsfläche das Eindringen von Feuchtigkeit und damit der hier besonders gegebenen Korrosionsgefahr zu begegnen (Bild **16**.9).

Bauteile aus Holz leisten der Fäulnis lange Zeit Widerstand, wenn sie entweder dauernd vollständig vom Wasser bedeckt bleiben (z. B. Pfahlroste unter alten Fundamenten) oder nach Niederschlägen sofort wieder völlig austrocknen können (z. B. Holzschindelverkleidungen). Bei Wahl besonders widerstandsfähiger Holzarten und Anwendung von Holzschutzmitteln lässt sich die Lebensdauer hölzerner Bauteile weiter verlängern (s. auch DIN 52 175 und DIN 68 800). Ganz besonders wichtig ist es jedoch, Bauteile so zu formen und zusammenzufügen, dass die Nässe nicht in Fugen und Löcher eindringen kann, in denen sie kein trocknender Luftzug trifft („*Konstruktiver Holzschutz*").

Müssen der Witterung ausgesetzte Holzbauteile zusammengefügt werden, sind nach Möglichkeit Abstandhalter vorzusehen, die eine ständige Hinterlüftung an der Verbindungsstelle ermöglichen. Der Abstand sollte dabei so groß sein, dass Erhaltungsanstriche auch in den Fugen möglich bleiben (Bild **16**.10).

Sämtliche Holzteile sind mit Holzschutzmitteln mindestens zu streichen, besser zu tränken, die Stahlverbindungsteile durch Verzinkung vor Rost zu schützen.

Hirnholzflächen saugen Feuchtigkeit besonders stark auf. Sie sollen daher nicht unmittelbar auf andere Bauteile gesetzt werden. Leichte Stützen für Vordächer, Pergolen o. Ä. stellt man auf Stahlstelzen, wobei darauf zu achten ist, dass der höl-

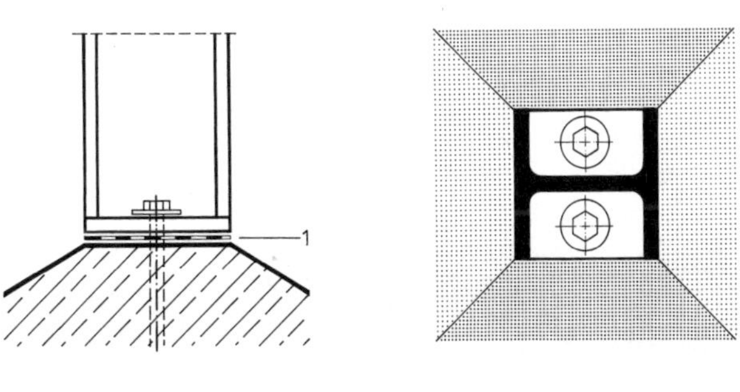

16.9
Stahlstütze, Stützenfuß auf Fundament oder Stahlbeton-Bauteil
1 Zwischenlage (Compriband, Bitutene o. Ä.)

16

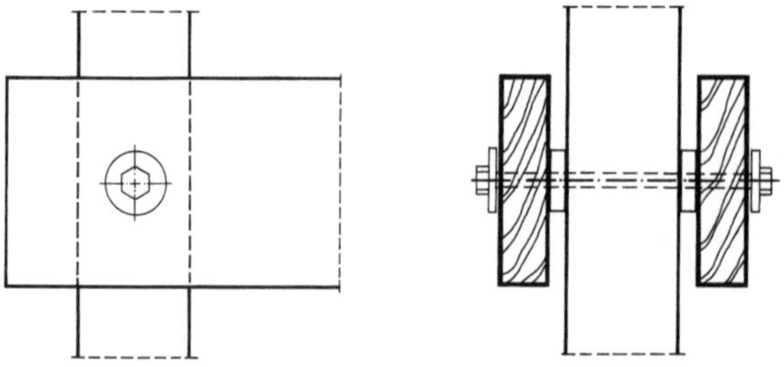

16.10
Holzverbindungen im Außenbereich (Beispiel Doppelzangen mit Stützenanschluss)

zerne Stützenfuß allseitig gut belüftet bleibt (Bild **16**.11).

Holzteile, die unmittelbar auf Betonflächen oder Mauerwerk aufliegen müssen, erhalten eine Zwischenlage aus Bitumenbahnen. Diese schützt die Hölzer vor Feuchtigkeit, die in den angrenzenden Bauteilen enthalten sein kann, verhindert aber auch das unmittelbare Eindringen der meistens zu Kontrollzwecken stark gefärbten Holzschutzmittel in andere Rohbauteile.

Spritzwasserschutz

Insbesondere im Sockelbereich von Bauwerken, d. h. im Anschlussbereich zwischen Außenwänden und Geländeoberfläche bzw. sonstigen Flächen wie Terrassen, Gehwegen u. Ä. entsteht bei Niederschlägen Spritzwasser. Es beansprucht die senkrechten Bauteile bis etwa 30 cm Höhe. Aber nicht nur die ständig wiederkehrende Durchfeuchtung der anschließenden senkrechten Flächen muss begrenzt werden. Es ist auch zu bedenken, dass – insbesondere während der Bauzeit, wenn Gegenmaßnahmen noch nicht wirksam sind, eingedrungene Feuchtigkeit durch Kapillarwirkung in den Wänden aufsteigen kann. Es sind daher *Horizontalabdichtungen* in 30 cm Höhe über dem Gebäudeanschluss zu empfehlen. (Ausführung s. Abschn. 16.4.4).

Übliche *Außenputzflächen* sollen sowohl beim Bauwerksanschluss an das umgebende Gelände wie auch im Bereich von Terrassen- oder Balkonflächen nicht dauerndem Spritzwassereinfluss ausgesetzt werden. Innerhalb eines Mindestabstandes von 30 cm über OK-Gelände ist ein wasserdichter, zweilagiger *Sperrputz* aufzubringen (Bild **16**.12a). Fassadenputz und Sockelputz lassen sich ggf. in ihrer Oberfläche und Farbgebung gleichartig herstellen, so dass eine durchgehende, „sockelfreie" Spritzwasser-Schutzzone ausgebildet werden kann.

Ein so genannter „Traufstreifen" aus grobem Kies bildet einen verbesserten Spritzwasserschutz (Bild **16**.12b). Wenn unter den gegebenen Bedingungen möglich, ist ggf. in Verbindung mit ohnehin erforderlichen Lichtschächten eine Lösung nach Bild **16**.12c möglich.

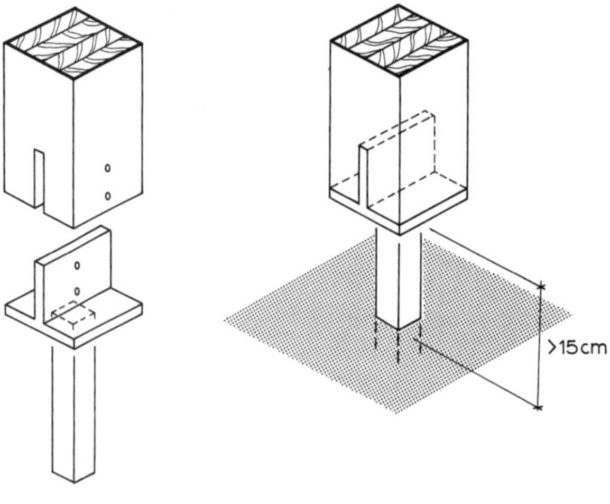

16.11
Holzstütze, Stützenfuß im Außenbereich (vgl. Bilder **7**.26 bis **7**.28)

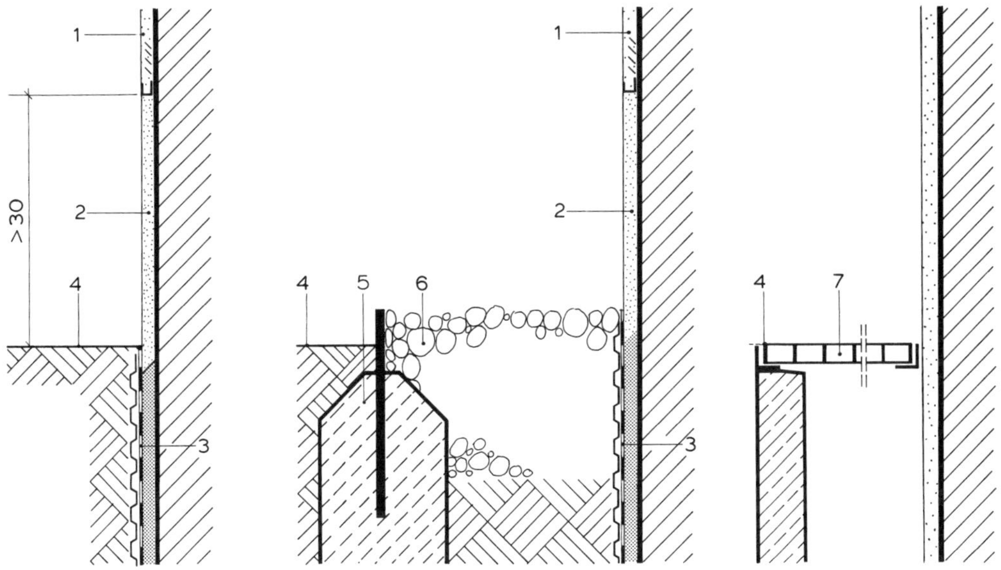

16.12a **16.**12b **16.**12c

16.12 Fassadenputz, unterer Abschluss
a) Spritzwasser-Schutzabstand (Abstand Fassadenputz-Sockelputz)
b) Abschluss mit Traufstreifen
c) Geländeanschluss mit Abtrennung durch Gitterrost über Schacht
1 Fassadenputz, unterer Abschluss mit Abschlussprofil
2 Sockelputz (Sperrputz)
3 Abdichtung auf Putz mit Schutzschicht
4 OK Gelände
5 Flachstahlprofil oder Kantenstein in Banket
6 Kiesschüttung (Körnung 16/32)
7 Gitterrost in Winkelrahmen, auf Lichtschacht aufliegend

16.3 Dränung (Drainage) nach DIN 4095

Durch Dränung sollen Bodenschichten so entwässert werden, dass erdberührte Bauwerksteile nicht durch drückendes Wasser beansprucht werden. Das als *Sickerwasser* aus den angrenzenden Geländeoberflächen oder Wasser führenden Bodenschichten anfallende Wasser wird dabei in Vorfluter (z. B. benachbarte offene Wasserläufe) oder in wasseraufnahmefähige Bodenschichten durch Sickerschächte abgeleitet. Die Einleitung in öffentliche Entsorgungsleitungen ist in der Regel nicht erlaubt.

Dränungsmaßnahmen sind nur zur Ableitung von *vorübergehend drückendem Stau- oder Schichtenwasser* vorzusehen. Sie führen immer zu einer Beeinflussung der Grundwasserverhältnisse und sollten nur dann errichtet werden, wenn die Bodenverhältnisse dieses unumgänglich machen.

Alle beabsichtigten Dränungen sind genehmigungspflichtig und deshalb Bestandteil des Bauantrages im Zusammenhang mit der Haus- und Grundstücksentwässerung.

Zur Planung einer Dränung gehört neben genauen Höhenfestlegungen für Dränleitungen und Fundamentsohlen die Erkundung der vorhandenen Bodenverhältnisse (vgl. Abschn. 3.1), die Feststellung der Wasserbeschaffenheit (z. B. kann betonaggressives Wasser zu Kalkablagerungen in den Dränungen führen) sowie die Ermittlung des voraussehbaren Wasseranfalles. Dabei ist der ungünstigste Grundwasserstand und eine mögliche Beeinträchtigung des Grundwasserstandes durch die beabsichtigten Dränungsmaßnahmen festzustellen. Dabei geben die in der Baugrube vorgefundenen Verhältnisse nicht ohne weiteres Aufschluss, weil u. a. jahreszeitliche Schwankungen berücksichtigt werden müssen.

Dränmaßnahmen sind

- *nicht erforderlich* bei stark durchlässigem Untergrund
- *erforderlich*, wenn in schwach durchlässigem Untergrund oder bei umgebenden bindigen

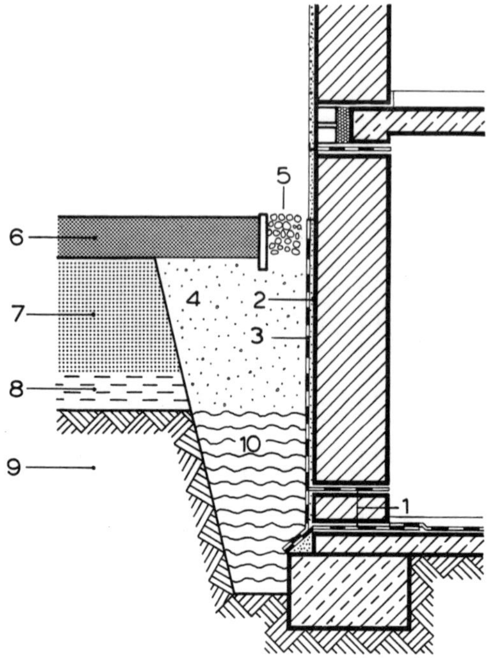

16.13 Stauwasserbildung in bindigen Böden
1 waagerechte Abdichtungen
2 Zementputz
3 senkrechte Abdichtung
4 Arbeitsraum-Verfüllung
5 Traufstreifen
6 Oberboden
7 nichtbindiger Boden
8 Wasser führende Bodenschicht
9 bindiger Boden
10 Stauwasser

Tabelle **16**.14 Dränung im Regelfall

Richtwerte vor Wänden	
Gelände	eben bis leicht geneigt
Durchlässigkeit des Bodens	schwach durchlässig
Einbautiefe	bis 3 m
Gebäudehöhe	bis 15 m
Länge der Dränleitung zwischen Hoch- und Tiefpunkt	bis 60 m
Richtwerte auf Decken	
Gesamtauflast	bis 10 kN/m^2
Deckenteilfläche	bis 150 m^2
Deckengefälle	ab 3 %
Länge der Dränleitung zwischen Hochpunkt und Dacheinlauf/Traufkante	bis 15 m
Angrenzende Gebäudehöhe	bis 15 m
Richtwerte unter Bodenplatten	
Durchlässigkeit des Bodens	schwach durchlässig
Bebaute Fläche	bis 200 m^2

Bodenschichten Stau- oder Schichtenwasser vor Bauwerksteilen aufgestaut werden kann (Bild **16**.13) und als *„zeitweise aufstauendes Sickerwasser"* wirkt (Abschn. 16.4),

- *nicht auszuführen*, wenn die Bauwerkssohle bzw. Bauwerksteile im Grundwasserbereich liegen und eine Ableitung des anstehenden Wassers über eine Dränung daher nicht möglich ist (Ausführung von Abdichtungen gegen drückendes Wasser DIN 18 195-6, s. Abschn. 16.4 erforderlich).

16

Dränungen sind im Regelfall auszuführen, wenn die in den Tabellen **16**.14 (DIN 4095 Abschn. 4.2) aufgeführten Verhältnisse vorliegen. Besondere Nachweise sind dann nicht erforderlich. Weichen die örtlichen Verhältnisse von diesen Regelfällen ab, sind besondere Untersuchungen zu führen (s. DIN 4095 Abschn. 4.3).

Man unterscheidet

- **Ringdränungen**, die das zu schützende Bauwerk zur Wasserableitung ringförmig umgeben (Bild **16**.15) und
- **Flächendränungen** (Bild **16**.16) mit Drainleitungen zum Schutz von Bodenflächen oder erdüberschütteten Bauwerken bei Flächen über 200 m^2. Der Abstand der einzelnen Dränleitungen untereinander ist nachzuweisen.

Dränleitungen bestehen heute meistens aus geschlitzten flexiblen Kunststoff-Rippenrohren DN 100. Ferner sind Dränrohre als gelochte oder geschlitzte Beton- oder Faserzementrohre, Tonrohre, geschlitzte Kunststoffrohre mit Filtervliesummantelung u. a. auf dem Markt. Die Wassereintrittsfläche soll mindestens 20 cm^2/m betragen.

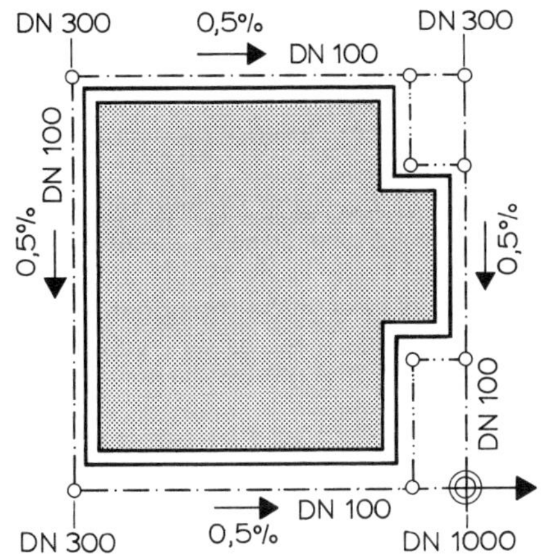

16.15 Ringdränung (DIN 4095)

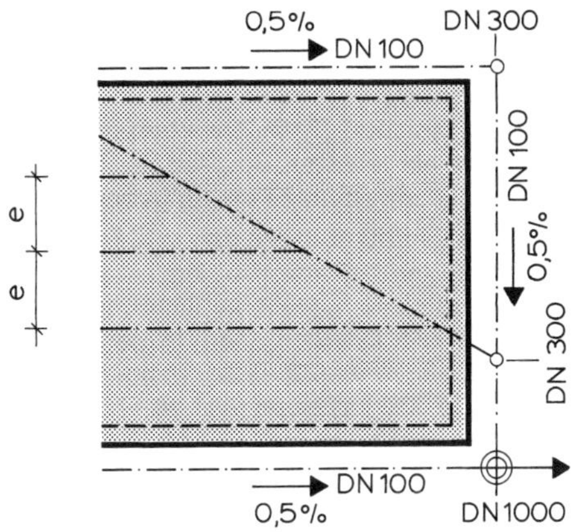

16.16 Flächendränung

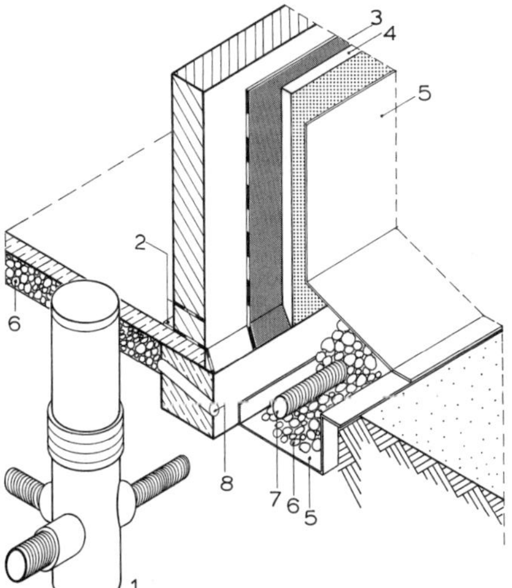

16.17 Ringdränung mit Kontroll- und Spülschacht (opti-control, Fränkische Rohrwerke)

1 Kontrollschacht mit Aufsatzstück und Anschlussstutzen
2 waagerechte Abdichtungen
3 senkrechte Abdichtung DIN 18 195
4 Sickerplatte
5 Filtervlies
6 Sickerpackung
7 Dränleitung
8 Fundamentdurchlass

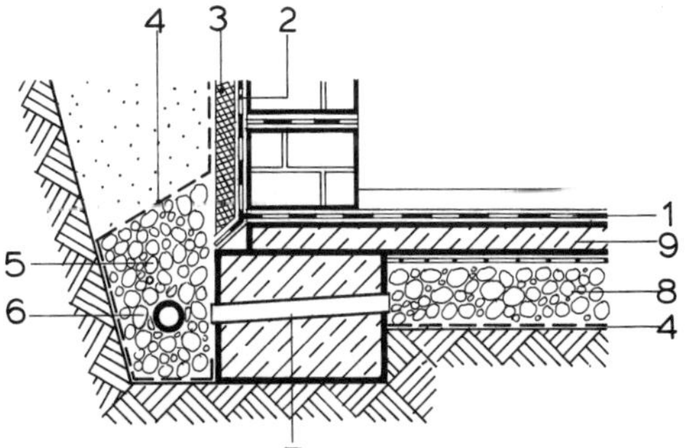

16.18 Flächendränung in Verbindung mit Ringdränung (Schnitt)

1 waagerechte Abdichtungen
2 senkrechte Abdichtung
3 Sickerplatte
4 Filtervlies
5 Sickerpackung
6 Dränleitung
7 Fundamentdurchführung
8 Sickerschicht mit Flächendrainage
9 Stahlbetonplatte auf Trennfolie

Die Dränrohre werden auf einem Kiesbett (Betonkies mit Sieblinie B 32 DIN 1045 bzw. DIN EN 206) mit mindestens 0,5 % Gefälle verlegt und gegen Verschieben gesichert. Danach werden die Dränrohre in Kies eingebettet. Das Kiesbett soll die Rohre überall mindestens 15 cm umgeben.

An Stößen, an Einmündungen usw. sind Formteile zu verwenden. In Abständen von höchstens 50 m und bei erforderlichen größeren Richtungsänderungen sind die Dränleitungen in senkrechte *Kontroll- und Spülrohre* mit einem Mindestdurchmesser von DN 300 zu führen (Bild **16**.17).

Die Rohrsohlen von Dränleitungen neben Gebäuden müssen mit ihrem Hochpunkt mindestens 20 cm unter der Oberfläche der Rohbodenplatte liegen, jedoch nicht tiefer als die benachbarten Fundamentsohlen. Falls das erforderliche Gefälle eine tiefere Lage nötig macht, müssen die Fundamente entsprechend abgetreppt werden, um eine Unterspülung mit Sicherheit zu verhindern.

In den *Drän- bzw. Sickerschichten* wird das anfallende Wasser gesammelt. Diese bestehen für horizontale Dränungen in der Regel aus einer Wasser führenden Kiesschicht Körnung 0/32 eingebunden in ein *Filtervlies*, das das Ausschlämmen von erodierenden Bodenteilchen in die Sickerschicht verhindern soll. *Senkrechte Drain- und Sickerschichten* werden meistens aus grobkörnigen Polystyrolplatten (EPS-Dränplatten), die mit Filterschichten aus Kunststoffvliesen abgedeckt werden, Kunststoff-Noppenbahnen o. Ä. gebildet. (Bilder **16**.19 und **16**.21).

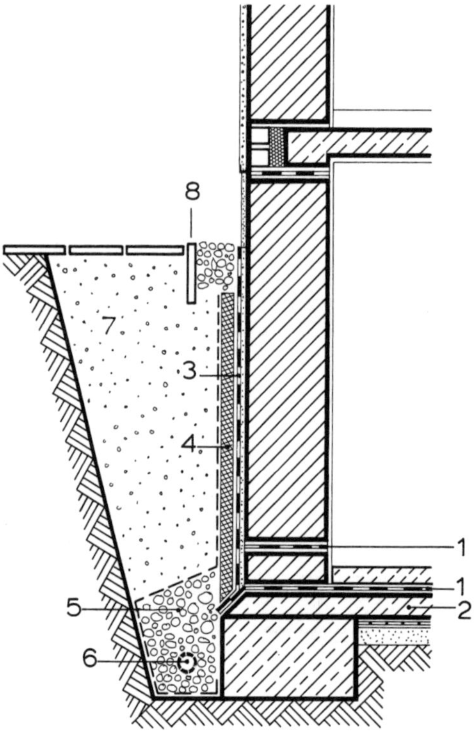

16.19 Sickerschicht aus grobkörnigen Styroporplatten (EPS-Platten)

1 waagerechte Abdichtungen
2 Stahlbetonplatte auf Trennfolie
3 senkrechte Abdichtung
4 Sickerplatte mit Filtervlies
5 Sickerpackung
6 Dränleitung
7 Baugrubenverfüllung
8 Traufstreifen (s. Bild **16**.12b)

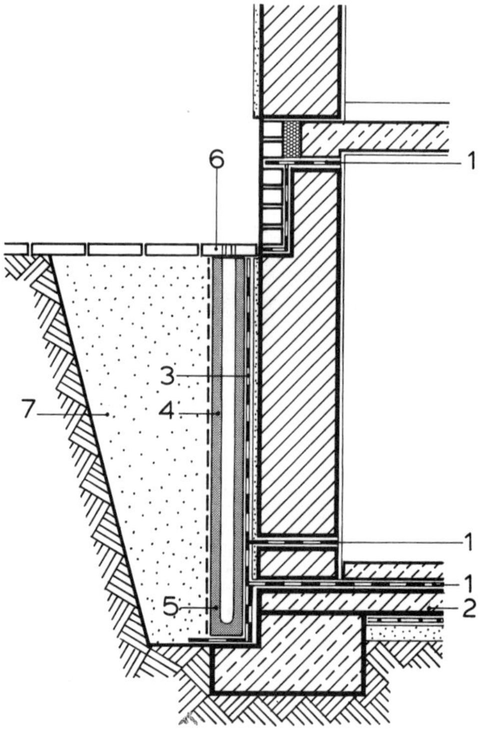

16.20 Sickerschicht aus Beton-Hohlkörpern (PORWAND)

1 waagerechte Abdichtungen
2 Stahlbetonplatte auf Trennfolie
3 senkrechte Abdichtung
4 Sickerkörper (PORWAND), abgedeckt mit Filtervlies
5 Rinnen-Formstein auf Fundamentvorsprung, angeschlossen an Dränleitung
6 Abdeckplatten mit Ablaufschlitzen
7 Baugrubenverfüllung

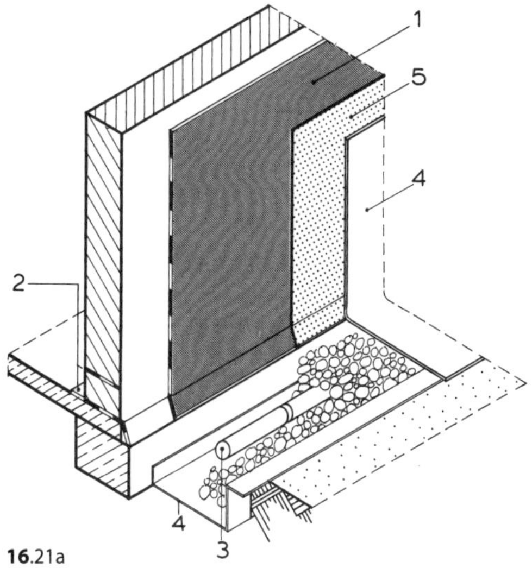

16.21a

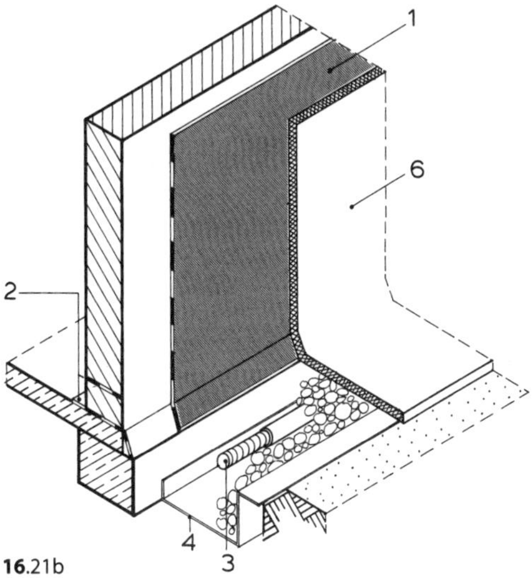

16.21b

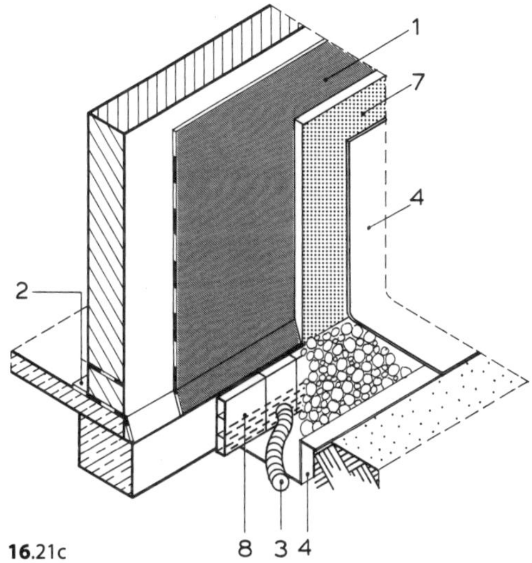

16.21c

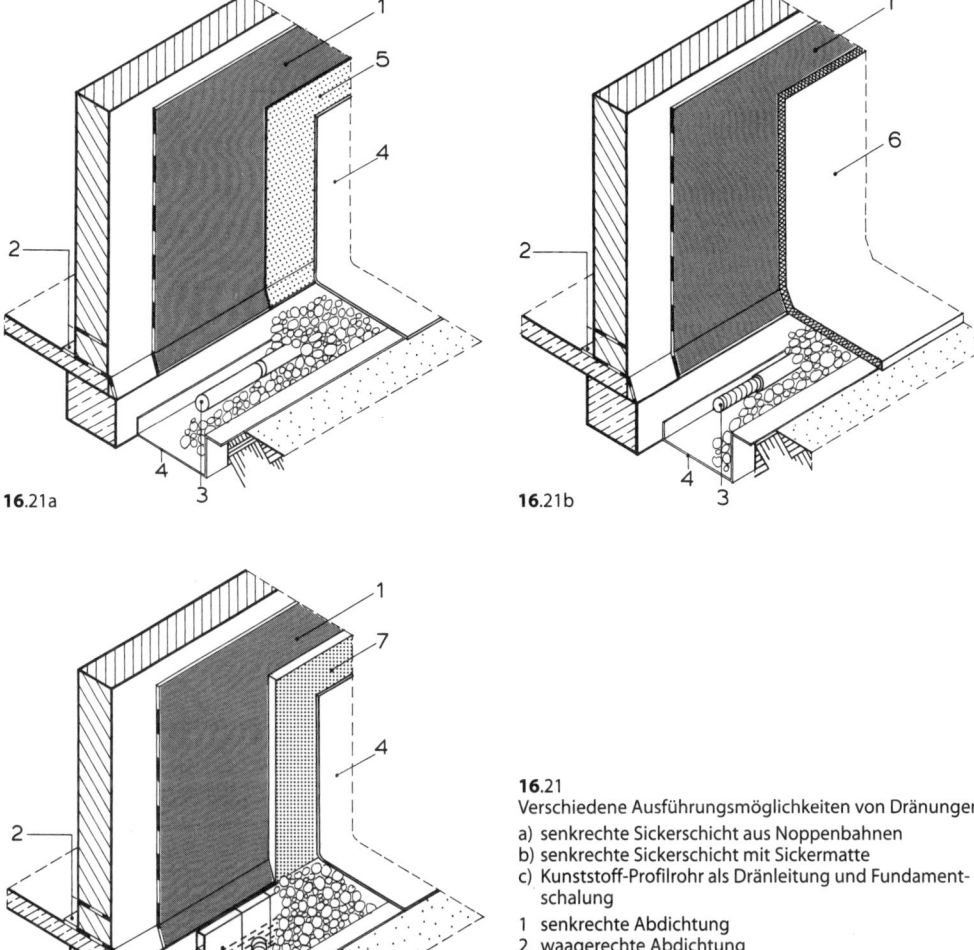

16.21
Verschiedene Ausführungsmöglichkeiten von Dränungen
a) senkrechte Sickerschicht aus Noppenbahnen
b) senkrechte Sickerschicht mit Sickermatte
c) Kunststoff-Profilrohr als Dränleitung und Fundamentschalung

1 senkrechte Abdichtung
2 waagerechte Abdichtung
3 Dränleitung in Sickerpackung
4 Filtervlies
5 Noppenbahn(auch mit Filtervlies)
6 Sickermatte mit Filterabdeckung
7 Sickerplatte
8 FSD-Dränsystem (gleichzeitig Fundamentschalung)

Für besonders stark beanspruchte vertikale Sickerschichten z. B. zur Abfangung von Schichten- und Sickerwasser bei Hanglagen (vgl. Bild **16**.1) reichen grobkörnige EPS-Platten oder Noppenbahnen nicht aus. Die Sickerschicht kann dann z. B. aus im Verband versetzten Hohlkammer-Drainsteinen aus Leichtbeton bestehen. Das aufgefangene Wasser wird über passende Rinnensteine abgeleitet (Bild **16**.20).

Eine Kombination aus Sickerschicht und Dränleitung stellt das in Bild **16**.21c gezeigte Schal-Drän-System dar, bei dem geschlitzte Kunststoffprofile gleichzeitig als seitliche Schalung von Streifenfundamenten oder Bodenplatten dienen können. Den Arbeitsablauf bei der Herstellung von Streifenfundamenten, Sickerschichten, Dränleitungen und Abdichtungen zeigt Bild **16**.22 .

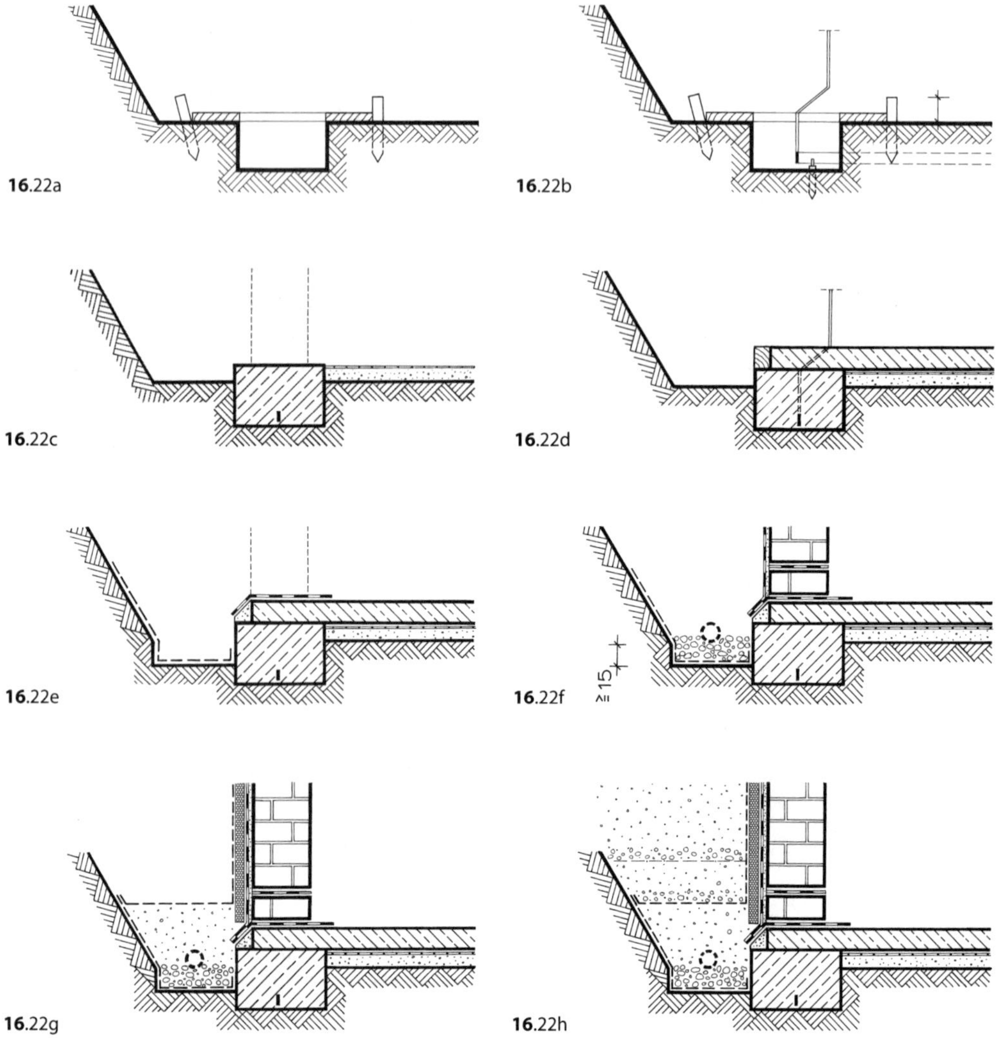

16.22 Arbeitsablauf Dränung – Abdichtung, nach [6]

a) Aushub der Streifenfundamente zwischen ausgelegten verkeilten Bohlen als Lehren
b) Einbau des Fundamenterders (vgl. Bild **4**.18)
c) Einbau der Abwasserleitungen, ggf. Einbau der Flächendränung (Bild **16**.18) mit Fundament-Durchlässen, Abdeckung mit PE-Folie
d) Betonieren der Bodenplatte
e) Ausschalen, Einbau der waagerechten Abdichtung, Aushub und Auslegen des Dränraumes mit Filtervlies
f) Wände aufmauern, ggf. Einbau einer zweiten waagerechten Abdichtung gegen aufsteigende Baunässe, Einbau der senkrechten Abdichtung, Einbringen einer 15 cm dicken Sickerschicht, Einbau der Dränrohre (Gefälle-Hochpunkt max. 20 cm unter OK Bodenplatte, Tiefpunkt max. UK Fundament)
g) Anheften der Filterplatten (EPS) im Verband, Auffüllen der Sickerschicht, Abdecken mit Filtervlies
h) lagenweises Verfüllen der Baugrube, Verdichten

16.4 Abdichtungen gegen Bodenfeuchtigkeit, nichtdrückendes und drückendes Wasser (DIN 18 195)

16.4.1 Allgemeines

Versickerndes Niederschlagswasser und als *kapillar aufsteigendes Saugwasser* aus dem Grundwasser aufsteigende Feuchtigkeit beanspruchen die erdberührten Teile von Bauwerken als *Bodenfeuchtigkeit* (DIN18 195-4) oder als *nichtdrückendes Wasser* (DIN 18 195-5).

Wenn sich – besonders bei Hanglagen – zwischen bindigen oder sonst wasserundurchlässigen Bodenschichten *Schichtenwasser* sammelt, kann es als Sickerwasser Bauteile auch unter Druckeinwirkung als *vorübergehend stauendes Sickerwasser* beanspruchen, wenn nicht durch Filterschichten und Dränagen für Ableitung gesorgt werden kann.

Durch *drückendes Wasser* (DIN 18 195-6) wird ein Bauwerk beansprucht, wenn sich *Stauwasser* bei bindigem Untergrund rund um ein Gebäude in der später zu verfüllenden Baugrube ohne Abflussmöglichkeit sammeln kann oder wenn ein Bauwerk bis in den *Grundwasserbereich* hinabreicht.

Darüber hinaus können in Wasser gelöste Bodenbestandteile, Beimischungen des Grundwassers (z. B. freie organische Säuren, Kohlensäure), aber auch Moor- und Meerwasser, vor allem aber auch viele Industrieabwässer schädigend auf Bauteile, insbesondere auf ungeschützten Stahlbeton, einwirken.

Alle erdberührten Bauwerke bzw. Bauwerksteile müssen daher gegen Feuchtigkeit und Wasser geschützt werden.

Grundsätzlich wird unterschieden zwischen :

- **Abdichtungs-Baustoffen**, die zusätzlich auf die zu schützenden Bauteile aufgebracht werden und
- **wasserundurchlässigen Bauteilen**, wie z. B. Bauteile aus wasserundurchlässigem Beton, s. Abschn. 5.1.6 und 16.4.6.

Für die erforderlichen Schutzmaßnahmen *gegen von innen drückendes Wasser* werden in DIN 18 195, Teil 7 Hinweise gegeben.

Planer und Bauausführende können aus DIN 18 195 nur wenig verbindliche Lösungsvorschläge entnehmen und müssen daher in besonderem Maße auf die in der Fachliteratur niedergelegten Praxiserfahrungen hingewiesen werden. Insbesondere Abdichtungsmaßnahmen bei der Bauwerkssanierung mit hohen Feuchtigkeitsgehalt der Bauteile und in der Luft werden in der DIN 18 195 nicht berücksichtigt. Hier sind häufig nicht genormte Abdichtungsverfahren anzuwenden.

Eine einigermaßen vollständige zeichnerische Darstellung der vielfältigen Abdichtungsmöglichkeiten ist im Rahmen dieses Werkes nicht möglich. Es können hier nur die wichtigsten und grundsätzlichen Probleme und Lösungsmöglichkeiten behandelt werden.

16.4.2 Baustoffe

Als Abdichtungsstoffe werden nach DIN 18 195 verwendet:

Bitumenstoffe

- Bitumen-Voranstrichmittel (Bitumen-Lösung oder Bitumen-Emulsion),
- Bitumen-Klebemassen und -Deckaufstrichmittel, heiß zu verarbeiten,
- Asphaltmastix und Gussasphalt
- Nackte Bitumenbahnen (R 500 N, DIN 52 129),
- Bitumendachbahnen mit Rohfilzeinlage (R 500, DIN 52 128),
- Glasvlies-Bitumen-Dachbahnen (V 13, DIN 52 143),
- Bitumendichtungsbahnen (Cu 0,1 D, DIN 18 190-4),
- Bitumen- Dachdichtungsbahnen (J 200 DD und J 300 DD, DIN 52 130),
- Bitumen-Schweißbahnen (J 300 S 5, G 200 S 4, G 200 S5, V 60 S4, DIN 52 131),
- Polymerbitumen-Dachdichtungsbahnen, Bahnentyp PYE (DIN 52 132),
- Polymerbitumen-Schweißbahnen, Bahnentyp PYE (DIN 52 133),
- Bitumen-Schweißbahnen mit 0,1 mm dicker Kupferbandeinlage (DIN 52 131),
- Polymerbitumen- Schweißbahnen mit Trägereinlage aus Polyestervlies,
- Edelstahlkaschierte Bitumen- Schweißbahn,
- Kunststoffmodifizierte ein- oder zweikomponentige Bitumendickbeschichtungen (KMB)

Bituminöse Abdichtungen werden in der Regel mehrlagig aufgebracht. Damit wird sowohl Verar-

16

beitungsfehlern entgegengewirkt als auch eine größere Sicherheit gegen mechanische Beschädigungen erreicht.

Die Anzahl der erforderlichen Schichten richtet sich nach der Beanspruchung der Abdichtungen (s. Abschn. 16.4.6.3).

Kunststoff-Dichtungsbahnen

- PIB-Bahnen (DIN16 935),
- PVC-weich-Bahnen, bitumenverträglich (DIN 16 937),
- PVC-weich-Bahnen, nicht bitumenverträglich (DIN 16 938),
- ECB-Bahnen (DIN 16 729),
- EVA- Bahnen, bitumenverträglich
- selbstklebende Kunststofffolien,
- verschiedene Elastomere.

Beim bisherigen Stand der Technik werden Kunststoffdichtungsbahnen nur einlagig eingesetzt. Die damit gegebene Gefährdung gegen mechanische Beschädigungen erklärt die bisherige Zurückhaltung bei der Anwendung im Tiefbaubereich, obwohl Kunststoffdichtungsbahnen relativ unempfindlich gegen Beanspruchungen durch Schwindrisse o. Ä. in den geschützten Bauteilen sind.

Kalottengeriffelte Metallbänder

Metallbänder aus Kupfer (CU-DHP) oder Edelstahl (X5CrNiMo 17-12-2) werden zur Verstärkung und an hochbeanspruchten Abdichtungen verwendet.

Zementgebundene Dichtungsschlämmen oder -putze und flexibele Dichtungsschlämmen

Dichtungsschlämmen bestehen aus Normzementen, Quarzsanden und anorganischen chemischen Zusätzen. Sie bilden einen abdichtenden Oberflächenschutz und bewirken z. B. auf Betonflächen eine nachträgliche, die Abdichtungswirkung unterstützende Materialvergütung. Sie sind in der DIN 18 195 nicht behandelt. Richtlinen von Fachverbänden geben Hinweise zur Anwendung und Verarbeitung. Schlämmen werden in Stärken von 3 bis 10 mm, i. d. R. mehrlagig aufgebracht. Sie setzten einen standfesten, rissefreien, nicht absandenden und flächigen Untergrund voraus.

Zementgebundene Dichtungsschlämmen oder -putze sind als starre Abdichtungsschicht empfindlich gegen Rissbildungen im Untergrund, wenn sie nicht durch zusätzlich aufgebrachte plastische Spachtelmassen dagegen geschützt werden. Dichtungsschlämmen und -putze können andererseits auch auf Innenseiten von Bauwerken gegen drückendes Wasser eingesetzt werden und eignen sich vielfach dort besonders, wo in älteren Bauwerken Schwind- und Setzvorgänge bereits abgeklungen sind.

Es werden auch nicht genormte, flexible Dichtungsschlämmen angeboten, die nach Angaben der Hersteller Rissüberbrückungen bis zu 0,2 mm ermöglichen sollen.

„Alternative Abdichtungen"

Diese Abdichtungen (auch als Flüssigfolien bezeichnet) kommen als Verbundabdichtung unter keramischen Belägen z. B. in Nassräumen in Frage sowie für kleinere Bauteile bzw. für komplizierte Flächen (s. Abschn. 11.3.2.2).

Nachträgliche Abdichtungen gegen aufsteigende Feuchtigkeit

Zur nachträglichen Herstellung einer Horizontalisolierung gegen kapillar aufsteigende Feuchtigkeit werden drei nicht genormte Verfahren unterschieden:

- Tränkung, Nieder- oder Hochdruckinjektionsverfahren mit hydraulisch abbindenden oder chemischen Substanzen,
- Mechanische Horizontalsperren aus korrosionsfreien Metallblechen (V2A oder Molybdänstahl) oder Kunststofffolien,
- Entfeuchtung durch Elektroosmose

Im Rahmen der Bauwerkssanierung und -erhaltung werden überwiegend nicht genormte Querschittsabdichtungen gegen kapillare Feuchtigkeit durch *Injektionsverfahren* hergestellt. Das Kapillarporensystem wird hierbei durch Chemikalien oder/und Zemente mechanisch versperrt. Hierbei ist insbesondere der Feuchtigkeitsgehalt und in der Folge die Aufnahmefähigkeit der abzudichtenden Bauteile erfolgsbestimmend. Als Injektionsmaterialien stehen hydrophobierende Lösungen auf Silikatbasis (Wasserglas), Parrafine und Harze für kleinporige Materialien und Zementleime und -suspensionen für größere Hohlräume und Poren zur Verfügung. Die Dichtungsmaterialien werden durch im Raster angeordnete Bohrlöcher drucklos (Chemikalien) im Tränkverfahren oder unter Druck (Zementemulsionen) eingebracht. Die Anzahl und die Anordnung der im Gefälle anzuordnenden Bohrlöcher ist von der

Mauerdicke und der Art des einzubringenden Materials abhängig.

Aufwändig, aber sehr sicher ist die abschnittsweise Auftrennung der Bauteile durch (Mauer)-*Sägeverfahren* (Schwertsägeverfahren, Trennscheibenverfahren, Seilsägeverfahren) oder auch Aufstemmen, und das Einbringen von Metallblechen als Sperrschichten. Wesentlich hierbei ist die statisch-konstruktive Verträglichkeit solcher Eingriffe. Die Beachtung möglicher Erschütterungen sowie die Wiederherstellung des kraftschlüssigen Verbundes innerhalb des horizontalen Spaltraumes zur Verhinderung von Setzungen sind zu beachten. Mauerwerk mit geringer Festigkeit muss ggf. vorher durch Injektagen verfestigt werden, um ein Einbrechen von Querschnittsteilen und ein Verklemmen und Verkeilen des Trenngerätes zu verhindern. Metallbleche können auch durch *horizontales Einschlagen* von sich überlappenden Blechen in durchlaufenden Lagerfugen eingebracht werden.

Durch die Auftrennung entsteht eine durchgehende Fuge, für die durch statischen Nachweis sicherzustellen ist, dass ggf. auftretende Horizontalkkräfte (Erddruck) nicht zu einem Gleiten durch Schubspannungen führen können.

Elektroosmoseverfahren beruhen auf der Annahme, dass durch Umkehrung einer im Bereich von kapillaren Flüssigkeitsbewegungen auftretenden Potentialdifferenz durch Anlegen eines elektrisches Feldes sich auch die Fließrichtung des Wassers umkehrt und das vertikale Ansteigen der kapillar gebundenen Feuchte unterbunden wird. Diese nicht unumstrittenen Verfahren werden in unterschiedlichen Ausführungen angewendet.

Als *flankierende Maßnahmen* zu allen Horizontalabdichtungen sind i. d. R. Vertikalabdichtungen der Außenflächen als Bitumen-Dickbeschichtungen oder Dichtungsschlämmen und ggf. „Sanierputze" zur Aufnahme der durch den kapillaren Feuchtetransport angereicherten Salze erforderlich.

16.4.3 Verarbeitung

Die Verarbeitung von Abdichtungsstoffen sowie die Anforderungen an den Untergrund sind in DIN 18 195-3 sowie in DIN 18 336 geregelt.

Bitumenbahnen und Metallbänder sind vollflächig, gegeneinander versetzt und in der Regel mit 100 mm Stoßüberdeckung zu verkleben. Die Verklebung kann erfolgen durch:

- *Bürstenstreichverfahren.* Auf waagerechten oder schwach geneigten Flächen mit einem vollflächigen Klebemassenaufstrich, auf senkrechten oder stark geneigten Flächen zusätzlich mit vollflächigem Klebemassenaufstrich auf der Unterseite der Bahnen. Die Bahnen sind insbesondere an den Rändern anzubügeln. Der Klebeaufstrich muss mindestens 1,5 kg/m^2 Klebemasse aufweisen (DIN 18 195-6) und richtet sich im übrigen nach der Beanspruchung der Abdichtung.
- *Gießverfahren und Gieß- und Einwalzverfahren.* Die Bitumenbahnen werden in ausgegossene Klebemasse eingerollt. Beim Einrollverfahren müssen die Bahnen auf einem festen Kern aufgerollt sein und werden beim Ausrollen fest in die Klebemasse eingewalzt. Es müssen mindestens 2,5 kg/m^2 Klebemasse beim Gieß- und Einwalzverfahren verbraucht werden bzw. bei Abdichtungen gegen drückendes Wasser gemäß DIN 18 195-6, Tab. 4.
- *Flämmverfahren.* Die auf dem Untergrund bereits vorhandene Klebemasse wird durch Flämmen mit dem Gasbrenner angeschmolzen, und die fest aufgewickelten Bitumen-Bahnen werden darin ausgerollt.
- *Schweißverfahren.* Der Untergrund und die Unterseite von aufgewickelten Schweißbahnen wird durch Gasbrenner aufgeschmolzen, und die Bahnen werden so ausgerollt und angedrückt, dass ein Bitumenwulst in ganzer Breite verläuft und an den Rändern austritt.

Kunststoff-Dichtungsbahnen, die bitumenverträglich sind, können ähnlich wie bituminöse Dichtungsbahnen vollflächig auf die zu schützenden Bauteile mit Bitumen-Klebemasse aufgeklebt werden.

Im Übrigen werden Kunststoff-Dichtungsbahnen in der Regel lose verlegt. Sie werden für waagerechte oder wenig geneigte Abdichtungen mit einer Schutzbahn aus PVC-halbhart, min. 1 mm dick, Bautenschutzmatten aus Gummi- oder Polyethylengranulat, min. 6 mm dick oder Vliesen bzw. Geotextilien, min. 2 mm dick abgedeckt und mit dauernd wirksamen Auflasten versehen (z. B. Schutzbeton, Erdlast von Überschüttungen). In allen anderen Fällen sind Kunststoffabdichtungen, insbesondere die meistens verwendeten werkseitig vorgefertigten Planen, mechanisch durch korrorionsfeste Flachbänder, Halteteller, Halteprofile u. Ä. mechanisch mit dem Untergrund zu verbinden. Wenn Naht- oder Stoßverbindungen auf der Baustelle ausgeführt werden müssen, kommen die folgenden Verfahren in Frage

- *Quellschweißung*: Die Verbindungsflächen werden mit einem Lösungsmittel angelöst und unter Druck zusammengefügt.
- *Warmgasschweißung*: Die Verbindungsflächen werden durch Heißluft plastifiziert und unter Druck zusammengefügt.
- *Heizelementschweißung*: Hierbei erfolgt die Plastifizierung durch elektrisch erwärmte Heizkeile.

Die Stoßüberdeckung bei den genannten Verfahren beträgt im allgemeinen 50 mm. (Bei Verklebung mit Bitumen muss die Nahtüberdeckung mindestens 80 mm betragen.)

An der Baustelle ausgeführte Naht- und Stoßverbindungen sind nach DIN 18 195-3, Abschn. 7.4.6, auf Dichtigkeit zu prüfen. Diese Prüfung muss in einer Kombination verschiedener Verfahren ausgeführt werden und ist nur durch besonders spezialisierte Fachfirmen unter Baustellenbedingungen einwandfrei ausführbar. Nur wenn diese Voraussetzungen gegeben sind, ist der Einsatz von Kunststoff-Dichtungsbahnen in Loseverlegung ohne rechtliches Risiko. DIN-Normen werden in Streitfällen in der Regel zur Definition des „Standes der Technik" bzw. der „allgemein anerkannten Regeln der Baukunst" herangezogen, selbst wenn sie gelegentlich wenig praxisgerechte oder ungenaue Vorschriften enthalten.

16.4.4 Abdichtungen gegen Bodenfeuchte und nicht stauendes Sickerwasser (DIN 18 195-4)

Alle erdberührten senkrechten und unterschnittenen Flächen von Bauwerken, ggf. auch die Bodenflächen, müssen gegen Bodenfeuchtigkeit abgedichtet werden. Diese entsteht durch aufsteigende kapillare Feuchtigkeit und durch das in nichtbindigen Böden oder Verfüllmaterialien versickernde Niederschlagwasser. Mit dieser Feuchtigkeit *muss in jedem Fall* gerechnet werden. Die Abdichtungen müssen die Bauteile also gegen die allgemeine Bodenfeuchtigkeit und gegen nichtstauendes Sickerwasser schützen.

16

Bei bindigen Böden oder bei Hanglagen muss zumindest vorübergehend mit drückendem Wasser gerechnet werden. Abdichtungen müssen in diesen Fällen daher gemäß Abschn. 16.4.5 oder 16.4.6 ausgeführt werden.

Um das Entstehen von kurzzeitig stauendem Wasser zu verhindern – z. B. infolge starker Niederschläge – ist der Einbau von *Dränagen* in Betracht zu ziehen (s. Abschn. 16.3).

Waagerechte Abdichtungen in oder unter Wänden

Abdichtungen gegen aufsteigende Feuchtigkeit liegen in den Lagerfugen des Mauerwerks: Sie sind mindestens einlagig auszuführen. Alle Außen- und Innenwände sind durch *mindestens eine waagerechte Abdichtung* (Querschnittsabdichtung) gegen aufsteigende Feuchtigkeit zu schützen.

- Sie wird in der Regel unter der Aufstandsfläche des Mauerwerkes angeordnet und muss bis zum Fundamentabsatz reichen. Sie kann somit mit der senkrechten Abdichtung verbunden werden (Verhinderung von Feuchtigkeitsbrücken) und an eine ggf. erforderliche weitere Abdichtung der Bauwerkssohle angeschlossen werden.
- Ratsam ist die Anordung einer weiteren waagerechten Abdichtung in der ersten Lagerfuge über dem Fußboden, damit bei vorübergehend – insbesondere während der Bauzeit – nassem Kellerfußboden keine Feuchtigkeit in den Wänden aufsteigt.
- Zu empfehlen ist ggf. eine weitere obere Abdichtung ≥ 30 cm über Gelände, um zu verhindern, dass Spritzwasser das Mauerwerk der Außenwände und Kellerdecken – insbesondere während der Bauausführung vor Herstellung der Vertikalabdichtung – durchfeuchtet (vgl. Abschn. 16.2).

Für waagerechte Abdichtungen sind einlagige Bitumen- Dachbahnen nach DIN 52 128, Bitumen-Dachdichtungsbahnen nach DIN 52 130 oder Kunststoff-Dichtungsbahnen nach DIN 18 195-2, Tab. 5 zu verwenden. Nicht bitumenverträgliche Kunststoff-Dichtungsbahnen nach DIN 16 938, 16 734 und 16 735 dürfen nur verwendert werden, wenn sie nicht mit Bitumenwerkstoffen in Berührung kommen.

Die Abdichtungen sind auf einer ebenen, waagerechten, aus Mörtel der Mörtelgruppe II oder III hergestellten Auflagefläche lose zu verlegen. Die Stöße der Bahnen müssen sich um mindestens 20 cm überdecken, können aber auch verklebt werden. Die Bahnen selbst dürfen weder aufgeklebt noch vollflächig miteinander verklebt werden.

Bei Kellerwänden aus Beton ist die waagerechte Abdichtung zwischen Wand- und Fundamentkörper aus wasserundurchlässigem Beton ggf. unter Verwendung von Arbeitsfugenbändern herzustellen (s. Abschn. 16.4.6.2).

Abdichtung von Bodenflächen[1)]

Abdichtungen für Fußbodenflächen auf Betonflächen werden mit Bitumenbahnen, Kunststoff- und Elatomer- Dichtungsbahnen, Bitumen-Dickbeschichtungen oder Asphaltmastix ausgeführt. Dichtungen mit Bahnen sind lose, punktweise oder vollflächig verklebt auf den Untergrund aufzubringen. Nackte Bitumenbahnen dürfen nur vollflächig heiß verklebt werden und müssen einen Deckaufstrich erhalten. Die Stoßüberdeckung beträgt bei Bitumenbahnen und bei Bitumenverklebungen 10 cm, bei Kunststoff-Dichtungsbahnen in der Regel 5 cm. Alle Kanten und Kehlen sollen ausgerundet werden. Kunststoffmodifizierte Bitumen-Dickbeschichtungen sind in zwei Arbeitsgängen, auch „frisch in frisch“, als auf dem Untergrund haftende, zusammenhängende Schicht von mindestens 3 mm Trockenschichtdicke aufzubringen. Die fertig gestellten Abdichtungen sind vor Beschädigungen durch Schutzschichten nach DIN 18 195-10 zu schützen.

Senkrechte Abdichtungen von Wandflächen

Wandabdichtungen gegen Erdfeuchtigkeit unterhalb des Geländes bestehen meistens aus heiß oder kalt aufgetragenen Anstrichen oder aus aufgeklebten bzw. verschweißten Bahnen. Nicht verwendet werden dürfen nackte Bitumenbahnen R500 N (DIN 52 129) und Bitumendachbahnen mit Rohfilzeinlage R500 (DIN 52 128). Der Untergrund von senkrechten Abdichtungen muss eben, fest, gereinigt und in der Regel trocken sein. Betonflächen müssen eine ebene und geschlossene Oberfläche aufweisen. Wandflächen aus porigen Baustoffen sind mit einem Mörtel der Mörtelgruppe II oder III zu ebnen und abzureiben, der vor dem Herstellen der Aufstriche bzw. Bahnen ausreichend erhärtet und trocken sein muss. Für feuchten Untergrund sind geeignete Aufstrichmittel, Beschichtungen bzw. Bahnen zu verwenden. Vollfugig gemauerte Flächen aus glatten Steinen mit glatt gestrichenen Fugen sind als Untergrund u. U. sicherer als ein nicht sehr sorgfältig und zu dünn ausgeführter Putz, der sich zusammen mit der Abdichtung unbemerkt ablösen kann.

Bituminöse Deckaufstrichmittel sollten bei unterkellerten Gebäuden nicht verwendet werden. Sie bestehen aus einem kaltflüssigen Voranstrich und mindestens 2 heißflüssig aufgebrachten Abdichtungsanstrichen. Die Aufstriche müssen zusammenhängend und deckend in einer Schichtdicke vom 2,5 mm, mindestens jedoch 1,5 mm dick aufgetragen werden.

Muss mit höherer Beanspruchung der Abdichtung z. B. bei Unterkellerungen oder durch vorübergehend stauendes Sickerwasser gerechnet werden oder besteht die Gefahr von Rissbildung, ist eine senkrechte Außenwandabdichtung mit 2-lagig kalt aufgetragenen *Spachtelmassen* oder noch besser mit Abdichtungsbahnen bzw. -folien gegen nichtdrückendes Wasser (s. Abschn. 16.4.5) herzustellen.

Bitumenbahnen werden vollflächig auf die vorbereiteten – z. B. geputzten – und vorgestrichenen Wandflächen mit 10 cm Stoßüberdeckung mindestens einlagig aufgeklebt. Sehr gut bewährt haben sich auch *selbstklebende Bitumenfolien* (KSK). Bitumenverträgliche *Kunststoff-Dichtungsbahnen* werden mit 5 cm Stoßüberdeckung vollflächig mit Bitumenklebemasse aufgeklebt.

Kunststoffmodifizierte *Bitumen-Dickbeschichtungen* (KMB) als Abdichtung gegen nichtdrückendes und sogar gegen drückendes Wasser gewinnen immer mehr an Bedeutung. Sie bestehen aus lösungsmittelfreien, kalt zu verarbeitenden ein- oder zweikomponentigen Bitumenspachtelmassen, die in zwei Arbeitsgängen mit 2 bis 4 mm Trockenschichtdicke aufgebracht werden.

Je nach Fabrikat werden sie nach einem Voranstrich auf vollfugig hergestelltes Mauerwerk mit etwa 4 bis 8 mm Dicke aufgetragen. An die unteren waagerechten Sperrschichten wird mit Hohlkehlen angeschlossen.

Bitumen-Dickbeschichtungen erfüllen durch ihre hohe langfristig erhaltene Flexibilität die Forderungen von DIN 18 195-5 hinsichtlich Rissüberbrückung. Insbesondere im Bereich der Bauwerkssanierung werden Dickbeschichtungen überwiegend eingesetzt.

Stahlbetonflächen aus wasserundurchlässigem Beton (s. Abschn. 5.1.6) sind als Mindestausführung mit einer porenschließenden Zementschlämme zu streichen oder erhalten kalt oder heiß aufgebrachte Schutzanstriche wie geputzte erdberührte Außenwandflächen. Bewährt haben sich auch Abdichtungen mit *zementgebundenen Dichtungsschlämmen oder -putzen* (s. Abschn. 16.4.2 und 16.4.6.6).

Alle senkrechten Abdichtungen müssen an die waagerechten Abdichtungen so herangeführt werden, dass keine Feuchtigkeitsbrücken (Putzbrücken) entstehen können.

Abgedichtete Außenwandflächen dürfen erst hinterfüllt werden, wenn die Abdichtungen völlig

[1)] Einzelheiten s. auch Abschn. 11.3.2.

trocken sind. Dabei muss genauestens darauf geachtet werden, dass die Abdichtungen nicht beschädigt werden. Auf keinen Fall darf das Hinterfüllungsmaterial scharfkantige Bestandteile wie z. B. Bauschutt oder Schotter enthalten. Empfehlenswert sind *Schutzschichten gegen mechanische Beschädigungen*, die aus Noppenbahnen, Filterplatten (s. Abschn. 16.3), geschlossenen oder porigen Platten bestehen können, welche entweder durch den Erddruck gehalten oder aufgeklebt werden.

Wichtig ist ferner, dass in den Hinterfüllungen keine Hohlräume verbleiben, in denen sich Niederschlagwasser ansammeln und als Stauwasser die Abdichtungen unvorhergesehen beanspruchen kann.

Abdichtung nicht unterkellerter Gebäude

Für nicht unterkellerte Gebäude kann es ggf. wirtschaftlich sein, die unterste Geschossfläche mit freitragenden, nicht auf dem Boden aufliegenden Decken (z. B. aus Fertigteilen) herzustellen. Der kalte Zwischenraum zum Erdreich muss in diesem Fall eine ausreichende Querlüftung mit Gitterformsteinen o. Ä. in den Außenwänden und entsprechenden Aussparungen in etwa vorhandenen inneren Tragwänden erhalten. Die Fußbodenflächen sind den Anforderungen entsprechend zu dämmen.

Eine derartige Lösung ist besonders bei nicht zu großen Deckenspannweiten wirtschaftlich, und wenn ein Zwischenraum erforderlich ist, der als

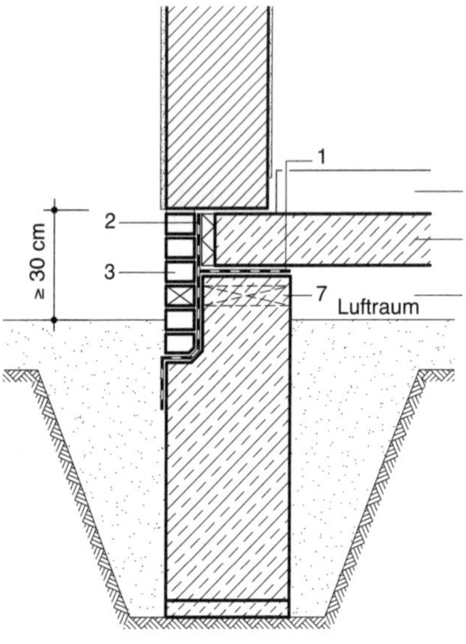

16.23 Abdichtung eines nicht unterkellerten Bauwerkes mit freitragender unterster Decke
1 waagerechte Abdichtung
2 senkrechte Abdichtung
3 frostbeständiges Sockelmauerwerk
4 Deckenauflage (z. B. schwimmender Estrich)
5 tragende Decke (in der Regel Fertigteildecke)
6 Luftraum mit Querlüftung
7 Öffnungen zur Querlüftung

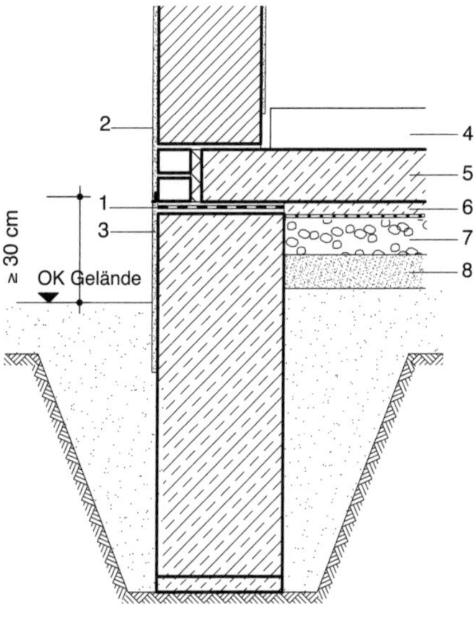

16.24 Abdichtung eines nicht unterkellerten Bauwerkes bei geringen Anforderungen; Bodenplatte ohne Abdichtung auf dem Untergrund aufliegend
1 waagerechte Abdichtung
2 Außenputz mit Putzabschlussprofil
3 Sockelputz als Sperrputz o. Sichtbeton
4 Deckenauflage (z. B. schwimmender Estrich)
5 Stahlbeton-Bodenplatte (auf PE-Folie betoniert; PE-Folie gilt nicht als Abdichtung!)
6 Magerbeton als Sauberkeitsschicht, d > 5 cm
7 Grobkiesschüttung, d > 15 cm als kapillarbrechende Schicht mit PE- Folie (Folie gilt nicht als Abdichtung!)
8 verdichteter Untergrund

16

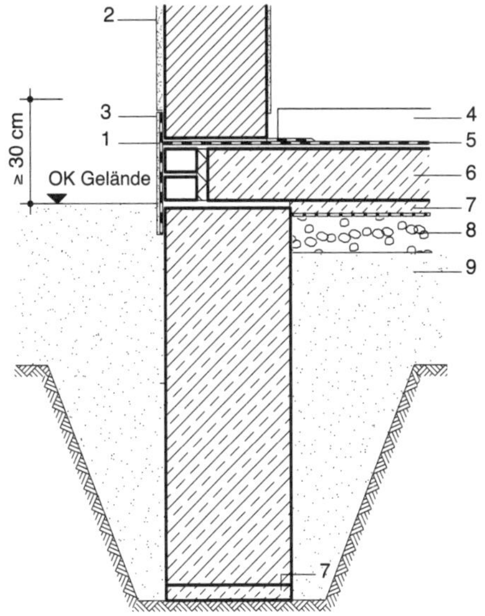

16.25
Abdichtung eines nicht unterkellerten Bauwerkes bei erhöhten Anforderungen, Bodenplatte abgedichtet
1 waagerechte Abdichtung (Querschnittsabdichtung)
2 Außenputz mit Putzabschlussprofil
3 Sockelputz als Sperrputz auf senkrechter Abdichtung
4 Deckenauflage (z. B. schwimmender Estrich)
5 waagerechte Abdichtung der Bodenplatte, an die waagerechte Abdichtung des Mauerwerks anschließend
6 Stahlbetonplatte
7 Sauberkeitsschicht aus Magerbeton ca. 5 cm (auf PE-Folie betoniert; PE-Folie gilt nicht als Abdichtung!)
8 Grobkiesschüttung, d > 15 cm als kapillarbrechende Schicht
9 verdichteter Untergrund

bekriechbarer Installationsraum dienen soll. Eine waagerechte Abdichtung der Deckenfläche ist in diesem Fall nicht erforderlich, ausgenommen bei sehr feuchtigkeitsempfindlichen Fußbodenbelägen wie z. B. Parkett. Bei feuchtem Untergrund kann eine lose auf dem Erdreich verlegte PE-Baufolie den Luftraum sehr wirkungsvoll vor zu starker Durchfeuchtung schützen.

In Gebäuden mit geringen Anforderungen können Bodenplatten lediglich als Stahlbetonplatten auf einer *kapillarbrechenden Schicht* aus grobkörnigem Material ausgeführt werden, das vor dem Betonieren mit einer PE-Folie abgedeckt wird (Bild **16**.24).

In allen anderen Fällen ist eine durchgehende Abdichtung ober- oder unterhalb der Bodenplatte anzuordnen, die an die waagerechte Wandabdichtung (Querschnittsabdichtung) heranreichen und mit dieser mind. 15 cm überlappend ausgeführt werden soll (Bild **16**.25).

Über Gelände sind bituminöse senkrechte Abdichtungen nur möglich, wenn für Sockelputz oder Sockelbekleidungen besondere Putz- bzw. Mörtelträger vorgesehen werden (Bild **16**.25). In der Regel wird der Spritzwasserschutz aus mindestens 20 mm dickem zweilagigem *Sperrputz* (MG III) gebildet, der eine Oberflächenbehandlung aus Kunstharzputzen oder Anstrichen wie in den sonstigen Fassadenbereichen erhalten kann (s. Abschn. 8 in Teil 2 dieses Werkes). Hierdurch kann bei verputzten Gebäuden die Ausbildung eines optisch sichtbaren Sockels vermieden werden. Eine Alternative stellen angemauerte oder hinterlüftete Bekleidungen im Sockelbereich dar (s. Abschn. 8).

Eine Sockelverblendung mit frostbeständigen Verblendsteinen oder Klinkern stellt eine sehr beständige Lösung dar (Ausführung nach DIN 18 515-2, s. Abschn. 8.3.2). Dabei ist es erforderlich, hinter der Verblendung eine senkrechte Abdichtung hochzuziehen (Bild **16**.23, vgl. auch Abschn. 16.2, Spritzwasserschutz). Die Auswirkungen auf die Tragfähigkeit (senkrecht durchlaufende Längsfuge!) müssen im Standsicherheitsnachweis berücksichtigt werden.

Abdichtung unterkellerter Gebäude

Bestehen im Ausnahmefall für die Nutzung von Kellerräumen keine oder nur geringe Anforderungen hinsichtlich des Feuchtigkeitsschutzes, können die Bodenflächen ohne Abdichtung direkt auf die Baugrubensohle (ggf. auf einer Sauberkeitsschicht) betoniert werden. (Die gegenüber dem Erdreich in der Regel als Trennlage zu verlegende Kunststoff-Folie ist zwar nicht als Abdichtung zu betrachten, wirkt dennoch aber als gewisser Schutz gegen kapillare Feuchtigkeit.)

Insbesondere auf bindigen Böden ist die Ausführung auf einer mindestens 15 cm dicken Kies- oder Schotterschicht als *kapillarbrechende Schicht*, abgedeckt mit einer Trennlage aus PE-Folie, vielfach üblich (Bild **16**.26).

In der Regel sind genutzte Kellerräume, insbesondere wenn sie als Hobby-, Partyräume o. Ä. ausgebaut werden und zudem einen *wärmegedämmten Fußbodenaufbau* erhalten gegen Bodenfeuchtigkeit abzudichten (Bild **16**.27). Die Ausführung erfolgt entsprechend den Anforderungen an Abdichtungen gegen nicht drückendes Wasser bei „mäßiger Beanspruchung" (s. Abschn. 16.4.5).

Kelleraußenwände aus Stahlbeton können mit wasserundurchlässigem Beton so ausgeführt werden, dass eine zusätzliche Abdichtung nicht notwendig ist. Müssen jedoch die Bodenflächen (gegen nichtdrückendes Wasser) abgedichtet werden, ist zum Anschluss der Flächenabdichtung eine Sperrschicht zwischen den Außenwänden und der Bodenplatte erforderlich. In solchen Fällen muss das konstruktive Gefüge des Kellergeschosses allein durch aussteifende Zwischenwände und ohne Heranziehung der Bodenplatte alle horizontalen Kräfte aufnehmen können, so dass Anschlussbewehrungen zwischen Bodenplatte und Wänden entfallen können. Der Einbau der waagerechten Sperrschicht ist dann vor dem Betonieren wie bei Außenwänden aus Mauerwerk möglich. Üblicher ist für diesen Fall die Ausführung der Gebäudesohle ebenfalls aus wasserundurchlässigem Beton und die Ausbildung einer Arbeitsfuge mit Fugenbändern (s. Abschn. 16.4.6.2).

Schutzschichten

Wenn Abdichtungen nicht *sofort nach Herstellung* durch andere Bauteile überdeckt werden (z. B. schwimmende Estriche o. Ä.), müssen sie durch *Schutzschichten* (z. B. mind. 5 cm dicker Schutzestrich) geschützt werden (DIN 18 195-10).

16.4.5 Abdichtung gegen nicht drückendes Wasser (DIN 18 195-5)

Wenn nicht nur die immer vorhandene Bodenfeuchtigkeit, sondern Wasser in „tropfbar-flüssiger Form" auf die erdberührten Bauwerke oder Bauteile einwirkt, ist nach DIN 18 195-5 eine Abdich-

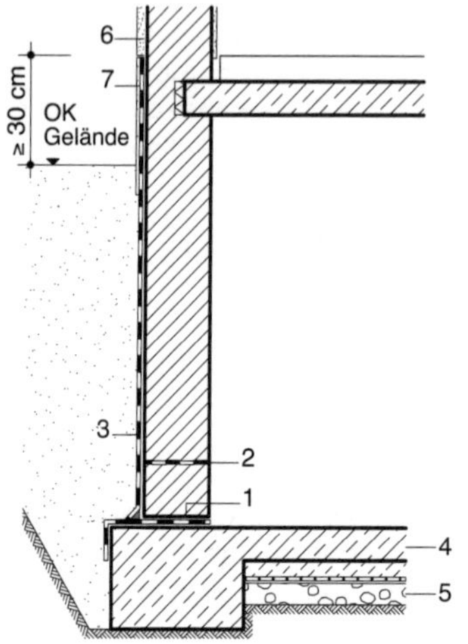

16.26 Abdichtung bei geringen Anforderungen gegen Bodenfeuchtigkeit oder nicht drückendes Wasser
1 waagerechte Abdichtung n. DIN 18 195 (Querschnittsabdichtung)
2 empfohlene zweite waagerechte Querschnittsabdichtung gegen aufsteigende Baunässe
3 senkrechte Abdichtung gfl. auf Glättputz
4 Stahlbeton-Bodenplatte auf Sauberkeitsschicht und Trennfolie (PE-Folie)
5 Kapillarbrechende Schicht
6 Außenputz mit Putzabschlussprofil
7 Sperrputz im Spritzwasser-Sockelbereich auf senkrechter Abdichtung

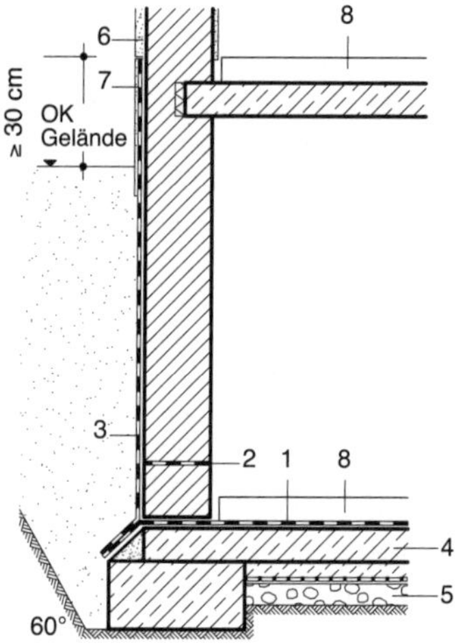

16.27 Abdichtung bei erhöhten Anforderungen gegen Bodenfeuchttigkeit oder nicht drückendes Wasser
1 waagerechte Abdichtung n. DIN 18 195-4
2 empfohlene zweite waagerechte Querschnittsabdichtung gegen aufsteigende Baunässe
3 senkrechte Abdichtung ggf. auf Glättputz
4 Stahlbeton-Bodenplatte auf Sauberkeitsschicht und Trennfolie (PE-Folie)
5 Kapillarbrechende Schicht
6 Außenputz mit Putzabschlussprofil
7 Sperrputz im Spritzwasser-Sockelbereich auf senkrechter Abdichtung
8 Schutzestrich, Fussbodenaufbau

16

tung gegen nichtdrückendes Wasser erforderlich. Das ist insbesondere immer dann vorauszusetzen, wenn das Bauwerk ganz oder teilweise in bindigem Boden steht.

Bei Baugruben *in bindigen Böden* besteht die Gefahr, dass sich in den später mit nicht bindigem Material hinterfüllten Arbeitsräumen Sickerwasser so stark ansammelt, dass auf die Abdichtungen eine kurzzeitige Beanspruchung ähnlich wie durch drückendes Wasser ausgeübt wird (Bild **16**.13). Wenn die Ansammlung von Stauwasser nicht durch Dränage (s. Abschn. 16.3) zuverlässig verhindert werden kann, sind die Abdichtungen wie gegen drückendes Wasser auszuführen (s. Abschn. 16.4.6)

Bei Hanglagen ist auf der Bergseite durch entsprechende Oberflächengestaltung dafür zu sorgen, dass das Niederschlagswasser vom Bauwerk weggeleitet wird. Im übrigen ist durch *Dränung* für eine Ableitung des anfallenden Schichtenwassers zu sorgen.

Die *Lage der Abdichtungsschichten* entspricht der Abdichtung gegen Bodenfeuchtigkeit, doch müssen für die senkrechten und waagerechten Abdichtungen in der Regel Dichtungsbahnen verwendet werden. Außerdem sind alle Bestimmungen zu beachten über den Anschluss von Durchdringungen, Bewegungsfugen, von Übergängen und Abschlüssen (DIN 18 195-8 und -9).

Unterschieden wird

- *mäßige Beanspruchung*: Verkehrslasten ruhend, Flächen nicht befahrbar, Wasserbeanspruchung gering und nicht ständig sowie ausreichendes Gefälle (z. B.: Balkone, Loggien, Böden in Nassräumen im Wohnungsbau)
- *hohe Beanspruchung*: Bei allen waagerechten und geneigten Flächen und wenn eine oder mehrere der obengenannten Beanspruchungen überschritten werden. (z. B.: Dachterrassen, Parkdecks, erdüberschüttete Decken, hoch beanspruchte Nassräume usw.)

Die Bauwerksflächen, auf die die Abdichtungen aufzubringen sind, müssen eben, frei von offenen Mörtelfugen o. Ä., Nestern und Graten sein und müssen an Kehlen und Graten gut ausgerundet werden. Vorhandene Risse (z. B. Schwindrisse) dürfen nicht breiter als 0,5 mm sein, und es muss sichergestellt sein, dass sie sich später nicht weiter als bis zu 2 mm öffnen. Selbstverständlich sind im Übrigen alle erforderlichen Maßnahmen zu treffen, dass die Abdichtung auch durch Setzungen, Schwingungen und Temperaturänderungen nicht ihre Wirksamkeit verlieren kann.

Die Ausführung der Abdichtungen erfolgt wahlweise je nach baulichen Erfordernissen für

mäßige Beanspruchung durch mindestens einlagige Abdichtung:

- 1 Lage Bitumen-oder Polymerbitumenbahnen, mit 10 cm Stoßüberdeckung und Deckaufstrich bei Bitumen-Dachdichtungsbahnen mit Gewebeeinlage oder
- 1 Lage Bitumen-KSK-Bahn als kaltverarbeitbarer, selbstklebender Bahn auf Trägerfolie oder
- 1 Lage Kunststoff-Dichtungsbahn (PIB, ECB, EVA, PVC-P, bitumenverträglich), vollflächig mit 5 cm Stoßüberdeckung verklebt oder lose verlegt mit Trennlage aus z. B. lose verlegter PE-Folie (waagerechte Flächen) oder Trenn- und Schutzlage aus nackter Bitumenbahn mit Deckaufstrich oder Schutzlagen nach DIN 18 195-2, 5.3 oder
- 1 Lage Elastomer-Bahnen, lose verlegt oder vollflächig verklebt mit einer Schutzlage aus z. B. synthtischem schwerem Vlies oder
- zweilagiger Asphaltmastix (i. M. 15 mm) z. B. mit Schutzschicht aus Gussasphalt (25 mm) oder
- einer Bitumendickbeschichtung (KMB) in zwei Arbeitsgängen mit min. 3 mm Trocken-Schichtdicke (s. a. Abschn. 16.4.6.4)

hohe Beanspruchung durch

- 3 Lagen nackte Bitumenbahnen mit Deckaufstrich oder
- 2 Lagen Bitumen–oder Polymerbitumenbahnen, mit 10 cm Stoßüberdeckung und Deckaufstrich bei Bitumen-Dachabdichtungsbahnen oder
- 1 Lage Kunststoff-Dichtungsbahn (PIB, ECB, EVA, PVC-P oder Elastomeren, bitumenverträglich, mind. 1,5 mm dick, ECB mind. 2 mm dick) zwischen 2 Schutzlagen aus z. B. nackter Bitumenbahn mit Deckaufstrich oder
- 1 Lage kalottengeriffelte Metallbänder mit 10 cm Stoßüberdeckung im Gieß- und Einwalzverfahren eingebaut, mit Schutzlage aus 25 mm Gussasphalt oder Glasvlies-Bitumenbahnen oder nackter Bitumenbahn oder
- 1 Lage Bitumen-Schweißbahn mit einer Schicht aus Gussasphalt (25 mm) oder
- 1 Lage Asphaltmastix (i. M. 10 mm) mit einer Schutzschicht aus Gussasphalt (25 mm).

Schutzschichten

Die Abdichtungen sind durch Schutzschichten (DIN 18 195-10) gegen mechanische Beschädigungen zu schützen. *Senkrechte Abdichtungsflächen* werden durch Noppenbahnen, Schaumstoff-Dränplatten oder sonstige Dränplatten geschützt (vgl. Bild **16**.19 bis **16**.21). *Waagerechte oder geneigte Abdichtungsflächen* erhalten am besten einen mindestens 5 cm dicken Schutzestrich aus Beton.

Waagerechte oder schwach geneigte Abdichtungsflächen sind an angrenzenden senkrechten Bauteilen über die Oberkante der Überschüttung bzw. Schutzschicht in der Regel 15 cm hochzuziehen und an ihrer Oberkante zu sichern. Bei der Abdichtung von Decken überschütteter Bauwerke sind die waagerechten Abdichtungen mindestens 20 cm über die Fuge zwischen Decke und Wand herunterzuziehen und möglichst mit der Wandabdichtung zu verbinden.

16.4.6 Abdichtung gegen von außen drückendes Wasser und aufstauendes Sickerwasser (DIN 18 195-6)

16.4.6.1 Allgemeines

Zwingen besondere Umstände dazu, Gebäudeteile in unmittelbarer Nähe oder unterhalb des Grundwasserspiegels anzulegen, oder wenn durch Stauwasser, Überschwemmungen usw. die Gefahr der Einwirkung von drückendem Wasser besteht, müssen die betroffenen Bauteile entweder *wannenartig* aus wasserundurchlässigem Beton hergestellt werden oder eine wasserdruckhaltende Abdichtung erhalten.

Wasserdruckhaltende Abdichtungen müssen Bauwerke gegen hydrostatischen Wasserdruck schützen und gegen natürliche oder durch Lösung aus Beton und Mörtel entstandene aggressive Wässer unempfindlich sein. Sie dürfen ihre Wirksamkeit auch nicht bei üblichen Formänderungen der geschützten Bauteile infolge Schwinden, Temperatureinwirkungen und Setzen verlieren, und sie müssen Spannungsrisse in bestimmten Grenzen elastisch überbrücken können. Durch konstruktive Maßnahmen (z. B. besonders abgedichtete Bauwerksfugen) muss sichergestellt werden, dass Setzungen oder Längenänderungen des Bauwerkes die Abdichtungen nicht zerstören.

Bei der Planung des Gebäudes soll auf möglichst einfache äußere Umrisse geachtet werden, da erfahrungsgemäß bei der Abdichtung komplizierter Vor- und Rücksprünge die meisten Ausführungsfehler vorkommen. Unvermeidliche Ecken sind sorgfältig auszurunden und mit zusätzlichen, passenden Materialzwickeln abzudichten. Insbesondere bei größeren Eintauchtiefen in das Grundwasser ist für alle Bauteile bei der statischen Berechnung der *Wasserdruck* und der *Auftrieb* zu berücksichtigen.

Alle Abdichtungsmaßnahmen sind nach DIN 18 195 bei nichtbindigen Böden (s. Abschn. 3.1) bis mindestens 30 cm über den höchsten beobachteten Grundwasserstand (HGW) auszuführen.

Da der Grundwasserstand stark schwanken kann, die Beobachtung daher meistens nicht genau ist und weil die Mehrkosten im Vergleich zu einem möglichen Schadensfall meistens in keinem vernünftigen Verhältnis stehen, sollten die Abdichtungsmaßnahmen besser wesentlich über das Maß von 30 cm hinaus nach oben geführt werden.

Bei bindigen Böden sind die Abdichtungsmaßnahmen 30 cm über die Oberkante des geplanten Geländeanschlusses zu führen.

Die Abdichtungen gegen drückendes Wasser sind nach oben an die Abdichtungen gegen Bodenfeuchtigkeit bzw. nicht drückendes Wasser anzuschließen (s. Abschn. 16.4.4, 16.4.5, Bilder **16**.39 bis **16**.41).

Während der Dichtungsarbeiten wird das Grundwasser aus der Baugrube entweder durch offene Wasserhaltung oder durch Absenken des Grundwasserspiegels entfernt (s. Abschn. 3.6). Die Wasserhaltung muss fortgesetzt werden, bis die Abdichtungen ihre volle Funktionsfähigkeit erlangt haben und das Bauwerk gegen Aufschwimmen gesichert ist.

Es wird zwischen zwei Beanspruchungsarten aufgrund unterschiedlicher Beanspruchungsintensität unterschieden.

- *Abdichtungen gegen drückendes Wasser* als Abdichtungsmaßnahmen gegen Grundwasser und Schichtenwasser für Gebäude, die ganz oder teilweise in das Grundwasser eintauchen und
- *Abdichtungen gegen zeitweise aufstauendes Sickerwasser* als Abdichtungsmaßnahmen für erdberührte Außenflächen bei Gründungstiefen bis 3,0 m unter GOK und wenig durchlässigen Böden ohne Drainung. Die Kellersohle muss dabei mindestens 30 cm über dem Bemessungswasserstand liegen.

16

Ausführungsarten

Grundsätzlich wird bei Abdichtungen gegen drückendes Wasser unterschieden zwischen:

- „**Weißer Wanne**" als Ausführung wasserundurchlässiger *Bauteile* (Herstellung der zu schützenden Bauwerksteile aus wasserundurchlässigem Stahlbeton) und
- „**Schwarzer Wanne**" als Ausführung mit Hilfe wasserundurchlässiger *Baustoffe* (Wasserundurchlässige Schutzschichten auf Bitumenbasis oder aus Kunststoffen auf den zu schützenden Bauwerksteilen) Ferner können die Abdichtungen mit Hilfe von Bentonit ausgeführt werden („Braune Wannen", s. Abschn. 16.4.6.5).

Die Wahl der Ausführungsart von Abdichtungen gegen drückendes Wasser und aufstauendes Sickerwasser ist u. a. abhängig von:

- Zugänglichkeit der Abdichtungsflächen,
- Platzverhältnissen im Arbeitsraum,
- Bauwerksform,
- Witterungsverhältnissen während der Bauzeit (z. B. sind Klebearbeiten bei Außentemperaturen unter +4 °C nicht zulässig, bei feuchter Witterung problematisch),
- Art und mögliche Dauer der Wasserhaltung,
- Beanspruchung der Abdichtung.

Insbesondere muss die zu erwartende Beanspruchung der abgedichteten Bautenteile z. B. durch Schwindvorgänge, Setzungen, Erschütterungen, Temperatureinwirkungen usw. bei der Planung berücksichtigt werden.

16.4.6.2 Abdichtung durch Bauwerksausführung mit wasserundurchlässigem Stahlbeton – WU-Beton
(s. Abschn. 5.1.6)

Allgemeines

Eine hochentwickelte Schalungstechnik, die eine wirtschaftliche Ausführung auch komplizierter Bauwerksformen ermöglicht und die weitgehende Verwendung von Transportbeton mit einer vom Baustellenbetrieb unabhängigen Gütesicherung und -überwachung bei der Betonherstellung haben dazu geführt, dass ein Großteil aller Abdichtungsmaßnahmen gegen drückendes Wasser mit Hilfe von wasserundurchlässigem Stahlbeton nach DIN 1045 und DIN 1048 als *„weiße Wannen"* geplant werden. Die *„weiße Wanne"* als Abdichtungprinzip ist in Bereichen, in denen keine Schalungsarbeiten durchgeführt werden können (z. B. im Bereich von vorhandenen Wänden) oftmals die einzig mögliche Art, eine druckwasserhaltende Abdichtung herzustellen. WU-Betone erhalten ergänzend zur statisch notwendigen Bewehrung zusätzliche Bewehrungsanteile, die zur Begrenzung der Schwindrissbildung durch gleichmäßige Verteilung erforderlich sind.

Insbesondere, wenn für das Bauwerk keine besonders großen Gefahren durch Rissbildung infolge äußerer Einflüsse (z. B. Erschütterungen aus Verkehr, Maschinenbetrieb o. Ä.) berücksichtigt werden müssen, wird diese Ausführungsart vorgezogen.

Als zusätzlicher Schutz gegen Risse sowie als Schutz gegen betonschädigendes Wasser im Boden werden auf die fertigen Betonaußenflächen Schutzüberzüge als Beschichtungen auf Bitumen- oder Reaktionsharzbasis oder aus Abdichtungsbahnen aufgebracht (s. Abschn. 5.10, Bilder **5**.58 bis **5**.59).

Ein besonderer Vorteil der Abdichtung durch wasserundurchlässigen Stahlbeton besteht darin, dass etwa auftretende Undichtigkeiten unmittelbar an den Schadensstellen erkennbar sind und durch Nacharbeiten (z. B. durch Hochdruckverpressung) relativ einfach beseitigt werden können.

Es ist jedoch festzuhalten, dass auch für Bauwerksteile aus wasserundurchlässigem Stahlbeton bei der Abdichtung gegen drückendes Wasser die in Abschn. 16.4.6.1 gemachte grundsätzliche Feststellung gilt, dass möglichst einfach gestaltete Baukörperformen anzustreben sind. So sollten Fensteröffnungen o. Ä. mit den dafür erforderlichen Lichtschächten möglichst oberhalb des Abdichtungsbereiches gegen drückendes Wasser geplant werden. Wenn das nicht erreichbar ist, sollten statt einzelner auskragender Lichtschächte aus wasserundurchlässigem Beton besser Stützwände – am besten zusammenfassend für mehrere Öffnungen – bis auf die Bodenplatte heruntergezogen werden. Auch Wanddurchbrüche für Ver- und Entsorgungsleitungen sind im Grundwasserbereich möglichst zu vermeiden, oder es müssen spezielle – natürlich kostenaufwändige – Abdichtungselemente eingebaut werden (s. Abschn. 16.4.7).

Arbeitsfugen

Bei der Konstruktion von „Wannen" aus wasserundurchlässigem Beton übernehmen die Betonteile in der Regel sowohl abdichtende als auch tragende Funktion. Die Bodenplatte wird daher in der Regel als Plattenfundament ausgebildet, das zunächst auf einer Sauberkeitsschicht betoniert wird. Die aufgehenden Wände müssen in weiteren Arbeitsgängen errichtet werden. Die am Anschluss zwischen Bodenplatte und Wänden unvermeidliche Arbeitsfuge muss – ebenso wie bei ausgedehnten Bauwerken etwa erforderliche weitere Arbeitsfugen in der Bodenplatte oder den Wänden – besonders abgedichtet werden.

Die Ausführung von Arbeitsfugen ist auf verschiedene Weise möglich und muss in jedem Fall genau geplant werden.

Die früher übliche Ausführung mit Aufkantungen der Bodenplatte (Bild **16**.28a) erfordert erhöhten Arbeitsaufwand. Außerdem ist die Gefahr von Undichtigkeiten durch vor dem Betonieren in der Schalung verbliebene Verunreinigungen gegeben.

In der Regel werden daher Arbeitsfugen mit Hilfe von Fugenbändern hergestellt (Bild **16**.29).

Fugenbänder

Unterschieden werden Ausführungen mit

- außen liegenden Fugenbändern (Bild **16**.28d und Bild **16**.29b und d) und mit
- innen liegenden Fugenbändern (Bild **16**.28b und c und Bild **16**.29 a und c).

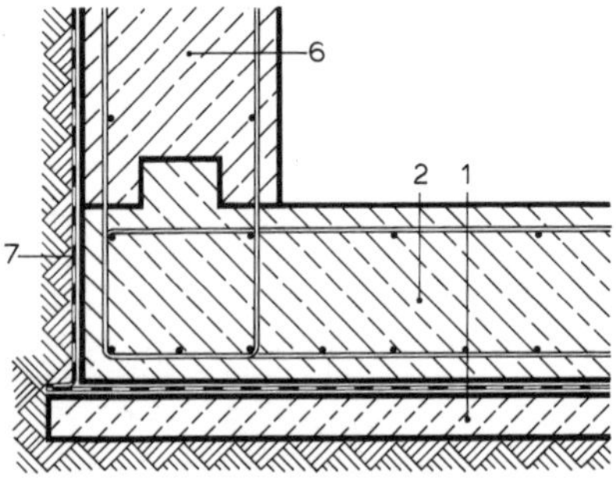

16.28a

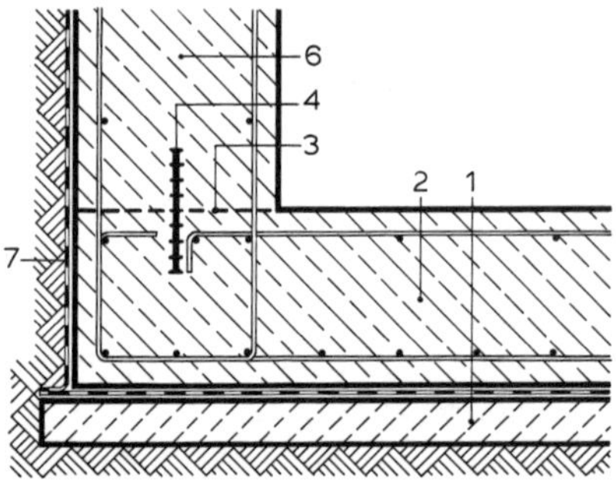

16.28b

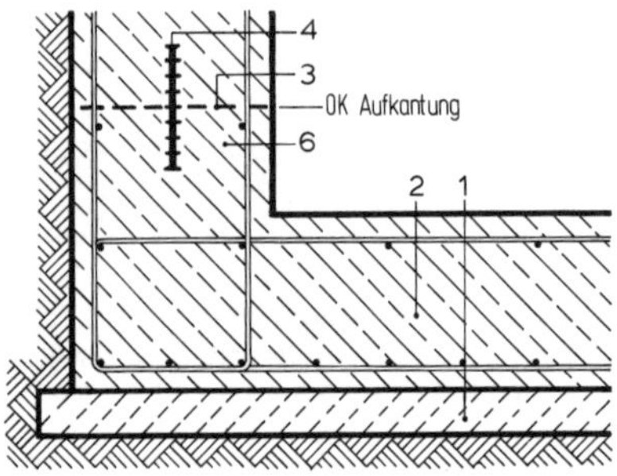

16.28c

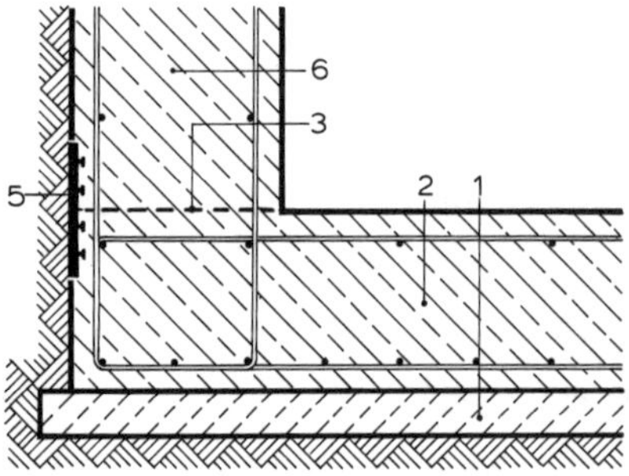

16.28d

16.28 Bauwerke aus wasserundurchlässigem Stahlbeton (WU-Beton)
a) Arbeitsfugenanschluss mit Aufkantung der Bodenplatte
b) Arbeitsfuge ohne Aufkantung der Platte mit innenliegendem Fugenband
c) Arbeitsfuge mit Aufkantung der Platte und innenliegendem Fugenband
d) Arbeitsfuge mit außen liegendem Fugenband

1 Sauberkeitsschicht
2 Stahlbetonplatte (Plattenfundament) aus wasserundurchlässigem Beton > B 25
3 Arbeitsfuge
4 innen liegendes Fugenband (Bild **16**.29a)
5 außen liegendes Fugenband (Bild **16**.29b)
6 Stahlbetonwand $d > 30$ cm aus wasserundurchlässigem Beton > B 25
7 Schutzüberzug (falls erforderlich)

Außen liegende Fugenbänder werden auf die Sauberkeitsschicht bzw. Außenseite der Wandschalung aufgelegt und durch Randklammern in der geplanten Lage fixiert. Übergänge zwischen verschiedenen Fugen werden am besten mit werkseitig hergestellten Formteilen gebildet, die an der Baustelle stumpf mit den Anschlussbändern heiß verschweißt werden. Dabei müssen die Profil-Lippen auf jeden Fall korrekt durchlaufen (Bild **16**.30). Neben dem einfachen Einbau liegt ein Vorteil außen liegender Fugenbänder auch darin, dass bei Wänden nach dem Ausschalen etwaige Ausführungsfehler sofort zu erkennen sind und beseitigt werden können.

Innen liegende Fugenbänder bieten wegen des längeren „Überschlagsweges" für etwa eindringendes Wasser theoretisch besseren Schutz als außen liegende Bänder, vorausgesetzt allerdings, dass der Einbau korrekt erfolgt, und sind gegen mechanische Beschädigungen (Ausschalen, Baustellenbetrieb) besser geschützt.

Für senkrechte Fugen ist dies bei ordnungsgemäßer Ausführung meistens gut zu erreichen (Bild **16**.31).

Bei horizontalen Fugen am Übergang zwischen Fundamentplatten und Wänden besteht bei innenliegenden Fugenbändern aber immer die Gefahr, dass die Fugenbänder beim Betonieren der Wände durch den herabfallenden Beton umgeknickt werden. Dadurch entstehen gefährliche Hohlräume an der Anschlussstelle, die nach Abschluss der Arbeiten nicht erkennbar sind. Die Fugenbänder müssen daher durch Verspannen mit der Bewehrung fixiert, beim Betonieren sorgfältig

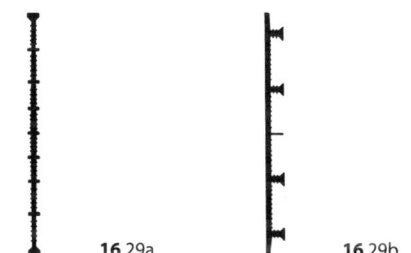

16.29a

16.29b

16.29c

16.29d

16.29 Fugenbänder (Beispiele)
a) innen liegendes Arbeitsfugenband
b) außen liegendes Arbeitsfugenband
c) innen liegendes Dehnfugenband
d) außen liegendes Dehnfugenband

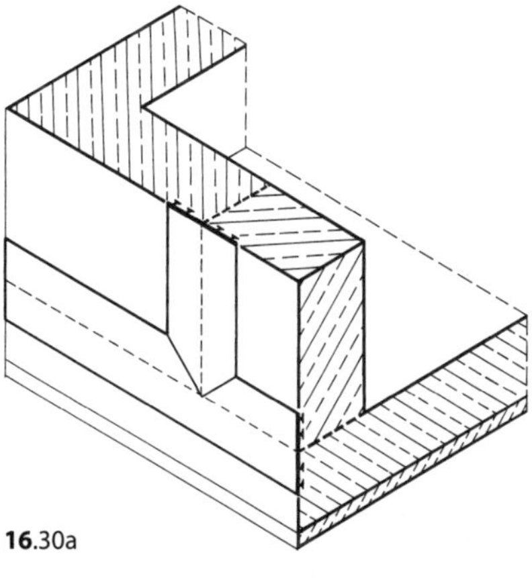
16.30a

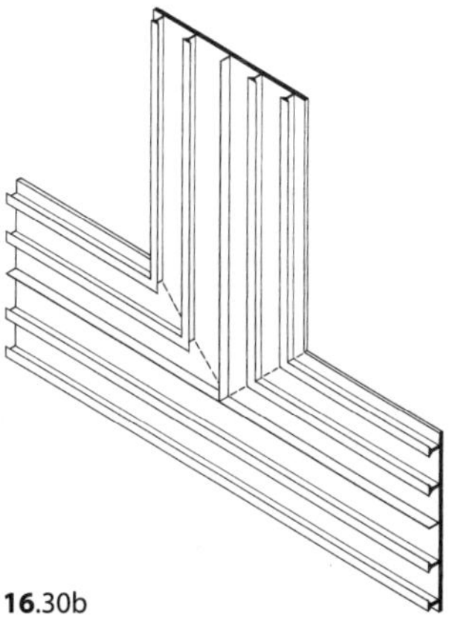
16.30b

16.30 Fugenbandstöße (Beispiel: außen liegende Fugenbänder)
a) fertiger Zustand (von außen)
b) T-Stoß, Innenseite

abschnittsweise mit Beton verfüllt und dabei in ihrer korrekten Lage kontrolliert werden. Erleichtert wird der Einbau durch die Verwendung von speziellen Fugenbandtypen mit integrierten Stahlstäben, die das Umknicken weitgehend verhindern können. Besseren Schutz gegen die Gefahr des Umknickens bieten korrosionsgeschützte, starre Fugenbleche.

Wegen der am Übergang zwischen Fundamentplatte und Wänden meistens gegebenen Konzentration von Bewehrungsstählen ist die Ausführung gemäß Bild **16**.28b oft schwierig. Besser ist es in diesen Fällen, die Bodenplatte mit einer Aufkantung zu betonieren, die das innenliegende Fugenband aufnimmt und auch das spätere Einschalen der Wände erleichtert (Bild **16**.28c).

Als Alternative zu den herkömmlichen Arbeitsfugenbändern sind aufquellende Dichtungsprofile auf dem Markt, die leicht eingebaut werden können und auch besonders für den Zusammenbau vorgefertigter Stahlbetonteile geeignet sind (Bild **16**.32).

Bewegungsfugen und Trennfugen zwischen verschiedenen Bauwerksteilen werden mit speziellen Fugenbändern ausgeführt, die durch Hohlprofilstränge dafür geeignet sind, Dehnungen und Zerrungen auszugleichen (Bild **16**.29c und d).

Schwindfugen. Der Rissbildung durch Schwindvorgänge des Betons muss bei ausgedehnten Bauwerken durch ausreichende Unterteilung in Betonierabschnitte begegnet werden, die mit den statischen Anforderungen selbstverständlich koordiniert werden müssen (Bild **16**.33).

Dabei werden die einzelnen Abschnitte zeitlich überlappend so ausgeführt, dass die unvermeidlichen Schwindvorgänge in den bereits betonierten Abschnitten schon weitgehend abgeklungen sind. Je nach Witterungsverhältnissen ist ein zeitlicher Abstand von etwa 6 bis 8 Arbeitstagen meistens dafür ausreichend. In besonders dicken Bauteilen werden an derartigen Fugen durch Rippenstreckmetall-Körbe zunächst Hohlräume gebildet, die das Abfließen der Abbindewärme

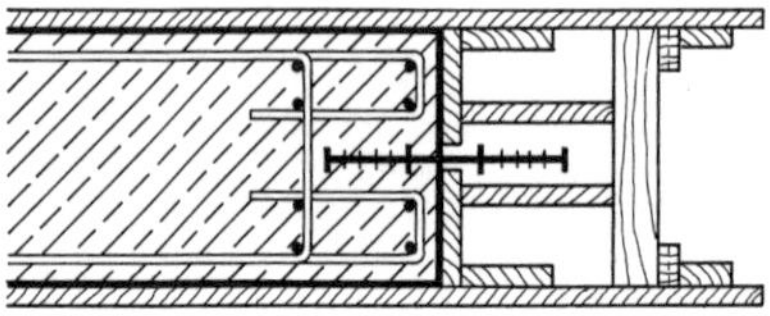

16.31 Arbeitsfuge in Außenwand mit innen liegendem Fugenband; Schalungs- und Bewehrungsausbildung

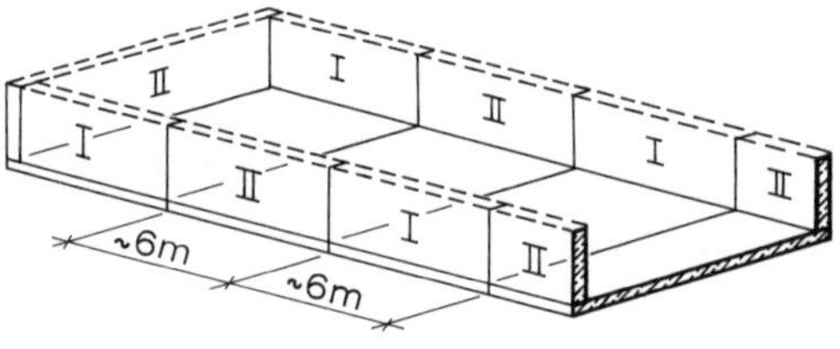

16.33 Betonierabschnitte bei ausgedehnten Bauwerken (schematisch)

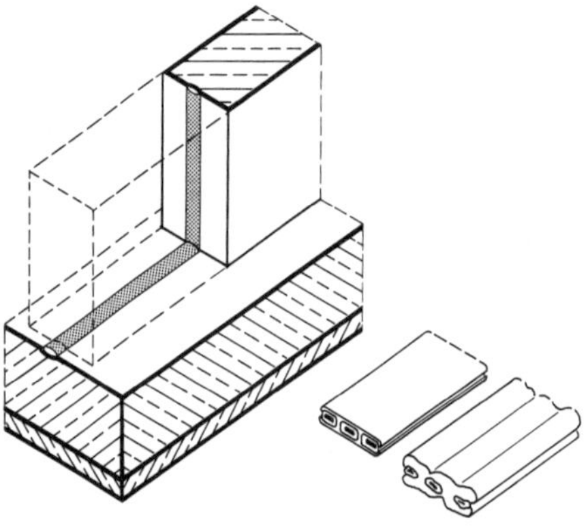

16.32 Quellendes Fugenband (TPH)
a) Einbau (schematisch; Anschlussbewehrungen nicht eingezeichnet)
b) Dichtungsprofil, Einbauzustand
c) Dichtungsprofil, aufgequollen

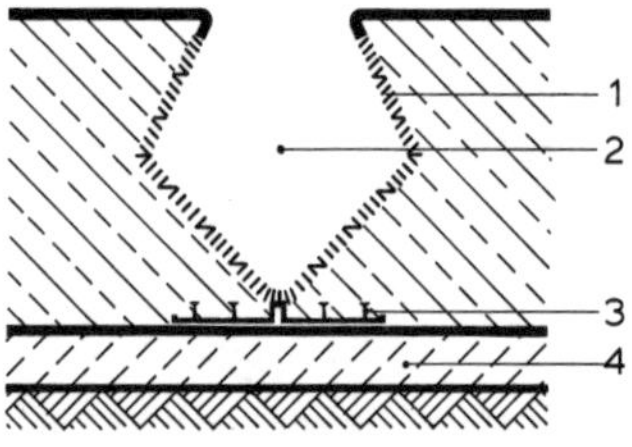

16.34 Schwindfugenausbildung in dicker Fundamentplatte o. Ä.
1 Aussparungskorb aus Rippenstreckmetall
2 Hohlraum, später mit Beton verfüllt
3 außen liegendes Fugenband
4 Sauberkeitsschicht

erleichtern. Sie werden später mit wasserundurchlässigem Beton sorgfältig verfüllt (Bild **16**.34).

Schalung

Ein besonderes Problem bei der Abdichtung gegen drückendes Wasser durch Wände aus wasserundurchlässigem Beton stellen die unvermeidlichen Schalungsverspannungen dar (vgl. Abschn. 5.4.2). Die üblichen Spannanker dürfen hier nicht eingesetzt werden. Auf dem Markt sind Spezial-Verspannungen, die aus mehrteiligen Ankerstäben, kombiniert mit Schraubwassersperren und aufschraubbaren Dichtkonen bestehen (Bild **16**.35a) oder bei denen spezielle Hülsenrohre mit Quellmörtel verfüllt und mit eingeklebten Betonkegeln oder Kunststoffkonen verschlossen werden (Bild **16**.35b).

Nachbehandlung

Die Stahlbetonflächen sind nach dem Ausschalen durch Feuchthalten über mindestens 7 Tage sorgfältig nachzubehandeln. Bauwerksteile aus WU-Beton mit Anforderungen an die Abdichtung sind besonders sorgfältig nachzubehandeln. Durch fachgerechte Nachbehandlung kann die Rissgefahr und die Kapillarporosität niedrig gehalten werden – eine wesentliche Voraussetzung für die Funktionstüchtigkeit dieses Abdichtungsverfahrens.

Abschließend erhalten die fertigen erdberührten Flächen einen Schutzanstrich auf Bitumenbasis oder aus zementgebundenen Dichtungsschlämmen (vgl. Abschn. 16.4.2), wenn nicht Schutzüberzüge (s. auch Abschn. 5.10) in Frage kommen.

16.4.6.3 Abdichtungen gegen von außen drückendes Wasser mit Dichtungsbahnen (DIN 18 195-6)

Allgemeines

Bauwerke, bei denen mit Rissbildungen wegen besonderer Beanspruchungen z. B. durch Erschütterungen (Verkehr, Maschinenbetrieb o. Ä.) oder durch Setzungen gerechnet werden muss oder bei denen aus anderen Gründen eine Ausführung mit wasserundurchlässigem Beton nicht in Frage kommt, werden durch Dichtungsbahnen oder Beschichtungen gegen drückendes Wasser geschützt. Diese werden in der Regel auf der dem Wasser zugekehrten Seite aufgebracht.

Abdichtungsmaterial

Für die Ausführung der Abdichtungen gegen drückendes Wasser kommen je nach baulichen Verhältnissen wahlweise in Frage:

- nackte Bitumenbahnen R500 N, mehrlagig, mit Deckaufstrich, auch in Verbindung mit jeweils 1 Lage Kupferband (0,1 mm) oder Edelstahlband (0,05 mm),
- Bitumen- Bahnen und/oder Polymerbitumen-Dachdichtungsbahnen, ein- oder mehrlagig,
- Bitumen-Schweißbahnen, ein- oder mehrlagig,
- Kunststoff- und Elastomer-Dichtungsbahnen, bitumenverträglich, eingebettet in 2 Lagen nackter Bitumenbahnen mit Deckaufstrich (EVA, PIB, PVC-P, bitumenverträglich, ECB und EPDM).

Abdichtungen gegen drückendes Wasser mit Dichtungsbahnen werden *grundsätzlich mehr-*

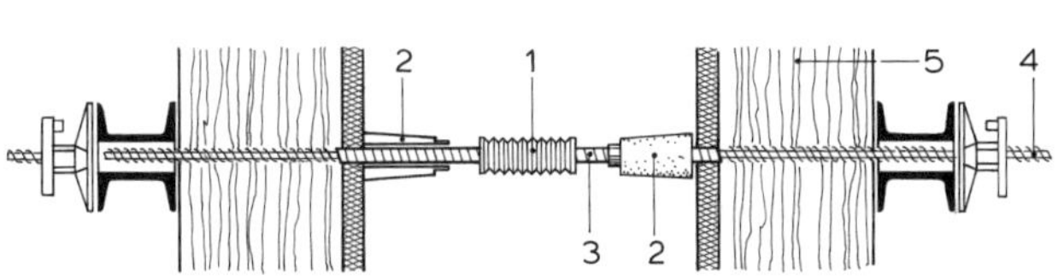

16.35a

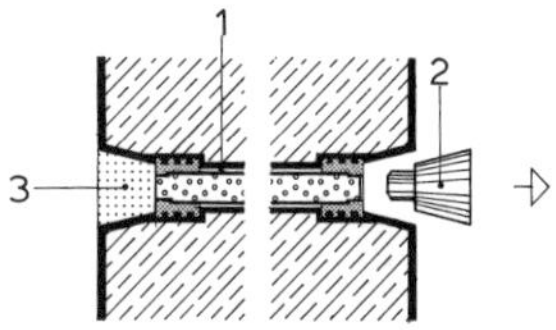

16.35b

16.35 Spannanker für Wände aus wasserundurchlässigem Stahlbeton
a) mehrteiliger Ankerstab mit Schraubwassersperre
1 Schraubwassersperre
2 Spannkonus
3 Innenanker (verbleibt im Beton)
4 Außenanker (wird nach dem Ausschalen entfernt)
5 Schalung und Schalungsträger
b) Spannanker mit Hülsenrohr mit Quellmörtelverfüllung
1 Hülsenrohr mit Rillenkappen (nach dem Ausschalen mit Quellmörtel ausgespritzt)
2 Kunststoff-Distanzkonus (nach dem Ausschalen entfernt und ersetzt durch Betonkegel)
3 Betonkegel, mit Spezialkleber beidseitig eingesetzt

Tabelle **16**.36 Anzahl der Lagen bei Abdichtungen mit nackten Bitumenbahnen (DIN 18 195-6, Tab. 1)

1	2	3	4
Eintauchtiefe in m	zul. Druckbelastung in MN/m² max.	Bürstenstreich- oder Gießverfahren	Gieß- und Einwalzverfahren
		Lagenanzahl, mindestens	
bis 4	0,6	3	3
über 4 bis 9		4	3
über 9		5	4

Tabelle **16**.37 Anzahl der Lagen und Art der Einlagen bei Abdichtungen mit Bitumen-Schweißbahnen (DIN 18 195-6, Tab. 3)

1	2
Eintauchtiefe in m	Anzahl der Lagen und Art der Einlage
bis 4	2 – Gewebe- oder Polyestervlieseinlage
über 4 bis 9	3 – Gewebe- oder Polyestervlieseinlage
	1 – Gewebe- oder Polyestervlieseinlage + 1 – Kupferbandeinlage
über 9	2 – Gewebe- oder Polyestervlieseinlagen + 1 – Kupferbandeinlage

lagig, bzw. einlagig zwischen Schutzlagen mit 10 cm breiten versetzten Stoßüberdeckungen ausgeführt. Die Anzahl der erforderlichen Lagen ist abhängig von der Eintauchtiefe, der Materialart und der damit gegebenen Druckbelastung.

Als Beispiele sind in den Tabellen **16**.36 und **16**.37 die Anforderungen für nackte Bitumenbahnen und für Schweißbahnen aufgeführt.

Für andere Materialien bzw. Materialkombinationen sind die Angaben den entsprechenden Tabellen in DIN 18 195-6 zu entnehmen.

Die Abdichtungen müssen auf trockenen, ebenen und hohlraumfreien Untergründen so eingebaut werden, dass sie vollflächig eingepresst werden. Es dürfen keine Zugbeanspruchungen durch Auftrieb und seitlichen Wasserdruck auf die Abdichtungen einwirken. Kehlen und Kanten müssen mit einem Halbmesser von mindestens 40 mm gerundet sein. Risse dürfen beim Einbau nicht breiter als 0,5 mm sein, und es muss sichergestellt sein, dass sie sich später auf nicht mehr als 5 mm verbreitern können. Risskanten dürfen dabei einen Versatz von höchstens 2 mm aufweisen.

Es ist zu beachten, dass Abdichtungen keine Kräfte in ihrer Ebene aufnehmen können und die Übertragungsmöglichkeiten von Druckspannungen senkrecht zur Abdichtungsfläche abhängig ist von der Art der Abdichtung.

Für Bauteile, bei denen Abdichtungen mit Gefälle eingebaut werden müssen, ist der Gleitgefahr in der Abdichtungsfuge durch stufenartige Ausbildung der wasserdruckhaltenden Wanne zu begegnen (Bild **16**.38).

In jedem Fall müssen die abgedichteten Bauwerksteile und die *Schutzschichten* so ausgebildet und ggf. verankert sein, dass die Abdichtung durch gleichmäßige Übertragung des Erd- oder Wasserdruckes vollflächig eingepresst wird. Nur dann sind Abdichtungen hinreichend gegen Zugbeanspruchung durch Auftrieb oder Seitendruck des Wassers geschützt (Bild **16**.39).

Geklebte senkrechte Abdichtungen sind gegen mechanische Beschädigungen (z. B. beim Verfüllen der Baugrube) durch *Schutzschichten* (DIN 18 195-10), in der Regel durch 11,5 cm dickes Mauerwerk zu schützen. Auf waagerechte Abdichtungen ist sofort nach der Fertigstellung ein *Schutzestrich* absolut hohlraumfrei aufzubringen.

Die senkrechten Schutzschichten (Mauer- oder Betonwände) werden durch senkrechte Fugen in Einzelflächen geteilt, die unabhängig voneinander durch den jeweils auftretenden Erd- oder Wasserdruck gegen Dichtung und Bauwerk gepresst werden. Enthält das Grundwasser Stoffe, die Beton schädigen können, so sind Schutzschichten aus Ziegeln mit Zementmörtel oder bei hoher Angriffsgefahr aus Klinkermauerwerk mit Spezialmörtel bzw. aus Beton mit besonderer Widerstandsfähigkeit gegen chemische Angriffe (s. Abschn. 5.1.6) auszuführen.

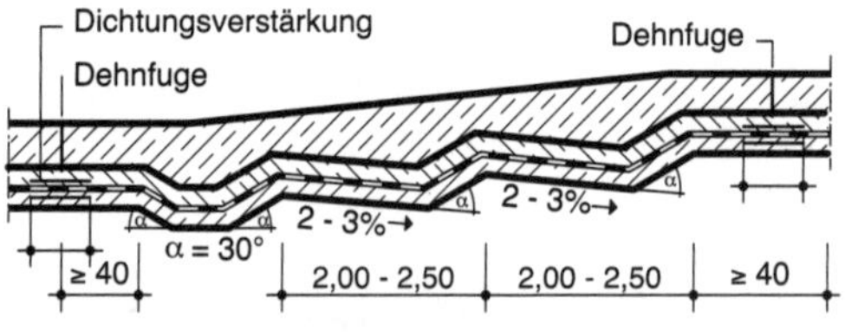

16.38 Abdichtung einer Rampe

16.39
Von innen geklebte Abdichtung gegen drückendes Wasser
a) Schnitt
b) Detail
1 Sauberkeitsschicht, bewehrt
2 Schutzmauer
3 Putz MGIII, unten Kehle, $r > 10$ cm
4 mehrlagige Abdichtung: Übergang zwischen senkrechten und waagerechten Abdichtungsbahnen s. Detail!
5 Schutzestrich
6 Schutzplatte, z. B. Faserzement, aufgeklebt
7 Stahlbetonplatte bzw. Plattenfundament
8 tragende Außenwand
9 waagerechte Abdichtung gegen aufsteigende Baunässe
10 Hinterfüllung, $d > 8$ cm
11 Abdichtung gegen nicht drückendes Wasser
12 Übergang mit Schweißbahn

16.39a

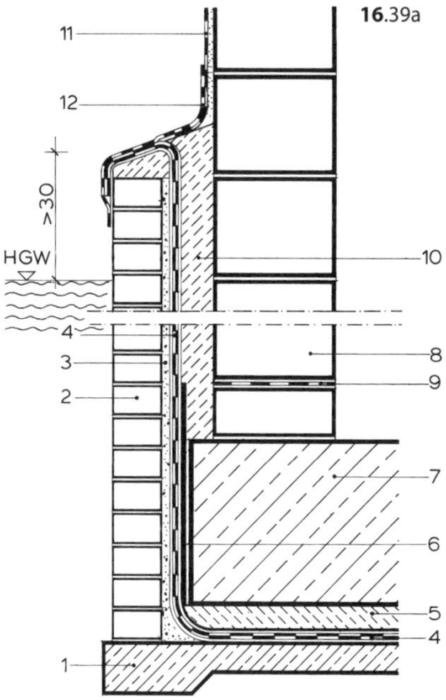

16.39b

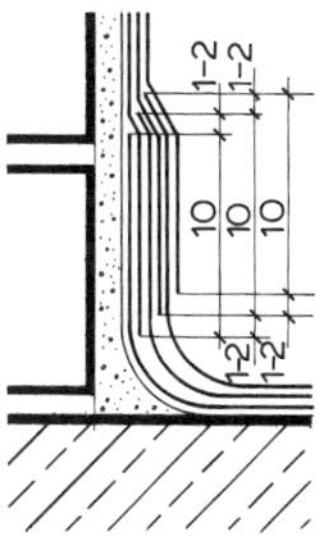

Nötigenfalls ist durch geeignete Wärmedämmungen sicherzustellen, dass Abdichtungen nicht übermäßig erwärmt werden können. Die Temperatur der Abdichtungen muss mindestens 30 K unter dem Erweichungspunkt der Klebemassen und Deckenaufstrichmittel bleiben.

Von innen geklebte Abdichtungen

Von innen geklebte Abdichtungen gegen drückendes Wasser werden vor allem dort ausgeführt, wo die abzudichtenden Flächen von außen nicht zugänglich sind. Das kann der Fall sein bei sehr beengten Baustellenverhältnissen, vor allem bei Grenzbebauungen und in Baulücken (Bild **16**.39).

Zunächst wird, gegebenenfalls zusammen mit den Fundamenten, eine etwa 10 cm dicke Sauberkeitsschicht auf das verdichtete und abgeglichene Erdreich betoniert – bei aggressivem Grundwasser ggf. unter Verwendung von Spezialzement. Auf dieser Sauberkeitsschicht, die an den Rändern fundamentartig verstärkt wird, werden die äußeren, in der Regel 11,5 cm dicken Schutzwände errichtet, glatt gefugt oder geputzt und mit einer Hohlkehle an die Sauberkeitsschicht angeschlossen. Dann wird die Sohlenabdichtung auf die Sauberkeitsschicht (bei bituminösen Abdichtungen mehrlagig) geklebt und in gleichzeitigen Arbeitsgängen mit Stoßüberdeckungen an den senkrechten Schutzwänden hochgeführt (Bild **16**.39b). Bitumenklebemassen werden dabei am besten im Gieß- und Einrollverfahren aufgebracht. Wenngleich damit ein höherer Material- und Arbeitsaufwand verbunden ist, erreicht man eine wesentlich bessere hohlraumfreie Verbindung der einzelnen Abdichtungsschichten als bei Bürstenauftrag der Klebemasse.

Die horizontalen Abdichtungen werden – ggf. abschnittsweise – sofort nach Fertigstellung durch einen Schutzestrich gegen mechanische Beschädigungen geschützt.

Anschließend an die Abdichtungsarbeiten wird zunächst die Bodenplatte des Bauwerkes ausgeführt, die meistens als Plattenfundament ausgebildet ist. Bei der Errichtung der Bauwerksaußenwände müssen die fertigen Abdichtungen mit größter Sorgfalt gegen Beschädigungen geschützt werden.

Die Außenwände des Bauwerkes werden in der Regel gemauert. Dabei ist ein Abstand von ≥ 8 cm gegenüber der Abdichtung zu halten. Der entstehende Zwischenraum ist fortlaufend mit dem Hochmauern in Lagen von etwa 30 cm sorgfältig mit Feinbeton voll auszufüllen und durch Stampfen oder vorsichtiges Rütteln hohlraumfrei zu verdichten.

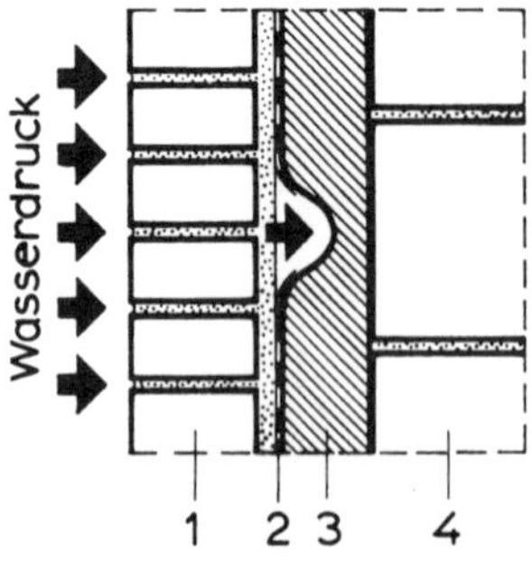

16.40
Zerstörung einer wasserdruckhaltenden Abdichtung durch Wasserdruck gegen einen Hohlraum
1 Schutzwand mit Putz
2 Abdichtung (schematisch)
3 fehlerhafte Hinterfüllung mit Hohlraum
4 tragende Außenwand des Bauwerkes

Jeder verbleibende auch kleine Hohlraum würde bei dieser Art der Abdichtungsausführung unter der Einwirkung des Wasserdruckes sehr rasch zur Zerstörung der Abdichtung führen (Bild **16**.40).

Gleichzeitig muss der verbliebene Baugrubenraum bzw. Arbeitsraum hinter der Schutzmauer verfüllt und abschnittsweise verdichtet werden. Es besteht sonst die Gefahr, dass beim Hinterfüllen der Abdichtung die Schutzmauer von der Außenmauer abgedrückt und sogar zum Einsturz gebracht werden kann.

Am oberen Abschluss sind die Abdichtungsbahnen am besten nach außen um die Schutzmauer herumzukleben. Die Hinterfüllung erhält eine Ausrundung, an der die Abdichtung gegen nichtdrückendes Wasser angeschlossen werden. An dieser Stelle besteht immer die Gefahr der Rissbildung zwischen der Gebäudewand und der Schutzmauer mit der Abdichtung. Die Übergangsstelle ist daher mit einer reißfesten Bitumen-Schweißbahn oder Kunststoff-Abdichtungsbahn sorgfältig zu überkleben (vgl. Bild **16**.42b). Ausführungen, wie in Bild **16**.42a gezeigt, sind zwar in der Fachliteratur empfohlen, bei von innen geklebten Abdichtungen aber nur sehr schwierig einwandfrei auszuführen.

Eine nachträgliche Reparatur von Undichtigkeiten ist bei dieser Art der Abdichtung nahezu unmöglich. Die Schadensstelle ist kaum lokalisierbar. Beim Aufstemmen der tragenden Wände von innen her ist eine zusätzliche Beschädigung der Abdichtung fast unvermeidlich. Ein Abtragen der äußeren Schutzwand ist unmöglich, weil sie ja mit der Abdichtung fest verbunden ist. Meistens ist eine Totalsanierung von innen die einzig verbleibende Möglichkeit (s. Abschn. 16.4.6.4).

Von außen geklebte Abdichtungen

können ausgeführt werden, wenn ein Arbeitsraum rund um die Außenwandflächen des gesamten Bauwerkes geschaffen werden kann, der jedoch zur Ausführung des Überganges zwischen horizontaler und vertikaler Abdichtung (mit „rückläufigem Stoß") an der Sohle entsprechend breit sein muss. Die dadurch und durch die komplizierte Stoßausführung entstehenden Mehrkosten können beträchtlich sein (Bild **16**.41).

Bei von außen geklebten Abdichtungen sind bei sorgfältiger Ausführung die Schadensursachen durch Hohlraumbildung vermeidbar. Die fertig gestellten Abdichtungen können leichter überprüft und sofort danach durch gemauerte Schutzwände oder sonstige Schutzschichten gegen mechanische Beschädigungen bei nachfolgenden Bauarbeiten gesichert werden. Etwaige Schadenstellen lassen sich von außen leichter reparieren als bei Abdichtungen, die von innen geklebt wurden.

Bei der Ausführung wird zunächst eine Sauberkeitsschicht hergestellt, die an den Außenrändern unter 20° ansteigt. Auf die Sauberkeitsschicht wird die horizontale Abdichtung aufgeklebt und mit einem Schutzestrich abgesichert. Die Abdichtungsränder werden gesondert mit einem vorläufigen Schutzbeton versehen. Es folgt die Ausführung der Gebäude-Bodenplatte bzw. der Fundamentplatte sowie der Bauwerksaußenwände. Dann wird die vorläufige Abdeckung von den überstehenden Teilen der horizontalen Abdichtungen entfernt, die vertikale Abdichtung auf die Außenwände aufgebracht, mit der Horizontalabdichtung abschnittsweise verklebt und zusätzlich durch Kupferbandkappen gesichert. Die Stoßüberdeckungen erhalten abschließend einen keilförmigen Schutzbetonstreifen, auf dem schließlich die äußere Schutzwand errichtet wird.

Der obere Abschluss kann wie in Bild **16**.42a und b ausgeführt werden [5].

Durch ein Zurückführen der Abdichtungsbahnen in einen Längsschlitz ist ein konstruktiv einwand-

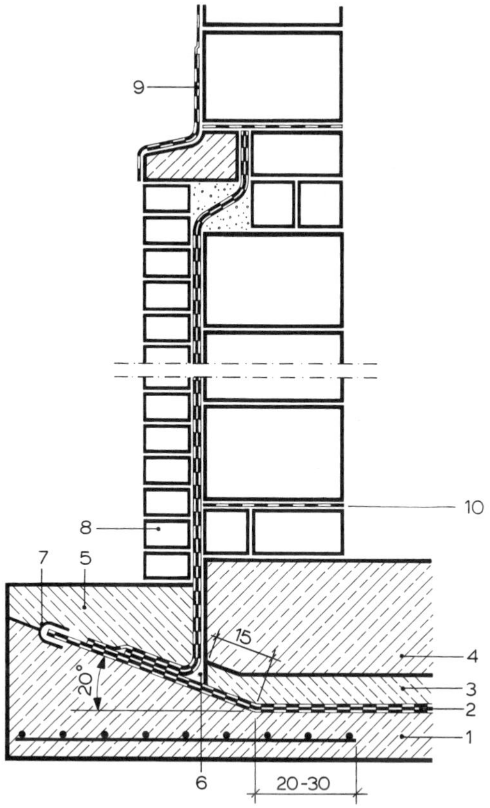

16.41 Von außen geklebte Abdichtung gegen drückendes Wasser mit „rückläufigem Stoß"

1 Sauberkeitsschicht mit Bewehrung
2 Abdichtung mehrlagig
3 Schutzbeton
4 Stahlbeton-Plattenfundament mit tragender Außenwand
5 Betonkeil
6 rückläufiger Abdichtungsstoß (Zwickel mit Klebemasse ausgegossen)
7 Kupferband-Kappe
8 Schutzmauer
9 Abdichtung gegen Sickerwasser und nicht drückendes Wasser mit eingeklebter Verstärkungsbahn
10 waagerechte Abdichtung gegen aufsteigende Baunässe

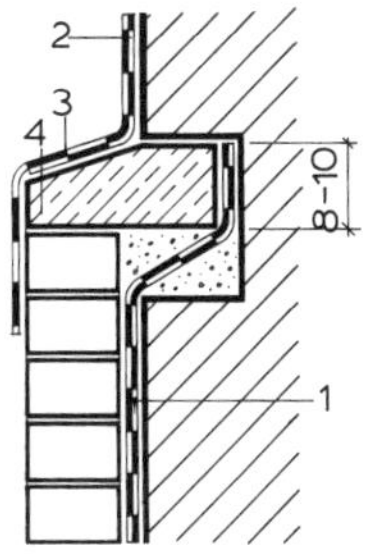

16.42a

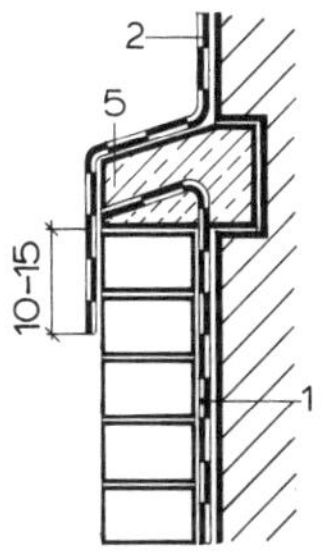

16.42b

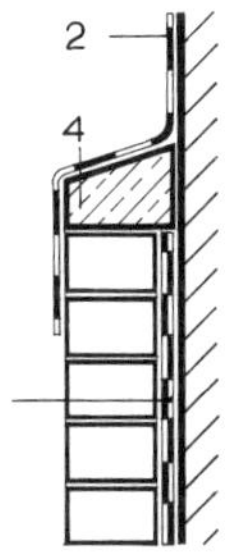

16.42c

16.42 Oberer Abschluss von Abdichtungen gegen drückendes Wasser mit Anschluss an die Wandabdichtung gegen Bodenfeuchtigkeit bzw. nicht drückendes Wasser

a) beste Art der Ausführung
b) anwendbare Lösung
c) falsche Ausführung (Abrissgefahr an der Übergangsstelle)

1 Abdichtung gegen drückendes Wasser
2 Abdichtung gegen nichtdrückendes Wasser bzw. gegen Bodenfeuchtigkeit
3 Übergangsstreifen
4 Beton-Werkstein oder Ortbeton
5 Ortbeton

freier Übergang zur Abdichtung gegen nichtdrückendes Wasser möglich (Bild **16**.42a). Bei einer Ausführung nach Bild **16**.42c besteht die Gefahr von Abrissen an der Übergangsstelle der Abdichtungen infolge Setzung der Schutzmauer. Aus statischen Gründen sind Längsschlitze wegen der erhöhten Knickgefahr für tragende Wände jedoch kritisch. Wenn die Übergangsstelle sorgfältig mit einer elastischen Kunststoff-Abdichtung oder auch einer Schweißbahn überbrückt wird, dürfte die Ausführung nach Bild **16**.42b der beste Kompromiss sein.

Abdichtungsanschlüsse mit Klemmschienen sind in DIN 18 195-9 beschrieben. Sie kommen vor allem dort in Frage, wo an bereits bestehende Abdichtungen (z. B. bei Anbauten) angeschlossen werden muss.

Bei von außen geklebten Abdichtungen gegen drückendes Wasser ist bis fast zum Schluss der Arbeiten eine Kontrolle hinsichtlich etwaiger Schäden möglich. Im übrigen sind auch Schadensstellen von innen her leichter zu lokalisieren, und es können notfalls nach Abtragen der Schutzmauer Reparaturen ausgeführt werden.

16.4.6.4 Abdichtungen gegen von außen drückendes und aufstauendes Sickerwasser mit Dickbeschichtungen (KMB) (DIN 18 195-6)

Allgemeines

Abdichtungen gegen *zeitweise aufstauendes Sickerwasser* können u. a. mit Dichtungsbahnen (Abschn. 16.4.6.3) oder mit kunststoffmodifizierten *Bitumen-Dickbeschichtungen* (KMB) ausgeführt werden. Bitumendickbeschichtungen haben aufgrund ihrer leichteren Verarbeitbarkeit insbesondere an senkrechten Flächen und komplizierten Detailpunkten (Ecken, Kehlen, Versprüngen, Rohrdurchführungen) zunehmende Bedeutung erhalten und sind in der neuen DIN 18 195-6 erstmalig behandelt.

Die Abdichtungen sind grundsätzlich mit einer Schutzschicht vorzugsweise aus Perimeterdämmplatten oder Drainplatten mit abdichtungsseitiger Gleitfolie zu versehen.

Abdichtungsmaterial

Für die Ausführung der Abdichtungsmaßnahmen kommen in Frage:

- Polymerbitumen-Schweißbahnen PYE, einlagig,
- Bitumen- oder Polymerbitumenbahnen, zweilagig,
- Kunststoff- und Elastomer-Dichtungsbahnen, bitumenverträglich, einlagig oder
- Kunststoffmodifizierte Bitumen-Dickbeschichtungen (KMB)

Abdichtungsbahnen erhalten auf gemauerten und betonierten Flächen zur besseren Haftung auf dem Untergrund einen Bitumen-Voranstrich. Das Einbauverfahren von Abdichtungsbahnen richten sich nach der jeweiligen Materialart.

Kunststoffmodifizierte Bitumen-Dickbeschichtungen sind gem. DIN 18 195-3 Abschn. 5.3 in zwei Arbeitsgängen mit einer Mindest-Trockenschichtdicke von 4 mm i. d. R. auf einem Voranstrich kalt aufzubringen. Nach dem ersten Arbeitsgang ist eine Gewebeeinlage zur Verstärkung einzubringen. Im Bereich Boden-Wandanschluss ist die Beschichtung aus dem Wandbereich über die Bodenplatte bis 10 cm auf die Strirnfläche der Bodenplatte herunterzuführen. Die Abdichtung von Fugen erfolgt mit bitumenverträglichen Streifen aus Kunststoff- Dichtungsbahnen mit Vlies- oder Gewebekaschierung. Die Gesamtschicht muss vollflächig auf dem Untergund haften. Bitumenemulsionen ermöglichen einen vollflächigen Haftverbund zu mineralischen Untergründen. Sie bestehen aus Bitumenemulsionen, Kunststoffen und Füllstoffen und lassen sich in pastöser Konsistenz im Spachtel- oder Spritzverfahren in Schichtdicken bis zu 6 mm als Ein- oder Zweikomponenten-Dickbeschichtungen auftragen.

16.4.6.5 Abdichtungen gegen drückendes Wasser mit Bentonit („Braune Wannen")

Zunehmend wird insbesondere zur Abdichtung rissgefährdeter, ausgedehnter Bauwerke Bentonit eingesetzt. Volclay-Bentonit ist ein in den USA vorkommendes hochquellfähiges, wasserbindendes Mineral, das bei freier Quellung sein Volumen um das 15-fache vergrößern kann. Wird das Material eingepresst, entsteht durch den Quelldruck eine äußerst wirkungsvolle Abdichtung. In der gelförmigen Abdichtungshaut werden kleinere Beschädigungen durch den ständig wirkenden Quelldruck wieder von selbst geschlossen. Durch diesen Effekt ist auch eine Hinterwanderung der Abdichtung nicht möglich. Fugenbänder können weitgehend entfallen bzw. werden durch Bentonit-Quellbänder oder Injektionsschläuche ersetzt (vgl. Bild **16**.32).

Das Material wird in plattenförmigen Wellkartons abgefüllt geliefert („Volclay-Paneels"). Für die Abdichtung von Bodenplatten werden die Paneels auf PE-Folien auf dem Untergrund ausgelegt und durch eine Magerbetonschicht geschützt. Die Fundament- oder Bodenplatte wird danach betoniert.

Zur senkrechten Abdichtung werden die Paneels auf die fertig gestellten Außenwände geheftet und am oberen Abschluss durch Klemmprofile fixiert.

16.4.6.6 Nachträglich von innen ausgeführte Abdichtungen gegen drückendes Wasser

In manchen Fällen müssen Abdichtungen gegen drückendes Wasser erst nach der Fertigstellung von Bauwerken von innen ausgeführt werden. Anlässe dafür können sein:

- Ausführungsfehler bei den Abdichtungsarbeiten, die von außen nicht beseitigt werden können,
- nicht vorhergesehene oder nachträgliche Änderungen der Grundwasserverhältnisse oder der Anforderungen an die zu schützenden Bauwerksteile.

Immer sind derartige nachträgliche Arbeiten außerordentlich schwierig auszuführen, weil die Abdichtungsflächen jetzt nicht mehr nur die erdberührten, sondern sämtliche unterhalb des Grundwasserbereiches liegenden Bodenflächen und Wandflächen erfassen müssen (Bild **16**.43). Das bedeutet, dass z. B. Türzargen ausgebaut werden müssen und alle sonst in die abzudichtenden Wände einbindende Bauwerksteile entweder entfernt oder gesondert eingedichtet werden müssen!

Geklebte Abdichtungen kommen für nachträglich von innen ausgeführte Maßnahmen nur bei sehr hohen Anforderungen in Frage und nur, wenn sehr einfache Grundrissformen vorliegen. Die notwendige Einpressung der Abdichtungen ist nur mit zusätzlich eingebauten, gegen Auftrieb gesicherten Stahlbetontrögen möglich. Allein der dafür erforderliche Flächen- und Höhenbedarf dürfte derartige Lösungen in der Regel ausschließen.

Nachträgliche Abdichtungen werden daher meistens mit *Spezialschlämmen oder -putzen* ausgeführt, die mehrlagig auf die zu schützenden Flächen aufgetragen werden. Dabei ist nicht unbedingt eine Grundwasserabsenkung nötig. Freigestemmte, Wasser führende Fugen oder Risse werden zunächst mit schnellbindendem Wasserstoßmörtel vorgedichtet. Bei sehr starkem Wasserandrang werden kleinere Flächen zunächst nicht abgedichtet, und das dort dann besonders stark anfallende drückende Wasser wird provisorisch abgeleitet. Wenn die neu eingebauten Abdichtungsflächen dem Wasserdruck standhalten können, werden die verbliebenen Flächen mit sehr schnell bindenden Spezial-Mörteln geschlossen. Es lässt sich Wasserundurchlässigkeit bis zu einem Druck von 3 bar erreichen.

Für kleinere bzw. gut lokalisierbare Schadensstellen kann besonders bei Betonbauteilen ein Verpressen mit quellfähigen Reaktionsharzen in Frage kommen („Rissinjektion").

Im Übrigen muss für dieses sehr komplizierte Gebiet der Sanierung von Abdichtungen auf Spezialliteratur verwiesen werden.

16.4.6.7 Abdichtungen gegen von innen drückendes Wasser

Abdichtungen gegen von innen drückendes Wasser werden in DIN 18 195-7 behandelt. Sie sind im allgemeinen Hochbau allenfalls im Bereich des Schwimmbadbaues anzuwenden. Dieses Spezialgebiet kann im Rahmen dieses Werkes nicht behandelt werden.

16.4.7 Durchdringungen, Übergänge, Anschlüsse

Bei der Ausführung von Abdichtungen gegen drückendes Wasser sind Unterbrechungen der Dichtungen durch Rohrleitungen u. Ä. oder durch Baufugen immer Schwachstellen und bedürfen besonderer Sorgfalt bei Planung und Ausführung.

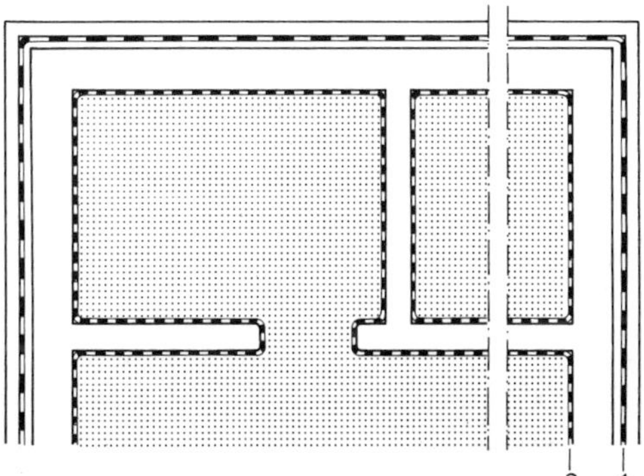

16.43
Nachträglich von innen ausgeführte Abdichtung (schematisch)
1 vorhandene schadhafte oder unzureichende Abdichtung gegen drückendes Wasser
2 neu ausgeführte Sanierungsabdichtung an den Wänden, verbunden mit der ebenfalls neu ausgeführten Abdichtung der Bodenflächen

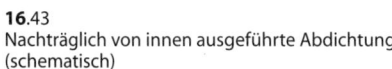

16

In DIN 18 195-9 sind für derartige Problempunkte nur allgemeine Hinweise ohne konkrete Einbaubeispiele gegeben. Nur für die zwischen bereits vorhandenen Abdichtungen und neu auszuführenden Abschnitten (z. B. bei Anbauten) erforderlichen Telleranker und Klemmschienen werden genaue Hinweise gegeben.

Aus der großen Zahl möglicher Konstruktionen können nachfolgend nur einige typische Lösungsmöglichkeiten gezeigt werden.

An besonders beanspruchten Abschnitten der Dichtung, z. B. auch an Schwindfugen, kann die mechanische Widerstandsfähigkeit durch Einlagen von Kupfer-Riffelbändern erhöht werden (Bild **16**.44a). *Bauwerksfugen*, an denen mit größeren Bewegungen gerechnet werden muss, werden mit *Dehnungswellen* ausgeführt. Sie können aus eingespannten Kupferblechen bestehen, oder es werden Schaumstoffwülste zwischen die Dichtungslagen geklebt (Bild **16**.44b und c).

Rohrdurchführungen müssen mit besonderen Dichtungseinsätzen ausgeführt werden, bei denen die Rohre mit von innen nachziehbaren elastischen Stopfbuchsen abgedichtet werden (Bild **16**.45).

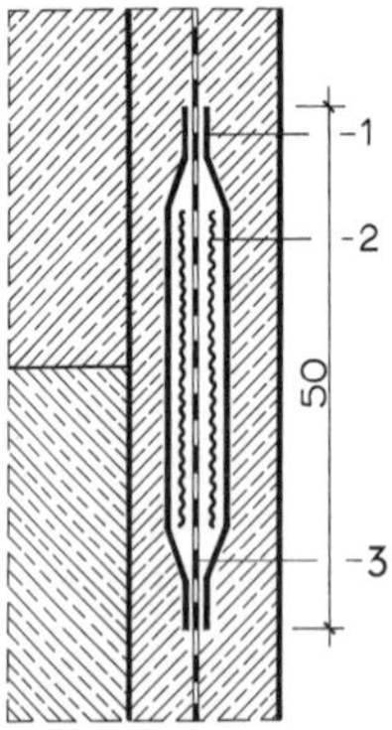

16.44a

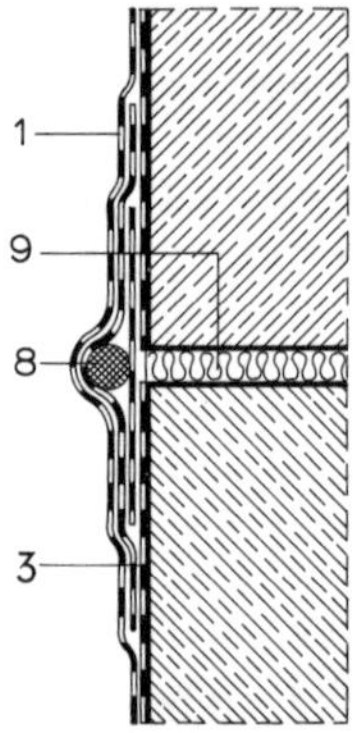

16.44b

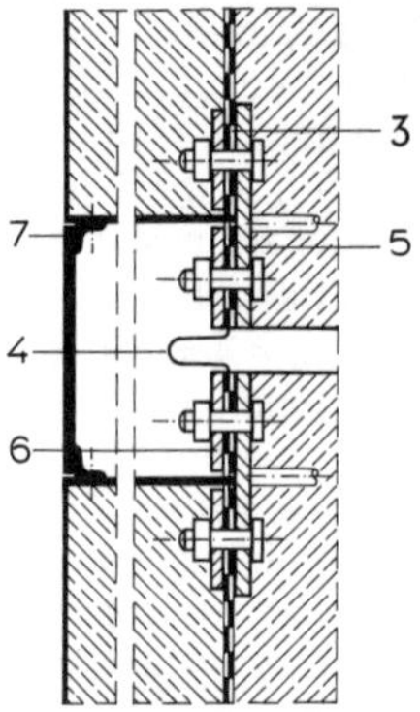

16.44c

16.44 Abdichtung von Fugen [5]
a) Verstärkung von Dichtungsbahnen an Schwindfugen, Arbeitsfugen o. Ä.
b) Dehnungswelle in geklebten Abdichtungen
c) Dehnungswelle mit eingespanntem Kupferband (mit Revisionseinrichtung)

1 Deckstreifen
2 Alu- oder Kupfer-Riffelband
3 Abdichtung
4 Kupferband
5 einbetonierte Einspannplatte mit Stehbolzen
6 aufgeschraubtes Einspannprofil
7 Revisionsdeckel, abnehmbar
8 Schaumstoffschnur
9 Fugenhinterfüllung

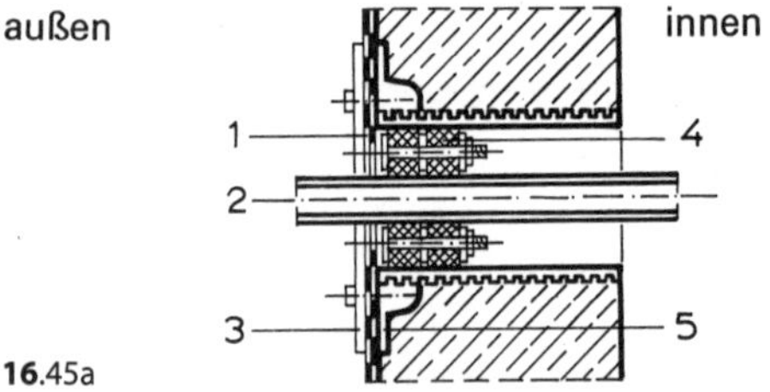

16.45a

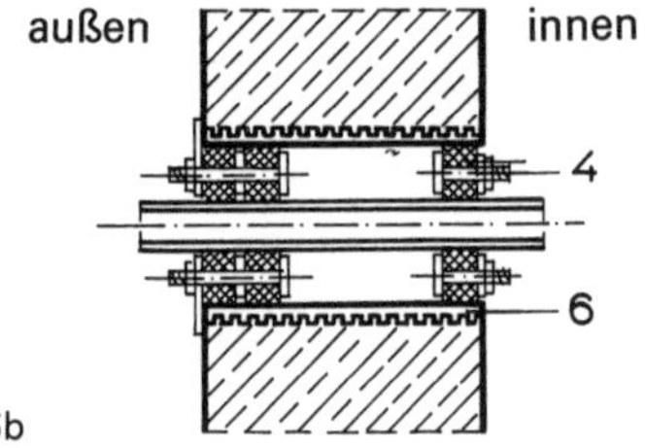

16.45b

16.45 Rohrdurchführungen (System DESKA)
a) Rohrdurchführung für Anschluss an geklebte Abdichtungen
b) Rohrdurchführung für wasserundurchlässigen Beton

1 Dichtungsbahn
2 Rohrleitung
3 Losflansch
4 Quetschdichtungsringe
5 Festflansch
6 Spezialfaserzement – Futterrohr

16.5 Wärmeschutz

16.5.1 Allgemeines

Wärmeschutz bei Gebäuden soll

- Gebäude vor zu starker Auskühlung schützen (Mindestwärmeschutz nach DIN 4108), besonders um Bauschäden (Tauwasserschäden s. Abschn. 16.5.6.2, Risse, usw.) zu verhindern;
- den wohnenden und arbeitenden Menschen in Gebäuden eine angemessene Lufttemperatur sichern;
- die zum Beheizen/Kühlen der Gebäude notwendige Energie niedrig halten.

Man muss dabei zwischen dem

- winterlichen Wärmeschutz und dem
- sommerlichen Wärmeschutz

unterscheiden.

Dem Wärmeschutz kommt bei der Konstruktion von Gebäuden eine gegenüber den Zeiten geringer Energiekosten erheblich größere Bedeutung zu, die aber von vielen am Bau Beteiligten immer noch unterschätzt wird. Der Gesetzgeber hat mit seinen bisher erlassenen Wärmeschutzverordnungen (WSchV, s. Abschn. 16.5.7.2; Energieeinsparverordnung s. Abschn. 16.5.7.8)) versucht, seine Vorstellungen zur Erzielung eines geringeren Heizwärmebedarfs – und damit zur Verminderung des CO_2-Ausstoßes – in Deutschland durchzusetzen. Aufgrund mangelnder Kenntnisse über den Zusammenhang zwischen eben diesem Heizwärmeverbrauch und den bauphysikalischen Kenndaten werden immer noch von Architekten und Bauingenieuren Meinungen vertreten und auch in Fachzeitschriften geäußert, die in keiner Weise den Erfahrungen mehr entsprechen!

Mit der Einführung der neuen Energieeinsparverordnung (EnEV) wird dem Planer eine Vielzahl neuer Begriffe, Normen und anderer Regelwerke vorgesetzt, die er in ihrem (physikalischen) Inhalt und in ihrer Bedeutung nicht ohne weiteres überschauen kann. Leider überschreitet der Umfang dieser neuen Vorschriften auch die Möglichkeiten des vorliegenden Werkes. Es muss deshalb schon an dieser Stelle darauf hingewiesen werden, dass eine vollständige Beschreibung der Einzelheiten der Energieeinsparverordnung in den folgenden Abschnitten auch nicht annähernd erwartet werden kann.

Hier sollen vorerst kurz die wichtigsten wärmetechnischen Begriffe von Gebäuden definiert bzw. mit ihrer Bedeutung genannt werden. Einige Begriffe sind erst durch die neue Energieeinsparverordnung in den Sprachgebrauch gekommen, sind aber jetzt auch in den Wärmeschutznormen enthalten:

- **Systemgrenze** (nach DIN 4108-2, 3.11) heißt die Außenoberfläche eines Gebäudes oder der beheizten Zone eines Gebäudes, über die eine Wärmebilanz bei einer bestimmten Raumtemperatur erstellt wird. Die indirekt beheizten Räume (Flure u. Ä.) werden dabei einbezogen. In der Regel fließt durch die Systemgrenze die im Innern erzeugte Wärmeenergie nach außen.
- **Mindestwärmeschutz** sichert ein hygienisch ausreichendes Raumklima, die Tauwasserfreiheit soll dabei gesichert, die Schimmelpilzbildung möglichst vermieden werden.
- **Heizwärmebedarf** ist die (rechnerisch ermittelte) Wärmemenge, die das Heizsystem zur Aufrechterhaltung der notwendigen Raumtemperatur *abgibt*.
- **Heizenergiebedarf** ist die (berechnete) Energiemenge, die dem Heizsystem des Gebäudes in diesem Fall *zugeführt* werden muss.
- **Heizenergieverbrauch** ist die im gleichen Zeitraum *gemessene* Energiemenge des dem Heizsystem zugeführten Energieträgers.
- Der **Wärmedurchgangskoeffizient *U*** (bisher *k*) bestimmt zwar nicht genau, *aber genau genug* die möglichen Heizwärmeverluste durch die Gebäudeoberflächen nach außen (s. Abschn. 16.5.3). Auch die so genannten „instationären Wärmeübertragungsvorgänge" (die durch die tageszeitlichen Temperaturschwankungen bedingt sind) werden durch den *U*-Wert *in der Heizperiode* erfahrungsgemäß meist gut genug beschrieben.
- Die **Wärmespeicherung** von Gebäuden (s. auch Abschn. 16.5.3) ist für den winterlichen Heizenergieverbrauch nicht entscheidend, sie kann sich aber je nach Nutzungsart energiesparend oder verbrauchserhöhend auswirken. In schweren, speicherfähigen Gebäuden ist z. B. im Sommer die Gefahr der sonnenstrahlungsbedingten Raumüberhitzung geringer als in *vergleichbaren* Leichtbauten. Im Winter wirkt sich hohe Speicherfähigkeit beim instationären Heizbetrieb verbrauchsssteigernd aus.
- Als **Lüftungswärmeverluste** (bisher Q_L, jetzt Q_V) bezeichnet man die Heizwärmemengen, die mit der erwärmten Raumluft durch gezielte Lüftung und Undichtheiten der Gebäudehülle in die Gebäudeumgebung gelangen und damit dem beheizten Gebäude verloren gehen. Gleichwertig mit dieser Definition ist: Als Lüftungswärmeverluste bezeichnet man die Heizwärmemenge, die zur Aufheizung der dabei nachströmenden Außenluft aufgebracht werden muss, um die Raumlufttemperatur aufrecht

16

zuerhalten. Die Lüftungswärmeverluste von Gebäuden haben bei besserem Wärmeschutzniveau der Gebäude einen höheren prozentualen *Anteil* an den gesamten Wärmeverlusten als bei schlechter gedämmten Gebäuden. Werden Niedrigenergiehäuser geplant, ist eine luftdichtere Ausführung der Gebäude unumgänglich. Die **Fugendurchlasskoeffizienten** a und die **Luftwechselzahlen** n bzw. n_{50} müssen dann möglichst gering gehalten werden (s. Abschn. 16.5.3).

- **Wärmebrückenverluste** haben bei heute üblichen höher gedämmten Gebäuden einen erheblichen prozentualen Anteil an den Gesamtwärmeverlusten. Ihre Vermeidung bedingt häufig eine erhebliche Veränderung von Konstruktionsdetails (s. Abschn. 16.5.8).

Bei neu zu errichtenden Gebäuden steht heute ein niedriger Energieverbrauch für die Bauherrschaft mit im Vordergrund. Das bedeutet, dass die Wärmedämmung frühzeitig in die Planung einbezogen werden muss und kaum mehr nachträglich eingebracht werden kann. Die in vielen Büros heute noch übliche Methode, ein Gebäude zu entwerfen und die Dämmschichtdicken bzw. die gesamte Dämmplanung demjenigen zu überlassen, der den Wärmeschutznachweis aufstellt, kann nicht einmal mehr bei normalen „einfachen" Wohngebäuden akzeptiert werden. Die heute unbedingt nötige Detailplanung (s. z. B. den Abschn. 16.5.7.8) wird in einem solchen Fall nicht mehr funktionieren, Bauschäden und überflüssige Wärmeverluste beim fertigen Gebäude sind dann unvermeidlich. Wenn man davon ausgeht, dass mit dem durch den Gesetzgeber geforderten verbessertem Wärmeschutzniveau der Gebäude auch das Bewusstsein des Bauherrn in Richtung auf möglichst niedrigen Heizenergieverbrauch gelenkt wird – wahrscheinlich auch durch Mithilfe der steigenden Heizenergiepreise – dann ist bei Nichtbeachtung der erwähnten Maßnahmen mit (nachträglichen?) Konflikten mit der Bauherrschaft zu rechnen.

16

16.5.2 Winterlicher Wärmeschutz

Im Vordergrund des aktuellen Bauens steht die Energieeinsparung. In der neuen Energieeinsparverordnung (EnEV), die am 1.2.2002 in Kraft getreten ist, sind alle wesentlichen Einflüsse auf den Energieverbrauch, speziell den Heizenergieverbrauch von Gebäuden, berücksichtigt worden. Es bietet sich daher an, diese Einflussgrößen etwa in der Reihenfolge ihrer Bedeutung hier zu behandeln.

Die **Planung von Gebäuden** beeinflusst den Energieverbrauch bei der Wahl der Lage des Gebäudes (Windangriff) und der Orientierung (Ausnutzung winterlicher Sonneneinstrahlung). Kompakte Gebäude sind energiesparender als Gebäude mit großen Außenflächen bei gleichem beheizten Volumen.

Fensterflächen können den Heizwärmeverbrauch verringern, wenn sie in Südost- bis Südwestrichtung relativ groß, in den anderen Himmelsrichtungen kleiner gehalten werden.

Wärmedämmung heißt in der Regel die möglichst lückenlose Umhüllung des Gebäudes mit ausreichend wärmeundurchlässigen Stoffen. Dazu können wärmedämmende Massivbaustoffe oder/und besondere Wärmedämmstoffe verwendet werden. Spezielle Außenbauteile wie Fenster, Türen usw. benötigen wegen der Erfüllung von Zusatzbedingungen (Gewicht, Bauteildicke, Durchsichtigkeit, usw.) einen besonderen Aufbau aus mehreren Schichten.

Die **Luftdichtheit** von Gebäuden kann zur Energieeinsparung in erheblichem Maße beitragen, da die Lüftungswärmeverluste von ihr wesentlich abhängen. Über mögliche Grenzen, die möglicherweise dabei zu berücksichtigen sind, wird in Abschnitt 16.5.6.2 berichtet werden. Undichte Gebäude können – s. Abschnitt 16.5.8.1 – auch unter Tauwasserbauschäden leiden. Auf hygienisch ausreichenden Luftwechsel (mindestens etwa 0,5 h^{-1}) ist auf jeden Fall zu achten. Entsprechende Hinweise zur Planung enthalten DIN 1946-2 und 1946-6.

Wärmespeicherung wird in vielen Publikationen zur Energieeinsparung als genauso wichtig wie Wärmedämmung bezeichnet. Diese Aussage ist in den meisten Fällen unzutreffend: Unterschiedlich schwere, wärmespeichernde Gebäude – und es kommt dabei wesentlich auf die Speicherfähigkeit der Innenbauteile an – werden bei gleicher Wärmedämmung (gleichen Wärmedurchgangskoeffizienten U, früher k-Werte genannt) nur bei Heizungsunterbrechungen (z. B. Nachtabsenkung der Heizmitteltemperatur) und bei Ausnutzung der Sonnenstrahlungsenergie merkbare Unterschiede im Heizenergieverbrauch aufweisen. In unseren Breiten werden sich meistens diese gegenläufigen Einflüsse näherungsweise aufheben.

Heizungsunterbrechungen bewirken bei leichten Gebäuden eine schnellere, bei speicherfähigen Gebäude eine langsamere Absenkung der Luftinnentemperaturen. Damit werden – da sie von der Temperaturdifferenzen innen/

außen direkt abhängen – die Wärmeverluste ebenfalls schneller oder langsamer absinken. Da die nach Heizungsunterbrechungen auftretenden Aufheizvorgänge in beiden Fällen zwar immer noch unterschiedlich lang sind, aber doch wesentlich schneller erfolgen als die Abkühlvorgänge, ist die Zeit mit niedrigeren Innenlufttemperaturen bei nicht so speicherfähigen Gebäuden länger, der Heizenergieverbrauch um einige Prozente geringer als bei schweren Gebäuden. Bei Wochenendabsenkungen im Bürobereich kann die Heizenergieeinsparung leichter Gebäude bis in die Größenordnung von 20 % gegenüber den Verbräuchen vergleichbarer schwerer Gebäude kommen.

Gebäude oder Gebäudeteile mit geringer Nutzungsdauer (Seminarräume, Hobbyräume) sollten aus rein energetischer Sicht weniger wärmespeichernd ausgebildet werden.

Die **Sonnenenergieausnutzung** wird dagegen bei schweren Gebäuden besser sein – und damit wird Heizenergie eingespart – weil die Sonnenenergie von den schweren Innenbauteilen aufgenommen werden und nicht so stark die Raumlufttemperatur erhöhen kann wie bei leichten Gebäuden. Die gespeicherte Wärme wird in der sonnenlosen (Nacht-)Zeit dann wieder an die Raumluft abgegeben und entlastet damit die Heizanlage. Der Einfluss auf den Heizenergieverbrauch liegt ebenfalls im Prozentbereich. Da speicherfähige Gebäude sich im Sommer ebenfalls temperaturausgleichend verhalten, ist bei der Gefahr sommerlicher Raumüberhitzung das schwere Gebäude wohl doch vorzuziehen (s. Abschnitt 16.16.5.4).

Rohrleitungen für die Wasserversorgung, -entsorgung und Heizung sollten nicht in Außenwänden liegen (Wärmeverluste), das gleiche gilt für Schornsteine (Versottungsgefahr).

Dächer sollten möglichst bis zum Dachfußpunkt hinab gedämmt werden, wenn der Dachraum (auch zu einem späteren Zeitpunkt) ausgebaut werden soll.

Schutzmaßnahmen werden im wesentlichen Wände, Decken, Dächer, Fußböden, Fenster und Türen betreffen, die also bezüglich des Wärmedurchgangs, ihrer Luftdurchlässigkeit und ihres Wärmespeichervermögens bewertet werden müssen.

Der Wärmedurchgang durch ein Bauteil (Transmissionswärmeverluste) hängt ab von

- der Rohdichte,
- der Struktur und Wärmeleitfähigkeit der Gerüststoffe,
- der Art, Größe und Verteilung der Luftporen in den Baustoffen,
- der Dicke der Baustoffschichten,
- dem Feuchtigkeitsgehalt der Baustoffe (Wasser ist selbst gut wärmeleitend und kann außerdem durch seine hohe Wärmespeicherfähigkeit beim Feuchtetransport durch Bauteile erhebliche Wärmemengen mit sich führen!),
- der (mittleren) Temperatur des Baustoffs.

Luftdichtheit. Die Luftdurchlässigkeit massiver Wände und Decken ist so gering, dass z. B. ein merklicher Luftaustausch durch solche Bauteile hindurch nicht stattfindet.

Dachkonstruktionen und Holzbauten werden jedoch in der Regel auch heute noch nicht genügend luftundurchlässig ausgeführt. Zukünftig wird auf eine bessere Luftdichtigkeit (Winddichtigkeit) bei derartigen Bauteilen mehr Wert gelegt werden müssen. Dadurch kann Lüftungsenergie eingespart werden, und es sind – besonders im Dachbereich – Bauschäden vermeidbar (s. Abschn. 16.5.6.2).

Fugen in der wärmeübertragenden Umfassungsfläche von Gebäuden, besonders Fugen zwischen Fertigteilen oder zwischen Ausfachungen und Tragwerk müssen dauerhaft luftundurchlässig abgedichtet werden (s. DIN 18 540). Als Maßstab dabei dient ein Fugendurchlasskoeffizient $a \leq 0{,}1\,m^3/mh\,(daPa^{2/3})$.

Der Luftdurchlässigkeit von Fenstern und Außentüren muss erhöhte Aufmerksamkeit zugewandt werden. Durch zu viel ausgetauschte Luft wird (Heiz-)Energie in u. U. starkem Maße nach außen transportiert und geht damit dem Gebäude verloren („Lüftungswärmeverluste"). Ein zu geringer Luftaustausch ist jedoch aus hygienischen und Behaglichkeitsgründen nicht akzeptabel; Probleme kann es bei zu geringer Lüftung auch bei offenen Feuerstellen (Kamine, Gasbrenner) geben, die Frischluft benötigen. Um den dabei offensichtlich auftretenden Widersprüchen zu begegnen, bietet sich der Ausweg an, die Lüftungsverluste durch Wärmerückgewinnungsanlagen oder kontrollierte Lüftung zu vermindern. Bei Fenstern und Fenstertüren gelten die Anforderungen nach DIN 18 055, bei Außentüren darf der Fugendurchlasskoeffizient a den Wert $2{,}0\,m^3/mh\,(daPa^{2/3})$ nicht überschreiten.

Luftdurchlässigkeit und Wasserdampfdurchlässigkeit (Dampfdiffusion) dürfen nicht verwechselt werden. Letztere tritt auch bei gut luftdichten Bauteilen auf, allerdings nur, wenn keine Dampfsperrschichten wirksam sind (s. Abschn. 16.5.6).

Das **Blower-Door-Verfahren („Differenzdruck-Verfahren")** hat sich als Standard-Verfahren zur Messung der Luftdichtheit von Gebäuden und Gebäudeteilen duchgesetzt (s. DIN EN 13 829: 2001-02). Bei ihm wird durch Ventilatoren ein Druckunterschied zwischen der Innen- und Außenluft hergestellt und die ab- oder zuströmende Luftmenge gemessen.

Praktisch geschieht die Durchführung des Verfahrens in der Weise, dass eine Außentür des zu überprüfenden Gebäudes oder Gebäudebereichs herausgenommen und durch einen luftdicht eingepassten folienbespannten Rahmen ersetzt wird. Im Rahmen ist eine Differenzdruck-Messeinrichtung und ein Ventilator mit einstellbarem (stündlichen) Luftdurchsatz befestigt.

Zur Messung werden alle Gebäudeöffnungen (Fenster, Türen, Ablufteinrichtungen, usw.) geschlossen, alle Innentüren weit geöffnet und dann durch den Ventilator eine Druckdifferenz aufgebaut. Diese kann durch Einstellung des Luftdurchsatzes (ungefähr) auf 50 Pascal (Pa) gebracht werden. Dann wird der stündliche Luftdurchsatz des Ventilators abgelesen. Man kann dabei verschiedene Differenzdrücke ober- und unterhalb der 50-Pa-Marke einstellen, die Werte dann graphisch auftragen und den Luftdurchsatz bei genau 50 Pa durch Interpolation ablesen.

Das Luftvolumen des Gebäudes muss dann durch Messung der Gebäude-Innendaten möglichst genau bestimmt werden. Da man das stündlich ausgewechselte Luftvolumen beim Referenzdruck 50 Pa jetzt kennt, weiß man dann, wievielmal dieses Raumvolumen in der Stunde bei der Messung ausgewechselt worden ist. Das Ergebnis wird als $\boldsymbol{n_{50}}$**-Wert** bezeichnet. Bei ihm bedeuten also Zahlenwerte unter 1, dass die Raumluft in einer Stunde nicht ganz ausgewechselt wurde. Der für normal dichte Gebäude angestrebte Wert von $n_{50} = 3{,}0\ h^{-1}$ heißt also, dass bei dieser recht hohen Druckdifferenz von 50 Pa zwischen innnen und außen die Raumluft 3x in der Stunde erneuert wurde. Normale Druckdifferenzen liegen im Bereich von 10 Pa, der „natürliche Luftwechsel" dürfte also bei diesem Gebäude im Bereich um $0{,}6\ h^{-1}$ liegen.

Meist wird man auch bei umgekehrter Druckdifferenz, also umgekehrt laufendem Ventilator die Messung wiederholen, um der Art der Undichtheiten auf die Spur zu kommen („Ventilwirkungen"). Bei den Dichtheitsmessungen sollte nicht vergessen werden mit Hilfe von Anemometern (Luftgeschwindigkeitsmessern) auch die undichten Stellen herauszufinden.

Das Blower-Door-Verfahren benötigt das anderweitig bestimmte Luftvolumen des Gebäudes. Beim Tracer-Gas-Verfahren, bei dem die Konzentration eines Indikator-Gases ständig bestimmt wird, ist die Volumenbestimmung nicht notwendig. Dieses Verfahren ist jedoch in der Durchführung erheblich aufwendiger.

Die wärmeschutztechnische Konstruktion von Gebäuden und Bauteilen wurde bisher wesentlich von der Wärmeschutzverordnung zum Energieeinsparungsgesetz (letzte Fassung vom 24. Oktober 1994, gültig ab 1. Januar 1995 und deren Ergänzungen) und von der DIN 4108 „Wärmeschutz im Hochbau" sowie deren Ergänzungen [1] bestimmt.

Ab 1.2.2002 müssen die Energieeinsparverordnung EnEV und die in ihr angeführten Berechnungsnormen angewendet werden.

Die erforderlichen rechnerischen Nachweise für einen gesetzlich ausreichenden Wärmeschutz werden in Abschn. 16.5.7 erläutert.

Neben der Erfüllung der Forderungen an den Wärmeschutz des gesamten Gebäudes müssen zur Vermeidung von Wärmebrücken bzw. Kältebrücken (Bereiche größerer Wärmedurchlässigkeit neben Flächen besserer Wärmedämmung) besonders gefährdete Stellen in Außenbauteilen zusätzlich wärmegedämmt werden. Das ist nicht nur aus energiewirtschaftlichen Gründen, sondern auch zur Vermeidung von Bauschäden notwendig (s. Abschn. 16.5.8).

Gefährdete Stellen dieser Art sind z. B. Ringverankerungen in Außenwänden, Betonstürze über Fenstern, Stahl- und Stahlbetonstützen im Innern

16

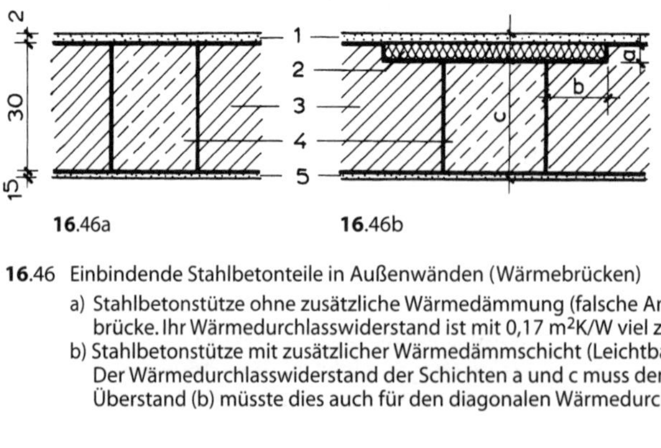

16.46a **16**.46b

16.46 Einbindende Stahlbetonteile in Außenwänden (Wärmebrücken)

a) Stahlbetonstütze ohne zusätzliche Wärmedämmung (falsche Anordnung): Die Stahlbetonstütze wirkt als Wärmebrücke. Ihr Wärmedurchlasswiderstand ist mit 0,17 m^2K/W viel zu gering.

b) Stahlbetonstütze mit zusätzlicher Wärmedämmschicht (Leichtbauplatte, besser extrudierter PS-Hartschaum). Der Wärmedurchlasswiderstand der Schichten a und c muss dem der Wand entsprechen. Durch einen seitlichen Überstand (b) müsste dies auch für den diagonalen Wärmedurchgang berücksichtigt werden.

16.47
Wärmedämmung von Rohrschlitzen in Außenmauern
1 Außenputz 2 cm
2 Ziegelmauerwerk 36,5 cm
3 Wärmedämmplatte
4 Rohrschellenanker
5 Halteschiene für verstellbare Rohrschellen (Schema)
6 Innenputz, 1,5 cm
7 korrosionsgeschützter Drahtnetzstreifen über Anschlussfuge
8 Dämmstoff-Ausschäumung

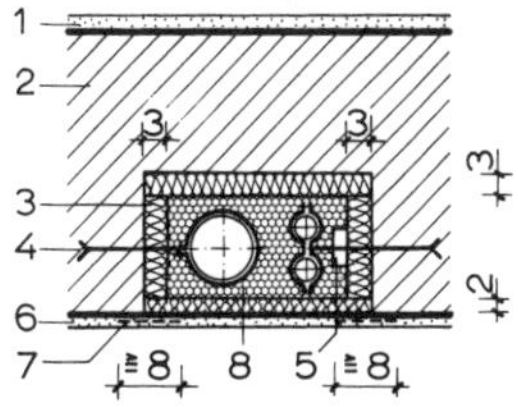

von Leichtbauwänden (Bild **16**.46a und b) bzw. in Platten- oder Tafelwänden aus Fertigteilen, Betonkragplatten, Normalbetonquerwände, Dach- und Geschossdeckenauflager, Installationsschlitze (Bild **16**.47). Bei Heizkörpernischen *muss* nach der Wärmeschutzverordnung bzw. Energieeinsparverordnung die durch geringere Wandstärken verminderte Wärmedämmung durch zusätzliche Dämmplatten (bei Innendämmung evtl. erforderliche Dampfbremse beachten!) ausgeglichen werden.

Außendämmung. Die bauphysikalisch vorteilhafte Außendämmung von Wänden und an Außenluft grenzenden Decken (s. Abschn. 16.5.6.2) erfordert besondere Aufmerksamkeit bei der Ausführung von Dämmung und Putz, damit Risse, die zur Durchfeuchtung und weiteren Schäden führen würden, vermieden werden. Außendämmungen werden am besten durch eine hinterlüftete Bekleidung geschützt (s. Abschn. 6.2.3.3 und Abschn. 8.4).

Ausreichende Wärmedämmung auf der Außenseite kann auch Schubrisse vermeiden helfen, da wegen der verringerten Temperaturdifferenzen (Sommer/Winter und Tag/Nacht) in der statisch wirksamen Schicht die aus Wärmedehnungen resultierenden Schubkräfte gering bleiben werden. Gefahrenstellen sind Auflager massiver Dachdecken mit geringer Auflast, besonders auch bei Garagendecken. Gesicherte Auflager (Ringanker), Gleitschichten (aus Polychloroprene-Kautschuk oder Polytetrafluorethylen-Folie) sollten diese Maßnahmen unterstützen.

Innendämmung. Ist z. B. bei Altbausanierungen eine Innendämmung nicht zu vermeiden, so ist auf eine ausreichende Behinderung der Wasserdampfdiffusion durch die Dämmschicht (Dampfbremsschichten oder Verwendung von Dämmstoffen bzw. Innenverkleidungen mit genügend großem Wasserdampfwiderstand (s_d-Wert) zu achten (s. auch Abschn. 16.5.6.2). Durch experimentelle und rechnerische Untersuchungen und besonders auch durch die Erfahrungen bei der Altbauerneuerung ist heute bewiesen, dass stark dampfbremsende Schichten („Dampfsperren") auf der Innenseite der Dämmung nur in seltenen Fällen notwendig sind. Besonders die schadensfreie Verwendung kapillaraktiver, aber wenig dampfbremsender Dämmschichten (z. B. Kalziumsilikatplatten, Zelluloseflocken usw.) hat gezeigt, dass der Tauwasser*verhinderung* häufig eine geringere Bedeutung zukommt als der Verbesserung der Austrocknungsmöglichkeiten durch kapillaren Wassertransport und Feuchtespeicherung (Sorption). Allerdings ist in allen Fällen durch ausreichende Innenraumbelüftung für eine ausreichende Feuchteabfuhr nach außen zu sorgen.

Die Innendämmung bei schweren, dampfdichten Außenwänden aus Natursteinen oder Beton ist allerdings mit Risiken verbunden, die die Anwendung des nach DIN 4108 vorgeschriebenen *GLASER*-Verfahrens (oder eines verbesserten Verfahrens, s. Abschn. 16.5.6.2) zur Tauwasserüberprüfung empfehlen lassen. Letztere Rechenverfahren [2,3] werden auch benötigt, um bei kapillaraktiven Innendämmungen deren bauteiltrocknende Wirkung richtig bewerten zu können.

Flachdächer schützen durch Wärmedämmschichten in der Nähe der Oberseite nicht nur die darunter liegenden Räume vor Abkühlung im Winter und übermäßiger Erwärmung im Sommer, sondern es werden auch stärkere Temperaturdehnungen der Unterkonstruktion (z. B. Stahlbeton, s. Abschn. 2 in Teil 2 dieses Werkes) vermieden. Darüber hinaus wird bei ausreichender Dimensionierung der Wärmedämmung Korrosion der Bewehrungsstähle o. Ä. verhindert, da dann kein Kondensat (s. Abschn. 16.5.6) im Bereich dieser Konstruktionsteile entstehen wird. Die Dämmung sollte besonders bei großflächigen Massivdecken so gestaltet werden, dass die Oberflächentemperatur innen an allen Punkten annähernd gleich ist (Berechnung s. Abschn. 16.5.6.1). Andernfalls bilden sich auf dem Deckenputz diese Wärmebrücken durch ungleichmäßige Staubablagerungen (dunkle Streifen an den jeweils kälteren Deckenflächen, z. B. unter den Rippen) ab. Diese Erscheinung ist auch als

„Fugenabbildung" an Wänden mit unzureichender Wärmedämmung im Fugenbereich bekannt.

Fogging nennt man einen Verschmutzungseffekt, der ebenfalls durch Wärmebrücken begünstigt, aber hauptsächlich wohl durch (z. B. nach Renovierungen) in die Räume eingebrachte schwerflüchtige organische Verbindungen erzeugt wird (z. B. Phthalate aus Weichmachern!). Ungünstige Luftströmungen und erhöhte Staubkonzentrationen erhöhen nach Untersuchungen des Umweltbundesamtes die Verschmutzungsgefahr.

Oberflächentemperaturen. Ausreichend hohe Oberflächentemperaturen an Decken, Wänden und Fußböden gewährleisten ausreichende Behaglichkeit bei dauerndem Aufenthalt von Menschen. Wegen des ständigen Wärmestrahlungsaustausches zwischen allen Körpern kann es bei niedrigen Oberflächentemperaturen der Außenbauteile zu lokalen „Wärmeaustauschdefiziten" an der Hautoberfläche der Bewohner kommen. Diese Auskühlung wird als unangenehm (ähnlich Zugerscheinungen) empfunden. Als grober Annäherungswert kann bei ständig bewohnten Räumen eine Temperaturdifferenz zwischen Lufttemperatur und mittlerer Oberflächentemperatur der Umfassungsflächen von etwa 3 K als ausreichend gering angenommen werden. Bei Räumen ohne Flächenheizungen lassen sich hohe Außenwand-Oberflächentemperaturen (innen) nur durch hinreichend niedrige Wärmedurchgangskoeffizienten U (bisher k) erreichen.

Ein Fußboden wird als ausreichend „fußwarm" empfunden, wenn die Temperatur der (unbekleideten) Fußsohle bei Berührung nicht unter 22 °C sinkt (Kontakttemperatur). Das kann durch Fußbodenbeläge geringer Wärmeleitfähigkeit (s. Abschn. 11.3.5), durch hohe Wärmedämmung und nicht zuletzt durch Beheizung des Fußbodens erreicht werden (s. auch Abschn. 11.3.8).

Schimmelpilzvermeidung ist aus hygienischen Gründen unbedingt notwendig. In der Neufassung der DIN 4108-2; 6.2 werden die nach dem heutigen Stand erforderlichen Maßnahmen aufgeführt (s. auch Abschn. 16.5.6):

16

- Vermeidung unzureichender Dämmung (Einhaltung des Mindestwärmeschutzes);
- Vermeidung unzureichend gedämmter Wärmebrücken, z. B. durch Verwendung der beispielhaften Konstruktionen in DIN 4108 Bbl. 2.
- Vermeidung der Unterschreitung von 12,6 °C bei allen Oberflächentemperaturen (entsprechend einem Temperaturfaktor $f_{Rsi} \geq 0{,}7$, s. Abschn. 16.5.8.3) bei den üblichen Raumluft- und Außentemperaturen (Fenster sind dabei ausgenommen!): Angenommene Außentemperaturen im Keller, Erdreich oder einer unbeheizten Pufferzone 10 °C, im unbeheizten Dachraum –5 °C.
- Für übliche Verbindungsmittel (Nägel, Schrauben, Dübel) sowie für Mauerwerksfugen braucht kein Nachweis der Wärmebrückenwirkung geführt zu werden.

In DIN 4108 wird z. Z. – das sei noch einmal betont – ein vielleicht in gesundheitlicher, nicht aber ein in wirtschaftlicher oder ökologischer Hinsicht ausreichender Mindestwärmeschutz gefordert. Bei Erfüllung der Forderungen des „erhöhten Wärmeschutzes" der Wärmeschutzverordnung bzw. Energieeinsparverordnung dagegen werden zwar alle drei Belange berücksichtigt, nach den heutigen Vorstellungen über die Notwendigkeit von Energieeinsparungen (besonders bei der Raumheizung) sind allerdings auch dementsprechende Wärmedämmungen noch nicht ausreichend. Die zusätzliche Dämmung der vorhandenen Altbauten ist besonders notwendig. Gerade sie wird aber ohne die Anwendung der neuesten bauphysikalischen Erkenntnisse kaum schadensfrei auszuführen sein.

Neben den statischen Nachweisen (Standfestigkeit und Dauerhaftigkeit von Gebäuden) muss heute der Nachweis der Begrenzung des Heizwärmebedarfs eines Gebäudes erbracht werden. Das geschieht durch die rechnerische Feststellung (s. Abschn. 16.5.7), dass die in der Wärmeschutzverordnung bzw. Energieeinsparverordnung vorgegebenen maximalen Werte des auf das beheizte Bauwerksvolumen (bzw. die Gebäudenutzfläche) bezogenen Jahres-Heizwärmebedarfs (Wärmeschutzverordnung) bzw. Jahres-Primärenergiebedarfs (Energieeinsparverordnung) nicht überschritten werden. Darüber hinaus werden zur Begrenzung der Wärmeverluste bei Undichtheiten Forderungen an den Fugendurchlasskoeffizienten a außen liegender Fenster und Fenstertüren gestellt (s. Abschn. 5 in Teil 2 dieses Werkes) und die luftundurchlässige Abdichtung sonstiger Fugen gefordert.

Die Erfahrungen der letzten Jahre haben gezeigt, dass immer noch zu viele Gebäude mit zu geringem Wärmeschutz ausgestattet werden. Häufig stimmen die Daten in den Wärmeschutzberechnungen nicht mit den Daten der ausgeführten Gebäude überein. Es kann davon ausgegangen werden, dass – neben der Förderung besonders gut gedämmter Gebäude („Niedrigenergiehäuser") – zukünftig auch vom Gesetzgeber eine weiter verbesserte Wärmedämmung verlangt werden wird. Die neue Energieeinsparverordnung hat diese Forderungen zwar nicht vollständig umgesetzt, kann jedoch – durch die Einbeziehung der Heiz- und Warmwasseranlagen in die Berechnungen – einen wichtigen Beitrag zur Energieeinsparung leisten. Es soll noch einmal betont werden, dass eine Verringerung des CO_2-Ausstoßes um 25 % (im Jahre 2005, bezogen auf 1990) schon von der vorigen Bundesregierung angestrebt wurde und diese im wesentlichen nur durch die Verbesserung der Wärmedämmung beheizter Gebäude erreicht werden kann. Dass dabei der wärmetechnischen Sanierung bestehender Gebäude die größte Bedeutung zukommt, zeigt jedoch, dass auch die neue EnEV – die wiederum die Wärmedämmung von Altbauten nur bei wenigen Bauteilen zur Pflicht macht – kaum helfen wird, das oben genannte CO_2-Einsparziel zu erreichen.

16.5.3 Physikalische Erläuterungen zum winterlichen Wärmeschutz

Wärmedurchgangskoeffizient. Zur Beschreibung der Wärmedurchlässigkeit von Bauteilen wird heute meist die Angabe des Wärmedurchgangskoeffizienten *U* (bisher *k* Wärmedurchgangswert, Wärmedurchgangszahl, bisher kurz „*k*-Wert", zukünftig *U*-Wert) gefordert. Er gibt an, wie groß die Wärmeleistung (auch Wärmefluss genannt; gemessen in Watt) ist, die durch 1 m² ebene Bauteilfläche bei einer Lufttemperaturdifferenz zwischen Innen- und Außenbereich von 1 K (= 1 °C) hindurchgeht, d. h. *U* wird in W/m²K gemessen.

Aus der Kenntnis des *U*-Wertes eines Bauteils heraus ist die Berechnung der durch dieses Teil hindurchfließenden Wärmemengen bei bekannter Bauteilfläche *A* und Berücksichtigung der Lufttemperaturen innen und außen möglich (s. Bild **16**.48):

Die Normensituation ist z. Z. unübersichtlich, da (z. B.) in den „Eingeführten Technischen Baubestimmungen" alte DIN, neue V DIN, Euro-Normen usw. nebeneinander aufgeführt werden. Durch die Einführung EU-einheitlicher Bezeichnungen, die weitgehend dem Englischen entlehnt wurden, kommt es besonders bei den Buchstabenkennzeichnungen für physikalische und technische Begriffe zu irrtumsfördernden Überschneidungen: Einige Buchstaben werden als Indizes parallel für unterschiedliche Größen verwendet. Die Tabellen **16**.50 und **16**.51 sollen dabei helfen, diese etwas chaotische Situation zu entwirren. Es muss auch darauf hingewiesen werden, dass Groß- und Kleinschreibung der Indizes (z. B. bei h/H, w/W, p/P) bei gleichen Größen von Norm zu Norm wechseln. Das kann besonders bei Rechnungen zu schwer wiegenden Irrtümern führen.

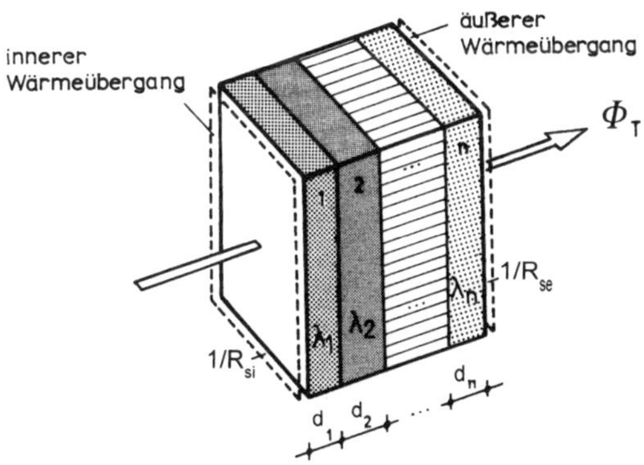

16.48 Wärmeübertragende Bauteile aus n Schichten
Für die Wärmeübertragung entscheidend ist der Wärmedurchgangswiderstand $R_T = 1/U$ (bisher $1/k$), der sich additiv aus den Wärmedurchlasswiderständen d/λ der Einzelschichten und den Wärmeübergangswiderständen R_{si} und R_{se} an den Luft-Baustoff-Grenzflächen des Bauteils zusammensetzt.

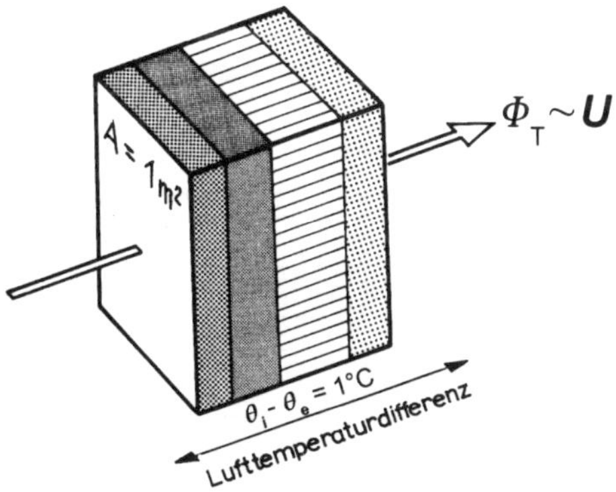

16.49 Anschauliche Bedeutung des Wärmedurchgangskoeffizienten *U* (bisher *k*):
Der *Zahlenwert* des Wärmedurchgangskoeffizienten *U* ist gleich dem des Wärmeflusses Φ (in Watt), der durch 1 m² Bauteilfläche bei 1 K (≙ 1 °C) Lufttemperaturdifferenz ($\theta_i - \theta_e$) hindurchgeht.

16

Tabelle **16**.50 Bisher verwendete und neue Symbole bauphysikalischer Größen (aus DIN 4108-2: 2001-03; Tab. 1). Die neu eingeführten Symbole sind **fett** gedruckt!

Bisheriges Symbol	**Bauphysikalische Größe**	**Einheit**	**Gültiges Symbol**	**Geltende Norm**
s	Dicke	m	**d**	DIN EN ISO 6946
A	Fläche, Umfassungsfläche	m^2	A	DIN EN ISO 7345
V	Volumen	m^3	V	DIN EN ISO 7345
V	(eingeschlossenes) Gebäudevolumen	m^3	V_e	
m	Masse	kg	m	DIN EN ISO 7345
ϱ	(Roh-)Dichte	kg/m^3	ϱ	DIN EN ISO 7345
t	Zeit	s; h	t	DIN EN ISO 7345
ϑ	Celsius-Temperatur	°C	θ	DIN EN ISO 7345
T	Absolute, thermodynamische Temperatur	K	T	DIN EN ISO 7345
Q	Wärmemenge	J; Wh; kWh	Q	DIN EN ISO 7345
$\dot{Q}$	Wärmestrom, Wärmeleistung	W	Φ	DIN EN ISO 7345
q	Wärmestromdichte	W/m^2	q	DIN EN ISO 7345
–	Spezifischer Transmissionswärmeverlustkoeffizient	W/K	H_T	DIN EN ISO 13 789 Anhang B
λ	Wärmeleitfähigkeit	W/mK	λ	DIN EN ISO 7345
Λ	Wärmedurchlasskoeffizient	W/m^2K	Λ	DIN EN ISO 7345
$1/\Lambda$	Wärmedurchlasswiderstand	m^2K/W	**R**	DIN EN ISO 7345
α	Flächenbezogener Wärmeübergangskoeffizient	W/m"K	**h**	DIN EN ISO 7345
$1/\alpha_i$	Wärmeübergangswiderstand innen	m^2K/W	**R_{si}**	DIN EN ISO 6946
$1/\alpha_e$	Wärmeübergangswiderstand außen	m^2K/W	**R_{se}**	DIN EN ISO 6946
k	Wärmedurchgangskoeffizient	W/m^2K	**U**	DIN EN ISO 7345
$1/k$	Wärmedurchgangswiderstand	m^2K/W	**R_T**	DIN EN ISO 6946
p	Wasserdampfteildruck	Pa	p	DIN EN ISO 9346
φ; ϕ	Relative Luftfeuchte	%	ϕ	DIN EN ISO 9346
i	Wasserdampf-Diffusionsstromdichte	kg/m^2h	**g**	DIN EN ISO 9346
$1/\Delta$	Wasserdampf-Diffusionsdurchlasswiderstand	m^2h Pa/kg	**G**	DIN EN ISO 9346
δ	Wasserdampfleitfähigkeit, -koeffizient	kg/(mh Pa)	δ	DIN EN ISO 9346
μ	Wasserdampf-Diffusionswiderstandszahl	–	μ	DIN EN ISO 9346
s_d	(wasserdampf-)diffusionsäquivalente Luftschichtdicke	m	s_d	DIN EN ISO 9346
WBV; k_l	Wärmebrückenverlustkoeffizient (lineare Wärmebrücken)	W/mK	Ψ	DIN EN ISO 10 211
WBV_P; k_P	Wärmebrückenverlustkoeffizient (punktartige Wärmebrücken)	W/K	χ	DIN EN ISO 10 211
Θ	Temperaturfaktor	–	f_{RSi}	DIN EN ISO 10 211
–	Sonneneintrags(kenn)wert	–	S	DIN 4108-2
–	Zuschlagswert zum Sonneneintragswert	–	ΔS	DIN 4108-2
z	Abminderungsfaktor einer Sonnenschutzvorrichtung	–	F_C	DIN EN 832
g	Gesamtenergiedurchlassgrad	–	g	DIN EN 410
–	Abdeckwinkel	°	β	DIN 4108-2

Tabelle **16**.51 Neue Indizes an Symbolen für bauphysikalische Größen (aus DIN 4108-2, Tab. 2)

Bisheriges Index-Symbol	**Gültiges Index-Symbol**	**Benutzt für:**
F	w	Fenster (engl.: window)
R	f oder F	Rahmen (engl.: frame)
V	g	Verglasung (engl.: glazing)
O	s	Oberfläche (engl.: surface)
a	e	außen (engl.: exterior)
–	a	Umgebung
W	AW	(Außen)wand
H	h	Heiz-
L	V	Lüftungs- (engl. Ventilation)
–	W	Warmwasser
–	t	Anlagetechnik (engl.: technics)
–	r	Umwelt („regenerativ")
–	HF	Hauptfassade
i	i	innen
l	l	längenbezogen
–	∡	geneigt
–	s	solar wirksam
ges	total	gesamter

In den folgenden Abschnitten werden zur Überwindung dieser Schwierigkeiten zusätzlich zu den neuen Größen die alten in Klammern ergänzend hinzugefügt. Die Formeln enthalten nur die neuen Größen.

In der neuen DIN 4108-2: 2001-03 („Wärmeschutz und Energieeinsparung in Gebäuden – Teil 2: Mindestanforderungen an den Wärmeschutz", s. Tab. **16**.52) sind diese Mindestanforderungen für den Wärmeschutz allerdings wieder (wie schon in älteren Normfassungen) in Form von Mindest-Wärmedurchlasswiderständen formuliert worden. Damit gleicht man sich den in anderen Ländern üblichen Vorgehensweisen an.

Der Transmissionswärmefluss oder -wärmestrom Φ (in Watt, W) errechnet sich als

$$\Phi \approx \frac{Q_T}{t} = U\,(\theta_i - \theta_e)\,A$$

mit

Q_T Transmissionswärmeenergie, -wärmemenge in Joule (= Wattsekunden) oder Wattstunden

t Zeit, entsprechend in Sekunden oder Stunden

A Bauteilfläche in m^2

θ_i Innenlufttemperatur in °C

θ_e Außenlufttemperatur in °C

Die Beschränkung der Gültigkeit dieser Formel auf ebene Bauteilflächen schließt die exakte Berechnung der Wärmeverluste an Wärmebrücken (ob stoffbedingt oder geometrisch) aus. Schmale Wärmebrücken lassen sich über modifizierte U-Werte Ψ (Wärmebrückenverlustkoeffizienten, gemessen in W/mK) in die Rechnungen mit einbeziehen, man kann Wärmebrückenkatalogen (s. Abschn. 16.5.8) die Verluste an derartigen Stellen höheren Wärmeabflusses entnehmen! Grundsätzlich nimmt zwar der Einfluss von Wärmebrücken auf den gesamten Heizenergieverbrauch mit verbesserter Dämmung *prozentual* zu; eine Verbesserung der Wärmedurchgangskoeffizienten der flächenhaften Außenbauteile wird trotzdem fast ausnahmslos eine *absolute* Verringerung des Heizenergieverbrauchs zur Folge haben.

***U*-Wert (bisher *k*-Wert)-Berechnung**. Die Errechnung von U geschieht bei den meist aus mehreren Schichten bestehenden Bauteilen aus den Wärmeleitfähigkeiten λ (in W/mK) der Schichtmaterialien, deren Dicken d (in m) und den Wärmeübergangswiderständen R_{si} und R_{se} (bisher $1/\alpha_i$ und $1/\alpha_a$, in m^2 K/W), die die Wärmeeindringfähigkeit bzw. Wärmeaustrittsfähigkeit an den Bauteiloberflächen innen und außen beschreiben:

$$U = \frac{1}{R_{si} + \frac{d_1}{\lambda_1} + \frac{d_2}{\lambda_2} + \ldots + \frac{d_n}{\lambda_n} + R_{se}} \quad \text{in } \frac{\text{W}}{\text{m}^2\text{K}}$$

Den Wert $R_T = 1/U$ (bisher $1/k$) bezeichnet man auch als Wärmedurchgangswiderstand; bei Berechnungen zum Nachweis des ausreichenden Wärmeschutzes dürfen für λ_1 bis λ_n nur die *zugelassenen Rechenwerte* λ_R der Wärmeleitfähigkeiten, die der schon bauaufsichtlich eingeführten DIN V 4108-4: 1998-08, Veröffentlichungen im Bundesanzeiger bzw. bautechnischen Zahlentafeln zu entnehmen sind, verwendet werden.

Die Werte d_1 bis d_n sind die Dicken der Einzelschichten des Bauteils in m (s. auch Bild **16**.48). Der innere Teil der Summe im Nenner der obigen Formel zur Berechnung des Wärmedurchgangskoeffizienten heißt Wärmedurchlasswiderstand R (bisher $1/\Lambda$) des Bauteils (in m^2 K/W):

$$R = \frac{d_1}{\lambda_1} + \frac{d_2}{\lambda_2} + \ldots + \frac{d_n}{\lambda_n} \quad \text{in } \frac{\text{m}^2\text{K}}{\text{W}}$$

Er muss nach DIN 4108-2, Tab. 3 für alle Bauteile eine *Mindestgröße* aufweisen („Mindestwärmeschutz"). Die Zahlenwerte des Mindestwärmeschutzes dienen nur der Verhinderung von Bauschäden (Tauwasserbildung, Schimmelpilzbildung) und sind nicht in Hinblick auf eine Heizenergieeinsparung festgelegt worden.

Bei erdberührten Außenflächen (z. B. Bodenplatten) wird nach DIN EN ISO 13 370: 1998-12 (Wärmeübertragung über das Erdreich) der Wärmeabfluss durch diese Flächen und durch das Erdreich bis an die Außenluft berücksichtigt. Dieser Wärmeabfluss hat daher am Rand den größten Wert und nimmt zur Gebäudemitte so stark ab, dass er nach 5 m vernachlässigbar wird. Daher kann jetzt auch der mittlere Bereich von Bodenplatten ungedämmt bleiben, da er keinen Einfluss mehr auf den Wärmeabfluss hat! Das bedeutet aber außerdem, dass die *U*-Werte von erdberührten Wänden (U_{bw}) von der Einbautiefe unter OK Erdreich abhängen! Für die Wärmeschutzberechnungen der Energieeinsparverordnung müssen deshalb für die erdberührten Teilflächen Mittelwerte von *U* mit Hilfe der Werte aus DIN EN ISO 13 770 errechnet werden!

Tabelle **16**.52 Mindestwerte für Wärmeduchlasswiderstände von Bauteilen (aus DIN 4108-2: 2001-03, Tab. 3)

Spalte	1		2
Zeile	**Bauteile**		**Wärmedurchlass-widerstand *R*** **$m^2 \cdot K/W$**
1	Außenwände; Wände von Aufenthaltsräumen gegen Bodenräume, Durchfahrten, offene Hausflure, Garagen, Erdreich		1,2
2	Wände zwischen fremd genutzten Räumen; Wohnungstrennwände		0,07
3	Treppenraumwände	zu Treppenräumen mit wesentlich niedrigeren Innentemperaturen (z. B. indirekt beheizte Treppenräume); Innentemperatur $\theta \leq 10$ °C, aber Treppenraum mindestens frostfrei	0,25
4		zu Treppenräumen mit Innentemperaturen $\theta_i > 10$ °C (z. B. Verwaltungsgebäuden, Geschäftshäusern, Unterrichtsgebäuden, Hotels, Gaststätten und Wohngebäude)	0,07
5	Wohnungstrenndecken, Decken zwischen fremden Arbeitsräumen; Decken unter Räumen zwischen gedämmten Dachschrägen und Abseitenwänden bei ausgebauten Dachräumen	allgemein	0,35
6		in zentralbeheizten Bürogebäuden	0,17
7	Unterer Abschluss nicht unterkellerter Aufenthaltsräume	unmittelbar an das Erdreich bis zu einer Raumtiefe von 5 m	0,90
8		über einen nicht belüfteten Hohlraum an das Erdreich grenzend	
9	Decken unter nicht ausgebauten Dachräumen; Decken unter bekriechbaren oder noch niedrigeren Räumen; Decken unter belüfteten Räumen zwischen Dachschrägen und Abseitenwänden bei ausgebauten Dachräumen, wärmegedämmte Dachschrägen		
10	Kellerdecken; Decke gegen abgeschlossene, unbeheizte Hausflure u. Ä.		
11 / 11.1	Decken (auch Dächer), die Aufenthaltsräume gegen die Außenluft abgrenzen	nach unten, gegen Garagen (auch beheizte), Durchfahrten (auch verschließbare) und belüftete Kriechkeller[1)]	1,75
11 / 11.2		nach oben, z. B. Dächer nach DIN 18 530, Dächer und Decken unter Terrassen; Für Umkehrdächer ist der berechnete Wärmedurchgangskoeffizient *U* nach DIN EN ISO 6946 mit den Korrekturwerten nach Tabelle 4 um ΔU zu berechnen.	1,2

[1)] Erhöhter Wärmedurchlasswiderstand wegen Fußkälte.

Mittlere Wärmedurchgangskoeffizienten U_m. Bei zusammengesetzten Bauteilen, bei denen nebeneinanderliegende Flächen unterschiedliche U-Werte aufweisen, ist die Berechnung eines gemittelten Wärmedurchgangskoeffizienten durch neue Normen leider schwieriger und unübersichtlich geworden. Die physikalischen Schwierigkeiten bei einer derartigen Berechnung beruhen darauf, dass im Randgebiet zwischen zwei unterschiedlich wärmeübertragende Flächen die Wärmeflüsse nicht senkrecht zur Bauteilebene, sondern z. T. quer dazu verlaufen können. Das Bild **16**.78 zeigt, wie bei den ganz ähnlich zu erklärenden Wärmebrücken der Wärmefluss und die Stellen gleicher Temperatur („Isothermen") verlaufen können. Dementsprechend ist eine genaue Berechnung der Wärmeflüsse nur mit aufwändigen Rechenverfahren möglich. Die Ermittlung kann jedoch auch nach einem in DIN EN ISO 6946: 1996-11 angegebenen Näherungsverfahren erfolgen.

Die Mittelung soll dabei nicht über die U-Werte, sondern über die Wärmedurchgangswiderstände R_T erfolgen, wobei zuerst 2 unterschiedlich definierte R'_T und R''_T bestimmt werden, aus denen dann durch einfache arithmetische Mittelung der Näherungswert für R_T berechnet wird:

1. Bestimmung des sog. „unteren Wärmedurchlasswiderstandes" R''_T: Es wird

$$R''_T = R_{si} + R_1 + R_2 + \ldots + R_n + R_{se}$$

gebildet, wobei die einzelnen Wärmedurchlasswiderstände der Schichten R_j sich wiederum zusammensetzen als

$$\frac{1}{R_j} = \frac{f_a}{R_{aj}} + \frac{f_b}{R_{bj}} + \ldots + \frac{f_q}{R_{qj}}$$

dabei sind die $f_a = A_a/A_{ges} \ldots f_q = A_q/A_{ges}$ die Flächen*anteile* der Teilflächen an der Gesamtfläche des Bauteils.

2. Der sog. „obere Wärmedurchlasswiderstand" R' entspricht vollkommen dem in der alten DIN 4108-5: 1981-05 berechneten Mittelwert:

$$\frac{1}{R'} = U = k = \frac{f_a}{R_{Ta}} + \frac{f_b}{R_{Tb}} + \ldots + \frac{f_q}{R_{Tq}} =$$

$$= f_a U_a + f_b U_b + \ldots + f_q U_q$$

wobei die f/R_T die Wärmedurchlasswiderstände der einzelnen Bereiche mit den Flächenanteilen f sind.

3. Der Näherungswert des gemittelten Wärmedurchgangswiderstandes R_T ist dann also

$$R_T = \frac{1}{U_m} = \frac{(R'_T + R''_T)}{2}$$

und daraus ergibt sich U_m.

Beispielrechnungen ergeben, dass sich dieser Wert vom nach DIN 4108-5 errechneten so wenig unterscheidet, dass man in der Praxis das umständliche Verfahren nach DIN EN ISO 6946 eigentlich vermeiden sollte. Das bedeutet, dass man (wie bisher) R' berechnet und daraus $U \approx 1/R'$ ermittelt.In seltenen Fällen kann allerdings die Abweichung vom exakten Wert dabei bis zu 10 % betragen [4]. Wenn man jedoch die Unsicherheit allein der λ-Werte bedenkt, sollte auch ein derartiger „Fehler" für die Praxis keinerlei Probleme bedeuten.

Tabelle **16**.53 Wärmedurchlasswiderstand (in m^2K/W) von ruhenden Luftschichten (aus DIN EN ISO 6946: 1996-11)

Dicke der Luftschicht mm	Richtung des Wärmestroms aufwärts	horizontal	abwärts
0	0	0	0
5	0,11	0,11	0,11
7	0,13	0,13	0,13
10	0,15	0,15	0,15
15	0,16	0,17	0,17
25	0,16	0,18	0,19
50	0,16	0,18	0,21
100	0,16	0,18	0,22
300	0,16	0,18	0,23

Zwischenwerte können mittels linearer Interpolation ermittelt werden.

Für Bauteile mit Luftschichten über 300 mm Dicke sollte kein Wärmedurchlasswiderstand angesetzt, sondern die Wärmeströme mittels einer Wärmebilanz nach ISO/DIS 13 789 berechnet werden.

Für schwach belüftete Luftschichten gilt eine der Tab. **16**.53 ähnliche Tabelle mit niedrigeren Wärmedurchlasswiderständen. Die Einordnung der Luftschichten wird nach DIN EN ISO 6946: 1996-11 über die Fläche der Be- und Entlüftungsöffnungen durchgeführt. Luftschichten in zweischaligem Mauerwerk gelten jetzt als sog. „stark belüftete Luftschichten". Derartige Luftschichten gelten als nicht wärmedämmend, so dass weder Luftschicht noch Vormauerschale eines zweischaligen Mauerwerks nach DIN 1053 in die U-Wert-Berechnungen mehr einbezogen werden dürfen!

Tabelle **16**.54 Bemessungswerte der Wärmeübergangswiderstände (in Anlehnung an DIN V 4108-4: 1998-10, Tab. 7):

Bauteile	Wärmeübergangswiderstand	
	innen: R_{si} m²K/W	**außen: R_{se} m²K/W**
Außenwand	0,13	0,04
Außenwand mit hinterlüfteter Außenhaut; Abseitenwand zum nicht Wärme gedämmten Dachraum	0,13	0,08
Wohnungstrennwand, Wand zwischen fremden Arbeitsräumen, Trennwand zu dauernd unbeheizten Räumen, Abseitenwand zum Wärme gedämmten Dachraum	0,13	0,13
An das Erdreich grenzende Wand (s. Bem. unter Tab. **16**.53)	0,13	0,00
Decke oder Dachschräge, die Aufenthaltsraum nach oben gegen die Außenluft abgrenzt	0,13	0,04
Decke unter nicht ausgebauten Dachraum, unter Spitzboden oder unter belüftetem Raum (z. B. belüftete Dachschräge)	0,13	0,08
Wohnungstrenndecke und Decke zwischen fremden Arbeitsräumen: Wärmestrom von unten nach oben	0,10	0,10
Wohnungstrenndecke und Decke zwischen fremden Arbeitsräumen: Wärmestrom von oben nach unten	0,17	0,17
Kellerdecke	0,17	0,17
Decke, die einen Aufenthaltsraum nach unten gegen die Außenluft abgrenzt	0,17	0,04
Unterer Abschluss eines nicht unterkellerten Aufenthaltsraumes (an das Erdreich grenzend) (s. Bem. unter Tab. **16**.53)	0,17	0,00

Vereinfachend kann in allen Fällen mit R_{si} = 0,13 m²K/W gerechnet werden; bei Außenwänden und Trennwänden darf mit R_{se} = 0,04 m²K/W gerechnet werden.

Für die Tauwasser-Berechnungen des GLASER-Verfahrens sind in DIN 4108-3 andere Wärmeübergangswiderstände zu verwenden (s. Abschn. 16.5.6.2)

Natürlich ist es auch möglich, bei kleinflächigen Bauteilen mit dem Verfahren nach E DIN EN ISO 10 211-2 oder mit Wärmebrückenkatalogen zu arbeiten, d. h. diese Flächen als Wärmebrücken in großen homogenen Flächen zu betrachten (s. Abschnitt 16.5.8) [5].

Luftschichten. Als Besonderheit bei der Berechnung von Wärmedurchgangskoeffizienten bzw. von Wärmedurchlasswiderständen ist zu bemerken, dass bei stehenden oder wenig bewegten Luftschichten wegen der Abhängigkeit der Wärmeleitfähigkeit von der Luftschichtdicke nach DIN V 4108-4 bestimmte Rechenwerte für den Einzelwärmedurchlasswiderstand solcher Schicht statt der d/λ-Werte eingesetzt werden müssen. Mit DIN EN ISO 6946: 1996-11, 5.3 ist eine genauere Berücksichtigung der Luftschichten möglich. Die Tab. **16**.53 zeigt die Abhängigkeit des Wärmedurchlasswiderstandes von der Luftschichtdicke und verschiedenen Richtungen des Wärmestroms.

Die zu benutzenden Rechenwerte der Wärmeübergangswiderstände R_{si} und R_{se} (bisher $1/\alpha_i$ und $1/\alpha_a$) sind ebenfalls aus der schon bauaufsichtlich eingeführten DIN V 4108-4: 1998-10, Tab. 7 zu entnehmen. Sie sind u. a. von der Geschwindigkeit der Luftbewegung an den Übergangsflächen (Bauteiloberflächen) und deren Lage (horizontal, lotrecht, Wärmedurchgangsrichtung) abhängig (s. Tab. **16**.54).

Wärmespeicherung bedeutet, dass von einem Bauteil eine Wärmemenge z. B. aus der Luft aufgenommen werden kann, wenn die Umgebungstemperatur höher als die Bauteiltemperatur ist oder das Bauteil sonnenbestrahlt wird. Es bedeutet aber auch, dass umgekehrt diese eingespeicherte Wärme aus dem Bauteil an die Umgebung abgegeben wird, wenn diese eine niedrigere Temperatur hat. Diese Wärmemengen lassen sich aus physikalischen Werten der Baustoffe zwar bestimmen, die Auswirkungen auf die Raumlufttemperaturen, die besonders interessieren, sind allerdings nur mit aufwändigen Simulationsprogrammen vorher berechenbar.

In DIN V 4108-6: 2000-11 (Berechnung des Jahresheizwärme und Jahresheizenergiebedarfs), die auch eine der Berechnungsgrundlagen für die neue Energieeinsparverordnung bildet, wird der Vorschlag gemacht, eine „**wirksame Wärmekapazität**" C_{wirk} zur Beschreibung der Speicherfähigkeit („Schwere") eines *Raumes* zu verwenden:

$$C_{wirk} = \sum (c_i \varrho_i d_i A_i)$$

mit

- i Nummer des Bauteils in der Umfassungsfläche des Raumes
- c_i Spezifische Wärmekapazität des Baustoffs (in Wh/(kg K))
- ϱ_i Rohdichte (in kg/m³)
- d_i (wirksame) Schichtdicke (in m)
- A_i Bauteilfläche (in m²)

Die wirksamen, d. h. anrechenbaren Schichtdikken sind allerdings auf den oberflächennahen Bereich von 0,1 m begrenzt. Es dürfen auch nur Materialschichten mit $\lambda \geq 0{,}1$ W/mK angerechnet werden, da Dämmschichten die Wärmeaufnahmefähigkeit bzw. -abgabefähigkeit stark behindern, die Wärmespeicherung an solchen Flächen also unwirksam wird.

Eine hohe Wärmespeicherung wird von Normen und Bauregeln nicht gefordert, macht sich aber (s. Abschn. 16.5.4) beim sommerlichen Wärmeschutz und bei der passiven Sonnenenergienutzung positiv bemerkbar. Sie wirkt sich jedoch negativ auf den Heizwärmebedarf aus, wenn Gebäude oder Gebäudeteile nicht dauernd beheizt werden, d. h. längere Heizunterbrechungen (Wochenendabsenkung) erfolgen. Dabei fallen dann die Innenlufttemperaturen nach der Heizungsabschaltung so langsam ab, dass die Transmissions- und Lüftungswärmeverluste noch längere Zeit (Stunden oder sogar Tage!) relativ groß sind. Außerdem werden danach – um das Gebäude wieder auf normale Temperaturen aufzuheizen – relativ große Wärmemengen benötigt. Leichte Gebäude bzw. Räume folgen der Heizmitteltemperatur sehr viel schneller: Ihre Wärmeverluste verringern sich nach der Gebäude- oder Raumnutzung schnell, die Aufheizung benötigt weniger Heizenergie.

16.5.4 Sommerlicher Wärmeschutz

Bei erhöhter Sonneneinstrahlung und den häufig gleichzeitig auftretenden hohen Lufttemperaturen wird zur Erhaltung behaglicher wohnklimatischer Verhältnisse ein Wärmeschutz benötigt, der nur zu einem geringen Teil von den Dämmmaßnahmen des winterlichen Wärmeschutzes geleistet werden kann: Der Hauptunterschied zwischen Sommer und Winter besteht bei Gebäuden darin, dass im Winter der Wärmeabfluss durch transparente und nichttransparente Außenbauteile (Glasflächen bzw. Wände, Decken, Dächer usw.) in etwa gleicher Größenordnung liegt (zwischen 10 W/m² und 60 W/m²); im Sommer dagegen dominiert die (Sonnen-)Einstrahlung durch die Glasflächen: Es können maximal etwa 800 W Wärmeleistung pro Quadratmeter Glasfläche in ein Gebäude eindringen! Der Wärmezufluss durch – auch sonnenbeschienene – Wände wird dagegen 50 W/m² kaum überschreiten. Allerdings sind ausgebaute Dachgeschosse – auch ohne evtl. senkrecht bestrahlte Fenster – schon deshalb besonders überhitzungsgefährdet, weil sonnenbeschienene Dachflächen durchaus eine Temperatur von über 70 °C erreichen können! Bei großen Süd-Dachflächen sind die („instationär", d. h. zeitlich nicht mehr konstant) eindringenden Wärmemengen dann nicht mehr vernachlässigbar.

Man kann (s. DIN 4108-2: 2001-03; Abschn. 8.1) für übliche Bauweise gültige Einflussfaktoren auf die sommerliche Raumerwärmung etwa in der Reihenfolge ihrer Wichtigkeit zusammenstellen:

- Energiedurchlässigkeit der transparenten Außenbauteile (Fenster, feste Verglasungen einschließlich des Sonnenschutzes), meist g-Wert (Energiedurchlassfaktor oder -durchlassgrad) genannt;
- Flächenanteil dieser Bauteile an den Außenflächen der Gebäude („Fensterflächenanteil" f)
- Rahmenanteil der Fenster,
- Neigung und Orientierung dieser Bauteile nach der Himmelsrichtung,
- Lüftung der Räume (nächtliche Lüftung, besonders in der 2. Nachthälfte!),
- wirksame Wärmespeicherfähigkeit („schwer"/ „leicht"), insbesondere der innenliegenden (raumumschließenden) Bauteile,
- stationäre und instationäre Wärmedurchlässigkeit der nichttransparenten Außenbauteile.

Man kann mit Hilfe dieser Aufstellung die Bedeutung einzelner Schutzmaßnahmen gegen sommerliche Raumüberhitzung abschätzen und entsprechende Maßnahmen ergreifen.

Die Reihenfolge ist allerdings auch von der baulichen Situation abhängig. Z.B. sind die ersten drei der erwähnten Einflussfaktoren mit der Einstrahlung von Sonnenenergie direkt durch Glasflächen verknüpft. Bei geringerer Größe derartiger Flächen rücken die anderen Einflussfaktoren in den Vordergrund: Raumlüftung und Wärmespeicherfähigkeit (hier besser: Wärmeaufnahmefähigkeit) der Innenbauteile können eingedrungene Wärme aus der Innenluft abführen. Nur der zuletzt aufgeführte Faktor betrifft die Wärmedämmung selbst. Allerdings ist neben dem *U*-Wert (bisher *k*-Wert!) für die sommerliche Wärmedurchlässigkeit auch die Reihenfolge der Schichten im Außenbauteil wesentlich:

Außen liegende Dämmschichten in Verbindung mit innenliegenden, schweren wärmespeichernden Schichten lassen weniger sommerliche Wärme durchdringen als innengedämmte Konstruktionen. Das so genannte „Temperaturamplitudenverhältnis" (*TAV*) ist ein Maß für diesen sommerlichen „instationären" Wärmedurchgang durch Außenbauteile. Dieser erfolgt nicht zeitlich gleichmäßig, sondern gehorcht wegen der 24-Stunden-Periodizität des Temperaturganges der Außenluft und der Sonnenstrahlung wesentlich komplizierten Gesetzen als der Wärmedurchgang im Winter mit häufig längerer Zeit gleich bleibender Temperaturverhältnisse („stationärer Wärmedurchgang").

In DIN 4108-2, 5.2.2 sind die erhöhten Anforderungen gegenüber den Mindestwerten für schwerere Bauteile (vergl. DIN 4108-2, Tab. 3) an den Wärmeschutz leichter Außenbauteile (unter 100 kg/m²) z. T. auch bedingt durch Forderungen des sommerlichen Wärmeschutzes (z. B. bei ausgebauten Dachgeschossen): Leichte, wenig speicherfähige Bauteile lassen bei veränderlichen Temperaturverhältnissen (d. h. „instationär") Wärme – bei gleichem *U*-Wert – besser hindurch als schwerere. Bei Bauteilen aus mehreren Schichten ist darüber hinaus die Schichtreihenfolge wichtig: Innenliegende schwere (wärmespeichernde) Schichten sind günstiger als leichte. Diese stärker wärmedämmenden Baustoffe sollten möglichst weit außen angebracht werden.

Der instationäre Wärmedurchgang im Sommer ist allerdings nur von größerer Bedeutung, wenn der Fensterflächenanteil an den Außenflächen sehr gering (etwa unter 15 %) ist. Die Wärmeschutznorm gibt deshalb – im Gegensatz zu allen anderen Einflussfaktoren – keine Empfehlungen z. B. für das Temperaturamplitudenverhältnis! Bei den erwähnten leichten Außenbauteilen (Wände, Decken unter nicht ausgebauten Dachräumen und Dächer) mit einer Flächenmasse $m' <$ 100 kg/m² muss ein Wärmedurchlasswiderstand $R \geq 1{,}75$ m²K/W eingehalten werden. Bei Rahmen- und Skelettbauten gilt das nur für den Gefachbereich. Allerdings ist dann für das gesamte Bauteil im Mittel der Wert $R \geq 1{,}0$ m²K/W einzuhalten.

16.5.4.1 Gesetzliche und normative Bestimmungen

Im DIN 4108-2:2001-03 sind in Abschnitt 8 Mindestanforderungen für einen guten sommerlichen Wärmeschutz aufgeführt. Der *Nachweis* des ausreichenden sommerlichen Wärmeschutzes geschieht demnach über die Ermittlung eines (raumbezogenen!) Sonneneintragskennwertes S, der einen von verschiedenen Parametern abhängigen maximal zulässigen S-Wert S_{max} (s. u.) nicht überschreiten soll.

Allerdings kann auf den Nachweis verzichtet werden, wenn für einen Raum keine Gefahr der sommerlichen Raumüberhitzung besteht, z. B. wenn die Fensterorientierung günstig und der Fensterflächenanteil an der Fassade klein genug ist (s. Tab. **16**.55).

Der **Sonneneintragskennwert *S*** wird mit Hilfe folgender Formel berechnet:

$$S = f \cdot g_{total} \cdot \frac{F_F}{0{,}7}$$

dabei sind

F_F	der Rahmenanteil des Fensters, der, falls nicht näher bekannt, mit 0,2 angesetzt werden kann!
$f = A_{w,s}/A_{HF}$	der Fensterflächenanteil des Raumes an der Fassade (auch bei mehrseitiger Besonnung!), es gelten die Fensteraußenmaße;
$A_{w,s}$	die solarwirksamen Fensterflächen des Raumes in m²

Tabelle **16**.55 Räume, für die ein Nachweis des sommerlichen Wärmeschutzes nicht erforderlich ist

Zeile	Neigung der Fenster gegen die Horizontalen	Orientierung der Fenster nach der Himmelsrichtung	Maximaler Fensterflächenanteil *f* (in %)
1	Über 60° bis 90°	West über Süd bis Ost	20
2		Nordost über Nord bis Nordwest	30
3	Von 0° bis 60°	Alle Orientierung	15

Die Himmelsrichtungen schließen eine Abweichung von ± 22,5° ein. An den Grenzen ist der jeweils kleinere Fensterflächenanteil anzusetzen.

16

Tabelle **16**.56 Anhaltswerte für Abminderungsfaktoren F_C von fest installierten Sonnenschutzvorrichtungen

Zeile	Beschaffenheit der Sonnenschutzvorrichtungen	Abminderungsfaktor F_C
1	Ohne Sonnenschutzvorrichtung	1,00
2	Innenliegend und zwischen den Scheiben liegend	
2.1	Weiß oder reflektierende Oberfläche mit geringer Transparenz (< 10 %)	0,75
2.2	Helle Farben und geringe Transparenz (< 10 %)	0,80
2.3	Dunkle Farben und höhere Transparenz (< 30 %)	0,90
3	Außen liegend	
3.1	Jalousien, Stoffe geringer Transparenz (< 10 %)	0,25
3.2	Jalousien, Stoffe höherer Transparenz (< 30 %)	0,40
4	Vordächer, Loggien	0,50
5	Markisen, allgemein (wenn keine direkte Besonnung der Fenster erfolgt) *)	0,50

Die Sonnenschutzvorrichtung muss fest installiert sein; übliche dekorative Vorhänge gelten nicht als Sonnenschutzvorrichtungen.

Für innen und zwischen den Scheiben liegende Sonnenschutzvorrichtungen ist eine genauere Ermittlung zu empfehlen, da sich erheblich günstigere Werte ergeben können. Ohne Nachweis ist der ungünstigere Wert zu verwenden.

*) Direkte Besonnung – im Sinnen der Norm – tritt nicht auf, wenn durch die abschattenden Bauteile die in den Skizzen vorhandenen Abdeckwinkel β und γ die angegebenen Zahlenwerte nicht unterschreiten:

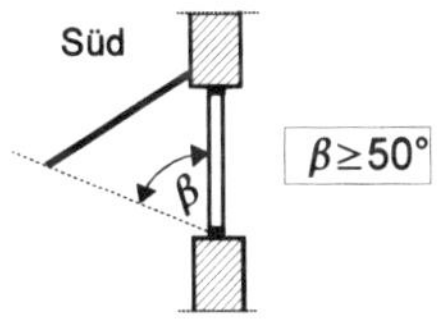

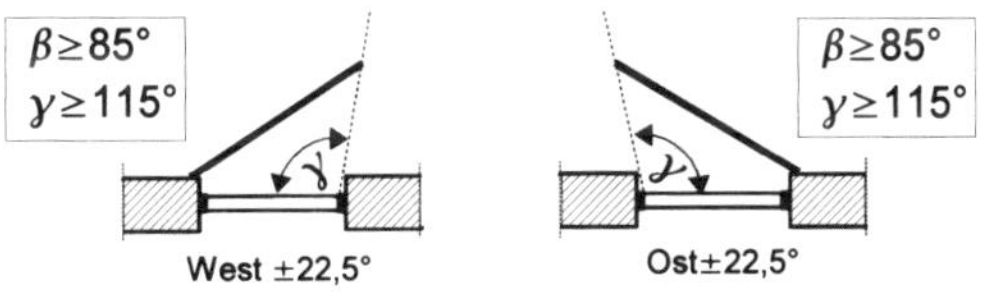

A_{HF}		Flächen der Fenster und der Außenwand des Raumes der Hauptfassade (= größte Fensterfront bei mehrseitiger Besonnung!); bei Dachflächen ist entsprechend vorzugehen, allerdings kann bei ihnen Hauptfassade nur eine Fassade mit einem f > 20 % sein. Es kann sich rechnerisch ein Fensterflächenanteil f > 100 % ergeben!
$g_{total} = g \cdot F_C$		der Gesamtenergiedurchlassgrad der Fassade, mit
g		Gesamtenergiedurchlassfaktor des Fensters oder der Verglasung (nach DIN EN 410)
F_C		Abminderungsfaktor für (fest eingebaute) Sonnenschutzvorrichtungen (nach DIN 4108-2, Tab. 7; s. auch Tab. **16**.56)

Die nicht erwähnten Einflussgrößen sind direkt oder indirekt in den Tabellenwerten enthalten, die in DIN 4108-2, Abschn. 8 aufgeführt sind.

Energiedurchlässigkeit. Die Tab. **16**.57 enthält die Energiedurchlassgrade einiger Verglasungen, die ohne weiteren Nachweis (der nach DIN EN 410 zu führen wäre) bei den Berechnungen zum sommerlichen Wärmeschutz verwendet werden dürfen. In den Datenblättern der Verglasungs-Hersteller finden sich meist die g_V-Werte. Falls für Verglasungen nur der Energiedurchgangsfaktor b (nach VDI-Richtlinie 2078) bekannt ist, darf über den Zusammenhang $g_V = 0{,}87\ b$ umgerechnet werden.

Die bisher gültige Wärmeschutzverordnung (s. Abschn. 16.5.7.6) enthielt – zur Energieeinsparung – für durch raumlufttechnische Anlagen gekühlte Gebäude und für sonstige Gebäude mit einem Fensterflächenanteil (einer Fassade) von 50 % und mehr *Anforderungen* an den $(g_F \cdot f)$ Wert, dabei entspricht g_F dem g_{total} in obigen Formeln. Die Werte in der neuen DIN 4108-2:2001-03 sind jetzt Anforderungen, also keine bloßen Empfehlungen! Es darf also der berechnete *S*-Wert einen Höchstwert S_{max} nicht überschreiten:

$$S \leq S_{max}$$

Die **Berechnung** des Höchstwertes des Sonneneintragswertes geschieht aus einem Basiswert S_0 und Zuschlägen oder Abzügen nach Tab. **16**.58:

$$S_{max} = S_0 + \sum \Delta S_x$$

Tabelle **16**.57 Gesamtenergiedurchlassgrade g_V von Verglasungen

Einfachverglasung aus Klarglas	0,9
Doppelverglasung aus Klarglas	0,8
Dreifachverglasung aus Klarglas	0,7
Glasbausteine	0,6
Sonnenschutzverglasungen ohne Nachweis	0,8

Bei Sonnenschutzverglasungen wird in der Regel hinter dem Markennamen die Tageslichtdurchlässigkeit und der Gesamtenergiedurchlassgrad angegeben. Z. B. ist für ein Glas mit dem Zusatz ‚49/34' die Durchlässigkeit für Tageslicht 49 % und der *g*-Wert 0,34.

Rechenbeispiel: Sommerlicher Wärmeschutz eines Wohnraumes in einem Holzständerhaus (in einem Gebiet mit erhöhter sommerlicher Belastung nach DIN V 4108-6)

Raumlänge 6,00 m
Raumbreite 4,40 m
Raumhöhe 2,50 m

1 Fenster nach Nordwest (2,4 · 1,25 m²)
1 Fenster nach Südwest (2,4 · 1,25 m²) und
1 Fenstertür nach Südwest (0,9 · 2,10 m²)

alle mit normaler Zweischeiben Isolierverglasung aus Klarglas ohne Sonnenschutz ($g = 0{,}80$)

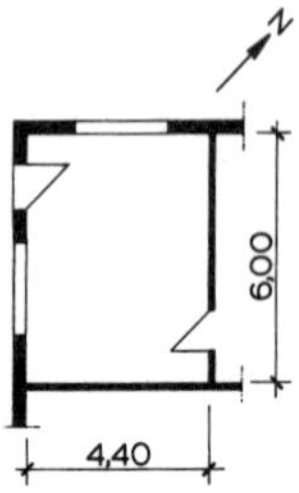

16.59 Raumskizze zum Rechenbeispiel

Bestimmung des Sonneneintragswertes:

$$S = f \cdot g_{total} \cdot \frac{F_F}{0{,}7}$$

$$A_{w,s} = (2{,}4 \cdot 1{,}25\ m^2) + (2{,}4 \cdot 1{,}25\ m^2) + (0{,}9 \cdot 2{,}10\ m^2) = 7{,}89\ m^2$$

$$A_{HF} = 6{,}00 \cdot 2{,}50 = 15\ m^2$$

Tabelle **16**.58 Zuschlagswerte zur Bestimmung des Höchstwertes des Sonneneintragskennwertes (nach DIN 4108-2: 2001-03, Tab. 8)

Spalte	1		2
Zeile	Gebäudelage bzw. Beschaffenheit		Zuschlagswert ΔS_x
1	Gebiete mit erhöhter sommerlicher Belastung[a]		−0,04
2	Bauart		
2.1	Leichte Bauart: Holzständerkonstruktionen, leichte Trennwände, untergehängte Decken		−0,03
2.2	Extrem leichte Bauart: Vorwiegend Innendämmung, große Halle, kaum raumumschließende Flächen		−0,10
3	Sonnenschutzverglasung, $g \leq 0{,}4$[b]		+0,04
4	Erhöhte Nachlüftung: während der zweiten Nachthälfte $n \geq 1{,}5\ h^{-1}$	Leichte und sehr leichte Bauart	+0,03
		Schwere Bauart	+0,05
5	Fensterflächenanteil $f > 65$ %		−0,04
6	Geneigte Fensterausrichtung: 0° ≤ Neigung ≤ 60° (gegenüber der Horizontalen)		$\Delta S_x = -0{,}12\, f_{\measuredangle}$ mit $f_{\measuredangle} = A_{W,s,\measuredangle}/A_{HF}$
7	Nord-, Nordost- und Nordwest-orientierte Fassaden		+0,10

[a] Gebiete mit mittleren monatlichen Außenlufttemperaturen oberhalb 18 °C nach DIN V 4108-6, Anh. A; z. B. Gebiete der Regionen 8, 11, 12, 13 und 14.

[b] Als gleichwertige Maßnahme gilt eine Sonnenschutzvorrichtung, die die diffuse Strahlung permanent reduziert und deren $g_{total} < 0{,}4$ erreicht.

also $f = 7{,}89/15 = 0{,}526$

damit wird $S = 0{,}526 \cdot 0{,}80 \cdot 0{,}8/0{,}7 = 0{,}337 \approx 0{,}34$

da F_F, wenn keine genaueren Angaben vorliegen, mit 0,8 angesetzt werden kann (DIN 4108-3, 8.2).

Der errechnete *S*-Wert muss nun mit einem noch zu bestimmenden maximalen *S*-Wert verglichen werden:

$S_{max} = S_0 + \sum \Delta S_x$ (mit einem Basiswert $S_0 = 0{,}18$ nach DIN 4108-3, 8.3).

$= 0{,}18 - 0{,}04$ (erh. somm. Belastung) $- 0{,}03$ (leichte Bauart) $+ 0{,}03$ (erh. Nachtlüftung)

$= 0{,}14 \gg 0{,}34$,

d. h. der sommerliche Wärmeschutz ist für diesen Raum nicht ausreichend. Es müssen Sonnenschutzmaßnahmen vorgesehen werden! Eine versuchsweise angenommene Sonnenschutzverglasung mit z. B. $g = 0{,}4$ ergibt folgenden geringeren *S*-Wert und erhöht gleichzeitig auch den S_{max}-Wert:

$S = 0{,}526 \cdot \underline{0{,}40} \cdot 0{,}8/0{,}7 = 0{,}24$ und

$S_{max} = 0{,}18 - 0{,}04 - 0{,}03 + 0{,}03 + \underline{0{,}04} = 0{,}18$

Die vorgeschlagene Maßnahme reicht also noch nicht aus, sie sollte wenigstens durch einen weißen, innenliegenden, variablen aber fest installierten Sonnenschutz geringer Transparenz (mit $F_C = 0{,}75$) erweitert werden; hierbei verändert sich übrigens der S_{max}-Wert nicht:

$S = 0{,}526 \cdot 0{,}40 \cdot \underline{0{,}75} \cdot 0{,}8/0{,}7 = 0{,}18 \leq S_{max} = 0{,}18$

Wird also zusätzlich – bei vorhandener Sonnenschutzverglasung – auch noch ein entsprechender weißer Vorhang vor die Fenster gezogen, ist eine übermäßige sommerliche Erwärmung des Raumes nicht mehr zu erwarten.

16.5.4.2 Einige Regeln zur Erzielung eines guten sommerlichen Wärmeschutzes (s. DIN 4108-2 Abschn. 4.3.2)

Große, freie Fensterflächen, besonders wenn sie West-/Südwest- oder Ost-/Südost-Orientierung besitzen, müssen einen wirkungsvollen Sonnenschutz erhalten. Abschattende Außenbauteile (Balkone, auskragende Dächer, feste horizontale oder vertikale Sonnenschutzlamellen) können weitere Sonnenschutzmaßnahmen (Rolläden, Jalousien, Markisen, Fensterläden, Sonnenschutzverglasungen) überflüssig machen. Aus der Erfahrung heraus, dass handverstellbare Sonnenschutzeinrichtungen häufig zu spät, d. h. erst nach erfolgter Raumaufheizung, bedient werden, sind automatisch funktionierende Sonnenschutzeinrichtungen vorteilhaft.

Südfenster sind bezüglich der übermäßigen sommerlichen Sonneneinstrahlung nicht so gefährdet, da die Sonnenstrahlen am Tage relativ flach auf die Scheiben auffallen und auch nicht tief in den Raum eindringen. Nur bei ihnen sind darüber auskragene Bauteile sicher wirksam. Zu übermäßiger Überhitzung neigen Räume mit zweiseitiger Besonnung, besonders wenn die oben erwähnten Orientierungen dominieren. Die langdauernde Besonnung macht sich neben der verringerten inneren Speicherfläche dabei bemerkbar.

Große Räume (Büros und Hallen) heizen sich wegen der ebenfalls relativ geringen speicherfähigen Innenbauteilflächen stärker durch Sonnenstrahlung auf als kleine. Die Unterteilung von Großraumbüros durch (möglichst schwere) Zwischenwände verringert die sommerliche Wärmebelastung.

Die **Abdeckung von Innenbauteilen** mit wärmedämmenden oder schallschluckenden Belägen hebt praktisch immer deren Wärmespeicherfähigkeit auf: Mit Teppichen belegte Bodenflächen können kaum noch als wärmeaufnehmend angesehen werden, da der Wärmedurchlasswiderstand von Teppichen häufig schon allein den Grenzwert 0,25 m^2K/W (s. oben) erreicht (Grenzwert bei Fußbodenheizung: 0,17 m^2K/W).

Bei **passiv beheizten Gebäuden**, die über große Glasflächen die Solarenergie ausnutzen sollen, ist sommerlicher Wärmeschutz besonders schwierig, wenn keine reine Südorientierung der (vertikalen) Fensterflächen vorliegt. Fenster in westlichen und östlichen Richtungen lassen über viele Stunden des Tages hohe Strahlungsleistungen tief in die Innenräume eindringen. Das ist zwar im Winter und in den Übergangszeiten höchst erwünscht, behindert im Sommer aber die Bewohnbarkeit der Räume. Wenn – wie häufig bei Wintergärten – die Glasflächen gegenüber der Horizontalen nur schwach geneigt sind, sind auch Südorientierungen überhitzungsgefährdet. Wintergärten und Glashäuser benötigen neben einem funktionsfähigen Sonnenschutz auch (möglichst selbsttätige) Lüftungseinrichtungen, die einen vielfachen Luftaustausch pro Stunde in den gefährdeten Raumbereichen gewährleisten.

Außenwände werden bei dunkler Färbung und der damit verbundenen stärkeren Absorption der Sonnenstrahlung stärker aufgeheizt als hell eingefärbte oder mit (reflektierenden) Metallschichten überzogene Bauteile. Der instationäre Wärmeschutz kann in solchen Fällen wichtig sein, d. h. ein niedriges Temperaturamplitudenverhältnis (s. u.) muss gefordert werden.

Bei **Dächern** – ohne strahlungsdurchlässige Öffnungen wie Dachflächenfenster oder Lichtkuppeln – ist häufig die gleiche Forderung zu stellen. Sie verhalten sich im Sommer (etwas) günstiger, wenn eine *wirksame* Durchlüftung vorhanden ist, d. h. sie als Kaltdächer ausgeführt sind.

Ausgebaute Dachgeschosse sind im Sommer nicht leicht kühl zu halten. Die relativ hohe Wärmespeicherfähigkeit von Holz oder Holzwerkstoffen (doppelt so hoch wie die von gleichschweren mineralischen Stoffen wie z. B. Gips) sollte bei den Innenverkleidungen genutzt werden. Auch relativ schwere holz- oder zellulosehaltige Dämmstoffe sind dadurch vorteilhafter als leichte mineralische. Da bei Dächern mit wenig Fensterfläche der *instationäre* Wärmedurchgang (wegen der mit 24-stündigen Periode schwankenden Temperaturen) nicht unwesentlich zur Raumüberhitzung beitragen kann, sollte eine große „Phasenverschiebung" des Wärmedurchgangs (= die Oberflächentemperatur der Dachunterseite erreicht erst einige Stunden nach der Dachoberflächentemperatur ihr Maximum) angestrebt werden. Erreichbar ist das durch eine gut (wärmespeichernde) Dämmung und möglichst schwere, *nicht hinterlüftete* (Holz-)Innenverkleidungen.

Zur Beschreibung des instationären Wärmedurchgangs durch nichttransparente Bauteile dient meist das **Temperaturamplitudenverhältnis *TAV*** oder dessen Kehrwert, die Temperaturamplitudendämpfung (*TAD*). Die *TAD* ist das Verhältnis der täglichen Temperaturschwankung auf der Außenoberfläche zur – zeitlich verzögerten – Temperaturschwankung auf der Innenoberfläche. Sie sollte den Wert 5 überschreiten, d. h. das Temperaturamplitudenverhältnis sollte unter 0,2 liegen. Die Berechnung von *TAV* oder *TAD* ist relativ aufwendig. Es gehen in diese Werte die Wärmeleitfähigkeiten λ, die spezifischen Wärmekapazitäten c, die Massen und die Reihenfolge der Bauteilschichten ein [6].

16.5.5 Wärmedämmstoffe

Wärmedurchgang. Der Wärmedurchgang durch Stoffe wird wesentlich durch drei Transportvorgänge bewirkt:

- (eigentliche) *Wärmeleitung* durch Weitergabe der Wärmebewegungsenergie der Moleküle über Stoßprozesse,
- *Wärmemitführung* oder Konvektion,
- *Wärmestrahlung*.

16

Alle drei Effekte wirken sowohl bei der Wärmeweitergabe in Stoffen als auch bei der Wärmeaufnahme und -abgabe eines Bauteils mit. Bei einer Ermittlung der Wärmeleitfähigkeit λ_R eines Stoffes werden sie nicht getrennt bestimmt, sondern dieser Wert ist das Resultat des Zusammenwirkens aller Wärmetransportvorgänge.

Gase setzen – wegen ihrer geringeren Moleküldichte – der Wärmeleitung einen größeren Widerstand entgegen als flüssige oder feste Stoffe. Deshalb ist ein großer Luftgehalt in einem Baustoff in der Regel ein Kennzeichen für eine geringe Wärmeleitfähigkeit. Als Wärmedämmstoffe bezeichnet man porige und deshalb spezifisch leichte Stoffe mit besonders geringer Wärmeleitfähigkeit $\lambda_R < 0,1$ W/mK). Ihre Poren sind meist mit Luft, immer häufiger auch mit anderen Gasen (CO_2, Pentan) gefüllt.

Eine Sonderrolle spielen poröse Dämmstoffe, bei denen die Poren (teil-)evakuiert worden sind und die damit eine gegenüber normalen Dämmstoffen um 5–10mal bessere Dämmfähigkeit erhalten können. Voraussetzung dafür eine ist eine mechanisch stabile Struktur der porigen Stoffe. Mikroporöse Kieselsäure, aber auch Polystyrol- und Polyurethanschäume sind schon evakuiert worden. Meist sind es folienumhüllte Paneele (VIP), die für Zwecke der Gebäudedämmung in Frage kommen. Bei 6 cm Dämmstärke sind *U*-Werte bis 0,1 W/m²K erreicht worden. Zulassungsgenehmigungen stehen noch aus. Der Preis liegt zwischen 50 und 200 DM/m². Die zeitliche Stabilität der Vakuum-Dämmmaterialien (Erhaltung des Vakuums) ist ein noch nicht ganz gelöstes Problem [7].

Feuchte Bau- und Dämmstoffe leiten die Wärme besser als trockene. Zwar ist auch die Wärmeleitfähigkeit von Wasser höher als die der Dämmstoffe, jedoch spielt für die schlechtere Dämmfähigkeit feuchter Stoffe die Wärmemitführung beim Feuchtetransport durch die Baustoffe die wesentliche Rolle.

Die Abhängigkeit der Wärmeleitfähigkeit von der Stofftemperatur ist merklich, sie wird aber bei Wärmeschutzberechnungen nicht berücksichtigt. In der Regel nimmt die Wärmeleitung mit zunehmender Temperatur zu, die Dämmfähigkeit also ab.

Stoffe hoher Dichte (Metalle, Natursteine, künstliche Steine) haben große Wärmeleitfähigkeiten und müssen deshalb, um ausreichende Wärmedämmfähigkeit zu erhalten, mit Dämmstoffen kombiniert eingesetzt werden.

Wärmedämmung als Maßnahme gegen zu großen Wärmedurchgang durch Bauteile kann deshalb entweder durch Verwendung von Massivbaustoffen relativ geringer Wärmeleitfähigkeit (z. B. Porenziegel, Beton mit porigen Zuschlägen, Leichtbetonsteinen, Poren- oder Gasbeton, Holz) oder durch eine Kombination beliebiger statisch wirksamer Stoffe mit Dämmstoffen betrieben werden.

Dämmstoffe. Die Dämmstoffe für das Bauwesen können nach Herkunft (aus organischen oder anorganischen Grundstoffen), nach der Zusammensetzung (Stoffname) oder dem Herstellungsverfahren (z. B. Schäumen) unterschieden werden. Man kann wie folgt einteilen:

- Faserdämmstoffe (DIN 18 165-2: 1991-07),
- Holzfaserdämmstoffe (DIN 68 755-1: 2000-06),
- Schaumkunststoffe (DIN 18 164-1: 1992-08 und DIN 18 159-1/2: 1978/1991, „Ortschäume"),
- Korkdämmstoffe (DIN 18 161-1: 1976-12),
- Schaumglas (DIN 18 174: 1981-01),
- Holzwollwolle- und Mehrschicht-Leichtbauplatten (DIN 1101 bzw. 1104).

Die **Wärmeleitfähigkeit** von Stoffen wird an ebenen trockenen Platten des zu untersuchenden Materials nach DIN 52 612 bestimmt und der Mittelwert verschiedener Messungen bei 10 °C mit einem Zuschlag zur Berücksichtigung von Alterung und praktischem Feuchtegehalt versehen. Für den rechnerischen Nachweis des Wärmeschutzes dürfen nur zugelassene Rechenwerte der Wärmeleitfähigkeit λ_R verwendet werden.

Tabelle **16**.59 Rechenwerte der Wärmeleitfähigkeit und Richtwerte der Wasserdampf-Diffusionswiderstandszahlen (Auszug aus DIN V 4108-4: 1998-10, Tab. 1)

Baustoff	Rohdichte ϱ in kg/m³	Wärmeleitfähigkeit λ_R in W/mK	Diffusionswiderstandszahlen μ -
1. Putze, Mörtel, Estriche			
Putzmörtel aus Kalk, Kalkzement u. hydr. Kalk	1800	0,87	15/35
Zementmörtel, Zementestrich	2000	1,4	15/35
Leichtmörtel LM 21	≤ 700	0,21	15/35
Wärmedämmputz (DIN 18 550-3)	≥ 200	0,060 bis 0,100	5/20
2. Beton-Bauteile			
Normalbeton (DIN EN V 206)	2400	2,1	70/150
Bimsbeton (DIN 4232)	800	0,24	5/15
Porenbeton (Gasbeton) (DIN 4223)	600	0,19	5/15
3. Bauplatten			
Wandbauplatten aus Gips (DIN 18 163)	900	0,41	5/10
Wandbaupl. aus Porenbeton (Ppl) (DIN 4166)	600	0,24	5/10
Gipskartonplatten (DIN 18 180)	900	0,25	8
4. Mauerwerk einschl. Mörtelfugen			
Vollklinker, Hochlochklinker (DIN 105)	2000	0,96	50/100
Vollziegel, Hochlochziegel (DIN 105)	1600	0,68	5/10
Porenbeton-Plansteine (PP) (DIN 4165)	350	0,14	5/10
Kalksandsteine (DIN 106)	1800	0,99	15/25
5. Wärmedämmstoffe			
Holzwolleleichtbauplatten (DIN 1101) ($d \geq 25$ mm)	360 bis 460	0,065 bis 0,090	2/5
Polystyrol-Partikelschaum (EPS)	≥ 30	0,035 bis 0,040	40/100
Polystyrol-Extruderschaum (XPS)	≥ 25	0,030 bis 0,040	80/250
Faserdämmstoffe (DIN 18 165-1)	8 bis 500	0,035 bis 0,050	1
Schaumglas (DIN 18 174)	100 bis 150	0,045 bis 0,060	prakt. dampfdicht
6. Holz- und Holzwerkstoffe			
Fichte, Kiefer, Tanne	600	0,13	40
Sperrholz (DIN 68 705-2 bis 68 705-4)	800	0,15	50/400
Span-Flachpressplatten (DIN 68 761-68 763)	700	0,13	50/100
Poröse Holzfaserplatten (DIN EN 622-4)	≤ 400	0,07	5
7. Beläge, Abdichtstoffe			
Linoleum (DIN EN 548)	1000	0,17	-
Kunststoffbeläge, auch PVC	1500	0,23	-
Bitumendachbahnen (DIN 52 128)	1200	0,17	10000/80000
Kunststoff-Dachbahnen (PIB) (DIN 16 731)	-	-	400000/1750000
Polyethylen-Folien ($d \geq 0,1$ mm)	-	-	100000
Aluminiumfolien ($d \geq 0,05$ mm)	-	-	prakt. dampfdicht
8. Sonstige gebräuchliche Stoffe			
Kunstharzputz	1100	0,7	50/200
Glas	2500	0,8	prakt. dampfdicht
Keramik und Glasmosaik	2000	1,2	100/300
Strohlehm	2000	0,6	5/10
Sedimentgesteine (Sandstein, Kalkstein, Schiefer)	2600	2,3	40 bis 1000

Durch die Einteilung der Wärmedämmstoffe nach ihrer Wärmeleitzahl in Wärmeleitfähigkeitsgruppen (WLG) ist der λ_R-Wert eines Dämmstoffs z. B. an der Dämmstoffpackung meist leicht zu erkennen. Die dreistellige Zahl (z. B. 035) gibt die Wärmeleitfähigkeit in der Form der hinter dem Komma stehenden Ziffern an: Im Beispiel ist also $\lambda_R = 0{,}035$ W/mK.

In Tabelle **16**.59 sind einige wichtige Bau- und Dämmstoffe mit den Rechenwerten ihrer Wärmeleitfähigkeit aufgeführt.

Es kann hier nicht auf die speziellen Eigenschaften der verschiedenen Dämmstoffe eingegangen werden, jedoch sind neben der Wärmeleitfähigkeit für den Anwender noch (neben allgemeiner Beschaffenheit und den Maßen)

- Festigkeitswerte,
- Brandverhalten (Brennbarkeits- und Feuerwiderstandsklassen, s. Abschn. 16.7),
- Formbeständigkeit

wesentlich.

Bei Faserdämmstoffen sind in DIN 18 165-1 (Wärmedämmung) und 18 165-2 (Trittschalldämmung) noch

- Zusammendrückbarkeit,
- Abreißfestigkeit,
- dynamische Steifigkeit (für Luft- und Trittschalldämmung),
- Strömungswiderstände (für raumakustische Anwendungen und Verwendung in mehrschaligen Wänden)

erwähnenswert.

Wegen der Bedeutung für die praktische Anwendung werden Wärmedämmstoffe je nach Druckbeanspruchbarkeit und Abreißfestigkeit noch mit Typkurzzeichen versehen, z. B.:

- W nicht druckbeanspruchbar (Wände und belüftete Dächer)
- WL nicht druckbeanspruchbar (belüftete Dachkonstruktionen)
- WD druckbeanspruchbar (unter druckverteilenden Böden oder der Dachhaut)
- WDA druckbeanspruchbar und abreißfest (Dächer bei verklebter Verlegung)
- WDS druckbeanspruchbar bei höherer Belastung (wie WDA und bei Parkdecks)
- WDH druckbeanspruchbar bei höherer Belastung (wie WDH, auch hochbelastete Parkdecks)
- WS druckbeanspruchbar bei höherer Belastung (wie WDS, nicht temperaturbelastbar)
- WZ leicht zusammendrückbar (in Wand- und Deckenhohlräumen)
- WV leicht zusammendrückbar, aber begrenzt abreißsicher (Vorsatzschalen)
- Z druckbelastbar, mit definierter dynamischer Steifigkeit (für schwimmende Estriche).

Die Typkurzzeichen T und TK gelten für Dämmstoffe zur Trittschalldämmung unter Böden.

Im Bauwesen verwendete Dämmstoffe sollten mindestens schwerentflammbar sein (Baustoffklasse B 1); die Kennzeichnung erfolgt mit den jeweiligen Kennbuchstaben (bauaufsichtliche Benennung) der Baustoffklasse (DIN 4102-1: 1998-05; s. Abschn. 16.7).

Sonderkennzeichen z. B. bei gasdiffusionsdichten Oberflächen (M), für besonders weichfedernde Faserdämmstoffe des Typs WV (o), bei Faserdämmstoffen für Schallschutzzwecke (w) usw. sind möglich.

16.5.6 Wasserdampfdiffusion, Temperaturen an Bauteilen, Tauwasserbildung

Wasserdampf als gasförmiges Wasser befindet sich fast überall in der Luft und in lufthaltigen porigen Stoffen.

Wasserdampfdiffusion bedeutet Bewegung der Wasserdampfmoleküle durch ein Gas (z. B. die Luft) oder einen porösen Stoff hindurch, wenn zwischen den beiden Seiten des Stoffs eine unterschiedliche Dampfdichte, beschrieben durch den „Wasserdampfteildruck" (s. u.), also ein Teildruckunterschied, herrscht. Der gesamte Gasdruck (Luftdruck) kann dabei beidseitig durchaus gleich sein!

Tauwasser (Kondenswasser) entsteht immer dann, wenn sich der Wasserdampf, z. B. in Luft oder porösen Stoffen, unter eine bestimmte Temperatur, den Taupunkt (besser: die Taupunkttemperatur) θ_s abkühlt. Diese Taupunkttemperatur hängt von der Lufttemperatur θ und der im Stoff vorhandenen Wasserdampfmenge, bei Luft also der Luftfeuchtigkeit, ab. Luft, die sich am Taupunkt befindet nennt man „gesättigt" (oft erfolgt Nebelbildung!). Die sich in ihr befindende Wasserdampfmenge kann nicht weiter erhöht werden. Man misst Wasserdampfmengen häufig über den von ihr erzeugten Anteil am gesamten Luftdruck („Wasserdampfteildruck" p in Pascal, Pa). Der Teildruck des Wasserdampfes bei Taupunkttemperatur heißt „Wasserdampfsättigungsdruck" p_S. Er hängt nur von der Temperatur ab; diese Abhängigkeit ist der Tab. **16**.60 zu entnehmen, eine feiner gestufte Tabelle findet sich in DIN 4108-3: 2001-07; Tab. A.2 und den üblichen bautechnischen Zahlentafeln.

Tauwassergefährdung. Der heute geforderte er-

Tabelle **16**.60 Wasserdampfsättigungsdruck p_s bei Temperaturen θ zwischen –20 und +30 °C in Pascal (Pa) (nach DIN 4108-3: 2001-07, Tab. A.2)

θ in °C	p_s in Pa	θ in °C	p_s in Pa	θ in °C	p_s in Pa	θ in °C	p_s in Pa	θ in °C	p_s in Pa
30	4244	20	2340	10	1228	0	611	–10	260
29	4006	19	2197	9	1148	–1	562	–11	237
28	3781	18	2065	8	1073	–2	517	–12	217
27	3566	17	1937	7	1002	–3	476	–13	198
26	3362	16	1818	6	935	–4	437	–14	181
25	3169	15	1706	5	872	–5	401	–15	165
24	2985	14	1599	4	813	–6	368	–16	150
23	2810	13	1498	3	759	–7	337	–17	137
22	2645	12	1403	2	705	–8	310	–18	125
21	2487	11	1312	1	657	–9	284	–19	114
								–20	103

höhte Wärmeschutz wirkt sich bei *richtiger* Anwendung (z. B. Schichtenfolge) auch durch eine verringerte Gefahr von Tauwasserbildung (Kondensations-, Kondenswasser) an und in Außenbauteilen aus. Bei bestimmten Dämmmethoden (z. B. Innen- und Kerndämmung) und besonders auch bei nachträglichen Wärmeschutzmaßnahmen (z. B. Fenstereinbau, Altbausanierung) kann es jedoch zu örtlichen Unterkühlungen an und in Bauteilen oder zu hohen Luftfeuchten, also Tauwasserbildung kommen, wobei Folgeschäden, wie Schimmelpilzbildung und Korrosion nicht auszuschließen sind. Durch neuere Forschungsarbeiten gilt aber als gesichert, dass schon bei Feuchtigkeitsanreicherungen ohne Tauwasserentstehung Schimmelpilzbildungen möglich sind. In der neuen Normfassung DIN 4108-2: 2001-03, 6.2 wird dieses Problem ausführlich behandelt (s. u. unter „Schimmelpilzbildung"). Nicht nur bei winterlichen Temperaturen, sondern auch besonders in der Übergangszeit ist die Tauwassergefahr besonders groß.

Der Wasserdampf-Sättigungsdruck ist nach DIN 4108-3: 2001-07 Tab. A.3 numerisch berechenbar durch die Gleichung

$$p_s = a\left(b + \frac{\theta}{100\,°C}\right)^n$$

wobei allerdings in zwei verschiedenen Temperaturbereichen die Koeffizientenwerte verschieden angesetzt werden müssen:

Koeffizient	**0 °C ≤ θ ≤ 30 °C**	**–20 °C ≤ θ ≤ 0 °C**
a (in Pa)	288,680	4,689
b	1,098	1,486
n	8,020	12,300

Es ist erkennbar, dass warme Luft erheblich mehr Wasserdampf aufnehmen kann als kalte. Z. B. können bei 20 °C bis 17,3 g Wasserdampf im Kubikmeter Luft (entsprechend einem Sättigungsdruck von 2340 Pa) enthalten sein. Das Vorhandensein von Wasserdampf ist jedoch nicht an Luft gebunden, auch in beliebigen porösen Stoffen kann die Wasserdampfdichte (z. B. in g/m³) auch als Wasserdampfteildruck (in Pa) angegeben werden.

Typische *Entstehungsorte von Tauwasser* sind Wärmebrücken (auch „Kältebrücken" genannt, s. Abschn. 16.5.8) in Wänden und Decken (z. B. Fensterstürze, auskragende Betonteile, Gebäudeaußenecken), aber auch Räume in unzulänglich belüfteten (Neubau-) Wohnungen, *wenig beheizte Schlafzimmer,* Bäder, Küchen und Viehställe, besonders dann, wenn die Feuchteerzeugung relativ groß ist (Pflanzen!). Schlecht gedämmte Außenbauteile sind genauso gefährdet wie Außenwände, die z. B. durch davorstehende Schränke nicht von der Innenluft erwärmt werden.

Tauwasser schlägt sich besonders schnell auf den Oberflächen guter Wärmeleiter, wie Metalle, Glas, Naturstein, Normal- und Schwerbeton, Fliesen nieder, wenn sie sich unter dem Taupunkt der Innenluft abkühlen oder die Taupunkttemperatur durch hinzukommende Feuchte (Duschbäder!) über die Bauteiltemperatur ansteigt.

Auf geneigten Flächen, die sich auf Grund des Strahlungsaustausches mit dem (klaren) Nachthimmel nicht nur im Winter besonders stark auskühlen können (Temperaturen weit unter Lufttemperatur!) ist Tauwasser, das z. T. zu Reif gefriert, häufig. Seit einigen Jahren werden aber derartig begründete Tauwasserbildungen besonders auch auf gut gedämmten Fenster- und Wandflächen bemerkt, die – wenn sie periodisch auftreten – zu Schmutzablagerungen und Moos- bzw. Algenbildungen führen können. Untersuchungen zu diesem Verschmutzungsproblem werden z. Z. durchgeführt. Allerdings tritt diese Algenbildung u. U. schon auf Wandoberflächen auf, die häufig feucht werden und bei denen von innen keine Wärmezufuhr erfolgt, um sie abzutrocknen. Bei hoher Sorptionsfeuchte der obersten Schichten ist die Algengefährdung besonders groß [8].

Dampfdiffusion durch Bauteile. Wände sollen luftundurchlässig sein, sind aber in der Regel durchlässig für Wasserdampf. Eine Wasserdampfwanderung durch ein Trennbauteil erfolgt immer dann, wenn der Wasserdampfteildruck auf beiden Seiten der Wand unterschiedlich ist.

Da z. B. im Winter die Außentemperaturen erheblich niedriger als die Innenlufttemperaturen sind, ist der Wasserdampfdruck außen geringer als im Rauminnern, da die Luft innen erheblich mehr Wasserdampf aufnehmen kann als die kältere Außenluft. Das Dampfdruckgefälle lässt den Wasserdampf durch die Außenbauteile von innen nach außen diffundieren. Die Wanderungsrichtung entspricht dann der Richtung des Wärmeflusses. Im Sommer kann es auch (vorübergehend) zu umgekehrt verlaufenden Diffusionsvorgängen kommen, der Wärmefluss ist dann in der Regel auch umgekehrt.

In üblichen, nicht beidseitig mit dampfundurchlässigen Schichten versehenen Bauteilen ist also immer Wasserdampf enthalten. Er kann kondensieren, wenn irgendwo der Taupunkt im Bauteil unterschritten wird. Meist stellt sich innerhalb der Außenwände – in Abhängigkeit von der Wasserdampfdurchlässigkeit der Wandmaterialien – ein niedrigerer Dampfdruck ein als im Innenraum, so dass bei genügend hohen Wandtemperaturen (z. B. durch äußere Wärmedämmung) nicht mit Tauwasserbildung im Wandinnern gerechnet werden muss. Viele Außenwandkonstruktionen lassen aber (etwas) Tauwasser in der Nähe des Außenputzes entstehen, ohne dass sich daraus eine größere Feuchtegefährdung der Wand ergeben muss (s. Rechenbeispiel Tab. **16**.64).

16

16.5.6.1 Temperaturverhältnisse an und in Bauteilen

Niedrige Bauteiltemperaturen können die Gefahr von schimmelpilzfördernder Feuchteanreicherung („Kapillarkondensat") oder sogar Tauwasserbildung andeuten. Es ist deshalb vorteilhaft, sich bei der Konstruktion von bedenklichen Wänden oder anderen Außenbauteilen zuerst einen Überblick über die Temperaturverhältnisse an und im Bauteil zu verschaffen. Der Rechenvorgang nach DIN 4108 wird hier und im Rechenbeispiel Tab. **16**.64 beschrieben:

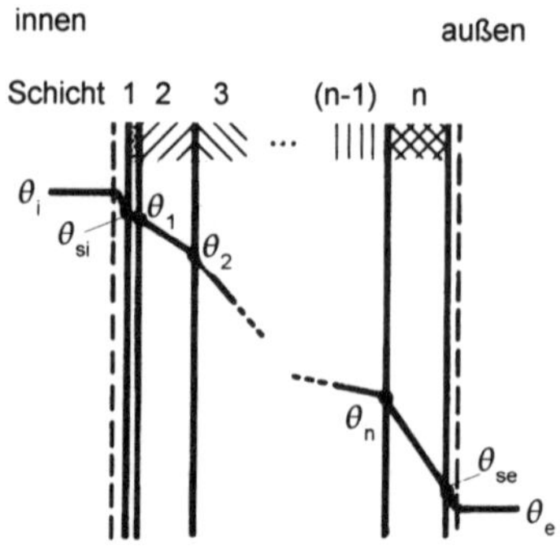

16.61 Temperaturverlauf in einer n-schichtigen Wand (Schema)

Der Berechnung werden (vereinfachend) konstante Lufttemperaturen innen und außen zugrunde gelegt. Diese Temperaturen θ_i und θ_e wählt man in der Regel so, dass ungünstige winterliche Verhältnisse damit beschrieben werden; nach DIN 4108-3, Tab. A.1 kann man für einfache Tauwasserberechnungen bei nichtklimatisierten Wohn- und Bürogebäuden (s. Rechenbeispiel Tab. **16**.64) innen 20 °C und außen –10 °C als Lufttemperaturen annehmen.

Natürlich können in den Fällen, in denen eine auch nur geringe Tauwasserbildung vermieden werden soll, strengere Klimabedingungen (z. B. niedrigere Außentemperaturen) angesetzt werden. Das gleiche sollte für Räume mit extremem Innenklima (Schwimmbäder!) oder bei Bauorten mit kaltem Außenklima (Gebirgslagen) gelten. Dabei sollte dann auch der zeitliche Verlauf der Klimawerte berücksichtigt werden [1, 2, 9, 10, 11, 12, 13].

Aus den angenommenen Lufttemperaturen werden nacheinander zuerst die innere Oberflächentemperatur des Bauteils θ_i (beim nachstehenden Formelsatz wird von innen nach außen gerechnet) und dann die weiteren Temperaturen θ_j (j: Schichtnummer) an den Trennflächen der Bauteilschichten der n-schichtigen Konstruktionen ermittelt (s. Bild **16**.61):

$$\theta_{si} = \theta_i - U\,(\theta_i - \theta_e)\,R_{si}$$

(Oberflächentemperatur innen)

$$\theta_1 = \theta_{si} - U\,(\theta_i - \theta_e)\,d_1/\lambda_1$$

$$\theta_2 = \theta_1 - U\,(\theta_i - \theta_e)\,d_2/\lambda_2$$

bis

$\theta_{se} = \theta_{n-1} - U(\theta_i - \theta_e)\, d_n/\lambda_n$
(Oberflächentemperatur außen)

dabei sind:

U Wärmedurchgangskoeffizient in W/m²K (zu errechnen nach DIN EN ISO 7345, s. Abschn. 16.5.3)

R_{si} Wärmeübergangswiderstand innen in m²K/W (nach DIN 4108-3, A.2.3)

d Schichtdicke der i-ten Bauteilschicht in m

λ_i Rechenwerte der Wärmeleitfähigkeit der Schichtmaterialien in W/mK (aus DIN V 4108-4, Tab. 1; s. auch Tab. **16**.59)

Die Wärmeübergangswiderstände sind für diese Berechnungen (in geringer Abweichung von den Vorgaben der DIN V 4108-4: 1998-10, Tab. 7) festgelegt in DIN 4108-3: 2001-07, A.2.3:

Raumseitig (R_{si}) mit

- 0,13 m²K/W für Wärmestromrichtungen horizontal, aufwärts sowie für Dachschrägen;
- 0,17 m²K/W für Stromrichtungen abwärts.

Außenseitig (R_{se}) mit

- 0,04 m²K/W für alle Wärmestromrichtungen, wenn die Außenoberfläche an die Außenluft grenzt;
- 0,08 m²K/W für alle Wärmestromrichtungen, wenn die Außenoberfläche an belüftete Luftschichten grenzt (z. B. hinter Außenverkleidungen, bei belüfteten Dachräumen, in belüfteten Dächern, usw.);
- 0 m²K/W für alle Wärmestromrichtungen, wenn die Außenoberfläche an das Erdreich grenzt.

Bei innenliegenden Bauteilen ist auf beiden Seiten mit demselben Wärmeübergangswiderstand zu rechnen ($R_{si} = R_{se}$).

Bei Luftschichten muss (s. Abschn. 16.5.3) statt des Quotienten d/λ (= Wärmedurchlasswider-

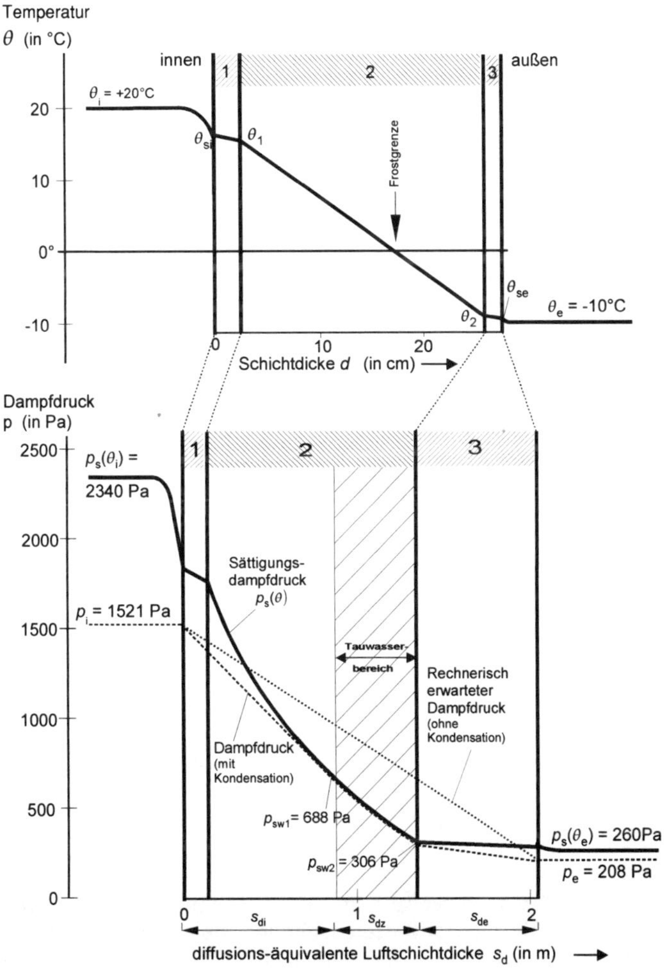

16.62
Temperaturverlauf (oben) und Dampfdruckverhältnisse (unten) zum Rechenbeispiel (s. Tab. **16**.64):
Der Temperaturverlauf ist über der Schichtdicke, die Dampfdruckkurven sind über dem Diffusionswiderstand aufgetragen (*GLASER*-Diagramm). Es besteht Kondensationsgefahr im Schmiegungsbereich der p- und p_s-Kurven.

stand der Schicht *R*) der Wärmedurchlasswiderstand der *Luftschicht* nach DIN V 4108-4: 1998-10, Tab. 2 (s. Tab. **16**.53) eingesetzt werden.

Die errechneten Temperaturen können dann in den Wandquerschnitt (s. Bild **16**.62 oben) eingezeichnet werden. Die Temperaturen innerhalb der Bauteilschichten ergeben sich durch lineare (zeichnerische) Interpolation zwischen den Trennschichttemperaturen. Dem Wärmeübergangswiderstand an beiden Seiten des Außenbauteils wird häufig (mehr symbolisch) eine Wärmeübergangs*schicht* im Temperaturdiagramm zugeordnet (siehe Bild **16**.61), die üblicherweise durch gestrichelte Linien parallel zu den Oberflächen angedeutet wird (in Bild **16**.62 sind diese Linien weggelassen worden).

Die **Oberflächentemperatur auf der Bauteil-Innenseite** (θ_{si}) hat eine besondere Bedeutung, da diese Temperatur über ein Bauteil hinweg möglichst gleichmäßig sein sollte, um Schmutzstreifen (bei gemauerten Wänden z. B. als „Fugenabbildung" bekannt) nicht erst entstehen zu lassen. Außerdem tritt Oberflächenkondensat immer dann auf, wenn θ_{si} niedriger als die Taupunkttemperatur der Innenluft ist.

Die Oberflächentemperatur außen (θ_{se}) ist besonders hoch und die Innenoberflächentemperatur θ_{si} besondes niedrig an Wärmebrücken (s. Abschn. 16.5.8). Thermographie-Verfahren können deshalb derartige Schwachstellen von außen und innen sichtbar machen.

Die Temperatur-Berechnung nach dem eben beschriebenen Verfahren ist nur für plattenförmige Bauteile mit planparallen Oberflächen und Trennflächen erlaubt. Außerdem müssen stationäre – d. h. zeitlich etwa gleich bleibende – Wärme- und Diffusionsströme vorhanden sein.

16.5.6.2 Das Glaser-Verfahren zur Beurteilung von Bauteilen bezüglich ihrer Tauwassergefährdung

Tauwassergefahr. Die Tauwasser*gefährdung* eines Bauteils kann – mit einiger Erfahrung – zwar häufig aus dem Temperaturverlauf in einem Bauteil für eine gegebene Klimasituation abgeschätzt werden, eine genauere Analyse benötigt aber auch die Dampfdurchlässigkeit der Bauteilschichten, da erst mit diesen Angaben die Mengen der zu den unterkühlten (Kondensat-)Stellen gelangenden Wasserdampfes *rechnerisch* abgeschätzt werden können.

Nicht der *Temperatur*verlauf in einem Bauteil ist jedoch für die Tauwasserentstehung entscheidend, sondern der damit eng zusammenhängende *Sättigungsdampfdruck*-Verlauf, den man ebenfalls in den Bauteilquerschnitt einzeichnen kann, wenn man die Umrechnung mit Hilfe der Tabelle **16**.60 durchführt.

Die Dampfdruckwerte dieser Kurve werden von realen Dampfdrücken normalerweise nicht überschritten. Eine Ermittlung des Dampfdruckverlaufs, der rechnerisch (wegen des Dampf-Diffusionsstroms von innen nach außen) entsteht, kann dann zeigen, wo eine Tendenz zur Taupunktunterschreitung im Bauteilquerschnitt besteht: Dort, wo der rechnerisch ermittelte Dampfdruck den Sättigungsdampfdruck überschreitet, ist Kondensat (unter den gegebenen Klimabedingungen) zu erwarten.

Dampfdruck. Die notwendige *Dampfdruckberechnung* kann in Analogie zur Temperaturberechnung durchgeführt werden, da Diffusionsstrom und Wärmestrom (trotz gänzlich unterschiedlicher physikalischer Vorgänge) ähnliche Gesetze befolgen:

Der Wärmefluss durch ein Bauteil wird durch eine Temperaturdifferenz zwischen Innen- und Außenseite veranlasst. Analog dazu führt Dampfdruckdifferenz zwischen den Dampfdrücken der Innenluft und Außenluft (p_i und p_e) zu einem Dampfdiffusionsstrom.

So wie der Dampfdruck p in unserer Analogiebetrachtung also der Temperatur entspricht, entsprechen sich auch andere Größen: Statt der Wärmeleitfähigkeit ist für Wasserdampf eine Dampfleitfähigkeit („Wasserdampf-Diffusionsleitkoeffizient") δ eines Baustoffs wirksam, und es gibt analoge Größen für den Wärmedurchlasswiderstand und den Wärmedurchgangskoeffizienten.

***GLASER*-Verfahren**. Ein Formelsatz zur Ermittlung der benötigten rechnerischen p-Werte wäre also leicht aufzustellen, jedoch hat *Glaser* [37] ein zeichnerisches Verfahren zur Ermittlung des Dampfdruckverlaufs in einem Bauteil angegeben, welches auch in DIN 4108-2001-07, A.4 ausführlich beschrieben wird. Dazu wird der Wandquerschnitt nicht maßstabsgetreu (wie beim Temperaturdiagamm üblich, s. Bild **16**.62 oben) aufgetragen, sondern passend verzerrt. Dann kann der (rechnerisch erwartete) Dampfdruck als Gerade in dieses Diagramm eingetragen und mit dem ebenfalls aufgetragenen Sättigungsdampfdruck verglichen werden (Bild **16**.62 unten). Eine Tauwassergefährdung ist im Querschnitt vorhanden, wenn die Gerade die (gekrümmten) Sättigungsdampfdruckkurven irgendwo berührt oder sogar schneidet.

Luftfeuchte

Für alle Wasserdampfdruckberechnungen ist die Kenntnis von Klimadaten notwendig. Neben den Lufttemperaturen θ_i und θ_e (s. Abschnitt 16.5.6.1) sind das die Dampfdrücke p_i und p_e. Sie werden in der Regel nicht direkt gemessen und angegeben, sondern indirekt über die (leicht messbaren) relativen Luftfeuchten:

$$\phi_i = \frac{p_i}{p_s(\theta_i)} 100 \quad \text{und} \quad \phi_e = \frac{p_e}{p_s(\theta_e)} 100 \text{ in \%}$$

Diese sind also als Verhältnis des Dampfdrucks zum maximal möglichen Dampfdruck (bei gleicher Temperatur) definiert. Nach DIN 4108-3, Tab. A1 kann für die Innenluft im Winter eine relative Feuchte von 50 % (bei 20 °C), für die Außenluft eine solche von 80 % (bei –10 °C) angenommen werden, so dass sich folgende Normwerte für p_i und p_a ergeben:

$$p_i = p_s(\theta_i) \frac{\phi_i}{100} = 2340 \cdot 0{,}5 = 1170 \text{ Pa}$$

$$p_e = p_s(\theta_e) \frac{\phi_a}{100} = 260 \cdot 0{,}8 = 208 \text{ Pa}$$

Diffusionswiderstandszahl μ, (wasserdampfdiffusions)äquivalente Luftschichtdicke s_d

Wie in Bild **16**.62 unter Verwendung der Zahlenwerte des Rechenbeispiels **16**.64 gezeigt wird, ist für die zeichnerische Ermittlung der Dampfdrucke die Verwendung eines passend verzerrten Bauteilquerschnitts nötig. Es werden dabei nicht die wahren Dicken der Bauteilschichten auf der Abzisse eingetragen, sondern die Diffusionswiderstände dieser Schichten. Diese sind proportional zur Schichtdicke d und der Materialgröße μ (Wasserdampf-Diffusionswiderstandszahl), die angibt, wievielmal *schlechter* eine Baustoffschicht den Wasserdampf leitet als eine *gleich dicke* (ruhende) Luftschicht:

$$\mu = \frac{\delta_{Luft}}{\delta_{Baustoff}} \quad \text{(reine Zahl)}$$

mit

δ Wasserdampfdiffusionskoeffizient oder einfacher Wasserdampfleitfähigkeit (in kg/(m h Pa))

Stoffe mit hohem μ-Wert sind also relativ dampfundurchlässig, die kleinsten Werte nahe 1 haben poröse, lufthaltige (Dämm-)Stoffe mit *offenen* Poren (s. Tab. **16**.59).

Wichtig ist für das *Glaser*-Diagramm nun das Produkt aus der Diffusionswiderstandszahl μ und der Schichtdicke d, das ein Maß für den Widerstand ist, den eine Materialschicht dem diffundierenden Wasserdampfstrom entgegensetzt! Da der μ-Wert aber auch der Faktor ist, um den die Wasserdampfleitung in Luft besser als im Baustoff ist, gibt er auch an, wie viel dicker eine Luftschicht sein muss als die Materialschicht, um dem Wasserdampf den gleichen Diffusionswiderstand entgegenzusetzen. Das Produkt $\mu \cdot d$ gibt also die Dicke einer Luftschicht an, die der Materialschicht diffusionsmäßig gleichwertig ist, man bezeichnet es daher auch als „äquivalente Luftschichtdicke" s_d.

Da die verschiedenen Bauteilschichten im Wasserdampfstrom hintereinander liegen, braucht nur die Summe dieser $\mu \cdot d$-Werte der Einzelschichten gebildet zu werden, um den gesamten Diffusionswiderstand des Bauteils in Form seiner äquivalenten Luftschichtdicke

$$s_d = \mu_1 \cdot d_1 + \mu_2 \cdot d_2 + \ldots + \mu_n \cdot d_n \qquad \text{in m}$$

zu kennen, wenn n Bauteilschichten vorhanden sind.

Die äquivalente Luftschichtdicke wird – wie sich aus der Definition ergibt – in Metern gemessen. Wände mit geringer Wasserdampfdurchlässigkeit haben Werte etwa von $s_d > 15$ m, hohe Wasserdampfdiffusion ist bei $s_d \leq 3$ m gegeben. Zur Zeit gibt es keine verbindlichen Angaben darüber, welche Wasserdampfdurchlässigkeit Wände oder andere Außenbauteile haben sollten.

Baustoffschichten werden als diffusionsoffen bezeichnet, wenn deren s_d-Wert nicht größer als 0,5 m ist, erst bei s_d-Werten oberhalb 1500 m spricht man von diffusionsdichten Schichten, d. h. echten Dampfsperren. Übliche stark dampfbremsende Schichten haben nur diffusionsäquivalente Luftschichtdicken von einigen Metern. Eine bauübliche 0,2 mm dicke PE-Folie hat z. B. $s_d = 20$ m.

Der Begriff „*Atmungsfähigkeit*" wird häufig (nicht ganz richtig) mit Diffusionsfähigkeit gleichgesetzt (s. auch Abschn. 16.8.4). Eine hohe Diffusionsfähigkeit ist – neben der kapillaren Leitfähigkeit – zur guten Austrocknung von Bauteilen vorteilhaft.

Es muss ausdrücklich betont werden, dass die dampfbremsende Wirkung einer Schicht durch den μ-Wert des Materials allein nicht beschrieben wird, erst das Produkt $\mu \cdot d$ ist ein Maß für den Wasserdampf-Diffusionsdurchlasswiderstand, den man analog zum Wärmedurchlasswiderstand für eine Schicht definieren kann als

$$Z = \frac{d}{\delta} = (\mu \cdot d) \frac{1}{\delta_{Luft}} \qquad \text{in } \frac{\text{m}^2\text{h Pa}}{\text{kg}}$$

bzw. für ein n-schichtiges Bauteil

$$Z = \frac{d_1}{\delta_1} + \frac{d_2}{\delta_2} + \ldots + \frac{d_n}{\delta_n} =$$
$$= (\mu_1 \cdot d_1 + \mu_2 \cdot d_2 + \ldots + \mu_n \cdot d_n) \, \frac{1}{\delta_{Luft}}$$
$$\text{in } \frac{m^2 h \, Pa}{kg}$$

Der Zahlenwert $1/\delta_{Luft}$ beträgt (bei Vernachlässigung seiner Temperaturabhängigkeit) etwa $1{,}5 \cdot 10^6$ m · h · Pa/kg; man kann also folgende Zahlenwertgleichung für den Wasserdampf-Diffusionsdurchlasswiderstand, kurz Diffusionswiderstand Z, verwenden:

$$Z = (\mu_1 \cdot d_1 + \mu_2 \cdot d_2 + \ldots + \mu_n \cdot d_n) \cdot 1{,}5 \cdot 10^6$$
$$\text{in } \frac{m^2 h \, Pa}{kg}$$

GLASER-Diagramm

Im *Glaser*-Diagramm (s. Bild **16**.62) werden die Wasserdampfdrücke über die äquivalenten Luftschichtdicken des Außenbauteils aufgetragen. Bei Schichtmaterialien, für die nicht ein μ-Wert, sondern ein Bereich (z. B. 15/35) für die Diffusionswiderstandszahlen μ angegeben ist, ist nach DIN 4108-3, A.2.4, der für die Konstruktion „ungünstigere Wert" anzunehmen, d. h. der, bei dessen Anwendung in Rechnung und Diagramm sich (rechnerisch!) die größere Tauwassermenge in der Konstruktion ergibt (d. h. man liegt also auf der „sicheren Seite"!), diese Festlegung gilt dann auch für die Berechnungen der Verdunstungsmenge (s. u.).

Wegen der Unsicherheit der nach E DIN EN ISO 12 572 ermittelten s_d-Werte mit $s_d < 0{,}1$ m ist für diese der Wert $s_d = 0{,}1$ m anzusetzen.

In der Regel ist für Schichten, die sich in Diffusionsrichtung vor und in einer (bekannten oder vermuteten) Kondensationszone befinden, der niedrigere Wert, für Schichten hinter der Kondensatzone der höhere Wert anzusetzen (s. auch den anschließenden Abschn. „Tauwassermenge"). Die Befolgung der erwähnten Regel für die Auswahl der μ-Wertes kann daher – bei diffusionsmäßig unübersichtlichen (mehrschichtigen) Bauteilen – die mehrfache Anwendung des beschriebenen Rechnungsganges nach *Glaser* bedeuten! Rechenprogramme vereinfachen den Rechengang schon deshalb stark, weil bei ihnen wohl immer mit den „richtigen" Werten gerechnet wird …

16

Das Zeichnen des *Glaser*-Diagramms (s. Bild **16**.62) erfordert folgende Arbeitsschritte:

1. Errechnung der Schichtgrenztemperaturen (s. Abschn. 16.5.6.1),
2. Ablesen der zugehörigen Sättigungsdampfdrücke (s. Tab. **16**.60); (wegen des nichtlinearen Zusammenhangs zwischen p_s und der Temperatur können Zwischenwerte für p_s in den Schichtmitten benötigt werden!),
3. Zeichnen der Grundstruktur des Diagramms durch Auftragen des „verzerrten" Schnitts durch das Bauteil unter Verwendung der $\mu \cdot d$-Werte (s. o.),
4. Zeichnen einer Maßstabsskala für die Dampfdrücke,
5. Eintragen des Verlaufs des Sättigungsdampfdrucks (in der Regel gekrümmte – etwas durchhängende – Kurvenstücke! S. 2),
6. Markierung der p_i- und p_e-Werte an den Bauteil-Oberflächen und Verbinden dieser Punkte durch eine Gerade (= rechnerischer Dampfdruckverlauf).

Falls sich Schnittpunkte zwischen dem p_s-Verlauf und der Geraden (S. 6) ergeben, ist (nach *Glaser*) Kondensatentstehung möglich. Ist ein Schnittpunkt in der Nähe der Innenoberfläche, d. h. liegt die innere Oberflächentemperatur des Bauteils niedriger als die Taupunkttemperatur der Innenluft, so liegt der bei schlecht wärmegedämmten Bauteilen recht häufige Fall von Oberflächentauwasser vor. In einem solchen Fall sollte nach DIN 4108-3, A.5 eine Überprüfung und Vergrößerung des Wärmedurchlasswiderstandes des Bauteils erfolgen. In den anderen Fällen können Wärmeschutzmaßnahmen oder/und Veränderungen der Schichtfolgen, aber auch der Einbau dampfbremsender Schichten notwendig werden (s. „Regeln zur Verringerung von Tauwasserniederschlag").

In *ungefähr* den Bereichen, in denen im Innern des Bauteils die in Bild **16**.62 eingezeichnete punktierte Gerade oberhalb der Sättigungskurve liegt, kann mit Kondensat gerechnet werden. Da jedoch der Wasserdampfdruck nicht höher als der Sättigungsdampfdruck sein darf, kann man nach *Glaser* (physikalisch nicht ganz richtig!) in einem solchen Fall einen Dampfdruckverlauf p (gestrichelte Kurve in Bild **16**.62!) annehmen, der als Tangentenkurve so an die Sättigungskurve gelegt wird, wie sich ein elastisches Seil von p_i nach p_e unter die durchgezogene p_s-Kurve spannen würde. Diese „Seilzugkurve" beschreibt dann nach den Überlegungen von *Glaser* den Dampfdruckverlauf bei Kondensatbildung. Sie berührt an wenigstens einem oder mehreren Punkten oder in einem Bereich (wie in unserem Rechenbeispiel) die Sättigungsdampfdruckkurve. Diese Berührungsstellen grenzen dann den Ort des Tauwasseranfalls im Bauteilinneren ein.

Falls nicht ein Bauteil vorliegt, bei dem kein mengenmäßiger Nachweis des Tauwassers notwendig ist (s. DIN 4108-3: 2001-07, 4.3 und weiter unten), muss nun als nächster Schritt eine Tauwasserberechnung und anschließend auch eine Ermittlung der evtl. im Sommer wieder verdunstenden Wassermenge erfolgen.

Die Randbedingungen finden sich in E DIN 4108-2, Tab. A.1 (s. o.), in Anhang B zur Norm finden sich 2 Rechenbeispiele.

Tauwassermenge

Die Berechnungen erfolgen unter Berücksichtigung folgender Eigenschaften des Wasserdampf-Diffusionsvorgangs: Die Vorstellung, dass der Wasserdampf wegen der herrschenden Dampfdruckdifferenz ($p_i - p_e$) zwischen den Bauteiloberflächen durch das Bauteil „hindurchgedrückt" wird, ist analog dem Vorgang des elektrischen Stromflusses durch einen Widerstand zu sehen, der wegen der herrschenden Spannungs*differenz* am Widerstand erfolgt. Man kann dann analog zum Ohmschen Gesetz der Elektrotechnik: „Strom gleich Spannung durch Widerstand" für den Wasserdampf-Diffusionsstrom g (genauer: die Wasserdampf-Diffusionsstrom*dichte*) schreiben:

$$g = \frac{p_i - p_e}{Z} \quad \text{in } \frac{\text{kg}}{\text{m}^2\text{h}}$$

Wie man aus Bild **16**.62 erkennt, ist g dann auch ein Maß für den Anstieg der p-Kurven, denn für große Druckdifferenzen und für *kleine* Diffusionswiderstände $1/\Delta$ sind g und der Kurvenanstieg *groß*.

Obige Gleichung gilt nur für Tauwasserfreiheit, denn die gestrichelte „Seilzugkurve" wird im Kondensationsfall (wenigstens) eine Knickstelle und damit zwei verschiedene Anstiege haben: Vor dem Tauwasserbereich verläuft sie steiler als dahinter. Da man allgemeiner sagen kann, dass der Anstieg der p-Kurven proportional g ist, bedeutet das, dass der Wasserdampfstrom g_i von der Innenluft bis zum Kondensationsbereich größer ist als der Dampfstrom g_e von dort bis zur Bauteil-Außenseite. Der „fehlende" Wasserdampf, die Differenz, ist der kondensierende! Die Berechnung ist im Rechenbeispiel (Tab. **16**.64) zu finden und damit auch die formelmäßige Bestimmung der Werte g_i und g_e.

Man kann die Kondensatmenge $m_{W,T}$ für die ganze „Tauwasserperiode" (Winter) daher ermitteln als

$$m_{W,T} = (g_i - g_e) \cdot t_T \quad \text{in kg/m}^2$$

wobei t_T die in Stunden angegebene Dauer dieser Periode ist.

Nach DIN 4108-3 wird stark vereinfachend eine Zeitdauer der Tauwasserentstehung von 60 Tagen (entsprechend $t_T = 1440$ Stunden) angesetzt. Die auf diese Art (s. Rechenbeispiel Tab. **16**.64) ermittelte (rechnerische) Tauwassermenge pro Wintersaison darf 1,0 kg pro m² Bauteilfläche bei Dach- und Wandkonstruktionen nicht überschreiten, an Grenzflächen mit einer kapillar nicht wasseraufnahmefähigen Schicht (auch Luftschicht oder wasserdurchlässige Schicht) darf die Kondensatmenge sogar nur 0,5 kg/m² betragen. Eine Schädigung der Baustoffe durch das Kondensat (Fäulnis, Korrosion, Pilzbefall) darf ebenfalls nicht stattfinden. Bei Konstruktionen mit Holz oder Holzbaustoffen darf außerdem keine schädliche Erhöhung des Feuchtegehaltes erfolgen (DIN 68 800-2; 6.4, s. auch DIN 4108-3, Abschn. 4.2.1). In allen Fällen muss darüber hinaus sichergestellt sein, dass (rechnerisch) diese Tauwassermenge im Sommer (= Verdunstungsperiode) wieder ausdiffundieren (austrocknen) kann.

Große Tauwassermengen werden entstehen, wenn – wie aus dem Ausdruck für $m_{W,T}$ ersichtlich – große Wasserdampfströme g_i in eine Konstruktion eindringen, aber nur kleine Dampfströme g_e sie wieder verlassen. Das heißt, kleine äquivalente Luftschichtdicken s_d innen *vor* dem Kondensationsgebiet sind für das Bauteil ebenso ungünstig wie große äquivalente Luftschichtdicken s_{de} hinter dem Tauwasserbereich, also *außen* (s. auch Rechenbeispiel). Daraus begründet sich dann die für Materialien mit einem μ-Wert-*Bereich* nach DIN 4108 notwendige Wahl der ungünstigeren Diffusionswiderstandszahl μ (für höheren Tauwasserausfall): Der niedrigere Wert muss in der Regel für innenliegende Schichtmaterialien, der höhere für außen befindliche Schichten gewählt werden. Im Zweifelsfall, z. B. bei Mittelschichten und unbekanntem Kondensationsbereich, müssen Proberechnungen nach GLASER die Richtigkeit der μ-Wahl bestätigen.

Verdunstungsmenge

Die Berechnung der Verdunstungsmenge erfolgt an einem weiteren Glaser-Diagramm gleichen Aufbaus, d. h. unter Verwendung der gleich $\mu \cdot d$-Werte, jedoch lauten die vorgeschlagenen Klimadaten nach DIN 4108) für die sommerliche Verdunstungsperiode (bei Wänden)

$$\theta_i = \theta_e = 12\,°\text{C} \quad \text{und} \quad \phi_i = \phi_e = 70\,\%$$

Damit ist der Sättigungsdampfdruck im gesamten Wandquerschnitt konstant

$$p_s = 1403 \text{ Pa}$$

und die Wasserdampfteildrücke betragen innen und außen

$$p_i = p_e = 1403 \cdot 0{,}7 = 982 \text{ Pa}$$

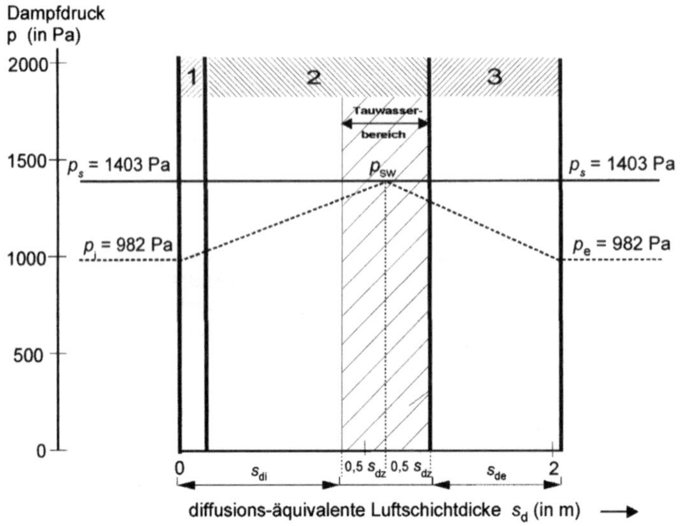

16.63
Glaser-Diagramm
(Verdunstungsperiode)

Das Glaser-Diagramm für Bauteile mit einem Kondensat*bereich* (wie in unserem Rechenbeispiel) verläuft in der Regel so, wie das Bild **16**.63 zeigt:

In Kondensationsbereichen der Tauwasserperiode herrscht bis zur vollständigen Verdunstung Wasserdampfsättigung ($p = p_s$), der Dampfdruckverlauf wird also durch (mindestens) 2 Geraden beschrieben, die entgegengesetzt gerichtete Steigungen haben. Da die Steigung ein Maß für den Diffusionsstrom ist, erkennt man, dass von der Kondensationsstelle Diffusionsströme nach innen und nach außen verlaufen: Die Wand trocknet nach beiden Seiten aus! Die Verdunstungsmenge $m_{W,V}$ errechnet sich dann aus der Formel

$$m_{W,V} = (g_i - g_e)\, t_V \quad \text{in kg/m}^2$$

wobei sich $m_{W,V}$ als *negative* Summe beider Diffusionsströme ergibt, wenn man die Diffusionsrichtung von g_i als negativ ansieht (s. Rechenbeispiel Tab. **16**.64). Die Dauer der Verdunstungsperiode wird nach DIN 4108 mit 90 Tagen (d. h. $t_V = 2160$ h) angesetzt.

In DIN 4108-3, A.6 sind alle auftretenden Sonderfälle und deren rechnerische Behandlung nach GLASER beschrieben: Mehrere Kondensatbereiche, Verdunstungsberechnung bei Dachkonstruktionen, Einbeziehung von Dampfsperren usw. Der dortige Abschnitt enthält auch Hinweise zur Berechnung von Sonderfällen (andere als die oben genannten Klimaverhältnisse) und Literaturhinweise zu den dabei verwendbaren Rechenverfahren.

16

Regeln zur Verringerung von Tauwasserniederschlag

Das Glaser-Verfahren berücksichtigt nicht alle Feuchtetransportvorgänge, die in Baustoffen und Bauteilen auftreten können und kann deshalb auch nicht annähernd das reale Feuchtigkeitsverhalten von Bauteilen im jahreszeitlichen Verlauf beschreiben. Es ist nur als ein Verfahren zum Vergleich verschiedener Bauteile auch unter verschiedenen Klimabedingungen gedacht und deshalb in seiner Anwendung begrenzt! Die berechneten Tauwasser*mengen* sind allerdings recht realitätsnah.

Wenn die rechnerische Verdunstungsmenge größer oder gleich der Tauwassermenge ist und außerdem die oben angegebenen Maximalwerte von $m_{W,T}$ nicht überschritten werden, gilt ein Bauteil als nach DIN 4108 nicht tauwassergefährdet. In allen anderen Fällen sollten Maßnahmen zur Verringerung des winterlichen Kondensats getroffen werden:

- Erhöhung der Bauteiltemperatur durch (z. B. außen liegende) Wärmedämmung,
- Verwendung dampfbremsender Materialien – oder *notfalls* (s. u.) „Dampfsperren" mit sehr großen s_d-Werten – an der Bauteilinnenseite,
- Verwendung besser dampfdurchlässiger Materialien an der Bauteilaußenseite.

Eine bekannte *Regel zur Tauwasserverhinderung* oder wenigstens -minderung lautet dementsprechend:

Die Diffusionswiderstände der Einzelschichten (beschrieben durch die s_d- bzw. $\mu \cdot d$-Werte) sollten nach außen hin ab-, die Wärmedurchlasswiderstände d/λ in der gleichen Richtung jedoch zunehmen.

Innenliegende Wärmedämmungen werden entgegen dieser Regel angebracht. Da sie aber häufig Vorteile bieten (Dämmung gegen klimatische Einflüsse geschützt, wirtschaftlich durch einfache Anbringung und bei nur vorübergehend beheizten Räumen durch geringe Anheizzeiten) sollten sie – notfalls nach Berechnung der Kondensationsgefährdung – nicht einfach verworfen werden. In vielen Fällen sind entweder die verwendeten Dämmstoffe selbst (geschlossenporige Schaumstoffe!) oder die Innenverkleidungen schon dampfbremsend genug, so dass das *Glaser*-Verfahren keine unzulässigen Feuchteanreicherungen erwarten lässt.

Innendämmungen sind besonders kritisch vor schweren, weniger dampfdurchlässigen Wandkonstruktionen (Normalbeton!). In schwierigen Fällen sollte dann entweder die Verwendung stärker dampfbremsender Dämmaterialien oder die Anbringung einer *lückenlosen* (!) inneren Dampfsperre in Erwägung gezogen werden, die u. U. in Verbindung mit feuchtigkeitsspeicherndem Putz Kondensationsprobleme lösen kann (s. auch Abschn. 8 in Teil 2 dieses Werkes).

Man beachte auch die Gefahren, die durch Schichten mit hohem Dampfdiffusionswiderstand entstehen, wenn diese sich an der Außenseite der Konstruktion befinden: Die dampfbremsende Wirkung einer solchen Schicht kann zur *Dampfdruckerhöhung* (*„Dampfstau"*) und damit zur Tauwasserbildung führen.

Dieser Vorgang ist manchmal die Ursache für die Ablösung von Putzen und Anstrichen und für Bauschäden bei der Anwendung von Metallflächen an Gebäuden.

Dampfsperren *können* Austrocknungsvorgänge stark behindern und damit auch *Feuchtigkeitsschäden* fördern. In Holzbauten, auch Dachkonstruktionen, ist deshalb die Verwendung derartiger Schichten immer dann sehr kritisch zu betrachten, wenn eine Austrocknung durch Belüftung nicht stattfinden kann. Gänzlich vermeiden sollte man Dampfsperren in Fachwerkgebäuden bzw. bei deren Sanierung, obwohl das Verfahren nach GLASER (z. B. bei Lehmausfachungen) rechnerisch sehr hohe Tauwassermengen ergeben kann. Der dabei auch wirksame kapillare Wassertransport – der in den genormten Verfahren nicht berücksichtigt wird – ist häufig Austrocknungsvorgängen sehr förderlich. Wichtig sind auch die Sorptionsvorgänge [3] d. h. die Feuchtespeicherung in Materialien, da auch sie schädliches Tauwasser vermeiden helfen.

Bauteile ohne Tauwassernachweis

Der Nachweis des ausreichenden Schutzes eines Außenbauteils gegen Tauwasser ist bei den meisten erprobten Konstruktionen nicht erforderlich. In DIN 4108-3: 2001-07, Abschn.4.3 sind ausführlich die Bauteile bzw. Bauteilkonstruktionen aufgeführt, bei denen sich eine Ermittlung der Wasserdampfverhältnisse (z. B. nach *Glaser*) erübrigt: Auch beim Rechenbeispiel (Tab. **16**.64) ist eine Diffusionsrechnung eigentlich nicht erforderlich, es soll jedoch zeigen, dass sogar übliche Wandkonstruktionen, wegen des normalerweise verwendeten relativ dampfdichten Außenputzes, Tauwasserbildung im Winter aufweisen *können*.

Nach DIN 4108-3: 2001-07, 4.3 benötigen u. a. folgende Bauteile keinen Tauwassernachweis:

Wände aus Mauerwerk nach DIN 1053-1, Normalbeton (DIN EN 206-1 bzw. 1045-2), gefügedichtem Leichtbeton (DIN 4219-1 und -2), haufwerkporigem Leichtbeton (DIN 4232), jeweils mit Innenputz und

- Außenputz nach DIN 18 550-1,
- Bekleidungen nach DIN 18 515-1 oder -2 (bei einem Fugenanteil von ≥ 5 %),
- hinterlüfteten Bekleidungen nach DIN 18516-1,
- Außendämmung nach DIN 1102, DIN 18 550-3 oder durch ein zugelassenes Wärmedämmverbundsystem

Außenwände mit *Innen*dämmung ($R \leq 1{,}0$ m²K/W) und einem Wert der inneren diffusionsäquivalenten Luftschichtdicke (von Wärmdämmschicht einschl. aller Innenverkleidungen) $s_{d,i} \geq 0{,}5$ m; bei Verwendung von innendämmenden Holzwolleleichtbauplatten bei Mauerwerk nach DIN 1053-1 und Wänden aus Normalbeton gibt es keine Einschränkung des Wärmedurchlasswiderstandes R!

Wände in Holzbauart mit innenseitiger diffusionshemmender Schicht ($s_{d,i} \geq 2{,}0$ m),

Holzfachwerkwände mit Luftdichtheitsschicht (!) und

- wärmedämmender Ausfachung bei Sichtfachwerk,
- Innendämmung (über Fachwerk und Gefach) mit $R \leq 1{,}0$ m²K/W und $1{,}0 \text{ m} \leq s_{d,i} \leq 2{,}0$ m;
- Außendämmung über Fachwerk und Gefach als Wärmedämmverbundsystem (WDVS) oder Wärmedämmputz mit $s_d \leq 2{,}0$ m der äußeren Konstruktionsschicht,
- mit hinterlüfteter Außenwandbekleidung.

unbelüftete Dächer, wenn sich höchstens 20 % des Wärmedurchlasswiderstandes *R* unterhalb der diffusionshemmenden Schicht befinden und

- $s_{d,e} \leq 0{,}1$ m und $s_{d,i} \geq 1{,}0$ m;
- $s_{d,e} \leq 0{,}3$ m und $s_{d,i} \geq 2{,}0$ m;
- $s_{d,e} > 0{,}3$ m und $s_{d,i} \geq 6 \cdot s_{d,e}$
- $s_{d,i} \geq 100$ m unterhalb der Dämmschicht.

$s_{d,e}$ ist die Summe aller diffusionsäquivalwenten Luftschichtdicken oberhalb der Dämmschicht (bis zu belüfteten Luftschicht), $s_{d,i}$ der entsprechende Wert unterhalb der Dämmschichten bis zur Innenluft.

Hinweis: Bei $s_{d,e} \geq 2,0$ m ist die Austrocknung von Baufeuchte oder eingedrungenem Wasser sehr erschwert!

- Porenbetondächer,
- Umkehrdächer.

Belüftete Dächer mit

- einer Neigung unter 5° und $s_{d,i} \geq 100$ m unterhalb der Wärmedämmschicht,
- einer Neigung von 5° und mehr und 2 cm Luftspalthöhe über der Wärmedämmschicht und Belüftung im Traufenbereich (2 ‰ der Dachfläche und mindestens 200 cm^2/m Traufenlänge)
- Satteldächer mit Lüftungsöffnungen an Traufe und First von wenigstens 0,5 ‰ der Dachfläche und wenigstens 50 cm^2/m First- bzw. Traufenlänge.

Übersicht über einige Bauteile, bei denen in der Regel jedoch eine rechnerische Untersuchung durchgeführt werden sollte:

- Wände mit relativ dampfdichter Außenbekleidungen nach DIN 18 515-1 und -2 mit einem Fugenanteil unter 5 %
- innengedämmte Wände ($R_{Dämmung} > 1,0$ m^2K/W) mit gut wasserdampfdurchlässiger Dämmung (einschließlich Innenputz $s_d < 0,5$ m);
- Wände aus Mauerwerk nach DIN 1053-1 und aus Normalbeton (DIN EN 206-1 bzw. 1045-2) mit zusätzlicher Innendämmung aus Holzwolleleichtbauplatten mit $R_{Dämmung} > 0,5$ m^2K/W;
- Wände in Holzbauart (nach DIN 68 800-2: 1996-05, 8.2), wenn die innere Dampfbremse eine äquivalente Luftschichtdicke von weniger als 2 m aufweist;
- Holzfachwerkwände mit Innendämmung und einem $R_{Dämmung} > 1,0$ m^2K/W und einem $s_{d,i}$-Wert der Dämmung kleiner 1,0 m oder größer 2,0 m (!); Innendämmung aus Holzwolleleichtbauplatten nach DIN 1101 unterliegen nicht dieser Beschränkung!
- Holzfachwerkwände mit nicht hinterlüfteter Außendämmung, wenn diese ein $s_{d,e} > 2,0$ m besitzt.
- Nicht belüftete Dächer (klassische „Warmdächer" und Dächer, die *direkt* oberhalb der Wärmedämmschicht keine mit der Außenluft verbundene Luftschicht haben) mit weniger wirksamen dampfbremsenden Schichten bzw. Dampfsperren ($s_d < 100$ m), wenn sich oberhalb der Sperre weniger als 80 % des Gesamtwärmedurchlasswiderstandes des Daches befinden (Gefachbereich!). Beachtet sollte auch werden: Unbelüftete Dächer mit einer äußeren dampfbremsenden Schicht mit $s_{d,e} \geq 2$ m lassen Baufeuchte oder durch Undichtheiten eingedrungene Feuchtigkeit nur sehr schlecht austrocknen.
- belüftete Dächer („Kaltdächer") mit zu wenig wirksamen dampfbremsenden Schichten unterhalb der Belüftungsschicht ($s_{d,i} < 2,0$ m)
- belüftete Dächer mit Neigungen unter 5° und zu geringer dampfbremsender Wirkung der inneren „Dampfsperre" ($s_{d,i} < 100$ m).

16

Konvektionsvorgänge

Die Untersuchungen von Bauschadensfällen haben ergeben, dass viele Tauwasserschäden nicht durch Wasserdampfdiffusions-, sondern Konvektionsvorgänge ausgelöst werden: In der kälteren Jahreszeit gelangt feuchtwarme Innenluft durch Undichtheiten der Innenverkleidungen (auch Fehler in Dampfsperren!) an kalte Bauwerksteile und der mitgeführte Wasserdampf kondensiert dort. Eine typische Schadensursache in (belüfteten) Kaltdächern sind z. B. Undichtheiten der Dampfsperren an Bauteildurchdringungen. Die dabei entstehenden Tauwassermengen können *eine Größenordnung* über den durch Diffusionsvorgänge erzeugten Tauwassermengen liegen. Auf hohe Luftdichtheit von Gebäuden sollte also nicht nur aus energietechnischen Gründen erhöhter Wert gelegt werden (s. Abschn. 1.8 in Teil 2 des Werkes).

Neuere Untersuchungen haben gezeigt, dass die Ausfüllung des Lüftungsraumes mit Dämmstoff („Sparrenvolldämmung" [40], [41], [42]) die eben beschriebene Kondensatbildung (wegen des Fehlens eines Einströmungsraumes für die hindurchtretende Luft) verhindern kann. Voraussetzung ist allerdings das Vorhandensein einer ausreichend dampfdurchlässigen Unterspannbahn oder eines entsprechenden Unterdaches oberhalb der Dämmung. Auf erhöhte Luftdichtigkeit (Winddichtigkeit) der inneren Bauteilschichten muss dabei besonders geachtet werden. Eingebautes feuchtes Holz kann beim Fehlen der durchlüfteten Schicht unterhalb der oberen Feuchtesperre (Unterspannbahn, Unterdach) zuweilen schlecht trocknen. Dampfdichte Unterdächer, wie sie z. B. häufig bei Schieferdeckungen verwendet werden, können bei Vollsparrendämmung über Jahre eine erhöhte Feuchte in den Holzbauteilen aufbauen, die zu Feuchteschäden führen kann.

Tauwasserbildung durch Wasserdampf*diffusion im Bauteilquerschnitt* tritt erfahrungsgemäß als Bauschadensursache recht selten auf, bei Schwimmbädern und vollklimatisierten Gebäuden ist dieser Schadensfall jedoch durchaus möglich.

In derartigen zweifelhaften Fällen sollte eine Überprüfung durch Diffusionsrechnung nach DIN 4108 (*Glaser*-Verfahren oder – genauer – mit dem modifizierten Verfahren nach *Jenisch* [14]) durchgeführt werden. Am sichersten bei der Überprüfung auf mögliche Feuchteschäden ist die Benutzung von Rechenprogrammen, wie sie an verschiedenen Instituten entwickelt wurden [2], [3], [39]. Sie berücksichtigen nicht nur die Tauwasserbildung infolge von Diffusionsprozessen, sondern auch den kapillaren Feuchtetransport und die Sorptionseigenschaften (Feuchtespeichereigenschaften) der beteiligten Baustoffe. Dadurch werden besonders Trocknungsvorgänge erheblich besser berücksichtigt als beim Verfahren nach *Glaser*.

Rechenbeispiel zum Glaser-Verfahren

Tabelle **16**.64 Rechenbeispiel zur Ermittlung des winterlichen Temperaturverlaufs und der Dampfdruckverhältnisse einer Außenwand (vgl. Bild **16**.62)

Es wurde – abweichend von den Klimabedingungen nach DIN 4108-5 (Anhang A): innen: Lufttemperatur: 20 °C, relative Luftfeuchte 50 %; außen: Lufttemperatur: –10 °C, rel. Luftfeuchte 80 % – für die Luftfeuchte innen (ϕ_i) der Wert **65 %** gewählt. Damit soll die Möglichkeit von räumlich ausgedehnten Tauwasserbereichen im Bauteilquerschnitt deutlicher gezeigt werden. Die höhere Innenluftfeuchte entspricht durchaus den in vielen Wohnungen in der Übergangszeit anzutreffenden Feuchtewerten.

Wärmedurchlasswiderstand der Wand: $R = 0{,}844$ m²K/W; Wärmedurchgangskoeffizient $U = 0{,}986$ W/m²K

Schichtfolge	Schichtdicke d in m	Wärmeleitfähigkeit λ_R in W/mK	Temperatur θ in °C	Sättigungsdampfdruck p_s in Pa	Diffusionswiderstandszahl μ –	äquivalente Luftschichtdicke s_d in m	Dampfdruck p in Pa
Innenluft	–	–	(θ_i =) 20,0	2340	–	–	(p_i =) 1521
Wärmeübergang innen	–	–			–	–	
			(θ_{si} =) 16,1	1837			
1. Kalkzementputz	0,015	0,87			15/(35)	0,225/(0,525)	
			(θ_1 =) 15,5	1764			
2. Leichthochlochziegel-Mauerwerk	0,24	0,21			5/(10)	1,2/(2,4)	
			(θ_2 =) –8,1	306			
3. Kalkzementputz	0,02	0,87			(15)/35	(0,3)/0,7	
			(θ_{se} =) –8,8	289			
Wärmeübergang außen	–	–			–	–	
Außenluft	–	–	(θ_e =) –10,0	260	–	–	(p_e =) 208

Bemerkungen: Nach DIN 4108-3 sollen die für die Tauwasserbildung im Winter ungünstigeren μ-bzw. s_d-Werte für die Berechnungen herangezogen werden (größere Tauwassermenge!): die nicht verwendeten sind in Klammern gesetzt worden. Die Dampfdrücke p im Innern des Bauteils sind für die Ermittlung der Tauwassermenge nach *Glaser* nicht notwendig und wurden deshalb nicht angegeben.

Berechnung der Tauwassermenge (s. Bild **16**.62)

Die Diffusionsstromdichte g von der Innenseite zur Tauwasserebene ergibt sich zu

$$g_i = \frac{p_i - p_{sw1}}{1{,}5 \cdot 10^6 \cdot s_{di}} = \frac{1521 - 688}{1{,}5 \cdot 10^6 \cdot 0{,}855} = 6{,}495 \cdot 10^{-4}\ \frac{\text{kg}}{\text{m}^2\text{h}}$$

Diffusionsstromdichte von der Tauwasserebene zur Außenluft:

$$g_e = \frac{p_{sw2} - p_e}{1{,}5 \cdot 10^6 \cdot s_{de}} = \frac{306 - 208}{1{,}5 \cdot 10^6 \cdot 0{,}70} = 9{,}333 \cdot 10^{-5}\ \frac{\text{kg}}{\text{m}^2\text{h}}$$

Da die Differenz der Diffusionsstromdichten die pro Stunde und m² kondensierende Dampfmenge angibt, erhält man bei Annahme einer (winterlichen) Kondensationsdauer von 60 Tagen (1440 h) nach DIN 4108 die Tauwassermenge von

$$m_{W,T} = 1440\,(g_i - g_e) = 0{,}801\ \text{kg/m}^2$$

Der Tauwasserbereich hat im *Glaser*-Diagramm eine Breite von $s_{dz} = 0{,}495$ m. Dieser Wert für die Berechnung der Verdunstungsmenge benötigt!

Berechnung der Verdunstungsmenge (s. Bild **16**.63)

Diffusionsstrom(dichte) von der Tauwasserebene nach *innen*:

$$g_i = \frac{p_i - p_{sw1}}{1{,}5 \cdot 10^6 \cdot (s_{di} + 0{,}5 \cdot s_{dz})}$$

$$= \frac{982 - 1403}{1{,}5 \cdot 10^6 \cdot (0{,}855 + 0{,}5 \cdot 0{,}495)} = -2{,}546 \cdot 10^{-4}\ \frac{\text{kg}}{\text{m}^2\text{h}}$$

und der Diffusionsstrom von der Tauwasserebene nach außen (im Rechenbeispiel ist $p_{sw1} = p_{sw2} = p_{sw}$):

$$g_e = \frac{p_{sw2} - p_e}{1{,}5 \cdot 10^6 \cdot (s_{de} + 0{,}5 \cdot s_{dz})}$$

$$= \frac{1403 - 982}{1{,}5 \cdot 10^6 \cdot (0{,}70 + 0{,}5 \cdot 0{,}495)} = 2{,}962 \cdot 10^{-4}\ \frac{\text{kg}}{\text{m}^2\text{h}}$$

Das negative Vorzeichen von g_i drückt aus, dass der Diffusionsstrom vom Tauwasserbereich zum Innenraum hin gerichtet ist, die gesamte Verdunstung ergibt sich aus beiden Diffusionsströmen und einer (in DIN 4108 vorgeschlagenen) Verdunstungsdauer von 90 Tagen (2160 h) zu

$$m_{W,V} = 2160\,(g_i - g_e) = -1{,}190 \text{ kg/m}^2$$

wobei das negative Vorzeichen hier Verdunstung anzeigt, im Gegensatz zu Kondensation mit positivem $m_{W,T}$ (s. o.).

Die *Wandkonstruktion* ergibt sich also als nach DIN 4108 *nicht tauwasser-gefährdet*, da

- die maximal erlaubte Tauwassermenge von 1,0 kg/m² nicht überschritten wird und
- die Verdunstungsmenge (vom Betrag her) größer als die Tauwassermenge ist, also kein Wasser im Wandquerschnitt verbleibt.

Zur Verhinderung der Tauwasserbildung sollte ein Mindest-Wärmedurchlasswiderstand von

$$R_{min} = R_{si}\,\frac{\theta_i - \theta_e}{\theta_i - \theta_s} - (R_{si} + R_{se})$$

eingehalten werden. Dabei bedeutet θ_s die Taupunkttemperatur der Innenluft (s. auch Abschn. 15.5.6). Aus obiger Formel ergibt sich ein Höchst-U-Wert zur Vermeidung von Tauwasser von

$$U_{max} = \frac{\theta_i - \theta_s}{R_{si}\,(\theta_i - \theta_e)}$$

Schimmelpilzbildung. Es soll hier noch einmal (s. auch Abschn. 16.5.6.1) daran erinnert werden, dass Oberflächen-Tauwasser *keine* notwendige Bedingung für Schimmelpilzbildung auf Bauteiloberflächen ist. Bei porösen Materialien kann durch „Kapillarkondensation" schon flüssiges Wasser in geringen Mengen in den Poren entstehen und damit die Schimmelpilzbildung erlauben, wenn kaum mehr als 80 % relativer Feuchte auf der Bauteiloberfläche vorhanden sind; das ist – bei normalem Innenklima von $\theta_i = 20$ °C und $\phi_i = 50$ % – schon ab 12,6 °C Oberflächentemperatur möglich. Auch an Wärmebrücken (s. Abschn. 16.5.8) sollte diese Temperatur also schon deshalb nicht unterschritten werden. Für die Schimmelpilzentwicklung ist allerdings nicht nur ausreichende Feuchtigkeit notwendig, sondern auch genügend organische Nahrung (Staub. o. Ä.), eine nicht zu niedrige Lufttemperatur (oberhalb 15°) und eine ausreichend lange Zeit (über 1 Woche), in der diese Bedingungen vorhanden sein müssen. Die erste Schimmelpilzbildung tritt übrigens meist nicht in der kalten Jahreszeit, sondern in den feuchteren Übergangszeiten auf. Die höheren Außentemperaturen bei gleichzeit höherer absoluter Feuchte der Außenluft erfordern dann eine erhöhte Lüftungsrate zur Erzielung einer ausreichend niedrigen inneren Luftfeuchte (z. B. 50 %).

Eine ungünstige Feuchtesituation kann bedingt sein durch

- zu geringen Luftwechsel (z. B. nach einer Fenstererneuerung),
- zu hohe Feuchteproduktion (Duschen, Kochen, aber auch durch Zimmerpflanzen!)

Dem Architekten obliegt übrigens nach dem Einsatz neuer Fenster in einen Altbau eine Aufklärungspflicht gegenüber den Wohnungsnutzern über die meist danach notwendige erhöhte Lüftung.

Neben einer erhöhten Lüftung kann auch der Einsatz von kapillaraktiven, relativ schnell Feuchte aufnehmenden Oberflächen (offenporiges Holz, Putze, textile Wandbeläge ...) Luftfeuchte abbauen helfen und damit die Schimmelpilzbildung behindern.

16.5.7 Erfüllung der gesetzlichen Anforderungen an den Wärmeschutz

Forderungen an den Wärmeschutz von Gebäuden werden in DIN 4108-2: 2001-03 „Wärmeschutz im Hochbau" (s. Tab. **16**.52) und in der jeweils gültigen Wärmeschutzverordnung (jetzt: Energieeinsparverordnung) zum Energieeinsparungsgesetz formuliert.

16.5.7.1 Mindestanforderungen an den Wärmeschutz nach DIN 4108

Die Norm dient vorrangig der Vorbeugung gegen Bauschäden durch zu geringe Wärmedämmung, darüber hinaus sollen die erwähnten Vorschriften neben einem hygienischem Raumklima (Gesundheit der Bewohner) auch einen geringeren Energieverbrauch bei Heizung und Kühlung bewirken.

In DIN 4108-2, Abschn. 5 werden die Anforderungen nicht mehr in Form maximaler Wärmedurchgangskoeffizienten (k- bzw. U-Werte in W/m²K), sondern als Mindest-Wärmedurchlasswiderstände R (in m²K/W) angegeben, so wie es schon in älteren Normfassungen der Fall war. Die erhöhten Anforderungen gegenüber der alten Norm sind wesentlich durch die neueren Erkenntnisse bei der Schimmelpilzentstehung begründet (s. Abschn. 16.5.6).

In Tab. **16**.52 sind diese Anforderungswerte für Massivbauteile aufgeführt. Bei leichten Bauteilen (unter 100 kg/m² Flächenmasse) muss $R \geq 1{,}75$ m²K/W eingehalten werden, bei Rahmen und Skelettbauten in Gefachbereich, im Bauteilmittel jedoch nur $R \geq 1{,}0$ m²K/W.

16

Weitere Anforderungen betreffen

- Rollädenkästen (Deckel-Wärmedurchlasswiderstand $R \geq 0{,}55$ m²K/W);
- Rahmen nichttransparenter Ausfachungen (wenigstens Rahmenmaterialgruppe 2.1 nach DIN V 4108-4);
- nichttransparente Teile von Fensterwänden und Fenstertüren (müssen die Tabellenwerte der Tab. **16**.52 erfüllen bzw. bei weniger als 50 % Flächenanteil muss $R \geq 1{,}0$ m²K/W eingehalten werden);
- Gebäude mit niedrigen Innentemperaturen (12 ... 19 °C): Bei ihnen ist bei den Außenwänden nur der Wert $R \geq 0{,}55$ m²K/W einzuhalten;
- Wärmebrücken: Die Berechnung des Wärmedurchlasswiderstandes ist nach DIN EN ISO 10 211-1, E DIN EN ISO 10 211-2 bzw. DIN EN ISO 10 077-1 durchzuführen (s. Abschn. 16.5.8).

In Abschn. 5.3 der Norm werden darüber hinaus weitere Anweisungen für die Ausführung verschiedener Bauteile gegeben:

- Wände,
- Außenschalen bei Bauteilen mit Luftschicht,
- Bauteile mit Abdichtungen,
- Wärmedämmsysteme,
- oberste Geschossdecken,
- Fußböden und Bodenplatten,
- Umkehrdächer (Zuschlagwerte),
- Fassaden aus Pfosten-Riegel-Konstruktionen.

16.5.7.2 Anforderungen des Energieeinsparungssetzes und der Wärmeschutzverordnung

Das Energieeinsparungsgesetz selbst (EnEG vom 22.7.1976 mit Änderungen vom 20.6.1980) verlangt nur, dass bei neu zu errichtenden, aber auch bei an den Außenbauteilen wesentlich veränderten Gebäuden, der Wärmeschutz so zu gestalten ist, dass unnötige Heiz- und Kühlverluste (im Sommer bei raumlufttechnischen Anlagen zur Kühlung!) vermieden werden. Mit der Wärmeschutzverordnung (WSchV, ab 1.1.95 bis 31.1. 2002 gültig war die 3. Fassung vom 24.8.1994) und den zugehörigen Überwachungsvorschriften der Bundesländer sind dann auch – neben einer Zusammenstellung geforderter Werte – die Arten des Nach- weises für einen ausreichenden Wärmeschutz festgelegt worden. Die Anforderungen der DIN 4108 gelten weiterhin und werden wirksam, wenn sie (z. B. bei Einzelbauteilen) über die der Wärmeschutzverordnung hinausgehen.

Die gültige Wärmeschutzverordnung ist ab 1.2.2002 durch die Energieeinsparverordnung (EnEV) ersetzt werden. Da vermutlich zum Zeitpunkt der Herausgabe des vorliegenden Werkes aber noch die 3. Wärmeschutzverordnung gelten wird, wird diese auch noch behandelt werden müssen. Es werden hierbei dann noch die alten Symbole für die bauphysikalischen Größen verwendet werden. Die Grundlagen der EnEV werden anschließend besprochen, dabei finden die neuen Symbole Anwendung.

Die **Wärmeschutzverordnung** lässt zwei Möglichkeiten („Verfahren") zum Nachweis des gesetzlich ausreichenden Wärmeschutzes zu:

- Einhaltung bestimmter Werte des Jahres-Heizwärmebedarfs des Gebäudes in Abhängigkeit von *A/V*, dem Verhältnis der wärmeübertragenden Umfassungsfläche eines Gebäudes (*A*) zum hiervon eingeschlossenen Bauwerksvolumen (*V*) (Energiebilanzverfahren)

oder

- Einhaltung bestimmter Werte des Wärmedurchgangskoeffizienten für einzelne Außenbauteile bei kleinen Wohngebäuden mit bis zu zwei Vollgeschossen und nicht mehr als drei Wohneinheiten (Vereinfachtes Verfahren oder „Kurzverfahren").

16.5.7.3 Energiebilanzverfahren

Dieses Verfahren verlangt die Einhaltung bestimmter Werte für den auf das beheizte Bauwerksvolumen *V* oder die Gebäudenutzfläche *A/V* bezogenen Jahresheizwärmebedarf Q_H, der aus einer vereinfachenden Rechnung hervorgeht. Der Heizwärmebedarf wird bei Gebäuden mit normalen Innentemperaturen wie folgt ermittelt:

$$Q_H = 0{,}9 \cdot (Q_T + Q_L) - (Q_I + Q_S) \quad \text{in kWh/a}$$

Dabei bedeuten

- Q_T der Transmissionswärmebedarf in kWh/a; den durch den Wärmedurchgang durch die Außenbauteile verursachten Anteil des Jahres-Heizwärmebedarfs.
- Q_L der Lüftungsbedarf in kWh/a; den durch Erwärmung der gegen kalte Außenluft ausgetauschten Raumluft verursachten Anteil des Jahres-Heizwärmebedarfs.
- Q_I die internen Wärmegewinne in kWh/a; die normalerweise innerhalb des Gebäudes auftretenden nutzbaren Wärmegewinne (z. B. durch elektrische Geräte, Beleuchtung, Kochen, Wärmeabgabe der Bewohner).
- Q_S die solaren Wärmegewinne in kWh/a; die nutzbaren Wärmegewinne bei Sonnenenergieeintrahlung durch

Fenster und andere Glasflächen. Diese Wärmegewinne können schon im Transmissionswärmebedarf Berücksichtigung finden (s. „nutzbare solare Gewinne").

Der Faktor 0,9 berücksichtigt, dass Gebäude zeit- oder raumweise nicht beheizt werden („Teilbeheizungsfaktor"), z. B. durch Nachtabsenkung der Heiztemperaturen.

Transmissionswärme. Der Transmissionswärmebedarf Q_T (in kWh/a) wird wie folgt ermittelt:

$$Q_T = 84\,(k_W A_W + k_F A_F + 0{,}8\,k_D A_D + 0{,}5\,k_G A_G + 0{,}5\,k_{DL} A_{DL} + 0{,}5\,k_{AB} A_{AB})$$

wobei k_W, k_F, k_D, k_G, k_{DL} und k_{AB} die zu wählenden Wärmedurchgangskoeffizienten folgender, das beheizte Volumen umschließender Flächenanteile sind:

- A_W die Fläche der an die Außenluft grenzenden Wände, im ausgebauten Dachgeschoss auch die Fläche der Abseitenwände zum nicht wärmegedämmten Dachraum. Es gelten die Gebäudeaußenmaße. Gerechnet wird von der Oberkante Gelände oder, falls die unterste Decke über der Oberkante des Geländes liegt, von der Oberkante dieser Decke bis Oberkante der obersten Decke oder der Oberkante der wirksamen Dämmschicht.
- A_F die Fläche der Fenster, Fenstertüren, Türen und Dachfenster. Sie wird aus den lichten Rohbaumaßen ermittelt.
- A_D die wärmegedämmten Dach- oder Dachdeckenflächen.
- A_G die Grundfläche des Gebäudes, sofern sie nicht an die Außenluft grenzt. Gerechnet wird die Bodenfläche auf dem Erdreich oder bei unbeheizten Kellern die Kellerdecke. Werden Keller beheizt, sind in der Gebäudegrundfläche *AG* auch die erdberührten Wandflächenanteile zu berücksichtigen.
- A_{DL} die Deckenfläche, die das Gebäude nach unten gegen die Außenluft abgrenzt.
- A_{AB} die Flächen, die das Gebäude gegen Gebäudeteile mit wesentlich niedrigerer Raumtemperatur (z. B. Treppenräume, Lagerräume) abgrenzen. Diese besonderen Gebäudeteile werden bei der Ermittlung des Quotienten A/V nicht berücksichtigt.

Der Faktor

$$84\ \text{k h K/a} = 3500\ \text{K} \times \text{Tage/Jahr} \times 24\ \text{h/Tag} \times (1/1000)$$

enthält eine Heizgradtagszahl von 3500 Kd/a zur Beschreibung der mittleren heizklimatischen Verhältnisse in Deutschland (etwa dem Klima von Würzburg entsprechend) und Umrechnungsfaktoren, damit das Ergebnis in kWh/Jahr ausgegeben wird.

Wenn die solaren Wärmegewinne nicht getrennt (als Q_S), sondern schon im Transmissionswärmebedarf berücksichtigt werden sollen, muss der Wärmedurchgangskoeffizient k_F der Fenster durch den äquivalenten Wärmedurchgangskoeffizienten $k_{eq,F}$ ersetzt werden (s. u).

16

Lüftungswärme. Der Lüftungswärmebedarf Q_L wird bei normalen Gebäuden ohne mechanisch betriebene Lüftungsanlage wie folgt ermittelt:

$$Q_L = 0{,}34 \cdot \beta \cdot 84\,V_L = 22{,}85 \cdot V_L = 18{,}28 \cdot V \quad \text{in kWh/a}$$

dabei bedeuten

- β die Luftwechselzahl im Gebäude, die als Rechenwert mit 0,8 h^{-1} eingesetzt wird,
- V_L das anrechenbare Luftvolumen des Gebäudes, das näherungsweise mit 0,8 V angesetzt werden darf,
- 84 der oben erklärte Klimafaktor und
- 0,34 die spezifische Wärmekapazität der Luft, hier angegeben in Wh/m^3.

Bei Nutzung von mechanisch betriebenen Lüftungsanlagen sind veränderte Daten anzusetzen (s. WSchV Anlage 1).

Interne Wärmegewinne Q_I dürfen bis zu einem Höchstwert von

$Q_I = 8\,V$ (in kWh/a) bei Wohngebäuden und
$Q_I = 10\,V$ (in kWh/a) bei Büro- und Verwaltungsgebäuden (auch mit Lüftungsanlagen)

angerechnet werden.

Solare Wärmegewinne können, wenn sie nicht schon durch die Verwendung der äquivalenten *k*-Werte der Fenster ($k_{eq,F}$) berücksichtigt wurden, gesondert wie folgt berechnet werden:

$$Q_S = \sum_{i,j} 0{,}46\ I_j\, g_i\, A_{F,j,i} \quad \text{in } \frac{\text{kWh}}{\text{a}}$$

dabei bedeuten

I_j das himmelsrichtungsabhängige Strahlungsangebot:

I_{Nord} = 160 kWh/m^2a
$I_{Ost,West}$ = 275 kWh/m^2a
$I_{Süd}$ = 400 kWh/m^2a,

Diese Werte gelten bis zu einer Richtungsabweichung von 45°, in den Grenzfällen (NO, NW, SO und SW) gilt der jeweils kleinere *I*-Wert.

- g den Gesamtenergiedurchlassgrad der Verglasung (s. Abschn. 16.5.4.1) der i verschiedenen Fensterarten,
- $A_{F,j,i}$ die Fensterflächen der verschiedenen Fensterarten im den verschiedenen Orientierungen j (in m^2).

Der Faktor 0,46 setzt sich aus einem Verschattungsfaktor (0,9), einem Rahmenanteil-Faktor (0,7), dem Ausnutzungsgrad und einem Abminderungsfaktor für den Energiedurchgang (von je 0,85) zusammen. Mit ihm wird versucht, die unter idealen Bedingungen bestimmten (Mess-)Werte der anderen Größen zum wirklich nutzbaren solaren Wärmegewinn umzuformen.

Solare Wärmegewinne dürfen nur bis zu einem Fensterflächenanteil von 2/3 an einer Fassade berücksichtigt werden. Bei derartig großen Glasflächen müssen (außer bei Nordflächen oder ganztägig beschatteten Fenstern) jedoch schon ab 50 % Fensterflächenanteil Sonnenschutzeinrichtungen zur Vermeidung einer sommerlichen Gebäudeüberhitzung vorgesehen werden.

Äquivalente *k*-Werte. Die solaren Wärmegewinne werden in etwa gleicher Größe berücksichtigt, wenn statt der gesonderten Ermittlung von Q_S in den Transmissionswärmebedarf Q_T anstelle der üblichen k_F-Werte die entsprechenden äquivalenten k-Werte der Fenster eingesetzt werden:

$$k_{eq,F} = k_F - g \cdot S_F \quad \text{in W/m}^2\text{K}$$

Dabei ist S_F der Koeffizient für die himmelsrichtungsabhängigen Solargewinne mit den Werten

$$S_{FNord} = 0{,}95 \text{ W/m}^2\text{K}$$
$$SF_{Ost/West} = 1{,}65 \text{ W/m}^2\text{K}$$
$$S_{FSüd} = 2{,}40 \text{ W/m}^2\text{K}$$

Die Regelungen für die Orientierungen (s. o.) gelten auch hier.

Die äquivalenten Wärmedurchgangskoeffizienten $k_{eq,F}$ können direkt in die Berechnungsformel für Q_S eingesetzt werden, bei verschiedenen Fensterarten oder -orientierungen ist es aber möglich, sie zu einem Mittelwert $k_{m,eq,F}$ wie folgt zusammenzufassen und erst diesen Wert einzusetzen:

$$k_{m,eq,F} = \frac{1}{A_F} \sum_{i,j} k_{eq,F,i,j} \cdot A_{F,i,j} \quad \text{in } \frac{\text{W}}{\text{m}^2\text{K}}$$

Der **Nachweis des ausreichenden Wärmeschutzes** erfolgt über die Ermittlung des volumenbezogenen Jahres-Heizwärmebedarfs

$$Q'_H = Q_H/V \quad \text{(in kWh/m}^3\text{a)}$$

oder (nur bei Gebäuden bis 2,60 m lichte Raumhöhen) des nutzflächenbezogenen Jahres-Heizwärmebedarfs

$$Q''_H = Q_H/A_N \quad \text{(in kWh/m}^2\text{a)} \quad (\text{mit } A_N = 0{,}32\ V)$$

der die in Tab. **16**.65 angegebenen A/V-abhängigen Werte nicht überschreiten darf.

Bei der Erfüllung der Anforderungen der Wärmeschutzverordnung 1995 sind weitere Einzelheiten und Sonderrregelungen zu beachten. In Abschn. 16.5.7.3 sind einige von ihnen aufgeführt.

16.5.7.4 Vereinfachtes Nachweisverfahren (Kurzverfahren)

Da der Nachweis des gesetzlich ausreichenden Wärmeschutzes nach dem Energiebilanzverfahren wegen der evtl. umfangreichen Flächenberechnungen etwas aufwendig sein kann, reicht – bei kleinen Gebäuden mit bis zu zwei Vollgeschossen und nicht mehr als drei Wohneinheiten – der Nachweis, dass die Außenbauteile ausreichend kleine Wärmedurchgangskoeffizienten k besitzen, aus (s. Tab. **16**.66).

Tabelle **16**.65 Maximale Werte des auf das beheizte Bauwerksvolumen V oder die Gebäudenutzfläche A_N bezogenen Jahresheizwärmebedarfs in Abhängigkeit vom Verhältnis A/V

A/V in m^{-1}	Maximaler Jahres-Heizwärmebedarf Q'_H (bezogen auf V) in kWh/m³a	Q''_H (bezogen auf A_N) in kWh/m²a
≤ 0,2	17,3	54,0
0,3	19,0	59,4
0,4	20,7	64,8
0,5	22,5	70,2
0,6	24,2	75,6
0,7	35,9	81,1
0,8	27,7	86,5
0,9	29,4	91,9
1,0	31,1	97,3
≥ 1,05	32,0	100,0

Zwischenwerte sind nach folgenden Gleichungen zu ermitteln:

$$Q'_H = 13{,}82 + 17{,}32 \cdot (A/V)$$
bzw. $$Q''_H = 43{,}19 + 54{,}13 \cdot (A/V)$$

Tabelle **16**.66 Anforderungen an den Wärmedurchgangskoeffizienten für einzelne Außenbauteile bei zu errichtenden kleinen Gebäuden (Vereinfachtes Verfahren)

Bauteil	max. Wärmedurchgangskoeffizient k_{max} in W/m²K
Außenwände	$k_W \le 0{,}50$*)
Außen liegende Fenster und Fenstertüren und Dachfenster	$k_{m,eq,F} \le 0{,}70$
Decken unter nicht ausgebauten Dachräumen und Decken (einschließlich Dachschrägen), die Räume nach oben und unten gegen die Außenluft abgrenzen	$k_D \le 0{,}22$
Kellerdecken, Wände und Decken gegen unbeheizte Räume sowie Decken und Wände, die an das Erdreich grenzen	$k_G \le 0{,}35$

*) Die Anforderung gilt als erfüllt, wenn Mauerwerk in einer Wandstärke von 36,5 cm mit Baustoffen mit einer Wärmeleitfähigkeit von $\lambda \le 0{,}21$ W/mK ausgeführt wird.

16.5.7.5 Einige Sonderregelungen beim Nachweis eines ausreichenden Wärmeschutzes nach WSchV 95

Wegen der Vielzahl der Einzelregelungen in DIN 4108 und der Wärmeschutzverordnung kann hier nur auf einige besonders wichtige Regelungen und Sonderfälle bei neu zu errichtenden Gebäuden hingewiesen werden:

Gebäude mit niedrigen Innentemperaturen (12 bis 19 °C) und Gebäude für Sport- und Versammlungszwecke unterliegen besonderen Vorschriften (s. WSchV §§ 1 bis 7 und Anlage 2).

Bei aneinander gereihten Gebäuden (Reihenhäuser, Doppelhäuser) muss der Nachweis des ausreichenden Wärmeschutzes für jedes Gebäude einzeln geführt werden. Die Gebäudetrennwände werden dabei als nicht wärmedurchlässig (d. h. mit $k = 0$) angenommen und daher auch bei der Ermittlung der Gesamtaußenfläche A nicht berücksichtigt. Bei Gebäuden mit zwei Trennwänden (Reihenmittelhaus!) darf beim Nachweis nach dem Energiebilanzverfahren der mittlere Wärmedurchgangskoeffizient $k_{m,W+F} = (k_W A_W + k_F A_F)/(A_W + A_F)$ den Wert 1,0 W/m²K nicht überschreiten. Das gilt auch für gegeneinander versetzte Gebäude, wenn die anteiligen gemeinsamen Trennflächen 50 % oder mehr der Wandflächen betragen!

Außen liegende Türen mit Einfachverglasungen müssen mit einem Wärmedurchgangskoeffizienten von mindestens 5,2 W/m²K angesetzt werden.

Großflächige Verglasungen (z. B. Schaufenster) dürfen als Einfachverglasung ausgeführt werden (einzusetzender Mindestwert von k_F ebenfalls 5,2 W/m²K).

Bei **Flächenheizungen** darf der Wärmedurchgangskoeffizient der Bauteilschichten zwischen Heiz- und Außenfläche den Wert 0,35 W/m²K nicht überschreiten.

Heizkörpernischen dürfen keinen höheren *k*-Wert erhalten als die umgebenden Wandflächen.

Heizkörper vor Außenfenstern müssen nichtdemontierbare Abdeckungen an der Heizkörperrückseite mit einem k-Wert von höchstens 0,90 W/m²K erhalten. Bei den dahinter liegenden Fenstern muss $k_F \leq 1{,}50$ W/m²K sein.

Gekühlte („klimatisierte") Gebäude benötigen einen funktionsfähigen Sonnenschutz mit $(g_F \cdot f) \leq 0{,}25$.

Bei **nichtbeheizten Glasvorbauten** dürfen die *k*-Werte der dahinter liegenden Außenbauteile (Wände, Fenster, Türen) mit von der Verglasungsart abhängigen Faktoren abgemindert werden (WSchV Anl. 1.1.5.3).

16.5.7.6 Anforderungen bei der Altbausanierung

Beim erstmaligen Einbau oder Ersatz von Außenbauteilen schon bestehender Gebäude müssen nach der Wärmeschutzverordnung (Anlage 3, Tab. 1) bestimmte Wärmedurchgangskoeffizienten für die fertigen Bauteile eingehalten werden (Tab. **16**.67).

Als Ersatz von Flächen (im Sinne der A_D-, A_{DL}-, A_G- und A_{AB}-Flächen) wird schon angesehen, wenn z. B. die Dachhaut (einschließlich darunter liegender Schalungen) ersetzt wird, Plattenverkleidungen angebracht und Dämmschichten eingebaut werden. Diese Regelung muss schon angewandt werden, wenn 20 % eines Außenbauteils (bei Wänden und Fenstern in der zugehörigen Fassade) ersetzt werden.

Ausnahmeregelungen sind möglich, besonders auch bei Fachwerkgebäuden und Baudenkmalen.

Tabelle **16**.67 Anforderungen an den Wärmedurchgangskoeffizienten für einzelne Außenbauteile bei erstmaligem Einbau, Ersatz und Erneuerung der Bauteile

Bauteil	**max. Wärmedurchgangskoeffizient** *k* in W/m²K
Außenwände (massiv oder mit zusätzlicher Innendämmung)	$k_W \leq 0{,}50$*)
Außenwände mit Außendämmung oder/und Bekleidungen, Verschalungen und Vorsatzschalen	$k_W \leq 0{,}40$
(außen liegende) Fenster, Fenstertüren, Dachfenster	$k_F \leq 1{,}80$
Decken unter nicht ausgebauten Dachräumen und Decken (einschließlich Dachschrägen), die Räume nach unten oder oben gegen die Außenluft abgrenzen	$k_{D,DL} \leq 0{,}30$
Kellerdecken, Wände und Decken gegen unbeheizte Räume sowie Decken und Wände, die an das Erdreich grenzen	$k_G \leq 0{,}50$

*) Die Anforderung gilt als erfüllt, wenn Mauerwerk in einer Wandstärke von 36,5 cm mit Baustoffen mit einer Wärmeleitfähigkeit von $\lambda \leq 0{,}21$ W/m²K ausgeführt wird.

16

16.5.7.7 Einfaches Rechenbeispiel zum Nachweis des ausreichenden Wärmeschutzes

Flachdach-Bungalow, voll unterkellert, Keller unbeheizt (s. Bild **16**.68)

Aus den Architektenzeichnungen zu entnehmende Werte:

$A_{W+F} = 131{,}2\ m^2$

$A_{F,Nord} = 2{,}86\ m^2$; $A_{F,Ost} = 7{,}15\ m^2$; $A_{F,West} = 10{,}01\ m^2$

$A_{F,Süd} = 16{,}35\ m^2$

$A_W = 94{,}83\ m^2$

$A_D = A_G = 105{,}0\ m^2$

$A = 341{,}0\ m^2$

$V = 336{,}0\ m^2$

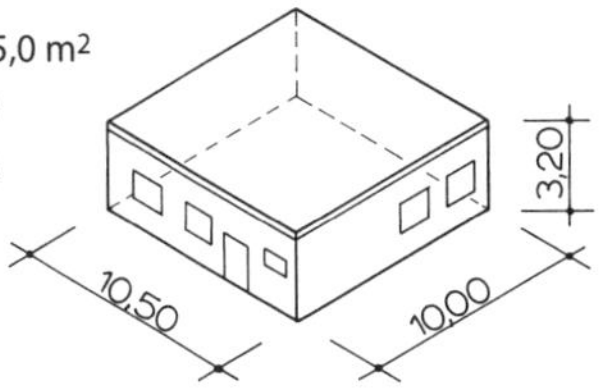

16.68 Bild zum Rechenbeispiel

gewählter Wandaufbau: Einschaliges Ziegelmauerwerk aus porosierten Leichthochlochziegeln, $\varrho = 800\ kg/m^3$, 24 cm, $\lambda = 0{,}21\ W/mK$, beidseitig mit Kalkzementputz versehen. Der Wärmedurchgangskoeffizient dieser Konstruktion ergibt sich zu $k_W = 0{,}74\ W/m^2K$.

gewählte Fenster: Holzfenster mit Wärmeschutzverglasung ($k_F = 1{,}70\ W/m^2K$; $g = 0{,}72$). Die äquivalenten k-Werte für die Himmelsrichtungen errechnen sich dann zu:

$$k_{eq,F,Nord} = 1{,}70 - 0{,}95 \cdot 0{,}72 = 1{,}016\ W/m^2K$$

$$k_{eq,F,Ost/West} = 1{,}70 - 1{,}65 \cdot 0{,}72 = 0{,}512\ W/m^2K$$

$$k_{eq,F,Süd} = 1{,}70 - 2{,}40 \cdot 0{,}72 = -0{,}028\ W/m^2K$$

der **Mittelwert** der äquivalenten k-Werte berechnet sich damit zu

$$k_{m,eq,F} = (1{,}02 \cdot 2{,}86 + 0{,}51 \cdot 17{,}16 - 0{,}03 \cdot 16{,}35)/36{,}37 = 0{,}31\ W/m^2K$$

gewählte Dachkonstruktion: Einschaliges Flachdach (Warmdach): Stahlbetondecke (16 cm) mit 12 cm Wärmedämmung aus PS-Extruderschaum (WLG 030) und Dachhaut, unterseitig mit Kalkzementputz versehen. Der Wärmedurchgangskoeffizient dieser Konstruktion ergibt sich zu $k_D = 0{,}24\ W/m^2K$.

gewählte Kellerdeckenkonstruktion: Stahlbetonplattendecke (16 cm) mit schwimmendem Estrich (3,5 cm Zementestrich auf Estrich-Dämmatte nach DIN 18 175, $1/\Lambda = 0{,}86\ m^2K/W$), unterseitig gedämmt mit 6 cm PS-Partikelschaumplatten (WLG 035). Der Wärmedurchgangskoeffizient ergibt sich zu $0{,}33\ W/m^2K$.

Nachweis nach dem Energiebilanzverfahren

$$Q_T = 84\,(0{,}74 \cdot 94{,}83 + 1{,}7 \cdot 36{,}37 + 0{,}8 \cdot 0{,}24 \cdot 105 + 0{,}5 \cdot 0{,}33 \cdot 105) = 14\,237\ kWh/a$$

$$Q_L = 22{,}85 \cdot 0{,}8 \cdot 336{,}0 = 6142\ kWh/a$$

$$Q_I = 8 \cdot 336{,}0 = 2688\ kWh/a$$

$$Q_S = 0{,}46\,(160 \cdot 0{,}72 \cdot 2{,}86 + 275 \cdot 0{,}72 \cdot 17{,}16 + 400 \cdot 0{,}72 \cdot 16{,}35) = 3881\ kWh/a$$

Damit ergibt sich der Jahres-Heizwärmebedarf zu

$$Q_H = 0{,}9\,(14237 + 6142) - (2688 + 3881) = 11\,772\ kWh/a$$

Der volumenbezogene Jahres-Heizwärmebedarf Q'_H berechnet sich dann zu

$$Q'_H = 11\,772/336{,}0 = 35{,}04\ kWh/m^3a$$

und der bei diesem Gebäude (mit Raumhöhen nicht größer als 2,60 m) auch anwendbare nutzflächenbezogene Jahres-Heizwärmebedarf ergibt sich als

$$Q''_H = 11\,769/(0{,}32 \cdot 336{,}0) = 109{,}49\ kWh/m^2a$$

Die zugehörigen Maximalwerte ergeben sich, da das Verhältnis $A/V = 341{,}0/336{,}0 = 1{,}015\ m^{-1}$ ist, zu:

$$Q'_{H,max} = 13{,}82 + 17{,}32 \cdot 1{,}015 = 31{,}40\ kWh/m^3a \text{ bzw.}$$

$$Q''_{H,max} = 43{,}19 + 54{,}13 \cdot 1{,}015 = 98{,}12\ kWh/m^2a$$

Da die errechneten Heizwärmebedarfswerte oberhalb der nach der Wärmeschutzverordnung 1995 erlaubten liegen, müssen – um ausreichend niedrigen Heizwärmebedarf zu erreichen – Änderungen an der Gebäudekonstruktion vorgenommen werden. Da die Wand einen erheblich über den Anforderungen des Kurzverfahrens ($k_W \leq 0{,}50$ bzw. $0{,}51\ W/m^2K$) liegenden k-Wert besitzen würde, wäre eine wärmedämmtechnische Verbesserung durch zusätzliche (Außen-)Dämmung oder Erhöhung der Wanddicke (z. B. auf 36,5 cm bei gleich bleibendem Wandbaustoff) angebracht. Letztere Verbesserung würde einen Wärmedurchgangskoeffizienten $k_W = 0{,}51\ W/m^2K$ bedeuten. Damit würde sich der Transmissionswärmebedarf errechnen zu

$$Q_T = 84\,(0{,}51 \cdot 94{,}83 + 1{,}7 \cdot 36{,}37 + 0{,}8 \cdot 0{,}24 \cdot 105 + 0{,}5 \cdot 0{,}33 \cdot 105) = 12\,405\ kWh/a$$

und es ergäbe sich damit der gesamte Heizwärmebedarf zu

$$Q_H = 0{,}9\,(12\,405 + 6142) - (2688 + 3881) = 10\,123\ kWh/a$$

Der volumenbezogene Jahres-Heizwärmebedarf Q'_H berechnete sich dann als

$$Q'_H = 10\,123/336{,}0 = 30{,}13\ kWh/m^3a$$

und der nutzflächenbezogene Wert wäre dementsprechend

$$Q''_H = 10\,123/(0{,}32 \cdot 336{,}0) = 94{,}15\ kWh/m^2a$$

Damit entsprächen die berechneten Werte des Heizwärmebedarfs den Anforderungen des Energiebilanzverfahrens der Wärmeschutzverordnung, da sie kleiner sind als die maximal erlaubten 31,40 kWh/m³a bzw. 98,12 kWh/m²a.

Würden die solaren Strahlungsgewinne nicht gesondert berechnet, sondern mit Hilfe der äquivalenten k-Werte der Fenster berücksichtigt, ergäben sich folgende Werte:

$$Q^*_T = 84\,(0{,}51 \cdot 94{,}83 + 0{,}31 \cdot 36{,}37 + 0{,}8 \cdot 0{,}24 \cdot 105 + 0{,}5 \cdot 0{,}33 \cdot 105) = 8158\ kWh/a$$

und damit der Heizwärmebedarf zu

$$Q_H = 0{,}9\,(8158 + 6142) - 2688 = 10\,182\ kWh/a$$

Die Abweichungen der 4. und 5. Ziffern gegenüber dem oben errechneten Wert von 10 123 kWh/m³a ergeben sich durch Rundungsfehler in den in der WSchV vorgegebenen Zahlenwerten!

Obwohl im berechneten Beispiel nun der Nachweis des ausreichenden Wärrneschutzes nach dem Energiebilanzverfahren der Wärmeschutzverordnung 1995 erbracht worden ist, soll zusätzlich eine Überprüfung durch das Kurzverfahren erfolgen (vgl. Tab. **16**.66):

Außenwand: k_W = W/m²K = 0,51 W/m²K ≤ 0,51 W/m²K, d. h. Teilanforderung erfüllt! (s. Fußnote in Tab. **16**.66)

Fenster: $k_{m,eq,F}$ = 0,31 W/m²K ≤ 0,70 W/m²K, d. h. Teilanforderung erfüllt!

Dach: k_D = 0,24 W/m²K **nicht** ≤ 0,22 W/m²K, d. h. Teilanforderung nicht erfüllt!

Kellerdecke: k_G = 0,33 W/m²K ≤ 0,35 W/m²K, d. h. Teilanforderung erfüllt!

Damit ergibt sich, dass die Anforderungen des Kurz- oder Bauteilverfahrens der Wärmeschutzverordnung nicht erfüllt sind. Da aber das Energiebilanzverfahren schon den ausreichenden Wärmeschutz nachgewiesen hat, entspricht das Gebäude der Wärmeschutzverordnung von 1995.

Kommentar: Das vereinfachte Verfahren (nur für kleinere Gebäude anwendbar!) stellt in der Regel die strengeren Anforderungen (Ausnahme: Außenwände!). Ein Ausgleich von immer noch relativ schlecht gedämmten Bauteilen (wie hier die Wandkonstruktion und das Dach) durch besonders gut gedämmte (hier: die Fenster) ist in diesem Verfahren nicht möglich. Eine knappe Erfüllung der Forderungen der Wärmeschutzverordnung nach dem Energiebilanzverfahren wird meist die *wirtschaftlichste* Lösung des Wärmeschutzes an einem Gebäude darstellen. Der *Rechenaufwand* bei Anwendung des vereinfachten Verfahrens ist dagegen meist weitaus geringer.

Anmerkung: Bei der Berechnung der zum Nachweis des ausreichenden Wärmeschutzes nach der Wärmeschutzverordnung 1995 notwendigen Teil-Heizwärmebedarfs Q werden sehr grob (mit 1 Ziffer) vorgegebene (multiplikative) Konstanten (wie bei Q_I) mit auf 4 Ziffern ‚genauen' Werte (wie bei Q_L) zusammen verwendet. Das Gesamtergebnis Q_H bzw. die daraus errechneten Größen Q''_H und Q'_H können natürlich nicht genauer sein als die ungenauesten in ihnen enthaltenen Größen. Bei allen vorliegenden Beispielrechnungen (auch der hier vorliegenden) sind also die Ergebnisse trotz der z. T. 5ziffrigen Zahlenwerte nur sehr grobe Abschätzungen des Heizwärmeverbrauchs.

Der Sinn einer solchen genauen Zahlenangabe liegt nur in der Möglichkeit des Vergleichs von verschiedenen Heizungswärmebedarfen, wie das auch beim Energiebilanzverfahren der Wärmeschutzverordnung 1995 durch den Vergleich mit vorgegebenen Maximalwerten geschieht.

Da die Umweltprobleme eng mit dem Energieverbrauch und damit auch dem Heizenergieverbrauch zusammenhängen, sollten Gebäude aus ökologischen Gründen heute noch erheblich stärker wärmegedämmt werden, als es die Wärmeschutzverordnung von 1995 vorschreibt. Die Anforderungen der neuen Energieeinsparverordnung EnEV entsprechen zwar nicht ganz den allgemein anerkannten Anforderungen an Niedrigenergiehäuser, können aber dennoch als Richtschnur für neu zu errichtende Gebäude dienen.

16

16.5.7.8 Grundzüge und Anforderungen der neuen Energieeinsparverordnung (EnEV) (gültig ab 1.2.2002)

Die Anforderungen an den Mindestwärmeschutz sind in der neuen DIN 4108-2: 2001-03 festgelegt. Diese Mindestanforderungen dienen der Vermeidung von Schäden und der Hygiene, aber nicht der heute geforderten CO_2-Minderung bzw. Energieeinsparung. Die EnEV wird in ihrer Auswirkung wohl knapp dem sog. „Niedrigenergie-Niveau" bei Gebäuden gerecht, stellt aber in keiner Weise den Stand der heute möglichen Heizenergieeinsparung dar. Ökonomische Erwägungen sind die Hauptursache dafür, dass keine weiteren Schritte in Richtung Passivhausniveau gegangen wurden.

Im Gegensatz zur Wärmeschutzverordnung von 1995 sind in der EnEV nicht mehr alle Rechenvorschriften zur Ermittlung der wärmeschutztechnischen Größen enthalten. Im Gegenteil, es müssen viele Normblätter zu Hilfe genommen werden, wenn die *ausführlichen* Berechnungen durchgeführt werden sollen:

An dieser Stelle muss kritisch angemerkt werden, dass der Rechenaufwand zum Nachweis des ausreichenden Wärmeschutzes eines Gebäudes nach EnEV gegenüber dem Aufwand zum Nachweis nach WSchV stark steigen wird. Ein einfaches Bauteilverfahren gibt es für neu zuerrichtende Gebäude nicht mehr. Das ausführliche Verfahren („Monatsbilanzverfahren") wird sich nur mit Computerhilfe durchführen lassen, das vereinfachte Verfahren („Heizperiodenbilanzverfahren") ist immer noch aufwändiger als das bisherige Energiebilanzverfahren der Wärmeschutzverordnung 95, da der Prozess der Wärmeerzeugung und -verteilung in die Rechnungen einbezogen werden muss. Es darf bezweifelt werden, dass eine effektive Kontrolle der Rechnungen und besonders der Bauausführung erfolgen wird. Die für die Berechnungen notwendigen Normen sind z. T. bisher nur als Entwurfsfassungen (E DIN) oder Normenvorschläge (DIN V) verfügbar. Änderungen in diesen Normen können erwartet werden.

Einige Begriffe der Energieeinsparverordnung (s. auch DIN V 4701-10; 3)

- **Primärenergie:** Die im Energieträger („Brennstoff") enthaltene nutzbare Energie.
- **Jahres-Primärenergiebedarf Q_p:** Energiemenge zur Deckung des Jahresheizenergiebedarfs Q_H und des Trinkwasserwärmebedarfs Q_W; sie enthält auch die Energiemengen, die bei der Gewinnung, Umwandlung und Verteilung dieser Energien benötigt werden.
- **Jahres-Heizenergiebedarf Q_H:** Energie, die dem Heizsystem zugeführt werden muss, um die Heizwärme zu erzeugen. Im Unterschied zum nach der WSchV 1995 zu berechnenden jährlichen Heiz*wärme*bedarf Q_h enthält der jährliche Heiz*energie*bedarf also auch die Energiemengen, die bei der Erzeugung und Verteilung der Heizwärme und des Warmwassers *im Gebäude* benötigt werden und in die Umwelt verloren gehen.
- **Trinkwasserwärme- und Trinkwasserenergiebedarf:** Die zur Erwärmung nötige Wärmemenge bzw. die (größere) Energiemenge, die dem Erwärmungssystem zugeführt werden muss.
- **Aufwandszahlen e:** Verhältnis von Energieaufwand zur Nutzenergie (Bedarf) in einem Energiesystem (in der Regel ist $e > 1$); entspricht etwa dem Kehrwert des Wirkungsgrades eines Systems.

Tabelle **16**.69 Höchstwerte des auf die Gebäudenutzfläche und des auf das beheizte Gebäudevolumen bezogenen Jahres-Primärenergiebedarfs und des spezifischen, auf die wärmeübertragende Umfassungsfläche bezogenen Transmissionswärmeverlusts in Abhängigkeit vom Verhältnis A/V_e (EnEV, Anh. 1, Tab. 1)

Verhältnis A/V_e	Jahres-Primärenergiebedarf Q''_p in kWh/(m²·a) bezogen auf die Gebäudenutzfläche: Wohngebäude außer solchen nach Spalte 3	Jahres-Primärenergiebedarf Q''_p in kWh/(m²·a) bezogen auf die Gebäudenutzfläche: Wohngebäude mit überwiegender Warmwasserbereitung aus elektrischem Strom	Jahres-Primärenergiebedarf Q''_p in kWh/(m³·a) bezogen auf das beheizte Gebäudevolumen: andere Gebäude	Spezifischer, auf die wärmeübertragende Umfassungsfläche bezogener Transmissionswärmeverlust H'_T in W/(m²·K): Nichtwohngebäude mit einem Fensterflächenanteil ≤ 30 % und Wohngebäude	Spezifischer, auf die wärmeübertragende Umfassungsfläche bezogener Transmissionswärmeverlust H'_T in W/(m²·K): Nichtwohngebäude mit einem Fensterflächenanteil > 30 %
1	2	3	4	5	6
≤ 0,2	66,00 + 2600/(100 + A_N)	88,00	14,72	1,05	1,55
0,3	73,53 + 2600/(100 + A_N)	95,53	17,13	0,80	1,15
0,4	81,06 + 2600/(100 + A_N)	103,06	19,54	0,68	0,95
0,5	88,58 + 2600/(100 + A_N)	110,58	21,95	0,60	0,83
0,6	96,11 + 2600/(100 + A_N)	118,11	24,36	0,55	0,75
0,7	103,64 + 2600/(100 + A_N)	125,64	26,77	0,51	0,69
0,8	111,17 + 2600/(100 + A_N)	133,17	29,18	0,49	0,65
0,9	118,70 + 2600/(100 + A_N)	140,70	31,59	0,47	0,62
1	126,23 + 2600/(100 + A_N)	148,23	34,00	0,45	0,59
≥ 1,05	130,00 + 2600/(100 + A_N)	152,00	35,21	0,44	0,58

1.2 Zwischenwerte zu Tabelle 1

Zwischenwerte zu den in Tabelle 1 festgelegten Höchstwerten sind nach folgenden Gleichungen zu ermitteln:

Spalte 2 $Q''_p = 50{,}94 + 75{,}29 \cdot A/V_e + 2600/(100 + A_N)$ in kWh/(m²·a)

Spalte 3 $Q''_p = 72{,}94 + 75{,}29 \cdot A/V_e$ in kWh/(m²·a)

Spalte 4 $Q'_p = 9{,}9 + 24{,}1 \cdot A/V_e$ in kWh/(m³·a)

Spalte 5 $H'_T = 0{,}3 + 0{,}15/(A/V_e)$ in W/(m²·K)

Spalte 6 $H'_T = 0{,}35 + 0{,}24/(A/V_e)$ in W/(m²·K)

- **Anlagenaufwandszahl e_p:** Verhältnis der von der Anlagentechnik aufgenommen Primärenergie zur von ihr abgegebenen Nutzwärme; sie wird nach DIN 4701-10 ermittelt.
- **Nutzenergie(bedarf):** Energie, die vom Heizsystem abgegeben werden muss, um den Heizwärme- und den Trinkwasser-Wärmebedarf zu decken.
- **Nutzfläche A_N:** In der EnEV festgelegt als $A_N = 0{,}32\ V_e$ (wie in WSchV 95!).

Übersicht über die Anforderungen und Verfahren der EnEV

Bei Neubauten muss der voraussichtliche jährliche Primärenergiebedarf (s. Tab. **16**.69), der rechnerisch bestimmt wird, unter einem vom A/V_e-Verhältnis liegenden Maximalwert gehalten werden. Als Nebenanforderung dürfen bestimmt „spezifische Transmissionswärmeverluste" (H'_T in W/m²K, wiederum in Abhängigkeit von A/V_e) nicht überschritten werden.

V_e ist dabei die neue Bezeichnung für das von der wärmedurchlässigen Umfassungsfläche eingeschlossene Gebäudevolumen. Hierbei sei angemerkt, dass entgegen der üblichen Begriffsdefinition, dass berechnete Zahlenwerte für Energiegrößen als -bedarf, gemessene als -verlust bezeichnet werden sollen, hier aber der *berechnete* Wert „spezifischer Transmissionswärme*verlust*" genannt wird.

Die Berechnung des Transmissionswärmeverlustes und des Heizwärmebedarfs erfolgt grundsätzlich bei allen Gebäudearten mit dem

Monatsbilanzverfahren der DIN EN 832 bzw. DIN V 4108-6: 2000. Für diese Berechnungen haben fast alle Baustoffverbände Rechenprogramme entwickeln lassen, deren Benutzung empfohlen wird.

Für Wohngebäude mit max. 30 % Fensterflächenanteil darf alternativ das einfachere Heizperiodenbilanzverfahren verwendet werden. Dieses Verfahren wird ausführlicher in Abschn. 16.5.7.9 vorgestellt und an Hand eines Rechenbeispiels (Abschn.16.5.7.10) gezeigt, dass eine darauf beruhende Berechnung nur unwesentlich schwieriger durchzuführen ist als beim Energiebilanzverfahren der WSchV 95.

Ergänzend sei hier bemerkt, dass neben dem in der EnEV beschriebenen Heizperiodenbilanzverfahren auch das etwas abweichende der DIN 4108-6 mit den Randbedingungen der EnEV verwendet werden kann, so dass insgesamt 3 Nachweisverfahren zur Verfügung stehen. In Abschn. 16.5.9 wird nur das erstere Verfahren beschrieben und im Rechenbeispiel verwendet.

Die Berechnung des End- und Primärenergiebedarfs erfolgt jeweils mittels DIN V 4701-10: 2001-02, wobei ein dort in Anhang C angegebenes tabellarisches („Tabellenverfahren") oder graphisches Verfahren („Diagrammverfahren") mit verwendet werden darf.

Wärmebrücken können in der EnEV mit 3 alternativen Möglichkeiten Berücksichtigung finden:

1. durch Pauschalzuschlag von 0,10 W/m²K auf den mittleren *U*-Wert von 0,10 W/m²K, wenn kein Nachweis der Wärmebrücken geführt werden soll;
2. durch einen Pauschalzuschlag von 0,05 W/m²K, wenn Bauteilanschlüsse wärmebrückenarm nach den Planungsbeispielen der DIN 4108 Bbl. 2: 1998-08 ausgeführt werden;
3. durch Einbeziehung der Wärmeverluste durch die Wärmebrücken in den Transmissionswärmebedarf nach DIN V 4108-6: 2000-11, DIN EN 10 211-1: 1995 und DIN EN 10 211-2: 2000: entweder mit Hilfe eines Rechenprogramms, das diese Verluste explizit bestimmt, oder mit Hilfe der Wärmebrückenkataloge, die übliche Wärmebrücken mit den Verlustdaten (z. B. Ψ-Werte, s. Abschn. 16.5.8) enthalten.

16

Die letztgenannte Möglichkeit ergibt die Möglichkeit, besonders ökonomisch zu dämmen, wenn die Anforderungen EnEV gerade erfüllt werden sollen. Die unter 1. erwähnte Möglichkeit erfordert in der Regel recht dicke Dämmschichten, um den hohen Wärmebrückenzuschlag zu kompensieren.

Eine erhöhte **Luftdichtheit** wird für neu zu errichtende Gebäude dann gefordert, wenn raumlufttechnische Anlagen vorgesehen sind: Der (üblicherweise mit dem Blower-Door-Verfahren gemessene) n_{50}-Wert darf dann 1,5 h^{-1} nicht überschreiten. Eine derartige Luftdichtheit eines Gebäudes erfordert eine handwerklich sorgfältige Arbeit bei der Fugenabdichtung. Die Ausführung luftdichter Anschlüsse wird in DIN 4108-7: 2001-08; 6 beschrieben!

Für Wohngebäude wird in der EnEV ein Nachweis noch nicht obligatorisch vorgeschrieben. Bei einem Nachweis von $n_{50} \leq 3{,}0$ h^{-1} darf jedoch ein verringerter Lüftungsverlust in die Heizwärmeverlustrechnung eingesetzt werden (s. Tab. **16**.72).

Einige **Sonderregelungen**, die beachtet werden müssen:

Gebäude mit niedrigen Innentemperaturen (12 bis 19 °C), Betriebsgebäude, unterirdische Bauten, Unterglasanlagen u. Ä. unterliegen besonderen Vorschriften (s. EnEV §§ 1+2, 4).

Gebäude, die mit erneuerbaren Energien beheizt werden unterliegen nicht der Begrenzung der Jahres-Primärenergiebedarfs.

Gebäude mit Einzelfeuerstätten müssen stärker gedämmt werden, damit der spezifische Transmissionsverlust 76 % des Höchstwertes für normalbeheizte Gebäude nicht überschreitet.

Gebäude mit geringem Volumen ($V_e \leq 100$ m³) werden wie Gebäude mit niedrigen Innentemperaturen behandelt. Die wärmedurchlässigen Außenbauteile müssen zusätzlich die Bedingungen, die für die Altbauerneuerung gelten, erfüllen (s. Tab. **16**.71).

Gebäudeteile dürfen wie gesonderte Gebäude behandelt werden, insbesondere dann, wenn sie sich hinsichtlich der Nutzung, der Innentemperatur oder des Fensterflächenanteils unterscheiden.

Baudenkmäler und andere erhaltenswerte Bauten können auf Antrag von den Regelungen der EnEV ausgenommen werden.

Ein- und Zweifamilienhäusern mit Niedertemperaturkesseln dürfen bei monolithischen Außenwandkonstruktionen den nach Tab. **16**.69 zulässigen flächenbezogenen Jahres-Primärenergiebedarf Q_P'' um 3 % überschreiten (Sonderregelung für 5 Jahre!)

Bei **aneinander gereihten Gebäuden** (Reihenhäuser, Doppelhäuser) muss der Nachweis des ausreichenden Wärmeschutzes für jedes Gebäude einzeln geführt werden. Die Gebäudetrennwände werden dabei als nicht wärmedurchlässig (d. h. mit $U = 0$) angenommen und daher auch bei der Ermittlung von A und A/V_e nicht berücksichtigt.

Gebäude mit einem Fensterflächenanteil größer als 30 % müssen einen ausreichend großen sommerlichen Wärmeschutz erhalten. Das gilt als gesichert, wenn die in DIN 4108-2, Abschn. 8 festgelegten Sonneneintragswerte eingehalten werden (s. Abschn. 16.5.4). Bei gekühlten Gebäuden muss die Kühlung mit einer nach dem Stand der Technik möglichst geringen Kühlleistung erfolgen.

Gebäude mit mechanisch betriebenen Lüftungsanlagen müssen eine erhöhte Luftdichtheit besitzen, die durch einen Messwertert $n_{50} \leq 1{,}5$ h^{-1} nachgewiesen wird.

Die **Randbedingungen** für die Berechnungen (z. B. Raumsolltemperatur 19 °C, Heizgrenze bei 10 °C Außentemperatur) sind leider so gewählt worden, dass der berechnete Energiebedarf meist weit unter dem voraussichtlichen Energieverbrauch liegen und die Erwartungen auf einen niedrigen Verbrauch also im Regelfall nicht erfüllt werden.

Die EnEV wird auch deshalb nicht die geplanten Energieeinsparungen (gegenüber der WSchV 95) bei Neubauten bringen. Statt der vorgesehenen 30 % werden nur zwischen 5 und 25 % Einsparung erreicht werden, in bestimmten Fällen ist sogar die Unterschreitung der maximalen Bedarfswerte der Wärmeschutzverordnung 1995 möglich [15].

Weitere Anforderungen (auf die hier nicht weiter eingegangen wird) werden gestellt an

- die **Fugendurchlässigkeit** von Fenstern und Fenstertüren (s. Tab. **16**.70),
- die **Gebäudedichtheit** (n_{50}-Wert, s. Abschn. 16.5.2, und EnEV Anh. 4),
- den **Mindestluftwechsel und die Lüftungseinrichtungen** (s. EnEV, Anh. 4),
- die **technische Gebäudeausrüstung**,
- die **Verwendung von Wärmerückgewinnungsanlagen** und ihre Berücksichtigung bei den Berechnungen,
- die **Dämmung von Warmwasser- und Wärmeverteilungsleitungen** (EnEV, Anh. 5)

Bei der **Altbauerneuerung** („Maßnahmen im Gebäudebestand") sind – wie bisher – bestimmte *U*-Werte (bisher: *k*-Werte) bei den zu erneuernden Bauteilen einzuhalten, so dass dabei keine Rechenprobleme auftreten sollten (s. Tabelle **16**.71). Eine Verschärfung der Bestimmungen ist nicht in allen Fällen (z. B. beim Steildach) erfolgt. Alternativ zu diesem Bauteilverfahren kann auch der Primärenergiebedarf und Transmissionswärmebedarf nach den Neubauverfahren berechnet werden. Der Primärenergiebedarf und der spezifische Transmissionswärmebedarf dürfen dabei die erforderlichen Neubauwerte um 40 % überschreiten.

Tabelle **16**.70 Klassen der Fugendurchlässigkeit von außenliegenden Fenstern, Fenstertüren und Dachflächenfenstern

Zeile	Anzahl der Vollgeschosse des Gebäudes	Klasse der Fugendurchlässigkeit nach DIN EN 12 207-1:2000-06
1	bis zu 2	2
2	mehr als 2	3

Außenbauteile dürfen bei der Veränderung nicht energetisch verschlechtert werden, das gleiche gilt für alle technischen Anlagen.

Die Voraussetzungen dafür, wann eine Erneuerungsmaßnahme den Bedingungen der EnEV entsprechen muss, sind gegenüber der WSchV 95 erheblich schärfer gefasst und ausgeweitet worden (s. EnEV, Anh. 3), so dass hier nur einige Bedingungen genannt werden können, bei deren Erfüllung bei den entsprechenden Bauteilen die in Tab. **16**.71 aufgeführten Wärmedurchgangskoeffizienten eingehalten werden müssen:

- Ersatz von Außenwänden,
- Anbringung von Dämmschichten und Bekleidungen,
- Außenputzerneuerung bei Außenwänden mit $U > 0{,}9$ W/m²K,
- Ausfachungserneuerung bei Fachwerkwänden,
- Erneuerung von Fenstern oder Verglasungen,
- Erneuerung von Außentüren ($U \leq 2{,}9$ W/m²K),
- Erneuerung von Dächern und Decken unter nicht ausgebauten Dachräumen,
- Erneuerung der Dachhaut,
- Veränderung der inneren Bekleidungen unter Dächern,
- Einbau von Dämmschichten unter Dächern,
- Erneuerung und Veränderung von Wänden oder Decken gegen Erdreich oder unbeheizte Räume.
- Für die Einhaltung der Werte der Tab. **16**.71 gilt die „20-%-Regelung", d. h. wenn weniger als 20 % der Bauteilflächen erneuert werden, müssen die entsprechenden *U*-Werte nicht eingehalten werden.

Ein **Energiebedarfausweis** (EnEV § 13) muss für alle Neubauten und Altbauten mit wesentlichen Änderungen ausgestellt werden. Er muss enthalten

- die spezifischen Transmissionswärmeverluste H'_T,
- die Anlagen-Aufwandszahl für Heizung, Warmwasserbereitung und Lüftung,
- den Endenergiebedarf (mit Angaben über die Energieträger),
- den Jahres-Primärenergiebedarf.

Nachrüstverpflichtungen (EnEV § 9) werden eingeführt:

Tabelle **16**.71 Höchstwerte der Wärmedurchgangskoeffizienten U bei erstmaligem Einbau, Ersatz und Erneuerung von Bauteilen

Zeile	Bauteil	Maßnahme nach	Gebäude nach § 1 Abs. 1 Nr. 1	Gebäude nach § 1 Abs. 1 Nr. 2
			maximaler Wärmedurchgangskoeffizient U_{max} [1)] in W/(m² · K)	
	1	2	3	4
1 a)	Außenwände	allgemein	0,45	0,75
b)		Nr. 1 b), d) und e)	0,35	0,75
2 a)	Außen liegende Fenster, Fenstertüren, Dachflächenfenster	Nr. 2 a) und b)	1,7 [2)]	2,8 [2)]
b)	Verglasungen	Nr. 2 c)	1,5 [3)]	keine Anforderung
c)	Vorhangfassaden	allgemein	1,9 [4)]	3,0 [4)]
3 a)	Außen liegende Fenster, Fenstertüren, Dachflächenfenster mit Sonderverglasungen	Nr. 2 a) und b)	2,0 [2)]	2,8 [2)]
b)	Sonderverglasungen	Nr. 2 c)	1,6 [3)]	keine Anforderung
c)	Vorhangfassaden mit Sonderverglasungen	Nr. 6 Satz 2	2,3 [4)]	3,0 [4)]
4 a)	Decken, Dächer und Dachschrägen	Nr. 4.1	0,30	0,40
b)	Dächer	Nr. 4.2	0,25	0,40
5 a)	Decken und Wände gegen unbeheizte Räume oder Erdreich	Nr. 5 b) und e)	0,40	keine Anforderung
b)		Nr. 5 a), c), d) und f)	0,50	keine Anforderung

[1)] Wärmedurchgangskoeffizient des Bauteils unter Berücksichtigung der neuen und der vorhandenen Bauteilschichten; für die Berechnung opaker Bauteile ist DIN EN ISO 6946: 1996-11 zu verwenden.

[2)] Wärmedurchgangskoeffizient des Fensters; er ist technischen Produkt-Spezifikationen zu entnehmen oder nach DIN EN ISO 10 077-1: 2000-11 zu ermitteln.

[3)] Wärmedurchgangskoeffizient der Verglasung; er ist technischen Produkt-Spezifikationen zu entnehmen oder nach DIN EN 673: 1999-1 zu ermitteln.

[4)] Wärmedurchgangskoeffizient der Vorhangfassade; er ist nach anerkannten Regeln der Technik zu ermitteln.

- Dämmung ($U_D \leq 0{,}30$ W/m²K) zugänglicher, aber nicht begehbarer oberster Geschossdecken (bis zum 31.12.2005);
- Einbau von Niedertemperatur- oder Brennwertkesseln, falls der vorhandene Heizkessel vor dem 1.10.1978 in Betrieb genommen wurde (bis zum 31.12.2006 bzw. 31.12.2008);
- Dämmung ungedämmter und zugänglicher Wärmeverteilung- und Warmwasserleitungen in unbeheizten Räumen (bis zum 31.12.2005).

Wie schon erwähnt, enthält die EnEV nicht mehr alle für die Berechnungen notwendigen Grundlagen (Formeln, Zahlenwerte usw.). Für die Berechnung des Heizwärmebedarfs Q_h und des Heizenergiebedarfs Q_H liegt z. Z. nur der Norm*vorschlag* DIN V 4108-6: 2000-11 vor. Dabei kann dann – ausführliches Verfahren, nur mit Computerhilfe durchführbar – mit „Monatsbilanzierung" oder – vereinfachtes Verfahren – mit der aus der WSchV bekannten, aber stark modifizierten Heizperiodenbilanzierung gearbeitet werden.

Durch die Einbeziehung der Wärmeerzeugung und Wärmeverteilung, sowie der Warmwassererzeugung in die Berechnungen ist es möglich, Schwächen der Wärmedämmung eines Gebäudes durch eine effektive Anlagentechnik auszugleichen und umgekehrt. Sicherlich ist das ein Anreiz für den Einsatz optimierter Heizungs- und Warmwasserbereitungssysteme.

Im Gegensatz zu der bisher geübten Praxis, die Wärmeschutzberechnungen erst nach Beendigung des Entwurfes durchzuführen und danach nur kleine notwendige Korrekturen beim Wärmeschutz zuzulassen, kann wegen der Komplexheit der neuen Energieeinsparverordnung – die bauliche und anlagentechnische Komponenten enthält – nur empfohlen werden, in einem frühen Entwurfsstadium die EnEV zu berücksichtigen durch

- Einplanung einer sehr guten Wärmedämmung aller Außenbauteile,
- Wahl eines optimierten Heizungs- und Warmwassersystems,
- Vermeidung schwierig zu dämmender und zu dichtender Bauteilanschlüsse,
- Beachtung der Probleme der sommerlichen Raumüberhitzung.

16.5.7.9 Vereinfachtes Verfahren für Wohngebäude (mit Rechenbeispiel) (nach EnEV Anh. 1, Nr. 3 bzw. DIN V 4108-6: 2000, Anh. D)

Die Berechnung des Jahres-Primärenergiebedarfs ist nach dem Monatsbilanzverfahren so aufwändig, dass dabei mit einem Rechenprogramm gearbeitet werden muss [z. B. 16, 17, 18, 19]. Ausführlicher wird deshalb hier nur das einfachere Heizperioden-Bilanzverfahren behandelt, das notfalls auch mit einem Taschenrechner bearbeitet werden kann.

Der Jahres-Primärenergiebedarf ist dann wie folgt zu ermitteln:

$$Q_p = (Q_h + Q_W) \cdot e_p$$

Tabelle **16**.72 Vereinfachtes Verfahren zur Ermittlung des Jahres-Heizwärmebedarfs (aus EnEV, Anh. 1, Tab. 2)

Zeile	Zu ermittelnde Größe	Gleichung	Zu verwendende Randbedingung
	1	2	3
1	Jahres-Heizwärmebedarf Q_h	$Q_h = 66\,(H_T + H_V) - 0{,}95\,(Q_s + Q_i)$	
2	Spezifischer Transmissionswärmeverlust H_T	$H_T = \sum (F_{xi}\, U_i\, A_i) + 0{,}05\, A$ 1)	Temperatur-Korrekturfaktoren F_{xi} nach Tabelle **16**.73
	bezogen auf die wärmeübertragende Umfassungsfläche	$H'_T = \frac{H_T}{A}$	
3	Spezifischer Lüftungswärmewärmeverlust H_V	$H_V = 0{,}19\, V_e$	ohne Dichtheitsprüfung nach Anhang 4 Nr. 2
		$H_V = 0{,}163\, V_e$	mit Dichtheitsprüfung nach Anhang 4 Nr. 2
4	Solare Gewinne Q_S	$Q_S = \sum (I_s)_{j,HP} \sum 0{,}567\, g_i\, A_i$ 2)	Solare Einstrahlung: Orientierung – $\sum (I_S)_{j,HP}$ Südost bis Südwest – 270 kWh/(m² a) Nordwest bis Nordost – 100 kWh/(m² a) übrige Richtungen – 155 kWh/(m² a) Dachflächenfenster mit Neigungen < 30° 3) – 225 kWh/(m² a) Die Fläche der Fenster A_i mit der Orientierung j (Süd, West, Ost, Nord und horizontal) ist nach den lichten Fassadenöffnungsmaßen zu ermitteln.
5	Interne Gewinne Q_i	$Q_i = 22\, A_N$	A_N: Gebäudenutzfläche nach Nr. 1.3.4

1) Die Wärmedurchgangskoeffizienten der Bauteile U_i sind nach DIN EN ISO 6946: 1996-11 und nach DIN EN ISO 10 077-1: 2000-11 zu ermitteln oder sind technischen Produkt-Spezifikationen (z. B. für Dachflächenfenster) zu entnehmen. Bei an das Erdreich grenzenden Bauteilen ist der äußere Wärmeübergangswiderstand gleich Null zu setzen.

2) Der Gesamtenergiedurchlassgrad g_i (für senkrechte Einstrahlung) ist technischen Produkt-Spezifikationen zu entnehmen oder nach DIN EN 410: 1998-12 zu ermitteln. Besondere energiegewinnende Systeme, wie z. B. Wintergärten oder transparente Wärmedämmung, können im vereinfachten Verfahren keine Berücksichtigung finden.

3) Dachflächenfenster mit Neigungen ≥ 30° sind hinsichtlich der Orientierung wie senkrechte Fenster zu behandeln.

dabei bedeuten

Q_h der Jahres-Heizwärmebedarf (s. Tab. **16**.72 + **16**.73)

$Q_W = 12{,}5\, A_N$ der Nutz-Wärmebedarf für die Erzeugung des Warmwassers (Trinkwasserwärmebedarf) (s. EnEV, Anh. 1, 2.2 und DIN V 4701-10, 4.2.2)

e_p die Anlagen-Aufwandszahl nach DIN V 4701-10: 2001-02

Der Jahres-Heizwärmebedarf ist nach den Tabellen **16**.72 und **16**.73 zu ermitteln.

Die Anlagen-Aufwandszahl e_p (nach DIN V 4701: 2001-02) wird am einfachsten nach dem in dieser DIN enthaltenen graphischen Verfahren (Anhang C.5) bestimmt. Die ausführlicheren Rechengänge dieser Norm dürfen natürlich auch angewandt werden.

In DIN V 4701-10, C.5 sind für 6 verschiedene Heizungs- und Trinkwassererwärmungs-Anlagen Diagramme und Tabellen enthalten, die e_p in Abhängigkeit von der beheizten Nutzfläche A_N (nach EnEV)

$$A_N = 0{,}32\, V_e$$

darstellen. Hier seien nur Diagramm und Tabelle für den Fall „Niedertemperatur-Kessel mit gebäudezentraler Trinkwassererwärmung" angegeben: Der Parameter q_h (fälschlich hier auch q_H geschrieben) ist der spezifische, auf den Quadratmeter Nutzfläche bezogene Jahres-Heiz*wärme*bedarf

$$q_H = Q_h / A_N \quad \text{in kWh/(m}^2\text{a)}$$

Tabelle **16**.73 Temperatur-Korrekturfaktoren F_{xi} (aus EnEV, Anh. 1, Tab. 3)

Wärmestrom nach außen über Bauteil i	Temperatur-Korrekturfaktor F_{xi}
Außenwand, Fenster	1
Dach (als Systemgrenze)	1
Oberste Geschossdecke (Dachraum nicht ausgebaut)	0,8
Abseitenwand (Drempelwand)	0,8
Wände und Decken zu unbeheizten Räumen	0,5
Unterer Gebäudeabschluss: – Kellerdecke/-wände zu unbeheiztem Keller – Fußboden auf Erdreich – Flächen des beheizten Kellers gegen Erdreich	0,6

Die anderen beschriebenen Anlagen in DIN V 4701-10, C.5 sind:

- Brennwertkessel mit gebäudezentraler Trinkwassererwärmung,
- Brennwertkessel mit solar unterstützter Trinkwassererwärmung,
- Brennwertkessel und Lüftungsanlage mit Wärmerückgewinnung,
- Wärmepumpe mit gebäudezentraler Trinkwassererwärmung,
- dezentrale elektrische Direktheizung mit Lüftungsanlage, dezentrale Trinkwassererwärmung.

Weitere Anlagenwerte sollen in einem Beiblatt zu DIN 4701-10 veröffentlicht werden.

Der ermittelte Jahres-Primärenergiebedarf ist dann mit dem in Tab. **16**.69 aufgeführten maximalen Jahres-Primärenergiebedarfs zu vergleichen. Weiterhin darf der ermittelte spezifische Transmissionswärmeverlust H_T' die ebenfalls in Tab. **16**.69 aufgeführten Maximalwerte nicht überschreiten. Wenn beide Bedingungen erfüllt sind, entspricht das berechnete Gebäude den Vorschriften der Energieeinsparverordnung. Die zweite Bedingung soll verhindern, dass zu schlecht wärmegedämmte Gebäude gebaut und die Verringerung des Jahres-Primärenergebedarfs nur mit Hilfe der Anlagentechnik erreicht werden soll.

Der spezifische Transmissionswärmeverlust ist nach DIN EN 832 in Verbindung mit DIN 4108-6 zu bestimmen, die wesentliche Formel ist in Tab. **16**.72 (Zeile 2) zu finden:

$$H_T = \sum (F_{xi}\, U_i\, A_i) + 0{,}05\, A \quad \text{in W/K}$$

mit

F_{xi} Temperatur-Korrekturfaktoren (bauteilabhängig wie in WSchV 95)

U_i Wärmedurchgangskoeffizienten der Bauteile (in W/m²K)

A_i Flächen der Bauteile, Außenabmessungen (in m²)

$A = \sum A_i$ gesamte wärmedurchflossene Außenfläche (in m²)

Der Faktor 0,05 rührt aus der Zusatzvorschrift bei Verwendung des vereinfachten Verfahrens her, dass dabei der Wärmebrückeneinfluss durch Verwendung der Planungsbeispiele nach DIN 4108 Bbl. 2 zu begrenzen ist. Auch bei der Anwendung des Monatsbilanz-Verfahrens wäre dann dieser Wärmebrückenzuschlag $\Delta U_{WB} = 0{,}05$ W/m²K anzuwenden!

Die obige Formel entspricht etwa der in der Wärmeschutzverordnung von 1995 verwendeten zur Berechnung des Heizwärmebedarfs; die z. T. nicht bauphysikalisch sondern wirtschaftspolitisch bedingten Zahlenfaktoren haben sich allerdings beim Übergang zur EnEV verändert.

Tabelle **16**.74 Anlagenaufwandszahl e_p in Abhängigkeit von der beheizten Nutzfläche für den Fall „Niedertemperatur-Kessel mit gebäudezentraler Trinkwassererwärmung" (s. DIN V 4701-10, C.5.1, Anlage 1)

Heizung:	Übergabe:	Radiatoren mit Thermostatventil 1K
	Speicherung:	
	Verteilung:	max. Vorlauf-/Rücklauftemp. 70 °C/55 °C, horiz. Verteilung außerhalb der thermischen Hülle, vertikale Stränge innenliegend, geregelte Pumpe
	Erzeugung:	Niedertemperaturkessel außerhalb der thermischen Hülle
TWW:	Speicherung:	Indirekt beheizter Speicher außerhalb der thermischen Hülle,
	Verteilung:	horizontale Verteilung außerhalb der thermischen Hülle, mit Zirkulation
	Erzeugung:	zentral, Niedertemperaturkessel
Lüftung:	Übergabe:	–
	Verteilung:	–
	Erzeugung:	–

C.5.1.1 Anlage 1: Aufwandszahl e_p

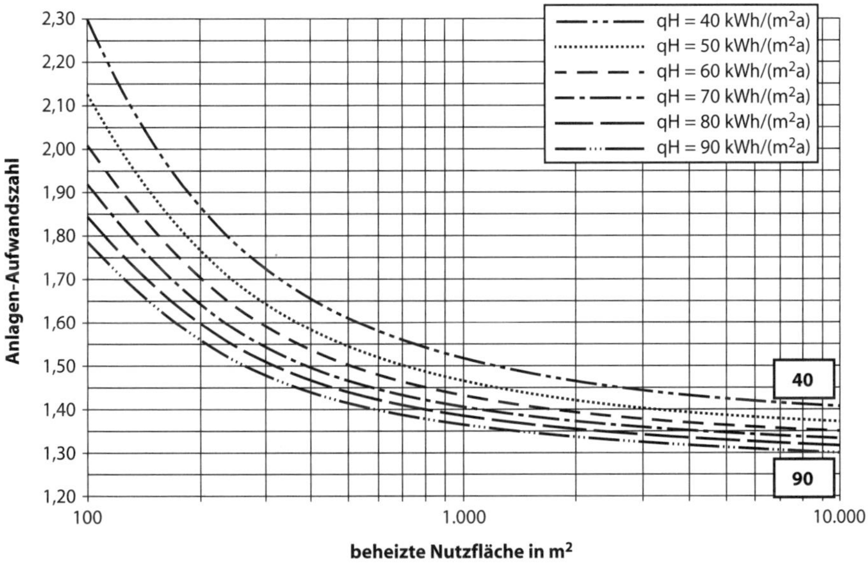

A_N in m²	100	150	200	300	500	750	1000	1500	2500	5000	10 000
q_h in kWh/(m² a)	Anlagenaufwandszahl e_p (primärenergiebezogen)										
40	2,29	2,01	1,87	1,73	1,61	1,55	1,51	1,48	1,45	1,43	1,41
50	2,13	1,89	1,77	1,65	1,55	1,49	1,47	1,44	1,41	1,39	1,37
60	2,01	1,80	1,70	1,59	1,50	1,46	1,43	1,41	1,38	1,36	1,35
70	1,92	1,74	1,65	1,55	1,47	1,43	1,40	1,38	1,36	1,34	1,33
80	1,85	1,69	1,60	1,52	1,44	1,40	1,38	1,36	1,34	1,33	1,31
90	1,79	1,64	1,57	1,49	1,42	1,39	1,37	1,35	1,33	1,31	1,30

Der auf die wärmeübertragende Umfassungsfläche bezogene Wert

$$H'_T = H_T/A \quad \text{in W/(m}^2\text{K)}$$

darf nicht oberhalb der Werte in Tab. **16**.69 (Spalte 5) liegen.

16.5.7.10 Rechenbeispiel zum Nachweis des nach EnEV ausreichend geringen Jahres-Primärenergiebedarfs (Vereinfachtes Verfahren)

Der Nachweis soll bei einem sehr einfachen neu zu errichtenden Wohnhaus (mit weniger als 30 % Fensterflächenanteil) nach dem vereinfachten Verfahren der Energieeinsparverordnung erbracht werden.

Gebäudedaten:

Flachdach-Bungalow, voll unterkellert, Keller unbeheizt (s. Bild **16**.68), alle Anschlussdetails (Wärmebrücken) sind nach den Planungsbeispielen des Bbl. 2 zur DIN 4108: 1998-08 auszuführen. Das Gebäude soll einer Dichtheitsprüfung unterzogen werden (Blower-Door-Verfahren), d. h. die gemessene Luftwechselrate n_{50} soll 3,0 h^{-1} nicht überschreiten. Als Heizungs- und Warmwasseranlage ist das System nach DIN V 4701-10, C.5.1 (Niedertemperatur-Kessel mit gebäudezentraler Trinkwassererwärmung) vorgesehen.

Aus den Architektenzeichnungen zu entnehmende Werte:

A_{AW+w} = 131,2 m² (Fassadenfläche)

$A_{w,Nord} = 2{,}86\ m^2$; $A_{w,Ost} = 7{,}15\ m^2$; $A_{w,West} = 10{,}01\ m^2$; $A_{w,Süd} = 16{,}35\ m^2$

(Fensterflächenanteil an der Fassade $f = A_w/(A_{AW} + A_w) = 36{,}37/131{,}2 = 0{,}277 \leq 0{,}30$)

$A_{AW} = 94{,}83\ m^2$

$A_D = A_G = 105{,}0\ m^2$

$A = 341{,}0\ m^2$

$V_e = 336{,}0\ m^2$

$A_N = 0{,}32 \cdot 336{,}0 = 107{,}52\ m^2$

gewählter Wandaufbau: Einschaliges Ziegelmauerwerk aus porosierten Leichthochlochziegeln, $\varrho = 800\ kg/m^3$, 24 cm, $\lambda = 0{,}21$ W/mK, beidseitig mit Kalkzementputz versehen. Der Wärmedurchgangskoeffizient dieser Konstruktion ergibt sich zu $U_{AW} = 0{,}74$ W/m²K.

gewählte Fenster: Holzfenster mit Wärmeschutzverglasung ($U_w = 1{,}70$ W/m²K; $g = 0{,}72$).

gewählte Dachkonstruktion: Einschaliges Flachdach (Warmdach): Stahlbetondecke (16 cm) mit 12 cm Wärmedämmung aus PS-Extruderschaum (WLG 030) und Dachhaut, unterseitig mit Kalkzementputz versehen. Der Wärmedurchgangskoeffizient dieser Konstruktion ergibt sich zu $U_D = 0{,}24$ W/m²K.

gewählte Kellerdeckenkonstruktion: Stahlbetonplattendecke (16 cm) mit schwimmendem Estrich (3,5 cm Zementestrich auf Estrich-Dämmatte nach DIN 18 175, $R = 0{,}86$ m²K/W), unterseitig gedämmt mit 6 cm PS-Partikelschaumplatten (WLG 035). Der Wärmedurchgangskoeffizient ergibt sich zu $U_G = 0{,}33$ W/m²K.

Rechnungsgang:

$$H_T = (0{,}74 \cdot 94{,}83 + 1{,}70 \cdot 36{,}37 + 0{,}24 \cdot 105{,}0 + 0{,}6 \cdot 0{,}33 \cdot 105{,}0) + 0{,}05 \cdot 341{,}0 = 195{,}04\ \text{W/K}$$

$$H_V = 0{,}163 \cdot 336{,}0 = 54{,}77\ \text{W/K}$$

$$Q_S = 270 \cdot 0{,}567 \cdot 0{,}72 \cdot 16{,}35 + 100 \cdot 0{,}567 \cdot 1{,}7 \cdot 2{,}86 + 155 \cdot 0{,}567\ 1{,}7 \cdot 17{,}16 = 4641{,}6\ \text{kWh/a}$$

$$Q_i = 22 \cdot 0{,}32 \cdot 336{,}0 = 2365{,}4\ \text{kWh/a}$$

daraus ergibt sich

$$Q_h = 66\,(195{,}04 + 54{,}77) - 0{,}95\,(4641{,}6 + 2365{,}4) = 9830{,}8\ \text{kWh/a}$$

Der Jahres-Primärenergiebedarf ist dann

$$Q_p = (9830{,}8 + 12{,}5 \cdot 107{,}52) \cdot e_p = 11\,174{,}8 \cdot e_p$$

Man muss nun aus dem Diagramm oder der Tabelle **16**.74 die Aufwandszahl e_p für $A_N = 107{,}52$ m² und

$$q_h = Q_h/A_N = 9830{,}8/107{,}52 = 91{,}43\ \text{kWh/(m}^2\text{a)}$$

entnehmen: $e_p \approx 1{,}77$ (die Schwierigkeit, hierbei – wie in DIN 4701-10, C.5 vorgeschlagen – bei nicht in der Tabelle aufgeführten Werten linear zu interpolieren, ist leider nicht zu umgehen. Es ergibt sich bei der Durchführung dieser Interpolation übrigens auch, dass dieser (wirklich nur ungenau zu ermittelnde) Wert e_p die Genauigkeit der Ergebnisse entscheidend begrenzt. Vorsichtig formuliert könnte man auch sagen, dass bei Kenntnis dieser Tatsache in „Grenzfällen" sehr leicht ein ausreichendes Ergebnis der EnEV-Berechnung erzielt werden kann …).

Damit ergibt sich der Jahres-Primärenergiebedarf zu

$$Q_p = 11\,174{,}8 \cdot 1{,}77 = 19\,779\ \text{kWh/a}$$

und der spezifische, auf die Gebäudenutzfläche bezogene Wert zu

$$Q''_p = 19\,779/107{,}52 = 183{,}96\ \text{kWh/(m}^2\text{a)}$$

Da das A/V_e-Verhältnis

$$A/V_e = 341{,}0/336{,}0 = 1{,}015\ m^{-1}$$

beträgt, ist der zulässige (maximale) Wert von Q''_p zu ermitteln:

$$Q''_{p\,max} = 50{,}94 + 75{,}29 \cdot 1{,}015 + 2600/(100 + 107{,}52) = 139{,}89\ \text{kWh/(m}^2\text{a)}$$

Der berechnete Q''_p-Wert liegt weit darüber, das zu errichtende Gebäude muss also dämmtechnisch oder durch Wahl eines anderen Heizsystems stark verbessert werden.

Die zweite Bedingung zur Erfüllung der Bedingungen der EnEV muss jedoch auch noch überprüft werden:

Der auf die Umfassungsfläche bezogene Transmissionswärmeverlust beträgt

$$H'_T = H_T/A = 195{,}04/341{,}0 = 0{,}572\ \text{W/m}^2\text{K}$$

der erlaubte Wert beträgt

$$H'_{T\,max} = 0{,}3 + 0{,}15/(A/V_e) = 0{,}3 + 0{,}15/1{,}015 = 0{,}448\ \text{W/m}^2\text{K}$$

Der Maximalwert ist also auch hierbei überschritten worden.

Als **Verbesserungsvorschlag** wird zuerst der gewählt, der auch im Rechenbeispiel zur WSchV 95 gemacht wurde: Verbesserung des Wand-U-Wertes auf 0,51 W/m²K durch Wahl einer größeren Wanddicke bei gleich bleibendem Wandbaustoff mit $\lambda_R = 0{,}21$ W/mK. Alle anderen Daten bleiben unverändert.

$$H_T = (0{,}51 \cdot 94{,}83 + 1{,}70 \cdot 36{,}37 + 0{,}24 \cdot 105{,}0 + 0{,}6 \cdot 0{,}33 \cdot 105{,}0) + 0{,}05 \cdot 341{,}0 = 173{,}23\ \text{W/K}$$

$H_V = 54{,}77$ W/K (bleibt unverändert))

$Q_S = 4641{,}6$ kWh/a (bleibt unverändert)

$Q_i = 2365{,}4$ kWh/a (bleibt unverändert)

daraus ergibt sich

$$Q_h = 66\,(173{,}23 + 54{,}77) - 0{,}95\,(4641{,}6 + 2365{,}4) = 8391\ \text{kWh/a}$$

Der Jahres-Primärenergiebedarf ist dann

$$Q_p = (8391 + 12{,}5 \cdot 107{,}52) \cdot e_p = 9735 \cdot e_p$$

Man muss nun aus dem Diagramm Tab. **16**.74 die Aufwandszahl e_p für $A_N = 107{,}52$ m² und

$$q_h = Q_h/A_N = 8391/107{,}52 = 78{,}04\ \text{kWh/(m}^2\text{a)}$$

entnehmen, sie ergibt sich hier zu $e_p \approx 1{,}84$ und damit erhält man einen Jahres-Primärenergiebedarf von

$$Q_p = 9735 \cdot 1{,}84 = 17\,912\ \text{kWh/a}$$

Der spezifische, auf die Gebäudenutzfläche bezogene Wert wird dann

$$Q_p'' = 17\,815/107{,}52 = 166{,}60\ \text{kWh/(m}^2\text{a)}$$

Der zulässige (maximale) Wert von Q_p'' bleibt 139,89 kWh/(m²a), da sich die geometrischen Gebäudedaten nicht verändert haben. Also liegt der berechnete Q_p''-Wert liegt immer noch weit darüber. Das Gebäude muss also dämmtechnisch oder durch Wahl eines anderen Heizsystems weiterhin stark verbessert werden.

Die zweite Bedingung zur Erfüllung der Bedingungen der EnEV soll wiederum auch noch überprüft werden:

Der auf die Umfassungsfläche bezogene Transmissionswärmeverlust beträgt

$$H_T' = H_T/A = 173{,}23/341{,}0 = 0{,}508\ \text{W/m}^2\text{K}$$

der erlaubte Wert war (s. o.) $H'_{T\,max} = 0{,}448$ W/m²K

Der Maximalwert ist also auch hierbei immer noch weit überschritten worden.

Eine **weitere Verbesserung** der Außenwand in monolithischer Bauweise erscheint wegen der starken notwendigen Transmissionsverlust-Reduzierung nicht sinnvoll. Es wird nun eine Vollziegel-Bauweise (24 cm, Rohdichte 1400 kg/m³, $\lambda_R = 0{,}58$ W/mK) mit außen liegendem Wärmedämmverbundsystem (12 cm PS-Hartschaum mit $\lambda_R = 0{,}04$ W/mK, beidseitig mit Kalkzementputz versehen) gewählt, der Wärmedurchgangskoeffizient dieser Konstruktion beträgt $U_{AW} = 0{,}277$ W/m²K.

Weiterhin sollen die Fenster durch solche mit $U_w = 1{,}50$ W/m²K und $g = 0{,}72$ ersetzt werden.

Dann ergibt sich folgender Rechengang:

$$H_T = (0{,}277 \cdot 94{,}83 + 1{,}50 \cdot 36{,}37 + 0{,}24 \cdot 105{,}0 + 0{,}6 \cdot 0{,}33 \cdot 105{,}0) + 0{,}05 \cdot 341{,}0 = 138{,}50\ \text{W/K}$$

$H_V = 54{,}77$ W/K (bleibt unverändert))

$Q_S = 4641{,}6$ kWh/a (bleibt unverändert)

$Q_i = 2365{,}4$ kWh/a (bleibt unverändert)

daraus ergibt sich

Tabelle **16**.75 Übersicht über die Anforderungen der EnEV und die dem rechnerischen Nachweis zugrundeliegenden Normen (nach „Informationsdienst Holz", holzbau handbuch, Reihe 3, Teil 2, Folge 2, S. 7) bei neu zu errichtenden Gebäuden

Gebäude mit normalen Innentemperaturen	– Wohngebäude, auf die Gebäudenutzfläche bezogener Jahres-Primärenergiebedarf – andere Gebäude, auf Gebäudevolumen bezogener Jahres-Primärenergiebedarf – zusätzlich spezifischer, auf die wärmetauschende Fläche bezogener max. Transmissionwärmebedarf
Gebäude mit niedrigen Innentemperaturen	– Begrenzung des spezifischen, auf die wärmetauschende Fläche bezogenen max. Transmissionwärmebedarfs
Dichtheit	– die Gebäudehülle muss dauerhaft luftundurchlässig sein
Mindestluftwechsel	– der Mindestluftwechsel ist sicherzustellen
Mindestwärmeschutz	– die Bauteile sind nach den anerkannten Regeln der Technik auszuführen
Wärmebrücken	– der Wärmebrückeneinfluss ist zu berücksichtigen
Heizungstechnische Anlagen, Warmwasseranlagen	– Inbetriebnahme von Kesseln – Verteilungseinrichtungen und Warmwasser
Gemeinsame Vorschriften, Bußgeldvorschriften und Schlussbestimmungen	– Ausweis über Energie- und Wärmebedarf, Energieverbrauchswerte – getrennte Berechnung für Teile eines Gebäudes – Regeln der Technik – Ausnahmen – Befreiungen – Bußgeldvorschriften – Übergangsvorschriften

Tabelle **16**.76 Übersicht über die Anforderungen der EnEV bei der Veränderung bestehender Gebäude (nach „Informationsdienst Holz", holzbau handbuch, Reihe 3, Teil 2, Folge 2, S. 7)

Änderung von Gebäuden	– Ersatz oder Erneuerung von Bauteilen; Vorgabe maximal zulässiger Wärmedurchgangskoeffizienten – oder Überschreitung der Anforderungen an zu errichtende Gebäude um nicht mehr als 50 % – Erweiterung um mehr als 30 m^3, Anforderungen an zu errichtende Gebäude sind einzuhalten
Nachrüstung bei Anlagen und Gebäuden	– Erneuerung von Heizkesseln in Abhängigkeit vom Datum der Inbetriebnahme – Verpflichtung zur Dämmung zugänglicher Wärmeverteilungs- und Warmwasserrohre – Dämmung nicht begehbarer aber zugänglicher Geschossdecken beheizter Räume in Gebäuden mit normalen Innentemperaturen
Aufrechterhaltung der energetischen Qualität	– die energetische Qualität des Gebäudes darf nicht verschlechtert werden

$$Q_h = 66\,(138{,}50 + 54{,}77) - 0{,}95\,(4641{,}6 + 2365{,}4) = = 6099 \text{ kWh/a}$$

Der Jahres-Primärenergiebedarf ist dann

$$Q_p = (6099 + 12{,}5 \cdot 107{,}52) \cdot e_p = 7443 \cdot e_p$$

Man muss nun wiederum aus dem Diagramm Tab. **16**.74 die Aufwandszahl e_p für $A_N = 107{,}52$ m² und

$$q_h = Q_h/A_N = 6099/107{,}52 = 56{,}73 \text{ kWh/(m}^2\text{a)}$$

entnehmen. Sie ergibt sich hier zu $e_p \approx 2{,}02$ („exakte" lineare Interpolation der Tabellenwerte: 2,017) und damit wird der Jahres-Primärenergiebedarf zu

$$Q_p = 6099 \cdot 2{,}02 = 15\,035 \text{ kWh/a}$$

und der spezifische, auf die Gebäudenutzfläche bezogene Wert zu

$$Q''_p = 15\,035/107{,}52 = 139{,}84 \text{ kWh/(m}^2\text{a)}$$

Der zulässige (maximale) Wert von Q''_p bleibt 139,89 kWh/(m²a), also liegt der berechnete Q''_p-Wert ganz knapp darunter: Das behandelte Gebäude entspricht also bei der spezifischen Jahres-Primärenergie der EnEV.

Die zweite Bedingung zur Erfüllung der Bedingungen der EnEV muss jedoch auch noch überprüft werden:

Der auf die Umfassungsfläche bezogene Transmissionswärmeverlust beträgt

$$H'_T = H_T/A = 138{,}50/341{,}0 = 0{,}406 \text{ W/m}^2\text{K}$$

der erlaubte Wert war (s. o.) $H'_{T\,max} = 0{,}448$ W/m²K, wird also jetzt schon stark unterschritten.

Damit ist nach dem vereinfachten Verfahren der EnEV der Nachweis des ausreichend niedrigen Primärenergiebedarfs erbracht worden!

Kommentar: Das vereinfachte Verfahren ist nur für Wohngebäude mit nicht mehr als 30 % Fensterflächenanteil anwendbar. Der *Rechenaufwand* bei Anwendung des vereinfachten Verfahrens ist durchaus erträglich, wenn man die meist notwendige Interpolation bei der Ermittlung des e_p-Wertes graphisch durchführt. Der Hauptaufwand liegt – wie schon bei den Berechnungen nach WSchV 95 – bei den Flächenermittlungen, die allerdings häufig durch die verwendeten CAD-Programme geleistet werden.

Bei dem berechneten kleinen Gebäude mit relativ großem A/V_e ist der zur Erfüllung der EnEV-Bedingungen notwendige Dämmaufwand groß. Bei größeren Gebäuden verringert er sich stark. Eine Veränderung der Heizungs- und Warmwasseranlagen kann den Dämmaufwand ebenfalls vermindern, ist aber aus ökologischen Gründen nicht immer zu empfehlen, da der Aufwand im Anlagenbereich und damit der Materialeinsatz dann erheblich wachsen würde.

Anmerkung: Bei der Berechnung der zum Nachweis des ausreichend geringen Primärenergieeinsatzes nach der Energieeinsparverordnung werden wiederum sehr grob (mit 2 Ziffern) vorgegebene (multiplikative) Konstanten (wie bei QI) mit auf 3 Ziffern ‚genauen' Werte (wie bei Q_S) zusammen verwendet. Das Gesamtergebnis Q_H bzw. die daraus errechneten Größen Q''_H und Q'_H können natürlich nicht genauer sein als die ungenauesten in ihnen enthaltenen Größen. Bei allen vorliegenden Beispielrechnungen (auch der hier vorliegenden) sind also die Ergebnisse trotz der z. T. 5ziffrigen Zahlenwerte nur sehr grobe Abschätzungen des Jahres-Primärenergie*verbrauchs*. Die Nutzergewohnheiten werden diesen so stark beeinflussen, dass Abweichungen von der Vorausberechnung von 50 % und mehr häufig auftreten werden. Der Sinn einer solchen genauen Berechnung liegt nur in der Möglichkeit des Vergleichs von verschiedenen Primärenergiebedarfen zur Beurteilung verschiedener Baukonstruktionen bzw. energietechnischer Konzepte.

Die Entwicklung der Bautechnik scheint in Richtung auf noch niedrigeren Heizwärmeverbrauch zu gehen, die erprobten Passivhaustechniken geben dabei die Richtung vor. Wenn dann noch die Wirtschaftlichkeit derartiger Bauweisen nachgewiesen werden kann, können die dabei gewonnenen Erkenntnisse das Bauen in den kalten und gemäßigten Klimazonen stark beeinflussen.

Informationen über die EnEV und Energieeinsparmöglichkeiten finden sich u. a. in:

http://www.enev.online.de
http://www.passiv.online.de
http://www.bine.fiz-karlsruhe.online.de
http://www.impulsprogramm.online.de

16.5.8 Wärmebrücken[1)]

16.5.8.1 Allgemeines

Wärmebrückendefinition. Als Wärmebrücken bezeichnet man (meist kleinflächige) Bereiche in Bauteilen, die einen schlechteren Wärmeschutz besitzen als die Umgebung (s. auch Bild **16.**46). Neben dem durch sie bewirkten höheren Wärmeabfluss aus einem beheizten Gebäude, können sie auch Bauschäden hervorrufen, da an ihnen meist eine lokale Temperaturabsenkung (z. B. auf der Innenoberfläche) oder eine schnelle transversale Temperaturänderung („Temperatursprung") zu beobachten ist; Tauwasser- und Rissbildung sind mögliche Folgen.

Physikalisch bedeutsam ist die Tatsache, dass im Bereich der Wärmebrücken auch quer verlaufende Wärmeströme vorhanden sein können. Da wärmedurchlässige Bauteile mit nebeneinander liegenden Flächen verschiedener *U*-Werte diese Erscheinung ebenfalls zeigen, ist erkennbar, dass ein fließender Übergang zwischen eigentlichen Wärmebrücken und inhomogenen Bauteilen besteht. Das führt – s. Abschn. 16.5.3: Mittlere Wärmedurchgangskoeffizienten – zu dem dort beschriebenen Verfahren zur Bestimmung des Wärmedurchgangs bei derartigen komplizierteren Bauteilen und Bauteilanschlüssen.

Häufig unterscheidet man

- geometrische Wärmebrücken (z. B. Außenecken und -kanten in Massivbauten) und
- stoffbezogene („physikalische") Wärmebrücken, bei denen Stoffe hoher Wärmeleitfähigkeit neben solchen mit niedrigerer Leitfähigkeit in Bauteilen vorhanden sind.

Bei gut gedämmten Gebäuden muss man regelmäßig mit einem *relativ* großen Wärmeverlust über die Wärmebrücken rechnen, d. h. die alleinige Verwendung des die Außenflächen beschreibenden Wärmedurchgangskoeffizienten *U* (in W/m²K) bei der Errechnung des Wärmebedarfs (s. auch Abschn. 16.5.3 und 16.5.7) reicht dann nicht mehr aus. Die zusätzlichen Wärmeabflüsse können über modifizierte *U*-Werte beschrieben werden:

- **(Längenbezogene) Wärmebrückenverlustkoeffizienten (WBKV)** Ψ (bisher auch noch k_l oder WBV genannt) in W/(mK) geben bei relativ schmalen, linienhaften Wärmebrücken den Wärmeverlust (Wärmestrom) in W pro m Wärmebrückenlänge und Grad Temperaturdifferenz an;
- **Wärmedurchgangskoeffizienten für lokale, kleinflächige („punktförmige") Wärmebrücken** χ (auch noch mit k_P oder WBV_P bezeichnet; in W/K) beschreiben direkt den Wärmeverlust (Wärmestrom Φ in Watt pro Grad Temperaturdifferenz) durch die Wärmebrücke.

Die zahlenmäßige *Größe* der Wärmebrücken-Wärmedurchgangskoeffizienten Ψ hängt davon ab, ob Außen- oder Innenmaße *l* benutzt werden. Auf die Innenmaße bezogene Wärmedurchgangskoeffizienten sind zur detaillierteren Problembetrachtung geeignet, die Wärmeschutzverordnung und Energieeinsparverordnung verlangt jedoch die Verwendung von Außenmaßen. Eine Umrechnung von innenmaßbezogenen Wärmedurchgangskoeffizienten auf außenmaßbezogene ist möglich.

Die neuen Normen DIN EN IS0 10 211-1+2: 1996/2001 (Wärmebrücken im Hochbau) enthalten Berechnungsverfahren bei linearen Wärmebrücken für Wärmeströme und Oberflächentemperaturen und bilden deshalb die Grundlage für alle praktisch verwendbaren Wärmebrücken-Rechenprogramme.

Luftundichtheiten in den Außenbauteilen wirken sich ähnlich den beschriebenen Wärmebrücken aus, so dass sie auch dazu gezählt werden können: Der Wärmeverlust durch derartige Fehlstellen ist u. U. sehr groß und die Abkühlung in der Nähe der Undichtheiten führt häufig zu Tauwasserentstehung. Wegen der unterschiedlichen Wirkungsweise von klassischen Wärmebrücken und Luftundichtheiten werden sie in Wärmebrückenkatalogen nicht aufgeführt (s. Abschn. 6.2.1.2 „Wärmebrücken" (in Wänden)) und den folgenden Abschnitt.

16.5.8.2 Einfluss der Wärmebrücken auf den Energiebedarf

Der gesamte Wärmestrom (in W) durch die Außenflächen des Gebäudes lässt sich schreiben:

$$\Phi = (\sum U_i A_i + \sum \Psi_i l_i + \sum \chi_i) \Delta\theta$$

mit

U_i die üblichen, flächenbeschreibenden *U*-Werte (Wärmedurchgangskoeffizienten) der Außenbauteile (in W/m²K),

Ψ_i die Wärmedurchgangskoeffizienten der linienhaften Wärmebrücken (in W/mK),

χ_i die Wärmedurchgangskoeffizienten der punktartigen Wärmebrücken (in W/K),

A_i die Außenbauteilflächen (in m²),

l_i die Längen der linienhaften Wärmebrücken (in m),

$\Delta\theta$ Temperaturdifferenz $(\theta_i - \theta_e)$.

1) vgl. auch Abschn. 6.2.1.2, 9.1.2, 9.5.2 und Abschn. 5.2 in Teil 2 des Werkes

Der gesamte jährliche Wärmebedarf eines Gebäudes (in kWh/a) lässt sich (s. auch Abschn. 16.5.7), unter Berücksichtigung des Wärmebrückeneinflusses, beschreiben durch Multiplikation dieses Wärmestroms mit der jährlichen Zeit t (in Stunden pro Jahr), in der das Gebäude bei einer mittleren Temperaturdifferenz zwischen Innen- und Außenluft $\Delta\theta_m$ beheizt wird:

$$Q_H = (\sum U_i A_i + \sum \Psi_i l_i + \sum \chi_i)\, \Delta\theta_m \cdot t \cdot 0{,}001$$

Jede der punktartigen Wärmebrücken wird also einzeln mit ihrem χ-Wert berücksichtigt! Bei den linienförmigen Wärmebrücken findet jede Wärmebrücke mit ihrer Länge l Berücksichtigung.

Die Energieeinsparverordnung schreibt die Berücksichtigung der Wärmebrücken bei der Berechnung der Heizenergieverbrauchswerte vor. Das kann auf drei verschiedene Weisen geschehen:

1. Genaue Berücksichtigung aller Wärmebrücken durch das eben beschriebene Verfahren, d. h. die Wärmebrücken müssen mit ihren Verlustkoeffizienten beschrieben werden (Entnahme aus einem Katalog [20,21] oder Bestimmung dieser Werte mit einem Rechenprogramm [z. B. 22, 23]). Die Berechnungsnormen DIN EN ISO 10 211-1 und -2, sowie DIN EN ISO 10 07 71 sind dabei zu berücksichtigen.
2. Verwendung normierter wärmebrückenarmer Konstruktionen (z. B. aus DIN 4108, Bbl 2: 1998-08). Hierbei muss dann aber ein „Wärmebrückenzuschlag" auf die ohne Wärmebrückenberücksichtigung verwendeten mittleren U-Wert von $\Delta U_{WB} = 0{,}05$ W/m²K erfolgen (s. Abschn. 16.5.7.8).
3. Pauschalzuschlag von 0,10 W/m²K auf den mittleren U-Wert von $\Delta U_{WB} = 0{,}10$ W/m²K, wenn aus Gründen der Einfachheit der Konstruktion kein Nachweis der Wärmebrücken geführt werden soll. Ohne Zweifel werden dann die wärmebrückenarmen Holzbauweisen benachteiligt.

An dieser Stelle muss noch einmal betont werden, dass durch verbesserte Dämmung von Gebäuden die Transmissionswärmeverluste abnehmen werden, auch die Verluste durch die dann besser gedämmten Wärmebrücken werden in der Regel dann abnehmen, jedoch in weniger starken Maße, so dass der prozentuale *Anteil* der Wärmebrückenverluste an den gesamten Transmissionsverlusten erheblich ansteigen kann. Anders ausgedrückt: Der Fehler, der durch Nichtberücksichtigung der Wärmebrücken bei den Rechnungen gemacht wird, steigt mit besserer Wärmedämmung an! Bei Gebäuden, die nach den Bestimmungen der gültigen Wärmeschutzverordnung 1995 errichtet wurden, können über 20 % der Gesamtverluste über die Wärmebrücken abfließen und in gleichem Maße damit die Vorausberechnungen des Wärmebedarfs unsicher machen.

Genaue Wärmebrückenrechnungen sollten die bauliche Situation dreidimensional beschreiben, in vielen Fällen reicht jedoch ein zweidimensionaler Schnitt durch eine Wärmebrücke zum Verständnis der Wärmebrückenwirkung aus. Die Computerprogramme errechnen die Temperaturverteilungen zwei- oder dreidimensional und geben sie in Form von Isothermenverläufen (Linien bzw. Flächen gleicher Bauteiltemperatur) aus (s. Bilder **16**.77 bis **16**.79). Häufig werden auch die senkrecht zu den Isothermen verlaufenden Wärmeflusslinien mit ausgegeben, deren Dichte dann auf die Größe des lokalen Wärmeverlustes schließen lässt.

16.5.8.3 Einfluss der Wärmebrücken auf die Bauteiltemperaturen

Häufig stellt sich zwar der *zusätzliche Wärmeverlust* durch Wärmebrücken als vernachlässigbar gering heraus, trotzdem kann die Wärmebrücke bauphysikalisch unzumutbar sein, wenn Bauschäden auf einer so starken lokalen Bauteiltemperatur-Absenkung beruhen, dass Tauwasser entsteht.

Wärmebrücken wirken sich also nicht nur durch den erhöhten Wärmeabfluss negativ aus, sondern auch durch die in der Regel niedrigeren Innenoberflächen-Temperaturen in der Nähe der Wärmebrücke. In den Wärmebrückenkatalogen sind meist auch – z. B. in graphischen Darstellungen – diese Temperaturen angegeben, jedoch erfolgt in den neuen Normen die Temperaturangabe über einen dimensionslosen Temperaturfaktor f_{Rsi}, mit dessen Hilfe die raumseitigen Oberflächentemperaturen bei beliebigen Umgebungstemperaturen leicht errechnet werden können (nach DIN EN ISO 10 211-1: 1995-11):

$$f_{Rsi} = \frac{(\theta_{si} - \theta_e)}{(\theta_i - \theta_e)}$$

mit

θ_{si} raumseitige Oberflächentemperatur (in °C)
θ_i Raumlufttemperatur (in °C)
θ_e Außenlufttemperatur (in °C)

die wichtige raumseitige Oberflächentemperatur kann dann leicht aus dem Temperaturfaktor berechnet werden:

$$\theta_{si} = f_{Rsi}\,(\theta_i - \theta_e) + \theta_e$$

Man sieht leicht ein, dass ein Temperaturfaktor von 1 bedeutet, dass die Innenoberflächentemperatur gleich der In-

16

nenlufttemperatur ist und ein Wert 0 bedeuten würde, dass dort die Außenlufttemperatur herrschte. Wenn man z. B. einen f_{Rsi} = 0,78 findet, bedeutet das, dass bei –15 °C Außentemperatur und 20 °C Innenlufttemperatur die Oberflächentemperatur 12,3 °C beträgt. Der Wert f_{rsi} = 0,7 entspricht nach heutigen Erkenntnissen etwa der niedrigsten inneren Oberflächentemperatur, bei der man bei Außentemperaturen von –10 °C und normalen Innenlufttemperaturen und Raumluftfeuchten noch keine Schimmelpilzbildung erwarten muss (12,6 °C). Es sollte daher dieser Temperaturfaktorwert an keiner Wärmebrückenoberfläche in einem normal beheiztem Raum unterschritten werden. Für eine hohe thermische Behaglichkeit sind allerdings weit größere Faktoren (über 0,9 !) wünschenswert!

Innenoberflächentemperaturen etwa unter 13 °C ($f \leq 0{,}76$) können schon zur zeitweisen Kapillarkondensation und unter günstigen Wuchsbedingungen auch zur evtl. Schimmelpilzbildung bei etwas übernormalen Innenraumfeuchten führen. Derart niedrige Temperaturen werden in normalen Wintern häufig auf Fensterrahmen, Fensterstürzen, in Fensterleibungen, in Gebäudeaußenkanten (-ecken), breiten Mauerwerksfugen und an ähnlichen typischen Wärmebrücken beobachtet. Schwache Wärmebrücken können sich – ohne einen Bauschaden hervorzurufen – in Form von Schmutzablagerungen abzeichnen (z. B. „Fugenabbildung" bei älterem Hohlblockmauerwerk!).

Die erwähnten Wärmebrückenkataloge oder -programme geben neben den Wärmeflüssen auch die Bauteiltemperaturen, z. B. in Form der Flächen gleicher Temperaturen in der Wärmebrücke („Isothermen"), an. Eine auch nur kurzzeitige Beschäftigung mit diesen Hilfsmitteln gibt schon derartig viel Einsichten in die Wirkungsweise von Wärmebrücken, dass auf derartigen Fehlstellen basierende Bauschäden fast immer vermieden werden können.

16.5.8.4 Wärmebrückenbeispiele

Folgende Beispiele von zweidimensionalen Wärmebrückenberechnungen zeigen die erhöhten Wärmeverluste und die Temperaturabsenkungen an derartigen Schwachstellen:

Massive Gebäudeaußenkanten (s. Bild **16**.77, meist etwas unglücklich als Gebäudeaußenecken bezeichnet) zeigen einen Isothermenverlauf, der erkennen lässt, dass die Temperatur innen schon bei 0 °C Außenlufttemperatur (und 20 °C Innenlufttemperatur) bis auf 12,1 °C absinken kann, eine Tauwassergefährdung also vorhanden ist. Die Wärmestromerhöhung lässt sich durch die Dichte der Wärmestromlinien (die senkrecht zu den Isothermen verlaufen) abschätzen. Eine einfache Erklärung der Wärmebrückenwirkung einer solchen üblichen Gebäudeaußenkante ergibt sich aus der größeren äußeren Abkühlfläche im Kantenbereich, gegenüber der geringeren Fläche, die die Wärme aus dem beheizten Innenbereich eindringen, d. h. das Bauteil erwärmen lässt.

Ungedämmte Stahlbetonstützen (Bild **16**.78a; s. auch Bild **16**.46a) lassen das Zusammendrücken der Wärmeflusslinien (= erhöhter Wärmefluss, verringerte Wärmedämmung) in diesem Bereich deutlich erkennen. Die niedrigste Temperatur von 11,9 °C auf der Innenseite lässt unvermeidlich auch bei normaler Innenraumnutzung Tauwasser entstehen.

Innenseitige Dämmung (Bild **16**.78b) lässt die Wärmeverluste auf vernachlässigbar geringe Werte absinken, die Temperatur im vorher gefährdeten Bereich steigt stark an, als typischer Effekt von Zusatzdämmungen tritt jedoch auf, dass an den Kanten der Dämmung eine schmale relative Verschlechterung der lateralen Temperatursituation („Übergangseffekt") sichtbar ist: Diese Stelle kann sich durch Schmutzablagerungen bemerkbar machen!

Eine Abdeckung der inneren Wärmedämmschicht mit (besser wärmeleitendem) Putz oder Gipskartonplatten „entschärft" übrigens diesen Bereich durch einen transversalen Temperaturausgleich.

Bei gleichstarker außenseitiger Dämmung der Stahlbetonstütze (Bild **16**.78c, vgl. auch Bild **16**.46b) ist die minimale Oberflächentemperatur etwas niedriger als bei der Innendämmung. In den meisten Fällen von Wärmebrücken wird man jedoch die außenseitige der inneren Dämmung vorziehen, um die mittlere Stützentemperatur nicht zu stark absinken zu lassen (Rissgefahr).

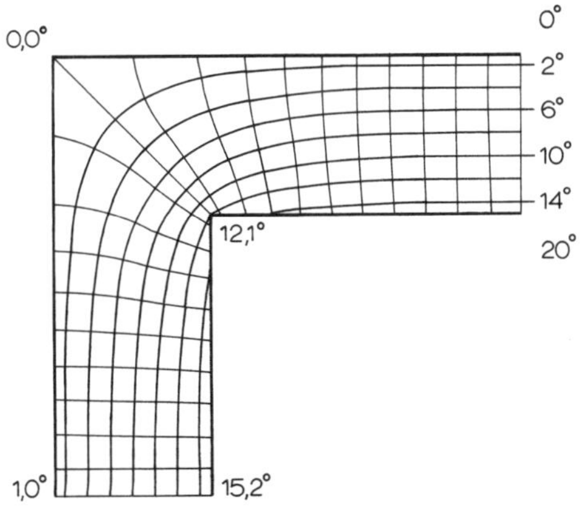

16.77 Linien gleicher Temperatur (Isothermen, senkrecht dazu die Wärmeflusslinien) und Oberflächentemperaturen an einer Gebäudeaußenkante (einschichtiges Mauerwerk, U_{AW} = 1,21 W/m²K, Außenlufttemperatur 0°, Innenlufttemperatur 20 °C)

16

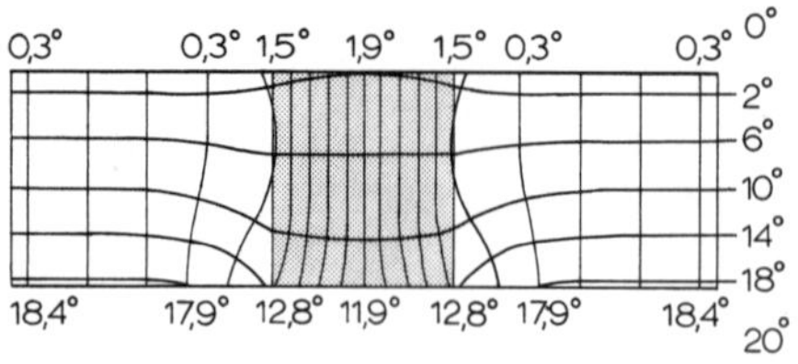

16.78a

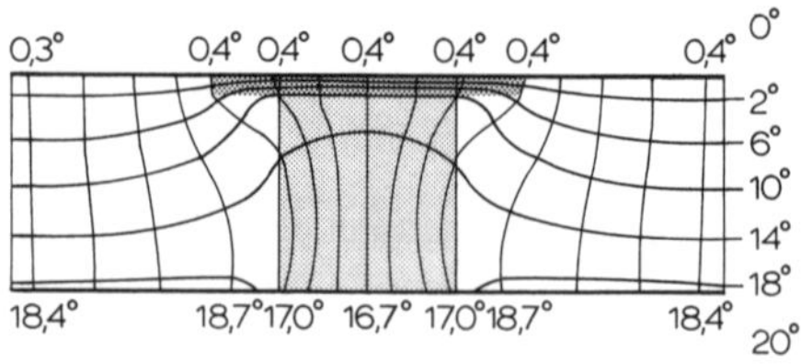

16.78b

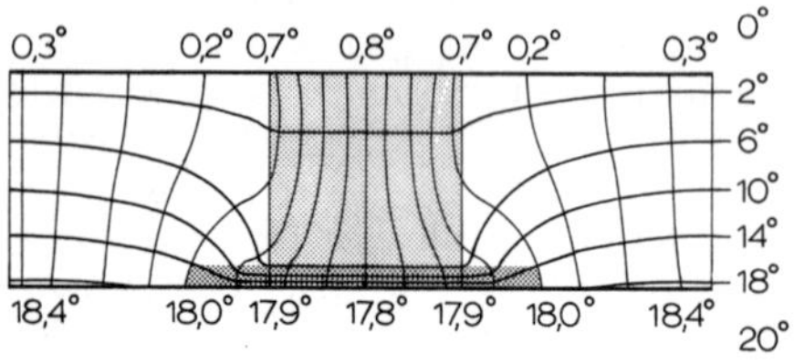

16.78c

16.78

Isothermen, Wärmeflusslinien und Oberflächentemperaturen bei einer Wand mit eingebundener Stahlbetonstütze (U_{AW} = 0,40 W/m²K)

a) ungedämmte Stahlbetonstütze
b) innengedämmte Stütze
c) außengedämmte Stütze (s. auch Bild **16**.46b)

Wärmebrücken der eben beschriebenen Art finden sich auch bei *Holzbauten*, also auch bei üblichen *Dachkonstruktionen*. Wegen der geringen Wärmeleitfähigkeit von Massivholz (gegenüber Stahlbeton) ist aber eine Tauwassergefährdung an entsprechenden Stellen nicht vorhanden, die relative Erhöhung des Wärmeabflusses kann jedoch Wärmebedarfsberechnungen, die z. B. die Sparren nicht berücksichtigen, merklich verfälschen.

Der Bereich von Fensterleibungen (Bild **16**.79) stellt häufig eine Wärmebrücke dar. Für ein mittig eingebautes Fenster ist dort der Isothermen- und Wärmestromverlaufeingezeichnet.

Ohne Zweifel ist dabei der Verglasungsbereich der wirksamste Teil der Wärmebrücke. Dieser Bereich kann heute durch die Verwendung moderner hochgedämmter Verglasungen (mit *U*-Werten unter 1,0 W/m²K) entschärft werden. Übliche Rahmenkonstruktionen (aus Holz, PVC und wärmegedämmten Metallprofilen) haben etwas größere U_f-Werte (ca. 1,5 W/m²K), so dass zukünftig diese Rahmen und deren Anschlüsse die dämmtechnischen Schwachstellen darstellen werden. Die Verwendung sog. „Passivhausfenster" mit Rahmen-*U*-Werten unter 1,0 W/m²K lässt jedoch auch diese Schwachstellen fast unwirksam werden. Die Abbildung zeigt die übliche Unterkühlung (bis zur Taupunktunterschreitung) der rahmennahen Leibungsbereiche deutlich. Eine Verbesserung der Situation durch innere oder – besser – äußere Dämmung der Leibungen sollte durchgeführt werden (s. Abschn. 6.2.5).

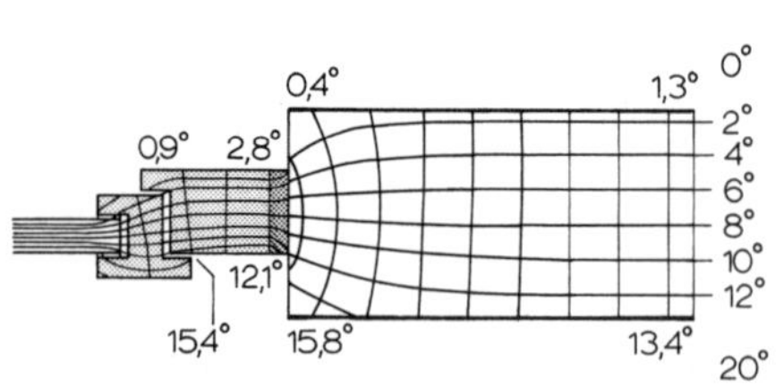

16.79 Isothermen, Wärmeflusslinien und Oberflächentemperaturen im Leibungsbereich bei mittigem Fenstereinbau.

Besonders gefährdet ist auch der obere Fensteranschluss bei schlecht wärmegedämmten Stürzen. Eine weitere Verschärfung der Situation tritt dort regelmäßig bei häufig geöffneten („gekippten") Fenstern durch die zusätzliche Auskühlung der Leibung ein.

16.5.9 Weiterentwicklung der gesetzlichen Vorschriften zum Wärmeschutz

Die Wärmeschutzverordnung ist am 1.2.2002 durch die Energieeinsparverordnung abgelöst werden. Wie in Abschn. 16.5.7.2 ausgeführt, enthält diese nicht nur Vorschriften zum Wärmeschutz, sondern auch zur Ausführung der wärmetechnischen Anlagen. Die EnEV sollte nach den Vorstellungen des Bundesrates von 1994 den Heiz*wärme*verbrauch von Gebäuden gegenüber der Wärmeschutzverordnung von 1995 um etwa 30 % senken. Die genaueren Betrachtungen zeigen jedoch, dass schon durch die dann erfolgen-

16

de Begrenzung des *Primärenergie*bedarfs (Wärmeschutzverordnung: Heizwärmebedarf!) ein einfacher Vergleich der Verordnungen nicht mehr möglich ist und zumindest bei großen bzw. kompakten Gebäuden die Einsparungen weit geringer ausfallen werden. Die wärmetechnische Verbesserung der Altbauten wird durch den geringen Zwang zur Umrüstung ebenfalls nur wenig zur Energieeinsparung beitragen. Die von der vorigen Bundesregierung versprochene CO_2-Einsparung von 25 % im Jahre 2005 verglichen mit 1990 wird sich jedenfalls nicht erreichen lassen.

Die technischen Voraussetzungen zum Erreichen sehr niedriger Energieverbräuche sind jedoch jetzt schon gegeben (z. B. durch die mittlerweile erprobten Passivhaustechniken), so dass vermutet werden kann, dass bei steigenden Energiepreisen sich der Gesetzgeber wiederum gezwungen sehen wird, weitere Verbesserungen des Wärmeschutzes bei Gebäuden vorzuschreiben. Dabei wird der wärmetechnischen Altbausanierung wohl ein besonders hoher Stellenwert eingeräumt werden müssen.

Die volkswirtschaftlichen – und nicht nur die betriebswirtschaftlichen – Aspekte der Energieeinsparung bei Gebäuden müssen unbedingt stärker berücksichtigt werden. Wenn der Gesetzgeber wirklich die Absicht haben sollte, die Energieeinsparverordnung durchzusetzen, müssten auch Verstöße gegen die Anforderungen des Wärmeschutzes als Ordnungswidrigkeit eingestuft werden, wie es bei den Verstößen gegen die Anforderungen an heizungs- und raumlufttechnische Anlagen schon jetzt gilt.

16.6 Schallschutz

16.6.1 Allgemeines

Durch die zunehmende Verkehrsdichte und Verkehrsgeschwindigkeit und durch das Zusammenwohnen vieler Menschen auf immer enger werdendem Raum und in Gebäuden, deren Wände und Decken häufig aus Gründen der Kosteneinsparung auf die statisch erforderliche Mindestdicke beschränkt werden, ist die Störung durch Verkehrs-, Arbeits- und Wohngeräusche so angewachsen, dass besondere Maßnahmen zur Lärmbekämpfung und zum baulichen Schallschutz getroffen werden müssen.

Lärm ist für mehr als 50 % der Bevölkerung die Umweltbelastung, die das höchste Maß an persönlicher Betroffenheit nach sich zieht. Im Haus fühlen sich 30 % der Bevölkerung gestört oder sogar stark lärmbelästigt. Es muss hier auch darauf hingewiesen werden, dass Lärm darüber hinaus gesundheitlich belastet und sogar zu chronischen Erkrankungen – z. B. des Herzens – führen kann.

Seit es gelungen ist, den störenden Schall objektiv zu messen und auch die Fähigkeit von Baustoffen und Bauteilen, den Schall weiterzuleiten oder zu dämmen mit wissenschaftlichen Methoden zu ermitteln, ist es möglich, Schallschutzmaßnahmen durchzuführen, die im Rahmen bestimmter Anforderungen (DIN 4109, DIN 18 005, Schallschutz-Verordnung zum Fluglärmgesetz) wirkungsvoll und zugleich wirtschaftlich sind. Die Norm DIN 4109 (10.89) „Schallschutz im Hochbau" weist darauf hin, dass der notwendige Schallschutz nicht nur von den bautechnischen Gegebenheiten, sondern auch vom *Hintergrundgeräusch* (häufig Verkehrsgeräusch) abhängig ist. Außerdem können Störungen durch gleichen Lärm durchaus *subjektiv* verschieden empfunden werden; daraus werden Schallschutzforderungen abgeleitet, über die in DIN 4109 Angaben enthalten sind, die jedoch keine normativen Forderungen sein können. Die Erwartungen von Bewohnern an den Schallschutz werden in der Regel höher sein als der gesetzlich geforderte und wirtschaftliche Schallschutz.

Die Schalldämmfähigkeit, d. h. das Schalldämmaß eines Bauteils ergibt sich durch Vergleichsmessungen an fertigen Teilen. Schallschutzmaßnahmen beruhten bisher fast nur auf der Benutzung von Erfahrungswerten (Messergebnissen) und weniger auf Vorausberechnungen. Die Schallschutznorm enthält Verfahren zur Ermittlung der notwendigen Schalldämmung von Bauteilen, die vom Rechenaufwand anspruchsvoll und deshalb erklärungsbedürftig sind (s. Abschn. 16.6.4). Es ist sicher, dass bei der unvermeidlichen Harmonisierung der europäischen Schallschutz-Normen die dann zu benutzenden Rechenverfahren intensivere Kenntnisse der Schallschutzphysik erfordern werden. Diese neuen Normen stehen z. T. schon fest, sind aber in Deutschland noch nicht bauaufsichtlich eingeführt. Die nächste Auflage dieses Werkes wird das neue Normenwerk ausführlich behandeln.

Die Anforderungen an den Schallschutz richten sich nach der Gebäudenutzung. So wird z. B. in Krankenhäusern, Schulen, Hotels usw. ein quantitativ und qualitativ höherer Schallschutz nötig und wirtschaftlich tragbar sein, als in Wohnungen für *durchschnittliche* Wohnansprüche.

Ein Teil der Schallschutzmaßnahmen kommt gleichzeitig der Wärmedämmung zugute, jedoch hat keineswegs jede Wärmedämmung Schallschutzwirkung. Wenn Schallschutzmaßnahmen voll wirksam und *preiswert* sein sollen, müssen sie rechtzeitig geplant, d. h. mit dem Entwurf sorgfältig vorbereitet werden. Guter Schallschutz ist nicht wesentlich teurer als knapp ausreichender (s. VDI-Richtlinie 4100 [79]) Auch im Einfamilienhaus sollte heute zur Verbesserung des Zusammenlebens der Bewohner ein ausreichender Schallschutz vorgesehen werden.

Schallschutzmaßnahmen dürfen nicht für sich allein betrachtet werden. So wären z. B. Wände, die zwar schalldämmend, aber infolge der Biegeweichheit ihrer Schalen nicht hinreichend stoßfest sind oder keine Nägel, Haken oder Dübel halten können, praktisch unbrauchbar. Ebenso sollten nur solche Schallschutzmaßnahmen gewählt werden, die nicht nur im Laboratorium, sondern auch im raueren Baustellenbetrieb fehlerlos ausgeführt werden können.

Der Schallschutz besitzt im Bewusstsein der am Bau beteiligten einen immer noch zu geringen Stellenwert. Die daraus resultierenden Planungs- und Ausführungsfehler bei Gebäuden führen zu akustischen Bauschäden, deren Beseitigung unverhältnismäßige Kosten verursacht.

16.6.2 Regeln und Erfahrungen

16.6.2.1 Luftschallschutz einschaliger Wände

Die Luftschalldämmung (s. Abschn. 16.6.3.1) einer einschaligen Wand oder Decke hängt in erster Linie von ihrer Masse ab (Bergersches Massengesetz 1911). Sie steigt stetig mit der flächenbezogenen Masse an (s. Tab. **16**.80), wenn auch bei geringer Flächenmasse (unter etwa 40 kg/m²) die Schalldämmung nur wenig von dieser abhängt und moderne hochwärmedämmende Außenwände eine geringere Schalldämmung zeigen können als ihrer Masse entspricht (s. Abschn. 16.6.2.2).

Daneben ist – besonders bei leichten Wänden – die Luftschalldämmung auch von der Biegesteifigkeit der Wand abhängig (Cremer 1942): Biegeweiche Wände sind in der Regel günstiger als gleichschwere biegesteife. Das gilt auch für ihre Verwendung als Vorsatzschalen bzw. Einzelschale bei mehrschaligen Konstruktionen. Bei schweren Wänden, z. B. 24 cm starkem Mauerwerk, ist die hohe Steifigkeit jedoch vorteilhaft und führt zu hohen Schalldämmaßen.

Homogene Wände sind fast immer schalldämmender als gleichschwere inhomogene: Hohlraumreiche Decken enthalten leichte Bereiche, die eine höhere Schallübertragung

Tabelle **16**.80 Bewertetes Schalldämm-Maß $R'_{w,R}$ von einschaligen, biegesteifen Wänden und Decken (Rechenwerte, aus Beiblatt 1 zu DIN 4109, Tabelle 1) bei einer mittleren flächenbezogenen Masse der flankierenden Bauteile von etwa 300 kg/m² (Ermittlung s. Abschn. 15.6.4.1)

flächenbezogene Masse m' in kg/m²	bewertetes Schalldämm-Maß $R'_{w,R}$ in dB	flächenbezogene Masse m' in kg/m²	bewertetes Schalldämm-Maß $R'_{w,R}$ in dB	
85	34	380	52	
90	35	410	53	
95	36	450	54	
105	37	490	55	
115	38	530	56	
125	39	580	57	
135	40			
150	41	630	58	Diese Werte sind für einschalige Wände unsicher und gelten deshalb nur für die Ermittlung des Schalldämm-Maßes zweischaliger Wände aus biegesteifen Schalen (z. B. Reihenhaustrennwände).
160	42	680	59	
175	43	740	60	
190	44	810	61	
210	45	880	62	
230	46	960	63	
250	47	1040	64	
270	48			
295	49			
320	50			
350	51			

Die Schalldämm-Maße einiger Wandkonstruktionen besitzen etwas andere Zahlenwerte. Einzelheiten dazu finden sich in Beiblatt 1 zu DIN 4109, Tab. 1 bis 3.

16

begünstigen. Resonanzerscheinungen führen besonders bei größeren, über einige Zentimeter messenden Hohlräumen zu geringerer Schalldämmung der Gesamtkonstruktion.

Hohe innere Dämpfung (Materialdämpfung) wirkt sich, da dadurch schwingenden Bauteilen Schallenergie entzogen wird, positiv aus. Sandgefüllte Bauteile können daher eine höhere Schalldämmung als gleichschwere homogene aufweisen (z. B. Röhrenspanplatten bei schalldämmenden Türen).

16.6.2.2 Luftschallschutz mehrschaliger Bauteile

Die Luftschalldämmung mehrschaliger Bauteile wird maßgeblich durch die Flächenmasse der Schalen, deren Biegesteifigkeit, den Schalenabstand – und damit zusammenhängend – die dynamische Steifigkeit (Zusammendrückbarkeit) des zwischen den Schalen befindlichen Stoffes (Luft, Mineralfaser, Kunststoffschaum) bestimmt (s. Abschn. 16.6.3): Hohe Schalenmasse, porige Wandbaustoffe (dicht verputzt) sind ebenso von Vorteil wie großer Schalenabstand und Schallschluckstoff (Faserstoffmatten) zwischen den Schalen. Sie führen zu einer niedrigen Eigenfrequenz (Resonanzfrequenz; s. Abschn. 16.6.3) der Bauteilkonstruktion, wobei bei Ausführung mit schweren biegesteifen Schalen und durchgehender Trennfuge das Schalldämmaß bis zu 12 dB höher sein kann als bei gleichschweren einschaligen Wänden.

Leichte Wände mit ausschließlich *biegesteifen* Schalen bieten keinen hinreichenden Schallschutz, die Verwendung *einer* biegeweichen Schale kann dabei schon eine erhebliche Verbesserung des Schalldämmaßes bewirken.

Die übliche Fußbodenkonstruktion mit schwimmendem Estrich stellt eine zweischalige Konstruktion aus einer schweren, biegesteifen und einer leichten biegesteifen Schale dar. Eine gute (auch trittschalldämmende) Decke wird dabei nur bei einem schallbrückenfreien Aufbau zu erzielen sein (s. anschließenden Abschnitt).

16.6.2.3 Schallbrücken

Luftschichten und Schichten aus Materialien geringerer dynamischer Steifigkeit beeinträchtigen in der Regel die Schallübertragung, sie wirken also schalldämmend.

Wesentlich bei der Konstruktion und *Ausführung* von mehrschaligen Bauteilen ist deshalb die sichere Verhinderung von starren (steifen) Verbindungen („Schallbrücken") zwischen den Wandschalen. Bei Leichtbauwänden (z. B. Ständerwerk mit aufgebrachten Gipskartonschalen) verschlechtert sich also das Schalldämmaß bei geringem Ständerabstand, Vergrößerung der Zahl der Befestigungsstellen (Schrauben) für die Schalen und größeren Auflageflächen der Platten auf den Ständern. Vorteilhaft sind auch die neuen Ständerkonstruktionen mit Sicken, die die Elastizität der Ständer in Schallrichtung vergrößern und die Tragfähigkeit sogar erhöhen können!

Bei getrennten Ständerreihen für jede Schale ist die Schallbrückenwirkung auf die notwendigen Verlaschungen und die angrenzenden, *„flankierenden" Bauteile* beschränkt (Wände, Boden, Decke); derartige Wandkonstruktionen nähern sich dem schalltechnischen Optimum!

Schwimmende Estriche und zweischalige Reihenhaustrennwände sind jeweils aus zwei biegesteifen Schalen aufgebaut. Solche Konstruktionen sind auf Schallbrücken besonders empfindlich. Bei Reihenhaustrennwänden (auch aus Ortbeton) kann eine sichere Verhinderung von Schallbrücken durch Verwendung von speziellen Trennfugenplatten aus dynamisch ausreichend weichem Material geschehen.

Ähnlich Schallbrücken wirken auch (kleinflächige) Öffnungen in Wänden und Decken oder Flächen geringerer Schalldämmung in besser dämmenden Konstruktionen (s. anschließenden Abschnitt).

16.6.2.4 Bereiche geringerer Schalldämmung in Trennbauteilen
(s. auch Abschn. 16.6.3.3!)

Bei Wänden und Decken wird die Luftschalldämmung durch eingesetzte Bauteile geringerer Schalldämmung meist stark beeinträchtigt. Es hat keinen Sinn, eine Wand wesentlich schalldichter zu machen als z. B. die Tür in dieser Wand. Nach den Gesetzen der Bauakustik (s. Abschn. 16.6.3.3) wird in diesen Fällen die Schalldämmung des Gesamtbauteils meist nur knapp oberhalb der Schalldämmung des schwächsten Teils (Tür, Fenster, Nische) liegen.

Risse, Löcher, fehlerhafte Fugenvermörtelungen, auch flächenmäßig geringe Schwächungen der Trennkonstruktion verschlechtern ebenfalls die Schalldämmung.

Außenwände werden in ihrer Schalldämmung also wesentlich durch die Schalldämmaße der Fenster und Türen (s. Abschn. 5 und 6 in Teil 2 dieses Werkes) bestimmt. Nur bei sehr leichten Außenwänden kommt deren Schalldämmung in den Bereich der relativ geringen Schalldämmfähigkeit üblicher Fensterkonstruktionen und wirkt sich dämmindernd aus.

Wohnungstrennwände bieten wirksamen Schallschutz nach DIN 4109 erst, wenn sie – als Massivwände – aus den schwersten handelsüblichen Vollsteinen oder Vollziegeln, 24 cm stark, vollfugig vermauert und beidseitig dicht verputzt, an keiner Stelle durch Schornsteine, Rohrschlitze, Schächte oder Nischen geschwächt sind. Mauerwerk aus leichteren Steinen (Lochsteine u. Ä.) bietet erst bei größerer Dicke gleichen Schutz. Ihre Verwendung kann – auch bei Berücksichtigung von Tab. **16**.80 – zu erheblich geringeren Schalldämmaßen führen als ihre Flächenmasse nach DIN 4109 erwarten lässt [24].

16.6.2.5 Trittschallschutz

Nach dem heutigen Stand der Bautechnik wird optimaler Trittschallschutz durch „schwimmende Fußböden" bewirkt: Eine weichfedernde Dämmschicht zwischen Rohdecke und Fußboden verhindert bei richtiger Ausführung die Übertragung des Trittschalls auf die Rohdecke und die mit ihr in Verbindung stehenden Wände. Hohe Deckenmassen allein erhöhen den Trittschallschutz kaum, die Luftschalldämmung allerdings merklich.

Weichfedernde Gehbeläge können die *Erzeugung* von Trittschall vermindern. Dicke Teppichauflagen können also gut zur Trittschalldämmung beitragen, leisten aber umgekehrt keinen Beitrag zur Luftschalldämmung. Wegen der Auswechselbarkeit von Bodenbelägen darf die Trittschalldämmung dieser Schichten aber nicht in allen Fällen berücksichtigt werden (s. DIN 4109).

Stahlbetonplatten von mindestens 16 cm Dicke mit sorgfältig ausgeführtem, schallbrückenfreiem schwimmendem Estrich bieten einen ausreichenden Luft- und Trittschallschutz. Die tatsächliche Dämmwirkung von Stahlbeton-Rippendecken und anderen Decken mit Füllkörpern, Hohlräumen u. Ä. ist nur gesichert, wenn die Ausführung genau nach den Angaben der DIN 4109 erfolgt.

Unterdecken können in begrenztem Umfang den Trittschallschutz (und den Luftschallschutz) verbessern, jedoch ist die schalldämmende Wirkung nur bei dichter Ausführung merklich. Unter Decken mit Verbundestrich können sie nahe an die Wirksamkeit eines schwimmenden Estrichs herankommen.

Holzbalkendecken bieten in ihrer herkömmlichen Form keinen ausreichenden Schallschutz. Sie lassen sich heute jedoch als zwei- und mehrschalige Konstruktionen ausbilden (s. Abschn. 10.3.4.3), erreichen gute Schalldämmaße jedoch erst durch eine zusätzliche Beschwerung (aufgelegte Betonsteine, schwimmende Zementestriche u. Ä.) [25].

16.6.2.6 Schutz gegen Installationsgeräusche

16

Wenn niedrige Geräuschpegel in Räumen erreicht werden sollen, ist nicht nur eine gute Luft- und Trittschalldämmung notwendig, sondern die Aufmerksamkeit ist auch auf die Erschütterungsgeräusche zu richten, die durch Wasserrohrleitungen, Lüftungsanlagen, Aufzüge u. Ä. hervorgerufen werden (s. DIN 4109, Beibl. 2, Abschn. 2).

Durch richtig geformte („geräuscharme") Armaturen (mit Prüfzeichen), Rohrstöße und Biegungen lassen sich Schallquellen im Sanitärbereich fast immer vermeiden. Wasserrohre aller Art (also auch Abwasserrohre) müssen bei Deckendurchführungen und Wandbefestigungen weichfedernd umkleidet werden (vgl. Bild **16**.47). Badewannen, Waschbecken usw. sollten auf elastische Lager gesetzt werden und elastische Wandanschlüsse aufweisen. So genannte Wasserschalldämpfer verringern die Schallfortleitung über die Wassersäule, die auch bei Heizungsanlagen störend sein kann.

Durch die Wahl geeigneter Wohnungsgrundrisse lässt sich die Störung durch Installationsgeräusche ebenfalls verringern. An Wänden zu Schlaf- und Kinderzimmern sollten Rohrleitungen nicht befestigt werden. Das gleiche gilt für Wohnungstrennwände. Vorwandinstallationen und die Verwendung vorgefertigter Installationswände führen fast immer zu geringerer Geräuschbelästigung.

Motoren, Pumpen und Schalter sind ebenfalls abzufedern. Rohrkanäle, Abgasrohre, Lüftungs-, Luftheizungs- und Müllabwurfschächte sind schallgedämmt zu montieren und schalldicht abzuschließen.

Die Anforderungen an den Schallschutz gegen die Geräusche von haustechnischen Anlagen in schutzbedürftigen Räumen sind in einer Änderung der DIN 4109 neu festgelegt worden [26]

Es kann nur dringend empfohlen werden, die Konstruktionsvorschläge, die in der Norm enthalten sind, weitestgehend anzuwenden, um den hohen Ansprüchen an Störfreiheit in Wohnräumen einigermaßen gerecht werden zu können. Die Rechenverfahren der DIN 4109 zur Vorausberechnung des Schallschutzes entsprechen jedoch in vielen Punkten nicht mehr dem Stand der Technik. Im Augenblick können nur die Verfahren der DIN EN 12 354 empfohlen werden. Die DIN 4109 wird z. Z. grundlegend überarbeitet, dem Verbraucher dienende Änderungen werden allerdings bei Bedarf veröffentlicht.

16.6.2.7 Schutz gegen Schallübertragung durch Kanäle und Schächte

Bei mehrgeschossigen Wohnbauten ist auf die Gefahr der Luftschallübertragung durch Lüftungsschächte u. Ä. zu achten, da auch bei schalltechnisch guten Decken die Luftschalldämmung zwischen Küchen und Bädern übereinander liegender Wohnungen gänzlich unzureichend sein kann, wenn eine unmittelbare Luftverbindung zwischen diesen Räumen (Luftschallbrücke) vorliegt.

Der Anschluss von übereinander liegenden Räumen an einen Sammelschacht ist nur zulässig, wenn die Querschnittsfläche der Anschlussöffnungen nicht mehr als 60 cm^2 (bei Schacht-Querschnitten von höchstens 270 cm^2) beträgt und die Schachtinnenwände offenporig sind, also aus unverputztem Mauerwerk, Bimsbeton o. Ä. bestehen. Sonst ist die Verwendung von Einzelschächten oder (bei wiederum porigen Schachtinnenflächen) der Anschluss an einen Schacht nur in jedem zweiten Stockwerk unerlässlich.

Die Schallübertragung wird gemindert, wenn

- die Schachtquerschnitte klein sind,
- diese Querschnitte flach-rechteckig gewählt werden,
- die Schachtinnenoberflächen schallschluckend sind,
- die Zu- und Abluftöffnungen sich nicht zu nahe an Raumkanten bzw. Raumecken befinden. Zumindest 50 cm Abstand von wenigstens einer Raumkante sollten eingehalten werden.

Abgaskamine (z. B. von gasbetriebenen Durchlauferhitzern) müssen nach den gleichen Prinzipien geplant werden. Bei ihnen können die Schallübertragungen wegen auftretender Resonanzerscheinungen der angesetzten Trichter noch ungünstiger und damit die Verwendung von Einzelschächten angebracht sein.

Luftheizungssysteme müssen ebenfalls schalltechnisch gut geplant werden. Falls nebeneinanderliegende Räume an gleiche Warmluftkanäle angeschlossen werden sollen, sind im Rohrverlauf sog. „Telefonie-Schalldämpfer" zur akustischen Trennung vorzusehen.

16.6.2.8 Schutz vor akustischen Bauschäden

Im Bereich des Schallschutzes kann mit weiteren Entwicklungen von preiswerten und praktisch verwendbaren schalldämmenden Baustoffen, Bauteilen und Konstruktionen gerechnet werden. Die richtige Auswahl und der richtige Einsatz neuer Mittel ist in diesem Bereich ohne fundierte bauphysikalische (akustische) Kenntnisse kaum möglich. Eher als in anderen Bereichen der Bauphysik muss daher empfohlen werden, bei schwierigeren Fällen die Sonderfachleute zu Rate zu ziehen. Nur diese können auch die in letzter Zeit eingetretenen Datenänderungen verschiedener Materialien und Bauteile richtig einschätzen (s. auch [27]).

Die Erfahrung zeigt, dass durch Fehleinschätzung schnell akustische Bauschäden eintreten können, deren Beseitigung unvorhersehbare Kosten verursacht.

Bei der Sanierung von bestehenden Gebäuden wird von den Bewohnern in der Regel eine Verbesserung des Schallschutzes gefordert, die besonders schwierig durchzuführen ist. Für die Plattenbauten in den neuen Bundesländern finden sich in der aktuellen Fachliteratur praxiserprobte Sanierungsvorschläge, die häufig auf andere Gebäude übertragbar sind.

16.6.3 Physikalische Erläuterungen

Schall ist eine in elastischen Medien sich fortpflanzende Schwingung- oder Wellenbewegung und entsteht durch mechanische Schwingungen bzw. Bewegungen.

Nach der den Schall fortgeleitenden Stoffart unterscheidet man Luft- und Körperschall. Trittschall wird als Körperschall erzeugt, weitergeleitet und gelangt (nach Umwandlung) als Luftschall zum menschlichen Ohr. Da Schallwellen Energie (und Leistung) enthalten und übertragen können, wird bei der Schallerzeugung Energie bzw. Leistung benötigt, die an anderen Stellen (Empfänger [Ohr, Mikrofon] oder Schallschluckmaterial) wieder frei bzw. in andere Energieformen umgewandelt wird.

Schall. Jeder Schall und jedes Geräusch setzt sich aus einfachen Tönen verschiedener Frequenz f (Schwingungsanzahl der Schallwellen pro Sekunde) und Stärke (Amplitude) zusammen. Mit der Frequenz nimmt die Tonhöhe zu. Ihrer Verdopplung entspricht eine Oktave. Der Hörbereich des menschlichen Ohres liegt etwa zwischen 16 und 20 000 Hz. Messungen und Untersuchungen in der Bauakustik erstreckten sich bisher vorwiegend auf den 5 Oktaven umfassenden Bereich von etwa 100 bis 3200 Hz. Es ist – wegen der zunehmenden akustischen Belästigung durch tiefere Töne – wünschenswert, den Bereich besonders zu niedrigeren Frequenzen hin auszudehnen. Z. Z. werden die meisten Messungen schon in einem erweiterten Frequenzbereich durchgeführt, der in den Zahlenangaben (Ein-Zahl-Angaben) häufig noch nicht berücksichtigt wird.

Schallquellen (Saiten, Platten, schwingende Massen, auch Luftmassen) erzeugen durch das Hin- und Herschwingen Druckschwankungen, die sich in der Luft als Druckwellen fortpflanzen. Die Druckschwankungen (der Schallwechseldruck) überlagern sich dem konstanten, wesentlich größeren atmosphärischen Luftdruck.

Schalldruck. Als Schalldruck p (genauer: effektiven Schalldruck p_{eff}) bezeichnet man den quadratischen Mittelwert des Wechseldrucks, d. h. der Luftdruckschwankungen. Er dient als ein Maß für die Stärke des Schalls. Da der menschliche Gehörsinn Lautstärke nicht proportional zum Schalldruck, sondern eher proportional zum Logarithmus des Schalldrucks empfindet (Gesetz von Weber und Fechner), hat man als ein weiteres Maß für die Stärke des Schalls den Schall(druck)pegel L eingeführt:

$$L = 20 \lg (p/p_0) \quad \text{mit} \quad p_0 = 2 \cdot 10^{-4} \mu\text{bar} = 2 \cdot 10^{-5} \text{ Pa}$$
in Dezibel (dB)

dabei bedeuten

- p jeweiliger Schalldruck in μbar oder Pascal (Pa) mit 1 Pa = 1 N/m^2 = 10 μbar
- p_0 Bezugsschalldruck, der etwa dem Druck des leisesten noch hörbaren 1000-Hz-Tons entspricht.

Der Schallpegel wird in Dezibel (dB) angegeben. Schallpegel (und auch Schalldruck) können objektiv mit einem im wesentlichen aus Mikrofon, Verstärker und Anzeigeinstrument bestehenden Gerät („Schallpegelmesser") bestimmt werden.

16

Schallpegel, die wie der menschliche Gehörsinn die verschiedenen Frequenzen unterschiedlich stark berücksichtigen, nennt man bewertete Schallpegel. Der wichtigste dieser Pegel ist der A-bewertete Schallpegel, auch Lautstärkepegel genannt, dessen Zahlenwerte das Lautstärkeempfinden des Menschen berücksichtigen. Er wird in dB(A) gemessen. Ein Unterschied von 10 dB(A) bei Geräuschen bedeutet (bei mittleren Lautstärken) etwa eine Halbierung bzw. Verdopplung der empfundenen Lautstärke der verschiedenen Geräusche. Nicht immer entspricht der Zahlenwert einer Pegelmessung dem Höreindruck: Neben dem Pegelwert kann immer noch der Frequenzgehalt, die Impulshaltigkeit usw. für Störfähigkeit von Schall bedeutend sein.

Pegeladdition. Schallpegel lassen sich nicht einfach addieren. Aufgrund ihrer Definition als Logarithmus (von Verhältnissen physikalischer Größen) kann man aber ein paar Faustregeln beim *gleichzeitigen* Wirken verschiedener Geräusche angeben: Sind die Pegel zweier Geräusche (± 1 dB) gleich, so ist bei gleichzeitigem Auftreten beider Geräusche der Gesamtpegel um etwa 3 dB höher als der der Einzelgeräusche. Bei 10 dB Pegel-Unterschied ist der Gesamtpegel kaum noch vom größten Einzelpegel zu unterscheiden. Zwischen 9 und 2 dB Unterschied wirken sich nur noch als Vergrößerung des höheren Pegels um 1 bis 2 dB aus!

Luft- und Trittschallübertragung

Die Luftschallübertragung von einem Raum zum anderen kann etwa wie folgt beschrieben werden (Bild **16**.81):

Die Druckschwankungen der Luft in einem „Senderaum" (mit Schallquellen) gelangen an die raumbegrenzenden Bauteile (Wände, Decken, Boden) und regen diese zum Mitschwingen an. So kann der Schall dann – als Körperschall – zu den Bauteilen des „Empfangsraumes" (leiser, gestörter Raum) gelangen, die ihn als Luftschall zum Ohr des darin befindlichen Menschen abstrahlen.

Meist wird der größte Schallanteil über das eigentliche Trennbauteil (Wand, Decke) in den Nachbarraum gelangen. Die flankierenden Bauteile (Seitenwände, Decken, Außenwand, usw.) übertragen in der Regel nur geringere Schalleistungen. Dem Trennbauteil kommt somit die Hauptaufgabe der Schalldämmung, also die Verringerung der Schallpegel im Vergleich zum Pegel im Senderaum, zu.

Die Schallschutznorm DIN 4109 (11.89) unterscheidet bei den Nachweisverfahren für den ausreichenden Schallschutz zwischen Massiv- und Holz-/Skelettbauten. Bauakustisch besteht der Unterschied darin, dass bei Massivbauten alle vier in Bild **16**.81a eingezeichnete Schallwege vorhanden sind, bei Gebäuden in *Holz- und Skelettbauart* (s. Bild **16**.81b) dagegen nur die Wege *Dd* und *Ff* wesentliche Schallleistung übertragen: Die biegeweiche, nicht steife Anbindung der Trennbauteile (Wände, Decken) an die flankierenden Bauteile behindert die Schallübertragung.

Trittschall wird wie jeder andere Körperschall (z. B. Installationsschall) durch direkte mechanische Anregung („Klopfen") eines Bauteils erzeugt, von diesem Bauteil zu einem den Empfangsraum begrenzenden Bauteil weitergeleitet und dann als Luftschall in diesen Raum abgestrahlt (s. Bild **16**.84). Körperschall kann nur durch weiche, den Schall weniger gut weiterleitende Zwischenschichten (z. B. Trittschall-Dämmmatten) gedämmt werden.

Massengesetz der Bauakustik

Schwere Bauteile lassen sich wegen ihrer Massenträgheit von den Schalldruckschwankungen der Schallwellen nur wenig zum Mitschwingen anregen. Das in Abschn. 16.6.2.1 erwähnte Massengesetz ist eine Auswirkung dieser Eigenschaft, die auch erklärt, dass hohe Frequenzen weniger gut in Nachbarräume gelangen als tiefe, da die zugehörigen schnellen Druckschwankungen eine träge Wandmasse weniger stark in Bewegung versetzen können als langsamere.

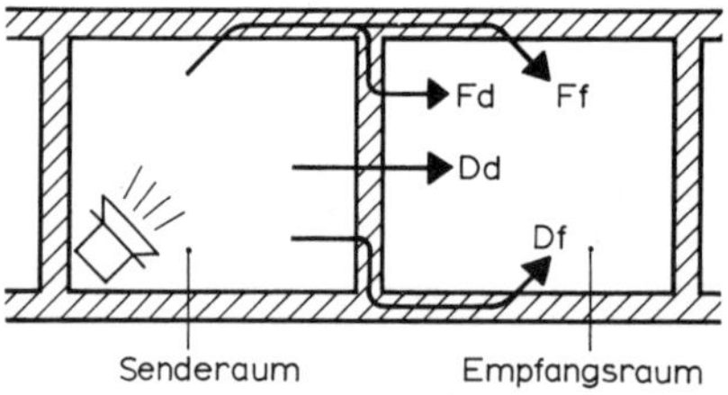

16.81a

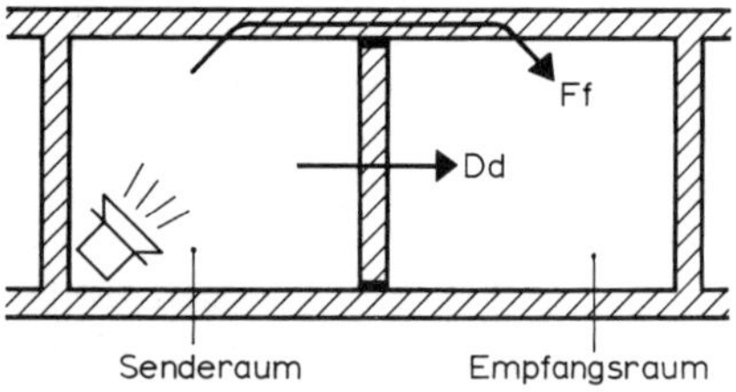

16.81b

16.81 Übertragungswege des Luftschalls zwischen zwei Räumen (nach DIN 52 217)
a) in einem Gebäude in Massivbauart
b) in einem Gebäude in Skelett- oder Holzbauart

Grenzfrequenz. Biegesteife einschalige Bauteile mit nicht zu großer flächenbezogener Masse (d. h. Masse pro m2) bis zu etwa 150 kg/m2 durchbrechen das Massengesetz insofern, dass die nach dem einfachen Massengesetz zu erwartenden Schalldämmwerte mit ihnen nicht erreicht werden. Als Grund dafür fand Cremer (1942) eine resonanzartige Erscheinung bei der Schallübertragung durch plattenförmige Trennbauteile: Oberhalb einer „Grenzfrequenz" f_g können die durch die Luftschallwellen auf dem Trennbauteil angeregten Wellen („Spurwellen") und die sich im Bauteil ausbreitenden Biegewellen (Körperschallwellen) in ihren Wellenlängen übereinstimmen und sich gegenseitig verstärken. Diese ‚Koinzidenz' führt zu einer erhöhten Luftschallabstrahlung in den Empfangsraum: Die Schalldämmung ist geringer als bei gleich schweren biegeweichen Bauteilen.

Wenn die Grenzfrequenz, die sich z. B. nach der Formel (s. DIN 4109, Beibl. 1.A.9.3)

$$f_g = \frac{60}{d}\sqrt{\frac{\varrho}{E_{dyn}}} \quad \text{in Hz}$$

mit

E_{dyn} dynamischer Elastizitätsmodul [28] des Baustoffs in MN/m2

d Dicke der (homogenen) Platte in m

ϱ Rohdichte des Baustoffs in kg/m3

errechnet, oberhalb von 2000 Hz liegt, spricht man von *biegeweichen* Platten: Gipskartonplatten bis zu etwa 15 mm Dicke, Putzschalen auf Gewebe, Holzwolleleichtbauplatten bis 25 mm (auch einseitig verputzt), Glasplatten bis 6 mm und Spanplatten bis 16 mm gelten als biegeweich. Sie strahlen Körperschallwellen schlecht ab (s. o.) und werden deshalb als Vorsatzschalen vor biegesteifen Massivwänden oder bei zweischaligen Bauteilen vorteilhaft verwendet.

Biegesteife Bauteile mit Grenzfrequenzen zwischen 200 und 2000 Hz sollten als alleinige Trennbauteile vermieden werden. Schwere biegesteife Massivbauteile mit Grenzfrequenzen unter 200 Hz gelten wieder als gut für Schalldämmaßnahmen einsetzbare Trennbauteile (vgl. auch Tab. **16**.80).

Doppelwandresonanz, Resonanzfrequenz

Für die Frequenzabhängigkeit der Schallausbreitung spielen, besonders bei mehrschaligen Bauteilen, Resonanzerscheinungen eine wesentliche Rolle. Solche Bauteile sind selbst schwingfähige Gebilde aus Massen (Schalen) und Federn (elastische Zwischenschichten, wie z. B. Mineralwolle oder auch Luft), die bei Stoßanregung bevorzugt *eine* Frequenz abstrahlen. Sie lassen den Schall im Bereich dieser Resonanzfrequenz (Eigenfrequenz) besonders stark durchdringen und das bedeutet eine Verringerung der Schalldämmung in diesem Frequenzbereich. Bei zweischaligen Konstruktionen ist die Eigenfrequenz einfach zu ermitteln:

$$f_0 = 160\sqrt{s'\left(\frac{1}{m'_1} + \frac{1}{m'_2}\right)} \quad \text{in Hz}$$

Dabei bedeuten

m'_1, m'_2 flächenbezogene Massen (Flächengewichte, Flächenmassen) der Bauteilschalen in kg/m2

s' dynamische Steifigkeit der elastischen Zwischenschicht in N/cm3 = MN/m3

Die **dynamische Steifigkeit** s' von Materialien zur Schalldämmung ist ein Maß für ihre Zusammendrückbarkeit (Elastizität): Weiche Materialien haben niedrige, schwerer zusammendrückbare höhere s'-Werte [28].

Für ausreichende Schalldämmung sollte die Resonanzfrequenz f_0 einer zweischaligen Wand oder Decke unter 100 Hz (besser: 80 Hz) liegen. Oberhalb von f_0 wächst die Schalldämmung stärker mit der Frequenz an als bei gleich schweren einschaligen Konstruktionen. Zweischalige Konstruktionen aus schweren, biegesteifen Schalen haben z. B. ein bis zu 12 dB höheres Schalldämmaß (s. Abschn. 16.6.3.1) als entsprechende einschalige. Auf der günstigen Zweischaligkeit beruht auch die Schalldämmwirkung schwimmender Estriche.

16.6.3.1 Messung der Luftschalldämmung, Schalldämmaße

Bei der Messung der Luftschalldämmung nach DIN EN 20 140 werden im Senderaum Lautsprecher, die so angeordnet sind, dass sie ein möglichst gleichmäßiges Schallfeld aufbauen, über einen Verstärker mit Rauschen gespeist, das aus Frequenzen innerhalb einer Drittel-Oktave besteht („Terz-Rauschen"). Nacheinander werden diese Terzbänder bei Variation der Mittenfrequenzen von 50 bis 3150 Hz ausgestrahlt und mit einem Pegelmesser im Sende- und Empfangsraum die Pegel L_1 und L_2 in den beiden Räumen ermittelt (Bild **16**.82).

Daraus bestimmt man für jede der 16 Messfrequenzen zwischen 100 und 3150 Hz die

Schallpegeldifferenz $D = L_1 - L_2$ in dB

und das

Schalldämmaß $R = D + 10 \lg (S/A)$ in dB

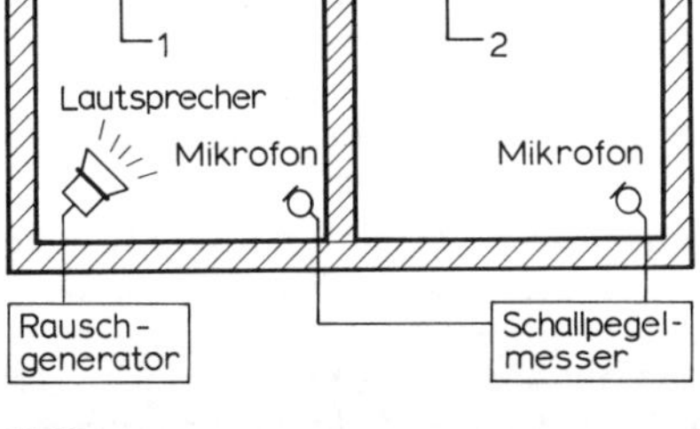

16.82
Messung der Luftschalldämmung eines Trennbauteils (hier: Wand)

16

wobei das Korrekturglied mit S/A die Einflüsse der Größe der Trennbauteilfläche S (in m^2) und der äquivalenten Schallschluckfläche A (ebenfalls in m^2) im Empfangsraum berücksichtigen soll. Die äquivalente Schallabsorptionsfläche A eines Raumes ist dabei ein Maß für die Schallabsorption (etwa gleichbedeutend mit Schallschluckung, Schalldämpfung) in diesem Raum. Ein Schallereignis klingt bei starker Schallschluckung schneller, d. h. mit kürzerer Nachhallzeit T (in Sekunden s) ab als in „halligen" großen Räumen. Der Zusammenhang zwischen äquivalenter Schallschluckfläche und Nachhallzeit wird beschrieben durch die

Sabinesche Formel $A = 0{,}163\,(V/T)$ in m^2

mit

V Raumvolumen in m^3

T Nachhallzeit in s

Für die Korrektur der gemessenen Schallpegeldifferenzen D wird also für jede Messfrequenz f auch noch eine Nachhallzeitmessung benötigt. Da man bei allen Messungen Ungleichmäßigkeiten der Schallverteilung in den Räumen annehmen kann, muss die Pegelmessung an verschiedenen Stellen und bei verschiedener Stellung der Lautsprecher und Pegelmesser-Mikrofone durchgeführt werden. Daher gehen alle einzusetzenden Werte aus Mittelungen hervor. Die Messungen müssen unter Berücksichtigung aller in DIN EN 20 140 angegebenen Vorschriften erfolgen. Die Zahl der Fehlermöglichkeiten ist groß: Allein der Aufenthalt von Personen im Empfangsraum kann z. B. schon merkliche Messabweichungen bewirken.

Überprüfungen des Schalldämmverhaltens von Wänden oder Decken mit *einfachen* Schallpegelmessern (Lautstärkemessern) können dementsprechend auch nur sehr grob Auskunft über eingehaltene Dämmwerte liefern. Bei derartigen *Güteprüfungen* am Bau (Eignungsprüfungen) sollte deshalb die DIN EN 20 140 besonders beachtet werden.

Bei Schalldämm-Messungen am Bau wird der Schall vom Sende- zum Empfangsraum nicht nur über die gemeinsame Wand oder Decke, sondern im allgemeinen auch auf Nebenwegen, z. B. über flankierende Bauteile (s. Bilder **16**.81 und **16**.86), übertragen. Das ermittelte Schalldämmaß wird dementsprechend kleiner als bei Labormessungen mit ausgeschalteten Nebenwegen ausfallen. Man bezeichnet am Bau gemessene oder in Prüfständen mit bauähnlicher Flankenübertragung bestimmte Schalldämmaße mit R' zur Unterscheidung von Labor-Schalldämmaßen R.

16

Messungen im Labor werden – nach Umstellung aller Labors im europäischen Bereich – nur noch ohne Nebenwegsübertragung durchgeführt, es werden also nur noch R-Werte bestimmt. In DIN 4109, Bbl. 3: 1996-06 wird die Berechnung der notwendigen R'-Werte aus den Laborwerten R beschrieben. Darüber hinaus werden in den Messlabors die Messungen jetzt schon in einem erheblich vergrößerten Frequenzbereich und unter Berücksichtigung verschiedener Lärmarten durch Messungen der sog. Spektrum-Anpassungswerte C durchgeführt. Darauf kann in diesem Werk jedoch erst nach Inkrafttreten der neuen Schallschutz-Normen eingegangen werden.

Bewertetes Schalldämm-Maß R_w

Zur vollständigen Beschreibung der Dämmeigenschaften von Bauteilen sind die *Kurvenverläufe* $R(f)$ bzw. $R'(f)$ notwendig. Es hat sich aber als für die Praxis in vielen Fällen wünschenswert herausgestellt, die Bauteile mit *einem* Zahlenwert zu beschreiben, um Mindestwerte zu formulieren, oder auch Vergleiche von Bauteilen zu vereinfachen. Ein arithmetischer Mittelwert R_m aus den gemessenen Schalldämmaßen bei verschiedenen Frequenzen hat sich jedoch als ungünstige Ein-Zahl-Angabe herausgestellt, da die Mittelwertbildung die unterschiedliche Empfindlichkeit des Ohres für die verschiedenen Frequenzen nicht berücksichtigt. Als dem Gehörsinn besser angepasst hat sich folgendes Verfahren zur Ermittlung des *bewerteten Schalldämmaßes* R_w bzw. R'_w bewährt:

Man bestimmt – nach dem in der Beschreibung zur Tabelle **16**.83 angegebenen Verfahren – die mittlere Abweichung („Ablage") der gemessenen Schalldämmaß-Kurven $R(f)$ bzw. $R'(f)$ von einer vorgegebenen und genormten *Bezugskurve* $R_0(f)$ (nach DIN EN ISO 717-1/2: 1997-01). Da die Bezugskurve (stilisiert) das Schalldämmaß einer „Normalwand" von R_w = 52 dB repräsentiert, ergibt sich je nach Richtung und Größe der Ablage (in *ganzzahligen* dB) das bewertete Schalldämmaß des geprüften Bauteils.

Luftschallschutzmaß. Die mittlere Abweichung der Messkurve von der Bezugskurve wird als das Luftschallschutzmaß *LSM* (bzw. *LSM'*) des Bauteils bezeichnet, der Zusammenhang dieser – nicht mehr genormten – Ein-Zahl-Angabe mit dem bewerteten Schalldämmaß ist gegeben durch

$$R_w = LSM + 52\ \text{dB} \quad \text{bzw.} \qquad \text{in dB}$$
$$R'_w = LSM' + 52\text{dB}$$

Das Bewertungsverfahren wird in Tabelle **16**.83 anhand eines Beispiels beschrieben.

Rechnungsgang zur Ermittlung des bewerteten Schalldämmaßes R_w: Man schätzt die mittlere Abweichung von Messkurve und Bezugskurve ab (hier z. B. –5 dB) und verschiebt „zur Probe" die Bezugskurve um diesen Wert (hier: nach unten). Nun bildet man in jeder Zeile die Wertedifferenz zwischen verschobener Bezugskurve und Messkurve, wobei nur R-Werte, die ungünstiger als die Bezugskurve (also unterhalb!) liegen, berücksichtigt werden. Diese Abweichungen werden addiert und durch 16 dividiert. Die erhaltene mittlere Abweichung soll nicht über 2 dB, aber möglichst dicht an diesem Wert liegen. Hier ergibt sich als Mittelwert 2,63 > 2,00 dB, also muss eine weitere Probeverschiebung der Bezugskurve (also hier um –6 dB) erfolgen, die eine mittlere Verschiebung von 2,00 dB ergibt. Die letztere Verschiebung ist also gültig und ergibt das bewertete Schalldämmaß der Messkurve zu 46 dB. Dieser Wert lässt sich direkt aus der Lage des 500-Hz-Wertes der verschobenen Bezugskurve ablesen (s. graphische Darstellung).

Anmerkung: Da die Werte der Messkurve häufig aus Mittelwertbildungen hervorgehen, sind in der Regel diese Werte nicht ganzzahlig! Der Rechnungsgang entspricht aber vollkommen dem hier beschriebenen im vereinfachten Rechenbeispiel!

Die Ablage der verschobenen Bezugskurve R_0 von der Messwertkurve $R(f)$ kann positiv (günstig, nach oben) oder negativ (ungünstig, nach unten) sein.

Das Luftschallschutzmaß *LSM* hat dementsprechende Vorzeichen. Man beachte aber den Unterschied zu *Trittschalldämm*-Angaben in Form des Trittschallschutzrnaßes *TSM*, bei dem das Vorzeichen bei Verschiebung nach oben negativ (ungünstig) und entsprechend positiv bei Verschiebung nach unten ist (s. Abschn. 16.6.3.2).

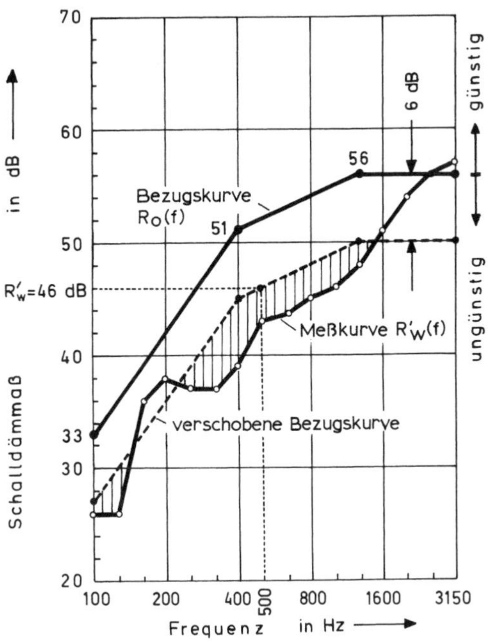

In der Schallschutznorm DIN 4109 sind die *Anforderungen* an den Luftschallschutz für die ver-

Tabelle **16**.83 Ermittlung des bewerteten Schalldämmaßes (R'_w)

Zeile	Frequenz	Schalldämmaße		Abweichungen zwischen Messkurve R' und verschobener Bezugskurve R_0 (im ungünstigen Sinn) bei ihrer Verschiebung um		
		Bezugswerte	Messwerte			
	f in Hz	R_0 in dB	R' in dB	–5 dB	–6 dB	–
1	100	33	26	2	1	
2	125	36	26	5	4	
3	160	39	36	0	0	
4	200	42	38	0	0	
5	250	45	37	3	2	
6	315	48	37	6	5	
7	400	51	39	7	6	
8	500	**52**	43	4	3	
9	630	53	44	4	3	
10	800	54	45	4	3	
11	1000	55	46	4	3	
12	1250	56	48	3	2	
13	1600	56	51	0	0	
14	2000	56	54	0	0	
15	2500	56	56	0	0	
16	3150	56	57	0	0	
mittlere Abweichungen				$\frac{42}{16} = 2{,}63$	$\frac{32}{16} = 2{,}00$	
maßgebend			2,0 ≤ 2,0			
Bewertetes Schalldämmaß $R'_w = 52$ dB – 6 dB = 46 dB			(Luftschallschutzmaß *LSM'* = –6 dB)			

schiedenen Bauteile als *Mindestwerte* für das bewertete Schalldämmaß („*erf.* R'_w") zu finden.

16.6.3.2 Messung der Trittschalldämmung, Trittschalldämmaße

Bei der Messung der Trittschalldämmung wird im Senderaum Körperschall durch ein genormtes Hammerwerk (nach DIN EN ISO 717-1/2: 1997-01) auf der Trenndecke erzeugt und der Schallpegel im (auch schräg) darunter liegenden Empfangsraum gemessen (s. Bild **16**.84). Die Messung erfolgt wieder in 16 terzbandbreiten Frequenzbändern mit Mittenfrequenzen von 100 bis 3150 Hz. Die gemessenen Trittschallpegel L_T (bzw. L'_T) werden unter Berücksichtigung der äquivalenten Schallabsorptionsfläche A des Empfangsraums korrigiert; es ergibt sich dann der Normtrittschallpegel L_n:

$$L_n = L_T + 10 \lg (A/A_0) \quad \text{in dB}$$

wobei $A_0 = 10\ m^2$ die genormte Bezugs-Schallschluckfläche (für Wohnräume) ist.

Sind die Normtrittschallpegel unter den bauüblichen Bedingungen ermittelt worden, werden sie mit L'_n bezeichnet. Im Gegensatz zu den Luftschalldämmaßen R sind bei den Normtrittschallpegeln niedrige Werte günstig, da sie bei der Trittschallerzeugung ja durch das Normhammerwerk erzeugte Pegel und nicht Pegel*unterschiede* beschreiben.

Bewerteter Norm-Trittschallpegel $L_{n,w}$ (bzw. $L'_{n,w}$)

Die Ermittlung einer Ein-Zahl-Angabe zur Beschreibung der Trittschalldämmung geschieht ähnlich der Ermittlung von R_w: Eine Bezugskurve $L_{n0}(f)$ (aus DIN EN ISO 717-1/2: 1997-01) wird mit der Messwertkurve $L_n(f)$ bzw. $L'_n(f)$ verglichen. Die nach der in Tabelle **16**.85 beschriebenen Bewertungsverfahren ermittelte Größe heißt „bewerteter Norm-Trittschallpegel", bzw. $L'_{n,w}$. Der zahlenmäßige Zusammenhang mit der bisher als Ein-Zahl-Angabe verwendeten Trittschallschutzmaß *TSM* (bzw. *TSM'*) lautet:

$$TSM = 63 - L'_{n,w} \quad \text{in dB}$$

Aus der graphischen Darstellung unter Tabelle **16**.85 ergibt sich, dass diese bewerteten Normtrittschallpegel zahlenmäßig gleich dem Wert der verschobenen Bezugskurve L_{n0} bei 500 Hz sind. In DIN 4109 finden sich Zahlenwerte für die *TSM* noch in Klammern hinter den $L_{n,W}$-Werten!

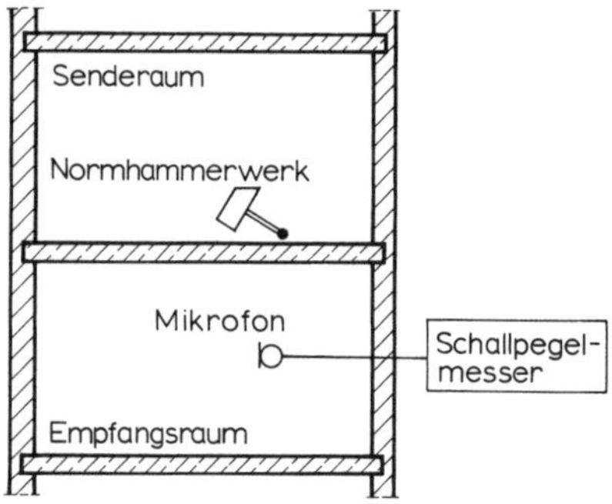

16.84
Trittschallmessung an einer Decke

Rechnungsgang zur Ermittlung des bewerteten Normtrittschallpegels $L_{n,w}$: Man schätzt die mittlere Abweichung von Messkurve und Bezugskurve ab (hier z. B. –15 dB) und verschiebt „zur Probe" die Bezugskurve um diesen Wert (hier: nach unten). Nun bildet man in jeder Zeile die Wertedifferenz zwischen verschobener Bezugskurve und Messkurve, wobei nur L_n-Werte, die ungünstiger als die der verschobenen Bezugskurve (also oberhalb) liegen, berücksichtigt werden. Diese Abweichungen werden addiert und durch 16 dividiert. Die erhaltene mittlere Abweichung soll nicht über 2 dB, aber möglichst dicht an diesem Wert liegen. Hier ergibt sich als Mittelwert 1,81 < 2,00 dB, also muss eine weitere Probeverschiebung der Bezugskurve (also hier um –16 dB) erfolgen, die allerdings schon eine mittlere Verschiebung von 2,38 > 2 dB ergibt. Die vorletzte Verschiebung um –15 dB ist also gültig. Das Trittschallschutzmaß ist positiv, da Verschiebungen nach unten (–) eine Verbesserung der Trittschalldämmung bedeuten. Der Zahlenwert des bewerteten Normtrittschallpegels $L_{n,w}$ lässt sich direkt aus der Lage des 500-Hz-Wertes der verschobenen Bezugskurve ablesen, hier ergibt sich also $L'_{n,w} = 45$ dB.

Anmerkung: Da die Werte der Messkurve häufig aus Mittelwertbildungen hervorgehen, sind in der Regel diese Werte nicht ganzzahlig! Der Rechnungsgang entspricht aber vollkommen dem hier beschriebenen im vereinfachten Rechenbeispiel!

Man beachte den Unterschied der Berechnungsverfahren von R_w und $L_{n,w}$: Da bei der Trittschalldämmung hohe L_n-Werte *ungünstig* sind, führen notwendige Verschiebungen der Bezugskurve nach oben zu *negativen* Trittschallschutzmaßen, solche nach unten zu (günstigen) positiven. Dementsprechend werden bei dem im Text zu Tab. **16**.85 beschriebenen Wertevergleich zwischen Messkurve $L_n(f)$ und verschobener Bezugskurve L_{n0} nur die Wertedifferenzen in die Mittelwertbildung einbezogen, bei denen die Messkurve *oberhalb* (also ungünstig) zur Bezugskurve liegt.

In der Schallschutznorm DIN 4109 sind die *Anforderungen* an den Trittschallschutz für die verschiedenen Bauteile als *Höchstwerte für den bewerteten Normtrittschallpegel* (*erf.* $L'_{n,w}$) zu finden.

Trittschallverbesserungsmaß $\Delta L_{w,R}$ (*VM*$_R$)

Die Trittschalldämmung kann durch Deckenauflagen (schwimmende Böden, weichfedernde Gehbeläge) verbessert werden (Tab. **16**.92). Die

Tabelle **16**.85 Ermittlung des bewerteten Normaltrittschallpegels $L_{n,w}$ und des Trittschallschutzmaßes *TSM*

Zeile	Frequenz	Normtrittschallpegel Bezugswerte	Messwerte der Fertigdecke	Abweichung zwischen Messkurve L'_n und verschobener Bezugskurve L_{n0} (im ungünstigen Sinn) bei ihrer Verschiebung um		
	f in Hz	L_{n0} in dB	L'_n in dB	−15 dB	−16 dB	- dB
1	100	62	56	9	10	
2	125	62	54	7	8	
3	160	62	51	4	5	
4	200	62	50	3	3	
5	250	62	46	–	0	
6	315	62	44	–	–	
7	400	61	43	–	–	
8	500	**60**	45	0	1	
9	630	59	44	0	1	
10	800	58	41	–	–	
11	1000	57	40	–	–	
12	1250	54	38	–	0	
13	1600	51	35	–	0	
14	2000	48	33	0	1	
15	2500	45	32	2	3	
16	3150	42	31	4	5	
Mittlere Abweichungen				$\frac{29}{16} = 1{,}81$	$\frac{38}{16} = 2{,}38$	
maßgebend				$1{,}81 \leq 2{,}0$		

Bewerteter Normtrittschallpegel $L'_{n,w} = 60$ dB – (–15 dB) 45 dB (Trittschallschutzmaß $TSM = +18$ dB)

Anmerkung: Bei 100 Hz weicht die Messkurve um 9 dB, d. h. um mehr als 5 dB, im ungünstigen Sinn von der verschobenen Bezugskurve ab

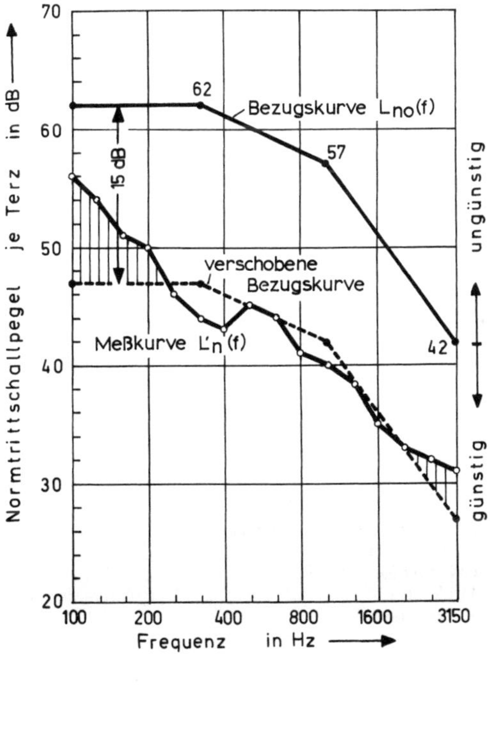

Trittschallminderung durch solche Maßnahmen wird durch das *Trittschallverbesserungsmaß* $\Delta L_{w,R}$ (VM_R) des Trittschallschutzes, ebenfalls einer Ein-Zahl-Angabe, gekennzeichnet. Nach DIN EN ISO 717-/2: 1997-01 ist das Verbesserungsmaß die Differenz der bewerteten Normtrittschallpegel $L_{n,w}$ (bzw. Trittschallschutzmaße *TSM*) einer in ihrem Normtrittschallpegel festgelegten Bezugsdecke ohne und mit Deckenauflage. Es beschreibt also die Verbesserung der Trittschalldämmung durch die getroffene Maßnahme (in dB) bei einer *bestimmten* (gedachten!) *Bezugs-Rohdecke*, die etwa einer 12 cm dicken homogenen Stahlbetondecke entspricht. Man kann deshalb nicht davon ausgehen, dass eine Deckenauflage auf einer beliebigen Rohdecke eine Veränderung der Trittschalldämmung um den Wert des Verbesserungsmaßes erbringt. Deshalb wird zu jeder in DIN 4109 (Bbl 1) genannten Massivdecke und bei Decken mit schwimmenden Böden ein „äquivalenter bewerteter Norm-Trittschallpegel" $L_{n,w,eq,R}$ (!!!) angegeben, mit dem sich dann der bewertete Norm-Trittschallpegel in einem Raum unter der Decke wie folgt berechnen lässt (s. DIN 4109, Bbl 1, 4.1.1):

$$L'_{n,w,R} = L_{n,w,eq,R} - \Delta L_{w,R} \quad \text{in dB}$$

16

Dieser errechnete Wert wird dann mit den Anforderungen des Normblattes DIN 4109 verglichen.

Bei **Holzbalkendecken** wirken sich Deckenauflagen meist weit weniger günstig aus, so dass (s. Bbl 1 zur DIN 4109, Tab. 19) die Verwendung der Trittschallverbesserungsmaße bei weichfedernden Bodenbelagen nicht erlaubt ist; je nach Größe der Verbesserungsmaße sind zwei verschiedene Zuschlagwerte zum bewerteten Normtrittschallpegel (d. h. Abzüge bei den Verbesserungsmaßen) anzuwenden.

Zahlenwerte für die äquivalenten bewerteten Norm-Trittschallpegel $L_{n,w,eq,R}$ finden sich in DIN 4109 (Bbl. 1, Tab. 16) und für Trittschallverbesserungsmaße in DIN 4109 (Bbl 1, Tab. 17 bis 19).

Bei gleichzeitiger Anwendung mehrerer Verbesserungsmaßnahmen zur Trittschalldämmung (z. B. Teppichboden auf schwimmendem Estrich) ergibt sich in der Regel nur das Trittschallverbesserungsmaß der allein schon am stärksten wirksamen Maßnahme. Bei etwa gleich starken und gleichzeitig angewandten Verbesserungsmaßnahmen kann man meist eine Erhöhung der Wirkung der besten Maßnahme (um wenige dB) messtechnisch feststellen, die DIN 4109 lässt aber keine rechnerische Berücksichtigung dieser zusätzlichen Verbesserung zu. Auf *keinen* Fall sind Verbesserungsmaße *addierbar*!

16.6.3.3 Zusammenwirken von Schalldämmmaßen, Einfluss von Schallnebenwegen (Flankenübertragung)

Schall gelangt von einer Schallquelle im Senderaum zum Empfangsraum nicht allein über das flächenmäßig bedeutendste Trennbauteil (Wand, Decke), sondern meist auch über Nebenwege (s. Bild **16**.86).

Solche Nebenwege können manchmal relativ große Schallleistungen übertragen, z. B. wenn sich eine schlechter dämmende Tür- oder Fensterfläche im eigentlichen Trennbauteil befindet, ein luftschallübertragender Schacht vorhanden ist oder einfach eine Undichtheit.

Schallleistung (gemessen in Watt, W) bezeichnet dabei eine Energiegröße, die proportional dem Quadrat des Schalldrucks (p^2) und der Fläche ist, auf die der Schall auftrifft. Die Schallleistung, die in ein Ohr eintritt, ist der eigentliche physikalische Reiz, der die Hörempfindung hervorruft.

Das Zusammenwirken der verschiedene Wege gehenden Schallanteile kann über die Errechnung der gesamten im Empfangsraum ankommenden Schallleistung beschrieben werden. Das kann durch einfache Addition der Einzelleistungen geschehen, die man rechnerisch bestimmen kann. Das ist aber meist unnötig, da man weiß, dass sie alle proportional zur Schallquellenleistung im Senderaum sind, und als Maß der Verminderung der im Empfangsraum ankommenden Leistung (gegenüber der Senderleistung) das in Abschn. 16.6.3.1 beschriebene Schalldämmmaß Verwendung findet.

Dementsprechend kann durch Addition von Größen, die die Schalldämmaße (die ja eine Schalleistungsverminderung beschreiben) entlang der verschiedenen Schallwege enthalten, die Gesamtschalldämmung unter Einbeziehung der Dämmung der Schallnebenwege errechnet werden.

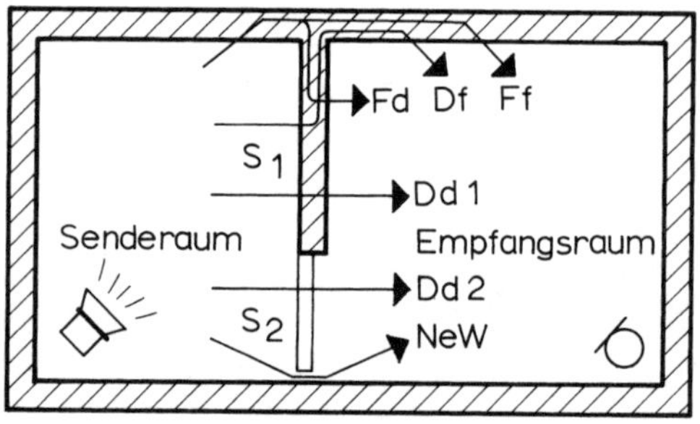

16.86 Übertragung des Luftschalls zwischen zwei Räumen

Fd, Df, Ff Flankenübertragung: Alle Wege *Fd, Df* und *Ff* treten in Massivbauten auf. Zur Angabe der Dämmung entlang des Weges *Ff* allein (bei Skelettbauten mit leichtem Aufbau und in Holzhäusern spielen *Fd* und *Df* keine Rolle) benutzt man das Schall-Längsdämm-Maß R_L

Dd 1 Direkter Schallweg über das Trennbauteil mit der Fläche S_1; zugehöriges Dämmaß: R_1

Dd 2 Direkter Schallweg über das Trennbauteil mit der Fläche S_2; zugehöriges Dämmaß: R_2

NeW Nebenweg-Übertragung über Undichtheiten, Lüftungsanlagen, Deckenhohlräume, Rohrleitungen o. Ä. Die Schallübertragung über Undichtheiten kann rechnerisch noch nicht erfasst werden. Die Luftschallübertragung durch Kanäle und Schächte beschreibt die Schachtpegeldifferenz D_K Die Schallübertragung über Rohrleitungen, Elektrokabel o. Ä. kann über ein Schall-Längsdämm-Maß R_L wie bei der reinen Flankenübertragung (*Ff*) beschrieben werden.

S_1, S_2 Trennbauteilflächen (in m²)

16

Bei n Schallnebenwegen ergibt sich die *„Kombinationsformel für Schalldämmaße"* zu

$$R_{res} = -10 \lg \left(\frac{S_1}{S_{ges}} 10^{-0,1R_1} + \frac{S_2}{S_{ges}} 10^{-0,1R_2} + \ldots + \frac{S_n}{S_{ges}} 10^{-0,1R_n} \right) \quad \text{in dB}$$

mit (s. Bild **16**.86)

$S_1 \ldots S_n$ Flächen der verschiedenen schallübertragenden Bauteile in m^2

$R_1 \ldots R_n$ Schalldämmaße dieser Flächen in dB

$S_{ges} = S_1 + S_2 + \ldots + S_n$ die gesamte Trennbauteilfläche in m^2

Flankenübertragung. Falls Flankenübertragung oder Übertragung des Schalls durch Kanäle, Schächte, Leitungen o. Ä. stattfindet (s. z. B. Schallwege Ff, NeW in Bild **16**.86), die entsprechenden Schalleistungen also nicht über in m^2 ausdrückbare Flächen des Trennbauteils übertragen werden, sind die entsprechenden Flächenanteile in der Formel unwirksam (gleich 1 zu setzen) und dafür etwas anders definierte Schallnebenweg-Dämmaße R'_L (Flankendämm-Maß oder Schall-Längsdämm-Maß nach E DIN 52 217: 1996-03) statt der R-Werte zu verwenden. Diese Dämmaße werden aus Labormessungen in Prüfständen, die allerdings bauübliche Maße haben, bestimmt. Die Bau-Dämmaße R'_L müssen nur dann aus diesen Labor-Dämmaßen R_L nach der unten angegebenen Formel errechnet werden, wenn die Maße am Bau (Höhe und Tiefe des Raumes) wesentlich (s. Abschn. 16.6.4.4) von den Labormaßen abweichen.

In der Regel wird das Gesamtschalldämmaß einer Schallübertragung vom Senderaum in den Empfangsraum nicht für jede Frequenz einzeln berechnet – wie es physikalisch richtig wäre – sondern es werden für die Schalldämmaße gleich die bewerteten Schalldämmaße R_w bzw. $R_{L,w}$ (Laborwerte!) eingesetzt.

Die dabei erzielte Genauigkeit der Ergebnisse ist im allgemeinen ausreichend. Die Umrechnung von Labor-Dämmaßen $R_{L,w}$ in Bau-Dämmaße $R'_{L,w}$ darf nach folgender Formel (s. E DIN 52 217: 1996-03 bzw. DIN 4109, Bbl 1, 5.4) geschehen:

$$R'_{L,w} = R_{L,w} + 10 \lg \frac{S_T}{S_0} - 10 \lg \frac{l}{l_0} \quad \text{in dB}$$

mit

$R_{L,w}$ bewertetes Labor-Schall-Längsdämm-Maß des flankierenden Bauteils in dB

S_T Fläche des trennenden Bauteils (Wand oder Decke), nicht des flankierenden Bauteils: S_T entspricht dem S_{ges} aus obigen Formeln

S_0 Bezugsfläche (für Wände ist $S_0 = 10\ m^2$)

l gemeinsame Kantenlänge zwischen dem trennenden und dem flankierenden Bauteil in m

l_0 Bezugskantenlänge (für Wände ist $l_0 = 2{,}80$ m, für Decken 4,50 m)

Ein ausführliches Rechenbeispiel zur Anwendung dieser Formeln findet sich in Abschn. 16.6.4.4.

Im Fall von nur zwei verschieden dämmenden Flächen im Trennbauteil – typisch beim Schalldurchgang durch die Bauteile Außenwand und Fenster – kann auch folgende in DIN 4109 (Bbl 1, 11) angegebene Formel (als Vereinfachung der Kombinationsformel für nur 2 Übertragungsflächen) Verwendung finden:

$$R'_{w,ges} = R_{w,1} - 10 \lg \left[1 + \frac{S_2}{S_{ges}} \left(10^{0,1(R_{w,1} - R_{w,2})} - 1\right) \right] \quad \text{in dB}$$

hier z. B. mit

S_1 Fläche der Wand in m^2

S_2 Fläche der Fenster oder Türen in m^2

S_{ges} Fläche der Wand mit Fenster oder Tür in m^2

$R_{w,1}$ bewertetes Schalldämm-Maß der Wand allein in dB

$R_{w,2}$ bewertetes Schalldämm-Maß von Fenster oder Tür in dB

Bei der Verwendung dieser Formeln zeigt sich, dass (vgl. Abschn. 16.6.2.4) sogar eine geringe Fenster- oder Türfläche auch in einer gut schalldämmenden Wand das Gesamtschalldämmaß in der Nähe der geringeren Dämmaße von Fenster oder Tür bringt. Dabei ist noch zu berücksichtigen, dass die üblicherweise angegebenen Dämmaße von Fenstern oder Türen Labor-Schalldämm-Maße sind, die bei der Anwendung der Formel eigentlich durch am Bau erreichbare (wegen der Fugeneinflüsse bei undichtem Einbau also kleinere) ersetzt werden müssten. Ein am Bau bestimmtes resultierendes Schalldämm-Maß kann also noch niedriger liegen als das errechnete!

Rechenbeispiel (aus DIN 4109 Bbl 1,11)

Wand mit Tür

Gegeben: Wand $S_1 = 20\ m^2$, $R_{w,1} = 50$ dB

Tür $S_2 = 2\ m^2$, $R_{w,2} = 35$ dB

Berechnung nach der vereinfachten Gleichung:

$$R'_{w,ges} = 50 - 10 \lg \left[1 + \frac{2}{22} \left(10^{0,1(50-35)} - 1\right) \right] = 44{,}2 \approx 44 \text{ dB}$$

Erhöhte man das Schalldämmaß der Wand um 10 dB auf 60 dB, so stiege das resultierende Schalldämmaß nur auf 45,3 dB. Eine Erhöhung des Schalldämmaßes der Tür um ebenfalls 10 dB auf 45 dB ergäbe dagegen schon 49,2 dB als resultierendes Schalldämmaß.

Gut dämmende Trenn-Bauteile sind also auf spezielle Schallschutzfenster (bei Außenwänden) oder Türkonstruktionen (bei Innenwänden) unbedingt angewiesen.

16.6.3.4 Schallübertragung durch Kanäle und Schächte, Schachtpegeldifferenz

Die Schallübertragung von einem Raum zum anderen geschieht nicht immer über feste Bauteile (Wände, Decken, usw.), der Schall kann auch als reiner Luftschall durch Kanäle und Schächte von Lüftungen, Luftheizungen und Abgasanlagen gelangen.

Die **bewertete Schachtpegeldifferenz** $D_{K,w}$ (nach DIN 52 210-6, s. DIN 4109, A.6.4 und Bbl 1,9.3.1) beschreibt beim augenblicklichen Stand der Normung die Schalldämmung über einen solchen Schallnebenweg.

Sie ergibt sich unter Verwendung der üblichen Bewertungstechnik (s. Tab. **16**.83) aus den für 16 Frequenzen gemessenen Schachtpegeldifferenzen (s. Bild **16**.87).

$$D_K = L_{K1} - L_{K2} \quad \text{in dB}$$

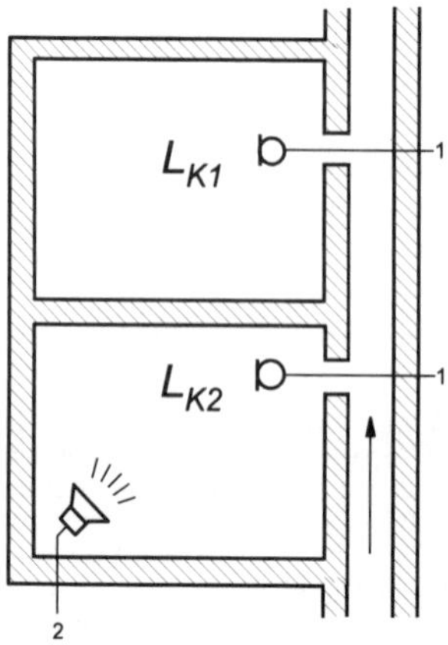

16.87 Beispiel für die Messung der Schallübertragung bei einer Schachtanordnung (aus DIN 4109, Abschn. 6.4)

L_{K1} mittlerer Schallpegel in der Nähe der Schachtöffnung (Kanalöffnung) im Senderaum

L_{K2} mittlerer Schallpegel in der Nähe der Schachtöffnung (Kanalöffnung) im Empfangsraum

1 Messmikrofone der Schallpegelmesser

2 Schallerzeuger (Lautsprecher)

Die Schachtpegeldifferenz ist kein vollständiges Dämmaß weil sie die Schallschluckung im Raum nicht berücksichtigt, deshalb kann man sie nicht einfach in eine Kombinationsformel (s. Abschn. 16.6.3.3) zur Erlangung eines resultierenden Gesamt-Schalldämmaßes zwischen zwei Räumen einsetzen. In DIN 4109 (Bbl 1, 9.3.1) wird deshalb nur ein – vom erforderlichen R'_w-Wert abhängiger – Wert von $D_{K,w}$ gefordert:

$$D_{K,W} \geq \text{erf. } R'_W - 10 \lg (S/S_K) + 20 \quad \text{in dB}$$

mit

erf. R'_w das vom trennenden Bauteil (Wand oder Decke) geforderte bewertete Schalldämm-Maß in dB

S die Fläche des trennenden Bauteils in m2

S_K die lichte Querschnittfläche der Anschlussöffnung (ohne Berücksichtigung einer Minderung durch etwa vorhandene Gitterstäbe oder Abdeckungen) in m^2

Allerdings gilt diese Gleichung nur für den Fall, dass die Anschlussöffnungen mindestens 0,5 m von einer Raumecke entfernt sind, im anderen Fall muss die Schachtpegeldifferenz um 6 dB höher gewählt werden: Kantennahe Öffnungen übertragen den Schall um mindestens 3 dB stärker als Öffnungen im mittleren Wandbereich, da in der Nähe der Kanten aus physikalischen Gründen eine Schalldruckverstärkung („Druckstau") wirksam ist.

16

16.6.4 Erfüllung der gesetzlichen Anforderungen an den Schallschutz

Forderungen zum Schallschutz werden in DIN 4109 „Schallschutz im Hochbau", DIN 18 005 „Schallschutz im Städtebau", dem Gesetz zum Schutz gegen Fluglärm (und der zugehörigen Lärmschutzverordnung), dem Bundesimmissionsschutzgesetz sowie der „Technischen Anleitung zum Schutz gegen Lärm" (TA Lärm) formuliert.

Die Norm DIN 4109 soll dabei vorrangig dem Schutz der Bewohner oder Benutzer eines Gebäudes vor zu großer Belästigung durch Lärm von außen und durch Lärmquellen innerhalb und außerhalb des eigenen Wohn- und Arbeitsbereiches dienen. Die z. Z. gültige Fassung entspricht nicht mehr in allen Punkten dem Stand der Technik. Eine grundsätzliche Überarbeitung der Norm soll unter Berücksichtigung der europäischen Normen bald erfolgen. Es sind jedoch auch kleinere Änderungen in der Zwischenzeit veröffentlicht worden (s. Normenverzeichnis).

Die Schallschutzverordnung zum Fluglärmgesetz enthält Mindestwerte für den Schallschutz von Außenbauteilen in der Nähe von zivilen Flughäfen. Auch in dieser Verordnung werden (wie in DIN 4109) Bauteile genannt, die die Anforderungen erfüllen.

Der Stand der Technik des baulichen Schallschutzes an und in Gebäuden spiegelt sich in den Forderungen des eigentlichen Normenblattes DIN 4109 leider nicht in allen Fällen wider (s. auch Abschn. 16.6.5). Z. B. stufen 25 % der Bewohner von mehrgeschossigen Wohnbauten auch bei einem Luft-Schalldämm-Maß von $R'_w = 55$ dB der Wohnungstrenndecken ihr Haus noch als „hellhörig" ein, es werden in der Norm aber nur 54 dB gefordert!

Der Umfang des Normenwerkes DIN 4109 ist so groß, dass an dieser Stelle und in den entsprechenden Abschnitten über einzelne Bauteile nur die wesentlichsten Forderungen an den Schallschutz und einige Möglichkeiten zur Erfüllung dieser Forderungen erwähnt werden können.

Die Schallschutznorm enthält im Normblatt selbst Anforderungen an

- den **Luftschallschutz** (auch gegen Außenlärm): Mindestforderungen für das bewertete Schalldämmaß (erf. R'_w) und evtl. die bewertete Schachtpegeldifferenz $D_{K,w}$ (bei Schallübertragungen durch Kanäle und Schächte),
- den **Trittschallschutz:** Mindestforderungen für den bewerteten Normtrittschallpegel (erf. $L'_{n,w}$),
- **haustechnische Anlagen:** Werte für zulässige Schallpegel und Mindestwerte für die Luft-und Trittschalldämmung in diesen Fällen.

Der Norm sind zwei Beiblätter zugeordnet:

- Beiblatt 1 enthält Ausführungsbeispiele schalldämmender Bauteile oder Konstruktionen, die

Tabelle **16**.88 Anforderungen an die Luft- und Trittschalldämmung verschiedener Bauteile (Auswahl aus DIN 4109, Tab. 3) und Vorschläge für einen erhöhten Schallschutz (Auswahl aus Bbl 2 zu DIN 4109)

Bauwerk/Bauteil	Luftschalldämmung		Trittschalldämmung	
	Anforderungen erf. R'_w in dB	Vorschläge für erhöhten Schallschutz erf. R'_w in dB	Anforderungen erf. $L'_{n,w}$ in dB	Vorschläge für erhöhten Schallschutz erf. $L'_{n,w}$ in dB
Geschosshäuser mit Wohnungen und Arbeitsräumen				
Decken	54	≧ 55	53	≦ 46
Wände	53	≧ 55	–	–
Treppen	–	–	58	≦ 46
Türen (Hausflur/Flur)	27	≧ 37	–	–
Eigengenutzte Wohngebäude (Empfehlungen!)				
Decken	50	≧ 55	56	≦ 46
Wände zwischen „lauten" und „leisen" Räumen (z. B. zwischen Wohn- und Kinderschlafzimmer)	40	≧ 47	–	–
Treppen und Treppenpodeste (Einfamilienhäuser)	–	–	–	≦ 53
Einfamilien-Doppel- und -Reihenhäuser				
Decken	–	–	48	≦ 38
Haustrennwände	57	≧ 67	–	–
Treppen	–	–	53	46
Beherbergungsstätten, Krankenanstalten, Sanatorien				
Decken	54	≧ 55	53	≦ 46
Wände	47	≧ 52	–	–
Treppen	–	–	58	≦ 46
Türen	32	≧ 37	–	–
Schulen				
Decken	55	–	53	–
Wände zwischen Unterrichtsräumen und Unterrichtsräumen und Fluren	47	–	–	–
Wände zwischen Unterrichtsräumen und Treppenhäusern	52	–	–	–
Türen	32	–	–	–
Büro- und Verwaltungsgebäude (eigener Arbeitsbereich, Empfehlungen!)				
Decken	52	≧ 55	53	≦ 46
Wände	37	≧ 42	–	–
Wände von Räumen, die besonderen Schallschutz erfordern	45	≧ 52	–	–
Türen zwischen Büroräumen bzw. Büroräumen und Fluren	27	≧ 32	–	–
Türen zwischen Räumen, die besonderen Schallschutz erfordern	37	–	–	–

ohne bauakustische Prüfungen geeignet sind, Schallschutz-Anforderungen zu erfüllen. Außerdem sind geeignete Berechnungsverfahren zum Nachweis des ausreichenden Schallschutzes und Definitionen wichtiger schalltechnischer Größen enthalten.

- Die Vorschläge für einen erhöhten Schallschutz sind im Beiblatt 2 aufgeführt. Es enthält neben

Empfehlungen zum Schallschutz im eigenen Wohn- und Arbeitsbereich auch wertvolle Hinweise zur Erfüllung hoher Schallschutzanforderungen, entsprechend dem Stand der Technik.

Als grundsätzlich neu in der Schallschutznorm (im Beiblatt 2) ist die Berücksichtigung und rechnerische Einbeziehung der Schall-Flankenübertragung aufgenommen worden (s. Abschn. 16.6.3.3), so dass exaktere Vorausberechnungen des Schallschutzes durchgeführt werden können.

16.6.4.1 Möglichkeiten zur Erfüllung der Anforderungen der Schallschutznorm

Die im Normblatt DIN 4109 und auszugsweise in Abschn. 16.6.4.2 genannten zahlenmäßigen (Mindest-)Anforderungen an den Schallschutz können erfüllt werden durch

- Verwendung von Bauteilen mit erfahrungsgemäß ausreichendem Schallschutz, wie sie im Beiblatt 1 zu DIN 4109 (2 bis 4,6 bis 8 und 10) aufgeführt sind (s. auch Abschn. 15.6.4.2 und Tab. **16**.80, **16**.89 bis **16**.93),
- rechnerischen Nachweis nach Beiblatt 1 zu DIN 4109 (5), s. auch Abschn. 16.6.3.3 und 16.6.4.4.
- Eignungsprüfungen aufgrund von Messungen nach DIN EN ISO 1401: 1998-03 in Prüfständen oder in ausgeführten Bauten.

Praktische Vorgehensweise zum Nachweis des ausreichenden Schallschutzes

Die Norm DIN 4109 ist bei den *Anforderungen* (außer beim Schutz gegen Außenlärm) recht übersichtlich zu handhaben. Leider trifft das nicht mehr zu

- bei der Auswahl von ausreichend schallschützenden Bauteilen aus den Vorschlägen des Beiblatts 1, da die Unzahl von Zusatzangaben und Korrekturwerten die Suche nach geeigneten, wirtschaftlichen Konstruktionen sehr erschwert;
- durch die Unterteilung der Gebäude in solche der Massivbauart und der Skelett- bzw. Holzbauart; diese Unterteilung beschreibt zwar den bauakustischen Sachverhalt recht gut, die Zahl der Tabellen wird aber dadurch stark erhöht;
- wegen der meist notwendigen bauakustischen Rechnungen, bei denen die zugrundeliegenden Formeln unerklärt bleiben, und die Durchführung der Berechnungen für den normalen Entwurfsverfasser nicht immer einfach genug ist.

Um die auftretenden Schwierigkeiten zu verringern, wird folgende Vorgehensweise empfohlen:

1. Aufsuchen der Anforderungen im Normblatt DIN 4109 (s. auch Tab. **16**.88)

Tabelle **16**.89 Bewertetes Schalldämmaß $R'_{w,R}$ [1)] von Massivdecken (Rechenwerte) aus Beiblatt 1 zu DIN 4109, Tab. 12)

Flächenbezogene Masse der Decke[3)] in kg/m²	Bewertetes Schalldämmaß $R'_{w,R}$ in dB[2)] Einschalige Massivdecke, Estrich und Gehbelag unmittelbar aufgebracht	Einschalige Massivdecke mit schwimmendem Estrich[4)]	Massivdecke mit Unterdecke[5)], Gehbelag und Estrich unmittelbar aufgebracht	Massivdecke mit schwimmendem Estrich und Unterdecke[5)]
500	55	59	59	62
450	54	58	58	61
400	53	57	57	60
350	51	56	56	59
300	49	55	55	58
250	47	53	53	56
200	44	51	51	54
150	41	49	49	52

1) Zwischenwerte sind linear zu interpolieren

2) Gültig für flankierende Bauteile mit einer mittleren flächenbezogenen Masse $m'_{L,Mittel}$ von etwa 300 kg/m² und unter Berücksichtigung von Abschn. 3.1 des Bbl 1 zu DIN 4109.

3) Die Masse von aufgebrachten Verbundestrichen oder Estrichen auf Trennschicht und vom unterseitigen Putz ist zu berücksichtigen.

4) Und andere schwimmend verlegte Deckenauflagen, z. B. schwimmend verlegte Holzfußböden, sofern sie ein Trittschallverbesserungsmaß ΔL_w (*VM*) ≥ 24 dB haben.

5) Biegeweiche Unterdecke nach Bbl 1 zu DIN 4109, Tab. 11, Zeilen 7 + 8)

16

Das Inhaltsverzeichnis vereinfacht das Auffinden der Zahlenwerte für die erforderliche Schalldämmung. Es sind die Abschnitte

3: Anforderungen an die Luft- und Trittschalldämmung (gegen Schallübertragung aus einem fremden Wohn- und Arbeitsbereich)

4: Schutz gegen Geräusche aus haustechnischen Anlagen und Betrieben

5: Anforderungen an die Luftschalldämmung von Außenbauteilen (Schutz gegen Außenlärm) durchzusehen.

Einige Anforderungen sind in Tab. **16.**88 aufgeführt.

2. Massivbauweise oder Holz-/Skelettbauweise?

Das zu errichtende Gebäude wird daraufhin untersucht, ob es als

Massivbau oder

Holz- oder Skelettbau (s. u.)

im Sinne der DIN 4109 angesehen werden muss. Entscheidend dafür ist, ob bei der Schallübertragung (s. auch Bild **16.**86) die Schallwege *Fd* und *Df* auftreten oder nicht. Wenn sie merkliche Schalleistungen übertragen, ist eine biegesteife Anbindung der flankierenden an das trennende Bauteil vorhanden und an den Stoßstellen kann Schall in alle Richtungen gelangen. Im anderen Fall der Holz- oder Skelettbauweise ist nur Direkt-(*Dd*) und reine Flankenübertragung (*Ff*) vorhanden, da eine gelenkige Knotenausbildung an den Stoßstellen vorliegt, die eine Schallwegverzweigung behindert.

Skelettbauten können Skelette aus Stahlbeton, Stahl oder Holz haben und besitzen einen leichten Ausbau, wobei Bauteile mit biegeweichen Schalen verwendet werden.

Holzbauten (im Sinne der Norm) besitzen trennende und flankierende Bauteile in Holzbauart.

Bei den Anforderungen (Normblatt DIN 4109) gibt es diese Bauart-Unterscheidung nicht, die Auswahl der Bauteile (s. Beiblatt 1) hängt jedoch davon entscheidend ab.

3. Nachweis des ausreichenden Schallschutzes durch Rechenverfahren

(Vorbemerkung: Zu verwendende Rechenwerte von Schallschutzgrößen werden in DIN 4109 meist mit dem Index R gekennzeichnet!)

Der Schallschutz gegen Außenlärm wird in Abschn. 16.6.4.3 gesondert behandelt!

Luftschallschutz in Massivbauten

Es wird nach der Berechnungsformel $R'_w = R'_{w,300} + K_{L1} + K_{L2}$ in dB das Schalldämmaß einer gewählten Wand oder Decke ermittelt, mit dem erf. R'_w verglichen und bei notwendigen Änderungen dieses Verfahren wiederholt. Werte für $R'_{w,300}$ finden sich in den Tabellen 1, 5, 8, 9, 10, 12 und 19 des Beiblatts 1 und in Tab. **16.**80, **16.**89 für verschiedene Wand- und Deckenausführungen. Die Tab. **16.**90 enthält Beispiele für Wandkonstruktionen, die geforderte Schalldämmaße erreichen.

Der Korrekturwert K_{L1} erfasst die Längsleitung entlang der flankierenden Bauteile bei von 300 kg/m² abweichenden mittleren flächenbezogenen Massen dieser Bauteile.

Nun muss man unterscheiden:

A. Einschalige (biegesteife) Wände und Decken

Dann muss die mittlere Masse der flankierenden Bauteile nach

$$m'_{L,\mathrm{Mittel}} = \frac{1}{n} \sum_{i=1}^{n} m'_{L,i} \quad \text{in kg/m}^2$$

mit

Tabelle **16.**90 Beispiele für Wandkonstruktionen, die in DIN 4109 geforderte Schalldämmaße erreichen (nach Beiblatt 1 zu DIN 4109, Tab. 5 und 6)

Erreichbares Schalldämmaß R'_w in dB	Massivwand-Bauarten (mit Angabe der Rohdichteklasse) Wände beidseitig verputzt, flächenbezogene Masse des Putzes 50 kg/m² (z. B. beidseitig 15 mm Kalk-, Kalkzement- oder Zementputz)	
≧ 53	17,5 cm	Kalksandsteinmauerwerk aus KS 2.2
	24 cm	Ziegelmauerwerk aus Mz 1.6
	30 cm	Betonsteinmauerwerk aus Vbl 1.2
≧ 55	20 cm	Wand aus Normalbeton mit geschlossenem Gefüge
	24 cm	Kalksandsteinmauerwerk aus KS 2.0
	30 cm	Kalksandsteinmauerwerk, Ziegelmauerwerk oder Betonsteinmauerwerk der Steinrohdichte 1.6
	36,5 cm	Betonsteinmauerwerk aus Vbl 1.2
≧ 57	25 cm	Wand aus Normalbeton mit geschlossenem Gefüge
	30 cm	Kalksandsteinmauerwerk aus KS 1.8
	36,5 cm	Ziegelmauerwerk aus Mz 1.6
≧ 67	2 x 17,5 cm	Zweischaliges Ziegelmauerwerk aus Mz 1.4 (mit durchgehender Gebäude-Trennfuge
	2 x 24 cm	Zweischaliges Betonsteinmauerwerk aus Hbl 0.9 (mit durchgehender Gebäude-Trennfuge)

16

$m'_{L,i}$ flächenbezogene Masse des i-ten nicht verkleideten massiven flankierenden Bauteils

n Anzahl dieser Bauteile (maximal 4!)

ermittelt werden.

B. Wände aus biegeweichen Schalen und Holzbalkendecken

Hierbei wird die mittlere flächenbezogene Masse der flankierenden Bauteile nach

$$m'_{L,Mittel} = \left[\frac{1}{n} \sum_{i=1}^{n} (m'_{L,i})^{-2,5} \right]^{-0,4}$$

berechnet.

Für beide Trennbauteilarten sind die Korrekturwerte K_{L1} aus den Tabellen 13 (Bauteile nach A) und 14 (Bauteile nach B) des Beiblatts 1 zu entnehmen.

Der Korrekturwert K_{L2} wird nur bei mehrschaligen Trennbauteilen benötigt und beträgt bei 1, 2 oder 3 flankierenden, biegeweichen Bauteilen oder Bauteilen mit biegeweichen Vorsatzschalen entsprechend +1, +3 oder +6 dB.

Die in Tabelle 6 des Beiblatts aufgeführten Werte für zweischalige Gebäudetrennwände können ohne Korrekturen K_L verwendet werden.

Trittschallschutz in Massivbauten

A. Massivdecken

Die Berechnung geschieht mit Hilfe der Formel

$$L'_{n,w} = L_{n,w,eq,R} - \Delta L_{w,R} + 2 \quad \text{in dB}$$
$$(TSM = TSM_{eq,R} + VM_R - 2 \quad \text{in dB})$$

wobei die Werte für $L_{n,w,eq,R}$ (bzw. $TSM_{eq,R}$) in der DIN 4109, Bbl. 1, Tabelle 16 (bzw. Tab. **16**.91) zu finden sind, die Trittschallverbesserungsmaße $\Delta L_{w,R}$ bzw. VM_R sind in den Tabellen 17 und 18 aufgeführt (eine Auswahl findet sich in Tab. **16**.92 !).

Die errechneten Werte sind wieder mit den Anforderungen erf. $L_{n,w}$ (bzw. erf. $TSM_{eq,R}$) zu vergleichen und evtl. die Konstruktionen zu verändern.

In der Praxis wird sich eine exakte Berechnung der unter einer Estrichplatte notwendigen Dämmatte selten als notwendig erweisen, da

- die meistverwendeten Mineralfaser-Trittschalldämmatten (ab 25/20 mm Dicke) eine weit geringere dyn. Steifigkeit haben d. h. weicher (und damit günstiger) sind als der geringste Normwert angibt (10 MN/m³) und
- die geforderte Sicherheit des Trittschallschutzes eine zu knappe, „normmäßige" Dimensionierung der Dämmattendicke nicht als wünschenswert erscheinen lässt.

B. Holzbalkendecken

16

Bewertete Norm-Trittschallpegel $L_{n,w,R}$ (Trittschallschutzmaße TSM_R) verschiedener Ausführungen sind in der Tabelle 19 des Beiblatts zu finden. Eine Berechnung ist z. Z. noch nicht möglich.

C. Massive Treppenläufe und Treppenpodeste

Die Tabelle 20 des Beiblatts 1 der DIN 4109 gibt Zahlenwerte und Beispiele zum Trittschallschutz verschiedener Treppenkonstruktionen (s. Abschn. 4.1.2 in Teil 2 dieses Werkes).

Luftschallschutz in Holz- und Skelettbauten

Hier kann der Nachweis ausreichenden Schallschutzes alternativ mit

- dem Massivbau-Verfahren (s. dort),
- einem vereinfachten Nachweis,
- dem genaueren Rechenverfahren mit der Kombinationsformel (s. Abschn. 16.6.3.3)

erfolgen:

Vereinfachter Nachweis

Alle an der Schallübertragung beteiligten trennenden und flankierenden Bauteile müssen die Bedingung

$$R_{w,R} \text{ bzw. } R_{L,w,R} \geq \text{erf.} R'_w + 5 \quad \text{in dB}$$

erfüllen. Schallschutzwerte für verschiedene Ausführungsbeispiele sind in den Tabellen 23 bis 34 des Beiblatts 1 enthalten.

Genaueres Rechenverfahren

Die resultierenden Luftschalldämmung (die dann mit dem Anforderungswert erf. R'_w verglichen werden muss) ergibt sich aus der (modifizierten) Kombinationsformel in Abschn. 16.6.3.3.

$$R'_{w,R} = -10 \lg \left(10^{-0,1 R_{w,R}} + \sum_{i=1}^{n} 10^{-0,1 R'_{L,n,w,R,i}} \right) \quad \text{in dB}$$

mit

$R_{w,R}$ Rechenwert des bewerteten Schalldämm-Maßes des trennenden Bauteils ohne Längsleitung über flankierende Bauteile in dB

$R_{L,n,w,R,i}$ Rechenwert des bewerteten Bau-Schall-Längsdämm-Maßes des i-ten flankierenden Bauteils in dB

n Anzahl der flankierenden Bauteile (im Regelfall $n = 4$)

Die rechnerische Ermittlung des bewerteten Schall-Längsdämm-Maßes eines flankierenden Bauteils erfolgt nach:

$$R'_{L,n,w,R,i} = R_{L,n,R,w,i} + 10 \lg \frac{S_T}{S_0} - 10 \lg \frac{l_i}{l_0} \quad \text{in dB}$$

mit

$R_{L,n,w,R,i}$ Rechenwert des bewerteten Labor-Schall-Längsdämm-Maß des i-ten flankierenden Bauteils in dB (aus Abschnitt 6 des Beiblattes 1)

S_T Fläche des trennenden Bauteils in m² (Wand oder Decke), nicht des flankierenden Bauteils: S_T entspricht dem S_{ges} aus obigen Formeln

S_0 Bezugsfläche (für Wände ist $S_0 = 10$ m²)

l_i gemeinsame Kantenlänge zwischen dem trennenden und dem flankierenden Bauteil in m

l_0 Bezugskantenlänge (für Wände ist $l_0 = 2{,}80$ m, für Decken, Unterdecken, Fußböden 4,50 m)

Für Räume mit Raumhöhen zwischen etwa 2,5 bis 3 m und Raumtiefen von etwa 4 bis 5 m kann

$$R'_{L,n,w,R,i} = R_{L,n,w,R,i}$$

gesetzt werden, so dass die Anwendung der zuletzt angegebenen Formel entfällt!

Tabelle **16**.91 Äquivalenter bewerteter Norm-Trittschallpegel $L_{n,w,eq,R}$ von Massivdecken in Gebäuden in Massivbauart ohne/mit biegeweicher Unterdecke (Rechenwerte)

Deckenart	Flächenbezogene Masse[1] der Massivdecke ohne Auflage in kg/m²	$L_{n,w,eq,R}$[2] in dB ohne Unterdecke	mit Unterdecke[3) 4)]
Massivdecken ohne Hohlräume (s. Abschn. 9.2.2.1):			
- Stahlbeton-Vollplatten aus Normalbeton nach DIN 1045 oder	135	86	75
- Leichtbeton nach DIN 4219-1	160	85	74
- Porenbeton-Deckenplatten	190	84	74
nach DIN 4223	225	82	73
Massivdecken mit Hohlräumen	270	79	73
nach DIN 1045 (s. Abschn.	320	77	72
9.2.2.2 und 9.2.2.3):	380	74	71
- Stahlsteindecken	450	71	69
- Stahlbeton-Rippendecken	530	69	67
- Stahlbeton-Hohldielen			
- Stahlbeton-Balkendecken			

1) Flächenbezogene Masse einschließlich eines etwaigen Verbundestrichs oder Estrichs auf Trennschicht und eines unmittelbar aufgebrachten Putzes.
2) Zwischenwerte sind geradlinig zu interpolieren und auf ganze dB zu runden.
3) Biegeweiche Unterdecke nach Bbl 1 zu DIN 4109, Tab. 11, Zeilen 7 und 8 oder akustisch gleichwertige Ausführungen.
4) Bei Verwendung von schwimmenden Estrichen mit mineralischen Bindemitteln sind die Tabellenwerte für $L_{n,w,eq,R}$ um 2 dB zu erhöhen.

Tabelle **16**.92 Trittschallverbesserungsmaß $\Delta L_{w,R}$ (VM_R) von schwimmenden Estrichen, schwimmenden Holzfußböden und weichfedernden Bodenbelägen auf Massivdecken (Auszug aus Bbl 1 zu DIN 4109, Tab. 17 und 18)

Deckenauflagen; schwimmende Böden, weichfedernde Bodenbeläge	$\Delta L_{w,R}$ in dB	
PVC-Verbundbelag mit genadeltem Jutefilz als Träger nach DIN 16 952-1	13	
Nadelvlies, Dicke 5 mm	20	
Polteppich, Unterseite ungeschäumt, Normdicke 6 mm	21	
Polteppich, Unterseite geschäumt, Normdicke 8 mm	28	
	mit hartem Bodenbelag	mit weichfederndem Bodenbelag ($\Delta L_{w,R} \geqq 20$ dB)
Gussasphaltestrich mit einer flächenbezogenen Masse $m' \geqq 45$ kg/m² auf Dämmschichten mit einer dynamischen Steifigkeit von s' von höchstens		
50 MN/m³	20	20
30 MN/m³	24	24
15 MN/m³	27	29
10 MN/m³	29	32
Estriche nach DIN 18 560-2 mit einer flächenbezogenen Masse $m' \geqq 70$ kg/m² auf Dämmschichten mit einer dynamischen Steifigkeit s' von höchstens		
50 MN/m³	22	23
30 MN/m³	26	27
15 MN/m³	29	30
10 MN/m³	30	34
Schwimmender Holzfußboden, Unterboden nach DIN 68 771 aus mind. 22 mm dicken Holzspanplatten, vollflächig verlegt auf Dämmstoffen mit einer dynamischen Steifigkeit s' von höchstens 10 MN/m³	25	–

Wegen der möglichen Austauschbarkeit von weichfedernden Bodenbelägen dürfen diese bei dem Nachweis der *Anforderungen* nach DIN 4109 nicht angerechnet werden!

Tabelle **16**.93 Schalldämmwerte ($L'_{n,w}$ und R'_{w}) einiger Deckenkonstruktionen (einschließlich Deckenauflage bzw. Unterdecke)

erreichbarer Norm-trittschallpegel $L'_{n,w}$ in dB	Deckenbauart	Luftschall-dämm-Maß R'_{w} in dB
≦ 53	Stahlbetonvollplatte (Dicke 14 cm) aus Normalbeton nach DIN 1045, unterseitig mit Kalkzementputz (flächenbezogene Masse = 27 kg/m^2); Deckenauflage Zementestrich (flächenbezogene Masse = 70 kg/m^2) auf Dämmschicht mit einer dynamischen Steifigkeit $s' \leqq 50$ MN/m^3; harter Bodenbelag	56
	Holzbalkendecke (Balkenhöhe ≧ 18 cm, Balkenabstand ≧ 40 cm); unterseitig mit Federbügel befestigte Holzunterkonstruktion (Lattenabstand ≧ 40 cm) mit 2 x 12,5 mm Gipskarton-Bauplatten, im Gefach Faserdämmstoff Typ WZ-w oder W-w, seitlich an den Balken hochgezogen; oberseitig Spanplatte 16 mm mit aufgelegter Mineralfasermatte Typ T (dynamische Steifigkeit $s' \leqq 15$ MN/m^3), weichfedernder Gehbelag ($\Delta L'_{w,R} \geqq 20$ dB) auf Spanplatte 25 mm als Trockenestrich	52
≦ 48	Stahlbetonvollplatte (Dicke 14 cm) aus Normalbeton nach DIN 1045, unverputzt, mit biegeweicher Unterdecke aus Gipskarton-Bauplatten 12,5 mm auf Grund- und Traglattung mit 40 mm Mineralfasereinlage Typ WZ-w; Deckenauflage: Zementestrich (flächenbezogene Masse ≧ 70 kg/m^2) auf Dämmschicht mit einer dynamischen Steifigkeit $s' \leqq 30$ MN/m^3; harter Bodenbelag	59
≦ 46	Porenbetondeckenplatte (Dicke 25 cm) nach DIN 4223 (GB 4.4; Rohdicke 700 kg/m^3), unterseitig mit Kalkzementputz (flächenbezogene Masse 27 kg/m^2); Deckenauflage: Zementestrich (flächenbezogene Masse ≧ 70 kg/m^2) auf Dämmschicht mit einer dynamischen Steifigkeit $s' \leqq 10$ MN/m^3; harter Bodenbelag	51
≦ 38	Stahlbetonvollplatte (Dicke 18 cm) aus Normalbeton nach DIN 1045, unverputzt, mit biegeweicher Unterdecke aus Gipskarton-Bauplatten 12,5 mm auf Grund- und Tragplatten mit 40 mm Mineralfasereinlage Typ WZ-w; Deckenauflage: Zementstrich (flächenbezogene Masse ≧ 70 kg/m^2) auf Dämmschicht mit einer dynamischen Steifigkeit $s' \leqq 15$ MN/m^3; weichfedernder Bodenbelag mit $\Delta L_{w,R} \geqq 20$ dB	60

Die Luftschalldämm-Maße R'_{w} gelten für eine mittlere flächenbezogene Masse der flankierenden Bauteile von etwa 300 kg/m^2. Über etwaige Korrekturen K_{L1} s. o.

Tabelle **16**.94 **Rechenbeispiel** zur Ermittlung des bewerteten Schalldämm-Maßes $R'_{w,R}$ einer Trennwand (Höhe 3 m; Länge 7 m) zwischen zwei Klassenräumen einer Schule in einem Skelettbau.

Bauteil	$R_{w,R}$ bzw. $R_{L,w,R,i}$ in dB	$10 \lg \frac{S_T}{S_0}$ in dB	l_i in m	$-10 \lg \frac{l_i}{l_0}$ in dB	$R_{w,R}$ bzw. $R_{L,w,R,i}$ in dB
Trennwand zweischalig aus je 2 x 12,5 mm Gipskarton-Bauplatten auf C-Profil mit 100 mm Schalenabstand und 60 mm Mineralfasermatte im Wandhohlraum	55	–	–	–	55
Unterdecke aus GK-Platten (10 kg/m²) mit 50 mm Mineralfaserauflage, Abhängehöhe 400 mm, durchlaufende Decklage, keine Abschottung im Deckenhohlraum	51	3,2	7	–1,9	52,3
Untere Decke (260 kg/m²) mit Verbundestrich (90 kg/m²) flächenbezogene Masse also 350 kg/m²	58	3,2	7	–1,9	59,3
Außenwand in Holzbauart, Wandstoß im Bereich der Trennwand ($R_{L,w,R}$ ohne weiteren Nachweis nach DIN 4109, Bbl 1 Abschn. 6.8.3)	50	3,2	3	–0,3	52,9
Innenwand zweischalig aus je 1 x 12,5 mm GK-Bauplatten auf C-Profil mit Schalenabstand ≧ 50 mm und Mineralfasereinlage bei durchlaufender Beplankung	53	3,2	3	–0,3	55,9

Mit der Kombinationsformel (s. o.) errechnet man

$$R'_{w,R} = -10 \lg (10 - 5{,}5 + 10 - 5{,}23 + 10 - 5{,}93 + 10 - 5{,}29 + 10 - 5{,}59) = 47{,}4 \text{ db} \approx 47 \text{ dB}$$

Nach DIN 4109, Tab. 3, Zeile 41 wird ein bewertetes Schalldämmaß von erf. $R'_w = 47$ dB zwischen beiden Klassenräumen gefordert. Die Anforderung der Schallschutznorm sind also mit der gewählten Bauteil-Kombination zu erfüllen.

Der vereinfachte Nachweis hätte für jedes Einzelbauteil eine Schalldämmaß $R_{w,R}$ bzw. $R_{L,w,R} \geqq 47 + 5 = 52$ dB verlangt. Die Unterdecke und die Außenwand hätten diesen Wert ohne zusätzliche Verbesserungen nicht aufgewiesen; der ausführliche rechnerische Nachweis führt also hier zu einer wirtschaftlicheren Konstruktion.

Ein ausführliches Rechenbeispiel (Tab. **16**.94) zur Anwendung dieser Formeln findet sich unten (s. auch DIN 4109, Bbl 1, 5.6; Beispiel 2 und Tab. 22).

Trittschallschutz in Holz- und Skelettbauten

Bei diesen Bauten wird beim Nachweis des Trittschallschutzes der Einfluss flankierender Bauteile nicht berücksichtigt, weil Flankenübertragungen nach Ansicht des Normenausschusses kaum stattfinden sollte (s. aber Abschn. 16.6.5).

Die Berechnung erfolgt wie bei der Massivbauart, wenn die Bauten Massivdecken enthalten.

Bei Holzbalkendecken sind Rechenwerte $L'_{n,w,R}$ (TSM_R) in Tabelle 34 des Beiblatts 1 zu DIN 4109 zu finden.

16.6.4.2 Schallschutz bei haustechnischen Anlagen

Die Anforderungen der Tabelle 4 des Normblatts DIN 4109 werden dadurch erfüllt, dass – bei den die stärksten Belästigungen verursachenden Wasserinstallationen –

- nur geprüfte und in die Armaturengruppe I oder II eingeordnete Armaturen und Geräte verwendet werden,
- einschalige Wände, an denen Armaturen oder Wasserinstallationen angebracht werden, eine Flächenmasse von mindestens 220 kg/m² besitzen,
- Armaturen der Armaturengruppe II nicht an Wänden zu „schutzbedürftigen Räumen", (Wohnräume, Schlafräume, Unterrichtsräume, Büroräume; s. DIN 4109, 4.1) angebracht werden.

In diesem Zusammenhang muss auf die Begriffe „besonders laute", „laute" und „schutzbedürftige Räume" hingewiesen werden, die in DIN 4109, 4.1 definiert werden und bei denen besondere Anforderungen auftreten können (Tabelle 5 in DIN 4109).

16.6.4.3 Schutz gegen Außenlärm

16

Die DIN 4109 enthält im Abschn. 5 (Tab. 8 bis 10) Schallschutzanforderungen zum Schutz gegen den Außenlärm. Dieser wird in seiner Stärke jeweils durch den „maßgeblichen Außenlärmpegel" am Immissionsort (= Fassade des zu schützenden Raumes) beschrieben. Dieser „maßgebliche Außenlärmpegel" wird in der Regel nicht gemessen, sondern berechnet. Das Normblatt enthält (in Abschn. 5.5) dazu Nomogramme, die – z. B. für den Fall des Straßenverkehrslärms – in Abhängigkeit von der Straßenart, der Verkehrsbelastung, der Straßenneigung, dem Abstand des Gebäudes von der Straßenmitte, der Bebauungsart, u. Ä. diese Berechnung gestatten. Für die anderen Lärmarten werden ausführliche Hinweise zur Bestimmung der Pegel gegeben.

Der vorhandene „maßgebliche Außenlärmpegel" führt zu einer Einordnung des Immissionsortes in einen Lärmpegelbereich (I: geringe Lärmbelastung, bis VII: sehr hohe Belastung). Für jeden Lärmpegelbereich sind Mindestanforderungen an den Luftschallschutz in Form eines erf. $R'_{w,res}$ für das Außenbauteil (in der Regel Wand mit Fenstern oder Türen, aber auch Dächer und Decken) in den Tabellen zu finden, wobei die Raumnutzung berücksichtigt wird.

Diese Werte müssen u. U. in Abhängigkeit von der Form des lärmbelasteten Raumes noch mit Korrekturwerten versehen werden (Tabelle 9).

Nachweis. Für den Nachweis ist entweder

- eine Berechnung des resultierenden Schalldämmaßes für Außenbauteile einschließlich Fenster oder Türen mit Hilfe der Kombinationsformel aus Abschn. 16.6.3.3 notwendig, oder
- die Entnahme der erforderlichen Schalldämm-Maße für Wand und Fenster aus der Tabelle 8 des Normblatts bzw. dem Nomogramm des Beiblatts 1.

Im Beiblatt 1 sind auch Beispiele zum Schallschutz gegen Außenlärm enthalten.

Zu beachten ist bei Außenbauteilen, dass wegen der in Abschn. 16.6.3.3 erwähnten Eigenschaften des menschlichen Gehörsinns die akustischen Schwachstellen entscheidend für das resultierende Schalldämm-Maß $R'_{w,res}$ sind:

- Fenster und Türen (s. auch Abschn. 10.1.2 des Beiblatts 1),
- Rolladenkästen (s. Abschn. 10.1.3 des Beiblatts 1),
- Lüftungseinrichtungen (s. auch DIN 4109, 5.4).

Im Beiblatt 1 zur DIN 4109 sind Außenbauteile mit ihren Schalldämm-Maßen an verschiedenen Stellen (Abschn. 2.2 für einschalige Wände, Decken und Dächer; Tabellen 37 bis 39 für Außenbauteile mit biegeweichen Schalen; Tab. 40 für Fenster) aufgeführt.

Fenster. Bei den für den Schallschutz gegen Außenlärm besonders wichtigen Fenstern ist zu beachten, dass

- die angegebenen Schalldämmaße R_w für Fenster in der Regel Labor-Dämmmaße sind,

- der Einbau von Schallschutzfenstern eine besondere Sorgfalt bezüglich der Dichtheit der Anschlussfugen erfordert,
- die Lüftungsmöglichkeiten bei Erhaltung der Schallschutzwerte gesichert sein sollten,
- wegen der Alterung der Fensterdichtungen diese in regelmäßigen Abständen überprüft und gegebenenfalls ausgewechselt werden sollten.

Außenwände, die ihrer Bauart nach die in Abschn. 16.6.4.3 genannten Schalldämm-Maße erreichen würden, können um 3 bis 6 dB schlechtere Dämmwerte haben, wenn sie mit einer zusätzlichen Wärmedämmschicht (Innendämmung oder – weniger dämmindernd – einem Wärmedämmverbundsystem auf der Außenseite) versehen sind. Diese durch Resonanzerscheinungen der Zusatzschale (Putzschale) auf Dämmschichten mit zu großer dynamischer Steifigkeit *s'* bedingten Dämmmaß-Minderungen lassen sich durch Wahl geeigneter Dämmschichten (Mineralwolle oder Hartschaum mit niedrigeren *s'*-Werten) vermeiden.

16.6.5 Weiterentwicklung der Normung

Die gültige Norm DIN 4109 stellt nicht in allen Fällen (s. Abschn. 16.6.4) mehr den Stand der Technik dar. Sie wird aufgrund der Ergebnisse der Europäischen Normung grundsätzlich überarbeitet. Um Verwirrungen in der Öffentlichkeit zu vermeiden, soll auf eine vorzeitige Neuausgabe von DIN 4109 verzichtet werden.

Notwendig wird die Neubearbeitung aber wegen

- der Umstellung der schalltechnischen Prüfungen (gemessen wird in den Labors nun ausschließlich nebenwegsfrei, d. h. *R* statt *R'* und *L* statt *L'*!),
- der neuen Berechnungsverfahren (CEN-Rechenmodell u. a., s. DIN EN 12 354-1 bis 4) und
- wegen der Notwendigkeit eines neuen Bauteilkatalogs, der die *R*-Werte und die neue Größe „Stoßstellendämmaß k_{ij}" enthalten wird.

Es ist sicher, dass bei dieser *unvermeidlichen* Harmonisierung der europäischen Schallschutz-Normen die dann zu benutzenden Rechenverfahren zu ihrer richtigen Anwendung weitaus genauere Kenntnisse der Schallschutzphysik erfordern werden als bisher notwendig. Diese neuen europäischen Normen stehen schon weitgehend fest, sind aber in Deutschland noch nicht bauaufsichtlich eingeführt. Die nächste Auflage dieses Werkes wird das neue Normenwerk ausführlich behandeln.

Hier sollen nur stichwortartig neue bei effektiven Schallschutzmaßnahmen zu berücksichtigende Faktoren aufgeführt werden:

- Umrechnung der Bauteilwerte *R* bzw. *L* in die für die Gebäudebeschreibung bzw. -planung notwendigen *R'*- bzw. *L'*-Werte;
- genauere (rechnerische) Berücksichtigung *aller* Flankenübertragungswege des Schalls und der Stoßstellendämmaße k_{ij};
- Verwendung der sog. Spektrum-Anpassungswerte *C* bzw. C_{tr} je nach Lärmart bei der Luftschallübertragung;
- evtl. Anwendung eines Anpassungswertes C_I bei der Gehschalldämmung.

Eine Weiterentwicklung bzw. Ergänzung der Normung geschah schon 1994 mit der VDI-Richtlinie 4100. Sie teilt Wohnungen in 3 Schallschutzstufen (SSt) ein, die die schalltechnische Güte einer Wohnung beschreiben sollen.

Dabei entsprechen die Kennwerte der Schallschutzstufe 1 weitgehend den Anforderungswerten der DIN 4109, die der SSt II etwa den Anforderungen an den erhöhten Schailschutz nach Beiblatt 2. Erst die Werte der SSt III gewährleisten dem Bewohner ein hohes Maß an Ruhe.

Da die VDI-Richtlinie auch Kostenunterschiede bei verschiedenen Schallschutzniveaus aufzeigt sowie wertvolle Hinweise zur bauakustisch vorteilhaften Ausführung von Bauteilen enthält, kann ihre Berücksichtigung bei bauakustischen Planungen empfohlen werden, obwohl – wegen der von manchen Seiten kritisierten Überschneidung von DIN 4109 und VDI 4100 – eine Übernahme in die meisten Landesbauordnungen bisher noch nicht erfolgte.

Der von den Wohnungsnutzern häufig geforderte „erhöhte Schallschutz" (DIN 4109 Bbl 2 und VDI 4100) wird in einem vorliegenden Normentwurf E DIN 4109-10: 2000-06 einheitlich definiert und als Richtschnur für den einzuhaltenden Schallschutz empfohlen.

16.7 Baulicher Brandschutz[1)]

16.7.1 Allgemeines

Im Brandfalle müssen tragende Bauteile vor den heißen Brandgasen durch Ummantelung mit nicht brennbaren Stoffen, die sich im Feuer möglichst wenig verändern, rissefrei bleiben und einen hohen Wärmedurchlasswiderstand besitzen, abgeschirmt werden, bis Löschhilfe eintrifft. So können Bauteile aus brennbaren oder entflammbaren Stoffen eine gewisse Zeit lang unterhalb ihrer Entflammungstemperatur gehalten werden. Bauteile aus nicht brennbaren Stoffen werden für eine bestimmte Zeit vor Temperaturerhöhungen geschützt, die zu Strukturveränderungen, Verminderungen der Festigkeit und Standsicherheit, Rissbildungen oder Verformungen führen würden.

In den Landesbauordnungen der einzelnen Bundesländer und den dazugehörigen Durchführungsverordnungen sind Bestimmungen über den *vorbeugenden Brandschutz* enthalten. Zwar bestehen zwischen den verschiedenen Bauordnungen Unterschiede in Einzelvorschriften, doch gilt allgemein der in der Musterbauordnung (MBO) § 17 formulierte allgemeine Grundsatz:

„Bauliche Anlagen müssen so beschaffen sein, dass der Entstehung eines Brandes und der Ausbreitung von Feuer und Rauch vorgebeugt wird und bei einem Brand wirksame Löscharbeiten und die Rettung von Menschen und Tieren möglich ist."

Beim baulichen Brandschutz unterscheidet man:

- **Planerische Maßnahmen**, z. B. Planung von ausreichend bemessenen Fluchtwegen und von Zugängen und Zufahrten, Aufstell- und Bewegungsflächen für die Feuerwehr (DIN 14 090) sowie die Aufteilung von Gebäuden in *vertikale* und *horizontale Brandabschnitte* zur lokalen Begrenzung ausbrechender Feuer.
- **Technische Vorkehrungen**, z. B. Einbau von Feuerwarn- und Brandmeldeeinrichtungen, von Feuerlöscheinrichtungen, (Löschwasserleitungen, Hydranten, Feuerlöscher, automatische Feuerlöschanlagen, z. B. *„Sprinkler- oder Schaumlöschanlagen"*), Einbau von Qualm- und Rauchabzugsanlagen (RWA), Brandschutzklappen in Schächten o. Ä.
- **Konstruktive Maßnahmen**, z. B. Auswahl geeigneter Baustoffe und Bausysteme, Schutzmaßnahmen für gefährdete Bauteile.
- **Organisatorische Maßnahmen**, z. B. Brandschutzüberprüfungen, Brandschutz- und Alarmpläne, Brandschutzunterweisungen.

Neben den Einzelvorschriften der Landesbauordnungen gelten Sonderbauvorschriften u. a. für Hochhäuser, Gast- und Beherbergungsstätten, Versammlungsräume, Verkaufsstätten, Schulen, Krankenhäuser und im Industriebau (DIN 18 230). Die Sonderbauvorschriften regeln in Abhängigkeit von der Art der Gebäudenutzung und der Anzahl der zu erwartenden Personen *organisatorische Maßnahmen zur Aufrechterhaltung von Brandschutzvorkehrungen*, wie die Freihaltung der Flächen für die Feuerwehr und für Flucht- und Rettungswege und enthalten Regelungen zur Prüfung der Gebrauchstauglichkeit und Instandhaltungsanforderungen an technische Anlagen. Geplant ist im Rahmen des Entwurfes der neuen Musterbauordnung eine regelmäßige Prüfpflicht von Sonderbauvorhaben durch die Bauaufsichtsbehörden. Die Sonderbauvorschriften umfassen weiterhin *Maßnahmen zur Schadensbegrenzung*, wie eine Brandschutzordnung, Brandschutz- und Alarmpläne, Brandschutzunterweisungen an die Gebäudenutzer und ggf. die Aufstellung einer Hausfeuerwehr (z. B. auf Flughäfen und im Industriebau).

Die technischen Vorschriften für den baulichen Brandschutz sind in DIN 4102 und die Prüfverfahren in DIN EN 1363 bis 1366 zusammengefasst. Die Wichtigkeit des vorbeugenden Brandschutzes liegt angesichts der neben den möglichen Personen- und Vermögensschäden zu erwartenden Brandfolgeschäden, Kontaminationen durch Zersetzungsprodukte, Brandgase und Löschmitteleinsatz auf der Hand.

16.7.2 Begriffe

Die Grundlage für die Planung des baulichen Brandschutzes ist die Einordnung von *Baustoffen* und *Bauteilen* hinsichtlich ihres Brandverhaltens. Es wird zwischen der Brennbarkeit als Eigenschaft von Baustoffen und dem Feuerwiderstand als Verhalten von Bauteilen im Brandfall unterschieden.

Maßgeblich für die Einteilung der Baustoffe in Brennbarkeitsklassen sind neben den nach wie vor in Verbindung mit den Landesbauordnungen bauaufsichtlich zugelassenen Einteilungen in

---

1) s. auch Abschn. 13 und 14 sowie in Teil 2 des Werks Abschn. 1, 2, 3 und 6

16

Baustoffklassen auf Basis der DIN 4102-1 nicht brennbare (A) und brennbare (B) Baustoffe) die erhöhten Anforderungen der EU-Klassifizierung (E DIN EN 13 501-1) in sieben *Euroklassen*, die als Vorgaben in den nationalen Bauordnungen und dazugehörigen Bestimmungen umzusetzen sind. Neben der Brennbarkeit (Aufteilung in *7 Hauptklassen*) werden in der Euro-Klassifizierung für Brandparallelerscheinungen wie die Rauchgasentwicklung und das „brennende Abtropfen" Grenzwerte in *Unterklassen* (s für „smoke" und d für „droplets") zusätzlich festgelegt. (Tab. **16**.95).

Für alle am Bau verwendeten Bauprodukte besteht Kennzeichnungspflicht hinsichtlich der Baustoffklasse gemäß DIN 4102 und EU-Klassifizierung. Die Einreihung der Baustoffe erfolgt auf Grundlage von vier neuen, EU-konformen Prüfverfahren.

Baustoffe der Klasse B 3 müssen besonders als „leicht entflammbar" gekennzeichnet sein. Die Verwendung leicht entflammbarer Kunststoffe ist gemäss §17 (2) MBO unzulässig.

Die Verwendung von Baustoffen und Bauteilen, insbesondere im Hinblick auf deren Brandschutz-Eigenschaften, ist durch bauaufsichtliche Zulassung in den Bauordnungen der einzelnen Bundesländer geregelt und wird zukünftig an das neue europäische Klassifizierungssystem angepasst.

Für dabei nicht berücksichtigte nationale Produkte muss eine Zulassung des Deutschen Institutes für Bautechnik, ein allgemeines bauaufsichtliches Prüfzeugnis einer dafür anerkannten Materialprüfungsanstalt oder im Einzelfall die Zustimmung der Obersten Bauaufsichtsbehörde vorliegen.

Für Europäische Produkte muss die „Konformität" mit einer „harmonisierten" europäischen Norm oder technischen Zulassung bestehen und die CE-Kennzeichnung vorhanden sein (s. Abschn. 2.2.4).

Feuerwiderstandsklassen

Bauteile (wie z. B. Wände, Decken, Stützen, Unterzüge, Treppen usw.) werden nach DIN 4102-2, hinsichtlich ihres Brandverhaltens auf Grund genormter Brandversuche in *Feuerwiderstandsklassen* mit Angabe der Feuerwiderstandsdauer in Minuten (F30, F60, F90, F120, F180) eingeteilt (Tab. **16**.96).

Tabelle **16**.95 Bauklassen gemäß Euro-Klassifizierung und Zuordnung zur Einteilung gemäß DIN 4102-1

<table>
<tr><th>Neu:
EURO-KLASSEN
(Hauptklassen)</th><th colspan="3">Neu:
UNTER-KLASSEN der Euroklassen</th><th>Bisher:
DIN 4102-1</th><th colspan="2">bauaufsichtliche Bezeichnung der Baustoffklassen nach DIN 4102-1</th></tr>
<tr><td>A1</td><td colspan="3">A1</td><td>A1</td><td rowspan="2">A = nichtbrennbare Baustoffe</td><td></td></tr>
<tr><td>A2</td><td>A2-s1, d0
A2-s2, d0
A2-s3, d0</td><td>A2-s1, d1
A2-s2, d1
A2-s3, d1</td><td>A2-s1, d2
A2-s2, d2
A2-s3, d2</td><td>A2</td><td></td></tr>
<tr><td>B</td><td>B-s1, d0
B-s2, d0
B-s3, d0</td><td>B-s1, d1
B-s2, d1
B-s3, d1</td><td>B-s1, d2
B-s2, d2
B-s3, d2</td><td>B1</td><td rowspan="5">B = brennbare Baustoffe</td><td>schwer entflammbare Baustoffe</td></tr>
<tr><td>C</td><td>C-s1, d0
C-s2, d0
C-s3, d0</td><td>C-s1, d1
C-s2, d1
c-s3, d1</td><td>C-s1, d2
C-s2, d2
C-s3, d2</td><td>B1</td><td>schwer entflammbare Baustoffe</td></tr>
<tr><td>D</td><td>D-s1, d0
D-s2, d0
D-s3, d0</td><td>D-s1, d1
D-s2, d1
D-s3, d1</td><td>D-s1, d2
D-s2, d2
D-s3, d2</td><td>B2</td><td>normal entflammbare Baustoffe</td></tr>
<tr><td>E</td><td colspan="3">E
E-d2</td><td>B2</td><td>normal entflammbare Baustoffe</td></tr>
<tr><td>F</td><td colspan="3">keine Leistung festgestellt</td><td>B3</td><td>leicht entflammbare Baustoffe</td></tr>
</table>

Kombinierte Klassifizierungen aus der Feuerwiderstandsdauer in Verbindung mit Festlegungen der Baustoffklasse sind möglich. So kann auch ein Bauteil wie z. B. eine Holzkonstruktion, das in wesentlichen (tragenden) Teilen aus brennbaren Baustoffen besteht (F90-BA) zulässig sein.

In DIN 4102-4 sind klassifizierte und genormte Baustoffe und Bauteile in die jeweils zutreffenden Baustoff- bzw. Feuerwiderstandsklassen eingeordnet. Für alle „klassifizierten" Baustoffe, Bauteile und Sonderbauteile, die hier erfasst sind, gilt der Nachweis des Brandverhaltens als erbracht.

Wenn eine günstigere Beurteilung im Einzelfall möglich erscheint, neuere Erkenntnisse vorliegen oder wenn nicht genormte Teile verwendet werden sollen, ist eine Prüfung des Brandverhaltens gemäß DIN 4102-1 bis -3 und DIN 4102-5 bis -7 sowie DIN EN 1363, 1364 und 1365 erforderlich.

Prüfungen für die Einordnung von Bauteilen in bestimmte Feuerwiderstandsklassen erstrecken sich jeweils auf:

- Temperaturmessung an und hinter (auf der feuerabgewandten Seite) dem Prüfkörper,
- die Prüfung der Rauch- und Qualmdichtigkeit,
- die statische Standfestigkeit,
- das Verhalten beim Auftreffen von Löschwasser,
- die Entwicklung giftiger Gase.

Für nichttragende Wände und Brüstungen, Türen, Rolläden, Tore und Verglasungen gelten die Feuerwiderstandsklassen W, T und G (Tab. **16**.97).

Tabelle **16**.96 Klassifizierung von Bauteilen entsprechend DIN 4102 Teil 2, Tabelle 2, gezeigt am Beispiel für die Feuerwiderstandsklasse F90

F-Klasse	Baustoffklasse nach DIN 4102 Teil 1		Benennung	Kurzbezeichnung
	wesentliche Teile [1]	übrige Bestandteile	Bauteile der …	
F 90	B	B	Feuerwiderstandsklasse F 90	F 90-B
	A	B	Feuerwiderstandsklasse F 90 und in den wesentlichen Bestandteilen aus nicht brennbaren Baustoffen [1]	F 90-AB
	A	A	Feuerwiderstandsklasse F 90 und aus nicht brennbaren Baustoffen	F 90-A

[1] Zu den wesentlichen Teilen gehören:
a) alle tragenden oder aussteifenden Teile, bei nicht tragenden Bauteilen auch die Bauteile, die deren Standsicherheit bewirken (z. B. Rahmenkonstruktionen von nicht tragenden Wänden),
b) bei raumabschließenden Bauteilen eine in Bauteilebene durchgehende Schicht, die bei der Prüfung nach dieser Norm nicht zerstört werden darf. Bei Decken muss diese Schicht eine Gesamtdicke von mindestens 50 mm besitzen; Hohlräume im Innern dieser Schicht sind zulässig.

Tabelle **16**.97 Feuerwiderstandsklassen W, T und G

Bauteil	Feuerwiderstandsklasse	vgl. DIN 4109
für nichttragende Wände, Brüstungen, Feuerschürzen o. Ä.	W30 bis W180	Teil 2
Türen	T30 bis T180	Teil 5
Verglasungen	G30 bis G180	Teil 5

Bei der Kennzeichnung aller Bauteile ist die Angabe für die *Bauteil*klassen (Feuerwiderstandsklassen) und die *Baustoff*klassen (Brennbarkeitsklassen) zu koppeln.

Beispiel Ein Bauteil, das in allen Teilen aus Baustoffen der Baustoffklasse A besteht und der Feuerwiderstandsklasse F90 entspricht, wird z. B. mit F90-A bezeichnet. Die Bezeichnung z. B. F90 BA bedeutet, dass ein Bauteil die Feuerwiderstandsklasse F90 aufweist und in seinen wesentlichen, z. B. tragenden Teilen aus brennbaren Baustoffen besteht, die mit nicht brennbaren Baustoffen ummantelt sind.

Tabelle **16**.98 Zuordnung der bauaufsichtlichen Benennungen und der Benennungen nach DIN 4102 Teil 2 für Bauteile

Bauaufsichtliche Benennung	Benennung nach DIN 4102 Teil 2	Kurzbezeichnung
feuerhemmend	Feuerwiderstandsklasse F 30	F 30
feuerhemmend und in den tragenden Teilen aus nicht brennbaren Baustoffen	Feuerwiderstandsklasse F 30 und in den wesentlichen Teilen aus nicht brennbaren Baustoffen	F 30-AB
feuerhemmend und aus nicht brennbaren Baustoffen	Feuerwiderstandsklasse F 30 und aus nicht brennbaren Baustoffen	F 30-A
feuerbeständig	Feuerwiderstandsklasse F 90 und in wesentlichen Teilen aus nicht brennbaren Baustoffen	F 90-AB
feuerbeständig und aus nicht brennbaren Baustoffen	Feuerwiderstandsklasse F 90 und aus nicht brennbaren Baustoffen	F 90-A

In den einzelnen Bundesländern wird in den Erlassen zur Einführung der DIN 4102 in den bauaufsichtlichen Bestimmungen festgelegt, welche Feuerwiderstandsklassen den Begriffen (z. B. *„feuerbeständig"* und *feuerhemmend*) entsprechen. Einheitlich ist dabei festgelegt, dass die Feuerwiderstandsklasse F 90 dem Begriff „feuerbeständig" entspricht. Es ist ferner festgelegt, dass Bauteile, bei denen statisch wesentliche Bestandteile aus brennbaren Baustoffen (Baustoffklasse B) bestehen, nicht als „feuerbeständig" angesehen werden (Tab. **16**.98).

Gebäudeklassen/Gebäudearten

Die in den Landesbauordnungen geregelten Anforderungen an den Brandschutz entsprechen den unterschiedlichen Gefährdungen bei den festgelegten *Gebäudeklassen*. Die auf der Musterbauordnung (MBO) beruhenden Landesbauordnungen können geringfügige Unterschiede aufweisen. Als Beispiel dienen die Bestimmungen der Landesbauordnung Hessen (Tabelle **16**.99).

Andere Landesbauordnungen unterscheiden *Gebäudearten* nach „Gebäuden geringer Höhe", „Gebäuden mittlerer Höhe" und Hochhäusern.

16.7.3 Bauliche Brandschutzmaßnahmen

Mindestanforderungen an das Brandverhalten von tragenden Wänden, Unterstützungen, Außenwänden und Trennwänden sowie an Decken[1)] sind in der Landesbauordnung Hessen (HBO) gemäß Tabelle **16**.100 und **16**.101 festgelegt.

---

1) Unterdecken als Brandschutz s. Abschn. 14.2.3

Tabelle **16**.99 Gebäudeklassen (Landesbauordnung Hessen § 2, gekürzte Auszüge)

Gebäudeklasse A

Frei stehende Wohnhäuser u. Ä. mit höchstens 2 Wohnungen, höchstens 2 Geschosse; freistehende landwirtschaftliche Betriebsgebäude o. Ä. bis 250 m^2.

Gebäudeklasse B

Wohngebäude u. Ä. mit höchstens 3 Wohnungen, oberste Geschossfläche höchstens 5,85 m über Gelände.

Gebäudeklasse C

Sonstige Gebäude, die nicht unter die Gebäudeklasse A fallen, oberste Geschossfläche bei Aufenthaltsräumen höchstens 5,85 m über Gelände.

Gebäudeklasse D

Wohngebäude u. Ä. mit höchstens 6 Wohnungen, oberste Geschossfläche höchstens 7 m über Gelände.

Gebäudeklasse E

Sonstige Gebäude, die nicht unter die Gebäudeklassen A bis D fallen, oberste Geschossfläche bei Aufenthaltsräumen höchstens 7 m über Gelände.

Gebäudeklasse F

Sonstige Gebäude, die nicht unter die Gebäudeklassen A bis E fallen, oberste Geschossfläche bei Aufenthaltsräumen höchstens 14 m über Gelände.

Gebäudeklasse G

Sonstige Gebäude, die nicht unter die Gebäudeklassen A bis F fallen, oberste Geschossfläche bei Aufenthaltsräumen höchstens 22 m über Gelände.

Hochhäuser

Gebäude, bei denen der Fußboden eines Geschosses, in dem Aufenthaltsräume liegen oder möglich sind, mehr als 22 m über Geländeoberfläche liegt.

Tabelle **16**.100 Mindestanforderungen an das Brandverhalten von Tragenden Wänden, Unterstützungen, Außenwänden und Trennwänden (Hess. Bauordnung § 29, Auszug)

Bauteile und Baustoffe	Gebäudeklasse nach § 2 Abs. 2 Satz 2					
	A/B	C	D	E	F	G
1. Tragende und aussteifende Wände sowie Unterstützungen	keine	keine	F 30-B	F 30-A oder F 60-B	F 90-AB	F 90-A
1.1 in Kellergeschossen	F 30-B	F 30-B	F 30-B	F 30-A oder F 60B	F 90-A	F 90-A
2. Tragende und aussteifende Wände, Unterstützungen und Dachtragwerke in ausgebauten Dachgeschossen sowie Abschlusswände gegen den nicht ausgebauten Dachraum	keine	keine	F 30-B	F 30-A[1] oder F 60-B[1]	F 90-B[1]	F 90-B
3. Nichttragende Außenwände und nicht tragende Teile tragender Außenwände	B 2	B 2	B 2	B 1	A 2	W 30-A
4. Außenwandverkleidungen einschließlich Dämmstoffe und Unterkonstruktion	B 2	B 2	B 1[2) 3)]	B 1[2) 3)]	B 1[3)]	A 2[3)]
5. Trennwände zwischen Nutzungseinheiten	F 30-B	F 30-B	F 30-B	F 30-A[1] oder F 60-B[1]	F 90-AB[1]	F 90-A

Zusätzliche Regelungen

1) Für das oberste, im Dachraum gelegene Geschoss, in dem Aufenthaltsräume vorhanden oder möglich sind, genügt F 30-B.

2) Normal entflammbare Baustoffe (B 2) sind zulässig, wenn die Außenwand mindestens feuerhemmend (F 30-B) ist und durch geeignete Maßnahmen eine Brandausbreitung auf angrenzende Gebäude verhindert wird.

3) Befestigungsteile der Unterkonstruktion und der Dämmstoffe können auch aus normal entflammbaren Baustoffen (B 2) bestehen.

Mindestabmessungen nichttragender, tragender und raumabschließender Wände bzw. Pfeiler im Hinblick auf den erforderlichen Brandschutz für Ausführungen aus bewehrtem Normal- oder Leichtbeton und für Mauerwerk aus den verschiedenen in Frage kommenden Steinarten werden in DIN 4102-4 in ausführlichen Tabellen festgelegt.

Die mit den jeweiligen Wanddicken erreichbaren Feuerwiderstandsklassen F 30-A bis F 180-A sind dabei abhängig von dem Ausnutzungsfaktor α (Verhältnis der vorhandenen Beanspruchung zu zulässiger Beanspruchung nach DIN 1045).

16

Brandabschnitte

In ausgedehnten Bauwerken muss der Ausbreitung eines Brandes durch Unterteilung in *horizontale* und *vertikale Brandabschnitte* entgegengewirkt werden. Die Unterteilung ist in der Regel durch Massivdecken oder Wände der Feuerwiderstandsklasse F 90-A („Brandwände") vorzunehmen. Die Unterteilungen der Brandabschnitte müssen den Durchgang des Feuers verhindern und so wärmedämmend sein, dass sich Stoffe nicht entzünden können, die auf der dem Feuer abgekehrten Seite eingebaut sind oder lagern.

Horizontal ausgedehnte Gebäude müssen i. d. R. in Abständen von höchstens 40 m durch Brandabschnitte in Teilflächen von ≤ 1600 m² unterteilt werden.

Auch unmittelbar aneinander angrenzende Gebäude unterschiedlicher Höhe oder Nutzungsart sind durch Brandabschnitte zu sichern. Für die Ausführung sind in Bild **16**.102 einige Beispiele gezeigt.

Brandwände

Brandwände sind feuerbeständige Wände aus nichtbrennbaren Baustoffen (F 90-A) und dürfen bei Brand ihre Standsicherheit nicht verlieren. Sie

Tabelle **16**.101 Mindestanforderungen an das Brandverhalten von Decken (Hess. Bauordnung § 31, Auszug)

Bauteil	Gebäudeklasse nach § 2 Abs. 2 Satz 2					
	A/B	C	D	E	F	G
1. Decken	keine	keine	F 30-B	F 30-A oder F 60-B	F 90-AB	F 90-A
1.1 über Kellergeschossen	F 30-B	F 30-B	F 30-B	F 30-A oder F 60-B	F 90-A	F 90-A
2. Decken über ausgebauten Dachgeschossen	keine	keine	F 30-B	F 30-A[1] oder F 60-B[1]	F 90-B[1]	F 90-B
3. Decken zwischen Nutzungseinheiten	F 30-B	F 30-B	F 30-B	F 30 A[1] oder F 60 B[1]	F 90-AB	F 90-A
4. Verkleidungen unter Decken einschließlich Dämmschichten und Unterkonstruktion	B 2, nicht brennend abtropfen	B 2, nicht brennend abtropfen	B 2, nicht brennend abtropfen	B 2, nicht brennend abtropfen	B 2, nicht brennend abtropfen	B 2, nicht brennend abtropfen

[1] Öffnungen in Decken, für die eine feuerhemmende oder feuerbeständige Bauart vorgeschrieben ist, sind unzulässig. Sie können zugelassen werden, wenn die Nutzung des Gebäudes dies erfordert. Die Öffnungen müssen mit selbstschließenden Abschlüssen versehen sein, deren Feuerwiderstand dem der Decken entspricht; das gilt nicht für den Abschluss von Öffnungen innerhalb von Wohnungen. Ausnahmen können zugelassen werden, wenn der Brandschutz auf andere Weise gesichert ist. Satz 1 bis 4 gelten nicht für Gebäude der Gebäudeklassen A, B und D.

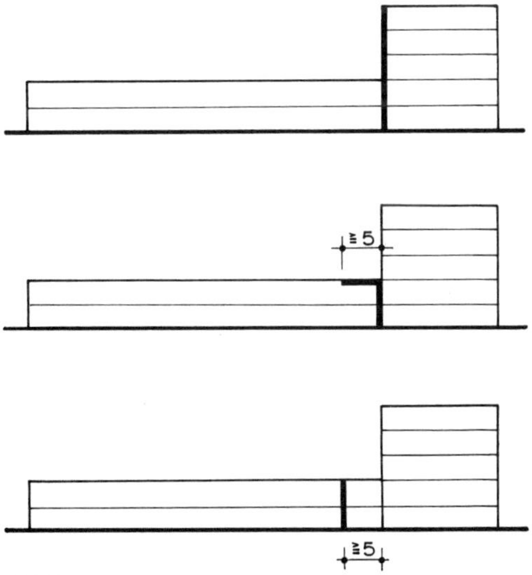

16.102a

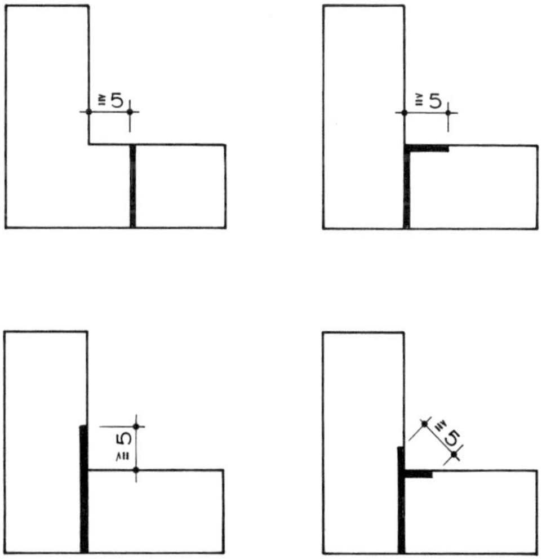

16.102b

16.102 Brandabschnitte

a) Brandabschnitte zwischen verschieden hohen Gebäuden (Schnitte)
b) Brandwände an einspringenden Gebäudeecken (Grundrisse)

werden zur Ausbildung von *Gebäudeabschluss- und Gebäudetrennwänden* ausgeführt. Sie sind gemäss HessBO vorgeschrieben:

- Als Gebäudeabschlusswand an Grundstücksgrenzen, bei Grenzabständen von weniger als 2,50 m oder wenn Gebäudeabstände von weniger als 5 m vorhanden oder möglich sind.
- Innerhalb ausgedehnter Gebäude in Abständen von höchstens 40 m (Ausnahmen sind möglich).
- Bei aneinandergebauten Gebäuden der Gebäudeklassen B und D in Abständen von höchstens 60 m, wenn die Gebäudetrennwände feuerbeständig sind.
- Zwischen Wohngebäuden und Betriebsgebäuden.
- Bei Gebäudeecken muss der Abstand von der inneren Ecke mindestens 5 m betragen (Bild **16**.102b).

Brandwände sind in der Regel ohne Versatz durch alle Geschosse hochzuführen. Sie dürfen ausnahmsweise geschossweise versetzt sein, wenn die verbindenden Geschossdecken ohne Öffnungen in F 90-A ausgeführt werden (Bild **16**.103a).

Bei Gebäuden der Gebäudeklassen A bis E sind die Brandwände bis unmittelbar unter die Dachhaut zu führen. Bei Gebäuden der Gebäudeklassen F und G müssen Brandwände 30 cm über das Dach geführt werden. Alternativ lassen einige Bauordnungen eine beidseitig der Wand anzuordnende auskragende Platte in F 90A mit je 50 cm Breite zu.

Bauteile aus brennbaren Baustoffen (z. B. auch Dachlatten) dürfen Brandwände nicht überbrücken. Stahl- oder Holzträger und -stützen, Schornsteine und Schlitze dürfen in Brandwände nur so tief eingreifen, dass die Wände auch im verbleibenden Querschnitt den Anforderungen F90 entsprechen.

Auf Nachbargrenzen dürfen auf Brandwänden Wärmeschutzschichten aus nichtbrennbaren Baustoffen (A2) bis 15 cm Dicke ausgeführt werden.

Waagerechte und schräge Schlitze sind in Brandwänden unzulässig.

Öffnungen in Brandwänden sind im allgemeinen nicht zulässig. Sie können jedoch zugelassen werden, wenn selbstschließende feuerbeständige Abschlüsse (T 90) oder Brandschutzschleusen eingebaut werden (Bild **16**.103b).

Kleinere Öffnungen aus nichtbrennbaren Baustoffen in Ausführung F 90-A (z. B. Glasbausteine) können zugelassen werden.

Leitungen dürfen nur dann durch Brandwände geführt werden, wenn besondere Vorkehrungen gegen Feuer- und Rauchübertragung getroffen werden (s. Bild **16**.112).

Nichttragende Brandwände können für Abschottungen von Versorgungsschächten u. Ä. aus mehrlagig eingebrachten Brandschutzplatten (z. B. 2 x 20 mm Promatect®-H) ausgeführt werden. Auch Montagewände mit C-Profilen, Bekleidungen mit Brandschutzplatten und Kernen aus nicht brennbaren Mineralwolleplatten können als F 90-A-Brandwände hergestellt werden (vgl. Abschn. 6.10.3.3).

Dächer

Die Dachhaut muss in der Regel gegen Flugfeuer und strahlende Wärme widerstandsfähig sein („Harte Bedachung"), doch sind insbesondere bei Gebäuden der Gebäudeklassen A bis D und für Teilflächen (z. B. Vordächer) Ausnahmen möglich. Dachvorsprünge, -gesimse und -aufbauten, Glasdächer, Oberlichte und Öffnungen müssen von Brandwänden oder Trennwänden von Reihenhäusern o. Ä. mindestens 1,25 m entfernt sein.

Dächer von Gebäudeteilen, die an Außenwände mit Fenstern anschließen, sind im Abstand von 5 m mindestens so feuerwiderstandsfähig auszuführen wie die Decken des anschließenden Gebäudes (Bild **16**.102a).

Flachdächer aus Trapezblechprofilen haben sich vielfach im Brandfall als sehr problematisch gezeigt. Durch die Hohlräume der Trapezbleche kommt es zu rascher Hitzeausbreitung, und aufliegende Wärmedämmungen aus Schaumstoffen zersetzen sich oder können ebenso wie die Dachabdichtungen in Brand geraten. Durch die damit verbundene enorme Hitzeentwicklung verliert

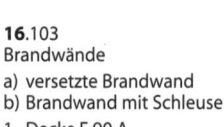

16.103
Brandwände
a) versetzte Brandwand
b) Brandwand mit Schleuse
1 Decke F 90 A
2 Türen > T 30

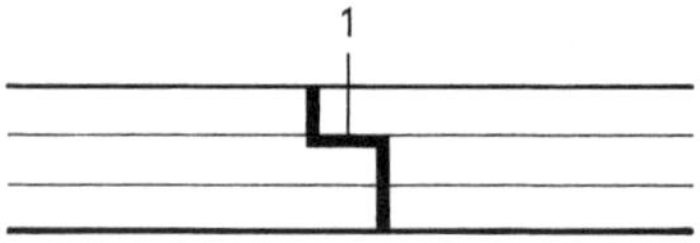

16.103a

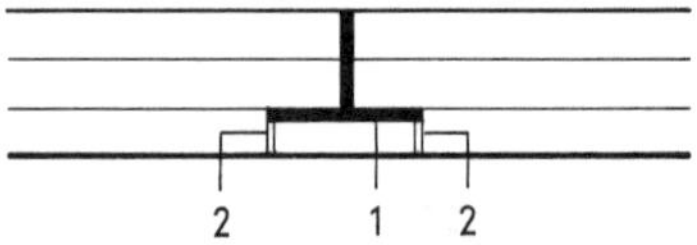

16.103b

das Trapezblech seine Tragfähigkeit, und das Dach stürzt ein. Ausreichender Feuerwiderstand war bislang nur durch aufwendige unterseitige Bekleidungen mit Gipskartonplatten (GKF) oder Brandschutzplatten zu erreichen.

Als interessante Alternative für Brandschutz F 30 wurde ein neuartiges Verfahren entwickelt, bei dem in die Hohlräume der Trapezbleche Schläuche mit einer Brandschutzmasse gelegt werden, in der Wasser gebunden ist. Im Brandfall schäumt die Masse auf und setzt das gebundene Wasser zur Kühlung der Bleche frei.

Zusätzlicher Brandschutz ergibt sich durch die Verwendung spezieller Wärmeschutz-Verbundplatten.

Treppen

Nicht ebenerdig gelegene Gebäudeteile bzw. Geschosse müssen über mindestens eine Treppe erreichbar sein („notwendige Treppe"; einschiebbare Treppen sind nur in Gebäuden der Gebäudeklasse A, B und D als Zugang zu Dachräumen oder sonstigen Räumen ohne Aufenthaltsräume zulässig).

Die tragenden Teile *notwendiger Treppen* müssen bei Gebäuden der Gebäudeklasse D und E aus nicht brennbaren Baustoffen (A) oder mindestens feuerhemmend (F 30-B) ausgeführt sein. Bei Gebäuden der Gebäudeklassen F und G müssen sie aus nicht brennbaren Baustoffen und feuerbeständig (F 90-A) hergestellt sein.

Notwendige Treppen müssen eine nutzbare Breite von mindestens 1,00 m und mindestens einen Handlauf aufweisen. In Gebäuden der Gebäudeklassen A, B und D ist eine Mindestbreite von 0,80 m zulässig.

Notwendige Treppen müssen auf kürzesten Wegen (≤ 35 m) erreichbar sein, direkt ins Freie führen und gegen Verqualmen (z. B. durch fernbedienbare Rauch- und Wärmeabzugsanlagen (RWA), Brandabschnitte) gesichert sein.

Die – insbesondere für Hochhäuser notwendigen – sog. „Sicherheitstreppen" dürfen nur über mit der Außenluft verbundene, loggienartige Zugänge erreichbar sein, um dem Eindringen von Rauch und dem Feuerüberschlag zwischen den Geschossen entgegenzuwirken.

Treppenräume

Für Gebäude der Gebäudeklassen A, B und D sind die Wände von Treppenräumen mindestens feuerhemmend (F 30-B) auszuführen, bei den Gebäudeklassen C und E mindestens feuerhemmend und aus nichtbrennbaren Baustoffen und bei den Gebäudeklassen F und G in der Bauart von Brandwänden.

Jede notwendige Treppe muss in einem an der Außenwand liegenden Treppenraum liegen, der auf kürzestem Wege ins Freie führt (Ausnahme Gebäudeklassen A, B und C).

Übereinander liegende Untergeschosse müssen mindestens je zwei getrennte Ausgänge haben, von denen einer direkt ins Freie führt.

Bei den Gebäudeklassen C, E, F und G müssen Öffnungen zum Kellergeschoss, zu Läden, Werkstätten, Lagern, allgemein zugänglichen Fluren u. a. selbstschließende feuerhemmende Abschlüsse haben (T 30).

Bei innenliegenden Treppenräumen und Gebäuden der Gebäudeklasse G sind an den oberen Abschlüssen der Treppenräume Rauchabzugseinrichtungen vorzusehen, die vom Erdgeschoss und vom obersten Treppenabsatz aus bedient werden können (> 1 m^2 bzw. 5 % der Grundfläche).

Besondere Vorschriften gelten für Aufzugsanlagen sowie für Flure, die als Rettungswege dienen. Hierfür muss auf weiterführende Literatur verwiesen werden.

Decken

Decken aus Stahlbeton in allen in der Praxis gängigen Ausführungsarten sowie Stahlstein-, Kappendecken u. a. m. und auch Holzbalkendecken (vgl. Abschn. 10) sind hinsichtlich ihrer Feuerwiderstandsklassen in DIN 4102-4 klassifiziert.

Erforderliche Brandschutzmaßnahmen für Decken aus Trapezblechen sind jeweils auf den Einzelfall abzustimmen. Die Darstellung der zahlreichen Probleme und Lösungsmöglichkeiten würde jedoch den Rahmen dieses Werkes sprengen (vgl. Trapezbleche in Dächern).

Schornsteine

Schornsteine müssen gegenüber allen brennbaren Bauteilen einen ausreichenden Sicherheitsabstand haben. Der Mindestabstand hölzerner Bauteile wie Deckenbalken und Dachsparren von Rauchrohren und Abgasrohren ist durch bauaufsichtliche Bestimmungen vorgeschrieben (i. Allg. ≥ 5 cm). Die gleichen Abstände gelten für Holzwolle-Leichtbauplatten und vergleichbare Baustoffe (s. Abschn. 3.2.4 in Teil 2 des Werkes).

Besondere Anforderungen

Für Flure, die als Rettungswege dienen, für Heizungsräume, für Lüftungs- und Klimaanlagen,

Installations- und Müllabwurfschächte u. Ä. sind teilweise umfangreiche spezielle Vorschriften zu beachten.

Verschärfte Anforderungen an den Brandschutz gelten für Gebäude, die durch ihre Nutzung (z. B. Geschäftshäuser, Lager, Schulen, Altersheime, Gaststätten, Versammlungsstätten, Garagen) oder durch ihre Bauweise (z. B. Hochhäuser, Stahl- und Holzbauten) besondere Vorkehrungen für die Brandbekämpfung und für Rettungsmaßnahmen nötig machen.

In *Hochhäusern* (Hess. Hochhausrichtlinien: Bauwerke, bei denen der Fußboden mindestens eines Aufenthaltsraumes mehr als 22 m über der Geländeoberfläche liegt) müssen z. B. alle wesentlichen tragenden Bauteile die Feuerwiderstandsklasse F 90 aufweisen.

An den Außenwänden müssen zwischen den Geschossen feuerbeständige Brüstungen o. Ä. so angeordnet sein, dass der Feuer-Überschlagsweg mindestens 1,00 m beträgt.

Innenliegende über 20 m lange Flure müssen in höchstens 15 m lange Brandabschnitte aufgeteilt werden, die selbstschließende Brandschutz-Türen (T 90) haben.

Jedes Obergeschoss muss entweder durch 2 voneinander unabhängige Treppenhäuser, die über Dach miteinander verbunden sind, oder durch ein Sicherheitstreppenhaus verlassen werden können (*Sicherheitstreppen* dürfen nur über einen außen liegenden offenen Gang erreichbar sein).

Besondere Vorschriften bestehen für Rauchabzugsanlagen, Feuerlösch- und Rettungseinrichtungen usw.

Zusammenfassung

Im Hinblick auf den baulichen Brandschutz ist festzuhalten:

Die im Einzelfall erforderlichen baulichen Brandschutzmaßnahmen können auf die Gesamtplanung von Bauwerken erheblichen Einfluss haben. Sie müssen daher in jedem Falle bereits in frühen Planungsphasen in ein mit den Brandschutzbehörden abzustimmendes Brandschutzkonzept einfließen.

16.7.4 Brandschutzmaßnahmen für Bauteile

Bauteile aus Stahl

Stahlteile sind zwar nicht brennbar, verformen sich aber erheblich bei den Temperaturen, die bei Bränden auftreten können. Dabei verlieren sie nicht nur ihre Tragfähigkeit, sondern richten auch infolge von Verdrehungen und Verbiegungen an benachbarten Bauteilen durch Zug und Schub schwere Schäden an. Träger und Stützen aus Stahl (DIN 4102-4, Abschn. 6) müssen daher mit Beton, Mauerwerk, Wandbauplatten oder Putz (s. Abschn. 8 in Teil 2 dieses Werkes) ummantelt werden. Hohlprofile können in Sonderfällen durch Wasserfüllungen (Kühleffekt) geschützt werden.

In Gebäuden, offenen Hallen o. Ä. können für Stahlbauteile aus offenen Profilen, durch Beschichtung mit wasserlöslichen- oder Kunstharzdispersionen die Anforderungen entsprechend F 30-A bis F 90 (seit Ende 2001) erreicht werden. Auch für Gussbauteile sind Brandschutzbeschichtungen bis F 30 zugelassen. Beschichtungen mit Dämmschichtbildnern bestehen aus einem abgestimmten Systemaufbau aus Korrosionsschutz, Brandschutzbeschichtung und Decklack (im Außenbereich zwingend erforderlich.[1])

Die Verwendung von zwar sehr gut für Brandschutzzwecke geeigneten asbesthaltigen Baustoffen bzw. Beschichtungen ist wegen der Gesundheitsgefährdung insbesondere bei der Herstellung und Verarbeitung nicht mehr erlaubt.

Vorhandene asbesthaltige Brandschutzbekleidungen müssen besonders geschützt sein, oder sie sind zu entfernen und speziell zu entsorgen, wenn von einer Gefährdung von Menschen durch Einatmen von nicht gebundenen Asbestfasern ausgegangen werden muss.

Für höhere Beanspruchungen bis F 180-A müssen Stahlprofile durch Feuerschutz-Ummantelungen aus bewehrten Putzen, Gipskarton- oder speziellen Brandschutzplatten ggf. in Verbindung mit Ausmauerungen geschützt werden. Die für Ausführungen mit Putz in Frage kommenden Materialien und Mindestdicken ggf. in Verbindung mit Ausmauerungen sind in DIN 4102-4, Tabelle 90 festgelegt und für Unterzüge aus Stahlprofilen in Bild **16**.104 schematisch gezeigt.

Bekleidungen mit Gipskarton-Feuerschutzplatten (GKF, DIN 18 180) zeigt Bild **16**.105. Alternativ können vorgefertigte Bekleidungen aus speziellen Brandschutzplatten über Stahlprofile geschoben und an vorher eingepassten Knaggen befestigt werden (Bild **16**.105b).

[1] Seit kurzem liegt für den Systemanstrich „unitherm (R) brilliant" der Fa. Permatex® GmbH, Vaihingen eine zunächst bis 30.11.2004 befristete Allgemeine bauaufsichtliche Zulassung (Nr. Z-19.1442 vom 15.11.2001) des DIBt, Berlin als F90-Beschichtung für offene Profile vor. Die Mindest-Schichtdicke (trocken) hängt für Stützen, Träger und Fachwerkstäbe von dem Profilbeiwert ab. ($U/A \leqq 100\ m^{-1}$ = 2600 µm, $U/A \leqq 80\ m^{-1}$ = 2450 µm, $U/A \leqq 60\ m^{-1}$ = 2300 µm)

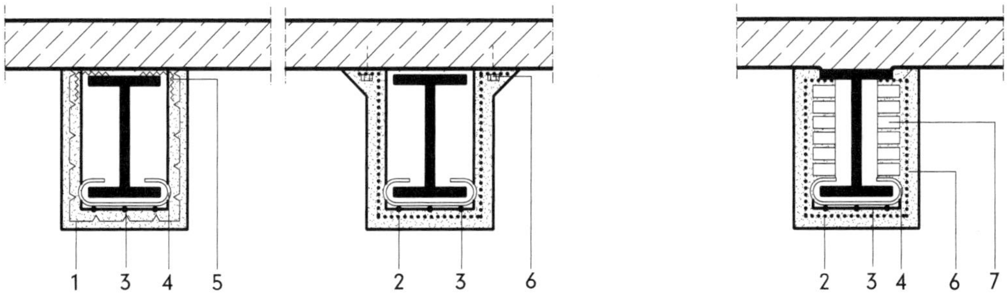

16.104a

16.104b

16.104 Brandschutz für Stahlunterzüge (DIN 4102-4, Tab. 90 und 91)
a) Bekleidung mit Putz
b) Ausmauerung mit Putzbekleidung der Untergurte
1 Rippenstreckmetall mit Putz (MG PII oder IVa, b, c, Vermiculite- oder Perlite-Mörtel)
2 Streckmetall oder Drahtgewebe
3 Abstandhalter (Ø > 5, 2–3 Stück je Breite)
4 Bügel Ø > 5, *a* < 500)
5 Klemmbefestigung
6 Schraubbefestigung
7 Ausmauerung (Mauerziegel, Kalkstandstein, Porenbeton, Bauplatten DIN 4165, Wandbauplatten aus Leichtbeton oder Gips)

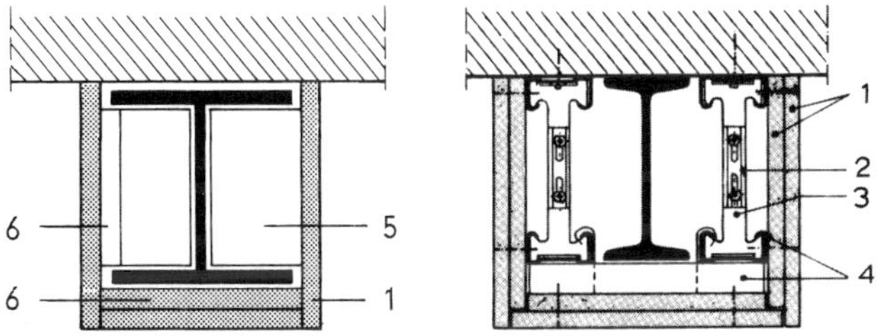

16.105a

16.105b

16.105
Feuerschutzummantelungen
a) Ausführung nach DIN 4102-4, Tab. 92
b) Ausführung nach Unterlagen der Firma Promat
1 Feuerschutzplatten (ein- und mehrlagig)
2 Schlitzbandeisen
3 Ankerhänger
4 verzinktes C-Blechprofil
5 Knagge
6 Stoßüberlappung

Die Dicke *d* der Ummantelungen ist abhängig von der zu erreichenden Feuerwiderstandsklasse und dem Verhältnis *U/A* (Umfang/Querschnittsfläche) des Bauteiles.

Berechnungsbeispiel: Vierseitig brandbeanspruchtes Profil HE-M 200 bzw. IPBv 200

Profilhöhe $h = 200$ mm; Profilbreite $b = 206$ mm; Profilfläche $A = 131$ cm^2

$U/A = (2h + 2b)/A = (2 \times 220 + 2 \times 206)/131 = 65\ \text{m}^{-1}$.

Die zur Erreichung der Feuersicherheitsklasse erforderliche Bekleidungsdicke ist den Tabellen aus DIN 4102-4, Abschn. 6 zu entnehmen. Dabei ergibt sich z. B. nach Tab. 92 für F 90-A: 2 x 15 mm Gipskarton-Feuerschutzplatten GKF (DIN 18 180) oder (nach Unterlagen der Firma Promat, ermittelt auf Grund von Prüfungen gemäß DIN 4102) eine Bekleidung mit 15 mm Feuerschutzplatten Promatec®-H.

Für Stahlstützen kommen neben Bekleidungen mit GKF- oder Brandschutzplatten auch Ummantelungen mit Putz oder Beton in Frage (Bild **16.**106 a und b).

Besondere Vorschriften enthält DIN 4102-4 für den Brandschutz bei Verbundträgern und -stützen mit ausbetonierten Kammern und für Stützen aus betongefüllten Profilen (Bild **16.**106 c und d).

Bauteile aus Stahlbeton

Stahlbetonbauteile sind im wesentlichen dadurch im Brandfall gefährdet, dass infolge der hohen Umgebungstemperaturen die überdeckenden Betonschichten abplatzen, dadurch die Stahlbewehrungen dem Feuer direkt ausgesetzt sind und diese ihre Tragkraft teilweise oder vollständig verlieren. So kann es zu schweren Verformungen der Bauteile oder zum Einsturz kommen.

Die bei Stahlbetonbauteilen erreichbaren Feuerwiderstandsklassen sind vor allem von der Dicke der Bauteile und von der Betondeckung abhängig. Ohne zusätzliche Schutzmaßnahmen können

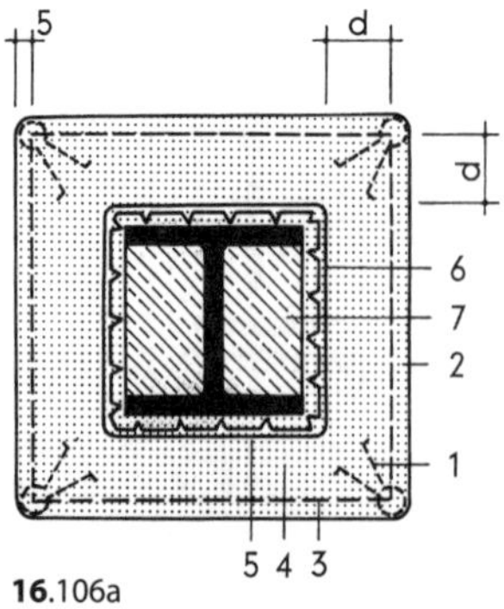

16.106a

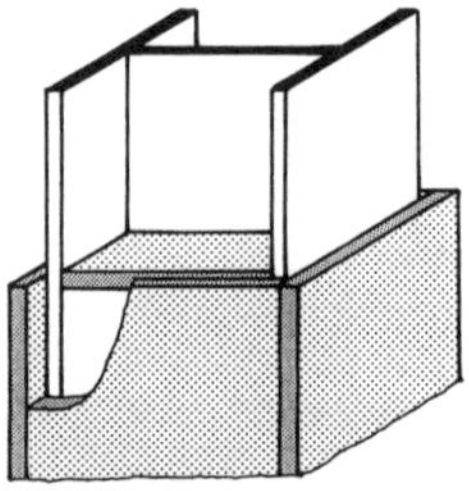

16.106b

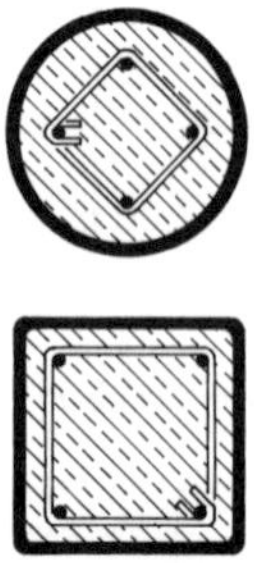

16.106c

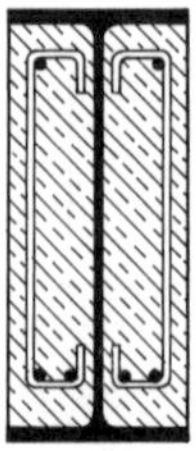

16.106d

16.106 Brandschutz von Stahlstützen
a) Stützenummantelung mit Putz (DIN 4102-4, Tab. 94)
1 Kantenschutz
2 > 5 mm geglätteter Putz
3 Drahtgewebe
4 Putz MGPII oder IV a, b, c oder Vermiculite bzw. Perlite
5 Bindedraht
6 Rippenstreckmetall
7 Kern ggf. ausbetoniert
b) Ummantelung mit Brandschutzplatten, c) Verbundprofile, Brandschutz nach DIN 4102-4, Abschn. 7
d) betongefülltes Profil

Stahlbetonbauteile in den Klassifizierungen F 30 bis F 180 ausgeführt werden.

Die umfangreichen Bestimmungen über den Brandschutz tragender und nichttragender Stahlbetonbauteile sind für Regelfälle in DIN 4102-4, Abschn. 3.13, 4.2 und 4.4 zusammengefasst.

Als Anhalt für die Dimensionierung können die Tabellen **16**.107 und **16**.108 dienen. Im Übrigen muss auf weiterführende Literatur verwiesen werden.

Bauteile aus Holz

Brandgefährdete Bauteile aus Holz können entsprechend den Anforderungen dimensioniert oder, soweit bauaufsichtlich vorgeschrieben, durch dämmschichtbildende Dispersionsanstriche (DIN 68 800) bzw. durch Verkleidung mit Brandschutzplatten gemäß DIN 4102-4, Abschn. 4.11–13 (Wände) und 5.1–5.8 (Decken) geschützt werden.

Das Brandverhalten von Holz ist nicht so schlecht, wie oft angenommen wird. Die Holzrohdichte, der Feuchtigkeitsgehalt und die Entstehung von wärmeabschirmender Holzkohle an der Oberfläche tragen zur Verzögerung des Zersetzungprozesses im Brandfall bei. Mit deckenden oder transparenten dämmschichtbildenen Anstrichen können Holz und Holzwerkstoffe aus der Baustoffklasse B2 (normal entflammbar) in B1 (schwer entflammbar) überführt werden. Sie können in trockenen Räumen (Luftfeuchte ≤ 70 %) und in mechanisch wenig beanspruchten Bereichen (nicht bei Türen und Treppenstufen) eingesetzt werden. Brandschutzbeschichtete Konstruktionen sind vor Ort zu kennzeichnen und regelmäßig zu überprüfen.

Dämmschichtbildner als Brandschutzbeschichtung beruhen auf dem Prinzip der Wärmeabschirmung durch eine bei Brandeinwirkung entstehende 2 bis 3 cm dicke, nicht brennbare Schaumschicht, die zudem den zur Verbrennung notwendigen Luftsauerstoff von der Holzoberfläche abhält.

Holzbauteile erfüllen bei entsprechender Dimensionierung und Bauteilschichtung die Feuerwiderstandsklasse F 30 B bzw. F 60 B. Höhere Brandschutzanforderungen können mit Holzbauteilen erreicht werden, wenn für Konstruktionen und Schichtenaufbauten die notwendigen Nachweise und Zulassungen erwirkt werden.

Unbekleidete Vollholzbalken oder Brettschichtträger werden – abhängig von den rechnerisch vorhandenen Druck- und Biegebeanspruchungen und dem Abstützungsabstand bzw. der Knicklänge – in ausführlichen Tabellen in die Feuerwiderstandsklassen F 30 B bzw. F 60 B eingeordnet.

Bekleidete Balken, Stützen aus Vollholz oder Brettschichtholz werden unabhängig von der Spannungsausnutzung und Holzart in ihrem Brandverhalten verbessert.

Die Einordnung in die Feuerwiderstandsklassen F 30 B oder F 60 B ist abhängig von der Dicke und

Tabelle **16**.107 Mindestdicke von Stahlbetonstützen aus Normalbeton (Auszug aus Tab. 31 DIN 4102-4)

Konstruktionsmerkmale[1] 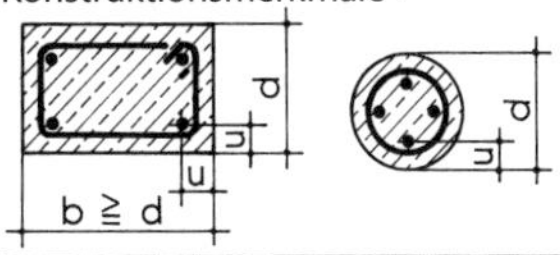	Feuerwiderstandsklasse-Benennung F 30-A	F 60-A	F 90-A	F 120-A	F 180-A
Mindestquerschnittsabmessungen unbekleideter Stahlbetonstützen bei *mehrseitiger Brandbeanspruchung* bei einem					
Ausnutzungsfaktor $\alpha_1 = 0{,}3$					
Mindestdicke d in mm	150	150	180	200	240
zugehöriger Mindestachsabstand u in mm	[2]	[2]	[2]	40	50
Ausnutzungsfaktor $\alpha_1 = 0{,}7$					
Mindestdicke d in mm	150	180	210	250	320
zugehöriger Mindestachsabstand u in imm	[2]	[2]	[2]	40	50
Ausnutzungsfaktor $\alpha_1 = 1{,}0$					
Mindestdicke d in mm	150	200	240	280	350
zugehöriger Mindestachsabstand u in mm	[2]	[2]	[2]	40	50

1) Mindestabmessungen für umschnürte Druckglieder, soweit in der Tabelle keine höheren Werte angegeben sind:
F 30 $d = 240$ mm
F 60 bis F 180 $d = 300$ mm

2) Bezüglich c: Mindestwerte nach DIN 1045

Tabelle **16**.108 Mindestdicke von Beton- und Stahlbetonwänden aus Normalbeton *bei einseitiger Brandbeanspruchung* (Auszug aus Tab. 35 DIN 4102-4)

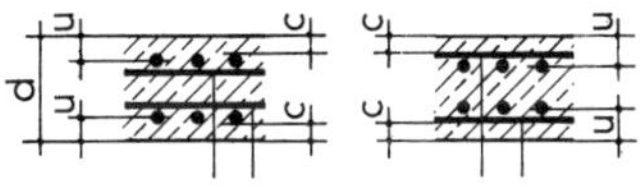 Querbewehrung Querbewehrung	Feuerwiderstandsklasse-Benennung F 30-A	F 60-A	F 90-A	F 120-A	F 180-A
Unbekleidete Wände Zulässige Schlankheit = Geschosshöhe/Wanddicke = h_s/d	nach DIN 1045				
Mindestwanddicke d in mm bei					
nicht tragenden Wänden	80[1]	90[1]	100[1]	120	150
tragenden Wänden					
Ausnutzungsfaktor $\alpha_1 = 0{,}1$	80[1]	90[1]	100[1]	120	150
Ausnutzungsfaktor $\alpha_1 = 0{,}5$	100[1]	110[1]	120	150	180
Ausnutzungsfaktor $\alpha_1 = 1{,}0$	120	130	140	160	210
Mindestachsabstand u in mm der Längsbewehrung bei					
nicht tragenden Wänden	10	10	10	10	35
tragenden Wänden bei einer Beanspruchung nach DIN 1045 von					
Ausnutzungsfaktor $\alpha_1 = 0{,}1$	10	10	10	10	35
Ausnutzungsfaktor $\alpha_1 = 0{,}5$	10	10	20	25	45
Ausnutzungsfaktor $\alpha_1 = 1{,}0$	10	10	25	35	55

1) Bei Betonfeuchtegehalten, angegeben als Massenanteil, > 4 % (s. Abschn. 3.1.7) sowie bei Wänden mit sehr dichter Bewehrung (Stababstände < 100 mm) muss die Wanddicke mindestens 120 mm betragen.

Art der Bekleidung (Gipskarton-Feuerschutzplatten GKF, Spezial-Feuerschutzplatten, Sperrholz, Spanplatten u. a.).

Die Feuerwiderstandsklasse F 60 B wird z. B. mit einer 2-lagigen Bekleidung aus 12,5 mm dicken GKF-Platten erreicht.

Im Übrigen enthält die Tabelle 84 in DIN 4102-4 alle erforderlichen weiteren Angaben.

Fugenausbildung

Besondere Beachtung ist der Dimensionierung und Ausbildung von Gebäudefugen zu widmen. Insbesondere Dehn- und Anschlussfugen sind so auszubilden, dass einerseits die Ausdehnung und Verformungen insbesondere im Fall der Erwärmung durch Feuer ungehindert möglich bleiben, andererseits ein Durchtritt des Feuers verhindert wird. Der Fugenverschluss erfolgt i. d. R durch Verfüllungen mit Baustoffen der Klasse A (z. B. Steinwolle), und ggf. Fugendichtungsmassen in B2 und auch Stahlwinkeln, die die mechanischen Beanspruchungen in Folge der Fugenbewegungen und die thermischen Einflüsse durch Erwärmung aufnehmen.

Wärmedämmstoffe

Die meisten Wärmedämmstoffe aus Kunststoffen weisen ein sehr ungünstiges Brandverhalten auf und haben oft sehr starke Qualm- und Rauchentwicklung, verbunden mit der Entwicklung giftiger Gase. Sie verbrennen außerdem vielfach unter besonders großer Hitzeentwicklung und können bei Einbau über Kopf abtropfen. Die Verwendung leicht entflammbarer Kunststoffe (Baustoffklasse B3) ist daher verboten. Insbesondere bei Fassadenverkleidungen, im Innenausbau von Garagen und Versammlungsräumen u. Ä., werden Wärme- und Schallschutzdämmungen aus Materialien mindestens der Baustoffklasse B1 (schwerentflammbar) verlangt.

Anbetonierte Wärmedämmstoffe (z. B. Holzwolle-Leichtbauplatten an Deckenunterseiten) müssen durch Bekleidungen geschützt werden, die den jeweiligen Anforderungen (Feuerwiderstandsklassen) an die Bauteile entsprechen oder aus schwer entflammbaren bzw. aus nicht brennbaren Baustoffen bestehen.

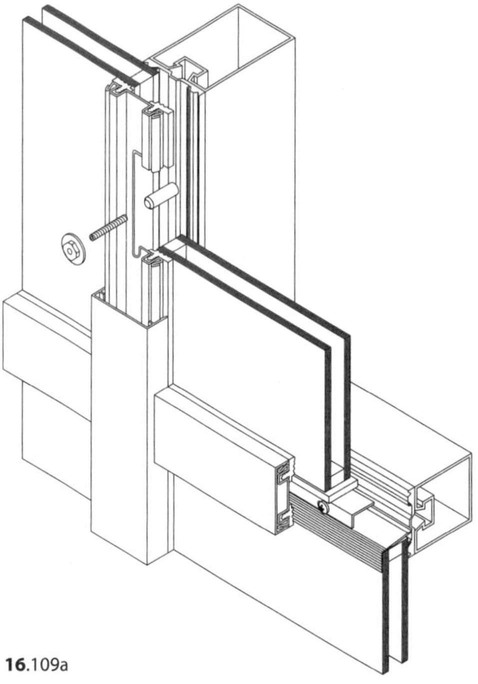

16.109a

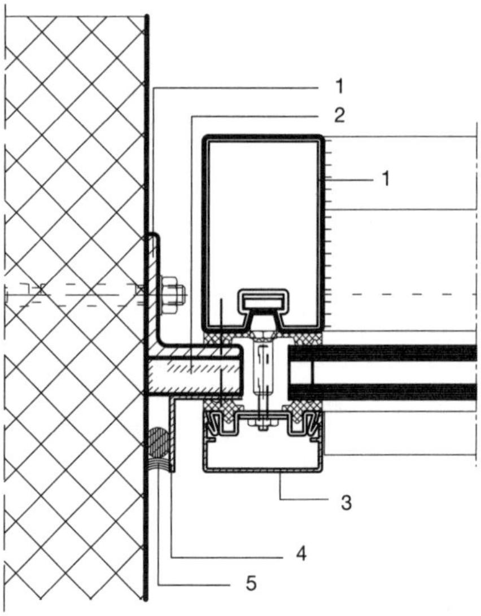

16.109b

16.109 Schematische Beispiele für G 30-Verglasung (Jansen VISS G 30)
1 Stahlwinkel 2 Promatect H 3 Alu-Profil 4 Alu-Winkel 5 Pyrosil

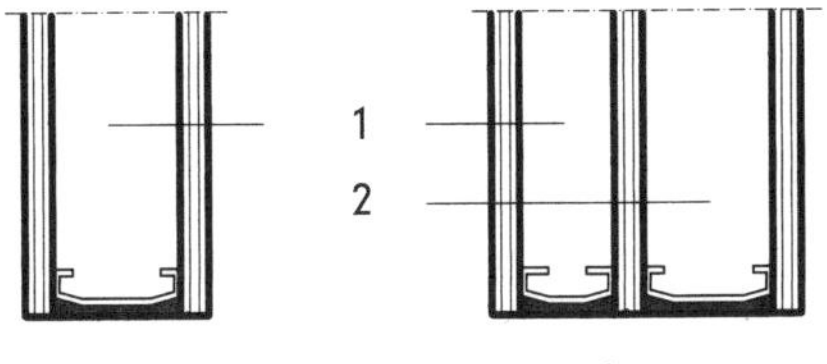

16.110a **16**.110b

16.110
Brandschutzgläser – F-Verglasungen (COTRAFLAM®, G/F 30–90)
a) Monoschaliger Typ für Innenanwendung
b) Isolierglastyp für Außenanwendung
1 Brandschutzfüllung (Gel)
2 Normal-Isolierglas für brandabgewandte Seite bei 3-fach-Verglasung

Brandschutzverglasungen (DIN 4102-13)

Vielfach besteht die Aufgabe, Raumabschlüsse zu Rettungswegen oder auch Teile von Brandabschnitten bzw. Brandwänden mit verglasten Flächen herzustellen.

Hierfür kommen spezielle Gläser in Frage, die auf Grund besonderer Zulassungen in die Feuerwiderstandsklassen G 30 bis G 120 für wärmestrahlungsdurchlässige und F 30 bis F 120 für wärmestrahlungsverhindernde Verglasungen eingeordnet werden.

In Verbindung mit besonderen Rahmenkonstruktionen kann damit verhindert werden, dass an der dem Feuer abgekehrten Seite Flammen oder entzündbare Gase auftreten (Bild **16**.109).

Transparent bleibende *G-Gläser als Einscheibensicherheitsgläser* oder Drahtgläser in üblicher Ausführung verhindern im allgemeinen jedoch nicht ausreichend den Durchgang von Strahlungswärme. Es kann dadurch zur Entflammung empfindlicher Gegenstände an der brandabgewandten Seite kommen. Sie dürfen nach den Erläuterungen zu DIN 4102-13 in feuerhemmende oder feuerbeständige Bauteile daher nur dann eingebaut werden, wenn zwar die raumabschließende Funktion gewährleistet sein muss, die durchtretende Wärmestrahlung im Einzelfall jedoch unkritisch ist.

Erheblich größeren Schutz bieten Sondergläser (z. B. Pyrodur, Pyrostat, Contraflam, Contrafeu usw.), die in Verbindung mit entsprechenden Rahmenkonstruktionen der Baustoffklasse A den Anforderungen der Feuerwiderstandsklassen F entsprechen. Bei diesen Gläsern mit mehrschichtigem Scheibenaufbau schäumen Brandschutzschichten zu einer nicht transparenten Masse auf, die den Strahlungsdurchgang erheblich mindert (Bild **16**.110).

Brandschutzverglasungen der F-Klassen kommen für Lichtöffnungen in Brandwänden, zur Abschottung von Treppenräumen und von Fluchtwegen, in Fluren oder bei Bauteilen in Frage, die feuerhemmend oder feuerbeständig ausgeführt werden müssen.

Neben den in DIN 4102 festgelegten Anforderungen müssen F-Verglasungen auch mechanischen Beanspruchungen gewachsen sein. Das lässt sich nur in Kombination mit besonderen Rahmenkonstruktionen erreichen, die auf Grund von Typprüfungen in die Feuerwiderstandsklasse F 30 bis F 180 eingeordnet sind. Ein Beispiel für eine solche Konstruktion aus Spezialbetonprofilen in Verbindung mit einer Dreifachverglasung zeigt Bild **16**.111.

Fassaden- und Dachverglasungen

Zunehmende Bedeutung erhalten Glasfassaden in Atrien und Dachverglasungen in öffentlichen Passagen, Innenhöfen sowie Anbauten an höhere Gebäudeteile. Sie müssen neben Anforderungen zur Verhinderung einer Brandübertragung auch Sicherheitseigenschaften zur Verminderung der Durchbruch- und Verletzungsgefahr erfüllen.

Brüstungsbereiche mit Brandschutzanforderungen zur Verhinderung eines *vertikalen Brandüberschlages* von Geschoss zu Geschoss können mit Brandschutzverglasungen (G- oder F-Verglasungen) hergestellt werden. Somit kann eine raumhohe, transparente Fassadenfläche erreicht werden.

Dachverglasungen erfordern in einem Bereich bis zu 5 m vor darüber aufgehenden Fassadenflächen einen Schutz vor vertikaler Brandübertragung (s. Abschn 16.7.3). Sicherheitsverglasungen mit Brandschutzeigenschaften stehen für Fassaden in F 30, G 30 und F 90 zur Verfügung. Überkopfverglasungen müssen zusätzlich häufig Sonnenschutzeigenschaften und Durchwurfsicherheit der Klasse A3 erfüllen. Die Einzelscheibengrössen müssen zudem die Richtlinien für linienförmig gelagerte Überkopfverglasungen erfüllen.

Horizontaler Brandüberschlag an Gebäudeinnenecken im Bereich von 5 m in Verbindung mit der Anordnung der Brandabschnitte kann durch eine sinnvoll auf das Brandrisiko abgestimmte Feuerwiderstandsklasse der Glasfassaden im Eckbereichen (z. B. F 90 bzw. G 30/F 30) verhindert werden.

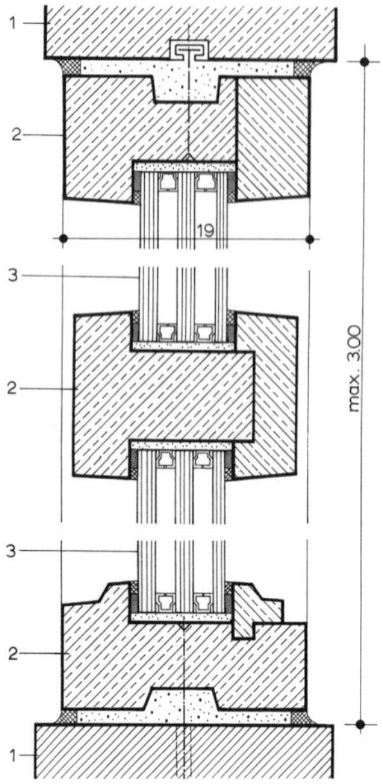

16.111 Fensterwand F 90 (bemopyrfenster®)
1 Sturz und Brüstung F 90
2 Profile aus Spezialbeton
3 3-fach-Verglasung Pyrostop G90, voll versiegelt und mit Spezial-Vorlegeband eingebaut (lichtes Scheibenmaß max. 1400 x 1000, für untere Felder max. 1100 x 2000 bei Hochformat)

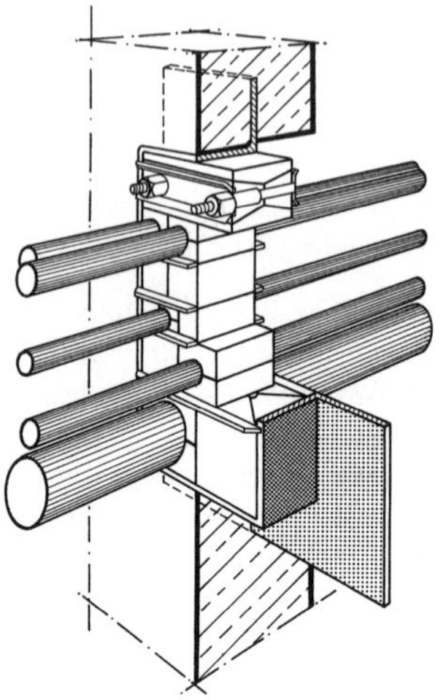

16.112 Rohr- und Kabeldurchführung in Brandwänden mit Spezial-Abdichtungselementen in Stahlrahmen (MCB Brattberg-System)

In der Regel sind für vollflächige Fassaden- und Überkopfverglasungen Abweichungen bzw. Befreiungen von den üblichen Festlegungen der LBO's erforderlich. *Kompensationsmaßnahmen* wie Brandmelde- oder Sprinkleranlagen oder eine Entrauchung sind im Rahmen einer Gesamtbetrachtung der Brandlasten und des gebäudespezifischen Brandschutzkonzeptes mit den Bauaufsichtsbehörden und Feuerwehren häufig unter Hinzuziehung eines Fachplaners für Brandschutz im Einzelfall festzulegen. Sie erhöhen häufig durch Abweichungen von den starren Festlegungen der Bauordnungen den planerischen und gestalterischen Spielraum. Die Verwendung von Systemverglasungen mit bauaufsichtlicher Zulassung vermeidet eine jeweils mögliche aber aufwendige Sonderzulassung für den Einzelfall.

16

Elektrokabel- und Rohrdurchführungen

Neben der Anforderung zur Vermeidung einer Brandübertragung und -weiterleitung sind an das Entflammungsverhalten und die Brandlasten durch Ummantelungen und Isolierungen insbesondere von Kabeln und Rohren besondere Anforderungen an den vorbeugenden Brandschutz zu stellen. Giftige Brandgase durch brennbare, chlorhaltige Baustoffe (z. B. PVC-Kabel) sind bei der Installation zu vermeiden bzw. durch Brandschutzmassnahmen zu sichern. Der Schutz von Elektrokabeln ist im Brandfall ebenso außerordentlich wichtig, um den Betrieb stromabhängiger Rettungseinrichtungen (z. B. Notbeleuchtungen, Aufzüge, Brandmeldeanlagen, Notstromversorgung) zu gewährleisten (DIN 4102-12). Bei Schutzmaßnahmen muss unterschieden werden zwischen Elektroleitungen, die beim Betrieb Eigenwärme entwickeln, die ständig abgeleitet werden muss, und solchen, bei denen diese Wärmeentwicklung vernachlässigbar gering ist (z. B. Schwachstrom-, Steuer- u. Ä. Kabel).

Es werden drei verschiedene, untereinander kombinierbare Möglichkeiten zur Verhinderung einer Brandübertragung durch haustechnische Installationen unterschieden:

- Einbau von *Abschottungen* für Kabel (S 90), Rohrleitungen (R 90), Brandschutzklappen (K 30 bis K 90) und für Lüftungsleitungen (L 30 bis L 120),
- Feuerwiderstandsfähige Ausführung der Leitungen bzw. Anordnung eines feuerwiderstandsfähigen Schutzes (Einhausung oder Ummantelung),
- Verlegung der Leitungen in feuerwiderstandfähigen Schächten (F 90) oder Installationskanälen (I 90)

Einzelne Kabel mit geringen Querschnitten können i. d. R. ohne Kabelabschottung durch Wände und Decken geführt werden, wenn verbleibende Hohlräume mit nicht brennbaren, formbeständigen Baustoffen (Mörtel, Beton, Mineralfasern) oder mit unter Wärmeeinwirkung aufschäumenden Schaumstoffen vollständig verschlossen werden.

Durch Versuche ist festgestellt worden, dass Kabelkästen aus Feuerschutzplatten ohne obere Abdeckung relativ guten Schutz bieten, ohne die Wärmeableitung zu behindern. Längere Feuerwiderstandszeiten lassen sich jedoch nur mit geschlossenen, auf den Einzelfall abgestimmten Verkleidungen erreichen.

Besondere Vorkehrungen müssen getroffen werden, wenn Kabelbündel, Kabellagen auf Montagepritschen oder Leitungen mit größerem Querschnitt, Rohrleitungen oder Lüftungsschächte durch Brandwände, Decken oder andere Bauteile mit Brandschutzanforderungen hindurchgehen müssen. Neben der Verwendung von Spezialkabeln mit nichtbrennbaren Umhüllungen müssen Kabeldurchlässe mit nichtbrennbaren, rauchgasdichten *Abschottungen* auf Mörtelbasis, mit Mineralfaserplatten, Modulelementen oder Brandschutzkitt i. d. R. in der gleichen Feuerwiderstandsdauer, wie die angrenzenden Bauteile abgedichtet werden. Auf Möglichkeiten zur Nachinstallation ist zu achten. Abschottungen sind hierzu zu kennzeichnen. Sie erfordern als nicht geregelte Bauprodukte (Bauregelliste A, Teil 2 Nummer 2.1b) einen allgemeinen Zulassungsbescheid. Rohrabschottungen sind mit Rohrmanschetten oder Rohrstopfen zum Verschluss der Rohrdurchbrüche auszuführen. Eine Ausführungsmöglichkeit für Kabel- und Rohrdurchführungen mit Hilfe von feuerfesten verschraubten Bauelementen zeigt Bild **16.**112.

Lüftungsleitungen erhalten Brandschutzklappen zur selbsttätig verschließenden Abschottung des Leitungsquerschnitt im Brandfall.

In der Regel sind Abschottungsarbeiten für Installationen in Brandwänden nur durch besonders geschulte Fachkräfte auszuführen.

Eine erhebliche Minderung der Brandschutzaufwendungen bei Elektroinstallationen ergibt sich durch Installationssysteme, die durch „BUS-Technik" wesentlich zur Verminderung der Kabelmengen für Informationssysteme beitragen. Hierfür sind europäische Standards in Arbeit.

Eine weitere Verbesserung kann sich durch die Anwendung von Schienenverteilern ergeben, bei denen in gekapselten Elementen (auch mit besonderen Brandabschottungen) sehr große Energiemengen übertragen werden können.

16.8 Schutz vor gesundheitlichen Gefahren

Neben dem Schutz eines Bauwerks oder einzelner Bauteile gegenüber Umwelteinflüssen haben die bisher beschriebenen Schutzmaßnahmen auch die Aufgabe, den Bewohner oder Nutzer vor gesundheitlichen Schäden zu bewahren.

Zunehmend wird dem Schutz des Menschen vor schädlichen Einwirkungen aus dem Baugrund und den Baustoffen, die bei der Errichtung und zur Ausgestaltung der Gebäude verwendet werden, mehr Aufmerksamkeit zugewandt. Dieser Themenkreis wird unter der nicht genau definierten (und umstrittenen) Bezeichnung „Baubiologie" auch in der Fachliteratur häufig auf nicht ausreichender wissenschaftlicher Grundlage behandelt.

Grundsätzlich kann jedoch der damit verbundene Versuch begrüßt werden, die von der gebauten Umwelt ausgehenden Belastungen auf den Menschen zu berücksichtigen und gewonnene Erfahrungen in die Baupraxis umzusetzen.

Auf das Wohlbefinden des Menschen haben – nach dem jetzigen Stand der Wissenschaft – folgende messbaren physikalischen und chemischen Größen Einfluss:

- Lufttemperatur,
- Oberflächentemperatur der raumumschließenden Bauteile (Wärmestrahlungsanteil),
- Luftfeuchte (absolut, relativ),
- Luftbewegung (Zugerscheinungen),
- Frischluftanteil in der Raumluft (Lüftungsrate, CO_2-Gehalt),
- Luftdruck,
- Gehalt der Raumluft an CO_2 und anderen natürlichen gasförmigen Bestandteilen (CO, SO_2, NO_2 usw.),
- Gehalt der Raumluft an „fremden", durch die Tätigkeit des Menschen erzeugten Bestandteilen: Gase, Dämpfe, Stäube, Bakterien usw.,

- Schallpegel (Lautstärke),
- Frequenzverteilung im vorhandenen Schall (einschließlich Infraschall- und Ultraschallanteilen),
- Beleuchtungsstärke bzw. Leuchtdichte (Helligkeit, Blendung),
- spektrale Verteilung des Lichtes (Lichtfarbe, Infrarot- und Ultraviolettanteil),
- elektromagnetische Feldstärken (Gleichfelder, Wechselfelder verschiedener Frequenzbereiche),
- Ionenkonzentration,
- radioaktive Strahlung (alle Strahlungsarten).

Diese Größen müssen für gesunde Aufenthaltsräume in einem gewissen Wertebereich liegen, bzw. dürfen bestimmte (wenn auch manchmal nicht genau bekannte) Maximalwerte nicht überschreiten. Die Wirkungen dieser Einflussgrößen („Reize") sind teilweise recht umfassend bekannt (Wärmegrössen, Feuchtigkeit, Luftbewegung, Schallgrößen, Helligkeit). Die Auswirkung vieler anderer Einflüsse (Infraschall mit Frequenzen unter 16 Hz, Wirkung vieler Substanzen in geringen Konzentrationen, elektromagnetische Felder, radioaktive Strahlung geringer Intensität) ist jedoch bisher zu wenig erforscht. Spekulationen über die Wirkung dieser Reize sind deshalb, insbesondere auch in der populären Literatur, überall zu finden.

Obwohl gesicherte Erfahrungen häufig fehlen, sollen hier einige Regeln zur Vermeidung gesundheitlicher Gefahren bei der Errichtung von Gebäuden gegeben werden [36].

16.8.1 Gefährliche Stoffe

Auf die Verwendung gefährlicher oder wahrscheinlich gefährlicher Stoffe beim Bau von Gebäuden sollte verzichtet werden. Dazu gehören nach dem Stand der Forschung unbedingt

- Formaldehyd (HCHO, in Leimen und anderen Bindemitteln, aber auch in natürlichen Stoffen enthalten) [33],
- polychlorierte Kohlenwasserstoffe (z. B. PCP) und verwandte Stoffe in Holzschutzmitteln und Fugenmassen [34],
- Isocyanate in Farben, Lacken, Epoxidharzen, Polyurethanen usw.,
- Dioxine/Furane aus Flammschutzmitteln,
- Asbest (die Krebsgefahr geht insbesondere bei der Verarbeitung von den Stäuben aus, s. auch Teil 2 des Werkes, Abschn. 1.5.5).

16

Lösungsmittel (z. B. Toluol, Xylol und Benzol in Farben, Beschichtungen, Polituren, Klebern, Reinigungsmitteln usw.) und viele andere Hilfsstoffe in Baumaterialien und Möbeln haben die Eigenschaft, kurz nach der Anwendung bzw. dem Einbau stark in die Raumluft überzugehen. Es ist bekannt, dass in den ersten Monaten nach Herstellung eines Gebäudes die Innenluft ein Vielfaches an Schadstoffen enthalten kann als städtische Außenluft. Allergische und andere toxische Reaktionen bei den Nutzern der Räume werden häufig beobachtet. Diese Gesundheitsgefährdung muss unbedingt verringert werden, jedoch ist mangels Deklarationspflicht der Inhaltsstoffe für den Anwender eine Erkennbarkeit der Gefahren vorerst nur selten möglich.

Auch aus *natürlich vorkommenden Stoffen* gewonnene Lösungsmittel können für den Menschen schädlich sein [29]. „Natürlich" = „unbedenklich" gilt in dieser Form nicht!

Unterscheiden kann man also schädliche oder u. U. nur lästige Stoffe nach ihrer Einwirkung bei der Verarbeitung bzw. beim Einbau und während der Nutzung. Erstere Stoffe – z. B. schnell verdunstende Lösungsmittel – erfordern besondere Schutzmaßnahmen bei der Anwendung, also bei den am Bau Beteiligten. Langzeitig wirkende Substanzen sollten möglichst gänzlich vermieden werden.

Mineralwoll-Dämmstoff aus künstlichen Mineralfasern sind im Jahre 1993 von der sog. MAK-Kommission „als (ob) im Tierversuch krebserregend" eingestuft worden. Obwohl die Mineralfasern erzeugende Industrie diese Einstufung als nicht gerechtfertigt bezeichnet hat, sind von den Herstellern danach Faserdämmstoffe mit verringertem krebserzeugenden Potential (mit Bezeichnungen wie „deutlich verbesserte Biolöslichkeit", „Kanzerogenitätsindex KI ≥ 40", u. Ä. [30][31]) auf den Markt gebracht worden. Obwohl keine gesicherten Erkenntnisse über die Krebsgefährdung durch den Staub künstlicher Mineralfasern (Ausnahme: Keramikfasern) beim Menschen vorliegen, wird dringend die Einhaltung von Vorsichtsmaßnahmen (z. B. Atemschutzmaßnahmen, geschlossene Arbeitskleidung) beim Einbau und besonders bei der Entfernung alter Mineralwollschichten angeraten [32]. Im (vorschriftsmäßig) eingebauten Zustand werden derartige Schichten als nicht gesundheitsgefährdend angesehen.

Auch **organische Fasern** geben häufig bei der Verarbeitung staubartige Faserpartikel ab, die eine negative gesundheitliche Auswirkung haben können! Der Schutz gegen Pilze, Insekten und der Brandschutz erfordert bei natürlichen Fasern häufig die Anwendung von nicht gänzlich harmlosen Stoffen, so dass auch bei diesen Fasern eine bessere Deklarationspflicht gefordert werden müsste.

Wegen der hohen Zahl von Stoffen, deren gesundheitliche Schädlichkeit vermutet wird, der wissenschaftliche Nachweis darüber jedoch noch nicht ausreicht, kann nur geraten werden, entsprechende Publikationen in Fachzeitschriften zu beachten oder auf diese Stoffe von vornherein zu verzichten. Eine wertvolle Hilfe kann auch die Nutzung des Gefahrstoff-Informationssystems GISBAU der Berufsgenossenschaften der Bauwirtschaft sein. In dieser Datenbank werden für alle Materialien weitergehende Informationen, deren chemisch-physikalische Zusammensetzung, die toxikologische Wirkung, über Berufskrankheiten, Schutzmaßnahmen und Ersatzstoffe gesammelt.

16.8.2 Radioaktivität, Radon

Die radioaktive Belastung des Menschen sollte in Gebäuden möglichst gering gehalten werden. Als hauptsächliche Belastungsquelle wird z. Z. das Radon (ein radioaktives Edelgas, das beim Zerfall des Urans und Radiums entsteht) bzw. seine Zerfallsprodukte angesehen. Letztere gelangen durch die Atmung in den menschlichen Körper. Radon entweicht in erster Linie aus dem Baugrund und gelangt auf diesem Wege in Gebäude. In geringerem Maße geht Radon auch aus Baustoffen in die Luft über. Die Menge des in der Atemluft in Gebäuden entstehenden Radons ist wesentlich abhängig von der Bauausführung des unteren Gebäudeabschlusses, der Bodenbeschaffenheit, wobei kristalline Böden (alte Tiefengesteine) mehr Radon emittieren als die jüngeren Sedimentböden, und der Lüftungsrate.

Die Radonkonzentration in der Atemluft wird über seine Aktivität in Becquerel (Bq) pro m^3 angegeben. Durchschnittswerte liegen bei 50 Bq/m^3, in ca. 50 000 deutschen Wohnungen sind über 250 Bq/m^3 messbar, ein Wert, der nicht überschritten werden sollte [35].

Die Strahlenschutzkommission des Bundestages (SSK) hat in den letzten Jahren mehrfach Empfehlungen zur Vermeidung übermäßiger Radon-Gehalte in der Luft gegeben [38]. Sie empfiehlt eine *höhere Belüftung* stärker gefährdeter Bauten und eine bessere *Abdichtung* der unteren Gebäudeabschlüsse gegen eindringende Gase durch *absolut rissfreie* Bodenplatten, Fugenversiegelungen und gasdichte Folien oder Beschichtungen.

Radonbelastete Gebiete finden sich im Hunsrück, dem Neuwieder Becken, im Fichtelgebirge, im Bayerischen Wald, im Oberpfälzer Wald, im Nordschwarzwald und in einigen südlichen Teilen von Sachsen und Thüringen. In den ehemaligen Uran-Abbaugebieten (Erzgebirge) sind sehr hohe Radon-Konzentrationen (über 6000 Bq/m^3) in Häusern gemessen worden.

Darüber hinaus sollten Kriterien für die Auffindung von Regionen, Bauplätzen und Häusern mit höheren Radon-Konzentrationen entwickelt werden.

Verschiedene Institute bieten die Messung des Radongehaltes der Raumluft in Gebäuden zu mäßigen Preisen an.

Verlässliche Daten über die *gesundheitlichen Schäden* (Krebsrisiko) bei geringerer radioaktiver Belastung liegen erstaunlicherweise nicht vor; die internationale Strahlenschutzkommission (ICPR) hat jedoch in einer schon 1984 erschienenen Studie einen Anteil von 4 bis 12 % der derzeitigen Lungenkrebsfälle auf die Inhalation von Radon-Zerfallsprodukten in Häusern zurückgeführt. Wenigstens dieser Anteil könnte durch die erwähnten Maßnahmen gesenkt werden. Die Radon-Belastung ist (nach dem aktiven und vor dem passiven Rauchen) die zweithäufigste Lungenkrebsursache. Nachgewiesen ist das übermäßig („synergistisch“) verstärkte Auftreten von strahlenbedingtem Lungenkrebs bei Rauchern.

Der Vollständigkeit halber sei darauf hingewiesen, dass andererseits Radon-Kuren in Heilbädern z. B. zur Behandlung von rheumatischen Erkrankungen angewandt werden, es zumindest also Mediziner gibt, die (auch zeitlich?) gering dosierte radioaktive Strahlung als gesundheitsfördernd ansehen.

16.8.3 Elektromagnetische Felder

Als Beweis für eine etwaige Gefährdung des Menschen durch elektrische und magnetische Felder werden meist zwei Tatsachen angeführt:

- Im menschlichen Körper sind derartige Felder vorhanden und (damit zusammenhängend) werden Vorgänge im Körper durch sie beeinflusst.
- Biologisches Gewebe wird durch hochfrequente Wechselfelder (z. B. Mikrowellen) wegen der erzeugten Wärme geschädigt.

Die Erkenntnisse über die biologische Wirkung solcher Felder sind nur oberhalb von Feldstärkewerten gesichert, die üblicherweise nicht in Gebäuden normaler Nutzung auftreten. Der Beweis für die nicht wärmebedingte Schädigung bei schwächeren Feldern konnte bisher nicht einwandfrei erbracht werden, Anzeichen deuten aber auf eine derartige Gefahr hin. Als besonders unübersichtlich erweist sich dieses Problem deshalb, weil die Menschen seit jeher sehr unterschiedlichen natürlichen Feldern ausgesetzt sind (erdelektrisches Feld, erdmagnetisches Feld, elektrostatische Aufladungsfelder, elektromagnetische Wechselfelder in der Nähe von Gewitterentladungen und aus dem Weltall) und die Werte der technisch erzeugten Felder sich in den gleichen Größenordnungen bewegen, z. T. aber auch sehr unterschiedliche Daten besitzen (z. B. im Frequenzbereich).

Es ist zwar verständlich, dass manchmal durch konstruktive Maßnahmen (Leitungsabschirmung, „Netzfreischaltung") versucht wird, die – sowieso gegenüber dem freien Gelände geringen – elektromagnetischen Feldstärken in Gebäuden weiter zu vermindern, auf gesicherten wissenschaftlichen Erkenntnissen beruht eine solche Vorgehensweise jedoch nicht. Eine schädliche Wirkung schwacher Felder im Umkreis unserer Hausinstallationen wird nur von wenigen Wissenschaftlern angenommen.

In diesem Zusammenhang muss auf das ebenfalls recht ungesicherte Gebiet der Geobiologie (Einfluss von unterirdischen Wasserläufen, Verwerfungen, Lagerstatten usw. auf Mensch und Tier) hingewiesen werden. Ein Schutz vor derartigen Einflüssen ist zwar nach bisherigen Erkenntnissen nicht notwendig, es kann jedoch nicht vollkommen ausgeschlossen werden, dass sensible Menschen in ihrem Wohlbefinden durch geologische Faktoren beeinflusst werden.

Falls im Einzelfall solches vermutet wird, gibt die Radiästhesie (Wünschelrutenkunde, evtl. in Verbindung mit physikalischen Messungen) eine Möglichkeit, die subjektive Wohnsituation zu verbessern.

Die von den Geobiologen empfohlenen Schutzmaßnahmen laufen in der Regel hinaus auf

- Verlegung der Schlafstellen auf reaktionszonenfreie Orte (eine Vergrößerung der Schlafzimmer ist bei der Planung zur Erzielung einer gewissen Variabilität der Schlafplätze dabei zu bedenken);
- Verlegung des Bauorts,
- „Abschirmung" der Einflüsse.

Alle mit anerkannten wissenschaftlichen Methoden überprüften Effekte im Bereich der Wünschelrutenkunde und der „Erdstrahlen" erweisen sich immer wieder als nicht reproduzierbar oder falsch interpretiert. Da sich das Wohlbefinden eines Menschen aber als stark abhängig von psychischen Faktoren gezeigt hat (psychosomatische Erkrankungen), können – wenn eine Erfolgsaussicht vermutet wird – notfalls auch ungesicherte Verfahren zur Verbesserung einer Wohnsituation in Erwägung gezogen werden. Erfahrungsgemäß sind viele Menschen mit den nach entsprechenden Veränderungen der Wohnsituation wiederum nicht zufrieden, sei es, dass die empfundenen Störungen geblieben sind, sei es, dass neue Probleme auftreten. Man kann nur vermuten, dass durch geobiologische Faktoren gestörte Menschen ihre Probleme nicht sehr einfach lösen können. Man sollte sich aber auch darüber klar sein, dass auf diesem Gebiet der Scharlatanerie immer noch (oder gerade in den letzten Jahren wieder) Tür und Tor geöffnet sind und in manchen Fällen wohl weniger gesundheitliche als finanzielle Schäden erwartet werden können.

16

16.8.4 Wasserdampfdurchlässigkeit („Atmungsfähigkeit") von Bauteilen

Eine gesundheitliche Gefahr für die Bewohner wird häufig in der mangelnden „Atmungsfähigkeit" von Gebäude-Außenbauteilen gesehen. Meist wird darunter (missverständlich) die Fähigkeit der – praktisch luftundurchlässigen – Bauteile verstanden, Wasserdampf hindurchtreten zu lassen (s. Abschn. 16.5.6, Wasserdampfdiffusion). Es gibt jedoch keine wissenschaftlich begründeten Aussagen darüber, ob und wie viel Wasserdampf durch eine Außenwand gehen muss.

Die Wasserdampfdiffusion *kann nicht* durch einen die Überfeuchtung der Innenluft verhindernden notwendigen Wasserdampftransport nach außen begründet werden, da allein durch den hygienisch notwendigen Luftaustausch (z. B. durch Lüftungsmaßnahmen und durch Undichtigkeit von Fenstern und Türen) in bewohnten Räumen mindestens 98 % des ausgetauschten Wasserdampfes in die Außenluft überführt werden und höchstens 2 % durch die flächenhaften Außenbauteile (Wände, Decken und Dächer) nach außen gelangen. Dieser Austausch ist allerdings in vielen (besonders auch sanierten) Gebäuden absolut viel zu gering, um Tauwasser und damit Bauschäden zu verhindern!

Beim Vorhandensein von dampfbremsenden Schichten (Folien aus Metall, Kunststoff o. Ä.) in falscher Lage (im kälteren Teil des Außenbauteils) kann allerdings eine Gesundheitsgefährdung nicht ausgeschlossen werden, da evtl. auftretendes Kondensat (Tauwasser) Schimmelbildung zur Folge haben kann. Das ist natürlich auch schon bei dämmtechnisch zu schwach dimensionierten Außenbauteilen (mit zu großen Wärmedurchgangskoeffizienten U) oder ungünstiger Schichtenfolge (z. B. Innendämmung) möglich. Eine ziemlich sichere Vermeidung solcher — wegen der Verbreitung von Schimmelsporen gesundheitsgefährdenden — Tauwassermengen kann durch die Überprüfung der Bauteile nach dem Verfahren von Glaser (s. Abschn. 16.6.5.2) geschehen. Wegen der heute bekannten Schimmelpilzbildung an Oberflächen, an denen noch keine Tauwasser-Abscheidung stattfindet, sondern erst 80 % Luftfeuchte herrschen, muss auf den in Abschn.16.6.5.2 angebenen Grenzwert für den Temperaturfaktor f hingewiesen werden.

Auf keinen Fall kann eine Aussage über die Schädlichkeit bestimmter Wärmedämmethoden (z. B. mit Kunststoff-Hartschaum) mit der zu geringen Atmungsfähigkeit einer derartig gedämmten Wand begründet werden. Ausdrücke wie „totgedämmt" o. Ä. bedürfen einer physikalischen Begründung, wenn sie ernst genommen werden sollen.

Neuere Erkenntnisse über Tauwasserschäden an Gebäuden lassen es als wahrscheinlich erscheinen, dass viele derartige Schäden nicht durch Kondensation von diffundierendem Wasserdampf, sondern durch Abkühlung feuchtwarmer Innenluft an kalten Bauteilen erzeugt werden. Diese Luft gelangt dabei durch *Undichtheiten* der inneren Gebäudehülle (z. B. hölzerne Innenverkleidungen, undichte Fugen bei Bauteilanschlüssen usw.) weiter nach außen zu den kälteren Bauteilschichten und das eventuell entstehende Tauwasser kann an fäulnis- oder korrosionsgefährdeten Bauteilen dann Schäden hervorrufen. Nur eine erhöhte Dichtheit der Gebäudehülle wird derartige Schäden verhindern können (vgl. Abschn. 2 in Teil 2 des Werkes). Eine diesbezügliche Überprüfung der Gebäude lässt sich heute mit verschiedenen, von bauphysikalischen Instituten angebotenen Verfahren (s. Abschn. 16.5.2) durchführen.

Eine Verringerung der Gesundheitsgefährdung durch Kondensatfeuchte ist – besonders bei stoßweiser Feuchtigkeitserzeugung in einem Raum (Feuchtraum) – durch wasserspeichernde Schichten (z. B. gips- oder holzhaltige Baustoffe, Textilien) möglich, die aber die aufgenommenen Wassermengen auch wieder abgeben müssen. Als wirksam hat sich nach derartigen Feuchtebelastungen besonders aber auch eine stoßweise Lüftung bewährt. Die in heutigen Wohnungen erzeugten Wasserdampfmengen (z. T. über 10 Liter „flüssigem" Wasser pro Tag entsprechend!) sollten auf keinen Fall unterschätzt werden, sie können nur durch Lüftung abgeführt werden.

In neueren Publikationen wird als „Atmungsfähigkeit" von Bauteilen nur noch deren feuchtespeichernde Fähigkeit bezeichnet. Die Verwendung des umstrittenen Begriffs kann zwar hingenommen werden, führt aber zuweilen zu übertriebenen Forderungen an Bauteile bezüglich ihrer Feuchtigkeitsaufnahmefähigkeit, die bauphysikalisch nicht begründbar sind.

16.9 Normen

16.9.1 Abdichtungen

Norm	Ausgabedatum	Titel
DIN EN 295-5	03.1999	Steinzeugrohre uns Formstücke sowie Rohrverbindungen für Abwasserleitungen und -kanäle; Anforderungen an gelochte Rohre und Formstücke
DIN 1180	11.1971	Dränrohre aus Ton; Maße, Anforderungen, Prüfung
DIN 1187	11.1982	Dränrohre aus weichmacherfreiem Polyvinylchlorid (PVC hart); Maße, Anforderungen, Prüfung
DIN 4095	06.1990	Baugrund; Dränung zum Schutz baulicher Anlagen; Planung, Bemessung und Ausführung
DIN 7864-1	04.1984	Elastomer-Bahnen für Abdichtungen; Anforderungen, Prüfung
DIN 16 726	12.1986	Kunststoff-Dachbahnen; Kunststoff-Dichtungsbahnen; Prüfungen
DIN 16 729	09.1984	Kunststoff-Dachbahnen und Kunststoff-Dichtungsbahnen aus Ethylencopolymerisat-Bitumen (ECB); Anforderungen
DIN 16 935	12.1986	Kunststoff-Dichtungsbahnen aus Polyisobutylen (PIB); Anforderungen
DIN 16 937	12.1986	Kunststoff-Dichtungsbahnen aus weichmacherhaltigem Polyvinylchlorid (PVC-P), bitumenverträglich; Anforderungen
DIN 16 938	12.1986	Kunststoff-Dichtungsbahnen aus weichmacherhaltigem Polyvinylchlorid (PVC-P), nicht bitumenverträglich; Anforderungen
DIN 18 190-4	10.1992	Dichtungsbahnen für Bauwerksabdichtungen; Dichtungsbahnen mit Metallbandeinlage, Begriff, Bezeichnung, Anforderungen
DIN 18 195-1	08.2000	Bauwerksabdichtungen; Grundsätze, Definitionen, Zuordnung der Abdichtungsarten
DIN 18 195-2	08.2000	–; Stoffe

Fortsetzung s. nächste Seite

Normen, Fortsetzung

Norm	Ausgabedatum	Titel
DIN 18 195-3	08.2000	–; Anforderungen an den Untergrund und Verarbeitung der Stoffe
DIN 18 195-4	08.2000	–; Abdichtungen gegen Bodenfeuchte (Kapillarwasser, Haftwasser) und nichtstauendes Sickerwasser an Bodenplatten und Wänden; Bemessung und Ausführung
DIN 18 195-5	08.2000	–; Abdichtungen gegen nichtdrückendes Wasser auf Deckenflächen und in Nassräumen; Bemessung und Ausführung
DIN 18 195-6	08.2000	–; Abdichtungen gegen von außen drückendes Wasser und aufstauendes Sickerwasser; Bemessung und Ausführung
DIN 18 195-7	06.1989	–; Abdichtungen gegen von innen drückendes Wasser; Bemessung und Ausführung
DIN 18 195-8	08.1983	–; Abdichtungen über Bewegungsfugen
DIN 18 195-9	12.1986	–; Durchdringungen, Übergänge, Abschlüsse
DIN 18 195-10	08.1983	–; Schutzschichten und Schutzmaßnahmen
DIN 18 308	12.2000	VOB Verdingungsordnung für Bauleistungen; Teil C: Allgemeine Technische Vertragsbedingungen für Bauleistungen (ATV), Dränarbeiten
DIN 18 336	12.2000	–; Abdichtungsarbeiten
DIN 18 540	02.1995	Abdichten von Außenwandfugen im Hochbau mit Fugendichtstoffen
DIN 18 541-1	11.1992	Fugenbänder aus thermoplastischen Kunststoffen zur Abdichtung von Fugen in Ortbeton; Begriffe, Formen, Maße
DIN 18 541-2	11.1992	–; Anforderungen, Prüfung, Überwachung
DIN 52 128	03.1977	Bitumendachbahnen mit Rohfilzeinlage; Begriff, Bezeichnung, Anforderungen
DIN 52 129	11.1993	Nackte Bitumenbahnen; Begriff, Bezeichnung, Anforderungen
DIN 52 130	11.1995	Bitumen-Dachdichtungsbahnen; Begriffe, Bezeichnungen, Anforderungen
DIN 52 131	11.1995	Bitumen-Schweißbahnen; Begriffe, Bezeichnungen, Anforderungen
DIN 52 132	05.1996	Polymerbitumen-Dachdichtungsbahnen; Begriffe, Bezeichnungen, Anforderungen
DIN 52 133	11.1995	Polymerbitumen-Schweißbahnen; Begriffe, Bezeichnungen, Anforderungen
DIN 52 141	12.1980	Glasvlies als Einlage für Dach- und Dichtungsbahnen; Begriff, Bezeichnung, Anforderungen
DIN 52 142	02.1978	Glasvlies als Einlage für Dach- und Dichtungsbahnen; Prüfung
DIN 52 143	08.1985	Glasvlies-Bitumendachbahnen; Begriffe, Bezeichnung, Anforderungen

16.9.2 Wärmeschutz

Norm	Ausgabedatum	Titel
DIN 4108 Bbl 1	04.1982	Wärmeschutz im Hochbau; Inhalts-; Stichwortverzeichnis
DIN 4108 Bbl 2	08.1998	Wärmeschutz und Energie-Einsparung in Gebäuden; Wärmebrücken – Planungs- und Ausführungsbeispiele
DIN 4108-1	08.1981	Wärmeschutz und Energieeinsparung in Gebäuden
DIN 4108-2	06.1999	–; Mindestanforderungen an den Wärmeschutz
DIN 4108-3	07.1999	–; Klimabedingter Feuchteschutz; Anforderungen und Hinweise für Planung und Ausführung
DIN 4108-4	11.1991	–; Wärme- und feuchteschutztechnische Kennwerte
DIN V 4108-4	10.1998	Wärmeschutz und Energieeinsparung in Gebäuden; wärme- und feuchteschutztechnische Kennwerte
DIN 4108-5	08.1981	–; Berechnungsverfahren
DIN V 4108-6	04.1995	–; Berechnung des Jahresheizwärmebedarfs von Gebäuden

Normen, Fortsetzung

Norm	Ausgabedatum	Titel
DIN 4108-7	11.1996	–; Luftdichtheit von Bauteilen und Anschlüssen; Planungs- und Ausführungsempfehlungen sowie Beispiele
E DIN 4108-20	07.1995	–; Thermisches Verhalten von Gebäuden; Sommerliche Raumtemperaturen bei Gebäuden ohne Anlagentechnik; Allgemeine Kriterien und Berechnungsalgorithmen (Vorschlag für eine Europäische Norm)
E DIN 4108-21	11.1995	–; Außenwände von Gebäuden; Luftdurchlässigkeit; Prüfverfahren (Vorschlag für eine europäische Norm)
DIN 4701-1	03.1983	Regeln für die Berechnung des Wärmebedarfs von Gebäuden; Grundlagen für die Berechnung
DIN V 4701-10	02.2001	Energetische Bewertung heiz- und raumlufttechnischer Anlagen; Heizung, Trinkwassererwärmung, Lüftung
DIN EN 12 524	07.2000	Baustoffe und -produkte; Wärme- und feuchtetechnische Eigenschaften – Tabellierte Bemessungswerte (daneben gilt DIN 4108-4; 10.1998 bis auf weiteres)
DIN EN 13 829	02.2001	Wärmetechnisches Verhalten von Gebäuden; Bestimmung der Luftdurchlässigkeit von Gebäuden – Differenzdruckverfahren (ISO 9972; 1996 modifiziert)
DIN EN ISO 6946	11.1996	Bauteile – Wärmedurchlasswiderstand und Wärmedurchgangskoeffizient; Berechnungsverfahren
DIN EN ISO 7345	01.1996	Wärmeschutz; Physikalische Größen und Definitionen
DIN EN ISO 10 211-1	11.1995	Wärmebrücken im Hochbau; Wärmeströme und Oberflächentemperaturen; Allgemeine Berechnungsverfahren
DIN EN ISO 10 211-2	03.2001	–; –; Berechnungsverfahren für lineare Wärmebrücken

16.9.3 Schallschutz

Norm	Ausgabedatum	Titel
DIN 4109	11.1989	Schallschutz im Hochbau; Anforderungen und Nachweise (mit Änderung A 1 und Beiblättern)
DIN 4109 Bbl 1	01.2000	–; Ausführungsbeispiele und Rechenverfahren
DIN 4109 Bbl 2	11.1989	–; Hinweise für Planung und Ausführung; Vorschläge für einen erhöhten Schallschutz; Empfehlungen für den Schallschutz im eigenen Wohn- oder Arbeitsbereich
DIN 4109 Bbl 3	06.1996	–; Berechnung von $R'_{w,R}$ für den Nachweis der Eignung nach DIN 4109 aus Werten des im Labor ermittelten Schalldämm-Maßes Rw
E DIN 4109 Bbl 4	11.2000	–; Nachweis des Schallschutzes; Güte- und Eignungsprüfung
E DIN 4109/A 1	04.1998	–; Anforderungen und Nachweise
DIN 4109/A 1	01.2000	–; Anforderungen und Nachweise; Änderung A 1
E DIN 4109-10	06.2000	–; Vorschläge für einen erhöhten Schallschutz von Wohnungen
DIN 18 005-1	05.1987	Schallschutz im Städtebau; Berechnungsverfahren
DIN 18 005-1 Bbl 1	05.1987	–; Berechnungsverfahren; Schalltechnische Orientierungswerte für die städtebauliche Planung
DIN 18 005-2	09.1991	–; Lärmkarten; Kartenmäßige Darstellung von Schallimmissionen
DIN 18 041	08.1984	Hörsamkeit in kleinen bis mittelgroßen Räumen
DIN 45 630-1	12.1971	Grundlagen der Schallmessung; Physikalische und subjektive Größen von Schall
DIN 52 210-3	02.1987	–; Luft- und Trittschalldämmung; Prüfung von Bauteilen in Prüfständen und zwischen Räumen am Bau
DIN 52 210-5	07.1985	–; Luft- und Trittschalldämmung; Messung der Luftschalldämmung von Außenbauteilen am Bau

Fortsetzung s. nächste Seite

Normen, Fortsetzung

Norm	Ausgabedatum	Titel
DIN 52 210-6	05.1989	–; Luft- und Trittschalldämmung; Bestimmung der Schachtpegeldifferenz
DIN 52 210-7	12.1997	–; Luft- und Trittschalldämmung; Bestimmung der Norm-Flankenpegeldifferenz im Prüfstand
E DIN 52 217	03.1996	Bauakustische Prüfungen; Flankenübertragung; Begriffe
DIN 52 219	07.1993	Bauakustische Prüfungen; Messung von Geräuschen der Wasserinstallation in Gebäuden
DIN 52 211	05.1980	Bauakustische Prüfungen; Körperschallmessungen bei haustechnischen Anlagen
DIN EN 12 354-1	12.2000	Bauakustik; Berechnung der akustischen Eigenschaften von Gebäuden aus den Bauteileigenschaften; Luftschalldämmung zwischen Räumen
DIN EN 12 354-2	09.2000	–; Berechnung der akustischen Eigenschaften von Gebäuden aus den Bauteileigenschaften; Trittschalldämmung zwischen Räumen
DIN EN 12 354-3	09.2000	–; Berechnung der akustischen Eigenschaften von Gebäuden aus den Bauteileigenschaften; Trittschalldämmung zwischen Räumen; Luftschalldämmung gegen den Außenlärm
DIN EN 12 354-4	09.2000	–; Berechnung der akustischen Eigenschaften von Gebäuden aus den Bauteileigenschaften; Trittschalldämmung zwischen Räumen; Schallübertragung von Räumen ins Freie
DIN EN ISO 140-4	12.1998	Akustik; Messung der Luftschalldämmung zwischen Räumen (teilweiser Ersatz für DIN 52 210-1)
DIN EN ISO 140-7	12.1998	–; Messung der Trittschalldämmung von Decken in Gebäuden (teilweiser Ersatz für DIN 52 210-1)
DIN EN ISO 140-8	12.1998	–; Messung der Trittschallminderung durch eine Deckenauflage auf einer massiven Bezugsdecke in Prüfständen (teilweiser Ersatz für DIN 52 210-1)
DIN EN ISO 717-1	01.1997	Bewertung der Schalldämmung in Gebäuden und von Bauteilen: Luftschalldämmung (teilweiser Ersatz für DIN 52 210-1)
DIN EN ISO 717-2	01.1997	–; Trittschalldämmung (teilweiser Ersatz für DIN 52 210-1)
DIN EN ISO 3382	03.2000	Akustik; Messung der Nachhallzeit von Räumen
VDI	09.1994	Schallschutz von Wohnungen; Kriterien für die Planung und Beurteilung

16.9.4 Baulicher Brandschutz[1)]

Norm	Ausgabedatum	Titel
DIN EN 1363-1	10.1999	Feuerwiderstandsprüfungen; Allgemeine Anforderungen
DIN EN 1363-2	10.1999	–; Alternative und ergänzende Verfahren
DIN EN 1364-1	10.1999	Feuerwiderstandsprüfungen für nichttragende Bauteile; Wände (gilt in Verbindung mit DIN EN 1363-1)
DIN EN 1364-2	10.1999	–; Unterdecken; (gilt in Verbindung mit DIN EN 1363-1)
DIN EN 1365-1	10.1999	Feuerwiderstandsprüfungen für tragende Bauteile; Wände (gilt in Verbindung mit DIN EN 1363-1)
DIN EN 1365-2	02.2000	–; Decken und Dächer
DIN EN 1365-3	02.2000	–; Balken
DIN EN 1365-4	10.1999	–; Stützen (gilt in Verbindung mit DIN EN 1363-1)

16

1) Insbesondere für Baustoffe gibt es außer den aufgeführten DIN Normen zahlreiche Europäische und Internationale Normen. Eine Auflistung würde den Rahmen dieser Zusammenstellung überschreiten. Es wird auf die Veröffentlichungen des Normenausschusses Bauwesen (NABau) verwiesen (DIN-Baunormen-Katalog (CD-ROM). Berlin)

Normen, Fortsetzung

Norm	Ausgabedatum	Titel
DIN EN 1366-1	10.1999	Feuerwiderstandsprüfungen für Installationen; Leitungen (gilt in Verbindung mit DIN EN 1363-1)
DIN EN 1366-2	10.1999	–; Brandschutzklappen (gilt in Verbindung mit DIN EN 1363-1)
E DIN EN 1366-3	04.1994	Brandprüfungen für Bauteile und Bauelemente; Prüfung des Feuerwiderstandes von Installationen; Abschottungen
E DIN EN 1366-4	08.1998	Feuerwiderstandsprüfungen für Installationen; Abdichtungssysteme für lineare Fugen
E DIN EN 1366-5	11.1998	–; Installationskanäle und -schächte
DIN EN 1634-1	03.2000	Feuerwiderstandsprüfungen für Tür- und Abschlusseinrichtungen; Feuerschutzabschlüsse
DIN V ENV 1993-1-2	05.1997	Eurocode 3: Bemessung und Konstruktion von Stahlbauten; Allgemeine Regeln, Tragwerksbemessung für den Brandfall
NAD DIN V ENV 1993-1-2	2000	Nationales Anwendungsdokument (NAD); Richtlinie zur Anwendung von DIN V ENV 1993-1-2: 1997-05; Eurocode 3: Bemessung und Konstruktion von Stahlbauten; Teil 1–2: Allgemeine Regeln; Tragwerksbemessung für den Brandfall
DIN V ENV 1994-1-2	06.1997	Eurocode 4: Bemessung und Konstruktion von Verbundtragwerken aus Stahl und Beton; Allgemeine Regeln, Tragwerksbemessung für den Brandfall
NAD DIN V ENV 1994-1-2	2000	Nationales Anwendungsdokument (NAD); Richtlinie zur Anwendung von DIN V ENV 1994-1-2: 1997-06; Eurocode 4: Bemessung und Konstruktion von Verbundtragwerken aus Stahl und Beton; Teil 1–2: Allgemeine Regeln; Tragwerksbemessung für den Brandfall
DIN V ENV 1995-1-2	05.1997	Eurocode 5: Bemessung und Konstruktion von Holzbauwerken; Allgemeine Regeln, Tragwerksbemessung für den Brandfall
NAD DIN V ENV 1995-1-2	2000	Nationales Anwendungsdokument (NAD); Richtlinie zur Anwendung von DIN V ENV 1995-1-2: 1997-05; Eurocode 5: Bemessung und Konstruktion von Holzbauten; Teil 1–2: Allgemeine Regeln; Tragwerksbemessung für den Brandfall
DIN 4102-1	05.1998	Brandverhalten von Baustoffen und Bauteilen; Baustoffe, Begriffe, Anforderungen und Prüfungen
DIN 4102-1 Ber.1	08.1998	Berichtigung zu DIN 4102-1: 1998-05
DIN 4102-2	09.1977	–; Bauteile, Begriffe, Anforderungen und Prüfungen
DIN 4102-3	09.1977	–; Brandwände und nichttragende Außenwände, Begriffe, Anforderungen und Prüfungen
DIN 4102-4	03.1994	–; Zusammenstellung und Anwendung klassifizierter Baustoffe, Bauteile und Sonderbauteile
DIN 4102-4 Ber.1-3		Berichtigungen zu DIN 4102-4: 1994-03
DIN 4102-5	09.1977	–; Feuerschutzabschlüsse, Abschlüsse in Fahrschachtwänden und gegen Feuer widerstandsfähige Verglasungen, Begriffe, Anforderungen und Prüfungen
DIN 4102-6	09.1977	–; Lüftungsleitungen, Begriffe, Anforderungen und Prüfungen
DIN 4102-7	07.1998	–; Bedachungen, Begriffe, Anforderungen und Prüfungen
DIN 4102-8	05.1986	–; Kleinprüfstand
DIN 4102-9	05.1990	–; Kabelabschottungen; Begriffe, Anforderungen und Prüfungen
DIN 4102-11	12.1985	–; Rohrummantelungen, Rohrabschottungen, Installationsschächte und -kanäle sowie Abschlüsse ihrer Revisionsöffnungen; Begriffe, Anforderungen und Prüfungen
DIN 4102-12	11.1998	–; Funktionserhalt von elektrischen Kabelanlagen; Anforderungen und Prüfungen
DIN 4102-13	05.1990	–; Brandschutzverglasungen; Begriffe, Anforderungen und Prüfungen
DIN 4102-14	05.1990	–; Bodenbeläge und Bodenbeschichtungen; Bestimmung der Flammenausbreitung bei Beanspruchung mit einem Wärmestrahler
DIN 4102-18	03.1991	–; Feuerschutzabschlüsse; Nachweis der Eigenschaft „selbstschließend" (Dauerfunktionsprüfung)
DIN 13 501-1	06.2002	Klassifizierung von Bauprodukten und Bauarten zu ihrem Brandverhalten; Klassifizierung mit den Ergebnissen aus den Prüfungen zum Brandverhalten von Bauprodukten

Fortsetzung s. nächste Seite

Normen, Fortsetzung

Norm	Ausgabedatum	Titel
E DIN 13 501-2	06.1999	Klassifizierung von Bauprodukten und Bauarten zu ihrem Brandverhalten; Klassifizierung mit den Ergebnissen aus den Feuerwiderstandsprüfungen (mit Ausnahme von Produkten für Lüftungsanlagen)
DIN 14 090	06.1977	Flächen für die Feuerwehr auf Grundstücken
DIN 14 675	06.2000	Brandmeldeanlagen; Aufbau und Betrieb
DIN 14 675- A1 bis A3		–; Brandmeldeanlagen; Aufbau und Betrieb; Änderungen
DIN 18 082-1	12.1991	Feuerschutzabschlüsse; Stahltüren-30-1; Bauart A
DIN 18 082-3	01.1984	Feuerschutzabschlüsse; Stahltüren-30-1; Bauart B
DIN 18 093	06.1987	Feuerschutzabschlüsse; Einbau von Feuerschutztüren in massive Wände aus Mauerwerk oder Beton; Ankerlagen, Ankerformen, Einbau
DIN 18 095-1	10.1988	Türen; Rauchschutztüren; Begriffe und Anforderungen
DIN 18 095-2	03.1991	–;– Bauartprüfung der Dauerfunktionstüchtigkeit und Dichtheit
E DIN 18 197	07.2000	Abdichtung von Fugen in Beton mit Fugenbänden
DIN 18 230-1	05.1998	Baulicher Brandschutz im Industriebau; Rechnerisch erforderliche Feuerwiderstandsdauer
DIN 18 230-1 Ber. 1	12.1998	Berichtigungen zu DIN 18230-1: 1998-05
DIN 18 230-2	01.1999	–; Ermittlung des Abbrandverhaltens von Materialien in Lagerordnung; Werte für den Abbrandfactor m
DIN 18 232-1	02.2002	Rauch- und Wärmefreihaltung; Begriffe, Aufgabenstellung
DIN 18 232-2	11.1989	Baulicher Brandschutz im Industriebau; Rauch- und Wärmeabzugsanlagen; Rauchabzüge; Bemessung, Anforderungen und Einbau
E DIN 18 232-2	02.2001	–; Rauch- und Wärmefreihaltung; Rauchabzüge; Bemessung, Anforderungen und Einbau
DIN 18 232-3	09.1984	–; Rauch- und Wärmeabzugsanlagen; Rauchabzüge, Prüfungen
E DIN 18 232-3	02.1992	–; Rauch- und Wärmeabzugsanlagen; Rauchabzüge, Prüfungen
DIN 18 273	12.1997	Baubeschläge – Türdrückergarnituren für Feuerschutztüren und Rauchschutztüren; Begriffe, Maße, Anforderungen und Prüfungen
MIndBauRL	03.2000	Muster-Richtlinie über den baulichen Brandschutz im Industriebau (Muster-Industriebaurichtlinie – MIndBauRL); Fassung 03.2000

16.10 Literatur

Literatur zu den Abschn.16.1 bis 16.4 (Feuchteschutz/Abdichtungen)

[1] *Braun, F. J.*: Dränung erdberührter Bauteile. In: DAB 3/89

[2] *Engelmann, H.*: Schlämme gegen Wasser. In: Bausubstanz 5/1985

[3] Industrieverband Bauchemie und Holzschutzmittel (ibh); Richtlinien zu: Bauwerksabdichtungen mit kunststoffmodifizierten Bitumen-Dickbeschichtungen (KMB), mineralischen und flexible Dichtungsschlämmen. Frankfurt a. M.; www.deutsche-bauchemie.de

[4] *Lohmeyer, G.*: Wasserundurchlässige Betonbauwerke. Gegenmaßnahmen bei Durchfeuchtungen. In: Beton 2/84

[5] *Lufsky, K.*: Bauwerksabdichtung. Stuttgart/Wiesbaden 2001

[6] *Muth, W.*: Dränung – Schutz baulicher Anlagen –. In: DBZ 6/89

[7] –: Bauwerksdränung nach DIN 4095. In: IBK-Informationen 188, 1994

[8] –: Sickerfähige Beläge aus Betonpflaster. In: Tiefbau 6/89

[9] –: Mischfilter aus Kiessand für die Bauwerksdränung. In: TIS 12/87

[10] Rheinzink, Anwendung in der Architektur. Datteln 1993; www.rheinzink.de

[11] –, (W. Pohl): Belüftete Dächer mit Metalldeckung. Datteln 2000

[12] Wissenschaftlich-Technische Arbeitsgemeinschaft für Bauwerkserhaltung und Denkmalpflege e. V. (WTA), Merkblätter. Baierbrunn; www.wta.de

Literatur zu den Abschn. 16.5, 16.6 und 16.8 (Wärmeschutz, Schallschutz, Schutz vor Gesundheitlichen Gefahren)

[1] DIN 4108: 1981 bis 2001; s. Normenverzeichnis in Abschn. 16.9

[2] Institut für Baulimatik der TU Dresden: Rechenprogramm DELPHIN, Simulation des Wärme-, Luft-, Salz und Feuchtetransports in kapillarporösen Materialien. Dresden 2001

[3] Fraunhofer-Institut für Bauphysik: Rechenprogramm WUFI zur Berechnung des gekoppelten Wärme- und Feuchtetransports. Holzkirchen 2001 (http://www.hoki.obp.fhg.de)

[4] *Palecki, Susanne* und *Wehling, Martin*: „Beispiele zur U-Wert-Berechnung nach der neuen Norm DIN EN ISO 6946"; in Bauphysik 23 (2001), S. 298–303

[5] Informationsdienst HOLZ: holzbau handbuch, Reihe 3, Teil 2, Folge 2; S. 3f.

[6] *Hilbig, Gerhard*: Grundlagen der Bauphysik; Fachbuchverlag Leipzig 1999, S.308–320

[7] BINE projektinfo 4/01: „Vakuumdämmung", Fachinformationszentrum Karlsruhe 2001

[8] *Künzel, Helmut*: Schäden an Fassadenputzen, in: Schadensfreies Bauen, Bd. 9 (Hrsg. G. Zimmermann), Fraunhofer IRB Verlag Stuttgart 2000

[9] *Jenisch, R.*: Berechung der Feuchtigkeitskondensation in Außenbauteilen und die Austrocknung, abhängig vom Außenklima. Ges. Ing. 92 (1971), H. 9, S. 257–262 und 299–307

[10] *Häupl, P., Stopp, H., Strangfeld, P.*: Feuchtekatalog für Außenwandkonstruktionen. Rudolf-Müller Verlagsgesellschaft, Köln 1990

[11] *Grunewald, J.*: Diffuser und konvektiver Stoff- und Energietransport in kapillarporösen Baustoffen. Dresdner Bauklimatische Hefte, Heft 3, Jahrgang 1997

[12] *Künzel, H.M.*: Verfahren zur ein- und zweidimensionalen Berechnung des gekoppelten Wärme- und Feuchtetransports in Bauteilen mit einfachen Kennwerten. Diss. Univ. Stuttgart 1994

[13] *Krus, M., Künzel, H. M., Kießl, K.*: Feuchtetransporvorgänge in Stein und Mauerwerk – Messung und Berechnung. Bauforschung für die Praxis; Band 25; IRB-Verlag Stuttgart 1996

[14] *Jenisch*: „Berechnung der Feuchtigkeitskondensation in Außenbauteilen und die Austrocknung, abhängig vom Außenklima" in: Ges.Ing.92(1971), H.9, S.257-262 + 299-307

[15] Stellungnahmen des IWU Darmstadt zur EnEV v.12.2. Und 28.3.2001

[16] BAUTHERM EnEV 1.0 der BMZ Software GmbH, 2001

[17] EnEV-XL 1.2x des IWU Darmstadt 2001, (zu erhalten unter www.iwu.de)

[18] Dämmwerk 5.0, KERN Ingenieurkonzepte Berlin 2001

[19] EnEV Nachweispaket der Fachgebiets Bauphysik der Univ. Kassel/KS-Information (zu erhalten unter www.Kalksandstein.de)

[20] *Hauser, G., Stiegel, H.*: Wärmebrückenatlas für den Mauerwerksbau. Vieweg-Verlag Wiesbaden 1996 (auch als CD-ROM 1998)

Hauser, G. und Stiegel, H.: Wärmebrücken-Atlas für den Holzbau; Bauverlag Wiesbaden, 1992

[21] *Mainka, G.-W., Paschen, H.*: Wärmebrückenkatalog, Teubner Stuttgart 1986

[22] Physibel: Programme zur Wärmebrückenberechnung, B-9990 Maldegem

[23] Thermopor: Bauphysik, PC-Nachweisprogramme: www.thermopor.de

[24] *Meier, A., Niemann, A., Hilz, G.*: Luftschalldämmung mit Hochlochziegeln: Prognose unter Anwendung der DIN EN 12354, Müller BBM, Planegg 2000

[25] *Schulze, H.*: Holzbau – Wände, Decken, Dächer. Stuttgart 1998

Seiffert, K.: Wasserdampfdiffusion im Bauwesen. Wiesbaden 1982

[26] DIN 4109/A1: 2001-01: Schallschutz im Hochbau – Anforderungen und Nachweise – Änderung A1

[27] DIN 4109 Beibl.1/A1: 2001-01: Schallschutz im Hochbau – Ausführungsbeispiele und Rechenverfahren – Entwurf einer Änderung A1

[28] *Fasold, W., Veres, E.*: Schallschutz + Raumakustik in der Praxis. Verlag für Bauwesen Berlin 1998

[29] *Steffens, Werner*: Innenraum-Schadstoffe und Umweltmedizin. In: das bauzentrum 2/1996

[30] *Royar, J., Gehardy, L.*: Wärmedämmung der hinterlüfteten, vorgehängten Fassade. In: DBZ 8/96

[31] Technische Regeln für Gefahrstoffe (TRGS) 905 (6.1994)

[32] Fachvereinigung Mineralfaserindustrie e. V.: Umgang mit Mineralwolle-Dämmstoffen – Handlungsanleitung –

[33] Bundesanstalt für Arbeitsschutz; Formaldehyd, Verwendung, Gefahren, Schutzmaßnahmen. GA Nr. 15, Dortmund 1987

[34] Deutsche Forschungsgemeinschaft (Senatskommission): Maximale Arbeitsplatzkonzentrationen und biologische Arbeitsstofftoleranzwerte. Weinheim 1986

[35] *Kranefeld, A., Linnig, J.*: Radon. Köln: Katalyse-Institut 1990

[36] *Horst, U.*: Gesundes Bauen und Wohnen von A–Z. Taunusstein 1997

[37] *Glaser, H.*: Graphisches Verfahren zur Untersuchung von Diffusionsvorgängen. In: Z. Kältetechn. (1959) 5. 345ff.

[38] Strahlenschutzkommission: Empfehlung. In: Bundesanzeiger 38 (1996), Nr. 4 vom 8.1.1986,

[39] *Häupl, P.* u. a.: Feuchte-Katalog für Außenwand-Konstruktionen. Köln 1990

[40] *Künzel, H.*: Dachdeckung und Dachbelüftung. Stuttgart 1996

[41] *Künzel, H. M.*: Kann bei voll gedämmten, nach außen offenen Steildachkonstruktionen auf eine Dampfsperre verzichtet werden? In: Bauphysik 1/1996

[42] *Liersch, K. W.*: Belüftete Dach- und Wandkonstruktionen, Bd. 1–4. Wiesbaden und Berlin 1990

Literatur den Abschn. 16.7 (Brandschutz)

[1] Bauberatung Zement: Baulicher Brandschutz mit Beton. In: Beton 1/1996; www.bdzement.de

[2] Bundesverband der Deutschen Zementindustrie e. V.; Zement-Merkblatt – Baulicher Brandschutz mit Beton. Köln 2000; www.bdzement.de

[3] *Fröse, H.-D.*: Brandschutz für Kabel und Leitungen. 1998

[4] *Hass, R., Meyer-Ottens, C., Richter, E.*: Stahlbau-Brandschutz-Handbuch. Berlin 1993

[5] *Hass, R., Meyer-Ottens, C., Quest, U.*: Verbundbau-Brandschutz-Handbuch. Berlin 1989

[6] *Hertel, H.*: Grundlagendokument Brandschutz, Fachbeitrag Fa. Promat. Ratingen 1995

[7] Informationsdienst Holz, Holzbauhandbuch; Reihe 3; Teil 4 Brandschutz. Düsseldorf 1996; www.argeholz.de

[8] –, Holzbauhandbuch; Brandschutz – Bauen mit Holz, Landesspezifische Anforderungen der LBO's. Düsseldorf 1996; www.argeholz.de

[9] Informationszentrum Raum und Bau (IRB), Literaturdokumentation 7204, Brandschutz im Industriebau 2001; www.irbbuch.de

[10] *Klose, A.*: Vorbeugender baulicher Brandschutz, Fachbeitrag Fa. Promat – Bautechnischer Brandschutz A1, Ratingen 2001

[11] *Kordina, K., Meyer-Ottens, C.*: Holz-Brandschutzbuch. München 1995

[12] *Kordina, K., Meyer-Ottens, C.*: Feuerwiderstandsklassen von Bauteilen aus Holz und Holzwerkstoffen. In: Informationsdienst Holz (1977), www.argeholz.de

[13] *Kordina, K., Meyer-Ottens, C.*: Beton-Brandschutz-Handbuch. Düsseldorf 1999

[14] *Löbbert, A., Pohl, K. D., Thomas, K. W.*: Brandschutzplanung für Architekten und Ingenieure. Köln 2000

[15] *Mayr, J.*: Brandschutzverglasungen. In: DAB 2/97

[16] *Mayr, J.*: Brandschutzatlas, Wolfratshausen 1995/1997

[17] *Mayr, J.*: Verschlüsse und Abschottungen in Wänden mit Anforderungen an die Feuerwiderstandsdauer, Kabelabschottungen. In: schadenprisma 1/1990

[18] *Meyer-Ottens, S.*: Brandverhalten von Porenbetonbauteilen. Hrsg. Bundesverband der Porenbetonindustrie. Wiesbaden: Bauverlag 1995

[19] *Neck, U.*: Internationale Erfahrungen mit Beton im Brandschutz. Wiesbaden 1979

[20] –: Baulicher Brandschutz mit Beton. Zement-Merkblatt H1, Hrsg. Bundesverband der Deutschen Zementindustrie. Köln 2000; www.bdzement.de

[21] *Opitz, B., Reuter, M.*: Abschottung von Installationsöffnungen in Brandwänden. In: BmK 1/97

[22] *Richter, E.*: Feuerbeständige Dehnfugen-Anforderungen und Konstruktion: BundesBauBlatt, Heft 7/1986

Weitere Fachliteratur zur Bauphysik:

Arndt, Horst: Wärme- und Feuchteschutz in der Praxis. Verlag für Bauwesen Berlin 1996

Bläsi, Walter: Bauphysik, Bibliothek des Technikers. Europa-Lehrmittel Haan-Gruiten 2001

Bobran, H. W., ...: Handbuch der Bauphysik. Wiesbaden 1995

Bobran, H.W., ...: ABC der Schall-, Feuchte- und Wärmeschutztechnik. Verlag Bobran 1997

Brandt, J., Moritz, H.: Bauphysik nach Maß. Düsseldorf 1995

Buss, H.: Aktuelles Tabellenhandbuch – Feuchte, Wärme, Schall –. Augsburg 1994

Diem, P.: Bauphysik im Zusammenhang. Wiesbaden und Berlin 1996

Ehm, C.: Brand-, Schall- und Wärmeschutz in historischen Fachwerkhäusern. In: wksb 30/1992

Gertis, Karl A.; Mehra, Schew-Ram: Bauphysikalische Formelsammlung. Teubner Stuttgart 2001.

Gösele, K., Schüle, W.: Schall, Wärme, Feuchte. Wiesbaden und Berlin 1997

Grassnick, A., Holzapfel, W.: Der schadenfreie Hochbau. Köln-Braunsfeld 1994/97

Hauri, H. H., Zürcher, C.: Moderne Bauphysik. Zürich – Stuttgart 1997

Hilbig, Gerhard: Grundlagen der Bauphysik. Fachbuchverlag Leipzig 1999

Hohmann, Rainer; Setzer, Max J.: Bauphysikalische Formeln und Tabellen. Werner-Verlag Düsseldorf 2001

Institut für Erhaltung und Modernisierung von Bauwerken e.V. (IEMB), Sanierungsgrundlagen Plattenbau. Berlin 1999

Kerschberger, A.: Solares Bauen mit transparenter Wärmedämmung. Wiesbaden 1996

Klug, Paul: Bauphysik. Vogel-Verlag Würzburg 1996.

Liersch, K.W.: Bauphysik kompakt. Verlag Bauwerk 2001

Lohmeyer, Gottfried C. O.: Praktische Bauphysik. Teubner Stuttgart 2001

Lutz, P., Jenisch, R. u. a.: Lehrbuch der Bauphysik. Stuttgart 1997

Physibel C. V.: B-9990 Maldegem; Programme zur Wärmebrückenberechnung

Pohlenz, Rainer: Bauphysik. Verlagsgesellschaft Müller Köln 2002.

Prokop, O., Wimmer, W.: Wünschelrute – Erdstrahlen – Radiästhesie. Stuttgart 1985

Remmers GmbH, 49624 Löningen: Firmenunterlagen über Viscacid-Produkte

Reiter, Reinhold: Natürliche Radioaktivität im Rauminnern, eine Gefahr? In: Bauphysik 4/1984

RWE Bau-Handbuch, Technischer Ausbau. Essen 1998

Schild, E. u. a.: Schwachstellen 1, 2; Schäden, Ursachen, Konstruktions- und Ausführungsempfehlungen. Wiesbaden und Berlin 1987/90

Scholl, W., Brandstetter, W.: Schwimmende Estriche auf Holzbalkendecken: wie beschweren? In: Mitteilungen des Fraunhofer-Instituts für Bauphysik (IBP) Nr. 279 (1995)

Schulz, P.: Schallschutz, Wärmeschutz, Feuchteschutz, Brandschutz im Innenausbau. Stuttgart 1996

Usemann, Klaus W.; Gralle, Horst: Bauphysik. Kohlhammer Stuttgart 1997

Wellpott, E.: Technischer Ausbau von Gebäuden. Stuttgart 2000

Wendehorst: Bautechnische Zahlentafeln. 29. Aufl. Stuttgart 2001

17 Anhang: Gesetzliche Einheiten

Seit 1.1.1978 ist die *neue gesetzliche Krafteinheit das Newton (N)* mit der Beziehung:

$$1\ \text{kg} = 1\ \text{kg} \cdot 9{,}81\ \text{m/s}^2 = 9{,}81\ \text{N} \triangleq 10\ \text{N}$$ (bis 31.12.1977 galt 1 kp = 1 kg)

Im Anwendungsbereich der Normen wird für 1 kp = 0,01 kN, für 1 Mp = 10 kN (Tab. **17**.1) und für 1 kp/cm² = 0,1 MN/m² (Tab. **17**.2) gesetzt, wobei 1 MN/m² = 1 N/mm² ist.

Zur Erleichterung der Umrechnung auch in älteren Bauunterlagen für abgeleitete Einheiten sowie für frühere Bezeichnungen werden nachfolgend die wichtigsten Umrechnungstabellen abgedruckt.

Tabelle **17**.1 Umrechnungstafel für Kräfte und Einzellasten (entsprechend 1 kp = 9,80665 N n ~ gerundet [Abweichung 2 %]: 1 kp = 10 N)

frühere Einheiten			gesetzliche Einheiten		
p	kp	Mp	N	kN	MN
1					
10			0,10		
100	0,1		1,0		
1000	1		10		
	10		100	0,10	
	100	0,1	1000	1,0	
	1000	1		10	
		10		100	0,10
		100		1000	1,0
		1000			10

Nach Nr. 2 der ETB-Ergänzung sind nicht mehr zulässige Einheiten mit den in Tabelle **17**.1 angegebenen Faktoren umzurechnen. Vielfache, Teile oder zusammengesetzte Einheiten, die in der Tabelle **17**.1 nicht enthalten sind, sind sinngemäß umzurechnen, s. DIN 1080-1, Ausg. Juni 1976, Erläuterungen zu Abschn. 5 (Tab. **17**.3).

Tabelle **17**.2 Umrechnungstafel für Kraft je Fläche (Flächenlasten, Spannungen, Festigkeiten, Druck)

frühere Einheiten				gesetzliche Einheiten		
				N/m²	kN/m²	MN/m²
kp/m²	Mp/m²	kp/cm²	kp/mm²			N/mm²
mm WS	m WS	at		Pa	kPa	MPa
0,1				1,0		
1				10		
10				100	0,10	
100				1000	1,0	
1000	1				10	
	10	1			100	0,10
	0,10	10	1		1000	1,0
	100	100	10			10
	1000	1000	100			100
						1000

Tabelle **17**.3 Umrechnungsfaktoren für Einheiten-Beispiele

1 kp	=	0,01	kN							
1 kp/cm²	=	0,1	MN/m²	=	0,1	N/mm²	1 kcal	=	4,2	kJ (Kilojoule)
1 at	=	0,1	MN/m²	=	1,0	bar	1 kcal/h	=	1,163	W (Watt)
1 atü	=	1,0	bar	=	0,01	MN/m²	1 PS	=	0,74	kW (Kilowatt)
1 m WS	=	0,1	bar	=	0,01	MN/m²	1 grd	=	1	K (Kelvin)
1 mm WS	=	10	N/m²	=	10	Pa (Pascal)	1 g	=	1	gon
1 kp m	=	0,01	kNm	=	10	J (Joule)	1 Torr	=	1,33	mbar = 133 Pa

Tabelle **17**.4 Beispiele für die Anwendung der gesetzlichen SI-Einheiten im Bauwesen (entspr. DIN 1080-1) mit den einschlägigen Umrechnungen, neu und bisher

Größe	Gegenüberstellung frühere Formelzeichen	Einheit	**neue** Formelzeichen	gesetzliche Einheit nach DIN 1080	Umrechnung
Länge	l	m	l	m	
Fläche	F	m^2	A	m^2	
Volumen	V	m^3	V	m^3	
Trägheitsmoment	I	m^4	I	m^4	
Widerstandsmoment	W	m^3	W	m^3	
Winkel	$\alpha; \beta; \gamma \ldots$	°	$\alpha; \beta; \gamma \ldots$	°	
Temperatur	t	°C	t	°C	
	t	°C	T	K	0 K = –273 °C; 0 °C = 273 K
Temperaturdifferenz	Δt	°C	$\Delta T; \Delta t$	K; °C	1 K = 1 °C
Wärmeleitfähigkeit	λ	$\frac{kcal}{m\,h\,°C}$	λ	$\frac{W}{m\,K}$	$1\,\frac{W}{m\,K} = 0{,}86\,\frac{kcal}{m\,h\,°C}$ bzw.
					$1\,\frac{kcal}{m\,h\,°C} = 1{,}163\,\frac{W}{m\,K}$
Wärmedurchlasskoeffizient	Λ	$\frac{kcal}{m^2\,h\,°C}$	Λ	$\frac{W}{m^2\,K}$	bzw.
Wärmeübergangskoeffizient	α	$\frac{kcal}{m^2\,h\,°C}$	α	$\frac{W}{m^2\,K}$	$1\,\frac{kcal}{m^2\,h\,°C} = 1{,}163\,\frac{W}{m^2\,K}$
Wärmedurchgangskoeffizient	k	$\frac{kcal}{m^2\,h\,°C}$	$k\,(U)$	$\frac{W}{m^2\,K}$	

Weitere mögliche Einheiten: 2) 1 J = 1 Ws = 1 Nm

Tabelle **17**.5 Umrechnungstafel für Energie, Arbeit, Wärmemenge, Leistung usw.

Größe	frühere Einheit	gesetzliche Einheit genau	gesetzliche Einheit Abweichung < 2 %
Wärmestrom	1 kcal/h	1,163 W	1,16 W
Wärmeübergangskoeffizient	1 kcal/(m^2 · h · grd)	1,163 W/(m^2 · K)	1,16 W/(m^2 · K)
Wärmeleitfähigkeit	1 kcal/(m · h · grd)	1,163 W/(m · K)	1,16 W/(m · K)

Sachwortverzeichnis

S

S

S